荆州水利志

荆楚大地

荆州古城

荆江大堤

荆江分蓄洪工程北闸

洪湖监利长江干堤

汉江遥堤

荆南长江干堤

南线大堤

汉江干堤

东荆河堤

洪湖分蓄洪工程主隔堤

荆南四河堤防

荆江分蓄洪工程南闸

汉江杜家台分洪闸

新滩口泵站

高潭口泵站

田关泵站

半路堤泵站

李家嘴电灌站

公安闸口二站

引江济汉工程防洪闸

引江济汉工程节制闸、泵站

漳水水库大坝

漳河水库大坝

太湖港水库大坝

万城闸

万城橡皮坝

万城灌渠

长湖刘岭闸

长湖习家口闸

福田寺防洪闸

洪湖新堤排水闸

四湖总干渠

观音寺灌区

漉水电站

漉水水库泄洪闸

长湖

洪湖

洪湖新农村

松滋北河水厂

分洪区躲水楼

观音矶和万寿塔

镇水铁牛

郝穴古碑

河势控制

防渗墙钢板桩

水利建设场景

堤防防护林带

1998年洪水中的长江干堤

1998年长江干堤抢险之一

1998年长江干堤抢险之二

沧水景区

枣林岗

荆江分洪工程纪念碑亭

《荆州水利志》编纂委员会

主　　　任：郝永耀

副　主　任：徐仲平　陈思洪　杨　斌　李发云　肖正华
邓爱荆　王述海　熊衍彪　张玉峰　戴金元
张文教　索绪昊　邓克道　黄运杰　秦明福
曹　峰　饶大志　田方兴　卢进步　廖光耀
曾天喜　黄泽华

成　　　员：刘顺华　谢圣军　樊豫枫　孙代远　李美玉
何凡生　胡晓路　黄华兵　裴海鹰　言　鸽
李　斌　陈先锋　张维芳　刘先平　郭红利
钟殿成

顾　　　问：易光曙

编辑室主任：郑明进

编 撰 人 员：易光曙　郑明进　陈少敏　张文亮　胡中华

《荆州水利志》评审委员会

徐少军　湖北省防汛抗旱指挥部办公室副主任

黎沛虹　武汉大学教授

王绍良　武汉大学教授

陈章华　湖北省地方志办公室副巡视员

裴海燕　湖北省水利厅副巡视员

余文畴　长江水利委员会长江科学院河流研究所原所长

陈炳金　长江水利委员会长江勘测规划设计研究院规划处原副处长

卢申涛　湖北省地方志办公室副处长

孙文欣　湖北省防汛抗旱指挥部办公室调研员

王　晓　湖北省水利厅宣传中心副主任

杨德才　湖北省水利厅农水处副调研员

黄发晖　湖北省水利厅河道堤防建设管理局主任科员

华　平　湖北省湖泊局工程师

崔思澍　湖北省水利厅原副厅级调研员

刘　云　湖北省水利厅堤防处原处长

吴克喜　湖北省水利厅堤防处原处长

田传章　荆州市史志办公室主任

向　耘　荆州市史志办公室总编审

张玉峰　荆州市防汛抗旱指挥部办公室原主任

欧光华　荆州市水利局原总工程师

王德春　荆州市水利局原副局长、总工程师

王建成　荆州市长江河道管理局党委副书记

杨维明　荆州市长江河道管理局总工程师

严小庆　荆州市四湖工程管理局总工程师

许宏雷　荆州市长江河道管理局办公室副主任

前　言

荆州地处江汉平原腹地，境内河流纵横，湖泊众多，乃水乡泽国。主体是长江汉水及其支流冲积而形成的河积、湖积平原。土地肥沃、气候温和、雨量充沛，过境客水多，水资源得天独厚。丰富的水资源带来舟楫之便和灌溉之利，世世代代滋润着荆州大地的沃土，孕育着万物，成为著名的鱼米之乡。同时，荆州又处在长江汉水由山地进入平原的过渡地带，“江出西陵，始得平地，其流奔放肆大，南合湘沅，北合汉沔，其势益张”。自古乃四战之地。洪水灾害一直是荆州经济社会发展的一大制约因素。人民生命财产安全全赖堤防保护，依堤为命。千百年来劳动人民同洪水灾害的斗争从来没有停止过。自古荆楚多水患，治荆楚必先治水患。从一定意义上讲，一部荆州的发展史就是一部与水斗争史。

荆州治水历史悠久，公元前613—前591年楚庄王时，令尹孙叔敖主持开挖江汉平原第一条人工运河——杨水运河，后人称这项工程为云梦通渠，沟通江汉航运，灌溉两岸农田。史称“孙叔敖治楚，三年而楚霸。”西汉时期，始有“夏，江汉水溢，流民四千家”的记载。东晋永和年间（345—356年）洪水威胁荆州城的安全，荆州刺史桓温命陈遵缘城筑堤防水，称之为“金堤”。这是荆州境内修筑堤防的开始。汉代以后，由于战乱，北方人民一部分南迁到比较安全的长江中下游地区，荆州境内出现侨置的州、县最多。他们需要土地耕种，于是围垸兴起。五代十国时，南平王高季兴都江陵，加固荆州城外的“金堤”，并向沙市延伸，同时修筑石首、监利堤防。917年修筑汉江右岸堤防，人称高氏堤。南宋时期大规模围挽滨江沿湖土地，修筑荆江沿江堤防，由于战事失利以及其他方面的原因，许多堤垸废弃了。陆游在他的《入蜀记》写到，乾道六年（1170年）九月八日至二十七日从石首至新河口，“有五乡，然其不及二千户，地旷民寡如此，民耕犹苦，堤防数坏，岁岁增筑不止”。尽管如此，由于人口少、围垸分散、堤防低矮，溃口所造成的损失相对要小。因此，洪水灾害在当时并不是一个很严重的社会问题。到了明朝，防洪形势发生了很大变化，明朝是江汉平原筑堤围垸的鼎盛时期。嘉靖元年（1522年）堵塞汉江左岸九口，迫使汉水归槽，钟祥皇庄以下至泽口统一的汉江河道形成。嘉靖二十一年（1542年）堵塞荆江北岸的郝穴口，统一的荆江河道形成。荆州境内江汉堤防基本形成。迫使江汉洪水位不断升高，防洪形势日趋紧张。

清朝初年，继续鼓励围垦，至乾隆年间已达到“荒土尽辟”。堵塞穴口，挤占调蓄洪水的湖泊、滩地，洪水全由河道下泄，而河道自身安全泄量不能满足上游的巨大来量，来量与泄量不相适的矛盾日益突出；再就是堤防加高加固的速度赶不上洪水上升的速度，堤身低矮单薄、隐患甚多、管理废弛，所以一遇较大洪水便遭溃决。清嘉庆以后，江汉的防洪形势日益严峻，洪水所造成的损失越来越严重。清道光二年（1822年）至道光三十年（1850年）的28年间，荆江大堤有18年溃口，平均1.6年1次；同期汉江堤防有12年溃口；东荆河堤有17年溃口。民国时期，荆州境内的洪水灾害比晚清时期更加严重频繁。荆江大堤有6年溃口，汉江干堤有11年溃口，东荆河堤有32年（次）溃口，监利洪湖长江干堤有15年溃口，荆南长江干堤有22年溃口。从1931年至1949年的18年间，荆州境内有16年遭受洪涝灾害，几乎到了年年淹水的地步，给人民带来极其深重的灾难。

1949年以前，荆州的农田水利建设一直处于落后状态，农田水利设施量少质差，农业生产长期没有摆脱“雨水农业”的困境。

新中国成立后，党和政府非常关心荆州的水利建设，鉴于荆州洪涝灾害的严重性，首先把主要力量放在防洪建设方面，关好大门。1955年以后，大力开展农田水利建设。坚持自力更生，艰苦奋斗；打破传统的行政区划，按水的自然规律，以水系河流为纲，因地制宜，全面规划分片治理，分期实施的思路；充分依靠广大群众和工程技术人员的不懈努力及社会各界的大力支持，经60多年的不断建设，取得了巨大成就，形成了防洪、排涝、灌溉三大工程体系，抗御洪、涝、旱灾害的能力明显提高。已兴建的大量堤防、水库、涵闸、渠道、泵站、小水电、供水等水利水电工程设施，在抗御洪涝灾害、保障城乡安全，促进农业发展，供应城镇工业及人民生活用水，以及在发展航运、水产养殖、防治血吸虫病、水资源优化配置、饮水安全等方面，发挥了巨大的社会效益、经济效益和生态效益。水利在荆州的社会经济发展历程中，起着举足轻重的作用。

荆州水利是一个涉及方圆千里、上下几千年、南北千万人的厚重话题。荆州的治水历史源远流长，荆州的治水人物层出不穷，荆州的治水活动可歌可泣，荆州的治水成就巨大，特别是荆江的治理。由于三峡工程建成，荆江河段的防御标准提高到100年一遇，遇1860年、1870年那样的特大洪水也有安全可靠的对策，避免两湖地区洪水泛滥造成人民生命财产重大损失的悲剧发生，为两湖平原经济社会发展提供了安全可靠的保证。荆江的治理倾注了党中央几代领导人的心血，凝聚了荆州人民治理大江大河的智慧，取得了举世公认的成就。

自清朝以来，荆州已有堤防专志，可至今无一部水利专志。为全面展示荆州水利事业的内涵和数千年治水发展历程，彰显荆州人民的治水业绩，荆州市水利局根据湖北省水利厅和荆州市史志办公室的要求，从2012年起组织专班，收集整理相关资料，历时四载，数易其稿，并经湖北省地方志办公室、荆州市史志办公室、湖北省水利厅、长江水利委员会及有关专家学者评审，同意出版，终于使这部290多万字的《荆州水利志》付梓。它是一部具有存史、资治、教化价值的水利文史。

由于荆州水利事业发展历史久远，治水活动频繁，工程门类众多，编纂人员学识有限，书中难免出现疏漏差错，敬请广大读者见谅。

《荆州水利志》编纂委员会

2015年12月

凡　　例

一、《荆州水利志》坚持辩证唯物主义和历史唯物主义，实事求是地记述荆州地区（市）水利事业发展的历史和现状，突出荆州地域特色，力求做到科学性、综合性、资料性的统一。

二、本志时限：上限尽量追溯到事件的发端，下限至2012年；个别重大事项内容根据历史资料和记述完整性的需要适当延长。取事重点为1949年中华人民共和国成立之后的水利工作情况。由于荆州行政区划和管理体制多次变更，原荆州地区管辖县（市）（荆门、天门、潜江、仙桃、京山、钟祥）水利防汛工作和水利工程管理单位的记述（漳河、汉江、东荆河修防处）下限至划出之日止。1976年5月电力、1978年11月水产从荆州地区水电局分出，划出前的电力、水产业务不予记载。各历史时期的行政区划和地名，均沿用当时的名称，按当时行政区划管辖范围记述。统计数字，1994年年底荆沙合并前以荆州地区为准；其后以荆州市为准。沙市区从荆沙合并后录入。原江陵县史料纳入荆州区，今江陵县从建立江陵区时录入。

三、本志纪年：1911年前，以朝代、年号纪年，括注公元纪年；1911年后，一律用公元纪年。

四、本志采用述、记、志、传、图、表、录等体裁予以记述，全志结构设篇、章、节、目，志为主体。大事记以编年体纵列大事概要，概述总揽全志，各篇分类记事，做到详近略远；附录收集有关文献；正文辅以图表，图表以篇编列序号。全书一律用第三人称。

五、本志第一次出现“中华人民共和国”及机构名称时用全称，括号注明简称，之后用简称。

六、本志计量单位、名称、术语、标点符号，按国家统一规定表述，计量单位在正文中一律采用单位名称表述（长度：米、千米；面积：平方米、平方千米；质量：克、千克；体积：立方米；水位：米；功率：千瓦；流量：立方米每秒；雨量：毫米；耕地面积：亩、万亩；温度：摄氏度），表格中使用单位符号表示；考虑国家习惯，部分历史资料按原资料引用。数字以阿拉伯数字为主，少数采用汉字数字。高程系统除注明外，均采用冻结吴淞高程。

七、记述人物，坚持“生不立传”原则，去世水利人物，立传简记；在世重要水利人物，以事记人，其他则以录、表记之。

八、本志资料，主要来源于省、市各级档案馆、图书馆、统计年鉴和《长江志》《湖北水利志》《荆州府志》《荆州地区志》《荆州抗洪志》《荆江堤防志》等新、旧县志，各工程专业志，其他地市和各县（市、区）水利志以及荆州地（市）水利局档案室、各业务科室统计报表等；部分资料采自回忆、口述、论文，入志资料经考证核实后录用。引用原文，在原文后用括号注明出处。未注明出处的，敬请谅解。

目　　录

上　　册

第三篇　江汉洪水与水旱灾害

第四篇　防　汛　抗　旱

第五篇　防洪工程（上）

第六篇　防洪工程（下）

下　册

第七篇　农　田　水　利

第九篇　水利机构及管理

第十一篇　水利科技与教育

第十二篇　治水人物与艺文

概　述

荆州地处江汉平原腹地，是长江和汉江由山地进入平原的过渡地段。境内河流纵横、湖泊众多，乃水乡泽国。长江横贯东西，汉江纵穿南北，东荆河通江达汉、荆南四河连接江湖。境内地势西北高，东南低，山地沿西北部边界，平原呈扇形展开，山地、丘陵、平原阶状分布，层次分明。主体是长江、汉水及其支流冲积而成的河积、湖积平原。土地肥沃，气候温和，雨量充沛，过境客水多，水资源得天独厚。丰富的水资源带来舟楫之便和灌溉之利，世世代代滋润着这方沃土，孕育着万物，成为全国著名的粮、棉、油生产基地，但又带来严重而又频繁的洪涝灾害。人民依堤为命。兴修水利，防治水害，一直是生存和发展的大事。历代荆州人民为此付出了艰辛的劳动和沉重的代价。水利在荆州的特殊地位是其自然条件决定的，它不单是一个经济问题，也是一个政治问题。"治荆楚、必先治水患"，历代有所作为的当政者都把兴修水利作为治理荆州的头等大事。

一部荆州水利史，就是同水旱灾害的斗争史。

一

荆州是楚文化的发祥地，荆州之名源于《尚书·禹贡》"荆及衡阳惟荆州"，为上古九州之一。春秋战国时属楚。自秦建立郡县制至今，其名称、政区变化频繁。汉武帝元封五年（公元前106年）设置荆州刺史部以迄于今，荆州的建制、名称屡经变更。明清两代一直称荆州府。清末，荆州府辖江陵、松滋、公安、石首、监利、枝江、宜都7县。民国后期，荆州分属第三、四行政督察区，第四行政督察区辖江陵、监利、沔阳、潜江、松滋、公安、石首，第三行政督察区辖京山、钟祥、天门等县。

1949年7月，析江陵县之沙市建市，属省辖市。同月，成立荆州行政区督察专员公署，治江陵县荆州镇，辖江陵、公安、松滋、京山、钟祥、荆门、天门、潜江等8县。沔阳行政区督察专员公署，治新堤镇，辖沔阳、监利、石首、嘉鱼、蒲圻、汉川、汉阳等7县。1951年6月，以沔阳、监利、嘉鱼、汉阳4县部分行政区域设立洪湖县。1951年7月，撤销沔阳专署，其西境沔阳、监利、洪湖、石首4县并入荆州专署。1953年4月，经中央批准，以公安、石首、江陵3县部分区域设立荆江县，驻斗湖堤；1955年4月，经国务院批准撤销其行政区域并入公安县。1955年2月22日，沙市市划归荆州专区。1960年11月17日，经国务院批准设立沙洋市，以荆门县的沙洋镇为其行政区域，1961年12月，经国务院批准撤销其行政区域并入荆门县。1979年11月16日，经国务院批准设立荆门市。1979年6月21日，沙市市升为地级市。1983年19日，经国务院批准撤销荆门县，其行政区域并入荆门市，荆门市升为地级市。1994年10月，荆州地区与沙市市合并前，荆州地区辖江陵、监利、洪湖、松滋、天门、潜江、仙桃、京山、钟祥、公安、石首等11县（市）。其后，荆沙合并，称为荆沙市，辖荆州、沙市、江陵、松滋、公安、监利、京山、石首、洪湖、钟祥10县（市、区），仙桃、潜江、天门3市改为省管。1996年12月19日，荆沙市更名为荆州市，钟祥、京山2县划为荆门市管辖。至此，荆州市辖荆州、沙市2区，江陵、公安、监利3县，代管松滋、石首、洪湖3市，人口647.32万人。

荆州地区总面积29038平方千米，其中平原湖区20066平方千米，占69.1%，丘陵山区8972平方千米，占30.9%。全区河流交错，湖泊密布。境内有大小河流92条，均属长江水系，长江自西向东穿越荆州地区全境，流程483千米；汉江自钟祥关山入境，于仙桃脉旺嘴出境，全长316千米；东荆河接纳汉水，汇注长江，全长173千米。江河年均过境客水5088亿立方米。境内有大小湖泊794个，总面积4082平方千米，主要湖泊有洪湖、长湖、排湖、上津湖、大沙湖、王家大湖、苏湖、沉湖、南湖、崇湖、玉湖等，以洪湖为最大，面积402平方千米；长湖次之，面积150平方千米。境内有大小水库452座，总蓄水量52.4亿立方米，塘堰15.11万处，蓄水4亿立方米。荆州地区属亚热带季风气候，四季分明，热量丰富，光照适宜，雨量充沛，无霜期长，为农业生产提供了十分优越的条件。

荆州地区是全国著名的粮、棉、油生产基地之一。1995年以前，荆州地区粮食总产约占湖北省的1/4；棉花总产约占湖北省的1/2；油料总产约占湖北省的1/3；工农业总产值约占湖北省的1/5。荆州地区矿产资源和旅游资源丰富。荆州是楚文化中心，楚郢都纪南城为全国文物保护单位，荆州和钟祥都是国家历史文化名城，洪湖瞿家湾曾是湘鄂西革命根据地的中心。此外还有为数众多的天然溶洞和风光绮丽的水库、湖泊、湿地等，可谓集文化古迹、自然风光为一体。

荆州市是原荆州地区的一部分，地处湖北省中南部，介于东经111°15′～114°05′，北纬29°26′～30°39′之间，东接武汉，西邻宜昌，南望洞庭和湖南常德、岳阳，北毗荆门，是连东西、跨南北的交通要道和物流集散地。境内地势略呈西高东低，由低山丘陵向岗地平原逐渐过渡，海拔250米以上的低山493平方千米。西部山区属荆山、武陵山余脉，最高点为松滋大岭山，海拔815米。东部地势低洼，一般高程在25～40米，最低点在洪湖市新滩镇沙套湖，海拔18米。东西最大横距约274.8千米，南北最大纵距约130.2千米，呈带状分布。总面积14067平方千米，占湖北省国土面积的7.6%，其中平原湖区占81.23%，丘陵山区占18.77%。

荆州市水资源丰富。境内江河过境客水年均4680亿立方米，地表径流量91.6亿立方米，枯水年径流量48.5亿立方米，多年平均地下水资源量为17.54亿立方米，人均水资源占有量为1017立方米。丰富的水资源既为工农业生产和人民生活提供了优越的自然条件，又给荆楚大地带来了严重而频繁的洪涝灾害。千百年来，在这块平原洼地生存、繁衍和发展的人们，不断努力奋斗，除水害、兴水利。因此，从某种意义上讲，一部荆州的水利史，就是改造自然求生存、谋发展与水旱灾害作斗争的兴利史。

二

荆州治水历史悠久。公元前613—前591年楚庄王时，令尹孙叔敖主持开挖江汉平原第一条人工运河——扬水运河。《史记·河渠书》载："于楚，西方则通渠汉水、云梦之野。"后人称这项工程为云梦通渠（亦称为楚渠）。孙叔敖根据江湖水利条件，采用壅水、挖渠等工程措施，将沮漳河水引入纪南城，经江陵、潜江入汉水。不仅沟通了江汉之间的航运，还利于两岸农田的灌溉，促进了农业生产的发展。"孙叔敖治楚，三年而楚霸"。

三国时期（220—280年）由于军事需要，东吴陆抗令江陵都督张咸于今纪南以北川店一带作大堰遏水御敌。将沮漳河水引入这一带的低洼地以拒魏兵。因水域辽阔，形如大海，又处在纪南城以北，故称北海，开创引水御敌的先例。南宋时期有更大的发展，形成上、中、下三海，绵亘数百里，弥望相连，前后近千年，是一项著名的大型军事水工。

西晋太康元年（280年），杜预主持疏挖扬水运河。挖开扬口（今沙洋附近），疏浚古扬水运河，沟通江汉航运。同时，开挖石首焦山铺至湖南华容塌西湖的人工河道，称为调弦河，沟通江湖，便利漕运。

东晋时期，江汉平原人口有所增加，县邑、城池、村落和人口大多聚居于江汉平原内河水系河畔。这一时期，滨临长江的江陵城（今荆州古城）以其独特的地理位置和雄厚的经济、军事实力，屏蔽下游，抗击北方，成为该地区的政治、经济、文化中心，是全国重要军事重镇。由于受到洪水威胁，永和年间（345—356年），荆州刺史桓温命陈遵沿城筑堤防水，谓其坚固，称为"金堤"。起自荆州城西门外的荆山寺，沿城至仲宣楼止，全长约8千米。此堤为荆江最早修筑的堤防，也是荆江大堤的奠基者。东晋太元十九年（394年），蜀水大出，漂流江陵数千家，荆州刺史殷仲堪"以堤防不严"受贬降军号处分，为荆州防洪史上有记载的第一个因防洪不力而受处分的官员。

南朝梁天监六年（507年），肖憺为荆州刺史。"荆州大水，江溢堤坏，肖憺亲率府将吏，冒雨赋尺丈筑之。"

唐代，由于长江、汉水泥沙不断淤积，云梦泽开始解体，出现许多高地。《元和郡县图志》称："夏秋水涨，淼漫若海，春冬水涸，即为平田。"修堤从保护城镇为主向保护农田安全拓展。筑堤围垸还获得更多土地。尽管当时围垸不多，但只要有围垸，加固堤防防止溃口便与人民生命财产和农田的安全休戚相关。

五代十国时，南平王高季兴（又名高季昌），都江陵。他在江陵做了两件大事：一是将荆州土城改为砖城，军事防御能力大大增强；二是为了保护荆州城不被水淹，派驾前指挥使倪可福加固荆州城外的"金堤"，谓其坚固，寸寸如金，故名寸金堤，自后经1000多年的不断加固，促进了荆江大堤的形成和发展。高氏还沿江修筑堤防。"五代高季兴守江陵、筑堤于监利。"清同治丙寅《石首县志》载："东晋始修荆江大堤，唐末五代高季兴割据荆南，将荆江南北大堤基本修成。"917年修汉江右岸堤防，人称高氏堤。《读史方舆纪要》载："高氏堤在潜江县西北五里，起自荆门禄麻山，至县南沱埠渊，延亘一百三十余里，以障襄汉二水，后累经增筑。"此乃汉江右岸堤防修筑的肇始。高氏修筑的江汉堤防，加快了江汉地区的开发，为以后江汉堤防发展奠定了基础，高季兴是江汉堤防的主要奠基者。

北宋时期，朝廷鼓励围垸垦殖。宋仁宗庆历四年（1044年）正月，朝廷下诏以“兴水利、谋农桑、辟田畴、增户口”的成绩大小作为地方官吏的奖惩和晋级标准。神宗熙宁二年（1069年）朝廷颁布《农田利害条约》（又称为《农田水利约束》），鼓励和督促地方官吏兴修农田水利。“县不能办，州为遣官，事关数州，具奏取旨，民修水利，许贷常平钱谷给用”（《宋史·河渠志五》）。兴修水利是地方官吏的重要职责之一。这一时期，堤防修筑主要集中在荆江两岸，如沙市堤、监利堤、石首堤等。史载：“石首宋初江水为患，堤不可御，至谢麟为令，才迭石障之，自是人得安堵。”此为荆江抛石护岸的最早记录。

南宋时期，北方人民为避战乱，纷纷南迁。为生存和支持战争的需要，故大兴围垦，江汉地区的围垸得到大发展。这一时期，孟珙主持的“荆南屯留”规模最大。《宋史·孟珙传》载：1234—1240年“大兴屯田，调夫筑堰，募农给种，首秭归，尾汉口，为屯三十，为庄百七十，为顷十八万八千二百八十。”大规模围垦滨江沿湖土地。孟珙是宋代名将，主持长江中游防务。他深知，抵抗蒙古大军，仅凭守险而没有经济作后盾，则难以持久，“不集流离，安耕种，则难以责民以养兵”。故兴屯田，积极发展后方经济，并获得了显著的效益。同时恢复三海工程御敌。并修筑公安沿江五堤，监利车木堤。南宋乾道年间（1165年前后），荆南知府张孝祥，为保护荆州城，对五代十国时所修筑的寸金堤进行加筑，并延长至沙市的江渎观与沙市堤相接。淳熙十二年（1185年），受代继守张孝曾修汉江左堤（注：旧称官吏任满去职为受代，谓受新官的替代。），北起龙山观，向南延百余里至旧口。至此，沿江汉两岸均修筑堤防。由于大量围垸垦殖，堵塞南北穴口，与水争地的现象十分严重。《河渠见闻》载：“七泽受水之地渐湮，三江流水之道渐狭而溢。”迫使洪水位不断抬升，加以战事失利，已围的堤垸无力加修大多废弃了。

对于南宋时期大规模围垸与水争地所造成的后果，《天下郡国利病书》载：“……自元大德间决公安竹林港，又决石首陈瓮港，守土官每议筑堤，竟无成绩，如为开穴口之计。”元朝前期林元所写《重开古穴碑记》载：“……再岁，陈瓮再决，波及数邑，民堕流亡，官弗赈给，皆堤祸之。”石首县令萨德弥实召集士绅商议，询其利病，皆曰：“开穴为便，塞穴为不便。”遂向上奏请开穴口。元至大元年（1308年），下诏开江陵、监利、石首古穴之口（江陵郝穴、监利赤剥、石首杨林、宋穴、调弦、小岳）挟江而南，注之洞庭，石首县竟无“常年冲溃之患，农田稍收”。至元末，已开的诸穴复湮，仅存郝穴一口。

明朝是江汉平原筑堤围垸的鼎盛时期。明初为恢复因战争而破坏的农业，朝廷在全国各地积极开展农田水利建设，并派官员督修。当时江西、安徽等地的移民大量涌入江汉平原，史称“江西填湖广，湖广填四川”。他们“插地为标，插标为业”。洪武元年（1368年），明太祖下令，“各处荒田，农民垦种后归自己所有，并免征徭役三年”（朱绍候《中国古代史》）。洪武二十五年（1392年），明湘王朱柏修筑枣林岗至堆金台的阴湘城堤（阴湘古城是长江中游地区的史前古城之一）。嘉靖元年（1522年），驻郢州守备太监以保护献陵风水为由，堵塞汉江左岸九口，汉北大堤形成。自钟祥皇庄至泽口，统一的汉江河道形成。嘉靖三年（1524年），沔阳县开始沿汉江修筑堤防。嘉靖二十一年（1542年）堵塞郝穴口，荆江北岸仅存庞公渡一口，南岸仅存虎渡、调弦两口，统一的荆江河道形成。嘉靖二十六年（1547年）沙洋官庙堤溃，灾及5县，波及江陵、沙市。荆州知府赵贤建议堵复溃口，但未实施。直到隆庆元年（1567年）才堵复沙洋大堤，敞口达21年之久。汉北有民谣："南边修了沙洋堤，北边好作养鱼池。"嘉靖四十五年（1566年），长江发生大洪水，荆江南北堤防溃口数十处。汛后，荆州知府赵贤主持重修江陵、监利、公安、石首、枝江、松滋6县堤防，3年竣工。为加强对堤防的管理，设立《堤甲法》。规定"每千丈堤老一人，五百丈堤长一人，百丈堤甲一人、夫十人。夏秋季守御，冬春补修，岁以为常"。此为荆江历史上第一部堤防管理法规，对后世的堤防管理工作产生了深远影响。隆庆元年（1567年），黄潭堤（今盐卡附近）将溃，荆州知府赵贤，将府库所存银两、谷物散发给抢险的老百姓，并亲自顶风冒雨在现场指挥抢险，老百姓深受感动，随从劝他离开，以防不测。他泣曰："堤溃则无民，无民安用守。"把险抢住了。万历二年（1574年），潜江夜汊口溃，湖广巡抚赵贤疏请留口不堵，分泄汉江水，遂成东荆河。万历十一年（1583年），堵塞茅江口。崇祯元年（1628年），堵塞刘家堤头。至此，荆江北岸堤防上从堆金台下至茅江口长达300余千米联成一线。经过明初至万历年间200余年，江汉各县沿江堤防基本修成，形成了现在江汉主要堤防的格局。

清朝初年，由于战乱，江汉地区堤垸损坏严重。到康熙年间，这种状况才逐渐改善。一方面继续加培明朝时期已形成的江汉堤防，另一方面大力鼓励围垸垦荒。康熙年间发生"三藩"之乱，平叛成功后，加固荆江大堤（当时称为万城堤），保护荆州城，为朝廷高度重视。康熙四十三年（1704年）荆州垸田大发展，朝廷规定"无力之家，由官捐给牛种，滨江修筑堤防占压的田亩，由地方府县赔偿"[《中国水利史稿》（下册）]。经过康熙和雍正两朝近一个世纪的努力，围垸垦荒无论是数量还是规格都超过明代。至乾隆时期，围垸再现高潮。据《滨湖开荒筑堤禀》载："至乾隆五年（1740年），欣奉上谕，凡零星土地可以开垦者，听民开垦，免其升科。"鼓励垦荒。经过清初至乾隆100多年的不断围垸垦殖，湖区荒田基本开垦完毕，史称"荒土尽辟"。据江汉各县不完全统计，至乾隆后期，江汉地区的围垸多达1352个。大量围垸的结果，致使调蓄洪水的地方逐渐减少，迫使江河水位迅速上升。据考证：宋至民国时期，历时约800年，为荆江洪水位急剧上升阶段，上升幅度为11.10米，年均上升1.39厘米。当时江汉沿江主要堤防有900多千米，内河民垸堤防长达4000多千米。加高堤防的速度赶不上洪水上升的速度。堤防垂高大部分达5～6米，部分堤段达10～12米，河道自身安全泄量与上游巨大来量的矛盾日益突出。因此，堤防常遭溃决。修堤防汛成为人民群众的沉重负担。再者必须解决围垸内的排水出路，减轻内涝灾害。办法就是在围垸内低地"夏蓄冬泄"，不能冬泄者，终年潴积成湖。还有遇旱引水的问题，否则，农田难以保收。因此，开沟挖渠，兴建排灌剅闸（石、砖、木结构），挖塘堰、筑垱坝等农田水利设施得到一定的发展。嘉庆十二年（1807年）湖广总督汪志伊视察江陵、监利、沔阳水灾后，决定修建福田寺和新堤排水闸。此后，沿江堤防以及内河堤垸开始修建一批排灌涵闸。

由于不断与水争地，防洪形势日趋紧张。清乾隆十三年（1748年）湖北巡抚彭树葵言："人与水争地为利，以致水与人争地为殃。唯有杜其将来，将现垸若干，著为定数，以后不许私自增加"（《清史稿·河渠志四》）。但江汉之间围垦有禁无止，相反，官私争相围垦，愈演愈烈，到了"无土不辟"的地步。乾隆五十三年（1788年），长江发生特大洪水，荆江大堤御路口以上决口22处，荆州城被淹，洪水两月方退，"兵民淹毙无算"，损失惨重。汛后，调宜都、随州等12县民工由知县带队修筑荆江大堤，使荆江大堤的抗洪能力明显提高。乾隆特别重视荆江大堤的防务，次年颁布《荆州府堤防岁修条例》。因此，万城堤成为“皇堤”。荆江两岸堤防“北强南弱”的局面开始出现，并对江湖关系产生深远的影响。

清朝末年，汉江下游仅存分流支河两条，一是小泽口（又名芦洑河、古潜水），为汉水的主要分支，顺治七年（1650年）堵塞，康熙五年（1666年）挖开，同治十年（1871年）再次堵塞；二是大泽口（又名夜汊河、吴家改口等），历经道光、咸丰、同治、光绪和民国初年多次疏堵之争。北岸诸县主疏，南岸诸县主堵。民国初年几次派员处理，最后以“改口万不能堵，应成铁案”这一历史纠纷才告平息，成为东荆河的分流口。自嘉庆以后，江汉的防洪形势日趋严峻，堤防溃口频繁。道光二年（1822年）至道光三十年（1850年）的28年间，荆江大堤有18年溃口，平均1.6年溃口一次；同期汉江有12年溃口，平均二三年溃口一次，其中道光二年（1822年）至道光七年（1827年）6年5溃；东荆河有17年溃口，平均1.7年一次。洪水灾害所造成的损失也愈来愈严重。

面对如此严重频繁的洪水灾害，清道光十三年（1833年）御史朱逵吉提出：“湖北之水，江汉为大，治江汉之水，以疏支河为要紧，堤防次之”。“请疏江水支河，使南汇洞庭湖，疏汉水支河，使北汇于三台湖，并疏江汉支河，分汇云梦、七泽间，堤防可固，水患可息”（《清史稿·河渠志四》）。咸丰十年（1860年），长江发生了一次特大洪水，洪水在原溃口处冲开成河（藕池河）。仅仅过了十年，同治九年（1870年）长江又发生了一次比1860年更大的洪水，在松滋县的庞家湾、黄家铺（今大口）冲开成河。当年汛后堵复了黄家铺，由于堵口不坚，1873年又冲开，以后决口不塞，遂成松滋河。这两次大水，松滋、公安、石首等地遭受灭顶之灾，大部分堤垸被冲毁，史称“数百年未有之奇灾”。四五十年后，堤垸才得到恢复。自此，荆南四口（四河）向洞庭湖分流格局形成。荆江通过“四口”向洞庭湖分流，降低了荆江水位，使荆江大堤溃口次数较之“四口”形成前明显减少，但荆江南岸及洞庭湖地区的洪涝灾害有所加重，江湖关系发生急剧变化，这是自1542年堵塞郝穴口以后的300多年荆江发生的巨大变化。

荆州境内旱灾经常发生，自汉以后日益突出，尤以山区为甚。历史上丘陵山区因为蓄水设施极少，尤其是没有拦洪设施，一遇天旱，农业减收，人畜饮水困难；如遇山洪暴发，损失更重。所以唐朝时期，荆州的地方官员很重视农田水利建设，提倡凿井、挖塘、修堰，认为“山地得力者堰。”贞元八年（792年）荆南节度使李皋推广凿井。元和年间（806—820年）山南东道节度使王起，广修濒汉江的塘堰，并订立用水规章制度，“与民约为水令，遂无凶年”。826—835年，唐文宗下诏书，提出图样，推广木质龙骨水车，到北宋时盛行于长江流域，成为农民抗旱、排涝的主要工具，沿用千年之久。咸通年间（860—872年），复州刺史董元素开石堰渠。据明嘉靖《沔阳州志》载：“竟陵北七十里曰石堰渠，唐咸通中刺史董元素开，其流自五华山，下通巾水。”

民国时期，荆州境内的洪、涝、旱灾害比晚清时期更加严重频繁，尽管政府采取了一些治水措施，但收效甚微。例如，对堤防进行分级管理；湖北省政府制订“江汉干堤防汛办法”；号召种植堤防防浪林；沙市各界筹集修防公益捐；1934年湖北省政府颁布《湖北省各县浚塘堰补充办法》规定：“每保每年至少修浚新旧塘3个，面积不得少于10亩，深度平均至少一丈。”中国共产党领导的鄂豫边区党委《关于经济建设的决定》，号召边区各界开展兴修水利“千塘万坝”运动。1942年中国近代第一部《水利法》公布实施，1943年3月制定《水利法实施》等。但因国家对水利建设投入极少，水利工程的抗灾能力低，特别是江汉主要堤防低矮单薄、隐患甚多的状况得不到改变。而民国时期的洪水上升年均达1.85厘米。荆江河段安全泄洪能力小于上游巨大来量的矛盾更加突出；汉江自清朝末年堵塞小泽口之后，愈到下游河道的安全泄量愈小。来量与泄量不相适应，是江汉洪水灾害严重频繁的根本原因。

民国时期的干旱也很严重。1922年大旱，“汉江干涸，深水处仅4～5尺”。自夏至秋，时逾半载，涓滴绝望。1928年又大旱，从清明到处暑无透雨，内荆河流域湖泊全部干涸，湖泊飞灰，长湖、白露湖可涉足而过，湖底种芝麻，水田绝收，“糠秕吃尽，草木无芽”。面对如此大旱，政府束手无策，各乡只得“打醮求雨”，抬“狗老爷”游乡求雨。

民国时期的洪涝旱灾害如此严重，既有天灾也有人祸。1935年7月5日，万城堤工局负责人吴锦堂临阵脱逃，抢险民工见吴逃走，便各自散去，任堤自溃。1945年8月27日，沙市水位43.46米，公安县长江干堤朱家湾因无人防守，洪水从日军修筑的工事处溃口，公安、石首两县灾民26.7万人，淹死2.4万人。水灾后大旱，瘟疫流行，公安县瘟疫死亡1.5万人，受感染者2万多人。

1937年，天门、潜江汉江干堤溃口，民国政府借水淹没汉江下游两岸，以拒日军。蒋介石电令“襄堤溃口，暂缓堵筑”，致使5处溃口未堵，复水为灾。1938年天门汉江堤又溃，堵口无人过问，人民深受其害。天门人抱怨“为祸天门者，首推汉江”。1948年10月4日，沙洋水位43.75米，沙洋大堤出险，时驻沙洋镇的国民党区长杨玉龙阻止群众抢险，妄图借水淹没共产党领导的荆潜行委会大片土地，结果堤溃，灾及荆、潜、江、监、沔等5县。

1931—1949年的18年间，荆江、汉江两岸有16年遭受洪涝灾害，几乎到了年年淹水的地步。从清朝同治年间至民国时期的近百年间，人们把洪水灾害同战乱、瘟疫相提并论，成为民不聊生的三大祸害。正如水利专家陶述曾所说：民国时期“江河只见水患，所谓水利，实际只是救灾”。

三

荆州地处长江、汉水由山地进入平原的过渡地带首端，境内地势低洼，人民生命财产依靠堤防保护。人民依堤为命。汛期超额洪水与安全泄量之间的矛盾，始终是困扰荆江和汉江下游防洪的历史性难题。保证堤防安全，特别是保证荆江大堤和汉江遥堤的安全，不但是关系到千百万人民生命财产安全的大事，也是关系到武汉市安全的大事。这是荆州地区最大的地情。防汛抗洪乃天大的事，悠悠万事，唯此唯大。

1949年新中国成立后，鉴于长江、汉江洪水灾害严重而频繁，在中国共产党和人民政府的领导下，立即着手进行全面系统的治理，积极与水旱灾害作斗争，经历了从小型分散到规模宏大，从被动防御到积极兴利，从单一整治到综合治理，从全面治标到深入治本的发展过程。在安排部署上，自始至终把防洪保安放在首位，重点搞好荆江大堤、汉江遥堤、南线大堤、江汉干堤及重要支堤的加固和险工险段的整治。20 世纪 50 年代中期，将荆州地区划分为七大水系，全面规划，综合治理，分期实施。平原湖区分为四湖、汉南、汉北、江南四大水系，重点解决排涝问题；丘陵山区分为漳河、漉水、澈溾水三大水系，大力兴建水库等蓄水工程，解决工农业生产和城乡居民用水问题。实践表明，按区域分水系治理的决策是正确的、成功的。回顾新中国成立以来的水利建设、工程管理和防汛抗灾历程，大体上分为以下 5 个阶段。

第一阶段（1950—1956 年）：以筑堤防洪“关大门”为主，兼顾农田水利。

1949 年，江汉流域遭受一场大洪水。7 月 9 日长江沙市站最高洪水位 44.49 米，为当时有水位记录以来最高水位。由于江汉堤防年久失修，当年长江溃口 12 处，汉江溃口 10 处，松滋、江陵、石首、监利、洪湖、天门、潜江、沔阳受灾严重。1950 年湖北省委、省政府提出了“以防洪排涝为主，首先关好大门”的治水方针，荆州以堵口复堤、重点护岸为主，加培为次开展堤防建设。1951 年转入以巩固堤基、改善堤质和重点加培为主，江汉干堤按 1949 当地实际最高洪水位超高 1 米进行加高培厚。根据荆江上游洪水来量大，河道安全泄量小，来量与泄量不相适应，多余的洪水要找出路，1952 年毛泽东、周恩来批准修建的荆江分洪工程，组织 30 万工人、农民和解放军官兵，历时 75 天，完成主体工程的建设和荆江大堤加固工程，共完成土石方 8373 万立方米。面积 921 平方千米的荆江分洪区可蓄水 54 亿立方米，使荆江防洪能力得到很大提高。1954 年长江发生百年未遇的特大洪水，荆江分洪工程 3 次开闸泄洪，有效削减荆江洪峰，为确保荆江大堤安全发挥了巨大作用。沙市水位高达 44.67 米，防汛斗争时间长达 106 天。水利工程水毁严重。当年冬，对全区堤防进行全面堵口复堤，加高培厚，恢复水毁工程将江汉干堤防洪标准提高到按 1954 年当地实际洪水位超高 1 米的标准培修，支民堤按略低于此标准的原则加固培修。

1955 年 11 月至 1956 年 4 月，针对汉江河道愈到下游安全泄量愈小的问题，修建杜家台分洪工程，最大分洪流量 5300 立方米每秒，以缓解汉江下游频繁而严重的洪水灾害。当年，长江水利委员会（以下简称“长江委”或“长委”或“长委会”）制定《荆北防洪排渍规划》，开始实施兴建东荆河下游右岸 56 千米洪湖隔堤和新滩口堵口工程，结束了江湖串通的历史，为四湖地区综合治理奠定基础。

总结荆州同洪水斗争的经验教训，集中到一点，就是同洪水既要斗争，又要妥协。修建分蓄洪工程是主动处理超额洪水的一种有效措施，是治水的又一进步，这是千百年来同洪水斗争、用无数生命和财产损失换来的教训。既讲斗争，又讲妥协，才能与洪水和谐相处。挤洪占地，人地皆失；让地蓄洪，人地两安。这个思想始终贯穿在新中国成立后江河治理与抗洪斗争的过程之中。

在进行防洪工程建设的同时，平原湖区开始为大规模地兴修农田水利做准备，组织大批技术干部，深入实地调查、勘测、制定总体规划，并在钟祥、京山等丘陵山区兴建石门、石龙大中型水库。

新中国成立后，国家很重视对防洪工程的管理。1949 年 9 月 17 日湖北省人民政府指示，有堤各县不分干堤民堤，一般以区为单位设管理段；各县的堤防和农田水利，根据需要设局或科办理；各县和有堤各区，设水利或堤工委员会。1950—1951 年荆州境内长江、汉江、东荆河三大流域管理机构相继成立。并制定了相应的堤防管理规章制度。随着国家对水利管理工作的不断加强，1956年以后，“统一领导、分级管理、专业管理与群众管理相结合”的管理体制日趋完善。

第二阶段（1957—1966年）：兴修排灌工程。在加固江汉堤防的同时，全面开展自排自灌为主的水利建设。

这个阶段，水利建设达到空前规模。建设的重点是在确保防洪安全的前提下，在山区大力兴建水库工程，解决灌溉水源问题。1957年冬，全区掀起农田水利建设第一个高潮，投入水利建设的民工最高达135万人。经过一冬一春，全区靠手挖肩挑完成土石方1.3亿立方米（含堤防整险加固土方2400万立方米）。平原湖区集中力量大搞挖渠建闸、疏通排水通道，重点疏挖了四湖总干渠、东干渠、西干渠、汉南通顺河、汉北天门河等骨干排水河道；改造旧水系，创建新水系，建设河网化工程。1958年，荆州水利进入全面规划、综合治理新阶段，在开展防洪排涝建设的同时，在漳河、澨水、溾水、浕水、大富水等山溪河流上拦河筑坝，兴建漳河、浕水、惠亭、温峡等17座大中型水库。1959年，湖北省水利厅、交通厅和荆州行署分别在洪湖和沔阳召开河网化建设现场会，提出平原湖区“内排外引，排灌兼顾，全面规划，综合治理”治水方针，要求达到三大目标（雨量300毫米不受渍，120天无雨不受旱，遇1954年同样大洪水不分洪的情况下，基本上保证农田不受灾）和“三保险”（即保丰收、保养鱼、保通航）。1959—1961年连续三年大旱，农业生产造成了严重损失，史称“三年困难时期”。造成干旱的主要原因一方面是降雨时空分布不均；另一方面是灌溉设施落后，干支堤上没有修建引水涵闸，外江水引不进来，抗旱水源得不到补充，抗旱工具以人力水车为主。自后，平原湖区水利建设以灌溉工程为主，大力兴建引水涵闸，先后建成天门罗汉寺、沔阳泽口、江陵观音寺、万城、颜家台、监利一弓堤、西门渊、潜江兴隆、田关、洪湖新滩口等沿江涵闸。至此，全区水利排灌体系初具规模。1964年汉江大水后，汉江干堤及东荆河堤按1964年当地实有洪水位超高1米标准加固培修。1966年东荆河下游改道工程完工，兴建隔堤36.04千米，结束汉南地区江湖相通的历史，使该地区排涝标准进一步提高，同时新增耕地面积40万亩，改善除涝面积34万亩。同年，实施中洲子人工裁弯工程，动员石首民工1.2万人，在挖泥船配合下，新开引河4.3千米。1966年年底，荆州地区正式实施平原湖区兴建排水泵站的规划，公安、石首两县分别引进湖南柘溪电源，兴建黄山头、团山寺电力排水泵站。

这一时期，由于受到浮夸风和“共产风”的错误影响，一部分地方兴修水利单纯赶工图快，不注重质量；盲目大上快上，缺资金、缺材料、缺技术，造成一些“半拉子”工程，有些地方还出现强迫命令，无偿调用群众的木料、船只、耕牛、房屋等，挫伤了农民兴修水利的积极性。这种现象很快得到纠正。犯有强迫命令错误的干部必须作检讨，损坏群众的财物作价赔偿。

第三阶段（1967—1980年）：全面提高防洪、排涝、抗旱标准，大力发展电力排灌泵站。

以前已建成的防洪、排涝、灌溉工程使全区的排灌条件有了很大改善，但标准太低，湖区仍有许多农田汛期渍水外排无路，且部分农田灌溉水源不足，丘陵山区除水源不足外，还有部分灌溉“死角”，人畜饮水困难，全区防洪排涝抗旱形势仍然严峻。

1967年实施中洲子裁弯工程，1968年实施上车湾裁弯工程和1972年沙滩子自然裁弯后，下荆江河道缩短 78 千米，扩大泄洪流量 4000 立方米每秒，在防洪、航运、农业等方面产生巨大效益，降低上游河道同流量下的水位，减轻洪水对上荆江两岸堤防的威胁。

1969 年洪湖长江干堤田家口溃口，淹没监利、洪湖两县 1690 平方千米。当年，水利部召开长江中下游防洪座谈会，要求荆江大堤进行战备加固，长江干堤按沙市水位 45.0 米、城陵矶水位 34.4 米，水面线超高 1 米；汉江干堤按 1964 年实际洪水位超高 1 米进行加高培厚，提高防洪标准。按照会议要求，遇 1954 年型洪水时，城陵矶还有超额洪量 320 亿立方米，湖南、湖北两省各承担 160 亿立方米。1972 年开工兴建面积 2783 平方千米的洪湖防洪排涝工程，组织江陵、潜江、监利、沔阳、天门、洪湖等 6 县 48 万民工，完成长 64.82 千米主隔堤及下新河、子贝渊、福田寺闸等建筑物。1975 年荆江大堤第一期加固工程开始实施，堤顶高程按沙市水位 45.0 米水面线加高 2 米，堤面宽 8～12 米，重点渊塘堤段采用挖泥船吹填固基。同时，在江陵县修建了李家嘴一级、二级电灌站；荆门县修建了大碑湾一级、二级、三级站和风景寺一级、二级站；钟祥县修建了郑家湾一级、二级、三级站和长岗岭一级、二级站及漂湖、双河、肖店电灌站；京山县修建了孙庙、刘庙、新农电灌站；松滋县修建了牌坊口电灌站，通过建设一批单机容量 630 千瓦以上的大型灌溉站，改善了丘陵山区高岗死角的灌溉水源。

1969 年全区第一座单机容量 800 千瓦的公安黄天湖电排站建成后，又先后在四湖、汉北、汉南、荆南地区修建了高潭口、南套沟、排湖、沙湖、幸福、半路堤、螺山、新沟、大港口、闸口等一批大型电排灌站。这些电排灌站的建成运用，改善了四湖、汉北、汉南和江南地区的排涝条件，并为消灭钉螺、防治血吸虫病创造了条件。

这个阶段，以加强农田基本建设为中心的“农业学大寨”和“建设大寨县”运动广泛开展，总的要求是以建设旱涝保收、稳产高产农田为目标，实行山、水、田、林、路综合治理；山区提倡水土保持、坡改梯，建设基本农田；丘陵区大搞平整土地，实行“小块并大块”，消灭小农经济痕迹；平原湖区开挖深沟大渠降低地下水水位，实现河网园田化，形成又一个水利建设高潮。

第四阶段（1981—1994 年）：开展小型大规模农田水利基本建设，集中力量治理荆江水患和四湖“水袋子”，发展水利综合经营。

1980 年荆州地区发生了自 1954 年以来最严重的秋洪内涝灾害，成灾面积 481 万亩，绝收面积 256 万亩。减产粮食 9.18 亿千克。灾后反思，各地加强了排涝工程建设。

1981 年，根据中央、湖北省“把水利工程重点转移到管理上来”的指示精神，荆州提出的水利工作方针是“搞好续建配套，加强管理，狠抓实效，抓紧基础工作，提高科学水平，为今后发展做好准备”。防洪工程由“治标”转为“治本”，继续加固荆江大堤和加强下荆江河势控制。1983 年先后进行大中型水库和重点泵站“三查三定”（查安全、定标准；查效益、定措施；查综合经营、定发展计划）工作，促进管理工作向深层次发展。1984 年冬，湖北省委、省政府总结推广“小型大规模”经验后，推动了全区的小型农田水利建设，全区农田水利建设采取统一部署，小型为主，劳力到户，队（村）自为战，收到较好的效果。1984—1989 年，全区每年冬春水利投劳在 100 万～120 万人，完成土石方 1 亿多立方米，占全省的 1/3。

1984 年 8 月，湖北省委作出关于加快四湖地区“水袋子”治理的决定，四湖地区各县（市）加大建设力度，相继兴建新滩口、田关、冯家潭二站，以及江南公安淤泥湖、闸口二站等一级电排站，并在治理地下水、改造低产田、水利结合灭螺基础上，实行科学治水，大力开展小型农田水利大规模建设，取得了显著成绩。

荆州是血吸虫病流行区，四湖地区又是血吸虫病重疫区。20 世纪 70 年代，荆州地委、行署强调各地在开挖深沟大渠时，水利工程要结合灭螺，治水优先灭螺，水利服从灭螺，把灭螺纳入水利工程统一规划、统一实施、统一验收结账。各县（市）加强领导、群防群治，工程措施与非工程措施相结合，集中力量打歼灭战，重疫区“一建三改”（建沼气池、改厕、改栏、改厨），人工灭螺与药物防治相结合，专业队伍查螺灭螺与发动群众土埋、药杀、火烧相结合，水旱轮作，打一场“送瘟神”的歼灭战。至 1985 年全区有灭螺专业工作人员 2027 人，不脱产的灭螺专业队 298 个，队员 6485 人。1988 年党中央发出“全民齐动手、再次送瘟神”的号召，各县（市）成立水利血防工程建设指挥部，水利与血防工作再次协同作战，结合低产田改造，全面治理平原湖区河网沟渠钉螺蔓延，经过 40 多年努力，到 1995 年垸内钉螺面积下降 60%，血吸虫病人减少 80%，耕牛感染率下降 55%，人群感染率由 60%下降至 3%。

随着国民经济的调整，基本建设大幅压缩，农田水利建设一度出现停滞不前的状况。1986 年，中央 1 号文件决定改革农田水利建设机制，建立劳动积累工制度，增加水利投入，水利投资要求恢复到 1980 年财政包干时的水平。1986 年 6 月，全国农村水利建设座谈会提出“重整旗鼓、恢复干劲、改进办法、抓好水利”的方针，在建立劳动积累工制度，增加水利投入、健全基层服务体系方面采取得力措施，规定每年每个农村劳动力不得少于 25 个劳动积累工，同时制定了用工范围、换工原则、结算办法、以资代劳等制度，鼓励个人、集体独资或合资办水利，形成多层次、多渠道集资办水利的格局。各地采取地方筹资、社会集资、股份合作，以工补农、引进外资，拓宽水利建设投资渠道，促进荆州水利建设走出低谷，迎来荆州水利建设史上的第三个高潮。

20 世纪 80 年代后期，全国水利行业提出“转轨变型，全面服务”的发展方向和“加强综合经营管理，讲究经济效益”的改革方针，即水利工作从以农业服务为主扩大到为国民经济和整个社会发展服务，从不重视投入产出转到以提高经济效益为中心的轨道上来。

20 世纪 90 年代初，全区水利综合经营蓬勃发展，经营范围不断扩大，经营项目由单一扩大到多种经营，养殖、种植、加工业、城镇供水、第三产业等不断扩展，综合经营越办越好。1994 年，全区水利综合经营完成产值 4.35 亿元。水利综合经营的发展，促进了工程管理单位经济良性循环，增加了就业，改善和提高了水利职工的生活水平，1/3 的生产单位达到生活和生产经费自给，全区水利系统 3 万名干部职工中（含亦工亦农人员）有 1.26 万人靠发展水利综合经营自给自足。

1988 年，《中华人民共和国水法》颁布实施，荆州地区水利事业迈入依法治水、依法管水的新时期。全区各级水利部门在深入贯彻水法、依法治水管水方面作出了大量卓有成效的工作，开展了水法规宣传教育活动，把水法规宣传引向深入；加强水政水资源管理机构建设，提高水利执法队伍素质。荆州地区和各县（市）成立了水政水资源管理机构，配备水政监察人员，重点水利工程管理单位设立水利派出所和民警室，为依法行政、保护水行业的合法权益提供组织保证。各县（市）结合本地实际，出台与水法规相配套的有关水工程管理、水资源管理、水费核定计收、水政监察管理等地方规范性文件58个；依法查处水事违法案件。到1990年，荆州地区发生水事案件2261起，其中查处2031起，查处率达92%，依法清除江河行洪障碍；实施取水许可制度，依法开征水资源费。全面开展水利工程划界确权工作，对境内的江汉干堤、大中型水库、沿江涵闸和骨干泵站等重要水利工程用地进行了确权、注册、登记发证，为依法管好水工程提供了法律依据。

"七五"期间，荆州地委、行署提出水利建设"三年恢复效益、五年内上新台阶"的战略目标，全面开展农田水利"小型大规模"建设。平原湖区大搞排灌渠道清淤和改造低产田，丘陵山区挖塘扩堰，大搞坡改梯，建设稳产高产农田。全区完成土石方5.92亿立方米，完成投资5.86亿元，新增和改善除涝面积292万亩，改善灌溉面积305万亩。公安、仙桃、监利、洪湖、潜江先后被评为湖北省水利建设先进县。1990年，公安县被评为全国水利建设先进县。

1991年党的十三届八中全会将水利确定为国民经济和社会发展的基础产业后，水利投资由单一的财政拨款逐渐转变为中央拨款、国债、贷款、外资、水利基金、社会集资等多种形式，逐步形成以政府投资为主导，社会融资为补充的多元化格局，水利建设投入逐步增加。在国家先后投入巨资建设荆江分洪区分洪转移配套工程、公安闸口2站、松滋江堤加固等工程的基础上，荆州开始利用世界银行贷款加强湖区防洪排涝和城市防洪建设；1994年，荆州利用世界银行贷款9451万元，对长湖、洪湖围堤进行整险加固，全面提高湖区防洪排涝能力。

为减轻荆江大堤防洪压力，1993年再次实施沮漳河下游改道工程，将出流河口上移至李埠镇临江寺，缩短河道18.5千米，同时新筑学堂洲围堤6.3千米，减少荆江大堤汛期防守堤长11千米。

新中国成立以后的45年（1949—1994），在国家财力有限的情况下，1100万荆州人民年复一年地进行大规模的水利堤防建设，初步形成防洪、排涝、抗旱三大工程体系，改变了荆州历史上"三年两旱、十年九淹"的多灾状况，为夺取历年的防汛抗旱斗争胜利作出了重大贡献。到1994年，荆州地区共完成水利建设投资29.6亿元（其中国家投资13.6亿元，地方自筹10亿元，群众集资6亿元），劳动积累工40.59亿个，完成土石方52.2亿立方米，形成水利固定资产22.5亿元。兴建了荆江分洪工程（含虎西蓄备区、涴里扩大分洪区、人民大垸蓄滞洪区）、洪湖分蓄洪工程和杜家台分洪工程。完成沿江堤防整险加固5000余千米，完成土石方12亿立方米，改变了新中国成立前"十年淹九水"的严峻局面。其间，境内还兴建各类水库425座（除漳河外），总库容29.05亿立方米，兴利库容14.79亿立方米。沿江兴建排灌涵闸356座，其中灌溉闸155座，灌溉面积430.8万亩；排水闸201座，设计排水流量6845立方米每秒。兴建单机容量55千瓦以上的固定电排灌站2075处3741台49.62万千瓦。其中，电排站929处2241台36.24千瓦，单机容量800千瓦以上的电排站17处91台11.3万千瓦；电灌站108处（630千瓦以上12处），总装机301台，总容量9.9万千瓦，设计提水流量177立方米每秒，灌溉面积155万亩。建设万亩以上灌区63处，其中50万亩以上灌区8处。兴建水电站169座，装机306台，容量4.4万千瓦。这些水利工程的建成，提高了抗灾能力，改善了农业生产条件，为全区农业增产丰收和国民经济社会发展作出了贡献。

第五阶段（1995—2011年）：国家加大投入，水利建设规范管理，水利建设进入全面快速发展时期。

1994年10月，荆沙合并，天门、潜江、仙桃3市和汉江、东荆河修防处，田关、高关、刘岭等水利工程管理处由湖北省直管。1996年，京山、钟祥划归荆门市管理。

1995年党的十四届五中全会明确将水利摆在基础设施和基础产业的首位，同年湖北省政府发出《关于进一步加强水利建设的决定》，水利建设走上了国家办水利与社会办水利相结合的新路子。水利建设开始严格按基本建设程序办事。荆州水利逐步形成五大体系：多渠道、多层次、多元化水利投入体系；比较科学完善的水利资产经营管理体系；完整、合理的水价格收费体系；比较完善的水利发展体系；比较优质、高效的水利服务体系。

1996年荆州遭受自1954年以来最严重的洪涝灾害。7月以后，降雨集中，雨洪同步，外洪内涝，具有区域性的特征。长江监利、洪湖、螺山的洪峰水位超历史，同期，湖库水位均超历史。洪涝灾害以监利、洪湖、石首最重，部分民垸漫溃，28个乡镇沦为泽国，199个村庄被水围困，1/3的中小学受灾。在党中央、国务院和湖北省委、省政府的领导下，荆沙市委、市政府贯彻“全面防范、重点加强、严防死守、全力抢险”的方针，坚持把防汛排涝作为压倒一切的中心，组织百万防汛大军，投入抢险抗灾斗争，把灾害损失减少到最低程度。

1998年、1999年，长江连续两年发生大洪水，特别是1998年，沙市洪峰水位达到45.22米，为有水文记录的最高水位。在关键时刻，党和国家领导人赴荆州指导抗洪，国家防总在荆州办公，湖北省委、省政府靠前指挥，全国人民大力支持；在最困难的时候，38位将军带领5万名解放军指战员和武警官兵，同防汛大军日夜守护在抗洪第一线；在最艰苦的地方，共产党员挺身而出，同人民群众一起顽强拼搏，经过91天的艰苦奋战，取得了抗洪斗争的伟大胜利，铸就了“万众一心、众志成城、不怕困难、顽强拼搏、坚韧不拔、敢于胜利”伟大的“98抗洪”精神。

1998年10月，党的十五届三中全会作出《中共中央关于农业和农村工作若干重大问题的决定》，要求进一步加强水利建设，坚持全面规划、统筹兼顾、标本兼治、综合治理，实行兴利除害结合，开源节流为重，防汛抗旱并举的方针。接着，党中央、国务院又下发了《关于灾后重建、整治江湖、兴修水利的若干意见》，对灾后水利工作作出全面部署，并投入巨资整治长江堤防和开展农田水利建设。全市长江干堤、水库整险、泵站改造、人畜安全饮水、灌区配套节水工程全面展开。1995—2012年国家和湖北省投入荆州水利基本建设资金102.4亿元。1998—2009年的10年中，长江堤防建设投入42.1亿元，相当于1998年前的48年总投入的4.14倍。“九五”至“十一五”期间，国家连续3个五年计划加大对水利堤防建设投入，投入资金和建设规模前所未有。

这一时期是水利建设蓬勃发展的新时期，也是全面提高水利工程抗御灾害能力的时期。1998年长江发生大洪后，荆州实施荆江大堤、长江干堤，南线大堤，松滋江堤以及荆南四河部分堤防和分蓄洪工程堤防整险加固工程，完成土方1.45亿立方米，主要堤防达到了设计洪水（位）标准；“十一五”时期（2006—2010年）重点实施水库除险加固、大中型泵站更新改造、大型灌区续建配套及节水改造、农村饮水安全工程、水利血防综合治理、中小河流治理、城市防洪工程、荆南四河堤防加固工程和四湖流域治理等。

20世纪末，《中华人民共和国水法》《中华人民共和国水污染防治法》《中华人民共和国防洪法》相继修订、颁布实施，荆州市和各县（市、区）政府及各级水行政主管部门，结合实际制定一批水利、防汛等规范性文件，逐步健全水利法治体系，强化对水资源的统一管理。

2000年以后，《中华人民共和国招标投标法》颁布施行，水利建设市场走向规范化轨道。水利工程建设实行项目法人制、招标投标制、工程监理制、合同管理制，确保在建工程质量。实行工程建设质量终身负责制。全市堤防、水库整险加固，涵闸泵站更新改造以及灌区建设、人畜安全饮水工程建设按“四制”管理。施工由过去手挖肩挑、人海式大兵团作战转变为机械化作业，施工进度加快，工程质量提高，结束了1000多年修堤靠手挖肩挑的历史，极大地解放了农村劳动生产力，推动了水利建设飞跃发展。

2003年，按照国务院办公厅《关于水利工程管理体制改革实施意见》和湖北省制定的水管体制改革实施方案，对全市水利工程管理单位划分性质和类别，实行定编定员。将全市所有水利工程管理单位划分为纯公益性、准公益性事业单位和水利企业3种类型。事业性质的水管单位由编制办公室同财政、水利主管部门严格定编定岗，实行管理和养护分离。同时，对农村小型水利工程通过明晰所有权，建立农村用水合作组织，采取承包、租赁、拍卖、股份制合作等经营形式，调动农村基层水管人员积极性，把农村小型水利工程管好用好。随着农村税费体制改革深入，各县（市）采取“政企分开、以钱养事、合同制管理”等办法，探索运行新机制，逐步实行管养分离。通过改革，水管单位机构设置更加合理，管理水平进一步提高，队伍精干，运营成本降低，社会保障完善。

在强化水利管理体制改革的同时，继续搞好水费、水资源费、防汛费、水利基金的征收，促进水利经济良性循环。早在20世纪50年代荆州部分县就开始征收水费，按田亩平摊，随公粮由财政部门代收代管，在财政部门的监督下用于水利工程的维护管理。20世纪80年代初，荆州行署推广漳河水库“按田配水、计量收费”的办法，实行基本水费加计量水费征收。1994年，荆州行署批转荆州地区水利局关于完善水利工程水费制度的报告，对各类用水分别核定成本计征水费，改变过去单一征收农业水费，对工业、生活、航运制定新的收费标准，彻底扭转过去水利建设只讲服务和社会效益，不讲经营和经济效益，造成水利管理资金紧缺，工程老化失修，效益减退的严峻局面。“八五”期间，为改变无偿用水和低价供水的现状，荆州改革水费征收办法，实行农业水费以实物计价，货币结算；工业和城镇生活用水按成本核算计收，确保各类水费征收到位，用于工程维修和更新改造。2003年，国家停止征收农业税，农业基本水费（排涝费）同时停征。主要水利工程修建、管理费用由国家统一支付。自明朝中期开始向农民按田亩（或人丁）收取土费用于水利工程修建、管理，近500年的历史结束。

1995年，全市开始征收水资源费，1997年和2006年湖北省政府先后颁布《湖北省水资源费征收管理办法》，对水资源费征收范围、标准和市、县留用比例作出适当调整。1995年4月，湖北省人民政府印发《湖北省防汛费征收管理办法》，规定有劳动能力的公民（非农业人口）每人每年征收防汛费25元。每年汛期荆州市和各县（市、区）按照文件规定标准征收防汛费，2013年停征。

荆州水土保持工作起步较早，水土流失比较严重的荆门、松滋、京山、钟祥等县于1956年就建立了水土保持委员会，开始有组织、有领导地开展水土流失治理工作。新中国成立以来经历了发展、停顿、再发展、大发展4个阶段。1991年《中华人民共和国水土保持法》颁布实施，水土保持工作走上依法治理轨道，在国家大力支持下，水土流失治理从过去的单一治理、分散治理，转向以小流域为单位进行综合治理。21世纪初，全市主要治理了荆州区太湖港，松滋长河、南河，石首韩家冲，洪湖黄蓬山等小流域，取得了显著成果。截至2005年，全市治理水土流失面积633.06平方千米，建设基本农田16.43万亩，发展经济林面积11.05万亩、水保林面积40.06万亩，封禁治理面积17.06万亩，坡改梯10.36万亩。2012年前全市累计征收水土保持补偿费和水土流失防治费564.2万元。

农村饮水安全问题一直受到国家的高度重视。荆州市把城乡饮水工程，特别是解决农村饮水不安全问题作为最大的民生问题，在国家和省级财政的大力支持下，集中人力、物力、财力，先后启动农村饮水解困和安全饮水工程。2005年初，按照水利部的统一部署，全市对农村饮水安全现状进行了调查，全市总人口516.82万人，其中饮水安全和基本安全人口156.44万人，占30.27%；饮水不安全人口360.38万人，占69.73%。从2005年至2010年年底，农村以实施饮水安全为目标，即水质、水量、方便程度、水源保证率4项指标达标，按照“村村通、全覆盖”的要求，全面兴建集中式自来水工程。全市兴建农村供水工程197处（次），解决174.28万人的饮水不安全问题。共完成投资74506万元，其中中央和湖北省投资52963万元，地方配套及群众自筹21543万元。农村安全饮水程度逐年提高，农民生产生活水平得到有效改善。

2010年3月，引江济汉工程开工，开挖人工运河长67.23千米。其中，荆州段主体工程有李埠镇龙洲垸进水闸、龙洲泵站、节制闸、防洪闸、船闸和27.05千米人工运河。经过4年的施工，2014年9月26日竣工送水。该工程每年可向汉江补充水量21.9亿～25.2亿立方米，向东荆河补充水量5.6亿～6.1亿立方米，基本满足上游丹江口水库南水北调后，汉江下游和东荆河沿岸以及四湖地区总干渠沿岸工农业生产和人民生活用水。工程实现了毛泽东主席1952年提出的“南方有水，北方缺水，如有可能，借点水来也是可以的”宏伟设想。

四

“水为中国患，尚矣。知其所以为患，则知其所以为利，因其患之不可测，而能先事而为之备，或后事而有其功，斯可谓善治水而能通其利者也。”

新中国成立以来大规模的治水活动，对荆州的经济社会发展影响深远，到21世纪初，已建成防洪、排涝、灌溉与安全饮水三大工程体系。抗御洪、涝、旱灾害的能力不断增强。截至2010年，荆州水利堤防建设，累计完成土石方705.45亿立方米，石方1.4亿立方米，完成水利工程总投入168.60亿元（国家投资91.56亿元，湖北省投资22.04亿元，地方自筹43.69亿元，其他11.31亿元）。其中，堤防建设完成投资81.65亿元（国家投资54.17亿元，湖北省投资3.34亿元，地方自筹19.20亿元），分蓄洪工程完成投资

12.75亿元，涵闸泵站完成投资25.12亿元，水库工程完成投资5.39亿元，人畜安全饮水工程完成投资13.1亿元，水利灭螺工程完成投资7.22亿元，中小河流治理工程与小型农田水利工程投入6.91亿元。

江河防洪体系：防汛抗洪是荆州天大的事，建设高标准的防洪体系一直是荆州水利建设的首要任务。特别是1998年长江大水后，国家加大对水利建设的投入，取得了巨大成就。荆江大堤、长江干堤、南线大堤基本达到国家规定的建设标准，具备防御沙市水位45.00米的抗洪能力。建成国家1级堤防长269.71千米，2级堤防长996.6千米，3级堤防长607.95千米。全市2886千米的干支民堤累计完成土方9.7亿立方米，其中1949年以前的1600年间完成土方2.8亿立方米，1949—2010年的60年完成土方6.9亿立方米。

荆州境内长江河道崩岸特别严重，从明成化元年（1465年）至民国三十八年（1949年）的484年间，护岸石方仅25万立方米。1950—2011年，荆州境内长江干支流护岸302千米，投入石方2900万立方米，河道基本稳定。结束了三十年河东，三十年河西，河道游荡不定的历史。

湖区排涝体系：平原湖区面积占全市总面积的81.3%，洪涝灾害是湖区的主要灾害。经过几十年的治理，境内已建有排水涵闸540座，设计排水流量7862.67立方米每秒；大中型电排站130座、装机882台、容量27万千瓦。其中，800千瓦以上的电排站21座，装机107台、容量14.14万千瓦，设计流量1476立方米每秒。全市有效排涝面积达到616.5万亩。2005年、2009年国家启动大中型电排站更新改造后，荆州对102座（20.04万千瓦）泵站机组和建筑物进行全面更新改造，完成投资12.76亿元，排涝标准基本达到10年一遇的水平。

灌溉与供水体系：山区占全市总面积的18.77%，旱灾是丘陵山区的主要灾害。1959—1961年三年大旱后，各地开展抗旱引水工程建设，兴建水库119座，总库容8.35亿立方米（兴利库容4.47亿立方米），设计灌溉面积155.7万亩；沿江兴建引水涵闸49处，设计流量838立方米每秒；修建大小塘堰10.5万处，大中型电灌站10处，设计流量220立方米每秒；另建有二级、三级灌溉站1462处，设计流量730立方米每秒。基本形成以大中型为骨干、大中小相结合，以蓄为主，蓄、引、提相结合的灌溉体系，达到遇旱能灌的目标。全市建有2000亩以上灌区56处，其中30万亩以上的灌区13处，有效灌溉面积611万亩，占全市耕地面积的87%。1999年起，国家投入12.08亿元，用于大型灌区改造升级，到2011年，已完成六大灌区配套与节水工程投资6.03亿元，疏挖干支渠6423.46千米，衬砌906.58千米。通过改造，全市新增灌溉面积2.9万亩，改善灌溉面积9.6万亩，恢复灌溉面积3万亩，尚有7个大型灌区改造及节水工程正在实施中。2001年全市有68座大中型水库列入整险加固计划，到2011年已全部竣工，完成投资4.6亿元。其中，国家投资2.57亿元，地方配套2.03亿元。通过整险加固，水库面貌焕然一新。

荆州农村自20世纪80年代开始实施改水，这是一项惠及广大农村的民生水利建设，到2010年止，按照“村村通、全覆盖”的要求，新建农村供水工程197处，解决了174.28万人的饮水不安全问题。

非工程措施的建设得到加强。非工程措施是整个防灾减灾系统中的重要组成部分，是一项长期的战略方针。自20世纪70年代以来，非工程措施建设不断得到加强，经过几十年的努力，取得了很大成就。不断加强防灾减灾意识的宣传，荆州市的最大市情就是水情，防汛抗灾是天大的事情。向广大干部群众宣传荆州所处的特殊地理位置，洪、涝、旱灾害的特点、抗灾的有利条件、困难和问题，增强人民群众防汛抗灾人人有责的防范意识和对灾害的应变能力，动员人民群众支持、参与到防灾减灾斗争中来。积极做好各项防灾的准备工作，认真周密地制定各种抗灾预案（包括防御特大洪水方案）。根据水利工作面临的新形势和水、雨、工情的变化，特别是可能出现的极端天气，随时修订抗灾预案；荆州境内的长江、东荆河、荆南四河、分蓄洪工程、四湖、大中型水库、大型电排站以及各县（市、区）、各流域单位每年都编制了抗灾预案；不断完善水情、雨情预报、报警系统和防汛通信设施，水、雨情报已经实现由人工预报向自动化预报的转变，市、县（市、区）、流域单位各级指挥部能及时了解长江流域、汉江流域、洞庭湖水系的水雨形势，据此制定和调整防洪抗灾对策；主要分蓄洪区已基本建成预警报警系统，一旦需要运用分蓄洪区，报警可直接到村，还可利用电视、广播等媒体和手机发布预警。不断完善后勤保障，构建了由水利、交通、物资、医疗、公安等部门组成的防汛抗灾后勤保障系统。依法防御洪水，减轻洪涝灾害的活动已纳入法制化轨道。防汛抗灾工作实行行政首长负责制、部门责任制和岗位责任制。培育了一支训练有素、熟悉情况，能迅速决策的技术队伍和抢险队伍。

水利工程管理工作不断加强。新中国成立后，确定“建管并重”的方针。1979年全区水利管理工作会议明确指出：“要把水利工作的重点转移到管理方面来。”经过几十年的努力，管理体制和机构不断完善。全市堤防（围垸）、水库、大中型泵站、大型涵闸、渠道、湖泊以及电站等建立了专管机构，实行专管为主，专管与群管结合，明确了管理单位的体制、管理范围、职责任务和具体要求；制定了管理的规章制度和工程调度运用方案。管理工作逐步规范化、制度化。管理方式由过去以行政手段为主，转变到依法管理，保证了水利工程效益的不断提高。

经过60多年大规模的治水，从整体上提高了江河防洪及农田排涝抗旱的能力，促进了荆州经济社会的发展，先后战胜了长江、汉江1954年、1964年、1980年、1983年、1991年、1996年、1998年和1999年的洪涝灾害，取得一个又一个抗灾斗争的伟大胜利，结束了千百年来人们在洪水面前处于被动的历史。

正是：“天之所能者生万物矣；人之所能者治万物矣。”

五

三峡工程2009年建成蓄水，使荆江的严峻防洪形势得到缓解，防洪标准由过去的10年一遇提高到100年一遇水平，再遇到1860年、1870年同样大的洪水，也有相应的防御对策，避免洪水给两湖平原造成毁灭性灾害，为两湖地区经济社会的可持续发展提供了可靠的安全保证。荆江两岸洪涝灾害频繁的历史宣告结束。对两湖地区尤其是荆江两岸的防洪、排涝、灌溉以及江湖关系产生新的变化。三峡工程的防洪效益是巨大的，但防洪库容相对于长江上游洪水来量仍显不足，洪水来量与荆江河道安全泄量之间的矛盾依然存在。

荆江的防洪仍然要依靠堤防、分蓄洪区、荆南“三口”向洞庭湖分流等工程措施与非工程措施相结合的综合防洪体系。由于荆州所处的特殊地理位置，防洪任务将是长期的，加强对防洪工程的建设和管理将也是长期的任务。由于清水下泄，下游河道会产生冲刷，引起同流量下水位降低，同水位下流量增大。因为水位变化，对荆州境内的排涝灌溉产生影响。总体来讲，荆州境内的排涝情况将获得一定程度的改善。境内凡依靠长江和荆南四河供给的农田用水、工业用水以及人畜用水等都会不同程度的受到影响，用水格局将发生变化，特别是春、秋两季引水更加困难。

全市防洪、排涝、灌溉与饮水三大工程体系虽然建成，但荆南四河堤防尚未达标，特别是洲滩民垸防洪标准偏低的状况没有得到改善，排涝标准还不到10年一遇，一部分丘陵山区的人畜饮水还存在困难，钉螺面积扩散，挤占湖泊调蓄面积屡禁不止，工程管理亟待加强，水土流失、水资源污染与浪费时有发生，有的地方还相当严重，直接影响荆州经济社会的可持续发展，应引起高度重视。

随着南水北调和引江济汉工程建成，以及长江流域的进一步治理，将对荆州的防洪、排涝、灌溉以及生态环境产生深远的影响，荆州的水环境将发生新的改变。兴水利、除水害、促进人水和谐，永远是保证荆州经济社会发展的重要支撑。进入新的历史时期，对治水、保护水的要求越来越高，水利保障经济社会发展和全面建成小康社会的责任更加重大，使命光荣。荆州水利工作者要为建设人水和谐的新荆州而努力奋斗。

第一篇　水利自然环境

荆州地区地处湖北省中南部，江汉平原腹地，介于北纬29°26′～31°37′，东经111°15′～114°05′之间。北接襄阳，西靠宜昌，东连武汉，南滨长江与湖南省毗邻，国土面积29038平方千米，占湖北省国土面积的15.6%。全区西北高、东南低，山地沿西北部边界分布，平原呈扇形展开，山地丘陵，平原阶状分布，层次明显。西部山地属荆山余脉，北部系大洪山南麓，钟祥大洪山山脉斋公岩海拔1051.00米，为全区最高峰。西北向东南倾斜为海拔150.00米以下的丘陵区，中部和南部乃平原湖区，一般高程为25.00～40.00米。主体是长江汉水及其支流冲积而成的河积、湖积平原，平原湖区面积占总面积的69.1%。土地平坦，土层深厚，土质疏松肥沃，降水丰沛，是中国南方富饶平原之一，为全国商品粮基地。

1994年撤区建市，1996年荆沙市更名为荆州市，国土面积14067平方千米，占湖北省国土面积的7.6%，地处湖北省中南部，江汉平原腹地，跨江带湖。其地理位置为北纬29°26′～30°39′，东经111°15′～114°05′，全市地势略呈西高东低，由低山、丘陵、岗地、平原逐渐过渡。平原是荆州地貌主体，分布于各县（市、区）。全市海拔250.00米以上的低山493平方千米，占国土面积的3.5%；海拔40.00～250.00米的丘陵岗地2147.66平方千米，占国土面积的15.27%；其余则为海拔25.00～40.00米的平原，占国土面积的81.23%。山丘分布于西部松滋市庆贺寺、刘家场以及荆州区的八岭山，东南部的石首桃花山和公安的黄山等地。地势最高点为松滋大岭山，最高峰海拔815.1米。东部地势低洼，最低点在洪湖市新滩镇沙套湖，海拔仅18.0米。

不论是荆州地区还是荆州市，都处于长江和汉水由山地向平原过渡的地带。又是冷暖空气南来北往和交汇的地方，暴雨、干旱等灾害性天气时有发生，经常出现外洪内涝、春旱夏涝、南涝北旱的情况。每值汛期，荆州约有2/3的人口、3/4的耕地处于洪水线以下，防汛排涝任务繁重。洪水威胁始终是心腹大患。安全防御江河洪水，保障人民生命和财产安全是天大的事。

第一章　地　理　概　况

荆州历史悠久，其行政区划自设立以来代有变动，难有一个确定的区划界定。新中国成立后，设立荆州行政专署，划定荆州地区。为消弭水旱灾害，以此区域为对象作出了系统的、科学的、周密的治水规划，并坚持年复一年地具体实施，经40多年的不懈努力，终建成荆州地区防洪、排涝、灌溉三大工程体系，并在实际运用中发挥了巨大的作用。此后，虽行政区划变动，但水系难裂，为全面了解荆州这方土地的山山水水，为把握水利工程建设的来龙去脉，故将政区列首略述。

第一节　政区与位置

一、行政区划

荆州之名源于《尚书·禹贡》："荆及衡阳惟荆州"，乃上古九州之一，以原境内蜿蜒高耸的荆山而得名，其地域范围以古云梦泽为中心，北据荆山，南跨衡山之阳，自楚国的先君熊绎被周王封于丹阳，公元前689年，楚文王迁都郢（今纪南城），都郢400余年，荆州为楚国的政治、文化、经济中心。

秦始皇统一中国，划天下为36郡，荆州属南郡，郡治江陵，汉武帝元封五年（公元前106年），设立荆州刺史部，为行政监察区，属全国十三部之一，是荆州作为政区名称之始。三国时期，魏、蜀、吴三分荆州，后归吴。晋代，荆州治所自永和八年（352年）起，定治江陵。南北朝时期，齐和帝、梁元帝、后梁、萧铣四朝以荆州为国都。唐，设荆州总管府，武德七年（624年）改为都督府，上元元年（760年），以江陵为南都，改荆州为江陵府。五代十国时为南平国都。宋为荆湖北路，元为中兴路，明清为荆州府，民国初年为荆宜道，民国二十一年（1932年）后，分属湖北省第六、七行政督察区。民国二十五年（1936年）为第三、四行政督察区。

1949年7月，析江陵之沙市建市，属省辖市。同月，成立荆州行政区督察专员公署（以下简称"专署"），治江陵县荆州镇，领江陵、公安、松滋、京山、钟祥、荆门、天门、潜江8县。沔阳行政区督察专员公署，治新堤镇，领沔阳、监利、石首、嘉鱼、蒲圻、汉川、汉阳等7县。1951年6月，以沔阳、监利、嘉鱼、汉阳4县部分行政区域设立洪湖县。1951年7月撤销沔阳专署，其西境沔阳、监利、洪湖、石首4县并入荆州专署，是时领12县，辖地34219平方千米，耕地面积1637.74万亩。1953年4月，设荆江县，1955年并入公安县。

1955年2月22日，沙市市划归荆州专区，是时管辖江陵、公安、松滋、石首、监利、洪湖、天门、钟祥、京山、潜江、沔阳、荆门和沙市12县1市，总面积34270平方千米，耕地面积1593.71万亩，见表1-1-1。

表1-1-1　　1983年荆州地区基本情况统计表

县（市）名称	国土面积/km²	耕地面积/万亩	
		总计	其中：水田
江陵县	3242	141.11	92.95
松滋县	2376	94.56	50.62
公安县	2255	128.20	68.34
石首县	1459	64.24	33.55
监利县	2900	182.60	117.06
洪湖县	2376	111.56	64.02
沔阳县	2470	181.28	95.46
天门县	2450	180.60	64.55
潜江县	2114	126.24	56.47
荆门县	4222	153.36	127.84
钟祥县	4450	138.69	66.99
京山县	3905	87.06	97.32
沙市市	51	4.21	2.08
合计	34270	1593.71	904.25

注　数据来源于《湖北省水利统计资料》。

1979年6月21日，沙市市升为地级市。1983年8月19日，撤荆门县并入荆门市，荆门市升为地级市。

1979年荆州专署改称为湖北省荆州地区行政公署（以下简称“行署”），是时荆州地区辖江陵、松滋、公安、监利、京山、石首、洪湖、仙桃、潜江、天门、钟祥等11县（市），国土面积29038平方千米，见表1-1-2。1994年10月，撤销荆州地区、江陵县、沙市市，设立荆沙市，荆沙市设立荆州区、沙市区和江陵区，辖松滋、公安、监利、京山4县，代管石首、洪湖、钟祥3市和五三农场，国土面积22039平方千米，见表1-1-3。1996年12月，荆沙市更名为荆州市，钟祥、京山划入荆门市，是时荆州市管辖松滋、石首、公安、荆州区、沙市、江陵、监利、洪湖8县（市、区），国土面积14067平方千米，见表1-1-4。

表1-1-2　　1994年荆州地区基本情况统计表

县（市）名称	国土面积/km²	耕地面积/万亩	人口/万人
江陵县	2463	133.16	97.35
松滋县	2176	92.45	87.89
公安县	2298	115.64	100.50
石首县	1427	60.39	60.74

续表

县（市）名称	国土面积/km^2	耕地面积/万亩	人口/万人
监利县	3238	175.12	136.68
洪湖县	2554	98.04	84.74
仙桃县	2538	159.21	145.15
潜江县	2000	106.41	91.61
天门县	2622	164.01	159.77
京山县	3504	83.06	65.91
钟祥县	4488	124.86	99.35
合计	29038	1312.35	1129.69

注　数据来源于《荆州地区志》。

表 1-1-3　　1995 年荆沙市基本情况统计表

县（市、区）名称	国土面积/km^2	耕地面积/万亩	其中		养殖面积/万亩	总人口/万人
			水田	旱田		
合计	22039	886.49	536.36	350.13	138.25	786.66
荆州区	1045	51.37	31.95	19.42	7.79	52.37
沙市区	492	18.87	13.47	5.40	3.44	47.56
江陵区	1032	57.66	36.62	21.04	3.39	36.84
松滋县	2237	92.43	49.25	43.18	13.08	88.45
公安县	2186	115.61	63.95	51.66	21.03	103.51
监利县	3118	173.42	113.27	60.15	19.97	138.88
京山县	3504	82.52	63.99	18.53	11.72	62.12
石首市	1417	60.39	32.12	28.27	11.27	62.12
洪湖市	2519	96.33	59.89	36.44	27.65	86.19
钟祥市	4426	124.10	66.45	57.65	18.29	103.32
五三农场	220	13.79	5.40	8.39	0.62	5.30

注　资料来源《荆沙统计年鉴》（1996 年）。荆州、沙市、江陵三区国土面积为 1996 年资料。

表 1-1-4　　2011 年荆州市基本情况统计表

县（市、区）名称	国土面积/km^2	总人口/万人	耕地面积/万亩	其中		养殖面积/万亩
				水田	旱田	
合计	14401	570.41	698.40	488.05	210.35	226.21
荆州区	1046	55.15	52.56	31.32	21.24	14.28
沙市区	467	62.34	17.70	14.55	3.15	5.96
江陵县	1048	33.09	56.97	43.11	13.86	5.16
松滋市	2177	76.78	89.50	50.41	39.09	14.32
公安县	2257	88.18	120.57	69.69	50.88	28.59

续表

县（市、区）名称	国土面积 /km²	总人口 /万人	耕地面积 /万亩	其中		养殖面积 /万亩
				水田	旱田	
石首市	1427	56.56	58.27	38.52	19.75	22.55
监利县	3460	116.35	206.53	168.45	38.08	53.33
洪湖市	2519	81.96	96.30	72.00	24.30	82.02

注 资料来源于《荆州统计年鉴》（2012年）。各县（市、区）面积累加应为14401km²，但统计公布数字为14067km²。

二、地理位置

荆州地区位于湖北省中南部，长江中游的江汉平原，介于北纬29°26′～31°37′，东经111°15′～114°05′之间。北枕大洪山与襄樊市的随州、宜城交界，西北傍长湖与荆门市接壤，西临沮漳河与宜昌市的当阳、枝江一衣带水，西南一隅沿武陵山余脉与枝城、五峰相接，南滨长江与湖南省的常德市、岳阳市、益阳地区为邻，东与武汉市、孝感市的安陆、应城、汉川毗连，东南一角与咸宁地区的嘉鱼、蒲圻县隔江相望。沙市市镶嵌于江陵县中间，西自松滋县卸甲坪江西观村大岭，东起洪湖市燕窝镇泥洲东端江心，东西最长距离为275千米，北抵钟祥市张集镇包家畈，南达监利县柘木乡八姓洲南端江心，南北最宽距离为245千米，国土面积29308平方千米，占湖北省国土面积的15.6%。

荆州市设立后，其地理位置为西临沮漳河与宜昌市的当阳、枝江一衣带水，西北傍长湖与荆门市接壤，北隔四湖总干、东荆河与潜江市、仙桃市隔水相望，西南沿武陵山余脉与宜昌市枝城、五峰相接，南与湖南省的澧县、津市、安乡、南县、华容犬牙交错，东南滨长江与湖南省的君山、岳阳、临乡和湖北省的嘉鱼、蒲圻隔江相望，东连武汉市，地跨东经111°15′～114°05′，北纬29°26′～30°39′。境区东西最大横距274.84千米，南北最大纵距130.2千米，呈带状分布。全市国土面积14067平方千米，占湖北省国土面积的7.6%，其中平原湖区11427平方千米，占81.23%，丘陵低山区2640平方千米，占18.77%。市区建成面积67.80平方千米。

第二节 地形地貌

一、地形特征

荆州地区地形西北高，东南低，低山、丘陵、岗地、平原依次过渡，逐级倾斜，最高点为北部大洪山余脉，钟祥市斋公岩，海拔1051.0米，最低点在东南部洪湖市新滩镇沙套湖，海拔18.0米。

荆州市地形为西高东低，以平原相和位于平原边缘的带状岗地为主，松滋市西部和石首市南部地区则有低山地形显示。位于松滋市西部大岭山海拔最高，高程815.10米，东南部以长江、汉江冲积而成的平原为主，海拔最低点为东部洪湖市新滩镇沙套湖，海拔18.0米，丘陵地形穿插于平原垄岗区与低山区之间，呈杂乱带状形态分布，一般高程为

100.00～300.00 米，境内东南部长江河床地形，主要为长江和汉江冲积物堆积而成，受河冲刷影响形成一系列狭长的槽谷与砂丘边岸的水下地形，在荆江河段可见江心洲及心滩边滩出现。

荆州市国土面积 14067 平方千米，其地形构成为低山面积 493 平方千米，占国土总面积的 3.5%；丘陵岗地面积 2147.66 平方千米，占国土面积的 15.27%；平原面积 11426.34 平方千米，占国土总面积的 81.23%，形成以平原岗地为主，兼有少量丘陵、低山的基本地貌。

低山主要分布在西部松滋市的庆贺寺、刘家场、桃树及石首市的部分地区，山体主要由石灰岩、泥质页岩组成，常形成岩层土或山地黄棕壤，土层较薄，海拔多在 600 米左右，相对高差 100～200 米，极易造成水土流失。

山地主要分布在松滋市的西北部、石首市的中部和东部，公安县的南部亦有少量分布。松滋市地处巫山山系荆门分支和武陵山系石门分支余脉向江汉平原延伸的过渡地带。山地面积 203 平方千米。形成 8 条山脉，有大小山头 126 座，其中海拔 500 米以上的 20 座（面积 60 多平方千米），最高峰大岭山位于松滋、石门、五峰 3 县交界地，海拔 815.1 米；诰赐山面积 4.5 平方千米，海拔 520 米；鹰嘴尖面积 2 平方千米，海拔 609.6 米；凤凰山面积 0.25 平方千米，海拔 640 米；杨子尖面积 0.5 平方千米，海拔 625 米；九条岭面积 1 平方千米，海拔 678 米；大山尖面积 0.8 平方千米，海拔 655 米；铁子岩面积 1 平方千米，海拔 623 米；十三条岭面积 2.5 平方千米，海拔 508.2 米；金竹岭面积 0.5 平方千米，海拔 552 米，凤凰尖面积 0.5 平方千米，海拔 672 米；长岭面积 0.3 平方千米，海拔 543 米；悬台庙面积 0.5 平方千米，海拔 610 米；五龙山面积 3.5 平方千米，海拔 545 米；马头山面积 0.4 平方千米，海拔 650 米；风坡垴面积 1 平方千米，海拔 783 米；板壁岩（松宜分界地）海拔 540 米；羊山垴面积 0.5 平方千米，海拔 630 米。

石首市山地面积 95.4 平方千米，桃花山（东南属湖南华容）石首面积 71.8 平方千米，最高峰海拔 368.9 米。桃花山有大小山峰 40 多座，主要山峰有昂头山（海拔 340 米）、人字尖（海拔 337 米）、望夫山（海拔 269 米）。城区附近有列货山（海拔 62.6 米）、南岳山（海拔 141.7 米）、石首山（原海拔 150 米，现海拔 62 米）、绣林山（海拔 81.5 米），以上山脉均属幕阜山余脉。六湖山位于团山境内，海拔 71.3 米，属武陵山余脉。

公安县主要山脉有黄山，面积 3.52 平方千米，最高峰海拔 264 米；虎山面积 0.23 平方千米，海拔 90.3 米；马鞍山面积 0.7 平方千米，海拔 95.8 米；甑箪山面积 0.32 平方千米，海拔 92.0 米；永和丘陵 82.24 平方千米，最高处海拔 116 米。均属武陵山余脉。

监利县有白螺矶面积 0.16 平方千米，海拔 59 米；杨林山面积 0.9 平方千米，海拔 76.7 米。均属幕阜山余脉。

洪湖市有螺山面积 0.84 平方千米，海拔 64.8 米。黄蓬山（含香山，海拔 41.2 米，为最高，凤山海拔 40.1 米）连同丘陵面积共 5 平方千米，均属幕阜山余脉。

荆州区西北部岗岭蜿蜒，属荆山余脉，自北端川店入境，逶迤南下，西支为八岭山，主峰换帽冢海拔 101.5 米；东支为纪山，位于荆门市境，海拔 103 米。一直延伸到荆州城西北，形成岭冲相间的丘陵地带。

丘陵主要分布在西部松滋市的老城、王家场、西斋、杨树林等地，海拔 100.0～

500.0米，相对高差50～100米。多系第四纪红黏土，局部有红砂岩，部分地方是石灰岩。其成土质主要是泥质页、红砂岩，发育的土壤为红壤、黄棕壤和石灰土。山体裸露严重，土壤贫瘠，难以利用，为水土保持重点防治区域，宜以林果为主，其冲、畈多辟为农田，种植水稻。

岗地呈带状分布于平原边缘，为平原和丘陵的过渡带，其地面海拔50.0～100.0米，相对高差20～60米，主要分布在荆州（区）的川店、马山、纪南；公安县的孟溪、郑公；石首市的团山、桃花山、高基庙等地。岗地的成土质为第四纪黏土，发育的土壤为黄棕壤、紫色土和水稻土，是粮食和林果特产的集中产区。

平原是荆州市最主要的地貌类型，分布于市境的东南部和长江沿岸，海拔20.0～50.0米，地面坡度小于1°，包括监利、洪湖、江陵3县（市）和沙市区的全部以及荆州区的部分和公安、石首的大部分和松滋的一部分，这块平原由长江、汉江冲积堆积而成，以长江为界，分属于江汉平原和洞庭湖平原。因属于江河冲积平原，江汉平原形成南部长江沿岸、北部汉江沿岸地势较高，离岸滩地越远地势越低。平原整体地形坦荡辽阔，河渠成网，湖泊棋布，堤垸交错，由于河流沉积的作用和人类活动因素，看似一马平川的平原，地形实质上有“大平小不平”的特征，每一民垸呈现一种外围高、中间低的盆、碟形状，由于众多湖垸密布，形成“蜂窝状”“盆碟式”的微地貌特征。

平原地区河网密布，水流平缓，河道左右摆动不定，河曲地貌相当发育，著名的下荆江河曲，素有“九曲回肠”之称，弯曲系数最大为5.6，主泓南北摆动幅度达15千米。荆江河道蜿蜒曲折，水流宣泄不畅，泥沙大量沉积，河床逐年抬高，每逢主汛期，洪水高出堤内平原地面数米以上，形成“船在楼上行，人在水中走”的悬河，极易溃堤成灾，荆江沿岸分布有很多溃口，属溃口扇形地貌。

二、地貌分区特征

平原及其外围，依地貌成因类型及形态特征，可划分为3个区和10个亚区，即构造剥蚀丘陵山区、弱侵蚀堆积岗波状平原区和堆积低平原区。各区成因及形态特征见表1-1-5。

表1-1-5　　荆州地貌分区特征表

成因类型	代号	成因形态类型	代号	成因形态特征
构造剥蚀丘陵山区	Ⅰ	低山亚区	$Ⅰ_1$	分布于松滋西部、钟祥北部和京山北部，主要由古生代地层组成，为构造隆起带，经长期剥蚀，切割作用，形成低山，标高一般大于500m，具有800～500m山原期剥夷面、平缓的山坡、浑圆山顶。岩溶地区多孤山、开阔洼地、水平溶洞等。山地坡脚有第四纪松散堆积物
		丘陵亚区	$Ⅰ_2$	分布于平原与低山区之间，多为新生代地层构成的丘陵地形，属新构造运动间歇上升区。在长期剥蚀作用下，形成峡长山体、浑圆状山顶，标高180～250m，最高473m。切割深度20～200m，坡角20°～30°，坡麓及谷地常有第四纪松散堆积物
		孤山亚区	$Ⅰ_3$	指分布于低平原区内的孤山或残丘，由第三纪时期侵入岩、元古界变质岩构成。标高一般为40～100m，最高263.0m。山顶有第四纪残积层覆盖，坡脚为第四纪坡积、坡洪积堆积物，厚度大于20m

续表

成因类型	代号	成因形态类型	代号	成因形态特征
弱侵蚀堆积岗波状平原区	Ⅱ	岗状平原亚区	$Ⅱ_1$	分布于丘陵地貌区的内侧，呈带状环绕于平原区周缘，由长江、汉水、沦水、沮漳河等河流构成的三～六级阶地构成，经流水作用肢解成垅岗或坳沟相间，区内主要为早、中更新世地层，地面标高西部及外围较高达160～170m，向内逐渐降低为70～40m，起伏差5～10m，坡角5°～15°，最陡25°
		波状平原亚区	$Ⅱ_2$	处于岗与低平原之间过渡带，即西北部长湖—李市、北部钟祥—天门、长丰—后湖—鞍山、东亭—华容—孟家溪等地，地势呈波状起伏，标高在西部为40～50m，起伏差10m左右。北部和南部标高40m左右，起伏差3～8m，地表坡角3°～5°。由晚更新世冲积棕黄色黏土、砂、砂砾石构成，厚度为30～50m
堆积低平原区	Ⅲ	冲积低洼平原亚区	$Ⅲ_1$	主要分布在松滋—藕池、熊口—监利、洪湖—龙口等地，为长江、汉水、东荆河等水系堆积区，地形坦荡辽阔，地势低平，微倾向长江、汉水。西部和北部略高，标高30m左右；中部和东部22～24m，坡度0.05%左右，在江、河上游河谷一级阶地区，地势稍高，在46～34m，高出河水位2～4m。地面几乎全为全新世地层所覆盖
		冲、湖积低平原亚区	$Ⅲ_2$	分布于平坦平原与湖积低平原过渡带，主要在岑河—汪桥、龚场—峰口、彭场—新滩口、渔新—芦市一带，地势低平，微向湖泊倾斜，地面标高29～22m，坡度0.05‰左右。地面全部是全新世灰色淤泥质黏土、粉土
		湖积带平原亚区	$Ⅲ_3$	主要分布于长湖—张金河—监利，芦市—汉湖以及洪湖、排湖、沉湖、里湖等湖泊周围、湖泊消失地带，人工围垦、疏排水成耕地低洼地带。地势较低，洪水被淹或成沼泽。标高27～20m，向湖心微倾斜，地面为全新世近期堆积物，淤泥质粉质黏土，淤泥或泥炭层
		冲洪积高亢平原亚区	$Ⅲ_4$	主要分布于长江干堤之内侧，距大堤1～5km范围内，由沿江溃口作用下，堆积的溃口扇、溃口扇群组成。主扇体成垄，扇与扇间形成槽地，溃口形成溃口塘，冲坑前缘地形较高，为一圆滑的带状山丘，形状如扇。地形较高，扇缘较低。地形标高万城—石首一般为42～35m，石首—武汉为33～24m，一般高于低平原10～5m，地表全部为近期堆积物，粉土或砂
		冲洪积高漫滩平原亚区	$Ⅲ_5$	主要分布于长江、汉江干堤外侧的河流两岸地带，局部为江心洲地带。为河流冲积物堆积而成，形状呈长条带或半月形，长达3～5km，宽度一般为500～1600m，最宽2000m，地形标高西部42～38m，中部36～28m，下游26～20m。局部随大堤迁移，地形呈阶坎状变化。地势倾向河心。地面由砂、粉土及粉质黏土组成

第三节　地　质　概　况

一、地质构造与演变

荆州地区位于扬子准台地中部，属新华夏系第二沉降带晚近期构造带，其地质构造除荆州北部钟祥、京山及松滋西部有白垩纪前的老地层分布外，其余地区则被巨厚的第四系覆盖。区内岩浆活动较弱，仅是周缘山地及江陵八岭山有岩浆侵入及火山活动的遗迹。

荆州市区域为原荆州地区的主要组成部分，地质构造基本一致，境内地层出露较全。最古老的岩层为元老代结晶系，散见于松滋西部，受元古代末期地壳运动影响，市境内一度上升为陆，在经历震旦纪至早三叠世末期，在长达十几亿年的时间中，境内地壳以稳定上升运动为主，周而复始的海退海进，使境内沉积一套厚逾6000米的浅海——陆棚相碳酸盐岩与砂页岩间层，在松滋市的二叠系岩层中夹有煤层。尔后受印支运动影响，区内发生大规模海退，从而转变为内陆沉积环境。同样受其影响，地壳开始强烈拉张，产生一系列北北西向断裂，同时发生的局部凹陷作用，在境内形成数个拗陷，地堑或地垒，沉积厚达2000余米类磨拉石。

早白垩世，受燕山运动的影响引起的北东和北北西向断列控制，市境地壳产生差异性运动，荆州北部山区以南地区开始下沉，断块活动加剧而逐渐发育起一个具有断—拗结构特征的离散性盆地。而盆地周边为构造隆起山地所围，北有桐柏—大别隆起，西有武陵隆起和黄陵背斜隆起组成的鄂西山地，东有大别—大磨隆起—幕阜山组成的东南构造山地，南有华容隆起横亘，将江汉盆地与洞庭湖盆地分隔为两个二级构造单元。盆地下沉成为一咸水—盐水湖盆，此为江汉盆地雏形，到了1.2亿年前的晚白垩纪，盆地进一步下沉沦为水乡泽国。沉降的中心在江陵梅槐桥—资福寺、洪湖西缘及潜江一带，沉积物主要为内陆碎屑岩，厚3000余米。与此同时，西南部的松滋市山地和石首市桃花山等地则高居水面，且有多期次酸性岩浆侵入及基性玄武岩喷溢活动。

到第三纪始新世早期，江汉湖盆进入鼎盛期，华容隆起西缘亦没入水中，与南部之洞庭湖水域连成一片。区内气候转湿，湖泊淡化，历时2500万年以后，由于喜马拉雅山运动的影响，境内早先形成的北北西向断裂被北东向断裂切割，发生次一级断陷和地堑，西南部的松滋、华容、北部京山、钟祥等地开始缓和抬升，湖水逐渐向南退缩，仅荆州区、江陵县以及潜江等小板拗陷中残存部分水体，在荆州区八岭山一带有火山喷发活动。到300万年前的第三纪末期，地壳拉张活动引起的侧向挤压和断块间的重新调整，形成总的趋势是周缘山地呈曲形抬升隆起山前或平原周边以掀斜为主，盆地腹部呈下沉趋势，江汉盆地则形成一东西向的洼地，随着古长江主河道的切入，其与支流汉江携带的大量陆源物质的充塞及沼泽化，加速了江汉盆地的消亡过程，使其逐渐向河湖平原转化，从而形成荆州市今日之地貌。

二、地层岩性

（一）前第四纪地区岩性

荆州市位于扬子准地台中部，属新华夏系第二沉降带晚近期构造带，境内地层出露较全，从下古生界至新生界地层均有出露，主要分布于江汉盆地周缘及松滋市西部、钟祥北部和京山大部等，另在盆地中心分布有基岩孤丘，主要有沉积碎屑岩、碳酸盐岩和岩浆岩类，其地层层序、岩性特征等详见表1-1-6。

表1-1-6　　荆州前第四纪地层简表

界	系	统	岩性特征
新生界	上第三系（N）	上-中新统	广华寺组：平原中心地带（沙市—潜江）分上、中、下3段。上段岩性为杂色泥岩夹砂岩和砾岩，厚50～300m；中段岩性为砂岩、砾岩夹杂色泥岩，含炭化木质层，厚180～280m；下段岩性为杂色泥岩夹砂岩、砾岩，底部夹泥灰岩、砾岩，厚50～400m

续表

界	系	统	岩 性 特 征
新生界	下第三系(N)	古-渐新统	上部为细砂岩与砂质泥岩互层，其底部含细砾砂岩或砾岩层，厚259～984m；下部为泥岩、砂质泥岩与粉砂岩，细砂岩互层夹少量页岩和泥灰岩。石膏层、盐层、玄武岩厚997～1700m。江汉平原内部沉积物颗粒变细，称新沟组和潜江组，厚1089～5163m
中生界	白垩系(K)	上统	上部为砂岩、页岩和页膏，盐岩、芒硝；中部为红花套砂岩；下部为罗镜滩砾岩。厚300～1000m
		下统	上部为砂岩、粉砂岩，局部地区夹固体沥青；下部为石门砾岩。厚1115～1706m
	三叠系(T)	上统	九里岗组：砂岩、页岩夹炭质页岩，煤层及菱铁矿。厚150～400m
		中统	巴东组：上部和下部为紫红色砂页岩、泥岩，中部为灰岩、泥灰岩。一般厚75～1100m
		下统	上部为嘉陵江组，岩性主要是中至厚层灰岩、角砾状灰岩、白云质灰岩；下部为大冶组，岩性为具有缝合线构造的薄至中厚层灰岩；底部为页岩或薄层泥灰岩。厚200～1595m
上古生界	二叠系(P)	上统	上部为硅质岩夹灰岩或页岩，有些地方相变为灰岩夹硅质层；下部为燧石结核灰岩夹硅质岩；底部为砂页岩夹煤层。厚260～2600m
		下统	上部为厚层灰岩、白云质灰岩、燧石灰岩，其顶部与硅质层互层，局部地方相变为硅质层，厚38～210m；下部为厚层燧石结核灰岩，含炭质瘤状灰岩及含炭页岩，厚12～168m；底部为砂页岩夹泥灰岩，煤线，局部为铝土矿，厚2～16m
	石炭系(C)	上统	浅灰色、浅红色球粒状灰岩，生物碎屑灰岩。厚1.5～6.2m
		中统	上段灰、浅灰岩，中厚层为灰岩、白云质灰岩、石英砂岩，厚95～140m。下段厚层至块状白云岩时夹白云质灰岩，底部有角砾状灰岩，厚10～112m
		下统	上部为中厚层泥灰岩，下部为砂页岩夹厚层灰岩和煤线，厚15～81m
	泥盆系(D)	中统	石英岩、石英砂岩，中厚层至块状，厚1.5～50m
下古生界	志留系(S)	中统	上段为灰黄绿色蓝灰粉砂岩，泥岩、细砂岩夹粉砂质页岩，厚350～415m
		下统	上段岩性为绿至黄绿色砂质页岩、紫红色粉砂岩夹扁豆体状灰岩；下段为灰绿、黄绿泥质粉砂岩，页岩、石英砂岩及灰岩。厚173～980m
	奥陶系(O)	上统	上部炭质硅质页岩、硅质岩；下部中至厚层泥质瘤状灰岩、泥灰岩、泥岩。厚17～68m
		中统	中厚层瘤状灰岩，结晶灰岩，龟裂纹灰岩夹页岩，厚33～69m
		下统	上部中至厚层结晶灰岩，瘤状，含燧石结核灰岩夹页岩；下部灰岩、生物碎屑灰岩、结晶灰岩、白云质灰岩、白云岩夹页岩。厚101～242m
	寒武系(∈)	上统	中厚层至厚层白云质灰岩、白云岩和灰岩，顶部含燧石，团块和条带，厚24～400m
		中统	薄至中厚层白云岩、灰岩夹少量页岩、砂岩；大洪山为中、下部紫红色泥砂质白云岩、粉砂岩及硅质条带。厚130～170m
		下统	白云质灰岩，泥质灰岩夹页岩，厚180～2888m
上元古界	震旦系(Z)	上统	块状白云岩及灰质白云岩，下部多硅质灰岩，上部夹厚层灰岩，厚60～1525m

（二）第四纪地层岩性

荆州腹地所处的江汉平原属内陆河湖交替相沉积，第四纪地层厚度大、岩性多变、成因复杂。依所处断裂特点异同性及在不同地貌单元上，第四纪地层岩相特征，厚度变化、成因类型不同，将区内第四纪地层分为周缘露头地层区和中部覆盖地层区。在每个地层区内，按二分法划分为全新统和更新统，更新统细分为上、中、下3个岩性段。

1. 露头区

呈带状环绕在平原周围，在前第三纪地层之上，沉积了一套更新统冲积、冲洪积、坡洪积及坡残积地层。在西部山区及北部钟祥石门一带有“冰水”堆积物，总厚度120米左右。由老至新分述如下：

（1）更新统下段云池组。区内分布局限，主要分布在长江五～六级残留阶地及丘岗孤山顶上，如松滋陈店等地。堆积物为冲积、洪积的砂砾石夹薄层砂层及黏土砾石层。一般厚度为5～15米。

（2）更新统中段白洋组。此组广泛分布于岗地区，呈宽带状围绕平坦平原外缘，即松滋—纸厂河一线以西、马山—长湖及天门石河—九真—老官湖以北、石首桃花山等地。沉积了较厚的冲积、冲洪积物，局部地带有坡洪积、坡残积物。据分布高程及岩性特征可大致划为上、下两段。两者都有二元结构，上部橘黄，棕红色网纹黏土，网纹多为灰白、灰绿条带或斑块，厚度变化大，一般为5.5～15米。之下有棕黄色粉细砂，厚度不稳定，一般为0～5米。底部为砂卵石层，砾石磨圆好，具有定向排列，成分有石英岩、石英砂岩、玄武岩、燧石等，砾径一般为3～8厘米，大者30～40厘米，局部地带缺失，厚度为0～15米。

（3）更新统上段古老背组。此组主要分布在长江、汉江及支流的二级阶地波状平原地区，为冲积、冲洪积相，具有二元结构，上部为棕黄色、褐黄色黏土，粉质黏土，含少量灰白色斑块及较多铁锰质结核，具有针状虫孔和垂直节理构造，局部可见古土壤层，厚度为5～25米，中部为灰黄—灰色粉细砂，厚1～5米；下部为砂砾石，厚5～10米，在二级阶地前缘，黄色黏土之下常有灰色淤泥质黏土，厚4.5～20米，局部地段在白洋组之上，也有更新统晚期黄色黏土。

（4）全新统孙家河组。此组主要分布于低山丘陵至岗坡地区，长江、汉江及较大支流的河谷中（指高漫滩，一级阶地地带），在一些大的冲沟内也有厚度较小的松散堆积层。大部分地带具有二元结构，上部为砂及粉土，局部为粉质黏土，疏松，下部为砂及砂砾石。

2. 平原覆盖区

（1）更新统下段东荆河组。此组埋藏于地面50～115.0米以下，主要分布在天阳坪-监利断裂以北，江陵、潜江、沔阳三凹陷带及陈沱口地堑、汉江地堑内。为一套冲积、冲湖积、湖积相互相叠置的堆积物，厚度变化大，中心部位新沟—代市—郭河一带，厚达150～190米，周边地区较薄，一般为15～50米。

（2）更新统中段江汉组。此组普遍分布于地面20～65米以下广大地区，枝江—松滋一线以东，潜北断裂以南，沙湖—湘阴断裂以西，石首—朱河断裂以北，属长江洪积扇堆积区。沉积范围略大于早更新世洪积扇，沉积物颗粒由西向东由粗变细。西部为砂卵石，粒径一般为4～6厘米，大者10～13厘米，几乎不具有细粒夹层。东部相变为冲积、湖积的含细砾砂，砂及黏性类土。沉积韵律好，厚度为5～63米，局部地段缺失。

(3) 更新统上段沙湖组。江汉平坦平原区都有分布，分布范围大于更新统中段江汉组，除局部地带出露地表外，大部分埋藏于全新统地层之下，为长江、汉江携带的沉积物。在汇入低平原区口部常形成很多明显的冲洪积扇体，掩埋于全新统地层之下。沉积颗粒在垂向上，由上至下，由细变粗，即由黏性土至砂砾石或砂，在水平方向上，长江流域由西向东，由粗变细。在潜江熊口—沙岗—普济—闸口镇一线以西洪积扇体中、下部为砂砾石，以东相变为含细砾砂或砂层。汉江流域在芦市—彭市以西中、下部为砂砾石层，以东相变为砂层，冲湖积砂与黏性土互层。厚度为10～63.5米。

(4) 全新统郭河组。此组分布范围广泛，覆盖于整个平原区，底界面深度及厚度变化大，潜江—仙桃以北多在5～10米，最深23.91米。南部大多在10～1.5米，平原中部郭河—排湖一带最深，深槽达25～35.46米。岩性上部颜色较浅，为灰、灰黄色、棕黄色粉细砂、粉土、粉质黏土；中段为灰-深灰色泥质黏性土，夹薄层粉土及粉砂；下部为灰-深灰色粉细砂，或夹薄层粉土。

第二章 气 候

荆州地处江汉平原腹地，属亚热带季风气候区，具有显著的副热带季风气候特点，雨量丰沛，日照充足，无霜期长，寒暑分明，其热量资源较为丰富，且雨热同期，有利于农作物生长。

荆州区域年内降雨主要集中在6—8月，这时大量南来的暖湿气流与北来的冷空气交汇于长江中下游，形成大范围的降雨区，若梅雨期长，降雨量大，降雨范围广，加之与长江洪水相遇，便会出现外洪内涝的严重局面；若梅雨期过短或出现“空梅”现象，高温少雨，加之江河水位偏低，进而发生旱灾。因此，荆州的农业生产受气候制约的因素很大。

第一节 气 候 要 素

荆州地区全境年平均气温（1961—1985年，下同）在15.9～16.6℃之间，1月最冷，平均气温为0～4.1℃，年最低气温为-5.1～-8.7℃，7月最热，平均气温为27～29℃，年最高气温为36.4～37.3℃。降雨量由北向南递增，年平均降雨量在965（钟祥）～1327毫米（洪湖）之间，降雨多集中在4—8月，冬春少雨。全年日照多年平均为1823～2055小时，日照与降雨正相反，由北向南递减，无霜期为236～267天，全年雾日为15～30天，一般持续4小时即散。夏季多东南风，冬季多西北风，平均风速2.5米每秒，见表1-2-1。

表1-2-1　荆州地区各县（市）年均气候资料（1961—1985年）

县(市)名称	年日照		辐射总量/(MJ/m²)	平均气温/℃	极端气温/℃		不小于10℃积温/℃	不小于10℃日数/d	无霜期/d	降水		蒸发量/mm	相对湿度/%
	时数	占年时数/%			最高	最低				量/mm	日数		
钟祥	2056	48	4614	15.9	37.0	-6.3	5079	237	254	965	118	1444	77
京山	1981	46	4505	16.1	37.3	-8.7	5155	237	236	1063	119	1528	75
天门	1944	44	4501	16.3	37.0	-7.0	5199	238	253	1103	121	1326	79
仙桃	2002	46	4576	16.3	36.6	-6.8	5233	239	254	1138	130	1452	80
潜江	1930	44	4480	16.1	36.5	-7.4	5108	236	243	1113	123	1351	81
松滋	1824	42	4367	16.5	37.6	-5.1	5264	243	267	1213	129	1395	78
公安	1841	42	4392	16.4	36.6	-5.6	5197	239	264	1127	126	1299	81
江陵	1875	44	4413	16.2	36.8	-6.6	5147	238	256	1079	126	1298	81

续表

县(市)名称	年日照		辐射总量/(MJ/m²)	平均气温/℃	极端气温/℃		不小于10℃积温/℃	不小于10℃日数/d	无霜期/d	降水		蒸发量/mm	相对湿度/%
	时数	占年时数/%			最高	最低				量/mm	日数		
石首	1830	42	4396	16.3	36.4	−6.2	5192	239	254	1133	131	1349	82
监利	1978	46	4576	16.3	36.6	−7.1	5168	238	262	1208	133	1337	82
洪湖	1961	45	4534	16.6	36.8	−6.5	5309	241	258	1327	136	1343	81

注 转录自《荆州地区志》(1996年)。

荆州市多年(1981—2010年,下同)平均气温为16.8～17.31℃,年平均降水量1077.1(荆州区站)～1424.8毫米(洪湖站),年平均日照1627～1844.1小时;最冷月是1月,其平均气温为4.3～4.7℃,最热月是7月,其平均气温为28.1～29.1℃,历年极端最低气温为−15.1(洪湖)～−10.9℃(松滋),极端最高气温为38.2～39.7℃,一日最大降水量为174.3～282.0毫米,按照全国气候区划标准,属于典型的亚热湿润季风气候区,具有四季分明、热量充足、光照适宜、雨水充沛及水热同季等特征。

一、气温

荆州市各地年平均气温在16.8～17.31℃之间,均值为17℃,荆州市各地多年月平均气温见表1-2-2。

表1-2-2　荆州市各地多年月平均气温表(1981—2010年)　单位:℃

站名	月份												年均值
	1	2	3	4	5	6	7	8	9	10	11	12	
松滋	4.7	6.9	11.0	17.2	22.2	25.6	28.1	27.6	23.6	18.3	12.5	7.0	17.06
荆州	4.3	6.6	10.7	17.0	22.0	25.6	28.1	27.6	23.4	17.9	12.0	6.5	16.81
公安	4.6	6.8	10.8	17.1	22.1	25.6	28.2	27.5	23.4	18.0	12.4	6.9	16.95
石首	4.4	6.7	10.7	17.0	22.1	25.6	28.3	27.7	23.6	18.1	12.3	6.7	16.93
监利	4.3	6.6	10.7	17.2	22.3	25.8	28.6	27.8	23.4	18.0	12.1	6.6	16.95
洪湖	4.5	7.0	11.0	17.4	22.5	26.0	29.1	28.3	24.0	18.5	12.5	6.9	17.31
平均值	4.47	6.77	10.82	17.15	22.20	25.70	28.40	27.75	23.57	18.13	12.3	6.77	17.0

一年之内1月最冷,多年月平均气温为4.3～4.7℃,平均值为4.47℃,较前30年(1950—1980年)3～4℃提高1℃左右。1月过后逐渐上升,到7月最高,月平均气温为28.1～29.1℃。8月以后气温逐渐下降,气温的年均差在23.8～24.8℃之间,东部高于西部。全年气温冬季虽冷但不严寒,夏季虽热也不少雨,气温较为适宜。

荆州市最高气温为38.2～39.7℃,其中最高为39.7℃,出现在松滋市的1989年7月23日和公安县的1991年7月28日;年极端最低气温为−15.1～−10.9℃,其中1977年1月30日监利县的−15.1℃为最低,1997年1月30日松滋市的−10.9℃为相对较高。荆州市历史上不小于35℃的高温出现在4—9月,其中7月平均每年约7天为最多,8月次之。

荆州市历年日平均稳定达到不小于10℃以上积温为5284.4～5445.2℃之间，日数在241～246天之间，见表1-2-3。初日出现在3月下旬初，终日出现在11月中旬末或下旬初；日平均气温稳定20℃以上的日数在102～104天之间，初日出现在5月底或6月初，终日出现在9月中旬初，其间的积温在2740～3050℃之间。

表1-2-3　　荆州市历年稳定10℃、20℃的平均初、终日期及积温表

站名	不小于10℃初日	不小于10℃终日	间隔天数/d	积温/℃	不小于20℃初日	不小于20℃终日	间隔天数/d	积温/℃
荆州	3月21日	11月18日	243	5284.4	5月31日	9月11日	104	2796.4
松滋	3月21日	11月21日	246	5364.4	6月3日	9月12日	102	2740.0
公安	3月21日	11月19日	244	5308.8	6月1日	9月11日	103	2760.8
石首	3月22日	11月19日	243	5298.4	5月31日	9月12日	104	2804.5
监利	3月23日	11月18日	241	5280.3	5月31日	9月10日	103	2775.1
洪湖	3月21日	11月20日	245	5445.2	5月28日	9月16日	112	3041.7

二、日照

荆州市累计年平均日照时数为1697.7小时，其中最多日照时数为1844.1小时，出现在洪湖市，最少日照时数为1627.6小时，出现在荆州区，见表1-2-4。日照年际变化显著，夏季最长，全年最多的月份为7月或8月，月日照时数为202～234小时，平均每日达6.7～7.8小时，秋季其次，冬季最少，全年最小月份为2月，为79～86小时，平均每天只有2.8～3.1小时。各季日照时数以洪湖、监利为最高，松滋最低，江汉平原具有一定的光能优势，为农业生产提供了充足的光合源。

表1-2-4　　荆州市各地多年月平均日照表（1981—2010年）　　单位：h

站名	月份												全年
	1	2	3	4	5	6	7	8	9	10	11	12	
松滋	88.0	79.9	109.4	140.0	161.8	158.1	202.2	212.2	162.4	128.7	117.3	101.8	1661.8
荆州	87.4	82.4	111.5	137.5	153.3	151.7	196.3	200.1	154.2	128.4	120.0	104.8	1627.6
公安	88.0	82.0	110.0	136.4	160.4	156.0	207.4	210.2	161.2	131.5	121.1	104.8	1669.0
石首	87.5	78.2	103.7	128.3	156.0	157.8	211.9	208.1	157.3	130.6	124.9	108.5	1652.8
监利	91.8	80.5	106.9	136.8	161.1	159.8	219.5	218.3	167.2	140.2	131.2	117.7	1731.0
洪湖	98.1	86.2	112.5	140.7	176.9	172.3	234.5	231.0	175.0	151.8	139.2	125.9	1844.1
平均值	90.1	81.5	109.0	136.6	161.6	159.3	212.0	213.3	162.9	135.2	125.6	110.6	1697.7

三、季风

荆州市境内地势平坦开阔，为冷空气南下通道，处于省内风速高值区，累年平均风速

2.15 米每秒，各地差异不大，其变化范围在 2.06～2.33 米每秒之间，见表 1-2-5。最大出现在洪湖市，最小则在监利县。

表 1-2-5 荆州市各地月平均风速表（1981—2010 年） 单位：m/s

站名	月份												年均值
	1	2	3	4	5	6	7	8	9	10	11	12	
松滋	1.9	2.0	2.3	2.2	2.2	2.2	2.3	2.2	2.2	1.9	1.8	1.8	2.08
荆州	1.9	2.1	2.3	2.2	2.1	2.0	2.4	2.1	2.1	1.8	1.8	1.9	2.06
公安	2.2	2.3	2.5	2.4	2.3	2.1	2.2	2.3	2.4	2.1	2.1	2.2	2.26
石首	2.1	2.2	2.4	2.3	2.3	2.2	2.4	2.2	2.2	1.9	1.9	2.1	2.18
监利	2.0	2.1	2.2	2.1	2.1	2.0	2.2	1.9	1.8	1.7	1.7	1.8	1.97
洪湖	2.2	2.4	2.5	2.4	2.4	2.3	2.7	2.4	2.3	2.1	2.1	2.2	2.33
平均值	2.05	2.18	2.37	2.27	2.23	2.13	2.37	2.18	2.17	1.92	1.90	2.00	2.15

荆州市月平均风速在 1.9～2.4 米每秒之间变化，其中 3 月和 7 月平均风速 2.4 米每秒为最大，10 月和 11 月平均风速 1.9 米每秒为最小。一年四季中，春季和夏季平均风速较大，秋季和冬季的平均风速相对较小。从地理位置的分布看，公安和洪湖平均风速相对较大，监利平均风速相对较小。

荆州市 1981—2010 年共发生 6 级以上（平均风速 10.8 米每秒以上，以下简称“大风”）大风 397 天，发生最少是夏季 6 月的 13 天。从地理位置来看，公安出现 168 天，其次是洪湖出现 69 天，出现最少的是松滋和石首，分别为 35 次和 34 次。

荆州市建站至 2010 年各站最大风速极值为 16.3～20.0 米每秒（相当于 7～8 级大风），一般为强冷空气南下影响所致，荆州市 6 个代表站极值中有多站出现在 20 世纪 70 年代，2 站出现在 20 世纪 80 年代，1 站出现在 20 世纪 90 年代，见表 1-2-6。

表 1-2-6 荆州市建站至 2010 年各站最大风速极大值表 单位：m/s

站 名	发生日期	最大风速极大值（风级）
荆州	1973 年 4 月 10 日	16.3（7 级）
松滋	1978 年 10 月 26 日	16.0（7 级）
公安	1995 年 3 月 17 日	20.0（8 级）
石首	1988 年 7 月 11 日	15.7（7 级）
监利	1981 年 5 月 2 日	16.0（7 级）
洪湖	1972 年 8 月 18 日	20.0（8 级）

四、降水

降水主要受季风影响，由大气环流所控制，雨季开始的迟早，维持时间的长短以及强弱程度同季风活动有关。同时荆州市又是平原边缘与山地之间的过渡地带，地形利于接收夏季风所带来的丰沛降水。境内河流、湖泊、水库、塘堰星罗棋布，水体效应明显。“宜钟风道”沿汉江进入江汉平原东北部，与降水有着十分密切的关系。荆州市多年平均年降水量为1242.8毫米，其中洪湖市平均年降水量1424.8毫米，为全市最多，荆州城区平均年降水量1077.1毫米，为全市最少，见表1-2-7。降水年际变化明显，年降水量最多达到2309.1毫米（洪湖市，1954年），年降水量最少的仅为562.0毫米（钟祥市，1966年）。全年降水主要集中在6—8月，约占50%。夏季暴雨开始迟早和时空分布与西太平洋副热带高压位移有明显的一致性。入梅时间一般在每年的6月中下旬，出梅时间一般在7月中旬前后，梅雨期一般有1～2次比较大的降雨过程，也有空梅年，也有出现“二度梅”的年份（1998年）。降雨自东南方向向西北方向推移。7月中旬长江开始进入主汛期，到8月底主汛期基本结束。汉江（包括东荆河）的主汛期多在8月底至10月初。每年的5—10月南北旱涝交替发生。

表1-2-7 荆州市各地多年月平均降水量表（1981—2010年） 单位：mm

站号	月份												全年
	1	2	3	4	5	6	7	8	9	10	11	12	
57469（松滋）	34.8	55.3	73.9	129.9	147.4	174.2	204.6	145.2	73.1	77.8	61.3	26.6	1204.1
57476（荆州）	33.9	51.2	69.4	115.3	130.2	153.6	177.0	117.9	66.9	79.2	57.5	25.0	1077.1
57477（公安）	36.9	57.9	76.6	136.1	152.1	184.2	197.8	117.2	71.0	78.3	58.8	26.0	1192.9
57571（石首）	51.5	72.8	95.5	147.9	163.8	187.5	165.2	115.7	63.0	78.1	69.7	33.4	1244.1
57573（监利）	54.8	74.9	98.3	155.7	177.6	205.1	180.4	112.1	65.8	84.2	70.2	34.9	1314.0
57581（洪湖）	60.4	79.1	111.1	173.0	183.2	217.1	207.0	123.5	70.9	91.5	71.3	36.7	1424.8
平均值	45.38	65.20	87.47	142.98	159.05	186.95	188.67	121.93	68.45	81.52	64.80	30.43	1242.8

有两个暴雨中心地带影响荆州市，一是清江流域的五峰暴雨区，影响松滋和公安的部分地区；二是洪湖市、仙桃、监利的部分地区处于湖北省东部湿润气候区，降水变率最大区中心的边缘。

荆州市一年四季均可出现日降水量不小于50毫米的强降水，主要集中发生在4—9月。1小时最大降水量为86.5毫米，6小时最大降水量为251.8毫米，2006年5月25日21时至次日3时出现在监利县。日最大降水量为282毫米，1962年6月23日出现在公安县，除荆州市区外，其余各县（市）均出现日降水量超过200毫米的大暴雨。荆州各地日最大降水量见表1-2-8。荆州地区年均降水量分布如图1-2-1所示。

表1-2-8 荆州市各地不同时段最大降水量表 单位：mm

站名	1小时降水量	6小时降水量	日降水量
荆州	61.0	109.5（2003年7月8日3—9时）	174.3（1970年5月28日）
松滋	80.1	122.1（2001年4月19日19时至次日1时）	259.2（1989年8月8日）
公安	71.4	155.2（2003年7月8日4—10时）	282.0（1962年5月28日）
石首	81.5	143.1（2008年8月16日23时至次日5时）	241.5（1979年6月4日）
监利	86.5	251.8（2006年5月25日21时至次日3时）	260.7（2006年5月5日）
洪湖	78.6	144.8（2007年4月22日23时至次日5时）	247.2（1996年7月16日）

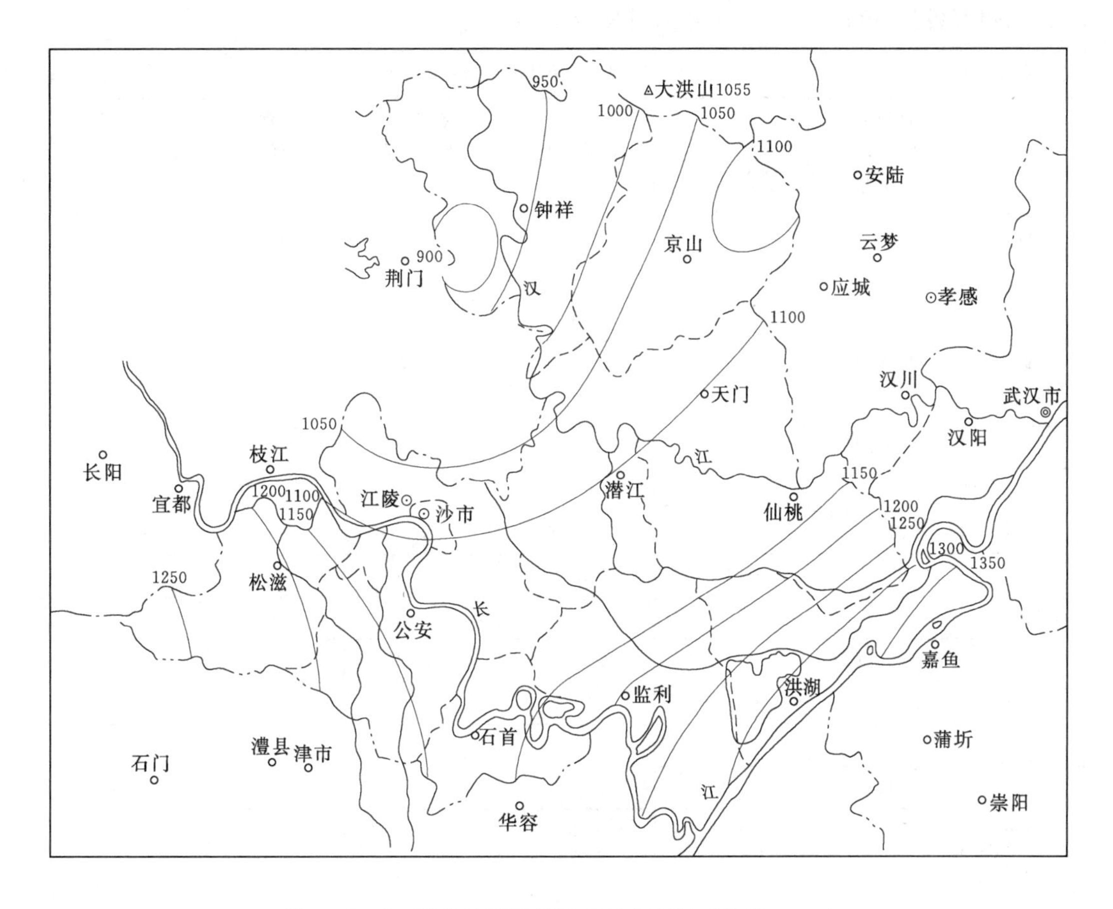

图 1-2-1 荆州地区年均降水量分布图（单位：mm）

荆州市各地除单日降雨强烈外，甚至连续 3 日、7 日、15 日降雨不断，3 日降水量达 428.6 毫米，7 日降水量达 591.3 毫米，15 日降水量高达 670.4 毫米，1996 年 7 月 10—25 日出现在洪湖市，占当地多年平均年降水量的 47%，见表 1-2-9，持续不断的降雨会造成严重的内涝灾害。

表 1-2-9　　荆州市各地连续 3 日、7 日、15 日最大降水量　　单位：mm

站名	连续 3 日	连续 7 日	连续 15 日
松滋	230.2（1991 年 7 月 2 日）	209.1（1991 年 7 月 2 日）	371.1（1991 年 7 月 2 日）
荆州	278.0（1989 年 8 月 8 日）	339.2（1991 年 7 月 2 日）	442.1（1989 年 8 月 7 日）
公安	357.2（2003 年 7 月 9 日）	390.1（2003 年 7 月 2 日）	464.6（2004 年 7 月 7 日）
石首	304.3（1979 年 6 月 3 日）	379.2（1964 年 6 月 25 日）	386.3（1964 年 6 月 18 日）
监利	285.6（1979 年 6 月 3 日）	334.0（1979 年 6 月 3 日）	442.1（1996 年 7 月 3 日）
洪湖	428.6（1996 年 7 月 15 日）	591.3（1996 年 7 月 15 日）	670.4（1996 年 7 月 10 日）

注　括号内日期为降雨初始日期。

荆州市各县（市、区）历年降水量见表1-2-10。

表1-2-10 荆州市各地历年降水量统计表 单位：mm

年份	荆州区年降水量	松滋市年降水量	公安县年降水量	石首市年降水量	监利县年降水量	洪湖市年降水量
1951	966.5	976.0		945.5	1086.3	1173.6
1952	1079.4	1359.4	1079.2	1385.5	1193.8	1211.3
1953	1059.7	1055.7	1307.2	1483.1	1481.4	1512.3
1954	1853.5	2197.0	2016.5	2044.4	2301.7	2309.4
1955	1056.9	943.7	1068.5	899.3	954.6	1228.2
1956	1018.9	1117.7	1018.7	1090.2	854.7	1069.2
1957	1095.3	1051.0	1089.5	1328.2	1134.0	1234.0
1958	1327.3	1284.2	1332.1	1622.0	1675.8	1399.4
1959	1273.8	1137.4	1121.9	1321.0	1294.5	1250.3
1960	1122.1	1129.9	929.8	974.6	1147.4	1125.0
1961	901.0	1244.8	1185.8	1019.2	1118.2	1302.4
1962	1005.1	1282.9	1465.6	1295.9	1251.0	1195.3
1963	813.9	1086.8	932.3	847.4	876.2	943.3
1964	1524.3	1555.5	1347.4	1462.1	1470.0	1455.0
1965	1114.8	1438.4	1146.1	1201.4	1343.5	1378.7
1966	699.7	991.9	943.0	986.3	973.1	1086.0
1967	1242.0	1271.5	1350.8	1392.6	1450.7	1512.9
1968	972.5	1212.2	1056.9	889.5	789.4	756.0
1969	1208.9	1251.2	1263.2	1225.9	1392.7	1694.3
1970	1197.0	1388.8	1123.6	1005.4	1357.2	1750.0
1971	816.5	874.0	712.4	731.4	929.1	1049.1
1972	1030.7	1110.1	1138.3	1023.8	1074.6	1225.3
1973	1429.3	1686.6	1417.8	1609.3	1480.0	1627.8
1974	799.1	947.5	972.6	997.4	989.0	1085.3
1975	1223.9	1280.1	1148.5	1280.6	1441.4	1501.5
1976	858.2	921.2	886.0	891.3	876.3	1019.6
1977	1023.0	1182.1	1154.7	1262.6	1418.9	1637.2
1978	771.7	806.7	799.1	884.4	908.5	1089.5
1979	1255.8	1078.0	882.3	1174.2	1223.0	1310.8
1980	1541.3	1522.3	1484.2	1544.9	1646.3	1583.8
1981	932.2	1209.0	1068.0	1172.0	1127.0	1567.0
1982	1326.8	1187.0	1231.0	1283.0	1212	1302.0
1983	1479.3	1625.0	1603.0	1171.0	1596.0	1762.0

续表

年 份	荆州区年降水量	松滋市年降水量	公安县年降水量	石首市年降水量	监利县年降水量	洪湖市年降水量
1984	770.7	978.4	987.3	781.2	1130.0	1001.1
1985	901.0	916.0	872.0	878.0	1116.0	1199.0
1986	805.0	927.0	1036.0	1179.0	1175.0	1221.0
1987	1305.0	1297.0	1223.0	1188.0	1516.0	1595.0
1988	1015.0	1035.0	1221.0	1244.0	1199.0	1488.0
1989	1395.0	1842.0	1339.0	1218.0	1507.0	1666.0
1990	1160.0	1217.0	1449.0	1339.0	1417.0	1357.0
1991	1108.0	1103.0	1241.0	1226.0	1431.0	1675.0
1992	901.0	1130.0	1088.0	1010.0	1043.0	964.0
1993	888.0	959.0	1030.0	1027.0	1059.0	1024.0
1994	808.0	1002.0	1000.0	987.0	978.0	1133.0
1995	914.0	928.0	957.0	1166.0	1082.0	1435.0
1996	1382.0	1434.0	1412.0	1618.0	1627.0	1964.0
1997	827.0	1067.0	898.0	1125.0	1127.0	1264.0
1998	1184.8	1478.7	1068.1	1406.0	1628.4	1678.2
1999	1212.3	1166.0	1245.7	1316.9	1555.9	1614.3
2000	1134.8	1085.2	1162.7	1144.8	1207.1	1129.3
2001	893.2	983.1	1035.0	1242.9	1136.8	1103.1
2002	1500.4	1554.8	1587.8	1920.9	1819.4	1897.3
2003	1077.4	1275.2	1359.4	1405.6	1330.6	1314.9
2004	1048.7	1238.8	1436.3	1279.1	1390.7	1582.8
2005	866.2	906.4	1008.7	1091.9	1080.2	1170.7
2006	1094.2	1155.8	1219.0	1027.5	1140.5	1146.8
2007	958.5	1321.0	1046.2	1242.8	1064.2	1178.0
2008	979.2	1089.7	1262.0	1333.6	1227.0	1306.9
2009	984.8	1105.4	999.1	1226.7	1233.8	1282.2
2010	1129.7	1278.7	1333.8	1389.9	1387.4	1953.9
2011	853.6	954.1	1105.1	937.3	965.1	1038.7
2012	1045.1	1063.0	1236.6	1339.5	1320.3	1411.2

注 1949—1979年资料来源于《荆州地区水利水电建设系统资料汇编》，1980—2012年资料来源于荆州市气象局。

五、蒸发

蒸发量是指一定时间内，水分经蒸发而散布到空中的量，单位为毫米。

据荆州地区江陵站1954—1980年间27年的资料记载，年均蒸发量为1306毫米，最大蒸发量出现在1978年，达1487毫米，最小为1954年的1084.1毫米。蒸发量的年际变化不大，一般在7.6%左右。一年中的蒸发量约相当于在一亩面积水面上汽化掉水分700～1000立方米。

据荆州市（荆州站）多年观测资料，年均蒸发量为1240.8毫米，年最大蒸发量为1433.6毫米（2001年），年最小蒸发量为1019毫米（1989年）。一年中，1月蒸发量最小，为40.1毫米；7月蒸发量最大，为183.6毫米。一般年平均蒸发量大于年平均降水量。

六、四季气候

荆州市地处中纬度地区，太阳辐射季节差异较大，四季分明。按气候季节划分标准，5天连续日平均气温稳定低于10℃为冬季，高于22℃为夏季，在10～22℃之间为春、秋季。荆州市多年平均入春日期是3月21日，入夏日期是5月25日，入秋日期是9月24日，入冬日期是11月26日。

春季3—5月冷暖空气开始活跃，从南方北上的暖湿气流与北方南下的干冷空气常在长江以南地区相遇，境内春季降水概率逐步增大，特别是强降水、雷雨大风、冰雹、龙卷风、寒潮大风以及低温冻害等气象灾害性天气也时有发生。

夏季6—8月是大陆热源和海洋冷源作用达到最强的时间，进入初夏，印度洋低压发展，西太平洋副热带高压加强北进，荆州盛行夏季风，6月中下旬至7月上中旬，夏季风通常活跃于长江中下游，此时冷暖气流常交锋于荆州区域上空，形成雨带，此时正值“梅子”成熟季节，故称为“梅雨”。荆州市梅雨期气候具有高温高湿和降水多的特点，其中暴雨、大暴雨、连续性暴雨是梅雨的重要组成部分，梅雨期的异常多雨会导致洪涝灾害的发生。随着夏季风向北推移，“梅雨”结束，而后在西太平洋副热带高压控制下，荆州市进入盛夏（7月下旬至8月下旬），光照强烈，天气炎热，雨量锐减，蒸发强盛，易发生干旱，如遇异常年景，会发生严重伏旱。有时，也因台风低气压的影响，局部短时大暴雨出现，有时也会出现持续的强降雨而造成洪涝灾害。

秋季9—11月是夏季风向冬季风转变的过渡季节，此时冷空气开始活跃，暖空气逐渐减弱，境内天气变得秋高气爽，风和日丽，气候宜人。此时若与暖空气相遇，会产生降水，有时还会造成低温阴雨灾害性天气，对晚稻、棉花等作物影响较大，但若遇少雨也会影响秋播的进行，异常年份也有寒潮早下，“秋分”前后有秋寒发生，极端如同严冬。

冬季12月至次年2月多受北方冷空气影响，盛行偏北风，是全年气温最低季节。此时气温低，降雨少，若遇强冷空气南下，气温骤降，北风呼啸，雪花飘飘，产生明显的雨雪天气。寒潮、大风、冰冻和暴雪是冬季主要的气象灾害。近年来，也时有暖冬出现。

第二节　气候区划

根据水、热两组指标，荆州地区可划分为4个气候区。

一、荆北气候区

荆北气候区所属范围为钟祥、京山、汉宜公路以北地区。气温较低，雨量少，但光照为荆州之首。年降水量为900～1100毫米。干旱概率为36%～48%，多旱少涝。区内有宜钟风道沿汉江进入江汉平原东部，是湖北省仅有的两个风口地区之一。

二、荆中气候区

荆中气候区包括江汉下游的潜江、天门、仙桃及江陵、石首、公安虎渡河以东的地区。全年降水量为1050～1150毫米，干旱概率为28%～30%，渍涝概率为20%～28%。

三、虎西气候区

虎西气候区即虎渡河以西的地区，此区地处五峰暴雨区的边缘，水、热资源丰富。年降水量为1150～1250毫米，山地多旱，平原区易涝。

四、四湖下游气候区

四湖下游气候区主要为洪湖、监利两地以及仙桃东南部，处于湖北省东部湿润气候区降水变率最大区中心的边缘。水热条件为全荆州之冠。年降水量为1200～1350毫米，渍涝概率为44%～48%。

第三节　主要灾害性天气

荆州气象灾害具有种类多、频率高、范围广、强度大、危害重等特点，是湖北省灾害多发地区。与气象相关的主要灾害种类有洪涝、干旱、雷击、风灾、高温热浪等，其中暴雨、雷暴、大风、高温热浪、低温冷害等常见天气是造成上述灾害的直接原因。

一、低温冷害

在冬季风异常的年份，由于影响大气环流变化的因素发生变异，蒙古高压和阿留申低压出现反常，常导致冬季出现异常的大范围冷冬。荆州曾出现过几次异常的冷冬，造成严重的冻害。如1954年12月26日至1955年1月4日，连续降雪10天，连续积雪日数长达24天，最大积雪深度21厘米。日平均气温连续19天低于0℃，极端最低气温1955年1月5日出现了－15.1℃，结冰终日不融，荆州地区境内，除长江外，其余大小河流、湖泊全部封冻，可以行人。持续的低温、雨雪，造成水陆交通中断，电线倒杆停电，人民的生产生活受到重大影响，农作物和果树都遭受严重的冻害，一些大牲畜被冻死。1969年1月28日至2月6日和1977年1月26日至2月1日，最低气温分别降到了－14.8℃和－14.9℃，同时都伴有5天以上的雨雪天气，工农业生产遭灾严重。2008年1月12日至2月2日，荆州市经历了一次历史罕见的持续低温降雪天气过程。此期间的气候呈现降雪天气频繁，积雪时间长，低温持续时间长等特点；整个降雪过程最大积雪深度出现在松滋站的1月15日，为15厘米，此值位列松滋站历年最大积雪深度第四位。

二、干旱

干旱是荆州的重要气象灾害之一。荆州有春旱、伏旱、秋旱和冬旱出现，严重时也表现为春夏连旱和伏秋连旱，冬旱影响程度较轻。受特定的地理位置影响，干旱空间分布差异很大，主要表现为荆州东南部平原湖区发生少，而西北部丘陵岗地发生多，即从东南向西北递增。荆州在历史上曾多次出现旱灾的记载，新中国成立后的62年（1949—2011年）中出现干旱35次，平均约1.8年一次，特大干旱和大干旱有5年，平均约12年一次，给农业生产造成了严重的损失。从时间分布上看，干旱多集中在20世纪70年代和2000年以后；从危害程度分析，严重干旱主要分布在丘陵地带及水源条件较差的地区，另外也有一些年份出现旱涝并存现象，带来的影响也更大。

三、暴雨洪涝

荆州历年暴雨开始时间早，结束时间晚，除1月外，其他各月均可出现暴雨，且东南部明显早于西北部。一年中，暴雨多发生在4—9月，其暴雨日数约占全年的90%以上，平均每年发生3～5场暴雨，年际分布不均。各地大暴雨、连续性暴雨天气过程并不少见，如1996年7月14—18日的5天中，洪湖出现4次暴雨和1次大雨，其中有2次大暴雨过程，5天的降水总量为550毫米。

荆州暴雨洪涝灾害通常出现在4—10月，且时空分布不均，一年中主要发生在6—8月，其中7月发生概率最高。各县（市、区）中公安县发生次数最多，荆州区、松滋市次之，石首市、监利县和洪湖市排位较后。在荆州近30多年的资料中，荆州普遍大涝年出现了5年，即1973年、1980年、1983年、1991年和1996年。局部涝灾有1977年、1982年、1986年、1987年、1989年、1993年、1994年、1998年、1999年等。如果内涝遇上外洪情况就更严重一些，如1996年、1998年、1999年即如此，统计规律表明，一般9年一大涝，5年一小涝。

四、大风

风能是能源，也是减轻大气污染的条件，但大风又致灾害。荆州地理位置的差异和周边环境的改变，10分钟平均风速达6级以上的大风时空分布不均，各地差异十分显著。历年平均每站每年发生3～4次。其中，公安县出现次数最多，平均每年发生约7次，是全市平均值的2倍多；石首市出现日数最少，平均每年发生1～5次，不足全市平均值的一半。

荆州6级以上大风日数的年际变化呈现出随时间波动减少的总体趋势，且各县（市、区）均存在全年无大风的情况，绝大多数出现在20世纪90年代以后，其中荆州站10年、松滋站13年、公安站1年、石首站12年、监利站12年和洪湖站8年，且1997—2004年间，除公安站外，其余各站均出现连续3年或3年以上无大风的现象，其中监利站连续7年无大风，为全市之最；洪湖站次之，连续6年无大风。

春季3—5月比其他时间出现大风的概率要大得多。3月多为寒潮大风，对农业危害相对较重；4—5月多因冷空气南侵引起的强对流天气而出现的飑风、雷雨大风和龙卷风等，这种类型的短时大风强度大，破坏力极强，瞬时极大风速一般可达到6～7级，少数可达10级以上，所到之处会造成庄稼倒伏、房屋倒塌、树木折断、人畜伤亡等灾害；6—8月多为局地雷雨大风，局部破坏力仍然较大。从时间上看，境内一年中以4月发生大风灾害最多，5—8月次之，其他较少；从空间分布上看，发生大风灾害最多的是公安县，其他县（市、区）相对较少，其中松滋市最少。

龙卷风发生不多，以3—5月最为常见，多在中午或傍晚出现。一般出现在积雨云中，由上升气流和气旋式水平旋转作用而产生，是风力极强而范围不大的旋风，形状像一个大漏斗，一般直径为300米左右，出现时风向突变，风速突增，风速往往达到每秒几十米甚至百米，破坏力非常大，在陆地上能把大树连根拔起，毁坏建筑物和农作物。例如，1997年5月5日下午4时左右，荆州区川店部分地区遭受龙卷风、冰雹的袭击，持续大约30分钟，冰雹大的如鸡蛋，大树连根拔起，电力设施、房屋、农田遭受破坏。同月11日14时许，洪湖、监利出现龙卷风和暴雨灾害，涉及两县市8个乡镇的2.8万人，5.8万亩农田受灾。倒塌房屋301间，损坏1944间，吹断树木4万余棵，折断电杆91根。6月6日下午3时，洪湖市汉河、峰口、永丰等地再次遭受龙卷风袭击，风力10级，持续20分钟，共有18个村受灾，折断树木4.7万根，损坏变压器4台，死伤32人，农作物受灾面积2.9万亩。1996年钟祥的张集、郢中等11个乡镇于5月28日，公安的曾埠头、杨家场等地于8月6日和17日分别出现飙风，风力达8～11级。3次飓风造成30万亩农田受灾，4680间房屋损坏，1827人受伤，2人死亡，直接经济损失7200万元。

五、台风

每年的5—12月，台风均可能在我国沿海登陆，但影响荆州发生强降雨的次数不多。例如，1961—1975年发生112次台风影响期间，荆州发生降水过程有27次，最大平均降雨量为78.5毫米。但有的年份台风影响很大，例如，1969年受6号台风影响，8月9—11日，洪湖站最大雨量为118.9毫米；1975年受第3号台风影响，8月3—8日，洪湖站最大雨量为225.8毫米；1996年受第8号台风影响，8月2—4日，洪湖站降雨量为90.2毫米，公安站降雨量为119.7毫米，荆州站降雨量为104.8毫米，钟祥（中山）降雨量为395毫米，京山（孙桥）降雨量为240毫米。

1954年汛期影响降雨主要是锋面雨（冷暖两种气团的交界面，又称为锋面，处于锋面的区域，常常发生暴雨或大雨。锋按运动状况分为四类，即冷锋、暖锋、静止锋和锢囚锋），热雷雨极少，台风雨完全绝迹。1980年和1983年的降雨台风影响甚微。1998年长江全流域发生洪涝灾害，其台风生成次数少，生成时间晚。7月9日才出现第一号，创下首个台风生成最晚的纪录，至9月底只出现8个热带风暴，且热带风暴初次登陆的时间为8月4日，为有历史记录以来所未有过。由于台风生成异常少且晚，这样副热带高压受不到强大北上气流的推动，长期徘徊于偏南位置，致使雨带长期在长江流域停留。

六、冰雹灾害

冰雹灾害大致3～4年出现一次，总体上是山地比平原多。一般在每年的4月下旬至5月中旬出现，中午至傍晚出现较多，持续时间几分钟至二三十分钟。冰雹直径一般为5～50毫米，大的可达几厘米甚至10厘米以上。对农作物损毁严重，人畜、建筑物也会遭受损害。例如，1979年4月25日16时15分，飑线（气象学上指风向突然改变，风速急剧增大的天气现象）和雷雨挟着冰雹自江陵县（今荆州区）川店入境，17时32分至普济出境，历时77分钟，冰雹最大直径10.5厘米，2人死亡，6846人受伤，损坏房屋26246间，受灾农田22.2万亩。

根据《湖北省气候图集》资料：从1959年至1980年的21年间，荆州地区的江陵、潜江、天门等地共发生冰雹灾害10次，钟祥发生冰雹灾害5次。

第三章　水　资　源

第一节　降　水

一、降水时空分布

（一）降水年内变化

荆州市降水量年内分配的特点是季节分配不均，暴雨多，强度大。

汛期4—9月降水量占全年降水量的70.2%，连续4个月最大降水量占全年的53.5%。全年以6月降水量最多，占年降水量的15.7%，以12月降水量最少，占全年降水量的2.6%。

作物生长期3—10月降水量占全年降水量的85.0%，其中9月降水量占年降水量的6.8%。

（二）降水年际变化

根据荆州市1956—2000年降水系列排频统计，全市丰水年（$P=20\%$）降水量1355.4毫米，平水年（$P=50\%$）降水量1170.4毫米，偏枯年（$P=75\%$）降水量1032.3毫米，枯水年（$P=95\%$）降水量851.6毫米。

全市各雨量站年降水量变差系数C_v值在0.17～0.22之间，表明全市年降水量年际变化较小，比较稳定。

全市各雨量站年降水量的差别较大，荆州区站年降雨量最大值为1853.5毫米（1954年），最小值为699.7毫米（1966年），降雨比较丰富的洪湖站年降雨量最大为2309.4毫米（1954年），最少为756毫米（1968年）。全市各站历年最大年降水量与最小年降水量的比值K在1.88～3.18之间，其分布规律同C_v值基本一致，降雨量的多少会发生渍涝或干旱灾害。

二、降水地区分布

荆州市多年平均年降水量为1242.8毫米，呈东南向西北逐渐减弱的趋势。降水量相对较多的地区是洪湖市，多年平均值为1424.8毫米，降水量相对较少的地区是沙市区，多年平均值为1027.3毫米。从等值线图（图1-3-1）看，市域内多年平均年降水量等值线的量级在900～1400毫米之间。降水量高值区位于监利县白螺—洪湖燕窝一带，平均在1300毫米以上，新堤站多年平均值为1349.8毫米；另一高值区为松滋市曲尺河—乌溪沟一带，曲尺河多年平均值为1295.2毫米。降水量低值区位于荆州区川店，平均降水量不到1000毫米。

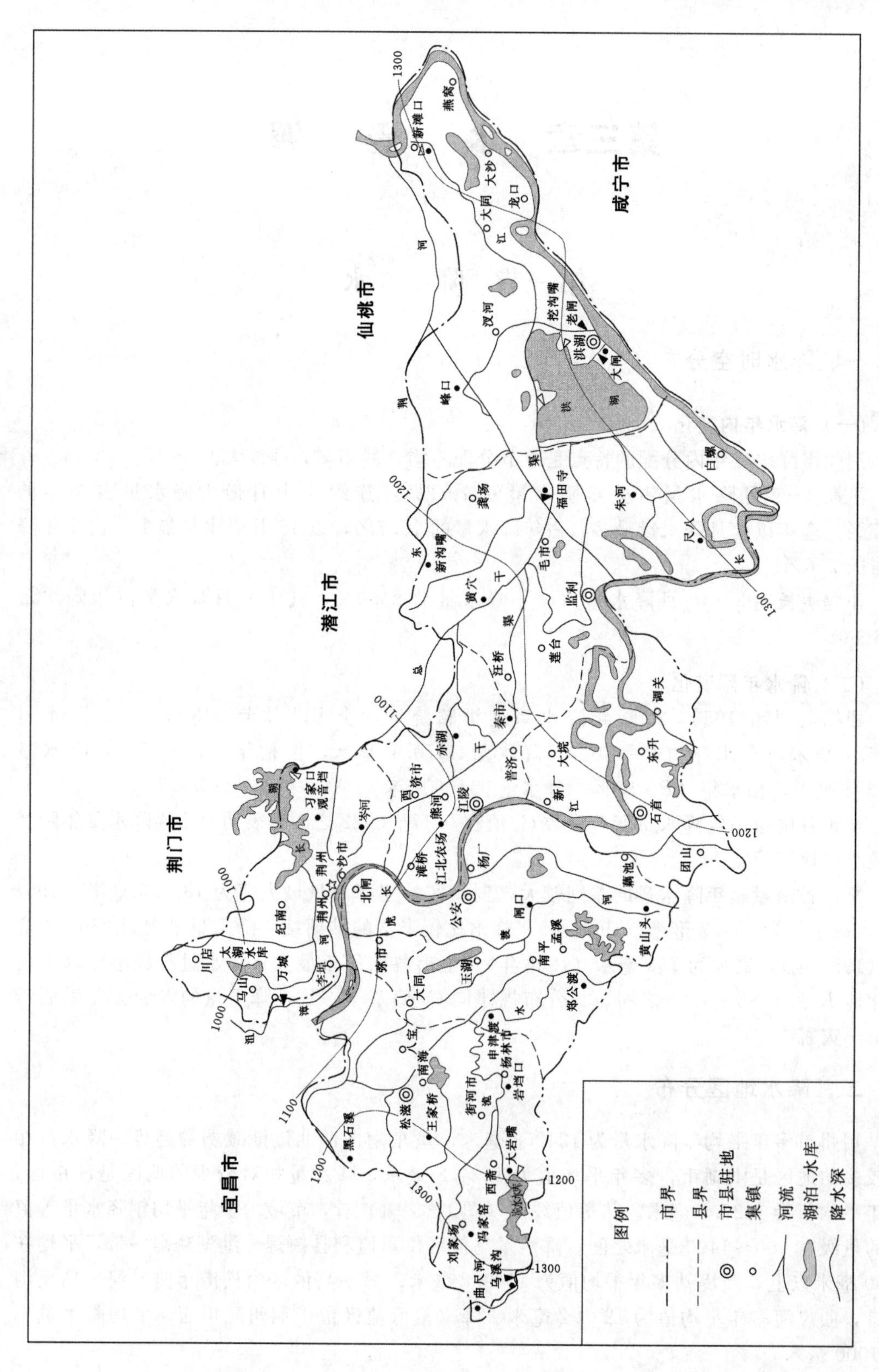

图1-3-1 荆州市多年平均年降水量等值线图

第二节 地表水资源量

一、径流及其地区分布

荆州市多年平均年径流深为460.6毫米，折合径流量为64.760亿立方米。从等值线图（图1-3-2）看，市域内多年平均年径流深等值线的量级在300～800毫米之间。地域分布特点是南多北少，西部山区多，平原区少。与降水等值线对应，径流深高值区在松滋市曲尺河—乌溪沟一带，其次为监利县白螺—洪湖燕窝一带。

二、分区径流量

荆州市各行政分区和流域分区多年平均地表水资源量如下：

（1）按行政分区，多年平均地表水资源量大小依次是：监利县13.963亿立方米，松滋市13.315亿立方米，洪湖市12.512亿立方米，公安县9.678亿立方米，石首市6.099亿立方米，江陵县3.948亿立方米，荆州区3.502亿立方米，沙市区1.743亿立方米。

（2）按流域分区，多年平均地表水资源量大小依次是：松滋河、虎渡河区27.762亿立方米，沮漳河水系1.038亿立方米，四湖区35.960亿立方米。

三、径流年内分配

由于降水是形成径流的直接原因，因此径流的年内分配和年际变化与降水有密切关系，两者变化基本一致。同时，流域下垫面条件的动态变化也会对地表径流产生较大影响，使得天然径流的年内、年际变化强度大于降水。

径流年内分配不均，汛期、枯水期水量相差大，多年平均汛期4—9月径流量占全年径流总量的70%～80%，其中5—8月是全年来水的高峰期，这4个月径流量占全年的50%～60%。年径流量最多的月份是6月或7月，单月径流量占全年的20%～30%。全年径流最少的月份是年初1月或年末12月，单月径流量只占全年的2%～3%。

四、径流年际变化

根据荆州市1956—2000年径流系列排频统计，全市丰水年（$P=20\%$）径流量89.031亿立方米，平水年（$P=50\%$）径流量61.696亿立方米，偏枯年（$P=75\%$）径流量43.673亿立方米，枯水年（$P=95\%$）径流量22.646亿立方米。

径流与降水相比，二者的年际变化和特丰水、特枯水发生年份基本相同。但径流的丰、枯差异更加显著，全市最大丰水年径流量是最小枯水年径流量的6.8倍。全市径流变差系数C_v值为0.43，明显大于降水C_v值。

五、年径流系数

根据多年平均年降水量、径流量计算，全市平均年径流系数为0.39，即降水量平均

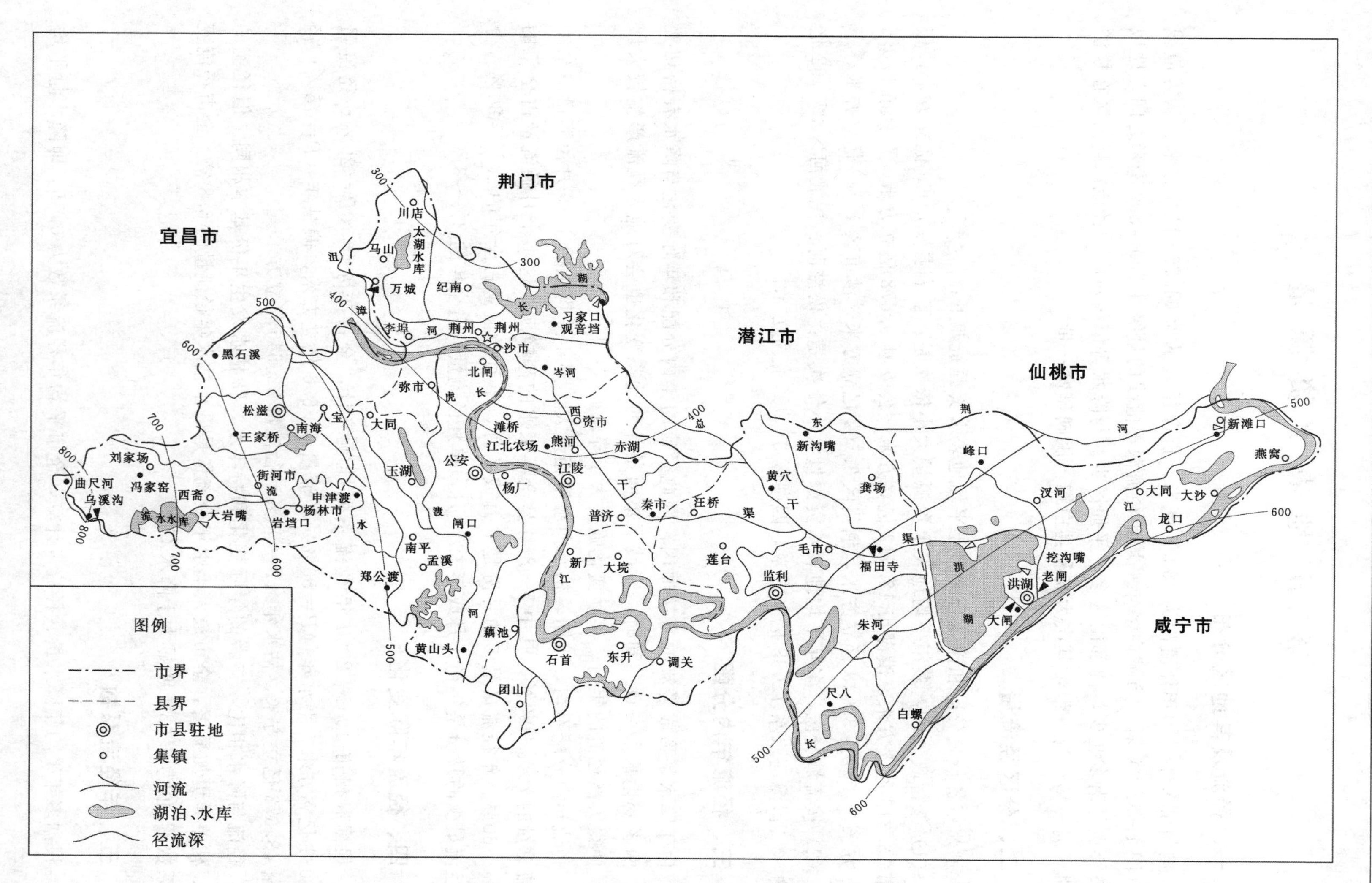

图1-3-2　荆州市多年平均年径流深等值线图

有39%形成径流。其中，松滋市年径流系数相对偏大，为0.48，荆州区年径流系数相对偏小，为0.33。按流域分区，沮漳河水系、四湖区年径流系数为0.37，松滋河、虎渡河区年径流系数达0.42。

第三节 地下水资源量

地下水资源为储存于地下含水层中与降水、地表水有直接补排关系的逐年可以恢复的动态水量，它由降水和地表水的下渗补给，以河川径流、潜水蒸发、地下潜流的形式排泄。

荆州市多年平均地下水资源量为17.542亿立方米，其中平原区多年平均地下水资源量15.425亿立方米，山丘区多年地下水资源量2.559亿立方米。山丘区与平原区地下水的重复计算量为0.442亿立方米。在时空分布上，地下水资源与降水及河川径流量具有较好的一致性，年际间亦具有相应丰枯变化的水文周期，因下垫面和包气带作用，地下水在时空变化上变幅较小。

按行政分区，各区多年平均地下水资源量分别为：荆州区1.361亿立方米，沙市区0.497亿立方米，江陵县1.129亿立方米，松滋市3.692亿立方米，公安县2.823亿立方米，石首市1.988亿立方米，监利县3.767亿立方米，洪湖市2.285亿立方米。松滋市地下水模数最大，为16.5万立方米每平方千米每年。

按流域分区，松滋河、虎渡河区7.944亿立方米，沮漳河水系0.288亿立方米，四湖区9.310亿立方米。松滋河、虎渡河区地下水模数最大，为14.5万立方米每平方千米每年。

第四节 水资源总量

水资源总量指荆州市范围内由降水形成的地表水和地下水，不包括入境客水。

荆州市多年平均水资源总量71.764亿立方米，其中地表水资源量64.760亿立方米，地下水资源量17.542亿立方米。全市平均产水模数51.0万立方米每平方千米。

行政分区水资源总量：荆州区3.966亿立方米，产水模数38.1万立方米每平方千米；沙市区2.176亿立方米，产水模数41.9万立方米每平方千米；江陵县4.529亿立方米，产水模数43.9万立方米每平方千米；松滋市13.678亿立方米，产水模数61.2万立方米每平方千米；公安县10.823亿立方米，产水模数49.6万立方米每平方千米；石首市6.721亿立方米，产水模数47.5万立方米每平方千米；监利县15.927亿立方米，产水模数51.1万立方米每平方千米；洪湖市13.944亿立方米，产水模数55.4万立方米每平方千米，见表1-3-1。

流域分区水资源总量：松滋河、虎渡河区29.805亿立方米，产水模数54.6万立方米每平方千米；沮漳河水系1.059亿立方米，产水模数42.9万立方米每平方千米；四湖区40.900亿立方米，产水模数49.0万立方米每平方千米。

表 1-3-1　荆州市水资源总量表

行政分区	年降水量/亿 m^3	地表水资源量/亿 m^3	地下水资源量/亿 m^3	水资源总量/亿 m^3	产水模数/(万 m^3/km^2)	产水系数
荆州区	10.7619	3.502	1.3607	3.9661	38.1	0.369
沙市区	5.3417	1.743	0.4973	2.1763	41.9	0.407
江陵县	11.5103	3.948	1.1292	4.5288	43.9	0.393
松滋市	27.5169	13.315	3.6924	13.678	61.2	0.497
公安县	25.4861	9.678	2.8229	10.8227	49.6	0.425
石首市	16.9367	6.099	1.9875	6.7208	47.5	0.397
监利县	36.8015	13.963	3.7673	15.9272	51.1	0.433
洪湖市	31.5486	12.512	2.2847	13.9441	55.4	0.442
荆州市	165.904	64.760	17.542	71.764	51.0	0.433

第五节　2012年水资源开发利用

一、水资源量

（一）降水量

2012年荆州市平均降水深1199.1毫米，折合降水总量168.5763亿立方米，比2011年偏多26.3%，比常年偏多1.6%，全市总体评价属平水年份，见表1-3-2。

表 1-3-2　荆州市2012年降水量表

行政分区	年降水量		与2011年比较/%	与多年平均比较/%	降水量丰枯评定
	深度/mm	水量/亿 m^3			
荆州区	980.8	10.2100	17.0	−5.1	平水
沙市区	998.9	5.1944	4.3	2.8	平水
江陵县	1074.9	11.0926	7.8	0.6	平水
松滋市	1227.2	27.4270	32.7	0.3	平水
公安县	1147.4	25.0594	19.7	−1.7	平水
石首市	1224.9	17.3321	33.0	2.3	平水
监利县	1233.8	38.4326	30.0	4.4	平水
洪湖市	1344.0	33.8282	33.9	7.2	偏丰
荆州市	1199.1	168.5763	26.3	1.6	平水

降水量在时间分布上主要集中在4—9月，占全年降水量的71.27%。从空间分布上看，降水自东北向西南逐渐减小，主要高值区出现在江汉平原四湖下区一带，以福田寺站降水量1485.5毫米为全市最大，其次为新堤站1430.0毫米；低值区出现在四湖上区长湖一带，以观音垱站917.4毫米为全市最小，其次为刁家口站954.0毫米。

行政分区年降水量以洪湖市（1344.0毫米）最大，荆州区（980.8毫米）最小。荆州区、沙市区、江陵县、松滋市、公安县年降水量与常年比较均偏少0.3%～5.1%。石首市、监利县、洪湖市较常年偏多23%～7.2%。

典型站习家口站连续4个月最大降水量为543.0毫米，占全年降水量的56.9%，其中最大月降水量为6月的195.0毫米，占全年降水量的20.47%。最小月降水量为2月的10.5毫米，占全年降水量的1.1%。

荆州市2012年降水量与2011年、多年平均比较如图1-3-3所示。

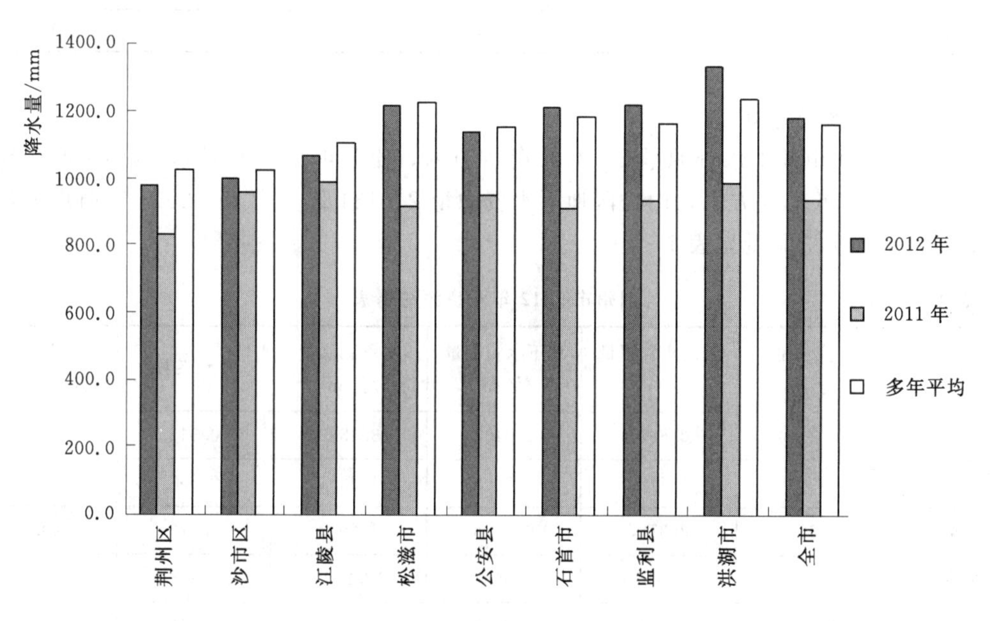

图1-3-3 荆州市2012年降水量与2011年、多年平均比较

（二）地表水资源量

2012年荆州市地表水资源量65.4926亿立方米，折合径流深465.8毫米，比2011年增加31%，比常年偏多1.1%。

行政分区地表水资源量（以径流深表示）以洪湖市（544.8毫米）最大，沙市区（272.3毫米）最小。2012年荆州区地表水资源量较常年偏少19.0%，石首市较常年偏多19.4%，见表1-3-3。

表1-3-3　　荆州市2012年地表水资源量表

行政分区	地表水资源量		与2011年比较/%	与多年平均比较/%
	深度/mm	水量/亿m³		
荆州区	272.6	2.8378	−11.4	−19.0
沙市区	272.3	1.4162	−17.0	−18.7
江陵县	327.2	3.3767	−3.2	−14.5
松滋市	526.8	11.7733	40.8	−11.6

续表

行政分区	地表水资源量		与2011年比较/%	与多年平均比较/%
	深度/mm	水量/亿 m^3		
公安县	424.6	9.2742	30.6	−4.1
石首市	514.6	7.2817	48.8	19.4
监利县	507.8	15.8193	38.0	13.3
洪湖市	544.8	13.7134	40.2	9.6
荆州市	465.8	65.4926	31.0	1.1

（三）地下水资源量

2012年荆州市地下水资源量16.2421亿立方米，比常年偏少7.4%，其中平原区地下水资源量13.9506亿立方米，山丘区地下水资源量2.6134亿立方米。2012年荆州市各县（市、区）地下水资源量见表1-3-4。

表1-3-4　　荆州市2012年水资源总量表

行政分区	年降水量/亿 m^3	地表水资源量/亿 m^3	地下水资源量/亿 m^3	水资源总量/亿 m^3	产水系数	产水模数/(万 m^3 · km^2)
荆州区	10.2100	2.8378	1.0407	3.4882	0.342	33.5
沙市区	5.1944	1.4162	0.3598	1.8561	0.357	35.7
江陵县	11.0926	3.3767	0.9398	4.2090	0.379	40.8
松滋市	27.4270	11.7733	2.9987	12.2930	0.448	55.0
公安县	25.0594	9.2742	2.7402	10.2843	0.410	47.1
石首市	17.3321	7.2817	1.9870	7.6182	0.440	53.8
监利县	38.4326	15.819	3.4823	18.0112	0.469	57.8
洪湖市	33.8282	13.7134	2.6936	15.1087	0.447	60.0
荆州市	168.5763	65.4926	16.2421	72.8687	0.432	51.8

（四）水资源总量

2012年荆州市水资源总量72.8687亿立方米，比常年偏多1.5%。全市产水总量占降水总量的51.8%，平均每平方千米产水量为51.8万立方米，见表1-3-4。

二、蓄水动态

对荆州市2座大型水库、5座中型水库和11处湖泊渠道进行统计，年末蓄水总量为12.3386亿立方米，比年初蓄水总量增加0.2293亿立方米。其中，大型水库年末蓄水量为3.4787亿立方米，比年初增加0.7980亿立方米；中型水库年末蓄水量为0.4495亿立方米，比年初增加0.0465亿立方米；湖泊渠道年末蓄水量为8.4104亿立方米，比年初减少0.6152亿立方米，见表1-3-5。

表 1-3-5　　荆州市 2012 年蓄水量表

类型	水库（湖、渠）座数	年初蓄水量/亿 m³	年末蓄水量/亿 m³	蓄水变量/亿 m³	正常蓄水位相应库容/亿 m³
大型水库	2	2.6807	3.4787	0.7980	4.7932
中型水库	5	0.4030	0.4495	0.0465	0.6903
湖泊、渠道	11	9.0256	8.4104	−0.6152	
合计	18	12.1093	12.3386	0.2293	

三、水资源开发利用

（一）供水量

供水量指各种水源工程为用户提供的包括输水损失在内的毛供水量。按地表水源、地下水源和其他水源统计。

荆州市 2012 年总供水量 35.7043 亿立方米，比 2011 年减少 1.2939 亿立方米。其中，地表水源供水量 35.3535 亿立方米，占 99.0%；地下水源供水量 0.3508 亿立方米，占 1%，见表 1-3-6。

表 1-3-6　　荆州市 2012 年供水量表　　单位：亿 m³

行政分区	供水量		
	地表	地下	合计
荆州区	3.6533	0.0388	3.6921
沙市区	3.2235	0.0700	3.2935
江陵县	2.4856	0.0200	2.5056
松滋市	4.1369	0.0170	4.1539
公安县	5.5176	0.0700	5.5876
石首市	3.1910	0.0250	3.2160
监利县	8.0478	0.0400	8.0878
洪湖市	5.0978	0.0700	5.1678
荆州市	35.3535	0.3508	35.7043

（二）用水量

用水量指配置给各类用户的包括输水损失在内的毛用水量，按用户特性分生产用水、生活用水和生态用水三大类。

荆州市 2012 年总用水量 35.7043 亿立方米。其中，生产用水量 33.2722 亿立方米，生活用水量 2.4136 亿立方米，生态用水量 0.0185 亿立方米，分别占全市总用水量的 93.19%、6.76%和 0.05%，见表 1-3-7。荆州市 2012 年地表水工程供水量比例如图 1-3-4 所示。

表 1-3-7　　荆州市 2012 年用水量表　　单位：亿 m^3

行政分区	生产用水量	生活用水量	生态用水量	总用水量
荆州区	3.3688	0.3193	0.0040	3.6921
沙市区	2.8896	0.3986	0.0053	3.2935
江陵县	2.3826	0.1224	0.0006	2.5056
松滋市	3.8574	0.2948	0.0017	4.1539
公安县	5.2489	0.3369	0.0018	5.5876
石首市	2.9941	0.2206	0.0013	3.2160
监利县	7.6773	0.4084	0.0021	8.0878
洪湖市	4.8535	0.3126	0.0017	5.1678
荆州市	33.2722	2.4136	0.0185	35.7043

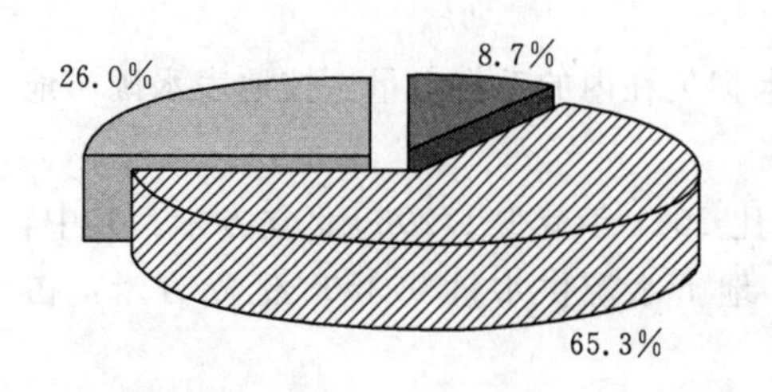

图 1-3-4　荆州市 2012 年地表水工程供水量比例图

(三) 用水消耗量

用水消耗量指在输水、用水过程中，通过蒸发、土壤吸收、产品带走、居民和牲畜饮用等各种形式消耗掉，而不能回归到地表水体或地下含水层的水量。

荆州市 2012 年用水消耗总量 18.4155 亿立方米，耗水率 51.6%。其中，生产耗水量 17.1693 亿立方米，生活耗水量 1.2296 亿立方米，生态耗水量 0.0166 亿立方米，分别占总耗水量的 93.2%、6.7%和 0.1%，见表 1-3-8。

表 1-3-8　　荆州市 2012 年耗水量表

行政分区	耗水量/亿 m^3				耗水率/%
	生产耗水量	生活耗水量	生态耗水量	总耗水量	
荆州区	1.5140	0.1055	0.0036	1.6231	44.0
沙市区	1.1747	0.1151	0.0048	1.2946	39.3
江陵县	1.2251	0.0764	0.0005	1.3020	52.0
松滋市	2.0849	0.1693	0.0015	2.2557	54.3
公安县	2.5992	0.2007	0.0016	2.8015	50.1
石首市	1.5370	0.1245	0.0012	1.6627	51.7
监利县	4.3599	0.2544	0.0019	4.6162	57.1
洪湖市	2.6745	0.1837	0.0015	2.8597	55.3
荆州市	17.1693	1.2296	0.0166	18.4155	51.6

(四) 废污水排放量

废污水排放量指工业、第三产业和城镇居民生活等用水户排放的水量，不包括火电直流冷却水排放量和矿坑排水量。

荆州市 2012 年废污水排放总量 4.6910 亿吨（不包括火电直流冷却水），其中第二产业（主要是工业废水）为 3.4734 亿吨，占 82.4%，城镇居民生活污水 0.9827 亿吨，占

13.7%，第三产业废污水0.2349亿吨，占3.9%。全市废污水入河量为3.2837亿吨，见表1-3-9。

表1-3-9　　荆州市2012年废污水排放量　　单位：亿t

行政分区	用户废污水排放量			入河排污量
	城镇居民生活	第二产业	第三产业	
荆州区	0.1774	0.6080	0.0510	0.5855
沙市区	0.2353	0.8964	0.0669	0.8390
江陵县	0.0382	0.0929	0.0079	0.0973
松滋市	0.1042	0.4428	0.0213	0.3978
公安县	0.1130	0.4391	0.0232	0.4027
石首市	0.0798	0.3234	0.0164	0.2937
监利县	0.1278	0.3670	0.0262	0.3647
洪湖市	0.1070	0.3038	0.0220	0.3030
荆州市	0.9827	3.4734	0.2349	3.2837

（五）用水指标

荆州市2012年人均用水量624立方米，万元国内生产总值（GDP）用水量297立方米，农田灌溉亩均用水量419立方米，万元工业增加值用水量163立方米，城镇人均生活用水量161升/日，农村生活人均用水量75升/日，见表1-3-10。

表1-3-10　　荆州市2012年用水指标

行政分区	人均用水量/m^3	万元GDP用水量/m^3	农业灌溉亩均用水量/m^3	万元工业增加值用水量/m^3	城镇生活人均用水量/(L/d)	农村生活人均用水量/(L/d)
荆州区	657	209	447	161	178	75
沙市区	508	140	391	163	180	75
江陵县	750	515	374	162	150	75
松滋市	540	271	358	165	150	75
公安县	623	354	432	161	150	75
监利县	564	295	443	166	150	75
石首市	726	461	448	166	150	75
洪湖市	626	358	417	166	150	75
荆州市	624	297	419	163	161	75
湖北省	518	129	425	115	168	70

自2003年以来，十年间全市人均总用水量处于457～649立方米区间波动，农业灌溉亩均用水量处于353～514立方米区间波动。万元国内生产总值用水量和万元工业增加值用水量均呈明显下降趋势，万元国内生产总值用水量由2003年的951立方米降至2012年

的297立方米，万元工业增加值用水量由2003年的463立方米降至2012年的163立方米。

第六节　水　　质

一、地表水

根据湖北省水环境监测中心荆州分中心2012年水质监测资料，依据《地表水环境质量标准》(GB 3838—2002)，对市内的6条河流、1条渠道、1座大型水库和2个湖泊的水质进行了监测和评价。

2012年全年期评价河长927千米，水质达Ⅱ类水的河长55千米，占总评价河长的5.9%；水质为Ⅲ类水的河长642千米，占总评价河长的69.3%；水质为Ⅳ类水的河长36千米，占总评价河长的3.9%，为藕池河藕池段，主要污染物为五日生化需氧量；水质为Ⅴ类水的河长166千米，占总评价河长的17.9%，为四湖总干渠王老河段和沮漳河万城段，主要超标项目为氨氮、总磷；水质为劣Ⅴ类水的河长28千米，占总评价河长的3.0%，为四湖总干渠何桥、福田寺段，主要超标项目为氨氮、挥发酚、总磷。

湖泊：长湖和洪湖评价面积524.5平方千米，2012年营养状态评价均为中营养。长湖全年期水质评价为Ⅲ类，达到水质管理目标（Ⅲ类）；洪湖全年期水质评价为Ⅳ类，未达到水质管理目标（Ⅲ类），超标项目为总磷。

水库：2012年漉水水库水质评价为Ⅲ类，未达到水质管理目标（Ⅱ类），超标项目为总磷，营养状态评价为中营养。

省界水体：2012年全年期松滋河西支杨家垱和漉水沙溪坪2个省界断面水质评价均为Ⅱ类。

水功能区：2012年度全市共监测16个水功能区，达标水功能区6个，达标率为37.5%。

二、地下水

根据《地下水质量标准》(GB/T 14848—93)，通过单项组分和综合组分评价，荆州市平原湖区地下水水质总体而言，质量处于相对较差的水平。铜、锌、铅、镉、六价铬、挥发酚、氰化物均未检出，pH值、氟化物含量、硫酸盐含量未超标，高锰酸盐指标为Ⅳ类较少。但地下水三氮污染较为严重，氨氮普遍为Ⅳ类。另外由于受水文地球化学环境背景制约，地下水中铁、锰离子含量较高。

2011年11个地下水监测站点中，属Ⅳ类水质的站点有八岭山、理工学院、资市、南平等4个，占评价总数的36.4%；属Ⅴ类水质的站点有九曲桥、城南、斗湖堤、八宝、新江口、新堤、荒湖农场等7个，占评价总数的63.6%。主要超标项目为氨氮、亚硝酸盐氮、铁和锰。11个监测站点中，综合评价有6个地下水监测站点为较差，有5个地下水监测站点为极差，地下水污染较严重。

第二篇 河流与湖泊

荆州地质构造上属江汉凹陷盆地，经漫长的海浸、海退、断裂、拗陷的地质演变，然后变成陆地，而后成湖。古长江、汉水流出山地后，汇入古云梦泽，流速顿减，江水挟带泥沙日积月累地沉淀，逐渐形成冲积平原。在塑造这块平原的漫长过程中，长江、汉水逐渐塑造成统一的河道，而以汊支分流形式存在的水道，则随着堤防的修筑而演变成内陆河流。

荆州地区是全国内陆水域最广、水网密度最大的地区之一。长江横贯东西，境内流长483千米，汉水纵穿南北，境内流长316千米；流域面积在100平方千米以上的河流有92条。年均江河过境客水达5088亿立方米。境内百亩以上湖泊有794个，湖面积4082平方千米。

荆州市设立，因行政区划调整，汉江不再流经荆州市，长江东西横贯全境，流经境内8个县（市、区）483千米。流域面积在100平方千米以上的河流仍有84条，均属长江水系。东荆河首汉尾江，流长173千米；荆南四河流程441.9千米。全市有湖泊184个，湖泊总面积705.36平方千米。水资源得天独厚，过境客水丰富，年均过境客水总量4680亿立方米。丰沛的客水来源，既为工农业生产和人民生活用水提供了丰富的资源，也给防洪抗灾带来较大的影响。

境内河道全属长江流域，流域面积14067平方千米，主要河道有一级河长江，长483千米；二级河沮漳河、松滋河、虎渡河、藕池河、调弦河、东荆河、内荆河等7条，总长1217.3千米；三级河16条，总长528.4千米；四级河30条，总长738.6千米。河道总长2967.3千米，河网密度为0.2千米每平方千米，多年平均水资源总量为71.76亿立方米，其中地表水资源量为64.76亿立方米，地下水资源量为17.542亿立方米。年最大排涝水量为96.6亿立方米。

河湖多、围垸多、堤防长乃荆州市的显著特点。同时荆州又是长江中游分蓄洪工程最多、最集中的地区。

第一章 长　江

长江，古称“江”“大江”，发源于青藏高原唐古拉山脉中段格拉丹冬雪山姜根迪如峰西南侧，源头冰舌起始处海拔6500余米，冰舌末段海拔5400米，其干流自西向东流经11省（自治区、直辖市），于崇明岛以东注入东海，全长6300千米，落差5400米，流域面积180万平方千米。干流宜昌以上为上游，宜昌至鄱阳湖口为中游，鄱阳湖口以下为下游。

荆州市地处长江中游，长江干流经松滋车阳河进入荆州市境内，流经湖北松滋、枝江、公安、荆州（区）、沙市、江陵、石首、监利，湖南华容、岳阳（君山区、云溪区）、临湘和湖北洪湖、赤壁、嘉鱼等市、县，于洪湖市胡家湾出境，流程483千米。其中，城陵矶以上至枝城河段称为荆江。

荆州河段上承长江上游宜昌以上来水，发育于云梦古泽之上，在江湖相互作用的影响下，洪水挟带泥沙促进了湖泽的解体、消亡；冲积、淤积平原的形成又迫使洪水分流，河道曲折迂回，再加人工的作用，堵支塞流逼水归槽，历经千年的沧桑巨变，构成了错综复杂的江湖关系，形成了荆江防洪形势非常严峻的局面，历史上曾多次遭遇流域型和区域型大洪水，1788年、1860年、1870年、1931年、1935年和1954年大洪水均给两岸地区带来了重大灾害损失。清道光年间江汉水系全图如图2-1-1所示，荆州境长江河段如图2-1-2所示，1000年前后汉江平原水系分布示意如图2-1-3所示。

第一节 河道形成与演变

荆州河段包括荆江河段和长江城陵矶—新滩口河段，其形成与发育过程十分复杂，历经漫长的地质时期和历史过程。

一、荆江河道形成

荆江发育于第三纪以来长期下沉的江汉沉降区，随着湖盆四周山地持续上升，江汉盆地拗曲下沉，古长江、汉水从山区带来的泥沙在盆地大量沉积，逐步形成低洼平地，长江始经陈二口附近向东直入江汉盆地，经泥沙淤积，渐次形成以枝江七星台为顶点的砾石质扇形三角洲。此后扇形三角洲顶点上移至今松滋口附近，扇顶部位往下游的长江干流位置经常改变。据《长江中游荆江变迁研究》的考证，距今约4万年前古荆江流经七星台、荆州城、张金一线。

距今约1.8万年前，末次盛冰期鼎盛时期的古荆江河槽曾切深至高程0.00～10.00米。古荆江分流河槽在沙市南侧向东流向，在其南、北两侧有与它大体平行东流的两支流

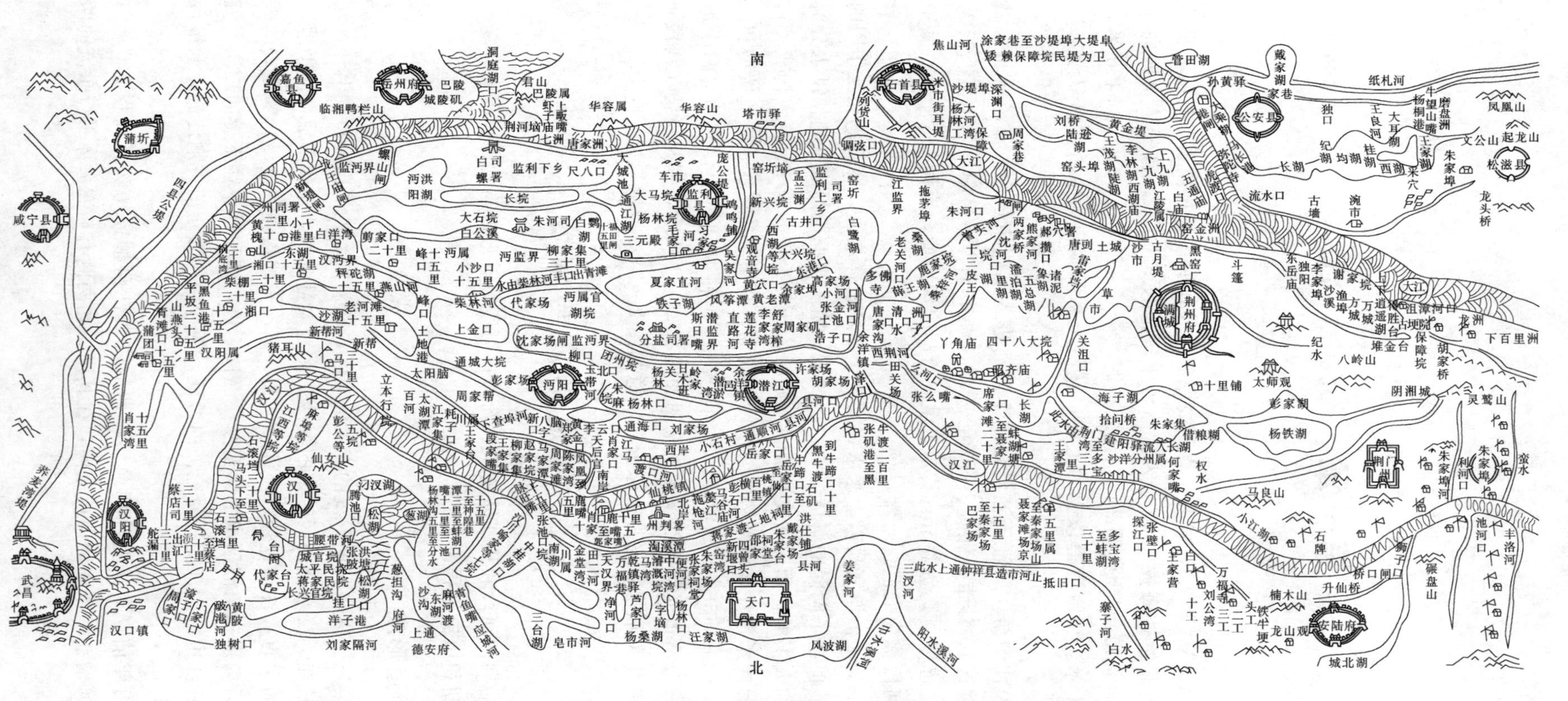

图2-1-1　清道光年间江汉水系全图（引自清俞昌烈《楚北水利堤防纪要》）

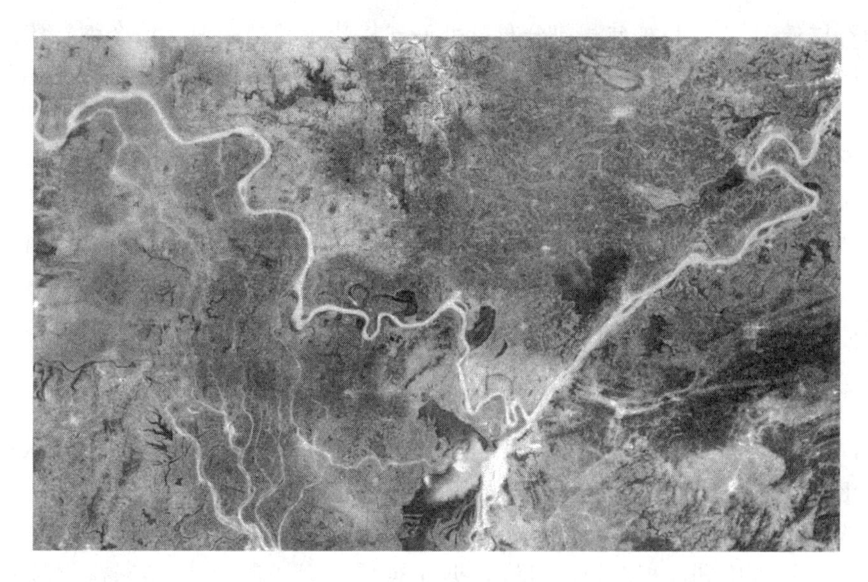

图 2-1-2 荆州境长江河段（摘自国家测绘地理信息局网站）

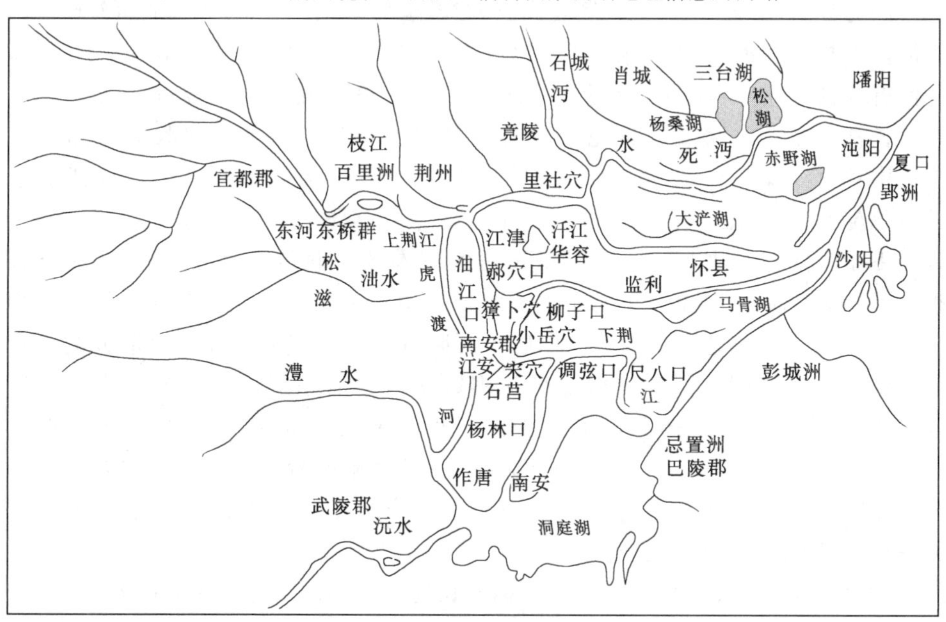

图 2-1-3 1000 年前后汉江平原水系分布示意图［摘自长江水利水电科学研究院《荆江特性研究》（1974 年 7 月）］

河槽。多条古河槽对后来荆江分流河道的发育有较大影响，古夏水、扬水以及涌水的具体位置与古支流河槽位置相当接近。

晚更新世末至全新世初期，荆江地区已形成深切河谷，因河床纵坡降变陡，流速增大，沙市砾质三角洲向东推进，扇顶的三角洲平原相堆积已延伸至白马寺和郝穴以东地区，主要以沙市为顶点产生两支分流，一支沿今荆州古城、草市、窑湾，从沙市钢管厂附近出，经岑河、资福寺至白马寺，经地质勘探此流路的卵石层埋深均在 30 米以下，比其他地方卵石层低15米，呈槽状规律分布；另一支从沙市转向东南，即今荆江流路。东部下荆江地区因水流坡降减缓，河床沉积质变细，故以砂带显示，并在汪桥、洪湖受残存的“岛状阶地”的分流作用，形成分流水道。

距今5000年前，由于海面上升，长江发生海浸，长江基面的抬升使河床纵降变缓，引起上游带来的大量泥沙溯源堆积和江水位上升，长江中游的荆江平原位于周缘丘陵山地所圈闭的两湖平原腹地，因地势低洼和新构造运动下沉等众多原因，渍水而发育湖泊，形成云梦泽。当荆江上游带来的大量泥沙的淤积量小于湖盆下沉与水位上升量之和时，湖盆扩张，水深增大，荆江三角洲发生溯源退缩，除水道两侧带状自然堤和七星台、百里洲、刘巷、黄金口等地侵蚀后残存的阶地外，位于荆江喇叭口内的滩地普遍被水所淹没，荆江南北及洞庭地区的部分洼地沦为水域，荆江水道演变为漫流洪道。长江出江陵进入范围广阔的云梦泽地区，荆江河槽通常被淹没于湖沼之中，河道形态不甚显著，大量水体以漫流形式向东汇注。这一时期荆江流路上段从松滋口—杨家垴经太湖农场（北）—荆州—沙市东分支。

此后，荆江水位进入相对稳定阶段。据周凤琴《荆江近5000年来洪水位变迁的初步探讨》的考证，距今5000年前荆江高洪水位与1954年江水位相比低13.6米，虽有汉水来汇，但推测当时的高洪水面高程约31.00米。这一时期荆江地区虽然沉降仍在继续，但有长江上游带来的大量泥沙堆积，内陆三角洲继续向东推进，云梦泽逐渐变浅。来自长江上游的洪水及大量泥沙主要通过以沙市为顶点的放射状分流泓道向东部云梦泽的主体分流，各分流水道又再分若干次一级的小流路继续发展，荆江水系由漫流洪道向分流水道发展。在此期间以夏水、涌水和扬水等为主的分流水系逐渐形成。自上游往下游，从松滋老城—杨家垴—再由太湖农场—荆州—沙市（东），其分流水道大致有4条：第一条自荆州城东沿阶地前缘至关沮口后折向东南经岑河—资市—白马—秦市—汪桥（北）—周老嘴—龚场—白庙—沔阳（老城）流向东北的弧形分流道；第二条经杨泗洲与雷家垱间，至幸福村的分流道较宽浅，后期形成故道湖；第三条自荆州城东经北湖、洪家垸、太师渊，东至唐剅子后分支的分流道，主干入江，北支经岑河—资市—白马—秦市—汪桥（南）—红城后沿洪湖东的阶地（北）流向东北；第四条自荆州城东南，穿南、北湖后分二支，一支绕徐家台南，经中山公园东北角至章华寺出，另一支经章华寺南与之汇合。

其后，荆江统一河床的塑造过程，根据《长江中游荆江变迁研究》（1999年）一书中复旦大学张修桂教授阐述的观点为：长江出三峡之后，流经两个不同的地貌单元，即沙市以西丘陵、山前冲积扇和沙市以东云梦湖泊区，荆江在这两个区域内的塑造是不尽相同的。

（一）沙市以西荆江河道塑造过程

长江进入枝城—沙市河段，是峡谷河流向平原河流的过渡，其中南岸松滋口以上、北岸枝江以上是低山丘陵区，其下为丘陵前冲积扇，由于河床受山地约束和扇面强烈下切的结果，未能形成普通模式的扇状分流水系，而发育成为嵌在冲积扇中的主干道形态。但由于来水量巨大，水流冲刷剧烈，河床亦开阔，江心沙洲大量出现。据史载，南朝之前，河道中有“九十九洲”纷杂棋布，逐渐合并而成巨型百里洲。故《松滋县志》（民国版）载：

"洋溪官洲下十里有大洲，至涴市而止，曰百里洲，突起江中，自晋隋已然"。巨型沙洲位居江中，主流则因河道变化而南北摆动。据《水经注》记载，"南江北沱""江汜（沱）枝分"。因大量江心沙洲不断合并、消失和靠岸，百里洲河段演变成"南江北沱"的分汊河道形态。

东晋以后，江陵以西河段北岸开始筑堤御水，荆江水位不断升高，南宋乾道初年（1165年）开掘淤塞的虎渡口，荆江河段向虎流河分流量增大，沙市以西荆江出现分流河道。入明代以后，随着北沱流量的激增与出水口的阻溜，明嘉靖年间（1522—1566年），北沱在今江口镇东南冲断百里洲，遂分为上、下两个百里洲，北沱改流于上、下百里洲之间，下百里洲靠向北岸为万城西南的长江边滩。百里洲之南长江干道中，自西向东分布有苦草洲、芦洲、泮洲和澌洋洲，实际上把百里洲南的长江干道又一分为二，故《读史方舆纪要》载，大江至此，分为三派。至清道光年间（1821—1850年）百里洲南大江干道沙洲继续增长，苦草、澌洋等洲靠向南岸成为边滩，江面日益缩窄。道光十年（1830年）大水后，长江主泓道北移至百里洲，河床形态因之演变成"北江南沱"，光绪六年版《荆州府志》称之为"数千年江流一大变局也。"江流主泓北移，江中洲滩渐淤，江面日见缩窄，清同治九年（1870年）大水，壅高的洪水终冲破江南黄家铺干堤，形成松滋河分流，夺路直注洞庭。至此，沙市以西荆江分流、分汊河道形态大致塑造完成。

（二）沙市以东荆江河道塑造过程

江水流经山谷河道和低丘山岗与平原的过渡地带，在江陵则流入了茫茫的云梦古泽，随着云梦泽不断地淤垫及解体消亡，沙市以东荆江河道的塑造与演变大致经历了漫流、分流、统一河床的阶段。

(1) 荆江漫流阶段。由于江汉地区现代构造运动继承第四纪新构造运动的特性继续沉降，云梦泽在全新世初期湖沼程度极高，有史记载以前，长江出江陵进入广阔的云梦泽地区，其河槽通常淹没于湖泊之中，河道形态不甚明显，来水以漫流形式向东汇注。表现在沉积物上为湖沼相沉积与河流相沉积交替、重叠。但因江汉湖盆现代构造运动具有南向掀斜的特性，以及科氏力长期作用的结果，沙市以东的荆江漫流有逐渐向南推移、汇集的趋势。

(2) 荆江三角洲分流阶段。先秦至秦汉时期，由于长江泥沙长期在云梦泽沉积的结果，以沙市为顶点的荆江三角洲早已在云梦泽西部首先形成。荆江在云梦泽西部的陆上三角洲上成扇状分流水系向东扩散。荆江主泓道受南向掀斜构造运动的制约，偏在三角洲的西南边缘。此时下荆江地区大部尚处在高度湖沼阶段，洪水季节荆江主泓横穿湖沼区至城陵矶合洞庭四水。在陆上三角洲分流发育阶段，荆江两岸出现众多的穴口和分流水系，据各种史料记载，东晋前分流穴口曾达20余处，其中著名的分流水道有夏水、涌水和夏扬水等。唐宋以后又流行"九穴十三口"之说。

(3) 荆江统一河道形成阶段。魏晋时期，由于荆江鹤穴（今郝穴）分流的出现，荆江三角洲在向东发展的同时，向南迅速扩展，迫使古华容县南境的云梦泽主体向下游方向推移。今石首境内的下荆江河段，已经摆脱湖沼区的漫流状态，塑造出自身的河道。此时监利境内的荆江河段，大部依旧通过云梦湖沼区，地面的独立河道尚不明显，仅有东南方向的大体流路。至南北朝时期，荆江主河床仍然如此，故《水经注·江水》中记载，石首境内下荆江河床形态已极为清晰，两岸不但有众多穴口分流，而且还有较高的河岸、漫坡供人类定居，江中还有不少沙洲分布。而监利境内下荆江河段却鲜有记载，结合云梦泽在监利、惠怀一线以东“萦连江沔”的记载，据此推断，此时江陵以东的荆江河段，开始形成河曲于公安河段，下流至石首河段，而监利一带则呈现泓道串联湖沼的景观。唐宋时期，荆江左岸开始兴筑人工堤防，其分流口门被堵塞，至元明之际，荆江左岸堤防全线连成整体，云梦泽彻底解体，下荆江统一河床在大体如今的位置稳定下来。

云梦古泽的消亡，荆江统一河床的形成，又打破了荆江洪水的平衡，促使了荆江洪水不断升高，自南宋初期上荆江虎渡河分流形成后，清咸丰十年（1860年）大洪水冲开了藕池口，接着清同治九年（1870年）又冲开了上荆江右岸的松滋口，加上调弦口，形成了荆江统一河道和四口分流的局面。

二、荆江河道变迁

荆江的统一河道从上至下形成后，以沙市为中点以西的河道，除百里洲河段江沱、主汊的变化外，其河道形态变化不大，而沙市以东的河道却经历了从分流分汊河型到单一顺直河型，最后发展为蜿蜒型河道的演变过程。魏晋南北朝时期，江心沙洲连绵，两岸穴口众多，属典型分流分汊河型；南宋以后，分流穴口大多淤塞，江心沙洲逐渐消失或靠岸形成边滩，从而演变成单一顺直河型；至元明时期，河道横向摆动加剧，又逐渐向蜿蜒河型演变。其发育过程是上荆江河段出现弯曲段而逐步向下荆江发展，最后是下荆江尾闾部分首先形成蜿蜒型河道，然后自下游往上移推移至石首境内，石首以上仅发展成弯曲段就没再过度发展了。其后由于藕池口分流出现，下荆江蜿蜒河型得以全线形成。

洋溪河段　上起枝城，下至陈二口，长约15千米，为弯曲分汊河型。清咸丰十年（1860年）前，即为弯曲分汊河道，江中有浰洲、滳洲和关洲3个江心洲，右汊为主泓，洋溪弯道河势维持基本稳定。

百里洲河段　长江流至百里洲后南、北分流，古时大江正流在百里洲以南，属“南江北沱”河势。明代，随着北沱流量激增与出水口阻溜，导致荆州西北万城一带江堤屡遭冲溃。明嘉靖前，荆江流经方向为松滋老城—马口镇—大布街，即百里洲南汊流向。至嘉靖年间（1522—1566年），北沱在枝江江口镇东南冲断百里洲，百里洲分为上、下两个百里洲。北沱改流于上、下百里洲之间，江流从江口直达松滋流淀尾与南江汇流。南江经松滋老城、朱家埠、新场、采穴至流淀尾。此段江面宽阔，朱家埠一带汛期宽3～4千米。至清初，老城至朱家埠一带由于回流淤垫，形成苦草洲、芦洲、泮洲和澌洋洲等大小荒洲，加之百里洲日渐发育，江道逐渐萎缩，江流主泓逐渐移至百里洲以北，北沱成为长江今日主江道。

沙市河段　自陈家湾（荆州区弥市镇境内）至观音寺，全长33千米，从历史变迁图来看，沙市河湾近200年河道变形幅度较小，主要是洲滩的生长与变迁。明万历二十五年（1597年）前，沮漳河由鹞子口和筲箕洼两处入江，后鹞子口淤塞，仅由筲箕洼入江。清乾隆五十三年（1788年）前，观音矶以上河道外形为一大弯道，江中有窖金洲，江流紧贴荆州城南曲流至沙市，1788年大水后，在筲箕洼下游修筑杨林矶和黑窑厂矶。后由于学堂洲逐年淤长变宽，岸线向江心不断推进，河道弯曲度因而逐渐缩小。光绪二十六年（1900年）以后，学堂洲形成且逐渐并岸；沙市以下岸线，则向内崩进数百米，致使沮漳河口逐渐下移至观音矶上腮。至20世纪50年代，学堂洲发生严重崩坍，致使河宽加大约600米。1959年，通过人工改道将沮漳河口上移800米入江（新河口）。沙市河湾的洲滩格局一直维持到20世纪50年代，其间河湾上段新窖金洲呈靠右岸的边滩形式，但靠岸处存在倒套；或呈江心洲形式，北汊和南汊并存，北汊为主泓。沙市河湾下段金城洲呈靠右岸的边滩形式。1994年年底，万城以下沮漳河口再次经人工改道在荆州区与枝江交界的临江寺入江，河道缩短18.5千米。

注：沙市形成过程。

春秋战国时期，沙市名津，为楚大江津渡。秦汉时期，沙市名津乡。魏晋南北朝时期，沙市名江津。唐初始称沙头市，属江陵县，宋代改称为沙市镇。

在原始社会，沙市地域人类主要居住在今关沮乡和立新乡之间。楚灵王七年（公元前534年）在沙市豫章岗建章华台（今章华寺）。

黄初四年（223年），曹魏大将“曹真分军据江陵中洲（江中之洲）”，始见江中洲渚可以住人。晋太康四年（280年）杜预克江陵后在江津设江津戌，筑奉城，设江津长。领百家，主度江南诸州贡奉。奉城乃江中之洲，与长江南岸的马头戌相对（亦称为马头岸，今松滋市涴市，冬季枯水时，有残丘露出），是江防要地，交通要冲，奉城故址在今观音矶附近。

《水经注》载：江水“又南过江陵县南，县北有洲，号曰枚廻洲，江水自此两分，而为南、北江也……。此洲始自枚廻下迄於此，长七十余里，洲上有奉城，故江津长所治，旧主度州郡，贡于洛阳，因谓之奉城，亦曰江津戌也。戌南对马头岸，昔陆抗屯此与羊祜相对，大宏信义，谈者又为华元、子反、复见於今矣。”南流者即今大江主流。北流者，经荆州城南、荆州城东、郢城东南、豫章岗、章华台以东（今窑湾附近）分流，称为夏水，再至观音寺（古獐卜穴）分流为涌水。奉城在南、北两江之间。由于长江主泓不断南移，泥沙淤积，夏水断流，至唐时，洲渚陆化。奉城与豫章岗、章华台连成一片，成为今之沙市地域。

公安河段 清乾隆二十一年（1756年）前，尚属微弯河形，后逐渐演变成为一大弯道。据1953年在公安斗湖堤岸边出土的一块明嘉靖元年（1522年）尚书古墓碑标明，此墓离大江八里（4千米）。据考证，明嘉靖年间（1522—1566年）江流主泓尚在今荆江左岸青安二圣洲处，而今斗湖堤却紧临江边，较当时河道右移约4千米。乾隆二十一年（1756年）时，观音寺至冲和观一线尚为一微弯河道，不及现在河道的弯曲程度。1830年大水后，公安河湾上段出现江心洲，名为突起洲，突起洲分汊河道取代原有的二圣洲汊道。1861年测图上已有突起洲，其右汊为主泓，左汊即为今文村夹。20世纪50年代后，公安河段上弯道仍不断发展，斗湖堤岸线向南崩退约400米，但发展速度较前减缓，河段洲滩格局基本未变。

郝穴河段 据清嘉庆九年（1804年）《湖北通志》载，当时郝穴河湾为弯曲分汊河道，江中有彩石洲（亦称为石洲）、白沙洲、新淤洲、新泥洲和白脚洲等5个沙洲，左汊为主流，右汊为支汊。此后5个沙洲逐渐合并为现今南五洲，左汊仍为主流，右汊则逐渐萎缩。1852年在郝穴河湾凹岸修建龙二渊矶、铁牛上矶、铁牛下矶、渡船矶和郝穴矶，1913—1915年修建冲和观矶、祁家渊矶、谢家榨矶和黄灵垱矶等护岸工程，凹岸崩坍得到初步控制，郝穴河湾维持稳定。

下荆江河段 下荆江是长江中游河道演变最剧烈的河段，经历了从分流分汊河型到单一顺直河型，最后发展为蜿蜒型河道的历史演变过程。魏晋南北朝时期，江心沙洲连绵，两岸穴口众多，属于典型的分流分汊河型；南宋以后，分流穴口大多淤塞，江心沙洲也逐渐消失或靠岸形成边滩，从而演变成单一顺直河型。

元明之际，下荆江蜿蜒河型开始在监利东南江段出现，然后再逐渐向上游发育河曲。至明中叶，监利东南江段典型的河曲弯道已经发育形成，东港湖河弯已于明末自然裁弯而成为牛轭型遗迹湖。湖西岸的固城垸为明中叶时期在东港湖河弯凸岸围挽的堤垸，当时在东港湖弯道与老河弯道之间的瓦子湾，由于曲流发展迅速，河岸崩塌极为严重，故有明代诗人孙存的《瓦子湾》诗："三月此湾两渡过，江岸渐见倾颓多；岸上壁立更痕露，豆田半地萦清沙；农人初将豆种掷，去江余地犹十尺；而今苗没浸町畦，若至秋深何止极。"

由于河曲迅速发展，至明末清初，据清代齐召南《水道提纲·江水篇》记载：下荆江"自监利至巴陵凡八曲折始合洞庭而东北"。《乾隆十三排图》对此亦有十分清晰的描绘。可见蜿蜒河型的发生，与洞庭出水顶托存在着密切关系。明代石首境内下荆江河段典型河曲尚未形成，河道形态仅由顺直型演变成微弯单一河型。当时下荆江流路在调关至槎港山一线以南，即自石首北沿止澜堤（又名梓楠堤）北侧至列货山，然后以东南微弯向通过调弦镇南的胜湖、三菱湖、北湖至塔市入监利县境，这条流路河道平面形态、位置与今已大不相同。

调弦至塔市间的下荆江流路，据《入蜀记》记载：南宋乾道六年（1170年），陆游自塔子矶溯江西南行，途径见山嘴纵横，水体深广，古时潜军伺敌的潜军港，舟泊于三江口（约调关三岔口附近），次日由三江口过石首县泊藕池。由此航线和潜军港的地理形势推断：当时下荆江在今调关—槎港山一线以南，紧靠墨山丘陵北麓的胜湖、三菱湖、北湖一线通过。至明代后期，河道位置仍然如此。《读史方舆纪要·荆州府·石首县》记载："调弦口镇，县东六十里江北岸，江水溢则由此泄入监利县境，汇于潜沔，隆庆中复开浚深广以防水害。"隆庆年间下荆江仍从调关以南的湖群中通过，调关以北为江水泄洪通道。下荆江调关附近的这条故道何时废弃而改徙于调关—槎港山之北，史无明文记载。但从清初乾隆年间的奏议及《水道提纲》记载分析，至明隆庆（1567—1572年）以后，由于三江口附近泥沙长期沉积，江流不畅，原调关北侧的分洪道逐渐扩展为大江正流，自此江流改经槎港山北侧至塔市入监利境。调关、槎港山则演变为荆江南岸要地。过去所经湖群，均已偏离大江南岸。至清初，石首境内河曲开始自下游往上游发展。弯道曲流首先在塔市至调关间形成。据《水道提纲》记载，江水经石首"县北，又东过调弦口，又东北折而东南至监利县西境"。随着监利河曲不断向上游发展，河床出现平面摆动，被《水经·江水注》称之为"赭要洲"的江心洲，明时则已靠陆成为边滩，而改名为“沿江踞”，围垦农田达3万亩。但至清初，则又被“碧波荒草”所代替。其后，石首两岸大规模地修筑围垸，北岸有梅肇垸、张惠垸；南岸有张城垸、同人垸；特别是团合洲、永发洲、刘发洲等江心洲并岸后被挽成围垸，河床地形改变，从而促进了石首境内河曲的发展。

至清道光年间（1821—1850年），下荆江蜿蜒河型已上溯发展至石首县境内，最明显的一个河曲弯道形成于调关以北。《嘉庆重修一统志》记载，1820年前，石首至塔市间的下荆江曲率达2.5，蜿蜒河型已在石首县境内全面形成。但此时，监利境内的下荆江曲率却降为1.44。

清后期，自1860年藕池决口分流以后，下荆江蜿蜒河型得已全线发展，河道横向位移，仅19世纪初以来，西部摆幅即达20千米，东部则在30千米以上。其主要原因为藕池决口后，下荆江流量减少和洪枯流量变幅也减小所致。当流量减少时，河流的宽度和弯曲半径也相应缩小，河曲随之形成。在正常发展的弯道中，水流顶冲位置具有随流量变化而上下移动的特性，高水顶冲位置一般在弯顶以下，低水顶冲位置一般在弯顶附近或稍上。而洪枯流量变幅小，水流顶冲位置趋于固定，容易出现弯曲半径较小的弯道，河道也就愈加蜿蜒曲折。

19世纪60年代监利河段还是一单向弯道，至1912年监利河湾河心出现较大沙洲，河道弯曲度逐渐加大，至1928年采用人工护岸开始，监利河段的南北泓呈周期性的转变过程。20世纪以来，监利河湾南北泓的演变过程，1912—1931年北泓持续19年，1931—1945年南泓持续14年，1945—1971年北泓持续26年，1971—1976年南泓持续5年，1976—1995年北泓持续20年，1995年至今南泓一直持续。河段演变遵循周期性的规律，右汊新生，然后断面扩大，深泓线左移，流路弯曲增长，出现右汊衰亡，接着新的右汊再生。如此周而复始，但分汊水道的形式始终保持不变。

下荆江河曲发育过程中，不断发生自然裁弯。据史料记载，先后发生有：明末东港湖、老河自然裁弯；1821—1850年间西湖自然裁弯；1886年月亮湖、街河自然裁弯；1887年大公湖、古丈堤自然裁弯；1909年尺八口（熊家洲）自然裁弯；1949年7月，冲穿荷芫泱，碾子湾自然裁直；1972年7月，沙滩子自然裁弯；1994年6月向家洲狭颈崩穿，发生自然裁弯。1967—1969年两次实施人工裁弯，见表2-1-1。

表2-1-1　　下荆江自然裁弯或人工裁弯发生时间表

裁弯地段	裁弯发生时间	裁弯地段	裁弯发生时间
东港湖	明末	尺八口（熊家洲）	1909年
老河	明末	碾子湾	1949年
西湖	1821—1850年	中洲子	1967年（人工裁弯）
月亮湖	1886年	上车湾	1969年（人工裁弯）
街河	1886年	沙滩子	1972年
大公湖	1887年	向家洲（又称为撇弯）	1994年（切滩撇弯）
古丈堤	1887年		

荆江河段在自然状态下，弯道凹岸冲刷崩退，凸岸淤长，弯顶下移，主流变化遵循

“小水傍岸，顶冲上提，大水超直，顶冲点下挫”的规律。当弯道发展到一定程度时，在一定水流、河床边界及上下游河势条件下，易发生切滩撇弯，甚至自然裁弯。20世纪50年代后荆江两岸逐步实施以控制河势和保护堤防与城镇安全为目标的护岸工程，下荆江总体河势得到基本控制。但下荆江裁弯工程的实施，葛洲坝及三峡工程的修建运行，加之上游来水来沙条件的变化、江湖关系的调整及岸线的开发利用，局部河段河势仍有调整，尤以下荆江河段表现最为明显。

1983年开始实施下荆江河势控制工程，随后实施八姓洲弯道七弓岭和石首河弯北门口等处护岸工程，下荆江河势总体得到控制，经过1998年长江流域性大洪水和1999年区域性大洪水，下荆江未发生重大河势变化，这与下荆江形成蜿蜒型河道发生变化有一定的关系。现在的河床已不完全是由二元结构组成，据不完全统计，下荆江自20世纪50年代至今，已砌石守护146千米（单向），下荆江约40%的岸线的边界条件发生变化。三峡水库蓄水后，上游年平均来沙量已由1951—2002年的4.9亿吨，减少为2003—2010年的0.625亿吨，上游来沙量小于河段的挟沙能力，低滩不能淤高，不可能转化为河漫滩。现有护岸工程大多是对凹岸守护，同时停止凸岸边滩的围垦。

下荆江历史变迁、下荆江河道变迁、新厂至塔市驿河段变迁分别如图2-1-4～图2-1-6所示。

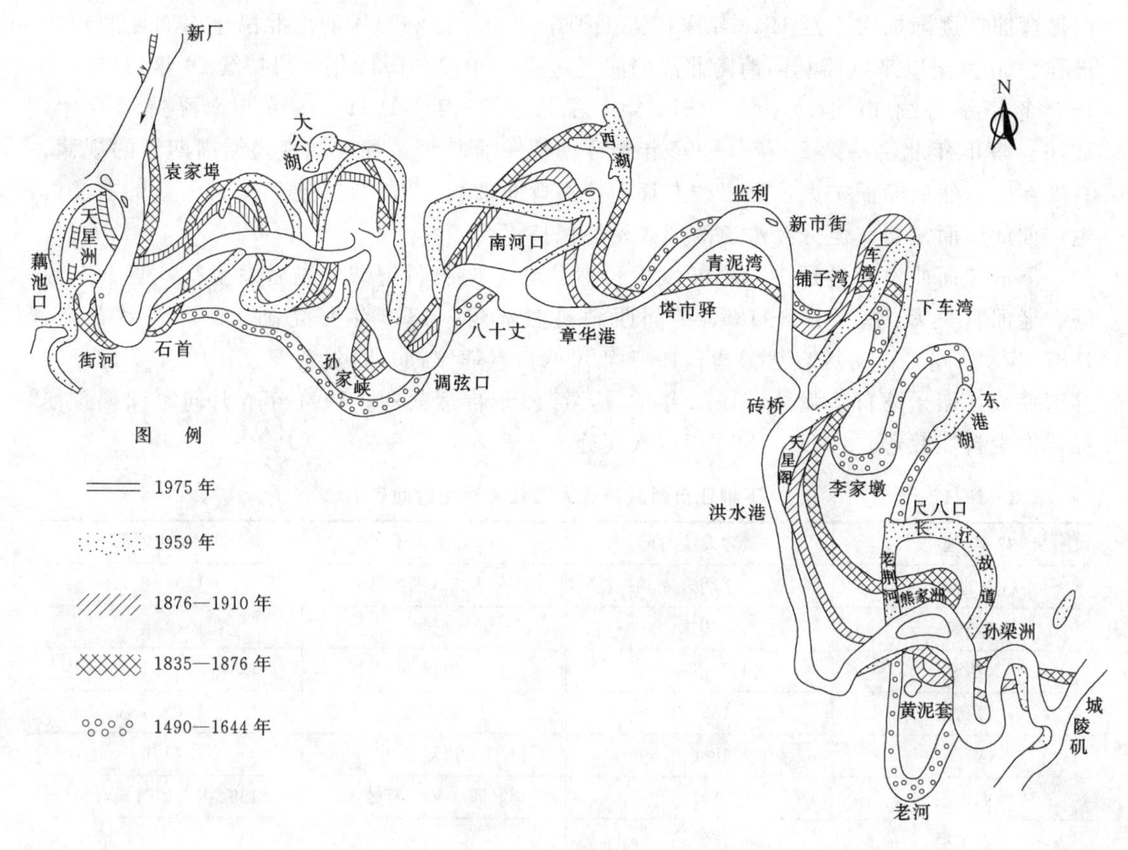

图2-1-4 下荆江历史变迁图

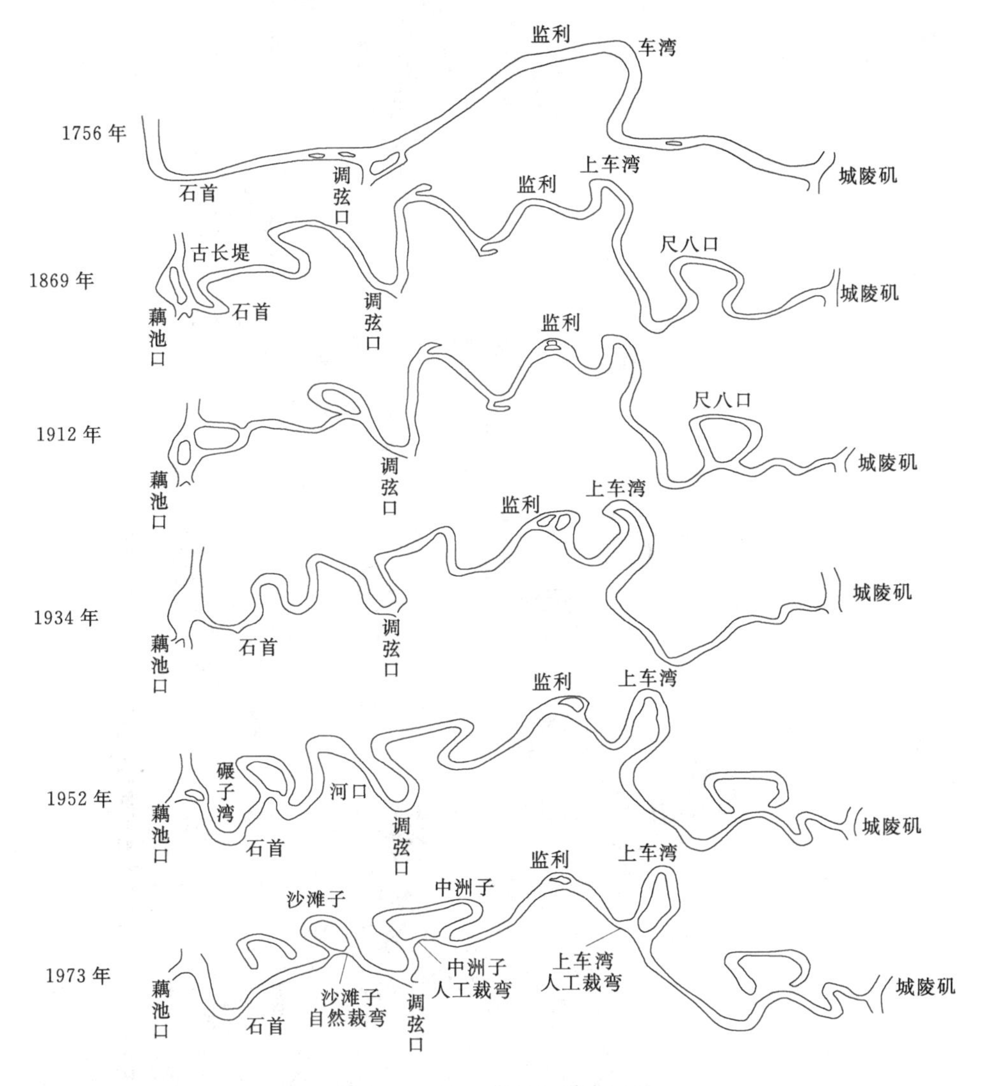

图 2-1-5　下荆江河道变迁图

三、长江城陵矶至新滩口河段的形成与演变

长江城陵矶至新滩口河段，根据地质勘察考证，距今1万年前一直沿着洪湖至金口大断裂方向流动。6世纪以前河段的变迁情况史书记载过于简略，大致流向未变，河道基本属于顺直分汊河型，直至6世纪初才有《水经注》作如下记载："江水左径上乌林南"，"江水又东，左得子练口"，"江之右岸得蒲矶口，即陆口也"，"又东径蒲矶山北，江水左得中阳水口"，"又东得白沙口"，"又径鱼岳山北"，"江水又东，右得聂口"，"江水左径百人山南"，"右径赤壁山北"。同时还记载嘉鱼鱼岳山当时尚在江中，孤峙中洲之上，渊洲附近，"江墳从洲头以上，悉壁立无岸"，江水过渊洲，还"东北流为长洋港，又东北经石子冈"，形成长江支汊，上口为雍口，亦谓之港口，港水东南流注于江，谓之洋口。当时长江主流自鸭栏矶经郭家棚、晓洲、黄盖山西侧挑流北向经石码头、乌林矶，再东北流经

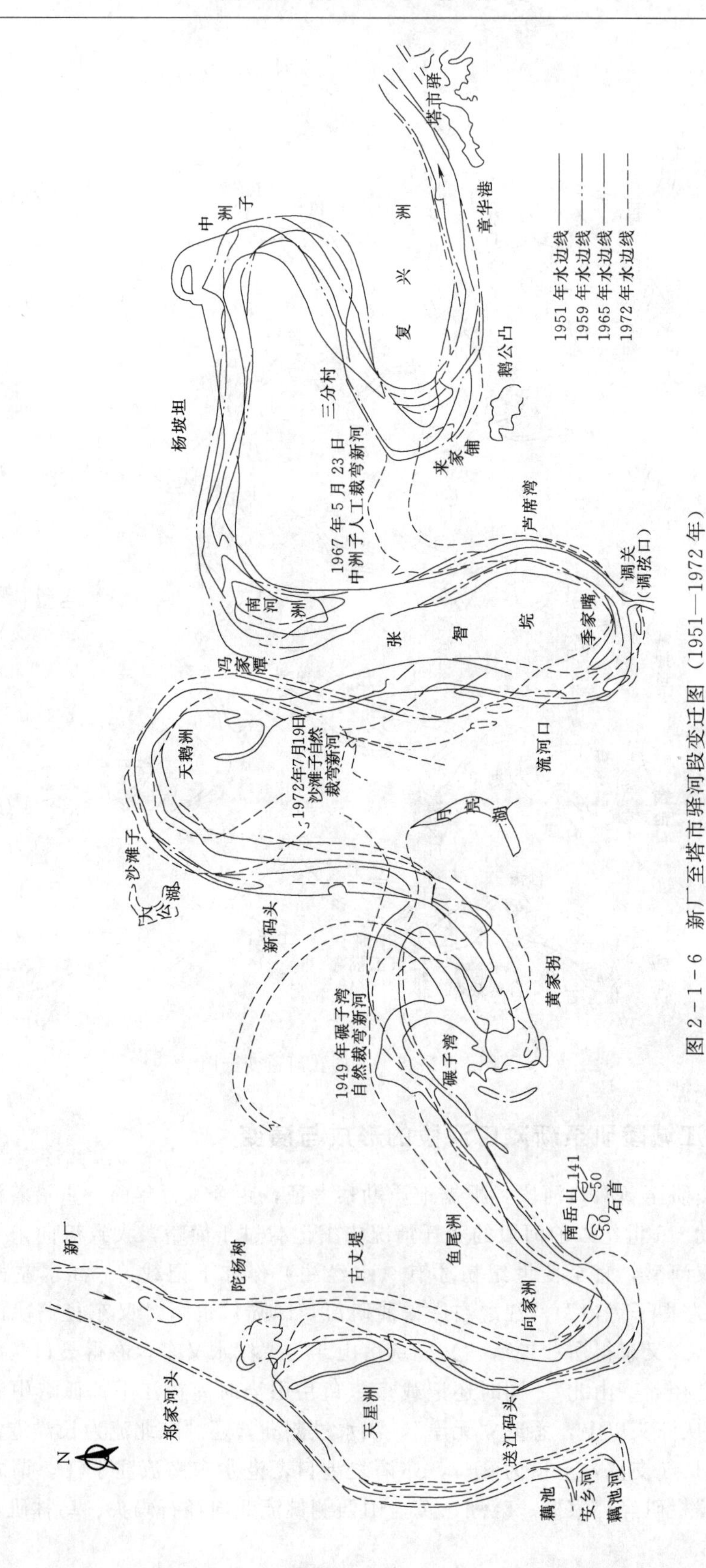

图 2-1-6　新厂至塔市驿河段变迁图（1951—1972 年）

牛埠头、陆溪口后，再东北流经石矶头、鱼岳山、马鞍山至燕子窝以后，再东流穿过现簰洲弯颈的游士边，下行抵赤矶山（现武昌境内），河道较顺直而又多汊。

螺山至黄蓬山河段　江中无沙洲记载。牛埠头以下江中沙洲众生。牛埠头附近，江流向左分一支流，名曰“练浦”，流经竹林湾、吕家口至龙口与大江交汇。牛埠头至赤矶山河段，当时江中沙洲众多，据《水经注》记载，牛埠头以下有练洲、蒲圻洲、中洲、杨子洲、金粮洲、铁粮洲、渊洲、沙阳龙穴洲等。晋太康元年（280 年）、十年（289 年）曾分别在蒲圻洲、沙阳龙穴洲设置县治。大江主流在燕子窝附近北分一支流名长洋港，进口称雍口，北流经嵩洲至新滩口后，折向东南流至洋口，于龙穴洲与大江交汇，河型略似今簰洲湾河道（见张修桂《长江城陵矶至湖口河段历史演变》，《复旦学报》历史地理专辑，1980 年）。据中国科学院地理研究所考证，从航拍照片分析，在今簰洲湾狭颈之间，有古河道痕迹，簰洲湾由较顺直的古河道变迁而来。由于地质地貌条件对长江河道发育的影响，簰洲湾弯颈地区小隆起带逐渐上升，形成阶地，抗冲性强，河道不易取直通过，促使长江不断外移，绕过隆起地带形成大湾。

南北朝（420—589 年）以后，城陵矶以下河段开始出现主泓左右摆动的变化，以主汊互相交替出现或支汊冲刷扩大而取代主汊的形式出现，河道形态也由单一顺直型河演变成微弯分汊河道或鹅头型汊道。

城陵矶至螺山河段　系顺直分汊河型，城陵矶以下，受隔江对峙的白螺矶和道人矶、杨林山和龙头矶、螺山和鸭栏矶等天然节点控制，约束河道的自由摆动，使河道在较长时期内保持稳定，1860 年间在白螺矶至杨林山之间江中淤出一个江心洲——南阳洲，1912—1934 年间在白螺矶以上左岸连滩出现 2 个江心洲，至 1959 年合并成仙峰洲。

《湖南省地名志·1972》载：“岳阳市城陵矶和临湘县鸭栏河段，两岸丘岗对峙，南岸擂鼓台、道人矶、寡妇矶、白马矶，与北岸白螺矶、杨林矶、螺山隔江相望。”

螺山至石码头河段　隋唐以后，主流线由右向左摆动达 4～7 千米。晓洲、潦浒洲、谷花洲、蔑洲等江中之洲，在南宋末年（约 1279 年）向右靠陆，江流主泓冲刷左岸。清康熙三十五年（1696 年），新堤镇江岸剧崩，危及江堤安全，增筑预备堤一道。乾隆三年（1738 年），新堤附近倪家窝崩坍数十丈，逼近预备堤。嘉庆年间（1796—1821 年），由于左岸不断崩坍，江面展宽，江中出现沙洲，使主流紧贴左岸，加剧新堤镇附近的滩岸崩坍。光绪《沔阳州志》载：“堤外沙渚突生，壅水横击，时有崩卸，旧有棉花集市，其地沉入江心，镇东南环水而居者，近复陷去数十家”。民国二十二年（1933 年）开始，深泓线由界牌附近向南过渡至右岸，新堤上下岸崩转缓，江右谷花洲至北堤角滩岸崩坍剧烈。20 世纪 60 年代，江面展宽达 3400 米，江中出现长达 12 千米的南门洲。

界牌至新闸港的老皇堤（又名部堤）外有一河道，清代中叶，水流旺盛，冲刷老皇堤因而形成崩坍险段。新闸港附近的下花垸堤岸崩坍，危及兴源寺安全。清光绪《沔阳州志》载，雍正十二年（1734 年），“夏六月，龙阳垸（又名汪家河，现余码头上下）以逼近江流，时虞崩决，巡抚德林拨公款九百六十两，增筑月堤一道，长一百二十九丈五尺”。嘉鱼、沔阳两县历史上均以此河道为界。

石码头至牛埠头河段　南北朝后，主流线由左向右摆动 5～6 千米，靠近右岸九宫庵、赤壁山，直抵陆溪口。由石码头经乌林矶至牛埠头的主泓道，大致在宋以后淤废。明初，叶家洲、王家洲、胡家洲等江中沙洲，已向左靠陆。明万历四年（1576年）左岸江堤基本筑成，“叶、王、胡、白沙诸洲，乌林、青山、牛鲁诸垸，皆江中干淤壤，范围其内”（清光绪《沔阳州志》）。此时的河道较顺直单一。大致在清代，主流又由右向左摆动，深泓冲刷左岸，石码头以下江岸崩坍，叶家洲至王家洲的滩岸崩失宽度达400～800米。自民国十七年（1928年）修筑叶家洲一、二、三石矶起，至新中国成立后继续抛石护岸，崩岸才得到抑制，但深泓至今仍靠左岸。

牛埠头至高桥河段 南北朝时，主泓左右摆动幅度大，左岸分汊水道练浦与基河两支流变化明显。唐宋时，练浦为长江主流，之后向南摆动，将练洲分割成若干小洲。至清代中期，宪洲、宿公洲、粮洲、老洲、利国洲、送奶洲、乌沙洲相继向左靠陆，练浦淤废。宝塔洲于清末靠陆后，形成周码头至宝塔洲河段的鹅头型河道，左右岸最大间距达6千米。清末民初，江中出现中洲、新洲，江流分为左、中、右3汊，主泓线有时靠右，多时居中，也一度出现左汊为主流，冲刷左岸上北堡至粮洲堤岸的情形。

高桥至胡家湾河段 南北朝以后，总体趋向为向左摆动，摆幅最大达20千米，左岸形成剧烈崩坍。高桥垸附近崩坍约2千米，田家口一带崩坍近2.5千米，现江中白沙洲上嘉（鱼）洪（湖）界线即为历史上的江左岸线。《水经注》成书时，燕子窝至赤矶山为较顺直的西南、北东向河道，由于主流偏左，崩坍成著名的簰洲河湾。弯道起点虾子沟至大嘴（汉阳境），弯曲长47.5千米，而直线距离仅有6.5千米。至19世纪50年代簰洲湾湾顶不断向北推进，形成大兴洲，因洲体向右靠岸，左岸胡家湾至新滩口、上北洲至姚湖、七家垸至八姓洲、穆家河至蒋家墩，总长达26.8千米堤岸成为崩坍剧烈的险段。

南北朝时期，长洋港汊道随着大江左摆而逐渐淤废，现沙套湖即属长洋港的牛轭湖遗迹。上北洲、老洲、新洲，曾为江中之洲。长洋港淤废后，王家边至燕子窝河段出现新的支流，一为穆家河分支，流经水府庙、傅家边至彭家边与小河（江汉）连接，大江与支流之间的茂盛洲曾是江中之洲，清末民初，始挽筑成丰乐垸，现蔡家套洼地即属此河遗迹；二为上河口分支，流经彭家边、蒿洲、姚湖，从北河口（现洪湖永乐闸附近）会大江，俗称小河。清代曾于北河口设厘金局，收取长江船运税赋，局墩的地名即由厘金局的房屋基墩而来。支流与大江之间形成九簰洲、调元洲、八姓洲等江中之洲。上河口、北河口、直至清末民初才堵筑，支河形迹至今犹存。

第二节 河道现状

一、荆江河段

荆江河段，上起湖北枝城，下迄湖南城陵矶，全长347.2千米[长江流域规划办公室（以下简称“长办”）1975年按测图量算为337千米，长委《2009年荆江河道演变监测分析成果报告》称为347.2千米]，因此段河道流经古荆州地域，故称为荆江。其间，按荆江河道形态以石首藕池口为界，又分为上下两段，上段称为上荆江，长171.7千米（其中枝城—洋溪约8千米河段属宜昌市）；下段称为下荆江，长175.5千米。荆江左岸在沙市以上16.55千米处有沮漳河在荆州区临江寺入汇（左岸在枝江市新河口有玛瑙河入汇），其上游右岸枝城以上 19 千米处有支流清江入汇，境内有松滋、虎渡、藕池、调弦（1958 年建闸）四口分流入洞庭湖，与湖南湘、资、沅、澧四水汇合后，于城陵矶注入长江。汛期清江、沮漳河的来洪及四口分流均对荆江防汛造成不同程度的影响，构成复杂的江湖关系。

上荆江为微弯分汊型河道，自上而下由江口、沙市、郝穴 3 个北向河湾和洋溪、涴市、公安 3 个南向河湾以及弯道间顺直过渡段组成。河道弯道处多有江心洲，自上而下有关洲、董市洲、柳条洲、江口洲、火箭洲、马羊洲、三八滩、金城洲、突起洲等 12 个江心洲滩。上荆江河段弯道较平顺稳定，河湾曲折率约为 1.72（注：《荆江大堤志》和《长江志》载为 1.72，《长江志·水系》载为 1.70），河湾曲折率最大为洋溪河湾的 2.23，最小为涴市河湾的 1.23；最小河湾半径为 3040 米（马家嘴河湾），最大为 10300 米（郝穴河湾）。平滩水位时，河道最宽处 3000 米（南兴洲河段），最窄处 740 余米（郝穴河段），最深处 40～50 米（斗湖堤）。据 1965 年测图量算，上荆江顺直河段，平均宽 1320 米，水深平均 12.9 米；弯曲河段，平滩河宽 1700 米，平滩水深 11.3 米；水面比降为 0.04‰～0.06‰，汛期较大，枯水期较小。

上荆江沙市河湾和郝穴河湾堤外无滩或仅有窄滩，深泓逼岸，防洪形势十分险峻。新中国成立后，经过多年整治，两岸主要险工险段特别是弯道凹岸迎流顶冲部位均建有护岸工程，截至 2010 年年底，上荆江守护岸线总长约 121 千米。

下荆江为典型的蜿蜒型河道，自然条件下，易发生自然裁弯，左右摆动幅度大。20 世纪 60 年代后期至 70 年代初，历经中洲子（1967 年）、上车湾（1969 年）两处人工裁弯以及沙滩子（1972 年）自然裁弯，1994 年，石首河段向家洲发生切滩撇弯。下荆江系统裁弯前长 240 余千米，裁弯后缩短河长约 78 千米，此后河道有所淤长，至 2011 年年底下荆江长约 175.5 千米。裁弯工程实施后，不断实施了河势控制工程与护岸工程，下荆江已成为限制性弯曲河道，由石首、沙滩子、调关、中洲子、监利、上车湾、荆江门、熊家洲、七弓岭、观音洲等 10 处弯曲段组成，主要江心洲有 4 个。历史上，下荆江河道平面摆幅较大，近 200 年来整个河段摆幅达 30 千米。系统裁弯前，下荆江河湾曲折率为 2.83（注：《长江志·水系》载为 2.83，《长江志·河道整治》载为 2.79，《荆江大堤志》载河湾段曲折率平均为 1.93）；裁弯后，据 1975 年测算，曲折率降为 1.930。下荆江河湾曲折率最小为监利的 1.65，最大为上车湾裁弯前的 5.07；最小河湾半径为 1260 米（七弓岭），最大为 5770 米（熊家洲）。除监利河段有乌龟洲，中洲子河段有南花洲将河道分为汊道段外，其余均为单一河道。据 1965 年测图量算，平滩水位时，下荆江全河段顺直段平均宽 1390 米，平滩水深平均为 9.86 米；弯曲河段平均宽 1300 米，水深平均为 11.8 米，河道最宽处 3580 米（八姓洲河段），最窄处 950 米（窑圻垴河段），最深处 50～60 米（调关矶头）。下荆江经章华港、塔市驿东北流后，至监利县又转向东南流，至城陵矶有洞庭湖水系入汇，流量大增。

荆江河段的深泓平均高程，上荆江为 16.70 米，下荆江为 6.90 米，其纵剖面变化规律是上荆江的深泓趋势沿程变化线较下荆江陡，下荆江的起伏大于上荆江。据 1998 年勘测，上荆江关洲以下缩窄单一段高程为 6.00 米，涴市河湾为 7.50 米，公安河湾为 2.00 米，沙市河湾观音矶为 6.00 米，观音寺附近为 5.80 米，祁家渊为 3.80 米。从深泓高点看，分流口以下河道深泓一般较高。松滋口以下由于分流作用，深泓高点高程为 27.00

米，藕池口门附近为20.00米；其他深泓高点主要分布在分汊段内，在火箭洲达到27.00米，突起洲为25.00米。下荆江深泓最高点高程为22.00米，深泓高点沿程逐渐降低，高点主要出现在较顺直、宽浅的河段及分汊段中，在寡妇夹、塔市驿至监利河湾，洪水港以下以及熊家洲以下顺直段均有深泓高点。深泓低点主要分布在河湾处，石首河湾高程为－11.40米，调关为－11.00米，中洲子河湾为－7.00米，上车湾为－13.00米，荆江门为－24.00米，观音洲为－10.00米。

荆江河段浅滩变化复杂，董市、太平口、周公堤、藕池口、碾子湾、监利等处浅滩，每年枯水季节有20～88天不能保证标准航深2.9米，是长江中游航道条件较差的河段。

荆江两岸均筑有堤防。左岸从枣林岗起修筑有荆江大堤，沿沮漳河经万城至荆州、沙市城区，而后经盐卡、观音寺、郝穴、麻布拐一直向东至监利；以下堤线继续东延，经上车湾向东至观音洲，再向东至洪湖新滩口。右岸除沿江筑有堤防外，沿松滋河、虎渡河、藕池河和调弦河两岸亦筑有堤防。荆江两岸堤距，自枣林岗起一般为6～7千米，至沙市缩狭至1千米余，以下随江流趋势宽窄相间，宽处约为5千米，窄处约1千米；藕池口以下，堤距一般为十余千米，宽处达20千米以上，仅监利窑圻垴一带为1.3～1.6千米，其下又复展宽。堤外滩岸，上荆江较为狭窄，平均宽不足200米，沙市、柴纪、祁家渊、郝穴等处基本无滩，深泓直逼堤脚；下荆江较宽，平均宽达6千米，其中左岸又较右岸为宽。

荆江河道形态大体如此，但各具体河段受上游来水来沙条件、江湖关系调整等自然因素，以及护岸、裁弯、葛洲坝工程、三峡工程等人类活动的多重影响，部分河段河势变化差异较大，兹分段记载。

枝城至杨家垴河段 上起宜都枝城，下至涴市杨家垴，全长约57千米，为低山丘陵区向冲积平原区过渡河段，两岸多低山丘陵。河床由砂夹卵石组成，厚20～25米，下为基岩。此河段属微弯分汊河型，洋溪、江口段为有支汊的弯道，其间为长顺直微弯段。右岸有松滋口分流入洞庭湖。河段历年河床平面形态、洲滩格局和河势相对稳定，仅关洲、董市洲（水陆洲）、江口洲和芦家河江心碛坝局部河段冲淤变化较大。下荆江裁弯工程和葛洲坝水利枢纽运用后，河床发生明显冲刷，但河势和洲滩格局无明显改变。1998年大水后，洋溪弯道关洲左侧崩退较大，左汊有所扩大，但关洲洲头和洲尾位置未变，中部串沟有所扩大。三峡工程运行后，关洲左汊有所发展，特别是进口段左岸同济垸边滩上段近岸冲刷较为严重，局部存有25.00米高程线的冲刷坑，部分地段出现崩岸险情；董市汊道左汊仍为支汊，上段略有扩大；江口汊道的中汊发展，柳条洲增宽，江口洲右缘崩退。枝城至杨家垴河段如图2-1-7所示。

涴市河段 上起杨家垴，下至陈家湾，为分汊弯曲型河段，全长约18千米，弯曲半径为4.6千米。杨家垴以下河道开阔，20世纪50年代后，随着主泓右移和右岸崩退，左侧沙洲淤并，火箭洲、马羊洲左汊为支汊，均淤积萎缩，但中高水位仍过流。1967年下荆江裁弯工程实施后，涴市河段河床发生明显冲刷，随着20世纪70年代两岸护岸工程的大量修建，总体河势保持稳定。1998年大水后，火箭洲淤积更甚，河段支汊仍处于淤积状态；马羊洲洲头冲刷，洲尾有所淤长，右汊始终为主汊。河湾凹岸近岸河床有所冲刷，导致下游河段学堂洲近岸顶冲点上移，崩岸频发。涴市河湾高水期趋中走直，低水期矬弯，弯道顶冲点上提，贴流段明显增长。三峡工程运行后，凹弯河岸进一步冲刷，经历年

图 2-1-7 枝城至杨家垴河段

实施护岸工程，凹岸岸线、深泓线位置基本稳定，总体河势得到控制。涴市河段如图2-1-8所示。

图 2-1-8 涴市河段

沙市河段 上起陈家湾，下迄观音寺，长约 33 千米，为弯曲分汊型河段，沿程有三八滩、金城洲将中枯水位河槽分为南北两泓，左岸荆江大堤外滩较为狭窄，部分堤段外滩缺失，泓坡合一，冲刷坑、深槽紧靠堤脚，防洪形势极为险峻。沙市河段及其河道历年变化如图 2-1-9 和图 2-1-10 所示。经多年大力整治，全河段岸线已基本稳定。其河势变化主要为局部河段主流摆动，洲滩消长和主支汊兴衰的变化。太平口过渡段深泓自 20 世纪 60 年代以来逐渐左移，1965—1987 年，主流出涴市河湾后自右岸向左岸过渡的着流顶点位置，已累计上提 2.2 千米。至 90 年代初，太平口口门上下河段内已形成高程 30.00 米的完整心滩，心滩左右两侧形成深槽，右深槽略低于左深槽。90 年代后，三八滩和金城洲汊道段主槽易位频繁，且枯水期主槽位于南泓的历时加长。1996 年主泓走南槽，

图 2-1-9 沙市河段

1998 年、2000 年主泓则走北槽，2001 年主泓复走南槽。1998 年大水后，受上游太平口长顺直段主流摆动、太平口边滩下半部展宽下延，以及接连大水等因素影响，三八滩洲头冲刷下移，滩面冲刷降低，洲左右边缘剧烈崩退，南汊发展左移，右岸埠河边滩发展扩大，北汊萎缩并淤长出新的江心滩；至 2000 年汛后，南汊淤死，新的南汊形成，位于原三八滩南半部，较原右汊北移约 800 米，老三八滩基本冲失。同时，新的江心滩逐渐形成，至 2001 年汛后，高程 30.00 米的江心滩面积达 1.8 平方千米，此后逐渐淤长，至 2004 年南汊复南移至原三八滩南泓，河势又基本恢复到 1998 年大水以前状态。三峡工程运行后，随着来水来沙条件的变化、河床冲刷及局部河势的变化，三八滩和金城洲亦发生相应变化。在实测年份中，三八滩呈淤长扩大与冲刷缩小的周期性冲淤变化，且其变化主要发生在洲头和上半部，洲尾较稳定。金城洲的变化则表现为洲头呈上伸下缩，洲尾则呈上缩下延交替变化的特点，见表 2-1-2。

表 2-1-2　　1996—2005 年三八滩冲淤变化统计表

日期	滩长 /m	最大滩宽 /m	面积 /km²	滩顶最大高程 /m
1996 年 7 月	3370	1400	2.98	39.50
1998 年 10 月	2920	870	1.49	40.70
2000 年 4 月	2370	970	1.2	39.10
2001 年 10 月	4010	730	1.79	35.90
2002 年 10 月	4560	740	1.83	35.20
2003 年 10 月	3320	1040	2.21	36.80
2004 年 10 月	3680	950	1.93	36.00
2005 年 11 月	3610（左）	560（左）	1.43（左）	34.80（左）
	1580（右）	460（右）	0.43（右）	32.20（右）

注　数据来源于《三峡水库蓄水运行后荆江河道特性变化研究》（《人民长江》2007 年 11 月第 384 期）。

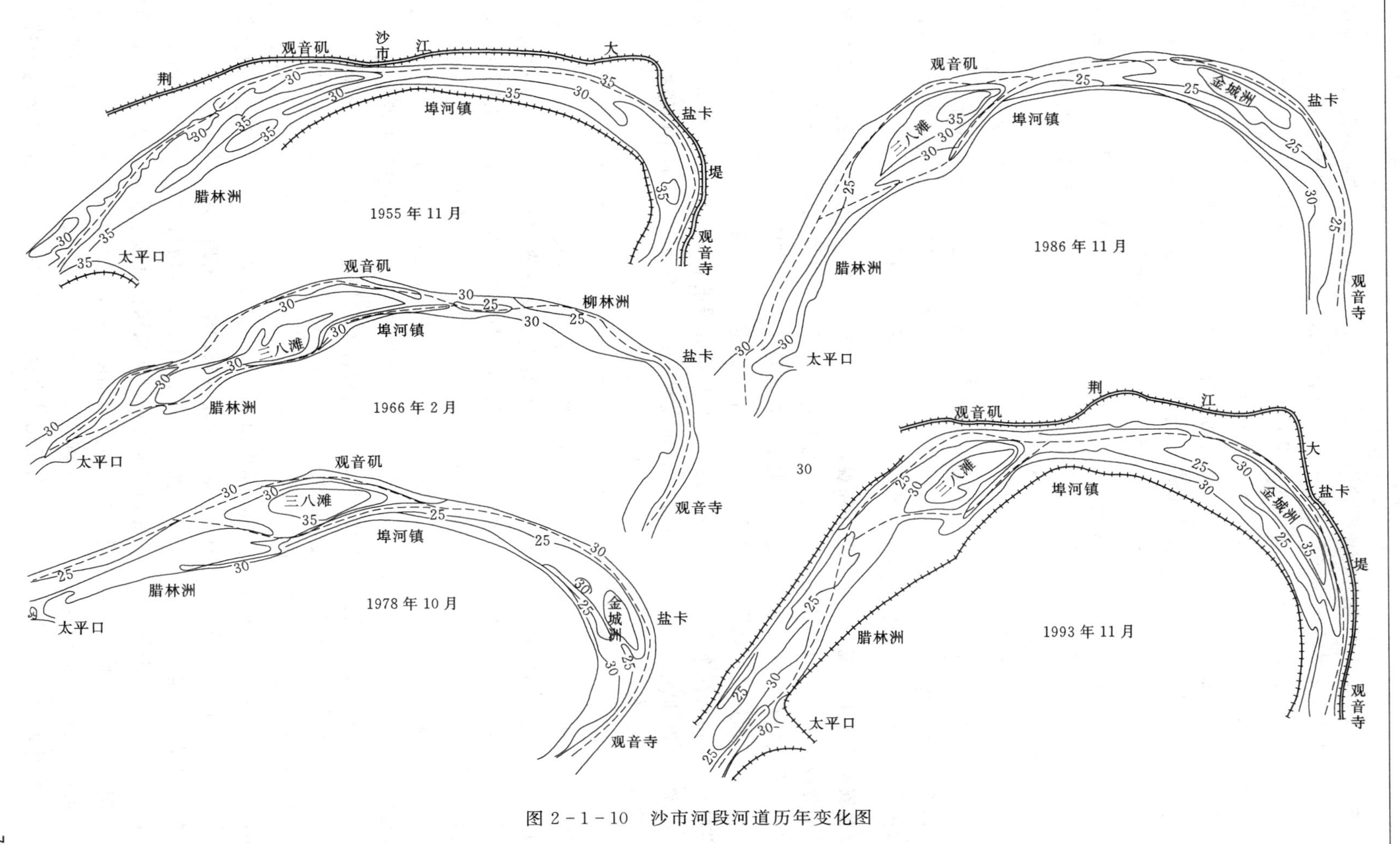

图2-1-10 沙市河段河道历年变化图

注：明末清初，公安埠河堤外开始形成洲滩并逐渐扩大，称为“新淤洲”，为荆江一江心洲。清顺治年间建有牧马场，康熙十五年（1676年），在这里建水军基地，并垦荒种植，且收成特别好，就像地里埋着金子，故改名窖金洲。1788年仍为独立的江心洲，长江在此分为南北两支。1788年大水后，沙市修建黑窑厂矶及观音矶，挑流荆江主流外移，迫使窖金洲南移。至1901年北泓发育，洲的北岸不断崩失。1921年前后，窖金洲长约5500米，最宽处为1000米，荆江在此分为南北两支，南支宽约600米，北支为荆江主流，洲头江面宽3800米。窖金洲上有陈家湾、余家湾两处村落。1931年和1935年大水，荆江北泓不断发育，窖金洲不断南移、萎缩。1935年后，南支再次发育，又出现新的江心洲滩。1959年新的洲滩长5500米，宽510米，洲滩面积为2.81平方千米。1975年新的洲顶高程达38.00米，所以称为“三八洲”。原老窖金洲已成为埠河长江干堤外的边滩。1995年7月荆江南支分流占45%，三八洲冲刷严重，洲体下移，面积缩小，洲顶增高。洲顶高程42.50米，洲上生长芦苇、柳条，建有临时游乐设施。1998年大水，三八洲几乎全部冲毁，如今只在沙市水位34.00米以下时，才有洲滩显露。自三峡工程蓄水后，长江水中含沙量锐减，造洲沙量明显不足，三八洲已难再复旧貌。

公安河段　上起观音寺，下迄冲和观，长23千米，为微弯分汊型河段。上段为突起洲弯曲分汊河段，下段为斗湖堤河湾。河势变化主要表现为主流线具有高水期趋中走直，低水期矬弯的特点。受上游观音寺河段主流左右摆动影响，突起洲分汊段上游进口局部河段左右岸近岸河床此冲彼淤、岸线消长。主流相对稳定在进口局部河段的左岸近岸河床，突起洲头右侧向右汊淤长。主流相对稳定在进口局部河段的右岸近岸河床，突起洲头左侧向左汊淤长。20世纪50年代后主航道一直走突起洲右汊，2000年12月主航道摆至左汊，2001年底恢复至右汊。公安河段如图2-1-11所示。

1998年汛期，上游观音寺河段主流大幅度右移，位于公安河湾凹岸（右岸）上端的马家嘴近岸河床严重冲刷，汛后发现马家嘴边滩出现约500米长崩岸带，与此同时文村夹河段（左岸）近岸河床淤积；2000—2001年过渡段主流又逐渐左移，文村夹一带近岸河床冲深十余米，出现一深槽，致使文村夹于2002年3月发生崩岸；2002年汛期主流又逐渐右移，又一次重复左右岸近岸河床此冲彼淤的循环演变。1998年以来，突起洲头左汊冲刷扩大，分流比增大，至2000年7月左汊分流比达38%，2001年3月达41.3%，枯水期航道曾一度位于左汊。主流出突起洲汊道汇流后沿右岸下行，至杨家厂附近主流向对岸郝穴河湾冲和观附近一带过渡。1998年以来，河段深泓总体稍有右移，近岸河床冲刷。

2008年11月，受文村夹河段（左岸）近岸河床上修建一条潜水丁坝（航道部门为通航需要所建）和二道护滩带的影响，公安河段左岸近岸河床（含突起洲左汊）的冲刷受到抑制，在航道整治工程和护岸工程的控制作用下，公安河段左岸岸线相对稳定；而上段右岸近岸河床冲刷调整，马家嘴边滩、西湖庙河段（未护岸）出现一些崩岸险情。

郝穴河段　上起冲和观矶，下迄藕池口，长40千米，为微弯单一型河段。1998年大水后，河势变化主要表现为主流线受郝穴河段近岸河床深槽冲刷的影响，郝穴铁牛矶的挑流作用增强，自铁牛矶以下，主流线的过渡点大幅度上提，引起右岸（南五洲）覃家渊河段近岸河床冲刷、岸线崩退；位于覃家渊河段下游约10千米处黄水套原险工段脱（主）流，近岸河床淤积。郝穴河段主流线年内变化具有高水期趋中走直，低水期矬弯的特点。

图 2-1-11　公安河段

图 2-1-12　郝穴河段

2008 年 11 月勘查发现，郝穴段河势格局基本稳定，但一些未护岸河段河岸线（含洲滩）近岸河床处在冲刷调整中，南五洲岸线多处地段出现崩坍现象。郝穴河段如图 2-1-12 所示。

石首河段　上起藕池口，下迄寡妇夹，长 31 千米，为一过度弯曲的急弯，历史上曾多次发生自然裁弯。20 世纪中叶以来，主流摆动和深槽易位频繁。20 世纪 50—60 年代，主流贴左岸茅林口一线而下，过古长堤后向右岸过江码头一带过渡，沿凹岸下行至东岳山被挑向对岸鱼尾洲，弯顶上游主流逐渐左移而产生撇弯。20 世纪 70—90 年代中期，石首河段主流贴右岸冲刷，岸线崩退，弯道顶冲点下移，石首河弯变为急弯。其主流经茅林口进入河段后，长期沿左岸古长堤至向家洲一线流动，致使向家洲一线滩岸受到严重冲刷而崩退，凹岸水流顶冲点大幅度下移，石首河弯发展为过度锐弯。向家洲上缘崩退，狭颈急剧缩窄，由 1965 年的 3200 米缩窄至 1987 年的 420 米，至 1993 年仅余 25 米，以至于 1993 年汛后狭颈崩穿，次年 6 月崩穿处过流，水流撇开右岸原东岳山天然节点控制，直接顶冲石首北门口以下岸线，崩岸线长达 3000 米。1995 年汛后崩岸处口门宽达 1300 米。北门口以上老河道淤积，港口码头无法使用。石首河湾撇弯后导致对岸鱼尾洲一带水流顶冲部位下移。石首河段如图 2-1-13 所示。

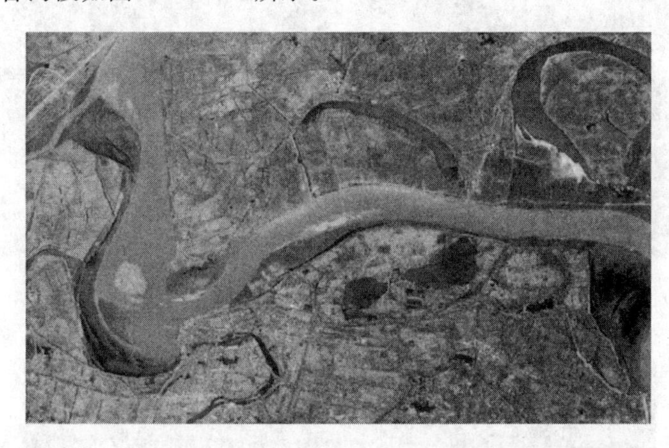

图 2-1-13 石首河段

1998 年，凹岸北门口段岸线继续崩退，6 月和 10 月先后发生两次大崩退，其中 10 月发生一次崩长 200 米、崩宽 110 米的大崩窝，胜利垸堤脚崩失 11 米。1999 年汛期，约 1 千米范围内连续出现大小不等的崩窝，其中 7 月 9 日发生崩长 200 米、宽 35 米的大崩窝，局部地段已崩至堤脚。2000 年 7 月，在 1998 年已护岸下段长 90 米及以下未护段长 400 米范围又发生崩坍。随着北门口岸线不断崩退，水流顶冲部位下移，相应地北门口至鱼尾洲过渡段下移，鱼尾洲水流顶冲部位下移，致使岸线发生崩坍。2001 年 4 月后，石首河段主要险工险段实施治理守护，河岸线得到初步控制。受上游主流线摆动及河段演变的影响，顺直段主流向左岸摆动，贴岸冲刷茅林口至古长堤沿线近岸河床，引起岸线崩坍。2008 年 11 月勘查发现，石首河段左岸茅林口河段近岸河床淤积，而茅林口对岸下游天星洲左缘出现全线崩坍；由于进口主流向右摆动，进一步影响石首河湾弯道顶冲点下移，位于弯道下段的北门口未护岸段近几年来崩岸较为剧烈。1949—2010 年，受崩岸影响，石首河段长江干堤退挽 31 处，长 38.97 千米，退挽土方 435.3 万立方米。

碾子湾位于石首东北约 10 千米，为下荆江河段自西向东第二大弯道，原河长约 17.5 千米。裁弯前，此处芦苇丛生，沿弯道右岸，有不同程度崩坍。1948 年，弯道转折处篼子口至弯顶处崩坍严重。使此处原有的老串沟“荷五泱”被东西贯通，形成一条长约 2 千米的串沟，宽 100～150 米，漫滩时水深约 2 米，枯水期行人能涉水而过。1949 年 7 月洪水盛涨，老串沟被冲成宽度达 360 米的新河，水深达 7～9 米。1950 年汛后新河冲宽基本与上下游河道相同。自然裁弯后，弯顶以下崩坍剧烈，1951—1958 年的 7 年间，新河又延伸约 4 千米。鱼尾洲下游北碾子湾一带，2000 年 7 月在长 500 米范围内，一次崩坍最大宽度达 40 米，2001 年 7—9 月又多次发生崩坍。自 1999 年 12 月至 2001 年 9 月，在长约 5 千米范围内，岸线崩退 40～350 米。经 2001—2002 年实施护岸工程后，崩岸才得以初步控制。近年水流顶冲点继续下移，崩岸向已护段下游发展。

裁弯段 20 世纪 40—70 年代，下荆江发生碾子湾和沙滩子两处自然裁弯，中洲子和上车湾实施人工裁弯。裁弯后，裁弯段及上下游河势发生不同程度调整，尤其是自然裁弯后，河势变化较大。中洲子河湾人工裁弯后，由于上下游河势衔接平顺，而且当新河发展至规划整治线时受到控制，因此裁弯后上下游河势变化较小。上车湾人工裁弯后，上下游河势衔接也较平顺，但新河出口下游天星阁段受新河出口水流顶冲而急剧崩退，1973—1981 年岸线最大年崩宽达 230 米，累计崩退约 1300 米，护岸后河势得到基本控制。

沙滩子弯道在碾子湾以下约 11 千米。碾子湾自然裁弯后，因出口与下游老河深泓衔接不顺，弯曲半径过小，致使下游河势变动很大，特别是原黄家拐弯道，发生切滩撇弯现象，致使下游顶冲点移至六合垸河口一带。该河口至焦家码头一线堤防，1950—1959 年退挽 11 次之多，其中河口段退挽 8 次。1951—1965 年，该段滩岸平均每年崩退 57 米。1965—1972 年更是逐年加剧，年平均崩退 329 米，而对岸王伯弓以上则崩势较弱，年平均崩退 86 米。至 1971 年，河口地带已形成狭颈，1971 年 5 月查勘时，东西相距仅 1620 米。1972 年冲开前，更缩窄至 1300 米，加之 1963 年扒口废堤，洪水经常漫流。在河口隔堤外，本有六合浃堤套，长 900 余米，其东端与江水相通。1971 年初，浃宽已达 100 余米。套西端原有水田与取土坑，经逐年淤积与冲刷，已形成三四条大串沟，接近于堤套串沟，并与套水相通，洪水漫过时，能行大木船。1971 年汛期，两次洪峰接踵而至，且平滩水位持续时间较长，串沟冲刷严重，7 月 19 日，串沟与堤套迅速拉开，并于次年汛期冲成河道而发生自然裁弯。

沙滩子河湾自然裁弯后，由于上下游河道衔接极不平顺，河势发生急剧调整变化。新河进口右岸寡妇夹一带岸线崩退，水流顶冲点迅速下移，直冲金鱼沟边滩，岸线最大崩退达 3200 米，最大年崩率达 500 米，致使新河出口下游由右向弯道变为左向弯道；金鱼沟河湾半径增大，由 1980 年的 1800 米增大至 1987 年的 2950 米，相应地下游连心垸弯道凹岸受冲刷崩退，河湾半径由 1980 年的 3000 米减至 1987 年的 1750 米，形成急弯，致使调关矶头更为凸出，守护困难，险情时有发生。自然裁弯与人工裁弯后，其上下游河势变化差异很大，实施人工裁弯工程后，上下游河势衔接平顺，只需适时按规划走向进行岸线控制，河势不至于发生大的变化，而自然裁弯后一般上下游衔接很不平顺，河势易发生急剧调整变化。

监利河段 上起塔市驿，下迄陈家马口，长约 24 千米，河道为弯曲分汊型，江中有乌龟洲分水流为左右两汊。河段上下两端窄、中间宽，最宽处 3200 米（乌龟洲），平滩水位时平均水深 11.2 米。弯道凹岸处有监利矶头，下端有监利港。长期以来，乌龟洲左右汊交替变化。左汊大多年份为主汊，但在 1931—1945 年、1971—1975 年、1995 年，右汊 3 次成为主汊。上车湾裁弯后，乌龟洲右泓迅速发展，1972 年成为主汊。至 1980 年南泓成为主汊，新的乌龟洲形成。1995 年冬，南泓成为主汊，北泓淤积，枯水期航深不足。

主流线逐渐向乌龟洲右边缘摆动，洲体南侧大幅度崩坍，北沿则有所增长。乌龟洲高程25.00米洲的长度历年有所增加，洲体面积增大。1998年主流经塔市驿沿右岸至江洲渡口，再由江洲过渡到乌龟洲右缘，1998年后，由于乌龟洲洲头大幅后退，主流经江洲顶冲至乌龟洲右缘下段，过乌龟洲后顶冲下游太和岭一带。

熊家洲至城陵矶河段　位于下荆江尾部，由熊家洲、七弓岭、观音洲3个连续急弯组成，属典型蜿蜒型河道。20世纪60年代后，凹岸不断崩退，凸岸不断淤长，弯顶逐渐下移，整个弯道向下游蠕动，熊家洲弯道凹岸长14.6千米岸线全线崩退，1966—1980年累计最大崩退1980米，年崩率达132米，致使下游八姓洲狭颈缩窄，由1953年的1790米缩窄至1972年的780米，至1991年缩窄至400米。1980—1998年，熊家洲弯道基本稳定，熊家洲至七弓岭主流线右移，主流不再向八姓洲过渡，七弓岭段主流贴岸范围增加，岸线发生强烈崩退，弯顶大幅度下移，1980—1983年最大崩宽350米。1980—1987年弯顶下移约2千米。七弓岭弯顶崩退下移，河湾弯曲率大幅度增大，引起下游观音洲弯道顶点上移，凹岸不断崩退。1987年七弓岭段开始实施护岸工程，弯顶岸线基本稳定。1998年后，受荆江门石矶削矶改造影响，熊家洲、七弓岭、观音洲弯道顶点下移，近岸深槽上段淤积，下段冲刷，弯道凹岸不断崩退，使其与洞庭湖出口洪道日趋逼近，江湖相隔仅600米。荆河垴凸岸边滩大幅度崩退，主流左移趋直，江湖汇流点下移约1.2千米，汇流角的改变对江湖关系也产生了一定影响。

注：清江流域地处湖北省西南部，流域面积16700平方千米。清江干流发源于恩施利川县西部都亭山西麓，自上而下流经利川、恩施、宣恩、建始、巴东、长阳至宜都市陆城镇注入长江，河长423千米，总落差1430米。清江流域属鄂西暴雨区，多年平均年降水量1460mm。主要暴雨中心有五峰、恩施两个。暴雨多出现在6—9月，实测最大洪峰流量18900秒立方米每秒（1969年7月12日）。清江多年平均流量390立方米每秒，多年平均年径流量141亿立方米。

隔河岩水利枢纽位于清江中游，长阳县城上游9千米，下距河口62千米，控制流域面积14490平方千米，占全流域面积85%。洪水季节，水库预留5亿～7亿立方米防洪库容，如遇清江历史上最大实测洪水18900立方米每秒流量，可通过库容调节，下泄流量可削减到10000立方米每秒以下，减轻清江下游的洪涝灾害。由于清江在枝城上游约20千米处注入长江，可以起到错峰作用，减轻荆江的防洪压力，遇特大洪水时则可推迟荆江分洪区的分洪时间，为分洪区安全转移争取时间（清江洪峰量最大可达长江的15%）。以沙市站高水位为标准，清江入汇荆江流量1000立方米每秒，相应抬高沙市水位0.1米。1998年宜昌最大洪峰流量63300立方米每秒，沙市最高水位45.22米，如无隔河岩水库调蓄，沙市水位将达45.50米。

隔河岩水利枢纽工程于1992年建成。坝顶高程206.00米，坝基面最低高程55.00米，最大坝高151米，坝顶长度653.5米，共分30个坝段。水库具有年调节性能，设计洪水位202.80米，校核洪水位204.70米，正常蓄水位200.00米，死水位160米，总库容34亿立方米，其中兴利库容22亿立方米，防洪库容8.7亿立方米，死库容12亿立方米。

装有发电机组4台，额定容量121.2万千瓦。

2001年建成高坝洲水电站。高坝洲水电站位于宜都市境内，距清江河口12千米，是清江干流梯级开发的3个大型水电站之一，也是隔河岩水电站的反调节电站，电站装机25.2万千瓦。

2011年建成水布垭电站。水布垭水利枢纽，位于巴东县长岭乡三友坪，是干流梯级开发中的第三个骨干工程。它具有较大库容，调节性能好，发电效益大。正常蓄水位400.00米，汛期为长江预留5亿立方米防洪库容，死水位345.00米，坝顶高程409.00米。水库具有多年调节性能，能起巨大的调峰作用。

注：玛瑙河是一条季节性的河流，因产玛瑙石而得名。发源于当阳市黑屋瑙，经宜昌县的鸦鹊岭入枝江市，向南于枝江市的新河口注入长江，河长64千米。流域面积986平方千米，高差141米，河道比降2.21‰。1935年7月，洪峰流量达3870立方米每秒。

二、长江城陵矶至新滩口河段

长江河段，从城陵矶接荆江起，至胡家湾入武汉市汉南区境，全长154千米，左岸有内荆河于新滩口汇入，东荆河于新滩口西北注入长江；右岸于赤壁附近有陆水入汇。

长江城陵矶至新滩口段河道属分汊型和弯曲河型，两类宽窄相间，呈藕节状，平滩水位时，最宽处3500～4000米，最窄处1055米（腰口至赤壁山），螺山站低、中、高水位相应水面宽分别为675米、1575米和1810米。河段最深处51米（官洲村），最浅处3.5米（界牌），平均水深7.9米，多年平均比降为0.0244‰～0.0322‰。河道右岸紧靠山岗丘陵；左岸除局部孤山处，均为冲积平原。深泓多居左侧，弯道多偏向左岸，崩岸线较长，自上而下有新堤、老湾、大沙3处汊道及簰洲大弯道，其余较为顺直。按河道平面形态不同，可将全河段分为顺直型、微弯型和鹅头型3类。城陵矶至螺山至乌林均为顺直分汊型，乌林至龙口、燕窝至新滩口为鹅头分汊型，龙口至燕窝为微弯分汊型。江中沙洲罗列，主要有南阳洲、新淤洲、南门洲、新洲、中洲、护县洲、白沙洲、复兴洲等。

界牌河段　位于城陵矶以下约20千米处，自杨林山至石码头长约38千米。上接南阳洲汊道，下连叶家洲弯道，为进出口两端窄中间宽的长顺直分汊型河道。进口有杨林山与龙头山隔江对峙，为一对天然节点。河宽约1070米。其中，杨林山至螺山段河道长约8.6千米，为顺直展宽段，螺山和鸭栏矶形成卡口控制水流，河宽约1630米。螺山至石码头段长约29.4千米，为顺直展宽分汊型河段，最宽处约3400米，出口处河宽约1600米。深泓线多年靠左岸螺山至皇堤宫一侧，右岸有边滩；皇堤宫至蔡家庄附近主流由左岸向右岸过渡，蔡家庄以下新淤洲和南门洲将河道分为左、右两汊，右汊为主汊，左汊称为新堤夹，两汊水流在石码头附近汇合，主流偏靠左岸。界牌河段如图2-1-14所示。

20世纪30年代后，界牌河段河道形态基本稳定，但局部主流及边滩和潜洲的相对位置变化较大。杨林山至儒溪长约4.5千米河段历年主流平面摆动较小，儒溪以下主流左右摆幅加大。当螺山段边滩位于螺山以上时，进口主流位于河道右岸，各洲滩完整高大，水流相对集中，航行条件较好；当螺山边滩下移过螺山以后，上边滩上冲下淤，过渡段主流下移弯曲；当螺山边滩下移至下覆粮洲一带时，水流在新洲垴附近切割上边滩，导致主流上提，河道内洲滩重组，螺山边滩消亡，新一代上下边滩形成，并逐年下移，过渡段主流也随之下移，上下移动最大摆幅达12千米，其中下移需若干个水文年才能完成，但上提在一个水文年内即可完成。此种主流上下移动，螺山边滩消亡新生，20世纪60年后经历了3个周

图 2-1-14　界牌河段

期，即 1961—1974 年、1974—1994 年和 1994 年后。在此种演变过程中，上提初期边滩以散乱浅滩的形式出现；当过渡段处在下移期时，主流向右岸摆动，形成正常浅滩。

新淤洲和南门洲右汊河道较窄深，航行条件良好。左汊新堤夹 20 世纪 50 年代淤积严重，1971 年断流。此后，新堤夹分流分沙变化较大，分流比一般在 30%以内，枯水期分流可超过 50%。1981—1982 年枯水期分流比达 53.8%，新堤夹全年通航。1998 年大水后，新堤夹分流比逐年增加。2001 年 11 月，分流比达 56%，枯水期成为主航道，此后分流比有所回落。其兴衰与过渡段上下移动有密切关系，上提时则下边滩向下发展，新堤夹上口淤积，分流减少，反之分流增加。

陆溪口河段　上起赤壁山，下至石矶头，长约 23 千米，左岸洪湖市对应地点上起乌林腰口，下至高桥泵站附近，为典型鹅头分汊型河道。河段进出口受山矶控制，河面较窄，中间由新洲、中洲将河道分成左、中、右 3 汊，右汊较顺直，中汊和左汊弯曲，其中中汊分流比略大于右汊，两汊均可通航；左汊为支汊，分流比较小。河段中部右岸有陆水汇入。陆溪口河段如图 2-1-15 所示。

嘉鱼河段　上起石矶头，下至潘家湾，全长约 31.6 千米，为微弯多分汊河型。左岸洪湖市对应地点上起高桥泵站，下至燕窝。主流经石矶头贴岸下行，主要有护县洲、白沙洲和复兴洲位于江心，江心洲贴近右岸，右汊枯水季节断流或接近断流。1861 年时，此段尚属单一河道，后因左岸大量崩坍展宽，1912 年已出现较多边滩和潜洲，至 1934 年已发展成为连续分汊微弯的分汊型河道。河段左岸建有叶家边护岸工程，其宏恩矶始建于1926年后渐次扩展，现有一、二、三矶，均系浆砌条石矶，经历年加固，矶头基本稳定。

图2-1-15 陆溪口河段

燕窝至新滩口河段 为长江中游最大的弯道——簰洲湾的上段。簰洲大湾全长60千米，狭颈最窄处仅4千米，弯曲率达15。弯道左岸上部分为洪湖市燕窝至新滩口段，长约27千米。燕窝镇以下至七家垸上搭垴处由顺直东北流向急转为西北流向，因七家垸洲地淤长，河道缩窄。七家垸原为裁弯取直的外垸，1998年大水后，实施扒口成为洲滩。上北洲至仰口闸段外有左边滩，河道相对紧缩。其下有东荆河于左岸新沟汇入长江，内荆河于新滩口汇入长江。燕窝至新滩口河段如图2-1-16所示。

图2-1-16 燕窝至新滩口河段

城陵矶至新滩口河段深泓纵剖面的变化，在城陵矶至洪湖大沙段，起伏变化不大；以下河段至新滩口段起伏变化较大，这与河段的河道弯曲和沙洲发育有关。南阳洲处深泓高程为11.00米，在洪湖大沙附近为9.3米。深泓最大高差为26米。

第三节 沿江洲滩

荆州江段洲滩密布，冲淤变化频繁，面积此长彼消，向无确定记载。直至1954年，经长江委实地踏勘，才确定荆江有大小洲滩70处。1975年长江河道管理部门勘察统计，荆州江段共有洲滩56处，其中荆江河段42处，长江河段14处，见表2-1-3。至2010年，荆江河段洲滩自上而下主要有关洲、芦家河（心滩）、董市洲、江口洲、火箭洲、马羊洲、太平口（边滩）、三八滩（心滩）、金城洲、突起洲、南五洲、天星洲、乌龟洲等心、边洲（滩）。荆江右岸较大边洲（滩）有5处，长58千米。其中，杨林寺—郑家河头13.5千米，外洲宽200～1000米，最窄处40米，滩地高程为38.00～39.00米；青龙嘴—斗湖堤13千米，外滩宽150～467米，最窄处15米，滩地高程为38.80～39.50米；马家嘴—陈家台12.7千米，外滩宽50～34米，最窄处约30米，滩地高程为40.00～41.00米；陈家台—埠河6.8千米，外滩宽50～416米，最窄处39米，滩地高程约为41.00米；西流湾—北闸6千米，外洲宽300～789米，最窄处300米，滩地高程约为41.00米。

表2-1-3　　长江荆州河段沿江洲滩基本情况表

序号		洲滩名称	地段	长度/m	宽度/m	高程/m	面积/km²	洲滩形态
荆江河段	1	四姓边滩	岩子河—吴家湾	21000	700	42.50	6.66	左边洲
	2	关洲	荆5—荆7	6000	1580	47.50	5.7	江心洲
	3	偏洲边滩	荆9—董市滩岸	10500	540	41.50	4.2	右边洲
	4	董市洲	荆13—荆14	4500	600	41.50	1.64	江心洲
	5	小沙洲	荆17—荆18	3600	540	46.00	1.25	江心洲
	6	江口洲	江口镇	2700	340	38.90	0.66	江心洲
	7	八亩滩边滩	南泓下口	9300	310	38.00	1.12	右边洲
	8	火箭洲	石套子下首	3300	540	42.70	1.31	江心洲
	9	马羊洲	涴市	6900	1340	44.40	6.71	江心洲
	10	三八滩	沙市	3800	1200	36.60	2.95	心滩
	11	太平口边滩	太平口下	9900	1160	34.10	6.41	右边洲
	12	埠河边滩	埠河	3000	830	34.40	1.27	右边洲
	13	金城洲	盐卡	3000	740	35.90	1.35	心滩
	14	马家嘴边滩	马家嘴	8460	1460	38.10	6.1	右边洲
	15	突起洲	文村夹	5100	1980	41.90	5.92	江心洲
	16	二圣洲边滩	斗湖堤对岸	8000	320	36.20	1.17	左边洲
	17	采石洲	冲和观	1500	180	27.80	0.16	心滩
	18	南五洲边滩	郝穴对岸	15800	710	33.00	5.32	右边洲
	19	肖子渊边滩	新厂上	9000	1020	35.00	6.58	左边洲
	20	天星洲边滩	藕池口	10500	1000	33.50	3.24	右边洲
	21	北沙上1	藕池口	2700	1700	32.50	2.61	江心洲
	22	北沙上2	藕池上	3900	1350	35.70	2.87	江心洲
	23	向家滩	石首对岸	3750	850	32.30	1.63	左边洲

续表

序号		洲滩名称	地段	长度/m	宽度/m	高程/m	面积/km²	洲滩形态
荆江河段	24	北门滩	东岳山—马口	15900	1560	36.00	14.21	右边洲
	25	碾子湾边滩	碾子湾	4000	1700	33.00	3.26	左边洲
	26	六合浃边滩	六合浃	6300	2040	32.90	9.08	右边洲
	27	季家嘴边滩	马家嘴	5300	1160	31.90	3.15	左边洲
	28	下三合垸边滩	下三合垸	5500	900	32.50	2.51	右边洲
	29	杨苗洲边滩	九分沟	7600	330	30.90	1.26	左边洲
	30	来家铺边滩	来家铺	8100	1070	32.60	4.85	左边洲
	31	监利边滩	监利	6400	1050	30.80	3.56	左边洲
	32	乌龟洲	监利	4370	1250	33.80	3.24	江心洲
	33	青泥湾边滩	青泥湾	9600	1190	28.60	5.91	右边洲
	34	大马洲	天字一号	3800	500	23.00	1.01	心滩
	35	洪山边滩	砖桥	5400	1020	28.70	2.46	右边洲
	36	韩家洲边滩	韩家洲	5700	430	28.90	1.25	左边洲
	37	广兴洲边滩	广兴洲	1320	1830	29.90	10.23	右边洲
	38	反嘴边滩	反嘴	3300	570	29.90	0.89	左边洲
	39	瓦房洲边滩	孙良洲对岸	18600	2100	29.80	21.3	右边洲
	40	孙良洲	孙良洲对岸	5400	1500	29.80	5.45	江心洲
	41	八仙洲	八仙洲	6000	620	27.90	1.64	左边洲
	42	七姓洲	观音洲对岸	9800	860	27.50	3.43	右边洲
长江河段	43	南阳洲	杨林山上首	2200	600			江心洲
	44	新淤洲	新堤	5200	1500			江心洲
	45	南门洲	新堤	4000	1100			江心洲
	46	新洲	嘉鱼陆溪口	7500	2200			江心洲
	47	中洲	老湾	4000	3000			左边洲
	48	宝塔洲	龙口上	4000	1200			左边滩
	49	护县洲	嘉鱼市	6440	1620	29.60	6.23	江心滩
	50	白沙洲	田家口	7740	2010	28.40	9.89	江心洲
	51	复兴洲	田家口	7200	2000	27.00		江心洲
	52	永贴洲、新业洲	燕窝下	4000	1000	26.00	4.00	左边滩
	53	土地洲	虾子沟对岸	9750	2000	27.00	14.63	右边滩
	54	北洲	新滩口上	8880	800	27.30	6.00	左边滩
	55	归粮洲	嘉鱼市	8000	1000	27.00	7.00	右边滩
	56	团洲	胡家湾对岸	3830	3050	27.00	8.77	右边洲

注 此表数据为1975年水道地形图量得，洲滩高程系最高点高程（黄海高程）。

荆州江段滩地一般均受长江水位影响，夏没冬现；而江心洲多发育于上下节点间的河道宽阔段。根据所在江段不同，其结构和形态也不尽相同。上荆江洲滩多由卵石或卵石夹砂组成，其边滩呈窄长形，变形表现为上下延伸；下荆江洲滩多由砂或泥沙组成，其边滩呈宽短形态，变形以横向扩展为主；长江河段洲滩由壤土或细砂组成，覆盖薄层黏土、亚黏土。洲滩消长相对稳定，洲滩变化幅度不大。

第四节　水文泥沙特征

长江荆州河段干流，上承长江上游宜昌以上地区来水，汇清江、沮漳河水，经松滋、太平、藕池、调弦四口分流入洞庭湖，其径流和泥沙经洞庭湖调节，与洞庭湖水系湘、资、沅、澧四水等汇合于城陵矶复入干流，因其江湖泄蓄变化，江湖水流相互顶托而形成复杂的江湖关系，形成了荆州河段的水文泥沙特征。

一、径流

宜昌以上集水面积约占全流域的56%。据统计，宜昌站1896—1993年多年平均年径流量为4510亿立方米，1951—2005年多年平均年径流量为4364亿立方米，年际变化不大，见表2-1-4。最大年径流量为5740亿立方米（1954年），最小年径流量为2848亿立方米（2006年）。实测最大流量为71100立方米每秒（1896年9月4日），多年平均流量为14300立方米每秒，最小流量为2770立方米每秒（1937年4月3日）。据洪水调查，历史最大流量为105000立方米每秒（1870年）。宜昌站5—10月汛期水量约占全年的79%，7月径流量最大，占年径流量的17.8%，2月径流量最小，占年径流量的2.14%，7—10月径流量占年径流量的61.48%。

表2-1-4　　　　长江中游干支流来水来沙情况表

干流河段	支流名称	河长 /km	流域面积 /km²	控制站点	集水面积 /km²	年径流量 /亿 m³	年输沙量 /万 t
宜枝段	干流	61		宜昌	1005501	4364	47000
	清江	425	16700	搬鱼嘴	15563	140.1	833
上荆江	干流	171.7		沙市		3946	41500
	沮漳河	322	7339	猴子岩—马头砦		26.5	75（沮漳）
下荆江	干流	175.5		监利	1033274	3555	35800
	澧水	383	18496	石门	15300	159.4	193
	沅水	1033	89163	桃源	85250	594.6	52.2
	资水	653	28142	桃江	26700	180.2	37.3
	湘江	856	94660	湘潭	81600	578.9	208
	洞庭湖在城陵矶出流			七里山		2256	1740
城汉段	干流			螺山	1294911	6460	40900
				汉口	1488036	7117	38400

注　数据来源于《长江河道演变与治理》《长江中下游河道整治研究》《中国河流泥沙公报2008》。宜昌、七里山站及湘资沅澧四水多年平均年径流量统计年份为1950—2005年；监利、螺山站统计年份为1951—2002年；汉口站统计年份为1954—2005年；清江统计年份为1951—1979年。

宜昌以下荆江上游右岸有支流清江汇入，左岸有沮漳河汇入，多年平均年径流量分别为140亿立方米和26.5亿立方米，占宜昌来量的3.5%和0.7%。荆江河段洪水量96%来自长江上游，但由于清江与三峡区间同属一个暴雨区，清江洪水往往与宜昌洪水遭遇，起着“峰上加冠”的作用。1935年宜昌洪峰流量仅56900立方米每秒，但因与清江来水遭遇，枝城站洪峰量达75200立方米每秒，再加上沮漳河洪水入注，导致当年荆江两岸堤防大量溃决。

荆州河段客水十分丰沛，沙市站多年平均年径流量为3914亿立方米（1950—2010年）。荆州河段年内分配以7月径流量最大，占年径流量的17.49%；2月径流量最小，占年径流量的2.70%；5—10月径流量占全年的76.5%，其中主汛期7—9月径流量占全年的47.5%。实测最大流量为54600立方米每秒（1981年7月）。

洞庭湖城陵矶（七里山）出湖多年平均年径流量为2652亿立方米（1950—2010年），松滋口、太平口、藕池口多年平均年径流量分别为398.85亿立方米、152.06亿立方米、295.1亿立方米（1950—2010年）。受荆江裁弯、三峡工程运行等因素影响，三口分流呈减小趋势，1967—1972年荆江三口年均径流量为1022亿立方米，1996—2002年为659亿立方米，2003—2010年为500.25亿立方米，其中藕池口分流比减少最多。1951—1955年，藕池口年均径流量为807亿立方米，占枝城来量的16.65%，2003—2010年年均为111.73亿立方米，仅占枝城来量的2.7%，见表2-1-5。

表2-1-5　　荆江三口洪道及洞庭湖分时段多年平均年径流量统计表

统计年份	枝城/亿m³	松滋口/亿m³	占枝城比例/%	太平口/亿m³	占枝城比例/%	藕池口/亿m³	占枝城比例/%	三口合计/亿m³	占枝城比例/%	洞庭湖出湖(七里山)/亿m³
1951—1955	4848	559.2	11.53	228	4.70	807	16.65	1594.2	32.88	3895
1956—1966	4523	486	10.5	210	4.64	637	14.08	1333	29.47	3126
1967—1972	4302	446	10.37	186	4.32	390	9.07	1022	23.76	2982
1973—1980	4441	428	9.64	160	3.60	247	5.56	835	18.80	2789
1981—1988	4524	410.5	9.07	143.5	3.17	217.6	4.81	771.6	17.06	2578
1989—1995	4356	4356	340.6	7.82	122.3	2.81	151.8	614.7	14.11	2698
1996—2002	4475	355.8	7.95	128.4	2.87	174.9	3.91	659.1	14.73	2958
2003—2010	4077	293.68	7.20	94.84	2.33	111.73	2.74	500.25	12.27	2294.8

监利水文站多年平均年径流量为3582.36亿立方米（1950—2010年），历年最大年径流量为4926亿立方米（1998年），最小年径流量为2718亿立方米（2006年）。实测最大流量为46300立方米每秒（1998年8月17日），最小流量为2650立方米每秒（1952年2月5日）。汛期7—10月径流量约占全年的75%。最高水位为38.31米（1998年），最低水位为22.65米。

螺山站位于荆州河段下游，上承荆江和洞庭湖来水，为城陵矶出流后长江干流重要控制站。多年平均年径流量为6460亿立方米（1951—2002年），多年平均流量为20400立方米每秒，历年最大流量为78800立方米每秒（1954年8月7日），最小流量为4060立方米每秒（1963年2月5日）。汛期5—10月径流量占全年的70%以上，输沙量占全年的80%以上。水位比降平缓，多年平均比降为0.0244‰～0.0322‰，历年最大流速为3.29米每秒。

长江干流多年平均年径流量在荆州河段由于受三口分流入洞庭湖的影响，沿程逐年减少。但洞庭湖出口城陵矶增加年均出湖径流量 2323.25 亿立方米（七里山，2003—2010 年），城陵矶以下河段径流量逐渐增大，见表 2-1-6。长江中游干支流历年年径流量见表 2-1-7。

表 2-1-6　长江中游干支流主要水文站水文泥沙特征表

项目	统计年份	宜昌	枝城	沙市	监利	城陵矶	螺山
多年平均年径流量/亿 m^3	1951—1960	4377		3660	3015	3442	6438
	1961—1970	4552		4074	3387	3297	6659
	1971—1980	4187		3781	3516	2668	6153
	1981—1990	4433		4089	3893	2592	6406
	1991—2002	4287	4462	3996	3895	2859	6607
	2003—2010	3967	4078	5751	3616	2323	6480
	1951—2002	4364	4450	3942	3555	2967	6460
	历年最大	5751（1954 年）	5365（1998 年）	4926（1998 年）	4926（1998 年）	5267（1954 年）	8956（1954 年）
	历年最小	2848（2006 年）	2928（2006 年）	2718（2006 年）	2718（2006 年）	1990（1986 年）	4647（2006 年）
多年平均年输沙量/亿 t	1951—1960	5.2		4.09	2.89	0.676	3.77
	1961—1970	5.56		4.89	3.63	0.577	4.33
	1971—1980	4.8		4.5	3.86	0.388	4.51
	1981—1990	5.41		4.68	4.45	0.322	4.73
	1991—2002	3.92	3.77	3.55	3.15	0.24	3.19
	2003—2010	0.542	0.658	0.766	0.896	0.168	1.03
	1951—2002	4.94		4.34	3.58	0.43	4.09
	历年最大	7.54（1954 年）	7.01（1998 年）	6.56（1968 年）	5.49（1981 年）	0.85（1954 年）	5.52（1984 年）
	历年最小	0.091（2006 年）	0.12（2006 年）	0.245（2006 年）	0.389（2006 年）	0.152（2006 年）	0.581（2006 年）
年平均含沙量/(m^3/kg)	1951—1960	1.19		1.14	1	0.2	0.6
	1961—1970	1.22		1.22	1.07	0.177	0.66
	1971—1980	1.14		1.18	1.1	0.149	0.74
	1981—1990	1.22		1.14	1.14	0.124	0.74
	1991—2002	0.9	0.857	0.875	0.81	0.086	0.49
	2003—2008	0.137	0.161	0.204	0.248	0.072	0.159
	1951—2002	1.13	—	1.61	0.99	0.195	0.631
	历年最大	1.65（1981 年）	1.31（1998 年）	1.51（1981 年）	1.46（1981 年）	0.248（1953 年）	0.89（1979 年）
	历年最小	0.032（2006 年）	0.041（2006 年）	0.088（2006 年）	0.14（2006 年）	0.059（1999 年）	0.13（2006 年）

表 2-1-7 长江中游干支流历年年径流量特征值表

年份	年径流量/亿 m³								
	宜昌	枝城	沙市	监利	松滋口	太平口	藕池口	三口合计	洞庭湖出湖（七里山）
1950	4543						842.20		3738
1951	4422	4554		2988	499.70	230.80	643.31	1371.80	3099
1952	4712	4889		3151	556.50		881.40		4198
1953	4021	4147		2927	446.80	181.90	540.66	1169.40	3412
1954	5751	5952		3622		270.40	1155.90		5267
1955	4574	4696	4046	3020	543.00	214.30	813.76	1571.10	3498
1956	4150	4366	3696	2890	480.90	204.40	669.97	1355.30	3124
1957	4297	4446	3795	2963	481.30	195.40	657.71	1334.40	3191
1958	4146	4298	3696	2869	456.30	183.70	633.68	1273.70	
1959	3666	3746	3239	2803	359.80	157.70	439.91	957.41	2741
1960	4032		3486		399.00	171.00	554.77	1124.80	
1961	4404		3877		462.80	218.10	600.44	1281.30	
1962	4647		4016		518.10	234.60	733.88	1486.60	3614
1963	4524		4062		504.40	233.40	645.10	1382.90	
1964	5205		4647		631.60	268.70	836.91	1737.20	4007
1965	4924		4395		578.80	246.50	732.38	1557.70	
1966	4297		3772		464.00	193.20	500.46	1157.70	2669
1967	4499		3987	3507	509.60	221.40	503.58	1234.60	
1968	5154		4552	3990	608.60	247.40	640.97	1497.00	
1969	3665		3359	3041	382.40	165.80	354.75	902.95	
1970	4200			3282	457.70	195.90	433.17	1086.80	3607
1971	3890		3527	3270	391.80	160.20	255.55	807.55	2319
1972	3570		3206	3060	322.44	124.30	153.51	600.25	2048
1973	4280		3855	3471	446.70	177.30	322.69	946.69	3617
1974	5011		4466	3993	531.10	203.60	412.00	1146.70	2625
1975	4307		4007	3630	440.70	165.20	233.00	838.90	2911
1976	4086		3603	3459	382.70	147.00	184.00	713.70	2628
1977	4230		3750	3580	414.70	156.00	181.00	751.70	2980
1978	3900		3480	3330	351.50	129.00	143.00	623.50	1990
1979	3980		3620	3420	379.80	135.00	202.00	716.80	
1980	4620		4300	3950	473.00	166.00	298.00	937.00	
1981	4420		4070	3750	426.00	149.00	238.30	813.30	2660
1982	4480		4160	3940	441.00	165.00	269.00	875.00	

续表

年份	年径流量/亿 m³								
	宜昌	枝城	沙市	监利	松滋口	太平口	藕池口	三口合计	洞庭湖出湖（七里山）
1983	4760		4460	4090	496.00	175.00	335.00	1006.00	3220
1984	4520		4060	3790	433.40	149.00	243.70	826.10	2460
1985	4560		4180	3990	422.70	144.00	190.61	757.31	
1986	3810		3580	3510	317.10	107.00	122.67	546.77	
1987	4310		3970	3800	384.90	131.00	190.30	706.20	
1988	4220		3790	3670	363.20	128.00	155.47	646.67	
1989	4700		4460	4340	439.10	149.00	186.98	775.08	
1990	4471		4160	4049	375.08	131.30	148.57	654.95	
1991	4344	4473	4011	3900	363.85	125.20	184.19	673.24	
1992	4105	4127	3865	3752	286.06	105.00	119.98	511.04	
1993	4596	4715	4262	4063	385.27	141.10	210.28	736.65	
1994	3475	3433	3345	3200	197.54	76.45	69.70	343.69	
1995	4227	4216	3967	3764	336.00	128.20	143.09	607.29	
1996	4219	4267	3914	3822	339.08	126.80	162.50	628.38	2826
1997	3631	3644	3443	3409	239.51	88.36	93.06	420.93	2574
1998	5233	5432	4752	4413	532.60	181.90	331.78	1046.3	4006
1999	4798	4910	4380	4093	426.01	160.20	214.94	801.15	2991
2000	4712	4872	4336	4151	383.43	139.00	162.28	684.71	2596
2001	4155	4199	3930	3681	291.30	101.50	100.34	493.14	2321
2002	3928	4005	3745	3503	278.73	101.70	141.27	521.70	3393
2003	4097	4226	3924	3663	325.98	105.70	136.79	568.47	2685
2004	4141	4218	3901	3735	310.88	103.70	109.72	524.30	2329
2005	4592	4545	4210	4036	376.97	122.80	143.58	643.35	2415
2006	2848	2928	2795	2718	119.13	34.34	29.12	182.59	1990
2007	4004	4180	3770	3648	317.90	99.75	125.98	543.63	2094
2008	4186	4281	3902	3803	313.13	98.72	116.86	528.71	2256
2009	3822	4043	3686	3647	263.46	86.74	94.69	444.89	2018
2010	4048	4195	3819	3679	321.95	107.00	137.07	566.02	2799
2003—2010	3967.3	4077	3750.88	3616.10	293.68	94.84	111.73	500.25	2323.25
1950—2010	4326	4345	3914.30	3582.36	398.85	152.10	295.10	846.00	2652.15

二、水位

长江中游水面比降沿程变化总趋势为逐步减小，其间受不同边界条件及区间水文情况变化影响，各区段在年内不同水文季节具有不同的变化特征。荆江河段平均比降为

0.04‰～0.05‰，螺山—龙口河段平均比降约为0.024‰，龙口—汉口河段平均比降约为0.020‰。洞庭湖城陵矶入汇对邻近上游河段有明显顶托影响，当洞庭湖出流处于高水期时，下荆江比降急剧减小，汛后水位下落，下荆江比降增大，见表2-1-8。

表2-1-8　　长江干流河道水面纵比降表

河段	上下站	比降/(10^{-5})	统计年份
宜枝段	宜昌—枝城	4.5	1950—1993
上荆江	枝城—陈家湾	5.79	1954—1993
	陈家湾—沙市	4.88	1954—1993
	沙市—郝穴	4.37	1955—1993
	郝穴—新厂（一）	5.63	1955—1968
	郝穴—新厂（二）		1969—1993
	新厂（一）—石首	5.23	1955—1967
	新厂（二）—石首		1969—1993
下荆江	石首—调弦口	4.10	1952—1972
		4.66	1973—1993
	调弦口—窑圻垴	3.66	1952—1967
		4.13	1968—1969、1973—1993
	调弦口—监利城南	4.73	1970—1974
城陵矶—汉口段	螺山—龙口	2.43	1954—1986
	龙口—汉口	2.03	1954—1986

由于荆江河段洪水比降平缓，故城陵矶的水位高低对荆江的泄洪能力有较大影响。据实测资料分析：当沙市水位一定时，城陵矶水位增高1米，可减少荆江泄洪能力约2000立方米每秒；或当沙市流量一定时，可抬高沙市水位约0.25米。因此，洞庭湖水系洪水与川江洪水发生遭遇时，江湖洪水相互顶托，常造成荆江和洞庭湖区险恶洪水形势，见表2-1-9。

表2-1-9　　长江中游宜昌—汉口段河道流量水位特征值表

河段	站名	多年平均流量/(m^3/s)	历年最大流量/(m^3/s)		历年最小流量/(m^3/s)		统计年份	多年平均水位/m	历年最高水位/m		历年最低水位/m		统计年份
			流量	发生时间	流量	发生时间			水位	发生时间	水位	发生时间	
宜枝段	宜昌	13900	71100	1896年9月4日	2770	1979年3月8日	1877—2010	43.83	55.92	1896年9月4日	38.3	1998年2月14日	1896—2000
	枝城		75200	1935年			1935—2010	41.34	50.74	1981年7月19日	36.99	1987年3月9日	1951—1993
上荆江	沙市		54600	1981年			1951—2010	36.47	45.22	1998年8月17日	30.37	1993年2月16日	1947—1998
	新厂	12400	55200	1989年7月12日	2900	1960年2月10日	1955—1969 1971—2000	31.97	44.14	1998年8月17日	26.37	1999年3月14日	1955—2000

续表

河段	站名	多年平均流量/(m³/s)	历年最大流量/(m³/s)		历年最小流量/(m³/s)		统计年份	多年平均水位/m	历年最高水位/m		历年最低水位/m		统计年份
			流量	发生时间	流量	发生时间			水位	发生时间	水位	发生时间	
下荆江	监利	11400	46300	1998年8月17日	2650	1952年2月5日	1951—1965 1967—2010	27.82	38.31	1998年8月17日	22.74	1974年3月7日	1951—2000
城螺段	螺山	20500	78800	1954年8月7日	4060	1963年2月5日	1952—2010	23.13	34.95	1998年8月20日	15.56	1960年2月16日	1954—2000
	汉口	22600	76100	1954年8月14日	4830	1963年2月7日	1952—2010	18.96	29.73	1954年8月18日	11.7	1961年2月5日	1950—2000

长江中游干流主要水文站实测最高水位，按大小顺序前5位列于表2-1-10，宜昌以下各站1954年、1998年、1999年最高水位均居前列。

表2-1-10　　长江中游宜昌—汉口河段主要水文站最高水位排名表

排序	宜昌		沙市		螺山		汉口	
	水位/m	出现年份	水位/m	出现年份	水位/m	出现年份	水位/m	出现年份
1	55.92	1896	45.22	1998	34.95	1998	29.73	1954
2	55.73	1954	44.67	1954	34.17	1996	29.43	1998
3	55.71	1945	44.49	1949	33.17	1954	28.66	1996
4	55.38	1981	44.35	1962	33.04	1983	28.28	1931
5	55.33	1921	44.2	1989	32.8	1988	28.11	1983

宜昌站最高水位约高出海平面56米。据统计，宜昌站水位变幅（历年最高水位与最低水位的差值）为17.63米；往下游逐渐降低，至石首为13.50米；至城陵矶，因洞庭湖出流变化，变幅又增大至17.28米。各站最高水位多出现在7—8月，最低水位多出现在2—3月。据初步统计，从1903年有实测数据至2010年间（1940—1946年数据空缺），沙市最高水位超过42米的有73年，超过43米的有42年，超过44米的有13年，超过45米的有1年（1998年）。

三、泥沙特征

长江是一条含沙量较小但输沙量较大的河流，长江干流来沙以悬移质泥沙为主，推移质泥沙数量很少，仅占来沙总量的1%～2%。宜昌站传递输送的悬移质泥沙，绝大部分属冲泄质，它们基本上不参与河床冲淤演变过程，仅在高滩部分，或河面较宽的缓流区和回流区内有所淤积。荆州河段各站输沙量约有85%～98%集中于汛期，荆江上游各支流汛期集中95%以上的年输沙量。在季节分配上以7月最大，占年输沙量的28.7%，7—9月占72.3%。悬移质泥沙中颗粒径为0.035～0.012毫米，沿程细化。床沙由中沙（0.25～0.5毫米）和细沙（0.10～0.25毫米）组成，细沙占全部沙重的85%～75%，床沙中值粒径亦沿程减小。近年来，由于长江上游干流河道修建水利枢纽及水土保持工作的开展，对控制上游泥沙进入中下游河道起到了很大作用，同时也因清水下泄，引起荆州河段河槽刷深，河岸崩塌加剧。

宜昌站多年平均年输沙量为4.91亿吨（1950—2002年），见表2-1-11，其中1951—1960年年均输沙量为5.2亿吨，1961—1970年为5.56亿吨，三峡工程蓄水运用后，清水下泄，宜昌站输沙量急剧减少，2003—2008年年均输沙量仅为0.61亿吨。历年最大年输沙量为7.54亿吨（1954年），最小年输沙量为910万吨（2006年）。据实测资料统计，宜昌站多年平均含沙量为1.13千克每立方米（1951—2002年），历年最大含沙量为1.65千克每立方米（1981年），最小含沙量为0.032千克每立方米（2006年）。

表2-1-11　　长江宜昌—城陵矶河段主要水文站多年实测水沙特征值表

测站	多年平均年径流量/亿 m^3	多年平均年输沙量/亿t	统计年限	测站	多年平均年径流量/亿 m^3	多年平均年输沙量/亿t	统计年限
宜昌	4369	4.91	1950—2002	宜昌	3957	0.69	2003—2010
枝城	4450	5.00		枝城	4053	0.6579	2003—2010
沙市	3942	4.34	1956—2002	沙市	3742	0.7663	2003—2010
松滋口	419	0.464	1955—2002	松滋口	284	0.0645	2003—2010
太平口	165	0.185	1954—2002	太平口	92	0.0176	2003—2010
藕池口	381	0.584	1956—2002	藕池口	105	0.0413	2003—2010
监利	3576	3.58		监利	3600	0.8958	2003—2010
城陵矶	2967	0.429	1951—2002	城陵矶	2289	0.1525	2003—2010

注　表中统计年份不同时，以多年平均年输沙量统计年份为准。

长江支流输沙量占干流的比例很小，清江搬鱼嘴（长阳）站多年平均年输沙量为890万吨，沮漳河河溶站为210万吨。

荆州长江河段在比降沿程变缓、流速降低的条件下，原悬移质中粗颗粒部分在此河段转化为床沙质；同时又接纳清江、湘、资、沅、澧等河流1800余亿立方米的区间来水量和近0.5亿吨来沙量。通过长江干流四口分流和洞庭湖的调蓄以及汇流区的江湖相互顶托作用，对长江荆江河道和洞庭湖的冲淤变化产生巨大影响。长期以来，荆江河段在自然条件下，由于洞庭湖区及其分流河道淤积，四口分流分沙量不断减少，荆江河道水沙量不断增大，河床冲淤发生变化。20世纪60—80年代，下荆江系统裁弯和葛洲坝工程的兴建对江湖关系产生一定影响，三峡工程投入运行后改变了荆江河段来水来沙条件，对江湖关系产生新的影响。

城陵矶—新滩口河段，主要承接荆江河道及洞庭湖出口的来水来沙。由于洞庭湖水系湘、资、沅、澧等河的来水，使进入此河段年径流量增至6460亿立方米（螺山站1951—2002年）；此外，四口分流的泥沙和四水来沙经洞庭湖大量淤积，使进入此河段的年输沙量减为4.09亿吨，比宜昌站减少近亿吨。水沙条件的不同，造成荆江河段与城陵矶以下邻近河段的河型不同。

宜昌—螺山区间由于有四口分流入洞庭湖，三峡工程运行前，平均每年约有1亿多吨泥沙沉积在湖区，四口分流泥沙约占洞庭湖入湖总沙量的77%～87%，所以螺山站的年输沙量及含沙量均较宜昌为小。1958年冬调弦口堵坝建闸控制，荆江河段汛期只有三口分流入湖。加之20世纪60年后期下荆江实施两处人工裁弯和发生一处自然裁弯，荆江泄洪能力增强，长江与洞庭湖的水沙关系发生显著变化，再加上葛洲坝水利枢纽和三峡工程的运行，上游输沙量急剧减少，荆江三口分流分沙量也逐年递减。裁弯前的1955—1966年，三口分流比平均值为29.5%，以藕池口14.1%为最大，其次为松滋口。裁弯后各时段递减，1973—1980年，三口分流比减为18.8%，减少约10.7%，以藕池口减少8.5%为最多。裁弯前三口分沙比为35.2%，以藕池口21.3%为最大；1981—1995年，三口分沙比减为19%，减少16.2%，以藕池口减少14.64%为最多。三口年分流量从裁弯前的1333亿立方米（1956—1966年）减至500亿立方米（2003—2010年），三口年分沙量从裁弯前的1.96亿吨（1956—1966年）减至0.1233亿吨（2003—2010年），见表2-1-12。

表2-1-12　三峡工程运行前后荆江三口多年平均年分流分沙比变化表

年份	径流量/亿 m^3				三口分流比/%	输沙量/亿t				三口分沙比/%
	枝城	松滋口	太平口	藕池口		枝城	松滋口	太平口	藕池口	
1956—1966	4515	485.1	209.7	636.8	29.5	5.53	0.535	0.240	1.187	35.50
1967—1972	4302	445.4	185.8	390.2	23.7	5.04	0.484	0.213	0.722	28.20
1973—1980	4441	427.5	159.9	246.9	18.8	5.13	0.471	0.194	0.444	21.60
1981—1998	4438	376.6	133.4	188.6	15.7	4.91	0.442	0.164	0.324	18.90
1999—2002	4454	344.9	125.6	154.8	14.0	3.46	0.285	0.102	0.180	16.40
2003	4232	326.2	105.7	136.8	13.4	1.31	0.103	0.029	0.074	15.70
2004	4218	310.9	103.7	109.7	12.4	0.80	0.075	0.020	0.050	17.90
2005	4545	377.0	122.8	143.6	14.2	1.17	0.131	0.036	0.074	20.50
2006	2928	119.1	34.34	29.12	6.2	0.12	0.0104	0.0205	0.003	13.50
2007	4180	318.0	99.8	126.0	13.0	0.68	0.0678	0.0173	0.048	19.60
2008	4238	311.0	98.0	115.0	12.4	0.392	0.038	0.0102	0.0248	18.69
2009	4031	263.0	86.0	98.0	11.1	0.41	0.046	0.0121	0.0245	20.22
2010	4195	322.0	107.0	137.07	13.49	0.397	0.0461	0.0142	0.0325	24.49
2003—2010	4071	293.4	94.7	111.9	12.02	0.6599	0.0646	0.0199	0.0412	18.83

20世纪60年代以来，荆江河段受人工裁弯和自然裁弯的影响，上荆江三口分流分沙量递减，尤以藕池口减少量最多，与多年平均值相比，年平均水量减少58.8%，年平均沙量减少61.6%。下荆江干流年平均水沙量比多年平均值大，监利站20世纪90年代水量比多年平均值增加8.9%，沙量相对减少9.4%。由于荆江三口分流分沙量变化，洞庭湖出湖水沙量也相应减少，城陵矶（七里山）站水沙量20世纪80年代以来平均值分别比多年平均值减少8.4%和29.4%。

监利站多年平均年输沙量为3.81亿吨（1951—2002年），三峡工程运行后，清水下泄，泥沙量急剧减少，2003—2008年年均输沙量为0.98亿吨。历年最大年输沙量为5.49

亿吨（1981 年），最小年输沙量为 0.389 亿吨（2006 年）。

螺山站多年平均年输沙量为 4.09 亿吨（1954—2002 年），三峡工程运行后，清水下泄，泥沙量急剧减少，2003—2008 年年均输沙量为 1.03 亿吨。历年最大年输沙量为 5.52 亿吨（1984 年），最小年输沙量为 0.581 亿吨（2006 年）。螺山多年平均含沙量为 0.64 千克每立方米（1954—2002 年），历年最大含沙量为 5.66 千克每立方米（1975 年 8 月 12 日），最小含沙量为 0.048 千克每立方米（1954 年 2 月 1 日）。相比监利站，螺山站沙量增加的主要原因是由于洞庭湖来沙量的加入。

荆江四口的分流分沙量占干流的比例较大，1995 年前径流量占枝城来水总量的 32.9%，输沙量占 46.9%。1995 年以后一直呈减少的趋势。1955—2005 年，四口多年平均年分流量为 900 亿立方米，占枝城来量的 18.3%，多年平均年分沙量为 1.2 亿吨，占枝城来沙量的 23.2%，见表 2-1-13。

表 2-1-13　　荆江三口分流分沙比统计表

年　份	枝　城		荆　江　三　口			
	径流量 /亿 m³	输沙量 /亿 t	径流量 /亿 m³	占枝城比例 /%	输沙量 /亿 t	占枝城比例 /%
1951—1955	4848	4.816	1594.0	32.9	2.258	46.9
1956—1966	4523	5.630	1333.0	29.5	1.958	34.8
1967—1972	4302	5.033	1022.0	23.8	1.415	28.1
1973—1980	4441	5.126	835.0	18.8	1.108	21.6
1981—1988	4524	5.670	771.0	17.1	1.157	20.4
1989—1995	4356	4.180	614.7	14.1	0.704	16.8
1996—2002	4578	4.458	716.4	15.6	0.813	18.2
1990 年前	4487	5.366	1018.0	22.7	1.453	27.1
1990—2000	4413	4.214	646.2	14.6	0.738	17.5

注　各站点 1990 年前水沙统计值系根据 20 世世 50 年代以来至 1990 年实测所得。资料来源于《人民长江》2008 年 1 月总 386 期中《长江宜昌至汉口河段水沙变化初步分析》。

总体趋势是长江干流年平均径流量变化不大，荆江四口多年平均年分流量有沿时程递减的趋势。1999—2002 年与 1956—1966 年相比，四口年均径流量由 1331.6 亿立方米减至 625.3 亿立方米，减少 706.3 亿立方米，分流比由 29%减少至 14%。三峡工程运行后的 2003 年、2004 年和 2005 年四口分流比分别为 13%、12%和 14%，与三峡水库蓄水前相比稍有减少。

荆江四口分沙情况 1956—1966 年与 1999—2000 年比较，分沙量由 1.959 亿吨减少至 0.567 亿吨，合计减少 1.392 亿吨，减幅 71%，分沙比由 35%减少至 16%。三峡工程运行后，长江荆州河段的输沙量大幅度减少，2003—2009 年宜昌、枝城、沙市、监利站相比三峡工程运行前各站多年平均年输沙量减少 86%、84%、79%和 72%。上游总体来沙量减少，四口分沙量也明显减少，仅对 2003 年、2004 年和 2005 年四口分沙量进行对比分析，分别仅占枝城来沙量的 16%、18%和 21%，见表 2-1-14。

表 2-1-14 长江中游宜昌—城陵矶河段干支流水文站历年输沙量特征值表

年 份	年输沙量/万 t								
	宜昌	枝城	沙市	监利	松滋口	太平口	藕池口	三口合计	洞庭湖出湖（七里山）
1950	40400								5590
1951	41100			26400	5490	2020			4970
1952	50400	53200	61400	26200	5410		16478		7730
1953	38600	38100	36100	29600	4430	1605	8473	14508	8450
1954	75400	59500	79600	22200	8680	2620	19460	30760	8460
1955	52600	48400	46600	24700	6330	2690	15390	24410	4830
1956	62700	64400	44400	32100	5890	2640	13470	22000	6830
1957	51700	55000	40800	31800	5330	2470	11870	19670	5990
1958	58300	66900	48700	34800	5620	2500	13350	21470	6470
1959	47600	47500	36200	31700	3810	2120	8508	14438	6480
1960	41800		34200		4100	1830	9950	15880	5480
1961	48700		44500		4570	2210	11290	18070	6880
1962	49400		38800		5180	2220	13350	20750	5560
1963	56200		47600		5430	2570	11622	19622	5130
1964	62300		58000		7060	2780	14670	24510	6290
1965	57700		49400		5880	2470	11750	20100	5250
1966	66000		52200	42100	6000	2630	10430	19060	5210
1967	54300		50600	39900	5470	2700	9222	17392	5890
1968	71200		65600	44300	8030	3100	14570	25700	5730
1969	41200		40500	27900	3960	1850	6009	11819	5580
1970	48800		41300	29400	4540	2020	7154	13714	6150
1971	41700		39500	35600	3710	1710	3862	9282	3890
1972	38600		35700	35900	3364	1410	2509.5	7283.5	4240
1973	51000		45100	30700	5000	2110	6226	13336	4320
1974	67500		61000	47400	6480	2700	8466	17646	3290
1975	47000		47800	41600	4440	1970	3824	10234	3880
1976	36800		34800	33600	3380	1410	2739	7529	3900
1977	46400		45400	38200	4420	1910	3246	9576	3920
1978	44200		42400	37900	4067	1590	2302.6	7959.6	3200
1979	52700		48600	44700	4850	1850	3719	10419	3860
1980	53800		49300	40800	5050	1940	4919	11909	4340

续表

年份	年输沙量/万 t								
	宜昌	枝城	沙市	监利	松滋口	太平口	藕池口	三口合计	洞庭湖出湖（七里山）
1981	72800		61500	54900	7300	2600	6242	16222	4140
1982	56100		48300	45400	5420	2080	5123	12623	3940
1983	62200		55800	46700	6120	2410	6759	15289	3460
1984	67200		52900	51200	6560	2490	5505	14655	3530
1985	53100		43700	46000	4580	1790	3422	10092	3040
1986	36100		36300	35500	3168	1240	1833.1	6241.1	2610
1987	53400		45200	42600	4930	1690	3436	10056	2980
1988	43100		37300	35900	3865	1450	2075.3	7390.3	2460
1989	51000		46300	45600	4570	1590	2786	8946	2800
1990	45800		41000	41500	3991	1560	2105.2	7656.2	3140
1991	54500		46500	43100	4960	1730	3573	10263	2910
1992	32200	33000	31100	30000	2583	985	1534.5	5102.5	2680
1993	46400	45500	41400	35700	3940	1510	3224	8674	2480
1994	21000	23300	20500	20900	1406	652	502.3	2560.3	3010
1995	36300	36800	33900	32100	3177	1320	1583.3	6080.3	2300
1996	35900	35000	29900	29200	3062	1160	1785	6007	2190
1997	33700	32700	30800	30300	2563	1010	1323.7	4896.7	2400
1998	74300	70100	60400	40700	7280	2320	5579	15179	3050
1999	43300	42300	39300	32200	3802	1470	2748	8020	1770
2000	39000	39600	37100	35000	3335	1190	2004	6529	1930
2001	29900	31400	31000	29200	2390	792	1050.9	4232.9	2020
2002	22800	24900	24100	19800	1858	621	1378.8	3857.8	2390
2003	9760	13100	13800	13100	1021	290	739.1	2050.1	1750
2004	6400	8030	9560	10600	745	196	502.4	1443.4	1430
2005	11000	11700	13200	14000	1305	361	735	2401	1590
2006	910	1200	2450	3890	104.2	24.6	33.2	162	1520
2007	5270	6800	7510	9390	678	173	478.9	1329.9	1120
2008	3200	3920	4920	7600	382.6	102	248.1	732.7	1740
2009	3510	4090	5060	7060	461	121	245	827	1670
2010	3280	3790	4800	6020	461	142	325	928	2620
2003—2010	6090	6578.8	7662.5	8957.5	644.7	176.2	413.3	1234.3	1525
1950—2010	44792	23293.6	38145.5	31938.2	4038.7	1632.4	5052.9	10724.0	1915

注　沙市站 1952—1955 年输沙量为观音寺站数据。

第五节　荆江河段床沙组成分布

一、河床组成

（一）河床岸坡组成

宜昌—江口河段，地质条件复杂，河岸组成以基岩、卵砾和硬土等岸坡为主，占河岸总长度的88.2%，松软土和沙土岸坡占11.8%；江口—藕池河天然岸坡，由上部的河漫滩黏性土（局部河段夹褐灰色湖沼相黏土）和中下部的砂和卵石等河床相沉积组成二元结构，土层相对较厚；藕池—城陵矶河段，除右岸有部分基石、阶地和湖沼相黏土河段外，一般上部河漫滩土层单薄，下部砂层尤为深厚，具有典型二元结构。

（二）河床构成

据多年河床取样实测资料统计，宜昌—城陵矶的4个分段河床中，各类岩性组成所占面积百分数，从上到下游，基岩河床从有到无，卵砾石和中砂所占面积的百分数由大到小，卵砾面积逐渐减少为零，而细粉砂和砂壤土等面积向下游增多，自陈家湾以下河段细砂区面积显著增大，藕池口以下的下荆江河段粉砂和砂壤土等面积进一步增大，粒度普遍变小，见表2-1-15。

表2-1-15　长江宜昌—城陵矶河段河床组成分类面积百分数统计表

河段	分类面积百分数/%					备注
	粉砂、砂壤土	细砂	中砂	卵砾石	基岩	
宜昌—江口	1.3	45.9	24.4	27.3	1.1	统计时间含1980年、1984年、1985年和1995年等
江口—陈家湾	7.7	63.3	15.6	13.4	0.0	
陈家湾—藕池口	7.5	75.0	17.4	0.1	0.0	
藕池口—城陵矶	30.7	68.7	0.6	0.0	0.0	

（三）河床纵剖面组成

宜昌—城陵矶河段的河床砂卵石面积自宜昌向下游急骤减少，于枝江七星台卵石层顶板逐渐向下游埋深，尤其自郝穴以东，坡降增大而深埋于河床中（据地质钻探，宜昌—城陵矶河段卵石层顶板线坡降为2.2‰，到郝穴以东的柳口处顶板线骤然转折下降，后来在此处布置密集钻孔探明，柳口处正是长江古代卵石三角洲的前锋陡坡部位，往下卵石层基本消失）。上覆砂层相应增厚，在可冲深度内由砂卵石河床演变为砂质河床；垂直向深度由砂和卵石结构演变为单一的砂质结构；河床洲滩由土、砂、卵石结构演变为土、砂结构。

二、床沙岩性组成

（一）卵砾床沙的岸性组成

宜昌—藕池口河段长233.5千米，河床的不同深度以下均有卵石分布，但其砂卵石层顶板高差悬殊，历史上宜昌—七星台河段出露床面为砂卵石河床，除此之外仅在公安下首有卵砾滩出露，如采石洲，但自20世纪80年代葛洲坝水利枢纽投入运行后，坝下游冲刷，砂卵石河床已下移到杨家垴；杨家垴—荆州城南，即现荆州大桥的上游河段，原为砂质河床，但砂质卵石层埋深较浅，河床冲刷产生的深槽和冲刷坑切割到卵石层内，冲掀起的卵石随水流下移，堆积在河床上，老三八滩上部一度覆盖着0.1～0.5米厚的卵石层；荆州城南—藕池口段，砂卵石层顶板埋深逐渐增大，过荆州城南后，厚度增大，其中沙市河段砂卵石及卵石层的最大厚度达100.00米左右，荆江大堤蛟子渊以上堤段就建筑在卵石层之上，汛期高水堤内常发生管涌或渗水现象，都与卵石层有关。

宜昌—公安河段，一般砂卵石层的埋深小于25.00米，自顶板下10.00米厚度内，卵砾石床的岩性组成均以石英岩和石英砂岩为主，含量高达87.38%～65.92%，次为花岗、火山岩等，含量除个别较高外，一般小于10%；另为灰岩、燧石和石英等，虽多有见及，但含量较少，一般小于4.0%；其余为玄武岩、砂岩、变质岩、硅质岩及流纹岩等，少见或偶见。公安—藕池口河段，据南五洲边滩和天星洲卵砾石的岩性组成，仍以石英砂岩和石英岩为主，含量为60%～40%，红色花岗岩和一般花岗岩、流纹岩、火山角砾岩、黑色凝灰岩等次之，燧石、石英及一般砂岩之类较为少见。综合上述，卵石床沙的岩性组成特点有三：①石英砂岩和石英岩的含量高，其中尤以石英砂岩最为常见；②岩性复杂，火成岩、沉积岩和变质岩类都有分布；③一般河段卵砾床沙的岩性组成沿程呈锯齿状跳动变化，无明显的岩性变化趋势，但公安河段下游的南五洲和天星洲的深层钻孔资料显示，石英砂岩和石英岩的百分含量有所减少，灰岩和燧石亦较少见，相应岩浆岩类的含量增加，反映早期沉积物中，来自长江上游地区的卵石较多。

（二）砂质床沙的岩性组成

砂质床沙的主要岩矿组成：按宜昌—城陵矶河段分河段洲滩的石英、长石和岩屑等主要岩矿组成比例统计，据上荆江的柳条洲、涴市马羊洲、沙市三八滩和下荆江的小河口边滩等4个洲滩床沙岩性组成比例比较，从上游至下游石英含量分别为33.5%、41.0%、42.5%和67.4%，向下游增大；长石含量分别为15.9%、19.5%、40.2%和22.3%，除三八滩偏大外，其余洲滩仅略有增长；岩屑含量分别为50.6%、39.5%、17.3%、10.3%，向下游呈大幅度减小。小河口边滩比上游柳条洲的岩屑的含量减少达40.3%，长石含量仅增加6.4%，而石英含量增加达33.9%。从上可见上下荆江三河段的洲滩岩矿平均含量比较，均随向下游，岩屑大幅度减少，石英大幅度增加，长石的一般增减变化相对较小。

（三）黏性土床沙的矿物组成

据上荆江河段江口洲8个黏性土样的X射线衍射法分析鉴定资料，此洲河漫滩黏性土主要由10种矿物组成，可分为非黏土矿物和黏土矿物两类，其中非黏土矿物达7种，并以石英和钾钠长石、方解石和白云石等为主，占含量总数的73.25%，仅石英含量就高达41.63%；黏性土矿物为伊利石、绿泥石和蒙脱石等3种，占含量总数的25.62%。其中，以绿泥石的含量相对较高，占总数的15.50%，伊利石和蒙脱石的含量分别仅为7.50%与2.62%，见表2-1-16。由于河漫滩的黏性土是在一定流速条件下沉积而成，有一定的分选，因此以颗粒相对较粗的非黏性土矿物为主，较细的黏性土矿物较少。另据江口洲黏性土矿物组成的分析谱图显示，此河段黏性土以绿泥石为主，次为伊利石，并含蒙脱石等的矿物。

表 2-1-16　　上荆江河段江口洲黏性土主要矿物组成比例统计表

矿物名称	伊利石	绿泥石	蒙脱石	石英	斜长石	钾长石	方解石	白云石	绿钠闪石	赤铁矿	备注
含量/%	7.50	15.50	2.62	41.63	7.13	4.37	12.12	8.00	0.25	0.88	表内含量为8个土样的平均值

注　资料来源于周凤琴《长江泥沙来源与堆积规律研究》。

附：长江宜昌—螺山河段主要水文站历年最高水位、最大流量统计表（表 2-1-17）

表 2-1-17　长江宜昌—螺山河段主要水文站历年最高水位、最大流量统计表

年份	宜昌		枝城		沙市		石首		监利		城陵矶（七里山）		螺山	
	最高水位/m	流量最大/(m^3/s)	最高水位/m	流量最大/(m^3/s)	最高水位/m	流量最大/(m^3/s)	最高水位/m	流量最大/(m^3/s)	最高水位/m	流量最大/(m^3/s)	最高水位/m	流量最大/(m^3/s)	最高水位/m	流量最大/(m^3/s)
1153	57.50	92800												
1227	58.47	96300												
1560	58.09	93600												
1613	56.31	81000												
1788	57.50	86000												
1796	56.45	82200												
1860	57.96	92500	51.31	110000										
1870	59.50	105000	51.90	110000									30.80	
1877	49.55	33900												
1878	53.23	57200												
1879	53.10	57200												
1880	52.39	50200												
1881	51.22	41600												
1882	52.31	48100												
1883	53.79	54700												
1884	50.74	41900												
1885	51.22	42100												
1886	52.34	47500												
1887	52.53	48800												
1888	53.39	57400												
1889	53.14	51200												

续表

年份	宜昌		枝城		沙市		石首		监利		城陵矶（七里山）		螺山	
	最高水位/m	流量最大/(m³/s)	最高水位/m	流量最大/(m³/s)	最高水位/m	流量最大/(m³/s)	最高水位/m	流量最大/(m³/s)	最高水位/m	流量最大/(m³/s)	最高水位/m	流量最大/(m³/s)	最高水位/m	流量最大/(m³/s)
1890	53.18	52200												
1891	53.56	57700												
1892	54.68	64600												
1893	53.16	56000												
1894	51.93	44800											31.40	
1895	53.30	55800												
1896	55.92	71100												
1897	53.15	52000												
1898	54.29	60600												
1899	52.11	46800												
1900	49.37	33000												
1901	53.46	57900												
1902	51.42	43500												
1903	53.66	56300			41.72									
1904	51.55	42400			40.65						28.94			
1905	55.14	64400			42.30						31.43			
1906	52.16	46300			41.41						31.40			
1907	52.61	48500			41.48						31.55			
1908	53.71	61800			42.48						31.36			
1909	54.20	61100			42.05						31.31			
1910	51.58	44000			41.05						29.58			
1911	52.89	49100			41.90						32.49			
1912	51.70	46100			41.51						31.76			
1913	53.07	53300			42.02						30.11			
1914	51.55	45100			41.05						29.91			
1915	51.00	40200			41.29						30.87			
1916	51.36	42600			41.54						29.24			
1917	54.50	61000			42.60						32.46			
1918	52.98	50200			42.09						32.01			
1919	53.99	61700			42.45						31.23			
1920	54.72	61500			42.63						32.10			

续表

年份	宜昌		枝城		沙市		石首		监利		城陵矶（七里山）		螺山	
	最高水位/m	流量最大/(m³/s)	最高水位/m	流量最大/(m³/s)	最高水位/m	流量最大/(m³/s)	最高水位/m	流量最大/(m³/s)	最高水位/m	流量最大/(m³/s)	最高水位/m	流量最大/(m³/s)	最高水位/m	流量最大/(m³/s)
1921	55.33	64800			42.69						31.88			
1922	54.63	63000			42.79						32.58			
1923	53.41	56600			42.42						31.94			
1924	51.39	42700			41.51						32.65			
1925	51.09	40800		43600	41.05						28.38			
1926	54.47	60800			43.06						32.95		31.40	
1927	51.39	43300			41.51						31.11			
1928	52.34	50700			42.09						29.18			
1929	50.21	36400			40.81						30.06			
1930	51.97	48000			42.05						30.81	34000		
1931	55.02	64600	49.99	65500	43.63						33.30	57900	31.85	
1932	51.36	41900			41.84						31.05			
1933	52.34	49100			42.60						32.74	50700		
1934	52.22	45900			42.42				32.92		30.06	27700		
1935	54.59	56900	50.24	75200	44.05				35.12		33.36	52800	31.90	
1936	53.38	62300	49.06	60300	42.82				33.17		30.47	26900		
1937	54.47	61900	49.62	66700	43.90				35.39		33.17	45100		
1938	54.78	61200	49.95	70700	43.95				34.93		32.31	41000		
1939	52.86	53600			43.13									
1940	51.03	40900												
1941	53, 13	57400												
1942	49.30	29800												
1943	52.03	44300												
1944	50.80	37600												
1945	55.71	67500												
1946	54.17	62100		61600					33.78		31.61	15900		
1947	53.04	50500			43.51				34.11		31.73	29400		
1948	54.23	57600			44.27				34.90		33.14	35500		
1949	54.32	58100	46.69		44.49				35.06		33.40		31.95	
1950	54.15	59700	49.98		44.38				34.96	21300	31.97	26100		
1951	52.74	53600	48.80	60800	43.46	36500	38.05		34.14	26000	31.10	25500		

续表

年份	宜昌		枝城		沙市		石首		监利		城陵矶（七里山）		螺山	
	最高水位/m	流量最大/(m³/s)	最高水位/m	流量最大/(m³/s)	最高水位/m	流量最大/(m³/s)	最高水位/m	流量最大/(m³/s)	最高水位/m	流量最大/(m³/s)	最高水位/m	流量最大/(m³/s)	最高水位/m	流量最大/(m³/s)
1952	53.74	54900	49.25	53500	43.89	45000	39.39		35.40	27000	32.78	35400		
1953	52.39	49100	48.54	52800	43.15	36000	38.20		33.36	27300	29.85	20600	29.00	42300
1954	55.73	66800	50.61	71900	44.67	50000	39.89		36.57	35600	34.55	43400	33.17	78800
1955	53.37	54400	49.18	55200	43.74	45700	39.09		34.75	27600	32.06	29100	31.17	52200
1956	53.89	57500	49.81	62700	44.19	44900	39.15		34.06	31200	31.15	29800	30.43	44500
1957	52.81	53700	48.83		43.44	42000	38.76		34.14	26800	31.52	28700	30.54	48500
1958	53.32	60200	49.20	61300	43.88	46500	39.26		34.40	29400	31.44	30800	30.51	50000
1959	52.56	54700	48.51	53600	43.19	43000	38.56		33.11	30200	30.23	23800	29.34	42700
1960	52.33	52300	48.17	52600	43.01	37900	38.66		33.58	25700	29.66	22000	28.68	40900
1961	52.73	53800	48.44		43.29	43500	38.74		33.41		29.70	25900	28.76	41000
1962	53.34	56200	49.17	57400	44.35	44400	39.85		35.67		33.18	35100	32.09	55400
1963	51.39	44400	47.60		42.63	38900	37.82		33.27		29.97	23500	28.83	46000
1964	53.37	50200	48.97		43.90	44800	39.39		35.86		33.50	39600	32.36	62300
1965	52.91	49000	48.79	49300	43.51	42300	38.73		34.73		31.12	22000	30.09	45600
1966	53.90	60000	49.53		43.93	47400	38.86		34.50	34600	30.57	29700	29.42	48900
1967	51.49	42600	47.89		42.83	37400	38.00		34.75	27600	31.99	27700	30.91	50900
1968	53.58	57500	49.78		44.13	49500	38.98		36.07	37800	33.79	35500	32.59	58300
1969	51.64	42700	48.36		43.10	41400	37.84		35.68	30100	33.56	38600	32.43	59900
1970	51.94	46100	48.24	46600	42.71	36900	37.72		35.09	28600	32.60	34200	31.46	52400
1971	49.92	34400	46.43		41.02	28800	36.15		32.86	24100	29.89	26400	28.91	39900
1972	49.94	35400	46.51	36900	40.97	30800	35.73		31.41	25900	28.26	17100	27.22	35200
1973	52.43	51900	48.61		43.01	42400	37.77		35.21	31000	33.05	32900	31.91	56800
1974	54.47	61600	49.89	62180	43.84	51100	38.33		35.13	36900	32.51	29800	31.39	53600
1975	51.75	45700	47.75	46400	41.89	38300	36.36		33.24	32500	30.68	28400	29.51	40700
1976	52.41	49600	48.63	51200	43.01	42800	38.05		35.57	33900	32.86	25000	31.66	53600
1977	50.83	40200	47.46	47100	41.90	35700	36.56		34.15	29900	32.14	28900	30.93	49400
1978	51.18	42500	47.51	43100	41.78	36900	36.50		33.47	31200	30.13	18900	29.02	41900
1979	52.74	46100	48.97	54100	42.69	41900	37.88		34.65	35900	31.35	27700	30.26	47300
1980	53.55	54700	49.43	56000	43.65	46600	39.05		36.22	40000	33.71	28100	32.66	54000
1981	55.38	70800	50.74	71600	44.47	54600	39.12		35.80	46200	31.70	22300	30.53	50500
1982	54.55	59300	50.18	60800	44.13	51900	39.09		35.82	42400	32.37	29200	31.28	53300

续表

年份	宜昌		枝城		沙市		石首		监利		城陵矶（七里山）		螺山	
	最高水位/m	流量最大/(m^3/s)	最高水位/m	流量最大/(m^3/s)	最高水位/m	流量最大/(m^3/s)	最高水位/m	流量最大/(m^3/s)	最高水位/m	流量最大/(m^3/s)	最高水位/m	流量最大/(m^3/s)	最高水位/m	流量最大/(m^3/s)
1983	53.18	53500	49.40	53800	43.67	45500	39.29		36.75	37300	34.21	34300	33.04	59400
1984	53.40	56400	49.58	57100	43.50	46100	38.51		35.23	39100	31.68	22500	30.60	48500
1985	51.37	45700	47.76	45200	41.84	40600	36.81		33.88	33900	30.49	18500	29.32	45100
1986	51.10	44600	47.56		41.95	36800	36.84		33.94	32100	30.96	23600	29.86	49000
1987	53.88	61700	49.90		43.89	51900	38.94		35.63	42500	32.03	22700	31.08	52000
1988	51.73	48200	48.33		42.65	41400	38.33		36.14	34200	33.80	33500	32.80	61200
1989	54.15	62100	50.17	69600	44.20	53900	39.59		36.38	45500	32.54	24700	31.73	53300
1990	50.87	42400	47.58	43200	42.10	38500	37.63		35.36	32700	32.64	23500	31.67	50800
1991	52.30	50500	48.46	50800	42.85	42000	38.18		35.97	37500	33.52	29600	32.52	57400
1992	51.54	47900	48.02	50400	42.49	41100	37.99		35.28	37600	32.15	28100	31.25	49900
1993	52.57	51800	49.01	56200	43.50	46700	38.97		36.23	37400	33.04	29500	32.10	55600
1994	48.80	32200	45.57	30600	40，33	27600	35.80		33.02	27900	30.24	25900	29.19	38400
1995	50.15	40500	46.82	40800	41.84	34100	38.04		35.76	30700	33.68	37700	32.58	52100
1996	50.96	41700	47.58	48800	42.99	41500	39.38		37.06	37200	35.31	44300	34.18	67500
1997	52.02	49300	48.53	55300	42.99	42900	38.74		35.78	38100	32.56	26400	31.58	51200
1998	54.50	63300	50.62	68800	45.22	53700	40.94		38.31	46300	35.94	35900	34.95	67800
1999	53.68	57600	49.65	60200	44.74	47200	40.78		38.30	41200	35.54	35000	34.60	68500
2000	52.58	54000	48.60	55200	43.13	45200	38.73		35.65	39200	31.84	14500	30.90	47300
2001	50.54	41500	46.49	41600	41.12	35600	36.59		33.50	30000	29.86	18600	28.71	37900
2002	51.70	49200	47.71	50600	42.79	41400	39.28		37.15	37200	34.91	35700	33.83	67400
2003	51.80	47700	47.65	48100	42.69	44600	38.68		36.46	35500	33.61	26600	32.57	59100
2004	53.95	60800	45.71	37300	43.43	45000	38.73		35.40	42700	32.05	29800	30.97	47400
2005	52.10	48900	47.73	45800	42.42	41900	37.81		35.03	36800	31.49	23100	30.60	43500
2006	49.09	31600	45.18	30900	39.72	26500	35.23		32.33	23900	29.57	20500	28.45	34400
2007	52.94	50800	48.33	52100	42.97	41400	38.48		35.79	38800	32.62	15700	31.32	51400
2008	51.05	40100	46.93	40300	41.55	34900	36.90		34.13	31500	31.28	14600	30.13	40800
2009	51.08	40200	46.93	40100	41.84	32900	36.84		34.20	30900	30.93	16400	29.70	42000
2010	51.70	42000	47.65	42600	42.58	35400	38.47		36.13	32100	33.31	28700	32.28	48300
2011	48.14	29000	44.51	29600	39.42	23900	35.20		32.57	22200	29.42	14500	28.35	3310

注 1. 宜昌站1877年前水位、流量为洪水调查数据。

2. 1903—1935年二郎矶水位系同期海关水位推算值；1940—1943年二郎矶水位系上下游水位查补值；1947年以后二郎矶水位为实测水位。

第二章　汉　　江

汉江流经中原腹地，古称江、河、淮、汉为四大名川，是中华文明的发祥地。

汉江通称汉水，襄阳以下又名襄河，古称沔水。汉江有北、中、南三源：北源沮水，出自甘肃境，中源漾水，南源玉带河，皆出自陕西省宁强县境。《尚书》有“嶓冢导漾、东流为汉，又东为沧浪之水，过三澨，至大别（今滠口）南入于江”的记载（注：古小别山和大别山与今不同。小别在今汉川县东南；大别在今汉阳县东北）。三澨（澨指水边）古又称雍澨，在京山县西南永隆镇附近，有季家河、司马河（石马河）、青木垱河，三河均汇入永隆河（又名天门河，有县前河之称），乃汉水古道。成书于战国时期的《左传·定公四年（公元前506年）》对汉水流路有简明叙述：“冬，蔡侯、吴子、唐侯伐楚，舍舟于淮汭，自豫章与楚夹汉。”吴、楚两军在汉水对阵。楚军左司马戍谓子常（楚军统帅）曰：“子沿汉而与之上下……子济汉而伐之，我自后而击之，必大败之。”意思是说将军沿汉水堵击渡河的敌人，我率兵摧毁敌人的水军，然后将军渡过汉水向敌人猛攻，必可大败吴军。子常没有采纳这个建议，先行渡过汉水与吴军交战失利，竟弃军临阵脱逃跑到郑国去了。左司马闻讯后，引兵来救，与吴军激战于雍澨，身负重伤，他担心自己会成为吴军的俘虏，就对自己的部下说：“我战死之后，把我的头割下带走，不要落入吴军之手。”后人纪念他对楚国的忠诚，将他葬在雍澨，司马河因司马墓而得名。为京山三澨之一，距今已有2500多年。

明嘉靖初年堵塞汉江左岸九口，汉水改道南行，故道演变为天门河。

据《汉江行·汉江寻源》（1986年版）载：“汉江的三源中，最长的是南源玉带河，比中源长24千米，按‘江源唯远’的原则，玉带河才是汉江正源”。《辞海·汉江》也记述：汉江“上源玉带河出自陕西省西南部宁强县，东流到勉县东和襄河汇合后称汉江”。汉江东经陕西、湖北两省，于汉口龙王庙注入长江，全长1577千米，总落差1934米，流域面积15.9万平方千米，河道弯曲系数为1.78。按河道形势分为上、中、下游。从河源至丹江口为上游，河长925千米，流域面积95200平方千米，占总流域面积的59.9%；丹江口至钟祥皇庄为中游，河长270千米，流域面积46800平方千米；皇庄至武汉市龙王庙为下游，河长382千米，流域面积17000平方千米。

荆州地区地处汉江中下游，河道从钟祥丰乐镇胡家山坡入境，流经钟祥、荆门、天门、潜江，于沔阳禹王宫入汉川境，荆州境流长316千米。1994年设立荆沙市，天门、仙桃、潜江分别设市划出荆沙市管辖范围，荆沙境内汉江自钟祥丰乐镇胡家山入境，南至汉宜公路沙洋桥，过境水道长144千米。1996年荆沙市改名为荆州市，钟祥、京山随之划入荆门市，汉江不再流经荆州市境，但仍影响着荆州的防洪安全。

第一节　河　道　演　变

汉江出钟祥（皇庄）后，进入江汉平原。古时，汉江下游为江汉一体的古云梦泽，后在泥沙淤垫及围垸垦殖的共同作用下，云梦古泽经历了由盛到衰，直至解体消亡的过程，汉水下游河道也随之经历了漫流，分流分汊，向统一河道形成阶段。

先秦时期，长江和汉水同时注入云梦古泽，“而汉水流量仅为长江中游水量的 1/10，在长江洪流溢逼和大夏水自然堤制约下，汉水下游河段偏安于大夏水之北的大洪山南麓，主流自钟祥铁牛关，臼口（后称旧口）出，沿今天门河东行，绝富水、涢水、澴水，最后由府河东行至滠口东南入江。这就是先秦时代汉水下游的流踪。当时汉、夏二水虽近，但基本各行其道，各有其口，汉口在北，夏口在南（先秦时称为夏纳），先秦史载未见混一”（张修桂《中国历史地貌与古地图研究》）。明《湖广总志》称天门河曾是汉北一大分流，从臼口经小河口、渔薪河、巾台河、牛角湾出风台到刘滆会涢水即是汉水下游流路。

汉魏时代，汉水下游在江汉湖盆掀斜运动和科氏力的长期作用下，逐渐摆脱长江分流夏水的溢逼，开始从臼口分流南下，已从先秦时代的府河—滠口一线流路，南移至今汉水出口（龟山以北，龟山古称鲁山，又称翼际山，唐以后混称大别山）。其流路是出钟祥后向南流，经荆门马良、沙洋至潜江县城北再向东经潜江、沔阳腹地进入汉川，于汉阳龟山北注入长江。这条流路在嘉靖《汉阳府志》和《明史》中均称为汉江正流。此时，因众分流散漫难辨其主次，故汉魏时期汉水有沔水之称。从臼口按“汉由潜一道入江”之说向南分流主要是潜水。潜水在潜江县东之芦洑口，又称为芦洑河，为汉江分水之口。《大清一统志》载：“在潜江县东，东南流径汉阳府沔阳州，西北合夏水（夏水从沙市豫章岗的盐卡分流，经监利至沔阳境汇扬水，又称为夏扬水，在堵口注入沔水三水合一），成为汉水正流。”所以，沔汉又兼有夏水之称，汉夏混一。《安陆府志》载：“潜水今名芦洑河，自汉江分流为排沙渡……又东合夏水，是为正流。”沔水合夏水后，于龟山之北注入长江。入口处称为沔口或夏口。所以汉水入江口兼有汉口、沔口和夏口等异称，实为一口矣。

图 2-2-1　明嘉靖时期汉江左岸九口位置图

明嘉靖时期汉江左岸九口位置如图 2-2-1 所示。

成书于唐代的《元和郡县图说》记载了汉水下游的两条主要流路。一条名沔水，过长寿县（今钟祥郢中镇）后，经沔阳县，东入汉川县［唐武德四年（621 年）置］，治所在今汉川县南，唐大中时（847—850 年）移治汉川县北。北宋初改名顺县。再经汉阳县的沌口注入长江。另一支从臼口（今旧口）分流名汉水，经汉川县，从汉阳鲁山北（即今龟山）入长江。《水经注·沔水》载：“沔水又东迳沌水口，水南通县之太白湖，湖水东南通江，又谓之沌水，沔水又东迳沌阳县北，处沌水之阳也。沔水东迳临嶂故城北……又东南至江夏沙羡县，南入于江。”可见，沔水的出口是在龟山而不在沌口。南宋时期汉水在龟山南北均有分流口存在。“由于龟山南分流顺应上游曲流河势，流量不断增大，河床逐渐发展；北分流则因流量相应减少而逐渐退居次要地位。至元代前期，汉水主泓完全从龟山南流入长江”（张修桂《中国历史地貌与古地图研究》）。到了明朝，由于汉水下游河段裁弯取直，汉水向龟山南分流改从龟山以北分流注入长江。《明史·地理志》汉阳府汉阳县条记载：“大别山在城东北，一名翼际山，又名鲁山。汉水自汉川县流入，旧经山南襄河口入江。明成化初，于县西郭师口之上决而东，从山北注于大江，即今汉口也。”

《水经注·河水》中所说的沌水，故道自今监利县东南分长江水东北流，至今武汉市汉阳西南注入长江。其地称为沌口，即古沌水入江之口。根据《历史地图册清代湖北》所示，沌水与长夏河相通，即古内荆河故道，首荆门建阳河，尾沌口，由于泥沙淤积和人类活动的影响，沔水不断北移，夏水与沔水分离。明朝时（1566 年前后），东荆河形成，夏水（内荆河）与东荆河、沌水合流由沌口注入长江。

917 年，“南平王高季兴修筑荆门绿麻山至潜江沱埠渊汉江右岸堤防，长一百三十里，人称高氏堤”，限制了汉水向南分流。明嘉靖元年（1522 年）郢州守备太监以保护献陵风水为由，堵塞汉江左岸九口（钟祥县铁牛关口、狮子口、臼口，京山县张壁口、操家口、黄傅口、唐心口，潜江县泗港口、官吉口），修成汉江左岸堤防。至此，钟祥至潜江（策口）汉江统一河道形成。原汉江向北分流的河道（天门河）成为内河。汉水干流至潜江境右岸有大策（泽）口、小策（泽）口（潜水）向南分流。至天门境（汉江左岸）黑流渡汉江分为南、北二派（支），南支为小河（支流），即今汉江干流；北派为正流，至汉川县脉旺嘴与小河合，长 78 千米。后正流不断淤塞，清康熙年间，北派易名为牛蹄支河，成为汉江的一条分支河道，原南派支流变成干流。清咸丰初年，牛蹄河口淤塞，汉江左岸钟祥、京山、潜江、天门汉江分流穴口俱塞，沿江堤防形成。

汉江右岸潜江境内尚存两条分流河道，一条是芦洑河（古称潜水），分流地点名芦洑头，又称为小泽口，为汉水分流河道；至排沙渡，又经县城（潜江县河）、总口、许家口，东至沔阳州，东合夏水，是为正流。清同治十年（1871 年）芦洑河口被堵塞，芦洑河同汉水断绝，变为内河。芦袱河口堵塞前，分流至排沙渡以后，又分为 3 支：一支为通顺河（东支），从排沙渡向东至沔阳袁市折向南，接纳洛江河，至彭场接纳通州河至曲口，汇东荆河（南支）、内荆河（北支）于汉阳沌口入长江；一支为南支（又称为县河），是汉水分流的主要河道，入通州河经沔阳老城至彭场注入通顺河；一支为洛江河，在沔阳老里仁口注入通顺河。此乃民国时期的流路。通顺河居北，洛江河居中，县河、通州河居南。1955 年修建洪湖隔堤，内荆河（北支）被堵塞。1965 年修建沔阳隔堤，东荆河南支被堵塞，改由人工改道河于今汉南区三合垸入长江。通顺河于 1984 年在沟口头建成纯良岭防洪闸，以防杜家台闸行洪时洪水倒灌。这就是历史上所称的潜江、沔阳境内沔水现状。

另一条分流水道名东荆河。分流口名夜汊河，又称为策（泽）口河，其进水口在谢家湾，称为夜汊口或大泽口。同治八年（1869年）汉水大涨，洪水从梁滩南侧吴姓宅旁冲成大口，后称为吴家改口。吴家改口形成后，汉江的分流河口东移至今龙头拐，东荆河分流口位置从此固定。因东荆河分泄汉水洪水约1/4，对钟祥、京山、天门汉江干堤的安全至关重要；但因其分流量大，对潜江、沔阳、江陵、监利亦危害很大。因此，大泽口历史上多次发生疏堵之争。从清道光二十四年（1844年）至民国二年（1913年），其间发生了13次疏堵争斗。最后以"吴家改口万不可塞，永禁堵筑"成案。东荆河分流固定。至此，汉江从钟祥、京山、荆门、天门、潜江、沔阳至汉川境统一河道形成。仅有东荆河一处分流，历时约400年。

附：《水经注·沔水》荆州境内流路

"沔水又迳县故城南，古鄀子之国也。秦楚之间，自商密迁此，为楚附庸，楚灭亡以为邑。县南临津沔，津南有石山，上有古峰火台，县北有大城，楚昭王为吴所迫，自纪郢迁都之……，沔水又东，敖水注之……。敖水又西南流注于沔，寔曰敖口。沔水又南迳石城西，城因山为固，晋太傅羊祜镇荆州立。晋惠帝元康九年（299年），分江夏西部置竟陵郡治此。"鄀县，一作若县，治所在今宜城县东南。鄀国，一作上鄀国，在今钟祥县北，本西周时国，春秋属楚，为邑。楚昭王曾迁都于此。敖水发源于大洪山南麓京山县杨集，流入钟祥县与长寿河水（古名枝水）汇合，二支汇入直河，流至莫愁湖西董家巷注入沔水（古称敖口，下距郢中镇约4千米）。石城即郢中镇。三国时，吴孙权设牙门戌于石城（古代军营门口置牙旗，所以营门也称为"牙门"。后通呼公府为公牙，府门为牙门，字稍讹转变为衙）。北周武帝改名石城郡。"沔水又东南与臼水合，水出竟陵县东北聊屈山，一名庐屈山，西流注入沔。鲁定公四年，吴师入郢，昭王奔随，济于成臼，谓是水者也。"臼水出自钟祥聊屈山西，与溠水（又名司马河）合，在臼口注入沔水。臼口又称为旧口，据《读史方舆纪要》，"臼口驿以臼水而名。"春秋时名成旧。周敬王十四年（公元前506年）伍子胥击楚，楚昭王逃奔随国，是从成旧过的河，清咸丰二年（1825年）狮子口堤溃，臼水故道淤塞，遂南流入天门河。旧口镇是钟祥县四大古镇之一。"又东经荆城东，沔水自荆城东南流，迳当阳之章山东，山上有故城，太尉陶侃伐杜曾所筑也……。沔水又东、右会权口，水出章山，东南流迳权城北，古之权国也。春秋鲁庄公十八年，楚武王克权，权变，围而杀之，迁权于那处是也，东南有那口城。"当阳县于汉景帝中元六年（公元前149年）分江陵及编县地置当阳县（故址在今荆门市城区南郊。东晋时迁治今当阳县）。约公元前12世纪，商王武丁后裔于汉西建立权国，权城在今马良镇西。权水又称为竹皮河，水源有二，一支出荆门城西北郊圣境山东麓；一支出西郊罗汉山麓，全长约50千米，流域面积473平方千米。经荆门、钟祥再入荆门，于马良山（又称为章山、内方山）注入汉江。章山乃云雾、仙女、太平、七宝诸峰合称。山下有内方书院、因三国名臣马良早年就读于此，故名马良。那处（那口城）均在马良镇附近。"沔水又东南与杨口合"。关于杨口的位置历来说法不一。元人胡三省注《资治通鉴》时说："杨口在今江陵潜江县界"。清人熊会贞在《水经注》于"扬水又北注沔谓之扬口"下疏注道："水自今江陵县西北，东流至潜江县西，又西北至吴家改口入汉，扬口即阳口"。《中国历史地名辞典》载："扬口，在今湖北省潜江县西，即古扬水入沔水之口。"扬口就在今沙洋镇附近（沙洋，唐贞观八年（634年）筑沙洋堡，沙洋之名始此。宋末，在旧堡一带筑绿林城）。扬水就是古时的扬水运河。梅莉等著《两湖平原开发探源》认为："孙叔敖根据江湖水利条件，采用壅水、挖渠等工程措施，形成了人工与天然水道构成的扬水运河，由郢都向东通汉江，便利航运。……扬水通航，船只可以由汉水经运河达到郢都并入长江。"公元前378年，秦将白起拔郢，纪南城失去了作为楚国"都城"的地位，扬水运河也随之衰落了。加之泥沙淤积，有的河段湮塞了。西晋太康元年（280年），杜预"以巴陵丘湖沅湘之会，荆蛮所持乃开扬口，起夏水，达巴陵。"他的目的是要"平吴定江南"，向长沙方面用兵，找一条路程既捷径又比较安全的水道。捷径之路便是利用扬水运河。扬水虽不是畅通的，但有故道可循，只要把已经淤塞的扬口挖开，再把其他地方加以疏浚便可以通航了。乃开挖扬口。杜预所开挖和疏浚的运河称为扬夏运河，是扬水运河的发展。917年，南平王高季兴修荆门绿麻山（故址在今沙洋镇，原有绿麻山，俗称桃李山，后被冲成河，有绿麻寺旧址）至潜江沱埠渊汉江右堤。沱埠渊在今深河潭水文站附近。据《潜江水利志》（1997年版）载："潜江东荆河右岸堤从龙头拐至深河潭，就是在五代高氏堤沱埠渊堤段的基础上加修而成"。修筑高氏堤时，潜江县尚未建县（潜江县于北宋乾德三年（965年）置，治所在今潜江县西北，元初迁于今址。东荆河也未形成。潜江县城西南部有沱埠垸，明代挽筑，民国初废，面积29486亩）。由于扬水运河是连接江汉之间的纽带，对经济发展有着重要的作用，因此，自晋至民国时期，一直在发挥作用。至明朝时，因扬水运河的起讫点是沙洋（盐码头）和沙市，因此改称为两沙运河，不再称为扬水运河了。可见古扬口就在沙洋附近。

沔水至潜江县城北，按"汉由潜一道入江"之说，沔水经小泽口、竹根滩向东流入潜江、沔阳境。"沔水又东流得浐口，其水承大浐，马骨湖水，周三四百里，及其夏水来同，渺若沧海，洪潭巨浪，縈连江沔……。浐口在沔水右岸。马骨湖在沔阳县（老沔城）东南一百六十里，大浐在沔阳县（老城）西北。大浐马骨湖在今仙桃市境排湖范围，排湖属河间洼地湖，由湖湖排列而得名，清朝时称为百里排湖，有水面110平方千米左右。浐口在今三伏潭以东"。沔水"又东南过江夏云杜县东，夏水从西来注之，即堵口也，为中夏水。"云杜县，西汉置，故城在沔阳县（老沔城）西北。晋时云杜县据有京山、荆门、天门各一部分。堵口有资料称为腊口，其地在今杜家台分洪道内。左桑、巨亮水口，合驿口，横桑具体地点不详，约在腊口与力口之间，均在今仙桃以东地区。"沔水又东迳左桑。昔周昭王南征，船人胶舟又进之，昭王渡沔，中流而没，死于是水。……沔水又东得死沔，言昭王济沔自是死，故有死沔之称"。"死沔"乃浐口至乃口以北的支河。"沔水又东与力口合，有溾水出竟陵郡新阳县西南池河山、东流迳新阳县南，县治云杜故城，分云杜立。溾水又东南流注宵城县南大湖，又南入沔水，是曰力口。"溾水又名京山河，皂市河，主流发源于京山县城西北20千米花石岩南麓（即《水经注》中的池河山）东彭冲湾。新阳县，西晋惠帝时置，治所在今京山县，西魏改名角陵县。宵城县，治所在今天门东北，北周改名景陵县。力口在景陵县东南。古时，溾水是直出沔水的。明朝初年，溾水则至回河口会城南河（今天门河）北支合流入汉。"沔水又东南，涢水出焉"。涢水亦称为府河，又称为涓川。源出大洪山，北流绕经随州折向南，1959年改道前出汉川县新沟，出口名涢口。1959年改道后出武汉市谌家矶。"沔水又迳沌水口，水南通县之太白湖，湖水又东南通江，又谓之沌口，沔水又东迳沌阳县北，处沌水之阳也。沔水又东迳临嶂故城北……又南至江夏沙羡县北，南入于江，"沌水是一条古老的河流。西汉辞学家枚乘的《七发》

赋："沌沌浑浑，状如奔马"，形容水势汹涌，波涛翻滚而得名沌水。沌阳县，东汉建武元年（25年）于下汉（今蒲潭）置沌阳县，东汉末复为安陆县。西晋惠帝永兴二年（305年），在黄陵矶北面的槠山南侧复置沌阳县。怀帝永嘉元年（307年），沌阳县迁治临嶂山（今城头山，位于汉江南岸，西距蔡甸镇2千米，主峰海拔71.3米），临嶂山又称为临漳山、林嶂山，因西晋建兴二年（314年）建临嶂城于山顶而得名。西晋建兴二年（314年）陶侃为荆州刺史，曾屯兵于此。南朝陈废。沙羡县，西汉置，治所在今武昌金口，建安初年移治沔口却月城（今汉口），吴赤乌二年（239年）又迁黄鹄山北夏口城（今武昌），三国吴废。西晋太康元年（280年）复置，太元三年（378年）废。《水经注》所载之沙羡县，均指金口沙羡县故治。

太白湖，明嘉靖《汉阳府志》载："太白湖，在县治九真山南，又名白湖或九真湖"。"周二百余里，西接沔阳。潜自北来，西湖、李湖、沙湖、四港诸水汇焉；沱（指内荆河）自南来，直步、阳明、黄蓬诸水汇焉，而东南汇于沌水入江"。

根据以上叙述，沔水（汉水）自宜城入钟祥县境，左纳敖水、枝水、臼水，右经荆门市（古当阳县）、沙洋县，会扬水向北流经潜江县北再向东，在仙桃市排湖附近右纳大浐、马骨湖水，再向东流，在杜家台分洪道右纳夏水，再东行左有力口有溾水入，又东行汉川境左纳涢水、沔水继续东南流过临嶂城北，在今汉阳龟山以北注入长江。

汉水流路自先秦至民国初年，经历了3次大的变化。总的变化趋势由北向南，而后又由南向北。先秦时期，汉水出钟祥铁牛关后，经臼口（今旧口）沿大洪山南麓（今天门河一带），经汉川至溴口入长江；汉魏时期，汉江出钟祥铁牛关后，主流经荆门入潜江、沔阳境，经汉川在汉口入江；明清时期，泽口以上汉水两岸受到堤防约束，成为统一河道。泽口以下有众多支流。明万历年间，堵塞泗港河；清咸丰初年，天门境内汉水最大分支牛蹄河主河（北派）淤塞。同治十年（1871年）堵塞汉水主要分支芦伏河口，迫使汉水由东南向北流，冲开牛蹄河（南派），经汉川于汉口入江。仅留东荆河分泄汉江洪水。汉江下游河道始循定轨。

第二节 河道现状

汉江河道比较弯曲，自古有"曲莫如汉"之说，按河道形态分为上游、中游、下游3个典型河段。

（一）上游河段

河源至丹江口以上为上游，河段位于秦岭大巴山之间，长925千米，区间集水面积95200平方千米；河道弯曲系数为1.78，平均坡降为0.6‰，属山地蜿蜒型河段。上游支流较多，干流入郧西县和郧县后，北岸有夹河（金钱河）、天河来汇，南岸有堵河经黄龙滩入注，至丹江口市有丹江汇入。

（二）中游河段

丹江口至钟祥皇庄为中游，流经丘陵及河谷盆地，河段长270千米，区间集水面积46800平方千米。中游河道宽浅，江心滩众多，平均坡降为0.19‰，属游荡型河道。自丹江口水库初期规模建成后，河床粗化，主槽渐趋稳定，有大小江心洲20余个，多为卵石洲滩。沿线支流较少，干流入谷城境右岸纳南河，至襄阳左岸有唐白河汇入，至钟祥境右岸有蛮河在小河口注入。

（三）下游河段

钟祥皇庄至汉口为下游，流经江汉平原，经钟祥市、沙洋县、潜江市、天门市、仙桃市、汉川市至武汉市注入长江，长383.0千米；干流出钟祥后，河出山谷，水流变缓，属平原蜿蜒型河道。区间集水面积17000平方千米，控制流域面积159000平方千米，河道坡降0.09‰；河道洲滩较多，两岸有完整堤防。干流流经潜江泽口龙头拐，有东荆河分流河道。干流自沙洋以下南岸无支流加入，北岸在汉川城关有汈汊湖水汇入，至汉阳新沟又有汉北河来汇。

汉江下游河段又可分为以下3段河道形式。

(1) 钟祥至泽口，河长145.0千米，弯曲系数为1.79，有分汊、弯曲和顺直微弯段，河段宽窄相间，宽段主泓摆动，洲滩较多；汊道段有弯曲分汊、单汊、双汊、多汊等形式，共有汊道14个，横断面呈W形。窄段河段单一，弯道较多，弯道之间的过渡段较长，属弯曲分汊河型，横断面多呈V形，弯顶断面呈V形。丹江口水库建成后，水流条件发生变化，引起顶冲部位改变。出现切滩、撇弯现象。

(2) 泽口至仙桃，河长81.0千米，河道单一，弯曲系数约1.4，其中泽口至彭市河有7个弯道，河道弯曲。彭市河至仙桃河段顺直，两岸土质较好，又受堤防和护岸工程的约束，河道横向变化不大，但下切尤为突出。河道横断面多呈V形和U形，为微弯河型。

(3) 仙桃至河口，河长157.0千米，弯道较多，河道蜿蜒，弯曲系数约2.82，河系横断面多呈V形，弯顶处偏V形。受堤防和护岸工程的约束，河床不能横向发展，但纵断面起伏大，为控制性弯曲河型。

汉江下游两岸，自五代筑高氏堤开始，经历代演变，形成干流河道愈往下游愈狭窄，状如长形漏斗。水势收束以后，水深和流速显著增加。皇庄至沙洋段两岸堤距4500～1500米，沙洋至泽口段两岸堤距3000～1000米，泽口至岳口段两岸堤距1000～400米，岳口以下1500～600米，进入汉川后堤距仅300～400米，汉口附近最窄处仅100米（汉口集家嘴），遇大洪水行洪不畅，易酿成洪灾。

汉江为季节性河流，上中游产生的暴雨，径流汇集快，洪水来量大，涨势迅速凶猛。由于荆州境内河道愈往下游河床愈窄，宣泄不畅，来量与泄量不相适宜，有的年份汉江洪水与长江高水位遭遇，河口段受江水顶托倒灌，历史上是洪灾频发的河流。1935年7月，汉江上游连降暴雨，推算丹江口7月6日最大洪峰流量50000立方米每秒，洪水直泄下游，钟祥汉江堤溃堤总长7000余米，洪水横扫汉北，直抵汉口张公堤，灾及钟祥、京山、天门、潜江、沔阳、汉川、云梦、孝感、应城、黄陂、汉口11县（市），朝野震惊，为20世纪40年代汉江下游发生的一次特大洪灾。1964年、1983年，又相继出现两次全流域型大洪水，损失都很严重。“64.10”“83.10”洪水特性及河道泄洪能力如图2-2-2所示。

注：汉江下游河道里程采用1983年汉江修防处编《丹江口建库后汉江流域河段长及洪峰传播表》资料。

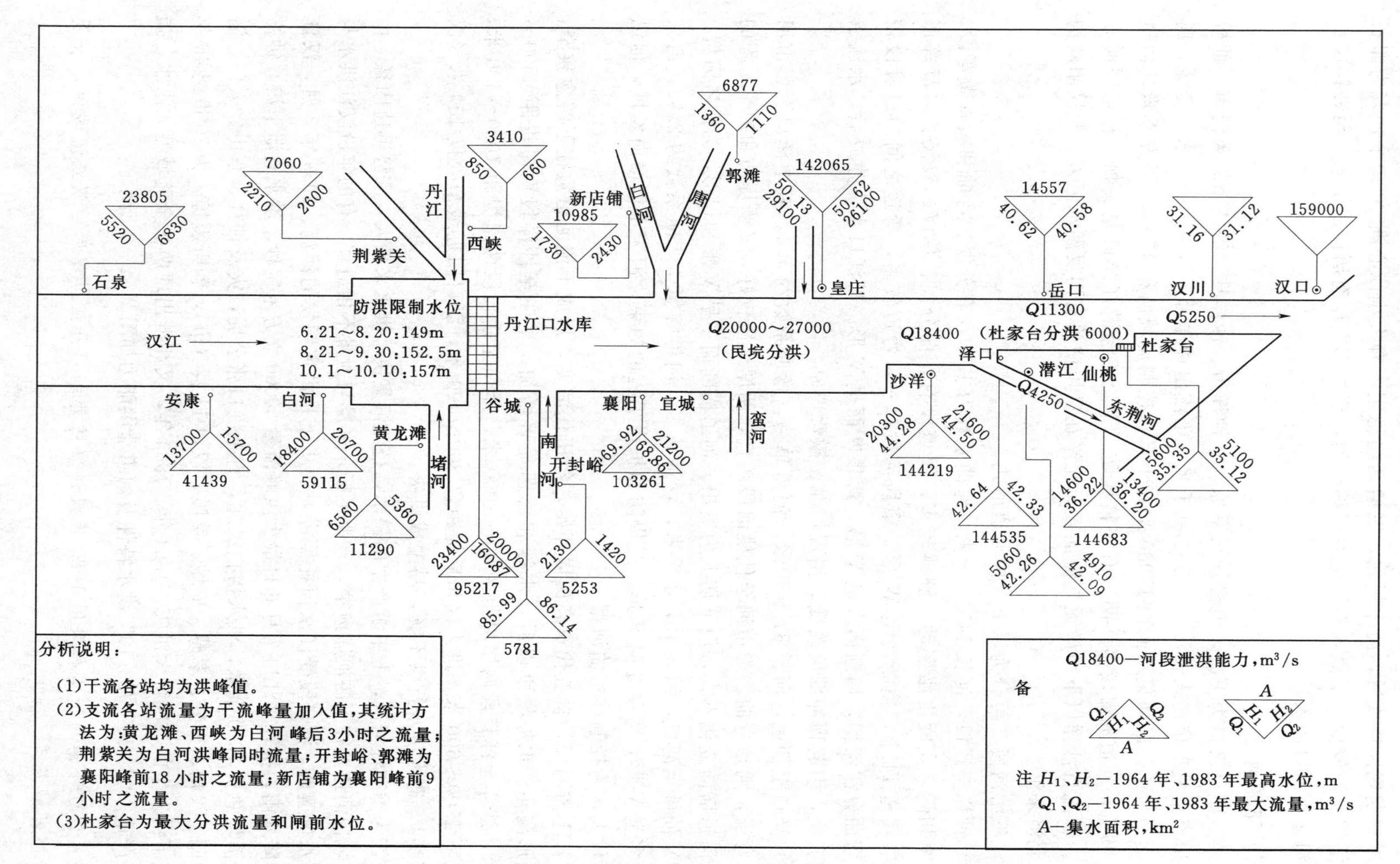

图 2-2-2　汉江流域“64.10”“83.10”洪水特征及河道泄洪能力示意图

第三节　水　文　特　征

汉江流域水资源较为丰富，呈上游向下游递增的趋势，多年平均年降水量为800～1100毫米。多年平均年径流量为562亿立方米，多年平均流量为1640立方米每秒。荆州地区汉江地域多年平均年降水量为900～1100毫米，入境江段皇庄站多年平均流量为1493立方米每秒，年平均径流量为482.25亿立方米，最大洪峰流量为29100立方米每秒，出现时间为1964年10月6日，最小流量为172立方米每秒，出现时间为1958年3月15日。丹江口水库建库前多年平均水位为44.62米，建库后多年平均水位为44.70米，历年最高水位为52.30米（1964年10月6日），历年最低水位为42.48米（1967年1月28日），年内最大变幅为9.15米（1960年）。荆州境汉江下游仙桃站多年平均流量为1756立方米每秒，年径流量为557亿立方米，最大洪峰流量为14600立方米每秒（1964年10月9日），最小流量为180立方米每秒（1958年3月20日）。丹江口水库建库前多年平均水位为26.64米，建库后多年平均水位为26.31米，历年最高水位为36.12米（1957年5月12日），历年最低水位为23.22米（1979年3月25日）。

汉江洪水有明显的季节性。汉江每年5—10月为汛期，分春汛、伏汛和秋汛。春汛亦称为桃汛，虽有发生，但不常见，水位高时，可淹没河滩上的麦地，故又称为麦黄水。夏汛和秋汛峰高量大，暴涨暴落，一夜陡涨数米，其危害极大。秋汛多于夏汛，1950—1964年10次较大洪水，其中夏汛3次，秋汛7次。夏季洪水常与长江洪水相遇形成顶托。丹江口水库建成蓄水后，汉江中下游河道特性发生了显著变化，洪峰削减，洪峰传播时间延长了26%，见表2-2-1。

表2-2-1　　1950—1984年汉江、东荆河洪水情况表

年份	汉江新城站			东荆河陶朱埠站				备注
	月	日	最大流量/(m^3/s)	月	日	最大流量/(m^3/s)	占新城来量比例/%	
1950	7	12	15200	7	18	3370	22.17	夏汛
1954	8	11	16400	8	10	3510	21.40	夏汛
1956	8	25	16200	8	26	3570	22.03	秋汛
1958	7	20	18000	7	21	4640	25.78	夏汛
1960	9	9	18900	9	10	4510	23.86	秋汛
1964	10	7	20300	10	7	5060	24.93	秋汛
1974	10	6	18000	10	7	3680	20.44	秋汛
1975	10	5	19500	10	5	4460	22.87	秋汛
1983	10	10	22800	10	10	4880	21.40	秋汛
1984	9	30	16000	9	30	3700	23.12	秋汛

汉江水较为浑浊，有“河水一石，泥沙六斗”之说，下游皇庄站，在丹江口水库建成前，平均每立方米水中含沙量为2.33千克，年平均输沙量为1.27亿吨，1954年为1.5

亿吨，1957年为0.592亿吨。丹江口水库建成后，中、下游泥沙大量减少，1980—1991年皇庄站年平均输沙量为2098万吨，为丹江口水库建成前的16.3%。

附：汉江新城站（荆州代表站）历年最高（低）水位、最大流量表（表2-2-2）

表2-2-2 汉江新城站（荆州代表站）历年最高（低）水位、最大流量表

年份	最高水位/m	最低水位/m	最大流量/(m³/s)	年份	最高水位/m	最低水位/m	最大流量/(m³/s)
1951	41.06	32.72	12200	1975	43.75	34.99	19500
1952	41.82	32.66	13800	1976	37.17	34.75	3340
1953	41.89	32.75	11100	1977	39.75	32.86	8410
1954	42.98	32.93	16400	1978	36.48	32.85	2150
1955	40.98	32.25	11200	1979	40.58	32.56	9780
1956	42.70	32.52	16200	1980	40.87	33.24	9990
1957	41.71	32.83	12900	1981	41.83	33.93	11800
1958	43.93	31.90	18000	1982	40.94	34.41	10500
1959	38.33	32.90	6080	1983	44.50	35.34	22800
1960	44.15	32.27	18900	1984	43.35	33.98	16000
1961	39.79	32.71	8760	1985	37.53	34.14	41700
1962	39.67	32.70	8730	1986	36.25	33.76	1940
1963	41.96	32.51	14500	1987	39.83	33.48	8260
1964	44.28	33.53	20300	1988	39.23	33.70	8430
1965	42.07	33.36	13000	1989	40.85	34.36	11300
1966	37.05	32.68	3640	1990	39.47	33.68	7420
1967	40.21	32.40	8620	1991	39.68	33.36	10400
1968	40.68	33.30	9750	1992	36.57	32.21	2470
1969	37.91	33.88	4970	1993	37.52	33.70	3740
1970	41.50	33.57	10000	1994	36.86	33.67	2540
1971	41.31	33.98	11000	1995	36.16	33.46	1920
1972	40.15	34.44	8720	1996	40.49	33.86	9700
1973	39.43	33.13	7330	1997	37.45	33.25	3220
1974	43.06	34.68	18000				

第三章　主要支流水系

荆州水系均以长江为主干，其北岸自上而下有沮漳河、内荆河、汉江支流东荆河，南岸分流有松滋河、虎渡河、藕池河、调弦河，形成二级支流，再由此汇流众多的三级、四级支流，构成了荆州纵横交织的河网水系。

第一节　东　荆　河

东荆河位于江汉平原腹地，串联汉水、长江，系汉江下游南岸的一条分流河道。东荆河原横贯荆州全境，后随荆州行政区划变更，东荆河成为荆州东北部的一条界河。

东荆河首起潜江市泽口龙头拐，止于武汉市汉南区三合垸（新河口）汇入长江，河道长173千米。现荆州市境河段从潜江老新口流入监利县廖刘月，经监利县、洪湖市，长126.37千米，占全长的73%。其中，监利境长37.37千米，洪湖境长89.0千米。

一、河道的形成与演变

东荆河是汉江的主要支流，其进水口的位置屡有变化，明嘉靖至万历年间（1522—1573年），名夜汊河，又称为策（泽）口河，其进水口在谢家湾，称为夜汊口或大泽口。清康熙时（1662—1722年）田关（又称为双雁或新滩口）以北一段，称为夜汊河，田关以南一段称为直路河，进水口仍在原处。

东荆河河口曰泽口，始见于明嘉靖《沔阳志》的记载：竟陵（今天门）“东行百二十里尽城隍台……西南行五十里尽泽口。”清齐召南著《水道提纲》对此有较详细记载：“（汉水）经京山县西南境之多宝湾西，又东南流至潜江县北境之大泽口。西北，有支津西流，西通荆州府，南通监利，东南通沔阳州诸湖，支港纵横交汇，即古江北之云梦”。另据《清史稿·地理志·潜江县》载：“西，夜汊河上承汉水，旧由大泽口分流，亦谓策口，咸丰时（1851—1861年）时改由吴滩溃口处即吴家改口”。泽口其名甚多，史籍上有泽口应属古河口之说。一曰泽口即古扬水通汉水之阳口（扬口），一曰泽口乃明万历元年夜汊溃决之口。较为准确的推论是此处古已有西流之口，西流称之为西荆河；则溃缺之口应视为东流之口，亦即田关以下东荆河成河之始。据当代学者黎沛虹、李可可所著《夏扬水与东荆河考异》（载《武汉大学学报》2001年第54卷第6期）推断：“泽口位置即在今东荆河河口处，当时为一地名，大约为汉江南岸某一古穴口的遗留。万历元年（1573年），汉江夜汊堤溃，次年四月，赵贤‘习知水利，疏请留缺口，让水止于谢家，两岸沿河修筑堤三千五百丈，中一道为河’（中国水利要籍丛编·行水金鉴·台北文海出版社，1969年）。所留缺口即泽口，又称为夜汊口，其下至田关一段为赵贤筑堤固定的河道，称为夜汊口，田关以下分别称为西荆河、东荆河”。

东荆河形成之初，河道十分紊乱，清光绪《湖北舆地记》载：“东荆河主流两侧支流，在田关，右分一支为西荆河；在老新口，右折一支为罗塘港，出柳河；在渔洋镇下关木岭，左有港通沙长河；在新沟嘴，右分一支为分盐河；在杨林关，经预备堤下泄为中府河（东荆河故道）；从杨林关东北流十二里，左有班湾河来注；又东稍南流十二里经丰乐闸，左通州河，右通后河；在中革岭，左有通新河口之小港，右有通长夏河之老沟；在刘三口，右通长夏河，左有新河口（州河支流）自西北来注；在官垱湖，有裴家沟水（长夏河支流）自西南来注；又东流二里，有州河诸水自西北来会；又东北流七里入邓老湖，有长夏水来会。从邓老湖东北通汉阳鹭鸶湖（渡泗湖），出口有二，一由汉阳沟会柳沟、响水港至沌口，出大江；一由平坊至新滩口出大江”。东荆河进口位置如图 2-3-1 所示。

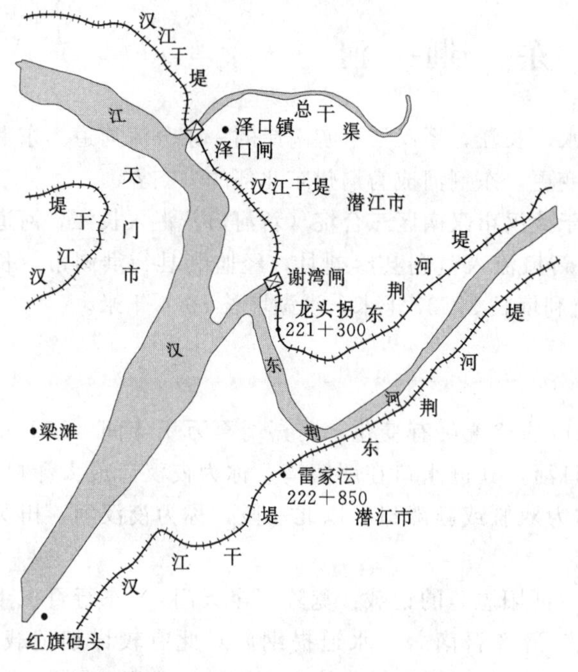

图 2-3-1　东荆河进口位置图

明末清初，随着汉江堤防的修筑和北岸穴口的堵塞，汉江水位抬高，泽口口门位置随之变动。

关于泽口的成因有两种说法。“大泽口是古代的东荆河口，其分流的位置和名称曾几度变化。北宋时的分流口名为狮子口，南宋时的分流口移至吴家市。明嘉靖至万历年间，其河道走向开始见诸于地图和文字记载，河名称为夜汊，进水口在谢家湾，或称为夜汊口。清嘉庆年间，在官洲、梁滩之间有一改口（在今万寿寺附近），同大泽口并立，中间有沙滩三四里。水小的时候，沙滩高出水面，改口与大泽口分而为二；涨水的时候，沙滩淹没，改口与大泽口合而为一。”另一说“潜江东荆河右岸堤从龙头拐至深河潭，就是在五代高氏堤沱埠渊堤段的基础上加修而成。明弘治五年（1492 年）再溃再堵。万历二年（1574 年），巡抚都御史赵贤上疏奏请留决口。”“以杀水势，并沿夜汊河筑堤三千五百丈，中为一河，后于双雁口（田关）分汊泄流，西为西荆河，东为东荆河。”

为大泽口和小泽口的堵与疏，从清朝道光二十四年（1844 年）至民国二年（1913 年），汉江南北两岸长期纷争不休。道光二十四年（1844 年），沔阳州僧人蔡福隆纠集下游各垸民众，借堵塞梁滩改口为名，将大泽口堵塞，后经安陆府派员查勘刨毁。同治八年（1869 年），汉江涨大水，在梁滩吴姓宅旁溃一新口，名为吴家改口。同治九年（1870 年），梁滩崩塌，北岸淤成沙洲，挺峙江心，逼汉水大溜直冲吴家改口，因此口门愈刷愈宽。同治十二年（1873 年），大泽口口门淤塞断流。从此汉水分流入东荆河口仅存吴家改口一处。

同治十三年（1874年），潜江县已被革职的千总严士廉煽动沔阳、潜江、江陵、监利等州县乡民，在东荆河何家到筑坝，塞断河流，经官府派兵弹压制止，将严士廉就地正法，并勒石示禁："泽口官河，永禁阻遏"。

光绪三十四年（1908年）潜江县谢孝达等在东荆河口龙头拐建泗水矶并在下游何家埠（即丁家埠）建矶头，天门县上告到农工商部，经农工商部咨督抚委派襄阳道施候补道魏安陆府张及天、潜二县知事共议："襄水分流只存吴家改口一处，万不可阻塞，致碍河流畅通。"

民国二年（1913年）二月，沔阳人唐传勋率数千人在东荆河何家到筑坝，坝筑到长93米、宽12米、高1.7米时，省都督黎元洪派兵弹压，又派副官徐世猷会同都督府内务司委员胡炳均、罗汝泽，潜江知事欧阳启勋等亲临现场，颁布命令禁止，这一历时69年的疏堵之争才告平息。

以上资料见《东荆河堤防志》（1994年版）、《潜江水利志》（1997年版）。

至此，东荆河分流口固定。从民国至今的百年间，口门位置并无大的变化。今东荆河进水口门在汉右干堤桩号221＋300～222＋850处，口门宽1550米，进口处地名龙头拐，如图2-3-2所示。

清代，支河汊港不断淤积堵塞，堤防常遭溃决，河道演变频繁而剧烈。"西荆河久经淤塞，高阜绵长，即竭力挑挖亦骤难疏通，纵使挑开一线，襄水一涨，仍必淤塞如故。道光五年（1825年），费尽多金，挑浚泽口支河，不久旋即淤塞道"（《襄堤成案》卷2）。道光年间（1821—1850年），新沟嘴至周老嘴的分支已淤湮，主流东去经杨林关、预备堤、网埠头至沔阳州府场河（又名易家河）至土京口注入内荆河北支。在府场有一支南下称为柴林河。据史料记载，同治三年（1864年）监利预备堤决，沔阳青郑、朱麻、通城诸垸被淹。同治四年（1865年）杨林关堤决，直冲潘家坝垸堤，朱麻、通城诸垸成河，屡议修筑未果。遂从沔阳境内改道北趋。改道后，东荆河主流从杨林关入烂泥湖，至姚家嘴之南，北口之北入沔阳州朱麻垸，东下一支直入通城垸形成新水道，名为冲河，乡民循冲河逐渐围堤束水，便成为东荆河主道。光绪四年（1878年），杨林关中府河之口堵塞，东荆河主泓完全移至冲河。

民国时期，东荆河水道未发生大的改变。民国二十年（1931年）堵筑新沟嘴分支分盐河口，1932年，中国共产党领导下的湘鄂西革命根据地创始人贺龙亲率根据地人民将西流之西荆河河口堵筑断流后，东荆河上游流路趋于稳定。而东荆河下游两岸堤防尚未形成，河流比较紊乱，南北两支分别与内荆河、通顺河相贯通，其河道走向是：上起龙头拐，曲折南流经陶朱埠、田关、莲花寺至老新口，转向东流经渔洋、新沟、杨林关、幸福闸至北口，在天星洲分二支，旋即汇合于施家港。至敖家洲以下分成南北两支，北支从敖家洲沿东荆河堤至杨林尾，称为虾子河，长约4.5千米，另一支主流沿上、下敖家洲垸东南行至杨林尾，流程约5千米，与北支汇合，流程约1.5千米，又分为三支：一支南行沿天合垸（右岸）、联合垸（左岸）至黄家口（又称为协心河），长约10千米，与东荆河南支汇合；中支从杨林尾，经塘林湖、晓阳至复兴场与北支汇合；北支从杨林尾沿东荆河堤北行，经罗家湾（沔阳隔堤起点），沿六合垸南，经复兴场、董家垱至冯家口，再东北行约4千米，在火老沟汇入通顺河，经沙湖、纯良岭、响水港（新都湾）到汉阳曲口，再东北行至沌口入长江（通顺河在沔阳隔堤修筑前，在张家山附近有小河经坝港东折至吴家剅，与东荆河南支贯通，长约4.5千米，北为合港垸，南为铜盆垸）。南支从敖家洲经长河口、花古桥、高潭口，黄家口与中支（协心河）汇合，河长约15千米，东北行经南套沟、裴家沟、柳西湖沟、汉阳沟至白斧池再北行，沿渡泗湖、湘口、曲口与通顺河汇合至沌口入长江。干流全长249千米，中革岭以上117千米，中革岭以下132千米。

在东荆河下游改道工程实施以前，东荆河北支在沙湖附近汇入通顺河。汛期，东荆河水、长江水和杜家台闸分洪水均可进入通顺河，迫使沔阳内垸水位抬高，造成严重洪涝灾害。南支至高潭口后有7条河沟与内荆河贯通，这7条河沟是高潭口、黄家口、南套沟、裴家沟、柳西湖沟、西湖沟、汉阳沟。汛期，长江洪水自新滩口倒灌，通过7条河沟进入东荆河南支；当东荆河水大时，通过7条河沟进入内荆河，亦可通过新滩口入长江。汛期，长江水和东荆河水通过7条河沟汇合，向内荆河上游倒灌，大水时可影响到丫角庙附近，造成四湖地区严重的洪涝灾害。平时，内荆河水一部分经新滩口排入长江，一部分从坪坊经汉阳沟排入东荆河南支。因此，在汉阳沟以上的南支称为东荆河南支，汉阳沟以下至曲口称为内荆河。通顺河从响水港至曲口又称为吴家剅沟，曲口至沌口又称为长河（古称沌水）。

汛期，东荆河南北两支洪水漫滩行洪，进入银莲湖、武湖泛区，与长江洪水相汇。

新中国成立后，分年对东荆河进行了治理。1955年，兴建下游右岸洪湖隔堤，堵筑了高潭口、黄家口、南套沟、裴家沟、柳西湖沟、西湖沟、汉阳沟，使东荆河水与内荆河水系隔离。1964—1966年，实施了东荆河下游改道工程，修建了沔阳隔堤和开挖深水河槽，隔断了与通顺河水系的连接，将入江口由沌口上移到胡家湾附近的三合垸（新河口），从而使四湖和汉南分别成为封闭式的大围垸，东荆河两岸的堤防也从进口到出口分别与汉江干堤、长江干堤连成整体，河道相应缩短为173千米，中革岭以上117千米不变，中革岭以下为56千米。东荆河水道如图2-3-2所示。

二、河床特征

东荆河属冲积平原河流，从泽口龙头拐至老新口，呈南北向，老新口至三合垸呈东西向。中革岭以上河道河宽为300～500米，最宽处为1500米；中革岭以下河宽一般为3500～4000米，最宽处达7000米。龙头拐至北口长77千米为多弯型河道，有较大急弯30多处，最大弯曲度110°；北口至中革岭长40千米为微弯分汊型河道，有沙洲分流于洲头，合于洲尾；中革岭以下为蜿蜒分支型河道，从长河口分为两支，北支分为数股水流，蜿蜒曲折，时分时合，穿行于洲滩围垸之间，最后均汇入改道河在三合垸入江。

东荆河河底高程15.40（三合垸）～29.00米（龙头拐），纵向坡降0.06‰，河两岸地势平坦，地面高程24.00～33.00米，西北高、东南低，河底沉积着深厚的第四纪黏土、亚黏土、淤泥质黏土、粉砂土及砂砾石层，沿岸一级阶地和漫滩、江心洲等有亚砂土、粉细砂露出表间，层厚不均。河道横断面，在顺直河段，泓槽居中，断面近似V形；弯曲河段，断面呈不对称V形。河道在平面上，因凹岸冲刷，河岸崩塌，而凸岸淤积，河弯缓慢向下游移动。

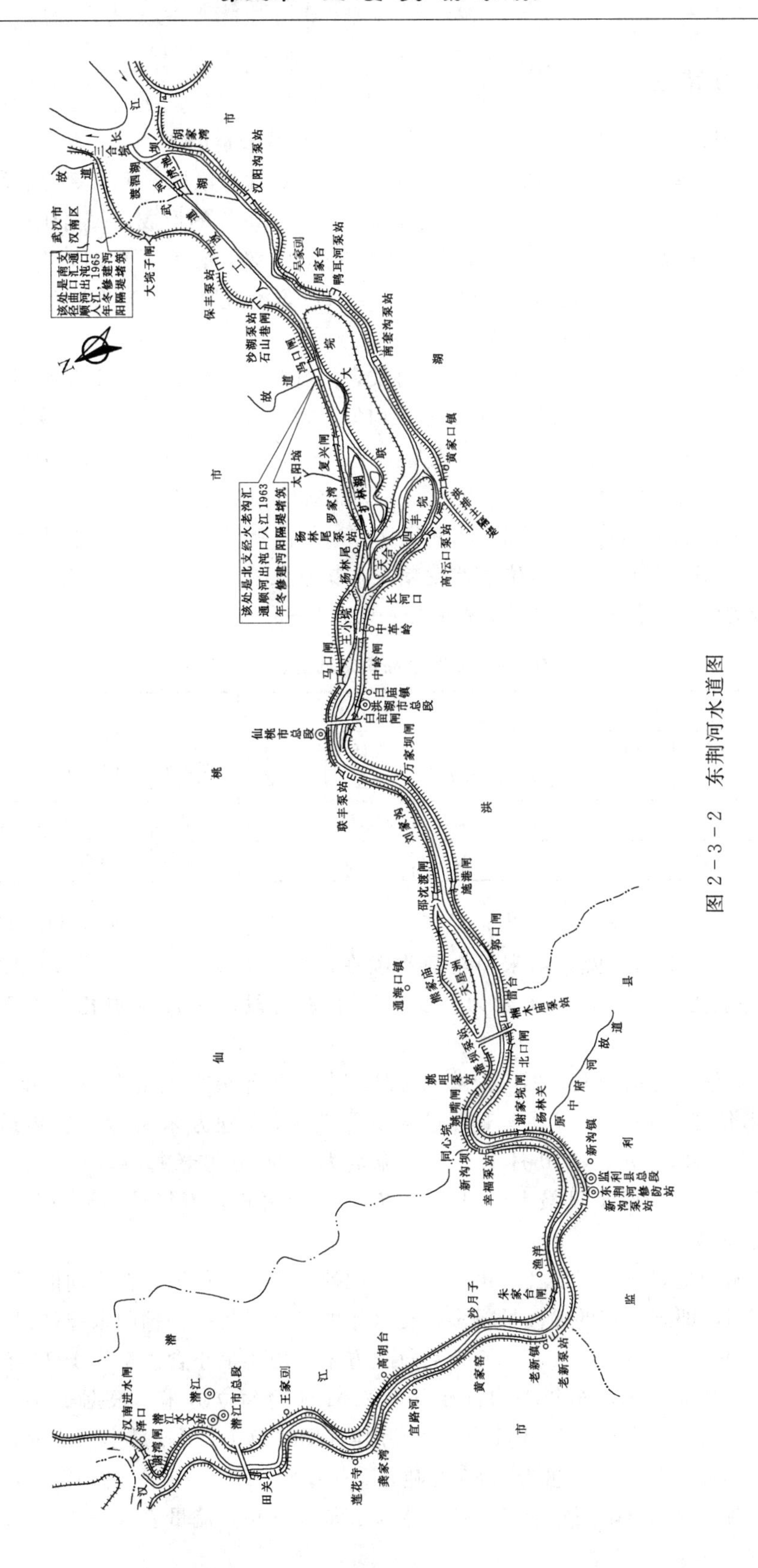

图 2-3-2　东荆河水道图

三、水文特征

东荆河是汉江分流河道，其分流洪量约占汉江新城来量的1/4。洪水主要来源于汉江上游的暴雨，其季节变化与暴雨季节变化一致，5—10月为汛期。因东荆河流域呈一狭长扩散形，河槽调蓄作用小，洪水汇流时期较短，有利于洪峰的形成。每当伏秋大汛，河水易涨易退，水位时高时低，高水季节时，河水深达17米，枯水季节时，河水干涸见底。一旦洪水起涨，来势异常迅猛，一夜暴涨3～4米，防不胜防。但高峰持续时间不长，单峰一般为5～7天，复峰也只有十天半月左右。

东荆河随着雨季的变化，入汛早，历时长，高峰晚。每年3月河水开始回升，最高洪峰多出现在9—10月之间。径流年内分配不均匀。据陶朱埠站资料统计，最大年径流量为230.9亿立方米（1937年），最小年径流量为7.7亿立方米（1978年）；多年平均年径流量，丹江口水库修筑前为69.1亿立方米，占汉江新城站多年平均年径流量535.8亿立方米的12.9%；丹江口水库修筑后为38.9亿立方米，占新城站多年平均年径流量512亿立方米的7.8%。随季节变化，水位落差变幅大，据水文资料统计，1964年和1983年，陶朱埠和新沟嘴两站水位变幅均在13米左右，见表2-3-1。

表2-3-1　　东荆河陶朱埠站、新沟嘴站典型年水位值　　单位：m

站名	1964年			1983年			历年最高		历年最低	
	最高水位	最低水位	年内变幅	最高水位	最低水位	年内变幅	水位	年度	水位	年度
陶朱埠	42.26	29.81	2.45	42.11	29.27	12.64	42.26	1964	28.71	
新沟嘴	39.04	25.89	13.15	39.05	25.88	13.17	39.05	1982	25.49	1966

东荆河河面宽度一般为500米，最窄为280米（杨林关）。断面水深11～13米，干流总落差为13米。水面比降，陶朱埠至新沟嘴在洪水期最大为0.69‰（1983年10月达0.73‰），一般为0.62‰，枯水时为0.38‰。下游河段因受江水顶托，水面坡度一般偏小。

东荆河流量年变幅较大，据陶朱埠水位站记载，历年最大流量为1934年7月6日的5340立方米每秒，1958年7月21日最大流量为4640立方米每秒，当年最小流量为0.002立方米每秒；1964年10月7日最大流量为5060立方米每秒，当年最小流量为0（断流）；1983年10月11日最大流量为4880立方米每秒，当年最小流量为4月5日的3.34立方米每秒。

东荆河泥沙主要来源于汉江。由于悬移质泥沙来自水流侵蚀，在不同的年份，年输沙量有显著不同，即丰水年的输沙量较多，枯水年的输沙量较少。据陶朱埠站记载，历年最大含沙量为1953年8月3日的15.6千克每立方米，历年最小含沙量为1936年2月10日的0.073千克每立方米，多年平均含沙量为2.41千克每立方米。根据1931—1985年间33年的资料统计，历年最大输沙量为3430万吨（1964年），历年最小输沙量为1.59万吨（1969年），多年平均年输沙量为9.85万吨。

附：东荆河陶朱埠站历年最高（低）水位、最大（小）流量表（表2-3-2）

表 2-3-2 东荆河陶朱埠站历年最高（低）水位、最大（小）流量表

年份	最高水位/m	最低水位/m	最大流量/(m^3/s)	最小流量/(m^3/s)	备注
1951	38.68	29.48	3070	0.048	
1952	39.13	29.65	3760	0.080	
1953	39.58	29.15	3200	0.060	
1954	40.20	29.97	3510	0.120	
1955	38.47	30.01	2430	0.030	
1956	40.45	29.68	3570	0.010	
1957	39.19	29.81	2850	0.005	
1958	41.83	30.27	4640	0.002	
1959	35.01	29.96	1080	0	
1960	41.84	29.86	4510	0	
1961	36.91	29.81	1830	0	
1962	36.58	29.62	1500	0	
1963	39.47	29.56	2940	0	
1964	42.26	29.81	5060	0	
1965	39.37	29.80	2820	0	
1966	32.79	29.77	413	0	
1967	37.15	29.94	1670	0	
1968	37.68	29.61	2050	0	
1969	34.49	30.98	728	0	
1970	31.50	30.64		0	堵坝
1971	32.67	30.62	228	0	
1972	36.84	29.89	1680	0	堵坝
1973	31.55	29.34	28.9	0	
1974	40.58	29.41	3680	0	
1975	41.66	30.63	4460	0	
1976	33.22	30.43	407	13.500	
1977	36.70	29.60	1560	0.010	
1978	32.25	29.59	172	0	
1979	37.76	29.74	1950	0	
1980	37.90	29.01	2050	0	
1981	38.77	29.05	2450	0	
1982	38.01	29.66	2010	4.820	
1983	42.11	30.80	4880		
1984	40.98	30.30	3700		

续表

年 份	最高水位 /m	最低水位 /m	最大流量 /(m³/s)	最小流量 /(m³/s)	备 注
1985	33.47				
1986	31.43		140	0.080	
1987	39.59		1390	0	
1988	35.88	29.61	1300	11.000	
1989	37.71	32.00	1980		
1990	36.38		1300		
1991	36.54		1420		
1992	31.90				
1993	32.95		329		
1994	32.16	29.33	200	0.300	
1995	31.11		104	0	
1996	37.90		1700	0	
1997	33.35	29.03	309	0	
1998	37.82		1660		
1999	37.49				
2000	36.68		1270		
2001	31.23		129		
2002	32.51		170		
2003	39.66		2530		
2004	33.62		510		
2005	39.68		3250		
2006	32.11		243		
2007	37.04		1260		
2008	35.38		999		
2009	33.51		440		
2010	39.24		2370		
2011	40.08		3010		
2012	32.63		481		

第二节 荆 南 四 河

荆南四河是指松滋河、虎渡河、藕池河和调弦河（调弦河已于1958年建闸控制），因地处荆江南岸，故称为荆南四河，其河口也称为荆南四口，是连接荆江和洞庭湖的纽带，并以此分流荆江洪水而注入洞庭湖调蓄。四口分泄荆江洪水对于荆江的防洪安全至关重要，至今仍是荆江防洪安全四大要素之一（三峡工程、荆江两岸堤防、荆江地区分蓄洪区、四口分流）。四河分流初期，分泄江流近半，1937年枝城来量66700立方米每秒时，四口分流量28300立方米每秒，占枝城来量的42.4%；1954年枝城来量71900立方米每秒时，四口分流量29300立方米每秒，占枝城来量的40.8%；1998年枝城来量68000立方米每秒时，三口分流量19000立方米每秒，占枝城来量的28%；2010年枝城来量42600立方米每秒时，三口分流量10900立方米每秒，占枝城来量的25.59%。

从清乾隆五十三年至同治九年（1788—1870年）的82年间，荆江大堤有28年溃口，平均不到3年一次，而自形成松滋口的1870年至1949年的79年间，荆江大堤只有10年溃口，平均7.9年一次，这主要得益于四口分流，可见四口分流对于荆江防洪安全的重要性。

荆南四河流经荆州境的长度为441.91千米，其中松滋河203.05千米（松西河100.5千米，松东河102.55千米），虎渡河96.6千米，藕池河79千米，调弦河13千米，串河汉河50.26千米。

荆江自北岸穴口尽塞（1650年堵塞北岸最后一个穴口庞公渡），江之分流专注于南，其分流河道自上而下为松滋河、虎渡河、藕池河和调弦河。

一、松滋河

今松滋河上段（进口处至大口），采穴河（大口至流淀尾）原为长江主流，称为南江。其流向是经老城、庞家湾、黄家铺、新场、采穴至流淀尾与北沱（今长江主流）汇合。1830年前后，北沱开始发育，南江渐次萎缩，据民国《松滋县志》记载："古时大江正流在百里洲以南，历考前代过客，如杜子美之下峡，刘禹锡之泊灌口，陆放翁之舣沱浥，王渔洋、张船山之过松滋，皆依南岸而行，江道在南者数千余年。清乾隆后，江身渐高，至道光中，大江乃移百里洲以北。松滋河段遂成沱江，沿岸筑有堤防，不与内垸相通。"

清同治九年（1870年）六月初一，松滋江堤庞家湾、黄家铺相继溃决，洪水滔天，江南诸县倾成泽国，史称"庚午之灾"。当时，黄家铺东、西溃成大小两口，两口间有600余米堤身未毁。东之大口（民国时期称为新口）溃于军民沟胡光模宅后，西距黄家铺1.5千米，溃口后洪水继续泛涨，决口处逐渐扩宽至数百米，与此同时，官堤庞家湾处亦溃。溃口之初，松滋灾民尽皆逃离，所溃之口无力堵复，乃由湖南常德调来民工抢堵黄家铺溃口。未堵庞家湾，任其自流。清同治十二年（1873年）再发大水，黄家铺堤"筑而复溃，自采穴以上夺溜南趋，愈刷愈宽"（《再续行水金鉴》卷28）。复溃后，县人杨昌金等以"民生困敝，堵两口无力，堵一口无益"为由，呼吁官府留口待淤，自此溃口不塞，洪水四溢，松滋县境内平原湖区冲刷成大小河槽10多条。黄家铺溃口（亦称为大口）以上（松滋口至大口）为松滋河主流，左边有采穴河分泄松滋河水，大口以下主要有长寿河、东支河、西支河3条泄洪通道。初时，长寿河面宽流缓，为南北往来船只主航道，后河床逐年淤高，于1920年和1922年先后筑堵长寿河入口上南宫及出口下南宫，此河遂成为不通流的内河槽。清末民初，合堤并垸时先后堵死了各支流的进出口，江水自大口而入，东、西两支自此形成，经过50多年，松滋河"始循定轨"。循东西两支南流经荆州市的松滋市、公安县和湖南省的安乡县、澧县等，尾达于洞庭湖，如图2-3-3和图2-3-4所示。

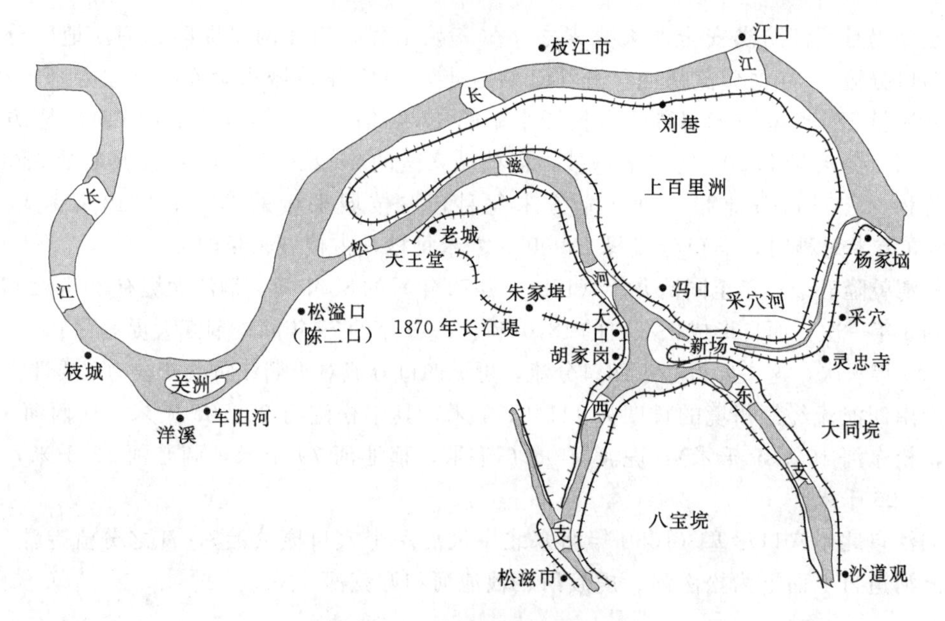

图 2-3-3　松滋河河口位置图

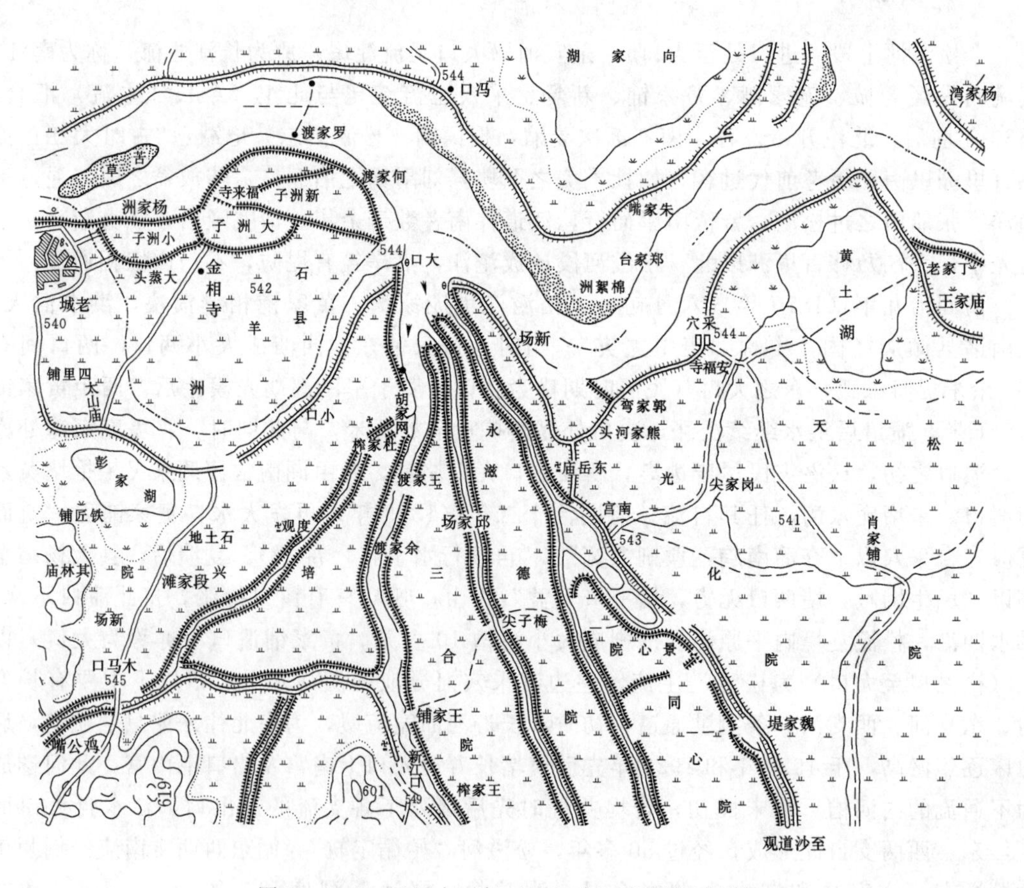

图 2-3-4　民国十五年（1926 年）松滋河水道图

（湖北省测量局 1：100000 松滋县地图）

松滋河以入口在松滋县境而得名，自马峪河林场（或称为陈二口、松滋口）经老城至大口（1870 年溃口处）为上游，也称为主流，长 24.5 千米。左岸有采穴河 18.5 千米分泄松滋河水入长江，在大口处分为东、西两支。松滋河主流河道一般宽 700～1200 米。左岸自采穴河以上属枝江市上百里洲垸，右岸属荆州松滋市境。

松西河　松西河又称为西支，为松滋河主流，从大口经新江口至莲支河出口处（射箭嘴）入公安县境，长 27 千米；再经狮子口、汪家汊、郑公渡、杨家垱入湖南省澧县境，长 49 千米。松西河至青龙窖又分为二支：一支称为松滋西支或官垸河，另一支称为中支或自治局河。西支经青龙窖至彭家港，河长 26 千米处又分为二支：主流经彭家港向西沿澧松大垸 4 千米的三不管（地名）处注入澧水洪道，河宽 50～70 米，中水位以上时，河水在彭家港外漫滩行洪进入七里湖；另一支起自左岸官垸闸，经官垸堤经乐府拐、濠口至五里河的汇口，右岸则沿七里湖农场至汇口，长 8.4 千米。

松西河从松滋大口经青龙窖至彭家港流长 113.2 千米，其中流经松滋境内长 27 千米，流经公安境长 49 千米，流经澧县境长 37.2 千米。

中支，又称为自治局河，自青龙窖经张九台、五里河至小望角与松东河汇合，从青龙窖至小望角，河长 37 千米。松西河从松滋大口至青龙窖，经中支河至小望角至蔡家滩全长 172.79 千米，其中从松滋大口经青龙窖、张九台至小望角河长 134.79 千米。松西河河床宽一般为 320～850 米，最宽 1320 米，其支流有苏支河、浤水河、瓦窑河、五里河。

松东河　松东河又称为东支，从大口分流经新场、沙道观、米积台至肖家嘴，松滋境内流长 26.55 千米进入公安县境，再经斑竹垱、港关、孟溪、甘厂至新渡口入湖南安乡县境，河长 76 千米。松东河在安乡县境内又称为大湖口河，自新渡口经马坡湖至小望角，河长 41.35 千米。松东河河床宽一般为 168～500 米，最宽 760 米。其北段有官支河。

松东河从松滋大口至小望角河长 137.55 千米。松滋河中支和东支在小望角汇合后向东南流，称为安乡河（或称为松虎洪道）。经安乡县城至小河口与虎渡河汇合，从小望角至小河口河长 21 千米，经武圣宫（南县境）、芦林铺至蔡家滩注入目平湖（西洞庭湖），河长 18 千米。

松滋河出口分别是彭家湾、五里河、蔡家滩 3 处，皆入澧水洪道、目平湖，汇沅水注入南洞庭湖。松滋河东、西两支有多条支河相通，自上而下有莲支河（河长 6.26 千米）、苏支河（旧名孙黄河，河长 10.5 千米，由西支分流入东支，最大流量 2330 立方米每秒）、瓦窑河（河长 8 千米）、五里河（河长 3.2 千米，连接中支与西支）等互为相通。

为解决松滋河下泄与澧水相互干扰顶托的问题，1959 年冬至次年春，实施“松澧分流”工程，先后在观音港、挖断岗、青龙窖、彭家港、濠口、郭家口、王守寺、小望角等 8 处筑坝堵死东西支，废除老横堤拐河，保留中支一支作为松滋河洪道，按 8000 立方米每秒流量设计展宽中支洪道，仍保留五里河作为松滋河和澧水洪峰调节通道。由于当年新展宽的洪道没有达到设计过流的标准，影响松滋河洪水下泄，造成上游水位抬高，防汛历时延长，松澧分流工程弃废。1961 年春，挖除青龙窖、王守寺、濠口、小望角 4 坝，基本恢复东西两支，中支自治局河已扩宽至 800 米，1976 年后又缩窄到 443 米，1981 年又堵死串通东西两支的横河拐引河，过洪断面减小。松滋河中支分流比由 1959 年以前占松滋河来量的 34.64%扩大到 1962 年—1980 年平均来量的 47.34%，1964 年达 56.82%，为历年最大。

松滋河溃口初期分流量无据可查。从1937年有实测资料以来，最大分流量为1938年7月24日的12300立方米每秒。据实测资料，松滋河1937年最大流量为11600立方米每秒，占当年枝城来量66700立方每秒的17.4%；1954年分流量为10180立方米每秒，占当年枝城来量71900立方每秒的14.15%；1981年分流量为11030立方米每秒，占当年枝城来量71500立方米每秒的15.4%；1989年分流量为10270立方米每秒，占当年枝城来量69600立方米每秒的14.8%；1998年分流量为9180立方米每秒，占当年枝城来量68600立方米每秒的13.39%。1949年以前，松滋河多年平均年最大分流量为10036立方米每秒，占宜昌同期洪峰流量平均值的17.98%；1951—1966年下荆江系统裁弯前平均分流量为8020立方米每秒，占宜昌来量的14.63%；1972—1984年裁弯后平均最大流量为7269立方米每秒，占宜昌来量的14.21%。松滋河多年（1951—1994年）平均年径流量为440亿立方米。由于实施下荆江系统裁弯工程和三峡工程的运行，荆江河床不断刷深，松滋河分流量逐年减少。松滋河多年平均年径流量1981—1998年为377亿立方米，1999—2002年为345亿立方米，2003—2009年为289亿立方米。西支多年（1955—2000年）平均年径流量为311.8亿立方米，东支多年（1955—2000年）平均年径流量为113.5亿立方米。西支冬季出现短时断流，东支冬季断流时间约150天，见表2-3-3。

表2-3-3　　松滋河（沙道观站）断流情况统计表

年份	断流天数/d	断流时相应枝城流量/(m^3/s)	年份	断流天数/d	断流时相应枝城流量/(m^3/s)
1974	9	3480	1993	158	8360
1975	19	3980	1994	199	9510
1976	16	3510	1995	197	9900
1977	98	6090	1996	184	9960
1978	136	6850	1997	200	9940
1979	154	6540	1998	187	10100
1980	138	6830	1999	156	10300
1981	158	7020	2000	198	9680
1982	148	7470	2001	191	10400
1983	126	6320	2002	212	10800
1984	181	8680	2003	179	8410
1985	137	8580	2004	134	9250
1986	178	缺	2005	154	8820
1987	180	8440	2006	172	1000
1988	179	8810	2007	144	11300
1989	134	8690	2008	162	9600
1990	154	7980	2009	211	11800
1991	172	8670	2010	189	11900
1992	144	7650	2011	224	9700

松滋河东西二支分流比约为 3∶7。其中，西支（新江口）最大过洪能力为 8030 立方米每秒（1981 年 7 月），东支（沙道观）最大过洪能力为 3730 立方米每秒（1954 年 8 月）。

西支（新江口）历年最高水位为 1981 年 7 月 19 日的 46.09 米，最低水位为 1979 年 4 月 22 日的 34.05 米，多年（1954—1981 年）平均为 38.16 米；东支（沙道观）历年最高水位为 1981 年 7 月 19 日的 45.4 米，最低水位为 1975 年 4 月 1 日河道断流，多年（1954—1981 年）平均为 37.32 米。

西支多年（1955—2000 年）平均输沙量为 3380 万吨，东支多年（1955—2000 年）平均输沙量为 1380 万吨。1954 年以来，松滋河河床平均淤高 1 米多，东支上段淤高 2～3 米，原枯水季节尚能通航，现冬季已不过流，尾闾亦淤积严重。松滋河的输沙量已明显减少。1951—1994 年，年均输沙量为 4942 万吨，2007 年分沙量仅为 678 万吨。

松滋河进口处右岸为马峪河林场，属低山区，场区有连山头（海拔 110 米）、鸡公冠子（海拔 170 米）、悬谷岭（海拔 130 米）、挂榜山（海拔 139 米）。马峪河低山为巫山山系荆门分支余脉伸向江汉平原的残丘地带。西滨长江、北临松滋河，左岸为枝江百里洲垸。

松滋口进口“口门区 1.2 千米的范围，是松滋口分流的门坎，河床既高于口门外的长江，又高于口门内的河床。多年来，松滋河口门岸线稳定，主泓摆动较小，其冲淤情况是，1959—1970 年平均淤高 1.0 米，1970—1980 年比较稳定，1980—1986 年发生较大冲刷，平均冲深 1.1 米，基本上恢复到 1959 年高程，由此看来，口门区的冲淤变化是往复性的，对松滋河分流分沙的影响只反映在不同的时段上，对长过程没有明显的影响”[张应龙、张美德《松滋河东支（沙道观）分流变化分析》]。根据长江委荆江水文水资源局的资料，“2003—2012 年松滋河东支及西支分流河道主槽发生较强冲刷，进口附近左岸线继续崩退，松滋河东支及西支河道主槽有所冲刷，断面主槽朝 U 形发展。进口断面年内变化表现为主汛期主槽发生冲刷，部分断面表现为低滩主汛期发生淤积，主槽年内冲淤变化不太明显。”

随着三峡工程建成运行，清水下泄，松滋河口门外长江河床下切，同流量下水位下降，这是导致松滋河分流分沙减少的原因之一。自 2000 年以后，有的年份松滋河出现断流，但断流时间较短。如 2007 年，新江口 1 月 13 日断流，1 月 17 日复流，复流时流量仅 1.1 立方米每秒。2 月 18 日至 4 月 18 日又断流，年底 11 月 9 日又断流。2008 年新江口 12 月 14—15 日断流，12 日的流量仅 3.58 立方米每秒，13 日的流量仅 0.55 立方米每秒（1973 年 4 月 4 日流量仅 0.98 立方米每秒，接近断流，1979 年 4 月 5 日断流，1980 年 3 月 20 日流量仅 0.60 立方米每秒，接近断流）。根据 2012 年以前 10 多年的水位资料分析，当沙市流量 6000 立方米每秒左右时，松滋河分流量很小，甚至断流（1994—2001 年，当沙市流量 5660～5030 立方米每秒时，新江口流量为 33.0～2.5 立方米每秒）；当沙市流量 7000 立方米每秒时，松滋河分流量为 40～60 立方米每秒。最近几年，由于分流沙量减少，松滋河受到不同程度冲刷，对扩大分流、减少断流时间有利。如能采取疏浚措施（主要是河口），可又增加中低水位时的分流量，对河道冲刷也有利。

松滋河支流较多，主要有北河、南河、碾盘河、庙河、木天河、澹水河等 6 条。

（一）北河

北河起源于宜都市起龙山北麓蚊子垭，绕流诰赐山在巴潭入松滋境，经龙家坪、兰家坪、喻家坪、郑家坪、寨王山，至大林子与南河合流，至关洲与碾盘河汇合，再经碾盘洲，于太山庙注入松滋河西支。北河全长 45 千米，其中松滋境内长 35.5 千米，汇流面积 286.5 平方千米。

松滋河未形成之前，北河、南河和碾盘河之水流至磨盘洲东南处，与北来之庙河、木天河合流，经响水垱后一分为二，南支由庙河流至窑沟子注入沧水，东支经莲花垱、沙道观，与大同垸水系贯通。1870 年松滋河形成后，西大垸一带成为一片水泊地带，北河来水注入小南湖，由月洼子泄入松滋河西支，清末西大垸堤形成，湖水由老嘴闸排入松滋河，1975 年，小南海改道新河形成后，将北河、南河、碾盘河由改道河汇流至太山庙注入松滋河西支。

北河在郑家坪以上，河床宽 10～30 米，河道坡降 1/200～1/600，年均流量 4.41 立方米每秒。洪水过后，可涉浅而过。沿河有多处引水垱坝，主要垱坝有上官垱、下官垱、饮马垱、新滩垱、联盟垱等，可以引灌农田 0.4 万余亩。

1958 年，在北河上游尤家坪修筑北河水库（中型），拦蓄北河上游 75 平方千米来水。据调查，1954 年，尤家坪河道通过的洪流量为 291 立方米每秒，而建库后的 1969 年，北河水库最大泄洪流量仅为 57 立方米每秒，大大减轻了北河下游的洪患危害。1974 年 10 月至 1975 年春，沿山挖河筑堤 4.2 千米至磨盘洲。1975 年冬，续挖磨盘洲至太山庙主河道 5 千米，一河两堤，河底高程 36.00 米，河底宽 64 米，设计过洪流量 934 立方米每秒。北河下游改道河总长 19.3 千米，将小南海上游溪河洪水引入松滋河。

（二）南河

南河源于宜都市起龙山南麓，故名南河。经石桥、万年桥、斯家场、林子河、禄马寺，于大林子汇入北河。河流全长 30 千米，流域面积 55.6 平方千米。

南河弯多坡陡，流水不畅，且易滋生钉螺。1974 年冬，在万年桥至大林子一段河道进行了裁弯取直，疏挖河道，修筑了两岸堤防，治河总长 12.7 千米。

南河在治理过程中，由于河道裁弯过多，河道坡降变陡，水流冲刷力增大，加之当时资金缺乏，河中所建的多处消力坎多用水泥白灰卵石浆砌而成，工程质量差，而且河堤也多系砂卵石堆筑而成。因此，经过几年洪水的冲刷，建筑物及河堤水毁状况较为严重。

1958 年，在南河上游石桥坪修筑南河水库，南河上游 12.5 平方千米的山水得以控制。

（三）碾盘河

碾盘河主流源于松滋市尖子山，流经麻水坪、响水滩、彭二嘴，于关洲处汇入北河，全长 21 千米，流域面积 90 平方千米。碾盘桥以上谓麻水河，以下名碾盘河。其主要支流有白杨河、挑水河和虎首寺河。

碾盘河滩多流急，滩涂杂草丛生，钉螺密布。河宽 10～20 米，河床坡降 1/300～1/500，一般过水深 1 米左右，年均流量 1.34 立方米每秒。一般流量 5 立方米每秒，最大流量 346 立方米每秒。

1974 年冬，从响水滩以下裁弯取直碾盘河主流 6000 米，形成一河两堤。河床底宽由 20 米扩至 30 米，河道总落差 101 米。为防止冲刷河堤，河中建跌差（消力坎）3 处。

（四）庙河

庙河源于松滋市西部九根松，沿河原有语禅寺、南岳庙和团山庙，故名庙河。河流经李家桥、天星观、南岳庙、弯潭闸至鸡公嘴后，又急转南流，依山而下，经天星市，于马家尖子注入松滋河西支。弯潭闸以上分为两支，称为北庙河和南庙河，南庙河为主流；弯潭闸以下统称为庙河。河道主流长25千米，流域面积188.9平方千米。木天河于天星市汇入庙河。

南庙河河床宽4～18米，坡降1/500～1/1000。南岳庙以下，河床由18米扩至60米，坡降1/800～1/5000。1970年5月27日，南庙河出口最大流量达230立方米每秒。

1959年冬，在南、北庙河上游，兴建了李桥和石桥两座小（1）型水库，共控制承雨面积8.95平方千米（其中李桥2.6平方千米、石桥6.35平方千米）。

1975—1976年，治理北庙河陈店至观岳桥一段，改河4060米。

（五）木天河

木天河源于宜都市陡岩子，在鹅湖桥处入松滋境。流经八眼泉、白龙潭、向家河、狮子嘴、玄龙观，至天星市注入庙河。河道全长25千米，其中松滋境内17千米，流域面积91.4平方千米。主要支流有芦花河和漂马垱河。1966年10月，在河下游兴建木天河水库，库容400万立方米。

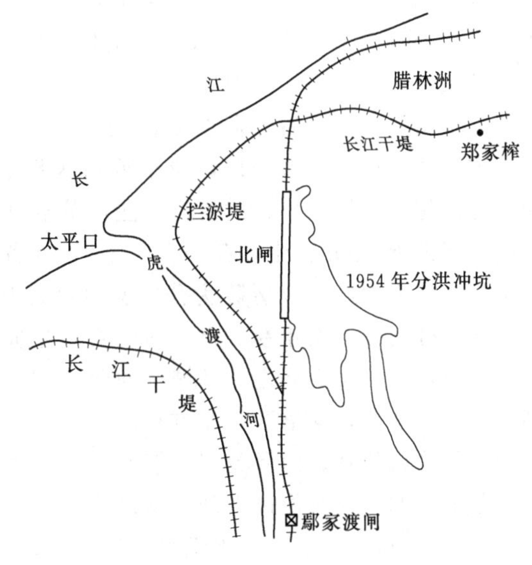

图2-3-5 虎渡河入口河道

木天河弯多坡陡，河床宽5～20米，坡降1/200～1/300，最大流量75立方米每秒。年均流量0.97立方米每秒。八眼泉泉流常年注入木天河水库。

1970年11月，从木天河水库坝下至大兴街河段，挖新河填旧槽5060米，河床扩宽至15～25米，坡降达到1‰。

二、虎渡河

虎渡河其分流之口称为虎渡口（亦称为太平口），河以口名，其名源于后汉，《名胜志》载："后汉时郡中猛兽为害，太守法雄悉令毁去陷阱，虎遂渡去"。北宋时已有虎渡河一名，北宋公安籍进士张景答宋仁宗皇帝问（1023—1063年），有"两岸绿杨遮虎渡，一湾芳草护龙洲"诗句（《宋本方舆胜揽》卷27《题咏》）佐证。宋仁宗时期以后，穴口湮塞（或被人为堵塞），两岸逐渐围挽成堤。《嘉庆重修一统志》载："宋乾道四年（1168年），寸金堤决，江水啮城，（府）帅方滋使人决虎渡堤，乾道七年（1171年），漕臣李焘复修之"。后复为穴口，至明嘉靖三十九年（1560年），洪水决堤数十处，最难为力，于是明隆庆中复议开浚郝穴、虎渡、调弦之口，部议从之。"南惟虎渡，北惟郝穴"。虎渡河入口河道如图 2－3－5 所示。

明万历初（约 1574 年）曾一度疏浚严重淤塞的虎渡口，但不过 30 年，河口“稍稍湮灭，仅为衣带细流”，此后，还不时在冬春之际干涸断流。明末，虎渡河“中多洲渚”（《天下郡国利病书》卷 74《开穴口总考略》），虎渡河口有湮塞之虞。此后，“两旁皆砌以石，口仅丈许，故江流入者细”，几乎丧失分洪能力。清康熙十三年（1674 年），吴三桂反清，进攻荆州受挫，撤退时，将虎渡河“石矶尽拆，另作它用”。大水年份洪水将虎渡口门扩大至 30 丈以上（光绪《江陵县志》卷 3《虎渡口》），重畅其流的虎渡河便成为整个清代（以及迄今）荆江向洞庭湖分洪的一条十分重要的河道。虎渡河分别在乾隆二十四年（1759 年）、道光十二年至十四年（1832—1834 年）有过两次疏浚，其河道流路，同治十二年（1873 年）以前，大致从黑狗垱南流至雷打埠汇澧水，经安乡至白蚌口入湖；是年松滋决口，故道为松滋河所夺而东移以致演变成现状。虎渡河原有八方楼、理兴垱、书院洲 3 条支河分流，后分别于 1954 年、1958 年和 1978 年堵塞。

虎渡河口亦称为太平口，位于荆州区弥市镇与公安县埠河镇交界处。虎渡河形成之初，经弥陀寺、里甲口、黄金口［注：黄金口乃虎渡河旁的小镇，虎渡河和东河（称为小河）的交汇处］。建安十四年（209 年），刘备领荆州牧，立营油江口（今黄金口附近），油水在此注入大江。改孱陵为公安县（孱陵县故址在黄金口附近的齐居寺）。同年九月，刘备迎娶孙尚香，次年春，自吴回公安，并筑城，称为孙夫人城。《水经注》载：“刘备孙夫人，权妹也。又更修之，其城背油向泽。”当时，黄金口以北为云梦泽地，从黄金口至荆州城水面浩茫，家语云“非方舟避风，不可涉也。”建安二十四年（219 年）吴得荆州，改公安县为孱陵县。因吕蒙袭取荆州有功，封吕蒙为孱陵候。吕蒙死后，后人在黄金口建有吕蒙祠。明朝时有位进士刘珠路过此，他认为孙权是绿林出身。乃火烧吕蒙祠，改建武侯祠］、中河口汇油水（今称疮水）后南下，经南平、杨家垱从中合垸附近入洞庭湖。至 1870 年后，因松滋溃口，夺虎渡河中河口以下入湖河道，迫使虎渡河从中河口以东改道，顺虎西山岗和黄山头东麓南下进入湖南境内。以后因河口三角洲的淤长，形成诸多支流与松滋河串通的形势，先是在张家渡附近入湖，后受藕池河的影响，虎渡河下延 12.5 千米至小河口与松滋河汇合，再下延 18.4 千米于肖家湾入注目平湖。

虎渡河自河口至小河口全长 137.7 千米，从太平口至黄山头南闸全长 95 千米，从南闸至小河口全长 42.7 千米。虎渡河通过中河口河（长 2.5 千米）与松东河相连通。虎渡河河流总体流向稳定，河床宽度一般为 100～200 米，河漫滩不甚发育。

清代，在虎渡口设有虎渡汛，有千总一员领兵把守。从明、清到民国初年，为管理河道，在虎渡河进口处的左侧曾设有“虎渡衙司”，20 世纪 50 年代还残存遗址（注：汛，清代兵制，不是现在说的防汛。凡千总、把总、外委所统率的绿营兵都称为汛，其驻防巡逻的地区称为汛地，亦作“讯地”）。由于虎渡口逐渐扩大，洪水为患，后来为征服洪水，乃铸铁牛一具立于江右大堤上，并改虎渡口为太平口，以示平安之意，这是太平口一名的由来。另一说，相传南宋时期，一个镇守荆州的官员曾说：“江北有个御路口，江南有个虎渡口，两口吞荆州不吉祥。”故改虎渡口为太平口。

虎渡河水文资料从 1933 年开始时断时续，1953 年后始有连续资料。据推算，河道最大分流量为 1926 年 8 月 7 日的 4150 立方米每秒，实测最大分流量为 1938 年的 3280 立方米每秒，占宜昌洪峰流量的5.36%。1948年分流量为3240立方米每秒，占宜昌洪峰流量的5.59%。弥陀寺水文站1952年以来观测记载，最高水位为1998年8月17日的44.90米，最大流量为3240立方米每秒（受孟溪大垸溃口影响），最低水位为1978年4月20日的31.57米。

1952年于黄山头兴建节制闸（亦称为南闸），使虎渡河下泄流量控制为3800立方米每秒。1954年因分洪区肖家嘴堤扒口，虎渡河水上涨，开启南闸泄洪（1954年8月4日），最大分流量达6700立方米每秒，造成下游安乡县境内多处堤垸溃决。虎渡河年径流量最大年份为1948年的300亿立方米，占宜昌站下泄总量的5.63%，1954年径流量270亿立方米，占宜昌站的4.69%，1955年为214亿立方米，1981年为149亿立方米，1998年为181.9亿立方米，2010年为107亿立方米。多年（1951—1994年）平均水位为36.43米（弥陀寺站）。多年（1951—1994年）平均输沙量为1986.0万吨，2010年为142万吨。根据资料分析，1956—1966年虎渡河分流占枝城站来量的4.6%，1967—1972年占4.3%，1973—1980年占3.5%，1988—1990年占2.95%，分流量逐年减少。由于南闸建闸时32孔底板最低高程为35.00米，1964年加固时，将1～15号单号孔和18～32号双号孔底板加高1.2米，第17号孔为半加固孔，底板只加高0.5米。2002年将其余16孔均加高至高程36.20米，故水位在36.20米以下时，分泄江流全由中河口入松滋河东支，形成“虎水松流”的局面，不利于虎渡河分流。2003年7月10日8时，虎渡河分流量（弥市站）1590立方米每秒，当受到澧水洪峰顶托时（7月10日石门站洪峰流量19000立方米每秒），11日8时分流量锐减至470立方米每秒。松东河从中河口向虎渡河分流，流量有600立方米每秒左右。11日8时，港关水位42.63米，相应沙市水位只有41.78米，这种南水高北水低的现象极为少见。加之下荆江系统裁弯后，下荆江比降增大，河床冲刷，同流量下水位降低。以沙市水位45.00米、城陵矶水位（莲花塘）34.40米相同条件计，裁弯后沙市站扩大泄量4500立方米每秒，水位可降低0.5米，由于荆江河床的下切和水位降低，太平口口门淤高，分流自然减少。

虎渡河泥沙淤积严重，多年出现断流现象。1937—1980年有水文资料的31年中，有14年完全断流，有6年流量小于1立方米每秒，接近断流。1951年最小流量31.2立方米每秒（3月11日），1968年最小流量14.5立方米每秒（2月24日）。据1976—2010年弥陀寺站观测资料，连续35年均出现断流情况，最长断流时间为2002年的212天，2006年达175天，年平均断流时间达147天（1976—2010年）。从1976年起年年断流，见表2-3-4。

表2-3-4　　虎渡河（弥陀寺站）历年断流情况统计表

年份	断流起止日期	断流时相应枝城流量/(m^3/s)	天数
1956		4540	78
1957		4320	25
1958		4340	80
1959		4470	62
1960		4350	103
1961		3790	37

续表

年份	断流起止日期	断流时相应枝城流量/(m³/s)	天数
1972		3470	17
1976		4440	85
1977		4950	80
1978		4870	120
1979		5500	143
1980		6140	127
1981	4月16日通流，12月13日断流	5890	123
1982	4月30日通流，12月14日断流	5710	108
1983	4月12日通流，11月22日断流	6700	130
1984	5月5日通流，11月22日断流	7160	165
1985	4月10日通流，12月4日断流	7960	128
1986	4月30日通流，11月23日断流		174
1987	4月27日通流，11月30日断流	7500	167
1988	5月1日通流，11月17日断流	8560	174
1989	4月12日通流，11月28日断流	8690	134
1990	4月28日通流；11月24日断流	8110	155
1991	5月3日通流，11月14日断流	8670	172
1992	4月7日通流，11月7日断流	8940	158
1993	5月2日通流，12月2日断流	8490	160
1994	4月10日通流，12月2日断流	7770	146
1995	5月5日通流，12月2日断流	7920	176
1996	5月3日通流，12月2日断流	7860	157
1997	5月5日通流，10月29日断流	7330	165
1998	5月5日通流，11月12日断流	7350	165
1999	4月30日通流，11月14日断流	8160	140
2000	5月30日通流，12月7日断流	7480	165
2001	5月4日通流，12月1日断流	7360	162
2002	4月25日通流，11月30日断流	7590	145
2003	4月26日通流，11月20日断流	7030	165
2004	4月10日通流，12月14日断流	5580	125
2005	4月10日通流，12月1日断流	6700	142
2006	3月15日通流，11月8日断流	7210	175
2007	4月24日通流，11月23日断流	7090	151
2008	4月2日通流，12月10日断流	7250	117
2009	2月20日通流，11月16日断流	6150	131
2010	5月3日通流，11月26日断流	7320	157
2011		6250	

注　本表数据由不同表格综合而成，不同年份数据统计口径不一。

根据长委荆江水文水资源局的资料，虎渡河口门段在2003—2012年断面冲淤变化较小，进口下游断面主槽有所冲刷，但冲刷强度较小。口门典型断面年内冲淤变化不明显。

南闸建闸以后，泥沙主要淤积在南闸以上的河道内，根据观测资料，1951—1994年虎渡河（弥陀寺）年均含沙量为1.15千克每立方米。而安乡境内虎渡河年均含沙量只有0.44千克每立方米，占上游来沙量的38.5%，大部分泥沙淤积在南闸上游。1993年10月与1958年10月比较，太平口过水面积减少372平方米，减少了21%，平均河底高程抬高0.85米，主泓高程1987年较1958年抬高3.7米。

三、藕池河

藕池河，分江之口称为藕池口，位于石首市和公安县交界处。据北宋范致明《岳阳风土记》称，藕池口即《水经注》中“清水口”，宋时筑塞。又据清同治《石首县志》记载：自明宣德六年（1432年）起，逐年修筑临江近江大堤共长9300丈（约31千米），自明嘉靖三十九年（1560年）决堤之后，“每岁有司随筑随决，迄无成功”。藕池河河口位置如图2-3-6所示。

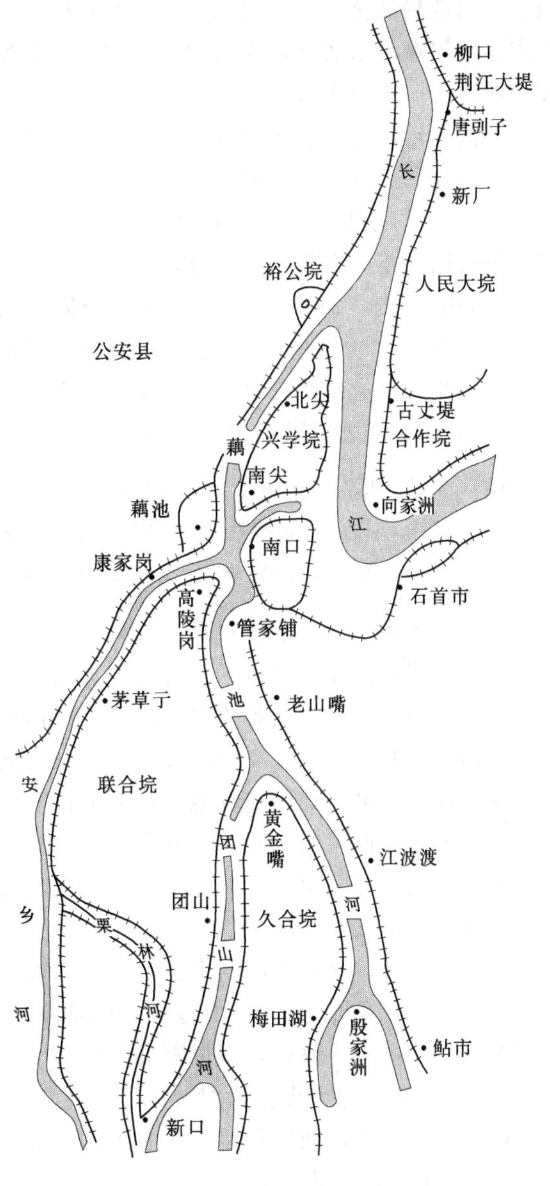

图2-3-6 藕池河河口位置图

清咸丰二年（1852年）五月，石首等县连降大雨，江湖漫涨，藕池堤工新筑的马林工堤堤脚先行崩坍，发生溃口，即为“马林工溃”，当时“因民力拮据未修”。此后咸丰三年至五年（1853—1855年）均有大水，连续多年荆江洪流从溃口分流南趋石首、华容西境，占夺华容河西支九都河及虎渡东支厂窖河故道，泄入洞庭湖，同时大量泥沙逐渐塞垫沿途湖泊港汊。至咸丰十年（1860年），长江流域发生特大洪水，宜昌洪峰流量达92500立方米每秒（调查洪水），又逢两湖平原大雨，一时江湖并涨，洪水从藕池口汹涌南泻，“水势建瓴直下，漫（公安）城而入，水高出城墙丈余，阖邑被淹，江湖连成一片，民堤漫塌尤多”（《故宫清军机处奏折》）。溃口越冲越宽，下游冲出一条宽广的藕池河，“宽与江身等，浊流悍湍，澎湃而来”（光绪《巴陵县志》卷4），“壮者散而四方，老弱转乎沟壑”（《南县乡土笔记》）。

藕池口从咸丰二年初溃至咸丰十年大决的近10年时间里，水情、灾情都很严峻，但咸丰年间政局动荡不稳，内忧外患，朝廷以“民力拮据”为由，未予堵筑溃口，以致沿江滨湖各县俱遭洪水浩劫，灾情尤为严重。洪水所经之处，民舍漂没殆尽，沿江炊烟断绝，灾民嗷嗷……百年未有之患也。

藕池河形成后，其泄洪量和挟沙量都是四口中最多的，因而对洞庭湖的演变产生重大影响。清光绪十八年（1892年），湖广总督张之洞在奏文中指出，溃口处荆江水流由石首“王家大路新口东北流归大江正洪者日多，南入藕池溃口者日少。藕池口门当日正值顶湾者，今日已在新口之下，实测今日藕池溃口之水，较之昔年初溃时已减其半”，但此时口门仍宽500余丈。1937年实测藕池口分流量为18900立方米每秒，占当年宜昌来量的30.6%，而1954年藕池口分流量降至宜昌来量的22.1%。由历史记载藕池口分流量递年减少的趋势，藕池口溃口之初，确是“几引江而南”的。（《荆江四口向洞庭湖分流洪道的演变》，载《长江志通讯》1987年第1期）

注：关于1937年藕池口的分流量各种志书记载不一致。《石首县水利堤防志》（初稿·1987年），记载藕池口1937年7月24日分流量为18910立方米每秒。《荆州地区防汛水情、工情手册》（1987年），记载藕池口1937年分流量为12100立方米每秒。

藕池河水系十分复杂。根据清光绪《华容县志·山水·水道变迁纪略》载：“自咸丰二年藕池口溃，汹涌澎湃，一泻千里，无垸不冲，无冲不成河，无河不分支。”藕池河形成一条多支汊的河网，且各支汊之间又有互相连通、流向不定的横向支河。1949年以后，由于泥沙淤积和堵并部分支汊，遂形成一干三支的河网。

藕池河干流进口处原在藕池口，后上移至公安县裕公垸，经北尖（石首）至藕池镇下倪家塔，分为东西两支。西支为安乡河，东支为主流，至石首市九合垸黄金嘴又分两支，一支称为中支，为团山河；另一支称为东支，东支至殷家洲后又分为两支。

安乡河（西支），从藕池镇下500米处倪家塔进口（又称为王蜂腰），经康家岗、茅草街、官垱、麻河口至太白洲与中支汇合，全长77.7千米，其中荆州市境内19千米。1937年实测最大分流量6188立方米每秒，1981年实测分流量757立方米每秒，1998年汛期，分流量仅594立方米每秒，河道断流天数由1935年的63天增至2006年的337天。多年（1951—1994年）平均泥沙含量为2.1千克每立方米，居荆南四河之首。

团山河（中支，湖南称为浪拔河），从石首九合垸黄金嘴进口，经团山寺、虎山头、窖封嘴、哑巴渡、荷花嘴、下柴市与安乡河汇合，至茅草街上端注入南嘴入南洞庭湖，全长98千米，其中荆州市境内15千米，与湖南共界河5千米。1954年分流量为3380立方米每秒。由于泥沙淤积严重，部分河段已成为悬河。

东支于石首殷家洲分为两支，一支称为鲇鱼须河（东支），一支称为梅田湖河。鲇鱼须河，自殷家洲分流，经鲇鱼须镇、宋家嘴至九斤麻入干流，全长27千米，与湖南华容县共界河1千米。1954年分流量4410立方米每秒，占上游管家铺来量的37%，大于梅田湖河，现河道严重淤积。

梅田湖河（干流），自殷家洲进口，经梅田湖镇、操军乡，在九斤麻与鲇鱼须河汇合。1954年分流量为3560立方米每秒。1935年以前，鲇鱼须河与梅田湖河并不相通。鲇鱼须河出东洞庭湖。梅田湖河经九都、中鱼口、八百弓，于茅草街入南洞庭湖，从九都至茅草街，河长38千米，又称为沱江。梅田湖河与鲇鱼须河在此地相距很近（不到1千米），但互不相通。1934年由湖南省兴工挖通，称为扁担河。由于经注滋口入东洞庭湖的流程仅相当于绕道茅草街经南洞庭湖再入东洞庭湖的1/4，故扁担河挖通后，梅田湖河大部分水流经注滋口入东洞庭湖，原来分流入南洞庭湖的沱江逐渐萎缩，2003年在沱江上下口建闸进行控制。

藕池河干流，从裕公垸入口，经藕池口、管家铺、老山嘴、黄金嘴（即石首久合垸北端）、江波渡、梅田湖、扇子拐、南县城、九斤麻、罗文窖北、景港、文家铺、明山头、胡子口、复兴港、注滋口、刘家铺、新洲注入东洞庭湖，全长107千米，其中裕公垸至藕池镇12千米，藕池镇至殷家洲27千米，殷家洲至新洲入湖口68千米。

藕池河1954年最大分流量14800立方米每秒（管家铺分流量11900立方米每秒），占当年宜昌来量的22.16%；1981年最大分流量8520立方米每秒（管家铺分流量8400立方米每秒），占当年宜昌来量的12.03%；1993年最大分流量5236立方米每秒（管家铺分流量4780立方米每秒），占当年宜昌来量的10.14%；1998年分流量6802立方米每秒，占当年宜昌来量的10.75%。河底高程（管家铺）1954年为23.78米，现已淤高近6米，高程达30.00米左右，深泓淤高11.3米，1954年断面面积为5690平方米，1981年为3000平方米，减少过水面积2690平方米。由于安乡河已基本淤塞，藕池河的分流量已由东支承担而成为干流。

藕池河1951—1955年年平均分流量为807亿立方米，占枝城来量的16.65%；1956—1966年为637亿立方米，占枝城来量的14.08%；1967—1972年为390亿立方米，占枝城来量的9.07%；1973—1980年为247亿立方米，占枝城来量的5.56%；1981—1988年为217.6亿立方米，占枝城来量的4.81%；1989—1995年为151.8亿立方米，占枝城来量的3.48%；1996—2002年为174.9亿立方米，占枝城来量的3.91%；2003—2010年为111.73亿立方米，占枝城来量的2.74%。2010年分流量137.07亿立方米，占枝城来量的3.27%，分流比逐年减少。

藕池河历年最高水位（管家铺站）为1998年8月17日的40.28米，最低水位为1978年4月26日的29.02米，多年（1953—1981年）平均为32.72米。输沙量多年（1956—1981年）平均为8380万吨，其中管家铺站7770万吨、康家岗站610万吨。2010年输沙量为325万吨，占枝城输沙量的6.28%。藕池河东支1945年前能常年通航。由于受下荆江系统裁弯工程影响，藕池口分流量逐年衰减，加之泥沙淤积，1974年断流153天；其西支1954年断流150天，1974年断流240天，1976年断流300天，见表2-3-5和表2-3-6，河道分泄能力逐年减小，其通航能力也相应降低。藕池河分流量在1967年以前，居荆南四河之首，1967年后降为第二位，自1934年有流量记录以来至1960年，在36.00米同一水位下，分流量平均每年减少2%，1981年比1954年分流量减少6283立方米每秒。

表2-3-5　　藕池河（管家铺站）历年断流情况统计表

年份	断流起止日期	断流时相应枝城流量/(m^3/s)	断流天数/d
1959	2月15日通流，水位30.02m，流量0.34m^3/s；1月23日断流	3770	23
1960	2月21日通流，水位29.42m，流量0.32m^3/s，2月1日断流	3930	20
1961	3月4日通流，水位29.96m，流量18.80m^3/s；1月25日断流	3780	38

续表

年份	断 流 起 止 日 期	断流时相应枝城流量/(m³/s)	断流天数/d
1962	3月27日通流，水位29.70m，流量1.50m³/s；2月26日断流	—	30
1963	4月12日通流，水位29.99m，流量0.32m³/s；1月13日断流	4150	85
1964	2月22日流流，水位29.96m，流量10.90m³/s；2月7日断流	—	15
1965	3月15日通流，水位30.38m，流量8.06m³/s；2月28日断流	4000	15
1966	3月18日通流，水位29.66m，流量0.43m³/s；3月11日断流	—	8
1967	12月31日通流，水位29.94m，流量3.64m³/s；2月11日断流	—	42
1968	3月8日通流，水位29.94m，流量1.00m³/s；1月22日断流	4170	46
1969	4月21日通流，水位30.54m，流量9.40m³/s；1月1日断流	5160	127
1970	4月5日通流，水位30.14m，流量5.00m³/s；1月1日断流	5360	94
1971	4月12日通流，水位30.26m，流量32.40m³/s；1月1日断流	5050	111
1972	3月20日通流，水位29.95m，流量8.18m³/s；12月12日断流	5050	102
1973	4月13日通流，水位29.68m，流量0.75m³/s；12月8日断流	5960	120
1974	4月16日通流，水位29.84m，流量1.00m³/s；11月14日断流	8520	153
1975	4月29日通流，水位31.33m，流量10.70m³/s；12月2日断流	9340	148
1976	5月4日通流，水位30.94m，流量4.90m³/s；11月22日断流	9450	164
1977	4月9日通流，水位30.95m，流量19.10m³/s；11月26日断流	8240	133
1978	5月11日通流，水位31.10m；流量19.10m³/s；11月27日断流	7570	145
1979	5月2日通流，水位29.90m，流量2.95m³/s；11月28日断流	6470	155
1980	4月17日通流，水位30.75m，流量1.79m³/s；12月9日断流	6780	139
1981	5月4日通流；11月18日断流	7030	157
1982	5月28日通流；12月24日断流	7380	149
1983	4月13日通流；12月26日断流	7860	143
1984	5月6日通流；11月3日断流	7850	176
1985	4月11日通流；12月5日断流	7960	128
1986	4月30日通流，11月25日断流		169
1987	5月3日通流，11月29日断流	7480	168
1988	5月8日通流，11月23日断流	7820	166
1989	4月11日通流，12月10日断流	8010	129
1990	4月28日通流，11月29日断流	7650	150
1991	5月3日通流，11月6日断流	9650	178
1992	4月8日通流，11月9日断流	8490	151
1993	5月4日通流，12月3日断流	8490	160
1994	4月19日通流，11月10日断流	8410	163
1995	5月13日通流，11月10日断流	8750	182
1996	5月4日通流，11月28日断流	9120	175
1997		8720	180
1998		10200	188
1999		11100	171
2000		10300	201
2001		9830	182
2002		9860	192
2003	5月15日通流，10月28日断流	8300	208

续表

年份	断流起止日期	断流时相应枝城流量/(m^3/s)	断流天数/d
2004	5月4日通流，11月23日断流	9300	169
2005	5月6日通流，11月25日断流	9350	162
2006	5月11日通流，11月3日断流	10100	235
2007	5月25日通流，11月6日断流	9800	191
2008	4月24日通流，12月8日断流	7620	137
2009	4月19日通流，10月5日断流	9300	196
2010	5月9日通流，11月15日断流	7800	174
2011		10900	205

注　本表数据由不同表格综合而成，不同年份数据统计口径不一。

表2-3-6　　藕池河（康家岗站）历年断流情况统计表

年份	断流天数	断流时相应枝城流量/(m^3/s)	年份	断流天数	断流时相应枝城流量/(m^3/s)
1956	209	11600	1984	262	20300
1957	207	12200	1985	264	20800
1958	234	13800	1987	245	15400
1959	286	16000	1988	239	17800
1960	362	缺	1989	228	18400
1961	190	11200	1990	230	17000
1962	207	13000	1991	242	16800
1963	201	14600	1992	267	17800
1964	158	12400	1993	248	16800
1965	196	11800	1994	277	16300
1966	221	14100	1995	227	17500
1967	198	14600	1996	249	15900
1968	215	14900	1997	291	17200
1969	255	15400	1998	260	18000
1970	224	14900	1999	256	17600
1971	249	17300	2000	220	16800
1972	302	18600	2001	253	16700
1973	221	14400	2002	212	15000
1974	240	18600	2003	247	16300
1975	253	17700	2004	235	18600
1976	300	20400	2005	219	14500
1977	278	19400	2006	337	13700
1978	292	21300	2007	244	14200
1979	251	17300	2008	243	15300
1980	229	17700	2009	293	16800
1981	261	17500	2010	247	12300
1982	238	16900	2011	321	19300
1983	238	18700			

根据长委荆江水文资源局资料，藕池河2003—2012年进口附近断面发生较强冲刷，下游断面主槽有所冲刷，但强度较小。年内部分断面在主汛期有所淤积，其他断面年内冲淤变化不明显。

四、调弦河

调弦河，亦名华容河，其分流之口称为调弦口。据《大清一统志》载，调弦口即为《水经注》中“生江口”，为荆江“九穴十三口”之一，位于石首市东30千米处之调弦镇。调弦河河口位置如图2-3-7所示。

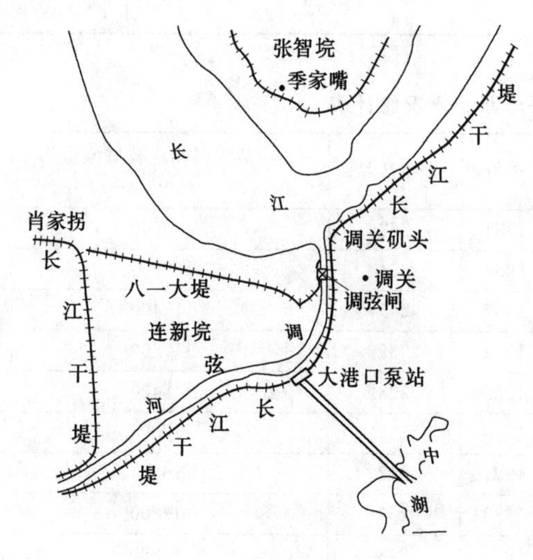

图2-3-7　调弦河河口位置图

调弦河形成历史悠久。据考，西晋太康元年（280年）驻襄阳镇南大将军杜预平吴定江南为漕运而开。明万历《华容县志》载：“华容之为邑，故水国也，水四面环焉。其经曰华容河，亦名沱水，是杜预之所通漕道也。”又载：“今县河自调弦口来，达于洞庭湖，甚迩也。零桂转漕至巴陵，经华容诸湖，达县河，至调弦口入江，可以免三江之险，减数日之劳，故县河为预所开无疑。”当时从南至北只开挖至焦山，焦山以北便是长江主泓和支汊洲滩，河名焦山河。至元大德七年（1303年），焦山以北的洲滩淤长，长江主泓北移，故议开挖调弦河北段，但兴工未竣。

明嘉靖二十一年（1542年），北岸郝穴堵塞后，荆江洪水南泄洞庭湖流量加大，石首、华容洪患严重，为此，“乃于调弦口筑建宁堤，一名陈公堤，石得稍纾江患，华亦与有利焉”（清光绪《华容县志》）。此后，调弦口一度湮塞。明隆庆（1567—1572年）中再次疏浚，明万历三年（1575年）、清道光十四年（1834年）两次疏浚。但随着湖床淤高，河道淤浅，长江主泓北移，调弦河已是一条“可以泄湖者，十居其七；可以杀江水之怒者，十居其三”的河流（清同治《石首县志》）。

清后期，虎渡、调弦二口逐渐浅涩淤塞。道光末年，“虎渡、调弦二口之水，所以入洞庭湖也，春初湖水不涨，湖低于江，江水若涨则其分入湖也尚易；至春夏间湖水已涨，由岳阳北注于江，则此二口之水入湖甚微缓矣；若湖涨而江不甚涨之时，虎渡之水尚且泛漾而上至公安，安能分泄哉?”（光绪二年《江陵县志》卷8）。

调弦河流路，在咸丰十年（1860年）以前，自华容西南流至化子坟经县河口由九斤麻入湖。藕池决口后，故道为藕池河所夺，被迫东流以致演变成现状。

调弦河分江入流后，经焦山铺至蒋家冲出石首市境（长13千米）进入华容县，经万庾、石山矶至华容县城分南北两支（其间为华容县新华垸），至罐头尖汇合，经旗杆嘴入湖。1958年冬在调弦口筑坝建闸控制，并在入湖处旗杆嘴建闸。北支长27千米，西支长31千米，北支为主流，分流比为2/3。从调弦口至旗杆嘴全长60.2千米，进入湖南境内后，左岸为华容县护城垸、双德垸和钱粮湖农场。

调弦河最大分流量为1938年的2120立方米每秒，1937年分流量为1460立方米每秒，1948年为1650立方每秒，1954年为1440立方米每秒。多年平均（1934—1958年）年径流量为120亿立方米，1954年为153.9亿立方米。历年最高水位（调关站）为1998年8月17日的40.04米，最低水位为1972年2月9日的24.84米。输沙量最大为1958年的1310万吨，多年平均输沙量为1063万吨，占建闸前四口入湖沙量的6.9%。

1958年冬，调弦河建闸控制，根据湖南、湖北两省协议，当荆江监利站水位达36.00米，预报将超过36.57米时，即扒开调弦口行洪。1959年建成设计流量为60立方米每秒的灌溉闸（3孔，每孔宽3米，闸底高程26.50米。1969年重建，箱涵3米×3.5米，3孔），外江水位控制为36.00米。1996年对闸身进口段进行加固，改造启闭机台，满足堤身加固需要。在建调弦口闸的同时，湖南省在调弦河出口旗杆嘴建6孔总宽18米的排水闸，闸底高程25.10米，设计流量200立方米每秒。平时调弦河上下封闭，成为排、灌、蓄、航运综合运用的内河。

调弦河堵口后，由于每年汛期开闸引水，一般引水流量约40立方米每秒，时间为70～100天，致使泥沙淤积严重，年均淤沙25万～38万吨。现闸口上游进口段600米的外引河，几无河床形态。河口高程由堵塞前的24.0米淤高至31.4米。湘鄂边界的蒋家冲较堵坝前（23.00米）淤高2～3米，华容城关河断面与1954年比较，已缩窄130米，河滩建有很多阻水建筑物，若维持1954年35.85米水位，仅能通过流量720立方米每秒，其过流能力已衰减50%。

五、荆南四河（调弦河除外）洪道冲淤变化

荆南四河在分流长江干流来水、来沙的同时，其自身洪道也逐年淤积，1952—1995年三口洪道（调弦口于1958年建闸控制，故不在统计之列）淤积5.69亿立方米。但随着三峡工程建成后，荆南三口洪道逐渐转向冲刷，2003—2011年，三口洪道总冲刷为7520立方米。

（一）三峡水库蓄水前冲淤变化

1952—1995年三口洪道泥沙总淤积量为5.69亿立方米，其中松滋河淤积1.67亿立方米，约占新江口、沙道观两站同期总输沙量的10.4%（泥沙干容重取1.3t/m³，下同）；虎渡河淤积0.71亿立方米，约占弥陀寺站同期总输沙量的10.7%；松虎洪道淤积0.44亿立方米；藕池河淤积2.87亿立方米，约占进口两站同期总输沙量的13.6%，口门段淤积约0.35亿立方米。

1995—2003年，三口洪道枯水位以下河床冲淤基本平衡，泥沙淤积主要集中在中、高水位河床，总淤积量为4676万立方米。其中，以藕池河淤积最为严重，淤积量3106万立方米，占淤积总量的66%，淤积强度为9.1万立方米每千米。虎渡河次之，淤积量为1317万立方米，占总淤积量的28%，淤积强度为9.8万立方米每千米。松滋河淤积量为348万立方米，仅占总淤积量的7%，淤积强度为1.1万立方米每千米。松虎洪道则略有冲刷，冲刷量为95万立方米。

从1995—2003年各河道沿程冲淤变化来看，松滋河口门段及尾闾段以冲刷为主，淤

积主要发生在中段。松滋口门段包括松滋口至新江口（长约36千米）、大口至沙道观（长约18千米）、采穴河段（长约18千米）等3段，其中松滋口至新江口段高水河床冲刷量为81万立方米，进口口门段有所冲刷，冲刷强度沿程逐渐减弱；采穴河段高水河床冲刷量为44万立方米，但进口段略有淤积；大口至沙道观段淤积量为169万立方米，且淤积强度沿程增大。虎渡河主要表现为单向淤积，尤以口门段（太平口至弥陀市水文站，长约8千米）淤积强度最大，1995—2003年高水河床淤积泥沙191万立方米。藕池河除口门段、沱江有所冲刷外，其余河段均表现为淤积。其中，口门段（藕池口至管家铺）长约17千米高水河床冲刷量为54万立方米，但深泓高程略有抬高，这是藕池河枯水断流时间不断延长的主要原因。

（二）三峡水库蓄水后普遍冲刷

三口洪道在三峡水库蓄水后普遍发生冲刷，仅局部河道稍有淤积。松滋河水系冲刷主要集中在松西河及松东河，洪道之间的串河冲淤变化较小；虎渡河冲刷主要集中在口门至南闸河段，南闸以下河段为淤积；松虎洪道出现较强冲刷；藕池河水系则普遍发生较大冲刷。三口洪道口门河段的冲淤变化明显不同：松滋口口门段表现为淤积；虎渡河口门段（太平口）发生较强的冲刷；藕池河口门段冲淤变化较小，但各洪道口门段拦门埂均有冲刷。

三峡水库蓄水运行后（2003—2009年），三口洪道总冲刷量为6417万立方米。其中，松滋河冲刷量为1009万立方米，占三口洪道总冲刷量的17%；虎渡河冲刷量为935万立方米，占总冲刷量的14%；松虎洪道冲刷量为1332万立方米，占总冲刷量的21%；藕池河总冲刷量为3049万立方米，占总冲刷量的48%。从沿时程来看，三峡水库运行后第1～4年（2003—2006年）发生连续冲刷，4年共冲刷6552万立方米，其中2003—2005年冲刷量较大，高达5421万立方米，蓄水后的第5～7年（2007—2009年）年冲淤变化较小，冲淤相抵微淤135万立方米，表明三口洪道展现微淤或冲淤平衡状态。三峡水库蓄水第8～9年（2010—2011年），三口洪道由冲淤基本平衡转为微冲状态，两年累计冲刷1103万立方米，冲刷集中在洪水河床，平滩河床及枯水河槽冲刷轻微，接近冲淤平衡，仅分别冲刷174万立方米和162万立方米，其中松滋河水系冲刷较大，共计冲刷2422万立方米，主要是口门段冲刷显著，高达1264万立方米，占此水系冲刷量的52%。其他冲刷较大的河段有松西支的苏支河口—瓦窑河口、松东支的瓦窑河口—小望角，以及东西支串河苏支河等河段；相反，松西支的大口—苏支河口、瓦窑河—张九台，东支中河口—瓦窑河口等河段，则处于淤积状态。整个松滋河水系冲淤相抵，仍冲刷2422万立方米。虎渡河水系，中河口以上冲刷，以下淤积，冲刷量大于淤积量，累计共冲刷558立方米，属轻微冲刷。松虎洪道为淤积。藕池河水系，除了口门段、东支进口段略有冲刷外，其他大部分洪道均为明显的淤积，冲淤相抵，累计淤积1286万立方米。从整个演变发展趋势看，三口洪道仍然处在淤积萎缩过程中。（此段资料来源于长江委荆江水文水资源局张美德《三峡枢纽运行前后江湖关系演变动态》）

据长江委荆江水文水资源局有关三口断流特性变化分析，三口进口控制站中沙道观、弥陀寺、藕池管家铺3站在荆江裁弯后年断流天数迅速增加，进入20世纪80年代以后，各站年断流天数基本稳定。1980年以来，松滋河东支（沙道观站）和藕池河东支（管家铺站）通流能力有所下降；虎渡河（弥陀寺站）在1990年以前通流能力有所衰减，以后有所恢复，2000年趋于稳定；藕池河西支（康家岗站）断流时，通流能力在20世纪80年代上半期一度减弱，但此后开始恢复，2000年以来，通流能力恢复度较大。不同时段三口控制站年断流天数及断流时枝城站对应流量统计见表2-3-7。

表2-3-7　不同时段三口控制站年断流天数及断流时枝城站对应流量统计表

年份	三口站分时段多年平均年断流天数/d				枝城对应平均流量/(m^3/s)			
	沙道观	弥陀寺	管家铺	康家岗	沙道观	弥陀寺	管家铺	康家岗
1956—1966	0	35	17	213	—	4290	3920	13100
1967—1972	0	3	80	241	—	3470	4960	16000
1973—1980	21	70	145	258	4660	5180	7790	18400
1981—2002	171	155	167	248	8920	7680	8660	17400
2003—2012	199	141	186	263	10300	7080	9180	15600

三口进口控制站中沙道观、弥陀寺、管家铺3站在三峡水库蓄水以来无明显变化趋势，各站年断流天数基本稳定。

三峡水库蓄水以来，松滋河东支（沙道观站）在三峡水库135米蓄水运用阶段（2003—2006年）和156米蓄水运用阶段（2007—2008年）通流能力持续下降，175米蓄水运用阶段（2009—2012年）通流能力有所恢复；虎渡河（弥陀寺站）、藕池河西支（康家岗站）和藕池河东支（管家铺站）在三峡水库135米蓄水运用阶段（2003—2006年）通流能力有明显增大趋势，156米蓄水阶段（2007—2008年）通流能力持续下降，175米蓄水运用阶段（2009—2012年）通流能力有所恢复。虎渡河（弥陀寺站）在三峡水库运用以来通流能力持续恢复趋势明显。三口控制站三峡蓄水后年断流天数及断流时枝城站对应流量统计见表2-3-8。

表2-3-8　三口控制站三峡蓄水后年断流天数及断流时枝城站对应流量统计表

年份	三口站年断流天数				枝城对应断流流量/(m^3/s)			
	沙道观	弥陀寺	管家铺	康家岗	沙道观	弥陀寺	管家铺	康家岗
2003	204	165	208	247	8410	7260	8300	16300
2004	168	125	169	235	9250	6940	9300	18600
2005	173	142	162	219	8820	8660	8350	14500
2006	269	175	235	337	11000	7400	10100	13700
2007	213	151	191	244	11300	7650	9800	14200
2008	162	117	137	243	9600	7050	7620	15300
2009	211	131	196	293	11800	6150	9300	16800
2010	189	157	174	247	11900	7120	7800	12300
2011	224	102	205	321	9700	6250	10900	19300
2012	181	146	178	243	11100	6310	10300	15000

附：荆南四口历年最大流量分流情况统计表（表2-3-9）

表 2-3-9　　荆南四口历年最大流量分流情况统计表

年份	枝城最大流量/(m^3/s)	四口分流量/(m^3/s)	四口分流量占枝城流量比例/%	其中							
				松滋口分流量/(m^3/s)			虎渡河分流量/(m^3/s)	藕池口分流量/(m^3/s)			调弦口分流量/(m^3/s)
				小计	松西河	松东河		小计	管家铺	安乡河	
1937	66700	35170	52.70	11600			3140	18970			1460
1951	60800	23320	38.40	7840			2660	11530	9520	2010	1320
1952	53500	26170	43.60	8140			3170	13820	11100	2720	1060
1953	52800	22290	42.20	7380			2530	11540	9480	2060	880
1954	71900	29590	41.15	10180	6400	3780	2970	14790	11900	2890	1650
1955	55200	23960	43.41	8130	5030	3100	2880	12950	10700	2250	1450
1956	62700	25480	40.64	8830	5220	3610	3000	13650	11200	2450	1390
1957	51900	22550	43.45	7560	4590	2970	2560	12430	10500	1930	1320
1958	61300	26730	43.61	8750	5440	3310	2800	13640	11400	2240	1540
1959	53600	22090	41.21	7170	4420	2750	2920	12000	10300	1700	建闸控制
1960	52600	20490	38.95	6590	4080	2510	2430	11470	9880	1590	
1961	54100	22350	41.31	7780	5060	2720	2950	11620	10000	1620	
1962	57400	24640	42.93	8650	5340	3310	3210	12780	10900	1880	
1963	50000	18540	37.08	6300	4060	2240	2620	9620	8520	1100	
1964	53200	22730	42.73	8020	5060	2960	3010	11700	10100	1600	
1965	49300	21130	42.86	7650	4870	2730	2750	10730	9290	1440	
1966	60500	23560	38.94	8800	5710	3090	2920	11840	10300	1540	
1967	49300	18140	36.80	6400	4170	2230	2520	9220	8220	1000	
1968	60300	23500	38.97	9450	6300	3150	2900	11150	9660	1490	
1969	53600	18490	34.50	7000	4790	2210	2770	8720	7720	1000	
1970	46600	17520	37.60	6770	4490	2280	2350	8400	7460	940	
1971	35400	11540	32.60	4650	3120	1530	1820	5070	4700	370	
1972	36900	10870	29.50	4770	3250	1520	1840	4260	4040	220	裁弯后
1973	52300	17070	32.64	7300	4790	2510	2620	7150	6430	720	
1974	62180	20420	32.80	9090	6040	3050	2730	8600	7730	870	
1975	46400	12830	27.65	5940	4110	1830	1920	4970	4620	350	
1976	51200	16440	32.10	7080	4910	2170	2330	7030	6350	680	
1977	47100	12440	26.41	5700	3910	1790	2100	4640	4320	320	
1978	43100	12060	27.98	5610	3920	1690	1940	4510	4220	290	
1980	56000	17204	30.70	7560	5140	2420	2490	7154			
1981	71600	22427	31.40	11030	7890	3140	2880	8520	7770	750	
1982	60800	18553	30.50	8460	5790	2670	2610	7483			

续表

年份	枝城最大流量/(m³/s)	四口分流量/(m³/s)	四口分流量占枝城流量比例/%	其中							
				松滋口分流量/(m³/s)			虎渡河分流量/(m³/s)	藕池口分流量/(m³/s)			调弦口分流量/(m³/s)
				小计	松西河	松东河		小计	管家铺	安乡河	
1983	53800	17340	32.20	7420	5170	2250	2510	7310			
1983	57100	16868	29.50	7550	5270	2280	2470	6848			
1985	45200	12000	26.50	5820	4130	1690	1970	4210			
1986		11730		5740	4180	1560	2000	3980			
1987		18410		8530	5750	2600	2590	7330			
1988		13960		6160	4420	1740	2050	5720			
1989	69600	20077	28.80	10270	7460	2580	2570	7467	6760	615	
1990	43200	11210	26.00	5100	3690	1500	1870	4150			
1991	50800	13660	27.00	6320	4410	1910	2140	5200			
1992	50400	12704	25.10	5900	4250	1650	2070	4734	4360	374	
1993	56200	14386	25.60	6890	4870	2030	2250	5236	4780	456	
1994	30600	7210	23.70	3470	2560	910	1250	1490	1380	110	
1995	40800	8950	22.30	4930	3590	1340	1700	2320	2150	170	
1996	48800	10746	22.20	5850	4290	1560	1770	3126	2920	206	
1997	55300	13120	23.80	6910	5150	1760	2000	4222	3900	322	
1998	68800	19010	27.70	9210	6540	2670	3040	6760	6170	590	
1999	58400	16676	28.55	8120	5960	2160	2650	5916	5450	466	
2000	51600	12410	21.55	6390	4680	1710	2130	3890	3610	280	
2001	41300	7873	19.06	4380	3310	1070	1510	1983	1860	123	
2002	49800	11164	22.42	5600	4120	1480	1810	3754	3500	254	
2003	48800	10769	22.07	5530	4030	1500	1840	3399	3170	229	
2004	58000	13347	23.01	7100	5230	1870	2060	4187	3890	297	
2005	46000	10417	22.65	5630	4140	1490	1810	3977	2790	187	
2006	31300	5691	18.18	3467	2680	787	1040	1184	1130	54	
2007	50200	11471	22.85	6080	4560	1520	1920	3471	3260	211	
2008	40300	8086	20.06	4600	3410	1190	1450	2036	1920	116	
2009	40100	8501	21.20	4770	3550	1220	1620	2111	1990	121	
2010	42600	10900	25.59	5780	4360	1420	2060	3060	2880	180	
2011	26900	5383	20.00	3202	2480	722	971	1210			

注 数据来源于《长江防汛资料·水情》，1998年虎渡河分流量加大与下游孟溪溃口有关。

六、四口建闸

对四口进行控制是关系江湖两利的大事，也是实现江湖关系相对稳定的主要措施之一。这个问题在民国时期就有人提出对四口建滚水坝进行控制。新中国成立后，长江委对四口建闸问题进行了多年的研究。四口中调弦口已于1958年建闸控制。虎渡河已于1952年建了南闸。现在主要是研究分流分沙较大的松滋口、藕池口两口建闸控制问题（现在称为三口建闸）。

三峡工程建成为三口建闸创造了条件。由于四口分流、分沙导致洞庭湖淤积、水位抬高。为了延缓洞庭湖的萎缩，保持洞庭湖具有一定的调蓄功能，于是便有四口进行人工控制的主张，即四口建闸。可以减少入湖水、沙量并与江湖洪水错峰，减轻洞庭湖的洪涝灾害，这种想法无疑是好的。但是，在三峡工程没有建成以前就实现四口建闸方案，困难很多。现在，三峡工程已建成，为三口建闸创造了条件。所谓条件，一是三峡水库有较大的库容，可以调节泄入荆江的洪水，不会因建闸而加重荆江干流的负担；二是由于水库拦蓄了一部分泥沙，下泄水流含沙量大大减少，荆江河段将会发生冲刷，因建闸而加重河道淤积的问题将不存在。

建闸后，主要作用在3个方面：一是当澧水、沅水出现较大洪峰时，可控制荆江分流入洞庭湖的流量，实现江、湖洪水错峰，减轻洞庭湖尤其是西洞庭湖的防洪压力，可以收到立竿见影的效果，一般错峰时间只需3～5天；二是在主汛期（特别是7月、8月两月），在荆江干流安全允许的情况下，尽量减少入湖水、沙量，腾出一定的湖容、降低湖区水位，充分发挥洞庭湖的自然调蓄作用，同时也可以减轻洞庭湖的洪涝灾害，收到江湖两利的效果；三是减少入湖沙量，延缓洞庭湖萎缩过程。

四口中，调弦口已于1958年建闸。现在讨论的是松滋口，太平口和藕池口三口建闸的问题。但是，对于三口建闸，还存在各种不同的意见。长江洪峰与四水洪峰遭遇，有效地减少江湖洪水的威胁。实现“江湖分开，各自走上正常发展的道路”。这是治江救湖的必由之路。三峡工程建成后，能够对长江上游来水实行控制，调节下泄水量，但江湖洪水遭遇的情况还会出现。还有可能防大汛。因此，三口建闸应早点实施。

第二种意见认为，三口建闸虽是可行的，但建闸的时机尚不成熟。还有一些不确定因素需要进一步研究。如闸底的高程定多高比较合适，建在什么地方［如藕池口，现在实际进洪口门距原来老口门（北尖）有13千米之遥］，什么时候建，三口是不是都建闸，先建哪个，后建哪个，还是同时建，闸前淤积、调度运用原则等，都要搞清楚，这都需要时间。所以，建闸的时机尚不成熟。

第三种意见认为，三峡水库建成后，改变了下游河道的水沙条件，将会使荆江河段及三口河道的河床高程及三口分流、分沙发生变化，这些问题十分复杂。由于各河段的河道特性不同，河床组成各异，冲刷量及特点也不同。根据研究资料，宜昌至大布街河段，在水库运用10年左右河床业已粗化，冲刷基本完成；大布街至郝穴段河段要冲刷22～30年才达到平衡；郝穴至城陵矶河段，冲刷量较大，水库运用50年冲刷量达到最大值（荆江冲刷约50年后，又会回淤），等到那个时候，无论是荆江还是洞庭湖将会发生很大的变化。所以，有了三峡工程，要不要建闸控制，需要慎重对待。如藕池口，当三峡水库运用几十年以后，当枝城来量3万立方米每秒时，藕池口也已断流。在这种情况下，藕池口建闸还有多大意义，就值得商榷了。

因此，三口建闸实际只有二口建闸，有的人不同意虎渡口建闸，理由是已经建了南闸。只有松滋口建闸没有异议。

当建闸以后，如果江湖洪水不发生严重遭遇时，各闸只开启一定的流量，供给下游河道，保证人民生活和工农业生产用水，这样进入洞庭湖的水沙减少了，而荆江干流的水沙增加了；如果江湖洪水不发生严重遭遇，各闸全部开启，不加控制，任其自然分流，则洞庭湖水沙增加，荆江干流水沙减少。但是，荆江干流经过若干年冲刷后，这个矛盾可基本解决。因为到了那个时候，即使不控制，分流入洞庭湖的水沙同现在相比较，将会明显减少，那时担心的不是怕分流到洞庭湖的水多了，而是少了。特别是秋末至来年夏初，各口断流的时间会更长。但是如果及时抓紧疏浚三口河道，断流的时间有可能减少。

从长远的观点看问题，三口建闸的主要作用是防止江湖洪水遭遇，实现错峰。再就是在主汛期可以实现“留湖待蓄”，减轻洞庭湖的洪涝灾害，对荆江也有好处。至于建闸可以减少进入洞庭湖的沙量，在三峡工程建成后，进入洞庭湖的沙量已明显减少（2007年经三口入湖沙量为1331万吨），还将继续减少。今后相当长的一段时间，三口进入洞庭湖的泥沙，在洞庭湖的萎缩过程中，不再是主角了。

所以，三口建闸主要是一个选择时机问题。有的专家认为，应根据三峡工程建成后的新形势，重新研究三口建闸问题。

有的研究资料表明：松滋河在30年内不建闸为冲刷，建闸后流量减少；藕池河不建闸是淤积，建闸后进去的水沙减少，淤积缓慢。虎渡河则变化不大。

认为，尽管松滋口建闸，加大了荆江径流量，但由于荆江河道发生冲刷，荆江河道的泄量仍会不断加大。“从总的趋势看，经过30～40年的冲刷后，荆江水位降低3米左右是可能的，如沙市水位在汛期降低3米，大约相当于加大荆江过洪能力20000立方米每秒左右，这对荆江的防洪是有利的。从某种意义上看，下游冲刷对荆江的作用不亚于水库蓄洪。”“当水位在沙市警戒水位43.00米以下时，冲刷30年，泄量可达50000立方米每秒以上；在监利警戒水位35.00米以下时，泄量也可大大提高。三口建闸和适当运用，使西、南洞庭湖有较大库容，在一定程度上来代替城陵矶的补偿。于江湖防洪有利”。

由于三峡工程建成后，长江中下游河道发生冲淤变化，将会使荆江河段和三口洪道的河床高程及三口分流量发生较大变化，建闸对洞庭湖生态环境的影响，这些问题十分复杂。再就是闸址选择、闸底高程、闸前淤积、管理运用等也要进一步探讨研究。因此，建不建闸，何时建闸须进一步深入研究。

注：有的建闸方案提出，松滋口建闸，控制松滋河入湖洪水与澧水错峰，使松澧两水下泄洪水流量不大于16000立方米每秒。松滋口闸设计流量11000立方米每秒，闸底高程40.00米（现河底高程36.50米），闸顶高程49.00米。

藕池口闸设计流量9000立方米每秒，闸底高程36.00米（进口处河底高程31.50米），闸顶高程43.50米。

第三节 沮 漳 河

沮漳河是长江中游北岸较大的支流，为沮水和漳水在当阳市河溶镇两河口汇流后的总称。沮漳河流域集水面积7340平方千米，河长327千米（人工改道前），属半山地河流。沮漳河流域介于东经110°56′～112°11′，北纬30°18′～31°43′之间，干流河道平均比降1.0‰。

沮漳两水皆源于荆山，“高峰霞举，峻竦层云。山海经云：金玉是出。虽群峰竞举，而荆山独秀。”[注：金玉，泛指珍宝。此处指春秋时，楚人卞和得玉璞，献给厉王，厉王为诈，砍其右足。又献给武王。武王亦又为诈，又砍其左足。至文王时，他抱玉璞哭于荆山下，三天三夜，泪尽血流。王闻之，使玉匠精心雕琢，终得宝玉，遂命名为“和氏璧”（璧乃古代的一种玉器，扁平，圆形，中间有孔）。“和氏璧，天下所共传宝也”]。荆山，乃楚立国之地。史称楚人“辟在荆山，筚路蓝缕，以处草莽，跋涉山林，以事天子，唯是桃弧、棘矢，以共御王事”。漳河发源于襄阳市南漳县薛坪三景庄自生桥上游之龙潭顶，海拔1220米，自西北流向东南，经龙王滩，流经南漳、远安、荆门等县，过荆当岩进入当阳市境，过观音寺至两河口与沮水汇合，流长207千米，集水面积2970平方千米。

沮河发源于襄阳市保康县歇关山，海拔约2000米，东流与白龙洞泉水汇合后经欧家店、歇马河、马良坪、峡口、远安至当阳市两河口与漳河汇合，流长243千米，河道平均比降1.9%，集水面积3367平方千米。

沮漳二水汇合后，经宜昌市的当阳市、枝江市进入荆州市的荆州区境，汇入长江，河长96.7千米，称之为沮漳河，古与江、汉并称，故《左传》云：“江汉沮漳楚之望也。”另据《荆州堤志》（民国二十六年版）记载：“春秋时与江汉并称，楚望以其为南条水道之最著也。”五代时沮水尚在麦城（今朝阳山）以西半月山山脚，后漳水于倒湾（今两河口）汇合沮水成为沮漳河。沮漳河于两河口合流后，南流至江陵（今荆州区，下同）柳港后分成二支。一支东北流，“经保障垸、清滩河（菱角湖），绕刘家堤头，经万城镇北门外，屈曲入太湖港（太晖港），北城河达草市外关沮口，汇长湖水入汉（汉水）”。明崇祯年间（1628—1644年）截堵刘家堤头，断流。又据《江陵志余》载：“沮水在城西，旧入于江，《水经》云：江水东会沮是也。宋孟拱修三海，障而东之，始入汉。”据史载，汉时沮漳河水与扬水相通即为此支。另一支南流再分为二支：“一支自江陵入江，一支自枝江入江。”枝江入江故道，位于今河道西侧2～3千米处，俗称干河，入江口名鹞子口（今称老江口，位于江口镇东5千米）。明万历二十五年（1597年）沮水泛滥，于瓦剅河处甃垱堵塞，其后沮漳水遂径入江陵至筲箕洼一处入江。自19世纪初以来，由于学堂洲不断淤长，沮漳河入江口逐渐移至观音寺矶的上腮处。新中国成立初期，学堂洲发生严重崩塌，1959年实施沮漳河下游改道，将入江口上移800米至学堂洲，即称为新河口，1994年再次于万城以下进行人工改道，在荆州区与枝江交界处临江寺入江，缩短老河长18.5千米。沮漳河两河口以下河道长79.1千米，荆州市境内长45.55千米；集水面积1003平方千米，其中荆州区汇入面积226.5平方千米，占总面积的22.5%。

沮漳河为半山地河流，其上游河道穿行于丛山间。漳河在清溪河以上，河道狭窄，浅滩较多，河床皆为岩石及卵石。据民国二十四年（1935年）4月全国经济委员会江汉工程局查勘沮漳河的报告中称："漳河上源南漳县景山南麓有石嵌空成穹，曰自生桥，桥北约二百米有泉经桥下，又三景庄东北一千米许有洞，曰老龙洞，西北有观，曰蓬莱观，泉出其下，东注而汇入以成水源"。沮河、漳河在两河口汇合后，即进入丘陵平原地区，河道平阔，河底为沙质，河身弯曲，自官垱以下至沮漳河出口，两岸筑有堤防控制。沮漳河河道位置如图2-3-8所示。

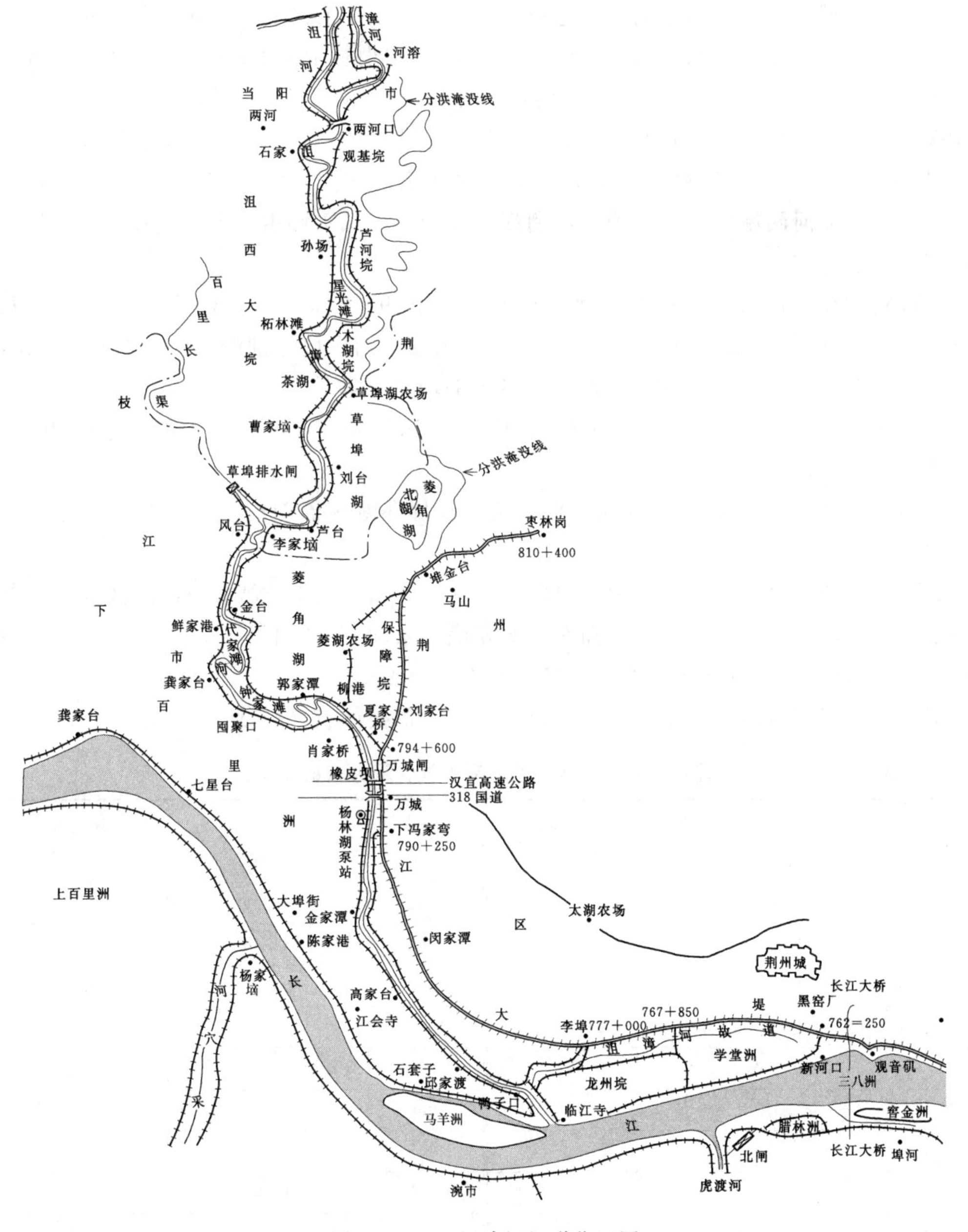

图2-3-8 沮漳河河道位置图

沮漳河流域多年平均年径流量26.5亿立方米。沮漳河河溶站1980—1994年平均年径流量为26.9亿立方米，与多年平均值接近，最大径流量为53.6亿立方米（1963年），最小径流量为10.9亿立方米。历史上最大洪峰流量沮河猴子岩站8500立方米每秒（调查洪水），漳河马头砦为5100立方米每秒。

沮漳河流域面积大，地势狭长，水量丰富，水能开发前途可观。漳河于1966年建成水库，控制来水面积2212平方千米，占漳河来水面积的77.4%。沮河上游建有巩河水库，控制来水面积168平方千米；2006年建成峡口水利枢纽工程，总装机容量3万千瓦。

沮漳河流域呈北西—南东向狭长地形，为全省暴雨中心之一。洪水多发生在7—8月，每遇暴雨，山洪暴发，河水陡涨，来势凶猛，地处尾闾的荆州深受威胁"为害于荆堤上游为尤烈"。据资料记载，1897—1949年的52年间，沮漳河33年溃堤，其灾害最严重的当属1935年7月大水。当年沮河上游猴子岩出现的洪峰流量为8500立方米每秒（调查洪水），推算两河口河溶站洪峰水位51.88米，洪峰流量5530立方米每秒，洪水总量达11亿立方米，沮漳河两岸堤垸普遍漫溃，荆江大堤受荆江洪水和沮漳河山洪夹击而溃决，酿成百年未有之奇灾。

据资料记载，1952—2000年，河溶站水位超过49.00米或流量超过2000立方米每秒的有11年。这些年份沮漳河两岸的草埠湖、菱角湖、谢古垸分别溃口或被迫分洪十余次。

沮漳河泥沙含量不大，猴子岩站实测多年平均悬移质输沙量为74.7万吨，年输沙模数为293吨每平方千米，据统计，1980—1994年远安站15年年平均输沙量为59.98万吨，比多年平均减少19.7%。

沮漳河经过1992—1996年实施下游改道、移堤还滩等治理措施，防洪标准提高到10年一遇。

为防止沮漳河洪水泛滥，自两河口以下至河口（临江寺），划定分蓄洪区6个，其中当阳市5个（观基垸、芦河垸、夹洲垸、莫湖垸、宋湖垸），荆州区1个（谢古垸），蓄洪面积97.5平方千米，有效容积3.478亿立方米。

附：沮漳河河溶站历年汛期最高水位、最大流量统计表（表2-3-10）

表2-3-10　　沮漳河河溶站历年汛期最高水位、最大流量统计表

年份	最高水位/m	最大流量/(m^3/s)	年份	最高水位/m	最大流量/(m^3/s)
1952	48.89		1961	44.29	
1953	47.35	790	1962	48.48	
1954	49.40	2120	1963	50.34	2010
1955	49.00	2110	1964	47.30	1000
1956	49.57	2290	1965	46.69	835
1957	47.90		1966	45.04	526
1958	50.49		1967	46.50	733
1959	46.51		1968	49.94	1270
1960	46.73		1969	49.11	1650

续表

年份	最高水位 /m	最大流量 /(m³/s)	年份	最高水位 /m	最大流量 /(m³/s)
1970	48.18	1260	1984	50.07	2360
1971	47.74	1040	1985	46.02	860
1972	43.12	157	1986	44.70	335
1973	48.03	1130	1987	46.84	781
1974	45.70	592	1989	48.08	990
1975	46.82	892	1990	48.07	1000
1976	44.26	280	1991	48.39	1400
1977	46.03	580	1992	47.53	1130
1978	45.28	446	1993	46.60	592
1979	48.96	1420	1994	46.50	624
1980	48.83	1130	1995	45.61	560
1981	46.17	654	1996	50.15	2230
1982	48.22	1050	1997	48.29	1030
1983	49.88	2020	1998	49.09	1520

第四节 洞庭湖水系

洞庭湖位于长江中游荆江河段南岸，湖北省南部，湖南省北部。地理位置介于北纬28°30′～29°37′，东经110°40′～113°10′，为中国第二大淡水湖。成因类型属构造湖，基于地壳升降，泥沙淤积，经历一个由小到大，又由大到小的演变过程，即由河网切割的平原地貌景观，沉沦扩展为周极八百里的湖沼，最后又淤塞为陆上三角洲占主体的平原——湖沼地貌景观。湖盆基底为元古界海相沉积变质页岩。中生代末燕山运动古陆断裂拗陷，原始湖盆形成。第四纪初，洞庭湖水系形成。以后湖泊、河道因湖区地壳的升降以及江河的冲积而历有变迁。先秦时期洞庭湖是一个河网切割的沼泽平原，洞庭湖是一个平浅型小湖，位于今岳阳市君山西南。湘、资、沅、澧四水在平原上交汇，分别流注长江，大范围水体尚未形成。宋代以后，荆江洪水位持续抬升，使魏晋时原“湖高江低、湖水入江”的江湖关系逐渐演变为“江高湖低、江水入湖”的格局。唐宋时期，荆江河段水位不断抬升，江水倒灌入洞庭湖，使洞庭湖南连青草，西吞赤沙，桓亘七八百里，洞庭湖的扩展进入全盛时期，湖面广阔浩渺，洪水期面积达6270平方千米，成为我国第一大淡水湖。洞庭湖景色壮丽，“重岗迭阜，盘亘峻秀，河湖密布，碧波荡漾，平畴沃野，万紫千红。”明朝中叶，因长江北岸穴口堵塞，江水经虎渡、调弦两口南流入湖，开始干扰洞庭湖水系，但这一时期水沙量不多，故湖水深而清。清朝末年，经历1860年和1870年两次特大洪水，冲成藕池河和松滋河，四河（又称为四口）向洞庭湖分流局面形成，为洞庭湖自先秦以来扩展的鼎盛时期。大量泥沙进入洞庭湖，淤积湖底，湖洲扩大，人工围垦，堤垸增加，致使湖盆萎缩，湖面日窄。昔日号称“八百里洞庭”已被分割成东洞庭湖、南洞庭湖和西洞庭湖（目平湖、七里湖）。三湖之间通过河网湖沼和洪道联结。19世纪中叶，洞庭湖开始由盛转衰，进入有史料记载以来演变最为剧烈的阶段。从6000平方千米的浩瀚大湖，萎缩到目前的2691平方千米的湖面。清道光年间洞庭湖水系如图2-3-9所示。

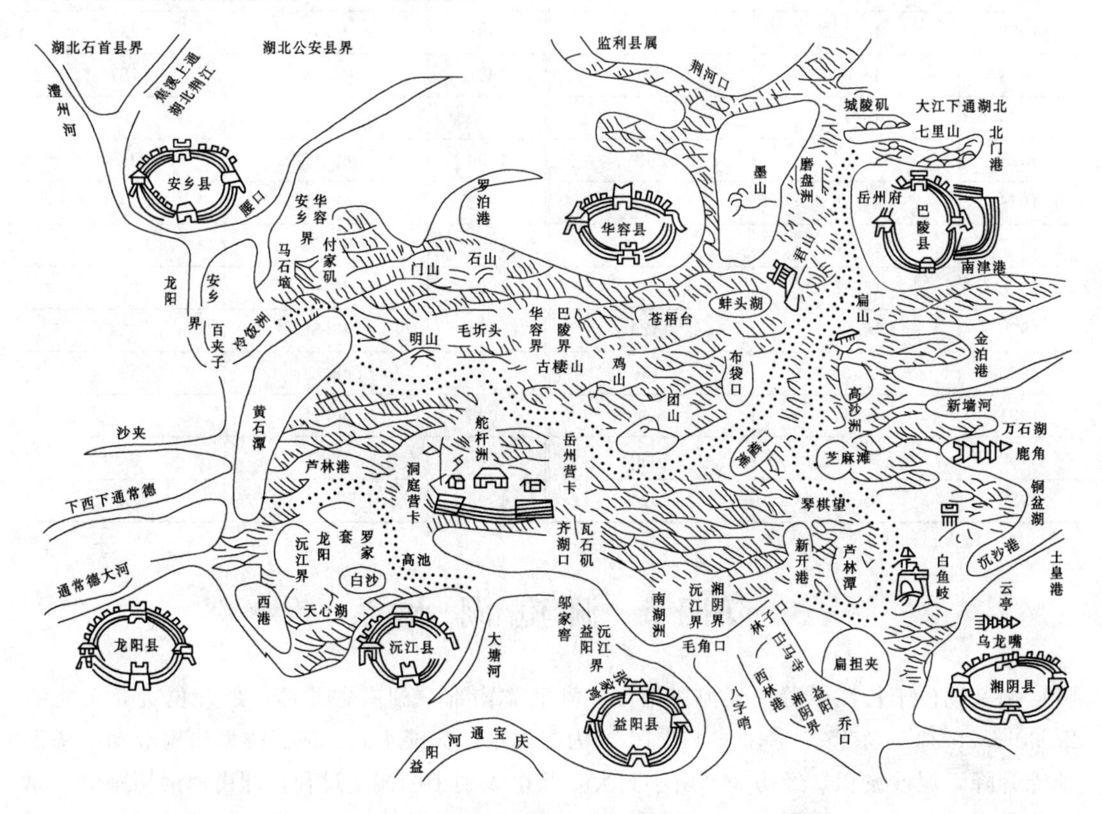

图2-3-9 清道光年间洞庭湖水系图（引自俞昌烈《楚北水利堤防纪要》）

洞庭湖南接湘、资、沅、澧四水，北纳松滋、虎渡、藕池、调弦（已于1958年建闸控制）四河，经洞庭湖调蓄后，再由城陵矶湖口汇入长江，是吞吐长江的洪道型湖泊，是长江中游防洪安全的重要保证。

一、洞庭湖水域

洞庭湖水域可分为西洞庭湖、南洞庭湖和东洞庭湖3区。

西洞庭指赤山以西湖区，西南与丘陵、山麓相接，东以赤山为屏障。区内现仅存目平湖与七里湖，主要水系为沅、澧二水尾间，水涨时除与沅、澧二水互相顶托外，尚有松滋、太平、藕池等口江流混杂汇注。现有湖面343平方千米（目平湖249平方千米，七里湖94平方千米）。

南洞庭指赤山以东与磊石山以南一片，界于东、西洞庭湖之间，南接湘、资尾间，是过水型湖泊，高水位时汪洋一片，中低水位时则洲滩毕露，汊港分歧。南洞庭湖现存湖泊较大者有万子、横岭二湖，入流中最主要的为湘、资两水尾间。现有湖面920平方千米。

东洞庭位于湖区东部，在木合铺、新洲、大东口与磊石山、鹿角之间。1958年冬调弦口建闸控制后，西有藕池河东支于新洲注入，南受西、南洞庭湖的转泄，并有湘江、汨罗江、新墙河等河流入汇，使东洞庭湖成为三口、四水的总汇合区；南由岳阳向东北流至城陵矶汇入长江。现有湖面1328平方千米。

洞庭湖水面面积，经历了由小到大，又由大到小的演变过程。鼎盛时期清道光初年（1825年）约6000平方千米，见表2-3-11和表2-3-12，为当时全国第一大淡水湖，后因泥沙淤积及围垦，面积及容积逐渐缩小。洞庭湖水系复杂，河网密布，现水域范围包括东洞庭湖、南洞庭湖、西洞庭湖（目平湖和七里湖），总面积为2691平方千米（《长江志·水系》），容积为167亿立方米（1995年），降为全国第二大淡水湖泊。洞庭湖区除湖泊河网外，荆江四口与洞庭湖四水三角洲连成广阔的冲积平原，高程大都在25.00～30.00米（《长江志·水系》）。洞庭湖湖泊及洪道示意如图2-3-10所示。

表2-3-11　　洞庭湖湖泊面积变化情况表

年　份	面积/km^2	容积/亿 m^3
1825	6000	
1896	5400	
1932	4700	
1949	4350	293
1954	3915	268
1958	3141	228
1971	2820	188
1978	2691	178
1995	2623	167

注　数据来源于《长江志·水系》。此表根据石铭鼎等编著的《长江》及长江委水文局最新量算成果，相应水位为城陵矶33.50m。另据《中国湖泊名称代码》载，洞庭湖面积2691km^2，1998年11月中华人民共和国水利部发布。

表2-3-12　　洞庭湖不同时代天然湖泊面积表

年　代	天然湖泊面积
西汉以前	东洞庭湖区浅湖
北魏（6世纪）	湖面100里
唐、宋时代（7—16世纪）	湖面700～800里
明末清中时期（17—17世纪）	湖面800～900里
1896年	4700km^2
1953年	4350km^2
1978年	2820km^2

续表

年 代	天然湖泊面积
1983年	269km^2
1998年	4091km^2（包括洪道1300km^2）

注 根据国家卫星气象中心成像反映，1998年6月19日，城陵矶水位29.31m时，洞庭湖水面1600km^2；1998年7月9日，城陵矶水位34.01m时，洞庭湖水面5366km^2；1998年8月4日，城陵矶水位35.17m时，洞庭湖水面5440km^2；1998年洞庭湖区及公安县孟溪溃垸淹没面积570km^2，天然湖泊和洪道约4091km^2。

注：洞庭湖的未来如何？学术界有3种预测：一是大量泥沙淤积和围垦，洞庭湖正逐步走向衰亡；二是若新构造运动带来的沉降大于淤积，则洞庭湖的面积将会扩大；三是如果淤积与沉降的大致情况基本相等，则洞庭湖就能保持现状。

对于洞庭湖是否会因泥沙淤积萎缩乃至消亡，有的学者认为，洞庭湖在扩大。中国地质大学有位教授指出："如果将所有的人工围垸打开，还其本来面目，洞庭湖不是缩小了，而是扩大了。半个世纪以来洞庭湖构造沉降总量实际上大于泥沙淤积总量。如果洞庭湖构造沉降继续以目前速度进行，而淤积速率又随三峡工程等因素进一步减少，那么若干年后，我们的后代面临的将是洞庭湖不断扩大导致的种种生态环境问题"。

吴堑虹、林轲的《长江流域地壳运动趋势与洪涝灾害》一文介绍："全新世以来，洞庭湖表现出明显的退化特征。……以上现象均说明尽管晚更新纪末期以来该地区基底活动以沉降为主，但沉降速度远远小于沉积物沉积速度。"这就是说现在洞庭湖的构造沉降还不可能对江湖关系产生明显的调节作用。

"洞庭湖的形成最初是取决于地壳的下降。1928年和1953年两次水准测量的比较，监利、岳阳、华容、湘阴依次分别下沉0.28米、0.24米、0.32米、0.22米和0.25米，年均约下沉1毫米"。有的学者认为，20世纪50—80年代年沉降高达10毫米，由此得出，湖区年总构造沉降量为1.88亿立方米，大于同期1.61亿立方米的年总泥沙淤积量。

1994年出版的《安乡县志·地质地貌》指出："第四纪以来，洞庭湖明显地处于缓慢沉降为主，间歇性掀斜式新构造运动中，安乡凹陷在更新世承受红、黄土堆积之后缓慢抬升；进入全新世又随洞庭湖盆地缓慢下降。据观测，1925—1953年间，洞庭湖北部年均下沉8.6～12.1毫米，境内呈加速沉降之势，沉积中心在南端肖家湾附近，但地壳的沉降幅度小于河湖的冲积幅度"。1988年出版的《南县志》也指出："第四纪初发生的新构造运动，使整个洞庭湖剧烈沉陷，湖水猛涨，县境沦为水域，到更新世末至秦汉时期，湖区仍然沉落，但湘、资、沅、澧等水及长江挟带大量泥沙注入洞庭湖，淤积速度大于沉降速度"。

1999年3月，长江水利委员会、武汉水利电力大学等单位联合举办的"98特大洪水与水利水电工程建设科学论坛"，认为江汉平原和洞庭湖盆地属于扬子准台地次级构造单元——江汉沉降带，近百年来，该地区的地质构造沉降仍在继续加剧。由于筑堤控制了洪水泛滥、沿江滨湖平原地泥沙沉积量大大减少，构造沉降长期得不到补偿，而支流、湖泊水域泥沙淤积则不断增加，致使堤面迎水面与背水面地面高差增大。

这都说明洞庭湖在下沉，但速度很慢，而泥沙淤积的速度远远大于下沉速度，所以洞庭湖萎缩了。

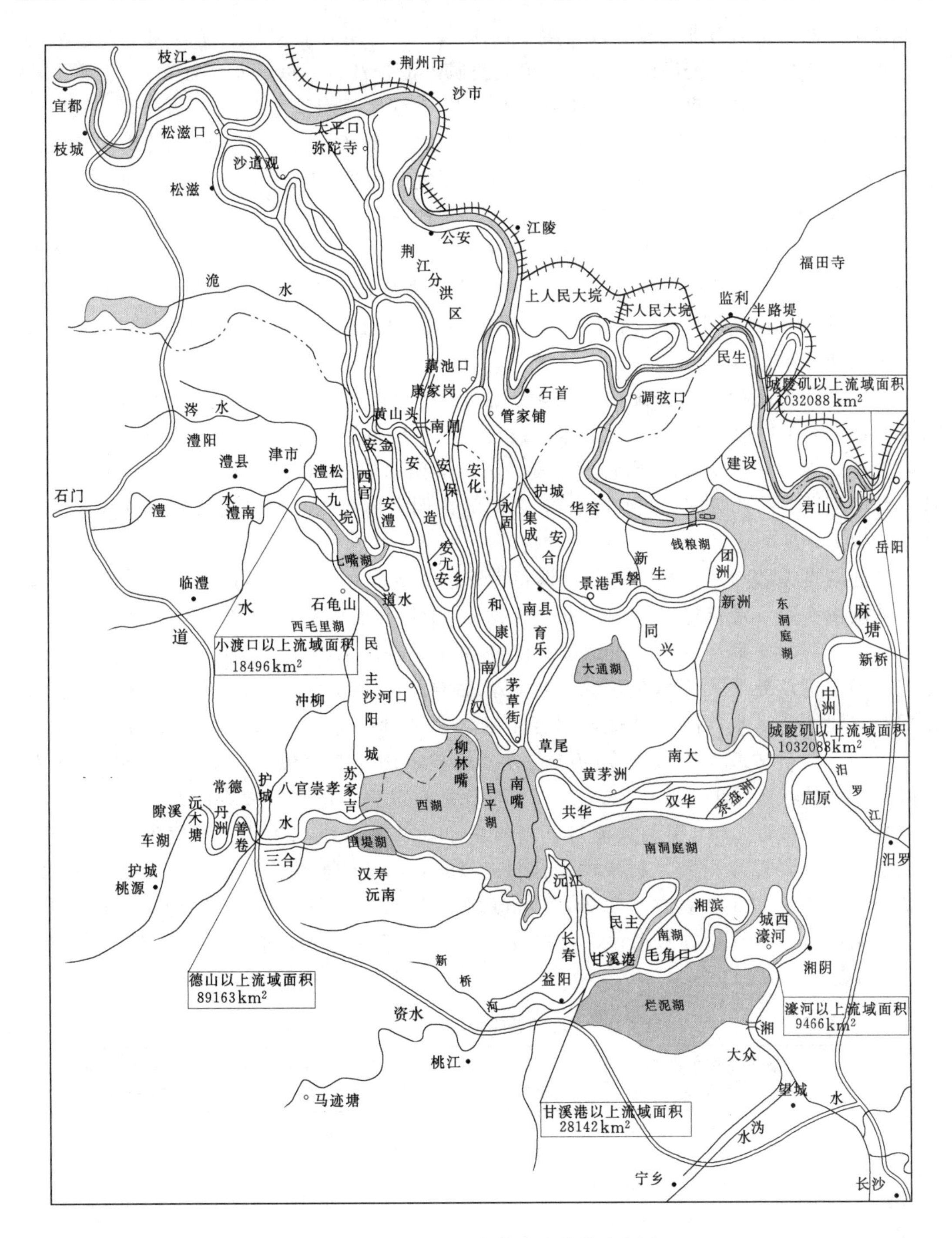

图 2-3-10 洞庭湖湖泊及洪道示意图

二、洞庭湖来水、来沙

洞庭湖区北有松滋河、虎渡河、藕池河、调弦河（1958 年冬建闸控制）“四口”分泄长江来水；西、南面有湘、资、沅、澧“四水”入汇，还有汨罗江、新墙河等湖区周边中、小河流直接入汇，经湖泊调蓄后，由城陵矶入汇长江。洞庭湖集水面积26万平方千米（未含“四口”以上集水面积104万平方千米），湖区总面积1.87万平方千米，其中湖北省3527平方千米；天然湖泊面积1995年为2623平方千米，皆在湖南省境内；洪道面积1418平方千米，其中湖北省405平方千米，受堤防保护面积约1.46万平方千米，其中湖北省3500平方千米（《长江志·湖区开发治理》）。

洞庭湖区年平均降水量1331毫米，湖区洪水组成很复杂，“四口”“四水”自然地理条件各不相同，洪水特征各异。“四口”洪水主要来自长江上游，历时较长，汛期为5—10月，主汛期为7—8月；“四水”属山溪型河流，峰型尖瘦，历时较短，汛期为4—9月，主汛期为5—7月。

洞庭湖区径流量年内分配很不均匀，据1951—1991年资料统计，汛期（5—10月）入湖水量多年平均值约2240亿立方米，占全年径流量的74.7%，其中来自荆南四河约为1040亿立方米，占46.4%；来自湘、资、沅、澧四水约1060亿立方米，占47.3%。造成洞庭湖区洪水的“四口”和“四水”，其汇流比例大体相当，但其消长变化及调蓄动态关系，均十分复杂。

洞庭湖自古即与荆江相通，起着调蓄荆江洪水的作用。荆江四口形成前，汛期大量洪水从洪山头以下漫流进入东洞庭湖。根据2011年《洞庭湖历史变迁地图集　元明时期洞庭湖》所示，荆江洪水从洪山头分流经华容菱港入采桑湖（今六门闸西北）。四口形成初期，荆江分泄入湖水量巨大，经调蓄后再由城陵矶湖口返注长江，特别是在高水期对分泄荆江洪水，削减洪峰，效能尤巨。1954年大水，枝城最大流量为71900立方米每秒，沙市站最大流量为50000立方米每秒，荆江四口最大分流量为29590立方米每秒，占枝城来量的41.15%；1981年长江上游发生大洪水，枝城最大流量为71600立方米每秒，接近1954年最大流量，当时由于长江下游洪水不大，洞庭湖底水较低，天然湖泊可供调蓄容积大，削减洪峰流量达38.4%，使荆江安全度汛。1998年大水，枝城最大流量为68800立方米每秒，沙市站最大流量为53700立方米每秒，四口（三口）分流量为19010立方米每秒，占枝城来量的27.7%，荆江防洪压力减轻，见表2-3-13和表2-3-14。

表2-3-13　　洞庭湖调峰作用统计表

年　份	多年平均入湖洪峰流量/(m³/s)	多年平均出湖洪峰流量/(m³/s)	多年平均削减洪峰流量/(m³/s)	削减量占入湖量流量比例/%
1951—1960	41909.7	28180	13729.7	32.8
1961—1970	43020.7	29950	13070.7	30.4
1971—1980	36228.1	25300	10928.1	30.2
1981—1990	34879.4	24800	10079.4	28.9
1991—2000	46000.0	29520	16480.0	35.9
1951—2000	40408.0	27550	12857.5	31.8
1951—2008	38539.0	26843	11696.0	30.3

注　数据来源于《洞庭湖志》。

表 2-3-14　　洞庭湖四口、四水实测最大入湖流量统计表

名称	河名	站名	最大流量/(m^3/s)	实测时间
四口	松滋河	新江口	7910	1981年7月19日
			6400	1954年8月6日
		沙道观	3120	1981年7月19日
			3730	1954年8月6日
	虎渡河	弥陀寺	3210	1962年7月10日
	藕池河	管家铺	12800	1948年7月21日
		康家岗	6810	1937年7月24日
	调弦河		1958年冬筑坝建闸控制	
四水	湘江	湘潭	20800	1994年6月18日
	资水	桃江	15300	1955年8月27日
	沅水	桃源	29300	1996年7月19日
	澧水	石门	19900	1998年7月23日

注　数据来源于《长江志·水系》。

“洞庭湖对减轻长江中游洪水的压力起着至关重要的调洪作用，没有洞庭湖，长江螺山以下各站洪水将变为涨落迅速的尖瘦型洪水，这是中下游堤防无法防御的”（长江委水文局《1998年长江洪水和水文监测报告》）。

据统计，1951—1955年进入洞庭湖的年均输沙量为27468万吨，其中来自荆江四口22578万吨，占82.2%；来自湘、资、沅、澧四水4890万吨。城陵矶七里山年均出湖泥沙量为7400万吨，洞庭湖淤积量为20068万吨，淤积率为73.1%。三峡工程运行后，2003—2008年，三口年均输沙量1353万吨，占枝城输沙量的18.1%，四水输沙量995万吨，洞庭湖年均淤积量822万吨，淤积率为35%。清水下泄后，三口泥沙输入量大为减少，洞庭湖急剧萎缩之势得到缓解，见表2-3-15和表2-3-16。

表 2-3-15　　洞庭湖各水文站分时期沙量统计表

年　份	项目	新江口	沙道观	弥陀寺	康家岗	管家铺	调弦口	四口合计	湘潭	桃江	桃源	石门	四水合计	总入湖沙量
1956—1966（裁弯前）	1	3454	1898	2385	1072	10775	341	19925	885	251	1189	592	2917	22842
	2	15.1	8.3	10.4	4.7	47.3	1.5	87.3	3.8	1.1	5.2	2.6	12.7	100
1967—1972（裁弯后）	1	3340	1514	2108	460	6785	0	14207	1121	260	1921	779	4082	18289
	2	18.3	8.3	11.5	2.5	37.1	0.0	77.7	6.1	1.4	10.5	4.3	22.3	100
1973—1980（葛洲坝蓄水前）	1	3423	1288	1953	215	4215	0	11904	1298	175	1474	718	3666	14741
	2	23.2	8.7	13.2	1.6	28.6	0.0	75.3	8.8	1.2	10.0	4.9	24.7	100
1981—2000（葛洲坝蓄水后）	1	3319	1036	1612	181	2977	0	9125	869	154	711	483	2217	11341
	2	29.3	9.1	14.2	1.6	26.2	0.0	80.4	7.7	1.4	6.3	4.3	19.5	100
2001—2002（三峡大坝蓄水前）	1	1695	429	707	67	1148	0	4046	827	100	193	152	1272	5318
	2	31.9	8.1	13.3	1.3	21.6	0.0	76.2	15.6	1.9	3.6	2.9	23.9	100

续表

年　份		新江口	沙道观	弥陀寺	康家岗	管家铺	调弦口	四口合计	湘潭	桃江	桃源	石门	四水合计	总入湖沙量
2003—2008（三峡大坝运用期）	1	541	164	191	22	435	0	1353	527	43	138	339	991	2343
	2	23.1	7.0	8.2	0.9	18.6	0.0	57.8	22.5	1.8	5.9	14.5	42.3	100
总入沙量（平均）	1	2989	1185	1682	380	4856	71	11164	925	1715	978	540	2618	13782
	2	21.7	8.6	12.2	2.8	35.2	0.5	81.0	6.7	12.3	7.1	3.9	19.0	100

注　表中 1 表示沙量，单位为万吨；2 表示占该时段总入湖沙量的百分数（%）。

表 2-3-16　　洞庭湖年输沙量在各湖内的分布统计表

年　份	全　湖			西洞庭湖			东、南洞庭湖		
	来沙/万 t	输出沙/万 t	输出比/%	来沙/万 t	输出沙/万 t	输出比/%	来沙/万 t	输出沙/万 t	输出比/%
1956—1960	22407	6250	28	10034	4659	46	17032	6250	37
1961—1970	22731	5767	25	11332	5139	45	16539	5767	35
1971—1980	13958	3884	28	8616	4858	56	10150	3884	38
1981—1990	13301	3210	24	6996	4879	70	9693	3210	33
1991—2000	9385	3472	26	6200	3328	54	6513	2472	38
2000—2008	3088	1695	55	1815	1385	76	2657	1695	64
1956—2008	13782	3738	27	7747	4083	53	10101	3739	37

注　数据来源于《洞庭湖志》。

洞庭湖区在宋元时始有筑堤围垸记载，主要垸堤有岳阳偃虹堤、白荆堤，华容黄封堤、湘阴南堤和临湘赵公堤等。当时，岳阳堤“外障城垣，内通舟楫”，华容堤则“仅可障官署”。16 世纪以后荆江水沙南倾，湖区发展堤垸，水灾增多。明代则大量挽筑，此间围成堤垸 130 余处，其中尤以明初围挽的华容 48 垸最为著名。至清康熙“许民筑围”，乾隆时先下令“禁创私围”，随后又认为“淤高沃土弃置实为可惜”，此后，官民竞相围垦。

清末，松滋、藕池两河形成后，洞庭湖演变日益加剧，影响其演变的主要因素是泥沙淤积和与之伴随而至的筑堤围垸。同治九年（1870 年）松滋口决，荆江四口分流格局形成。同治十三年至民国三十八年（1874—1949 年）的 76 年间，为洞庭湖急剧变化时期。藕池、松滋溃口后，荆江泥沙大量入湖，湖区迅速淤填。

民国时期，虽然屡有明令“严禁私筑”新垸，但政府一面“严禁围垦”，一面又“召佃放垦”，发放名目繁多的“垦照”，致使堤垸有增无减。据 1935 年大水前统计，湖区实有堤垸达 1700 处以上，经大水溃废后，仍有 1400 余处。新中国成立后经湖南省人民政府水利局于 1949 年底进行调查，核实湖区堤垸 993 处，垸田 39.57 万公顷。后经调整、合并，垸数有所减少。

淤积和围垦的结果，致使湖面湖容越来越小。据有关史料记载，天然湖泊面积，自 1825 年至 1995 年的 170 年时间中，减少 3377 平方千米，现有湖泊面积较之清末缩小一半以上；湖泊容积，1995 年比 1949 年减少 126 亿立方米，面积和容积均急剧缩小。

19 世纪中叶以后，荆江南流基本格局并无改变，长江洪水及挟带的泥沙通过“四口”大量分流入洞庭湖，导致湖区大量泥沙淤积。洞庭湖的演变，除自然因素外，较大程度上是人为因素的影响。20 世纪中叶以来，洞庭湖区围垦、调弦河建闸控制以及下荆江系统裁弯等几项重大人类活动加剧了这种影响。但自 2003 年三峡枢纽工程运行以来，清水下泄，荆江四口分流分沙明显减少，相应影响着洞庭湖区的发展演变。

长江中游水灾的根本原因是上游来水量大而河道自身允许的安全泄量有限。20 世纪初以来，由于通江的江汉湖群大量堵闭，矛盾更为突出，水患日趋频繁。通江湖泊的减少，加上洲滩民垸的围垦，使城陵矶至汉口河段泄洪能力显著降低，而在相同泄量情况下城陵矶水位明显抬高，从而顶托洞庭湖出口水位，七里山断面的泄洪流量减少，江湖关系演变更为复杂，防洪形势也更严峻。

洞庭湖受自然演变、泥沙淤积及人类活动影响，水面面积和蓄水容积逐年减少，湖泊萎缩速度加快。洞庭湖不断萎缩的结果，导致其调蓄荆江洪水的功能减弱，荆江洪水位抬高。

荆南四口分流形成后，大量泥沙入湖，迫使洞庭湖由大变小。从 1860 年至 1949 年的 89 年间，经四口进入洞庭湖的泥沙为 215.4 亿立方米（按 1934 年资料，入湖泥沙 2.86 亿立方米，其中四口 2.62 亿立方米，四水 0.24 亿立方米，出湖泥沙 0.44 亿立方米，淤积在湖内的泥沙 2.42 亿立方米）。从 1950 年至 1998 年湖内泥沙淤积量 48.72 亿立方米（1999 年汛后，有关资料认为，长江中游 50 年来共淤积泥沙 50 亿立方米，其中洞庭湖 43 亿立方米，鄱阳湖 4 亿立方米，干流仅 3 亿立方米）。从 1999 年至 2003 年的 5 年间，经三口进入洞庭湖的泥沙为 1.71 亿立方米，四水入湖泥沙为 0.95 亿立方米，两者合计 2.66 亿立方米，按沉积率 77.2%计，湖区泥沙淤积量为 2.053 亿立方米。从 2004 年至 2007 年，湖中淤积泥沙 0.807 亿立方米。

从 1860—2007 年的 147 年间，洞庭湖共淤积泥沙 267 亿立方米，不包括 8%的区间来沙和长江倒灌入东洞庭湖的泥沙量。

2003 年三口入湖沙量为 0.14 亿立方米，四水入湖沙量为 0.226 亿立方米，四水来沙量大于三口来沙量。

三、湖区水系

新中国成立初期，洞庭湖区划为长江流域洞庭湖水系，二级水系划为四口和四水水系。四水水系分别为湘江、资江、沅江、澧江。1955 年 11 月制定的《长江流域水文资料汇编刊印水系划分表》中，将洞庭湖水系划为四口水系、湘江水系、资水水系、沅江水系、澧水水系、西洞庭湖湖区水系、南洞庭湖湖区水系、东洞庭湖湖区水系，共 8 个水系。各水系范围如下：

四口水系 四口水系包括松滋河自松滋口至瓦窑河一段，虎渡河自太平口至理兴垱与梅景窖一段，藕池口至南县一段，华容河自调弦口至南堤角一段。

湘江水系 湘江水系包括濠河口以上（濠河口列入湘江水系）湘江干流及支流。

资水水系 资水水系包括益阳甘溪港以上（甘溪港列入西洞庭湖湖区水系）资水干流及支流。

沅江水系 沅江水系包括常德以上（常德列入沅江水系）沅江干流及支流。

澧水水系 澧水水系包括津市以上（津市列入澧水水系）澧水干流及支流。

西洞庭湖湖区水系 西洞庭湖湖区水系包括赤山岛以西、涔水、七里湖、珊泊湖、冲天湖、柳叶湖、鳝鱼湖、鹰湖、围堤湖、目平湖、洋陶湖、龙池湖等及其分支，以及松滋瓦窑河以下、虎渡河梅景窖、理兴垱以下、安乡河官垱以下、藕池河西支团山寺以下、中支南县以下、澧水津市以下、沅水常德以下入湖各分支。

南洞庭湖湖区水系 南洞庭湖湖区水系包括赤磊洪道及赤山岛以东、万子湖、黑泥湖、横岭湖、烂泥湖、汨罗江等及其分支，以及资水益阳以下、湘江濠河口以下入湖各分支。

东洞庭湖湖区水系 东洞庭湖湖区水系包括东洞庭湖、大通湖等各分支，洞庭湖口水道与华容南堤角以下入湖各分支，以及新墙河等。

以上水文区域的水系划分沿用至今。

洞庭湖在地貌格局控制下，形成以湖泊为中心的向心状水系。流域面积超过 1000 平方千米的入湖河流有 70 条，流域面积超过 10000 平方千米的入湖河流有 9 条，见表 2-3-17。

表 2-3-17　洞庭湖水系水域面积组成表

<table>
<tr><th colspan="2">水域名称</th><th>流域面积/km²</th><th>范围所跨地区</th></tr>
<tr><td rowspan="4">四水水系</td><td>湘江</td><td>94660</td><td>广西、广东、江西、湖南等 4 省（自治区）69 县（市）</td></tr>
<tr><td>资水</td><td>28142</td><td>广西、湖南 2 省（自治区）25 县（市）</td></tr>
<tr><td>沅水</td><td>89647</td><td>贵州、广西、重庆、湖北、湖南 5 省（自治区、直辖市）</td></tr>
<tr><td>澧水</td><td>18583</td><td>湖南、湖北 2 省 12 县（市）</td></tr>
<tr><td rowspan="3">洞庭湖湖区水系</td><td>东洞庭湖</td><td>12974</td><td>湖北、江西、湖南 3 省 11 县（市）</td></tr>
<tr><td>南洞庭湖</td><td>4410</td><td>湖南省沅江等 6 县（市）</td></tr>
<tr><td>西洞庭湖</td><td>7628</td><td>湖南省澧县等 9 县（市）</td></tr>
<tr><td colspan="2">四口水系</td><td>6756</td><td>湖北、湖南 2 省 13 县（市）</td></tr>
<tr><td colspan="2">总计</td><td>262800</td><td>广西、广东、贵州、江西、湖北、湖南、重庆 7 省（自治区、直辖市）183 县（市）</td></tr>
</table>

注　资料来源于《洞庭湖志》（2013 年）。

湘江 湘江又称为湘水，发源于广西灵川县海洋坪龙门界，从河源至濠河口全长 867 千米，跨广西、广东、江西、湖南 4 省（自治区）。流域面积 94660 平方千米，其中湘潭站以上流域面积 81638 平方千米。多年平均流量 2370 立方米每秒，多年平均年径流量（湘潭站）651.85 亿立方米。含沙量沿程变化，下游大于上游，平均含沙量 0.17 千克每立方米，多年平均年输沙量971万吨。湘潭站河道安全泄量为18000立方米每秒，新中国成立后，1954年最大洪峰流量18300立方米每秒，1994年最大洪峰流量20800立方米每秒，2003年最大洪峰流量19500立方米每秒。

资水 资水又名资江，古称益水。有二源，南源夫夷水出广西资源县越城岭西麓桐木江，西源（一般作主源）赧水出湖南省城步苗族自治县资源乡青界山西麓黄马界，两源汇于邵阳县双江口。干流全长653千米，流域面积28142平方千米，其中桃江站以上流域面积26700平方千米。多年平均流量759立方米每秒，多年平均年径流量227亿立方米（桃江站）。平均含沙量一般在0.18千克立方米以下，桃江站多年平均含沙量0.143千克立方米，多年平均年输沙量236万吨。河道安全泄量（桃江站）为9000立方米每秒，1954年最大洪峰流量11300立方米每秒，1955年最大洪峰流量14400立方米每秒，1996年最大洪峰流量11600立方米每秒。

沅水 沅水又名沅江，源出贵州省斗篷山北麓。干流全长1033千米，流域面积89647平方千米，其中桃源站以上流域面积85223平方千米。多年平均流量2170立方米每秒，多年平均年径流量645亿立方米（桃源站）。沅江的泥沙含量有沿程递增的规律，桃源站多年平均含沙量0.259千克每立方米（贵州境内河道含沙量每立方米0.2千克以下），多年平均年输沙量1055万吨。河道安全泄量（桃源站）为18000立方米每秒，1954年最大洪峰流量23900立方米每秒，1996年最大洪峰流量29100立方米每秒，1998年最大洪峰流量25000立方米每秒，1999年最大洪峰流量27100立方米每秒。

澧水 澧水源于桑植县杉木界。干流至小渡口全长388千米，流域面积18583平方千米。多年平均流量482立方米每秒，多年平均年径流量（三江口站）152亿立方米。多年平均含沙量0.46千克每立方米。1998年最大洪峰流量19900立方米每秒，2003年最大洪峰流量18700立方米每秒。

洞庭湖区水系 洞庭湖区水系指四水水系以北，长江荆江河段松滋口至洞庭湖口城陵矶以南的河湖，它位于洞庭湖水系的北部，总面积31768平方千米。地跨湖北、湖南、江西3省。洞庭湖湖区内河湖划分为四口水系与东、南、西洞庭湖水系。

四、洞庭湖年径流量变化情况

1951—2008年，多年平均入湖径流总量为2803亿立方米，其中长江四口为940立方米，占多年平均入湖径流总量的32.4%；四水为1679亿立方米，占多年平均入湖径流总量的58.0%；区间为278亿立方米，占多年平均入湖径流总量的9.6%。最大年径流量发生在1954年，总入湖年径流量为5268亿立方米，其中四口为2330亿立方米，四水为2539亿立方米，区间为399亿立方米。1964年居第二，总入湖年径流量为4007亿立方米。1965—2008年的44年中，总入湖年径流量均未超过4000亿立方米。最小年径流量出现在1978年，总入湖年径流量为1990亿立方米，其中四口为624亿立方米，四水为1208亿立方米，区间为158亿立方米。2006年总入湖年径流量也为1990亿立方米，但四口、四水的径流量差异较大，其中四口为183亿立方米，四水为1405亿立方米，区间为402亿立方米，见表2-3-18～表2-3-20。

表 2-3-18　　洞庭湖多年平均年径流量统计表　　单位：亿 m^3

站名			1951—1960年	1961—1970年	1971—1980年	1981—1990年	1991—2000年	2001—2008年	1951—2008年	
									径流量	占总入湖径流量之比/%
四口	松滋口	新江口	313	353	311	319	276	238	304	10.5
		沙道观	186	159	102	91	73	54	113	3.9
		小计	499	512	413	410	349	292	417	14.4
	太平口	弥陀寺	209	223	156	143	127	96	161	5.6
	藕池口	康家岗	74	42	10	11	10	5	26	0.9
		管家铺	625	556	229	197	159	108	320	11.0
		小计	699	598	239	208	169	113	346	11.9
	调弦口		94						16	0.5
	四口合计		1501	1333	808	761	645	501	940	32.4
四水	湘	湘潭	652	633	634	618	751	672	659	22.8
	资	桃江	234	235	216	216	260	217	230	7.9
	沅	桃源	644	675	646	578	690	612	642	22.2
	澧	石门	152	157	143	144	149	138	148	5.1
	四水合计		1682	1700	1639	1556	1850	1639	1679	58.0
四口+四水			3183	3033	2447	2317	2495	2140	2619	90.0
区间			260	265	221	275	364	295	278	9.6
城陵矶			3443	3298	2668	2592	2859	2435	2803	100

表 2-3-19　　荆江裁弯等各时期洞庭湖总入湖年径流量组成表

年份	四口		四水		区间		总入湖年平均径流量/亿 m^3
	年平均径流量/亿 m^3	占入湖总量比例/%	年平均径流量/亿 m^3	占入湖总量比例/%	年平均径流量/亿 m^3	占入湖总量比例/%	
1956—1966（裁弯前）	1332	42.6	1524	48.8	270	8.6	3126
1967—1972（裁弯后）	1023	34.3	1729	58.0	230	7.7	2982
1973—1980（葛洲坝蓄水前）	835	30.0	1699	60.9	255	9.1	2789
2001—2002（三峡蓄水前）	708	26.0	1702	62.4	316	11.6	2726
2003—2008（三峡运用期）	499	21.7	1539	67.1	257	11.2	2295

表 2-3-20　　长江四口多年平均流量分流比统计表

年份	四水径流量/亿 m^3	松滋口		太平口		藕池口		三口合计	
		径流量/亿 m^3	占枝城径流量比例/%	径流量/亿 m^3	占枝城径流量比例/%	径流量/亿 m^3	占枝城径流量比例/%	径流量/亿 m^3	占枝城径流量比例/%
1956—1966（裁弯前）	1524	485	10.7	210	4.7	637	14.3	1332	29.5
1967—1972（裁弯后）	1729	446	10.4	186	4.3	391	9.1	1023	23.8
1973—1980（葛洲坝蓄水前）	1699	428	9.6	160	3.6	247	5.6	835	18.8
1981—2000（葛洲坝蓄水后）	1702	379	8.6	135	3.0	191	4.3	708	15.9
2001—2002（三峡蓄水前）	1935	285	6.9	102	2.5	121	2.9	508	12.4
2003—2008（三峡运用期）	1539	294	7.5	94	2.5	110	2.9	499	12.9

从平均分流比统计表可以看出，藕池口径流受裁弯的影响显著，分流比由裁弯前的14.3%锐减至2.9%。松滋口和太平口距离裁弯段较远，流量减少较少，影响较弱。

附：洞庭湖历年进、出湖组合洪峰流量（日平均）统计表（表2-3-21）

四水、四口主要控制站历年年径流量统计表（表2-3-22）

四水、四口主要控制站各年代平均输沙量统计表（表2-3-23）

表 2-3-21　　洞庭湖历年进、出湖组合洪峰流量（日平均）统计表

年份	进湖							出湖			削峰值/(m^3/s)	削峰值占总入流百分比/%
	四口/(m^3/s)	四水/(m^3/s)	区间/(m^3/s)	总入流/(m^3/s)	月	日	四口占总入流百分比/%	七里山相应/(m^3/s)	月	日		
1951	21840	19170	缺	41010	7	14	53.3	24700	7	24	16310	39.8
1952	17920	32494	缺	50414	8	26	35.5	35400	8	28	15014	29.8
1953	6901	23488	缺	30389	6	27	22.7	17400	7	12	12989	42.7
1954	26190	36490	1373	64053	7	30	40.9	43300	8	2	20753	32.4
1955	23080	28457	222	51759	6	27	55.3	29100	7	3	22659	30.3
1956	5150	34628	1331	41109	5	30	12.5	29800	6	3	11309	27.5
1957	16040	23704	2473	42217	8	9	38.0	28700	8	13	13517	32.0
1958	2849	33570	4521	40940	5	10	6.7	30800	5	14	10040	24.6
1959	4041	27680	4421	34142	6	4	6.0	20800	6	7	13342	39.1
1960	8629	23762	773	33164	7	10	26.0	21900	7	15	11264	34.0
1961	3876	28502	777	33155	6	15	11.7	22500	6	17	10655	29.1
1962	12374	30526	890	43790	7	3	28.3	35100	7	3	8690	19.8
1963	16320	26428	131	42879	7	12	38.1	23400	7	19	19479	45.4

续表

年份	进湖							出湖			削峰值/(m³/s)	削峰值占总入流百分比/%
	四口/(m³/s)	四水/(m³/s)	区间/(m³/s)	总入流/(m³/s)	月	日	四口占总入流百分比/%	七里山相应/(m³/s)	月	日		
1964	7238	42480	2725	52443	6	25	13.8	39500	7	4	12943	24.7
1965	12673	16968	3567	33208	7	7	38.2	17000	7	10	16208	48.8
1966	7536	30682	2521	40739	7	13	18.5	29700	7	15	11039	27.1
1967	11473	24530	2130	38133	6	24	30.1	23200	6	26	14933	39.2
1968	17714	20973	123	38810	7	16	45.6	353 () 0	7	22	3510	9.0
1969	11637	36367	4324	52328	7	17	22.2	38600	7	20	13728	26.2
1970	9241	43482	1999	54722	7	15	16.9	34200	7	18	20522	37.5
1971	2127	28810	4631	35568	5	31	6.0	26400	6	4	9168	25.8
1972	1297	20560	553	22410	5	9	5.8	17100	5	13	5310	23.7
1973	10194	27210	4737	42141	6	24	24.2	32900	6	28	9241	21.9
1974	4410	34380	1681	40471	7	1	10.9	23300	7	8	17171	42.4
1975	2976	29740	3344	36060	5	19	8.3	27800	5	20	8260	22.9
1976	9225	30120	1087	40432	7	14	22.8	23800	7	16	16632	41.4
1977	8112	30420	2603	41135	6	20	19.7	28600	6	25	12535	30.5
1978	758	26338	80	27176	5	20	2.8	18800	6	6	8376	30.8
1979	5312	29890	2143	37345	6	28	14.2	27700	7	2	9645	25.8
1980	12523	25623	1397	39543	8	5	31.7	27400	8	9	12143	30.7
1981	8420	16220	1457	26097	6	28	32.3	17900	7	4	8197	31.4
1982	4522	36053	876	41451	6	18	10.9	29100	6	25	1235	29.8
1983	9665	20694	4669	35028	7	8	27.6	34000	7	10	1028	2.9
1984	2873	39297	449	42619	6	2	6.7	22500	6	7	20119	47.2
1985	4272	17320	1546	23138	6	7	18.5	17700	7	12	5438	23.5
1986	11472	19426	1156	32054	7	7	35.8	23500	7	11	8554	26.7
1987	15432	14210	559	30201	7	23	51.5	22600	7	30	7601	25.2
1988	6842	31470	2313	40626	9	4	16.8	31100	9	11	9256	23.4
1989	5205	26858	1688	33751	7	4	15.4	21300	7	6	12451	36.9
1990	10781	32376	2590	45747	6	15	23.6	22700	6	18	23047	50.4
1991	8819	23236	1084	33139	7	10	26.6	29600	7	15	3539	10.7
1992	3299	32710	1778	37787	5	18	8.7	21600	5	23	16187	42.8
1993	3989	28980	4386	37355	7	5	10.7	28400	7	9	8955	24.0
1994	1990	32990	1017	35997	6	18	5.5	24500	6	21	11497	31.9
1995	3642	46838	345	50824	7	2	7.2	37600	7	4	13224	26.0
1996	7897	43630	209	51736	7	20	15.3	43800	7	21	7936	15.3
1997	7478	16666	306	24450	7	10	30.6	19400	7	14	5050	20.7
1998	12916	34667	2253	49836	7	24	25.9	35800	7	31	14036	28.2
1999	11081	38650	2784	52515	7	17	21.1	32000	7	24	20515	39.1

续表

年份	进湖							出湖			削峰值/(m³/s)	削峰值占总入流百分比/%
	四口/(m³/s)	四水/(m³/s)	区间/(m³/s)	总入流/(m³/s)	月	日	四口占总入流百分比/%	七里山相应/(m³/s)	月	日		
2000	3002	23020	1122	27144	6	23	11.1	18000	6	26	9144	33.7
2001	627	23823	568	25018	5	8	2.5	16100	5	12	8918	35.6
2002	11087	26219	872	38178	8	20	29.0	35400	8	23	2778	7.3
2003	5049	38390	72	43511	7	10	11.6	24700	7	13	18811	43.2
2004	4635	30170	234	35043	7	20	13.2	29000	7	24	6043	17.2
2005	3300	29703	191	33194	6	2	9.9	22900	6	9	10294	31.0
2006	3128	22698	36	25862	7	18	12.1	19500	7	21	6362	24.6
2007	7092	28868	217	36177	7	26	19.6	20400	7	29	15777	43.6
2008	4357	30510	352	35219	11	7	12.4	20600	11	12	14619	41.5

注 1. 1998年以前，采用湖南省水利水电厅编印的《洞庭湖水文气象统计分析》成果。
2. 1989—2008年，区间选用梨、黄旗段（伍市）、沔泗洼（临澧）等3站计算，四口、四水与出湖流量按实测资料统计。

表2-3-22　四水、四口主要控制站历年年径流量统计表　单位：亿m³

年份	四水					四口							城陵矶
	湘江	资水	沅江	澧水	合计	松滋口		太平口	藕池口		调弦口	合计	
	湘潭	桃江	桃源	石门		新江口	沙道观	弥陀寺	康家岗	管家铺			
1951	604	201	513	106	1424	305	195	231	76	567	106	1480	3099
1952	819	300	846	161	2126	339	217	243	128	753	126	1806	4198
1953	831	296	668	122	1917	273	174	182	46	495	95	1265	3412
1954	873	372	1030	264	2539	460	290	270	159	997	154	2330	5268
1955	504	239	590	140	1473	331	212	214	97	717	135	1706	3498
1956	592	183	486	133	1394	295	186	204	62	608	109	1464	3124
1957	563	178	594	153	1488	310	171	195	56	602	109	1443	3191
1958	513	206	667	195	1581	301	155	184	53	581	106	1380	3294
1959	641	209	578	127	1555	247	113	158	21	419		958	2741
1960	579	160	470	123	1332	268	151	171	41	514		1145	2589
1961	913	251	540	123	1827	321	142	218	39	561		1281	3347
1962	776	267	653	166	1862	347	171	235	61	673		1487	3614
1963	281	135	554	175	1145	334	170	233	40	606		1383	2656
1964	665	241	777	220	1903	420	212	269	70	767		1738	4007
1965	412	200	640	121	1373	388	191	247	62	671		1559	3154
1966	485	199	511	107	1302	319	145	193	33	468		1158	2669
1967	519	231	775	180	1705	364	145	221	30	474		1234	3244
1968	828	251	738	139	1956	427	182	247	49	592		1497	3625
1969	499	254	805	176	1734	277	105	166	18	337		903	3047
1970	949	321	757	158	2185	331	127	196	22	411		1087	3607

续表

年份	四水					四口							城陵矶
	湘江	资水	沅江	澧水	合计	松滋口		太平口	藕池口		调弦口	合计	
	湘潭	桃江	桃源	石门		新江口	沙道观	弥陀寺	康家岗	管家铺			
1971	449	205	602	137	1393	288	104	160	7	249		808	2319
1972	543	163	564	132	1402	242	81	124	3	151		601	2048
1973	949	317	786	182	2234	322	125	177	16	307		947	3617
1974	462	174	567	107	1310	385	146	204	25	387		1147	2625
1975	891	247	599	147	1884	338	103	165	7	225		838	2911
1976	745	214	660	120	1739	298	84	147	7	177		713	2628
1977	630	260	859	157	1906	323	92	156	6	175		752	2980
1978	500	161	455	92	1208	275	77	129	3	140		624	1990
1979	577	211	596	103	1487	287	93	135	9	193		717	2360
1980	593	212	768	251	1824	354	119	166	17	281		937	3200
1981	758	228	479	104	1569	325	101	149	12	226		813	2660
1982	808	263	760	182	2013	337	104	165	15	254		875	3220
1983	761	213	684	218	1876	376	120	175	21	314		1006	3220
1984	557	202	547	122	1428	336	97	149	13	231		826	2460
1985	548	174	454	103	1279	334	89	144	9	182		758	2240
1986	466	175	500	124	1265	256	61	107	5	118		547	1990
1987	508	188	595	151	1442	298	87	131	10	180		706	2430
1988	565	256	558	109	1488	288	75	128	7	148		646	2410
1989	568	213	570	187	1538	348	91	91.1	9	178		717	2750
1990	642	252	636	137	1667	294	81.7	131	6.1	142		656	2544
1991	535	234	723	183	1675	279	84.5	125	9.9	174		673	2679
1992	782	234	573	83	1672	230	56	105	5.6	114		511	2400
1993	704	239	713	180	1836	297	88	141	13.3	197		737	2918
1994	1032	357	671	109	2169	168	29.4	76.5	2.2	67		344	2736
1995	738	245	732	163	1878	267	69.2	128	8.0	135		607	2861
1996	663	236	718	183	1800	269	70.4	127	10.1	152		628	2826
1997	872	263	607	106	1848	201	38.8	88.4	4.3	88.7		420	2574
1998	847	325	813	216	2200	406	127	182	25.1	307		1045	4008
1999	623	242	719	138	1721	338	88.1	160	13.9	201		801	2991
2000	709	224	614	124	1671	306	77.9	139	9.2	153		684	2595
2001	684	211	551	91.9	1538	239	52.1	102	4.1	96.2		493	2321
2002	1000	310	847	176	2333	228	50.6	102	7.4	134		521	3393
2003	627	212	708	208	1754	257	69.3	106	7.2	130		569	2685
2004	531	181	651	136	1499	253	57.7	103	4.6	1051		1469	2329
2005	658	230	520	103	1511	301	76.2	123	7.1	136		643	2415
2006	780	240	449	85.4	1554	109	10.4	34.3	0.47	28.6		183	1990
2007	517	168	575	145	1405	257	61	99.8	5.9	120		544	2094
2008	579	180	595	159	1513	257	56.1	98.7	4.0	113		529	2256

表 2-3-23　　四水、四口主要控制站各年代平均输沙量统计表　　单位：万 t

项目			1951—1960年	1961—1970年	1971—1980年	1981—1990年	1991—2000年	2001—2008年	多年平均
湘江	湘潭	年量	1212	1013	1185	959	779	602	971
		汛量	893	692	879	596	518	494	771
资水	桃江	年量	634	221	164	142	166	57	236
		汛量	513	171	136	105	134	46	201
沅江	桃源	年量	1453	1701	1418	708	715	152	1055
		汛量	1321	1500	1266	643	671	145	1039
澧水	石门	年量	644	727	664	572	394	252	561
		汛量	609	682	616	490	386	244	513
四水合计		年量	3943	3662	3432	2380	2054	1063	2823
		汛量	3336	3045	2897	1834	1709	929	2524
松滋口	新江口	年量	3532	3721	3249	3838	2800	829	3070
		汛量	3456	3627	3196	3804	2780	826	3021
	沙道观	年量	1990	1891	1232	1260	811	230	1270
		汛量	1931	1864	1227	1260	807	230	1254
	小计	年量	5522	5612	4481	5098	3611	1059	4340
		汛量	5387	5491	4423	5064	3587	1056	4275
太平口	弥陀寺	年量	2223	2439	1862	1890	1335	320	1725
		汛量	2146	2351	1830	1877	1326	319	1687
藕池口	康家岗	年量	1534	853	191	216	146	33	518
		汛量	1532	852	191	216	145	33	511
	管家铺	年量	11341	10166	3992	3717	2240	613	5610
		汛量	11243	10061	3986	3709	2238	613	5470
	小计	年量	12875	11019	4183	3933	2386	646	6328
		汛量	12775	10913	4177	3925	2383	646	5981
调弦口		年量	851						147
		汛量	829						143
四口合计		年量	21471	19070	10526	10921	7332	2025	12540
		汛量	21126	18755	10430	10866	7296	2021	12086
入湖（四水加四口）		年量	25414	22732	13958	13301	9386	3088	15363
		汛量	24461	21800	13327	12700	9005	2950	14610
城陵矶		年量	6569	5767	3884	3210	2472	1695	4010
		汛量	4105	3333	2474	1773	1405	972	2391

注　资料来源于《洞庭湖志》(2013年)、《洞庭湖历史变迁地图集》(2011年)、聂蓉芳《洞庭湖——演变、治理与综合开发》。

第五节　内荆河水系

内荆河贯穿于荆北平原湖区，源自建阳河（又名建水），在荆门市西南五里铺与十里铺之间，又称为大槽河。后因此河流经拾回桥镇而名拾桥河，简称为桥河，为内荆河正源。长湖形成前，注入扬水运河。长湖形成后，自西向东汇流大小支流数十条，过长湖，串联三湖、白露湖、洪湖，于洪湖市新滩口注入长江。1955年改造成大型人工渠道，因其串联长湖、三湖、白露湖、洪湖等4个大型湖泊，故取名四湖总干渠，因此又称为四湖水系。

四湖水系按照地势及水系情况，划分为上、中、下区及螺山区。上区是指长湖以上区域，汇流面积3239.8平方千米。中区是指洪湖市小港以上、长湖以下（不含螺山排区）区域，汇流面积5045平方千米（含洪湖湖面402平方千米）。下区指小港以下、新滩口以上区域，汇流面积1154.7平方千米。螺山区是指洪湖以西、主隔堤以南地区，汇流面积935.3平方千米。四湖水系总汇流面积（内垸）10374.8平方千米，外滩面积1172.5平方千米。

一、水系演变

内荆河所流经地区原为云梦古泽，左汉右江，上有沮漳河水来汇。诸水汇注，春秋战国以前为相对稳定的全盛时期。因接受大量洪水所挟带的泥沙，从而发生充填式淤垫。自先秦以后，云梦泽已趋萎缩，有“导为三江、潴为七泽”之说。荆江洪水通过众多的分流分汉水道分流分沙，并以三角洲的形式向前推进，北部分流衰退，南部分流加强，至唐宋时期，云梦泽逐渐解体衰亡，其间留下大量洼间河网和遗迹湖。

云梦泽主体虽已解体，但长江、汉水巨大的水量仍然以漫流的形式从云梦泽中通过，因而形成众多支汊。在荆江统一河道尚未形成之前，东荆河还没出现，除大江主流外，内荆河地区的主要支流有夏水、涌水、扬水（太湖港河、龙会桥河、西荆河、运粮河）、夏桥河（拾回桥河）等。

夏水是长江向北分流的最大支流，出现于春秋战国时期，以“冬涸夏盛”而得名，故称为夏水，亦称为沧浪水。夏水的进口位于沙市附近（今窑湾），据南朝时期盛弘之所撰《荆州记》载：“江津东十余里有中夏洲，洲之首江之泛也。故屈原云：经夏首而西浮，又二十里有涌口（今观音寺闸），所谓阎遨游涌而逸，二水之间，谓之夏洲，首尾七百里”。又据《水经注》载：“夏水之首，江之汜也（汜是泛的异体字）。屈原所谓过夏首而西浮，顾龙门而不见也，龙门即郢城之东门也。又东过华容县南。县，故容城矣，……夏水又东迳监利县南，又东至江夏云杜县，入于沔。”根据以上记述，夏水分江之口在（今沙市）东十余里，又二十里有涌口，由此推论夏水的口门当在今沙市窑湾至岑河一线上，而涌口在观音寺，观音寺为古之獐捕穴。二水之间谓之夏洲，首尾七百里，夏洲即是今四湖地区。涌水自洪湖市界牌附近复入长江。

夏水从江津以东分流，经岑河、三湖、白露湖、余家埠、黄歇口、小沙口、郑道湖流入沔阳县境，与夏扬水汇合进入太白湖（今杜家台分洪区），在堵口（今仙桃市东，又作潴口）入沔水。后由于人类活动和泥沙淤积，沔水不断北移，明嘉靖末年（1566年前后），东荆河形成，夏水与东荆河合流改由沌口入长江。后随着东荆河下游改道至1955年堵筑新滩口，夏水一直是四湖水系演变的主体。夏水接纳南北许多支流港汊，后逐渐演变为内荆河。明嘉靖《沔阳州志》载“夏水首出于江，尾入沔”，新中国成立后，因其地理位置北有东荆河，南有荆江，此河处两河之内，故称为内荆河。1951年荆州专区交通局正式将习家口至新滩口这段水道称为内荆河。

内荆河水系中另一条重要河流即扬水，扬水在历史上早有记载。《汉水·地理志》南郡临沮有扬水的记载：“禹贡南条荆山在东北，漳水所出，东至江陵入扬水，扬水入沔，行六百里”。《水经注》载：“沔水又东南与扬口合，水上承江陵赤湖。江陵西北有纪南城，楚文王自丹阳徙此。……城西南有赤坂岗，冈下有渎水，东北流入城，名曰子胥渎。盖吴师入郢所开也”。《中国历史地名辞典》载：“扬口，在今潜江县西北，即古扬水入沔水之口”。

另据《史记·河渠书》记载：“于楚，西方则通渠汉水、云梦之野，东方则过（鸿）（邗）沟江、淮之间”。但西方通渠的原委记载不清，直到魏文帝时王象等奉敕所撰《皇览》，在考孙叔敖墓地时记载：“孙叔敖激沮水作云梦大泽之地也”。

内荆河水系原状概图（1954年）如图2-3-11所示。

综合上述记载：“西方一渠当为扬水，工程的关键在郢都附近，激沮、漳水作大泽，泽水南通大江，东北循扬水到达汉水，所经过的地方正是当时所谓云梦”。其源头即在今刘家堤头和万城闸附近，从此处引沮漳河水经通渠（今观桥河，古扬水的一支）进入纪南城，通渠即为引进漳水济扬水或入三海的古道。通渠的另一端在今沙洋附近，是利用当时的湖泊加以人工开凿连接一条沟通汉江的人工运河，到达纪南城后，既可从沙市入长江，也可经郝穴入长江。故《江陵县水利志》引自《湖北江陵县乡土志·江陵诸水原委》记载：“扬水原委均在县境，发源于纪山，分为两支，一支会纪南八岭山诸水东行十余里出板桥，又十余里经龙陂，又转迤而东南行，约二十里出乐壤桥入海子湖；又东行三十里历打锣场、观音垱出龙口，注入长湖，此支约行境内八十里（现名龙会桥河，至乐壤桥入海子湖后均为湖泊水面——括号内为编者注）。另一支合马山逍遥湖以东，凡沟洫港汊诸水同会杨秀桥……至秘师桥，历兆人桥达城河，又东行七八里达草市，有沙市便河之水来会，……历东关垱出关沮口入海子湖”。此水虽发源于纪山，然尾闾实通襄水，故襄水聚发时，逆流至此，颇觉涨溢，余时正平。此河名为观桥河，又称为太晖港。

公元前278年，秦将白起拔郢，纪南城失去楚国“都城”的地位，扬水运河也随之衰落，加之汉水泥沙淤积的影响，部分河段趋于湮塞。

三国时期，孙吴守军引沮漳河水放入江陵以北的低洼地，以拒魏兵，称为“北海”，扬水部分河道淹没于北海之中。晋太康元年（280年）杜预为平定东吴，结束三国分裂的局面，“乃开扬口、起夏水，达巴陵千余里，内泄长江之险，外通零桂之漕”（《杜预传》），即证明杜预循扬水故迹，惟凿开杨口，经夏水入长江，而后又在石首的焦山铺挖成调弦河，直接进入洞庭湖，这是一条从汉江直达洞庭湖的捷径。自晋以后，扬水运河有过多次疏挖，一次是晋建武元年（317年）至永昌元年（322年）“王处仲为荆州刺史，凿漕河，通江汉南北埭”。一次是南北朝宋元嘉二年（425年）“通路白湖，下注扬水，以广漕运”。

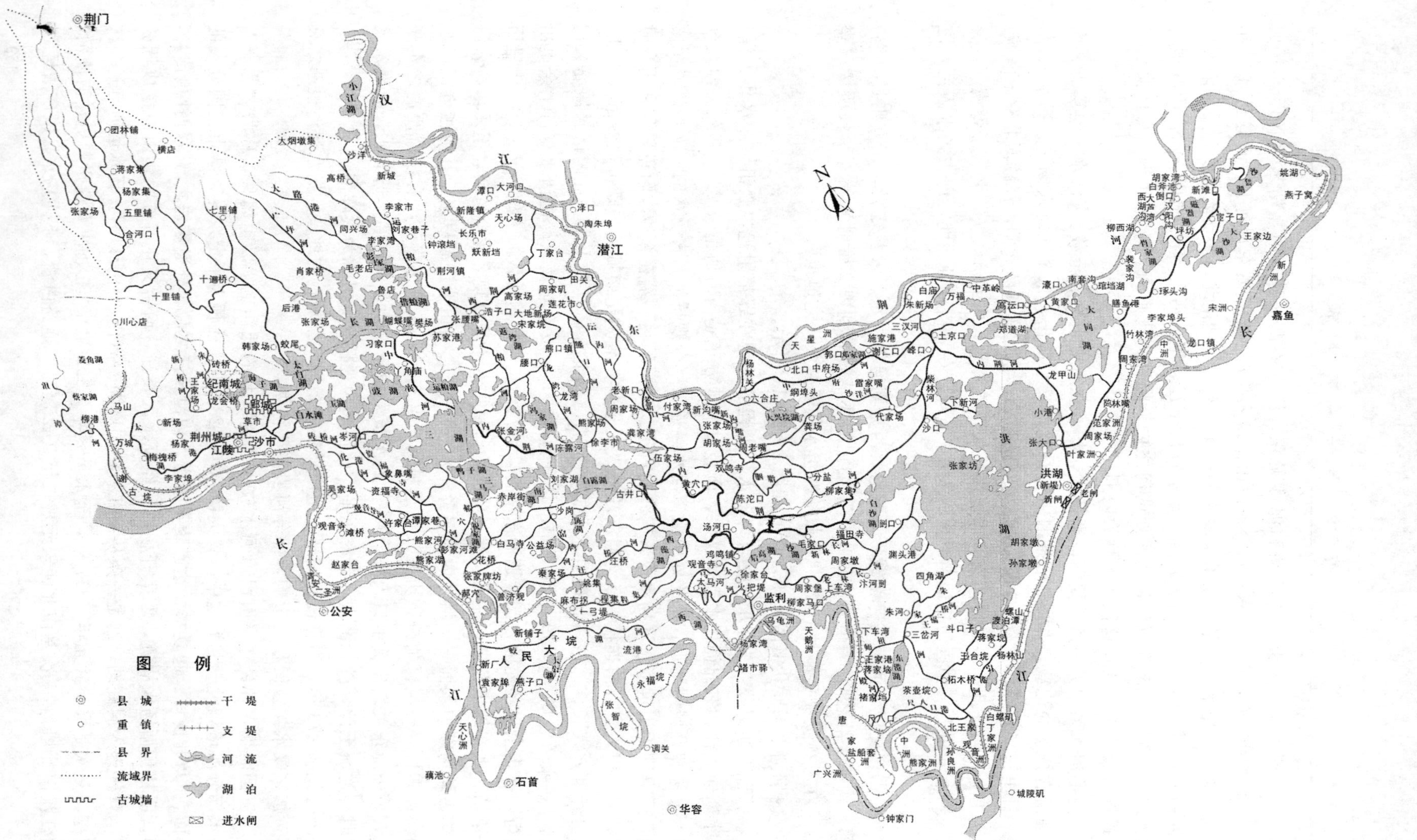

图例

符号	含义	符号	含义
◎	县城		干堤
○	重镇		支堤
	县界		河流
	流域界		湖泊
	古城墙		进水闸

图 2-3-11 内荆河水系原状概图(1954 年)

北宋时期也曾两度沟通江汉水道。第一次是宋太宗端拱元年（988年）在原扬夏运河的基础上，“又兴荆南漕河工程，能通二百斛舟载，商旅甚便”。《宋史·河渠志》记载：“川益诸州金帛及租市之币运至荆南（江陵），自荆南遣纲吏送京师，岁六十六万，分十纲”。第二次在宋天禧年间（1017—1021年），“尚书李夷简浚古渠，过夏口，以通赋输。经数次疏挖，宋时扬水运河的走向是从沙洋经砖桥、高桥、李家市、邓家洲，潜江的荆河镇、积玉口、苏家港、蝴蝶嘴至江陵城。

南宋初，为抗拒蒙古兵入侵，筑三海为水柜以作军事屏障〈称三海、八柜〉。《江陵志余》载：“沮水，在城西，旧入于江，水经云：江水东会沮口是也，宋孟拱修三海，障而东之，始于汉”。孟拱将沮漳入江之口堵筑，将水通过太湖港（观桥河）引入三海形成“三百里间渺然巨浸”，东北可通汉江，延绵数百里，宽数里至数十里之间，于是扬水运河发生了很大的变化，一部分水道被大水淹没变成了湖，但入汉江之口仍在沙洋。至明代，长湖形成，扬水的入江之口以循夏水河道下延至新滩口或沌口，称之为夏扬水，而扬水运河的起讫点在沙洋至沙市，因此称为两沙运河。

明嘉靖二十六年（1547年），沙洋关庙堤溃，大水直冲江陵龙湾（今属潜江市）以下，分为支流者九，波及荆州、沙市。嘉靖二十九年（1550年）因关庙堤溃未堵，又遭大水，复为水灾。当时荆州太守赵贤建议堵口复堤，因议而未决直至隆庆元年（1567年）才堵复沙洋汉江大堤。因敞口达21年之久，洪水携带大量泥沙淤塞，使沙洋至浩口、积玉口一带地面淤高，部分河道淤塞。为沟通江汉航运，明朝疏浚沙洋至长湖间河段，其东段利用直河（亦称为运粮河）沟通沙市至草市河段。清雍正七年（1729年）也曾疏浚过两沙运河。清光绪二年（1878年）对运粮河进行过疏浚，民国时期曾3次疏挖过两沙运河，即1936年、1938年和1946年，均因经费不足或战争原因中断施工。

新中国成立后，直至1955年，两沙运河仍可发挥作用，但随着公路运输的兴起和四湖治理工程的实施，有的航道被新挖的河渠所切断，运河的功能逐渐丧失。

以上河流的演变逐步形成了内荆河水系。据长江委《荆北区防洪排渍方案》载，内荆河上游水源是以长湖为尾闾，发源于江陵、荆门、潜江3县丘陵山区的溪流。内荆河自西向东流，沿途汇集两岸的支流，并串通长湖、三湖、白露湖、洪湖、大同湖、大沙湖等湖泊和许多垸内湖，构成错综复杂的水道网，除通过螺山闸、新堤老闸和新闸分泄部分水量外，主流出新滩口注入长江，是长江的一条支流。其支流的分布概况为：一级支流在长湖以上属扇形分布，在长湖以下为矩形分布；二级支流多数分别汇于各个湖泊然后转入内荆河，属扇形分布。内荆河干流全长约358千米，自河源至河口直线长度190千米，河道总长度（包括干流和支流）约为3494千米，流域的河网密度为每平方千米0.34千米。

内荆河承受长湖来水，干流从长湖南岸的习家口起，经丫角庙至清水口入三湖，这段河宽16米，习家口处水深仅1.9米。三湖以下分两支，一支从张金河起，经横石剅、易家口、小河口、高桥口至彭家台入白露湖，此为主流，又名张金河；另一支从新河口起（张金河下端），经铁匠沟、下垸湖入白露湖。过白露湖后又分两支：左支从余家埠起，经东港口、黄穴口、陈沱口、碟子湖、关庙至彭家口；右支从古井口起，经辣树嘴、黄潦潭、西湖嘴、鸡鸣铺、卸甲河、南剅沟、毛家口、福田寺（古称水港口），至彭家口与左支汇合，再经柳关、瞿家湾、小沙口，再往东北至峰口，再分为南北两支，北支经塘嘴坝向东经兰家桥，至东岳庙再分二支，一支向东经老沟、周家湾、郑道湖（有高潭口分流入东荆河）、黄家口（分流入东荆河，自黄家口以下部分河段河湖不分）、坝塘、官垱湖、吴家刭沟、白斧池、湘口、曲口汇入通顺河入沌口，此为内荆河主河道。清同治四年（1864年），东荆河在杨林关溃口，东荆河下游改道，原经白斧池至通顺河的河道被废，沿途有多条河沟与东荆河串通。南支经简家口、汊河口，到小港又分为二支：一支从小港口经张大口至新堤老闸入长江，称为老闸河；另一支向东，经黄蓬山、大同湖、坪坊至新滩口入长江。

注：三海、八柜

从三国至宋，北海大体在江陵东北今马山、川店一带，后扩大到了纪南城以北的九店附近，筑堰储水。因在纪南城之北，水面形如大海，故称北海。南宋绍兴时，将北海范围再次扩大，将庙湖、海子湖连在一起，统称为“三海”。到淳祐四年（1244年），孟珙又大规模施工，扩尽三海，把沮漳河水截入三海，并东北通汉江，延绵数百里，宽数里至数十里之间。

八柜：指金湾、内湖、通济、保安四柜，注入中海；拱长、长林、药山、枣林四柜，达于下海。三海后亦称“海子”，即今之海子湖。八柜的位置大体在今马山、川店、纪南一带，这一带有一条宽几千米的低矮地段，地面高低之差有五六米至十多米，是襄阳至荆州城的必经之路。八柜即是将这一带的低洼地储水，西南面有沮漳河及其泛区（今北湖一带），东南面为云梦泽解体后的湖沼地区。这些湖区形成了一条长约35千米，宽约1千米至数十千米的水面隔离带，阻止了敌人的入侵。元灭宋后，将八柜积水消除，垦为农田。

柜是较大的堰。水柜，古代运河的专用水库，有两种形式，一种位置高于运河的山丘地区或高台上，蓄积泉水或山溪水，向运河自流供水；一种位于运河岸边洼地，用堤防挡水，与运河有闸门相通，涝时接纳运河多余水量，保护其不决，旱时向运河供水。早期的水柜属于前一种。

长湖南岸地势平坦，地面高程多在28.00～29.00米之间，由于引沮漳河注三海，需要将引来的水拦蓄，于是长湖便有了堤防。

二、内荆河干流特征

内荆河干流是指长湖习家口至新滩口之间的主河道，其间河道宽窄深浅不一，且河道十分弯曲，白露湖以上河道宽16米左右，习家口处水深1.9米，白露湖以下余家埠河宽90米，水深3米左右；南刭沟河宽60米，水深6米；毛家口河宽80米，水深4米；福田寺河宽70米，深约6米；柳关河宽50米，深4米；柳关至小港一般河宽在40～45米之间，深度在4～4.5米之间，自小港至新滩口，一部分是以湖代河，至长河口，河宽30米，深6米，新滩口河宽50米，深11米。长湖湖底高程27.20米，洪湖湖底高程22.00米，习家口至余家埠纵降比为1：2500，余家埠至柳关为1：12800，柳关至新滩口1：1180，内荆河全长358千米，其中长湖以上主干长126千米，长湖习家口以下至新滩口流长232千米，曲流系数为0.54，福田寺至柳关河段中的猴子三弯，连续3个弯道，直线距只有1400米，而弯道有4千米。

据长江委实地勘测估算，内荆河水位、流量见表2-3-24。

表 2-3-24 内荆河水位、流量估算表

项目	1952年				1953年			
	水位/m	最小流量/(m³/s)	水位/m	最大流量/(m³/s)	水位/m	最小流量/(m³/s)	水位/m	最大流量/(m³/s)
丫角	29.60	7.2	30.35	22.6	29.48	10.0	29.76	13.6
柳家集	24.51	18.4	27.45	80.0	23.48	15.4	24.65	75.0
新滩口			24.00	936.0			24.78	615.0

注 资料来源于长江委《荆北区防洪排渍方案》。

三、内荆河上区水系

内荆河上游支流呈扇形分布，均以长湖为汇流之所，故又称为长湖水系。

(一) 拾回桥河

拾回桥河，亦名建阳河，古称大漕河。此河为内荆河正源，发源于荆门市西郊宝山之罗汉坡白果树坡，自北南流，经车桥铺、蒋家集，在五里铺镇双河口汇西支草场河，蜿蜒东南流，于新埠河桥横穿襄沙公路至鲍河口，纳东支鲍河，穿汉宜公路，至拾回桥与东支王桥河来水汇合，南流经韩家场至关嘴入长湖。干流长 126 千米，流域面积 1293.1 平方千米。据《荆门州志》记载："建阳河在州南百一十里，河之南有左溪（源出九汉谷）、石牛寺，二水皆自西向东注入拾回桥河，自此迂回七八十里入老关嘴。"自李家河以上，多崇山峻岭，坡陡流急，暴雨一至，即漫槽而下。李家河以下，地势平衍，因而多处常因大水而自行改道。过伍家村以后，地势低下，两岸靠堤防挡水，因河道异常弯曲，河床狭窄，逢河水宣泄不畅，两岸农田常受水灾。

拾回桥河流域面积约占长湖来水面积的 40%。新中国成立后，3 次兴工进行整治，对老河裁弯、扩宽、加筑堤防等措施，提高了防洪排涝标准。

1968 年 7 月，拾回桥地区降雨 365 毫米，围堤溃决，淹田 3 万余亩。1969 年、1970 年由于降雨集中，加之长湖水位顶托，致使桥河堤防接连两年溃口，有 6 万亩农田受淹，倒塌房屋 3300 栋。

1970 年以后，对桥河泄洪流量重新进行设计，按 930 平方千米承雨面积，100 年一遇降雨量 270 毫米计算，桥河应通过流量 1409 立方米每秒，按河底宽 160 米，过水深 5 米，加安全超高 1 米，确定从韩场起，河底高程 30.00 米，按 1/4000 的纵坡降上推，扩展河床、退堤加固。1971 年开始实施。拾回桥至长湖的河道由原来的 30 千米缩短为 15 千米，使河道基本稳定下来。同时将河底宽拓宽至 20 米，堤距为 132 米。过水断面在杜岗坡为 629.3 平方米。经 1980 年 7 月 16 日 23 时拾回桥洪水位 37.80 米时测算，可通过洪峰流量 910 立方米每秒。1980 年大水后，又对河堤进行加固，基本解除了洪水对两岸农田的威胁。

(二) 太湖港

太湖港又称为梅槐港、太晖港，俗称观桥河，是古杨水的一支，原与沮漳河相连通，为三国时引沮漳河水入三海的故道。《江陵志余》载："江水支流由逍遥湖入此港（梅槐港）经秘师桥、石斗门达于城西之隍"（注：隍指护城河）。明末崇祯年间截堵刘家堤头（注：地名，下距万城约 2.5 千米），江水断流。《荆州府志》杨水附考："纪（山）西自枣

林岗匡桥与八岭山以西之水，会同杨秀桥、历梅槐入沙滩湖，经秘师、太晖为太晖港，达郡隍经草市入长湖。”

太湖港源起川心店，南流至枣林岗，罗家大桥港自东汇入；又南流经郭家场，新桥港汇入；又南流绕八岭山西麓至杨秀桥西南流至高桥，五里长冲自北汇入；南流至丁家嘴，张家冲从西汇入；再南流至梅槐桥，北有金家湖支流汇入。以下便进入沙滩湖（又名太湖、罗家沙滩），过沼泽东南行至太湖港进港，东流至秘师桥，有刘港（九母湖、后湖）及土龙冲（府志称为海港），东流经太晖观至北城河，复东行达草市，折南行至沙门桥，沙市便河（又名沙市河、龙门河）之水注入，东行至关嘴口入长湖。全长64.8千米，此为太湖港原状。

新中国成立后，对太湖港进行系统的治理。1957年开始疏挖，经过1957年、1966年、1970年、1975年、1977年5次大规模的疏浚和治理，形成现在的中渠、北渠、南渠和总渠。

1957年开始对旧河道进行改道。丁家嘴以上拦为水库，丁家嘴以下至荆州城西的嵠峨山一段进行疏挖，建成中渠、北渠、南渠和总干渠，形成了太湖港排水系统。中渠上起太湖港农场梅槐桥，下至秘师桥汇入总干渠，长12.5千米；北渠上起丁家嘴水库溢洪道，下至秘师桥汇入总干渠，长17千米，排丁家嘴、金家湖、后湖3座水库溢洪水及八岭山南麓渍水；南渠上起青塚子，下至嵠峨山汇入总干渠，长29.2千米；总干渠自秘师桥至凤凰山入海子湖，长18.5千米。从丁家嘴水库溢洪道算起，经北渠、秘师桥至凤凰山，全长35千米，最大渠底宽40米，过流能力185立方米每秒。汇流面积396.7平方千米（其中荆门市1.16平方千米）。

1958年以前，太湖港渠过太晖观桥后，进入护城河，至大北门（得胜桥以西，今柳门泵站附近）有740米，小北门以上有540米，河、港共道，长湖大水时，即向古城内漫溢。为解除长湖洪水对荆州城的威胁，1986年10月，对太湖港总渠实施改造工程，将太湖港与护城河分家。从嵠峨山至大北门和小北门以北开挖新河，扩建得胜桥再利用老河道经小北门，撇开草市至横大路进行疏挖、扩宽、裁弯取直。从横大路北行，经朱家冲至凤凰山入海子湖。将沙桥门至横大路一段挖通与太湖总干渠相通，以排泄沙市便河水。

太湖港经太晖观前而过，此观为明洪武二十六年（1395年）朱元璋十二子朱湘所建，建筑雄伟壮观，石柱透雕蟠龙，帏墙镶嵌灵官，殿顶覆盖铜瓦，后被人告发僭越规制，朱湘畏罪自焚，后将其葬于殿内，命名为太晖观，而河港因观而得名。太晖观为省级文物保护单位。

过太晖观桥至北城河，北城河紧靠荆州城柳门，即拱极门，俗称大北门。此门是古时通往京都的大道，宦者迁官调职，皆从此出门，送别时，即在此折柳话别，故名柳门。门外有得胜桥，北有得胜街。相传赤壁之战后，刘备据有荆州，称此桥为得胜桥。1934年龙舟赛，此桥垮塌，后改建为砖石墩木面板桥。1962年改建为钢筋混凝土桥。1988年重建。桥北街道1949年改名得胜街。盛宏之《荆州记》：荆州城临汉江，临江王所治。王被征，出城北门而车轴折。父老泣曰："吾王去不还矣！"从此不开北门。北门即指大北门。临江王，即汉景帝刘启的太子刘荣。据《史记·景帝本纪》记载：汉景帝四年（公元前153年）刘荣被立为太子，3年后即被废。以故太子身份被封为临江王，临江即江陵县城，临江王封国于此。刘荣在位4年，因侵占宗庙墙外的短垣以扩建宫殿而获罪，被景帝征召。出发前，在江陵北门祭祀行道之神后，登上车子，车轴断了。江陵父老认为是不祥之兆。刘荣到达京城，被讯，畏罪自杀。

（三）龙会桥河

龙会桥河，古为龙陂水，是扬水的支流。据《水经注》载："迳郢城南，东北流，曰扬水，沮漳水自西来会，流入沔"。

龙会桥河源于纪山，分东西二支。东支朱河，有二源，东源新桥河起于纪山东北，西源红花桥河起于纪山之南，南流至上套源，两源汇合后，穿纪南城北垣过东城门后至板桥与西支新桥河会。新桥河又名板桥河，《水经注》载："江陵纪南城西南有赤板岗，岗下有渎水，东北流入城，名曰子胥渎，盖吴师入郢所开也。"子胥渎即新桥河。东西二支会于板桥后，绕雨台山南行折东北流，穿庙湖至和尚桥（古为乐壤桥）入海子湖，流长30.5千米，流域面积190.24平方千米，其中荆门市面积29.38平方千米。

（四）西荆河（田关河）

西荆河乃东荆河右岸的分流口。据《水道参政》（清道光十三年版）载：西荆河又称为荆南漕河、荆南运河，形成于北宋年间，与扬水运河连通，清道光年间史称西荆河。西荆（田关）河口被堵塞之前属汉江水系；民国二十年（1931年）西荆（田关）河口被堵塞之后，转属内荆河水系。清代称为双雁河、茭芭河、荆河；清道光时始称西荆河，田关至张腰嘴一段，俗称运粮河。民国初，此河由田关向西，流经周家矶、保安闸、荆河口、夏家河、张腰嘴，折西向北至腰口，转南到牛马嘴，向西过苏家港至谭家口分为两支：一支向西偏北，经樊家场、野猪湖到刘岭入长湖（经改造后，名朱拐河）；另一支西南流，经田家河、三汊河，至丫角入内荆河。1958—1960年对田关至刘岭的西荆河进行改造（裁弯取直、破垸），称其为田关河，并在田关建闸控制。由田关至刘岭，全长30千米，原入内荆河一支，已成为小沟。

上西荆河原名马仙港河，民国时期名白石港河，荆门简称为高桥河，又称为新河。据《宋史·河渠志》载：北宋端拱元年（988年），八作使石全振发丁夫开浚。源头起于荆门东南山溪，至沙洋塌皮湖分两支，马仙港河即其中的北支，经荆门的砖桥、高桥、李家市、邓家洲至荷花垸入潜江境，再经脉旺嘴、荆河镇、积玉口东流至腰口入西荆河，再西行经苏家港、樊家场、成家场入长湖，全长53千米。该河原为两沙运河的上段，腰口以上最窄底宽12米，最浅水深0.9米。1911年，汉江李公堤溃将沙洋至鄢家闸长约4千米河段淤成平地，通航受阻。民国时期曾有过3次疏挖两沙运河的计划，均未实施。为解决农田排水，该河于1971年被裁弯取直扩宽改造成新河，从邓家洲至田关河原长30千米的河道，经裁弯取直为22千米，河底宽由5～10米拓宽至30米，水深由1～2米挖深至4～5米，在牛马嘴附近注入田关河，更名为上西荆河，或称为西荆河。新河全长41千米（其中荆门境内27千米、潜江境内14千米），主要起排水作用。1980年对两岸堤防进行加培。为利用西荆河水灌溉农田，在李市牛棚子桥修建"牛棚子滚水坝"，可灌田4万余亩，后因改造航道被拆除。

为解决江汉航道问题，1996年决定在汉江干堤新城（桩号267＋050）修建船闸（300t级），同时在长湖边的鲁店修建船闸（300t级）。从新城船闸内闸首向西开挖3.9千米的连接河，横穿李市总干渠一支渠，荆潜公路折向南行，经一支渠尾端入西荆河，沿河南下 16.54 千米至支家闸，转而西行朔殷家河而上 2.83 千米至殷家闸，经双店排灌渠（长 3.43 千米）至鲁店船闸入长湖，航道全长 26.7 千米（不含新城船闸、鲁店船闸引航长度）。

新航线建成后，原有河道形成航线，新建的枝家闸溢流坝将坝以上西荆河的水位常年控制在 29.10 米以上，按长湖调度方案，当长湖水位达到 31.00 米时，关闭双店闸，殷家河水全部排入西荆河。

下西荆河（又称为浩子口河），从张腰嘴倒虹管经浩口至张金河，全长 26 千米，水入总干渠。

（五）大路港河

大路港河源于荆门市曾家集西北山谷（今安洼水库中），曲折东南流经千担湾、李家坪、下垸子与其支流东港汇合后，再东流至冯家洲入彭冢湖。河长 47.6 千米，起点地面高程 80.00 米，止点地面高程 30.00 米，流域面积 225 平方千米。

（六）夏桥河

夏桥河又称为夏家冲河，发源于荆门市郭家湾，古时与扬水相通，南流至湖泊岭进入荆州境，折西南流至王家场，经东风渡槽、夏家桥至双桥子入海子湖。河长 15.40 千米，流域面积 36.41 平方千米，其中荆门市 9.01 平方千米。

（七）广坪河

广坪河发源于荆门市曾集镇张家祠一带山溪，东南流经郭家场，在广坪北汇西支张家湾处来水，横穿汉宜公路，经肖家桥，在后港镇龚家嘴处入长湖。河源地面高程 70.00 米，入湖口处地面高程 30.00 米，河长 28.3 千米，流域面积 170 平方千米。

（八）杨场河

杨场河发源于荆门市松桥镇杨家场，流至后港入长湖，河长 19.7 千米，流域面积 174 平方千米。

四、内荆河中下区水系

内荆河自长湖以下干流串湖纳支，经不断演变，至 1955 年，尚有主要支流 27 条，分布于左右两岸。

（一）右岸

1. 太师渊水

太师渊水，又名章台渊水、台寺渊水，民国时期名太师渊河。据《沙市市志》载：章台渊水“为襄水逆流尾闾，受邻近沟洫港汊诸水，由章台渊起，东北行三里有周梁玉桥，又三里有三板桥，又北行四里有腊树角，行十五里过象湖至陟山桥，有东南岑河口之水来汇。”而后再过玉湖、豉湖至丫角庙河，经习（席）家口入长湖，为一河串多湖。

据民国十六年（1927 年）绘制的地图所示，太师渊河有两源，南支主流起自章华寺东南侧太师渊，至妯娌桥；北支起自报子庙附近，南流经周梁玉桥、五门桥、至妯娌桥与南支汇合，向北入象湖，经陟山桥、豉湖，至碧福寺附近与岑河汇合，再西行经张家台、唐家台入内荆河，河长33千米。

太师渊河旧时贯长湖，通汉江，在田关河未堵塞之前，是贯通长江与汉江的南北水路要道，凡来往于汉北地区的商船均由此河抵达沙市。据《沙市市志》载："明万历年间，老梅园的剅眼不通，太师渊一带常闹涝灾，嘉靖三十四年（1555年），告假居家的翰林院编修张居正获悉此事，组织乡民疏通剅眼，并开沟一条至白水滩，沟通沙市与豉湖、长湖、潜江、沔阳乃至汉口的水道。后张官至首辅并为太子太傅，乃改台寺渊为太师渊，直至20世纪50年代部分河段仍可通航。随四湖治理工程的实施，沿太师渊河线进行了大规模疏挖。新开豉湖渠直通四湖总干渠，原太师渊水系遂废。"

2. 荆襄河

荆襄河原名沙市河，古称龙门河、便河，亦名漕河。起于便河垴（距荆江大堤约200米），北行经便河桥、孙叔敖墓、塔儿桥、金龙寺、雷家垱、沙桥门入太湖港总干渠，全长经8千米，向东经东关垱至关嘴口入海子湖，是连接沙市与长湖的重要水道。由东晋（317—322年）荆州牧王敦开凿。便河垴西侧为便河西街，南侧为便河南街，东侧为便河东街。原沙市京剧院位于西街。内河或长江来往船只在此拖船翻堤。该河以雷家垱为界，南段宽30～60米，北段宽百米。楚故城（土城）自观音矶经金龙寺东折，沿荆襄河南过孙叔敖墓东行至太师渊（今中山公园有土城遗址），南折至荆江大堤文星楼附近，全长约7.5千米。新中国成立后，将金龙寺至沙桥门一段改称为荆襄河。1958年修建北京路，拆除便河桥，相继填平便河垴至便河桥、塔儿桥至金龙寺段。1998年后，便河桥以南部分建成便河广场。便河桥塔儿桥段水域成为中山公园一部分。1971年太湖港总干渠在横大路改道北行，经谢家桥入海子湖。同时，新挖沙桥门至横大路新河与太湖港总干渠连接。四湖工程实施后，长湖成为调蓄水库，汛期水位抬高，荆沙城区排水受阻。1959年在雷家垱筑坝并建排水泵站（雷家垱为西干渠起点），城区部分渍水排入荆襄河。2005—2011年，实施荆州市城区防洪规划，在荆襄河口建节制闸，防止长湖水倒灌荆襄河（名荆襄河节制闸）。刨毁雷家垱坝并建闸和改造箱涵，泵站排水改道入西干渠。荆襄河辟为湿地公园。

《荆州府志》载："沙市河在县东南十五里，俗名便河"。《江陵乡土志》亦载："沙市河……一名龙门河，又名便河。……为扬水分注及襄水逆流之尾闾，其在金龙寺分三支，一支西行七八里（即今荆沙河）达城河，有西北扬水来会；一支北行六七里至草市河，又东北行六七里至东关垱，东南有雷家垱诸水来会；一支北行六七里出关沮口入海子湖（即今荆襄河）……另一支东行至曾家岭处折向南至便河垴（今便河广场）"。

便河历来交通十分繁忙，"北通襄沔，水路便利，故又外江输入之货物岁不下数百万，河身较宽，巨舰均可撑驾"（《江陵乡土志》）。清光绪二年（1876年）曾被疏浚，船舶可由沙市直抵沙洋盐码头，通往陕南、豫南各地。直至新中国成立初期，船只仍可经长湖至便河垴停靠，雷家垱、金龙寺、塔儿桥、便河桥等地皆为帆樯如林的内河码头。清末和民国时期，便河为沙市内河主要航运码头。由沙市经长湖至沙洋，多数船只可载4000～5000斤。自沙市至汉口航线：从便河出发，入长湖、三湖、白露湖、余家埠、鸡鸣铺、毛家口、柳关、小沙口、小港、洋圻湖、大同湖、潮口至沌口入长江，下行15千米达汉口。冬春季节，内河水浅，经新滩口入长江至汉口。此段航道与长江基本平行，它与长江相比，沿线所经过的大小集镇，是农副产品富饶之地，而且航行风险小、航程短，是极为经济的水上通道。这段水路河身较宽，装三四万斤的木船可自由航行。20世纪50年代，由于河道淤塞，便河垴至今北京路一段河道被填为陆地，内河码头遂转至雷家垱（荆襄河）和三板桥（豉湖渠）。便河今专指由塔儿桥向东至曾家岭，然后折向南抵北京路（呈曲尺型）长2千米的河段，一般宽为100米，水深2米左右。今之便河地居沙市闹市中心，虽无昔日航运繁忙之景象，但河畔高楼耸立，华灯初上，万家灯火，流光溢彩，平添几分水韵。

3. 荆沙河

荆沙河东起金龙寺，经荆龙寺桥、古白云桥、太岳路桥、安心桥、码银桥，入马河与荆州城护城河相通，以前曾是往来荆州城区至沙市的水路要道（现长3.3千米，水面宽度为30～50米）。20世纪50年代前荆沙两城之间的交通主要靠此河，50年代后陆路交通发展，遂于60年代后期逐段堵截养鱼，自1984年起，沙市市政府逐段疏浚，现为荆沙城区排水要道。

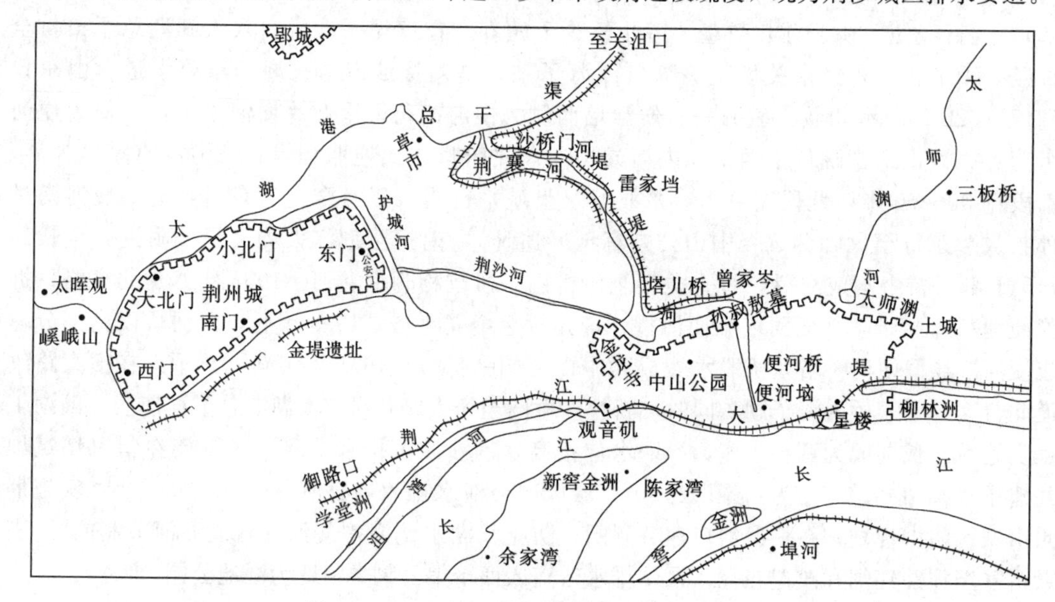

图2-3-12　民国时期荆沙城区水道位置图

4. 岑河

岑河原名城河。《江陵县志》载："城河即岑河口，在城东四十里，东南汇郝穴，化港诸水，东北合白渎（湖）诸陂泽，下汇附近安兴港……古安兴县址，故曰城河"，城河易名见于宋。岑河口水原为夏水口门，从明至清，口门附近的荆江大堤发生16年溃口，大量泥沙随水进入内地，后淤塞，夏水随之萎缩，演变成砖桥河，汇窑湾、盐卡附近之水入岑河东下。

岑河分为东西两段。西段西行至东岳庙处纳象湖、谷湖、白渎来水，至碧福寺与豉湖来水西行于唐家台入内荆河，折向东南于清水口入三湖，从岑河口起至清水口河长24千米，此为岑河支流。岑河东段为主流。岑河口以下称为福寺河，汇砖桥河至薛家河，向左分流至大河口分为两支：一支向北于青莲寺入三湖，另一支向南会郝穴来水。郝穴古为鹤穴，乃九穴十三口之一，明嘉靖二十一年（1542年）堵筑，后因当地郝姓居多（当地郝与鹤读音相同），便谐称郝穴。岑河汇郝穴水，东流经熊河，再北流经蒋家桥、资福寺入三湖，流长40千米，沿途接纳汤家板桥河、柳河、砖桥河等支流。

5. 窑弯河

窑湾河源出普济以北的大军湖，经同南口至沙岗入白露湖。

6. 汪桥河

汪桥河源于江陵普济观，东经刘家剅、谭彩剅至秦家场入监利县境，经姚家集、汪家桥至官垱，再由辣树嘴入内荆河（右支），河长21千米。

7. 程家集河

程家集河源于江陵县麻布拐，经拖船埠、程家集，在南寨口有堤头水来会，堤头又称为堤头港，上有江口、下有新冲口，分别与古时夏水口和蛟子渊水口相通，新冲口堵筑于嘉靖十八年（1539年）。经至杨家口有莲台河聚盂兰渊水来会，经挑担口至西湖嘴入内荆河南支，河流长21千米。

8. 蛟子渊河

蛟子渊河又名焦（肖）子渊河，或称为消滞渊河，原名菱港（河），亦名车湖港。《长江图说》中则名为蛟子渊河，其上口为石首市蛟子渊，下口为监利刘家沟，即今流港。

蛟子渊河本为长江汊道，河面宽108～200米，沿途经大湾泥巴沱、天字号、横沟市、季家挖口子、朱家渡，至流港复入长江主流，全长39.15千米，洪水时，有分支沿监利堤头经西湖（长江故道）到杨家湾入长江。

蛟子渊河原系长江水系，清初，河口与长江主流贯通，汛期分泄江流。当蛟子渊河口水位40.60米时，可分泄长江流量2770立方米每秒。据民国二十一年（1932年）湖北省水利局档案记载："前石首县堤工委员邓明甫称：因扬子江贯流其间，历年浸削，逐渐洗大，遂成小河，蛟子渊河在汛期通流，为郝穴—监利间航行捷径"。《长江图说》杂说中记有："郝穴又二十五里经蛟子渊，有正沟者，首受江水，东流至堤头港入之。夏月江行，可捷百里"。

蛟子渊河临荆江大堤，与长江主泓顺流而行，江河之间为江心洲，有沃土大片。清乾隆年间（1736—1759年），荆南道来氏任内，曾堵塞蛟子渊。后江陵人士主毁，以求泄洪保堤；石首人士主堵，以阻洪保地。近百年来为此争论不休，时挖时堵，伴有械斗发生。新中国成立后，为妥善处理蛟子渊问题，中南水利部于1950年7—8月派委员会同长江中游工程局、湖北省水利局，以及江陵、监利、石首3县代表赴蛟子渊实地查勘，于8月19日在监利县中游局第四工务所会商，最后确定刨毁蛟子渊土坝，交由石首县施工。1951年4月13日，湖北省政府对蛟子渊坝提出4点处理意见：凡干堤外滩民垸溃口后而需要重新修复时，必须经水利主管机关许可；挖开蛟子渊后，困难很多，群众对民垸培修要求迫切，为照顾群众困难起见，暂准四垸合修，但堤顶高程低于当地干堤1米；合修经费由当地自筹；移民费及耕牛问题，由中游局业已解决。蛟子渊于1951年7月12日全部刨毁。1951年8月9日实测坝内水位32.70米，推算流量2700立方米每秒。

1952年3月15日，中南军政委员会作出了"关于荆江分洪工程的决定"。为妥善安置蓄洪区内的6万多移民，动员监利、石首、江陵3县5.5万民工，用两个多月的时间，在石首县江北区挽成人民大垸上垸围堤（唐剅子至冯家潭至一弓堤，为石首县管辖），堤防全长49.5千米，同时堵筑了蛟子渊上口（1959年建蛟子渊灌溉闸）。1954年在蛟子渊下口建成人民大闸（3孔，每孔宽4米）。1958年又挽了下垸围堤（冯家潭至杨家湾，为监利县管辖），并在流港兴建了排水闸。至此，蛟子渊河成了围垸内排水河道，而堤头至西湖的支流则辟为蓄水之所，用于养殖。

9. 太马长河

太马长河亦称为太马长川，古称鲁洑江，源于监利县城西郊庞公渡（今西门渊）。相传三国赤壁之战时，东吴鲁肃曾伏兵于此河，以待曹军，故称为鲁洑江。据《读史方舆纪要》记载：“鲁洑江，上游曰太马长川，自大江分流，经县南十里，东流为鲁洑江”。据此推断，太马长川河与鲁洑江同为一条河。明万历八年（1580 年），堵筑庞公渡口，天启二年（1622 年）重开，后清顺治七年（1650 年）又堵，从此荆江北岸上起江陵县堆金台，下至洪湖茅江口的堤防连成一线，太马长川成为内河水道。

太马长川河自监利县城西门外庞公渡起，西流经火把堤、刘家铺至太马河转北流至赵家垴，又转东流经观音寺，至鸡鸣铺入内荆河，流程 37.05 千米。河道最宽处 122 米，最窄处 12 米，雨季河深 10 米以上，平常一般深 4～8 米。太马长川曲流 37 千米，而直线距离不过 7 千米，以致水流不畅，“岁苦水患”。1962 年，遂将旧太马长河裁弯取直由西门渊起经火把堤直流北上，至鸡鸣铺与内荆河汇合，新河取名为监新（监利县城至新沟）河南段，流长 8.8 千米，河底宽 16～18 米。渠成路就树木成荫。河首尾各建一闸（西门渊闸、鸡鸣铺闸），旱则由西门渊闸引长江水灌溉农田，涝则开鸡鸣铺闸泄水。1965 年 5 月 19 日，国家副主席董必武在湖北省省长张体学的陪同下，曾视察此河并合影留念。

10. 林长河

林长河因沿河两岸林木生长茂盛，故称为林长河，有新老林长两河。老林长河源于监利县城东南，汇近城诸垸之水，东经狮子湾、伏虎岭，至师姑桥会沙湖之水后，经太平桥、汴河剅至施家渡分支；主流经何家庙会六合垸之水，经剅口至南河寺又分支，经邓庙再分支，其主流由二屋墩入洪湖，全长 60 千米。施家渡分支，经尹家桥、匡家祠堂、王家堰、九十六难工、白鸽垴至何家墩入洪湖；南河寺分支，沿苦李垸入洪湖；邓庙分支，经周家湾、周家墩至何家墩入洪湖。新林长河源于沙湖，汇福田寺来水经白沙湖（今周城垸渔场）于何家庙附近汇入老林长河。

清代时林长河河道畅通，系监利县城通往外埠的主要内河航道。后因长江经常溃口，泥沙淤塞河道，航运功能逐渐丧失。

1972 年洪湖分蓄洪工程主隔堤建成后原老新林长河被截断，林长河的下段分别为沙螺干渠、新汴河、友谊河所代替。

11. 朱家河

朱家河，简称为朱河，初名芦陵河，为监利县东南部一条主要河道，流域面积 600 平方千米，干流蜿蜒曲折，支流庞杂，首通长江，尾接洪湖，原有多处通江穴口。主源为尺八穴，古名赤剥穴，据记载“尺八穴位于县（监利）东九十里，上通大江，下通夏水。”元初，穴口渐湮。元大德年间（1297—1307 年），重开尺八穴，藉以分泄江流，元末尺八穴又湮，明隆庆中（1567—1572 年）复议开浚尺八穴，据《楚北水利堤防纪要·开穴口总考略》载：“监利尺八流水口即赤剥穴也，隆庆中议开浚，诸以为非便而止。”又据清同治《监利县志》记载：“尺八口之水，东行三十余里至池口，北行两里至燕湖垸分支，十里至柘木桥，四里至全镇坛，而五郎湖水出雷家垱会之，全镇坛五里至聂家河，十五里至何家桥，历新河沟，八里至三汊河，与祖师庙长河会，三汊河东北五里至老人仓，二里至瞿家埠，五里至朱家河，四里至三盘棋，东行十里至高湾，二十里出桐梓湖……，老人仓分支名仓子河，东行十里至王福三桥，七里至安桥出湖。”

据此记载，尺八穴分泄江流，回流监利境东南部，分三支尾达洪湖。

尺八口分流江水后，东流经肖家畈、红庙至池口，长约 17 千米，此段河流称为尺八口河，亦称为杨林港。至此，分为两支，主流北向为朱家河，经柘木桥（有柘木长河分流入洪湖）、聂家河、何家桥、至三汊河，有祖师殿河与东港湖水来汇，至老人仓有王福三桥河分流，经桥市、庄河口入洪湖（此河长 8.5 千米）。主流经朱家河至三盘棋分为两支：右支为主流，经孙滩、菊兰至桐梓湖入洪湖，主流长 45 千米；左支名小河，经黄桥、龙湾、南湾至潘河入洪湖。

朱家河因排水范围大，河道弯曲复杂，加之年久失修，排水不畅，功能日渐萎缩。新中国成立后，依地势高低和行政区划分别进行治理，从东港湖尾端至三汊河、朱河街至棋盘街利用老河道疏浚扩挖，棋盘至桐梓湖开挖新渠，仍称为朱河。原老河、小河均废。原从柘木桥入洪湖河道经疏挖改造成柘木长河，至幺河口入洪湖，原引港河则被新开挖九大河所取代。

12. 祖师殿河

祖师殿河源于李河，经郭段、孙木、断堤口、团湖至三岔河汇入朱家河，河长 18.4 千米。明弘治至崇祯末年（1488—1644 年），长江干流经铺子湾（今新洲垸）入集成垸（今属华容县）至蒋家垴，团湖至何湾向南折经蓝铺，沿尺八口、熊家洲，在君山旁的壕沟与洞庭湖水汇合。今东港湖原为长江故道，今蒋家垴（古称柳港口）与口子河（古称蓼湖口）均为古穴口，祖师殿河亦为分江流河道，从口子河起往姜家湾、李家河至周家坟茔，长约 6 千米则为长江故道遗迹，河道宽处有 100 多米，汇两侧散流入东港湖后至三汊河入朱家河，亦为朱家河之源头。

13. 引港长河

引港长河原为长江分流水口，后被筑堤堵塞，凡出入长江和内河的船只需在此拖船翻堤，故名引港河。从夏家桥分流，经吴家河、渡泊潭入洪湖，河长 14 千米。

14. 柘木长河

柘木长河从柘木桥与朱家河分流，经铜丝湾、铁丝湾、天育墩至斗口子入洪湖。历史上流长达 31 千米，河道弯曲迂回，尤以铜丝湾、铁丝湾两处，曲流长 8 千米，而直线距离仅 600 米，且河道年久淤塞，形成头尾高、中间低状况，每逢暴雨则渍涝成灾，上下游民众为排水出路结怨较深，常发生械斗并互有伤亡。1969 年监利县组织民众对柘木长河裁弯取直，缩短河长为 18 千米。

15. 螺山闸河

螺山闸河起自洪湖岸边把子棚至螺山闸，河长 6 千米。为抢排洪湖渍水，清道光五年（1825 年）在螺山凿山建闸，闸为单孔，宽 2.5 米，条石拱形，石灰浆砌。后因长年淤塞，排水效果甚微。1959 年对老闸进行改建，同时疏挖排水渠道。1970 年兴建螺山电排站，沿洪湖开挖螺山电排渠，全长 33.25 千米，渠底宽 50～100 米。

16. 老闸河

老闸河系“长夏河（内荆河）南折支河”，古称茅江，以两岸多生长茅草而得名。其出口称为茅江口，为“九穴十三口”之一。直到明嘉靖中“增筑新堤五千三百余丈，自是江堤称巩固矣”，茅江口才被堵塞与江水断流。嘉靖二十九年（1551年）茅江口溃决，敞口32年，至万历十一年（1582年）才堵复，复筑新堤，始有新堤镇名的由来。茅江于小港分内荆河水，经张大口、河岭穿过新堤城区至茅江汇入长江，河长15.6千米。茅江口堵塞后，此处渍水滩消，清嘉庆十三年（1808年）在茅江口建闸排泄渍水，名茅江闸，采用条石石灰浆砌而成，散块木质闸门，汛期两道门槽中间填土挡水，启闭十分不便。清嘉庆十八年（1813年）又在茅江闸上游（间距2千米）建龙王庙闸，因晚于茅江口闸，故有新闸、老闸之称，茅江也俗称为老闸河。

（二）左岸

1. 运粮河

运粮河又名浩子口河，也称为下西荆河，从西荆河（今田关河）张腰嘴处分流南下，经浩子口、竹蓬嘴、新街、宋家场、土地口、林家祠堂至王宗口入内荆河。河长26.4千米，底宽13米，一般水深1.4米，自1977年开始分3次将浩子口至张金段开挖成新河，称为下西荆河。

运粮河右侧有运粮湖，河以湖名。湖泊原名阴阳湖，是一片湖沼地，1958年垦荒建农场时名阴阳湖农场，后改名为运粮湖农场。运粮湖一带支流众多：一支从竹蓬嘴向西，经观音庵、碾盘湾、彭家台入阴阳湖（运粮湖），河长8千米；一支名柳泗河，由陈家台经三板桥、孙家桥、邓家剅汇于老台河，河长5千米；一支由方家嘴经洪家场、瞄新场、至弓家沟分两支，一支向北通阴阳湖（运粮湖），一支向南经魏家桥沿王家垸西之孟家沟通半渡湖；一支从洪家场向南，经方家桥、艾家桥、雷家场至左家台通半渡湖；一支名甘河子，由甘河剅，经土地垱、张家台，沿青柳垸通半渡湖；一支名王田河，从杨家湾向东经海蓬庵入返湾湖；一支名黄庄河，由黄庄垱向东入返湾湖；一支名韩家河，由甘河剅向东至赵家河场，东连士人子河通龙湾河，连南赵家河，长约7千米。

运粮河在田关未堵口之前，每逢汛期，东荆河水便从西荆河分流入运粮河，严重威胁两岸堤垸的安全。

2. 冯家河

冯家河又名赵家河，开挖于清咸丰二年（1852年），排泄返湾垸一带渍水，经祝家场、冯家湖入白露湖，同治八年（1869年）集资建“冯家闸”。光绪十年（1884年）渍水泛滥，上垸民众准备启闸放水，下垸民众阻止，双方发生械斗，引起严重的流血事件，“双方死亡37人，轻伤53人，重伤23人。”这是四湖地区因水事纠纷发生械斗死伤人数最多的一次。事件发生后，毁闸筑垱，称为冯家垱，光绪十一年（1885年）重建冯家闸，使用9年后废，原水系被万福河取代。

3. 龙湾河

龙湾河起自新杨家场，至黄家桥（有支河通返湾湖），经罗家场（有士人子河向西于赵家河相通），向南经龙湾、公安寺店、孙小河口，于张槽坊汇入白露湖。

4. 熊口河

熊口河从刘申口（又名青莲庵）分流，经熊口、黄家桥至沱子口（有荻湖水来汇）、宋家湾、李家祠、徐李家场（徐李市），有支流入白露湖，主流经监利伍家场入内荆河，河长42.5千米，此河已被新开的东干渠所取代。

5. 杨场河

杨场河起自新杨家场，经马家场，折东经熊家桥、五石桥至何家桥，偏西南经彭家刓、龙湾、陈露河，分别经小河口、易家口入内荆河，全长37.5千米。

6. 潭沟河

潭沟河源于王家台附近（在莲花寺西北约4千米），向南流经徐家台、刘家桥、周家台、向家桥、瓦屋台、公敦场、罗家垱，至监利东港口入内荆河。

7. 老新口河

老新口河又名后河，源于老新口，分东荆河水（民国年间堵塞）经李家桥、柳河口、晏家场、靴尖嘴，至罗家垱入潭沟河。另一支经陈家垱、高桥、易家嘴，至双鸣寺，分为二支：一支向东汇入新沟嘴河，一支南下经陈沱口入内荆河（左支）。

8. 新沟嘴河

新沟嘴河源于新沟嘴，为东荆河的分流穴口（1931年堵塞），经张家场、胡家场至周老嘴。分为3支：一支从周老嘴起经永正刓、易台、至分盐、转南流经回龙寺、五姓洲，至彭家口入内荆河，此为分盐河；一支从周老嘴起，经罗家湾，南流经唐刓、黄蓬，转东流经扒垱、桃花，至浴牛口入分盐河，流长17千米，此河称为胭脂河，相传元末农民起义领袖陈友谅驻兵于此，曾"以此河渔利，充侍妾脂粉费"，故称为胭脂河；一支名周老嘴河，起自周老嘴，经玉皇阁、秦家场（秦市）、龚家场，转东南经下马家滩、高家台、侯家嘴、刘家场，至渡口入洪湖县境至三汊河入柴林河，全长22.8千米，此河称为龙潭河。

9. 隆兴河

隆兴河在监利境称为隆兴河，在洪湖境称为沙洋河，源于东荆河边刘家场，原为分流穴口，民国年间堵塞，向东经边家刓沟、孙家场、庙刓沟、三圣庵，向南经明刓至池母垴（有支河与周老嘴河串通），过扒头河、贺家下湾、回龙寺、李家桥至戴家场，经三汊河入柴林河，后经改造被新开的监北干渠（监洪大渠）所取代。

10. 中府河

中府河旧名易家河，源于杨林关，系东荆河故道。自杨林关起，东经预备堤、网埠头、府场、曹家嘴（曹市）、谢仁口、武家场至土京口入内荆河北支，后因杨林关以下河道（中府河）淤积严重，宣泄不畅，清同治四年（1865年）杨林关北堤溃决，东荆河水改由沔阳朱麻通城等垸东流，因溃口久不堵筑，遂成为东荆河主道（即今东荆河干流）。东荆河改道后，原东荆河故道口门日渐淤高，光绪四年（1878年）杨林关口门堵筑，原故道变成内河。

中府河至府场有一支分流南下，经高家庙、三官殿、陈家垴至戴家场与沙洋河来水相会入柴林河，此为柴林河分泄东荆河水的一条重要支流。

第六节 澧水水系

一、澧水水道

澧水，即古之油水，有南北两源。北支（主流）发源于五峰县清水湾西北岩门，自西向东沿大风垭北麓和鹰嘴尖北栀儿岩进入松滋，经曲尺河，在两河口与南支汇合。东流经暖水街注入洈水水库，再从坝下经西斋、杨林市、断山、于桂花树入公安县境，于汪家汊注入松滋河，流域面积2218平方千米，全长206.9千米。其中，源头至两河口44千米，两河口至水库大坝以上104.4千米，大坝以下58.5千米。

南源发源于湖南省石门县五甲坪，经太平、子良于两河口与北源相合，长45.5千米，流域面积293平方千米。

洈水上游在五峰境称为破石河，松滋境各段分别称为泗潭河、西斋河、石牌河和杨林市河，公安境仍称为洈水。南北朝时，洈水于孱陵之东北（今公安县黄金口）注入长江。清同治九年（1870年）松滋河形成后，洈水被纳入松滋河西支。

洈河上游两河口至暖水街一段，是湖南、湖北两省界河，两河口以上，分为北河和南河，北河称为曲尺河，两河口至黄林桥一段称为泗潭河，坡陡水急。河宽40米左右，纵坡降为1/300～1/500，黄林桥以下河道曲折，河面宽窄不等。一般宽约100米，纵坡降为1/500～1/1000，多洪积砂卵石。断山以下入平川，改道之新洈水一段，宽约250米，最宽处（杨泉湖）达500米。洈水北岸洛河口以下筑有防洪堤防，南岸下游有断续防洪堤段。

洈水接纳的主要支流有8条，松滋境内有洛河、红岩河、六泉河和界溪河，湖南省境内有南河、泗潭河、川山河和皮家冲河等。

洈水为山溪性常流河。据实测，洈水乌溪沟（站）年平均流量为31.3立方米每秒，汪家汊出口处年平均流量为46.6立方米每秒。据西斋河段的洪水调查资料显示：1884年，洈水最大洪峰流量为4000立方米每秒，重现期为100年一遇，1908年为3400立方米每秒，1935年为2900立方米每秒，1954年为2300立方米每秒。1983年7月4日，洈水坝址洪峰流量为3674立方米每秒，水库调洪后下泄1230立方米每秒，加上洛河及区间洪水，断山通过流量为2450立方米每秒。

洈水下游青羊山以下河段，由于受台山、青羊山阻截，迫使河道由南向北急剧转折，形成罗、易两个大弯道，主流环王家大湖，并分3支入湖；高水时，上游洪水下泄，下游松滋河水倒灌，河湖一片。洈水山洪频繁，加之江水顶托，洪水宣泄不畅，曾给下游地区带来深重灾难。1935年六月初二至初三，洈水流域连降暴雨，山洪暴发，恰遇长江大水，峡谷水相遇，西斋以下田畈及西斋、街河市、杨林市、纸厂河等集镇被淹，10处民垸（松滋6处、公安4处）漫溃，受灾达28970户115880人，淹田172600亩，倒房8691间，淹毙50余人。

为整治洈水水患，1970年建成洈水水库，控制上游来水1142平方千米。同年冬，实施洈水下游改道工程，挖开青羊山至法华寺接老洈水河，青羊山改称为断山，缩短河道33千米。新河道按20年一遇洪水设计，青羊山（断山）设计过洪流量2680立方米每秒，桂花树设计过洪流量2900立方米每秒，纵坡降为0.17‰，河底中心槽宽60米，堤距宽250～300米，最宽处（阳泉湖）达500米，从而增强了洈水的下泄能力。

二、古今河名的演变

油水与洈水本是源头不同的两条河流，《水经注》对油水与洈水有简要的记载。油水有两源，主源在五峰，另一源在石门。涴水古称涴河、涴溪河，后又称为梅溪河、洛河、洛溪河，源于宜都古水坪。《汉书·地理志》亦云："高城涴山，涴水所出"，东入繇（繇、由古通，《汉书》繇水即《水经注》之油水）。

1000多年来，油水的上、中游河道一直是固定的，至青羊山以下进入平原河段，从清康熙年间以后发生过多次改道。此前，油水河道一直没有大的变化，但是至近代，油水河道虽存，但名称消失了，原来的油水称为涴水，而涴水改名为洛河。油水、涴水河流易名源于清末松滋人李楚湘将油水误为古涴水，于是"县中人士通称西斋河（油水）曰涴水"，讹传开去，沿用至今。

《大清一统志》载："涴山今名起龙山，松滋西南八十里。涴水二源，一出南山，一出北山"。同治《松滋县志》谓涴山即今起龙山，有南、北河二。涴水南支即洛溪河（亦称为梅溪河）。《汉书补注·地理志》第八上三："涴水今梅溪河也，涴，梅音转字变，是今日之梅溪，则洛溪河之为涴水，更无疑矣"。

《汉志》《水经》俱云涴水东入油，《水经注》曰涴水处高成下至孱陵县入油水，专指北支而言。以今日之水道，按《汉志》《水经》《大清一统志》涴水流入油水的记载为其佐证。

《大清一统志》记载："江水与油水合，今油河也。油河出松滋白石山，为白石水，东经县西，与涴水合。"今五峰、松滋流入公安的河流，更无他水可以当油水也。故《大清一统志》早已定流入公安之水为油水矣。

《松滋县志》（民国版）认为：古时的油水即今之涴水，古时的涴水即今之洛河（又名梅溪河）与南河。油水是横贯湘鄂边界流经澧县、松滋、公安3县的一条古老河流，从远古至宋朝，它汇合支流涴水注入长江，成为沟通湘鄂边境与长江沿线经济联系的重要水道。涴水发源地即今之起龙山（今在斯家场镇与宜都交界处）。《松滋县志》（1986年版）记载："涴水，县内最大的一条山溪河，出自涴山故名"。

1985年复旦大学历史地理研究所编辑的《中国历史地名辞典》载："油水上游即今湖北松滋县及其以西界溪河，下游原东至公安县北入长江今已湮塞。"

今之所称的涴水，应为古之油水。涴水出自涴山，涴山，古称起龙山，今称诰赐山，位于松滋市西部的斯家场境内，主峰在松滋与宜都交界线上。"南郡高城，涴山涴水所出。按起龙山即涴山合为南河发源地"（《汉书·地理志》）。油水（今称涴水）发源于五峰与石门两地，与涴水的发源地毫不相干，不可混为一谈。《水经注》载："油水出武陵孱陵县界，县有石白山，油水所出。东经其县西，与涴水合。涴水出高城县涴山，东至其县下，东至孱陵县入江也，东过其县北，县治故城，王莽更名孱陵也，刘备孙夫人，权妹也，又更修之，其城背油向泽。又东北入于江。"《大清统一志》云："油水在公安县西，自松滋流入。"松滋流入公安县主要溪河当油水无疑。"涴水东入油"一说，古时涴水即今梅溪河（洛河），因北有涴水（今起龙山）而得名，东流至两河口入油水。古人把今界溪河为油水界溪河源出于澧县，且为涴水的一条支流，源头与油水发源不一。

油水（今涴水）在《水经注》时代，在五峰与石门发源后，经纸厂河、公安县西北流注入大江，其通江口称为油江口。后油江口外滩不断淤涨，油水出口也不断外移，在斗湖堤上游约千米处注入长江，出口处仍称为油江口（今油江村）。清同治九年（1870年）松滋河形成后，涴水注入松滋河西支南流于澧水，绕道注入洞庭湖。油水入长江之故道于1976年填平。

三、涴水支流（荆州境）

（一）洛河

洛河，又名梅溪河（古称涴水），其主流源于宜都古水坪，在界溪桥处抵达松滋境，后沿松、宜两市边界东流至大河口（松木坪电厂），再经刘家场、小堰垱至两河口处注入涴水，河长58千米，其中松滋境内长55千米。主要支流有陈家河、干沟河、柳林河和文家河，流域面积约300平方千米。

洛河上游大河口以上，河谷狭窄，水流湍急，河底一般宽10～30米，河道坡降为1/100～1/500；刘家场以下，河道进入丘陵地带，河床渐宽，一般宽度为50～100米，水浅滩多，一般水深1米左右，河道坡降为1‰。年平均流量为5.9立方米每秒。1983年7月4日，洛河下游两河口的最大洪峰流量为900立方米每秒，两河口处公路桥冲毁，下游多个堤段决口。洪峰历时较短，洪水过后2～3日，可涉河而过。

洛河历来山洪暴烈，据民国《松滋县志》载："民国七年（1918年）七月二十三日，梅溪河一带洪水暴涨，平地水深丈余，漂民居千余家，溺死三百人。"

洛河两岸引水垱坝较多，主要有马嘶口引水渠，可灌溉农田万余亩，是松滋境内历史上最大的灌溉工程之一。其次有杜老垱、五贵垱、千工垱等，这些水垱至今仍是沿河两岸农田灌溉的重要水利设施。1975年，在其支流文家河修建文家河水库（中型）一座，控制上游来水面积18平方千米。

20世纪70年代以来，由于刘家场区域的厂矿往河中排放大量废水、废渣，致使洛河水质受到严重污染，鱼虾多死亡，人畜饮水受到影响。

新中国成立后，松滋组织劳力对街河市河段进行了扩挖，堵死了虾子套，扩宽了老河槽，使洛河之水在两河口处直泄涴水。同时，还缩短支河道6800米。洛河中游梨山嘴至鞍子岭一段河道，弯曲呈S形，行洪不畅。1975—1978年间，松滋县将此段河道裁弯取直1300米。

（二）六泉河

六泉河，源于松滋境内大岩嘴乡六泉村的腊树垭，因源头有6个泉眼而得名。六泉河流经鸡鸣寺、康家桥、尤家坪、肖家坪和姚家坪，于大岩桥汇入涴水，全长31千米，流域面积90平方千米。其主要分支有白鹤垱和千工垱两条。

六泉河河床一般宽10～15米，河床坡降为1/250～1/500。尤家坪以上河道狭窄流急，以下河道流经丘陵平畈，河床渐宽，流速趋缓。据调查，1935年最大洪水流量为143立方米每秒，洪流冲毁沿河两岸农田近千亩。1957年和1963年，在龟山嘴和白鹤垱分别修建了小（1）型六泉水库和万家水库，既可控制上游部分来洪，又可蓄水灌溉农田近2万亩。六泉河沿河有江家垱、黄土垱、千工垱等垱坝，壅水灌溉农田数千亩。

为整治六泉河河道，消灭钉螺，于1976—1978年和1992年，在中游康家桥至千工垱河段裁弯取直，下游姚家坪的一段支流也进行开新渠填旧沟等综合治理。扩大河道过洪能力，消除沿河钉螺危害。

（三）界溪河

界溪河，古称涔水，源于澧县鸦角山，于关心村入松滋境，向东流经沈家嘴、敖家嘴、邓家坪、岩滩、大羊坪、车山口、石子滩，至桂花树注入洈水改道河。河道上段为湖南、湖北两省界河。从岩滩至石子滩一段，河道穿流于松滋境内的大羊坪和台山坪。河流全长50千米，其中松滋境内长47千米，流域面积194平方千米。

界溪河上、中游河床宽仅10～15米，河道坡降为1/150～1/300。白鹤嘴以下河床渐宽，水流趋缓，河道一般宽30～50米，过水深1米左右，坡降约1/3000。白鹤嘴以下沿河两岸均有堤防。

（四）红岩河

红岩河因河床多为红色岩石而得名，发源于桃树乡崄桥寺的观音淌，是一条由北而南的季节性溪流。河道流经自生桥、欧家河，绕卸甲坪至小河湾，急转向西至白鹤嘴，再转向南，于黄林桥注入洈水。河上段称为红岩河，中段名欧家河，下段谓小河，全长19千米，流域面积64平方千米。河床一般宽10～20米，最大流量为100立方米每秒。河道处于深谷之中，坡陡流急，总落差380米，每千米河段平均落差20米。

第七节 天门河水系

天门河发源于京山县官桥铺盘蛇观西麓深赶冲，流经京山、钟祥、天门、汉川4县（市），全长238.1千米，沿途汇集大小支流31条，流域面积3875平方千米。

历史上天门河因时因地多异名，河道变迁与汉水有密切关系。《水经注》及其以前的著述中均无天门河的记载，只有今天门河的上游为汉水支流的记载："竟陵县西，有臼水出聊屈山，西南入汉"（《左传·成臼》）；"臼水出竟陵县聊屈山，西流注于沔"（《水经注》）。

唐代始有关于汊水（即今天门）的记载，《元和郡县图志》载：竟陵县"县城……南临汊水"，汉川县的前身为"汊川县，因汊水而得名也。"宋代的《太平寰宇记》说汊水源出长寿县磨石山东南名澨水，至竟陵县界名汊水；《舆地记性》称绕县城一段名义河。据明《湖广总志》记载：天门河曾是汉江在汉北的一大分流，从臼口经小河口、渔薪河、中台河、牛角湾出风门到刘隔会涢水。明代中后期，汉水铁牛关以下，汉北诸口相继堵筑，清康熙年间，黑流渡塞，天门河形成独立水系。

清代，天门河已上承源出京山县横岭的寨子河水，汇臼水、巫水、小河诸水，"东南流者曰南河，经拖船埠行三十里入天门境"（光绪《湖北舆地记》），又东南流名渔薪河（《大清一统志》），至黄土潭、北巿港河、南经黑流渡水合注名三汊河，经净潭、蒋家场入汉川县境，会竹筒河入大松、三台等湖分注入汉。

民国时期，天门河上游河道走向有较大变迁；支流司马河由下洋港经杨家泽至陆家砦与干流合，改由下洋港经新河口与干流合，而干流则由何家集、新河口经陆家砦、小河至永隆河改经杨家泽至永隆河，河名亦有所改变，"臼、巫二水自新河口会流而东，过谭家桥，曰永隆河"（《京山县志》），进入天门境名天门河，至净潭（距河源182.5千米）分为南、北两支。南支名天门老河，亦称为南支河，从净潭起经蒋家场，至钟家村进入汉川县境经中洲湖入汈汊湖，长 29 千米。北支名中支河。

天门河上游和左岸接纳丘陵山区来水，支流稳定；下游和右岸为汉北平原，支流复杂多变，且曾与汉江相通。1969—1970 年，天门县（市）在竟陵镇（距河源 147.5 千米）建坝堵筑。天门河将其分为上下两段，建以船闸沟通。同时，在坝上游 2.6 千米的万家台实施天门河上游改道，所挖新河名汉北河；其下段仍称为天门河，仍为独立水系，河水亦由直注汈汊湖改为经沿湖干渠注入汉江。根据河流改造后的情况，兹分段记载。

一、天门河上段

天门河上段为大洪山脉和丘陵地带。从源头起，流经京山官桥铺，接纳 14 条支流，于雷家台进入钟祥境，经东桥镇、刘家石门（石门水库）、长滩埠，于叶家集纳季家河支流，复经京山永隆河，于潘家湾进入天门市境，经拖船埠、渔薪河，东流至万家台，接汉北河（天门改道河），河流长 145 千米，流域面积 2536 平方千米。河源高程 450.00 米，平均高程 77.00 米，河道坡降 0.58‰（竟陵以下为倒坡）。天门河在改道之前，天门站实测最高水位 30.08 米（1954 年 8 月 20 日），最大流量 736 立方米每秒（1969 年 7 月 12 日）；最低水位 24.29 米（1967 年 1 月 24 日），最小流量为 0（1959 年 9 月 27 日）。天门改道河开挖以后，天门船闸下游最高水位为 27.96 米（1991 年 7 月 9 日），最低水位为 22.07 米（1971 年 12 月 23 日）。天门河上段沿途接纳较大支流有季家河、司马河、青木垱河、南河、大官（观河）、运粮河、北港河、南港河、毛桥河、南三汊河。

（一）季家河

季家河发源于罗家桥西北 7.5 千米虎爪山南麓小泉冲杉树湾内，过峡子口瀑布 5 米余曲折西南流，经小泉冲、林子坡，在前郭湾有源出柳门口之水北来；合流后向西北流 1 千米，有发源钟祥县境大口之水北注；过三汊口，曲折西南流，经蔡家畈至叶家集西注入天门河（京山境内称永隆河）。主河道长 29.3 千米，流域面积 61 平方千米，河面宽度一般为 20 米。河床纵坡大，从河源董家冲高程 223.00 米至季家河口高程 36.60 米，高差 186.4 米，平均纵坡降为 6.36%，在上游于 1966 年冬动工兴建小泉冲小（1）型水库，拦截承雨面积 10.33 平方千米，总库容 391.5 万立方米。

（二）司马河

司马河出源有三，主流发源于京山县罗家桥以东 8 千米磨吉观（山）南麓郭家冲，曲折向西流，经仙女泉西南流，在刘家台南有源于鹰子崖下龙泉庵河西出山谷折向西南注入，经仙女河在马家嘴有源出孤老山南麓的蓝集河东来汇入；曲向西流 3 千米许，有源出潼泉山麓潼泉河与源出卷岭山南麓的义和集河在吴家台合流后北来注入；折向西南流经磨石山与峰顶观之间的峡口（石龙水库大坝处），经丰谷街西迂回西南流，经下洋港，在郭台彼岸有发源于牛卧山麓的东湖水北注；在艾家台有源出垭谷山的何家垱之水北来汇入；经舒家河，在新河口注入天门河。主河道长 39.3 千米，拦截大小支流 15 条，流域面积 320.22 平方千米。

司马河源头支流奔流在崇山峻岭之中，主河道则曲折穿流丘陵平原之间，河床纵坡，从上至下逐渐平缓，从河源郭家冲高程 187.00 米，至新河口汇合处，河床高程 25.4 米，高差 161.6 米，平均纵坡降为 4.11‰，其中石龙水库坝址以上纵坡降为 7.63‰，以下纵坡降为 0.95‰。河床最宽达 50 米，一般宽度为 30 米。河底由上游的砂卵石逐渐淤积而成，为常流河，素不通航。

从 1953 年冬开始，司马河流域先后建有石龙、保家垱、东湖、潼泉寺、乡家垱、幸福坝等 6 座中小型水库，共拦截承雨面积 156.47 平方千米，总库容为 8541.5 万立方米。

（三）青木垱河

青木垱河发源于京山县刘集乡东北中南山南麓吊龙泉（又名吊龙潭），曲折西南流，经邵家棚、叶家畈、青山坡，在石碑凹南，有周家冲之水西来注入；经屈家岭东南过王家桥、蔡家垱，在皮家台南汇入天门河。主河长 28 千米，流域面积 122.2 平方千米。河床纵坡，从河源吊龙泉高程 116.00 米，至皮家台汇合处，河床高程 24.50 米，高差 91.5 米，平均纵坡降为 3.27‰。河面最宽达 35 米，一般宽度为 20 米。

河流上游于 1976 年冬动工兴建叶畈中型水库，拦截承雨面积 13 平方千米，总库容为 1244 万立方米。

（四）南河

南河发源于钟祥市花岭附近，在钟祥境内名上罗汉寺河，其干流原经陆家砦至南河集附近的小河口会小河后，南转东南流至天门河。民国时期，天门河干流改经杨家泽至永隆河，陆家砦至小河口至永隆河一段则成为小河的一部分。今南河在陆家砦进入天门市境，经南河集至苗峰入天门河，全长 48.3 千米，流域面积 251 平方千米，可通过流量 142 立方米每秒。

（五）大官（观）河

大官（观）河亦名西河，发源于京山县雁门口义和集西北雷头尖（山）西麓周家湾，曲折东南流经中南山村，至走马岭西折向南流，至赵家湾有源出乌龙泉之水来汇；经马头山西折转东南流，在何家畈南有源出百子桥主水来汇；曲向南流，在老湖湾进入天门境，至石家河西注入天门河。河长 53.6 千米，流域面积 112.3 平方千米。

大官河在石河镇以上为山丘区，纵坡降为 1.67‰；石河镇以下为平原湖区，纵坡降为 0.1‰。河面最宽 50 米，一般宽 30 米。1958 年京山县在上游兴建大官（观）桥中型水库，1966 年建黄龙寺水库［小（1）型］，1957 年建月亮碑水库［小（2）型］，共拦截承雨面积 64 平方千米，总库容 4663.7 万立方米。

（六）运粮河

运粮河又名拖市河，源于钟祥市汉江遥堤边的陈家潭，在拖市镇聂桥东北纳潘沈沟水，又东南流，南纳夏场河水，至拖船埠注入天门河。全长 21.5 千米，流域面积 175.5 平方千米，可通过流量 99 立方米每秒。

（七）北港河

1954 年以前源于京山县中南山南麓，曲回南流约 35 千米至天门县青山西麓入天门河。1954年将上段主流从蔡家垱改道撇走至永隆镇附近入天门河。今北港河从京山县蔡家垱起，东南流至朱文台村邓家幺屋台北入天门市境，经杨港东纳虾子沟水至青山下西入天门河。全长9千米，流域面积58.1平方千米。

（八）南港河

南港河发源于天门市张家港镇罗万村。原为汉水岔流，现为内河。纳朱场河、蒲潭河至刘家湾入天门河，全长20千米，流域面积327平方千米，可通过流量185立方米每秒。

朱场河是南港河的一条主要支流，源于张港镇高茶台村，东流经郭家嘴、郭家垱至张角汇入南港河，长13.5千米，流域面积100平方千米，可通过流量70立方米每秒。

（九）毛桥河

毛桥河源于京山县雁门口东陈家山南麓长岗岭，在佛子山镇毛河村入天门市境过杜桥湖，穿天北长渠（建有排水倒虹管），至渔薪镇东曾班口注入天门河，全长31.6千米，流域面积89平方千米，可通过流量50立方米每秒。1975年破杜桥湖开挖排水沟，故又名杜桥湖沟。

（十）南三汊河

据乾隆《天门县志》载：清以前源于黑流渡，名黑流渡水。清康熙年间黑流渡被堵。此水发源于渔薪镇万家台新村，于黄潭镇竹林嘴入天门河，全长15.3千米，流域面积13.3平方千米，可通过流量30立方米每秒。

二、天门河下段

天门河中下游为江汉冲积平原，从天门船闸起，东流经杨林口、小板港、大板港、八子老、芦家口、白湖口至净潭分两支下泄入汈汊湖。南支，又称为中柱河，昔称老县河，原为主流，由净潭流经蒋家场、张家场、钟村入汈汊湖，河长26.2千米（其中天门境内9千米、汉川境内17.2千米），1955年改经汈汊湖南干渠由新闸入汉江，成为岔流；中支，又名净潭河，接天门河从净潭往北，经老屋嘴、吕巷，入汈汊湖，河长29.9千米（其中天门境内8千米、汉川境内21.9千米），1974年，疏深展宽净潭至汈汊湖河道，成为主流，河水经汈汊湖北干渠，北支经民乐闸入汉北河，南支经汉川新闸入汉江。两岸（天门境内）有6条较大支流汇入。

（一）杨林河

杨林河又名沙河。民国以前，杨林河分为两支，东支经徐家渡、何家埠连汪家湖；西支经谌家桥连汪家湖，并与风波湖、沿湖、张家湖、白湖相通。1970年汉北河挖成，杨林河从滩口起由北向南流经新刘场、何埠头、双刭口、徐家渡、江家垸，至杨林口注入天门河，长12.8千米，河宽30～50米，可通过流量70立方米每秒，流域面积95平方千米。河水北经沙滩闸也可注入汉北河。杨林河支流谌桥河，源出竟陵镇二龙村，流经河堤湾、谌家桥至江家垸，汇入杨林河，长6.5千米，河宽18米。1979年在杨林河流域范围内开挖一条东西走向的杨林改道河通八市河，杨林河失去作用，其分支河道被汉北河所据。

(二) 杨家新沟

杨家新沟原为汉水支流周河的中下游故道，自操家、泗港堵塞后，成一流水小沟，连通钓鱼嘴河。1950年，经人工疏挖，成为周河地区的排水干道，故名杨家新沟，今河道源于蒋场镇官祭口，经贺家村东流至彭家沟，折向北流到杨家桥，再东流至钓鱼嘴注入天门河，全长29.3千米，流域面积149.2平方千米，河底宽3.5～21米，可通过流量85立方米每秒。

(三) 龙嘴沟

龙嘴沟原名钓鱼嘴河，源于天门岳口镇尹家垸，经白茅湖北流与杨家新沟相通，至曾家小河口入天门河。1950—1951年疏洗改道，河道由尹家垸经白茅湖东流至王家折北流至罗黄湾入天门河，全长19.2千米，流域面积140平方千米，河底宽3～8米。1965年新开蒋碑渡沟和九条沟汇入，流域面积扩大到210.5平方千米，汇流口以下河床扩宽至20米，可通过流量61立方米每秒。

(四) 小板河

小板河原发源天门新堰口东南垸的西南部，东南流至宋家场北折流经肖码头至小板港入天门河，清代以前在宋家场西与汉江支流牛蹄支河相通，相通处名杨仙口，后杨仙口塞。1956年，疏通牛蹄支河新堰口至宋家场段，在宋家场东挖开牛蹄支河北堤与小板河连通。河源自冯庙临江村由南向北流，过天南长渠，在金家沟西与小板河接流，水经小板港注入天门河，总长20千米，流域面积83平方千米，河底宽5～17米，可通过流量167立方米每秒。

(五) 龙坑河

龙坑河又名八子垴河，从龙坑经沿湖，在八子垴（现名八市）接天门河。1970年，开挖汉北河，切断河道。1974年在龙坑东14千米处建龙坑闸，此后又建八市闸，河水南可入天门河，北可入汉北河，河道长8千米。

(六) 华严湖排水渠

华严湖排水渠又名长虹大垸沟。源于小板胡桥村，由梅字眼沟、长虹垸沟、华严湖排水渠连接而成，过汉川县境内的华严湖闸入天门南支河，全长28.5千米，流域面积101平方千米，可通过流量27立方米每秒。

三、汉北河

为治理汉北平原湖区洪涝灾害，1969—1970年对天门河下段实施人工改道，其开挖而成的新河为汉北平原湖区的防洪排涝骨干工程，故名汉北河，亦称为天门改道河，是汉北地区综合治理的主体工程。此河包括原天门河上段（天门船闸以上），从万家台起经辛安渡至新沟出汉江长91千米和从辛安渡至东山头出府河长14.8千米的人工河道。

汉北河接纳钟祥、京山、天门3县（市）共3739.7平方千米来水。从万家台起北流至水陆李纳皂市河水，再经猫溪嘴、肖严湖入汉川县境，长35千米。河道断面：万家台至汉北二桥长 11.74 千米为单一断面，平均底宽 112 米，堤距 249～284 米；汉北二桥至天门汉川交界处长 23.3 千米为复式断面，河槽底宽 2 米×30 米，堤距 400～1024 米。万家台河底高程为 22.00 米，河底纵坡降为 0.04‰，堤顶高程为 32.07～37.94 米。自汉北河挖成以来，最高水位 30.44 米（黄潭水文站，1991 年 7 月 10 日），最低水位为 22.47 米（1977 年 1 月 18 日），最大流量为 873 立方米每秒（1970 年 6 月 7 日），最小流量为 0 立方米每秒（1973 年 9 月 15 日）。汉北河北岸有 5 条较大支流入汇。

（一）钱场河

钱场河又名东河，发源于京山钱场西北雷头尖（山）东南麓彭家湾西龙井冲。曲折东北流，经胡家冲后有空山洞之水北来汇入；迂回东南流，经甘家冲、七宝山乌龙洞，在董家嘴有源出孔家湾之水东来；折向南流有发源于长岭山之水西来汇入；转向东南流，在斋婆店有销山埠与金泉寺之水合流后东来注入；折向南流，经何堰堤东，在晒网台南有源出郭家大山南麓，郭家大湾与月亮嘴之水汇合后西来汇入；过雷击断（又称为雷公潭）经刀背山东老场，转向东南流，在刘家壕沟有源出胡山寺西麓之水经牛山西峡口后北来注入；迂回向南流，在孙沟子大湾彼岸有源出高子山南廖冲之水西来汇入；经钱场至庄屋嘴进入天门县经石家河东注入汉北河，长 59.5 千米，流域面积 148.2 平方千米。河源龙井冲高程 195.00 米，出口处河床高程 30.00 米，高差 165 米，平均纵坡降为 4.38‰，其中吴岭水库坝址以上纵坡达 7.04‰，以下纵坡为 0.84‰。河面最宽 80 米，一般宽 50 米。1958 年在干流上游动工兴建吴岭中型水库，后又兴建长林山、胡家冲两座小（1）型水库，共拦截承雨面积 102 平方千米，总库容为 7698.9 万立方米。1974 年，从石家河起，开挖 144 米改道河，河水经老龙堤闸泄入汉北河。

（二）桥河

桥河又名柳河，发源于京山永兴镇龚场村老道山南麓木桥湾，曲折东南流，经杨家大湾，在绿水堰有源出毛家大山西麓之水东来汇入；经童家台，在胡湾彼岸有源出胡山寺东北裴家冲之水西来注入；经邹家湾、杨家河，在索家嘴有源出炭铜山（又名大头山）南施家堰的龙泉河之水北来汇入；迂回东南流至帅家桥，进入天门县境，再经长寿、柳河、注入张湖，由张家湖闸入汉北河。河道长 30.8 千米，汇集大小支流 5 条，流域面积 116 平方千米。河源木桥湾高程 127.00 米，出口处河床高程 25.00 米，高差 102 米，平均纵坡降为 3.30‰，其中绿水堰坝址以上纵坡降达 8‰，以下纵坡降为 0.5‰，河面最宽 40 米，一般宽 25 米。

1958 年冬京山县在干流上动工兴建绿水堰中型水库，又于 1965 年冬在主要支流上兴建裴冲小（1）型水库，共拦截承雨面积 33.6 平方千米，总库容为 2464.6 万立方米。

（三）邱桥河

邱桥河发源于京山东龙尾山东北麓胡家冲，东南流至陶家山进入天门市境，在台皮口穿汉宜公路入石堰口水库，再南流经郭家新场、桥湾、邱桥至刘家店过张家大湖闸入汉北河。全长 15.3 千米，流域面积 36 平方千米，可通过流量 21 立方米每秒。

（四）溾水

溾水又名京山河，在天门境内称为皂市河。主流发源于京山县城西北 20 千米的杨集花石岩南麓东冲彭家湾。向西折转南流，经余家河、阁流河，曲折向东南，经牛车河，在杨汉河有北来发源于骑马尖山下黑冲之水刘家河汇入；又东南经曹家河、卢家畈后，分别有北来发源于殷家冲的柳林河与发源于小花苑的梭罗河在廖家河汇入；又东南在窑河有发源于虎爪山麓西石门之弯柳树河与汤家河合流后西南来注入；又经惠亭山西端坡脚，在赵家畈彼岸，有出源于丁家冲之水鄢河左来汇入；在新市镇（原称城关镇）三里桥，有北来源于牛角尖南麓、占家巷的白谷洞河与舒家河汇流注入；沿京山旧城址（南门）东南流，在董湾东南，有源出抓谷寨山南麓马家冲之水沙河北注；在响堂湾，有南来源于莲花山的窑山河汇入；在曹家店门向西南行 3 千米许，转折东南，经汤堰畈（温泉）、刘家湾南、盘堰畈（古盘陂县遗址）北，在汪林岗林场有发源于京源山南麓的黄家店水北注；在月家坡有发源于九界山麓的老李河之水北汇；曲折向南，在永兴镇西南彼岸三里畈有发源于易家大山东北麓龙王冲之水西注；经苏家畈、牛头山南，在归德寺有发源于京源山东北麓杨和冲的源泉河（古称石激河）北来汇入；在夏家台南有发源于潘家冲的跃进垱之水注入；沿邓李家场街西至艾家棚入天门市境，经杨秀埠、皂市镇、马公埠、三屋嘴入白湖，于蒿台寺分流，主流经严家河入汉川县境月潭湖；一支由打锤巷经挖沟子在扎营口入天门河中支，一支经太平桥与天门河北支汇合。白湖以上河长 93 千米，流域面积 686.66 平方千米。

溾水一名，始见于《水经注》校本卷二十八载：“有溾水出竟陵郡新阳县西南河池山，东流径新阳县南，县治云杜故城……”河池山或名池河山，光绪《京山县志》注“按池河山即今花石岩。”并对河道的变迁做过详尽的记载：自南门起，至新南门一带，旁城洼下，其形似河，上为高家坡，旧城址沿坡起。嘉靖末，改河兴城推而出之仍为今址。由此形成新市镇上下 4 千米迂回曲折河段。溾水河床纵坡从上至下逐渐平缓，河源在彭家湾处高程 282.00 米，出口河床高程 24.40 米，高差 257.6 米，平均纵坡降为 3.49‰，其中在惠亭山以上纵坡降为 6.8‰，惠亭山至邓李纵坡降为 0.78‰，邓李以下纵坡降为 0.05‰，河床宽由上游的 50 米逐渐增宽到 160 米，一般宽度为 80 米。

由于河道变曲，流泄不畅，溪涧性强，水量变幅较大，上游一般流量在 2.4 立方米每秒左右（1959 年以前），而枯水年最小流量只有 0.018 立方米每秒（1959 年 8 月 2 日），每当山洪暴发时河水猛涨，上游惠亭山下洪水流量为 1480 立方米每秒［《湖北省水文手册》（1952 年版）］，下游在五福镇南牛头尖山附近最大洪水流量发生在清光绪十一年（1885 年），达 2340 立方米每秒（调查洪水）。下游皂市站实测最高水位为 31.39 米（1935 年），其后最高水位为 30.05 米（1969 年 7 月 11 日），推算流量为 1086 立方米每秒。1959 年和 1965 年京山县在上游干流兴建了惠亭山大型水库和余家河中型水库，在主要支流上先后兴建了汀河、马跑泉、殷家冲、东石门、鸡公塔、崔家垱、罐子口、跃进垱等 8 处小（1）型水库，共拦截承雨面积 286 平方千米，总库容 32846 立方米。

1974—1977 年，天门县自艾家棚起，将下游河道裁弯取直，劈破白湖，在水陆李（地名）对岸与汉北河相连，称为皂市改道河（仍称为皂市河）。改道河长 19 千米，底宽 56 米，出口底高 21.2 米，纵坡降为 0.1‰，设计流量 1070 立方米。今溾水（皂市河）全长 103.8 千米，流域面积 798.6 平方千米。改道后最高洪水位为 30.49 米（1997 年 6 月 7 日）。

（五）大富水

大富水发源于随州市境内大洪山南麓白龙池，曲折东南流8千米从牛角尖山谷在董家台以北入京山县境；迂回东南流3.5千米出峡口，经厂河、高关，在双河口有源出偏头花山的小富水汇合，再经宋河、罗店至徐店有发源于黄岭尖南麓的石板河来汇；再南流达田店八斗山进入孝感应城县境，再经应城、黄滩至天鹅垱注入汉北河。河流全长170千米，流域面积1698平方千米，其中河道流经京山县境长104.5千米，流域面积1254.5平方千米。

大富水上游处于深山峡谷之中，中下游处于山丘与河谷平原的过渡地带，流水有时奔流下泻，落差盈尺；有时平如明镜，微波不兴。一般流量为5.4立方米每秒，山洪暴发时，最大流量达2220立方米每秒（黄家畈水文站1970年5月28日实测），而枯水年最小流量只有0.29立方米每秒（1966年5月26日）。河床纵坡从上至下逐渐平缓，从入境京山县境处董家台高程340.00米至出口河床高程36.00米，高差304米，平均纵坡降为2.92‰，河床由上而下逐渐增宽，最宽处（黄家畈）达350米，一般宽度为120米。

自1956年开始，原荆州地区先后在大富水水系上共修建大型水库（高关）1座，中型水库（小富水上游刘家畈、石板河上游八字门）2座，小（1）型水库（赵坡、艾家河、屈家垱、廖家冲、补家河）5座，共拦截承雨面积524.8平方千米，总库容38004万立方米。主要支流如下：

刘畈河（又称为小富水），发源于京山偏头花山东北麓刘家湾，曲折东南流，经祁家河至双河口汇入大富水，主河道长47.3千米，流域面积196平方千米，在河流干流上修建有刘家畈中型水库，在主要支流上修建有艾家河、祁家河两座小（1）型水库，共拦截承雨面积91.7平方千米。

石板河，发源于京山县城北黄岭山南麓芦冲，经折东流，经周家畈至徐店北小河口汇入大富水，主河道长60.9千米，在干流上建有八字门中型水库，在支流上建有屈家垱、廖家冲两座小（1）型水库，拦截承水面积119平方千米，总库容10185万立方米。

第八节 通顺河水系

通顺河贯穿于汉南平原，汇流大小支流，构成通顺河水系，因其汇流于汉南平原，故又称为汉南水系，其地理位置位于汉江及其支流东荆河之间，北、西、南三面临水，东接汉阳县河湖交织的洪泛区，行政区划包括仙桃市全境和潜江市东半部，流域总面积3076.9平方千米，其支流有县河、通州河、四方河、西流河、小陈河、洛江河、恩江河、凤凰河、平带河和展翅长河等，见表2-3-25。

表2-3-25 汉南水系主要河流基本情况表

河名	所在县（市）	起止地点	河长/km	汇入河流
通顺河	潜江、沔阳	排沙渡—沌口	191	长江
县河	潜江、沔阳	高家脑—杨林关	30	东荆河
洛江河	潜江、沔阳	吴永堤拐—老李仁口	73	通顺河
恩江河	潜江、沔阳	禅堂庙—潘家场	15	通顺河

续表

河名	所在县（市）	起止地点	河长/km	汇入河流
南门河	潜江	沱埠洲—新沟坝	35	东荆河
许家口河	潜江	许家口—陶家湾	20	东荆河
运粮河	潜江	芦家倒口—拖船埠	9	东荆河
通州河	沔阳	县河口—彭场	83	通顺河
四方河	沔阳	四方河口—沌口	50	长江
西流河	沔阳	鄢家湾—香炉山	27	长江
小陈河	沔阳	唐家场—通海口	15	通州河
沙嘴河	沔阳	黄荆口—老里纪口	12	通顺河
展翅长河	沔阳	长尚口—蔡甸	22.5	汉江
长港河	沔阳	太洪口—挖沟子	15	汉江
玉带河	沔阳	柳口—张家沟		州河
凤凰河	沔阳	范溉关—袁家口		通顺河

一、通顺河

通顺河原为汉江支流芦洑河3条分流河道之一。据《湖北舆地记潜江县·水》记载："芦洑河自县北二十三里于汉分支而南，迳叉玉岭西，沙窝院东，历竹根滩，凡十三里至柴林滩，折西流三里为黄滩，又东南流六里迳排沙渡，又三里（据查地图，在今三江口上）分为三支：其东支为通顺河，东南支为洛江河，南支即县河。"

康熙《潜江县志·河防志》载："崇祯四年（1631年），排沙决，水经沔阳羊皮、白麻出黄荆口仙桃镇河；顺治七年（1650年），景陵、沔阳兴筑排沙，荆西观察使着徐旗鼓督筑，名旗鼓堤；康熙五年（1666年），景、沔、潜苦水患，分守荆西副使以修堤不如修河，议请浚旗鼓堤，以夺水势，允之，更旗鼓堤为通顺河"。另据光绪《沔阳州志》载："通顺河向本非河，地名旗鼓堤。康熙五年（1666年），潜邑排沙渡堤溃，水由羊皮洗脚湖下，冲断沔邑凤凰河尾（今袁家口），至道光年间，河口淤塞，此河道遂废，仍复旗鼓堤之旧"。于是沔邑之上毛家场（今毛家嘴）及沔邑之下毛家场以下各垸，沿羊皮洗脚湖岸建堤防御，始名通顺河。嘉庆初，各垸堤渐次连接，水顺堤下，历李荣口（老里仁口）、里仁口（新里仁口）、彭家场、尤拔、太阳垴、沙湖，汇太白湖达沌口入江。同治十年（1871年），沔阳知州罗登瀛准允，筑塞杨林洲芦洑河口，通顺河成为内河。清代，通顺河为芦洑河一条分支，自排沙渡下三里许分水东流，尾至仙桃镇归汉。1650年曾堵筑河口，复于1666年冲开并疏浚，形成彭家口以下不归汉，南流入古洛江河，从沌口入江，纵贯潜、沔、汉三邑。

1937年，江汉工程局编《勘察通顺河报告》，对通顺河作了更为详细的记载："通顺河旧名芦洑河，又名旗鼓堤河，起自襄河南岸潜江县属之沙场，东流经天门县上毛家场（今毛家嘴）入沔阳境，于袁家口右纳凤凰河之水，转向南流至幺沟子闸，有汉（渣）角湖之水自右岸注入；稍南经老里仁口右会洛江河，再南至新里仁口排湖之水由皇新来注；折东迤向东南至彭家场，北有大兴垸之水自左岸长兴闸注入，西有州河集恩江河，玉带河之水自右岸来会；顺流而下，于四方河口分一支为四方河，主流再东南迤，右有鲫鱼湖之水由唐嘴、柳沟、小儿厅（今晓儒厅）等三闸来注，左有余家湖之水由黄小垸闸注入，稍南经太阳垴折向东流，至火老（垴）沟入东荆河北支，是为沌水。沌水过沙湖镇经纯良岭迤向东北达沌口入江”。“通顺河全长191千米，两岸除左岸洗脚湖、杜家湖无堤外，余均有堤，皆系相邻之垸堤连接而成，两岸堤距狭处有的不及一百公尺，宽处则有三百公尺以上者，但多半在一百至二百公尺之间。”

新中国成立后，通顺河经过整治，由天然河道改造成人工河道，成为汉南地区排水、灌溉的主干河渠。

1959年8月，在汉江干堤泽口处建成泽口闸（又名汉南进水闸），从闸下开挖长800米渠道在吴家涧接通顺河，取名汉南干渠，亦称为通顺河。1960年，在河道右侧南干渠首建深江站闸，在毛家嘴建跨河节制闸，将泽口至毛家嘴长21千米河道改称为泽口灌区总干渠。同年，建成跨通顺河的袁家口节制闸，将毛家嘴闸至袁家口闸长41.5千米的通顺河改称为北干渠，引总干渠水灌溉河道两岸仙桃东部地区农田，兼汇通顺河以北地区涝水。袁家口闸以下为单一排水河道，仍称为通顺河，在完成东荆河下游改道后，兴建黄陵矶闸和纯良岭闸，通顺河形成首汉尾江的排、灌主干渠。

二、县河

县河为芦洑河南支，又称为东河，明天顺二年（1458年），排沙渡以下芦洑河右岸高家垴堤溃，洪水奔流南下，经潜江县城以东的乾（干）河口继续南流，过班家湾折向东流，经刘家场至池家湾东南流入沔阳通州河，东流经通海口、张家沟、彭家场、沙湖至吴家刓汇入东荆河。光绪《沔阳州志》称：“州河自潜江县河口起，经沔之刘家场（现属潜江市）、中沟、段家场、杨家场、潘家场、小河口、通海口、西河口、官路、于家渡、唐家嘴、印家场、汪家坝、郭家河、邵家河、张家沟、接阳、三江口、解家口，汇通顺河，计程百六十里许。”康熙十一年（1672年），班家湾堤溃，破黄汉中耳垸，冲成一条河（名班湾河），经潭子河、总口至许家口，出监利杨林关入东荆河，长约30千米。县河至总口西分流一支名马丹河，向西南流经平阳湖、高桥、晏家桥注入直路河（即东荆河），长约5千米，清初废。清末班家湾至潭子口一段河已湮。县河流程上起芦洑河南支河口，向西南流至罗家月子，折南经徐家拐（徐角）、东岳庙、禅堂口、县城小东门干河口、周家刓头、彭家新场，再偏东南经赵家台、班家湾、张马岭、刘家场至袁家刓（王小垸）入沔阳中沟之州河（通州河）。

新中国成立后，对县河实施了改造。1964年对河首段实施裁弯取直，源头从罗潭闸起，西南流汇入城南河，偏南至徐台闸、刁市、刘家场，至仙桃谢家场附近入通州河。仙桃境内通州河经改造成罗汯闸区的南干渠，全长83千米，以通海口节制闸为分水闸，其上段39.9千米为灌溉渠，其下段通海口闸至解家闸长43.1千米为排灌两用河道，在解家闸下200米处汇入通顺河。

三、洛江河

洛江河为一条自然古河道，系芦洑河东南分支，“源于潜江排沙渡东南三里，七里迳孟公碑西，莫老潭东，又东迳余家台北，凡十里至深江站南，绕黄中垸抵耙子垱，再东流经石牌铺，从双桂寺入沔阳县境，在明朝时期为沔阳境主要河流”。据明嘉靖《沔阳志》载：“汉水又自芦洑河播八排沙，迳深江、迳剅河、迳范溉关、迳粟林、迳麻港、迳南湾至黄金口入下账湖，东北于白湖。”清康熙五年（1666年）通顺河来水冲断洛江河下段后，洛江成为通顺河支流。光绪《沔阳州志》载：“洛江河自潜江禅堂庙起，经深江垸、束家剅、剅河、熊官渡、范溉关、麻港、石桥达向李荣口（即老里仁口）出通顺河”。

洛江河长73千米，河槽平均宽50米，上接潜江来水，下连沔阳、蔡甸直通长江，承担汉南地区的排水。至民国时期，洛江河已淹塞淤垫，且河道迂回曲折，排水不畅。1956年建泽口灌区对河道进行疏浚，1960年开挖南干渠，洛江河在石碑铺被截断，其上段成为排灌渠道。同年开挖12垸改道河，石牌铺至剅河一段被利用为人民闸灌渠，剅河以下被截堵分段利用。20世纪70年代进行农田水利建设，洛江河被分段截取，只存间断河形。

四、芦洑河

据清康熙《潜江县志》序中称：“潜邑以水得名，俗称芦茯（有的史籍记为洑，即水在地下流也），即潜水也。”其县人甘鹏云所著《潜江水道》中云：“一汉为芦洑河者，即潜水也。芦洑河本为汉水分流，顺治十六年（1659年）潜沔人塞之，下流虽通，上源绝矣，所云自芦洑河入杨林者，即今沙窝竹根滩也。自竹根滩南流为排沙渡，自排沙渡南流为县河，亦名东河……由县河南流为班家湾，经刘家场出池家湾过沔阳境入于江，此今芦洑河之经流也”。据《大清一统志》载：“芦洑河在潜江县东，东南迳流汉阳府沔阳州，西北合夏水。”《安陆府志》对潜水的流经线路有清晰的记载：“潜水今名芦洑河，自汉江分流为排沙渡，又南径城东为潜江县河，又南为总口，又南为许家口，东至沔阳州、相口，至柳口会澧河，又东径为蒌蒿河，又东合夏水，是为正流。”史料记载，芦洑河即为古潜水，流至排沙渡后，分为3支：一支在排沙渡下三里许东流，称为通顺河；一支南流偏西是为县河（沔阳垸内称为通州河），县河又分支，东流称为洛江河；一支由县河南下二里许东流称为恩江河。

清同治十年（1871年），芦洑河口被筑塞（亦称为南支小泽口），芦洑河与汉水断绝，变成内垸河流，其水位仅恃流域内过量雨水之涨落，通常每年三四月发水，九十月间退水，冬季为涸水时期。襄水高涨时，东荆河水位随之增高可倒灌入内，若遇江襄并涨，江水可由内河而上，上拥下遏，水位抬高。后部分支流或淤塞，或断流，或人工改造为新的排灌渠道。

五、恩江河

恩江河为县河分支，明嘉靖元年（1522年），县河已由潜江县城东一里许西移至东城下，当年大水危及县城，刚上任的潜江知县敖钺，为“消除水患，图存县治”，上疏奏请破皇庄淤洲开挖新河，分杀县河水势，于次年（1523年）二月至四月开新河七百丈，由此分水南流十里许，再汇入县河。县民欲以敖钺之名作河名，但敖以“恩潜人者朝廷也，取名恩江河”。清初河已湮没，但另有一河起于县城东，仍称为恩江河。此河起于禅堂口，经徐家台、左家场、谢家场、夏家场至潘家场入通州河。

第四章　江 汉 古 穴 口

荆州江汉河道发育于第三纪以来长期下沉的云梦沉降区，随着长江、汉江干支流水系的发育，江汉冲积、淤积平原的形成与变化，荆州河道经历沧桑巨变。由于长江、汉江河道穿越古云梦泽地区，因此在河道形成和云梦泽解体的过程中，形成众多的穴口和水道，分布于干流的两岸。所有这些穴口，在塑造江汉大地、调节江河水位、削减江河洪峰、沟通江汉航运等方面起着十分重要的作用。

第一节　长 江 穴 口

长江荆州段在漫长的形成过程中，留存有众多的分流穴口。据《水经·江水注》载，东晋南朝时期荆州境长江沿岸自上而下有沮口、曾口、马牧口、江津口、豫章口、中夏口。《水经注·夏水注》中也有涌口、油口、景口、沧口、高口、故市口、子夏口、侯台水口、龙穴水口、俞口、清阳口的记载。城陵矶以下河段《水经·江水注》亦有土坞口、饭筐上口、清水口、生江口、饭筐下口、湘江口、西江口、良文口、彭城口、白马口、鸭栏口、冶浦口、乌黎口、子练口、练口、陆口、刀环口、濜口、中阳水口、白沙口、雍口、洋口、驾部口等，由于记载简略而又间有混杂，各穴口的位置、大小以及变迁情况多无从考证。

宋元以后，开始流行“九穴十三口”之说。此说最早见于元人林元的《重开古穴碑记》：“按郡国志，古有九穴十三口”，至于穴口的名称和位置，却没有任何记载。明清时期，对此说的解释众说纷纭。一说见于明人雷恩霈的《荆州方舆书》：“穴凡有九，水口凡十有三。在江陵者二，曰郝穴，曰獐捕穴；在松滋则采穴；监利则赤剥；石首则杨林、调弦、小岳、宋穴；潜江则里社穴。九穴之口合虎渡、油河、柳子、罗堰为十三口。”清人俞昌烈著《楚北水利堤防纪要》一书，作《九穴十三口记》，亦同雷氏观点。另一说见于晚清倪文蔚编纂的《荆州万城堤志》：“俗传九穴十三口实有其地，北岸则江陵有便河口、獐卜穴、潭子湖口、郝穴、掩茆口、蓝穴、石牌穴；监利有新河口、黄穴、赤剥口、庞公渡，而无潜江之里社穴，北岸凡五穴六口。南岸则松滋有新穴、西溶，而无采穴；江陵则有虎渡口、东溶口；公安则有油河口、三穴、东壁口、芭芒口；石首则有杨林穴、宋穴、调弦口而无小岳穴、柳子口，南岸凡四穴七口。合之适符其数”，但倪文蔚本人却认为“此说近于凿矣”，几近牵强，他自己认为应该是“九穴四口合为十三，非九穴之外别有十三口”。还有一说则见之于清人侯世霖的《江坟议》：“禹迹有九穴十三口，江之北有便河口、章步穴、鐔子湖口、石牌穴口、新沉河口、黄穴口、赤剥穴口、庞公渡口、朱家河口、苹一口，江之南有采穴口、溶口、油江口、东壁桥口、芭芒口、杨林市口、宋穴口、海船口、调弦口。”实际上他列出的穴口数并未合“九穴十三口”之数。

随着河道不断演变和人为作用，长江穴口有开有塞，有增有减，不同历史时期穴口及其数量不尽相同，所谓“九穴十三口”系泛指其多，并非确数。其实故籍记载的黄穴、里社穴及罗堰等穴口，已不在长江沿岸，而是分别在内荆河、东荆河和汉江上。宋代以前，荆江诸穴畅通，湖泊调节作用明显。自宋以后，堤防大兴，各穴口有的被堵死，有的被重新挖开。

元初，九穴十三口大部分淤塞，水患日增。大德七年（1303年）石首陈瓮港堤溃决，虽然当年复堵，但第二年又被大水冲溃。当年朝廷的治江主疏派占上风，所以朝廷又重开杨林、采穴、调弦、小岳、郝穴、尺八等6个穴口，而到了明嘉靖二十一年（1542年）时江北的郝穴被堵筑，从此荆江大堤连成整体。

明隆庆年间（1507—1572年），荆江南岸只剩虎渡河、调弦河两处分流穴口，至清咸丰二年（1852年）决藕池口，咸丰十年（1860年）石首马林工江堤溃决，冲成藕池河。清同治九年（1870年）松滋黄家铺、庞家湾堤溃。当年复堤黄家铺，同治十二年（1873年）复决，形成松滋河南流入洞庭湖，由此基本形成调弦、藕池、虎渡、松滋等四口分流入洞庭湖的格局。江汉水系分布示意如图2-3-13所示。

江津口 根据《水经·江水注》的记载：“长江江陵以上江段有沙洲，此洲（指枚回洲尾部燕尾洲），始自枚回，下迄于此（江陵城南稍西），长七十余里，洲上有奉城，亦曰江津戍也。戍南对马头岸，北对大江，谓之江津口，故洲亦取名焉，江大自此始也”。《家语》曰：江水至江津，非方舟避风，不可涉也。故郭景纯云：济江津以起涨，言其深广也。据考实不为口（资料来源于《荆江堤防志》）。

豫章口 《水经·江水注》载：“豫章口，夏水所通也，西北有豫章冈，盖因冈而得名矣，或言因楚王豫章台得名”。《晋书·刘毅传》也载：“王宏等率军至豫章口于江津蟠舟而进”。据清乾隆五十九年（1794年）沙市司图所示，豫章岗和章华寺是两个地方，章华寺在东，豫章岗在西（今沙市一医附近），两地相距不到1千米。豫章口在今烈士陵园附近。1986年出版的《沙市志略校注》认为“章华台即豫章冈”。

中夏口 《水经·夏水注》载：“江津豫章口东有中夏口，是夏水之首，江之汜也”。《水经·江水注》亦载：“江水又东经郢城南……，江水又东得豫章口、夏水所通江也”。江水左迤为中夏水，右则为中郎浦出焉，中夏口分流与豫章口分流汇合后形成著名的夏水，亦称中夏水。据考，其口在沙市窑湾附近。

獐卜穴 又称为獐捕穴，为宋时“九穴十三口”之一。元大德七年（1303年）前堙，后复开，明初再塞，隆庆初议开未果。推断为今观音寺闸址。

郝穴口 晋代始称鹤穴或鹤渚，位于今江陵县郝穴镇，镇以穴名。晋末时郝穴与北岸相连，南北朝时成为穴口，是荆江左岸重要穴口，据《荆州府志》载，“大江经此分流东北，入红马湖。按郝穴与虎渡为大江南北岸分泄要口。元大德间，重开六穴口：江陵则鹤穴……。”明嘉靖二十一年（1524年）筑塞郝穴。

上洪口、柳港口 《读史方舆纪要》监利县卷记载：“县东三十五里，其相近者曰上洪口，又有蓼湖口，在县东八十里，皆滨荆江与柳家港相通。”柳港口，位于今长江干堤蒋家垴段，据清同治《监利县志》载：“县东三十里，与柳家港相通。”又载：“洪口与柳港

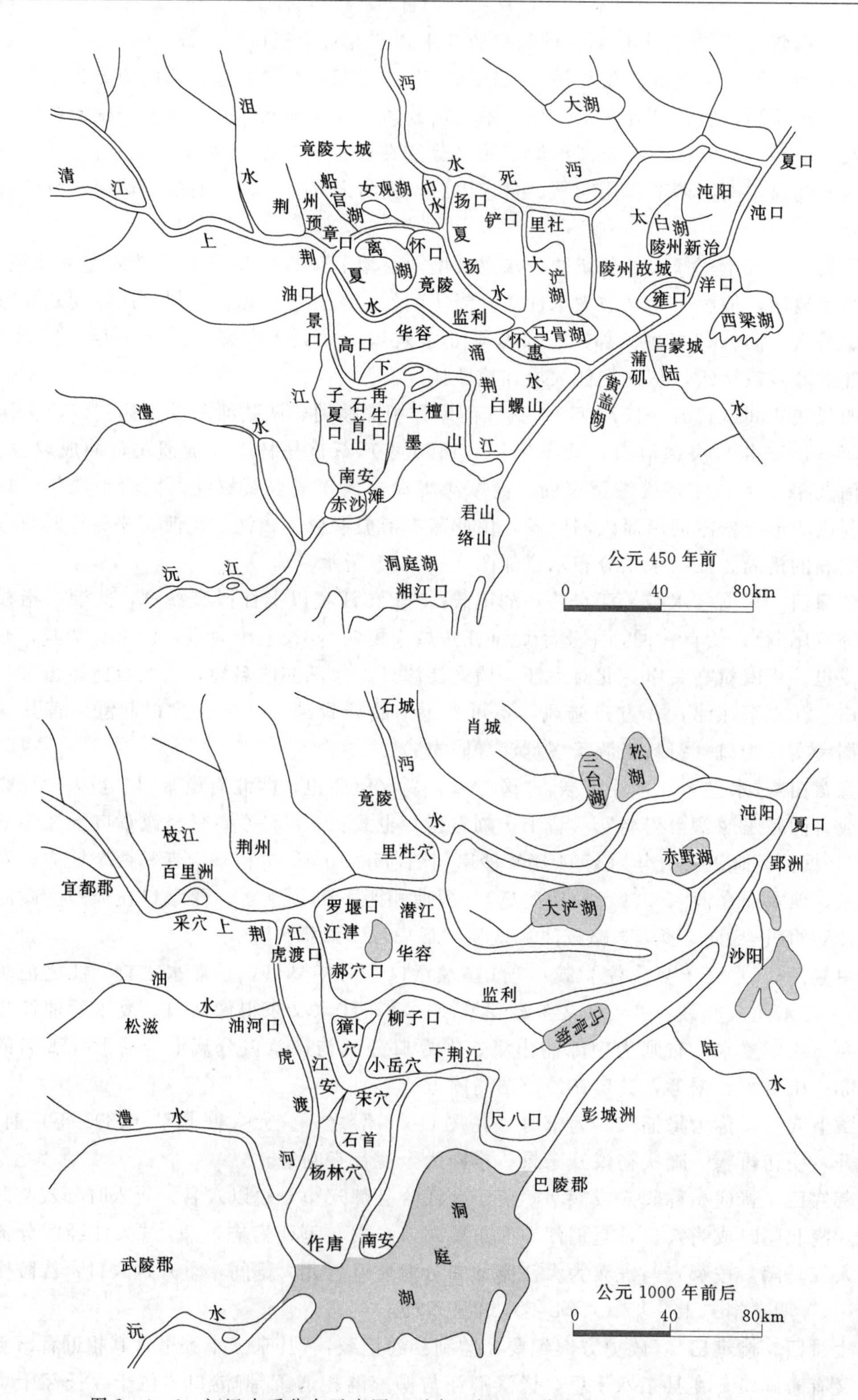

图2-4-1 江汉水系分布示意图（引自《长江河道演变与治理》，2005年）

口相近，皆滨大江，与柳港口相通。”据考，柳家港为现东港湖，历史上或称“通江港”“东江湖”。

尺八流水口 据史载，“在（监利）县东南九十里，上通大江，下通夏水”，又名赤剥口。南宋年间（约1200年）赤剥口第一次堵筑。元大德中议开此以旁泄江流，未果。明成武三年（1370年）初塞。隆庆四年（1570年）复议开浚，言者以为非便而止。又黄穴口，“在县西北五十五里，其相接者曰白羊堖河，达于潜江”。

曾狮口、壶瓶套口 位于荆江大堤监利段流水口附近，据史料记载：“二口在县西二十里，均与新冲口相通。曾狮口‘水道犹通’，壶瓶套口‘四时不涸’。”故二口或为一口二名，或为下荆江入新冲口同一河道的毗邻之口。现流水口紧靠荆江大堤，并有一千米长渊，渊后有一渠道名曾狮港，相传此地过去地势低洼，连年水灾，后曾姓人家在此开排水港通太马河，并在港首竖一镇水石狮，人称曾狮港。

新冲口 又名新河口或新冲河口，系古子夏口之一，位于现荆江大堤盂兰渊处，清康熙年间《监利县志》载：“新冲口，县西五十三里，原属新冲江所入之处，明嘉靖十八年（1539年）堵筑”。万历二年（1574年）湖广巡按提议重开新冲口，其时该处“见在成河，虽嘉靖年间筑塞水口，乃口内阔十余丈，深二三丈，且内亦多重湖，直抵沌口而出。”继后，又有荆州知府会勘兴工，因耗费颇多，未予重开。

江口 位于荆江大堤王港处，系古子夏口之一，为蛟子河与船湾河汇流之处。蛟子河又名焦（肖）子渊，或称消滞渊，原名菱茨港（河），亦名车湖港。原为消泄渍水之古沟，清同治年间（1862—1874年）崩塌成口，上下连贯形成江流。《长江图说》载有：“郝穴又二十五里经蛟子渊，有正沟者，首受江水，东流至堤头港入之。夏月江行，可捷百里。”现为人民大垸农场内垸排水河道。

采穴口 位于今松滋涴市镇采穴村，为荆江上首分流重要穴口。《天下郡国利病书》载：“（松滋）县东五里有古堤……长亘八十余里，且旧有采穴一口可分杀水势。宋元时故道湮塞。洪武二十八年（1395年）决后，时或间决。”今堙。采穴口之上另有瀼口、灌子口。“瀼口在今老城镇东三里，因古时有一溪河自南向北经此处流入大江，故称瀼口；在老城镇西一里另有灌子口”。瀼口、灌子口今俱堙。

虎渡口 为今虎渡河入口。《荆州府志》载：“大江分流，南至公安县界东西港口，会孙黄河便河之水，东过焦圻一箭河，至港口入洞庭。即《禹贡》所云东至于澧也。有虎渡堤。《名胜志》云：‘后汉时郡中猛兽为害，太守法雄悉令毁去陷阱，虎遂渡去’。”（详见第二篇第三章“虎渡河”）

调弦口 即《水经注》中的生江口，位于石首调关镇，为西晋太康元年（280年），杜预为漕运所开。（详见第二篇第三章“调弦河”）

龙穴口 今石首市区东长江南岸。《水经·江水注》云：“大江右得龙穴口，江浦右迤，北对虎洲。又洲北有龙巢，昔禹南济江，黄龙夹舟故名。”《荆州舆图书》谓：“江水过于夏口而得龙山，名龙穴。”

杨林口、柳子口 《读史方舆纪要》卷78《石首县》记载：“杨林口，县西南三十里，多杨树；县西十五里又有小岳套口，皆在江北岸，江水旁泄入潜沔处也。元大德中，县境堤岸屡决，开杨林、宋穴、调弦、小岳四穴以杀水势。今县西六十里有柳子口，旧与杨林、小岳相灌注，其调弦口则在县东六十里，宋家穴则在县西南三十五里，皆通塞不时。明隆庆中议复诸穴，惟浚调弦一口，其余仍旧闭塞。”

庞公渡口　又称为鲁洑江口，相传三国时期赤壁之战时，孙吴大将鲁肃曾屯兵于此，故名。位于今监利县城西门外，江水经庞公渡分流经太马长川至鸡鸣铺与夏水汇合，同流入沔。据《读史方舆纪要》记载：“鲁洑江上游曰太马长川，自大江分流，经县南十里，东流为鲁洑江。”因此推断，太马长川与鲁洑江同为一条河，明万历八年（1580年）筑庞公渡口，天启二年（1622年）重开，清顺治七年（1650年）又堵，遂与荆江隔绝。1959年首次在此破堤建西门渊引水涵闸，利用原分流水道引水灌溉农田。

茅江口　位于今洪湖市新堤城区，系内荆河从小港分出的一支流，南下经莲子溪、杨家嘴至新堤冲口入江，因此河两岸盛长茅草，古称茅江，其口为茅江口。

练口　即今龙口。清光绪《湖北舆地记》载：“江水又自陆口东流十里至唐冒山北，又东流十里至唐公山北，北岸为龙口镇，属嘉鱼，即《水经注》之练口也；龙口西北有良洲，即《水经注》之练洲也。练、龙、良一声之转耳。”《水经注》谓：“江水即迳乌林南，又东得子练口，北通练浦，又东合练口、江浦也。南直练洲，练名所以生也。”《湖北舆地记》按：“子练口西口也，练口东口也，江浦即练浦，练洲浦西之洲也，准以今地望，子练口当在今乌林矶东北。牛头埠古当有港，北通洋圻湖，即古练浦也。又东，绕良洲北，至龙口注江。后世为江堤所阻。遗迹不存，犹留良洲、龙口之名。”练多指白绢，古有“江平如练”之说。练洲、练口，乃江之洲、江之口。

新滩口　为古夏水分支入江之口，历史悠久，汉时，“王莽置江夏县于此，盖以此名也”。明代以前，此地有一湖，名新潭湖，陆游去四川时曾由此入内荆河。其《入蜀记》中称：“新潭湖，岸无居人，葭苇弥望。”明初时，因此地处新滩湖边，内荆河入江之口，派生得名新滩口，并于此设河泊所。

附：荆州长江河段历史上穴口大体位置及开塞情况简表（表2-4-1）

表2-4-1　　荆州长江河段历史上穴口大体位置及开塞情况简表

岸别	名称	别名	所处位置	形成与堙塞（或堵塞）经过
南岸	油河口	油水口、油江口	今公安县斗湖堤西	南宋时塞，后复开，明嘉靖后又塞，隆庆、万历年间提议重疏，至清道光年间终塞不开
	西口	涔浦、涔阳浦	今沙市至公安县城间	不详
	俞口		古石首山西北	不详
	上檀浦		饭筐上口东之江南岸	不详
	龙穴口	龙穴水口	今石首市区东	不详
	清水口		古牛皮山东北	（注：与藕池口可能为同一穴口）
	生江口		清水口东	（注：与调弦口可能为同一穴口）
	景口		今公安县城东	不详
	沦口		景口东	不详
	再生口		沦口东	不详

续表

岸别	名称	别名	所处位置	形成与堙塞（或堵塞）经过
南岸	采穴		松滋涴市以上	明万历年间塞
	瀼口		松滋老城东南2里	不详
	灌子口		松滋老城西1里	不详
	虎渡口	太平口	今沙市对岸西约30里	形成时间各说不一，待考
	东壁口	东壁桥口	公安旧城东	不详
	芭芒口		今公安县东南	不详
	杨林穴		石首市城西南30里	元大德七年（公元1303年）重开，元末堙
	宋穴		石首市城东30里之二圣铺附近	元大德七年（公元1303年）重开，元末堙
	调弦口	调弦穴	石首市下60里处之调关镇	见本篇第三章第二节“荆南四河”
	藕池口		石首市和公安倒交界处藕池镇	见本篇第三章第二节“荆南四河”
	松滋口		松滋老城下约20里	清同治九年（公元1870年）黄家铺溃口形成
北岸	豫章口		荆州城东	宋、元时堙
	中夏口		豫章口东	宋、元时堙
	江津口		荆州城南偏西长江中	不详
	便河口	沙市河口	沙市沙隆达广场	不详
	涌口		荆州城东南50里	北魏时，涌水上游枯竭，其口遂塞
	高口		今石首市区西北	不详
	故市口		今石首市城北	不详
	子夏口		今石首市城东北	不详
	侯台水口		子夏口东	不详
	清阳口		侯台水口东	不详
	土坞口		清阳口东	不详
	饭筐上口		土坞口东	不详
	饭筐下口		饭筐上口东	不详
	沮口	两河口	今荆州区万城西	已堙
	马牧口	小河口、筲箕洼	今荆州城关庙东南	已堙
	零口		今荆州城西	不详
	潭子口	罈子湖口	今江陵县郝穴镇西8里	不详
	庞公渡		今监利县城西即西门渊处	明万历八年(1580年)九月堵筑，天启二年(1622年)重开，清顺治七年终塞不开
	郝穴	鹤穴	荆州城东南100里，即今江陵县郝穴镇	形成于东汉以后，后堙，元大德七年(1303年)重开，明嘉靖年间再堵，从此不开

续表

岸别	名称	别名	所处位置	形成与堙塞（或堵塞）经过
北岸	獐捕穴	獐卜穴、獐步穴	今荆江大堤观音寺闸址	元大德七年（1303年）前堙，后复开，明初再塞，隆庆初议开不果
	小岳穴		今石首市城北岸西25里	元大德七年（1303年）重开，元末堙
	柳子口	柳口	今石首市城北岸60里	不详
	新河口	新冲河口、新冲口	今监利县城西50里	明嘉靖十八年（1539年）堵塞。隆庆、万历年间提议重疏，不果
	柳港口		今监利县东30里	不详
	赤剥穴	赤剥流水口、尺八口	今监利县尺八镇	元大德七年（1303年）重开，明洪武三年（1370年）塞，自此不开
	江口		今监利县城西70里处之王家港	不详
	曾师口		今监利县城西约40里处之流水口	不详
	蓼湖口		今监利县城东80里	不详
	便河口	江津口、沙市河口	今沙市便河广场	不详
	茅江口		今洪湖新堤镇荷花广场	明嘉靖中期，堵塞茅江口
	练口		今洪湖龙口	不详
	中阳水口			不详
	乌黎口		今洪湖乌林	不详
	新滩口		今洪湖新滩口	不详
	白沙口			不详
	雍口		今洪湖燕窝镇	不详
	洋口		今洪湖新滩口附近	不详

注 资料来源于《荆江大堤志》《荆州府志》《洪湖水利志》。

第二节 汉江穴口

汉江自钟祥铁牛关入云梦古泽。先秦时期，汉水以漫流的形式汇流其中，江泽不分。因洪水挟带泥沙淤垫，云梦泽渐次解体，逐步形成河流纵横、湖泊星布的分汊水系。至明代前，汉江下游主流始于钟祥铁牛关，经永隆河、天门河至大别入江，其支流有12条。据《天门水利志》载："汉左有铁牛关、狮子口、臼口、张壁口、黄傅口、操家口、唐心口、泗港口、官吉口等9口，于明嘉靖年间（1522—1566年）堵筑"。又据光绪《沔阳州志》载："汉水正流旧有铁牛关历京山永隆河、天门河，下达三澨至大别入江，又有狮子、操家、黄伏、唐兴、碧口、旧口、泗港、牛蹄诸支河，以杀水势，自铁牛与诸河既筑，汉水无从分泄，尽归襄河，支流遂作主流矣"。

汉江右岸，潜江县境有大泽口、芦洑河口；沔阳境内有通顺河口、洛江河口和叶家河口。

顾炎武（1613—1682年）所著《天下郡国利病书》记载了明中叶以来，汉江下游穴口和支流淤塞情况。“(汉水）自石城（今钟祥郢中镇）以下，委而为三，……石城南五里许曰二圣套，又五里曰蔡家桥，相传汉水由此分支。……由蔡家桥大河之滨三十里，至流涟口，近年被塞，……又四十里至金港近塞，……三十里为小河，水势到此渐杀。……下为沙洋之倒口，大河东行下五里为丁家河，今塞，又三十里（曰）泗港，泗港之内（曰）泗湖，周亘数百里旧可容水，诸大姓塞之矣，又三十里曰张济港，今塞”。

根据上述记载，汉江下游穴口甚多，至明中叶时已基本堵塞改道，正流由钟祥铁牛关历京山永隆河、天门河下达三澨至大别入江改为尽归襄河，支流变成主流。汉江主流南移，直逼潜江、沔阳。潜江的张截港，芦洑河口泄量剧增，以致夜汊口堤屡决，万历二年（1574年）形成夜汊河（即今东荆河）向南分流。而芦洑河亦因泄量增大，使其在排沙渡分支的3条岔流充分发育，洪水威胁增大。故在万历二年大水后，湖广巡按赵贤奏：“荆州、承天等处频遭水灾，民恃堤为命，而堤恃以为固者，唯穴口分泄之力，因旧穴口湮塞，致水势横决，议开……泗港、许家湾各穴口，以杀水势”。但议而未果，至万历三十四年（1604年）操家口被塞。明崇祯九年（1636年）八月操家口堤，水决东堤入城。顺治七年（1650年）再筑操家口。

前清时期，汉江有部分分流穴口，据乾隆十一年（1746年）王概编《湖北安襄郧水利集案》中《禀制宪鄂抚晏台中开河之议并陈水利事宜》一文述：“盖三楚民居，扼于江汉，实为水乡，从前若遇江汉湖河涨之时，中间低洼州县，悉成巨浸，混而为一。自岷江（长江）建堤而后，江自为江，汉自为汉，湖河各居其界矣，然而其间支河小港，脉络联通者，尚不可数计，使江涨而汉不涨，则江可泄于汉，汉涨而江不涨，则汉可泄于江，自可互相取济，且不恃此也。汉江南岸诸邑，倘遇水涨则有沌口、清潭口（今新滩口）南泄于岷江（长江），有泽口、黄金（荆）口分泄于汉”。

“汉江北岸，清嘉庆十六年（1811年）朝廷拟准天门县属牛蹄河为襄水分流要区，此河口门过宽，下游狭窄，一旦汛水盛涨，难保无漫溃之虞，须将河口改小，以杀水势，着添砌石口门一座，口门宽十二丈，口岸长四丈，底宽四丈，培高二丈二尺八寸”（《大清会典事例》）。至道光十三年（1833年），御史朱逵吉还请疏汉江支河以弥水患：“汉江北岸有操家口及钟祥铁牛关、狮子口等古河并有天门牛蹄支河，俱可疏汉水使之北流汇于三台，龙骨诸大湖……近年支河淤塞，诸湖诸洲被民间侵占，致数千里之汉水直行达江，江不能受，倒溢为灾。惟今之计，惟有疏江水支河，南使汇于洞庭湖，疏汉水支河北使汇于三台等湖。疏江汉支河使分汇于云梦七泽之间，然后堤防可固，水患可息，所谓御险必籍堤防，经久必资疏浚也”。

朝廷根据以上所奏，即谕湖广总督纳尔经额等体察情形，派员相度地势，清出支河古道，若急需修筑。道光十四年至道光十九年（1834—1839年），大兴湖北堤工及浚河工程，道光十四年（1834年）浚天门、沔阳牛蹄支河、通顺支河等。

清后期，汉江南北分津日渐湮塞。咸丰初年，北岸牛蹄河口湮塞，南岸潜江境内小泽口堵塞，沔阳境内刘家河口、松公河口、叶家河口亦相继堵塞，东荆河成为分泄汉江水的唯一支津，余均成为内河。

清晚期，汉江下游仅存分流河口有三，迄至民国仅存其一。

北支牛蹄河口 位于天门山岳口镇上游7千米（今汉江干堤桩号196+000），为分泄汉水入口处，流经天门市截河场、新堰口、干驿镇至界牌入汉川县境，东经田二河、张池口分二支，一支经竹筒河入汈汊湖等湖群，出辛安渡分二股，一由新沟入汉，一由沦河通白水湖至谌家矶入江；一支行至汉川县脉旺嘴（今汉左干堤桩号116+000），仍注入汉江干流，流长78千米，流域面积154平方千米。自清嘉庆十六年（1811年）在牛蹄河入口修建减水石矶后，此流就相继淤塞，曾屡疏屡塞。道光二十九年（1849年）张池口筑，牛蹄河达江之道遂湮，咸丰初年（1851年）牛蹄河口湮，河道绝流。咸丰年间（1851—1861年）胡林翼抚鄂，论襄河水患，主张开牛蹄河，以其分流，未见诸实施。1931年、1935年汉水两次漫溢，不但淤塞而且倒灌。1936年由江汉工程局筑塞脉旺嘴出口成堤，堤外复筑坦坡（现已湮入沙滩）。1938年天门县甘家拐溃决复堤，又将牛蹄河入口横堵，使汉水完全不能分泄。

南支小泽口 古名芦洑河，又名潜水，位于潜江市泽口镇下游约4千米，为分泄汉水入口处，流经潜江市杨林洲、竹根滩、三江口至杨林口入沔阳县境，东经毛家嘴、胡家嘴、袁家口、王市口、彭家场、沙湖至汉阳县沌口入江。因汉江水道变迁，昔日河口已湮没，在今杨林洲汉右干堤桩号214+000处，故道河形尚存。

芦洑河自汉江分流为排沙渡，又南经县城东为潜江县河。明崇祯四年（1631年）排沙渡堤溃。芦洑河分支东流至仙桃镇入汉江。崇祯十四年（1641年）筑堵排沙渡堤。清顺治四年（1647年）堤又溃，顺治七年（1650年）荆西观察使徐旗鼓督防景陵，沔阳民工筑成一坝，将水堵死，迫使芦洑河水泄入县河，向南分泄，所筑之坝，名旗鼓堤。康熙五年（1666年）汉江大水，汉江杨林洲溃，芦洑河新的分流形成。为分芦洑河水，分守荆州副使以修堤不如疏河，奏准开浚旗鼓堤，重疏此河。工竣，更名旗鼓堤为通顺河。咸丰十年（1860年）沔阳州军功王茂义率数千人，在小泽口内县河之竹根滩，对骑马堤截河筑埂，阻遏水道，芦洑河口渐湮断流，仅在洪水时导流。同治十年（1871年）沔阳举人张瑞麟等，假疏修为名，蒙请于小泽口河内杨林洲暂作子埂，俟工竣即便挖开，掣准动工，嗣府县会同履勘，并取具沔阳绅首李德修等愿毁甘结，结求俟秋收后疏修工竣即行平毁，后虽一再督催，迄未挖毁，从此不再分泄洪水，小泽口完全堵塞。

南支大泽口 古名夜汊河，位于潜江市泽口镇上游约4千米，为分泄汉水入口处。东荆河由汉水分流的进水口位置，屡有变化。昔日大泽口入水口门，一在鄢墩口，一在官洲梁滩之间。清嘉庆十二年（1807年）湖广总督汪志伊奏疏大泽口，土人遂以改口呼之，二口并立，中间有沙滩三、四里，水涸之时，改口与泽口（鄢墩口）分而为二；水势盛涨，改口与泽口合二为一，名为二口，实共一河。清道光二十四年（1844年）沔阳州僧人蔡福隆纠约下游各垸借塞梁滩、改口为名，将大泽口内挡河妄行填塞，经安陆府查勘刨毁。同治八年（1869年）汉水大涨，汉水从梁滩南侧吴姓宅旁冲成宽数丈的大口，后称吴家改口。吴家改口形成后，汉江的分流河口东移至今龙头拐，东荆河口从此固定。同治十三年（1874年）潜江县已革千总严士廉煽动沔阳、潜江、江陵、监利等州县乡民，在大泽口内何家刬拦筑横堤，塞断河流，经官府弹压制止，奏明将严士廉就地正法，并勒石示禁，文曰："泽口官河，永禁阻遏"。

民国元年至民国二年（1912—1913年），沔阳人陈炳坤、唐传勋等纠集千人堵筑吴家改口，中华民国临时副总统、湖北都督黎元洪一再令师长季雨霖派兵弹压，陈等始停工。民国二年（1913年）三月至十一月，唐传勋等再纠集万人在吴家改口进行堵口，黎元洪派兵弹压，兵民械斗，后经派蒋秉忠等查勘委员进行处理，仍以“改口万不能筑，应成铁案，荆河不能不治，应予筹疏”定论。

第三节 东荆河穴口

东荆河曾是江汉平原水网中的一条自然河道，汇通江汉。至汉江堤防形成，诸穴口逐渐堵塞，以致东荆河河口水量骤增，导致分流口的位置和河名多次变化。

《水经注·沔水》载：“沔水又东南与扬口合，水上承江陵县赤湖，……扬水又北注于沔，谓之扬口”。清熊令贞在《水经注疏》释：“（扬）水自今江陵西北东流至潜江西，又西北至吴家改口入汉，扬口即阳口”。熊认定泽口即阳口。历史上江汉水网移离多变，分流口门迁徙已成必然。据《潜江水利志》记载：“大泽口是古代的东荆河口，其分流口的位置和名称几度变化，北宋时的分流口名为狮子口，南宋时的分流口移至吴家市。明嘉靖至万历年间，其河道走向开始见于地图和文字记载，河名称为夜汊河，进水口在谢家湾，或称为夜汊口”。后因汉江河势及水势变化以及汉江北岸的穴口或堵或淤，汉江水位抬升，势更迅猛，泽口口门的位置也随之摆动，最著名的一次谓之“吴家改口”，形成泽口口门在下游，改口口门在上游，两口并立，中隔梁滩六七里的格局。水量小时，沙滩高出水面，改口与大泽口分而为二，涨水时则合二为一。自道光二十四年至民国二年（1844—1913年），为疏与堵问题，汉江南北地区民众构讼13次之多，终以“改口不能堵”为定论。

由于汉江水道变迁，改口与泽口已合而为一，即今东荆河入水口门称之为龙头拐，在汉右干堤桩号221+300～222+850处，口门宽1550米。

东荆河自口门以下河道，随着万历初年（1574年）赵贤筑夜汊堤，泽口至田关形成单一河道，而田关以下河道却“分支派衍、形如瓜蔓”。据光绪《湖北舆地记》载：“东荆河主流两侧支流有，在田关，右分一支为西荆河；在老新口，右折一支为罗塘港，出柳河；在渔洋镇下关木岭，左有港通沙长河；在新沟嘴，右分一支为分盐河；在杨林关，经预备堤下泄为中府河（东荆河古道）；从杨林关北流十二里，左有班湾河来注；又东南流十二里经丰乐闸，左通州河，右通后河；在中革岭，左有通新河口水之小港，右有通长夏河之老沟；在刘三口，右通长夏河，左有新河口（州河支流）自西北来注；在琯垱湖有裴家沟水长夏河支流自西南来注；又东流二里，有州河诸水自西北来会；又东北流七里入邓老湖，有长夏河水来会，从邓老湖东北通汉阳渡泗湖，出口有二，一由汉阳沟会柳沟、响水港至沌口，出大江；一由坪坊至新滩口出大江”。

上述分流和注入的河口，只是其中的一小部分，名不见经传的还数以百计，这些大小的分流河口或因泥沙淤塞或因人工堵塞。

道光年间（1821—1850年），“西荆河久经淤塞，高阜绵长，即竭力挑挖亦骤难疏通，纵使挑开一线，襄水一涨，仍必淤塞如故。道光五年，费尽多金，挑浚泽口支河，不久旋即淤塞”（《襄堤成案》卷2）。光绪年间，此处筑有土垱，水路阻滞。民国二十一年

(1932年）最终将西荆河堵筑。根据资料记载，清光绪四年（1878年）堵筑杨林关口，中府河遂成内河。民国二十年（1931年）堵筑分盐河口新沟嘴。新中国成立后，加修东荆河堤将沿河两岸河口悉数堵塞，据《荆州地区东荆河堤防统计资料汇编》统计，从田关至三合垸，先后堵筑大小支流河口（含剅闸沟口）118个，以地域分，潜江32个，监利17个，洪湖41个，沔阳28个；以岸别分，左岸50个，右岸68个；以年代划分，清代22个，民国时期24个，新中国成立时期23个，年代不详的49个。

1955年前，东荆河右岸堤防止于中革岭（桩号117＋280)，自中革岭至胡家湾（长江干堤止点）没有统一的堤防，只有分散的民垸被7条河汊分开。当东荆河水大时，洪水经这7条河汊分流入内荆河，与长江经新滩口倒灌的洪水汇合，向内荆河上游倒灌，水大时可倒灌至长湖丫角，从而抬高内荆河水位，有时高出沿河地面3～4米，造成内荆河两岸民垸严重内涝。1955年冬，兴建洪湖隔堤，分别堵截高家潭口、黄家口、南套沟、裴家沟、柳西湖沟、西湖沟和汉阳沟。

高家潭口　高家潭口位于今高潭口泵站东灌溉闸附近，东荆河水由此口进入内荆河，经西湖流入湘临湖等地。据1955年7月实测，当汉江向东荆河分流量为2130立方米每秒时，经高潭口分流入内荆河流量为240立方米每秒。

黄家口　黄家口今为洪湖市黄家口镇驻地黄家口上街，东荆河堤桩号133＋000处附近，东荆河水通过此口向内荆河分流进入套河，经坝潭，一部分流经濠墩、老杨墩，进入深水湖、西汊湖等，当汉江向东荆河分流量为2130立方米每秒时，黄家口分流量为150立方米每秒。

南套沟　南套沟分流穴口位于小河口，在今南套沟泵站东侧。东荆河水经此分流进入形斗湖，南套沟原名滥塌沟，1955年兴建洪湖隔堤后改称南套沟。

裴家沟　裴家沟位于东荆河堤桩号146＋700处，分流穴口已淤塞。

柳西湖沟　柳西湖沟位于东荆河堤桩号154＋400处，分流穴口已淤塞。

西湖沟　西湖沟位于东荆河堤桩号159＋500处，1955年以前已淤塞，汛期长江水自新滩口倒灌后，亦可通过此沟向东荆河倒灌。

汉阳沟　汉阳沟分流口门位于大芦湾，今汉阳泵站（又称为大同湖泵站）西侧，东荆河堤防桩号161＋800处，有水道与内荆河（坪坊）相通，河长6.5千米，是沟通长江与东荆河最捷径的一条水道，当长江水通过新滩口倒灌时，经坪坊通过汉阳沟向东荆河分流。

七条沟之外滩称为东荆河泛区（稻草湖、武湖），荒滩上芦苇丛生，血吸虫钉螺横行，是长江中游江河交汇处面积最大的水域，当长江向东荆河倒灌时，南北两堤之间的水面宽有9千米，泛区形如大湖，汪洋一片。

第五章　湖　　泊

荆州地跨江汉平原和洞庭湖平原，因古云梦泽的淤积与分割，洞庭湖的沉降与抬升，江汉堤防溃决的冲刷，人类治水的作用，在荆州大地上留下了星罗棋布的大小湖泊，形成“江汉湖群”。自古以来，这些湖泊为调蓄洪水、营造小气候、丰富物产起到了巨大的作用。但是，新中国成立以前，各湖区水系紊乱，河港淤积，冬枯夏盈，渍涝灾害频繁，血吸虫病流行，给湖区人民从带来了无穷灾难。

新中国成立后，平原湖区依照“全面规划，综合治理”的治理方针，首先是加固堤防，关好“大门”，其次是开沟挖渠，宣泄积水。在解决了外洪内涝之后，原本就水浅面大的湖泊一下子就水落现底，人们纷纷垦湖造田，荆州地区百亩以上湖泊新中国成立初期有 794 个，湖面面积 4082 平方千米，到 20 世纪 80 年代百亩以上湖泊只剩下 307 个，湖面面积仅 1062.22 平方千米，相应减少湖泊 487 个，减少面积 3019.78 平方千米。据 2012 年“一湖一勘”外业调查（以下简称“调查”），荆州市有湖泊 184 个，面积 705.36 平方千米。

20 世纪 60 年代以来，荆州天然湖泊面积锐减，随着工农业生产的发展，大量工业废水和生活污水任意排放，加上化肥、农药的大量使用，使大部分湖泊受到严重污染，生态环境恶化。同时，现有湖泊因过度开发利用，使得湖泊水体与河流隔绝，水质恶化，湖体向沼泽化转化，部分湖泊已失去了调蓄洪水、调节气候的功能。因此，湖泊的开发利用和保护将是一项长期而又艰巨的任务。

第一节　湖泊成因与类型

一、湖泊形成与演变

荆州是江汉平原的主要组成部分，平原湖区占全市总面积的 81.23%，这片广袤的平原经历了沧海桑田的巨变。

从地质史来看，早在侏罗纪末期，由于燕山运动的影响，江汉盆地四周发生了强烈的褶皱和断裂运动，地壳相对上升，出现了武陵山、幕阜山、荆山、大洪山山脉等一系列山岭。在这些山岭环抱中间，形成了相对低下的江汉—洞庭凹陷盆地，荆州为湖盆的主要组成部分。据江汉石油管理局钻探资料表明，江汉湖盆在这一时期处于内陆咸水、半咸水湖的沉积环境。

在第四纪初新构造运动时期以及距今约 30 万年的冰川时期，江汉—洞庭凹陷盆地在老断裂凹陷的基础上，多次发生沉降运动，并在此期间出现了华容隆起（又称为墨山隆起）带，将江汉—洞庭凹陷分割成两个相对独立的湖盆。江汉湖盆的范围，大致西起董市、东至武汉，北以黄陂—皂市—马良一线红色黏土阶地为界，南抵华容隆起带。随着气候变暖，雨量丰沛，湖水扩展，出现了水面浩瀚的内陆湖。同样在新构造运动的作用下，江汉湖盆重新陷落，但西部却有抬升之势，并接受了长江、汉水的贯通，湖盆的沉积环境已由内陆盆地盐湖为主，转变为外流盆地河湖沉积的形式。从各地沉积物岩相来看，主要为河流期的冲积物，大部分地区的湖沼相沉积层比较薄，而且层位交错，难以比较，说明第四纪以来，江汉湖盆区已呈现河网发育、河湖相间的状态。

进入人类历史时期以后，随着江、汉洪水挟带大量泥沙的淤积，逐渐形成江汉内湖三角洲，湖泊水面变化不定，湖泊位置游荡变化，形成了一个十分广袤的水域，这就是历史著名的“云梦泽”，“方八九百里，跨江南北，……形如云渺、神若幻梦”（马司相如《子虚赋》）。江河孕育期间，水漫无津、水落成泽，草木茂盛，为人类生存提供了条件。湖区出土的古文化遗址证明，早在四五千年前，平原腹地的洪湖、监利一带，已有人类在此定居，从事原始的渔猎与农耕。其后，随着江汉挟带泥沙的继续淤积和人口增长，社会发展和经济活动能力的增强，云梦古泽的面积越来越小，其趋势是由西向东推进。

自晋代开始，人们逐渐在沿江高阜之地筑堤御水，开荒垦殖，原江湖相连、湖港交错的局面逐渐演变成江湖隔绝、湖港分离的局面，水域边界自由泛滥逐渐变成有堤防约束的固定湖面，水体浩瀚的大泽解体成星罗棋布的大小湖群。湖泊数量由少到多随之由多到少，湖面由大变小。

唐宋时期，由于荆江内陆三角洲的不断推进和扩展，云梦古泽地区开始大量出现民垸。据史料记载，荆州江汉平原曾3次大规模地兴筑民垸。

第一次是在南宋时期。由于宋金连年征战，北方人口大量南迁，“宋为荆南屯留之计，多将湖泊开垦田亩，复沿江筑堤以御水，故七泽受水之地渐湮，三江流水之道渐狭而溢”（《宋史·货殖传》）。

第二次是明朝中叶时期。经过元末明初战乱的江汉平原已人口稀少，堤垸失修，田地荒芜。明太祖诏令：“各处荒田，农民耕种后归自己所有，并免徭役三年”，于是大批江西、安徽等地移民大量移入江汉平原，“领其地于官，标竿以为界”，大兴垦荒围垸，到了明朝中叶，两湖地区的围湖造田进入全盛时期，耕地扩大，人口日众，粮产上升，经济发展，以致流传“湖广熟、天下足”的民谚。

第三次是清朝的康熙、乾隆时期。清朝初年，经数年恢复，江汉平原的垸田已达到战前水平，其后又经历康熙、雍正期间数十年的经营，至乾隆时期，江汉平原上的围垸已达到了“无土不辟”的严重垦殖程度。

经过上述3次围垦，一些地势较高的湖泊消失了，但由于各民垸围成年代各不相同，接受江河泥沙的淤积也就各不相同，围成早的民垸，不易受泥沙的淤积；而未围水域则加速淤积，逐步抬升。老围垸地势日渐相对低洼，形成所谓“早围十年低三寸、迟围十年高三寸”的现象，久而久之，一旦围垸决，洪水漫溢，地势相对低洼的老民垸重又聚水成湖，淤积较高的水面则围挽成垸，这是一个湖垸互换的变化过程。

云梦古泽完全解体，被数以千计的“民垸”所分割之后，围垸之间的水系紊乱，水流不畅，导致一垸之内四周高亢之地成为农田，低洼之处聚水成湖；加之历年来江河堤防溃决冲刷，沿线也留下不少的冲刷渊塘，再者就是由河流改道、淤塞等剩留下来旧河床古道演变成湖。究其成因，江汉湖盆本身经历了漫长的演变过程。但自人类历史以来，其间所形成、发育的湖泊底平水浅，在自然与人为因素的影响下，时生时灭，沧桑多变。

二、湖泊类型

荆州湖泊，发育于江汉湖盆之上，湖盆基底属构造断陷性质，但第四纪以来，随着长江、汉水挟带泥沙的淤积，湖盆上淤积平原的形成、变化，平原上的湖泊，经历了无数次的沧桑巨变。境内现代湖泊，根据其演变与成因，主要有以下类型：

（1）河间洼地湖。在云梦古泽的演变及江汉干支流挟带泥沙的淤积过程中，泥沙首沿河道的两侧漫滩沉淀，再逐渐向较远的地方推移，较远的地方地势相对较低而积水成湖。这种类型的湖泊在四湖地区较多。长江和汉江及支流东荆河沿南、北两面淤积，形成自然高亢的带状高地，距两河之间的腹地则成为相对低下的平原洼地湖，湖底高程相对河滩高地的高程在5～6米间，沿内荆河一线分布着大量河间洼地湖，自西向东分别是三湖、白露湖、马嘶湖、大兴垸湖、荒湖、沙湖、碟子湖、洪湖、大同湖、沙套湖、崇湖、苏湖、排湖、沉湖等。这类湖泊大多湖底平坦，湖岸圆滑平直，形如碟状，水浅面大，边界无定，易于垦殖。

（2）河流遗迹湖。这类湖泊原为江河的一部分，后因河道变迁以及人工裁弯的影响，致弯曲河道的进出口门淤高，堵塞而形成湖泊，形如牛轭，俗称牛轭湖或月亮湖。这类湖泊多分布在长江两岸，下荆江尤多。如石首的碾子湾、沙滩子；监利的西湖、上车湾、东港湖、老江湖等即属此类型湖泊。此外，在江汉平原形成过程中，众多分流分汉水系被泥沙淤积，使河道淤塞成湖，江南群湖中，有部分亦属此类湖。

（3）岗边湖。此类湖泊多位于丘陵岗区与平原的过渡地带，湖岸曲折，湖岬和湖湾犬牙交错，湖岛兀立其中，湖盆呈锅底形，湖水相对较深，入湖支流众多，呈叶脉状分布，湖水受上游降雨影响，下游泄水不畅，如长湖、石首市沿桃花山的湖群及松滋的王家大湖等属此类型。

（4）河堤决口湖。这类湖泊出现于堤防兴起之后，因江河堤防决口，洪水冲刷而成，分布于江河堤防内侧，多以渊、潭、口命名，如沙市的木沉渊、江陵的文村渊等均属此类型，这类湖泊大多水深岸陡，面积不大。

第二节　湖泊的消减

荆州曾为云梦泽的腹地，由泽变湖，由湖成陆，历数千年，直至新中国成立初期，荆州地区分布着面积100亩以上的湖泊793个，约占以“千湖之省”著称的湖北湖泊总数（1300多个湖泊）的61%，总面积为4082平方千米，其中湖面积在5000亩以上的为199个，总面积达3509.9平方千米，占荆州湖泊总面积的86%，详见表2-5-1和表2-5-2。

表 2-5-1　　　　荆州地区湖泊削减对比表

县（市）名称	新中国成立初期				20世纪80年代					
	面积100亩以上湖泊		其中：面积5000亩以上湖泊		面积100亩以上湖泊		其中：面积5000亩以上湖泊		围垦面积/万亩	灭螺面积/万亩
	个数	总面积/km²	个数	总面积/km²	个数	总面积/km²	个数	总面积/km²		
合计	793	4082	199	3509.9	307	1062.22	46	842.27	402.49	—
石首县	117	154.4	8	80.3	47	74.90	6	44.60	11.92	16.18
沙市市	4	31.8	2	31.5	8	1.50				
江陵县	105	485.6	52	373.1	18	29.70	3	17.80	55.60	
松滋县	53	159.8	6	133.3	9	28.60	6	27.80	19.68	5.18
公安县	167	196.7	8	94.9	63	98.0	6	65.90	14.80	
潜江县	48	379.4	23	336.7	9	31.00	6	27.30	52.26	39.70
沔阳县	57	405.7	25	357.2	15	52.70	5	39.80	52.95	
监利县	61	532.2	30	480.4	14	78.50	3	68.10	68.10	
洪湖县	53	1225.5	23	1178.4	51	451.50	4	375.40	104.80	
天门县	71	161.3	7	112.3	49	36.00	2	12.30	11.68	
钟祥县	41	92.8	7	82.8	3	20.42	2	18.07	10.70	
荆门县	16	256.8	8	249.0	21	159.40	3	145.20		

注　跨县界共有湖泊面积只在一县中统计。

表 2-5-2　　　　1972年荆州地区5000亩以上湖泊基本情况表

湖名	湖泊所在地		湖底高程/m	最高水位/m	正常水位/m	最低水位/m	正常面积/km²	库容/万m³
	县	区						
王家大湖	松滋	杨林市	33.00	36.00	35.50	34.80	8.00	560
小海湖		南海	34.50	40.50	38.00	36.50	9.46	1413
玉湖	公安	玉湖	37.70	37.79	36.00	36.00	29.05	2381
崇湖		杨场	31.70	34.00	33.30	32.30	22.80	2400
淤泥湖		孟溪	30.00	33.64	32.80	30.00	27.80	7750
牛浪湖		郑公	28.00	33.50	34.00	31.30	15.91	5945
陆逊湖		南闸	31.50	34.20	33.00	32.30	6.00	780
侯家湖		金狮	34.20	37.00	34.70	34.25	4.00	126
北湖		荆江	29.80	33.60	30.50	31.00	3.71	930
上津湖	石首	东升	26.50	31.80	29.20	28.30	2.77	8301
白莲湖			29.80	32.20	31.20	30.80	4.66	700
中湖		调关	26.90	31.00	29.60	29.50	8.00	2000
宋湖			28.00	31.00	29.50	29.50	3.33	670
泥港湖	江陵	岑河	27.30	29.00	28.50	28.00	4.50	349
庙湖		将台	28.00	32.60	30.50	29.50	4.71	591
北湖		马山			39.00		5.40	700
长湖	江陵、荆门、潜江		28.00	32.46	30.50	29.00	157.50	41600

续表

湖名	湖泊所在地		湖底高程/m	最高水位/m	正常水位/m	最低水位/m	正常面积/km²	库容/万 m³
	县	区						
下沙湖	监利	毛市	25.00	26.00	25.50	25.20	5.20	260
王大垸			25.00	25.80	25.50	25.50	5.30	165
白艳湖		朱河	23.70	26.00	25.50	24.00	4.66	606
西湖			23.70	26.00	25.00	24.00	3.30	433
东港湖		尺八、朱河	23.50	25.00	24.70	24.50	5.33	640
老江河		尺八、白螺	23.00	28.50	27.00	25.00	16.00	6240
洪湖	监利、洪湖		22.80	26.16	25.00	23.10	426.10	71260
大沙湖	洪湖	大沙农场	20.50	23.20	22.80	22.50	33.50	3593
夏庄湖			21.00	23.20	23.00	23.00	9.23	867
沙套湖		燕窝、新滩	18.00	23.50	23.00	22.80	5.73	430
肖家湖		大同农场	21.80	23.50	22.80	22.00	14.00	490
淤泥湖		大丰农场	22.30	24.00	23.50	23.00	12.00	420
东汉湖			22.30	23.50	23.50	23.00	3.70	185
五合垸湖		汉河区	22.90	24.00	24.00	23.50	8.00	450
太马湖		汉河、洪湖	23.00	24.50	24.00	23.50	7.70	405
土地湖		沙口区	23.00	24.50	24.00	23.80	10.00	400
洋拆湖		小港农场	22.00	24.00	23.50	22.80	3.81	214
磁器湖	洪湖	新滩	21.80	23.50	22.50	22.00	4.50	157
白露湖	潜江	西大垸农场	25.50	27.50	27.00	26.00	11.00	441
返湾湖		后湖农场	27.00	28.50	28.00	27.50	5.40	176
冯家湖		张金区	26.50	28.50	27.50	27.00	3.50	95
保丰垸	沔阳	沙湖	22.00	23.50	23.20	23.00	6.70	402
排湖		通海口	24.30	26.50	26.20	25.20	32.60	3405
鲫鱼湖		杨林尾	22.80	24.80	24.00	23.20	10.00	1200
芦林湖		彭场、汉江	23.20	25.00	24.20	23.50	3.70	315
白湖	天门	合丰	24.40	26.50	25.50	24.50	8.64	516
张家大湖		九真	24.50	26.50	25.00	24.70	3.60	123
华严湖		干一、芦市	24.40	26.50	25.00	24.70	6.06	220
彭塚湖	荆门	李市	30.00	33.00	31.50	31.00	8.00	792
借粮湖			27.00	30.00	29.50	28.20	25.00	4225
黄挡湖		马良	38.30	40.50	39.50	38.80	7.00	400
南湖	钟祥	皇庄	41.50	45.00	44.00	43.00	13.30	2640
官庄湖		官庄	43.00	49.00	47.50	46.00	5.30	1700
合计	50						1043.46	181061

注 资料来源于《荆州地区水利、电力、水产统计资料》(1973 年)。

众多的湖泊为汛期调蓄洪水，削减江河洪峰发挥了一定的作用，也为季节性小吨位航运提供了便利条件。但是，新中国成立初期，各湖区由于水系紊乱，河港淤塞，冬枯夏潦，芦苇杂草丛生，自然灾害频繁，血吸虫病流行，农业生产水平低下，湖区民众生活困苦。

历史上，境内湖泊可分为3种类型：一类是直接受江河洪水泛滥影响的通江湖泊，这类湖泊主要分布在长江、汉江、东荆河沿岸，如洪湖、大同湖、大沙湖以及沿钟祥境内沿汉江的南湖、北湖、小江湖、联合湖等；受江河洪水倒灌的影响，汛期洪水茫茫一片，汛后面积锐减。另一类是分布在山丘岗地与平原湖区过渡地带的山溪洪水汇流湖，主要有长湖、王家大湖和石首桃花山群湖，湖水受山洪的影响，山洪暴发时，洪水汹涌而至，而下泄不畅，湖水猛涨而淹没周边农田，退水洲滩显露，夏水冬陆，芦苇杂草丛生。再一类是河湖串联湖，主要分布在四湖流域，以内荆河为骨干，汇流两岸26条主要支流和数以百计沟港汊流，串联了四湖中下游地区湖泊面积1000亩以上的湖泊189个（总面积2641.32平方千米，占荆州地区湖泊总面积的65%），构成一幅河湖相通、沟港纵横的水系图。由于内荆河曲流蔓长，上受长湖来水顶压，下被江河洪水顶托，渍水就滞留在这一区域，形成逢雨必涝，遇涝必灾的局面。

新中国成立后，对湖泊进行了综合治理。20世纪50年代提出了“修筑堤防，关好大门”的治水方案，加高培厚江河堤防，修筑了洪湖隔堤，防止江河洪水倒灌，稳定了湖泊面积。自1957年以来，陆续在山丘地区修建水库，拦截山洪来水，既解决了山区灌溉水源，又减轻了平原湖区的排水压力，为大规模治理湖泊创造了条件。自20世纪60年代开始，按照“统一规划、分片治理、内排外引、排灌结合、等高截流、蓄泄结合”的治理方针，将平原区分成四湖排区、汉南排区、汉北排区、荆南排区四大排涝体系，疏挖骨干排水渠道。经治理后，内垸排水畅通，湖水外排，湖泊被围垦或开垦，大部分湖泊消失。1969年汛期发生持续暴雨，大部分低湖田发生严重涝灾。1972年又出现大旱，大部分湖泊干涸，给平原湖区的治理提出了新课题。各地大型电力排灌站陆续上马建设为排涝灌溉提供了便利条件，又迎来新一轮开垦湖泊的高潮。至20世纪80年代，荆州地区面积100亩以上的湖泊仅307个，总面积1062.22平方千米，占新中国成立初期湖泊面积的26%，其中面积5000亩以上的湖泊46个，面积842.27平方千米，仅占新中国成立初期5000亩以上湖泊面积的24%。

荆州湖泊面积的锐减，却增加了垦殖面积402.49万亩，创办了18个国营农场（开垦农田194万亩），开发湖泊养殖面积115.13万亩，兴建精养鱼池48.62万亩，其余为沿湖农民开垦成良田。湖泊的开垦对缓解人口增长矛盾，发展农业经济有十分重要的作用，但也打破了原来河湖配套、蓄泄平衡的局面。有的地方围湖超量，增加渍涝灾害发生概率，提高了农业生产成本，给渔业生产、水生植物繁殖，以及水质净化、小气候调节带来了很大负面影响。

20世纪末期，人们认识到过度围湖所带来的严重的后果，一度提出“退田还湖，退田还渔”的治理措施，湖泊面积有所增加。湖北省政府根据2012年“一湖一勘”外研调查成果，先后以鄂政办发〔2012〕81号文、鄂政办法〔2013〕61号文公布全省首批和第二批湖泊保护名录，确认荆州市湖泊共184个，湖泊总面积705.93平方千米，见表2-5-3和表2-5-4。

表 2-5-3　　荆州市湖泊基本情况表

序号	县（市、区）名称	湖泊基本情况		城中湖基本情况		首批公布名录	第二批公布名录	备注
		个数	面积/km²	个数	面积/km²	个数	个数	
	合计	184	705.93	20	4.01	65	119	
1	荆州区	10	12.50	5	0.74	6	4	
2	沙市区	6	132.61	4	0.60	6	0	含长湖
3	江陵县	13	4.12	1	0.57	2	11	
4	松滋市	13	23.52	2	0.03	7	6	
5	公安县	52	89.27	1	0.23	13	39	
6	石首市	44	90.74	5	1.52	21	23	
7	监利县	19	35.06	0	0.00	5	14	
8	洪湖市	26	317.95	2	0.32	5	21	含洪湖
9	开发区	1	0.16	0	0.00	0	1	

表 2-5-4　　荆州市各县（市、区）湖泊名称表

所在地	湖泊名称	确认面积/km²	行　政　位　置	备注
荆州市	184 个	705.93		城中湖 20 个
荆州区	10 个	12.50		
1	菱角湖	10.60	马山镇、菱角湖管理区	
2	九龙渊	0.28	东城街	城中湖泊
3	北湖	0.23	西城街	城中湖泊
4	龙王潭	0.13	城南经济开发区	城中湖泊
5	西湖	0.08	西城街	城中湖泊
6	洗马池	0.02	西城街	城中湖泊
7	闵家潭	0.29	李埠镇金双村	
8	清滩河	0.59	菱角湖镇保障大队村	
9	竹蒿湖	0.19	弥市镇里甲口村	
10	字纸篓	0.09	李埠镇	
沙市区	6 个	132.61		
1	长湖	131.00	荆州区纪南镇、郢城镇，荆州市沙市区关沮镇、锣场镇、观音垱镇；沙洋县后港镇、毛李镇；潜江市浩口镇	跨市湖泊
2	内泊湖	1.01	观音垱镇	
3	江津湖	0.42	崇文街	城中湖泊
4	张李家渊	0.13	中山街	城中湖泊
5	文湖	0.04	解放街	城中湖泊

续表

所在地	湖泊名称	确认面积/km²	行政位置	备注
6	太师渊	0.02	胜利街	城中湖泊
开发区	1个	0.16		
1	范家渊	0.16	沙市农场窑湾分场	
江陵县	13个	3.55		
1	龙渊湖	0.57	郝穴镇	城中湖泊
2	文村渊	1.23	江陵县马家寨乡	
3	背时湖	0.35	秦市镇拖船埠村	
4	车渊	0.13	熊河镇永固村	
5	观曲渊	0.09	资市镇古堤村	
6	黑狗渊	0.19	马家寨镇资圣村	
7	江北渊	0.46	江北农场陈湾村	
8	平家渊	0.08	资市镇平渊村	
9	石子渊	0.22	白马寺镇石渊村	
10	瓦台垸	0.22	六合垸镇四分场村	
11	熊家渊	0.07	熊河镇熊堤村	
12	月亮湾	0.08	郝穴镇	
13	赵家渊	0.43	马家寨镇龙桥村	
松滋市	13个	23.52		
1	小南海	8.03	南海镇	
2	王家大湖	6.87	纸厂河镇	
3	庆寿寺湖	3.04	南海镇	
4	蠡田湖	2.62	老城镇	
5	马鞍湖	1.55	南海镇	
6	南湖	0.02	新江口镇	城中湖泊
7	北湖	0.01	新江口镇	城中湖泊
8	碑亭湖	0.55	老城镇碑亭村	
9	稻谷溪	0.44	新江口镇水稻原种场	
10	罗家湖	0.13	市镇月堤村	
11	孟家湖	0.08	涴市镇采穴垸村	
12	山岗湖	0.11	南海镇祈福垸村	
13	新潭	0.07	涴市镇同兴村	
公安县	52个	89.27		
1	崇湖	21.20	闸口镇、斗湖堤镇、麻豪口镇	
2	淤泥湖	18.10	孟家溪镇、章田寺乡、甘家厂乡	

续表

所在地	湖泊名称	确认面积/km^2	行 政 位 置	备注
3	牛浪湖	15.00	章庄铺镇；湖南省澧县	跨省湖泊
4	玉湖	6.83	毛家港镇	
5	陆逊湖	6.33	麻豪口镇	
6	北湖	2.83	夹竹园镇、闸口镇	
7	湖滨垱	1.87	甘家厂乡	
8	三眼桥	1.71	甘家厂乡	
9	郝家湖	1.19	孟家溪镇	
10	马尾套	1.08	麻豪口镇	
11	扁担湖	1.04	藕池镇	
12	朱家潭	0.23	杨家厂镇	城中湖泊
13	黄天湖	1.09	黄山头镇	
14	庵汉	0.23	章庄铺镇铜桥村	
15	北闸湖	0.20	埠河镇北闸村	
16	曹家湖	0.26	藕池镇积玉村	
17	丁堤嘴	0.12	章庄铺镇章兴村	
18	高垱湖	0.09	黄山头镇建红村	
19	葛公垱	0.32	甘家厂乡高台村	
20	龚家潭	0.67	埠河镇新生村	
21	关庙潭	0.13	埠河镇关庙村	
22	灌垱湖	0.52	章田寺镇长春村	
23	滚子垱	0.23	斑竹垱镇苏家渡村	
24	胡家汊	0.11	章庄铺镇新港村	
25	护城垸	0.20	南平镇金马村	
26	黄家潭	0.15	埠河镇新利村	
27	黄山电排湖	0.31	黄山头镇永兴垸村	
28	金猫潭	0.22	夹竹园镇紫霄观村	
29	赖氏湖	0.14	黄山头镇马鞍山村	
30	老官溪	0.62	黄山头镇丁家嘴村	
31	雷家湖	0.08	狮子口镇窑兴村	
32	毛家潭	0.08	埠河镇雷洲村	
33	南星湖	0.33	章田寺镇南阳村	
34	仁洋湖	0.62	章田寺镇毛家村	
35	上关湖	0.41	闸口镇关爱村	
36	谈家湖	0.11	狮子口镇龙船嘴村	

续表

所在地	湖泊名称	确认面积/km²	行　政　位　置	备注
37	团湖	0.09	甘家厂乡镇三根松村	
38	汪家汊	0.58	章庄铺镇红桥村	
39	王家汊	0.20	章庄铺镇新港村	
40	王家垱	0.26	章庄铺镇红桥村	
41	王家垸	0.15	章庄铺镇铜桥村	
42	文家湖	0.35	甘家厂乡三根松村	
43	西湖	0.32	斗湖堤镇高建村	
44	下关湖	0.18	闸口镇关爱村	
45	新莲湖	0.64	南平镇金马村	
46	杨家洪	0.13	埠河镇北闸村	
47	余家垱	0.34	黄山头镇栗树窑村	
48	袁家垱	0.10	章庄铺镇肖家嘴村	
49	朱家垱	0.23	黄山头镇上升村	
50	朱家湖	0.31	孟家溪镇大至岗村	
51	朱家湖	0.49	南平镇朱家湖村	
52	祝家湖	0.25	黄山头镇建红村	
石首市	44 个	90.74		
1	天鹅湖	14.80	天鹅洲经济开发区	
2	上津湖	13.50	东升镇、高基庙镇	
3	天星湖	11.30	小河口镇	
4	中湖	6.57	调关镇、桃花山镇	
5	鸭子湖	5.38	东升镇	
6	三菱湖	4.86	桃花山镇、调关镇	
7	白莲湖	4.64	东升镇、高基庙镇	
8	莵子湖	4.63	大垸镇	
9	宋湖	3.22	桃花山镇、调关镇	
10	黄家拐湖	2.79	笔架山街、东升镇	
11	秦克湖	2.21	团山寺镇	
12	白洋湖	1.66	桃花山镇	
13	大叉湖	1.66	桃花山镇、调关镇	
14	黄莲湖	1.66	高基庙镇	
15	东双湖	1.38	高基庙镇	
16	杨叶湖	1.17	调关镇	
17	山底湖	0.55	笔架山街、绣林街	城中湖泊

续表

所在地	湖泊名称	确认面积/km²	行　政　位　置	备注
18	显阳湖	0.50	高基庙镇、绣林街	城中湖泊
19	陈家湖	0.23	绣林街	城中湖泊
20	官田湖	0.23	笔架山街、绣林街	城中湖泊
21	廖家渊	0.01	绣林街	城中湖泊
22	百汊湖	0.65	东升镇歇马庙村	
23	鞭果湾	0.17	团山寺镇六波庵村	
24	车落湖	0.60	南口镇二郎庙村	
25	大公湖	0.83	大垸镇大公湖村	
26	东都湖	0.29	团山寺镇曹家场村	
27	隔坝湖	0.53	东升镇庄家铺	
28	古荡湖	0.11	团山寺镇长林嘴村	
29	韩高湖	0.35	团山寺镇长山村	
30	浩子湖	0.11	高陵镇柘林桥村	
31	鹤湾湖	0.21	团山寺镇鹤湾村	
32	烈货山潭子	0.18	东升镇梓楠堤村	
33	柳湖	0.10	南口镇柳湖坝村	
34	牛角湖	0.15	调关镇石戈垸村	
35	破湖	0.69	高基庙镇广藤街村	
36	沙湖	0.08	笔架山办事处沙银居委会	
37	桃果湖	0.19	桃花山镇白洋林村	
38	团方湖	0.17	调关镇五显庙村	
39	西湖	0.10	团山寺镇王家场村	
40	湘尤湖	0.69	调关镇伯牙口村	
41	响荡湖	0.11	东升镇大杨树村	
42	小鸭子湖	0.33	东升镇鸭子湖村	
43	月亮湖	0.68	东升镇月亮湖村	
44	猪来湖	0.47	团山寺镇过脉岭村	
监利县	19个	35.06		
1	老江湖	18.00	三洲镇、尺八镇、柘木镇	原名老江河
2	东港湖	5.85	尺八镇	
3	西湖	5.56	大垸管理区	
4	赤射垸	1.65	周老嘴镇、分盐镇	
5	周城垸	1.29	福田寺镇	
6	曾家垸	0.21	程集镇三弓村	

续表

所在地	湖泊名称	确认面积/km²	行政位置	备注
7	邓兰渊	0.12	红城乡姜铺村	
8	堤套湖	0.14	大垸管理区西湖分场	
9	高小渊	0.12	汪桥镇李湖村	
10	郝家潭子	0.09	尺八镇孙木村	
11	刘董垸	0.54	分盐镇黄莲村	
12	梅兰渊	0.24	红城乡刘铺村	
13	澎湖	0.22	柘木乡镇何埠村	
14	上倒口潭	0.09	白螺镇红灯村	
15	塘子河渊	0.22	程集镇堤头村	
16	铁子湖	0.16	福田寺镇老榨村	
17	下倒口潭	0.17	白螺镇红灯村	
18	孟兰渊	0.19	汪桥镇闸上村	
19	祝河塘	0.20	尺八镇祝河村	
洪湖市	26个	317.95		
1	洪湖	308.00	洪湖市螺山镇、新堤街、滨湖办事处、汊河镇、沙口镇、瞿家湾镇，监利县福田寺镇、汴河镇、棋盘乡、桥市乡、柘木乡、白螺镇、朱河镇	
2	沙套湖	3.91	燕窝镇、新滩镇	
3	里湖	1.12	汊河镇	
4	施墩河湖	0.29	新堤街	城中湖泊
5	周家沟湖	0.03	新堤街	城中湖泊
6	白沙湖	0.14	龙口镇堤街村	
7	泊塘湖	0.12	大沙湖管理区三汊河办事处	
8	昌老湖	0.15	乌林镇黄蓬山村	
9	撮箕湖	0.27	新堤街道柏枝村	
10	港北垸湖	0.22	乌林镇吴王庙村	
11	还原湖	0.27	龙口镇傍湖村	
12	后套湖	0.43	燕窝镇民河村	
13	老湾潭子	0.35	老湾镇老湾村	
14	老洲潭子	0.13	龙口镇老洲村	
15	民生湖（民生闸）	0.14	新滩镇东湖村	
16	南凹湖	0.15	汊河镇龙甲村	
17	彭家边湖	0.08	燕窝镇高峰村	
18	砑口潭子	0.08	乌林镇砑口村	
19	双桥潭子	0.07	龙口镇双砑村	

续表

所在地	湖泊名称	确认面积 /km²	行　政　位　置	备注
20	四百四	0.22	燕窝镇边洲村	
21	太马湖	0.09	滨湖办事处镇太马湖村	
22	土地湖	0.84	沙口镇红旗湖渔场村	
23	西套湖	0.29	新滩镇宦子口村	
24	虾子沟	0.15	燕窝镇公五坛村	
25	新潭子	0.07	乌林镇吴王庙村	
26	姚湖	0.34	燕窝镇头村	

第三节　主　要　湖　泊

一、长湖

长湖系四湖水系的四大湖泊之一，位于四湖上区，介于丘陵和平原湖区的结合部，是荆州、荆门、潜江3市的分界湖。长湖西起荆州区龙会桥，东至沙洋县毛李镇蝴蝶嘴，南至关沮口，北抵沙洋后港。地理位置处在东经112°27′11″、北纬30°26′26″之间，东西长30千米，南北平均宽4.2千米，最宽处18千米。湖底高程为27.50米。2012年“一湖一勘”确定湖面积131平方千米。有99个洼，99个汊，湖岸线曲折，周边长180千米。在正常情况下，一般水位为30.00～30.50米，相应水面面积为129.9～142.6平方千米，容积为2.21亿～2.9亿立方米，当水位为32.5米时，相应水面面积150.6平方千米，承雨面积2265平方千米。

《荆州府志·山川》载：“长湖旧名瓦子湖，在城东五十里，上通大漕河，汇三湖之水以达于沔”，西有龙口（今太白湖）入焉，水面空阔，无风亦澜。湖口有吴王坝，湖心有擂鼓台，皆入郢时踪。瓦子云者，或因楚囊瓦而名欤。长湖属河间洼地湖，或为岗边湖，由庙湖、海子湖、太泊湖、瓦子湖等组成，原为古扬水运河的一段。长湖在三国时（220—280年）的水域，仅限于观音垱镇天星观以北，龙口寨以东的水面。至264年间，孙吴守军筑堤引沮漳河水设障为险抗魏以后，原来的扬水运河被水淹没，形成了以湖代河的长条形湖泊。

三国归晋以后，战争主要发生在黄河流域，荆州一带没有受到大的战乱影响，于是将所壅之水放干垦为农田。五代后周太祖二年（955年），荆南王高保融又“自西山分江流五六里，筑大堰”改名北海。北宋建隆二年（961年），宋太祖传旨“决去城北所储之水，使道路无阻”，北海复为陆地。南宋绍兴三十年（1160年），李师道为阻止金兵南侵，便又筑水柜，形成上、下海。1165—1173年，由守臣吴猎再次修筑，引沮漳之水注三海，绵亘数百里，弥望相连，又为八柜。开禧元年（1205年），守臣刘甲“以南北兵端既开，再筑上、中、下三海”。淳祐四年（1244年）孟珙任江陵知府，“又障沮漳之水东流，俾绕城北入于汉，而三海遂通为一，随其高下为蓄泄，三百里间渺然巨浸”。

三国至宋，北海大体在江陵（今荆州区）东北今马山—川店一带，后扩大到纪南城以北的九店附近，筑堰储水，因在纪南城以北，水面又形如大海，故称为北海。南宋时期，将北海范围再次扩大，将庙湖、海子湖连在一起，统称为“三海”。到宋淳祐年间，孟珙（1242—1250年间）又多次引沮漳河水经长湖达于汉水，要将引来之水拦蓄，于是有了湖区的堤防，“三海通一，土木之工，百七十万。”沙桥门至关沮口附近堤防形成。明朝初年，虽战事平息，但湖泊南岸的民垸兴起，如小白洲垸、菱角洲垸、马子湖垸等，从沙桥门至观音垱的堤防也已形成。从观音垱至习家口，没有修筑堤防之前，长湖水从内泊湖、陟步桥泄入玉湖、五指湖，再入三湖，还可从习家口排入内荆河，或从西荆河排入东荆河。明代时，西荆河堤常决，洪水挟带大量泥沙，自东向西、北、南呈扇形淤积，加之沙桥门至昌马垱（观音垱附近）修筑了堤防，长湖排水受阻，长湖形成。从这个成因来看，长湖也属人造湖泊。长湖之名始见明代诗人袁中道：“陵谷千年变，川原未可分，长湖百里水，中有楚王坟，”长湖因此得名。此时，长湖泛指瓦子湖、太白湖、海子湖。

长湖东、北、西三面为岗地起伏之区，南靠中襄河堤防挡水。入湖水量经调蓄后，湖水由大路口、习家口自然排泄入内荆河，下泄长江。长湖上游岗丘起伏，汇流快。根据拾桥水文站观测记录，长湖地区多年平均年径流为266毫米，相应年均径流总量为6.023亿立方米，实测年径流量最大总量达12.28亿立方米（1980年），最小为0.95亿立方米。

长湖在历史上曾多次出现高水位，据现有史料记载，1848—1949年的100年间，先后4次（1848年、1849年、1935年、1948年）发生高水位的洪水，其中以1848年、1948年两年最高，1935年次之。新中国成立后，在习家口设站进行系统的水文观测，1950年习家口最高水位33.38米，为长湖有水位记载的最高水位。1951—2012年的61年间，长湖出现33.00米以上水位的大水年有4年，出现29.00米以下水位（干涸）的有6年，最低水位为28.39米（1966年9月30日），见表2-5-5。

表2-5-5　长湖（习家口站）历年最高最低水位表

年份	最高水位		最低水位		年份	最高水位		最低水位	
	水位/m	出现日期	水位/m	出现日期		水位/m	出现日期	水位/m	出现日期
1951	30.46	6月3日	29.81	12月28日	1963	31.45	8月28日	29.47	2月14日
1952	30.39	9月24日	29.61	2月27日	1964	31.83	8月7日	29.40	4月10日
1953	29.94	1月1日	29.47	6月21日	1965	30.72	1月4日	29.62	7月20日
1954	32.74	7月29日	29.63	1月4日	1966	30.36	1月11日	28.39	9月30日
1955	31.77	8月25日	29.96	6月8日	1967	31.48	1月26日	29.36	1月15日
1956	30.94	8月6日	29.49	12月31日	1968	32.24	7月27日	28.70	5月1日
1957	30.41	7月8日	29.41	4月9日	1969	32.56	7月18日	29.58	6月7日
1958	31.16	10月25日	29.00	3月11日	1970	32.24	6月11日	29.65	12月1日
1959	30.84	4月14日	29.69	10月25日	1971	30.41	10月10日	29.38	7月23日
1960	30.64	7月15日	29.31	12月30日	1972	31.03	11月15日	29.50	9月1日
1961	29.71	12月28日	28.96	9月20日	1973	32.03	9月18日	30.13	9月5日
1962	30.83	7月17日	29.40	5月5日	1974	30.66	10月17日	29.31	9月7日

续表

年份	最高水位		最低水位		年份	最高水位		最低水位	
	水位/m	出现日期	水位/m	出现日期		水位/m	出现日期	水位/m	出现日期
1975	31.31	8月14日	30.21	4月15日	1994	31.15	3月11日	29.51	7月14日
1976	30.60	7月20日	29.84	8月30日	1995	31.77	7月13日	29.99	7月16日
1977	32.01	5月10日	29.55	7月10日	1996	33.26	8月7日	30.24	5月2日
1978	30.41	12月10日	29.10	5月7日	1997	32.97	7月24日	29.39	6月6日
1979	31.60	6月28日	29.37	4月28日	1998	31.87	8月5日	30.01	12月21日
1980	33.11	8月6日	29.67	5月30日	1999	31.67	7月2日	29.82	6月21日
1981	30.42	4月8日	29.14	6月8日	2000	32.49	10月4日	28.95	5月24日
1982	32.49	9月21日	29.81	5月26日	2001	30.70	12月11日	29.57	8月6日
1983	33.30	10月25日	29.40	4月25日	2002	32.25	7月27日	30.24	10月11日
1984	30.51	12月31日	28.85	6月2日	2003	32.15	7月24日	30.01	4月21日
1985	30.68	8月1日	29.38	8月12日	2004	32.31	8月25日	29.64	6月3日
1986	30.97	7月25日	29.04	6月8日	2005	31.58	9月21日	30.16	7月21日
1987	31.99	9月11日	30.20	6月26日	2006	31.22	8月14日	30.12	12月6日
1988	32.50	9月20日	29.33	5月6日	2007	32.74	7月28日	30.14	6月8日
1989	32.62	9月4日	30.31	2月12日	2008	33.03	9月3日	30.51	5月27日
1990	31.77	7月7日	29.94	9月20日	2009	32.37	7月4日	29.90	11月2日
1991	33.01	7月13日	30.07	6月29日	2010	32.24	7月25日	30.19	12月3日
1992	31.21	9月27日	29.76	7月21日	2011	31.40	10月28日	29.16	6月9日
1993	31.48	6月29日	30.19	6月2日	2012	31.37	7月2日	30.24	4月3日

长湖原本调蓄能力有限，每遇大水则下泄淹及四湖中下区农田。1951—1957年的7年间，首先对沿湖老堤进行整险加固。1955年，长江委提出《荆北地区防洪排渍方案》，长湖库堤为长湖水利枢纽工程的组成部分，多次对库堤进行加高培厚。1962年、1965年在库堤上先后兴建习家口闸与刘家岭闸，使长湖水位保持在30.00～30.50米。1971年长湖库堤改线，截断与内泊湖的联系，长湖库堤西起沙市雷家垱，北至沙洋毛李镇蝴蝶嘴，总长49.39千米，堤顶高程34.70米，堤面宽4～8米，迎水坡1∶3，背水坡1∶4，地面高程31.50米以下的地段筑有内平台，其高程不低于31.50米，大部分堤段外坡进行混凝土护坡。湖堤经多次整修，防洪能力不断提高，长湖由自然排泄转为人为控制，已成为四湖上区重要调蓄湖泊，具有防洪调蓄、灌溉养殖、水运等综合功能，有效防御了1980年33.11米、1983年33.30米和1996年33.26米的高洪水位。长湖不仅可调蓄洪水，作为平原水库，还承担为下游输水灌溉任务，1966年出现28.39米最低水位，通过从万城闸引水入湖，解决了春灌水源不足，供长湖周围及四湖中区近150万亩农田灌溉用水。

长期的治理过程中，因围垦，水面呈减小趋势，水位为32.50米时，1965年前水面为215.00平方千米，1972年为171.30平方千米，现为150.60平方千米，见表2-5-6。1928—1929年间，长湖曾两次出现干涸，丫角庙处内荆河断流，湖泊飞灰，可涉足而过。

2011年6月9日，长湖最低水位为29.16米，相应湖面积105平方千米，较历史同期湖面积减少35平方千米。2010年3月，引江济汉干渠先后穿越庙湖、海子湖、后港长湖，均建有水系恢复工程。

表2-5-6 长湖水位与容积关系表

水位/m	面积/km²	容积/万 m³	水位/m	面积/km²	容积/万 m³
27.00	0.000	0.00	30.50	122.500	27100.00
27.50	28.596	428.50	31.00	129.700	33400.00
28.00	49.212	2375.20	31.50	136.600	40000.00
28.50	73.000	5400.00	32.00	143.590	46887.00
29.00	98.814	9819.60	32.50	150.600	54300.00
29.50	111.000	15000.00	33.00	157.500	61800.00
30.00	116.660	21062.00	33.50	164.200	69700.00

长湖水面宽阔，水质良好，盛产鱼虾、湖螺、菱藕等，水产养殖十分发达，尤以长湖银鱼、螃蟹享有盛名，湖内航运条件良好，可沟通内河航运，常年通行中小型船只，曾是两沙（沙市、沙洋）运河的连接湖泊。

二、三湖

三湖位于江陵县东南部，地跨江陵、潜江两县（市），乃四湖水系的四大湖泊之一。《荆州府志·山川》载：三湖，“在城（荆州城）东八十里。”明朝时，三湖面积约200平方千米。1546年沙洋汉江堤溃，至1568年才将溃口堵塞。大量泥沙淤积，迫使三湖向南退缩15千米。昔日三湖由诸多群湖组成，直至民国时期，以清水口为界，北部称为阴阳湖（现称为运粮湖），东北称为塞子湖（又称为半渡湖），东部称为小南海，南部称为三湖。三湖原由13个小湖组成。13个湖泊中，龚家垸、赵家港、唐朱垸为最大，故名三湖。三湖属过水型湖泊，呈北窄南宽状，南北长约20千米，东西宽约15千米，原有湖面122.5平方千米。北有长湖水经习家口、丫角庙汇入，西纳沙市及豉湖之水，南有观音寺、郝穴之水入注，东经张金河、新河口下泄入白露湖。民国时期，湖周皆垸田，湖岸线平直，绕湖约60千米，湖底平浅，高程27.60米，湖中蒿草茂密，盛产鱼虾、菱藕。

新中国成立初，当三湖水位为29.50米时，湖水面积为88平方千米，相应容积为1.67亿立方米，1960年四湖总干渠破三湖开挖而过，湖水骤然下降，同年，创建三湖农场，先后在湖内挖渠、建闸、兴建电力排水站。随着水利设施的逐步完善，陆续开垦农田6万亩，三湖变为良田。低洼地成为精养鱼池。三湖水面完全消失。

三、白露湖

白露湖又名白鹭湖，跨潜江、江陵、监利3县（市），为古离湖遗迹湖。因其“遍地惟渔子，弥天只雁声”，以白鹭鸟（又名白鹭鸶）最多，故名白鹭湖，后演化为今名。白露湖古名离湖，湖之北有章华台，《国语·吴语》伍员曰：“楚灵王……筑台于章华之上，阙为石郭，陂汉，以象帝舜”。《水经注·沔水》载：“（章华台）台高十丈，基广十五丈……，言此渎灵王立台之日，漕运所由也”。章华台规模宏大，殿宇众多，装饰华丽，素有“天下第一台”之称。章华台系游宫，是楚王田猎、游乐之所，搜天下好歌舞的细腰女子以供享乐。又有“细腰宫”之戏称。唐代诗人李商隐有《梦泽》名作：“梦泽悲风动白茅，楚王葬尽满城娇，未知歌舞能多少，虚减宫厨为细腰”。章华台地望在何处，史籍记载在古华容县城内，后世推论一说在荆州沙市区，今沙市区章华寺相传即建在楚灵王章华台旧址上；一说在监利天竺山，《大清一统志》谓，古章华台在监利县西北。当代著名历史地理学家谭其骧认为：“以方位道理计之，则章华台与华容县故址在今潜江县西南”。1980年以来，在白露湖北缘龙湾镇发现一处面积200万平方米的东周至汉代的文化遗址。经考古发掘将龙湾宫殿基址群定名为“楚章华台宫苑群落”遗址。故而推断白露湖为古离湖遗迹湖。

白露湖一名出自唐代《诸宫旧事补遗迹》：“王栖岩自湘川寓居江陵白露湖，善治《易》，穷律候阴阳之术”。白露湖上承长夏港水，东南曲流，襟带居民（《江陵志余·水泉》）。湖南面有白湖村，原系湖泽，相传晋将军羊祜镇守荆州时，曾在此泽中养鹤，称为鹤泽。湖东南边古井口有濯缨台，相传屈原放逐，至于江滨行吟泽畔，曾在此假设（与渔父）问答以寄意。湖东西面为伍家场，乃楚伍子胥故里。

白露湖水面浩大，明嘉靖三十五年（1546年），汉江沙洋堤溃，直至隆庆二年（1568年）才将溃口堵复，经22年的泥沙淤积，湖面缩减。清朝时湖面南北长、东西宽均约16千米，北窄南宽，状若桃形，湖面积215平方千米。后期因汉江堤防频繁溃决，荆江堤防溃口较少，白露湖形成西北高东南低的状态，湖面逐渐缩小。1954年，湖面仅存78.8平方千米，当水位为28.00米时，相应容积为1.56亿立方米。

1960年，四湖总干渠破湖成渠，潜江和监利分别创建西大垸农场和白露湖农场。1963年春，两场合并，改为国营西大垸农场，围垦面积61平方千米。1966年，江陵县跨湖开挖五岔河，湖面再次减小。20世纪80年代，白露湖仅存水面改造成精养鱼池，2012年调查时白露湖水面完全消失。

四、洪湖

洪湖位于荆州东部，地处四湖下区，紧依长江与洞庭湖隔江相望，其水域襟连监利、洪湖两县（市）。东至北依次为洪湖市汊河镇太洪口至宴家坊、陈家坊，南滨长江，西以监利螺山渠道堤（洪湖围堤）为界，东西长约28千米，南北宽处约44.6千米。地理位置在东经113°12′～113°26′，北纬29°40′～29°58之间，堤岸线周长104.5千米。据2012年湖北省“一湖一勘”成果，洪湖水面面积为308平方千米，当水位为25.5米时，湖容积为16.89亿立方米。

洪湖原是云梦古泽的水域部分，秦汉时期，随着长江泛滥平原崛起，洪湖地域成为陆地，其地势南高北低，地表径流汇集沔境太白湖。以后，随着太白诸湖及河道地势渐次淤高，而洪湖地势则相对低下。加之长江沿岸浸坡增高，以及夏水挟带泥沙充塞，形成洪湖一带的河间洼地湖。

南北朝时期，洪湖地域出现了大浐湖、马骨湖。大浐湖位于西北，马骨湖在其东南。

据《水经注》记载："沔水又东得浐口，其水承大浐，马骨诸湖水，周三四百里，及其夏水来同，浩若沧海，洪潭巨浪，萦连江沔"。又据《嘉庆·沔阳志》记载，五代以前，以洪狮至新闸一线为界，分为东西两个小湖、两湖相距约5千米，西部比东部稍大，至两宋时期，湖面逐渐缩小，沼泽发育。元朝末年，马骨湖改称黄蓬湖，因元末农民起义军领袖陈友谅系马骨湖之滨黄蓬山人，故改称黄蓬湖。

明成化至正德年间（1466—1521年），"南江（长江）襄（东荆河）大水，堤防冲崩，垸塍倒塌，湖河淤浅，水患无岁无之"，监利东南的诸多民垸湖泊遂与黄蓬湖连成一片，形成方圆百里的水面。洪湖一名，最早出现于《嘉靖沔阳洲志》："上洪湖在州南一百二十里，又南下十里为下洪湖，受郑道、白沙、坝潭诸水，与黄蓬湖相通"。在上、下二湖之间尚有陆地间隔（即今茶坛至张家坊水域）。

清道光十九年（1839年），长江干堤车湾堤溃，加之湖岸子贝渊溃堤，江汉两水汇集，诸水益广，上下洪湖连为一体，洪湖形成。

晚清至民国时期，洪湖水面达到极盛。清人洪良品曾作《又渡洪湖诗》："极目疑无岸，扁舟去渺然，天围湖势阔，波荡月光圆，菱叶浮春水，芦林入晚烟，登橹今夜月，且傍白鸥眠"。洪湖水面天围势阔，湖内港汊交错、芦苇密丛。20世纪30年代初，洪湖地区曾是湘鄂西革命根据地，贺龙、周逸群、段德昌等带领红军利用洪湖天然屏障开展游击战，洪湖西岸的瞿家湾曾是湘鄂西的首府所在地，至今保存着大量革命遗址。同位于西岸的监利剅口烈士陵园，被列为"全国重点烈士建筑物保护单位"，园内碑塔高耸、松柏簇拥，安葬着数千名为保卫湘鄂西苏区而牺牲的烈士忠骨。

洪湖原与长江和东荆河相通，为敞水型湖泊，湖盆平浅，滨湖地区沼泽湿地广布，湖界不清，湖岸平直，湖面积随水位涨落变化。1839—1949年间，一般水位条件下，洪湖水深1.5～2.5米，最大水深4.50米，特殊位置（如清水堡南侧一条）水深6.5米，湖泊最大宽度39千米，湖长47千米，面积1064平方千米［据民国二十一年（1932年）实测绘制的《沔阳县图》附表统计］。

新中国成立初期，经过实测，洪湖湖底高程一般为22.00米，当洪湖水位为23.00米时，湖面积为215.5平方千米；当水位达27.00米时，湖面积可达735.19平方千米。

新中国成立后，对洪湖进行了综合治理。1956—1959年，洪湖隔堤和新滩口排水闸告竣，使江湖分隔，有效降低了洪湖水位。自1958年开始，洪湖面积逐渐减小。1958年湖东岸三八湖围去洪湖面积约4000亩；1958年秋至1959年春，洪湖市沙口镇从湖北岸袁家台至粮岭、陈家台、娘娘坟、纪家墩至董家大墩修筑土地湖围堤，割裂洪湖面积1.5万亩；1960—1961年，从螺山至新堤排水闸修筑长约20千米的"新螺围堤"围去洪湖面积约1万亩；1963年开挖新太马河裁去洪湖东北麻田口、王岭、东湾、花湾等湖面；1965—1967年，沿湖北缘开挖福田寺至小港段四湖总干渠，实行了河湖分家；1971—1974年，沿湖西部从宦子口至螺山开挖了螺山渠道，并修筑洪湖围堤，垦殖洪湖面积约16万亩。至此，洪湖基本定形。

洪湖围堤全长149.125千米，其中洪湖市辖长93.14千米，监利县辖长55.985千米，洪湖围堤分为3段：从福田寺起沿四湖总干渠南北两岸堤长70.025千米，其中自福田寺至小港四湖总干渠北长41.84千米（洪湖市30.73千米、监利县11.11千米），子贝渊河堤7.25千米（洪湖市），下新河两岸堤长8.06千米（洪湖市），四湖总干渠南岸堤长12.875千米（监利）；洪湖东南围堤长47.10千米，属洪湖市辖。其中，小港湖闸至张大口闸堤长6.7千米，张大口闸至挖沟子闸堤长5.67千米，挖沟子闸至新堤大闸堤长10.55千米，新堤大闸沿新螺垸至螺山渠道堤长24.10千米；洪湖西堤从螺山泵站至宦子口接四湖总干渠南堤长32千米（属监利县辖）。

洪湖地势自西向东略呈倾斜，湖底高程22.00～22.50米，正常蓄水条件下，全湖平均水深1.5米，最大水深5.0米。湖泊最大宽度28.0千米，湖长44.6千米，岸线总长240千米。洪湖外表形态以螺山渠堤（洪湖围堤）与四湖总干渠堤为邻边，以与长江平行的湖堤为底边，呈三角形。三角形顶角指向西北，三角形高度为22.28千米，三角形底边为32.45千米。现有湖泊面积若以沿湖围堤为线，为402.16平方千米，若扣除围堤内新老围垸，面积为344.4平方千米，见表2-5-7。

表2-5-7　　洪湖水位、面积、容积表

水位/m	新中国成立初期		现　有	
	面积/km^2	容积/万m^3	面积/km^2	容积/万m^3
22.50				
23.00	215.50	3592	199.4	3323
23.50	347.70	17541	298.1	15678
24.00	496.90	38545	339.9	31617
24.50	579.60	65431	344.1	48717
25.00	637.30	95842	344.4	65929
25.50	647.60	127964	344.4	83149
26.00	651.60	160444	344.4	100369
26.50	726.06	193059	344.4	117589
27.00	735.19	224857	344.4	134809

洪湖水位消涨直接受上游来水影响，一般规律是，4月起降雨增加，流域来水量增多，湖水位逐步上升；5月长江进入汛期，湖水位加快上涨，7—8月出现最高水位；9—10月为平水季节，10月外江水位消退，内湖开闸排水，水位下降迅速，直至次年3月。根据洪湖挖沟嘴站历年水位记载，1959年以后（新滩口闸建成）历年最高水位为27.19米（1996年7月25日，见表2-5-8），最低水位为23.20米，这样的低水位近年出现频率增加，2011年5月31日也曾出现，洪湖基本干涸。正常水位为24.50米，年高低水位差3.99米。多年平均入湖水量为14.05亿立方米，5年一遇多水年的来水量为19.51亿立方米，超洪湖最大容量近8亿立方米，全靠电力排水站提排出外江，否则将漫堤溢流，因此，洪湖围堤是四湖中下区的防洪重点。

洪湖的调蓄作用十分明显。当水位从24.50米起调至27.00米时，可调蓄水量为8.7亿立方米（不扒开围堤内民垸），相当于高潭口、新滩口、南套沟、螺山四大泵站机组全开，运行15天的排水量。

表 2-5-8 洪湖（挖沟嘴站）历年最高最低水位表

年份	最高水位		最低水位		年份	最高水位		最低水位	
	水位/m	出现日期	水位/m	出现日期		水位/m	出现日期	水位/m	出现日期
1951	26.03	8月13日	23.67	12月29日	1982	25.85	9月25日	23.14	1月1日
1952	28.09	9月24日	22.42	2月17日	1983	26.83	7月15日	23.40	2月21日
1953	25.63	8月14日	22.54	3月26日	1984	24.86	7月7日	23.44	2月18日
1954	32.15	8月15日	23.90	4月7日	1985	24.77	8月17日	23.54	5月6日
1955	27.87	9月1日	24.03	12月31日	1986	25.76	7月22日	23.45	6月7日
1956	24.86	7月4日	22.79	3月19日	1987	25.89	9月6日	23.71	12月16日
1957	25.15	8月27日	22.49	4月10日	1988	26.05	9月11日	23.54	5月6日
1958	26.32	9月20日	22.57	3月27日	1989	26.11	9月8日	23.99	3月23日
1959	25.77	7月21日	23.82	1月29日	1990	25.50	7月5日	23.86	2月9日
1960	25.29	8月4日	22.86	12月18日	1991	26.97	7月18日	23.89	12月20日
1961	25.62	7月22日	22.20	2月22日	1992	25.59	6月29日	23.85	1月19日
1962	25.83	8月30日	23.10	4月5日	1993	26.12	9月27日	23.86	1月5日
1963	24.58	9月12日	23.10	3月29日	1994	25.08	7月21日	23.85	4月9日
1964	26.10	7月14日	23.57	4月7日	1995	25.69	6月27日	23.83	4月12日
1965	25.42	10月18日	23.61	2月21日	1996	27.19	7月25日	23.61	3月9日
1966	24.90	7月19日	23.43	4月4日	1997	25.39	7月25日	23.68	2月27日
1967	25.82	7月15日	23.32	3月5日	1998	26.54	8月2日	23.77	3月1日
1968	25.33	10月7日	23.42	6月28日	1999	26.72	7月4日	23.55	3月1日
1969	27.46	7月31日	23.46	3月17日	2000	25.80	10月7日	23.28	5月24日
1970	26.16	7月27日	23.42	1月13日	2001	25.45	6月23日	23.91	4月19日
1971	24.98	7月1日	23.37	2月18日	2002	26.16	8月22日	24.05	1月21日
1972	24.98	11月19日	23.39	1月26日	2003	26.53	7月18日	23.94	2月11日
1973	26.60	7月12日	23.27	2月4日	2004	26.75	7月25日	23.60	4月25日
1974	24.41	10月17日	23.11	4月6日	2005	25.54	9月9日	23.97	5月7日
1975	25.95	7月9日	23.11	1月25日	2006	24.82	8月29日	23.82	4月11日
1976	24.71	8月17日	23.11	2月15日	2007	25.22	9月9日	23.82	5月23日
1977	25.68	7月28日	23.14	3月9日	2008	25.30	9月7日	23.77	5月26日
1978	25.13	6月29日	22.87	2月25日	2009	25.51	7月7日	23.85	2月24日
1979	25.54	7月6日	23.18	12月29日	2010	26.86	7月23日	24.09	2月18日
1980	26.92	8月24日	23.22	1月27日	2011	25.67	6月28日	23.20	5月21日
1981	25.62	7月16日	23.20	1月5日	2012	25.40	7月3日	24.06	2月21日

注 1969年洪湖长江干堤田家口溃口。

洪湖湖底平坦，淤泥肥沃，气候温和，水深适度，是优良天然渔场，其水产资源十分丰富，鱼类有74种，常见的鱼类有鲭、鲢、鲤、鲫、乌鳢、鳊及名贵鳜鱼、甲鱼等，还盛产河虾、田螺。洪湖水域的水生植物有92种，分属62属35科，多见有菱、莲、藕、蒿草、芦苇、芡实、苦草、蒲草、黄丝草、金鱼藻、马来眼子菜、软叶黑藻等，其中尤以莲籽最为著名。

洪湖水草茂密，鱼虾丰富，还是野鸭、飞雁等候鸟栖息觅食、越寒过冬的场所，在品种繁多的野鸭大家族中，有春去冬归，来自北国的黄鸭、八鸭、青头鸭，也有在这里安家落户的蒲鸭、黑鸭、鸡鸭。

洪湖不仅有着丰富的水生资源，还有着深厚的文化积淀，三国时期曾是“赤壁之战”的古战场，元末农民起义领袖陈友谅的故乡，洪湖有着光荣的革命斗争历史，在第二次国内革命战争时期，1931年3月至1932年8月，瞿家湾是湘鄂西苏区革命地的中心。现为红色旅游经典景区之一，旅游资源极为丰富，还是江汉平原至今保存较为完好的一块湿地。

第四节　其　他　湖　泊

一、菱角湖

菱角湖古称赤湖，又称灵溪水位于荆州古城西北35千米处，发源于荆州区川店镇三界冢，由张家山水库、上北湖、下北湖、余家湖、南湖、柳港河6个湖群组成，北至九冲十一岔，南抵保障垸隔堤，东靠阴湘城堤，西界当阳县草埠湖农场。地跨东经111°54′～112°44′，北纬29°54′～30°39′之间，湖泊面积12.903平方千米，容积3447.9万立方米。其中，张家山水库面积3.66平方千米，容积2097万立方米；上北湖面积4.245平方千米，容积553.17万立方米；下北湖面积1.818平方千米，容积237.07万立方米；南湖面积1.798平方千米，容积359万立方米；余家湖面积1.211平方千米，容积158.85万立方米；柳港河面积0.171平方千米，容积42.7万立方米。菱角湖平面形态呈不规则条状分布。

《荆州府志地理》引《通志》：“灵溪水，在县（江陵）西”。《水经注》载：“江水北会灵溪水，水无源泉，上承散水，合成大溪，南流注江。江溪之会有灵溪戌。”后因江流淤积，河道南迁，溪之下游，遂成湖沼，而称为灵溪湖，后讹为菱角湖。盛弘之《荆州记》载：“昭王十年（公元前506年），吴通漳水入赤湖进灌郢都，遂破楚”。赤湖即菱角湖，原菱角湖水面北抵川店樊家垸，西南至沮漳河，东达马山镇双林、蔡桥村，其间尚有蔡家湖、宦田湖、燕子湖、打不动湖、城子湖等湖泊，湖泊面积达35平方千米。因其入汇河流携带大量泥沙，年复一年在湖内沉积，湖泊自东北向西南逐渐淤浅，断山口以北部分湖域变成沼泽。

1951年，菱角湖划为蓄洪区。1958年3月，江陵县对菱角湖进行勘测规划，拟兴办农场；同年8月13日湖北省水利厅批复同意开荒办场；当年冬修筑蔡家桥滚水坝，将湖面分为现南、北两片。1959年后，开始筑堤垦殖，1961年建立国营菱角湖农场。1962年重建柳港排水闸。1964年退堤还滩。1965年从北至南在39.50米高程线上修筑湖堤，控制湖水。1974年又将围堤向东推移至39.00米高程线上。围堤北起断山口，南抵保障垸隔堤，长8.8千米，堤顶高程42.50米。为了蓄水灭螺、抗旱，在蔡家桥修建滚水坝一座，分为南、北两湖。确定北湖正常水位为39.50米，最高水位为41.00米，正常蓄水量为2113万立方米。北部张家山湖泊已建有张家山渔场，养殖水面约3000亩，北湖、余家湖已部分建成精养鱼池。围堤以外的原有湖泊荒地开垦成良田。

经多年围垦和淤塞，菱角湖水域面积仅为10.6平方千米，汇流承雨面积178.8平方千米，湖底高程37.50米，一般水深1.2米，蓄水量为3447.79万立方米。

菱角湖地处沮漳河下游左岸，东北为丘陵岗地，西南属平原湖区，地形呈东北高西南低。湖沿岸有进出水口6处，其中闸口5处、明口1处。主要入湖河渠有柳港河、罗家垱排渠等大小5条河渠，上承沙港水库泄洪渠、张家山水库溢洪道，当阳市草埠湖管理区排水渠来水也可经菱角湖节制闸通过柳港河过柳港节制闸排入沮漳河。

二、老江湖（河）

老江湖位于监利县东南部，地处尺八、柘木、三洲3个乡镇之间。老江湖（俗称老江河）原为长江主泓道，因其河道弯曲，1909年发生熊家洲自然裁弯，长江主泓南移，此处成为长江故道。1957年堵筑尺八河湾的上下口门，修筑了三洲联垸堤防，老江河遂成垸内湖泊。

老江湖呈牛轭形（月弯形），曲长20千米，最大宽度为1100米，平均宽度为818米，面积为18平方千米，正常容积为1.08亿立方米，湖底高程为23.00米，最高水位为29.20米，最低水位为24.50米，常年平均水深6米。老江湖为半封闭型湖泊，水深质良，为发展水产提供了极好的条件。1958年，监利县在此创建了国营老江河渔场，年产成鱼20万千克。1990年，经专家、学者实地考察论证，国家农牧渔业部确定老江河为长江水系青、草、鲢、鳙“四大家鱼”种质资源天然生态库。自1992年建成运行以来，每年可向市场提供“四大家鱼”100吨，优质天然鱼种65吨。有效地保存了鱼原种的优良品质，防止了鱼类资源衰退。老江河还是三洲、尺八、柘木等地排涝、灌溉的调蓄湖泊。

三、东港湖

东港湖位于监利县尺八镇境内，原系长江干流，明末东港湖自然裁弯，长江主泓南移，此处成为长江故道。南北长、东西狭，呈椭圆形。湖之西南抵老江河，东北过朱家河连接洪湖，又称为“通江湖”。东港湖南北长4.4千米，东西宽1.5千米，湖岸线长10千米，湖泊面积5.85平方千米。容积1340万立方米。湖泊中心位置为东经113°14′，北纬29°34′。

湖底高程23.00米，最高水位26.50米，常年平均水深1.5米，东港湖建有国营渔场，盛产各种鱼类，尤以银鱼名扬中外。银鱼，头平而扁，双目晶莹，唐代有诗云：“白小群分命，天然二寸鱼”。其鱼身长一指，全身光滑透明，犹如银带白，故名银鱼。鲜鱼成菜，肉质细嫩，味极鲜美；若晒成鱼干，白如银，细如针，肉松无刺。此鱼在历史上曾为“贡品”，现极为罕见。东港湖还具有排涝、灌溉的作用。

四、大沙湖

大沙湖原名白沙湖，位于洪湖市境东部。明朝弘治至正德年间（1499—1512年），杜家洲至彭家洲一带江堤“决二十余处，冲开沙界垸数十里”，形成白沙湖、杨梓湖等湖泊，清朝乾隆至道光年年间（1788—1849年），接连遭受多次大洪水，使这些湖泊连成一片，形成大湖。以其湖滩成白色，故名白沙湖。

1932年，白沙湖更名为大沙湖，据当时实测的《沔阳县图》附表记载，大沙湖最大宽17千米，最大长36千米，面积318平方千米。后因泥沙逐年淤积，湖面逐渐缩小，至1951年洪湖县设立时，大沙湖只有188.47平方千米。1958年建立国营大沙湖农场，大部分湖沼垦为农田，现有水面面积12.6平方千米。一般水深1米，最大水深2.5米，已辟为养殖渔场。水面完全消失。

五、大同湖

大同湖位于洪湖市境的东北部，居四湖总干渠和东荆河之间，西起裴家河，东抵汉阳沟。

据史料记载：清嘉庆年间（1796—1820年），此处尚属耕地，名同城大垸（由13个民垸组成，故名），后因中府河逐渐淤塞，内荆河主流改由峰口南下，同城垸开始潴水。清道光十年（1830年），长江大水，堤垸溃决，太白湖淤高，水无出路，同城大垸更是积水难排，清咸丰元年（1851年），监利境内襄河（东荆河）杨林关堤溃决，洪水涌至府场李家口注入东北部低洼之处，同城垸受江、河洪水夹击，遂沦为湖泊。

据民国二十一年（1932年）《沔阳县图》附表统计，大同湖宽36.5千米，长24.5千米，湖面积为325平方千米。1951年设立洪湖县时，尚有236平方千米湖面，湖底高程22.80米，蓄水量6.76亿立方米。1957年，创建国营大同湖农场，大部湖面垦为农田，现有10万亩养殖水面，盛产各类鱼、虾、蟹、鳖、莲、藕等水产品。水面完全消失。

六、沙套湖

沙套湖位于洪湖市东北端，紧邻长江干堤，湖形呈椭圆状。据《洪湖县志》（1963年版）载：“原最高水位时，面积为26.5平方千米，一般水位时，面积为18.6平方千米”。因泥沙淤积和围湖造田，至1968年湖面积为6.37平方千米。沙套湖原名古江湖，原为长江古道，由于江水在此回旋西流，流速变缓，加之内荆河水在此汇注长江，泥沙沉淀淤积，经年累月，形成一个沙洲夹套；江水东移，遗迹成湖。根据东有沙套，西有李家套之故，得名沙套湖。沙套湖湖底高程20.20米，最高水位为25.40米，平均水深2.5米，是一个具有调蓄和养殖功能的湖泊。

1951年，洪湖县在此组建国营沙套湖渔场。1966年后，沿沙套湖修筑围堤，固定湖泊面积6.37平方千米，后在湖中间破湖筑起一道隔堤，将全湖分成东、西两套，保留0.7平方千米水面。盛产各类鲜鱼、河蟹、莲藕、芡实、菱角等。每年春季通过灌江纳苗，从长江引入几十种野生鱼苗到湖内生长，其中特有的一种黄红尾鱼，其头部、尾部均呈红色，体长约15厘米，体重1.5千克左右，肉质鲜美，最适合腌制。

七、淤泥湖

淤泥湖又名乌泥湖，位于公安县西南部孟溪大垸，左带虎渡河，右襟松东河，形呈长条状，支汊繁多，连接郝家湖、仁洋湖等周边20多个小湖泊，集孟家溪、章田寺、甘家厂3个乡镇的来水，承雨面积152.1平方千米。湖长25千米，最宽处2.5千米，窄处约1千米，原有水面面积23.02平方千米，后有港汊围垦，现存水面面积18.1平方千米，湖底高程为27.50米。据水文资料记载，淤泥湖最高水位为33.00米，最低水位为30.00米，最大水深9.15米，最小水深1.28米。“两侧湖汊形若树枝，原有一百之多，后称九十九汊”。

淤泥湖贯穿孟溪大垸，与松东河水相通。清同治十二年（1873年），由绅士邹美中出领修筑黄金大堤，使淤泥湖自然成湖。自1974年起，淤泥湖经综合治理，并建有淤泥湖电力排灌一站、二站和自排闸，遇涝可开机提排入松东河。淤泥湖集调蓄、排涝、灌溉于一体，维系着沿岸12万人民的生产生活和18万亩农田的灌溉用水。淤泥湖水深汊多，水质良好，水生物资源丰富，是全国第一座团头鲂（俗称武昌鱼、鳊鱼）种质资源人工生态库，1991年，淤泥湖进行银鱼人工孵化成功，实现了人工养殖银鱼的突破。湖岸蜿蜒曲折，湖汊众多，景色秀美。相传位于淤泥湖以东的报慈寺为东汉光武帝刘秀为其母避王莽篡汉之乱出家隐居所建的庵寺，经历代屡毁屡建，至今仍规模宏大，香火不断。湖之西北三袁村东南立有明晚期文学革新派“公安派”领袖袁宗道、袁中道兄弟俩的合葬墓，1990年公布为湖北省第三批文物保护单位。

八、崇湖

崇湖位于公安县城东南15千米处。据记载：清咸丰三年（1853年），公安发生地震，此处因地震陆沉成湖，始称“沉湖”，后名重湖（指湖由南、北两部分组成）。近年湖底常发现宅基残留物和墓葬，后以其谐音更名“崇湖”。崇湖位于公安县荆江分洪区中部，东至麻毫口镇麻口、江南、鹅港、黄岭村，南抵民主村，西至闸口镇毕垱，面积21.2平方千米，容积4000万立方米。

崇湖为河间洼地湖，湖泊呈浅碟形。崇湖自形成以来，湖水经百池河、东清河、扁担湖流入安乡河。清同治九年（1870年）虎渡河改道，崇湖与江河水隔绝。崇湖纳大胜垸、西大垸来水，北起江堤杨家厂，南至三汊河，西起瓦池河，东至东清河，承雨面积124平方千米，接纳荆江分洪区中部斗湖堤、闸口等地客水，为东清河、西内河所环绕，属虎渡河水系。湖面北窄南宽。新中国成立初，崇湖面积27.61平方千米，湖水由双剅口闸排入虎渡河。1952年荆江分洪工程建成，东、西内河成为分洪区统一排水渠，湖水由黄天湖排水闸注入虎渡河。1962年兴建柳口节制闸，控制崇湖调蓄水位。1972年后，采取“围堤开渠，一渠两堤，缩减湖面，垦殖湖荒，抬湖蓄渍，田湖分家”的治理措施，修筑了长50千米，堤顶高34.70～35.0米的围堤，圈定湖泊面积13.9平方千米。1975年、1992年相继在虎渡河岸修建了闸口电力排水一站、二站，开挖了崇湖与之相连的排水渠，当湖水超过控制水位时，可经电排站提水排入虎渡河。1981—1983年，沿湖村组“退田还湖”10965亩，使湖泊面积增至21.2平方千米。崇湖历史最高水位为34.31米（1983年7月14日），最低水位为32.00米，常年水位为33.00米。1959年，公安县在此创建国营崇湖渔场，现已建成养殖水面4995亩，植莲19500亩，为国家农业科技推广基地、农业部确定的水产健康养殖基地、湖北省现代渔业示范基地。

九、玉湖

玉湖位于公安县境东北部，虎渡河西岸，原玉湖公社社址东北面。湖北面曾有一条名“玉麟”的小街，1870年松滋黄家铺溃口，此处被冲毁，洪水潴留成湖，故名玉湖。玉湖又称为港湖，地处公安县西北部三善垸境内。历史上的玉湖湖区由长湖、均湖、上纪湖、下纪湖、桂湖、大扁湖、马长港组成。清光绪二十八年（1902年），公安、江陵、松滋在此围挽一个大垸，因属3县管辖，故称“三县垸”，垸内低洼仍潴水为湖。民国十四年（1925年），江陵、公安、松滋3县县长共议将“三县垸”更名为“三善垸”，以示3县民众和善之意。新中国成立初期湖泊面积为29.2平方千米，四周无堤，任水涨落，水涨湖扩，水退湖缩，湖水由新剅口排入虎渡河。1952年兴建荆江分洪工程黄山头节制闸，抬高了虎渡河的水位，使沿河排水闸丧失排水能力。1953年兴建三善垸虎西上闸排水闸，统一排除全垸渍水，排水面积350.9平方千米。同时修筑玉湖防渍堤长47千米，堤顶高程38.20米。由于排水面积大，排水能力不足，因而防渍堤多次发生漫溢和溃决。1973年，对玉湖实施全面治理，沿湖四周开挖东南西北4条干渠，长32千米；新筑玉湖防渍堤29千米，堤顶高程38.00～38.50米，将玉湖围成湖面南北长8千米，南段宽1.6千米，北段宽0.6千米，面积10.9平方千米的固定湖泊。接纳松滋市的涴市、沙道观及荆州区弥市的渍水，成为公安、松滋、荆州3县（市、区）滨湖地区的平原水库，承雨面积350.09平方千米。主要水产品有青、草、鲢、鳙、虾、蟹、莲藕等，具有调蓄、灌溉、水产养殖综合功能。据2012年湖北省“一湖一勘”调查结果，湖泊现有水面面积6.83平方千米，正常容积为1229万立方米。

十、牛浪湖

牛浪湖位于公安县西南部湘鄂两省交界处，为公安县与湖南澧县共有的跨界水域，原有水面面积31.7平方千米。1985年湖泊面积为19.9平方千米。据2012年湖北省“一湖一勘”成果，水面面积为15.0平方千米，正常水深2.3米，正常容积为2883万立方米，湖泊中心地理坐标为东经111°57′21′，北纬29°49′41′。成湖之初水位极浅，湖底高程一般为29.00～31.00米，正常控制水位为34.00米，是放牛娃嬉戏之地，周边地区耕牛在此卧水消暑，即掀起层层波浪，牛浪湖因此而得名，此湖港汊众多，1949年前，湖水由民主闸排入松滋河，1951年在杨家垱兴建排水闸，设计排水流量20.4立方米每秒，后沿湖拦坝筑堤，形成由3块水域组成的湖泊。其中一块为新垱湖，原系牛浪湖的东北汊，1970年筑新垱坝，使其成为独立湖泊，水面面积1.9平方千米，容水量为454万立方米，主要从事渔业养殖；一块为魏家渡湖，原是牛浪湖北汊，1972年湖泊治理时，筑成呙家山至罗家山大坝，魏家渡遂成独立湖泊，面积为3.53平方千米，容水量为13000立方米。尚存调蓄水面积14.47平方千米。1974年，按“上截下排，田湖分家，节节控制，造田治湖、腾湖蓄渍、提排出湖”的要求进行治理，建有一座装机容量3200千瓦的电力排灌站，新开泥巴嘴至电排站排渠长4100米的渠道，堵新垱、魏家渡两个湖汊。1977年又新开挖4500米渠道，与电排主渠相通，并建节制闸2座。1985年修筑沿湖防渍堤，全长23.1千米，堤顶高程37.00米，面宽5～7米，迎水面险段用混凝土预制块护岸。

牛浪湖周围为高低起伏的丘岗，坡地上松竹繁茂，茶树如林，农舍依岗而筑，错落有致，湖泊、塘堰、稻田点缀其间，一派田园风景，湖水清澈见底，水生动植物种类繁多，湖畔保存有明代户部尚书邹文盛御葬墓，配有石人、石兽、神道，为牛浪湖自然风光平添了几分历史厚重感。

十一、三菱湖湖群

三菱湖位于石首市东南部，桃花山脚下，属典型的岗前湖，三菱湖与其西南的宋湖、大汉湖、中湖、湘尤湖、牛角湖和东北面杨叶湖、白洋湖等共同构成一列串珠状的湖群，沿桃花山西麓排列（中湖、宋湖、三菱湖明朝时为长江故道）。其中有渠道连通向章华港和调弦河排水，总承雨面积183.4平方千米，当中水位为30.10米时，其中面积较大的三菱湖、柴湖、中湖分别为12.1平方千米，8.7平方千米和9.8平方千米，相应容积分别为1584万立方米、1180万立方米和1613万立方米。湖群的湖水可经艾家嘴剅排入长江，也可经孟尝湖剅排入调弦河。但两剅规模小，湖水排泄不及时，滨湖农田因而涝灾频繁，钉螺孳生，血吸虫蔓延。1954年最高湖水位达34.55米，湖区一片汪洋，绝大部分农田淹没。

1953年开始，扩建艾家嘴排水闸。1970年兴建孟尝湖排水闸，同时扩浚长7.7千米的连湖渠道，一渠串联四湖，构成了统一的水系。1973年建成三菱北湖防渍堤，1978年又建成装机容量2×1600千瓦的大港口提水泵站，提排流量40立方米每秒，并相应兴建了渠闸配套工程，实行了河湖分家。现4个湖泊的湖水主要经大港口闸、泵站和孟尝闸自排或提排入调弦河，枯水季节，仍有部分湖水经艾家嘴闸排入长江。

经多年治理，湖区水利条件大为改善，调蓄湖水位有所降低，沿湖有已开垦农田2万多亩。现三菱湖、宋湖和中湖的中水位为29.6米时，面积分别为4平方千米、1.9平方千米和7.9平方千米，相应容积分别为684万立方米、250万立方米和1105万立方米。孟尝湖已开垦成田，仅有0.1平方千米的水面。

三菱湖湖群紧依桃花山，溪水长流，山清水秀，物产丰富，水产品中以当地的三角蚌、鲤鱼以及中湖鲫鱼为名产，水生植物以红菱和九节藕为特产。

十二、王家大湖

王家大湖位于松滋市东南部，湖跨松滋、公安两县（市）地域。此处原地势低洼。1870年松滋河形成后，洈水被迫改道，从公安县的白金村南下经法华寺注入松滋河西支。汛期，江湖洪水时常遭遇，洈水排水受阻，这一带沦为湖泊。因滨湖有几户王姓人家，且湖面大，故称王家大湖。民国时期，王家大湖西部沿山，东北抵老洈水，上纳洈水、界溪河的山水，下受松滋河倒灌，是一片浩瀚的荒湖，最大湖面积约112平方千米，容水5亿多立方米。至新中国成立初期，湖面仍有107平方千米，其中松滋57平方千米、公安50平方千米。据《湖北省湖泊变迁图集》载，20世纪50年代中期，湖泊高水位41.00米时，湖泊面积为87.5平方千米，容水量为4.27亿立方米，中水位39.00米时，湖泊面积为82.4平方千米，容水量为2.25亿立方米。

王家大湖承水面积为1991平方千米，其中洈水承水面积1670平方千米、界溪河承水

321平方千米。上游来水量大，湖内芦苇丛生，钉螺遍布，血吸虫病流行，湖区水患严重，新中国成立前，沿湖一带曾流传着“除了芦苇就是水，除了大肚子（血吸虫病人）就是匪”的民谣。

1970年，涴水水库建成，拦截了上游1142平方千米的来水，为王家大湖的治理创造了条件。1969年春，省地决定治理王家大湖，同年8月，湖北省水利厅勘测设计院编制了工程规划设计，工程项目包括开河筑堤、修闸建站、围湖开渠、扩宽老涴河下游河床等项，计划土方1100万立方米，国家总投资1000万元（土方工程民办公助）。1970年7月，松滋、公安两县分别成立了“王家大湖围垦灭螺工程指挥部”，治理工程于同年10月开始，先后完成青羊山的开挖和14.15千米改道河的挖河筑堤任务。1971年5月4日堵筑老涴河，涴水改道河正式通水，实现了河湖分家。1972年冬，第二期工程转入湖内治理阶段，首先在高程34.50米的地面上围筑了湖堤9.6千米，堤顶高程37.00米。中水位35.50米时，固定湖面积为7.8平方千米，相应容水量为1197万立方米。其次是在湖面以外的垦区内开挖纵横“井”字沟渠14条，建闸6座，建桥2座，开挖从狮子口至桂花树12.5千米的松滋、公安两县分界主干渠，共完成土方236万立方米。至1974年，内部治理完成，全部实现了渠网化，同年7月，松滋建成桂花树电排站，采用闸站结合的形式，装机容量10×155千瓦。同期，公安县在法华寺建老涴河排水节制闸，两孔箱涵，排水流量26立方米每秒，1976年，公安县又在法华寺建成一座4×800千瓦电排站，基本解决了老涴河以北91平方千米的排水问题。

王家大湖经治理，实现田湖分家，在湖水位37.00米时，湖水最大面积为9平方千米，相应容量为2460万立方米。湖堤以外共开垦湖田4.7万亩，其中松滋垦田2.7万亩、公安开垦2万亩，湖区钉螺面积也得到控制。据湖北省2012年“一湖一勘”成果，王家大湖面积6.87平方千米，正常水位为33.00米，平均水深1.8米，容量为1237万立方米。湖泊中心地理坐标为东经111°52′12″，北纬29°58′54″。

十三、小南海湖

小南海湖位于松滋南海镇西大垸，此处原系河网地带，有磨盘洲小集镇。1870年，长江干堤黄家铺溃决，冲成松滋河，冲毁了集镇，也将此处冲成一片荒湖。晚清时期，沿湖围挽众多民垸，修筑了沿松滋河堤防，1904年又修筑老嘴至麻城垱横堤。至此，湖面定型，最大湖泊面积为36.4平方千米，最大容量为9750万立方米。当湖水位低于38.50米时，湖水退落成两个湖泊，北称小南海，因湖中原有小南海庙宇，故称此湖为小南海。南谓庆寿寺湖（原名摇荡湖）。小南海湖底高程34.50米，庆寿寺湖底高程34.00米，上游北河、南河和碾盘河水汇流入湖。

1972年，松滋开始对小南海湖进行治理，先是利用围湖筑堤分片围垦的办法，后因湖水陡涨，围堤漫溃。自1974年起，改用“先治河后围垦”的方案，对小南河上游的北河、南河和碾盘河进行疏导裁直，3条河在关洲汇流后，再沿山挖河抵磨盘洲。此后，续挖磨盘洲至太山庙5千米的小南海主河道，实现了河湖分家。使小南海与庆寿寺湖成为独立的湖泊。1976年，工程重点转入湖内治理，对原有湖堤加高至40.00米，并在垦区内开挖纵横沟渠40多千米，配套各种建筑物40多座，筑堤85千米，治湖工程基本结束。

1979年，治理配套工程——小南海泵站建成，装机容量4×800千瓦，排水流量32立方米每秒，解决了小南海区域的排水出路。治理后，小南海湖北抵三垸村，西靠南海新河堤，南至食坡村。据2012年湖北省“一湖一勘”成果，湖泊中心地理坐标为东经111°48′26′，北纬30°6′44′。正常水位为38.20米，平均水深3.7米，湖面面积为8.03平方千米，湖泊容量2971万立方米。庆寿寺湖承雨面积20平方千米，中水位38米时，湖泊面积为4.34平方千米，相应容水量为718万立方米。小南海湖最低水位控制在37.30米，以保证水产养殖需要。

十四、借粮湖

借粮湖位于西荆河与田关河汇合处的三角地带，系荆门、潜江两市共有湖泊。据《荆门府志》载：“接粮湖，俗称借粮湖，西晋杜预攻江陵，常有船至此接粮，分给兵饷，故名”。借粮湖南段有一条长约2千米的天然河道与野猪湖、牛湾湖、四旺湖相通，总承雨面积311平方千米。此处地势低下，汇水成湖，最深处达20米。明嘉靖、隆庆年间，汉江沙洋堤屡决，泥沙壅滞，湖底逐渐淤高，后又逐渐分解成彭家湖、洋铁湖、借粮湖。清时，湖周广10多千米，中有多汊，其中一汊与积玉口相通，南与枣子湖（汊）、四旺湖相通，汇三汊河水入西荆河。民国时期，湖水面积约60平方千米，后几经淤塞，湖面逐渐缩小。湖底高程27.00米，当水位为30.2米时，湖泊面积为24.8平方千米，相应容积为2289万立方米。1954年，湖水位曾达33.50米，为有记载以来的最高水位。

1956年后，荆门、潜江两市沿湖民众开始围湖造田。20世纪60年代，随着四湖防洪排涝工程的实施，破野猪湖等湖泊开挖田关河，借粮湖水得以外排，水位降低，为围垦创造了条件，潜江所辖的借粮湖东岸大部被垦为农田。治理后的借粮湖当水位为30.5米时，湖泊面积为10平方千米。2012年6月，编制《借粮湖形态特征测量技术报告》，实测借粮湖东西长5.67千米，南北宽4.6千米，堤岸长40千米，湖泊面积8.90平方千米，湖泊容积1405万立方米。

1955年，荆州地区根据借粮湖水域辽阔、饵料丰富的有利条件，建立借粮湖渔场，年产成鱼25万千克。1958年，荆州地区将渔场移交荆门县管辖，潜江沿湖社队也参与养殖、捕捞，由于水域辖权之争没得到解决，湖区处于掠夺性捕捞状态，水产产量极低。1958年10月，经协商达成共同投资、共同管理、共同受益的协议，成立公司专门养殖，借粮湖得以较好地开发利用。

十五、苏湖

苏湖系潜江境内东荆河北岸较大型的湖泊，历史上苏湖有大苏湖、小苏湖之分。

明朝期间，苏湖属监利分盐河泊所。清康熙年间围堤成垸，垸内耕地约4万亩，土地肥沃，以盛产红筋棉（每个花瓣上有一条红色脉筋）而著称。每逢收棉季节，商贾云集，此垸有“收花垸”之称。明嘉靖年间，长江木沉渊堤、柴纪堤、杨二月堤溃，洪水泛滥，泥沙壅滞，下垸地势日益增高。清同治十一年（1872年）后，东荆河水来量大增，北堤筑成，沙长河（芦洑河尾闾）河床淤塞，垸内渍水难消，收花垸一带积水成湖，后演变成“苏湖垸”。新中国成立前，苏湖中间有一条沙长河堤将其分为两个湖，东为大苏湖，面积

22.8平方千米，属监利县辖；西为小苏湖，面积4.2平方千米，属潜江县辖。新中国成立后，监利、潜江以东荆河为界，苏湖为潜江县所辖。

20世纪60年代后，湖东的城南河，湖西的百里长渠相继沿湖挖成，湖水大量排出，水面锐减。1975年兴建幸福电排站，装机容量4×1600千瓦，提排苏湖渍水，沿湖围垦造田3500多亩，湖面缩至5000余亩（其中大苏湖4000多亩、小苏湖1000多亩），湖底高程27.50米，最高水位为29.40米，平均水深1～2米，最大蓄水量达110万立方米。1979年成立苏湖渔场，年产鲜鱼5万多千克。

十六、沉湖

沉湖位于天门市东南部，为天门市、汉川县所共有。湖面南北宽5.5千米，东西长19.5千米。新中国成立初期，当湖水位为25.8米时，湖泊面积为88.5平方千米，相应容量为101万立方米。主要承纳汉江以北、牛蹄河以南、狮子古河以东420平方千米区域的来水。

沉湖形如瓮底，清雍正七年（1729年）前出水靠天禄、金明两明口泄入汉江。雍正七年（1729年）建永奠、成功二闸泄水入汉江。嘉庆十四年（1809年）建增嘉闸泄水入牛蹄支河。道光二十九年（1849年）洪水冲毁永奠闸，成丰年间淤塞增嘉闸。同治三年（1864年）和光绪十八年（1892年）两次建万福闸泄水入汉江。光绪十二年（1886年）建共济闸泄水经竹筒河入汈汊湖。

新中国成立初，因排水受汉江洪水顶托，向汈汊湖出水的竹筒河又遭淤塞，沉湖地区洪涝灾害严重。

1955年疏通沉湖入汉江的主要排水渠道，扩建万福闸，湖内水位控制在25.50～26.50米之间，确定70平方千米的湖面与蓄渍滞洪调蓄区。

1959年，废弃向汈汊湖排水的主要河道竹筒河，在天门、汉川交界处开挖沉湖改道河，水出天门河南支。

1966—1970年，对沉湖进行全面围垦，建立军垦农场，沿湖开挖南、北、中3条干渠，并以中干渠为界将整个湖区划分为9个垦区，开垦面积72平方千米。此外，天门县沿湖滨围挽11个小民垸，汉川也垦殖了部分。沉湖全部围垦后，水无调蓄之处，若遇日降50毫米以上雨量，垦区内就会出现不同程度的涝灾。先后修建五七、龚家湾、杜公河、刘家河、万福等大小电力排水站。1985年又兴建装机3×800千瓦的大型泵站，将渍水提排入汉江，沉湖已全部消失。

十七、排湖

排湖位于仙桃市境西部，通州河与洛江河之间，属河间洼地湖泊。清光绪《沔阳州志》始见“排湖在州西三十里，上接潜江境，北界洛江河，东滨通顺河，南界红庙支河，周围百余里，水出向家洲皇闸，今统称排湖”之记载。

民国十年（1921年）测图，排湖面积为75.5平方千米。民国三十五年（1946年），潜江东荆河堤杨家湾处溃决，洪水冲决州河两岸河堤，洗刷成沟，州河及潜江诸垸来水俱汇排湖，多年不筑，湖面扩大。1953年长江委测图，当中水位为25.70米时，湖泊面积为106.1平方千米，湖底高程为24.50米，相应容积为7717万立方米。

1954年中沟口堵筑，改建皇闸（后称排湖闸），来水减少，湖水位降低，面积缩小。1957年冬挽筑排湖北堤，1971年开挖排中河，1972年开挖排南河，1974年形成排南、排中、排北3片封闭水域，固定湖面面积23平方千米，当水位为26.5米时，容积为3820万立方米。20世纪70年代建成排湖电力排灌站，设计排水流量180立方米每秒。排湖区内涝水由通顺河承泄，若通顺河不能自排，则由排湖泵站提排入汉江。

十八、南湖

南湖原名笪家湖，位于钟祥市郢中镇东南0.5千米处，紧邻汉江河谷。因地处城区东南，故名南湖。

南湖原是集市繁华、农业较发达的老垦区。民国二十四年（1935年）汉江堤溃，原笪家湖畔公议集、杨家集、花家集、尤家集一带房舍农田淹毁成湖，湖面积扩大至33平方千米。新中国成立前，南湖是一个通江湖泊，湖水与汉江水位同涨落。1957—1959年修筑南湖隔堤（堤长4千米，堤顶高程50.20米）与汉江干堤相连，同时兴建余家山排水闸，隔绝江水倒灌，使湖水趋于稳定，湖滨出现大片荒滩，湖面积减至13.5平方千米。1967年建立南湖农场，沿湖滨垦荒种植。南湖湖底高程40.30米，正常水位42.80米，常年平均水深2.5米。建有北海渔场，是钟祥水产基地。

第三篇　江汉洪水与水旱灾害

长江洪患主要在中游，中游又以荆江最为严重，故有“万里长江险在荆江”之说。汉江洪患主要在下游，愈到下游洪灾愈严重。上游来量大，河道自身安全泄量小，来量与泄量不相适应，多余的洪水（通常称为超额洪水）要找出路，或者主动分洪，或者堤防漫溃，这是荆州境内长江、汉水河道共同的特点，也是洪水灾害严重而又频繁的根本原因。洪水灾害历来是荆州地区的心腹大患，是经济发展的一大制约因素。汛期，江汉洪水常常高出堤内地面六七米至十多米，堤防一旦决口，损失将十分惨重。长期以来，防汛是荆州天大的事。超额洪水与安全泄量之间的矛盾，始终是困扰江、汉防洪的历史性难题。解除和减轻洪水的威胁是事关全局的大事，为历代政府所重视。

荆州地区的水旱灾害大体上可分为 4 种：一是上游客水来量大，造成洪灾；二是本地暴雨为主形成涝灾；三是地下水水位高而形成渍灾；四是降雨不均，雨量偏少造成旱灾。在这些灾害中威胁最大的是洪水灾害，其次是涝灾，再就是渍灾和旱灾。每年汛期，长江、汉水上游来水面广、降雨强度大，极易形成峰高量大的洪水。如长江干流与支流洪水相遭遇，情况更为复杂。历史上 1788 年、1860 年、1870 年、1931 年、1935 年和新中国成立后的 1954 年、1964 年、1983 年、1998 年都是流域性的特大洪水和大洪水，造成部分堤段溃口或漫溢，给人民生命财产和社会经济造成重大损失。一般年份，长江和洞庭湖四水以及汉江洪水季节是相互错开的，其时间分布规律通常是长江 5—9 月、汉江 8—10 月。内涝灾害严重的地区是四湖地区、汉北地区、汉南地区和荆南地区。新中国成立前，平原湖区江河贯通，堤垸分割，水系紊乱，每到汛期长江、汉水和东荆河洪水常常高出内垸地面几米至十几米，时间长达两三个月，有的年份甚至达四五个月之久，洪涝灾害严重而又频繁。有洪必有涝，洪涝同步，荆州地区是具有历史性的水灾区。

受季风气候影响，境内少数年份会出现降水时空分布不均，降水量偏少，部分地区（主要是丘陵山区）会发生干旱造成农作物减产甚至绝收，人畜饮水困难。从干旱的强弱和影响程度分析，7—9 月伏秋连旱较为频繁，且旱期长，面积大，灾情重。据资料记载，清朝（1644—1911 年）267 年间旱灾共发生 65 次，民国时期（1912—1949 年）旱灾共发生 19 次；新中国成立后局部干旱每年都有，1959—1961 年连续干旱，1972 年、1978 年、

1988 年和 2011 年为大旱年。

干旱发生的概率，丘陵山区高于平原湖区，北部地区高于南部地区，汉水流域 4 县（市）为 32%～48%，钟祥最高（1448—1948 年 500 年间，全县发生大旱 68 次）；长江流域 4 县（市）为 28%～32%，洪湖、监利旱灾较少。例如，监利县从元泰定元年（1324 年）至民国 38 年（1949 年）的 626 年间，其中有记载的 512 年中灾年有 116 年，其中水灾 102 年，占 88%；旱灾 11 年，占 9.5%；地震 2 次，占 1.7%；疫灾 1 次，占 0.8%。

由于荆州所处的特殊地理位置，水旱灾害表现为 3 个特点：一是水灾多于旱灾，洪灾多于涝灾；二是丘陵山区易旱，平湖湖区易涝；三是水旱灾害同时或交替发生。

宋、元时期，荆江两岸围垸垦殖规模大于汉江中下游地区。但限于当时的生产力水平，堤垸分散、低矮，修筑质量差，抢护方法落后，一遇较大洪水便遭溃决。但因人口少，堤身挡水的水头差不大，成灾所造成的损失相对要小。再者，当时荆江和汉江两岸都留有许多穴口，可以分泄部分洪水，洪水抬高的速度很慢。所以明朝以前荆州境内的洪水灾害并不是一个很严重的社会问题。

明朝嘉靖元年（1522 年）堵塞汉江左岸九口（钟祥、京山、潜江、天门境）逼汉水归槽，结束了汉水在汉北平原（天门河水系）游荡的历史。嘉靖二十一年（1542）堵塞郝穴口，统一的荆江河道形成。堵塞穴口、大量围垸，迫使洪水不断抬高，洪水的活动范围不断缩小，堤防溃决频繁，防洪问题日渐迫切。洪水灾害所造成的损失越来越严重。以荆江大堤为例，明朝时期有 30 年溃口，其中从 1385 年李家埠堤溃至 1542 年郝穴堵口的 157 年间，荆江大堤溃口 18 次，平均 8.7 年一次；从 1542 年至 1623 年的 81 年间，溃口 12 次，平均 6～7 年一次。清朝从顺治七年（1650 年）至光绪三十三年（1907 年）的 257 年间，溃口 55 次，平均 5.6 年一次。其中，1788—1870 年的 87 年间，有 28 年溃口，平均不到 3 年就有一次溃口。汉江从 1822 年至 1949 年，干堤或主要支堤溃口 76 年，平均两年一次，东荆河堤从 1824 年至 1949 年，有 93 年溃口（溃口 120 处），平均 1.3 年一次。荆南长江干堤清朝时期有 62 年溃口，民国时期有 8 年溃口。内垸堤防（四河堤防）更是溃决频繁。

晚清和民国时期，荆州境内长江、汉江的防洪形势日趋严峻，洪水灾害所造成的范围越来越大，损失越来越严重。从 1931 年至 1949 年的 18 年中，荆州境内有 16 年遭受洪涝灾害，几乎到了年年淹水的地步。晚清和民国时期，人们把洪水灾害同战乱、瘟疫相提并论，成为民不聊生的三大祸害。

鉴于荆江和汉江（中、下游）是长江流域洪水灾害最严重的河段，以及洪水灾害所带来的威胁有特殊的严重性，新中国成立后，国家始终把治理长江和汉江水患放在十分重要的位置。在汲取前人治理长江、汉江经验教训的基础上，提出了比较完整的治理规划，制定了实施规划的具体措施。经过几十年的不懈努力，在国家的大力支持下，上下游、左右岸团结治水，取得了巨大成就，先后战胜了 1954 年、1964 年、1983 年、1998 年多次大洪水，保证了荆江大堤、汉江遥堤和长江、汉江干堤的安全，结束了千百年来人们在洪水面前处于被动的历史。

第一章 长 江 洪 水

长江洪水主要由暴雨组成，而由冰雪融化形成的洪水只出现在江源和川西高原地区。

长江流域位于东亚季风区，长江中下游地区季风气候明显，入夏后，夏季风从西南和东南方向从海岸上带来大量暖湿气流，若遇到北方南下的冷空气，就会形成降水。夏季风对长江中下游汛期降水起着决定性作用。

长江每年 5 月进入汛期，到 10 月基本结束。有桃汛、夏汛、秋汛之分，以夏汛居多。进入 5 月，长江水涨，此时正是桃花盛开季节，故称为桃汛；正常年份 6 月中旬至 7 月上旬是长江中下游的梅雨季节，称为“梅雨期”（有二度梅年、空梅年），雨季长、雨区广、暴雨多、雨量大，梅雨期的降雨量可占全年降雨量的 20%～30%，特殊年份可占全年的 50%左右，常常造成长江中下游地区严重的洪涝灾害。此时正处于夏季，称之为夏汛，又因正值“三伏天”，故又称伏汛。7 月、8 月是长江干流的主汛期。秋汛是指 9 月、10 月的降水所出现的洪水，长江上游、三峡区间都有秋雨现象，通常称为华西秋雨。秋雨一般从 8 月下旬开始，10 月中旬结束，历时 50 天左右。

长江洪水从地域上看，洪水发生的时间规律是：长江中下游早于长江上游，长江南岸早于长江北岸。

荆州境内洪水主要是长江、汉江以及沮漳河的过境客水，其次是洞庭湖的出水，若与湘、资、沅、澧四水相遇，其防洪形势将更为严峻。

长江荆州河段洪水峰高量大，历时长，上游洪水来量巨大与荆州河段泄洪能力不足的矛盾十分突出。加之荆江地区地势平坦，河道比降小，尤其是下荆江河段蜿蜒曲折、“九曲回肠”，遇较大洪水，宣泄不畅，洪水灾害频繁而严重，大水年份荆州河段防洪形势十分严峻。

第一节 洪 水 发 生 时 间

荆州河段洪水主要是由长江上游暴雨所形成。长江流域降雨一般于每年 4—5 月首先在鄱阳湖水系及相连的洞庭湖水系、湘江各支流相继或同时发生（湘江洪水一般可持续至 6 月底），5—6 月降雨发生在资水、沅水流域，6—7 月降雨发生在澧水、清江和乌江流域。在此期间，由于天然湖泊水位低，具有较大的调蓄容量，因而，长江干流泄洪能力较大，洪水能及时下泄，此时洪涝灾害多局限在暴雨中心附近，荆江地区及城陵矶以下河段区域较少成灾。而 7—8 月降雨多发生在以川西、川北为中心包括川东、川南、陕南、鄂西、黔西、黔北、滇北等地区，长江上游大面积普降大到暴雨，干支流水位普遍升高，天然湖泊底水高，调蓄作用显著减小。而在这段时间内发生的降雨覆盖面大，持续时间长，有时降雨还会在这个雨区内往复移动，所以，会出现干支流洪水叠加，洪量累积的情况。荆州河段的洪水和洪灾大多发生在这一情况下，因此，7—8月是荆州河段的主汛期。

第二节　洪　水　形　态

荆州河段遭遇的大洪水，根据暴雨产生的范围与发展历时可分为以下两种类型：

（1）全流域性或称全江性洪水。由于极锋移动规律不正常，徘徊或停滞在流域内较一般年时期长，全流域广大地区均发生连续暴雨，上中游洪水遭遇，形成干流洪峰高、持续时间长、洪水总量特大的洪水。历史上的1788年、1848年、1849年、1860年、1870年、1931年、1949年、1954年、1998年等大洪水属此类型。

（2）区域型洪水。这是由于强大的暴雨覆盖在上游或中游面积相对较小区域，或者是某一支流，甚至几条支流发生强度大的集中性暴雨，从而在支流上或局部区域内发生特大洪水，这种洪水过程历时较短，洪峰高而洪量较小，水位日涨率很大，洪灾范围相对较小。1935年、1981年和1996年大洪水均属此类型。由于荆州河段尤其是荆江段河道泄洪能力的制约，不论是全流域性，还是区域性大洪水，均会对荆州沿江两岸造成很大威胁甚至是严重灾害。洪水出现的频率见表3-1-1。

表3-1-1　　宜昌、枝城站洪峰流量频率表

频率/%		0.01	0.1	0.2	0.5	1	2	5	10	20	50	95	99
重现期/a		10000	1000	500	200	100	50	20	10	5	2	1.06	1.01
流量/(m^3/s)	宜昌		98800	94600		83700	79000	72300	66600	60300			
	枝城	109000	96400		96500	82400	77500	71400	66200	60500	50500	38000	33800

根据长江委的资料，长江干流宜昌河段调查到的历史洪水，从1153年到2012年的800多年间，洪峰流量大于80000立方米每秒的有8次（1153年、1227年、1560年、1613年、1788年、1796年、1860年、1870年），其中最大为1870年，流量达105000立方米每秒。自1153年以来，几乎每个世纪都出现过比较严重的大洪水。1931年、1935年、1954年3个大水年，在城陵矶的洪峰合成流量均在100000立方米每秒左右，给长江中下游地区造成重大损失。新中国成立后，局部洪涝几乎每年都有发生，其中较大的洪涝灾害年份有1954年、1964年、1980年、1983年、1996年、1998年、1999年等。长江宜昌历史洪水洪峰流量见表3-1-2。

表3-1-2　　长江宜昌历史洪水洪峰流量表

序号	洪水年份	水位/m	流量/(m^3/s)	发生日期
1	1870	59.14	105000	7月20日
2	1227	58.11	98100	8月1日
3	1560	58.09	98000	8月25日
4	1153	57.70	94000	7月31日
5	1860	57.96	92500	7月18日

续表

序号	洪水年份	水位/m	流量/(m^3/s)	发生日期
6	1788	57.14	86000	7月23日
7	1796	56.45	84000	7月18日
8	1613	56.31	81000	—

第三节 洪 水 组 成

荆江河段由于自然因素和人类活动影响，河势演变发生相应变化，荆江干流洪水位逐渐升高。与荆江脉息相通的洞庭湖，由于分水分沙的结果，湖泊不断淤积，湖面缩小，湖泊天然容积减小，湖区洪水位逐渐抬高。洞庭湖口七里山出流增多，又顶托了荆江泄流，种种不利影响的循环，导致荆江洪水位抬高。根据1903—1963年资料分析，沙市站洪水位平均年上涨率约0.025米。因此，至20世纪50—60年代，荆江河段只能安全下泄枝城来量60000～68000立方米每秒，而上游来量远大于其安全泄量，这是荆江河段多年来洪灾频繁的根本原因。

荆江96%以上的洪水来自宜昌以上，其次是清江、沮漳河。宜昌站以上100万平方千米的来水峰高量大，长江上游金沙江屏山站控制面积约占宜昌站控制面积的1/2，多年平均汛期（5—10月）水量占宜昌站水量的1/3，因其洪水过程平缓，年际变化较小，是长江宜昌洪水的基础来源。岷江、嘉陵江分别流经川西暴雨区和大巴山暴雨区，洪峰流量甚大。岷江高场站和嘉陵江北碚站控制面积分别占宜昌站控制面积的13.5%和15.5%，多年平均汛期水量却占20.3%和17.1%，共计约占宜昌站水量的40%，是宜昌洪水的主要来源。此外，干流寸滩至宜昌区间也是长江上游的重要洪水来源之一，其面积占宜昌控制面积的5.6%，多年平均汛期水量约占宜昌站水量的8%左右，而有些大水年份汛期水量可达宜昌水量的20%以上，见表3-1-3。

表3-1-3 荆江汛期洪水组成情况表

项目 \ 地区站		长江 宜昌	清江 搬鱼嘴	宜昌至沙市 区间	沙市以上地区 来水量总和
集水面积/km^2		1005500	15563	12210	1033273
6—10月	总水量/亿m^3	3230	86.8	44.8	3361.6
	占沙市上以总来水量比例/%	96.1	2.6	1.3	100
其中7—8月	总水量/亿m^3	1520	41	28.6	1589.6
	占沙市上以总来水量比例/%	95.5	2.6	1.9	100

根据1877年宜昌设站起至2010年实测资料统计，宜昌站超过60000立方米每秒的洪峰有27次，其中超过70000立方米每秒的有2次。根据历史洪水调查，1183—1870年宜昌站大于80000立方米每秒的洪峰流量有8次，其中大于90000立方米/每秒的为5次。1870年宜昌站105000立方米每秒（调查洪水）的洪峰流量居可考历史洪水第一位。清江

搬鱼嘴实测最大洪峰流量为18900立方米每秒（1969年7月），1883年与1935年调查到的洪峰流量分别为18700立方米每秒和15000立方米每秒。清江暴雨往往与三峡区间暴雨同时发生，因此与宜昌洪水的遭遇也较多，每次遭遇都对荆江河段造成直接威胁。1935年宜昌洪峰流量仅56900立方米每秒，与清江洪水遭遇，枝城流量接近75000立方米每秒，再与沮漳河来水流量5000余立方米每秒遭遇，使荆江两岸堤防多处溃决，灾情极为严重。洞庭湖及分流水道受泥沙淤积，导致荆江四口分流分沙呈逐年减少趋势。据水文资料统计，1951—1955年四口年平均分流总量为1594亿立方米，占枝城年均来量的32.88%；1996—2002年为659亿立方米，占枝城年均来量的14.73%；三峡工程蓄水运用后，2003—2010年为500.2亿立方米，占枝城平均来量的12.27%。分水入湖量的减少是河道自然演变、下荆江裁弯以及三峡工程的运用等因素的综合影响结果。1967年和1969年分别对下荆江中洲子和上车湾实施人工裁弯；1972年沙滩子发生自然裁弯，明显降低了裁弯河段以上洪水位，扩大了荆江泄量，洪水传播速度加快，时间缩短，监利至城陵矶河段高水位发生的概率明显提高，见表3-1-4和表3-1-5。

表3-1-4　长江干支流洪峰传播时间里程参考表（三峡工程建成后）

向家坝											
36/	寸滩										
48/	12/611	三峡	中低水位传播时间								
51/	156/658	3/47	宜昌	6	24	36	48	60	63	66	90
54/	18/716	6/103	3/56	枝城	18	30	42	54	57	60	84
63/	27/804	15/195	12/148	9/92	沙市	12	24	36	39	42	66
69/	33/898	21/280	18/238	15/182	6/90	石首	12	24	27	30	54
81/	45/960	33/360	30/313	27/257	18/165	12/75	监利	12	15	18	42
93/	57/1055	45/445	42/395	39/339	30/247	24/157	12/82	城陵矶	3	6	30
96/	60/1070	48/472	45/425	42/369	33/277	27/187	15/112	3/30	螺山	3	27
99/	63/1092	51/494	48/447	45/391	36/299	30/209	18/134	6/52	3/22	新堤	24
120/	84/1279	72/673	69/626	66/570	57/478	51/388	39/313	27/231	24/201	21/179	汉口

注　1. 三峡工程建成前，下荆江系统裁弯工程实施后，寸滩至宜昌传播时间为54h，现为15h，寸滩至沙市传播时间原为66h，现为27h（参考）。
2. 传播时间单位为h，里程单位为km。

表3-1-5　枝城至荆南四河主要站洪峰传播时间参考表（三峡工程建成后）　　单位：h

枝城			枝城				枝城		枝城	
			9	弥市					15	管家铺
15	郑公渡		12	港关			6	沙道观		
			15	3	黄四嘴		6	新江口		

注　沮漳河：猴子岩至河溶洪峰传播时间为12h，至万城传播时间为18h。

荆江河段洪水位的另一特征是城陵矶的洪水位对荆江泄流的影响。城陵矶洪水位每变化1米，影响沙市、石首、监利3站的洪水位分别为0.25米、0.5米、0.65米，即3站在各自水位相应不变的前提下，其泄洪能力因城陵矶水位降低而增大；反之，则减小。1954年沙市最高水位为44.67米，最大流量为50400立方米每秒（观音寺站），当年由于人民大垸溃垸分流而使沙市流量增大，否则沙市泄量还要减少，而1981年沙市水位为44.46米，最大流量达54600立方米每秒（新厂站），增大4600立方米每秒，其原因是城陵矶1981年水位比1954年低2.84米。

城陵矶河段以螺山为测流控制站，控制流域面积为129.5万平方千米，其上游入流主要为宜昌站和洞庭湖水系下游控制站。此河段的重要特性是入流经过洞庭湖调蓄之后，洪峰明显平坦化，尖瘦型洪峰变成低平型洪峰，历时明显增长。此河段安全泄量约为60000立方米每秒（1954年实测最大洪峰流量为78800立方米每秒，是螺山以下分洪溃口影响增加的泄流量）。城陵矶在1931年、1935年和1954年的最大合成流量均在100000立方米每秒以上（城陵矶以上干流的合成洪峰流量，是由干流枝城站、洞庭湖水系各河以及枝城至城陵矶区间小支流流量考虑传播时间后直接相加后的最大值，尚未经江湖调蓄），根据湖泊的可能调蓄能力，在螺山段显然无法通过。湘、资、沅、澧四水入湖和荆江四口分流入湖合成的洪峰流量经过湖泊调节，按1951年至2008年统计，多年平均入湖洪峰流量为38539立方米每秒，多年平均出湖洪峰流量为26843立方米每秒，多年平均削减洪峰流量为11696立方米每秒，削减量占入湖流量的30.3%。

洞庭湖水系产生的洪水，是长江中游洪水的重要组成部分。洞庭湖水系纳湘、资、沅、澧四水及松滋、太平、藕池、调弦（1958年已建闸控制）四口分流入湖水量，其通江出口为城陵矶（七里山）。据1951—1983年实测资料统计，城陵矶（七里山）站4—7月的洪水组成为：沅江桃源站及湘江湘潭站均占25%左右，资水桃江站占8.3%，澧水三江口站5.9%；荆南四口分流入湖洪量占28.5%。1954年汛期四口分流入湖洪量占城陵矶出湖量（七里山）比例最大，为37.6%；沅江桃源站占28%，湘江湘潭站占25.1%。一般年份三口分流入湖水量占城陵矶（七里山）站的25.7%。洞庭湖出湖流量对城陵矶以下河段洪水影响较为明显。湖区及出口水位抬高，影响荆江洪水的宣泄，荆江水位抬高又影响到湖水宣泄，这种影响相互制约，构成极为复杂的江湖关系。不论是一般洪水还是大洪水年份，洞庭湖区仍可发挥一定的调蓄功能，只是随着水情的不同而有所差别。1981年7月19日，枝城站最大流量为71600立方米每秒，三口分泄入湖流量为22420立方米每秒，而洞庭湖此时水位较低，在17—22日6天内，城陵矶（七里山）水位由29.54米上涨至31.71米，湖区滞蓄洪量71.9亿立方米，削峰作用为38.4%。而1998年8月16日枝城最大来量为68800立方米每秒，三口分流入湖流量为19010立方米每秒，分流比占28.0%，因前期洞庭湖已大量滞蓄洪水，城陵矶（七里山）站水位已达35.94米，湖区所能容滞入湖水量（四水加三口）为77.64亿立方米，出湖水量为64.74亿立方米，调蓄水量为12.9亿立方米，洪峰削减系数为24.7%，调蓄作用仍然是很大的。

第四节 洪 水 遭 遇

上游洪水提前，与中游洪水发生遭遇。1935年上游洪水较早，宜昌站7月7日即出现年最大流量56900立方米每秒的洪峰，与清江、汉江及洞庭湖水系的澧水大洪水遭遇，形成长江中游大洪水。在堤防大量溃口的情况下，汉口站7月4日洪峰流量达60400立方米每秒，特别是宜昌洪水与清江、沮漳河洪水遭遇，沙市以上总入流量约80000立方米每秒。1949年上游洪水提前，7月10日宜昌站洪峰流量为58100立方米每秒，且洪水过程历时较长，与洞庭湖及汉江洪水发生遭遇，沙市站最高水位达44.49米，汉口站7月12日洪峰流量为52700立方米每秒，且高水位历时长。

中游洪水延后，与上游洪水遭遇。由于中游洪水延后，江湖底水过高，上游洪水又接踵而来，洪峰叠加，形成峰高量大的特大洪水。1931年汛期中下游洪水延后，且持续时间较长，因而形成全流域性洪水。洞庭湖水系一般7月汛期基本结束，但当年城陵矶站年最大洪峰推迟至8月16日。8月10日宜昌站最大洪峰流量为64600立方米每秒，恰与中游洪水遭遇，中游大量堤垸溃口后，沙市站最高水位仍达43.52米。1954年中游及洞庭湖水系6—7月暴雨频繁，比常年同期雨量大2～3倍，8月2日城陵矶（七里山）站洪峰流量达44500立方米每秒，并与汉江洪水遭遇，8月7日宜昌站最大洪峰流量为66800立方米每秒，又与中游洪水遭遇，造成峰高量大历时长的特大洪水。在沿江堤防、两湖民垸溃口和大量分洪的情况下，沙市站8月7日水位高达44.67米，螺山站最大流量达78800立方米每秒，最高水位达33.17米，创历史水位纪录。

部分地区支流大洪水遭遇。1996年6月下旬至7月中旬，洞庭湖四水控制站以下各站平均降雨量为383毫米，7月13—18日暴雨集中在资水和沅江流域，二水同时发生大洪水，柘溪水库和五强溪水库均采取了超蓄措施。桃江站和桃源站同时出现洪峰，使洞庭湖区南嘴站及城陵矶（莲花塘）站洪峰水位超1954年水位1.57～1.06米，螺山站7月22日洪峰流量为67500立方米每秒。当年长江干流宜昌站最大流量为48900立方米每秒，沙市站最大流量仅34900立方米每秒，仍导致沙市以下河段、荆南四河出现严重洪水威胁和洪灾。

第二章　汉　江　洪　水

汉江流域属亚热带季风区，为我国南北气候分界的过渡地带，南来北往的冷暖空气活动频繁，气候温和湿润。流域内多年平均年降雨量为900～1100毫米。暴雨主要发生在7—9月。下游早于上游，南岸早于北岸，一般5—6月间下游地区雨季开始，极峰即显活跃。7月，随着雨带北移，降雨量大增，雨区以安康以下地区为主。8月雨区主要分布在唐白河、丹江、淯河等地区；9月正值华西地区秋雨季节，暴雨强度大，持续时间长，极易形成洪峰特大的洪水（汉江流域出现最大暴雨纪录为1975年8月7日，唐白河上游的郭林站24小时最大雨量为1042毫米，3日暴雨量为1517毫米）。

汉江来水大多集中于7—10月，主汛期7—10月径流量占全年的65%，特殊年份可达75%。秋汛多于夏汛，因此，汉江有防"秋汛"之说。汉江中下游河槽逐渐演变成愈往下游愈窄的畸形状态，河道允许泄量愈往下游愈小，见表3-2-1，而上游来量很大，形成洪水来量与泄量不平衡的局面，这便是汉江与其他河流不同的最大特点。有的年份江汉洪水并发，与长江高洪水位遭遇，则"江阻于前，汉凌于后"，河口段受长江洪水顶托倒灌，历史上是洪灾频繁的河流。从1822年至1949年，干堤或主要支堤溃口的有76年，平均两年一次。

表3-2-1　　汉江中下游各河段允许泄量表

河　段	襄阳—碾盘山	碾盘山—沙洋	沙洋—泽口	杜家台以下
允许泄量/(m^3/s)	25000～30000	25000～18400	18400～14000	5000～9000

注　1. 泽口—杜家台有东荆河分流，分流比为沙洋流量的1/4～1/5。
2. 杜家台以下允许泄洪范围，前者指汉口水位29.00m以上，后者指汉口水位27.50m以下。

根据《湖北省自然灾害历史资料》载："公元前185年至公元298年（汉高后三年至晋惠帝元康八年），此483年间，史志记有汉江大水，水出（谓水溢河道外）计34次；公元301年至1949年（西晋永宁二年至民国三十八年）的1649年间，湖北省境内共发生大小水灾590次，而发生在汉江的即有239次，占全省水灾总数的40%强。"汉江襄阳、碾盘山、新城洪水洪峰流量见表3-2-2。

表3-2-2　　汉江襄阳、碾盘山、新城洪水洪峰流量表　　单位：m^3/s

日　期	丹江口	襄　阳	碾盘山	新　城	说　明
1583年6月12日	61000				推算值
1693年6月20日	42500～45000				推算值
1724年7月	50000～53300				推算值

续表

日　期	丹江口	襄　阳	碾盘山	新　城	说　明
1832年9月12日	44700				推算值
1852年8月31日	45000				推算值
1867年9月15日	45500				推算值
1921年7月12日	38000				推算值
1935年7月6日	50000	52400	53000		碾盘山估算流量57000
1983年10月8日	34300	20800	26000	20400	

第一节　洪　水　组　成

汉江洪水来自干流和主要支流。汉江上中游超过5000平方千米的支流有8条，丹江口以上，北岸有褒河、洵河、夹（甲）河、丹江，南岸有任河、堵河；钟祥皇庄以上，北岸有唐白河，南岸有南河。

干流安康以上河段，流域面积为4.1万平方千米，这里暴雨集中、江流狭窄，从1949年至2011年洪峰流量达到或接近2万立方米每秒的有6年，洪峰均值为1.19万立方米每秒，1983年7月3日洪峰流量达3.1万立方米每秒。丹江以上河段，流域面积为9.52万平方千米，是汉江洪水的主产区，占汉江流域洪水集流的59.9%，多年洪峰流量均值为1.57万立方米每秒。碾盘山以下（皇庄）河段，流域面积为4.68万平方千米，流量在3万立方米每秒以上时大多造成堤垸溃决。1964年10月实测最大洪峰流量为2.91万立方米每秒，见表3-2-3。

表3-2-3　　汉江下游河段洪水频率表　　单位：m^3/s

站　名	流　量				
	2年一遇	5年一遇	10年一遇	20年一遇	100年一遇
碾盘山		22800	28900	35000	46400
新城	15500	17700	21100	24000	31400

注　碾盘山（皇庄站附近）100年一遇的夏季洪水流量为48000m^3/s，秋季洪水流量为41750m^3/s。

汉江干流丹江口以上河段主要为峡谷河道，宽一般为200～500米，洪、枯水位差20米左右。主要支流堵河的黄龙滩站控制流域面积为1.1万平方千米，1937年实测流量为1.06万立方米每秒，丹江紫荆关站控制流域面积为0.7万平方千米，1958年实测最大流量为1.08万立方米每秒。南河谷城站控制流域面积为0.58万平方千米，1975年实测流量为1.28万立方米每秒。唐白河流域面积为2.45万平方千米，其上游处于桐柏山暴雨区，1975年8月洪峰流量为2万立方米每秒。中游河段长270千米，集水面积为4.68万平方千米，河道宽浅，碾盘山一带收缩段宽为400～500米，此段的安全泄量为2.7万立方米每秒。愈到下游河道愈窄，安全泄量愈小。泽口以下洪水期还受长江洪水顶托，宣泄能力更小。下游河道全长382千米，增加集水面积为1.42平方千米，这是一个辽阔的冲积平原，河道受制于两岸堤防。沙洋的新城站洪、枯水位差

13米左右，最大安全泄量为1.84万立方米每秒。东荆河陶朱埠站，最大安全泄量为5000立方米每秒。干流仙桃控制站，最大安全泄量为1.4万立方米每秒。仙桃以下进入尾闾区河道，安全泄量受到长江水位顶托影响，安全泄量为9000～5000立方米每秒。当汉口水位为27.50米时，安全泄量为8150立方米每秒；水位为29.70米时，安全泄量为5200立方米每秒。

第二节 洪 水 特 征

汉江上游河段为秦岭余脉，南边为武当山脉，河道穿行其间，坡降陡、落差大，水流湍急，洪水传播速度快。汉江中游穿过丘陵地带，平均比降为1.9/10000，两岸堤防间断出现，河槽过水能力大。下游流经平原，河道蜿蜒曲折，平均比降为0.9/10000。两岸受堤防控制，断面逐渐狭窄，洪水宣泄不畅（襄阳—唐白河口河宽3000米，宜城以下河宽400～1200米，钟祥碾盘山河宽700米，钟祥刘家湾河宽800米，仙桃河宽470米，汉川河宽360米，汉口集家嘴河宽仅100米左右）。

汉江洪水具有雨洪同季、干支流并发、径流汇集快、洪量集中、洪水来量大、传播时间快、涨势迅猛、洪峰过程时间短、秋汛多于夏汛等特点。

汉江洪水全系由暴雨组成，且上、中游地区常处于同一暴雨区，当发生全流域大暴雨时，暴雨移动方向，恰与干流流向一致，加之地势陡峻，支流众多，重要支流汇口不远，当干流发生洪水的同时，支流也相应产生洪水汇入，洪水汇集迅速，沿程逐步增大，形成洪量集中、洪峰特大的洪水。最大洪峰流量通常发生在7—9月，有时提前在4月发生或推迟至10月发生。汉江大洪水的洪峰状态，北岸各支流起着集中峰型的作用，南岸各支流则起着拉长峰底的作用。洪峰历时单峰约10天左右，洪峰较大，多发生在7—8月，如1935年、1945年、1958年洪水即属此类型。9月、10月洪水，一般来自汉江上游，多为连续，历时较长，洪量较大，如1960年、1964年、1975年、1983年洪水即属此类型。汉江洪峰传播时间/里程参考见表3-2-4。

表3-2-4　　汉江洪峰传播时间/里程参考表（丹江口水库建成后）

白河													
10/103	郧县												
22/110	12/107	龙王庙											
23/213	13/110	1/3	黄家港										
40/319	30/216	18/109	17/106	襄阳									
46/336	36/283	24/176	23/173	6/167	宜城								
62/472	52/372	40/265	39/262	22/156	16/89	皇庄							
78/566	68/463	56/356	55/353	38/247	32/180	16/91	沙洋						
84/620	74/517	62/410	61/407	44/301	38/234	22/145	6/54	泽口					
89/655	79/552	67/445	66/442	49/336	43/269	27/180	11/89	5/35	岳口				
96/701	86/598	74/491	73/488	56/382	50/315	34/226	18/135	12/81	7/46	仙桃			

续表

103/782	93/679	81/572	80/569	63/463	57/396	41/307	25/216	19/162	14/27	7/81	汉川		
107/608	97/705	85/598	84/595	67/489	61/422	45/330	29/242	23/188	18/153	11/107	4/26	新沟	
111/858	101/755	89/648	88/645	71/538	65/472	49/383	33/292	27/238	22/203	15/157	8/76	4/50	汉口

注　传播时间单位为h，里程单位为km。

第三节　东荆河洪水

东荆河系汉江主要支流（又称为南襄河），从汉江泽口以西龙头拐起至武汉市汉南区三合垸注入长江，河长173千米，流经潜江、仙桃、监利、洪湖4县（市）。东荆河河底高程为29.00～15.40米，纵向坡降为0.83‰，两岸地势平坦，地面高程为33.00～24.00米，西北高，东南低。该河属蜿蜒型河流，是汉江洪水的重要分流水道，分流量约占汉江新城流量的1/4，所以其水位决定汉江的涨落。因东荆河流域呈狭长扩散形，河槽调蓄能力小，洪水汇流时间短，有利于洪峰形成。每当伏秋大汛，洪峰易涨易落，水位时高时低。高水季节时，河水深达20余米；枯水期时，河流干涸见底。一旦汉水起涨，来势迅猛异常，一夜暴涨2～3米，防不胜防。

东荆河面宽一般为500米，最窄处杨林关为280米，水深为10～15米，干流落差为13米左右。水面坡比陶朱埠—新沟嘴洪水期最大坡降为0.67‰，一般为0.52‰，枯水时为0.68‰；下游河段因受长江洪水顶托，水面坡降一般较小。每年3月河水开始回升，最高洪水位多出现在9—10月之间，大部分时间与汉江涨落同步。年内径流分配不均，据资料记载，最大年径流量为230.9亿立方米（1937年），最小年径流量为7.7亿立方米（1978年），多年平均年径流量为64亿立方米。随着季节变化，水位落差悬殊，变幅大。1964年、1983年陶朱埠、新沟嘴、民生闸等站水位变化情况见表3-2-5。东荆河各站间距及洪峰传播时间见表3-2-6。

表3-2-5　　东荆河陶朱埠、新沟嘴、民生闸站典型年水位

站　名	1964年			1983年			历年最高水位		历年最低水位	
	最高水位/m	最低水位/m	年内变幅/m	最高水位/m	最低水位/m	年内变幅/m	水位/m	发生日期	水位/m	发生日期
陶朱埠	42.26	29.81	12.45	42.11	29.47	12.64	42.26	1964年	28.71	1937年
新沟嘴	39.04	25.89	13.15	39.05	25.88	13.17	39.05	1983年	25.49	1978年
民生闸	28.96			30.52			32.13	1998年		

表3-2-6　　东荆河各站间距及洪峰传播时间表

陶朱埠	4	8	13	17	20	22	27	35	40
28	高湖台	4	8	13	16	18	23	31	36
53	25	新沟嘴	5	9	12	14	19	27	32
73	45	20	北口	4	7	9	14	22	27

续表

97	69	44	24	万家坝	3	5	10	18	23
112	84	59	39	15	中革岭	2	7	15	20
122	94	69	49	25	10	杨林尾	5	13	18
137	109	84	64	40	25	15	南套沟	8	13
157	129	104	84	60	45	35	20	汉阳沟	5
168	140	115	95	71	56	46	31	11	三合垸

注　各站间距单位为 km，洪峰传播时间单位为 h。

东荆河径流量年变幅较大。据陶朱埠站记载，1934 年 7 月 6 日洪峰流量 5340 立方米每秒为历史最大，1964 年 10 月 7 日最大流量为 5060 立方米每秒，而 1958 年最小流量为 0.002 立方米每秒，1964 年基本断流；1983 年 10 月 10 日最大流量为 4880 立方米每秒，当年 4 月 5 日最小流量为 3.34 立方米每秒。

根据陶朱埠站资料，多年平均年径流量，丹江口建库前（1968 年）为 69.1 亿立方米，占汉江新城站多年平均年径流量的 12.9%；丹江口建库后为 38.9 亿立方米，占新城站多年平均年径流量的 7.8%。年最大最小径流量分别是 1937 年的 230.9 亿立方米和 1978 年的 7.7 亿立方米。多年平均流量丹江口建库前为 218.9 立方米每秒，建库后仅为 123.4 立方米每秒。

东荆河属冲积平原河流，泥沙主要来自汉江。由于汉江洪水挟带泥沙多，加之新中国成立后多次在龙头拐筑坝，河床逐年淤高，陶朱埠以上至龙头拐淤积尤为严重。陶朱埠多年平均年输沙量，丹江口建库前为 1486.5 万吨，占新城来沙量的 14.9%；丹江口建库后为 345.5 万吨，占新城来沙量的 10.9%。历年最大输沙量为 1937 年的 6620 万吨，其次是 1964 年的 3430 万吨，历年最小输沙量是 1978 年的 24.9 万吨。

东荆河由于泥沙淤积，河床抬高，行洪能力降低。1935 年陶朱埠河底高程为 26.40 米，1985 年为 28.90 米，50 年间抬高 2.5 米，年平均抬高 0.05 米。进水口龙头拐经常断流，断流时间长达 120～150 天，给沿河人民的生活、生产带来极大困难。

东荆河堤通过加固退挽，展宽堤距，安全泄量达 5000 立方米每秒。但是，汛期如果四湖和汉南地区与汉江上游同时发生大的降雨，两岸排渍入河，将给东荆河洪峰“峰上加峰”，防汛形势更加严峻。

第三章　洪　水　灾　害

有关历史洪水灾害的文献记载，最早为楚昭王时期（约公元前523—前489年），江陵“江水大至，没及渐台”（《荆州万城堤志》）。据《汉书·五行志》记载，西汉高后三年（公元前185年）夏，“南郡大水，流四千余家”，八年（公元前180年）夏，“南郡水复出，流六千余家。”此后，荆州的水患逐渐增多。唐代以前，荆州人口尚不密集，堤防也不成型，江汉平原调蓄洪水的湖泊洼地较多，洪水成灾较小；唐以后，人口渐密，洲滩筑堤围垦活动渐多，水灾也日趋严重；至明清时期，荆州干支流堤防系统大部分形成，垸田发展不可遏止，明朝中期荆江大堤连成一片，至清代，荆州堤防已基本定型，有关官堤民堤溃决的记载大增，至民国时期，水灾更为严重。

据不完全统计，荆州地区从公元前185年至1949年共发生水灾407次（受灾范围涉及两县以上或者涉及某一县，但灾情十分严重或重要堤段发生溃决，均作一次记载），平均5.3年一次，见表3-3-1。

表3-3-1　　世纪洪水频次表

时间	公元前	1世纪	2世纪	3世纪	4世纪	5世纪	6世纪	7世纪	8世纪	9世纪	10世纪	11世纪	12世纪	13世纪	14世纪	15世纪	16世纪	17世纪	18世纪	19世纪	20世纪
次数	2	0	5	8	11	4	5	2	6	10	4	4	10	9	26	28	36	42	58	87	50

从表3-3-1可以看出，14世纪以前，限于历史条件，灾情记录很少，这种状况与社会经济发展规律也是一致的。平原湖区，古属泽国，土地荒芜，人烟稀少，虽有洪水泛滥，但不构成灾害。14世纪以后，人口大量增加，社会生产进一步发展，洪水灾害也愈来愈频繁。而19世纪则是历史上洪涝灾害最为严重的时期。

第一节　汉、唐时期洪水灾害

荆州地区的洪水灾害除《荆州万城堤志》偶有一次楚昭王时期的记载外，还有《汉书·五行志》中“南郡水复出，流六千余家”的记载。汉朝前后（公元前206—公元220年）426年间，有记载的洪水灾害仅7年次。

东晋永和年间（345—356年）兴筑荆江堤防，肇基之初的目的是保护荆州城。而后随着堤线的延长，堤防决溢灾害随之出现，自东晋太元十七年（392年）起，始有堤防决溢的记载。

唐自618年立朝，至907年为五代十国所取代，其间289年，荆州有记载的洪水灾害18年次，平均每16年发生一次。

第二节 宋、元时期洪水灾害

北宋时期，荆州的洪水灾害还不甚严重，有史料记载的22次，其发生概率为14.5年一次。据《宋史·五行志》载："太平兴国二年至八年（977—983年），江汉二水连连涨溢，复州、均州、荆门等均有灾。""雍熙元年（984年）汉沮并涨，坏民舍。"

自南宋开始，全国的政治、经济重心转移到了长江流域，大量北方民众南迁，荆江堤防修筑规模日益扩大，湖沼洲滩围垦日盛，随之而来的洪水灾害也日益频繁和加重。南宋时期荆州有记载的洪水灾害13次，其间发生了两次特大洪水。

宋绍兴二十三年（1153年）大水。夏季，长江流域普降大到暴雨，发生流域性特大水灾，上游沱江、涪江及嘉陵江下游尤甚，宜昌站7月31日洪峰流量为92800立方米每秒（调查洪水），水位据调查推算为57.50米（《长江志·自然灾害》）。

宋宝庆三年（1227年）大水。长江上游及三峡区间发生特大洪水。据洪水碑刻及相关记载推算，宜昌站8月1日洪峰流量推算为96300立方米每秒，水位为58.47米。

元朝时期荆州发生洪水灾害24次，平均每3.7年发生一次。

是时，元朝廷推行的是少有堤防修筑兴工，广浚沿江穴口分流，但洪水灾害发生仍较频繁，故元人有"宋时诸穴开通，江患甚少"的感叹。

第三节 明、清时期洪水灾害

明清时期（1368—1911年），荆州人口大增，堤垸广布，水灾日益频繁，在544年中发生水灾286次，平均1.9年一次，连续2年水灾的有18次，连续3年水灾的有9次，连续4年水灾的有6次，连续5年水灾的有4次（1497—1501年、1565—1569年、1763—1767年、1804—1808年），连续6年水灾的有2次（1723—1728年、1744—1749年），连续7年水灾的有1次（1751—1757年），连续8年水灾的有1次（1702—1709年），连续10年水灾的有1次（1657—1666年），连续11年水灾的有1次（1901—1911年）。19世纪是荆州水灾最为频繁的时期，1815—1855年连续41年，1857—1899年连续43年水灾不断，明朝中期以后，洪水灾害日益频繁。"正德十一年（1516年）江汉平原发生了明朝第一次特大洪灾，枝江、公安、江陵、监利、沔阳、钟祥、天门、汉川、应城等9个州（县）大部分房屋、田产毁于一旦。受灾面积之广，破坏程度之深都是空前的"（梅莉等《江汉平原开发探源》）。1560年8月25日宜昌洪峰流量98000立方米每秒（调查洪水）；1613年宜昌洪峰流量81000立方米每秒（调查洪水），江汉堤防俱溃，损失惨重。清代，长江发生4次特大洪水（1788年、1796年、1860年、1870年），宜昌洪峰流量都超过80000立方米每秒（调查水位），灾情最为惨重的是清乾隆五十三年（1788年）、清咸丰十年（1860年）和清同治九年（1870年）。

一、1560年大水

明嘉靖三十九年（1560年），长江上自金沙江下段，下至南京，干支流大部分地区均有大水记载，是一次全江性大水。主要雨区在金沙江下段和嘉陵江及三峡区间。从忠县刻字高程看，1560年洪水仅次于1870年。是年，洪水在长江中游出现两次洪峰。八月二十五日宜昌洪峰流量98000立方米每秒，水位58.09米（调查洪水）。7月，荆江洞庭湖大水。宜昌、长阳“江水溢、漂民居”；宜都、枝江“大水灌城，民舍尽没”；江陵“寸金堤溃，水至城下，高近三丈，六门筑土填筑，凡一月退”；松滋江溢夹洲，江陵虎渡堤，公安沙堤埔、窑头铺、艾家堰，石首藕池等堤溃决殆尽。“汉水大溢，钟祥、京山、红庙一带堤尽决。”（《湖北省自然灾害历史资料》）

据《湖南省水利志》第四分册（1986年版）记载：洞庭湖区“夏五月大水，山水内冲，江水外涨，洞庭湖泛滥如海，伤坏田庐无数。水发迅速，老幼多溺死，尸满湖中，漂流畜产，所在皆是，……本岁之潦，为古今仅见。”

明万历四十一年（1613年）大水。长江上游干流发生特大洪水，据历史洪水调查，宜昌站洪峰流量81000立方米每秒，水位56.30米（《长江志·自然灾害》载为56.30米，《荆江大堤志》载为56.67米）。四川、湖北、湖南等地有城市入水、房屋淹没、民多饿死的记载。

二、1788年大水

乾隆五十三年（1788年）五月，长江上游岷江、沱江和涪江流域连降暴雨，山洪和支流洪水汇入长江后，又与三峡区间洪水遭遇，形成罕见大洪水。六月十日又遇大雨，长江上游川西发生暴雨，三峡区间和中下游普降大雨，沿江各支流同时涨水，据长办1985年3月发布的《历史上的洪水》记载：宜昌站流量达86000立方米每秒（7月23日水位57.14米），相当于100年一遇。荆江水势骤涨，荆州地区所有沿江滨湖县低洼田地均被淹。据湖广总督舒常所奏：“监利六月二十五日、二十六日河湖并涨，垸堤一律溃漫，房屋坍塌，淹伤人口，有的灾民只好在河堤上搭棚居住。石首因上游公安堤溃，水遂灌入界内，以致四乡弥漫。”惟近城有山及毗连高埠之处未经被灾，其余田禾浸水中。松滋朱家埠孔明楼溃决。同年，汉江大水，沿岸沔阳、天门、潜江、荆门也受灾。受灾最重的是江陵县，据光绪三年（1877年）《江陵县志》载：“乾隆五十三年六月二十日，自万城至御路口堤决二十余处，水冲西门和水津门两路入城，官民房倾圮殆尽，仓库积储漂流一空，水积丈余，两月方退，号哭之声晓夜不辍，登城露处，艰苦万状。乡下田庐尽没，哀鸿遍野，非常之灾也。”洪水所酿成的浩劫，惊动了当时清朝统治者。乾隆皇帝速派钦差大臣到荆州修缮万城大堤及荆州城，整治河道，处理善后，安抚百姓，并对湖广总督舒常以下巡抚、道府、知县等大小官员20余人分责任大小，给予革职、革职留用、降级调用和罚款等处分。在南面窖金洲上种植芦苇阻碍行洪的肖逢盛被抄没家产并依例治罪。同时修订若干规章制度，颁布《荆江堤防岁修条例》。

根据长江委资料，宜昌3天洪量215.6亿立方米，7天洪量441.9亿立方米，大大超过了荆江河道的安全泄洪能力。

1788年洪水湖北荆州城灾情示意如图3-3-1所示。

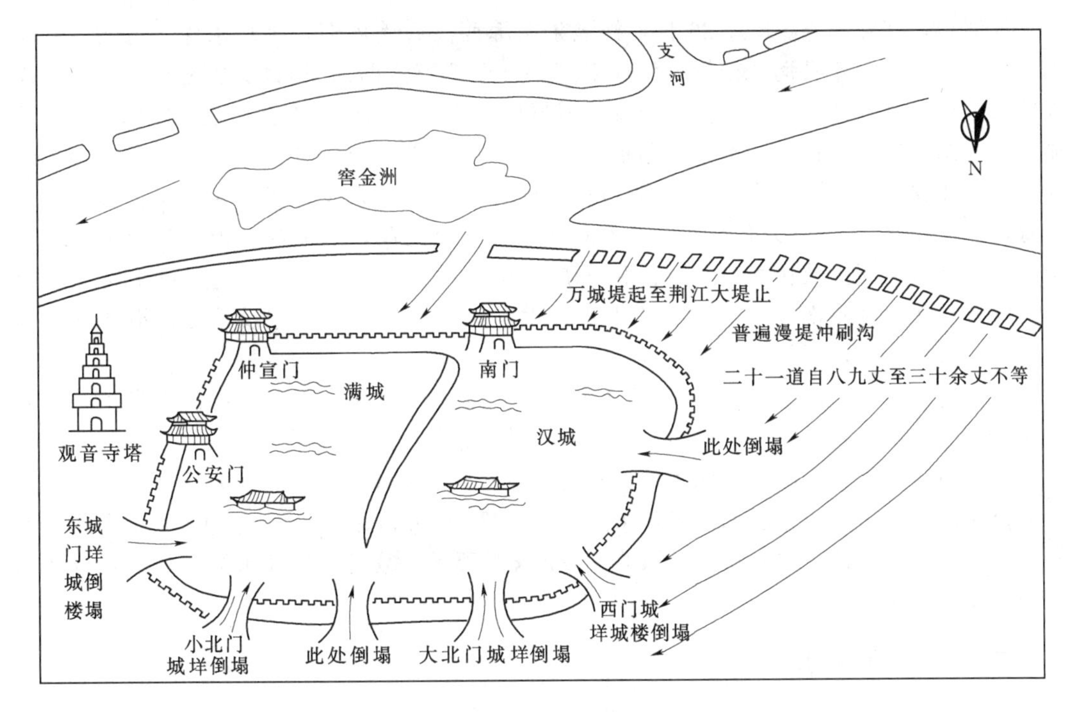

图 3-3-1 1788年洪水湖北荆州城灾情示意图
（据北京故宫档案馆所存荆州地方官呈报灾情奏折）

三、1849 年大水

清道光二十九年（1849 年），洪水在长江中下游的水位，根据调查略低于 1954 年，个别地方与 1954 年水位相近，是一次全江性的洪水。

该年洪水的特点是雨季早、历时长、范围广，上、中、下游洪水遭遇恶劣。长江上游岷江、沱江、嘉陵江及龙溪河，赤水河、綦江、乌江，干流的秭归、宜昌等地均有“大水”的记载。湖北省自闰四月以来“大雨连旬”，河湖并涨。干流沿江各县及汉江、倒、举、巴……均大水为灾，枝江“大水入城”，荆州“府属堤尽溃”。当年监利县堤垸被冲决28 处，“车湾堤溃，覆没百余家。”潜江二月至七月霖雨，汉水大涨，溃堤多处。六月，江陵大水，阴湘城堤溃决。松滋江亭寺堤溃。石首止澜堤溃，民食柳皮、观音土。沔阳江溢，民舍多淹没。

四、1860 年大水

1860 年洪水是长江历史上接近 1000 年一遇的特大洪水（枝城 1000 年一遇洪水流量为 102800 立方米每秒）。是年，汛期雨水较多，4 月，贵阳地区连降暴雨。强度较大的暴雨主要发生在 6 月中旬至 7 月上旬。暴雨主要分布在金沙江中下游、宜宾至宜昌南岸广大区间及宜昌至荆州之间。洞庭湖亦普降暴雨。洪水进入三峡河段后，乌江入汇较大洪水，加之三峡区间暴雨洪水加入，洪峰流量达 92500 立方米每秒（调查洪水）。洪水出三峡后，与中游清江及宜昌至荆州区间的暴雨洪水相互遭遇，估算枝城流量约为 96000 立方米每秒。洪水涌入宜昌城内，平地水深六七尺。枝江西门城决（今枝城），水入城。荆江大堤万城堤溃口，江陵大水。5月26日，松滋朱家埠西高石碑堤溃，平均水深二三丈，县境湖乡一片汪洋。江陵县荆江南岸长江堤毛家尖（今毛家大路）、杨家尖堤溃，江陵县南岸地区及公安县被水淹没，水位高出公安县城城墙一丈多（当时公安县城设祝家岗，明代建城，即今东港镇同和村。后水毁，陆地成为湖泽），江湖连成一片。洪水冲开石首马林工溃口，形成藕池河。1852年马林工溃口后，因连年灾荒，人少且饥，无力堵挽堤防，任其敞口达8年之久。1860年大水，洪水冲开原有支流港汊，遂成河。因溃口附近有集镇藕池，故名藕池河。处在当口的石首和下游的华容、公安、安乡等地，遭受灭顶之灾。沿江滨湖各县俱遭洪水浩劫，灾情尤为严重，洪水所经之处，民舍漂没殆尽，沿江炊烟断绝，灾民嗷嗷……，百年未有之患也。

由于1860年大水，枝城北门口矶头冲毁，长江主泓南移，引起下游河势发生一系列变化，最大的变化就是从陈二口经马家店（今枝江市）至大布街的长江支流（称为北沱），迅速发育而成为长江主流，即原来的南江北沱变为北江南沱，史称“是数千年一大变矣。”

藕地河成河初期，分泄荆江来水大半，至1931年分流量仍有1/2。1937年实测分流量18910立方米每秒，占当年宜昌洪峰流量的30.55%，减轻了荆江干流的压力，也使江湖关系发生了深刻的变化。

五、1870年大水

1870年（同治九年）大水，是长江历史上1000年一遇的特大洪水。其特点是暴雨面积广、历时长，局部地区暴雨特别大，峰高量亦大。5—6月，长江上中游和汉江上游局部地区暴雨成灾。7月，金沙江下游、嘉陵江中下游、重庆至宜昌区间均笼罩在强大暴雨之下。“雨如悬绳，连三昼夜，三百年未有之奇灾”，重庆有“七天七夜雨未住点”之说。《长江志·防洪》记载：7月13—19日，连续下暴雨七昼夜，宜昌以下暴雨面积16万平方千米。7月20日，宜昌洪峰流量105000立方米每秒（调查洪水），为历史洪水首位，洪峰水位59.50米，大水入城。3天洪水总量265亿立方米，7天洪水总量537亿立方米。枝城洪峰流量（估算）110000立方米每秒，洪峰水位51.79～52.27米，枝江县（当时县城在江南）“六月六日洪水入城，漂没民舍殆尽。”荆州庚午岁狂风雷雨，连日不息，洪水至松滋老城，水位为51.00～52.00米，高出堤顶2米多，庞家湾、黄家铺堤溃，大量洪水从松滋、公安进入洞庭湖直逼城陵矶，席卷两湖平原。估算流量有4万立方米每秒左右。此次洪水使长江上游、荆江两岸、汉江中下游、洞庭湖均遭受严重水灾。尤以枝江、松滋、公安、石首等地灾情特别严重。松滋县“同治九年，庞家湾、黄家铺堤溃……，本县及邻县堤溃七八处，漂流屋邑田禾无算，磨市全为水淹，百里之遥几无人烟。”公安县“江堤俱溃，山峦宛在水中，漫城垣数尺，衙署庙宇民房倒塌殆尽，数百年未有之奇灾”，“汛后大疫，民多暴死。”松滋、公安、安乡境内的民垸几乎全部被洪水冲毁，地面一般淤高2米左右，松滋县平原湖区被洪水冲成大小河槽18条，肢解了松滋县东部平原地区和公安县平原地区，迫使油水、虎渡河改道。由于无人认真处理水灾善后事宜，人民流离失所，经过四五十年的时间，堤垸才陆续恢复。

由于大量洪水流入洞庭湖，荆江大堤未溃。《湖北通志》（民国版）载：“同治庚午岁，江水暴涨，狂风暴雨，连日不息。大堤（荆江大堤）出险万状，危而获安。”当时沙市河段的安全泄洪量只有3.5万～4万立方米每秒，若不是大量洪水向南分流，荆江大堤必溃无疑。

据《松滋水利志》载：清同治九年（1870年）六月初一，黄家铺（今大口）溃口，时年庚午，故后人称为“庚午之灾。”洪水滔天，江南诸县倾成泽国。当时黄家铺东、西溃成大小两口，两口间有600余米堤身未毁。东之大口（民国时称为新口）溃于军民沟胡光模宅后，西距黄家铺1.5千米。溃口后洪水继续泛涨，决口处逐渐扩宽至数百米。与此同时，官堤庞家湾处亦溃。溃口之初，松滋灾民尽皆逃离，所溃之口无力堵复，乃从湖南岳州调来民夫抢堵溃口。因堵口工程艰巨，堵复不坚、年堵年溃。至同治十二年（1873年）复溃后，县人杨昌金等以“民生困敝，堵两口无力，堵一口无益”为由，呼吁官府留口待淤。当局为减轻江北的洪水威胁，同意留口分流。从此每逢汛期，松滋河洪水四溢，松滋境内平原湖区冲成大小河槽10多条。大口以下主要有3条泄洪通道：长寿河、东支河、西支河。嗣后，由于河床逐年淤高，于1920和1922年先后堵死长寿河入口、上南宫及出口下南宫。清末民初合堤并垸时，先后堵死了各支流的进出口，从而迫使洪流归入松滋河东、西两支。民国初年又堵死涴米河。由多口分流变为由松滋河分流，松滋河始循定轨。从此荆南四河（四口）向洞庭湖分流格局形成。

《湖北通志》载：“是年监利县六月邹码头、引港、螺山等处堤溃，红城等158个垸被水成灾。”《荆州府志》（光绪六年版）载：“钟祥夏襄水盛涨，钟祥石牛潭溃口。”《襄堤成案》载：“潜江坨中垸、孙家刉、泗河坊堤俱溃。”《沔阳志》（光绪二十年版）载：“宏恩（今洪湖市）江堤决，峰口以下诸垸亦溃（当年东荆河流经峰口）。”钟、荆、京、天、潜、沔决堤，灾情惨重。由于大雨已造成内涝，加之监利、沔阳、潜江堤溃，荆北平原一片泽国。1870年洪水淹没范围如图3-3-2所示。

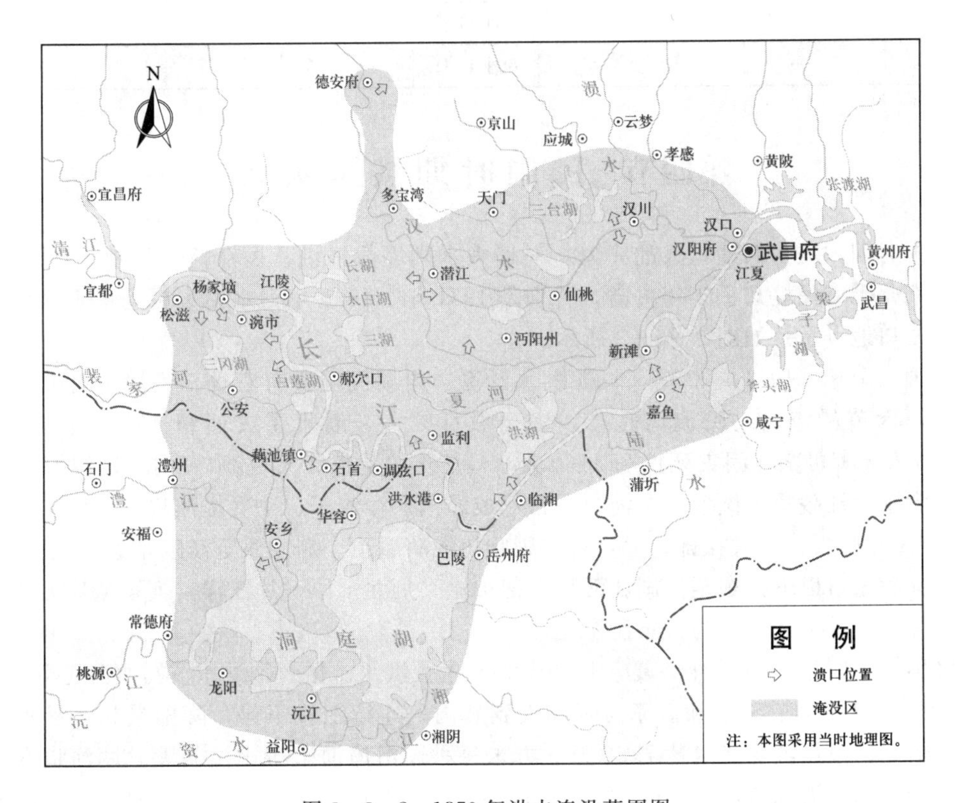

图3-3-2 1870年洪水淹没范围图

据长江委分析，1870年洪水是长江中下游的一次特大洪水，在重庆至枝城河段，是历史上最大的一次洪水（历史调查第一位推算出的流量见表3-3-2），经洞庭湖调蓄后，在城陵矶至九江河段仍是一次特大洪水，九江以下属一般洪水。

表3-3-2　　1870年洪水宜昌站流量过程

日　期	流量/(m³/s)	不同时段洪量/亿m³	日　期	流量/(m³/s)	不同时段洪量/亿m³
7月14日	31500		7月29日	55600	
7月15日	44200		7月30日	64600	
7月16日	61100		7月31日	70300	
7月17日	75500		8月1日	74900	
7月18日	100000		8月2日	69600	
7月19日	101000		8月3日	65100	3天洪水总量为265.0
7月20日	105000		8月4日	60600	7天洪水总量为537.0
7月21日	88300		8月5日	56100	15天洪水总量为975.0
7月22日	79600		8月6日	52500	30天洪水总量为1650.0
7月23日	72900		8月7日	49500	
7月24日	68200		8月8日	47000	
7月25日	64300		8月9日	44800	
7月26日	62400		8月10日	43100	
7月27日	62800		8月11日	41200	
7月28日	57500		8月12日	39800	

第四节　民国时期洪水灾害

民国时期，堤防低矮，战乱频繁，一遇大水则堤溃江溢，民众流离失所。民国的38年间，荆州干支民堤几乎年年决溢，特别是1931年、1935年大水损失更为惨重。荆江大堤历史溃口地点示意如图3-3-3所示。

民国二十年（1931年）夏，长江洪水泛涨，内湖民垸所有官堤、民堤十有九溃，庐舍荡折，禾苗尽淹，人民流离转徙，多至数百万人。荆州受灾面积15799平方千米，105.8万人无家可归，因灾死亡2.36万人。最严重的是荆江大堤溃口。据载："1931年7月长江大水，江陵霪雨倾盆，岑河口一带尽成泽国。沙沟子、一弓堤溃决，监利朱三弓漫溢。"灾民靠门板、木盆扎排逃生，有的则爬树或骑屋顶。荆北西至江陵张家山、枣林岗，北到潜江蔡家口以下，东至洪湖新滩口全部被淹，荆北平原一片汪洋，人畜淹毙无数，死者随波漂流，其灾之惨重为百年所罕见。

民国二十四年（1935年）夏，长江中游发生大洪水。据《荆沙水灾写真》记载，7月3—8日，三峡区间、清江和沮漳河普降大到暴雨，连续三昼不停，降雨量超过平均降雨量的1倍多，枝城洪峰流量达7.52万立方米每秒。沮漳河上游山洪暴发，两河口水位上涨至49.87米，洪峰流量达5530立方米每秒。7月4日，江陵众志垸、谢古垸、阴湘城

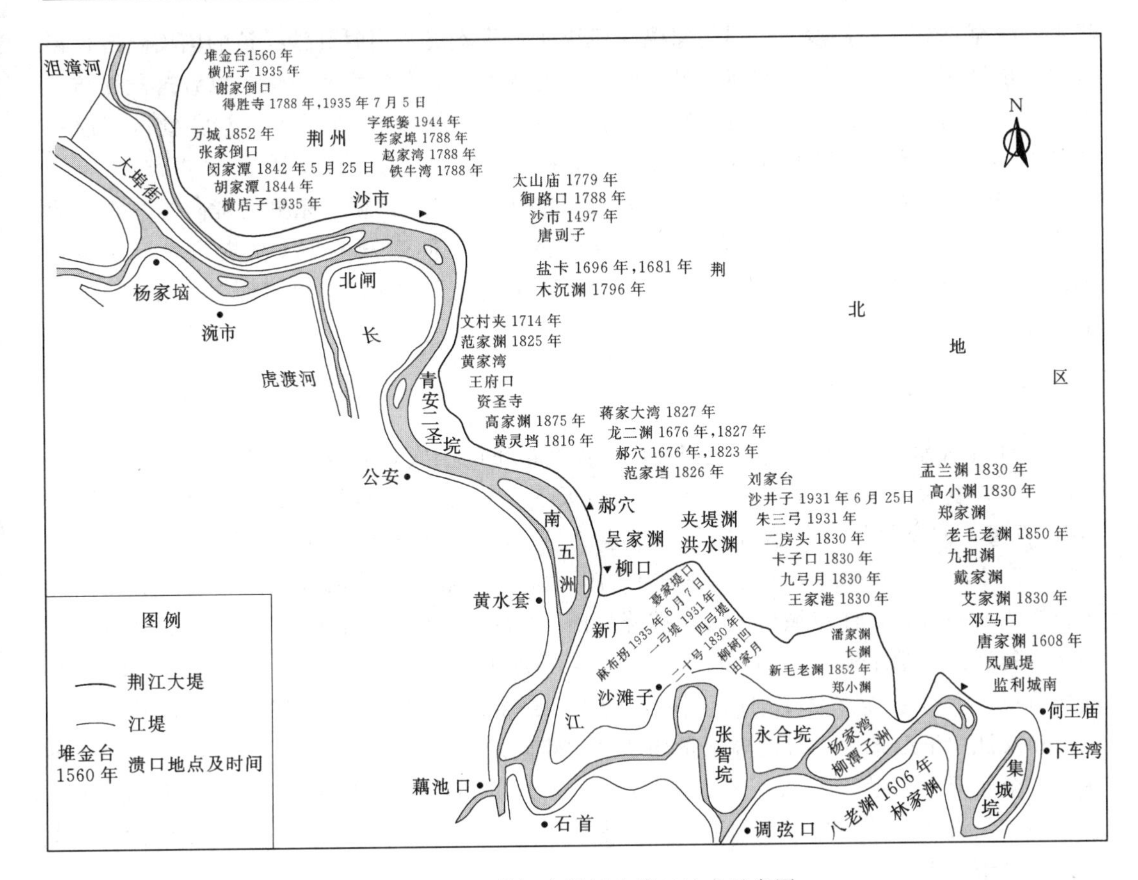

图3-3-3 荆江大堤历史溃口地点示意图

堤决口，7月5日深夜，荆江大堤谢家倒口堤、横店子溃口，荆州城被水围困，城门上闸，交通断绝，灾民栖身城墙之上，衣食无着。沙市便河两岸顿成泽国，草市全镇灭顶，灾民淹毙几达2/3。

民国时期汉江干堤有12年溃口，平均3年一次。

1912年，荆门沙洋大堤溃口300余丈，连同宣统年间3年3溃，沙洋堤已是4年4溃，下游汉江右各县连续4年受灾，人民苦不堪言。民国七年至民国九年（1918—1920年)，王家营堤3年连溃，江左各县受灾严重，“……凄凉满目，十室九空。”

1931年，京山方家湾堤溃，汉北下游各县无不受淹，损失惨重。同年，沙洋大堤之白骨塔堤段溃口达1000多米，汉右各县均淹。1935年，汉江堤防溃口31处，长7000多米，灾及钟祥、京山、天门、沔阳、潜江等11县，受灾农田640万亩，受灾人口370万人，死亡8万人，其中钟祥死亡4万多人。1936年因遥堤堵口未合龙，桃汛一至，洪水冲开未合龙口门，汉北下游复水为灾，引起极大民愤。1937年天门境内汉江堤5处溃口。1938年天门汉江堤5处溃口，1939年3月汉江工程局局长范熙绩由重庆飞抵沙市与第四区专员金巨堂会商不堵襄河溃堤之理由：借水淹汉江下游两岸，阻止日军西犯。蒋介石命令：“襄堤决口，暂缓堵筑。”因此5处溃口未堵，有水即淹，下游两岸人民饱受洪灾之苦。故天门人抱怨：“为祸天门者，首推汉江。”1948年10月4日（九月初二)，荆门沙洋水位涨至43.75米，沙洋大堤何家嘴一段堤防水将漫堤，当时驻沙洋镇的国民党区长杨玉龙阻止群众抢护，妄图借水淹没共产党领导的荆潜行委会的大片土地，以致这段堤防被洪水漫溃长达20余丈，沙洋镇河镇、坪街、芦席街、榨街均冲成深潭，沙洋镇区房屋被冲毁1/3，沙洋镇附近淹死近300余人，灾及荆、潜、江、监、沔5县。

东荆河堤溃决灾害有记载的始于明万历元年（1573年），据《东荆河堤防志》载，明万历元年（1573年）至新中国成立后1954年的380年间就发生164次堤防溃口漫溢灾害，其中明朝4次，清朝92次，民国64次，新中国成立后4次，以清朝与民国时期溃口最为频繁。

一、1931年大水

1931年大水为20世纪受灾范围最广，灾情最重的一次全流域性大洪水。

当年入夏后，长江流域出现长时间霪雨天气，6—8月，不断出现大雨加暴雨。全国“南起百粤，北至关外，大小河川尽告涨溢。”造成大范围严重水灾（《长江志·自然灾害》）。7月，长江流域由于受北太平洋上的强大高压和鄂霍次克海高压的影响，雨带徘徊于长江流域一带，长江流域广大地区普降暴雨。6月28日至7月12日，长江中下游洞庭湖水系的沅江、澧水流域降雨400毫米以上，7月18—28日，澧水、沅水再次出现大强度暴雨；7月31日至8月15日，川西出现100毫米以上的雨区，汉江出现大暴雨。荆江两岸和汉江中下游地区7月的降雨量均超过常年同期的1倍多。监利7月降雨量为782毫米，占全年降雨总量的80%，见表3-3-3。8月上旬，雨区主要在川西及金沙江下段，长江中游及澧水一带，当川水东下与长江中游洪水遭遇，造成长江中下游及汉江下游地区严重的洪涝灾害。

表3-3-3　**1931年荆江两岸降雨情况**　单位：mm

县别	降雨量													
	全年	1月	2月	3月	4月	5月	6月	7月	8月	9月	10月	11月	12月	6—8月
枝江	—	—	—	—	—	—	262.0	584.0	311.0	—	—	—	—	1157.0
江陵	1155.0	22.6	56.4	40.8	145.0	146.8	115.5	290.0	231.4	52.5	3.5	26.6	24.0	636.9
京山	1172.0	15.5	64.5	21.5	117.5	177.0	105.0	342.5	209.8	60.2	1.0	22.0	36.0	657.6
钟祥	1157.0	12.6	34.6	16.9	67.9	149.3	59.4	321.2	364.1	53.7	2.7	20.5	54.1	745.7
监利	1146.0	—	—	—	—	—	—	782.0	—	—	—	—	—	947.0
松滋	954.8	19.7	6.8	18.5	65.4	158.3	59.2	232.0	275.2	25.0	3.5	71.9	19.3	566.4
岳阳	1801.6	49.6	137.0	168.2	209.7	497.3	157.0	366.8	30.3	66.1	2.0	62.3	55.3	554.1

当年长江汛情来得较早，长江下游干流水位自4月中旬开始迅速上涨，汉口站4月10日水位14.78米，5月10日水位达到22.09米，一个月之内上涨7米以上。洞庭湖区湘江长沙站4月23日出现全年最大洪水，洪峰流量12500立方米每秒。8月10日宜昌洪峰流量64800立方米每秒，水位55.02米（洪水来量很大，7—8月宜昌以上来量1830.4亿立方米，宜昌至城陵矶区间来量1173.9亿立方米，城陵矶以上来量3004.3亿立方米，多于1935年的2106.9亿立方米，宜昌7天洪量350亿立方米，15天洪量621亿立方米）。

枝城最大流量65500立方米每秒，8月9日，沙市水位43.52米，监利城南水位35.0米。7月30日，城陵矶洞庭湖出口（七里山）最大流量达到57000立方米每秒，水位达33.00米。8月19日，（宜昌站8月10日洪峰流量64800立方米每秒；8月11日洞庭湖水系合成流量36800立方米每秒，城陵矶合成流量103200立方米每秒）。武汉江汉关出现28.28米的洪峰水位，为65年记录最高值，最大洪峰流量59900立方米每秒。8月15日，汉江和东荆河合计流量16200立方米每秒（据推算，汉江7月12日洪峰流量：安康9000立方米每秒，丹江口38000立方米每秒，7天洪水总量112亿立方米）。

当枝城出现洪峰流量65500立方米每秒时，松滋河分流12000立方米每秒，虎渡河分流3140立方米每秒，进入沙市河段流量还有50440立方米每秒，还有玛瑙河、沮漳河入汇流量（沮漳河7月来量7.7亿立方米，8月来量6.9亿立方米），当时沙市河段的安全行洪能力只有40000立方米每秒左右。藕池口的分流量为19000立方米每秒，调弦口的分流量为1500立方米每秒，至监利河段的流量尚有29000立方米每秒左右，与洞庭湖出流合并，至螺山河段洪峰流量为80000立方米每秒左右。像沙市和螺山这样大的流量，当时的河段（堤防低矮单薄，隐患多，政府无力组织有效的防御，不能主动分洪）是无法安全通过的，因此，漫堤和溃口便不可避免。

6月25日，荆江大堤沙沟子（桩号675＋500）溃口，洪水淹没江陵、潜江、监利、沔阳（今洪湖市）等地，7月29日，监利下段长江堤邹码头溃口。8月8日，监利长江干堤一弓堤（桩号647＋000）溃，口门宽900余米，水深10米，接着下游朱三弓堤（桩号672＋600）漫溃。

5月25日，东荆河右岸田关至莲市之间（桩号18＋150～18＋370）、田关（桩号13＋055～13＋200）溃口；7月8日，东荆河右岸涂家洲溃口，蒋家拐襄河堤溃口；8月7日，东荆河右岸谢家刬（桩号11＋900～12＋000）溃口，因口门进洪量大，西荆河田关至谢家刬一段河堤被洪水冲毁半边，导致东、西荆河交汇处曾晓湾溃口；6月沔阳东荆河上河口（桩号119＋980～120＋175）溃口。至此，荆江北岸上起江陵县的张家山、枣林岗，北至潜江的蔡家口以下，东至新滩口的广大地区全部被淹，水深3～6米，一片泽国，庐舍漂流，农作绝收，浮尸遍野，史所罕见。

6月10日，潜江东荆河左堤鞠家滩、天井刬（桩号36＋450～36＋500）溃口，沔阳东荆河左堤严家潭（桩号104＋750～104＋780）溃口，张家月（桩号110＋900～111＋000）溃口，肖家月（桩号61＋500～61＋600）溃口，汉江右堤杨家月（桩号176＋800～177＋000）溃口，沔阳县“江汉两岸及内河支流，所有官堤、民堤，非漫即溃。全县除襄北72垸外，余均淹没，一片汪洋，有近3万人被淹死，40余万人分别居集在堤坡和墩台上嗷嗷待哺，惨不可言。”

当年农历六月，天门汉江左堤巴家潭（桩号240＋150～241＋000）溃口。岳口以下邓李湾、杨家月等处溃口数里，天门72垸尽成泽国。边牛蹄支河受谭家垸、白虎垸等溃口之害。边永隆河者，受永隆河漫益之害。洪水纵横县境百余里，田禾庐舍均被淹没，汉江两岸下游一片汪洋。

7月，大雨夹旬，汉江骤涨，荆门黄瓦干堤（即今邓、小两湖堤段）之罗家口、宋家岑堤漫溃。沙洋大堤之白骨塔原退挽新堤溃口达1000多米，仅荆门县境即淹死74人。据查，乃当时地方官吏修筑不坚，水来防守不力，以致复溃。钟祥大水，负郭堤、丰冠堤溃。

6月，松滋外洪内涝，湖乡洪涝极重，涴水、庙河、木天河山洪暴发，沿岸农田多被冲毁，全县冲淹农田31万亩。8月3日，江陵县江南虎西堤斗星场溃决，公安长江堤沙潭子（桩号589＋840～590＋040）溃口，松东河和松西河两岸的天宝、同和、邹郝、张恩、中城等堤垸先后溃口，公安全境大部被淹。石首长江堤柳湖坝堤（桩号574＋800～575＋000）溃口，淹田24万亩，洪水泛滥，全县农田85%被淹，自管家铺至调关均成泽国。

由于降雨集中，强度大，又受江河高水位影响，垸内渍水无法排出，平原湖区非洪即涝。境内长江、汉江及东荆河堤防共溃口32处（其中荆江大堤3处，长江堤防5处，汉江堤防12处，东荆河堤防12处），全境除丘陵、山区外，平原湖区尽成泽国，人民流离迁徙，嗷嗷待哺，不可胜数。荆州10县无县不灾，无灾不重。全省受灾最重的县（市）中，荆州占一半。受灾人口208.5万人，受灾面积1.5799万平方千米，死亡2.37万人（不含监利），见表3-3-4。

表3-3-4　　**1931年灾情统计表**

县别	受灾人口/人	受灾面积/km^2	死亡人口/人	备注
天门	569465	1638	1100	
沔阳	212740	622	10000	
钟祥	40000	3660	200	
京山	70000	743	299	
潜江	317953	1137	2800	
江陵	496089	2564	3000	
松滋	99072	1130	2149	
石首	90000	1189	1180	
公安	60000	1166	2965	
监利	130000	1950		
合计	2085319	15799	23693	

8月，国民政府监察院对湖北水灾调查后认为，湖北省地方及负责水利的官吏在这次洪灾中，事先忽视防范，事后抢救不力，均属失职。灾后，中央公务员惩戒委员会对湖北省水利局长等以防水不力案进行了议决。湖北省水利局长及22县的县长分别受到了罚俸或记过处分。

1931年正值中国共产党在监沔湖区一带创建洪湖革命根据地。当年大水之时，中共湘鄂西省委作出《关于水灾时期紧急任务之决议》，号召苏区人民全力以赴抢险救灾，并动员红军游击队抢修堤防，保护没有遭受水灾地方的农田收割。8月，在湘鄂西党的第四次代表大会上通过的《关于土地经济及财政问题决议案》中指出："党须动员广大群众，以自己的劳动力、伙食、义务劳动来修堤，党和苏维埃机关人员和红军须以礼拜六劳动的方式参加修堤。”为贯彻决议精神，洪湖根据地各级党组织领导群众积极开展生产自救，妥善解决好苏区群众的生产和生活问题。

1931 年洪水淹没范围如图 3-3-4 所示。

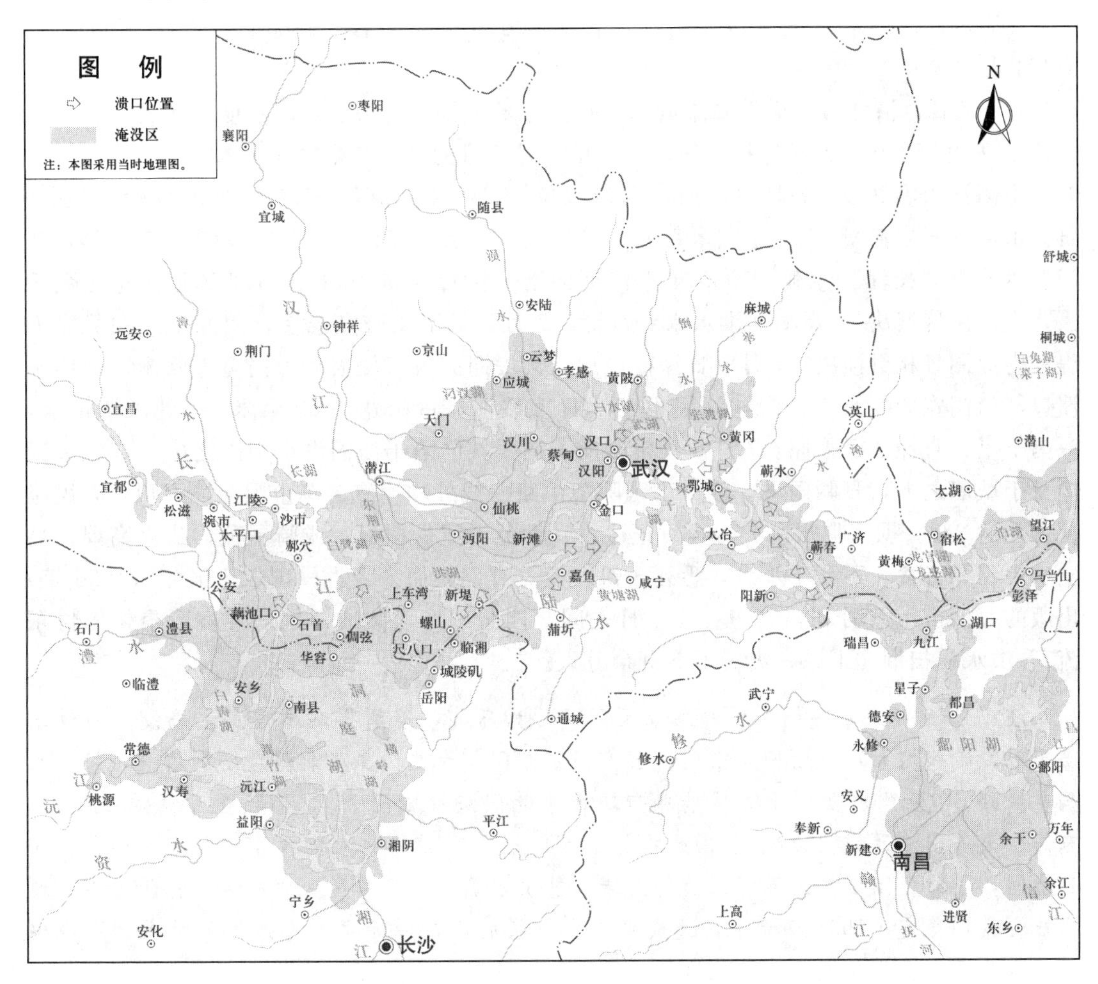

图 3-3-4 1931 年洪水淹没范围图

二、1935 年大水

1935 年大水是一次区域性特大洪水，它所造成的损失，是长江中游和汉江中下游 20 世纪最严重的一次。当年汛期鄂西、五峰、兴山一带和汉江的堵河、丹江流域均发生集中性特大暴雨，其中尤以五峰降雨量 1281.8 毫米（7 月 3—7 日）为最大，是我国历史上著名的“35.7”（1935 年 7 月）型暴雨中心。这次洪水虽是区域性暴雨所造成，但它对部分地区所造成的灾害损失特别严重。

1935 年洪水主要发生在澧水、清江、沮漳河、汉江等河流。暴雨位置稳定，持续时间长，强度大而且集中，是西南低涡活动造成的。7 月 3—7 日，湖南、湖北、河南 3 省约12万平方千米的范围，5天降雨量600毫米，为长江流域的最高纪录。有两个暴雨中心，一个在澧水与清江分水岭的南侧地带，雨量实测五峰为1281.8毫米（其中7月3日降雨量422.9毫米）；另一中心是兴山，中心点的雨量1084.毫米，宜昌7月4—7日4天降雨量940.7毫米（其中7月5日降雨量385.5毫米）。

7月5日，澧水三江口最大洪峰流量30300立方米每秒（280年一遇），沿河死亡33154人。

7月7日，清江搬鱼嘴洪峰流量15000立方米每秒，洗荡了长阳县城一条街。枝城洪峰流量高达75200立方米每秒，沙市水位由7月3日的42.09米陡涨至43.97米。与此同时，沮漳河山洪暴发，7日沮漳河两河口水位49.87米，流量5530立方米每秒（7月6日，沮河猴子岩流量8500立方米每秒，漳河马头砦流量5100立方米每秒。1977年，江河防洪丛书《长江》卷载：1935年沮漳河河溶站洪峰流量7000立方米每秒，淹死数千人，大片民垸溃决）。沮漳河洪水水势汹涌，7月4日下午破众志垸，阴湘城外的吴家大堤和内堤同日相继溃决；7月5日深夜，荆江大堤谢家倒口堤溃，口门宽600米；横店子溃口，口门宽300余米；阴湘城堤也于6日凌晨溃，口门宽1000余米。3处洪水汇合，一泻千里，直冲江汉平原。7月6日拂晓前，荆州城已陷于滔滔洪水围困之中，广大灾民栖身于城墙之上，日晒雨淋。沙市市区除中山路一线外均遭淹。草市则全境灭顶，人民淹死者几达2/3。据《荆州水灾写真》记述：其幸免者或攀树巅，或骑屋顶，或立高埠，鹄立水中延颈待食，不死于水者，悉死于饥，竟见有剖人而食者。民国二十五年（1936年）出版的《沙市市政月刊》写道："一日之间，四野旧庐，倾成泽国，牲畜禾黍，尽付东流。"洪水横扫荆北平原，灾民不下百余万人。

注：1935年洪水，荆州城被洪水围困，形如岛屿，但荆州城未被洪水淹没。当洪水来袭时，荆州城六门（西门、南门、公安门、东门、大北门、小北门）下闸填土，将洪水挡在城外。"荆州城西门水齐城墙垛口，大小北门淹及城门3/4，南门上了两块半闸板，东门、公安门淹及城门边缘。"据此推算，西门至大小北门的水位约39.00～38.00米。6日晚间，小北门附近排水涵管未及时封堵，被洪水涌入，经军民奋力抢救，化险为夷。城内社会秩序稳定。1935年大水，造成荆江大堤得胜寺段漫溃主要为沮漳河洪水，洪峰尖瘦，水量不大。荆州城外高水位维持时间短，至8日，洪水开始消退。

7月7日，荆江大堤麻布拐堤又溃，口门宽1200米。此时，潜江东荆河堤亦溃，沔阳的叶家边堤溃，江汉洪水同时进入荆北地区，江陵、监利、潜江、沔阳（今洪湖市）全部被淹。

7月4—7日，松滋长江干堤罗家潭溃，口门宽740米，全县有30多个民垸相继溃口，淹田34.85万亩，死亡1200人，倒塌房屋1.7万栋。公安县从6月30日起，连降大雨七昼夜，长江干堤范家潭溃，口门宽300余米；支河堤防多处相继溃决，全县4/5的地区被淹，受灾20余万人。石首长江水位超过1931年0.7～1.3米，二圣寺堤溃，口门宽200余米，7月1日，罗城、横堤、陈公东、陈公西堤均溃，茅草岭溃口口门宽250米，来家铺溃口口门宽90米，江左各垸于7月3—4日尽溃。7月7日，罗城、横堤陈公东西干堤与民堤同时溃决。7月8日，大兴、天兴两干堤又溃，石首全县各堤垸冲毁淹没干堤

6处，民垸7处，受灾人口20.25万人，占总人口的83%，受灾面积1500平方千米，占总面积的90.6%，淹田44.7万亩，占总耕地面积的84.3%，死亡2940人。

1935年荆江、汉江两岸降雨情况见表3-3-5。

表3-3-5　　1935年荆江、汉江两岸降雨情况　　单位：mm

县别	降雨量													
	全年	1月	2月	3月	4月	5月	6月	7月	8月	9月	10月	11月	12月	6—8月
江陵	1126.9	25.2	88.3	29.9	25.2	233.3	170.8	292.0	17.5	37.5	93.5	111.7	2.0	480.3
公安	946.1	19.0	42.8	42.8	93.9	116.4	120.2	222.0	33.5	52.7	99.8	91.0	12.0	375.7
监利	1253.3	52.5	109.4	90.4	95.6	143.6	190.0	116.1	139.4	124.1	96.7	91.0	4.5	445.5
松滋	1158.0	18.0	46.1	53.0	49.6	78.5	337.6	331.7	16.5	52.9	105.0	67.8	1.3	685.8
石首	1307.0	40.1	114.0	107.8	96.0	142.6	194.4	235.6	56.0	71.7	124.0	108.9	15.9	486.0
调弦口	1373.1	45.0	102.5	89.0	97.0	199.0	278.0	145.0	37.0	77.0	148.0	130.0	25.6	460.0
洪湖	1299.1	30.0	106.0	110.0	115.0	174.7	256.1	60.7	70.6	72.4	115.6	153.5	34.5	387.4
沔阳	1179.8	27.1	107.8	71.8	60.8	195.7	315.1	63.0	47.8	23.8	143.8	87.9	35.2	425.9
钟祥	823.6	1.8	38.6	28.9	32.5	57.8	198.0	254.6	47.5	39.0	65.8	57.4	1.7	500.1
京山	872.7	28.5	57.0	68.0	44.5	69.0	189.0	103.3	58.4	101.0	77.0	75.5	1.5	350.7

同时，汉江也出现百年罕见的大洪水。入夏以来，汉江上自陕、豫南，下至襄樊及鄂西部分地区，7月3日—8日的雨量，大都超过了平均年雨量的50%，山洪暴发，上中游干支流洪水猛涨。7日，钟祥碾盘山站7天总来量193亿立方米（丹江口以上7天来量为122亿立方米，丹江口至碾盘山区间来量为71亿立方米）。7月6日，襄阳站最大洪峰流量高达52400立方米每秒，7月7日，碾盘山洪峰流量53000立方米每秒（估算碾盘山洪峰流量高达57000立方米每秒），最高水位61.14米，7月8日，皇庄水位52.34米，7月7日，沙洋水位42.74米（新城水位42.90米），7月8口岳口水位37.35米，7月8日泽口水位39.16米，7月8日陶朱埠水位38.86米。

由于中游来水峰高量大，河道无法承受。7月7日，汉江中游河道水位陡涨4米，7月6日，钟祥邢公祠堤首先溃口，洪水涌入县城，深数丈。深夜11时，皇庄护城堤溃，淹死8000多人。7日，城南汉江堤一工至十一工段，共溃口30余处，总溃口宽6957米，尤以三、四工段溃口宽达3500米（属改道性溃口），洪水横扫汉北，直抵武汉张公堤，灾及10县（钟祥、京山、天门、潜江、沔阳、汉川、云梦、应城、孝感、黄陂）和武汉市。洪水以排山倒海之势，半天之内将京山县第四区（今京山永隆镇）、第五区（今天门市多宝、拖市）全部淹没，“9日上午天门护城堤溃口达24处，城墙上、堤街上皆可行船，城中房屋倒塌，人口淹死无数，呼救声夜以继日”，天门县境90.8%的面积被淹，冲毁房屋25300栋，根据统计资料，此次洪水，汉江中下游受灾农田640万亩，受灾人口370万，淹死8万多人。尸漂于洪水之上，或掩埋于泥沙之下，无贵无贱，同为枯骨。天门岳口附近的张截湾连日捞尸1.4万余具，惨不忍睹，实为近百年未有之浩劫。

7月5日，潜江东荆河右岸汪家剅溃口，左岸李家拐、新潭口、丁秦月相继溃口。

7月7日，新城水位42.90米，汉江右岸沙洋堤溃口4处，左岸亦溃口3处。

7月12日，沔阳县境江堤（今洪湖市长江干堤）叶家边溃，17日，宏恩矶江堤大木林复溃，沔南被淹，倒灌之水冲淹东荆河下游的乾兴等15垸，天门彭市河溃决，沔北72垸全部被淹。

8月，汉江发生秋汛，因溃口未堵，复水为灾。如潜江张截港等地，6次“复水”，加重了灾情。

1935年的洪水灾害是天灾加人祸造成的。当洪水来袭时，由于当局没有认真做好防御大洪水的准备工作，更没有组织群众疏散，玩忽职守，防守不力，视人命如儿戏。7月5日，荆江大堤得胜寺处于危险之时，荆江大堤万城堤工局负责人吴锦堂，借祭关公为名临阵脱逃，仅留一职员杨玉农在万城发洋60元，希图应付群众，至于防汛抢险材料，一无所有。参加抢险的民工，见吴锦堂已逃，又没有抢险器材，便各自散去。当天夜晚，荆江大堤谢家倒口，得胜台、横店子相继溃决，身为七区专员兼江陵县县长的雷啸岑得知阴湘城堤溃口后，竟然不知道溃口处是其管辖范围，乃临时遍查卷宗，查卷宗不得，认为是当阳县的属地。荆江堤工局局长徐国瑞，7月6日上午去万城视察溃口情况，下午4时返回沙市，竟备办三牲，在沙市大湾堤摆设香案，将大筐的食品倒入江中，祭奠江神，乞神退水，沙市驻军首脑及各机关、商会头目均前往祭拜，并由公安局布告，全市禁屠3日。当年大水之后，雷啸岑、徐国瑞二人，相互攻讦，推诿罪过，直到1938年，国民政府才给予徐国瑞降两级的处分，对吴锦堂和阴湘城堤防主任李润芝给予“永不录用”的处置。对在这场重大灾害中失职人员的处置就这样不了了之。

1935年大水，荆州地区淹没面积19180平方千米，受灾农田667.72万亩，受灾人口328.36万人，死亡71787人，见表3-3-6。1935年洪水淹没范围如图3-3-5所示。

表3-3-6　　**1935年水灾损失统计表**

县别	受灾人口/人	占总人口比例/%	死亡人口/人	受灾面积/km²	占总面积比例/%	受灾农田面积/万亩	占总耕地面积比例/%	备注
天门	808760	28.5	13819	2261	90.8	132.60	70.0	冲毁房屋23500栋
沔阳	314040	40.5	330	3268	70.0	93.80	25.0	
钟祥	318320	59.4	48000	3805	69.2	66.30	31.3	
京山	180982	37.4	1737	1797	46.0	31.65	11.7	
潜江	230000	61.6	100	1113	76.3	57.15	61.5	
江陵	516747	76.3	564	2811	79.6	160.08	67.8	
荆门	76332	14.8	271	586	13.5	25.80	17.8	
松滋	200740	44.9	1215	752	31.9	23.14	25.2	
石首	202494	81.9	2900	1500	90.6	44.70	84.3	
公安	183421	52.6	2351			32.50	45.8	
监利	251755	51.5		1287	49.6			
合计	3283591		71787	19180		667.72		

注：关于1935年洪灾造成的损失，各种志书记载不一。根据民国时期《湖北省自然灾害历史资料》载：钟祥死亡人数48000人，应城11人，汉川5000人，云梦117人，黄陂100人，汉口24人，因钟祥汉堤溃口所造成的死亡人数为61383人（含钟祥、京山、天门、潜江、沔阳）。

陶述曾在《对长江流域规划的几点意见》（1952年）一书中指出："汉江洪水威胁汉北平原。1935年钟祥三、四工溃口，汉水沿天门河流域泛滥到汉口下游入江，灾区分布十县一市，淹死近8万人，受灾人口290万人，淹没耕地530万亩。受灾严重地区的农田被沙压盖，水道紊乱，长期难以整治复原……。"

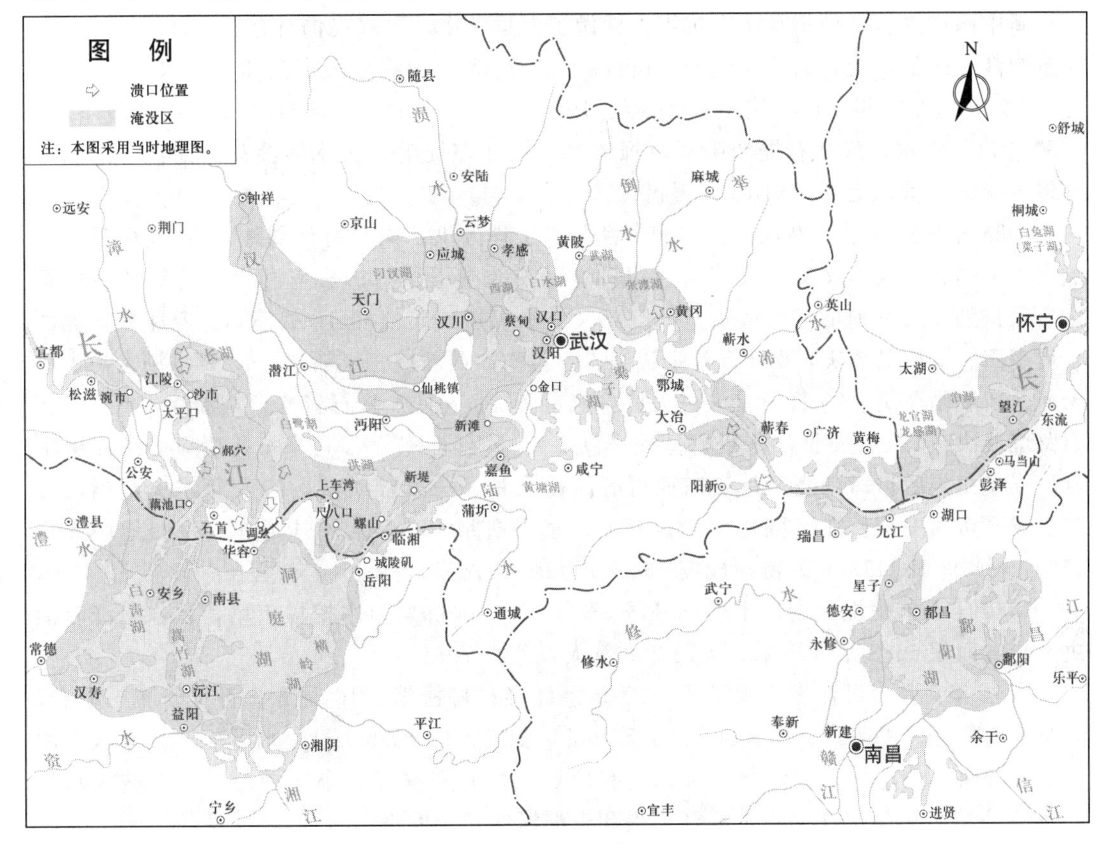

图3-3-5　1935年洪水淹没范围图

三、1945年大水

1945年洪水属秋汛。9月6日，宜昌最大洪峰流量67500立方米每秒。8月下旬，江水开始暴涨，沙市水位43.46米。8月27日晚，公安县长江干堤朱家湾（斗湖堤下游约4千米）洪水浸堤（堤身被日军修筑工事破坏），因无人防守，第二天溃口，口门宽400余米，水深6～9米。被淹范围东抵藕池口，西至虎渡河，南及黄山，北达长江。公安、石首灾民26.7万人。其中，公安县被淹耕地30万亩，灾民14万人，毁坏房屋2.1万栋，淹死1.6万人。水灾后接着大旱，瘟疫流行，全县因疫致死1.5万余人，受感染2万多人。

石首县溃垸28处，口门总宽6053米，受灾农田56.85万亩。

监利县东荆河堤丁秦月处溃口，水灌张家湖将该堤冲溃，监利、潜江、沔阳受灾；沔阳砖头口溃，东南被淹数十万亩，又苗家剅木剅冲翻溃口；潜江左堤蔡土地堤溃口。

松滋县，9月，德胜、永丰、上星等垸堤溃，淹田2.15万亩，倒房1662间，伤亡10人。

1945年的洪水以公安、石首两县受灾最为严重。汛后大疫为近百年所未有。

第五节　新中国成立后洪水灾害

新中国成立后，荆州在防灾抗灾方面做了大量工作，但水灾仍时有发生。据统计，水灾范围涉及两县，受灾面积达到60万亩以上的有35次，其中大水灾和特大水灾有9年，即1954年、1964年、1980年、1981年、1983年、1991年、1996年、1998年、1999年。1950年汉江大水，汉江右堤沔阳葫芦坝溃口，汉江左堤潜江关木岭溃口，潜江、沔阳部分地方受灾严重，受灾面积13.4万亩。

1954年长江大水，荆江3次运用荆江分洪工程分洪，同时有计划地在洪湖蒋家码头、虎东肖家嘴、虎西山岗堤、枝江上百里洲、公安北闸下腊林洲和监利上车湾等地扒口行洪，保护荆江大堤和重点城市安全，但巨大洪水仍造成干支堤16处溃口。7月7日虎西干堤南阳、戴皮塔溃决，8日石首张智垸、金鱼沟、西新垸相继溃口，13日洪湖老湾、穆家河、新丰闸溃决，29日石首人民大垸鲁家台溃决。8月1日石首永合垸溃决，4日石首石戈垸溃决，6日公安长江干堤郭家窑溃决，20日石首陈公东垸等4处溃口。汉江禹王宫、五支角先后扒口，饶家月和东荆河潜江杨家月、马家月溃口。1954年水灾给国民经济造成严重损失，长江流域死亡3.3万人，京广铁路100多天不能通车。荆州地区死亡11991人，淹田1113.9万亩，成灾664.65万亩。

1960年石首横堤大刬口干堤（桩号583＋700）因抗旱引水挖堤未堵，秋水上涨时溃决，受灾面积66.3平方千米，灾民24338人，死亡7人。

1964年9月，汉江发生大洪水，25日潜江聂吕垸漫溃。10月6日钟祥贺集、联合、襄东、襄西等民堤溃口，受灾面积34.5万亩，受灾人口13.6万人。杜家台先后5次开闸分洪，分洪总量达57.27亿立方米；还有计划地扒开邓家湖、小江湖分洪，吞纳洪水量11亿立方米，确保汉江遥堤、汉江干堤和东荆河堤安全度汛。

1965年7月13日松滋八宝下南宫闸因管涌险情倒闸溃堤，致使八宝垸1.3万户5.49万人受灾，淹没农田10.5万亩，倒塌房屋1.5万余间，造成直接经济损失1283万元。

1969年7月20日洪湖长江干堤田家口溃决，淹没洪湖、监利两县面积约1690平方千米，淹没农田79.5万亩，受灾人口65万人。

1980年公安县松东河支堤黄四嘴因管涌险情溃决，有53个村10万余人受灾，淹田11.89万亩，冲毁涵闸254座、桥梁740座、公路144千米，直接经济损失7000余万元。

1983年汉江流域上中游出现仅次于1935年的大洪水，10月7日邓家湖炸堤分洪，10月8日13时小江湖炸堤分洪，淹没农田18万亩。杜家台先后两次开闸分洪，分流总量28.07亿立方米。

1998年长江发生大洪水，8月7日公安县孟溪大垸虎右支堤严家台溃决，淹没面积220平方千米，受灾人口12万人。

附：新中国成立后洪涝灾害统计表（表3-3-7）

表 3-3-7　　新中国成立后洪涝灾害统计表

年份	灾　情　摘　要	受灾面积/万亩
1950	入夏以后，降雨过多，民垸溃决甚众，松滋、江陵、沔阳、天门、荆门等10县受灾	140.05
1951	5月、7月两月，部分县发生暴雨，荆门、钟祥受灾较重	29.19
1952	5月、7月两月，部分县降雨过多，8月5—25日，江汉几度涨水，汉江干堤沔阳黄新场和沔阳、公守、松滋、石首7个民垸溃口	132.96
1953	石首6月下旬大暴雨，钟祥7月降雨过多，8月初汉江水涨，5日荆门黄堤坝溃口4处，监利10月降雨异常，降雨量达283.6米，超过同期2.4倍	43.55
1954	5—8月，长江流域大面积持续暴雨，荆州各县降雨量都接近于多年平均值的1倍，江河水位暴涨，湖泊满溢，沙市8月7日最高水位44.67米，江汉干支民堤共溃口18处，其中长江干堤10处，汉江干堤1处，东荆河堤2处，支民堤5处。荆州地区受灾农田1170万亩，受灾人口391.33万人。5月31日晚及6月1日，潜江、荆门、京山、钟祥、天门等县遭受雹灾	1170.00
1955	6月下旬至7月连降大雨，10县部分农田受渍	110.08
1956	部分县入夏后降雨偏多，滨湖地区农田受灾。汉江7—8月由于上游降雨量大，水位猛涨。7月1日晚，钟祥转头湾民堤溃口15处，7月3日，潜江聂吕垸、沔阳回丰垸、联合大垸溃口，杜家台分洪闸于7月2日和8月24日两次开闸泄洪	72.91
1957	入夏，松滋、公安、监利、洪湖、潜江降雨偏多。7月中旬，汉江上游连连阵雨，河水上涨，杜家台分洪	30.31
1958	春夏之交，阴雨连绵，山区县山洪暴发，夏秋作物受涝，7月汉江出现有记录以来仅次于1935年的洪峰	25.80
1961	3月全区平均降雨149.15毫米，是多年同期平均降雨量的1.7倍	28.15
1962	5—8月10县分别普降暴雨，内渍成灾	105.56
1963	监利4月降雨偏多，5月沔阳天星洲扒口泄洪，大登、王小、联合垸溃口，荆门、钟祥、京山8月普降暴雨，其中荆门降雨320.6毫米，比常年同期多3倍，山丘区山洪暴发。汉江水位上涨	26.32
1964	6月荆州连降大暴雨，降雨量是常年同期雨量的1.7倍，其中洪湖降雨量达545.7毫米，比常年同期多2.5倍。沿江滨湖区和部分山区发生严重的洪涝灾害，9月下旬至10月初，汉江出现了自1935年以来的最大洪水，杜家台闸先后5次开闸泄洪，堤垸分洪3处，漫溃多处	110.25
1966	6月下旬，松滋暴雨，8月下旬，长江上游连续降雨，荆江水位上涨	23.70
1968	6月中旬至7月中旬，部分县连降暴雨，北部山区山洪暴发，汉水猛涨，荆门桥河堤溃决	61.07
1969	6—8月，荆州普降大到暴雨，沔阳降雨1022.81毫米，京山7月11—12日，降雨240.7毫米。雨量大，来势猛。7月20日洪湖江堤田家口溃决，淹没面积1690平方千米。荆门桥河堤防八湾滩溃口，淹田24万亩	244.72
1970	5—7月，监利、洪湖、京山、荆门等县连降暴雨。山丘区山洪暴发。京山5月28日降雨295.6毫米，是常年5月降雨量的2倍。6月16日，荆门桥河有8处堤防先后溃口，洪湖大沙垸于7月22日和25日两次溃口	87.84
1973	本年自春末至秋初，降雨持续时间长，雨日多，其间伴随几次暴雨过程。荆门4月下旬山洪暴发。4—6月，监利、沔阳、潜江阴雨不断，9月上中旬，江陵、荆门连降暴雨	171.84
1974	8月上旬，长江上游相继降雨，江水猛涨，10月汉江涨水，杜家台分洪	41.35
1975	4月，局部暴雨成灾，8月上旬，全区普遍降雨，松滋、公安、江陵、石首、监利、洪湖6县暴雨和特大暴雨。8月8日，沔阳联合大垸和塘林湖堤决，10月4日，王小垸溃。8月、10月汉江两次涨水，杜家台分洪闸于8月11日和10月5日两次开闸分洪	78.12
1976	7月中旬普降大雨，部分农田受渍	27.03
1977	3月下旬至5月中旬，降雨频繁，4月各县雨量在220～330毫米之间，沔阳日雨量333.4毫米，是多年同期雨量的2.3倍。钟祥县7月18日、19日暴雨渍田10.6万亩。本年除京山外，各县均受灾	158.85

续表

年份	灾情摘要	受灾面积/万亩
1979	6月4—5日，荆州普降大到暴雨，南部降雨200～300毫米，江陵县6月雨量达374.1毫米，是常年6月降雨量的2.2倍。6月下旬，全区又普降100～300毫米大雨，造成内涝灾害	121.40
1980	本年为大水年。1—8月，全区有120多个阴雨天气，平均降雨量1363毫米，超过历史年平均雨量200多毫米，其中7月中旬到8月上旬3次大暴雨，降雨636毫米，比1954年同期平均值多78毫米。雨量集中，强度大，江湖水位高，沙市8月29日水位43.65米。全区16处分洪，142处溃口。公安松东河支堤黄四嘴因管涌溃口	754.80
1981	6月下旬到7月中旬，平原湖区2次大雨，农田严重受渍，7月中旬，长江上游大范围降雨，19日，沙市出现44.47米的高水位	115.27
1982	6月下旬到7月底，荆州连降暴雨，丘陵山区山洪暴发，冲毁部分塘堰、堤坝、渠道、公路等	244.20
1983	本年为大水年。夏季暴雨频繁，外洪内涝十分严重。6—7月，雨量超过500毫米的有4个县，超过600毫米的有2个县，超过或接近700毫米的有5个县。丘陵山区9月、10月连降大到暴雨，雨量大，面积广，山丘区山洪暴发，水库溢洪，河湖水位猛涨。10月6日，汉江流域普降暴雨，沙洋站洪峰水位44.50米为历年最高水位。10月7日，杜家台分洪，7月、8月两月，有6个民垸扒口泄洪	398.90
1984	6月下旬至9月底，荆州出现3次暴雨过程，监利6月下旬降特大暴雨，28万亩农田成灾。7月27日江陵谢古垸扒口分洪。9月下旬，汉江上游连降暴雨，汉江水位骤涨，9月29日沔阳杜家台开闸分洪，联合垸炸口泄洪，王小垸、杨台垸等7个民垸相继扒口或漫溃。此后，潜江、天门、钟祥3县沿江部分民垸有的扒口、有的漫溃	130.25
1985	7月下旬，江陵、公安、石首、监利、沔阳、京山等县部分区分先后遭受风、雹、暴雨袭击，死伤45人。7月21日钟祥陡降暴雨，全县52万亩农田受渍，成灾5万亩。9月29日，钟祥沿江围堤溃口34处，淹没外滩农田7万多亩	94.04
1986	6月20—21日一昼夜和7月中旬两段时间，除松滋、天门、钟祥、京山4县外，其余各县陡降暴雨，两次雨量均在100毫米以上，少数地区超过200毫米，部分农田受渍	191.64
1987	7月“沱子雨”不断，多数县月雨量超过正常值，洪湖新滩口达到447毫米，长江、监利站最高水位超警戒水位1.69米	145.65
1988	8月下旬开始降雨不断，8月18至9月14日，全区连续3次大范围的大到暴雨，平均降雨300～350毫米，部分地区超过400毫米，农田几度受涝	137.48
1989	8月底全区普降大暴雨，318万亩农田严重受涝。11月，除京山、钟祥外，全区平均降雨100毫米，部分农田再度受渍	125.79
1990	上半年，降雨偏多，雨量集中，各县（市）降雨总量为452～926毫米，与多年同期雨量比较偏多2～3成。降雨时空分布不均，南多北少。2月20日、5月2日和6月6日3次暴雨，农田严重受灾	551.00
1991	7月10日，全区普降大到暴雨，累计平均降雨量达到350～400毫米，其中仙桃市三伏潭达到733毫米。全区190万群众投入防汛抢险，171座水库溢洪	997.00
1995	汛期5—9月全市降雨325～680毫米，总雨量与多年平均值持平，但降雨时空分布不均。7月上旬，全市自南向北出现大范围强降雨过程，造成平原湖区大范围渍涝，全市渍涝面积385.2万亩，其中受渍面积228万亩，成灾面积147.4万亩，绝收面积9.8万亩，造成直接经济损失3.2亿元	228.00

续表

年份	灾 情 摘 要	受灾面积/万亩
1996	1—9月全市多次遭到强降雨和大暴雨袭击，降雨总量大大超过常年同期值，降雨总量在1089（钟祥）～1816毫米（洪湖），普遍比多年平均值偏多3～6成，长江中下游形成一次典型的中游区域型大洪水，洞庭湖区各站水位全部超过有记录以来的最高洪水位。全市农作物受灾面积963万亩，成灾面积565.4万亩，绝收面积311万亩	736.60
1998	长江流域发生自1954年以来最大洪水，沙市8月17日最高水位45.22米，最大流量53700立方米每秒。农田受灾508万亩，成灾360万亩，绝收151万亩，全市直接经济损失173.2亿元。8月7日，公安孟溪大垸严家台溃口，受灾12万人	508.00
1999	长江发生了仅次于1998年的大洪水。据统计，全市农田受灾面积406万亩，成灾面积252万亩，绝收面积82万亩	406.05
2001	6月8—9日普降大到暴雨，江陵普济338mm，公安闸口215mm，6县（市、区）受灾	331.00
2002	1—8月，全市平均降雨量1394mm，与多年同期955mm相比多46%。全市有93个乡镇受灾，受灾人口217.14万人	
2003	汛期长江发生一般性洪水，但东荆河发生较大洪水。全市农作物受灾面积390万亩，成灾面积257.3万亩，绝收面积81万亩	257.30
2004	7月两次强降雨致使内涝严重，湖渠爆满，四湖总干渠福田寺防洪闸超负荷排水。全市农作物受灾305.5万亩，绝收12万亩，造成直接经济损失5.52亿元	305.00
2005	受灾乡镇27个，受灾人口1.5万人	27.00
2006	5月24—25日，全市大部分地区普降大到暴雨，个别地区特大暴雨，荆州61mm，石首106mm，监利261mm，洪湖111mm。受灾人口51万人	100.00
2007	全市因洪涝灾害有75个乡镇不同程度受灾。7月16日，江陵县遭受龙卷风袭击。7月27日洪湖市9个乡镇遭受龙卷风和冰雹受灾24万人	60.00
2008	全市多次发生局地极端天气，造成暴雨成灾，全市除监利县外，其他7个县（市、区）都不同程度发生了渍涝灾害	224.00
2009	6月28—30日，全市普降大到暴雨，局部大暴雨。荆州、江陵、石首、监利、洪湖等县（市、区）的40个乡镇受灾	36.24
2010	暴雨造成全市8个县（市、区）和荆州开发区115个乡镇不同程度受灾，受灾人口188万人，因灾死亡7人。绝收面积106.9万亩	421.30
2011	全市遭遇春夏连旱，5月5—19日，沙市站水位仅32.60～33.60米。农作物受旱面积522万亩，其中重旱197万亩，干枯44万亩；渔业生产损失严重，受灾129万亩	197.00

一、1949年大水

1949年是一次全江性的大洪水。长江、汉江遭受由夏至秋持续大水，秋汛尤为严重。

1949年6月，全江普遍降雨。7月上旬，川东、川西、金沙江、汉江等地均出现大雨或暴雨，7月10—21日，长江流域每日均有降雨发生，8月，除川西部分地区外，暴雨减少，9月，暴雨又增加，多集中在川东、嘉陵江及汉江上游。由于雨区分布广、历时特别长，因而形成一次全流域性的大洪水。

荆江河段自5月下旬开始，江水上涨，7月10日，宜昌最高水位54.31米，流量58100立方米每秒。7月9日沙市最高水位44.49米，为1931年以来的最高纪录。城陵矶7月12日最高水位33.29米，新堤站7月12日最高水位31.84米，汉口站7月12日最高水位27.12米。

宜昌站当年全年降水量1045毫米，其中6—8月降水量412毫米；沙市站全年降水量1292.12毫米，其中6—8月降水量861.6毫米；新堤站全年降水量1707.2毫米，其中6—8月降水量761.8毫米。由于汛期降雨量大，外江水位高，排水受阻，内垸渍涝灾害严重。

由于江河堤防年久失修，又受到战争破坏，荆州境内长江、汉江、东荆河等堤防多处溃决。天门、沔阳、监利、潜江、江陵、石首、松滋受灾特别严重。松滋县溃垸6处，受灾农田8.9万亩，倒房104栋；石首县7月9日北门口水位39.39米，11—13日，西兴、陈公东等7垸溃决，淹田22.95万亩，8.2万人受灾；因长江大水，7月碾子湾长江弯道自然裁弯（老河长19.15千米，新河长2千米）；7月13日沔阳县长江干堤甘家码头（今洪湖市）溃口，口门宽900余米，洪水倒灌，淹没监利、沔阳农田79.95万亩，受灾人口64万人。

江陵县：谢古垸、龙洲垸溃。内垸因受甘家码头溃口倒灌影响，全县内涝农田35.4万亩。汛期，荆江大堤祁家渊（桩号719＋780～719＋840）堤外滩宽还有40米，7月17日开始发生恶性崩矬，仅两天时间就崩至堤脚，危及堤身安全。7月17日进驻沙市的人民解放军立即派出部队参加抢险，经采取挂柳抛枕、抛石等办法抢护，幸高水维持时间不长，荆江大堤才免遭溃决。

6月洞庭湖连降暴雨，湘、资、沅、澧四水上游山洪暴发，7月上半月，湘、资、沅三水相继出现较大洪峰，江湖洪水遭遇。7月12日，城陵矶出现最高水位33.29米。当年90天（5月21日至8月18日）入湖洪水总量共2580亿立方米，与1931年的2581亿立方米基本相等。其中，四口与四水的入湖流量也基本相等（四口占47.5%，四水占48.5%）。洞庭湖区溃垸441个，受灾农田427.5万亩，占全部耕地的79%，受灾人口129.86万人，占总人口的50.6%。

8月，汉江上游洪水上涨，襄阳站水位在66.2～66.38米之间涨落，持续27天，9月中旬，汉江各地水位均接近历史最高水位。上游白河站9月13日最高水位190.66米，下游岳口站9月17日水位38.24米，9月16日仙桃站水位34.95米，比历史最高水位高0.18米。9月17日深夜，天门县汉左干堤蒋家滩、长春观两处因堤身下漏上溢，抢救不及而同时溃口（蒋家滩口门宽320米，长春观口门宽370米），洪水淹没天门、沔阳、汉川北部，受灾农田59.6万亩，受灾人口25.5万人。

7月23日，东荆河潜江左堤从家湾处溃口，口门宽400米；马家月堤溃口，口门宽430米。9月中旬，东荆河右堤柴家剅处溃口，口门宽220米。监利新沟嘴、杨林关堤溃。因南北堤防溃口，监利当年受灾农田112万亩，受灾人口26万人，以南部灾情最重。

二、1954年大水

详见第四篇第六章1954年抗洪纪实。

三、1964年大水

1964年汉江出现了自1935年以来的大洪水。7月27日出现第一次洪峰，其余4次洪峰均在9月上旬以后的32天时间内出现，其特点是：洪峰一峰接一峰，水位一次比一次高。由于下游汉口水位偏高，汉江、东荆河洪水下泄受阻，高水位持续时间长，险情不断增加，防汛极为紧张。汉江、东荆河从7月中旬全面进入防汛到杜家台分洪闸10月13日关闸，防汛结束（10月12日各地水位退至警戒水位以下），历时90天，其中高水位历时20天。

10月2—6日，汉江上游陕南、河南普降大到暴雨，安康雨量120毫米，白河雨量106毫米，支流堵河黄龙滩雨量122毫米，丹江白渡滩雨量92毫米，谷城雨量119毫米，唐白河新甸铺雨量86毫米，雨量广而集中，因而形成了自1935年以来的一次最大洪水。

上游安康站于10月5日出现洪峰流量13700立方米每秒，正在施工的丹江口水库坝上水位10月5日达到115.55米，坝下黄家港水位96.54米，相应流量23400立方米每秒。丹江口以下南河、唐白河同时发生较大洪水，与丹江口来水遭遇。10月6日襄阳站洪峰水位69.92米，宜城站水位59.19米，10月7日，新城站受部分民垸蓄洪和溃垸影响，水位仍达44.11米，相应流量20300立方米每秒，受石牌、邓家湖、小江湖蓄满后吐洪影响，又一度涨至44.28米。新城以下各站先后于10月9日出现洪峰；陶朱埠水位42.26米，流量5060立方米每秒；岳口水位40.62米；仙桃水位36.22米，相应流量14600立方米每秒；汉川水位33.16米。1964年汉江新城以下控制站防汛任务与实有洪峰对照见表3-3-8。

表3-3-8　　1964年汉江新城以下控制站防汛任务与实有洪峰对照表

站别	堤顶高程（1963年）/m	防汛任务		1964年实有水位、流量		
		保证水位/m	安全泄量/(m³/s)	日期	水位/m	流量/(m³/s)
新城	45.02	44.20	18000	10月9日	44.28	20300
泽口	43.11	42.70	13000	10月9日	42.64	
陶朱埠	42.60	42.30	43400	10月9日	42.26	5060
岳口	41.32	40.70	13200	10月9日	40.62	
仙桃	37.30	36.30	13400	10月9日	36.22	14600
汉川	32.39	31.69	8130	10月10日	31.16	
新沟	31.29	30.59	8170	10月11日	29.80	
杜家台闸				10月10日	36.58	

根据长江委水情预报，10月5日1时新城站将出现洪峰水位44.70米，超过保证水位0.5米，岳口水位41.70米，仙桃水位39.20米。10月4日23时，荆州地委召开紧急电话会，动员一切力量迎战汉江洪水，提出要“全线防守，全线确保，水涨堤高，人在堤在，全党动手，全民动员，全力以赴，大员上阵，以防汛为压倒一切的中心，做好子埂，确保安全，堤下保证堤上需要”的防汛方针。沿江的钟祥、荆门、天门、潜江、沔阳等县

立即行动，连夜组织45万劳力，昼夜抢筑子埂，3天时间，完成了一条面宽0.8米，垂高0.5～1.0米，长447千米子埂抢筑任务（钟祥39.46千米、天门130.2千米、潜江128.27千米、沔阳132.2千米、荆门14.9千米），完成土方90.15万立方米，抢在洪峰到来之前，争取了主动。地委领导薛坦、饶民太、李富五等带领地直机关干部分赴汉江、东荆河前线指挥部，坐镇指挥。汉江上堤防守劳力最多时有29.3万人。

为确保汉北大堤的安全，经湖北省防总批准，决定有组织、有计划地对钟祥县石牌、荆门县邓家湖、小江湖等3个民垸实施扒口分洪，降低新城水位。

钟祥石牌民垸位于汉江右岸，与荆门邓家湖相接，围垸面积127平方千米，耕地13.94万亩，1959年围挽成垸。选定在王龙公社上首作为分洪口门地点，10月5日21时开始挖口，23时进水，开始口门宽80米，后扩大为180米，进流量约600立方米每秒，到7日7时增大为1500立方米每秒（当时口门处最高水位47.30米），蓄洪总量2.4亿立方米，蓄洪时间24小时，降低新城水位0.20米。受灾人口23690人，淹田48000亩。

荆门邓家湖位于汉江右岸，上起瓦瓷滩，下至马良闸，堤长13.6千米，围垸面积86.3平方千米，耕地8.7万亩。分洪地点选在桩号5+900～6+100处，10月7日1时进水，口门由150米扩大至250米，进流量1500立方米每秒，蓄洪时间24小时，蓄洪总量3.3亿立方米，降低新城水位0.27米。受灾人口25000人，淹田96200亩。

小江湖位于汉江右岸，堤防以沙洋为起点，止于马良，堤长25.24千米。围垸面积106平方千米，耕地8.86万亩。1952年8月，中游工程局曾提出小江湖蓄洪垦殖计划。1953年9月6日，荆州地委作出“关于小江湖蓄洪决定”，以沙洋水位41.50米为标准。10月7日8时，分洪口门选在黄堤坝桩号277+500～277+920处，爆破口门由250米扩大至650米，7日12时，进洪流量由800立方米每秒增大为5100立方米每秒，24小时蓄满，蓄洪总量5.2亿立方米，降低新城水位0.43米。受灾人口45300人。

以上3个分洪民垸蓄洪总量10.9亿立方米，使新城站提前于10月7日15时出现洪峰水位44.11米，比预报水位44.70米降低0.59米。当3个民垸吐洪入江时，10月9日新城再次出现洪峰水位44.28米，仍比预报值降低0.42米（水位和流量均为该年最大值）。

由于皇庄水位高、流量大，10月6日9—23时，钟祥县沿汉江的联合、襄西、襄东、东湖、大集、陆市、山湖等7个民垸溃决，蓄洪总量约10亿立方米，对缓解汉江遥堤及下游两岸干堤防汛压力起到一定作用。

根据当时水情，考虑民垸蓄洪外吐时，汉江下游两岸堤防有可能漫溢的危险，因此，原决定杜家台闸10月6日18时开闸分洪（第五次开闸分洪），提前于6日7时开闸，30孔同时开启，开启高度1.5米，实测流量4550立方米每秒；9日10时15分，闸门提高到2米，实测流量5600立方米每秒（运用时间23小时），占仙桃站流量的40%（9日，仙桃站水位36.22米，流量14600立方米每秒，均为当年最大）。仙桃以下干流降低水位3米，汉川洪峰水位31.16米（低于保证水位0.7米），分洪效果十分显著。

杜家台分洪闸自7月29日第一次开闸分洪，至10月6日共开闸分洪5次（7月1次，9月3次，10月1次），历时607小时，分洪总量57.27亿立方米。最后关闸时间是10月3日22时10分。

1964年汛期，汉江堤防共出现各种险情407处，其中散浸243处，长91828米，堤身裂缝7处，长576米；管涌49处，滩岸崩塌11处，长1490米，对各类险情，都及时采取抢护措施，使险情得到控制。

汉江防汛抢险，耗用麻袋10000条，草包25303条，蛮石3446立方米。在全力以赴加强堤防防守的同时，由于及时运用石牌、邓家湖、小江湖和杜家台闸分洪，以及部分民垸溃决，共分蓄洪水20.9亿立方米（不含杜家台分洪水量），降低了新城、仙桃和汉川的水位，保证了汉江遥堤、两岸干堤和武汉市的安全，取得了抗洪斗争的胜利。

4月24日，东荆河陶朱埠出现首次洪峰，水位37.67米。25日，中革岭水位31.33米，超警戒水位1.83米。5月，陶朱埠连续出现3次洪峰，下游长期处于设防水位以上，20日，中革岭水位30.88米，超警戒水位0.38米。东荆河下游主要受长江较高水位顶托影响明显。城陵矶5月出湖流量21700立方米每秒，螺山5月流量33400立方米每秒，6月流量54600立方米每秒。东荆河下游自4月上旬超过设防水位，至10月19日全面退出设防水位，历时120天。

6月7日，省、地防指决定，立即刨毁联合大垸石家潭等10处废堤、天星洲外滩横堤，堵复罗家湾明口。沔阳县迅速组织2800劳力施工。监利县组织刨毁北口闸外两侧引河堆土，清除了主要行洪障碍。

7月，先后出现4次洪峰，陶朱埠水位接近设防。9月9—28日，陶朱埠、新沟嘴有两次超过设防水位，一次超过警戒水位。下游防汛长期处于紧张状态。10月2—6日，根据长办预报，8日8时新城洪峰水位44.70米，据此推算，陶朱埠8日17时洪峰水位42.75米，杨林尾水位31.16米，全流域将有169千米堤段欠高0.5～0.8米，防汛形势十分严峻。10月4日，荆州地委召开紧急会议，洪湖、监利、潜江、沔阳4县连夜动员民工16.7万人上堤布防，突击抢筑子埂，经过三昼夜冒雨奋战，共完成子堤长233千米，完成土方91.9万立方米，增强了堤身抗洪能力。10月7日3时，当北口水位达到35.70米时，经地区防指批准，天星洲围垸扒口泄洪；7月21日，当杨林尾水位达到30.24米时，联合大垸在石家潭扒口分洪。10月9日11时，陶朱埠洪峰水位42.26米，相应流量5060立方米每秒，新沟嘴洪峰水位39.04米，北口洪峰水位37.21米，刘家沟洪峰水位35.62米，中革岭洪峰水位32.80米，杨林尾洪峰水位31.07米，均创有水文记录以来最高纪录。全堤段有51千米水漫堤顶依靠子埂挡水，其中潜江有47.49千米，挡水深0.1～0.4米。此次洪峰，东荆河水与杜家台分洪洪水汇集泛区，洪水向沔阳通顺河、四方河汹涌倒灌，造成内外夹击之势，内垸民堤普遍防守紧张，致使沔阳县保丰垸于10月11日溃决。此时，杜家台分洪和东荆河进入泛区的水量已达47亿立方米，而沌口出量仅占入流量的50％～60％，泛区水位急剧上涨，围堤险情不断发生，为降低泛区水位，确保围堤安全，10月10日16时，扒开汉阳境内长江左堤三合垸江堤向长江分泄洪水，口门宽1800米，分泄流量2500立方米每秒，加速了泛区洪水的宣泄。

东荆河此次防汛共发生各类险情387处，其中管涌37处，浑水漏洞11处，脱坡1处，跌窝2处，裂缝29处。各类险情中严重险情42处。对险情根据不同情况都及时进行了处理，使险情得到控制，东荆河堤安全度汛。共耗用煤油74000千克，草包10877个，干柴6193千克，砂石36立方米。

1964年长江荆州河段洪水属一般洪水［沙市7月2日最高水位43.93米，9月9日（新厂）最大流量44800立方米每秒］。

四、1980年洪涝灾害

1980年荆州地区及洞庭湖地区发生了历史少见的秋洪内涝。当年雨量大部分集中在6—8月，尤以8月最大，造成了严重的外洪内涝，内涝灾害是自1954年以来最严重的。从春至夏，荆州地区降雨连绵，上半年有120多个阴雨天。6—8月降雨量均在800毫米以上，多者为1067毫米，比多年平均雨量多360～600毫米，见表3-3-9。全区共产水147亿立方米，其中约100亿立方米集中在7月下旬以后。同期，长江和汉江均发生较大洪水，江汉洪水同步，洪涝同步，外洪内涝，造成了严重的洪涝灾害。8月降雨大于50毫米的范围为3.3万平方千米，大于100毫米的范围为2.35万平方千米，大于200毫米的范围为1.82万平方千米，大于300毫米的范围为0.57万平方千米。1980年荆州地区各地降雨量情况见表3-3-9。

表3-3-9　　1980年荆州地区各地降雨量情况表

单位：mm

县别	全年降雨量	其中6—8月降雨量	8月降雨量	县别	全年降雨量	其中6—8月降雨量	8月降雨量
江陵	1541.3	956.7	374.4	潜江	1730.9	1067.1	599.9
监利	1646.3	929.1	369.1	沔阳	1510.5	843.2	330.8
松滋	1522.3	927.4	345.1	天门	1338.0	837.6	293.3
公安	1484.2	806.1	345.1	荆门	1504.9	877.2	276.6
石首	1544.9	871.9	315.0	钟祥	1509.1	862.2	237.6
洪湖	1581.9	799.1	334.1	京山	1520.4	889.5	281.4

8月28日，沙市洪峰水位43.65米，洪峰流量46600立方米每秒，共设防21天，其中超警戒水位7天。8月30日，监利城南水位36.19米，仅低于1954年水位0.36米。9月2日，城陵矶水位33.71米，出湖流量28100立方米每秒；螺山最高水位32.65米，相应流量54000立方米每秒。

7月，汉江出现一次较大洪水，7月6日，新城流量10300立方米每秒，东荆河最大分流量2050立方米每秒（8月30日）。7月、8月两月陶朱埠水位一直维持在33.0米左右，新沟嘴7月、8月两月最高水位为35.27～35.28米（新沟泵站外江设计水位30.40米），仙桃站7月、8月两月最高水位34.25～34.87米（排湖泵站出口设计水位31.60米）。受长江和汉水高水位影响，半路堤、螺山、排湖、新沟嘴、荆南四河法华寺等，以及一部分沿江小型泵站曾一度被迫停机排水，沿江排水涵闸全部失去自排能力，导致内湖水位不断升高，加重了内涝灾害。

此次暴雨中心在荆门凡桥至潜江城关、莲市一带。从7月1日至8月25日，莲市降雨量847.7毫米，城关降雨量801.1毫米，凡桥7月16—20日5天降雨量425毫米，超过200年一遇的标准。

8月2日，澧水（石门站）洪峰流量17500立方米每秒，同日津市站洪峰流量15100立方米每秒。受江湖洪水遭遇影响，松滋河出现较高洪水位，8月4日21点10分，公安县黄四嘴堤（松东河左岸桩号101+505～101+685）溃口，溃口时松东河水位39.64米（1954年最高水位39.62米)，淹没耕地11万亩，受灾人口10.7万人，死18人，倒塌房屋10936栋。

8月28日，监利城南水位36.00米，三洲联垸陶市塔脑处堤溃口，全垸被淹，淹田15万亩，受灾4.1万人，倒塌房屋7100间，死14人。8月4—28日，新洲、丁家洲、血防等17处民垸相继溃决。

8月26—31日，石首溃决民垸16处，受灾人口5456人，淹没耕地26225亩。

汉口8月最高水位27.70米，9月2日高达27.76米，江汉洪水遭遇，东荆河下游民生闸超过警戒水位以上34天，最高水位30.12米。8月31日，沔阳县联合大垸炸口分洪(8月31日杨林尾水位31.76米)，6万亩农田被淹，2100余人转移，倒塌房屋4653间。

1980年的内涝灾害以四湖地区最为严重。7月16日至8月31日，累计降雨量593毫米，总产水量41.76亿立方米，其中上区产水10.35亿立方米。上区没有外排泵站，靠田关闸外排，因东荆河水位高，自排困难，同期自排3.5亿立方米，上区降雨产生的径流只能滞留在长湖，一部分通过习家口向中区放水(3.3亿立方米)，长湖水位迅速上涨，见表3-3-10。为保证长湖库堤和田关河堤的安全，8月5日3时30分，当长湖水位达到33.08米时，在彭塚湖、宋堤垸各炸开一个约50米宽的口子，使石灰桥来水和西荆河洪水汇入彭塚湖，分洪后7小时，上西荆河和田关河水位下降0.47米，缓解了上西荆河、田关河的压力。这次彭塚湖分洪(包括宋堤湖)淹没面积12.8平方千米，(分洪前，彭塚湖水位30.50米，分洪后水位上涨至32.60米，共蓄水0.25亿立方米，受灾人口1200人，淹田1.63万亩、鱼池0.35万亩)。通过河湖调蓄2.38亿立方米。荆门县沿长湖80%围垸溃决，江陵县的九店、纪南、观音垱3个公社沿长湖垸田大部分破垸成湖，共调蓄0.92亿立方米。8月6日20时，长湖习家口水位达到33.11米，后稍有回落(8月11日回落至32.90米)。8月13日洪峰水位再次达到33.11米，超过1954年最高水位(32.74米)，高水期长达37天，两次洪峰水位持续35个小时，超设防水位时间长达93天。高水位造成荆州城西门、大北门、小北门3座护城河桥桥面被淹，城内低处渍水深0.7米左右，1128间住宅进水，部分工厂被淹停产。

表3-3-10　　四湖地区7月中旬至8月底降雨量径流分配情况表

分区	内垸排水面积/km^2	7月中旬至8月底降雨量/mm	平均径流系数	径流量/亿m^3	水量调度/亿m^3					说明
					自排	一级电排	河湖调蓄	分洪	分散调蓄	
上区	3239.8	578	0.55	10.35	3.5		2.38	0.25	0.92	放入中区3.3亿m^3
中区	5054.0	650	0.75	24.53		11.85	6.80	6.90		
螺山	935.3	457	0.62	2.65		3.45			0.50	
下区	1154.7	486	0.66	3.73		4.41			0.30	
合计	10383.8	592	0.67	41.26	3.5	19.71	9.18	7.15	1.72	

注　上区放入中区3.5亿m^3，中区放入下区0.98亿m^3，中区放入螺山区1.3亿m^3，螺山抽排入中区1.3亿m^3，下区抽排入中区0.98亿m^3。径流不包括水库、塘堰拦蓄水量。

四湖中区共产水24.53亿立方米，加上上区向中区泄水，抬高了总干渠水位，7月20日福田寺入湖流量791立方米每秒(王老河最高水位28.14米)，加重了洪湖压力。此时还有大量洪水需要处置，而一级泵站外排能力明显不足。为防止洪湖围堤漫溃，8月13日上午，决定洪湖县所属南塔、汉沙、洪狮、新螺、土地等垸进行分洪，面积158平方千米，分洪水量2.79亿立方米，淹田13.47万亩，受灾人口5.76万人；监利县开启桐梓湖、幺河口闸向螺山排区分洪，开启流量250立方米每秒，分洪面积221.06平方千米，分洪水量4.17亿立方米，淹田29.55万亩。另外，沿洪湖周围的洪湖县漫溃围垸9处，淹没面积21.57平方千米，监利县4处，淹没面积31.7平方千米。8月26日，洪湖挖沟嘴水位26.92米。洪湖围堤防汛时间长达120天。1980年四湖地区分洪情况见表3-3-11。

表3-3-11　　**1980年四湖地区分洪情况统计表**

地　点	淹没面积/km²	分洪水量/亿m³	淹没农田/万亩	受灾人口/万人	分洪日期
荆门彭塚湖	12.26	0.25	1.36	0.12	8月5日
洪湖南塔垸	1.25	0.03	0.12	0.09	8月11日
洪湖汉沙垸	8.89	0.25	0.85	0.15	
洪湖洪狮垸	16.13	0.40	0.90	0.42	
洪湖新螺垸	48.61	0.75	4.50	0.42	
洪湖土地湖	83.12	1.30	7.10	3.10	8月15日
洪湖小计	157.97	2.79	13.47	5.76	
监利王小垸	6.06	0.17			
监利螺山西片	215.00	4.00	22.0		8月15日
监利小计	221.06	4.17			
合计	391.32	7.15	35.47		

注　资料来源于《荆州市防汛手册》(2011年)。

为确保总干渠渠堤安全和尽量减少入洪湖水量，对中区的二级电排站（229处，装机容量61154千瓦）被迫拉闸限电，停止排水。由于长时间的连续阴雨，湖水不断上涨，长湖库堤长期处于高水位浸泡之中，险情不断发生。为保证库堤万无一失，不断对库堤加高培厚，水涨堤高，并预防风浪。9月4日晚，暴雨倾盆而下，长湖湖面刮起6级以上大风，1700米湖堤出现14处缺口。在这紧急关头，荆州地区行署副专员徐林茂等亲临现场指挥抢险，并同坚持在这里已有40多个日日夜夜的300民工并肩战斗，垒起了一条防浪堤，保护了堤防安全，受到省防指的嘉奖。

1980年四湖上、中、下3区受灾面积248.85万亩，其中因渍减产124.01万亩，无收70.06万亩，分洪淹没44.41万亩，溃垸淹没10.37万亩，减产粮食3.1亿千克、棉花1447万千克、油料1666万千克，见表3-3-12。

荆南地区（松滋、公安、石首江南部分、江陵县弥市镇）因受江湖洪水遭遇影响，中高水位维持的时间较长，各地电力排水站受高水位影响，多次被迫停机（排涝标准低，按10年一遇的标准需外排装机流量1153.7立方米每秒，1980年实有装机流量685.0立方米每秒），湖泊调蓄面积少，造成了严重的内涝。荆南地区受灾面积123.64万亩，其中成灾

表 3-3-12　　**1980年四湖地区灾情统计表**

分区	受灾面积/万亩					减产/万kg			备注
	内渍减产	无收	分洪	渍淹	小计	粮食	棉花	油料	
1. 上区	35.00		1.63	5.69	42.32	5135.00	215.55	65.75	本表不包括外滩民垸分洪、溃口共淹没耕地28.78万亩，减产粮食0.72亿kg
①长湖库区	7.89			3.94					
②太湖港	2.26			0.73					
③借粮湖	1.99			0.10					
④西荆河	5.39			0.92					
⑤田北	17.46			2.00					
2. 中区及下区	89.01	70.06	42.78	4.68	206.53	25930.50	1231.50	1600.00	
①螺山	5.40	4.80	29.55	2.00	39.75				
②中区	71.80	52.98	13.23	4.68	138.01				
③下区	11.81	12.28			24.09				
合计	124.01	70.06	44.41	10.37	248.85	31065.50	1447.05	1665.75	

注　1980年四湖地区一级外排站12处，装机容量58940kW，排水流量650m³/s。全地区单机800kW以上泵站21处，装机111台，装机容量135600kW，设计流量1642.7m³/s。

面积72.25万亩，无收面积51.29万亩；减产粮食3.05亿千克、棉花40.13万担、油料17.09万担，见表3-3-13。

表 3-3-13　　**1980年荆南地区灾情统计表**

县别	受灾面积/万亩	其中		减产情况			备注
		成灾面积/万亩	无收面积/万亩	粮食/亿kg	棉花/万担	油料/万担	
公安	71.10	37.40	33.60	1.64	21.36	5.05	缺弥市减产情况
石首	12.79	7.90	4.89	0.33	3.77	5.35	
松滋	33.90	21.10	12.80	0.08	13.00	4.69	
江陵	5.85	5.85	2.00	1.00	2.00	2.00	
合计	123.64	72.25	51.29	3.05	40.13	17.09	

汉江两岸受灾也很严重。潜江汉南片（面积484.46平方千米），7—8月平均降雨量660.9毫米，产水1.94亿立方米，在幸福电排站（4×1600千瓦）全开的情况下，仍有25.88万亩农田受涝，占汉南片耕地面积（36.66万亩）的70.6%，其中改种6.94万亩。

荆门县7月17日至8月22日，累计降雨600毫米以上，7月17日凌晨，以五里公社凡桥水库为中心，普降大暴雨，暴雨中心5个小时降雨量315毫米，曾集区安洼水库自记雨量器记载，最大暴雨在半小时内降雨90毫米，全县17个公社（镇）有12个公社（镇）受灾，受灾农户48746户，受灾人口29.8万人，受灾农田55.6万亩，其中无收农田27.5万亩。

沔阳县6—8月遭受5次大暴雨袭击，平均雨量821.1毫米，其中8月10—12日的一次暴雨毛嘴站为243.7毫米。是年内垸渍水仅次于1954年。汉江洪水接踵而至，排湖泵站一度被迫停机，许多中小泵站因扬程不够而失去作用，内垸防渍堤多处溃决，田、湖合一，路可行舟。直到9月3日，汉水下降，排湖泵站再次开机，与沙湖泵站联合运用，才将全县渍水排完，最后成灾面积35.79万亩，减产粮食1.74亿千克。

天门县7月17—20日，全县平均降雨量214毫米，降雨量最大的石河为304毫米，超过200年一遇；7月30日至8月2日，全县平均降雨量113毫米，降雨量最大的为多宝的171毫米；8月10—11日，全县平均降雨量124毫米，降雨量最大的彭市雨量为172毫米。3次暴雨，致使县西北部的大中小型水库分别超过或接近历史最高水位，多次溢洪，总泄洪量7041万立方米。

由于暴雨强度大，汉北河水位迅速上涨，7月21日3时，黄潭站水位达到30.00米的保证水位，汉北河沿岸15个剅闸在涨水后的10个小时内全部关闭。汉北河下游出口受汉水顶托，高水位维持时间长，内湖水位同时上涨，大量农田受涝。全县受涝农田89.2万亩，其中受灾38.1万亩，有24.64万亩绝收；减产粮食0.56亿千克、棉花30万担、油料1.59万担。

钟祥县，6—9月长期降雨，形成洪水，堤虽未破，但雨水渍涝成灾，受灾农田27.0万亩，石牌、南湖一带受灾严重。温峡、石门等大型水库溢洪水量2.88亿立方米，铜钱山、陈坡、龙裕湖等中型水库溢洪水量0.248亿立方米。

京山县，7月16—20日，一次降雨255.7毫米（6月、7月两月降雨608.1毫米），由于雨量大，山洪暴发，河水猛涨，石龙、吴岭、刘畈、叶畈等中型水库泄洪，13处小（1）型水库溢洪，100处小（2）型水库溢洪，共溢洪水量2.59亿立方米。冲毁小水库、垱坝16处，冲毁塘堰688处，倒房304栋。全县受涝面积26万亩，其中成灾面积11.62万亩，减产粮食0.21亿千克。

荆州地区当年受灾面积781.80万亩，其中成灾面积481.69万亩，无收面积256.98万亩，减产粮食9.18亿千克，比1979年减产21.0%；棉花减产145.79万担，比1979年减产32.6%；油料减产81.5万担，比1979年减产80.7%，见表3-3-14。

表3-3-14　　1980年荆州地区受灾情况统计表

县别	受灾面积/万亩	其中		备注
		成灾面积/万亩	绝收面积/万亩	
江陵	41.93	33.53	17.29	减产粮食0.8亿kg
监利	125.00	94.74	62.55	减产粮食1.75亿kg
洪湖	82.37	68.69	38.55	减产粮食0.835亿kg
公安	71.23	57.10	33.60	减产粮食1.64亿kg，倒房10965间，死亡18人
松滋	33.90	21.10	12.80	
石首	22.77	15.42	7.35	减产粮食0.335亿kg
沔阳	105.00	35.69	6.00	减产粮食1.735亿kg，倒房5000间
潜江	101.80	63.70	26.70	
荆门	55.60	42.00	27.50	减产粮食0.33亿kg，倒房26870间，死亡16人

续表

县别	受灾面积/万亩	其中		备注
		成灾面积/万亩	绝收面积/万亩	
天门	89.20	38.10	24.64	减产粮食0.56亿kg、棉花30万担、油料1.59万担，倒房841栋，死亡9人
钟祥	27.00			
京山	26.00	11.62		减产粮0.205亿kg
合计	781.80	481.69	256.98	减产粮食9.18亿kg

五、1981年大水

1981年7月，长江上游发生了一次区域性特大洪水，这次洪水的危害主要在上荆江。

当年7月9—11日，岷、沱江及嘉陵江中下游出现暴雨，3天降雨量50毫米以上范围为13.7万平方千米，100毫米以上范围为4.37万平方千米，200毫米以上范围为3.7万平方千米，嘉陵江北碚站最大洪峰流量44800立方米每秒，沱江李家湾站最大洪峰流量15200立方米每秒，岷江高场站最大洪峰流量25900立方米每秒。三江洪水汇入长江，相遇叠加，使长江上游干流水位猛涨10～20米，寸滩水位5天内陡长20.35米，7月15日一天涨幅达10.37米，7月16日最高水位191.40米，洪峰流量85700立方米每秒，重现期超过100年一遇，为自1892年有水文记录以来最大洪水年，与1905年相近（1905年洪水位191.54米），是四川省1949年以来最大的一次洪水年，受淹农田1312万亩，因灾死亡888人。

这次洪水过程，所幸暴雨持续时间不长，洪水历时短，重庆以下包括乌江及三峡区间，中下游两湖地区基本无雨，洪峰直下，经河槽湖泊调蓄后，7月18日，宜昌洪峰已减为70800立方米每秒，19日最高水位55.38米。7月19日枝城最高水位50.74米，最大洪峰流量71600立方米每秒，水位略高于1954年水位（50.61米）0.13米，流量小于1954年的71900立方米每秒。7月19日13时沙市水位44.46米，流量54600立方米每秒，是有记录以来的最大流量。

当年荆江河段虽峰高量大，但由于中游干流及洞庭湖水位较低，江湖调蓄作用显著，监利城南水位35.77米，流量46200米每秒，城陵矶7月22日水位只有31.70米（当年最高水位31.71米，7月29日洞庭湖最大出湖流量22300立方米每秒）。螺山7月22日最大流量50500立方米每秒。尽管枝城流量与1954年洪峰相似，但由于此时洞庭湖可供调蓄的湖容约110亿立方米，削减洪峰达38.4%。荆南三口分流量22427立方米每秒，占枝城来量的31.4%。由于三口分泄大量洪水，加之荆江两岸天气晴好，沿江各县7月、8月降雨偏少，岳阳还出现了历史上罕见的大旱。此次洪峰“前无阻挡，后无追兵”。荆江两岸虽一度出现防汛紧张局面，但干流在城陵矶以下均低于警戒水位，荆江两岸堤防安全度汛。

受此次洪水过程影响，松滋县受灾最重。7月10—12日，松滋县普降大雨（8月降雨量114毫米），平原湖区部分受涝。7月19日松滋河水位上涨，21时新江口水位46.09米，东支沙道观水位45.40米，松滋河分流量11030立方米每秒，水位为有记录的最高水位。7月18—19日，干堤外民垸溃决8处（毛家尖、李家嘴、江心、沙道观、新华、团山、合兴、关洲）淹田3.1万亩，受灾人口2.58万人，倒房271户。新江口镇的十字街头至大桥头一段漫水0.3～1.0米，可行小舟。

是年，汉江属一般性洪水年，8月26日皇庄最大流量12600立方米每秒，新城8月27日最高水位41.88米，8月26日最大流量11800立方米每秒，仙桃站8月26日最高水位35.14米，8月27日最大流量8660立方米每秒，东荆河陶朱埠8月27日最高水位38.77米，8月26日最大流量2450立方米每秒。

六、1983年洪涝灾害

1983年，荆州地区遭受了严重的洪涝灾害。荆江两岸和汉江两岸的平原湖区均发生了严重的内涝灾害。7月沙市以下各站及荆南河流均出现较高洪水位，10月初，汉江、东荆河出现了大洪水。

入汛后，荆州暴雨频繁，雨势凶猛，范围广，持续时间长，仅6—7月全区累计降雨量619毫米，降雨量超过500毫米的有江陵、潜江、沔阳、京山4县；超过600毫米的有松滋、荆门、监利、洪湖4县；接近或超过700毫米的有公安、天门、钟祥3县。除沔阳、石首两县外，其余各县两个月的降雨量占常年平均值的40%～50%，其中钟祥占70%以上。荆州地区一反“北旱南涝”一般规律，丘陵山区县继6月、7月两月大雨后，9月、10月两月又连降大到暴雨，9月和10月荆门、钟祥、京山3县月降雨量都在200毫米左右，十分罕见。10月，荆门、钟祥、京山3县大中小型水库发生3次暴雨过程，库水位上涨迅速，部分水库溢洪。钟祥县的温峡、石门大型水库溢洪水量2.439亿立方米，中型水库铜钱山、北山、龙峪湖水库溢洪水量0.133亿立方米；京山县有7座大中型水库、122座小型水库溢洪，溢洪流量451.6立方米每秒。

荆州地区7月降雨大于100毫米的范围有33576平方千米，大于200毫米的范围有30995平方千米，大于300毫米的范围有13669平方千米，大于500毫米的范围有25平方千米。1983年荆州地区各地6—8月降雨情况见表3-3-15。

表3-3-15　　1983年荆州地区各地6—8月降雨情况表　　单位：mm

县别	全年降雨量	其中6—8月降雨量	县别	全年降雨量	其中6—8月降雨量
江陵	1479.3	735.1	潜江	1557.0	730.0
松滋	1625.0	799.0	沔阳	1608.0	653.0
公安	1603.0	893.0	天门	1783.7	889.0
石首	1171.0	534.0	荆门	1348.8	702.0
监利	1596.0	830.0	钟祥	14383.3	766.0
洪湖	1762.0	735.0	京山	1433.9	723.0

长江入汛比往年提前20多天，5月底沙市水位就超过40.00米。汛期降雨主要在三峡以下地区，尤其是洞庭湖来水早，6月20日洞庭湖四水入湖流量11400立方米每秒，23日增至21700立方米每秒。7月17日宜昌流量51900立方米每秒，沙市17日水位43.67米，18日监利城南最高水位36.73米，相应流量37900立方米每秒，水位超过1980年同期最高水位（36.19米）0.54米，与洞庭湖水入江流量遭遇（出湖流量29800立方米每秒），

19 日螺山最高水位 33.04 米（比 1954 年最高水位低 0.13 米），流量 62300 立方米每秒。监利沿江溃（扒口）口洲垸 15 处，淹没农田 8 万亩，是荆江两岸受灾最重的县。

由于持续的强降雨和受外江水位偏高影响，致使荆江、汉江两岸大范围农田受涝。

7 月 4 日，澧水水库开启两孔溢洪，溢洪流量 1010 立方米每秒。松滋境内普降暴雨，迫使 8 座小（1）型水库溢洪。造成澧水下游沿岸的朝阳、曙光、西湾、贯川等 4 个民垸漫溃。街河市至杨林市公路被淹。全县受灾农田 36.9 万亩，其中 9.5 万亩绝收，全年粮食减产 0.27 亿千克。

公安县 6 月降雨量多达 452.0 毫米，7 月又降雨 271.0 毫米。7 月 5 日，受松东河高水位和澧水溢洪影响，王家大湖丰鲍岭堤段溃口（淹没老澧水河公安境内以西地区），淹及 34 个大队，受灾 7530 户，损坏房屋 14988 间，损失粮食 64.33 万千克。7 月 8 日，松西河郑公渡水位 41.94 米，松东河黄四嘴水位 40.50 米，分别超过 1954 年最高水位 0.32 米、0.88 米。由于外江水位高，牛浪湖、法华寺等大型排水泵站和一部分小型外排站一度被迫停机，加重了内涝。当年 8 月与 1980 年 8 月相比较降雨量偏少，大型电排站停机次数比 1980 年少，支堤没有出现溃口。内涝灾害比 1980 年要轻。全县受灾面积 13.92 万亩，其中绝收面积 4.46 万亩。

从 6 月 11 日至 7 月 31 日，四湖地区累计降雨量 487.4 毫米，共产水 36.7 亿立方米，同 1980 年相比少产水 5.47 亿立方米，一级电排站排水量仅比 1980 年少排 1.53 亿立方米，河湖调蓄比 1980 年多 0.97 亿立方米，自排量比 1980 年多 0.71 亿立方米，分散调蓄（含淹田）比 1980 年少 6.1 亿立方米，见表 3-3-16。没有采取大面积分洪措施，但是局部地方，如江陵县 10 月 23 日和 26 日在马子湖和九店采取了分洪措施，淹田 10680 亩。从汛期总雨量来看，1983 年比 1980 年要多，但降雨没有 1980 年那样集中，以 5～7 天一次暴雨水量来比较，1983 年仅为 1980 年的 68%。总体来讲，内涝灾害没有 1980 年那样严重。但因外江水位高且持续时间长，沿江电排站如半路堤、螺山等大型泵站和一部分小型外排站一度停机，以及临时限制内垸二级站运行，致使内垸受涝严重。10 月 25 日，长湖水位高达 33.30 米，是长湖有水文记录以来的最高值，比 1980 年最高水位（33.11 米）高 0.19 米，受高水位影响，荆州城西门淹水，水深 0.6 米，北门、小北门、南门也先后淹水，行人靠船摆渡。四湖地区受涝面积 215 万亩，其中绝收面积 54 万亩。

表 3-3-16　　四湖地区 6 月 11 日至 7 月 31 日雨、水情及蓄排情况表

分区	内垸排水面积 /km²	累计面雨量 /mm	平均径流系数	径流量 /亿 m³	蓄排情况/亿 m³				
					自排	一级电排	河湖调蓄	分散调蓄	调配情况
上区	3239.8	459.1	0.579	8.61	1.71	—	4.96	—	泄入中区 1.94 亿 m³
中区	5045.0	518.0	0.770	20.06	—	11.62	6.10	0.43	泄入螺山区 0.53 亿 m³、下区 1.38 亿 m³
螺山区	935.3	423.3	0.809	3.18	—	2.94	—	—	排湖水 0.53 亿 m³，进排涝河 0.22 亿 m³
下区	1154.7	484.6	0.860	4.85	2.50	3.60	—	0.11	排中区 1.38 亿 m³
合计	10374.8	487.4	0.726	36.70	4.21	18.16	11.06	0.54	

注　1. 上区径流量未包括水库、堰塘拦蓄水量。

2. 中区径流量在计入上区来水和外江引水量后为 22.03 亿 m³。

1983年10月，汉江流域上中游出现了仅次于1935年的大洪水。从7月初至10月27日，汉江先后出现大小洪峰12次，防汛历时109天。当年汉江流域气候异常，降雨量多，汛期长，出现的水雨情及其时空分布不均为历史罕见。7—10月雨量为历年同期平均的1.6倍，其中10月雨量为历年同期平均的2.8倍，10月3—6日丹江口以上流域平均降雨128毫米，暴雨中心的观音堂达227毫米。7—10月的径流量为历年同期平均的2.3倍，其中10月为历年同期平均的4倍，丹江口水库入库流量超过10000立方米每秒的洪峰有11次，超过30000立方米每秒的洪峰有2次，其中一次发生在10月，洪峰流量达3.35万立方米每秒。

10月3—6日，丹江口以上10万平方千米的广大地区，再次普降大到暴雨，一般降雨量为120～150毫米，最大达219毫米；丹江口以下，一般降雨量为130～170毫米。10月6日，丹江口水库入库最大流量34200立方米每秒，比1949年以来汉江最大洪水的1964年流量大10100立方米每秒，累计入库洪水量95亿立方米，比1964年汉江上游洪水总量多7亿立方米。与此同时，汉江中游区间的唐白河、南河、滚河、蛮河均出现大洪峰，最大入江合成流量8500立方米每秒，比1964年多1450立方米每秒，区间总水量25亿立方米，比1964年多5.2亿立方米，为1935年以来最大的一次大洪水。10月7日19时，丹江口水库最高水位达到160.07米，超过设计蓄水位3.07米，超蓄24.3亿立方米。10月7日，丹江口水库开启12孔溢洪，溢洪流量达19600立方米每秒，加上区间流量，皇庄10月8日的水位为50.60米，相应流量26100立方米每秒（注：碾盘山1973年迁至皇庄，碾盘山站撤销）。8月14日，新城水位44.32米，相应流量22800立方米每秒。为保证汉江干堤安全，10月7日16时在邓家湖隗路口炸堤分洪，口门宽348米，最大进洪流量6000立方米每秒，历时24小时，分洪总量4.18亿立方米，淹没耕地8万亩。扒口时相应皇庄水位50.14米，流量22800立方米每秒，沙洋水位43.36米，流量19700立方米每秒。10月8日13时，又在小江湖黄堤坝炸堤分洪，口门宽386米，最大分洪流量6500立方米每秒，历时27.5小时，分洪总量6.24亿立方米，平均削减洪峰流量3500立方米每秒，淹没耕地十余万亩。扒口时皇庄水位50.62米，流量26100立方米每秒，2小时后沙洋水位开始回落，27小时内退水0.3米。10月9日16时30分小江湖蓄满吐洪，沙洋水位开始回涨，涨率以10日3时为最大，1小时涨0.26米（这种涨率是小江湖下游堤防漫溃，口门迅速扩大涮深，吐洪猛增的结果），至10日9时共回升0.52米，超过总降落0.18米，达到44.50米的高水位，相应流量22800立方米每秒，成为沙洋站的第二次峰。由于两湖蓄洪外吐，拉长了整个退水过程，同时皇庄以下各站都出现了复峰，大王庙以下各站，后峰均超过了前峰，其值在0.15～0.38米之间（注：新城站1980年迁至沙洋，新城站撤销，1983年新城水位、流量实为沙洋站数据），见表3-3-17。

10月10日下午2时，沙洋围堤（1971年修筑）溃口，沙洋镇城区部分被淹，水深2米。

10月7日11时30分杜家台闸前水位35.12米，30孔全开，闸门开启高度1.8米，最大流量5150立方米每秒，16日关闸，历时206小时，分洪总量22.53亿立方米。下游黄陵矶闸10月8日18时开闸泄洪，流量1575立方米每秒，泛区水位继续上涨，9日17时炸开“洪北大垸”蓄洪。11日，仙桃站流量仍有13800立方米每秒，水位36.2米。10月17日开始，汉江流域又复降雨，丹江口水库溢洪流量13300立方米每秒，预计新城21

表 3-3-17　　1983年10月洪水邓家湖、小江湖分洪效益分析表

站名	历年最高水位		保证水位/m	实测最高水位		邓小民垸不分洪最高水位		分洪后水位降低值/m			堤顶高程/m
	水位/m	日期		水位/m	日期	水位/m	日期	邓家湖	小江湖	邓小分洪	
沙洋	44.36	1964年10月9日	44.36	44.50	1983年10月10日	45.64	1983年10月9日	0.36	0.78	1.14	
新城	44.28	1964年10月9日	44.28								45.50
仙桃	36.22	1964年10月9日	36.30	36.20	1983年10月11日	38.80	1983年10月9日	0.80	1.80	2.60	37.50
汉川	31.16	1964年10月10日	32.00	31.12	1983年10月11日	33.40	1983年10月9日	0.70	1.58	2.28	32.60

注　杜家台分洪流量为5100m^3/s。

日8时流量19700立方米每秒。为控制新城流量在16900立方米每秒以下，继续利用邓家湖和小江湖调蓄，21日12时18分，杜家台再次开闸分洪，最大分洪流量2860立方米每秒，历时80小时42分钟，分洪总量5.54亿立方米，汉江各站水位开始回落。10月底汛期结束。

汛期，汉江上堤防守劳力最多时有20.62万人，解放军有3869人参加防汛抗洪。共发生各类险情383处，其中散浸247处、管涌93处、脱坡3处、裂缝8处、浪坎6处、崩滩12处、崩岸7处、闸门漏水7处。

当年受灾人口90903人（转移安置49432人），淹没耕地20.34万亩。

10月10日22时，东荆河陶朱埠洪峰水位42.11米（低于1964年洪峰水位42.26米），洪峰流量4880立方米每秒（低于1964年洪峰流量5060立方米每秒），11日，新沟嘴最高水位39.05米，高出1964年最高水位（39.04米）0.01米，11日，杨林尾最高水位32.17米，高出1964年最高水位（31.07米）1.1米。为保证东荆河行洪安全，10月7日17时联合垸破口行洪（面积64平方千米），上口在邹家塌，爆破口门宽1000米，下口在棕树湾，爆破口门宽460米。10月8日14时，天星洲亦爆破行洪（面积18平方千米），上下口门宽各100米，敖家洲（面积0.8平方千米）、王小垸（面积6.7平方千米）亦于7日、8日先后扒口。其他洲垸，除天合垸（面积18.87平方千米）、塘林湖（面积7.2平方千米）、郭梁洲（面积0.7平方千米）3垸保留未破外，余皆溃决，淹没农田13.42万亩，受灾4.11万人。由于围垸扒口口门宽深不够，加之联合大垸围垦后，河床缩小，滩头淤高，白庙建桥处拦河坝（临时车道）阻水，沿堤各泵站（主要是高潭口泵站）排入东荆河流量增加等，使中、下游洪峰水位普遍高于1964年，防汛异常紧张，一部分堤段靠临时加子堤挡水。最高上堤防汛劳力10.75万人。

东荆河汛期出现险情303处，其中散浸179处、管涌102处、漏洞8处、裂缝4处。

对于1983年丹江口水库10月洪水的调度问题，“汛末蓄水位有值得总结之处。若严格按汛期水位控制，拦蓄9月29日一场小洪水，虽说超蓄和民垸分洪不可避免，但可以缓解当时的防洪形势，也会减少一些损失。”“9月底汉江已到汛末，水库可根据预报情况考虑开始蓄水，该年10月3日前还预报无雨，为争取多发电，9月30日水库蓄水位达到156.60米（规定9月末汛限水位152.50米，10月1—10日可逐步蓄水至正常蓄水位157.00米）。”10月3日风云突变，上游开始降雨，且降雨范围和强度迅速扩大，丹江口

水库满库迎洪，为保证大坝安全，采取紧急措施下泄，使下游造成重大损失。（《中国江河防洪丛书·长江卷》）

受汉江、东荆河高水位影响，沿江涵闸均不能自排。沿汉江各县9月、10月平均降雨量425毫米，比多年平均雨量（150毫米）多275毫米，内涝灾害严重。沔阳县因杜家台两次分洪，堵死全县排水出路时间长达28天，排湖泵站被迫停机，失去排水能力。杜家台分洪之水倒灌通顺河63千米，沙湖水位达27.84米，200多千米民垸围堤全面防汛。同时境内降雨300多毫米，全部洪水滞留垸内，沔阳县受灾面积79万亩。

7月上旬，钟祥、京山普降大到暴雨。石门、石龙、吴岭、大观桥、绿水堰、石堰口、清水垱等7个水库相继溢洪。钟祥石门水库溢洪流量达158立方米每秒。7月5日8时，天门汉北河黄潭站水位涨至30.35米，高出1980年最高水位0.33米。10月中旬，天门、钟祥、京山普降大到暴雨，天门城关地区降雨156毫米，石门、惠亭、吴岭等水库再次溢洪。汉北河因受汉江高水顶托，所有剅闸被迫关闭，持续40天之久。天门境内天渔、天石、天皂公路渍水深达数尺，交通中断，全县渍涝灾害十分严重，71.6万亩农田成灾，倒塌房屋1109栋，冲决民垸119处，冲坏小桥、剅闸960座，城关镇有10个工厂被迫停产半月，粮食减产1亿千克。

荆门滨湖地区渍涝达1个月之久，加之邓、小江湖分洪，荆门县受灾农田91万亩，成灾农田51.9万亩，受灾人口30.3万人，倒塌房屋10.38万间。

钟祥县10月8日南泉垸、官庄湖斗山堤溃口。全县受灾面积48.0万亩。由于6—10月降雨量偏多（896毫米），山洪暴发，温峡、石门大型水库溢洪水量2.439亿立方米，铜钱山、北山、龙峪湖等中型水库溢洪水量0.133亿立方米。

京山县，全年降雨偏多，其中6月20日至7月23日降雨量为593毫米，降雨集中、范围广、时间短、强度大，6月、7月两月降雨接近或超过700毫米的有坪坝、三阳、罗店，其他均在500毫米左右，造成南部河流泛滥，中北部山洪暴发，河水猛涨。7月4日上午，大富水河黄岩畈水文站洪峰流量1480立方米每秒，超过1980年最大洪峰流量1000立方米每秒。永隆河流量达到1000立方米每秒，河水超过河岸1米，加上河道上游的石门、石龙两处大中型水库溢洪（流量250立方米每秒），钟祥长滩、马家坝先后溃口，洪水直下，河水位升至33.65米，比1980年的最高水位还高0.43米，下游受汉北河顶托，有3.5万亩棉田被淹，一片汪洋，永隆镇被洪水围困半月之久。全县大、中、小型水库溢洪流量达451.6立方米每秒。全县被冲毁、淹没农田18万亩，其中绝收农田10.5万亩，倒房243间，死亡7人。

1983年7月3—10日，淹水水库上游普降大暴雨，平均雨量达339.2毫米，形成淹水流域自1935年以来的最大洪水，也是建库25年后的最高洪水位。7月之前，淹水流域连续5天普降大暴雨，山溪河流和沟渠已达饱和状态。7月初，历时8天的暴雨中心在五峰县大栗树，3天暴雨量348毫米，最大1日降雨量192毫米，洪水量3.59亿立方米，为水库总库容的60%，对水库造成巨大威胁，见表3-3-18。

1983年7月4日，淹水水库入库流量为2660立方米每秒，20时库水位达到93.48米，超汛限水位1.48米，情况万分危急，经荆州地区防指批准，决定开启木匠湾溢洪道3孔泄洪。接地区通知，水库防指一方面通知下游做好防洪和转移工作，另一方面密切注

表 3-3-18　　沮水流域"83.7"暴雨分布情况表　　单位：mm

站　名	暴　雨　量								合计
	1983 年 7 月 3 日	1983 年 7 月 4 日	1983 年 7 月 5 日	1983 年 7 月 6 日	1983 年 7 月 7 日	1983 年 7 月 8 日	1983 年 7 月 9 日	1983 年 7 月 10 日	
清水湾	31	146	80	73	1	5	25	33	394
大栗树	28	192	90	66	2	2	26	29	435
仁和平	28	159	57	69	5	2	8	17	345
太平街	13	148	74	110	7	4	25	20	401
川山	12	110	42	68	13	0	19	20	284
子良坪	9	101	58	66	8	2	23	26	293
曲尺河	7	181	31	65	12	1	5	7	309
乌溪沟	28	120	30	82	10	5	16	7	298
皮家冲	25	99	57	90	14	11	21	5	322
大岩嘴	28	91	36	45	3	5	9	12	229
面平均暴雨量	10.7	144	57	72.9	6.4	36	175	181	339.2

意上下游的水雨情变化。下游大湖公社西湾围堤水位离堤顶仅 0.1 米，7 月 4 日 2 时，根据当时水势情况，水库报荆州地区防指同意开 2 孔泄洪，以减轻 3 孔下泄和洛河洪水汇合对沿河两岸造成的重大灾害。泄洪流量 1010 立方米每秒，5 日 1 时，库区最高水位 94.10 米，水库溢洪时正值洛河洪峰来汇（洪峰流量 900 立方米每秒）。通过断山处洪峰流量达 2450 立方米每秒。7 月 5 日 6 时 40 分，为了与下游松西河错峰，泄洪闸门关闭 1 孔，仅开启 1 孔泄洪 7 个小时多，为松西河安全过峰创造了条件。

省、地领导对该年防汛排涝工作抓得主动及时。6 月初，湖北省委书记关广富、省军区司令员王申带领有关部门负责人检查了荆州防汛工作；长江防汛紧张时，省委常委李海忠、省人大常委会副主任石川亲临前线组成荆江前线指挥部，直接指挥荆州的防汛抗灾工作。地委、行署和各县（市）党政领导高度重视防汛抗灾工作，成立各级防指 81 个，正副指挥长有 756 人，完成江河堤防整险加固 363 处、土方 1848.2 万立方米、石方 72.21 万立方米；调运汽柴油 330 吨、麻袋 58 万条、石料 6.5 万立方米，消除白蚁巢 432 窝，处理大堤散浸 2 处。汛期，地委、行署领导坐镇防汛前线直接指挥，抽调党政军各行各业干部 200 多名，组成 75 个工作组，分赴到长江防汛第一线，督办检查，协助县（市）指挥防汛抗灾工作。10 月，汉江发大水，地委、行署在沙洋成立"汉江前线防指"，10 月 5 日，省政协副主席胡恒山坐镇沙洋前线指挥部，地委书记赵富林、副书记段永康、行署副专员徐林茂赴前线坐镇指挥，地区防指加强调度管理，充分发挥各类水利工程的作用。至 10 月底，全区除自排外，电力排水 96 亿立方米，仅四湖地区就向外江排水 43 亿立方米。据统计，全区严重受涝面积 576 万亩，粮食减产 5.59 亿千克（总产 50.38 亿千克），比上年减产 11%；棉花比上年增产 24.84 万担；油料减产 71.52 万担（总产 125.8 万担），比上年减产 37.0%。受灾人口 225 万人，倒塌房屋 42921 间，死亡 36 人，伤残 378 人，冲毁公路 1137 处、桥梁 657 座。

七、1991 年洪涝灾害

入汛以后，长江、汉江中下游广大地区发生了 3 次连续大范围的暴雨过程，造成山洪暴发，平原湖区大面积受涝。前两次暴雨并未造成大面积涝灾，造成灾害的主要是第三次暴雨过程：从 6 月 30 日开始至 7 月 12 日，荆江南岸平均降雨量 417 毫米，北岸平均降雨量 440 毫米，根据 1991 年 6 月 29 日至 7 月 11 日雨量等值线显示，松滋降雨量在 300～400 毫米之间，部分地区超过 400 毫米；公安降雨量在 350～450 毫米之间，部分地区超过 500 毫米；石首江南降雨量在 300～400 毫米之间；江陵降雨量在 400 毫米左右；监利中部、西部降雨量为 500～600 毫米，南部降雨量在 400 毫米左右。四湖中区雨量为 100 年一遇，其他地区为 10～20 年一遇。汉江天门平均降雨量 505 毫米，为同期 100 年一遇，降雨量最多的多祥、横林镇为 629 毫米；仙桃平均降雨量 623.0 毫米。钟祥平均降雨量 303.4 毫米，为近年所罕见。

这次暴雨在荆江南岸和汉江流域各有一个中心，荆江南岸的暴雨中心在石门、澧县一带，最大降雨量 569 毫米，另一个降雨中心在仙桃市的三伏潭，雨量 786 毫米，为 1000 年一遇。雨带宽 40 千米左右，经湖南的澧县、津市，公安的郑公渡、孟溪，石首的横沟市，监利的汪桥、新沟嘴至仙桃通海口、三伏潭，天门的横林、多祥、干驿入汉川境。

此次大雨笼罩面积（指荆州地区境内）大于 100 毫米的范围有 3.35 万平方千米，大于 200 毫米的范围有 3.27 万平方千米，大于 300 毫米的范围有 2.45 万平方千米，大于 500 毫米的范围有 0.27 万平方千米，大于 700 毫米的范围有 53 平方千米。1991 年荆州地区各地降雨情况见表 3-3-19。

表 3-3-19　　1991 年荆州地区各地降雨情况　　单位：mm

县　别	全年降雨量	其中	其　中	
		6—8 月降雨量	7 月降雨量	8 月降雨量
江陵	1108.0	422.0	372.0	43.0
监利	1431.0	587.0	398.0	44.0
松滋	1103.0	478.0	408.0	44.0
公安	1241.0	563.0	386.0	99.0
石首	1226.0	506.0	341.0	59.0
洪湖	1675.0	684.0	375.0	168.0
天门	1353.0	700.4	402.4	83.4
潜江	1278.5	624.2	366.4	97.1
仙桃	1645.4	885.7	620.2	70.4
钟祥	921.2	514.2	172.3	104.7
京山	1120.7	620.1	298.3	120.2

由于暴雨持续时间长、强度大、范围广，给全区工农业生产造成了重大损失。

松滋主要在东部平原湖区，米积台雨量547毫米，湖区内渍水位均超历史最高水位，老洈水河水位高达40.5米，两岸有6.6千米的堤段加筑子埂挡水，全县有20座水库调洪溢洪。洈水水库3次开闸溢洪，弃水1.71亿立方米，北河水库泄洪达半月之久，弃水量0.129亿立方米。全县受灾农田64.6万亩，其中绝收面积26.4万亩，冲毁耕地1.23万亩。暴雨过后又久晴少雨，转而受旱，21座小型水库无水可取，3.78万口塘堰中有2.42万口干涸，34条溪沟断流，3万人、0.6万头大牲畜饮水困难。

7月1—12日，公安县持续降雨，7月9日一天降雨量146.5毫米，玉湖、淤泥湖、北湖等内湖水位均超历史最高水位，全县严重受涝面积30.5万亩。

此次降雨四湖地区产生径流31.8亿立方米，见表3-3-20。由于上下游统一调度，大力向外江抢排，避免了分洪，7月18日洪湖最高水位26.96米，比历史最高水位（1980年最高水位26.92米）高0.04米；长湖7月15日22时，最高水位33.01米。有113.8万亩农田成灾，其中江陵县14.3万亩、监利县41.9万亩、潜江县23.0万亩、洪湖县29.6万亩。此次降雨虽然范围大，但大暴雨的范围并不大，四湖地区产水量比1980年和1983年的产水量分别少9.48亿立方米和4.92亿立方米。1991年和1983年比较，一级电排站增加了田关、杨林山、新滩口3站，设计流量513.5立方米每秒。24小时可排水4436万立方米。由于加强了统排，减轻了灾害造成的损失（7月16日前后，因外江水位高，半路堤、螺山等大型泵站一度停机）。

表3-3-20　　6月30日至7月12日雨、水情及蓄排情况表

分区	内垸排水面积/km²	累计面雨量/mm	平均径流系数	径流量/亿m³	蓄排情况/亿m³				
					自排	一级电排	河湖调蓄	分散调蓄	调配情况
上区	3239.8	279.06～364.3	0.635～0.85	6.9600	—	1.6693	5.2907	—	其中向中区排水0.8957亿m³
中区	5045.0	376.0～485.0	0.79～0.91	18.4827	—	11.0720	7.4107	—	入螺山排区0.64亿m³
螺山区	935.3	349.0	0.79	2.6890	—	2.4021	—	0.2869	洪湖排入0.64亿m³
下区	1154.7	400.0	0.815	3.6426	—	3.6177	—	0.0249	—
合计	10374.8	440.0	0.84	31.7743	—	18.7611	12.7014	0.3118	—

沔阳县6月30日至7月12日，连降大雨，18个雨量站中，降雨700毫米以上的有2个，600～700毫米的有4个，500～600毫米的有9个，500毫米以下的有3个，全县平均降雨量623.9毫米，三伏潭站降雨量786毫米，西流河站降雨量868.6毫米，达到和超过1000年一遇。由于连降大暴雨，全县228个村的宅基被淹，仙桃城区干道漫水0.5～1.0米，内垸主要河渠和堤垸普遍挽子埂挡水。排湖、沙湖站受外江高水位影响，超设计运用（排湖泵站8日20时至12日14时超驼峰运行82小时）。为抢排渍水，全县开启大小泵站204处，容量6.5万千瓦，动力8.5万马力。严重受涝面积80万亩。

天门县受连续降雨影响，汉北河水位从7月初开始上涨，7月3—10日，水位一直稳定在30.30米左右，7月10日，洪峰水位达30.37米，比1983年洪峰水位高0.04米，沉湖从7月3日起，水位一直处在27.30米以上，7月11日最高水位达27.55米，比1983年高0.14米。全县农田受灾面积93.61万亩，其中绝收需要改种的有52.47万亩，面对严重的洪涝灾害，全县电排站开机3.7万千瓦，开柴油机6.45万马力，动用水车1.4万部。7月28日全市受渍农田全部排出，通过套种、补种、改种等措施，基本做到了不空一块田，将灾害损失尽量减少，仍然获得了较好收成。

钟祥县6月29日至7月8日，全县普降大到暴雨，平均降雨量303.4毫米，大小水库爆满，部分地区山洪暴发，水库调蓄洪水4.5亿立方米，超蓄洪水2亿立方米，减轻了水库下游的灾害损失。全县25个乡、镇、场不同程度遭受水灾，内涝面积达78万亩。从6月12日开始，全县29处电排站开机82台，共1.11万千瓦，临时组织电机5200台套、柴油机4600台套，抢排渍水，至7月13日，涝灾基本解除。

由于“91.7”型暴雨影响，致使荆州地区大小水库来水总量、溢洪和调蓄洪数量、水库蓄水量均超历史。13天水库来水总量15.3亿立方米，溢洪和调洪水库达到29处，48座水库超历史最高水位，其中大中型7处（惠亭、北山、峡卡河、八字门、铜钱山、文家河、叶畈）。“91.7”型降雨过程，全区水库共拦蓄洪水15.3亿立方米（1980年全年15亿立方米，1983年全年13.3亿立方米），其中库蓄洪水5.82亿立方米，安全溢洪和调洪9.48亿立方米，水库最大下泄流量2722.2立方米每秒。

当年长江上游的来水量属正常偏少。宜昌8月16日最高水位52.30米，最大流量50400立方米每秒（8月14日）。8月14日松滋河最大分流量6420立方米每秒。沙市8月4日最高水位42.86米。但由于洞庭湖水系沅水和澧水洪量较大，尤其是澧水7月上旬发生4次洪峰，最大洪峰流量15600立方米每秒（7月6日石门站）；沅水（7月13日）最大洪峰流量19600立方米每秒，7月16日洞庭湖的出湖流量（七里山）达到30300立方米每秒，水位33.53米，与荆江洪水遭遇。受其顶托，7月16日监利水位达36.00米，相应流量32700立方米每秒，螺山7月16日洪峰流量57700立方米每秒，水位32.52米。

汉口7月17日出现洪峰水位27.12米，相应洪峰流量66700立方米每秒，仅次于1954年。

汉江当年洪水来量不大，8月8日新城站最大流量10400立方米每秒，水位39.68米；8月9日东荆河分流量（陶朱埠站）1420立方米每秒，水位36.54米，东荆河因受长江水位顶托影响，杨林尾以下共设防20天，其中超警戒水位以上13天。

“91.7”型暴雨过后，久晴少雨，自7月中旬以后至10月底，降雨量偏少，只有正常年份降雨量的25%～30%，农田受旱，部分山区人畜饮水困难。

据统计，全区受渍农田997万亩，其中严重受灾666万亩、绝收305万亩（早稻66万亩、中稻86万亩、双晚苗田19万亩、棉花67万亩、其他作物67万亩），因灾倒塌房屋9.17万间，损失存粮8336万千克，1483家工业企业进水被迫停产，冲毁公路2662处350多千米，损坏电杆3411根、线路3.2万米，冲毁桥梁260座，冲毁水利工程4200处，死亡91人，伤2847人，学校受损1656所（面积29.39万平方米），直接经济损失28亿元。灾情发生后，地委、行署进行了紧急动员和部署，集中领导、集中劳力、全力以赴抗洪排涝。其间，全区出动防汛排涝大军180万人，工作组406个，组织干部3.5万人，其中县处级干部325人，开启机电45万千瓦，排水量78亿立方米，其中一级站56亿立方米（地直新滩口、高潭口、田关三大泵站抽水量13亿立方米），洪湖、长湖调蓄水量13亿立方米。从6月29日至7月20日止，共耗电1.8亿千瓦时，耗油2.8万吨，抗灾开支达1.3亿元。

"91.7"降雨，虽说范围大，但大暴雨的范围并不大，荆江两岸只限于公安的中部、松滋的东部、江陵的东部边缘、监利的西北部、仙桃的中部和天门的东部。此次降雨的时间对早稻的影响并不很严重。7月中旬到10月底全区久晴少雨，部分地区出现了旱情，有利于对淹没农田进行补种、改种。特别是棉花，获得了比预计要好的收成。各地的抗灾能力与1983年相比较，有了明显的提高。粮食总产量59.17亿千克，与1990年相比，减产13.3%；棉花总产496万担，与1990年相比，减产5.5%；油料总产532万担，与1990年相比增产12.9%。

八、1996年洪涝灾害

1996年洪水是长江中下游梅雨期暴雨所形成的一场典型中游型洪水。

当年的洪涝灾害是自1954年以后受灾最严重的一次，尤其是内涝灾害特别严重。7月，长江中下游继1995年大水后，再次出现由洞庭湖水系洪水与干流区间鄂东北水系洪水遭遇而形成的中游型大洪水，使位于暴雨中心的监利至螺山河段及洞庭湖区诸站出现了中游区域性特大洪水。

梅雨期从6月19日至7月21日共持续33天，其间共发生7次强降雨过程。暴雨中心区降雨量在500毫米以上，其中6月26日、7月1—5日两次暴雨充填了中下游江河和湖泊。7月13—18日又发生了一次最为严重的致峰暴雨。此次暴雨中心稳定地笼罩在鄂东北支流—洞庭湖—沅、资地区，暴雨中心带5天暴雨量在200毫米以上。大雨笼罩面积大于100毫米的范围有27.8万平方千米，大于200毫米的范围有11.3万平方千米。与7月多年平均降雨量比较，洞庭湖偏多1倍以上，洞庭湖区各水文站几乎全部超过历史最高水位。根据长江委《长江96.7洪水主要特征的初步分析》载：6月19日至7月21日，长江中游的暴雨区有3个，一是澧水、沅水、清江最大暴雨600毫米，二是资水最大暴雨600毫米，三是洪湖、监利最大暴雨700毫米，另外鄱阳湖以东地区暴雨量在300～600毫米，以北地区暴雨量为800～900毫米。

根据荆州水文局《荆州市96.7暴雨洪水分析》载：大雨笼罩面积大于200毫米的范围有3.35万平方千米，大于300毫米的范围有3.31万平方千米，大于500毫米的范围有1.25万平方千米，大于700毫米的范围有0.34万平方千米，大于800毫米的范围有1614平方千米，大于900毫米的范围有226平方千米，大于1000毫米的范围有71平方千米（注：大雨笼罩面积含荆沙市、荆门市、仙桃市、潜江市、天门市）。

7月1—11日，荆江两岸的华容、岳阳、石首、监利、洪湖一带，降雨量普遍在500毫米以上，石首站466毫米，监利站550毫米，洪湖站817毫米，以监利尺八口站为最大，达899毫米，洪湖新堤站788毫米次之。处在四湖上区的荆州区降雨量为328毫米，潜江站338毫米，荆门站296毫米。

根据资料分析，以第三次降雨量为最大。7月14日2时至17日2时，四湖地区3日暴雨量重现期，洪湖周边为50年一遇，洪湖新堤站雨量445毫米为200年一遇；监利桐梓湖站雨量354毫米为80年一遇；洪湖螺山站雨量384毫米为100年一遇。

荆沙市5—9月降雨量为920～1439毫米，大于正常值4成的县（市）有松滋、荆州、钟祥、京山；大于正常值6成的县（市）有公安、石首、监利、洪湖。与1980年相比，洪湖偏多37%，石首、监利偏多5%以上。6—8月3个月降雨量松滋728毫米，公安896毫米，石首983毫米，荆州723毫米，监利1072毫米，洪湖1232毫米，钟祥768毫米，京山914毫米，与多年同期6—8月比较普遍偏多6成以上，与1980年6—8月相比较，洪湖偏多60%，公安、监利、石首偏多11%～20%；与1991年同期相比，洪湖偏多93%，监利偏多82%，石首偏多94%，公安、松滋、京山偏多50%左右，见表3-3-21。

表3-3-21　　1996年荆沙市各县降雨情况表　　单位：mm

县别	全年降雨量	其中6—8月降雨量	县别	全年降雨量	其中6—8月降雨量
松滋	1434.0	728.0	监利	1627.0	1072.0
公安	1412.0	896.0	洪湖	1964.0	1323.0
石首	1618.0	982.0	钟祥	1306.5	748.3
荆州	1382.0	723.0	京山	1475.4	910.6

1996年台风影响明显。1996年第8号台风影响荆沙市，8月2—4日，再次出现暴雨，加重了内涝灾害，洪湖降雨量90.2毫米，公安南平降雨量261毫米，荆州区降雨量104.8毫米，钟祥降雨量普遍在200毫米以上，最大395毫米（中山）、343毫米（路市）、334毫米（北山），京山降雨量240毫米（孙桥）。荆沙市"96.7"暴雨及台风降雨统计见表3-3-22，"96.7"监利、洪湖各乡镇降雨情况见表3-3-23。

表3-3-22　　荆沙市"96.7"暴雨及台风降雨统计表　　单位：mm

站名	7月		8月	累计	备注
	1—12日	13—31日	1—10日		
松滋	97.3	238.2	101.3	500	
公安	113.5	341.3	131.7	507	
石首	70.1	301.8	75.0	446	
荆州	127.3	193.5	127.6	456	
监利	261.9	255.1	33.2	550	
洪湖	129.7	593.8	90.2	817	
沙市	138.6	321.3	90.7	551	岑河站
江陵	122.3	161.0	114.3	398	滩桥站620mm
钟祥	255.6	96.5	247.4	767	
京山	296.3	222.7	102.9	400	

表 3-3-23　　“96.7”监利、洪湖各乡镇降雨情况表　　单位：mm

地名	7月		8月	累计	地名	7月		8月	累计
	1—12日	13—31日	1—10日			1—12日	13—31日	1—10日	
新沟	159.1	168.5	37.3	365	汊河	159.0	384.5	93.3	637
龚场	253.0	311.7	38.0	603	石码头	125.4	518.9	81.0	725
北口	182.6	155.5	40.6	379	白庙	114.2	227.2	74.0	415
分盐	322.0	336.0	75.0	733	黄家口	129.8	295.8	33.2	459
余埠	153.5	305.6	46.2	505	沙口	173.3	388.5	103.2	665
周沟	254.7	237.1	32.7	525	万全	158.6	391.8	90.6	641
毛市	242.5	227.5	51.0	521	新滩口	106.3	431.4	67.2	605
福田寺	320.5	409.7	46.6	777	大沙	156.0	417.8	89.8	664
汴河	226.3	453.8	87.2	767	峰口	182.2	290.1	86.0	558
朱河	213.0	440.1	186.3	839	燕窝	128.0	392.3	85.5	606
尺八	209.8	489.0	200.6	899	代市	166.0	256.0	117.0	539
白螺	150.6	404.9	87.0	643	龙口	111.5	393.5	37.0	542
三洲	176.0	383.8	207.9	768	新堤	128.4	575.6	84.2	788
桐梓湖	246.0	490.3	89.0	825	黄丝南	90.0	315.0	78.5	484
螺山	111.3	494.0	81.3	687	小港	114.8	370.1	63.2	548
水利局	221.9	306.5	30.2	559	长河口	101.7	336.1	61.0	499
府场	240.8	171.7	92.8	505					

（一）内涝灾害

内垸暴雨成灾，河湖库渠水位超历史。四湖地区7月1日至8月10日的降雨，分为3个阶段，7月1—12日为第一次降雨过程，7月13—31日为第二次降雨过程，8号台风登陆后，8月4—10日为第三次降雨过程。四湖有两个暴雨中心，一是荆沙城区北至习家口，东至熊河，南抵荆江大堤，普遍降雨量在500毫米以上，以滩桥620毫米为最大，其面积约900平方千米；二是从监利容城北至龚场、曹市、峰口抵东荆河，东至新滩口，南抵长江，普遍降雨量550毫米以上，以尺八口站899毫米为最大，新堤站788毫米次之，面积约4200平方千米。根据水情资料分析，以第二次雨量为最大，7月14日2时至17日2时，四湖地区3天暴雨重现期：中区为5～10年一遇，螺山区为30年一遇，高潭口为10～20年一遇，洪湖周边为50年一遇，下区为25年一遇。

四湖地区由于大范围降雨，产水量猛增，从7月1日至8月10日共产水42.7亿立方米，其中上区产水7.86亿立方米（含荆门、潜江4.25亿立方米），中区产水21.07亿立方米，下区产水6.3亿立方米，螺山区产水5.8亿立方米。沿江涵闸自排3.5亿立方米，一级电排21.15亿立方米，河湖调蓄9.18亿立方米，分散调蓄8.87亿立方米（其中分洪水量7.15亿立方米），见表3-3-24。长湖8月8日最高水位33.26米，仅次于1983年的33.30米，为有记录的第二位，7月25日洪湖水位27.19米，比1991年的水位（26.96米）高0.23米。洪湖水位在26.50米以上的时间持续31天。自7月19日以后，长江自监利至新滩口的外江水位，均超过了有水文记录以来的最高水位，大部分沿江泵站被迫先后停机。螺山电排站7月21日起被迫停机（8月6日再开机），即使此前未停机（7月14—21日），出力仅为设计的40%～50%。半路堤泵站停排11天。洪湖市沿江一级站（小型）全部停机。据统计沿江155千瓦的一级站在7月、8月两月的实际排水量为18474.7万立方米，有效工作天数仅50%，在排涝最紧张的7月中下旬，四湖中下区的一级外排泵站装机容量为86800千瓦。实际处于有效运行状态的只有53400千瓦，仅占62%，有近一半的装机容量闲置，无力参加统排，加重了内涝灾害。灾害主要集中在三大片，即螺山片、高潭口排区上片、下内荆河的上片，以中下区（螺山区）最为严重，其受灾程度仅次于1954年。据统计，四湖地区受灾人口186.92万人；有28个乡镇的农田尽成泽国，17个乡镇的13万人被洪水围困，交通中断，学校停课，受威胁的城镇达52个；损坏房屋32.47万间，倒塌房屋13.86万间；受灾农田面积364.2万亩，成灾面积235万亩，其中绝收面积165.9万亩，毁林3.2万亩，放养水面串溃155万亩，损失成鱼0.75亿千克；受灾企业867家。

表3-3-24　　7月1日至8月10日雨、水情及蓄排情况表

分区	内垸排水面积/km²	累计面雨量/mm	平均径流系数	径流量/亿m³	蓄排情况/亿m³				
					自排	一级电排	河湖调蓄	分散调蓄	调配情况
上区	3239.38	441.2	0.55	7.86		4.52	2.875		下泄中区0.4659亿m³
中区	5045.0	522.6	0.82	21.072					
螺山区	935.3	732.9	0.85	5.827					
下区	1154.7	641.2	0.85	6.295					
合计	10374.8			42.70	3.50	21.15	9.18	8.87	分散调蓄中含分洪7.15亿m³

注　1996年四湖地区一级外排站15处（含田关、老新），装机容量10.034万kW，设计流量1202.0m³/s。全市单机800kW以上泵站18处（不含田关、老新），装机容量11.78万kW，设计流量1355.0m³/s。

四湖地区的灾情以监利、洪湖为最重。

监利县：严重受渍面积达193万亩，占全县耕地面积的76.3%。其中，126万亩农田重复受渍，有不少农田连续5次受渍，监利中南部地区450平方千米一片泽国。此次特大洪水灾害造成104.4万亩农田绝收，减产粮食2.75亿千克，比上年减少24.5%，棉花减产25万担，比上年减少54.9%。水产品比上年减产21%，倒塌房屋8.64万间，毁坏桥梁162处，成灾人口64.2万人，因灾转移的灾民17.1万人（不含人民大垸农场管理区）。

洪湖市：受灾人口53.7万人，受灾农田96万亩，其中绝收64万亩，受灾养殖水面25.46万亩，其中减收14.9万亩，粮食减产1.5亿千克，比上年减产26.6%，棉花减产0.87万吨，比上年减产46.3%，水产品总产7.66万吨，比上年减产24.2%（不含大同、大沙农场管理区）。

荆南受灾情况如下。

松滋市：入汛以来，暴雨频繁，江河水位居高不下，持续设防30天，7月1日至8月7日，共降雨21天，平均降雨量450毫米，造成严重内涝。全市受灾农田59万亩，其中绝收面积16万亩；倒塌房屋11200间，渠道漫溃37处，冲毁桥梁725处，因山洪暴发，致使交通、电力、水利设施受到严重破坏，30多家企业停产，粮食增产0.5%，棉花减产23.9%，油料减产2%。

公安县：7月14—18日，全县遭到历史上罕见的特大暴雨，平均降雨量277毫米，局部地方降雨量超过300毫米，最大降雨量达385毫米。受灾农田68万亩，绝收面积3万亩；11500户农户被淹，倒塌民房540栋989间；21家大型工厂被迫停产；粮食减产1.3%，棉花减产18%，油料减产2.1%。

石首市：7月中旬，连降暴雨，全市平均降雨量达418.9毫米，超过历年平均降雨量的1/3，比1954年同期降雨量多70.7毫米，其中受渍最重的久合垸降雨量达503毫米，受长江高水位和洞庭湖顶托，内河水位超过1954年的水位，警戒水位和保证水位持续1个月之久，全市有52个村被水淹没，60多万亩农田普遍受灾，成灾面积47.44万亩，其中绝收面积17.2万亩。

荆州市425座大中小型水库有80%的水库达到或超过汛限水位，其中有11座大中型水库溢洪，沲水水库共来水12.2亿立方米，汛期泄洪8次，最大单次溢洪流量668立方米每秒，共溢洪水量2.869亿立方米。

（二）江河水情

1996年7月，长江中游监利至螺山河段及洞庭湖区出现超历史纪录洪水位。7月中旬开始，干流监利以下全线超过警戒水位，监利、城陵矶（莲花塘）、螺山洪峰水位分别为37.06米、35.01米、34.18米，均超历史最高水位。

7月洞庭湖和干流城陵矶河段出现超1954年的高洪水位，城陵矶（莲花塘）水位高出1954年最高洪水位1.06米，洞庭湖（湖南省境内）几乎普遍超过1954年水位；资水、沅水最高水位桃江站44.44米，桃源站46.90米，均居实测纪录首位。洞庭湖南嘴、七里山最高水位为37.62米、35.31米，分别超1954年水位1.57米、0.76米。

洞庭湖水系资水、沅水是大水年。长江上游则属中水年。7月13日宜昌最大流量仅41700立方米每秒，而“四水”各控制站6月23日至7月20日28天平均降雨量为383毫米，与1954年同期（389毫米）相比接近，而资水、沅江比1954年大。汛期，四水入湖洪量集中，最大7天洪量比1954年大56.7亿立方米。沅江五强溪最大入库流量为40000立方米每秒（50年一遇），桃源站实测最大流量29100立方米每秒（约30年一遇），资水柘溪水库最大入库流量17900立方米每秒（约100年一遇）。

汛期以7月中旬洪量最大，同期长江上游来水不大，7月25日沙市最高水位42.99米，最大流量41500立方米每秒。洞庭湖7天入湖总洪量315亿立方米，其中四水267亿立方米，占85%；三口48亿立方米，占15%，洞庭湖27个站及干流监利至螺山河段出现超历史纪录最高水位。7月9日沮漳河出现第一次洪峰，两河口水位50.15米，流量2230立方米每秒，万城水位44.72米，流量1740立方米每秒。

7月17日四水、四口入洞庭湖流量为51300立方米每秒，而城陵矶出湖流量为30000立方米每秒。22日，城陵矶洪峰水位35.01米，流量43800立方米每秒；螺山洪峰水位34.18米，居历史首位，最大流量67500立方米每秒，仅次于1954年。

1996年汉江上游一般雨量100～200毫米。皇庄站8月6日最高水位46.22米，相应流量11100立方米每秒，8月6日沙洋最高水位40.49米，相应流量9700立方米每秒。

东荆河陶朱埠7月最大流量仅625立方米每秒。因受长江洪水顶托，7月20日20时，唐嘴水位31.05米，民生闸水位31.27米，分别距保证水位0.27米、0.5米。8月7日陶朱埠最大流量1700立方米每秒。

1996年7月长江洪水的主要特点如下：

（1）长江上游同期来水量不大，宜昌流量仅30000～42000立方米每秒，属于接近均值的正常洪水。

（2）来水的支流很集中，且洪水相当稀遇。1996年洪水主要集中沅、资两水及鄂东北支流。

（3）洪水来源地位于防汛河段及近邻，洪水集中快，水位涨势猛，决策困难。

（4）防洪河段内涝与外江高水交困，加剧了抢险紧张程度。

（5）干流控制站洪量不是特大但洪峰水位高。洞庭湖区长江委所属27个水位站，干流监利—螺山段各站全部超过历史最高纪录，汉口站也出现了131年以来第二位高水位，见表3-3-25和表3-3-26。

表3-3-25　1996年长江、汉江、东荆河各主要站水位、流量表

河名	站名	最高水位/米	时间	最大流量/(m^3/s)	时　间
长江	宜昌	50.96	7月5日	41500	7月13日
	枝城	47.58	7月5日	48800	7月5日
	沙市	42.99	7月25日	41500	7月6日
	监利	37.06	7月25日	37200	7月6日
	城陵矶	35.01	7月22日	44300	7月19日（最大流量出现在七里山站，最高水位出现在莲花塘）
	螺山	34.17	7月21日	68500	7月22日
	汉口	28.66	7月22日14时	70700	7月22日14时
汉江	皇庄	46.22	8月6日8时	11100	8月6日8时
	沙洋	40.49	8月6日20时	9700	8月6日17时
	仙桃	34.80	8月7日14时	7000	8月7日8时
清江	长阳	82.35	7月5日4时	9400	7月5日4时
松滋河	新江口	44.13	7月6日2时	4290	7月6日2时
	沙道观	43.33	7月6日8时	1580	7月25日8时
虎渡河	弥陀寺	42.97	7月25日8时	2020	7月26日8时
藕池河	管家铺	38.67	7月25日5时	3620	7月25日20时
	康家岗	38.97	7月26日8时	318	7月25日8时
东荆河	陶朱埠	37.90	8月7日	1700	8月7日
湘江	湘潭	38.83	8月4日23时	12200	8月4日20时
资水	桃江	44.44	7月17日7时	12300	7月17日7时
沅水	桃源	46.90	7月19日21时	27700	7月17日11时
澧水	石门	59.35	7月3日12时	11200	7月3日14时
洞庭湖	南嘴	37.62	7月21日20时	14200	7月21日20时

表 3-3-26　　1996年洞庭湖各站最高水位表　　单位：m

站名	水位	日期	超过历史最高值	历史最高水位（1966年以前）	
				水位	日期
城陵矶	35.31	7月22日	0.76	34.55	1954年8月3日
茅草街	37.50	7月21日	1.51	35.99	1995年7月4日
注滋口	35.69	7月21日	0.51	35.19	1954年8月9日
安乡	39.72	7月21日	0.34	39.38	1983年7月8日
小望角	39.97	7月21日	0.01	39.87	1983年7月8日
蒿水港	39.33	7月20日	0.10	39.23	1991年7月7日
白蚌口	39.07	7月21日	1.28	37.79	1991年7月7日
牛鼻滩	40.56	7月19日	0.97	39.59	1995年7月2日
周文庙	38.78	7月20日	1.06	37.72	1995年7月4日
肖家湾	37.66	7月20日	1.08	36.58	1983年7月9日
南嘴	37.57	7月21日	1.57	36.05	1954年7月31日
沙湾	37.98	7月21日	1.32	36.66	1995年7月31日
小河嘴	37.57	7月21日	1.35	36.22	1995年7月4日
三岔河	37.67	7月20日	1.69	35.89	1995年7月4日
草尾	37.37	7月21日	1.53	35.84	1995年7月4日
黄茅洲	37.07	7月21日	1.89	35.18	1995年7月4日
沅江	37.09	7月21日	1.33	35.76	1995年7月4日
东南洲	37.39	7月21日	1.49	35.90	1995年7月4日
南县	36.87	7月21日	0.52	36.35	1964年7月4日
沙兴	38.15	7月21日	0.83	37.32	1995年7月3日
杨堤	37.03	7月21日	1.09	35.94	1995年7月3日
杨柳潭	36.75	7月22日	1.39	35.36	1995年7月3日
白马寺	36.66	7月22日	1.25	35.41	1954年8月3日
湘阴	36.66	7月22日	1.25	35.41	1954年8月3日
营田	36.54	7月22日	1.41	35.13	1995年7月4日
鹿角	35.73	7月21日	0.73	35.00	1954年8月3日
岳阳	35.39	7月21日	0.57	34.83	1954年8月3日
津市	41.88	7月21日	−2.13	44.01	1991年
石龟山	40.03	7月21日	−0.79	40.82	1991年

注　高程系统为冻结吴淞，城陵矶水位为七里山水尺。

长江流域范围大，“96.7”洪水来源的局地性明显，在不同的支流和干流河段上，洪水的频率有很大的差异。“96.7”洪水对于干支流各主要站的经验频率，如以最高水位经验重现期来看，城陵矶（七里山）站为91年，汉口站为67年，监利站为63年，螺山站为 43 年。

螺山等站洪峰水位偏高的问题，根据长江委水文局《长江 96.7 洪水主要特征的初步分析》一文指出：对于 30 天来水，1996 年比 1954 年小 31.8%，而 7 天来水仅小 11.1%。表明 1996 年是由短历时来水成峰。螺山 1996 年洪水洪量远小于 1954 年，但洪峰水位反而比 1954 年要高 1 米，这是因为：①1954 年分洪实际降低螺山洪峰水位2.1～2.3 米。1996 年洪水溃口总量约 40 亿立方米，其中峰前削峰有效洪量约 10 亿立方米（集中在洞庭湖区），分洪降低螺山水位约 0.1 米。②洞庭湖容积缩小，以莲花塘水位 34.00 米为准，洞庭湖 20 世纪 50 年代静湖容为 308 亿立方米，至 1978 年减少为 197 亿立方米。经计算比较，对于 1996 年洪水，洞庭湖迄今减容的后果是使螺山洪峰水位抬高 0.7～0.9 米。③1996年螺山—九江河段区间来水大多多于常年，使螺山水位受到回水顶托，水面比降明显小于正常值，螺山—龙口在最大流量时落差仅 1.11 米。这一因素使螺山洪峰水位比 1954 年约抬高了 0.2～0.4 米。

（三）灾害损失

当年，荆沙市有 171 个乡镇（场、办事处）、3341 个村、102.7 万户、585.32 万人受灾，其中 65.66 万人被洪水围困，45.73 万人被迫转移。有 52 个城镇积水，房屋损坏 32.47 万间、倒塌 14.4 万间。因灾伤病 6.78 万人，其中死亡 87 人，伤 9616 人。监利、洪湖、石首等特重灾区有 192 个民垸相继漫堤溃口。399 个村庄被水淹没。因灾造成直接经济损失 119.94 亿元。

全市农作物受灾面积 736.6 万亩，成灾面积 465.41 万亩，绝收面积 196.62 万亩。全年粮食减产 3.68 亿千克，棉花减产 76.82 万担，油料减产 35.6 万担。

水利设施遭受严重破坏。共损坏水库 124 座、堤防 260 千米；堤防决口 34 处，长 11.9 千米；损坏水闸 347 座，损坏水文测站 2 个，损坏水电站和机电泵站 258 座 5.93 万千瓦，直接经济损失 2.68 亿元。

7 月 26 日，石首六合垸溃口，淹没面积 15.7 平方千米，受灾人口 6500 人。

（四）抢险救灾

当年，各县（市、区）共投入防汛抢险劳力 16.81 万人，3000 余名解放军支援洪湖、监利防汛抢险。长江干支流布防堤段 1781 千米，其中警戒水位以上 1541 千米，保证水位以上 625 千米，组织突击队 9.2 万人，预备队 58.6 万人。汛期，共发生各类险情 696 处（荆江大堤 34 处，长江干堤 551 处、支民堤 111 处），其中管涌 51 处、浑水洞 22 处、崩岸 7 处、裂缝 7 处、浪坎 2 处、跌窝 4 处。重大险情有洪湖长江干堤周家嘴跌窝、田家口管涌群、赖树林漏洞等。各地在抗洪抢险中，共消耗编织袋 133 万条、麻袋 4.5 万个、土工织物 0.6 万平方米、砂石料 1.62 万立方米、芦苇 5.3 万担。

7 月、8 月高峰时全市开机 35.62 万千瓦，排水流量 3526 立方米每秒，日排水量达 3.064 亿立方米。据统计，全市泵站累计排水 91 亿立方米，其中一级站排水 61 亿立方米、二级站排水 30 亿立方米（17 处大型泵站排水 45 亿立方米）。高潭口、新滩口泵站分别排水 15.5 亿立方米、12.6 亿立方米，700 余万亩农田受益，充分发挥了泵站的巨大效益。全市排涝耗电 7150 万千瓦时，耗用电费 3000 余万元。

九、1998年大水

详见第四篇第七章1998年抗洪纪实。

十、1999年大水

继1998年长江全流域性大洪水之后，1999年长江中游又发生一次区域性大洪水，是继1949年、1950年和1981年、1982年连续两年出现最高洪水位又一次最大的“姊妹”洪水。洪水主要来自长江上游的乌江和中游的洞庭湖流域。鄂东南及江汉平原降雨量比常年偏多1倍以上。

6月下旬，洞庭湖水系的沅水和澧水相继发生较大洪水，洞庭湖水位迅速上涨，与此同时，乌江流域发生超历史最大洪水（6月30日武隆站流量达22500立方米每秒），加之长江上游干流洪水，形成“南水”“川水”夹击之势，荆州市长江干支流各站6月下旬水位迅速上涨。6月28日，松滋河下段率先进入设防，6月30日2时，干流监利进入设防，接着螺山、石首、沙市相继设防。7月长江上游形成4次较大洪峰，尤其是第三次洪峰，长江干支流出现仅次于1998年洪水的历史第二高水位，汉口站居有水文记录的第三高水位，防汛形势十分严峻。

（一）雨情

1999年汛期气候异常，发生了4次较集中的降雨过程。从6月15日入梅至7月25日出梅期间，降雨频繁。

6月21—30日，鄂东和江汉平原大部遭受暴雨袭击。全省有126个站次出现了暴雨，其中26个站降了特大暴雨，最大日雨量洪湖新滩口217毫米，咸宁228毫米。鄂东南及江汉平原东部比常年偏多1倍以上。湖南湘西北部300～500毫米，湘东北150～300毫米，湘中和湘南大部60～80毫米，局部200～300毫米。

7月5—8日，四川中部、三峡区间、清江流域普降大到暴雨。8日，清江流域平均面雨量63.4毫米，最大降雨量建始125.5毫米，宣恩82.6毫米。

7月14—18日，乌江及嘉陵江、洞庭湖周边地区分别降了中到大雨，局部暴雨。16日，三峡区间，清江流域普降大到暴雨，建始日雨量117.9毫米，利川日雨量45～66毫米。隔河岩水库16日20时入库流量达7400立方米每秒。16日8时开始泄洪，流量2000立方米每秒，17日2时增至6000立方米每秒。三峡区间、清江流域的洪水进入荆江河段时间短、速度快、来势猛，垫高了荆江河段各站水位。上游洪量紧随而来，致使区间径流与上游来量首尾相接。与此同时，15—18日，湖南四水及洞庭湖区普降大到暴雨，部分地区降了大暴雨。入湖净流量30000立方米每秒，17日总入湖流量达到58000立方米每秒，城陵矶水位迅速上升。

7月22—24日，长江上游岷江、沱江、嘉陵江、乌江流域降中到大雨，局部暴雨。

6月至8月上旬，长江上游金沙江、岷沱江、嘉陵江、上游干流和三峡区间降雨基本正常，乌江降雨比常年平均降雨偏多3成以上，仅6月下旬乌江水系面平均降雨就达243毫米，乌江流域6月25—29日发生罕见的特大暴雨，龙泽站日降雨量252.2毫米，次雨量451.6毫米。

6月25日至7月20日，洞庭湖水系面均降雨280毫米，呈北多南少分布。暴雨中心在沅江中下游，湖南省凤凰县三拱桥最大雨量752毫米，累积降雨量超过500毫米的有23个站。各级暴雨笼罩面积为：600毫米以上6500平方千米，500毫米以上2.2万平方千米，400毫米以上4万平方千米，300毫米以上10.5万平方千米，200毫米以上17万平方千米。

洞庭湖水系降雨分3次过程。第一次过程为6月25日至7月2日，降雨主要集中在沅江、资水中下游、澧水和洞庭湖区，沅江出现仅次于1996年的实测第二大洪水，澧水发生超警戒水位洪水；第二次过程为7月7—13日，有两个较明显的暴雨中心，即沅江中下游和湘水中下游，使城陵矶站水位维持在34.00米以上；第三次过程为7月15—16日，降雨集中在湘、资、沅江中下游及澧水、洞庭湖区，使已缓慢回落的洞庭湖水位再度回涨，并与长江上游洪水遭遇，导致城陵矶站水位持续上升。

荆州各地5—8月降雨694.9（松滋）～1037.8毫米（监利），见表3-3-27。由于降雨量过大，造成部分地区内涝。

表3-3-27　　1999年荆江主要站降雨情况表　　单位：mm

站　名	全年降雨量	5—8月降雨量	站　名	全年降雨量	5—8月降雨量
荆州	1212.3	754.5	监利	1555.9	1037.8
松滋	1166.0	694.9	洪湖	1614.3	984.7
公安	1245.7	751.4	岳阳	1612.7	688.3（6—8月）
石首	1316.9	790.6			

（二）水情

6月下旬开始，长江上游支流先后涨水，支流岷江高场站7月1日3时最大流量11600立方米每秒，沱江李家湾站7月24日4时洪峰水位266.50米，超警戒水位0.50米，嘉陵江北碚站7月17日18时最大流量17200立方米每秒，均为一般洪水。6月下旬至7月下旬，乌江先后发生4次洪峰流量超过10000立方米每秒的洪水过程，武隆站6月30日3时出现1999年入汛以来的最高水位204.63米，超保证水位（192.00米）12.63米，超历史最高水位（204.51米，1955年）0.12米，实测最大流量22500立方米每秒，为有记录以来最大流量（历史最大流量21000立方米每秒，1964年）。

长江上游干流寸滩站7月18日最大洪峰流量48700立方米每秒，超警戒水位0.02米。受上游来水和三峡区间降雨影响，上游宜昌站7月发生4次超过40000立方米每秒的洪峰，洪峰流量最大为57600立方米每秒，7月20日13时最高水位53.68米，超警戒水位1.68米。

7月5—8日，四川中部、三峡区间、清江流域普降大到暴雨。8日清江流域平均面雨量63.4毫米，最大降雨量建始125.5毫米。7月上、中旬，清江流域有两次暴雨过程，致使隔河岩水库8日20时和16日17时分别出现6300立方米每秒和7400立方米每秒的入库洪峰流量，经水库调蓄，隔河岩水库17日2时最大出库流量6010立方米每秒，最高库水位194.79米（16日20时），超汛限水位1.19米。

6月下旬以来长江中游连遭强降雨袭击，江河湖库水位迅猛上涨，长江干流洪水与洞庭湖来水遭遇，上压下顶，造成中游干流水位涨势迅猛，干流沙市以下河段自6月底开始超过警戒水位，监利、螺山站超警戒天数均为37天。石首至螺山河段曾一度超过保证水位，监利、螺山站超保证天数分别为29天、25天。7月下旬，荆州河段各站相继出现1999年最高水位，为实测第二高水位，见表3-3-28。

表3-3-28　　1999年长江干流、荆南四河、洞庭湖各站洪峰特征值表

河流	站名	1999年				1954年		1998年	
		水位/m	日期	流量/(m^3/s)	日期	水位/m	流量/(m^3/s)	水位/m	流量/(m^3/s)
长江干流	宜昌	53.68	7月20日	57600	7月20日	55.73	66800	54.50	63300
	枝江	49.65	7月20日	58400	7月24日	50.61	71900	50.62	68600
	沙市	44.74	7月21日	48400	7月20日	44.67	50000	45.22	53700
	石首	40.77	7月21日	—	—	39.89	—	40.94	—
	监利	38.30	7月21日	41800	7月21日	36.57	35600	38.31	45200
	城陵矶	35.54	7月22日	—	—	33.95	—	35.80	—
	螺山	34.60	7月22日	68500	7月22日	33.17	78800	34.95	68600
	新堤	33.94	—	—	—	32.52	—	34.37	—
洞庭湖	七里山	35.68	7月23日	35000	1月19日	34.55	43400	35.94	36800
松西河	新江口	45.65	7月21日	6150	7月21日	45.77	6400	46.18	6580
	郑公渡	42.20	7月21日	—	—	41.62	—	43.26	—
松东河	沙道观	45.06	7月21日	2510	7月21日	45.21	3730	45.51	2770
	港关	42.70	7月21日	—	—	41.94	—	43.18	—
	黄四嘴	40.41	7月21日	—	—	42.25	—	42.48	—
虎渡河	弥陀寺	44.55	7月21日	2650	7月21日	44.15	2980	44.90	3060
	闸口	42.30	7月21日	—	—	42.25	—	42.48	—
藕池河	管家铺	40.17	7月21日	5690	7月21日	39.50	11900	40.28	6210
	康家岗	40.38	7月21日	479	7月21日	39.87	2890	39.87	592
澧水	石门	58.56	6月27日	10100	6月27日	67.85	14500	62.65	19900
沅水	桃源	46.62	6月30日	27100	6月30日	44.39	23900	46.03	25000
资水	桃江	42.57	7月17日	7180	7月17日	42.91	11000	43.98	10100
湘水	湘潭	38.77	7月18日	14100	7月18日	40.73	19100	40.98	17500
洞庭湖	南嘴	36.83	7月22日	16400	7月2日	36.05	14400	37.21	18000
东荆河	民生闸	31.65	7月23日	—	—	—	—	32.13	—

（三）洪水过程

受第一次降雨过程影响，澧水、沅江下游干支流和西洞庭湖水位陡涨，澧水两次出现超警戒水位洪水，以第一次为最大，澧水石门站27日21时30分洪峰水位58.56米，超警戒水位 0.56 米，相应流量 9980 立方米每秒。沅江洪水主要发生在下游和一级支流酉水上，位于酉水的凤滩和干流的五强溪水库相继开闸泄洪，29 日 14 时，凤滩水库最大入库流量 18000 立方米每秒，最大下泄 16600 立方米每秒，7 月 3 日 11 时最高库水位 206.17 米。五强溪水库 30 日 15 时最高库水位 107.77 米，最大入库流量 38000 立方米每秒，接近 50 年一遇，最大下泄流量 24000 立方米每秒。沅江控制站桃源 30 日 17 时出现洪峰水位 46.62 米，超警戒水位 4.12 米，相应流量 26700 立方米每秒，为新中国成立后第二大洪水。

与此同时，长江中上游干流水位也不断上涨，由荆江三口分流洪水大量涌入洞庭湖，与澧水、沅江洪水汇合，导致洞庭湖水位全面上涨，南嘴站于 7 月 3 日 11 时出现洪峰水位 36.59 米，超警戒水位 2.59 米，相应流量 15500 立方米每秒，城陵矶站于 7 月 6 日出现第一个洪峰，最高洪水位 34.32 米，超警戒水位 2.32 米，出湖流量 30100 立方米每秒。

7 月 15—16 日，洞庭湖北部再次出现强降雨过程，四水及长江中游形成较大洪水。湘水湘潭站 7 月 18 日 6 时洪峰水位 38.49 米，相应流量 9230 立方米每秒，资水桃江站 7 月 17 日 18 时洪峰水位 42.57 米，相应流量 8340 立方米每秒，沅江桃源站 17 日出现 22000 立方米每秒的洪峰，澧水石门站 7 月 16 日出现洪峰流量 8110 立方米每秒。四水洪水刚入洞庭湖，长江上游最大洪水接踵而来，对洞庭湖形成上压下顶之势，使洞庭湖入流增加，7 月 17 日最大入湖流量 58400 立方米每秒，7 月 19 日最大出湖流量 35000 立方米每秒，7 月 23 日 0 时城陵矶站出现 1999 年最高水位 35.68 米，超过保证水位 1.13 米，为有实测记录以来第二高水位。城陵矶站自 7 月 1 日开始超过警戒水位，超警戒水位历时 39 天，超保证水位历时 13 天。长江中游干流洪水可分为以下 3 次过程。

第一次洪水过程：6 月 30 日至 7 月 6 日，受长江上游第一次涨水及洞庭湖和中游来水影响，中游干流水位自 6 月下旬以来持续上涨。6 月 28 日，松滋、虎渡河各站水位率先进入设防。7 月 1 日宜昌站出现第一次较大洪峰，流量为 47400 立方米每秒，7 月 2 日长江干、支流各站全面进入设防水位。此时正好与洞庭湖洪水遭遇，长江中游水位涨幅加大，奠定了干流高水位基础。

第二次洪水过程：7 月 7—19 日，受长江上游第二次洪水影响，7 月 8 日宜昌站流量为 52000 立方米每秒，沙市站 7 月 8 日开始超过警戒水位，7 月 9 日 5 时洪峰水位 43.55 米，最大流量 42900 立方米每秒；监利站 7 月 9 日 20 时洪峰水位 37.13 米，最大流量 39000 立方米每秒；汉口站 7 月 14 日 19 时洪峰水位 27.80 米，最大流量 65300 立方米每秒，致使中游河段在较高水位上维持了半个月。

第三次洪水过程：7 月 20—25 日，长江上游宜昌出现 1999 年入汛以来最大洪峰，洞庭湖 7 月 17 日最大入湖流量达 56600 立方米每秒，长江上游洪水和洞庭湖来水遭遇，致使中游河段达到当年最高水位。荆州河段各站水位为仅次于 1998 年洪水的第二位洪水。7 月 20 日宜昌站流量为 57600 立方米每秒，沙市站 7 月 21 日 2 时洪峰水位 44.74 米，超警戒水位 1.74 米，超 1954 年最高水位 0.07 米，洪峰流量 48400 立方米每秒；监利站 7 月 21 日 13 时洪峰水位 38.30 米，超保证水位 1.02 米，接近 1998 年最高洪水位（38.31 米），洪峰流量 41800 立方米每秒；莲花塘站 7 月 22 日 20 时洪峰水位 35.54 米，超保证水位 1.14 米；螺山站 7 月 22 日 23 时洪峰水位 34.60 米，超保证水位 0.59 米，最大流量

68500 立方米每秒；汉口站 7 月 23 日 18 时洪峰水位 28.89 米，超警戒水位 1.59 米，最大流量 70100 立方米每秒。

7 月 27 日上游宜昌站出现第四次洪峰，流量为 44300 立方米每秒，第四次涨水过程在中下游干流没有形成明显的洪峰，但起到延缓洪水消退的作用。

9 月初，长江上游、洞庭湖四水流域又发生中强度降雨，受其影响，长江干流石首段以下及荆南四河下段又一次进入设防，但未超警戒水位，9 月下旬全线退出设防。

1999 年长江中游汛期较往年偏早，6 月 30 日，沙市至螺山各站同时进入设防。洪水汇流明显加快，中下游干流水位接近 1998 年最高洪水位，但 30 天洪量略小于 1998 年，见表 3-3-29。

表 3-3-29 1999 年及其他大水年份长江宜昌、螺山站最大 30 天洪量比较表 单位：亿 m^3

站名	1999 年		1954 年	1998 年	1931 年	1996 年
	数值	起止日期				
宜昌	1124	6 月 30 日至 7 月 29 日	1386	1382	1065	934
螺山	1591	7 月 3 日至 8 月 1 日	1744	1613	1580	1431

1999 年大洪水，降雨集中，洪涝同步。6 月下旬，江湖水位迅速上涨，内垸出现大于 1998 年的涝灾，江湖洪水严重遭遇。6 月、7 月中旬开始洞庭湖出湖流量与下荆江流量均在 2.5 万～3.0 万立方米每秒以上。至 7 月 27 日，七里山出湖流量仍有 29000 立方米每秒，8 月 1 日出湖流量 27800 立方米每秒。江湖洪水长时间顶托，造成城陵矶附近河段的水位居高不下。

当年长江中游洪水位上涨迅速。自 6 月下旬开始至第一次洪峰出现，沙市、监利、城陵矶（莲花塘）、螺山水位上涨迅速，日平均涨率为 0.46～0.53 米。沙市站最大日涨率高达 1.30 米，监利、城陵矶（莲花塘）、螺山最大日涨率分别为 1.01 米、1.0 米、0.92 米，比 1998 年大。沙市最高水位 44.74 米，超过了 1954 年最高水位，比 1998 年最高水位低 0.48 米；石首站最高水位 40.77 米，比 1998 年最高水位低 0.17 米；监利站最高水位 38.30 米，仅比 1998 年最高水位低 0.01 米；城陵矶（莲花塘）最高水位 35.54 米，比 1998 年最高水位低 0.26 米；螺山最高水位 34.60 米，比 1998 年最高水位低 0.35 米。

虽然 1999 年大洪水是有水文记录以来第二高水年，但是高水位持续时间不长，1999 年沙市设防天数比 1998 年少 50 天，超警戒水位天数比 1998 年少 40 天，超保证水位天数比 1998 年少 10 天。

1999 年大洪水荆南三口分流量大于 1998 年分流量。1999 年荆南三口最大分流量 17123 立方米每秒，占枝城来量 58500 立方米每秒的 29.27%，其中松滋河分流量 8330 立方米每秒，占枝城来量的 14.26%，虎渡河分流量 2650 立方米每秒，占枝城来量的 4.52%，藕池河分流量 6143 立方米每秒，占枝城来量的 10.56%。与 1998 年最大分流比 27.7%相比，分流比增加 1.64%（与 1954 年最大分流比相比，减少 10.66%）。

根据长江委《1999 年长江防汛总结》资料，1999 年城陵矶河段超额洪量约 40 亿立方米，为 1998 年的 24%。在第三次洪峰到来之前，石首、监利放弃了部分民垸，据分析，降低监利洪峰水位 0.16 米、石首洪峰水位 0.08 米。

（四）汛前准备

荆州市委、市政府始终狠抓以堤防建设为重点的汛前各项准备工作的落实，多次召开水利防汛现场办公会，现场解决水利建设与防汛准备中存在的各项具体问题，专题听取和研究了以堤防建设为重点的汛前各项准备工作。

汛前准备工作主要是突出堤防建设，针对 1998 年荆州长江防汛抗洪工作中暴露的主要问题和薄弱环节，开展了大规模的堤防建设。荆江大堤实施了堤身加培工程，监利洪湖长江干堤实施了堤身加培、重点险情整治、护岸石方工程，松滋江堤、南线大堤实施了堤身加培，共完成堤防建设土方 4176 万立方米、石方 110 万立方米。堤防加固施工长度达 904 千米，重点是对 1998 年汛期靠子堤挡水的 513 千米干支堤进行加高培厚；对湖北省确定的 1998 年汛期 287 处重大险情和 83 处重点崩岸险工实施整治，并对部分薄弱堤段进行堤基处理，洪湖监利长江干堤有 12 千米堤段采取高喷灌浆、垂直铺塑、超薄防渗墙措施防渗固基。

大汛到来前，各地长江防指成员进行调整、充实，建立领导干部连锁责任制，荆州市长江防指制定了荆州市长江防洪预案，各县（市、区）防汛连锁责任人及防汛任务进一步明确。各级长江防指和河道堤防管理部门，按照江河堤防建设与防汛联锁责任制的要求，由责任人带队，工程技术人员参加，对堤防建设、工程质量、工程进度、防汛物资、阻滞洪违章建筑和安全隐患等，进行两次徒步检查。5 月中下旬，荆州市长江防指再次组织对全流域堤防工程重点险工险段和汛前准备工作进行全面检查，并在北闸进行两次分洪启闭演习。根据《中华人民共和国防洪法》，各地编制了防御大洪水的预案，根据洪湖、监利新加培堤防现状，专门制定了《监利、洪湖新加培堤段防洪对策》。

（五）抗洪抢险

1999 年汛期，从 6 月 27 日松滋河下段率先进入设防至 9 月 22 日洪湖退出设防，全市长江防汛历时 71 天，1700 千米堤防全面进入设防，其中有 295 千米超过保证水位。经 26 万军民团结拼搏，确保了荆江大堤、长江干堤和主要支民堤的安全，取得了抗洪斗争的全面胜利。

党中央、国务院对荆州长江防汛抗洪工作非常关心，湖北省委、省政府高度重视。国务院总理朱镕基、国务院副总理温家宝等党和国家领导人先后来到荆州检查、指导防汛抗灾工作。在抗洪抢险的关键时刻，湖北省委书记贾志杰、省长蒋祝平、省委副书记王生铁等省委、省政府领导分别亲临前线，察看汛情，部署指挥抗洪斗争。为加强对荆州市防汛抗灾工作的领导，湖北省防指还派出由湖北省堤防建设与防汛连锁责任人为首的 41 个防汛工作组，深入长江防汛抗灾工作第一线，为夺取荆州长江防汛工作的胜利起到重要领导作用。

第三次洪峰来临之时，全市紧急动员，各级领导干部、指挥部成员和责任堤段责任人一律上堤，靠前指挥。荆州市 15 名市级领导赴各县（市、区）指导抗洪，市派 12 个工作组驻重点地区协助抗洪。同时，全市水利堤防部门组织数百名工程技术人员驻点驻线，具体指导，组织 5 个技术巡回指导组分赴洪湖、监利、石首等重点县（市）指导抢险，在抗洪抢险过程中发挥了关键作用。汛期，荆州市防指除值班人员外，全部在一线参加防汛抢险及险情督察工作，随时准备处理重大险情。对1998年湖北省防指确定的25处溃口性险情以及荆州市长江防指确定的77处重大险情进行密切跟踪，固定专人防守，架设专线电话，随时掌握其变化情况。汛期所有险情均实行专人登记、严格核实，及时上报上级指挥部。荆州市防指和荆州市长江防指每天坚持交接班制度和会商会议制度，充分发挥专业技术优势，科学判险，正确处险，紧张有序，忙而不乱，为战胜1999年大洪水作出了重要贡献。

汛期，各级防指坚持把巡堤查险作为重中之重，狠抓各项查险制度、措施的落实。对具有典型意义的巡查制度和方法，及时进行推广，公安县采用“丢签法”，将一定数量的竹签散置于巡查范围内，由巡查人员如数找回，石首市查险“做到六有”的要求等都得到有效推广。各地始终坚持24小时不间断巡查，各防守堤段组织由行政领导、工程技术人员和民工组成的三结合巡堤查险专班，普遍实行查险“四不变”，即下派防汛干部不变，领导带头带班巡查不变，排查密度和范围不变，险工险段坐哨守险不变；查险做到“四个一样”，即退水与涨水一样、雨天与晴天一样、夜晚和白天一样、有监督和无监督一样。同时对认真查险、及时发现险情和抢险措施得力的人员进行通报表彰和物质奖励。

1998年汛后，国家投巨资大规模进行堤防建设，275千米（洪湖126千米、监利53.5千米、石首80千米、公安15.5千米）新加培的堤防来不及植草种树，已植草皮尚不能抵御风浪的冲击。在大汛来临之前，全市堤防管理单位把防风浪作为重点进行部署，明确监利、洪湖新加培堤防以防风浪为重点，制定的《监利、洪湖新加培堤防基本情况与防洪对策》等预案中，对防风浪提出明确意见和要求。各地大量准备防风浪物资器材，及时整修防浪器材，组织防浪专班，定人定堤段加强对防浪设施的管理。汛期，全市铺设防风浪器材堤段长351.1千米，其中监利125千米、洪湖108.7千米、松滋23千米、公安15.4千米、石首79千米，并且对各地高度不够的堤段下达加筑子堤的计划和任务，共加筑196千米堤段子堤抵御洪水；对沿江涵闸泵站加强防守，所有病险闸站一律按标准实施蓄水反压。

高峰时，全市上堤防汛干部1.19万人，防汛劳力25.85万人，洪湖、监利、石首3县（市）重点险段和薄弱堤段部署了6260名解放军和武警官兵驻守；各县（市、区）还组织96个抢险突击队共3.98万人集中待令。荆州市布防堤段长1652.75千米，其中荆江大堤58.75千米、长江干堤529.25千米、支民堤1008.10千米、东荆河堤56.65千米。超保证水位堤段长344.97千米。设防天数最多的达44天，见表3-3-30和表3-3-31。

表3-3-30　　1999年荆州市长江干支堤防汛时间统计表

站名	设防水位/m	警戒水位/m	保证水位/m	设防以上天数/d	警戒以上天数/d	保证以上天数/d
沙市	42.0	43.0	44.67	32	17	2
石首	37.0	38.0	39.89	38	35	4
监利	34.0	35.0	36.57	41	37	29
螺山	30.0	31.5	33.17	44	37	25
郑公渡	38.5	39.5	41.62	38	28	7
港关	39.0	40.0	41.94	38	29	6
闸口	39.0	40.0	42.25	37	31	2

表 3-3-31　　堤防挡水堤段长度表（1999 年 7 月 28 日）　　单位：km

县别	合计	其中			荆江大堤	其中			长江干堤	其中			支民堤	其中		
		设防	警戒	保证		设防	警戒	保证		设防	警戒	保证		设防	警戒	保证
合计	1652.75	1652.75	1639.00	344.97	58.75	58.75	58.75	8.9	529.25	529.25	529.25	192.30	1064.75	1064.75	1064.75	143.77
荆州区	85.59	85.59	85.59		5.05	5.05	5.05		6.25	6.25	6.25		74.29	74.29	74.29	
沙市区	14.60	14.60	14.60		8.10	8.10	8.10						6.50	6.50	6.50	
江陵区	50.55	50.55	50.55		36.70	36.70	36.70						13.85	13.85	13.85	
监利县	140.57	140.57	140.57	140.57	8.90	8.90	8.90	8.90	48.30	48.30	48.30	48.30	83.37	83.37	83.37	83.37
洪湖市	135.00	135.00	135.00	114.00					135.00	135.00	135.00	114.00				
松滋市	165.28	165.28	165.28						26.74	26.74	26.74		138.54	138.54	138.54	
公安县	682.58	682.58	682.58						251.96	251.96	251.96		430.62	430.62	430.62	
石首市	321.93	321.93	321.93	60.00					61.00	61.00	61.00	30.00	260.93	260.93	260.93	30.00
东荆河	56.65	56.65	42.90	30.40									56.65	56.65	56.65	30.40

注　1. 荆州市长江全线超警戒水位，石首调关—洪湖虾子沟超保证水位。
2. 东荆河堤系洪湖市堤段。

由于 1998 年汛后，对主要堤防进行了大规模的整险加固，增强了堤防的抗洪能力，同 1998 年相比，险情明显减少。1998 年共发生各类险情 1770 处，1999 年只发生 511 处。其中，1998 年发生管涌险情 421 处，1999 年只发生 97 处，1998 年有 24 处溃口性险情，1999 年没有发生这类险情。

汛期，共出险 511 处，其中重点险情 147 处，重大险情 9 处，主要是荆江大堤沙市区散浸集中、江陵县柳口机井险情、监利县杨家湾管涌、姚圻垴管涌、洪湖长江干堤夹堤管涌、荆南长江干堤幸福安全台崩岸、新开铺崩岸、调关矶头浪坎和石首合作垸民堤鱼尾洲崩岸等险情。其中，荆江大堤 31 处，长江干堤 270 处，支民堤 210 处（含东荆河 38 处）。各类险情中，管涌 97 处，其中荆江大堤 4 处，长江干堤 30 处，支民堤 63 处。在第三次洪峰到来之前，石首、监利主动放弃部分民垸，连同漫溃的小围垸共 53 处，面积约 160 平方千米，堤防总长 164.2 千米，受灾人口 5 万余人，淹田 1.2 万亩。据调查，破垸行洪降低监利洪峰水位约 0.16 米，石首洪峰水位 0.08 米。1999 年沙市以下各站水位仅低于 1998 年，尽管水位较高，但险情同 1998 年比较明显减少，汛期所动员的人力、消耗的物料大大少于 1998 年。

（六）灾情

1999 年外洪内涝使荆州市各县（市、区）不同程度受灾。据统计，全市 8 个县（市、区）、84 个乡（镇）受灾，受灾人口 132.73 万人，其中因灾死亡 10 人；农作物受灾面积 406.05 万亩，成灾 252 万亩，因灾绝收 82.05 万亩，倒塌房屋 1.38 万间，损坏 1.2 万间；冲毁公路 320 处 14 千米，冲毁桥梁 17 座、渠道 28 处。沿江 87 个大小民垸漫溃或扒口行洪，淹没农田 22.8 万亩。因灾造成直接经济损失 32.8 亿元。表 3-3-32 为荆州市 1999 年外滩民垸溃决表。

表 3-3-32 荆州市1999年外滩民垸溃决表

垸名	所在县市	总面积/亩	人口/人	溃垸日期	备注
外垸	洪湖市	12000			
梅潭垸		1100			
大兴垸		2800	4560	7月18日	
西垸		1600			
东垸		3750			
七家垸		3500			
中洲垸	监利县	2600	426		
血防垸		12000	3000	7月20日	双退垸
新洲垸		31400	20000	7月20日	单退垸
柳口垸		13500	3560		
新河洲垸	石首市	5200	3050		单退垸
复兴洲垸		4000	1885		单退垸
古夹垸		1300	691		
新建垸		2360	806		双退垸
三星外垸		1670	21		
新利垸		1700			
裕洲垸	公安县	7230			
弥市桥头		1000	1487		单退垸
合计	18处	108710	39481		

注 资料来源于《1999年长江防汛总结》(长江委,1999年12月)。

第四章　渍　涝　灾　害

渍涝灾害是荆州地区最常见的自然灾害，几乎年年都有发生。渍涝灾害是随着围垸发展而产生的，当一个围垸形成后，汛期洪水高出垸内地面几米至十几米，时间长达两三个月。在没有提排设施的年代，降雨所产生的径流全靠内垸的河渠、塘堰、湖泊调蓄，多出的径流便会淹田形成内涝。汛后，垸内涝水可以部分或大部分排出，有的则终年潴渍成湖。

由于荆州所处的特殊地理位置，有洪必有涝，雨洪同步，洪涝同步，大水年即大雨年，这是荆州境内洪涝灾害最显著的特点。

第一节　渍灾的分布与危害

渍灾是影响平原湖区农作物生长的主要灾害之一。形成渍灾的主要原因为：江河长时间的持续高水位，通过地下渗透补充内垸地下水水位；降雨径流的渗透影响；湖泊塘堰水位高致部分低湖田长期受水浸泡。这样就造成了地下水水位高，土壤含水量大，从而影响到农作物的正常发育、生长，增加病虫害的危害，致使农作物减产，严重时甚至绝收。

荆州地区大部分地区地势低洼，排涝标准低，又受长江、汉江及内湖高水位影响，土壤黏质重，因此存在大量渍害中低产田，山区冲田受冷泉水影响，也部分存在渍害。丘陵、岗地部分农田受排水不畅影响也存在渍害。所以全区以潜渍和涝渍占多数，泉渍和贮渍占少数。

据1988年统计，荆州地区粮食总产不稳、单产不高、农业生产居中等水平的渍害中低产田为498.27多万亩。渍害低产田各县（市）都有分布，但主要分布在平原湖区的监利、洪湖、江陵、仙桃、潜江、天门、公安和石首部分地区，以监利、洪湖、仙桃为重，详细分布情况见表3-4-1。渍害田的危害主要表现在“冷、烂、毒、酸、瘦”5个方面。土壤长期处于冷浸，水温、地温过低，土粒分散处于稀泥状态，产生大量有机酸、沼气、硫化物和亚铁离子等有害物资；土壤中存在大量的氰和氢，使土壤呈酸性或强酸性，潜在养分高，有效养分少，供肥性能差，各种营养元素不协调。这类低产田春季因渍水影响不能种植麦类、绿肥、油菜，只能种一季中稻，平均亩产200～250千克，高不过350千克，比正常田产量低30%。这类农田作物发病率高，俗称为“渍病相连。”

渍害田的主要特点是土壤缺氧和还原物质含量高。在淹灌期，渍害田耕作层土壤水的溶解氧含量通常只有正常水稻土的一半，沼泽水稻土的氧化还原电位在不同土层深度均比正常水稻田低80～100毫伏。根据测定，这种土壤还原性物质含量100克土高达5～7毫克，而正常水稻田则小于3毫克，其中活性还原物质含量也比正常田高，以致稻根受到毒

表 3-4-1　　1988年荆州地区渍害中低产田统计表　　单位：万亩

县别	合计	其中	
		低产田	中产田
总计	498.27	387.78	110.49
江陵	42.41	38.05	4.36
松滋	15.32	11.91	3.41
公安	76.05	39.55	36.50
石首	10.35	7.21	3.14
监利	84.77	78.73	6.04
洪湖	85.33	76.23	9.10
仙桃	105.40	80.63	24.77
天门	21.52	10.97	10.55
潜江	40.12	35.34	4.78
钟祥	12.76	7.45	5.31
京山	4.24	1.71	2.53

害，水稻产量少。

旱地因为田间渍水，且受还原作用影响，致使土壤缺氧，氧化还原电位明显下降，作物根系腐烂，轻则减产，重则死亡。

新中国成立后，通过开挖深沟大渠，以及兴建电力排水站，荆州市低湖农田的地下水水位平均降低0.5～0.8米（在一定范围内增加土壤的渗漏量，土壤理化性明显改善），1998年后，国家提倡退田还湖和退田还渔，大部分低湖田被改造成鱼池，渍害低产田面积不断减少，渍害的影响程度有所降低。但由于荆州市境内江河众多，汛期江河洪水向堤内农田不断渗透，通过压力传递使内垸农田地下水水位升高，其影响范围近者300～500米，远者可达数千米，仍可造成渍害低产田，据2011年统计，荆州市沿江河湖滨的中低产田仍有243万亩。

第二节 涝灾的形成与危害

荆州地区以平原湖区为主，多年平均年降雨量在1077（荆州站）毫米左右，5—8月为暴雨频发期，且量大、时间集中，发生涝灾的频率高、范围广、灾情重。6月上旬至7月为“梅雨”季节，往往阴雨绵绵，有时大到暴雨，其雨量占全年降雨量的1/3。7月中旬至8月既是江河的主汛期，又是大雨的高发期，雨洪同步，常致洪水泛滥，内涝成灾，还会造成外洪内涝、先涝后洪、洪涝夹击的严重局面，称为夏季洪涝。有的年份8月、9月降雨集中，强度大，也会造成洪涝灾害，称为“秋季洪涝”。个别年份有洪无涝。如1981年长江上游发生了区域型特大洪水，7月19日13时沙市水位为44.46米，流量为54600立方米每秒，但三峡区间、中下游两湖地区基本无雨，天气晴好，荆江沿江各县7月、8月降雨量偏少，虽有外洪但无内涝。

根据资料，1949—2011年的62年中有68%的年份出现了不同程度的洪涝灾害。其中，特大洪涝灾害有6年，平均10年一遇，中小洪涝灾害有36年，基本无洪涝灾害有20年。

新中国成立初期，荆州易涝地区分为四大片两种类型。第一种类型是上游有山洪汇入，外受江汉洪水顶托，内垸排水受阻，内涝严重的地区，分别为汉江以北的汉北地区(天门及京山部分)，面积为1896平方千米；汛期大别山一侧的洪水汇入汉北平原，外受汉水顶托，致使内垸河、湖水位上涨，积水难排，涝灾严重；四湖地区，面积为9280平方千米（1973年统计），上游有荆门、江陵丘陵山区来水，外受长江、东荆河倒灌顶托，极易受涝成灾。第二种类型受外江水倒灌顶托影响，排水受阻，造成严重内涝的地区，如汉南地区（沔阳、潜江），面积为3040平方千米，南有东荆河，北有汉江，长江洪水经东荆河泛区向内垸倒灌；荆南地区，面积为3527平方千米，北有荆江，南有洞庭湖，荆南四河穿境而过，汛期处于洪水包围之中，是荆州地区洪涝灾害最严重、最频繁的地区之一。

涝灾因其发生次数多，持续时间长，面积大，对农业生产造成的损失十分明显。新中国成立以来发生特大洪涝灾害有6年，平均10年一遇，分别为1954年、1980年、1983年、1991年、1996年和1998年。外洪内涝时间长达半年，工农业生产遭受重大损失。

内涝灾害主要是由于降雨集中、量大，超过河湖、沟渠的调蓄能力，排水没有出路导致。

1954年长江流域发生全流域大暴雨，至6月底，荆江两岸各县降雨量已达1035.58～1709.5毫米。内垸普遍受涝，已插的旱稻大部分被淹，无法改种；低洼地区的道路、房屋被淹，部分群众被迫开始向高地转移。由于长江水位不断上涨，洪灾和涝灾同时出现。7月初，荆州地区已有60%的耕地已内涝成灾（约900万亩)。如荆江县自3月起至6月30日，分洪区受涝面积为45.86万亩，占总面积的73.35%。7月22日，运用荆江分洪区蓄洪；7月27日，在洪湖蒋家码头分洪；8月8日，在监利上车湾分洪；7月19日，沔阳禹王宫分洪；8月10日，潜江县五支角分洪。经过内涝、溃口和分洪，荆州地区平原湖区大部分被淹，受灾391.33万人（当年总人口543.31万人），受灾农田1170万亩(其中因内涝受灾137.68万人，受灾农田392.1万亩)。

1980年荆州地区遇到了历史上少见的秋洪内涝。受灾范围大，持续时间长。5—8月共发生14次大到暴雨过程，每隔4～5天就有一场大暴雨，特别是7月中旬至8月上旬，发生3次大暴雨，两月平均降雨量为636毫米，比1954年同期降雨多76毫米。由于雨量集中，荆州地区范围内共产水140亿立方米。6月下旬开始，沿江排水涵闸被迫关闭，失去自排能力。8月29日，沙市水位为43.65米，8月30日，监利水位为36.19米，9月2日，螺山水位为32.66米。7月、8月两月新沟嘴水位为35.27～35.28米（新沟泵站外江设计水位为30.40米)；仙桃站7月、8月最高水位为34.25～34.87米（排湖泵站出口设计水位为31.60米)。受长江和汉江高水位影响，一部分外排泵站停机（半路堤、螺山、排湖、新沟嘴、法华寺)。内湖水位上涨，长湖水位8月13日最高达到33.11米；洪湖8月26日最高水位达到26.92米，为保证湖堤安全，被迫采取分洪措施。汉北河7月21日黄潭站达到30.00米的保证水位。荆州地区因涝有301万亩农田绝收。

1996年洪水是长江中下游梅雨期暴雨形成的一场典型中游型洪水。当年的内涝灾害是自1954年以后最严重的一次，尤其是内涝灾害特别严重。梅雨期从6月19日至7月21日共持续了33天，其中共发生7次强降雨过程。荆沙市5—9月降雨量为920～1439毫米。从7月1日至8月11日，荆江两岸的华容、岳阳、石首、监利、洪湖一带普遍降雨在500毫米以上。以监利尺八口站为最高，达899毫米，洪湖新堤站达788毫米。7月长江下游继1995年大水后，再次出现由洞庭湖水系洪水与干流区间鄂东北水系洪水遭遇形成的中游型大洪水。位于暴雨中心的监利—螺山河段及沿洞庭湖区诸站出现了中游区域性特大洪水。监利站7月25日最高水位为37.06米，城陵矶站7月22日最高水位为35.01米，螺山站7月21日最高水位为34.17米。

台风影响明显。1996年8月2—4日，第8号台风影响荆沙市，洪湖降雨量为90.2毫米，公安南平为261毫米，荆州区为104.8毫米，钟祥县普遍在200毫米以上。由于降雨集中、量大，外江水位高，荆江两岸的外排泵站被迫停机（7～10天）或减少出力运行，造成内垸农田大面积被淹，有的地方棉田水深1米多。全市农作物受灾面积736.6万亩，绝收面积196，62万亩，粮食减产3.68亿千克，棉花减产76.82万担，油料减产35.6万担。

涝灾除了自然因素外，还与人类的活动密切相关。由于人口增长，农业发展，人们为了扩大生存空间，不断围湖垦殖，与水争地，削弱了河湖调蓄雨水的作用，而排涝标准偏低，因此涝灾威胁难以解除。

第五章　旱　　灾

荆州地区受区位、降雨影响，部分地区受干旱困扰，局部旱灾年年发生。主要原因是降雨量相差比较大，水资源分布不均衡，南多北少，南边为丰水区，北边的荆门、钟祥、京山、江陵北部和松滋西部由于降水少、蒸发快、蓄水条件差又受地理环境影响，缺水怕旱的情况较为突出；荆州地处江汉平原，位于亚热带季风气候区，遇季风在境内停留时间短，在稳定副热带高压控制下高温少雨，易导致发生干旱。加上水库、塘堰蓄水能力有限，供需矛盾突出。

荆州地区一年四季都可能有干旱发生。3—4月为春旱，5—6月为夏旱，7—8月为伏旱，9—11月为秋旱。7—9月的伏秋旱最为频繁，危害大、受灾重。江汉平原在早稻插秧季节，由于江河水位低，无法引水灌田，容易发生春旱；而9—11月常常秋高气爽，连续晴天，蒸发量大，易发生伏秋旱。平原湖区的三伏天，因气温高、蒸发快，农作物需水量大，只要十天半月不下大雨，旱情就开始露头，若发生长时间不下透雨，则会影响稻田和棉花生产，造成农作物减产。历史上，丘陵山区主要靠小塘堰灌水，一旦久旱，望天收变成颗粒无收，人畜饮水困难。

第一节　旱　灾　频　次

荆州古属云梦泽，地广人稀，古文献记载旱灾大都很简略，如“大旱、大饥”“河涸塘干、可涉”等，很难据此判断大旱的程度，更不能作为比较的依据。故对历代旱灾只做统计而不附年表，仅作为研究一般规律的参考资料。统计历史旱灾按当年有一县受旱即作为一个旱年计算。新中国成立后的旱灾，统计时按当年受旱成灾面积达到30万亩作为一个旱年计算。随着时代的发展，灾情观测、记录手段的进步，见诸文献的旱情记录也就越来越翔实。特别是在近代，由于耕作制度的进步，农作物结构的变化，以及生活用水等多方面对水的需要更高，因此旱灾发生概率增大。

史料对荆州地区旱情的记载，大都年代愈远愈少。宋朝以后逐步增多。《江陵县志·祥异》所记“秦始皇十二年（公元前295年），天下大旱，楚同”，是史料有关荆州旱灾的最早记录，但具体地点不明。史志所载有明确的时间、地点、旱情记载的，始于西汉惠帝五年（公元前190年）五月，江陵大旱，江河水少，溪谷绝。据初步统计，从公元前235年到2011年荆州共发生旱灾235次，其中新中国成立后发生36次，见表3-5-1和表3-5-2。

荆州地区旱灾年代愈近愈频繁，并且旱年发生有较明显的阶段性。12世纪以前缺记甚多，只有15次，12世纪以后，干旱次数显著增加，而到了16世纪以后，干旱年份是

表 3-5-1　　干旱发生频次表

时间	公元前3世纪	公元前2世纪	公元前1世纪	3世纪	4世纪	6世纪	7世纪	9世纪	10世纪	11世纪	12世纪	13世纪	14世纪	15世纪	16世纪	17世纪	18世纪	19世纪	20世纪	21世纪
次数	1	3	2	1	1	1	1	2	3	1	15	13	11	21	24	26	20	27	57	4
频次		33.3	50					50	33.3		6.7	7.7	9.1	4.8	4.2	3.8	5	3.7	1.6	25

表 3-5-2　　历代干旱发生频次表

朝代	秦汉	三国至南北朝	隋唐五代	宋	元	明	清	民国	新中国成立后
起止时间	公元前235—公元220年	220—589年	589—960年	960—1279年	1279—1368年	1368—1644年	1644—1911年	1912—1949年	1949—2011年
次数	6	3	3	30	13	56	65	19	35
频次	76	123	123.6	10.6	6.8	4.9	1	2	1.8

密集出现的。从公元前235年到2011年共发生旱灾231次，平均9.7年一次，12—20世纪旱灾发生频率越来越高，平均4.2年一次，16—20世纪共发生旱灾154次，平均3.2年一次。

历史上曾出现4次连续的干旱期。

宋初1171—1194年，24年中发生干旱12次，为2年一遇，其中连续2年干旱的1次（1175—1176年），连续3年干旱的1次（1192—1194年），连续5年干旱的1次（1179—1183年）。

明朝1508—1544年，37年中发生干旱16次，为2.3年一遇，16次干旱中连续两年干旱的1次（1523—1524年），连续3年干旱的1次（1527—1529年），连续6年干旱的1次（1508—1513年）。其中，1539年为大旱年，《明实录》记载“以旱蝗免湖广……荆州，承天所属州县及沔阳卫税粮如例。”1528年为大旱年，“沔阳夏旱河竭”[《沔阳州志》(民国十五年重刊本)]。“京山、潜江大旱，民食土石”，“钟祥大旱，饥”(《湖广通志》)。

清朝1855—1878年，24年中发生旱灾12次，为2年一遇。12年旱灾中连续2年干旱的1次（1873—1874年），连续3年干旱的2次（1865—1867年、1876—1878年），连续4年干旱的1次（1855—1858年）。其中，1856年为大旱年，“荆门久旱，四至九月不雨”（宣统《湖北通志》），“京山大旱，蝗灾，汉江为涸，县境大饥，民间有食土者，名曰观音土”（光绪《京山县志》）。其余各州县也有大旱的记载。

民国时期（1912—1949年）的38年间，荆州共发生旱灾19次，为2年一遇，其中连续2年干旱的1次（1913—1914年），连续3年干旱的2次（1927—1929年、1934—1936年），连续4年的干旱1次（1922—1925年），连续5年干旱的1次（1941—1945年）。1928年和1944年为特旱年。历史上的旱年，在年际变化上，连续性也很明显。从公元前235年至公元1949年195次旱灾中，连续发生的年次有103次，约占总年次的52.8%，其中连续2年干旱的17次，连续3年干旱的12次，连续4年干旱的3次，连续5年干旱的3次，连续6年干旱的1次。

新中国成立后的62年中出现干旱35次，约1.8年一遇。局部干旱每年都有，大旱和特大旱有6年（1959年为特旱年，1960年、1972年、1978年、1988年、2011年为大旱年），平均约10年一次。这些年份都表现出旱期长，面积大，灾情重的特点。新中国成立后由于灌溉设施的不断完善，在沿江堤防上修建了许多灌溉涵闸，在丘陵山区兴修了大批水库，平原湖区湖泊众多，沟渠四通八达，抗旱水源较充足，一般干旱对农业生产影响较小，1972年、1978年、1988年、2011年大旱，由于水利工程发挥了巨大作用，成灾面积和受灾损失逐步减少。

附：新中国成立后旱灾统计表（表3-5-3）

表3-5-3　新中国成立后旱灾统计表

年份	旱情	受旱面积/万亩
1950	5月和10月无雨大旱，松滋、荆门、钟祥、京山4县受灾	39.77
1952	6月全区平均降雨65.7毫米，比常年同期雨量减少270%，8—10月少雨，10县受灾	127.37
1953	大部分县春旱连伏旱，丘陵山区塘堰干涸	109.23
1959	进入7月，连续60多天未下透雨，有的地方滴雨未下，局部地区大旱100多天，膏腴为枯，禾苗焦卷，县县受灾	770.85
1960	7—9月大旱，7月中旬后，各区县基本上没有降雨，8月监利只降雨2毫米，松滋降雨8.4毫米，石首全月不雨	668.45
1961	春旱连夏旱。春，塘堰水库干涸，沟渠断流。夏季4—6月，大部分地方干旱少雨，人畜饮水发生困难，8—10月6县又出现秋旱	611.83
1962	夏旱，监利、钟祥、荆门3县灾情较重	30.44
1963	5月旱情露头，到7月，旱情扩大到6个县	49.96
1965	5月和6月少雨，丘陵山区受灾较重	32.15
1966	部分县春旱继秋旱，塘堰干涸，沟渠裂口，荆门从3月8日至10月3日仅降雨81毫米。7月以后约3个月大部分县少雨，全区受灾	168.40
1967	7—8月，松滋、荆门、京山降雨偏少，部分农田受旱	38.26
1968	丘陵山区春旱，荆门、钟祥、京山3县两月共降雨0.1毫米，松滋降雨2.7毫米，6月平原湖区平均降雨40.3毫米，夏旱	41.00
1969	本年大涝年，钟祥、松滋、江陵、荆门、京山5县局部有旱情	73.35
1971	全区春旱，部分县春旱继夏旱	187.83
1972	1—8月，各县降雨一般比历年同期偏少20%～40%，荆门偏少50%，松滋10个水库9个无水，90%塘堰干涸	281.37
1973	全区冬旱，10—12月大部分县降雨在10毫米以下，冬播困难	40.25
1974	自夏至秋，7县连旱	127.64
1975	松滋、洪湖、钟祥7月降雨少，天门、京山、监利9月秋旱	88.71
1976	全区1—9月总降雨量比正常年少2～3成	158.01
1977	北部荆门、钟祥、京山3县春旱，夏秋普遍受旱	138.37

续表

年份	旱 情	受旱面积/万亩
1978	特大旱年，全区1—8月总降雨量比常年少300毫米，从早稻育秧开始，连续200天没有下透雨，部分县全年受旱	298.50
1979	春旱继夏旱，少数县秋冬连旱。1—3月降雨量比常年同期少5～8成	112.15
1981	从4月中旬到9月中旬，丘陵山区基本无雨，春旱连伏旱，伏旱接秋旱，全区1—9月降雨量除洪湖县外，都比历年同期少100毫米以上	129.46
1982	4月全区各县平均降雨71.7毫米，比常年少60多毫米，7月少数县受旱	38.53
1984	全区春旱，7—10月降雨偏少，秋旱	74.25
1985	6月中旬至8月，伏秋连旱，全区降雨量比多年同期平均值少40%	131.09
1986	1—3月全区未下过透雨，降雨量比历年同期少6～8成，5月平均雨量少于正常年景的90%以上，全区水库、塘堰蓄水量占有效蓄水量的37%	160.43
1987	局部有旱灾	79.10
1988	本年为大旱年。入春以后，干旱至盛夏，降雨少，且时空分布不均，江河湖库水位低，钟祥95%的塘堰干涸。5—8月持续晴热高温，50万人饮水困难	218.83
1989	7月中旬以后，持续晴热高温、伏旱	155.84
1990	进入7月，降雨明显减少，全区有166座小型水库处于死水位以下，近4万口塘堰干涸。松滋、石首、天门、京山5县（市）受灾最重	351.00
1997	入汛后，降雨偏少，气温偏高，外江水位低，造成夏旱严重。受旱严重的县（市）有监利、洪湖、公安等	189.00
2000	1—5月降雨量少，全市平均降雨量为285.2毫米，比多年平均值减少34%；长江水位低，四河和东荆河、沮漳河冬春断流；湖泊水位低，5月24日长湖水位仅28.95米（为有记录以来第二个低水年）；大部分水库低于死水位或接近死水位，造成全市持续干旱	325.00
2001	6月下旬至7月底春旱连夏旱，7—8月初伏旱连秋旱，梅雨期出现“空梅”，全市水库主汛期基本上在汛限以下水位运行；6月、7月、8月3个月江河水位低，沿江涵闸引水困难，造成了春旱连伏旱、伏旱连秋旱	231.00 （干枯24万亩）
2004	春旱严重。江河水位低，2月沙市最低水位30.48m，与大旱的2000年持平，降雨偏少	35.77 （干枯10万亩）
2005	1—4月春旱和6—8月伏旱给全市造成巨大损失，全市200.67万亩农田受旱，成灾55.36万亩，绝收1.68万亩，因灾减产粮食3360万千克	200.67
2006	江河水位低。8月22日沙市水位33.30m，松东河从8月5日到9月2日断流29天，虎渡河从8月21日至8月22日断流2天，藕池河从8月12日至8月31日断流20天。降雨偏少	57.0万亩 （干枯1.6万亩，9.74万人饮水困难）
2008	7月中旬，因降雨偏少，荆州、江陵、洪湖等部分地方发生旱情	22.25
2009	7月、8月降雨偏少	40.32 （干枯1.7万亩）
2011	1—5月，全市降雨较多年平均值偏少5成左右，春旱严重，高峰期农作物受旱335万亩，严重受旱197万亩。洪湖、长湖基本干涸	335.00

第二节　旱　灾　季　节

荆州天气多变，一年四季都可能出现旱灾。自公元前 235 年至公元 2011 年 161 次旱灾发生的季节情况统计见表 3-5-4。

表 3-5-4　　公元前 235—公元 1990 年旱灾统计情况

季节	春	夏	秋	冬	春至夏	夏至秋	秋至冬	春至秋	夏至冬	四季	合计
次数	27	57	26	4	11	23	3	8	1	1	161
占总次数比例/%	16.8	35.4	16.1	2.5	6.8	14.3	1.9	5.0	0.6	0.6	

注　1. 古代所记四季均指阴历，按公历推算，夏季为 5—7 月，秋季为 8—10 月。
　　2. 资料来源于《湖北省水旱灾害统计资料》《湖北省水利志》。

荆州以伏旱为主，其次是秋旱、春旱和伏秋连旱。每年 7—8 月，是农作物需水量最大的关键时刻，此时受太平洋副热带高压控制，若北方冷空气活动少，则多南风，气温高，晴热少雨，蒸发量大，易造成全局性的干旱（亦称为夏旱）。8 月以后降雨区一般向西转移，往往因少雨出现伏旱连秋旱。新中国成立后特大干旱的 1959 年、1978 年和大旱的 1972 年、1988 年都是伏旱或伏秋连旱。1959 年，自 7 月开始，荆州连续 60 多天少雨，局部地区大旱 100 多天。1978 年，连续近 100 天干旱少雨，是历史上少见的持续发展的自春至秋的特大旱年。伏旱和秋旱发生频次最多，旱区最广，时间最长，对农业生产影响也最大。根据新中国成立后的资料统计，荆州夏旱的概率为 10 年 5 遇，伏秋旱和秋旱的概率为 10 年 4 遇，春旱的概率一般是 10 年 3.8 遇。

第三节　旱　区　分　布

荆州地区境内地势高低悬殊，复杂多变，降水差异较大，地域上也分布不均。旱情大体是北部重于南部，西部重于东部。1928 年大旱，天门、京山湖塘干涸，水田改旱田；石首、江陵塘堰见底，湖泊飞灰。江陵县 1840—1949 年间，发生旱灾 15 次，平均 7.3 年发生一次。据史料记载，新中国成立前 109 年间，荆州地区旱区分布情况见表 3-5-5。

表 3-5-5　　荆州地区旱区分布情况表

区　域	西北山区	东南湖区	山丘和湖区同年发生
旱灾年次	62	52	8

荆州建市后，行政区划有所改变，平原湖区占全市面积的 81%，干旱主要出现在春夏之交，此时因江河水位低，引水困难造成农田受旱。全市各县（市）1950—2011 年干旱发生次数见表 3-5-6。

表 3-5-6　　1950—2011 年荆州市各县（市）干旱发生次数表

县（市）	江陵	公安	松滋	石首	监利	洪湖	合计
次数	33	30	24	31	30	28	176

第四节　水　旱　交　替

荆州地区每年都有不同程度的水旱灾情，往往是平原湖区渍涝成灾，而丘陵山区却容易受旱。水旱灾害不仅在年际间交替出现，即使在同年也有并现和交替出现的情况。从全区来看，同一年有的县遭旱，有的县淹水，即使同一县、同一年也有先旱后水或先水后旱或水—旱—水、旱—水—旱交替的情况。

荆州历史上（公元前185—公元1949年）的水旱灾害共639年次（水灾405年次，旱灾234年次），其中有旱洪交替的215年次（3世纪1年次，12世纪11年次，13世纪5年次，14世纪7年次，15世纪16年次，16世纪27年次，17世纪33年次，18世纪28年次，19世纪51年次，20世纪至1949年36年次），即旱洪交替占总年次的33.65%。

如京山县，明朝有灾害25次，其中旱灾15次，洪涝灾害10次；清朝有灾害62次，其中洪涝灾害52次，旱灾10次；民国时期有灾害18次，其中水灾7次，一年水旱两次灾害的有2年，连续4年水旱灾害的有一次。天门县，明朝时期有灾害95次，其中洪涝灾害47次，旱灾48次；清朝有灾害152次，其中洪涝灾害123次，旱灾29次；民国时期有灾害23次，其中洪涝灾害15次，旱灾8次。监利县从元朝泰定元年（1324年）至民国38年（1949年）共计626年，在有记载的512年间，灾年116年，其中水灾102次，占88%；旱灾11次，占9.5%；地震2次，占1.7%；疫灾1次，占0.8%。

新中国成立后，从1949年至2011年的62年中，发生严重洪涝灾害的有12年（1949年、1954年、1964年、1970年、1973年、1980年、1983年、1991年、1996年、1998年、1999年、2003年），其中以1954年、1980年、1983年、1991年、1996年和1998年最为严重；有7年受旱严重（1959年、1960年、1961年、1972年、1978年、1988年和2011年），其中以1959—1961年连续3年干旱损失最重。

根据1950—1972年的统计资料，荆州地区有洪涝年17年，旱年18年，因洪涝受灾面积2367.95万亩，因旱受灾面积3179.54万亩。因旱成灾面积大于洪涝成灾面积，这主要是1959—1961年3年连续干旱，成灾面积2019.7万亩。尽管因旱成灾面积大于洪涝成灾面积，但其损失没有洪涝灾害所造成的损失大。如1954年洪水灾害不但造成大面积农田绝收，而且还造成人员和财产的重大损失。1972年以后，抗旱设施不断完善，虽多次发生干旱，但因旱成灾的概率不断降低。

新中国成立后，荆州地区年内水旱交替情况十分复杂，分期比较明显的先水后旱的有8年，先旱后水的有6年，同期出现的有4年，出现水—旱—水交替的有6年，旱—水—旱交替的有7年。

荆州范围内和一个县境范围内的同年水旱交替比较常见，但从总的交替情况来看，以夏秋大水、冬春干旱居多。

注：干旱等级划分（气象部门资料）

在3—5月及9—11月，一场透墒雨（不小于30毫米）后，连续30天降水总量小于30毫米可能出现干旱，连续30～50天为小旱，连续50～70天以上为大旱。

在6—8月一场透墒雨后，连续20天内降水总量小于30毫米，就可能出现干旱，连续20～40天为小旱，连续40～60天为中旱，连续天数60天以上为大旱。以连续无雨日数划分干旱等级见下表。

连续无雨日数划分干旱等级表

等　级	伏　旱	春旱、初夏、秋旱
小旱	20～40	30～50
旱	40～60	50～70
大旱	＞60	＞70
统计标准	其间降水量≤30毫米	

连续3个月降水量距平－25%～50%，属旱；－50%～80%属大旱。

连续2个月降水量距平－50%～80%，属旱，－80%以上属大旱。

1个月降水量距平－80%以上，属旱。

附：荆州历史水灾年表（表3－5－7）

表3－5－7　　荆州历史水灾年表

朝代	历史纪年	公元纪年	史籍记载	水灾类型	史料来源
西汉	高后三年	前185年	汉中南郡大水，流四千余家	决溢	《荆州府志·祥异志》《长江志》
西汉	高后八年	前180年	汉中南郡大水，流六千余家	决溢	《荆州府志·祥异志》《长江志》
东汉	永元十三年	101年	荆州雨水，比岁不节	大雨	《后汉书·和帝纪》
东汉	永元十四年	102年	兖、豫、荆州水		同治《平江县志》，转自《岳阳历史上的自然灾害》
东汉	延平元年	106年	秋，六州（荆、扬、兖、青、徐州）大水		《后汉书·殇帝纪》《湖广通志》《通览辑览》
东汉	永建二年	127年	荆郡淫雨伤稼	大雨	《汉书·五行志》《荆州府志》
东汉	永建四年	129年	荆、豫、兖、冀郡淫雨伤稼	大雨	《后汉书·五行志》
西晋	咸宁二年	276年	荆州大水，漂流人民房屋四千余家	决溢	《荆州府志·祥异志》
西晋	咸宁三年	277年	七月，荆州大水		《湖广通志》卷1
西晋	咸宁四年	278年	七月，荆州大水		《湖广通志》卷1
西晋	太康四年	283年	荆州大水		《荆州府志·祥异志》
西晋	元康五年	295年	夏，荆州大水		《荆州府志·祥异志》
西晋	元康六年	296年	五月，荆州大水		《湖广通志》
西晋	元康七年	297年	秋，荆州大水		《荆州府志》
西晋	元康八年	298年	九月，荆州大水		《晋书·五行志》
西晋	永宁元年	301年	荆州淫雨，溃灾禾稼殆尽	决溢	道光《洞庭湖志》
东晋	永昌元年	322年	五月，荆州大水		《荆州府志·祥异志》
东晋	太宁元年	323年	五月，荆州大水		《晋书·五行志》
东晋	咸康元年	335年	八月，荆州大水，溢漂溺人畜	决溢	《荆州府志·祥异志》
东晋	太元四年	379年	六月，荆州大水		《荆州府志·祥异志》
东晋	太元六年	381年	六月，杨、荆、江三州大水		《晋书·五行志》

续表

朝代	历史纪年	公元纪年	史籍记载	水灾类型	史料来源
东晋	太元十七年	392年	蜀水大出，漂浮江陵数千家，以堤防不严降号（殷仲堪）为宁远将军	决溢	《晋书·殷仲堪传》，转自《长江水利史论文集》
东晋	太元十九年	394年	荆州大水		《荆州府志·祥异志》
东晋	太元二十年	395年	六月，荆州大水		《荆州府志·祥异志》《晋书·五行志》
东晋	太元二十二年	397年	荆州大水		《荆州府志·祥异志》
东晋	隆安三年	399年	荆州大水，平地水深三丈		《晋书·五行志》《荆州府志·祥异志》
东晋	隆安五年	401年	夏，荆州大水		光绪三年《江陵县志·祥异》
南北朝	元嘉十八年	441年	沔阳（今洪湖）：五月大水，江、汉泛溢，没民舍，害苗稼	决溢	《湖北省水旱灾害统计资料》
南北朝	孝建二年	455年	郢大水		《汉江堤防志》
南北朝	元徽三年	475年	郢大水		《汉江堤防志》
南北朝	天监六年	507年	荆州大水，江溢堤坏，肖憺亲率府将吏，冒雨赋尺丈筑治之	决溢	《梁史》卷22《肖憺传》
南北朝	光大二年	568年	陈吴明彻攻后梁，破江陵放水灌江陵城	决溢	《资治通鉴》
南北朝	太建二年	570年	陈司空章昭达攻后梁，决堤引长江水灌江陵	决溢	《资治通鉴》
南北朝	太建十四年	582年	七月，荆州江水如血，自京师至于荆州	决溢	《荆州府志·祥异志》
隋	开皇六年	586年	江陵大水		《荆州府志·祥异志》
唐	贞观十六年	642年	荆州大水		《唐书·五行志》
唐	贞观十八年	644年	荆州大水		《唐书·五行志》
唐	开元十四年	726年	秋，荆州大水		《江陵堤防志》
唐	贞元二年	786年	六月，荆南江溢	决溢	《荆州府志·祥异志》
唐	贞元三年	787年	三月，江陵大水		《唐书·五行志》《荆州府志·祥异志》
唐	贞元四年	788年	江陵大水，地震		《石首县水利堤防志》
唐	贞元六年	790年	荆南江溢	决溢	《荆州万城堤志》
唐	贞元八年	792年	荆襄大水，石首民饥	决溢	《荆州府志·祥异志》《长江志》《石首县志》
唐	元和元年	806年	夏，荆南大水		《唐书·五行志》
唐	元和二年	807年	江陵大水		光绪二年《江陵县志·祥异》
唐	元和八年	813年	江陵大水		《荆州府志》《江陵县志》《荆州万城堤志》

续表

朝代	历史纪年	公元纪年	史　籍　记　载	水灾类型	史　料　来　源
唐	元和九年	814年	荆州大水，石首民灾		《石首县志》（红旗出版社，1990年）
唐	元和十二年	817年	六月，江陵水，害稼		《唐书·五行志》
唐	长庆四年	824年	郢城汉水溢决	决溢	《汉江堤防志》
唐	太和四年	830年	夏，荆襄大水，皆害稼		《荆州府志·祥异志》
唐	太和五年	831年	荆襄大水，害稼		《唐书·五行志》《湖广通志》
唐	太和九年	835年	荆州大水		《江陵县志》
唐	开成三年	838年	江汉涨溢，坏荆襄等州，民居及田产殆尽	决溢	《唐书·五行志》《荆州府志》《长江志》
北宋	太平兴国二年	977年	沔阳：春淫雨，秋七月复州江水涨，坏城及民舍田庐	决溢	《湖北省近五百年气候历史资料》《长江志》
北宋	太平兴国五年	980年	秋七月，复州水涨，舍、堤、塘皆坏	决溢	光绪《沔阳州志》
北宋	雍熙元年	984年	汉、沮并涨坏民舍		《宋史·五行志》
北宋	淳化二年	991年	秋，荆湖北路江水注溢，浸田亩甚众。秋七月，复州蜀、汉二江水涨，坏民田庐	决溢	《宋史·五行志》、光绪《沔阳州志》
北宋	庆历七年	1047年	荆湖北路大水		同治《平江县志》
北宋	皇祐四年	1052年	石首大水，田被淹		《石首县志》（1990年版）
北宋	至和元年	1054年	石首大水		《石首县志》（1990年版）
北宋	嘉祐二年	1057年	七月，荆湖北路大水		《宋史·五行志》
北宋	政和八年	1118年	荆湖路大水		《文献通考》
南宋	建炎二年	1128年	江陵令决潭陂（即黄潭堤），入于江，既而复潦涨溢，害及复州千余里	决溢	光绪二年《江陵县志·祥异》
南宋	绍兴三年	1133年	五月，荆湖北路连雨，七月，江陵水		《荆州府志》
南宋	绍兴二十三年	1153年	夏，长江流域遭遇流域型特大水灾，宜昌站洪水57.50米，洪量9.28万立方米每秒（调查洪水）		《长江志》
南宋	乾道四年	1168年	七月，江陵寸金堤决，水啮城，石首大水	决溢	光绪二年《江陵县志》《石首县志》
南宋	淳熙六年	1179年	五月，荆州水		《江陵堤防志》
南宋	淳熙十五年	1188年	五月，荆州溢，漂民舍、军垒3000余间，江陵、武汉等受水灾。夏五月，荆江溢，复州大水	决溢	《宋史·五行志》、清光绪《沔阳州志》
南宋	绍熙三年	1192年	七月，江陵大雨，江溢，败堤防，圮民庐，渍田稼者逾旬日	决溢	光绪《江陵县志·祥异》《长江志》

续表

朝代	历史纪年	公元纪年	史籍记载	水灾类型	史料来源
南宋	绍熙四年	1193年	夏，江陵水。湖北郡县坏圩田		《宋史·五行志》《荆州府志·祥异志》
南宋	开禧元年	1195年	荆湖北路水		《荆州府志·祥异志》
南宋	开禧三年	1207年	石首堤溃，全县受灾	决溢	《石首县志》
南宋	开禧十二年	1219年	石首大水，民流离		《石首县志》
南宋	嘉定十六年	1223年	五月，荆郡水		《通考》《江陵堤防志》
南宋	淳祐十一年	1251年	九月，江陵大水		《荆州府志》《荆州万城堤防志》
元	至元十二年	1275年	八月，松滋骤雨，水暴溢，漂千余家，溺死七百余人	大雨	《荆州府志》、民国《松滋县志》《长江志》
元	至元十五年	1278年	松滋大水		《松滋县志》
元	至元二十四年	1287年	九月，江水溢	决溢	《长江、汉江干流泛滥年表》
元	至元二十七年	1290年	七月，江水溢	决溢	《长江、汉江干流泛滥年表》
元	元贞二年	1296年	江陵、潜江、沔阳、玉沙、石首县大水		《荆州府志·祥异志》
元	大德四年	1300年	七月，江陵、松滋大水。江陵路水漂民居，溺死者十有八人。玉沙县大水	决溢	《荆州府志》《扬子江水利考》《长江志》
元	大德七年	1303年	公安决竹林港，石首决陈瓮港	决溢	《荆州府志》《石首县志》《长江志》
元	大德九年	1305年	夏五月至秋七月，玉沙江溢，石首水灾	决溢	《石首县志》《监利水利志》《沔阳州志》
元	至大四年	1311年	松滋、江陵大水		《元史·五行志》《湖广通志》《松滋县志》《江陵县志》
元	延祐五年	1318年	六月，江陵水		《荆州府志·祥异志》
元	延祐六年	1319年	五月，江陵水		《荆州府志·祥异志》
元	延祐七年	1320年	五月，江陵水		《元史·五行志》《湖广通志》《江陵县志》
元	至治元年	1321年	汉水复涨		《汉江堤防志》
元	至治二年	1322年	江陵路江溢，公安水	决溢	《荆州府志》
元	至治三年	1323年	五月，公安、江陵二县水		《元史·五行志》
元	泰定二年	1325年	五月，江陵路江溢，公安、石首水	决溢	《元史·泰定帝纪》《荆州府志》《长江志》
元	泰定三年	1326年	五月，江陵、公安二县水		《元史·五行志》《荆州府志》
元	至顺三年	1332年	九月，江陵大水		《元史宁宗本纪》
元	至正二年	1342年	松滋大雨，漂流千余家，死七百人	决溢	《松滋县志》
元	至正八年	1348年	六月，中兴路松滋骤雨暴涨，平地深丈有五尺余，漂没六十余里，死者一千五百人。夏四月，沔阳府大水	决溢	《荆州府志·祥异志》《长江志》《湖北省近五百年气候历史资料》

续表

朝代	历史纪年	公元纪年	史籍记载	水灾类型	史料来源
元	至正九年	1349年	七月，公安、石首、潜江、监利、沔阳等县大水		《湖广通志》《荆州府志》《长江志》《石首县志》
元	至正十二年	1352年	六月，松滋暴雨，江水暴涨，漂民居千余里，溺死者七百余人	决溢	《荆州府志》《松滋县志》《长江志》
元	至正十五年	1355年	六月，荆州大水		《元史·五行志》《湖广通志》《荆州府志》
元	至正十九年	1359年	荆江地区暴雨成灾，漂没民居千余家，溺死七百余人	大雨	《长江志》
明	洪武九年	1376年	七月，湖广大水		《元史·五行志》
明	洪武十年	1377年	公安大水，冲塌城楼，民田淹没无算，荆州、石首大水	决溢	《荆州府志·祥异志》《石首县志》
明	洪武十三年	1380年	荆州大水		《湖广通志》卷1、《荆州府志·祥异志》
明	洪武十八年	1385年	李家埠堤决，坏民庐舍、田产甚众	决溢	嘉靖《荆州府志》
明	洪武二十二年	1389年	汉水溢五日，水决城坏		《汉江堤防志》
明	洪武二十三年	1390年	八月，淫雨，汉水暴溢由郢以西，庐舍人畜漂没无算，荆几陷，五日乃止	大雨	《江陵县志》
明	洪武二十八年	1395年	松滋大水，堤溃	决溢	《松滋县志》
明	永乐二年	1404年	七月，湖广大水，石首、监利诸县江溢、坏民居田稼	决溢	《明史·五行志》《湖广通志》卷1、《湖北省自然灾害历史资料》《长江志》
明	永乐三年	1405年	江陵、石首、监利诸县江溢，坏民居田稼	决溢	《荆州府志·祥异志》
明	永乐二十年	1422年	沔阳州淫雨，江水泛涨，淹没田地，溺死人民	决溢	《长江、汉江干流泛滥年表》
明	宣德元年	1426年	沔阳、监利等县久雨，江水泛滥，田地、人民淹没	决溢	《长江、汉江干流泛滥年表》《扬水江水利考》
明	宣德三年	1428年	八月，沔阳州及监利县久雨，江水泛涨	大雨	《长江、汉江干流泛滥年表》《扬水江水利考》
明	宣德八年	1433年	七月，江陵，枝江江水泛滥，冲决堤岸，民田、军屯多被患	决溢	《扬子江水利考》《明英宗实录》卷108
明	正统元年	1436年	九月，江陵、公安二县及荆门州大雨，江水泛涨，冲决圩岸	决溢	《长江、汉江干流泛滥年表》《明英宗实录》卷23
明	正统二年	1437年	江、松、公、石、潜、监六县各奏："近江堤岸俱水决，淹没禾苗甚多"	决溢	《明史·五行志》《明英宗实录》卷35
明	正统四年	1439年	荆州府属诸县四至六月江水流溢堤决，淹没田亩，民多流徙	决溢	《明史·河渠志》《江陵堤防志》

续表

朝代	历史纪年	公元纪年	史籍记载	水灾类型	史料来源
明	正统九年	1444年	两畿、山东、河南、浙江、湖广大水		《明史·英宗前纪》
明	正统十三年	1448年	石首水灾		《石首县志》
明	景泰元年	1450年	南水、江水泛滥，坏城垣、官舍、民居甚众	决溢	《长江、汉江干流泛滥年表》
明	景泰六年	1455年	闰六月，沔阳：江水泛溢，又被淹没	决溢	《明实录》
明	景泰七年	1456年	江陵恒雨淹田，荆州庐舍漂没	大雨	《江陵县志》
明	天顺二年	1458年	汉水高家堖溢	决溢	《汉江堤防志》
明	天顺四年	1460年	江水泛滥决堤，淹没禾苗，民居多流徙	决溢	《明史·五行志》《明英宗实录》卷318
明	天顺七年	1463年	五月，荆州大雨，腐二麦，庐舍漂没，民皆露宿		《荆州府志》
明	成化五年	1469年	湖广大水，公安决，江陵施家渊堤决	决溢	《明史·五行志》《荆州府志》
明	成化六年	1470年	潜江白洑堤决		《汉江堤防志》
明	成化十年	1474年	荆州大水。沔阳：江汉并涨，堤防悉沉于渊，民皆乘舟入城市，浅者为栈、深者如巢、飘风剔雨，湛溺死者动以千数	决溢	《江陵堤防志》《监利水利志》《沔阳州志》
明	成化十一年	1475年	荆州大水		《湖广通志》
明	成化十三年	1477年	江水暴涨		《荆州府历代自然灾害表》《岳阳历史上的自然灾害》
明	成化十四年	1478年	荆州大水，汉水溢		《江陵县志》《汉江堤防志》
明	成化十五年	1479年	荆州大水，免夏秋粮		《江陵堤防志》
明	弘治三年	1490年	石首大水		《石首县志》
明	弘治十年	1497年	荆州大水，自沙市决堤浸城，冲塌公安门城楼，民田陷没无算，公安狭堤渊决；石首大水	决溢	《湖广通志》《公安县志》《石首县志》《荆州府志·祥异志》《古今图书集成》卷129、《长江志》
明	弘治十一年	1498年	八月，荆州大水，决沙市堤，灌城，冲塌公安门城楼，民田陷溺无算。李家埠堤决，淹溺甚众	决溢	《荆州万城堤志》、嘉靖《荆州府志》
明	弘治十二年	1499年	夏，大水，江陵李家埠堤决，淹没甚众。沔阳江汉并涨，江堤溃	决溢	《读史方舆纪要》《荆州万城堤志》《湖北省水旱灾害统计资料》《长江志》
明	弘治十三年	1500年	江陵李家埠堤决，淹没甚众。沔阳江汉并涨，堤防悉沉如渊，湛溺死者动以千数	决溢	《天下郡国利病书》《明孝宗实录》，光绪《沔阳州志》

续表

朝代	历史纪年	公元纪年	史籍记载	水灾类型	史料来源
明	弘治十四年	1501年	荆州大水溃城，文村堤决	决溢	宣统《湖北通志》、光绪《江陵县志》
明	正德十一年	1516年	八月，荆州大水，决沙市堤，灌城脚。江陵文村堤决，公安郭家渊决。沔阳江汉并溢，南江堤溃	决溢	《湖广通志》、光绪《江陵县志》、光绪《沔阳州志》、嘉靖《荆州府志》
明	正德十二年	1517年	夏，荆州大水，江水泛溢，田庐漂没，民多溺死。沔阳：大水泛滥，南北江襄大堤冲崩	决溢	《湖广通志》《荆州府志》《沔阳州志》
明	嘉靖元年	1522年	石首决双剅垸（即石戈垸），市人骑屋而居	决溢	《石首县志》《长江志》
明	嘉靖四年	1525年	沔阳：夏四月，江溢至于六月，汉水瓢泼	决溢	光绪《沔阳州志》《汉江堤防志》
明	嘉靖五年	1526年	荆门、沙洋堤决		《汉江堤防志》
明	嘉靖六年	1527年	夏，荆州大水，万城堤决。石首堤溃，市可行舟。沔阳夏六月大水，民田庐皆坏，人畜多溺死	决溢	《明史·五行志》《荆州府志》《读史方舆纪要》
明	嘉靖八年	1529年	石首堤溃	决溢	《长江志》
明	嘉靖九年	1530年	沔阳：南江堤茅埠口覆决	决溢	光绪《沔阳州志》
明	嘉靖十一年	1532年	荆州大水，江陵万城堤决；公安江、池、湖决	决溢	《湖广通志》《江陵县志》《沔阳州志》
明	嘉靖十六年	1537年	秋，两畿、山东、河南、陕西、浙江各被水灾，湖广尤甚		《明史·五行志》
明	嘉靖十八年	1539年	塞祝家垱（约监利—弓堤附近），其垱随决	决溢	万历《湖广总志》《天下郡国利病书》卷74
明	嘉靖二十年	1541年	沙市上堤而南，复遭巨浸，各堤荡殆洗尽，华容大水，城内行舟	决溢	《荆江堤志》、光绪《华容县志》
明	嘉靖二十一年	1542年	万城堤复遭巨浸，各堤防荡洗殆尽	决溢	光绪十三年《荆州万城堤图说》《荆江堤志》(1937年)
明	嘉靖二十三年	1544年	是年堤决后，寸金堤未修，日圮	决溢	光绪十三年《荆州万城堤图说》
明	嘉靖二十六年	1547年	沔阳：大水，江堤决，坏民垸无算	决溢	光绪《沔阳州志》
明	嘉靖二十九年	1550年	江陵万城堤决，各堤防荡洗殆尽，松滋自本年决堤无虚岁	决溢	光绪《江陵县志·祥异》《长江志》
明	嘉靖三十年	1551年	七月，石首大水，江涨堤溃，平地深水数丈，官舍民居皆没	决溢	《荆州府志》《石首县志》《长江志》
明	嘉靖三十三年	1554年	公安大水		《荆州府志》
明	嘉靖三十五年	1556年	秋，石首淫雨连月，南北二水交涨，诸堤尽决，溺民无算。公安新渊堤决。黄师堤决	决溢	《荆州府志》、顺治《监利县志》《长江志》

续表

朝代	历史纪年	公元纪年	史籍记载	水灾类型	史料来源
明	嘉靖三十九年	1560年	七月，荆州大水，江陵寸金堤溃，水至城下，高近三丈。六门筑土填塞，凡一月退。公安沙堤铺决。松滋大水，江溢夹洲、朝英口堤决。沔阳水，人畜溺死	决溢	《荆州府志·祥异志》《湖广通志》《松滋县志》
明	嘉靖四十四年	1565年	荆州大水，公安决大湖渊及雷胜旻湾；监利县决黄狮庙、李家埠、何家垱、义冢垸、金家湖诸堤	决溢	《湖广通志》《荆州府志》
明	嘉靖四十五年	1566年	荆州大水。江陵黄滩堤防荡洗殆尽，民之溺者不下数十万；公安倾洗竹林寺，决藕池	决溢	《湖广通志》《荆州府志》《公安县志》
明	隆庆元年	1567年	松滋七里庙（新场东）溃口；公安大水，倾洗二圣寺；石首大水	决溢	《荆州府志》《松滋县志》《石首县志》
明	隆庆二年	1568年	荆州大水，江陵逍遥堤决；公安艾家堰决；白螺矶溃	决溢	《荆州府志》《石首县志》、光绪《湖北通志》
明	隆庆三年	1569年	荆州大水		《荆州府志·祥异志》
明	隆庆四年	1570年	石首堤决	决溢	《石首县志》
明	隆庆五年	1571年	枝江、松滋、江陵、公安、石首、监利大水		《湖广通志》、光绪《湖南通志》
明	隆庆六年	1572年	枝江、松滋、江陵、公安、石首、监利等七县大水伤禾稼，坏庐舍，漂流人畜死者不可胜计。七月，荆州大水，堤塍冲决。江陵、监利水灾	决溢	《湖广通志》《荆州府志》《枝江县志》《江陵县志》《明史·五行志》《明穆宗实录》卷10
明	万历元年	1573年	七月，荆州大水。湖北巡抚赵贤疏请留决口（今东荆河口），让水止于谢家湾、中一道为河		《明史·五行志》《潜江县志·河防志》《东荆河堤防志》
明	万历二年	1574年	七月，江陵、公安大水		《湖广通志》卷1
明	万历十四年	1588年	石首陈公西垸溃	决溢	《荆州府志》
明	万历十九年	1591年	六月，江陵黄潭堤决，民溺死者不下数万，其他房屋畜悖无算；公安大水，堤溃	决溢	《明史·五行志》《荆州万城堤志》《长江志》
明	万历二十一年	1593年	江陵逍遥堤决	决溢	《荆州万城堤志》、康熙《荆州府志》《长江志》
明	万历二十六年	1598年	江陵沙津决	决溢	《荆州万城堤志》、乾隆《江陵县志》
明	万历二十九年	1601年	汉水泛滥		《汉江堤防志》
明	万历三十四年	1606年	五月，江陵、公安、石首、监利、安乡大水，华容城房屋倒塌甚多，城中可行舟		《岳阳历史上的自然灾害》《石首县志》

续表

朝代	历史纪年	公元纪年	史籍记载	水灾类型	史料来源
明	万历三十六年	1608年	监利谭家渊、八老渊堤溃。沔阳：五月十四日江堤坏，水至城内行舟，石首涝，沙洋堤决	决溢	《石首县志》《监利县志》《沔阳州志》《汉江堤防志》
明	万历三十九年	1611年	长江中游大水，松滋决堤，死亡千余人	决溢	《长江志》
明	万历四十年	1612年	松滋大水，堤溃，淹死千余人。潜江永镇观决	决溢	《荆州府志》《松滋县志》《长江志》《汉江堤防志》
明	万历四十一年	1613年	上游干流特大洪水。据历史洪水调查，宜昌洪水位56.30米。四川、湖北均有大水入城，房舍淹没。潜江赵林堤决	决溢	《长江志》《汉江堤防志》
明	万历四十三年	1615年	石首大雨成灾	大雨	《石首县志》
明	天启三年	1623年	监利县堤头堤溃成潭	决溢	康熙《监利县志》《监利水利志》
明	崇祯二年	1629年	秋，八月，汉水溢，沔阳全境皆淹	决溢	光绪《沔阳洲志》
明	崇祯四年	1631年	五六月，江陵淫雨不已，沔阳二百余垸堤尽溃	决溢	光绪《江陵县志·祥异》《长江志》
明	崇祯七年	1634年	监利江堤溃	决溢	《监利水利志》
明	崇祯九年	1636年	潜江操家口决	决溢	《汉江堤防志》
明	崇祯十二年	1639年	潜江沱埠垸的深河潭堤溃	决溢	《东荆河堤防志》
明	崇祯十三年	1640年	五月，沔阳江水盛涨，江堤南北湖口、小林诸堤皆溃	决溢	《沔阳州志》
清	顺治四年	1647年	盛夏，京山王家营决。监利水旱相因，诸水骤涨，东西溃决	决溢	《监利水利志》《汉江堤防志》
清	顺治五年	1648年	湖广江水大涨，监利水旱相因	大雨	《长江历代（汉朝至清末即185—1911年）水灾记载表》、光绪《监利水利志》
清	顺治七年	1650年	诸水骤涨，腾架堤上，（黄师堤等）东西溃决。沔阳五月大水，没朱麻等二百余垸。夏六月，水淹二百余垸	决溢	顺治《监利县志》、光绪《沔阳州志》
清	顺治九年	1652年	江陵水决万城堤，钟祥金港口堤决	决溢	《荆州府志》、光绪《江陵县志》《汉江堤防志》
清	顺治十年	1653年	石首大水，松滋大水，黄木坑、杨润口（采穴附近）堤溃，溺死数百人；江陵万城堤溃，江陵城西门倾塌。京山陈洪口、王万口决	决溢	《荆州府志》《松滋县志》、乾隆《江陵县志》《汉江堤防志》
清	顺治十二年	1655年	因江水泛涨，荆州府城不没者无几。沔阳春三月堤溃大水，夏四月水	决溢	馆藏《清宫档案》《湖北省近五百年气候历史资料》

续表

朝代	历史纪年	公元纪年	史籍记载	水灾类型	史料来源
清	顺治十五年	1658年	荆州大水，淹田庐，溺人畜无算。公安大水。松滋大水，损禾苗，坏居民。监利水灾异常。沔阳江汉并涨，堤垸多倾溃。京山王万口、聂家滩溃。潜江汪家剅决	决溢	光绪六年《荆州府志》、光绪《沔阳州志》、民国《松滋县志》《汉江堤防志》《东荆河堤防志》
清	顺治十六年	1659年	五月，江陵大水。沔阳，夏六月大水，秋大水		光绪《江陵县志·祥异》《湖北省近五百年气候历史资料》
清	顺治十七年	1660年	江陵大水		《荆州府志》
清	康熙元年	1662年	七月，松滋大水。八月，江陵大水，万城堤溃。京山聂家滩溃，钟祥许家堤、旧口堤溃	决溢	《松滋县志》《守荆略记》《清光绪十三年徐家干编》《汉江堤防志》
清	康熙二年	1663年	八月，松滋大水，黄木坑堤溃，浸公安城，民溺死无算；江陵大水，所在堤圩尽决（江水决周尹庙）	决溢	《荆州府志》《松滋县志》、光绪《江陵县志》《监利水利志》《清史稿》《东华录》
清	康熙三年	1664年	江陵郝穴堤溃，泽洞滔天	决溢	清光绪六年《荆州府志》、《湖广通志》
清	康熙四年	1665年	沔阳春三月工竣修筑南江堤溃口九十六处，夏五月南江堤继溃。潜江竹根滩溃	决溢	光绪《沔阳州志》《汉江堤防志》
清	康熙七年	1668年	监利尺八、林家潭堤溃	决溢	《监利水利志》《监利县历代水旱灾害简介》
清	康熙九年	1670年	松滋流虎口，杨润口（采穴洪潭寺）二处溃堤，民居漂溺者无算，古堤颓坏，改筑“圭”形堤。钟祥茂草岭溃	决溢	《荆州府志》《湖北省自然灾害历史资料》
清	康熙十年	1671年	松滋大水，七月，江水驟涨，（石首）西垸堤溃损禾苗，灾民流离，死者枕藉。潜江左堤郑浦垸决	决溢	《荆州府志》《长江志》、康熙《潜江县志·河防志》
清	康熙十一年	1672年	六月，监利大水，决何家湾、薛家潭和红花湖堤。松滋大水，新筑“圭”形堤复溃，民迭遭水灾，死者甚众；石首江涨，溃西垸，死者枕藉	决溢	光绪《湖北通志》《监利水利志》《松滋县志》《长江志》
清	康熙十五年	1676年	江陵、监利大水，江决郝穴、龙二渊，民多死；监利何家湾、洛家湾、永泰山、新中河口、小口子堤决。沔阳：江汉并涨，堤溃六七处，南辖（现洪湖）淹没，人畜溺死无算	决溢	《荆州府志》、光绪《江陵县志》、同治《监利县志》《湖北省近五百年气候历史资料》、光绪《沔阳州志》
清	康熙十七年	1678年	监利大水，决东湖港堤，郝穴等处江堤溃决	决溢	《荆州府志》、同治《监利县志》《监利水利志》

续表

朝代	历史纪年	公元纪年	史籍记载	水灾类型	史料来源
清	康熙十九年	1680年	监利大水，决上牛舍垸堤；江陵盐卡堤溃。潜江左堤以内之张家湖、苏湖溃	决溢	《江陵堤防志》、同治《监利县志》《长江志》、康熙《潜江县志·河防志》
清	康熙二十年	1681年	江陵、监利大水，江决江陵黄潭堤，田庐舍漂没，人民死者无算。沔阳秋七月江汉堤垸多溃	决溢	《荆州府志》《荆州万城堤志》《湖北省近五百年气候历史资料》、光绪《江陵县志》
清	康熙二十一年	1682年	六月，江堤复决，所谓堤防者，冲荡漂流，于斯为尽	决溢	《中国水利史》（郑肇经）、《皇朝经世文编》
清	康熙二十四年	1685年	江陵、公安、监利、沔阳大水		《湖广通志》卷1、《荆州府志·祥异志》
清	康熙二十八年	1689年	石首陈公西垸溃	决溢	《荆州府志》
清	康熙三十年	1691年	潜江大泽口溃，潜江县大水		《湖北通志》
清	康熙三十二年	1693年	钟祥大水		《汉江堤防志》
清	康熙三十四年	1695年	公安大水；江陵盐卡堤溃	决溢	光绪六年《荆州府志》《江陵堤防志》
清	康熙三十五年	1696年	七月，江陵、监利大水；黄潭堤决；枝江大水入城，十五日方退，南北大小堤同日溃，居民庐舍漂荡无余	决溢	光绪六年《荆州府志》《枝江县志》《长江志》《江陵堤防志》
清	康熙四十二年	1703年	江陵、监利大水		《清史稿·灾异志》
清	康熙四十三年	1704年	监利大水（韩家埠决）	决溢	《荆州府志·祥异志》《湖北省自然灾害历史资料》
清	康熙四十四年	1705年	监利大水		《湖广通志》
清	康熙四十五年	1706年	监利大水，破堤漂民。钟祥大水决堤，天门三官殿决	决溢	《湖北省水旱灾害统计资料》
清	康熙四十六年	1707年	公安、江陵大水。石首大水，墨山庙堤溃，冲决黄金堤。水入城，官舍仓库俱没。京山聂家滩溃，钟祥大水决堤	决溢	《荆州府志》《长江、汉江干流泛滥年表》《石首县志》
清	康熙四十七年	1708年	江陵大水，监利大水，沔阳大水		《监利水利志》《湖北省近五百年气候历史资料》
清	康熙四十八年	1709年	江陵、监利大水。京山聂家滩溃，天门叶家滩溃	决溢	《湖广通志》《江陵县志》
清	康熙四十九年	1710年	监利上车湾堤溃	决溢	《江陵堤防志》《监利水利志》、康熙《监利县志》
清	康熙五十二年	1713年	江水决于万城，郡城东数百里，茫然巨浸，户遍逃亡；监利潘家棚堤溃	决溢	《江陵堤防志》《监利水利志》
清	康熙五十三年	1714年	江陵文村堤溃；秋，监利水，沔阳大水	决溢	《荆州府志》《监利水利志》《湖北省近五百年气候历史资料》、光绪《江陵县志》《长江志》

续表

朝代	历史纪年	公元纪年	史籍记载	水灾类型	史料来源
清	康熙五十四年	1715年	监利、瓦子湾、李黄月堤溃。沔水大涨，沔阳西流、龙渊、茅埠等堤俱决，民多流散	决溢	《枝江县志》《监利水利志》《沔阳州志》
清	康熙五十五年	1716年	江陵、监利、沔阳等地大水		《湖广通志》《湖北省近五百年气候历史资料》
清	康熙五十九年	1720年	六月，石首大水，墨山庙堤溃，冲黄金堤，居民漂没无算	决溢	《荆州府志》《石首县志》
清	雍正二年	1724年	江陵、石首水。钟祥大水决堤		光绪六年《荆州府志》
清	雍正四年	1726年	江陵、监利大水，淹没无算，夏，沔阳大水		光绪六年《荆州府志》《湖广通志》
清	雍正五年	1727年	公安、石首等地大水；荆州府堤决，监利永兴渊堤溃，夏六月沔阳江水大发，龙王庙、月堤头、延寿宫等江堤俱溃十九处	决溢	光绪六年《荆州府志》《湖广通志》《石首县志》《监利水利志》《沔阳州志》
清	雍正六年	1728年	五月十日监邑费家垸溃，越二日泥湖之西堤又溃，城内行舟，破朱麻达陂、川	决溢	光绪《沔阳州志》《北口横堤碑记》
清	雍正八年	1730年	潜江右堤朱家月堤穿孔溃决	决溢	《东荆河堤防志》
清	雍正十一年	1733年	江陵三里司（周公堤）决	决溢	光绪《江陵县志·祥异》《长江志》
清	雍正十三年	1735年	公安大水，民宅坏		《公安县自然灾害历史资料》
清	乾隆元年	1736年	江陵水，监利江堤溃决	决溢	《清史稿》《江陵县志》《监利水利志》
清	乾隆二年	1737年	江陵大水，灾害严重		光绪六年《荆州府志》《湖广通志》
清	乾隆五年	1740年	钟祥真君庙、天门三管殿堤决，东荆河沔阳连丰九合垸溃	决溢	《汉江堤防志》《东荆河堤防志》
清	乾隆六年	1741年	夏秋水灾，（洪湖）王湾堤复决，柴林、九泥烂泥湖诸垸均被其害	决溢	光绪《沔阳州志》
清	乾隆七年	1742年	六月，枝江、江陵、石首、监利大水。襄河、新城、郑家潭溃	决溢	《枝江县志》《江陵县志》《石首县志》《监利水利志》《长江、汉江干流泛滥年表》
清	乾隆九年	1744年	监利水灾		《监利水利志》
清	乾隆十年	1745年	五月，江陵大水，沔阳夏大水		《清史稿》《荆州府志》
清	乾隆十一年	1746年	荆州、江陵水。十月，江陵万城堤溃，沔阳大水	决溢	《清史稿》《江陵县志》
清	乾隆十二年	1747年	秋，监利大水，沔阳大水		《监利水利志》、光绪《沔阳州志》
清	乾隆十三年	1748年	八月，江陵，监利大水，沔阳夏大水		《清史稿》《湖北省近五百年气候历史资料》

续表

朝代	历史纪年	公元纪年	史籍记载	水灾类型	史料来源
清	乾隆十四年	1749年	监利、荆州、荆左三卫水，沔阳夏大水。监利秋水灾		《江陵堤防志》《湖北省近五百年气候历史资料》
清	乾隆十七年	1752年	江陵、监利大水		《江陵县志》《监利水利志》
清	乾隆十八年	1753年	监利大水		《监利水利志》
清	乾隆十九年	1754年	荆州大雨，监利水灾		清光绪六年《荆州府志》《监利水利志》
清	乾隆二十年	1755年	荆州淫雨，自三月至五月，江水骤涨，下乡麦禾尽淹。潜江左堤渔洋镇附近之团湖垸堤溃	决溢	《清史稿》《荆州府志》
清	乾隆二十一年	1756年	江陵，监利大水。潜江左堤渔洋镇附近之团湖垸堤复溃	决溢	《荆州万城堤志》《江陵县志》、光绪《潜江县志·灾祥志》
清	乾隆二十五年	1760年	天门汉溢数月		《汉江堤防志》
清	乾隆二十六年	1761年	六月，江陵大水，沔阳大水，监利大水		《清史稿》《湖北省近五百年气候历史资料》
清	乾隆二十九年	1764年	洞庭水涨，漂没石首居民无算。监利大水，沔阳大水		《荆州府志》《湖北省近五百年气候历史资料》
清	乾隆三十年	1765年	江陵大水		《荆州府志》
清	乾隆三十一年	1766年	江陵大水		光绪二年《江陵县志·祥异》
清	乾隆三十二年	1767年	枝江、江陵、监利大水		《清史稿》《江陵县志》《荆州万城堤志》
清	乾隆三十四年	1769年	枝江、江陵、石首、监利大水。沔阳大水，民多流亡		《清史稿》、清光绪六年《荆州府志》《石首县志》《监利水利志》《湖北省近五百年气候历史资料》
清	乾隆四十年	1775年	大水，冲决淹及城市（荆州）	决溢	《续行水金鉴》卷154
清	乾隆四十三年	1778年	监利大水		《监利水利志》
清	乾隆四十四年	1779年	春，江陵淫雨弥月；夏，大水，溃泰山庙，逆流环城，下乡田禾俱淹。钟祥草庙、浪台、保堤观、殷家湾溃	决溢	《荆州府志》、光绪《江陵县志》《长江志》
清	乾隆四十五年	1780年	五月，江陵、监利、沔阳并荆州、荆左二卫水		《清史稿》《湖北省近五百年气候历史资料》
清	乾隆四十六年	1781年	沙市之观音寺、泰山庙堤溃，江水灌入内河，回流倒漾，淹及城根。监利、沔阳大水。钟祥溃堤赈灾	决溢	《续行水金鉴》卷154、《湖北省近五百年气候历史资料》
清	乾隆四十七年	1782年	江陵、监利大水		清光绪六年《荆州府志》《监利水利志》
清	乾隆五十年	1785年	监利大水		《监利水利志》
清	乾隆五十一年	1786年	八月，荆江泛滥，江陵、监利大水		《江陵县志》《监利水利志》

续表

朝代	历史纪年	公元纪年	史籍记载	水灾类型	史料来源
清	乾隆五十三年	1788年	六月，荆州大水。六月十九日，枝江大水入城，深丈余，漂流民舍无数；松滋朱家埠、孔明楼堤溃；江陵万城堤决二十余处，城内水深二丈；石首田庐人畜漂没；监利朱家渊堤溃	决溢	《清史稿》、光绪六年《荆州府志》《枝江县志》《松滋县志》《石首县志》《监利水利志》
清	乾隆五十四年	1789年	江陵、监利、华容大水；江陵木沉渊、杨二月堤溃；监利瓦子湾上溃朱黄月堤，下溃五公月堤	决溢	《荆州府志》《江陵县志》、光绪《湖南通志》《监利水利志》《湖北省自然灾害历史资料》
清	乾隆五十六年	1791年	松滋朱家埠堤溃；石首田庐人畜漂没	决溢	《松滋县志》《石首县志》
清	乾隆五十九年	1794年	钟祥大水决堤		《汉江堤防志》
清	乾隆六十年	1795年	五月，松滋大水，朱家埠堤溃	决溢	《清史稿》《松滋县志》
清	嘉庆元年	1796年	松滋江堤决；江陵木城渊、杨二月堤溃；石首田塍均被漫溢；监利狗头湾、程公堤、金库堤决	决溢	《荆州府志》《松滋县志》《石首县志》《监利水利志》《湖北省自然灾害历史资料》
清	嘉庆二年	1797年	沙市以东之木城垸内猝发蛟水，致将此堤冲塌，并将官修之杨二月堤间段漫缺，松滋江堤决	决溢	《清宫档》《清代长江流域西南国际河流洪涝档案史料》
清	嘉庆七年	1802年	六月大水，松滋高家套堤溃；江陵万城堤六节工、七节工漫溃八十余丈，公安衙署、民房、城垣、仓廒均圮；监利瓦子湾顺江堤溃，沔阳江堤潭湾等垸堤漫溃。钟祥新庵堤溃，监利右堤马家渊堤溃	决溢	《清史稿》《荆州府志》《松滋县志》《监利水利志》《湖北通志》《湖北省自然灾害历史资料》《东荆河堤基本资料汇编》
清	嘉庆九年	1804年	监利县文固垸肖家畈堤和狗头湾、移公堤、金库垸四处堤溃	决溢	《监利水利志》《清代长江流域西南国际河流洪涝档案史料》
清	嘉庆十年	1805年	钟祥丁公庙堤溃		《汉江堤防志》
清	嘉庆十一年	1806年	江陵、监利二县，并沔阳、潜江二州县南乡积淹田亩		《清代长江流域西南国际河流洪涝档案史料》
清	嘉庆十二年	1807年	万城堤溃口，江陵、监利各一百余垸，田亩尽沉水底	决溢	《清代长江流域西南国际河流洪涝档案史料》
清	嘉庆十六年	1811年	监利杨林关堤溃，淹及潜江	决溢	《监利水利志》《潜江县志》
清	嘉庆十七年	1812年	公安双石碑堤决	决溢	《荆州府志》《长江志》
清	嘉庆十八年	1813年	枝江大水入城，堤垸溃决；八月朔，公安弥陀寺堤溃，浸及石首西南垸堤俱决	决溢	光绪《荆州府志》《枝江县志》《长江志》
清	嘉庆二十年	1815年	六月，江水盛涨，江陵南岸龙王庙及虎渡支河梁家等垸民漫缺，淹及公安板半等里和石首东泊等坊	决溢	《清代长江流域西南国际河流洪涝档案史料》
清	嘉庆二十一年	1816年	松滋堤溃，淹及公安毛四、瓜一等里；江陵黄林垱堤决	决溢	《清代长江流域西南国际河流洪涝档案史料》《江陵堤防志》

续表

朝代	历史纪年	公元纪年	史　籍　记　载	水灾类型	史　料　来　源
清	嘉庆二十四年	1819年	潜江永丰垸、舒家榨堤溃		光绪《潜江县志》
清	嘉庆二十五年	1820年	天门水注襄河堤溃		《汉江堤防志》
清	道光元年	1821年	监利武家口溃	决溢	《监利水利志》
清	道光二年	1822年	六月，江水泛滥，堤决郝穴镇下新闸	决溢	光绪《荆州府志》
清	道光三年	1823年	江陵大水、郝穴堤决；石首大水，各垸堤溃	决溢	《清史稿》《荆州府志》《江陵县志》《石首县志》
清	道光四年	1824年	七八月，公安县湖河二水并涨，油河堤溃决漫淹史家垸，监利朱家月堤和何家埠月堤溃决。潜江长湖垸之龚家湾右堤溃，西荆河岸周家矶堤溃。钟祥王家营复溃	决溢	《清代长江流域西南国际河流洪涝档案史料》《湖北省自然灾害历史资料》、光绪《潜江县志·堤防志》《汉江堤防志》
清	道光五年	1825年	江陵、监利、潜江、沔阳等县水灾，郝穴堤溃淤十余里，万城下尚林埫月堤，漫溃一百余丈。潜江左堤凡家窑浸溃，钟祥王家营再次溃口	决溢	《清代长江流域西南国际河流洪涝档案史料》《江陵县堤防志》《清宫档案》
清	道光六年	1826年	江陵水，龙二渊、范家渊、文村下吴家湾堤溃。潜江左堤郑浦垸之朱家湾堤溃	决溢	《荆州府志》《荆州万城堤志》《江陵县志》、光绪《潜江县志·水利志》
清	道光七年	1827年	五月，江陵大水，蒋家埠、吴家湾堤溃；监利南北垸水	决溢	《清史稿》《荆州府志》《长江志》《江陵县志》
清	道光八年	1828年	万城堤决六百余丈，退挽月堤一道。潜江右堤褚家场堤溃，连淹三年，岁大荒	决溢	《会典事例》、光绪《潜江县志·灾祥志》
清	道光九年	1829年	公安许刘周堤决	决溢	《荆州府志》
清	道光十年	1830年	沙市刘公祠潭，大水冲陷前堤，激而成潭，与江潜通。五月十五日，松滋朱家埠堤溃；公安大河湾决；石首江溢堤决；监利艾家渊、盂兰渊堤溃	决溢	《荆州府志》《枝江县志》《松滋县志》《石首县志》《湖北省自然灾害历史资料》《长江志》
清	道光十一年	1831年	公安大水，吕江口、窑头埠决；石首江堤溃，饿死者大半。监利白螺矶江堤溃决，洪湖螺山、新堤、茅埠等堤垸俱溃。潜江右堤形势垸堤穿眼溃。钟祥铁牛关溃，京山吕家滩、罗汉寺堤溃	决溢	《荆州府志》、光绪《沔阳州志》《续行水金鉴》《监利县堤防志》《长江志》《东荆河基本资料汇编》《汉江堤防志》
清	道光十二年	1832年	江陵、公安水决堤，人溺死者无数；石首梓楠堤溃；松滋陶家埠堤溃，史家湾复溃，决口洪流横亘四五里	决溢	《荆州府志》《松滋县志》

续表

朝代	历史纪年	公元纪年	史籍记载	水灾类型	史料来源
清	道光十三年	1833年	江陵万城堤决，郡东数百里，茫然巨浸；五月公安水，江堤溃；石首江堤溃；松滋涴市堤决。钟祥营家垱堤溃	决溢	《荆州府志》、光绪《江陵县志》《长江志》《汉江堤防志》
清	道光十四年	1834年	松滋大水，史家湾旧口复决，民饥；江陵大水，九节工决；公安、石首大水溃堤；监利水灾。京山杨套堤溃	决溢	《荆州府志》《江陵堤防志》《监利水利志》《汉江堤防志》
清	道光十五年	1835年	沔阳：江汉并涨，堤溃六十余处，南辖（今洪湖境内）淹没。潜江右堤韩家湾、左堤许家场堤俱溃	决溢	光绪《沔阳州志》、光绪《潜江县志》
清	道光十六年	1836年	七月，江水陡涨，朱三工老堤漫，溃二十余丈并淹及接壤之江陵、石首、沔阳等州县；枝江、松滋、公安亦受水灾。监利杨林关堤溃，潜江东南乡被淹	决溢	《清代长江流域西南国际河流洪涝档案史料》、同治《监利县志》、光绪《潜江县志·灾祥志》《东荆河堤防志》
清	道光十八年	1838年	潜江张家祠堤溃	决溢	《汉江堤防志》
清	道光十九年	1839年	六月，枝江大水入城；松滋涴市堤溃；江陵大水，五节工、肖二垸，五道庙同决；公安大水，监利五家湾九工月决。潜江左堤深河潭堤溃	决溢	《荆州府志》《枝江县志》《松滋县志》、同治《监利县志》《江陵堤防志》《襄堤成案》
清	道光二十年	1840年	松滋涴市堤溃，老城东门外庞家湾堤溃；江陵八节工决；公安、监利俱大水	决溢	《荆州府志》《松滋县志》《监利县志》《长江志》
清	道光二十一年	1841年	松滋大水，涴市下堤溃；江陵八节工决；公安堤溃；监利白螺汛，界牌上江堤溃。钟祥旧口昭忠祠决口。潜江柴家剅、深河潭堤溃	决溢	《荆州府志》《松滋县志》《江陵堤防志》《监利水利志》《长江志》《东荆河堤防志》
清	道光二十二年	1842年	五月二十五日，江陵张家堤溃，大水灌城西门，外冲成潭，卸甲山及白马坑城崩，越数日，文村堤上渔埠头堤溃，松滋、公安、石首、监利俱水。潜江左堤梅家嘴、芦家滩、筛子垴、张家拐等堤俱溃	决溢	《荆州府志》《清史稿》《清代长江流域西南国际河流洪涝档案史料》《监利县志》《长江志》、光绪《潜江县志·灾祥志》
清	道光二十三年	1843年	六月以后，上游发水，来源甚旺，或因江湖并涨，或因山水下注，致潜江、监利、公安、江陵、石首、枝江等州县低洼田地被漫淹；江陵上李家埠决口。潜江左堤邓宅旁、葛拓、永丰等堤俱溃，筛子垴堤溃，朱麻等垸沉没	决溢	《清代长江流域西南国际河流洪涝档案史料》《江陵县志》《荆沙水灾写真》《江陵堤防志》、光绪《潜江县志·灾祥志》、光绪《沔阳洲志》《东荆河堤防志》

续表

朝代	历史纪年	公元纪年	史籍记载	水灾类型	史料来源
清	道光二十四年	1844年	七月，松滋灵钟寺堤溃（黄木坑旧口）；江陵李家埠堤溃，大水灌城西门，冲成潭，白马坑城崩；公安大水；石首梓楠堤溃，监利螺山崔家堤溃	决溢	《荆州府志》《清史稿》《江陵县志》《石首县志》《监利水利志》《长江志》
清	道光二十五年	1845年	江陵李家埠堤溃；公安西支文龙刁（何家潭堤）决。潜江左堤筛子垴堤复决	决溢	《荆州府志》《长江志》《江陵县堤防志》、光绪《潜江县志·灾祥志》
清	道光二十六年	1846年	公安何家潭决；五月，石首大雨，平地起水数丈。潜江左堤筛子垴堤复决	决溢	《荆州府志》《石首县志》、光绪《潜江县志·灾祥志》
清	道光二十七年	1847年	枝江、松滋、江陵、公安、石首、监利等州县被水。潜江陶朱埠、赵家台、周家矶俱溃	决溢	《清代长江流域西南国际河流洪涝档案史料》、光绪《潜江县志·灾祥志》
清	道光二十八年	1848年	松滋江亭寺堤、岩板窝堤、高家套堤溃，人物漂流，低乡田尽沙压；江陵、公安大水；石首梓楠堤溃；五月，监利昼夜大雨，江水平堤，麻布拐、八十工、高小渊、瓦子垸、保安月堤、粮码头、薛家潭堤俱决。潜江右堤沱中垸、位家拐堤溃	决溢	《清史稿》、宣统《湖北通志》《荆州府志》《松滋县志》《石首县志》《监利水利志》、光绪《潜江县志·灾祥志》
清	道光二十九年	1849年	江陵、公安、石首、松滋淫雨弥月；石首梓楠堤、黄金堤溃；夏秋，松滋江亭寺、高家套、陶家埠堤溃；监利上汛麻布拐、八十工、高子渊溃，螺山圮；江陵阴湘城堤溃。汉江大涨，潜江周家矶、团湖严宅旁堤溃	决溢	《再续行水金鉴》《荆州府志》《松滋县志》《江陵县志》《石首县志》《长江志》、光绪《潜江县志·灾祥志》
清	道光三十年	1850年	监利老毛老渊堤溢，江陵江堤龙王庙决。潜江周家矶、黄宅旁、团湖垸严宅旁堤复溃	决溢	《监利县志》《湖北省自然灾害历史资料》《长江志》
清	咸丰元年	1851年	江陵大水，小江埠决口；江汉湖河并涨，以致军民田地被淹；又公安、江陵、监利、石首四县民堤亦多漫缺。汉江泽口溃，江、监、潜、沔俱受其害，潜江左堤南耳垸、龚渠垸、朱家拐堤溃，右堤监利杜家渊堤溃，蒋家拐堤溃	决溢	宣统三年《湖北通志》《荆江大堤志》、同治《巴陵县志》《长江志》《东荆河堤基本资料汇编》
清	咸丰二年	1852年	夏，大水，江陵三节工决；公安大水浸城；石首马林工溃决，西南多为沙阜。钟祥狮子口、板望桥、万福寺、许家堤溃	决溢	光绪六年《荆州府志》《江陵堤防志》《石首县志》《长江志》《钟祥水利志》

续表

朝代	历史纪年	公元纪年	史籍记载	水灾类型	史料来源
清	咸丰三年	1853年	五六月，江湖并涨，江陵、监利、等县低洼田地被淹；石首新筑马林工决	决溢	《清代长江流域西南国际河流洪涝档案史料》
清	咸丰四年	1854年	监利新老毛渊堤溃，潜江左堤东方台崩溃	决溢	《荆江大堤志》《监利县志》《东荆河基本资料汇编》
清	咸丰五年	1855年	洪湖江堤孙家渊（现界牌附近）堤溃	决溢	《监利水利志》
清	咸丰六年	1856年	钟祥丁公庙堤溃口	决溢	《汉江堤防志》
清	咸丰七年	1857年	枝江、松滋、江陵、公安、石首大水		《清史稿》《长江志》
清	咸丰八年	1858年	松滋、江陵、公安大水，洪湖钦工堤溃口成潭。潜江右堤孙家剅、左堤深河潭堤溃	决溢	《清史稿》《洪湖县水利志》《再续行水金鉴·续修潜江县志》《东荆河堤防志》
清	咸丰九年	1859年	监利螺山上张家峰双龙港堤溃，洪湖钦工堤溃。夏四月，潜江深河潭、黄汉垸、葛垸等处堤溃，深河潭溃后咸丰十年、十一年筹修未果	决溢	《监利县志》《洪湖县水利志》、光绪《潜江县志堤防志》《东荆河堤防志》
清	咸丰十年	1860年	五月，枝江西城门溃决，民舍漂没殆尽，堤垸皆溃，松滋高石牌堤溃；江陵万城堤和毛杨二尖决；公安大水；石首黄金堤决，藕池口形成；监利永兴渊堤溃。潜江大水，泽口溃	决溢	《荆州府志》《枝江县志》《松滋县志》《江陵县志》《监利县志》《湖北省自然灾害历史资料》《东荆河堤防志》
清	咸丰十一年	1861年	松滋、公安大水；江陵饶二工决，毛、杨二尖停修。六月二十七日钟祥铁牛关、孙家店堤溃	决溢	同治《公安县志》　《长江志》《钟祥水利志》
清	同治元年	1862年	公安大水，东支黑狗垱漫决。监利杨林关堤溃。潜江左堤木头垸、石家拐堤溃	决溢	《荆州府志》《公安县自然灾害历史资料》《再续行水金鉴》
清	同治二年	1863年	公安大水。潜江大水，左堤永丰垸之熊家台堤溃，高家拐堤溃。钟祥刘家湾堤溃		《荆州府志》《汉江堤防志》《钟祥水利志》
清	同治三年	1864年	公安大水，米昂贵，民多逃亡。潜江熊家台堤复溃。监利预备堤溃、石牌楼渊崩溃。沔阳青郑、朱麻通城等垸被淹		《荆州府志》、光绪《潜江县志·堤防志》《东荆河堤防志》
清	同治四年	1865年	公安大水。钟祥营房决口，监利杨林关复溃。潜江右堤沙月堤溃，监利杨林关堤溃		《荆州府志》《钟祥水利志》、光绪《潜江县志·堤防志》《东荆河堤防志》
清	同治五年	1866年	公安大水，松滋低乡水灾。沔阳江堤三总、九总十三总、潭口边皆溃，民多流亡。潜江沙月堤溃，通顺河西岸菱角月堤俱溃	决溢	《荆州府志》、光绪《沔阳州志》

续表

朝代	历史纪年	公元纪年	史　籍　记　载	水灾类型	史　料　来　源
清	同治六年	1867年	公安大水，松滋庞家湾、黄家铺江堤溃口，洪水泛滥，漂没人畜房屋及田禾无数。八月二十八日，钟祥胡公堤、丁公庙、孙家店堤溃	决溢	同治《公安县志》《钟祥水利志》
清	同治七年	1868年	夏，公安大水。钟祥四工、五工、六工堤溃。潜江沙月堤溃		同治《公安县志》《钟祥水利志》《东荆河堤防志》
清	同治八年	1869年	荆江两岸堤多溃，沔阳江堤乌林、八总、李家埠头各堤溃。潜江泽口、汪家场、沙月堤、孙家剅、深河潭俱溃	决溢	宣统《湖北通志》卷76、光绪《沔阳州志》、光绪《潜江县志·灾祥志》
清	同治九年	1870年	松滋庞家湾、黄家铺堤溃；斗湖堤决二处；水漫城垣数尺，衙署庙宇民房倒塌殆尽，并波及洞庭湖及长江中下游。监利邹码头、引港、螺山等处堤溃。五月，潜江左堤、右堤、沙月堤俱溃（当年荆江大堤未溃）	决溢	光绪六年《荆州府志》《枝江县志》《松滋县志》《监利县志》《长江志》《潜江水利志》
清	同治十年	1871年	夏，江陵、公安大水。江陵代家场堤溃。秋，霪雨，潜江深河潭、永林、泗河口堤溃	决溢	《荆州府志》《江陵堤防志》《荆沙水灾写真》、光绪《潜江县志·灾祥志》
清	同治十一年	1872年	枝江、公安大水。潜江深河潭堤溃。京山唐心口堤溃	决溢	《荆州府志》《枝江县志》《京山水利志》《东荆河堤防志》
清	同治十二年	1873年	公安大水；松滋庞家湾、黄家铺旧口复溃，松滋河形成。秋大水，潜江深河潭堤溃未筑，东荆河以东被淹	决溢	《松滋县志》《荆州府志》、光绪《潜江县志·灾祥志》
清	同治十三年	1874年	五月，公安大水。八月，潜江赵家潭堤溃		《荆州府志》、光绪《潜江县志·灾祥志》
清	光绪元年	1875年	夏，江陵高家渊溃口，监利杨子垸堤溃。潜江东岳庙崩溃，监利杨子垸堤溃，潜江团湖等垸被淹。沔阳全部受灾	决溢	《清史稿》《江陵县志》《监利县志》《东荆河堤防志》
清	光绪二年	1876年	五月，监利沙矶头溃。沔阳江堤，牛鲁垸、潭湾、李家埠头上首十三沟相继并溃。潜江团湖等垸被淹	决溢	光绪《沔阳州志》《监利水利志》《东荆河堤防志》
清	光绪三年	1877年	潜江大水，襄河和荆河西岸左堤溃数处		《潜江水利志》
清	光绪三年	1878年	松滋低乡水。夏淫雨，沔阳吴家口堤溃，江汉并溃。潜江丁家月，直西垸、边江垸俱溃	决溢	《松滋县志》《清代长江流域西南国际河流洪涝档案史料》
清	光绪七年	1881年	潜江杨家场新挽月堤溃		《东荆河堤防志》

续表

朝代	历史纪年	公元纪年	史籍记载	水灾类型	史料来源
清	光绪八年	1882年	荆州大水，松滋暴雨，房屋、桥梁倾塌无算。潜江右堤夹堤子溃口。钟祥林家湾堤、异性滩堤、叶家背堤溃		《江陵堤防志》《松滋县志》《东荆河堤防志》《钟祥水利志》
清	光绪九年	1883年	江陵、公安水。潜江、监利、华容等县因春夏雨水过多，江汉同时泛滥，堤垸多被漫溢。京山张壁口堤溃	决溢	《清代长江流域西南国际河流洪涝档案史料》《监利县志》
清	光绪十年	1884年	荆州大水，埔东汛门口堤溃。松滋、江陵、公安、石首、监利等县低洼田地被淹	决溢	宣统《湖北通志》《清代长江流域西南国际河流洪涝档案史料》《监利县志》《荆州地区志》
清	光绪十一年	1885年	江陵、公安、监利等县低洼田地被淹。潜江花土地冲决，刘家月堤漫溃，邓家月堤崩溃		《清代长江流域西南国际河流洪涝档案史料》《江陵县水利志》《松滋县志》《东荆河堤防志》
清	光绪十三年	1887年	荆州淫雨，松滋、江陵、公安、石首、监利等县田禾概被淹没。沔阳江堤大林溃。潜江王家月堤崩溃，花土地、鞠家滩堤溃	决溢	《江陵县水利志》《监利县志》《清代长江流域西南国际河流洪涝档案史料》《沔阳州志》《东荆河堤防志》
清	光绪十四年	1888年	松滋杨家垴堤溃，浊流奔注，直达常、澧；洪湖宏恩江堤决。江陵鞠家滩堤复溃	决溢	《松滋县志》《荆州地区志》《东荆河堤防志》
清	光绪十五年	1889年	夏秋，江河并涨，阴雨连绵，枝江、松滋、江陵、公安、安乡、华容、监利田禾多被淹没。六月，潜江隗家洲堤溃，钟祥形头、刘公庵堤溃	决溢	《清代长江流域西南国际河流洪涝档案史料》
清	光绪十六年	1890年	春夏之间，江水涨发，枝江、松滋、江陵、公安、石首等县田禾多被淹没。潜江佛堂庙浸溃，监利罗家月因纠纷偷挖溃决	决溢	《清代长江流域西南国际河流洪涝档案史料》《东荆河堤防志》
清	光绪十七年	1891年	荆州大水。潜江舒家榨、郑家月穿眼俱溃	决溢	《江陵堤防志》《江陵县水利志》《监利县志》《东荆河堤防志》
清	光绪十八年	1892年	荆州大水，公安堤垸漫淹，安乡、华容低田被淹。潜江右堤舒家榨浸溃	决溢	《清代长江流域西南国际河流洪涝档案史料》《江陵县水利志》《东荆河堤防志》
清	光绪十九年	1893年	六月初旬，江水盛涨，江陵杨家潭堤溃，江流奔注，致将公安之大定、恒德、大胜、西大等四垸漫溃。钟祥陈洪口堤溃	决溢	《清代长江流域西南国际河流洪涝档案史料》
清	光绪二十年	1894年	夏，湖河泛涨，公安、安乡、华容等县低洼田亩芦洲悉被淹没。潜江右堤凡家湾崩溃，监利新河口穿眼溃决，沔阳刘家月漫溃。钟祥陈洪口、徐家河堤决	决溢	《清代长江流域西南国际河流洪涝档案史料》《东荆河堤防志》《汉江堤防志》

续表

朝代	历史纪年	公元纪年	史　籍　记　载	水灾类型	史　料　来　源
清	光绪二十一年	1895年	八月钟祥北新集、下陈腊铺、大王庙堤和荆门田家湾堤溃。潜江左堤彭家月堤溃，监利张家月穿眼溃决	决溢	《汉江堤防志》《东荆河堤防志》
清	光绪二十二年	1896年	七月下旬，川水、汉水同时并发，致滨江之松滋、江陵、公安、监利等县堤均有漫溃。八月，汉江多宝湾、唐心洲堤溃	决溢	《江陵县志》《清代长江流域西南国际河流洪涝档案史料》
清	光绪二十三年	1897年	荆州大水；松滋杨家垴堤溃	决溢	宣统《湖北通志》《松滋县志》
清	光绪二十四年	1898年	五月，荆州大水。潜江右堤龚家湾穿眼溃口	决溢	《湖北省自然灾害历史资料》《监利县志》
清	光绪二十五年	1899年	潜江左堤石家窑、李家月俱溃，龚家湾溃口	决溢	《东荆河堤防志》
清	光绪二十六年	1900年	监利左堤双河口浸溃	决溢	《东荆河堤防志》
清	光绪二十七年	1901年	监利大水，江汉水溢，两岸堤防坏甚众	决溢	《监利水利志》
清	光绪二十八年	1902年	监利左堤关木岭、严小垸溃口，潜江右堤太平月堤、周家湾堤溃口	决溢	《东荆河堤防志》
清	光绪二十九年	1903年	五月初，潜江永丰垸堤，监利易家湾堤漫溃。七月，监利杨子垸民堤漫溃	决溢	《东荆河堤防志》
清	光绪三十年	1904年	潜江右堤中台垸脱坡溃口，监利九老湾漏溃	决溢	《东荆河堤防志》
清	光绪三十一年	1905年	五月初五，枝江、松滋暴雨倾盆，溪水泛滥，房屋、桥梁崩塌无算；松滋史家湾（陶家铺东）堤溃。潜江中台堤穿眼溃口，罗杨垸崩溃，监利陈家渊堤崩溃	决溢	《枝江县志》《松滋县志》《东荆河堤防志》
清	光绪三十二年	1906年	江陵、公安、监利被水。潜江隗家谷堤溃口，江陵棉条湾溃口	决溢	《清代长江流域西南国际河流洪涝档案史料》《东荆河堤防志》
清	光绪三十三年	1907年	荆州大水，江陵山洪决堤，淹没庐舍无算；监利水灾	决溢	光绪三十三年《中国事纪》《江陵县志》《监利县志》
清	光绪三十四年	1908年	荆州大水；六月，公安堤决涂家港；石首继之；监利薛家潭堤决；松滋高家套堤决；洪湖朱家峰江堤溃；潜江右堤袁家月堤漫溃；江陵右堤棉条湾溃口；沔阳金家渡、罗家潭俱溃；监利韩家月堤漏溃	决溢	《江陵县水利志》《岳阳历史上的自然灾害》《监利县志》《东荆河堤防志》

续表

朝代	历史纪年	公元纪年	史籍记载	水灾类型	史料来源
清	宣统元年	1909年	五月，江、汉、湖并涨，松滋、江陵、公安、石首、监利等县均罹水灾，漂没田庐人畜无数，沔阳姚老垸、九合垸溃决，监利义和场溃口，沔阳太平口堤漫溃，何家潭堤漏溃，洪湖吕家口溃。荆门沙洋李公堤溃	决溢	《清代长江流域西南国际河流洪涝档案史料》《江陵县志》《监利县志》《石首县志》《汉江堤防志》《东荆河堤防志》
清	宣统二年	1910年	荆州大水，沔阳、监利堤垸溃决甚多。襄水迭涨，潜江马家拐民堤漫溃，丁家月堤、严小垸、铁老垸、胡家沟等民垸溃口。潜江左堤枯树湾堤漫溃，关木岭挖开溃口，蔡土地挖口放淤。沙洋百骨堤溃口长1000米	决溢	《江陵县水利志》《监利县志》《长江志》《东荆河堤防志》
清	宣统三年	1911年	松滋杨家垴堤复溃。洪湖七月，新堤镇下游8里的楚屯垸，被水漫过顶，溃口约20丈。沙洋李公堤复溃	决溢	《松滋县志》《清湖官报》
民国	民国元年	1912年	洪湖江堤，新堤、上新家码头溃口宽约600米。潜江左堤牧童山漫溃，右堤汪家剅、丁家滩崩溃，沔阳明口堤漏溃。沙洋堤又溃决300余丈	决溢	《湖北省水旱灾害统计资料》《东荆河堤防志》
民国	民国二年	1913年	石首陈公西垸永兴观溃，洪湖局墩溃口。潜江左堤沙月子挖口	决溢	《石首长江堤防志》《洪湖县水利志》《东荆河堤防志》
民国	民国三年	1914年	七月，监利县田家冲堤溃决	决溢	《监利水利志》《申报》
民国	民国四年	1915年	潜江左堤朱家月漫溃		《东荆河堤防志》
民国	民国五年	1916年	沔阳宏恩江堤溃，潜江左堤佛堂庙堤溃，监利冯家渊堤连续5年溃决	决溢	《湖北省近五百年气候历史资料》《东荆河堤防志》
民国	民国六年	1917年	夏季，淫雨兼旬，江水暴涨，七月二十六日、二十七日，荆江水位上涨五六尺，江陵、松滋、石首、公安、监利、潜江等十余县，堤垸冲决者达30余处	决溢	《监利县志》《石首县志》《长江志》《东荆河堤防志》
民国	民国七年	1918年	松滋梅溪河一带河水暴涨，漂流民房千余家，淹死300多人；石首县城北门口及石华、顾复等垸堤溃；监利冯家渊、杜家渊、沔阳白家潭、越湖口堤俱溃；钟祥王家营堤溃口	决溢	《长江、汉江干流泛滥年表》《松滋县志》《石首县志》《东荆河堤防志》《钟祥水利志》
民国	民国八年	1919年	夏，淫雨，松滋、江陵被水，石首北门口溃。潜江筛子垴崩溃。监利杜家渊、冯家渊溃口未堵。钟祥王家营、胡家湾决口	决溢	《监利水利志》《东荆河堤防志》《钟祥水利志》
民国	民国九年	1920年	松滋史家湾堤复溃，监利冯家渊、沔阳罐头尖堤俱溃	决溢	《松滋县志》《东荆河堤防志》

续表

朝代	历史纪年	公元纪年	史籍记载	水灾类型	史料来源
民国	民国十年	1921年	夏，淫雨为灾，滨江临汉各县，天、沔、京、钟、枝、公、监等县20余处堤决，田庐悉成泽国。松滋八宝垸、义兴垸及合众垸堤均溃口，淹田7万余亩，灾民2万余民，倒屋57间，伤237人。监利黄家渊、沔阳王爷庙、邹家湾下俱溃。钟祥王家营、胡家湾决口	决溢	国档《全宗》1001第1590卷、《枝江县志》《松滋县志》《东荆河堤防志》《钟祥水利志》
民国	民国十一年	1922年	江陵虎西堤太山庙溃决，沔阳宏恩矶江堤溃口60余丈，洲脚江堤溃口200米，沔阳蜈蚣尖、周家潭俱溃	决溢	《江陵县志》《湖北省堤防纪要》《东荆河堤防志》
民国	民国十二年	1923年	潜江左堤天井刓、东岳庙俱溃，沔阳菊家口挖口放淤堵复时崩溃		《东荆河堤防志》
民国	民国十三年	1924年	秋，江水盛涨，石首古长堤溃口。洪湖石码头溃口	决溢	《石首县志》《洪湖县水利志》
民国	民国十四年	1925年	潜江右堤黎家月崩溃，沔阳蒋家桥溃口，黄金刓、沈家渡等堤俱溃		《东荆河堤防志》
民国	民国十五年	1926年	江溢。江陵、松滋、公安、石首、监利等县江堤溃口多处。沔阳石码头杨树田江堤溃	决溢	《江陵堤防志》《监利县志》《湖北省近五百年气候历史资料》
民国	民国十六年	1927年	沔阳唐老湖漏溃	决溢	《东荆河堤防志》
民国	民国十七年	1928年	沔阳横堤溃，马口下木刓溃口	决溢	《东荆河堤防志》
民国	民国十八年	1929年	七月、八月两月，松滋阴雨连绵，八宝、大同垸内渍成灾，西大垸堤翻闸	决溢	《松滋县志》
民国	民国十九年	1930年	沔阳江堤15垸溃。潜江左堤杨家滩溃，朱家月因滩岸崩，退挽老堤溃口，明口漫溃	决溢	《湖北省水旱灾害统计资料》《东荆河堤防志》
民国	民国二十年	1931年	长江大水，江陵沙沟子、公安斗湖堤、石首柳湖坝、监利朱三弓、一弓堤溃决，松滋大水，洪湖局墩溃口。潜江右堤田关，形势坑、汪家刓堤溃，监利左堤天井刓、肖家月漫溃，沔阳严家潭、张家月、王家口、长河口堤漫溃。荆门百骨塔堤溃1000米。七月，钟祥负郭堤、丰冠堤溃	决溢	《荆沙水灾写真》《松滋县志》《江陵县志》《石首县志》《监利县志》《洪湖县水利志》《东荆河堤防志》
民国	民国二十一年	1932年	沔阳大水，“江堤自民国十九年溃决以来，连淹三载，监利严小垸堤溃口”	决溢	《武汉日报》《东荆河堤防志》
民国	民国二十二年	1933年	枝江下百里洲横堤溃决；松滋祈福垸、西大垸溃决；石首罗成垸黄家拐溃决，洪湖七家垸东堤角溃口。潜江左堤谢家月漫溃，沔阳马口下漫溃	决溢	《枝江县志》《松滋县志》《江陵县水利志》《洪湖县水利志》《湖北省自然灾害历史资料》《东荆河堤防志》

续表

朝代	历史纪年	公元纪年	史籍记载	水灾类型	史料来源
民国	民国二十三年	1934年	枝江、松滋、江陵淫雨成灾，民饥；松滋八宝垸下南宫闸倒口。七月，潜江左堤沱埠垸、彭家月，新做土方全部淹没。八月，彭家月溃口。潜江左堤李家月、新月堤漫溃，右堤赵家月崩溃	决溢	《枝江县志》《松滋县志》《江陵县水利志》《东荆河堤防志》
民国	民国二十四年	1935年	荆江大堤麻布拐、得胜寺谢家倒口、堆金台、横店子等处溃决；枝江、松滋、石首均罹水患。潜江汪家剅、莲花寺堤溃，沔阳元通庵、高阳庄堤溃。七月钟祥邢公祠、皇庄护城堤、汪家剅和狮子口堤溃口	决溢	《荆沙水灾写真》《松滋县志》《江陵县志》《石首县志》《监利县志》《长江汉江干流泛滥年表》《东荆河堤防志》
民国	民国二十五年	1936年	七月六日遥堤三、四工段溃口	决溢	《汉江堤防志》
民国	民国二十六年	1937年	江陵阴湘城堤耀新场和突起洲溃口，受灾12万亩；松滋、石首溃堤，倒塌房屋，冲走人畜。潜江胡家拐、下马家拐、镇龙山溃口，监利谢家榨溃，沔阳严家台、蒋家口溃。天门隗家洲、甘家拐、镇江寺溃决	决溢	《江陵县志》《石首县志》《监利县志》《长江志》《东荆河堤防志》
民国	民国二十七年	1938年	江陵淫雨，耀新堤溃；石首大水，洪湖仰口等堤溃口。潜江右堤汪家剅、涂家洲，左堤胡家拐相继溃决。天门天主堂、迎恩寺、老泗港堤溃	决溢	《石首县志》《江陵县志》《湖北省近五百年气候历史资料》《长江志》《东荆河堤防志》
民国	民国二十八年	1939年	石首戴家湾西兴垸五马口溃。潜江右堤汪家剅溃口没有修复，沔阳豪口下庄屋台剅子漏溃	决溢	《石首长江堤防志》《东荆河堤防志》
民国	民国二十九年	1940年	潜江龚小垸、王家剅，沔阳下谢板桥漫溃		《东荆河堤防志》
民国	民国三十年	1941年	石首大兴，鲁公、兴学、天兴等垸溃。潜江尧小垸堤溃口，王家剅堤溃决，沔阳下谢板桥漫溃	决溢	《石首县志》《东荆河堤防志》
民国	民国三十一年	1942年	沔阳月堤溃决，江陵龙洲垸堤溃；松滋淫雨，淹田近25万亩，灾民约30万。夏，监利大雨数日，各民院溃水数尺，禾苗受损甚巨。潜江右堤打罗场堤溃	决溢	《东荆河堤防志》《江陵县志》《松滋县志》《监利县志》
民国	民国三十二年	1943年	松滋、石首、监利大水		《监利水利志》《松滋县志》《石首县志》
民国	民国三十三年	1944年	松滋阴雨连绵40多天，24万余亩农田被淹，灾民十余万	决溢	《松滋县志》

续表

朝代	历史纪年	公元纪年	史籍记载	水灾类型	史料来源
民国	民国三十四年	1945年	秋，江水暴涨，公安朱家湾溃堤；石首杨林寺蒋家塔、东王庙溃口；松滋德胜、永丰、上星垸堤溃口，淹田3万亩，倒屋1662间，伤亡10人。监利丁秦月堤、苗家剅木剅溃决，潜江左堤蔡土地堤溃	决溢	《松滋县志》《石首县志》《长江汉江干流泛滥年表》《湖北省自然灾害历史资料》《东荆河堤防志》
民国	民国三十五年	1946年	六月，枝江山洪暴发，受灾农田30万亩；松滋上星、合兴、德胜等垸堤溃；江陵龙洲下垸宝兴垸溃；八月，公安鼎新、六合、天长、源陵洲和顺河大堤，先后漫溃；石首溃垸14个，淹田6万余亩。九月，潜江舒家月堤溃决，监利陈家月堤溃，潜江县受灾10万亩，监利县受灾3万亩	决溢	《枝江县志》《松滋县志》《江陵县志》《公安县自然灾害历史资料》《石首县志》《监利县志》《东荆河堤防志》
民国	民国三十六年	1947年	沮漳河大水，枝江共和垸溃决；松滋暴雨，山洪暴发，受灾农田约35万亩，灾民10.8万人；公安县天长、鼎新、六合、源陵等34垸溃；石首县溃垸一处。潜江邓家祠、花土地、舒家月堤溃决，潜江农田被淹2.3万余亩	决溢	《枝江县志》《松滋县志》《石首县志》《公安县自然灾害历史资料》《东荆河堤防志》
民国	民国三十七年	1948年	七月，江水猛涨，松滋之祈福、陈小、德胜，江陵之谢古垸、穆黎莲和监利之肖家台、杜家台相继溃决；石首溃28垸，洪湖马家码头溃口。潜江左堤柴家剅堤溃，监利右堤七根杨树堤溃，沔阳豪口木剅漏溃	决溢	《枝江县志》《松滋县志》《江陵县志》《公安县自然灾害历史资料》《石首县志》《监利县志》《洪湖县水利志》《东荆河堤防志》
民国	民国三十八年	1949年	松滋义兴、祈福、三合、合兴、陈小、德胜、神宝等垸相继溃口，受灾7.8万亩，倒屋104栋，死亡3人；江陵县谢古垸、龙洲垸堤张家大路溃；石首6垸溃口，淹没耕地17.95万亩，受灾人口8.21万人，死亡190人；监利60%的农田被淹，灾民26万人，洪湖甘家码头、局墩溃口。潜江左堤柴家剅、从家月、马家月堤俱溃，沔阳中革岭挖口放淤	决溢	《长江志》《监利县志》《松滋县志》《江陵县志》《石首县志》《洪湖县水利志》《荆南四河加固工程可行性研究报告》《东荆河堤防志》

第四篇　防　汛　抗　旱

荆州位于长江中游，同时又处在长江、汉江由山地进入平原过渡地带的首端。境内地势低下，汛期洪水常常高出堤内地面七八米至十多米，两岸人民生命财产依靠堤防保护，人民依堤为命。境内荆江和汉江都存在着上游洪水来量大，自身河段安全泄量小，来量与泄量不相适应的矛盾。超额洪水与安全泄量之间的矛盾始终是困扰荆江和汉江防洪的历史性难题。历史上不论是荆江还是汉江下游都是洪水灾害发生次数最多、影响范围最大、损失最严重的河段。因此，荆州防汛抗洪任务十发繁重。

汉江下游河道愈到下游愈窄，安全泄量愈小，如遇江汉洪水遭遇，防洪形势非常严峻。汉江防汛必须确保汉江遥堤的安全。丹江口水库二期加固工程完工后，提高了汉江下游的防洪标准，但汉江下游的防洪格局不会改变。

长江的洪患主要在中游，中游的洪患主要在荆江，荆江防守的重点是确保荆江大堤的安全，特别是从沙市至郝穴这段荆江大堤的安全；江湖地区每遇大洪水或较大洪水，受灾最严重的是西洞庭湖地区，影响荆州市的公安、松滋。西洞庭湖地区泥沙淤积特别严重，江湖洪水遭遇频繁，成为江湖地区防洪的难点；遇大洪水年，超额洪水必须在城陵矶附近处理好，江湖防洪矛盾表现突出，成为人们关注的焦点。三峡工程建成后，提高了荆江河段的防洪标准，但来量与泄量之间不平衡的矛盾依然存在。荆江河段防洪的基本格局短期内不会发生大的变化。

确保荆江大堤、汉江遥堤和武汉市的安全，这是荆州防汛抗洪的总任务。悠悠万事，唯此唯大。

在江汉洪水发生的同时，又是荆州地区暴雨的发生期，外有洪水压境，内有降雨贯注，水高田低，雨水无法外排，往往外洪内涝同时发生。

江汉洪水和内涝都是因降雨而形成的，但也有部分年份因降雨偏少或降雨时空分布不均匀而出现干旱。平原湖区出现春旱缺水耕种，丘陵山区伏旱接秋旱，造成颗粒无收。但总的趋势洪涝灾害大于旱灾。

荆州先民要防御的灾害首先是洪灾，其办法是筑堤御水，而且对防汛极为重视，有“守堤如守城、防水如防寇”之说；并认为“河防在堤，而守堤在人。有堤不守，守堤无人，与无堤同矣”（明代潘季驯）。在千百年与洪水斗争中，积累了不少的防汛抢险经验和方法，并制定相应的规则章程。据史料记载，明代荆江地区已有防汛规则《堤甲法》，清代有《详定江汉堤工防守大汛章程》，民国时期曾先后制定《扬子江防汛办法大纲》和《江汉干堤防汛办法》。这些规章办法的制定对荆州地区的防汛起到了积极重要的作用。

新中国成立后，各级人民政府更加重视以防洪为重点的防汛抗灾工作，视防汛为天大的事，迎战每年可能发生的各种水旱灾害，从防汛方针与任务的制定到布防标准的设置和劳力部署，从汛前准备工作到汛期防守工作，从防汛非工程措施的不断完善到汛后资料整理等日趋制度化。在不同时期，各级人民政府相应制定防汛法规，特别是 1988 年国家颁布《中华人民共和国防洪法》标志着防汛抗洪工作由制度化步入法制化轨道。

新中国成立以来荆州人民在各级党委政府的坚强领导下，在全国各方面支持下，始终树立“立足抗灾夺丰收”的指导思想，坚持不懈地做好一年一度的以防汛为重点的抗灾工作，基本上保证了堤防、水库的安全，促进了农业生产的稳定发展。

第一章　防汛法规和方针任务

明清时期，当政者比较重视江汉堤防的防汛工作，主张“先事之防”（《荆州万城堤志》），明嘉靖年间，荆州知府赵贤主持制定《堤甲法》，清及民国时期有所发展。

新中国成立后，随着社会进步，经济发展和法制建设的加强，相应的法律、法规逐步建立，并日臻完善。防汛指导思想立足于预防为主，有备无患，每年均按防大汛、抗大灾的要求做好各项准备工作，并根据各个时期堤防建设的情况制定防汛任务。

第一节　防　汛　法　规

一、明清及民国时期

明嘉靖年间（1522—1566年），荆州知府赵贤主持大修荆江堤防之后制定《堤甲法》，规定：“每千丈堤设一堤老，五百丈设一堤长，百丈设一堤甲和十名堤夫。共计江陵北岸设堤长六十六人，松滋、公安、石首南岸共设堤长七十七人，监利东西岸堤长共八十人。”这些专官专人的职责是：“夏秋守御，冬春修补，岁以常备”（《天下郡国利病书》卷74）。这是荆州长江防汛史上见于记载最早的汛期防守和堤防管理规定。

清乾隆五十三年（1788年）长江发生特大洪水，万城大堤多处决口，荆州城水淹两月，荆江两岸洪水滔天，乾隆皇帝御批严厉处罚上自湖广总督，下至修堤有关人员，并规定：“此后凡遇万城大堤决口，从决口之年起，上溯十年，其间有关人员均予治罪。”汛后，明确规定总督、巡抚轮流分年主持防汛事务，荆州知府设水利同知专司其事，下设修防局所。汛期堤长、圩甲带领民夫上堤驻守，增添近堤绅耆帮同防护。并具体规定：“荆州万城大堤，每五百丈设堤长、圩甲各四名，堤上设卡屋常年驻守，汛涨时多备守水器具，同业民昼夜防守，该道府同知，往来巡查，一有危险，即行严督抢护。如水利各官防护不力者，该道府查明纠查”（《长江志·防洪》）。这是历史上由皇帝具体参与制定的荆江防汛法规。

道光十年（1830年）湖北布政使林则徐制定《公安、监利二县修筑堤工章程十条》。道光十六年（1836年），林则徐升任湖广总督，为防御江汉洪水，提出“与其补救于事后，莫若筹备于未然”的防汛指导思想，并制定《林制府防汛事宜十条》，作为防汛制度颁布执行。

据《荆州万城堤志》载，清代《详定江汉堤工防守大汛章程》（《衍方伯防汛章程》），共十一条，是江汉堤防较为全面的防汛规范。

此外，《荆州万城堤志》还载有《鲁观察之裕四防说》（昼防、夜防、雨防、风防）、

《防汛章程》等，均为清代沿用的防汛章则。

民国时期，省水利局和江汉工程局多次颁发有关防汛法规和章程。1935年扬子江水利委员会制定《扬子江防汛办法大纲》十一条。1946年江汉工程局制定《江汉干堤防汛办法》十六条。

二、新中国成立后防汛法规

新中国成立后，各级党委和政府在大力加强水利工程设施建设的同时，逐步制定和完善了防汛抗灾的法规体系。按层次可分为：防洪、防汛法律，行政法规，行政规章等。

（一）法律

《中华人民共和国防洪法》于1998年1月1日正式实施，它是规范全国防洪抗灾的基本大法，主要内容是：防洪规划、治理与防护、防洪区和防洪工程设施的管理、防汛抗洪、保障措施、法律责任等。明确了全民都有依法参加防汛抗洪的义务。

（二）行政法规

《中华人民共和国防汛条例》于1991年6月28日国务院第87次常务会议通过，以国务院令第86号发布。主要内容包括：防汛组织、防汛准备、防汛与抢险、善后工作、防汛经费、奖励与处罚等共八章、四十八条。用于指导全国的防汛抗洪工作。

《长江防御特大洪水方案》（1985年国务院国发〔1985〕第79号）明确长江中下游的防汛任务是遇到1954年同样严重的洪水，要确保重点堤防的安全，努力减少淹没损失；对于比1954年更大的洪水，仍需依靠临时扒口，努力减轻灾害。防洪的具体措施是对堤防经过培修巩固，提高防洪能力，尽快做到长江干流防洪水位比1954年实际最高水位略有提高，以扩大洪水泄量；明确分洪、滞洪任务，安排超额洪水；如遇1870年同样洪水，即采取一系列的扒口泄洪紧急措施，以努力减轻灾害；长江荆江分洪区的运用，由国家防总决定，其余的行洪、蓄洪区和有关湖泊的滞洪运用，由长江中下游防汛总指挥部商同所在省人民政府决定；在防御1870年同样洪水时的分洪运用，需经国务院批准。

《关于印发长江洪水调度方案的通知》（1999年6月15日国家防汛抗旱总指挥部国汛〔1999〕10号）明确长江洪水的调度原则、调度程序和调度权限。

《关于长江洪水调度方案》（2011年国家防汛抗旱总指挥部国汛〔2011〕22号）明确了长江防洪体系建设情况：荆江大堤、南线大堤、汉江遥堤以及沿江全国重点城市堤防为1级堤防，松滋江堤、荆南长江干堤、洪湖监利江堤为2级堤防，国家确定的蓄滞洪区其他堤防为3级堤防。长江干流堤防设计洪水位标准（沙市45.00米、城陵矶34.40米）；此外还进一步明确荆江河段、城陵矶河段及蓄滞洪区调度原则和调度权限。

（三）行政规章

水利部和有关部委已发布的关于防汛的行政规章是国家防汛法规体系的重要组成部分。兹将水利部发布的与长江流域防汛有关的若干规范性文件摘引如下。

《河道堤防工程管理细则》［水利电力部（以下简称“水电部”），1973年］明确规定河道堤防管理单位，在汛期是防指部门的主要组成部分，应在防汛指挥部门的统一领导下进行工作。每年汛前应作好对河道堤防等工程的检查工作，制定防汛计划，提出蓄洪、滞洪、行洪区的运用措施，报上级防汛主管部门并作好运用准备；配合有关部门做好蓄（滞、分、行）洪区内群众保安和转移准备工作；加强对沿河涵闸、泵站、船闸等管理，汛期应严格控制运用。掌握雨情、水情和工情，加强险工险段及河势变化处的观察，根据汛情发展，及时提出防汛抢险措施，参加防汛抢险，并作好技术指导。

（四）地方法规

新中国成立后，湖北省委、省政府先后多次发布有关防汛的法规命令，荆州市及各县市亦制定相应的规范性文件，摘要记述如下。

《江汉干堤防汛办法》（1950年，湖北省人民政府颁布）分为总则、组织领导及执掌、防汛准备工作、经费与材料、报告总结工作等五章十七条。

《关于防汛抢险的紧急命令》（1954年大汛，湖北省人民政府7月5日发布）规定：贯彻执行全面防守，重点加强方针，力争水涨堤高，保证不漫堤不溃口，所有堤段，必须有专人防守；险工险段，必须及时抢护；各部门必须贯彻为防汛服务的方针，紧密配合与支援，保证粮食、器材及其他物资及时供应，遵守时限和规格，坚决完成任务；坚决依靠群众，发动群众；防汛地区人民武装部队和公安部队，必须派出适当武装，巡查堤防与险工险段，防止反革命分子破坏。

《关于切实搞好防汛调度和控制运用的命令》（1985年，湖北省防指发布）规定：实行分级负责制，统一调度指挥；长江、汉江、沮漳河和漳河水库的防洪调度，由省防指指挥；沙市所辖的荆江大堤堤段和荆门市所辖的汉江堤段的防汛，长湖、洪湖的防洪排涝调度，均由荆州地区防指统一指挥；其他河流、水库、湖泊的调度和控制运用，分别由所在地之市、县负责；严格执行调度运用规定，切实控制水库、湖泊水位。

《关于坚决清除河道行洪障碍、处理违章建筑的通令》（1986年，湖北省防指发布）严格要求各地要认真总结和吸取过去省内外因河道设障和堤防工程设施被破坏，而造成损失的严重教训，树立全局观念，采取断然措施，坚决清除行洪障碍，处理堤防内外一切违章建筑。要按照“谁设障、谁清除”“谁违章、谁处理”的原则，迅速把清除任务落实到单位和负责人。由于洪障未清除而造成灾害的，既要追究当事人，也要追究领导的责任。情节严重的要绳之以党纪国法。

《沮漳河洪水调度方案》（鄂汛字〔1986〕27号文）、《汉江中下游洪水调度方案》（鄂汛字〔1986〕30号文），这些洪水调度方案，全面科学地总结了湖北省洪水调度经验，提出防御特大洪水的分洪调度要求以及河流主要站的控制水位和分蓄洪程序，为今后出现特大洪水时运用分蓄洪区打下基础。

《湖北省防汛抗洪责任制若干规定》（1988年，省人民政府鄂政发〔1988〕70号文）通知明确规定防汛抗洪是全社会的工作，省内一切单位和个人，都有参加防汛抗洪的义务。全省防汛抗洪工作由省长负责，各级行政首长负责所辖区域内的防汛抗洪工作，并组织完成上级行政首长下达的其他防汛抗洪任务。湖北省近期的防洪标准是：长江出现1954年型洪水、中小河流出现新中国成立以来的最高水位不溃堤，水库、涵闸按设计标准保安全。

《关于汉江中下游、沮漳河、汉北河、府澴河防御特大洪水调度方案的通知》（1988年，省政府批转省水利厅特大洪水调度方案鄂政发〔1988〕74号文），这是由省政府颁布实施的省内河流洪水调度方案，主要内容为重点站控制水位、出现特大洪水时的调度方案和分蓄洪区运用顺序。

《关于贯彻国务院批转水利部〈关于蓄滞洪区安全建设指导纲要〉的通知》（1989年，鄂汛字〔1989〕013号文）对合理和有效地运用蓄滞洪区，指导区内居民的生活和经济建设，适应防洪要求，作出了原则规定。

《湖北省河道管理实施办法》（1992年8月12日，省人民政府33号令颁发）对加强河道管理，保障防洪安全，发挥江河湖泊的综合效益作了明确规定。

《湖北省大型排涝泵站调度与主要湖泊控制运用意见》（1992年，鄂政发〔1992〕76号文）对全省单机800千瓦以上的大型排涝泵站调度运用和长湖、洪湖的控制运用作出了具体规定。

《湖北省实施〈中华人民共和国防汛条例〉细则》（1994年7月6日，湖北省人民政府58号令发布），该细则明确规定防汛抗洪工作实行“立足防大汛、抗大洪、排大涝和安全第一、常备不懈、以防为主、全力抢险”的方针。防汛抗洪工作实行各级人民政府、行政首长负责制，部门岗位责任制和统一指挥，分级分部门负责的制度。细则对防汛组织、防汛准备、防汛与抢险等均作了明确规定。

《湖北省防汛费征收管理办法》（1995年，鄂政发〔1995〕43号）对防汛费征收标准、征收办法及防汛费使用管理作了明确规定。

《关于汛期江河堤防上涵闸运用批准权限的规定》（1995年，湖北省防指鄂汛字〔1995〕3号），要求江河堤防上的涵闸按“统一领导、分级管理、分级负责”的原则，按本规定批准涵闸的运用。

《湖北省分洪区建设与管理条例》（1996年11月22日，经湖北省第八届人大常委会第23次会议审议通过，颁布实施）明确规定，分洪区的分洪运用，实行统一指挥，分级、分部门负责。长江各分洪区的分洪运用，按照国务院批准的防御洪水方案，由长江防汛总指挥部和省人民政府商定，报国家防总下达实施命令。

《湖北省实施〈中华人民共和国防洪法〉办法》（1998年11月27日，湖北省第九届人大会常委会第6次会议通过），该办法规定，各级人民政府分别对本行政区域内的防洪工作实行统一领导，全面负责。防汛抗洪工作实行各级人民政府行政首长负责制，统一指挥、分级分部门负责。县级以上水行政主管部门下设的防洪工程专管机构和跨行政区域的水利工程管理机构，受水行政主管部门的委托，依法行使所辖范围内的防洪协调和监督管理职责。

《湖北省长江河道采砂管理实施办法》（2003年9月19日省政府令256号）。为加强湖北省境内长江河道采砂管理和监督检查，维护长江河势稳定，保障防洪安全，该办法对河道采砂许可审批、河道禁采区、违章处罚等都作了详细规定。

《湖北省大型排涝泵站调度与主要湖泊控制运用意见》（鄂政发〔2011〕74号文）对1992年鄂政发〔1992〕76号文件进行了部分修改和调整。

从20世纪60年代开始，荆州地区（市）和各县市对水利工程管理和防汛工作相继出台有关加强水工程管理的通知、布告、规定和暂行办法。

1960年3月29日，荆州专员公署发出《关于加强堤防、涵闸、渠道、水库养护管理工作的指示》。

1962 年 7 月 22 日，荆州专区“四防”总指挥部以荆防办〔1962〕3 号文发布《关于管好水工程的几项规定》。

1975 年 1 月 31 日，荆州地区革命委员会以荆革〔1975〕8 号文发布《关于汛期涵闸、水库、泵站启闭运用权限的通知》。

1980 年 4 月 16 日，荆州地区行政公署以荆行〔1980〕27 号文批转地区水利局《关于惠亭水库调度运用问题的报告》。

1982 年 7 月，中共荆州地委批转地区防指《关于清除江河行洪障碍问题的报告》，规定汛期各地切实加强领导，指定专人负责，按报告内容对行洪障碍进行及时清除（1975 年、1983 年荆州地委先后发出关于清除行洪障碍的通知）。

1984 年，荆州地区防指以荆防〔1984〕2 号文批复《关于惠亭、石龙、吴岭水库调度运用方案的通知》。

1995 年 4 月，荆沙市人民政府以荆政发 46 号印发《荆沙市防汛抗洪责任制若干规定的通知》，对防汛抗洪工作责任作出具体规定。同年 4 月 10 日，荆沙市人民政府发布《关于印发荆沙市市直部门和荆沙军分区防汛职责的通知》（荆政发〔1995〕47 号），对荆沙市直各部门和军分区防汛责任进行明确划分。

2003 年，荆州市防汛办公室制定《荆州市抗旱预案》。

2005 年，荆州市防指以荆汛〔2005〕11 号文印发《荆州市沿江涵闸和流域性控制涵闸运用意见》。荆州市防指办公室在 2001 年、2002 年制定的《荆州市城市防洪预案》基础上进行补充完善，出台《荆州市城市防洪预案》。

2007 年，荆州市防指办公室在各分蓄洪区运用预案的基础上制定《荆州市分蓄洪区运用预案》。

2012 年，荆州市防指办公室在 2001 年、2002 年制定的《荆州市防汛方案》，2003 年制定的《荆州市抗旱预案》的基础上，制定《荆州市防汛抗旱预案》。预案由荆州市人民政府荆政办发〔2012〕57 号文发布。

2013 年，荆州市长江防指办公室制定《荆州市长江防洪预案》。

各县（市、区）也制定了一些规范性文件。1982 年 3 月，监利县发布《关于加强水利工程管理的布告》，规定：“严禁在江河、渠道内设置障碍，保障行洪安全。江河洲滩、行洪道、调蓄区，不准盲目围垦。对影响行洪的建筑、芦苇、林木，本着谁设障，谁清除的原则，限期清除，恢复原状。”同年，江陵县颁布《关于加强堤防水利设施安全管理的布告》和《江陵县水利工程管理实施细则》，对与防汛相关的管理体制、机构、职责等作出具体规定。洪湖县发布《关于加强水利工程管理的布告》和《关于水利工程管理的暂行规定》。

第二节　防　汛　方　针

荆州防汛，清代和民国时期就重视预防，主张平时兴利除害，做好“先事之防。”新中国成立后则更加强调以江河防汛为重点，立足预防为主，有备无患的指导思想，每年均以防大汛、抗大洪的要求，做好各项准备工作。

1949年11月，全国水利会议明确提出，水利事业必须“统筹规划，相互配合，统一领导，统一水政。在一个水系上，上下游、本（指干流）支流，尤应统筹兼顾，照顾全局”，从而确立防汛工作必须遵循团结协作和局部应服从全局的原则。

1950年，全国防汛会议提出“在春修工程的基础上，发动组织群众力量，加强汛期防守，以求战胜洪水，保障农业安全，达到恢复与发展农业生产的目的。”这次会议还规定防汛工作原则是：“集中统一领导，左右岸互相支援；民堤服从干堤，部分服从整体；全面防守，重点加强；分段负责，谁修谁防。”同年，中南区防指提出的防汛方针是：“在岁修工程的基础上，发动组织群众力量，加强汛期防守，以求战胜洪水，保障农田安全，达到恢复与发展农业生产的目的。”

1951年4月，政务院发布《关于加强防汛工作的指示》中指出，防汛工作要提高预见性，防止麻痹思想；对异常洪水要预筹应急措施。同年，长江委主任林一山传达中央关于在防洪和防汛工作中应遵循“重点防护，险工加强”及必要时采取“临时紧急措施”以尽力减轻灾情的指示。汛期，湖北省人民政府发出指示，强调以江汉防汛为重点，提出“依靠群众，统一领导，重点防守，全面照顾，分段负责，谁修谁防”的方针，要求长江堤防保证遇1949年同样高水位不溃口，特别强调荆江大堤关系到千百万人民生命财产安全，切不可稍有忽视。

1952年，湖北省人民政府对防汛工作又进一步提出“集中统一领导，逐级分层负责；上下游统筹兼顾，左右岸互相支援；民堤服从干堤，部分服从整体；全线防守，重点加强，分段防守，谁修谁防”的方针。

荆州地区防汛抗灾以防汛为重点，提出“大力发动和组织群众，加强防汛防守，战胜洪水，以保障农田、发展农业生产为目的”的方针。

1953年，湖北省防指提出“上下游兼顾，左右岸支援，民堤服从干堤，部分服从整体，全线防守，重点加强”的防汛方针。

1954年6月，湖北省防汛救灾紧急会议提出“全面防守，重点加强，确保在防汛保证水位内不溃口，力争水涨堤高，战胜更大的洪水”的防汛工作方针，并指定荆江大堤、汉江遥堤、武汉市堤等堤防为确保堤段，要求在任何情况下都要保证防洪安全。

1955年，湖北省防指制定“全面防守，重点加强，保证在现有基础上安全行洪、并争取在特殊情况下不溃决，以减轻或免除洪水灾害，保证农业丰收”的方针。

新中国成立初期，荆州地区长江干支堤防十分薄弱，汛期多次出现溃口性险情，当时提出“必须依靠群众，动员一切人力、物力、财力，紧急抢修险工和溃口堤段，用最大努力减小受灾面积，有钱出钱，有力出力，合理负担”的指导方针，对分洪区提出“准备分洪、争取不分洪、分洪保安全、不分洪保丰收”的指导方针。20世纪50年代中期，荆州地区防汛抗灾提出“大力发展组织群众加强防汛防守，以保障农田安全发展农业生产为目的”的方针。至20世纪50年代末期，荆州地区逐步形成“全线防守，重点加强，水涨堤高；一般洪水全线防守，全线确保；特大洪水，全线防守，重点加强”的防汛抗洪方针。

20世纪60年代后，随着荆州水利事业的发展，全区防汛抗灾由单一的堤防防汛转向对堤防、水库、涵闸的全面防汛抗灾。60年代后期，国家提出“以防为主，防重于抢”的防汛工作方针。根据中央这一方针，荆州地区防汛工作形成“全面防守，重点加强，水涨堤高。一般洪水，全线防守，全线确保；特大洪水，全线确保，重点加强；大、中、小水库不准倒坝，即使超过校核标准的特大洪水，也要采取非常措施，保证大坝安全”的方针，当时提出，要不惜一切代价，确保荆江大堤安全，确保长江干堤安全。70年代，随着国民经济建设的发展，对防汛工作提出更高要求，荆州地区防汛工作提出“以防为主，防重于抢；全面防守，重点加强，水涨堤高；人在堤在，严防死守”的方针。

1983年，省政府提出的防汛目标和任务是：要坚决做到长江出现1954年型洪水不溃堤；需要分洪时，能顺利分洪，安全分洪；涵闸泵站能够安全正常运用。遇到超过标准洪水时，也要千方百计保证防汛安全，最大限度发挥人民群众的抗灾能力和防洪排涝工程的减灾作用，力争把灾害损失减少到最低限度。80年代后，荆州地区根据新中国成立30多年来的防汛抗灾的实际状况，将防汛方针调整为“以防为主，防重于抢；全面防守，重点加强”。

1988年，《中华人民共和国水法》颁布，将防洪工作纳入到法制化轨道。用法律形式，规范防治洪水，依法防洪、防御和减轻洪水灾害，保障人民生命财产安全和经济建设的顺利发展。

1991年，《中华人民共和国防汛条例》颁布，明确规定：防汛工作实行“安全第一，常备不懈，以防为主，全力抢险”的方针。荆州地区提出“以防为主，防重于抢”的方针。

1994年7月6日，湖北省人民政府发布58号令，颁布《防汛条例实施细则》，明确指出：防汛抗洪工作实行“立足防大汛、抗大洪、排大涝和安全第一、常备不懈、以防为主、全力抢险”的方针。

1995年省政府提出要确保“在防洪标准以内，不溃一堤，不失一垸，不倒一坝，不失一闸站。即使出现超标准特大洪水，也要千方百计把损失减少到最低限度”的防汛方针。

1996年长江中游出现大洪水，荆州长江堤防全线布防，荆州市委、市政府制定的防洪原则是：“全面防范、重点加强、严防死守、全力抢险”。

1998年长江流域出现全流域性大洪水。为夺取防汛斗争的胜利，湖北省防指最初提出，防汛抗洪的指导方针是“严防死守，全抗全保，不溃一堤，不丢一垸，不损一闸站”；荆州市提出的防汛方针是：“安全第一，常备不懈，以防为主，全力抢险。”随着长江水雨情形势的变化，党中央、国务院提出“坚定不移地严防死守，确保长江干堤安全；确保江汉平原和大武汉的安全，确保人民群众生命财产安全”的防洪总方针。

2010年5月，荆州市贯彻落实防汛工作指导方针是：“在标准洪水内，确保不溃一堤、不倒一坝、不损一闸（站），确保人民群众生命财产安全，确保城乡和交通干线防洪安全。”

第三节　防　汛　任　务

一、长江防汛任务

荆州堤防的防汛任务根据长江干堤特别是荆江大堤和重要支堤在不同历史时期建设标

准提高和抗洪能力的增强而提出来的。

1950年，荆州地区提出江汉干堤、江南支堤保证出现1949年当地最高水位不溃口。丘陵山区防山洪、防旱工作主要是加强领导，检查塘堰蓄水，寻找水源，取缔“水霸”。

1952年政务院要求荆江大堤以防御1949年最高洪水位（沙市二郎矶站44.49米）不溃口为目标。

1954年6月26—30日，省委、省政府召开防汛救灾紧急会议。会议确定荆江大堤、汉江遥堤、武汉市及黄石市堤为确保堤段。必须战胜洪水、战胜灾害，坚决保护沿江滨湖地区数百万人民生命财产的安全，保护国家建设任务的安全。

1955年5月，湖北省人民委员会（以下简称省人委）召开全省防汛会议。任务是：荆江大堤在有效地充分利用荆江分洪工程的条件下，其余堤段不分洪时应保证1954年最高江河水位不溃口，在分洪时保证分洪区南端水位不超过42.00米不溃口，虎渡河西堤争取在未分洪前不溃口；支堤保证按1954年规定的标准。

1956年5月10—19日，省人委召开了全省防汛会议。会议对“四防”（防汛、防旱、防涝、防山洪）工作提出的任务是：“一般要求江汉干堤和主要支民堤保证水位应比1955年提高0.50米；长江干堤争取1954年当地最高水位不溃口；荆江干堤、荆江分洪区南线大堤保证任何情况下不溃口。”

1957年4月4日，省人委发布防汛工作指示，提出本年“四防”工作要求如下：防汛方面，江汉干堤和主要支堤，一般以低于现有堤顶0.50～0.70米为防汛保证水位；长江结合荆江分洪工程运用和其他措施，争取在1954年当地最高水位情况下不溃口；荆江大堤、荆江分洪区南线大堤为确保堤段，在任何情况下不能溃口；平原湖区有涝排涝，自排为主，提排为辅，力争农田不受渍；丘陵山区要建立水雨情报网，迅速传递山洪水情；大小水库都要按设计标准确保安全，不倒一坝。

1958年5月22日，省人委召开防汛紧急会议。会议确定今年的防汛任务是：确保发生1954年水位江汉干堤、主要支民堤不溃口，争取高出1954年0.50米水位不出问题。

1971年11月长江中下游防洪规划座谈会确定以1954年实际洪水位作为长江中游重要地方的防洪标准，并建议适当提高干流各主要站的设计水位，沙市站为45.00米，城陵矶（莲花塘）为34.40米，汉口29.73米。

1980年，召开长江中下游防洪座谈会，明确长江中游近期防洪任务是遭遇1954年同样洪水，要确保重点堤防安全，努力减少淹没损失。

1983年，省政府提出，再遇到1954年当地最高洪水位时，要保证长江干堤和主要支民堤安全，沿江河的大小涵闸、泵站必须在确保安全的前提下，做到启用灵活，充分发挥工程效益。遇到超标准洪水时，也要千方百计保证度汛安全。

1985年，国务院以国发〔1985〕第79号文批复《长江防御特大洪水方案》，提出遇到1954年同样严重洪水，要确保重点堤防安全，努力减少淹没损失；对于比1954年更大洪水，仍需依靠临时扒口，努力减轻灾害。长江委确定长江中下游防汛任务是：遇1954年同样严重的大洪水，通过运用已建水库和已安排的分洪区调蓄洪水，以确保荆江大堤、南线大堤（荆江分洪区）等重点堤防及武汉市等重要城市安全，努力保护重要江堤及重点堤垸安全；遇超过1954年洪水，也要全力抗洪，力争减少中下游平原洪灾损失；对常遇洪水，应保证安全度汛。

20世纪90年代，荆州地区根据国务院、省委省政府的指示，对分蓄洪区防洪的总任务是："加高堤防、改造涵闸、治理河道、增强机构、强化管理，加快分蓄洪区建设，尽快达到分洪保安全转移，不分洪保安全发展。"

1998年长江发生流域性的大洪水，党中央、国务院提出确保长江大堤安全，确保重要城市安全，确保人民生命财产安全的"三个确保"决策，军民团结抗洪，最终取得了抗洪抢险斗争的全面胜利。

1999年汛期，省防指发出紧急通知，要求严防死守荆江大堤、长江干堤、沿江支堤等重要堤防和防洪设施，确保荆江大堤和重要堤防安全，确保武汉、荆州等重要城市安全，确保江汉平原和重要交通干线安全，确保人民生命财产安全。

2003年，根据长江干堤全面加高培厚、支民堤整险加固和三峡水库调蓄等，抗洪能力整体增强的实际情况，调整防汛水位特征值，确定沙市站保证水位45.00米，监利站保证水位37.23米，螺山站保证水位34.01米。

2009年，三峡工程竣工后，三峡水库对入库洪水进行调蓄，长江荆江河段汛期水位发生较大变化，加上近10年长江干堤整险加固达标和荆南四河堤防逐年加高培厚，荆江防洪的严峻形势有了很大缓和。省防指通知，长江干堤设防水位不再上行政领导和防守劳力，由水利堤防部门自身加强观测防守，确保安全。

荆州市各县（市、区）防守江河堤任务见表4-1-1。

表4-1-1　　荆州市各县（市、区）防守江河堤防任务表

序号	堤防名称		长度/m	堤防级别	备注
	荆州市	合计	2866377		
一	荆州区	小计	156373		
1		荆江大堤	48850	1级	
2		荆南长江干堤	10260	2级	
3		涴里隔堤	14523	2级	
4		虎渡河右堤	25000	2级	
5		其他沿江河洲圩垸围堤	57740	4级、5级	谢古垸等13个沿江河洲滩圩垸
二	沙市区	小计	8900		
1		荆江大堤	7000	1级	
2		其他沿江河洲圩垸围堤	1900	4级	柳林洲垸堤
三	江陵县	小计	79850		
1		荆江大堤	66000	1级	
2		其他沿江河洲圩垸围堤	13850	4级、5级	南星洲、耀新民垸堤

续表

序号	堤防名称		长度/m	堤防级别	备注
四	松滋市	小计	285369		
1	松滋市	松滋江堤	51290	2级	老城段（老城—胡家岗）16.80km；涴市段（新场—灵钟寺）9.89km；长江段（灵钟寺—宛里隔堤）24.60km
2	松滋市	涴里隔堤	2700	2级	
3	松滋市	荆南长江干堤	2240	2级	涴里隔堤～罗家潭710＋260
4	松滋市	松西河右堤	37528	2级、3级	城区段二级（丰坪桥27＋200～太山庙34＋500）7.3km，老城段三级（胡家岗16＋800～丰坪桥27＋200）10.4km；南海段三级（太山庙34＋500～窑沟子54＋328接公安）19.83km
5	松滋市	松西河左堤	24260	3级	松滋市段
6	松滋市	松东河右堤	26500	3级	北矶垴0＋000～八宝闸26＋500，八宝垸
7	松滋市	松东河左堤	24261	3级	北矶垴0＋000～八宝闸26＋500，八宝垸
8	松滋市	洈河左堤	32230	4级、5级	白果树段四级8.05km，金桂段四级11.12km，洈河雷井口堤四级3.5km，上陈段五级9.56km
9	松滋市	庙河右堤	5170	2级	木天河0＋000～松滋西河入口5＋170
10	松滋市	庙河左堤	8290	3级	堤塔垴0＋000～丰坪桥8＋290，松滋西河
11	松滋市	新河右堤	9930	3级	三岔河0＋000～太山庙9＋930，入松滋西河
12	松滋市	新河左堤	8580	2级、4级	城区段二级5.08km，南海段四级3.5km
13	松滋市	界溪河右堤	3590	4级	
14	松滋市	界溪河左堤	8300	4级	
15	松滋市	其他沿江河洲圩垸围堤	40500	4级、5级	沿江新华垴垸等9个洲滩圩垸
五	公安县	小计	815989		
1	公安县	南线大堤	22000	1级	藕池何家湾601＋000～黄山南闸579＋000
2	公安县	北闸外围堤	3400	2级	
3	公安县	荆南长江干堤	95700	2级	北闸管理所696＋800～藕池601＋000，含696＋800～696＋700
4	公安县	虎东干堤	90880	2级	北闸太平口0＋300～南闸90＋580
5	公安县	虎西干堤	38480	2级	南闸40＋480～王家岗2＋000
6	公安县	山岗围堤	43630	2级	大至岗0＋000～猪毛山43＋630
7	公安县	安全堤围堤	52992	2级	雷州、埠河等19段安全区围堤
8	公安县	虎渡河右堤	34742	2级、3级	孟溪垸段二级4.89km，三善垸段三级24.6km，永兴垸段三级5.23km
9	公安县	松西河右堤	37389	2级、3级	章庄铺段二级12.03km，狮子口段三级25.36km
10	公安县	松西河左堤	58744	3级	斑竹垱段29.41km，南平段29.34km

续表

序号	堤防名称		长度/m	堤防级别	备　注
11	公安县	松东河右堤	68251	3级	斑竹垱段38.48km，南平段29.78km
12		松东河左堤	32017	3级	三善垸上段2.12km，中段21.94km，下段7.97km
13		官支河右堤	21659	3级	毛家港同丰尖0+000～南横堤21+659
14		官支河左堤	21848	3级	黄家革0+000～蒲田嘴21+848
15		汒水河右堤—公安县段	21155	2级	章庄梧桐峪0+000～汪家汊21+155；包括界溪河右堤4km
16		汒水河左堤—公安县段	15653	3级	狮子口桂花树11+000～刘家嘴26+653
17		苏支河右堤	5545	3级	南平松黄驿～南音庙
18		苏支河左堤	5884	3级	斑竹垱双河场～南音庙
19		其他沿江河洲圩垸围堤	146020	4级、5级	腊林洲、埠河外滩等30个洲滩圩垸
六	石首市	小计	536636		
1		荆南长江干堤	80820	2级	
2		藕池河右堤	27000	3级	久合垸段15km，联合垸段12km
3		藕池河左堤	16000	2级	金城垸段16km
4		调弦河右堤	6072	2级	顾复垸段6.07km
5		安乡河左堤	19030	3级	联合院段19.03km
6		栗林河左堤	18194	3级	联合垸段18.19km
7		团山河右堤	20000	3级	联合院段20km
8		团山河左堤	12610	3级	久合垸段12.61km
9		江北人民大垸支堤	47500	3级	
10		其他沿江河洲圩垸围堤	289410	4级、5级	白沙洲等57个洲滩圩垸
七	监利县	小计	593080		
1		荆江大堤	47500	1级	
2		监洪长江干堤	96450	2级	
3		洪湖分蓄洪区主隔堤	27820	1级	
4		东荆河堤	37400	2级	
5		人民大垸支堤	26700	3级	
6		其他沿江河洲圩垸围堤	357210	4级、5级	新洲、三洲联垸等29个沿江河洲滩圩垸
八	洪湖市	小计	371780		
1		监洪长江干堤	135550	2级	洪湖市段133.55km，新滩口引河段2km
2		洪湖分蓄洪区主隔堤	37000	1级	
3		东荆河堤	91050	2级	

续表

序号	堤防名称		长度/m	堤防级别	备注
4	洪湖市	新堤安全区围堤	10140	3级	
5		其他沿江河洲圩垸围堤	98040	4级、5级	陈家院、复粮洲等28个沿江河洲滩圩垸
九	荆州开发区	小计	18400		
1		荆江大堤	13000	1级	柴纪741+500～柳林三路754+500，包括滩桥镇（741+500～745+000）3.5km，及原沙市区范围内9.5km
2		柳林洲垸堤	5400	4级	盐卡—柳林三路

二、汉江、东荆河防汛任务

（一）汉江防汛任务

1956年，长办编制的《汉江流域规划报告》（送审稿）中，提出防御汉江中下游洪水的标准是千年一遇。在开始兴建丹江口水利枢纽工程后，长办将汉江防洪标准由千年一遇改为防1935年型大洪水（相当于百年一遇）。

1993年，长委编制的《汉江流域综合规划报告》中指出，汉江中下游防洪标准为1935年型大洪水（相当于百年一遇）。碾盘山（皇庄站附近）百年一遇的夏季洪水流量为48000立方米每秒，秋季洪水流量为41759立方米每秒。干流堤防防御标准为1964年实际洪水（相当于20年一遇）。

2012年，长委制订的《汉江洪水与水量方案》中指出，汉江中下游总体防御标准为1935年同大洪水（相当于百年一遇）。

1950—1953年，要求汉江干堤保证1949年同样最高水位不溃口。

1954年6月26日，省委、省政府召开防汛救灾紧急会议。会议确定汉江遥堤为确保堤段。

1955年5月，省人委召开全省防汛会议指出：汉江干堤左岸多宝湾以上，应保证遇1954年最高水位时不发生溃决，多宝湾以下及右岸泽口以下与长江一般干堤同，但右岸泽口至沙洋段要比1954年保证水位酌情提高。

1956年5月10日，省人委召开防汛会议指出：汉江方面争取今年水位齐平现有堤顶不溃口，汉江遥堤保证任何情况下不溃口。

1957年4月4日，省人委发布防汛工作指示：江汉干堤和主要支堤一般以低于堤顶0.50～0.70米为防汛保证水位。汉江遥堤为确保堤段，在任何情况下不能溃口。

1958年5月22日省人委指出：汉江干堤确保1954年最高水位不溃口，争取超过0.50米水位不出问题。

1964年4月17日省人委召开防汛紧急会议，确定汉江堤防不准溃口。荆州地区行署根据省人委指示精神，对沿江各县制定了防汛任务。汉江布防水位特征值见表4-1-2。

表 4-1-2　　汉江布防水位特征值表　　单位：m

站　　名	设防水位	警戒水位	保证水位
皇庄	47.00	48.00	50.62
大同	44.60	46.20	48.40（围堤）
大王庙	43.60	44.60	确保
沙洋	40.80	41.80	44.50
多宝	40.40	41.40	确保
张港	38.10	39.50	42.30
泽口	38.50	39.80	42.64
岳口	36.90	37.90	40.62
仙桃	34.10	35.10	36.20
汉川	28.00	29.00	31.69
严家滩	28.06	29.60	35.73（分洪道堤）

注　“沙洋”栏中 1964 年前为新城站，1985 年为沙洋站。设防水位供内部参改。

汉江防汛水位经过 1949 年、1952 年、1964 年、1985 年 4 次大的变更。现在的防汛水位标准经 1985 年调整后至今未变。

1984 年省防指关于汉江防 1964 年型洪水标准规定：“控制沙洋流量 2 万立方米每秒，遥堤（大王庙）保证水位 47.20 米，沙洋站 44.50 米，泽口站 42.64 米，岳口站 40.62 米，仙桃站 36.30 米，深河潭站 42.30 米（相应东荆河分流量 5000 立方米每秒），杜家台闸分洪流量不超过 5600 立方米每秒。”

（二）东荆河防汛任务

1951 年，保证 1950 年最高水位不溃口，1949 年最高水位不溃口。

1952 年，保证 1951 年陶朱埠最高水位 38.68 米不溃口，争取超过 0.30 米同样安全。

1953 年，保证 1952 年陶朱埠最高水位 39.13 米不溃口，争取超过 0.20 米同样安全。

1954 年，则以陶朱埠、新沟两站水位为标准，分别划为设防、警戒、保证和争取 4 个等级的水位线。

1968 年湖北省对江汉干堤提出防汛标准的同时，鉴于东荆河具有两江洪水的特性，要求东荆河上游（中革岭以上）防汉江 1964 年型洪水，即陶朱埠水位 42.26 米；下游（中革岭以下）防长江 1954 年型洪水，即新滩口水位 31.48 米。

东荆河下游改道工程实施后，加上 1998 年洪湖分蓄洪区围堤加高培厚，下游洪湖的万家坝、民生闸水位有所调整。东荆河潜江站设防水位 38.40 米，警戒水位 39.70 米，保证水位 42.11 米；新沟嘴站设防水位 35.70 米，警戒水位 37.00 米，保证水位 39.04 米。洪湖万家坝站设防水位由 1968 年前的 31.00 米提高到 32.00 米；警戒水位由 32.80 米提高到 33.30 米；保证水位由 35.20 米提高到 35.41 米。民生闸设防水位 27.00 米，警戒水位 29.00 米，保证水位 31.48 米。

东荆河最大分流量 5060 立方米每秒。东荆河布防水位特征值见表 4-1-3。

表 4-1-3　　东荆河布防水位特征值　　单位：m

站　名	设防水位	警戒水位	保证水位
陶朱埠	38.40	40.00	42.30
潜江	38.40	39.70	42.11
高湖台	37.00	38.50	41.16
新沟嘴	35.70	37.00	39.04
北口	34.70	36.00	37.21
万家坝	32.00	33.30	35.41
沔白庙	31.10	32.40	34.06
中革岭	30.50	31.80	32.90
杨林尾	30.50	31.50	32.50
黄家口	29.50	31.00	31.80
唐嘴	28.50	29.50	30.53
江家挡	29.50	30.50	31.50
民生闸	28.00	29.00	31.48
白虎池	28.00	29.00	31.48

三、主要湖泊防汛任务

荆州湖泊为全省之最。众多的湖泊为汛期调蓄洪水、削减江河洪峰，发挥了显著作用。新中国成立后，过度围湖造田，湖泊面积缩小，降低调蓄功能，加剧了洪涝灾害的发生。1980 年荆州内垸发生严重洪涝灾害，造成沿湖部分民垸分洪，农业损失惨重。荆州地委行署把湖泊的防洪排涝提到议事日程，明确规定长湖习家口设防水位 31.50 米，警戒水位 32.00 米，保证水位 32.50 米；洪湖挖沟嘴设防水位 25.40 米，警戒水位 25.90 米，保证水位 26.20 米。

21 世纪初，因长湖、洪湖围堤不断整险加固，抗洪能力逐年提高，防洪标准也应作适当调整。2011 年，湖北省人民政府以"鄂政发〔2011〕74 号"文明确长湖、洪湖的控制运用标准为：长湖的设防水位 31.50 米，警戒水位 32.50 米，保证水位 33.00 米，汛前控制水位 30.50 米，汛期蓄洪水位 31.00 米；洪湖的汛前控制水位 24.00 米，设防水位 24.50 米，警戒水位 26.20 米，保证水位 26.97 米。每年 5 月 1 日至 8 月 31 日起洪湖排水位为 24.50 米，9 月 1 日至 10 月 15 日起排水位为 25.50 米，当洪湖水位超过 26.50 米，水位仍继续上涨时，四湖中下区的高潭口、新滩口、螺山、杨林山、半路堤、新沟、老新、大沙等一级泵站都应服从统排调度，保证湖堤安全。具体见表 4-1-4。

表 4-1-4　　长湖、洪湖防汛水位特征值　　单位：m

湖名	汛限水位	设防水位	警戒水位	保证水位	历史最高水位
长湖 （习家口）	31.00	31.50	32.50	33.00	33.30 （1983 年 10 月）

续表

湖名	汛限水位	设防水位	警戒水位	保证水位	历史最高水位
洪湖（挖沟嘴）	24.00	24.50	26.20	26.97	27.19（1996年7月）

第四节 防汛水位标准

1935年《扬子江防汛办法大纲》规定沿江堤防设防标准，其中湖北部分以沙市、汉口两地为控制站，每年第二季末，沙市水位超过7.50米，汉口水位降至11.00米（水位基点分别为沙市、汉口海关水尺零点）时即为当年当地防汛开始及防汛结束时间，并规定沙市水位10.28米、汉口水位15.00米为危险水位。

20世纪50年代起，国家防汛部门根据堤防工程的抗洪能力，确定长江荆州河段防汛特征水位，1951年长江委中游工程局将汛期水位划分为设防水位、防汛水位、紧急水位3种。防汛水位：沙市站41.40米，监利站32.90米；紧急水位：沙市站42.30米，监利34.50米；设防水位各地自行制定。此后，各流域单位根据水雨工情的变化，对防守水位标准进行多次调整。每年防汛指挥机构据此安排部署领导和劳力，确保堤防、涵闸的度汛安全。

（1）设防水位。此水位是河道堤防开始防汛的特征水位。一般表现为洪水位开始平滩和部分堤脚挡水，堤防可能出现险情。达到设防水位标准时，防汛工作进入实战阶段，防汛专班和少数劳力（特别是堤防管理人员）要按时到岗就位，做好准备工作，对堤防、涵闸、泵站进行设防，严密监测各类水工程的变化和汛情发展状况。

（2）警戒水位。此水位是河道堤防加强防守的较高水位。一般表现为洪水普遍漫滩或接近堤身，堤防险情逐渐增多，需严加防守戒备。此时，按规定上齐上足领导和防守劳力，实行昼夜巡堤查险；险工险段重点防守，消除隐患，保证堤防安全；同时组织抢险突击队，备足抢险物料，随时做好抢大险的准备；对出现的险情，及时上报的同时，迅速组织专业技术人员制定抢险方案，集中力量抢险排险，把险情消除在萌芽状态。

（3）保证水位。此水位是保证河道堤防及其建筑物安全挡水的上限水位，也是设防标准的最高水位。荆江地区的防洪标准是根据国家的防洪规划大纲，按照分级管理的原则，分级制定布防标准，荆江大堤和长江干堤由省级防汛部门制定防汛水位标准，报国家防总备案；荆南四河堤防和洪湖、长湖库堤由地市防汛部门根据工程现状制定布防标准报省备案；沿江洲滩民垸围堤由县（市、区）防汛部门制定布防水位标准。当江河水位达到保证水位时，防汛抗洪斗争进入关键时刻，需要紧急动员全社会力量，一切服从防大汛、抢大险，全力投入防汛抗洪斗争，不惜一切代价确保堤防和人民生命财产安全。当洪水可能超过这一水位时，根据国家长江洪水调度方案，做好紧急运用分蓄洪区的准备工作，及时采取分洪措施，以确保重点堤防和重要地区的安全，把洪灾损失减轻到最低限度。运用水库和分洪区调蓄，也要将荆江大堤或其他重要堤段洪水位控制不超过这一水位。

荆州河段的布防标准，是根据境内长江堤防不断加固建设和泵站、涵闸等建筑物更新改造，河道安全泄洪能力增强，防洪标准不断提高等多种因素综合考虑后作出调整变化的。新中国成立后，荆州长江干流主要控制站水位做过几次大的调整。1949 年长江大水，沙市站最高水位 44.49 米，以后数年以此水位作为保证水位。1954 年长江发生特大洪水，沙市站最高水位达到 44.67 米，从 1955 年至 2002 年，沙市站保证水位一直沿用 44.67 米。1998 年长江发生流域型大洪水后，在没有运用荆江分洪区的情况下，沙市站最高洪水位 45.22 米，超过 1954 年最高洪水位 0.55 米。汛后，国家投巨资加固长江干堤，堤防抗洪能力显著提高。2003 年，省防办下文调整长江干流堤防防汛水位标准，沙市站保证水位调整至 45.00 米，其余各站防汛水位不变。2010 年，鉴于全市干支堤防抗洪能力大大增强，且三峡工程建成，三峡水库开始调蓄洪水，省防办以鄂汛办〔2010〕29 号文下发《关于明确我省江河防汛水位特征水位设置有关事项的通知》，规定全省江河防汛特征水位设置警戒水位和保证水位两级。原设置的设防水位，由各地防汛部门内部掌握使用，不再作为一级特征水位上报。但荆州市考虑荆南四河支堤和长湖、洪湖库堤尚未进行大规模加高培厚，在堤防、水库、涵闸、泵站抗洪能力有限的情况下，荆州市防指于 2000 年 4 月 1 日报请省防指批准，将松滋市（松西河）设防水位由 42.50 米调整为 43.00 米；警戒水位由 43.50 米调整为 44.00 米；保证水位仍保持新江口 45.77 米，沙道观（松东河）45.21 米。荆州市长江干流主要水位站特征水位变化见表 4-1-5。

1998—2004 年宜昌至汉口河段干支流主要站特征水位调整见表 4-1-6。

表 4-1-5　　荆州市长江干流主要水位站特征水位变化表　　单位：m

年份	沙市（二郎矶站）				监利（城南站）				螺山站			
	设防水位	警戒水位	保证水位	实测最高水位	设防水位	警戒水位	保证水位	实测最高水位	设防水位	警戒水位	保证水位	实测最高水位
1954	41.70	43.00	44.49	45.22m（1998 年 8 月 17 日）	32.50	33.80	35.39	38.31m（1998 年 8 月 17 日）	29.00	30.00	31.84	34.95m（1998 年 8 月 20 日）
1955	41.70	43.00	44.49		32.50	33.80	35.69		29.50	31.00	32.75	
1956	42.00	43.00	44.67		32.50	34.00	36.19		缺	—	—	
1957	42.00	43.00	44.67		32.50	34.00	36.57		缺	—	—	
1978	41.50	43.00	44.67		32.50	34.00	36.57		29.00	30.50	33.17	
1984	42.00	43.00	44.67		32.50	34.00	36.57		29.00	30.50	33.17	
1985	42.00	43.00	44.67		32.50	34.00	36.57		缺	30.50	33.17	
1986	42.00	43.00	44.67		32.50	34.00	36.57		缺	30.50	33.17	
1987	42.00	43.00	44.67		32.50	34.00	36.57		29.50	30.50	33.17	
1995	42.00	43.00	44.67		33.50	34.50	36.57		30.00	31.00	33.17	
1998	42.00	43.00	44.67		33.50	34.50	36.57		30.00	31.50	33.17	
1999	42.00	43.00	44.67		34.00	35.00	36.57		30.00	31.50	33.17	
2003	42.00	43.00	45.00		34.00	35.50	37.23		31.00	32.00	34.01	
2010	取消	43.00	45.00		取消	35.50	37.23		取消	32.00	34.01	

注　1954 年、1955 年螺山站数据为新堤站水位。

表 4-1-6　　1998—2003 年宜昌至汉口河段干支流主要站特征水位调整表　　单位：m

河流	站名	特征水位								
		设防水位			警戒水位			保证水位		
		1998 年	2001 年修正	2003 年修正	1998 年	2001 年修正	2003 年修正	1998 年	2001 年修正	2003 年修正
长江	寸滩					180.00	180.50		183.50	183.50
	宜昌	52.00	52.00	52.00	53.00	53.00	53.00	55.73	55.73	55.73
	枝城	48.00	48.00	48.00	49.00	49.00	49.00	50.75	50.75	51.75
	沙市	42.00	42.00	42.00	43.00	43.00	43.00	44.67	44.67	45.00
	石首	37.00	☆37.50	37.50	38.00	☆38.50	38.50	39.89	39.89	40.38
	监利	34.00	34.00	34.00	35.00	35.00	35.50	36.57	36.57	37.23
	螺山	31.00	31.00	31.00	31.50	31.50	32.00	33.17	33.17	34.01
	汉口	25.00	25.00	25.00	26.30	26.30	27.30	29.73	29.73	29.73
	杨家垴闸			44.00			45.00			46.90
松滋河	新江口	43.00	43.00	43.00	44.00	44.00	44.00	45.77	45.77	45.77
	沙道观	43.00	43.00	43.00	44.00	44.00	44.00	45.21	45.21	45.21
虎渡河	弥陀寺	42.00	42.00	42.00	43.00	43.00	43.00	44.15	44.15	44.15
藕池河	管家铺	36.00			37.00		⊙38.50			⊙39.50
	康家岗	36.00			37.00		⊙38.50			⊙39.87
湘江	湘潭					38.00	38.00			39.50
资水	桃江					41.00	40.00			42.80
沅水	桃源					42.00	42.50			45.40
澧水	石门					59.00	58.50			61.00
洞庭湖	城陵矶				32.00	32.00	32.50	34.55		34.40
松西河	郑公渡	38.50	●39.00	39.00	39.50	39.50	40.00	41.62	41.62	41.62
松东河	港关	39.00	●39.50	39.50	40.00	40.50	40.50	41.94	41.94	41.94
	黄四嘴	37.00	●37.50	37.50	38.00	39.00	39.00	39.62	39.62	39.62
虎渡河	闸口	39.00	●39.50	39.50	40.00	40.00	40.50	42.25	42.25	42.25
藕池河	团山	35.50	Δ36.00	36.00	36.50	Δ37.00	37.00	38.53	38.53	38.53

注　1. 2001 年修正依据●荆汛办〔2001〕11 号文、Δ荆汛办〔2001〕17 号文、☆鄂汛办字〔2001〕20 号文，2003 年修正依据⊙鄂汛办字〔2003〕29 号文（试行）。

2. 表中郑公渡、港关、黄四嘴、闸口、团山等站为荆州市防指批准自设水文站。

第二章 汛前准备和汛期防守

为了战胜可能发生的洪涝灾害，各地各级党政领导和各级防汛指挥机构、水行政主管部门和工程管理单位每年立足于防大汛、排大涝、抢大险，在汛前和汛期认真做好思想、队伍、器材、通信、水雨情报和防汛预案等各项准备工作，汛期全力防守抢险抗灾。

第一节 汛 前 准 备

一、思想准备

每年汛前，各级防汛部门都要召开专门会议，专题部署当年的防汛抗旱工作，通过广播电视、报刊等多种形式进行宣传教育，增强全民的水患意识，做好防大汛、排大涝、抗大旱、抢大险的准备，向广大干部群众宣传防汛抗旱的有利条件和存在的问题，以使其了解防汛抗灾，支持和投入防汛抗旱斗争，把反麻痹松劲情绪贯穿于整个防汛抗灾斗争的全过程。

二、组织准备

一是防汛抗灾实行行政领导责任制。各级党委、政府加强对防汛抗灾工作的领导，行政一把手负总责，分管领导具体抓。二是各级防指成员定点定段，确保目标任务的落实。水利、堤防和工程管理部门要准确、及时地掌握水雨情，主动当好参谋，气象、物资、石油、电力、交通、通信、卫生、公安等部门通力合作，积极配合搞好防汛抗灾工作。三是实行建、管、防一体化责任制。四是加强对新上任领导的培训工作，提高他们的指挥决策水平。20世纪90年代后，地县防指多次组织新上任的分管水利的县（市、区）的副县（市、区）长、乡镇副乡镇长培训，学习抢险知识，提高组织指挥能力。

三、工程准备

（1）汛前检查。汛前水利工程专管人员要及时对所辖水利工程设施的每个部位多次进行徒步检查和监测，凡检查和监测的部位均登记造册，建档建卡，全面落实安全度汛措施，不得带险入汛，汛期全程负责。

（2）汛前整险。大汛来临之前，要抓紧有利时间进行整险。河道堤防管理部门对所辖河道堤防进行汛前徒步检查，对影响当年度汛的问题进行鉴定并提出整险方案，逐级上报，由县（市、区）政府作出安排，再将整险任务下达到有关乡镇，由堤防管理部门配合督促落实。主要项目包括清障除杂，护岸整险，堤路面维修，挑预备土上堤等。20世纪

90年代前，每年都作例行维修，故又称为“汛前查加”。涵闸、泵站管理部门在当年的汛期结束至次年的汛前，要对所管理的涵闸、泵站进行检查和监测，有针对性提出整险计划和维修保养计划，经上报批准后，按计划对涵闸泵站进行整险维修保养。凡列入整险计划的堤段，闸、站均定领导、定劳力、定责任、定措施、定时间、现场督办、限期完成。整险工程强化质量管理，护岸石方工程保证石方量、石质、抛护等方面达标，以达到抛石镇脚，护坡除险的目的。各涵闸、泵站要保持设施设备良好、配件（品）备齐备足，确保安全运行。堤防在汛前检查中，采取查、追、挖、熏、堵等多种办法整治獾害蚁害；组织劳力挑运抢险预备土堆放于堤身或平台（预备土因是分段堆放又称“土牛”）。各项整险工程均严把验收关，以确保水利工程设施安全运行、安全度汛。

（3）清除行洪障碍。水利工程设施（包括河道、堤防、泵站、涵闸、水库及其他设施）由于分布线长、面广、地处偏远，管理不善，管理范围内常被一些违章建筑物和违章种植农作物侵占，严重影响安全行洪和水利工程设施安全运行。汛前，水利工程管理单位逐一检查，严肃处理，按照“谁设障谁清除”的原则，要求设障单位或个人自行拆除，恢复原貌，设障者不能自行拆除，则组织专班或申请人民法院组织专班强行拆除，以保障水畅其流、行洪无碍、水利工程安全运行。

四、资金准备

荆州的防汛资金向以民筹为主，各工程管理部门每年度列支一笔专门的资金计划，汛期确保分配或配套的防汛资金到位，并做到专款专用。遇到大的洪涝灾害，申请当地政府增补资金使用计划，或由上级政府拨付特大防洪经费，1995年，湖北省政府发文明确规定防汛是全社会的事，每个公民都有参加防汛的义务，对城镇企事业单位、职工、个体工商业者和有劳动能力的城镇居民征收防汛费，由防汛抗灾指挥部委托专门的部门征收。已到位的防汛资金专款专用，不准挪作他用。财政、审计部门要对防汛资金进行专项审计。

五、物资器材准备

新中国成立前，防汛器材多为民筹。清康熙十三年（1674年）朝廷议准湖北滨江一带地方官吏“每逢夏秋大汛涨，搭盖棚房。置备桩篓柴草、铁锹、筐等项器具堆贮棚所，昼夜巡逻，看守防护”。此例沿至清末。清同治十二年（1873年），荆州知府倪文蔚“制造抬棚二百数十架，以木为之，可睡二人，亦可随时搬动，应大堤汛时防守之用”。民国时期，防汛物资器材主要从民间筹集树竹、柴草、芦苇、棉絮、铁锅等。民国三十六年（1947年），湖北省第四行政督察专员公署要求按堤段险夷配备斗笠、蓑衣、铁锹、扁担、木夯等，堤内住户应贮存灯笼、马灯、芦苇、草竹、绳索、榔头、石硪、铁锅、破旧棉絮及其他可供防汛器材。

新中国成立后，防汛器材分为国筹器材和民筹器材。国筹器材有防汛砂石料、麻袋和纺织袋、土工织物、元丝铁钉、炸药、油料、救生衣等；民筹器材有木桩、稻草棉絮等。国筹器材由水利工程管理部门投资储备或由商业、供销、石油等部门储备，防汛抢险紧急调运，汛后由防汛部门结算。民筹器材由沿堤乡、镇、村农户按防指的要求，储备一定数量的物资器材，以备急用，汛后民筹器材由储备者自收自管，以备来年再用。

从确保防汛需要出发，对于防汛器材，本着“宁可备而不用，不可缺而误事”的原则进行筹集。采取上游多放，照顾下游；重点险工险段多放，照顾一般堤段；交通不便地方多放，上下游、左右岸互相支援。

新中国成立后，经过多年堤防建设，荆江两岸主要堤防以及部分支民堤，已经建成晴雨通车路面，为抢险物资的运送提供了保证。荆州长江大桥建成通车，不再担心因雾和大风浪封江受阻。经过多年不断补充，防汛器材得到充足储备。由于堤防不断加固，抗洪能力提高，汛期消耗器材减少。据2010年统计，荆江大堤储存砂石料16.85万立方米，其中，粗砂4.68万立方米，卵石3.66万立方米，碎石0.33万立方米，瓜米石2.69万立方米，块石5.21万立方米；长江干堤储存砂石料41.3万立方米，其中，粗砂8.75万立方米，卵石11.14万立方米，碎石2.30万立方米，瓜米石4.33万立方米，块石13.67万立方米，裹头石1.03万立方米；荆南四河储存砂石料14.37万立方米，其中，粗砂5.26万立方米，卵石4.55万立方米，碎石0.17万立方米，瓜米石2.42万立方米，块石1.96万立方米。荆南围堤储存砂石料0.676万立方米，南北闸储存砂石料0.33万立方米。东荆河储存砂石料3.7011万立方米，其中，块石1.0881万立方米，瓜米石0.7215万立方米，碎石0.904万立方米，粗砂0.9821万立方米。

民堤的砂石料储存极少，除上、下人民大垸和三洲联垸有极少量砂石料外，其他民堤几乎没有什么抢险器材储备。

六、劳力准备

1952年前，防汛劳力一般按受益田亩负担，多受益多负担，少受益少负担。汛期，以县、区、乡、村为单位把沿堤群众编成大队、中队、小队，分别按设防、警戒和保证水位组成一、二、三线劳力，随水情预报上堤布防。1953年荆州专区发布的《水利工程动员民工办法》草案规定：水利工程修防按劳产负担，在一定范围内，将全年水利负担按总劳力、总产量为单位分配任务。20世纪60年代中期改为人田比例负担，受益范围内总人口负担30%，总田亩负担70%。设防水位以下时，由堤防管理部门自行防守；达到设防水位时，各县（市、区）上一线劳力，每千米6～10人，分管水利的副县（市）长、副乡长及水利堤防部门干部带领设防；达到警戒水位时上二线劳力，每千米30～50人，各县（市、区）长、乡长带领设防；达到保证水位时，上足三线领导劳力，每千米80～100人，各级党政一把手上堤；超过保证水位时全民动员，全力以赴，严防死守。重要险工、涵闸、泵站按30～50人布防，专班防守，对重点险工险段派专人坐哨。2000年以后，县乡开始组织专业防汛抢险队伍，所需资金在防汛费中解决。2010年全省调整江河堤防防汛特征水位设置，只设警戒和保证水位，警戒水位以下由各级分管指挥长与水利专班组织防守，见表4-2-1。

除防汛劳力和专业抢险队伍外，大水年各县（市、区）还选拔一批训练有素、技术熟练、反应迅速、战斗力强的抢险突击队，每支突击队配备80～100名专业抢险人员。

1997年，国家防总在荆州组建机械化抢险队，配备专用车辆和船只，以防汛抢险为主兼有抗旱服务的功能。

中国人民解放军武装警察部队也是荆州防汛抗洪的一支主力军。在各级防指统一指挥下，军民团结抗洪，战胜了一次又一次的大洪水。从1950年建立军民联防制度到1998年5万官兵投入荆江抗大洪，人民子弟兵发扬一不怕苦二不怕死精神抗大灾、抢大险，固守长江大堤，为夺取防汛抗洪斗争胜利作出重大贡献。

荆州市长江堤防及水库堤坝布防标准见表4-2-1。

表4-2-1　　荆州市长江堤防及水库堤坝布防标准表

县（市、区）堤防（水库）	控制站点	一线劳力/(人/km)	二线劳力/(人/km)	三线劳力/(人/km)
荆州区	沙市站	6～7	21～34	70～75
沙市区	沙市站	10	30	50
江陵县	沙市站	水利专班	30	80
监利县	监利站	水利专班	30	200
洪湖市	螺山站	水利专班	30	60
松滋市	新江口站	5	20	50
公安县	沙市站	6	12	30～50
石首市	石首站	10	30	60
大型水库		100～200	500～1000	1000～1500
中型水库		30	50	100

注　小型水库根据需要组建防汛队伍。

第二节　汛　期　防　守

荆州江河、水库、湖泊堤防汛期防守任务繁重。加强汛期防守，扎实做好巡堤查险，处置各类险情，是汛期防守的首要任务。

一、巡堤查险

在汛期务必把巡堤查险工作当作是关系到能否安全度汛的大事来对待，认真组织，落到实处。在汛期，尽管别的事情抓得很紧，但是巡堤查险这个环节没有抓住，就等于没有抓住根本。巡堤查险是防汛工作的生命线，稍有疏忽，就会出问题。汛期出险难以避免，并不可怕，怕就怕出了险没有及时发现，不及时处理，这才是最可怕的。

要使各类险情化险为夷，确保汛期安全，关键是抓好“精心查险、科学判险、及时决策、全力抢险、坐哨守险”5个环节。

巡堤查险包括检查堤顶、堤内外坡、堤脚有无裂缝、脱坡跌窝、浪坎、渗漏、管涌等险情发生；坡岸砌护工程有无裂缝、崩坍现象；水工建筑物有无裂缝、位移、滑动、漏水等现象及运行是否正常等。

巡堤查险由干部带队，每班6～8人组成，以成排间隔形式排查。查险范围为：距堤内禁脚，荆江大堤、长江干堤500米，重点险段1000米；支民堤300米；所有堤段距堤脚100米范围应仔细巡查，检查范围内的水塘、水沟、水井、水田等低洼地段应重点检查。

二、险情报告

发生险情后"及时、准确、全面、清楚"逐级上报防指部门。报告险情既要全面，又要简明扼要。对重大险情和特殊险情还应增加地质资料、附图和其他补充资料。发现险情后必须报告的情况归纳为15项基本内容：堤别（或河岸别）、地点、桩号、出险时间、险情类别、险情尺寸、堤内外水位、堤顶高程与宽度、堤外滩高程与宽度、堤内地面高程、已采取的措施、现实状态、防守情况等。

三、险情抢护

发现险情后处理险情是关键，要根据险情的性质，提出具体的抢护方法，并立即实施。荆州市江河堤防多坐落在砂基之上，堤身土质含沙重，堤身隐患较多。历史上险情以散浸、管涌、漏洞、脱坡等最为普遍。对这些险情的处理必须判断准确，处理方法得当，抢险劳力调备及时，抢险物资器材充足，经认真抢护后一般可化险为夷。险情处理后设坐哨24小时不间断观察，直至汛期结束。

在多年防汛抢险实践中群众总结一套行之有效的巡堤查队办法，即"三快"，发现险情要快、报告险情要快、抢护措施要快；"三清"，险情要查清、险卡要记清、报警抢险要说清；"五到"，眼到、手到、耳到、脚到、抢险工具到；注意"五时"，黎明时人最疲乏、吃饭时思想最麻痹、换班时巡查容易间断、黑夜时看不清容易忽视、狂风暴雨时出险不容易判断。

第三节 水雨情测报与防汛通信

水雨情是防汛抗灾的耳目，指挥抗灾的重要情报，是领导指挥及决策的重要依据，防汛通信是联络上下和传递信息的主要工具，对保障防汛安全正确决策起到重要作用。

一、水雨情测报

（一）新中国成立前水雨情测报

荆江历史上较早便有水情测报记录，据《荆州府志》载：乾隆五十三年（1788年）大学士阿桂"筑堤外石矶（杨林矶）以攻窖金洲之沙，立标尺以志水势，每汛期凭以报验"。江陵郝穴渡船矶附近至今仍存有清代水尺石刻遗迹。

水雨情预报及其传递，清代民国时期的做法是，每到江水漫滩时，"各堡门前设小志桩一根，随时查看涨落，递报下段。报汛员按三日一次汇报道、府、县，如遇陡涨陡落之时，堡夫刻速飞报，由汛员随即转报道、府、县，不在三日汇报之列"。并规定"自四月初一日起至霜降止，将荆江涨落尺寸，按五日填单通报。"（清光绪《荆州万城堤志·防护》）。民国时期，仍沿用传签方式传递水情信息，规定"各局传签报水，自阳历六月起至九月止，均责成堤警、签夫昼夜严密上下梭巡，勿稍延误"。传签限定地点，并分纵横传递。纵传，即"无论上（游）传下（游）传，均须按签板上所定时刻，送至各管工段地点。堤警签夫每班三人，严密梭巡，一人堤顶行，一人堤内斜坡行，一人内脚行。无论晴雨，不得稍涉懈怠，违者从严究办”（民国《荆江堤志·防汛》）。横传，即“报水公署局所，如荆州城江陵县及沙市水陆警察、商会、法院等处，并驻防师旅团部”。如遇紧急情况，则派人驰马报急，或鸣锣报警，各方闻警而动。

清代至民国时期，荆州水文测报站寥寥无几，水文预报更是空白。1903 年，沙市设立海关水尺，开始有实测水位记录，逐日定时观测水位，并将记录整理成水位公报。1926 年后，荆江河段先后设立太平口、郝穴等水位站。1931 年长江出现大水，水文观测逐步引起重视。1932 年，江汉工程局水文观测项目由降水量发展到降雨量、水位、蒸发量等，并进行资料整理刊布。沙市水位站自 1903 年设站后一直连续测至 1939 年，因日军侵华而停止观测，水文数据并不完整，直至 1947 年始恢复观测。1929 年，汉江、东荆河沿线的钟祥、沙洋、岳口、泽口、陶朱埠、仙桃设立水尺观察水位。1936 年 8 月设立碾盘山水文站（1973 年迁至皇庄渡口），1938 年 8 月撤销位于皇庄董家巷的钟祥站。

（二）新中国成立后水雨情测报

新中国成立后，荆州汛期水文情报主要来自长江、汉江上游及荆南四河各支流控制站。长江接收汛情的报汛站主要有寸滩、万县、宜昌及上游重要支流控制站高场、北碚、武隆、李家湾等，支流有清江、沮漳河及荆南四口、四水；汉江接收汛情的报汛站主要有中下游的丹江、碾盘山、新城、岳口、仙桃以及东荆河的陶朱埠等测站。荆江河段的枝江、沙市、新厂、石首、监利、城陵矶等报汛站向荆州地区和长江防指报汛，汉江上中游的报汛站以及漳河、沲水上游的报汛站和洪湖挖沟嘴、长湖习家口等水文站向荆州地区防指报汛。在一般洪水期间，荆州防办每日 8 时将搜集到的水雨情报及时电传到各流域、各县（市）防指；警戒水位时要求每日 3 次（8 时、16 时、24 时）测报；保证水位或暴雨时要求每小时测报一次，由防办汇总后编制水情简报，及时通报正、副指挥长和地、县防指，为领导决策提供依据。

1950 年，长委会在荆江河段设立沙市、窑圻垴、城南、监利、城陵矶等 9 个水位报汛站。荆州专区在观音寺、万城两处设立水尺，1952 年又在金果局、周公堤、郝穴、祁家渊、李家埠和杨家尖 6 处安设汛期水尺。1954 年汛期，长委会在荆江分洪区设有 3 个临时观测站。为适应荆江大堤、长江干堤防汛需要，防汛部门又在大堤沿线、沿江涵闸加设临时水尺观测水位，江陵县在文村夹、窑湾、御路口、柳口等处设有临时水尺。监利县在长江干堤上车湾、陶市、尺八、引港等处设立临时水位观测站，其后改在流港（人民大垸）、何王庙、孙良洲（三洲联垸）、白螺矶等处。20 世纪 60 年代，万城闸、观音寺闸、颜家台闸等均设有涵闸水文测报点。监利沿江一线和外洲围垸设有螺山、狮子山、孙良洲、上河堰、何王庙、流港、冯家潭等水位站。洪湖在沿江石码头、老湾、高桥、仰口等闸站自设水尺观测水位。

20 世纪 50 年代初，气象预报尚处于内部掌握使用，由防汛部门指定专人，用特定电码、电话与气象部门联系。水文测站报汛方式：一是报汛站将水雨情拟成密码电文电话传至邮局电报发出；二是租借邮电部门电台发报；三是近距离采用电话报汛。水情报汛在各地报汛站渐次建成后，各地水文情报传递，按照水利部统一规定，用 5 个数字一组，译成“报汛电报”，由报汛站每日定时（如一段制为每日 8 时、二段制为每日 8 时及 20 时）观测后，送当地邮电部门以优先等级（1964 年水电部《水文情报预报拍报办法规定》指出防汛拍发的水情电报均属 R 类），列在一般军用电报与一般电报之前拍发。也有架设专用电台或电话报汛的。汛期凡有关水雨情的电话、电报均列为急件，等级列为一类，优先于其他通信。联络、传递亦分纵横两个方面。即由地区防指上传至省、下传至县，再由县下传各区，并由各报汛站向上级各有关机构报告水雨情，是为纵传；地县防指，按日填写水位时日表，分送当地政府、驻军及有关部门，则为横传。荆州地区和各流域防指一般在数小时内，即可了解到长江和汉江有关各站的情况，做到心中有数。汛期，除用电话、电报传递水雨情外，还印发防汛日报、防汛简报、水情简报及水雨情报等，按内容可分为长、中、近期预报。并根据上游已出现的洪水测算出洪峰抵达荆江和汉江中下游各站点的时间、水位及流量。

新中国成立初期，汉江、东荆河的报汛站多为临时的，只观测来水过程中涨落水情，以后逐年固定。至 1973 年，荆州地区汉江段设有狮子口、大同、金刚口、大王庙、多宝、老泗港、彭市闸、麻洋闸、刘家河、罗汉寺闸、泽口闸、田关闸、兴隆闸、杜家台闸 14 个报汛站；东荆河设有高湖台、新沟嘴、刘家沟、北口闸、高潭口、黄家口、白虎池等水位观测站 23 个，其中兼测流量的有 10 个。

荆州长江防汛汛期水文情报，来自长江上游及荆南四河各支流控制站。通常接收汛情报汛重要站有寸滩、万县、宜昌及上游重要支流控制站高场、北碚、武隆、李家湾等，支流有清江、沮漳河、荆南四河、湖南四水各测站。荆江河段枝城、沙市、新厂、石首、监利、城陵矶等也向荆州防抗旱指挥部报汛。

汉江接收汛情的报汛站主要有中下游的丹江、碾盘山、新城、岳口、仙桃以及东荆河的陶朱埠等测站。

20 世纪 70 年代，江陵县设有水尺 9 处。1982 年底，除荆江大堤 3 座涵闸的固定水位测报站外，还在夹堤湾、土矶头、祁家渊、李家埠和弥市安设有 5 处水尺供掌握水情用。观音寺、颜家台闸增设雨量站。1985 年，公安县有固定雨量站 16 个，江河湖泊水位站 80 个，汛期定期向县防指报告水情、雨情。

与境内河流有关的外省、长办和境外向荆州地区发布水雨情的站点有 190 个，其中，雨量站 141 个，水位、流量站 49 个。荆州地区国家水文站、代办站和气象站及各单位工程代办站 146 个。内外站共 336 个，1986 年后，精简为 288 个。

水利部、长委会 1950 年先后颁发《报汛办法》《报汛工作计划》。1952 年，水利部颁发《修正报汛办法》，并同时发布《报汛电台通讯网图及传递报汛电报办法》。1958 年水利部修订《水情报汛办法》。每年汛期，江河接近设防水位时，长江中下游防汛总指挥部水情预报室，根据上游各站测报情况和气象预报，对荆江、汉江中下游各站以电报方式及时作出水雨情预报。各县（市）防指的情报机构，亦于每日根据上游各站水位流量和雨情，推算出所辖堤段各站水位，作为布防依据。各级报汛站均全年观测水位和流量（有的报汛站不观测流量），从 5 月 1 日起至 9 月 30 日止，分别向有关防汛指挥机构按规定电报报汛。自 1980 年起，荆州地区和各流域指挥部，向邮电部门租用电传机，以加快水雨情情报的传递速度。报汛规定分每日 2 段（间隔 12 小时）、4 段（间隔 6 小时）、8 段（间隔 3 小时）制，特大洪峰时期，每小时水位均加测加报。沿长江、汉江、东荆河县（市、区）根据相应水位及上级规定，通知下级防指按照水位涨落情况，部署防汛工作。

20世纪80年代初长办开始进行水文自动化测报系统建设，与意大利政府合作建立了汉江洪水预报和调度运用系统。该系统包括水情数据采集、传输处理，历史和实时水情数据库建立，洪水预报和实时校正等。

1985年，水电部在《水文情报预报规范》中规定：水文情报预报服务内容，已扩展为提供雨情、旱情、冰情、沙情、水质、风暴潮等水文情报，发布各种不同预见期的水情、旱情、冰情及其他水文现象的预报与展望，及提供旱涝趋势的分析报告与有关水情的咨询或参考资料，为防汛工作创造了有利条件。

1989年长委水文局设计和制造的荆江水位测报系统投入使用，此系统由15个遥测站（宜昌、枝城、沙市、郝穴、石首、新厂、监利、螺山、城陵矶、汉口、长阳、新江口、沙道观、弥市、藕池口）和5个中继站、2个中心站（沙市、汉口）组成，各遥测站的水雨情信息能在1分钟内进入计算机。因此可实时掌握长江中游河段和荆江河段的水情变化，为做好洪水调度提供及时、准确的水雨情信息，为夺取防汛抗灾胜利起到重要作用。水情传递采用水情专用电报机，收到的是水情专用代码，由专人翻译成水情信息发布。这种模式一直沿用到1997年。随着科技发展，计算机的运用，水情信息传输越来越迅捷。1998年，荆州长江防汛部门购买一台苹果机，并从邮局专设一条水情专线用于水情信息传输。当时采用的是基于DOS系统下的“X.25”系统，由省水利厅水文局与荆州市长江河道管理处联合开发，数据由省水文局通过专用线路传输，该系统可以实现自动接收、自动译报并具有打印功能。传输的报表有水情简报及河道水情，表式及所需站点由负责水情信息的专业人员设计。1998年汛期，水情信息接收任务十分繁重，当时该系统只能收报，上游的预报信息仍由上游重庆水文局从邮局以电报形式发来。

2002年，随着Windows系统的广泛运用，省水利厅水文局在原系统上进行升级，采用WAP网页形式，建立Sybase数据库系统，该系统采用广域网传输，不再需要邮局专网，接收功能与“X.25”系统相同。更新后的系统以网页形式打开更直观，更具有操作性。预报信息仍以电信传真形式接收。

2006年，国家防总、水利部为规范水情测报工作，正式发布《水情信息编码标准》，水情编码由原来的5位码变为4位码，原有的系统已不能满足新编码的传输。长江委水文局的长江重要站点已完全实行自动测报。此前，省厅水文局的水情信息是先从长江委水文局接收资料后再发送给荆州市。为接收水雨情更快捷，荆州市长江防指与长江委水文局签订“荆州市长江河道管理局水情信息服务系统”开发协议。此系统基于SQL数据库开发，除每日水雨情自动接收、译点、入库外，还新增实时及历史水雨情、天气预报以及水位预报查询、打印系统。新的水文信息系统既有数据资料，又有曲线图及河道断面图，能显示实时水位走势情况以及与去年同期比较的情况。此系统一直沿用至今。

水情预报流程见图4-2-1。

二、通信网络

新中国成立前，水雨情报传递多以骑马或步行等人工传递为主，如遇紧急情况，日则鸣锣，夜则举火为信号通报汛情、险情。新中国成立后，荆州流域报汛站网逐步建成，水

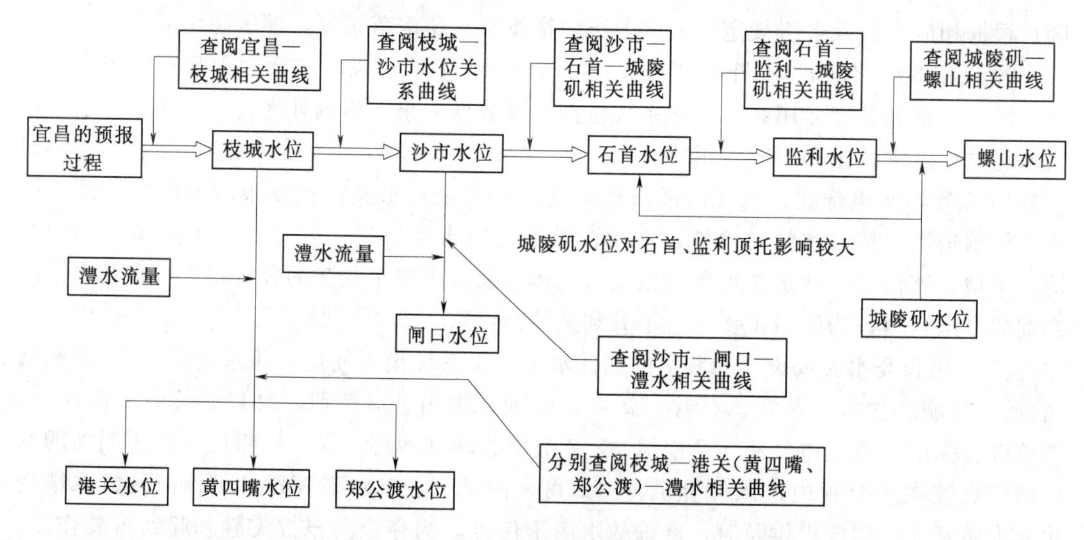

图 4-2-1　水情预报流程图

雨工情传输从无到有，由少到多。1998 年大水后，荆州市防汛通信事业迅猛发展。荆州防汛通信设施的发展经历了从单纯语音通信到程控交换网络，再到微波通信并行、光纤通信综合数据通信发展的过程，无线电、有线通信、微波、光纤通信，以及通信卫星、计算机渐次服务于防汛抗洪工作。

（一）荆江防汛通讯网

新中国成立初期，通讯设施简陋，信息传递落后，沙市与武汉间，靠 20 世纪 40 年代自备的无线电台联系。汛期，向邮电部门租用电台。1950 年，各地堤防工务所仅有一部无线电台与省防指专门联系，交通工具靠自行车就地联络或者人工步行传递防汛信息。同年，长江流域开始架设防汛通信专用电话线，首先架设荆江大堤李埠至郝穴、江南堤防松滋丙码头至江陵郑家榨两段线路，但通话效果差。汛期，监利麻布拐至界牌 160 千米长江堤防架设 16 号铅线单程电话线路一条，并下迄至新堤，使荆州专区与监利、洪湖等地防指能及时通话联系。1954 年大水后，架设麻布拐至监利县城 8 号、12 号铅丝线各一对。1956 年监利县至洪湖新堤全部改换为 12 号铅丝线路，沙市—监利—洪湖的通信始得贯通。20 世纪 50 年代后期，长江沿线堤防开始逐步完善防汛专用线。石首设有 15 门总机一台，以绣林镇为中心，架设东至调关、小湖口线路单线回路 26 千米，1961 年架设绣林至老山嘴单线回路一条长 18 千米。

1962 年底，荆州长江两岸全部使用单线通话，共架设线路约 400 千米，并在沙市及有关各县段设有 5～20 门总机 6 台，但通话质量不高，接转困难。

1964 年后，重新改建江陵万城至洪湖新堤电话线路 284 千米。架设双向线，并在干线中间地段装设增音设备；在江陵观音寺施放过江水线，使南北两岸堤防通讯网络联成一体。1966 年后，继续改造单线回路为双线回路，改建和新建沙市至武昌长途电话杆路 400 千米；并在沙市、监利、洪湖、武昌 4 处建立长途载波电话终端站，以扩充电路容量，提高传输效率，改善音质音量；还敷设洪湖七家过江水下电缆一条；松滋开设新江口至东风闸、采穴间线路一对。1967 年，石首调关增设 15 门总机一台。1968 年冬，石首至调关单线回路改为双线回路。1976年石首总机由原来的30门增为50门，调关总机由15门改为30门。同年，水电部和电子工业部在荆州实施防汛专用无线通信试点。

1978年后，观音寺再铺设一条20对过江水线，沟通江南石首、公安、松滋和弥市的专用电话通信，并对公安、石首、松滋干堤有线通讯杆路进行改建，线路容量得到扩充。1981年在沙市至公安通信线路上加开三路载波电话，并将涴市的电话线路延伸至新江口；将黄金口至黑狗垱电路延伸至南平，将沙市人工交换机改型为自动小交换机。监利县堤防部门租用当地港务局长江航运过江水线，为地处江南的塔市山场安装电话，与监利长江修防总段电话总机相连，沟通长江南北的联系。1981年，公安县防指增设无线电台报话机。1985年，公安县有无线电报话机56部，设有4个固定联系点，上下随时可进行联系。

至1985年止，长江堤防已有通信干路764.51千米，线路总长2302.62千米，设有过江飞线2座。长途通信中间电缆全长29.15千米，设载波站5处，主要电台站9处；交换总机实装容量600门左右，设点16处，累计投资400余万元，每年维护经费约50万元，通信专业人员120人。荆江分洪区有线通信线路发展到330千米，有线专网遍及各基层单位。

1987年，荆江大堤沙市段共有防汛电话11部（其中堤防专门电话机2部）、对讲机3部（台式）。每临汛期，沙市防指还从市政府、军分区抽调电台2部以及若干步话机，组成沙市防汛的通信网络。

1988年5月，与湖北省水文总站合作研制的《荆州地区水情微机实时处理系统》投入运行，系统分接口线路盒和电报处理机（IMB－PC机）两部分，分别负责电报信号转换和电报原文翻译、制表工作，接口部分将电信局发送的50波特10毫安电流环电传讯号转换成RS－232标准电压讯号送往计算机处理。该系统的建成使用，提高了水情信息处理的自动化水平，结束了人工处理电报和人工制作水情简报的历史。

随着通信设施的发展，新的高效通信设备不断投入荆州长江防汛系统。1995年12月荆沙市长江河道管理处设立通信总站，专门负责荆江通信工作。此后荆江防汛通信系统引进华为公司设备组建荆江微波系统，通过应用超短波、数字微波、数字程控和集群移动通信等技术，逐步实现了超短波数字拨号和窄带高速数字通信，扩展了话音、数据和图像等业务功能。水利通信有线电传实现计算机联网，通信干线采用微波、同轴电缆、光纤通信等先进技术，提高了传输时效。1992年，荆州长江防指建成荆江数字微波通信网，分别在沙市、公安县城及南平、江陵郝穴、石首等地设微波通信站，公安县城为荆江微波中继站。

1992年安装使用数字微波通信系统，代替了超短波无线电台组建的水利防汛专网，防汛通信的安全性和稳定性得到提高。

1997年后，荆州市长江防指建成以荆江微波通信为骨干，配以800兆移动电话和无线电台的防汛通信网，覆盖全市长江流域，为防汛抗灾提供了可靠的通信保障。

1998年抗洪抢险最紧张期间，荆州市长江防指曾调用海事卫星通信系统、微波设备、光端机、光中继机、光接头设备、单边带电台、传真机，并增设移动通信基站等保障汛期通信联络。

1999年开始建设以程控交换网或微波干线作为通信媒体，覆盖全市各流域、县（市、区）防办的防汛信息通信网络，并以荆汛办〔1999〕38号文下达有关网络事项建设任务。同年，市水利局机关局域网建成并投入使用。

2000年，荆州长江通信总站组建计算机办公网络，并租用网通专用链路接入互联网。2001年，在监利、洪湖和荆州、沙市城区分段敷设30余千米光缆。

2004年12月，开始实施洪湖监利长江干堤水利通信广播设施恢复工程，初步形成荆江防汛通信网络，荆州市长江河道管理局江北5个分局通信网络通过沿江通信光缆接入荆江防汛通信网络。

2005年，省水利（防汛）计算机广域网系统建设项目启动，全市水利系统开始实施本地计算机局域网的升级改造工程，并配合厅信息办完成计算机广域网和电视会议系统的建设。

2006年实施荆南长江干堤水利通信网络通信广播设施恢复工程，对松滋、公安、石首3个通信站点进行设施改造，完成沿江光缆和计算机广域网两项工程。2007年荆州市长江河道管理局江南3个分局通信网络通过沿江通信光缆接入荆江防汛通信网络。

荆州长江防汛通信信息网络是荆州水利通信信息网络的重要组成部分。该通信信息网络系统除无线接入系统及部分程控交换机为2000年前投资建设外，其余均为2004年底至2007年4月间新建设施。新建网络除实现原有语音、传真等传统通信手段外，还提供计算机网络互联、网络信息、视频监控等新型信息服务，主要由光传输网络、程控交换、无线接入、计算机广域网、通信电源、视频监控等系统组成。

程控交换系统由各点程控交换机组成。荆江程控交换网以市交换机为一级汇接中心，公安、监利、洪湖、石首交换机为二级汇接局，其他交换机为端局。视频监控系统是将荆州市重要的堤防、险工险段、涵闸、泵站等现场实况实时传输至荆州市和湖北省防指，为防汛指挥决策提供依据。荆江堤防上有观音矶、观音寺、铁牛矶、西门渊、何王庙5处视频监控点。荆州长江通信网络系统利用信息领域的新技术和设备，构建集信息采集、传输处理、信息服务和决策支持于一体的综合性网络系统，在一定程度上提高了防汛信息收集处理、语音通信、数据传输、信息管理服务和辅助决策的现代化水平，为提高防汛调度指挥和堤防工程管理的科学性，最大限度地发挥防洪工程的效益起到积极作用。

2007年，荆州长江通信信息网络建成覆盖全流域的光通信网络。整个系统包括光缆、光传输通信系统、程控交换系统、广域网等系统，同时在这些基础系统支撑下，还运行视频电视会议及视频监控系统、政务公开系统、水情报文收发等应用子系统。无线覆盖重点险工险段、重要涵闸，实时监控。年底，江南段新增调关、斗湖堤、北闸3个监控点。

2008年7月荆州市水利视频会议系统工程完成，覆盖8个县（市、区），并与省水利厅、荆州市长江河道管理局的计算机网络和视频会议系统，实现数据、语音和图像信息的高速交换和共享。

至2011年，荆州长江通信信息系统建有地埋缆571.24千米，自建架空光缆3.89千米，自建管道光缆22.67千米，与荆州电视台合建光缆460.84千米，并在洪湖过江与省水利厅通信系统相连接。其中，江北光缆长365.36千米，江南段光缆长109.34千米。整个通信系统建有SDH站点20个，其中，骨干环路2.5千兆比特每秒光传输站点6个，622兆比特每秒末端传输站点14个；建成数字程控交换机站点20个，其中，中心局1

个，交换局 11 个，模块局 8 个；视频监控点 7 个；电视视频会场 1 个。

全网形成以沙市中心站为汇接中心，水情与灾情信息直报省防办、长江委、水利部及国家防总的星形辐射通信专用网络，实现了网络的水雨情资料共享，险情资料随时上报等功能。

2011 年 1 月 22 日，省水利厅在荆州市召开荆州市水利（防汛）计算机网络及视频会议系统竣工验收会议。全省水文系统正式实施水情信息交换系统接收全国水情信息，水情报文译电系统和水情报文传输系统停止运行。年底，完成全省水情信息交换系统和查询系统的建设。

（二）汉江、东荆河通信网

1950 年 6 月 7 日，省防指发布赶架干堤电话线一号命令，荆州专区汉江修防处随之成立电话队，汉江第二、三工务所亦成立电信组，并于当年架设汉左罗汉寺至李家嘴、汉右沙洋至泽口电话线。各设 5～10 门总机 1 台。

1951 年东荆河修防处配备电台一部，直接与省联络。处机关配有 30 门总机一台，从新沟嘴架设四条专用电话线，与各县段联系。

1954 年汉江修防处电话线开始单线改双线，总机容量由 50 门增至 100 门。

1957—1961 年东荆河全线开通电话。

1974—1987 年将东荆河单线改为双线通话。1976 年，荆州地区汉江修防处电话队将干堤左、右岸单线改为双线，杉木电杆改为水泥电杆，先后借用沙洋电话局专线传递水雨情报。至此，汉江修防处形成电话线路 1313 对千米，处机关与县总段、闸管所布设 1～4 部无线电台，初步形成以处机关为中心的通信网。

1983 年汉江修防处在新城、岳口、泽口 3 处埋设水下电缆线，利用水电部、四机部支援的设备布设无线电网。在处机关安置一台 63－A（401 型）超短波收发报机一套，与各县段的电台随时联络。

1984 年汉江修防处设主台，各县段设辅台并配备移动电台，与省、地直接联系，通过电台、电话传递水雨情信息。

1988 年东荆河修防处开始安装滚筒式传真机，直接与省、地联系，从此有线与无线并举，初步形成汉江、东荆河防汛通信网络。

1995 年初，汉江河道局建成 4 条微波通讯网，潜江为汉江微波通信枢纽站，仙桃、沙洋为中继站。

1996 年 6 月，汉江局建成水利程控交换网。

（三）分蓄洪区通信网

1. 荆江分洪区

1952 年荆江分洪区建成后，即沿分洪区围堤架设防汛专用电话线路。1976 年 5 月省防指配备荆江分洪区 503 型单功率无线电报话机 40 台，采用无线电通信。后由单功率电话机改为双功率无线电话机；6 月，初步建成荆江分洪区无线电通讯网。1977 年，在加强有线通信设备基础上，又在荆江分洪区内建立一个以安全转移为重点的无线电话通讯网，联络安全区、安全台及分洪爆破口等通信站点。通讯网建成后，又更新一部分设备，更新

301型电台20部，添置303型电台14部，通信设备3部，增设流动台。并分别在沙市、石首、监利、洪湖、涴市、北闸、南闸建立无线电台站共7套（对开两端），以沙市为中心建立起无线电话通信网，基本建成有线、无线、多路由、多方向、纵横成网的通信网络。1985年，修建30米高通信钢质铁塔1座。1988年，更新74系列所有电台，组建以建工部为中心台，10个指挥所、9个转移渡口、6艘救生船和3辆指挥车为分台的全双工自动拨号网。1989年11月，建立有线通信，购置LD-64FC程控交换机1台。1990年5月，建无线报警网，建50米高钢质天线铁塔1座，同时建成无线报警信息反馈网。经过多年建设，荆江分洪区已拥有县、镇（乡）、村三级无线通信网和与水利微波联网的有线通信，以及无线报警网，共有各种电台188台，数字程控交换机1台，无线报警主、备发射机各1套，接收警报器400台，传真机1台，各类仪表7台，以及其他配套设备，通信系统日臻完备。

1994年，荆江分洪区微波设备投入使用，拥有数字微波容量120线路，程控交换机164门，无线接入固定台37台，无线车台7部，并且对虎西片南平总段开通一套400MHz六路特高频电台电路，对南闸管理所开通一套400MHz三路特高频电台电路。石首的通信设备实施更新换代，将原有磁石交换机改换为64门数字程控交换机，增设特高频设备，进入荆江数字微波通信网络。1994年以前，监利分局通信设施是从三路载波到十二路载波的有线通信网，1995年安装爱立信（MD-110）程控交换机，原有磁石交换机停止使用。1998年大汛后，监利组建安装深圳华为公司ETS450-WLL无线基站（BS）与爱立信（MD-110）程控交换机配合使用，1999年将爱立信（MD-110）程控交换机更换为深圳华为公司生产的ETS450-WLL基站控制器（BSC）。

1996年6月，水利部给长江中下游蓄滞洪区补充应急通信反馈系统，配给荆江分洪区（包括虎西备蓄区）TK-868电台3台，TK-378手持台15台。1997年6月，水利部给长江中下游蓄滞洪区补充应急通信反馈系统，配给荆江分洪区（包括虎西备蓄区）TRK-820电台3台，TK-868电台26台，TK-378手持台135台。1998年6月，水利部给长江中下游蓄滞洪区补充应急通信反馈系统，配给荆江分洪区TK-378手持台40台。1999年10月，由水利部投资，长委长江水利水电开发总公司、湖北天远通信科技开发中心设计，2000年2月在荆江分洪区新建ETS450-WLL无线接入系统，配置6CH中心基站1台，SU208多用户终端8台，SU450B单用户终端5台，SU450C车载用户5台。组成了以荆江分蓄洪工程管理局（简称荆管局）为中心的大区制6信道无线接入电话网，与程控交换机米D110互联，共同构成了荆江分洪区电话网，覆盖至荆江分洪区的各乡镇管理所。2000年6月，扩充ETS450-WLL系统的有线交换功能，增加有线用户200门，将无线接入电话网和有线电话网集成到同一设备中，停用米D110程控交换机。2002年建设荆管局至长江河道局公安分局光纤线路2.2千米，将荆江分洪区电话网与水利通讯专网以数字中继的方式互联。2003年6月，荆江分洪区电话网与市话公网以DID方式直联，并获市话公网号码300个，实现了内网电话与公网市话等位拨号。2004年1月，建设计算机局域网，租用电信10米光纤线路接入宽带互联网。2005年7月，由武汉烽火信息集成技术有限公司承建湖北省水利（防汛）系统设备采购与安装工程——湖北省荆管局项目，用于荆江分蓄洪区计算机网络与全省水利计算机广域网联网，为水利业务应用数据交换和决策支持等系统提供信息传输支撑环境，年投资450万元进行荆江分洪区的通信更新改造，建设有光纤传输线路2千米，NEC PASOLINK微波电路8兆；256线CC08程控交换机1台，128线JSY－2000HC程控交换机（公安县防汛抗旱办公室）1台，ONU60A远端交换模块7台；无人值守机房10处、DU米158－48/35开关电源及200AH/48V电源组10套；50米铁塔加固1座，新建乡镇管理所铁塔5座；荆管局计算机局域网1套；与省水利厅直联的视频会商系统1套。经过更新改造后，荆江分洪区电话网和计算机局域网覆盖荆管局机关与荆江分洪区9个乡镇管理单位，为荆江分蓄洪区防汛分洪、工程建设和管理、办公自动化等业务应用提供网络支撑。2006年，南闸完成了电信通讯网络建设，2011年8月，实现了光缆通信。

2. 洪湖分蓄洪区

洪湖分蓄洪区分洪转移指挥中心（分洪总指挥部）设在洪湖市政府，指挥部通讯设中心台，监利设总台，各乡镇设直属台。通过堤防管理分局通信网络与荆州市防办和省防办联网。中心台、总台、直属台均选用异频双工无线电发射接收设备。以无线电话控制台完成选呼、群呼功能，采用专用频道。每一电台辅设一台录音电话。同时设置车、船流动电台，以补充固定台台网不足。1992年开始至1998年，重点完成了对分洪区无线网络工程进行全面技术改造和设备更新，进一步扩大专网覆盖范围，通过应用超短波、数字微波、用户数字程控技术，逐步实现了超短波数字拨号，并扩展了语音、数据和图像等业务，以程控交换、计算机网络形成了一定的水利专网基本规模。1998年以来进入信息网络发展阶段，加速以信息技术为突破口的现代化建设，不断提高科学管理水平，应用光纤、计算机网络等技术，加强本地接入网的建设。完善各级防汛通信网络基础设施，拓展视讯多媒体通信和监测监视监控等新业务，实现了宽带高速综合数字业务通信，增强了防汛应急通信能力。从1998年至2011年，通信信息化建设累计投资近900余万元，先后建立了洪湖分蓄洪区3个通信交换站点，分别设置在洪湖分蓄洪区工程管理局（简称洪工局）机关（沙市）及所属洪湖分局、监利分局，目前洪工局机关光纤电路线三条，分别设置于洪工局机关至荆州电信公司；洪工局机关至荆州铁通公司及洪工局机关至福田寺三闸管理分局；洪湖、监利分局光纤线路各一条，分别接入电信和铁通。机关语音通讯使用华为CC08数字程控交换机接入电信，洪湖、监利分局采用阿尔卡特程控交换机分别接入电信与铁通，通过与电信运行商的互联互通的电路接入，保证了局机关与两个分局语音电路的汇接；实现了内部交换机与电信运营商的直联（DID方式），并建立了洪工局系统的语音专网。洪工局机关局域网与中国互联网采用光纤接入方式，保证10兆带宽接入局域网，局域内部采用星型网络结构，中心网络交换机为5516千兆三层以太交换机，以S3026带有千兆以太口的两层交换机作为用户端交换，实现了与因特网的宽带互联（光纤＋LAN方式100兆）；实现了对福田寺防洪闸的远程监控监视系统；建立了洪工局的电子主页及电子邮件系统；建立了内部办公自动化系统。洪湖、监利分局采用Cisco4506三层以太交换机作为中心网络交换机，以Cisco2950两层交换机作为用户端交换，实现了与因特网的宽带互联（光纤＋LAN方式2兆）。

与此同时，管理部门的有线通信设施也得到更新改造，将摇把式变为拨号式，有线和无线联网的现代化的通信设施，为日常工作和防汛抗灾提供了十分便利的条件。

三、水库水文自动化和防汛信息化建设

（一）漳水水库

1991年，漳水水库开始建立水雨情遥测、洪水预报调度、卫星云图接收、灌区测控、闸门控制、水情信息查询等局域网系统，工程管理现代化已初显成效。

（1）水文自动报汛系统。1991年建成投入运行，1999年对其升级改造，形成了1个中心站、2个中继站、12个遥测站及大屏幕显示器组成的遥测系统。2009年对水库及灌区18个遥测站进行更新并在水库下游河道增设了西斋水位站及街河市、法华寺、汪家岔3个雨量站。至2011年，水库共建乌溪沟、街河市雨量站和西斋水位站等22个站点，全部实现水雨自动测报。

（2）洪水预报和调度系统。1999年，漳水水库与河海大学合作，研制水库防洪调度系统，2000年投入运用。该系统自动接收遥测系统发送的降雨和水位数据，供会商确定调度方案参考。于2009年对防洪调度系统进行升级改造。2012年止，近3年预报合格率达80%以上。

（3）信息监控系统。对34座进水闸、干渠分水闸、节制闸和6座水位站进行远程自动监控，在网络计算机上实现对闸门远程数据采集和远程集中控制。灌区闸门监控系统由中心站和现场控制站组成，整个闸门控制系统操作分电动、手动和远程控制3种模式。

大坝安全监测自动化系统于2003年装置，对水库主坝实施了渗流自动化监测。2009年利用整险加固工程对自动化系统进行升级改造，在溢洪道、电站、大坝、副坝、码头等设置视频监控点25处。同时，安装水库水质自动监控系统，为水库安全供水提供了保障。

（二）漳河水库

1960年，漳河水库在李家洲、林家港、烟墩等处设置水文站，同时在薛坪、板桥、猴子岩等15处设立雨量站。在水库下游猴子岩、两河口、河溶3处增设水文雨量站。漳河水库大施工时架设电话线路420对千米。1987年对线路进行改造，安装90门自动交换机一台，与50门磁性交换机并用。观音寺、鸡公尖大坝和二、四干渠各装一台50门磁性交换机，共有单机110部，通过荆门市邮局与外界联络。1960年在薛坪、打鼓台等处设置专用防汛电台。1976年在水电部支持下，由六部A35D型发报机逐步更新为33部无线电台。1989年起将有线、无线双保险布设到大坝、总干渠和二、四干渠，防汛信息传递更加迅捷。1990年后漳河水库管理局交省水利厅直接领导和管理。

第三章 防汛抗旱预案

凡事预则立。做好防汛抗旱排涝预案是夺取抗灾斗争胜利的重要保证。新中国成立初，长委会编制《长江水利建设五年计划大纲草案》。此后，为防御1954年型洪水，国务院、水电部、长委会先后多次修订长江洪水调度方案。1985年，国务院国发〔1985〕79号文颁布《长江防御特大洪水方案》。1986年，省防指根据堤防河道变化情况，重新修订《沮漳河洪水调度方案》(鄂汛〔1986〕27号)，对众志垸、谢古垸扒口行洪，漳河水库调洪错峰等作出具体规定。1999年6月，国家防总制订《长江洪水调度方案》，2011年国家防总又重新修订了该方案。荆州市根据国家调度方案，不断完善《荆州市防汛抗旱应急预案》《荆州市长江防汛预案》《荆州市分蓄洪区运用预案》《荆江分洪进洪闸分洪预案》《荆江分洪安全转移预案》《荆州市城市防洪预案》以及险工险段、闸站安全度汛调度预案。

第一节 荆州市防汛抗旱应急预案

为主动预防和应对水旱灾害，规范防汛抗旱行为，做好突发洪涝、干旱的防范工作，使水旱灾害处于可控状态，保证抗洪抢险与抗旱救灾工作快速、有序、高效进行，最大限度地减少灾害损失，保障荆州经济社会全面协调可持续发展，根据《中华人民共和国突发事件应对法》《中华人民共和国水法》《中华人民共和国防洪法》《国家防汛抗旱应急预案》《湖北省防汛抗旱应急预案》等法律法规和国家防办《抗旱预案编制大纲》的要求，在2001年、2002年防汛预案和2003年抗旱预案的基础上进行修订、补充和完善，荆州市人民政府于2012年以荆政办发〔2012〕57号文发布了《荆州市防汛抗旱应急预案》。该预案由总则、组织指挥体系及职责、预防和预警机制、应急处理、应急保障和善后工作等部分组成并按洪涝、旱灾的严重程度和范围，将应急响应行动分为四级。

一、Ⅰ级响应及行动

(一) Ⅰ级响应

出现下列情况之一者，为Ⅰ级响应。长江干流发生大洪水，参考主要站点水位超保证或荆江河段接近保证水位；东荆河发生大洪水，参考主要站点水位超保证水位；多个县(市、区)发生特大涝灾；长江干支流堤防发生决口，东荆河、长湖、洪湖堤防发生决口；大中型水库发生垮坝；多个县(市、区)发生特大干旱。

(二) Ⅰ级响应行动

由荆州市防指办公室提出Ⅰ级响应行动建议，荆州市防指政委或指挥长决定启动Ⅰ级响应程序。市防指政委、指挥长主持会商，副指挥长协助坐镇指挥，召开市防指全体成员会议，紧急动员部署，强化相应工作措施，强化防汛抗旱工作指导，并将情况上报省委、省政府及省防指，同时向市委、市人大、市政府、市政协、荆州军分区和市防指成员单位通报。市防指应派工作组、专家组赴一线具体指导防汛抗旱工作。市防办负责人带班，增加值班人员，加强值班，随时掌握汛情或旱情、工情和灾情的发展变化，做好预测预报，加强协调、督导事关全局的防汛抗旱调度。由市防汛抗旱指挥机构及时发布应急响应行动信息，按照相关规定通过市电视台等媒体发布汛情、旱情。紧急时刻，提请市委、市政府研究部署防汛抗旱工作，实行市委常委负责制，带领工作专班分赴一线指导防汛抗旱工作。

相关县（市、区）防汛抗旱指挥机构启动Ⅰ级响应，按照《中华人民共和国防洪法》和省实施办法的相关规定，行使权力。防汛抗旱指挥机构的主要领导主持会商，坐镇指挥，紧急动员部署防汛抗旱工作，同时增加值班人员，加强值班，掌握情况。按照分管权限，调度水利、防洪工程。根据2012年预案，转移险区群众，组织强化防守巡查，及时控制险情，或组织强化抗旱工作。受灾地区的各级防汛抗旱指挥机构负责人、成员单位负责人，应按照职责到分管的区域组织指挥防汛抗旱工作，或驻点具体帮助重灾区做好防汛抗旱工作。防汛抗旱指挥机构应将工作情况随时上报当地政府和市防指。

市委、市人大、市政府、市政协、荆州军分区领导和市防指成员应率领专家组或工作组到相关责任区域驻守。市防指成员单位急事急办，特事特办，全力支持抗灾救灾工作。市经信委和荆州供电公司确保防汛抗旱用电需要。市财政局为灾区及时提供资金帮助。市防办为灾区紧急调拨防汛抗旱物资。市交通局为防汛抗旱物资提供运输保障。市民政局及时组织指导救助受灾群众。市卫生局及时派出医疗队，赴各灾区开展医疗救治和疾病防控工作。市气象局加强灾害天气监测预报，视抗旱工作需要，及时组织实施人工增雨（雪）作业。市防指其他成员单位按照职责分工，做好有关工作。相关县（市、区）的防汛抗旱指挥机构成员单位应全力配合做好防汛抗旱和抗灾救灾工作。

二、Ⅱ级响应及行动

（一）Ⅱ级响应

出现下列情况之一者，为Ⅱ级响应。长江干流发生较大洪水，参考主要站点水位接近保证水位；东荆河发生较大洪水，参考主要站点水位接近保证水位；荆南四河发生大洪水，超保证水位；沮漳河发生大洪水，超保证水位；数县（市、区）发生大涝灾或一县（市、区）发生特大涝灾，或长湖、洪湖围堤出现严重险情；大中型水库出现严重险情，小型水库发生垮坝；数县(市、区)多个乡镇发生严重干旱或一县(市、区)发生特大干旱。

（二）Ⅱ级响应行动

由市防办提出Ⅱ级响应行动建议，市防指指挥长决定启动Ⅱ级响应程序。市防指指挥长主持会商，副指挥长协助坐镇指挥，作出相应工作部署，并向市委、市人大、市政府、市政协、荆州军分区相关责任领导作出通报。市防办负责人带班，增加值班人员，随时掌握汛情或旱情、工情和灾情的发展变化，做好预测预报，加强协调和督导，搞好重点工程的调度。加强防汛抗旱工作的指导，在24小时内派出市防指成员单位组成的工作组、专家组赴一线指导防汛抗旱，并将情况上报省防指。市防汛抗旱指挥机构不定期发布汛、旱情通报。

相关县（市、区）防汛抗旱指挥机构可依法宣布本地区进入紧急防汛期，按照《中华人民共和国防洪法》和本省实施办法行使相关权力。防汛抗旱指挥机构主要负责人主持会商，具体安排防汛抗旱工作。增加值班人员，加强值班，按照分管权限，调度水利、防洪工程。根据2012年预案，转移险区群众，组织加强防守巡查，及时控制险情，或组织加强抗旱工作。受灾地区的各级防汛抗旱指挥机构负责人、成员单位负责人，应按照职责到分管的区域组织指挥防汛抗旱工作。防汛抗旱指挥机构应将工作情况上报当地党委、政府主要领导和市防指。

市防指成员单位应启动应急响应，加派工作组分赴抗灾一线，具体帮助防汛抗旱工作。市民政局及时救助受灾群众。市卫生局派出医疗队赴一线帮助医疗救护。市气象局加强灾害天气监测预测，视抗旱工作需要，及时组织实施人工增雨（雪）作业。市防指其他成员单位按照职责分工，做好有关工作。相关县（市、区）的防汛抗旱指挥机构成员单位应全力配合，做好防汛抗旱和抗灾救灾工作。

三、Ⅲ级响应及行动

（一）Ⅲ级响应

出现下列情况之一者，为Ⅲ级响应。长江干流发生中洪水，超警戒水位，低于保证水位；东荆河发生中洪水，超警戒水位，低于保证水位；荆南四河发生较大洪水，超警戒水位；沮漳河发生较大洪水，超警戒水位；数县（市、区）同时发生较大涝灾或一县（市、区）发生大涝灾；大中型水库出现险情或小型水库出现严重险情；数县（市、区）同时发生中度以上干旱。

（二）Ⅲ级响应行动

由市防办提出Ⅲ级响应行动建议，市防指分管副指挥长决定启动Ⅲ级响应程序。分管副指挥长主持会商，并坐镇指挥，作出相应工作部署，加强防汛抗旱工作的指导，并将情况上报市委、市政府主要领导和省防指。市防办加强值班，掌握情况，搞好协调、督导和重点工程调度，市防指应派出工作组分赴一线帮助指导防汛抗灾工作。市防汛抗旱指挥机构发布汛、旱情通报。

相关县（市、区）防汛抗旱指挥机构主要负责人主持会商，具体安排防汛抗旱工作。按照分管权限，调度水利、防洪工程。根据2012年预案，组织布防、抢险或组织抗旱，派出工作组到一线具体帮助防汛抗旱工作，并将防汛抗旱的工作情况上报市防指，并由市防指报省防办。

相关县（市、区）防汛抗旱指挥机构成员单位按照分工做好防汛抗旱和抗灾救灾工作。市民政局及时救助受灾群众。市卫生局组织医疗队赴一线开展卫生防疫工作。市气象局加强灾害天气监测预报，视抗旱工作需要，及时组织实施人工增雨（雪）作业。市防指其他成员应根据需要，主动对口落实任务，为防汛抗旱排忧解难。

四、Ⅳ级响应及行动

（一）Ⅳ级响应

出现下列情况之一者，为Ⅳ级响应。长江发生小洪水，参考主要站点水位接近警戒水位；荆南四河发生一般洪水，参考主要站点水位接近警戒水位；沮漳河发生一般洪水，参考主要站点水位接近警戒水位；数县（市、区）同时发生一般涝灾；数县（市、区）同时发生轻度干旱；小型水库出现险情。

（二）Ⅳ级响应行动

由市防办提出Ⅳ级响应行动建议，市防办主任决定启动Ⅳ级响应程序，并报市防指分管副指挥长。市防办主任主持会商，作出相应工作安排。严格执行值班制度，密切注意汛情、旱情和水旱灾情的变化，加强防汛抗旱工作的具体协调和指导，抓好重点工程调度，并将情况上报市委、市政府领导。市气象局加强灾害天气监测预报，视抗旱工作需要，及时组织实施人工增雨（雪）作业。市防办发布汛、旱情通报。

相关县（市、区）防汛抗旱指挥机构，按照市防办的具体安排和分管权限，调度水利、防洪工程。根据预案，组织布防、抢险或组织防汛抗旱，并将工作情况上报市防办。

第二节 荆州市长江防洪预案

根据国务院1985年6月批转的《长江防御特大洪水方案》（国发〔1985〕79号）和国家防总1994年7月批复的《关于1994年长江河道应急度汛方案》（国汛〔1994〕12号），按1998年长江沙市站最高洪水位和争取防枝城流量80000立方米每秒的情况，结合荆州防洪工程实际，制定《荆州长江防洪预案》。预案由概述、防洪工程现状、洪水调度方案和抢险应急措施、组织指挥机构及后勤保障六大部分组成，对荆江超额洪水即沙市水位44.67米、城陵矶水位33.95米时和沙市水位45.00米、城陵矶水位34.40米时，都按枝城不同流量作了安排。

荆州市长江防指办公室按照三峡水库调蓄后的新变化，根据《中华人民共和国水法》《中华人民共和国防洪法》、国家防总2011年批复《长江洪水调度方案》和省、市防汛抗旱预案制定出《荆州市长江防洪预案》。整个预案分总则、组织指挥、防洪工程现状、预警机制、应急响应、信息发布以及汛后水毁修复和物料补偿等部分，对应急响应都作了详细规定和阐述。

一、应急响应及行动

预案根据大洪水的严重程度和范围将应急响应行动分为四级。汛期，各级指挥机构办公室实行24小时值班，全程跟踪雨情、水情、工情，按照不同情况分为Ⅰ至Ⅳ级预警，根据应急响应条件启动相关应急程序。

（1）Ⅰ级应急响应。出现下列情况之一者为Ⅰ级响应。长江干流发生大洪水，参考主要站点水位超保证或荆江河段接近保证水位；长江干支流堤防发生决口。由荆州市防办提出Ⅰ级响应行动建议，荆州市防指政委或指挥长决定启动Ⅰ级响应程序。根据《中华人民共和国防洪法》和湖北省《防洪法》实施办法的规定，可宣布全市进入紧急防汛期。荆州市防指政委、指挥长主持会商，副指挥长协助坐镇指挥，召开荆州市防指全体成员会议，紧急动员部署，强化相应工作措施，强化防汛工作指导。荆州市防指应立即派出指导县（市、区）防汛抗灾工作的市委、市人大、市政府、市政协、市军分区“五大家”责任领导带队的工作组、专家组赴一线具体指导防汛工作。荆州市长江防指办公室增加值班人员，加强值班，掌握情况。按照分管权限，调度水利、防洪工程。市委、市人大、市政府、市政协、荆州军分区领导和荆州市防指成员应率领专家组或工作组到相关责任区域驻守。荆州市防指成员单位急事急办，特事特办，全力支持抗灾救灾工作。经委和电力部门确保防汛用电需要。财政局为灾区及时提供资金帮助。荆州市防办为灾区紧急调拨防汛抗旱物资。交通局为防汛物资运输提供运输保障。民政局及时救助受灾群众。卫生局及时派出医疗专班，赴灾区协助开展医疗救治和疾病预防控制工作。荆州市防指其他成员单位按照职责分工，做好有关工作。流域或相关县（市、区）的防汛指挥机构成员单位应全力配合做好防汛救灾工作。

（2）Ⅱ级应急响应。出现下列情况之一者，为Ⅱ级响应。长江干流发生较大洪水，参考主要站点水位接近保证水位；荆南四河发生大洪水，超保证水位。由荆州市防办提出Ⅱ级响应行动建议，荆州市防指指挥长决定启动Ⅱ级响应程序。荆州市防指指挥长主持会商，副指挥长协助坐镇指挥，作出相应工作部署。加强防汛工作的指导，在24小时内派出市长江防指成员单位组成的工作组、专家组赴一线指导防汛抗灾。市长江防指负责人带班，增加值班人员，加强值班，随时掌握汛情、险情、工情的发展变化，做好预测预报，搞好重点工程的调度。相关县（市、区）的长江防指按照分管权限，调度水利、防洪工程。根据预案，组织加强防守巡查，及时控制险情，长江防汛指挥机构负责人应按照职责到分管的区域组织指挥防汛救灾工作，并将情况上报省、市防办。

（3）Ⅲ级应急响应。出现下列情况之一者，为Ⅲ级响应。长江干流发生中洪水，参考主要站点水位超警戒水位，低于保证水位；荆南四河发生较大洪水，超警戒水位。由市防办提出Ⅲ级响应行动建议，市防指分管副指挥长决定启动Ⅲ级响应程序。分管副指挥长主持会商，并坐镇指挥，作出相应工作部署，市长江防指派出工作组分赴一线帮助指导防汛救灾工作。市长江防指办公室加强值班，掌握情况，搞好协调、督导和重点工程调度。相关县（市、区）长江防指按照分管权限，调度水利、防洪工程。根据预案，组织布防、抢险，派出工作组到一线具体帮助防汛抗灾工作，同时将情况上报省、市防办。

（4）Ⅳ级应急响应。出现下列情况之一者，为Ⅳ级响应。长江干流发生小洪水，参考主要站点水位接近警戒水位；荆南四河发生一般洪水，参考主要站点水位接近警戒水位。当长江干支流任一站点水位超过原设防水位、接近警戒水位时，由市防办提出Ⅳ级响应行动建议，市防办主任决定启动Ⅳ级响应程序，并报市防指分管副指挥长。市防办主任主持会商，作出相应工作安排。市长江防指办公室严格执行值班制度，密切注意汛情和灾情的变化，加强防汛工作的具体协调和指导，抓好重点工程调度，组织堤防部门进行范围内的巡堤查险，并将检查情况上报省、市防办。

二、应急工程措施

（1）重点险工险段防范措施。重点险工险段建立防守责任制，落实防守专班，备齐备足抢险器材，加强防守。各县（市、区）长江防指均制订防汛抢险度汛措施。

（2）沿江涵闸的防守及运用。荆州市长江流域沿堤涵闸（泵站）共218座。其中，荆江大堤5座，长江干堤89座，重要支民堤124座［一般民堤由各县（市、区）负责制订方案］。不同程度地存在涵闸老化及其他危及涵闸安全的隐患。为防患于未然，确保防洪安全，根据每座涵闸的具体情况，分门别类制订安全度汛措施。各地应将病险涵闸作为防守重点，严格按预案执行。涵闸的运用均按照市防指荆汛〔2005〕11号文的涵闸运用调度方案严格执行，按规定程序上报，经批准后方可开启运用。

(3) 抢筑子堤，防止漫溃。当干支流主要控制水位已达保证，且预报继续上涨并达到或将超过历史最高洪水位时，堤防所在县（市）区防指要立即组织对欠高堤段进行抢筑子堤。

三、信息报送和处理

汛情、工情、险情、灾情等防汛信息实行分级上报，归口处理，同级共享。防汛信息的报送和处理，应快速、准确、翔实，重要信息应在第一时间上报；因客观原因一时难以准确掌握的信息，应及时报告基本情况，同时抓紧了解情况，随后补报详情。属一般性汛情、工情、险情、灾情，按分管权限，分别报送本级防汛指挥机构和信息部门负责处理。因险情、灾情较重，按分管权限上报一时难以处理，需上级帮助、指导处理的，经本级防汛指挥机构负责人审批后，可向上一级防汛指挥机构和信息部门上报。凡经本级或上级防汛指挥机构、信息部门采用和发布的洪水灾害、工程抢险等信息，当地防汛指挥机构应立即调查核实，对存在的问题，及时采取措施加以解决。凡属本级或上级领导对发布的信息作出批示的，有关部门和单位应立即传达贯彻，并组织专班核实，研究具体落实措施，认真加以解决。市长江防办接到重大的汛情、险情、灾情报告后应立即报告市防办，抄送有关部门，并及时续报。特别重大或重大事件信息必须在事发3小时内报市政府和省防办，抄送有关部门。

四、指挥和调度

出现水旱灾害后，事发地的防汛指挥机构应立即启动应急预案，并根据需要成立现场指挥部。在采取紧急措施的同时，向上一级防汛指挥机构报告。根据现场情况，及时收集、掌握相关信息，判明事件的性质和危害程度，并及时上报事态的发展变化情况。事发地的防汛指挥机构负责人应迅速进岗到位，分析事件的性质，预测事态发展趋势和可能造成的危害程度，并按规定的处置程序，组织指挥有关单位或部门按照职责分工，迅速采取处置措施，控制事态发展。发生重大洪水灾害后，上一级防汛机构应派出由领导带队的工作组赶赴现场，加强领导，指导工作，必要时成立前线指挥部。

五、抢险救灾

出现水旱灾害或防洪工程发生重大险情后，事发地的防汛抗旱指挥机构应根据事件的性质，迅速对事件进行监控、追踪，并立即与相关部门联系。

事发地的防汛指挥机构应根据事件具体情况和专家咨询意见，深入分析，按照预案，研究提出紧急处置措施，供当地政府或上一级相关部门指挥决策。

事发地防汛指挥机构应迅速调集本部门或社会的资源和力量，提供技术支持。组织当地有关部门和人员，迅速开展现场处置或救援工作。堤防、水库险情的抢护，应按事先制定的抢险预案进行。长江堤防决口的堵复，应严格执行抢险预案，并由防汛机动抢险队或抗洪抢险专业部队等实施。

处置水旱灾害和工程重大险情时，按照职能分工，由防汛指挥机构统一指挥，各部门各司其职，团结协作，快速反应，高效处置，最大程度地减少损失。

六、信息发布

根据市防办下发的荆汛〔2009〕14号文《关于做好防汛抗旱险情信息报送工作的通知》精神，防汛信息发布实行分级管理。事发地防汛指挥机构应及时准确地发布应急处置工作情况及事态发展方面的信息，并对新闻报道进行管理；重大信息可由事发地政府或上级政府发布，信息发布可采取举行新闻发布会、组织媒体报道、接受记者采访、提供新闻稿、授权新闻单位发布等方式。

全市性的重大汛情及防汛动态等信息，由市防指统一审核和发布。

县（市、区）防汛指挥机构负责辖区内汛情及防汛动态等信息的审核和发布，涉及水旱灾情的，由当地防办会同民政部门审核和发布。信息发布要按照《荆州市突发公共事件新闻发布预案》，在市政府新闻办公室、市政府新闻发言人办公室的统一组织协调下进行。

七、应急保障

（一）通信与信息保障

荆江水利通信专网以光传输骨干网为依托，建成荆江数字程控交换系统、计算机网络系统、视频监控系统、会议电视系统以及堤防工程管理决策支持系统。其中，光传输骨干网在江南、江北段的光缆线路已连接成环，专网延伸覆盖至部分管理段和管养组，同时利用电信无线虚拟网覆盖荆州市长江河道管理局及下属各分局机关和各分段、管养组、荆江沿线各级水利局、防汛指挥机构。视频监控系统对江北段观音矶、观音寺闸、铁牛矶、西门渊、何王庙、新堤闸、新滩口船闸7处重要涵闸、险工险段进行实时监控。2010年增加了2个移动视频监控点，以备发生险情时进行现场监控。2011年年底江南段新增3个监控点，分别为石首调关矶头、管家铺堤段、肖家拐堤段。全网形成以荆州市长江河道管理局所属沙市中心站为汇接中心，水情与灾情信息直报湖北省水利厅、长江委、水利部、国家防总的星形辐射通信专用网络，实现了全网水雨情资料共享，险情资料随时上报等功能。

长江干流在设防水位以下时，各级防汛指挥机构及堤防管理部门在防汛抗旱、工程建设、抢险救灾等工作中的信息传递主要依靠荆江水利通信专网来实现。同时荆江数字程控交换网与电信公网互联，形成双向信息通道以确保通信畅通。其中，荆江光传输骨干网、荆江数字程控交换网的运行保障由荆州市长江河道管理局负责，荆江数字程控交换网出口延伸部分由各联网或入网通信单位负责。另外部分荆江水利通信专网未覆盖到的分段、涵闸、哨所等区域的语音和传真通信是利用电信无线虚拟网来实现的。

通信应急预案主要针对如下两种情况制订：当荆江地区遭遇大洪水，因防汛抢险救灾、灾民安置转移、水文测报等原因造成通信业务需求量骤增，现有通信电路容量难以满足要求；当光传输骨干网线路多处中断或设备出现故障导致水利通信专网部分功能失效。预案一：在现有容量不能满足要求或系统失效时，将要求启用中国电信、中国移动等多家公网运营商的移动通信设备，以保证防指和各分洪区内防汛通信需求。由于各地公网运营商的通信信道是有限的，为保证防汛通信有足够的信道容量，必要时还将强行闭锁部分非防汛用通信业务。同时程控交换网内各站应加强与当地公网运营商的联系协调，确保互联中继电路畅通，使专网与公网有效结合，联网运行。预案二：当光传输骨干网出现故障，或在专网无法覆盖到的地区出现险情，以无线通信代替有线，利用电信无线虚拟网对各县（市、区）指挥部及防汛前线指挥部临时增设终端用户，保证防汛指令的上传下达。

（二）物资器材保障

物资器材是工程抢险的基础。2011 年全市在荆江大堤、长江干堤、重要支堤和重点险工险段共储备砂石料 73.16 万立方米，主要有粗砂 19.67 万立方米、卵石 19.07 万立方米、碎石 2.66 万立方米、瓜米石 10.33 万立方米、块石 20.41 万立方米、裹头石 1.03 万立方米；编织袋 51.42 万条；彩条布 10.835 万平方米；麻袋 5.03 万条；草袋 0.4 万条。储备防汛器材的使用，一般情况下由各县（市、区）防指根据险情抢护的需要，报市长江防指核实批准；特殊情况下可先使用再报告，以免贻误战机。爆破器材统一由市长江防指组织调运，必要时，请求部队支援。湖北省防办在荆州组建有一只专业的荆江防汛机动抢险队，备有 8 吨货车 5 辆，救生船一艘（120 马力），主要担负重要防汛物资运输，突击抢险等任务。各县（市、区）在汛期应有计划的控制部分车辆、船只，听候调用。

（三）应急队伍保障

任何单位和个人都有依法参加防汛抗洪的义务。驻荆解放军、武警部队和民兵、预备役部队按照有关规定执行抗洪抢险任务。防汛抢险队伍分为群众抢险队伍、非专业部队抢险队伍和专业抢险队伍（省、市组织建设的防汛机动抢险队和解放军组建的抗洪抢险专业应急部队）。群众抢险队伍主要为抢险提供劳动力，非专业部队抢险队主要完成对抢险技术设备要求不高的抢险任务，专业抢险队伍主要完成急、难、险、重的抢险任务。

（四）基本劳力部署

根据市防办荆汛〔2010〕7 号文通知要求，江河防汛仅设置警戒水位和保证水位两级，不再设置设防水位。当各县（市、区）控制站水位达到原设防水位时，不另外上社会劳动力，防汛工作由各县（市、区）防指组织指挥，具体由县（市、区）、乡镇、村三级防汛水利专班和堤防管理单位实施。具体管辖范围为属市级直接管理的堤防，由市级河道堤防管理部门负责管理范围内（禁脚）的日常巡查，管理范围外的由县（市、区）负责；当控制站水位达到警戒水位时上二线劳力，由各县（市、区）长、乡长和各级党委副书记带领布防；当控制站水位达到保证水位时，荆江大堤、南线大堤、长江干堤、分洪区和安全区围堤、重要支堤一律上三线劳力，各县（市、区）、乡镇党政一把手带领布防。超过保证水位则全民动员，全力以赴，严防死守，各重要险工及涵闸、泵站实行专班防守。

第三节　分蓄洪区运用预案

为防御长江可能发生的特大洪水，切实做好分洪准备，确保分洪时人畜安全转移和妥善安置，从 20 世纪 80 年代起，每年各分蓄洪区都制定了分洪转移方案。1999 年 3 月，国家防办下发文件，要求凡有防洪任务的城市必须编制防洪预案，并对预案格式作了统一规定。2000 年后，各分蓄洪区将转移方案改为运用预案并年年修改完善。2006 年 7 月荆州市防指制定《荆州分蓄洪区运用预案》。2011年荆江分洪区、洪湖分蓄洪区都严格按规定要求做出分洪转移运用预案。

一、荆州市分蓄洪区运用预案

此预案适用于国务院明确的荆江分洪区、涴市扩大分洪区、虎西备蓄区、人民大垸分蓄洪区和洪湖分蓄洪区5个长江分蓄洪区以及省防指明确的众志垸、谢古垸两个沮漳河分蓄洪区的分洪准备和分洪运用。

此预案主要包括指挥体系、运用任务、预警转移、分洪运用、保障措施、善后工作六大部分。

（一）指挥体系

市防指负责拟定各分蓄洪区建设、管理、运用、补偿方面的政策，组织领导境内长江、沮漳河分蓄洪区的运用和区内群众安全转移方案的编制和审查，掌握江河汛情及分蓄洪区的社会动态，按调度权限和程序决定分蓄洪区的分洪运用，指导督促有关县（市、区）防指做好本地中小河流、湖泊分蓄洪区的分洪准备和运用工作。

市分洪前线指挥部负责本市荆江分蓄洪区、洪湖分蓄洪区分洪运用和区内群众安全转移方案的编制，掌握江河汛情和社会动态情况，一旦分洪，实施群众安全转移、闸门启闭、口门爆破、围堤防守及抗洪救灾工作。市分洪前线指挥部下设人畜转移指挥分部、爆破扒口指挥分部、后勤指挥分部、围堤防守指挥分部和治安保卫组、纪律监察组、军事协调组、新闻宣传组。

市直各部门的职责。军分区、武警支队、市发改委、经信、国资、财政、交通、民政、住建、农业、公安、卫计、新闻、气象、水文、电信、邮政、供销、石化、南航以及粮食、商务、林业、海事、无线通信管理等委办局根据市防指汛前安排的任务，各司其职，负责抓好落实。

各县（市、区）设立的分洪前线指挥部和县（市、区）直部门具体承担信息发布、转移安置、口门爆破、围堤防守、物资供应、后勤保障等任务。做好分蓄洪区运用和工程、物料、通信、救生、宣传等各方面的准备工作。

（二）安全转移和安置

市县两级指挥部及其负责人应全面掌握各分蓄洪区需要转移的范围及人口数量，对区内就近转移和外转人数要做到心中有数。一旦需要分洪，按预定方案组织群众有序转移。

境内荆江、洪湖分洪区的安全转移，每年由县（市、区）防指和各分洪区工程管理单位组织修订完善，经各分蓄洪管理局审核、完善后上报市防指，按程序审定完善后报省防指备案。

（三）分洪运用

根据江河洪水调度方案，当预报江河水情达到、超过分洪运用条件或工程出现重大险情时，启用分蓄洪区分洪。按照调度权限，由相应的防指根据当时水雨工情发展趋势进行会商后，决定是否启用分蓄洪区或适时适量进行分洪。开闸进洪时由中孔向两侧逐渐开启，关闸时由两侧向中孔逐渐关闭。爆破进洪时，由爆破专业队按预定口门爆破方案待下达命令后实施爆破。

退洪时，在确保防洪安全的前提下，可结合分蓄洪区湿地保护和水资源污染治理规划，尽量利用洪水资源，做好退洪运用工作。一是开闸退洪，有闸门控制的分洪区由工程管理单位按照市县两级防指转发或下达的命令，并按闸门启用操作规范执行。二是爆破退洪，由爆破队伍按下达的命令和退洪口门预定方案实施爆破退洪。

（四）围堤防守

根据职责分工，由接防县（市、区）组织劳力，对安全区围堤和分洪区围堤加强防守，险工险段重点布防，加强巡堤查险，发现新的险情后，及时上报并组织抢护确保安全。

（五）保障措施

市县两级防指成员单位及分洪运用的有关部门按照职责分工，负责提供抗洪救灾的保障措施。交通运输和公安部门要确保运输车辆和道路安全畅通。财政部门保障分洪转移急需资金分配和监督使用。石油、公安、无线通信管理、电力、民政、粮食、供销、宣传等部门按各自职责提供保障需求。

荆江、洪湖等5个长江分洪区运用后，按照《中华人民共和国分蓄洪区补偿暂行办法》进行补偿。沮漳河分洪区分洪后，按省政府相关规定进行补偿。其他分洪区运用后由市县两级政府制定补偿政策进行补偿。灾后重建原则上按照标准恢复，条件许可时可适当提高标准。重建家园工作与新农村建设结合，与分洪区工程整险加固结合，保障今后分洪运用安全。

二、荆江分洪区运用预案

此预案由公安县防办编制，荆管局修订，公安县人民政府审核上报，经荆州市防指审查后报省防办审定同意后，再报国家防办、长江防总办公室备案。

预案分总则、分洪区概况、运用准备、人员转移安置、工程运用和返迁与善后六大部分。总则为编制依据、目的、原则和适用范围。

（1）总指挥机构。省防指分洪前线指挥部由指挥长带队，省军区、省武警总队和省水利厅、民政厅、交通厅、财政厅等部门负责人组成；荆州市荆江分洪前线指挥部负责荆江分洪区的运用指挥。人畜转移分部和前线抢险指挥部、后勤指挥部由公安县和省荆管局负责具体工作。分洪区围堤防守分部由公安县河道管理分局负责。治安保卫组、军事协调组、纪律检查组、新闻中心分别由公安县公安局、县人武部、市县纪委、市县宣传部负责。

（2）分洪转移。据2011年统计，分洪区内有99188户396219人和10909头大牲畜，向外县市转移25473户104602人，其中，荆州区6627户27006人，沙市区4985户19664人，荆州开发区724户3364人，江陵县8789户33450人，石首市2716户12570人，松滋市1632户8548人。向内（安全区、安全台）转移73715户291617人。

（3）围堤防守。分别由江陵、松滋、石首、沙市、荆州区和湖南省分段防守。石首市负责藕池至黄水套长20千米的荆右干堤，上劳力2030人；江陵县负责黄水套至白家湾长

40千米的荆右干堤，上劳力4060人；沙市区负责白家湾至陈家台长20千米的荆右干堤，上劳力2030人；荆州区负责陈家台至太平口长15.8千米和太平口至王家湾长10千米的虎东干堤，上劳力2600人；松滋市负责王家湾至黄山头长80.58千米虎东干堤，上劳力9000人；湖南省负责黄山头至藕池长22千米的南线大堤，上劳力2300人。以上堤段防守劳力调动由荆州市荆江分洪前线指挥部负责，技术指导由围堤防守指挥部负责。

（4）分洪预警。预案对分洪发布、信息发布方式以及分洪前后的联络方式和进退洪方式都作了详细规定和说明。

三、洪湖分蓄洪区分洪运用预案

洪湖分蓄洪区20世纪80年代后期开始拟定洪湖分蓄洪区应急预案，并由荆州地区防指主持专题会议，征求监利、洪湖两县（市）的意见。90年代末，根据国家防办下发的统一格式，每年结合分洪区内变化的情况进行修订完善，使预案力求做到更加合理、科学，具有可操作性。2011年预案内容如下。

（一）指挥机构

荆州市设“分洪前线指挥部”，由市政府组成，总体负责分洪实施，转移安置，围堤防守等指挥调度。该指挥部下设5个分指挥部，即人畜转移指挥分部、爆破扒口指挥分部、前线救灾指挥分部、后勤指挥分部、围堤防守指挥分部；以及治安保卫、纪律监察、军事协调3个组和新闻中心。

市直各部门为分洪人员转移安置、灾后恢复生产及重建家园提供各项保障工作。各有关县（市、区）政府设立分洪前线指挥部，其指挥部由本级政府主要领导和当地军事、水利、财政、公安、交通、民政等部门组成，负责分洪运用的警报发布、转移安置、口门爆破扒口、堤防防守、人员救生、后勤保障等任务。

（二）转移安置

分蓄洪区内需要转移的居民约120万人（不含暂住人口），分别转移到长江干堤，监利、洪湖两县，市保护区及外县市安置。一旦下达分洪命令，分洪区所有人口要在72小时内以村（街道办事处）为单位组织安全转移。洪湖市拟定过长江转移到咸宁，过东荆河转移到仙桃，转入市内保护区和上长江干堤安置。监利县就近转移到长江干堤和县内保护区。为保障人畜安全转移顺利实施，两县（市）抽调国家干部到村组协助转移。

转移路线 洪湖市沿东荆河和总干渠有船只的农户过主隔堤进入保护区；监利县紧临螺山渠道、沙螺干渠有船只的农户过福田寺闸、沙螺闸进入保护区。临近东荆河堤、长江干堤的灾民沿堤向高潭口、半路堤集结进入保护区。监利县还可通过沙洪路、红光路、洪毛路、福宦路过主隔堤到保护区。洪湖市通过黄老路、汉腰路、仙洪路、汉沙路、沙张路过主隔堤进保护区。长江沿岸的灾民通过沙洪路、新螺路、燕新路等向长江干堤集结，抵达过江码头到咸宁；向仙桃转移的灾民在转移到东荆河堤集结过河人仙桃市。

（三）进退洪方式

由于洪湖分蓄洪区没有进退洪控制工程，如果运用只能采用临时扒口，爆破套口口门进洪，口门桩号（长江 459＋600～462＋000），爆破补元口退洪（长江干堤桩号 402＋400～402＋700）。

（四）围堤防守和应急抢险

分洪区接防长江干堤、东荆河堤防守抢险的部队转入主隔堤防守。考虑到主隔堤隐患多，抢险任务艰巨，需增派解放军承担抢险任务。必要时请荆州军分区组织仙桃、潜江两市民兵加强主隔堤防守。

第四节　荆州市城市防洪预案

荆州城区位于荆江大堤北岸，西顶太湖港水库，北托长湖，东接四湖总干渠，南临长江，是荆州市政治、经济、文化中心。长江洪水和长湖、太湖港洪涝是城区防洪的最大忧患。汛期，长江高水位较城区地面高出 10～14 米多，城市抗洪排涝是荆州市防汛抗灾工作的重中之重。

2001 年，荆州市防办首次编制《荆州市城市防洪预案》（简称预案）。2002 年对《预案》作了部分修改，重新上报省防办并下发有关各县（市、区）执行；2002 年《预案》共四章十二节，由总则、城市概况、城市防洪工程及抗灾预案四部分组成。2005 年根据新情况，对 2002 年《预案》作了重大修改，对长湖堤、闸基本情况、重点险工险段以及民垸的防汛调度作了补充完善。

2005 年城市防洪预案分为四章十四节。总则含编制依据、目标和原则；城市概况含经济概况、自然特征、洪涝影响及其特征；防洪排涝工程含工程现状、工程建设与存在问题；防洪预案含涉及范围、洪水量级划分、防洪排涝措施、组织指挥机构。

一、洪水量级划分

（1）荆江洪水量级划分。按照《长江流域综合利用规划报告》（1990 年修订）的规定，确定荆州城市防洪长江荆江标准内洪水为：荆江河段以枝城百年一遇洪峰流量作为防御标准，沙市防御水位为 45.00 米，城陵矶防御水位为 34.40 米。若遇超过上述标准的洪水为超标准洪水。

（2）长湖洪水量级划分。根据四湖流域治涝标准，考虑长湖堤防工程现状，在长湖区域遇标准（10 年一遇 3 日暴雨）内洪（涝）水时，依靠田关闸（站）排水，控制长湖最高洪水位不超过 33.00 米为标准内洪水。若遇超过上述标准的洪（涝）水，长湖最高洪水位超过 33.00 米，需采取分洪和向中区下泄等措施时则为超标准洪水。

（3）太湖港洪水量级划分。按照《荆州区太湖港水库除险加固工程设计报告》（2001 年）设计分析，确定丁家嘴、金家湖、后湖、联合水库水位分别不超过设计洪水位 39.51 米、38.25 米、38.08 米、39.02 米时为标准内洪水。若上述 4 库水位分别超过其设计洪水位，需采取泄洪闸溢洪、甚至炸副坝辅助泄洪等措施时则为超标准洪水。

二、防洪排涝方案与措施

（一）防汛特征水位

荆江大堤（沙市二郎矶站）设防水位 42.00 米。警戒水位 43.00 米，保证水位 45.00 米（1954 年水位 44.67 米，1998 年水位 45.22 米）。长湖（习家口站）设防水位 31.50 米，警戒水位 32.50 米，保证水位 33.00 米。太湖港水库（丁家嘴站）正常高水位 37.74 米，设计洪水位 39.51 米。

（二）标准内洪水防汛措施

汛期，各级防指和防汛责任单位或部门，一律坚持 24 小时值班制度，加强值班防守，根据各类水雨情、工情，依据不同标准，采用相应防守抢护措施。

当沙市水位超过设防水位（42.00～43.00 米）或长湖水位超过设防水位（31.50～32.50 米）或太湖港水库达到正常洪水位（37.74 米）时，市、区、乡镇分管防汛抗灾的领导到位上岗，按照防汛责任范围及防汛任务要求，各负其责。荆江大堤抢险物料，分别由沙市区、荆州区长江防指按要求组织落实到位；长湖湖堤防汛抢险物料，分别由沙市区、荆州区长湖防指按要求组织落实到位；太湖港水库防洪抢险物料，由荆州区太湖港水库防指按要求组织落实到位。落实防汛抢险队伍，并按防洪水位上一线防守人员，其标准为荆江大堤 10 人每千米，长湖湖堤及太湖港渠堤 5 人每千米，太湖港水库 36 人。当丁家嘴水库达到 37.74 米时，视实时情况决定泄洪。一般情况下运用溢洪道泄洪。防汛抢险车辆、船只、机械由各区指挥部按属地管理原则，落实到位。限制长湖水位，由湖北省防指决定开启田关闸或田关泵站。

当沙市水位超过警戒水位（43.00～45.00 米）或长湖水位超过警戒水位（32.50～33.00 米）或太湖港水库水位超过正常高水位（37.74～39.51 米）时，市、区各级指挥部各指挥长和成员按分工上堤，坐镇指挥。按警戒水位上二线防守人员，其标准为：荆江大堤 30 人每千米，长湖湖堤及太湖港渠堤 25 人每千米，太湖港水库 100 人。成立抢险队伍，集中待命配齐通讯设备，以便保持联系。设置荆江防洪专用防汛抢险码头，加强荆江防浪墙及预留口的管理，储备填塞预留口的物资材料。当长湖水位超过 32.50 米，接近 33.00 米，若下游洪湖水位在 25.50 米以下时，按《湖北省四湖地区防洪排涝调度方案》向中、下区下泄 150～190 立方米每秒，缓解长湖紧张局势。当太湖港丁家嘴水库水位超过 37.74 米时，开启溢洪道泄洪闸泄洪；金家湖、后湖、联合三水库水位超过 37.10 米，除采用金家湖、联合水库溢洪道溢洪外，可开启后湖泄洪闸泄洪 10～30 立方米每秒。指定专人重点防守险工险段，严密监视水、雨情及工情变化，及时处理和上报滩岸崩塌、堤基渗漏、堤身隐患、病险涵闸险情。

（三）超标准洪水防御措施

荆江河段遇特大洪水时，荆州城市防洪应服从整个长江防汛调度指挥。荆江特大洪水防汛方案及调度权限按国务院〔1985〕79 号文批准的《长江防御特大洪水方案》和国家防总国汛〔1999〕10 号文《长江洪水调度方案》执行。荆江防御特大洪水时的劳力（兵员）部署、突击队安排、抗洪部队调配、分洪后防汛力量的快速调整、应采取的应急工程措施根据《湖北省荆州市长江防洪预案》具体实施。

1. 长湖超标准洪水

长湖水位接近33.00米，并且上区持续降雨而预报将达到到33.00米时，经省防指决定，关闭双店排洪闸，运用长湖内垸（外桥子湖、马子湖、胜利垸、幸福垸、外六合台等，面积9.7平方千米，分洪量0.19亿立方米）蓄洪。长湖水位达到33.00米，并预报将超过33.00米时，根据长湖需要的分洪量，由省防指决定运用借粮湖分蓄洪区或彭家湖分蓄洪区分洪。

(1) 超标准洪水调度。湖北省四湖地区防洪排涝协调领导小组主要领导亲临长湖防汛第一线，坐镇指挥。对是否分洪的重大问题由省防指研究决策。长湖水位接近33.00米，并且预报仍将上涨时，按《湖北省四湖地区防洪排涝调度方案》实施长湖内垸分洪。长湖水位达到33.00米，并且预报将超过33.00米时，由省防指决定，扒口向借粮湖、彭家湖分洪。

(2) 劳力部署。当长湖水位达到33.00米时，堤段防汛一律按100人每千米布防。沿长湖湖堤城区段病险涵闸按10人每千米布防，实行专班防守。除防汛基本劳力外，应组建抢险突击队，人数为100～300人。此外根据需要，还应组建通信、运输、爆破等专业队伍。

(3) 应急工程措施。对于堤顶高程低于35.00米的湖堤，在堤顶做3米宽的子堤，使堤面高程达到35.00米。为保证涵闸安全稳定，对病险涵闸分别采取蓄水反压或封堵等措施。一般险情由荆州区、沙市区防指制订方案及时处理，并报荆州市四湖东荆河防指核备。如出现较大险情荆州市四湖东荆河防指派员协助处理，并对整个抢护过程进行跟踪联系，保证紧急情况下的决策与指挥。当出现特大险情，首先就近组织技术力量和劳力实施紧急抢护，同时调动抢险预备队增援，特殊情况下请求部队支援。通信、物资器材等部门应紧密配合，不惜代价，全力抢护，确保堤防安全。重点险工险段，根据不同情况分别制定防范措施，在大洪水到来前即应备齐备足必要的抢险器材，一旦出险，全力抢护。

2. 太湖港水库超标准洪水

当丁家嘴水库水位达到39.51米，金家湖水库水位达到38.25米、后湖水库水位达到38.08米、联合水库水位达到39.02米时，除开启水库溢洪道溢洪外，还应开启所有的泄洪闸泄洪，必要时炸开水库副坝辅助泄洪。在太湖港水库泄洪时，加强对太湖港排渠渠堤的防守。

(1) 超标准洪水调度。太湖港水库调度应按照“局部服从整体，兴利服从防洪”的原则，在调度运用中应整体照顾局部，统一领导，全面安排，把灾害降到最小范围，最大限度发挥其效益。按确保水库工程安全需要泄洪时，由荆州区防指提前报荆州市防指，请下游太湖港管理区及各有关单位做好防汛和安全转移工作。水库泄洪与太湖港排渠错峰调度，由荆州市防指根据下游渠道行洪危险程度作出水库错峰决策后，向荆州区防指下达关闸或压闸命令。

(2) 劳力部署。当各水库达到设计洪水位时，丁家嘴水库上防汛劳力1000人，金家湖、后湖、联合水库上防汛劳力1600人。对于涵闸电站安排专人防守，责任到人。超标准洪水期间，除防汛基本劳力外，另组建抢险突击队1个、爆破开挖队1个。

(3) 应急工程措施。一般险情由荆州区太湖港水库防指制订方案及时处理，并报荆州区防指核备。如出现较大险情，荆州区防指派员协助处理，并对整个抢护过程进行跟踪联系，保证紧急情况下的决策与指挥。当出现特大险情，首先就近组织技术力量和劳力实施紧急抢护，同时调用抢险预备队增援，特殊情况下请求部队支援。通信、物资等部门应紧密配合，不惜代价，全力抢护，确保堤防安全。重点险工险段，根据不同情况分别制定防范措施，在大洪水到来前即应备齐备足必要的抢险器材，一旦出险，全力抢护。

（四）排涝调度方案与权限

荆州城市排涝工程是以闸、站、河（渠）联结配套构成排涝体系，按照其受益性质分属水利与城建部门管理与调度。荆州排涝区的荆州、柳门两泵站及郢城排涝区的排水设施由荆州区水利局负责调度运用；雷家垱、荆沙两泵站及荆州与沙市两排涝区的排水管（渠）由荆州市排水管理处（城建系统）负责调度运用；沙市近郊排涝渠的排水设施由沙市区水利局负责调度运用。

（五）排涝调度措施

在非汛期，充分利用现有水体的调蓄功能，渍水排入护城河、荆沙河、荆襄河、豉湖渠、西干渠调蓄，泵站排水排入长湖。当城区降雨时，应及时利用排水渠及排水管网抢排。当外河水位较高时，及时开启排水泵站抢排。荆州、柳门两泵站在外河（太湖港）水位为32.00米、内河水位为31.50米时，开机外排，内河水位降至31.00米停机；当外河（太湖港）水位为33.00米、内河水位为31.80米时，开机外排，内河水位降至31.50米停机。雷家垱、荆沙两泵站在泵站进水池水位超过27.30米，且预报城区有降雨产生时，开始抢排，控制沙市城区水位。在汛期，承担排涝任务的部门和单位一律坚持24小时值班制度，加强防守。当城市内垸遇超额洪水，长湖、太湖港等外河（湖）容纳水体自身紧张时，由市防指下达命令停止各站外排，充分利用城区内河（渠）调蓄。

三、组织机构及后勤保障

（一）组织机构

荆州市城市防汛由荆州市人民政府市长负责。在市委、市政府、市防指的统一领导下，下设市长江防指，市四湖东荆河防指，荆州、沙市区防指以及管理机构防指4级防汛机构（图4-3-1）。各级指挥机构内设办公室、工程技术、水雨情、通信、器材等部门。对于重大事项报湖北省防指决策。

（二）后勤保障

（1）通讯保障。荆州城市防洪通信网由程控交换网连同有线线路、无线接入覆盖荆州市防指及下属各防汛指挥机构、有关单位和重点防守堤段。荆州城市范围出现标准内洪水即沙市水位在45.00米、长湖水位在33.00米以下时，防洪抢险及救灾工作的信息传递主要依据微波、程控及移动网络传输。当沙市水位超过45.00米时，荆江防洪通信视情况按照《湖北省荆州市长江防洪预案》具体实施。长湖、太湖港防汛通信除依靠邮电程控网及移动通信网外，还需配备一定数量的无线用户台，以确保防汛抢险指挥调度、重点防守堤段、闸站临时指挥所、险工险段等通信需要。

（2）物资器材保障。荆州城市防洪分别在荆江大堤城区段、长湖堤段、太湖港水库储

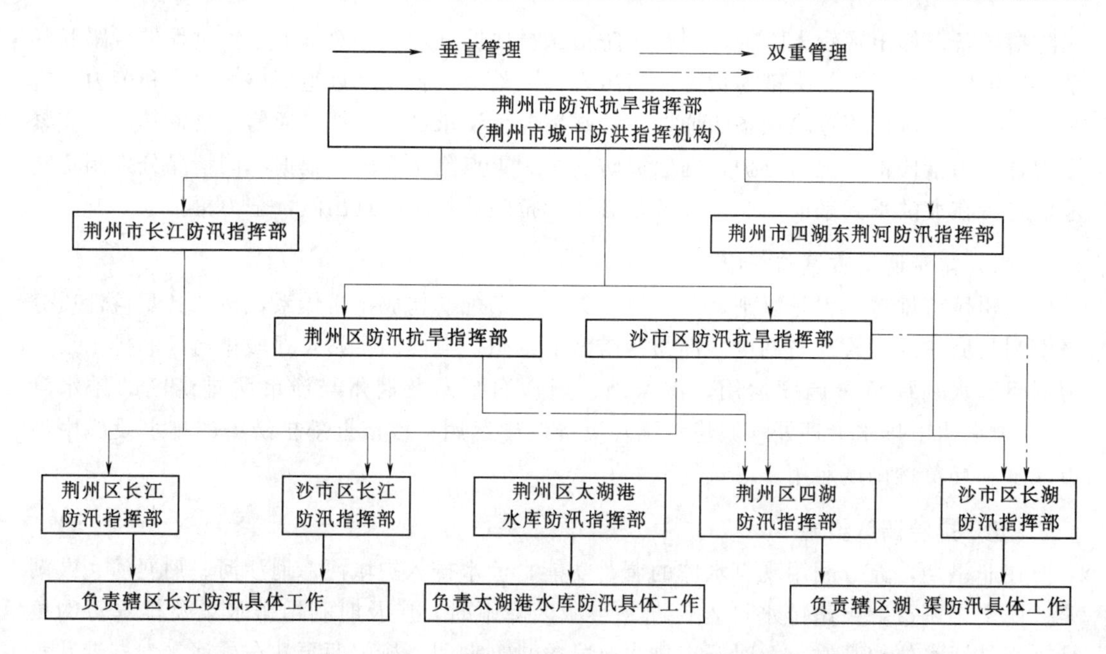

图 4-3-1　荆州市城市防洪组织机构分层图

备防汛抢险所需的物资器材。具体见表 4-3-1。

注：1. 百年一遇是指大于或等于这样的洪水在很长时间为平均每百年出现一次，而不能理解为恰好每隔百年出现一次。对于具体的 100 年来说，超过这种洪水可能不止一次，也可能一次都不出现，这只是说明长时期内平均每年出现的可能性为 1%。例如荆江地区遭受 1954 年百年不遇的洪水，这并不是说要再过一百年才可能重现这样的洪水，也许这一百年中一次也不出现，也许出现几次。

2. 百年一遇洪水，是指枝城最大洪峰流量 87100 立方米每秒；枝城洪峰流量 80000 立方米每秒为 40 年一遇；枝城洪峰流量 75200 立方米每秒为 20 年一遇。1954 年枝城最大洪峰流量 71900 立方米每秒为 15 年一遇。但 1954 年洪水是长江流域百年来全流域性的大洪水，峰高量大，历时长，洪灾遍布长江中下游广大地区，损失极为严重。

表 4-3-1　　荆州城市防洪物资器材统计表

物资器材 \ 储备点	荆江城区段	长湖湖堤	太湖港水库	总计
块石/m^3	11000	—	800	11800
砂石料/m^3	21242	1650	1620	24512
编织袋/只	35000	50000	53000	138000
麻袋/只	12000	—	—	12000
黏土/m^3	2000	20000	—	22000
竹跳板/个	500	200	—	700
木桩/根	—	10000	10000	20000
其他	包括照明器材、油料等物资，根据需要具体安排			

注　太湖港排渠所需物资器材包括在太湖港水库中。

储备防汛器材的使用，由各区防指根据险情抢护需要，分别报市长江防指，市四湖东荆河防指核实批准。特殊情况下，可先使用再报告，以免贻误时机。爆破用器材统一由市防指组织调配。

防汛车辆和船只主要担负重要防汛物资运输、突击抢险等任务。各区防指在汛期应有计划的控制所需车辆和船只，听候调用。

荆州市城市防洪的后勤保障工作，在防御标准内洪水时，由各流域和各区防指按照预案进行。在防御超标准洪水时，由市防指根据需要统筹调度，按照市防指成员分工由各部门协助保障。

第五节 县市城区防洪抗灾应急预案

一、洪湖市城区防洪抗灾预案

新堤城区位于洪湖市南缘中部，西邻洪湖，南靠长江，与湖南临湘市隔江相望，内荆河横贯其中，将城区分为东西两片。城区总面积 47.8 平方千米，总人口 42.93 万人，是洪湖市政治、经济、文化中心。新堤安全区是洪湖分蓄洪区最大安全区，安全区围堤长 24.38 千米（长江干堤 9.9 千米，围堤 14.48 千米），防汛抗灾任务艰巨而繁重。

（一）防洪预案

防汛标准 长江干堤防 1998 年型洪水，长江新堤水位 34.60 米，洪湖围堤防洪水位（挖沟嘴）27.19 米；内荆河防洪水位（小港）26.70 米；确保万无一失，安全度汛。

防汛任务 不分洪时，城市防洪堤防总长 13.4 千米，其中，长江堤防长 8.3 千米，洪湖围堤堤防长 2.6 千米，内荆河堤防长 2.5 千米。分洪时，新堤安全区围堤堤防总长 24.38 千米，其中，长江堤防长 9.9 千米，新堤安全区围堤堤防长 14.48 千米（新堤安全区尚未建成）。

防汛调度 新堤城区长江段防汛调度方案是：新堤水位达到设防水位 30.50 米，由荆州市长江河道管理局洪湖分局新堤管理分段负责城区长江干堤防守，新堤老闸由洪湖市排灌管理总站负责防守，新堤大闸由排水闸管理所负责防守；新堤水位达到警戒水位 31.50 米，新堤办事处防指要按每千米 30 人上足劳力，上齐领导防守；新堤水位达到保证水位 33.59 米，新堤办事处防指要按每千米 100 人上足劳力，上齐领导防守。分洪时，新堤安全区围堤布防按长江干堤防守标准执行。

洪湖围堤新堤段防汛调度方案是：新堤办事处防指负责按照设防、警戒、保证三级防汛水位标准布防；以挖沟子水位为标准，设防水位 25.80 米，每千米上劳力 5 人；警戒水位 26.20 米，每千米上劳力 25 人；保证水位 27.00 米，每千米上劳力 80 人。

下内荆河新堤段防汛调度方案是：新堤办事处防指负责按照设防、警戒、危险三级防汛水位标准布防；以下内荆河文桥站水位为标准，设防水位 25.50 米，每千米上劳力 5 人；警戒水位 26.00 米，每千米上劳力 25 人；危险水位 26.50 米，每千米上劳力 80 人。

基本劳力部署 城市防洪时，相关单位要成立防汛专班，分工明确，责任到人。领导干部按一、二、三线配备，设防水位上各级水利专班；警戒水位上各级行政一把手和武装部长；危险水位各级领导全力以赴。

加强农村劳力的组织，按防汛一、二、三线（设防、警戒、保证）劳力，逐一核实，登记造册，落实到人。防汛队伍人员要责任心强，身体素质好，具有一定的防汛工作经验和专业技能。重点险工险段要增加力量，加强领导，严防死守。

对流域内的涵闸、泵站、险工险段，要指定专职领导，安排专职防守队伍，实行岗位责任制，加强防守。

应急队伍保障 相关单位要按规定人数，组织训练防汛抢险突击队员，建立防汛应急抢险队伍，做到招之即来，来之能战，以满足查险、抢险的需要。

物资器材保障 确保防汛抢险物资、器材的足额到位。

（二）抗旱预案

出现干旱，洪湖市防指办公室要随时掌握长江、洪湖、内荆河水位变化，及时运用刘三沟，解决黄牛湖排区抗旱问题；运用汪沟泵站提灌，解决河岭排区抗旱问题；运用撮箕湖泵站引水抬高丰收渠、中心河水位，解决撮箕湖排区抗旱问题；运用耙子垱闸引水，解决五七渠城东片蔬菜基地的灌溉问题。

内外涵闸不能引水自灌时，应合理利用泵站、机站提水灌溉。

固定型泵站、机站不能提灌时，各村运用小型机械提灌、打坝拦水、长江取水等方式提水灌溉，确保农、渔业丰收。

采取工程措施，保障自来水公司长江取水点提水通畅，确保自来水供应。

（三）防渍排涝预案

各水利工程管理单位应定时定期对泵站、机械设备维修保养，确保机组安全运行，清杂除障保障水系畅通，多方筹措确保排涝物资、器材到位。每年的三月为“清淤月”，集中力量清除河渠、排水管网的障碍和淤泥。

严密注视水雨情变化，搞好预排、降排、抢排。合理控制城区污水进入电排河，做到高低分排，最大限度减轻排涝压力。

汛期，新堤泵站内水位控制在24.80米以下；撮箕湖泵站内水位控制在24.30米以下；茅江泵站内水位控制在24.80米以下；黄牛湖排区应及时与市防指和石码头泵站、刘三沟电排站联系，将水位控制在24.50米以下。

当城区日降雨量在40毫米左右，降雨时间2小时以上时，市政工程管理处人员到位，奔赴城区各路段巡查排水，重点易渍易淹路段安排专人掀盖，专人把守，确保排水管网正常运行。

当城区降雨2小时以上，降雨量达60毫米时，新堤泵站启排，工业园区泵站启排。同时，洪湖水位达24.50米时，关闭撮箕湖泵站；内荆河水位达24.40米时，关闭茅江泵站、河岭泵站；站前水位达23.80米时，石码头电排站启排。

二、石首市城区防洪抗灾预案

石首城区总面积70平方千米，总人口20万，是全国精细化工产品出口基地，全省最大的速生林基地和汽车零部件生产基地，做好城区防洪抗灾预案意义重大。

（一）城区洪涝防御体系

城区堤防全长 71.57 千米，其中，长江堤防 49.5 千米，荆南四河堤防 22.07 千米。排涝设施有上津湖、小湖口、管家铺、陈币桥、八角站 5 处泵站，洋河剅闸、老小湖口闸、肖家拐闸、王海闸 4 处涵闸，车落湖、柳湖、破湖、东双湖、显杨湖、官田湖、黄莲湖、山底湖、白莲湖、隔坝湖、列货山潭子、陈家湾湖、上津湖、百汉湖 14 个调蓄湖泊。

（二）预警级别划分

按洪水（含江河洪水及山洪）、暴雨渍涝等灾害事件的严重性和紧急程度，预警级别由轻到重划分为Ⅲ级、Ⅱ级、Ⅰ级，共三级预警，警示标志分别用黄色、橙色、红色表示。

出现下列情况之一者，为黄色（Ⅲ级）预警。当长江北门口水位达到 38.00 米时，石首市支民围堤上劳力布防；当长江北门口水位达到 38.50 米时，石首市所有堤防上劳力布防。

出现下列情况之一者为橙色（Ⅱ级）预警。当长江北门口水位达到 39.50 米时；藕池河江波渡水位达到 38.00 米时；3 小时降雨量将达 50 毫米以上，或已达 50 毫米以上且降雨可能持续。

出现下列情况之一者为红色（Ⅰ级）预警。当长江北门口水位达到 40.38 米时；3 小时降雨量将达 100 毫米以上，或者已达 100 毫米以上且降雨可能持续。

（三）应急响应

当发布Ⅲ级预警后，进入Ⅲ级应急响应，应采取以下行动。由石首市抗旱办公室（简称石首市防办）提出Ⅲ级响应行动建议，常务副指挥长决定启动Ⅲ级响应程序。常务副指挥长主持会商，并坐镇指挥，作出相应工作部署，加强防汛工作的指导，并将情况上报市政府及荆州市防汛指。石首市防办加强值班，掌握情况，搞好协调、督导重点工程调度。石首市防指应立即派出专家组和工作组分赴一线帮助指导防汛抗灾工作。相关乡镇防指指挥长主持会商，具体安排防汛工作。按照分管权限，调度水利、防洪工程。根据预案，组织布防、抢险或组织抗旱，派出工作组到一线具体帮助防汛排渍工作，并将防汛排渍的工作情况上报石首市防指，并由市防指上报荆州市防指。相关乡镇防指成员单位按照分工做好防汛排渍和抗灾救灾工作。石首市民政局及时组织救助灾民。市卫生局组织医疗队赴一线开展卫生防疫工作。石首市防指相关成员单位应根据需要，主动对口落实任务，为防汛排渍排忧解难。

当发布Ⅱ级预警后，进入Ⅱ级应急响应，应采取以下行动。由石首市防办提出Ⅱ级响应行动建议，石首市防指指挥长决定启动Ⅱ级响应程序。指挥部指挥长主持会商，常务副指挥长协助坐镇指挥，作出相应工作部署。石首市防办负责人带班，增加值班人员，随时掌握汛情或渍情、工情和灾情的变化，做好预测预报，加强协调和督导，搞好重点工程的调度。加强防汛排渍工作的指导，立即派出石首市防指成员单位组成的工作组、专家组赴一线指导防汛排渍，并将情况上报石首市政府及荆州市防指。不定期在市电视台等媒体发布《汛情通报》。相关乡镇的防汛指挥机构，可依法宣布本地区进入紧急防汛期，按照国家《防洪法》和湖北省实施办法的规定，行使相关权力。防指指挥长主持会商，具体安排防汛排渍工作。增加值班人员，加强值班，按照分管权限，调度水利、防洪工程。根据预案，转移险区群众，组织加强防守巡查，及时控制险情，或组织加强排渍工作。受灾地区的各级防汛指挥机构负责人、成员单位负责人，应按照职责到分管的区域组织指挥防汛排渍工作。防汛指挥机构应将工作情况上报当地人民政府和石首市防指。石首市防指成员单位应启动应急响应，加派工作组分赴抗灾一线，具体帮助防汛排渍工作。市民政局及时组织救助受灾群众。市卫生局派出医疗队赴一线帮助医疗救护。市防指其他成员单位按照职责分工，做好相关工作。相关区防汛指挥机构成员单位全力配合，做好防汛排渍和抗灾救灾工作。

当发布Ⅰ级预警后，进入Ⅰ级应急响应，应采取以下行动。由石首市防办提出Ⅰ级响应行动建议，石首市防指政委决定启动Ⅰ级响应程序。市防指政委主持会商，可依法宣布全市进入紧急防汛期，召开市防指全体成员会议，紧急动员部署，强化相应工作措施，强化防汛工作的指导，并将情况上报荆州市防指、省防指及长江防总。市防指应立即派工作组、专家组赴一线具体指导防汛工作。市防汛办负责人带班，增加值班人员，强化值班，随时掌握汛情、工情和灾情的变化，做好预测预报，加强协调、督导和事关全局的防汛调度。定期通过市电视台等媒体发布《汛情通报》。紧急时刻，提请市委、市政府研究部署防汛工作，实行市委常委负责制，带领工作专班分赴一线指导防汛工作。相关乡镇的防汛指挥机构，启动Ⅰ级响应，可依法进入紧急防汛期，按照《中华人民共和国防洪法》和湖北省实施办法的相关规定，行使权力，启动分蓄滞洪区安全转移预案。防指政委、指挥长主持会商，坐镇指挥，紧急动员部署防汛工作，同时增加值班人员，加强值班，掌握情况。按照分管权限，调度水利、防洪工程。根据预案，转移险区群众，组织强化防守巡查，及时控制险情。受灾地区的各级防汛指挥机构负责人、成员单位负责人，应按照职责到分管的区域组织指挥防汛工作，或驻点具体帮助重灾区做好防汛工作。防汛指挥机构应将工作情况随时上报当地人民政府和石首市防指。石首市防指成员单位急事急办，特事特办，全力支持抗灾救灾工作。市经委和市电力部门确保防汛用电需要。市财政局为灾区及时提供资金帮助。市防办为灾区紧急调拨防汛物资。交通为防汛物资运输提供保障。市民政局及时组织救助受灾群众。市卫生局及时派出医疗专班，赴各灾区开展医疗救治和疾病防控工作。市防指其他成员单位按照职责分工，做好有关工作。相关区的防汛指挥机构成员单位应全力配合做好防汛和抗灾救灾工作。

（四）主要应急响应措施

（1）江河洪水应急响应措施。当江河水位达到37.50米时，当地防汛指挥机构应组织堤防管理单位的干部职工巡堤查险。当江河水位超过警戒水位时，当地防汛指挥机构应按照批准的防洪预案和防汛责任制的要求，组织专业和群众防汛队伍巡堤查险，严密布防，必要时可申请动用军队、武装警察部队和预备役部队参加重要堤段、重点工程的防守或突击抢险。当江河洪水位继续上涨，危及重点保护堤防时，各级防汛指挥机构和承担防汛任务的部门、单位，应根据江河水情和洪水预报，按照规定的权限和防御洪水方案适时调度运用防洪工程，必要时上级防汛指挥机构可以直接调度。防洪调度主要包括：调节水库拦洪错峰，开启节制闸泄洪，启动泵站抢排，启用分洪河道、分蓄洪区行蓄洪水，清除河道阻水障碍物，临时抢护加高堤防增加河道泄洪能力等。在江河水情接近保证水位或者安全流量，湖泊水情接近控制水位，水库水位接近设计洪水位，或者防洪工程设施发生重大险情时，按照《中华人民共和国防洪法》和湖北省实施办法的有关规定，乡镇级以上人民政府防汛指挥机构宣布进入紧急防汛期，可在其管辖范围内调用物资、设备、交通运输工具和人力，采取占地取土、砍伐林木、清除阻水障碍物和其他紧急措施；必要时，公安、交通等有关部门按照防汛指挥机构的决定，实施陆地和水面交通管制，以保障抗洪抢险的顺利实施。

（2）堤防决口、水闸垮塌应急响应措施。当出现堤防溃口、涵闸垮塌前期征兆时，当地防汛指挥机构应迅速调集人力、物力全力组织抢险，尽可能控制险情，并及时预警，做好安全转移准备。堤防溃口、涵闸垮塌的应急处理，由当地防汛指挥机构负责，首先应迅速组织受威胁地区群众转移，并视情况组织实施堵口或抢筑阻水二道防线等措施，尽可能减少灾害损失。实施堤防、涵闸堵口，应明确行政、技术责任人，及时调集人力、物力，严密组织，快速行动。上级防汛指挥机构的领导应立即带领专家赶赴现场指导。

（3）山洪灾害应急响应措施。山洪灾害应急处理由当地防汛指挥机构负责，水利、国土资源、气象、民政、建设、环保等有关部门应按照职责分工做好工作。当山洪灾害易发区雨量观测点降雨量达到一定数量或观测山体发生变形有滑动趋势时，由当地防汛指挥机构或相关部门及时发出警报，并对紧急转移群众作出决策，如需转移时，应立即通知相关乡镇或村组按预案组织人员安全撤离。转移受威胁地区的群众，应按照就近、迅速、安全、有序的原则进行，先人员后财产，先老幼病残后其他人员，先危险区人员后警戒区人员，防止道路堵塞和意外事件的发生。发生山洪灾害后，如导致人员伤亡，应立即组织人员或搜救突击队紧急抢救，属于重大人员伤亡应向当地驻军、武装部队和上级政府请求救援。当发生山洪灾害时，当地防汛指挥机构应组织水利、国土资源、气象、民政等有关部门的专家和技术人员，及时赶赴现场，加强观测，采取应急措施，防止滑坡等山洪灾害进一步恶化。当山洪泥石流、滑坡体堵塞河道时，当地防汛指挥机构应召集有关部门、专家研究处理方案，尽快组织实施，避免发生更大灾害。

（4）渍涝应急响应措施。降雨期间依照职责分工，组织专班巡查，及时发现排渍、排涝中存在的问题，及时报告处理。各乡镇职能部门落实人员，及时打通管涵、渠道阻塞点，清除阻水物；及时清除覆盖在进水口、泵站前的碴物，以保排渍畅通。强化排渍、排涝疏浚安全防护措施，确保排渍、排涝人员安全。排渍、排涝泵站各运行维护管理责任单位要根据市防指指令和泵站控制水位要求落实抽排措施。各泵站制定设备抢险应急方案，出现泵站设备故障，及时实施抢修应急方案。排渍、排涝期间，由市、乡镇水利部门做好主要湖泊和大型港渠的调度，确保渍水、涝水快速排除。部分低洼路段、立交桥下出现渍水时，各乡镇应在第一时间逐级向上级报告的同时，采取警示、增加临时排渍设施等措施。当江河防汛形势紧张时，要正确处理排渍、排涝与防洪的关系，视情况及时减少排渍、排涝量或停止排渍、排涝，以减缓防洪压力。

第四章　防　汛　调　度

新中国成立后，为了防御以洪水为主的洪涝灾害和旱灾，修建了大量的各类水利工程设施，形成了防洪、排涝、灌溉三大工程体系。为了较好运用这些工程设施。并保证工程安全，充分发挥工程效益，各级水行政主管部门和防指办公室以及各工程管理单位在不同的时期针对工程防洪抗灾的能力制定各类防汛调度方案。

第一节　江河洪水调度

防御长江荆州河段和汉江中下游河段可能发生的特大洪水，是关系到国民经济建设和人民生命财产安全的大事，必须予以高度重视。新中国成立后，虽然进行了大规模的江河整治和堤防加固，江河的防洪能力有了不同程度提高，但对于特大洪水还不能完全控制。在遭到难以抗御的特大洪水袭击时，为保全大局减少损失，必须适时采取分洪和滞洪的措施。1985 年水电部制定《长江防御特大洪水方案》。方案规定，长江中下游的防汛任务是：遇到 1954 年同样严重的洪水，要确保重点堤防的安全，努力减少淹没损失；对于比 1954 年更大的洪水，依靠临时扒口，努力减轻灾害。为此要严禁围垦湖泊并有计划地整治下荆江，提高泄洪能力，及早修建三峡水利枢纽，改善长江中游防洪严峻局面。

1998 年长江发生全流域性大洪水后，1999 年国家防汛总指挥部根据国务院国发〔1985〕79 号文制定的《长江防御特大洪水方案》和长江防洪工程现状，结合修改国家防总印发的《1998 年长江中下游调度方案》，制定新的《长江洪水调度方案》(国汛〔1999〕10 号文)。近年来，随着长江流域社会经济发展，水情、雨情、工情都发生很大变化，尤其是三峡工程的建成运用，长江中下游的防洪形势发生了重大变化。国务院 2008 年批复《长江流域防洪规划》和 2009 年批准的《三峡水库优化调度方案》，对长江流域的水利工程调度、洪水安排提出了新的规定和要求，原《长江洪水调度方案》已不能适应防洪调度的需要。2011 年国家防总组织长委会同流域内各省、市人民政府在全面总结近年来防汛抗洪经验基础上，修订完善了《长江洪水调度方案》。新制定的《长江洪水调度方案》增加了防洪体系情况、长江干支流防洪能力、设计洪水和洪水调度目标；洪水调度中增加了三峡水库对荆江河段和城陵矶河段的补偿调度方式，对洲滩民垸、蓄滞洪区的运用水位及运用条件进一步细化调整，进一步明确了三峡水库、上游和各支流水库、防洪影响跨省(市区）的水库调度运用权限。

一、长江荆州河段

（一）荆江河段（枝城—城陵矶）

沙市水位预报将超过44.50米，相机扒开荆江两岸干堤间洲滩民垸行洪，充分利用河道下泄洪水，利用三峡等水库联合拦蓄洪水，控制沙市水位不超过44.50米。

当三峡水库水位高于171.00米之后，如上游来水仍然很大，水库下泄流量将逐步加大至控制枝城站流量不超过80000立方米每秒，为控制沙市站水位不超过45.00米，需要荆江地区蓄滞洪区配合使用。

沙市水位达到44.67米并预报继续上涨时，做好荆江分洪区进洪闸（北闸）防淤堤的爆破准备。沙市水位达到45.00米，并预报继续上涨时，视实时洪水大小和荆江堤防工程安全状况，决定是否开启荆江分洪区进洪闸（北闸）分洪。北闸分洪的同时，做好爆破腊林洲江堤分洪口门的准备。在国家防总下达荆江分洪区人员转移命令时，湖南省接守南线大堤。在运用北闸分洪已控制住沙市水位，并预报短期内来水不再增大、水位不再上涨时，应视水情状况适时调控直至关闭进洪闸，保留蓄洪容积，以备下次洪峰到来时分洪运用。荆江分洪区进洪闸全部开启进洪仍不能控制沙市水位上涨，则爆破腊林洲江堤口门分洪；同时做好涴市扩大分洪区与荆江分洪区联合运用的准备。荆江分洪区进洪闸全部开启且腊林洲江堤按设定口门爆破分洪后，仍不能控制沙市水位上涨时，则爆破涴市扩大区江堤进洪口门及虎渡河里甲口东、西堤，与荆江分洪区联合运用。运用虎渡河节制闸（南闸）兼顾上下游控制泄流，最大不超过3800立方米每秒，同时做好虎西备蓄区与荆江分洪区联合运用的准备。预报荆江分洪区内蓄洪水位（黄金口站，下同）将超过42.00米，爆破虎东堤和虎西堤，使虎西备蓄区与荆江分洪区联合运用。同时做好无量庵吐洪入江及人民大垸分洪运用的准备。荆江分洪区、涴市扩大区、虎西备蓄区运用后，预报荆江分洪区内蓄洪水位仍将超过42.00米，提前爆破无量庵江堤口门吐洪入江。预计长江干流不能安全承泄洪水，在爆破无量庵江堤口门的同时，在其对岸上游爆破人民大垸江堤分洪。并进一步落实长江监利河段主泓南侧青泥洲、北侧新洲垸扩大行洪，清除阻水障碍等措施，确保行洪畅通。上述措施可解决枝城1000年一遇或1870年同大洪水，若遇再大洪水，视实时洪水水情和荆江堤防工程安全状况，爆破人民大垸中洲子江堤吐洪入江；若来水继续增大，爆破洪湖蓄滞洪区上车湾江堤进洪口门，分洪入洪湖蓄滞洪区。

（二）城陵矶河段（城陵矶—东荆河口）

城陵矶水位达到33.95米，并预报继续上涨，视实时洪水水情，相机扒开城陵矶至东荆河口段长江干堤之间、洞庭湖区洲滩民垸进洪，充分利用河湖泄蓄洪水。城陵矶水位达到34.40米时，洲滩民垸须全部运用。城陵矶水位预报将达到34.40米并继续上涨，且三峡水库水位在155.00米以下时，三峡水库按控制城陵矶水位不高于34.40米进行防洪补偿调度。三峡水库水位达到155.00米后，如城陵矶水位仍将达到34.40米并继续上涨，则需采取城陵矶附近区蓄滞洪区分洪措施。视重点保护对象安全需要，首先运用洞庭湖钱粮湖、大通湖东、共双茶垸和洪湖蓄滞洪区东分块，并相机运用屈原垸、建新垸、建设垸、民主垸、城西垸、江南陆城、澧南垸、西官垸、围堤湖、九垸等蓄滞洪区蓄洪。若在执行上述分洪过程中，预报城陵矶超额洪峰、洪量较大，运用上述蓄滞洪区分洪不能有效控制城陵矶水位时，则运用君山垸、集成、安合等蓄滞洪保留区分蓄洪水。如城陵矶水位达到 34.40 米，但沙市水位低于 44.50 米且汉口水位低于 29.00 米时，城陵矶运行水位可抬高到 34.90 米运用。洞庭湖四水尾闾水位超过其控制水位（湘江长沙站 31.00 米、资水益阳站 39.00 米、沅水常德站 41.50 米、澧水津市站 44.00 米），危及重点垸和城市安全，可先期运用四水尾闾相应蓄滞洪区。

二、汉江中下游河段

根据 1989 年湖北省人民政府批转省水利厅《汉江中下游防御特大洪水调度方案》，汉江中下游依靠堤防、丹江口水库及杜家台分洪工程可防御 20 年一遇洪水，配合新城以上民垸分洪，可防御 1935 年同样大洪水，约相当于 100 年一遇。

当沙洋水位达 43.50 米，如预报水位继续上涨达到 44.50 米时，立即扒开沙洋镇围堤、张新民垸行洪。

当沙洋流量为 18400 立方米每秒时，东荆河自然分流 4600 立方米每秒，泽口至杜家台河段泄流约 13800 立方米每秒，需运用杜家台分洪工程，分洪流量依汉口水位确定。

当沙洋流量为 19400 立方米每秒时，东荆河自然分流约 4700 立方米每秒，泽口至杜家台河段泄流约 14700 立方米每秒，需运用杜家台分洪工程，分洪流量依汉口水位确定。

三、东荆河河段

汛前彻底扒毁潜江永丰垸、仙桃天星洲外垸、王小垸、上敖家洲、下敖家洲、熊家洲、六合铺、中洲等阻水围垸，要求上下口门及中间隔堤各刨毁 150～300 米平滩，并清除全部行洪树障。东荆河汛前刨毁民垸任务见表 4-4-1。

表 4-4-1　东荆河汛前刨毁民垸任务表

县（市）别	垸名	概况						刨毁规定	备注
		堤长/m	堤顶高程/m	面宽/m	陡高/m	耕地/亩	围垦年代		
	合计	48100				14870			
潜江	永丰垸	11800	38.50	2.0	2.5	5000	1981	规定上、下口及中间隔堤各刨毁200m，平滩	
仙桃	天星外垸	14000	35.40	3.0	4.0	3900	1974	规定上、下口及东堤闸横堤各刨毁300m，平滩	此表所列刨毁规定根据是1986年1月东荆河清障会议纪要
	王小垸	7000	34.00	6.0	6.0	4500	1963	规定上、下口各刨毁300m，平滩	
	上敖家洲	3000	32.10	1.2	3.0	440	1967	规定上、下口各刨毁200m，平滩	
	下敖家洲	1000	31.90	1.2	3.0	180	1974	规定上、下口各刨毁150m，平滩	
	熊家洲	1000	32.00	1.5	2.0	170	1961	规定上、下口各刨毁150m，平滩	
	六合铺中洲	4000	30.00	2.0	2.0	180	1974	规定上、下口各刨毁150m，平滩	

当东荆河潜江（陶朱埠）水位达到 39.60 米，或北口水位达 36.00 米，并预报上涨

时，扒开天星洲内垸上、下口门各100米行洪。

当杨林尾水位达31.00米，并预报上涨时，扒开联合大垸上口门1000米、下口门800米行洪。如预报继续上涨，杨林尾水位可能超过控制水位32.20米时，扒开郭良洲上、下口门各50米行洪、唐林湖上、下口门各80米行洪。

当长江、汉江洪水遭遇恶劣时，天合垸应扒开上、下口门各100米行洪。

东荆河限制水位破口行洪民垸任务见表4-4-2。

表4-4-2 东荆河限制水位破口行洪民垸任务表

垸名	概况						围垦年代	水位控制站	限制水位/m	口门宽度/m		硝胺炸药/t	炸口地点
	围堤长度/m	堤顶高程/m	面宽/m	陡高/m	耕地/亩	人口/人				上口	下口		
合计	101920				51370	40845						67.65	
天星洲内垸	11180	35.5～32.7	4.0～9.0	4.0～4.6	9150	7240	1961	北 口	36.0	100	100	5.5	天星窑石、天星十二队附近
天丰四合垸	23400	32.5～33.5	3.0	3.0～5.0	14153	8538	—	杨林尾	—	100	100	5.5	白字号、肖家湾横堤
联合大垸	43640	30.7～32.1	4.0	4.0～5.0	22844	21740	1975	杨林尾	31.0	1000	800	49.6	邱家榻、渔樵横堤
郭良洲	4500	32.0～32.2	2.0	3.3～5.0	600	380	1958	杨林尾	31.0	50	50	2.75	鸭网湾上下横堤
唐林湖	19200	32.0～32.6	2.0	3.4～3.6	4623	2947	1961	杨林尾	31.0	80	80	4.4	砂轮石、排水闸附近

四、沮漳河

沮漳河是荆江北岸的一条重要支流，流域面积7340平方千米。经1993年、1996年实施下游出口改道和退堤工程，形成了漳河水库拦洪、两河口以下堤防防洪和民垸蓄洪的防洪工程体系。1999年省防指组织有关单位和专家，在省防指《沮漳河调度方案》（鄂汛字〔1986〕27号）和省政府《关于汉江中下游、沮漳河、汉北河、府环河洪水调度方案》（鄂政发〔1988〕74号）的基础上，进一步修订完善沮漳河流域洪水调度方案。

（一）调度原则

沮漳河的防洪应服从荆江防洪要求，当沙市水位达到44.67米时，要求沮漳河万城以下河段控制泄量1300立方米每秒，以确保荆江大堤的防洪安全。

沮漳河两河口以下以1996年最高洪水位为防洪控制水位：万城45.41米、两河口50.15米。

分蓄洪民垸运用的顺序，应根据不同控制断面超额洪水峰量大小、民垸所在河段位置，以分洪效果好、分洪损失尽可能小来确定。

漳河水库的防洪调度应与两河口以下河段的防洪调度密切配合，必须严格控制水库汛限水位，充分发挥水库调洪、河道泄洪、民垸分蓄洪等综合作用。

（二）调度程序

当长江沙市水位在44.00～44.50米之间，沮漳河两河口来量小于2550～1900立方米每秒，两河口水位低于50.15米，万城水位低于45.41米，充分发挥河道泄洪作用，确保两岸堤防安全；当沙市水位在44.50～44.67米之间，两河口来量在1900～2550立方米每秒之间，两河口水位低于50.15米，万城水位将超过45.41米（在45.41～45.74米之间），万城以下河段根据工情、水情加强防守，必要时扒开谢古垸分洪；当沙市水位低于44.00米，两河口来量在2550～3820立方米每秒之间，两河口水位超过50.15米，依次运用观基垸、芦河垸、木楂湖垸分洪，重点组织守护荆江大堤梅花湾等堤段。当沙市水位达44.67米，应控制万城以下河段入江流量不超过1300立方米每秒。两河口来量在1900～2400立方米每秒之间，两河口水位低于50.15米，万城流量超过限泄流量，扒开谢古垸分洪；两河口来量在2400～3820立方米每秒之间，视洪量大小，依次运用谢古垸、木楂湖垸、芦河垸、观基垸、众志垸分洪；若两河口洪水来量超过3820立方米每秒，运用现有分蓄洪民垸仍不能解决两河口附近的防洪紧张局面，则相机在沮西采取紧急分洪措施应急。

（三）调度权限

沮漳河的分蓄洪运用方案由省防指决定。

第二节 涵 闸 运 用 调 度

荆州市沿江和内垸，有灌溉闸、排水闸、节制闸、橡皮坝等大小涵闸7872座，设计过流量5.1万立方米每秒。为优化涵闸调度，提高抗灾能力，省市先后出台一些规范性文件，按照“统一领导、分级管理、分级负责”的原则，为确保江河堤防涵闸安全度汛，充分发挥工程效益，省防指于1995年发布《关于汛期江河堤防上涵闸运用批准权限的规定》（鄂汛字〔1995〕3号），明确规定荆江分洪北闸、南闸控制运用由省报国家防总批准。汛期特殊情况下，长江、东荆河堤上涵闸由市防指提出意见报省批准；正常运用由市防指批准。东荆河堤上涵闸由省汉江河道局批准。1994年底，天门、潜江、仙桃交省调度；1996年京山、钟祥交荆门调度；汉江堤防的涵闸启闭运用由省和荆门调度。

一、沿江涵闸调度运用

涵闸调度启闭权限：一般时期，涵闸的调度运用由当地水行政主管部门审批；汛期，则由流域防指或市防指批准运用或省防指批准运用。

1. 荆江大堤万城、观音寺、颜家台

外江水位小于警戒水位，其调度运用由灌区县（市、区）工程管理单位申请，由市四湖防指提出灌溉方案，市长江防指进行安全审查，报市防指批准后通知长江防指执行；外江水位高于警戒水位，其调度运用由市防指报省防指审批执行。

2. 荆江大堤一弓堤、西门渊及长江干堤、东荆河堤涵闸

外江水位小于设防水位，由市流域防指负责调度；外江水位高于设防水位并低于警戒水位，由市长江防指审查，报市防指批准执行；外江水位高于警戒水位，由市防指报省防

指审批执行。

3. 支民堤涵闸

外江水位低于设防水位，由县（市、区）防指调度运用；外江水位高于设防水位并低于警戒水位，由县（市、区）防指审查，报长江防指批准执行；外江水位高于警戒水位，由长江防指审查，报市防指批准执行。

4. 涵闸超标准运用

凡沿江涵闸超设计标准运用和排水闸作引水使用以及灌溉闸作排水逆向使用，均须由市流域防指进行安全审查，报市防指批准执行，超控制水位运用的由市防指报省防指批准后执行。

5. 病险涵闸

凡列入病险的涵闸、泵站工程以及封堵的涵闸，汛期未经市防指批准，严禁使用。汛期蓄水反压的沿江涵闸，有关县（市、区）防指要严格按照规定水位落实反压措施，确保安全。

二、四湖流域控制性涵闸调度运用

（1）调度权限。四湖流域控制性涵闸荆江大堤万城、观音寺、颜家台闸，长江干堤新堤排水闸、新堤老闸、新滩口排水闸，内垸的习家口闸、彭家河滩闸、小港湖闸、张大口闸、子贝渊湖闸、下薪河湖闸，洪排主隔堤上的子贝渊闸、下薪河闸、福田寺防洪闸、福田寺节制闸等主要涵闸由市防指统一调度；四湖流域统排期间，有关统排控制涵闸由市防指统一调度。

（2）排水涵闸。长江干堤新堤排水闸、新堤老闸、新滩口排水闸及内垸的习家口闸、彭家河滩闸、小港湖闸、张大口闸、子贝渊湖闸、下薪河湖闸由市四湖防指提出调度方案，报市防指批准后由市四湖防指执行。

（3）主隔堤涵闸。福田寺防洪闸、福田寺节制闸、子贝渊闸、下薪河闸由市四湖防指提出调度方案，并与省洪工局联系，省洪工局对其工程进行安全审查，然后将调度方案及安全审查意见报市防指批准后，由市防指通知省洪工局执行。

（4）统排涵闸。洪湖围堤桐梓湖、幺河口闸，四湖总干渠周沟、长河口闸及福田寺船闸等统排涵闸，统排期间由市防指统一调度。先由市四湖防指提出调度方案，报市防指批准后，由市四湖防指通知所在县（市）防指或市直水利工程管理单位执行。

三、三善垸水系及内沲水河水系涵闸调度

其主要控制涵闸由市三善垸水利工程管理处和有关县（市、区）依据市防指制定的防洪排涝方案调度运用。

第三节 分蓄洪区调度

一、荆江分蓄洪区调度运用

荆江分蓄洪区由荆江分洪区、涴市扩大分洪区、虎西预备蓄洪区和人民大垸蓄滞洪区

组成，总面积1444.34平方千米，总有效蓄洪量80.6亿立方米，行政区域跨公安、石首、松滋、荆州区、江陵、监利6个县（市、区），2011年总人口约90万人。工程的主要作用是缓解长江上游巨大洪峰来量与荆江河段安全泄量不相适应的矛盾，减轻洪水对两湖人民生命财产的威胁，确保荆江大堤、江汉平原和武汉市安全。

（一）调度权限

1985年《长江防御特大洪水方案》规定，在防御1954年同样洪水时，长江荆江分洪工程的运用，由国家防总决定，其余的行洪、滞洪区和有关湖泊的滞洪运用，由长江中下游总指挥部商所在省人民政府决定，在防御1870年同样洪水时的分洪运用，需经国务院批准。2011年12月19日，国家防总以国汛〔2011〕22号文下发《关于长江洪水调度方案的批复》规定，荆江分洪区由长江防总商湖北省人民政府提出方案，由国家防总决定；国家确定的其他蓄滞洪区，由长江防总商所在省人民政府决定，由所在省防指负责组织实施，并报国家防总备案。

（二）运用程序

1999年国家防总根据长江防洪工程现状，对《1998年长江中下游洪水调度方案》修订后，于6月15日印发《长江洪水调度方案》，明确荆江洪水的调度原则、调度程序和调度权限。2011年，长江堤防达标和三峡水库蓄水后，国家防总又重新制定《长江洪水调度方案》（国汛〔2011〕22号文），对三峡水库调度和蓄滞洪区调度作出明确规定：在保三峡大坝安全的前提下，对长江上游洪水进行调控，使荆江河段防洪标准达到100年一遇，遇100年一遇至1000年一遇洪水，包括1870年同大洪水时，控制枝城流量不大于80000立方米每秒，配合蓄滞洪区运用，保证荆江河段行洪安全；当三峡水库水位低于171.00米时，控制沙市水位不高于44.50米；当三峡水库水位在171.00～175.00米时，控制枝城流量不超过80000立方米每秒，配合分洪措施控制沙市水位不超过45.00米；当三峡水位超过175.00米时，以保枢纽安全调度方式运行；当沙市水位预报超44.50米时，清江隔河岩、水布垭水库应配合三峡运用。

在沙市水位预报超44.50米时，相机扒开荆江两岸干堤间洲滩民垸行洪。当三峡水位超过171.00米之后，以控制枝城流量不超过80000立方米每秒、沙市水位不超过45.00米进行调度，并依次进行荆江地区蓄滞洪区运用。沙市水位达到44.67米时，做好北闸防淤堤爆破准备。达到45.00米时，开启北闸，做好腊林洲堤爆破准备；做好运用涴市扩大分洪区（爆破虎渡河里甲口东、西堤）准备工作，开启南闸流量不超过3800立方米每秒，做好虎西备蓄区运用准备。当预报黄金口水位将超过42.00米时，爆破虎东、虎西堤运用虎西备蓄区，做好无量庵吐洪及人民大垸运用准备；预报黄金口水位仍将超42.00米时，爆破无量庵吐洪；预计长江干流不能安全承泄洪水时，同时爆破无量庵和运用人民大垸滞蓄洪区；视洪水水情和荆江堤防安全状况，爆破人民大垸中洲子，吐洪入江；爆破上车湾，运用洪湖分蓄洪区。

（三）转移安置

20世纪50年代，分洪区只有29万人。1951年冬成立移民委员会，由荆州专署专员阎钧任主任委员，统一领导分洪区的群众接转工作。1964—1972年，由国家拨款，群众投工，在安全区修建安置房950栋，面积36.85万平方米，分配到户，平时统一管理。21世纪初，这些安置房大部分已破烂不堪，无法住人。1995年，分洪区共有49.8万人，其中，居住安全区、台有16.6万人，住蓄洪区内的有33.17万人。1995年分洪转移安置方案为：安置房居住4.64万人，在安全区、台挤住5.78万人，在堤上搭棚住10.45万人，向邻近县（市、区）转移12.3万人。1998年大洪水，荆江分洪区虽然没有分洪，但进行了3次大转移，共转移群众33.2万人，其中，向松滋、荆州、沙市、江陵、石首转移85310人，占应转移人数的66%；向公安县内非分洪区转移群众24.68万人，占应转移人数的119%。此外，还外转耕牛8531头，占应转数的46%。2012年统计需转移安置的99297户393824人，牲畜1852头，其中向外县（市、区）转移25353户102672人。

（四）围堤防守

分洪前，荆江分洪区围堤由公安县按当年的汛期水位安排防守劳力。分洪命令下达后，由湖南和湖北荆州、沙市、江陵、石首、松滋等县（市、区）接防。

南线大堤（579＋000～601＋000）22千米的三处闸、站由湖南省防守。

荆右干堤陈家台至太平口（681＋000～696＋800）长15.8千米由荆州区防守。

荆右干堤白家湾至陈家台（661＋000～681＋000）长20千米和1处涵闸由沙市区防守。

荆右干堤黄水套至白家湾（621＋000～661＋000）长40千米和2处涵闸由江陵县防守。

荆右干堤藕池至黄水套（601＋000～621＋000）长20千米和1处涵闸由石首市防守。

虎东干堤太平口至黄山头（0＋000～90＋580）长90.58千米和6处涵闸由松滋市防守。

19个安全区围堤长54千米，由各安全区抗洪救灾指挥部组织区内企、事业单位干部职工和群众防守，并由省、市派解放军指战员500人协助。安全区的23处剅闸由所在镇乡在接到分洪命令后立即封闭填死。

二、洪湖分蓄洪区调度运用

洪湖分蓄洪区位于监利、洪湖境内，自然面积2797.4平方千米，设计蓄洪水位32.50米，蓄洪容积189.5亿立方米，是长江中游城陵矶地区分蓄超额洪水容积最大的一个分蓄洪区，对保障江汉平原和武汉市防洪安全发挥着重要作用。

1985年，按照国务院批转的《长江防御特大洪水预案》，如遇1954年同样严重洪水，城陵矶河段控制水位34.40米，要求洪湖分蓄洪区与洞庭湖分蓄洪区共同承担城陵矶地区超额洪水320亿立方米，其中由洪湖分蓄洪区蓄洪160亿立方米；或者当荆江上游出现超过1954年的更大洪水时，要求洪湖分蓄洪区承担荆江分蓄洪区蓄洪后所不能容纳的超额洪水。

（一）调度权限

1985年《长江防御特大洪水方案》规定，在防御1954年同样洪水时，分洪工程运用由国家防总决定，其余的行洪、滞洪区和有关湖泊的滞洪运用，由长江中下游总指挥部商所在省人民政府决定，在防御1870年同样洪水时的分洪运用，需经国务院批准。1999年，国家防总以国汛〔1990〕10号文印发《长江洪水调度方案》，对洪湖分蓄洪区运用进行明确，由长江防总会商后，由湖北省政府决定，湖北省防指组织实施，并报国家防总备案。2011年12月19日，国家防总以国汛〔2011〕22号下发《关于长江洪水调度方案的批复》规定，荆江分洪区由长江防总商湖北省人民政府提出方案，由国家防总决定；国家确定的其他蓄滞洪区，由长江防总商所在省人民政府决定，由所在省防指负责组织实施，并报国家防总备案。

（二）运用条件和程序

当预报沙市水位将达到45.00米，城陵矶水位将达到34.4米，汉口水位将达到29.73米的情况下，国家防总已下达分洪转移命令，洪湖分蓄洪区在规定的72小时运用准备期内，用12小时作为转移工作准备时间。

（1）荆江河段。当荆江分洪区、涴市扩大区、虎西备蓄区运用后，预报荆江分洪区内蓄洪水位仍将超过42.00米时，提前爆破无量庵江堤口门吐洪入江。预计长江干流不能安全承泄洪水时，在爆破无量庵江堤口门的同时，在其对岸上游爆破人民大垸江堤分洪。并进一步落实长江监利河段主泓南侧青泥洲、北侧新洲垸扩大行洪，清除阻水障碍等措施，确保分洪入洪湖分蓄洪区通道的畅通。

（2）城陵矶河段。当城陵矶水位达到34.40米，并预报继续上涨时，若长江干流来水大，沙市水位达到或超过45.00米，根据上游来水大小和荆江堤防安全状况，需采取分洪措施时，则首先运用荆江地区的分洪区分洪；若洪湖先期在上车湾爆破江堤口门与荆江分洪区联合运用，并尚有剩余容积，则继续运用洪湖分洪区分蓄洪水。当城陵矶水位达到34.40米，并预报继续上涨时，若长江干流来水较小，沙市水位低于45.00米，视重点保护对象安全需要，首先按上述顺序依次运用洞庭湖区蓄洪垸蓄洪。若在执行上述分洪程序过程中水情发生变化，预报城陵矶超额洪峰、洪量较大，运用洞庭湖区蓄洪垸分洪不能有效控制城陵矶水位时，则运用洪湖分洪区分蓄洪水。

（三）转移安置

洪湖分蓄洪工程建成后，至今虽然没有运用，但分洪转移方案每年都在制订。据2012年统计，监利、洪湖两县（市）居住在蓄洪区内的现有居民30.12万户120.82万人（不含暂住人口），拟转移到长江干堤搭棚居住19.83万人，转移到外县（市）安置32.5万人，内转本县（市）内保护区安置68.49万人。具体转移安置方案如下。

（1）洪湖市：18.89万户、总人口68.52万人（不含暂住人口），拟定过长江外转到咸宁28.83万人；过东荆河外转到仙桃3.67万人；转入市境内保护区31.02万人，长江干堤上搭棚安置5万人。

（2）监利县：11.32万户、总人口52.3万人，就近转到长江干堤14.83万人；就近转移到县境内安全区2.1万人，利用船只转移到主隔堤排涝河以北10.29万人；沿沙洪公路用车辆转移到县内保护区25.08万人。

三、汉江分蓄洪区调度运用

为解决汉江上游的超额洪水，将荆门的邓家湖、小江湖确定为分洪民垸，1956年在沔阳境内修建杜家台分蓄洪区。

（一）邓家湖、小江湖分蓄洪民垸

邓家湖分蓄洪民垸蓄洪面积86.3平方千米，耕地8.7万亩，蓄洪水位46.80米，有效蓄洪容积2.97亿立方米；小江湖蓄洪民垸位于邓家湖下约8千米，蓄洪面积106平方千米，蓄洪水位46.60米，有效蓄洪量6.36亿立方米，耕地8.68万亩。邓家湖、小江湖民垸曾于1954年、1964年、1983年数次炸堤扒口分洪。1983年10月汉江发生1935年以来最大洪水，沙洋站最高洪水位达44.50米，最大流量为2.16万立方米每秒，超过河道安全泄量，为确保汉江遥堤安全，将邓、小两垸炸堤分洪，从当时分洪效果看，降低沙洋水位约1.00米，削减洪峰流量3900立方米每秒。1989年湖北省人民政府批转省水利厅《汉江中下游防御特大洪水调度方案》，根据上游洪水来量、气候变化和安全状况，考虑民垸容积及分洪效果，按照制定的运用程序和操作规程合理调度，把损失减少到最低限度。

（二）杜家台分洪区

杜家台分洪主体工程于1956年汛前建成，由进洪闸、分洪道、蓄洪区、黄陵矶闸组成。杜家台进洪闸前设计水位35.12米，设计过流量4000立方米每秒，分洪道长20.7千米，宽800米。1988年经水利部核准，蓄洪面积614平方千米，按蓄洪水位30.00米有效蓄水量为24亿立方米。1982年省政府批转省防指《关于汉江杜家台分蓄洪区度汛问题报告》指出，一旦杜家台分洪，蓄洪区内经过批准的部分围垸必须承担蓄洪任务。1989年水利部水规总院在可研报告审查意见中确定，杜家台分蓄洪区内各圩垸分洪运用的顺序为消泗垸、曲口垸、洪北垸、银莲垸、上东城垸、下东城垸、保丰垸。

杜家台分蓄洪区洪水调度原则为：清除行洪障碍，充分利用洪道和黄陵矶闸抢泄洪水入江；对现有围垸的运用程序原则上先通顺河以北，行洪道以南，后行洪道以北，再通顺河以南，逐个或同时扒口，不足时再运用洪北垸、银莲湖、上东城垸，遇特大洪水时最后运用下东城垸和保丰垸；根据杜家台分洪工程现状，仙桃周邦站控制运用水位为28.50米。

第四节 水库防汛调度

新中国成立以来，根据山丘区的特点，有计划地分水系进行全面规划，统筹兼顾，分区实施，综合治理，兴建了大批水库工程。搞好水库的防汛调度，是关系到库区人民生命财产安全和水库枢纽工程安全度汛的大事，也是荆州防汛工作的大事。按照分级管理的原则，1990年前漳河水库由省防指指挥，荆州地区负责管理调度，后由省防指直接调度，由荆州市直接管理和调度的大型水库有洈水水库和太湖港水库。

一、洈水水库调度

洈水水库位于松滋洈水镇，总库容5.12亿立方米，流域面积2218平方千米，主坝长1640米，南北副坝长7328米。灌区南、北、澧三大干渠长263千米，灌溉松滋、公安和湖南澧县农田，有效灌溉面积50万亩。

（一）防洪调度

涖水水库每年5月1日至7月31日为主汛期，常年坚持“低水迎汛、中水保灌、高水越冬”的调度原则，在确保枢纽工程安全的前提下，正确处理防洪与兴利，灌溉与发电之间的矛盾，充分发挥水库工程的综合效益。

涖水水库的防汛任务是在规定的最高水位（即1000年一遇洪水位97.12米）不倒坝。即使发生特大洪水，也要采取应急措施，认真执行水库防洪预案，确保大坝和下游人民生命财产安全，把灾害损失减少到最低程度。经省防指批准，5月1日至7月31日前汛限水位为93.00米，8月1—31日汛限水位为93.50米；9月1日后库水位蓄至94.00米以上。

1. 度汛标准

涖水水库防洪标准为500年一遇洪水设计，5000年一遇洪水校核。水库设计洪水位95.16米，校核洪水位95.77米，防洪高水位94.38米，正常蓄水位94.00米，见表4-4-3。

表4-4-3　涖水水库特征水位及相应库容

项　目	校核洪水位	设计洪水位	防洪高水位	正常蓄水位	汛限水位	死水位
特征水位/m	95.77	95.16	94.38	94.00	93.00	82.50
相应库容/万 m^3	51160	48660	45640	44200	40600	13300

防洪限制水位（汛限水位）。4月15日至10月15日为汛期。4月15—30日为初汛期，水库水位由正常蓄水位94.00米逐步调减到93.00米。5月1日至7月31日为主汛期，防洪限制水位93.00米。8月1—31日为后汛期，防洪限制水位93.50米。9月1日至10月15日为汛末期，水库水位逐步调节到正常高水位蓄水。

2. 洪水调度规则

当入库洪水不超过20年一遇（对应入库流量3210立方米每秒），水库水位超过汛限水位时，先启用木匠湾溢洪道，控制水库下泄流量不超过安全泄量1627立方米每秒，控制库水位不超过防洪高水位94.38米，且最大下泄流量不得超过最大入库流量，闸门开启数及开度视具体情况进行调整。当入库洪水超过20年一遇（对应入库流量3210立方米每秒），库水位在防洪高水位94.38米以下时，只启用木匠湾溢洪道控制水库下泄流量不超过安全泄量1627立方米每秒。当库水位上升到防洪高水位94.38米，且水位继续上升时，首先考虑水库工程安全，木匠湾溢洪道3孔全开；当入库流量超过木匠湾溢洪道的泄洪能力时，视上游来水情况，可增开孙家溪溢洪道1～3孔，全力泄洪；当水库水位降至94.38米以下时，在确定后期无雨的情况下，控制最大出库流量为1627立方米每秒。

（1）预泄或超蓄条件及水位浮动幅度。根据水文气象预报，考虑到下游河道现状及行洪能力，在主汛期5月1日至7月31日，当预报水库将达93.00米以上时，应根据天气和水文监测预报提前预泄。在每场洪水结束后应及时将水库水位调节到汛限水位以下以迎接下一场洪水。

(2) 超标准洪水的应对措施及启动条件。当入库洪水超过 500 年一遇洪峰流量 6230 立方米每秒时，库水位达到 95.16 米且有上涨趋势，说明水库已遭遇超设计标准洪水，两座正常溢洪道全部开启。当入库洪水超过 5000 年一遇洪峰流量（6590 立方米每秒）时，库水位达到 95.77 米且有上涨的趋势，说明水库已遭遇超校核标准洪水，在开启全部溢洪道的同时，应及时采取爆破北副坝等一切非常运行方式降低水库水位。下游淹没区按照《洈水水库防洪抢险应急预案》相关要求做好淹没区人员、财产转移工作，并全力抢险，以确保主坝安全。下游淹没区需事先转移人口 219872 人（其中松滋 45 个村 110872 人，公安 59 个村 109000 人），转移牲畜 22226 头（松滋 14201 头，公安 8025 头）。

3. 调度权限

水库水位在汛期限制水位以下时，由洈水工程管理局根据水雨情，适时进行灌溉、发电，控制库水位在汛限水位以内进行调度。水库水位超过汛限水位时，由洈水水库防指根据水文气象预报，提出泄洪方案，报荆州市防指批准后由洈水工程管理局执行。当水库需要泄洪时，由荆州市防指通知松滋、公安两县（市）防指作好防汛和安全转移工作。

2010 年洈水水库下游防洪影响范围基本情况统计见表 4-4-4；2010 年洈水防御特大洪水转移方案见表 4-4-5。

表 4-4-4　　2010 年洈水水库下游防洪影响范围基本情况

乡（镇）	国土面积 /km²	耕地面积 /万亩	村 /个	组 /个	总人口 /万人	农林牧渔总产值 /万元	备注
合计	1020.9	40.83			35.23	128270	根据 2010 年《荆州统计年鉴》
洈水镇	290	7.20	25	243	7.68	31327	
街河市镇	81.1	3.67	14	137	4.05	17841	
万家乡	64.7	3.03	8	110	2.35	15330	
杨林市镇	121.7	5.33	13	128	4.54	22095	
纸厂河镇	106.4	4.53	12	122	3.78	19796	
狮子口镇	155.00	8.37			6.64	11983	
章庄铺镇	202.00	8.70			6.19	9898	

表 4-4-5　　2010 年洈水防御特大洪水转移方案

县（市）	乡（镇）	村 /个	转移人口 /人	转移牲畜 /头	转移地点
松滋市	洈水镇	10	28934	995	南闸、肖家湾、青水冲
	万家乡	2	2100	1200	保老铺、贾家岗
	纸厂河镇	12	41620	2560	蔡家桥、黄泥滩
	街河市镇	10	27223	9212	青继庵、安龙山
	杨林市镇	11	10995	234	保老铺、金鸡山、台山
	小计	45	110872	14201	

续表

县（市）	乡（镇）	村/个	转移人口/人	转移牲畜/头	转移地点
公安县	狮子口镇	25	68000	3785	堤上、申津渡、白云观
	章庄铺镇	34	41000	4240	石子滩、丁家垱
	小计	59	109000	8025	
合计		104	219872	22226	

（二）抗旱调度

（1）调度原则。在确保库区工程安全的前提下，坚持“生活用水优先于生产用水、生产用水优先于发电用水”的原则，以供定需，统一调度，分级管理。洈水水库灌溉控制线86.00米，灌溉保证率$P=85\%$。

（2）调度权限。水库常规灌溉调度（$P\leqslant85\%$）由洈水水库防指调度，由洈水水库防指办公室或相应供水、用水部门执行。特大干旱调度（$P>85\%$或库水位低于86.00米）由洈水水库防指拟定具体的抗旱调度方案，报荆州市防指批准后执行，或按荆州市防指命令执行。

二、太湖港水库调度

太湖港水库位于荆州区马山镇、八岭山镇，由丁家嘴、金家湖、后湖、联合4座水库组成。水库之间用明渠串联相通，总称太湖港水库，承雨面积189.56平方千米，总库容1.22亿立方米。1990年3月经省水利厅批准4座水库联合升格为大型水库。水库为100年一遇洪水设计，2000年一遇校核。下游河道防洪标准为20年一遇，安全泄量80立方米每秒。

（1）调度任务。当遭遇常遇洪水时，在确保工程安全的前提下，拦蓄全部洪水或部分洪水，控制下泄流量，尽量不超过下游河道20年一遇行洪能力；当遭遇超20年一遇洪水情况，确保工程安全下泄。

（2）调度权限。水库标准内调度方案由荆州区太湖港工程管理局根据水情、雨情、工情等实时信息编制，报荆州区防指办公室批准后执行。超标准洪水调度，太湖港工程管理局启动《太湖港水库防洪抢险应急预案》，遵照荆州市防指办公室命令执行。

（3）调度原则。确保水库大坝安全的原则。当水库泄洪与下游河道防洪发生矛盾时，下游河道行洪必须服从水库安全度汛。太湖港水库为多库相连，库间通过明渠连接而成，故水库在洪水调节中采取以泄为主的原则。水库现有2座带闸门的溢洪闸与2座开敞溢洪道，下游河道的泄洪以后湖泄洪闸调节为主，并以实时信息为依据进行科学调度。

三、漳河水库洪水调度

漳河水库总库容20.35亿立方米，防洪库容3.43亿立方米。观音寺库区承雨面积大而库容小，鸡公尖库区承雨面积小而库容大，防洪调度是保证枢纽工程安全的重要措施。在处理安全与效益的关系时，效益服从安全。20世纪90年代前，当遭遇一般洪水时，主汛期库水位 121.00 米起调，开陈家冲闸一孔泄洪。如上涨至 122.50 米时，陈家冲 5 孔全开，在确保枢纽工程安全的前提下，兼顾下游，尽量与沮河错峰，以保障下游荆江大堤和重要城镇人民生命财产安全。当遇特大洪水，陈家冲闸全开，库水位上涨至 123.50 米时，启用崔家沟非常溢洪道。如水位再涨至 125.00 米时扒开马头砦子堤泄洪。鸡公尖库涨至 124.56 米时，爆破胡家坡副坝泄洪。当特大洪水出现时，即使与下游河道行洪能力发生矛盾，也要采取一切措施泄洪，确保大坝安全。

漳河水库防洪调度涉及荆州、宜昌两市和荆江大堤等诸方面利害关系，因此调度决策、泄洪闸启闭、流量控制均由省防指决定。

每年汛期调度方案由漳河工程管理局制定后报省，由省防指确定洪水起调水位后，下达漳河工程管理局执行。1966—1974 年主汛期起调水位 120.00 米，汛后未作规定。1975 年主汛期起调水位 122.00 米，汛末起调水位 121.00 米，汛后起调水位 123.50 米。1976—1983 年主汛期起调水位 120.00 米，汛后起调水位 123.50 米。1984—1989 年主汛期起调水位 121.00 米，汛末起调水位 122.60 米，汛后起调水位 123.50 米。省规定，漳河工程管理局根据气象变化情况可上下浮动 0.50 米。

1990 年后由省防指直接调度指挥。

第五节　湖泊防汛调度

荆州市地处江汉平原腹地，平原湖区面积占全市国土面积的 81%，据 2011 年统计，全市有大小湖泊 184 个，总面积为 705.36 平方千米。

四湖流域是荆州市湖泊最集中的地方。新中国成立前，湖区水系紊乱，河沟淤积，冬涸夏溢，血吸虫病流行，农业生产水平低下，每到汛期，江水倒灌，山丘河流洪水汇入湖泊，若连降大雨，即造成内垸渍涝灾害。新中国成立后，为彻底根治四湖流域“水袋子”，20 世纪 50 年代组建了荆州地区四湖排水指挥部，负责四湖地区防洪、排涝、灌溉工程的建设和防汛调度工作。1962 年正式成立荆州专署四湖工程管理局，承担四湖流域的规划、设计、续建配套和工程管理工作。1984 年，荆州地委、行署成立荆州地区四湖防洪排涝指挥部，统一调度指挥四湖地区的防汛抗灾工作，后改称为荆州市四湖东荆河防指。1995 年荆沙合并，潜江市划出荆沙市后，为协调水利矛盾，湖北省水利厅以鄂水〔1995〕320 号文成立湖北省四湖地区防洪排涝协调领导小组，由省水利厅副厅长任领导小组组长。四湖流域上区的水利工程由荆门、潜江和荆州市分别管理；中区由荆州、潜江市分别管理；田关泵站和刘岭闸划归省水利厅管理。荆州市境内中下区流域水利工程由四湖管理局负责管理。2005 年，经省政府同意，成立湖北省四湖流域管理委员会，办公地点设在荆州市四湖工程管理局，同时撤销湖北省四湖地区防洪排涝协调领导小组，主要负责四湖流域防汛、排涝、抗旱的指挥协调工作，主任由省水利厅厅长段安华担任。

省人民政府和省防指对四湖流域的防汛排涝非常重视，多次发文明确大型排涝泵站和长湖、洪湖的控制运用意见，特别是 1994 年行政区划变更后，水事矛盾突出，省政府于 1995 年《批转省水利厅关于四湖地区防洪排涝调度方案（试行）》（鄂政发〔1995〕68 号），1996 年省防指《批转四湖流域中下区防洪排涝调度方案》（鄂汛字〔1996〕15 号），

2011年省政府发布《湖北省大型排涝泵站和主要湖泊控制运用意见》（鄂政发〔2011〕74号），对800千瓦以上的大型排涝泵站开机排涝和长湖、洪湖的控制运用作了原则规定并提出了具体操作意见。

一、排涝前的准备工作

为保证电力排水站安全、可持续运行，保护好工程设施，各级财政部门应按照水管体制改革的要求足额落实泵站运行电费和维修养护经费，保证泵站及时开机运行。

汛前，泵站管理单位应按照省水利厅颁发的《湖北省电力排灌经营管理暂行办法》和技术规程、规范要求，对泵站工程和设备进行检查、维修和测试，使工程和设备处于良好状态。

为保证泵站安全运行并能及时排除事故，必须做好机电设备零部件和易耗材料的储备工作。

对湖泊围堤，各地应在汛前进行检查维修，堤顶高程和断面未达到设计要求的必须进行加高培厚，发现险情抓紧整险加固，保证度汛安全。

泵站与主要调蓄湖泊的调度，实行分级管理、分级负责制，凡受益区在一个县（市）的，由县（市）负责指挥；受益区跨县（市），在一个地市内的，由地市指挥；受益区跨地市的，按跨地市流域性泵站调度运用方案执行。

沿江、河堤段上的一级泵站发现有险情或险情已作处理未经大水考验的，各地市都要指定专人管理，备好抢险物资，安排好劳力，制定应急措施，做到有备无患。

各泵站应加强领导，落实行政责任人、工程负责人、技术负责人和值班人员，防守人员听从指挥，遵守纪律，坚守岗位，确保机组设备安全运行。

二、大型泵站（单机800千瓦以上）调度运用

单机800千瓦以上大泵站是平原湖区排涝骨干工程，汛期必须按设计和规定的启排水位及时开机排水。

凡属泵站排水区域内的大小调蓄湖泊，汛期必须按规定的内湖起排水位为蓄洪限制水位控制蓄水，特别是洪湖、长湖等湖泊水位要按要求从严控制。

各类排水涵闸汛期应服从防汛排涝指挥机构的统一调度，沿江河排水涵闸要尽量利用外江低水位进行抢排。

泵站设计排涝能力一般只有5～10年一遇排涝标准，当排区遇到超标准暴雨时，为保证大部分地区的安全和基本农田生产，必须确定备蓄区和蓄洪区，并做好备蓄区和蓄洪区的运用准备工作，落实人畜安全转移方案，坚决服从防汛排涝指挥机构的统一指挥，及时按计划分蓄洪。

各泵站必须安排专人通过电话、传真、网络等方式，向上一级防汛和业务主管部门报送泵站每日运行情况。

三、跨市流域防洪排涝调度

（一）四湖流域上区

四湖地区行政区划涉及荆门、荆州、潜江3市，内垸总面积10375.7平方千米，主要

调蓄湖泊有长湖和洪湖，建有17座外排泵站承担四湖流域的提排任务。按等高截流排水分上、中、下3区。四湖流域上区重要工程（长湖堤、刘岭闸、田关闸、习家口闸、田关泵站、高场南闸、高场北闸、双店闸等）必须服从统一调度。其涵闸及田关泵站调度原则如下。

(1) 每年4月15—30日，视天气情况长湖水位逐渐降至30.50米（即保证4月底水位降至30.50米），汛期（每年5月1日至10月15日，下同）蓄水位应控制在30.50～31.00米。汛末，长湖水位蓄至31.00米，为非汛期生态调度蓄积水量。

(2) 田关泵站调度本着先排田后排湖的原则。原则上田关干渠以北来水不入长湖调蓄。①排田：田关闸关闭期间，当田关泵站站前水位高于31.00米时开机排水，停机水位29.50米。②排湖：田关闸关闭期间，当长湖水位超过31.00米，或长湖水位在30.50～31.00米且预报近3日内有大到暴雨时田关泵站开机排水，长湖水位30.50米时停机。

(3) 当田关泵站站前水位稳定在31.00米以下，而长湖水位超过31.00米时，应及时开启刘岭闸抢排湖水；当长湖水位接近32.00米，田关渠以北（简称田北）片农田仍未排出时，排田排湖兼顾；当田北片农田排出或站前水位下降到31.50米以下时，刘岭闸全开排湖；当长湖水位高于32.00米时，为确保长湖围堤安全，以排湖为主；当长湖水位超过33.00米时，田北片二级泵站停排。

(4) 当长湖水位在30.50～31.00米时，田关闸尽量自排；当长湖水位在31.00～31.50米，田关闸自排流量小于75立方米每秒时，予以提排或在自排流量为75～100立方米每秒，气象预报近3日内有雨且田关泵站外江水位呈上涨趋势时，泵站开机提排；当长湖水位在31.50～32.20米，田关闸自排流量小于100立方米每秒时，予以提排或在自排流量为100～125立方米每秒，气象预报近3天内有雨且田关泵站外江水位呈上涨趋势时，泵站开机提排。

(5) 若田关泵站全部开机，长湖水位仍不能稳定在33.00米且预报有雨，为保证长湖围堤及下游人民生命财产安全，执行长湖汛期控制运用分洪调蓄方案。

(6) 汛期，高场南闸原则上关闭。高场倒虹管、张义嘴倒虹管、中沙河倒虹管随同四湖下区的新滩口自排闸开启而开启、关闭而关闭；当长湖水位在31.00米及以上时，兴隆闸、万城闸原则上不引水，但确需引水时，应严格控制引水流量，其尾水不得进入长湖和田关河。

(7) 以上各工程的调度运用，分别由荆门、荆州、潜江3市防办按上述意见执行。

(8) 田关泵站排涝用电负荷由潜江市申请，费用由省财政从专项资金中支付。

（二）四湖中下区

洪湖汛前控制水位24.00米，汛期泵站起排水位实行分期控制，每年5月1日至8月31日为24.50米，9月1日至10月15日为25.50米。当洪湖水位超过26.50米，水位仍在继续上升时，四湖中下区的高潭口、新滩口、南套沟、螺山、杨林山、半路堤、新沟、老新、大沙等一级泵站都应服从统排调度，投入流域排水，同时控制二级站开机，保证湖堤安全。老新泵站汛期排涝用电负荷由潜江市向荆州电力局申请。汛期，徐李闸闸前控制水位在28.00～28.50米之间。闸前水位高于28.50米时开闸排东干渠与田关干渠以南区间涝水，28.00米时关闸。中下区荆州境内排涝泵站具体调度意见和方案，由荆州市防指根据以上原则制定执行，报省防办备案。

四、主要调蓄湖泊汛期调度运用

当湖区降雨超过河、湖控制水位标准，为了保证湖泊围堤及保护区内城乡基础设施和人民生命财产安全，排涝泵站应与湖泊调蓄联合运用。

（一）长湖

长湖承雨面积 2265 平方千米，设计堤顶高程 34.50 米，设防水位 31.50 米，警戒水位 32.50 米，保证水位 33.00 米，汛前控制水位 30.50 米，汛期蓄洪限制水位 31.00 米。长湖内垸包括桥子湖外垸、马子湖、胜利垸（含外六台）、幸福垸等，分洪面积 9.7 平方千米，分洪量 0.19 亿立方米；彭家湖分蓄洪区分洪面积 7.6 平方千米，蓄洪量 0.228 亿立方米；借粮湖分蓄洪区分洪面积 53 平方千米，分洪量 1 亿～1.2 亿立方米。汛期调度方案如下。

（1）当西荆河流量超过 250 立方米每秒，高场水位接近 33.00 米，预报后续洪水流量更大，高场水位超过 33.00 米，则爆破西荆河右岸（青龙闸附近）堤防，向彭家湖分洪。

（2）当长湖水位超过 32.50 米，接近 33.00 米，若下游洪湖水位在 25.50 米以下，可由习家口闸下泄流量 50～70 立方米每秒，田北片下泄流量 100～120 立方米每秒，缓解上游紧张局势。

（3）当长湖水位接近 33.00 米，且上区持续降雨，预报将超过 33.00 米时，关闭双店泄洪闸。

（4）当长湖水位接近 33.00 米，且上区持续降雨，预报将超过 33.00 米时，运用长湖内垸分洪。

（5）当以上措施仍不能稳定长湖水位在 33.00 米，预报将超过 33.00 米，运用借粮湖和彭家湖分洪（彭家湖分蓄洪区没有分蓄西荆河洪水时）。其分洪先后由省防指根据长湖需分洪量多少决定。若分借粮湖时，临时分洪口选择在蝴蝶嘴的窑湾附近；若分彭家湖时，则通过双店排洪渠向彭家湖分洪。

（6）当以上措施仍不能稳定长湖水位在 33.00 米，预报将超过 33.00 米，且下游洪湖水位在 26.00 米以下时，可由习家口闸下泄流量 50～70 立方米每秒，田北片各闸下泄流量 100～120 立方米每秒。

（7）当以上措施仍不能保证长湖围堤安全时，由省防指决定具体保堤措施。

运用长湖内垸、借粮湖、彭家湖分洪区分洪调蓄保安的具体措施分别由荆州市防指、潜江市防指、荆门市防指提出，报省防指审批后执行。

（二）洪湖

洪湖承雨面积 5980 平方千米，湖堤设计高程 28.00 米，设防水位 25.80 米，警戒水位 26.20 米，保证水位 26.97 米，汛前控制水位 24.20 米，汛期蓄洪限制水位 24.50 米（每年 5 月 1 日至 8 月 31 日）、25.50 米（每年 9 月 1 日至 10 月 15 日），非汛期洪湖越冬水位 24.00～24.50 米。汛期采取统排措施后，洪湖水位仍将持续上涨并危及围堤安全时，视水雨情况运用螺西和万全垸备蓄区分洪蓄水。运用螺西和万全垸备蓄区后，仍不能保证洪湖围堤安全时，由荆州市防指决定采用其他应急措施。

（三）玉湖

玉湖承雨面积350.9平方千米，湖面6.83平方千米，最大总库容约3700万立方米，玉湖堤防设计高程38.50米，设防水位37.00米，警戒水位37.50米，保证水位37.82米，最高水位38.14米，汛前腾湖蓄渍控制水位35.50米，汛末越冬水位35.80米。

1. 调度运行方式

（1）腾湖蓄渍调度，进入汛期（5月1日），玉湖水位视天气预报情况可降到35.50米以下。

（2）玉湖起排水位36.50米。当玉湖水位达到36.50米时，根据适时气象、水雨工情、下游承受能力等多种因素综合考虑，可适度调度玉湖泵站降排湖水至36.50米以下；当玉湖水位达到37.50米，协调荆州区防指，调度里甲口电排站参与流域上游排涝工作。

（3）玉湖水位超过保证水位37.82米，降雨仍持续，上游还有大量渍水下泄的情况下，协调荆州区防指，对玉湖上游三处入湖闸（郾家泓、太平桥、顺林沟）采取限制下泄流量，实行等高截流的措施，确保玉湖湖堤安全。

2. 分蓄洪措施

（1）公安县防指对玉湖制定分蓄洪应急预案。

（2）当遇到2003年“7.8型”内涝灾害，玉湖水位达到或超过38.10米时，且上游还有大量渍水下泄，为确保玉湖湖堤和人民生命财产安全，由荆州市防指会同公安县防指启动分蓄洪应急预案。

第五章　险情抢护与堤坝溃决

荆州境内堤防普遍建筑于第四纪冲积层之上，建筑历史悠久，系多年加培而成。堤身土质结构复杂，隐患甚多，低矮单薄。堤基上部一般为黏土、亚黏土，土层薄，下部以粉细沙、细沙为主，再下面为砂砾石和卵石层，透水性极强，汛期容易出现管涌险情。许多堤段堤外无滩，崩岸险情严重。堤防溃口频繁。

新中国成立后，对堤防虽经大力整治，抗洪标准不断提高，但因堤线长、险段多、整治工程量大，还存在一些薄弱环节，尤其是支民堤抗洪标准仍然偏低。汛期，堤防及其他水利工程曾出现各种重大险情，有的险情经过抢护转危为安，有的险情由于抢护不及时或抢护方法错误而造成溃口。1954 年以后，荆江两岸共发生堤防溃口 9 处（长江干堤 1 处、支民堤 8 处）。因漏洞险情造成溃口 2 处，管涌险情造成溃口 7 处。这 9 次溃口是可以防止的，是不应该发生的。主要教训是：未能及时发现和消除种种不利于工程安全的隐患，疏于防范，管理工作依然是薄弱环节，险情发生后，未能迅速采取正确的抢护方法，因而造成溃口。

新中国成立后 60 多年防汛斗争的经验教训证明：小心谨慎，认真负责，大水也可以安全度汛；麻痹大意，小水也可能出事。

堤防汛期出现的险情：管涌、内脱坡、漏洞、跌窝、散浸、崩岸、漫溢、风浪以及涵闸泵站等穿堤建筑物险情，其中以管涌、散浸、漏洞险情发生最多，而管涌险情又是对堤防安全威胁最大的险情。在长期的防汛斗争中，对险情的抢护积累了丰富的抢护经验教训，形成一套适合荆州堤防各种险情抢护的有效方法。

集防汛抢险之经验教训，对于堤防出现的种类险情（不含崩岸）的抢护方法，可以概括为“堤身出险做外邦，堤内出险做围井”。就多数险情而言，都必须这样处理。如果险情一经发现，就采取这样的措施，不会带来风险，不会使险情恶化。但是，险情的性质千差万别，具体险情应具体对待，不可能都是一成不变的抢护方法。处理险情要高标准、严要求，要从难、从严。

兹记录新中国成立后几次重大险情抢护和溃口与垮坝的实例。

第一节　典型险情抢护

一、1954 年荆江大堤江陵董家拐脱坡险情

荆江大堤江陵董家拐堤段（桩号 679＋723～679＋970），堤基不良，土质含砂，堤质很差。1935 年大水曾数次出险，经一再打桩挑土抢护，后因下游麻布拐堤溃而解危。自

1935年大水后，董家拐堤段久未挡水，年久失修。1954年7月29日晚，上人民大垸围堤鲁家台溃口，董家拐堤段突然挡水。8月2日14时，江水涨至距堤顶1.5米，在距堤顶下2.8米的内坡，发现顺堤裂缝，宽0.01米，长23米，至16时30分裂缝长度发展为150米，堤身下矬1.5米。1935年脱坡时打的排桩部分露出，裂矬不断扩大至距堤顶下5.4米，内坡隆起开裂，堤脚向内滑矬，水塘稻田泥土鼓起。8月5日大堤内坡发生脱坡，自荆江大堤桩号679+723～679+970段长247米成弧形下矬，其中有134米长堤段最为严重，堤面崩矬2米，坎高2.7米，陡坎下部有水渗出，土壤含水量由饱和变为泥浆。堤面裂缝继续发展为3条，长85米，缝宽0.02～0.12米，其中有13米全部倾矬。董家拐大脱坡示意图见图4-5-1。当时针对险情采取开沟导滤、填塘固基、外帮截渗、袋土还坡的抢护办法。由于对开沟导渗的认识不一致，怕开沟扩大险情，加之导渗材料不合要求，未能收到预期效果。后改为开垂直沟，并将原沟加以整理，沟距改为6～12米，哪里渗水就在哪里开沟，沟深1米（渗水严重地段沟深2米），并在沟内填满卵石上盖草袋，并随挖随填，主沟之间加开支沟，很快土壤就变得干燥，抗剪力加强。同时在脱坡最严重的部位用袋土及散土抢筑外帮，加大堤身断面，以抑制渗水及脱坡险情发展。由于崩塌体前部已进入水塘，塘边泥土隆起，便采取填塘固基，抛石镇脚，并加做土撑和上部柴土还坡等措施，但仍有局部发生微裂，因此，又先后加做透水土撑，在堤脚和水下部分依次填压袋土，并于袋土外加抛块石。填筑平台长250米、宽2～6米、高出水面1～1.5米，以排淤固基阻滑，还在平台上连接土撑，加土还坡。8月5日在基本完成导渗沟及外帮工程中还大力填塘固基，先填盛土草包再压盛土麻袋，面压块石。填宽6～12米，还做土撑8个，再连接土撑还坡。7日导渗工程全部完成，筑成宽4米，高出水面0.5米的外帮。当8月7日最高洪峰到来时，外江洪水位距堤顶约1米，10时桩号679+731处原有孔径0.02米的清水漏洞，忽然变为浑水漏洞，孔径扩大至0.12米，水流汹涌，带出大量泥沙，同时从漏洞上部堤面到外坡发生弧形裂缝长28米，情况十分危急。当即加做围井，围井高1.7米，井内水深1.5米，并填入卵石厚1米，漏水仍急；再将围井加高0.5米，泥沙仍不断翻出水面，经再加高1米（井高3.2米），并在外坡漏水严重的56米堤段加长外帮5～6米，宽10米，险情才被控制。此次抢险守护共耗用麻袋2万余条、草包1.3万条、块石2100立方米、砂卵石300立方米、土方2.3万立方米。

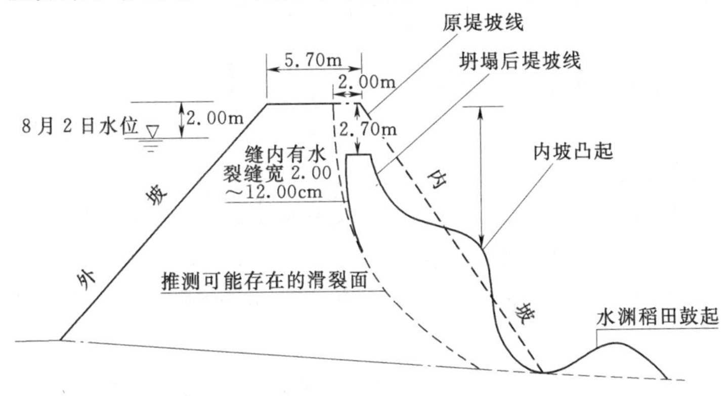

图4-5-1 江陵县荆江大堤董家拐大脱坡示意图

董家拐险情是当年荆江大堤发生的最为严重的溃口性险情之一。由于险情不断恶化，迫使在下游上车湾分洪。董家拐险情抢护方法是在传统的打桩防止土体滑动的基础上，首次采用开导滤沟稳定脱坡险情而抢护成功的。在以后类似的险情抢护中广泛使用。

已往抢护脱坡险情的主要方法就是打排桩。即在已滑动土坡的尾部用杉木打排桩，企图用木桩拦住已滑动的土体不再滑动，把已滑动的土体堵在排桩前面。这种抢护方法是很危险的，一是木桩的入土深度有限，一般只有3米左右，打桩还会破坏土层稳定，扩大滑动范围，再就是桩前面滑动的土体含水量越来越大，哪怕后面有排桩拦阻，由于外江水位的压力和不断浸透，土体变得越来越软，直至成为稀泥，不断地向下坍塌，很快就会造成溃口。当时有一部分干部、群众不赞成在堤内坡和脱坡土体上采取开沟滤水的方法，一再派代表请愿，要求打桩，桩架和木材都已运到险段。紧要关头，抢险的指挥者同技术人员果断而又坚决地采取开沟导渗、填塘固基、土撑防崩、还坡护堤、外筑截浸等综合措施的抢护方法，终于使险情转危为安。

二、1954年荆江大堤杨家湾内脱坡险情

杨家湾位于荆江大堤监利段，桩号638＋300～639＋415，长1115米。历史上即为渗漏严重险段，堤内为低洼水塘，堤身土质含沙较多，虽经多次翻筑填塘及加固堤身，但标准不高，而且在施工时对老堤的渗漏并未采取加固措施，新堤与老堤并未形成整体，汛期经常出现散浸、管涌、漏洞及脱坡等险情。尤其是桩号638＋350～638＋772长422米一段，自1954年6月30日至8月8日，先后脱坡达9次，下矬陡坎最高为1.7米。从6月30日出险至8月9日止，抢护时间长达40天，为1954年荆江两岸抢护时间最长的险情。

6月30日，当长江监利城南水位上涨至34.37米时，桩号638＋610～638＋646长36米堤段，堤面下斜10米处发生弧形裂缝一道，下矬成陡坎高0.6米，因处于防汛初期，未能及时处理，以致脱坡部分浸水饱和逐渐成为稀泥，并迅速向下滑动。后采取在堤脚打关土桩、填塘及打土撑的办法将下滑土体拦住。至7月2日上午陡坎已发展至1.5米（最大时1.7米），打完102根木桩后，滑矬现象仍未停止。后转为开沟排渗、突击填塘和开始筑透水土撑。7月3日，3个土撑全部筑成，脱坡处基本稳定。4日，桩号636＋646～636＋658长12米堤段又向下裂矬陡坎0.3米，因开沟及时未继续发展。8日，桩号638＋560～638＋610长50米堤段也开始向下裂矬，裂缝宽0.1米，当即开沟排渗并填以柴枕，险情才未继续发展。

7月10日，桩号638＋354～638＋394堤段长40米。堤面下斜长23米处向下裂崩0.03米，因开沟不彻底，于12日晚裂缝又向上延长3米，于堤面下斜长20米处，下矬0.6米，经开沟及柴土还坡处理，险情基本稳定。7月17日，桩号638＋472～638＋492堤段长20米，堤面下斜长20米，出现0.1米宽裂缝。7月18日，桩号638＋600～639＋100处，距堤内脚50～60米远的水田内，发现一处管涌群，管涌孔5个，其中最大的一个孔径0.5米，次为0.32米。采取在洞内倒砖渣，并在洞口附近堆护砖渣，险情得到控制。

7月29日，桩号638＋468～638＋513长45米堤段。堤面下斜长15米处发生裂缝，30日向坡上发展2米，因未及时抢护，又不敢开深沟，由于水位上涨快，堤身渗漏加剧，

险情不断发展，8月4日裂缝向下游延长10米，5日又延长27米，此段脱坡长达82米（桩号638＋431～638＋513），裂缝向上发展到距堤面斜长只有6米，下崩陡坎0.6米，经开深沟滤水，堤脚填塘固基，筑透水土撑3个，并将陡坎适当削坦，至6日险情稳定。

8月8日，桩号637＋400～638＋420堤段，堤脚上10米，下矬坎高0.5米，经开沟导滤险情才得以控制。

杨家湾内脱坡险情抢护的全过程，证明打木桩（关门桩）、打树撑是不能控制险情的，要与开滤水沟、做透水平台结合，才能缓解险情。

三、1968年荆江大堤盐卡堤段管涌险情

7月11日，在荆江大堤盐卡堤段桩号747＋500处，距堤内脚70米内发生爆破孔管涌，孔径0.2米，当即筑反滤围井实施处理。18日，长江沙市洪峰水位44.13米时险情加剧，至21日傍晚，围井内滤料下陷，洞口直径扩大至0.8米，水流汹涌，反滤石料在围井内翻腾如沸，大部被水冲出，并翻出黑砂十余立方米，防守人员紧急加大围井直径和高度，镇以巨石，实施倒反滤和正反滤导渗。省革委会副主任张体学飞赴沙市指挥抢险，经两昼夜奋力抢护才得以脱险。盐卡险情是荆江大堤1954年后发生的距堤脚最近，且最严重的一次溃口性险情。

四、1987年荆江大堤观音寺闸灌渠内管涌险情

观音寺闸位于荆江大堤桩号740＋750处，系3孔灌溉闸，闸底高程31.76米。该处系历史上荆江“九穴十三口”之一獐卜穴，地质结构复杂，覆盖土层单薄，其下有厚约8米的粉细沙层，再下为90～110米的砂卵石层，透水性强。1962年7月12日，渠内距闸370米处曾发现一大管涌洞，砂盘直径4.8米，管涌孔深11.6米，旁边有3个小冒孔。当时向孔内填放导滤石料128立方米。1964年修建减压井，导水减压止砂，此后多年未再出现管涌险情。1987年7月24日7时许，发现渠道内距闸407米，距已建减压井出水孔下边沿10米，有一巨大冒水孔，冒出的砂粒在渠底向四周扩散，砂盘直径达8米，孔口周围沙丘高处高出渠底面0.2米，经探测孔深在水面以下4.7米。当时外江水位42.48米。9时开始对险情实施处理，先采取三级导滤控制，即填充粗砂、小卵石（直径0.01～0.02米）、大卵石（直径0.04～0.08米）。由于冒孔涌水量大，水势汹涌，填料后孔内仍冒浑水，并伴有填料砂外逸。11时加固扩大反滤堆，在原地实施三级导滤基础上，首先在孔内填投大卵石，将原填滤料压向孔底，以减弱水势，再填入小卵石后又填入粗砂，上面再铺盖小卵石，最后在反滤堆中心处填入大卵石，加强孔口盖重，至14时处理结束。同时在冒水孔下游80米处临时筑一土坝，抽水反压水深约1.50米。24日18时30分反滤堆突然下陷，下陷孔径2米，中心深度0.2米，孔中心冒黑浑水，带黑细砂，经填入卵石后，水逐渐变清。20时10分，反滤堆又发生下陷，带黑色浑水，约10分钟水色变清，下陷孔径2米，中心深度0.7米，至26日险情未发生大的变化，渠内抬高反压水深保持在1.40～1.50米左右，最深时达2.2米。27日沙市水位退至42.00米以下，开闸引水反压，闸外水位40.70米，渠内水位32.15米，反滤堆内逸出的水流均为清水，无带砂现象，达到出清水不带砂的要求，险情基本稳定。

五、1996年长江干堤洪湖周家嘴漏洞险情

周家嘴堤段位于洪湖长江干堤桩号523+700～527+000段，外滩最窄处10～15米，但滩岸高程较高，一般为31.50～32.50米；堤内地势低洼，堤身垂高达8～9米，高水位内外水位差达6～7米。该堤段为1950年退挽的月堤，1958年开始抛石护岸，对部分无滩堤段退堤还滩、内帮培厚，并顺堤筑内压浸台一道，固脚压浸。上游3千米处为螺山山丘，为白蚁活动区域，蚁患严重。周家嘴平面示意图和剖面示意图见图4－5－2和图4－5－3。

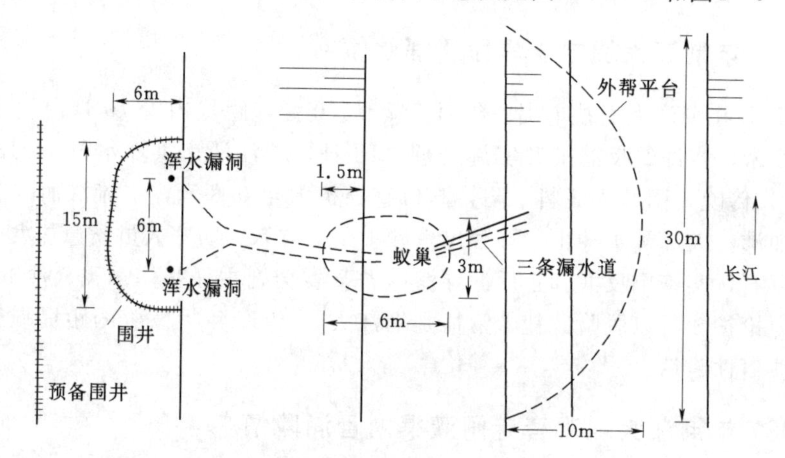

图4－5－2 周家嘴险情平面示意图

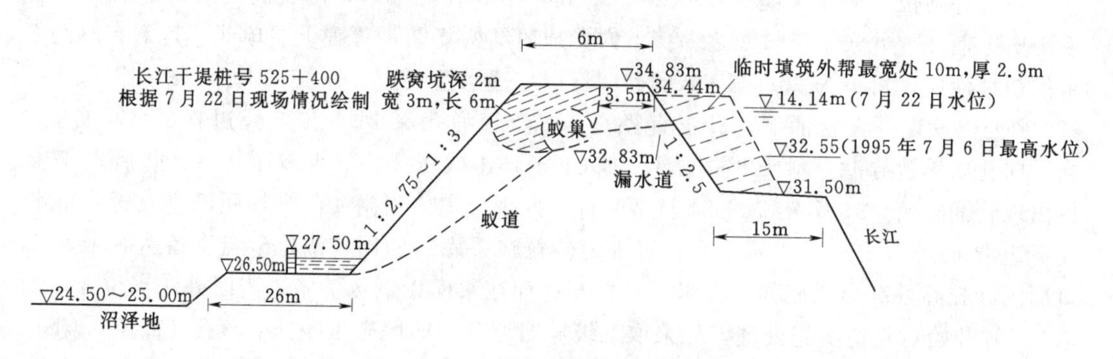

图4－5－3 周家嘴险情剖面示意图

1996年7月中旬，桩号525+400～525+817长417米范围内多处出现漏洞险情，桩号525+800～525+817处为清水洞，桩号525+750、525+600～525+670处为浑水洞，均采取筑围井导滤处理。7月16日，桩号525+400～525+415段平台与堤脚交界处出现浑水漏洞1个，并很快发展成为4个，据探摸，孔径为0.03～0.12米，出流量约800升每分钟，当时分别采用围井导滤、蓄水反压等措施处理。21日上午发现导滤失效，围井四周又出现多个浑水漏洞，洞中有泥团流出，颗粒迅速变粗。经现场技术人员分析判定，险情为生物洞穴所致，要求拆除原围井，合围导滤、蓄水反压，同时局部外帮，截流堵漏。后筑成长15米、宽7米、高1.5米大围井，采用正反导滤措施，险情暂时缓解。因围井导滤效果差，水流仍带有极细土粒溢出。22日0时，围井导滤料被土粒堵塞而鼓起，导滤再次失效，险情进一步恶化。经研究，加固围井围堤，同时实施外帮截流堵漏。后发现围井上游仍有浑水漏

洞出现，分别采用围井导滤并蓄水反压，但浑水漏洞仍向井外延伸。22日13时30分，现场再次研究抢险方案，决定采取堤内大面积围井导滤、蓄水反压（围井长350米、宽20米，围井堤高2.5米）和江堤迎水面外帮截流堵漏（长35米、宽10米）的抢护措施。14时开始实施，16时发现漏洞内有白蚁流出，至此确定出险原因系白蚁危害所致。17时45分，桩号525+400处堤顶内肩突然发生坍塌（高程33.00米，跌窝长6米、宽3米、深2米）。当时正值长江最高水位，螺山站水位34.18米，推算周家嘴水位约为34.14米，堤顶高出水面仅0.69米，且堤身垂高达8.3米，情况十分危急，几近溃口决溢。当即集中全部人力物力紧急抢筑外帮，并迅速清理跌窝。一方面清除坍塌散土和被水浸泡后形成的稀泥，另一方面寻找外江水进入漏洞的通道并查找是否还有其他隐患。至22时清除坍塌散土约25立方米，并发现跌窝左侧临江面有3个流水小孔，不断向跌窝坑内渗水，但水量极小，未发现其他隐患。为防止清除散土后再发生渗透，立即用黏土层层夯实回填，至24时回填结束。由于外帮截渗效果明显，跌窝坑内回填土方与老堤结合处未出现裂缝或下矬现象，堤内围井原有浑水漏洞亦全部断流。外帮填土于23日凌晨2时停止，险情基本得到控制。此后，防守人员加强堤后沼泽地巡查，密切注视险情变化，勉强度过汛期。

周家嘴险情完全是堤身隐患所致，与堤基和崩岸无关。堤内虽有大面积沼泽，均未发现任何险情。汛后查明主要是堤身蚁患严重，当时就清除蚁患3处。跌窝险情之所以能在最短时间内控制，关键是抢护速度快，措施得当，紧急抢筑外帮，堵截江水进入跌窝，防止险情恶化，外堵使漏洞险情转危为安。

周家嘴险情由于在判断是堤身隐患引起的漏洞还是地基管涌这一问题未能达成共识，迟迟没有下决心采取外堵方案，21日连续两次出现导滤围井失效，直至22日13时30分才决定外邦截浸堵漏。从16日出险至22日发展为大险已经6天，处理过程时间太长，越抢越险，这是十分危险的。

漏洞与跌窝同属堤身隐患造成的险情，抢护的主要方法是在堤外坡寻找洞口，进行堵塞或填土外邦（加大堤身断面，截浸），如不成功，就会造成险情扩大、恶化甚至溃口。内导是辅助性的，一般不要采用。只有当漏洞在堤内坡有明显的洞口，为防止水流冲刷堤坡才采用围井导滤的方法。

参加抢险的部队官兵1100余人，民工3000余人。经过7天7夜的紧张抢护，险情才得到控制。由于抢护时间很长，而且越抢越险，引起当地群众的极度恐慌，看到堤内坡脚不断冒浑水，担心堤可能溃口。特别是中老年人，他们经历过1954年的洪水，至今心有余悸。生产停止，夜不闭户，衣不解带，作好随时“逃水”的准备。当22日17时45分堤顶跌窝险情发生后，附近几个村的群众大部分都弃家逃走。螺山至新堤大闸近20千米公路两侧掩门闭户、空无一人。从新堤到峰口的公路上，“逃水”的人群扶老携幼，肩挑背驮，连延三十多里。直到25日，国家防总副总指挥、水利部部长钮茂生，省长蒋祝平到周家嘴查看险情，并代表国家防总对参加周家嘴抢险部队颁发奖金100万元，这一消息在电视上播出后，“逃水”的群众才陆续返回。

六、1998年监利南河口管涌险情

南河口又称口子河，清同治三年（1864年）溃口处。1998年8月11日，监利长江干堤南河口发生溃口性管涌险情。11日10时20分，桩号589＋000处距堤内脚32米水田中2.5平方米范围内发现10处管涌，孔径0.02～0.05米，最大砂盘直径0.5米，出险时外江水位36.53米，内平台高程29.72米，内外水位差6.81米（堤顶高程37.09米）。南河口管涌险情示意图见图4-5-4。技术人员分析出险原因：此段堤基细砂层部位高，覆盖层薄，堤内地势低，且已18年未挡水；自三洲联垸围堤8月9日扒口行洪后，因长江

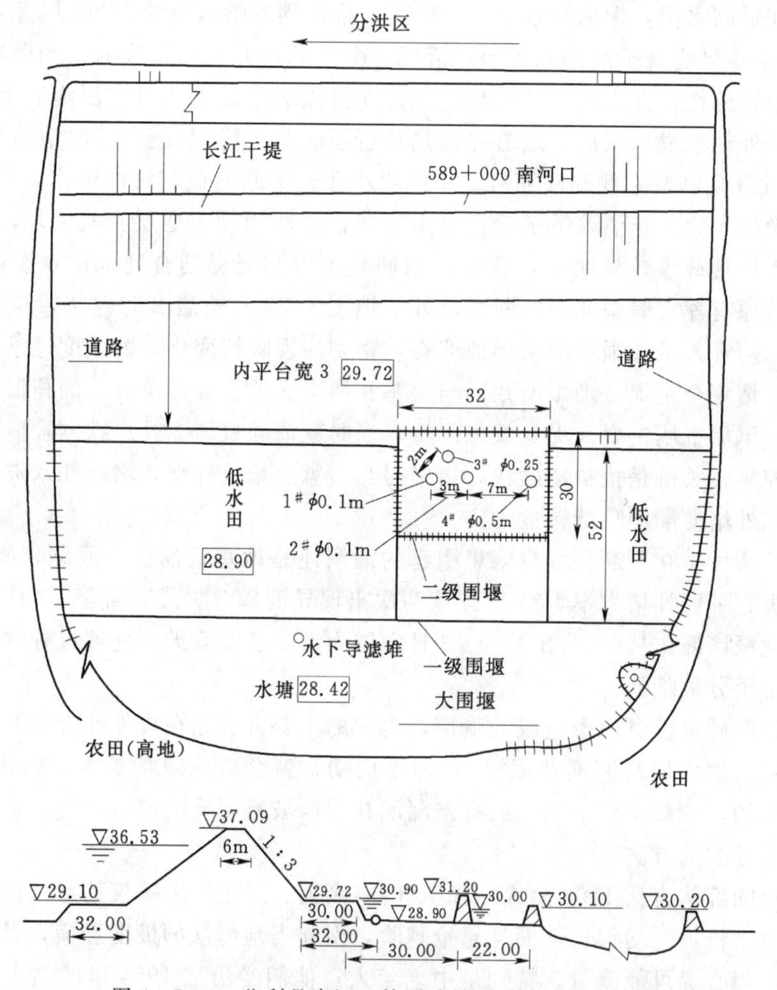

图4-5-4　监利县南河口管涌险情示意图（单位：m）

水位高，内外水位差达7.4米而出险。险情立即逐级上报至国家防总。为便于联系，在现场安装专用电话一部，国家防总、省市防指每一小时一次电话，询问情况。17时20分，省委书记贾志杰、省长蒋祝平、荆州市委书记刘克毅及省、市水利专家赶赴现场，研究抢护对策。迅即调集民工1200人、部队官兵800人，采用围井反滤措施进行抢护。围井直径3.5米，高1.4米，围井内分别填粗砂厚0.3米、瓜米石厚0.3米、卵石厚0.2米，蓄水深0.5米，处理后出清水，险情暂时得到控制。16日8时25分，外江水位35.50米，防守人员发现围井内滤料有直径0.3米的面积下陷2.3米，当即回填三级反滤料。至8时50分，下陷处又下陷1.5米，再回填反滤料。至17时再下陷0.7米，再次回填反滤料。

17时20分，将最后一次回填的卵石、瓜米石层扒掉后，用纱窗布铺盖粗砂表面，然后加0.3米厚粗砂、0.25米厚瓜米石，处理后出水变清。18时30分，围井脚边出现3个管涌，1个孔径0.15米，2个孔径0.05米，当即采用三级反滤堆处理，填铺粗砂、卵石各厚0.2米。10分钟后，在同一方向距围井2米远处，再次出现2个孔径为0.01米的管涌，采用二级反滤堆进行处理。20时30分，加筑长10米、宽5米、厚0.4米的二级导滤层铺盖。23时，孔径为0.15米的管涌处滤料下陷0.3米，当即采用二级滤料回填。

18日8时，加筑一级围堰，蓄水反压围堰长52米、宽32米、高1.2米，调用2台抽水机抽水，蓄水深1.1米，险情暂时得到控制。21日11时、12时50分，反滤铺盖中有两处分别下陷0.4米、2米，当即回填反滤料至原高度，并将原一级围堰分出3/5的范围，筑二级围堰长32米、宽30米、高2.3米，蓄水深2米，内填粗砂、瓜米石各厚0.2米；随后将四周低水田及水塘筑大围堰（面积300亩）蓄水反压，蓄水位高程30.00米。至21日23时，围井内滤料又下陷2.3米，管涌孔径0.4～0.5米，当即按级配回填反滤料。8月22日至9月4日10时，反滤堆及围井内滤料共下陷20次，每次下陷0.1～0.6米，均按级配回填反滤料，并抽水保持蓄水位。9月5日后反滤堆及围井稳定。至9月上旬，长江水位回落后，南河口管涌群险情才解除。

险情抢护投入民工1200人、部队800人，抢险共耗用粗砂240立方米、瓜米石240立方米、卵石30立方米、塑料编织袋1万条、土方1000立方米。为防止南河口险段发生溃决，监利县在险情现场部署守险民工70人，部队在此部署1个连兵力；险点外围集结劳力2500人、部队官兵1400人，备驳船17艘，渡船3艘，铅丝石笼3船490吨，大块石900吨，袋装粮食200吨，以备应急抢险之用。

汛后调查，南河口管涌属浅层管涌。出险堤防系清康熙七年（1668年）在竹庄河官堤与何家挡官堤基础上联挽而成。成堤前为长江古河道穴口，沙层深厚，地基内多沉积物，堤内出险处堤基以下以沙壤土为主，覆盖层厚仅2.5米，以下为厚5米沙壤土，再下为1.5米厚沙层。堤外50米有一条宽约100米、深3～5米深槽，为历年修堤取土时所挖，堤外覆盖层遭到破坏。出险前有18年未挡水，自三洲联垸8月9日扒口行洪后，因外江水位高，内外水位差大而出险，带出大量浅层细砂。

南河口管涌险情是1998年汛期荆州长江干堤入汛后发生的最严重的溃口性险情，险情抢护成功是抢险指挥人员了解当地地质情况，果断地采取大面积、分层蓄水措施降低内外水位差，并不断调整三级导滤材料，达到出清水不带沙的要求从而控制住险情。

七、1998年监利长江干堤分洪口内脱坡险情

8月，监利长江干堤分洪口堤段（桩号618＋850～618＋865）发生内脱坡险情。该段系1954年长江扒口分洪处，因当年堵口复堤堤身密实度不够，且堤身土质较差，1998年8月5日，堤段外血防垸扒口运用后，在高洪水位作用下，分洪口堤段土体很快饱和，堤内坡散浸严重，抗剪力下降，不能支撑自身重量而下矬。8日，外江水位37.65米，在分洪口堤段内坡33.04米高程长达15米的范围内发生弧形内脱坡，吊坎高0.4～0.5米。出险堤段堤顶高程37.83米，面宽6米，内外坡均为1∶3，外平台高程30.5米，宽39米，内平台高程30.54米，宽28米。另外，在桩号618＋850～619＋250堤段距堤顶垂高1米

以下，长400米内范围发生严重散浸。发现险情后，抢险人员在严重散浸堤段开沟导滤，沟宽0.3米，内回填二级砂石料，将渗水导出；在内脱坡处做透水土撑，内填黄沙厚0.1米，瓜米石0.1米，防止内脱坡进一步发展。在堤临水面外帮截渗，外帮长50米，宽5米，高出水面0.5米。经过处理，险情得到控制。此次抢险共投入劳力2000人，其中部队800人，耗用粗砂5立方米、卵石5立方米、编织袋1万条，完成土方2000立方米。

八、1998年洪湖市长江干堤青山内脱坡险情

8月20日23时20分，洪湖长江干堤乌林镇青山堤段（桩号485+400～485+600）长200米的堤内坡发生3处脱坡和裂缝，其中485+550～458+565长15米，高程32.00米处出现脱坡滑矬，后发展成长约30米，顶部形成陡坎0.2～0.3米、缝宽0.02～0.08米、缝内有明水（清色）渗出。堤身出现两条弧形裂缝。一条位于桩号485+420～485+488段，长68米；一条位于桩号485+550～485+590段，长40米，出险部位在堤肩以下1.5～2.5米的堤内坡，裂缝宽0.01～0.05米，缝中有明显渗水。青山内脱坡险情示意图见图4-5-5。

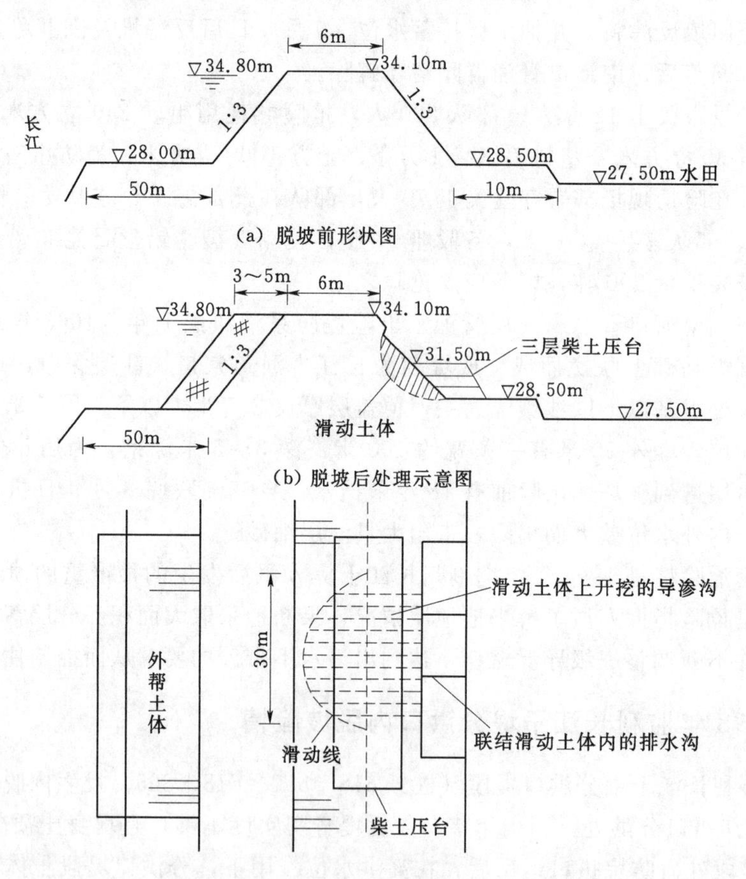

图4-5-5　青山内脱坡险情示意图

此堤段1996年汛期曾出现过一般性散浸险情。出险时长江水位34.08米（当地历史最高水位），距堤顶仅0.02米，堤顶高程34.10米，超保证水位1.78米。8月12日出现严重散浸时，仅作一般性处理，导渗沟的宽度、深度均不足0.3米，滤沟小，导渗差。随着水位上升，浸润

线相应抬高，致散浸日趋严重。18日，本应立即进行开沟导渗，加速滤水，因第六次洪峰来临，抢筑挡水子堤而延误开沟导滤时间，堤身渗水未能及时排出，导致浸润线不断抬高。

7月3日至8月20日，堤防高水位挡水已历时48天；出险时外江水位与堤顶高程基本齐平，加之堤身单薄矮小，堤面仅6米宽，堤身土体浸水饱和，散浸严重；已开导滤沟尺寸偏小且不及时，致使浸润线不断攀高（达到32.50～33.00米高程，仅比长江水位低1～1.5米）。面对短时间内出现的大面积内脱坡，防汛抢险技术专家经现场勘察分析认为，青山堤段出险原因是堤身高程欠高、欠宽，堤身单薄，渗径不足，边坡过陡；堤身为砂质壤土，修堤时夯实不够，长时间浸泡含水饱和致使土体抗剪强度不断降低等因素共同作用下，引起内坡失稳导致险情恶化而滑坡。

青山内脱坡险情严重危及堤防安全。出险后，洪湖市防指迅即在险情现场成立抢险指挥部，并调集汽渡轮驳和车辆，载运粮食、砂石料、油布、棉絮、塑料编织袋等赶赴险段。

面对危急形势，刚从河南洛阳赶赴洪湖抗洪的济南军区某部1500余名官兵，在部队长张祥林少将、副部队长蒋于华少将率领下，高举"铁军来了"的横幅奔赴抢险现场；空降兵某部部队长马殿圣少将率领1900余名官兵闻讯迅即赶到出险地点；乌林镇1800名民工，峰口、万全两镇和小港农场增援民工1000余人也及时赶到。21日1时，开始抢险。抢险工地灯火通明，军民6200余人同心协力，抢筑外帮和透水内压台。至次日中午，太阳将地面烤得滚烫，抗洪军民忍受着袭人热浪。济南军区副司令员裴怀亮中将等部队首长带头夯实新筑的外帮土层。抢险人员按照"临水截渗，背水导渗，稳定滑体"的抢护原则，迅速采取内坡开沟导滤，抢筑透水压台，临水外帮截渗的抢护措施。

主要采取以下措施：开沟导渗。在出险段200米范围内，每4米开一条截面为0.3米×0.4米直沟，内填砂石料，与内平台截面为1米×0.6米的沟相连，将裂缝处渗水排至内平台外；柴土还坡，增强堤身抗洪能力。在内平台上筑透水压台，首先在底部宽5米，顺堤长10米的范围内开5条滤水沟，沟内填卵石、黄沙，在上面铺一层芦苇，上铺稻草厚约0.2米，再在上面填土，厚约1米，又在上面铺芦苇、稻草，再填土厚1米，一共3层，厚约3米。顶部面宽3米左右，平台底顺堤长30.0米，顶部长20米，柴土平台高程31.50米。外帮截渗，阻止外江水继续向堤身渗透，使堤身达到稳定。外帮长200米，宽5米，高出水面0.5米；至21日凌晨3时，脱坡最严重地段外帮已抢筑3米宽、40米长。由于外帮土体截浸效果明显，堤内裂缝浸水减少，内脱坡吊坎处明水减少，基本控制住土体滑动。为完全控制险情，外帮实际长度为150米，宽度为3～8米。滑动体内及两侧裂缝渗水，通过柴土平台内的排渗沟排至平台外，达到排渗阻滑、稳定堤身目的。

至23日20时，在桩号485＋500～485＋550段出现裂缝处内坡，筑顺堤长10米，高宽相应的透水土撑4座；在850米长严重散浸堤段，将原导渗沟加宽加深，加速滤水保持堤身干燥；在紧邻桩号485＋400处以下100米严重散浸段建三级砂石反滤，外坡外帮下延100米，宽3米，以防止出现新的脱坡；桩号485＋050～485＋070出现断续裂缝段筑内透水土撑两个，加筑外帮，加快滤水处理；对脱坡裂缝处108米吊坎进行翻挖，用黏土回填，胶布覆盖，防止雨水淋灌。开沟导渗后，脱坡滑体及堤身渗水出溢流畅，23日下午外帮筑至5～8米时，渗水大量减少，堤内坡渗水消失，截渗效果显著，至此险情得到完全控制。

青山脱坡险情抢护是当年汛期荆州市动员人数最多、抢护时间最长的一次抢险战斗。

从8月20日24时开始，至23日18时结束历时近3天，投入民工2800人、部队官兵3400人，洪湖市防指调集汽渡轮驳8艘、机械车辆60台（套）、耗用编织袋10万条、黄砂80立方米、卵石80立方米、芦苇、稻草40吨，完成土方1.5万立方米。

九、1998年洪湖东荆河堤潭子湖管涌险情

8月1日，外江水位31.68米，洪湖东荆河堤潭子湖，桩号荆右160+200距堤内脚2～4米，内平台桩号160+160距堤脚2米的内平台处，分别出现3个孔径5～6厘米和1个孔径2厘米的管涌，出水均带黄土颗粒，前者并有间歇水泡带草渣，出水量分别为每分钟16千克和5千克。出险堤段堤顶高程32.20米，面宽6米，内外坡比1∶3，外平台高程27.00米，宽15米，内平台高程26.00米，宽6米，管涌逸出点高程26.00米。

险情发生后，立即采取围井三级倒滤进行处理，围井分别为3×4米、1×1米的直径，高为1米，黄砂及瓜米卵石石料层厚分别为0.15米、0.2米。经处理后流清水，险情基本稳定。参加抢险劳力40人，耗用编织袋160条，砂石料16立方米。

十、1998年洪湖八十八潭管涌险情

7月12日，洪湖长江干堤八十八潭堤段出现管涌险情，出险处桩号432+310～432+355，时外江水位30.55米。12日21时30分，八十八潭堤段堤内水塘中发现3处管涌，因出险部位隐蔽，发现时险情已比较严重。1号管涌距堤内脚320米，孔径0.3米（孔径均为水下人工探摸尺寸），砂盘直径1.4米，高0.5米；2号管涌距堤内脚300米，孔径0.4米，砂盘直径1.5米，高0.2米；3号管涌距堤内脚260米，孔径0.55米，砂盘直径1.8米，高0.5米。出险处堤顶高程33.09米，面宽7米，堤内、外坡比均为1∶3，外平台高程28.00米，宽30米，内平台高程28.00米，宽20米，堤内地面高程27.20米，内平台与水塘之间宽约190米，水塘顺堤长、宽各100米，出险时塘内水面高程27.00米，出险处高程25.00米。

险情发生后，抢险人员先将卵石倒入管涌孔中消杀水势，然后筑三级导滤堆进行处理，3个导滤堆直径分别为2.3米、2.6米、3米，厚度均为1.5米，内铺填粗砂、瓜米石、卵石各厚0.5米。13日2时30分开始抢护，1号、2号反滤堆于4时10分，3号反滤堆于5时20分按预定方案实施完毕，险情初步得到控制。为控制险情发展，防守人员沿水塘四周筑围堰，用4台消防车从外江取水蓄水反压，并在水塘中间加筑一条子堤将3号管涌与1号、2号管涌分隔，先对3号管涌区抽水反压。围堰长750米，高1～1.2米，堤顶高程27.70米，计划蓄水至27.50米。14日5时围堰完成。8时30分，经水下摸探，3号反滤堆略有塌陷，当即加铺粗砂、瓜米石、卵石。15日10时30分，反压水位达到预定高程，险情基本得到控制。抢护过程中，根据出水出沙变化情况多次调整，实际沙石反滤堆多达5层。因塘水较深，筑围井导滤有困难，而建反滤堆相对容易，但消耗的砂石料较多。此次抢险投入民工2000人、部队官兵1000人，耗用粗砂300立方米、瓜米石300立方米、卵石400立方米、块石200立方米、编织袋5万条，完成土方1000立方米。

洪湖长江干堤八十八潭管涌险情抢护处理的效果直接关系到干堤安危，国家防总、省防指专家相继到现场检查，一致肯定险情判断准确，抢护方法得当，效果较好。

汛后调查发现，由于该堤段基础砂层深厚，在外江高水位长时间作用下，导致管涌险

情迭出。该处原为旱地，因修堤取土形成两个大坑（面积约15亩，坑底高程25.00米，地面高程27.50米，坑深2.5米），表层黏土层遭到破坏，坑底沙层裸露，导致险情发生。

十一、1998年洪湖七家垸漫溃险情

七家垸是洪湖长江干堤的一个外垸，保护长2.5千米长江干堤。垸堤原为长江干堤，1972年裁弯取直，新筑干堤，所裁部分便成为七家外垸，面积2400亩，堤长4.4千米，堤顶高程32.30米，外垸地面高程25.00～26.00米。新筑干堤形成后，一直未挡水，每年汛期仍靠七家垸堤挡水。1991年和1996年七家垸与新干堤上搭垴处发生管涌险情，均采用蓄水反压措施才勉强度汛。1998年高洪水位时，七家垸4.4千米堤段完全依凭高达1.5米的子堤挡水。为防止外垸突然溃口，威胁新干堤安全，决定抽水灌垸，使新干堤逐步挡水。7月25日开始用虹吸管引水灌垸，至8月20日，外垸水位达29.30米，七家垸老堤仍未放弃，有民工400人防守。

20日17时30分，七家垸附近出现雷雨大风（事前有预报），大风掀起1～2米大浪。18时30分，七家垸堤被风浪摧垮，400名防守民工被洪水包围，其中3人不幸身亡。垸内水位迅速上涨，与外江水位齐平，干堤全面挡水。干堤堤顶高程32.50～32.70米，其中140米长一段（桩号421＋990～442＋130）堤顶高程仅32.10～32.30米，比两端堤顶高程低0.4～0.5米，呈马鞍形。此时外江水位为32.99米，内平台高程28.30米，干堤子堤高1米，挡水0.4～0.5米。受风浪冲击影响，19时30分，干堤桩号421＋990～422＋130段子堤被风浪冲垮，漫水深0.3～0.6米（最深处有0.8米左右），口门宽140米，汹涌洪水从堤顶倾泻而下，以近5米高落差直冲堤脚，洪湖长江干堤随时有溃决危险，人民生命财产危在旦夕。尽管此段堤面为黏土，但因水流冲刷，堤内脚仍被冲成坑坑洼洼，最深处达0.5米。虽然堤内禁脚上种植有大量水杉，可阻遏水流，但合龙处堤脚仍被水冲成多处凹坑，其中最大一个坑长4.6米、宽1.3米、深1.1米。估算溃溢流量25立方米每秒左右（最大单宽流量0.35立方米每秒）。七家垸险情示意图见图4－5－6。

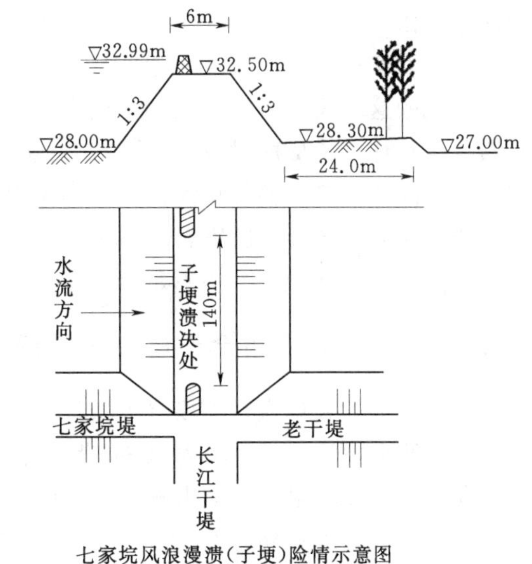

七家垸风浪漫溃(子埂)险情示意图

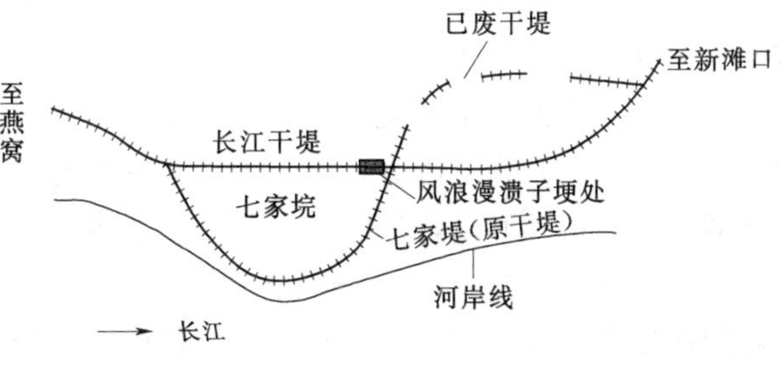

图4－5－6 七家垸险情示意图

险情发生后，负责防守的3名干部迅速向燕窝指挥部和洪湖前线指挥部报告，请求支援，当即联系

到位于出险地上游的抢险部队。500余名武警战士在师政委和参谋长带领下，冒雨疾奔4千米，最先抵达险段。官兵们迅速跃入激流，手挽手，肩并肩，一层、两层、三层，用身体筑起一道“长堤”，抵御洪流的冲击，但他们全然不顾随时可能发生堤毁人亡的危险。当时现场没有编织袋和铁锹，无法装土堵口；想砍树扎排拦水，又没有锯子和斧头。20时许，空降兵某部1000名官兵赶到，立即组成第四道人墙。稍后，在2千米外巡堤查险的200名民工送来急需的5000条编织袋，开始挖土装袋堵口。21时，大批增援部队赶到，140米漫溃大堤上，2000余军民奋勇抢筑子堤。时值雨夜，道路泥泞，官兵们背负沉重的土袋，艰难地运往堤上。经过殊死拼搏，22时5分，一条长140米、高1.5米、宽2米的子堤终于胜利合龙，保住了长江干堤。整个抢险过程从19时30分子堤漫溃至22时5分全部堵复，仅历时2小时45分钟。

主要教训如下。

(1) 七家垸堤段漫溃险情本是可以避免的，但决策者因担心裁弯后新筑干堤不能安全挡水，可能发生大险，而不敢果断决策。七家垸新干堤挡水后的实践证明，其堤身堤基质量较好，未发生管涌险情，仅出现几处散浸。在第六次洪峰通过沙市后，洪湖前指就七家垸是否弃守、应如何弃守进行过研究。洪湖市防指提出，水在不断上涨，七家垸是守不住的，子堤已有1米余高，风浪大，又没有土场，再加筑子堤已无可能，应尽快弃守，集中力量守护其后的干堤。这个意见未被及时采纳，仍主张慢慢放弃，只采取增加抽水机加快向垸内灌水的措施，以致老堤的子堤被风浪摧垮漫溃。

(2) 对于七家垸后长江干堤的地质状况心中无数，所以决策艰难。

(3) 漫溃的这一段干堤，比两端干堤堤顶低0.2～0.4米，呈马鞍形，在加筑子堤后仍呈马鞍形，且加筑子堤质量较差。

(4) 风浪险情虽是一种常见险情，如不重视也可能酿成大灾。在已知雷雨大风预报的情况下，仍未对弃守老堤、防守新堤作出布置，以致老堤被风浪冲垮。

(5) 抢险物资器材准备严重不足。

十二、1998年石首市合作垸（天星堡）管涌险情

合作垸鱼尾洲（天星堡）堤段（桩号江左民堤4+600）。1998年8月7日凌晨1点40分发生溃口性管涌险情，在距堤内脚35米外的范围内（25米×34米）出现管涌，后不断扩大有冒孔22处42个眼，共翻出青沙约60立方米。从8月7日至9月7日持续抢护时间长达1个月，共筑沙石导滤堆28个、耗用沙石料约200吨、编织袋2万条、土方200立方米，围堰总长150米，面积800平方米，参加抢险民工多达1200人。天星堡管涌险情示意图见图4-5-7。

当第一个管涌孔出现时，孔径0.3米，水柱高0.4米，立即用砖块和卵石投下，很快就向堤的方向塌陷，范围有3米，于是大量抛投沙石料，并用芦苇铺放，厚0.5米，上面填土高1米，范围6米，呈圆形。这一点控制后，接着又陆续发生了3个管涌孔，采用大围井三级沙石料导滤，直径4～5米，高0.8～1.2米，同时筑大范围的围堰，抬高水位减压，围堰提高1米，反压水深0.8米，但险情仍未控制，不断出现新的冒孔，到8月16日管涌孔已发展至22处，8月16日再次将围堰堤加高到1.3～1.5米，反压水位抬高1～

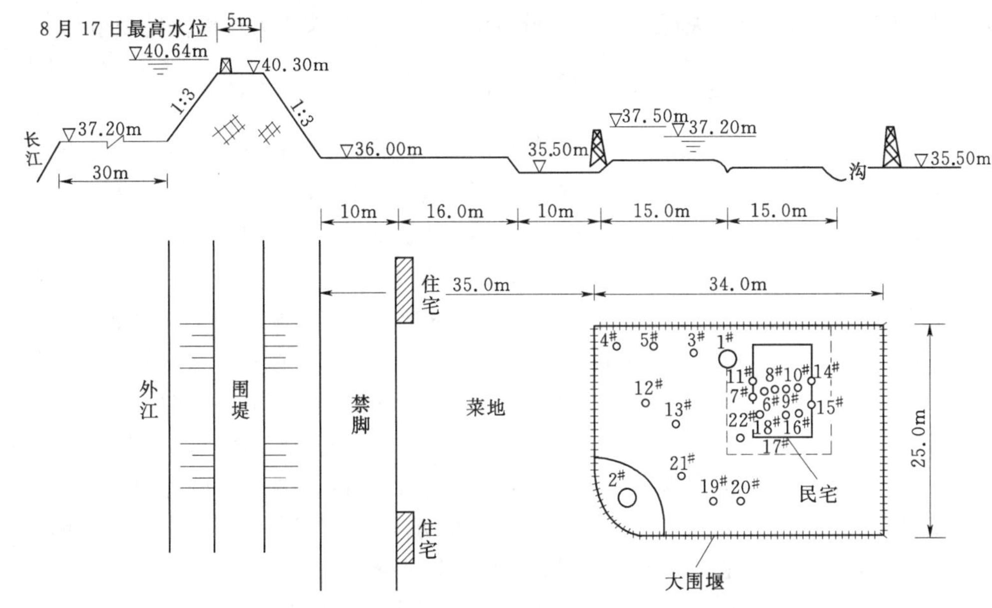

图 4-5-7 石首市天星堡管涌险情示意图

1.2米，但围井内的冒孔仍有变化，至8月26日才开始趋向缓和。其间8月12日7时30分，2号、3号、4号、5号、13号孔突然停止出水，当时没有采取什么措施，继续观测，作好出现新的冒孔抢险的准备，至11时30分又恢复出水。

采取的措施，首先是对单个冒孔，大的做围井，小的做反滤堆，后来由于冒孔不断增多，乃采取大范围蓄水反压措施，才使险情得到控制。因此处堤身单薄，加做外帮长35米、宽3～7米。在处理冒孔过程中，如围井内流量减少或闭塞时，将沙石堆下降导流；如流量增大时，又在上面加沙、瓜米石、乃至狗头石。

像这样大面积的管涌险情，只有筑大围堰、大范围蓄水反压才能控制险情。用芦苇压在冒孔上，不能滤水滤沙，不应采用。

此处地质情况很差，属长江古河道崩淤之地，黏土覆盖层很薄，沙层深厚。堤内地面高程35.50～36.00米，33.00米以下即夹沙层。从翻出来的水质看，开始有芦苇腐烂质，略有臭味，水面有黄色泡沫，判断土层内掩埋有大量的芦苇、柳条，年久腐烂，时有沼气出现，并伴有响声。当时外江水位最高时为40.64米，内外水头差4.66米，此处覆盖层的厚度只有3米左右，内外水头差与覆盖层厚度之比为1∶0.65，显然是不安全的。当第一次蓄水反压时（36.0＋0.8＝36.8米），内外水头差为3.84米，第二次抬高反压水位时，内外水头差只有3.44米，险情得到控制。

加宽加厚堤内平台是防止管涌险情发生的最好措施。

第二节 堤 坝 溃 决

新中国成立后，荆州地区曾发生堤防溃口和水库垮坝事件，给人民生命财产造成重大损失，究其主要原因：工程设计标准低，施工质量差，建筑物老化，或因管理失职，违章运行及思想麻痹大意，抢险失误等。兹收录新中国成立后7次重大溃堤、垮坝事件。

一、1965年松滋八宝垸下南宫闸倒塌溃口

松滋八宝垸位于松滋河东、西两支间，全垸面积144.3平方千米，人口5.5万人。下南宫闸坐落于八宝垸围堤之上，于1963年建成，为双孔混凝土拱式结构，每孔单宽2.2米，设计流量29.6立方米每秒。1965年7月13日，因发生管涌险情倒闸溃口成灾，损失巨大。

该闸建成当年汛期，外江水位42.00米，内垸渍水位38.00米，在闸内海漫发现大小管涌洞共7个，涌沙近30立方米，并在右侧海漫后护坡处（干砌块石）发生脱坡，长30米，坎高0.5～0.8米，右侧浆砌条石八字墙向后（填土方向）倾斜，裂缝宽0.04米，坎高0.1米。出险后，除在管涌处用卵石填压外，并在闸后堵坝抬高渠道水位，使内外水位齐平，减轻渗水压力，从而勉强度过1963年汛期。汛后作过一次处理，办法是在闸下游海漫前抽槽，底宽1米，深3米，长100米，呈矩形，向两侧伸进渠道各30米，槽内临闸部分浆砌0.4米厚块石防渗墙，其余用黏土回填防渗；闸内海漫亦用抽槽办法处理，用黏土回填，未实施反滤工程，右侧渠道脱坡部分连同裂缝削坡，垂直深达2米，并结合砂、卵石导滤暗沟，分层回填黏土还原，然后仍用干砌块石护坡还原，延长护坦至60米。

1964年因内外水头差较小（0.4米），没有发生明显管涌险情，但仍在右侧渠道护坡的老地方发生脱坡，长30米，坎高1米。汛后检查上游海漫八字墙底板发现纵向裂缝，将整个底板折成两块，1965年春在脱坡处翻挖，只用卵石做“反滤导渗”（未用沙料），又外填黏土，干砌还原。

1965年7月4日8时新江口水位41.89米，该闸内渍水位38.00米（渠道水深2～2.5米），闸上游海漫前右侧仍在原出险处脱坡，坡脚有管涌孔4个，孔径0.02米，另在海漫前右侧发现管涌孔3个，孔径0.04～0.05米，涌沙2～3立方米，右侧浆砌条石八字墙与闸室联结处，有下沉外倾现象，闸身上游矩形槽海漫沉陷0.04米。5日，用卵石9立方米在冒孔处填压。7日，又在海漫前中部发现管涌孔1个，直径1米，深1.2米，沙水上涌，冲力较大，涌沙2～3立方米，当即填压卵石4立方米，1小时后沙又涌出高于卵石0.1米，继续填压卵石24立方米后，周围仍然继续涌沙、冒卵石。8日计划在渠道打坝反压，因故未能实施。9～10日险情变化很大，整个海漫前的管涌洞已连成一片，到处涌沙，右岸渠道脱坡，由20米发展至40米，坎高由0.21米发展至0.6米。11日填压卵石18立方米，12日讨论渠道内打坝蓄水反压，因“农业生产忙”等原因未能实施。13日上午，脱坡由40米发展到44米，坎高由0.9米扩展到1.3米，海漫前的管涌洞表面未见发展。至13日22时许，险情发生巨大变化。上游海漫前突然大量出水，紧接着水头冲出水面，直径1.2米，高0.3米，两三分钟内管涌面积扩大到70平方米，水头冲高1.5～2米，同时闸室启闭台倾斜，启闭机丝杆折断，并发出一声巨响，旋即堤顶裂缝，堤身下沉，堤面过水，前后不到30分钟，整个闸身向左侧倾斜倒塌，造成溃口。溃口时，闸外水位42.70米，内外水头差3.2米，当时新江口水位43.80米。14日晨，口门已扩大至40～50米，并继续冲深扩大。为控制口门发展，决定采取护底裹头，最后口门还是扩大至90～100米。险情发生后，松滋县调集大同、南海、老城、王家桥、街河市、西斋等区2万余名民工堵复溃口、抢筑垸内隔堤，但因战线太长，水位不断上涨，堵不胜堵。溃

口后，八宝垸近10.5万亩农田受淹，倒塌房屋1.5万间，5.4万人受灾，当年11月实施退挽复堤。

主要教训如下。

（1）该闸全部建在砂层上，地基未作处理，留下隐患，这是造成倒闸的根本原因。

（2）该闸在运用过程中，已经出现大范围管涌，只作出一般性处理，未达到出水不出沙的要求，闸底板下形成空洞。

（3）1965年7月12日决定在渠道内打坝蓄水反压这一正确措施，因“农业生产忙”未能实施，导致倒闸决口。

（4）从该闸出险到倒闸溃口全过程，决策者对管涌这种溃口性险情的认识不足，没有派专人座哨观察。

二、1969年洪湖长江干堤田家口溃口

田家口位于洪湖市燕窝镇境内长江干堤，桩号445＋790。1954年田家口最高水位31.57米（相应燕窝水位31.86米）。1969年，此段堤顶高程32.40米（略高于1954年水位），堤面宽5米，内外坡1∶3，堤内无平台，只有10～12米禁脚，高程约26.80米；禁脚外是一条宽40米左右的取土坑，高程较禁脚低0.8～1.0米；堤外滩宽150米左右，滩面高程27.00～27.50米，距堤脚15米处有一条槽沟宽40～50米。在溃口堤段附近1954年曾发生脱坡险情，历史上亦多次发生散浸和管涌险情。根据后来地质资料探明，此段堤身内外覆盖层较薄，地基多砂，大部分砂土已经裸露。田家口溃口堤段位置示意图见图4-5-8。

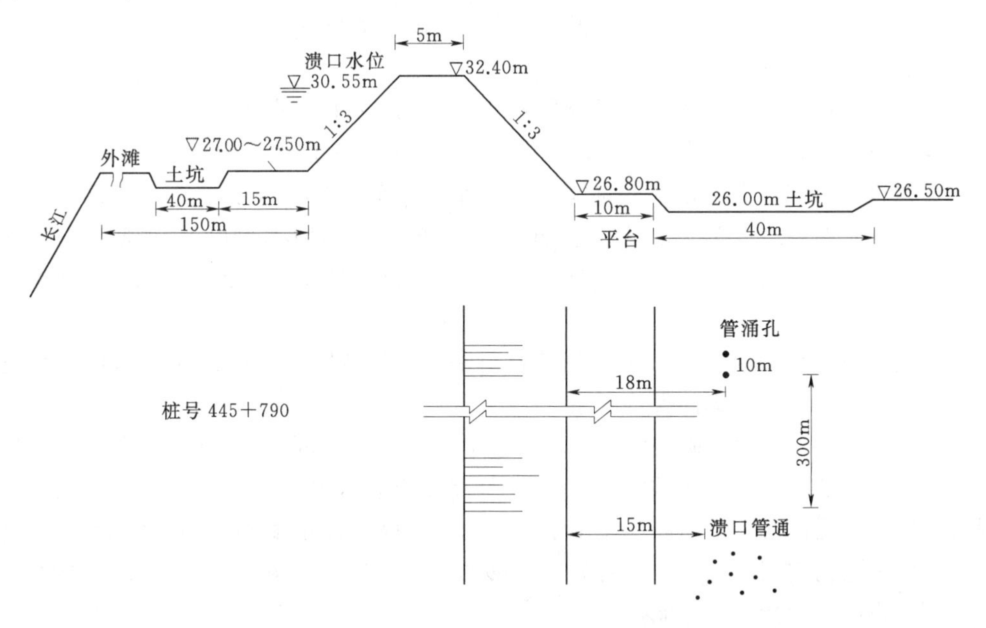

图4-5-8　田家口溃口堤段位置示意图

1969 年 7 月 18 日，在堤内脚取土（距堤脚仅 18 米）坑中出现管涌洞 2 个，平行于堤身分布，两洞距约 10 米，采用导滤围井处理，效果较好。7 月 20 日 7 时许，再次出现管涌险情，位于距堤脚约 15 米处土坑内（两处出险点相距约 300 米），水深约 0.25 米，洞口周围土质较其他地方松软，洞口周围形成一道小沙丘，沙量约 50 千克，除此洞外，坑内涌水，冒水小孔数量很多，范围很大，禁脚、堤身渗水严重。当时决定采取三级导滤井处理，拟定井高 0.8 米，直径 1.5 米；并填塘恢复覆盖层，计划顺堤方向长 100 米，厚 1 米。方法决定之后，由于砂石料缺乏，拖延至 15 时才开始实施。此时洞口出水量、沙量较之前要大。16 时，围井筑好，经 1 小时观测，水量逐渐加大，水色变浑，但含沙量不大。18 时许，400 余名抢险民工离开现场回家吃饭，工地只留 40 人守险。19 时，围井中间翻涌黑沙，涌出高度约 0.3 米，抢险人员将仅存的 1 立方米碎石压上去，井中水势减弱，大约维持近 10 分钟，距井约 1.5 米处土埂边突然涌出黑沙，孔径约 0.2 米，继而堤身断裂，断裂长度约 80 米，裂缝出现约 5 分钟后，堤身成抛物线下陷，下陷最低点与江水齐平。由于堤身下陷，土坑出水洞被堵死，此时，抢险民工大部分弃守，只有十余名干部和部分水手坚持在堤身下陷地段抢筑子埂。20 时，因抢护人员少，堤防漫溃，溃口口宽 620 米，最大进流量 9000 立方米每秒，淹没面积 1690 平方千米，受灾农田 79.95 万亩，受灾人口 26 万人。

据调查，7 月 20 日对于险情应如何处理，决策部门意见不一，认为燕窝境内有 14 千米堤段为砂基础，这种险情出现较多，均是采用小围井内导脱险。下午险情恶化，当堤身下陷断裂之后，没有足够的劳力和器材进行抢险，任其发展。当时虽不断打电话向当地大沙农场指挥部和洪湖县防指求援、请示，因正值新闻联播时间，（有线广播和电话同用一线）无法通话，直到广播结束后才汇报，但为时已晚，溃口成灾。

溃口教训主要如下。

（1）田家口堤段系深砂基础，堤身全部建筑在砂层之上，外有深槽，内有土坑，内外覆盖层全部被破坏，汛前没有采取加固措施，也没有准备一定数量的抢险器材。

（2）像田家口这样大范围的管涌险情，应采取大面积砂石导滤措施，且抢护速度要快。因为当时水头差达 3.75 米，堤内大部分为已经裸露的砂层，覆盖层很薄，外江水很容易穿过覆盖层冒出地面，单靠一两个小围井不能控制险情发展，更不能采取只压不滤的方法。

（3）当时没有足够的抢险劳力，抢险材料缺乏，导致险情不断恶化。通信联络也中断，未能及时与上级指挥部门保持联系。

（4）自处理险情至堤下陷漫溃仅 9 小时左右，其中严重涌沙只 10 分钟左右，但堤身一次下陷土方量达 400 立方米左右，说明堤身存在隐患（堤基因管涌出沙，形成空洞）。当堤身下陷后，堤内两个管涌洞停止出水冒沙，只有堤坡裂缝渗水，时间持续约 30 分钟，下陷土方将堤基内空洞堵死了，此时如有足够的劳力、器材，采取外帮土方，内做导滤，加筑子埂等措施，险情或许可能控制。

三、1974 年松滋刘家场碾子湾水库垮坝

碾子湾水库位于松滋市刘家场镇河田坪村，距刘家场镇 8 千米，是一座以防洪、灌溉

为主的小（2）型水库。水库承雨面积1平方千米，大坝为均质土坝，坝顶高程215.67米，坝高16米，坝长104米，正常蓄水位212.50米（溢洪道高程），死水位210.50米（输水管高程），水库总库容18.7万立方米，其中，死库容12.5万立方米，兴利库容2万立方米，防洪库容2.2万立方米，灌溉面积700亩。水库下游防洪保护区涉及河田村2.1平方千米，人口1200人，耕地1100亩。库区多年平均年降雨量1420毫米。

碾子湾水库于1971年3月动工兴建，由松滋县水利局设计，报荆州行署批准后，刘家场区双河公社成立施工指挥部，组织杜家榜、鄢家岗两个生产大队近2000余劳力施工。水库建设是土法上马，投劳为主，因受资金限制，原设计的20米坝高只筑到16米就停止建设。

1974年5月1—4日，库区出现连续大到暴雨，4日累计降雨量近200毫米，水库溢洪道过水深0.5米，水库管理员刘家田日夜守护水库大坝，5月4日凌晨2时许，突然听到一声巨响，发现溢洪道靠山一边出现了山体滑坡，1000多立方米的山土瞬间将溢洪道堵死，刘家田深感事态严重，立即跑步到村支书家报信。凌晨3点半左右，杜家榜村支部书记易远银赶到水库，此时水库洪水已经漫过大坝，几分钟后，大坝中心地段开始破口，并逐渐撕裂为30多米宽、10多米深的大口子，洪水倾泄而下。眼看抢救无望，支部书记易远银只得连夜派人到区政府报信。5月4日天亮之后，县委常委、政法委书记司冠慈，刘家场区委书记刘维柏，县水利局副局长张大明，双河公社党委书记徐绍发等到现场查看了水库溃口和下游受灾情况，并对双河公社的主要负责人进行了批评，责令党委书记徐绍发作出书面检讨，同时对水库的复建进行了安排。

水库溃口，直接冲毁农田20余亩，淹没面积300余亩，由于泥沙冲刷，已插的早稻全部绝收，直接经济损失2万多元。

当年冬，双河公社再次组织两个村的劳力进行水库复建，次年4月底完工，恢复了水库初建时的原貌。通过此次水库溃口事件，县水利局对所有小型水库的安全状况进行了大排查，由于建设时期资金、技术的限制，很多水库建设质量差，配套工程不完善，存在很多安全隐患，对不达标准的小（2）型水库进行降级下册处理。

碾子湾水库垮坝的主要原因是工程建设质量差，又未达到设计标准（原设计大坝高20米，因资金有限只施工到16米就停止施工）。加上汛期防守劳力少、查险抢险不力，造成水库垮坝，幸好水库下游没有农户居住，未造成人员伤亡，但教训是深刻的。

四、1980年公安黄四嘴溃口

黄四嘴位于松滋河东支左岸，距湖南安乡县境约2千米，堤段桩号101+505～101+685，该处于1980年8月4日21点10分溃口，溃口时水位39.64米，溃口口门宽157米。淹没耕地11万亩，受灾人口10.7万人，死18人，倒塌房屋10936万栋。黄四嘴溃口位置示意图见图4-5-9。

溃口险情发生在黄四嘴排水闸下游30米处，溃口处堤顶高程41.60～41.80米，堤顶面宽5米，外坡1∶3，内坡1∶2.7，堤内坡37.50米以下建有顺堤电灌站灌溉渠，渠底宽1米，渠底高程36.20米，堤内地面高程35.00～36.00米，险情出现在渠堤脚35.50米高程处，距排水闸引水渠35米。

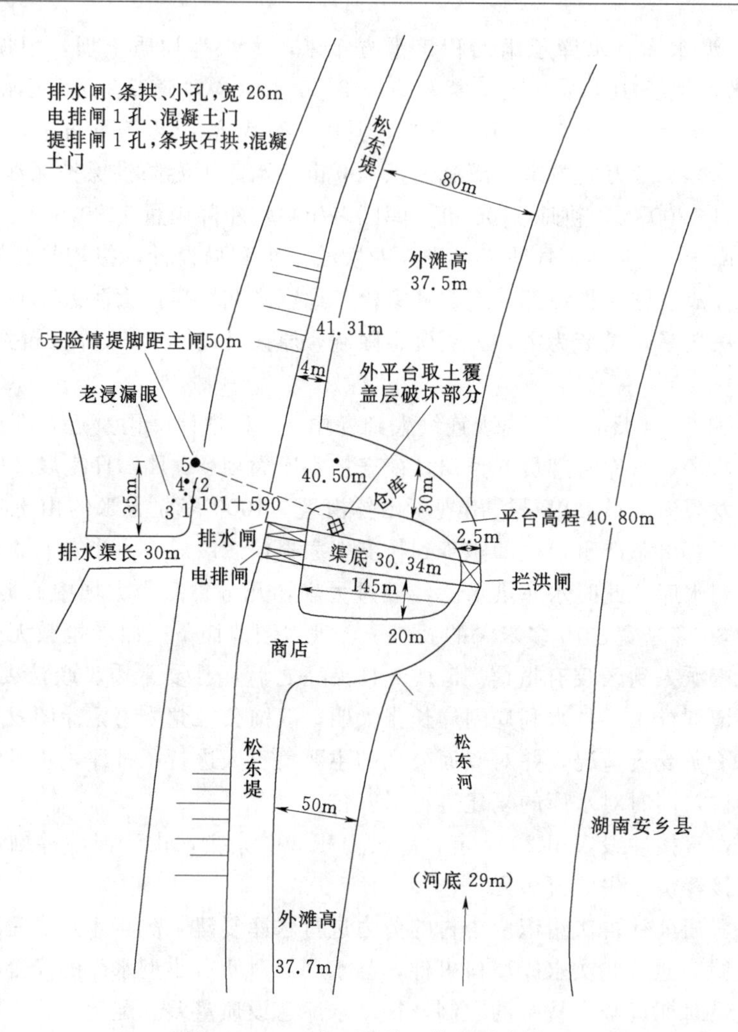

图4-5-9　黄四嘴溃口位置示意图

溃口后调查，堤外滩及堤内地面高程35.00米以下为砂层，沙粒较细，色灰黑，35.00米以上为壤土覆盖层，堤身35.80米高程以下为灰黑色流砂层。初步判断堤身与堤内外砂层连成一片，构成内外贯通的较强透水层。在溃口险情处上游20米堤段距堤脚30米处，有一老浸漏孔，自1953年以来，常年冒水，冬季还出锈水，说明地下水位高，堤脚和堤基土壤常年处在饱和状态，土壤抗剪强度减弱，但长期以来未引起高度重视。

1980年8月3日，黄四嘴洪峰水位40.34米，超历史最高水位（39.62米）0.72米。自6月18日至8月4日，该堤段超设防水位41天，超警戒19天，超保证水位4天，高水位浸泡时间过长。1979年冬修时，在溃口堤段堤脚取土，因35.00米以下是砂层，堤外覆盖层全部被破坏。

入汛后，黄四嘴险段先后出现5处险情：1号险情翻沙漏洞出现于排水闸下10米，距堤脚5米，孔径约0.01米；2号险情在粮站仓库禾场台，距堤20米，有3个漏洞带砂，最大孔径为0.02米；3号险情在排水闸下15米，距堤脚18米处；4号险情在排水闸下25米，距堤脚20米处；5号险情在闸下30米，正在堤脚，孔径0.03米。由于5处险情的出现，原有老浸水漏洞不再流水，险情不断向堤脚转移。8月4日前对5处险情均实施处理，但5号险情因石料缺乏仅采用巴茅草及砂卵石导滤处理。

8月4日8时，发现5号险情巴茅草旁边又出现浑水漏洞，至17时30分才上报公安县防办。16—20时在漏洞处采取砂卵石导滤堆控制险情，后发现出水不畅，便将原巴茅草及砂卵石堆全部拆除，导致土坎失去支撑，坎坡下矬。后清除泥土，形成弧形凹坎，坎底部面积3～5平方米，凹坎中可容人抢装泥土，坎高约2米，此时发现洞口约0.07米，洞为水平方向，略向下游倾斜。因土坎不稳，用人支撑，倒卵石堆撑压，卵石用量约1立方米。在场技术人员存在两种处理意见，一是先倒砂后倒卵石，以便滤水阻砂；二是只用卵石不用砂，认为卵石透水性大。因处理方案不一致，决定暂时集中人员开会研究。20时，大部分防守人员及主要负责人均离开现场，只留部分技术人员及防守民工坐守，因当时雨大，现场实际无人看守。会后，技术人员赶到现场查险，发现漏洞水柱冲出卵石堆，孔径约0.07米，等到各级领导赶到现场，孔径迅速扩大到0.10～0.5米，部分人员到堤外查找洞口，发现外堤坡距水边线12～13米处有一漩涡，经探摸，孔径约有0.05米，接着堤身下陷。当堤顶向下沉陷1米，宽约4米时，下陷口尚未过流，此时又发现堤坡另有一处大洞向堤内涌水，当即用油布封口，均未奏效，于21时10分溃口。

黄四嘴溃口教训如下。

（1）黄四嘴是一个老险段，但未采取加固措施。

（2）修堤时在内堤脚和外滩取土，破坏了覆盖层，外江水很容易通过砂层向堤基渗透。

（3）黄四嘴险情为堤基管涌，有的认为是散浸集中，对于险情的性质认识不统一，应采取外堵内导的方法，即在堤外用土加帮（外滩水深只有3米左右，溃口时进水孔漩涡距堤脚只有12米左右），在堤内筑砂石大围井导滤。

（4）对险情性质及处理方法意见不一致，拖延了抢险时间，劳力、材料缺乏，所筑导滤围井标准不高，效果差。

五、1980年监利三洲联垸溃口

三洲联垸是荆江左岸的一个外洲民堤，位于监利县城下37～63千米，联垸堤长51千米，垸内面积186平方千米。

1980年8月28日，在监利三洲联垸与长江干堤（桩号598+300）搭垴处发生溃口，溃口处为1968年退挽新堤，一直未挡水，堤顶高程35.50米，面宽4米，内外坡比1∶2.5。8月28日17时，查险民工发现干堤和洲堤之间出现浑水，之后又发现洲堤后距堤脚3米处棉花地有一孔径0.04米的浑水漏洞，翻水高0.05米，随后漏洞向堤脚转移，同时堤脚又出现多个砂孔冒水，当时采取砂卵石压洞，挑土筑围埂。在抢护过程中，漏洞孔径扩大到0.08～0.1米，在出险下游3米堤坡出现穿堤漏洞，孔径约0.04米，发现在堤外距水边平距15米处发现直径0.3～0.4米的漩涡，立即组织民工用草袋装土压洞并向漩涡处抛草袋。因漏洞迅速扩大，堤坡发生裂缝射水，堤面下陷溃口，口门宽约10米，随后口门向两侧扩大，从发生险情至溃口仅30分钟。因溃口迅速向长江干堤方向发展，危及长江干堤安全，当即组织民工抢运块石裹头，并在口门右侧实施爆破，扩大进流，防止水流贴近长江干堤。至当晚22时，左侧口门稳定（距长江干堤70米），溃口口门实际宽度454米。估算最大进流量1500立方米每秒。溃口处堤内外无明显冲刷坑，堤外防浪林依然存在，堤内局部条形冲坑深0.8～1.5米。三洲联垸溃口位置示意图见图4-5-10。

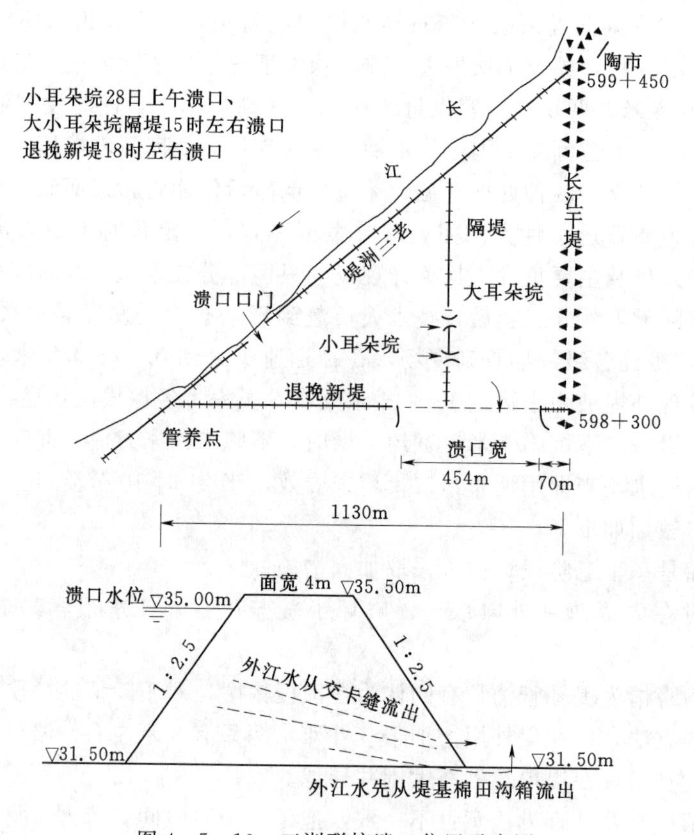

图4-5-10 三洲联垸溃口位置示意图

三洲联垸溃口教训如下。

（1）隔堤建成后，一直未挡水，一旦外垸溃决，新堤突然挡水，事先未认真研究，提出对策。凡是这类堤垸，内堤如果要挡水，事先要进行检查加固，汛前扒开外垸。如内堤无条件挡水，则应全力抢保外垸堤，不可犹豫不决。

（2）新堤施工时，未严格清基，溃口处为一交卡缝，是用土块堆码起来的，缝内用散土填筑而成，很不密实。初次挡水后外江水沿缝隙流入而溃口。堤内外均无平台，堤身断面单薄。

六、1996年石首六合垸溃口

石首市小河镇六合垸位于长江左岸，南临长江，东、西、北三面靠长江沙滩子故道。1959年该垸围挽。1962年建闸，因闸基及回填土均系纯砂，当年汛期倒闸溃决。1972年7月沙滩子自然裁弯，江南部分洲滩被裁到左岸。1975年正式围挽加修。围垸包含原六合垸大片面积，仍名六合垸，面积15.7平方千米，耕地约8550亩，人口6500人。由于沙滩子故道上下口汛期仍可过流，六合垸成为江水环绕的独立围垸。

1996年7月26日23时40分左右，六合垸围堤桩号13+300处出现一浑水漏洞，离堤脚仅1米，孔径约0.1米。当时外江水位38.51米（为新中国成立以来第二高水位，溃口前最高水位为38.61米）。堤内地面高程34.50～35.00米，堤顶高程39.20米。外滩很窄，高程34.00～34.50米。入汛后，堤内脚有散浸，已开沟导滤，未发生其他险情。7月26日23时40分左右，防守人员巡查时听到有水流声响，经查看，发现堤身下部有一漏洞，水流湍急。在附近防守的40名劳力迅速投入抢险，一边派人在堤外坡探查，一边用编织袋装填砂石料下抛。经探摸，在堤外离水面1.3～1.4米处有一孔径约0.4米的洞穴，吸力很大，防汛人员用棉絮、塑料布、门板等外堵，均未见效。险情发展很快，5～6分钟后，堤面有5～6米开始下陷，堵洞的编织袋、棉絮从外冲到内，几十人奋力抢险也未能控制住险情进一步恶化。23时55分，堤身溃口，口门很快扩大至15～20米，27日凌晨，口门已冲开100余米。据调查，六合垸溃口的主要原因是，堤身土质太差，以砂土为主；由于堤身浸泡时间长，土壤含水量大，浸润线抬高；筑堤时碾压不密实，可能存在交卡缝，长时间的高水位使水顺着交卡缝向堤内渗透，导致贯穿漏洞溃口。

六合垸溃口教训如下。

（1）六合垸堤在围堤时，堤身土质含砂量大，又存在交卡缝（码口），没有经过大水的考验。

（2）1996年高水位为该垸围挽后的最高水位。

（3）抢险时劳力较少，又没有足够的抢险物资；发现险情太迟也是造成溃口的原因之一。

（4）要防止这类堤防出现类似溃口事故，应采取锥探灌浆等措施，提高堤身密实度，并在险要地段准备一定数量砂、卵石、块石、编织袋和麻袋等。

七、1998年公安孟溪垸严家台溃口

8月7日零时45分，公安县孟溪垸严家台堤段发生溃口。该堤段位于虎渡河右岸，桩号53+500～54+000，长500米，此处堤面宽8米，堤顶高程44.40米，堤外坡（迎水面）高程41.00米以上坡比1∶3，以下坡比1∶2.2；于1988年护坡，护长220米，石方3000立方米；堤内有两级平台，坡比均为1∶3，一级平台宽4米，高程39.80米，二级平台宽6米，高程37.50米。内临塘堰，宽20～30米，面积3.45亩（2298平方米）。1985年修筑黑狗垱至章田寺公路，将塘堰一分为二。上堰（即西端）称为草塘，顺堤长30米，宽30米，水深0.6米；下堰（东端）为荷花塘，顺堤长70米，宽18～25米，水深0.6～1.2米。黑章公路西端水田高程36.20米，沙性较重。东端旱地和宅基地高程38.00米，土质为黄黏土。

7月4日，发现塘边有几个小砂孔冒水带黑沙，未作处理。7月20日险情发生变化，但未设坐哨观察。7月25日发现桩号53+850处二级平台脚有一管涌洞，孔径0.05米，距此管涌0.6米处又发现一处孔径0.01米管涌，对两险情合筑一个三级导滤围井后出清水。同时在桩号53+800处，距二级平台脚0.5米的两个管涌发生变化，均出浑水，分别筑了二级围井导滤和反滤堆。后公安县防指指示，除两个围井和一个导滤堆外，要求以两个出险部位为中心，用土料上下各筑10米长的内平台，宽度以围井外沿向塘内推进4米。27日发现围井周围有少量翻砂现象，新筑平台上有渗水，再次要求加高平台至防汛路，并向上延伸10米抵水田，宽度不变。实施时将围井与导滤堆全部填压。8月7日0时15

分桩号 53+800 堤段距二级平台脚 10 米，距黑章公路 3 米草塘水中有直径 1 米的砂盘涌水翻浑水。0 时 20 分左右，大堤开始下跌。大约 0 时 40 分，因当时既无抢险器材，又无抢险劳力，终致溃决，溃决口门宽 30 余米后扩大至 185 米，估算最大流量 900 立方米每秒，淹没面积 220 平方千米，受灾人口 12 万。

溃口时推算严家台水位 42.90 米（8 月 7 日），相应沙市水位 44.95 米、闸口水位 42.38 米、港关水位 42.83 米。

严家台堤段溃口技术鉴定结果：①经过现场勘察，严家台堤段堤身质量较好，该堤段外坡并筑有一段块石护坡，从该堤段发现险情到溃口的调查资料分析，严家台堤段溃口由浅砂层管涌基础性险情造成。只要查险及时，处理得当，抢险得力，这类险情抢护成功的可能性很大，不会导致溃口。②7 月 25 日整险，对草塘、荷花塘出现的管涌，采取围井导滤的技术措施是正确的；以两个出险部位为中心，上下各用土填筑 10 米内平台的这种做法，在汛期抢险各方面条件限制下，即使在保留导滤堆的前提下也不适宜；加固内平台时把草塘围井和导滤堆全部压掉堵死，则是错误的。当把围井和导滤堆堵死，致使险情向其他部位转移，后又未能及时发现，及时处理，因而造成险情恶化而导致溃口。③7 月 25 日整险后，应派得力坐哨人员观察，并加强巡查，坐哨和巡查人员应密切注视险情的变化，还要下水塘巡查、探摸，扩大巡查范围；巡查领导、劳力要到位；防汛抢险器材要准备充足、到位；对草塘、荷塘加高塘堤，进行蓄水反压；并做好抢大险的预案，落实抢险预备队，做到有备无患。

孟溪垸严家台堤段溃口教训如下。

(1) 未认真巡堤查险，两次发现管涌险情都不是查险人员查出来的。溃口性险情抢护关键在于及时查险、整险，决不能认为一次整险就可到位，必须反复探查，依据不同的情况、不同的变化适时予以密切的关注。

(2) 堤防修筑得高大、堤身质量再好，并不等于不会发生溃口性险情，堤基若存在问题，不处理好，也可能发生溃口，必须予以高度重视。

(3) 抢险应视防汛技术部门处理险情的能力，采取更为科学和更实际的方法。

汛后，荆州市纪委牵头组成调查组对严家台溃口事件进行全面调查核实，有关责任人分别受到党纪政纪处分。

堤身断面图见图 4-5-11；溃口平面位置示意图见图 4-5-12。

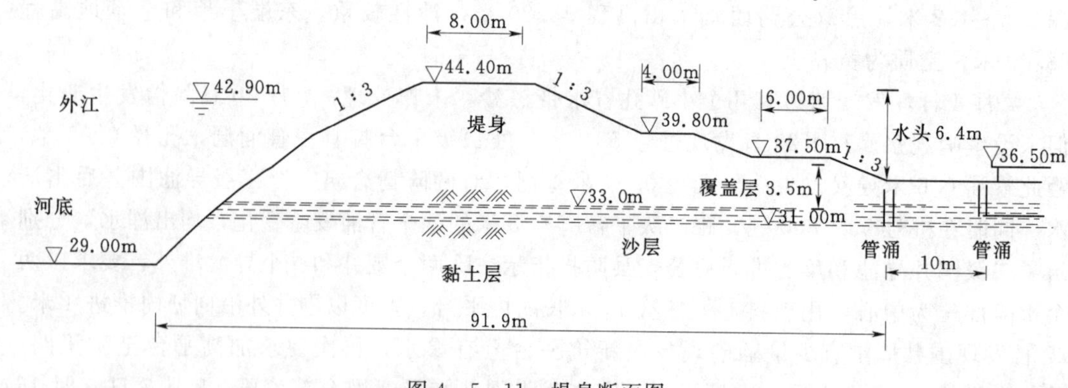

图 4-5-11 堤身断面图

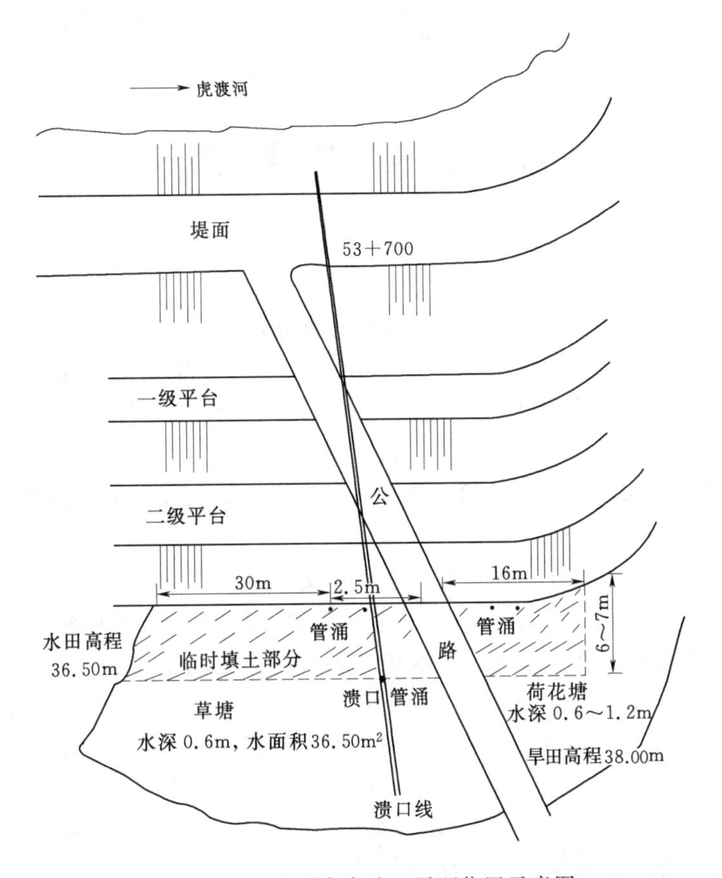

图4-5-12　严家台溃口平面位置示意图

第六章　1954 年抗洪纪实

1954 年长江发生 20 世纪最大一次全流域性特大洪水。当年汛期，气候反常，长江流域连续发生暴雨，洪水峰高量大，持续时间长。5—6 月暴雨中心分布于长江中游湘、鄂地区，致荆江下段江湖水位均高。7 月中旬，中游地区降雨未停，而上游地区又连降大雨，不仅雨区广、强度大，而且持续时间长，7 月下旬至 8 月下旬，上游洪峰又接踵而至，而中游江湖满盈未及宣泄，以致荆江形成特大洪水，长江干流自沙市以下全线突破历史最高洪水位 0.18～1.66 米。

5 月 3 日，湖北省人民政府召开全省水利会议，全面部署防汛工作，20 日省防汛抗旱联合指挥部成立。会议决定，派干部分赴荆江大堤、汉江、东荆河等主要干支堤检查工作。6 月上旬，荆州地区及所辖各县、沙市市各级防汛机构陆续成立，并以农村区（乡）城市街道和工厂为单位组织防汛大军。6 月中旬，中央、中南和长江委防汛检查团检查荆江大堤和荆江分洪区汛前准备工作，要求着重加强分洪准备工作，包括闸门启闭、工程技术人员培训及分洪区群众安全转移等。6 月下旬，中南军政委员会发出《关于加强防汛工作的紧急指示》。省委、省政府召开防汛救灾紧急会议，省委第一副书记张体学代表省委、省政府作紧急动员报告，要求“全面防守，重点加强，克服麻痹思想，进一步做好防大汛的准备”，强调无论付出多大代价，也要确保荆江大堤安全。荆州地委、专署及地区防指随即召开紧急会议部署防汛工作。

7 月 5 日，上游出现第一次洪峰，下荆江监利河段已超过保证水位，省政府下达“关于防汛抢险的紧急命令”。8 日，沙市首次洪峰水位达 43.89 米，荆江大堤全线进入抗洪紧张阶段，地、市、县动员 13.58 万人上堤防汛，各级党、政主要负责人奔赴前线坐镇指挥，并抽调大批干部上堤加强防守，层层划分责任堤段，定点定人，专人负责。

1954 年汛期，雨量大、汛期长、水位高、险情多，先涝后洪，洪水持续时间之长，洪涝灾害之严重，受灾范围之广，堤防险情之多，为荆江汉江防洪史所罕见。当年汛期，一方面要集中重要力量防汛抢险，一方面要组织转移受灾群众，同时在两条战线进行斗争，克服前所未有的艰难险阻。

江汉洪水同步，增加了防汛抗灾的难度。一般年份汉江洪水（包括东荆河）多发生在 8 月底至 10 月初。1954 年 7 月底、8 月初汉江即出现了较大洪水，江汉洪水遭遇，汉江下游东荆河下游长期持续高水位，防洪形势异常严峻。

1954 年抗洪斗争，是新中国成立后中国共产党领导广大人民群众在极其困难的条件下同洪水灾害进行的史无前例的较量，是一场没有硝烟的战争，是对新生政权的一次重大考验。时值新中国成立初期，荆江大堤、汉江遥堤、长江干堤、汉江干堤、东荆河堤及荆南四河堤防堤身单薄，隐患众多，抗洪能力较差，所有堤防均面临高洪水位严峻考验。面对特大洪水，在党中央领导下，各级党委和政府紧急行动，全体干部群众投入抗洪抢险，最多时上堤干部群众43万人，其中长江24万人（沙市7976人），汉江11.2万人，东荆河7.8万人。有计划、有步骤运用刚建成的荆江分洪工程（包括扒口），妥善处理超额洪水，避免了洪水泛滥溃口造成重大人员和财产损失的悲剧发生。在全国各地大力支援下，经过100多个日夜的艰苦奋战，终于战胜了特大洪水，保住了荆江大堤、汉江遥堤和武汉市的安全，取得了抗洪斗争的伟大胜利，开创了荆州防汛抗洪的新纪元。

第一节 雨 情

6—7月，雨带长期徘徊于长江流域，入夏，乌拉尔山和鄂霍茨克海维持强大的阻塞高压达两个月之久，太平洋副高压带较常年偏南而持久，雨带长期徘徊于长江流域。5、6两月，雨区先集中在长江中下游江西、湖南和鄂东南一带。5月大部分地区雨量一般在400～600毫米之间，为历年同期雨量的2～3倍。1954年的“梅雨”期较常年延长了1个月左右，长达60多天。形成暴雨次数多、强度大、历时长、范围广的特大洪水。6月，长江中下游几乎是无日不雨，其中发生三次较大暴雨，中旬一次暴雨历时9天之久，下旬暴雨强度更大。6月24日，江南地区暴雨（日雨量大于50毫米）面积为20万平方千米，25日暴雨面积为24.5万平方千米。7月暴雨和6月相似，具有强度大、面积广、持续时间长等特点，流域内每天均有暴雨出现，且形成南北拉锯局面。8月上半月，暴雨主要在川西及江汉上中游。整个暴雨过程，分为3个阶段：汛初至5月底，5月至8月初，8月初至汛期结束。

荆州地区长江和汉江两岸各县普降大到暴雨，年雨量超过正常年年雨量的80%，有的超过1倍以上，一年降雨等于正常年景两年的降雨量。降雨主要集中在5—7月，松滋、江陵、公安、石首、监利、洪湖、天门、沔阳、潜江、京山等县5—7月的降雨量达到和超过全年平均降雨量，钟祥5—7月降雨量占多年年平均降雨量的94%；荆门5—7月的降雨量占多年平均年降雨量的66%。具体见表4-6-1，表4-6-2。这样大范围的强降雨实属罕见，荆江及汉江沿岸各县平原湖区遭受了严重的内涝灾害。5月底至6月初先涝后洪局面已经形成。

表4-6-1　　1954年荆江两岸降雨情况表　　单位：mm

地区	全年降雨量	1月	2月	3月	4月	5月	6月	7月	8月	9月	10月	11月	12月	5—7月平均
宜昌	1631.0	55.4	49.0	27.5	143.4	192.9	158.0	328.2	371.2	131.4	64.5	49.8	59.7	679.1
河溶	1400.1	45.3	62.7	30.1	168.1	249.3	152.1	350.1	155.5	28.3	57.2	48.3	53.1	751.5
枝江	2284.6	86.4	86.9	29.1	186.3	335.3	326.0	571.9	413.5	42.1	86.7	48.1	70.3	1232.3
松滋	2197.0	106.9	115.9	31.0	208.6	365.5	423.8	486.7	215.7	25.4	78.4	68.0	71.1	1276.0
涴市	2012.0	95.0	121.1	27.1	191.0	278.5	468.3	397.8	199.0	22.3	71.8	69.2	70.9	1144.6
江陵	1853.5	66.9	94.8	27.3	183.1	249.4	416.3	409.5	173.1	21.1	72.5	62.3	77.2	1075.2
公安	2016.5	91.9	94.4	37.8	182.8	398.6	474.3	466.1	72.2	36.1	48.6	51.4	63.6	1339.0
石首	2044.4	128.7	102.1	48.8	194.1	382.5	577.9	348.2	92.1	43.3	31.9	41.2	53.6	1308.6

续表

地区	全年降雨量	1月	2月	3月	4月	5月	6月	7月	8月	9月	10月	11月	12月	5—7月平均
监利	2301.7	115.3	102.5	53.9	212.6	597.3	628.0	369.0	51.8	44.5	24.1	33.5	69.2	1594.3
城陵矶	2262.4	114.6	89.6	63.7	216.5	392.9	895.7	313.0	22.5	14.8	22.1	33.4	83.6	1601.6
洪湖	2309.4	101.6	60.5	48.6	193.9	510.1	789.3	421.7	25.7	26.6	21.7	31.0	87.7	1721.1
岳阳	2173.3				219.2	33.63	796.4	378.1	30.6	10.4	31.5			1510.8

表 4-6-2　　1954年汉江、东荆河两岸降雨情况　　单位：mm

地区	全年降雨量	1月	2月	3月	4月	5月	6月	7月	8月	9月	10月	11月	12月	5—7月累积降雨量
京山	1719.8	62.7	87.4	18.4	120.5	246.9	313.3	522.2	138.6	39.9	50.8	56.4	67.2	1082.4
钟祥	1449.2	58.8	67.8	28.8	90.5	166.2	199.3	516.0	142.0	32.4	48.4	41.6	57.4	881.5
天门	1862.5	96.2	96.5	29.9	180.5	304.9	400.6	444.2	48.3	37.5	77.8	50.2	95.9	1149.7
沔阳	2335.5	103.0	120.0	32.3	196.5	395.6	642.0	668.2	21.8	30.4	38.4	33.7	53.6	1705.8
潜江	2069.9	121.3	101.5	27.8	203.3	339.2	490.6	437.0	96.9	32.9	64.2	55.9	99.3	1266.8
荆门	1227.6	62.1	57.7	22.1	114.2	128.4	163.0	372.8	154.2	40.3	53.6	40.2	19.0	664.2

荆江两岸从5月1日至8月14日的106天中，降雨天占60%，晴天只占12.3%，其他为半阴半晴。汉江天门城关，5至7月，雨日62天，岳口雨日59天，仙桃雨日61天。

第二节 长 江 防 汛

“今年入春以来，由于气象变化特殊，雨水多、雨量大、面积广，长江4—7月4个月的降雨量一般在1500毫米左右，有时到2000毫米以上，超过历年同期平均雨量的2倍，因此，今年汛期由于下游顶托，上游洪峰接踵而至，形成荆江流域汛情特点，不仅是汛期早，而且水位高，持续时间长。洪湖新堤7月3日就超过保证水位2厘米，监利7月5日起即超过保证水位，持续时间达一月之久。7月初以来，荆江河段水位总的趋势是步步高涨，洪峰频频出现，一峰未落，二峰又涨，持续两个月的时间，经过了6次洪峰，且水位均超过了1931年与1949年的最高纪录”（《1954年荆江防洪分洪工作总结》）。

汛前准备工作主要抓以下几个方面。

（1）各县成立防汛防涝防旱联合指挥部，各区、乡亦成立防汛防涝防旱联合指挥部，并组建防汛队伍，以区为单位建立防汛大队，以乡为单位建立防汛中队，乡下为分队，分队长由村长担任，下设若干班。重点险段还建立突击队。如荆江大堤郝穴、龙二渊、黄林垱、祁家渊等13处建立13个突击队。对于防汛队伍的组织情况进行三查，即查组织、查思想、查工具。各县还根据堤段长短和险工情况，将防汛队伍分为三线安排。如江陵县全县组织防汛大军5万人，第一线2万人，第二线1.6万人，第三线1.4万人。沿江七县（松滋、公安、荆江、石首、江陵、监利、洪湖）共组成防汛大军40万人。同时落实负担政策，按1954年岁修负担办法进行，但不计算适龄人口工，只计算产量分派防汛负担工，对私营工商业只附加半个月的税收。

防汛抢险由群众义务负担，国家给予适当补助（防汛期间的查堤加固工程也属防汛义务工）。1950—1952 年，是按受益范围的实有田亩，分配水利负担。1953 年起，根据荆州专署 1953 年印发的《水利工程动员民工办法草案》的规定，实行产劳负担。农村以田亩为基础，加上适龄人口（男 17～50 岁，女 18～45 岁），评议人工土方一次到户，每一个标工国家补助 1.25 千克大米。1952 年实行土地改革以后，实行"人田出工，劳产负担"的办法。规定每一适龄人口和每 250 千克稻谷产量（按 1952 年农业税产量）为一负担单位，年初到户。以乡为单位进行调剂。工商业户以上年 11 月份的营业税收减半作为提工款。随着内涝、溃口以及分洪、淹没的范围不断扩大，一部分群众已转移到外地。防汛抗灾已成为压倒一切的中心任务，全民动员，全力以赴。田劳负担办法已不可能实行。

（2）查堤加工（即以后所称的汛前查加）。对于汛前检查出来的问题，如需要翻筑或加培土方的地方，一般都要求在 6 月 20 日以前完成。据统计，江陵县完成查加土方 48880 立方米，监利县 5383 立方米，松滋县 13200 立方米，石首 31622 立方米。另外，荆江大堤完成预备土 26478 立方米。

（3）铲草除障，搭盖工棚，安装临时水尺，并指定专人临时观测，随时向上级防汛指挥部报告。

（4）准备抢险物资器材。抢险物资器材按照堤段险工情况分别存放。根据统计："截至洪峰到来前，沿江各县已储存登记主要器材，计有干柴 175.5 万千克，皮篙 27874 根，木桩 87362 根，麻袋 113166 条，草包 75455 个。"另外，粮食、合作、贸易部门及时调配了大批供应物资，沿堤设立供应点，并有流动供应组深入到抗洪第一线。

一、水情

（一）洪水形成

1954 年长江中下游地区雨季提前到来，洪水发生比一般年份早。洞庭湖水系 4 月即进入汛期。5 月，湖北西部及湖南洞庭湖区出现大雨和暴雨；下旬，上游乌江、嘉陵江、岷江相继出现洪峰，城陵矶以下水位迅速上涨。6 月长江上游金沙江、岷江、乌江连续出现洪峰，同时洞庭湖水系洪水频频发生，入江水量剧增，上、中游洪水发生遭遇。长江中下游经历 5 月、6 月连续降雨之后，江湖水量均已盈满，而 7 月份又迭次出现大面积暴雨。上游嘉陵江 7 月下旬水位创全年最高峰；乌江 7 月 27 日出现 16000 立方米每秒洪峰，超过历史纪录；金沙江、岷江 7 月水位数次上涨。长江干流及各支流连续出现洪峰。7 月 22 日寸滩站出现 182.57 米洪峰水位；宜昌水位 54.04 米，30 日水位达 54.77 米，洪峰流量 62600 立方米每秒。洪峰沿程增加，荆江河段出现严重汛情。沙市站自 5 月 28 日出现首次洪峰水位 40.77 米，水位持续上涨，6 月 30 日洪峰水位 41.83 米，7 月 22 日洪峰水位 44.38 米。7 月底至 8 月上中旬上游金沙江、岷江、嘉陵江、乌江等地区接连出现大范围降雨，长江上游连续出现洪峰，加上三峡区间和清江暴雨，长江全流域洪水达到最高潮。宜昌站 8 月 7 日水位达到 55.73 米，为 1877 年以来第二高水位，洪峰流量 66800 立方米每秒。三次运用荆江分洪工程后，沙市站 8 月 7 日最高水位仍达 44.67 米，相应流量 50000 立方米每秒。监利以下因受沿江堤防溃决影响，最高水位出现时间分别为 7 月中旬至 8 月中旬。汉口站 8 月 18 日最高水位达 29.73 米，超过 1931 年最高水位 1.45 米，为

1865年有实测记录以来最高值。1954年长江中游部分站最高水位见表4-6-3。

表4-6-3 1954年长江中游部分站最高水位统计表

站名	最高水位/m	日期	站名	最高水位/m	日期
枝城	50.61	8月7日	新河口	39.47	8月7日
吴家港	49.24	8月7日	沙滩子	38.52	8月7日
砖窑	48.11	8月7日	调弦口	38.44	8月7日
牌楼口	48.59	8月7日	鹅公凸	37.59	8月7日
杨家垴	46.01	8月7日	监利	36.62（窑圻垴）	8月7日
涴市	45.37	8月7日	监利	36.57（南门）	8月7日
陈家湾	44.72	8月7日	朱家港	36.24	8月7日
沙市	44.67（二郎矶）	8月7日	上车湾	36.02（何王庙）	8月7日
沙市	44.23（海关）	8月7日	砖桥	35.39	8月7日
陈家台	43.92	8月7日	钟家门	34.92	8月7日
观音寺	43.65	8月7日	城陵矶	34.55（七里山）	8月7日
马家嘴	43.71	8月7日	城陵矶	33.95（莲花塘）	8月7日
杨家场	42.43	8月7日	螺山	33.17	8月7日
郝穴	41.59	8月7日	新堤	32.75	8月11日
黄水套	40.76	8月7日	石码头	32.52	8月11日
石首	39.89	8月7日	龙口	31.71	8月14日
篾子口	39.58	8月7日	燕窝	31.48	8月14日

（二）洪水过程

自4月份开始，洞庭湖水系降雨极为丰沛，各支河洪水频发，湖区水位节节上升，湖容满盈；5、6月间长江上游出现几次洪峰，助长干流中下游各站水位涨势。受洞庭湖涨水影响，6月上旬江湖已成满槽之势。6月16日，洪湖新堤水位上涨至29.04米，率先超设防，20日，上涨至30.04米，超警戒0.04米；6月17日，监利进入设防水位，29日14时超过警戒水位（34.00米），7月7日水位35.7米，超过保证水位（35.69米）。6—7月间全流域连续大范围的暴雨，致使长江水位持续上涨。由于长江上中游汛情变化，荆州河段共出现6次洪峰。

1. 第一次洪峰（7月5—8日）

沙市7月1日进入设防。7月5日，上游出现第一次洪峰，与支流洪水汇合而下，荆江水位迅速上涨，沙市水位5日达到42.70米，8日达到43.89米，荆江两岸进入全面防汛阶段。

2. 第二次洪峰（7月20—23日）

由于长江上中游连续降雨，荆江水位迅速上涨，7月20日沙市水位回涨至43.00米。第二次洪峰出现时，如不运用荆江分洪工程分泄荆江洪水，预计沙市洪峰流量将达47880立方米每秒，洪峰水位将达44.85米，荆江大堤可能漫溃。经中央批准，7月22日2时20分开启北闸分洪。分洪后，沙市站22日维持最高水位44.38米，23日回落至

44.08米。

3. 第三次洪峰和第四次洪峰（7月24—31日）

7月24日沙市水位43.96米，27日回落至43.12米，28日回涨至43.72米，30日上涨至44.40米，31日水位回落至44.20米。8月1—4日为一般洪水，8月1日沙市水位44.04米，4日回涨至44.39米。

4. 第五次洪峰（8月5—8日）

8月5日沙市水位44.43米，7日17时沙市最高水位达到44.67米，为1954年汛期最高水位，8日回落至44.58米。7月24日，螺山站出现当年最大流量78800立方米每秒，洪峰水位33.17米（8日16时）。8月16—26日由于长江流域天气开始好转，干支流降雨偏少，荆江各站水位逐渐回落。

从第二次洪峰至第五次洪峰（7月20日—8月10日）的21天时间内，是荆江防汛极为紧张、艰难的时期，大量险情发生，尤其是荆江大堤不断发生溃口性险情。分洪、溃口转移灾民等主要集中在这一时期。

5. 第六次洪峰（8月27日—9月1日）

因上游降雨，荆江各站水位略有回涨，8月30日沙市水位43.18米，监利9月1日水位34.61米，至9月2日全线回落。长江中游主要站6次洪峰情况见表4-6-4。

第六次洪峰过后，9月、10月份长江中游各站先后退出设防水位，荆江地区防汛抗洪结束，相关站点情况如下。

沙市 从7月1日进入设防至9月4日退出，历时65天，其中，水位超过43.00米以上34天，超过44.00米以上15天。最高水位44.67米，最大流量50000立方米每秒。

石首 6月29日进入设防（北门口水位37.00米），9月12日退出设防，历时76天，其中，超警戒水位（38.00米）61天，超保证水位（39.39米）17天，最高水位39.89米。

监利 从6月17日进入设防至10月2日退出，历时108天，其中超过警戒水位58天；从7月2日至8月16日水位在35.00米以上46天，其中超保证水位（35.69米）32天。最高水位36.57米，最大流量35600立方米每秒。

洪湖 6月16日进入设防（29.00米），6月20日超过警戒水位（30.00米），7月2日达到保证水位（31.85米），8月11日达到最高水位32.75米（新堤），10月7日退至设防水位，历时109天，其中，超警戒水位72天，超保证水位56天。螺山站最大流量78800立方米每秒。长江及洞庭湖主要站最高水位、流量见表4-6-5。

1954年长江全流域型特大洪水，与1931年洪水相似而远大于1931年，宜昌站30天洪量1386亿立方米，约为80年一遇，在城陵矶为180年一遇，在汉口及湖口地区约为200年一遇，属稀遇洪水。由于长江上游干流洪水与中游众多支流洪水相遇，超过上荆江河道安全泄量约1万余立方米每秒。上游洪水首先与清江4800～7800立方米每秒两次洪峰遭遇，抵达枝城时最大洪峰流量71900立方米每秒，对荆江大堤造成极大威胁，迫使荆江分洪工程3次开闸运用，并在上百里洲、腊林洲扒口扩大分洪量。由于下荆江过洪能力不足，沿江洲滩民垸几乎全部决堤行洪；监利水位超过堤顶，靠子堤挡水，最终被迫于长江干堤上车湾扒口分洪。除洞庭湖区分洪外，沿江还有多处湖区分洪，城陵矶以下洪湖蒋

表 4-6-4　　1954 年长江大洪水六次洪峰主要站水位、流量表

站名	第一次洪峰				第二次洪峰				第三次洪峰				第四次洪峰				第五次洪峰				第六次洪峰			
	水位/m	日期	流量/(m^3/s)	日期	水位/m	日期	流量/(m^3/s)	日期	水位/m	日期	流量/(m^3/s)	日期	水位/m	日期	流量/(m^3/s)	日期	水位/m	日期	流量/(m^3/s)	日期	水位/m	日期	流量/(m^3/s)	日期
宜昌	52.60	7月7日	51000	7月7日	54.04	7月22日	56900	7月21日	53.55	7月24日	52000		54.77	7月30日	62600		55.73	8月7日	66800	8月7日	53.76	8月29日	53200	8月29日
枝城	48.96	7月7日	43100		49.82		55900		49.33		55200		50.17		59600		50.61	8月7日	71900	8月7日	48.09		52300	8月29日
沙市	43.89	7月8日	40200	7月7日	44.38	7月22日	41300		43.96	7月24日	37500		44.40	7月30日	46600		44.67	8月7日	50000	8月7日	43.18	8月30日	39200	8月29日
石首	39.41				39.54				39.41				39.62				39.89	8月7日			38.50	8月31日		
监利	35.84		25200		35.74		26300		35.78		26600		36.08		26400		36.57	8月7日	35600	8月7日	34.61	9月1日	27200	9月2日
莲花塘	33.40		61700		33.17		64200		33.21		65500		33.65		70200		33.95	8月7日	79400		32.60	8月27日	47100	9月1日
螺山	32.83		55400		32.51		57100		32.58		58100		32.89		70500		33.17	8月8日	78800	8月7日	32.10		44300	9月1日

注　长江委关于六次洪峰时间划分为：第一次洪峰 7 月 5—8 日，7 月 9—19 日，为一般洪水；第二次洪峰 7 月 20—23 日，第三、四次连续洪峰分别为 7 月 24—31 日、8 月 1—4 日，为一般洪水；第五次洪峰 8 月 5—8 日，第六次洪峰 8 月 9—11 日，为一般洪水。数据来源于《1954 年长江防汛资料汇编 · 水情工作总结》《荆江的防洪问题》。

表 4-6-5　　1954 年长江及洞庭湖主要站最高水位、最大流量统计表

流域	站名	最高水位			最大流量		
		时间	水位/m	相应流量/(m^3/s)	时间	相应流量/(m^3/s)	水位/m
长江	宜昌	8月7日9：00	55.73	66600	8月7日5：00	66800	55.64
长江	枝城	8月7日9：00	50.61	69900	8月7日5：00	71900	50.54
长江	沙市	8月7日17：00	44.67	50000	8月7日	50000	44.67
长江	石首	8月7日24：00	39.89				
长江	监利	8月8日5：00	36.57	35600	8月7日	35600	36.57
长江	螺山	8月8日16：00	33.17	76600	8月7日24：00	78800	33.15
长江	汉口	8月8日15：00	29.73	67800	8月1日24：00	76100	29.58
松滋河	新江口	8月7日18：00	45.77	5950	8月6日12：00	6400	45.57
松滋河	沙道观	8月7日18：00	45.21	3730	8月6日12：00	3780	44.99
藕池河	管家铺	8月8日3：00	39.50	11500	7月22日	11900	
藕池河	康家岗	8月5日5：00	39.87	2740	7月22日11：00	2890	39.54
虎渡河	弥陀寺	8月2日16：00	44.15	2970	8月2日16：00	2970	44.15
调弦河	桂林铺	8月7日21：00	38.07	1650	8月7日21：00	1650	38.07
湘水	湘潭	6月30日3：00	40.73	19100	6月30日3：00	19100	10.73
资水	桃江	7月25日16：00	42.91	10900	7月25日15：00	11000	42.89
沅水	桃源	7月30日23：00	44.39	23900	7月30日23：00	23900	44.39
澧水	三江口	6月25日20：00	67.85	14500	6月25日20：00	14500	67.85
洞庭湖	七里山	8月8日12：00	34.55	40100	8月1日18：00	43400	34.42
沮漳河	河溶	7月7日22：00	49.40	2050	8月7日16：00	2120	49.26

注　数据来源于长江委水文局《长江防汛水情手册》，2000 年。

家码头扒口分洪，还在西凉湖潘家湾扒口分洪。1954 年大水，除宜昌站居历史实测水位第二位外，其他各站均为有水文记录以来历史最高水位。

1954 年洪水淹没范围见图 4-6-1。

（三）洪水组成

从洪水组成来看，宜昌站 6 月 25 日至 9 月 6 日约两个半月洪水量总计达 2795 亿立方米（最大 60 天洪量 2448 亿立方米），占年径流量 48.6%，其中，以金沙江屏山站洪水量 899 亿立方米所占比例最大，为 32.2%；岷江高场站 502 亿立方米，占 17.9%；屏山至寸滩区间占 15.2%；乌江武隆站 390 亿立方米，占 14.0%；嘉陵江北碚站 331 亿立方米，占 11.9%；寸滩至宜昌区间占 8.8%。宜昌站全年径流总量 5751 亿立方米，4—10 月、7—9 月洪水量分别占当年总量的 86.6%、56.6%，8 月份占 23%。螺山站洪水组成除干流为主外，还有清江、沮漳河、洞庭湖四水等，8 月 7 日出现全年江湖最大容蓄量 573 亿立方米（螺山以上 4—7 月），其中 354 亿立方米为洞庭湖 4—7 月总容蓄量，但洞庭湖蓄量 4—6 月已达 265 亿立方米，至 7 月所余蓄量仅约 89 亿立方米。1954 年 8 月 7 日，枝城站洪峰流量 71900 立方米每秒，相应洪水位 50.54 米，荆南四口分流量 29590 立方米每秒，占枝城来量的 41.15%，见表 4-6-6。但此时已是江湖满盈，削减最高洪峰作用已不大，以致造成两岸水位抬高、堤防分洪溃口和荆江大堤险情频现的严峻局面。

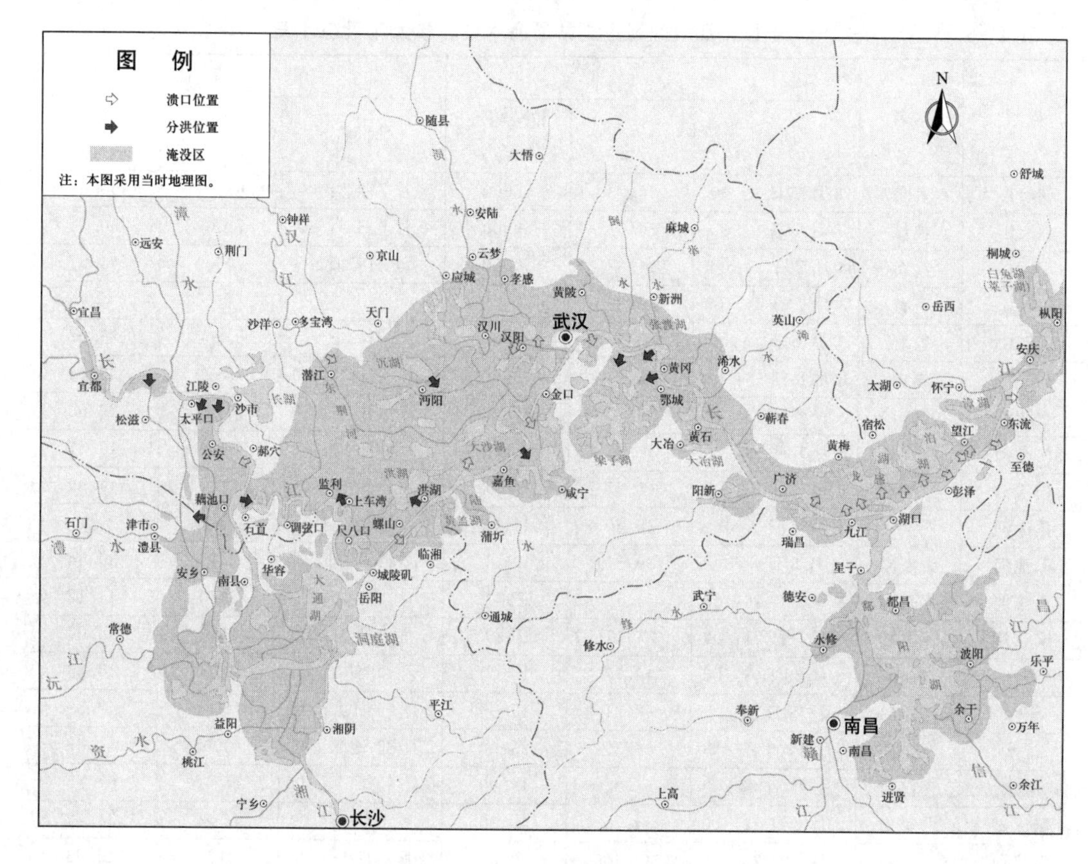

图 4-6-1　1954 年洪水淹没图

表 4-6-6　　　　　　　　1954 年荆南四口分流情况表

河流	站名	最大分流量 /(m³/s)	最高水位 /m	备　注
松滋河	新江口	6400	45.77	松滋河合计最大流量 10180m³/s
	沙道观	3780	45.21	
虎渡河	弥陀寺	2970	44.15	
藕池河	管家铺	11900	39.50	7 月 22 日，管家铺河底高程 23.78m，最大水深 15.72m，横断面积 5690m²；康家岗河面宽 282m，横断面积 1710m²。藕池河合计最大流量 14790m³/s
	康家岗	2890	39.87	
调弦河	桂家铺	1650	38.07	

（四）洪水特点

（1）洪水总量大。洞庭湖水系等重要长江支流、湖泊的洪水量几乎全部超过或接近各水系历史大洪水年份，监利、螺山、汉口最大流量均突破历年实测记录。宜昌、沙市、螺山等主要站汛期（5—10 月）洪水总量频率均相当于 100～200 年一遇。

（2）峰型肥大、洪水历时长。长江上游金沙江及岷江、嘉陵江、乌江等主要支流汇入干流后，在宜昌形成“肥胖”洪峰，全年流量超过 4 万立方米每秒的持续时间达 45 天，为有记载以来持续时间较长的一年。洪水流经枝城后，汇集洞庭湖洪水，经沿江湖泊洼地天然调蓄与分洪溃口等影响，洪水过程线总体呈现为馒头状肥大峰型，几乎完全超出各大水年洪水过程线，成为历年的“外包线”。

(3) 上、中下游洪水发生遭遇。长江中下游洪水推迟至7月份，较一般年份约推迟近一个月，上游洪水又提前发生，上中游洪水相遭遇，致使全江各河段干支流洪水过程叠加，互相影响，形成流域性洪水。

(4) 中游地区成灾洪量巨大。实际分洪量、溃口水量达1023亿立方米，其中，荆江地区62亿立方米，洞庭湖地区254亿立方米，洪湖地区196亿立方米，武汉附近地区344亿立方米，湖口地区167亿立方米。

(5) 荆州境内分洪、溃口水量占1/4；沙市最高水位44.67米，城陵矶最高水位33.95米，汉口最高水位29.23米，湖口最高水位21.68米。

二、防汛抢险

5月20日，省防汛抗旱联合指挥部成立。6月上旬荆州地区所辖各县（市）各级防指机构陆续成立，并组建了防汛队伍，同时荆州、常德专区及长江委中游工程局在沙市成立荆江防汛分洪总指挥部，下设石首江北指挥部和荆江分洪区南线指挥部。下旬，中南军政委员会发出《关于加强防汛工作的紧急指示》。省委、省政府强调无论付出多大代价，也要确保荆江大堤的安全。洪峰出现后，沿江各级党政负责人奔赴前线坐镇指挥。

荆江两岸的堤防是在抗洪能力比较低的情况下迎接1954年洪水的。

当时的堤顶高程，如荆江大堤堤顶高出1949年最高水位0.60～1.00米有63.06千米，占全堤长的48%，如柳口至拖船埠堤长20.9千米，面宽只有3～5米，内坡只有1∶2，监利城南堤顶高程只有36.50米，洪湖堤顶高程是按高出1949年最高水位0.5米加修的。荆江南岸堤防，除荆江分洪区堤防外，其余干堤和民堤超过1949年水位的只有0.5米左右，达到1米的很少。

随着长江水位不断上涨，险情大量发生，各地采取措施，加强领导，增加防守劳力，加强巡堤查险，加强对险情抢护的技术指导，正确处理各类险情，保证了主要堤防安全度汛。

当第一次洪峰出现时，各地根据水情变化，采取紧急措施，认真贯彻“全面防守，重点加强”的方针，从县到区到乡，层层分工砍段，建立责任制。同时动员大批劳力上堤，沿江各县组成防汛大军24万多人。其中，民工233844人，军事干部89人，行政干部2840人，技术干部422人，老师和学生1450人，医务人员553人，设立哨所2059个。防汛大军中，有从省军区干校派来的干部学员447名，医务人员262名，长委会、中游工程局干部70名，水利学校学员50名，中央派来海军潜水员8名。调用大批登陆艇、轮船、帆船、汽车、抽水机投入防汛抢险。并从东北、西南、广州、宜昌等地调来大批蒲包、麻袋、块石支援荆江防汛。中央军委先后3次派飞机到荆江上空视察。

加强巡堤查险工作。各个哨所均有区级干部带班，每个哨棚配民工30人，重点哨棚50人。在巡堤时，切实做到四查（堤外、堤面、堤腰、堤脚）、四到（眼到、耳到、脚到、手到）、三清（险情查清、讯号记清、报告说清），不放松一刻，不忽视一步。各级指挥部还有检查小组，随时对各堤段进行检查。对已经抢护了的险情派有专人看守，并加派民兵严密监视，一旦发生变化，及时组织抢护。

为了确保荆江大堤的安全，高水位时，每千米配有6～10个干部，200～400个民工；

每个区掌握1个突击队，平时控制1万人左右的机动力量，以应急需。

1954年汛前，根据防汛会议精神，储备了大批的抢险物资器材，加上汛期各地大力支援，据不完全统计，有麻袋762041条，草包563506条，铅丝3608千克，块石50355立方米，煤油47647千克，杉木24785根，岗柴321850个，皮篙22485根，基本满足了防汛抢险的需要。

7月22日，沙市进入第二次洪峰，水位达到44.31米，居高不下，又受连日降雨影响，荆江两岸堤防险情大量发生。根据当时统计资料，在7月5日至8月11日，荆江大堤共发生各类险情795处，其中沙市水位在43.00米以下，出险13处，占1.64%；水位43.50～44.00米，出险420处，占52.88%；水位44.00～44.50米，出险294处，占36.8%；水位44.50米以上，出险51处，占6.41%。这表明大量险情是在沙市水位43.50～44.50米时发生的。为什么水位高、险情反而少，这主要是高水持续的时间短，如沙市超过44.50米的水位只有2天。当水位超过44.50米以上时，应是堤内管涌险情多发的时候，但因堤内大部分堤脚已被水淹没，有的水深1米左右，有的水深2米多，等于有水反压，发生管涌险情的概率减少。荆江大堤出险按洪峰划分，第一次洪峰出险100处，占12.58%；第二次洪峰出险391处，占49.8%；第三、四次洪峰出险160处，占20.13%；第五次洪峰出险69处，占8.68%；其他时间出险7处，占9.43%。

7月20日后，沙市水位超过警戒水位，且不断上涨，险情不断增多。21日一天出现险情300余处，7月26日—8月16日，出险尤为频繁，江陵董家拐、黄灵垱和监利杨家湾等堤段脱坡险情严重；上荆江祁家渊、文村夹上下、盐卡上下、九弓月等堤段浑水漏洞及跌窝险情严重；陈家湾清水漏洞最多，黑窑厂、御路口一带次之；监利井家渊、严家门堤段管涌险情严重；拖茅埠至监利城南堤段漫溢险情普遍，靠抢筑子堤挡水。这些险情中，漏洞多出现在堤内坡（背水坡）或内平台；散浸多发生在堤背距堤脚上6米以内部位；跌窝多出现在堤面、内坡平台；裂缝脱坡则多发生在内（外）坡平台以上。

1954年汛期，荆江两岸堤防险情，以漏洞、崩矬、脱坡、散浸、跌窝等较为普遍。

据不完全统计，共发生各类险情9371处，长度98161米，较严重者853处。其中，漏洞3499处（浑水漏洞850处，清水漏洞2649处），脱坡1269处，裂缝292处，崩矬504处，漫溢191处，散浸1799处，管涌866处，跌窝921处，闸门漏水187处，其他险情187处。具体见表4-6-7。

在所有抢护的险情中，属于溃口性的特别重大险情有：荆江大堤董家拐大脱坡；祁家渊至冲和观的漏洞、跌窝；监利杨家湾内脱坡；松滋口大口垸堤崩塌等。这几处险情特别严重，抢护难度大，投入的劳力最多，消耗的物资量大，抢护的时间最长。一旦溃口，淹没范围大，损失严重。在险情抢护的过程中，坚持运用科学技术与先进经验、群众集体智慧相结合，与防汛抢险实际相结合，行、技、群相结合，充分发挥技术人员的指导作用。同时批判保守思想，摒弃落后的抢险方法，不断总结险情抢护的经验教训，推广新的成功抢护方法。这几处险情的成功抢护，不但是上下游、左右岸团结协作，干群殊死拼搏的结果，也是先进的科学技术同落后的保守思想作斗争并取得胜利的结果。是对荆江自有堤防以来1000多年防汛抢险技术批判地继承并不断发展创新的结果。

（1）董家拐大脱坡。董家拐特大险情抢护在荆江大堤全线抢护斗争中最具代表性，是采用多项措施抢护成功的范例。在荆州专区和江陵县领导下，依靠工程技术人员、部队指战员和参加防守的广大人员，以及从松滋赶来支援的3000民工，共8000人，冒雨抢险，经过10个昼夜紧张抢护，险情得到控制。共耗用麻袋21528条，草包13861条，蛮石2100立方米，卵石300立方米，土方2.3万立方米。

（2）祁家渊、冲和观段。祁家渊至冲和观段也是汛期荆江大堤出现浑水漏洞最多、最集中、险情最严重堤段。7月21日，沙市水位上涨至43.63米，桩号720＋240～720＋250段堤下8米内坡处先后发现浑水漏洞7个；22日晨，堤顶下约2米外坡处发现浑水洞1个，水往内涌，迎水面出现漩涡，桩号720＋320～720＋350段堤顶下内坡5米及7.5米处发现浑水漏洞3个，孔径约0.8米。22日上午，桩号721＋500处外肩处，发现跌窝2个；23日晨，在外坡堤顶下2米处发现进口洞3个，孔径0.4～0.6米；24日晨，桩号720＋350处堤内围井上2米处有流水声，桩号720＋630处堤顶内下坡6米平台与堤坡连接处发现浑水漏洞12个，孔径0.07～0.1米；25日，又在外坡堤顶下约2米处发现进口洞7个，孔径0.4～0.6米。险情发生后，因洞口部位比较清楚，分别用棉絮堵筑，又在洞口上面压盖麻袋土，同时抢筑外帮，并对部分漏洞抽槽翻筑、堵截。经三昼夜紧张抢护，险情得到控制。据调查，漏洞、跌窝险情主要为白蚁、獾洞及堤身隐患所致，同时堤身填筑质量差也是出险原因之一。

（3）大口垸堤崩塌。大口位于松滋新场附近（松滋采穴河堤上段起点），8月初，外滩崩矬300余米，其中100余米堤身崩坍，随时有溃决危险。一旦溃决，将危及松滋、公安、江陵3县安全。大口属大同垸，大同垸与三善垸堤防保护面积514平方千米，垸与垸之间未建防洪隔堤（1964年始建成涴里隔堤）。险情发生后，立即组织5000余人抢险，一面抢筑内帮，一面抛石护脚。荆州地区防指调集船只500艘，从宜昌抢运块石4600立方米进行抛石护岸。宜昌市为支援大口抢险，连夜拆除两处条石路面街道、准备修筑油池用的石头以及碑石、门槛石等共1140立方米，并派“江发轮”协助运输，保证了大口抢险需要。同时，松滋调回在荆江分洪区防汛的7000名民工，抢筑郭家湾至南宫第二道防线。由于各方面大力支援，抢护措施正确，险情得到控制。

荆州地区长江沿线加筑子堤267.9千米（缺洪湖堤段数据），完成护浪工程268.68千米；部分险段还发动群众挑预备土，共完成整险土方31万立方米。

1954年荆州长江堤防险情分类统计见表4－6－7。

1954年，沙市市所辖堤段上自狗头湾下迄孙家河，全长7.826千米桩号761＋500～753＋674。6月14日，沙市成立防汛指挥部，全市工作以防汛为中心，整个防汛期间，先后上堤32632人。其中，工人7202人，干部5242人，教师和学生4489人，市民15699人。8月2日，市委、市防汛指挥部发出《关于确保荆江大堤战胜第五次洪峰的紧急指示》。全市投入决战的总人数达7976人（8月2日防守堤段平均每米1人）。其中，市民3181人，工人2759人，干部1222人，学生814人。

汛期共发现各类险情162处。其中，浑水漏洞2个，清水漏洞116个，管涌1处，散浸28处（长3339米），浪坎2处（长713米），裂缝8处（长255米），脱坡4处，石坦下矬1处。加筑子埂堤1470米，挑预备土1547立方米，以及整坦、勾缝等工程，共计完成土方19845立方米。消耗主要器材有麻袋1709条、草包5512条、砂158立方米、芦柴96捆。

表 4-6-7

1954 年荆州长江堤防险情分类统计表

县别	处数	长度/m	漏洞	重要险情/处	脱坡		裂缝		浑水漏洞		清水漏洞		崩岸		漫溢		散浸		管涌/处	跌窝/处	剅闸漏水/处	其他/处
					处	长度/m	处	长度/m	处	数量/个	处	数量/个	处	长度/m	处	长度/m	处	长度/m				
江陵	2218	59111	5375	141	114	2774	40	1481	309	422	1354	4953	31	4745			114	50111	65	162		29
沙市	72	3782	118		4	65	8	255	2	2	28	116	2	123			26	3339	1			1
荆江	538	123489	310	51	63	3971	21	1259	66	107	133	203	40	13221	24	61640	151	43398	12	5	10	13
监利	673	124657	864	33	123	4519	19	772	24	40	164	824	64	24195	21	10050	212	85121	35	9		2
松滋	896	136884	892	29	267	13916		10000		220		672	96	9796		9636		93563	44	431	14	44
石首	2819	247486	3231	214	306	22860	101	5679	218	486	582	2745	132	33372	42	35820	979	149755	326	51	18	64
洪湖	588	135983	204	276	161	4870	15	322	51	60	86	144	17	27480	35	83540	154	19771	28	5	4	32
公安	1667	151261	3163	109	231	11362	88	8285	180	1128	302	2035	122	16473	69	17888	163	97253	298	203	9	2
合计	9471	982653	14157	853	1269	64337	292	28053	850	1465	2649	11692	504	129378	191	218574	1799	542311	809	866	55	187

注 1. 资料来源《1954 年长江防汛资料汇编·险情灾情总结》(第四集),长江委,1954 年 12 月;
2. 荆江县堤防包括支堤;
3. 长江委《1954 年长江防汛资料汇编》载:荆江大堤从 7 月 5 日—8 月 11 日发生主要险情 195 处,其中,漏洞 665 处,跌窝 87 处,脱坡 43 处。

汛期，沙市市派出干部、工人参加荆江分洪北闸的抢修和启闭工作。湖北省内河船运管理局沙市办事处在洪峰期暂停航运业务，集中 29 艘拖驳船，在宜昌至岳阳段内，不分昼夜运送防汛器材以及转移分洪区内的灾民和救济物资，计抢运防汛器材 4000 多吨，运送民工 2 万多人，耕牛 1.2 万头。

在 1954 年的防洪斗争中，有 21 位同志为了抢护险情而壮烈牺牲。

三、分洪

1954 年洪水总量大，高洪水位历时长，为保卫荆江大堤和武汉市安全，经中央批准，先后 3 次运用荆江分洪工程，并先后在洪湖蒋家码头、虎东干堤肖家嘴、虎西山岗堤、北闸腊林洲、枝江上百里洲、监利上车湾等处扒口分洪。分洪后，荆江汛情缓解，特别是 8 月 8 日上车湾分洪后，荆江河段水位迅速回落，沙市 8 月 15 日回落至 42.46 米。8 月 27 日以后因上游降雨水位回涨，8 月 30 日 18 时沙市水位 43.15 米，随后回落。上车湾分洪收到了显著的效果。1954 年荆江分洪工程分洪后对洞庭湖的影响见表 4-6-8。

表 4-6-8　荆江分洪工程分洪后对洞庭湖的影响（1954 年）

分洪次数	分洪起讫时间	松滋口	太平口	调弦口	藕池口	四口合计	虎东扒口增加入湖水量/亿 m³	减少入湖净水量累计/亿 m³
第一次	7 月 22 日 2：20 至 27 日 13：10	2.200	1.170	0.195	3.702	7.267		7.267
第二次	7 月 29 日 6：15 至 8 月 1 日 15：55	0.658	0.729	0.120	2.287	3.794		11.061
第三次	8 月 1 日 21：40 至 8 月 22 日 7：50	10.672	60654	1.544	24.201	43.158	−47.649	6.557
合计		13.620	8.550	1.859	30.190	54.206	−47.649	

注　1. 减少入湖净水量的最大累积量为 14.315 亿 m³，发生于 8 月 5 日 2 时；
2. “−”号表示增加入湖流量；
3. 资料来源：1954 年《长江防汛资料汇编》。

（一）第一次分洪

7 月 8 日长江首次洪峰抵达荆江，沙市水位达 43.89 米，荆江分洪工程处于紧急临战状态。7 月 21 日，宜昌洪峰流量 56000 立方米每秒，与清江 3360 立方米每秒流量相遇。由于长江上游金沙江、岷江、嘉陵江、三峡地区和清江流域连续暴雨，预计 7 月 22 日沙市洪峰水位将超过 44.85 米，沙市、郝穴一线均将超过保证水位，且水位仍将上涨，严重危及荆江大堤安全。此时荆江大堤发生多处重大险情，荆江到了最危急时刻，政务院总理周恩来十分关注。为解除洪水威胁，7 月 21 日下午，国家防总指示，7 月 22 日 2 时 20 分，开启荆江分洪工程北闸（进洪闸）分洪。开启顺序，先单号孔，后双号孔；开启高度，以 0.25 米为一格，每小时应开格数，按荆江防汛分洪总部电话通知执行。至 8 时 22 分，54 孔闸门全部开启，最大进洪流量 6700 立方米每秒。27 日 13 时 10 分全部关闸。分洪后维持沙市最高水位 44.38 米、黄天湖水位 38.10 米。此次分洪进洪总量 23.53 亿立方米，总蓄水量约31.7亿立方米，减少泄入洞庭湖水量7.27亿立方米。据推算，如不分洪，沙市水位将达44.85米，超过防御标准0.36米，洪峰流量将达47880立方米每秒。开闸分洪后，沙市水位骤降，太平口水位直落1.3米，荆江大堤险情得以缓解。

（二）第二次分洪

7月27日关闸后，长江上游水位一再上涨，加之三峡区间又普遍降雨，预报枝城站29日流量将达到或接近63000立方米每秒，清江流量2820立方米每秒，且将继续上涨，31日枝城将超过65000立方米每秒。7月29日6时，沙市水位再度升至44.24米，预计7月30日沙市水位将达45.03米。中央决定第二次开启北闸分洪，29日6时15分，开启进洪闸40孔，至30日54孔全部开启，进洪流量由5500立方米每秒逐步增加到6900立方米每秒，8月1日15时55分关闭，分洪总量17.17亿立方米，蓄洪总量达47.2亿立方米，分洪区蓄洪水位40.32米。分洪后，维持沙市最高水位44.39米，郝穴最高水位仅超过保证水位0.10米，争取了汛期整险的可能。据推算，如不分洪，沙市水位将达到45.03米，超保证0.54米。此次分洪降低沙市预计最高洪峰水位0.64米，减少入洞庭湖水量3.79亿立方米。

7月27日，螺山水位32.94米，新堤水位32.43米，汉口水位28.40米。为确保武汉防汛安全，危急关头，中南区防总决定在洪湖分洪，以削减洪峰，降低汉口水位。27日5时，新堤上游蒋家码头堤段扒口分洪（分洪口门宽150米，7月30日，扩大至900米。8月8日，口门达1003米，口门内外水头差仅1.1米），致使洪湖县一片汪洋，房屋大部倒塌，造成洪湖先涝后决堤再分洪的特大洪灾。石首人民大垸鲁家台7月29日决口，扩大进洪；东堤三户街相继溃口，向尚未建成的下人民大垸区（滩地）吐洪，下荆江河曲带形成一片宽达20千米“行洪区”，监利一带江堤告急，临时加筑子堤挡水。

（三）第三次分洪

在第二次分洪的同时，长江上游金沙江、岷江、嘉陵江、乌江又先后连降大雨，在清溪场以下汇集成巨大洪峰，加之三峡区间、清江又降暴雨，刚刚消退的水位又直线上升，预计沙市水位将涨至45.63米，洪水将普遍漫溢荆江大堤。由于沙市水位长时间维持在44.00米以上，荆江大堤重大险情不断发生。为减轻荆江干流压力，紧急关头，中央指示在沙市水位44.35米时第三次开启北闸分洪。8月1日21时40分开闸，先开启20孔，3日24时增开至40孔，其后开启孔数多次变动，至7日24时54孔全部开启。7日枝城最大洪峰流量高达71900立方米每秒，加上沮漳河流量1500立方米每秒，还有区间600余立方米每秒，荆江防洪形势极度紧张。

此时分洪区经过前两次蓄洪，所剩容积仅约7亿立方米，如维持沙市水位44.30米，尚需进洪十余亿立方米。8月4日8时黄天湖水位达41.27米，如继续进洪，则黄天湖水位将超过42.00米，危及南线大堤安全。至8月4日，分洪区蓄洪水位已达到41.00米（当时设计蓄水位），但为保证荆江大堤安全，必须继续分洪；而为保证分洪区南线大堤安全又不能过量超蓄，更不宜在荆江右岸再增辟临时分洪区。经过中央充分权衡，决定开启南闸，扒开虎东堤及虎西山岗堤，让分洪区超额洪水进入洞庭湖和虎西备蓄区，进洪与吐洪同时进行。遵照中央指示，荆江防汛分洪总部8月4日在虎渡河东堤肖家嘴（即荆江分洪区西堤）扒口，口门宽初为300米，后扩展至1436米，吐洪流量4490立方米每秒。8月6日扒开虎西备蓄区堤，口门宽565米，但进流效果较差，以致虎渡河南闸上游水位抬高。南闸加大泄量至6790立方米每秒（8月4日21时40分），大大超过闸下游河道安全泄量。8月6日，荆江分洪区水位继续上涨，分洪区黄天湖闸水位急剧上升至42.08米，超过原控制水位1.08米。由于进洪量远远大于下泄量，8月6日24时，分洪区长江干堤郭家窑因堤顶高程欠高而漫溃，溃口宽1480米，分洪区内洪水回泄入江，最大吐洪量达5160立方米每秒，下荆江防洪负担骤然加重。此时，长江上游复降大雨，荆江分洪区又处于泄蓄超饱和状态。8月7日8时宜昌达到最高水位55.73米，洪峰流量66800立方米每秒，加上清江来量7190立方米每秒，荆江大堤有漫溢危险。为减轻大堤压力，被迫于8月7日22时在上百里洲堤八亩滩（开口处位于上百里洲垸下游）扒口分洪，估算最大分洪流量3150立方米每秒，分洪总量1.76亿立方米。

经过一系列分洪措施，至8月7日下午沙市仍出现有水文记录以来最高水位44.67米，最大流量50000立方米每秒。8月8日，又在腊林洲破堤进洪，口门宽250米，最大进洪流量1800立方米每秒，分洪总量17亿立方米，荆江水位缓慢下降，至8月22日，沙市水位落至42.70米时关闭进洪闸。据估算，如不分洪，沙市洪峰水位将达到45.63米，多处分洪降低沙市水位0.96米，荆江大堤溃决之灾得以避免。第三次开闸分洪计20天又10小时，最大进洪流量7700立方米每秒，分洪量81.9亿立方米，减少入湖水量43.16亿立方米。

四、上车湾扒口行洪

荆江分洪工程经过3次分洪运用后（3次分洪总量122.6亿立方米），荆江河段、城陵矶以下河段水位仍居高不下，汉口水位继续上涨，两岸堤防险情不断增多。随着郭家窑吐洪，下荆江负担骤然加重，加之江陵董家拐、监利杨家湾发生特大脱坡险情正在抢护，荆江大堤岌岌可危。鉴于当时严峻的防洪形势，为确保荆江大堤和武汉市安全，中南区防总请示中央要求在监利长江干堤扒口分洪。8月5日前后，国家防总3次电话询问监利县防指，荆江大堤江陵县董家拐险情十分严重，且监利杨家湾险情也很严重，上游还在降雨，荆江分洪区已无再调蓄余地，为避免荆江大堤溃口造成重大损失，国家防总准备在杨家湾以上堤段扒口分洪。监利县防指根据国家防总意见，进行反复讨论，认为荆江超额洪水必须尽快寻找出路，避免洪水泛滥，特别是荆江大堤一旦溃决将造成重大损失。如在杨家湾以上堤段扒口分洪，势必淹没监利县城，而县城当时还有约2平方千米地方未淹水，且还有一道长2千米南门土城墙，已有数万灾民转移至此，又是监利县防汛救灾指挥中心，因此建议将长江分洪口门改在监利县城以下。国家防总同意监利县防指意见，决定在监利长江干堤上车湾扒口分洪（桩号617＋930～619＋100）。8月7日，省防指副指挥长夏世厚带领工兵连，乘炮艇到现场，经短暂动员和疏散沿堤灾民，于8日零时30分在上车湾大月堤扒口分洪。分洪口门最宽达1030米，最大分洪流量9160立方米每秒，进洪总量291亿立方米（10月24日堵口断流）。由于上车湾分洪流量大，荆江河段水位迅速回落。8月8日监利城南最高水位36.57米，9日回落至36.10米，15日回落至35.15米；沙市8日水位回落至44.47米，10日回落至44.03米，15日回落至42.46米；城陵矶8

日最高水位33.95米（莲花塘），9日回落至33.90米，13日回落至33.88米，15日回落至33.62米。上车湾分洪收到了显著的效果。

五、溃口

1954年汛期，除主动分洪外，还有大量民垸和部分干堤相继溃口分流。7月7日，位于虎渡河右堤的南阳湾、戴皮塔相继溃口。8日，石首西新垸、张智垸金鱼沟堤溃口。13日、14日洪湖路途湾、穆家河、仰口3处溃口。此后，又有监利唐家洲、石首鲁家台、永合垸、陈公东垸、石戈垸等处溃口。

1. 南阳湾溃口

南阳湾位于虎渡河右堤桩号17＋400～19＋000段，长1600米，为沙基堤段，汛期被风浪冲成陡坎。7月6日2时，出现浑水漏洞5个，最大孔径0.05米，时闸口水位40.22米。出险后，采取围井导滤，并筑两条土撑支撑堤身，堤外用草包、麻袋装土护坡和棉絮塞洞等措施抢护。7日3时，孔径扩大，浑水急涌，虽经全力抢护，终因取土困难，加之风浪猛烈冲击，不到30分钟，堤面出现长10米跌窝，洪水直灌堤内，4时堤溃，口门宽111米。

2. 戴皮塔溃口

戴皮塔位于南阳湾下5千米，虎渡河右堤桩号23＋000～24＋500，长1500米。外临河泓，内濒深潭，沙土堤质，1902年此处曾溃决。7月6日5时，出现浑水漏洞2个、清水漏洞3个，最大孔径0.03米，时闸口水位40.24米。7日4时，洞口扩大至0.05米，经210名民工抢护，因内外无土可取，加之风浪猛烈冲击，堤身向内滑矬，致使该堤段5时15分溃口，口门宽125米。

南阳湾、戴皮塔相继溃口后，淹没农田3.37万亩，受灾2.44万人。

3. 西新垸溃口

7月8日4时，调弦口水位37.87米，石首西新垸因堤面崩矬严重，抢护取土困难而溃口，口门宽70米。受灾人口3221人，淹没农田6505亩。

4. 张智垸溃口

7月8日，石首江北张智垸金鱼沟堤溃口，口门宽70米，受灾人口5716人，淹没农田15万亩。

5. 路途湾溃口（今称"老湾溃口"）

7月13日15时，新堤水位32.35米（超保证水位0.51米），洪湖长江干堤路途湾（老湾叶家墩）10日出现孔径0.15米漏洞，防守人员用3个黄桶及麻袋装土围井抢护，当时效果较好，后突遇大风，险情突变，黄桶破裂，抢护不及而溃口，口门宽1880米，灾及洪湖、监利两县，受灾人口31.39万。

6. 穆家河溃口

7月14日，受路途湾溃口影响，防守燕窝穆家河段洪湖民工全部下堤，沔阳支援洪湖防汛民工情绪低落，当日2时，新堤水位32.43米时，子埂漫溃引起堤溃，口门宽547米。

7. 仰口堤溃口

受路途湾溃口影响，新丰闸下防守仰口堤段民工全部下堤回家避险，7月14日2时仰口堤溃口，口门宽 200 米，当时新堤水位 32.44 米，受灾人口约 10 万。

路途湾、穆家河、仰口 3 处溃口，受灾人口 41.39 万，淹没农田 5.08 万亩。

8. 唐家洲溃口

7 月 14 日，监利长江干堤外垸唐家洲沙墩堤出现内脱坡险情，当时现场无技术人员指导抢险，抢险干部和民工打下 13 根树撑，未能控制险情，于 4 时 30 分溃口。洪水直冲唐家洲与克城垸隔堤，9 时许，隔堤长约 800 米堤段被冲垮，洪水取直线进入老江河。

9. 鲁家台溃口

7 月 29 日，石首人民大垸鲁家台堤溃口，口门宽 1350 米，受灾 79172 人，淹没农田 20.10 万亩。

10. 永合垸溃口

8 月 1 日，石首永合垸何家沟溃口，口门宽 320 米，受灾 8140 人，淹没农田 3.2 万亩。

11. 陈公东垸溃口

8 月 2 日 12 时，石首陈公东垸来家铺溃口，口门宽 1163 米（调弦口水位 38.12 米），受灾 31730 人，淹没农田 9.15 万亩。

12. 石戈垸溃口

8 月 4 日，石首石戈垸杨家祠溃口，口门宽 134 米，受灾 1300 人，淹没农田 3822 亩。

13. 永固剅溃口

8 月 4 日下午，荆江县虎西堤永固剅漫溃，时黄山头水位 40.47 米，溃决三口，口门宽 900 米。

14. 姚公堤溃口

8 月 6 日，荆江县虎东姚公堤桩号 64＋120～64＋450 段被风浪击溃，口门宽 70 米，时黄山头水位 42.06 米。同日，荆江虎东张家嘴堤被风浪击溃。

15. 郭家窑溃口

8 月 6 日 24 时，荆江县郭家窑漫溃，口门宽 1480 米，估算最大流量 5160 立方米每秒，时黄山头水位 42.06 米，外江黄水套水位 40.45 米。

附：1954 年荆州地区长江干支堤堤防扒口、溃口一览表（表 4－6－9）

表 4－6－9　　1954 年荆州地区长江干支堤防扒口、溃口一览表

县别	河岸别	地点	起止桩号	溃口长度/m	溃口扒口	发生时间	溃口、扒口前险情抢护概况或分洪效益	受灾面积/万亩	受灾人口/人	备注
荆江	虎西	南阳湾、戴皮塔	18＋286～18＋397、25＋325～25＋450	1260	溃口	7 月 7 日 4：00	出险时，均为浑水漏洞群，且孔径大都为 0.3m，由于干部思想麻痹，抢险人员少，且技术措施欠妥当，取土困难，致使险情发展恶化，抢救不及而溃口，除当时溃口两处外，后又漫溃 6 口，总长 1260m	3.37	24430	受灾面积内有溃灾 24750 亩

续表

县别	河岸别	地点	起止桩号	溃口长度/m	溃口扒口	发生时间	溃口、扒口前险情抢护概况或分洪效益	受灾面积/万亩	受灾人口/人	备注
荆江	虎西岗堤	达人岗		565	扒口	8月6—9日	开口563m，通流165m，分泄分洪区最大流量606m³/s。8月15日堵死	2.31	10000	受灾人口系概估数
荆江	虎东	肖家嘴	87+840	1436	扒口	8月4—5日	开口1000m，18日扩大、漫溃至1436m，分泄分洪区最大流量4490m³/s			
荆江	荆右	郑家榨	693+000附近	250	扒口	8月7—9日	开口150m，17日扩大至250m，最大进洪量1700m³/s	59.78	173744	
荆江	荆右	郭家窑	623+000～627+000	1480	溃口	8月6日24：00	最初漫溃2口，后发展为14口，因取土困难，雨大人力少而漫溃			
石首	荆右	西新垸	540+160～540+230	70	溃口	7月8日	堤右剧烈崩矬，雨大，水位高堤身低，取土困难抢救不及溃口	0.65	3221	
石首	荆左	人民大垸		1200	溃口	7月29日20：00	鲁家台散浸严重，漏洞多，曾筑有众多围井，附近穿孔抢救不及溃口	20.15	79172	
石首	荆右	陈公东垸	516+912～517+123、518+653～519+000	1163	溃口	8月2日12：00	干堤外民堤永和垸溃口，干堤抢救不及而溃口3处，后又破口3处，共长1163m	9.15	31730	
监利	荆左	唐家洲垸		600	溃口	7月14日4：00	洪水漫堤，沙墩原脱坡处，曾打树撑13个，内脱坡向下滑矬，抢救不及溃口	0.79	19000	口门长度系概估数
监利	荆左	大月堤（上车湾）	617+900～619+100	1030	扒口	8月8日10：00	先开3小口，扩大至1030m	227.40	625000	
洪湖	荆左	蒋家码头	513+450～514+450	1003	扒口	7月27日5：00	27日晨开始放水，口门宽540m，水头差2.4m，后又挖6个口共长1003m			老湾已溃，洪湖灾情不再扩大
洪湖	荆左	老湾上	478+500～480+400	1880	溃口	7月13日15：00	堤脚外原管涌孔径0.15m已盖黄土，因防汛人员思想麻痹，大风雨夜无人看守，险情恶化，抢救不及溃口	76.02	313921	
洪湖	荆左	穆家河	436+260～436+807	547	溃口	7月14日2：00	老湾溃口后，防汛人员思想不稳，子堤破口无人抢救而溃口			
洪湖	荆左	新丰闸下	401+000附近	200	溃口	7月14日2：00	老湾溃口后，防汛人员思想不稳，子堤破口无人抢救而溃口		100000	

注 荆江河段另有枝江上百里洲8月7日扒口分洪最大分洪口门300m，分洪流量3150m³/s，分洪总量1.76亿m³，受灾农田18万亩，受灾人口5.8万人。

第三节 汉 江 防 汛

一、水雨情

1954 年 5、6 两月雨区先集中在长江中下游，垫高了长江中下游的水位。汉江因受长江洪水顶托，回水竟抵达仙桃。7、8 两月雨区由东转西，推进至汉江中下游。白河站 7 月 7—21 日连续出现 3 次洪峰，水位均在 180.00 米以上，加上支流丹江、南河、唐白河洪峰叠现，对中下游河段造成严重威胁。汉江沿岸的钟祥、天门、沔阳、荆门、潜江等县 5—7 月普降大到暴雨。7 月、8 月汉江上中游各站降雨均在 400 毫米以上，新城站降雨量 483.3 毫米。新城以下大暴雨集中在 5、6、7 三个月，天门岳口站总雨量 1111.0 毫米，天门城关站总雨量 1149.7 米，仙桃站总雨量 1707.2 毫米。

汉江流域接连降雨，白河站 7 月 7—21 日连续出现 3 次洪峰，水位均在 180.00 米以上，支流丹江、南河、唐白河洪峰叠现，碾盘山站 7 天洪量 94.6 亿立方米，最大洪峰流量 18500 立方米每秒。上游洪水来量大，下游长江水位居高不下（汉口水位从 6 月 25 日 14 时超过警戒水位，至 10 月 3 日降到 25.25 米，在警戒水位以上时间持续 100 天，其中超历史最高水位 28.28 米的时间为 52 天），以致汉江新城站自 7 月 19 日出现洪峰 40.13 米，持续上涨至 8 月 11 日 3 时，最高洪峰水位 42.89 米，相应流量 16400 立方米每秒。泽口站 8 月 10 日 18 时最高洪峰水位 40.69 米，仙桃站 8 月 10 日 24 时最高水位 34.60 米，相应流量 8470 立方米每秒。具体见表 4-6-10。

表 4-6-10　　1954 年荆州地区汉江辖区主要站洪峰水位表

站别	水尺桩号	水尺堤顶高程/m	1954 年保证水位与最高水位				历年最高水位	
			保证水位/m	最高水位/m	时间	相应流量/(m^3/s)	时间	水位/m
大王庙	294+500	46.55	44.93	45.16			1948 年	45.93
沙洋	273+000	44.61	43.06	43.33	8 月 11 日	16400	1937 年	43.52
陶朱埠	3+500	40.64	39.55	40.22	8 月 10 日	3200		
泽口	217+000	40.60	39.91	40.69	8 月 10 日			
岳口	189+000	39.74	38.64	38.97	8 月 10 日	8580	1949 年 9 月 17 日	38.64
仙桃	133+300	36.28	35.82	34.60	8 月 10 日	8470		35.82

二、组织领导及抢险

新中国成立初，汉江堤防防洪能力极低。为确保汉北平原和武汉市的安全，加强对汉江防汛工作的领导。7 月 8 日，省委决定成立汉江防指，指挥长由省劳动局局长谢威担任，副指挥长从克家、李仕壮、王嘉善。指挥部设委员会，由谢威等 14 人组成。沿江各县分别成立防汛、生产两套班子，明确责任，分段防守。为加强潜北防汛工作的领导，在潜江县张港镇成立了潜北防指。

汉江防汛从7月7日全线布防，至8月18日主汛期42天，历经4次洪峰。天门、沔阳县因受汉口高水位顶托，汛期长达94天。汛期上防汛劳力最多时为112377人、干部1680人。布防堤长（遥堤及汉江干堤）368.9千米，其中左岸上自罗汉寺下至天门县六林口（与汉川县分界），分属钟祥、天门二县，堤长177.2千米（含旧口以上遥堤18千米）；右岸上自荆门县沙洋镇，下至脉旺镇（沔阳与汉川分界），分属荆门、潜江、沔阳，堤长191.3千米。

由于堤防抗洪标准低，天门、潜江、沔阳等县大部分堤段因堤顶高程不够，要靠加做子埂挡水。荆州地委决定凡属堤顶高程不够的堤段，按1953年防汛实有最高水位为标准，抢筑0.5～0.8米高的子埂，各县立即组织力量完成查加抢险土方52.45万立方米。为加强巡堤查险，各级党政负责人以及科局长除负责生产自救外，几乎全部上堤，与守堤群众同吃、同住、同护堤。在防风浪抢险中，群众自发地搬来自家门板、床板以及棉被、铁锅用于抢险。当江水上涨，水漫堤顶靠子埂挡水时，群众以身护子埂挡水。

汛期，汉江堤防共出现各类险情188处，其中，脱坡33处，裂缝10处，浑水涌洞16处，清水漏洞36处，崩岸15处，漫溢6处，散浸39处，跌窝5处，剅闸漏水2处，浪坎26处，其他险情32处。

遥堤陈洪口散浸集中　桩号280＋800～282＋170，此段堤身沙质土，内脚散浸严重，演变成无数个管涌孔，堤腰下裂。采取外填、内开沟排水、围井等措施脱险，完成土方1835立方米，耗用干柴4150千克、草包5740个、麻包5383个。

遥堤新老堤管涌　新老堤位于江左遥堤桩号273＋300～300＋350，堤身沙质土，内脚散浸严重，演变成管涌，采用围井、外坡用草袋盛土外围护坡等措施，经大力抢护脱险，完成土方10800立方米，耗用草包12898条、麻包1080个。

谢家河裂缝　谢家河堤段位于汉左遥堤桩号266＋500～267＋750，长750米，内临深潭，堤坡陡峻，8月9日晚发生堤脚浸漏，并向下崩矬，内坡距堤顶3米处发生裂缝，10日晨裂缝继续发展，且有向下滑矬的趋势。11日下午内堤脚又发现管涌，直径约4厘米，涌沙冒水，堤身裂缝不断恶化，缝宽0.15米。经用砖渣在塘内填脚，发现漏洞涌水现象逐步停止，为防止漏洞扩大，即在外用草包盛土打外围，然后用土填实作外帮截浸，险情才告稳定。

杨合村脱坡　杨合村堤段位于汉左干堤桩号250＋390～250＋660，长270米，堤内脚有小水塘，内坡陡高7～8米，外滩水深仅1～3米，开始发生严重散浸，经开沟滤水，深度及长度均不合标准。从8月9—11日，演变成大脱坡，内堤面崩矬宽1～3米，内堤坡崩入塘内，堤身形成2～3米陡坡，在脱坡内，浸水汹涌而出，险情非常严重。后决定，内坡仍大力开沟滤水，稳定坡脚，并将外滩房屋拆除30余栋，加筑外帮8～10米，完成土方2100立方米，11日安全脱险。

8月12日，汉江左堤钟祥陈洪口，天门新老堤等堤段（均为遥堤）出现管涌险情，因抢险物资缺乏告急，在大水茫茫，交通断绝的情况下，中央军委派飞机三架，两次空投麻袋7479条到险段，支援防汛抢险。

三、分洪与溃口

7月17日，汉江上游出现第三次洪峰，汉口站7月18日水位28.24米，已接近1931

年最高水位28.28米，仍趋涨势，严重威胁汉江遥堤和武汉市的安全。省委决定采取紧急分洪措施，于7月19日7时（仙桃水位34.21米）在沔阳县禹王宫汉江右岸干堤开口分洪，口门宽410米，分洪流量5580立方米每秒，分洪总量84.6亿立方米；分洪后，汉川新沟嘴水位由29.84米降到28.83米，天门、沔阳等站洪峰水位均未超过警戒水位；分洪淹没农田193.54万亩，受灾63.8万人，冲毁房屋47744栋，大牲畜死亡3100头。8月9日，汉口水位高达29.30米，仍呈涨势。汉江下游自8月4日起，由于流域上游的雨量集中，水位高，持续时间长，下游沿岸各县连降暴雨，水位持续上涨，10日，第四次洪峰出现。长委会8月9日16时15分预报新城8月10日20时水位42.55米；荆州地区汉江防指推算8月10日沙洋水位要超过43.00米，向省反映要求于8月10日12时前在泽口以下分洪。经省防指研究决定，8月10日19时30分在汉江右岸潜江县五支角扒口分洪。实际洪峰水位：沙洋10日11时水位43.01米，19时水位43.18米；泽口10日18时水位40.69米；陶朱埠10日21时水位40.22米。荆州地区汉江指挥部决定提前于10日15时至17时扒口。因分洪区内群众转移工作量大，推迟至17时至20时完成分洪任务。分洪口共开6个口子，口门长732米，每口深0.7～1.0米，宽5～10米。由于外滩地势高，滩岸宽300～400米，至24时才冲开进洪，口门最大宽度814米，最大进洪流量6000立方米每秒，相当新城来量的36.6%，对确保汉江左岸堤防，特别是武汉市的安全，起到了决定性的作用（8月9日仙桃站流量8720立方米每秒，8月10日水位34.60米，均为1954年最高值）。分洪后，淹没面积240平方千米，受灾农田26.2万亩，受灾12.3万人。

8月10日20时许，潜江县汉江干堤右岸饶家月堤（桩号232＋750～234＋400）溃口，口门宽525米。溃口时，泽口站水位40.69米，超保证水位0.58米。由于洪峰水位高，堤身单薄低矮，饶家月堤有3200米堤段水漫堤顶0.3米以上，因子堤土质松软，不能挡水而漫溃，受灾面积10万亩，受灾4.4万人。由于溃口前内垸受渍严重，底水很高，溃口洪水很快冲垮内垸民堤，导致下游的浩口区黄庄土地民垸溃决，熊口全区被淹，受灾农田16万亩，受灾4.6万人。灾及潜江、荆门、江陵3县部分地区，并与长江监利上车湾江堤的扒口（8月18日24时分洪）洪水遭遇，江汉滨湖一带尽成泽国。

第四节 东荆河防汛

由于长江洪水倒灌，汉江来水宣泄受阻，7月上旬至8月中旬，东荆河先后出现6次洪峰，防汛历时50天。

汛前，荆州行署成立东荆河防指，副专员饶民太任指挥长。当时按保证水位计算，尚有低矮堤段44处，长29754米，有7处重大隐患，17处重点险工，27处迎流顶冲和滩岸崩矬，不能确保安全度汛。

5月下旬至6月初，东荆河沿岸各县对汛前准备工作作了具体部署。7月10日，陶朱埠首次出现洪峰水位37.50米，7月20日、24日陶朱埠先后出现两次洪峰，水位分别为37.57米和38.48米。东荆河上游堤段各种险情不断发生。7月27日，由于洪湖长江干堤蒋家码头分洪，28日，杨林尾水位30.28米。8月上旬，汉江上中游又普降暴雨，导致东荆河水位不断上涨。堤内倒灌水（内涝加长江与汉江分洪、溃口洪水）已抵右岸监利新沟嘴，致使洪湖县全部，沔阳县、监利县大部堤内民垸被淹，堤防抢险已无土可取，防守更加困难。根据水情形势，东荆河防指决定：右岸堤防从监利北口以上确保，北口以下至朱新场争取防守，朱新场以下全部放弃；左岸从沔阳潘家坝以上确保，潘家坝以下至宋新场争取防守，宋新场以下全部放弃。

7月9日，沔阳兰家桥发生脱坡漫溢险情，立即组织民工在险段采取打透水土撑，开沟导渗等措施进行抢护，13日，脱坡距堤顶仅1.5～2.5米，下陷0.5米，漏洞口径大的约有0.1～0.2米。同日，兰家桥一带水位已超过1952年最高水位0.8米，全靠子埂挡水，子埂挡水高度达1.8米，由于外洪内涝，无土可取，又有风浪，防守十分困难；26日晚，风雨交加，27日晨风浪更大，此时水位已超过1952年最高水位1.5米，遂放弃防守，28日8时漫溃，当时口门宽260米。

8月8日，长江干堤在监利上车湾分洪。10日，汉江潜江五支角分洪，同时潜江右岸干堤饶家月堤亦溃。在此情况下，东荆河上游民工相继撤退。8月10日17时30分，东荆河左岸杨家月堤溃口；18时30分，马家月堤溃口。洪水汇合后，将两溃口冲成一个大口，宽415米。溃口时陶朱埠水位40.17米，流量3350立方米每秒，受灾农田159428亩，受灾604467人。

8月10日21时，陶朱埠洪峰水位40.22米，上游堤顶已大部分漫水，全堤漫溢长度87320米，其中，洪湖黄新场至卡子湾长1537米，沔阳杨林尾至太阳垴长10500米，内外水面相连，堤顶淹没最大水深2.58米。至此，东荆河南北两岸堤内除少数几个高垸外，已全部被淹。据测，监利新沟嘴堤内水位32.11米，朱新场堤内水位32.09米。

汛期共发生各类险情516处，因风浪侵袭，堤面冲毁64处，其中溃口15处，浪坎最大的宽7.5米，深2.8米，共长2800米。上堤最高劳力78026人，完成加高加固及抢险土方38.65万立方米，消耗杉木977根、铅丝2283市斤、草包11.1万条、麻袋11987条、块石1071立方米。

第五节 灾 情

经历了100多个日日夜夜艰苦斗争，堤防经受了最严峻的考验，终于保住荆江大堤、汉江遥堤和武汉市的安全，取得了防洪斗争的伟大胜利。

由于降雨强度大、持续时间长，1—5月，全区大部分的降雨量在800～1000毫米之间，5月江河水位已高于垸内河湖水位，内垸渍水已完全失去自排能力。6月，全区平原湖区已渍涝成灾，低洼地方的群众已开始向外地转移。7月至8月初，部分堤段溃口和有计划地实施分洪，大量洪水进入内垸，内垸水位迅速抬高，灾情扩大。有的地方如公安分洪区、洪湖、监利、江陵、沔阳、天门、潜江的平原湖区水深有5～6米，洪水浸泡的时间长达4～5个月，许多村庄的房屋被风浪反复冲击，全部倒塌，片瓦无存，人民群众生命财产遭受了重大损失。

分洪口门因是扒口分洪，分洪量无法控制，加之口门断流时间太迟，有相当一部分分洪量属于“无效洪量”，不仅抬高了内垸水位，还增加了淹没范围。上车湾分洪后，四湖地区水位普遍上涨，一直影响到长湖，8月17日，资市水位32.10米，8月18日，滩桥水位 32.02 米，岑河水位 32.09 米。江陵县普济区孟家垸（面积 29280 亩）因荆江大堤抢险取土需要确保未淹，其余民垸全部渍淹。荆州城 10 月初小北门水位 33.34 米，城内低处（今荆北路一带）水深 0.7 米左右。上车湾堵口工程于 10 月 24 日才合龙断流。荆江分洪区 10 月份水位仍有 36.65 米，积水还有 8 亿立方米，退出的农田仅 18 万亩，11 月 13—16 日又扒开黄天湖南线大堤泄洪。潜江五支角堵口 10 月 18 日开工，11 月 9 日完工。沔阳禹王宫堵口，11 月 1 日开工，19 日完工。由于堵口断流的时间太迟，影响灾民返回家园，也推迟了冬播和恢复家园的工作。洪湖挖沟嘴 10 月的水位还有 28.93 米，11 月份水位还有 27.39 米。大多数灾民在 11 月中旬才开始陆续返家。因时已初冬，由于洪区倒塌的房屋短时期无法修复，只能靠门板、芦席、草袋等搭盖临时住房，难以御寒。大多数灾民由于居住条件差，汛期日晒夜露，风吹雨淋，冬天受冻，一热一冷，许多人（主要是老人和小孩）因此病死。

是年冬天，气候特别寒冷。从 12 月 12 日至次年 1 月 12 日，普降大雪，部分地方积雪深达 1 米以上，气温陡降至零下 9.9～17.2℃，人出门呵气成霜。荆州地区除长江外，大小河流、湖泊全部封冻。汉江、东荆河、洪湖、长湖等河湖面均可行人、推车，冰冻近两月之久。

由于严重的洪涝灾害，粮、棉、油大减产。粮食总产 20.70 亿斤，比 1953 年减产 51.8%；棉花总产 18.92 万担，比 1953 年减产 84.8%；油料总产 45.80 万担，比 1953 年减产 68.6%。

据长江委《1954 年长江防汛资料汇编·险情灾情总结》第四集载：1954 年大洪水荆州地区（该资料不包括沙市、京山县）受灾人口 387.3 万人（当年总人口 543.31 万人），受灾农田 1170 万亩（1953 年耕地 1558.51 万亩，其中水田 757.79 万亩，旱田 800.72 万亩），死亡 2.56 万人，倒塌房屋 64.15 万间。具体见表 4-6-11。

表 4-6-11　　**1954 年荆州地区各县受灾情况统计表**

县别	合计		分洪		溃口		渍水		山洪		死伤人口/人	倒塌房屋/间
	受灾人口/人	受灾田亩/亩	受灾人口/人	受灾田亩/亩	受灾人口/人	受灾田亩/亩	受灾人口/人	受灾田亩/亩	受灾人口/人	受灾田亩/亩		
江陵	234338	937353	192794	771176	—	—	41544	166177	—	—	101	1511
沔阳	755820	2060416	678848	1772000	62500	228680	14472	59729	—	—	13335	350624
天门	430619	1164526	—	—	—	—	430619	1164526	—	—	140	7667
监利	649062	2435245	619062	2435245	—	—	—	—	—	—	7055	76266
松滋	215914	555677	—	—	6000	11647	188151	512185	21763	31872	18	11220
荆门	58105	208038	—	—	—	—	58105	208038	—	—	24	—
钟祥	227270	549860	—	—	—	—	212770	521385	14500	28475	32	1021
公安	189908	396775	—	—	45887	76523	144021	320252	—	—	50	18162
潜江	343637	1070376	122268	261797	58099	203763	163270	604816	—	—	64	4186
洪湖	342990	978644	342990	978644	—	—	—	—	—	—	4599	168000
石首	245591	685621	—	—	121712	322565	—	—	—	—	163	2637
荆江	220081	657753	220081	657753	—	—	—	—	—	—	5	240
合计	3873335	11700284	2166043	6876622	294198	843178	1376831	3920137	39263	60347	25586	641525

注　资料来源：长江委《1954 年险情灾情总结》。

沙市市 8月以前主要是内涝灾害，8月8日上车湾分洪后，受灾面积扩大，受灾人数1773人，占郊区总人口的50%多，淹没农田3679亩，淹没房屋1667栋。

京山县 从春到夏，降雨连绵不绝。全年降雨量1719.8毫米，其中7月雨量522.2毫米，山洪暴发，垱坝倒塌多处，庄稼禾苗受到损失，全县11个区渍水成灾的水田62201亩，旱田受灾39997亩，冲倒中小堰、塘、坝670处，房屋112栋、368间，死1人，受伤7人，受灾人口18695人。京山县原有汉江堤防已于1949年5月全部划出，1954年长委会洪灾统计资料不包括京山县。

1954年的防洪斗争自始至终得到全国各地的帮助和支援。从四川、广西等外省运来大米7.5亿千克；从东北、广州、广西运来蒲包588810条，麻袋69万条，抽水机102台，登陆艇、拖轮共28艘，帆船1500只（3万吨，船工8000人），汽车17辆，马车26辆。8月12日汉江遥堤陈洪口，新老堤发生管涌险情，中央军委派飞机空投麻袋7497条，保证了抢险的需要。宜昌支援1000名工人，蛮石2.3万立方米、麻袋9万条。

因溃口和分洪影响，6月和7月已有部分地方灾民开始向外地转移，到8月中旬，外转灾民已有95万人（沔阳25万人、洪湖25万人、监利36.9万人、江陵6.33万人，荆江1.41万人），外转至荆门、京山、钟祥和嘉鱼、蒲圻、临湘、华容等地。为迅速妥善安置转移百万灾民，政府动员各方面力量予以支持，做到无微不至的关怀。凡是需要转移的群众，都派干部带队护送到指定的地点，转移15千米以上者，政府发给灾民每人每天口粮补助费1角。转移途中设有流动和固定的医疗站。非灾区沿途还设有茶水站，灾民治病一律免费。接受安置灾民的地方有专门的接待班子，按一户增住一户腾出房子或临时搭棚子居住。灾民安居后，即组织互助生产，组织灾民砍柴、捕鱼、运输以及农活等。灾民返乡时，各区、乡灾民还有安全委员会和灾民接待站接送。国家给荆州灾民发放救济款370多亿元（旧币），发放寒衣50多万件，种子4500万千克。支持灾区恢复生产、重建家园。同时，抽调医务人员2755人，组成多个医疗队到灾区巡回诊疗。江陵、松滋、荆门等地还成立支援蓄洪委员会，帮助分洪区安置耕牛1.5万头。汛后，各地灾区都组织灾民进行以工代赈，每一标工发给半斤粮、二角钱或半斤粮、六角钱，既帮助灾民度过了灾荒，又使水毁工程大部分很快得到恢复。灾区人心稳定，大力开展重建家园，很快就恢复了生产。

第七章 1998年抗洪纪实

1998年长江发生居20世纪第二位的全流域型大洪水，洪量仅次于1954年，中下游河段水位居历史记录首位。长江干流沙市站最高洪峰水位45.22米，超过1954年最高洪水位0.55米，刷新有记录以来长江历史最高洪水位。

5月下旬开始，长江流域先后出现3次持续大范围降雨过程。6月12—27日，江南大部暴雨频繁，湖南等地区降雨比常年汛期多1倍以上；7月4—25日，长江三峡区间、湘西北及沿江地区降雨量比常年同期偏多1～2倍；7月末至8月底，长江上游、汉江上游、四川东部、重庆、湖北西南部、湖南西北部降雨量较常年偏多2～3倍。长江中上游从6—8月，反复发生强降雨，导致江河水位猛涨，洪峰接连发生，洞庭湖出流与江水形成顶托。汛期，雨带在长江流域西升东接，致使上游三峡地区、清江流域、湘西北连续降雨，四川、重庆发生强降雨，岷江、沱江、嘉陵江、乌江、澧水、沅江出现多年未有的大洪水。川水和南水在长江中下游严重遭遇，导致长江先后出现8次洪峰，峰高量大，峰连峰，高水位持续时间长，形成了继1954年之后的又一次全流域型大洪水。

汛期，长江洪水分为3个阶段。第一阶段：6月中旬至7月上旬，洞庭湖尤其是鄱阳湖水系发生大洪水，鄱阳湖基本爆满，长江中下游水位迅速抬高，中下游干流相继超过警戒水位，7月4日监利站超过历史最高水位。第二阶段：7月初至8月上旬，洞庭湖及沿江两岸发生洪水，特别是洞庭湖、澧水、沅水发生特大洪水，洞庭湖迅速蓄满，湖水位超过历史纪录，干流水位进一步抬高。第三阶段：8月上旬至8月底，在长江中下游水位居高不下的情况下，长江上游又接连出现6次洪峰，使长江中游水位不断攀升，8月16日宜昌洪峰流量63300立方米每秒。由于洪峰大，且沿途与清江、沮漳河、洞庭湖洪水遭遇，致使长江干流沙市至汉口河段相继出现入汛以来最高洪水位。沙市、监利、螺山站最高洪水位分别为45.22米、38.31米和34.95米，分别超过有水位记录的最高水位0.55米、1.25米、0.78米。

洪水到来时，荆州市长江干流、荆南三河全线超过历史最高水位，其水位之高、持续时间之长、洪峰次数之多，均为历史罕见。这次大洪水的特点是：汛期来得早，洪水来势猛，洪峰水位高，径流量大，持续时间长，干支流洪峰叠加，洪水组合复杂。长江干流先后发生8次洪峰，8月17日沙市第六次洪峰流量53700立方米每秒，为入汛以后最大流量。

整个汛期，荆州市长江干支流堤防共发生管涌、清水漏洞、散浸、崩岸、裂缝、跌窝、浪坎等险情2041处（长江1770处、东荆河271处），其中重大险情77处（溃口性险情25处）。尤其是监利、洪湖长江干堤由于堤身断面小，堤质差，高度不够，溃口性险情较多。面对持续高水位的袭击，在党中央、国务院、省委、省政府直接指挥下，在市委、市政府坚强领导下，在人民解放军、武警官兵和全国人民大力支援下，荆州人民大力弘扬抗洪精神，与洪水展开殊死搏斗，奋力实现了“确保长江大堤安全，确保重要城市安全，确保人民生命财产安全”的伟大抗洪目标，夺取了1998年防汛抗灾斗争的伟大胜利。

第一节　汛　前　准　备

对于1998年汛期旱涝趋势预报，各方面专家意见高度一致。中国气象局、华中区域汛期旱涝预测研究会、武汉中心气象台、荆州市气象台等单位，都得出了高度一致的结论，今年（1998年）梅雨期、盛夏、汛期长江中下游的降雨偏多，水位偏高，要防御1954年型洪水。根据这个预报，各级防指提前召开防汛工作会议，作出全面部署。市委、市政府元月初即召开防洪保安现场会，要求高度警惕，未雨绸缪，按照“安全第一，常备不懈，以防为主，全力抢险”的防汛方针，“更早、更紧、更实”防1954年型洪水的要求，狠抓各项汛前准备工作。

（1）思想准备。从1月4日新年上班的第一个工作日开始，市委、市政府就紧锣密鼓地部署1998年度防大汛、抗大洪、抢大险、救大灾工作，主要领导先后主持召开3次防汛指挥长全体会议、4次全市防汛工作会议，高度统一各级对荆江防洪工作极端重要性的认识，牢固树立防大汛、抗大灾的思想。为提高全民水患意识和加强对防汛抗洪重要性的认识，防患于未然，全市各级防汛部门利用新闻媒体等各种途径广泛宣传发动，对违法水事行为加大执法力度，提高全民依法治水、积极投入抗灾的防汛意识。市委、市政府领导带队到各地检查指导，落实防范措施，把防1954年型洪水的思想准备落到实处。

（2）工程准备。汛前按照“抓荆堤、带全局、全面夯实防汛抗灾基础”的要求，以荆江大堤管理达标晋级为突破口，狠抓长江堤防基本建设。堤防岁修土石方计划和荆江大堤、松滋江堤等重点工程，以及石首河湾整治工程、下荆江河势控制工程、涵闸维修、白蚁普查等工作都按计划圆满完成。全市完成土方1.27亿立方米，占计划的106%，其中堤防建设完成土方2227万立方米，创历史最好水平，荆州市被省政府评为全省水利建设先进单位。

（3）组织准备。3月底前，全市调整充实了各级防汛指挥机构；按分级负责的原则，各堤段各工程明确了责任人；按照防汛抢险要求落实了一、二、三线领导和劳力；组建了防汛抢险队伍，成立县一级抢险突击队5个，乡镇一级抢险突击队118个4.31万人；签订各类防汛责任状900余份；对各地新上任分管水利工作的领导进行防汛抢险知识的培训；对各级水利防汛人员进行战前动员，并成立由十余名老水利专家组成的防指技术顾问咨询委员会。

（4）物资准备。汛前按照“数量备足，品种备齐，质量备好，管理加强”的原则，狠抓了防汛物资器材的准备工作，全市共储备抢险砂石料64万立方米、麻袋29万条、草袋67万条、编织袋数百万条、芦苇33万捆，同时还准备了照明设施和民筹器材。

（5）预案准备。汛前，不断修改完善重点水利工程的调度方案，修订了《长江荆江河段应急度汛方案》，对《荆江大堤防汛调度方案》《松滋江堤度汛方案》《南线大堤度汛方案》《荆州市城市防洪规划（长江部分）》等进行修改完善。荆州市长江防指参照《长江防御特大洪水方案》，结合荆州长江防汛实际，分别按防御1954年型洪水和枝城8万立方米每秒流量特大洪水制订了两套洪水调度实施方案，使其更具有可操作性。对安全度汛有影响的在建工程、重点险工险段和病险涵闸等分别制订临时度汛方案，初步形成了依靠科学防洪的预案体系。按照荆江分洪工程进洪闸防守预案要求，汛前组织了3次进洪闸启闭演习。

（6）汛前检查。市委、市政府领导先后多次率领市直有关部门检查全市防汛准备工作，并与各县市区党政领导、水利技术人员研究安全度汛措施。市长江防指，对照市委、市政府提出的“十查十落实”要求，认真组织专班先后对长江干堤及重要支堤的险工险段开展多次检查。

第二节 雨情及汛情

1998年入汛以来，长江流域气候异常，1—3月江南降雨偏多。1—3月本是长江流域的枯季，而洞庭湖、鄱阳湖地区出现了持续时间长的强降雨。进入4月以后，降雨趋势发生了变化，降雨北多南少，5月份长江干流以北的嘉陵江、汉江地区分别偏多5成和8成。这种异常的雨带分布正好与季节雨季分布情况相反。特别是6月11日中下游进入梅雨季节以后，长江流域暴雨频繁，暴雨笼罩面积大、范围广。主要雨带长时间徘徊于长江流域，南北拉锯、上下游摆动、暴雨强度大、雨量集中，致使长江上、中、下游地区相继发生大洪水，并发生较为恶劣的遭遇，形成了全流域型的大洪水。

一、雨情

长江流域自6月份起，出现3次大范围强降水过程。

第一次是6月12—27日，江南大部分地区暴雨频繁，江西、湖南、安徽等地降雨量比常年汛期多1倍以上，江西北部多2倍以上。湖南省的湘、资水下游和沅水、澧水流域部分地区连降大暴雨和特大暴雨，全省平均次降雨量310毫米，暴雨中心位于湘水下游和资水柘益区间，汨罗江平均降雨量639毫米，岳阳市403毫米，均比历年同期多3～4倍。荆江各地6月份平均降雨量200毫米，比多年平均值（189毫米）多11.0毫米。

第二次是7月4—25日，长江三峡地区、江西北部、湖南北部降雨量比常年同期多1～2倍，尤其是7月20—25日，湖南西北部地区连降暴雨，局部地区连降大暴雨，其中，澧水流域平均降雨量346毫米，澧水上游中心点（桑植凉水口）最大雨量675毫米，龙山水田655毫米次之（龙山水田站最大6小时雨量239.6毫米，重现期1000年一遇，最大12小时雨量359.3毫米，最大24小时雨量413毫米，最大48小时雨量621.6毫米，重现期均达到2000年一遇；桑植凉水口最大6小时雨量243毫米，重现期2000年一遇，24小时雨量430毫米，重现期1000年一遇）。以上资料见水利部水文局、长委水文局《1998年长江暴雨洪水》。

第三次是8月1—28日，长江上游、澧水、汉水流域降雨偏多。其中嘉陵江、三峡区间和清江、汉江流域的降雨量比常年同期偏多2～7成。8月，上游和中游干流降雨偏多，上游干流区偏多1倍多（8月降雨量340毫米，历年均值149.8毫米），中游干流区偏多近1倍（8月降雨量283.4毫米，历年均值149.3毫米），清江长阳站8月份降雨量471.1毫米。故导致江河水位迅涨，洪峰接连发生。

荆江各地7月份平均降雨量318毫米，比多年同期平均（150毫米）多168毫米，7月份监利降雨436毫米为最大。8月份平均降雨138毫米，比多年同期平均值（126毫米）偏多12毫米，8月份以松滋降雨229毫米为最大。

长江流域6—8月暴雨发生地区及历时统计见表4-7-1。

表4-7-1　长江流域6—8月暴雨发生地区及历时统计表

时　间	发生地区	历　时/d
6月11—26日	洞庭湖、鄱阳湖	16
6月27日至7月16日	长江上游	20
7月17—31日	洞庭湖、鄱阳湖	15
8月1—29日	长江上游	29

（一）气候特点

汛期，长江流域降雨强度大、范围广，持续时间长，暴雨发生频率高，这种异常现象是在一定气候背景和环流异常的情况下出现的。根据长委水文局的分析资料，造成1998年长江流域大范围强降雨的主要因素有以下几个方面。

1997年5月至1998年5月，发生了近50年以来最强的厄尔尼诺事件。统计资料表明，每次厄尔尼诺事件发生的第二年，我国夏季多出现南北两条雨带。研究资料表明，厄尔尼诺现象对西北太平洋副热带高压有3～5个月左右影响效应。1998年1—4月西北太平洋副高出现创纪录强度，进一步导致汛期副高活动异常，都与这次极强厄尔尼诺事件有关。这次异常偏强的厄尔尼诺事件，是造成长江流域多雨的主要原因之一。

1997年秋至1998年春季，青藏高原积雪异常增多，到了夏季，受太阳辐射后融雪影响，大气对流层内水气量极为丰富，是影响1998年夏季长江流域降雨偏多的一个重要原因。

1998年西太平洋副高脊线（115°～120°E）持续偏南，强度偏强，强度是近40多年最强的年份之一。根据气候规律，副高的季节性变化较明显，一般在6月中旬副高出现第一次北抬，在7月中旬出现第二次北抬。而1998年副高没有出现典型的季节性北跳。6月11日入梅后副高持续偏南，一直在16°～20°N之间摆动。主要降雨带一直在洞庭湖、鄱阳湖地区徘徊。6月底至7月初，副高位置比常年偏北（24°～25°N）。此时，雨带也从长江中下游两湖地区移至长江上游及汉江中下游地区。7月中旬开始，副高突然南撤至19°～23°N，也比常年位置偏南，长江中游再度进入梅雨期（二度梅），出现了持续的强降雨天气，二度梅持续到7月底才结束。8月副高西伸脊点偏西，有利于水气向大陆输送，长江上游地区一直处于西南气流与冷空气交汇处，暴雨天气频繁出现。

1998年台风生成数少，生成时间晚，第一号台风于7月9日才生成，到9月底只出现8个热带风暴。由于台风生成少而且时间又晚，副热带高压受不到强大北上气流的推动，长期徘徊于偏南位置，致使雨带长期在长江流域停留。

1998年汛期，高空大气经向环流盛行，中高纬地区出现了较长时期的双阻形势，尤其是鄂霍茨克海阻塞高压稳定少动，冷空气频繁南下，造成长江流域持续多雨。

1998年荆州天气异常的主要表现为以下方面。

（1）气温明显偏高。1—9月气温较常年平均偏高1.36℃，年平均气温突破最高值。2月12日最高气温达24.3℃，为历史所罕见。4月中下旬平均气温分别高出常年5.1℃，也是荆州有资料记录以来不曾有过的现象。

（2）春季冷空气活动频繁，气温变化剧烈。3月中下旬受强冷空气影响，全市普遍降温13℃以上，荆州市区日平均气温连续8天低于10℃，最低气温为1.3℃，并出现大风及雨雪天气过程。全市发生多年来极少见的春季强寒潮灾害天气。

（3）局部地区强对流灾害天气活动频繁，风灾、雹灾、强降雨不断发生。

（二）汛期降水

1998年长江流域平均年降雨量1216毫米，比常年偏多11.0%。6—8月，长江流域平均降雨量为670毫米，比多年同期平均值多183毫米，偏多近4成，仅比1954年同期少36毫米，为20世纪第三位。

（1）第一阶段为6月11日至7月3日（中下游第一度梅雨）。前期强降雨带呈东西向维持在洞庭湖、鄱阳湖两大水系。此时期降雨量超过300毫米的笼罩面积约19万平方千米，中心最大值为1115毫米。后期（6月27日至7月3日）降雨带移到长江上中游干流附近，暴雨中心在三峡区间。尤其是6月28日区间大暴雨超过100毫米的笼罩面积达2.1万平方千米。6月11—26日洞庭湖区经历5次暴雨过程，洞庭湖水系各支流洪水频发，城陵矶水位壅高。

（2）第二阶段为7月4—15日（上游第一段集中降雨期）。随着首度梅雨结束，长江中游出现降雨间歇期；主雨带呈东北—西南向分布，主要集中在长江上游和汉江上游地区，嘉陵江、岷江、沱江、金沙江、汉江上游交替出现大范围暴雨和大暴雨。致使宜昌站于7月17日形成第二次洪峰，洪峰流量为56400立方米每秒，7月18日8时到达沙市站时，最大流量为46100立方米每秒，洪峰水位44.00米。

（3）第三阶段为7月16—31日（中下游第二度梅雨）。东西向雨带再度稳定在长江中游干流及江南地区，乌江、沅江、澧水、资水局部、汉江下游等地区相继出现大暴雨。强降雨中心位置在洞庭湖的沅江、澧水地区，降雨量超过300毫米的笼罩范围约17万平方千米，中心最大值为1001毫米。洞庭湖区又一次大面积暴雨，城陵矶以下水位出现新一轮上涨。

（4）第四阶段为8月1—29日（上游第二次集中降雨）。8月1日以后暴雨带北抬，主要集中在长江上游和汉江流域。1—15日，岷江、乌江、清江、三峡区间、汉江中下游先后出现暴雨，主要降雨区集中在三峡以上地区和汉江流域。16—18日，雨区扩展到长江中下游及江南地区。19—25日，雨区复回到嘉陵江、岷江、汉江流域。26—29日，雨区再度影响到长江中下游和江南地区。主雨带呈东北—西南向。29日雨量大于300毫米的区域分布较广，包括三峡区间、清江流域、乌江下游、沅江和澧水上游、汉江中下游、嘉陵江和岷江流域部分地区。

汛期，荆州市共发生9次明显的降雨天气过程。其中6月3次，7月3次，8月2

次。最大日降雨量为监利周沟 190 毫米（5 月 21 日）；最大三日降雨量为石首横沟市 261 毫米（7 月 21—23 日）。6—8 月荆州市全市平均降雨量 870.33 毫米（表 4-7-2），较常年偏多 4～5 成，其中监利 6—8 月降雨量 1028.0 毫米，居全市最高，与 1954 年接近。

表 4-7-2　　1998 年荆江主要站降雨量与 1996 年、1954 年比较表　　单位：mm

站名	全年降雨量	6—8 月降雨量	1996 年 6—8 月降雨量	1954 年 6—8 月降雨量
松滋	1478.7	986.0	728.0	1331.2（1954 年采用杨家垴站）
公安	1068.1	605.0	896.0	1061.6（1954 年采用杨厂站）
石首	1406.0	866.0	982.0	1402.7
荆州	1184.8	742.0	723.0	1161.9（1954 年沙市站为 1218.6）
监利	1628.4	1028.0	1072.0	1646.1
洪湖	1678.2	995.0	1323.0	2007.9（1954 年采用螺山站）

二、汛情

（一）长江干流汛情

天气异常导致长江流域汛情异常。3 月上旬，湘江出现 17500 立方米每秒的年最大洪峰流量，为历史罕见。6 月中旬后，长江中游各支流先后发生暴雨洪水，致使江湖水位在底水位较高情况下迅速上涨，干流宜昌站先后出现 8 次大于 50000 立方米每秒的洪峰，沙市至螺山河段及洞庭湖水位多次超历史最高水位。

1. 第一次洪峰

6 月中旬至 7 月初，洞庭湖地区持续长时间的强降雨过程，致使江湖水位迅速上涨。洞庭湖水系资水桃江站、沅江桃源站、湘江湘潭站先后超警戒水位。在洞庭湖出流的作用下，长江中游干流各站水位急剧上涨。26 日，洞庭湖出湖流量 24800 立方米每秒，监利水位达 33.31 米，日涨 1 米以上，超设防水位 0.08 米，洪湖螺山、新堤分别超过 30.00 米、29.50 米的设防水位。28 日，监利水位上涨至 34.54 米，超警戒水位 0.04 米，螺山水位上涨至 31.50 米的警戒水位。28—29 日，三峡区间亦出现暴雨；7 月 1 日再次出现大暴雨，致使宜昌站 7 月 2 日 23 时出现第一次洪峰，最大流量 54500 立方米每秒，3 日 24 时，洪峰水位 52.91 米（《中国“98”大洪水》《长江志》数据分别为 53500 立方米每秒、52600 立方米每秒）。7 月 3 日 5 时，沙市站洪峰水位 43.97 米，最大流量 49200 立方米每秒，超警戒水位 0.97 米。宜昌以下各站全线超警戒水位，其中监利站超历史最高水位。3—6 日，石首至洪湖江段超保证水位。6 日，第一次洪峰与洞庭湖出水汇流通过洪湖，5 时螺山水位 33.51 米，流量 60800 立方米每秒。

2. 第二次洪峰

7 月 5—15 日，雨区向上游推移，降雨范围与强度尚属一般，各支流洪峰到达时间错开，受金沙江、岷江和嘉陵江降雨影响，长江上游形成第二次洪峰。7 月 18 日，宜昌出现第二次洪峰，流量为 55900 立方米每秒，致使中游干流水位在第一次洪峰缓退后返涨，并再次全线超警戒水位。当时，沙市水位44.00米，流量45700立方米每秒；石首水位39.79米，超警戒水位1.79米；监利水位36.89米，超保证水位0.32米，持续长达40小时。21日，第二次洪峰与洞庭湖出流遭遇，14时螺山最大流量56700立方米每秒，水位32.90米，超警戒水位1.40米；新堤水位32.27米，超警戒水位1.27米。

3. 第三次洪峰

7月22日后，长江流域主要雨带再度南压，长江中游大面积降雨，且波及长江上游。洞庭湖澧水石门站出现19900立方米每秒的洪峰流量（20年一遇），为20世纪第二次大洪水；沅江洪水经五强溪水库调蓄削峰后，桃源站仍出现少见的25000立方米每秒洪峰流量。由于洞庭湖入流增量较大，加上宜昌以上来水，使干流中游各站水位涨势加快。宜昌7月24日7时出现第三次洪峰，流量51700立方米每秒，西洞庭湖出现超历史纪录的洪水位。上游洪峰与洞庭湖水系洪水遭遇于长江中游，受下游鄱阳湖洪水出流顶托影响，进一步抬高中游干流洪峰水位，导致石首、城陵矶、螺山站再次超历史最高水位；汉口水位则仅低于1954年，居历史第二位。25日，沙市流量46900立方米每秒，水位43.85米，超警戒水位0.85米；26日17时，监利流量36400立方米每秒，水位37.55米，超保证水位0.98米，超历史水位0.49米。27日4时，螺山水位34.45米，超过1996年历史最高水位0.28米，流量67800立方米每秒，为入汛后最大流量。

洈水水库，汛期上游“坨子雨”不断，致使库水位长期居高不下。7月16日至8月31日，水库库区共降雨716毫米，来水总量为5.65亿立方米。在此期间，水库主动承担风险，共拦蓄洪水1.49亿立方米，采取早、小、勤的调度方式，避开江河洪峰，适时小流量泄洪，8次泄洪2.08亿立方米，发电、灌溉调度2.13亿立方米，但水库超汛限水位运行202小时，为确保下游河道堤防安全做出了巨大贡献。7月24日，松西河受澧水洪峰顶托，14时洈水河法华寺水位突破43.40米，超历史最高水位0.44米，洪水距堤面仅0.82米，下游公安南平大垸靠子堤拦水，如果洈水泄洪，开一孔将抬高下游水位0.5米，开2孔将抬高下游河道水位1米左右，势必造成堤防溃决。此时，荆州市防指报省批准将洈水水库汛限水位恢复到93.00米，并要求超汛限运行，暂停泄洪，拦洪错峰。到28日水库承担巨大风险拦蓄72小时后，待下游防洪形势有所缓解，才小流量下泄，为公安县南平保卫战取得决定性胜利做出贡献。

4. 第四次洪峰

8月初，长江中游水位居高不下，雨带迅速上移到长江上游，8月4日寸滩出现洪峰，与岷江、嘉陵江、乌江洪水汇合后恰遇三峡区间发生大暴雨，致使洪水叠加，宜昌站于8月7日21时出现第四次洪峰，流量63200立方米每秒。此次洪峰在向下游推进过程中又遭遇清江流域大暴雨，使隔河岩水库水位大大超过正常高水位而不得不下泄3570立方米每秒，使荆江河段沙市、石首水位超历史最高水位。8月8日，洪峰通过沙市时流量达49000立方米每秒，水位44.95米，超过1954年最高水位0.28米；洪峰通过松西河新江口，水位45.86米，流量6000立方米每秒；21时洪峰通过石首，水位40.72米，超历史最高水位0.83米。9日，洪峰通过监利、洪湖江段。凌晨2时，监利流量39600立方米每秒，水位38.16米，超历史最高水位1.10米；15时，螺山流量64300立方米每秒，水位34.62米，超历史最高水位0.44米。

5. 第五次洪峰

受长江上游干流区间及嘉陵江暴雨和乌江的影响，同时又遭遇三峡区间洪水，宜昌站8月12日14时出现第五次洪峰，最大流量62600立方米每秒，洪峰水位54.03米。但经葛洲坝、隔河岩等水利枢纽错峰调度，使增量来水有限，后经河道、湖泊调蓄后，仅造成沙市至监利河段水位有所回涨。12日21时，洪峰通过沙市，流量48400立方米每秒，水位由11日的44.40米复涨至44.84米，超历史最高水位0.17米。

6. 第六次洪峰

本次洪峰是当年汛期最大的一次洪峰。由于金沙江、嘉陵江来水加大，8月14日寸滩站再次出现洪峰，并受三峡区间两次暴雨洪水叠加影响，宜昌站出现第六次洪峰，16日洪峰流量63300立方米每秒，为1998年最大值。这次洪峰在向中游推进过程中，与清江、洞庭湖以及汉江洪水遭遇，荆江各站水位出现最高水位。8月17日9时，沙市水位创历史新纪录，达45.22米，超1954年历史最高水位0.55米，流量53700立方米每秒。同日，11时石首水位40.94米，超历史最高水位1.05米；22时监利水位38.31米，超历史最高水位1.25米，流量46300立方米每秒。城陵矶（莲花塘）、城陵矶（七里山）20日相继出现年最高水位35.80米、35.94米。20日，螺山流量64100立方米每秒，水位34.95米，超1954年水位1.78米，超1996年历史最高水位0.77米；新堤水位34.35米，超历史最高水位0.78米。此次洪峰来势凶猛，持续时间长，沙市水位从16日21时45.01米至18日10时退出45.00米以上水位，历时38小时。

7. 第七次洪峰

此次洪水主要受岷江、沱江、嘉陵江洪峰影响，三峡区间增量不大，加之隔河岩、葛洲坝水库蓄洪错峰，8月25日7时宜昌洪峰流量56100立方米每秒，监利以上水位有所回涨。26日，第七次洪峰通过荆江河段，1时沙市水位44.39米，比前一日回涨0.03米，流量44700立方米每秒。

8. 第八次洪峰

8月26日，长江上游出现较大范围降水，但三峡区间无明显降水，加上葛洲坝水利枢纽拦蓄并经河道调蓄，使宜昌站30日23时洪峰流量削减为56800立方米每秒。31日，第八次洪峰通过沙市，沙市水位44.43米，比第七次洪峰高0.04米，流量46100立方米每秒。

9月2日后，长江中下游干流水位开始缓慢回落，监利至螺山6—8日先后退落至保证水位以下，10日沙市首先退出设防水位。22日，随着螺山退出设防水位，荆州市长达3个月的高洪水位紧张局势逐渐缓解。

长江中游及洞庭湖主要站最高水位、最大流量，以及各站8次洪峰发生的时间，见表4-7-3和表4-7-4。

表4-7-3　　1998年长江中游及洞庭湖各站水位流量表

流域	站名	最高水位/m	发生日期	最大流量/(m^3/s)	发生日期
长江	宜昌	54.50	8月17日	63300	8月16日
长江	枝城	50.62	8月17日	68800	8月17日

续表

流域	站名	最高水位/m	发生日期	最大流量/(m^3/s)	发生日期
长江	沙市	45.22	8月17日	53700	8月17日
长江	石首	40.94	8月17日		
长江	监利	38.31	8月17日	46300	8月17日
长江	城陵矶	35.80	8月20日		
洞庭湖	七里山	35.94	8月20日	35900	8月16日
长江	螺山	34.95	8月20日	67800	7月26日
长江	新堤	34.35	8月20日	67800	7月26日
长江	汉口	29.43	8月20日	71100	8月19日
松西河	新江口	46.18	8月17日	6540	8月17日
松东河	沙道观	45.52	8月17日	2670	8月17日
虎渡河	弥陀寺	44.90	8月17日	3040	8月17日
藕池河	管家铺	40.28	8月17日	6170	8月17日
安乡河	康家岗	40.44	8月17日	590	8月17日
湘江	湘潭	40.98	6月27日	17500	3月10日
资水	桃江	43.98	6月14日	10100	6月14日
沅水	桃源	46.03	7月24日	25000	7月24日
澧水	石门	62.66	7月23日	19900	7月23日
澧水	津市	45.01	7月24日	15900	7月24日
澧水洪道	石龟山	41.89	7月24日	12300	7月24日
松虎洪道	安乡	40.44	7月24日	7270	7月24日
洞庭湖	南嘴	37.21	7月25日	18000	7月24日
洞庭湖	小河嘴	27.03	7月25日	22500	7月24日
沮漳河	河溶	49.07		1520	7月3日
清江	长阳	81.97	7月2日	8860	7月2日

注 数据来源于水利部编《中国“98”大洪水》，水利部水文局、长江委水文局编《1998年长江暴雨洪水》和长江委水文局编《长江防汛水情手册》。

表4-7-4　　长江中游主要站8次洪峰一览表

峰次	站名	宜昌	枝江	沙市	石首	监利	城陵矶	螺山	新江口	郑公渡	黄四嘴	闸口
1	水位/m	52.91	49.33	43.97	37.09	34.52	33.51	45.22	41.81	41.00	40.11	41.63
	流量/(m^3/s)	53000	58200	49200		38600	26200	59400	6500			
	日期	7月3日	7月3日	7月3日	7月3日	7月4日	7月6日	7月6日	7月3日	7月4日	7月5日	7月4日
2	水位/m	53.0	49.23	44.00	39.79	36.89	33.86	32.86	45.23	41.43	39.41	41.47
	流量/(m^3/s)	56400	56000	46100		43500	20600	56700	6000			
	日期	7月18日	7月18日	7月18日	7月18日	7月18日	7月20日	7月21日	7月18日	7月19日	7月18日	7月18日

续表

峰次	站名	宜昌	枝江	沙市	石首	监利	城陵矶	螺山	新江口	郑公渡	黄四嘴	闸口
3	水位/m	52.45	48.87	43.85	39.91	37.55	35.53	34.52	45.28	42.43	41.93	42.48
	流量/(m^3/s)	52000	51500	46900		34600	36800	61000	4900			
	日期	7月24日	7月25日	7月25日	7月25日	7月26日	8月1日	8月1日	8月1日	7月24日	7月24日	7月25日
4	水位/m	53.91	50.13	44.95	40.72	38.16	35.57	34.62	45.84	42.43	40.64	42.38
	流量/(m^3/s)	61500	59800	49000		40100	26200	64300	5900			
	日期	8月7日	8月8日	8月8日	8月8日	8月9日	8月9日	8月9日	8月8日	8月6日	8月6日	8月6日
5	水位/m	54.03	49.98	44.84	44.67	38.09	35.37	34.44	45.70	41.93		41.33
	流量/(m^3/s)	62800	63000	49500		41200	23400	60000	6090			
	日期	8月12日	8月12日	8月13日	8月13日	8月13日	8月13日	8月13日	8月13日	8月12日		8月13日
6	水位/m	54.50	50.62	45.22	40.94	38.31	35.94	34.95	46.18	43.01		42.19
	流量/(m^3/s)	63300	68800	53700		45200	28800	64100	6550			
	日期	8月16日	8月17日	8月17日	8月17日	8月17日	8月20日	8月20日	8月17日	8月19日		8月19日
7	水位/m	53.29	49.53	44.39	40.30	37.67	35.35	34.40	45.47	42.21		41.51
	流量/(m^3/s)	56300	56900	44700		40000	26300	59700	5350			
	日期	8月25日	8月25日	8月26日	8月26日	8月26日	8月26日	8月26日	8月26日	8月27日		8月26日
8	水位/m	53.52	49.72	44.43	40.27	37.62	35.26	34.30	45.58	42.07		41.50
	流量/(m^3/s)	57400	57900	46100		41100	24000	59800	5660	41100		
	日期	8月31日	8月31日	8月31日	8月31日	9月1日	9月1日	9月1日	8月31日	9月1日		9月1日

（二）东荆河汛情

受上游持续降雨影响，至8月底丹江口以上先后出现5次洪峰，28日17时丹江口最高洪水位155.35米，超汛限2.85米，二度开闸泄洪，汉江中游洪水迅速上涨。受汉江上游来水和长江洪水顶托影响，荆州境内东荆河下游6月28日进入设防水位，29日突破警戒水位，7月27日白虎池站突破历史最高水位（31.29米），8月23日最高洪峰水位31.65米。8月18日陶朱埠最大分流量1680立方米每秒，水位33.82米。高峰时布防堤长73.05千米，其中，超保证水位堤长30.40千米，超警戒水位堤长56.65千米，沿江累计发生险情271处，其中重大险情16处。

（三）洪水特征

1998年，长江洪水发生早、范围广、洪水遭遇恶劣，高洪水位持续时间长，洪量大。

1. 洪水发生早，范围广

长江洪水发生之早为历年少见，3月份长江中游干流、洞庭湖水系因受降雨影响就出现历史同期最高水位，部分支流河段水位超过当地警戒水位。入汛后，暴雨不断，一些支流先后出现特大洪水。最大流量超过1954年的有岷江（高场站）、嘉陵江（北碚站）、清江（长阳站）、湘江（湘潭站）、资水（桃江站）、沅江（桃源站）等支流水位代表站，从而形成全流域大洪水。

2. 洪水遭遇恶劣

6月下旬和7月中旬，洞庭湖洪水叠加后，长江上游洪水与中游洪水遭遇。8月上中旬，长江上游几次洪峰与三峡区间和清江流域暴雨洪水遭遇，两度叠加通过荆江后，又与洞庭湖洪水相遇，形成长江干流峰连峰的严峻局面。

3. 高洪水位持续时间长

6月26日荆州长江河段螺山站率先进入设防，至9月25日监利退出设防，防汛时间长达91天。监利站超警戒水位82天（6月28日至9月17日），超保证水位（36.57米）61天；螺山超警戒水位82天，超保证水位47天；荆江河段控制站沙市超警戒水位时间长达54天，比1954年多21天，超44.67米水位12天。东荆河下游高水位持续时间长（6月28日至9月2日），民生闸超设防水位长达85天，超警戒水位长达80天，超历史最高水位长达40天。

4. 洪量大

（1）宜昌站7—8月径流量2628亿立方米，比1954年同期（2496亿立方米）多132亿立方米；5—8月径流量3332亿立方米，比1954年同期（3367亿立方米）少35亿立方米。

（2）枝城站7—8月径流量2694亿立方米，比1954年同期（2595亿立方米）多99亿立方米；5—8月径流量3441亿立方米，比1954年同期（3521亿立方米）少80亿立方米。

（3）沙市站7—8月径流量2188亿立方米，比1954年同期（1928亿立方米）多260亿立方米；5—8月径流量2861亿立方米，比1954年同期（1696亿立方米）多165亿立方米。

（4）监利站7—8月径流量1934亿立方米，比1954年同期（1320亿立方米）多614亿立方米；5—8月径流量2565亿立方米，比1954年同期（1897亿立方米）多668亿立方米。

（5）螺山站7—8月径流量3193亿立方米，比1954年同期（3155亿立方米）多38亿立方米；5—8月径流量4589亿立方米，比1954年同期（5110亿立方米）少512亿立方米。

（6）荆南三口7—8月径流量712.4亿立方米，比1954年同期（荆南四口1098亿立方米）少386亿立方米；5—8月径流量792.3亿立方米，比1954年同期（荆南四口1432亿立方米）少639.7亿立方米。

1998年8月17日枝城洪峰流量68800立方米每秒，荆南三口分流量19010立方米每秒，占枝城洪峰流量的27.7%，其中松滋河分流量9210立方米每秒（松西河分流量6450立方米每秒，松东河分流量2670立方米每秒），虎渡河分流量3040立方米每秒，藕池河分流量6760立方米每秒（管家铺分流量6170立方米每秒，安乡河分流量590立方米每秒）。

洞庭四水（湘、资、沅、澧）7—8月入湖水量551.1亿立方米，比1954年同期入湖水量（792亿立方米）少211.0亿立方米；5—8月入湖水量1221亿立方米，比1954年同期（1789亿立方米）少577亿立方米。

1998年7月24日洞庭湖入湖总流量60000立方米每秒。7月12—26日，正是澧水发生大洪水时期（7月24日三江口洪峰流量19900立方米每秒），调蓄量达到72.28亿立方米，洪峰削减系数为47.7%（调蓄期总入湖水量169.63亿立方米，出湖总水量97.35亿立方米）。8月16—19日，洞庭湖入湖总水量69.19亿立方米，出湖总水量52.66亿立方米，调蓄水量16.53亿立方米，洪峰削减系数22.8%。1998年洞庭湖的洪水大体经历了8次调蓄过程，时间从6月12日至8月19日，总调蓄量300.27亿立方米，占入湖水量867.24亿立方米的34%。从1998年洞庭湖入湖水量的全过程来看，其调蓄能力仍是巨大的，作用也是十分明显的。具体见表4-7-5。

表4-7-5　1998年汛期洞庭湖调蓄能力分析　单位：亿 m^3

洪次	调蓄期起讫时间	调蓄期总入湖水量	调蓄期总出湖水量	调蓄水量	洪峰削减系数/%
1	6月12—20日	171.90	94.40	77.50	49.0
2	6月23—29日	203.90	136.30	94.60	36.8
3	6月30日至7月1日	44.06	40.11	3.95	14.8
4	7月3—5日	87.85	70.07	17.78	16.3
5	7月18—20日	48.19	39.33	8.86	15.8
6	7月21—26日	169.63	97.35	72.28	47.7
7	7月30—31日	54.52	45.75	8.77	22.0
8	8月16—19日	69.19	52.66	16.53	22.8
合计		876.21	575.97	300.27	

如果从7—8月的径流量来看，1998年荆南三口分流入洞庭湖的水量比1954年要少386亿立方米，而这一部分加到荆江干流中去了，这是造成荆江河段尤其是下荆江河段防洪形势紧张的重要原因。

1998年宜昌最大洪峰约5年一遇，但一年内出现大于60000立方米每秒的洪峰有3次，十分罕见。最大30天洪量约百年一遇。螺山、汉口最大30天洪量，约为30年一遇；最大60天洪量为40～50年一遇。如按1954年实际最高水位控制分洪，理想分洪量253亿立方米；如按设计水位分洪，理想分洪量116亿立方米。另据有关资料分析，1998年螺山以上扒、溃口分洪总量约67亿立方米。莲花塘水位超过34.4米以上时的超额洪量137亿立方米，城陵矶附近的超额洪量为213亿立方米。

（四）成因分析

1998年荆江及城螺河段高水位持续时间长的主要原因如下。

1998年荆江和城螺河段的水位特别高，持续的时间长，而上、下游的水位和流量相对要小。如枝城的最大流量是68600立方米每秒，比1954年最大流量71900立方米每秒要少3900立方米每秒。下游的螺山站最大流量68600立方米每秒，比1954年最大流量78800立方米每秒要少10200立方米每秒。洞庭湖7、8两月除了荆南三口少分流386亿立方米之外，湘、资、沅、澧四水同1954年7月、8月比较，径流量也少211亿立方米。

1. 水量大

就荆江河段而言，不但7、8两月的洪量比1954年多，5—8月的洪量也比1954年多165亿立方米（没有扣除1954年分洪量）。

2. 没有运用分蓄洪工程

由于没有运用分蓄洪工程，大量超额洪水主要靠抬高水位下泄。虽说从8月5—9日扒开了8个民垸和孟溪垸溃口，包括外滩巴垸，调蓄水量只有30亿立方米左右，这对于处理荆江河段尤其是下荆江河段的高水位是远远不够的。

1998年长江中游分洪、溃口水量约100余亿立方米（其中螺山以上分洪、溃口水量76亿立方米）。

根据水利部水文局、长委水文局编著的《1998年长江暴雨洪水》一书分析："在受溃垸综合影响的两个月中，长江中游的水位有不同程度的降低，如沙市站平均下降0.05米，螺山站平均下降0.14米，汉口站平均下降0.16米，九江站平均下降0.11米，即在1998年溃垸的量级下，干流水位受影响的数量总体上是有限的……各站水位下降幅度的最大值，大多数不是出现在该站水位年最高值的时刻。"

由于长江中下游沿江沿湖修建了大量的排涝泵站，主汛期排涝入江入湖的水量，对水位有一定的影响。洞庭湖区有大小外排站908处，装机容量44.8万千瓦，设计排水流量4400立方米每秒，连同荆江北岸及城螺河段（从枝江至新滩口），总装机已达50万千瓦，排水流量可达5000立方米每秒，日排量可达4.32亿立方米。由于受高水位的影响，泵站不能按设计出力，有的泵站还被迫停机，总的讲，对抬高江湖水位是不可忽视的因素。根据《1998年长江暴雨洪水》的分析："估算长江中游九江以上江段1998年排涝入江总水量约为211亿立方米。"这是从5月10日至9月28日共142天统计的。而1998年洞庭湖和荆江一带的降雨，主要集中在5、7两个月，6月、8月降雨相对偏少，泵站开机排涝与长江高洪水位并不完全同步。9月12日以后，荆江及城螺河段防汛已经结束，排涝入江水量已不构成威胁。1998年长江中游主要控制站受排涝影响增加的最大流量范围为1900～4470立方米每秒，且呈沿干流向下游逐步增加的趋势，相应地排涝抬高的水位为0.2～0.4米。螺山8月20日18时，最高水位34.95米，相应流量67800立方米每秒，相应排涝影响水位0.07米，相应流量660立方米每秒。

3. 洞庭湖调蓄容积减少

由于泥沙淤积和围垦等原因，同1954年比较，湖泊调蓄容积减少了94亿立方米。1954年以后长江中游围垦了一部分洲滩，使调蓄洪水的功能降低。

4. 荆南三口向洞庭湖分流减少

由于三口河道淤积，分流不断减少。1998年当枝城来量达到68000立方米每秒时，三口的水位均比1954年要高的情况下，分流比却只占28%，如不考虑孟溪溃口的影响，分流比只有27%。1998年7—8月三口的分流量与1954年同期比较要减少386亿立方米，而这一部分水量加到荆江干流中来了，必然会抬高干流的水位。

5. 下荆江系统裁弯工程的影响

下荆江实施系统裁弯工程以后，由于流程缩短，流速增快，进入下荆江的水量增多。监利河段平均流量扩大1800立方米每秒，但在汛期（6—10月）平均流量则要增大5400立方米每秒（有的资料认为，下荆江日平均流量加大了2418立方米每秒）。1998年8月16日监利站最大流量45200立方米每秒，比1954年最大流量35600立方米每秒多9600立方米每秒，加之城陵矶出水顶托，故监利水位抬高很多。

根据长委分析资料，认为四口分流减少、洞庭湖面积缩小两个因素，使1998年莲花塘、螺山水位抬高约0.2米，并且认为从螺山水位流量关系看，低水部分明显抬高，高水变化不大。

6. 汉水顶托

当荆江河段和洪湖长江河段处于高水位的时候，汉江新城于8月18日出现洪峰流量9710立方米每秒，致使汉口河段水位上涨。同时从东荆河分流1680立方米每秒，直接顶托洪湖江段。

尽管1998年荆江河段的水位、流量要大于1954年，但是我们不能因此认为已经防御了1954年型的洪水。长江中游从整体上讲，超额洪量并没有1954年多，尤其是洞庭湖1998年汛期（5—8月）比1954年同期少577亿立方米。不论是汛期还是全年降雨量都比1954年要少，没有形成大范围的渍涝灾害，这在客观上有利于荆江防洪。

注：1998年长湖习家口8月5日最高水位31.87米，洪湖挖沟嘴8月2日最高水位26.54米。

新滩口闸6月19日关闸，9月30日开闸排水。

高潭口泵站5月22日开机排水（洪湖水位25.25米）。

福田寺防洪闸5月最大（年最大）入湖流量607立方米每秒。

1998年新滩口泵站排水量7.1亿立方米；高潭口泵站排水量8.9亿立方米；螺山泵站排水量4.39亿立方米；南套沟泵站排水量0.8亿立方米；杨林山泵站排水量3.16亿立方米；半路堤泵站排水量0.99亿立方米；新沟泵站排水量0.51亿立方米。

第三节 决 策 指 挥

1998年长江流域发生自1954年以来最为严重的洪涝灾害，荆州长江干支民堤水位之高、持续时间之长超1954年，巨额洪水已超过大部分堤防的自身抗御能力，在超高洪水位的巨大压力下，在一次又一次洪峰的冲击下，干支民堤险象环生。

在长江抗洪决战决胜的紧要关头，江泽民总书记亲临荆州抗洪前线视察，并向全党、全军、全国发出严防死守，夺取长江抗洪抢险全面胜利的总动员令。朱镕基总理两次来到荆州长江抗洪前线，作出许多重大决策和重要指示。全国政协主席李瑞环、国务院副总理李岚清先后来荆州视察、慰问抗洪军民。主汛期，国务院副总理、国家防总总指挥温家宝率国家防总成员5次坐镇荆州指挥防汛抗洪。省防指以荆州抗洪为重点，在荆州抗洪一线设立荆州防汛前线指挥部、荆江分洪前线指挥部、洪湖分蓄洪区堤防突发溃口救生应急指挥部等，并派出32个防汛工作组和督查组，实施督查指导；省委、省政府8位领导以及省直75位厅局长、300余位处长在荆州指挥和参与抗洪。广州军区、济南军区、北京军区、空降兵、武警部队、湖北省军区在荆州共设立各级抗洪前线指挥部（所）26个；陶伯钧上将等38位将军亲自指挥和投入荆州抗洪战斗。荆州市委、市政府和各县（市、区）党委和政府坚持现场指挥、靠前指挥。并根据洪水形势发展，先后成立荆州市防指、荆州市长江防指（4月13日成立）、荆州市长江防汛洪湖前线指挥部（7月25日成立）、荆州市长江防汛前线指挥部（8月5日成立）和荆州市荆江分洪前线指挥部（8月6日成立）。

全市形成中央、省、部队、荆州市和各县（市、区）从上至下、统一协调的防汛指挥体系。

1998年长江流域汛情发生早，来势凶猛。洪湖螺山站自6月26日进入设防，7月1日，沙市站达到设防水位，短短数日内就全线进入警戒。至9月12日紧急防汛期结束，荆江共抗击了长江8次洪峰，防汛抗洪斗争经历了3个阶段。

（一）第一阶段

从6月下旬至8月初，洪水处于发展时期，荆江经历了前3次洪峰。此阶段的主要任务是认真贯彻落实省防指关于防御本年可能出现大洪水的要求，立足防御1954年型大洪水，防汛工作一是继续坚持"安全第一、常备不懈；以防为主、全面抢险"指导方针不动摇；二是在防御标准洪水内，确保不溃一堤、不失一垸、不倒一坝、不损一闸（站）的防汛目标不动摇；三是坚持防汛保平安、抗灾夺丰收、防汛保发展的工作主题不动摇。根据这一指示精神，荆州市长江防汛工作全面开展布防，积极备战、应战。

荆江历来是湖北乃至长江流域洪水防御的重点。7月6日，温家宝副总理实地查看荆江大堤郝穴铁牛矶、沙市观音矶险段后，向防汛干部群众发出"严防死守、死保死守、确保长江干堤万无一失"的命令。7月22日，江泽民主席打电话给温家宝副总理，要求沿江各省市特别是武汉市要做好迎战洪峰的准备，确保长江大堤安全，确保武汉等重要城市安全，确保人民生命财产安全。江泽民"三确保"的指示成为荆江防汛抗洪的最高原则。7月27日，温家宝副总理第二次来到荆江指导工作，传达江泽民指示，要求湖北和沿江各省市连续作战，迎战洪峰，人在堤在，确保长江干堤、重点地区和人民生命财产安全，夺取长江抗洪的决定性胜利。

荆州市委、市政府把抗洪作为压倒一切的中心工作来抓。6月30日，当预报长江出现首次洪峰时，市委书记刘克毅、市长王平迅速组织召开市防指指挥长会议进行部署。7月1日，市委、市政府主要领导即分赴监利、洪湖、石首指导防汛抗洪工作。7月2日，市委、市政府召开迎战长江第一次洪峰市直机关紧急动员大会，抽调两批15个市直机关工作组奔赴各地协助防汛抗洪，并急调武警官兵进驻石首，申请空降兵部队进驻监利、洪湖。据不完全统计，此阶段共有25名市级领导、282名县（市、区）领导分赴防汛岗位，加强指挥；160余名水利工程技术人员迅速参战，上堤指导；从市直机关派出43个工作组驻防重点民垸和险工险段，分段把守；长江沿线每千米堤段护堤干群达150人以上，重点险段按每米一人配备，全线防守劳力接近30万人；长江沿线各级防指聘请200名老水利专家、老工程技术人员在抗洪抢险一线担任顾问，帮助指挥部门预报、判断和指挥排险。在40天内，先后排除洪湖长江干堤王洲管涌、小沙角管涌，监利长江干堤南河口管涌等各类险情数百起。

石首江北大垸面积441.7平方千米。7月2日，石首市防指根据水情变化，考虑到沙滩子故道下口新挽筑的隔堤有一段堤是软垄，高程没有达标，难以挡御高水位，决定放弃，退守内垸。10时30分至11时30分破堤引洪。为防止上游扒口引洪后，下游黑互屋隔堤水位超高，危及人民大垸、永合、张智等垸安全，决定17日扒开黑互屋隔堤（口门宽200米左右，最大流量600立方米每秒左右，上游水位37.90米，下游水位37.35米）向长江吐洪。

7月25日，荆州市防指召开会议，分析水、雨情形势。认为前段时期大量洪水进入洞庭湖，多的时候一天有50亿立方米左右。吞进去的水还是要从城陵矶吐出来的。此时正值汉口河段和荆江河段水位居高不下，且正值主汛期，当洞庭湖水汇入长江之后，江湖洪水互相顶托，必然引起洪湖和监利的水位上涨，防洪形势将日趋严峻。会议决定在洪湖市设立荆州市洪湖防汛前线指挥部，遇到重要问题可随时处置。

鉴于长江部分江段出现超历史最高水位，部分干堤险情不断，经国家防总和交通部批准，长江石首至武汉河段自7月26日0时起实施封航。

（二）第二阶段

从8月初至8月中旬，根据汛情变化，适时调整防洪战略方针，即由“全抗全保”，转移到“确保长江大堤，确保武汉等重要城市，确保人民生命财产安全”这三个确保战略上来。在此期间，主动放弃部分洲滩民垸，将沿江7个主要民垸弃守或扒口行洪。同时，切实认真做好荆江分洪工程的运用准备工作，确定了洪湖分蓄洪区“保大堤、防万一”的备用方针，积极稳妥地开展安全转移准备工作，迎战可能发生的更大洪峰。

在顺利抵御前3次洪水之后，荆江河段又迎来更高、更大、更险的3次洪峰。鉴于形势危急，党中央、国务院和湖北省委、省政府审时度势，决定采取断然措施。

1. 调整荆江防洪战略方针

8月4日，湖北省委召开常委扩大会议，决定放弃全抗全保的防洪战略方针，把确保人民生命安全放在第一位，重点确保荆江大堤、长江干堤、连江支堤和水库的安全，必要时弃守民垸，扒口行洪。防洪战略的改变，缩短了战线，集中优势兵力，确保重点，集中人力、物力、财力，为夺取抗灾的最后胜利奠定了基础，对最大限度地确保最广大人民利益，具有重大意义。

荆州市防指于8月3日下午在监利县召开了防汛抗洪紧急会议。传达省防指关于荆江汛情变化的紧急通知，对迎战第四次洪峰作出紧急部署。会议决定，调整工作部署，将防汛目标由“全抗全保”转移到“三个确保”上来。作出了坚定不移严防死守，确保长江大堤安全，坚定不移做好分洪准备和救生设备，确保人民生命财产安全的决定。对沿江民垸的防洪形势逐一进行摸底分析，共有大小民垸33个，按照预报水位、堤垸自身的防御能力以及物资供应、劳力等等，认为有16个民垸应该保，有8个民垸有保的条件，有9个难保，应抓紧转移垸内的老、弱、病、残人员，作好扒口分洪的准备。

2. 宣布全省进入紧急防汛期

8月6日凌晨1时，湖北省防指发出公告，宣布自8月6日8时起，全省进入紧急防汛期。在紧急防汛期，省防指有权对壅水、阻水严重的桥梁、引道、码头和其他跨河工程作出紧急处置；根据防汛抗洪需要，有权在其管辖范围内调用物资、设备、交通运输工具和人力，决定采取取土占地、砍伐林木、清除阻水障碍物和其他必要的紧急措施；必要时，公安、交通等有关部门按照防指的决定，依法实施陆地和水面交通管制。

3. 调集人民解放军参与荆江防汛抗洪

8月初，江泽民主席打电话给中央军委副主席张万年，指示及时调遣部队紧急增援。至8月8日，全军和武警部队投入荆江参加抗洪的兵力有5.4万余人，投入人数之多，规模之大，为解放战争渡江战役之后长江地区所仅有。这是一个至关重要的重大战略决策，对于保证荆江防汛抗洪的最后胜利起到了关键作用。在这场人与自然的搏斗中，人民解放军和武警部队发挥了中流砥柱作用。

8月6日，当沙市水位超过1954年的最高水位（44.67米）和荆江分洪临界水位之时，分洪迫在眉睫。7日晚，温家宝在荆州就湖北抗洪作出四条指示：中央强调要把坚守长江大堤作为重中之重；为了保全局，可能有一些民垸要扒口行洪，要转移好群众，安置好灾民；在严防死守的同时，做好分洪的准备；分洪命令要等中央批准。

8月7日晚上，中共中央在北戴河召开政治局常委扩大会，形成会议纪要，授权国家防汛抗旱总指挥部审时度势作决策，无论是否分洪，首先要确保人民生命的安全。8月8日上午，朱镕基总理乘专机抵达荆州，传达中央政治局常委扩大会议精神，坐镇指挥抗洪斗争。尽管此时沙市站水位44.95米，直逼分洪争取水位45.00米，但综合分析未来气候、水情特点以及合理评估荆江大堤抗洪能力，朱镕基初步判断：荆江大堤经过几十年的建设，已经具备较强的抗洪能力，现在其他相关流域协同分担荆江洪水压力的工作已经产生效果，荆江大堤以及监利、洪湖堤段只要严防死守，荆江不分洪的可能性很大。这一推断对后来中央在长江抗洪的关键时刻作出荆江不分洪的决断起到了至关重要的作用。

8月13日，江泽民总书记亲临湖北指导抗洪，深入到荆江大堤、洪湖长江干堤的险工险段，慰问军民，对决战阶段防汛抗洪斗争提出四点要求：第一，各级领导思想上要高度重视。坚决严防死守，确保长江大堤安全，保护人民生命安全；第二，要加强领导。沿江各地的党委和政府要对抗洪抢险工作负总责；第三，要加强统一指挥，统一行动，这是取得抗洪抢险最后胜利的重要保证；第四，要充分发挥人民解放军的突击队作用，参加抗洪抢险的各部队，要继续发扬不怕疲劳、连续作战的作风和英勇顽强的革命精神，与人民群众团结奋斗，在夺取抗洪抢险斗争的全面胜利中再立新功。最后，江泽民总书记发出决战决胜的总动员令："全党、全军、全国要继续全力支持抗洪抢险第一线军民的斗争，直到取得最后的胜利！"

16日上午，长委预报第六次洪峰17日5时沙市最高水位45.28米。第六次洪峰于当日抵达荆江。沙市水位突破45.00米，而且还在继续上涨。经过长时间高水位的浸泡，长江干堤险象环生。运不运用荆江分洪区的问题，再次提出并成为人们关注的焦点。16日19时45分，湖北省防指给荆州市防指正式下达《关于爆破荆江分洪进洪闸拦淤堤的命令》。18时45分爆破拦淤堤的炸药已运抵北闸，22时全部20吨炸药分装于119个药室内，装填完毕，只等下达起爆命令。

截至16日17时，荆江大堤没有发生溃口性险情。郝穴以上荆江大堤共发生4处管涌险情，均已妥善处置。

16日上午，长委已预报第六次洪峰通过沙市时会超过分洪水位（沙市站45.00米）。16时，国家防总要求长委在一个小时内，就荆江防洪有关的6个问题作出回答。即沙市洪峰的可能最大值及出现时间；超分洪标准水位持续时间及超额洪量；预见期降水量及对沙市站洪峰的影响；隔河岩水库泄洪对沙市站洪峰的影响；运用荆江分洪工程可能降低荆江各站水位值；若不考虑运用杜家台分洪工程，运用荆江分洪工程对汉口站水位的影响。长委接到任务后，经过紧张的分析计算，于17时30分前将6个问题的分析和结论，先后以口头和文字的形式上报国家防总，由国家防总组织专家分析，然后上报党中央。这6个问题的结论是：第六次洪峰是由于区域降雨产生的，洪峰过程比较尖瘦，沙市水位不会超过45.30米；超过45.0米的时间只有22个小时；超额洪量有限，只有2亿立方米；分与不分洪对下游各站最高水位的影响有限；预见期内的降雨不会进一步加大洪峰。

16日22时，温家宝副总理飞抵荆江坐镇指挥，立即向水利、气象专家详细的调查询问，分析水雨情、荆江大堤的防守情况和抗御第六次洪峰的有利、及不利因素。温家宝副总理强调："在正常情况下，看来可通过严防死守渡过难关。"于是，他代表国家防总下达命令："坚持严防死守，咬紧牙关，顶过去！"23时30分，湖北省军区司令员贾富坤少将到荆州市长江防指传达中央领导关于严防死守的重要指示。他着重指出，首长命令严防死守，所有军队、干部、民工全部上堤。表明了严防死守、坚决挺过去的决心。

17日7时，沙市水位已上涨至45.20米，彻夜未眠的温副总理，先是到长委沙市水文水资源局了解水情，后又到郝穴矶头查看险情，沿荆江大堤检查军民防守情况。9时，沙市洪峰水位45.22米。11时左右，温副总理一行到了观音矶头，检查和询问观音矶头发生的跌窝险情及处理情况。得知沙市水位已退了一分水，洪峰流量为53700立方米每秒，接着他铿锵有力地向全国人民宣布，"长江第六次洪峰安全通过沙市。昨天晚上，我们一夜未眠，与国家防总、长江委的专家紧急会商，决定不分洪，我们终于顶住了！我坚信，按照江总书记提出的坚持、坚持、再坚持的指示，全体军民团结一致、严防死守，我们完全能够战胜这次洪峰，夺取最后的胜利。"

与此同时，江泽民主席向参加抗洪抢险的一线解放军、武警部队指战员发布命令，要求沿江部队全部上堤奋战两天，死保死守，全力迎战洪峰。8月17日10时，第六次洪峰通过沙市时，沙市水位维持在45.22米，这是1998年长江大水中，沙市最高水位，同时也是有记录以来的历史最高水位。11时，第六次洪峰顺利通过沙市，水位开始缓慢回落。抗击第六次洪峰终于取得最后胜利。

（三）第三阶段

8月下旬至9月上旬，洪水处于高水位运行，长江防汛进入持久战阶段。第六次洪峰向下游推进，与洞庭湖出流水量汇合，监利以下河段水位迅速上涨。8月20日螺山最高水位达34.95米，比1954年的最高水位33.17米还高1.78米，出现有水文记录以来的最高水位，洪湖、监利长江干堤的安全受到严重威胁。为确保洪湖、监利长江干堤的安全，荆州市在洪湖成立洪湖防汛前线指挥部，集中力量进行抢护。洪湖、监利长江干堤发生险情最多，也最严重，抢护的难度也最大。洪湖长江干堤135千米堤段，大部分堤内没有平台，沿堤渊塘多，有的渊塘距堤脚只有10米左右，容易发生管涌险情。燕窝上下有长约30千米的堤段处在沙基之上，有的堤后沙层已经出露。1998年全市共发生管涌险情421处，其中洪湖就有106处。

第六次洪峰刚过，第七次洪峰、第八次洪峰就相继在长江上游形成。8月25日，江泽民主席就迎战长江第七次洪峰发出指示，要求抗洪抢险部队高度警惕，充分准备，全力以赴，军民团结，以洪湖地区为重点，严防死守，坚决夺取长江抗洪决战的胜利。湖北省委、省政府要求再组织、再动员、再部署，确保荆江大堤、长江干堤、连江支堤万无一失；坚持领导上阵，干部带班，民工到岗，技术人员到位，组成专班，实行徒步拉网式24小时不间断巡查。

在抗击第七次、第八次洪峰斗争中，葛洲坝水利枢纽成功拦洪和清江隔河岩水库、漳河水库蓄洪发挥了关键性作用。8月26日，第七次洪峰到达沙市时，由于葛洲坝水利枢纽成功拦洪和清江隔河岩水库蓄洪，沙市水位没有回涨到预计的 44.67 米，只有 44.39 米，第七次洪峰顺利过境。8 月 31 日，第八次洪峰经过沙市期间，葛洲坝水利枢纽精心调度，利用有限库容削峰；清江隔河岩水库关闭全部泄洪闸门，有效削减洪水下泄流量，沙市水位只有 44.43 米，第八次洪峰顺利通过沙市。

根据国家防汛总指挥部的决定，9 月 2—7 日，长江中游相继复航，荆江恢复往日千帆竞发、百舸争流的繁忙景象，长江汛情进入退水阶段。湖北举全省之力，连续抗御长江 8 次洪峰，取得了抗洪抢险斗争的伟大胜利。

第四节　中央领导视察

一、江泽民视察荆江抗洪

8 月 13 日，正当长江抗洪抢险斗争决战的紧要关头，中共中央总书记、国家主席、中央军委主席江泽民，在国务院副总理温家宝、中央军委副主席张万年、中央办公厅主任曾庆红等人陪同下，冒着酷暑亲赴荆州长江抗洪抢险第一线，看望、慰问奋战在抗洪第一线的广大军民，指导抗洪抢险斗争。

10 时，江泽民总书记和随行人员直奔荆江大堤。途中，江泽民总书记听取了湖北省委书记贾志杰、省长蒋祝平、广州军区司令员陶伯钧关于汛情与抗洪救灾工作的汇报。在郝穴矶头和沙市观音矶头，他仔细察看荆江防洪图，并详细询问查堤排险情况，亲切看望驻守在此的抢险突击队员。

17 时，江泽民主席在贾志杰、蒋祝平的陪同下，直奔洪湖市乌林镇中沙角重大管涌险情处，江泽民总书记说："要密切监视险情变化，确保万无一失。"

接着，江总书记来到堤脚边的守险棚内，对守险的民工说："你们辛苦了！坚持就能夺取最后胜利。"

随后，江泽民亲切接见了奋战在该堤段的 2000 余名军民，满怀激情地说："在这场抗洪斗争中，我们的党员、干部，我们的人民和军队都经受了严峻的考验。我们已经取得了了不起的大胜利。现在已是决战决胜的时刻，越是接近最后的胜利，我们越是要百倍警惕，千万不可麻痹大意，要坚持到底，坚持奋战，坚持，坚持，再坚持，我们就一定能取得最后胜利。"

江总书记说："这次抗洪抢险再次证明，哪里有困难，哪里就有人民解放军。在抗洪抢险的关键时刻，人民解放军发挥了突击队的作用。"

二、李鹏视察荆州灾区

10 月 9 日，中共中央政治局常委、全国人大常委会委员长李鹏视察公安县孟溪灾区，慰问灾民。

9 时 10 分，李鹏委员长乘"神州号"轮船抵达公安县，随后乘车冒雨前往孟溪灾区。9 时 50 分，李鹏委员长视察虎渡河严家台堵口复堤现场后，又来到孟溪大垸金岗村察看灾民重建家园的规划蓝图，市长王平和公安县委书记黄建宏分别作了关于抓紧水毁设施修复和灾后经济发展的情况汇报。听完汇报后，李鹏委员长说："在这次百年未遇的洪涝灾害中，公安县人民作出了巨大贡献，党和人民是不会忘记你们的。现在，你们要发扬自力更生、艰苦奋斗的精神，在全国人民的支援下，发扬抗洪精神，万众一心，尽快恢复生产，重新建设家园，孟溪新农村的前景是无限美好的。希望同志们继续克服困难，抓住机遇，尽快恢复生产，建设更美好的家园！"

三、朱镕基视察荆州抗洪

1. 第一次视察

7月6日，中共中央政治局常委、国务院总理朱镕基，在国务院副总理、国家防总总指挥温家宝等领导陪同下，视察荆江防汛。

10时30分，朱镕基总理赶往荆江大堤郝穴铁牛矶险段，他仔细询问了汛情、水位和防守劳力等情况，荆州市委书记刘克毅逐一作了回答，并请党中央放心、请总理放心，人在堤在，荆州人民一定守住大堤。

随后，朱镕基总理又沿荆江大堤来到沙市区观音矶险段，仔细察看水情和荆江防洪图。他要求荆州人民团结奋战，确保荆江大堤万无一失。15时30分，朱镕基总理乘专机离荆赴汉。

2. 第二次视察

8月8—9日，长江第四次洪峰正向中下游袭来，抗洪抢险处于紧要关头，朱镕基总理在副总理温家宝以及国务院有关部门、解放军总参谋部、省委省政府主要领导的陪同下视察荆州抗洪救灾。

11时40分，朱镕基总理从沙市乘船至公安县埠河镇太平口时，水位开始慢慢回落，他立即让国家防总人员向上游水库发出调度命令：尽最大可能减少下泄流量，以减轻荆江大堤压力。随后，朱镕基总理又驱车视察了荆江分洪区北闸。凌晨4时，沙市水位达44.95米，北闸管理所接到荆江分洪前线指挥部命令："立即做好分洪准备，随时准备开闸分洪"，驻守北闸的广州军区某部地炮连同时接到准备炸开北闸拦淤堤的命令。12时，朱总理来到北闸东段，省委书记贾志杰对北闸管理所的负责人说："开一孔闸给总理看一看。"工作人员于是启动46号闸门，总理看完后才放心地走出机房。

12时45分，朱镕基乘车到埠河镇西流村看望受灾群众，对灾民说："党中央、国务院和江泽民总书记都非常关心你们。总书记一再指示，要把保护人民生命安全放在第一位。党和政府一定会妥善安置大家的生活。"下午，朱镕基总理在听取湖北省委、省政府汇报后，发表重要讲话。

四、温家宝视察并指挥荆州抗洪

1998年5—12月，国务院副总理、国家防汛抗旱总指挥部总指挥温家宝先后7次视察荆州，并坐镇指挥荆州抗洪和堤防建设。

1. 第一次视察

5月29日，温家宝副总理视察荆州防汛准备工作，实地察看江陵县铁牛矶险段、沙市区观音矶险段和荆江分蓄洪区进洪闸北闸。他强调，今年要防大汛、抗大洪、抢大险、救大灾，作最坏的准备，争取最好的结果，做到有备无患。他说："今年防汛的主要任务是，按照防御1954年型洪水要求，确保荆江大堤、武汉大堤等重要堤防和沿江重要城市的安全，确保大型水库不垮坝，必要时主动运用荆江、洪湖分蓄洪区，控制洪水灾害，最大限度地减轻洪灾损失。"

2. 第二次视察

7月6日，温家宝副总理陪同国务院总理朱镕基，视察江陵县铁牛矶险段和沙市区观音矶险段。

3. 第三次视察

7月27日，温家宝副总理视察荆州抗洪，先后到监利县何王庙闸抢险现场和洪湖螺山周家嘴险段察看，鼓励正在抢险的官兵和民工，发扬严防死守的抗洪精神，确保大堤安全，确保人民生命财产安全。

4. 第四次视察

8月6日22时，温家宝副总理乘飞机抵沙市，连夜驱车赶往监利县。7日零时45分，温副总理步行察看监利县杨家湾险段，深夜1时许，得知公安县孟溪严家台溃口，他指示："赶快救人，我们一定要背水一战。"

7日上午，温家宝副总理赶赴洪湖，检查长江干堤整险加固情况。16时30分传来九江决口的消息，温家宝副总理说："长江全线的防洪形势非常严峻，中央要求立足于坚守大堤，把确保长江干堤的安危作为整个防汛的重点，险工险段要增派力量，重点部位要派部队防守。必要时对一些洲滩民垸提前扒口行洪。"

5. 第五次视察

8月8—13日，温家宝副总理坐镇荆州、指挥抗洪6天。8日，陪同国务院总理朱镕基视察公安、石首、洪湖，慰问抗洪抢险军民。10日上午，温家宝副总理在荆州主持召开会议，就贯彻落实中共中央《关于长江抗洪抢险工作的决定》和朱镕基总理视察荆州时的讲话精神，并就荆江防汛抗洪发表重要讲话。

6. 第六次视察

8月16日，长江第六次洪峰正向荆江河段逼近，22时30分，温家宝副总理飞抵荆州，详细听取汛情汇报后，连夜与江泽民总书记、朱镕基总理联系，最后作出决定：严防死守，不分洪，但随时作好分洪的准备，并对迎战第六次洪峰作出紧急部署。温家宝副总理说：第一，全省紧急动员，奋战两天，打恶仗，打硬仗；第二，巡堤查险以地方为主，这两天要特别加强；第三，要组织专门力量，备足物料，运到位，抢险时用；第四，所有技术力量都要上岗，尤其是部队上去后，要给他们配备技术力量；第五，重点险段预案，主要是三个地段，尤其是洪湖段，要认真制定好；以上五件事，要立即下达死命令。

7. 第七次视察

12月19日，温家宝副总理一行沿长江干堤视察汛期抗洪形势最严峻、堤防险情最集中的洪湖、监利地段，认真听取荆州市委书记刘克毅及水利专家对堤防整险加固、农田水利建设、移民建镇和灾民安置等情况的汇报，认真察看了堤防整险加固现场。20日上午，在荆州召开的全国江河堤防建设现场会上，温家宝副总理发表重要讲话。他指出，要充分认识搞好堤防建设的重要性和紧迫性，务必抓住今冬明春有利时机，千方百计把重要堤防的建设搞好，确保明年安全度汛。

他最后强调，要发扬伟大的抗洪精神，加快高标准、高质量的堤防建设步伐，确保明年安全度汛，把我国的江河堤防建设成为防洪的坚固屏障。

第五节 抗 洪 指 挥 机 构

一、指挥机构

1998年汛期，温家宝副总理率国家防总成员亲赴荆州指挥抗洪。省防指在荆州抗洪一线设立荆州防汛前线指挥部、荆江分洪前线指挥部、洪湖分蓄洪区堤防突发溃口救生应急指挥部等，并派出43个防汛工作组和督查组，实施督查指导。8位省委、省政府领导以及省直75位厅局长、300多位处长在荆州指挥和参与抗洪。广州军区、济南军区、北京军区、空降兵、武警部队以及预备役部队在荆州共设立各级抗洪前线指挥部（所）26个。陶伯钧上将等38位将军亲自指挥和投入荆州抗洪战斗。荆州市委、市政府在原有防汛指挥机构的基础上，8月5日，将市防指与市长江防指合并办公，设立长江防汛前线指挥部、长江防汛洪湖前线指挥部、洪湖分洪前线指挥部、荆江分洪前线指挥部、特大险情应急抢险指挥部等，并向各县（市、区）派出8批共52个防汛工作组。各县（市、区）在重点地段也相应成立防汛前线指挥机构。全市形成中央、省、部队、荆州市和各县（市、区）从上至下、统一协调的指挥体系。

（一）国家防总赴荆州指挥抗洪

汛期，国务院副总理、国家防汛抗旱总指挥部总指挥温家宝率国家防总部分成员5次赴荆州指挥抗洪。在抗洪斗争最紧张、最关键的时刻，温家宝副总理于8月11日在荆州主持召开国家防总特别会议，专题研究荆州抗洪斗争，同时，国家防总和水利部还先后派出防汛工作组、防汛检查组赴荆州抗洪一线指导抗洪。

国家防总赴荆州指挥主要成员名单。

温家宝　国务院副总理、国家防总总指挥

陈福令　中共中央办公厅副主任

马凯　国务院副秘书长

周文智　水利部副部长、国家防总秘书长

黎安田　长江委主任、长江防汛总指挥部副总指挥

范宝俊　民政部副部长

符传荣　解放军总参谋部作战部部长

邓坚　国家防总办公室副主任

水利部荆州防汛工作组成员名单

蒋旭光　水利部办公厅副主任

陈茂山　水利部办公厅干部

赵卫　水利部水政水资源司干部

林祚顶　水利部水文司干部

王杰之　水利部监察司干部
许龙志　《紫光阁》杂志社干部

（二）湖北省驻荆州防汛指挥机构

湖北省防指荆州防汛前线指挥部
指挥长　　　　罗清泉　省委常委、省纪委书记
湖北省防指荆江分洪前线指挥部
指挥长　　　　罗清泉　省委常委、省纪委书记
副指挥长　　　张忠俭　省人大常委会副主任
办公室　　　　张道恒
综合组　　　　陈绪国
技术安全组　　徐汉涛
交通救援组　　熊国贤　马振祥
后勤组　　　　汤　涛　高文娇　李　涛
省防指洪湖分蓄洪区堤防突发溃口救生应急指挥部
总指挥长（代）张洪祥　副省长
副总指挥长　　刘容添　省军区政委
　　　　　　　曾宪武　省劳动厅厅长
　　　　　　　赵志飞　省公安厅副厅长

同时，省委副书记杨永良在洪湖市、省委常委缪合林在石首市、省委常委宋玉英在公安县指挥抗洪。

（三）部队抗洪指挥机构

自 7 月 3 日起，人民解放军空降兵部队、广州军区、济南军区、北京军区、湖北军区和武警部队陆续奔赴荆州投入抗洪抢险战斗。各部队分别建立了防汛前线指挥部（所）等指挥机构。遵照中央军委指示，所有驻荆州抗洪部队由广州军区司令员陶伯钧上将统一指挥，驻监利的部队由广州军区副司令员龚谷成中将指挥，驻洪湖的部队由空降兵 39155 部队部队长马殿圣少将指挥，驻石首的部队由济南军区副司令员裴怀亮中将指挥，其他布防部队由所在部队首长指挥。部队指挥机构听从地方防汛指挥机构安排，按照地方要求调动兵力投入抗洪战斗。

空降兵 39155 部队指挥机构
部队长　　　　马殿圣　少将（洪湖地区抗洪抢险部队总指挥）
政　委　　　　赵金奎　少将（指挥部副总指挥）
副部队长　　　李家洪　少将（前线指挥部指挥长）
副部队长　　　胡怀乾　少将（江南前指指挥长）
副政委　　　　唐宗成　少将（前线指挥部政委）
广州军区抗洪前线指挥部
司令员　　　　陶伯钧　上将（长江流域抗洪抢险部队总指挥）
政　委　　　　史玉孝　上将（湖北、湖南抗洪抢险部队总指挥）

副司令员　　　龚谷成　中将（广州军区湖北前线指挥部总指挥、驻监利抗洪抢险部队总指挥）
副政委　　　　王同琢　中将（与龚谷成同在荆州市指挥抗洪）
政治部副主任　邓正明　少将（随龚谷成在荆州市指挥抗洪）
53010部队抗洪前线指挥部
副部队长　　　李作成　少将
53200部队抗洪前线指挥部
部队长　　　　叶爱群　少将
政　委　　　　邓汉民　少将
副部队长　　　罗来胜　少将
济南军区抗洪前线指挥部
司令员　　　　钱国梁　中将（前线指挥部总指挥）
政　委　　　　徐才厚　中将（前线指挥部副总指挥）
副司令员　　　裴怀亮　中将（前线指挥部副总指挥，驻石首市抢险部队总指挥）
副参谋长　　　何善福　少将
政治部副主任　岳宣义　少将
后勤部副部长　王金义　少将
54631部队抗洪前线指挥部
部队长　　　　丁寿岳　少将
副部队长　　　杨凤海　少将
副政委　　　　祁正祥　少将
54774部队抗洪前线指挥部
部队长　　　　张祥林　少将
政　委　　　　刘永治　少将
副部队长　　　蒋玉华　少将
副政委　　　　王金湘　少将
北京军区指挥机构
51002部队抗洪前线指挥部
副部队长　　　俞森海　少将
武装警察部队抗洪前线指挥部
政　委　　　　徐永清　中将（湖北、湖南武警部队抗洪总指挥）
副司令员　　　张进宝　中将（湖北、湖南武警部队抗洪副总指挥）
副参谋长　　　霍　义　少将
武警湖北总队抗洪前线指挥部
总队长　　　　司久义　少将（前线指挥部总指挥）
政　委　　　　张万华　少将（前线指挥部副总指挥）
湖北省军区抗洪前线指挥部
司令员　　　　贾富坤　少将（前指总指挥）

政　委　　　徐师樵　少将
副司令员　　廖其良　少将
副司令员　　柳和生　少将
副政委　　　刘荣添　少将
8 月 15 日，空军司令员刘顺尧中将、政委丁文昌上将亲赴洪湖八八潭险点指挥抢险。

(四) 荆州市防汛指挥机构

荆州市防指
指挥长　　　王　平　市委副书记、市长
政　委　　　刘克毅　市委书记
副指挥长　　童水清，市委副书记；王明宇，军分区司令员；马林成，市委常委、秘书长；盛国玉，市委常委；杨泽柱，市委常委、副市长；赵仲涛，市人大常委会副主任；刘耀清，副市长；谢作达，副市长；王树华，军分区副司令员；曾凡海，市政协副主席；黄发恭，市政府秘书长；夏述云，市委副秘书长；吴金勇，市政府副秘书长；荣先楚，市水利局局长

荆州市长江防指（4 月 13 日成立）
指挥长　　　童水清
副指挥长　　王明宇　杨泽柱　刘耀清　夏述云　荣先楚　刘德佳　张文教
　　　　　　曾祥培　张法安　镇万善　王俊成　陈扬志　徐仲平
办公室主任　张文教（兼）

荆州市长江防汛前线指挥部
指挥长　　　王　平
政　委　　　刘克毅

荆州市荆江分洪前线指挥部
指挥长　　　王　平
政　委　　　刘克毅
副指挥长　　袁焱舫　谢作达　马林成　杨泽柱　王贤玖　邱泽盛　黄发恭
　　　　　　李光福　金长思　刘德佳　黄建宏　程雪良
办公室主任　黄发恭
办公室副主任　张文教　陈志超　张世泉

荆州市荆江分洪区特大险情应急抢险指挥部
指挥长　　　王　平
副指挥长　　袁焱舫　谢作达　马林成　杨泽柱　邱泽盛　李光福　黄发恭
　　　　　　金长思　黄建宏　程雪良　刘德佳

荆州市特大险情应急抢险指挥部
指挥长　　　刘克毅　王　平　王明宇
副指挥长　　林钟梅　刘耀清　王树华　黄发恭　雷中喜　杨道洲　易法新
　　　　　　韩从银　赵毓清　张永林

荆州市长江防汛洪湖前线指挥部

指挥长　　　　刘克毅

副指挥长　　　王明宇　刘耀清　王树华　雷中喜　杨道洲

荆州市洪湖分洪前线指挥部

指挥长　　　　王　平

政　委　　　　刘克毅

副指挥长　　　童水清　王明宇　梁树德　张普华　张祖新　马林成　盛国玉
　　　　　　　刘耀清　谢作达　王树华　袁承煊　吴金勇　张琼江　雷中喜

荆州市四湖、东荆河防汛指挥部

指挥长　　　　刘耀清

副指挥长　　　王树华　吴金勇　杨伏林　王德春　郭再生　朱宗林　江家斌
　　　　　　　曾天喜　肖金竹　许国瑞　谢先洪　黄富远　饶大志　易贤清
　　　　　　　曹正源　王大银

荆州市防指顾问咨询委员会

名誉主任　　　鲁振华

主　　任　　　李光忠

副 主 任　　　易光曙

成　　员　　　朱华义　袁仲实　欧光华　方雄超　刘贵永　镇英明

二、抗洪队伍

在抵御1998年长江全流域性大洪水的斗争中，投入荆州抗洪的总人数达45.48万余人。其中，人民解放军、武警官兵及预备役人员5.41万人，地方劳力31.92万余人，水利工程技术人员1600余人。此外，还有来自不同地区、不同阶层的志愿者加入到抗洪抢险队伍中来。

（一）抗洪抢险部队

赴荆州市抗洪抢险部队于7月3日开始陆续到达洪湖、监利、石首、公安、松滋、荆州、沙市、江陵等地。至8月中旬，防汛部队总人数达5.4万余人。其中，空降兵部队10985人、广州军区22666人、济南军区13083人、北京军区230人、武警部队7143人，见表4-7-6。

表4-7-6　　　　抗洪抢险部队一览表

部　队	兵力/人	布 防 区 域
空降兵	10985	洪湖市、监利县、公安县、石首市
前指	39	洪湖市、监利县
39231部队	2563	洪湖市、公安县
39312部队	3220	洪湖市
39435部队	5163	监利县、洪湖市、公安县、石首市

续表

部　　队	兵力/人	布　防　区　域
广州军区	22666	荆州区、沙市区、江陵县、松滋市、公安县、石首市、监利县、下人民大垸
53013 部队	7638	荆州区、沙市区、江陵县、松滋市、公安县
53203 部队	8649	石首市、监利县、江陵县
53802 部队	2880	公安县
53503 部队	962	下人民大垸、监利县、石首市
舟桥 34660 部队	2270	公安县、石首市
湖北省军区	165	公安县
预备役 34260 部队	102	监利县、人民大垸、石首市
济南军区 54631 部队、54774 部队	13083	公安县、石首市、江陵县、洪湖市、公安县
54650 部队	3686	公安县、石首市、江陵县
54676 部队	3710	公安县
54784 部队	5687	洪湖市、公安县
武警部队	7143	监利县、洪湖市、荆州区松滋市、石首市、下人民大垸
8640 部队	2270	监利县、洪湖市
8680 部队	2400	监利县
湖北武警	2473	荆州区、松滋市、石首市、下人民大垸
北京军区 51002 部队	230	洪湖市
合计	54107	

（二）地方抗洪劳力

荆州市各级防汛指挥机构按照设防水位、警戒水位、保证水位分一、二、三线部署防守劳力，8 个县（市、区）的防守劳力总数分别为一线 15290 人、二线 44099 人、三线 127072 人，另安排有预备队 67690 人、抢险队 30451 人。在防汛最紧张时期，各地及时调整和加强了防守力量，使每千米堤段达到 200 人以上，重点堤段每千米则超过了 500 人。第六次洪峰通过荆州期间，全市共投入防守劳力 390516 人（表 4－7－7），为汛期日投入劳力之最；全市上领导干部 17582 人，另组织有 232 支突击队（由基干民兵和青年组成）19 万多人。

表 4－7－7　　1998 年各县（市、区）汛期投入劳力一览表　　单位：人

县（市、区）	第一次洪峰		第二次洪峰		第三次洪峰		第四、五次洪峰		第六次洪峰		第七、八次洪峰		退水期	
	时间	劳力	时间	劳力	时间	劳力	时间	劳力	时间	劳力	时间	劳力	时间	劳力
松滋市	7 月 3 日	11304	7 月 21 日	14174	1 月 28 日	5439	8 月 13 日	33423	8 月 15 日	33423	8 月 23 日	33423	9 月 2 日	33432

续表

县（市、区）	第一次洪峰		第二次洪峰		第三次洪峰		第四、五次洪峰		第六次洪峰		第七、八次洪峰		退水期	
	时间	劳力	时间	劳力	时间	劳力	时间	劳力	时间	劳力	时间	劳力	时间	劳力
荆州区	7月4日	2603	7月18日	6919	1月25日	4132	8月7日	11065	8月17日	22748	8月25日	11340	9月2日	3629
沙市区	7月4日	1011	7月18日	1510	1月25日	1023	8月13日	3682	8月17日	3712	8月23日	3712	9月2日	3712
江陵县	7月3日	1959	7月18日	1756	1月26日	2313	8月11日	12319	8月18日	18650	8月23日	7319	9月2日	6769
公安县	7月4日	19476	7月18日	35937	7月26日	107469	8月6日	144462	8月15日	111586	8月23日	138627	9月2日	107135
石首市	7月3日	31378	7月17日	43133	7月22日	43133	8月3日	43133	8月15日	43133	8月23日	43133	9月2日	43133
监利县	7月7日	48984	7月10日	48984	1月26日	78078	8月7日	123599	8月19日	78176	8月23日	78176	9月2日	78176
洪湖市	7月6日	13451	7月10日	13451	7月27日	54651	8月6日	38933	8月22日	79088	8月23日	79088	9月2日	79088
合计		130166		152413		241587		371683		390516		394818		355065

（三）专业技术人员

汛期，长委和省防指在向荆州市派出的44个工作组、督查组中，有水利专家、技术人员80名，荆州市8个县（市、区）防指共派出1564名水利专家和技术人员奔赴一线参与抗洪，并任抗洪抢险技术指导。另有3个单位共派出潜水员60名投入抗洪抢险。

（四）抗洪志愿者

在与洪水英勇搏斗的时刻，全国各地的志愿者奔赴荆州抗洪第一线，与荆州人民携手并肩，共同奋战，为夺取防汛抗洪斗争的伟大胜利作出了贡献。他们中间，既有工人、农民、学生、干部，也有现役军人、复员退伍军人、医务工作者、个体经营户；既有来自千里之外的，也有本省兄弟县（市）的；据不完全统计，来自全国各地的抗洪志愿者2128名。

第六节 险 情 抢 护

1998年汛期荆州干支民堤多次出现溃口性险情。据统计，全市干支民堤共发生各类险情2041处，其中，管涌437处，浑水洞70处，清水洞540处，散浸775处，崩岸6处长895米，裂缝65处长3033米，脱坡56处长1905米，跌窝9处，浪坎36处长14441.3米，涵闸出险14处，水井冒水34处。具体见表4-7-8。

面对大洪水，全市加强巡堤查险，建立快速报险制度，严格做到巡堤查险有记录、有交接班手续、有带队干部签字。此外，每两小时逐级汇报一次巡堤查险情况。市长江防指成立6个督查组，每天夜间到各县（市、区）督查。查险范围：荆江大堤、长江干堤为距内

表 4-7-8

1998年荆州市汛期堤防险情数量统计表

堤别县（市、区）别	险情总数	管涌		清水漏洞		浑水漏洞		散浸		崩岸		裂缝		脱坡		跌窝/处	浪坎		涵闸险情/处	水井（钻孔）险情	
		处数	个数	处数	个数	处数	个数	处数	长度/m	处数	长度/m	处数	长度/m	处数	长度/m		处数	长度/m		处数	个数
合计	2041	437	1499	540	835	70	192	775	195725	6	895	65	3033.75	56	1905.7	9	36	14441.3	14	34	45
一、长江	1770	421	1438	506	770	68	189	571	178982	6	895	65	3033.75	55	1895.7	9	31	23401.3	13	26	36
1. 荆江大堤	91	11	38	20	28			43	3417							1	6	523	2	8	8
荆州区	10			2	2			6	236										1	1	1
沙市区	33	1	2	5	5			23	1796							1				3	3
江陵县	37	5	10	12	20			12	1055								3	433	1	4	4
监利县	11	5	26	1	1			2	330								3	90			
2. 长江干堤	1163	216	763	403	614	10	11	452	163494	1	50	20	660	21	1289	4	25		3	8	16
松滋市	39	7	13	3	8	2	1	20	3418	1	50	1	4	1	20		1	350	2	1	1
荆州区	8	7	23					1	40												
公安县	264	40	199	71	125	1	1	127	66910			2	43	16	977	1	3	260		3	11
石首市	62	6	45	28	29	3	3	23	32030			1	90				1	10			
监利县	205	50	159	65	83	3	4	69	16983			4	90	2	35		10	17880	1	1	1
洪湖市	585	106	324	236	369	1	1	212	44113			12	433	2	257	3	10	4378.3		3	3
3. 支民堤	516	194	637	83	128	58	178	76	12071	4	53	45	2373.7	34	606.7	4			8	10	12
松滋市	21	5	24	1	1	3	3			1	85	6	137	2	29.5	1			2		
荆州区	39	18	55	4	7			17	1172												
公安县	231	40	93	43	65	32	115	58	10699			32	1692.1	9	223.2	2			5	10	12
石首市	167	96	300	29	38	18	55	1	200	3	450	1	40	18	289	1					
监利县	58	35	165	6	17	5	5					6		5	65				1		
二、东荆河	271	16	61	34	65	2	3	204	16743					1	10		5	21040	1	8	9
洪湖市	271	16		34	65	2	3	204	16743					1	10		5		1	8	9

禁脚500米，重点险段1000米；民堤为距堤内禁脚300米；所有堤段距堤内禁脚100米内均应严格巡查。巡查重点为水坑、水沟、水塘、水井、水田、鱼池、住宅、厂房、涵闸、泵站内渠道等，不留巡查空白；对沟渠、塘堰中的管涌，要下水进行探查清楚。在迎水面巡查时，注意有无漩涡、浪坎、堤面跌窝、裂缝等。村、乡、县防守断面交叉结合部互相延伸巡查50米。建立查险奖励制度，对及时发现重大险情的有功人员，给予记功和物资现金奖励。

8月7日，中共中央发出《关于长江抗洪抢险工作的决定》指出："要把长江抗洪抢险作为当前头等大事，全力以赴地抓好。要坚决严防死守，确保长江大堤安全，不能有丝毫松懈和动摇。"8日，正在贯彻落实党中央决定时，洪湖市燕窝镇红光村二组长江干堤八八潭发生管涌险情，险情迅速上报国家防总，国务院副总理温家宝批示，一定要把险情控制住，处理险情范围要大，做好抢大险准备，确保万无一失。经过3000多军民三天三夜的拼命抢护，至11日险情终于被控制。

汛期，除抢护各类险情外，在八次洪峰中，全市欠高堤段共抢筑子堤809.56千米，抢运土方286.57万立方米（表4-7-9）。其中有587.6千米（长江干堤93.54千米）子堤挡水，石首八一大堤子堤挡水深1.5米。东荆河下游堤段抢筑子堤78.27千米，子堤挡水长60.57千米。

表4-7-9　　1998年荆州河段干支民堤抢筑子堤表

县（市）	堤别	地点	桩号	长度/km	宽度/m	高度/m	土方/m³
总计	干、支、民			809.56			2865720
干堤	合计			276.09			559720
一、监利	小计			90.35			124000
1		韩家埠—余码头	531＋550～538＋700	1.55	0.5～0.7	0.5	7000
2		间码头—瘢子山	540＋000～549＋400	9.40	0.5～0.7	0.5	7000
3		狮子山—尹家潭	549＋600～562＋000	12.4	0.6～0.8	0.7～1.3	26000
4		尹家潭—观音洲	562＋000～565＋000	3.0	0.6～0.7	0.5	3000
5		观音洲—薛潭	565＋000～571＋500	5.5	0.8～1	1.5	15000
6		薛潭—柏子树	571＋500～597＋000	25.5	0.6～0.7	0.6～1	32000
7		柏子树—半路堤	597＋000～624＋000	21.0	0.8～1	0.6～1.5	34000
二、洪湖	小计			134.93			228425
1		螺山—韩家埠	509＋000～531＋550	21.11	0.8	0.8～1.3	37000
2		新堤	505＋630～509＋000	3.22	0.8	0.6～1.1	2867
3		茅江	500＋500～505＋630	5.10	0.8	0.6～1.1	9188
4		石码头	492＋800～500＋500	1.61	0.8	1～1.3	13200
5		乌林	481＋000～492＋800	11.78	0.8	0.8～1	24076
6		老湾	474＋000～481＋000	1.17	0.8	1～1.2	17526
7		龙口	450＋000～474＋000	23.38	0.8	1～1.5	60345
8		大沙	446＋200～450＋000	3.76	0.8	0.9～1.1	7683

续表

县（市）	堤别	地点	桩号	长度/km	宽度/m	高度/m	土方/m³
9		燕窝	413＋000～446＋200	313.18	0.8	0.7～1.5	41540
10		新滩	398＋000～413＋000	21.62	0.8	0.6～1	15000
三、公安	小计			9.91			10250
1	安全区围堤	杨林寺	0＋000～1＋012	1.01	0.5	0.6～1.0	800
2	长江干堤	藕池	四个路口	0.5	0.5～0.8	0.6～1.2	500
3	虎西干堤	闸口	56＋500～56＋700	0.2	0.5	0.5	350
4	虎东干堤	积玉口	73＋900～74＋900	1	0.5	0.7	1000
5	虎西干堤	鳝鱼挡	30＋700～34＋500	3.8	0.6	0～7.1	4250
6	虎西干堤	陵武挡	36＋600～40＋000	3.4	0.8	0～5.1	3350
四、石首	小计			40.9			197045
1		五马口—鹅公凸	497＋680～511＋000	4	0.5～0.7	1	11700
2		鹅公凸—调支河	511＋000～536＋980	25.9	0.5～0.7	1	150000
3		焦山河—王海	536＋500～545＋000	8.5	0.5～0.7	1	35045
4		东升	547＋500～545＋000	5	0.5～0.7	1	300
支堤	合计			39.22			64800
一、松滋	松东、松西			5.0		0.5～1.5	18000
二、公安	松东、松西			34.22		0.3～1.5	46080
民堤	合计			494.25			2241200
一、荆州		龙洲		4.5	1	1～1.2	5400
二、沙市		柳林		1.28	1	1.5	15000
三、江陵		耀新、突起		7	1	1～1.5	19000
四、监利				105.7	1.5	1.2～1.5	129300
五、松滋		松东、松西河		68.65	1.5	0.5～1.5	238500
六、公安		虎渡河、松西河		1.6	1	0.7～1.5	11000
七、石首		江南江北民垸		293.52	1	1.5～3.2	1823000

全市在险情抢护中，共耗用砂石料61.08万立方米、塑料编织袋9463.5万条、草袋220.66万条、麻袋119.83万条、芦苇52.44万担、土工织物布14.2万平方米、煤油784.4吨、柴油2171吨、汽油2223吨，投入抢险经费9.54亿元。

在1998年波澜壮阔的抗洪斗争中，广大军民在荆江两岸谱写出一曲惊天动地的凯歌，涌现出一大批奋不顾身、舍生忘死、敢打硬仗的先进集体和个人。有36人在抗洪抢险中以身殉职、光荣牺牲，其中有19人被国家民政部和湖北省人民政府追认为革命烈士。

荆州市堤防挡水堤长度见表4-7-10。

表 4-7-10　　　　荆州市堤防挡水堤长度表（1998）　　　　单位：km

县别	合计	其中			荆江大堤	其中			长江干堤	其中			支民堤	其中		
		设防	警戒	保证		设防	警戒	保证		设防	警戒	保证		设防	警戒	保证
一、长江	1663.64	1663.64	1663.64	995.12	60.88	60.88	60.88	60.08	573.27	573.27	573.27	417.53	1029.49	1029.49	1029.49	516.71
荆州区	81.83	81.83	81.83	81.83	5.05	5.05	5.05	5.05	6.25	6.25	6.25	6.25	70.53	70.53	70.53	70.53
沙市区	16.50	16.50	16.50	16.50	10	10	10	10					6.50	6.50	6.50	6.50
江陵区	50.57	50.57	50.57	50.57	36.70	36.70	36.70	36.70					13.87	13.87	13.87	13.87
监利县	130.03	130.03	130.03	130.03	9.13	9.13	9.13	9.13	82.81	82.81	82.81	82.81	38.09	38.09	38.09	38.09
洪湖市	134.90	134.90	134.90	134.90					134.90	134.90	134.90	134.90				
松滋市	293.68	293.68	293.68						26.74	26.74	26.74		266.94	266.94	266.94	
公安县	641.41	641.41	641.41	266.57					161.57	261.57	261.57	132.57	379.84	379.84	379.84	
石首市	314.72	314.72	314.72	314.72					61	61	61	61	253.72	253.72	253.72	253.72
二、东荆河	73.05	73.05	56.65	30.4												
总计	1736.69	1736.69	1720.29	1025.52												

（一）松滋张家巷抢险

8月10日8时30分，八宝镇张家巷堤段发生堤身纵向裂缝滑坡险情，堤面裂缝长40米，当时松东河水位达45.00米。接到险情报告后，省、市防汛工作组及松滋市防指负责人、水利技术人员迅速赶到现场察看险情。剖开裂缝后，发现裂缝斜倾堤内侧，且裂缝继续向两头及深层扩展，这是一起由于堤身质量差（堤身为砂壤土），长期高水位浸泡，加之堤外无滩，堤身迎流顶冲，因滑坡引发新老堤分离造成的裂缝。如不及时整治处理，势必造成大堤溃口，危及八宝垸12.4万亩良田、8.3万人民生命财产的安全。松滋市防指迅速制定抛石镇脚、抽槽填缝、加培撑帮的抢护方案，并在报经荆州市防指批准后实施。八宝镇调集2500名劳力、运载卡车20辆、铲车2台，驻沙道观的广州军区“鞍山英雄团”出动500名官兵、军用卡车20辆，赴张家巷抢险。抢险开始后，2名水手潜入6.5米深的水中，为在迎水面抛石镇脚准确定位；3000军民分别在背水面加紧填筑平台，在堤面抽槽填缝，填缝硪实。18时许，狂风大作，大雨将临，若雨水灌入裂缝，险情将难以控制，于是火速调集15床油布，将40米长的裂缝盖得严严实实。至20时，完成堤面抽槽填缝，抽槽长40米、宽0.8米、深1.5米，填缝硪实，碾压整平，并在堤背水面修筑长60米、高3米、宽3米的平台。“鞍山英雄团”团长彭惠乃带领300名官兵，分乘20辆军车，奉令紧急奔赴40千米外的车阳河采石场，突击抢运块石，许多战士手指磨出血泡，但他们全然不顾。12日凌晨2时，1100吨的块石的全部抛入水下镇脚。至此，经军民协同作战30小时，终于控制住险情。

（二）荆州区大口抢险

长江干堤大口险段位于荆州区弥市镇大口村，1931年曾溃口，当时堵口筑堤时使用部分木料和卵石，造成堤身隐患。1950 年后两次加高培厚。现堤顶高程 47.20 米，顶宽 7 米；内平台高程 42.30 米，宽 7 米；外平台高程 43.00 米，宽 30 米。一般洪水年份堤身不直接挡水，高洪水位时堤身一旦挡水则险情迭出。7 月 18 日，长江第二次洪峰时堤身开始挡水。24 日 17 时，弥市长江干堤水位升至 41.30 米，桩号 705＋400 处堤脚水塘内出现 8 个管涌，为溃口性险情，其中最大孔径 5 厘米，出水高 10 厘米，夹带黑砂颗粒，堤内水深 1.5 米。荆州区江南防指组织水利技术人员现场勘察，采用粗砂、卵石、碎石三级导滤及 2 米围堰反压处理，险情得以控制。8 月 6—16 日，在一水田内出现多处管涌，最大孔径 16 厘米；围堰中又发生管涌 19 处，内平台严重散浸 3 处，长 80 米。

8 月 10 日凌晨 2 时 40 分，管涌群开始冒砂冒黄水。2 时 45 分，广州军区某部“塔山守备英雄团”千名官兵火速赶到抢险，采取围堰灌水反压的措施。官兵们用双手扒开烂泥垒上砂袋，经过 3 小时战斗，垒起围堰，经抽水反压后险情缓解。11 日 16 时，再筑一道与渗水堤段并行的围堰，向堰内抛石头、沉砂包，加固堤坝内基。12 日凌晨 2 时 30 分，经抢护的管涌继续出险情。3 时，荆州区江南防指决定采取“梯级反压”措施，筑大围堰抽水反压，迅速请调部队增援。4 时 52 分，已连续抢险 6 次的“塔山守备英雄团”600 名官兵登车，5 时 30 分，在某部副政委刘继斌大校、团长钟一春上校带领下准时赶到出险地点，太平口管理区 200 名民兵突击队员也同时到达。顿时，大堤上民兵负责铲土，部队官兵扛包运土。11 时许，经 6 小时战斗，一个高 1.5 米、面积 6000 平方米的围堰筑成，险情得到控制。17 时 30 分，该险段又发生大面积管涌。“塔山守备英雄团”1000 名官兵，从 8 千米外的驻地火速赶到现场。于 23 时，官兵们共运送沙包 4 万余个，筑起一道长 350 米、宽 2 米、高 1.5 米的围堰，管涌群终于得到控制。

（三）江陵粮库抢险

8 月 4 日 12 时，郝穴荆江大堤外滩粮食储运公司粮库防洪墙东边开始渗水，南墙部分坍塌，江水从坍塌处向内浸漫，危及 400 万千克粮食的安全。险情传来，县粮食局局长和 20 名机关抢险队员火速赶往现场，在江陵坐镇指挥的荆州市政协副主席曾凡海等也随即赶到，组织抢险保粮。近百名男女抢险队员立即投入战斗，使用塑料编织袋 3000 条，运土 150 立方米，背卵石 10 立方米，同时启动电排站排水。经 8 小时紧张战斗，在外围筑起两道子堤，使险情得到缓解。20 时，江水涨至 44.59 米，水又开始向墙内浸漫，出现四处险情，江陵县防指连夜抽调 650 人投入抢险。经两天两夜苦战，共背土 1200 立方米、砂石料 200 立方米，筑起周长 800 米、高 2 米、宽 1 米的围堤，保住了粮库的安全。

（四）公安南平抢险

南平大垸 60 千米堤防保护着 89.2 平方千米土地和 5.1 万人民的生命财产安全。7 月下旬，湖南澧水出现流量 19900 立方米每秒的洪水，长江干流第三次洪峰压境。至 23 日，荆南河流川水与南水遭遇，出现 1954 年以来最大的洪水。水情预报，港关水位将达 43.51 米，比 1954 年水位高出 1.57 米，情况万分危急。凌晨 1 时，公安县防指紧急发布决战荆南大洪水的命令。在已派 29 名县级干部和 86 名局级干部后，又增派 26 名副局级以上干部到南平每个村的哨棚防守，全部上堤的县、乡、镇、村干部达 4000 人，劳力 3

万人。全县每个村派1～2台拖拉机到南平，装满粗砂卵石，以备抢险。对南平镇7处长17千米、孟溪镇1处长1千米的低矮堤段，备足抢筑子堤预备土4万立方米和30万条编织袋。8时，迅速抢筑子堤。23日15时，市委书记刘克毅赶到南平，与先期到达的原荆州军分区司令员李光忠等实地察看水情、险情和布防情况。此时，松东河黄泗嘴、松西河郑公渡水位突破当地历史最高水位，河滩上的平房已淹至屋脊。刘克毅主持召开市、县、镇前线指挥长联席会议，研究部署"南平保卫战"，确保水涨堤高，誓与南平共存亡。会议决定成立南平防汛前线抢险指挥部，明确分段防守责任；要求指挥员沉着指挥，科学调度；省、市防汛工作组、驻防部队，要及时、合理提出意见和建议；动员一切力量上堤防汛抢险，强化查险整险责任，严肃纪律和奖惩。14时，荆南河流水位涨速加快，松东河、松西河下游河段超过历史最高水位，并继续上涨。

15时20分，公安县防指向省、市防指发出紧急汛情报告，经请示副省长、省防指副指挥长王生铁，要求派部队增援。省委、省政府即向部队发出救援电。舟桥部队、空降兵某部3314名官兵奉命日夜兼程，于23日下午和24日中午相继赶到南平。17时，松东河港关水位42.51米；黄泗嘴水位41.20米；松西河郑公渡水位42.56米，全部超历史最高水位，水位仍以每小时0.07米的速度上涨。荆南河流全线告急，南平大垸危在旦夕。县防指紧急从机关、乡镇、企业调派3200名抢险突击队员，火速赶到南平防守。19时30分，公安县委书记黄建宏发表"决战大洪水，誓死保家园"的广播电视讲话。21时，省防指就荆南四河防汛专电指示，要求高度戒备，全力以赴，严防死守，人在堤在，水涨堤高。22时，南平水情十万火急，已有30千米堤段开始漫水，3万军民抗洪，60千米堤防每2米就有1人防守。由于持续20余天高水位浸泡，南平大垸堤防险象环生，相继出现11处险情，其中重大险情3处，主要有港关桥头浑水洞及管涌群。

24日10时，松东河右岸支堤港关桥头，距堤脚2.5米，高程39.20米处发现管涌5个，直径0.01～0.07米；在堤身高程41.20米，长80米范围内发现4个浑水漏洞，孔径0.01～0.02米。险情发生后，立即抢筑外帮截渗，外帮长80米，宽5米，高出水面0.3米；同时对5孔管涌，分别筑2个围井导滤，围井内径1米，高0.65米，填粗砂0.3米，卵石0.2米；并打坝蓄水反压，蓄水高程40.60米。抢险共出动部队官兵300人，耗用粗砂、卵石98立方米，编织袋7000条，外帮土方1200立方米。处理后，两洞完全止水，另两个漏洞水流减小，水中不带颗粒状泥沙，险情得到控制。12时，荆南河流一天涨幅达2米余，出现最高洪峰。防汛军民在风雨交加中昼夜抢筑挡水子堤58千米，运土10.8万立方米，子堤平均挡水高度0.5米，最高挡水1.5米。省、市防指紧急运送草袋、塑料编织袋48万条，公安县调运120万条，调运船只56艘，开通程控电话18部、移动电话16部，架设17千米照明线路，确保抢险所需。

南平抢险（又称南平保卫战）是一次在极短的时间内，组织起有效的防御和抵抗，以快制险，以快取胜，敢于斗争的成功范例。7月24日12时，港关最高水位43.18米，超过1954年最高水位（41.94米）1.24米。南平抢险从7月22日开始至26日，历时5天，其间23日和24日为最紧张时刻。

主要经验教训：准确及时的水雨情报；汛前准备工作比较扎实；各方支援；敢于斗

争、敢于胜利；但也存在通信盲区、误判险情、沙石料储备少等问题。

（五）石首八一大堤抢险

8 月 7 日 22 时，调关江水陡涨 0.4 米，水位高达 39.70 米，超历史最高水位 1.33 米，调关八一大堤子堤全线渗水。8 日零时 45 分，东段 870 米挡水的子堤多处出现内外脱坡，造成子堤整体内移和下沉；3 处出现漏洞，随时可能溃口漫溢，形势十分危急。省委常委缪合林、石首市委书记易法新、副市长石开同、调关镇委书记宓光建、镇长李良炳、老水利工程师谭海清及时赶到现场指挥，连心垸和高家岭两村 1000 名民工、镇直单位 400 名抢险突击队员、济南军区 54650 部队“沙家浜团”千余名官兵迅速投入抢险。许多官兵和民工纷纷跳入齐肩深的江水中，手挽手，肩并肩，组成“人墙”抵挡洪水的侵袭，堤上军民迅速抢筑子堤，阻挡洪水漫溢。凌晨 3 时，石首市防指调集市直各部门、焦山河乡和黄陵山、胥家堂、金台等村 1400 名民工增援八一大堤，湖南省华容县闻讯后派 500 名抢险突击队员驰援八一大堤，经 4000 余人 5 小时的奋战，筑成一条长 870 米，面宽 1.5 米，高 2 米的子堤，初步控制险情。

9 时，随着江水持续上涨，八一大堤东段出现堤面鼓水险情，连心垸、高家岭两村 1000 名民工在水利技术人员指导下，2 小时筑起 5 个内撑帮，控制住险情。22 时，华容县又增派 4000 民工援助，经 6000 军民的昼夜奋战，加长子堤 3 千米，面宽 1.5 米，高 1.8 米，完成土方 1.5 万立方米，耗用编织袋 34 万条。8 月 10 日，根据朱镕基总理视察调关矶头时“要加高加宽加固子堤，不允许在堤上取土筑子堤，已取土的要迅速回填”的指示，调关镇组织驻防部队和民工 12000 人，动用机动车 200 辆，对取土的大堤进行回填，逐层碾压，全面加高、加宽、加固，并用编织袋装土外挡内压，对子堤中间抽槽夯实，重点地段用水泥预制板护坡。烈日炎炎，一袋袋泥土从堤外的棉田、菜地里，由部队官兵跑步扛上 7 米高的大堤。经过 24 小时连续奋战，一条长 3.1 千米，出水 1 米，面宽 1.5 米，坡比 1∶2 的子堤筑成，终于抵挡住凶猛的洪水。八一大堤抢险是湖南、湖北两省军民团结抗洪的象征。

（六）洪湖周家嘴抢险

7 月 5 日 9 时，螺山周家嘴堤段桩号 527＋210、527＋265 的堤坡处，发生两处清水洞险情，孔径分别为 0.02 米、0.05 米，且出水量每小时达 2.4 吨。当即调集民工 200 人，砂石料 150 立方米，实施三级导滤并挖沟排水。8 日，经 12 小时的苦战，加筑长 30 米、宽 6 米，高出水面 1 米的外帮围堤，土方 2000 立方米。26 日凌晨 2 时，在周家嘴段桩号 525＋735 处，发现 2 处 7 个清水漏洞。7 时许，当长江螺山水位涨至 34.04 米时，在周家嘴段桩号 525＋800 处，又发现 9 处 9 个清水漏洞，此处堤顶高程 35.02 米，清水漏洞均在内堤坡和内堤脚。经水利技术人员勘察，发现这 11 处 16 个清水漏洞群均系白蚁穿堤所致，其大洞孔径 0.05 米，小洞孔径 0.02 米，最大的白蚁洞出水量每小时 2.7 吨。

形势紧急，水利专家紧急制定外帮内导的抢险方案，市长江防指请求部队紧急支援。同时，调集 2000 人和两艘汽渡船投入抢险。连续在公安南平抢险两昼夜的空降兵某部 750 名官兵接到命令，于 26 日 8 时急赴周家嘴险段；峰口镇书记周明洪接到命令，火速调集600民工、55台车辆，带着3万根木桩、2000条编织袋以及工具、生活物资等，于12时30分赶到周家嘴。军民们来不及卸下行装，连水都没喝一口就投入抢险战斗。“黄继光班”班长马良友第一个冲上堤，将“黄继光班”旗帜插到周家嘴险段上，连长周来学率先纵身跳入汹涌咆哮的洪水中。经过现场勘察，在场指挥的39435部队部队长姚恒斌当机立断，在漏洞上游构筑土坝，以改变洪水流向，减轻洪水对险段的冲刷。8时30分，官兵们发扬黄继光的献身精神，在洪水中筑起一道“人墙”挡住洪水。750名官兵，不顾炎热酷暑，赤着脚，光着背，将离堤脚百米的土袋运往堤外。但土袋刚放入水中，便被洪水卷走。突击队员便跳进水中，手挽手组成“人墙”护着土袋牢牢贴紧堤身，土袋在“人墙”的挡护下，一米一米向江中延伸。经过2000余军民18小时奋战，于凌晨5时筑起长150米、宽10米的外帮，堤内也筑起长40米、宽8米、高1.5米的围堰，险情得以控制。

第七节 军 队 抗 洪

7月3日，长江第一次洪峰通过沙市，荆江河段的防汛形势逐渐紧张。之后，空降兵部队、湖北省军区、广州军区、济南军区、武警部队、北京军区的抗洪抢险部队陆续开赴荆州抗洪抢险第一线，投入总兵力54017人，其中，空降兵部队10985人，广州军区22666人（含舟桥34660部队2270人，湖北省军区165人，预备役34260部队102人），济南军区13083人，北京军区230人，武警部队7143人。到荆州指挥抗洪的将军有38位，在荆州历史上是前所未有的。

在抗洪斗争中，人民解放军、武警部队官兵及民兵预备役人员全力以赴投入抗洪抢险，在80多天的奋战中，共排除大小险情1900余处，加筑子堤700余千米，抢运砂石料15万多立方米，抢运物资2万余吨，抢救被困群众14万余人，转移分洪区群众32万人，并向灾区捐款500余万元。

一、空降兵39155部队

从7月3日至9月19日，共投入兵力10985人，车辆723台2.5万台次，冲锋舟31艘737艘次，先后担负荆州市监利、洪湖、公安、石首等地（包括仙桃）328.6千米长江干堤和622.4千米支堤民垸的守护和突击抢险任务。其间，排除险情35处，加筑堤坝240千米，装运土石方24.1万立方米，解救和转移群众5.4万余人，抢运物资8040吨。

在抗洪救灾中，副部队长李家洪和各级指挥员亲临第一线，先后参加了监利县新洲围堤、西门渊财贸围垸、长江干堤尺八，石首市小河口天心洲围堤决口，公安县虎渡河港关桥头和洪湖长江干堤周家嘴、小沙角、中沙角、八八潭、七家垸10处重大险情的抢护和救灾工作，特别是七家垸抢险，8月20日18时，洪湖长江干堤七家垸发生一起子埂漫溢溃口重大险情。空降兵前指接到险情通报后，先后调集驻洪湖陆、空、武警部队2300余名官兵投入抢险。在抢险战斗中，部队官兵组成5道人墙挡护大堤，官兵们在洪水中连续奋战近4小时，背运砂石14万余袋，终于堵住140米长的子埂溃口，保住长江大堤安全，避免了一场重大灾难发生。

二、广州军区

8月2日、19日，广州军区副司令员龚谷成中将率广州军区53010部队、53200部队进入湖北荆州投入抗洪抢险斗争。共投入兵力22666名，车辆1251台，布防在沙市区、江陵县、松滋市、监利县、石首市的荆江大堤及长江干支民堤上，排除险情576起，修筑加固堤坝381千米，转移灾民48465人，向灾区捐款150余万元。在公安南平保卫战中，某部9连战士李向群带病坚持奋战，终因劳累过度倒在大堤上，献出了年仅19岁的生命。

（一）53010部队

53010部队由副部队长李作成率领9557人，车辆390余台及各型舟艇、救生器材，布防在沙市区、江陵县、公安县、松滋市等地的荆江大堤及长江干支民堤上，参加323次抢险行动，为荆州市捐款30余万元。53013部队共投入兵力8207人，车辆330余台，冲锋舟20艘，救生衣（圈）7000余件，土木工具1万余把。在抗洪斗争中，共排除险情323处，加固堤防129.7千米，垒筑围堤38千米，协助地方转移灾民21509人，抢救落水儿童3名，向灾民捐款21.3万元，衣物8262件。

在抗洪抢险期间，广州军区各部队先后投入荆江大堤外柳林洲垸、江陵郝穴铁牛矶、虎渡河荆州区弥市镇大口村、松滋市沙道观松东河毛家尖、老城义兴村400米河堤漫水、米积台大矶嘴以及公安南平大垸和孟溪垸等12处重大险情抢险救灾。

（二）53200部队

53200部队出动兵力14414人，各种车辆865台，冲锋舟16艘、橡皮舟8艘，部署在长江两岸的石首、公安、监利等县21个乡镇，担负着301千米荆江大堤及长江干堤的防汛抢险任务。参加过石首市调关镇鹅公凸、公安县藕池蒋家垴、杨场镇长江村以及东荆河大垸子闸等23处抢险。

在石首市桃花山镇章华港闸抢险中，该部队出动3600人次，车辆760台次，在水利专家的指导下，与当地民工一起，经过18个小时连续奋战，在长江第六次洪峰到来之前，成功地在水闸南100米处的长江故道上抢筑一道长140米、底宽3米、高7.8米的反压堤，平衡了水闸所承受的巨大压力，有效地控制了险情，保住了水闸的安全。

三、济南军区

8月2日至9月16日，济南军区先后出动54774部队、54631部队及所属54676、54784、54650部队赴荆州长江沿线抗洪抢险，投入兵力13083人，车辆1000台，先后抢救转移群众5.6万人次，抢运物资162万件，加固堤防83.2千米，排除各类险情335处，向灾区捐款捐物490余万元。

（一）54774部队

前指8月5日率54784部队5980人、车辆534台、冲锋舟、橡皮舟30艘赴荆州抗洪抢险。洪湖乌林镇长江青山垸发生大面积渗水脱坡，长400余米。该部队立即会同地方政府和技术人员研究抢护方案，决定采取外帮、内衬、导流等措施，经过外帮、内衬65米堤防，使险情得到控制。同时，还参加燕窝八八潭的抢险斗争。

（二）54631部队

8月2日由部队长丁寿岳、政委陶方桂率54650部队、54676部队8000余名官兵分两批赴石首市、公安县长江干堤参加防汛抗洪。在抗击长江第四次至第八次洪峰中，守护堤段未溃一口、未破一垸。该部队先后抢险堵漏264处，加固堤防14.4千米，抢救落水群众133人，转移灾民1.6万人，抢运重要物资154万件，共向灾区捐款100万元，为灾民诊治病2万人次，为灾区捐献各类药品价值100万元。

8月7日，长江第四次洪峰抵达沙市，水位达44.62米，省市防指下达荆江分洪区人员转移命令，54676部队奉命到闸口镇和裕公乡各村转移群众。他们克服时间紧、居住分散、难度大的困难，分乘6辆运输车，深入各村点，走家串户，拉网检查，通过耐心说服，以最短时间把群众转移到安全区。

54650部队8月2日凌晨2时接到上级命令后，该部队组成3个梯队摩托化开进湖北集结待命。出动兵力3576人，车辆279台，先后担负江陵荆江大堤、石首市长江干堤93千米，虎渡河、藕池河、团山河支堤88千米的抗洪抢险任务。部队分四批进驻石首市和公安县南平镇灾区。第一批负责南平镇61千米围堤的机动抢险任务；第二批负责石首东升镇12千米长江干堤抢险任务；第三批负责石首调关镇15千米的护堤抢险任务；第四批在副部队长的带领下进入江陵郝穴，担负着荆江北岸40千米大堤机动抢险任务。

8月7日23时石首调关镇西侧窑场垸奉命行洪，洪水向长期没有挡水的八一大堤袭来，堤防发生多处内脱坡险情。200米的断面上有4处子堤崩塌，多处子堤漫水。负责现场指挥的副参谋长曹虹立即带领两个连迅速展开加固子堤的战斗，经过半个小时的激战，4个子堤漫水口有2个被堵住。此时部队长王继凯带领400名官兵赶来支援。经过上千名军民一整夜的奋战，背运上万袋土方，于8日凌晨7时一条长300米，宽30米，高2米的坚固子堤筑成，险情得到有效控制。

铁牛矶是荆江大堤四大险段之一，位于荆江大堤江陵县郝穴段，此江段形如瓶颈，江窄水急，历史上曾3次溃口。8月5日23时，铁牛被淹一半，铁牛脚下出现一条长10米、宽3米、深1.6米的冲槽。该部队某团团长关洪林带领58名官兵跳入水中展开抢护，由于水流湍急，官兵们在激流中无法站稳，被洪水冲回堤岸。关团长决定采取“绳索拉网、子绳系腰、接力传递、石袋填堵”的办法实施填堵，经过4个多小时的激战，终于填平冲槽，首战告捷。

此外，他们还参加过石首调关矶头、天心洲围堤等重要险段的抢险救灾工作。

四、北京军区

8月18日，北京军区51002部队奉命乘飞机赴洪湖长江干堤执行机动抢险任务，投入兵力230名，主要任务是利用“钢木土石组合坝”封堵决口技术进行堤防漫溃堵口，在军内外都获得好评。

五、湖北省军区

在1998年抗洪斗争中，省军区共出动官兵16.45万人次，车辆2.54万台次，舟艇5574艘次，运输机433架次，直升机63架次，成建制出动民兵营（连）10419个（次）

及专武干部 3313 人，投入荆州的抗洪抢险。有 397 名军师团干部分布在长江干堤重点险段指挥，其中有 9 名免职的师团干部及 18 名转业干部与在职干部一样奋勇抗洪。省军区有 6 名党委成员连续两个多月奋战在抗洪第一线。

（一）34660 部队

34660 部队共投入官兵 2270 人，车辆 285 台，冲锋舟 110 艘，转战荆州、公安、松滋、洪湖、监利等县（市、区）。其转点之多、战线之长，为参加抗洪部队之首，也是该部队历史上前所未有。连续战斗 30 多小时的有 18 次，连续作战时间最长的达 42 小时，一天出动最多的达 4 次。抗洪期间处理各类险情 800 余处，其中抢大险 63 处，参加了公安南平保卫战，在石首市参加了连心垸、调关渡口，建设垸、焦山河和公安狮子口重大险情抢护；8 月 7 日凌晨 45 分在公安参加了孟溪溃口大营救，部队长徐源率舟桥旅 365 人、车辆 35 台、冲锋舟 60 部赶到现场救援，转移群众 1.4 万人，转移物资 20 余吨。

（二）荆州军分区

抗洪期间，共组织 30 多万民兵预备役人员和协调 5.4 万部队官兵投入抗洪抢险。司令员王明宇进驻市长江防指，协助指导全市防汛抗灾工作，副司令员邱泽盛、王树华分别在监利、洪湖协助指挥抗洪抢险工作。在持续 90 多天的抗洪抢险中，全市民兵突击队跨县（市、区）执行抗洪任务达 23000 人次，跨乡镇执行任务达 87000 多人次，排除重大险情 240 多处，有 11 位民兵干部和民兵在抗洪斗争中献出了年轻生命。

7 月 3 日起，中国人民解放军及武装警察部队 5.4 万余名官兵奔赴前线投入抗洪抢险。荆州军分区发挥民兵预备役人员地形熟、水系熟、险工险段熟的优势，为部队安全开进，迅速投入抗洪斗争做了大量参谋、协调和服务工作。成立由市委、市政府、军分区组成的迎接部队领导小组，在市、县两级设立军事协调组，为部队团以上指挥所提供地图和有关防汛资料，免费提供程控电话 659 部，手机 400 多部，免费为部队加油 1600 多吨、维修车辆 250 多台，协调粮食部门供应部队粮油 870 余吨。还参加了监利新洲垸庙岭段、上车湾分洪口、三支角、三洲联垸及洪湖螺山镇袁家湾险段、石码头电排河、长江干堤王家洲的抗洪抢险工作。

六、武装警察部队

7 月 3 日至 8 月 15 日，武警湖北总队、武警 8640 部队、8680 部队赴荆州抗洪抢险，出动兵力 7274 人，共加固堤防 65.8 千米，排除险情 205 处，向灾区捐款 17 万余元。

（一）湖北总队

按照省防指的部署，总队出动 2530 人投入荆州抗洪抢险，其中，2100 名官兵赴松滋，430 名官兵赴石首抢险。其间，先后出动车辆 1080 台次，船艇 380 艘（次），排除险情 323 处，其中重大险情 21 处。加固加高堤防 30 千米，转移群众 53500 人、物资 67 万吨。荆州二支队转战石首小河镇、大垸乡和公安县北闸，直接参加封堵决口、排除险情、抢运物资、转移灾民的战斗 143 次，排除险情 48 处，加筑子堤 8.7 千米；在石首调关矶头，小河镇天星洲、永合垸、六和垸、张智垸、神皇洲、大垸乡的焦家铺、合作垸的抗洪抢险中，抢救转移群众 4 万余人。

（二）8640部队

共出动兵力2344人，车辆126台，先后转战洪湖、监利县等地，创下了摩托化行军纪录。8月13日部队长牛志忠、参谋长孟洪喜代表武警部队受到了中央军委主席江泽民的亲切接见。参加洪湖燕窝新月堤、监利县丁家洲的抢险。在洪湖七家垸抢险过程中，他们最先到达险段，官兵们团结一心，与兄弟部队一起在洪水中坚持战斗3个多小时，堵住了子堤决口，筑起一条长140米、宽2米、高1.5米的子堤，控制了险情。

（三）8680部队

出动3415人，由部队长夏鹤、政委刘建华带领2400人进驻监利县，担负42千米长江干堤的防守任务。参加了何王庙闸、丁家洲、荆江大堤杨家湾管涌险情的抢护战斗。8月30日，荆江大堤杨家湾（桩号638＋200）处发生管涌险情。在距堤脚400米的水塘中，管涌口径0.5米，江水夹杂大量的泥沙向外涌出，如不及时处理，有溃堤危险。15时，团长张仕君率150名官兵紧急出动，与抗洪群众一起，经过3个多小时激战，抢运砂石料160余吨，土方500立方米，筑起了一道长120米、宽1米、高0.5米的围堤和一个直径6米、高3米的围井，19时险情得到了控制。

第八节　分洪与转移

8月，长江荆州段水位居高不下，洪峰首尾相接，峰峰相叠，以致长江干支民堤全线告急。荆江河段沿线水位长时间超过1954年历史最高水位。面对严峻的防汛形势，党中央、国务院提出“三个确保”（确保长江干堤安全，确保重要城市安全，确保人民生命财产安全）的抗洪方针，同时积极做好分洪各项工作。

一、荆江分蓄洪区分洪准备

（一）北闸分洪准备

8月6日，省防指下达《关于做好荆江分洪区准备的命令》，荆州市防指立即按照《北闸拦淤堤爆破方案》开始进行北闸拦淤堤爆破的准备。同时命令沙市区组织手动启闸人员450人，命令荆州区组织民兵500人，并携带工具，陆续开赴北闸，为起爆拦淤堤和开闸泄洪作准备。

16日，第六次洪峰到达沙市，沙市水位突破45.00米。18时30分，根据省防指的命令，荆州市防指下发《荆江分洪准备工作倒计时方案》。与此同时，省防指下达《关于爆破荆江分洪北闸防淤堤的命令》，要求22时30分炸开北闸拦淤堤。接到命令后，北闸分洪指挥部立即组织1300人开始清理药室内的积水和淤泥，运药、装药。500民兵将20吨炸药（TNT）很快运至拦淤堤上。广州军区某部地爆连72名战士，组成5个小组，每个小组完成24个药室的装填任务，每个药室有3个民兵配合。21时30分，炸药安装完毕，见表4-7-11。22时安装炸药人员撤离现场，交由100名武警官兵担任爆破区的巡逻和警戒。北闸54孔闸的每一孔启闭室内启闸人员严阵以待。最终因中央科学判断、正确决策，没有运用荆江分洪工程。

表 4-7-11　　8月16日分洪准备工作倒计时的要求与实际执行情况对照表

要　求			实际执行情况
1	14：00—18：00	搜索清理转移分洪区群众	已按预定计划完成
2	18：45	炸药运到爆炸地点	18时35分，炸药运到北闸
3	19：00—22：00	在分洪区发布分洪警报	
4	19：00—24：00	电视广播播发准备分洪公告	已经在公安县广播电视台播放
5	21：30	炸药装填完毕	19时20分开始装药，21时30分装填完毕
6	22：00	炸药装填人员撤离	21时50分装填人员撤离完毕
7	22：00	检查炸药装置	21时50分开始连线工作
8	22：30	启爆拦淤堤	23时5分具备起爆条件
9	23：00	分洪区内搜索转移人员撤退	
10	23：00	由北向南鸣枪示警，每间隔5千米一个示警点	
11	24：00	开闸泄洪	

注　拦淤堤长3400m，已预埋圆柱混凝土管药室119个，每个可装炸药250kg；拟炸开口门宽度2200m，满足北闸进流7700～8000m^3/s的要求，药室直径0.9m、深3m，混凝土管壁厚0.08m，管口用混凝土盖板压盖，上填土0.5m，作为平时保护之用。

第六次洪峰过后，温家宝副总理就北闸拦淤堤爆破安全作出指示，要求采取措施排除炸药存在的不安全因素。8月18日，荆州市荆江分洪前线指挥部组织有关单位和工程技术人员研究排取炸药方案，20日，方案制定完成。21日，正式开始排取炸药和引爆体。排取炸药程序复杂，十分危险。地爆连挑选40名战士，划分成5个排取小组，同时取药。经过连续5天的战斗，于25日9时50分圆满完成北闸拦淤堤炸药排取的艰巨任务。受到省荆江分洪前线指挥部的嘉奖。

荆江分蓄洪区人民以大局为重，坚决执行荆江分洪运用的命令。在省、市荆江分洪前线指挥部的指挥下，他们舍小家、顾大家，先后进行3次转移，分洪区外的县（市、区）积极做好人员接转安置和荆江分洪区围堤防守工作。

（二）人员转移

公安县荆江分洪区人民于8月6日、12日和16日先后3次实施大转移，创造16小时转移33.5万余人的奇迹。

（1）第一次转移。8月6日，省防指下达《关于做好荆江分洪运用准备的命令》后，省荆江分洪前线指挥部指挥长、省纪委书记罗清泉，副指挥长张忠俭以及荆州市荆江分洪前线指挥部指挥长王平等立即赶赴荆江分洪区，会同公安县委、县政府紧急部署分洪区人员转移工作。公安县组织1654名县、乡镇干部火速赶赴分洪区10个乡镇，进村实施转移方案。当天晚上，分洪转移全面展开。到8月7日下午，分洪区共转移群众332003人，占应转移的99%。其中，向松滋、荆州、沙市、江陵、石首转移85130人，占应外转人口的66.2%；向公安县内非分洪区转移246873人，占应内转人数的119%。此外，还外转耕牛8531头，占应转耕牛的46.3%。具体见表4-7-12。

表 4-7-12　　荆江分洪区第一次大转移情况统计表

转移单位	外转人畜				内转人数				
	应外转		实际外转		应内转	实际内转			
	人	大牲畜/头	人	大牲畜/头	人	安全区台/人	投亲靠友/人	其他/人	合计/人
合计	128738	18444	85130	8551	206580	186099	15642	45132	246873
埠河	2185	4533	1280	2560	54817	48000	3000	2000	53000
斗湖堤	17114	957	10500	858	31632	36500	1000	1000	38500
夹竹园	10146	1728	10000	1200	32674	22600	5542	4532	32674
闸口	10082	1240	4000		15013	14000	1000	6000	21000
裕公	11410	1538	5500	900	15815	15000	700	6000	21700
曾埠头	26174	1483	22000	1483	4905	7000	800	1200	9000
黄山头	6993	2017			17864	6000	1000	18000	25000
麻豪口	21775	1199	18000	300	3460	2499	1000	3700	7199
藕池	13843	1514	8000	500	17127	21000	800	1000	22800
杨家厂	8814	2037	6000	750	13273	13500	800	1700	16000
总计	外转人数+内转人数共计 335318								

1998 年洪水淹没范围见图 4-7-1。

(2) 第二次转移。长江第四、五次洪峰期间，正是粮棉田间管理的关键时刻，由于分洪命令一直未下达，部分群众产生不会分洪的麻痹思想，外转群众思家心切，人口回流现象严重。8 月 12 日市荆江分洪前指发出《关于继续做好分洪转移安置工作的紧急通知》，要求彻底清查回流人员，组织群众再次转移，经过一天一夜的搜索，分洪区内滞留和回流人员全部转移到安全地带。

(3) 第三次转移。8 月 16 日，荆江水位陡涨，沙市水位逼近 45.00 米，防汛形势万分紧急。当日省防指和市荆江分洪前线指挥部再次下达紧急转移命令。按照省委、省政府“一个不留”的指示，再次清理分洪区人员，实施第三次人员转移。当日 17 时，公安县委书记黄建宏发表电视讲话，要求各级干部进一步做好转移群众的思想工作，制止人员回流。全县组织 1000 名机关干部、800 名部队官兵和 1400 名公安干警一起，对分洪区内的村村组组、家家户户进行拉网式清查，并调用 40 辆军车配合转移。

从 8 月 6 日开始转移，至 8 月 21 日允许一部分群众返回。这期间，有 43.95 万亩农田、13.95 万亩鱼池、1.2 万亩果园无人管理，农时荒废；工厂停工、商店停业、交通中断，造成重大损失。

(三) 接转安置

8 月 6 日，市荆江分洪前线指挥部和市长江防汛前线指挥部分别向荆州、沙市、江陵、松滋、石首下达紧急命令，要求于 7 日 12 时前做好荆江分洪区转移群众的接收安置。五县(市、区)坚决执行命令，迅速成立各级接转安置专班，做好安置接待准备工作。据统计，

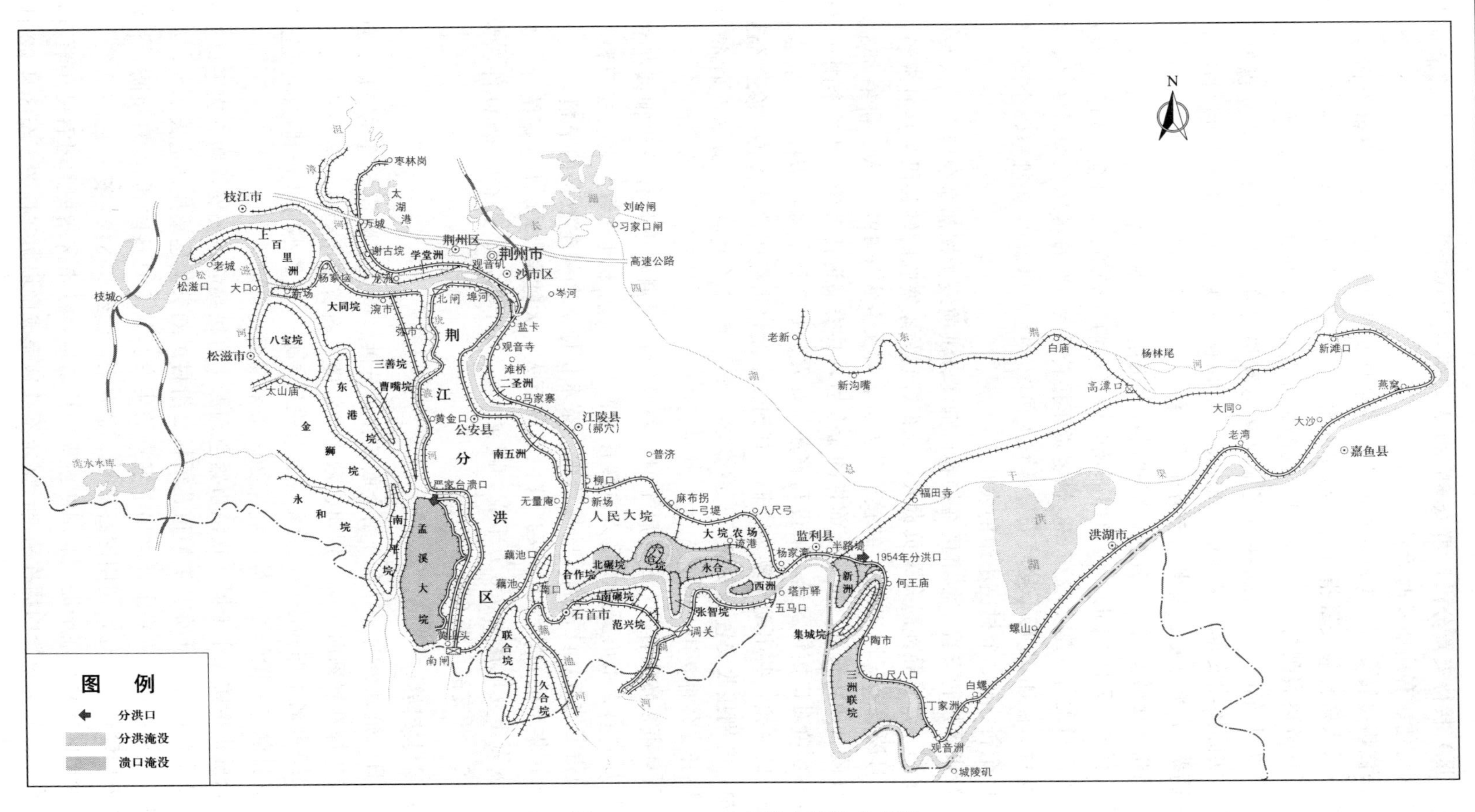

图4-7-1　1998年洪水淹没范围图

5县（市、区）接待安置分洪区群众85130人，耕牛10097头，并做到转移群众有饭吃、有衣穿、有房住、有病能及时诊治。

（1）松滋市接转安置。6日，松滋市接到接收安置荆江分洪区转移群众命令后，立即成立荆江分洪人畜转移安置指挥部，组建麻水、王家桥、陈店、金松开发区等5个分指挥部，将安置任务落实到村、组、农户，提前做好食宿等安置准备工作。同时调集80辆大客车、20辆大卡车，6时前赶到指定地点接运转移群众。到16日止，松滋共调用车辆449台次，实际接收安置转移群众9565人，耕牛1810头。先后向移民拨付生活费41.13万元、医药费37.4万元、大米9.5万千克、食油3205千克。

（2）荆州区接转安置。6日晚，荆州区接到市指挥部命令后，火速召开紧急会议，具体部署安置任务。7日24时，区指挥部及时调集车辆、船舶，5时全部到位，在观音寺渡口、沙市等渡口配备3拖9驳和300辆客货车接转移民。9日接转完毕后统计，全区共动用车辆359台、船舶12艘，接收安置转移人员20892人和2807头牲畜，全部安置到6个乡镇的100个村、562个村民小组的农户家中。

（3）沙市区接转安置。沙市区在接到市荆江分洪前线指挥部命令后，副区长邱利清带领交通、水利、公安等部门有关负责人，连夜赶到马家寨临时转移码头察看现场，研究转移措施。7日凌晨至8日23时，共接运公安县曾埠头乡灾民19240人、耕牛853头。

（4）江陵县接转安置。接到市前指的命令后，县委书记任万伦、县长李刚立即召开会议，布置各乡镇对口接转安置，增设马家寨、郝穴、新厂3个渡口指挥所。全县7个有接转安置任务的乡镇，共出动车辆380辆，赶到3个渡口指挥所挂牌接待群众。全县7个乡镇59个村，分别接收安置公安杨厂、麻豪口2个乡镇32个村共20687人，牲畜3127头。全县为移民开支各种费用350万元。

（5）石首市接转安置。7日凌晨1时，石首市接到荆州市荆江分洪前线指挥部的命令，1小时后，石首市负责分洪区人畜转移安置的332名干部和数十名公安干警全部赶到接收移民的指定地点，设置醒目的接待牌、茶水供应点和一定数量的干粮。7—9日3天时间，全市调集车辆500台次，接送移民2.5万人，大牲畜1500头。据统计，为移民供应粮食11.8万千克，食油0.8万千克，蔬菜13.5万千克，添置衣服8000件，为灾民治病5000人次，开支医药费6万多元。

（四）围堤接防

8月6日，荆江分洪区群众开始全面转移，分洪区围堤接防任务迫在眉睫。荆州市长江防汛前线指挥部立刻向松滋、荆州、沙市、江陵、石首发出命令，要求火速接防。5县（市、区）22500名干部和民兵，受命急赴分洪区围堤，仅数小时即顺利接防。至22日全线撤防，共排除各种险情218处，确保208千米围堤安全度汛。

（1）松滋市接防虎东干堤。松滋市紧急调派1万民兵前往公安，防守太平口至黄山头全长90.58千米的虎东干堤。街河市花桥村二组村民刘宏俭连续战斗七天七夜，终因突发脑出血倒在分洪区虎东大堤上，献出了宝贵的生命。从6日接防到22日换防，松滋市万名民兵共查排险情105处，耗用砂石料186立方米，编织袋3420条。

（2）沙市区接防长江干堤、北闸防淤堤。接防后，沙市区指挥部号召民兵学习分洪区人民“舍小家、顾大家”的牺牲精神，坚定不移地完成围堤防守任务。至8月22日撤防，全区共派出 6 个城市民兵营和 5 个乡镇民兵营，防守人员达 15036 人。在 10 多天的时间里共抢大险 4 次，处理各种险情 58 处，开滤水沟 2020 条 11300 米。

（3）荆州区、江陵县和石首市接防荆右干堤。荆州区 6 日 15 时接到命令后，立即通知马山、川店、纪南、八岭山 4 个乡镇民兵突击队 1600 人，分乘 72 辆交通车和 4 辆指挥车赶赴公安县，接防 15.8 千米的荆右干堤，投入巡堤查险。16 时江陵县接到命令后，紧急调集 4300 名基干民兵，自带行李和干粮，于 18 时分别在沙市、郝穴、马家寨 3 个码头集结，20 时赶到公安县荆右干堤黄水套至祁家湾段，接防 40 千米长江干堤。17 时，石首市接到防守公安荆右干堤藕池至黄水套 20 千米堤防任务的命令后，立即从桃花、绣林、焦山河、团山、高陵、高基庙、南口 7 个乡镇和市直调集 2000 多名民兵和 300 名干部乘车赶赴防守堤段，20 时，防守任务全部交接完毕。接防后，对重点险段，组成 400 人的抢险突击队重点把守，每天坚持 4 次拉网式巡查，24 小时不间断坐哨观察，在接防的 17 天时间里，共排除险情 26 处，其中重大险情 1 处，开挖导滤沟长 16000 米。

二、民垸行洪

自长江第三次洪峰后，全流域型大洪水特征日益显露，防汛形势日益险峻。为实现党中央提出的“三个确保”，市委、市政府及时调整抗洪决策，决定牺牲局部，顾全大局。为有利行洪，确保长江干堤安全，对沿江民垸实施破口行洪。8 月 5—9 日，省防指分别向石首市、监利县下达命令，对六合垸、永合垸、张智垸、春风垸、北碾垸、三洲联垸、西洲垸、血防垸实行扒口行洪，行洪造成经济损失 15.56 亿元。此前，洪湖市于 7 月 3 日、7 月 25 日主动将龙口人造湖西垸、龙口大兴垸破口行洪，造成经济损失 5635 万元，其他民垸也视汛情相继扒口行洪。整个汛期，全市沿江外滩民垸由于遭到洪水袭击，公安、石首、监利、洪湖先后有 113 个民垸扒口和漫溃行洪，其中重点民垸 17 处。具体见表 4-7-13。

表 4-7-13　　1998 年荆州市重点民垸溃口分洪表

县（市）	垸名	分洪与溃口	发生时间	面积/km^2	蓄水量/亿 m^3
公安	孟溪大垸	溃口	8 月 7 日	252	14.927
	六合垸	溃口	7 月 24 日	0.45	0.194
石首	张智垸	分洪	8 月 7 日	15	0.567
	永合垸	分洪	8 月 5 日	33	1.155
	天星洲	溃口	7 月 15 日	23.1	0.809
	郑家台	溃口	7 月 17 日	2.4	0.08
	六合垸	分洪	8 月 5 日	16	0.56
	北碾垸	分洪	8 月 5 日	29.2	1.344
	春风垸	分洪	8 月 5 日	3.4	0.119
	复兴洲	溃口	7 月 25 日	2.8	0.098
	新河洲	溃口	7 月 26 日	4	0.164

续表

县（市）	垸名	分洪与溃口	发生时间	面积/km²	蓄水量/亿 m³
监利	新洲垸	分洪	8月5日	34.7	1.875
	三洲垸	分洪	8月9日	186	5.166
	西洲垸	分洪	8月5日	3	0.165
	血防垸	分洪	8月5日	6	0.066
洪湖	人造湖西垸	分洪	7月3日	2.3	0.118
	七家垸	分洪	8月20日	2.6	0.16
合计	17处			615.95	27.567

注 蓄水量采用水利部水文局、长江委水文局《1998年长江暴雨洪水》资料。

（一）石首民垸行洪

六合垸扒口行洪 8月5日13时，武警荆州二支队80名官兵奉命前往六合垸执行扒口行洪任务，荆州市委副书记袁焱舫、荆州军分区副司令员王树华等在场督办。16时30分，武警官兵在六合垸扒口，17时40分通流。扒口时口门宽10米，行洪后口门扩至100米。六合垸面积16.3平方千米，耕地面积8629亩，辖4个行政村、33个村民小组，总人口1399户、7002人。房屋进水5036间，扒口行洪造成直接经济损失1.4亿元。

（1）永合垸扒口行洪。8月5日23时，荆州市委副书记袁焱舫率80名武警官兵，到永合垸南河洲群利闸段实施扒口行洪，因遇群众阻拦而另选址。6日凌晨3时许，扒口通流，口门宽10米。因堤身密实，进水缓慢，后被群众用袋谷堵死。15时，增派干警50名强行扒口，17时进洪，口门宽10米，行洪后口门扩至120米。永合垸总面积32.9平方千米，耕地面积23730亩，辖6个行政村、96个村民小组，总人口2949户、1.8万人。扒口行洪后有10616间房屋进水，造成直接经济损失2.8亿元。

（2）张智垸扒口行洪。8月6日23时，荆州市长江防汛前线指挥部转发省防指《关于石首市张智垸破口行洪的命令》。7日凌晨，石首市江北防汛前线指挥部接令后，立即命令小河口镇作好行洪准备。9时，小河口镇党委书记张家范带领6名公安干警到小河口村三组扒口，遇群众阻止未能实施。8日凌晨1时30分，在张智垸东堤扒口成功，口门宽10米，行洪后口门110米。张智垸为小河口镇中心地带，总面积16.2平方千米，耕地面积12103亩，辖6个行政村、1个居委会、55个组，总人口2400户、1.2万人。扒口行洪后有1.25万间房屋被淹，造成直接经济损失4.4亿元。

（3）春风垸扒口行洪。8月5日15时，在和丰至大公湖连接处扒口。19时挖堤，扒口口门宽10米，6日9时冲开至100余米。春风垸有2个行政村、10个村民小组，总人口430户、2000人，有耕地面积9000亩，房屋1548间。扒口行洪造成直接经济损失3000万元。

（4）北碾垸扒口行洪。8月6日11时，在北碾至芦苇站大沟点靠北100米处，破开柴码头隔堤10米，后行洪口门冲刷至100余米。17时许，隔堤冲开3个口子。北碾垸辖有3个行政村、35个村民小组，总人口2915户、9000人，耕地面积2.1万亩，房屋10494间，扒口行洪造成直接经济损失近亿元。

（二）监利民垸行洪

(1) 三洲联垸扒口行洪。8月9日12时，按照省、市防指命令，由县委常委、宣传部长傅先明，副县长易贤清，带领30名武警官兵、50名公安干警到达万家搭垴，在八姓洲堤段（桩号2+850处）破口行洪，到15时45分，破口15米，深2米。三洲联垸堤长50.56千米，保护长江干堤32.7千米，自然面积186.1平方千米，垸堤高程35.5～37.2米，内有耕地13.51万亩，人口6.32万人。破口时水位38.16米（孙良洲闸水位），扒口行洪造成直接经济损失3.6亿元。

(2) 新洲垸扒口行洪。8月5日15时30分，按照市长江防汛前线指挥部的命令，监利县代县长赵毓清指挥劳力，在容城镇新洲垸堤（桩号2+800处）扒口行洪。新洲垸面积34.1平方千米，垸堤长21.85千米，堤顶高程36.50～37.40米，内有耕地3.14万亩，人口1.16万人。破口时城南水位38.16米，直接经济损失1.2亿元。

(3) 西洲垸扒口行洪。8月5日14时，按照市防指命令，在红城乡西洲垸堤段（桩号2+500处）扒口行洪。西洲垸面积3平方千米，垸堤长6.5千米，堤顶高程36.50米。内有耕地4500亩，人口830人。破口时城南水位37.61米，扒口处最大流量5090立方米每秒，行洪后造成直接经济损失8000万元。西洲垸行洪后，人民大垸农场26.7千米堤防全线挡水。

(4) 血防垸扒口行洪。8月5日14时，监利县上车湾镇党委书记匡进平奉市长江防汛前线指挥部的命令，带队在血防垸堤段（桩号3+400处）扒口行洪。血防垸面积7平方千米，垸堤长7.52千米，堤顶高程36.20米，内有耕地6000亩，人口3000人。破口于16时进行，当时城南水位37.61米，行洪造成直接经济损失600万元。

（三）洪湖民垸行洪

(1) 龙口人造湖西垸破口行洪。7月3日10时45分，长江龙口段水位达31.45米，超过长江干堤外人造湖西垸围堤水位0.54米，围堤全线漫溃。龙口镇长江防指与水利技术人员紧急会商，果断作出破口行洪决定。垸内3100余亩农作物和169亩鱼池被淹，1927间房屋进水，宝塔村小学教学楼受损；柴民、宝塔两村共219户、1230人全部被安全转移到长江干堤上临时搭建的简易帐篷内。此次破口蓄洪直接经济损失435万元。

(2) 龙口大兴垸破口行洪。7月25日14时30分，长江龙口段水位升至32.24米，超过大兴垸围堤保证水位0.74米。为确保长江大堤安全，荆州市长江防指命令大兴垸实施破口行洪。大兴垸面积2800余亩，垸内居民1080户、4130人，有6家工业企业，精养鱼池面积600亩，蔬菜面积320亩，行洪造成直接经济损失5200万元。垸内的镇自来水厂被淹后，给该镇2万余人的饮用水带来困难。破口蓄洪前夜，龙口镇紧急组织机关干部和公安干警400余人，动用机动车20余辆，冒雨将垸内群众全部转移到镇直3个学校和镇党校里，并对灾民生活作妥善安排。

三、溃口

8月7日，公安县孟溪大垸虎右支堤严家台溃口，致使3个乡镇（孟家溪镇、章田寺乡、甘家厂乡)、4个场(黄山林场、星火原种场、港关果园、淤泥湖渔场)、76个行政村、789个村民小组、12万人口,18.85万亩耕地受灾。凌晨1时20分,荆州市长江防汛前线指挥部接到孟溪溃口报告,副指挥长谢作达及公安县主要负责人40分钟赶到现场,开展大营救,同时成立孟溪大垸救灾转移安置前线指挥部。1时35分,正在监利视察防汛的国务院副总理温家宝得知孟溪溃口情况后,向市委书记刘克毅指示:"现在我们已经是后退无路了,我们一定要背水一战。荆州有什么困难,中央全部满足你们,需要多少给多少,现在赶快去救人。"省委书记贾志杰、省长蒋祝平也当即指示:"立刻救人救命。"市委书记刘克毅、市长王平立即从监利出发,在市长江防汛前线指挥部部署救援后,火速赶到溃口现场。2时25分,副省长、省防指副指挥长王生铁给荆州市委副书记童水清打电话,提出救援的意见,并决定飞机空投救生衣,调船只和冲锋舟营救。

在中央和省、市的指挥下,公安县迅速展开孟溪大营救。81名县直部门主任、局长,160余名县、乡镇干部统一行动,迅速组织指挥垸内群众就近向山岗高地转移;组织当地干部和县、乡镇下派包村防汛的国家干部,定村组、定责任,动员受困群众抢扎木排保护自救,救助他人;请求部队从速援救;就近组织船舶援救。荆州市委书记刘克毅、市长王平、市委副书记谢作达和军分区副司令员邱泽盛,亲自参加大营救。他们发现虎渡河上有一艘铁驳船,便立刻与民工和部队官兵一道,将船拖到垸内救人。接着,又紧急指示孟溪大垸两侧乡镇调集船只,就近下水救人。公安县也从虎渡河下游及沿河地区组织30艘船只投入营救。

凌晨6时许,3架直升机满载15500件救生衣和食品,飞抵孟溪大垸上空,投向被洪水围困在屋顶、树干、岗坡上的群众。同一时刻,素有"水上劲旅"之称的广州军区舟桥某部1100名官兵,携带110艘冲锋舟,分乘数十辆军车从武汉、黄石、嘉鱼等地火速赶到孟溪,开展大规模的救援。附近乡镇调集船只,就近下水救人。公安县也从虎渡河下游及沿河地区组织30艘船只投入营救。至9日止,受灾群众全部脱离危险。

为了救助灾民,8月7日上午,市长江防汛前线指挥部向灾区运送馒头4000份、快餐面86410件、饼干1830件、大米244吨、食油13300千克、食盐1000千克。此后,又向灾区调运纯净饮水23900件、明矾1000千克;在斗湖堤和南平组织医疗队8支(43人),巡回为灾民查病治病,并开展防疫工作。

孟溪大垸溃口后,省、市领导多次到灾区慰问,指导救灾,提出对灾民安置要做到有饭吃、有衣穿、有水喝、有棚子住、有病能就医;不挨饿、不受冻、不病死人、不使学生辍学、不集体外流。

这次孟溪溃口,除孟溪大垸内山岗围堤被抢住,小虎西预备分洪区93平方千米幸免水淹外,孟溪垸内一片汪洋,造成12万余人无家可归,死亡2人,失踪2人。农田、鱼池被淹,公路、桥梁和水利设施被毁,机关、学校和企事业单位各类设施受损,财产损失达32.9亿元。

第九节 抗 灾 救 灾

1998年,荆州市8县(市、区)共有131个乡镇(农场、办事处)、2906个村、

390.06 万人受灾，因灾死亡 133 人，受灾农田 507.57 万亩，损毁鱼池 55.31 万亩，具体见表4－7－14、表 4－7－15 和表 4－7－16。

表 4－7－14　　1998 年荆州市灾害损失统计表

县别	受灾范围				成灾人口/万人				被水围困		转移灾民/万人	人员伤亡/人		死亡大牲畜/头
	镇乡场办	村/个	房屋/万户	人口/万人	合计	轻灾民	重灾民	特重灾民	村/个	人口/万人		死	伤病	
合计	131	2906	88.65	390.06	222	92.9	64.6	64.5	347	39.9	75.04	133	52000	13300
松滋市	21	451	17.27	76	22	12	5.5	4.5	17	2.02	1.48	6	1900	200
荆州区	7	144	1.97	8.4	4.6	2.5	1.1	1	10	0.44	0.26		600	
沙市区	1	3	0.1	0.4	0.1		0.1					2	400	
江陵县	9	205	4.36	18	8.1	4.8	1.8	1.5	5	0.27	0.27	5	1100	
公安县	21	247	17.9	79	68.9	31.1	14.9	22.9	100	16.75	48.3	99	13000	11800
石首市	16	235	9.01	39.63	28	2.25	13.1	12.65	80	6.69	11		9000	100
监利县	24	733	21.09	93.43	53	23.55	15.8	13.65	84	10.18	10.18	14	19000	100
洪湖市	24	488	14.5	64	34	14	12	8	34	3.24	3.24	7	7000	1000
农场	8	400	2.45	11.2	3.3	2.7	0.3	0.3	17	0.31	0.31			100

注　统计数据截止时间为 1998 年 8 月 30 日，由荆州市救灾办公室提供。

公安县、监利县、石首市、洪湖市、松滋市 5 个县（市）的灾情尤为严重，全市直接经济损失 173.2 亿元，特大灾害发生后，市、县（区）、乡镇层层建立救灾专班，全市抽调党政机关干部 1500 人，组成 210 个救灾工作组进驻灾区指导救灾，对灾民口粮供应到 1999 年新粮上市为止。

8 月 23 日，荆州市委决定成立生活救灾指挥部和生产救灾指挥部，生产救灾指挥部下设农业生产指挥部和工业生产指挥部。9 月 30 日前，全市紧急下拨生活救灾款 5100 万元，市、县、乡安排 500 万元和大量物资救济灾民，动员社会力量全力支援灾区。对救灾物款的发放和使用，实行严格的管理、审计，使救灾款物直接拨到灾区、发到灾民手中。同时开展多种形式的赈灾捐赠活动。据统计，1998 年 8 月至 1999 年 4 月，全市接收救灾款 3.98 亿元，接收捐赠物资折款 1.2 亿元，减免各种学费 5000 万元。

汛后，市委、市政府对倒塌房屋的 11.74 万户灾民，实行分类指导，从资金、建材、质量、规划 4 个环节帮助灾民建设住房。1998 年底，全市恢复住房 10.5 万户、32 万间，占倒塌房屋的 90%以上。春节前，灾民全部迁入新居。

全市财贸系统抗洪救灾损失 20.7 亿元，其中，财产损失 16.6 亿元，投入抢险费用 2399.5 万元，停产损失 54 亿元。

全市受灾学校 1181 所，其中，严重受灾 400 所，共倒塌校舍 38 万平方米，形成危房 63 万平方米，损坏教学设备价值 4216 万元，直接经济损失 8.4 亿元。

1998 年 8 月至 1999 年 5 月，全市共接受救灾资金 39875.77 万元，其中，省拨款 17100 万元，捐赠款 7920 万元，移民建镇资金 12597 万元，接受捐赠物折款 1.2 亿元。这些资金和捐赠物资全部安排到灾区，送到灾民手中。

表 4-7-15

1998 年荆州市农业灾害情况统计表

县别	农作物灾情/万亩																		毁坏耕地/亩	渔业损失/万亩	
	受灾面积						成灾面积						基本无收							受灾面积	其中精养鱼池面积
	总数	作物分类					总数	作物分类					总数	作物分类							
		早稻	中稻	晚稻	棉花	其他		早稻	中稻	晚稻	棉花	其他		早稻	中稻	晚稻	棉花	其他			
合计	507.57	12.85	144.86	145.97	127.03	76.86	360	4.87	1001	96.52	95.39	64.56	150.8	2.5	39.85	49.78	31.22	27.45	894705	55.31	22.65
松滋市	68.8		9.6	26.9	20	12.3	52.6		8	18.7	14	11.9	16.53		4	5.9	4.2	243	32959	4.5	0.86
荆州区	18.87		3.37	1.45	5.74	8.31	11.4		2.38	1.45	5.1	2.47	3.95		0.7	0.9	0.8	1.55	59000	1.53	0.43
沙市区	0.12					0.12	0.12					0.12									
江陵县	61.7	1.8	3.14	6.3	15.7	6.5	21	0.8	10.7	0.6	8.1	0.8	4.16		2.5		1.16	0.5	36600		
公安县	81.7		14.5	35	24.5	7.7	65		13	27	12	13	31		2.8	18.4	6.8	3	228983	6.7	1.26
石首市	60	4.55	10.89	20.82	13.36	20.38	45	2.57	5.1	15.6	10.84	10.89	28.7	1.5	4.63	6.25	9.97	6.35	137150	14.23	3.2
监利县	134.08		48.5	47.5	20.61	17.47	108		40.5	32.17	22.43	12.9	45.36		14.62	16.33	5.69	8.72	358050	8.05	2.5
洪湖市	47	6.5	21.5	7	7.92	4.08	36	1.5	15.5		10	9	16	1	8.5	2		4.5	61113	20.3	14.4
农场	35.3		5.1	1	19.2	10	20.88		4.2	1	12.2	3.48	5.1		2.1		2.6	0.4	33950		

注　统计数据截止时间为 1998 年 8 月 30 日，由荆州市救灾办公室提供。

表 4-7-16

1998 年荆州市重灾乡镇情况统计表

乡镇	基本情况					被水围困/万人	紧急转移/万人	其中				暂居住在大堤上的人/万人	尚未转移人口/万人	人员伤亡			房屋倒塌	
	村/个	组/个	万户	万人	耕地/万亩			分散安置/万人	投亲靠友/万人	搭棚				死/人	伤病/人	重伤住院/人	倒塌房屋/万间	损坏房屋/万间
										个数	人数/万人							
合计	138	1304	5.584	25.61	48.49	24.479	24.121	10.543	5.8588	15843	7.72	7.623	0.4101	19	46730		19.874	5.03
孟家溪镇	22	234	1.3	5.12	5.79	5.12	5.12	1.28	1.64	5280	2.2	2.2		2	11200		3.84	1.22
章田寺乡	24	261	1.088	5.09	6.91	4.28	4.28	1.021	0.6188	3718	1.64	1.58			13000		3.96	1.19
甘家厂乡	25	264	1.01	4.57	6.04	4.25	4.25	1.27	0.28	4000	2.7	2.7			15000		3.16	1.24
小河口镇	25	210	0.96	4.726	10	4.726	4.626	3.826	0.8				0.1	6	5720	28	3.8	0.85
三洲镇	31	279	0.958	4.787	12.85	4.787	4.558	1.508	1.95	2710	1.1	1.1	0.2818	7	1340	99	4.2	0.43
容城新洲区	11	56	0.268	1.316	6.9	1.316	1.287	0.637	0.57	135	0.08	0.043	0.0283	4	470	47	0.914	0.1

注　统计数据截止时间为 1998 年 8 月 30 日，由荆州市救灾办公室提供。

第十节 防汛斗争的主要经验教训

1998年防洪斗争取得了伟大的胜利。在这场波澜壮阔、艰苦卓绝的抗洪斗争中，积累了丰富的经验教训。最根本的一点就是现有的江河堤防，并不具备防御1998年大洪水的能力，有的堤防距防御这种水位的标准相差甚远，但是，经过努力，经过拼搏，保证了安全度汛。

1998年的抗洪斗争，是在党中央、国务院和湖北省委、省政府的直接领导下进行的。抗洪斗争的重大决策都是由党中央、国务院作出并指挥实施的。如明确提出，确保长江大堤安全，确保重要城市安全，确保人民生命安全。“三个确保”指明了防汛斗争的目标；党中央在长江防汛的紧要关头，作出了《关于长江抗洪抢险工作的决定》，对抗洪工作进行全面部署；大规模调动人民解放军投入防汛抢险，成为防汛抗洪的中流砥柱；上下游、左右岸协调一致，科学调度洪水；不运用荆江分洪区等。

一、主要经验

汛前准备比较充分，防大汛、抢大险的思想明确；统一指挥，决策正确，能根据水情变化调整部署；军民联防，团结抗洪，特别是军队舍生忘死，敢打敢拼，成为抗洪抢险的中坚力量；全国支援，全民抗洪；后勤保障有力；水雨情报及时准确；认真巡堤查险，有一整套具体措施；认真抢险、守险；严格的纪律、严密的组织。

二、主要教训

（1）麻痹大意，不认真巡堤查险，部分堤段不认真守险。这个问题在1998年的抗洪斗争中，有的地方仍然存在，造成了重大损失。如公安孟溪大垸严家台溃口事故是可以防止的，严家台溃口是防守不力造成的。防守麻痹大意，管涌险情是一中学生发现的，并未引起重视，只提醒注意观测，对险情处置的方法有错误，没有认真守险，险情变化了没有采取措施。

又如洪湖七家垸长江干堤子堤漫溃险情是不应该发生的。对是否主动放弃七家垸的问题，决策过于保守，犹豫不决。漫溃的这一段干堤，比两头的干堤堤顶低0.3～0.4米，是一马鞍形，在加筑子埂时仍像两头的干堤一样，只加高0.5米，子埂也是一个马鞍形，实际这段堤还是比两头的堤顶低了0.3～0.4米，而且子埂标准低。技术人员却没有发现这个问题，如果把这段低矮的子埂加固至两头的干堤一样高，漫溃险情就不会发生。这说明我们的工作不细，粗枝大叶。即使是徒步检查，如不十分认真，不善于发现问题，只是走马观花，问题依然存在。已经得到当日傍晚有雷雨大风的预报，却没有做好防风浪的各种准备。这些暴露了抢险工作的一些问题。预案中讲的险工险段都要配备一定数量的木工、水手和抢险器材，却没有很好的落实。险情发生后，没有编织袋，而附近的燕窝（距七家6千米）点上存有几万条编织袋，当时怎么就没有人知道？却要从60多千米远的新堤调运。由于现场没有铁锹、编织袋、锯子和斧头，几百名武警官兵束手无策，只能手挽手站在水中，用身体挡住部分水流。出险时，防守的民工都跑了，只有少数干部守在险地。七家干堤漫溃险情暴露了我们在应付非常事件时缺乏应变的能力。不怕一万，就怕万一，“许多个小小的巧合加在一起，就可能是一场巨大的灾祸。不要轻视任何一个小小的环节，因为那很可能就是最后引发爆炸的那颗火星。”所幸这段干堤堤身土质以黏土为主，填筑质量比较好，堤内坡草皮完好，才经得起短时间的冲刷。由于武警、解放军官兵和干部民工的殊死拼搏，才免于溃口。此次教训是十分深刻的。

（2）要普及和提高抢险知识，尤其是专业干部。1998 年汛期有的地方判断险情错误，导致抢护方法错误，越抢越险。这是指导抢险的技术人员水平不高造成的。要不断普及和提高抢险知识，尤其是对管涌险情的抢护知识。要避免在重大险情的抢护方面不发生误判，不出现抢护方法的错误。同时要从思想认识上切实解决好守险的重要性。技术人员对判断和处理险情要负责任。

（3）防汛抢险要提倡节省，反对浪费。不能以防汛是天大的事，要不惜一切代价为借口，浪费财物，不能讲浪费是情有可原。1998 年汛期耗用编织袋 9000 多万条，有一部分浪费了。耗用砂石料 30 多万立方米，也有一部分浪费了。特别是三峡工地送来的经过筛分了的瓜米石，是开沟导滤和抢护管涌险情的好材料，有的地方拿去垫路，实在是太可惜了。

（4）要爱惜兵力。人民解放军、武警部队参加防汛抢险，对夺取防汛斗争的胜利起到了至关重要的作用。但是，有的地方不爱惜兵力，不管大险小险，都要部队参加抢险，打疲劳战。他们的主要任务是抢护重大险情和处理突发事件。他们是一个特殊群体，特殊就特殊在遇到危难险重任务时，能冲上前去，能舍生忘死，能迅速稳定局面，成为中流砥柱。不能把他们当做防守劳力来使用，要让他们得到适当的休整。

第八章　典型干旱年与抗旱

荆州既是洪涝灾害频发地区，也是干旱经常发生的地区，年降雨量若在1000毫米以下，则出现局部旱灾；年降雨量在700毫米以下，则出现大部分地区较严重的干旱。据资料统计，影响较大的旱灾季节有春旱、夏旱、秋旱、伏秋旱等类型。春旱，发生在3—5月，为小麦等夏粮作物主要生长需水期，灾害损失以夏粮及经济作物为主。夏旱发生在6—8月，以7月、8月伏旱危害更大，为水稻及棉油生长需水期。秋旱（或伏秋旱）发生于9—11月，以9月、10月危害最重，以晚稻和晚秋作物需水较大。荆州常有伏旱和秋旱交替发生，伏秋旱频率仅次于夏旱。此类干旱对中晚稻减产影响较大。

新中国成立前，由于水利设施简陋，如遇大面积降雨少，河湖干涸，造成全局性干旱，其危害程度相当大。新中国成立后，干旱造成严重灾害的是1959—1961年3年连续干旱，其次是1972年、1978年、1988年和2011年的大旱年，给荆州工农业生产和人畜饮水带来极大困难。

第一节　1928年干旱

是年，荆州大旱，范围涉及江陵、石首、监利、天门、荆门、京山、钟祥、松滋、潜江等县。入春以后，江陵、石首久旱不雨，已植禾苗“胥成枯槁，井塘干涸，湖泊飞灰”；松滋“插秧仅二成，秋粮无望，饿死及外逃者不计其数”；钟祥、京山两县农作物减产八成。天门县河干塘涸，水田改种旱稼；荆门县从清明末至处暑无透雨，全县普遍大旱，内荆河流域湖泊全部干涸，长湖可涉足而过，湖底种上芝麻、棉花、粟谷略有收成，水田全部无收。湖区人民以陈菱、蚌壳果腹。山丘区塘干堰涸、河港断流，大部分农户未开“秧门”，冲田里也只得种些高粱、黍谷之类。是年大旱，不仅庄稼无收，人民生活无着，连人畜饮水也十分困难。受旱严重的监利县监北、监中地区迭遇奇旱，“秋收未登一粒，室家空如磬悬，赤地数百里，憔悴三十万家，糠秕已尽，斤菜数倍价，草木无芽”。江陵岑河一带大旱，老百姓束手无策，只得用两顶轿子分别抬着狗爷爷、狗奶奶（湖北荆江一带求雨的民俗）游乡，乞求降雨，仍无济于事，农村到处呈现凄凉悲惨景象。

第二节　1959—1961年三年干旱与抗旱

1959—1961年，荆州地区连续三年遭受干旱，特别是1959年，干旱时间长、范围广、损失最重，史称三年大旱。

1. 1959年干旱

1959年的干旱主要发生在7、8两月。从7月开始，从丘陵到平原有60多天没有下透雨，夏秋连旱，多数县7月份无雨，部分县8月份无雨或雨不压灰。江陵县7、8两月降雨量58.7毫米，比多年同期降雨量少81%；监利降雨量60.9毫米，比多年同期降雨量少80%；洪湖降22.9毫米，比多年同期降雨量少93%；潜江降雨量24.3毫米，比多年同期降雨量少92%；荆门降雨量137.9毫米，比多年同期降雨量少55%；沔阳降雨量16.0毫米，比多年同期降雨量少92.5%；松滋降雨量30.7毫米，比多年同期降雨量少89%；公安降雨量38.0毫米，比多年同期降雨量少83%；石首降雨量52.6毫米，比多年同期降雨量少73%；钟祥降雨量38.0毫米，比多年同期降雨量少86%；京山降雨量68.3毫米，比多年同期降雨量少79%，见表4-8-1。由于7、8两月降雨量少，荆州地区大部分塘堰、湖泊、沟渠干涸，加上南风大，气温高，蒸发量大，全区各县（市）普遍受旱，丘陵、山区人畜饮水困难。7、8两月正是农作物需水灌溉的关键时刻，正值中稻打苞、抽穗，棉花开始结桃，苞谷和其他夏粮抽穗之时，干旱给农作物造成了严重危害。7月中旬，受旱面积达300多万亩，最多发展到770.85万亩。

表4-8-1　　1959年各县降雨情况表　　单位：mm

县别	全年雨量	5月	6月	7月	8月	9月
松滋	1137.4	233.4	144.8	6.5	24.2	58.2
公安	1121.9	218.6	140.3	20.5	17.5	50.4
石首	1321.0	175.7	196.2	9.6	43.2	63.4
江陵	1273.8	316.2	195.1	0.6	58.1	57.1
监利	1294.5	161.5	191.9	6.0	54.9	55.8
洪湖	1250.3	205.3	184.8	8.1	13.8	44.9
潜江	1263.3	278.8	184.9	0.5	23.8	60.1
沔阳	1321.1	190.1	259.8	0.4	15.6	72.7
天门	1116.5	210.6	164.3	1.5	18.5	51.1
荆门	871.4	135.6	207.8	31.1	106.8	50.4
钟祥	915.6	140.5	96.6	25.0	13.0	61.7
京山	1126.6	203.0	301.2	1.0	67.3	43.3

旱情一露头，荆州地委、专署及时作出部署，组织群众大搞工程配套，广找水源，在丘陵山区开新沟、疏老沟98811条，拦河打坝15813处，挖泉打井18402处，扩挖水库渠道完成土石方57万立方米；平原湖区引内河湖、塘、沟渠灌田334.3万亩，开启涵闸（利用沿江排水闸引水）灌田168万亩。全区组织人力水车28万部，抽水机1028台。经上级批准，在干支堤上开挖明口，引江水抗旱。监利县荆江大堤一弓堤、窑湾，长江干堤钟家月、北王家，东荆河堤付家湾、天井剅、刘家拐、北口等开挖明口8处；石首在长江干堤大剅口挖明口；潜江9月18日在汉江干堤兴隆镇、红庙两处，东荆河堤舒家月、汪家剅、沙月子、邓家月等开挖明口6处；天门县9月19日在汉江遥堤桩号273+400处开挖明口，引汉江水灌田。全区通过开挖明口引水灌田470万亩。

9月1日，为引汉江水抗旱，决定在汉江拦河打坝。动员潜江、沔阳两县劳力2万人，由洪湖、监利、天门等县筹集打坝材料，坝址选择泽口闸下游50米处，连续奋战13昼夜，筑成长160米的拦河坝，壅高水位0.2米，但因河床冲深未能合龙，又逢汉江上游稍涨，24日，放弃堵坝。全区人民经过两个多月的紧张战斗，终因旱情严重，水源缺乏，最后仍有540万亩农田受灾，其中有345万亩绝收，粮、棉、油大幅度减产，当年全区粮食总产19.46亿千克，比1958年减产7.9亿千克（粮食播种面积1514万亩，单产128千克，比1958年减产23千克）；棉花总产10.95亿千克，比1958年减产0.38亿千克；油料总产0.45亿千克，比1958年减产0.34亿千克。

1959年大多数县先涝后旱，像四湖地区1—5月降雨量偏多，部分地区出现内涝灾害。4月15日，荆州地委在监利县余家埠召开有关县负责人排渍战地会，强调搞好排渍工作。从4月中旬到5月中旬有一个月的时间，各地主要精力都集中在排渍。由于当时各县都在大兴农田水利，旧的水系破坏了，新的水系尚未完全建立，排水不畅，一部分农田受涝成灾（苗脚田、大麦、小麦、蚕豆、油菜、棉花），加重了当年的灾情。

2. 1960年干旱

1960年是荆州持续干旱的第二年。大多数地区为秋旱，8月份降雨极少，几乎全月无雨，监利降雨量仅2.2毫米，松滋降雨量28.4毫米，公安降雨量7.9毫米，潜江降雨量11.3毫米。具体见表4-8-2。8月2日统计，全区水稻受旱面积200万亩，到8月中旬发展到432万亩。由于已建水库和引水涵闸渠系工程不配套，灌田困难。荆州地委于8月21日发出“关于积极搬大水，作长期抗旱准备的指示”，采取措施如下。

表4-8-2　1960年各县降雨情况表　　单位：mm

县别	全年降雨量	5月	6月	7月	8月	9月
松滋	1129.9	109.5	240.9	231.4	8.4	80.8
公安	929.8	130.4	151.9	161.3	7.9	61.5
石首	974.6	177.0	159.0	150.1	0	56.4
江陵	1122.1	160.8	184.2	210.9	84.3	63.9
监利	1147.4	227.4	276.2	95.0	2.2	64.5
洪湖	1125.0	219.4	217.6	114.8	20.4	62.7
潜江	983.2	189.6	203.1	112.9	11.3	55.3
沔阳	978.6	185.1	174.6	88.4	26.0	66.6
天门	1097.4	168.7	283.6	110.2	14.6	97.8
荆门	955.7	89.1	245.3	108.0	32.2	72.6
钟祥	981.5	140.4	314.4	111.1	22.9	74.6
京山	1179.3	75.8	421.6	184.0	36.3	108.1

（1）在平原湖区充分发挥观音寺、西门渊、泽口、罗汉寺等引水闸的作用，在各干、支渠尾水堵坝抬高水位，多灌农田，同时防止尾水入湖。

（2）在丘陵山区要抢挖水库渠道，大搞成龙配套；原有的渠道全面检查维修，保证通水、扩大灌田面积。

（3）水库、涵闸渠道配套工程要分工砍段，包干负责，突击完成，为抗旱急需用水，先以通水为原则，抢挖经济断面。

（4）对水利工程要加强管理，分级负责，确保安全，计划用水，节约用水。

在8月份旱情最紧张的时刻，经批准，沿长江干支民堤开挖明口引水抗旱107处，在东荆河葫芦坝、长河口两处拦河打坝抬高水位引水。

1959年汛后，沿江汉干堤修建了一批引水涵闸，主要有天门罗汉寺、汉江泽口闸、江陵观音寺、监利城南等涵闸，增强了抗旱能力，但因渠系未完成配套工程，不能按设计充分发挥效益，大多数地区的抗旱能力同1959年相比，并无明显的增强。1960年受旱成灾面积比1959年有所减少，但农业生产仍然遭受了重大损失。同1959年比，粮食减产2.09亿千克（粮食播种面积1833.7万亩，单产95千克），棉花减产45534吨，油料减产17195吨。

3. 1961年干旱

1961年是1959年、1960年连续两年干旱后的第三个干旱年。1961年冬，雨雪偏少，以致塘堰水库干涸，沟港断流。自6月上旬进入梅雨期到6月中旬结束，梅雨量比正常年偏少30%以上，大部分地方没有下过透雨。石首、江陵、监利、洪湖、潜江等县，7、8两月降雨偏少（表4-8-3）。农作物不同程度受旱，丘陵山区人畜饮水困难。

表4-8-3　　1961年各县降雨情况表　　单位：mm

县别	全年降雨量	5月	6月	7月	8月	9月
松滋	1244.8	95.7	138.7	120.4	157.4	145.3
公安	1185.8	197.4	108.1	50.2	105.0	126.6
石首	1019.2	119.2	82.8	11.4	33.1	75.3
江陵	901.0	92.1	63.8	53.2	70.5	191.8
监利	1118.2	159.9	82.8	16.1	66.9	93.0
洪湖	1302.4	161.5	186.3	40.6	70.1	129.5
潜江	959.4	76.0	160.0	39.0	120.9	107.9
沔阳	1087.8	124.1	240.3	49.6	108.2	74.6
天门	878.3	56.6	139.3	83.7	119.4	93.0
荆门	915.3	73.9	80.9	114.7	184.0	146.0
钟祥	896.1	58.8	48.6	118.3	107.7	179.1
京山	925.3	37.8	79.6	194.8	113.3	139.8

荆州地委坚持长期抗旱的指导思想，领导全区干部、群众大力抗旱，对已建工程进一步大搞成龙配套，引水灌田，使其充分发挥作用。这一年漳河水库开始发挥效益，灌溉荆门、当阳两县农田5万亩；浰水水库灌田4万亩；惠亭水库灌田0.4万亩；各县沿江兴建了一批灌溉涵闸，抗旱机电设施明显增加。引水能力明显增强。天门、荆门、钟祥、京山等县7、8两月的降雨量明显多于1959年、1960年同期的雨量，且接近正常年的平均雨

量，受旱成灾面积减少。1961年粮食产量比1960年增产0.8亿千克（粮食播种面积2107.55万亩，单产85千克），棉花增产14301吨，油料增产15238吨。粮、棉、油的产量仍低于1959的水平。

连续三年干旱，给农业生产造成了重大损失，史称为“三年困难时期”，造成干旱的主要原因是降雨时空分布不匀。从全年降雨看，这三年大多数县年降雨量尚属正常年，只有少数县年降雨量略偏少。但7、8两月降雨量特别少，有的县7月或8月滴雨未下，这是造成旱灾的主要原因。另一方面是灌溉设施落后，干支堤上没有修建引水涵闸，外江有水引不进来（7—8月长江、汉江均有水可引），抗旱水源得不到补充；丘陵山区缺少水库、塘堰，降雨不能拦蓄；机械、电力设备甚少，不能搬大水抗旱，抗旱工具以人力水车为主，这是造成旱灾的重要原因。

第三节 1972年大旱与抗旱

1972年荆州地区降雨量较正常年偏少，荆门、钟祥、天门、京山4县年降雨量均在1000毫米以下。1—8月各地的降雨量，一般比历年同期偏少20%～40%，荆门县偏少50%，见表4-8-4。丘陵山区从春耕到秋收，连续干旱100多天。8月底大部分水库、塘堰干涸。荆门21个百万立方米以上的中小型水库，除少数还有一点底水外，大部分抽干，7.2万口大小塘堰抽干3.7万口。漳河水库1—8月总来水量仅1.5亿立方米，比建库以来历年同期平均来水量少72%，总干渠、二干渠断流。其他大、中型水库的来水量都偏少30%以上。平原湖区6—8月降雨偏少，连续干旱两个多月，江陵县7、8两月共降雨11.9毫米。据水文资料分析，除沔阳县外，各县为30～40年一遇的大旱，荆门县为100年一遇的大旱。全区受旱面积达741.11万亩。

表4-8-4　　1972年各县降雨情况表　　单位：mm

县别	全年雨量	6月	7月	8月	9月
松滋	1110.1	96.1	20.6	16.4	198.6
公安	1138.3	105.6	39.7	3.1	184.2
石首	1023.8	84.0	33.0	2.4	61.7
江陵	1030.7	105.6	26.9	2.8	93.2
监利	1074.6	98.3	38.0	8.4	69.2
洪湖	1225.3	121.4	41.4	10.5	68.3
天门	980.6	127.4	13.7	27.6	76.9
沔阳	1147.5	64.2	42.5	19.7	39.7
潜江	1102.5	97.8	20.1	62.2	109.0
荆门	664.7	57.5	11.2	56.8	69.4
钟祥	719.1	39.9	10.9	13.4	68.3
京山	944.0	127.4	52.5	2.3	86.5

由于20多年的水利建设，全区蓄水、引水工程有了一定的基础。各类水利工程在抗旱斗争中发挥了重要作用。在抗旱中，开启沿江、沿河灌溉闸178座，引进水量46.8亿立方米；有78座水库放水，输送水量12.35亿立方米；组织抽水机械38228台54.75万马力；开引水沟渠39811条，打土井64个，筑挡坝6007处，挖泉眼123个，掏沙窝2433处，筑机台15546处，搭天桥1074处，总共完成土方761.7万立方米，还出动龙骨水车69496部。在活水断绝的关键时刻，为了提取漳河死水抗旱，在烟墩等地架起抽水机411台1.345万马力，共抽死水5.12亿立方米。经过各种措施全力抗旱，秋后全区粮食总产达到36.25亿千克，比上年增产0.65亿千克。

第四节　1978年大旱与抗旱

1978年，荆州遭遇严重的干旱。其特点主要有四方面。一是干旱时间长。从早稻育秧开始，持续近200天未下透雨，春旱连夏旱，伏旱连秋旱，有的县全年皆旱。二是雨量少，气温高。年降雨量少于800毫米的有公安、江陵、荆门、钟祥、京山五县，全区1—8月的总降雨量只有587毫米，比正常年少300毫米，见表4-8-5。田间温度超过42℃，日蒸发量高达14.4毫米。三是江河水位低，水库底水空。4月18日长江水位比颜家台闸闸底低0.88米。春夏之交，汉江也出现了1916年以来同期最低水位，全区沿江涵闸167座，设计引水流量1500立方米每秒，4月只有3座闸可引流量45立方米每秒；92条大小河流在春播时就断流的有59条；639座大、小水库，正常蓄水能力为53.30亿立方米，其中有效水量28.7亿立方米，因冬春雨雪少，到春播前夕总蓄水量只有25亿立方米，有效蓄水量11.75亿立方米，比正常蓄水能力少一半还多。四是受旱面积大。日需水面积长期是1000多万亩。不仅丘陵山区受旱，平原湖区也是长时间无雨，水稻、棉花、杂粮都受旱。

表4-8-5　　1978年各县降雨情况表　　单位：mm

县　别	全年降雨量	6月	7月	8月	9月
松滋	806.7	143.2	34.0	57.0	19.6
公安	799.1	132.2	20.0	44.4	46.0
石首	884.4	152.9	19.1	81.5	29.4
江陵	771.7	159.0	3.6	109.6	27.6
监利	908.5	145.0	3.0	69.5	42.3
洪湖	1089.5	210.8	15.9	67.9	42.2
天门	800.6	128.9	6.8	63.5	95.0
沔阳	934.3	223.4	13.7	10.2	30.2
潜江	942.5	120.6	3.5	112.1	113.7
荆门	726.6	123.1	88.4	88.1	27.4
钟祥	785.1	153.6	141.6	67.0	51.6
京山	652.1	173.8	23.1	51.6	65.5

荆州地委早在4月20日就根据省委的指示精神，向全区人民发出了“关于打好抗旱夺丰收人民战争的紧急动员令”，强调以抗旱为中心，各行各业总动员，全力以赴，抗旱夺丰收，采取了以下具体措施。

（1）利用126座沿江涵闸引水，占建成涵闸座数的90%多，引水流量达940立方米每秒，引进水量43.3亿立方米；水库自流放水10.9亿立方米，小型水利设施供水2亿立方米。

（2）组织机械把放不进来的江河水和水库的死水搬进（出）来灌田。全区地、县、社三级组织搬水的机械有38900余台，91万匹马力；电动机1688台、7万千瓦，共搬进（出）水量30.5亿立方米。漳河水库从4月1日起，就开始安装机械抽死水，共安装柴油机、电动机近300台，其中，柴油机100台10500马力，电动机197台14700千瓦，总流量56立方米每秒，搬水179天，共搬出死水4.45亿立方米，使全灌区200多万亩农田获得丰收，全灌区粮食总产达到8.75亿千克，比1977年增产3.35万千克。

（3）在水源条件差的高岗死角，发动群众，采取各种办法，集中分散的小水为大水，能灌一亩算一亩，全区投入抗旱劳力103万人，打土井2685个，挖泉眼、掏沙窝2320个，打坝档2390处，新挖渠道2845条，完成土石方2500万立方米，动用水车44000部，水桶25000担，脸盆83400个。有的地方以“千里百担一亩田”的精神，挑水5千米，提水二十级，抢救黄粮。如荆门县栗溪公社红星一队，有八亩五分田断了水源，队里组织80人，从2千米路以外挑水，一人一天12担，一天往返近50千米；京山县厂河公社高栈大队三、四小队，从百马泉将水提到麻雀岭，翻水十二级，相距5千米，连续25天，灌150亩中稻。

（4）发扬风格，协作抗旱，互相支援，团结抗旱。天门县罗汉寺引水闸放水100多个流量，为了支援外区和农场水源，天门县主动少用水。漳河水库死水越抽越少，最后为了保上游荆门100万亩中稻丰收，下游钟祥、江陵两县放弃抽漳河死水的机会，自己分别从汉江、长江提水解决水源，江陵县反从长江的提水中支援荆门5千米铺1立方米每秒的水源抗旱。

（5）各行各业支援抗旱。从抗旱开始，荆州地委就强调各行各业要围绕抗旱这个中心来安排自己的工作，并要为抗旱作出贡献。因而驻荆的中央、省属厂矿企业，主动支援荆州区电机70台8579千瓦，柴油机9台640马力，变压器29台39540千伏安，轴承7282套，各种型号的水泵59台，电杆110根，木料40立方，钢材4.5吨，以及其他各种零件30000多件。全区财贸战线除积极组织抗旱物资外，千方百计筹集抗旱资金。全区银行系统共贷款4943万元，地方财政垫支860万元；工业部门组织精干的修理队伍深入抗旱一线抢修机械，还拿出抗旱物资和设备支援抗旱。全区从4月1日开始到9月15日止，持续抗旱168天，总共引水、放水、提水95.2亿立方米，其中，水库自流放水10.1亿立方米，提死水8.47亿立方米，涵闸引水43.3亿立方米，电机提水18.8亿立方米，机械提水11.7亿立方米，小型工程和其他措施供水2亿立方米。全区水稻930万亩，共用水82.7亿立方米，平均每亩900立方米；棉田420万亩，共用水8.4亿立方米，平均每亩200立方米；300万亩旱粮和其他作物共用水4.1亿立方米，平均每亩130立方米。总计开支经费1.49亿元。最终粮食总产仅次于1976年，比前一年增长2.75亿千克。

第五节　1988 年大旱与抗旱

干旱自入春以后一直延续到盛夏。其特点主要有四方面。一是降雨量少，且时空分布不均。1—4 月，降雨偏少，北部京山、钟祥两县仅 90 毫米，只有年降水量的 1/10；南部的公安县降雨量 144 毫米，较历年平均值少 110 毫米，见表 4-8-6。二是江河水位低，春旱时，长江水位跌落至近百年来的最低值，沙市站 5 月 6 日水位 32.30 米，是 1903 年以来同期最小值。由于长江、汉江水位低，东荆河和江南四口支流全部断流；洪湖、长湖水位也比去年低 0.5 米左右。三是库塘蓄水量少。尤其是抗伏旱时，全区库塘蓄水仅 20.6 亿立方米，有效水 7.1 亿立方米，比去年同期少 4.5 亿立方米。全区 526 座水库，接近和低于死水位的就有 390 座。钟祥 95%的塘堰干涸，42 条小溪河有 33 条断流见底，60 处泉眼有 43 处断水。四是持续晴热高温。5—8 月，气温长期维持在 34～39℃之间，最高时超过 40℃；北部的钟祥县 7 月份蒸发量达 300.5 毫米，是本月降水量的 7 倍。据统计，全区受旱最大面积达 832 万亩（春旱 432 万亩），其中，严重受旱的有 101 万亩，因缺水改种 98 万亩。同时还有 11.2 万户 50 万人和 80 万头牲畜饮水发生困难。

表 4-8-6　　1988 年各县降雨情况表　　单位：mm

县别	全年雨量	6 月	7 月	8 月	9 月
松滋	1035.0	227.0	64.0	249.0	116.0
公安	1211.0	204.0	147.0	235.0	161.0
石首	1244.0	207.0	37.0	355.0	163.0
江陵	1015.0	172.0	135.0	137.0	156.0
监利	1199.0	268.0	77.0	238.0	88.0
洪湖	1488.0	372.0	58.0	258.0	102.0
天门	961.6	47.5	202.2	93.4	
沔阳	1137.8	29.2	181.4	69.7	
潜江	1057.3	70.1	230.6	95.4	
荆门	659.8	35.0	149.4	181.2	
钟祥	704.3	47.7	194.5	146.1	
京山	931.4	75.2	241.8	105.5	

在严重干旱面前，全区以抗旱为中心，动员一切力量，采取一切措施，全面抗，全面保。全区分汉北、汉南、江南、四湖四个战区，荆州地委、行署领导带队深入抗旱第一线，组织指挥抗旱。荆州行署专员徐林茂、副专员喻伦元、荆州地委副书记鲁振华先后多次现场办公，实地研究解决抗旱问题。全区共组织科局以上干部 1377 人，乡镇干部 14700 人和 178 万劳动力投入抗旱，用于搬大水的动力机械 3.5 万台 50 万马力，电机 1.17 万台 29.8 万千瓦，水车 4 万部，耗用抗旱资金 1.13 亿元。经过 100 多天的艰苦奋战，大大地缓解了部分地区的旱情，减少了灾害损失。全区在先旱后涝的情况下，粮食产量仍然达到 63.4 亿千克，比上年增产 1 亿千克。

第六节　2011 年大旱与抗旱

一、2011 年大旱

2011 年荆州市遭遇春、夏连旱，其特点是干旱时间长，冬旱连春旱，春旱接夏旱。1—5 月全市降雨量只有常年平均值的一半左右；江河水位低，从 5 月 5—19 日，沙市站水位仅为 32.6～33.6 米，相应流量 8100～10100 立方米每秒；同期荆南四河基本断流（仅松西河进流），沿江灌溉涵闸没有一座能自流引水；丘陵山区、平原湖区全面受旱。1—5 月，全市各县（市、区）累计降雨量明显偏少，荆州 215 毫米，松滋 203 毫米，公安 250 毫米，石首 245 毫米，监利 259 毫米，洪湖 274 毫米，比多年均值偏少 4～6 成。具体见表 4-8-7。

表 4-8-7　　2011 年 1—5 月荆州、松滋等五县降雨统计表　　单位：mm

项目	荆州	松滋	公安	石首	监利	洪湖
2011 年 1—5 月	215.4	203.4	249.8	245.2	258.9	274.7
历年	398.2	438.1	441.8	499.6	534.2	597.2
距平百分率/%	−45.91	−53.57	−43.46	−50.92	−51.54	−54.00

5 月 31 日，洪湖最低水位 23.20 米，相应湖泊面积 113.2 平方千米，较历史同期减少 280.2 平方千米，平均水深仅 0.48 米，蓄水量仅存 0.54 亿立方米。6 月 9 日长湖最低水位 29.16 米，相应湖泊面积 105 平方千米，较历史同期减少 35.0 平方千米。6 月 13 日洈水水库坝前水位最低为 84.71 米，距洈水水库 84.50 米的自流灌溉最低水位仅 0.21 米。

受天气持续晴热、降雨量少、江河水位低等多重因素影响，荆州市农作物和水产养殖普遍受旱，部分地区出现了人畜饮水困难。农作物受旱面积 522 万亩，其中，重旱 197 万亩，干枯 44 万亩；渔业生产损失严重，受灾 129 万亩。受旱最为严重的洪湖，环湖部分地区和湖心茶坛岛、船头嘴等区域干涸见底，67 种鱼类灭绝，死鱼 3.25 万吨，蟹苗死亡 1500 吨，水生植物损失 80%以上。干旱导致渔民不能维持正常的生产、生活，有 649 户、2045 名水上居民无饮用水、生活用水。洪湖周边约 20 万农业人口生活用水受到影响。紧急转移 957 户、3234 人。5 月 31 日，三峡水库加大下泄流量（沙市水位 34.53 米，相应流量 12000 立方米每秒），才保证了抗旱用水。6 月 4 日全市普降中到大雨，旱情得以缓解。

二、2011 年抗旱

面对严重的干旱，荆州市委、市政府高度重视。5 月 12 日市防指启动全市抗旱Ⅲ级应急响应，市委主要领导、分管领导和联系县（市）的防汛抗旱责任人及时分赴抗旱一线，察看灾情，指导抗旱，并层层派出督查组督查抗旱工作。6 月 3 日国务院总理温家宝、副总理回良玉、水利部副部长周英、国家防办副主任张旭、省委书记李鸿忠、省长王国生视察长湖五支渠抗旱现场。温家宝踏上长湖干涸的河床，看到大量的河蚌死亡时说：

“农业损失第二年可以补回来，但生态恢复是个长期过程，希望大家以保护生态为重，确保经济社会可持续发展。”全市共组织120万人投入抗旱，市、县两级组织1361个工作组、5266名工作队员进驻2479个行政村，帮助村组千方百计广辟水源，疏挖沟渠，搞好组织协调，共落实帮扶项目1108项，资金2.34亿元，捐赠物资折款533万元，落实帮扶资金4604万元。

2011年抗旱主要采取以下措施。

(1) 全力搬大水。全市高峰时，共开启沿江固定灌溉站94处，172台1.55万千瓦时，流量127.8立方米每秒，从4月26日至6月3日，共抽水4亿立方米；还架设临时取水站94处320台1.59万千瓦时，流量134立方米每秒。及时查找地下水。通过以资代补方式打机井15115口，其中出水量100立方米每小时以上的大井115口，解决中稻苗田用水和人畜饮水困难。

(2) 实施人工增雨。气象部门抢抓机遇，适时人工增雨，从5月2日至6月12日实施6次人工增雨，作业点44处，作业55次，出动火箭架18次，高炮10次，发射火箭弹388枚、炮弹1557发。

(3) 突击疏挖沟渠。全市开挖、疏通渠道1275条1286.8千米，疏浚塘堰3000多口。

(4) 利用工程引水、水库放水。全市66座大中型水库先后放水1亿立方米；涵闸引水：沿江灌溉涵闸提空闸门能引尽量引，沮漳河橡皮坝拦蓄，保证万城闸流量5～10立方米每秒灌入太湖港总渠。

(5) 湖泊灌溉。洪湖4月1日至6月3日共放水1.86亿立方米，长湖放水1.3亿立方米。

第五篇　防洪工程（上）

堤防是防御洪水泛滥最古老、最基本、使用最广泛的防洪工程。荆州先民很早以前就修筑堤防以御洪水，其历史可以追溯到楚庄王时期（公元前623—前591年）。《中国水利史稿》载："荆楚堤防之设，始自楚相孙叔敖。"荆州境内的堤防是随着楚国疆域的开拓，云梦泽解体，堵塞穴口，支汊归并，由高地向低地、由上游向下游不断合堤并垸而成为今日之格局，经历了艰难而又漫长的岁月。从东晋桓温主政荆州时（348年前后）令陈遵监修荆州城外的金堤算起，至今已有1600多年的历史。荆州境内堤线之长，堤防之高大，保护范围之广和人口财产之多，在全国是少有的地区。"万里江堤锁蛟龙"，堤防不仅是荆州人民赖以生存和发展的安全屏障，也构成两湖平原独特壮丽的景观。

新中国成立初期，荆州地区已有各类堤防约4384.5千米。

新中国成立后，中央和各级地方政府高度重视长江和汉江的防洪问题。针对江、汉地区洪灾频繁而又严重的情况，统一制定了以防为主的流域治理规划。实行综合治理，以加固堤防为主，同时开辟分蓄洪区，整治河道，加强对防洪工程的管理，工程措施与非工程措施并重，经过几十年的努力，特别是1998年大水之后，国家加大对防洪工程的投入，完成了境内荆江大堤、南线大堤、长江干堤、松滋江堤和荆南四河堤防（正在加固）的基本建设工程。主要堤防的抗洪能力明显提高，建成了比较完整的防洪体系。

20世纪中叶治理长江和汉江的水患，必须面对3个最为突出的问题：①堤防低矮单薄，千疮百孔，抗洪标准低；必须迅速对堤防进行堵口复堤，整治重点险段，逐步恢复和提高堤防的抗洪能力，尽快结束"三年二溃"的历史；②如何保证在现有堤防安全的基础上，尽量扩大河道的泄洪能力，力争多泄；③超过堤防安全水位的超额洪水如何处理。

荆州境内的荆江河段在修建荆江分洪工程以前，防洪标准仅为 3～5 年一遇，通过修建荆江分洪工程，加固荆江大堤、长江干堤，实施下荆江系统裁弯工程，防洪标准提高到 10 年一遇，运用荆江分洪工程可以提高到 20 年一遇。汉江于 1956 年建成杜家台分洪闸，中下游的防洪标准提高到 5 年一遇，1973 年丹江口水库建成，中下游的防洪标准提高到 20 年一遇的水平。但是荆江、汉江的防御标准仍然很低。

为提高长江中游和汉江中下游的防洪标准，1994 年三峡水利枢纽工程开工建设，2003 年试蓄水，2009 年建成，其主要作用是防洪。三峡工程建成后，荆江的防洪标准提高到 100 年一遇，且对遇到 1000 年一遇或 1860 年、1870 年那样的特大洪水，也有安全可靠的对策，荆江河段可以避免发生毁灭性灾害。丹江口水库大坝二期工程于 2005 年开始施工，2014 年完建，汉江中下游的防洪标准提高到 100 年一遇，可以避免 1935 年类型洪水造成的人口伤亡和财产大量损失的悲剧重演。

新中国成立初期，荆州地区各类堤防长约 4384.5 千米（其中内垸防渍堤 1300 千米）。至 1973 年时，由于合堤并垸，河道裁弯取直，内河水系治理等原因，荆州地区堤防总长 4173.033 千米，其中，荆江大堤 182.35 千米，长江干堤 668.13 千米，汉江干堤 456.017 千米，东荆河 316.75 千米，支堤 818.389 千米，民堤 1142.565 千米，内河防渍堤 588.837 千米。1994 年，由于部分行政区划变动，洲滩民垸减少等原因，荆州地区堤防总长 3574.47 千米。其中，主要江河堤防长度 2640.75 千米（荆江大堤 182.35 千米，汉江遥堤 55.26 千米，南线大堤 22 千米，长江干堤 678.9 千米，汉江干堤 456 千米，东荆河堤 334.23 千米，主要支堤 847.19 千米，洪排主隔堤 64.82 千米），民堤 933.72 千米。

2012 年，荆州市江河堤防全长 2866.68 千米。其中，长江干流堤防 659.07 千米［荆江大堤 182.35 千米，洪湖、监利长江干堤 230 千米，荆南长江干堤 220.12 千米，松滋江堤 26.6 千米（不含长江干堤 24.6 千米）］；荆南四河堤防 112.49 千米；东荆河堤 128.45 千米；沮漳河堤防 29.61 千米；分蓄洪区堤防 262.8 千米；其他主要民垸堤（不含内垸湖渠）664.26 千米。

按 1949 年荆州地区主要堤防全长 4384 千米测算，本体土方 4.34 亿立方米，平均每米土方量 100 立方米［荆江大堤 182.35 千米（1949 年时 126.5 千米），本体土方 3439 万立方米；汉江干堤（含遥堤 18 千米），本体土方 4400 万立方米］。荆州市所属堤防新中国成立后至 2012 年新筑土方 6.97 亿立方米，1949 年以前本体土方 2.8 亿立方米；前者历时 1600 年，后者仅 60 多年。全部土方中 1998 年后有 1.5 亿立方米采用机械施工，其余土方全靠人力肩挑完成。这是人们同洪水抗争的不朽丰碑，也是人类智慧和汗水的结晶，是用血汗筑成的防御洪水的万里长城。

第一章　江　湖　关　系

江湖关系，是荆江与洞庭湖关系的简称，也称“荆湖关系”，亦含有荆南、荆北两湖关系的含义，它是湖南、湖北两省水利关系历史上的一项重要内容。江湖关系的演变，经历了一个由松弛而趋紧张的过程，这一过程与两湖地区垸田的兴筑、农业经济的繁荣进程相一致，是荆江与洞庭湖之间水沙运动的结果。

江湖关系，实质是水沙分配关系，即如何处理荆江的超额洪水问题。水沙分配是江湖关系的制约因素，也是江湖关系矛盾所在。利与害是随着水沙分配的变化而变化，调整水沙分配格局，则是处理江湖关系的出发点和归宿。江湖关系中最活跃最直接的因素是四口的存在与分流分沙的变化，从防洪意义上讲，有四口分流才有江湖关系。

洞庭湖是长江中游最重要的洪水调蓄场所，荆江四口分流流量虽有逐渐减少的趋势，但仍相当于长江枝城高洪流量的1/4，这对荆江防洪有决定性的意义。1951—1988年，三口、四水组合年最大入湖洪峰（不计区间）均值达37200立方米每秒以上，削峰率为27%。即使在1998年8月16—19日，荆江沙市站出现当年最高洪峰时期，虽然江湖满盈，洞庭湖的削峰率仍有22.8%。维持洞庭湖的调蓄能力对荆江防洪至关重要。但由于受泥沙淤积、围垦等因素影响，洞庭湖调蓄能力日渐衰退。

第一节　江湖关系演变的历史过程

江湖关系的演变经历了一个漫长的历史时期和复杂的过程，并始终与自然演变和人类活动密切相关，且相互影响。距今2000年以前以自然演变为主，之后，人类活动逐渐成为江湖关系变化的主因。而洪水及由洪水挟带的大量泥沙则是江湖自然演变的主要动因。在漫长的江湖关系演变过程中，人们将江湖关系的演变分为江湖两安时期、相对稳定时期和急剧变化时期。古云梦泽位置示意图见图5-1-1。

据2013年《洞庭湖志》载：“到道光年间，为洞庭湖自先秦以来扩展至鼎盛时期。……19世纪中叶洞庭湖开始由盛转衰，进入有史料记载以来演变最为剧烈的阶段。……四口分流、江湖关系巨变，成为洞庭湖近一百多年来演变的一大转折点。……三峡工程的建成和蓄水对长江与洞庭湖的关系是一个巨大的改变，江湖关系由此进入了一个全新的阶段，是长江四口南流局面形成，江湖关系恶化约一个半世纪后，洞庭湖和长江关系由坏的方向向好的趋势转化的一个起点。”

秦汉以前，云梦泽南连长江，北通汉水，方九百里，面积超2万平方千米。长江从平均海拔4000米以上的青藏高原倾泻而下，涌入三峡，江水为诸山所挟而敛，待到江流汹涌出峡时，地势陡然变宽，落差急剧减小，江水开始在广阔的云梦泽恣意漫流。枯水季节长江还

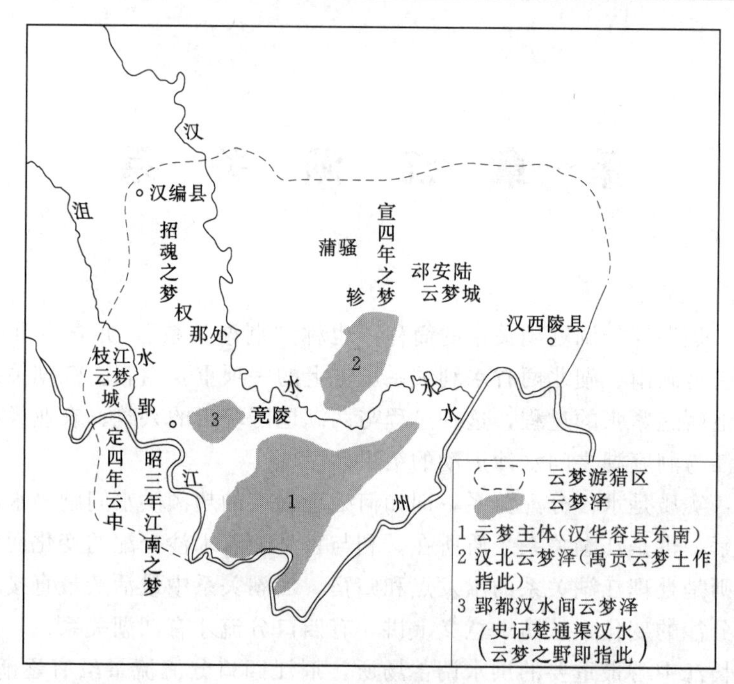

图 5-1-1 古云梦泽位置示意图

（引自谭其骧《云梦与云梦泽》）

有河道可寻，一旦涨水，长江河道湮灭在大湖之间，即“洪水一大片，枯水几条线”的景观。由于有云梦泽调洪，当时“洪水过程不明显，江患甚少”。那时的洞庭湖，还只是君山附近一小块水面，方二百六十里，名曰巴丘湖，其余都是被湘、资、沅、澧四水河网切割的沼泽平原。故史书有“洞庭为小渚，云梦为大泽”的记载。当时除澧水自荆江门入江，湘、资、沅水自城陵矶出江外，洞庭平原没有别的河口与荆江及云梦泽连通。在长江和汉水大量洪水涌入云梦泽的同时，大量泥沙也被带到云梦泽，渐渐淤出洲滩。当时，湖水高于江水，荆江洪水并不具备向洞庭湖分流的条件，江湖互不影响，因此不存在江湖关系问题。由于泥沙长期淤积，至两晋南北朝时期（约公元 500 年前后），云梦泽开始解体，部分湖泽由水升陆，逼使荆江水位抬升，江水开始由城陵矶倒灌入洞庭湖，使洞庭湖与南面的青草湖相连，由过去的方二百六十里扩大至方五百里。荆江河段水位进一步抬升，使洞庭湖南连青草、西吞赤沙，横亘七八百里。当荆北出现大面积洲滩后，人类就在洲滩上从事生产活动。至西晋太康元年（280 年）镇南大将军杜预平吴定江南，为漕运而开辟运河。开扬口（位于今潜江西北）起夏水（于今沙市东通长江），达巴陵（今岳阳）千余里，内泻长江之险，外通零桂之漕，是为运河工程，分南北二段，南段为今调弦河（又称华容河），成为荆江沟通洞庭湖的一条水道。在此以前，江湖关系处于一种自然状态，称为江湖两安时期。

到唐宋时期（约公元 1000 年前后），统一的云梦泽已不存在，而代之的是星罗棋布的小湖群。在云梦泽演变成大面积洲滩和星罗棋布的小湖群的同时，也形成了荆江河槽的雏形。在荆江河道逐渐形成与古云梦泽逐渐解体的漫长的历史过程中，荆江两岸形成了江湖相通的“九穴十三口”。这些穴口虽多有变迁，但却一直连接着荆江与两岸的众多湖泊，起着分泄荆江水流的作用，江湖关系仍处于自然状态。南宋时期，江湖关系开始发生变化，因支撑战争和安置北方人口大量南迁的需要，故大量围垦。由于加大围垦，与水争地的情况十分严重。限于当时的生产力水平，围垸溃决频繁，溃了又围，围了又溃。南宋乾道四年（1163 年）“大水决虎渡堤，而有虎渡口向南泄水”（《舆地纪胜》）。荆江洪水开始经虎渡河分流南下，注入澧水入洞庭湖。这是江湖关系发展的一个重要转折点。唐宋时期江汉地区水系图见图 5－1－2。荆江洞庭湖水系历史演变图见图 5－1－3 和图 5－1－4。

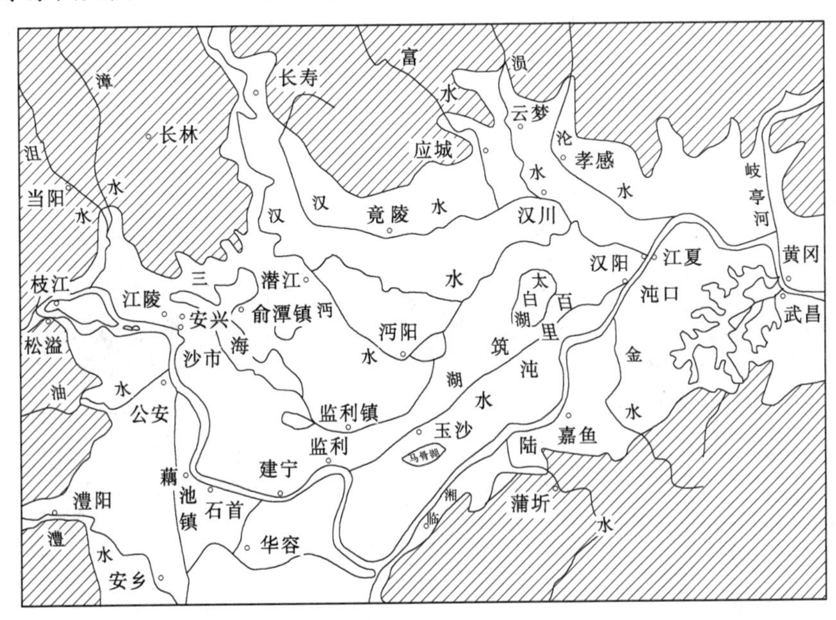

图 5－1－2 唐宋时期江汉地区水系图（摘自 1982 年《洪湖县地名志》）

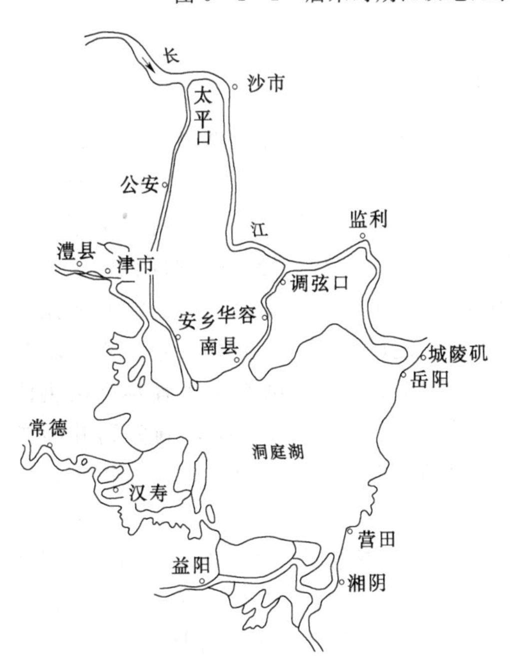

图 5－1－3 荆江洞庭湖水系历史演变图（1644—1825 年）

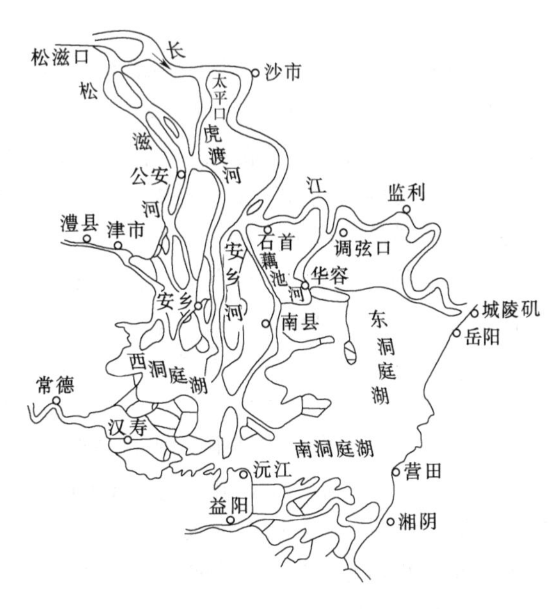

图 5－1－4 荆江洞庭湖水系历史演变图（1826—1915 年）

元明时期，随着人口的增加，江汉平原垸田挽筑更盛，荆江沿岸穴口或自然湮塞，或被人为堵筑。明嘉靖二十一年（1542年）荆江北岸重要穴口郝穴被堵塞，枣林岗至拖茅埠堤段连成一线，形成统一的荆江河槽。从此，江水被约束在单一的荆江河槽里，这就促使荆江水位大幅度抬升，只能通过右岸的虎渡、调弦二口向南消泄，使洞庭湖湖面进一步扩大。明后期以来，穴口的堵筑湮塞、堤垸规模的不断扩大、原天然水系日趋紊乱以及人口的急剧增长等，使荆江和洞庭湖区的水灾呈日益频繁与严重之势。同时由于“洲涨江高”，荆江大堤的防洪形势日显严峻，江汉平原的洪水威胁也日甚一日。洞庭湖区历史演变图见图5-1-5。

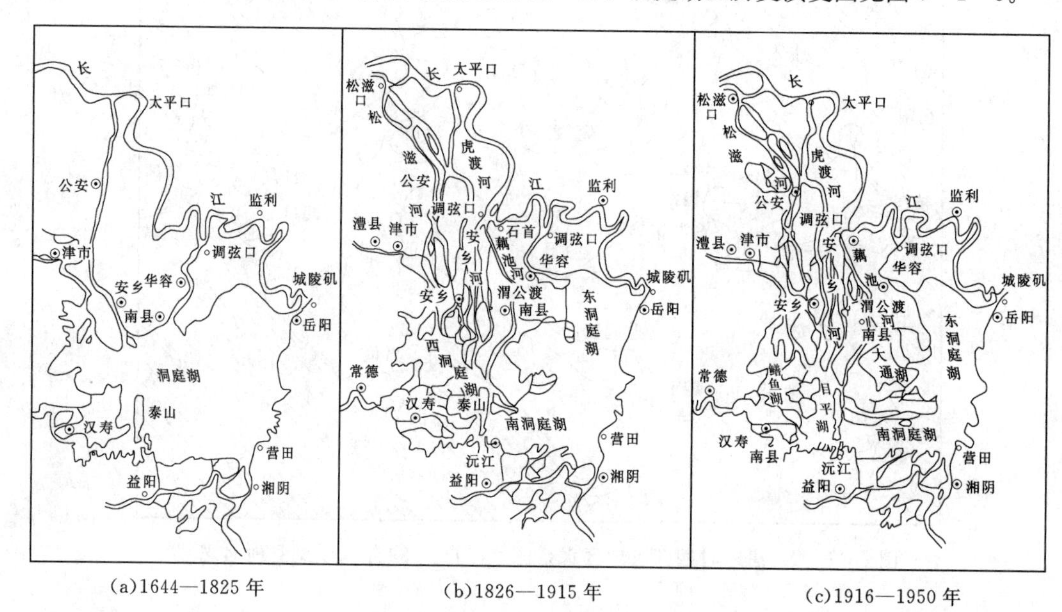

(a)1644—1825年　　(b)1826—1915年　　(c)1916—1950年

图5-1-5　洞庭湖区历史演变图

据资料统计，“汉至宋代，历时约1400年，荆江河道水位上升幅度为2.3米，宋以后为急剧上升阶段，从宋至民国时期，历时约800年，上升幅度11.1米，上升率为每年1.39厘米”。从南宋至清朝初年，江湖关系尚处于一种相对稳定状态。荆江南北两岸堤防防御洪水能力的“均势”未被打破，当局对两岸堤防的修筑和管理还是一视同仁，也未采取任何工程措施来改变这种“均势”。荆江大堤和荆江河道是相对稳定的，荆江河势比较顺直，上下荆江泄量是一致的，江湖关系也处于相对稳定的状态。但是由于荆江水位不断抬高，昔日的“湖高江低”变成了“江高湖低”。明朝时期，荆江洪水从华容县洪山头以下至今湖南君山农场一带漫滩进入东洞庭湖，湘、资、沅、澧来水受阻，洞庭湖开始扩大。尽管荆江两岸水位不断抬高，明朝中后期两岸堤防溃口频繁，荆江地区洪水灾害损失严重，但洪水并不直接威胁洞庭湖的安全。

清朝初年至乾隆年间，荆江两岸和洞庭湖地区的围垦愈演愈烈。这种南北两岸和洞庭湖争相围垦的结果，迫使荆江洪水位不断抬升。1788年长江发生特大洪水，荆江大堤御路口以上堤段多处溃决，荆州城被淹。在当时，荆州城的地位非常重要，是全国十三大将军府之一。荆州北联襄阳，锁长江，控巴蜀，制洞庭，荆州稳固，两湖平原尽在掌握之中。为了保护荆州城，汛后，荆江大堤的加固和管理得到加强，荆江大堤成为皇堤，汛期派军队参加防守，荆江两岸堤防抗御洪水能力的“均势”开始打破，堤防“北强南弱”的局面出现。江湖关系也随之发生变化。1796年长江又发生了一次大洪水，荆江南北堤防多处溃决，人们认识到单靠加固堤防并不能完全处理荆江的超额洪水，开始思考如何利用洞庭湖来调蓄荆江洪水。道光十三年（1833年）御史朱逵吉提出：“洞庭广八百里，容水无限，湖水增长一寸，即可减江水四、五尺。”至于荆江洪水如何直接进入洞庭湖，当时有官员提出：“凡公安、华容、安乡水所经行处，其支堤皆不治，任水所到，这样江流南注，则北岸万城大堤可免攻击之患，保大堤即保荆州。”这种主张一出台，就遭到荆江南岸绅民的猛烈抨击。这被视为官方为寻找荆江超额洪水出路而采取的“北堤南疏”的治水方略，即北岸加固荆江大堤，南岸保留虎渡、调弦两口向洞庭湖分流，江湖关系更加复杂化。由于“北堤南疏”的治水方略，造成南岸堤防普遍低矮，抗洪能力低。例如松滋县的长江干堤原为“官堤”，官督民修，后官堤变为民堤，民修民管。1852年石首马林工溃口，本应当年堵口复堤，当局以“民力拮据”为由，没有堵复，敞口达8年之久。1860年长江发生的特大洪水将原溃口冲开成河，大量水沙进入洞庭湖，仅仅过了10年，同治十三年（1870年）长江又发生一次比1860年更大的特大洪水，在松滋县的庞家湾、黄家铺（今大口）溃口成河。1873年江水除从庞家湾漫流外，又冲开已经堵复的黄家铺，以后决口不塞，洪水四溢，松滋河形成。

藕池、松滋两口溃决不堵，虽是多种因素，如经费缺乏、政局动荡等所致，但重要的一点，是当政者欲利用洞庭湖调蓄洪水的功能，以减轻荆江河段日益严重的洪水威胁。至此，荆南四口向洞庭湖分流形成。

四口分流后，自南宋以来持续六百多年的江湖平衡关系被打破，江湖演变过程中出现一个新的转折点。从此江湖关系发生了质的变化，进入一个前所未有的历史巨变时期。江湖关系的急剧变化，大量洪水与泥沙进入洞庭湖区，一方面缓解了荆江大堤的洪水压力，另一方面加重了湖区水灾，同时促进了洞庭湖化湖为陆和萎缩，因而推动了湖区垸田兴筑高潮的到来；洞庭湖区迅速由一个荆江洪水的滞蓄区转化成湖南省的重要农业经济区。

荆江南岸的频繁决口与四口南流局面的最终形成，使荆江大堤的险况得以大大改善，洪水压力得以缓解。清光绪十六年（1890年）湖广总督张之洞奏称，“自咸丰以来，石首之藕池口，公安之斗湖堤，江陵之毛、杨二尖，松滋之黄家埠等处，相继溃口，荆江分流入湖，盛涨之时，虎渡调弦二口仍系南趋，北岸滨江各险，江水冲激之力稍减，是以历年得免溃决之患”（《再续行水金鉴》卷21）。

从1788年至1870年藕池、松滋分流前的82年中，荆江大堤有29年溃口，约2.8年一次。而藕池、松滋分流后的1870—1949年共80年间，荆江大堤仅10年溃口，平均8年一次，充分反映出藕池、松滋二口分减荆江洪水的巨大作用。

据实测资料，1931年四口分流荆江的洪量分别为：松滋口7650立方米每秒，太平口2390立方米每秒，藕池口16100立方米每秒，调弦口1285立方米每秒。四口分流总和占当年枝江最大流量65500立方米每秒的42%，其中松滋、藕池二口分流量之和占枝江总流量的1/3，可见松、藕二口分流量的巨大。直到1947年，“在高水时期，长江调弦口以下之泄量仅为枝江的40%，而四口向洞庭湖的分泄量则达60%（《整治洞庭湖工程计划》，载《长江水利季刊》1948年第1卷第4期）。新中国成立后，由于四口口门泥沙淤积，加上调弦口建闸、下荆江裁弯等原因，四口分流虽逐渐减少，但仍占枝城站总流量的2～3成”。四口南流对分减荆江洪水作用是巨大的，但抬高洞庭湖水位，由此引起江湖关系趋于紧张。

据1994年《安乡县志》载："南流形成前（1525—1873年）的349年间，洪水年73个，平均4.8年一次，其中大洪水64个；荆南四口南流时期（1874—1958年）的85年间，洪水年36年，平均2.4年一次，其中大水年33个，平均2.6年一次。"对于洪涝灾害频繁发生，人们感到焦虑不安。人们一改从先秦以来一味对其美丽、富饶的讴歌、赞叹，而对它的灾害变化进行反思、探讨和争论。

四口分流虽然缓解了荆江的洪水压力，却加剧了荆江河床形态的演变。藕池、松滋溃口的初期，分泄长江一大半洪水，使下荆江河段由于流量急剧减小而迅速萎缩弯曲，形成"九曲回肠"的局面，这是上下荆江安全泄量不平衡造成的严重后果。四口南流一方面直接削减了通过下荆江河道的水沙量，使下荆江河道的水沙年内变幅比四口形成以前减小；另一方面在大量洪水拥入洞庭湖、加剧洞庭湖水患的同时，把大量泥沙带入洞庭湖。四口引洪南流入洞庭湖，又影响了湘、资、沅、澧四水在洞庭湖的汇流和出流过程，使得下荆江的水流受到洞庭湖出流的顶托，造成汛期下荆江水面比降小于枯水期比降，江水位抬高，洪水漫滩时间延长，水力作用部位相对固定，作用时间增加，加上下荆江河床边界的易冲性，导致下荆江河曲的加速发展，于是自然裁弯频繁发生，下荆江很快由顺直微弯型河道演变成蜿蜒型河道，行洪能力降低，河道萎缩。

据洞庭湖100多年资料记载，1825年湖泊面积约6000平方千米，1860年和1870年大水形成四口分流格局后，由于入湖沙量增大，年平均淤积量约为1.38亿吨（20世纪70年代后有所减少），湖洲面积迅速扩大，湖容不断萎缩。至1949年湖泊面积已缩减为4350平方千米，1984年洪水期湖泊面积只有2691平方千米。1995年按城陵矶水位33.50米计，湖面积仅存2623平方千米，容积167亿立方米。根据1977年2月12日卫星照片量算，洞庭湖枯水水面只有645平方千米，已是一个冬陆夏水的季节性湖泊。洞庭湖的萎缩大大降低了湖泊自然调蓄洪水功能，使在相同来水量条件下的水位抬高；另一方面，四口分流洪道的淤积，使荆江分流入湖的流量减少，荆江的流量和水位相应增高。但洞庭湖对荆江洪水仍可起到一定的调蓄功能，只是随水情的不同而有较大的差别。

据湖南省水利水电厅《洞庭湖水文气象统计分析》资料，1951—1988年三口、四水组合年最大入湖洪峰（不计区间）均值达37200立方米每秒，城陵矶（七里山）站多年平均出湖洪峰流量为27200立方米每秒，即由于洞庭湖的调蓄使洪峰平均削减10000立方米每秒以上，削减率为27.0%。由于洞庭湖调蓄的结果，干流洪峰与洞庭湖洪峰错开，有利防洪。例如1998年7月21—26日，正值澧水发生大洪水时期，调蓄量达到72.28亿立方米，洪峰削减系数为47.7%。即使8月16—19日高水时仅调蓄水量16.35亿立方米，削峰系数仍有22.8%。从1998年洞庭湖对入湖水量的全过程看，其调蓄能力仍是巨大的，作用也是十分明显的。

荆江河段存在上游来量大，来量与泄量不相适应的矛盾，特别是上荆江这个矛盾更为突出。为此，1966年开始实施下荆江系统裁弯工程。下荆江实施裁弯工程后，在防洪方面取得了显著的效益，统计资料表明，以裁弯后的16年（1973—1988年）与裁弯前16年（1951—1966年）相比较，三口分流占枝城来量的比例由30.6%减少到17.9%；年径流量由1416亿立方米减少到803亿立方米，减少了43.3%；分沙比由38.2%减少到21.0%；年输沙量由20520万吨减少到11324万吨，减少了44.8%，见表5-1-1、表5-1-2。由于实施下荆江系统裁弯工程，给洞庭湖带来了明显的变化。由于三口分流入洞庭湖的水量逐年减少，荆江洪水与洞庭湖四水挤占洞庭湖容积的情况有所缓和，有利于洞庭湖区的防洪排涝；由于三口分沙量明显减少，这对延缓洞庭湖的萎缩过程是有利的。泥沙减少，淤积速度放慢，洪水抬高的速度也就放慢了，有利于防洪和排涝。尽管下荆江系统裁弯工程给下荆江及城螺河段的防洪带来新的问题，但从总体上讲，江湖关系开始获得一定程度的改善。

表5-1-1　　荆江三口洪道近代各时段分流（径流量）年均值变化统计表

年　份	长江河流状态	长江枝城站	三口分流各站之和		备注
		径流量/亿 m^3	径流量/亿 m^3	占枝城站百分数/%	
1956—1966	下荆江裁弯前	4515	1332	29.5	
1967—1972	下荆江裁弯期	4302	1022	23.7	
1973—1980	裁弯后调整期	4441	834	18.8	
1981—2002	葛洲坝枢纽运行后三峡枢纽运行前	4441	685	15.4	
2003—2012	三峡枢纽运行后	4092.2	492	12.0	

表5-1-2　　长江枝城站各级洪水流量下三口分洪量变化统计表

年　份	长江河流状态	长江枝城站流量级/亿 m^3	三口分流各站		备　注
			径流量之和/亿 m^3	占枝城站百分数/%	
1956—1966	下荆江裁弯前	50000	21900	43.8	此表显示：近60年来，三口分洪流量沿时程呈持续递减趋势。三口分洪流量从下荆江系统裁弯前到三峡枢纽运行后，在枝城 $50000m^3/s$ 时年均减少50.7%；$40000m^3/s$ 时年均减少52.2%；$30000m^3/s$ 时年均减少57.6%，表明洪水流量较小，减少比例较大
1967—1972	下荆江裁弯期		18600	37.2	
1973—1980	裁弯后调整期		15400	30.8	
1981—2002	葛洲坝枢纽运行后三峡枢纽运行前		11400	22.8	
2003—2012	三峡枢纽运行后		10800	21.6	
1956—1966	下荆江裁弯前	40000	16900	42.3	
1967—1972	下荆江裁弯期		14200	35.5	
1973—1980	裁弯后调整期		12200	30.5	
1981—2002	葛洲坝枢纽运行后三峡枢纽运行前		8650	21.6	
2003—2012	三峡枢纽运行后		8080	20.2	
1956—1966	下荆江裁弯前	30000	12500	41.7	
1967—1972	下荆江裁弯期		10300	34.3	
1973—1980	裁弯后调整期		9870	32.9	
1981—2002	葛洲坝枢纽运行后三峡枢纽运行前		5820	19.4	
2003—2012	三峡枢纽运行后		5320	17.7	

正是因为水沙分配问题是江湖关系变化的制约因素，下荆江系统裁弯工程的实施加速了这种变化的进程。

第二节　三峡工程建成后江湖关系的变化

荆南三口向洞庭湖分流分沙不断减少并非偶然现象，而是多年来治理荆江和大量泥沙淤积三口洪道的结果。首先是实施了下荆江系统裁弯工程，1980年葛洲坝工程建成运用，2003年三峡工程开始试蓄水，三者共同作用，促使荆江河床不断冲刷下切，导致同流量下水位降低，荆江河床下切和水位降低，相对而言使荆南三口口门高程抬高，直接导致三口分流分沙减少。2003年三峡工程开始试蓄水，2009年建成。由于采用“削洪增枯”的运用方式和清水下泄的结果，改变了下游河道的水沙特性。1959—1966年枝城来水中沙的含量每立方米1.24千克，2003年枝城来水中沙的含量为每立方米0.311千克，2009年枝城来水中沙的含量为每立方米0.101千克。三口（1958年以前为四口）分流入洞庭湖的水量1951年为1460亿立方米，1973年减至949亿立方米，2003年减至658.5亿立方米，2010年减至500.25亿立方米，2010年同1951年相比较减少959.75亿立方米；分沙量1951年为21954万吨（合1.52亿立方米），1973年为13336万吨，与1951年相比减少8618万吨，2003年为2050万吨，与1951年相比减少19904万吨，2010年为928万吨，与1951年相比减少21026万吨。无论是分流还是分沙，减少的幅度都是很大的。下荆江系统裁弯以前，经四口分流入洞庭湖的水量年均达到1460亿立方米，占枝城来水总量的32.4%，有利于荆江而不利于洞庭湖。2003年后，经三口分流入洞庭湖的水量明显减少，有利于洞庭湖而不利于荆江，尤其是下荆江，汛期的水位抬高，防汛时间拉长。但是，有了三峡工程调控，可以把这种不利因素的影响降至最低程度。

三峡工程的蓄水运用，改变了长江中游的来水来沙条件，江湖关系将发生长时期的调整，成为新的转折点。由于三峡工程拦蓄大量泥沙，同时上游水利工程的修建及水土保持工程的实施又减少了进入三峡水库的泥沙量，中下游近坝段长江干流在径流量变化不大的情况下，水流含沙量急剧减少，河道冲刷，泄流能力增加，同流量水位下降。由于荆江三口口门水位降低，三口分流分沙将减少，进入洞庭湖的泥沙也相应减少，洞庭湖的淤积得以减缓；与此同时，三口洪道水面比降调平，水流挟沙能力减小；因长江清水下泄，水流含沙量减少，随着两者在量变上的程度不同，三口洪道将有冲有淤。下荆江河段因三口分流减少而径流量增加；而水流含沙量减少，洞庭湖对下荆江的顶托作用减小，进入洞庭湖的水沙量因之减少。三者共同作用，加之下荆江河床中沙层较厚，河道将冲刷且冲刷严重。

由于三峡工程已经建成，三口入湖的水沙量随着荆江河床的冲刷下切还将减少，不但可以减轻洞庭湖的洪涝灾害，延缓洞庭湖的萎缩过程，而且为整治洞庭湖创造了条件。江湖关系从此将进入新的历史时期，持续了143年之久的江湖关系急剧变化时期宣告结束，江湖关系向相对稳定时期转变。现在的江湖关系处于向相对稳定过渡的初期阶段。见表5-1-3、表5-1-4、表5-1-5。

表 5-1-3　　沙市（二郎矶）站 2003 年、2004 年、2007 年、2010 年流量月平均值统计表　　流量：m³/s

月份	1	2	3	4	5	6	7	8	9	10	11	12
多年平均流量	4510	4080	4280	6360	10500	13900	25800	26700	23100	16600	10200	6140
2003 年平均流量	4640	3840	4460	6270	10300	14400	29200	20100	27500	13800	7860	6410
2004 年平均流量	4850	4960	5920	7590	11450	19000	20000	18100	24200	15100	10100	6850
2007 年平均流量	4700	4910	5260	6960	8890	11700	27300	21500	21700	11740	8030	5340
2010 年平均流量	5940	5990	5940	6230	11300	11600	26800	21900	19900	10300	8360	6190

表 5-1-4　　沙市（二郎矶）站 2003 年、2004 年、2007 年、2010 年含沙量月平均值统计表　　流量：kg/s

项目＼月份	1	2	3	4	5	6	7	8	9	10	11	12
多年平均含沙量	0.201	0.174	0.184	0.352	0.748	1.120	1.810	1.710	1.16	0.789	0.509	0.172
2003 年平均含沙量	0.075	0.066	0.083	0.182	0.193	0.308	0.678	0.264	0.553	0.162	0.080	0.063
2004 年平均含沙量	0.055	0.067	0.114	0.123	0.132	0.213	0.264	0.200	0.678	0.146	0.075	0.055
2007 年平均含沙量	0.052	0.047	0.043	0.069	0.062	0.186	0.341	0.420	0.207	0.031	0.024	0.016
2010 年平均含沙量	0.031	0.037	0.033	0.035	0.054	0.058	0.318	0.201	0.114	0.024	0.018	0.014

表 5-1-5　　沙市（二郎矶）站 1903—2010 年各典型年水位月平均值统计表　　水位：m

年份＼月份	1	2	3	4	5	6	7	8	9	10	11	12
1903	33.34	32.76	33.62	34.65	36.02	38.26	39.73	39.74	39.55	38.21	36.01	34.31
1910	33.62	33.01	33.45	34.84	36.83	37.31	38.95	39.36	39.62	38.59	36.95	34.81
1920	62.65	32.16	33.49	34.48	36.39	37.55	40.57	39.79	39.73	38.94	36.18	34.66
1930	33.44	33.44	34.23	35.59	36.15	38.86	38.44	38.85	40.32	38.39	36.12	34.50
1950	33.95	33.64	33.75	34.83	36.87	39.27	41.36	39.82	40.44	39.99	36.37	34.46
1960	33.18	32.77	32.43	33.86	35.19	37.97	40.51	40.49	39.75	38.03	36.20	34.32
1966	34.14	33.73	33.45	34.06	35.64	37.77	40.05	40.49	41.19	38.87	36.54	34.74
1973	32.03	32.74	32.53	34.00	36.93	39.10	0.22	38.79	40.27	38.21	35.29	33.64
1986	32.39	31.99	32.40	32.89	65.01	37.56	40.06	38.87	39.05	37.14	35.01	33.22
1996	31.64	31.09	31.26	32.98	35.65	38.00	41.58	40.39	38.03	36.09	35.37	32.43
1997	31.34	31.29	32.19	34.94	35.46	37.09	40.53	38.00	36.05	36.34	33.26	31.96
2003	31.24	30.55	31.02	32.20	34.85	35.74	40.88	38.75	40.12	36.33	33.38	33.37
2004	31.23	30.92	31.79	32.97	35.31	38.15	39.02	38.48	39.52	36.88	34.57	32.62
2007	30.65	30.81	31.07	32.23	33.67	37.04	40.22	39.44	39.23	35.29	33.37	31.44
2010	31.24	31.27	31.23	31.67	34.66	37.25	40.78	39.47	38.55	34.25	32.88	31.47
1903—1973	33.53	33.19	33.51	34.66	36.65	38.31	40.36	40.17	39.76	38.57	36.38	34.55

注　数据来源：长江委沙市水文水资源局。1996 年为长江中游区域型大洪水。1903 年至 1973 年下荆江系统裁弯止共 55 年平均水位资料。

三峡工程蓄水运用以来江湖关系变化综合分析

实测资料表明，三峡工程蓄水运用以来，长江与洞庭湖之间的关系发生了一些新的变化，主要表现在以下4个方面。

（1）三峡工程蓄水运用后，三口分流能力仍延续衰减的态势，但衰减速度明显减缓：通过三口进入洞庭湖的沙量大幅减小，大大延缓了湖区的淤积。与1999—2002年相比，主要受长江干流来水量偏少影响，2003—2011年三口年均分流量减小了150亿立方米（减幅为24.0%），分流比也由14%减小至11.8%。其中，分流量减幅最大的为藕池口，分流量减幅最小的为松滋口。长江上游来沙量减小和三峡水库拦沙导致长江干流输沙量大幅减小，受此影响，三口年均分沙量由1999—2002年的5670万吨减小为2003—2011年的1110万吨（减幅为80%）。

（2）三峡工程蓄水运用后，荆江三口分流量年内分配格局发生了一定变化。2003—2011年与1999—2002年相比，枯水期1—4月三口分流比增大了0.1～0.4个百分点；汛期5—9月分流比则减小1～3个百分点；三峡水库主要蓄水期三口分流比减小了4个百分点。同时，三口洪道出现了一定冲刷，高水期间荆江三口分洪能力近几年尚未出现明显衰减的趋势，但枯水期间，断流时间有所增多。

（3）三峡工程蓄水运用后，洞庭湖入湖格局发生明显改变。下荆江裁弯前，洞庭湖入湖水量以湘、资、沅、澧四水入流为主，四水年均入湖水量约占入湖总水量的53%，入湖泥沙以荆江三口分沙为主，三口入湖沙量约占入湖总沙量的87%。下荆江裁弯后，1996—2002年四水入湖水量所占比重上升至74%，三口入湖沙量所占比重已下降至82%。三峡工程蓄水运用后，2003—2011年四水入湖水量所占比重上升至76%，三口入湖沙量所占比重进一步下降至56%。

（4）三峡水库蓄水运用促进了长江中游江、湖泥沙冲淤格局的进一步调整，洞庭湖区泥沙淤积大为减缓，城陵矶以下河段河床逐渐由淤积转为冲刷。三峡水库蓄水运用前，随着荆江三口的逐渐淤积萎缩、分沙比逐渐减小，洞庭湖沉沙量逐渐减小。按主要控制站输沙资料统计，1956—1988年洞庭湖区和螺山至汉口段每年淤积总量基本在1.8亿吨左右，但淤积部位发生了变化，两者占总淤积量的比重分别由1956—1966年的85%、15%变化为1981—1988年的55%、45%，洞庭湖湖区淤积量逐渐减小，螺山至汉口段淤积量则有所增加。

1991—2002年，长江上游输沙量减小，荆江三口分沙量大幅减小，洞庭湖区、螺山至汉口段淤积量也均呈减小趋势，其年均总淤积量减小为1.0亿吨左右，但淤积部位相对有所调整，洞庭湖湖区泥沙淤积又相对增多，其占总淤积量的比重增大至70%，螺山至汉口段淤积则相对减小，比重减小至30%。

三峡水库运用后，坝下游沙量继续大幅减小，促进了长江中游江湖泥沙冲淤格局的进一步调整。一方面，通过荆江三口进入洞庭湖的泥沙也大幅减小，加之湖南四水入湖沙量也有所减小，洞庭湖湖区淤积大为减缓，2003—2011年年均淤积量减小为0.0325亿吨；另一方，螺山至汉口段河床则略淤泥沙0.001亿吨。两者总淤积量也减小为0.034亿吨，其占总淤积量的比重分别为97%、3%。可以预计，随着三峡工程蓄水运用时间的推移，坝下游河床冲刷逐渐向下游发展，螺山至汉口河段将会出现一定的冲刷，长江中游螺山至汉口段与洞庭湖之间的泥沙分配格局将会发生更深刻的变化。

总之，三峡水库建成后，对长江与洞庭湖的关系产生了一定的影响。这些影响主要表现在径流的年内分配比原来更加均匀，湖内泥沙淤积放缓。由于三峡水库蓄水运用时间不长，其对荆江三口分流分沙的影响尚未完全显现，对江湖关系变化的影响值得高度重视。

（本节主要采用余文畴·三峡工程蓄水运用以来江湖关系变化综合分析）

第二章 治 江 方 略

随着江汉堤防的修筑和分流穴口的堵筑，江汉洪水被约束在河槽之中无处调蓄，要想保堤内安全，只得水涨堤高，反之则是堤高水涨，如此恶性循环，其灾害频次愈演愈繁，危害的程度愈演愈烈。从东晋永和元年（345年）荆江大堤肇基至1949年的1605年间，荆江地区干支流堤防共有234年出现决溢灾害。清顺治四年（1647年）至1949年的303年间，荆江地区干支堤防共有134年出现决溢灾害，平均每2.3年就有一次洪灾。灾害之惨烈尤以1788年、1860年、1870年、1931年、1935年等年份为甚。每当堤防溃决，“大地陆沉，官廨倾圮，民舍灭顶，千里扬波，人畜漂流，人民不死于水者、亦多死于饥馑，竟见有剖人而食者”（《荆沙水灾写真》1935年）。荆江频繁发生的堤防溃溢灾害，逐渐使人们认识到单纯地筑堤防水是不能防御洪灾的。元代时就曾提议重开六穴，分杀江势。开穴分流，留湖调蓄又涉及与水争地问题，江湖关系变得复杂，地区之间矛盾日增，不少有识之士认识到荆江防洪问题的严重性，从不同角度对治理荆江地区水患提出了不少主张，但历来众说纷纭，争论不休。根据史料记载，归纳起来主要有如下一些论点。

第一节 分 疏 论

此论主张保持荆江穴口分流调蓄，以解决荆江超额洪水出路问题。其基本观点是“合则势大莫若分而使之小；近则相侵，莫若使之远；急则愈猛，莫若淳而潴焉使之缓”（《荆楚修疏指要》）。主张“於其合也，分而疏之；於其溢也，旁而蓄之”（《荆州万城堤志·序》）。分蓄方法，或重开古穴，或“相其决口成川者因而留之，加竣深广，以复支河泄水之旧”（《湖北堤防议》）。但在分蓄方向上存在“南分”与“南北并分”两种主张。清乾隆九年（1744年）御史张汉上疏称：“欲平江汉之水，必以疏通诸河之口为急务”，“楚有洞庭，较淮、河泄水为便”，“湖水增长一寸不觉其涨，江水即可减四五尺”。清代著名学者王柏心在《浚虎渡导江流入洞庭议》中，以江南有“洞庭八百里广大之泽”，可供“回旋潴蓄”，江北古穴久湮，引河故道不可复求，且“陂湖淤浅，水至既不容又不能去”之论，极力主张沿“神禹导江之故迹”，“疏浚虎渡河口，导江流入洞庭湖，凡水所经行处及所泛溢处皆除其钱粮，其翼水支堤皆弃而不治，俟河身畅达；水势既定，然后相度高阜，听民别建途堤，以安耕凿。”对水道所侵公安、石首、澧州、安乡之地，捐弃二三百里江所蹂躏之地与水，全千余里肥饶之地与民。清道光三十年（1850年）江陵知县姜国祺也提出不堵南岸溃口、疏浚虎渡、放弃荆南平原任水游波的主张。主张“南北并分”者，以“径流南徙”，洞庭湖势难消纳，南境大片土地必“荡为广泽”，“人民无以为生，赋税失其取所”为由，主张“南北并复穴口”，或“南北各留一个穴口”。清代黄海仪在《荆江洞庭利害考》中则主张："江南诸口宜塞，惟虎渡遗迹仍旧；江北诸口亦宜塞，惟郝穴处当浚。"此时，南岸四口分流的格局已形成，黄氏此议，实质上是主张南岸堵三口（松滋、藕池、调弦），北岸新开一穴（郝穴），以恢复旧时南北分流局面。直至1936年，钟歆在《扬子江水利考》一书中，还提出在荆江北岸新开一穴，分江流入江汉平原，以使"不致专注洞庭"。

第二节 废田还湖论

此论是针对洞庭湖区围垦趋多，调蓄作用日减，水灾加剧的情况而提出的。清雍正年间（1722—1735年）围垸已趋饱和，当时湖南巡抚蒋溥奏称："湖地垦筑已多，当防河患。不可有意劝垦。"至乾隆年间（1736—1795年），"与水争地"更甚，禁围和弃田还湖的呼声高涨。乾隆十一年（1746年）湖南巡抚杨锡绂疏请"永禁围垦"。乾隆二十八年（1763年），湖南巡抚陈宏谋以"围垦日多，湖面日窄，溃裂日多，危害日大"之由，奏请"永禁湖区新筑堤围，以保留现有之容量，并对有障水流的堤垸勒令予以刨毁"，并"勒碑滨湖，永远示禁"。同年，湖广总督又上疏提出："请多掘水口，使私围尽成废坏，自不敢再说。"朝廷两次下诏禁止新围。高邮知州魏源在其《湖北堤防议》中进一步提出："乘下游淤垸之溃甚者因而禁之，永不修复，以存陂泽潴水之旧。"并在《湖广水利论》中强调："不去水之障而无水之围，必不能也，欲导水性，必掘水障。"

第三节 塞口还江论

此论与废田还湖论截然相反。持此论者认为，洞庭湖湖容缩小的根本原因，不在于湖田围垦，而在于淤泥的倾积，而泥沙又主要来自荆江四口，因而主张堵塞荆南四口，以集中水力刷沙疏江。清末到民国时期，"塞口还江论"者与"废田还湖论"者争论甚烈。清宣统元年（1909年）朝廷提出迁城废垸以浚洞庭水道，湖南一些绅士则以"费将安出？人将安置？"为由，提出相反的要求："迅将南岸各口堵塞，挟两省全力以疏江。"湖南省咨议局提出"江横洲亘，已有故道就湮之势，若不急于疏治，则江河以安？然疏而不塞，则北岸雄峙，南岸无对峙之势，必不能束水东行，逼而入海。"主张先疏江，后塞口。1932年，国民政府召开废田还湖会议，并以内政、实业、交通三部名义作出决定，令湖南省执行，次年内政部又重申执行废田还湖办法，但终因"窒碍甚多"，而不了了之。会后王恢先发表《湖南水利问题之研究》一文说："占水量者非堤圩而乃淤洲，致水患者非垸田而乃泥沙。欲除水患，必自去泥沙始。垸田之存废，关系于洪水之涨落也至属轻微。"湖南省救灾委员会委员彭懋园在《对水利之我见》中，则更加明确地指出："洞庭水灾来源不在洲田之围垦，而在于泥沙之倾积；无荆江四口，即无大量泥沙，无大量泥沙，即无湖淤。不责荆江四口而罪其滨湖垸田，舍本求末，殊欠公允。若不亟图补救，坐令荆江大量泥沙输入，行见已淤洲者日益高涨，田虽可废，而湖终不可还，故与其废田还湖，不如塞口还江。"

第四节 控制荆江四口论

1935年长江流域发生严重水灾后，扬子江水利委员会即酝酿四口控制方案。1936年9月，扬子江水利委员会工程师李仪祉考察荆湖水利后发表《整理洞庭湖之意见》一文。文中指出："洞庭湖调蓄洪水最有力，但应以停蓄四水为主，必主能容，然后再及客……。"他提出必须保持洞庭湖现有湖面和蓄洪量，"现存之湖面，不惟中央为扬子江本身计欲保持，鄂人为北岸安危计，不肯令之淤废；即湘人为其整个经济大计，其保湖之心，当较他省人为更切。"因此，他建议在松滋、太平、藕池、调弦四口设滚水坝，"以言筑坝，藕池可先，松滋可缓，太平可罢，调弦则或可作闸，拒其入而利其出。"他认为筑坝可限制泥沙入洞庭湖以保持湖容；长江盛涨时期分泄相当水量入湖；在危险水位以下集中水流以期刷深江床增加泄量。当时，荆江堤工局局长徐国瑞坚决反对李仪祉的意见，以为"参照此议执行，实有阻碍江流危害荆堤情事"，他建议湖北省府"急应在事先预为制止，以免临时争之无益"。1938年，扬子江水利委员会提出《划定洞庭湖界报告》，四口筑坝之议似未见采纳。1948年，长江水利工程总局提出《整治洞庭湖工程计划》，对李仪祉的建议多有采纳，但认为控制四口对减少输入沙量的效果"似有检讨之必要"，并且担心限制四口入湖水量会影响荆江安全。因而，整个民国时期，四口控制之说未能付诸实施。

第五节 蓄洪垦殖论

晚清至民国时期，"废田还湖"和"塞口还江"两种意见相持不下，有人提出"蓄洪垦殖"的理论，清乾隆三十年（1765年），湖北巡抚鄂宁为解决荆湖地区围垦之利与溃堤之害之间的矛盾，提出"改粮废堤，以便民生而顺水性。无水之年以地为利，有水之年即以水为利，任水之自然，不与之争地，俾免告灾请赈之繁。其原有堤塍，听其自便，亦省修筑传呼之扰的主张"（《续行水金鉴》）。

清末民初，荆湖地区围垸形势日益严重，虽多次颁布严禁围筑私垸的禁令，但都不能改变这种形势。在有人主张废田还湖、有人主张筑垸围垦，这两种意见相持不下的情况下，"蓄洪垦殖"理论大为提倡。1915年，荆州万城堤工局总理徐国彬曾提出："将江陵、监利、松滋、枝江、公安、石首等六县滨江内外绘制图形，设立水标，明定章程，遇奇涨之年，江水消泄不及，不得不舍轻救重，应将新立各堤垸指挥挑破，以杀水势"，使这些堤垸成为临时应急的滞洪区。

1936年，扬子江水利委员会拟订"利用沿江湖泊以消纳洪涨，及整理江湖间之洼地以增加生产，同时整理域内航道以利交通"的治江方略，系统地提出湖泊洼地蓄洪垦殖的治理原则与运用方式。当时李仪祉曾称赞说："此实为吾国技术家对于扬子江整理思想之大进步，以后治江颇可本此旨而切实研究以实行之。"1938年，扬子江水利委员会和江汉工程局共同拟定预防长江特大洪水方案，提出在汉口水位涨至水标15.30米、全部干堤难保全时，"应有权其轻重、斟酌牺牲两岸湖泊低洼之区及干堤以内洲滩支圩之必要"，因此，拟定荆江南北两岸干堤之外支堤围垸等为临时泄洪区。

第六节 疏堵并用论

清乾隆九年（1744年），御史张汉、湖广总督鄂弥达上奏三楚治水原则时称，“治水之法，有不可与水争地者，有不能弃地就水者。三楚之水，百派千条，其江边湖滨未开之隙地，须严禁私筑小垸，俾水有所泄，以缓其流，所谓不可争者也。其倚江傍湖已辟之沃壤，须加谨防护堤塍，俾民有所依，以资其生，所谓不能弃者也。其各属迎溜顶冲处，长堤连接，责令每岁增高培厚，寓疏浚于壅筑之中”（《清史稿》卷129）。

嘉庆十一年（1806年）湖广总督汪志伊《筹办湖北水利疏》指出，江汉平原的治水原则应是：“其受害在上游者宜于堵，其受害在下游者宜于疏；或事疏消于防堵之先，或借防堵为疏消之用。通盘筹划，不徇一乡一邑之私见、使有此益彼损之虞。”

1936年，钟歆在《杨子江水利考》中提出：“江河防治方法，不外研究泄蓄与从事防堵二途。泄蓄为治本之计划，防堵为治标之工程。堤防本非根本之计，然自支河渐湮，穴口渐塞，湖田围垦日增，有开之不能开、废之不能废者，形禁势格，积习难返，不得不缮完堤防，以备洪潦”，因此他提出“因其堤防，以救目前，逐渐开辟引河，废除湖田，以利泄蓄，而策将来”的意见。

第七节 改道分流论

光绪十八年（1892年），张闻锦等人要求朝廷堵塞藕池溃口时曾提出：如堵口难以实施，也可在藕池口东南筑长堤一道引洪水入江以达分流之目的。1932年，王恢先在《整理湖南水道商榷书》中指出，荆南四口的分流分沙，是清末以来洞庭湖日益缩小和湖区灾患日益频繁和严重的原因。他提出的整治建议是“在湘鄂交界处修筑长堤”，“开挖运河，引四口之水出大江”，即由澧县的澧安垸（松滋口下游）至岳阳黄公庙开挖宽达2千米的运河，刨毁计划线内的堤垸，并筑南北两堤，引四口之水从黄公庙处入长江。

第八节 河道综合整治论

各种治江理论中尤以提出水土保持的观点最为新颖。早在清初，顾炎武在《天下郡国利病书》中对长江流域水土流失现象就有所认识和关注。道光年间，魏源在《湖北堤防议》和《湖广水利论》中曾系统论述过长江上游的水土流失，其后便有人提出禁止开山的主张。

清末马征麟认为，“水之不能宽缓而冲激震撼也，堤防浸削壅遏之为害也固也，然非尽堤防壅遏之害也。所以致其壅遏者，亦有故矣；入江之水，为省八九，深山穷谷，石陵沙阜悉加垦辟，以为尽地力也……而土脉疏浮，沙石迸裂，随雨流注，逐波转移。其沙石之重者，近填溪谷，其泥沙之轻者，荡积而为洲渚，平湮湖泽，远塞江河……是故开山、围田皆有例禁，而开山之禁尤当致严于围田也。”他提出的治江办法是：“一曰禁开山以清其源，二曰急疏瀹以畅其流，三曰开穴口以分其势，四曰议割弃以宽其地，五曰修陂渠以蓄其余。五者并举，大川易泄，小川有所蓄，废弃无多，所全甚众，此外无良策也。”

同时期赵仁基在《论江水十二篇》中，首先分析江患的原因："太平日久，生齿日繁，未有甚于今日者也……古之耕者，平原广隰而已，今则平陆不足，及于山陵之田，层级垦辟而上……其山形之陡峭者，流泉不能蓄，嘉禾不能植，于是种苞芦口芋之属……结草为棚，谓之棚民，无山不垦，无陵不植……设遇霖雨，则水势建瓴而下，草去土浮，挟之以行溪谷之间……夫此开种垦殖既秦蜀楚吴数千里皆是，一遇霖雨，则数千里在山之泥沙皆归溪涧……以达于江。江虽巨，其能使泥沙不积于江底哉？江底既积而渐高，复遇盛涨之时，其能使水不泛溢为患哉？"他提出："治江之计有二，曰广湖潴以清其源，防横决以遏其流；治灾之计有二，曰移灾民以避水之来，豁田粮以核地之实。"关于广湖潴，他认为洞庭、鄱阳诸湖的调蓄作用很重要，应"使四周居民勿侵湖地，使之宽为淤衍以缓其流"（《再续行水金鉴》卷32）。

清末及民国时期，有人开始提出在长江干流修陂障或建水库以滞洪削峰的设想。孙中山先生在《建国方略》曾提出长江治标与治本之法，他认为治标的方法"除了筑高堤之外，还要把河道和海口一并来浚深，把沿途的淤积沙泥都要除去……水灾便可减少"。关于治本，他认为"多种森林便是防水灾的治本方法"，并首次提出在三峡地区建坝的设想。

1936年，李仪祉曾就长江洪水问题撰写文章，他认为减洪之法，一是"上游觅相当地点设水库"以拦蓄洪水，并广植林木；二是"利用江堤两岸湖泽低地以消洪"，使长江之非常洪暴有迂回之地，但对低地的利用"须有节制"，以免影响农业发展；三是加固堤防，以求备患于无穷；四是河道裁弯取直；五是整理洞庭湖，四口分江流入湖。钟歆在《扬子江水利考》中提出整治长江的意见是：泄流（分流）、蓄水、堤防、造林、沟洫，其中造林是水土保持的措施，沟洫则是引水灌溉兼顾分流的一种措施。章锡绶在《荆河堤埝之险状与整理补救之刍议》中提出荆江堤防的整治措施是：在监利境内的上车湾对岸开凿引河，实即裁弯取直；加高培厚监利县江堤；在江陵、监利北岸建筑蓄水库，把江陵的茅草湖和监利的洪湖辟为分江蓄洪库；取缔沿江大堤之外的洲滩围垦。他认为，"荆河之水，必有不能入洞庭之一日"，"北岸之堤，势必有自然溃决"，"将来洞庭北迁，亦属沧桑应有之变也"，因而呼吁当局和民众"亟谋根本治荆之计"。

1936年，扬子江水利委员会提出《扬子江中游之危机及其初步首要整治工程》，列出江湖治理六项初步工程计划：江堤培修；四口筑滚水坝；上车湾裁弯取直；南北增辟蓄洪湖泊；汉江长江之间辟泄洪减河；洞庭湖区堤垸整理。

抗日战争结束后，江湖问题再次引起人们的关注。1946年12月，扬子江水利委员会测量队对荆江及四口进行测量，并与1935年的测量结果进行比较，发现荆江河道水位较1935年抬升0.16～0.78米不等（1935年枝城最大洪峰流量为75200立方米每秒，1946年枝城泄洪量为61600立方米每秒），认为除受蛟子渊水道堵塞的影响外，其主要原因是藕池河及洞庭湖的淤塞。与1935年相比，1946年的藕池口平均淤高3米以上，藕池河淤高1米以上，安乡河淤高2米以上；抗战前洞庭湖面约为4700平方千米，而1946年仅有3100平方千米，蓄洪能力缩减1/3。为此，扬子江水利委员会建议治理沿江湖泊以泄纳盛涨。

1947年，长江水利工程总局发表《洞庭湖计划会勘报告》，分析认为，由于淤积致使洞庭湖急剧萎缩的堪忧局面，而"在高水时期，长江调弦以下之泄水量仅为枝江的40%，而四口分泄量则达60%，故荆河不能无四口之分泄”。当年5月，江汉工程局会同湖北建设厅拟具湘鄂湖江工程方案：整理荆江堤防；整理荆江水道；整理洞庭湖；整理四口；整理两岸湖泊及低地；拦沙保土。

1947年底，又提出“整理洞庭湖计划”。此计划按1947年行政院核定的湖界内蓄洪量为标准，并使四口、四水输入泥沙不在湖内沉积为原则，在湖内留一行洪道，以泄四口及四水平时注入之水，沿洪道两岸筑堤，以与其余湖面隔绝，并设闸相通，作为蓄洪区。低水位时，可将蓄洪区内之水放出，保持空虚，估计蓄洪量可增加3倍。当行洪道内水位（或荆江水位）超过普通洪水位时，即开闸放水入蓄洪区，借以减少城陵矶至汉口间江水位之暴涨，并且由于洪道水流集中，泥沙不致沉积。又在四口设闸，于中低水位时关闭，使水流集中荆江，可减少淤积并保持航道水深。这一计划可能的结果是：可增加蓄洪量，如遇1935年同等洪水，荆江及洞庭湖可免水患；湖内沉积泥沙减少，湖之寿命可以延长千年以上，荆江河道可望逐渐改善。

第九节 先疏江、次塞口、终浚湖与先浚湖、次塞口、终疏江论

荆南四口形成以后，江湖关系日趋紧张，洞庭湖洪涝灾害频繁。湖南省以曾继辉为代表提出他的治江、治湖主张，在湘鄂两省的报章上撰写了著名的《洞庭湖水患论》三篇，上篇谈洞庭湖水患之成因，中篇论江湖关系，下篇提出治江方略。他认为“湖南一省迭受洞庭水患，肇始于前清咸、同年代，至光绪年间逐年加甚，及夫宣统则洪流横决，常、澧、岳、长诸属均岌岌可危，有朝不及夕之势矣。推原祸始，咸以西水入湖，洞庭淤垫日高，水无所容，故至如此，而不知表面之患在湖，根源之患在大江。”由于泥沙淤积，洞庭湖不断萎缩，可能引起严重后果，他认为“洞庭一湖，亦既淤满，尽成高阜，必无可使在山之理。至此，则江患其将何在乎？……盖近岁以来，江身淤积日高之故，北岸之堤亦随之日大而且高，今荆州府城从堤上俯视城郭人民，宛如釜底，夫天下断未有人事可以夺天工者！江水既不能东注，又不得南趋，而此滔滔汩汩金沙江，挟大川数万里之来源，复不能障之西去，至此欲求其不夺最低陷之荆州、汉阳各属以为新洞庭也。”因此他提出治江湖主张，“一曰疏江、一曰塞口、一曰浚湖。夫疏江者，以祸源所至，探源而治之也；塞口者，所在济疏法之穷而补，救之，其功用亦甚大也；浚湖者，与疏塞二事相表里，而又各奏其效者也。何以言之？江横洲亘，若不急于疏治，则江何以安？然疏而不塞，则北岸雄峙、南岸无对待之势，必不能束水东行逼而入海。此塞所以济疏之穷也，然徒塞而不疏，则江水自三峡以下其势甚猛且劲，是徒塞亦无益也”。

清宣统元年（1909年），湖南省咨议局[1]公推议员陈炳焕、谢家海、曾维辉[2]3人为湖南代表，与湖北省咨议局洽商，湖北省主张“先浚湖、次塞口、终疏江”。湖北省议员

---

[1] 咨议局，1905年，清王朝宣布试行君主立宪，设地方咨议局和选举议员。1908年清政府颁布《钦定宪法大纲》，宣布以9年时间为立宪期，并命令各省成立咨议局。

[2] 曾维辉（1862—1949年），湖南省新化县人，清宣统元年（1909年）选为咨议局常驻议员，1912年任湖南省督办堤工水利局第一任水利局长，是第一位全面深入研究洞庭湖的水利专家，著有《洞庭湖保安湖田志》。

认为疏江事体重大，筹款不易，商及塞口甚有难色，此故“议卒未定”。对湘鄂两省就治江、治湖方案未能取得共识，曾维辉十分痛心，“于疏江、塞口既不能行诸北省，浚湖一节又不能行诸南省，坐视此濒湖南岸数百里生灵宛转呼号，死于洪涛巨浪之中，其又将何以处此乎？”

第十节 四口建闸论

1931年大水后，曾有人主张“塞口还江”。湖南省议员彭懋园在《对于水利的我见》一文中认为：“洞庭湖水灾之来源，不在湖田之围垦，而在于泥沙之淤积。无荆江四口，即无大量泥沙；无大量泥沙，即无湖田……已淤成洲者虽不围垦成田，势必无地储水；田虽不废，而湖终不可还。故与其废田还湖，不如塞口还江。”

1931年8月，湖南省政府主席何键提议堵塞四口。这一提议震惊了湖北，荆江堤工局、江汉工程局等致电扬子江防汛委员会并转全国经济委员会筹备工程处，提出：疏浚四口水道，而不可堤筑四口。1933年8月，扬子江防汛委员会根据湖南省政府建议，拟将荆江南岸之四口堵塞。1936年，荆江堤工局局长徐国瑞写了《救济荆江水利及荆堤安全意见书》，提出了堵塞四口之利害关系，陈述堵塞四口对荆江的危害。1937年2月26日，湖北省政府致函湖南省政府，内称“贵省近有堵塞四口，圈围淤湖作垸之议，未知是否属实，鄂民群相擎骇，奔走呼号，有着大祸之将临。疏江浚湖工程正由中央统筹核办，废田还湖主张为治水最高原则”，“在计划未商妥以前，务请先行制止抢筑，以免纠纷”。

民国20年至民国26年间，湖南、湖北两省一直为是塞口还江，还是废田还湖的治理江湖意见争执不休。扬子江水利委员会在听取了湖南、湖北两省的意见后，先后派人进行查勘，认为：四口分流之后，对减轻荆江洪水压力起到了重大作用。另一方面大量水沙进入洞庭湖，加剧了洞庭湖的萎缩，调蓄能力逐年减弱，洪涝灾害日益严重。

1947年9月，长江水利工程总局在《整理洞庭湖工程计划》中，提出较详细的《四口调节工程方案》规划意见。四口建筑调节工程的目的：第一，是在中低水位时限制入湖水量，增加长江水量；第二，是减少入湖泥沙。在中低水位时，除灌溉与航道之需要外，限制入湖水量则长江之水量可以增加甚多，江床颇可借此改善，航深亦因此增加。

《四口调节工程方案》，四口调节工程为多孔之悬式水闸，用钢筋混凝土建筑，每孔宽12米，闸底在低水位以下2.4米，闸顶高出最高水位1米，其泄水量以能容泄原有之洪水量为度。具体见表5-2-1。

表5-2-1 四口最大泄水量及水闸孔数表

起点	最大流量/(m^3/s)	水闸		
		每孔宽/m	孔高/m	孔数
松滋	12300	12	10.8	30
太平	4700	12	10.8	11
藕池	19000	12	10.8	83
调弦	2100	12	10.8	7

由于建闸将控制入湖水沙量，改变江湖关系，从而将产生不同于自然情况下的造床作用，同时对建闸后上下游的河床演变需要进行深入的研究。由于各方面意见不一致，建闸方案未能实施。

上述江湖综合治理策论在新中国成立前均未能付诸实施。

第三章 堤防工程概况

古人云："水坊、邑之命脉！堤防者，民之命也，无堤塍塘堰，穆然有其鱼之思。"堤防是防御洪水泛滥最古老、最基本、使用最广泛的防洪措施，我们的祖先很早以前就筑堤与洪水作斗争。

荆州地处长江、汉水，由山地进入平原的过渡地段，地势低平，平原湖区面积占69.1%。人民生命财产全靠堤防保护，依堤为命。

荆州堤垸兴起较早。据《史记·河渠书》记载：楚庄王时（公元前613—前591年），楚令尹孙叔敖（约公元前599年）倡导"宣导川谷、陂障源泉、堤防湖浦、收九泽之利"，故称"堤防之设，始自楚相孙叔敖"，其中的"堤防湖浦"，意指沿湖修筑堤垸。

据考古发现对汉代简牍的校读：西汉时期南郡（今荆州）即有汇集各县河堤长度和开垦耕地的统计文书（《香港中文大学文物馆藏简牍》河堤简·校读）。

荆江大堤兴筑始自东晋永和年间（345—356年）。此后直到明代，沿江分段修筑寸金堤、沙市堤、黄潭堤、文村堤、周公堤、李家埠堤等，这些堤段与堤段之间，在不同的历史时期均有穴口相间隔，一个或几个堤段与穴口分流水道两岸的堤防相连，形成大围垸堤的形式。随着穴口的湮塞或人为堵筑，这些堤段不断相连、归并，以致形成沿江一线堤防。明嘉靖年间（1542年），郝穴被堵塞之后，枣林岗至拖茅埠的堤防连成一线。清顺治七年（1650年）监利庞公渡堵筑后，江陵至监利的堤防连成一线。

荆江左岸长江干堤（又称江北长江干堤）最初是由许多零星分散的堤垸逐渐加培连接演变形成统一的堤防。南宋时，江堤自监利东接汉阳，长百数十里，名长官堤。明万历十年（1582年）堵塞茅江口，并向下修筑堤防。至明万历四十三年（1615年）堤防自上而下修至汉阳玉沙界（今燕窝水府庙）。清代，在明末沿江堤防的基础上进行加培，形成统一的沿江堤防。

荆江右岸上段松滋江堤老皇城堤，史载修建于东晋时期。北宋期间，石首县令谢麟在县西五里处叠石筑堤，民得安堵，号"谢公堤"。因修堤用米万石，故又称"万石堤"。南宋建炎年间（1127—1130年），宋以江南之力，抗金人入侵之师，兵食常不足，遂为荆南留屯之计，多将湖潴开垦田亩，复沿江筑堤以御水，塞南北诸古穴。南宋乾道七年（1171年）湖北漕臣李焘在江陵府西二十里处修筑虎渡堤（《读史方舆纪要》卷782）。宋端平三年（1236年）孟珙筑公安沿江五堤以御水。元大德七年（1303年）竹林港堤溃，自是不时决溢，迨明初修筑沿江一带堤塍，西北接江陵上灌洋，东南接石首新开堤，堤长一万二千五百余丈（《嘉庆重修一统志》卷345）。同期，石首筑"新兴堤，在县西南七十里，元大德中筑，以防竹林港水患"（《读史方舆纪要》卷78《石首县下》）。明嘉靖四十五年（1566年）荆州知府赵贤计议重修江陵、监利、枝江、松滋、公安、石首六县大堤五万四千余丈，务期坚厚，经三冬，六县堤防修建成功（《天下郡国利病书·卷74》）。

汉江堤防，据《楚北水利堤防纪要》载："嶓冢导漾，东流为汉，南入于江，古无堤塍，每水泛涨，两岸漫溢，以湖为壑，以岗为堤。五代后唐南平王高季兴于开平元年(907年)，令民筑堤自安远镇北禄麻山（今沙洋），南潜江至沱步渊，延亘130里，以障襄汉之水，统名"高氏堤"。此为汉江筑堤之始。左岸堤防唐时即有决堤的记载。《钟祥县志·1990年》载："唐长庆四年（824年），郢中汉水大涨，决堤"，"南宋淳熙十三年(1185年)，知郢州孙庭坚筑堤御汉水未成，受代继守张孝曾续之百里"。明嘉靖元年(1522年)，以保护献陵风水为由，堵塞自钟祥至潜江汉水北岸九口，汉北堤防形成，上游水势统归一路。到明代，汉江钟祥以下南北堤防已基本建成，东荆河亦在民垸堤防的基础上逐段形成，至新中国成立初期东荆河堤左岸堤防自泽口至沔阳太阳垴止，右岸堤防自泽口至高潭口止，其下仍江湖相通。

荆州境内的洲滩民垸较多，多挽筑于明末清初。

1973年后，由于内垸水系治理、防渍堤增多以及外滩围垸等原因，至1985年荆州地区堤防总长已达5195.5千米，其中，干堤1681.44千米，支堤858.09千米，民堤1019.32千米，内垸重要防渍堤1636.65千米，见表5-3-2。保护农田1236.98万亩，人口800.4万人。

1994年10月，撤荆州地区，建荆沙市，行政区域有所变动，堤防长度相应变化，至2012年堤防长度为2866.682千米，其中，荆江大堤182.35千米，监利洪湖长江（江左）干堤232.00千米，荆南长江（江右）干堤189.02千米，江右分洪区干堤265.203千米，洪湖分蓄洪区主隔堤64.82千米，东荆河堤128.45千米，支堤752.341千米，见表5-3-2。

新中国成立初期，荆州地区各类堤防长4384.5千米。经采取合堤并垸，河道裁弯取直，内河水系治理等措施，1973年全区各类堤防总长4173千米，见表5-3-1。荆州地区堤防基本情况见表5-3-2，荆州市干支堤防基本情况见表5-3-3。

荆汉襄三段官民堤防图如图5-3-1。

表5-3-1　　1973年荆州地区堤防长度统计表　　单位：km

县（市、区）	合计长度	其中						
		荆江大堤	长江干堤	汉江干堤	东荆河堤	支堤	民堤	内垸重要防渍堤
全区总计	4173.038	182.350	668.130	456.017	316.750	818.389	1142.565	588.837
沙市	16.10	13.500	—		—	—	—	2.600
江陵	287.497	121.350	24.730		—	25.296	85.021	31.100
监利	397.330	47.500	96.450		37.400	26.700	135.280	54.000
洪湖	517.010	—	135.460		91.050	—	34.500	256.000
松滋	275.685		29.440		—	147.266	98.979	—
公安	860.608		300.850			361.839	121.169	76.750
石首	392.509		81.200	—	—	147.738	163.571	—
潜江	242.067		—	85.255	67.300	—	27.500	62.012
沔阳	520.807			133.307	121.000	39.500	227.000	—
天门	312.752			137.702	—	70.050	—	105.000
荆门	74.500			14.890		—	58.235	1.375
钟祥	276.173			84.863			191.310	—

表 5-3-2

1985 年荆州地区堤防基本情况表

堤别	河岸别	县别	起止地点	堤段长度/km	水尺控制点	有关水位 设防水位/m	警戒水位/m	保证水位/m	历年最高水位/m	发生年月	附近堤顶高程/m	堤面宽度/m 最宽	一般	最窄	堤身垂直高度/m	边坡 内坡	外坡	管理人员 合计	其中:亦工亦农
干堤				1681.44		—	—	—	—	—	—	—	—	—	—	—	—	—	—
一、长江干堤				908.67		—	—	—	—	—	—	—	—	—	—	—	—	—	—
1. 荆江大堤				166.85		—	—	—	—	—	—	—	—	—	—	—	—	—	—
	长江左	江陵	麻布拐—枣林岗	119.35	二郎矶	41.50	43.00	确保	44.67	1954 年 8 月	46.88	33	8	6	5~12.0	1:3~1:5	1:3	175	50
		监利	城南—麻布拐	47.50	姚圻脑	32.50	34.00	确保	36.62	1954 年 8 月	38.33	—	—	—	7~11.0	1:04	1:3	99	12
2. 长江干堤				455.72	—	—	—	—	—	—	—	—	—	—	—	—	—	—	—
	长江左	监利	城南—韩家埠	96.45	姚圻脑	32.50	34.00	36.62	36.62	1954 年 8 月	39.33	8	6	—	5.5~10	1:3~1:5	1:3	—	—
		洪湖	韩家埠—胡家湾	138.55	石码头	29.50	31.00	32.52	32.52	1954 年 8 月	34.59	10	6	4	3.5~7.0	1:03	1:3	76	9
	长江右	松滋	灵钟寺—罗家潭	26.74	涴市	43.00	44.00	45.37	45.37	1954 年 8 月	47.9	—	6	4	5~6.0	1:03	1:3	33	10
		江陵	罗家潭—太平口	10.26	陈家湾	42.00	43.00	44.72	44.72	1954 年 8 月	45.98	—	6	4	5~6.0	1:03	1:3	—	—
		公安	太平口—藕池口	95.80	抖湖堤	40.00	41.00	42.72	42.72	1954 年 8 月	44.18	7	6	—	5~9.0	1:3~1:5	1:3	101	37
		石首	老三咀—五马口	87.92	北门口	37.00	38.00	39.89	39.89	1954 年 8 月	41.71	—	6	—	6~7.0	1:3	1:3	66	34
3. 南线大堤	安乡河右	公安	藕池口—南闸	22.00	藕池	38.50	39.50	确保	42.08	1954 年 8 月	45.02	—	7	—	0.5~9.8	1:3~1:5	1:3	—	—
4. 虎东干堤	虎左	公安	北闸—南闸	90.58	闸口	38.60	39.60	42.25	42.25	1954 年 8 月	42.8	—	6	—	6~9.0	1:03	1:3	—	—
5. 虎西干堤	虎右	公安	大至岗—黄山头	38.50	闸口对岸	38.60	39.60	41.00	—	—	42.21	—	—	—	—	—	—	—	—
6. 安全区围堤		公安	20 处	53.05		—	—	—	—	—	—	—	—	—	—	—	—	—	—
7. 涴里隔堤				17.22		—	—	—	—	—	—	—	—	—	—	—	—	—	—
		松滋	涴市—土桥子	2.70		—	—	—	—	—	—	—	—	—	—	—	—	—	—
		江陵	土桥子—里甲口	14.52		—	—	—	—	—	—	—	—	—	—	—	—	—	—
8. 洪排主隔堤				64.75		—	—	—	—	—	—	—	—	—	—	—	—	—	—
		监利	半路堤—新市	27.70		—	—	32.50	—	—	34.70	8	8	8	9~11	1:3	1:2	—	—
		洪湖	新市—高潭口	37.05		—	—	32.50	—	—	34.70	8	8	8	8~9.7	1:3	1:3	—	—

续表

堤别	河岸别	县别	起止地点	堤段长度/km	水尺控制点	有关水位					附近堤顶高程/m	堤面宽度/m			堤身垂直高度/m	边坡		管理人员	
						设防水位/m	警戒水位/m	保证水位/m	历年最高水位/m	发生年月		最宽	一般	最窄		内坡	外坡	合计	其中：亦工亦农
二、汉江干堤				456.017		—	—	—	—	—	—	—	—	—	—	—	—	—	—
1. 遥堤				55.265															
	江汉左	钟祥	上罗汉寺—汉宜路	39.463	大王庙	43.60	44.60	47.02	47.02	1964年10月	48.15	15	10	8	9.7	1:3～1:5	1:3	212	176
		天门	汉宜路—多宝湾	15.80	新城对河	40.80	41.80	41.80	44.28	1964年10月	54.33	10	8	8	8.0	1:3	1:3	308	267
2. 干堤				313.245		—	—	—	—	—	—	—	—	—	—	—	—	—	—
	江汉左	天门	多宝湾—芦林口	121.900	岳口	36.90	38.50	40.70	40.62	1964年10月	41.84	10	8	6	8.0	1:3	1:3	—	—
	汉江右	荆门	沙洋—界址牌	14.890	新城	40.80	41.80	44.28	44.28	1964年10月	45.19	10	6	5	8.0	1:3	1:3	24	17
		潜江	界址牌—大王庙	58.939	泽口	38.80	40.40	42.70	42.64	1964年10月	43.86	10	8	6	8.5	1:3	1:3	181	161
	东荆河首	潜江	龙头头拐—田关彭家祠	26.316	陶朱埠	38.40	40.00	42.30	42.26	1964年10月	43.38	8	8	4	6.0	1:3	1:3	— —	— —
	汉江右	沔阳	大王庙—脉旺嘴	91.200	仙桃	34.10	35.10	36.30	36.22	1964年10月	37.37	8	6	4	7.5	1:3	1:3	244	207
3. 分洪道堤	左右两岸	沔阳	村家台—周家帮	42.107	严家滩	28.60	29.60	31.50	—	—	32.40	—	—	—	—	—	—	—	—
4. 大柴湖围堤	汉江左	钟祥	余家山头—旧口	45.400	倒口	44.30	45.80	48.10	47.02	1964年10月	49.75	10	8	6	9.0	1:3	1:3	—	—
三、东荆河堤				316.750		—	—	—	—	—	—	—	—	—	—	—	—	—	—
1. 左岸堤				156.880		—	—	—	—	—	—	—	—	—	—	—	—	—	—
	东荆河左	潜江	柴家剅—渔洋镇	35.540	陶朱埠	38.40	40.00	42.26	42.26	1964年10月	43.12	6	5	4	8.4	1:3	1:3	30	13
			幸福闸	0.340	幸福闸	35.20	36.50	38.03	38.03	1964年10月	39.00	—	4～5	—	—	1:3	1:3	—	—
		沔阳	渔洋镇—三合垸	121.000	白庙	31.00	32.30	34.06	34.06	1964年10月	34.93	8	5～6	4.5	7.0	1:3	1:3	25	4
2. 右岸堤				159.870		—	—	—	—	—	—	—	—	—	—	—	—	—	—
	东荆河右	潜江	田关—廖刘月	31.420	高湖台	37.00	38.50	41.16	41.16	1964年10月	42.00	6	5	4	8.4	1:3	1:3	—	—
		监利	廖刘月—雷家台	37.400	新沟嘴	35.70	37.00	39.04	39.04	1964年10月	39.50	8	5	3.5	8.2	1:3	1:3	17	6
		洪湖	雷家台—胡家湾	91.050	万家坝	32.00	33.30	35.41	35.41	1964年10月	36.10	6	5～6	4	7.5	1:3	1:3	28	8

续表

堤别	河岸别	县别	起止地点	堤段长度/km	水尺控制点	有关水位 设防水位/m	警戒水位/m	保证水位/m	历年最高水位/m	发生年月	附近堤顶高程/m	堤面宽度/m 最宽	一般	最窄	堤身垂直高度/m	边坡 内坡	外坡	管理人员 合计	其中：亦工亦农
四、支堤				858.090		—	—	—	—	—	—	—	—	—	—	—	—	—	—
1. 松西支堤				203.672		—	—	—	—	—	—	—	—	—	—	—	—	—	—
	松右	松滋	天王庙—窑沟王	69.842	新江口	42.50	43.50	45.77	45.77	1954年8月	47.70	8～6	4～6	4	6.7～7.0	1∶3	1∶3	132	105
		公安	窑沟子—杨家垱	37.390	郑公渡	38.60	40.00	41.62	41.62	1954年8月	43.60	6	4	3	3.0～8.0	1∶3	1∶3	—	—
	松械	松滋	保丰闸—八宝闸	24.500	王家渡	43.70	44.70	46.40	45.27	1954年8月	48.50	8	6	4	6.5	1∶3	1∶3	104	92
		公安	肖家嘴—葫芦坝	71.940	郑公渡	38.60	40.00	41.62	41.62	1954年8月	43.60	8	4	3	3.0～8.0	1∶3	1∶3	—	—
2. 松东支堤				236.698		—	—	—	—	—	—	—	—	—	—	—	—	—	—
	松右	松滋	保丰闸—八宝闸	26.500	王家渡	43.70	44.70	46.40	45.27	1954年8月	48.50	8	6	4	6.5	1∶3	1∶3	104	92
		公安	肖家嘴—葫芦坝	63.710	港关	39.00	40.50	41.94	41.94	1954年8月	43.13	8	4	3	3.0～8.0	1∶3	1∶3	—	—
	松左	松滋	罗家坛—米积台	30.538	沙道观	42.50	43.58	45.21	45.21	1954年8月	47.50	8	6	4	4.0～6.0	1∶3	1∶3	30	12
		公安	米积台—新渡口	115.950	港关	39.00	40.50	41.94	41.94	1954年8月	43.13	7	4	3	3.0～10	1∶3	1∶3	—	—
3. 虎西支堤				54.800		—	—	—	—	—	—	—	—	—	—	—	—	—	—
	虎右	江陵	太平口—里甲口	25.300	弥市	41.00	42.00	44.15	44.15	1954年8月	45.65	10	6	—	7.0	1∶3	1∶3	—	—
		公安	里甲口—大至岗	29.500	李家大路	41.00	42.00	44.00	—	1954年8月	45.40	8	4	3.5	3.0～8.0	1∶3	1∶3	—	—
4. 藕池河堤				110.300		—	—	—	—	—	—	—	—	—	—	—	—	—	—
①联合垸堤	藕右	石首	小新口—新口	70.500	藕池	38.50	39.50	确保	(40.07) (42.08)	1954年8月	40.95	6	6	6	4.0～7.0	1∶3	1∶3	71	71
②六合垸堤	藕右	石首	枚田湖—石华剅	27.800	团山寺	36.50	37.50	38.47	38.47	1954年8月	39.80	6	6	6	4.0～7.0	1∶3	1∶3	20	20
③横堤垸堤	藕左	石首	老山嘴—玉并安	12.000	藕池	38.50	39.50	确保	(40.07) (42.08)	1954年8月	41.16	6	6	6	2.1～6.7	1∶3	1∶3	15	15

续表

堤别	河岸别	县别	起止地点	堤段长度/km	水尺控制点	有关水位					附近堤顶高程/m	堤面宽度/m			堤身垂直高度/m	边坡		管理人员	
						设防水位/m	警戒水位/m	保证水位/m	历年最高水位/m	发生年月		最宽	一般	最窄		内坡	外坡	合计	其中：亦工亦农
5. 调关河堤				10.100		—	—	—	—	—	—	—	—	—	—	—	—	—	—
	调左	石首	木剅口—孟常湖	4.000	调关	36.50	37.5	38.44	38.44	1954年8月	39.45	5	5	5	4.8～5.3	1∶3	1∶3	5	5
	调右	石首	焦山镇—蒋家冲	6.100	调关	36.50	37.5	38.00	38.44	1954年8月	39.55	5	5	5	3.8～8.2	1∶3	1∶3	7	7
6. 人民大垸堤				74.300		—	—	—	—	—	—	—	—	—	—	—	—	—	—
	长江左	石首	扩坛口——弓堤	47.600	北门口	37.00	38	39.89	39.89	1954年8月	42.17	6	6	6	4～8	1∶3	1∶3	48	47
		监利	冯家堤—杨家湾	26.700	流港	33.00	35	37.73	37.73	1954年8月	40.00	8	6	5	5.5	1∶2.5	1∶3	28	28
7. 虎西山岗堤	虎右	公安	大至岗—黄山头之间（18段）	10.610		—	—	—	—	—	—	—	—	—	—	—	—	—	—
8. 淞水堤				47.810		—	—	—	—	—	—	—	—	—	—	—	—	—	—
	淞左	松滋	青羊山—桂花树	11.000	雷家嘴	39.00	40.50	41.50	42.47	1954年8月	46.50	6	5	4	7	1∶3	1∶3	18	16
		公安	桂花树—刘家嘴	15.650	法华寺	39.00	40.50	42.50	42.5	1954年8月	44.21	5	4	3.5	3～8	1∶3	1∶3	—	—
	淞右	公安	石子滩—汪家汊	21.160	法华寺	39.00	40.50	42.50	42.5	1954年8月	44.21	5	4	3.5	3～8	1∶3	1∶3	—	—
9. 泛区围堤		沔阳	太阳垴—周家帮	39.500	何帮	26.50	27.50	30.00	31.49	1954年8月	30.50	—	—	—	—	—	—	—	—
10. 汉北河堤				70.300		—	—	—	—	—	—	—	—	—	—	—	—	—	—
	汉北右	天门	万家台—苗集沮	34.200	管理段	27.50	28.50	30.00	28.5	1970年5月	31.58	7	7	6.5	5～6	1∶3	1∶3	—	—
	汉北左	天门	万家台—肖严湖	36.100	管理段	27.50	28.5	30	29.5	1970年5月	31.40	6.5	5	4.5	5～6	1∶3	1∶3	92	79

注 荆江大堤不含沙市市堤长 15.5km。

表 5-3-3

2011年荆州市干支堤防基本情况表

序号	堤别	岸别	县（市、区）	起止地点（桩号）	堤长/km	相关水位/m							备注
						控制站		防汛水位			最高洪水位		
						地点	附近堤顶高程	设防水位	警戒水位	保证水位	水位	时间	
一	全市堤防	合计			2866.68								
	长江				1061.840								
1	荆江大堤	小计		枣林岗—监利城南（810+350～628+000）	182.350								直接挡水71.2km
		左	荆州区	810+350～761+500	48.850	沙市	46.88	42.00	43.00	45.00	45.22	1998年8月17日	
			沙市区	761+500～754+500	7.000								
			开发区	754+500～741+500	13.000								
			江陵县	741+500～675+500	66.000								
			监利县	675+500～628+000	47.500	城南		34.00	35.50	37.23	38.31	1998年8月17日	
2	长江干堤				452.02								
	（1）监利洪湖长江干堤	小计			232.000								
		左	监利县	628+000～531+550	96.450	城南		34.00	35.50	37.23	38.31	1998年8月17日	
			洪湖市	531+550～398+000，新滩口引河段2.0km	135.550	螺山		31.00	32.00	34.01	34.95	1998年8月20日	
	（2）荆南长江干堤	小计		灵忠寺—五码口	220.02								
		右	松滋市	712+500～710+260	26.74	新江口	47.10	43.00	44.00	45.77	46.18	1998年8月17日	含松滋江堤24.6km
			荆州区	710+260～700+000	10.260	沙市	46.88	42.00	43.00	45.00	45.22	1998年8月17日	
			公安县	696+800～601+000	95.700	沙市	46.88	42.00	43.00	45.00	45.22	1998年8月17日	
			石首市	585+000～497+600	87.32	石首		37.50	38.50	40.38	40.94	1998年8月17日	

续表

序号	堤别	岸别	县（市、区）	起止地点（桩号）	堤长/km	相关水位/m							备注
						控制站		防汛水位			最高洪水位		
						地点	附近堤顶高程	设防水位	警戒水位	保证水位	水位	时间	
3	南线大堤	右	公安县	倪家塔—拦河坝（601+000～579+000）	22.000	沙市	46.88	42.00	43.00	45.00	45.22	1998年8月17日	
4	虎东干堤	左	公安县	北闸—黄山头（0+000～90+580）	90.880	闸口	43.91	39.50	40.00	42.25	42.48	1998年7月25日	（虎渡）河
5	虎西干堤	左	公安县	大至岗—黄山头（2+000～40+480）	38.480	闸口	43.91	39.50	40.00	42.25	42.48	1998年7月25日	（虎渡）河
6	涴里隔堤		松滋市、荆州区	涴市—里甲口（10+000～17+223）	17.223								
			（1）松滋市	0+000～+2+700	2.700								
			（2）荆州区	2+700～17+150	14.523								
7	荆江分蓄洪区安全区围堤		公安县	19个安全区	52.990								
8	虎西备蓄区山岗堤		公安县	大至岗—马鞍山（0+000～43+630）	43.630								
9	洪湖分蓄洪区主隔堤		洪湖市、监利县	高潭口—半路堤（0+000～64+820）	64.820								
			（1）洪湖市	0+000～37+000	37.000								
			（2）监利县	37+000～64+820	27.820								
10	东荆河堤		监利县、洪湖市	44+660～173+050	128.450								
			（1）监利县	44+660～63+900	19.24	新沟嘴		35.70	37.00	39.04	39.05	1983年10月11日	
				63+900～82+000	18.1	郭口		34.00	35.20	36.75			
			（2）洪湖市	82+000～135+000	53	中革岭		30.50	31.80	32.90			
				135+000～173+050	38.05	唐嘴		28.50	29.50	30.53			

续表

序号	堤别	岸别	县（市、区）	起止地点（桩号）	堤长/km	相关水位/m							备注
						控制站		防汛水位			最高洪水位		
						地点	附近堤顶高程	设防水位	警戒水位	保证水位	水位	时间	
二	支堤	合计			786.12								
1	松西河支堤	小计			176.280								
		左	松滋市、公安县	北矶垴—永丰豆（0＋000～86＋325）	83.240								
			（1）松滋市	0＋000～24＋500	24.500	新江口	47.10	43.00	44.00	45.77	46.18	1998年8月17日	
			（2）公安县	27＋000～86＋325	58.740	郑公渡	43.50	39.00	39.50	41.62	43.26	1998年7月24日	
		右	松滋市、公安县	天王堂—杨家垱（0＋000～94＋240）	93.040								含松滋江堤16.8km
			（1）松滋市	0＋000～55＋650	55.650	新江口	47.10	43.00	44.00	45.77	46.18	1998年8月17日	
			（2）公安县	56＋233～94＋240	37.390	郑公渡	43.50	39.00	39.50	41.62	43.26	1998年7月24日	
2	松东河支堤	小计			205.88								
		左	松滋市、公安县	灵钟寺—新渡口（0＋000～103＋900）	102.940								含松滋江堤9.8km
			（1）松滋市	0＋000～30＋500	30.500	沙道观	47.10	43.00	44.00	45.21	45.51	1998年8月17日	
			（2）公安县	30＋500～103＋900	72.440	黄泗嘴	43.50	37.50	38.50	39.62	41.93	1998年7月24日	
		右	松滋市、公安县	北矶垴—永丰豆（0＋000～90＋963）	94.750								
			（1）松滋市	0＋000～26＋500	26.500	沙道观	47.10	43.00	44.00	45.21	45.51	1998年8月17日	
			（2）公安县	27＋000～90＋963	68.250	黄泗嘴	43.50	37.50	38.50	39.62	41.93	1998年7月24日	
3	松滋新河堤	小计			18.510								
		左	松滋市	飞凤山—太山庙（0＋000～8＋580）	8.580	新江口	47.10	43.00	44.00	45.77	46.18	1998年8月17日	

续表

序号	堤别	岸别	县（市、区）	起止地点（桩号）	堤长/km	相关水位/m							备注
						控制站		防汛水位			最高洪水位		
						地点	附近堤顶高程	设防水位	警戒水位	保证水位	水位	时间	
3	松滋新河堤	右	松滋市	关洲—太山庙（0+000～9+930）	9.930	新江口	47.10	43.00	44.00	45.77	46.18	1998年8月17日	
4	虎渡河支堤	小计			60.017								
		左	公安县	南管所—麻雀嘴（0+000～5+231）	5.231	白家岗		37.00	38.00	39.50	40.18		（永兴垸支堤）
		右	荆州区、公安县	飞钟山—大至岗（1+100～54+825）	54.786								
			（1）荆州区	1+00+25+000	25.296	弥市	46.81	42.00	43.00	44.15	44.90	1998年8月17日	
			（2）公安县	25+000～54+825	29.490	闸口	43.91	39.50	40.00	42.25	42.48	1998年7月25日	
5	官支河支堤	小计			43.507								
		左	公安县	黄家革—蒲田嘴（0+000～21+848）	21.848	斑竹垱		40.50	41.50	43.63	43.84		
		右	公安县	同丰尖—蒲田嘴（0+000～21+659）	21.659	斑竹垱		40.50	41.50	43.63	43.84		
6	苏支河支堤	小计			11.429								
		左	公安县	松黄驿—南音阁（0+000～5+844）	5.884	斑竹垱		40.50	41.50	43.63	43.84		
		右	公安县	松黄驿—南音阁（0+000～5+545）	5.545	港关	44.00	39.50	40.00	41.94	43.18	1998年7月24日	
7	淤水河支堤	小计			47.808								
		左	松滋市、公安县	青羊山—刘家嘴（0+000～26+653）	26.653								

续表

序号	堤别	岸别	县（市、区）	起止地点（桩号）	堤长/km	相关水位/m							备注
						控制站		防汛水位			最高洪水位		
						地点	附近堤顶高程	设防水位	警戒水位	保证水位	水位	时间	
7	涴水河支堤	左	（1）松滋市	0＋000～11＋000	11.000	法华寺	45.00	39.50	40.50	42.32	43.39	1998年7月24日	
			（2）公安县	11＋000～26＋653	15.653	法华寺	45.00	39.50	40.50	42.32	43.39	1998年7月24日	
		右	公安县	石子潭—汪家汊（0＋000～21＋155）	21.155	法华寺	45.00	39.50	40.50	42.32	43.39	1998年7月24日	
8	藕池河支堤	小计			118.9	江波渡	39.80	36.00	37.00	38.53	38.53	1998年8月19日	
		左	石首市	老山嘴—南河坝（0＋000～16＋000）	16.000	管家铺		37.50	38.50	39.50	40.28	1998年8月17日	
		右	石首市（包括安乡河、团山河和联合垸隔堤）		102.9	团山寺	39.04	36.00	37.00	38.47	39.23	1998年8月17日	
9	调弦河支堤	小计			10.088	康家岗	41.50	37.50	38.50	39.87	39.87	1954年8月8日	
		左	石首市	木豆河—小新口（0＋000～4＋016）	4.016	调关		36.00	37.00	38.44	40.04	1998年8月17日	（调关支堤）
		右	石首市	蒋家冲—焦山河（0＋000～6＋072）	6.072	调关		36.00	37.00	38.44	40.04	1998年8月17日	（东干支堤）
10	人民大垸支堤		监利县、石首市		74.200								
			（1）监利县		26.700			37.00	38.00	39.58	39.58	1954年8月8日	37.00
			（2）石首市		47.500			33.50	35.00	37.73	37.73	1954年8月8日	33.50
三	其他支民围堤、垸堤				990.12								

注 1. 松滋江堤（老城—胡家岗 16.8km；新场—灵钟寺 9.89km；灵钟寺—宛里隔堤 24.60km）长 51.29km；
2. 南线大堤分洪时水位控制站为黄金口站、控制水位 42.0m；
3. 藕池、白家岗、斑竹垱、江波渡、团山寺、调关、流港等为县级自定控制站；
4. 资料来源：2013 年《荆州市水利工作手册》。

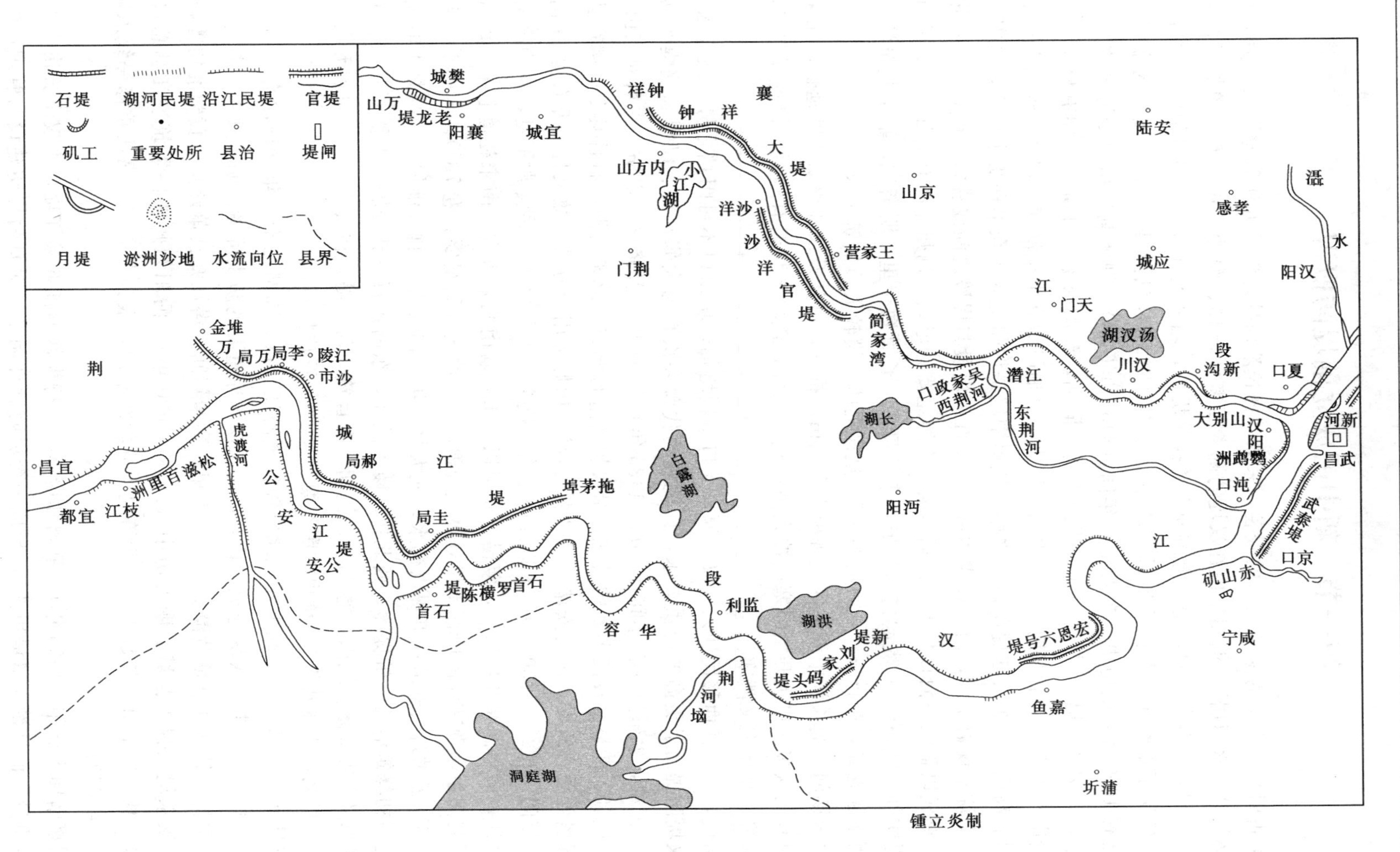

锺立炎制

图5-3-1 荆汉襄三段官民堤防图（摘自民国十四年）

第一节 新中国成立前堤防概况

上古时代，人类为避免洪水的侵袭，采取“择丘陵而处之”的办法躲避洪水。为了生存又必须“择水而居”。荆州境内江汉堤防随着云梦泽解体、泥沙淤积、人口增加以及军事屯垦等因素，由高地向低地、上游向下游挽筑堤垸，堵塞通江穴口，将分散的堤垸合并而成。经历了艰难而又漫长的岁月。从东晋陈遵（346年前后）监修荆州城外的金堤算起，已有1600多年的历史。东晋永和年间（345—356年），荆州刺史桓温令陈遵修筑江堤防水，时称“金堤”，是为荆江大堤的缘起。同期，江南松滋长江堤防亦始有修筑。五代后唐南平王高季兴节度荆南，筑堤以障汉水，自荆门绿麻山至潜江沱埠湖，连亘百三十里，因名高氏堤，为汉江堤防修筑之始。筑堤围垸是荆州地区民众早期御水措施，自宋以来所筑堤垸不仅数量多，而且独成体系，且滨江河堤段与堤段之间或有穴口或有低洼地相隔，自形成以临江一面百数十里。据《读史方舆纪要》记载，荆州除南有荆江大堤，北有汉江堤防外，“旧有长官堤起监利县境，东接汉阳，长百数十里，明渐圮。嘉靖复筑滨江堤防西南起龙渊，东止玉沙，万有余丈”，这段堤防规模较大，始筑于宋。

两宋期间，受长江中游地区大规模军事屯田的推动，荆江及汉江堤防不断延长，江汉两岸原有的众多穴口也开始湮塞或被人为堵筑。元代，筑堤之势略有趋缓，曾重开穴口，以消水势，至元末又湮塞。

明代，大量江西移民迁入江汉平原，人口急剧增加，垸田以不可阻挡之势发展起来，对江汉堤防提出了更高的防洪要求，因此在明代曾多次普遍大修江堤、汉堤和垸堤。据《明史》记载，永乐至宣德年间（1403—1435年），荆州境内普修汉江堤防，先后对京山、天门、监利、江陵、枝江等地的沿江、沿汉堤防进行修筑。北宋时期，石首县令谢麟在县西北五里处叠石筑堤，民得安堵，号“谢公堤”。因修堤用米万石，故又称“万石堤。”南宋建炎年间（1127—1130年）。宋以江南之力，抗金人入侵之师，兵食常不足，遂为荆南留屯之计，多将湖潴开垦田亩，复沿江筑堤以御水，塞南北诸古穴。南宋乾道七年（1171年）湖北漕臣李焘在江陵府西十里处修筑虎渡堤（《读史方舆纪要》卷782）。宋端平三年（1236年）孟珙筑公安沿江五堤以御水。元大德七年（1303年）竹林港堤溃，自是不时决溢，迨明初修筑沿江一带堤塍，西北接江陵上灌洋，东南接石首新开堤，堤长一万二千五百余丈（《嘉庆重修一统志》卷345）。同期，石首筑“新兴堤，在县西南七十里，元大德中筑，以防竹林港水患”（《读史方舆纪要》卷78《石首县》）。

嘉靖元年（1522年）堵塞汉江北岸钟祥至潜江九口。嘉靖二十一年（1542年）荆江北岸郝穴口堵塞，荆江大堤连成一体，成为江汉平原重要的防洪屏障。明天顺中，荆州知府钱昕主持修筑潜江县境黄潭堤，长几百里。嘉靖年间，潜江知县萧廷选、黄学准均曾修筑潜江汉水堤以捍护县城。明万历中（1573—1620年），沔阳知州郭侨重筑潜江县总口堤，堤在县南四十里，长数十里。所筑堤十分壮阔坚固，很为著名（《嘉庆重修一统志》卷345、卷349）。

明嘉靖四十五年（1566年），荆州知府赵贤主持大修荆江6县江堤，不仅十分讲究堤防修筑质量，而且设立《堤甲法》，形成一套堤防管理制度，对日后堤防建设与管理产生重要影响。

清代，荆州江汉堤防继续延伸和加固，初步形成沿江沿汉的堤防体系，其长度已接近现代堤防长度，并形成堤防岁修防守、堤防管理以及奖惩的一些章程。清顺治七年（1650年），监利庞公渡堵筑，监利长江干堤连成一线。乾隆四十五年（1780年）荆州大水，朝廷准奏修筑钟祥、潜江月堤，自钟祥永兴观至保堤观筑月堤长997丈，殷家湾溃口筑月堤253丈，潜江县长一上垸筑月堤1086丈。乾隆五十三年（1788年），荆州再发大水，荆江大堤御路口以上多处溃决，荆州城内“官廨民房倾圮殆尽，仓库积储漂流一空，水渍丈余，两月方退，兵民淹毙万余……下乡一带田庐尽被淹没，诚千古奇灾也”（民国《湖北通志》卷42）。灾后，朝廷发帑银二百万两，大修荆江堤防，汛后调宜都、随州、襄阳、武昌等12个县的民工并由知县带队负责修筑，共完成土方388.5万立方米。并颁布荆江大堤的岁修条例。经清代初期康（熙）、雍（正）、乾（隆）三世的大力修筑，荆江大堤的抗洪能力不断增强。

道光三年至五年（1823—1825年），朝廷组织修理重要江汉堤段及堤垸，包括万城大堤、监利长江干堤以及天门江汉堤段。由于京山王家营堤屡决，道光七年（1827年）朝廷组织修理此堤（《清史稿》卷129）。道光十一年（1831年）江汉大水溃决堤垸70余处，湖广总督卢坤、湖北巡抚杨泽曾请动用帑银29万两堵筑溃口堤，修公安、监利沿江大堤，修天门汉水南岸堤防，当年共修筑溃决堤3.3万余丈（《续行水金鉴》卷3）。道光十三年（1833年）御史朱逵吉请疏江汉支河以弥水患。道光十四年（1834年）浚天门牛蹄支河及石首、潜江等县支河，修筑滨临江汉各堤，包括荆州万城大堤。潜江、钟祥、京山、天门、沔阳、汉阳临江决堤，以工代赈。道光二十年（1840年）湖广总督周天爵视察湖北灾情后，上奏“疏堵六章”，主张疏堵并用，为朝廷所看重。道光二十四年（1844年），万城堤李家埠溃决，荆州全城被淹，朝廷批准拨银1.8万两堵口，加固堤防（《续行水金鉴》）。

晚清时期，由于江汉平原的经济地位日益重要，加上水灾明显加剧，江汉堤防作用更加重要。光绪十九年（1893年）冬至次年春，荆州知府舒惠筹划和组织对万城堤沙市段进行培修，对原堤段加高3尺，并修建自康家桥至九杆桅的护岸工程。汛期，舒惠还督文武官员亲往堤管所办公和巡护，为保障堤防岁修及修理堤岸矶碌各工，采取以多种方式筹集堤防经费，如朝廷拨款，地方出资，商绅筹集，计亩分摊、募捐、贷款等。

民国时期（1912—1949年），社会动荡，水利事业发展缓慢而艰难。1912年4月，荆州万城堤工总局成立，设于沙市，专理万城堤工事务。1918年改称荆江堤工局。1921年，汉江大水，襄堤王家营堤段溃决，溃口自钟祥大王庙，下讫京山末屋台，口宽十余里，受灾区域有钟祥、京山、天门、潜江等11县，引起社会各界的强烈反映。9月，湖北督军兼省长肖耀南邀李开侁由北京回鄂主办堵口事宜，10月兴工筑堤，次年5月份堤工完成，堤线全长1638丈（约5460米），堤平均高度3丈（10米），脚宽18丈（60米），面宽3丈（10米）。

1926年洪水为灾，沿江沿汉堤防多处溃决。次年春开始修筑堤防，以堵筑溃口为主，次及挽筑月堤及加修护岸工程。主要工程分布于监利车湾，潜江简家湾，天门昔渊口，沔阳宏恩堤、张公堤，共耗用工款200余万元。

1931年，长江发生特大洪水，“江襄两岸及内河支流官堤民垸，什九非漫即溃。滔滔江汉，一片汪洋”。大灾之后，国民政府救济水灾委员会举贷美麦（即从美国贷麦）45万吨从事救济，以工代赈，修复堤防，分配于长江者17万吨约合1600万元。湖北省水利厅为修筑江汉干堤，于荆州特设置公安、三帝庙、车湾、沔阳、天门、天沔等工程处，组织工赈修堤，对江汉堤防进行一次培修加固，使堤之高度与1931年洪水齐平。

1935年，长江、汉江再发特大洪水，汉江丹江口站出现50000万立方米每秒的历史最大洪水，钟祥汉江堤决口口门宽达8余里，沿岸汪洋一片。荆江大堤在德胜寺及堆金台一带溃决，江陵、监利两县受灾严重，汛后，江汉两岸堤防工程耗费近140万元。汉江钟祥堵口及遥堤的修筑，动员军工民工15万以上，完成土方686.7万立方米。

抗日战争时期（1938—1945年），荆州沦为战区，江汉工程局因战事撤销。1940年2月，国民江防司令部为阻止日寇西侵，在监利以上江堤挖筑工事5099处，其中拖茅埠至监利间堤身整个挖断或毁坏至与滩地齐平者56处。荆江大堤受到严重破坏。至5月，方以防敌兼顾防水为原则，采取措施加以补救：各防水堤防的破堤口一律填平；沿堤与防水有关的工事亦加以填平；消滞渊出入口阻船堤坝，亦使之较两岸减低1米，以备涨水时仍可消泄。

1945年抗日战争结束后，江汉工程局所属各工务所相继恢复，开始实施江汉干堤的勘测与堵口复堤工程。1945年8月石首藕池口附近3处干堤相继溃决，公安县斗湖堤下朱家湾老堤溃口。汛后，江汉工程局拟定《湖北各湖河堤防善后救济计划》，计划首先堵复退挽，填筑军工，然后再择干堤最要者培修；并规定堤身标准为堤顶高出1931年洪水位1米，对堤顶宽度、堤坡等也作出相应规定。之后，江汉堤防以工代赈，连续两年进行修复。

民国时期，荆江大堤和长江干堤除了溃口必须堵复之外，对堤身防险加固所筑土方很少。如荆江大堤1945—1949年仅筑土方39.98万立方米，大堤的抗洪能力不断降低。

1948年5月，江汉工程局依堤防保护范围不同，将湖北省干堤划分为三级。凡保护田亩在20万亩以上，每千米保护田亩在4000亩以上者划分为第一级，荆州有荆江大堤，为湖北省上游重要堤防，上起江陵与枝江交界之万城，下迄江陵与监利交界之拖茅埠，蜿蜒135千米，分设9个分局。此堤不独为荆沙屏障，且为下游监、沔、京、潜各县门户。新滩口至荆江大堤总长398千米，保护农田600万亩。石首陈公西垸、罗城垸、横堤垸共长约47千米，保护农田20万亩。公安、江陵大兴垸、东大垸、大定垸、金城垸、虎东垸等，共长约100千米，保护农田800万亩。松滋七星垸、保益垸、大同垸共长约36千米，保护农田约33万亩。

至1949年，荆州有各类堤防4384.5千米。其中，荆江大堤124.0千米，长江干堤450.12千米，汉江干堤295.9千米，东荆河堤254.12千米，支民堤1960.4千米，内垸重要防渍堤1300千米。由于对堤防加培和除险投入（人力、财力）太少，江汉洪水位不断升高，堤防低矮单薄的状况未能改变。荆江大堤（按182.4千米计算）本体土方3439万立方米，每米土方量188立方米。大堤上下形态极为复杂，标准极不一致。1949年荆江大堤沙市堤顶高程比1931年的水位（43.52米）仅高1米，郝穴堤顶仅高出0.5米，堤面宽度仅李埠、万城两段共长2千米达到12.0米，其余都在3～5米，最窄者如郝穴堤有部分不足3米，内外坡比最大者1∶3，最小者仅1∶1.5，西李湾（桩号686+400），内坡1∶2.5，外坡1∶2.5，堤面宽只有2.9米，没有平台。汉江干堤（按368千米计算）本体土方4400万立方米，每米土方量119立方米。长江干堤每米的土方量比汉江干堤少，如监利县长江干堤按96.45千米计算，本体土方777.81万立方米，每米土方量81立方米。江汉堤防，由于年久失修、管理不善，又常遭人为破坏，至1949年已是低矮残破、千疮百孔，抗洪能力不断降低，溃决频繁。

第二节 新中国成立后堤防状况

（一）荆州堤防建设情况

新中国成立后，国家对堤防建设十分重视。根据1949年时堤防低矮残破、千疮百孔的现状，首先对堤防进行堵口复堤，整治重点险段，逐步恢复和提高堤防的抗洪能力。随后不断对堤防进行除患加固，抗洪能力不断改善和提高。

荆州的堤防建设大致分为几个阶段。

1949—1953年以堵口复堤，重点险段加固为主，"关好大门"。全面整修堤防，以防御1949年水位为准。

1954年大水以后至1958年，全面加培堤防，清除隐患，以防御1954年水位为准。

1969年湖北省水利厅提出江汉干堤按"三度一填"（堤顶高度、堤面宽度、内外坡度、填塘）的标准进行加固，又称战备加固期。荆江大堤按沙市水位45.00米，城陵矶水位34.40米，汉口水位29.73米，堤顶超过水位线1米，堤面宽8米，外坡比1∶3，内坡比1∶2～1∶5；距堤顶垂高3米，部分坡比按1∶3进行设计加固，3米以下按1954年汛期情况设计；未发现险情堤段内坡已达到1∶3者，维持现状，出现险情堤段增至1∶5。1974年设计标准为：堤顶高程按沙市水位45.00米，城陵矶水位34.40米，堤顶超高2米，堤顶宽度直接挡水堤段为12.0米，其余堤段为8米；内坡比1∶3～1∶5，外坡比1∶3；内外平台加宽至30～50米。填塘固基范围，依据渗流计算成果确定，重点险工段一般距堤内脚200米，堤外有民垸的堤段为100米。盖重厚度按渗透稳定需要确定。

（1）长江干堤加固。1998年以前，堤顶按1954年当地实有最高水位超高1米，面宽6米，内外坡1∶3进行加固，并在部分堤内内脚进行填塘。

（2）汉江干堤的加固标准。堤顶高度超过1964年洪水位1米，面宽6～8米（险工险段8米），内外坡1∶3，填塘护脚，迎水面30～50米。

对汉江遥堤，1953年提出"加强堤质，改善堤基，消灭隐患，兼顾加高"的方针。1951—1956年主要任务是整治堤外引河，除障和填塘固基，对低矮单薄堤段进行加固。1956提出全面加固，按1954年最高洪水位施工，曹家台堤以下高出1.5米。1964年大水后，按1964年最高水位加高。桩号311+200以下加高1米，以上加高1.5米，桩号297+200以下堤面宽为8米，以上至桩号311+200为10米，桩号311+200以上为12米。内外坡迎水面1∶3，背水面从堤肩下垂3米为1∶3，3米以下为1∶5。除堤外无滩的袁家洼和王家营堤段外，内外均已形成完整的禁脚带，背水面一般为30米，迎水面为50米。

（3）东荆河堤。1955年修筑洪湖隔堤，1956年元月完工。1963年修筑沔阳隔堤，东荆河两岸堤均与长江干堤联结，结束了洪水向内垸倒灌的历史。1966年开始，按防御1964年汉江洪水为标准进行加高培厚。1985年至1990年实施“三度一填”工程。中革岭以上堤顶高程按汉江1964年型洪水加高1米，面宽一般5米，重点6米，中革岭以下堤顶高程以长江1954年型洪水加高1米，面宽6米；全堤内外坡1∶3；填塘护岸堤内宽20～30米，堤外宽30～50米。

1998年大水后，国家加大堤防整治力度，把堤防加高加固作为江湖治理工作的重点。投入巨资，广泛采用新技术、新工艺、新材料，处理堤身、堤基的防渗问题，收到显著的效果。在堤防加高加固过程中，全部采用机械化施工，结束了千百年来全靠人力挑运的历史。堤防面貌发生了根本性改变。抗洪能力显著提高。

（4）荆江大堤。荆江大堤为江汉平原防洪屏障。2007年二期加固工程验收。荆江大堤虽经加固建设，但因其历史原因和限于当时的建设条件，建设标准总体偏低，堤基尚未进行全面防渗处理，堤身垂直高，部分堤段构筑复杂，大堤依然存在安全隐患，随着长江上游来沙的减少、三峡水库运行后，“清水下泄”造成的冲刷所引起的荆江河段的河势调整，护岸工程也要不断调整和加强。为此，实施“荆江大堤综合整治工程”，以整险为主，重点提高堤基的抗渗能力，按计划进行施工。

鉴于长江干堤在1998年抗洪斗争中出险多，抗洪能力低的情况，国家投入巨资，全面进行除险加固。建设标准：监利以下长江干堤按监利水位37.23米，城陵矶水位34.40米，螺山水位34.00米，汉口水位29.73米，堤顶超高2米，面宽8～10米，险工险段12米，内外坡1∶3，平台以下1∶4，外平台宽50米，高程达到设防水位。堤内平台宽30～50米，平台高程一般距堤顶7～8米，险工堤段6～7米，实际挡水堤段水头差4～6米。龙口以下（桩号454＋767）按洪湖分蓄洪区标准，设计分洪水位32.50米，另加安全超高2米。

（5）荆南长江干堤。按沙市水位45.00米，监利水位37.23米，堤顶超高1.5米，面宽8米，内外坡1∶3，内外平台30～50米，平台高程距堤顶6米的标准进行设计加固。

长江干堤加固已达到国家规定的设计标准。

（6）松滋江堤加固标准。按枝城来量80000立方米每秒，水位51.75米，推算至老城水位50.24米，涴市水位45.84米，堤顶超高1.5米，面宽6～8米（原民堤部分6米，干堤部分8米），内外坡1∶3。

（7）南线大堤。属国家1级堤防。自1952年修筑后，经过多次除险加固，堤基堤身抗洪能力显著增强。按分洪区水位42.00米，加安全超高3.6米，堤顶高程45.60米，已经达标。外平台除无滩堤段和安全区外，宽已达50.0米；内平台宽50.0米，高程37.00～37.50米。

（8）支堤。指荆南四河堤防。1998年以前以群众负担为主，按受益范围出工，国家给予少量补助。1998年以后，纳入洞庭湖治理规划，以国家投资为主。其加固设计标准：松滋河水系、虎渡河水系属西洞庭湖区，按1949年以来至1991年水位设计；藕池河水系、调弦河水系属东、南洞庭湖区，设计水位按1954年实测最高洪水位设计。虎渡河堤防又属荆江分洪区围堤，必须满足分蓄区内防御外江洪水标准。堤顶按设计水位超高1.5

米，面宽 6～8 米，内坡 1∶3，外坡 1∶2.5～1∶3。内坡设计堤顶以下 4～5 米设置平台，平台的宽度根据堤防保护的重要性具体确定。堤防加固措施包括：加高培厚、堤身灌浆、填塘固基、护坡护脚、涵闸整修、白蚁防治等。按设计标准施工。

（二）荆州堤防险情

新中国成立初期，荆州防洪最突出的问题有两个。一是境内长江、汉江河道的安全泄量小于上游的巨大来量，来量大，安全泄量小，来量与泄量不相适应，多余的洪水要找出路。这是造成江汉堤防决口频繁的重要原因，也是困扰荆州防洪的历史性难题。为此，1952 年修建荆江分洪工程；1956 年建成杜家台分洪工程；1973 年建成丹江口水库；2009 年建成三峡水库，极大地缓解了上下游泄量不平衡的矛盾，提高了防洪标准。荆州防洪的严峻形势趋向缓和。但上游洪水来量与河道安全泄量之间的矛盾依然存在。二是荆州堤防不但低矮单薄，还普遍存在三大险情：堤身隐患、堤基渗透和崩岸。

（1）堤身隐患。堤身因系多年加培而成，土质结构复杂，因管理不善以及人为破坏等原因，堤身存在很多隐患。尤以白蚁危害最为严重，全区堤防都有分布。1954 年荆江大堤因白蚁危害造成的大小漏洞有 5493 个，占全部险情的 93.8%；跌窝 162 处，占全部险情的 2.8%。白蚁密度最大的张家倒口 1000 米范围内就查出蚁患 194 处，平均 5.5 米就有 1 处。蚁洞最大直径有 2 米。据调查，荆江大堤有蚁患堤占 50.7%；长江干堤有蚁患堤占 26.6%；荆南四河堤有蚁患堤占 38%。汉江干堤 1952—1959 年查出蚁洞 8277 个，还有狗獾的危害。堤身还有军事工程、坟、窖、窑、屋基、剅闸、暗管、树蔸、煤渣、石料、砖渣、灰坑等。堤身杂草丛生，建有房屋和堤街。从 1951 年开始，首先清除堤身上的杂草、树木、军事工程、坟、窖、窑。1952 年冬开始推广黄河锥探查堤的先进办法，各流域开始组建锥探查堤的专业队伍。1954 年大水后，针对汛期发生的险情进行整险，开始拆除堤身上的房屋和堤街。1954—1964 年人工锥探采用灌沙，查明隐患范围，通过翻筑消除隐患。1964 年后改为灌浆密实堤身空洞和裂缝隐患。人工锥探的方法，锥眼间距 0.5 米，行距 1 米，呈梅花形排列，凭经验判断堤内隐患，做好标志以待翻筑。人工锥探的锥杆长 4～4.5 米，劳动强度大。1975 年后采用机械锥探灌浆，锥杆长 12 米，锥深 9 米。重点堤段反复锥探灌浆 5～6 遍。通过锥探灌浆，不仅可以消灭活的隐患（蚁、獾、蛇洞），许多死的隐患也被发现和处理。灌浆填充空洞、空隙，改善了堤质，增强了堤身的抗洪能力。

（2）堤基渗透。荆州境内堤防修筑在冲积土层之上，地面黏土覆盖层薄，其下便是细砂层，底层是强透水的砂卵石层。汛期，极易发生管涌险情。新中国成立后，对堤基渗透的整治方法采取“外截”“内导”以及导压兼施等措施。1998 年以前处理堤基渗透的方法主要是填塘（包括吹填放淤）、修筑内外平台、增加覆盖层厚度、在堤外抽槽填黏土防渗、建减压井、导渗沟、反滤层等。1998 年大水后，继续填筑堤基内外平台，增加盖重。并广泛应用新技术、新工艺、新材料处理堤身与堤基的防渗问题。如采用压缩充填（超薄防渗墙、振沉板桩、钢板桩）、材料置换［液压板斗开槽建墙、垂直铺膜技术、射水法造墙、锯（拉）槽法建造防渗墙］、密实孔隙（多头小口径深层搅拌桩、高喷灌浆造墙工法）等，在土体中形成具有一定性能和形状的防渗墙体，收到了显著的效果，堤基防渗能力增强。

（3）崩岸险情。部分堤段江流深泓逼近，迎流顶冲，河势多变，崩岸严重。1949 年荆江大堤的崩岸发展到有70多千米，其中有30千米已崩至堤脚附近。如著名险段祁家渊，19世纪末顶冲并不十分突出，堤外尚有400多米宽的江滩，随着斗湖堤河湾的变化，1946年后冲刷加剧。该段曾于1913年修建了护岸工程，但由于石方量太少，均被冲毁。从1915年至1949年共发生48次崩岸险情。1949年7月19日，该处40米的外滩，仅两天时间即崩至堤脚，接近堤面，几乎溃口。长江干堤的崩岸比荆江大堤更加严重。1949年时长江干堤长450千米，其中崩岸长150千米。崩岸最严重的洪湖县，从1930年至1969年共退挽14处，总长41.93千米，土方536.9万立方米。堤防多次退挽，造成大量农田崩失，房屋搬迁，耗费大量人力、物力和财力。汉江崩岸以袁家洼、王家营、岳口等最为严重。清嘉庆时开始建石矶，至1949年共完成护岸石方10万立方米。1951年开始采用“守点顾线、护脚为先”的原则进行守护，守护长度10.5千米，完成石方210.71万立方米。东荆河护岸始于民国时期，完成石方1.43万立方米。新中国成立后，守护长度75.42千米，完成石方50.9万立方米。

长江河道的护岸工程始于明成化元年（1465年）的黄潭堤石工。自后300多年护岸工程仅限于沙市、郝穴等地，点少质差。完成总方量只有35万立方米左右（荆江大堤25万立方米，长江干堤10万立方米）。新中国成立后，通过系统地勘测、规划，对崩岸险工进行了大规模的整治，收到了显著的效果，取得了控制水流，稳定河势的目的，结束了河道左右游荡不定的历史。截至2011年，荆江大堤守护长度62.78千米，完成石方788.73万立方米；长江干堤守护长度116.18千米，完成石方1872.63万立方米（含下荆江河控护岸长55.36千米，石方539.23万立方米）。荆南四河支堤护岸守护长度226千米，完成石方239.07万立方米。

第三节 新中国成立后防洪规划

一、荆江防洪规划

新中国成立后，国家于1950年组建长江委，对长江流域的防洪予以全面研究和规划。1951年即提出以防洪为主的治江三阶段的战略计划：第一阶段，以加高加固堤防为主，以抗御1949年和1931年实际出现的最高洪水位；第二阶段，以建设蓄洪垦殖工程为主，继续加高加固堤防，蓄纳1949年和1931年洪水的超额洪水量；第三阶段，结合兴利修建山谷水库，逐步代替蓄洪垦殖区的蓄洪任务。这一战略计划为长江防洪治理提出了总的方向，成为多年来长江防洪工作的指导方针。

根据1949年洪水和洪灾的分析，发现荆江河段存在极为严重的洪灾风险。一方面荆江洪水有“继续增高”的趋势，如再遇1931年或1935年同样大洪水，沙市最高洪水位将比1949年实际洪水水位高1米以上；另一方面，荆江北岸“堤高地低”，万一荆江大堤溃决将造成大量人员死亡的毁灭性灾害，荆江治理已刻不容缓。

考虑到新中国成立初期的实际情况，结合需要与可能，拟定的规划目标是尽快缓解荆江区的防洪严峻形势，为“治本”争取时间。要求在发生与1931年同样大洪水时，控制沙市水位不超过1949年最高水位44.49米，以确保荆江大堤的安全。自1950年8月至

1952年2月，先后提出了《荆江分洪初步意见》《荆江临时分洪计划》《荆江分洪工程规划》《荆江分洪工程技术设计草案》等规划设计报告。经多方案相比较，选定在虎渡河与荆江之间开辟分洪区，即荆江分洪工程方案，并报经中央政务院批准，于1952年3月兴建，当年主体工程建成。

1954年大水，荆江分洪工程发挥了极其重要的作用，但荆江区防洪形势仍极度紧张，实践证明了荆江分洪工程还远不能满足荆江区的防洪要求。大水后，中共中央决定立即开始编制长江流域规划，长办（1956年10月22日，长江委改建为长办）于1957年提出《长江流域综合利用规划要点报告》（简称要点报告），1958年3月在成都召开的党中央政治局会议上审议了长江流域规划和三峡工程，并通过《中共中央关于三峡水利枢纽和长江流域规划的意见》，会后长办根据各方面意见及成都会议精神，对《要点报告》进行认真修改补充，于1959年7月正式提出《长江流域综合利用规划要点报告》，上报水电部和国家发展计划委员会（以下简称"国家计委"），转报中央。虽然当时已认识到荆江防洪问题的解决必须结合长江整体防洪规划方案，即兴建上游调洪水库，但在修建水库前，仍应尽量利用局部的防洪措施提高荆江区的防洪能力。为此，1955年在中游防洪排渍方案研究中，对荆江区的防洪规划又作了进一步分析。特别是通过上游历史洪水调查，获得了1788年、1860年和1870年3次历史洪水资料，更明确为防止荆江地区发生毁灭性洪灾的紧迫性。为尽快解除更大洪水的威胁，在防洪规划中，又选择1896年型、1931年型等100年一遇洪水做标准，研究比较了以已建分洪区为主体的多种方案。规划的方针是"确保荆江大堤，江湖两利，蓄泄兼筹"。经多个方案比较研究后，推荐的方案是：以涴市至米积台隔堤以东区为扩大分洪区，并兴建2号进洪闸；下荆江建下人民大垸，同时刨除六合、张智、永合3垸作为自然滞洪区。规划蓄洪容量：荆江分洪区54亿立方米，新建涴市区20亿立方米，人民大垸11.8亿立方米，虎西备蓄区3.8亿立方米。如遇100年一遇洪水，各区联合运用，联合运用时均采用扒口措施。

上述方案，湖南、湖北两省有不同意见，主要是不同意涴市分洪和下荆江三垸作为自然滞洪区。在《要点报告》编制阶段，根据有关方面的意见，在上述方案研究的基础上，对荆江区规划再行研究，1958年提出了《荆江地区近期防洪规划报告》。拟定在涴市至里甲口建一道隔堤，与荆江分洪区联合构成一个整体（简称"一道隔堤"方案），后又修改为虎渡河改道方案，并载入1959年的《要点报告》。此方案扩大了分洪区面积94平方千米，增加蓄洪容积2亿立方米，分洪时与虎渡河水流不发生干扰，有效地扩大了分洪区进流能力，与北闸配合，可满足100年一遇洪水分洪流量的要求。同时，下荆江扩建下人民大垸，与荆江分洪区联合运用；六合、张智、永合3个民垸则临时扒口分洪，所谓"以蓄助泄"。为了处理超人民大垸蓄量的洪水，相应地提出了与洪湖区联合运用的"洪湖洪道方案"，洪湖蓄洪区又兼有了承担分蓄荆江洪水的任务。这一方案虽取得有关各省的一致同意，但对洪湖蓄洪区的运用，各方仍有不同意见。因此，洪湖配合荆江防洪的方案又多次改变。

《要点报告》完成后，因"三年自然灾害"影响了荆江防洪规划的实施。1960年11月，长办邀请湖南、湖北两省代表对荆江防洪问题进行座谈，一致认为当前为保荆江大堤安全应采取适当措施。为此长办于1961年3月提出《荆江地区防洪轮廓方案》上报中央。

1962年荆江沙市洪水位达到44.42米，防汛形势比较紧张。长办与湖北省联系，建议实施“虎渡河改道工程”，以迅速提高荆江区的防御标准。湖北省复文：由于经济困难刚开始好转，虎渡河改道工程，在人力物力上尚难以胜任，希望暂按“一道隔堤”方案实施，可以获得同等防御效果。为此，长办又组织研究，于1963年6月提出《荆江地区防洪规划补充研究报告》，报送水电部并分送湖南、湖北两省。7月下旬受水电部的委托，中南局计委在广州组织讨论。由于改变原定虎渡河改道方案为“一道隔堤”方案，湖南代表表示有疑虑，不能接受，且对超标准洪水处理方案，即松东大堤方案也不同意；此外在具体扒口措施上也有置疑。会上为了落实扒口爆破措施，请广州军区有关领导出席会议，经研究认定爆破土堤是可行的。1963年8月（简称“63.8”）海河大水之后，水利部十分担心荆江防洪问题，10月间在京再组织审查荆江防洪规划补充研究报告，参加者有湖南、湖北两省代表，长办主任林一山、李镇南（总工程师）等，水利部副部长张含英及有关司局领导、专家、学者，经细致讨论，湖南代表对隔堤方案和松东大堤方案仍持不同意见。最后，由钱正英部长出面，说明荆江问题的严重性。湖南代表表示，作为1964年度汛措施，可实施涴市至里甲口隔堤工程，但防洪规划补充研究报告中提出的若干问题有待深入论证。这次会议最重要的决定是隔堤立即开工，1964年汛前建成；并考虑到调弦河（华容河）堵口已5年，堵口以下的两岸堤防因未曾临水而失修，在1963年岁修中拨专款加培；松滋江堤一段欠高，与隔堤方案不配套，应该在汛前加大标准。会后，12月水电部以〔63〕水规字第465号文转发了水电部报国务院及国家计委的请示及附件《关于荆江地区防洪规划补充研究报告的审查情况报告》《关于荆江地区防洪规划补充研究报告的审查意见》，并要求遵照执行，“希望长办于1964年4月提出荆江地区防洪补充规划；对于1964年临时度汛工程，迅即报送设计，在设计未批准前，可同意湖北省水利厅意见，涴市至里甲口隔堤工程先行开工，临时度汛工程中其他工程如涴市至松滋老城的沿江堤防，虎渡河西堤和虎渡河南闸加固或改建工程等希积极准备争取早日开工，以保证明年汛前完成”。

1963年10月会议后，长办根据各方面提出的意见和要求，组织涴市至里甲口隔堤的设计与配合施工和进一步开展荆江地区防洪规划，于1964年12月提出《荆江地区防洪补充规划报告》。此次规划，主要考虑在三峡工程建成前研究解决50年及100年一遇左右洪水的荆江防洪措施方案，同时对历史上曾经发生过的超100年一遇的特大洪水，作出确保荆江大堤的紧急措施方案。经过研究论证：上荆江涴市至里甲口隔堤方案作为永久工程；荆江大堤加培、改造、护岸工程和荆北放淤是荆江区防洪的主体内容；荆江分洪区最高蓄洪水位定为42.00米，南线大堤加培按一级建筑物设计，相应加固黄天湖排水闸和南闸；对下荆江提出系统裁弯方案，以扩大下荆江泄洪能力，使上下荆江河道安全泄量得到平衡。同时还提出建第二人民大垸方案，既有利于防洪，也有利于外滩的综合利用；对于洪湖蓄洪区提出修建八尺弓至新沟嘴的隔堤，以防蓄洪后回水直抵沙市造成巨大淹没损失的意见，明确了洪湖蓄洪区是下荆江分蓄洪方案的基础。

1964年规划报告提出之后，至1969年，方案基本得到陆续实施，包括隔堤工程、下荆江裁弯、黄天湖闸加固、增建泄洪闸、南闸加固、荆江分洪区安全建设、南线大堤加固，主要进洪口门作裹头工程，荆北放淤工程也做了设计。1971年11月至1972年1月，在北京召开了长江中下游规划座谈会，会议对兴建荆北放淤和洪湖隔堤工程提出了初步意见。关于荆北放淤工程，拟在荆江大堤沙市至柳口堤段内再建一道平行于大堤的新堤，两堤之间辟为淤区，于盐卡建闸引江水落淤，在江陵柳口建闸泄流，以期使宽1.7～3千米的淤区地面平均淤高0.3米，以10～15年时间逐步改善荆江南岸高北岸低的状况，并使堤基管涌险情得到有效的解决。此方案1972年上半年提初步设计报请审批后，计划当年冬开工，1974年建成，关于洪湖隔堤工程，建议实施由八尺弓经福田寺到中革岭的方案。为落实会议意见，1972年3月，长办和湖北省水电局联合组成荆北放淤规划小组和洪湖区防洪排渍规划小组，共同完成有关区域的规划工作。1972年12月长办提出《荆北放淤工程规划方案初步意见简要报告》。1973年提出《荆北放淤工程补充初步设计报告》。1974年4月28日，国务院副总理李先念在长办《关于兴建荆北放淤工程简要报告》上批示："一、建议用大力加强现在的荆江大堤，防止近几年，特别是今年出现意想不到的大水。无论如何要保证荆江大堤不能出事。这一点要湖北认真执行，决不能大意。二、长办提出的意见已议论多年，看能否按长办的方案办，如可以，可提前实现。但是湖北的人力是否够用，因为同时有两个大工程要在那里兴建：一是葛洲坝，一是荆江第二道大堤。前者用人可能少些，后者就要大打人民战争，这个问题要与湖北省详细商议。商议之后，请水电部提出报告……。"1974年5月水电部在北京召开荆北放淤工程审查会，国家计委、交通部、湖北省水电局、长办等单位参加会议。湖北省水电局认为此工程只能解决局部堤段的加固问题，工程量大，投资多，使用劳力多，对荆北地区负担太重，势必影响农业生产，同时对航运及近期防汛也会带来一定影响，建议采用"吹填"的办法，结合人工填压和涵闸引水放淤，同样可以达到解决荆江大堤现有问题的目的。由于意见不能统一，荆北放淤工程被搁置。1972年湖北省政府提出《湖北省荆北洪湖地区防（洪）排（涝）规划要点报告》（简称《要点报告》）及《洪湖隔堤第一期工程初步设计报告》（简称《初步设计》）。《初步设计》报告将隔堤堤线中八尺弓至福田寺一段改为半路堤至福田寺。水电部〔73〕水电计字第33号文在批复初步设计时提出：关于洪湖主隔堤堤线问题，从荆江整体防洪考虑，仍应采用八尺弓到福田寺堤线。1975年7月28日湖北省水电局向水电部报告：认为选用半路堤至福田寺堤线为好。水电部据此批文同意主隔堤上段先按半路堤方案实施，同时指出，八尺弓方案仍需要在荆江整体防洪方案中进行研究。

因荆北放淤方案未能实施，长办从1975年开始，在下荆江裁弯工程和长江中下游河道研究工作的基础上又研究提出了"上荆江主泓南移方案"，即在沙市、郝穴两个河湾采取一定的措施，通过水流自身动力调整河势使主泓南移，以期为无滩或仅有窄滩的荆江大堤险段造成宽1～2千米外滩。此方案在1980年长江中下游防洪座谈会上作为会议文件《长江中游平原区防洪规划要点报告》的附件之一。会上对此方案进行了研究。最后水电部向国务院呈报的《关于长江中下游近十年防洪部署的报告》中提出：继续有计划地整治上下荆江，扩大泄洪能力，改变荆江防洪的险峻局面。对上荆江，由长办继续研究，争取以几千万元的工程，对河势作有利的调整。据此，长办对上荆江河势的调整继续开展研究。

时至1985年6月1日，长办主任林一山上书时任国务院副总理的邓小平，请求中央尽早对上荆江主泓南移等方案作出决定，信中说："经过数十年的研究，我们已经制定了几种经济易行的荆江防洪治本方案，这类方案的指导思想是淤高北岸地面或者迫使长江主泓南移。后者是指利用河流自身的动力调整河势，使长江主泓南移。荆江问题所以严重，主要原因是南岸地面高，北岸地面低，相差5～7米。如果使长江主泓在最危险的河段南移一至数千米，这样就可以解决南高北低这个根本问题。在这种情况下，万一发生特大洪水，大堤溃决，洪峰过后，河水归槽，长江不会改道；长江改道则是招致特大灾害的根本原因……，在我们的总体方案还没有达到一定成效之前，这样在万一出现特大洪水时不致束手无策，这就是先保重点堤段，允许次要堤段溃决，在完成这一工程的基础上，随着主泓逐步南移，再争取时间，全面改善荆江大堤的防御条件。”

为防止荆北地区发生毁灭性洪灾，加高加固荆江大堤是荆江区防洪规划的主要内容之一。1971年长江中下游防洪座谈会议后，省水利厅于1974年10月提出《荆江大堤加固工程初步设计简要报告》。1975年2月，水电部对荆江大堤加固工程提出审查意见：同意采用挖泥船吹填和人工挖填相结合的办法，以增加荆江大堤堤后的覆盖层；同时提出按沙市水位45.00米、城陵矶水位34.40米水位线另加超高2米的标准加高加固荆江大堤。第一期工程总投资定为1.25亿元，到1983年底完成投资1.18亿元，但大堤未达到设计标准。1985年再次编制《荆江大堤加固工程补充设计任务书》并上报。1986年经国务院批准，国家计委以〔1986〕24号文、水电部以〔1986〕水电水规字第17号文批复，同意在1983年已完成投资的基础上再安排2.7亿元，继续加固荆江大堤，并要求在1992年完成全部投资。

荆江堤防得到加高加固，但由于“上荆江主泓南移”未实施，荆江部分河段因洲滩冲淤多变，崩坍十分严重，部分河段已崩至堤脚，危及到堤防安全，历年来修建的矶头、驳岸等护岸工程，也因长期受江流冲刷而坍毁，为扭转崩岸险情危及堤防安全的严峻局面，20世纪50年代开始，就提出了长江河道整治规划，各级政府和部门投入大量人力、财力进行了河道治理，沿江崩岸得到了控制。

下荆江河段为长江中下游典型的蜿蜒型河道，河道“九曲回肠”泄洪十分不畅，河势极不稳定，河道平面摆幅达20～30千米，凹岸崩坍严重，自然裁弯时会发生航运条件变差的状况。为解决上述问题，长办于20世纪60年代提出“下荆江系统裁弯工程规划”，并于1967年、1969年先后实施了中洲子、上车湾人工裁弯工程，沙滩子于1972年发生自然裁弯。为巩固裁弯成果，防止河势恶化发展，长办编制了《下荆江河势控制工程规划》。1983年下荆江河势控制工程列入水电部直供项目，先后在石首金鱼沟、连心垸、调关、八十丈、中洲子、章华港和监利铺子湾、天星阁、盐船套、熊家洲河湾、观音洲河湾11处实施护岸工程。据不完全统计，1952—2010年下荆江完成护岸工程总长度为149千米，石方量为1668万立方米，平均每米岸线石方112立方米。经过多年实施河势工程，使沙滩子新河出口至上车湾新河出口河势得以控制，基本遏止了滩岸大范围、大强度的剧烈崩坍，增强了河岸稳定性。

随着长江流域经济的发展，对干流河道的稳定和两岸水土资源开发利用的要求越来越高，因此搞好长江中下游干流河道的治理，对促进和发展长江流域乃至全国经济都具有十分重要的战略意义。1996年12月，长江委（1989年6月3日，长办恢复原名长江委）在1959年提出的《长江流域综合治理规划报告》、1960年《长江中下游河势控制应急工程规划报告》和1966年《长江中下游河势控制应急工程规划补充报告》的基础上编制了《长江中下游干流河道治理规划报告》。1997 年 11 月，水利部对 1996 年《规划报告》进行审查，同意报告提出的长江中下游干流河道按照“因势利导，全面规划，远近结合，分期实施”以及“综合治理，标本兼治”的原则，确定近期和远期治理目标，即在 2005 年或稍后，力争重点河段河势得到控制，2020 年及远期使干流河势得到改善和控制，而成为一条河岸稳定，航运、港域和水环境良好的河道。为适应长江中游地区干流河岸经济的发展，界牌河段等河道治理的前期工作已先后启动，随着《长江中下游干流河道治理规划》的实施，至 2010 年底，荆州境内长江干流河道治理已按规划展开。经过新中国成立后 60 余年的整治，荆州长江河道基本抑制了河岸的大规模崩坍，保证了堤岸的稳定和防洪安全。

1990 年 9 月，国务院批准《长江流域综合利用规划简要报告》（简称《简要报告》）。《简要报告》仍把防洪作为长江流域规划的主要内容，在分析长江防洪形势及多种防洪措施的作用后，认为长江中下游防洪治理的方针仍应是“蓄泄兼筹，以泄为主”，并应考虑以“江湖两利”和左右岸兼顾及上、中、下游协调为原则，采取合理加高加固堤防，整治河道，安排与建设平原分蓄洪区，结合兴利逐步兴建干支流水库措施，逐步达到以三峡工程为骨干，堤防为基础，配合其他干支流水库、分蓄洪工程、河道整治工程及非工程防洪措施，使长江中下游防洪问题得到较好的解决。具体安排为：中下游堤防仍按 1980 年防洪座谈会确定的设计水位加高加固，荆江右岸松滋老城附近堤防应按能安全通过 80000 立方米每秒流量加高加固；沮漳河实施下游改道工程，荆江河道继续进行整治；安排有效容量约 500 亿立方米的分蓄洪区；尽早按正常蓄水位 175.00 米兴建三峡工程；规划 2020 年前后在长江上游兴建 13 座较大水库，总库容 460 亿立方米。

三峡工程是举世瞩目的特大型综合利用水利枢纽，具有防洪、发电、航运等巨大效益，坝址位于长江干流三峡河段的西陵峡三斗坪，控制长江流域上游 100 万平方千米的面积。

早在 1918 年，孙中山先生就提出兴建长江三峡水利工程：“以闸堰其水，使舟得以溯流以行，而又可资其水力。”以后，民国政府亦曾组织力量对三峡工程进行过勘查、设计。新中国成立后，由于党中央、国务院的高度重视与直接领导，长委于 20 世纪 50 年代就开始进行三峡工程的勘探、规划与设计研究。1958 年 3 月中共中央政治局成都会议通过相关决议；1984 年，国务院审查通过三峡工程 150 米水位、175 米坝高方案的可行性研究报告，并开始进行施工准备。但是由于对兴建三峡工程仍有不同意见，1986 年中共中央决定重新论证。防洪专题是 14 个论证专题之一，水利专家们着重分析了长江中下游防洪形势和防洪要求，论证了三峡工程对长江中下游防洪的影响等课题。通过论证表明，长江中下游防洪形势是严峻的，特别是荆江遭遇特大洪水后可能发生毁灭性灾害；兴建三峡工程并与堤防、分蓄洪区等配合运用，可以明显提高荆江防洪标准，避免荆江地区发生毁灭性洪灾；对不同类型的洪水可不同程度地减少长江中下游分洪量和相应的分洪损失。通过“有三峡”和“无三峡”两类防洪方案对比研究，证明无三峡工程的情况下，虽也可通过一些工程措施提高荆江防洪标准，但投资大、运用条件差、损失大，特别是遇到类似 1870 年特大洪水时，仍难以避免发生毁灭性灾害，从而进一步论证没有现实可行的方案可以替代三峡工程在防洪方面的作用。三峡工程巨大的防洪作用也是全国人大会议通过兴建三峡工程的决议的关键因素之一。

1992 年 4 月 3 日，全国人大第七届五次全体会议通过了《关于兴建长江三峡工程的决议》。1994 年 12 月 14 日，长江三峡水利枢纽工程正式开工建设。

三峡工程在长江防洪中具有重要地位，对长江洪水主要来源——宜昌地区以上洪水具有巨大的拦洪调蓄作用，特别是对长江防洪形势最严峻的荆江河段防洪标准的提高具有关键作用，可将荆江地区防洪标准从 10 年一遇提高至 100 年一遇，防止发生毁灭性洪灾。

三峡水库巨大的库容，可与上中游干支流水库联合运用，对中下游洪水进行补偿调节，特别是对中游荆江河段和城陵矶附近区防洪有重大效益，可使长江中下游防洪标准得到进一步提高。

荆江左岸是江汉平原，右岸是洞庭湖区，均靠堤防保护。左岸荆江大堤已有 1600 余年历史，是江汉平原的重要防洪屏障，直接保护着江汉平原约 110 万公顷耕地和 1000 余万人民的生命财产安全。右岸干堤保护的农田与人口与左岸相当。由于洞庭湖泥沙淤积，四口分流量逐渐减少等原因，枝城同流量时的荆江洪水位逐渐抬升，荆江大堤也不断加高，至 1990 年堤身垂高平均达 12 米，最高达 16 米，而荆江河段只能防 10 年一遇的洪水。当荆江遭遇 1860 年或 1870 年特大洪水时，枝城流量约 110000 立方米每秒，超过荆江河段的安全泄量约 50000 立方米每秒，除有计划分洪 20000 立方米每秒外，还有 30000 立方米每秒的超额流量无可靠措施予以处置，两岸仍可能自然溃决，从而发生毁灭性洪灾，并可能影响到武汉市的安全，其后果难以估量。因此，荆江地区是长江防洪形势最严峻的地区。经长期研究论证：只有兴建三峡工程，才能防止荆江地区发生毁灭性洪灾。

三峡水库具有防洪调度的作用。1990 年修订的《长江流域综合利用规划简要报告》中提出，荆江地区近期的防洪标准应达到 100 年一遇，并且在遭遇类似 1870 年特大洪水时保证荆江防洪安全，南北两岸大堤不自然溃决，防止发生毁灭性灾害；城陵矶以下，以 1954 年洪水为防御对象，分洪量 500 亿～700 亿立方米，保证重点区、重点堤防安全。

三峡水利枢纽的防洪调度在初步设计阶段研究过两种方式。①以解决荆江地区防洪问题为主，采用分级补偿控制沙市水位泄洪，即按枝城或沙市补偿的调度方案。当洪水不大于 20 年一遇时，控制沙市水位 44.00～44.50 米；当洪水为 20～100 年一遇时，控制沙市水位 44.00～45.00 米；当洪水超过 100 年一遇，则控制枝城泄量不超过 80000 立方米每秒，再配合运用荆江分洪工程保障荆江河道安全行洪。②除重点考虑荆江地区防洪问题外，还对城陵矶进行补偿调节，即除了上述规定外，并按城陵矶水位不超过 34.40 米进行控制与调蓄。

根据以上安排，以下地区防洪能力均得到相应提高。

荆江地区 遇小于 100 年一遇的洪水，可使沙市水位不超过 44.50 米，不启用荆江分洪区，并可减少洲滩民垸受淹机会；遇 1000 年一遇或类同 1870 年洪水，枝城最大泄量不超过 71700～77000 立方米每秒，在与荆江分洪工程配合下，可使沙市水位不超过 45.00 米，从而保证荆江两岸的防洪安全。

城陵矶附近区 一般洪水年份，除各支流尾闾区外，可以基本上不分洪；遇类同 1931 年、1935 年大洪水，可大幅度减少分洪量，甚至不分洪；遇 1954 年同大洪水，可减少分洪量 94 亿～220 亿立方米，从而大大减少淹没损失。

武汉地区　由于上游洪水得到有效控制，如遇类同1860年、1870年等特大洪水，可避免荆江大堤溃决对武汉市的威胁；由于提高了城陵矶地区洪水控制能力，可避免武汉水位失去控制；由于城陵矶地区分洪量的减少，相应地提高了武汉市防洪调度的可靠性与灵活性，对武汉市防洪起到保障作用。

经过新中国成立后60余年的建设，长江中下游已基本形成了以堤防为基础、三峡水库为骨干，其他干支流水库、蓄滞洪区、河道整治相配合，以及平垸行洪、退田还湖等工程措施与防洪非工程措施相结合的综合防洪减灾体系。

二、洪湖防洪排涝规划

洪湖防洪排涝规划区，位于长江中游荆江河段北岸，北缘汉江支流东荆河，南临长江，属内荆河下游平原，区域面积2784.41平方千米。1955年前有新滩口与长江相通，地势低洼，汛期常遭受长江、东荆河与内荆河洪水自然泛滥。历史上，民众在这一碟形地区的较高地带筑堤，中小水年可赖以获得收成。这里水域辽阔，湖泊密布，芦苇丛生，水产丰富，长江高水位时可倒灌入湖，起到一定的调蓄干流洪水作用。洪湖区紧接下荆江地区，与上荆江有极为密切的关系，南与洞庭湖区紧密相关，下对武汉的防洪有直接影响，其防洪地位在长江中游极为重要，利用洪湖区蓄洪一方面可以与洞庭湖蓄垦区配合，控制城陵矶以下干流的泄量。另一方面，当荆江分洪区蓄洪容量不够而采取“上吞下吐”的运用方式时，洪湖蓄洪区可与之联合运用，以避免吐洪抬高荆江水位。如：1954年荆江分洪区分洪总量122.6亿立方米，而分洪区有效蓄洪量仅54亿立方米，蓄满后只能采取上吞下吐的措施，将荆江分洪区作为滞洪区运用，“吐”入下荆江的洪水可引进洪湖区，以免抬高下荆江水位。如果没有洪湖区的联合运用，荆江分洪区的洪水“吐”入下荆江，城陵矶水位势必抬高，反过来又影响上荆江水位的抬高，产生不利的连锁反应，同时还影响到洞庭湖湖区水位的抬高，增加湖区的防洪负担；而且由于下泄洪水增大，对下游武汉市造成威胁。因此，利用洪湖区调蓄长江洪水，在长江中下游平原地区防洪系统中，具有重要意义。该区防洪规划的任务，除改变区内经常受洪灾威胁的现状外，还有保障武汉市的防洪安全，与荆江分洪区联合运用及与洞庭湖区配合调洪，是长江整体防洪的一个重要组成部分。

（一）1955年《荆北地区防洪排渍方案》中洪湖区防洪规划方案

1951—1952年即对四湖地区进行实地勘测，并绘制了1∶25000比例尺地形图，1953年后开始进行规划研究，研究的重点是在中下游平原区防洪中如何发挥其巨大的调蓄容量的作用。

洪湖蓄洪垦殖工程规划方案的基本点是从长江中游整体防洪考虑，控制该地区江水的自然倒灌，与其他分蓄洪工程联合运用，在1954年同样大洪水发生时，分蓄超额洪水满足汉口水位不超过29.73米的要求。当遇到超过1954年洪水标准时，再扩大洪湖区蓄洪面积，以减轻中游平原其他地区的洪水淹没损失。在工程规划中将监利县城至新沟嘴以东大片地区分为分蓄洪区、第一备蓄区和第二备蓄区三大片。此方案蓄洪区水位31.35米，有效蓄洪容量57亿～81.2亿立方米；如备蓄区水位为30.00米，则有效蓄洪量为55亿～79亿立方米，合计112亿～160亿立方米，其优点是可以分片分蓄，按需分洪。

（二）1958年洪湖洪道规划方案

洪湖洪道方案是以上述洪湖蓄洪垦殖工程方案为基础，扩建人民大垸，连接荆江大堤上的八尺弓、吴老渊，修建两条堤与洪湖蓄洪区隔堤相接，止于福田寺，构成长约22千米的洪道。洪道南北堤分别与原规划的第一、第二备蓄区隔堤相接，可将洪水直接由人民大垸引进洪湖蓄洪区，行洪能力为20000立方米每秒。方案的目标是使上下荆江分蓄洪工程联合运用，解决荆江地区有实测记录以来最大洪水及100年一遇洪水的分洪要求，基本上达到了《要点报告》提出的第一阶段的防洪标准，即重点区防洪保证率为100～200年一遇洪水。因此，本方案列入了《要点报告》。

1963年在《荆江地区防洪规划补充研究报告》中，上荆江采用涴市一道隔堤方案，上荆江的防洪能力，可由防25年一遇洪水提高至防100年一遇洪水的标准（当时计算枝城100年一遇洪水，洪峰流量为82400立方米每秒），但分洪区容量仅满足防御40年一遇洪水。如超过40年一遇洪水分洪量时，则需在无量庵吐洪泄入下荆江，为避免吐洪威胁下荆江两岸的安全，在规划中考虑采用上述洪湖洪道方案，以取得上下荆江防洪能力的协调一致。方案报告分送湘、鄂两省并报水电部，又向中南局计委汇报。同年7月中南局计委组织长办和湘鄂两省讨论未决，10月间在北京由水电部组织两省再进行讨论，结果对上荆江方案取得基本一致意见，但认为洪湖洪道方案尚待进一步研究。

（三）1964年《荆江地区防洪补充规划报告》的洪湖蓄洪方案

1963年12月，水电部以〔63〕水电规字第465号文上报国务院及国家计划委员会。《关于荆江地区防洪规划补充研究报告的审查情况的报告》及附件《关于荆江地区防洪规划补充研究报告的审查意见》和《对荆江地区防洪规划补充研究报告及1964年临时度汛工程的批复》等文转发到长办，要求进一步研究有关防洪规划标准，考虑在三峡工程建成前主要研究解决50年及100年一遇左右洪水的防洪措施，同时对100年以上历史上曾经发生过的特大洪水，作出确保荆江大堤的紧急措施方案；以及在增加下荆江泄流方面，对于利用新老民垸等措施，应进一步研究明确。无量庵吐洪后，经过人民大垸入洪湖的可能分洪量，需要采取的措施，应进行落实。长办通过实地调查，进一步补充资料，并通过交叉水流水工模型试验、堤防爆破试验，证实了方案的可靠性。并对过去的各种方案作了补充和分析论证，选定上荆江涴市扩建区一道隔堤方案和下荆江吴老渊扒口入洪湖分洪区方案。洪湖区分蓄洪工程规划，在前述规划方案的基础上，利用监利八尺弓以下荆江大堤、监利和洪湖长江干堤及东荆河的新沟嘴经中革岭至胡家湾支堤，并修建从东荆河的新沟嘴经鸡鸣铺至荆江大堤八尺弓的隔堤，隔堤以东为规划分洪区范围，总蓄洪面积3920平方千米，有效蓄洪量196亿立方米。考虑采取有计划分片分洪和减少淹没损失，规划修建新沟嘴经鸡鸣铺至八尺弓堤的同时，修筑鸡鸣铺经福田寺至白庙和上车湾至引港两道隔堤，将全区划分为洪道、蓄洪区、第一备蓄区和第二备蓄区三大片。堤防工程、进洪闸、节制闸、船闸等主要工程预计土方4034万立方米、石方0.9万立方米、混凝土13万立方米。

（四）1972年防洪座谈会拟定的洪湖分蓄洪方案

1969年以湖北省水利厅为主提出《长江中游城陵矶—汉口段利用西凉湖、梁子湖、大同、大沙湖蓄洪垦殖工程报告》中的方案，即在江北洪湖划出一片，江南利用西凉湖与梁子湖沟通，以代替“洪湖洪道方案”。长办研究认为这个方案的严重缺点是不能与荆江地区形成一个防洪整体，不能与荆江分洪区联合运用：①进洪口远在城陵矶以下，对控制城陵矶水位的有效作用系数仅 0.73，如按 1954 年洪水分洪总量 160 亿立方米的要求，应增大为 220 亿立方米，分洪的淹没损失更大；②樊口可以吐洪 30 亿立方米，基本可以满足 1954 年同大洪水的分洪量要求，但樊口吐洪时，对长江武汉水位产生顶托；③分蓄洪时影响京广铁路，需加高或改线，工程复杂艰巨，且梁子湖周围工厂林立，早在 1955 年已经湖北省委研究、中央批示梁子湖工业区不作为分洪区。因此，在 1972 年长江中下游规划座谈会充分论证后，否定了此方案。

防洪座谈会认为：“在城陵矶稍下开辟分洪区是长江整体防洪的需要，今后如遇 1954 年同样严重的洪水，城陵矶水位 34.40 米时，城陵矶附近需要蓄洪 320 亿立方米。如在洪湖地区分蓄洪 160 亿立方米，蓄洪面积约 3000 平方千米，淹没耕地 200 余万亩。”根据洪湖区自然情况，一旦分洪，淹没耕地面积达 500 万亩。为了减小不必要的淹没损失，应根据实际需要面积兴建隔堤，对于隔堤线路，建议执行由八尺弓经福田寺到中革岭的方案，土方约 2000 万立方米，1972 年完成。在实际的建设中，主隔堤改由半路堤至高潭口。

（五）《长江中下游蓄洪防洪工程规划报告》洪湖分蓄洪方案

1992 年 9 月，长委在编制《长江中下游蓄洪防洪工程规划报告》（送审稿）时，从长江中游整体防洪需要考虑，为了有效发挥洪湖分洪区的作用，建议采用以下方案：①洪湖蓄洪区主隔堤仍以采用八尺弓方案为妥，福田寺至半路堤已建成的隔堤予以保留，监利县城修建安全区围堤。这样，当洪湖蓄洪区在螺山分洪单独运用时，半路堤至福田寺段隔堤仍为主隔堤的组成部分，当洪湖区与荆江分洪区联合运用时，以八尺弓至福田寺段隔堤为主隔堤的组成部分，只需要扒开半路堤至福田寺段隔堤的部分堤段进洪。②螺山进洪闸列入二期工程计划，这样当城陵矶地区需要分洪时，可以控制运用，用以保留容积蓄纳上荆江的超额洪水。

城陵矶附近的分蓄洪水方案一经提出，几经修改后，湖北修建了洪湖分蓄洪区，湖南也在城陵矶附近洞庭湖修建了蓄洪区。经 1998 年大水检验，认为两个分蓄区不具备运用的条件，同时城陵矶附近分洪的总量在不同的洪水年份也不尽相同，而且分蓄洪区面积过大，在不同超额洪水量的情况下不便调度使用。针对暴露出的问题，国务院决定在城陵矶附近建设蓄滞 100 亿立方米的蓄洪区，根据湖北、湖南对等的原则，洞庭湖分蓄洪区选取钱粮湖、共双茶垸、大通湖东 3 垸（蓄量约 50 亿立方米）先行建设，湖北则在洪湖分蓄洪区划出蓄量 50 亿立方米的东隔块进行重点建设。工程建成后，遇 1998 年型洪水，可分蓄 100 亿立方米超额洪水，既可有效缓解城陵矶附近地区防洪紧张压力，又可减少分蓄洪区的损失。

三、汉江防洪规划

汉江是长江的重要支流，贯穿荆州地区北部而过，并控制东荆河水的涨落，其洪水直接影响汉北平原和荆北地区。历史上，汉江是一条洪水频发的河流，但在汉江下游支流众多，尾闾还是洪泛区的时期，其灾害还不甚明显，随着汉江堤防的不断修筑和延展，汉北平原的人口越来越稠密，汉江洪水的危害也就越来越大。据1840—1949年统计，在110年间有25年溃口，汉江干流堤防发生溃决117处（次），道光二年至七年，六年五溃。因此，对汉江的治理也就愈显重要。

（一）新中国成立前治汉方案

清道光十三年（1833年），御史朱逵吉上疏朝廷，言湖北连年被水，请疏江汉支河以弥水患。疏称："湖北之水，江汉为大。欲治江汉之水，以疏通支河为要紧，堤防次之。唯今之计，唯为疏江水支河，南使汇于洞庭，疏汉水支河，使汇于三台等湖，并疏江汉支河，分汇于云梦七泽间，堤防可固，水患可息。"

1935年汉江发生特大洪灾，洪水横扫汉北，殃及下游11县，淹死8万人之众，一时震惊全国。灾后，先后提出一些治理汉江的意见，如李仪祉主张开辟天门河减流，实行汉北分洪，扬子江水利委员会拟议在荆门马良修建拦洪水库，随后拟议修建碾盘山拦洪水库，并提出过《汉江防洪治本计划草案》《汉江初步整理工程计划》。这些方案虽受时代局限不够全面，也未能付诸实施，但仍有一定的启迪和参考意义。

（二）1952年10月《治理汉江问题的初步意见》

新中国成立后，鉴于汉江中下游频繁而又严重的洪灾，即着手进行汉江中下游的防洪治理，在大力培修堤防的同时，开始研究流域规划工作。1949年末，湖北省水利局即召开汉江治本计划座谈会，会议认为当时汉江治本的重点是防洪，防洪措施以建拦洪水库为首要，其次是实施分洪。1950年长委在汉召开汉江治本计划第二次座谈会，研究了碾盘山水库的枢纽布置、坝型及库水位等问题。

1952年10月，长委提出《治理汉江问题的初步意见》，认为在中上游河段内郧县的小孤山、丹江口下的三官殿及钟祥的碾盘山修建水库防洪效能较大，且又能结合汉江渠化工程。经与各有关部门研究讨论，认为碾盘山水库系当前以防洪为主，结合发电、航运、灌溉有效而经济的工程。但在此修建水库存在的主要问题是：①初估淹没农田50万亩，迁移人口20万人，人口迁移困难；②工程规模大，地质复杂。11月28日长委召开会议，通过了《汉江治理计划的几项决定》，并呈报水利部、中南军政委员会、中南财委。《汉江治理计划的几项决定》中提出：因汉江治理问题，系长江治本工程的一部分，在长江治本方案尚未确定以前，汉江碾盘山、丹江口水库系山谷拦洪方案的重点工作，对于长江其他各支流的流域规划能起指导作用，具有重要的意义。水利部、中南军政委员会决定两个水库要统一完成，要求在短期内作出工程计划，并应考虑到汉江的流域规划与长江的综合规划的契合。1953年10月为加强长江、汉江的规划工作，长委成立"长江、汉江流域轮廓规划委员会"，积极开展汉江流域规划的准备工作，着重研究了泽口分洪和杜家台分洪的方案。并于1954年9月提出《汉江下游分洪工程初步设计》并报水利部审批。工程措施是在沔阳县城（今仙桃）以下7千米汉江右岸的杜家台建分洪闸一座，设计分洪流量5000立方米每秒左右，以解决汉江下游河段上下段泄洪能力不平衡的问题。这一工程近期可以配合汉江中下游干堤加培工程，解除汉江下游常遇洪水的威胁，后期可减少对水库调洪容量的要求，是一项远近结合的治理措施。1955年11月21日杜家台分洪工程经批准正式开工，1956年建成。

（三）1956年3月《汉江流域规划简要报告》

1956年3月长委提出《汉江流域规划简要报告》并报水利部，11月又按照水利部要求呈报了《汉江流域规划要点报告》（送审稿）。其中关于汉江中下游防洪问题提出防洪方针是以水库蓄洪为主，辅以下游扩大泄量。选定的防洪方案为近期通过丹江口枢纽调节洪水，使新城正常下泄流量不超过15000立方米每秒，同时利用杜家台分洪及局部堤防的加培，扩大新城以下河段的泄洪能力，以保证中下游河段在近期可防御1935年同大洪水，远景为提高防洪标准，达到根治的要求，是否修建碾盘山枢纽或在泽口临时扒口分洪，应结合长江防洪以及将来国民经济部门的需要来考虑。

1957年水利部对《汉江流域规划要点报告》提出初步审核意见：①基本同意《汉江流域规划要点报告》；②同意进行丹江口枢纽的初步设计；③补送唐白河流域规划报告；④在报送上述两项报告的同时，补送审核意见所提出的各项意见说明。

1958年2月27日，周恩来总理率队考察三峡期间，听取了长办关于汉江流域规划及丹江口水利枢纽工程设计汇报，认为建设丹江口工程的条件已经成熟，随后中共中央成都会议决定立即兴建丹江口工程。同年，长委会在汉江流域规划要点报告的基础上进一步修订补充，于3月正式提出《汉江流域规划报告节要》。《报告节要》在防洪方面补充说明了汉江防洪规划中拟订的方案，与长江中下游防洪不矛盾，而且是有利的，汉江蓄纳洪水不仅可解决汉江的防洪问题，同时对长江防洪也可起到配合作用。丹江口水利枢纽于1958年9月开工，1968年拦洪，1973年建成初期规模（坝顶高程162.00米），初步形成了汉江流域由堤防、分蓄洪工程、水库组成的防洪系统，20多年来发挥了巨大的防洪效益。

（四）汉江流域综合利用规划

1989年长委计划开展汉江流域综合利用修订补充规划工作，编制了任务书报水利部，同时进行了两次全面查勘，并先进行襄樊以上河段规划。以后又决定先行提出干流夹河以下河段综合利用规划，然后再进行全流域综合利用规划编制工作。1993年10月长委编制完成《汉江夹河以下干流河段综合利用规划报告》，并上报国家计委及水利部。报告中关于防洪规划部分提出：防洪标准，采用类似1935年同大洪水，约100年一遇，同时根据汉江河道特点必须贯彻“以蓄为主，适当扩大中下游泄量”的治理方针。主要措施如下。

（1）结合南水北调的引水要求，按原设计的正常蓄水位170.00米完建丹江口枢纽后期工程。夏汛防洪限制水位由现在的149.00米提高到160.00米，防洪库容由77.2亿立方米增大到110亿立方米；秋汛防洪限制水位由152.50米提高到163.50立方米，防洪库容由55亿立方米增大到80.1亿立方米。

（2）堤防除险加固：①沙洋、罗汉寺以下干堤和丹江口以下沿江城区堤防，按1964年实有洪水位超高1.0～1.5米进行除险加固；②遥堤罗汉寺至旧口段，按外滩大柴湖垸蓄洪水位48.10米超高2米进行除险加高加固；③丹江口至沙洋沿江民垸，按1964年洪水位适当超高进行除险加固。

（3）控制、稳定河势，对危及沿江城镇和沙洋、罗汉寺以下汉江干堤安全的重点崩岸和险工段进行治理与防护，对东荆河分流口段河势一定要保持稳定。

（4）杜家台分洪闸、分洪道、分洪区范围维持原批准规模不变，需进行杜家台分洪区续建配套建设，首先进行洪道扩卡和围堤加高加固，使之满足行洪畅通和蓄洪水位 30.00 米的要求。

（5）对东荆河进行治理，使东荆河能维持现有分泄能力。

（6）沿江城镇，结合城市发展规划，进行相应的城市防洪规划，形成城市自身防洪系统。

（7）加强非工程防洪措施建设。除加强河道管理，清除洪障，搞好分蓄洪区管理外，积极完善汉江中下游（丹江口至汉口）区间水情自动测报系统。

1990 年修订的《长江流域综合利用规划简要报告》中汉江的防洪规划提出：汉江防洪问题突出陕南上游区，湖北中下游区和河南唐白河都是防洪重点，尤其是汉江干流中下游干堤的保护区，约有耕地 800 万亩，人口 450 万人，也是长江中游的重点保护区之一。新中国成立后，虽然加高了堤防，建设了杜家台分洪工程和丹江口枢纽初期工程，防洪严峻形势有了较大缓解，但防洪标准仍较低，亟待进一步提高防洪标准，因此防洪仍是汉江治理开发的首要任务。汉江中下游防洪，当前应继续加固包括遥堤在内的干堤，进行河道整治，加强分蓄洪区建设，并进一步研究以丹江口水库为骨干的防洪工程系统的合理调度运用。中下游地区防洪问题的进一步解决要依靠加高丹江口大坝，增大防洪库容，并在干支流上特别是丹—碾间兴建一些必要的调洪水库，削减区间洪水。在丹江枢纽最终建成后，配合堤防和杜家台分洪工程运用，即可防御 1935 年型洪水。

第四章　三峡水利枢纽工程与荆江防洪

三峡工程首要的建设目标是防洪。三峡工程在长江中下游防洪中，特别是防止荆江地区发生毁灭性洪灾，具有特殊的重要地位。为了保证荆江大堤的安全，保证荆江地区不出现毁灭性洪灾，三峡工程的防洪作用是不可替代的。

三峡工程已于2009年建成。三峡水库的建成，为实现两湖地区经济社会的可持续发展提供了可靠的安全保证，荆江河段防洪标准偏低，严重滞后经济发展的状况将得到根本的改变。长江中游特别是两湖地区将进入新的历史发展时期。三峡水库具有防洪、发电、改善航道等巨大的综合效益，对促进长江流域的经济发展具有重要意义。

三峡工程是长江中下游防洪的关键性控制工程，在长江的防洪史上具有划时代的意义。

三峡工程1994年开工建设，2003年6月1日下闸蓄水，6月10日22时，坝前水位蓄至135.00米。2003年6月至2006年8月称为围堰蓄水期。2006年9月20日三峡水库开始进行汛后蓄水，10月28日水位达到155.68米，至此，工程进入运行期。2008年三峡工程建设任务基本完成，9月28日，国务院批准，三峡水库开始试验性蓄水，11月10日最高蓄水位至172.80米，2010年连续三年试验性蓄水至175.00米。

三峡水库大坝坝址位于湖北宜昌三斗坪镇，下距葛洲坝水利枢纽38千米，坝址控制流域面积100万平方千米，年平均径流量4510亿立方米。坝顶高程185.00米，最大坝高175.00米，大坝轴线长2335米，溢流坝居河床中部，两侧为厂房坝段和非溢洪坝段以及茅坪防洪工程等。设有23个低高程、大尺寸的泄洪深孔。枢纽最大泄洪能力11.6万立方米每秒，溢流坝段总长度483米。有深孔及表孔两套设施。

水电站为坝后式，位于溢流坝段两侧，总长度1209.8米，左厂房装机14台，右厂房装机12台，长575.8米。单机容量为70万kW的水轮发电机组，总装机容量1820万千瓦。右岸设有地下厂房，装机6台容量420万kW。共32台，2240万千瓦。

通航建筑物位于左岸。永久通航建筑物为双线Ⅴ级连续梯级船闸及单线垂直升降机。单向通航能力5000万吨。最大工作水头113.00米，单级最大工作水头45.20米，双线船闸闸室尺寸按通过万吨级船队要求，闸室尺寸为208米×34.5米×5米（长×宽×槛心水深）。

第一节　三峡水库的防洪作用

三峡水库正常蓄水位175.00米，相应库容393亿立方米；校核水位180.40米，水库总库容450.1亿立方米；汛期防洪限制水位145.00米，防洪库容221.5亿立方米；枯水期消落低水位155.00米，兴利库容165亿立方米。

三峡水库能控制长江中游荆江河段以上洪水来量的95%，武汉以上洪水来量的2/3左右，特别是能控制上游各支流水库以下至三峡大坝坝址区间约30万平方千米暴雨所产生的洪水，对减轻长江中下游洪水灾害有特殊的控制作用。

三峡水库建成后，荆江河段的防洪标准从建库前的10年一遇（运用荆江分洪工程为20年一遇）提高到100一遇，遇到1860年类型的1000年一遇大洪水，也有可靠的防御对策，避免洪水泛滥给两湖平原造成毁灭性的灾害。主要防洪作用如下。

（1）可使100年一遇洪水枝城下泄流量不超过56700～60600立方米每秒，遇1000年一遇洪水或历史特大洪水（1870年洪水），枝城下泄流量不超过80000立方米每秒，在荆江分洪工程的配合运用下，荆江河段可避免洪水任意泛滥造成毁灭性灾害。荆江河段发生大洪水或较大洪水的概率将大大降低，有效地缓解了荆江河段的防洪紧张局面，减轻了防洪负担。

（2）当荆江地区遇到100年一遇以下洪水时，通过三峡水库调节，可减少荆江两岸主要洲滩民垸的淹没机会，可控制沙市水位不超过44.50米，并可不运用荆江分洪工程，对1931年、1935年、1954年类型洪水均可不运用荆江分洪工程。如果重现1998年类型洪水，通过三峡水库调蓄，可明显降低荆江河段水位，减轻荆江河段及城陵矶附近的防洪压力，减少损失。

1996年洪水，对长江中下游特别是洞庭湖地区和下荆江、城汉河段造成了严重的经济损失，其受灾程度仅次于1954年。当有了三峡工程以后，在有3天预见期水平下三峡水库可将城陵矶水位降至34.40米，比实际水位（1996年7月22日莲花塘水位35.01米）降低0.6米，三峡水库蓄水约60亿立方米左右；在有2天预见期的水平下，三峡水库调蓄可使城陵矶水位降至34.50米，比实际最高水位低0.51米。城陵矶地区遇1954年类型洪水，可减少分洪量。

（3）三峡水库建成后，减少了经三口入洞庭湖的水、沙量（2003—2012年洞庭湖平均淤积泥沙仅为0.0226亿吨，湖区泥沙淤积率仅为11.5%；三口分沙量2003—2011年年均1114万吨，比1999—2002年年均5670万吨，年均减少4556万吨；2003—2011年三口分流量年均475.3亿立方米，分流比占12%，同1967—1972年下荆江系统裁弯工程完成时三口分流年均1021.4亿立方米相比年均减少646.1亿立方米）。延缓了洞庭湖的萎缩进程，减轻了洞庭湖的洪涝灾害，为洞庭湖的治理，调整江湖关系创造了条件。

（4）三峡水库运行后，由于对入库流量可以进行调节，减少出库流量，荆江河段水位保持在中低水位运行，减轻了荆江河段的防洪负担，防洪效益明显。2010年和2012年洪水，削峰率均在40%，见表5-4-1，如无三峡水库调节，荆江河段防洪将十分紧张。

表5-4-1　2003—2012年三峡水库最大入库、出库流量及沙市水位、流量情况表

年份	时间	最大入库流量/(m^3/s)	相应出库流量/(m^3/s)	相应沙市站	
				水位/m	流量/(m^3/s)
2003	9月4日8：00	46000	44900	41.94	40500
2004	9月8日8：00	60500	53300	42.84	47000

续表

年份	时间	最大入库流量/(m³/s)	相应出库流量/(m³/s)	相应沙市站	
				水位/m	流量/(m³/s)
2005	7月12日6：00	45200	42100	41.89	39700
2006	7月10日10：00	29500	29200	39.35	23000
2007	7月30日14：00	52500	47000	42.24	36000
2008	8月17日8：00	39000	36900	41.49	34500
2009	8月6日8：00	55000	39000	41.40	33600
2010	7月20日8：00	70000	41400	41.06	34900
2011	9月21日8：00	46500	20500	37.04	18400
2012	7月24日20：00	71200	44051	42.59	35700

三峡水库建成后，采用"削洪增枯"的运用方式，荆江河床不断刷深，同流量下水位降低，会增加两岸农田自排的时间，减少排水泵站的排水杨程和因高水头引起停机的次数，提高泵站的运行效率，荆州境内的排涝状况将获得一定程度的改善。如2010年和2012年三峡入库流量分别为70000和71200立方米每秒，经过水库调节，沙市最高水位分别为41.06米和42.59米。如无三峡水库调节，沙市最高水位将达44.00米以上。荆江两岸和城螺河段的大部分排水泵站将被迫停机或减少出力，加重内涝灾害。

第二节　荆江河段水位、流量变化

三峡水库采用"削洪增枯"和"蓄清排浑"的运用方式，荆江河段水位、流量明显变化。

由于三峡水库采取"削洪增枯"和"蓄清排浑"的运用方式，荆江河段来水来沙发生明显变化，"沙市站2003年三峡蓄水运用后，2006年各级同流量下水位相比三峡蓄水运用前的2002年都存在一定幅度的下降，2万立方米每秒以下降幅为0.5～0.6米，3万立方米每秒以上降幅为0.2～0.4米。三峡工程蓄水运用后，现阶段下游河道水位影响主要在低水清水下泄冲刷下游河道深槽部分，使得下游河道较长河段低水时水位下降"(《栾震宇等·三峡工程蓄水前后长江中下游水位流量变化分析》)。三峡水库蓄水后，长江中下游各站径流量除监利站变化不大外，其他各站均偏少7%～11%，受水库拦沙影响(2003—2012年年均拦沙量1.44亿吨)，坝下输沙量大幅减少，但减幅沿程递减。见表5-4-2。

表5-4-2　　三峡水库蓄水前后长江中游主要水文站径流量、输沙量统计

测站	径流量/亿m³			荆输沙量/万t		
	2002年前平均	2003—2012年平均	变化率/%	2002年前平均	2003—2012年平均	变化率/%
宜昌	4369	3978	−8	49200	4820	−90
枝城	4450	4093	−8	50000	5850	−88

续表

测站	径流量/亿 m^3			荆输沙量/万 t		
	2002 年前平均	2003—2012 年平均	变化率/%	2002 年前平均	2003—2012 年平均	变化率/%
沙市	3942	3758	−5	43400	6930	−84
监利	3576	3630	2	35800	8360	−77
螺山	6460	5886	−9	40900	9620	−76

造成各站年内减少的原因是“20 世纪 90 年代以来，长江上游一些大型水库陆续建成，这些水库大多采用汛末或汛后蓄水，汛前消落的调度方式，使长江上游汛末、汛后流量减小”。

三峡水库蓄水后，长江中游河段中水位时间延长，2008—2012 年 7—8 月宜昌流量为 25000～40000 立方米每秒的总天数由 121 天延长至 144 天；汛后流量与 1991—2002 年同期相比，2003—2012 年 9 月、10 月、11 月宜昌站实测各月平均流量分别减少 260、3910、370 立方米每秒，减幅分别为 1.2%、24.1%，7.5%。

汛前消落期（12 月至次年 5 月），主要是坝下同流量下水位降低，当流量为 1 万立方米每秒时，2003—2012 年枝城、沙市站水位分别降低 0.72 米、1.09 米。

荆江河段中水位时间延长，主要影响洲滩民垸和荆南四河堤防防汛，特别是当江湖洪水遭遇时，荆南四河尾闾堤防的水位有可能达到警戒甚至是保证水位。

三峡水库由于清水下泄，水流含沙量大幅减少，河道普遍冲刷。2002 年 10 月至 2012 年 10 月，宜昌至湖口段平滩河槽（平滩河槽是当宜昌流量为 30000 立方米每秒，汉口流量为 35000 立方米每秒，所对应的水面线以下的河槽）冲刷量为 11.88 亿立方米，年均冲刷量 1.19 亿立方米。冲刷仍主要集中在枯水河槽。宜昌至枝城河长 60.8 千米，2002 年 10 月至 2012 年冲刷量 14558 万立方米；上荆江河长 171.7 千米，2002 年 10 月至 2012 年冲刷量 33104 万立方米；下荆江河长 175.5 千米，2002 年 10 月至 2012 年冲刷量 28974 万立方米。

三峡工程运行 10 年，长江中游水沙形势和河湖泥沙冲淤格局发生明显变化，主要表现为洪水流量减小，中水位时间延长，汛后枯水期提前，退水时间缩短。干流河床原有的冲淤相对平衡状态被打破，江湖关系发生新变化。“由于河势控制的作用，荆江河道平面变形不大，河床沿程纵向冲刷下切，深泓平均冲深 1.6 米，最大冲深 13.6 米；洲滩部分冲刷萎缩，河床逐渐向窄深式发展，下荆江河床横向有所展宽，监利河段平滩、枯水河宽分别增大 40.8 米，局部河势仍处于调整之中”（许全喜等《长江中下游水沙与河床变化特性研究》，人民长江，2013 年 12 月）。

根据杨晓刚等《荆江河床演变过程中环境影响的初探》一文介绍，三峡水库蓄水运行后，荆江河道冲刷强度增大，河床平均宽以 1.5 千米计算，沙市、公安、石首和监利河段蓄水后累积冲深分别为 0.81 米、0.82 米、1.13 米、0.74 米。

河床冲刷引起水位降低，给荆江两岸汛末汛前的灌溉用水带来困难，以沙市站 1903—1973 年汛末、汛前水位与三峡水库建成后相比较，水位是在逐渐降低的，见

表5-4-3。

表5-4-3　　1903—1973年同2003年、2010年汛末、汛前水位比较表　　单位：m

年份	各月平均							
	10月	11月	12月	1月	2月	3月	4月	5月
1903—1973	38.57	36.38	34.55	33.53	33.19	33.51	34.66	36.65
2003	36.33	33.38	33.37	31.24	30.55	31.02	32.20	34.85
2010	34.25	32.88	31.47	31.24	31.27	31.23	31.67	34.66

荆江河段汛后至汛前水位偏低的情况并不是偶然现象。首先是实施了下荆江系统裁弯工程，荆江河道由下而上发生冲刷；1980年葛洲坝工程建成运行；2003年三峡水库开始试蓄水，下泄沙量减少，由上而下发生冲刷。三者共同作用，促使荆江河床不断冲刷下切，导致同流量下水位不断降低，沿江灌溉引水涵闸汛末和汛前取水愈来愈困难。荆江河道的冲刷还将继续，这种大的趋势是不可能改变的。下荆江系统裁弯工程实施前，沙市站汛末至汛前的水位一般均维持在34.50米左右，相应流量5000～6000立方米每秒，可基本满足荆江两岸灌溉用水需求。如今沙市站要达到34.50米水位，所需流量在1万立方米左右。“三峡工程蓄水运行后，对于长江中下游河道枯水期来水量增加，但无法抵消由于河床冲刷造成的枯水位下降”[长委《洞庭湖区综合规划报告（送审稿）》。

第三节　荆州河段分流、分沙变化

荆州境内长江河段分流分沙变化主要是指荆南四口向洞庭湖分流分沙的变化，其次是洞庭湖向长江分流分沙的变化。三峡工程建成以前（2003年），长江干流（枝城站）来水、来沙年际之间无明显变化，水多沙多，水少沙少。荆南四口形成以前（1870年），枝城来水来沙主要由干流输送，进入洞庭湖的水沙量极少（1860年以前，只有虎渡河、调弦河向洞庭湖分流）。荆南四口形成后（1860年藕池口形成，1870年松滋口形成），荆州河段特别是荆江河段分流分沙发生急剧变化。四口形成初期，向洞庭湖“分泄江流大半”。1937年的资料表明，当年枝城来量66700立方米每秒时，四口分流量35100立方米每秒，占枝城来量的55%。其中松滋口分流量11600立方米每秒；太平口分流量3140立方米每秒；藕池口分流量18910立方米每秒；调弦口分流量1460立方米每秒。

1934年资料表明：进入洞庭湖的泥沙2.86亿立方米，其中，四口2.62亿立方米，四水0.24亿立方米，出湖泥沙0.44亿立方米，淤积在湖内的泥沙2.42亿立方米。

荆南四口向洞庭湖分流分沙变化分为6个时段：1951—1966年下荆江系统裁弯前；1967—1972年下荆江系统裁弯时期；1973—1981年葛洲坝大江截流；1982—1994年石首向家洲自然撇弯；1995—2003年三峡工程开始试蓄水；2004—2009年三峡工程建成运行。

（一）分流情况

根据长委荆江河床实验站的资料，三口（调弦口已于1958年建闸控制）分流、分沙比随时间推移逐年减少。1937—1955年（四口）分流比平均每年减少1.0%；1956—1965

年（三口）分流比平均每年减少1.46%；1967—1972年为裁弯期，且1971—1972年为连续枯水年，因此这一时段每年减少最大达到7.68%；1973—1980年分流比平均每年减少1.17%。1981—1988年分流比平均每年减少2.44%。统计资料表明，以下荆江系统裁弯后的16年（1973—1988年）与裁弯前的16年（1951—1966年）相比较，三口分流占枝城来量的比例由30.6%减少到17.9%。年径流量由1416亿立方米减少到803亿立方米，减少了43.3%。

1956—1966年与1999—2002年相比，三口年均径流总量由1331.6亿立方米减少至625.3亿立方米，年均减少706亿立方米，分流比由29.0%减少至14%。

1998年大水，枝城年径流量5356亿立方米，三口分流总量1046.2亿立方米，占枝城来量的19.5%；2002年，枝城年径流量总量4005亿立方米，三口分流总量521.67亿立方米，占枝城来量的15.4%。

三口分流减轻了荆江干流的压力，有利于荆江而不利于洞庭湖。随着三口口门和分洪河道的淤积以及下荆江系统裁弯和葛洲坝运行的影响，分流比逐年降低。原分流入洞庭湖的一部分水量又还原到荆江干流中，有利于洞庭湖而不利于荆江。由于实施了下荆江系统裁弯，上荆江的泄量扩大了，增加的这一部分水量主要是对下荆江产生明显影响。长委水文局《长江宜昌至大通河段河道演变及现状分析报告》指出：实施下荆江系统裁弯后，下荆江年均流量相应增加1040立方米每秒。有的资料则认为（王明甫《荆江洞庭湖区洪涝灾害及江湖关系和治理对策》，1990年），监利河段流量平均扩大1900立方米每秒。但是在汛期（6—10月）平均流量则要增加5400立方米每秒。这对下荆江防洪是不利的，对城陵矶湖口出流也是不利的。

（二）分沙情况

2003年以前，三口分沙比仍遵循“水多沙多，水少沙少”的规律。

三口分沙按下荆江系统裁弯后的16年（1973—1988年）与裁弯前的16年（1951—1966年）相比较，分沙比由38.2%减少至21.0%；年输沙量由20520万吨减少至11324万吨，减少了44.8%。

1956—1966年与1999—2002年三口分沙比较，由19590万吨减少到5670万吨，减少13920万吨，减少了71.0%，分沙比由35%减少至16.0%。

1998年大水，枝城年来水总量5356亿立方米（多于1951—1994年平均年来水量4496亿立方米），相应来沙量70100万吨，三口分沙量15179万吨，占枝城来沙量的21.6%。

2002年，枝城年来水总量4005亿立方米，相应来沙量24900万吨，三口分沙量3857.8万吨，占枝城来沙量的15.4%。

1959—1966年枝城来水平均含沙量1.24千克/立方米；1973—1980年含沙量1.15千克/立方米；1998—2002年含沙量0.81千克/立方米。

（三）三峡工程运行后荆江河段分水分沙变化

2003年三峡工程试蓄水，荆江河段年平均水量变化不大，由于采用“削洪增枯”和“蓄清排浑”方式运行，下泄水流过程有很大改变，下泄沙量大幅减少。三峡水库运用前

（1991—2002年），沙市站平均年水量为3997亿立方米。三峡水库运行后（2003—2009年），沙市站平均年水量为3741亿立方米，减少了约6%。这由气候变化、丰枯水年以及上游用水等因素所致。三峡水库运用后拦截了长江大部分泥沙。三峡水库运行前（1991—2002年）宜昌站的平均年沙量为3.91亿吨，沙市站的平均年沙量为3.55亿吨；三峡水库运行后（2003—2009年）宜昌站的平均沙量为0.57亿吨，沙市站的平均年沙量为0.81亿吨，平均年沙量分别减少了85%和77%。三峡水库运用后宜昌站的平均含沙量只有0.14千克/立方米，沙市站的平均含沙量只有0.22千克/立方米。

自实施下荆江系统裁弯工程以来，三口分水分沙不断减少，三峡水库运用后，三口分水分沙发生了更大的变化。三峡水库运行前（1950—2002年）三口年均分流水量为1100亿立方米，三峡水库运用后（2002—2009年）三口年平均分流水量为490亿立方米。三口分流从1959—2009年平均减少分流水量610亿立方米，减少了55%。如以1950—1958年平均分流水量1541亿立方米同2002—2009年年均分流水量490亿立方米比较，则年均减少1051亿立方米，减少了68%，减少的幅度很大。

三峡水库运用前（1991—2002年），三口的平均年沙量为6627万吨，三峡水库运用后（2002—2009年）三口平均年含沙量减少到1281万吨。三口分流平均年沙量减少5346万吨，减少了90%，见表5-4-4。主要原因是三峡水库拦沙的作用。三口分沙量的减少对延缓洞庭湖的淤积萎缩是有利的。

表5-4-4　　荆南三口不同时期平均水量和年沙量表

时期		1950—1958年	1959—1966年	1967—1972年	1973—1980年	1981—1990年	1991—2002年	2003—2009年
平均水量/亿m³	松滋口	541	490	445	427	410	338	291
	太平口	214	215	186	160	143	123	91
	藕池口	786	631	390	247	208	161	108
	三口合计	1541	1336	1022	834	761	622	490
平均年沙量/万t	松滋口	6360	5336	4813	4710	5024	3207	675
	太平口	2544	2363	2095	1936	1896	1231	179
	藕池口	14443	11066	7206	4408	3799	2189	427
	三口合计	23347	18765	14114	11054	10719	6627	1281
平均含沙量/(kg/m³)	松滋口	1.17	1.09	1.08	1.10	1.23	0.95	0.23
	太平口	1.19	1.10	1.13	1.21	1.33	1.00	0.20
	藕池口	1.84	1.76	1.85	1.78	1.83	1.36	0.40
	三口合计	1.51	1.40	1.38	1.33	1.41	1.06	0.26
	沙市站	1.07	1.14	1.22	1.20	1.15	0.89	0.22

注　资料来源：聂蓉芳《洞庭湖演变、治理与综合开发》。

城陵矶至武汉河段泄洪能力随上游来水来沙的变化而相应改变。城陵矶至武汉段在下荆江裁弯后的1970—1976年和连续大沙年的1981—1986年两段时间出现淤积，而其他年份基本上处于冲淤平衡状态。1986年以后螺山断面出现冲刷，1995年又回复到1954年的断面状况，这两年的过水断面之差不足2%。

根据水文资料的分析，淤积减少过流的效应主要出现在中低水位时，高水时影响减小。螺山站在裁弯后的20世纪80～90年代同流量的水位比裁弯前的50～60年代有所抬高，低水位抬高0.5～0.7米，中水位在流量2万～3万立方米每秒时抬高0.3～0.5米，高水位在5万立方米每秒以上时抬高0.1～0.2米。

根据河道实测地形资料，2001年10月至2005年10月，城陵矶至汉口河段主要表现为冲刷，平滩河槽冲刷量为0.71亿立方米，以枯水河槽冲刷为主，其冲刷量为0.51亿立方米，占总冲刷量的72%。

三峡水库运行后，大量泥沙拦在库内，清水下泄，荆江河床产生明显冲刷。根据杨晓刚等《荆江河床演变过程中环境影响初探》一文介绍，“三峡水库蓄水运行后，荆江河道冲刷强度加大，河床平均宽度以1.5千米计算，沙市、公安、石首和监利河段蓄水后累计冲深分别为0.81米、0.82米、1.13米、0.74米”。由于荆江河段河床不断刷深，通过三口入洞庭湖的水沙量逐年减少，不但可以减轻洞庭湖的洪涝灾害，延缓洞庭湖的萎缩过程，而且为整治洞庭湖创造了条件。尽管因三口分流分沙减少，荆江干流分流加大，但由于荆江河床不断刷深，三峡水库对下游洪水进行调节，一般洪水年份荆江的防洪局面将明显得到改善，江湖洪水在城陵矶附近顶托情况有所缓和。

注：长江葛洲坝水利枢纽，葛洲坝水利枢纽位于长江三峡南津关口下游2.3千米，坝址处自右至左有葛洲坝、西坝两岛，把长江分割为大江、二江和三江。大江宽约800米，是长江的主河道；二江、三江是中、洪水期的分洪道，枯水季断流。工程因坝轴线穿过江心的葛洲坝而得名。葛洲坝工程坝轴线全长2606.5米，建筑物包括三江航道、二江电站、二江泄水闸、大江电站及大江航道五大部分。枢纽正常蓄水位66.00米，坝顶高程70.00米，最大坝高53.8米，水库总库容15.8亿立方米，控制流域面积100万平方千米。电站装机容量271.5万千瓦。1988年工程全部竣工。

第五章　丹江口水利枢纽工程与汉江中下游防洪

为减轻汉江严重的洪水灾害，新中国成立后一方面大力加固汉江堤防，1956年修建杜家台分洪工程，使汉江下游防洪标准由三年二溃提高到能防5年一遇的洪水。为防止特大洪水灾害，决定修建丹江口水利枢纽工程。丹江口水利枢纽工程是开发治理汉江的关键性工程，具有防洪、发电、灌溉、航运及水产养殖等综合效益。

1958年9月1日汉江丹江口水利枢纽工程开工，1973年底初期工程全部建成。工程建成以来，为汉江中下游防洪错峰、提高汉江下游防洪标准、减轻洪水对中下游堤防的威胁及民垸溃决损失发挥了巨大作用。

丹江口水利枢纽位于丹江与汉江汇合处，控制流城面积95200平方千米，占全流域面积的59.9%，多年平均年径流量381亿立方米（汉江多年平均年径流量562亿立方米）。1938年径流量791亿立方米为最大，1941年径流量140亿立方米为最小。

水库的主要作用是防洪。采取“以蓄为主、适当扩大中下游泄量”的方针。遇1935年实际洪水（相当100年一遇）经水库调节并运用新城以上民垸分蓄洪及杜家台分洪，控制下游各河段不超过允许泄量，为保证遥堤及汉江干堤安全提供了必要条件。若遇20年一遇洪水，水库调蓄坝前洪水位不超过157.00米，下游配合杜家台分洪工程运用，新城以上民垸可以不分洪。截至2012年止，拦截上游发生大于1万立方米每秒的洪水87次，其中，23次被全部拦蓄，53次削峰均在50%以上，其余11次也有不同程度的削峰。1968—1990年泄洪总量2274.92亿立方米，年平均泄水（弃水）98.91亿立方米，1983年泄水377.83亿立方米。

根据汉江洪水特性，6月下旬至8月的洪水为夏汛洪水，9至10月的洪水为秋汛洪水。夏汛洪水限制水位为149.00米，秋汛洪水限制为152.50米。夏季预留防洪库容78亿立方米，秋季预留防洪库容56亿立方米。防洪最高水位160.00米，设计洪水水位160.00米，校核洪水水位161.40米，保坝水位163.90米。

丹江口水库蓄水初期，蓄水位按145.00米运用；1971年汛期起，经批准蓄水位提高至150.00米；1973年6月批准按初期设计蓄水位155.00米运用；1975年2月批准汛末蓄水位提高到157.00米，1975年起水库按此调度运行（初期规模，坝顶高程162.00米，设计蓄水位157.00米，相应库容174.5亿立方米，调节库容98亿～102亿立方米）。

第一节　丹江口水库的防洪作用

1. 保证汉江遥堤的安全

1968年以来，汉江多次发生洪水和大洪水，其中1975年、1983年先后两次发生大洪水，若无丹江口水库拦蓄，碾盘山自然洪峰流量将超过3万立方米每秒，即使利用中下游民垸分洪，也难以保证遥堤和汉江干堤的安全。由于丹江口水库调节，碾盘山洪峰流量减至2.6万立方米每秒，削减了31%。

2. 减少了民垸分洪的概率

在自然情况下，碾盘山流量大于2.1万立方米每秒，就有可能运用民垸分洪，或民垸发生漫溃。按此标准，1968年以来要利用民垸分洪的年份有10次以上，估计淹田损失在200万亩以上，而实际上只有1983年10月民垸分洪，淹田约14万亩。

3. 减少了杜家台闸分洪运用的概率

1956—1973年的17年间，杜家台闸共运用30次，1974—2011年的37年间，只运用10次，减轻了分洪区淹没损失。

丹江口建库前，干支流洪水来量处于自然汇流状态，如1935年7月大水，襄阳站7月7日洪峰水位高达71.71米，最大流量52400立方米每秒。根据调查洪水痕迹推算，碾盘山站洪峰水位54.31米，最大流量近50000立方米每秒（相当于100年一遇），洪水泛滥汉北平原，干流下泄量锐减。根据资料记载，7月7日皇庄站水位52.34米，沙洋站7月7日水位42.90米，泽口站7月8日水位39.15米，最大流量仅9600立方米每秒，陶朱埠7月8日水位38.86米，最大流量4860立方米每秒，岳口站7月8日水位37.35米，仙桃站7月8日水位34.65米。

新中国成立后，1954年、1956年、1958年、1960年、1964年大水年，汉江中下游碾盘山至新城河段，洪水频率仅为5～10年一遇，由于堤防抗洪标准低，防汛抗洪异常紧张。1954年江汉洪水并发，由于长江汉口高水位顶托倒灌，宣泄不畅，不得不先后在沔阳禹王宫、潜江五支角干堤采取扒堤分洪，潜江饶家月干堤仍漫溢溃决，造成重大损失。1964年汉江大水（10年一遇洪水），10月5日丹江口坝下黄家港流量23400立方米每秒，钟祥沿汉江有7个民垸溃决，分蓄洪总量约10亿立方米。同日运用石牌、邓家湖、小江湖3个民垸分洪，分洪总量10.9亿立方米。10月7日新城洪峰流量20300立方米每秒。当年7月29日至10月6日5次开启杜家台闸分洪，分洪总量56.41亿立方米，保住了遥堤和干堤的安全。

1973年水库建成后，汉江上游来水经拦蓄控制下泄，1974年、1975年、1983年、1984年4个大水年，由于水库拦蓄上游部分洪水，杜家台只运用6次。如1983年10月大洪水，汉江上游10月3日连续3日发生暴雨，6日，丹江口水库入库最大流量34200立方米每秒，是新中国成立以来最大洪水，仅次于1935年。若没有丹江口水库调蓄，皇庄站最大洪峰流量将达38700立方米每秒（相当于63年一遇），经水库调蓄后，实际水库下泄（黄家港）最大流量减为19600立方米每秒。但因丹江口至皇庄区间汇流9000立方米每秒，8日，皇庄流量达到26100立方米每秒，干支流来水遭遇，大大超过下游河槽安全泄量。除运用杜家台闸分洪外，还运用邓家湖、小江湖民垸分洪。10日9时，沙洋流量22800立方米每秒。遥堤和汉江干堤安全度汛。1983年洪水，如果没有丹江口水库调蓄，汉江下游堤防难以安全度汛。

第二节 建库前后水位变化

建库后，由于采用"削洪增枯"的运行方式，下游河道水流过程发生明显变化，坝下游河段各站洪水传播时间出现变化。以水库下游黄家港至下游汉川站比较，建库前，洪水传播时间为59小时；建库后，洪水传播时间为80小时，比建库前延长21小时，延长时间占26.25%。这是因为建库后坝址以下河段上冲下淤，引起河床比降变缓，流速降低，洪水漫滩次数锐减，主槽冲刷及粗化，因而滩槽糙率加大，洪峰前仅有电站发电泄水，河床水位低，河道槽蓄过程延长，故洪水传播时间较建库前延长。

（1）洪峰削减调平。建库前后相比，建库前7月份平均流量4169立方米每秒，建库后减为2376立方米每秒；8月份平均流量由建库前的4561立方米每秒减为建库后的2405立方米每秒，均减少了一半以上。

（2）枯季流量增加。枯季11月至次年3月的平均流量，建库后比建库前增加28%～75%，最枯的1月建库前为438立方米每秒，建库后为582立方米每秒，增加144立方米每秒，呈现枯水不枯的景观。

（3）中水流量持续时间长。沙洋站以月平均800～1500立方米每秒为中水流量，以建库前后年径流相近年份1953年与1976年、1955年与1975年相比较，后者比前者中水流量持续时间均明显增长，且不再出现小于800立方米每秒的月份，见表5-5-1。

表5-5-1　　建库前后中水流量变化比较表

时　间	年　份	年径流量/亿 m^3	小于 $800m^3/s$ 的月数	$800\sim1500m^3/s$ 的月数	大于 $1500m^3/s$ 的月数
建库前	1953	390	8	2	2
建库后	1976	393	0	11	1
建库前	1956	658	6	1	5
建库后	1975	645	0	6	6

由于上述条件的变化，导致造床作用的水力因素增加和中、枯水期流速增大，加剧了河床的冲刷。

第三节　河床冲淤变化

建库前，汉江河水含沙量较高，上游来沙量超过下游河段的水流挟沙能力，形成输沙不平衡，泥沙随之下沉，河床逐年抬高，下游河床具有明显的堆积性。建库后，上游来沙被大量拦在库内，尤其是蓄水期，基本为清水下泄（表5-5-2），下游河道已由原来的堆积性转为侵蚀性，冲刷自上而下发展，主要发生在主槽。据水文资料推算，1972年以前，碾盘山以下是淤积的；1972年以后，碾盘山至仙桃转为冲刷。皇庄站建库前多年平均年输沙量1.5亿吨左右，流入长江的泥沙占总量的70%，其余部分沿河道沉积。黄家港至皇庄河段年均淤积274万吨，皇庄至仙桃河段1957—1959年年均淤积量3372万吨。建库后，1972—1986年黄家港至皇庄河段年均冲刷量1604万吨，皇庄至仙桃河段年均冲刷量563万吨。

表 5-5-2　　建库前后汉江中下游主要站含沙量比较表　　单位：kg/m³

时间＼站名	黄家港	襄阳	皇庄	仙桃
建库前	3.24	2.70	2.54	1.902
建库后	0.037	0.212	0.679	0.672

由于冲刷，引起河床下切，同流量水位下降。皇庄站 1974 年 6 月至 1988 年 4 月，冲刷面积 260 平方米，平均冲深 0.41 米；沙洋站 1959 年 10 月至 1988 年 6 月，冲刷面积 552 平方米，平均冲深 1.24 米；仙桃站 1980 年至 1988 年 4 月，冲刷面积 280 平方米，平均冲深 1.03 米。

建库后，江汉下游河床存在两种冲刷，一是由于水沙条件的改变而引起的冲刷，对下游河势演变及崩岸的发展起着主导作用；另一种是大洪水（包括泄洪孔增大泄量）冲刷，对河床演变也起着十分重要的作用。

为实现南水北调的宏伟目标，丹江口水库大坝加高工程于 2005 年开工，2013 年 5 月 27 日丹江口大坝加高加宽工程全面完工，大坝高度 176.60 米，蓄水库容 290.5 亿立方米。可蓄水至 170.00 米的规模（相应库容 290.5 亿立方米，增加库容 116 亿立方米，调节库容 164 亿～190 亿立方米），并已开始向北方送水。为补充因水库向北方调水下泄流量减少对中下游河道生态、灌溉、供水、航运等方面的不利影响，引江济汉工程已于 2014 年建成并开始运行。今后汉江中下游河道来水来沙将发生新的变化。

丹江口水库大坝加高后，汉江中下游防洪标准由 20 年一遇提高到 100 年一遇。

第六章　荆　江　大　堤

荆江大堤，位于荆江左岸，上起荆州市荆州区枣林岗，下至监利县城南，起止桩号810＋350～628＋000，全长182.35千米，是江汉平原防洪屏障。实景图见图5-6-1。

图5-6-1　巍巍荆江大堤实景图

荆江大堤兴筑于东晋永和年间（345—356年），经历代修筑和延伸，至明清时期连成一线。至新中国成立前，荆江大堤仍堤身单薄，堤基不良，隐患甚多，堤质较差，抗洪能力较低。

新中国成立后，荆江大堤被列为国家1级堤防，必须确保安全，为此，国家投入大量人力，物力和财力，采取加高培厚、改善堤质、巩固堤基、整治护岸等措施全面建设治理。其间经历了两个重要的时期。第一时期是1950—1974年。主要是利用每年的堤防岁修，即在每年的冬春农闲季节，沿堤各县（市）组织农民对堤防进行培修与整险，农民是投入的主体，国家给予生活补助和解决建筑材料所需资金。第二时期是1974—2007年。荆江大堤加固工程自1974年立项建设，至2007年竣工验收，历时33年，其中1975—1983年为一期加固工程，1984—2007年为续建加固工程期（亦称二期工程）。一期工程以填塘固基、护岸工程为主，历时9年，累计完成土方4035.09万立方米、加固护岸石方242.32万立方米，消除隐患637处，总投资1.18亿元。荆江大堤加固工程于1984年开始续建（二期工程），1998 年大水后，国家投入力度加大，至 2007 年二期工程竣工验收，共完成堤身加培土方 2529.69 万立方米、堤基处理土方 2707.49 万立方米、石方 179.61 万立方米、混凝土 28.65 万立方米。实际完成总投资 85174.13 万元，其中，建筑安装工程投资 68792.94 万元，设备投资 2841.88 万元，待摊投资 13539.31 万元。工程共形成交付使用资产 85174.13 万元。

荆江大堤经过第二阶段整险加固建设，其防洪能力得到较大的提高，相继安全防御 1998 年、1999 年长江大洪水，汛期险情大为减少，防汛成本显著降低。穿堤建筑物经过整治加固，运行情况正常。堤顶防汛路面建成后，防汛劳力和物资设备调运速度明显提高，也给沿堤人民生产生活提供了便利，部分著名险工险段通过综合治理不仅增强了抗洪能力，而且成为水利工程景点，为沿堤民众提供了休闲娱乐场所和亲水平台。堤防两侧种植的防护林，既有效地保护了堤防工程，又较好地保护了生态环境，改善了堤容堤貌，工程效益和社会效益显著。

由于荆江大堤形成历史悠久，地质条件复杂，且荆江大堤加固工程设计年代较早，相对于荆江大堤国家 1 级堤防的重要防洪地位，其建设标准仍然偏低，堤身、堤基仍存在一定的安全隐患。三峡水库蓄水后清水下泄对荆江河道产生冲刷影响，现有护岸工程的标准及其布局不能完全满足河势变化的要求。因此，荆江大堤仍需进一步实施加固整治。

第一节 堤 防 沿 革

荆江大堤早期有金堤、寸金堤、万城堤之称，1918 年始定名为荆江大堤，自堆金台至拖茅埠，长 124 千米。1951 年将荆江大堤上段由堆金台延伸至枣林岗，增长 8.35 千米；1954 年汛后，因防洪需要，又划入拖茅埠以下至监利城南 50 千米堤段，自此全长始为 182.35 千米。据光绪《荆州万城堤志》和 1937 年《荆州堤志》记载：荆江大堤肇基于东晋，拓于宋，成于明，增高培修于前清。初以“陈遵金堤”其肇基之地灵溪地属万城，因以万城堤名之。后以堤属荆州府管辖，又冠以府名，曰荆州万城堤。据光绪六年《荆州府志》载：“万城堤界江陵、当阳间，堤因城址，险扼上流。万城本名叫方城，宋末赵方之子葵守方城，避父讳改为万城，又讹作萬，堤以城名。乾隆戊申（1788 年）以后，形诸章奏，自马山至拖茆（茅）埠二百二十里，统谓之万城堤矣。”民国初期，复以堤在江陵，土费由江陵一县负担，故又有江陵万城堤之称。1918 年因其堤位于荆江左岸，防洪形势险要，保护范围广，始定名为荆江大堤。1925 年全省整顿堤工结束，荆江大堤列为全省之首。新中国成立后经过多次培修加固，荆江大堤成为荆江以北，汉江、东荆河以南，东抵武汉，西至沮漳河广大平原地区的重要防洪屏障，为确保堤段，其保护面积约 1.35 万平方千米，耕地 1100 万亩，人口 1000 余万。

荆江大堤保护区内广大地区，历史上即为古云梦泽解体后形成的一块河网纵横湖泊星列的冲积平原，在荆江尚未形成明显河床形态前，主要依靠零星分散的堤垸御水。东晋时期，长江统一河床率先在沙市以上形成，滨临荆江的江陵城（今荆州城，下同）已成为荆楚地区的政治、经济、文化中心和全国重要的军事重镇，为保护江陵城免受水灾，于是有东晋桓温修筑江堤之举。东晋永和元年至兴宁三年（345—365年），桓温时任荆州刺史，长江洪水威胁江陵城的安全，故命陈遵缘（沿）城筑堤防水，名为"金堤"。据《水经注》记载："江陵城池东南倾，故缘以金堤，自灵溪始，桓温令陈遵监造。"这是荆江大堤修筑最早的文字记载。

金堤所处的位置，历史上曾有两种说法。一说见于清代嘉庆重修《大清一统志·荆州府二》载："金堤在江陵城东南二十里，又名黄潭堤。"另一种说法则出自清同治年间倪文蔚主持编纂的《荆州万城堤志》，谓其起点灵溪，"疑即马山迤西诸湖"。今荆州城西20余千米处堆金台立有倪文蔚撰文镌刻的石碑，一般多以此处为荆州大堤始筑堤段。而今水利史志研究者中有人对此则另有新议，认为《水经注》关于"江陵城池东南倾，故缘以金堤"的记载中，一个"缘"字，已经说明金堤是绕江陵城而筑。根据当年江陵城西迎江水，南濒大江，东南倾斜的地势，陈遵应环绕城的西南、南和东南三个方向修筑金堤。

《水经注·江水》载："江陵城地东南倾，故缘以金堤，自灵溪始，桓温令陈遵造。遵善于方攻，使人打鼓听之，知地势高下，依傍创筑，略无差矣。"桓温于穆帝永和元年（345年）领荆州刺史，长江洪水威胁荆州城的安全，故命陈遵缘（沿）城筑堤防水。因堤修筑坚固，称为金堤。陈遵所筑金堤即为荆州大堤的始筑堤段，也是荆州地区沿江最早修筑的堤防。

关于陈遵金堤的位置说法不一，记述各异。有人认为"令陈遵监造金堤（今万城堤）是荆江筑堤之始"，也有人认为陈遵金堤"上起荆州城西北的灵溪（秘师桥附近）至沙市文星楼一带的金堤，以保护荆州治所荆州城的安全"。今考，陈遵金堤西起西门外的荆南寺，至西门沿城经南门至仲宣楼止，全长约8千米。金堤距城墙70～150米。今城墙南门外还有残存土堤。1949年前称土堤为南门外西堤和南门外东堤，后改为新民西街和新民东街。现存土堤地面高程34.70米左右（南门城桥内侧地面高程33.50米，城内关帝庙前地面高程34.00米左右）。仲宣楼的地面高程36.00～36.50米。陈遵修金堤的目的是为了保护荆州城。根据当时荆州城西迎江水、南濒大江、东南倾斜的地势，金堤沿城而筑。今人研究，从汉至1958年荆江河段水位已上升15.25米，如果以沙市1954年已出现的历史最高水位44.67米为上限，推算汉时的荆江水位大体上在29.00～30.00米。东晋时期荆州城的西、南门地面高程估计为30.50～31.50米，东晋距汉初已有500年左右，荆江的水位比汉初时期已有所抬高，荆州城已受到洪水威胁，必须沿城筑堤保护。荆州城多次拆毁，多次重建。梁太祖乾化二年912年第一次修成砖城，以前为土城［后梁太祖开平元年·五代十国初（907年）五月，朱温拜高季兴为荆南节度使，912年高季兴将土城改建为砖城。宋·淳祐十年（1250年）始掘城壕（护城河）］。金堤起自荆南寺，是因为它的北面都是丘陵岗地，从处在上游的万城、梅槐桥、秘师桥再到荆南寺一线（从万城至荆南寺直线距离17千米），岗地与古河滩界分明，左岗右江。左侧乃荆山余脉，八岭山呈南北走向，全系岗地，多岭多冲，荆州城就建筑在这条余脉的南端的岗岭上。从万城以下岗岭的高程：新庙39.70米，双土地41.60米，江家山37.60米，杨家垱45.50米，太辉观35.50米。所以，晋时荆州城外筑堤防水并不需要很大的工程。晋时万城至荆南寺以南地带尚处在长江河道变迁的区域，《水经注》称之为“九十九洲”之地。陈遵没有必要把金堤修到万城去，也没有这个能力。其中的太湖港在1958年还有15平方千米的沼泽地。陈遵的金堤止于仲宣楼，（《荆州府志·古迹》“府城东南隅有望沙楼，后梁高季兴建以望沙津，宋陈尧咨为守，更名仲宣楼”。王仲宣，公元177—217年。建安七子之一，曾流寓荆州）。因为仲宣楼的地势较高，东面就是大江（现称马河），一直到明朝时期，马河还在发挥运输功能。明史河渠志六载：“正统十二年（1448年）疏荆州公安门外河，以便公安、石首诸县输纳。”后来由于泥沙淤积，统一荆江河道形成，长江主泓不断外移，仲宣楼旁的长江成为故道。

关于“金堤”的位置，宋乾道四年（1168年）荆南安抚史张孝祥修寸金堤后，写过一篇《金堤记》以记其事，“荆州为城，当水之冲，有堤起于万寿山之麓，环城西南，谓之金堤。岁调夫增筑……乾道四年，自二月至五月，水溢数丈，既坏吾堤，又啮吾城……。秋八月，某自长沙来，以冬十月鸠材庀（pǐ音匹）工作新堤。凡役五千人，四十日而毕。……（因）已决之堤汇为深渊，不可复筑，别起七泽门之址，度西阿之南，转而西之，接于旧堤，穹崇坚好，悉倍于旧。”张孝祥修筑的寸金堤是在陈遵金堤的基础上增修的，利用了陈遵金堤西段一部分堤段，起点还是在荆南寺（荆南寺遗址在荆州城西1.5千米，此处原有荆南寺故名，遗址东西长100米、宽80米，高出地面3～4米。原为县砖瓦厂取土场，1959年发现为古遗址，加以保护）。关于寸金堤的起止点，《江陵志余》载：“寸金堤自西门外石斗门起，历荆南寺，东至双凤桥、赶马台、青石板、江渎宫、红门路与滨江大堤接。”可见金堤的起点就是在荆南寺附近，不是秘师桥，更不是万城。

据《江陵县水利志》（1984年版）载：灵溪水就是现在的菱角湖水，在万城的西北面，《荆州府志·地理三》引《通志》：“灵溪水在县西，水经注：江水北会灵溪水，水无泉源，上承散水，合成大溪，南流注江，江溪之会，有灵溪戍。”后因江流淤积，河道南迁，溪之下游，遂成湖沼，而称灵溪湖，后讹为菱角湖。菱角湖水，上源有二，东为明家榅港，起于三界塚，经沙港、金家垱，南入余家湖，长约20千米，由吴家大闸注入菱角湖；西为九冲十一岔，承散水，在单家嘴入菱角湖，经5.25千米长的柳港河过柳港闸入沮漳河。菱角湖今属菱角湖农场，在荆江大堤外。菱角湖水（灵溪水）与陈遵金堤和后来的万城堤无关。

今荆江大堤沙市以上至万城堤段的形成过程，是随着荆州城外长江河泓不断南移（约5千米），洲滩不断淤长升高，堤线不断向外扩展的结果，这一过程从南宋至明朝中期，大约经历了300余年左右。清朝时的史志资料称荆江大堤为万城堤而不称寸金堤，就是因为当时的荆江大堤已修筑到了万城，不是讲东晋或南宋时的金堤或寸金堤就在万城。万城原名方城，为荆州城的门户，乃军事要地，为三国时东吴所建。宋荆湖制置使赵方之子葵守方城，避父讳，改方城为万城，城周长约3千米，城墙高3～4米，面宽3米，东、西、南、北各有砖砌城门。1788年毁于洪水。现仅存北城墙700米（有城门）。万城堤位置重要，既防沮漳河洪水，又防长江洪水。万城为省级重点文物保护单位。

注：《江陵志余》清康熙中孔自来撰。孔自来，明末清初江陵人。本名朱俨镰，明朝辽王后代。清朝时为避祸，改名换姓为孔自来。《江陵志余》“存故乡（荆沙）之文献，补

旧史之残缺”。他所记述的寸金堤走向，西起荆南寺，东至双凤桥（具体地点不祥）、赶马台（在今塔桥附近，古称塔仉桥）、青石板（在今文星楼附近），“自迎禧门至文星楼，不下五、六里，沿途甃以青石（用石砌成），后来从大湾起到今便河路止称为青石街”。江渎宫在章华寺和豫章岗的南面。清乾隆五十九年（1794年）沙市司图所示，江渎宫和红门路在一起，并非今位于荆江大堤内侧的江渎宫。沙市旧有佑德琳宫，即江渎宫也。相传为三闾大夫故宅。渎指大川，古称“江、河、淮、济”为四渎。古代只有天子才有祭祀这四条大水的权力。济乃济水，古水名，发源于今河南，流径山东入渤海。现在黄河下游的河道就是原济水的河道。今河南济源县，山东济南市都从济水得名。

1986年《沙市志略校注·建置第五·古堤》载：“按《志余》指为寸金堤故址。旁又分护浪堤。晋桓温筑始，五代高氏叠修。接刘公祠而来（民国二十三年九月，国防部测量局绘制江陵县图，刘公祠在今白云桥附近，有刘公祠潭），由迎禧门经九十埠，出章华门以外，皆堤基也。今废。堤之歧路为赶马台石路，亦整饬。”陈遵金堤位置示意图见图5-6-2。

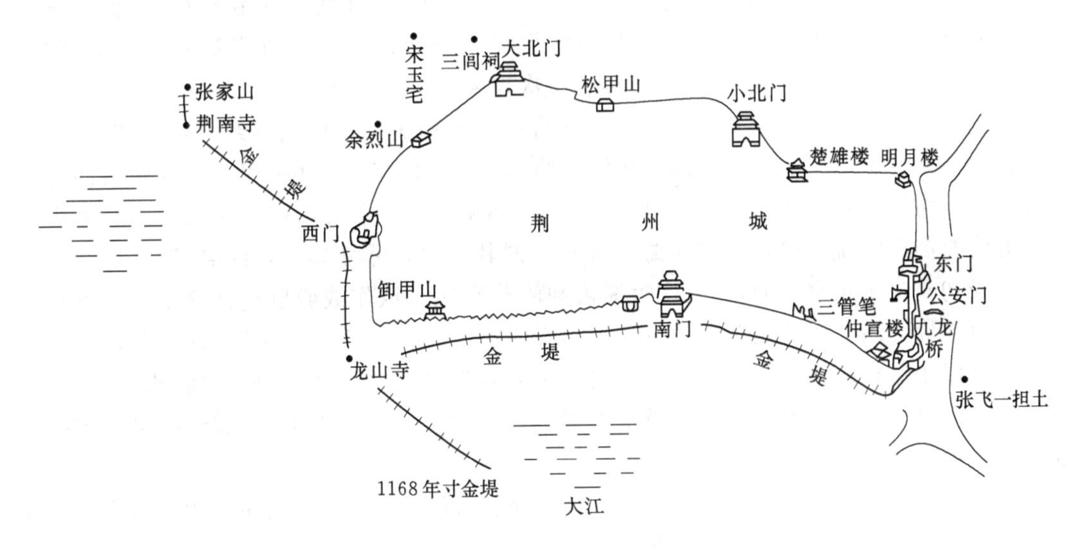

图5-6-2 陈遵金堤位置示意图（公元345年）
（根据清《江陵志余》所记述的金堤线路绘制）

据《资治通鉴·齐纪三》载：“（南齐）永明八年（490年）荆州刺史、巴东王萧子响自与百余人操万钧弩，宿江堤上。”又《艺文类聚》（卷89·木部下）引载南朝宋（437年）盛弘之《荆州记》云：“缘城堤边，悉植细柳，绿条散风，清阴交陌。”可见，当时江陵城附近的江堤修筑的相当坚固，规模壮观，且绿树成荫。

南朝梁时，肖儋对溃决的金堤进一步修复加筑。据《梁史·肖儋传》《舆地纪胜》卷65、《嘉庆重修一统志》卷345等史籍载，梁天监元年（502年），肖儋任荆州刺史，封始兴郡王，时军旅之后，公私空乏，儋励精为治，广辟屯田。天监六年（507年），荆州大水，江溢堤坏，儋亲率府吏将吏，冒雨赋尺丈筑治之。雨甚水壮，众皆恐，或请避焉。儋曰：“王尊欲以身塞河，我独何心以免……俄尔水退堤立”。天监六年的此次修筑，史载不绝。

唐代（618—907年），沙市开始兴起，沙市江堤亦得以修筑，据考古发现，唐时沙市中心已由古江津迁移至今城区西部。据考古发现，唐时沙市范围大致西抵近菩提寺，据《沙市志略校注》载：原名菩仰寺，在今便河广场的西侧，宋绍兴中建，清光绪重修。1991年迁至今止，东至龙堂寺，北抵今文湖公园，南临唐代的大江岸线。唐代诗人元稹曾在元和五年（810年）有“阛咽沙头市，玲珑竹岸窗。巴童唱巫峡，海客话神龙”之吟，同时代还有著名诗人杜审言、刘禹锡等对沙市的赞誉之作，可见唐代沙市的繁盛。为防长江洪水侵袭，沙市江堤得以兴筑。据清康熙《江陵志余》和乾隆《江陵县志》记载，“菩提寺在城东五里，唐建。依古大堤，堤为节度使段文昌所修，又曰段堤寺”。

唐代沙市“段堤”修筑的时间，应为段文昌太和四年至六年（830—832年）任荆南节度使任期。《资治通鉴》卷244载：“太和四年（三月）癸卯，加淮南节度使段文昌同平章事，为荆南节度使……六年十一月乙卯，以荆南节度使段文昌为西川节度使。”即是证据。经《沙市水利堤防志》（1994年版）对唐代段堤走向的考证，即“段堤”西接晋代金堤，向东沿菩提寺、赶马台、过龙堂寺南（今崇文街）、九十埠（今胜利街），接章华寺堤。同时认为在“段堤”形成之前，沙市江堤已具一定规模，为唐代初期形成的垸堤。“段堤”并非新筑的堤段，而是对已有堤垸一次较大规模的培修。

五代时期，寸金堤得以兴筑。五代后梁将军倪可福于南平前期（约907—927年）在江陵首次修筑寸金堤。清嘉庆重修《大清一统志》卷345载：“寸金堤，在江陵县西龙山门外，高氏将倪可福筑。”《读史方舆纪要》卷78载：“寸金堤，在（荆州）府城龙山门外，五代时高氏将倪可福筑，以悍蜀江激水，谓其坚厚，寸寸如金，因名。”亦可认为此堤修筑最初是出于军事目的，“五代时蜀孟昶将伐高氏，欲作战舰巨筏冲荆南城，梁将军倪可福筑是堤，激水以悍之”（《天下郡国利病书》）。据有关考证，高季兴镇守荆南令倪可福筑寸金堤于后唐同光元年（923年）。据1990年版《江陵县志》载：“乾化四年（914年）梁将倪可福在西门外筑寸金堤激水御蜀。可福功多，受赐土田于江陵30里，子孙聚居，号诸仉冈（今锣场新阳村）。”

两宋时期，又相继分段接修或加修了寸金堤、宋代沙市堤，并有黄潭堤、登南堤、文村堤、新开堤、熊良工堤和黄潭堤存世。

北宋时期，长江河床南移，堤外江心洲逐渐淤长并岸。其时沙市已是水陆要冲之地，商贾云集之区，但其地势低下，旧有寸金堤低矮破败，荆南知府郑獬动用军工在旧堤之南重新修筑了一道堤防。据《宋史·河渠七》记载：“江陵府去城十余里有沙市镇，据水陆之冲，熙宁（1068—1077年）中，郑獬作守，始筑长堤捍水。缘地本沙渚，当蜀江下流，每遇涨潦，沙水相荡，摧圮动辄数十丈，见有民屋，岌岌危惧，乞下江陵府同驻副都统制司发卒修筑……从之。”另据《宋史·郑獬传》载，郑獬于治平二年（1065年）知荆南，荆南任上三年，熙宁元年（1068年）拜翰林学士，权知开封府，熙宁五年去世。因此，“熙宁年间，郑獬作守，始筑长堤捍水”时间有误。郑獬筑沙市堤应为治平二至四年（1065—1067年）。郑獬所筑新堤路线大抵上起沙市赶马台与金堤（寸金堤）接，东南经迎喜街、解放路、中山路、民主街接柳林堤。郑獬沙市堤筑成后，常遇长江洪水，沙市江岸屡被侵蚀毁坏，动辄数十丈，后江陵府因堤防溃决于“庆元三年（1197年）复议修筑”，宋淳祐年间（1241—1250年）又建尊胜石幢镇江，但决患未止。

南宋时期（1127—1279年），为抗拒金人南侵，保障国赋收入和兵食供应，朝廷将江汉平原、洞庭湖平原作为抗金的后方，大量迁移居民，大力修筑滨江堤防。南宋乾道四年（1168年），“张孝祥知荆南湖北路安抚使，筑寸金堤，自是荆州无水患，置万盈仓以储诸漕之运”（《宋史·张孝祥传》）。

从堤线走向和张孝祥《金堤记》记述表明，张孝祥所筑新堤不长，而是悉培于旧，是在原金堤基础上培修和增修东段改线新堤，金堤即为寸金堤前身。金堤、“段堤”、寸金堤和郑獬堤均为南宋以前荆州城至沙市一带的滨江堤防，张孝祥新修筑的寸金堤是在陈遵金堤的基础上增修的，利用了陈遵金堤西段一部分堤段，起点仍在荆南寺。

黄潭堤，亦名黄滩堤，位于今沙市盐卡附近。《宋史·河渠志》载：“绍兴二十八年（1158年）监察御史都名望言，江陵县东沿江北岸（有）古堤一道，地名黄潭，宜于农隙修补，勿致损坏。”《读史方舆纪要》亦载：“黄潭堤，在（江陵）府东，宋绍兴二十八年监察御史都名望言，江陵东三十里沿江北岸古堤一处，地名黄潭。建炎年间（1127—1130年）邑官开决，放入江水，设为险阻以御盗，既而复潦涨溢，荆南复州千余里皆被其害，宜及时修塞，从之。志云，今堤在府东南二十里，上当江流二百余里之冲，一决则江陵、潜江、监利民皆鱼，至为要害。成化正德以后屡经修筑。”黄潭堤在南宋时即被称为古堤，可知形成较早，至迟五代至北宋早期已有之。

黄潭堤迤下堤段，依次为地处今江陵观音寺附近的登南堤，文村夹附近的文村堤，郝穴附近的新开堤（新凯堤），熊良工附近的熊良工堤和监利境内的黄师堤等，北宋时亦已基本形成。这些堤段的修筑时间虽未见于正史，但却见于宋人的一些著作。与郑獬同时代的江陵知府刘挚曾沿堤从江陵骑马至监利，途中作有《将至监利先寄王令》及《马上和王监利见寄》等诗，内有“屈指中秋六晓昏，大堤丛竹见霜筠”及“昨忆西归春未穹，重来堤竹已成丛”等江堤竹林的描写，似可作为江陵至监利之间北宋时已有江堤存在的佐证。

元代前期战乱数十年，荆江两岸“承兵燹之余，人物凋谢，土地荒秽”，民众无力修筑堤防，加之元初主疏派提出“开穴口为便，塞穴口为不便”的观点（《长江水利史略》），主张挖开宋代堵塞的沿江穴口，以分泄江流降低洪水。元大德年间（1297—1307年），疏浚杨林、郝穴、小岳穴、赤剥穴（尺八口）等口分泄洪水入内，加重了“众水之汇”的洪湖低洼地域洪水危害。元末所开穴口后又淤塞，仅存南岸的虎渡与北岸的郝穴两口。

元代，沿江两岸兴筑堤防史书少有记载，今观音矶以上部分堤段大致为元代所形成，李家埠及万城堤段，其保护区域在陈遵筑金堤时，大部分还是江心洲滩，约在北宋（960—1127年）期间相继并岸，经南宋时期（1127—1279年）围垦开发，至元代已形成江堤。

明代（1368—1465年），为抵御日益抬高的荆江洪水，曾大规模培筑江陵、监利等县长江堤防。荆江左岸自上而下新筑、加培有阴湘城堤、李家埠堤、沙市堤、黄潭堤、杨二月堤、柴纪堤、文村堤、新开堤、黄师堤等堤段。

明洪武年间（1368—1398年），江汉平定，朝廷提倡“垦田修堤”，以达到“人力齐一，堤防坚厚”。故自洪武迄成化（1368—1487年）年间，“佃民估客，日益萃聚，间田隙土，易於构致，稍稍垦辟，……客民利之，多濒河（江）为堤以自固”。其间110多年中，初时还“水患颇宁”，由是“垸益多水益迫”，堤高水壅，“大水骤至，汛溢汹涌，主客之垸，皆为波涛”。垸田的大量挽筑导致洪水抬高，但未能阻挡移民的浪潮。明永乐年间（1403—1424年），大批移民涌入荆湖地区，数十年间已达百万之众，竞相沿河高地筑堤围垸，加高培修荆江堤防。据《监利县堤防志》载，监利县境荆江大堤下段，监利西门渊至何嘴套630＋600～647＋000（新兴垸）堤段，修筑于1450年；河嘴套至八尺弓647＋000～653＋000（禾湖垸）堤段，修筑于1480年。明嘉靖二十一年（1542年）郝穴堵塞，堤防连线。洪水抬高的又一个严重后果是前代所修堤防屡遭溃决，基础破坏严重，不能重筑，因而在明正德年间（1506—1520年）于郑獬所筑堤防之南再筑新堤，即今日荆江大堤之观音矶至文星楼堤段。《荆州万城堤图说》载：“堤滨大江，分四工：曰四五铺，曰上六铺，曰下六铺，曰九十铺，共长一千二百九十五丈，计七里三分（约4.3千米）。”堤头挽有月湖垸，1929年垸堤尚存。

明成化年间（1465—1487年）修黄师庙（今八尺弓附近）、龙潭、龟渊一带诸堤。《湖广通志》载：“自万城堤至镇流砥（今沙市范围）六十里，当水之冲，明宏（弘）治十三年（1500年）堤决，淹弱甚久，知府吴彦华重修李家埠堤。”嘉靖十八年至二十一年（1539—1542年）都御史陆杰、佥事柯乔主持增筑修江陵、监利、沔阳等县江堤一千七百余里，其间十九年（1540年）筑修监利县境黄师庙、何家港、茅埠、天井等处江堤。至嘉靖三十九年（1560年）“一遭巨浸，各堤防荡洗殆尽”。汛后曾有修筑，但旋筑旋崩。嘉靖四十四年、四十五年（1565—1566年）两年又接连发生大水，荆州知府赵贤大力兴修沿江堤防，四十五年（1566年）“重修江陵、监利等六县江堤五万四千丈，务期坚厚，经三冬，六县堤稍就绪”（《天下郡国利病书》）。

黄师堤位于监利县（城）西40里，滨临大江，江流湍急，在诸堤中最险要，是监利县境安危攸关的堤段，历史上曾多次被水冲毁。明正德十一年（1516年），由太守和巡抚中丞陆杰与知县主持修筑，完竣后一度称为“陆公堤”。此堤在嘉靖三十五年（1556年）和四十四年（1565年）因大水冲毁。嘉靖三十五年堤毁后由县令主持培修，“比旧制增高一尺”（顺治《监利县志》）；四十四年堤溃后，由知县殷廷举负责培修增筑。隆庆万历年（1567—1619年），黄师堤“屡决屡修”（顺治《监利县志》），至明末又遭水毁坏。清顺治七年（1650年）水患后，知县蔺完瑝又依粮户派井土兴大工培修黄师堤。黄师堤在明清时期共修筑5次（《历史上的荆江大堤》程鹏举著）。

阴湘城堤形成较晚，其修筑年代，一说为明末清初，“居民于土岗上加筑二三尺，致成堤形，挡九冲十一汊内积水”；一说明太祖朱元璋第十二子、湘献王朱柏（约1393年）为保护其封地荆州太晖观行宫，修筑枣林岗至堆金台的阴湘城堤（《荆沙水灾写真》）。但今人程鹏举认为，堆金台以上地势本高，修成堤防需工不多，而太晖观系建筑在城西太晖山上，地势较高，无须堤防保护。

黄潭古堤形成后，明代又多次培修。明正统年间（1436—1449年），荆州知府钱晰增筑黄潭堤数十里。明成化初（约1465年），知府李文仪沿黄潭堤甃石，是为荆江大堤砌石护岸之始。明正德十一年（1516年）姚隆增筑黄潭堤月堤三处，长约一千余丈。同时，又修有盐卡一带堤防（《荆州万城堤志》）。

清代（1644—1911 年），荆江大堤在明末江堤的基础上多次进行加高培厚，整险加固，且屡决屡修，并挽筑一部分月堤，基本上形成现代长江堤防的形制。清道光年间江陵水系堤防全图见图 5-6-3。

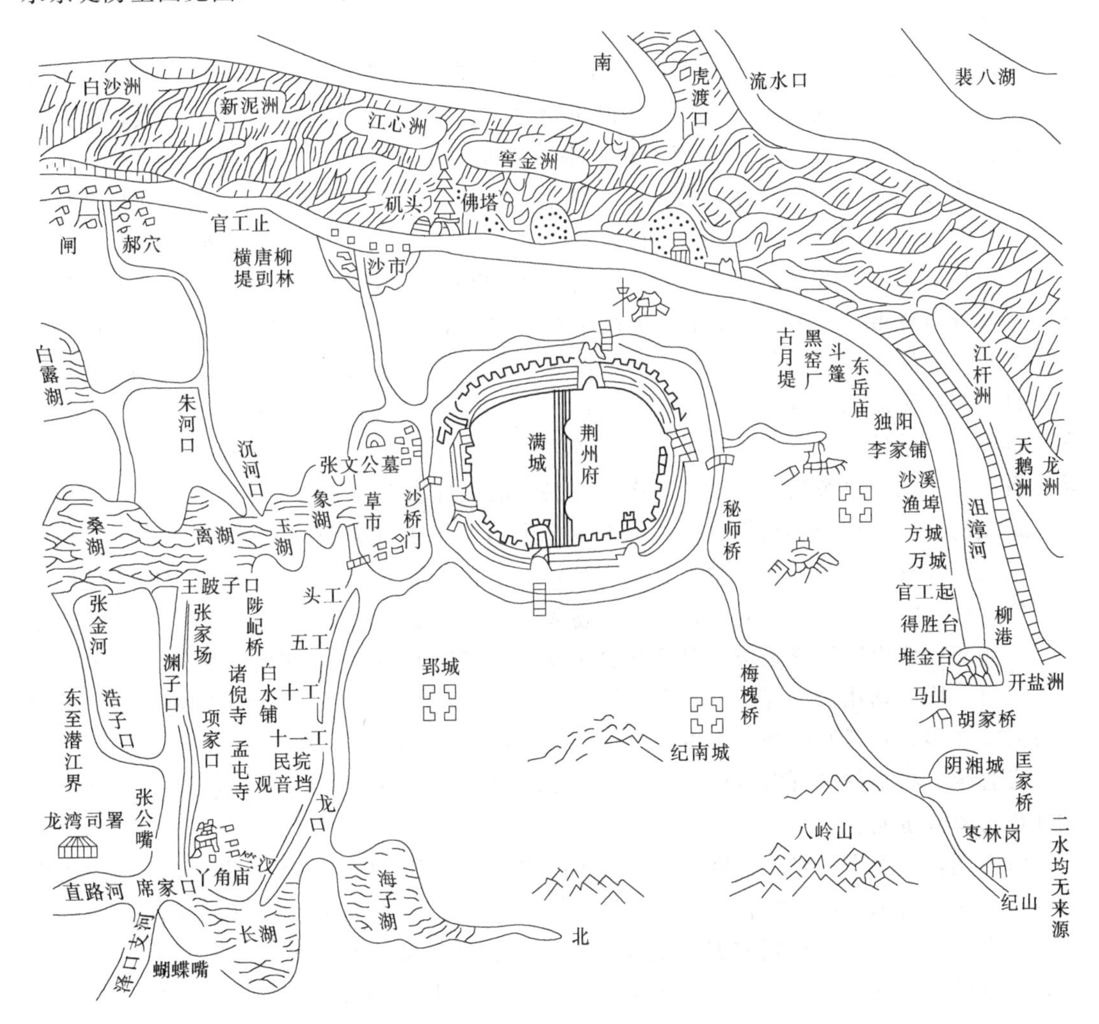

图 5-6-3　清道光年间江陵水系堤防全图（引自《楚北水利堤防纪要》）

顺治七年（1650 年）加修监利蒲家台（今杨家湾附近）堤，堵筑庞公渡口，荆江大堤至此形成整体。康熙年间（1662—1722 年），荆江大堤屡溃屡修，迨无虚岁。康熙十九年（1680 年）募工运土对护城堤（现监利城南）进行培修。康熙二十四年（1685 年），由荆南道祖泽深、郡守许廷试主持，同知陈廷策督工，对万城堤实施加筑，历四月告成。此次工程“自阮家湾（沙市窑湾）至黄潭、杨二月、柴纪堤止，共长一千五百二十八丈有奇”（《荆江大堤志》）。

雍正五年（1727 年），朝廷又“数动帑金”，“以去年水痕为准”，“重点加修黄滩（潭）、祁家、潭子湖、龙二渊等堤”。雍正十一年（1732 年）六月，郝穴下十里堤溃，

“郡守周钟瑄捐赀修筑。十一月兴工，十二年二月告竣。堤长三百一十六丈，面宽四丈，高一丈七尺，约费八千余金”。经过明及前清时期的多次培修加筑，至雍正时期，荆江大堤初具规模，长度有增加，据《荆州府志·万城堤》载：“江北大堤自当阳逍遥湖起，至拖茅埠止，抵监利界，共六十五工，长三万二千二百二十五丈（约合107.42千米）。”

乾隆五十三年（1788年）六月二十日，荆江大堤自万城至御路口，决口22处，水冲荆州西门、水津门两处入城，官廨民房倾圮殆尽，仓库积储漂流一空，水渍丈余，两月方退。灾民淹毙无算，号泣之声晓夜不辍，艰苦万状。下乡一带田庐尽被淹没，成千古奇灾。乾隆帝派大学士阿桂查办灾情，并发帑金二百万两以为修理堤工石矶城池兵房及抚恤灾民、修补仓谷之用（《湖北通志》卷42）。当年，调集宜都、德州、随州、襄阳、武昌、京山、应城、松滋、谷城、枝江、远安、钟祥12州县民工，各由本州县官员带领参与施工，培修江堤标准，“按照当年水痕加高培厚，自得胜台至万城加高2～4尺，顶宽4～7丈不等；自万城至刘家巷加高4～6尺，顶宽八丈；由刘家巷至魁星阁加筑土堰高3～5尺；自魁星阁至唐刵横堤加筑土堰，高三四尺”。并另建有杨林洲、黑窑厂、观音矶等石矶。全部土方量约388.5万立方米，工程于当年十二月开工，次年二月竣工，这是长江堤防修筑史上一次被皇帝高度关注并多次下诏兴工的大规模工程。当年大水后，朝廷除拨重金修筑堤防外，还委湖广总督及阿桂等人调查灾情及提出解决荆州水患的办法。经调查，重处了购长江外洲植苇牟利，激水北趋，导致堤防屡次溃决的萧姓民户；处分时任湖广总督舒常，前任湖广总督李侍尧、湖北巡抚姜晟、荆宜施道沈世焘、江陵知县雷永清等一批官员；颁布荆江堤防岁修条例。对荆州堤防岁修，乾隆上谕：“荆州沿江堤防为保护百姓田庐而设，固应动用民力修筑。此次因被灾较重，业经同意动用国库银由官府办理。荆州地方人口众多，若竟归民修，不由政府经办，则百姓谁肯踊跃从事。即使用井田之制，宜古未必宜今。将未修堤所需费用派之于民，由政府办理”（《湖北通志》卷42），其后成为荆江堤防岁修定制。

清中期，又多次重修、加修大水溃口后的堤段，相继有杨二月堤、柴纪堤、渔埠头堤等。据《荆州府志》载：“嘉庆元年（1796年），江水泛涨，江陵县知县王垂纪修木沉洲漫口一百十七丈，又补还杨二月堤七十二丈，署江陵县知县魏耀修（柴纪堤）一百二十丈，又修杨二月堤二百五丈，筑挑水坝一道一百五十丈”。道光二十五年（1845年），上渔埠头漫溃数十丈，知府程伊湄挽筑外月堤一道，并在上下游修筑横堤一道，历时两月。

清代后期，至光绪年间，荆江大堤又有新的加筑，相比雍正时增长约23.28千米。据《荆州府志》载：“近年增筑千有余丈，上接马山之麓，总计雍正以来通堤共增至三万九千二百一十丈（约合130.70千米）。”荆州万城堤全图见图5-6-4。

清代，荆江大堤时有溃决，堤决后，原堤不足恃，常挽筑月堤予以堵口，据记载康熙十五年至道光二十五年（1676—1845年）荆江大堤便挽筑月堤39处，见表5-6-1。

民国初期，荆江堤防培修整险沿用清例，但此期军阀割据，战乱不断，社会动荡，国库空虚，民力疲惫，无力修筑堤防。荆州万城堤（荆江大堤）一度更为民堤。直至1937年12月1日，湖北省政府才明确荆江大堤统一列为长江干堤。民国时期万城堤防辑要江陵堤防图见图5-6-5。

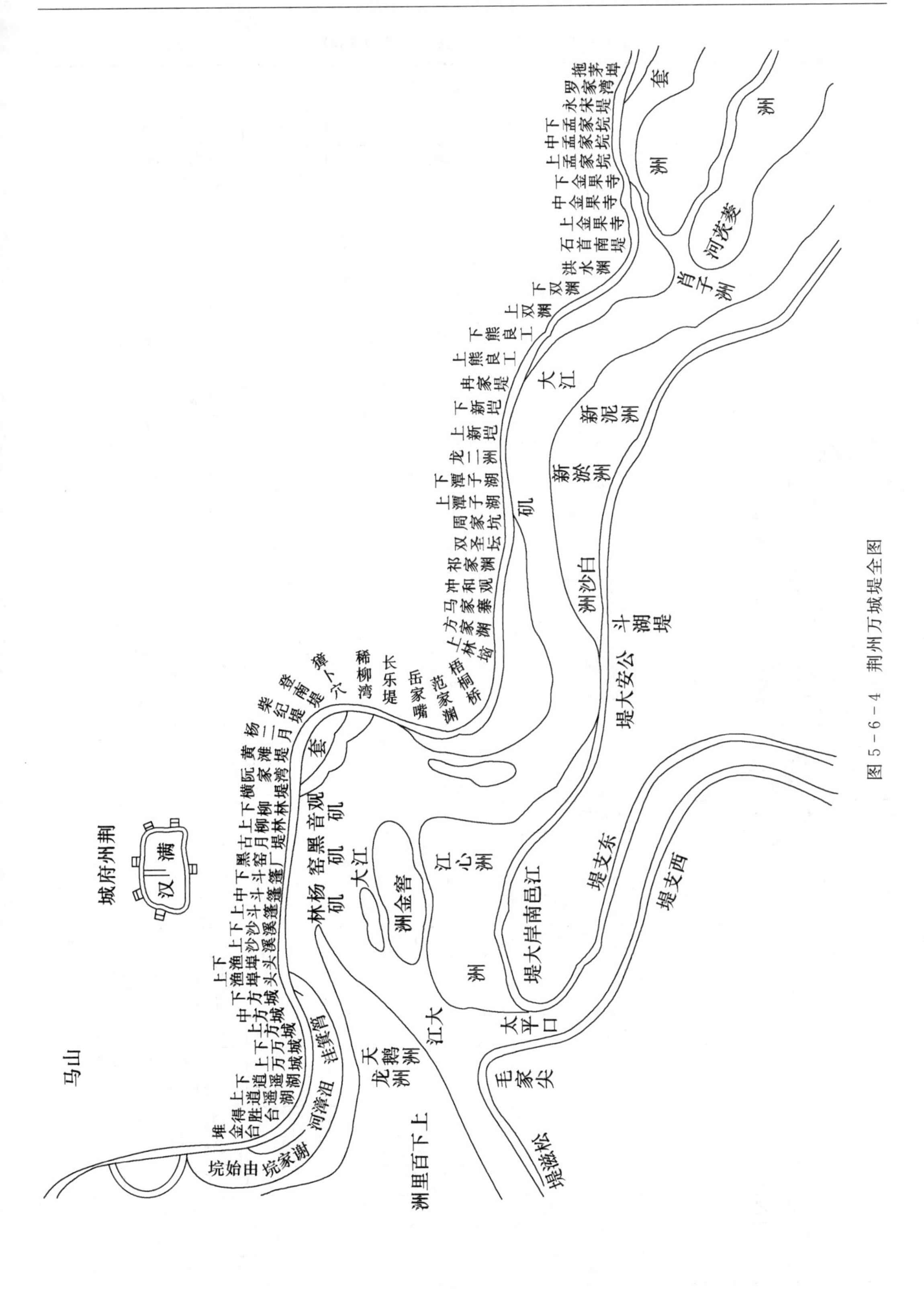

图5-6-4　荆州万城堤全图

表 5-6-1　　荆江大堤挽筑月堤一览表（1676—1845 年）

月堤名称	现址	荆江大堤桩号	长度/m	挽筑时间
横堤阮家湾月堤	盐卡—窑湾	748＋250～750＋250	5000	康熙三十六年（1697 年）
长乐堤月堤	蔡家坟—陈家湾	735＋300～737＋050	1667	康熙五十四年（1715 年）
双圣坛月堤	陈家榨	716＋300～718＋200	533	康熙五十七年（1718 年）
下双圣坛月堤	洗马口	713＋300～718＋200	733	雍正二年（1724 年）
下新开丁子月堤	范家垱—郝穴镇	705＋600～707＋500	833	雍正五年（1727 年）
下新开丁子堤、下月堤	范家垱—郝穴镇	705＋600～707＋500	3300	
周家坑月堤	灵官庙—陈家榨	714＋700～716＋300	1067	雍正八年（1730 年）
双渊月堤	柳口—吴家潭子	698＋350～700＋250	1067	雍正十一年（1733 年）
祁家渊上节月堤	祁家渊	718＋200～719＋100	883	
祁家渊下节接双圣坛月堤	祁家渊—洗马口	719＋100～720＋100	1200	乾隆元年（1736 年）
横堤工内月堤	窑湾—唐刖子	750＋250～752＋400	767	乾隆十二年（1747 年）
岳家嘴工内顶冲月堤	文村夹	733＋500～735＋300	767	乾隆十五年（1750 年）
双圣坛接周家坑月堤	陈家榨	716＋300～718＋200	733	
下潭子湖月堤	邬阮渊—方赵岗	711＋000～712＋900	667	
龙二渊月堤	邬阮渊	708＋500～711＋000	3500	
冉家堤月堤	雷家台—范家垱	703＋750～705＋600	497	
周家坑月堤	灵官庙—陈家榨	714＋700～716＋300	630	
上渔埠头月堤	新场—刘家湾	783＋600～786＋100	1623	道光二十三年（1843 年）
岳家内月堤	文村夹	733＋500～735＋300	1687	道光二十三年（1843 年）
李家埠月堤	李家埠	775＋100～778＋700	1593	道光二十五年（1845 年）
万城月堤	洪家湾—梅花湾	791＋300～795＋200		道光二十五年（1845 年）
梧桐桥月堤	张黄场—三仙庙	729＋500～731＋350		道光二十五年（1845 年）
祁家渊月堤	洗马口—祁家渊	718＋200～720＋100	1060	道光二十五年（1845 年）
双圣坛月堤	陈家榨	716＋300～718＋200		道光二十五年（1845 年）
上下潭子湖月堤	邬阮渊—灵官庙	711＋000～714＋700		道光二十五年（1845 年）
龙二渊月堤	邬阮渊	708＋500～711＋000		道光二十五年（1845 年）
上新开月堤	郝穴镇—轮渡	707＋500～708＋500		道光二十五年（1845 年）
冉家堤月堤	雷家台—范家垱	707＋750～705＋600		道光二十五年（1845 年）
永泰山月堤	堤头上			康熙十五年（1676 年）
新冲堤月堤	盂兰渊			康熙十五年（1676 年）
车湖港月堤	荆南山下			康熙十七年（1678 年）
蒲东垱月堤	约田家月			雍正十三年（1735 年）
程公堤月堤	田家月下			嘉庆二年（1797 年）
狗头湾月堤	堤头			嘉庆二年（1797 年）
王家港月堤				道光十年（1830 年）
朱家巷月堤			1058	道光十年（1830 年）
西冲堤月堤				道光十年（1830 年）
罗家巷月堤	毛老渊		592	道光十年（1830 年）
胡洛渊月堤	胡洛渊下		253	道光十年（1830 年）

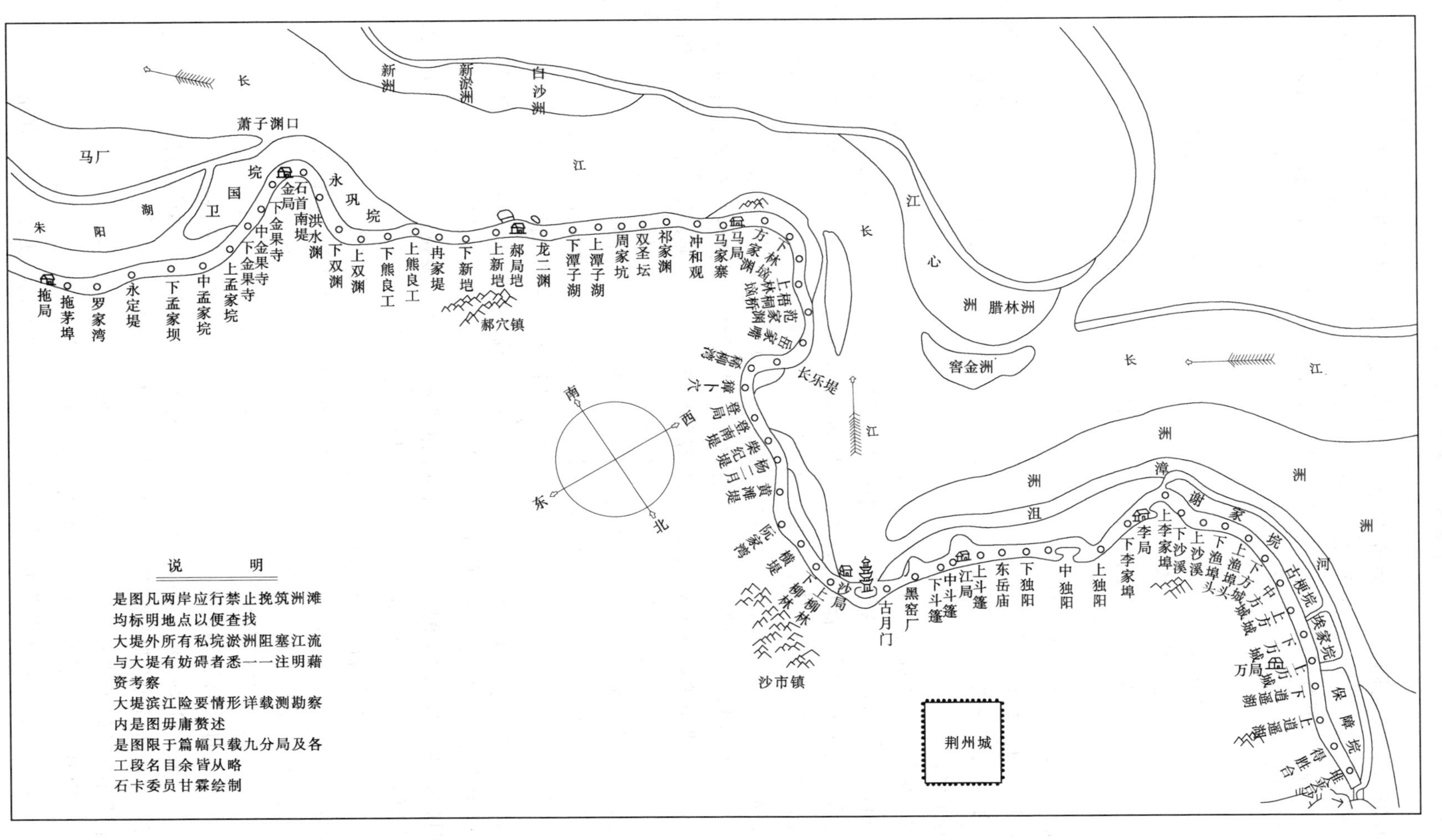

图 5－6－5　万城堤防辑要江陵堤防图(民国五年)

1938年武汉沦陷，鄂省政府西撤，荆江大堤不仅停修多年，并且遭到严重破坏。1940年2月，国民党江防司令部为阻止日寇西侵，在监利城南以上江堤挖筑工事5099处，其中拖茅埠至监利城南间堤身挖断，毁与滩平者56处，当年填筑鄢家铺至流水口堤段新挖军工计用土方2796市方（约合1.04万立方米）。1941年又在一弓堤至麻布拐堤段增挖多处工事。

1945年抗战胜利后，由江汉工程局利用联合国救济总署援助的面粉以工代赈，连续培修荆江大堤，3年完成土方约40万立方米，其间，因柴纪堤段发生严重蚁穴跌窝，于1947年岁修时曾实施了近1千米的补坡、抽槽翻筑工程，但翻修不彻底，夯筑不密实，当年汛期仍有漏洞险情发生。

荆江大堤自东晋永和年间肇基至1949年，其间历经1600多年，经对已有堤身断面的测算，1949年前累计完成土方约3439万立方米，每米土方量188立方米，堤身一般垂高8米，堤顶面宽一般4米，局部8米；外坡1∶2.5，内坡1∶3；郝穴以上堤段堤顶下6米处筑有平台。

荆江大堤之所以成为国家的重点确保堤段，这完全是由于大堤所处的地理位置、保护的范围和一旦失事可能造成的重大后果所决定的。大量的人口和迅速发展的经济，这是需要大堤保护的重要原因。而形成这种险峻局面还有其历史的原因。东晋时修筑金堤，宋时修筑寸金堤都是为了保护荆州城。荆州城从汉至清代一直是南方的重要城镇，在政治上、经济上特别是在军事上具有十分重要的地位。忽必烈1270年下令拆除，1368年朱元璋修复，1645年又被起义军拆除，1646年清王朝在原址重建，明清两代都把荆州城作为统治长江中游的重要城镇，派重兵把守。明朝在江陵先后封有湘王、辽王、惠王。置有荆州卫，荆州右卫，荆州左卫，枝江还设有一个守御千户所，约有12000名士兵。在一地设三卫一所，可以看出明朝对江陵一地战略地位的重视。清朝于1683年在江陵特设将军都统府，成为分布在全国各地的十三个将军府之一，驻防八旗兵初有3542名。嘉庆年间，旗兵7228名，家属上万人，居江陵东城（今拥军巷以东），称为满城。但是，荆州城怕水，自然要修堤防御洪水，才能保证荆州城的安全，正是这个原因，荆江大堤一直受到政府的重视，“大水打破万城堤，荆州便是养鱼池”。

明朝时期，荆江北岸的人口和经济都比南岸要多，发展要快。以明万历六年为例，荆州府全府人口为55014户，307244口，而江陵一县人口就有22035户，110940口，占全府户数的40%，口数占37%，而南岸的松滋、公安、石首三县总户数为15405户，占28%，人口数为92316口，占31%。清朝初年荆州府在湖北全省垦田数占第二位，仅次于汉阳府，而江陵一县又占全荆州府土地的26%。这时江陵还向国家提供了一定数量的商品粮食。“以康熙时有601640人为准进行计算，每人平均得谷1015斤，扣去口粮，生产粮800斤，每人尚余215斤，如按全县人口计，江陵全县每年为社会所提供的商品粮为129352600斤（601640×215），这还不包括旱地生产的农产品”《南国名都江陵》。这充分说明江陵在明清时代在荆州府乃至湖北省所占的重要地位。

康熙年间发生了“三藩”之乱，严重威胁到清朝的统治政权。在平定“三藩”之乱的过程中，荆州城发挥了极其重要的作用，使得它的地位得到进一步的加强。在冷兵器时代，荆州城作为铁打的荆州府而威震四方，不但是城池坚固，更重要的是有充足的兵员补充和粮食供应。为了保持荆州城作为政治、军事、经济重镇的地位，必须克服洪水的威胁，康熙五十四年（1715年），朝廷作出规定，决定由地方官员看守江堤。乾隆时期，特别重视荆江大堤的防务，使荆江大堤成为“皇堤”。这便是荆江大堤得到发展的最根本最直接的原因。与其说是荆江大堤保护了荆州城，不如说是荆州城促进了荆江大堤的发展。如果没有荆州城的存在，荆江大堤不会有现在这样的重要地位。

但是，荆江大堤却变得越来越险峻了。1542年堵塞郝穴口，荆江河段水位在不断抬高，迫使荆江大堤也要跟着加高，堤身的垂直高度在不断增加，到1949年，有的堤身高度已达到8～16米，除大堤溃口外，进入堤内的泥沙少了，堤内地面几乎不能增高，造成堤内外的水头差越来越大，出险的概率也在不断增多。1852年石首马林工溃口，敞口近8年之久，大量泥沙进入石首、公安境内，淤高了堤内地面。1860年特大洪水，马林工溃口处被冲开成藕池河，大量泥沙又淤高石首、公安地面。1870年松滋长江干堤溃口，形成松滋河，洪水泛滥达四五十年之久，到19世纪初才始有定轨。松滋、公安平原湖区地面平均淤高2～4米。民国时期，荆江大堤有6年溃口，而荆南沿江干堤有18年溃口。大量泥沙淤积的结果，荆南堤内地面普遍淤高，如北闸至埠河一线，堤内地面高程40.00～40.50米，而荆沙一带堤内地面高程为34.00～35.00米，两者相差5～6米，荆南沿江干堤一般垂直高只有5～6米，7～8米高的堤段不多。高水位时水头差只有4～5米。像沙市、郝穴一带，高水位时水位差有10～12米，堤基黏土覆盖层薄，下卧沙层深厚，无滩堤段多，崩岸多，而又处在荆江北岸的上端，一旦溃口，不但会造成大量人口死伤和财产损失，而且还有可能使长江改道。

荆州大堤经过多年的培修加固，险峻形势有所改善，抗洪能力明显提高。但大堤因其历史原因，堤基尚未进行全面防渗处理，堤身垂高大。2012年统计，堤身垂高在8米以上的堤段长达150.65千米，其中堤身垂高在10米以上的堤段长6.79千米，占总堤长的83%，部分堤段结构复杂，大堤险峻特征不会完全改变，大堤依然存在安全隐患，汛期仍然要加强防守。

注：李家埠以上至堆金台的荆江大堤联结为一体的时间当在明末崇祯年间。《荆江大堤史料简辑》记为：沮漳河至柳港后，分二支，一支经百里洲鹞子口入江，因修筑百里洲，鹞子口淤塞，改由沙市附近学堂洲入江；一支东北流，经保障垸，清滩河绕刘家堤头、屈曲入太湖港，过护城河达关沮口入长湖。明崇祯年间，截堵刘家堤头，因而断流。

第二节　堤　防　培　修

民国以前荆江大堤的培修多系溃后修复工程和岁修积累，或临险所采取的应急措施，以致形成堤身断面不一，土质各异，堤内渊塘众多的复杂情况。且荆江河段水深流急，九曲回肠，河道主泓摆动频繁，河势演变复杂，滩岸崩塌严重，危及堤防安全。

荆江大堤断面规格，清代以前缺乏明确记载，康熙二十四年（1685年）以后，根据典型断面的记载，阮家湾至柴纪堤段顶宽约11.2米，底宽约48米，垂高5.12米；雍正十一年（1733年）的断面，周公堤堤段顶宽约12.8米，底宽51.2米，垂高5.44米；乾隆五十三年（1788年），经大水后培修，得胜台至横堤一段顶宽增至19.2～25.6米，底宽 48～54.4 米，垂高 4.80～4.36 米。

民国时期，据 1946 年扬子江水利委员会编撰的《荆江水位特高原因及整理办法》载：堤面宽度，最宽者仅万城、李家埠两段共 2 千米达到 12 米，最狭者为郝穴堤，局部竟不到 3 米，堤顶高程，据实地查勘，沿江各地之堤顶在洪水位以上者，最高不过 0.90 米，最小者仅 0.50 米。内外坡比最大者 1∶3，最小者 1∶1.5。沿堤基本无平台。历史留存的军事工程及坟、窑、房屋、剅闸、房基、暗管、树兜、木桩、砖渣等沿堤遍布，还有白蚁、狗獾等对堤身造成危害，尤其是蚁患危害遍布全堤。堤身破败不堪。杂草丛生，堤街房屋栉比，堤身隐患严重，堤外滩岸崩坍，堤基渗漏严重。新中国成立初期，为全面掌握大堤的状况，于 1954 年对荆江大堤进行勘测，其状况见表 5－6－2。

表 5－6－2　　　　1954 年汛前荆江大堤堤防状况表

地名	桩号	堤顶高程/m	面宽/m	内 坡	外 坡	堤身垂直高度/m	1954 年当地最高水位/m	堤顶高出 1954 年水位/m
丁堤拐	679＋700	40.69	4	1∶3	1∶1.5～1∶2.5	8.85	39.73	0.96
西李湾	686＋400	41.16	2.9	1∶2.5	1∶2.5	8.76	40.09	1.07
熊良公	700＋500	42.08	4.7	1∶3	1∶3～1∶5	10.02	41.07	1
祁家渊	718＋500	42.71	5.3	1∶3～1∶4	1∶2.5～1∶3.5	10.34	42.34	0.37
木沉渊	746＋000	44.56	3.3	1∶3.5～1∶5	1∶4～1∶5	13.1	43.86	0.7
御路口	765＋500	45.76	3.8	1∶2.5～1∶4	1∶2.5～1∶3	11.5	44.70	1.06
闵家潭	783＋500	45.97	3	1∶3	1∶3	9.53	44.81	1.16
万城	793＋800	46.55	4.4	1∶3～1∶2.5	1∶3～1∶4	10.4	45.3	1.25

新中国成立后，荆江大堤的建设，根据各个时期提出的断面设计标准不同，经历了 1949—1954 年清除隐患、培修加固，1955—1968 年堵口复堤、重点加培，1969—1974 年“战备加固”，1975—1983 年堤防工程基本建设一期工程，1984—2007 年续建加固工程（亦称二期工程）5 个阶段。

第一阶段（1949—1954 年）　主要针对堤防低矮单薄、百孔千疮、隐患众多状况，进行清除隐患和培修加固。根据堤身断面设计要求：按 1949 年沙市最高水位（44.49 米）的相应水面线超高 1 米为堤顶高程，面宽加培至 6 米，内外坡一律按 1∶3 的标准进行加高培厚；同时，彻底清除堤上军工、沟道及堤身内墙脚、暗沟、棺木等。1949 年冬至 1950 年春，重点修复 1949 年大水冲坏堤段，清除民国时期留存在堤上的军工建筑，共完成土方 133.29 万立方米。

1950 年汛期，荆江大堤出险 50 余处。12 月底，中南军政委员会召开专题研究荆江大堤加固工作会议，决定由湖北省政府拨粮 1.65 万吨，组织江陵、监利两县劳力 6 万人和民船 3000 艘投入施工，培修重点险段，至 1951 年夏完成重点堤段的培修、筑土 329.02 万立方米。

1952 年，在兴建荆江分洪工程的同时，对荆江大堤进一步整险加固。当年，江陵组织民工 2 万余人，自枣林岗至麻布拐，加培翻筑 42 处，长 45 千米，完成土方 142 万立方米（其中包括纳入荆江分洪工程项目的 48 万立方米）；沙市辖区内堤段以培修为主，完成土方 26 万立方米，拆迁狗头湾至玉和坪（桩号 760＋850～756＋850）长约 4 千米堤街房屋。麻布拐以下至监利城南堤段，当时尚未划入荆江大堤，监利县亦组织民工实施麻布拐至八尺弓培修子埂和朱三弓、四弓堤，九弓月，堤头等处外帮堤坡、外压浸台等应急工程，清除堤上碉堡、壕沟等军工建筑，拆迁堤身部分房屋。在此期间，监利对大堤普遍培修1～2次，险段培修了3次，共完成加培土方138万立方米。1952年，江陵、沙市、监利3县（市）合计完成土方306.39万余立方米。

1949—1954年，荆江大堤共处理堤身隐患4515处，完成土方1008.87万立方米、石方35.66万立方米、国家投资1051.6万元，大堤面貌初步得到改变。

第二阶段（1955—1968年） 1954年长江流域发生100年一遇特大洪水，荆江大堤经受严峻考验，部分堤段损坏严重。汛后，湖北省委提出"堵口复堤、重点加固"的方针，荆州专署组织10万民工，投入堤防培修施工。根据大堤断面设计要求，长委会在1954年编制的《1955年荆江大堤培修工程设计指示书》中提出的设计为：堤顶高程按沙市1954年最高洪水位44.67米超高1米，堤面宽度7.5米，外坡比1∶3，内坡1∶3～1∶5；并具体规定内坡距堤顶垂高3米部分按1∶3。3米以下按1954年汛期出险情况而定，凡未发现险象的堤段，其原有坡度达到1∶3者，维持现状，坡比不足1∶3者，加至1∶3；出现险情的堤段，结合整险加固使坡比达到1∶5。按照此标准，1955年由国家拨款，采取"以工代赈"方式实施培修。当年工程量大，除江陵、监利两县上民工7.5万人外，还调集潜江、天门、荆门3县7万多名民工协助施工。具体安排为：江陵负责金果寺至三仙庙堤段；潜江负责丁堤拐至金果寺堤段；天门负责三仙庙至盐卡堤段；荆门负责御路口至万城堤段；监利负责县境荆南山和王家港、吴洛渊、城南等6处堤段。经过一个冬春施工，五县共计完成土方615万立方米，施工堤段的断面大多达到或接近设计要求；同时，拆迁江陵郝穴和平街、劳动街长1.5千米堤顶房屋。

1956—1958年，江陵、监利各自培修所辖堤段。因监利境内堤段培修任务较大，荆州专署组织江陵、公安、石首3县劳力支援监利堤段的岁修施工，监利田家月至九弓月等处堤段实施加培，此间3年完成土方897.67万立方米。此后1958—1968年转向以整险加固为主，并对未达标堤段继续加培。

1955—1968年，荆江大堤共完成土方1950.08万立方米，石方168.06万立方米，兴建减压井124个，消灭隐患6.63万处，完成投资3680.88万元，荆江大堤面貌大有改观，抗洪能力明显增强。

第三阶段（1969—1974年） 1969年冬，根据长江中下游防洪座谈会议精神及长办、省水利局提出的《荆江大堤战备加固设计》方案，加固标准是："堤顶高程按1954年洪水控制沙市水位45.00米，城陵矶水位34.40米的相应水面线加安全超高1米，堤面宽度8米，内外坡比仍按过去要求不变"。除按设计标准对堤身高度、宽度、坡度继续加高培厚外，为增强堤基的抗渗能力和稳定性，对堤脚渊塘进行填压以固堤基，故又称"三度一填"工程。经过5年施工，截至1974年，"三度"标准基本达到，其中，沙市所辖15.5千米堤段全部达到设计标准，江陵所辖119.35千米堤段达到设计标准的有93.86千米，高程未达到设计要求的有5段计长25.49千米，分别间断欠高0.09米、0.88米。宽度未达到设计要求的有1段，长7.4千米。监利所辖47.5千米堤段，完成加培土方305.51万立方米，绝大部分已达到设计标准。

1969—1974年，国家投资5110.61万元，共完成土方2111.43万立方米、石方152.93万立方米，兴建减压井9个，消灭隐患3.11万处。1972—1973年还修建沙市城区堤顶凝土路面9.65千米。

第四阶段（1975—1983年） 1974年春，荆江大堤“三度”按设计已基本达到标准，但填塘固基工程未能按设计完成任务。鉴于荆江严峻的防洪形势和堤防建设状况，1974年4月28日国务院副总理李先念批示：“建议用大力加强现在的荆江大堤，无论如何要保证荆江大堤不出事，这一点要湖北认真执行，决不能大意”，据此，湖北省水利电力局编制《荆江大堤加固工程简要报告》上报水电部。1974年12月，国家计委以〔74〕计字第587号文，水电部以〔74〕水电计字第227号文批准《荆江大堤加固工程初步设计简要报告》，荆江大堤加固工程正式纳入国家基本建设计划，从1975—1983年，历时9年，称为第一期加固工程。一期工程动员江陵、监利、沙市、松滋、公安、石首五县一市民工100余万人参与工程建设，调集大中小型挖泥船、汽车、拖拉机、推土机等施工机具投入各项土石工程施工。一期工程以填塘固基、护岸工程为主，并继续扩大堤身断面，设计标准按1971年长江中游防洪规划座谈会要求，堤顶高程按沙市水位45.00米、城陵矶水位34.40米所对应的水面线，安全超高增为2米；堤面宽度、直接临水堤段，面宽定为12米，其余堤段面宽8米；内外坡同前；内外禁脚加宽到50米，并筑厚5～7米，平台面坡比1：50。为有利防汛抢险，在部分堤段铺设碎石路面，沙市城区部分堤段铺设混凝土路面。填塘以挖泥船吹填为主，辅以汽车、拖拉机等机械施工，先后在监利城南、窑圻垴、谭家渊、龙二渊、黄灵垱、祁家渊、蔡老渊、木沉渊、盐卡、廖子河、肖家塘、水虎庙、花壕等堤段实施机械填筑。

1975—1983年一期工程共完成土方4035.09万立方米、石方242.33万立方米，消灭隐患637处，完成国家投资1.18亿元。

第五阶段（1984—2007年） 荆江大堤经基本建设工程第一期项目实施，堤质堤貌大为改善，但经1981年沙市水位44.47米的洪水检验，以及按防御1954年型洪水的标准衡量，仍存有诸多问题：堤身断面未达标，仍不能满足防洪安全要求；堤基渗漏严重，仍有大量堤基渗漏险情出现；坡岸防护工程标准低，存在未实施坡岸防护的堤段；沿堤涵闸设施老化，运用安全性逐年降低，影响防洪安全；部分堤段因土质问题存在堤身隐患。为解决上述问题，经报请国务院批准，荆江大堤加固工程于1984年开始续建（二期工程）。1998年大洪水后，国家投入力度加大，荆江大堤得到进一步建设，2007年二期工程竣工验收时，建设历时长达24年。

荆江大堤加固工程防洪标准和设计洪水位按照防御1954年型洪水的目标，以沙市水位45.00米、城陵矶水位34.40米、汉口水位29.73米（表5-6-3）作为控制站推算各控制断面的设计洪水位。荆江大堤在李埠以上，由于有沮漳河汇入长江，大堤外有菱湖垸、谢古垸，堤线虽远离长江主泓，但在沮漳河遭遇特大洪水时，破围垸行洪后大堤将直接挡水，设计洪水位考虑长江洪水与沮漳河洪水组合的情况，以及下荆江裁弯后影响，修正原有水面或再加风浪及安全超高2.0米进行加固设计。

荆江大堤沿堤5座穿堤涵闸建筑物级别为1级建筑物，按闸址所在堤段设计洪水位再加高0.5米，作为闸身设计洪水位。

表 5-6-3　　荆江大堤各控制站点设计洪水位表

地　点	城陵矶	严家门	郝穴	沙市	枣林岗
桩号		628+100	707+594	760+000	810+000
设计洪水位/m	34.40	37.23	41.81	45.00	47.60

荆江大堤堤身加培工程堤顶高程按设计洪水位加安全超高 2.0 米。堤面宽度根据堤身、堤基条件及各堤段挡水情况，堤顶宽度分别为 8 米、10 米和 12 米。其中，常年挡水段为 12 米，即监利城南至杨家湾堤段（桩号 628+000～639+000）、夹堤湾至马家寨堤段（桩号 696+665～722+700）、文村夹至堆金台堤段（桩号 733+400～802+000）；外有民垸堤，一般年份不挡水堤段为 10 米，即杨家湾至夹堤湾堤段（桩号 639+000～696+665，外有人民大垸）、马家寨至文村夹堤段（桩号 722+700～733+400，外有青安二圣洲）；堆金台至枣林岗堤段（桩号 802+000～810+350）为 8 米，堤身边坡，断面外帮，边坡采用 1：3，内坡不变；断面内帮，边坡采用 1：4，外坡不变。平台宽度为：荆州区、沙市区、江陵县堤段外平台为 30 米、内平台为 50 米；监利县堤段外平台为 50 米、内平台为 30 米。

填塘固基的范围依据渗流计算成果确定。重点险工段一般距堤内脚为 200 米，堤外有民垸的堤段则为 100 米。盖重厚度按渗透稳定需要确定。

护岸工程，水上护坡面层采用厚 0.30 米或 0.35 米干（浆）砌石，厚 0.10 米或厚 0.12 米预制混凝土块（现浇混凝土）；垫层厚度为 0.10 米；水下抛石，重点险工段枯水位以下坡比按 1：2～1：2.5 控制；一般护岸段抛护范围为枯水位以外 30 米，平均厚度 1.2 米，单宽不足 36 立方米每米的补足到 36 立方米每米。

堤顶混凝土路面，路面宽 6 米（沙市城区为 7 米），路面一般厚度为 0.20 米。监利城南至井家渊 7.50 千米、沙市城区段 9.65 千米、荆州区黑窑厂至白龙桥段长 5.50 千米（其中计入此工程的为 500 米）等重点堤段，堤顶路面按城市二级次干道设计，混凝土路面厚度为 0.22 米。

荆江大堤二期加固工程从 1984 年 10 月开工，至 2007 年 12 月竣工验收，共完成堤身加培土方 2529.69 万立方米、堤基处理土方 2707.49 万立方米、石方 179.61 万立方米、混凝土 28.65 万立方米，（表 5-6-4），完成投资 85174.13 万元，工程按设计和下达的投资计划内容建设全部完成。

表 5-6-4　　荆江大堤二期加固工程完成工程量汇总表

堤段		堤身加培土方/m^3	堤身土工膜防渗长度/m	堤基处理土方/m^3	西湖段堤基加固土方/m^3	护坡、护岸/m^3		堤顶路面/km
						石方	混凝土	
合计	计划	26140842	4800	24373060	3988974	1856012	2576	182.35
	设计	25174984	5150	23514518	3988974	1970317	10846	182.35
	完成	25296863	4850	23549537	3525314	1774756	37960	182.35
监利 628+000～675+500	计划	9319923	700	3486300	3988974	492580		47.50
	设计	8993867	700	3119726	3988974	512543		47.50
	完成	8745712	700	3181609	3525314	458987	5000	47.50

续表

堤段		堤身加培土方/m³	堤身土工膜防渗长度/m	堤基处理土方/m³	西湖段堤基加固土方/m³	护坡、护岸/m³		堤顶路面/km
						石方	混凝土	
江陵 675＋500～745＋000	计划	8148141	1900	12271660		1009413	2576	69.50
	设计	8045138	1900	11648374		1061930	6493	69.50
	完成	8214878	1900	11811441		906387	23345	69.50
沙市 745＋000～761＋500	计划	2044576	500	6429500		276025		16.50
	设计	1882583	550	6657968		289001	4353	16.50
	完成	1962168	550	6627205		267981	9616	16.50
荆州 761＋500～810＋350	计划	6628202	1700	2185600		77994		48.85
	设计	6253396	2000	2088450		106843		48.85
	完成	6374105	1700	1929282		141401		48.85

荆江大堤加固二期工程主要建设内容包括：①堤身加培，沿原堤线，在现有 182.35 千米堤防断面上进行整险加固，对堤防实施加高加宽、内外平台加培、锥探灌浆等，沙市城区堤段设置 9.65 千米钢筋混凝土防浪墙；②堤基处理，主要是对沿堤总长 45.25 千米的渊塘进行填筑，实施平台压渗盖重，修建减压井、排渗沟等；③护岸工程，堤顶路面护岸护坡 60.2 千米，以枯水平台为界，枯水平台以上为水上护坡，枯水平台以下采用抛石护脚；④在全堤 182.35 千米修筑混凝土路面，同时根据沿堤居民生产生活需求，沿线在堤坡适当布置上堤路；⑤穿堤建筑物，荆江大堤建有万城、观音寺、颜家台、一弓堤和西门渊 5 座灌溉涵闸，此次工程建设根据涵闸险情及运行状况，实施重建或加固；⑥另根据荆江大堤西湖堤段吹填工程实际情况，新建窑圻垴、长渊两座小型泵站，作为西湖堤段堤基加固工程的生产水源补偿工程；⑦新建防汛哨屋 85 座以及其他管理设施。

荆江大堤经新中国成立后（1949—2010 年）60 多年的不断建设累计完成土方 1.43 亿立方米，石方 788.73 万立方米，国家投资 10.68 亿元，见表 5－6－5。堤顶高程达 40.60～50.40 米，堤面宽 8～12 米，部分堤面宽达 12.8 米（堆金台），内坡比为 1：4，外坡比 1：3，内平台宽 30 米，外平台宽 50～30 米；堤身内外形成两条防护林带；堤顶混凝土路面宽展畅通。2012 年大堤总土方量已达 1.773 亿立方米，每米土方量 975 立方米，比 1949 年每米净增 787 立方米，新增土方约为 1949 年时荆江大堤的 4 倍。

表 5－6－5　　荆江大堤历年完成土方、石方投资统计表

阶段	完成土方/万 m³	石方/万 m³	投资/万元	备注
第一阶段 1949—1954 年	1008.87	35.66	1051.60	
第二阶段 1955—1968 年	1950.8	168.06	3680.88	
第三阶段 1969—1974 年	2111.43	152.93	5110.63	

续表

阶 段	完成土方/万 m^3	石方/万 m^3	投资/万元	备 注
第四阶段 1975—1983 年	4035.09	234.00	11800.00	其中堤基处理土方 2300m^3
第五阶段 1984—2007 年	5237.18	179.61	85174.13	其中堤基处理土方 2707.49m^3
合计	14343.37	770.26	106817.22	其中堤基处理土方 5007.49m^3

荆江大堤典型断面加培示意图见图 5-6-6。

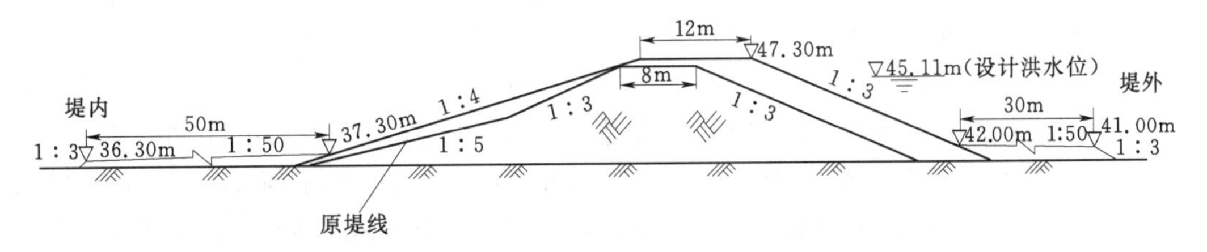

图 5-6-6 荆江大堤典型断面加培示意图（桩号 763+000）

第三节 险 情 整 治

荆江大堤修筑于冲积土层上，堤基为砂卵石基础，地面黏土覆盖层薄，又系多年分段分时加培而成，修筑标准不高，堤质较差；加之荆江河势变化无常，许多堤段堤外无滩，河道崩岸频繁；荆江大堤历经多次溃决遗留有许多冲刷坑形成的渊塘和古河道，一遇汛期洪水猛涨，持续时间长，沿堤便暴露出众多险情，严重地威胁堤身安全。经过多年整险加固，荆江大堤堤基渗漏、堤身隐患和崩岸三大险情基本得到控制。

一、堤基渗漏处理

堤基渗漏，多发生在外滩狭窄、堤内渊塘沼泽密布的堤段，出险部位一般在距堤脚500米范围内，尤以距堤脚200米以内为多。1954年大水时，沿堤出现较大管涌101处。且当年内垸渍水水位高，渗漏险情暴露尚不充分。1962年沙市最高水位达44.35米，洪水高出堤内地面8～14米，大堤因承压水头大，堤基黏土覆盖层薄弱的地段出现大面积管涌险情，其中尤以观音寺、廖子河、木沉渊、蔡老渊、黄灵垱、窑圻垴等处最为严重。

造成渗漏的原因主要与堤基地层结构有关。荆江大堤地质属第四纪沉积物，其地层结构，一般表面为黏土或亚黏土层，厚度2～5米，其下为砂层（砂层间也有黏土隔水层），厚度10～14米，再下为透水性很强的砂砾石层。厚达数十米，由于砂层与砂砾石层延伸很广，在河床中露头与江水相通，在洪水作用下，地基隔层或地表覆盖层产生渗透压力，破坏堤基稳定，加之历史上溃口形成的渊塘、沼泽和沿堤堵筑穴口、河汊未进行堤基处理，修堤取土、地质爆破、开沟、挖塘、打井、修建地下建筑物等活动致使地表覆盖层遭到人为破坏，故汛期管涌险情异常严重。堤防加固过程中，通过对地基进行钻探取样分析，基本查清了大堤地基情况。荆江大堤地质好的堤段68.85千米，占37.76%；较好堤段70.25千米，占38.52%；较差的堤段43.25千米，占23.72%。较差堤段主要有江陵唐家渊至观音寺段（桩号729＋000～740＋000），长11千米；江陵麻布拐至夹堤湾段（桩号679＋000～698＋000），长19千米；监利杨家湾至高小渊堤段（桩号639＋750～653＋000），长13.25千米。

对堤基渗漏的处理，包括汛期所采取的临时性应急措施和汛后实施整险措施。临时性措施，根据不同情况，分别采取砂石料导滤、建导滤井、做反滤堆、预制导滤井以及蓄水反压等措施，以防止险情的扩展。汛后整险，则先后采取过“外截”“内导”和“内压”等措施。

1954年大水后，荆江大堤渗漏险情严重的木沉渊等堤段，采取在堤外抽槽做浅层黏土截渗墙和加大堤外铺盖等办法，防止江水通过透水层渗入堤内，但由于遭遇流砂层，抽槽深度有限，沙层处理不彻底，截渗效果较差。1958年改用“内导”办法，在沿堤浸漏严重地带堤内普遍开沟排渗，并在黄灵垱修建实心减压井51口、观测井20口，收到一定效果。1963年起，又先后在沿堤修建空心减压井83口，其中廖子河21口、蔡老渊32口、李家埠10口、窑圻垴11口、黄灵垱9口，有效地降低了地下水位，险情发展得到控制。但由于减压井钢管管径过小，易淤塞，不易清洗，常因锈蚀而造成过滤网堵塞而失效。1987年在观音寺闸内渠道修建玻璃钢管结构空心减压井20口。因这种减压井的口径大（管径0.55米5口，管径0.65米15口），井深35.0～40.0米，井底深入卵石层15米左右，易于冲洗，不易堵塞，收到良好减压效果。

与此同时，还根据“以压为主，导压兼顾”的原则，在堤内实施禁脚平台压浸，即在渗漏堤段内坡或外坡筑一土台称“压浸台”。压浸台一般填宽30～50米，厚度约3～5米。至1985年，共填筑堤内平台165.75千米，拆迁沙市城区、江陵郝穴以及监利城南、堤头等地距堤脚50米以内的房屋，然后按设计要求填筑平台压浸。据初步统计，1984—2007年，拆除禁脚房屋面积41.56万平方米。

堤内渊塘和沼泽地段，先后采取人工挑土、挖泥船输泥和利用涵闸引水落淤等方式，进行填压固基。历来著名的盐卡、木沉渊、祁家渊、龙二渊、谭家渊、杨家湾、姚圻垴、黄公垸等险工险段得到整治。绝大部分堤段内平台的宽度已达到30～50米，重点险段达到100～200米，外平台大部分达到30米（不直接挡水堤段还有部分堤段的内外平台未达标）。由于加厚了内外铺盖，降低了堤身垂高，使大堤承压最大水头由原来的15米降到8米，堤基渗径由原水头的8倍，延长至15倍以上。1972年，监利城南段采用挖泥船吸江洲泥沙淤填堤内脚渊塘，处理堤基渗漏险情，开展“吹填”实验。挖泥船工作290小时，共吹填泥沙7万余立方米，3.97万平方米面积的渊塘平均淤高约2米，“吹填”试验取得成功。1973年，堤防部门再次租用长江航道局功率为350m^3/h挖泥船一艘，在荆江大堤冲和观段实施吹填试验，从4月28日至7月1日，65天中实际工作841小时，吹填泥沙21.7万立方米，平均淤高1.35米。两处试吹成功，加快了堤基渗漏险情处理的速度。1974年冬开始实施荆江大堤第一期加固工程，大量实施填塘和内外禁脚平台填筑工程，至次年春共填筑大小渊塘8个。吹填施工过程中，1981年引进一套适宜荆江跨江潜管输泥的“端点站”的设备，此技术优点为能使管道自动浮沉，可跨越深水区或航道区至对岸沙洲取土潜管输泥吹填，在龙二洲等地吹填施工中发挥重要作用。一期工程至1983年完成吹填2300万立方米。荆江大堤加固工程二期施工中，扩大了堤内脚渊塘的整治范围，最著名的是监利堤段“九老十八渊”，顺堤长约10千米，渊塘距堤脚超过200米。由于挖泥船一次最远吹距为4.5千米，为解决远距离吹填难题，1998年在监利西湖堤段吹填施工中，采用输泥管径为0.5米，输沙管道长10千米，加压站最大功率573千瓦，中途建两级加压站的长排距接力吹填技术，吹填效果较好。荆江大堤加固工程第二期完成基础处理土方2707.49万立方米。

1995年，针对闵家潭为历史溃口冲坑，沙层深厚，堤内覆盖层仅1～2米，堤外谢古垸分洪或溃决，此段堤身即挡水，曾多处发生管涌险情的状况。在长2500米范围内，将平台加宽80～100米，加厚3～5米，并用黏土填筑增加盖重；平台后修建长964米的导渗沟，将堤基渗水引入潭内；在潭的边坡上铺土工布4.6万平方米，其上铺盖卵石。

1998年大水后，对重点险工险段还采用钢板桩、导渗沟、土工布等综合措施实施处理，以提高堤基及堤身的防渗能力。在万城、柳口、木沉渊、尹家湾、西门渊等堤段堤身设置浅层防渗膜，在观音寺闸堤段两侧实施钢板桩防渗工程等，均收到比较明显的效果。经实践检验，增强堤基防渗能力最好的方法，即为在堤后加宽加厚内平台，同时在堤外相应填筑30～50米的外平台，增加盖重，填土压渗，以增加抗浮稳定性，平衡渗透水压力，提高堤脚附近渗透的稳定性，防止渗透变形。

二、堤身隐患处理

荆江大堤土质复杂，历史上遗留下来的隐患甚多。堤身内獾洞、蚁穴、蛇洞、坟墓、墙基、军事工事、树蔸、石渣、暗沟、阴剅等比比皆是，此外还存在一些引水抗旱破堤明口。这些隐患对堤防安全威胁很大，其中尤以白蚁危害最为严重，历史上因白蚁危害导致溃堤的事件常有发生。1954年，荆江大堤因白蚁危害造成的大小漏洞有5493个，占全部险情的94%，跌窝162处，占全部险情的3%，白蚁危害是造成当年荆江大堤出险的主要原因。从1954—1985年，累计查出和处理各种隐患11.4万处，其中蚁患7.75万处。蚁患严重堤段，主要分布在祁家渊至枣林岗一段，计长92.35千米，占大堤全长的51%。土楼白蚁在堤内营巢寄居，致使堤内蚁腔密布，蚁路纵横，据历年普查资料，蚁穴最密堤段，每千米竟达300处之多，不仅密度高，而且洞穴大。1960年刘家碾子堤段（桩号754＋536）堤顶下2.5米内坡处，挖出一个蚁洞，长2.5米，宽2米，高1.4米；另在754＋500～508堤顶内坡处挖出蚁洞8个，追挖至堤身后又发现1个白蚁窝群，其空隙体积达2立方米。万城堤段桩号790＋000处在翻挖时，一名民工突然陷入蚁穴，洞内面积之大，竟能同时容纳5人。此外，关庙堤段亦在763＋000和767＋000等处发现长3米、宽2米、深1米的蚁穴多处。

新中国成立后，对堤身隐患的处理，主要是在普查的基础上实施大量翻筑和锥探灌浆，仅1954年汛后，一个冬春就抽槽翻筑长达40千米。1958年起，荆江大堤建立专业灭蚁队，对白蚁危害堤段进行系统整治，累计普查154次，查出隐患4.17万处，其中蚁患3.6万处，经翻筑和灭蚁，有效地控制了蚁患蔓延扩散，白蚁隐患大幅减少。

1953—1954年，监利县在蒲家渊、杨家湾、祖师殿、流水口等地长2893米堤段上共打锥1.2万余眼，发现獾洞、鼠穴、蛇洞、坟墓、漏洞、裂缝、树蔸、棺木、阴剅等隐患

40余处，并进行翻筑回填。1956年，监利县又对其他堤段进行锥探，钻孔26.94万个，发现并处理隐患747处。此后，荆江大堤又先后实施数次大型翻筑，其中1962年翻筑江陵梅花湾长1.33千米蚁患严重堤段；1964—1965年，监利县锥探钻孔10.47万个，发现隐患71处，并实施翻筑处理。1969年在沙市泰山庙、刘大巷、康家桥等堤段集中翻筑浸漏严重堤段758米，挖出砖渣瓦块6.4万立方米、条石5100立方米、纵横砖墙363道、阴沟下水道115条及便池、漏水痕迹各10处。1995年在荆江大堤盐卡、尹家湾堤段发生獾害，在尹家湾石仓和杨二月矶捕获狗獾4只，并对洞穴实施处理。2002年6月又查出3处獾穴并进行处理。以后在历年堤防加培和增筑过程中不断挖出砖墙、阴沟、条石、砖渣、树桩、暗坟、棺木等杂物，在清除堤身杂物后，对堤身采取抽槽、翻筑、锥探、灌浆等措施处理，同时，拆迁堤身上所有房屋及建筑，堤身渗漏险情大为好转。

三、崩岸险情处理

荆江沙市、郝穴、监利三大河湾共长71.35千米，约有65千米长堤段紧临三大河湾，其中堤外无滩或窄滩堤段34.6千米。滩宽不足20米堤段长10.5千米。荆江历史上河势多变，洲滩淤长无定，河湾顶冲处在各种水流流态的冲刷作用下，近坡脚形成陡坎和较大冲刷坑，引起河岸不断崩塌。当崩岸逼近堤脚，即威胁堤防安全。

20世纪50年代初至70年代末，荆江大堤共发生崩坍险情147处。学堂洲从20世纪40年代起开始崩塌，至50年代已发展为巨崩，最大崩宽达220米，1951—1971年共崩长3700米。沙市城区盐卡堤段，仅新中国成立后就先后于1952年、1953年、1963年、1964年、1965年等多次发生较为严重崩岸。据载，乾隆五十三年（1788年）前，盐卡至观音寺段滩宽为2～3千米，历经近200年的冲刷、崩塌，滩宽仅存8～20米。经退堤还滩后，崩塌仍不断发生，现外滩宽也仅10～20米。冲和观至祁家渊段崩塌则更为严重，19世纪末尚有400米宽外滩，后不断崩窄。1949年7月19日祁家渊堤段40米宽外滩仅两天时间即崩至堤脚，几乎造成大堤溃决。1954年汛前，冲和观段发生严重崩岸，崩长1000余米。据统计，冲和观段（1915—1945年）35年间发生崩岸48次；1950—1959年发生崩岸和坦坡下滑64次。20世纪60年代后，祁家渊至冲和观崩势有所缓和。二龙渊至郝穴段也为崩岸严重的险段，一般低水位距岸边40～70米范围内，水下坡脚易发生崩坍，影响至近岸。1979年1月，郝穴段一次崩岸长达1045米。柳口至谭剅子段，1977—1980年滩岸崩长约3千米，最大崩宽达100米，岸坎距堤脚130米，崩塌强度最大一次崩长200米，宽30～40米。监利河湾近百年来变化剧烈，主泓南北摆频繁，民国时期在城南段外滩急流顶冲处，修建3座石矶，以期扼制崩坍。1948年、1949年和1963年一矶接连3次发生崩坍，崩幅长、宽均在40米以上。窑圻垴至徐家垱段，1980—1984年，累计崩塌长2千米，崩宽20～40米，距堤脚最近为0米。

荆江大堤崩岸险情的整治，始于明成化初年（约1465年后）黄潭“沿堤甃石”，其后陆续兴建过一些矶头、驳岸和滑坡等护岸工程，至1949年共485年间累计护岸长约15.6千米，护岸石方量约为25万立方米。1949年后，对堤外滩岸不足30米的堤段拟采取“退堤还滩”措施实施治理，但考虑到新筑堤防安全系数较低，且工程量大，未付诸实施。根据国家财力和崩岸险情的轻重缓急，新中国成立初期以“守点”和“护脚”为主，

1952—1954年，监利县采取“守点顾线，护脚为先”的原则，在一矶至窑圻垴5.5千米崩岸线上，耗石7.5万立方米，守护9个点，使其相对稳定，在其后10年间，每年耗石0.8万～1.5万立方米对诸守点抛石加固。

通过工程量的不断积累，荆江大堤护岸工程逐步连点成线，后发展到大面积的平顺守护。通过对历史遗留下来的旧式护岸工程进行改建或加固，先后对布局不合理，引起水流紊乱的刘大巷矶、土矶头矶、黄灵垱矶和无名双矶分别予以削退或削除，以改变矶头上下游局部水流流态，使之变成平流或顺流；对观音矶、康家桥矶、柴纪矶、七里庙矶、谢家榨矶等处旧式条石驳岸和坡度过陡的重力式条石挡土墙等，则分别改造为枯水位以上的块石或混凝土预制块护坡及混凝土挡土墙，使干砌块石护坡达1∶3。此外不断采取新的护岸措施，在学堂洲、沙市城区、观盐、文村夹、祁冲、黄灵、郝龙、熊刘、柳口、监利城南等崩岸险段，实施水上砌坦护坡，水下抛石镇脚，并整修和兴建宽3～5米的枯水平台。水上坦坡以干砌块石为主，兼有浆砌混凝土预制块和混凝土挡土墙。水下以散抛块石为主，新工段兼抛柳枕、柴排、铁丝笼、竹笼等以护底。抛护标准：1956年以前，水下抛护，依滩岸宽窄、河床深浅、险情轻重，一般每米每次抛石5～20立方米；1956年以后，以枯水位以下总坡度变化情况为依据，对坡度不足1∶1的抛护到1∶1.5，达到1∶1的暂缓施护；1959年要求全部按总坡度达到1∶1.5的标准抛护加固；1960年起，根据每年高、中、低3次不同水位的测量成果，选用冲刷最大、坡度最陡的一次作为依据，一般险工与重点险工分别按1∶1.5和1∶1.75～1∶2的设计要求进行抛护；1971年以后，护岸标准略有提高，水下总坡比，一般险工为1∶2，重点险工达1∶2.5。至1985年，累计施护长达53.88千米，占三大河湾总长约78.1%，完成石方638.8万立方米、柴枕36251个、柴排5478平方米、竹笼86901个、铁丝笼751个，其中，矶头及其上下游岸线，每米完成石方292～607立方米；重点险段，每米完成石方113～172立方米；一般险工段，每米完成石方24～72立方米。

此后，1983—1998年，荆江大堤河道发生崩岸总长12.44千米，均只采取水下抛石和散铺石等应急处理措施，1998年大水后，重点整治毁损严重的护岸段，累计整治5.2千米，完成石方11.4万立方米、投资2300万元。

1949—2010年守护长度64.17千米，耗用护岸石方725.48万立方米，见表5-6-6。经过多年护岸工程建设，河岸的抗冲能力得到一定增强，已守护滩岸保持了相对稳定，崩岸险情得到一定缓解。

表5-6-6　　荆江大堤崩岸险工防护情况表

地　　点	施护长度/m	护　岸　形　式	工程量/m^3	起讫年份
城南 627+180～636+940	7970	除一矶为矶头外，其余为平护	1037479	1950—2010
柳口 697+100～700+500	3400	平护	119029	1950—2010
熊刘段 700+500～708+000	7300	平护，多为半坦	284807	1950—1996

续表

地 点	施护长度/m	护 岸 形 式	工程量/m³	起讫年份
郝穴至龙二渊段 708＋000～713＋000	5200	除铁牛上、下矶，龙二渊矶、郝穴矶为矶头外，其余平护	1129228	1950—2010
灵官庙至黄灵垱段 713＋000～718＋000	5000	灵官庙矶、黄灵垱矶为矶头外，其余为平护	570580	1950—1996
祁家渊至冲和观段 718＋000～722＋200	4200	祁家渊矶、冲和观矶为矶头外，其余为平护	1309816	1950—1999
文村夹 732＋880～735＋500	2700	平护，未砌坦	193295	1950—2008
观音寺至盐卡段 738＋000～745＋000	6300	除柴矶为矶头外，其余平护	1051577	1950—2010
沙市区 745＋000～761＋500	16500	矶头、直立驳岸、平护相结合的护岸形式	1295436	1950—2010
学堂洲 0＋000～6＋400	5600	平护，未砌坦	263516	1950—2010
合计	64170		7254763	1950—2010

荆江大堤早期兴建的护岸工程多采用矶头群护岸形式，至新中国成立前荆江大堤陆续修建矶头29座，见表5-6-7。随着河道冲淤变化，有5座矶头崩坍或被泥沙淤埋而自然消失，5座在20世纪50年代以来历年加固时被全部削除，至今仍保留19座，其中有6座被部分改造。大部分矶头间的空当已护石守护。

表5-6-7　　荆江大堤护岸矶头现状表

河段	矶头名称	大堤桩号	兴建年份	自然消失	全部削除	部分改造	河段	矶头名称	大堤桩号	兴建年份	自然消失	全部削除	部分改造
沙市河湾	杨林矶	765＋800	1788	√			郝穴河湾	冲和观矶	721＋120	1913			
	黑窑厂矶	762＋500	1788	√				祁家渊矶	720＋840	1913			
	观音矶	760＋265	1788					谢家榨矶	720＋000	1913			√
	二郎矶	759＋450	不详					黄灵垱上矶	717＋000	1917			√
	刘大巷矶	759＋000	1871			√		黄灵垱下矶	716＋900	1917			√
	康家桥矶	758＋400	1736—1795		√			无名双矶	715＋300	1860		√	
	玉和坪矶	756＋600	不详					灵官庙矶	714＋582	1860		√	
	盐卡矶	747＋800	1465					龙二渊矶	710＋370	1852			
	岳家嘴矶	746＋850	1842			√		铁牛上矶	709＋810	1852			
	杨二月矶	745＋870	1895					铁牛下矶	709＋500	1852			
	柴纪上矶	744＋273	1895			√		渡船矶	708＋460	1852		√	
	柴纪下矶	742＋750	1895		√			郝穴矶	708＋100	1852			
	蒿子垱矶	742＋190	1895	√			监利河湾	一矶头	629＋720	1926			
	七里庙矶	741＋420	1895		√			二矶头	629＋200	1926	√		
								三矶头	628＋800	1926	√		

第四节　重点险段整治

历史上，荆江大堤多次溃决，堤后渊塘密布，加之堤基为透水性的砂层或砂石层，塘水连通江水，一遇高洪水位，堤内管涌不断，抢护不及或处理不当，即可导致溃堤。另有部分堤段堤脚紧邻江流主泓，崩岸险情时有发生，直接威胁堤防安全，稍有不慎，也可造成溃堤之灾。新中国成立后，对全堤得胜寺（桩号789＋000）、闵家潭（783＋700）、字纸篓（76＋940）、观音矶（759＋630）、廖子河（759＋760）、盐卡（745＋500）、木沉渊（744＋900）、柴纪（742＋000）、蔡老渊（740＋700）、文村夹（734＋450）、冲和观（720＋200）、祁家渊（718＋000）、黄灵垱（717＋050）、铁牛矶（709＋400）、柳口（697＋180）、董家拐（679＋000）、麻布拐（677＋000）、朱三弓（672＋300）、王家港（662＋740）、西湖（641＋400）、杨家湾（638＋000）、窑圻垴（636＋000）、监利城南（628＋760）、黄公垸（627＋700）24处险工险段进行了整治。兹记载重点险段整治。

1. 闵家潭险段整治

闵家潭险段位于荆江大堤荆州区段，桩号783＋700～786＋000。堤内渊潭系清乾隆五十三年（1788年），道光二十二年（1842年）、二十四年3次溃堤冲成，原水面面积48万平方米，最深处15.7米，潭底高程30.00米以下为粉砂层，其上有1～2米厚亚黏土覆盖层，潭内大面积砂层出露，外江高水位时潭内常出现多处冒水孔。1968年堤外谢古垸行洪时潭内出现23个冒孔，经探摸，发现冒水孔顶部孔径0.2～0.5米的2个，0.2米以下的21个；冒孔处水涌感强，水冷浸骨，孔旁有成堆白色螺蛳壳；冒孔分布成群（即一处多孔）、成线（与堤垂直方向分布较多）、成片（靠近潭边有大片小孔冒砂），冒孔处水深约1～1.3米。1984年7月27日，谢古垸再次分洪后，又出现管涌11处，当天连夜处理重点险情（翻黑砂）5处。1954年、1973年和1990年分别实施堤身、堤基整治加固，但险情未根除。1995年，实施挖排渗沟、潭岸护坡和局部填塘工程，完成土方27.97万立方米；潭坡护坡全长1505.5米；修建减压沟964.6米；钻探沙井720口，井深3～12米，井距3～5米；修建排水沟5条，总长345米；在减压沟两侧设四对观测井，用于观测减压沟渗压的情况；每条排水沟尾部设置一组三角堰，共设5组，用于渗流量观测；沿减压沟两侧顶部墙面设置7对14个水准基点，用于观测减压沟工程沉陷情况。闵家潭险情综合整治工程于1995年11月开工，次年9月底完工。工程投资1267万元。1996年大水中，经沮漳河万城站有水文记录以来最高洪水位检验，减压沟内排水顺畅，未发现险情。

2. 观音矶险段整治

观音矶险段位于荆江大堤沙市段，桩号759＋630～760＋520，为荆江大堤著名历史险工。清乾隆五十三年（1788年）大水后，当年冬兴建矶头，以挑江流。1921年矶头下游崩宽近4米，当年冬修砌石坡矶头。1949—1950年在下腮建混凝土墙2道。1953年矶身出现裂缝两条，缝宽0.02～0.04米，经勾缝和抛铅丝笼（镀锌的铁丝，颜色像铅，不易生锈）后险情暂时得到控制。1987年5月，矶身发现纵向裂缝3条，经采取用水下抛石、矶体表面勾缝和建截流排水沟等措施，险情得到缓解。据统计，1951—1989年间，观音矶上下腮长400米岸段总抛石19.72万立方米，平均每米抛石495立方米，矶尖断面达600立方米，冲坑最深点为－5.00米。观音矶经多年守护，矶头上下两侧被水流淘刷，矶身凸出江中159米。因挑流形成的冲刷坑深达卵石层以下，冲深点在一定范围内随水流变化而移动，左右变幅约200米，上下移动约180米。1998年汛期，观音矶头出现跌窝险情，矶头以上护岸坦坡损坏严重，堤内发生大范围严重散浸，护岸块石冲乱。造成近岸水流紊乱，滩唇至枯水位之间坡面发生大面积崩坍，形成吊坎，矶头顶部出现裂缝。次年对该险段实施综合整治，分别实施矶身外坡混凝土护坡，滩面混凝土硬化，滩肩浆砌石挡土墙，一级混凝土挡土墙，二级干砌石护坡，干砌石脚墙的枯水平台散抛石等工程，共完成开挖土方4.76万立方米、混凝土4161立方米、干（浆）石砌4.65万立方米，完成投资515.53万元。2003年12月，又实施观音矶内平台整治，至次年4月完成土方10万立方米，填筑平台面积26000平方米，填高5米。险段得到控制。2010年10月，矶头上下腮挡土墙出现龟裂崩矬，矶面下陷挡土墙顶混凝土悬挑板因基础沉陷不均匀而错位达0.2米。

3. 盐卡险段整治

盐卡险段位于荆江大堤沙市堤段，桩号745＋500～751＋700。河道深泓贴岸，堤外无滩或仅有窄滩，堤内为明清时多次溃堤所形成的沼泽渊塘，堤基为双透水层土体结构，覆盖层厚约3米。盐卡至观音寺段为沙市河湾下段，古称黄潭堤、黄滩堤或黄陵。清乾隆《江陵县志》称："黄滩堤当江流二百里之冲，一决则江陵、监利、荆门、潜江皆受其害，至险至要。"1788年前滩宽2～3千米，此后主泓顶冲点逐年向下发展，历经多年冲刷崩失后，至20世纪初滩宽仅余8～20米。经退挽还滩后，崩坍仍不断发生，外滩宽仅为10～20米。外滩狭窄，深泓紧贴岸脚，迎流顶冲。南宋建炎二年（1128年），明嘉靖四十五年（1566年），万历十九年（1591年），清康熙十二年（1673年）、十九年、二十年、二十一年、三十四年、三十五年屡决于此。明成化初年（约1465年）知府李文仪于黄滩堤"沿堤甃石"，为上荆江最早的护岸工程。明正德十一年（1516年）知府姚隆增筑月堤3处，约4千米。清康熙二十年（1681年）、二十一年黄潭大决，"知府许廷试督舟以救，发粟以赈，次年作月堤一千五百二十八丈"。1959年4月15—27日连续出现严重裂矬5处，岸坡崩坍成陡坎，堤顶出现裂缝，经水下抛石、水上翻筑控制险情。1968年7月11日，桩号747＋500距堤内脚70米处石油勘探爆破孔出现管涌险情，采用石块压住冒水后，再实施反滤抢护。此后，1984—1986年分三期采用挖泥船输泥淤填渊塘。1998年汛期堤内脚出现散浸险情；汛后，整险加固杨二月矶（桩号745＋870）水毁部位，严家湾堤段（桩号745＋300～745＋800）用土工膜进行堤身防渗和用土方进行堤身加培。1999年汛前，实施盐卡堤段（桩号748＋100～751＋050）外填工程，是年冬，实施内填工程（桩号745＋550～741＋500），填筑内平台长2000米，宽50米，工程于2000年4月竣工，完成土方9.8万立方米。2000年对桩号747＋070～747＋680长610米范围内的护坡进行了加固，完成干砌块石拆除8400立方米、现浇混凝土护坡3551立方米，在堤内脚修建导渗沟，共完成投资169万元。

4. 铁牛矶险段整治

铁牛矶险段，位于荆江大堤江陵段，桩号 709＋400～709＋900，上荆江郝穴河湾左岸顶部，此河段为上荆江最狭窄河段。堤内龙二渊系清康熙十五年（1676 年）、道光三年（1823 年）、道光六年（1826 年）3 次溃决所冲成，汛期时有管涌发生。据清光绪十三年（1887 年）《荆州万城堤图说》载："龙二渊堤即郝穴上堤，长七百九十一丈，计四里四分，堤分一、二、三、四、五号，均临江险要之工，累年江水泛涨，对岸之新泥洲，上连新淤、白沙等洲，逐渐增长，逼流冲激，滩岸崩矬，堤身壁立。"堤外无滩，深泓紧逼岸边，为荆江大堤最重要护岸险段之一。一般低水位距岸边 40～70 米范围内，水下坡脚发生崩坍，影响到近岸。此堤段于"乾隆五十二年（1787 年）奏修石岸"，后因溜矬，于"道光十三年（1833 年）……将水脚挖开，密排木桩，夯筑结实，开排水沟，实以木炭，再于木炭上铺土累筑平满，自是水归炭路，不复散浸，而堤乃渐以干硬，稳固如常"。咸丰二年（1852 年）整修重建，并于咸丰九年（1859 年）铸铁牛一具于外滩以镇江水因而得名铁牛矶。民国时期改建为直立台阶式驳岸，并抛石笼、块石镇脚。由于深泓逼岸，水流湍急，狭颈段平滩水位以下江面宽仅 740 米。1920 年堤外滩岸矬深 1.3～2.7 米，长 6.6 米。1922 年，石工又溜矬 20 米。1931 年大水，一号箭堤崩矬长 93 米、宽 4 米、高 7.7 米。1932 年、1933 年连续出现冲溜崩矬险情。下荆江裁弯工程实施后，河道比降增大，冲刷加剧。1971 年石矶脚槽滑动，岸坡出现裂缝，后实施水下抛石镇脚护底，枯水位以上干砌石坦还坡。1979 年一次崩岸长达 1045 米。1973—1980 年，实施铁牛矶上腮潜坝造滩工程，采取抛石护脚、砌石坦坡、潜坝造滩、堤内吹填等措施进行整治，累计抛石 9.59 万立方米，同时在其上下隔坝沉柳，滩岸得到初步稳定，堤内龙二渊历经人工和挖泥船隔江取土填压，截至 1984 年，共完成土方 100 万立方米，建成顺堤长 700 米，宽 200～300 的平台，平台顶部高程 33.00～34.00 米。1998 年汛期，铁牛矶从上至下长达 200 米堤外滩受严重冲刷，数处被冲成长 10 米、宽 8 米、深 0.5 米左右的深槽，铁牛后座及纪念亭基座悬空，滩面树木倾覆，矶头条石移位，护坡块石塌陷。汛后，国家安排专项资金，于 1999 年 5 月对铁牛矶实施综合整治，整治长度 2200 米，分别实施堤身外坡混凝土护坡、滩面混凝土硬化、滩肩浆砌石挡土墙、一级混凝土护坡、二级干砌石护坡、干砌石脚槽及枯水平台散抛石等工程，共完成开挖土方 12.8 万立方米、回填土方 1.61 万立方米、混凝土浇筑 1.10 万立方米、干（浆）砌石 2.11 万立方米，完成投资 1027.21 万元。铁牛矶经整治后，现已辟为滨江公园，园内立有镇水铁牛和抗洪纪念亭，周围树林环绕，成为人们休闲场所和亲水平台。

5. 杨家湾险段整治

杨家湾险段位于荆江大堤监利段，桩号 638＋000～369＋200。1954 年汛期，发生重大脱坡，浑水漏洞，管涌和散浸等综合险情。汛后，在岁修施工中采取翻筑镇脚和外帮截渗等措施整治险情。1978—1980 年吹填覆盖沿堤 3 千米长堤段内的渊塘。1983 年吹填桩号 638＋750～639＋200 段 350 米宽，高程 35.00 米的平台。1998 年 8 月 30 日，桩号 638＋200 距堤脚 400 米沼泽地发现 1 孔沙盘直径为 0.5 米的管涌，经 1000 余名民工和 150 余名武警官兵 20 余小时奋力抢护，成功排除险情。后被省防汛指挥部定为重大溃口性险情，并在汛后进行了综合整治。完成整险土方 70 万立方米，险段得到控制。

第五节 其他整治工程

一、房屋拆迁

新中国成立初期，荆江大堤堤身上修建的房屋比比皆是，特别是沙市城区、江陵郝穴、监利城南以及堤头等集镇更是依堤设街，房屋鳞次栉比，严重影响了堤防建设、管理和防汛抢险。

1950—1952年，除对低矮堤段、险工险段进行整险培修外，还重点清除堤上碉堡、壕沟等军工建筑和拆除堤身上分散的房屋。尔后，转入对沿堤集镇堤街进行拆除。

沙市是因市筑堤，也依堤设街，堤街房屋依堤而建，与大堤禁脚房屋连成一片，致使沙市堤防成“只见房屋不见堤”的局面，给堤防安全、城市发展带来极大隐患。清乾隆五十三年（1788年），阿文成奏奉部议沙市堤街的拆除，因工程量大、耗资大，未实施，故决定凡“沙市西街至东街市稠廛密处所民房，俟倾倒时报明地方官查勘，无碍堤面处所，另行盖造，以期让出堤面”（清光绪十三年《荆州万城堤图说》）。光绪四年（1878年）知府倪文蔚兴办堤工时，仍无法拆除堤街，仅在堤面街心累土加筑，并按堤面铺屋收取地租，以此款购碎石抛护，拟待“碎石平满，江岸坚实，再筑外堤”（清光绪十三年《荆州万城堤图说》）。

1922年3月至1925年6月，因沙市堤段低矮，江心淤高，“水与地争，祸迫眉睫”而加培二郎门至二码头一带堤段。“自二郎门起至九杆桅止，计长五百三十三尺有奇，中间民房约三百八九十户，各撤一重或重半，约让地址二丈数尺，便下堤脚加高五尺，培厚一丈，以免堤身单薄”（民国二十六年《荆江堤志·岁修·土工》）。至1949年，整个堤街房屋栉比，店铺林立，长达七八里。其中，宝塔至大湾为大同一街；大湾至拖船埠为大同二街；拖船埠至大慈庵为大同三街；大慈庵至文星楼为大同四街。整个堤街以石板铺路，街道极为狭窄，仅容二三人并肩行走。

1952年，作为荆江分洪工程组成部分的荆江大堤加固工程实施，要求全部拆除沙市段堤街房屋，并保证加培后留出10米禁脚（后仅留禁脚5米）。拆迁工作从4月2日开始调查，3日召开移民动员会，10日开始拆迁，20日全部完成。共拆除房屋1316栋22.7万平方米，其中，砖木结构498栋，草竹结构818栋；居民1993户、7446人，耗拆迁费36934万元（旧币），发补助费345.17万元（旧币）。动迁时，拆屋按先公房，次好房，再草房的步骤进行，移民除由加固指挥部动员市内多余房屋优先安置外，还陆续在三清观、塔儿桥、旅寄坊等地及近郊区修建移民宿舍妥善安置。至此，妨碍堤防建设与管理历经几个朝代的堤街在新中国成立后仅一月之内即被拆除。

1952年开始拆迁大堤禁脚内的房屋，规划禁脚宽为10米，但拆迁工作是在时间紧、任务急、资金困难的情况下进行的，因此降低了要求，加培后的大堤禁脚仅留出5米。廖子河至文星楼堤内外、狗头湾外滩以及柳林洲内房屋仍未拆除，对大堤查险整险工作存在着不同程度的影响。1955—1964年，因加培工程需要，拆除禁脚区房屋72栋。1965年在廖子河堤内人工填塘，拆除草屋9间，瓦屋1间。1970年围挽柳林洲月堤，拆迁柳林洲内房屋 20 栋。1972 年，古塘街堤内翻筑整险，拆除房屋 20 栋。1976—1977 年，在廖子河实施吹填工程，将离堤脚 150 米或 300 米内的房屋全部拆除，总面积达 3131 平方米。

1979 年，荆江大堤实施加固工程，沙市市政府成立“沙市市长江荆江大堤加固拆迁指挥部”，规划拆迁沿堤长 3600 米，总面积 23.81 万平方米房屋，拆迁工程于 1980 年在何家巷（757＋630～757＋730）开始，并在二码头堤内兴建拆迁楼，进行拆迁还房安置。1980—1985 年拆迁房屋 134 栋、278 户，修建搬迁楼 5 栋，建筑面积 17436.08 平方米，总投资 245 万元。

1985 年实施荆江大堤第二期加固工程，为克服拆迁补助资金不足，加快禁脚内房屋拆迁的速度，沙市市政府于 1987 年 5 月设置“沙市市荆堤加固工程综合开发管理处”，随后成立“荆堤房地产开发公司”，实施市场化运作，集中利用拆迁房屋补偿资金，实施解放路南小区的开发工程，建设风格各异的高层楼房 47 栋，总建筑面积 15.08 万平方米。在房屋拆迁时，对公房以面积还面积，私房作价收购，拆迁安置房按成本销售，房产私有。此项措施一经实施，既解决了房屋拆迁的难题，改善了拆迁户的居住条件，同时还因新楼房向高层发展，多出的房屋可进入市场，增强了开发公司的经济实力，这是一个水利工程房屋拆迁与房地产开发相结合的范例，安置荆江大堤加固工程拆迁居民 1000 余户，各类安置房屋面积 10 万平方米，剩余面积通过房地产开发盈利 1000 万元，荆堤房地产开发公司被列为湖北省房地产开发“百强企业”。

郝穴镇也是沿荆江大堤的一个重要集镇，1955 年在堤防岁修施工中，拆迁郝穴和平街、劳动街长 1.5 千米堤街。

监利堤头是一座建成较早的堤街集市，商铺房屋依堤而建，在繁盛之时沿堤达 200 余户。新中国成立后在历次堤防岁修中，逐步转移至堤下建街。1972 年荆江大堤加固，将堤头街全部拆迁至堤下，堤街清除。

自 1980 年起开始分期分批对沙市城区、江陵郝穴以及监利城南堤头等堤段堤内距堤脚 50 米范围房屋进行拆迁，然后按设计要求填筑平台。2000 年，集中整治沙市柳林段、虹云市场等多处违章建筑，共拆除违章建房 120 余间，拆除龙王庙至新河口堤段内平台上 1000 平方米违章建筑。2001 年，清除青龙台至沙岗堤段内平台 700 米长范围内房屋、水井、晒谷场，搭棚、堆放场等违章建筑。据统计，1984—2007 年，荆江大堤拆除禁脚房屋面积 41.56 万平方米。

二、堤顶混凝土路面

1972 年，荆江大堤沙市段东起沙隆达集团，西迄荆州长江公路大桥（桩号 751＋850～761＋500）修筑堤顶混凝土路面，全长 9.65 千米、宽 7 米、厚 0.2 米。历年来，沙市城区堤防防汛路面既是防汛抢险的重要通道，又是 207 国道和沙市城区的重要通道，车流量日趋增加，经 30 余年运行，堤顶路面破损严重，破损率达 70％以上，车辆无法正常通行。鉴于此，决定实施路面改造，工程于 2003 年 1 月 25 日动工，5 月初完工，总投资 982.37 万元，修筑堤顶路面全长 10.1 千米，完成混凝土浇筑 1.57 万立方米。

自 2004 年开始，结合荆江大堤加固第二期工程建设，对荆江大堤全长 182.35 千米的堤面全部修筑了混凝土路面，路面宽 6 米（沙市城区为 7 米），路面厚度一般为 0.2 米。监利城南至井家渊 7.5 千米，沙市城区 9.65 千米，荆州区黑窑厂至白龙桥 5.5 千米重点堤段，堤顶堤面按城市二级次干道设计，混凝土路面厚度为 0.22 米；监利城区 7.5 千米的堤顶路面设置照明灯杆，安装照明路灯，同时根据沿堤居民生产、生活的需要，沿线在堤坡适当位置修建混凝土上堤路，堤顶防汛路建成后，防汛人员和物资设备调运速度得到提高，为防汛抢险的机动性和快速性提供了有力保证，同时也给沿堤人民生产生活提供了便利。

三、防浪墙

根据沙市城区堤段内外房屋密集，无法加高堤顶的实际状况和城市防洪的需要，在城区堤段堤顶修筑长 9.65 千米，高 1 米的钢筋混凝土防浪墙。

四、观音寺防渗墙工程

防渗墙工程是将钢板桩打入堤基透水层下相对不透水层中，拦截透水层渗水，形成半封闭防渗墙，从而起到堤基防渗作用。1998 年后，采用日本无偿援助资金及施工设备实施。施工堤段位于荆江大堤桩号 740＋342～741＋288 段，以观音寺闸（新闸）为中心，向两侧各布置 500 米，钢板桩轴线总长 1000 米。闸前轴线在原防渗板前约 10 米；闸上游侧轴线走向，从防渗板前沿往经渐变段至堤坡，然后延伸至堤脚 5～6 米轴线；闸下游轴线走向，从防渗板前沿穿过灌溉站滑道后，再渐变于距堤脚 5～6 米轴线。观音寺堤段钢板桩防渗墙采用 FSP－NA 型钢板桩，在轴线转折处设转角异形桩。工程于 1999 年 10 月 15 日开工，次年 4 月 19 日完工，打入钢板桩 2533 根（每根桩长 20 米），防渗面积 1.9 万平方米，钢板桩用量 3811 吨。工程施工时主要分为闸上和闸下两段，闸上段桩顶高程 42.80 米，底部高程 22.8 米；闸下段桩顶高程 31.26 米，底部高程 11.26 米（桩顶高程允许偏差－10～5 厘米）。

第六节 综 合 整 治 工 程

2007 年荆江大堤二期加固工程竣工验收。水利部办公厅《关于印发荆江大堤加固工程竣工验收鉴定书通知》指出：“荆江大堤虽经加固建设，但因其历史原因和限于当时的建设条件，建设标准总体上偏低，堤基尚未进行全面防渗处理，堤身垂高大，部分堤段构筑复杂，大堤依然存在安全隐患；随着长江上游来沙的减少，三峡水库蓄水后，‘清水下泄’造成的冲刷影响，荆江河段的河势调整，护岸工程也要不断调整和加强，还存在沿堤人畜饮水困难，工程管理设施落后等问题。鉴此，建议加强观测，做好应急抢险预案，并尽快开展下一步荆江大堤综合整治前期工作。”对于荆江大堤存在的问题，省发改委，水利厅以鄂发改农经〔2008〕706 号文向国家发改委、水利部联合报送《荆江大堤综合整治工程可行性研究报告》（简称《可研报告》）。2009 年 4 月，水利部水利水电规划设计院对《可研报告》进行了复审，认为“为进一步巩固荆江大堤加固建设的成果，继续实施荆江大堤综合整治工程是十分必要的”。

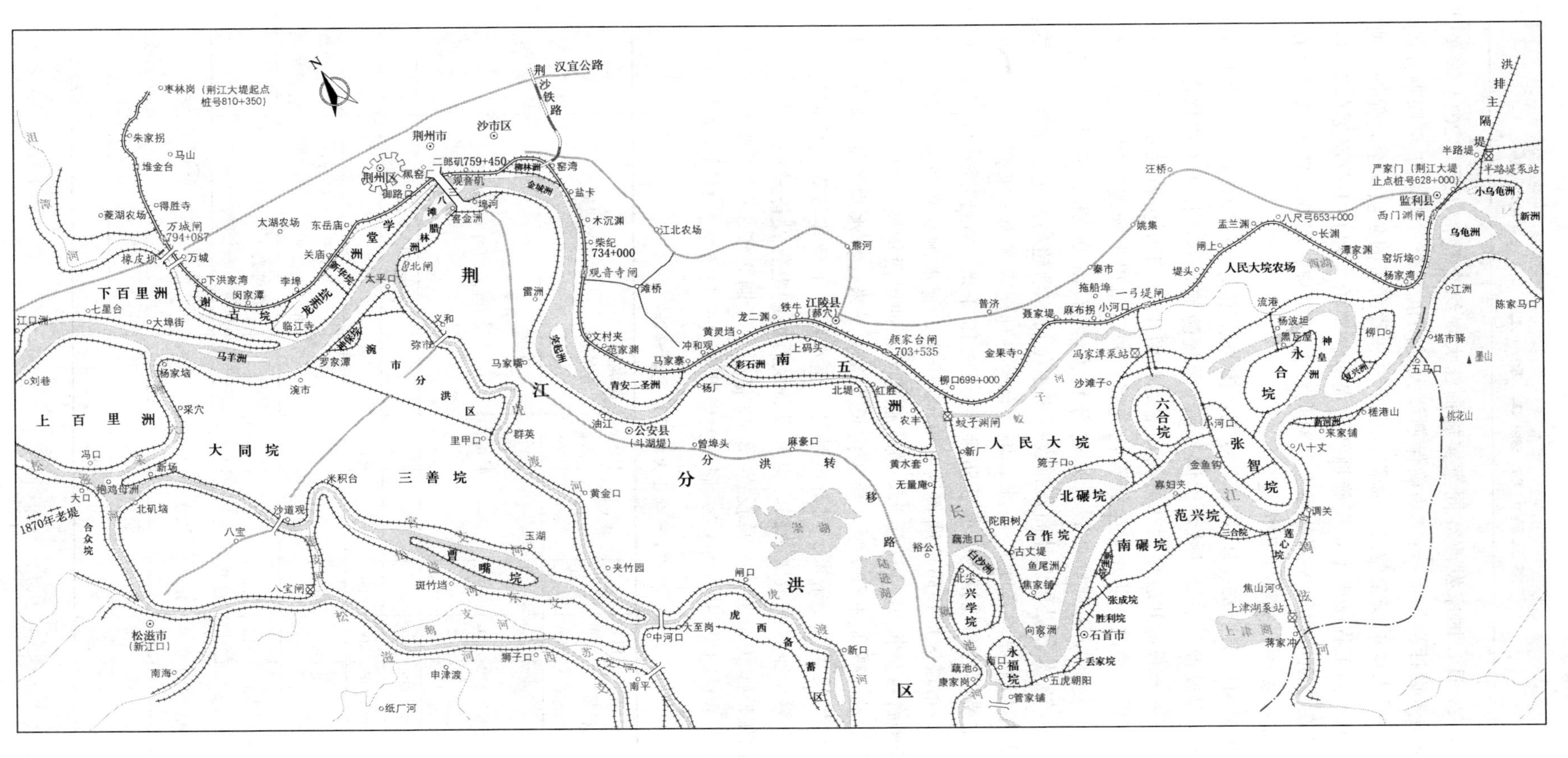

图 5－6－7　荆江大堤位置示意图(2010 年)

2012年12月27日，国家发改委同意实施荆江大堤综合整治工程。2014年9月19日，水利部批复初步设计报告指出："为确保荆江大堤防洪安全，进一步巩固荆江大堤加固建设的成果，消除大堤的安全隐患，保障江汉平原和武汉市的防洪安全，促进当地经济社会发展，在二期加固工程基础上，实施荆江大堤综合整治工程是十分必要的"。同意工程建设任务为："在二期工程加固的基础上，对荆江大堤堤身、堤基、防浪墙等存在安全隐患的堤段进行整险加固，完善工程措施。"

"根据中共中央国务院中发〔1998〕15号文，国务院国发〔1999〕12号文和国务院批复的《长江流域规划报告》通过三峡水库调节和干流堤防加固等，长江干流荆江河段防洪标准至少应达到百年一遇，并应使荆江河段在遭遇类似1870年历史特大洪水时保证行洪安全，南北两岸干堤不漫溃，防止发生毁灭性灾害；城陵矶以下河段，以1954年实际洪水作为防御目标，主要控制点堤防设计水位分别为沙市45.00米，城陵矶（莲花塘）34.40米，汉口29.73米。堤顶设计高程按设计洪水位加2米超高确定。常年挡水堤顶宽度为12米，非常年挡水堤段宽度为10米，堆金台至枣林岗宽度为8米。"

工程建设的主要内容和规模为：新建防渗墙长86.15千米（深15.0～20米），堤身灌浆121.05千米，沙市城区堤顶防浪墙整治长9.65千米，背水侧堤身压浸平台52.713千米，堤身内、外平台修整长97.467千米，临水侧迎流顶冲堤段护坡长29.945千米，背水侧盖重长31.65千米，减压井560眼，导渗沟长4.304千米，排水沟长10.954千米，填塘固基263处，顺堤长34.02千米。对万城闸等4座水闸上下游连接渠实施清淤长1.335千米，改造观音寺等4座水闸金属结构、电气设备及万城闸电气设备。

工程土方量约1700万立方米，总投资18.43亿元，工期3年。

荆江大堤位置示意图见图5-6-7。荆江大堤沿堤主要渊塘见表5-6-8。

表5-6-8　　1976年荆江大堤沿堤主要渊塘

渊塘名称	相应大堤桩号	沿堤长度/m	面积/万m²	渍水深/m	塘底高程/m	距堤脚距离/m	渊塘形成原因	备注
井家渊	634+800～635+110	310	0.7	3～4	26.10		堤上剅闸失事溃口	明成历三十六年（1608年）溃口，1952年填平
八老渊	635+610～636+800	1190		3			扒口	
柳家渊	640+600～640+800	200	1.40	2～3	26.10			
谭家渊	641+800～642+250	450	18.0	20～26.0	2.60		明万历三十六年（1608年）溃口	经吹填后水深仅3～4米
艾家渊	643+800～643+977	177	2.0	4～6	22.00		清道光十年（1830年）溃口	
吴洛渊	643+900～644+100	200	4.3	5.0	23.00	180～200	清道光三年（1823年）溃口	
戴家渊	644+988～644+300	312	7.0	6.5	21.00			
刀把渊	645+384～645+580	196	3.7	5.0	23.00			

续表

渊塘名称	相应大堤桩号	沿堤长度/m	面积/万 m^2	渍水深/m	塘底高程/m	距堤脚距离/m	渊塘形成原因	备 注
郑小渊	645+700～645+830	130	2.1	5.0	23.00	150		
新毛家渊	645+850～646+200	450	7.0	4～9.0	19.00		清咸丰四年（1854 年）溃口	
老毛家渊	646+200～646+500	300	3.3	3～8	20.00	50～190	清道光三十年（1850 年）溃口	
长渊	647+900～649+200	1300	1.6	5～12	16.00			坑宽 100～200 米
郑家渊	649+850～650+300	1450	6.7	4	21.00			
蒲家渊	651+200～651+900	700	9.7	4～12	16.00			
高小渊	653+250～653+750	500	18.7	3～4	23.60	8～110	清道光二十八年（1848 年）溃口	
孟兰渊	657+750～658+430	680	30.0	1～3	26.50		清道光十年（1830 年）溃口	
王家港	662+790～663+070	280	2.3	1～3	26.50		清道光十九年（1839 年）溃口	
田家冲	665+800～667+200	1400	30.7	1.5～2.5	26.50	50	1914 年溃口	
廖家渊	668+000～668+820	820	20.0	1.5～2.5	26.00		清道光十九年（1839 年）溃口	
姚家塘	669+450～669+600	150	13.3	2.0	26.10			
二十号	670+000～670+000	1000	10.0	2.0	27.10		清道光十年（1830 年）溃口	
卡子口	671+000～671+200	200	2.0	2.5	25.60		清道光十年（1830 年）溃口	
四弓堤	671+600～672+200	600	10.0	2.5	—		1935 年溃口	
朱三弓	672+300～372+400	100	5.0	—	26.40		清道光十六年（1836 年）溃口	
朱三弓	672+600～672+950	350	0.7	2.0	—	140	1931 年溃口	
一弓堤	674+000～674+090	90	5.0	2.2	27.00	50～70	1931 年溃口	
小河口	675+485～675+530	45	1.0	2～3	25.80		1931 年溃口	
荷叶渊	680+200～681+125	925	23.13	1.8～2.5	27.89	45		
洪水渊	695+050～695+570	520	11.44	2.2～3.0	28.71	50		
夹堤渊	696+700～697+950	1250	12.50	0.8～1.5	29.45	50		
吴家潭子	699+000～700+300	1300	18.20	1.2～2.0	28.51	50～100		
郝穴渊	707+500～707+800	300	3.30	0.8～1.6	28.96			
龙二渊	709+400～710+910	1510	120.80	2.0～4.9	26.89	70	康熙十五年（1676 年）和道光六年（1826 年）两次溃口冲成	

续表

渊塘名称	相应大堤桩号	沿堤长度/m	面积/万 m²	渍水深/m	塘底高程/m	距堤脚距离/m	渊塘形成原因	备 注
黄林垱	716＋600～717＋050	550	1.80	1.0～1.4	30.70	300	喜庆十六年（1811 年）大堤溃口冲成	塘内发现过管涌险情
高家渊	723＋125～723＋610	485	5.82	3.0～6.0	28.50	20	光绪九年（1875 年）大堤溃口冲成	
刘家渊	726＋100～726＋750	650	4.88	1.0～3.0	31.78	80～100		
黑狗渊	727＋500～728＋550	1050	12.60	3.0～10.0	21.00	50～100	据说一年两溃，溃口两处	
吴家套	729＋575～729＋835	260	1.56	3.0～4.0	29.49	50		连接黑狗渊
范家渊	732＋025～732＋790	765	37.20	2.0～8.0	25.00	42	道光六年（1826 年）大堤溃口冲成	
木沉渊	744＋900～745＋500	600	42.00	1.1～4.9	26.28	45	嘉庆元年（1796 年）大堤溃口冲成	塘内发现过管涌险情，现为淤区
御路口	764＋010～764＋300	290	1.16	1.0～1.2	33.38	100	乾隆五十三年（1788 年）大堤溃口冲成	
字纸篓	776＋940～777＋650	710	12.40	1.3～2.1	32.36	100	乾隆五十三年、道光二十四年（1785 年、1844 年）大堤溃口冲成	塘内发现过管涌险情
胡家潭	781＋185～781＋275	900	0.54	1.3	34.46	50	乾隆五十三年（1788 年）大堤溃口冲成	
闵家潭	784＋071～784＋550	480	48.00	5.0～17.0	17.74	75	乾隆五十三年、道光二十四年（1788 年、1842 年）大堤溃口冲成	塘内还有管涌险情
张家倒口	787＋8010～788＋890	1090	12.25	1.7～7.5	26.73	100	乾隆五十三年（1788 年）大堤溃口冲成	
北门洞子	794＋100～794＋920	810	8.10	3.2	33.67	50	因万城闸灌溉形成水塘	
得胜寺	797＋965～798＋600	635		2.0～8.5	28.84	50	1935 年大堤溃口冲成	丁家嘴水库临堤脚
谢家倒口	798＋835～798＋960	125	0.63	0.80	401.10	60		塘内发现管涌险情
谢家倒口	799＋060～799＋300	240					1935 年大堤溃口冲成	连接丁家嘴水库
49 处		28215	597.50					

注 资料来源：《江陵县荆江大堤，长江干、隔堤资料汇编》，1976 年；《监利县堤防志》，1991 年。

第七章　长江干流堤防

荆州长江干流堤防包括江左、江右堤防。江左干流堤防 412.35 千米，其中，列入国家基本建设项目的荆江大堤（确保堤防 1 级）182.35 千米，洪湖、监利长江干堤（2 级）230 千米。江右干流堤防 220.12 千米，其中列入国家基本建设项目的荆南长江干堤（2 级）189.02 千米，松滋江堤长 51.2 千米。荆州长江两岸堤防保护区内人口 2000 万人，耕地 2100 万亩，其中，有武汉、荆州等重要的大中城市和江汉油田，沪蓉高速公路汉宜段，汉宜高速铁路等重要工矿企业和交通干线。

第一节　荆北长江干堤

荆北长江干堤，又称江左干堤，监利、洪湖长江干堤。位于长江荆州河段北岸，上起监利县严家门与荆江大堤相接，下迄洪湖市胡家湾与东荆河堤相连，桩号 628＋000～398＋000，全长 230 千米，其中，监利长江干堤长 96.45 千米，洪湖长江干堤长 133.55 千米。堤防等级为 2 级，是长江中游防洪体系中的重要组成部分。监利、洪湖长江干堤横跨监利县与洪湖市，既挡御长江、洞庭湖洪水，亦是洪湖分蓄洪区围堤的组成部分。直接保护区为洪湖分蓄洪区，间接保护江汉平原和武汉市安全。直接保护区自然面积 2782.84 平方千米，保护洪湖市 65％和监利县 40％的耕地和人口。保护区内土地肥沃，人口密集，是湖北省经济较为发达的商品粮和渔业水产生产基地。区内辖监利、洪湖两个县（市），3 个县级国营农场，人口 118 万人，耕地 132.75 万亩。一旦堤防溃决，不仅将直接威胁保护区内人民生命财产安全，而且还会威胁江汉平原和武汉市安全。

荆北长江堤防源于江河湖滨的民垸修筑，经历代修筑扩展，渐次由监利向洪湖（1951 年由沔阳、监利、汉阳、嘉鱼 4 县部分区域组建洪湖县，1987 年改洪湖市）延展，五代后梁（907—923 年）始有文字记载培筑部分堤段，经两宋时期大规模培修，明清时期堵塞穴口并进一步联堤并垸，监利、洪湖长江干堤才连成一体初具规模，但多为鳞次相连而又自成一体的堤垸，并未形成完整的堤防体系，每届夏秋，洪水盛涨，倒灌内垸。

1949 年前，监利、洪湖长江干堤低矮破败，隐患丛生，千疮百孔。据调查，新中国成立初期监利长江干堤堤顶高程 36.00～32.50 米，其中，胡码口 35.73 米，莫徐拐 35.75 米，尺八口 34.36 米，观音洲 33.48 米，白螺 33.43 米，引港 32.77 米。洪湖长江干堤堤顶高程为：螺山 32.86 米，新堤 32.33 米，石码头 32.06 米，龙口 31.57 米，大沙 31.04 米，燕窝 30.55 米，新滩口 30.20 米。

新中国成立初期，党和政府采取“以工代赈”的方式修堤救灾，动员广大群众加固堤防，1952 年开始，实行按田亩、劳力合理负担政策，组织民众年复一年地进行加高培厚、抛石护岸、整险加固、清除隐患等工程建设，堤防质量及面貌得到初步改善。1954 年大水，荆北长江干堤损毁严重。7 月 27 日洪湖蒋家码头扒口分洪，口门宽 1003 米；8 月 8 日监利上车湾扒口分洪，口门宽 1026 米。7 月 13 日 15 时洪湖龙口路途湾溃口，口门宽 1880 米；7 月 14 日燕窝穆家河溃口，口门宽 547 米；同日仰口溃口，口门宽 200 米。由于长江干堤内外被水浸泡达 2 个月之久，风浪对堤身损毁特别严重。1998 年大水，监利、洪湖长江干堤由于堤身低矮单薄，汛期共加筑子堤 225.28 千米（其中监利 90.35 千米，洪湖 134.93 千米，含新堤、七家外垸子埂），子堤挡水堤段 57.33 千米（其中监利 14.4 千米，洪湖 42.93 千米），共发生各类险情 790 处，其中重点险情 334 处，被省防汛抗旱指挥部定为溃口性特大险情 22 处。1998 年抗洪时，监利、洪湖两县（市）投入防汛人员近 10 万人，调集解放军指战员和武装警察约 5 万人。在最危急的时候，中共中央总书记江泽民在洪湖长江干堤发布长江抗洪总动员令，国务院总理朱镕基，副总理、国家防总总指挥温家宝赶赴现场，指挥防汛抗洪斗争。在各级党和政府领导下，经广大军民万众一心、众志成城，与洪水开展殊死搏斗，终于夺取抗洪斗争全面胜利。汛后，国家将监利、洪湖长江干堤纳入国家基本建设项目，实施全面综合整治，自 1998 年 10 月开工，至 2008 年 4 月竣工验收，历时 10 年建设，堤顶高程达 39.15 米（严家门）～36.09 米（韩家埠）～34.98 米（胡家湾），堤面宽度达到 8～10 米，堤脚内平台宽 30～50 米，外平台宽 50 米，堤身及堤内（外）平台普遍加高 2～4 米，堤顶修筑了混凝土路面，重要险工险段均进行了整治，其抗洪能力有了显著的提高。

一、堤防沿革

据史载，监利长江堤防创修于五代后梁时期（907—923 年），且所筑堤防自上游向下游延展。清康熙《监利县志》载："高季兴守江陵，筑堤防于监利。"明万历《湖广总志》载，位于县（监利）南五里的古堤垸即为当时所修，"赖防水患"。北宋皇祐时期（1049—1653 年），监利已"濒江汉筑堤数百里，民恃堤以为业，岁调夫工数十万，县之不足，取之旁县"（北宋刘敓《彭城集》）。据史载，洪湖江堤修筑于北宋时期。《沔阳州志》记载，宋神宗熙宁二年（1069 年）"令天下兴修水利，（洪湖）江堤始创其基"。

南宋时，"以江南之力，抗中原之师，荆湖之费日广，兵食常苦不足……筑江堤以防水，塞南北诸穴口"（元《重开穴口碑记》）。"宋为荆南屯留之计，多将湖潴开垦田亩，复沿江筑堤以御水"（明万历《湖广总志·水利志》）。南宋嘉熙四年（1240 年），孟珙兼夔路制置屯田大使，"军无宿储，珙大兴屯田，调夫筑堰（堤防），募民给种。首秭归、尾汉口，为屯二十、为庄百七十、为顷十八万八千二百八十"。孟珙大兴屯田的确切位置史料没有记载，但据考证，南宋期间，监利境的湖泽已淤陆解体，民垸棋布，而城陵矶至汉口长江左岸的洪湖县境，当时属地势高亢的长江泛滥平原，对屯田收获应有所保障。至南宋时期，长江沿岸已形成一定规模堤垸。据《川江堤防考略》载："（长江）北岸自当阳至茅埠（今洪湖市石码头附近）堤长亘七百余里"。长江左岸分流穴口时塞时开，南宋时监利、洪湖滨江修有车木堤、长官堤。

车木堤在监利县城东 40 里，即今监利上车湾堤段。据同治《监利县志》载："宋末大水。一夜，大雷雨，明日得雷车毂于其上，邑人循毂迹为堤，即今上车湾。"车木堤和位于监利县东南80里的瓦子湾堤（现观音洲一带）“皆捍江水上流，防洞庭溢，极为要害”（《嘉庆重修一统志》），但常有溃决。明永乐九年（1411年）增修车木堤四千四百丈，正德（1506—1521年）初，车木堤又遭冲决，布政使周季凤在车木湾旁龙渊外修筑堤防，长百余丈。

南宋时，瓦子湾以下堤段称“长官堤”。据《读史方舆纪要》卷77载，沔阳州“旧有长官堤起监利县境，东接汉阳，长百数十里，明渐圮。嘉靖初复筑滨江堤，西南起龙渊，东止玉沙，万有余丈”。明嘉靖《沔阳志》和陈文烛《河防议》均有“江堤自监利东接汉阳，长百数里，……名长官堤，沔皆赖焉”记载。长官堤西起监利境，东接汉阳，“明渐圮”应早于明代或为宋代所修，是监利、洪湖长江堤防的雏形。长官堤堤线较长，但堤高不足3米，且堤身千疮百孔。

明代（1368—1644年），大规模培筑监利、洪湖江堤，洪湖江堤经多次培修，形成界牌至水府庙完整堤线。

明正德十一年（1516年）、十二年（1517年）江汉并涨，堤防溃决，沔阳州连续两年遭受洪灾，“长波巨浪，烟火断绝，哀号相闻，湛溺死者，动以千数”（清光绪《沔阳州志》）。嘉靖三年（1524年），沔阳知州储洵上书奏请借支司库银两和增加粮税银，以工代赈，修筑江堤。嘉靖四年（1525年），根据按察副使刘士元自“龙渊（今界牌附近）而下凡九区为要衢，宜先举事”的主张，当年春兴修筑“龙渊、牛埠、竹林、西流、平放、水洪、茅埠、玉沙滨江者为堤，统万有余丈”。此为洪湖长江堤防一次规模较大的动用司库银两修筑堤防的工程，完工后，同年“夏四月江溢至于六月、五月汉溢至于七月，皆不为灾”（清光绪《沔阳州志》）。

明嘉靖十八年至二十一年（1539—1542年），都御史陆杰、佥事柯乔主持增筑修江陵、公安、石首、监利、沔阳等县江堤一千七百余里。至嘉靖三十九年（1560年）“一遭巨浸，各堤防荡洗殆尽”。汛后曾有修筑，但旋筑旋崩。嘉靖四十四年（1565年）、四十五年（1566年）又接连发生大水，荆州知府赵贤大力兴修沿江堤防，自龙窝岭（约监利堤头）下至白螺矶凡二百六十余里江堤“尝一修筑”（万历《湖广总志》）；嘉靖四十五年（1566年）重修江陵、监利等六县江堤五万四千丈，“务期坚厚”，“经三冬，六县堤稍就绪”（《天下郡国利病书》）。隆庆二年（1568年）挽修白螺矶溃堤，新修新庄、黄婆、姜心、茶湖、小垸、燕湖六垸堤段，万历年间（1573—1619年），此段江堤亦有所加筑。

明万历四年（1576年），沔人李森然、刘璠召集七县民工修筑沿江堤防，由“监邑界牌起，抵沔邑小林（即叶十家附近）共长一百八十里，自茅江口塞而新堤筑；若叶、王、胡范、白沙诸洲、乌林、青山、牛鲁诸垸，皆江干淤壤，范围其内，而如鱼盐，如古塘，如竹林湾，南北诸江口胥截断其支流”（清光绪《沔阳州志》）。这次加培堵口工程完成后，形成自界牌（当时为监沔界）至小林长一百八十里的江堤。

茅江口以下长江干堤是在明清两代由上而下逐步连接而成的。明万历十年（1582年），沔阳知州史自上堵塞茅江口，沿江而下修筑堤防，民领其德，称“史公垸”。至万历四十三年（1651年），沔阳知州郭侨督修江堤，始黑沙滩（今高桥附近），迄汉阳玉沙界（现燕窝水府庙）约五千三百丈。

明崇祯十四年（1641年）沔阳知州章旷自界牌迄牛鲁十二垸，筑堤约七十里；由吕头尾抵高桥列十二总，亦筑六十余里，并将洪湖境内堤段一律加以修整。至此，上自监利城南下至洪湖高桥，堤防连成一体。高桥以东至杨家湾间，则仍为互不相连、各成体系的堤垸。

清代（1644—1911年），监利、洪湖长江堤防在明末江堤基础上多次进行加培，且屡决屡修，并挽筑一部分月堤，基本上形成现代长江堤防形制。

清顺治七年（1650年）加修监利骆家湾堤（监利尺八口一带）。康熙年间（1662—1722年）监利、洪湖长江堤防屡溃屡修。康熙四年（1665年），加修洪湖境长江堤防，“三月工竣，修筑南江（即长江）溃口九十六处”。康熙十一年（1672年）修红花湖堤一千余三十八丈（螺山至韩家埠堤段），“其堤身修得坚厚”（同治《监利县志》）。康熙十五年（1676年）培修增筑溃决后的骆家湾堤，后改名方宁堤。

清康熙三十五年（1696年），沔阳新堤江岸崩坍，派垸夫两岸筑横堤，名曰“预备堤”以作老堤崩穿后备用。康熙五十四年（1715年），“江水大涨，西流、龙阳、茅埠等堤溃决”，湖广总督满丕以工代赈，发谷修堤。

清雍正五年（1727年），长江大水，监利永兴渊堤溃，洪湖江堤溃决十余处。“江堤龙王庙，五柳墩，月堤头，延寿宫，预备河堤口，观音寺，太平巷，胡家洲，牛字上号、中号、下号，杨泗峰，竹林湾，瓦窑头，吕蒙口，又堤街口，八总口，南北湖口先后溃决，溃口总长一千七百一十三丈五尺五寸”（《监利长江堤防志》）。洪灾十分严重，湖广总督傅敏上奏朝廷请用帑银复堤。雍正六年（1728年）发帑银六万两，并遴选官员监督溃口复堤工程。当年修复杨林垸、永乐庵、太山坡下张家峰（螺山上）以及洪湖溃决口门等处堤段。傅敏还带头“捐支养廉银，买米三千六百三十七担五斗六升”，资助堵口复堤。“垸民闻之，咸踊跃输资”，洪湖江堤经三个多月修筑，动用民工36.38万人，完成复堤工程（光绪《沔阳州志》）。这是清代监利、洪湖长江堤防一次大规模的整修。此后，雍正十二年（1734年）湖北巡抚德标修龙阳垸（洪湖汪家河）月堤一百二十九丈五尺。

经过清代前期多年加高培厚，加上嘉庆元年（1796年）加修沔阳程公堤（田家月下）一千四百九十七丈，培修护城堤三千六百零四千丈。据道光年间俞昌烈《沔阳州水利堤防记》载：“大江北岸堤西流垸、龙阳垸、上下花垸、史家垸、茅埠垸、楚长垸、预备河堤垸、叶王湖范州垸，计长七千二百五十二丈五尺”，“乌林垸、李牛鲁垸、十二总垸、玉沙界，计长八千一百九十六丈”。当时洪湖滨江堤防上起界牌，下至玉沙，总长一万五千四百四十八丈五尺（约合51.49千米）。

清代，江堤常有溃决。堤决后，原堤不足恃，挽筑月堤予以堵口，所以，溃挽月堤在清代为江堤上常见的岁修工程。同治八年（1869年），沔阳知州罗登赢修乌林、八总、李家埠等处溃堤。光绪四年（1878年），长江大水，洪湖“江堤牛鲁垸、潭湾、李家埠头上首十三沟相继并溃”，沔阳知州徐鉴祥请巨帑，以工代赈，堵口复堤。清道光年间监利水系堤防全图见图5-7-1。

《荆州府志·顺江堤》载，同治年间（1862—1874年），监利“江堤上自江陵县交界之拖茅埠，至沔阳界牌止，共长六万七千一百九十二丈七尺（约合224千米）。监利县城以东至沔阳界牌江堤分三段管辖，全长四万九千零四十七丈三尺（约合163.5千米）。堤身高一丈八尺至二丈一尺，堤面宽二至四丈，底宽十三至十八丈，堤外滩岸为十余丈至二

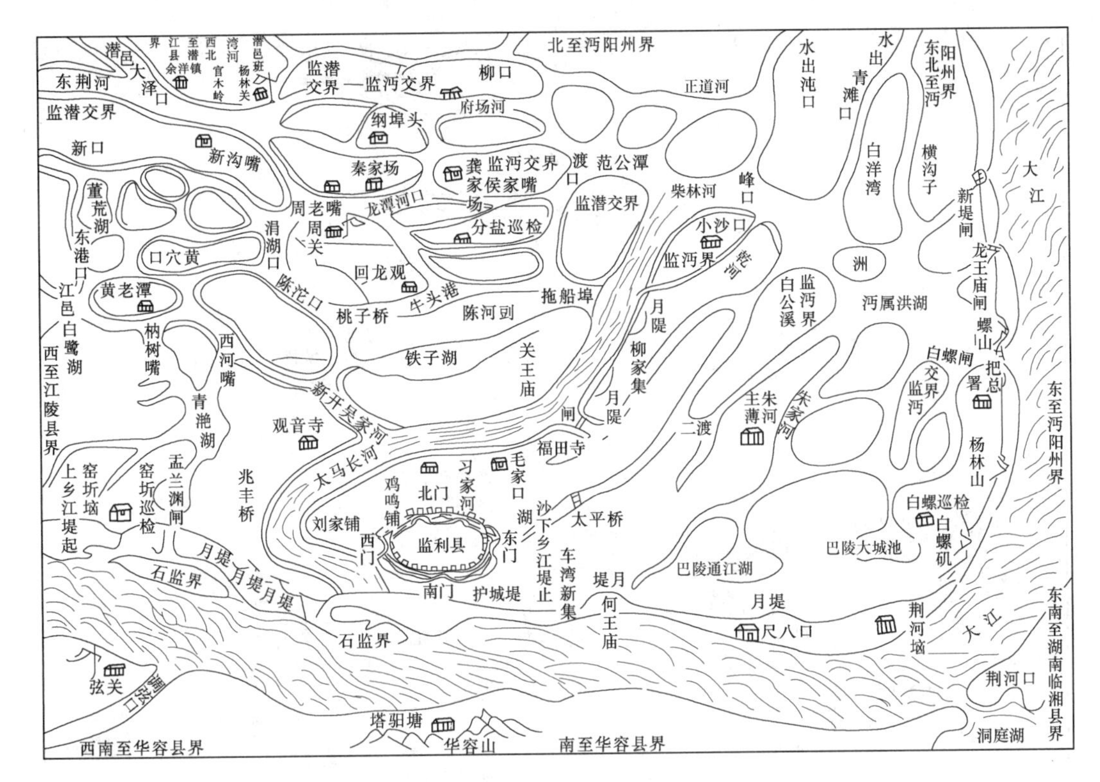

图 5-7-1 清道光年间监利水系堤防全图（引自同治《监利县志》）

三十余丈。当时江堤联结众多垸堤，并挽有一定数量月堤，堤线较现代堤防曲长。”沔阳州图见图 5-7-2。

民国时期，监利、洪湖堤防屡溃屡挽，并不断联堤并线。1925 年因监利江堤“堤临荆江，上关万城官堤（即荆江大堤）之安危，下系沔汉之赋命”（民国《湖北堤防纪要》），故湖北省府将其列为“最要”堤防，1926 年后列为官堤，称为长江干堤。旧之沔阳（今洪湖）宏恩江堤，原为沔属部堤，关系沔阳、汉阳、汉川、嘉鱼、监利诸县赋命，亦列为“最要”堤防。“监利上车湾，适当江流九十度转变之顶端，急流扫射、崩矬之势，骇人听闻。民国十五年（1926 年）溃后，堤内一片沙壤，深至数丈，不能再作挽堤基础，因之须就原堤，与水力战，向外挡护，为民国时期护工重点，历年打桩沉船、抛石抛笼及沉帚筑坝之工，不一而足……其堤若溃，则江水即将直入沔阳、汉阳，并将波及汉口，民国期间，用于该工经费岂止四五百万”（《扬子江水利考》）。

1926 年后，监利、洪湖长江干堤由湖北省水利局利用捐资培修。1927 年省局组建上车湾工程处，负责上车湾堵口、退挽和护岸工程，建上车湾石矶 3 座，1928 年设三帝庙工程处和宏恩堤矶工程处，委派工程专员，分别负责监利城南和洪湖宏恩堤段崩岸的整治，费时数载各建石矶 3 座。

1931 年，长江流域发生特大水灾，江汉两岸所有官堤民堤，十九非漫即溃，数百万人流离失所。洪湖江堤朱家峰、孙家渊、章家渊、吴家渊、铁牛塘、熊家窑、沙坝子、小沙角、中沙角、大沙角、穆家河、局墩（当时穆家河、局墩为民堤）等十余处溃口，监利

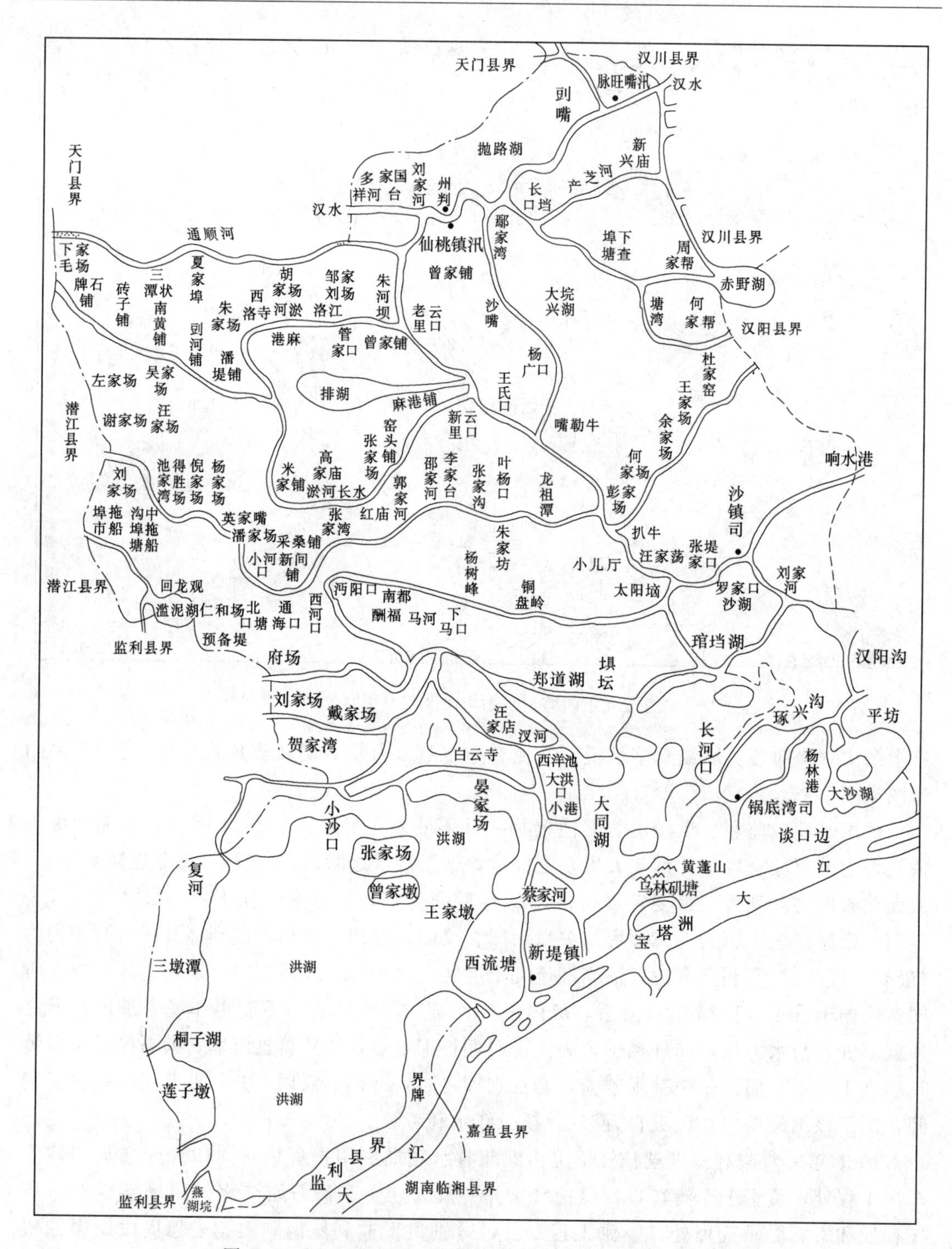

图 5-7-2　沔阳州图（据宣统《湖北通志》民国十年版）

江堤邹码头溃决，荆北全部淹没。灾后民国政府成立救灾委员会，组建工赈局第六区和第七区，“招募灾民，以工代赈”，堵复培修沿江堤防。

1932 年 4 月，第七区工赈局所辖荆河垴以上监利江堤完成土方 92.58 万市方（约合

342.55万立方米，不含堵口土方），约占应完成工程量的70%～80%。嗣后经江汉工程局第三、第四工务所继续实施岁修工程，至1935年大水前，除钟家铺、上车湾街、下车湾等堤段外，全堤均高出1931年当地实有最高洪水位1米以上。新堤设第六工赈局，当时被水灾区大部分为中国共产党领导下的苏区，由"洪湖苏维埃政府组成洪湖堤防委员会，委员共产党三人，工赈局二人"（1932年《申报》），国际友人路易·艾黎派驻新堤，监督工赈救灾复堤。工赈局派监工人员驻铁牛、新堤、龙口、新滩口等地，指导施工。上堤民工三万余人，施工堤线自螺山经新堤至牛埠头，沿老干堤（明清时称皇堤或部堤）进行加培。自牛埠头至高桥，因老干堤外六合垸、合丰、五合等民垸堤（当时属嘉鱼县管辖）堤顶高程与老干堤相近，而地形略高，施工较易，于是将外垸近30千米民垸堤加培为长江干堤。自高桥而下经叶十家、田家口、叶家边、王家边仍沿老干堤加培。王家边至水府庙（原沔阳、汉阳县界）的老干堤外有丰乐、补松、永铁、三民（原属汉阳）、老洲、江理（原属嘉鱼）、天祐（原属汉阳）等民垸堤，长40千米，经加高培厚为长江干堤，形成自螺山经界牌、铁牛、新堤、叶王胡三洲、牛埠头、宪洲、老湾、送奶洲、龙口、杜家洲、高桥、叶十家、田家口、叶家边、王家边、天门堤、上河口、七家、姚湖、虾子沟、上下北洲、仰口抵新滩口的滨江堤防。此次堵口复堤工程实施后，沿袭千余年的"长官堤"和"皇堤"的堤线有较大变化。

1938年武汉沦陷，鄂省政府西撤，监利、洪湖长江干堤遭到严重破坏。抗战初，荆河垴以下江堤在沦陷区内，荆河垴以上堤防筑有防御工事，其后全堤又一度被日军侵占，破坏更甚。洪湖老湾上街头、燕窝草场头、虾子沟等堤段，外滩崩临堤身，汛期几乎溃决，形势十分危险。1940年2月，国民党江防司令部为阻止日寇西侵，监利陶市至城南堤段被驻军挖开20余口修筑防御工事；1941年修复堤防，填筑轻重机枪壕77个和散兵壕330个，共筑土方453.15市方（约合1676.66立方米）。

1945年抗战胜利后，江汉工程局利用联合国救济总署拨发的面粉以工代赈，连续两年培修监利、洪湖长江堤防。1946—1947年，监利长江江堤被江汉工程局列为重要干堤，上车湾处列为修护险工，当时要求堤顶高出1931年最高洪水位1米。全堤堵复、加培工程共195处，除填筑处理堤上工事（称为军工）外，还培修杨家湾、重阳树、沈家码头、张家垱、莫徐拐、黄公垸至何家埠等处内外帮压浸台及堤身翻筑等土方工程。

1946年春，江汉工程局第六工务所以工代赈挽筑洪湖老湾、草场头、虾子沟三处月堤工程。1974年退挽田家口月堤，嗣后国民政府无力修筑堤防。1948年，叶家洲（桩号496+300～497+200）江堤外滩崩临堤脚，形势危急，由地方垸民自筹资金，挽筑长900米月堤一道。

荆北长江干堤，自五代高季兴筑堤于监利，历经宋元明清民国等朝代，历时千余年，逐渐由上至下，由民垸堤连接成线，直至1949年才具现今堤防形制。但在当时，其堤防普遍低矮单薄、破败不堪。堤面宽一般4米，部分堤段仅3米，内外坡比为1：2.5～1：3，堤身上军工民宅。荆棘杂树、灌洞蚁穴比比皆是，随民居而建的猪圈、牛栏、粪窖，毁堤种菜，挖堤埋坟等现象随处可见。监利邹码头、引港、白螺、薛潭、红庙、尺八口、陶市、下车湾、上车湾等处沿堤建有堤街和村庄，沿堤内脚有大小渊塘114个，顺堤长27.5千米。洪湖长江堤防螺山至新滩口总长126.2千米，深泓贴岸堤险段有48.2千米，砂基堤段28.4千米，堤顶建有民宅、街道的堤长19.12千米。1948年汛期，新堤水位31.71米，马家码头溃决。1949年，新堤水位31.48米，甘家码头溃决，连续两年江堤溃决，民众流离失所，堤防决溢残缺不全，堤顶高程30.20米（新滩口）至36.00米（监利城南）。

二、堤防岁修工程

新中国成立后，监利、洪湖两县年复一年组织民众对荆北长江干堤进行岁修，随着时间的推移和经济条件的改善，堤防的培修标准不断提高，大致可分为以下几个阶段。

第一阶段（1950—1954年），1949年长江发生大洪水，荆北长江干堤险象环生，洪湖甘家码头溃决。从1950年开始，按高出1949年最高洪水位1米的标准，对荆北长江干堤进行全面培修。

第二阶段（1955—1968年），1954年长江发生特大洪水，荆北长江干堤多处漫溃。大水后，省水利局将干堤标准提高为：按1954年沙市最高洪水位44.67米，城陵矶水位34.40米，汉口水位29.73米所形成的水面线超高1米，堤顶面宽6米，内外坡比1：3为标准逐年加高培厚堤防。

第三阶段（1969—1996年），1969年荆北长江干堤堤顶高程标准提高为：按沙市水位45.00米，城陵矶水位34.40米，汉口水位29.73米的设计水面线超高1米进行岁修施工。

（一）堤身加培

1949年冬至1954年春，荆北监利、洪湖长江干堤以堵口复堤“关好大门”为主，按防御1949年当地实有最高水位的标准进行培修。1949年冬，监利、洪湖县（1951年6月成立洪湖县，此前为沔阳县及汉阳嘉鱼等县属地）政府组织沿堤区、乡民众开展以加高培厚、填塘固基、消灭隐患、治理险工为主的堤防加培工程。监利县提出“修堤治水、保堤保命”的口号，实行“以工代赈”。当年对监利长江干堤王家巷至莫徐拐、林家潭、白螺至观音洲、杨林山至螺山等处单薄、浪坎堤身实施加培和筑压浸台等工程，至次年春完成土方78.43万立方米。随后，监利、洪湖长江干堤新加培堤段按1949年当地实有最高水位超高0.5～1.0米以内，外坡比1：3为标准实施全面岁修。1949年冬至1954年春期间，洪湖完成加培土方514.4万立方米（不包括堵口土方），清除獾洞、蚁穴、坟冢、废闸、私剅等堤身隐患184处，拆迁占堤民宅近千户，毁堤栽树种菜等损害堤防的行为基本停止。这一时期，洪湖、监利长江堤防面貌得到初步改变。

1954年长江流域发生百年一遇特大洪水，荆北监利、洪湖长江干堤溃口3处，主动分洪2处，部分堤段受到严重毁坏。当年汛期，新堤最高水位32.75米，牛埠头至螺山堤段仅略高于当地洪水0.1～0.3米，王家边至牛埠头堤段，洪水与堤顶齐平，王家边至新滩口堤段，洪水漫溢堤顶0.2～1.2米，除铁牛（蒋家码头）、老湾、穆家河、仰口四处溃口外（其中一处系分洪口门），还有中小缺口125处。当年大水后，洪湖、监利两县着手进行“堵口复堤、整险加固”。荆州专署统一调派监利、沔阳、洪湖三县劳力共9万人（监利1.5万、沔阳2.5万、洪湖5万）堵筑洪湖长江干堤溃口，加高培厚，完成加培土方263万立方米（不含四处堵口土方），完全恢复了1954年大水前堤貌，燕窝至新滩口堤段有所加强。1954年冬，监利县拆迁堤身上房屋535栋（含荆江大堤监利段），完成上车湾分洪后的堵复挽月工程，对险要堤段进行重点加培，至1955年春完成加培土方208.81万立方米，其中在分洪口617＋100～620＋350处退挽月堤，挽筑土方111.13万立方米。

1954年大水后，省水利局制定新的长江干堤防洪标准：按城陵矶水位34.40米，汉口水位29.73米为控制水面线，以堤顶超高1米，堤面宽6米，内、外坡比1∶3为标准，由国家拨款、以工代赈，实施堵口复堤、加高培厚。并于1956年建成洪湖隔堤，筑坝堵塞新滩口，结束了江水倒灌的历史。1959年建成新滩口排水闸，洪湖长江干堤下延至胡家湾与东荆河堤相连。至此荆北长江干堤与东荆河堤连成一体。

1958年，监利县按堤顶超高1954年当地最高洪水位（监利城南最高水位36.57米），即城南至陶市段超高0.8米、面宽6米，陶市以下堤段超高0.5米、面宽5米，内外坡比1∶3的标准实施加培，并要求第二年全堤达标。1960年，对韩家埠至杨林山等处欠高堤段进行堤身整补、培修。至年底，城南至何王庙、钟家月等处19.4千米堤段顶高已超过1954年洪水位1米，另有18千米堤段顶高超过0.8米，其余47千米堤顶超高不到0.5米。

1955年冬至1969年春，洪湖县完成加培土方940.88万立方米，全部清除占堤民宅、猪圈、牛栏，整治獾洞、蚁穴、鼠窝等堤身隐患641处。据1965年汛后普测，除堤面宽度未达到原定要求外，堤顶高程相比1955年加高0.8～1.7米。

1969年汛期，正值“文化大革命”时期，防汛组织和水利机构瘫痪。7月20日，洪湖田家口堤段因管涌险情发生溃决（桩号445＋700），推算最大进洪流量9000立方米每秒，总进水量约35亿立方米，淹没面积1690平方千米。溃口后，监利、洪湖两县紧急组织20余万名群众，在人民解放军帮助下，沿洪线堤（监利沿洪湖老民垸堤）、万全垸、下三垸、五西大堤实施二线防守，7月21日实施堵口，8月16日堵口断流，填土6万立方米。1970年春实施复堤工程。

1969年冬，国务院召开长江中下游防洪座谈会，提出对长江中下游堤防按战备的要求进行加固，据此，荆北监利、洪湖长江干堤按沙市水位45.00米、城陵矶水位34.40米、汉口水位29.73米的水面线超高1米，面宽6～8米，内外坡1∶3的标准进行加培，并在部分堤内脚实施填塘，称为“三度一填”工程。1969年冬至1970年春，洪湖集中全县10万余劳力，除曹市区1.2万人堵口复堤外，其余近9万人投入彭家码头至韩家埠（446＋800～531＋500）84.7千米堤段的加培施工，完成土方385.5万立方米。与此同时，荆州地区调派沔阳县4万劳力支援协修胡家湾至叶家边（398＋000～445＋000）47千米长堤段，实施七家月堤退挽工程，完成土方297万立方米。6月，洪湖集中劳力完成汪家洲至马家闸长31千米的培修任务。1970年培修加固共完成土方66.45万立方米，洪湖长江干堤135千米堤防平均每米加培土方50.7立方米，是新中国成立后规模较大的一次加固工程。1972年，洪湖完成胡家湾至虾子沟、叶家洲至王家门、熊家窑至谢家白屋三段长39.41千米加培任务。完成土方55.4万立方米。1980年洪湖龙口上下堤段，又分别按“长江防洪”标准和“洪湖分蓄洪区”标准加修。同时，采取人工、机械运输和吹填的方法，大力改造堤基条件。1982年实测洪湖长江干堤堤顶高程比设计洪水位超高约0.9米，堤顶面宽6米，内外坡比1∶3。

1969年至1973年春，监利县每期施工调劳力近10万人，经4个冬春的施工，完成土方787.4万立方米。

经过1949—1985年的岁修施工，荆北监利、洪湖长江干堤堤顶高程达到38.33～34.59米，超过设计水位近1米，少量堤段已超过1米，堤面宽6～8米，险工险段面宽达8～12米；内外坡比为1∶3；险工险段压台宽10～70米，重点险段压台宽达220米，抗洪能力得到提高。

截至1985年，监利、洪湖二县共完成土方7039.47万立方米，崩岸护坡护脚完成石方189.59万立方米，国家投资9832.53万元，营造防浪林和护堤林约166万株。堤身断面比1949年堤身断面增加了1.4倍，堤顶高程增高了3米。

1986年后，荆北监利洪湖长江干堤成为洪湖分蓄洪区围堤组成部分，又分别按长江防洪和洪湖分蓄洪标准，对部分尚未达到设计标准的堤段进行加固。1996年监利对韩家埠至白螺矶街（桩号531＋550～549＋300），荆河垴至万家搭脑（桩号561＋450～566＋675）全长22.975千米的低矮堤段进行加培，完成土方154.61立方米，达到设计标准。

（二）险情治理

1. 堤基渗漏整治

荆北监利、洪湖长江堤防堤基建筑在江河冲积平原上，地表黏（壤）土覆盖层较薄，一般为2～7米，以下为中细砂层，透水性强。沿堤开沟、打井、挖鱼池、取土坑等人为破坏地表覆盖层的现象普遍存在，汛期浸漏、管涌险情不断发生。

监利县长江干堤沿堤内脚有大小渊塘114个，顺堤长27.5千米，占全堤长的28.6%；沿堤渗漏险情堤段共37处，顺堤计长20余千米，韩家埠至白螺矶长16千米堤段中有7.67千米堤段存在严重渗漏险情。万家搭垴至陶市长32.56千米堤段，1980年汛期出现渗漏险情堤段长为12.96千米，其中粮码头、曾家门、红庙、肖家畈四段累计长2.10千米堤段在堤顶下垂高3～4米部位发生严重散浸。茅草街（桩号614＋150～614＋420）堤内脚历来有多处较大的清水漏洞，汛期时常出险。监利长江干堤管涌险情较为严重的有5处，顺堤共计长1.43千米，分别为杨家潭堤段（桩号561＋167～561＋560）、北王家堤段（桩号571＋130～571＋150）、三支角堤段（桩号574＋400～575＋280）、口子河堤段（桩号589＋600～589＋650）、蒋家垴堤段（桩号601＋400～601＋800）。红庙至尺八仅6千米堤段就有水塘十余处，平台宽不足10米。

洪湖市长江干堤也是堤脚内外渊塘、洼地密布，全长133.55千米的堤防，汛期有119.2千米的堤段发生过轻重不同的内堤坡、禁脚渗漏散浸险情，严重者酿成堤身脱坡滑矬，甚至造成溃堤之灾。有近30千米（主要分布在燕窝、大沙一带）的沙基堤段，一部分堤后沙层已经裸露。

20世纪50年代，在监利蒋家垴堤内脚抽槽回填，在大月堤、孙家湾、尺八、薛潭、杨林山至沈码头、引港等处实施填塘和加筑压浸台。加培后，降低了渗流压力，延长和增加了堤内外土层铺盖的长度和厚度。60年代，采取“导压兼施”措施，在蒋家垴修建导渗工程。70年代起，继续填塘固基和加宽平台，在沈家塘、何王庙、茅草街、半路堤至黄公垸堤段实施填塘压脚，对杨家潭等处汛期出现管涌险情的堤段加筑内平台。

监利长江干堤经过多年修筑压浸平台、填塘固基使堤内铺盖面增大，堤身垂高降低，改善了堤身断面形势，增强了堤基抗渗能力。1950—1985年，干堤内禁脚平台总体积共947万立方米，累计填塘平台土方458.65万立方米。内平台宽50米以上堤段有5处，顺堤长2千米；宽30～50米有54处，长7千米；宽30米内平台有55处，长18.50千米，

2.堤身隐患处理

监利、洪湖长江干堤堤基不良，土质复杂，堤身蚁穴、獾洞、坟墓、暗剅、废闸比比皆是，堤面上村舍连绵。据新中国成立初期调查，仅界牌至荆河垴40余千米堤段，共发现獾洞300余处和多处蚁穴，以及多年破堤引水抗旱或修建剅闸等隐患5处。

新中国成立后，结合历年的岁修施工，清除堤面房屋建筑及獾洞、坟墓。据统计，1949—1954年，洪湖长江干堤上清除獾洞、蚁穴、坟墓、砖剅、废闸134处，拆迁占堤房屋1000余户；1955—1969年14年间，翻挖獾洞、蚁穴、坟墓等隐患64处。1952—1964年间监利长江干堤清除獾洞、蚁穴、坟墓等隐患1823处，先后对邹码头、引港、白螺、薛潭、红庙、尺八、陶市、下车湾、茅草街、上车湾、半路堤等处建在堤身和禁脚上的房屋进行了拆迁，拆迁房屋535栋。

1953年冬，堤防管理部门成立长江堤防锥探队，通过人工锥探寻找隐患，冬修时进行翻筑，消除隐患。经过多年努力，所有发生险情堤段均进行了锥探灌浆。其发展历程大致为：简单的人力打锥灌沙，冬修翻筑隐患；手工机械打锥灌沙，冬修治理隐患；机械打锥灌浆，直接消除隐患3个阶段。

1953年，洪湖长江干堤引入黄河大堤整险加固的锥探技术，以8人一组，用长6米、直径2.5厘米的圆钢一根作锥，三人紧握，对堤身进行探插，遇有松土、裂缝、砖瓦、朽木等隐患，凭手握锥杆触物的感觉，来判断隐患种类；按锥孔灌沙量的多少，确定隐患大小，并记明桩号地点，冬修翻筑回填。1956年，采用人工锥眼自流灌浆办法取代锥眼灌沙。洪湖堤防部门将三人握锥，改为以横木卡接锥杆，两人握紧横木两端探查，改灌沙为灌浆，自流灌孔，并在冬修时翻挖回填。1954—1958年，监利长江干堤累计锥探133.6万孔，发现和处理隐患1823处，1964年，采用广西手摇双杆灌浆机代替自流灌浆，使锥探灌浆由单一寻找隐患变成与处理隐患相结合。1973年，堤防管理部门成功试制出拌浆机、压力灌浆机和打锥机，形成打锥、拌浆、输浆、灌浆一条龙的机械施工流程。1977年，洪湖长江修防总段首创新型液压打锥机，压力灌浆入孔，用泥浆充填堤身裂缝，直接消除隐患，提高了锥探灌浆效率，节约了大量人力。

洪湖长江干堤自1953年正式组建锥探队处理散浸、渗漏等险情堤段，由最初的一队8人，发展到五队120人。截至1989年，共投入劳动工时1.2万个，动用锥探机3台、泥浆机3台、柴油机32台、拌浆机10台、拖拉机6台，耗费耐压胶管6340米，投入资金112.56万元，实锥堤段长119.2千米，锥探249万孔，灌入泥浆14万立方米，平均每米堤身灌入量为1.16立方米，堤身隐患得到控制，防洪能力得到提高。

洪湖长江干堤叶家边至韩家埠（桩号440＋000～531＋550）为蚁患危害严重堤段。1965年、1966年在龙口以下杜家洲至下庙（桩号456＋000～462＋000）长6千米堤段、乌林以下梅家潭至横堤角（桩号488＋000～490＋000）长2千米堤段、螺山以下重阳树至韩家埠（桩号524＋000～531＋000）长7千米堤段，均查出严重白蚁隐患，共取巢25处，捕捉蚁王蚁后42只。于1992—1993年、1999—2001年对全堤实施白蚁普查，均未

发现明显白蚁地表活动迹象。

监利长江干堤蚁穴隐患以韩家埠至狮子山最为严重。此堤段地处螺山、杨林山和狮子山三山之间，茅草丛生，便于土栖白蚁觅食活动。白蚁隐藏于堤身内部筑巢繁殖，蚁巢密布，蚁路纵横，有的横穿堤身形成管道，汛期洪水沿蚁路进入蚁巢，在背水坡溢出，形成跌窝、漏洞等险情。

杨林山至邹码头 2 千米堤段，数米之内便有蚁穴一处，最大的主巢直径在 1 米以上，纵横蚁路十余条，环绕主巢的副巢空腔有 40 余个，穿堤蚁路直径 0.4 米，汛期白蚁从漏洞流出。1960 年，韩家埠至白螺 20 千米堤段，发现土栖白蚁 135 处，分群扩片、繁殖蔓延。白螺至杨林山到邹码头堤段，汛期蚁洞险情众多，桩号 544＋270、546＋615、548＋380 堤段，每段约有 3～4 条大型蚁路对穿堤身，巢位深 4～5 米。

从 20 世纪 70 年代开始，在杨林山至白螺段寻查翻挖白蚁。1972 年监利堤防部门成立长江堤防灭蚁队，自当年 3 月份起，在韩家埠至赖家树林（桩号 531＋550～549＋000）17.45 千米堤段进行灭蚁。经过 8 个月寻查，查出白蚁地表象征 611 处，其中，泥被线 396 处、移植孔 69 个、被害物 147 件、蚁巢 103 个，捕捉蚁王、蚁后 199 只，消灭有翅繁殖蚁 25.1 万只，另清除坟冢 23 座、树蔸 11 个，回填土方 1.01 万立方米。1980 年 6 月，合兴（桩号 559＋510）段通过锥探发现白蚁蚁路贯穿堤身，经翻筑取巢才避免汛期出险。

韩家埠至白螺 16 千米堤段中严重渗漏堤段便有 7.67 千米，经过灭蚁、锥探灌浆、加筑禁脚平台，1980 年大水时仅 700 米堤脚处出现轻微散浸。其中桩号 534＋986～548＋620 段灭蚁 62 处、取巢 115 个，原有清水漏洞 102 个，灭蚁后，汛期出险仅 17 个。到 1980 年，监利长江干堤已普遍锥探一遍，重点堤段密锥 2～3 遍，堤身隐患得到发现和处理。

3. 崩岸整治

监利洪湖境的长江，河道蜿蜒曲折，河床横向摆动频繁，造成两岸交替崩淤，堤防坍塌险情不断，因而造成堤防溃决。为治理崩岸，防止堤身崩坍溃口，主要采取退挽、护岸两种工程措施。

（1）退挽工程。历史上监利长江干堤因崩岸修筑有很多月堤，有的新退挽堤段挡水后，前面老废堤尚未崩失；有的退挽后河势变化，河岸由崩转淤仍以老堤挡水而月堤废弃。据地方志记载，监利长江堤防清代退挽月堤 30 道，见表 5－7－1。直至 20 世纪 80 年代以前，崩岸治理仍以退挽为主。兹将主要退挽月堤记载如下。

表 5－7－1　监利长江堤防清代挽筑月堤一览表

月 堤 名 称	现 址	长度/m	挽筑时间
林家潭月堤			康熙八年（1669 年）
薛家潭月堤			康熙十五年（1676 年）
上牛舍坑月堤			康熙十九年（1680 年）
永固月堤	石碑洲		康熙四十三年（1704 年）
韩家埠月堤	韩家埠		康熙四十三年（1704 年）
潘家棚月堤	新集下		康熙五十五年（1716 年）

续表

月堤名称	现址	长度/m	挽筑时间
太山坡月堤			雍正六年（1728年）
张家峰月堤			雍正六年（1728年）
杨林山月堤			雍正六年（1728年）
永兴渊月堤			雍正六年（1728年）
何家月堤		748	乾隆九年（1744年）
赵家月堤			乾隆十六年（1751年）
李家工月堤		760	乾隆十七年（1752年）
周家工月堤			乾隆十七年（1752年）
南刘埠工月堤			乾隆十七年（1752年）
孙家工月堤		720	乾隆十八年（1753年）
杨家工月堤		1000	乾隆十九年（1754年）
彭家工月堤			乾隆十九年（1754年）
曹家工、吴家工月堤		870	乾隆二十年（1755年）
米黄月堤	瓦子湾		乾隆五十三年（1788年）
孙张、王公月堤			乾隆五十三年（1788年）
朱家渊月堤			乾隆五十四年（1789年）
崔家月堤	螺山		道光二十五年（1845年）
钦工月堤	中车湾		道光三十年（1850年）
王心夹洲月堤			咸丰六年（1856年）
涂家埠、北六埠新月堤		3225	同治八年（1869年）
永安、长安、万安月堤		1076	同治九年（1870年）
红庙月堤	红庙	620	道光二十九年（1849年）
王家湾月堤		400	光绪二十二年（1890年）
新市街月堤		300	光绪三十四年（1908年）

杨家潭子（桩号561＋167～561＋500） 1852—1901年间，下荆江由微弯向弯曲发展时，长江与洞庭湖交汇处位于城陵矶下游擂鼓台，河道向左崩进，此处多次退堤围挽，杨家潭子便为其中之一。后因河势变化，下荆江向弯曲发展，交汇处向上游城陵矶移动，河泓转向右岸，退挽月堤因未发挥作用遂成废堤。尹家潭子（桩号561＋560～562＋000）和芦家月子（桩号562＋000～562＋730）的情况与杨家潭子相同。

荆河垴（桩号561＋167～562＋545） 加固前的干堤系同治四年（1865年）因崩岸而退挽的月堤，后又在堤内实施杨家潭子、尹家潭子和芦家月子3次退挽工程。

观音洲（桩号562＋545～566＋020） 20世纪初以来，因河道摆动频繁而多次退挽。1964年以前，上段挡水堤段为1929年退挽之堤，下段为1932年退挽之堤。因崩岸继续逼近，1964年退挽桩号564＋700～566＋020段；1968年退挽桩号562＋545～564＋700段，并开始护岸，后外滩废堤全部崩毁。

莫徐家拐（桩号599＋640～600＋250） 此处曾因崩岸退挽多次。现干堤为1965年退挽而成的月堤。

莫家月子（桩号600＋250～600＋950） 现干堤为1946年退挽，但老堤未崩穿，于1950年开锁口，以后历年施工取土，将老堤挖毁。

蒋家垴（桩号600＋950～602＋000） 现干堤为1930年退挽，外滩唇废堤遗迹断续可见。

钟家月（桩号608＋600～610＋200） 此堤段为1930年退挽，因老堤未崩穿一直未开锁口。1958年将月堤加高培厚在老堤开锁口，现堤段才开始挡水，外面老堤虽已崩缺，但仍存在。

钟家月（桩号610＋200～610＋824） 因崩岸逼近，于1965年移堤还滩。

新月堤（桩号612＋200～614＋200） 现干堤为1943年退挽的月堤。老堤崩废后，因河湾下移，外滩又逐渐淤宽。

茅草街（桩号614＋800～615＋000） 现干堤为1925年退挽月堤，后崩岸至堤脚，于1929年抛石护岸。河湾下移后则转崩为淤。

后月堤（桩号615＋100～616＋060） 现干堤为1930年退挽月堤，外废堤为上车湾老街。部分外滩曾崩至干堤外坡，因河势变化，后又淤成数千米长外滩。

洪湖螺山至新滩口长江干堤长126.2千米，深泓临岸崩坍堤段有48.2千米，占全长的29%。且下段新滩口至杨树林（桩号401＋000～416＋000）15千米堤段崩坍尤为严重，直至1971年前，应付崩岸的办法只能是遇崩即退（退堤），退了又崩。上北洲至杨树林段（桩号409＋000～416＋000）7千米堤段先后退挽月堤10.8千米，筑土162.7万立方米。1956年堵筑新滩口，洪湖长江干堤下延至胡家湾接东荆河堤，下延长3千米（桩号398＋000～401＋000），1950—1962年退挽月堤4道，总长6610米，土方59.1万立方米。

1950—1971年，洪湖长江干堤退挽月堤44道，长52361米，完成土方664.4万立方米，见表5-7-2。1972年后，护岸石方耗量增加，护岸工程大规模开展，堤岸崩势得到控制，退挽月堤工程措施才较少运用。

表5-7-2　洪湖挽筑月堤工程一览表

年份	退挽月堤堤段	退挽长度/m	完成土方/万 m^3
1950	挽筑胡家湾、局墩、七家、甘家码头、周家嘴5处月堤	4450	62.3
1951	虾子沟月堤	723	10
1952	刘家墩、上北洲、虾子沟、杨树林、上北堡5处月堤	3953	43.3
1954	胡家湾月堤	3000	25.5
1955	七家、穆家河、老湾、铁牛4处月堤	8331	104.3
1959	虾子沟、粮洲2处月堤	2587	31.7
1961	胡家湾、燕子窝、王家边3处月堤	2710	30.6
1962	胡家湾、草场头、八型洲、石家4处月堤	2932	37.3
1963	刘家墩、燕子窝、草场头3处月堤	1338	14.2

续表

年份	退挽月堤堤段	退挽长度/m	完成土方/万 m^3
1964	杨树林、王家边2处月堤	1586	15.8
1965	杨树林、蒋家墩2处月堤	957	11.8
1966	王家边、下北堡2处月堤	1372	19.5
1968	北虾段、虾子沟、杨树林3处月堤	4038	62.9
1969	杨树林、穆家河、王家边、王家洲4处月堤	3956	67.7
1970	七家、田家口、粮洲3处月堤	4428	105.8
1971	上北洲月堤	6000	21.7
合计	46处	52361	664.4

（2）护岸工程。新中国成立后，监利、洪湖长江干堤崩岸险情得到有效整治。1950—1958年，洪湖叶家洲一、二毛矶实施抛石沉枕护岸，完成石方9962立方米。1954年春，对宏恩矶一、二矶进行抛石沉枕护岸，完成石方3587立方米。1957年，对原护岸工程实施维修巩固。1958年，丁家堤外滩发生剧烈崩坍，由于堤外无滩，堤内地势低洼，退堤挽筑难度较大，形势严峻，当年抛石2206立方米。同年，七家护岸工程抛石1380立方米。两处试验性小规模护岸，滩岸崩坍得到遏制。1963年，胡家湾堤段发生剧烈崩坍，两次崩幅30～40米，河床冲深达15～20米，形势危急，经上级部门批准，实施深水抛石沉枕护岸。自1972年起，洪湖长江干堤崩岸险工治理转入抛石护岸，过去遇崩即退挽的局面得到改变。新中国成立以来，洪湖多年整治加固境内重要崩岸险段，至2010年底完成护岸工程61.42千米，施工总长度128.91千米，完成土方292.31万立方米、石方410.04万立方米、混凝土8.39万立方米、柴枕7.70万个，共完成投资32775.15万元。

上车湾护岸工程 上车湾至何王庙险段为下荆江著名险工。上车湾河段上端起于宋家港，下端至洪山头，呈舌形急弯。河段长35.80千米，狭颈距离1.85千米，河湾曲折率为5.07，为下荆江12个河湾中曲折率最大的河湾。河湾顶点位于长江干堤上车湾，由于江水长期冲刷上车湾堤岸岸脚，导致堤岸年年崩坍，对岸淤洲不断增大，且恶性循环，每到汛期上车湾堤防险象环生。

清代，上车湾一带江堤“江流冲刷堤脚，年挽年崩”（同治《监利县志》）。民国时期，河湾弯顶处于上车湾街市，部分滩岸崩至堤面。1927年，上车湾险段被列为护工重点，省水利局设立“上车湾堤工处”，实施护岸和退挽月堤工程，先后修建石矶3座、柴矶1座和柴埽2座，并抛石镇脚和退挽月堤。1933年堤身崩陷约40米，外坡崩成陡坎，堤面崩失过半，采取抛石、抛铅丝笼护岸和外削内帮使险情得以缓解。1935年后，由于上车湾极度弯曲而向下游撇弯，险情下延至青果码头。1939年、1943年，险段下迄易家堤，上至黄家台（现烟墩）。后在险段抛枕、抛笼沉柳和筑透水坝护脚；1940年和1945年在桩号619+260～619+432和612+200～614+200处，分别移堤还滩和退挽新月堤。1946—1947年，因新月堤上搭垴崩坍逼近堤脚，曾采取内帮加厚堤身、外抛柳枕护岸等措施进行处理。由于河势极度弯曲，开始对江对岸泥尾洲切嘴，凹岸逐渐转为淤积，至1949年淤宽达2～4千米。

1949年后，崩势下移至青果码头下游2～5千米的何王庙至钟家月。1957年后泥尾洲切嘴加快，何王庙至钟家月堤段（桩号609＋000～612＋000）长3千米堤岸崩坍加剧，其中桩号610＋200～611＋800长1.6千米堤外滩，1958—1963年平均每年崩坍30～60米，严重的达50～60米和80～100米，深泓线距岸边50～80米，高程为－10.00米以下，最深点为－16.10米。此处滩顶高程32.00米，河床边界土质覆盖层较厚，但河槽已冲至高程3.00米以下的中砂层内。1964年开始护岸，按照"守点顾线"的原则，自上而下选定4个点实施守护，至1968年基本控制河势。1969年上车湾裁直后，前两年因故道分流仍较大，对已守护段进行抛石加固，在桩号609＋000～612＋050长3.05千米崩岸范围内守护了2千米堤段，总计耗石8.53万立方米、抛枕7622个，国家投资117.10万元。后改道新河冲开，原河道成为故道。

莫徐家拐护岸工程 位于上车湾故道原河湾顶点下游12千米处，1946退挽月堤，后月堤下搭垴处又崩至堤身。1951、1953年两次采取外削内帮，在桩号599＋900～600＋050长150米削坡段采取柴梢护坡、水下抛石（砖）及竹笼等措施，共计抛笼800个，水上护坡1616平方米。1963—1964年在桩号599＋900～600＋114长214米范围抛石护脚及铺坦护坡，耗石2229立方米，国家共投资4.16万元。上车湾裁弯后故道回淤，此处转趋稳定。

观音洲护岸工程 观音洲河湾为下荆江最后一个河湾。1756年前，下荆江通过洪水港河湾后，河道经尺八口、观音洲，在城陵矶下游擂鼓台与洞庭湖出流汇合。观音洲河势略向南坐弯，其后尺八口河湾上下游向南发展，形成荆江门和孙良洲两个河湾。1909年，尺八口河湾狭颈冲开，自然裁弯，并逐渐向裁弯段下游发展，形成七弓岭和观音洲两个河湾。1886—1967年，观音洲共崩失宽1.30千米的滩地。1929年退挽月堤时，在河湾尾端云溪庙附近兴建矶头一座，1935年，又实施一次石方工程。其后矶头上下腮崩凹、矶身兀立；1936年脱溜，滩岸向北崩退；1952年矶头尚兀立江中，后随河泓向北摆动被淤埋于对岸洲滩中。鉴于观音洲农田大量崩失，民众年年疲于退挽，1969年在此处开始护岸，至1985年，共耗石30.83万立方米，其中，抛枕1.31万个，投资509.64万元，守护堤外滩岸长2.65千米。

螺山至朱家峰护岸工程 对应洪湖长江干堤桩号530＋400～517＋500，长12.90千米。螺山河段主流由上游右岸转向左岸，致使周家嘴一带迎流顶冲，河道顺直沿周家嘴、朱家峰、皇堤宫下行，主流紧贴左岸。1958年，桩号525＋400～526＋500段发生严重崩矬，当即抛石枕护脚并加筑内帮实施整险。1965年实施移堤还滩，采取干砌块石和混凝土六角预制块护坡，加强滩岸保护。至1970年每年均实施干砌块石护坡，共完成干砌石1727立方米。1991年11月，桩号521＋000～521＋477段又发生严重崩岸，采取减载抛石护岸等措施整险。后纳入1996—2000年度界牌河段整治工程。2008—2009年对此河段1千米无滩河段实施浆砌块石护坡工程。现滩脚基本稳定，但周家嘴一带滩岸窄，堤身高，仍需整治加固。1950—2010年，共完成护岸工程12.90千米，施工总长度26.53千米，完成工程量：土方3.63万立方米，石方37.86万立方米，混凝土4198立方米，柴枕2160个，完成投资4335.50万元。

夹街头至万家墩护岸工程 位于洪湖市新堤段，长江干堤桩号506＋955～510＋000、

500+700～506+400，长8.75千米。界牌河段由江心洲（新淤洲、南门洲）将其分为两汊，左汊（新堤夹）为支汊，右汊为主汊，水流经汊河后，于石码头茅埠汇合。2000年后，左汊分流量增加，加之三峡水库清水下泄，河岸冲刷加重；又因沿岸码头众多，船舶停靠对岸坡产生破坏，使之出现多处大面积崩岸险情，2001—2009年实施护岸整治，险情得到控制。1950—2010年，共完成护岸工程8.75千米，施工总长度12.99千米；完成工程量：土方59.69万立方米，石方62.59万立方米，混凝土3227立方米，完成投资6477.78万元。

茅埠至任公潭护岸工程 位于洪湖市乌林镇，长江干堤桩号493+790～500+000，长6.21千米。1930年在叶家洲建毛矶3个，多年来主流冲刷北岸，深泓贴岸，三矶被水流切断，残矶留存江中，距岸边约200米。新中国成立后逐年进行加固，2001年纳入堤防隐蔽工程整治项目，加大了整治力度，险情得到控制。1950—2010年，共完成护岸工程6.21千米，施工总长度11.72千米；完成工程量：土方31.54万立方米，石方53.77万立方米，柴枕1.14万个，完成投资3476.51万元。

上北堡至粮洲护岸工程 受上游赤壁矶头节点控制及新洲、中洲分流的影响，左岸自老湾至宝塔洲江岸呈鹅头形，弯曲半径仅1.2千米。对应洪湖长江干堤桩号为470+000～476+00，长6千米。堤外滩窄，迎流顶冲，堤岸崩坍剧烈，被迫于1930年、1959年、1970年3次退挽月堤；因其崩坍退挽后滩唇距堤脚最近处仅有40米，1970年开始兴建护岸工程，2001年纳入堤防隐蔽工程整治项目，对河道崩岸实施护岸工程。截至2010年，共完成护岸工程6.0千米，施工总长度14.08千米。完成工程量：土方47.33万立方米，石方32.32万立方米，混凝土2.16万立方米，柴枕2.61万个，完成投资3127万元。

下庙至套口护岸工程 位于洪湖市龙口镇，洪湖长江干堤桩号458+700～459+750，长1.05千米，堤外无滩，堤脚迎流顶冲，自1950年开始整治险情，未能控制。1998年汛期，堤内发生管涌群，被列为全省溃口性险情之一。为彻底整治险情隐患，汛后对此堤段实施了振沉板桩基础防渗处理和堤身锥探灌浆工程，岸线实施混凝土预制块护岸。1950—2010年，共完成护岸工程1.05千米，施工总长度1.95千米；完成工程量：土方4.88万立方米，石方4.30万立方米，混凝土3761立方米，完成投资419.96万元。

蒋家墩至王家边护岸工程 为洪湖长江干堤重点险工险段，桩号438+080～450+750，长12.67千米，由宏恩矶、田家口、叶家边、王家边、莫家河5个险段组成。宏恩矶位于嘉鱼县石矶头节点与潘家湾弯道过渡段，从一矶至三矶长3千米，属微弯分汊型河道，主流走左汊，深泓紧贴左岸而下，堤外窄滩。由于江流受护县洲、白沙洲影响，形成分流水道，主流逼冲左岸，自1929年建成宏恩一、二、三矶，不到5年间，矶与矶之间即出现回流凹崩，崩势向三矶以下田家口、叶家边、王家边发展。1964年，叶家边开始沉枕抛石护岸，此后护岸工程向上下扩展。其后用混凝土预制块护坡和尼龙编织布护底。上至蒋家墩，下至王家边（438+000～446+200），全长8200米护岸连成一线。自1954年整修宏恩矶起至2010年，共完成护岸工程12.67千米，施工总长度31.04千米。完成工程量：土方32.36万立方米，石方109.52万立方米，混凝土1.47万立方米，柴枕

1.80万个，完成投资5522.09万元。

草场头至七家护岸工程　长江干堤桩号425+137～429+000，长3.86千米。受上游白沙洲、复兴洲等3个洲淤长的影响，致使此段汊道淤塞断流，其分流量向左汊增加，主航道由1999年前的右岸至2000年移到北岸，深泓左移，河床冲深。江中暗沙潜洲消涨多变，引起主流冲刷堤岸。自1958年开始局部散抛块石护岸，后逐年扩大抛护范围。至2010年，共完成护岸工程3.86千米，施工总长度10.42千米。完成工程量：土方81.41万立方米，石方42.81万立方米，混凝土2.03万立方米，柴枕1184个，完成投资5648.07万元。

杨树林至上北洲护岸工程　长江干堤桩号409+200～416+300，长7.1千米，此处历史上曾出现严重崩岸。河床冲深至－17.00米，1946年、1947年连续退挽月堤。1951—1971年，先后退挽13次。自1969年开始在虾子沟沉枕抛石护岸，局部仍有崩坍。2001年纳入堤防隐蔽工程整治项目进行整治。至2010年，共完成护岸工程7.1千米，施工总长度15.59千米；完成土方工程量22.89万立方米，石方61.84万立方米，混凝土1.18万立方米，柴枕1.27万个，共完成投资2625.08万元。

刘家墩至大兴岭护岸工程　长江干堤桩号6+500～7+100，长600米。为内荆河出新滩口进出水流的口门河段，堤外无滩，历年受内荆河出流的冲刷经常发生崩岸。历年来多次在崩岸险段实施水下抛石护岸。自1950—2010年，共完成护岸工程600米，施工总长度1.11千米；完成石方10.6万立方米，投资32.07万元。

新滩口至胡家湾护岸工程　长江干堤桩号398+000～400+278，长2.278千米。受内荆河出水口尾水淘刷及簰洲湾河势变化的影响，出现崩岸险情。2001年纳入堤防隐蔽工程整治项目。1950—2010年，共完成护岸工程2.278千米，施工总长度3.48千米；完成工程量：土方8.57万立方米，石方3.95万立方米，混凝土4267立方米，柴枕5326个，完成投资1039.09万元。

（三）重点险段整治

蒋家垴险段（600+950～602+000）　为荆北长江干堤著名险段。该堤段的地质特征是有一条垂直堤身方向的砂带，为明朝时期长江故道。从地表起即为细砂层，其中601+400～601+800处系历史管涌险段。1946年崩坍冲刷逼近堤身。

新中国成立初，在堤坡脚抽槽翻筑，回填黏土截渗，筑浅层黏土截渗墙，与内禁脚黏土平台配合施工。1952年，在桩号601+000～601+750处内脚抽槽，槽深3～5米，又在桩号601+750～602+050堤外脚抽槽，槽深6米。同时，在桩号601+000～602+000堤内筑宽10米、厚2米的压浸台。1955年冬，将压浸平台加宽到50米。1963年，在桩号601+400～602+800处将压浸平台再次加宽到50～90米，高程28.00米。同时，在平台脚下修建400米长的浅层导渗沟一道，由三级反滤料构成，沟中设直径14毫米排渗管33根，顶接直径24毫米排水卧管，并建3个浅层观测井。1965年修建减压井15口、观测井18个（其中，深层井12口、浅层井3口、导滤沟观测井3口），有效地降低了地下水位。后因年久淤塞，不易清洗，减压井功效衰退。

1980年汛期，在距堤禁脚90米平台脚外沟里又发生多处冒孔，1981年将平台填宽至120米，填高高程至29.50米。1983年汛期，仅7口减压井出水正常。经1984年冲洗处理，除1号和12号井因填满石渣无法疏通外，其他13口井恢复使用。1996年汛期，在距堤内脚150～180米处发生两处管涌，并在80米的平台上发生严重散浸，汛后实施吹填将平台加宽至250米。1998年汛期，又在堤内250米外发生两处管涌，孔径0.1米。当年汛后，将内平台加宽至270米，平台高程加高至32.60米（厚4～5米），外平台加宽至50米，高程43.80米。2007年汛期出现管涌险情，汛后采取铺盖防渗和建导滤沟导渗等措施整治，后基本稳定。

钦官堤险段（桩号529+550～530+300）　此段750米的堤线内外均为深潭，外潭底高程22.00米，内潭底高程11.80米，堤内脚深入潭内，属重点险工险段。内潭面积225亩，系咸丰八年（1858年）、九年（1859年）连续两年溃口成潭。汛期在堤内坡29.0～31.0米以下常出现严重散浸，1950年以后，多年修筑内外平台，防渗固脚，加高培厚，外筑黏土铺盖防渗。至1988年，共完成土方13.25万立方米。

周家嘴险段（桩号523+700～527+200）　长3500米，其中重阳树、丁家堤、袁家湾等处堤外无滩，堤脚临江；堤内地势低洼，堤身垂高达9米，高洪水位与堤内地面相差达8米，每逢汛期外崩、内浸，形势险峻。自1958年进行抛石护岸，对无滩堤段退堤还滩，内帮培厚，顺堤修筑内压台一道，固脚压浸，完成土方1.44万立方米、石方10.93万立方米。1996年因蚁患出现漏洞险情，初步整治后度过汛期，1998年汛期发生重大险情，经全力抢护脱险。汛后实施了翻挖、施药、加高培厚堤身及堤身护坡等综合整治工程，历经1999—2011年多年大洪水未发生险情。

叶家洲险段　堤线跨越长江故道，有900米长堤段为历年大汛时出现管涌最严重堤段。历史上叶家洲曾是江中之洲，后因长江主支易位，叶家洲淤积靠岸，在其上筑堤防水，故堤基沙层较厚，1950年、1962年、1980年和1983年，曾在堤后50～70米范围的坑塘和覆盖薄弱处，出现严重管涌险情，孔径0.2～0.5米。1950年开始拆迁堤身及禁脚上房屋，填筑堤内低洼渊塘。1962年冬顺堤修筑宽30～70米，厚1.5～2米的平台，固脚压浸，共完成土方42.81万立方米。

王家洲险段（桩号494+500～496+500）　长2000米，原名白沙洲，因左汉淤塞靠岸成滩后在其上修筑堤防，堤基沙层深厚，汛期渗水严重。1969年退挽新堤，1970年在堤脚外滩抽槽翻筑，槽深4米，其下仍为青沙层，难以继续深挖，随即用黏土填复。此后在堤外滩加培宽50米、厚1米的黏土铺盖层防渗；堤内修筑50宽平台压浸，高程达29.60米；外滩抛石护岸，共完成土方20.70万立方米，堤身渗水略有减轻。1999年，桩号494+350～496+000长1650米堤段，距堤外脚3～5米轴线上铺设土工塑膜防渗，膜深10米。

梅家潭险段（桩号487+500～487+900）　此处内有沿堤长400米，潭底高程7.96米，面积115亩的水潭，堤外脚空虚。1950年堤外加培黏土铺盖防渗，并帮宽堤身。1983年汛期，潭内发生管涌，孔径0.2米。1989年实施吹填，完成土方66.05万立方米。

田家口险段（桩号445+200～446+700）　长约1500米，堤基多为砂壤土，临近堤脚外滩，部分有夹砂层，堤基高程19米以下为深砂层，历年汛期常出现散浸和管涌险情。1969年此处发生溃口决堤，堵口复堤时在堤中心筑有底宽3米、深1.5米的黏土心墙，因堤基为沙基，新堤仍渗漏如故。1973年，顺堤内修筑压台宽70米，修筑砂石导滤沟10条，因导滤效果不佳，1984年改砂石沟为无砂混凝土滤管16条，完成土方53.74万立方米。1996年汛后，桩号445＋953～446＋600堤外脚边采用射水法造墙技术修筑防渗墙647米，墙体深10米，厚0.22米。1998年汛后又实施堤坡铺塑防渗、堤身加高培厚、锥探灌浆及渊塘填筑、堤身护坡等综合整治工程。经整治后，险情基本稳定。

七家险段（桩号424＋000～424＋600）　1931年前为合兴垸民堤，1932年加培后纳入干堤。堤基沙层深厚，汛期常出现严重管涌险情。1933年东堤角因青砂管涌发生溃口。经多次填塘固脚，加高培厚，但渗漏险情如故。1970年桩号422＋030～426＋500，裁弯取直修筑新堤一道，长2.1千米，完成土方41.27万立方米。新堤线比老堤缩短2.4千米。新堤线与老堤线间的外垸称为七家垸。1970—1998年汛期，老堤线仍作为干堤防守，堤身隐患频仍。老堤线因子堤漫溢而溃决。新堤线加筑的子埂有140米漫溃，经大力抢救迅速堵复。汛后，实施新堤堤身加高培厚、锥探灌浆及渊塘填筑工程，内平台加高至高程28.50米，宽50米。经整治后，险情基本稳定。

局墩险段（桩号420＋400～421＋900）　长1500米，原堤线跨越长江支汊故道北河口，系1905年挽筑的民垸堤，1931年大水后，加培后纳入长江干堤，堤基砂层深厚，汛期常发生严重管涌险情。1913年、1931年、1949年等大水年因堤基漏水而溃决，1950年开始实施内填和加培工程，1951年，在堤外抽槽翻筑，槽深4米处仍为沙层，故以黏土回填。1983年汛期，距堤内脚60余米的棉田中发生严重散浸。1984年在桩号420＋619～421＋681段外挽月堤一道，长1063米，完成土方34.25万立方米，缩短堤线110米，基本消除隐患。

虾子沟险段（桩号409＋000～413＋000）　原名下新河，是沙套湖（又名古江湖）通江口之一，沟底高程19.00米，堤基沙层深厚。1932年纳为干堤。1968年汛期，虾子沟内发生严重管涌，用草袋围井填砂石滤料200余立方米实施抢护。1969年开始，先以人工填沟，并加筑内平台，后于1979—1983年实施挖泥船吹填，完成土方238.2万立方米，将深沟低地填成平台，栽种护堤林，险情得到缓解。1998年汛后实施堤身加高培厚、锥探灌浆及渊塘填筑工程。经整治后，险情得到控制。

中小沙角险段（桩号490＋400～492＋100）　堤外为胡范垸，堤内是中、小沙角潭。均为历史溃决冲成，沿堤长690米，距堤脚30～60米，潭底高程19.00～22.3米。堤内筑有一级、二级平台，高程分别为27.50米、26.50米，宽均为16米。1998年汛期，中、小沙角潭均发生重大管涌险情。因此处堤身单薄，地势低洼，防洪形势十分危急。险情发生后，引起各级领导高度关注。年当8月9日、8月13日，江泽民主席、朱镕基总理、温家宝副总理等党和国家领导人先后赴险段视察，经广大军民奋力守护，才得以安全度汛。汛后，为彻底根治此处险情，实施综合整治：对中沙角潭实施吹填固基；加筑两级内平台；加高加宽堤身；加筑外平台，共完成土方145.3万立方米。1999年初，又实施1.7千米混凝土防渗墙工程。经过1999—2011年多年大洪水考验，未发生险情。

(四) 堵口复堤工程

新中国成立前，荆北监利洪湖长江干堤常有溃决，但因资料有限，溃决后的堵口复堤过程不甚了解。新中国成立后，出现过1954年监利上车湾人工扒口分洪和1969年洪湖田家口溃口。溃（扒）口都于当年堵复。但这两处堵复的工程施工难度和施工方法可资借鉴。

1. 上车湾堵口工程

1954年，长江出现全流域型特大洪水，为确保荆江大堤和武汉市的安全，8月7日，国家防汛总指挥部决定在监利长江干堤上车湾堤段大月堤（桩号618＋000～619＋000）扒口分洪。监利县防汛指挥部接到命令后，先将待扒范围内堤身临时搭棚居住的灾民和防守民工疏散（堤内居民已于先期通知转移），从下午开始由解放军某部工兵连在堤身横向挖沟3条（没有使用爆破），8日零时30分响水过流，到2时冲开成口。当时口门外江水位36.02米（相当监利城南水位36.54米），比堤内渍水位高出6米（扒口处内水位30.00米），口门迅速扩大，至9日口门宽已达至800米。决定扒口分洪时，曾预定分洪口门控制在500米，但因时间紧迫，没有控制方案，现场没有抢护材料，只能任其发展。后鉴于口门扩展迅速，紧急调运块石、芦苇等抢护材料，并于口门的两端实施块石裹头，至11日口门发展到1026米时才得以稳定，实测最大进流量为9160立方米每秒，分洪总量291亿立方米。

上车湾堵口工程于当年9月14日开始准备，工程施工方案由监利县修防总段张佑清工程师提出方案，经水利专家陶述曾现场审定，监利县组成堵口复堤工程指挥部，彭大啟任指挥长，唐忠英、陈安才、黎光炎任副指挥长。动员民工4640人、大小木船464只、机动船2艘。工程于9月24日正式开工，口门外水位32.77米，口门内水位30.36米，水头差1.9米，口门流量3030立方米每秒。按水深及地势情况从上而下将堵复堤线（堤线位于老滩边缘和老堤基础较高的地带）划分为四个工区，坝长3170米。施工原则是：施工时间要快；所用材料要少，用工地现有及能迅速运达的器材；施工技术性不能太高，以本地民工会做和容易学会做的方法，先断流，后闭气；先堵深段后堵浅段；先难工，后易工（先堵急流，后堵缓流），以及多头施工，平行作业等。施工中，一工区（长622米）取土容易，采取筑“排桩土袋坝”，即沿选定的坝线打两排桩，桩距1米，中填土筑坝。二工区（长500米）水最深，流速最急，采取筑“堆石坝”，即坝线打木桩一排，间距2米，加斜桩支撑，以横木相连，再填石筑坝。三工区（长700米），进土困难，采取筑“排桩泥枕坝”，其打桩填土方法与一工区基本相同，桩排之间填土袋或土枕成坝。四工区长1360米，流速最缓，采取做“小桩填土坝”等方法进行施工。由于事前对坝线情况调查不够，一工区坝线选在了1926年溃口地段，给施工造成困难，且拖延了工期，浪费了材料；施工中也没有严格遵守“先难后易”的原则，三、四工区施工较容易的工段抢先进土施工，高程进度较快，但给一二工区的施工带来了施工难度，被迫将合龙口改到二工区，当堵筑至口门宽还有100米的时候，两端进占立堵过程中，口门的水深由原来的2～4米冲深至6米，流速1.7米每秒，流量500立方米每秒。当抢占口门只有5米宽时，两端坝头突然崩溃，口门很快撕开扩展到58米宽，水深6.5米左右。于是紧急改用大木驳在口门搭浮桥，形成75米长的弧形外围，平堵为主，在船上、坝两端同时抛石、抛土袋，立堵与平堵相结合，经两昼夜苦战，于10月20日合龙，再经闭气加固。10月24日，堵口工程合拢断流，完成土方52825立方米，抛石6394立方米，石枕664个，土枕9139个，打大小木桩9752根，扎柴排9539平方米，实用标工为107485个，投资19.2863万元。上车湾堵口工程示意图见图5-7-3。

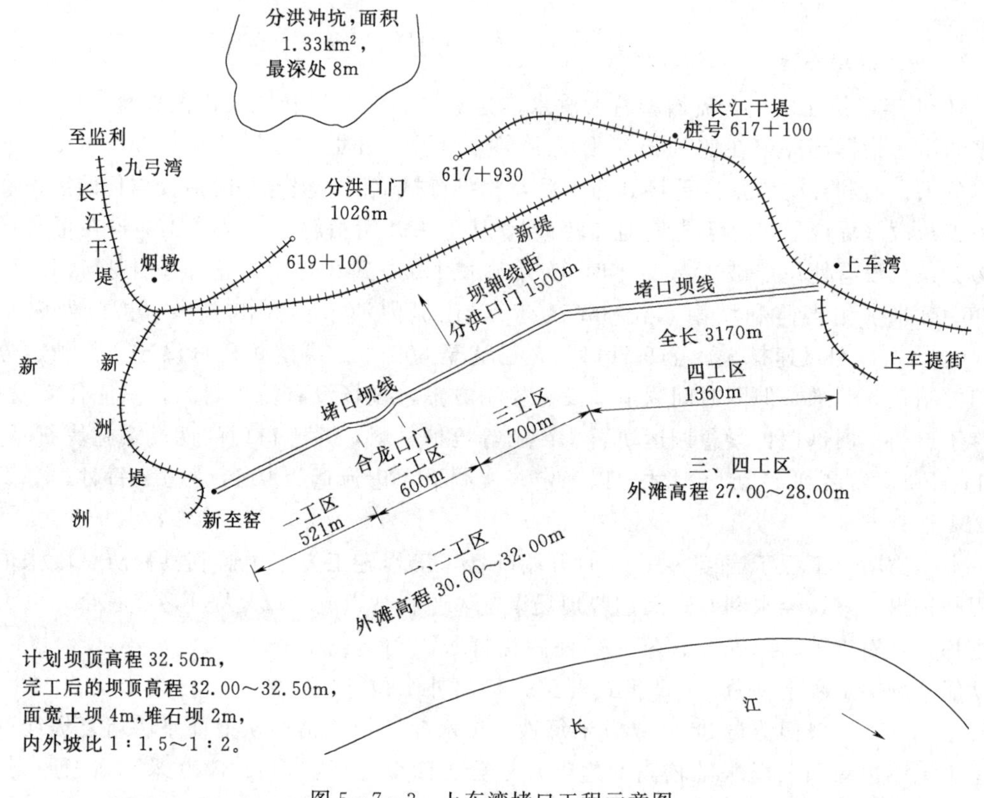

图5-7-3 上车湾堵口工程示意图

2. 洪湖田家口堵口工程

田家口位于洪湖市燕窝镇境内长江干堤，溃口处桩号445＋790。1969年7月20日20时溃口，溃口时当地水位30.55米，低于堤顶1.5米（外滩宽150米，滩地高程27.00～27.50米），溃口口门宽620米，据推算最大进洪流量9000秒立方米，总进水量约35亿立方米。溃口主要原因是出现管涌险情，进行抢护后险情突变，堤防坍塌而溃口。

溃口后，周恩来总理亲自打电话询问情况并作了重要指示，武汉军区，省革委会，省军区主要负责人多次乘飞机或到现场视察，慰问灾民，指导抢险。7月21日，成立了田家口移民抢险堵口指挥部，由省军区司令员赵复兴任指挥长，省革委会副主任张体学专船赶到溃口现场，研究部署抢险堵口方案：①将溃口两头裹住，稳定堤脚，不让口门扩大；②采取抛石截流，立堵与平堵相结合，然后用袋土与黏土闭气，逐步加高土堤；③立即加高培厚东荆河堤、洪湖隔堤、监利白螺堤，加强防守，防止灾害面积扩大。同时，准备堵口物资80吨铁丝，6万立方米石料等。5000个铁丝笼在武汉市加工，石料除荆州地区开采部分外，另从广州，湖北黄石、嘉鱼等地调运。7月23日，由荆州专署副专员饶民太带领曾参加过1954年车湾堵口工程的工程技术人员10人和松滋、沔阳两县各1000余名民工赶赴工地，参与堵口工程。

堵口工程采取从两端外滩取土和用部分船只从外地运土结合进行；在闭气时，洪水已下落，则采取用抛石封闭，最后回填土方。

堵口工程于8月15日竣工（内外水头差0.5米），共抛石1.6万立方米，回填土方6万立方米。堵口所筑堤质量良好，但仍有渗漏，1973年修筑宽70米的内平台并增修了导渗工程，险情稳定。

三、堤防基本建设工程

（一）兴建缘由

荆北监利洪湖长江干堤经1949—1996年的加高培厚及整险，堤防面貌有很大改观，防洪标准有了较大的提高，但面临特大洪水的考验时，仍然险象环生。1998年，长江发生全流域型大洪水，监利、洪湖长江干堤防汛历时91天，经历8次较高洪峰水位考验。因堤身高度不够，洪水居高不下，汛期共加筑子堤（堤顶加堤）225.28千米，占堤防总长的98%，子堤高0.7～1.5米不等。子堤挡水堤段57.33千米（其中监利境内14.4千米，洪湖境内42.93千米）。汛期共发生各类险情790处，其中重点险情33处，省防汛抗旱指挥部汛后确定全省出现重大溃口性险情34处，其中监利洪湖长江干堤就有22处，占当年全省长江堤防重大险情的2/3。沿堤穿堤建筑物因年久失修，设备老化，高水位时漏水严重，防汛时被迫在闸内筑堤蓄水反压，设置闸后防线，危及堤防安全。监利、洪湖长江河段河岸崩坍严重，在弯曲河段变化较大，深泓逼近，迎流顶冲堤段河岸崩坍严重危及堤防安全。堤内外渊塘众多，水流渗径偏短，覆盖层较薄，很多管涌险情均发生在距堤脚200米范围内，洪湖王洲管涌、监利南河口管涌等溃口性险情即发生于堤后渊塘内。抢险稍不及时，即有溃决的可能。为此，国家投入巨大人力和物力进行抗洪抢险，经防汛大军日日夜夜地苦战，终夺取抗洪胜利。大水后，党中央、国务院作出灾后重建、整治江湖、兴修水利的重大决策，加大了以长江防洪工程为重点的水利基础设施建设。鉴于监利洪湖长江干堤存在诸多险情和隐患，为提高长江堤防整体抗御洪水的能力，监利洪湖长江干堤整治加固工程被纳入国家基本建设项目实施全面综合整治。

1999年9月，湖北省水利水电勘测设计院（以下简称湖北水院）编制完成《湖北省洪湖监利长江干堤整治加固工程可行性研究报告》（以下简称《可研报告》）。2001年7月又编制《湖北省洪湖监利长江干堤整治加固工程初设报告》（以下简称《初设报告》）。后经逐级审查，长委于2002年2月以长计〔2002〕67号文批复《初设报告》，批准建设内容为堤身加培、堤身护坡护岸、填塘固基、建筑物加固、堤顶路面、险工险段整治、水系恢复、防浪林栽植等工程，工程计划投资27.28亿元。

（二）设计标准

监利洪湖长江干堤整治加固工程设计洪水位，依据1990年修订的《长江流域综合利用规划》（以下简称《长流规》）确定的防御1954年型洪水的目标和规划方案要点，以沙市水位45.00米、城陵矶水位34.40米、汉口29.73米推算各堤段控制点设计洪水位，其中，洪湖龙口（桩号454+767）以下堤段按洪湖分蓄洪区设计分蓄洪水位32.50米确定；

监利洪湖长江干堤各堤段设计洪水位，按照以上成果中邻近控制断面设计洪水位确定。具体见表5-7-3。

表5-7-3　　监利洪湖长江干堤堤防设计洪水位表　　单位：m

序号	地　名	堤防桩号	长江设计水位复核	分蓄洪区设计蓄洪水位（龙口）	堤防设计洪水位
1	沙市二郎矶	759＋000	45.00		45.00
2	监利城南	629＋000	37.23		37.23
3	何王庙	611＋200	36.82	32.50	36.82
4	陶市	599＋400	36.68	32.50	36.68
5	万家搭垴	566＋700	34.63	32.50	34.63
6	荆河垴	563＋000	34.40	32.50	34.40
7	白螺	549＋700	34.30	32.50	34.30
8	洪湖螺山	529＋000	34.01	32.50	34.01
9	新堤	498＋484	33.46	32.50	33.46
10	龙口	464＋681	32.65	32.50	32.65
		454＋767	32.50	32.50	32.50
11	大沙	448＋121	32.41	32.50	32.50
12	燕窝	433＋049	32.02	32.50	32.02
13	新滩口	402＋141	32.35	32.50	32.35
14	汉口		29.73		29.73

注　荆河垴位于城陵矶对岸。

监利洪湖长江干堤为2级堤防，堤防加固按2级建筑物设计；何王庙闸、新堤老闸、石码头泵站等大型穿堤建筑物按1级设计，其他中小型穿堤建筑物按2级设计；地震基本烈度为Ⅵ度。设计水位按闸址所在堤段设计水位加0.5米确定。

监利洪湖长江干堤堤身加培工程，沿原堤线布置，在原有堤防断面上实施整治加固，按设计标准进行加高培厚，内外平台加培、堤身锥探灌浆等。堤顶高程按设计洪水位加安全超高2.0米；堤面宽度监利城南至洪湖龙口（628＋000～454＋767），宽10米；洪湖龙口至胡家湾（454＋767～398＋000），宽8米。堤身边坡内外坡比均为1：3。堤身内平台宽30～50米，外平台宽50米。

堤身护坡工程，沿原堤线布置，对加培后的堤防进行护坡，主要有浆砌块石护坡、混凝土预制块护坡、草皮护坡。浆砌块石护坡厚0.3米，混凝土预制块护坡厚0.12米，下面均敷设0.1米碎石垫层。

填塘固基沿堤线布置，填筑范围依据渗流计算成果确定。对堤内距堤脚250米、堤外距堤脚50米范围内的渊塘均回填至地面高程。

监利洪湖长江干堤整治加固工程中的建筑物加固工程共计28座，其中，涵闸封堵8

座，重建2座，加固4座，泵站加固8座，新建替代水源泵站6座。

在全堤布置混凝土堤顶路面，保证防汛交通畅通。混凝土路面宽6米，面层厚0.2米。下设水泥稳定层，厚0.15米，宽6.5米。碎石垫层厚0.15米，宽7米。

护岸工程主要集中在洪湖新堤夹河段，以枯水平台为界，枯水平台以上为浆砌块石护坡，枯水平台以下实施抛石护脚。水上护坡面层采用厚0.30米的浆砌石，砂石垫层厚度为0.10米或0.15米。水下抛石厚度0.6～1.2米，抛护宽度一般按距枯水平台30～40米控制，但应抛至深槽部位，坡度1：1.5～1：2，块石重量大于30千克。

险工险段整治工程主要是对沿堤险工险段进行堤内渊塘填筑，及内平台压渗盖重，外平台堤基采取垂直防渗技术，实施垂直铺塑、浇筑混凝土防渗墙和钢板桩截渗工程。

沿堤在外平台种植防浪林，以起到防风消浪、保护堤身、保持水土的作用；在内平台则种植防护林。因渊塘填筑改变了沿堤灌溉水源分布格局，沿堤实施水系恢复工程，沿原渠系布置，修建提水泵站、节制闸等，保证农业生产灌溉用水。

（三）工程建设

监利洪湖长江干堤整治加固工程，1998年10月10日开工建设，至2008年4月完成，历时10年。1998年度施工项目主要是堤身加培、重点险情整治和部分建筑物整险加固。1999年度实施内外平台填筑、渊塘填筑、防汛哨屋、防护林工程及部分建筑物加固。2000年开始实施堤顶混凝土路面、上堤路面工程、防汛哨屋及部分建筑物加固工程。2003年开始实施堤防管理设施、堤身草皮护坡、防浪林及防护林工程。2004年实施水利通信信息网络及通信广播设施恢复工程、洪湖新堤夹河崩岸整治工程、监利半路堤整治工程。2006年开始实施杨林山交通桥重建工程。

监利洪湖长江干堤整治加固工程批复的初步设计和重大设计变更主要内容为：堤防加高培厚230千米，堤身锥探灌浆322.98千米，迎水坡混凝土预制块护坡73.7千米，浆砌块石护坡92.1千米，草皮护坡60.1千米，背水坡草皮护坡230千米，加固、重建和封堵建筑物27座（病险涵闸或失效涵闸封堵8座、重建2座、加固13座、替代水源4座）。完成主要工程量为：堤身加培土方6781.13万立方米，填塘1111.41万立方米，防渗墙17.0万平方米，护坡、护岸石方126.35万立方米，混凝土10.32万立方米，修建堤顶混凝土路面230千米，见表5-7-4。监利堤防工程示意图见图5-7-4；洪湖长江堤防示意图见图5-7-5。

表5-7-4　　监利洪湖长江干堤加固工程主要工程量汇总表

工程量	堤身加培土方/万 m^3	填塘/万 m^3	堤身锥探灌浆/km	防渗墙/万 m^2	护坡、护岸/万 m^3		堤顶路面/km	建筑物/座
					石方	混凝土		
初步设计和重大设计变更	6722.27	1465.58	230.00	23.33	142.43	13.74	230.00	28
技术设计	6854.5	1118.56	230.00	17.16	148.87	11.58	230.00	27
完成	6781.13	1111.41	322.98	17.00	126.35	10.32	230.00	27

注　完成堤身加培土方中，监利3343.59万 m^3，洪湖3437.54万 m^3。

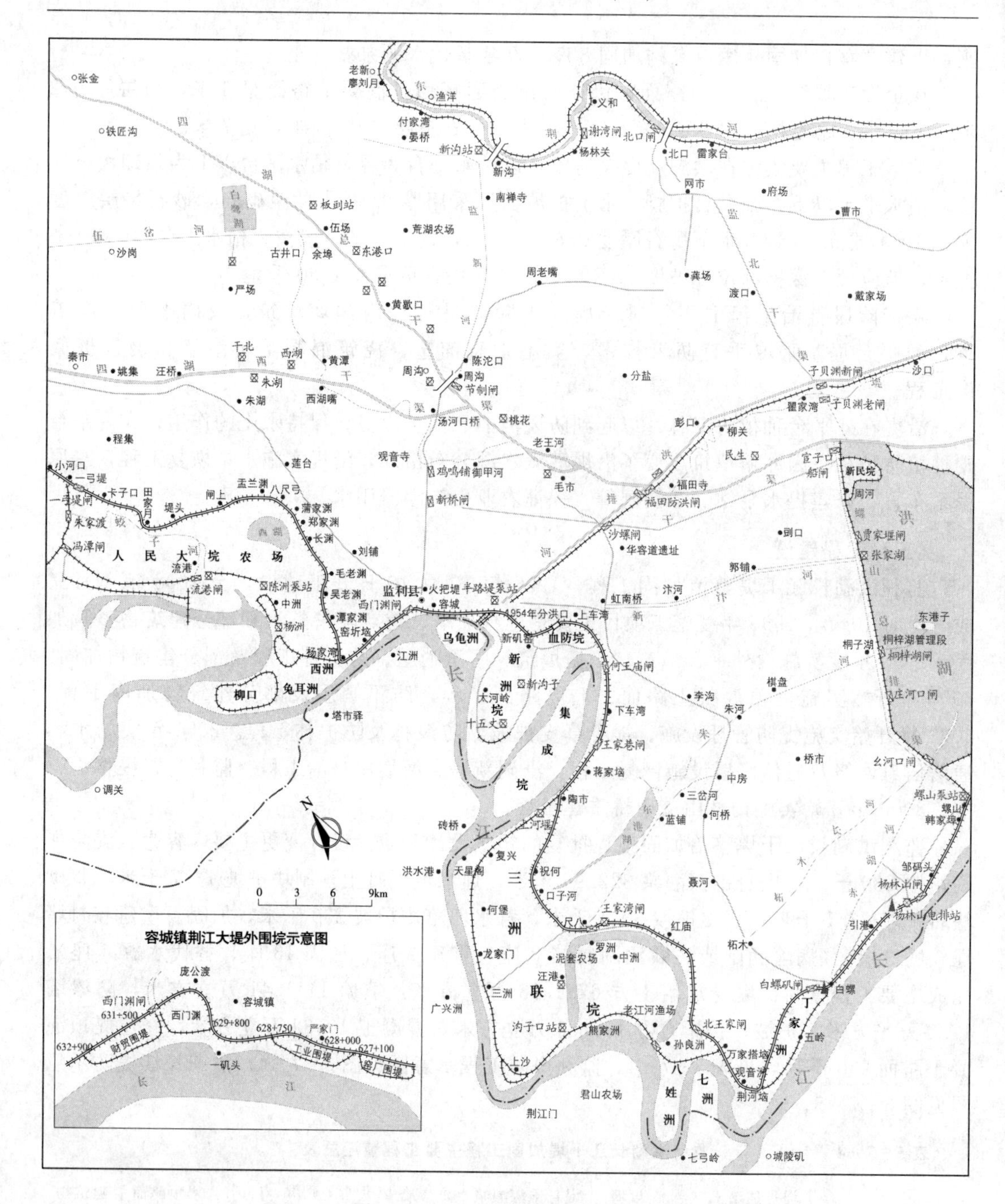

图5-7-4 监利堤防工程示意图

1. 堤身加固培修

对230千米堤防，按设计标准进行了加高培厚，完成堤身加培土方6781.13万立方米，堤面宽度达到8～10米，堤身及内外平台普遍加高2～4米。监利、洪湖长江干堤加厚后堤身断面见图5-7-6～图5-7-7。

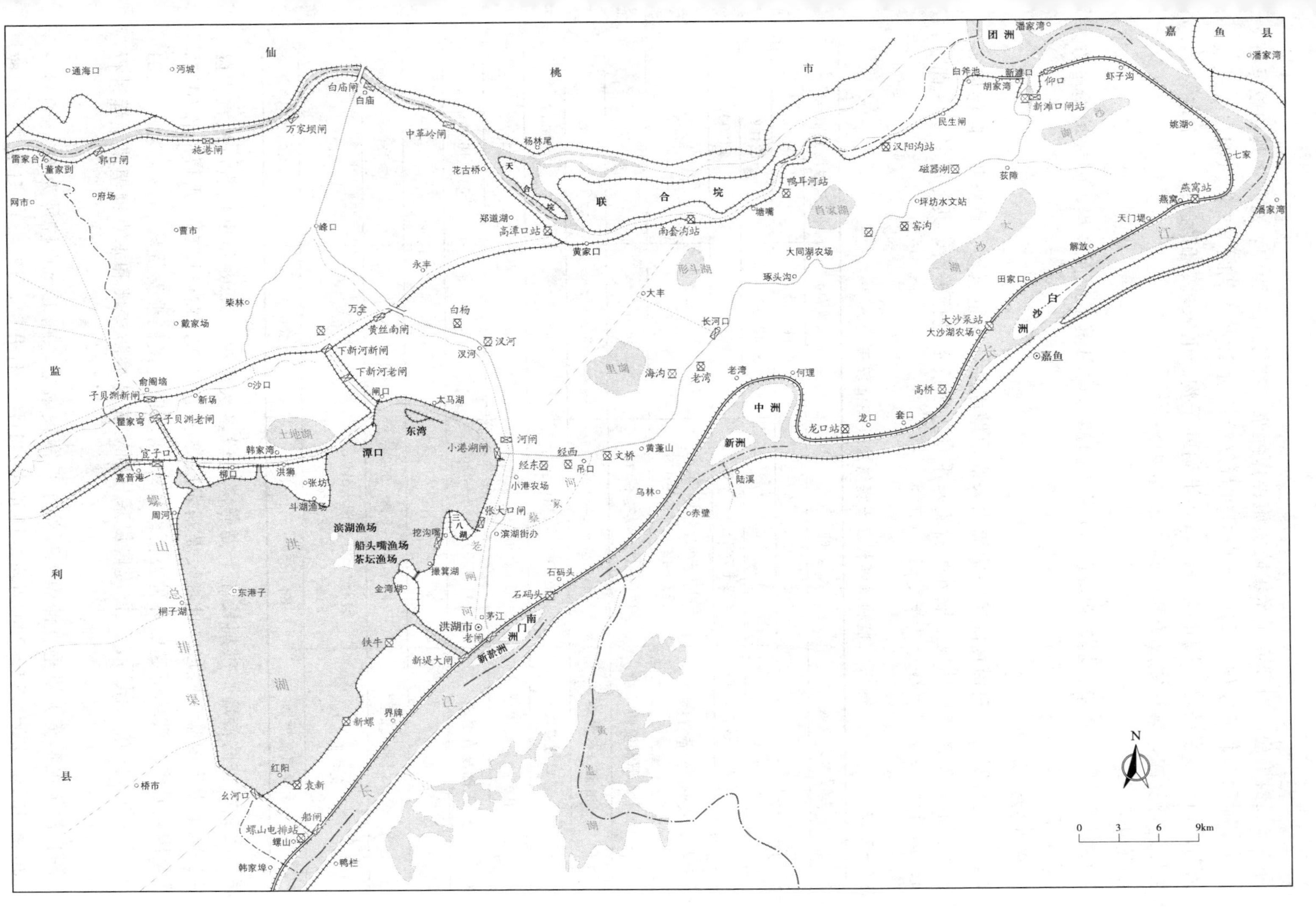

图 5-7-5 洪湖长江堤防示意图

2. 堤身隐患处理

为消除堤身隐患，对230千米堤防实施锥探灌浆。在施工过程中，对曾出现白蚁危害的洪湖周家嘴和监利赖家树林21千米堤段进行复灌；对1998年和1999年汛期出现散浸的监利荆河垴至万家搭垴、陶市至分洪口，洪湖虾子沟、七家垸、田家口、青山垸等72千米堤段进行复灌，累计完成锥探灌浆322.98千米。

3. 填塘固基

对堤内距堤脚250米，堤外距堤脚50米范围渊塘均回填至地面高程，完成填塘土方1111.41万立方米。

4. 堤基防渗处理

为保障堤防安全，对沿堤险工险段堤内采取填塘固基、盖重压渗、减压井、防渗墙等措施进行整治，险情严重地段采取外平台堤基垂直防渗技术进行整治，共完成堤基垂直防渗墙19.88万平方米。具体见表5－7－5。

表5－7－5　监利洪湖长江干堤防渗处理情况表

序号	工程项目或地点	桩号	施工长度/m	防渗墙面积/m²
合计			13648.05	198835
一	洪湖		8248.05	124225
1	燕窝钢板桩	429＋786～431＋000	1201.05	18200
2	八十八潭垂直铺塑	431＋000～431＋322，432＋422～433＋000	900	13808
3	八十八潭高喷防渗墙	431＋322～432＋422	1000	27049
4	田家口截渗墙	445＋953～446＋600	647	10287
5	套口截渗墙	458＋000～458＋800	800	12506
6	中小沙角截渗墙	490＋400～492＋100	1700	25875
7	王洲垂直铺塑	494＋350～496＋350	2000	16500
二	监利		5400	74610
1	姜家门垂直铺塑	547＋000～548＋000	1000	18086
2	三支角截渗墙	573＋150～573＋650，574＋400～575＋300	1400	10196
3	南河口截渗墙	588＋850～591＋850	3000	46328

燕窝段钢板桩防渗墙　洪湖长江干堤燕窝堤段多次溃决，1998年出现溃口性重大险情，为长江干堤重要险工险段。此堤段堤基表层黏土盖层薄，在汛期高洪水位的作用下，极易发生因堤基渗透破坏引起的各种险情。1998年汛期，洪湖燕窝堤段（423＋400～431＋330）出现重大险情，汛后，在此堤段堤基分别实施高喷防渗墙和垂直铺塑墙工程进行处理。

洪湖长江干堤燕窝堤段垂直铺膜工程位于燕窝镇附近，施工起止桩号为431＋000～431＋330和432＋422～433＋000两段，1998年11月8日开工，12月18日完工，完成长度900米，成墙面积1.38万平方米，完成投资138万元，燕窝堤段高压摆喷防渗墙施工起止桩号为431＋300～432＋432，1998年12月20日开工，次年3月16日完工，完成长度1132米，成墙面积2.70万平方米，投入四台套设备，完成投资676万元。燕窝高喷防渗墙造墙深度11.6～25米，成墙厚度0.22米。设计孔深13米，孔距1.5米，采用双喷嘴三重管法，顺序施工。

王洲垂直膜防渗墙　王洲堤段垂直铺膜段位于洪湖市石码头镇王洲村，施工桩号为494＋350～496＋000，1999年3月6日开工，4月27日完工，完成长度1650米，成墙面积1.65万平方米，投入135.3万元。该堤段垂直铺膜施工轴线距堤外脚3～5米，垂直铺膜深10米，开槽宽度0.21米，土工膜厚0.3～0.5厘米。

田家口振沉板防渗墙　1999年汛前，洪湖市长江干堤田家口（桩号445＋953～446＋600）实施射水法造墙技术进行防渗截渗，造墙深度10米以上，墙体厚度0.22米。洪湖市中小沙角堤段（桩号490＋400～492＋100）实施多头小口径深层搅拌桩截渗墙，施工长度1.7千米，深度15米，成墙厚度0.18米，造墙面积2.55万平方米。洪湖套口（桩号458＋000～458＋800）实施振沉板桩混凝土截渗墙，施工长度800米，深度18米，成墙厚度0.18米，造墙面积1.32万平方米。

南河口防渗墙　监利南河口段（桩号587＋500～590＋800）防渗墙工程，由中国水利水电对外公司上海公司引进德国宝峨公司（BAUER）超薄防渗墙成墙技术实施，完成超薄防渗墙3.3千米，造墙4.6万平方米，设计深度6.8～20米，墙体厚度7.5厘米，工程总投资874.52万元，并在此堤段实施堤身加高培厚、锥探灌浆及沿堤渊塘填筑等工程。

三支角防渗墙　监利长江干堤三支角桩号570＋000～571＋500（薛潭堤段）超薄防渗墙工程由长委实施，完成造墙0.88万平方米；桩号573＋150～573＋650、574＋400～575＋300段由省水利厅招标完成造墙1.02万平方米，长1.4千米，完成投资193.73万元。成墙深度6.3～8.7米，墙体厚度8厘米。于1999年5月开工，次年4月底完工，由中德两国工程技术人员共同组织施工。超薄防渗墙墙体由混凝土、石粉、膨润土加水拌和成浆液，设计比例为每立方米浆液中混凝土120～140千克、石粉600千克、膨润土60千克、水715千克；设计抗压强度不小于0.5兆帕，墙体渗透系数不大于10～7厘米每秒，坡降1：200。并在此堤段实施堤身加高培厚、锥探灌浆及渊塘填筑等工程。

姜家门超薄防渗墙　监利姜家门堤段（桩号547＋400）堤内脚之外顺堤沟中，发生多处管涌险情，严重危及堤防安全。汛后经地质勘察，此堤段为沙基堤段，基础薄弱。堤基整险时，桩号547＋000～548＋000堤段采用中国水利水电基础工程局运用的薄型防渗墙技术进行防渗处理。采用液压抓斗开槽建防渗墙，成墙平均深度为18米（墙顶高程31.00米，底部高程13.00米），平均厚度0.41米，面积1.81万平方米，长度1千米，轴线位置距堤身迎水面坡脚1米。工程于1999年4月25日开工，12月4日完工。完成混凝土浇筑7470立方米，耗用混凝土1312吨、膨润土1011.62吨、粗砂6670吨、碎石7476.5吨、钢材23.1吨，投资422.76万元。并在此堤段实施加高培厚、锥探灌浆、渊塘填筑及堤身护坡等工程。

5. *崩岸整治*

监利洪湖长江加固工程施工中，完成崩岸整治长度37.75千米，完成石方186.79立方米，投资25375.34万元，见表5-7-6，重点为洪湖新堤夹崩岸整治工程。

洪湖新堤夹崩岸险段桩号506＋200～502＋260，新堤夹河段上起螺山，下至赤壁，全长38.9千米，为顺直分叉河段，是长江中下游碍航严重的河段之一。新堤夹河段堤内为洪湖市区，堤外滩窄（宽40～80米），局部无滩，1984—1998年界牌河段综合整治以来，新堤夹河段左、右汊分流比发生变化，左支中枯水期流量加大，近岸河床冲刷，深泓逐年逼近岸边。

表5-7-6　　监利洪湖长江干堤崩岸整治实施表

工程地点	桩号	长度/km	土方开挖/万m³	水下抛石/万m³	混凝土预制块/万m³	浆砌块石/万m³	干砌块石/万m³	碎石垫层/万m³	投资/万元	实施年份
边家洲护岸工程	426＋000～428＋800	2.80		28.50			3.53		2743.50	2011
叶王家洲护岸工程	494＋000～500＋000	6.00		25.20			7.50		3374.90	2011
胡家湾虾子沟护岸	398＋000～399＋400，409＋000～411＋500	3.90	15.40	20.90	1.84	0.37			2702.80	2002
杨树林燕窝护岸	411＋500～416＋300，428＋800～429＋000	5.00	18.40	15.30	2.03	0.51			2628.30	2002
叶王家边、田家口、宏恩矶护岸工程	400＋700～443＋300，444＋700～445＋200，446＋200～446＋600，446＋800～449＋600	6.30	27.00	29.20	0.38	0.63			3616.20	2002
套口、粮洲老湾护岸工程	458＋700～459＋750，470＋000～476＋000	7.05	26.00	15.00	2.84				3008.10	2002
新堤夹护岸工程	500＋000～509＋000	6.70	59.30	39.30	0.40		0.85	0.60	7301.54	2002—2008
合计		37.75	146.10	173.40	7.49	1.51	11.88	0.60	25375.34	

因界牌河段整治工程初步设计中未考虑左岸桩号517＋500以下至新堤夹河段护岸工程，受不断加剧的水流淘刷作用，新堤夹堤段1997年起连续发生崩岸险情，严重威胁长江干堤安全。2002年9月21日，桩号501＋050～501＋100距堤脚46米处发生崩岸，崩长42米，最大崩宽7米；2003年1月底，崩长发展至1570米（桩号500＋500～502＋470），最大崩宽45米，坎高十余米，距堤脚最近处仅40米。

2003年3月5日，新堤夹尾段桩号500＋000～500＋500段发生崩岸，崩长500米，最大崩宽30米。崩岸严重危及长江干堤和新堤城区防洪安全。出险后，在枯水平台以下实施抛石护脚，枯水平台以上至24.00米高程坦坡实施干砌块石护坡，高程24.00～30.00米坦坡实施预制混凝土块护坡。至当年5月，完成土方16万立方米、水下抛石8.5万立方米、干砌块石0.85万立方米、混凝土0.3万立方米、碎石垫层0.6万立方米，完成投资951万元。

2004年3月，长委以《关于洪湖监利长江干堤整治加固工程新堤夹崩岸整治变更设计报告的批复》(长规计〔2004〕年128号文),同意对新堤夹崩岸进行整治。为加强护坡的整体性和抗冲能力,进行浆砌块石护坡,护岸长度4千米,并对新堤城区外滩进行场地平整。护岸工程完成土方43.3万立方米、石方30.8万立方米、混凝土0.1万立方米、投资6350.54万元。

2006年10月26日,洪湖新堤夹堤段桩号505+725～505+800段护岸段局部坡面突然发生崩坍,崩长75米,吊坎高2～3米,原块石护坡和脚槽毁坍。11月21日,桩号505+400～505+550段长150米范围内的脚槽、坦坡和驳岸发现明显新裂缝;脚槽裂缝8条,缝宽0.5～2厘米,局部有下矬趋势,坦坡裂缝56条,缝宽1～2厘米,呈弧形发散状;岸上浆砌石驳岸开裂,裂缝13条,裂缝宽10～15厘米。

2007年3月6日,新堤夹堤段桩号500+560～500+500发生崩岸险情,崩长40米,最大崩宽4米,距堤脚80米。16日,已护段桩号505+290～505+350长60米的护岸段,由于雨水侵蚀和风浪及水流淘刷,导致护坡段接坡石下沉,坦脚外露;未护段(桩号508+240～508+320新堤大闸出口下首)发生崩岸险情,崩长80米,最大崩宽10米,吊坎高3～4米,近岸水流流速加快,险情呈发展趋势。

2008年12月,长委批复同意对新堤夹险段(506+955～510+000)、袁家湾险段(526+000～527+000)进行整治。对新堤夹已护段506+955至新堤大闸出口上游崩岸处,并适当上延至新堤夹口门510+000处,实施水上干砌块石护坡,水下抛石护岸,护岸全长2.78千米。对螺山袁家湾段迎流顶冲部位,且水上无整体性护坡的堤段将原干砌块石护坡拆除,改为抗冲性和整体性较好的浆砌块石护坡,整治长1.0千米(桩号526+000～527+000)。

6. 堤顶道路

修建堤顶混凝土路面230千米。

7. 堤身护坡

堤身迎水面混凝土预制块护坡73.7千米,浆砌块石护坡92.1千米,草皮护坡60.1千米;背水坡草皮护坡230千米,完成石方126.35万立方米,混凝土10.32万立方米。

8. 涵闸、泵站整治加固

干堤上原有穿堤涵闸18座,船闸1座,泵站10座,这些穿堤建筑物大多年久失修,不能满足防洪要求。结合堤防整险加固,对沿堤建筑物实施整治加固,完成建筑物整治加固27座,共完成开挖土方45.49万立方米、土方填筑41.19万立方米、混凝土2.52万立方米、浆砌石2.07万立方米、耗用钢筋825.18吨、完成金属结构安装370.77吨(详见农田水利篇)。

9. 防护林

监利洪湖长江干堤整治工程实施后,堤防两侧种植防浪林、防护林230.95万株,堤坡种植草皮1255.2万平方米。监利、洪湖长江干堤典型断面加培示意图见图5-7-6和图5-7-7。

(四)竣工验收

2000年12—2008年7月,洪湖监利长江干堤整治加固工程86个单位工程分多批次通过单位工程验收。提交工程档案共2582卷,其中,综合类108卷,建管类111卷,设

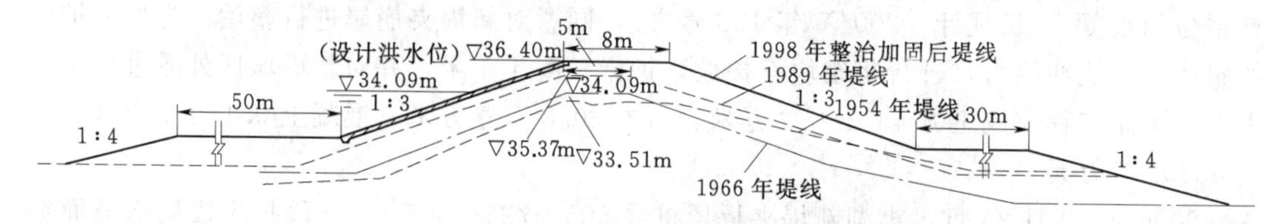

图5-7-6 监利长江干堤典型断面示意图（桩号535+000）

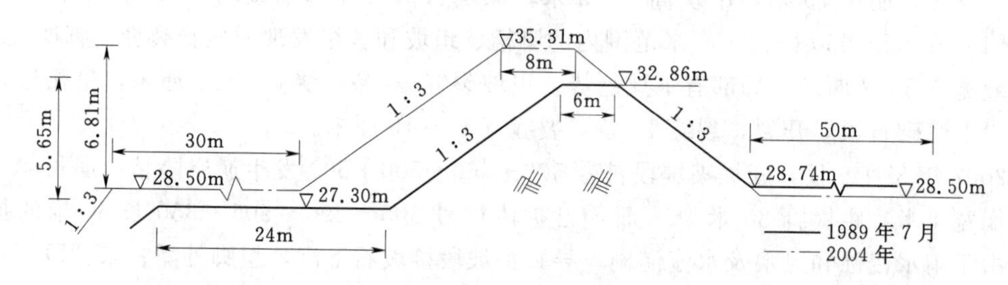

图5-7-7 洪湖长江干堤典型断面加培示意图（桩号428+000）

计类133卷，施工类1438卷，监理类779卷，影像资料13册。

2009年4月20—24日，水利部和湖北省人民政府在武汉召开洪湖监利长江干堤整治加固工程竣工验收会议。竣工验收主持单位组织成立竣工验收委员会和竣工技术预验收专家组，验收委员会形成《湖北省监利洪湖长江干堤整治加固工程（非隐蔽工程）竣工验收鉴定书》，通过竣工验收。

洪湖监利长江干堤整治加固工程投资来源于中央财政预算内专项资金和地方配套资金。从1999—2002年，湖北省计划委员会、省水利厅分年度累计下达工程投资计划272751万元，其中，国家投资210700万元，地方配套62051万元，见表5-7-7。实际完成投资234433.79万元，见表5-7-8。

表5-7-7　　监利洪湖长江干堤加固工程投资计划表

序号	文　号	计划投资/万元		
		小计	中央投资	地方配套
1	鄂计农字〔1999〕第0567号	44000.00	22000.00	22000.00
2	鄂计农字〔1999〕第1233号	18750.00	15000.00	3750.00
3	鄂计农字〔2000〕第0031号	6500.00	5000.00	1500.00
4	鄂计农经〔2000〕第0898号	9000.00	8000.00	1000.00
5	鄂计农经〔2000〕第1399号	4500.00	4000.00	500.00
6	鄂计农经〔2001〕第147号	5000.00	4000.00	1000.00
7	鄂计农经〔2001〕第1092号	63750.00	50000.00	13750.00
8	鄂计农经〔2002〕第524号	78700.00	63700.00	15000.00
9	鄂计农经〔2002〕第1191号	42551.00	39000.00	3551.00
总　计		272751.00	210700.00	62051.00

表 5-7-8　　监利洪湖长江干堤加固工程投资概算执行情况表　　单位：万元

序号	主要项目	概算数	完成投资数	投资增减情况
1	建筑工程	190443	148572.06	-41870.94
2	机电设备及安装工程	1636	1904.74	268.74
3	金属结构及安装工程	513	538.41	25.41
4	临时工程	5599	4922.93	-676.07
5	其他费用	59590	76828.76	17238.76
6	基本预备费	12889		-12889
7	单项部分	2075	1666.87	-408.13
总计		272745	234433.77	-38317.21

（五）堤防现状

监利洪湖长江干堤，经新中国成立后多年加高培厚，特别是经过 1998—2008 年的整险加固建设，堤面宽达到 8～10 米，堤顶高程 39.75 米（严家门）～36.39 米（韩家埠）～32.50 米（胡家湾）；堤身坡内外比均为 1∶3；堤脚内平台宽 30～50 米，高程 30.94 米（严家门）～30.00 米（韩家埠）～28.00 米（胡家湾）；堤脚外平台宽 50 米，高程 33.50 米（严家门）～30.80 米（韩家埠）～27.00 米（胡家湾）。沿堤建筑物经过整治，闸室外型造型美观，各类设备运行正常，汛期险情减少。

堤顶建有混凝土防汛路面，晴雨均畅通无阻，有利于防汛劳力和物资设备调运，为提高防汛抢险快速反应能力提供了保障，同时也给沿堤人民群众生产生活提供了便利。

监利洪湖长江干堤的险工险段普遍得到了整治，堤防抗洪能力得到了明显地提高。部分重点险工险段经综合整治后成为长江堤防上的景点和沿堤民众的休闲场所。

监利洪湖长江干堤整治加固工程实施后，堤防内外平台上种植防浪林，防护林共 230.95 万株，堤坡植草 1255.2 万平方米，不仅有效地保护了堤防工程，还有效地保护了生态环境，其工程效益和生态效益十分显著。

第二节 荆南长江干堤

荆南长江堤防，又称江右干堤，位于长江中游荆江河段右岸，西起松滋市老城，东至石首市五马口，分为松滋江堤和荆南长江干堤，堤防全长 246.82 千米，松滋江堤 26.74 千米，荆南长江干堤 220.12 千米。其中，松滋市自灵忠寺至罗家潭（桩号 737＋000～710＋260），长 26.74 千米；荆州区自罗家潭至太平口（桩号 710＋260～700＋000），长 10.26 千米；公安县自北闸至何家湾（桩号 696＋800～601＋000），长 95.8 千米；石首市自老山嘴至五码口（桩号 585＋000～496＋600），长 88.4 千米（松滋江堤加固长度 51.2 千米，其中含长江干堤 24.6 千米，支民堤 26.6 千米，但加固工程实施后，原支民堤部分堤段的内外平台宽度未达到长江干堤的标准，至今尚未列入长江干堤，仍称江堤）。因堤处荆江南岸，故称“荆南长江堤防”。

荆南长江干堤为 2 级堤防，保护松滋市、公安县全境，以及荆州区、石首市的江南辖区，自然面积5522.91平方千米，其中平原面积3527.01平方千米，占总面积的64%；山区面积158.92平方千米，占3%；丘陵面积1836.98平方千米，占33%。保护区内土地肥沃，雨量充沛，资源丰富，是国家重要的粮棉油生产基地。

荆南松滋长江堤防创修于东晋时期，公安、石首长江堤防是在民垸堤的基础上不断培修而成，宋时荆南为留屯计，多将湖渚开垦田亩，为防御长江洪水，荆南长江堤防开始兴筑，明清时大规模修筑。

历史上，荆江右岸堤防矮小单薄，险象丛生，因而水灾频繁。据史料及调查资料记载，自明洪武十年（1377年）至2010年的634年间，荆江右岸干堤溃决达114次，其中，明代32次、清代62次、民国18次、新中国成立后2次（1954年公安郭家窑，1960年石首大刭口），其间清道光十年至二十九年（1830—1849年）的20年间溃决10次，平均两年一溃。

（一）堤防沿革

荆南长江干堤是在松滋、公安、石首及江陵（今荆州区）民垸堤防的基础上培筑而成，但开始大多断面较小，且未连成整体。据载，宋为荆南留屯计，多将湖渚开垦田亩，兴筑田垸，是故荆南长江兴筑于南宋，大规模修筑于明清。

荆州（区）长江干堤　位于荆江右岸，东起太平口与虎西支堤相连，西迄岩板窝、罗家潭与松滋长江干堤相连，全长10.26千米。干堤外围有神保垸，直接挡水堤长6.25千米。荆州（区）长江干堤由零星堤垸逐步扩展而连成。据载，当地居民很早便在沼泽高地屯垦，筑堤围垸，逐步发展为十三垸的一部分。明嘉靖三十九年（1560年）枝江、松滋、江陵（今荆州区）多处江堤溃决，至嘉靖四十五年（1566年）十月，荆州知府赵贤亲自督修后，滨江堤防才逐渐形成规模。清乾隆五十三年（1788年）大水之后，改为官督民修。同治九年（1870年）松滋黄家铺堤溃口，形成松滋河，十三大垸为长江、虎渡河、松滋东河所包围形成一个独立的围垸，且又分属松滋、公安、江陵3县管辖。民国时期，由民守改为官守，成立修防处，设堤董、堤保专管修防事宜。至民国初年尚有十三大垸，冀望松滋、江陵、公安3县合作，友善相处，因而称三善垸，每一垸由田多者管理。但各垸水系割裂，抗旱排涝等互相影响，垸与垸常产生矛盾，清末为解决这一长期矛盾，采取合堤并垸措施，使诸小垸合为一垸。合垸后可集中劳力加筑沿江堤防，在负担上按受益大小摊派，而内堤逐渐废弃。至新中国成立前，荆州（区）长江干堤外坡比1：1.5～1：2，堤顶面宽3～4米，堤身单薄，隐患较多。

公安长江干堤　上端自北闸起，下至藕池口，全长95.8千米，桩号601＋000～696＋800。公安县地势低洼，水灾频繁，其堤防对荆南安危十分重要，《公安水利堤防记》（俞昌烈著）载："公安之堤完固，则下游之石首、安乡、华容俱受其福。江陵、松滋堤不戒，则公安先受其灾，沿堤险工林立，防护维艰"。

公安长江干堤起源说法有二，据《公安县志》（清同治十三年版）记载，宋端平三年（1236年）于公安县城附近修筑沿江五堤；另据《历史上的荆江、洞庭湖关系及其发展演变》（湖南师范大学卞鸿翔，《长江志通讯》1986年第3期刊载）一文载："唐末五代时（907—927年），高季兴割据荆南，将荆江南北岸大堤修成一整体……南岸自松滋至城陵矶，长七百里"。

宋至明初时，公安沿江一带堤防尚有一定规模修筑。《读史方舆纪要·卷78·公安县下》载："大江，县北三里，自江陵县流入境，又东南流入石首县界。水利考：县地平旷，旧治在今治西南紫林街，因避三穴桥水患，移治江阜，势若原陇，宋端平三年筑五堤以捍水。元大德七年（1303年），竹林港堤溃，自是决溢不时。明初修筑沿江一带堤岸，西北接江陵上灌洋，东南抵石首新开堤，凡百二十余里。中间最切者凡十余处，而窑头铺、艾家铺、竹林寺狭堤、渊沙堤铺诸堤尤为要害，明成化（1465—1487年）以后溃决殆无虚岁矣。五堤在县治东三里者曰赵公堤，在县治南半里者曰斗湖堤，在县西三里者曰油河堤，在县东北二里者曰仓堤，在县治北者曰横堤。其起于县西北四十里迄于县东南八十里者，则明时所筑也"。

另据嘉庆重修《大清一统志》卷345载："大江御水堤，在公安县东，上接江陵，下抵石首，长一百里。县治平旷，宋端平三年孟珙筑堤以御水。元大德七年（1303年）竹林港堤大溃，自是不时决溢，迨明初修筑沿江一带堤塍，西北接江陵上灌洋，东南接石首新开堤，堤长一万二千五百余丈（约41千米）"。明正德十三年（1518年）抚治都御史汪鉴之委张澜加筑公安江堤，自江陵（今荆州区）灌阳抵新开铺。嘉靖、万历年间，公安境内又增筑沙堤、窑头铺、艾家堰、杨公堤诸堤段。

史载公安县城附近御水五堤始筑于宋端平三年。明朝多年修筑公安县境的沿江堤防，上接江陵上灌洋，下接石首新开堤，堤长约八十五里至一百二十里。因堤防低矮残破，险工遍布，明后期屡有溃决。据《公安堤防考》（清，胡在恪著）考证："（明）成化五年（1469年）决施家渊，弘治间决狭堤渊，正德十一年（1516年）决郭家渊，嘉靖十一年（1532年）决江池湖，嘉靖三十五年（1556年）决新开堤，嘉靖三十九（1560年）年决沙堤铺，嘉靖四十年（1561年）决新渊堤，嘉靖四十四（1565年）年决大湖渊及雷胜旻湾，嘉靖四十五（1566年）年倾洗竹林寺，隆庆元年（1567年）倾洗二圣寺，隆庆二年（1568年）决艾家堰，水患殆无虚岁。"清道光年间公安水系堤防全图见图5-7-8。

清代，公安县江堤累遭水毁，岁岁增筑不止。清康熙初年（1662年）大河湾堤决，康熙十八年（1679年）重修，一同修筑有姜家渊、陈家潭堤。康熙三十六年（1697年），知县许磐挽修斗湖、小关庙、兴隆庙各工，康熙三十九年（1700年）挽筑黄家湾月堤。康熙四十七年（1708年）公安知县陆守采置木城（估计为沉排防浪），并于何家潭亦置木城。康熙五十五年（1728年）知县杨之骈加修大河湾、何家潭堤。雍正六年（1728年）发帑修雷胜旻湾、窑头铺、艾家堰、竹林寺、二圣寺、江池湖、狭堤渊、沙堤铺、新渊堤、施家渊诸堤。雍正十一年（1733年）挽筑萧家湾。乾隆七年（1742年）挽筑窑头铺月堤，乾隆十八年（1753年）挽筑陈七湾堤，十九年（1754年）挽筑涂家巷堤。道光二十二年（1842年）知县俞昌烈挽筑窍马口堤，二十二年至三十年（1842—1850年）油河口淤塞，公安县境长江干堤连成一线。堤虽成形，但堤质较差。如《公安水利堤防记》记载："自涂家港起，至沙埠头止，大堤四十余里，卑矮残缺未修。所赖申梓、平滩、柳子三渊民堤为护，然亦单薄可虑。至西湖庙石工，兴隆工、高李幺，坍岸逼近，大河湾其险又不待言矣。"

石首长江干堤 上起老山嘴，下至五马口，桩号497+680～585+000，全长87.32千米。石首长江干堤创修于宋元时期，续修于明、清时期，完善于新中国成立后，原名临江堤，又名滨江堤。宋代，石首县令谢麟主持修筑万石堤，人称谢公堤，因修堤用米万

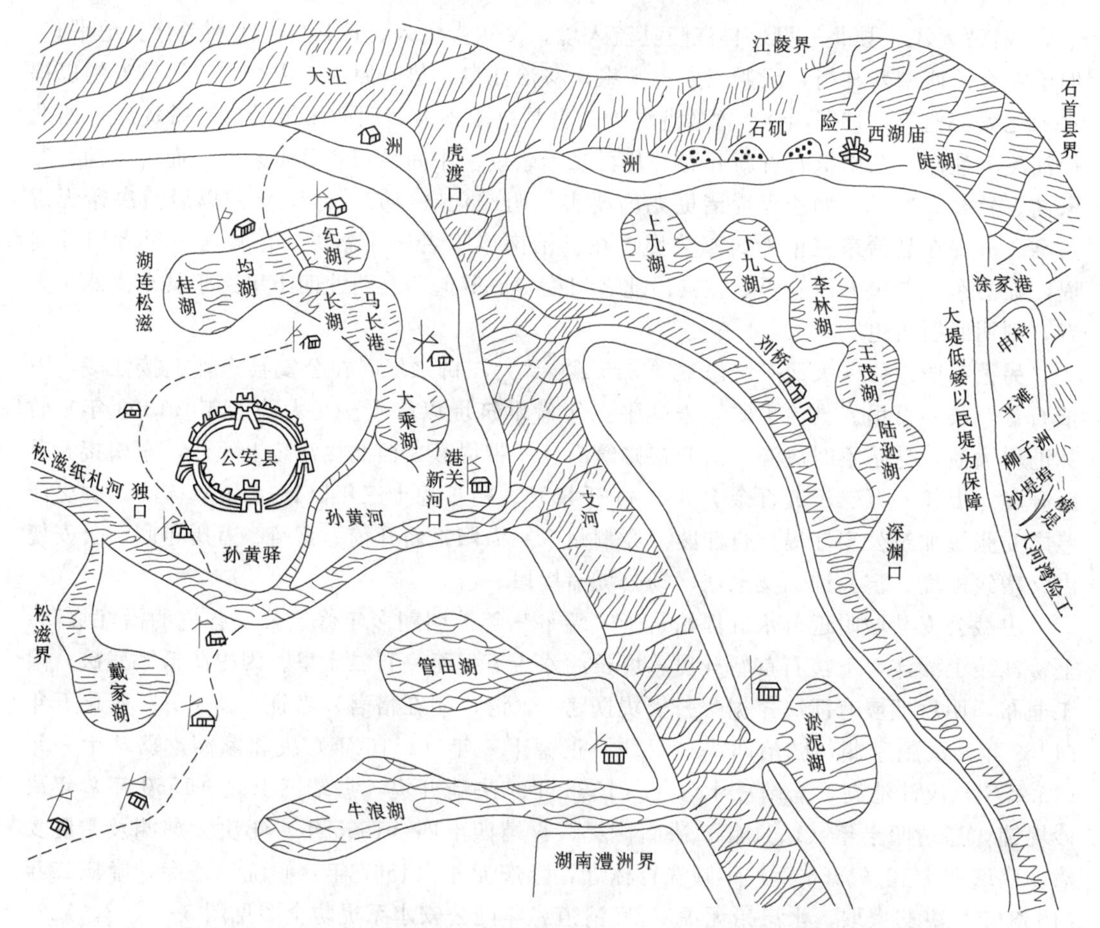

图5-7-8 清道光年间公安水系堤防全图（引自《楚北水利堤防纪要》）

石，故又称“万石堤”。清嘉庆《湖北通志》载：“万石堤在县西五里，下即万石湾，宋县令谢麟所筑，江水屡圮，堤址沉没，后始筑沿冈堤。”又据《宋史·谢麟传》载：“石首宋初江水为患，堤不可御，至谢麟为令，才迭石障之，自是人得安堵。”此为下荆江采用抛石护岸最早的记载。元大德中（1297—1307年），筑石首县新兴堤。《读史方舆纪要》卷78《石首县》载：“新兴堤，在县西南七十里，元大德中筑，以防竹林港水患。”元代又有萨德弥实筑石首黄金堤记载。清同治丙寅年（1866年）《石首县志》载：“黄金堤在县东南五里，元萨德弥实所筑，以御江水者。”

明时，石首境内合垸并堤，《石首县志》载：“明宣德六年（1431年）修石首近江决堤”。《荆州府志》载，明正德年间（1506—1521年），“县西自军民界（横堤市），东至米市街（绣林），县北门口西自山尾，东至列货山，滨江上下，共长九千三百丈”。两段江堤在此间连成整体，长约31千米。

清胡在恪《石首堤防考》载：“县治一面滨江，势复下湿。自元大德七年（1303年）决陈瓮港堤，萨德弥实挽筑。再筑黄金、白杨二堤，护之，不一岁陈瓮堤再决，赵通议开杨林、小岳、宋穴、调弦四穴，水势以杀。迨明初，四穴故道俱堙，堤防渐颓。明嘉靖元年（1522年）决双剅垸，三十四年冲洗戴家垸，三十五年决车公垴，四十五年决藕池。

顷年始修南岸，自公安沙堤至调弦口堤，凡四千一百余丈。北岸自江陵洪水渊至监利金果寺堤，凡千有余丈，其间杨林、瓦子湾、藕池、袁家剅尤为要害。”

清俞昌烈《石首县水利堤防记》载：“北岸之堤在江陵境者有石首南堤一段，在监利境者有毛老垸堤一段，外洲皆石首所属，官私数十垸，自新场横堤一溃未修，百十里之膏沃悉付波巨矣。江堤：杨林工、烟堆工、马林工、响嘴工、杨树林。自杨林工起，至杨树工止，长五千三百零五丈，计二十九里五分。自头工起（县北门），至十工止（即止澜堤抵列货山），长三千五百五十丈，计十九里。”

清代，石首长江堤防有所增修。据《荆州府志》载：“荷花堤在县西南十里，接大堤，雍正十三年（1735年）挽筑；沿冈堤在县西南五里至南门马鞍山右，接荷花堤，乾隆八年（1743年）挽筑；乾隆十五年（1750年）县丞何晋创议绘图续筑一道，亦名沿冈堤；乾隆五十年（1785年）接沿冈堤又挽筑一道，直抵大南门外。”

民国初年，有民众兴工修筑堤防。1931年，全国经济委员会设江汉工程局，总理长江汉水堤防工程事务，下设若干工务所，石首长江干堤属第七工务所管辖。据有关档案记载，1942年加培桩号510＋825～577＋650段5处堤段，筑土6396立方米，1947年加培横堤、罗城、陈公东垸干堤，筑土38.3万立方米。

石首横堤垸，居县城西南，北临长江，东连罗城、顾复垸，南接金城垸，西隔藕池河与联合、久合垸相望。清咸丰年间藕池溃口后，罗城垸民众在垸外筑横堤一道，以保内堤，后因河流变化，地势淤高，逐渐扩挽成垸，因而得名。清宣统《湖北通志》载：“横堤在罗城垸黄金口外，向无此垸堤，咸丰二年（1852年）马林工溃，江水南趋，沙从东积，邑绅民挽筑此堤以保内堤，八年（1858年）兴工，九年成，十年溃，知县廷元重筑；同治四年（1865年）又溃，知县朱荣实修复。”新中国成立后，经加培的原堤从老山嘴向北经柳湖坝转折向东与罗城垸堤接界，属长江干堤；从老山嘴向南至玉屏庵为支堤。其余垸东、南与罗城顾复垸界堤，大都不复存在，仅肖家岑一段，尚有堤迹。1960年大剅口溃决，临时抢堵此堤，阻止洪水下泄。

罗城垸，东连陈公西垸，南接顾复垸，西界横堤垸，北临长江，创挽于明天启七年（1627年），因包罗县城而得名，随后屡遭溃决，荒废多年，至清康熙二十六年（1687年）复挽成垸。今垸北堤防属长江干堤，东、南、西三面为陈公西、顾复、横堤垸的界堤，大部分都刨毁，仅插瓶丘、巧岸堤、徐家巷双宝堤等段尚能阻隔垸内渍水，部分保持原状。

陈公西垸，居石首县城区东南，东抵调弦河、连新垸，南连顾复垸，西接罗城垸，北隔范兴垸遥对长江。此处原为长江边滩，逐年淤积成洲，遂得围垦，筑堤于明万历八年（1580年），初名王海垸（以创挽人名而得名）。此后，江水抬高，堤防溃决，荒废多年。至明崇祯二年（1629年），方由知县陈公复挽，因处调弦河西岸，改名陈公西垸。今垸东，北堤段经培修属长江干堤，垸西与罗城垸界堤（南堤）1977年平整土地时毁弃，仅存残迹；垸南与顾复垸界堤（毕家垱至焦山河），除部分堤段刨矮外，堤形尚存。

胜利垸，位于石首城区东北，东接张成垸，南连罗城垸，西抵北门口，北临长江。1949年7月，碾子湾自然裁直后，北门口至陡坡，河床逐渐北移，南岸洲滩发展，地势淤高，1957年冬兴工围挽，因围挽胜利成功而命名。此后，为治理堤防隐患，在原基础上加高培厚，1959年达到干堤标准。

陈公东垸，位于石首城区以东，东、南依桃花山与湖南华容以山脊分水岭为界，北临长江，西隔调弦与连新、陈公西垸相望，创修于道光二十年（1840年），因系陈公堤旧址，同时处调弦河东岸而得名。清同治《石首县志》载："陈公东垸，在调弦口东，系陈公堤旧址，自焦山河沿黄陵山、调弦口至东山鹿角头止，道光二十年（1840年），垸内贡生傅文洼等禀知县杨宪周修复；因鹿角头居民移挽至塔市驿下外洲边，以致停工。道光二十八年（1848年），知县章催照鹿角头堤址加修，垸堤始固。"

陈公东垸西、北堤防属长江干堤，原垸东北有章华港盲肠堤，垸西南有松树口隔堤，西兴、石戈各自成垸，互不贯通。新中国成立后，为解决排水问题，于1959年、1973年两建大港口闸，1969年章华港堵坝建闸，1970年挖通孟尝湖渠，建修孟尝湖3孔排水闸，此后，西兴、陈公东、石戈3垸的排涝水系连成一体。

西兴垸即戴家垸，相传明代李西兴为首挽筑，因而得名。当时垸内居民戴姓较多，故此又名戴家垸。位于石首县城东，北滨长江，东、南依桃花山与华容交界，西隔盲肠河（章华港）与陈公东垸相望。《湖北通志·堤防（二）》载："嘉靖三十四年（1555年）冲洗戴家垸，翌年始修。"

新中国成立前，荆江右岸长江堤防堤身断面，一般面宽为4米，堤坡比1：2。堤内禁脚房屋栉比。沿堤有大小渊塘26口，顺堤长13.05千米，其中最大为松滋罗家潭，面积达62.16万平方米，最深处达5米。重点险工31处，其中崩岸险工18处、长22.97千米，公安堤段有9处、长13.60千米，石首堤段有9处、长9370米，沙基险工1处（长100米，位于公安朱家湾堤段）。

（二）新中国成立后干堤培修与整险

新中国成立前，荆南长江干堤抗洪能力极差，堤身低矮单薄隐患严重，堤面、堤身建有大量民宅，堤防疏于管理，因而经常溃决。1840—1949年的110年间，有记载的溃决次数为93次，其中，松滋28处（含罗家潭溃决，1956年神保垸划归江陵县，即今荆州区），荆州区17次，公安24次，石首24次。频繁的溃决给江南人民带来了深重的灾难，也在堤后留下了大量的冲刷渊塘，堤防千疮百孔。清同治丙寅年石首县全图见图5-7-9。

1. 堤防培修

新中国成立后，松滋、荆州、公安、石首4县（市、区）均以"加固干堤、关好大门"为首要任务，从1950年起，以防御1949年洪水位超高1米的标准进行加培，整治险工险段，重点实施堵口复堤工程。

1954年长江流域发生特大洪水，荆南长江堤防遭受严重损毁，多处扒口分洪或溃口。汛后，按当年当地最高洪水位超高1米、面宽5米、坡比1：3的标准，对堤防普遍加高培厚。此后数年，平均每年完成土方200余万立方米，加大堤身断面，改善堤质，并逐步填筑沿堤附近沟塘。这一时期，不但恢复了1954年被洪水毁坏的堤段，堤防的抗洪能力也有了一定程度的改善和提高，基本改变了低矮单薄的旧貌。

1969—1974年为战备加固期，对荆南长江干堤实施了较大规模的整险加固。按沙市水位45.00米，城陵矶水位34.40米的水面线超高1米的标准对堤防实施加培，面宽6米，内外坡1：3，并在部分堤内脚实施填塘工程，称之为"三度一填"工程。1979年又采用挖泥船管道输泥技术，在公安唐家湾堤内低洼地段进行吹填，以改善基础条件。冲淤

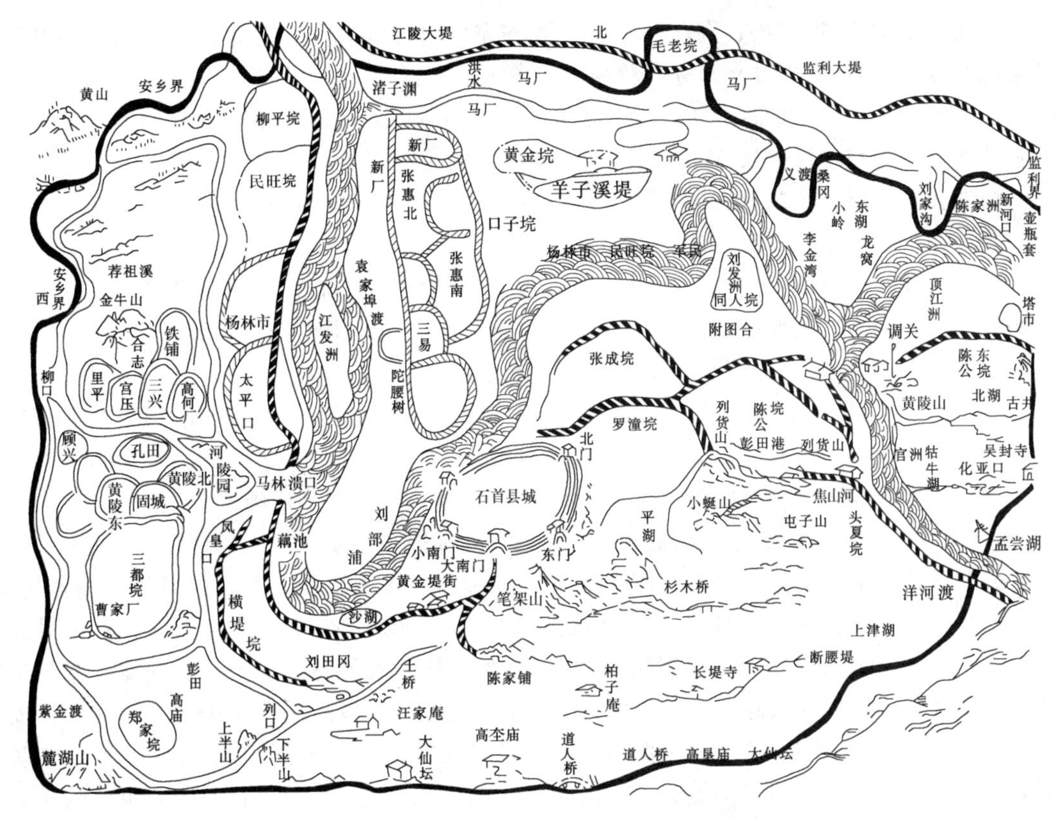

图 5-7-9 清同治丙寅年（1866）石首县全图

长度 1055 米，完成淤填土方 77.74 万立方米。对江流逼近、崩岸严重堤段，及时退挽，截至 1979 年，新筑退挽堤段共 46 处，长 61.79 千米，其中，荆州区境内退挽 1 处，长 4 千米；公安境内退挽 19 处，长 11.30 千米；石首境内退挽 26 处，长 46.49 千米。在不断扩大堤身断面的同时，结合采取翻筑等措施，累计消灭堤身隐患 3344 处。护岸工程，从 20 世纪 50 年代初起，开始对旧矶老坦逐步实施整修或改造，同时在此基础上，以水下抛石护脚为主，兴建新的护岸工程。1980 年后又采用沉簾护脚技术，逐步由点到面，达到大面积平顺守护的要求。经过多年整治，沿堤共施护 46 处，长 70.41 千米，水下坡度一般均超过 1∶1.5，重点护岸段水下坡比达 1∶1.75～1∶2。堤上原有旧式剅闸亦分别进行改造、拆除或封堵，并兴建新闸站 26 座，其中，灌溉闸 13 座，排水闸 9 座，排灌两用闸 3 座，分洪闸 1 座。在确保安全的前提下，于 1955 年开始在内外禁脚范围内植树造林，堤内一般植树 3～30 排不等，堤外 3～80 排不等。至 20 世纪 80 年代中期，已有防护林 210 余万株。

经大力培修加固，到 20 世纪 80 年代中期，荆南长江干堤堤质堤貌已有很大改善，抗洪能力也大为增强，堤身断面与新中国成立前比较，普遍增高 2～4 米。堤顶高程，松滋堤段为 48.35～46.60 米；荆州区江南堤段为 46.85～46.30 米；公安堤段为 46.88～43.50 米；石首堤段为 41.43～40.50 米。按照 1954 年最高洪水位，超高 2 米以上堤段 78.06 千米，占荆南长江干堤全长的 32.16%；超高 1～2 米堤段 139.16 千米，占 57.3%；超高 0.5～1 米，堤段 25.5 千米，占 10.5%。堤面比新中国成立前后扩宽 3～6 米，一般宽度为 6 米。内外堤坡比均已达 1∶3。堤内外一般筑有平台，宽 8～10 米。新中国成立后至1985年，松、荆、公、石4县共完成土方8557.16万立方米，崩岸护坡护脚完成石方309.69万立方米，完成投资11926.69万元。

20世纪90年代，鉴于江右长江干堤防洪标准仍然偏低，国家相继将其加固建设列入国家基本建设工程项目，实施了荆南长江干堤整治加固工程。

松滋长江干堤 东起罗家潭，西至灵忠寺（桩号710＋260～737＋000），长26.74千米。其培修与整险工程参见松滋江堤部分。

荆州区长江干堤 长10.26千米，起自虎渡河口（太平口），至罗家潭止（桩号700＋000～710＋260），是保护涴市扩大分洪区的重要堤防。干堤外围有神保垸（民垸），上起罗家潭，下止毛家大路，全长3.76千米，掩护干堤长4.01千米。干堤直接挡水堤长6.25千米。1954年大水分洪时，太平口长4千米堤段，因分洪时受到冲刷，后进行退挽，经逐年加培，抗洪能力有所提高，堤顶高程达到47.00米，面宽6～8米，内外坡1∶3。1951—1982年共完成土方84.58万立方米、石方2.43万立方米，国家投资约224.59万元。1998年大水后，又经过整险加固，已达到设计标准。

公安长江干堤 上起太平口北闸东引堤，经埠河、雷州、马家嘴、斗湖堤、杨家场、北堤、黄水套、裕公垸、杨林寺，下至藕池口接南线大堤，全长95.74千米，具体见图5-7-10。1954年汛后，堤防加固按照1954年当地最高水位超高1米，堤面宽5米的标准进行培修加固，同时兼顾改善抗旱排涝条件，兴建近10座沿江自排剅闸。当年，公安长江干堤由松滋、监利、荆江（为配合荆江分洪工程，经中央批准，以公安、石首、江陵部分区域设荆江县，县治斗湖堤镇，1955年4月并入公安县）3县共同修复，共完成土方282.31万立方米。此后历年均进行冬春岁修，加固堤防。1979—1984年，公安县以历年最高洪水位和出险实际情况为依据，确定新的堤防培修加固标准，按照1954年当地最高洪水位超高1.5～2米，堤面宽度5～7米，对长江干堤和支堤实施逐段加高培厚，同时对重点险段实施护岸整治。公安县长江干堤沿堤重要险段共计7处，其中西湖庙、黄水套为重大险段，杨家厂至朱家湾、斗湖堤、青龙庙、双石碑、陈家台5处为重要险段，这些险工水下均已抛石固脚，水上块石护坡。经过历年加高培厚，荆南长江干堤公安县段堤身抗洪能力得到很大提高。堤顶高程杨厂以上按沙市水位45.00米，超高1.5米为设计标准，北闸至埠河已达标准，埠河至杨厂46.60～43.50米；杨厂以下按蓄洪水位42.00米，超高2米设计，除藕池至康王庙、黄水套为44.00米外，其余为43.50米。堤身断面：北闸至杨厂、藕池至康王庙，一般垂高6米，面宽6米，内外坡比1∶3；杨厂至黄水套面宽5米，内外坡比1∶3。大部分堤段内外禁脚筑有30米宽平台。沿堤建排灌涵闸4座，植防浪林57万株。公安长江干堤历年培修加固完成土方参见表5-7-9。公安长江干堤示意图见图5-7-10。

表5-7-9　　公安县长江干堤（含分洪区干堤）加培工程历年完成土方量表

年　份	完成土方/m³	共用标工/个	国家投资/元	备　注
1950—1979合计	40122802	34812841	70953854	
1980	722824	608788	240239	
1981	1138244	1178573	353572	

续表

年份	完成土方/m³	共用标工/个	国家投资/元	备注
1982	1207705	675083	960558	
1983	1194996	738446	738446	
1984	1303952	996497	597898	
1985	928486	842739	505643	
1986	1020000	1045500	627300	
1987	1030645	1082177	324833	
1988	1203101	1285408	385622	
1989	590455	649500	295228	
1990	977188	1113944	636208	
1991	908072	991119	454036	
1992	900000	1090951	450000	
1993	936511	1174102	675327	
1994	953366	1220008	686424	
1995	902003	1754441	649442	
1996	1000696	1927388	720501	
1997	1144620	3128913	824126	
1998	1232897	1422639	887686	
1999	2847726	—	31324986	
2000	3011996	1348494	27582070	包括基建设机械施工在内
1980—2000 合计	25155483	24274710	69920145	
2001—2002	3916103		48174098	601+000～696+980
2001—2002	1667576		14548066	外平台
2001—2002	2596724		21562153	内平台
2002	120000		712941	
2003	1548221		8138325	
2004	1298700		5689190	
2005	1339891		6616315	
2006	221072		1105360	
2007	181854		909270	
2008	605060		7727559	
2009	984500		13400000	
2010	250948		6047989	
2001—2010 合计	14730649		134631266	
1950—2010 合计	80008934	59087551	275505265	

注 表中数据包括荆南长江干堤公安段、虎东、虎西、安全区围堤和南线大堤1992年以前数量。

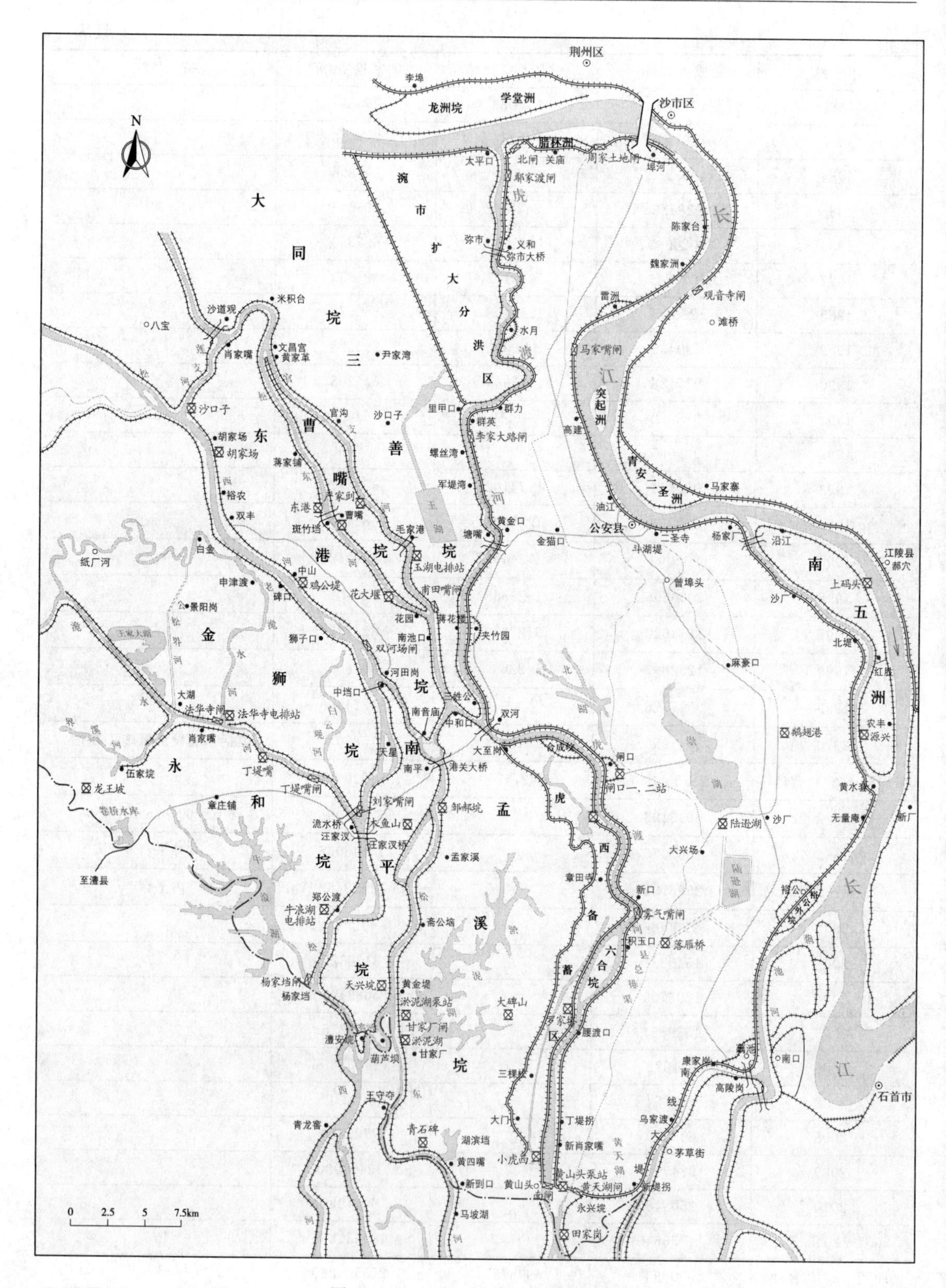

图 5-7-10 公安长江干堤示意图

石首市长江干堤　原称滨江干堤，1949 年后改名长江干堤。上起藕池河左岸老山嘴，下至与湖南省华容县交界的五马口（桩号 497＋680～585＋500），全长 87.82 千米。以调弦河为界分为东西两段，东段干堤起自五马口，止于调弦河左岸的双剅口（桩号 497＋680～536＋500），全长 38.82 千米；西段干堤，起自调弦河右段的焦山河，向西沿长江再沿藕池河止于老山嘴，桩号 536＋500～585＋000，全长 48.5 千米。另有史家垸堤长 1.04 千米、新老章华港闸堤长 0.56 千米。调弦河支堤长 10.07 千米，当调弦河不分洪时挡内涝水。孙家拐至北门口堤长 3.742 千米，相应桩号 562＋380～566＋122，原为胜利垸民堤，后按长江干堤标准加固。具体见图 5－7－11。

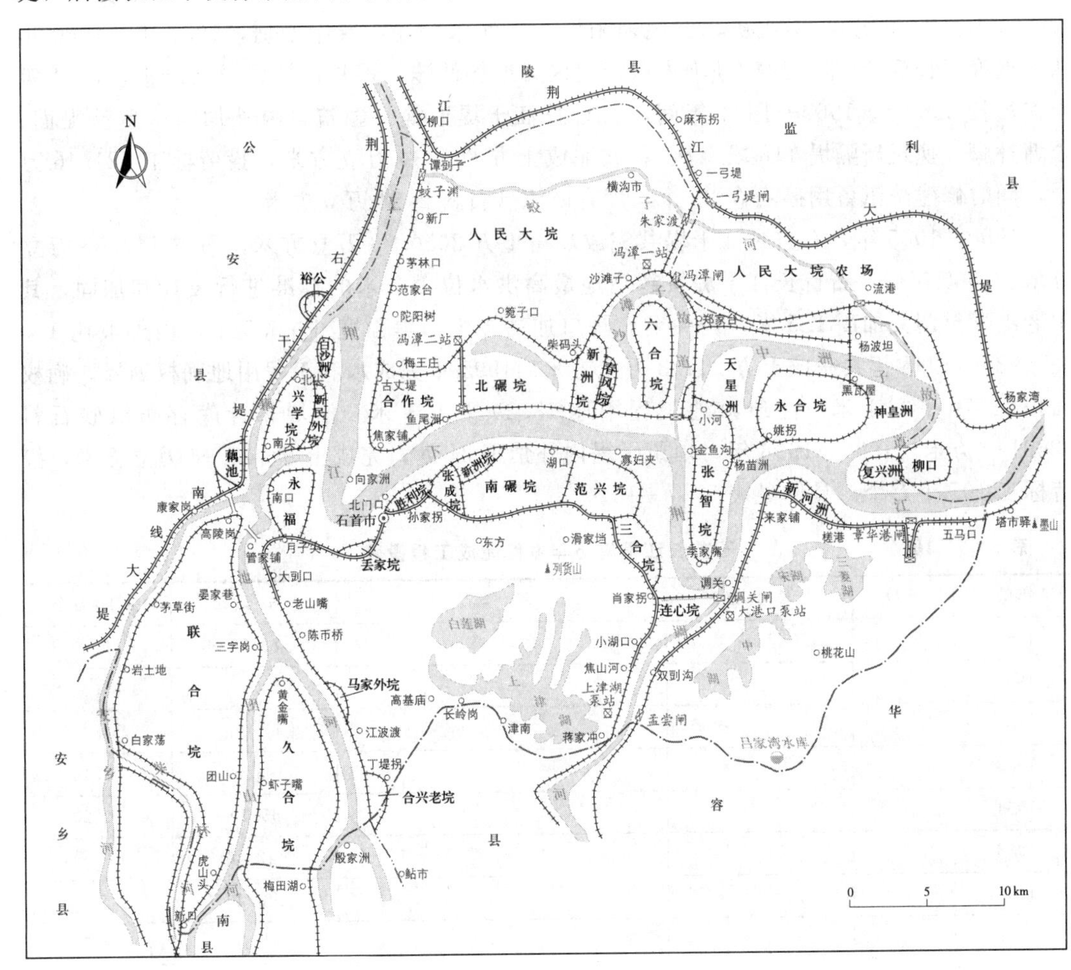

图 5－7－11　石首堤防工程示意图

石首沿江堤垸围挽晚于江北的江陵和监利长江干堤，因泥沙不断淤积，其地面比江北沿江堤内地面高出 2～3 米左右，故堤身垂高相对低于江北堤防。绣林城区上下干堤垂高约为 5～6 米，老山嘴堤身垂高 6 米左右，章华港堤身垂高 5～6 米，调弦河干堤垂高 6～7 米。

新中国成立后，石首县加大长江堤防建设力度，1950—1966 年，按北门口 1950 年最高洪水位 39.39 米和 1954 年最高洪水位 39.89 米，对石首长江干堤普遍加高 1～1.5 米，加宽 1～2 米。1950—1957 年完成长江干堤加培土方 720.5 万立方米，石方 1.2 万立方米。鉴于石首长江堤防孙家拐至北门口堤段堤基不良，隐患丛生，1958年冬按干堤标准进挽胜利垸，堤长4.95千米，1959年9月被正式列入长江干堤。1958—1966年加培土方465.3万立方米，石方3.7万立方米。1950—1966年共加培堤段42段（次），共完成土方1185.8万立方米、石方4.9万立方米，投劳标工972.72万个。同时对堤身内外禁脚清基除障，部分堤段实施人工锥探灌浆，栽植防护林91.39万株。

1967年后，由于河势变化，河床逐年抬高，为确保长江干堤能够安全防御1954年型特大洪水，着重加强了长江干堤的加高固基建设。1967—1976年完成加培土方831.2万立方米，石方57.23万立方米；1977—1985年完成加培土方98.23万立方米、石方55.52万立方米。20世纪50年代初，五虎朝阳堤段因河床变迁，滩岸崩坍，1952年、1960年两次退挽堤长5069米。原柳湖坝堤段，堤内脚地势低洼，每临汛期，散浸严重，1984年退挽堤长638米。1967—1984年间，石首长江干堤退挽、翻筑、内外加培、整治堤面、填塘补脚、挽筑新隔堤118段（次），共完成土方855.34万立方米，投劳标工621.46万个，同时修建防汛备用砂石仓22个，库存防汛砂石料2.64万立方米。

1950—1985年，石首长江干堤共完成加培土方2050.73万立方米，石方117.65万立方米。1985年后，石首长江干堤按超当地最高洪水位1.5米的标准进行设计和加固，其中老山嘴至调关加高1.5米，调关至五马口加高1米，堤面宽6～6.5米，内外坡比1：3。1985—1995年共完成土方244.3万立方米。1995年完成水利工程用地确权划界，确权面积12.70平方千米，注册滩地工程用地28.29平方千米。沿堤累计库存防汛砂石料32691立方米。1996—1998年，填筑干堤内外禁脚21处，完成土方143.96万立方米，投劳标工105.1万个。具体见表5-7-10。

表5-7-10　　石首长江干堤历年岁修完成工程量表

年份	处数	长度/m	工程类别	土方/万 m^3	标工/万个
1950				83.20	66.60
1951				54.30	43.40
1952				67.20	54.00
1953				103.00	82.40
1954				65.30	52.20
1955				142.40	114.00
1956				143.40	115.00
1957				61.70	49.70
1958				123.90	99.10
1959				43.00	34.40
1960				36.20	29.00
1961	10			10.80	8.60
1962	4	1890	退挽、翻筑	8.49	6.90
1963				69.30	59.80
1964	12	21187	加培、外帮	24.00	19.82

续表

年份	处数	长度/m	工　程　类　别	土方/万 m^3	标工/万个
1965	5	22414		94.80	83.80
1966	3	19046		51.50	51.30
1967	4	13007	培修	28.16	20.61
1968	11	27015	内外填脚、加培	44.17	31.16
1969	11	40048	加、新隔堤、翻筑	103.64	78.60
1970	10	117550	内外填筑、加培	229.10	170.60
1971	10	70268	加培、填脚	159.40	95.30
1972	11	26936	加培、填脚	81.20	53.71
1973	16	8713	内外填塘	15.64	9.21
1974	15	35675	内填塘、填脚、退挽	61.21	53.75
1975	8	5273	加培、内填脚	30.50	19.00
1976	5	20657	填脚、加堤坡	15.40	14.30
1977	1	2122		2.20	1.20
1978	4	14058	哨台、内填脚	21.63	15.70
1979	11	62319	填内外平台、加培	12.87	15.86
1980	7	27980	堤面整理、内外填脚	7.60	7.50
1981	9	10665	内外填脚	16.73	11.22
1982					
1983	10	5987	内外填脚、填塘	12.29	9.37
1984	8	4692	内外填、进挽	14.60	14.40
1985	7	4698	内外填脚	11.90	11.20
1986	10	10926	堤面整理、内外填脚	13.30	13.00
1987	5	21872	内填渊塘、内外填脚	21.20	23.90
1988	7	32470	外填、堤身整补	19.40	19.80
1989	8	15378	内外填、外翻筑	23.80	24.90
1990	5	4407	内、外填	29.60	31.70
1991	6	3082	外填、撑帮、整补	29.50	30.10
1992	7	3187	外填外帮	26.40	27.00
1993	8	4970	外填	34.20	32.60
1994	7	4730	外帮、内外填平台	35.00	42.30
1995					
1996	5	4500	内外填	34.99	40.38
1997	9	10420	内外填	53.97	64.72
1998	7	9140	内外填	55.00	
合计	276	687282		2427.09	1953.11

注　1998年大洪水后，石首长江干堤列入国家基本建设项目实施整治，无岁修工程。

2. 险情治理

（1）堤基渗漏治理。20世纪50年代至60年代初，沿堤各县结合堤防岁修施工，逐年填筑堤内30米、堤外50米禁脚以内小面积沟塘洼地。1967年以后，对堤身采取内填外压措施，内筑固基平台，外筑铺盖，填筑平台宽20～30米，高于地面2～3米。1979年冬至1986年，采用挖泥船吹填措施，将沿堤渊塘予以填筑。经历年整险，松滋长江干堤（参见松滋江堤部分）沿堤大小塘堰94口、沟槽30余条全被填筑。公安县长江干堤沿堤有渊塘162处，经人工运土和机械吹填等方式将绝大部分渊塘填塞。仅余距堤30米以内渊塘2个，顺堤长670米。

石首境内长江干堤堤基地质结构复杂，大部分堤段堤基存在透水较强的沙性土层，加之历史上溃口形成的渊塘、沼泽未进行处理，修堤取土、开沟、挖塘、建闸等活动破坏了地表覆盖层，洪水期间常出现渗漏险情。1954年大水后，对石首干堤渗漏严重堤段曾采取抽槽浅层黏土截渗墙和加大堤外铺盖等措施防渗截渗，后又改用"内导"的办法，在沿堤浸漏严重地带堤内普遍开沟导渗，与此同时，还采取"内压"措施，逐年在堤内全面填筑平台压浸。1980年，除石首城区外，对其他堤段距内堤脚30米以内的房屋分期分批拆迁，并按设计要求填筑平台压浸。1998年大水后，石首市对所辖干堤堤内30米，堤外50米范围普遍实施内外平台填筑，厚度1～3米。并在历史上渗漏严重的桃花素、郝家湾、胜利垸、范兴垸、调关镇、来家铺、章华港、五马口等堤段修筑防渗墙，全长34.52千米。通过上述整治措施降低堤身垂高近2米，堤基渗漏和管涌险情得到一定缓解。

（2）堤身隐患处理。荆江南岸长江干堤堤质较差，隐患甚多，动物洞穴及建筑残留比比皆是，自1953年开始，松滋、公安除利用岁修施工拆迁堤上房屋和翻筑动物洞穴外，还组建锥探专业队对堤防实施人工锥探灌浆。松滋县锥探包括松滋江堤和长江干堤全堤，打锥50万眼，查出堤身隐患6000余处，均进行了翻筑处理。至1976年以后，堤身锥探改用机械打眼灌浆，至1981年累计锥探长度3.55万米，打锥62.57万眼，灌浆2.35万立方米，处理隐患1206处。公安县1954—1979年打眼45万眼，锥探长度29.59万米，灌浆21.99万立方米，处理各类险情22463处，1979年后采用机械锥探；1980—2000年，锥探35.21万米，处理隐患险情3273处，详见表5-7-11。

20世纪70年代石首长江干堤开始实施锥探。1985年前后，石首县组建两支30余人的专业锥探队，投入100多万元购置锥探设备。自1987年以来，石首长江干堤锥探堤段长66千米，打锥82万眼，灌浆土方4.5万立方米，2003—2005年荆南长江干堤加固过程中，石首市完成锥探灌浆199.69万延米。通过以上措施，荆南长江干堤堤质大为提高。

表5-7-11　　公安长江干堤历年锥探灌浆消灭隐患数量统计表

年份	锥探灌浆				消灭隐患数量/处					备注
	处数/处	长度/m	孔数/孔	土方/m³	动物穴	漏洞	裂缝	其他	小计	
1954—1979合计	410	295995	4509500	219918	342	4461	13048	4612	22463	
1980	10	10286	23143	10907	52	106	110	90	358	
1981	9	12672	199512	12755	56	115	354	155	680	
1982	16	13452	258380	12000	21	28	256	7	312	

续表

年份	锥探灌浆				消灭隐患数量/处					备注
	处数/处	长度/m	孔数/孔	土方/m^3	动物穴	漏洞	裂缝	其他	小计	
1983	12	12264	220164	9920	9	82	164	72	327	
1984	16	13264	231463	15063	—	24	219	87	330	
1985	18	16988	210016	14985	15	24	58	16	113	
1986	19	20353	217275	20000	1	37	138	33	209	
1987	12	19655	250746	20171	18	28	76	53	175	
1988	10	18226	286002	16035	5	12	32	44	93	
1989	8	17695	264013	16044	5	13	26	23	67	
1990	9	17875	234155	160401	—	8	29	19	56	
1991	10	17870	226115	16030	—	19	27	20	66	
1992	12	17680	216115	16086	1	18	29	12	60	
1993	4	6000	60500	6011	11	9	29	12	61	
1994	4	6800	74900	6806	4	6	26	12	58	
1995	3	6200	68200	6205	1	5	20	10	36	
1996	4	6200	65000	6220	1	6	20	14	41	
1997	19	35325	360940	35322	12	16	3	37	68	
1998	16	21050	166800	18260	2	21	26	14	63	
1999	37	56750	303910	38680	3	24	23	12	62	
2000	15	5500	55000	6800	5	4	2	27	38	
1979—2000合计	263	352105	3992349	464701	222	605	1667	769	3273	
2001										
2002										
2003	5	17350	69400	9022	8	5	11	17	42	
2004										
2005										
2006										
2007										
2008	2	1450	3862	502	2	4	3	4	13	
2009	1	4000	10656	1385	5	4	6	8	23	
2010	3	3450	9190	1195	3	6	5	7	21	
2001—2010合计	11	26250	93108	12104	19	19	25	36	99	
1954—2010合计	684	674350	8594957	696723	583	5085	14740	5417	25835	

（3）崩岸险情处理。荆江河段蜿蜒曲折，水流多变，此冲彼淤，以致河岸冲刷剧烈，崩岸不止。尤其是下荆江经过两次人工裁弯和多次自然裁弯后，河水流程缩短，比降增大，河床束窄，水位抬高，崩岸险情更甚。新中国成立初期，面对剧烈的崩岸，沿堤各县

除抛石护脚外，只得被迫退挽堤线。1954—1968年间，松滋退挽堤线4处，长8.9千米；公安退挽19处，长11.30千米；石首退挽26处，长46.49千米。自20世纪60年代开始，荆南各县按照"因势利导，顺水挑流，守点固线，控制河势"的原则整治沿江重点崩岸险段。

公安县长江堤防薄弱，各类险情频发，1954年汛期，分洪区沿堤发生险情1538处，出险堤段长度123.5千米，漫溢16处。汛后虽经大力整治，但仍存在68处约55千米险工险段。经过40多年不断整治和大力培修加固堤防，至2000年年底，在68处险工共完成培修加固土方991.68万立方米，平均每米险工179.6立方米；采取水下抛石护脚、水上块石护坡等方式护岸共耗石284.65万立方米。此外，西流湾、陈家台、蔡永弓、唐家湾、西湖庙、朱家湾、黄水套等险段除护石外，还采取沉排、抛铅丝笼、抛柴枕等方式进行抢护，共沉排278个，抛铅丝笼118个，抛柴枕2.24万个。新中国成立以来至2010年年底，公安县长江护岸工程累计守护312.96千米，完成护岸石方448.68万立方米、标工379.82万个，共耗资22846.14万元。

新中国成立后，石首长江干支堤防共退挽107处，长155.11千米，退挽土方1350.4万立方米，其中，干堤退挽31处，长38.97千米，土方435.3万立方米。从1950年起，开始整治重点崩岸堤段，采取的措施主要有水下抛石护脚、水上砌坦护坡、砌筑枯水平台等。此后，护岸措施逐渐发展为水下沉排、沉簾、铅丝笼、合金笼、格栅抛石、抛柴枕、塑枕等；水上兼有干砌、浆砌石护坡、土工布导渗坡等。1950—2007年，长江干堤共守护31处，施工总长99.25千米，完成土方1017.14万立方米、石方847.04万立方米（含水下抛石、干砌石、浆砌石、砂卵石、平铺石），抛柴枕20.69万个、塑枕2.38万个，抛钢、铅丝笼1.64万个，沉帘8.8万平方米，土工布18.61万平方米，混凝土预制块护坡8.33万立方米，总投资4.9亿元。

经过多年整险加固，江南各县（市）长江堤防得到稳固，河势变化得到有效控制，崩岸险情大为减轻。

3. 重点险段整治

新中国成立以来，先后对荆南长江干堤灵钟寺（桩号736＋000），财神殿（725＋900）、涴市横堤（713＋350）、陈家台（677＋980）、西湖庙（662＋450）、朱家湾（646＋800）、黄水套（618＋000）、北门口（563＋000）8处险工险段进行了重点整治。

西湖庙险段 位于公安长江干堤，桩号662＋450～663＋450，长1000米，与突起洲洲端相对，迎流顶冲，深泓逼脚，内临深渊，为历史重点崩岸险工。清道光元年（1821年），堤外坡向下崩52米，宽2.5米，同治年间（1862—1874年）建石矶一座。1928年，因继续外崩退挽月堤一道，长1200米。1935年、1938年均出现不同程度外坡滑矬。1948年7月，江水猛涨，回流扫射，老堤全部崩入江中，新堤崩陷长20米，宽2米。经400余人连夜实施削坡减载，并挂柳150棵，护块石283立方米，勉强度过汛期。1950年6月22日，坦坡崩陷长30米，抛石500立方米。1951—1954年抛石2292立方米。1957年4月，堤脚因冲刷而空悬，石坦下陷0.1～0.3米，长110米；同年12月底，石坦又下陷长8米；同期，对崩岸实施抢护，每个断面抛石80立方米固脚，共抛石9197立方米。1959年4月抛石6938立方米。1963—1979年，为确保水下坡比达到1：1.5，坦坡坡比达到1∶3，抛石11.39万立方米。1980年结合整险将原6米宽堤面加宽至10米，并在内坡高程43.00米处加筑5米宽压浸台。1953—1979年，采取水下抛石镇脚、重点填冲坑、水上块石护坡等措施整险，共耗石7.4万立方米，其中水上块石护坡1.67万立方米。1982—1988年在西湖庙至马家嘴段（桩号661＋300～666＋065）采用机械吹填填塘固基，吹填宽80～150米，由原高程最低点36.00米吹至38.00米与内平台齐平，将西湖支汊全部填筑，吹填土方达148.3万立方米，形成大面积平台，并于当年植树24万株，形成防护林带。通过不断整治，1980年以来堤外长江河道河势逐渐稳定，河床最低高程由－0.2米抬升至12.8米，近岸100米水下坡度约1∶1.2～1∶1.5，险工上游唐家湾至马家嘴闸前淤成大片沙洲，河床基本稳定。

陈家台险段　位于公安长江干堤上段，1963年因崩岸于桩号677＋980～679＋493段退堤1513米，完成土方12.8万立方米，退堤后堤外洲滩扩宽416米，但其险情仍然存在。陈家台险段逢汛期沙市水位43.50米以上时，江水面宽2200米，主泓靠长江左岸。若沙市水位降至36.00～39.00米时，江水落槽，滩高水低，险段所对江中大片沙洲（高程38.00～40.00米）显露，江流主泓南移，水流直刷该险段，故经常发生崩岸险情。1971年开始抛石护岸，经近10年的不断抢护，至1979年护岸长1790米，共耗石3.6万立方米，其中水上护坡1.5万立方米。1998年3月出现大面积崩岸，经紧急抢护勉强度过汛期。汛后实施削坡减载，抛石护脚。据统计1979—2000年累计护岸长5786米，耗石10.14万立方米，其中水上护坡耗石1.65万立方米。

黄水套险段　位于公安长江干堤，桩号618＋000～620＋640，上起柳梓河口，下至无量庵，全长2640米。此处河道上窄下宽，呈喇叭状，江中多潜洲。1945年8月，此处江堤溃决，次年新筑月堤一道，长1000米。1951年退堤450米。1952年，江北蛟子渊河口堵死，江流激冲南岸。1958年再退堤长826米，完成土方17.5万立方米。1965—1976年护坡耗石4877立方米，水下抛石1.02万立方米。1977年8月，河势突变，深泓贴岸，迎流顶冲，河床最大冲刷坑底高程为－7.2米，近岸堤下坡岸为1∶0.3～1∶0.5，堤岸严重崩坍。8月25日崩坍长90米，宽51米，27日，黄水套闸下游150米处崩塌长73米，次日又崩坍长100米，宽32米。9月8日又崩塌长82米，宽36米，黄水套拦淤闸崩入江中，由于险情恶化，当即组织2500名劳力抢险，共沉树800余根、柴枕9466个，抛石5.66万立方米。1978年春，退挽月堤长1736米，完成土方9.2万立方米、石方8万余立方米。1979年退堤长733米，完成土方13.84万立方米，抛石10万余立方米。1987年汛期，又多次发生崩岸，汛后采取水下抛石镇脚、削坡减载、无滩岸段抢护还坡等措施进行整治，同时还实施防渗工程，加培堤身平台。共完成石方53.30万立方米、土方6万立方米。1990年对桩号619＋463～620＋232段实施吹填固基，完成吹填土方22万立方米。1964—1979年累计护石25.15万立方米，沉树1800余根，抛柴枕6400个，完成堤身加培土方85万立方米。1979—2000年继续整险加固，耗石5.88万立方米。后河势发生变化，此处淤积大片沙洲，险情基本稳定，堤身抗洪能力显著提高。

北门口险段　位于石首河湾凹岸下段，迎流顶冲；石首长江干堤桩号563＋000～566＋050。1994年6月上游向家洲发生切滩撇弯，狭颈崩穿，形成宽1100余米口门，长江主流改弦易辙，撇开东岳山天然节点，直接顶冲北门口，致使岸线大面积崩坍。在护岸工程实施前，桩号 S6＋000～S9＋000 段为主要崩岸段，主流顶冲点也由 1994 年桩号 S6＋000 移至 1999 年 S7＋000 附近。护岸工程实施后，由于北门口上端和向家洲守护工程的作用，北门口上端主流又复至桩号 S6＋000 附近，下端主流则贴岸，导致桩号 S9＋000～S11＋100 未守护段发生大范围崩岸。1994 年 6 月 25 日防汛物资码头顷刻崩失浆砌石护坡 20 米，地锚也崩入江中；至 7 月 10 日北门口崩岸发展到长 5 千米，最大崩宽 220 米，严重危及石首城区安全。7 月 13—26 日，胜利闸以上 500 米（干堤桩号 565＋520～566＋020）崩岸段实施抛石抢险，完成石方 2.3 万立方米、削坡减载土方 2000 立方米，抛袋石 1 万袋，险情得以缓解。因中水位持续时间长，新河湾又处在调整发育时期，强劲的水流淘刷致使近岸泥沙产生横向输移，深泓向岸脚发展，9 月 8—9 日，原抢护段发生两处崩坍，崩长 170 米，宽 10 米。同月 12 日，抢护段下游又突发剧烈崩坍，崩长 250 米（干堤桩号 565＋400～565＋650），崩宽 80 米。18 日，守护段中段又发生崩坍险情，崩长 60 米，宽 20 米，原抛块石已崩离岸脚。当年岸线崩坍不断发生，其中大型崩坍有 7 次。1994 年 6 月至次年底，共发生大型崩塌 20 次，累计崩长 4 千米，最大崩宽 400 余米，崩坎距干堤堤脚最近处仅 38 米，崩速之快，崩势之猛，崩幅之大，为历史罕见。1998 年 8 月到 2006 年 5 月期间，平均岸线崩宽幅度达 430 米，最大岸线崩宽幅度达 536 米。由于 1994 年后石首河段冲刷调整较剧烈，2000 年、2003 年、2004 年，北门口（1999 年、2001 年实施守护工程）出现 4 次不同程度水毁险情，其中 2004 年 8 月，原 1999 年实施的护岸工程（桩号 7＋780～7＋960）长 180 米岸线发生崩坍，最宽 25 米。2007 年 3 月，已护段上端（桩号 566＋110～566＋140）发生崩坍，崩长 30 米，崩宽 5～8 米，坎高 4.5 米。桩号 S6＋000～S9＋000 段 1994 年开始实施护岸工程，并被列入 1999—2000 年度长江重要堤防隐蔽工程项目实施加固改造。经多年抛石护脚固基和砌石护坡，耗用块石 66.9 万立方米，河岸崩塌得到控制。

（三）荆南长江干堤加固工程

1. 建设缘由

新中国成立后经多年建设，荆南长江干堤防洪标准明显提高，但仍不具备抵御沙市水位 45.00 米洪水的能力。

上荆江为微弯分汊型河道，右岸有公安河湾；下荆江为蜿蜒弯曲型河道，右岸石首、调关两大河湾最为险要。河湾处江流逼岸、崩坍严重，干堤外滩逐渐萎缩，调关处已是堤岸合一，加之河势不稳，已守护岸段可能再次崩坍。新中国成立后虽不断整治，严重崩岸段得到基本控制，但因守护量总体偏小，许多无滩或滩窄地段，主流常年贴岸，顶冲淘刷岸脚，威胁护岸工程及堤防安全；已护段未连成整体，不能适应局部河段河势调整变化；工程抛石量不足，分布不均匀；局部河段河势不顺，水流顶冲强烈，必须加强护岸整治。

荆南长江干堤堤基多为典型二元结构或多元结构。近堤脚渊塘众多，顺堤长 39.2 千米，加之堤外无滩或仅有窄滩，江水易通过下部透水层向堤内渗透，造成管涌险情。堤身土质复杂，填筑质量差，普遍存在密实度不够问题；白蚁分布较广，虽经多年翻筑处理和锥探灌浆，险情有所好转，但每年汛期，蚁患险情仍不断发生。

荆南长江干堤共有穿堤涵闸 19 座，其中 2 座已废弃，这些涵闸多为 20 世纪 60 年代所建，最早的马家嘴闸建于1890年。经对17座涵闸逐一进行安全检测，发现多数涵闸基础较差，闸身出现开裂，涵洞普遍短窄，消能设施标准低，闸门锈蚀严重，启闭设备陈旧老化，严重危及堤防安全。

荆南长江干堤堤线长，观测设备、交通工具缺乏，通讯联络手段落后；一些重要险工险段路况差，给防汛抢险和指挥调度带来极大困难。

1998年，长江发生全流域型大洪水，荆南长江干堤有140.14千米堤段直接挡水，发生散浸、管涌、清水漏洞、裂缝等险情177处，其中散浸104处，一般出现于堤坡，累计长度56.94千米，占挡水堤段的40.63%；管涌16处；清水漏洞38处，最大孔径0.1米；堤身纵向裂缝7处，最大缝宽达0.03米；其他险情12处。各类险情的出现，表明荆南长江干堤存在防洪标准低，堤身质量差，断面标准不够，堤基隐患较多，河岸崩坍严重，涵闸设计标准低、年久失修，以及管理基础设施薄弱等诸多问题。

荆南长江干堤防洪能力与1990年修订的《长流规》确定的整体防洪规划不相适应。全线189.02千米堤防（松滋市自涴里隔堤至罗家潭，长2.24千米；荆州区自罗家潭至太平口长10.26千米；公安县自北闸至何家湾长95.70千米；石首市自老山嘴至王码口长80.82千米），除极少数堤段堤顶宽度达到8米，堤顶高程达到规划控制水位要求外，绝大部分堤段的堤顶高程、堤坡坡比及内外平台均未达到规划要求。

鉴于荆南长江干堤在1998年大水中暴露出来的问题，荆南长江干堤被纳入长江堤防建设项目实施全面加固。

2. 规划设计

1998年12月，长江勘测规划设计研究院编制《荆南长江干堤加固工程可行性研究报告》；2001年10月又编制出《荆南长江干堤加固工程初步设计报告（非隐蔽工程）》（以下简称《初设报告》）。经上报审核，2002年2月10日，长委以长计〔2002〕74号文批复了《初设报告》，核定工程静态总投资为54963万元。

此后，长委又以长规计〔2003〕557号文批准同意将堤顶路面原设计泥结石路面变更为混凝土路面，又以长规计〔2005〕69号文同意增设3座沉螺池；省水利厅以鄂水利堤函〔2006〕167号批复同意增加公安县斗湖堤城区堤顶2.5千米混凝土路面。

根据《初设报告》和《湖北省荆南长江干堤初步设计报告（非隐蔽工程）补充说明》（以下简称《补充说明》）及长计〔2002〕74号文批复意见，荆南长江干堤加固工程主要工程建设内容为：在原有堤防断面上进行整险加固，实施堤防加高培厚、锥探灌浆；填筑沿堤内渊塘，实施平台压渗盖重、建排渗沟；在堤顶全线布置堤顶防汛道路，且沿堤线在堤坡适当布置上堤路；将荆南长江干堤上原有的19座涵闸，按保持涵闸原有规模和结构，以及根据涵闸险情和运行情况，重建其中9座涵闸，加固改建8座，拆除回填废弃2座；直接挡水堤段临水坡为预制混凝土块护坡，背水坡为草皮护坡；外有民垸堤段临水坡及背水坡均为草皮护坡。

荆南长江干堤为2级堤防，其穿堤建筑物为2级建筑物，地震基本烈度为Ⅵ度。工程设计洪水位按《长流规》确定的防御1954年型洪水目标和规划方案，以沙市水位45.00米、城陵矶水位34.40米、汉口水位29.73米作为控制站推算各控制断面的设计洪水位，见表5-7-12。

表 5-7-12　　荆南长江干堤主要控制点设计洪水位

序号	地名	桩号	设计洪水位/m		序号	地名	桩号	设计洪水位/m	
			吴淞	黄海				吴淞	黄海
1	五马口	497+680	37.78	35.96	17	裕公垸	613+725	42.00	40.15
2	章华港	501+000	37.98	36.16	18	赵家埠	628+720	42.00	40.15
3	鹅公凸	514+500	38.79	36.85	19	鲁家埠	633+090	42.00	40.15
4	槎港山	516+500	38.90	36.95	20	北堤	638+250	42.15	40.19
5	来家铺	517+500	38.96	37.01	21	青龙嘴	642+620	42.41	40.41
6	调关	529+300	39.19	37.04	22	杨厂	646+200	42.69	40.69
7	官山	536+500	39.00	36.85	23	朱家湾	647+700	42.76	40.76
8	肖家拐	543+000	39.20	37.00	24	斗湖堤	654+420	43.14	41.14
9	扁担湾	545+400	39.26	37.06	25	双石碑	660+300	43.38	41.38
10	王海	549+000	39.48	37.28	26	埠河	688+000	45.00	42.80
11	北门口	566+000	40.38	38.30	27	周家土地	690+500	45.10	42.90
12	五虎朝阳	572+000	40.42	38.42	28	关庙	696+000	45.18	42.98
13	月子尖	576+000	40.82	38.82	29	何家台	700+000	45.20	43.00
14	管家铺	578+800	40.88	38.88	30	幸福闸	704+550	45.25	43.15
15	老山嘴	585+000	41.00	38.80	31	毛家大路	705+050	45.26	43.16
16	倪家塔	600+000	42.00	40.15	32	查家月堤	712+500	45.67	43.57

堤顶高程按设计洪水位加安全超高 1.5 米，其中荆江分洪区杨厂至藕池堤段则按分洪水位加高 2.0 米或设计洪水位加高 1.5 米取大值。堤面宽度为 8.0 米，公安县城区及荆江分洪工程安全区局部堤段（桩号 655+000～655+230）因拆迁工程量较大，堤顶宽度设计为 6 米。堤身边坡设计为断面外帮，边坡比 1∶3，内坡不变；断面内帮，边坡比 1∶3，外坡不变。平台宽度设计为内平台宽 30 米（局部 50～80 米），外平台宽 50 米。

沿堤线进行填塘固基及盖重，100 米范围内的渊塘、低洼地和取土坑填平至地表。堤基基础差的堤段，历史溃决冲潭地段适当加宽固基范围至距堤脚 200 米。填筑厚度一般为 1.0～2.5 米，较深渊塘，填筑厚度控制在 4.5 米以内。盖重厚度按渗透稳定计算确定。

堤顶混凝土路面设计宽 4.5～6 米，其中，4.5 米宽路面长 134.64 千米（含无量庵桩号 613+500～616+500 长 3 千米的沥青路面），5.5 米宽路面长 2.5 千米，6 米宽路面长 43.9 千米（含腊林洲桩号 692+500～695+500 长 3 千米的沥青路面）。堤顶混凝土路面的施工质量参照三级公路标准控制，路面结构层上层至下层分别为混凝土路面、混凝土稳定砂砾基层和级配碎石底基层，厚度分别为 0.2 米、0.15 米、0.15 米。沥青路面，从上层至下层分别为沥青混凝土面层、混凝土稳定砂砾层及碎石垫层，厚度分别为 0.04 米、0.2 米、0.15 米。

穿堤建筑物按 2 级建筑物设计，设计水位按闸址所在堤段设计水位加 0.5 米确定，见表 5-7-13。

表 5-7-13　荆南长江干堤涵闸设计洪水位

序号	地　名	桩号	设计洪水位/m		序号	地　名	桩号	设计洪水位/m	
			吴淞	黄海				吴淞	黄海
1	章华港排灌闸	501+293	40.29	38.47	10	管家铺闸	578+850	41.38	39.38
2	桃花外闸	528+838	39.69	37.54	11	黄水套排灌闸	620+336	44.67	42.82
3	大港口电排闸	531+200	39.64	37.49	12	黄水套安全区闸	620+500	42.45	40.65
4	大港口排灌闸	531+484	39.63	37.48	13	二圣寺灌溉闸	651+200	44.96	42.96
5	新小湖口闸	537+280	39.52	37.37	14	二圣寺防洪闸	651+250	44.96	42.96
6	老小湖口闸	537+540	39.52	37.37	15	马家嘴闸	666+200	45.18	43.18
7	肖家拐闸	542+900	39.70	37.50	16	周家土地闸	691+040	—	—
8	新堤口闸	552+180	40.17	37.97	17	幸福闸	704+250	45.61	43.51
9	马行拐闸	560+200	40.59	38.51					

堤身护坡为预制混凝土块护坡和草皮护坡两种。预制混凝土块护坡，边长 0.30 米，厚 0.12 米，中心预留直径为 0.02 米的透水孔。护坡封顶采用 0.3 米厚现浇混凝土，封顶高程低于设计堤顶高程 0.15 米。草皮护坡为草皮移栽和播撒草种两种方式。移栽方式是按 0.5 米×0.5 米菱形分布；播撒草种方式是选择适应性强、生长迅速、根系发达、四季长活的草种，将堤坡清理干净并翻松施肥后撒草籽。

3. 培修加固

荆南长江干堤加固工程从 1999 年 12 月开工，2005 年 7 月竣工。工程实际到位资金 86016.55 万元，其中，中央国债资金 37000 万元，世行贷款 27569.71 万元，省配套资金 21442.84 万元，地方配套 4 万元。实际完成总投资 85908.09 万元（含整险工程 2036.61 万元），湖北省利用世界银行贷款长江干堤加固项目移民安置办公室（以下简称世行办）完成征地拆迁资金 24314.08 万元，其中，建筑工程投资 47600.3 万元，机电设备投资 2178.59 万元，金属结构投资 138.27 万元，临时工程投资 919.8 万元，其他费用 35071.12 万元。具体见表 5-7-14。

石首长江干堤历年加培示意图见图 5-7-12。

表 5-7-14　荆南长江干堤加固工程实际完成投资情况表　单位：万元

序号	项　目	建筑工程	安装工程	设备价值	其他费用	合计
一	第一部分：建筑工程	47600.3				47600.3
1	堤身加固	10486.87				10486.87
2	堤身护坡	5477.22				5477.22
3	堤基加固	13066.48				13066.48
4	导渗内	104.93				104.93
5	废闸拆除	96.15				96.15
6	涵闸工程	3882.34				3882.34
7	房屋建筑工程	989.67				989.67

续表

序号	项　目	建筑工程	安装工程	设备价值	其他费用	合计
8	堤顶道路	9106.47				9106.47
9	防汛码头	252.58				252.58
10	堤防管理设施	1701.61				1701.61
11	沉螺池	399.37				399.37
12	应急整险工程	2036.61				2036.61
二	第二部分：机电设备及安装工程			2178.59		2178.59
三	第三部分：金属结构设备及安装工程		17.87	120.40		138.27
四	第四部分：临时工程	919.80				919.80
五	第五部分：其他费用				35071.12	35071.12
	总计	48520.11	17.87	2298.99	35071.12	85908.09

注　数据来源于荆南长江干堤加固工程竣工决算审计报告。

实际完成工程建设内容为：按照原堤线加固189.02千米，堤身加固培厚167.48千米，内平台填筑142.07千米，外平台填筑80.76千米，锥探灌浆87.8千米，堤顶混凝土路面181.04千米，加固改建沿堤涵闸17座（重建9座、加固改建8座），拆除回填废弃涵闸2座，临水坡预制混凝土护坡51.73千米、浆砌块石护坡250米、草皮护坡87.48千米，背水坡草皮护坡103.42千米，上堤路419条，防汛码头7座。

实际完成工程量为：土方开挖51.61万立方米（含涵闸开挖土方39.16万立方米），土方填筑2190.62万立方米（含涵闸回填土方33.55万立方米），锥探灌浆390.29万米，涵闸钢筋混凝土1.87万立方米，钢筋1284.36吨，预制混凝土护坡6.92万立方米，脚槽4.76万立方米（浆砌石3.7万立方米，混凝土1.06万立方米），砂石垫层7.79万立方米，草皮护坡436.52万平方米，防浪林148.44万株，防汛哨屋100个，见表5-7-15。

表5-7-15　　荆南长江干堤加固工程完成工程量表

项目	单位	石首市	公安县	荆州区	松滋市	合计
堤身加培	m^3	2956259	3916103	234419	110950	7217731
外平台填筑	m^3	2420414	1667576	822435		4910425
内平台填筑	m^3	2596724	2255945	352891	141271	5346831
填塘	m^3	1686297	1710361	225155	230000	3851813
哨屋台填筑	m^3	96928	115092	24000	7818	243838
土主填筑小计	m^3	9756622	9665077	1658900	490039	21570638
堤顶路面	km	78.09	90.42	10.29	2.24	181.04
土方开挖	m^3	36903	67331	15483	4781	124497
混凝土护坡	m^3	23187	34617	8779	2593	69176
砌石脚槽	m^3	17928	12094	5777	2620	36986
混凝土脚槽	m^3		10568			10568

续表

项目	单位	石首市	公安县	荆州区	松滋市	合计
碎石垫层	m^3	1813502	28391.3	6894.7	2160.7	55581.9
草皮护坡	m^2	1658456	2439024	236544	31200	4365224
锥探灌浆	m	1996873	1906072			3902945
植树	株	779943	564627	133451	6400	1481121
上堤道路	条	130	261	25	3	419
哨屋	座	42	50	6	2	100

此外，1998年汛后至2000年，根据应急整险安排，重点整治荆南长江干堤1998年大水中出现管涌、漏洞、崩岸等重大险情以及依靠子堤挡水堤段，共完成应急整险土方505万立方米、石方8.51万立方米、混凝土691立方米，实际完成投资2036.61万元。整险工程在《初设报告》编制及批复前已经完成，其工程量与初设没有重叠的情况，故未纳入《初设报告》中。

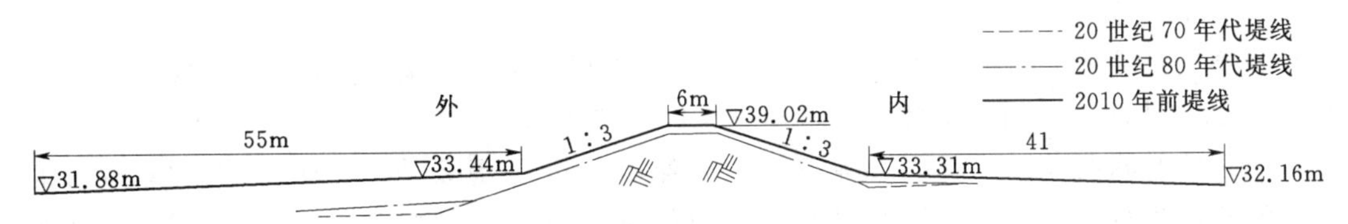

图5-7-12　石首长江干堤历年加培示意图（桩号546+000）

施工过程中，根据工程实际需要对部分工程项目实施设计变更，其中主要有堤顶路面由原设计泥结石路面变更为混凝土路面，涵闸建设项目沉螺池单项设计变更以及公安县斗湖堤城区堤顶路面设计变更。

《初设报告》中，荆南长江干堤仅城镇附近34.35千米堤段修建6米宽混凝土路面，其余136.97千米堤顶路面为6米宽泥结碎石路面。鉴于泥结石路面易损坏、维护费用高、使用年限短等问题，2003年4月，长江勘测规划设计研究院编制《荆南长江干堤加固工程堤顶路面设计修改专题报告》，经省水利厅、长委审核。2003年9月5日，长委批复《荆南长江干堤加固工程堤顶路面设计修改专题报告》，同意原设计34.35千米混凝土堤顶路面，仍按6米宽建设，泥结石路肩改为土路肩；原设计136.97千米的6米宽泥结碎石路面，除无量庵分洪口门（桩号613+500～616+500）3千米堤段变更为4.5米宽沥青路面外，其余133.97千米堤段改为4.5米宽混凝土路面；增加埠河至北闸8.7千米堤段堤顶路面，其中（桩号688+000～692+500、695+500～696+700）5.7千米按6米宽混凝土路面进行重建，腊林洲（桩号692+500～695+500）3千米按6米宽沥青路面实施重建。

鉴于荆南长江干堤沿堤部分区域为血吸虫疫区，需要在工程建设中设置灭螺防螺项目。2003年10月，世行环保专家察看沿堤涵闸建设现场，听取工程建设情况汇报后，要求按照世行贷款项目实施原则，凡涉及钉螺扩散的血吸虫疫区的涵闸建设项目，必须结合工程建设采取措施控制钉螺扩散和灭螺问题，以免钉螺漂游至下游渠道，危害群众身体健康。12月，长江勘测规划设计研究院编制《荆南长江干堤加固工程沉螺池单项设计报告》。2005年2月7日，长委批复《荆南长江干堤加固工程沉螺池单项设计报告》，同意增建沉螺池3座。其中，马家嘴排灌闸东排渠和总排渠外修建马家嘴沉螺池，设计流量9.95立方米每秒，沉螺池底长74米，底宽41米；黄水套排灌闸引水渠的分支麻豪口九下渠和下干渠分别修建沉螺池，九下渠沉螺池设计流量8立方米每秒，池底长63.8米，底宽34米；下干渠沉螺池设计流量6.88立方米每秒，池底长63.8米，底宽28米。沉螺池为次要建筑物，修建标准分别为：马家嘴沉螺池按3级建筑物，九下渠、下干渠沉螺池按4级建筑物进行设计。3座沉螺池总投资548.32万元。

公安县斗湖堤城区（桩号652＋000～654＋500）长2.5千米堤顶混凝土路面建于1986年，经过19年运行，破损严重，需重建。2006年1月，长江勘测规划设计研究院编制《荆南长江干堤加固工程公安县斗湖堤城区桩号652＋000～654＋500堤段堤顶路面、堤身内外坡整治补充设计报告》。8月10日，省水利厅批复，要求对原路面进行破碎灌浆处理后，在其上铺设0.15米混凝土稳定砂砾基层和0.2米混凝土路面，路面宽5.5米，路面两侧填筑土路肩。

4. 险情整治

堤身隐患整治　荆南长江干堤堤身土质差，隐患较多，汛期不断出现险情。1998年、1999年大水中堤身险情以散浸为主，多见于堤内坡下部及堤脚至压浸平台。1998年汛期，全堤出现清水漏洞38处，浑水漏洞1处、管涌16处。为消除堤身隐患，主要采取堤身锥探灌浆措施进行整治。施工前按设计要求进行布孔，每个孔作醒目标志；施工按三序孔法进行灌浆，分序加密；每孔灌浆采用多次施灌，少灌多复，直到不再漏浆。全堤锥探灌浆长87.80千米。

堤基防渗整治　荆南长江干堤堤基根据堤基地层结构和1998年汛期出险情况，可分为3个工程地质类型。①工程地质条件好的和较好的堤段。好的堤段主要为基岩，无渗透变形情况，此类堤段共2段，长4.1千米；较好堤段主要为透水性较弱的第四系全新统粉质黏土、粉壤土，砂层埋藏较深或无砂层，部分堤段堤基下部为第四系中更新统粉质黏土，堤基稳定条件较好，但部分堤段外滩较窄，此类堤段共有10段，长91.93千米。②工程地质条件较差堤段。此类堤段堤基上部有较薄的第四系全新统黏性土盖层（厚度一般小于4米），下部粉细砂为引起渗漏和渗透变形的通道。此类堤段共3段，长39.64千米。③工程地质条件差的堤段。此类堤段堤基上部以第四系全新统上层砂壤土、粉细砂为主，其下为粉质黏土砂层。由于砂壤土、粉细砂的渗透性较强，部分堤段无外滩或外滩较窄，严重影响岸坡稳定。此类堤段长53.35千米。

荆南长江干堤堤基加固措施包括内外平台填筑、近堤渊塘和低洼地段填平等一般性工程措施，以及采取截渗墙、盖重、导渗沟和减压井等根据具体地质条件布置的针对性工程措施。堤基加固工程以土方填筑为主，一般堤段外平台宽度为50米，填筑前进行清基处理，采用黏土、粉质黏土、壤土填筑。外平台范围为渊塘，填筑前排干积水，晒干塘内淤泥或用进占排淤法施工。堤内100米范围内渊塘、低洼地和取土坑填平至地表。堤基基础差、历史溃决冲潭堤段适当加宽固基范围至距堤脚200米。渊塘填土采用透水性较好土料，机械吹填的砂土，在表层覆盖0.5米厚耕植土。全堤渊塘填筑实际完成土方385.18

万立方米，外平台填筑完成土方491.04万立方米，内平台填筑完成土方534.68万立方米。

整险加固过程中，桩号552＋000～553＋300段堤内设置1070米长导渗沟一条。导渗沟断面为矩形，净宽0.8米、深1米，边壁采用浆砌块石护砌，沟底部从上至下设卵石、瓜米石、砂砾石、中砂4级反滤。

荆南长江干堤隐蔽工程施工中，采用新技术、新工艺加固堤防。对堤身险情出现较多堤段、地质勘探显示堤身填土质量较差堤段、常年不挡水堤段、白蚁活动较频繁堤段采用混凝土截渗墙方法处理。堤基渗漏治理过程中，采用截渗墙措施进行防渗，修筑堤基垂直防渗墙共90.65千米。

2000年，3月19日至4月27日，桩号705＋383～712＋400段实施堤基混凝土防渗墙加固工程，完成断面长7017米，耗用混凝土13.09万立方米；3月20日至12月28日，桩号704＋550～708＋000段实施混凝土防渗墙工程，墙顶高程44.27～44.71米（黄海高程），深度15～20.2米，厚0.3米，完成防渗面积5.72万平方米。2001年11月22日至2002年3月29日，桩号705＋383～708＋000段铺筑塑性混凝土防渗墙，施工长度2617米，铺筑0.25米厚塑性混凝土9.56万平方米。

荆南长江干堤桃花素段（桩号579＋200～581＋600）采用锯槽法建造防渗墙技术，设计轴线全长2.4千米，截渗墙为塑性混凝土防渗墙，墙深11～34米，设计防渗面积4.1万平方米，采用射水法和锯槽法两种工法施工。其中锯槽法施工段桩号581＋200～581＋600，施工轴线距外堤肩1.5～2米，墙深14～25米，完成塑性混凝土浇筑6000余平方米。桩号579＋200处防渗墙顶高程39.07米（黄海高程），桩号580＋500处墙顶高程38.87米（黄海高程），桩号581＋600段墙顶高程38.81米（黄海高程）。埠河至双石碑堤段防渗墙工程采用高压喷射灌浆工法施工，施工堤段长10千米，设计墙深6.5～14.3米，墙厚0.2米，采取垂直防渗措施实施，向下深入至弱透水层1.5～2米。经过61天施工，完成防渗墙11.12万平方米，耗用混凝土1.53万吨。内外平台填筑完成后，全部种植防护林和防浪林，植树148.44万株。

护岸整治 调关矶头位于调弦河口下侧，荆南长江干堤桩号529＋000～529＋550段，矶头处于弯道顶点急弯卡口，水深流急，迎流顶冲，堤岸合一，地势险要，为荆南长江干堤重要险段之一。堤防建设中，石首段调关矶头实施整险加固，桩号529＋000～529＋300段完成老坦坡改造，拆除旧坦，堤内外以浆砌石护坦；桩号529＋385～529＋550段进行水下抛石加固，施工长度550米，完成浆砌（干砌）块石3404立方米、垫层石950立方米、水下加固4793立方米。2001年12月10日—2002年4月28日，查家月堤、杨家尖堤段（桩号703＋800～704＋900、710＋450～712＋500）实施护岸长度3150米，完成干砌石护坡4567立方米、预制混凝土护坡1893立方米、水下抛石8.69万立方米。

5. 涵闸整险加固

荆南长江干堤沿堤有涵闸19座，除石首市王海闸与公安县新开铺闸废弃挖除、重新筑土回填外，其他17座涵闸根据实际情况实施拆除重建或整险加固。

石首市章华港闸、马家嘴闸、桃花外闸、新小湖口闸、老小湖口闸，公安县二圣寺防洪闸、黄水套防洪闸、黄水套安全区闸，荆州区幸福闸共9座涵闸拆除重建新闸。

石首市大港口电排闸、大港口闸、新堤口闸、马行拐闸、管家铺闸、肖家拐闸，公安县二圣寺灌溉闸、周家土地闸共8座，采取改造或重建启闭机室和闸室，更换启闭设备及钢闸门，接长洞身，改建消能设施，加固闸基，建造防渗墙，更换止水设施等措施进行改建。具体见表5-7-16。

表5-7-16　荆南长江干堤涵闸整治加固一览表

涵闸名称	涵洞形式、孔口尺寸（宽×高）	修建年份	主要病险情况	工程方案	实施情况
章华港闸	单孔箱涵，孔口3m×3.5m	1969/2002（改建）	原施工时未处理地基，完工后闸室沉陷0.3m，倾斜0.1m以上。闸距长江300m，淤积严重，引水困难	重建	接建三孔涵洞，闸基做混凝土搅拌桩处理，新建闸室段、出口段，及闸门、更换启闭机
马家嘴闸	单孔条石拱涵，孔口2.5m×2.5m	1890/2003（改建）	超期使用，条石勾缝严重老损失效，底板及洞身产生裂缝，拱顶条石下矬，启闭台高程偏低	重建	涵洞采用钢筋混凝土箱涵，重建消力池、闸身、闸室、闸门、启闭机
桃花外闸	单孔混凝土拱涵，孔口2.5m×3.05m	1960/2003（改建）	涵洞沉陷和不均匀沉陷严重，伸缩缝张开，涵洞裂缝，洞身长度不足，启闭台偏低，启闭设备老化，闸门埋件锈蚀	重建	涵洞改为箱涵，闸基建防渗墙，并用搅拌桩加固
新小湖口闸	三孔条石拱涵，孔口3m×3.5m	1961/2003（改建）	闸室和洞身不均匀沉陷，条石涵洞内无止水，渗水造成洞身四周土体松散，闸基存在渗透变形隐患，启闭机陈旧，闸门锈蚀，启闭台高程偏低	重建	涵闸改为箱涵，闸基建防渗墙，并用桩基加固。新建闸室、海漫、闸门、启闭机等
老小湖口闸	单孔条石拱涵，孔口3m×3.5m	1952/2004（改建）	病险情况与新小湖口闸类似，但结构老损更严重，地基沉陷变形更明显	重建	加固措施同新小湖口闸
二圣寺防洪闸	双进水口单孔混凝土箱涵，孔口4m×3m	1972/2003（改建）	洞身不均匀沉陷，并有裂缝，进水口破损封堵，土堤单薄低矮，散浸严重，启闭机及闸门磨损锈蚀，洞身伸缩缝老损	重建	涵洞改为箱涵，并增长涵洞，加高培厚防洪堤，桩基加固，堤外重建进口段
黄水套防洪闸	单孔混凝土拱涵，孔口3m×2.8m	1960/2001（改建）	闸基础差，渗径长度不足，洞身裂缝36条，伸缩止水无效，引水渠淤塞严重	重建	对闸基进行混凝土搅拌桩处理，新建涵洞段，进、出口段及相应海漫和消力池，新建闸门，更换启闭机
黄水套安全区闸	单孔浆砌石盖板涵，孔口0.6m×0.6m	1953	孔口尺寸太小，不便进入检修、清淤，无启闭设施，洞身长度偏短，涵洞出现沉陷、开裂，密封止水性能差，结构老化	重建	浆砌石进水段，设简易闸室，重建钢筋混凝土箱涵、10米闸室、消力池和海漫段
幸福闸	单孔混凝土拱涵，孔口2.5m×3.75m	1960	闸基渗透变形严重，启闭机老化，启闭台偏低，钢闸门锈蚀严重，进水口引渠已大部分崩坍	重建	洞身改为钢筋混凝土箱涵，堤基建防渗墙

续表

涵闸名称	涵洞形式、孔口尺寸（宽×高）	修建年份	主要病险情况	工程方案	实施情况
大港口电排闸	双孔混凝土拱涵，孔口4.5m×4.65m	1976	洞身长度严重不足，消能设施不能满足要求，已形成冲坑，原有的电动葫芦式启闭机不安全	整治加固	对原涵洞的结构加固处理，在堤外侧接长涵洞（箱涵），重建闸室及启闭机室、堤外消能设施
大港口排灌闸	单孔混凝土拱涵，孔口3m×3.5m	1970	闸底板不均匀沉陷，洞身长度不足，消能设施不满足要求，启闭台高程偏低，启闭机陈旧老化，闸门严重锈蚀，止水损坏	整治加固	重建闸室、启闭机室，堤内接长涵洞，重建堤外消能段，增建内港消能段
新堤口闸	单孔混凝土拱涵，孔口2.6m×3.9m	1963	洞身长度不足，闸门锈蚀，启闭机陈旧老化，启闭机室高程偏低，消能设施不满足要求	整治加固	堤外接长涵洞，重建闸室、启闭机室、外江连接段、内港消能段
马行拐闸	单孔混凝土拱涵，孔口1.5m×2.25m	1962	洞身长度严重不足，启闭机房简陋，高程偏低，启闭机陈旧，闸门锈蚀	整治加固	堤外接长涵洞，重建闸室、启闭机室、上游进口段、下游出口段
管家铺闸	单孔混凝土拱涵，孔口2.6m×3.3m	1960	渗径短，洞身长度不够，闸门锈蚀严重，大梁已锈穿，无启闭机室，启闭设备严重老化陈旧	整治加固	堤内接长涵洞，重建闸室、启闭机室，重建堤内、外连接段
肖家拐闸	单孔混凝土拱涵，孔口1m×1.5m	1968	洞身长度不足，闸门锈蚀严重，启闭机陈旧，启闭机室高程偏低	整治加固	堤内接长涵洞，重建闸室、启闭机室和外江消能设施，增建内港消力池
二圣寺灌溉闸	单孔混凝土拱涵，孔口3.8m×4m	1972	中段洞身不均匀沉陷，拱顶裂缝，洞身长度不足，洞身伸缩缝止水老化失效，启闭机陈旧老化，闸门锈蚀，消能设施不满足要求，闸基为粉细砂层	整治加固	更新闸室、启闭机室。堤内接长涵洞，重建闸前连接段及涵洞出口消力池，闸基建防渗墙
周家土地闸	单孔混凝土箱涵，孔口2.8m×3m	1965	洞身长度偏短，涵洞伸缩缝止水老化并漏水，闸门及启闭机锈蚀老化	整治加固	堤内坡涵洞出口顶部增建浆砌石挡土墙
王海闸			存在严重安全隐患	废除	拆除原涵闸，黏土回填筑实
新开铺闸			存在严重安全隐患	废除	拆除原涵闸，黏土回填筑实

注 所有涵闸均更换闸门及启闭机，保留的涵洞均更换伸缩缝止水，并修补已出现的裂缝。

荆南长江干堤所有涵闸加固、重建均维持原闸的灌溉或排水功能不变，设计流量、孔口尺寸不变，原闸底板高程不变。经加固、重建，共完成土方开挖39.16万立方米、填筑土方33.55万立方米、混凝土18749.97立方米、砌石6390.39立方米，更换启闭机21台，耗用钢筋1284.36吨，具体见表5-7-17。

表 5-7-17　荆南长江干堤加固工程涵闸完成工程量汇总表

工程项目	土方开挖/m³	土方填筑/m³	混凝土/m³	砌石/m³	钢筋/t	启闭机/台套	桩基础处理/m
章华港排灌闸 501+293	97520.90	59431.00	1851.23	1585.00	134.45	1	543.0
桃花外闸 528+838	15266.20	170795.00	751.80	156.90	68.00	1	5157.0
大港电口排闸 531+200	12183.00	15108.00	2221.90	413.40	120.00	2	—
大港口排灌闸 531+484	11935.50	15125.00	746.50	175.60	52.80	1	1964.0
新小湖口闸 537+280	19610.00	24546.00	2133.90	656.00	157.10	3	12156.5
老小湖口闸 537+540	18735.00	22542.00	1104.50	375.90	79.90	1	2850.0
肖家拐闸 542+900	6142.70	124225.00	317.30	240.20	31.80	1	1181.0
新堤口闸 552+180	8387.00	9840.00	599.30	268.00	48.30	1	2999.0
马行拐闸 560+200	8982.00	8800.00	662.30	242.70	33.80	1	—
管家铺闸 578+850	11350.80	8497.00	951.70	276.00	56.90	1	—
黄水套排灌闸 620+336	56854.10	35144.00	1696.70	939.26	86.00	1	—
黄水套安全区闸 620+500	12719.00	16092.00	287.00	158.00	26.20	1	—
二圣寺灌溉闸 651+20	17170.80	12476.00	700.04	303.20	60.00	1	706.5
二圣寺防洪闸 651+250	22562.00	27982.00	1870.60	33.70	132.40	2	4680.8
马家嘴闸 666+200	51800.00	36926.00	1987.40	366.60	125.40	1	2322.3
周家土地闸 691+040	—	—	—	—	—	1	—
幸福闸 704+250	20340.00	13511.00	867.80	200.40	71.31	1	1623.0
合计	391558.00	335521.00	18749.97	6390.39	1284.36	21	36183.1

6. 竣工验收

2003 年 8 月至 2006 年 4 月，荆南长江干堤加固工程 29 个单位工程分 3 批通过验收。

2008 年 7 月 3 日，荆南长江干堤加固工程通过由长委组织的竣工验收。

经过近 6 年的整险加固建设，荆南长江干堤抗洪能力得到较大提高，穿堤建筑物经过整治，运行情况正常，汛期险情减少，防汛成本显著降低，工程防洪效益和社会效益显著。堤顶防汛路面建成后，防汛劳力和物资设备调度效率提高，为防汛抢险的高机动性和快速反应提供了保障，同时也给沿堤人民群众的生产生活提供了便利，促进了地方经济发展。沿堤涵闸及沉螺池的建设，防止了因钉螺扩散而传播血吸虫病的危害，保障了沿堤群众生活用水安全。堤防两侧种植的防浪林、防护林，堤坡种植的草皮既有效地保护堤防工程，又有效地保护了生态环境，改善了堤容堤貌。部分险工险段通过综合整治不仅增强抗洪能力，而且改善环境，成为沿堤居民生活休闲场所。

第三节　松　滋　江　堤

松滋江堤位于长江右岸松滋市境内。清同治九年（1870 年），江水决松滋黄家铺堤形成松滋河。松滋江堤西起松滋市老城，沿江而下东至涴里隔堤，全长 51.2 千米；以松滋河为界，由老城至胡家岗（16.8 千米），东大口至灵钟寺（9.8 千米），灵钟寺至涴里隔堤（24.6 千米）3 部分堤段组成。依其堤防管理体制的不同分为干堤长 24.46 千米，支堤长 26.74 千米，属 2 级堤防。

松滋江堤保护荆州市松滋、公安、荆州区（江南部分）和湖南省澧县、安乡、汉寿、南县、沅江等县（市、区）的防洪安全，保护区耕地面积约255万亩，人口270万人，是荆江防洪体系的重要组成部分。

一、堤防沿革

松滋江堤，历史上称“官堤”“皇堤”，创修于东晋时期，据史料记载，松滋老皇堤创修于东晋，距今1600多年历史。《读史方舆纪要》卷78载，松滋县城（今老城）东三十步有上明城，古代称渠为明，城在渠首，故曰上明。晋末，朱龄石开三明引江水以浸稻田，后堤坏遂废。据此，上明堤应为松滋境最早的堤防记载。明清时，由官府负责修理，兴废任之官吏，而人民无与焉，故称为“官堤”，亦称“老皇堤”。

长江破峡而出后，荆江右岸松滋江堤首当其冲，地势险要，代有修筑不断，在黄家铺溃口以前，古官堤上接龙头桥，经庞家湾、朱家埠、黄家铺、新场、采穴至流淀尾，再顺江而下，过涴市至岩板窝，抵江陵（今荆州区）境，全长44千米。

清俞昌烈在其《松滋县水利堤防记》中载：“（长江）自枝江县羊角洲入（松滋）县境，历朱家埠、采穴至涴市，下达江陵，延长七十余里。旧有采穴以杀江流，今已淤塞。明隆庆中，议者谓采穴口当诸穴之首，在江南岸原有故道，自堤口起六十里到沙市，下达洞庭，必当开浚，以宽下流之决溃。部议从之，后复不果。堤自县东门龙头桥起，至涴市止，北岸有石套子，挑溜南趋，涴市遂成险工。”“大江堤自庞家湾起，至古墙交界止，……共军民堤一万二千三百三十二丈，计七十八里五分”。

清胡在恪《松滋堤防考》载：“按县地势平衍，三峡之水迸流，至此始得展荡，最难防御。又当公安、石首诸县之上流，江堤一决，正当诸县胸腹而下，其形势尤为要害。县东五里有古堤。自堤首桥起，抵江陵之古墙铺，长亘八十余里。旧有采穴口，故道湮塞。追明洪武二十八年（1395年）决后，时或同决。”自嘉靖三十九年（1560年）以后，清光绪《荆州府志·顺江堤》载：“（松滋）大江堤自县（今老城）东门龙头桥起，至古墙老界止，长九千零四十六丈七尺。原有荆正卫堤四百五十七丈四尺六寸；左卫堤二千一百四十三丈零八寸；右卫堤六百八十四丈七尺。共军民堤一万二千三百三十二丈，计七十八里五分。”溃决频繁，“松与下流诸县甚苦之。较堤利害，惟余家潭之七里庙河、夹洲之朝英口、柳林之杨润口、易家湾、王满湾、涴市之江灌子、古墙之曹珊口为大。其余五通庙、胡思堰、清水坑、马黄冈、皇木坑十九处中多獾窝、蚁穴，水易侵堤”。清道光年间松滋水系堤防全图见图5-7-13。

明代，松滋江堤时有溃决，常于溃后有改筑或恢复之举。嘉靖三十九年（1560年）年大水，松滋河夹洲（松滋老城东门外大洲子、澌洋洲，旧称上河夹洲，龚家潭、芦花洲一带旧称下河夹洲）、朝英口（今永福垸）堤决，荆州府郡守赵贤饬令修筑。隆庆元年（1567年）七里庙堤溃，由溃决外内挽月堤，次年新堤溃，复由溃决处外筑月堤。

清代，松滋长江堤防溃决频繁，江堤挽筑更甚。顺治十年（1653年），荆江大水，皇木坑、杨润口堤溃（采穴附近），松滋知县刘紘、荆州府水利同知娄某与卫所商议，各自分段筑修，三年工竣。康熙二年（1663年），皇木坑复溃，知县李式祖复筑之。康熙九年（1670年），流虎口、杨润口两处堤溃（原采穴洪潭寺东），知县李子炎以古堤颓坏难以复堤，申请改筑“圭”形堤。康熙十一年（1672年），新筑的“圭”形堤又决，此后仍坚筑

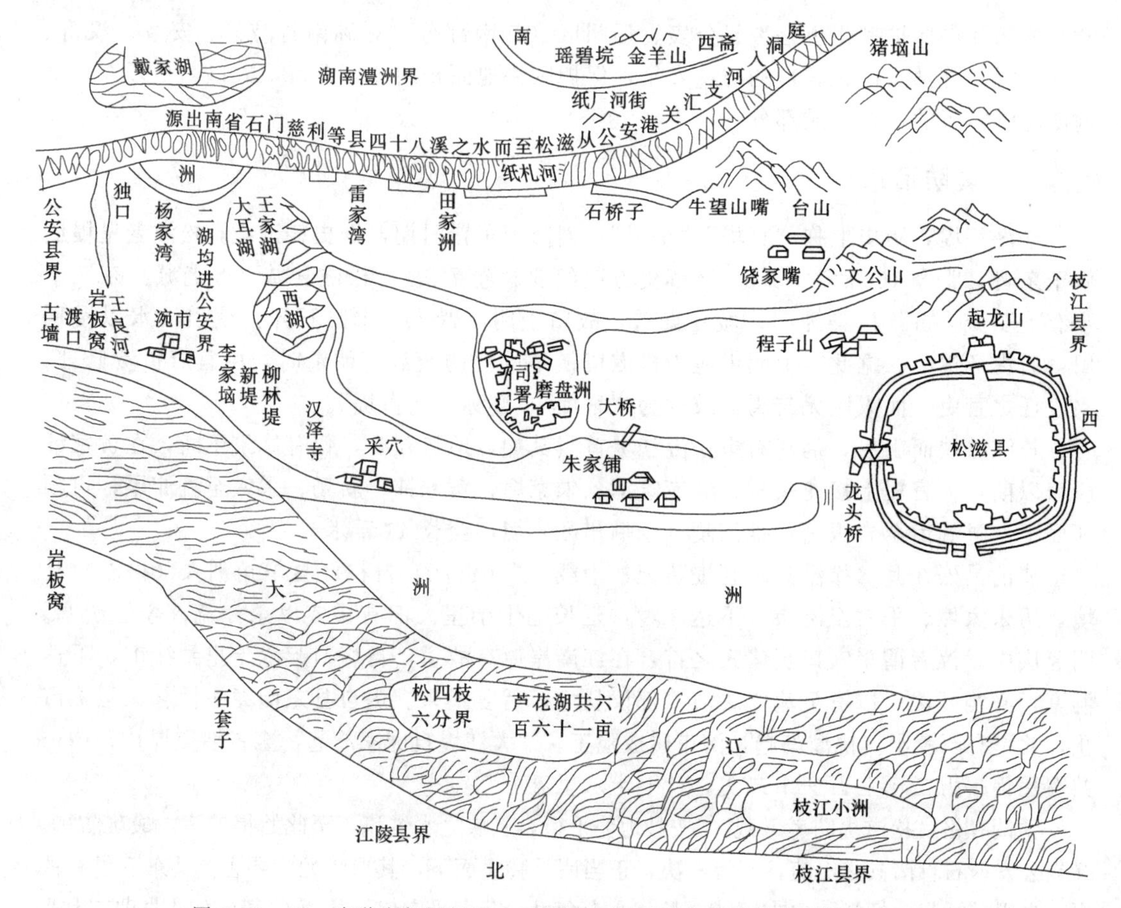

图5-7-13 清道光年间松滋水系堤防全图（引自《楚北水利堤防纪要》）

古堤。雍正六年（1728年），朝廷发帑修大堤，又新筑孟偃坑月堤。

乾隆五十三年（1788年）大水，朱市孔明楼（今朱家埠）堤溃，松滋县民以堤务日坏，先是大堤皆由官修，委任吏胥，百弊丛生，于是呈请改变培修方式，由官委吏修变为官督民修。设总监、散监等职数人，每年终岁末，由民众自行修理，堤费则随粮带征，民众不负筹款任务。

道光十年（1830年）大水后，由于长江北泓发育，南泓萎缩，河床形态因之演变成"北江南沱"。此后，南沱不断演变成为长江支流，即今采穴河。由于泥沙淤积出现大片洲土，民众相继围挽成垸，原松滋长江堤防从黑石溪至灵忠寺毁弃。道光十二年（1832年）陶家铺、史家湾溃口，原址基础难以复堤，故改在朝家堤至史家湾外滩另筑新堤9千米，上起朝家堤，下至史家湾，其中朝家堤至丙码头堤长5千米，荣家拐至史家湾堤长4千米，原老堤弃废。工程尚未竣工，道光十四年（1834年）又溃，知县熊象麟因督修不力被革职。道光二十四年（1844年），灵钟寺堤溃二百余丈（约合670余米），松滋知县陆锡璞驻堤监修，从民间筹堤款八万贯，调民伕万余人、船八百余只、车五百，数月始将溃堤修复，并撰《凝忠寺重修记》，刻于石碑之上以志其事。

《荆州万城堤志》载："咸丰十年（1860年），毛家尖（今毛家大路）、杨家尖溃，江陵南岸巨浸，并影响到公安等县，同治六年（1867年）二月兴工退挽月堤。”挽筑杨家尖月堤长1415丈（约4.7千米），计土方27万立方米，然而，大汛到来又漫溃，后从上搭垴废堤起至杨家尖新月堤中段止挽筑，计长740丈（约2.5千米）。

同治九年（1870年）六月长江大水，松滋县庞家湾、黄家铺（今大口）连溃两口，宽一千余米。调民伕堵筑，因工程艰巨、劳力少，堵筑不坚，同治十二年（1873年）汛期，江水除从庞家湾漫流外，又冲开堵复的黄家铺而决口，自此原来连贯的松滋江堤从此截断，江水贯腹心而下，以后溃口不塞，洪水四溢，形成松滋河。

光绪十四年（1888年）杨家垴溃口，由于同治九年黄家铺溃口后一直未堵复，江水倾泻而下，公安县深受其害。后由公安、松滋各垫款五千串，合力堵复杨家垴溃口。光绪二十三年，杨家垴复溃，仍由松滋、公安两县各垫三千串合力修堵溃口。光绪三十一年，史家湾溃口，由沙市盐税中拨赈灾款三万串，采取以工代赈方式并派员督修。

光绪末年（1908年前后），松滋沿江培挽兴垸，即以黄家铺以西官堤为堤基，将大口以上原江中洲地围成11个小民垸并培修加固；官堤以东自新场至古墙铺则以天福垸垸堤为堤基，于是官堤遂成民堤。官堤之外，淤积田亩，又挽筑新垸。以后，不断联堤并垸，历年培修，逐渐演变成现之堤防。

民国初期，高家套至姜家湾、安福寺至王家台子、朝家堤至史家湾等堤段外滩不断扩大，故在大口以东原官堤外筑同忠垸，堤线相继外移0.5～1.2千米。同期涴市以下5千米江堤又因坍塌被迫向后挽退，1918年加固七星垸至保障垸4.5千米民垸堤以应急。1921年史家湾堤决，由士绅张汉丹、贺云亭主持，按亩摊派堤费修筑史家湾至曾家洲新堤。

1931年长江大水，松滋长江堤防滩岸严重崩坍，次年士绅张南强、田金山等人赴省请愿，要求将官堤纳入江右干堤范围，由政府统一修防，得到在省供职的涴市人熊兰田鼎力相助。经江汉工程局荆江堤工局派员履勘，于1932年始将松滋官堤东段纳入江右干堤，并在涴市设立滨江干堤修防处，先后于1933年拨款1.2万元、1934年至1935年拨款7万元，加修杨寺庙、丙码头、杨家垴堤段。1936年拨款2万余元，修复罗家潭溃口。经数年修护，堤防状况亦有改善，至新中国成立前夕，松滋江堤一般堤顶高程45.00～46.50米，面宽4米，内、外坡比1：2.5，江堤内脚临近沟潭，沿堤有渊潭18口，江堤外滩自清末民初以来，因江泓南移，堤岸年年崩坍，杨家垴至红花口一带滩岸几乎崩塌殆尽，江泓逼近堤脚，涴市以下老官堤已崩入江心。加之民众在堤身植树、建房，造成不少隐患，故有“豆渣堤”之称，浮土松堆，险象环生，一遇大水便有溃堤之虞。

二、新中国成立后堤防培修与整险

松滋沿江堤防51.2千米，因有松滋河相隔，1951年长江委确定江陵五房头至涴市灵钟寺为长江干堤，长28千米，其中杨家垴以下至罗家潭18千米堤段滨长江，其余沿采穴河而筑。1956年，神保垸划归江陵后（今荆州区），松滋县境长江干堤由五房头缩至罗家潭，缩短1.26千米。至此，松滋长江干堤由罗家潭至灵钟寺，长26.74千米，余者沿江堤防则为支堤，其加修标准不同。松滋县堤垸全图见图5-7-14。

（1）松滋长江干堤加培与整险。新中国成立后，松滋长江干堤列为堤防建设的重点，实施加高培厚，除险加固，并进行护岸整治。20世纪50年代初，松滋长江干堤的建设，

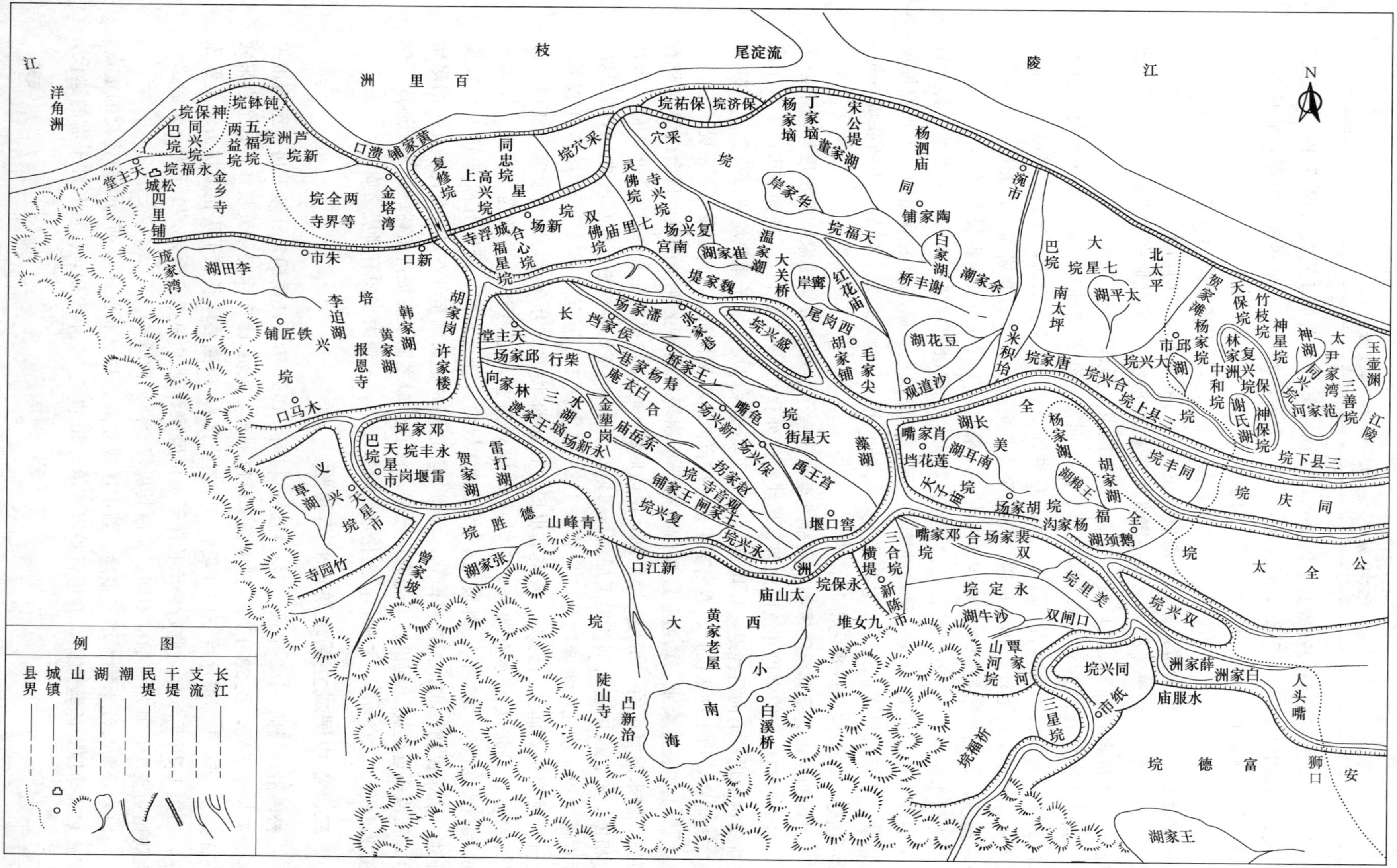

图 5-7-14　松滋县堤垸全图(引自 1937 年《松滋县志》)

国家采取“以工代赈”的办法，群众投劳，国家按土方补粮。每年岁修加培堤身，翻筑回填，填塘固基，治理险工险段，年完成加培土方均在10多万立方米。1950年冬，丙码头至丁码头堤段河泓逼近，迎流顶冲，出现严重堤身崩坍。两码头1.5千米的堤段崩坍宽达70米，已无法防御洪水。1951年春，松滋组织5000余人采用人力篼箕运土、大平进踩的施工方法，经60天施工筑新堤2千米，堤顶高程46.30米，超过1950年洪水位1米，堤面宽4米，内外坡比1∶3，完成土方23万立方米。1952年，加固保济垸堤1.5千米，废弃杨家垴至李家垴白蚁危害严重及砂质渗水堤段，同时，将一些低矮堤段普遍加高至1949年当地最高洪水位以上。1953年冬，加固聚宝垸外堤，将1.5千米沙质地基老堤废除，新筑垸堤升级为干堤。

1954年大水，松滋长江干堤出现管涌300余处，7千米堤段靠子堤挡水。汛后，松滋县组织民工25000余人，彻底翻筑加培李家垴至灵钟寺8千米堤段，拆除沿堤民房895栋，清除沿堤蚁穴、杂树及树兜，填筑沿堤沟槽。其后，按1954年沙市水位44.67米，相应涴市水位45.37米超高1米，堤面宽4～5米，边坡1∶3的标准，连续3年加培，年均加培土方19万立方米，加培后，堤身状况明显好转，堤防面貌得到较大改善。

1968年冬，松滋长江干堤按“三度一填”（高度、宽度、坡度和填塘）的战备要求开始加培堤防，即按沙市水位45.00米、相应涴市水位46.02米超高1米，面宽6米，边坡1∶3的标准进行施工。主要完成采穴堤段加培和史家湾堤段外削内培工程，以及退挽4处月堤，长8.9千米，通过移堤退挽修筑新堤10.4千米，废除有险堤段10千米，对财神庙1100米堤内低洼地段实施吹填。经连续5年施工，至1973年，基本达到“三度一填”的标准，完成土方167万立方米。

1973年松滋江堤加培转入重点整险、治理崩岸阶段。在曾家洲上段，试用沉簾镇脚防冲技术护岸。扭转了原来护岸“重护坡、轻镇脚”的抢护思路，加强对崩岸水下部分堤脚的保护，大量抛石镇脚，使岸坡基本稳定。同时，砌护了查家月堤至杨寺庙、红花口至新口共7.7千米堤段，增护白骨塔、丙码头、六条路等空档处使护岸基本连成整体，崩岸得到初步控制。

松滋江堤历史上（1870—1935年）因溃决而形成冲刷坑有6处、故道3条、距堤内脚100米范围内大小渊塘46个。20世纪60—80年代，对新华垴、金闸湾、灵钟寺、杨家垴、史家湾等7处溃决冲坑分别实施全部或局部机械吹填和人工回填。

20世纪80年代初，松滋长江干堤堤顶高程均以1954年当地最高洪水位超高1.5米为标准，从1983—1986年再次加培，修筑内平台，年均完成土方34万立方米。黄昏台至朝家堤等历来险情严重险段，采取外削外护、内帮内填、翻筑、修建防渗墙等综合治理措施进行整治，堤防基本达到设计标准。1950—2005年45年间，共完成培修土方948.68万立方米、石方85.8万立方米。具体见表5-7-18。

（2）松滋沿江堤防（支堤）加培与整险。新中国成立初，支堤按1949年当地最高洪水位超高1米的标准进行加高培厚，整坡撑帮。1954年大水，堤防险象环生，9.6千米堤防堤顶漫溢。是年冬，支堤按1954年当地最高洪水位超高1米的标准进行加高培厚。在加培支堤堤身的同时，清除堤上房屋、竹木，并翻挖隐患。1953年，松滋县水利局建立

表 5-7-18　　　　　　　　　　松滋长江干堤历年完成工程量表

年份	土方/万 m³	石方/万 m³	标工/万个	年份	土方/万 m³	石方/万 m³	标工/万个	年份	土方/万 m³	石方/万 m³	标工/万个
1950	11.1	0.41	7.6	1969	25.3	1.8	30.6	1988	10.6	1.7	25.9
1951	16.8	0.3	17.4	1970	48.3	2	74.9	1989	7.3	1.7	29.9
1952	24.9	0.2	20.1	1971	15.9	3.5	14.8	1990	18.9	1.2	39.8
1953	18.37	18.3	0.5	1972	34.9	2.2	41.9	1991	16.4	1.2	26.9
1954	16.1	0.5	15.2	1973	4.31	1.2	40.9	1992	21	1.2	31.6
1955	22.4	0.4	14.3	1974	15.2	1.7	20	1993	14.9	0.7	24.7
1956	18.2	0.5	11.2	1975	9.9	1.5	16.5	1994	10.3	0.6	16.6
1957	6.5	0.3	5.6	1976	7.4	1.6	12	1995	17.5	0.5	23.7
1958	5.2	0.2	3.7	1977	8.1	2	12.7	1996	15	0.7	14.9
1959	2.7	0.1	2.4	1978	11	1.8	18.9	1997	10	0.35	18
1960	0.3	0.4	2.2	1979	7.5	2.3	18.9	1998	15.5	0.34	21
1961	0.8	0.5	1.1	1980	13.8	2.5	22.3	1999	90	2	
1962	1.1	0.4	1.7	1981	39.6	2	20.5	2000	80	2.8	
1963	1.6	0.4	1.5	1982	6.5	1.9	15.5	2001	4.8		50.31
1964	0.6	0.2	1.2	1983	17.2	2.5	34.5	2002	28.4	7.4	
1965	19.7	0.2	17.4	1984	20.3	2	12.9	2003			
1966	5.4	0.6	7.9	1985	46.9	1.2	7.8	2004		0.4	15.8
1967	5.9	0.9	7.6	1986	53.3	1.3	17.1	2005			
1968	17.1	0.7	19.9	1987	7.9	2.5	18.5	合计	948.68	85.8	948.81

"堤防锥探队"，对重点渗漏堤段进行人工锥探处理，在支堤上锥探30多万眼，至1957年，查出及处理堤身障碍物和隐患3.8万处，其中拆迁房屋1702间，翻挖树兜29677个，翻筑蚁穴1273个，挖迁坟冢1576座，填实獾洞2590个，使堤质大为改善。

加高培修原有堤防的同时，还对部分堤质不良、堤身弯曲及外崩严重堤段实施了"裁弯取直""移堤改线"工程，先后移堤改线18处，新筑堤防长20.45千米，缩短堤线2.8千米，移堤改线完成土方158.11万立方米。

在支堤堤身加固的同时，采用人工和机械运土的方式，完成堤脚沟塘的填筑。对堤身断面单薄、散浸严重的堤段，填筑平台铺盖30千米，平台宽4～6米，填土厚度0.5～1米。自1954年冬开始，结合裁矶将矶石用于砌护堤坡。先后在老城堤段、西门河至神保垸堤段等处进行了裁矶护坡，护砌方法是：用块石砌成3米×3米方格，内填碎石和砖渣。经此种砖石混合材料护岸，比用块石护岸可节省一半资金。

自20世纪70年代初，支堤按"三度一填"的标准实施加培，经连续近10年的岁修施工，至70年代末，堤身高度、宽度、坡度大部分达到设计要求。1981年松滋河发生超1954年大洪水，此后，又连续6年对堤防进行加高培厚，重点整治险工险段，修筑平台和填筑沟塘，其防洪能力明显提高。

三、松滋江堤加高加固工程

(一) 建设缘由

当枝城出现流量80000立方米每秒时，必须防止松滋江堤溃决，保证洪水能按调度方案实施，这是加固松滋江堤的目的。

当枝城出现80000立方米每秒流量时，分配方案是：①沙市水位按45.00米控制，现今正常通过能力为53000立方米每秒，计划仍按50000立方米每秒考虑；②沮漳河入汇仍按1300立方米每秒；③运用荆江分洪工程（含腊林洲扒口，视水位上涨情况，扒开涴里行洪区）分泄15000立方米每秒；④虎渡河分流2800立方米每秒；⑤松滋河分流量1981年虽达到11030立方米每秒（不计采穴河分流量），考虑松滋河下游淤积情况，规划采用9800立方米每秒。

新中国成立后，松滋江堤虽经多年整治，但仍存在着堤身质量差，堤基险情多，部分堤段岸坡失稳，全堤因管理及加修的标准不同，部分堤段堤顶高程欠高，比设计洪水位线要低0.5～1.05米；沿堤涵闸长期运行存在诸多隐患等问题。每临汛期，各种险情时有发生，若要防御枝城出现的80000立方米每秒的洪峰水位，防洪任务相当繁重。松滋江堤为历年逐次修筑而成，堤身、堤基质量较差，堤身填料多为粉质壤土、黏土和砂壤土，堤基上部为粉质黏土，中部为淤泥质黏土或黏土，下部为壤土。部分堤段地质条件为：朝家堤堤段地表以下为厚6～10米的粉质黏土，堤内300米外黏土层厚约15米，下部为深厚的砂、砂砾石层；新潭堤段堤身下面为厚约2.5米的粉质黏土及厚约6米的壤土层，其间夹有1米厚的粉细砂层，并由堤脚延伸至外江，堤内160米处为新潭，最大潭深18米，潭底有厚约2米的砂层，其下为厚约2.5米的粉质黏土和厚约2米的壤土。由于土料杂乱，填筑密实度不够，部分堤段填筑时未进行妥善处理，致使堤身与堤基结合不好，成为渗透变形和破坏的隐患。

松滋江堤堤基险情较多，历史上曾发生8次重大溃溢，留下6处溃口，分别为新华垸、金闸湾（大口）、灵钟寺、杨家垴、史家湾和罗家潭。这些历史溃口处防渗铺盖层被破坏，下部为深厚的强透水砂层和砂卵石层，在稍厚的黏性覆盖层中还夹有砂层，且与江河通连，形成渗透通道，汛期常发生散浸和管涌险情，较严重的管涌点有9处，其中王家大路和财神殿险段为管涌险情的易发区。

全堤堤外无滩、河泓贴岸、迎流顶冲的堤段6处，长5.2千米，部分堤段岸坡失稳。深泓贴岸和弯道凹岸段，由于水流冲刷、淘蚀岸坡下部壤土、砂壤土及砂层，使上部覆盖的黏性土层失去依托经常出现崩岸险情；当岸坡土层为单一壤土或砂壤土时，岸坡土体经常冲刷流失。岸坡失稳常危及堤基稳定，威胁堤身安全，全堤有涴市横堤迎流顶冲、朝家堤护岸崩挫、采穴河崩岸等多处重点险段。

松滋江堤上的各类涵闸防洪标准低，普遍存在闸门变形漏水等险情。部分涵闸结构老化，难以继续使用；部分涵闸闸身较短，渗径不够，形成渗流通道；部分涵闸出现严重裂缝，天王堂闸、代家渡闸、进洪闸、两利闸、杨家垴闸均存在着上述问题。

据实测，松滋江堤采穴至灵钟寺堤段一般堤顶高程45.73～45.94米（黄海高程），超设计水面线仅0.04米；灵钟寺至老城堤段堤顶高程一般为45.94～47.42米（黄海高程），比设计洪水位低0.5～1.05米，若枝城发生80000立方米每秒洪水，灵钟寺以下堤段堤顶欠高，而灵钟寺以上堤段将会普遍漫溢。因此，松滋江堤需按枝城来量80000立方米每秒的标准进行加培加固。据此，早在1963年就提出加高加固松滋江堤。当年，水电部在长办提出的《荆江地区防洪规划补充研究报告》中批示："长江中游荆江地区的防洪，关系到两湖广大地区人民生命财产的安全，非常重要。为了尽量减少分洪对洞庭湖区的威胁，应培修涴市至松滋老城沿江堤防，其标准应与临时防汛措施标准相应，保证荆南地区安全"。但当时因经费不足，未能实施。

根据1980年长江中下游防洪规划会议要求和国务院原则批准的《长流规》，规定，荆江河段沙市设计水位45.00米，城陵矶水位34.40米，约可防御10年一遇洪水。当枝城来量80000立方米每秒的洪水时，运用荆江分洪区、涴市扩大分洪区，可基本保证安全，达到40年一遇的标准。松滋江堤是荆江河段防洪工程体系的重要组成部分，其安危关系到湖北松滋、公安县和湖南洞庭湖广大地区安全，但存在着诸多问题和不足，是荆江河段防洪工程体系中的薄弱环节。为保证荆江防洪安全，保证荆江分洪工程的安全运用，必须加高加固松滋江堤，保证能安全防御枝城来量80000立方米每秒的洪水。

1988年，水利部以水计〔1988〕68号文批示长委："必须尽快加高加固涴市至松滋老城的江堤，拟请长委加速松滋江堤设计，按基建程序报批后，再研究安排兴建问题。"1990年8月，长委向水利部报送《松滋江堤加高加固阶段性报告》。其后，长委勘测规划设计研究院完成《松滋江堤加高加固初步设计报告》。1992年，水利部以水计〔1992〕72号文批复《关于松滋江堤加高加固工程设计任务书的审查意见》（以下简称《审查意见》），其后，按照《审查意见》的要求，长委于1993年以长规〔1993〕68号文向水利部报送《松滋江堤加高加固工程初步设计补充报告》，水利部以水规计〔1994〕100号文正式批复松滋江堤列入水利部直供项目，工程概算投资14945万元。

1998年长江流域发生大洪水，松滋江堤加高加固工程原有设计已不能满足防洪的要求。配套工程跟不上，工程难以更好地发挥作用。为此，2000年12月，长江勘测规划设计研究院根据1994年以来工程实施情况，沿堤群众的生产生活需要以及工程管理要求，编制《松滋江堤加高加固工程设计修订及补充说明》。对原设计中遗漏的项目进行了增补，对原设计中与实际情况不相适应的设计成果进行了必要的变更，投资在原总投资的基础上增加1405万元，国家下达最终总投资为16350万元，见表5-7-19。

表5-7-19　**1994—2002年松滋江堤加高加固工程投资计划表**　单位：万元

长江委、省计委下达计划文号	计划投资					备注
	合计	中央投资	地方配套投资			
			小计	省级配套	市区地方配套	
长计〔1994〕570号	1000	1000				
长计〔1995〕261号	1000	1000				
长计〔1995〕664号	500	500				
长计〔1996〕700号	752.37	752.37				
长计〔1997〕61号	47.63	47.63				
长计〔1997〕574号	100	100				

续表

长江委、省计委下达计划文号	计划投资					备注
	合计	中央投资	地方配套投资			
			小计	省级配套	市区地方配套	
长计〔1998〕288号	4045	4045				
长计〔1999〕43号	1155	1155				
鄂计农字〔1999〕0567号	1500	1000	500			
鄂计农字〔2000〕0031号	2500	2000	500			
长计〔2000〕117号	1509.29	1207.43	301.86			
长计〔2002〕61号	1710.93	1368.744	342.186			
鄂水计〔2002〕48号	529.78	423.824	105.956			
总计	16350	14600	1750			

（二）设计标准

松滋江堤加固堤线由3段组成，即从老城进洪闸经新华垸，何家渡到胡家岗，长16.8千米；自东大口至灵钟寺长9.8千米；灵钟寺经杨家垴至涴市隔堤长24.6千米，总长51.2千米。松滋江堤为2级堤防，主要建筑物按2级建筑物设计。设计水位按《长流规》确定的防御长江中游1954年型洪水目标和规划方案，以沙市水位45.00米和枝城洪峰流量80000立方米每秒，保证荆江河段安全泄洪的标准设计。设计洪水水面线高程为：松滋老城47.73米至涴市隔堤43.46米（黄海高程），见表5-7-20。堤身设计标准断面为堤顶高程按设计洪水位超高1.5米，堤顶宽度老城至胡家岗、东大口至灵钟寺为6米，灵钟寺至涴市隔堤为8米，内外坡比按1∶3标准控制。堤顶道路采用碎石路面，碎石厚0.2米。

表5-7-20　松滋江堤加高加固工程设计洪水位表

堤　段	地　点	老桩号	新桩号	原堤顶高程/m（黄海）	设计洪水位/m（黄海）	设计洪水位/m（吴淞）
老城至胡家岗	天王堂闸（老城）	0+101			47.73	50.24
	进洪闸	0+623	0+000	47.39	47.70	
	新华垸		3+204	47.36	47.45	
	戴家渡	9+000	8+096	46.48	46.98	
	两利闸		9+092	46.77	46.88	
	何家渡	13+000	12+179	46.17	46.54	48.72
	大口	15+500	14+714		46.29	
	胡家岗	17+500	16+803	45.91	46.09	48.28
东大口至灵钟寺	许家湾		20+058	45.64	46.29	
	高家套		22+023	45.40	45.90	
	灵钟寺	737+000	28+191	45.92	45.48	47.87

续表

堤 段	地 点	老桩号	新桩号	原堤顶高程 /m（黄海）	设计洪水位 /m（黄海）	设计洪水位 /m（吴淞）
灵钟寺至涴市隔堤	王家台子	731＋300	32＋935	45.74	45.13	
	李家垴	729＋650	35＋131		44.98	
	上杨家垴		35＋559	46.08	44.95	
	杨家垴闸		37＋872		44.83	46.87
	下杨家垴	726＋000	39＋086	45.86	44.74	
	朝家堤	725＋000	40＋069	46.01	44.68	
	丙码头	720＋000	45＋288	45.41	44.31	
	新潭	718＋650	46＋653		44.18	
	涴市镇	715＋000	50＋383	45.21	43.79	45.84
	涴市隔堤	712＋500	52＋711	45.00	43.46	

护岸加固堤段，水下抛石厚度一般为块石粒径的2倍，对水下坡比不足1∶2的边坡，抛至1∶2。对其以下水位较深的缓坡（大于1∶2），其厚度达4倍块石粒径（按块石直径0.3米计）。块石容重2.5吨每立方米。水上护岸堤段，护坡上限为有滩地岸坡，护至与滩肩齐平；无滩地岸坡，则护至设计洪水位。护坡下限为护至设计枯水位以上1米。护岸边坡要求按1∶3护砌，过陡边坡要求削坡。护岸用块石干砌，块石厚0.3米，垫层厚0.1米。

穿堤建筑物设计流量为：杨家垴闸流量10立方米每秒，天王堂进洪闸流量4.1立方米每秒，戴家渡闸0.43立方米每秒，两利闸灌溉流量3.61立方米每秒，合众闸灌溉流量0.8立方米每秒，抱鸡母闸灌溉流量0.8立方米每秒，天王闸1.0立方米每秒，戴家渡闸排水流量1.4立方米每秒，两利闸排水流量8.04立方米每秒，两利泵站5.7立方米每秒，金闸泵站闸4.8立方米每秒，合众闸排水流量9.8立方米每秒，抱鸡母闸排水流量2.87立方米每秒。

（三）工程实施

松滋江堤加高加固工程建设内容主要为：堤身加高培厚，堤基平台填筑，堤身锥探灌浆，险工险段护岸整治，堤顶碎石、混凝土路面铺筑，穿堤涵闸新建及改建。具体见表5-7-21。

松滋江堤加高加固工程于1994年8月开工，2002年12月完工，历时8年。完成堤身加培51.2千米，平台填筑19.55千米，锥探灌浆48.4千米，铺筑泥结碎石堤顶路面51.2千米，改建混凝土路面2千米，护岸13.7千米，完成改建、重建及加固涵闸9座。完成主要工程量为：累计完成土方450立方米，石方59万立方米，其中，堤身加培土方267.28万立方米，堤基内外平台填筑土方107.04万立方米，水下抛石护脚39.71万立方米，水上混凝土预制块护坡1.45万立方米，浆砌脚槽0.62万立方米，填塘15.12万立方米，堤身锥探灌浆8.97万立方米，见表5-7-22。完成投资14589.466万元，其中，建安工程投资10126.53万元，设备投资413.25万元，待摊投资4049.68万元。

表 5-7-21　　松滋江堤加高加固工程项目表

序号	工程项目	布置位置	桩　　号	堤　　段
1	堤身加高培厚	堤身	51.2千米	全堤段
2	堤基平台处理	内外平台	1+378～4+000、9+200～11+000、12+000～12+590、14+162～15+542	老城—胡家岗
			0+000～1+000、2+763～5+660、6+260～7+300、8+260～9+460	东大口—灵钟寺
			8+000～24+600	灵钟寺—杨家垴
3	锥探灌浆	堤身	0+100～5+000、8+585～19+900	老城—胡家岗
			0+000～9+860	东大口—灵钟寺
			0+000～24+600	灵钟寺—涴市隔堤
4	护坡	沿堤外坡	0+100～0+350、2+250～3+150、10+702～11+432、12+013～12+786	老城—胡家岗
			1+400～2+000、2+625～3+800、9+410～9+810	东大口—灵钟寺
			1+400～2+000、2+625～3+800、9+410～9+810	东大口—灵钟寺
5	护岸抛石整治	险工险段	2+250～3+150、8+650～9+800、10+702～11+432、11+932～12+786	老城—胡家岗
			0+000～0+168、2+625～3+800、9+410～9+810	东大口—灵钟寺
			11+720～12+059、11+876～15+027、20+206～21+265、22+010～24+762	灵钟寺—涴市隔堤
6	堤顶碎石	堤顶长度	51.2km	全堤段
7	混凝土路面	堤顶	22+000～24+000	灵钟寺—涴市隔堤
8	涵闸新建及改建	堤身	0+101、0+623、8+964、9+932、10+088、13+672、13+824	老城—胡家岗
			2+870	东大口—灵钟寺
			11+050	灵钟寺—涴市隔堤

表 5-7-22　　松滋江堤加高加固工程初设、实际完成工程量表

工　程　项　目		单位	初设批复工程量	设计变更后工程量	实际完成工程量
一、堤身加培	土方填筑	m^3	2589700	2672800	2672800
	土方开挖	m^3	216000	135187	135187
	植草	m^2		848018	848018
二、堤基处理	土方填筑	m^3	1082300	1070400	1070400
	清基	m^3	70600	30443	30443
	填塘	m^3	122800	151200	151200
	锥探灌浆	m^3	2241600	89700	89700

续表

工程项目		单位	初设批复工程量	设计变更后工程量	实际完成工程量
三、护岸工程	削坡土方	m^3	115800	223421.7	223421.7
	干砌石	m^3	58800	变更	变更
	混凝土预制块护坡	m^3		14500	14500
四、水下抛石		m^3	379500	397000	397095.5
五、路面工程	泥结碎石	m^3	73000	58986	58986
	混凝土路面	m^3		2400	2400
六、穿堤建筑物	混凝土	m^3	4102	4031	4031
	钢筋	t	209.2	211.4	211.4
	削坡土方	m^3	24168	25269	25269
	预制块护坡	m^3	2062	2082	2082
	现浇混凝土封顶	m^3	319	332.5	332.5
	浆砌石	m^3	798	835.5	835.5
	粗砂、瓜米石垫层	m^3	3259	3823	3823
	水下抛石	m^3	7746	7746	7746
	土工布	m^2	4069	6349	6349

松滋江堤加高加固工程分两期完成。第一期工程于1995年3月至1997年9月由松滋县水利局组建“松滋江堤加固工程指挥部”负责组织实施老城至胡家岗堤段（0+100～16+900）、东大口至灵钟寺堤段（0+000～9+860）、灵钟寺至涴市隔堤堤段（0+000～4+000）的堤身加高和堤基加培工程。其中老城至胡家岗堤段完成堤身加高培厚和堤基加培16.8千米，填筑土方146.55万立方米，水下抛石3.4万立方米，锥探灌浆1.33万立方米；东大口至灵钟寺堤段堤身加高培厚9.86千米，填筑土方104.47万立方米，堤身锥探灌浆7285米，灌浆1.40万立方米；大口堤段改线950米，同时兴建抱鸡母洲闸；灵钟寺至涴市隔堤堤段完成堤身加高培厚4.0千米，填筑土方16.70万立方米；堤身锥探灌浆24.65千米，灌浆114.18万立方米；对朝家堤、杨泗庙等处抛石2.32万立方米，涴市横堤水下抛石2.68万立方米。

1999年，成立“松滋江堤加固项目部”负责实施下剩工程。施工中，继续对松滋江堤堤身进行加高培厚，对部分堤段进行堤基处理和填塘。老城至胡家岗（松滋河）堤段完成填塘300米，填筑土方2.67万立方米；灵钟寺至杨家垴堤段4+000～11+000段完成堤身土方加培7千米，填筑土方47.59万立方米；杨家垴至涴市隔堤11+000～24+600段长13.6千米堤段进行了堤身土方填筑和堤基填筑，对21+315～22+157段842米长堤段进行了填塘，完成填筑土方64.46万立方米。

2000年后，对松滋江堤51.2千米堤顶路面进行了改造，铺筑泥结石路面51.2千米，并在泥结石路面上改建混凝土路面2千米，完成泥结石铺筑5.90万立方米，混凝土2400立方米。其中，老城至胡家岗（0+100～16+800）16.8千米堤段铺筑泥结碎石1.28万立方米；东大口至灵钟寺（采穴河）堤段（8+500～16+900）铺筑长度8.4千米，完成泥结碎石7395立方米，路面砂石垫层2465立方米；灵钟寺至杨家垴堤段（0＋000～11＋000）铺筑长11千米，完成碎石垫层3300立方米，泥结碎石9900立方米；杨家垴至涴市堤段（11＋000～24＋600）铺筑长度为13.6千米，改建堤顶混凝土路面2千米（22＋000～24＋000），完成碎石垫层2.04万立方米，泥结碎石1.31万立方米，堤顶路面混凝土2400立方米。

松滋江堤加高加固工程施工中，针对堤身隐患进行整治，完成锥探灌浆48.4千米，占全堤长的94%，灌浆8.97万立方米。

散浸和管涌是松滋江堤发生较多的险情。散浸险情常发的堤段有新垴、大矶、金沟、李家垴、杨家垴、朝家堤、丙码头、史家湾、杨泗庙、查家月堤、罗家湾11处，沿堤长约10.8千米，占全堤长的20%。散浸宽度离堤脚30～250米，管涌险情主要发生堤段为新华垴、大矶、金沟等，主要管涌点有9个，最大孔径0.3米。

为整治松滋江堤堤基渗漏险情，在加高加固工程中将堤内外50米范围内均采取渗控措施实施整险加固，一般根据险情和渗径要求，采用堤内盖重为主，压排相结合，辅以部分填塘等措施。老城至胡家岗堤段有8处堤基渗控除险，其中堤内压浸7处，堤外铺盖1处；东大口至灵钟寺堤段有4处堤基渗控除险，其中，堤内压浸台2处，堤外铺盖1处，填塘1处；灵钟寺至罗家潭堤段有6处堤基渗控除险，其中堤内压浸台6处，罗家潭实施部分填塘。涴市堤段和灵钟寺堤段部分地段堤脚地处低洼，汛期容易积水，对防洪安全影响极大，加固中，特增加盖重填筑4.21千米，盖重宽度与上下游堤段一致。堤基渗漏险情整治共完成土方92.88万立方米，填塘土方13.96万立方米。

松滋江堤不稳定岸坡沿堤长约23.6千米，占全堤段长46%。新华垴、灵钟寺、罗家潭、丙码头等堤段易发生崩岸；松滋河段受江水冲刷严重，尤以戴家渡至合众闸段为甚；何家渡、朝家堤等堤段深泓逼岸，新华垴、大矶、灵钟寺、杨泗庙、涴里隔堤、查家月堤、罗家潭等地迎流顶冲，易导致岸坡失稳。为稳定河势和增强河床边界的抗冲能力，对迎流顶冲，外滩较窄河段与深泓贴岸河段实施重点防护整治，对阻水漫滩，滩岸较大虽崩岸严重，但尚不危及大堤安全的，采取抛石护岸。施工中采用平顺护岸形式，水上护岸采用干砌块石；水下抛石护脚，上端一般自设计枯水位以上1米接护坡脚槽，下端则根据河床形势实施守护。

老城至胡家岗段水下抛石7.56万立方米，护长3629米，护岸削坡4处2653米，削坡土方9.22万立方米，混凝土预制块护坡4处2653米，共9703立方米，浆砌脚槽3450立方米；大口至灵钟寺护岸削坡3处，并在削坡地段实施混凝土预制块护坡，护砌长度2175米，水下抛石3处1743米，共抛石4.77万立方米；灵钟寺至涴市隔堤水下抛石护岸3处1055米，共护石28.0万立方米。整个护岸工程水下抛石共39.71万立方米，护岸长度13.43千米，混凝土预制块护坡1.45万立方米。

1999年7月，松滋江堤高家套堤段（桩号3＋356～3＋550）发生严重崩岸险情，紧急抢险抛块石2871立方米固脚，保证了江堤安全度汛，汛后进行了护岸整治施工。

松滋江堤上原建有9座涵闸，其中，天王堂闸、进洪闸、戴家渡闸、两利电排站闸、金闸电排站闸和合众闸等7座涵闸建于松滋老城至胡家岗堤段，抱鸡母闸建在东大口至灵钟寺堤段；杨家垴闸建在灵钟寺至罗家潭堤段，9座涵闸共计灌溉面积22.05万亩，排水面积84.6平方千米。这些涵闸兴建年代久远，天王堂闸最早建于1842年，戴家渡闸建于1871年；其他涵闸建于20世纪50—60年代，设计标准均偏低，建筑质量较差，因年久风化，涵闸险情较多，已不适应防洪的要求。在松滋江堤加高加固工程中针对9座涵闸的不同病险情况分别进行整险加固。合众闸在原闸址上加固接长，闸首由老堤外移40.3米，即距新堤堤面中心21.4米；外移后，新建闸首段14米，闸首段后接长两节箱涵，并在闸首外江侧设一消力池。两利闸和两利泵站闸在原闸址上接长加固，根据堤身内帮要求，在垸内接长一节，并采用钢筋混凝土箱涵，同时，重建外江、垸内两侧八字形矩形槽，以延长渗径。金闸泵站闸在原闸址上接长洞身，同时重建消力池，更新闸门、启闭机。天王堂闸、进洪闸、戴家渡闸由于建筑质量较差，病险较多，在原址按原排灌要求实施改建，改原单孔条石涵（混凝土拱涵）为钢筋混凝土箱涵。杨家垴闸和抱鸡母闸原闸址条件较差，堤身加高培厚后堤线有变动，整险加固中，将两闸迁移新址，变更规模，实施重建。

松滋江堤穿堤建筑物加固与改建工程于1996年元月开工建设，2000年5月完工，实际完成投资460.48万元。9座涵闸的加固与改建共完成土方开挖6.38万立方米，土方填筑4.43万立方米，混凝土4031立方米，浆砌石3523立方米（含干砌），混凝土拆除1316立方米，更换平板闸门9扇、启闭机9台，修建提水泵站1座，耗用钢筋179.4吨，见表5-7-23。2012年荆州市长江干流堤防断面见表5-7-24。

表5-7-23　　松滋江堤加高加固工程穿堤建筑物建设一览表

工程项目名称	开工时间	完工时间	土方开挖/m³	土方回填/m³	混凝土/m³	钢筋/t	砌石/m³	清淤/m³	备注
杨家垴闸重建工程含提水泵站	1999年11月30日	2000年4月5日	33084	13304	1497	76.4	干砌、浆砌2168		提水泵站一座
杨家垴闸后渠首护砌	2002年4月4日	2002年4月20日	1200	垫层350			浆砌块石840		
天王堂闸改建工程	1998年11月9日	1999年3月31日	4175	3245	263	14			
进洪闸改建工程	1999年2月4日	1999年6月25日	9984	7488	466	24			
戴家渡闸改建工程	1999年12月3日	2000年5月25日	2120	2239	251	13			
两利闸加固工程（两利泵站闸）	1999年1月15日	2000年5月25日	3132	2684	351		浆砌块石304	1760	拆除混凝土570m³
金闸泵站闸加固工程	1999年12月19日	2000年5月10日	827	436	181	7	浆砌石53		拆除混凝土184m³
合众闸加固工程	1999年12月13日	2000年5月25日	4083	10029	756	33	浆砌石158		拆除混凝土562m³
抱鸡母闸改建工程	1996年1月22日	1996年6月25日	5188	4487	266	12			
合计		63793	44262	4031	179.4	3523	1760		

（四）堤防现状

松滋江堤经历年岁修，特别是经 1994—2002 年加高加固工程基本建设后，堤顶宽度达到 8 米，堤顶高程 47.18～49.69 米，（吴松冻结）内、外坡比 1：3，堤内脚高程 39.50～44.00 米，堤身垂高 8～5 米，一般堤内平台高程 39.50～44.00 米。

通过护岸护坡，守护长 6859 米，有滩地岸坡，护至与滩肩齐平；无滩地岸坡则护至设计洪水位，有效地防止江水冲刷而导致的崩坍，巩固了堤岸。

通过修筑 30 米宽的内平台和对 18 处重点堤基渗控除险，使堤基渗漏险情得到了有效整治，堤防质量得到明显提高。

对江堤上 9 座涵闸分别实施重建或改建，扩大了排灌效益，提高了防洪标准。

铺筑泥结碎石堤顶路面 51.2 千米，改建泥土路面 2 千米，提高了防汛人员和物资的调运速度，方便了沿堤群众的生产生活。

松滋江堤经 2003 年竣工验收投入运行以来，经受多年的洪水考验，未出现重大险情。堤防等级尚未完全达到国家 2 级堤防标准。

表 5-7-24　　荆州市长江干流堤防断面表（2012 年）　　单位：m

地点	桩号	设计洪水位		堤面		外平台		内平台		备注
		长江洪水	分洪区	高程	宽度	高程	宽度	高程	宽度	
一、荆江大堤										
（一）荆州（区）										
枣林岗	810+350	47.60		50.40	15.90	44.00	25.60	44.10	32.90	
谢家园沟	809+000	47.59		50.10	8.80	43.80	29.30	44.80	47.20	
张家沟	808+000	47.58		50.40	8.50	44.10	28.90	44.70	39.10	
熊家槽坊	807+000	47.57		50.60	7.20	44.40	29.10	45.70	11.90	
孙家湾	806+000	47.57		50.80	8.50	44.10	30.30	44.70	34.30	
朱家拐	805+000	47.56		50.30	7.20	43.60	24.80	45.50	37.00	
张家搾	804+000	47.56		50.20	7.60	44.90	40.50	45.50	29.00	
堆金台	803+000	47.55		49.90	8.20	41 70	35.00	45.30	29.20	
堆金台	802+000	47.54		50.00	12.80	44.40	30.00	46.10	18.40	
周家湾	801+000	47.53		49.80	11.80	41.50	34.40	42.30	31.00	
马家冲	800+000	47.53		49.70	12.50	40.80	34.70	41.80	47.80	
谢家倒口	799+000	47.48		49.90	12.30	40.70	33.40	42.10	49.60	
德胜寺	798+000	47.42		50.00	12.80	40.50	29.00	40.70	39.70	
横店子	797+000	47.37		49.50	12.10	40.20	30.60	40.70	49.80	
刘家堤头	796+000	47.32		49.90	11.80	40.30	21.00	40.80	48.60	
万城	795+000	47.26		49.30	12.90	39.90	24.30	40.10	47.90	
万城闸	794+000	47.21		化 40	10.10	41.50	26.10	39.90	52.10	
花濠	793+000	47.16		49.80	9.70	41.60	26.50	39.50	49.70	

续表

地点	桩号	设计洪水位		堤面		外平台		内平台		备注
		长江洪水	分洪区	高程	宽度	高程	宽度	高程	宽度	
万城	792+000	47.11		49.40	11.10	41.20	21.80	39.40	24.70	
李家湾	791+000	47.06		49.30	12.10	40.90	27.60	39.20	49.40	
李家湾	790+000	47.01		49.40	11.30	40.60	8.80	38.70	41.00	
张家倒口	789+000	46.94		49.00	11.80	41.00	16.10	38.60	57.80	
张家倒口	788+000	46.87		49.10	11.40	40.80	18.70	38.60	46.50	
孙家屏墙	787+000	46.83		48.90	11.20	40.60	28.10	38.80	50.10	
刘家湾	786+000	46.76		48.90	11.40	40.50	26.00	38.40	47.80	
闵家潭	785+000	46.68		49.00	11.70	40.80	34.70	38.50	50.10	
闵家潭	784+000	46.61		48.70	12.80	40.70	27.40	38.60	48.40	
向家湾	783+000	46.54		49.10	10.40	41.80	23.20	38.80	49.40	
胡家潭	782+000	46.46		48.70	11.40	40.70	21.90	38.80	45.40	
胡家潭	781+000	46.39		48.60	11.60	40.50	29.70	38.80	51.90	
胡家巷	780+000	46.32		48.40	12.80	40.60	17.70	38.50	47.50	
胡家巷	779+000	46.25		48.20	11.80	40.40	11.10	38.30	51.00	
字纸篓	778+000	46.17		48.30	10.90	40.80	19.70	38.30	48.90	
字纸篓	777+000	46.10		48.50	10.90	41.80	17.60	38.60	45.20	
李家埠	776+000	46.03		48.10	11.50	43.10		38.30	68.80	
余家湾	775+000	45.97		48.00	11.90	40.90	29.90	37.80	51.30	
赵家湾	774+000	45.90		48.10	11.80	41.00	21.30	37.50	48.60	
付家台	773+000	45.84		48.00	11.80	36.80	25.10	37.30	52.00	
付家台	772+000	45.77		48.00	12.10	41.10	16.50	37.60	48.90	
破庙子	771+000	45.70		47.60	9.90	39.90	33.50	38.10	52.00	
东岳庙	770+000	45.64		48.00	12.10	40.40	27.50	37.50	46.00	
关庙	769+000	45.57		47.60	11.90	40.50	55.20	37.10	22.00	
白龙桥	768+000	45.50		48.10	11.40	41.00	34.90	37.30	29.80	
白龙桥	767+000	45.44		48.10	9.10	40.60	28.30	39.30	17.70	
铁佛寺	766+000	45.37		47.90	10.20	40.90	31.70	38.40	51.20	
江神庙	765+000	45.31		47.80	10.20	40.70	19.70	37.30	42.70	
御路口	764+000	45.24		48.30	15.50	44.30	41.60	39.10	37.50	
陈家茶铺	763+000	45.17		47.50	13.40	41.80	28.10	37.50	62.70	
黑窑厂	762+000	45.11		47.30	12.50	41.90	19.90	37.30	22.00	
（二）沙市										
马王庙	761+000	45.04		46.50	9.50	44.50		37.10	50.20	
廖子河	760+000	44.99		46.50	15.60	44.50		38.20	46.70	

续表

地点	桩号	设计洪水位		堤面		外平台		内平台		备注
		长江洪水	分洪区	高程	宽度	高程	宽度	高程	宽度	
刘大巷	759+000	44 05		46.90	18.60	43.60		40.70	59.60	
拖船埠	758+000	44.91		46.30	13.00	43.60		39.70	13.20	
轮渡	757+000	44.86		46.30	11.50	43.60		40.70		
文星楼	756+000	44.82		46.20	14.20	40.70	33.00	40.70	50.80	
马家江踣	755+000	44.78		45.80	12.70	40.60	23.70	36.30	28.30	
吕家河	754+000	44.74		46.00	12.40	42.00	20.50	35.70	39.50	
吕家河	753+000	44.69		46.00	11.40	41.00	24.50	37.60	47.10	
窑湾	752+000	44.65		45.80	14.00	40.60	50.90	38.20	51.10	
窑湾	751+000	44.61		47.30	12.40	41.00	13.00	39.70	28.50	
窑湾	750+000	44.56		48.20	11.30	41.00	22.00	38.70	27.50	
肖家巷	749+000	44 52		46.90	11.20	41.00	22.10	35.50	24.00	
盐卡	748+000	44 48		47.30	9.50	42.20		35.90	30.20	
岳家湾	747+000	44.42		46.80	12.00	43.20	14.70	37.00	13.40	
蔡家湾	746+000	44.36		47.30	13.10	43.00	36.00	37.00	22.30	
（三）江陵										
木沉渊	745+000	44.30		47.00	10.30	43.20	23.00	36.20	100.00	
杨二月	744+000	41 24		46.80	11.50	45.40	21.00	35.70	74.00	
柴纪	743+000	44.17		46.90	10.60	43.40	17.00	36.40	50.00	
蒿子垱	742+000	41.11		46.90	9.60	45.00	19.00	38.20	100.00	
观音寺	741+000	44.05		46.70	10.30	43.80		40.30	108.00	外为段机关
陈家湾	740+000	43.99		46.50	11.30	42.00	38.70	37.00	50.00	
陈家湾	739+000	43.93		47.30	10.90	41.50	50.00	38.10	50.00	
赵家垴	738+000	43.87		46.70	11.50	42.00	50.00	37.50	50.00	
赵家垴	737+000	43.81		46.70	11.40	41.20	50.00	34.80	50.00	
赵家垴	736+000	43.75		46.60	11.80	39.60	50.00	35.70	50.00	
文村夹	735+000	43.68		45.70	8.80	39.40	50.00	34.80	50.00	
文村夹	734+000	43.62		46.50	11.80	41.70	40.00	37.70	50.00	
范家渊	733+000	43.56		46.20	9.80	38.90	28.50	35.80.	48.10	
三仙庙	732+000	43.50		46.30	9.30	38.50	27.50	34.70	48.30	
三仙庙	731+000	43.43		46.20	9.40	37.80	25.50	34.90	46.50	
张黄场	730+000	43.36		46.30	9.90	38.50	28.30	35.00	36.50	
黄家湾	729+000	43.29		46.20	10.00	37.80	25.50	34.80	40.20	
黑狗渊	728+000	43.22		46.10	9.40	37.70	27.40	34.20	45.20	
王府口	727+000	43.16		45.70	10.00	36.80	27.20	34.30	46.20	

续表

地点	桩号	设计洪水位		堤面		外平台		内平台		备注
		长江洪水	分洪区	高程	宽度	高程	宽度	高程	宽度	
资圣寺	726+000	43.09		45.90	9.60	37.70	30.30	35.80	45.40	
赵家湾	725+000	43.02		45.70	9.30	37.30	23.40	35.70	45.40	
马家寨	724+000	42.95		45.60	10.00	37.50	28.50	35.70	36.40	
马家寨	723+000	42.88		45.50	9.11	38.30	21.20	34.30	42.30	
冲和观	722+000	42.81		45.40	11.00	40.00	52.70	35.10	45.40	
祁家渊	721+000	42.74		45.40	12.10	35.80	15.50	38.30	56.70	
祁家渊	720+000	42.67		45.30	12.60	35.90	11.50	40.00	50.10	
谢家榨	719+000	42.60		44.90	12.00	40.80	18.30	42.10	10.30	
洗马口	718+000	42.53		45.20	11.80	40.80	48.00	37.50	69.00	
黄灵垱	717+000	42.46		45.10	11.50	36.00	12.00	37.00	57.00	
灵官庙	716+000	42.39		44.70	10.90	36.10	23.00	36.30	32.00	
灵官庙	715+000	42.32		44.50	11.40	38.40	14.00	36.40	49.80	
方赵岗	714+000	42.25		44.80	12.90	36.40	14.00	35.90	50.00	
方赵岗	713+000	42.19		44.50	11.40	40.50	8.00	34.70	50.00	
蒋家湾	712+000	42.13		44.50	11.80	40.00	40.00	34.50	47.60	
郛阮渊	711+000	42.06		44.40	11.80	39.80	13.00	35.00	74.50	
铁牛	710+000	42.00		44.00	12.60	43.10	12.00	34.30	38.50	
铁牛	709+000	41.94		44.20	12.60	40.40		34.00	35.00	
郝穴镇	708+000	41.87		44.40	11.00	38.10	14.50	36.00	41.00	
九华寺	707+000	41.81		44.00	13.50	40.60	15.00	34.50	89.00	
范家垱	706+000	41.74		44.70	12.00	40.90	32.00	34.50	59.00	
刘家车路	705+000	41.68		43.90	11.90	40.00	28.00	34.50	57.00	
严家台	704+000	41.61		44.10	10.90	39.50	48.00	32.60	53.00	
严家台	703+000	41.55		44.10	11.80	40.20	59.00	32.70	46.00	
熊良工	702+000	41.49		43.60	11.10	37.90	20.00	32.60	48.80	
周公堤	701+000	41.42		43.80	11.40	39.90	61.00	32.80	52.00	
吴家潭子	700+000	41.36		43.30	11.40	38.20	50.00	32.10	52.00	
柳口	699+000	41.30		43.90	12.00	38.20	50.00	33.20	41 00	
夹堤湾	698+000	41.00		43.70	12.00	38.20	50.00	33.00	45.30	
万家台	697+000	41.18		43.60	9.50	36.30	18.00	33.100	40.00	
万家台	696+000	41.12		43.40	9.90	35.50	24.00	33.00	32.10	
洪水渊	695+000	41.06		43.10	9.50	34.80	26.20	32.70	30.70	
南王台	694+000	41.00		43.30	9.40	34.70	29.00	32.70	29.60	
公管堤	693+000	40.94		43.50	9.40	34.70	30.00	33.50	27.10	

续表

地点	桩号	设计洪水位		堤面		外平台		内平台		备注
		长江洪水	分洪区	高程	宽度	高程	宽度	高程	宽度	
余家湾	692＋000	40.88		43.10	9.40	35.20	24.00	33.80	28.60	
金果寺	691＋000	40.82		42.90	9.20	35.40	26.00	33.80	22.20	
金果寺	690＋000	40.76		42.90	9.00	35.00	30.00	33.20	20.00	
彭家台	689＋000	40.70		43.10	10.00	34.40	30.00	32.80	15.40	
王家堤口	688＋000	40.64		42.70	9.50	34.30	28.00	33.20	21.50	
杨叉路	687＋000	40.58		42.70	8.50	34.10	29.20	32.90	25.40	
羊子庙	686＋000	40.51		42.60	9.40	33.30	29.30	32.50	25.40	
羊子庙	685＋000	40.45		43.20	9.90	34.00	26.10	32.70	25.90	
齐家湾	684＋000	40.39		42.40	9.40	33.20	30.00	31.90	29.20	
曾家渊	683＋000	40.33		42.70	9.40	32.80	28.30	31.90	29.80	
荷叶渊	682＋000	40.27		42.50	9.30	31.90	29.00	31.30	31.20	
荷叶渊	681＋000	40.21		42.40	9.30	33.30	28.20	31.10	32.30	
聂家堤口	680＋000	40.15		42.20	9.60	33.30	29.80	31.40	47.70	
丁堤拐	679＋000	40.09		42.40	10.50	32.60	21.60	32.50	48.70	
麻布拐	678＋000	40.03		42.30	10.00	34.00	28.30	33.40	30.50	
窑湾	677＋000	39.97		42.20	9.50	33.90	30.50	33.40	66.50	
小河口	676＋000	39.91		42.00	9.80	33.90	28.00	33.80	57.70	
（四）监利										
小河口	675＋000	39.85		41.60	8.50	33.00	45.00	32.30	31.90	
一弓堤	674＋000	39.79		42.10	8.30	33.20	42.80	42.80	54.60	
朱三弓	673＋000	39.73		41.50	1.80	32.90	47.70	47.70	39.60	
四弓堤	672＋000	39.67		41.80	1.90	31.10	43.60	43.60	55.30	
卡子口	671＋000	39.61		41.00	1.30	31.50	58.00	29.50	48.00	
二十号	670＋000	39.56		40.60	8.30	31.10	39.50	48.70	52.20	
柳树凹	669＋000	39.50		41.10	8.90	31.20	45.90	28.50	41.70	
九弓月	668＋000	39.44		41.50	1.90	32.40	43.00	29.70	64.70	
永安寺	667＋000	39.38		41.20	1.80	31.40	40.80	30.10	85.70	
永安寺	666＋000	39.32		41.50	8.60	31.90	40.70	30.50	68.30	
田家月	665＋000	39.26		41.50	9.30	31.90	41.90	29.10	35.10	
王家巷	664＋000	39.20		41.50	8.40	31.70	41.70	30.50	40.40	
堤头	663＋000	39.14		41.40	8.80	32.10	49.80	29.80	64.00	
堤头	662＋000	39.09		41.10	8.80	32.20	54.00	36.60	44.00	
三根树	661＋000	39.03		40.80	9.10	32.00	42.00	29.80	40.00	
郑家拐	660＋000	38.97		40.90	9.40	31.69	23.10	29.40	32.40	

续表

地点	桩号	设计洪水位		堤面		外平台		内平台		备注
		长江洪水	分洪区	高程	宽度	高程	宽度	高程	宽度	
荆南山	659＋000	38.91		40.70	8.80	31.30	16.40	30.20		
孟兰渊	658＋000	38.85		41.10	9.20	32.70	38.90	29.10	96.00	
少岭头	657＋000	38.79		41.00	9.20	31.80	29.70	29.70	33.20	
三节垱	656＋000	38.74		41.10	8.50	31.90	38.90	29.50	33.70	
冬青树	655＋000	38.68		41.00	8.50	31.50	44.90	30.50	37.10	
局屋汀	654＋000	38.63		41.00	8.40	31.50	39.30	30.50	30.60	
八尺弓	653＋000	38.57		40.70	1.70	30.60	22.10	30.50	36.40	
沙汀凹	652＋000	38.51		41.10	8.40	30.70	41.10	19.30	41.30	
蒲家渊	651＋000	38.46		41.10	8.30	31.30	41.70	30.00	43.00	
郑家渊	650＋000	38.40		41.00	8.80					
流水口	649＋000	38.35		40.70	8.50					
窑湾	648＋000	38.29		40.60	1.70					
何嘴套	647＋000	38.22		40.40	1.60					
毛老渊	646＋000	38.15		40.40	8.70	30.00	27.70	29.80	29.00	
罗码口	645＋000	38.09		40.70	9.60	31.70	42.80	29.80	24.80	
吴老渊	644＋000	38.02		40.40	8.40	31.30	48.10	30.50	21.10	
邓码口	643＋000	37.95		40.40	9.70	31.50	47.50			
谭家渊	642＋000	37.88		40.50	9.70	32.30	47.90			
唐码口	641＋000	37.80		40.30	9.70	31.40	49.60			
王码口	640＋000	37.72		40.00	9.40	31.20	48.90			
杨家湾	639＋000	37.64		39.90	9.60	31.50	50.20			
上搭垴	638＋000	37.55		39.79	9.90	33.40	43.60			
长湖	637＋000	37.46		39.70	9.00	33.70	43.30			
窑圻垴	636＋000	37.36		39.70	9.70					
井家渊	635＋000	37.27		39.70	8.90					
鄢家铺	634＋000	37.26		39.60	9.70					
药师庵	633＋000	37.26		39.70	10.70					
党牛行	632＋000	37.25		40.00	12.80					
西门渊	631＋000	37.25		39.80	11.50					
凤凰堤	630＋000	37.24		39.61	10.10					
城南	629＋000	37.24		40.06	10.50					
二、监利洪湖长江干堤										
（一）监利										
严家门	628＋000	37.23		39.75	8.00	33.50	50.00			堤外为工业围堤

续表

地点	桩号	设计洪水位		堤面		外平台		内平台		备注
		长江洪水	分洪区	高程	宽度	高程	宽度	高程	宽度	
新市街	627+000	37.20		39.72	8.00	33.50	50.00	30.94	18.00	堤外为工业围堤
张家垱	626+000	37.19		39.69	8.00	33.50	50.00	30.94	20.00	堤外为工业围堤
董家垱	625+000	37.18		39.66	8.00	33.50	50.00	30.14	20.00	堤外为工业围堤
半路堤	624+000	37.17		39.63	8.00	33.50	50.00			堤外为工业围堤
九弓湾	623+000	37.15		39.6	8.00	33.50	50.00	33.17	30.00	外滩为新洲垸
曾家码头	622+000	37.11		39.57	8.00	33.50	50.00	33.15	30.00	外滩为新洲垸
胡家码口	621+000	37.09		39.54	8.00	33.50	50.00	33.11	30.00	外滩为新洲垸
上搭垴	620+000	37.06		39.51	8.00	33.50	50.00	33.09	30.00	外滩为血防垸
分洪口	619+000	37.03		39.48	8.00	33.50	50.00	33.06	30.00	外滩为血防垸
分洪口	618+000	37.01		39.47	8.00	33.50	50.00	33.03	30.00	外滩为血防垸
狮子口	617+000	36.98		39.47	8.00	33.50	50.00	29.14	24.00	外滩为血防垸
上车湾	616+000	36.95		39.47	8.00	33.50	50.00	30.34	22.00	外滩为血防垸
青果码头	615+000	36.92		39.47	8.00	33.50	50.00			外滩为血防垸
姜家门	614+000	36.89		39.37	8.00	33.50	50.00	30.94	10.00	外滩为血防垸
新月堤	613+000	36.86		39.27	8.00	33.50	50.00	29.14	21.00	
何王庙	612+000	36.83		39.17	8.00	33.50	50.00	29.74	24.00	
钟家月	611+000	36.81		39.07	8.00	33.50	50.00	29.24	24.00	
钟家月	610+000	36.80		39.58	8.00	32.80	50.00	29.54	25.00	
钟家月	609+000	36.78		39.98	8.00	32.80	50.00	29.64	20.00	
下车湾	608+000	36.77		39.80	8.00	32.80	50.00	29.44	20.00	
秦家前房	607+000	36.74		39.80	8.00	32.80	50.00	29.04	25.00	
郑家沱湖	606+000	36.74		39.80	8.00	32.80	50.00	29.90	22.00	
王家巷	605+000	36.71		39.80	8.00	32.80	50.00	29.84	24.0.0	内平台填 604+806
吴赵门	604+000	36.65		39.80	8.00	32.80	50.00	32.71	30.00	
蒋家垴	603+000	36.60		38.70	8.00	32.80	50.00	32.65	30.00	
蒋家垴	602+000	36.55		38.70	8.00	32.80	50.00	32.60	30.00	
莫家月	601+000	36.50		38.70	8.00	31 80	50.00	32.55	30.00	
莫徐拐	600+000	36.44		38.70	8.00	32.80	50.00	32.50	30.00	内平台从 599+806 起
陶市	599+000	36.40		38.70	8.00	32.50	50.00			外滩为三洲联垸
秦刘	598+000	36.35		38.70	8.00	32.50	50.00	30.34	25.00	外滩为三洲联垸
柏子树	597+000	36.30		38.47	8.00	32.50	50.00	29.94	23.00	外滩为三洲联垸
刘家墩	596+000	36.24		38.47	8.00	32.50	50.00	29.94	25.00	外滩为三洲联垸

续表

地点	桩号	设计洪水位		堤面		外平台		内平台		备注
		长江洪水	分洪区	高程	宽度	高程	宽度	高程	宽度	
彭刘	595+000	36.18		38.47	8.00	32.50	50.00	30.54	24.00	外滩为三洲联垸
蔡刘	594+000	36.13		38.47	8.00	32.50	50.00	30.74	15.00	外滩为三洲联垸
竹庄河	593+000	36.08		38.47	8.00	32.50	50.00	30.54	18.00	外滩为三洲联垸
龙儿渊	592+000	36.03		38.47	8.00	32.50	50.00			外滩为三洲联垸
孙家湾	591+000	35.98		38.47	8.00	32.50	50.00	30.74	9.00	外滩为三洲联垸
南河口	590+000	35.93		37.95	8.00	32.50	50.00	29.14	20.00	外滩为三洲联垸
南河口	589+000	35.87		37.90	8.00	32.50	50.00	30.14	20.00	外滩为三洲联垸
何家垱	588+000	35.83		37.90	8.00	32.50	50.00	28.84	10.00	外滩为三洲联垸
林家潭	587+000	35.77		37.90	8.00	32.50	50.00	28.14	13.00	外滩为三洲联垸
尺八	586+000	35.72		37.90	8.00	32.50	50.00	28.04	22.00	外滩为三洲联垸
王家湾	585+000	35.67		37.90	8.00	32.50	50.00	28.64	9.00	外滩为三洲联垸
周喻家	584+000	35.63		37.87	8.00	32.50	50.00	28.94	20.00	外滩为三洲联垸
季家月	583+000	35.57		37.87	8.00	32.50	50.00	28.64	16.00	外滩为三洲联垸
肖家畈	582+000	35.53		37.75	8.00	32.50	50.00	21.64	18.00	外滩为三洲联垸
王马脚	581+000	35.46		37.75	8.00	32.50	50.00	31.53	50.00	内平台填至81+588
蔡家嘴	580+000	35.41		37.75	8.00	32.50	50.00	31.46	50.00	外滩为三洲联垸
红庙	579+000	35.36		37.75	8.00	32.50	50.00	31.41	50.00	外滩为三洲联垸
四号堤	578+000	35.31		37.75	8.00	32.50	50.00	31.36	50.00	外滩为三洲联垸
杨林港	577+000	35.24		37.75	8.00	32.50	50.00	31.31	50.00	外滩为三洲联垸
杨林港	576+000	35.21		37.75	8.00	32.50	50.00	31.24	50.00	外滩为三洲联垸
三支角	575+000	35.15		37.38	8.00	32.50	50.00	31.21	50.00	外滩为三洲联垸
土地塔	574+000	35.11		37.38	8.00	32.50	50.00	31.15	50.00	外滩为三洲联垸
曾家门	573+000	35.06		37.38	8.00	32.50	50.00	27.64	16.00	外滩为三洲联垸
北王家	572+000	35.03		37.38	8.00	32.50	50.00	30.14	26.00	外滩为三洲联垸
薛潭	571+000	35.00		37.2	8.00	32.50	50.00	31.03		堤外为老江河
张杨堤	570+000	34.98		37.38	8.00	32.50	42.00	31.00	30.00	外滩为三洲联境
粮码口	569+000	34.96		37.46	8.00	32.50	42.00	30.98	30.00	外滩为三洲联垸
赵家月	568+000	34.94		37.46	8.00	32.50	42.00	30.96	30.00	外滩为三洲联垸
陈家墩	567+000			37.46	8.00	32.50	42.00	30.94	30.00	外滩为三洲联垸
杨家老墩	566+000	31 89		37.46	8.00	32.50	42.00	30.92	30.00	
上观音洲	565+000	34.87		36.87	8.00	31.20	42.00	30.89	30.00	
东头岭	564+000	34.84		36.87	8.00	31.20	42.00	30.86	3.00	
芦家月	563+000	34.82		36.87	8.00	31.20	42.00	30.84	30.00	

续表

地点	桩号	设计洪水位		堤面		外平台		内平台		备注
		长江洪水	分洪区	高程	宽度	高程	宽度	高程	宽度	
尹家潭	562+000	34.80		36.87	8.00	31.20	42.00	30.82	30.00	
郭马湾	561+000	34.78		36.96	8.00	31.20	42.00	30.80	30.00	外滩为丁家洲
郭马湾	560+000	34.76		36.96	8.00	30.80	42.00	28.24	21.00	外滩为丁家洲
朱田王	559+000	34.75		36.96	8.00	30.80	42.00	28.54	13.00	外滩为丁家洲
沱湾	558+000	34.73		36.96	8.00	30.80	42.00	29.14	11.00	外滩为丁家洲
宋家埠口	557+000	34.69		36.96	8.00	30.80	42.00	28.24	18.00	外滩为丁家洲
黄家渊	556+000	31 67		36.94	8.00	30.80	42.00	28.44	20.00	外滩为丁家洲
张先口	555+000	34.64		36.92	8.00	30.80	42.00	29.14	17.00	外滩为丁家洲
张先口	554+000	34.62		36.91	8.00	30.80	42.00	28.14	18.00	外滩为丁家洲
王家台	553+000	31 60		36.90	8.00	30.80	42.00	29.24	28.00	外滩为丁家洲
许家庙	552+000	34.58		36.89	8.00	30.80	42.00	28.74	18.00	外滩为丁家洲
石码头	551+000	34.56		36.88	8.00	30.80	50.00	30.58		外滩为丁家洲
白螺	550+000	34.51		37.87	8.00	30.80	50.00	30.57		外滩为丁家洲
狮子山	549+000	34.51		37.87	8.00					
瞿李家门	548+000	34.51		37.86	8.00	30.80	50.00			
姜家门	547+000	34.47		37.85	8.00	30.80	50.00	30.49	30.00	
五里庙	546+000	34.45		37.84	8.00	30.80	50.00	30.47	30.00	
刘家门	545+000	34.42		37.83	8.00	30.80	50.00	30.45	30.00	
李家月	544+000	34.40		36.69	8.00	30.80	50.00	30.42	30.00	
引港	543+000	34.38		36.69	8.00	30.80	50.00	30.40	30.00	
龙头湾	542+000	34.36		36.69	8.00	30.80	50.00	30.38	30.00	
沈码头	541+000	34.34		37.00	8.00	30.80	50.00	30.36	30.00	
间码头	540+000	34.29		36.69	8.00	30.80	50.00	30.34	30.00	
杨林山	539+000	34.29		36.69	8.00					
余码头	538+000	34.26		36.69	8.00	30.80	50.00	30.29	30.00	
杨码头	537+000	34.24		36.69	8.00	30.80	50.00	30.27	30.00	
邹码头	536+000	34.22		36.69	8.00	30.80	50.00	30.24	30.00	
中房	535+000	34.20		36.69	8.00	30.80	50.00	30.22	30.00	
五马口	534+000	34.18		36.69	8.00	30.80	50.00	30.20	30.00	
兔耳港	533+000	3117		36.69	8.00	30.80	50.00	30.18	30.00	
韩家埠	532+000	34.17		36.69	8.00	30.80	50.00	30.17	30.00	
韩家埠	531+550	34.17		36.69	8.00	30.80	50.00	30.17	30.00	
（二）洪湖										
韩家埠	531+550	34.17		37.10	8.00	30.00	50.00	30.00	50.00	

续表

地点	桩号	设计洪水位		堤面		外平台		内平台		备注
		长江洪水	分洪区	高程	宽度	高程	宽度	高程	宽度	
钦宫潭	531＋000	34.12		37.10	8.00	30.00	50.00	30.00	50.00	
钦宫潭	530＋000	34.09		37.10	8.00	30.00	50.00	30.00	50.00	
螺山汽渡	529＋000	34.06		37.10	8.00	30.00	50.00	30.00	10.00	
螺山老街	528＋000	34.03		37.10	8.00	30.00	50.00	32.00	20.00	
袁家湾	527＋000	34.00		37.10	8.00	30.00	50.00	33.00	7.00	
丁家堤	526＋000	33.97		37.05	8.00	31.00	50.00	31.00	30.00	
周家嘴	525＋000	33.96		36.50	8.00	31.00	50.00	31.00	30.00	
重阳树	524＋000	33.95		36.50	8.00	31.00	50.00	31.00	30.00	
伍家墩	523＋000	33.94		36.50	8.00	30.00	50.00	313.00	30.00	
王家码头	522＋000	33.93		36.50	8.00	30.00	50.00	30.00	30.00	
朱家峰	521＋000	33.91		36.50	8.00	30.00	40.00	30.00	30.00	
皇堤宫	520＋000	33.89		36.50	8.00	29.00～29.80	27.00～30.00	30.00	30.00	
单家洲	519＋000	33.87		36.50	8.00	30.00	24.00	30.00	30.00	
界牌	518＋000	33.85		36.42	8.00	30.00	42.00	30.00	30.00	
卫星塘	517＋000	33.83		36.42	8.00	29.00	24.00	30.00	30.00	
马家闸	516＋000	33.81		36.42	8.00	29.00	30.00	30.00	30.00	
彭家码头	515＋000	33.79		36.42	8.00	29.50	30.00～3100	30.00	30.00	
复粮洲	514＋000	33.77		36.42	8.00	29.50	32.00～34.00	30.00	30.00	
复粮洲	513＋000	33.75		36.42	8.00	29.50～21.00	30.00～32.00	31.00	30.00	
复粮洲	512＋000	33.73		36.34	8.00	30.00～30.50	32.00～40.00			
熊家窑	511＋000	33.71		36.26	8.00	28.50～29.00	40.00	30.00	30.00	
熊家窑	510＋000	33.69		36.18	8.00	28.50	23.00～30.00	30.00	30.00	
新堤大闸	509＋000	33.67		36.10	8.00	30.00	50.00	30.00	30.00	
洪湖分局	508＋000	34.02		36.02	8.00	30.00	50.00	30.25	30.00	
夹街头	507＋000	33.63		36.04	8.00	30.00	50.00	30.25	30.00	
搬运站	506＋000	33.50		36.04	8.00	30.00	50.00	30.00	30.00	
电厂	505＋000	33.59		36.04	8.00	30.00	30.00	30.00	30.00	
磷肥厂	504＋000	33.57		36.04	8.00	30.00	50.00	30.00	30.00	
叶家门	503＋000	33.55		36.04	8.00	30.00	50.00	30.00	30.00	

续表

地点	桩号	设计洪水位		堤面		外平台		内平台		备注
		长江洪水	分洪区	高程	宽度	高程	宽度	高程	宽度	
甘家门	502+000	33.53		36.40	8.00	30.00	50.00	30.00	30.00	
万家墩	501+000	33.51		36.06	8.00	29.00	50.00	30.00	30.00	
电排站	500+000	33.49		35.99	8.00	29.50	50.00	30.00	30.00	
茅埠	499+000	33.46		36.02	8.00	30.50	50.00	30.00	30.00	
石码头	498+000	33.44		36.15	8.00	29.00	50.00	30.00	30.00	
叶家洲	497+000	33.42		36.10	8.00	29.40	50.00	30.00	30.00	
王家洲	496+000	33.40		35.74	8.00	29.40	50.00	30.00	30.00	
王家洲	495+000	33.38		36.10	8.00	29.40	50.00	30.00	30.00	
任公潭	494+000	33.36		36.04	8.00	29.50	50.00	30.00	30.00	
大沙角	493+000	33.34		36.05	8.00	29.50	50.00	29.50	30.00	
中沙角	492+000	33.32		36.05	8.00	29.50	50.00	29.50	30.00	
小沙角	491+000	33.30		35.98	8.00	29.50	50.00	29.50	30.00	
横堤角	490+000	33.28		36.01	8.00	29.50	50.00	29.50	30.00	
山口	489+000	33.26		35.92	8.00	29.50	50.00	29.50	30.00	
梅家坛	488+000	33.24		35.76	8.00	29.50	50.00	29.50	30.00	
王家坛	487+000	33.22		35.66	8.00	29.50	50.00	29.50	30.00	
青山	486+000	33.20		35.87	8.00	29.50	50.00	29.60	50.00	
李家坛	485+000	33.18		35.69	8.00	29.50	50.00	29.50	30.00	
牛埠头	484+000	33.16		35.88	8.00	29.50	50.00	30.00	30.00	
宪洲	483+000	33.14		35.87	8.00	29.50	50.00	30.00	30.00	
宪洲	482+000	33.12		35.87	8.00	29.00	50.00	29.00	30.00	
宪洲	481+000	33.11		35.80	8.00	29.00	50.00	29.00	30.00	
宪洲	480+000	33.09		35.85	8.00	29.00	50.00	29.00	30.00	
叶家墩	479+000	33.07		35.87	8.00	29.00	50.00	29.00	30.00	
老湾	478+000	33.05		35.96	8.00	29.00	50.00	29.00	30.00	
老湾	477+000	33.03		35.73	8.00	29.00	50.00	29.00	30.00	
上北堡	476+000	33.00		35.81	8.00	29.00	50.00	29.00	30.00	
上北堡	475+000	32.98		35.87	8.00	29.00	50.00	29.00	30.00	
宿公洲	474+000	32.96			8.00	28.50	50.00	28.50	30.00	
宿公洲	473+000	32.94		35.61	8.00	28.50	50.00	28.50	30.00	
良洲	472+000	32.92		35.65	8.00	28.50	50.00	28.50	30.00	
良洲	471+000	32.90		35.72	8.00	28.50	50.00	28.50	30.00	
良洲	470+000	32.87		35.38	8.00	28.50	50.00	28.50	30.00	
送奶洲	469+000	32.85		35.26	8.00	28.50	50.00	28.50	30.00	

续表

地点	桩号	设计洪水位		堤面		外平台		内平台		备注
		长江洪水	分洪区	高程	宽度	高程	宽度	高程	宽度	
送奶洲	468＋000	32.82		35.21	8.00	28.50	50.00	28.50	30.00	
乌沙洲	467＋000	32.80		35.30	8.00	28.50	50.00	28.50	30.00	
乌沙洲	466＋000	32.78		35.56	8.00	28.00	50.00			
龙口泵站	465＋000		32.76	35.52	8.00	28.00	50.00	28.50	30.00	
三红	464＋000		32.74	35.43	8.00	28.00				
三红	463＋000		32.72	35.26	8.00	28.00～29.00	20.00	29.00	50.00	
下庙	462＋000		32.70	35.44	8.00	29.00	50.00	29.00	30.00	
下庙	461＋000		32.68	35.43	8.00	29.00	50.00	29.00	30.00	
下庙	460＋000		32.66	35.60	8.00	29.00	50.00	29.00	50.00	
套口	459＋000		32.64	35.66	8.00	29.00	50.00	29.00	50.00	
套口	458＋000		32.62	35.26	8.00	29.00	50.00	29.00	30.00	
黑沙坛	457＋000		32.60	35.50	8.00	29.00	50.00	29.00	30.00	
杜家洲	456＋000		32.58	35.38	8.00	29.00	50.00			
汪家洲	455＋000		32.56	35.48	8.00	29.00	50.00	29.00	30.00	
高峰岭	454＋000		32.54	35.30	8.00	29.00	50.00	29.00	30.00	
梅家墩	453＋000		32.52	35.36	8.00	29.00	50.00	28.50	30.00	
一屋墩	452＋000		32.50	35.39	8.00	29.00	50.00	28.50	30.00	
蒋家墩	451＋000		32.50	35.28	8.00	29.00	50.00	28.50	30.00	
高六	450＋000		32.50	35.23	8.00	29.00	50.00	28.50	30.00	
石家	449＋000		32.50	35.19	8.00	29.00	50.00	28.50	30.00	
石家	448＋000		32.50	35.19	8.00	29.00	50.00	28.50	30.00	
彭家码头	447＋000		32.50	35.62	8.00	29.00	50.00	28.50	30.00	
田家口	446＋000		32.50	35.50	8.00	28.50	50.00	28.50	30.00	
田家口	445＋000		32.50	35.48	8.00	28.00	50.00	28.50	30.00	
叶家边	444＋000		32.50	35.40	8.00	28.00	50.00	28.50	30.00	
叶家边	443＋000		32.50	35.27	8.00	29.00	50.00	28.50	40.00	
叶家边	442＋000		32.50	35.29	8.00	29.00	50.00	28.50	40.00	
王家边	441＋000		32.50	35.36	8.00	29.00	50.00	28.50	30.00	
王家边	440＋000		32.50	35.35	8.00	29.00	50.00	28.50	30.00	
莫家河	439＋000		32.50	35.00	8.00	29.00	50.00		30.00	
莫家河	438＋000		32.50	36.00	8.00	21.50～28.00	28.00～31 00	28.50	30.00	
莫家河	437＋000		32.50	36.00	8.00	27.50～28.00	28.00	28.50	30.00	

续表

地点	桩号	设计洪水位		堤面		外平台		内平台		备注
		长江洪水	分洪区	高程	宽度	高程	宽度	高程	宽度	
天门堤	436+000		32.50	35.98	8.00	27.00～28.00	33.00	28.50	30.00	
天门堤	435+000		32.50	35.74	8.00	28.66	30.00	28.50	30.00	
天门堤	434+000		32.50	35.13	8.00	21.00～28.00	28.00	29.00	30.00	
天门堤	433+000		32.50	35.36	8.00	28.00～29.00	30.00	28.50	30.00	
八十八潭	432+000		32.50	35.28	8.00	29.00	20.00～40.00	28.00	50.00	
上河口	431+000		32.50	35.67	8.00	29.00	10.00	28.50	30.00	
八型洲	430+000		32.50	35.63	8.00	28.00～29.00	30.00	28.50	30.00	
八型洲	429+000		32.50	35.63	8.00	28.50	50.00	28.50	30.00	
草场头	428+000		32.50	35.55	8.00	28.50	50.00	28.50	30.00	
燕窝	427+000		32.50	35.34	8.00	28.50	50.00	28.50	30.00	
七家	424+000		32.50	35.18	8.00	28.50	50.00	28.50	30.00	
七家	423+000		32.50	35.34	8.00	28.50	50.00	28.50	30.00	
七家	422+000		32.50	35.72	8.00	28.50	50.00	28.50	30.00	
局墩	421+000		32.50	35.38	8.00	28.50	50.00	28.50	50.00	
三型码头	420+000		32.50	35.14	8.00	28.00	50.00	28.50	30.00	
四型码头	419+000		32.50	35.40	8.00	28.00	50.00	28.50	30.00	
五型码头	418+000		32.50	35.40	8.00	28.00	50.00	28.50	30.00	
五型码头	417+000		32.50	35.18	8.00	28.00	50.00	28.50	30.00	
杨树林	416+000		32.50	35.35	8.00	28.50	50.00	28.50	30.00	
杨树林	415+000		32.50	35.35	8.00	28.50	50.00	28.50	30.00	
杨树林	414+000		32.50	35.56	8.00	28.50	50.00	28.50	30.00	
虾子沟	413+000		32.50	35.68	8.00	28.00	50.00	28.00	30.00	
虾子沟	412+006		32.50	35.40	8.00	28.00	50.00	28.00	30.00	
上北洲	411+000		32.50	35.47	8.00	27.00	37.00～54.00	28.00	30.00	
上北洲	410+000		32.50	35.20	8.00	26.00	14.00～30.00	28.00	30.00	
上北洲	409+000		32.50	34.80	8.00	28.00	50.00	28.00	30.00	
上北洲	408+000		32.50	35.00	8.00	28.00	50.00	28.00	30.00	
下北洲	407+000		32.50	35.08	8.00	28.00	50.00	28.00	30.00	
下北洲	406+000		32.50	34.88	8.00	28.00	50.00			

续表

地点	桩号	设计洪水位		堤面		外平台		内平台		备注
		长江洪水	分洪区	高程	宽度	高程	宽度	高程	宽度	
补园	405＋000		32.50	35.16	8.00	28.00	50.00			
补园	404＋000		32.50	35.00	8.00	28.00	50.00	28.00	30.00	
仰口	403＋000		32.50	34.73	8.00	26.00～27.00	18.00～23.00	28.00	30.00	
仰口	402＋000		32.50	34.84	8.00	26.00～26.50	17.00～22.00	28.00	30.00	
刘家墩	7＋000		32.50	34.92	8.00	25.50～27.00	20.00～37.00	28.00	30.00	
大兴岭	6＋000		32.50	34.75	8.00	24.50～27.00	20.00	28.00	30.00	
排水闸	5＋000		32.50	35.28	8.00	27.00～27.50	30.00	28.00	30.00	
船闸	4＋000		32.50	35.08	8.00	27.50	50.00			
宋家湾	3＋000		32.50	35.00	8.00	27.50	50.00			
张家地	2＋000		32.50	34.95	8.00	24.00～26.00	30.00～38.00	28.00	30.00	
张家地	1＋000		32.50	35.30	8.00	27.00～28.00	30.00～32.00	28.00	30.00	
新滩口	401＋000		32.50	34.72	8.00	27.00～28.00	27.00～32.00	28.00	30.00	
关岭	400＋000		32.50	35.52	8.00	27.00～27.50	27.00～30.00	28.00	30.00	
胡家湾	399＋000		32.50	35.84	8.00	27.00～28.00	26.00～30.00	28.00	30.00	
胡家湾	398＋000		32.50	34.98	8.00	27.00～29.00	29.00～30.00	28.00	30.00	
（三）松滋江堤										
老城—胡家岗	763＋600	49.60		51.30	6.00					
	761＋600	49.47		51.09	6.00			46.80	30.00	
	759＋600	49.28		50.86	6.00					
	757＋600	49.07		50.68	6.00					
	755＋600	48.84		50.37	6.00					
	752＋600	48.68		50.36	6.00			46.02	30.00	
	748＋600	48.27		49.78	6.00			46.96	50.00	
东大口—灵钟寺	746＋800	48.16		49.76	6.00			44.66	30.00	
	743＋800	48.05		49.75	6.00			45.26	30.00	
	741＋800	47.82		49.32	6.00			44.88	30.00	
	739＋800	47.67		49.18	6.00			44.22	30.00	
	737＋740	47.55		49.13	6.00			45.08	30.00	

续表

地点	桩号	设计洪水位		堤面		外平台		内平台		备注
		长江洪水	分洪区	高程	宽度	高程	宽度	高程	宽度	
灵钟寺	737+000	47.51		49.18	8.00	44.18	52.00	43.55	21.00	
采穴码头	734+000	47.28		49.11	8.00	44.80	31.00	43.64	21.00	
采穴码头	732+000	47.13		48.94	8.00	44.06	67.50	43.56	21.00	
王家台	730+000	47.00		48.67	8.00	44.75	13.00	42.03	25.00	
黄鱼庙	729+000	48.63		48.63	8.00	44.24	40.00	42.88	21.00	
财神殿	726+000	46.77		48.46	8.00	44.93	10.50	44.07	50.00	
红花口	722+000	46.51		48.17	8.00	44.03	100.00	41.31	25.00	
丙码头	720+000	46.36		47.99	8.00	43.81	70.00	42.78	30.00	
史家湾	718+000	46.17		48.16	8.00	43.84	100.00	42.07	30.00	
杨泗庙	716+000	46.00		47.58	8.00			44.23	30.00	
横堤	714+000	45.75		47.69	8.00	44.60	45.00	43.40	15.00	
月堤	713+000	45.61		47.58	8.00	43.18	100.00	41.15	30.00	
三、荆南长江干堤										
(一)松滋市										
涴市	712+000	45.54							30.00	
查家月堤	710+260	45.44		47.22	6.20	44.42	25.60	40.80	30.00	
(二)荆州(区)										
陈家湾	709+000	45.38		46.35	6.20	40.50	28.50			
王家台	700+000	45.08		47.12	1.00	42.50	34.00	41.21	8.80	
(三)公安县										
太平口	695+500	45.00	42.15	47.31	4.20			42.31	2250	
宋家台	694+500	44.98		47.17	5.20	40.07	30.60	45.77 41.57	3.60 18.70	
关庙	693+500	44.97	42.15	47.11	5.40	40.21	28.00	40.71	22.00	
砖瓦厂	692+000	44.94	42.15	47.13	5.60			40.73	17.00	
西流湾	690+000	42.88	40.15	45.40	8.00	40.00	50.00	41.20	50.00	黄海高程
西流湾	689+000	42.84	40.15	45.02	8.00	40.63	50.00	39.30	36.00	黄海高程
	688+500	42.82	40.15	45.08	8.00	41.50	50.00	39.67		黄海高程
埠河	686+000	42.70	40.15	44.79	8.00			39.41		黄海高程
永德寺	684+000	42.59	40.15	44.09	8.00	39.50	50.00			黄海高程
陈家台	678+500	42.32	40.15	43.82	8.00			40.50	50.00	黄海高程
陈家台	678+000	42.29	40.15	43.79	8.00			40.50	50.00	黄海高程
陈家台	677+500	42.27	40.15	43.77	8.00			40.50	50.00	黄海高程
陈家台	677+000	42.24	40.15	43.74	8.00			39.50	30.00	黄海高程

续表

地点	桩号	设计洪水位		堤面		外平台		内平台		备注
		长江洪水	分洪区	高程	宽度	高程	宽度	高程	宽度	
陈家台	675+000	42.13	40.15	43.63	8.00			39.50	30.00	黄海高程
新四弓	673+500	42.06	40.15	43.56	8.00	39.00	50.00	40.95		黄海高程
新场	673+000	42.03	40.15	43.53	8.00	39.00	50.00	38.85		黄海高程
新场	672+500	42.01	40.15	43.51	8.00	39.00	50.00	38.25		黄海高程
伍刘河	672+000	41.98	40.15	43.48	8.00	39.00	50.00			黄海高程
伍刘河	671+000	41.93	40.15	45.43	8.00	39.00	50.00			黄海高程
雷洲安全区	670+000	41.88	40.15	43.38	8.00	39.00	50.00			黄海高程
雷洲安全区	669+500	41.86	40.15	43.36	8.00	38.50	50.00			黄海高程
雷洲安全区	668+500	41.81	40.15	43.31	8.00	38.50	50.00	38.50	30.00	黄海高程
杨家潭	668+000	41.77	40.15	43.27	8.00			38.50	30.00	黄海高程
杨家潭	667+500	41.75	40.15	43.25	8.00					黄海高程
杜家凹	667+000	41.72	40.15	43.22	8.00			37.50	30.00	黄海高程
马家嘴	666+500	41.70	40.15	43.20	8.00			37.50	30.00	黄海高程
唐家湾	665+000	41.62	40.15	43.07	8.00			38.00	30.00	黄海高程
唐家湾	664+000	41.57	40.15	43.07	8.00			38.00	30.00	黄海高程
吴鲁湾	663+000	41.52	40.15	43.02	8.00			37.50	30.00	黄海高程
白家湾	662+000	41.47	40.15	42.97	8.00					黄海高程
双石碑	660+500	41.40	40.15	42.90	8.00			42.00	6.30	黄海高程
黄家湾	659+000	41.33	40.15	42.83	8.00			41.15		黄海高程
窑头铺	658+500	41.31	40.15	42.81	8.00			36.50	28.40	黄海高程
窑头铺	658+000	41.29	40.15	42.79	8.00			40.34	21.80	黄海高程
青龙庙	657+000	41.25	40.15	42.80	8.00			40.91	14.20	黄海高程
青龙庙	655+500	41.18	40.15	42.68	8.00			41.39	12.90	黄海高程
斗湖堤	654+000	43.14	42.15	44.93	6.10					
斗湖堤	653+000	43.07	42.15	44.90	9.20					
杨公堤	652+000	43.00	42.15	44.75	6.00			41.35	3.70	
朱家湾	649+000	42.86	42.15	44.74	10.80	40.64	29.00	38.14	26.80	
杨家拐	646+500	40.71	40.15	42.21	8.00	38.70		37.19		黄海高程
杨厂镇	645+000		40.15	42.15	8.00	38.00		38.96		黄海高程
杨厂镇	643+000		40.15	42.15	8.00			37.52		黄海高程
杨厂镇	641+500		40.15	42.15	8.00			36.13		黄海高程
杨厂镇	640+000		40.15	42.15	8.00					黄海高程
杨厂镇	639+500		40.15	42.15	8.00			35.10	30.30	黄海高程
杨厂镇	638+000		40.15	42.15	8.00	38.60		35.69	35.60	黄海高程

续表

地点	桩号	设计洪水位		堤面		外平台		内平台		备注
		长江洪水	分洪区	高程	宽度	高程	宽度	高程	宽度	
杨厂镇	637+000		40.15	42.15	8.00			36.69	35.60	黄海高程
杨厂镇	636+500		40.15	42.15	8.00			36.00	30.00	黄海高程
杨厂镇	635+500		40.15	42.15	8.00			36.00	30.00	黄海高程
崔家大湾	635+000		40.15	42.15	8.00			34.86	30.00	黄海高程
北堤湾	633+000		40.15	42.15	8.00	39.70		36.28		黄海高程
鲁家埠	629+500		40.15	42.15	8.00	39.60				黄海高程
范家潭	628+000		40.15	42.15	8.00	39.70		35.60	30.00	黄海高程
范家潭	627+500		40.15	42.15	8.00	39.10		37.26	30.00	黄海高程
赵家埠	626+000		40.15	42.15	8.00	37.70		35.50	30.00	黄海高程
赵家埠	625+500		40.15	42.15	8.00	39.40		35.30	30.00	黄海高程
赵家埠	624+500		40.15	42.15	8.00			35.00	30.00	黄海高程
朱湖	624+000		40.15	42.15	8.00			34.90	30.00	黄海高程
朱湖	623+500		40.15	42.15	8.00			35.00	30.00	黄海高程
黄水套	621+000		40.15	42.15	8.00			34.50	30.00	黄海高程
黄水套	619+500		40.15	42.15	8.00			36.00	30.00	黄海高程
无量庵	618+500		40.15	42.15	8.00			35.00	30.00	黄海离程
陈家潭	615+000		40.15	42.15	8.00	36.50	50.00	35.50	30.00	黄海高程
新开铺	608+000	41.10	42.00	44.00	8.00	38.00	50.00	38.00	30.00	
严家湾	606+500	41.06	42.00	44.00	8.00			37.00	30.00	
杨林寺	605+000	41.03	42.00	44.00	8.00	39.85		37.00	30.00	
杨林寺安全区	604+000	41.01	42.00	44.00	8.00			37.50	30.00	
	603+000	40.98	42.00	44.00	8.00	39.70	20.20	37.50	30.00	
何家湾	601+000	40.94	42.00	44.00	8.00	43.70	3.80	35.27	30.00	
(四)石首市										
老山嘴	585+000	38.80		40.70	6.00	36.20	27.08	32.17	27.50	设计洪水位以沙市45.00m,城陵矶34.40m进行推水面线方法计算得到各段设计洪水位
	584+000	38.81		40.87	6.00	35.56	27.39	32.21	32.20	
桃花素	583+000	38.83		40.81	6.00	34.27	37.10	33.28	34.60	
	582+000	38.84		40.82	6.00	34.27	40.65	33.53	35.40	
	581+000	38.85		40.91	6.00	34.19	43.70	33.09	29.30	
	580+000	38.86		40.74	6.00	36.10	46.80	31 23	26.30	
管家铺	579+000	38.88		40.86	6.00	36.08	23.31	34.43	28.90	黄海高程
	578+000	38.86		40.66	6.00	31.47	27.28	32.97	30.90	黄海高程
月子尖	577+000	38.84		40.76	6.00	35.47	34.85	33.88	35.90	黄海高程
	576+000	38.82		40.71	6.00			32.46	33.20	黄海高程
	575+000	38.72		40.58	6.00	32.87	44.80	31.71	26.80	黄海高程

续表

地点	桩号	设计洪水位		堤面		外平台		内平台		备注
		长江洪水	分洪区	高程	宽度	高程	宽度	高程	宽度	
五虎朝阳	574＋000	38.62		40.48	6.00	32.72	63.00	33.91	31.40	黄海高程
	573＋000			40.49	6.00	33.82	50.00	33.29	31.40	黄海高程
	572＋000	38.42		40.16	6.00	33.67	48.90	31.93	28.30	黄海高程
牛黄庙	571＋000	38.38		40.01	6.00	32.26	41.30	33.55	21.70	黄海高程
	570＋000	38.36		40.14	6.00	31.89	54.30	31.38	29.70	黄海高程
绣林镇	569＋000	38.34		40.06	6.00	32.57	39.70	32.92	27.20	黄海高程
三义寺	568＋000	38.33		39.93	6.00					黄海高程
	567＋000			39.15	6.00					以山代堤
北门口	566＋000	38.30		39.32	6.00					黄海高程
	565＋000	38.24		40.09	6.00	33.13	46.85			黄海高程
孙家拐	564＋000	38.18		40.13	6.00	32.72	47.26	31.17	30.80	黄海高程
	563＋000	38.12		39.92	6.00	32.91	44.20	31.59	33.90	黄海高程
	562＋000	38.06		39.95	6.00	33.28	45.38	33.30	24.70	黄海高程
	561＋000	38.00		39.88	6.00	32.90	53.13	34.52	26.30	黄海高程
马行拐	560＋000	37.94		39.84	6.00	32.96	46.27	32.77	23.70	黄海高程
	559＋000	37.88		39.75	6.00	33.18	127.60	33.71	29.80	黄海离程
黄家拐	558＋000	37.82		39.54	6.00	34.33	110.60	32.51	27.50	黄海高程
	557＋000	37.76		39.78	6.00	33.94	99.70	33.18	34.60	黄海高程
	556＋000	37.70		39.68	6.00	33.26	100.20	33.39	32.00	黄海高程
	555＋000	37.64		39.69	6.00	33.43	90.10	33.03	21.20	黄海高程
二圣寺	554＋000	37.58		39.51	6.00	33.30	73.40	32.94	21.50.	黄海高程
	553＋000	37.52		39.41	6.00	33.25	161.30	32.41	80.00	黄海高程
	552＋000	37.45		39.37	6.00	31.78	43.40	32.38	80.00	黄海高程
新堤口	551＋000	37.40		39.57	6.00	31.02	45.50	32.50	29.70	黄海高程
	550＋000	37.34		39.41	6.00	30.84	45.00	31.33	36.10	黄海高程
苏老堤	549＋000	37.28		39.37	6.00	31.19	56.70	32.62	31.40	黄海高程
王海	548＋000	37.22		39.08	6.00	31.55	42.50	32.38	33.50	黄海高程
	547＋000	37.16		39.19	6.00	29.72	49.20	31.61	37.50	黄海高程
扁担湾	546＋000	37.10		39.02	6.00	31.88	55.70	32.20	41.00	黄海高程
	545＋500	37.05		39.19	6.00	32.39	36.00	32.24	46.00	黄海高程
	544＋000	37.03		38.96	6.00	30.77	49.40	31.63	38.20	黄海高程
肖家拐	543＋000	37.00		39.03	6.00	31.45	49.00	31.43	31.70	黄海离程
	542＋000	36.98		39.17	6.00	33.74	49.50	31.79	36.00	黄海高程
	541＋000	36.96		38.77	6.00	30.87	28.30	30.93	25.90	黄海高程

续表

地点	桩号	设计洪水位		堤面		外平台		内平台		备注
		长江洪水	分洪区	高程	宽度	高程	宽度	高程	宽度	
直堤子	540＋000	36.93		38.70	6.00	30.75	33.23	30.15	39.00	黄海高程
永兴贯	539＋000	36.91		38.98	6.00	29.38	38.00	31.21	40.60	黄海高程
三岔寺	538＋000	38.89		38.76	6.00	29.27	32.60	31.09	40.70	黄海高程
小湖口	537＋000	36.86		39.07	6.00	38.15	27.60	29.64	31.60	黄海高程
桂家铺	536＋000	36.86		38.83	6.00	30.88	30.30	31.04	21.50	黄海高程
	535＋000	36.89		38.53	6.00	29.58	26.80	32.04	39.50	黄海高程
	534＋000	36.92		38.70	6.00	30.10	12.00	31.90	39.70	黄海高程
大港口	533＋000	36.94		38.87	6.00	28.01	25.50	32.24	37.10	黄海高程
	532＋000	36.97		38.95	6.00	29.67	30.40	32.40	29.00	黄海高程
	531＋000	36.99		39.13	6.00					黄海高程
调关矶头	530＋000	37.02		39.06	6.00			32.86	34.60	黄海高程
	529＋000	37.04		38.94	6.00	34.27		31.78	30.00	黄海高程
沙湾	528＋000	37.04		38.91	6.00	35.55	25.00	32.35	35.70	黄海高程
	527＋000	37.03		39.06	6.00	33.48	196.00	32.31	30.60	黄海离程
观音庵	526＋000	37.03		39.05	6.00	34.52	100.00	32.37	33.80	黄海高程
	525＋000	37.03		39.11	6.00		56.00		34.00	黄海高程
	524＋000	37.03		38.93	6.00		73.00	31.09	34.00	黄海高程
八十丈	523＋000	37.02		39.02	6.00		59.00	33.02	80.00	黄海高程
	522＋000	37.02		39.39	6.00	33.01	79.00	33.04	80.00	黄海高程
来家铺	521＋000	37.02		38.95	6.00	32.94	54.00	33.40	80.00	黄海高程
	520＋000	37.02		38.82	6.00	31.67	57.00	32.99	35.80	黄海高程
	519＋000.	37.01		38.76	6.00	30.77	54.70		32.00	黄海高程
	518＋000	37.01		38.72	6.00	30.15	48.40	29.82	38.10	黄海高程
槎港山	517＋000	36.98		39.01	6.00	30.45	47.50	30.40	32.00	黄海高程
	516＋000	36.95		38.82	6.00	31.27	17.70			黄海高程
	515＋000			40.64	6.00					黄海高程
	514＋000			38.06	6.00	32.11	81.90	30.46	24.70	黄海高程
鹅公凸	513＋000			38.22	6.00	32.60	74.00	30.47	30.15	黄海高程
	512＋000			38.09	6.00	32.60	112.30	30.37	31.60	黄海高程
	511＋000			38.20	6.00	32.36	24.90	31.64	24.20	黄海高程
	510＋000			38.01	6.00	32.87	182.30	32.14	27.20	黄海高程
盲肠堤	509＋000			37.37	4.00			32.37	28.40	黄海高程
	508＋000			34.11	4.00	27.70	15.80	28.94	2.80	黄海高程
	507＋000			33.74	4.00			29.07	2.50	黄海高程
	506＋000			33.87	4.00	27.36	8.10	28.14	24.60	黄海高程
	505＋000			33.98	4.00			31.41	31.30	黄海高程
	504＋000			33.41	1.00			30.64	26.70	黄海高程
	503＋000			34.99	4.00				54.60	黄海高程
	502＋000			34.97	4.00	28.86	7.50	30.98	3.60	黄海高程

续表

地点	桩号	设计洪水位		堤面		外平台		内平台		备注
		长江洪水	分洪区	高程	宽度	高程	宽度	高程	宽度	
章华港	501＋000	36.16		37.96	6.00	31.34	23.50			黄海高程
	500＋000			37.81	6.00	33.36	72.9	32.53	24.30	黄海高程
	499＋000			37.81	6.00	33.01	101.00	31.96	26.00	黄海高程
	498＋000			37.70	6.00	34.47	12.20	32.08	29.90	黄海高程
五马口	497＋680			38.26	6.00					
（五）南线大堤										
黄山	579＋000		42.00	45.60	8.00			37.50	50.00	荆江分蓄洪区设计蓄水位42.00m
黄山	579＋700		42.00	45.60	8.00			37.50	50.00	
黄山	580＋150		42.00	45.60	8.00	37.50	50.00	37.50	50.00	
黄山	581＋000.		42.00	45.60	8.00	37.50	50.00	37.50	50.00	
黄山	582＋000		42.00	45.60	8.00	37.50	50.00	37.50	50.00	
广福寺	583＋000		42.00	45.60	8.00	37.50	50.00	37.50	50.00	
新堤拐	584＋000		42.00	45.60	8.00			37.50	50.00	
八家铺	585＋000		42.00	45.60	8.00			37.50	50.00	
八家铺	586＋000		42.00	45.60	8.00			37.50	50.00	
八家铺	586＋500		42.00	45.60	8.00	37.50	50.00	37.50	50.00	
上升	587＋000		42.00	45.60	8.00	37.50	50.00	37.50	50.00	
郑家祠	588＋000		42.00	45.60	8.00			37.50	50.00	
郑家祠	588＋250		42.00	45.60	8.00			37.50	50.00	
郑家祠	588＋750		42.00	45.60	8.00			37.50	50.00	
向阳	589＋000		42.00	45.60	8.00			37.50	50.00	
向阳	589＋500		42.00	45.60	8.00	37.50	50.00	37.50	50.00	
向阳	590＋500		42.00	45.60	8.00			37.50	50.00	
向阳	591＋500		42.00	45.60	8.00	37.50	50.00	37.50	50.00	
谭家湾	592＋500		42.00	45.60	8.00	37.50	50.00	37.50	50.00	
谭家湾	593＋500		42.00	45.60	8.00			37.50	50.00	
谭家湾	594＋500		42.00	45.60	8.00	37.50	50.00	37.50	50.00	
康家岗	595＋650		42.00	45.60	8.00			37.50	50.00	595＋583上下各50m，内平台70m
康家岗	596＋250		42.00	45.60	8.00			37.50	50.00	
倪家塔	597＋000		42.00	45.60	8.00			37.50	50.00	
藕池	598＋000		42.00	45.60	8.00			37.50	50.00	
藕池	599＋000		42.00	45.60	8.00			37.50	50.00	
藕池	600＋000		42.00	45.60	8.00			37.50	50.00	

注 表中高程除注明为黄海高程外，其余均为冻结吴淞。

第八章　荆南四河堤防

荆南四河是以位于荆江南岸地区的松滋河、虎渡河、藕池河、调弦河的合称而得名。荆南四河是连通荆江与洞庭湖的洪水通道、江湖关系的纽带，对确保荆江防洪安全具有重要的作用。

荆南地区河流众多，水系紊乱，四河主河道全长（流经荆州市境不含串河 50.51 千米）391.65 千米（松滋河 203.05 千米，虎渡河 96.6 千米，藕池河 79 千米，调弦河 13 千米）。荆南四河堤防总长 691.62 千米，其中，松西河支堤 176.28 千米（左岸 83.24 千米，右岸 93.04 千米）；松东河支堤 197.69 千米（左岸 102.94 千米，右岸 94.75 千米）；庙河堤 13.46 千米；松滋新河堤 16.51 千米；官支河堤 43.5 千米；苏支河堤 11.43 千米；涴水河支堤 47.81 千米；虎渡河支堤 60.02 千米（左岸 5.22 千米，右岸 54.8 千米）；藕池河支堤 43.00 千米（左岸 16 千米，右岸 27 千米）；安乡河堤 19.03 千米；团山河支堤 32.61 千米；栗林河堤 18.19 千米；调弦河支堤 10.09 千米（左岸 4.02 千米，右岸 6.07 千米）。

荆南沿江长江干堤长 220.12 千米，其中，松滋市 26.74 千米，荆州区 10.26 千米，公安县 95.8 千米，石首市 87.32 千米。

荆南其他干堤长 268.33 千米，其中，南线大堤 22 千米，虎东干堤 90.58 千米，虎西干堤 38.48 千米，虎西山岗堤 43.63 千米，荆江分洪区安全围堤 52.99 千米，北闸拦淤堤 3.43 千米，涴里隔堤 17.22 千米（松滋江堤全长 51.2 千米，由两部分堤组成，老城至胡家岗堤长 16.8 千米，新场至灵忠寺堤长 9.8 千米，合计 26.6 千米；长江干堤从灵忠寺至涴里隔堤长 24.6 千米，已分别统计在松西河支堤和长江干堤之中）。

荆南其他围垸（包括外滩主要民垸堤）堤长 279.81 千米，其中，荆州区 3.76 千米，松滋市 123.26 千米，公安县 115.49 千米，石首市 37.3 千米。

荆南四河地区堤防总长 1459.88 千米。

荆南四河堤防原为分散民垸，经过 1860 年、1870 年和 1935 年等几次大水，损毁严重，至 1949 年时荆南四河堤防支离破碎，堤身低矮，堤面宽仅 3～5 米，堤身隐患众多，堤脚无滩堤段达 150 千米，防洪标准只有 2～3 年一遇，常遭溃决之灾。

新中国成立后，荆南民众在大力加修沿江干堤之时，也着力加修四河支堤及民垸堤防，1954 年以前以防御 1949 年水位为标准，其后以防御 1954 年水位为标准，1996 年以后，以防御 1981 年和 1991 年水位为标准。经过新中国成立后 60 余年的加培整治，堤身高度相比新中国成立前增加 1～1.5 米，堤身断面扩大 1/3，堤身坡比一般达到 1：2.5～1：3。

新中国成立后 60 余年，出现 5 次民垸溃决，1952 年孟溪垸郝家湖堤溃口，1965 年松滋八宝垸下南宫闸溃决，1980 年公安孟溪垸黄四嘴溃决，1982 年公安蔡田湖堤溃决，1998 年公安孟溪垸溃决。

荆南四河堤防在未纳入洞庭湖综合治理规划之前,以受益群众负担为主,国家只给予少量补助。堤多人少,群众修堤、防汛任务负担繁重。

第一节 堤防沿革

一、松滋河堤

松滋河系荆江分流入洞庭湖四口之一,为清同治九年(1870年)黄家铺溃口而冲成,松滋河在荆州境内河段分为东西两支,东支流经同丰尖又一分为二,南为松东主河,北为官支河,两汊河下泄至蒲田嘴上又合二为一,下流至港关附近,有串河中河口河与虎渡河相通。西支以西有小南海沲水改道河东流入汇。松滋河堤防包括东支左堤、西支右堤、八宝垸堤、东港垸堤、南平垸堤及官支河堤。松滋河形成后至清光绪年间滩岸逐年淤高,民众堵支并流,筑堤立垸,河道始循定轨。清光绪二十六年(1900年)堤垸发展到近百个。1936年逐渐合并为33垸,堤防长361千米。

1949年后进行整治,合垸并堤,旧时堤垸多已难觅踪迹,逐步调整为现有支堤堤长452.04千米。松滋境内支堤计有松滋河进口段堤防、松西八宝垸堤、松东大同垸堤、合众大垸堤,堤长149.23千米。公安境内松滋河支堤计有松东左堤,松东右堤以及松东西河之间的东港、南平等大垸,松西左堤、松西右堤,官右苏左、苏右等支堤全长302.81千米。

(一)东支左堤

1912年由松滋大同垸士绅张曙林、张润夫倡修,三年修竣。上起灵钟寺与长江干堤相接,下至新渡口与湖南省安乡县堤相连,长150.01千米。其间被官支汊河和中河口汊河从中分隔成4段,即灵钟寺至黄家革为一段,过官支河自同丰尖至蒲田嘴为一段;再过官支河出口自蒲田嘴至中河口为一段;过中河口起至新渡口为一段;上段灵钟寺至米积台,长30.5千米,属松滋市管辖,米积台起至末段新渡口,长72.44千米属公安县管辖。1952年郝家湖堤段发生溃决,淹没面积30平方千米。1954年大水后,加固同忠垸北堤,大口垸成为外垸,缩短堤长6.5千米。次年,因行政区划调整,下段由张家口缩至文昌宫,松滋县缩短辖堤6千米。松滋河两岸示意图见图5-8-1。

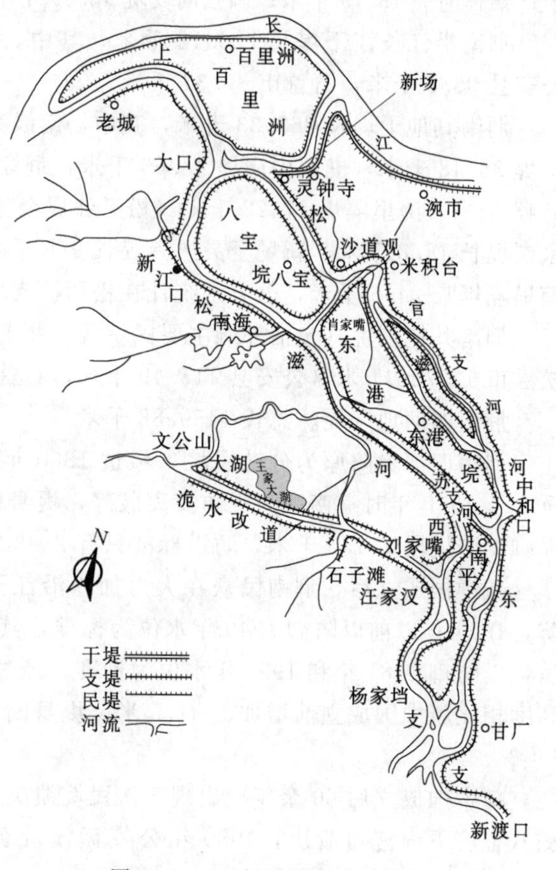

图5-8-1 松滋河两岸示意图

（二）松滋河西支右堤

大口以上堤段，原由松滋及枝江县各洲垸堤连接而成，与枝江县百里洲隔江相望，筑成于清乾隆年间（1736—1795年），大口以下筑成于清光绪末年（约1908年）。永合垸堤防原以庙冲河堤防挡水，因外洲淤高，光绪三十三年（1907年），在乡绅沈玉山等倡导下，上自庙冲河口、下至窑沟筑顺河大堤。1936年将堤外永保垸并入西大垸，加固西永寺至老嘴永保垸堤防3.3千米，原内堤告废。1942年废弃马家尖至打鼓台的德胜垸南堤，沿河筑堤至青峰山。

松滋西支右堤原起旧县城（松滋老城镇）天王堂，经大口、新江口至横堤子接公安县，长90.59千米，其间被小南海主河道出口和淹水改道河出口自然分隔为3段，即小南海主河道以北为一段；小南海主河道以南与淹水改道河以北为一段；淹水改道河以南为一段。自天王堂至窑沟子长约53.20千米，属松滋管辖；窑沟子至杨家垱长37.39千米属公安管辖。

（三）八宝垸堤

清光绪二十八年至三十年（1902—1904年），由三合、长寿诸小垸并合而成，因垸内共有8个保（保为民国时期政权组织名称，相当于现在的行政村），故称“八保垸”，1958年，因此垸生长的油菜、棉花颇负盛名，被视为农家之宝，故改称“八宝垸”。垸堤总长51.25千米，南起八宝闸，北至大口，再南至八宝闸闭合，属松滋市管辖。其东为松滋河东支右堤，长26.5千米（含莲花垱河堤7千米）；西为松滋河西支左堤，长24.75千米。光绪二十八年（1902年），士绅唐协卿、庹祥亭倡修垸堤，就地筹款，兴工数月，始形成三合垸。次年，胡听轩、周厚本等倡修长寿垸，傍三合垸上、下搭堖而省其西偏，逾年江水浩大，风高浪急，七月上旬即告破决。后舍大图小，随洲筑堤，或连接或独立，先后形成若干小垸。然垸小堤弱，十年九溃，靡费无数。1912年太山庙堤段溃决。1919年，士绅甘兰亭、唐协卿、庹鼎臣、钟寿全等人倡修垸堤，将三合垸、长寿垸合二为一。1922年堵死长寿河上、下河口，断绝外水，长寿河沿岸堤防自废。自此，松滋东、西支河之间，形成了一个四面环水的八宝大垸。八宝垸形成之初，堤身矮小单薄，面宽仅1.5～2米，高2～3米，且坡陡，堤基严重不良，隐患甚多。民国十年（1921年）农历六月十三日，马兰湾溃口300米，长寿河以东3万余亩耕地被淹，5000余人受灾。1934年老同太闸溃决，下游一带受灾，溃口多年始堵复。

（四）东港垸堤

修筑于1914—1934年间，系由复兴、顺复、太平、冈太、全福、福太、全美、维兴等垸合修而成。垸堤南起南音庙，北行经斑竹垱、雷公庙至肖家嘴折向南行，经莲花垱、沙口子、鸡公堤至杨家码头，再折向东南行至南音庙重合，呈封闭型，堤长74千米，属公安县辖。其东为松滋河东支右堤，莲花垱河汊河和中河口汊河间的一段，长38千米；西为松滋河西支左堤莲花垱河汊河和苏支汊河间的各一段，长35.28千米。1949年后逐年有所加修。

（五）南平垸堤

修筑于清同治二年至民国元年间（1863—1912年），系由同心、中和、护城等17垸合修而成。垸堤南起永丰剅，北行经斋公垴、新剅口、木鱼山、柘林潭至南音庙折向南行，经松黄驿、土地峪、沙窝剅至永丰剅重合，呈封闭型，堤长58千米，属公安县辖。其东为松滋河东支右堤与中河口汊河以南的一段，长23.29千米；其西为松滋河西支左堤与苏支汊河以南的一段，长约35千米（含苏支河右堤）。

（六）官支河堤

为松滋河东支黄家革至蒲田嘴的汊河支堤与官支河左右两岸的支堤，长43.51千米。属公安县管辖。于清末民国初期形成整体。官支河左堤，自黄家革接松东左堤起，经官沟、毛家港至蒲田嘴再连松东左堤上，堤长21.85千米，有洲堤段13处长16千米，洲滩围垸2处。堤内禁脚有塘堰41口、沟渠35条。沿堤迎流顶冲险段3处，其中黄家革堤长100米，复兴五队堤长200米，官沟堤段5.5千米。官支河右堤，自同丰尖与松东左堤接头起，经严家铺至蒲田嘴上，堤长21.66千米，有外洲堤段长近16.4千米，洲滩围垸1处，堤内禁脚有塘堰1处，无洲堤长5.27千米。堤身属砂质壤土，有险段4处，其中同丰尖堤长2.9千米，丁堤拐堤长700米，贺洪太堤长1.4千米，周启冉堤长600米。

（七）澧水改道河堤

1970—1972年，澧水下游改道，挖河筑堤，修成改道河两岸支堤，共长57.41千米，保护耕地面积28.05万亩。左岸支堤上起文公山，下至刘家嘴与松滋河西支右堤相连，长36.65千米。其中文公山至桂花树21千米堤段属松滋县管辖。堤顶高程43.50～45.00米，堤面宽一般3～7米，堤内外坡比1∶2.5～1∶3。堤上建有排灌闸4座。沿堤有塘堰2口、沟渠3条。险段有别口、渔场、丁家垱3段，分别长100米、1100米、625米。右岸支堤上起石子滩，下至汪家汊与松滋河西支相连，长30.76千米，属公安县管辖。堤顶高程44.00～43.80米，堤面宽5～7米。沿堤有塘堰31口、沟渠11条。

（八）南海主河道堤

1975—1976年治理小南海时，由关洲河至泰山庙开挖一条长9.5千米的主河道，两岸筑支堤18.51千米，属松滋县辖。右岸支堤上起关洲河，下与松滋西支右堤相连，长9.93千米；左岸支堤上接飞凤山，下与松西支右堤相连，长8.58千米。

二、虎渡河堤

虎渡河太平口为荆江分流入洞庭湖四口之一。虎渡河南流经闸口、黄山头入安乡河注入洞庭湖。

虎渡河堤创建于何时，史无可考。南宋乾道四年（1168年）“寸金堤决，水屹不退，帅方滋夜使人决虎渡堤以杀水势”。“七年（1171年）湖北漕臣李涛（一作焘）修复虎渡堤。”清嘉庆《湖北通志》卷10载：南宋端平三年（1236年），荆南镇抚使孟珙在虎渡东岸筑堤防，开辟垸田。后元、明两代不断发展，至清时因溃口不断发生，加之各邻垸之间水系纠纷严重，为抵御洪水侵袭和缓解水系矛盾，于是两岸联堤并垸，终在永兴、孟溪、三善、复兴等堤基础上经过不断培修而形成整体。虎渡河左右两岸支堤，均由沿堤小垸垸堤合并培修而成，荆州市境内长约188.8千米。具体见图5-8-2。

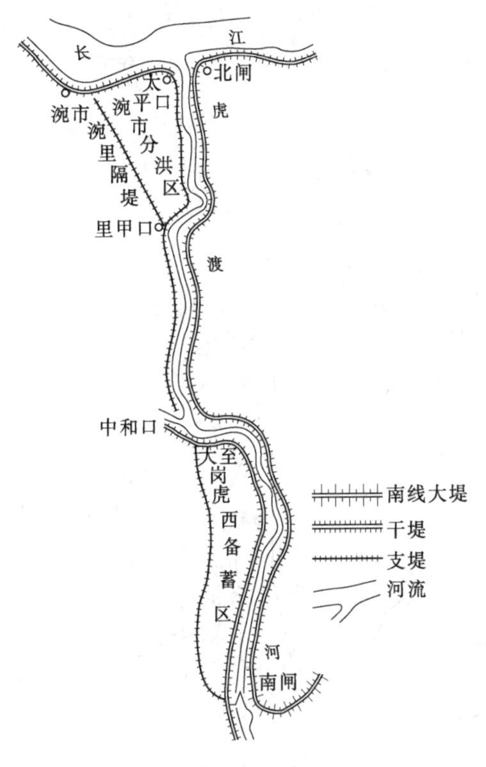

图 5-8-2 虎渡河堤防示意图

(一) 虎东干堤

1952 年，兴建荆江分洪工程，虎渡河左岸堤防成为荆江分洪区围堤一部分。上起北闸与长江干堤相接，下至南闸与拦河坝相连，长 90.58 千米，今称虎东干堤。

(二) 虎西干 (支) 堤

虎渡河右岸堤防上起太平口，与长江干堤相连，下止黄山头，长 92.99 千米，分属荆州区和公安县管辖。其间被中河口汊河自然分割为南北两段；南段今称虎西干堤，长 34.48 千米；北段上自太平口下至大至岗为虎西支堤，长 54.51 千米。虎西支堤上段太平口至里甲口堤段，长 25.3 千米，为涴市扩大分蓄洪区围堤。虎渡河右岸堤防历史上溃决频繁，据统计，荆州区所辖堤段，清道光二十二（1842 年）年至 1948 年溃决 9 次，溃堤口门最窄者 50 米，最宽者 400 米。公安县所辖堤段，自清宣统元年（1909 年）至 1954 年溃决 7 次，每次溃决所造成的损失都极惨重，1954 年在南阳湾（桩号 18＋268～18＋397）、戴皮塔（桩号 23＋000～24＋500）两处溃决的口门宽度，分别为 111 米和 1500 米。其后，历经整险加固，堤身普遍加高加厚，并抢护迎流顶冲堤段。

三、藕池河堤

咸丰二年（1852 年）长江大水，马林工溃决，未堵复，1860 年大水，洪水冲刷原有港汊成河，因进口正处藕池（集镇），故名藕池口。分泄荆江来水入洞庭湖，为荆江四口之一。

藕池河下游分汊支流繁多，安乡河北堤即南线大堤前身，形成较早，至清末民初沿河两岸大小堤垸发展日甚，且有按水系堵支合流的趋势，如天合、谦吉等垸即为数十垸联并而成。1949 年后经调整治理，藕池河支堤联垸成为横堤垸、久合垸，1956 年再将复兴、天合、谦吉、业成、合成五垸合并而得名联合垸。藕池堤现长 112.71 千米。具体见图 5-8-3。

(一) 横堤垸堤

系藕池主河堤，从石首荆南长江干堤起向南经管家铺、老山嘴、南河坝，接湖南界止，堤长 16 千米，内包横堤、罗城、陈公西、胜利等垸，保护耕地 35.53 万亩，其重要性与石首长江干堤同。

清咸丰二年（1852 年）马林工溃口，罗城垸民众在垸外另筑横堤一道以保内堤，后河势变化，地势淤高，遂扩挽成垸，横堤垸西堤即以此为基础培修而成，上起老山嘴与长江干堤桩号 585＋000 处相接，下至玉屏庵与湖南华容县垸堤相连，桩号 20＋000～36＋

000，长 16 千米。咸丰十年（1860 年）堤溃，知县廷元重筑，同治四年（1865 年）又溃，知县朱荣实修复。宣统元年（1909 年），老山嘴溃决，田禾无收，淹毙人畜无算。此处堤垸频遭溃决，堤防破败。

（二）久合垸支堤（亦称九合垸堤）

位于藕池河右岸，中支团山河左岸，系在各垸堤历年培修基础上形成。清光绪十二年（1886 年），郑家、毛家、赵家、黄林、刘合、护双、香家以及蒋家大垸、蒋家小垸 9 垸连堤并垸，至此始称九合垸。后又合彭田垸、永固北垸，加高培厚垸堤，始成今藕池河支堤的一部分。堤防南起梅田湖，与湖南华容县垸堤相连，北行至黄金嘴折向南，抵石华剅，再与湖南华容县垸堤相接，呈撮箕形，全长 27.61 千米。垸东堤段自黄金嘴至梅田湖为藕池河东支右堤；垸西堤段自黄金嘴至石华剅为藕池河中支（团山河）左堤。久合垸堤自清光绪三十二年至 1949 年计发生溃决 5 次，清光绪三十二年（1906 年）西江北渡溃；光绪三十三年（1907 年）诰封嘴和李家台溃；1919 焦家铺溃；1920 年永吉湾溃；1949 年叶家台溃。1949 年后，经不断培修，堤防面貌有了很大改变，根据中南地区对县域边界犬牙交错界线不清的状况进行调整时所作的决定，华容永固北垸应归石首，但在执行交接时，遭到群众反对，遂中止交接，后经中南区会同双方协议，原行政区划不变，堤塍采取谁修谁防原则。

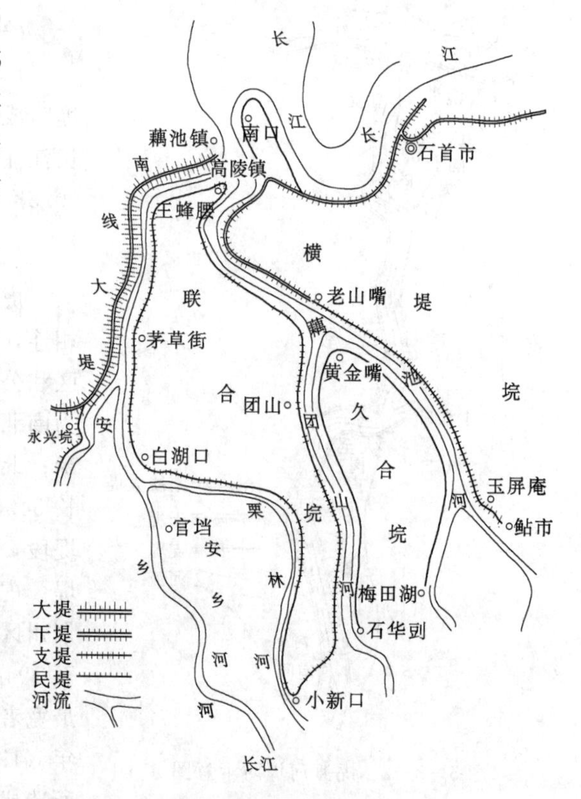

图 5－8－3　藕池河两岸堤防示意图

（三）联合大垸支堤

东段临藕池主河堤的西部上段，西段上段王蜂腰至白湖口与荆江分洪区隔河相望，南段从白湖口至小新口堤为安乡河分支栗林河（经湘鄂两省同意，长委批复于 1956 年堵塞），此后将沿河两岸复陵、天合、谦吉等 5 垸合并修防，统一管理。

联合垸堤，始筑于明代，系由众多小垸逐渐归并联结而成。垸堤南起小新口，北行至王蜂腰转向西，过谭家洲再折南行，经白湖口于小新口重合，呈封闭型，长 69.1 千米。其中白湖口至小新口堤段 18.7 千米，为栗林河分洪隔堤。其垸西垸东堤段，分别为西支左堤和中支右堤。联合垸堤自 1921—1948 年，共溃决 15 次，平均不到两年溃决 1 次。1945 年灾害尤重，当年 8 月，伏汛已过，秋水上涨，先溃大兴垸，继溃天合垸，随后谦吉、复陵、业成、合兴、合安等垸相继溃决，洪水泛溢，加之霍乱流行，灾民死者无算。

四、调弦河堤

调弦河又名华容河，全长60.2千米，其中石首境河长13千米。具体见图5-8-4。

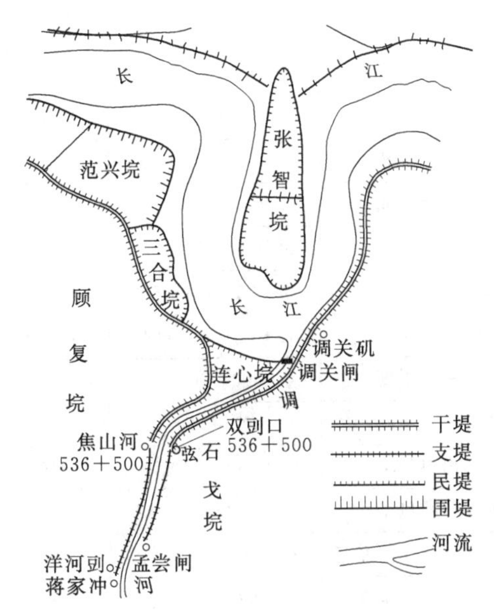

图5-8-4 调弦河两岸堤防示意图

历史上调弦河多次堵疏，清咸丰年间(1851—1861年)全线疏通。沿河两岸堤垸，大都外滨长江堤，内临支河堤，同受保护。调弦河左右两岸支堤，分别为石戈垸西段和顾复垸东段堤，属石首市辖。石锅垸为石华垸和锅底垸的合称。锅底垸原名双剅垸，因堤上有前后两道剅子而得名。据清宣统《湖北通志》载："嘉靖元年（1522年）决双剅垸，顷年始修。"后又因垸内有锅底湖，故改名锅底垸。新中国成立初，石华、锅底两垸合并，改用现名。顾复垸成于明隆庆二年（1568年），垸内有上津湖，原名上津垸，后因北水南侵荒废。清康熙年间，知县顾之玫复挽成垸，改名顾复垸。

1958年，根据湘鄂两省协议在调弦口堵坝建闸，调弦河与长江隔断成为内河。调弦河上段为干堤，下段为支堤，右岸支堤与干堤分界点在焦山河，从此起向南至蒋家冲（丁宁岗）6.16千米为支堤。左岸支堤保护的诸垸并为石戈垸，北接干堤，南至孟尝湖接华容垸，长4.06千米。

（一）左岸支堤

上起双剅口与干堤桩号536+500处相接，下至孟尝湖闸与湖南华容县垸堤相连，长4千米，堤段桩号7+000～11+000。民国七年（1918年）周家潭堤段溃决，民国十六年（1927年）木剅口堤段溃决，民国二十年（1931年）窑湾堤段溃决，民国三十八年（1949年）周家潭堤段复决，溃决后多次堵口复堤。1954年大水后，按当地最高水位超高1.5米，堤面宽4.5～5米，内外坡比1∶3的标准实施多年修筑，并建有孟尝湖排水闸一座，3孔，每孔宽3米。

（二）右岸支堤

上起焦山河与干堤桩号536+500处相接，下至蒋家冲与湖南省华容县垸堤相连，长6.7千米，堤段桩号5+928～12+000。蒋家冲堤段清道光十四年（1834年）溃决。1920年再溃，淹没农田近4.5万亩。1919年修筑双保垸（位于绣林镇东南、止澜堤内），同时挽筑徐家巷、巧岸堤、插瓶丘等隔堤。加强了安全保障，1950年，于朱家湾堤段退挽，退挽堤长500米，按1954年最高水位超高1.5米，堤面宽8米，内外坡比1∶3。沿堤建有洋河剅、上津湖泵站闸排水闸2座。1958年冬调弦口筑坝建闸控制后，一般情况下左右两堤常年均未挡水，待扒口行洪后发挥作用。

附：荆南四河支堤堤防统计表（表5-8-1）

表5-8-1　荆南四河支堤统计表

序号	堤段名称	所在县（市）	起止地点	起止桩号	长度/m
	总计				653464
一	松滋河				452040
1	松西河右岸	小计	天王堂—杨家垱	0+000～94+240	90589
	（松滋河入口）	松滋	天王堂—胡家岗	0+000～16+800	16800
		松滋	胡家岗—丰坪桥	16+800～27+200	9900
		松滋	丰坪桥—太山庙	27+300～34+500	7200
		松滋	太山庙—窑沟子	34+700～54+328	19300
		公安	窑沟子—刘家嘴	56+223～81+582	25359
		公安	汪家汊—杨家垱	82+210～94+240	12030
2	松西左	小计	北矶垴—永丰剅	0+000～86+325	83904
		松滋	北矶垴—八宝闸	0+000～24+750	24750
		松滋公安	莲支河出口封堵	24+750～32+500	410
		公安	肖家嘴—沙口子	27+000～32+500	5500
		公安	莲支河左终—苏支河左起	32+500～56+408	23908
		公安	苏支河右起—永丰剅	56+989～86+325	29336
3	松东右	小计	北矶垴—永丰剅	0+000～90+963	26765
		松滋	北矶垴—龚家湾	0+000～20+200	20200
	（莲支河右）	松滋	龚家湾—八宝闸	20+200～26+500	6300
		松滋公安	莲支河进口封堵	20+200～26+500	265
4	松东河左	小计	灵钟寺—新渡口	5+500～103+900	150011
		松滋	灵钟寺—东大口		9800
		松滋	东大口—松公界	5+500～29+761	24261
		公安	松公界—黄家革	30+500～32+615	2115
		公安	同丰尖—蒲田嘴	33+080～55+015	21935
	（官支河左）	公安	黄家革—蒲田嘴	0+000～21+848	21848
		公安	蒲田嘴—中河口	55+193～63+160	7967
		公安	中河口—新渡口	63+474～103+900	40426
	（官支河右）	公安	同丰尖—蒲田嘴	0+000～21+659	21659
5	沲水左	小计			26653
		松滋	断山—桂花树	0+000～11+000	11000
		公安	桂花树—刘家嘴	11+000～26+653	15653
6	沲水右	小计			30755
		松滋	大河北桥—当铺洼	1+200～10+800	9600
		公安	梧桐峪—汪家汊	0+000～21+155	21155
7	苏支左	公安	松黄驿—南音庙	0+000～5+884	5884

续表

序号	堤段名称	所在县（市）	起止地点	起止桩号	长度/m
8	苏支右	公安	松黄驿—南音庙	0＋000～5＋545	5545
9	庙河左	松滋			8250
		松滋	庙河口—木天河口	0＋000～5＋000	5000
		松滋	木天河口—丰坪桥	5＋000～8＋250	3250
10	庙河右	松滋	木天河口—丰坪桥	0＋000～5＋170	5170
11	新河左	松滋	飞凤山—磨盘洲	0＋000～3＋500	3500
12	新河左	松滋	磨盘洲—太山庙	3＋500～8＋580	5080
13	新河右	松滋	关洲—磨盘洲	0＋000～4＋500	4500
14	新河右	松滋	磨盘洲—太山庙	4＋500～9＋934	5434
二	虎渡河	荆州公安			59742
1	虎渡河左	公安	水管所—麻雀嘴	0＋000～5＋231	5231
2	虎渡河右		太平闸—大至岗		54511
		荆州：涴市扩大分洪区	太平闸—荆公界	0＋000～25＋000	25000
		公安	荆公界—中河口	25＋000～49＋623	24623
		公安	中河口—大至岗	49＋937～54＋825	4888
		公安	大至岗—王家岗	0＋000～2＋100	2100
三	藕池河				112710
1	藕池河左	石首	老山嘴—南河坝	20＋000～36＋000	16000
2	藕池河右	石首			27000
			王蜂腰—三字岗	12＋000～24＋000	12000
			黄金嘴—梅田湖	4＋000～39＋0002	15000
3	团山河左	石首	黄金嘴—石华剅	0＋000～12＋610	12610
4	团山河右	石首	三字岗—小新口	0＋000～20＋000	20000
5	安乡左	石首			37100
			王蜂腰—白湖口	0＋000～18＋900	18900
6	栗林河左	石首	白湖口—小新口	0＋000～18＋200	18200
四	调弦河	石首			10072
1	调弦河左	石首	双剅口—孟尝湖	7＋000～11＋000	4000
2	调弦河右	石首	焦山河—蒋家冲	5＋928～12＋000	6072

注 荆南四河堤防因有汊河及多年裁弯取直，堤段桩号与堤防实际长度并非一致。资料来源：《荆江堤防志》（2012年版）。

第二节 堤防工程岁修

一、松滋河堤

新中国成立初，松滋河堤防包括东支左堤、西支右堤、八宝垸堤、东港垸堤、南平垸堤及官支河堤等，共长452.04千米。

1949年大水后，松滋河支堤均按当地最高水位超高1米的标准实施加高培厚，整坡撑帮。1954年大水，松滋河支堤险象环生，仅松滋县境就有9.6千米堤段出现堤顶漫溢险情。当年冬开始，各垸堤防均按1954年当地最高洪水位超高1米的标准普遍实施加高培厚。20世纪60年代末至70年代初，各垸支堤均按“三度一填”的标准加培，至70年代末，松滋河支堤堤身高度、坡度、堤顶面宽大部分达到设计标准。1981年大水后，连续6年对松滋河支堤实施加高培厚，重点整治险工险段，培筑平台内外加筑铺盖，险情得到明显控制。

（一）东支左堤

上起松滋灵钟寺与江右干堤相连，下至公安新渡口与湖南安乡县堤相接，长150.01千米。东支左堤堤基较差，曾于1952年在郝家湖发生溃决，1980年在黄泗嘴发生溃决。两次溃决均投入大量人力物力进行堵口复堤。1950—1984年共护岸19处，长22.22千米，完成石方13.99万立方米。1981年复兴垸移堤改线780米，完成土方3.5万立方米。1982年罗家湾移堤改线200米，完成土方1.2万立方米，1985年有利垸移堤改线1300米，完成土方7.6万立方米。经过多年加培，至1985年此堤段与1954年最高洪水位相比，堤顶超高1～1.5米的有11.77千米；超高1.5～2米的有60.97千米；超高2米以上的有30.21千米。1995—1996年松滋长江干堤加高加固工程中，从灵钟寺沿同忠北堤和大口垸民堤至东大口按干堤标准实施了改线加固。1999年四河堤防系统加固前，东大口至松滋公安界堤段（桩号5＋500～29＋761）长24.26千米，堤顶高程46.77～49.83米，堤身垂高1.4～8.5，堤顶宽2.5～8.8米，内外坡比1：2～1：3；松滋、公安界至新渡口堤段（桩号30＋500～103＋900），长73.4千米，堤顶高程42.59～46.77米，堤身垂高2.5～9.9米，内外坡比1：1.4～1：3，内平台宽3～16米，外平台宽4～50米。

（二）西支右堤

上起松滋天王堂，下至公安杨家垱与湖南澧县堤相连，长90.59千米。1954年汛后，按当地最高洪水位，堤顶普遍超高1～2米的标准进行加筑，堤面宽4～7米。有外滩堤段14处，堤长31千米。无滩堤段迎流顶冲险工险段有观山闸、狮子口、马家垱、张家峪、汪家汊、五首旗、郑公渡、王家汊和杨家垱等处，长6千米。沿堤禁脚50米以内有塘堰11口、沟渠1条。1951年芦洲段实施移堤工程，培筑新堤2100米，完成土方9.2万立方米，此后，相继实施两利闸、复兴闸、二槽口、上横堤、余家渡、青龙寺、月星洲、南海闸堤段移堤改线工程，改线后堤长8.26千米（原旧堤长10.27千米），完成土方77.4万立方米。老城至胡家岗堤段（桩号0＋000～16＋800）1992年列入松滋江堤加高加固建设项目，胡家岗至杨家垱堤段（桩号16＋800～94＋240）1999年列入荆南洞庭湖区四河堤防建设项目。经多年培修，至1999年荆南四河堤防加固前，胡家岗至杨家垱堤段堤顶高程为41.00～48.75米，堤身垂高2.5～10米，堤顶宽4～8米，部分堤段宽10米，内坡比1：2.1～1：3，外坡比1：1.9～1：1.3；内平台宽0～20米，部分堤段宽25米，外平台宽0～30米。

（三）八宝垸堤

南起八宝闸，北行至大口，再南至八宝闸呈封闭圈型垸堤，长51.25千米，其东为松滋河东支右堤上段，长26.5千米；其右为松滋河西支左堤上段，长24.75千米。1954年大水后，按当地最高洪水位超高2米以上，堤宽6米，内外坡比1∶3实施加培。在堤防修筑过程中，部分堤段因省工图快，在堤脚边就近取土，造成堤身内空外悬，汛期堤内取土坑及渊塘常出现管涌险情，共发现大小管涌险情143处，范围达25.30万平方米。1954年冬，将填塘固基纳入堤防加固工程计划，对堤内渊塘先后予以填筑，至1983年完成填塘土方25万立方米、标工50万个。为改善堤基现状，1962—1966年在八宝垸重点堤段进行锥探，完成土方5.8万立方米，其间共锥探许家榨等18处重点堤段，总长7.6千米，标工9.1万个。1989年在陈家榨、张家巷、和平闸等地长5.8千米重点堤段实施锥探灌浆处理，共钻探1.16万孔，灌浆3000余立方米。经过多年锥探灌浆，薄弱堤段堤身密实度显著提高。因部分堤段主泓贴岸，迎流顶冲，红光、马兰湾、康洲湾等处长5953米堤段存在基础不良、弯多、"三度"未达标等问题。为增强抗洪能力，1952年和平闸堤段实施移堤改线工程长500米，培筑土方3万立方米；1977年松西左红光堤段实施移堤改线，加筑新堤3920米，完成土方30.2万立方米；1980年、1981年相继在松东右马兰湾移堤改线1620米，松西左康洲湾移堤改线803米。整个改线移堤工程完成土方77.5万立方米，标工60.6万个。

至1998年，松西左北矶垴至八宝闸堤段（桩号0+000～24+750）全长24.75千米，堤顶高程46.77～48.77米，堤身垂高3.5～10.4米，堤顶宽4～10米，内坡比1∶1.5～1∶3，外坡比1∶2.2～1∶3，内平台宽0～35米，外平台宽0～20米；松东右北矶垴至莲支右堤段（桩号0+000～20+200）全长20.20千米，堤顶高程47.00～49.53米，堤身垂高3.6～7米，堤顶宽2～9米，内坡比1∶0.7～1∶3，外坡比1∶2.3～1∶3，内平台宽3～8.6米，外平台宽12.6～68米。

（四）东港垸堤

南起南音庙，北行经斑竹垱、雷公庙至肖家嘴折向南行，经莲花垱、沙口子、鸡公堤至杨家码头，再折向东南行至南音庙重合，呈封闭型，长74千米，属公安县管辖。其东为松滋河东支右堤及莲花垱河汊河和中河口汊河间的一段，长38千米；西为松滋河西支左堤及莲花垱河汊河和苏支汊河间的各一段，长35.28千米，新中国成立后经历年加修，至1999年前，东港垸西堤莲左终至苏支左起（桩号32+500～56+408），堤顶高程45.05～45.89米，堤身垂高3.2～8.6米，堤面宽5～7米，内外坡比1∶1.7～1∶3，内平台宽0～20米，外平台宽0～30米；东港垸东堤莲左起至苏支左终（桩号26+500～65+473），堤顶高程44.34～47.26米，堤身垂高1.8～9米，堤顶宽4～7.4米，内外坡比1∶1.9～1∶3，内平台2～12米，外平台6～38米。

（五）南平垸堤

南起永丰剅，北行经斋公垴、新剅口、木鱼山、柘林潭至南音庙折向南行，经松黄驿、土地峪、沙窝剅至永丰剅重合，呈封闭型，堤长58千米，属公安县管辖。其东为松滋河东支右堤及中河口汊河以南的一段，长23.29千米；其西为松滋河西支左堤及苏支汊河以南的一段，长约35千米（含苏支河右堤）。新中国成立后经历年培修，南平垸东堤苏支左终至永丰剅（桩号65＋753～90＋963），堤顶高程42.46～44.34米，堤身垂高2.4～9米，堤面宽4～7米，部分堤段宽12米，堤内外坡比1∶2.3～1∶3。

（六）官支河堤

官支左堤，自黄家革接松东左堤起，经官沟、毛家港至蒲田嘴再接松东左堤上，桩号0＋000～21＋848，堤长21.85千米。堤顶高程44.60～46.00米，按1954年最高洪水位43.00～44.50米，堤顶超高1～1.5米堤段长3350米，超高1.5～2米堤段长13.1千米，超高2米以上堤段长5398米。堤面宽5～7米。有洲堤段13处、堤长16千米，洲滩围垸2处。堤内禁脚有塘堰41处、沟渠35条。沿堤有迎流顶冲险段3处，其中，黄家革堤长100米，复兴五队堤长200米，官沟上下长5.5千米。官支右堤，自同丰尖与松东左堤相接处起，经严家铺至蒲田嘴上，桩号0＋000～21＋659，堤长21.66千米。堤顶高程44.00～46.00米，堤顶超高1～1.5米堤段长6.85千米，超高1.5～2米堤段长13.2千米，超高2米以上堤段长1.6千米。堤面宽5～7米。有外洲堤段长近16.4千米，洲滩围垸1处，堤内禁脚有塘堰1处，无洲堤长5.27千米。堤身属砂质壤土，有险段4处，其中同丰尖堤长2.9千米，丁堤拐堤长700米，贺洪太堤长1.4千米，周启冉堤长600米，共长5.6千米。

二、虎渡河堤

虎渡河在荆州境内两岸堤防全长188.8千米，其中支堤长59.74千米。

（一）虎东干堤

虎东干堤位于虎渡河左岸，属干堤级别，上起北闸与长江干堤相接，下至南闸与拦河坝相连，长90.58千米，桩号0＋000～90＋580，为荆江分洪区围堤，属公安县管辖（详见“荆江分洪区围堤”相关内容）。南闸下游另有水管所至麻雀嘴5.23千米堤段。

（二）虎西干（支）堤

虎西干（支）堤位于虎渡河西岸，上起太平口与长江干堤相连，下止黄山头，长92.99千米。其间被中河口汉河分割为南北两段：北段上自太平口下至里甲口，长近25.3千米，属荆州区管辖，其中桩号0＋000～23＋150段为涴市扩大分洪区东部围堤，长23.16千米；南段自里甲口至黄山头，长67.69千米，属公安县管辖，其中大至岗至黄山头段今称虎西干堤，长38.48千米，属干堤级别。

虎西堤防历史上溃决频繁，每次溃决所造成的损失都很惨重。1954年南阳湾（桩号18＋268～18＋397）、戴皮塔（桩号23＋000～24＋500）溃决，淹没农田33765亩，受灾人口24430人，灾后堵口复堤。1954年大水后，历经整险加固，堤身普遍加高加厚，并对迎流顶冲堤段进行抢护防冲，仅公安县所辖堤段即施护12处，长7.5千米，完成石方2.8万立方米。1975年虎西支堤进行加培，江陵县（今荆州区）所辖堤段完成土方31.89万立方米。1966年、1973年在虎西支堤上分别修建南街、大兴寺两座灌溉闸，投资14万元。1975年在里甲口堤段（桩号23＋850～23＋930）建电排站一座，投资40万元。沿堤还建有闸站15座（其中排灌闸13座、电排站2座）。堤内外防护林木基本成带。至1982

年，江陵县所辖虎西支堤共完成土方 289.04 万立方米、石方 3.36 万立方米。至 1999 年荆南四河堤段整治加固前，太平口至里甲口堤段（桩号 0＋000～23＋160）堤顶高程 44.69～46.18 米，堤身垂直高 3.25～7.6 米，堤顶宽 4～16 米，内外坡比 1∶2～1∶3，内平台宽 3.2～25 米，外平台宽 7.5～16 米；里甲口至大至岗堤段（桩号 23＋160～49＋623）堤顶高程 44.30～45.79 米，堤身垂直高 3～9 米，堤顶宽 4～8 米，内外坡比 1∶1.7～1∶3；大至岗至黄山头堤顶高程 41.74～44.80 米，堤身垂高 1.07～8.6 米，堤顶宽 4～7 米，内外坡比 1∶1.4～1∶3，内平台宽 2.6～24 米，外平台宽 2～40 米。

三、藕池河堤

藕池河分东、中、西 3 支，各支左右两岸堤防分别为横堤垸西段堤、九合垸堤和联合垸堤，共长 112.71 千米，属石首市管辖。1956 年将复兴、天合、谦吉、业成、合成五垸合并而名联合垸。

（一）横堤垸西堤

即藕池河东支左堤。横堤垸西堤上起老山嘴与长江干堤桩号 585＋000 处相接，下至南河坝与湖南华容县垸堤相连，桩号 20＋000～36＋000，长 16 千米。1981 年汛期，在陈币桥堤段（桩号 4＋300～5＋900）离堤脚 20 米处发现跌窝 1 处。汛后，对郑家台、管理站、江波渡、忠裕电站等外滩狭窄、迎流顶冲堤段（长 4.85 千米）分别实施护岸，施护长 4.2 千米。经历年培修，至 1999 年堤顶高程一般为 39.27～41.06 米，堤身垂高 2.3～8 米，堤顶宽 4～11 米，堤内、外坡比 1∶2～1∶3.5，外平台宽 11～30 米。

（二）九合垸堤

南起梅田湖与湖南华容县垸堤相连，北行至黄金嘴折向南，抵石华剅，再与湖南华容县垸堤相接，呈撮箕形，长 27.6 千米，相应桩号 0＋000～27＋610。垸东堤段自黄金嘴至梅田湖为藕池河干流右堤；垸西堤段自黄金嘴至石华剅为藕池河中支（团山河）左堤。新中国成立后，历经不断培修。1955 年焦家铺堤段因河流逼近退挽，退挽长 535 米，并在獾皮湖、魏家潭、袁家挡、打井窖 4 处长 5.6 千米迎流顶冲堤段实施护岸，施护长 3.4 千米。1981 年和 1984 年两年汛期，月堤拐和红嘴先后发生外脱坡险情，经抛石护脚、脱坡翻筑后脱险。沿堤尚存石矶 10 个，并建有红嘴、殷家洲、三合、黄金嘴、芦家湾、更明闸、打井窖等排灌涵闸站 9 座。至 1999 年，黄金嘴至梅田湖堤段（桩号 24＋000～39＋000）堤顶高程 38.36～39.72 米，堤面宽 5.5～7.5 米，内外坡比 1∶3；黄金嘴至石华剅堤段（0＋000～12＋610）堤顶高程 38.69～39.70 米，堤面宽 4～9.2 米，内外坡比1∶2.2～1∶4。

（三）联合垸堤

南起小新口，北行至王蜂腰转向西，过谭家洲再折南行，经白湖口于小新口重合，呈封闭型，堤长 69.1 千米，其垸西垸东堤段，分别为西支左堤和中支右堤。1956 年栗林河堵塞后，石首一侧堤防毁坏严重，大水年份安乡县有分洪任务，联合垸必须确保安全，故对栗林河分洪隔堤（自白湖口至小新口长 18.2 千米）逐年大力培修，计用标工 78 万个，完成土方 106.8 万立方米。

1963 年王蜂腰堤段再次退挽，退挽长 272 米，完成土方 1 万立方米。此后，先后实施先成功、郭家潭、王家河、月堤拐等迎流顶冲堤段护岸工程，施护长5.49千米。整险加固后仍有险工险段12处，长13.85千米。在小新口、虎头山、潘家山、团山寺、宣山垱、联合剅、大剅口、王蜂腰、杨岔堰、项家剅、芦林沟、岩土地、窑头庙、木枯湖、牛头山、狮子山、中剅口、北河口、牛皮湖等处沿堤建有排灌涵闸23座。经过多年培修加固，至1999年前，三字岗至小新口堤段（桩号0＋000～20＋000）堤顶高程38.33～39.91米，堤身垂高3.4～9米，堤面宽4～8.5米，内、外坡比1∶1.2～1∶4，内平台宽2～18米，外平台宽3～50米；王蜂腰至白湖口堤段（桩号0＋000～18＋900）堤顶高程39.22～41.33米，堤身垂高2.4～7米，堤面宽5～8.5米，内、外坡比1∶2～1∶4.3，内平台宽2.5～20米，外平台宽2.8～30米。

四、调弦河堤

调弦河左右两岸支堤，分别为石戈垸西段堤和顾复垸东段堤，长约10.07千米，属石首市管辖。

（一）左岸支堤

上起双剅口与干堤536＋500处相接，下至孟尝湖闸与湖南华容县垸堤相连，长4千米（桩号7＋000～11＋000）。沿堤建有孟尝湖排水闸1座，3孔，每孔宽3米。至1999年堤顶高程38.90～39.56米，垂高2.33～6.5米，堤面宽5.8～9.5米。2010年石首市调关镇实施水利血防工程时，桩号7＋000～8＋223堤段实施整治加固，完成堤身加培21.17万立方米、清基开挖土方2.59万立方米。

（二）右岸支堤

上起焦山河与干堤桩号536＋500处相接，下至蒋家冲与湖南省华容县垸堤相连，长6.07千米（桩号5＋928～12＋000）。1950年于朱家湾堤段退挽，退挽堤长500米，完成土方8万余立方米。沿堤建有洋河剅、上津湖泵站排水闸2座。1959年调弦口筑坝建闸后，两堤常年均不挡水，仅扒口分洪时发挥作用。至1999年，堤顶高程39.02～39.27米，垂直高5.8～10.78米，堤面宽4.3～5.5米，内、外坡比1∶3。

新中国成立后，荆南四河堤防除堤身得到加高培厚和内、外平台填筑外，堤防隐患、崩岸险情也得到初步治理，堤上留存的大量房屋、竹木等得到清除，并翻挖清除多处隐患。自1953年开始，荆南各县相继成立堤防锥探队，对重点渗漏堤段进行人工锥探，至1957年，松滋河堤防施锥30万孔，查处堤上建筑物和堤身隐患3.8万处，其中，拆除堤上房屋1702间，翻挖树蔸2.97万个，翻筑蚁穴1273处，迁除坟冢1576座，填实獾洞259个，整治后堤质大为改善。1986年，各锥探队由人工操作改为机械锥探，工效大为提高，至20世纪90年代初，普遍清除堤身隐患。对崩岸险情的处理，各地采用抛石镇脚，散抛护岸，干砌护岸及混凝土护岸等措施，至1997年共加固荆南四河堤防688.80千米，护岸护坡64.73千米，累计完成土方24526万立方米，平均每个段面达225立方米，见表5-8-2。历经多年建设，荆南内河堤逐步形成较为完整的防洪体系，防洪标准由新中国成立初期的2～3年一遇提高到约10年一遇。

附：1949—1997年荆南四河堤防加固及护坡统计表（表5-8-2）

表 5-8-2 荆南四河堤防加固及护坡统计表（1949—1997 年）

堤防名称	加固堤长/m	已护坡		工程量/m³		备注
		长度/m	占堤长/%	干砌石	混凝土	
总计	1033014	92164	13.4	444405	15859	
一、松滋河	400629	28429	7.1	192412	6649	
二、松西河干流	151783	7932	5.2	58951	2957	
1. 松西右	73789	4899	6.6	44467	1210	
其中：松滋	36400	650	1.8	0	740	
公安	37389	4249	11.4	44467	470	
2. 松西左	77994	3033	3.9	14484	1747	
其中：松滋	24750	450	1.8	0	570	
公安	53244	2583	4.9	14484	1177	
三、松东河干流	181000	19049	10.5	128472	3692	
1. 松东右	84383	7895	9.4	59726	579	
其中：松滋	20200	0	0	0	0	
公安	64183	7895	12.3	59726	579	
2. 松东左	96617	11154	11.5	68746	3113	
其中：松滋	24261	1400	5.8	0	1590	
公安	72356	9754	13.5	68746	1523	
四、苏支河	11429	450	3.9	1135	0	
1. 苏支左	5884	0	0	0	0	
2. 苏支右	5545	450	8.1	1135	0	
五、虎渡河	183591	34404	18.7	63435	625	
1. 虎左	90580	22658	25.0	14400	0	未计散护块石
2. 虎右	93011	11746	12.6	49035	625	
其中：荆州区	25000	1240	5.0	22000	0	
公安堤防段	29511	3726	12.6	21035	625	
公安分局	38500	6780	17.6	6000	0	未计散护块石
六、藕池河系	94510	1900	2.0	0	1936	
1. 藕池河干流	43000	950	2.2	0	973	
（1）藕左	16000	500	3.1	0	500	
（2）藕右	27000	450	1.7	0	473	
2. 团山河	32610	950	2.9	0	963	
（1）团左	12610	350	2.8	0	357	
（2）团右	20000	600	3.0	0	606	
3. 安乡河左	18900	0	0	0	0	
七、调弦河	10072	0	0	0	0	
1. 调左	4000	0	0	0	0	
2. 调右	6072	0	0	0	0	

第三节 堤 防 加 固

一、建设缘由

荆南四河河道弯曲，支流众多，河网交错，构成了复杂的水系。每当洪水季节，北受荆江洪水分流，南遭洞庭湖洪水顶托。其洪水特性具有高水位出现频繁、洪峰流量大和持续时间长的特点。荆南四河堤防既要防御荆江洪水，又要防御洞庭湖洪水，特别警惕江湖洪水遭遇。据初步统计，沙市站有从1903—2010年100年间的实测数据（1940—1946年数据空缺），最高水位超过42.00米的有73年，超过43.00米的有42年，超过44.00米的有13年，超过45.00米的有1年（1998年），特别是1998年超过警戒水位的时间最长，达57天。石首站1953—2010年有40年洪水超设防水位，31年超过警戒水位，其中以1998年超过警戒水位的时间最长达74天。20世纪80年代后，由于洞庭湖和四河河道泥沙淤积而多次出现高水位，且历时延长，每届汛期，堤防险情增多，“小洪水，高水位，大防汛”的不正常情况经常出现。1998年长江与澧水流域同降大暴雨，发生12次强降雨过程，荆江出现8次大洪峰，河道超历史最高水位持续达35天，数十万人口受灾。新中国成立后，荆南四河堤防经过加高培厚，合堤并垸，整治险段，基本形成了较为统一的堤防体系，但防洪标准仍然偏低。

（一）堤防防洪标准低

荆南四河堤防堤顶高程与设计洪水位相比普遍欠高，个别堤段最大欠高超过2米，堤顶宽度尚未达到6～8米，内外坡比不足1∶3，平台修筑绝大部分未达到堤防建设标准，其防洪标准不足10年一遇，与洞庭湖区整体防洪规划不相适应。

（二）堤身隐患、堤基管涌、堤岸崩塌三大险情突出

荆南四河堤身存在密实度不够，含水量偏高等问题，不少堤段变形开裂严重，白蚁分布广泛，汛期险情多。1981年汛期，松西河右堤狮子口附近约2300米堤长范围内，出现浑水漏洞114个，堤面最大跌窝达70平方米。1998年汛期，松西河右堤义胜哨棚堤段因白蚁危害，曾出现浑水漏洞60多个。荆南四河堤防堤基多为深厚的强透水层，结构松散，堤后多渊塘，汛期堤基管涌等险情多。1981年，松东河左堤黄泗嘴段因堤基浅层砂层内外贯通，发生管涌，经全力抢护无效，溃口宽达157米，淹没耕地11.89万亩，倒塌房屋1.09万栋，受灾人口10.74万人。1998年，虎渡河右堤严家台段因堤基浅层砂层内外贯通发生管涌，经抢护无效溃决，口门宽达185米，淹没面积220平方千米，受灾人口12万人。荆南四河堤防土质差，抗冲能力弱，滩岸在水流作用下，导致失稳而出现崩岸险情；在无滩堤段中，由于堤内地下水位较高，在内水外渗的作用过程中，由于堤质差而出现外脱坡险情。松东河左堤粮码头附近的526米长度内，1981年、1989年两次大水中曾3次出现外脱坡险情。1998年汛期，荆南四河支民堤共出现各类险情156处，其中，管涌194处637个，浑水洞58处，清水洞83处，散浸76处，崩岸4处，水井冒水10处，裂缝45处，脱坡34处，涵闸险情8处。

(三) 堤上涵闸标准低、年久失修，危及安全运用

荆南四河堤防有131座涵闸，大部分建于20世纪60—70年代，均不同程度地存在险情隐患。涵闸修建时受当时条件限制，标准低、工程简陋，大多采用条石拱涵、预制混凝土圆涵等；涵闸基础较差，修建时未进行基础处理，沉陷变形严重，涵管错位、止水失效、漏水严重；部分涵闸未进行防渗处理，渗径不能满足要求，汛期易产生管涌险情；消能设施标准低，损毁失修；堤身不断加高培厚而涵闸未能相应加固接长；启闭设备老化陈旧，不能正常运行。大部分涵闸长期带病运行，严重危及堤防安全。

(四) 管理基础设施薄弱

管理经费无可靠来源，观测设备、交通工具缺乏，通信联络手段落后，一些主要险工段雨天道路泥泞难行，给防汛抢险指挥调度带来困难；管理水平不高，未达到《堤防管理设计规范》的要求。

(五) 堤段违章建筑物多

由于历史的原因，堤防管理范围违章建筑物多，虎东、虎西干堤又属分蓄洪区围堤，沿堤建有大量安全台，因而“堤、台”不分，违章建筑多；四河沿堤城镇段，堤防两侧均建有民居，形成堤街，松东左堤的沙道观镇、团山河右堤的团山寺镇、藕池河左堤的江波渡等集镇均存在挤占堤防用地的情况。

(六) 河道淤塞严重

荆南四河分泄长江洪水，泥沙淤积，河床抬高，洪水位不断升高。水位升高和泥沙淤积使部分堤垸出现悬河，渍涝灾害加重，水运萎缩，血吸虫病严重，迫切需要进行治理。

荆南四河堤防是荆江防洪体系的重要组成部分，按照国务院批准的《长流规》和《国务院批准水利部关于加强长江近期防洪建设若干意见的通知》(国发〔1999〕12号)的要求，在三峡工程建成前长江发生1954年型洪水或更大洪水时，荆江分洪区等分蓄洪区需要承担分蓄长江洪水任务；三峡工程运行后，遇上100年一遇以上洪水时，仍需承担分蓄超额洪水任务，因此，有必要对荆南四河的堤防进行达标加固整治。

二、规划设计

(一) 规划略述

1994年3月，省政府以鄂政发〔1994〕23号文向国务院呈报将湖北省洞庭湖区防洪治涝工程纳入国家洞庭湖综合治理规划的要求，1997年长委在湘鄂两省有关部门的配合下，提出《洞庭湖区综合治理近期规划报告》(以下简称《报告》)，水利部以水规计〔1998〕166号予以批复。《报告》明确荆南地区按水系划分，属洞庭湖平原，为治理规划区的重要组成部分。治理范围是按照荆江河段右岸，湘、资、沅、澧四水尾闾控制点以下，高程在50.00米以下湘鄂两省广大平原、湖泊水网区。总面积18780平方千米，其中湖北省3580平方千米。治理范围内，湖北省洪道面积405平方千米，受堤防保护面积3547平方千米，人口190万。《报告》提出本着统一规划、江湖两利的原则，以防洪为主，洪、涝、旱、航运、水资源保护、防治血吸虫病、水产等综合规划，分期实施。力争达到小洪水不成灾，大洪水少受灾，特大洪水(枝城来量8万立方米每秒)在分蓄洪工程

运用的配合下，保证主要堤防的安全，排涝标准达到10年一遇，以达到与荆江、洞庭湖整体防洪能力相适应的目的。

1999年4月至2000年3月，长江设计院分别编制完成《湖北省洞庭湖区四河堤防加固工程可行性研究报告》（以下简称《可研报告》）、《湖北省洞庭湖区四河堤防加固工程可行性研究报告补充说明》（以下简称《补充说明》），经审定加固工程范围为：荆南四河在湖北省境内的主河道堤防、串河及部分支河堤防。总计加固堤防706.03千米，审定工程总投资296894万元（2000年一季度价格水平）。

2001年11月，根据国家发改委和水利部对荆南四河堤防按轻重缓急、分期实施的原则进行加固的要求，长江设计院编制出《湖北省洞庭湖区四河堤防一期加固工程可行性研究报告》，经评估确定一期加固堤防总长347.82千米，工程总投资14.4亿元。

2008年初，长委再次编制《洞庭湖区综合治理近期规划报告》，后经水规总院对此报告进行审查和中国国际工程咨询公司对报告进行评估（咨农水〔2008〕1189号），确定湖北省荆南四河堤防工程建设内容为四河加固堤防706千米。评估建议荆南四河加固工程是必要的，建议荆南四河堤防工程可按一次立项、分期实施的原则进行建设。

2008年11月，长江设计院综合各方面意见，复核建设征地实物指标，修改征地拆迁及环境影响评价等内容，并增加水土保持设计、劳动安全与工业卫生、节能分析等内容。对未实施工程按照2008年三季度价格水平进行投资估算，已实施工程按照2003年平均价格水平进行投资估算，修改补充《可研报告》，估算湖北省洞庭湖区四河堤防加固工程静态总投资为55.84亿元，较2000年审定工程总投资增加约26.15亿元，主要原因是材料价格上涨及国家有关移民政策调整较大。其中工程部分增加5.81亿元，移民部分资增加18.42亿元，环境保护和水土保持部分增加1.92亿元。

（二）设计标准

2009年，编制完成《湖北省洞庭湖区四河堤防加固工程可行性研究报告（审定本）》。2011年10月17日，经水利部以水规计〔2011〕532号文向国家发改委报送《关于报送湖北省洞庭湖区四河堤防加固工程可行性研究报告审查意见的函》，国家发改委同意立项兴建。按其要求，荆南四河各河分别确定堤防设计标准为：松滋水系、太平水系属西洞庭湖区，其两岸堤防按1949—1991年实测最高水位设计；藕池河、调弦河堤防按1954年实测最高洪水位设计；虎渡河堤防按枝城站洪峰流量8万立方米每秒，沙市控制水位45.00米，城陵矶控制水位34.40米，利用荆江分洪区，虎渡河分流口相应水位45.13米、南闸水位42.00米作为控制条件推算，取虎渡河设计洪水位和荆江分洪区设计蓄洪水位的外包线作为虎渡河堤防的设计标准；苏支河、洈水河、新河、庙河堤防按松西河相应河段水面线推求；涴里隔堤根据进、退水口门水位（45.44米、44.37米）按直线插值确定。四河主要控制点的设计枯水位为：新江口35.14米、沙道观34.88米、弥陀寺32.80米、藕池口30.43米、管家铺30.35米，据此推算各河护岸点的设计枯水位。

虎渡河左岸干堤、松西河右堤（桩号27+300～34+500）、庙河右堤、新河左堤、藕池河左堤、调弦河右堤、松东河左堤（桩号65+474～103+900）、虎渡河右堤（桩号49+937～54+825）、松西河右堤（桩号82+210～94+240）为2级堤防，其他堤防为3级堤防，穿堤建筑物级别与所在堤防等级相同，地震烈度Ⅵ度。

堤顶高程按设计洪水位加安全超高确定；安全超高按水利部水规计〔1998〕166号文批复确定为1.5米，抗御蓄洪水位的堤段加安全超高2.0米。2级堤防堤顶面宽为8米，设置6米宽碎石路面；3级堤防堤顶宽为6米，设置5米宽碎石路面，内坡1∶3，外坡1∶2.5～1∶30。内坡设计堤顶以下4～5米设置平台，平台宽度根据堤防保护的重要性具体确定。

（三）建设项目

根据水利部水规计〔2011〕532号文件规定，湖北省洞庭湖区四河堤防加固工程建设范围为：荆江右岸松滋河（包括松东河、松西河、苏支河、沩水河、新河、庙河）、虎渡河、藕池河、调弦河等在湖北省境内主要河道以及部分串河和支流河道堤防以及涴里隔堤，堤防总长度为706.03千米。其中，松滋河堤防400.63千米（松西河152.19千米、松东河181.2千米、沩水河36.81千米、苏支河11.43千米、庙河8.42千米、新河10.51千米），虎渡河堤防183.59千米，藕池河堤防94.51千米，调弦河堤防10.07千米，涴市扩大分洪区涴里隔堤17.23千米。堤防加固工程项目包括：堤身加高培厚、堤基防渗处理、堤身锥探灌浆、护岸固脚、堤顶防汛道路、涵闸整险加固等。

工程主要建设内容为：堤防加高加固286.19千米；堤身灌浆555.47千米；堤身堤基防渗墙51.21千米；堤内防渗平台211.39千米；护坡89.95千米，其中，新护79.73千米，加固10.22千米；护岸工程87.4千米，其中，新护75.2千米，加固12.2千米；堤顶泥结石路面661.97千米，城区段混凝土路面道路23.03千米；涵闸整险加固118座，其中，重建39座、加固78座、新建1座；1999—2001年已实施未达标工程项目，需增加堤内平台6.6千米。

按2010年第一季度价格水平估算，工程静态总投资为493124万元，其中1999—2009年已安排工程投资89150万元；未完工程403974万元（包括工程部分投资199019万元、建设征地移民补偿费194370万元、环境保护专项投资2665万元、水土保持专项投资7920万元）。工程总工期为36个月。此工程为地方水利建设项目，但其功能属性为以防洪为主的公益性水利工程，资金投入由中央水利建设资金和湖北省自筹资金组成。

1. 堤身加高加固

断面加培　对四河河堤（加固范围内）按设计要求的堤段进行加培，即对堤顶高程、堤顶宽度、堤坡的设计要求中，其中一项或多项未达标准，应视不同情况加高加固。堤顶高程以高出设计洪水位1.5米（或高出分洪水位2.0米）为准；堤顶宽度为6～8米，坡比为1∶3。

隐患处理　四河堤防堤身质量较差，填土复杂，结构松散，填筑干密度在1.42～1.53克每立方厘米范围，天然孔隙比为0.63～0.9；同时存在散浸、漏洞、裂缝等多种险情，堤身白蚁等生物危害严重，分布范围广。此外局部堤段堤外有民垸，自1954年后一直未挡水，险情未暴露，故需要对堤身隐患采取锥探灌浆和对堤基采取截渗处理。

护坡　在重点险段迎水坡结合护岸实施干砌石或混凝土护坡。护坡布置原则为：重要城镇段及块石料运距在50千米以外重点险段护坡采用混凝土预制块护坡，其余险段采用干砌石护坡。其他一般堤段迎水坡及背水坡均采用草皮护坡。

堤顶道路　堤顶道路采用泥结碎石路面。

2. 堤基渗流控制

垂直防渗 对堤基砂性土直接出露，或透水砂层埋藏较浅，地质条件差，1998年汛期出现管涌险情较多的堤段，采用垂直防渗处理。垂直防渗方式视不同堤段透水堤基埋藏深度，同时考虑不同工法的适用范围，尽量采用投资少的防渗技术，优先考虑适应变形能力强的柔性材料防渗方案，采用的垂直防渗技术有：垂直铺塑、多头小口径深层搅拌混凝土截渗墙、射水法造混凝土截渗墙。防渗墙墙深要求插入相对不透水层1～1.5米。

盖重加减压井 对深厚透水堤基，采用垂直防渗措施不仅投资大，且渗控效果较差，故采用铺盖加盖重加减压井的措施。

内外平台 对堤身垂高大于5米，堤基砂性土直接出露，或透水层埋藏较浅，地质条件差或较差的堤段，采取补筑内平台或外平台的措施。地质条件差的堤段，平台宽取为30米；地质条件较好的堤段平台宽取为20米。厚度控制不大于2米。

填塘固基 填平堤内50米范围内的所有渊塘。

防护林栽植 内平台种植防护林，外平台种植防浪林。

3. 护岸工程

四河河道处于不断的淤积抬高过程中，河床高程较高，枯水位较低，枯水季节常发生断流。但汛期仍有部分岸坡受水流顶冲淘刷，常发生崩岸险情，危及护坡及堤防安全（部分河段，因断流时间多，堤内地下水向外渗透，引起岸坡滑矬险情）。因此，荆南四河河道护岸的主要任务是守护护坡坡脚，防止水流从下部淘刷护坡脚槽，保护护坡脚槽及整个护坡工程的安全。主要工程措施为散抛石镇脚。此次护岸工程重点险工段共计110段，护岸总长120.97千米，其中，新护100.56千米，加固长20.41千米。

4. 涵闸泵站改建、加固

四河河堤共分布各类涵闸泵站133座，大部分建于20世纪60—70年代，因其原设计标准低，经多年运行年久失修，均存在不同程度损毁，确定对刘家嘴等38座涵闸进行改建，保丰闸等86座涵闸实施加固接长，解放闸泵站等6座涵闸则保持现状，另新建1座涵闸。

三、工程实施

1998年以前，四河堤防加固以群众负担为主，按受益范围出工，国家给予少量资金补助。1998年以后，被纳入洞庭湖治理规划，以国家投资为主，地方筹集部分资金。根据轻重缓急原则，先实施第一期加固工程。1999—2010年下达计划投资110150万元，其中，中央投资58000万元，地方配套资金52150万元，见表5-8-3。

（一）堤防培修加固

工程于1999年开工，当年加固堤长40千米，完成土方334.99万立方米（招标226.51万立方米，配套土方108.48万立方米）；护岸长1450米，石方2.08万立方米；锥探灌浆43千米。

2000年加固堤防长26.07千米，完成土方226.59万立方米（招标51.72万立方米，补助性土方174.87万立方米）；护岸长1730米，石方2.93万立方米，混凝土护坡1240立方米；整治穿堤建筑2座（北堤口、保丰闸），锥探灌浆5千米。

2001年加固堤长7.84千米，完成土方80.21万立方米；护岸长4千米，完成石方5.71

表 5-8-3　1999—2010 年荆南四河堤防加固工程计划投资表　单位：万元

序号	年份	计划投资				计划投资分解									
		计划下达文号	总投资	中央投资	地方配套	建筑工程	机电及金属结构	临时工程	其他费用					合计
									小计	征地拆迁	监理费	设计费	其他	
1	1999	鄂计农字〔2000〕0031 号	5000	4000	1000	3346.00	20.00		1634.00	721.69	30.00	716.00	166.31	5000
2	2000	鄂计农经〔2000〕00898 号	1200	1000	200	915.50		25.20	259.30	203.62	12.00	15.00	28.68	1200
		鄂计农经〔2000〕1399 号	1200	1000	200	1014.00		18.50	167.50	106.00	12.00	12.00	37.50	1200
3	2001	鄂计农经〔2001〕1092 号	4000	2000	2000	2695.00	4.00	22.00	1279.00	1078.00	40.00	60.00	101.00	4000
4	2002	鄂计农经〔2002〕0941 号	1250	1000	250	1124.60		20.00	105.40	9.00	12.00	48.90	35.50	1250
		鄂计农经〔2003〕0178 号	2500	2000	500	2055.70		20.00	424.30	310.10	15.90	53.10	45.20	2500
5	2003	鄂计农经〔2003〕0817 号	8000	4000	4000	7070.30		50.00	879.70	479.34	42.40	183.80	174.16	8000
		鄂发改农经〔2005〕0720 号	10000	5000	5000	5706.20	150.00	100.00	4043.80	3616.52	46.10	120.00	261.18	9999
6	2004	鄂发改农经〔2005〕79 号	6000	3000	3000	3387.40		10.00	2602.60	2378.97	26.20	70.00	127.43	6000
7	2005	鄂发改农经〔2006〕283 号	8000	4000	4000	6027.60	60.00	10.00	1902.40	1550.33	30.00	200.00	122.07	8000
8	2006	鄂发改农经〔2007〕313 号	2000	1000	1000	1189.00		80.00	731.00	501.55	30.00	75.00	124.45	2000
9	2007	鄂发改农经〔2008〕342 号	2000	1000	1000	1293.50	10.00	10.00	686.50	397.27	56.00	100.00	133.23	2000
10	2008	鄂发改农经〔2008〕1221 号	6000	3000	3000	3954.60	175.30	100.00	1770.10	1169.16	100.00	318.20	182.74	6000
		鄂发改农经〔2008〕344 号	16000	8000	8000	12024.20		40.00	3935.80	3017.29	140.00	500.00	278.51	16000
11	2009	鄂水利堤复〔2009〕353 号	16000	8000	8000	11516.96		100.00	4383.03	3818.54	120.00	225.00	219.49	16000
12	2010	鄂发改投资〔2010〕1040 号	21000	10000	11000									21000
总计			110150	58000	52150	63320.56	419.30	605.70	24804.43	19357.38	712.60	2697.00	2037.45	110149

万立方米，混凝土5920立方米；改建涵闸1座（枯树庵闸），完成混凝土463立方米。

2002年加固堤防长8.67千米，完成土方27.85万立方米，护岸长4.48千米，完成石方7.73万立方米，混凝土5460立方米。

2003年加固堤防长85.57千米，完成土方599.32万立方米；护岸10.03千米，完成石方16.88万立方米，混凝土2.63万立方米。

2004年加固堤防长39.233千米，完成土方315.67万立方米。

2005年加固堤防长39.58千米，完成土方329.5万立方米，护岸长1640米，完成石方2.07万立方米，混凝土9370立方米，重建涵闸1座。

2006年加固堤防长12.28千米，完成土方57.31万立方米。

2009年完成堤防加培42.5千米，护岸10.47千米，涵闸改建加固2座，完成土方224万立方米。

2010年，完成土方183.49万立方米，混凝土4.45万立方米，耗用钢材389.06吨，施工项目主要为护坡、水下抛石、堤身加培。

1999—2010年，荆南四河堤防加固工程完成堤身培修加固373.62千米，完成土方2215.44万立方米，见表5-8-4。

表5-8-4　　1999—2010荆南四河堤防堤身加培完成情况表

序号	河岸别	县（市）	起止桩号	长度/m	施工年份	备　注
（一）	松滋河			242681		
1	松西右	松滋	16＋800～18＋800	2000	2005	
			18＋800～19＋300	500	2008	
			19＋300～19＋750	450	2000	
			19＋750～20＋000	250		
			20＋000～22＋000	2000	2008	
			22＋000～25＋000	3000	2003	
			25＋000～27＋200	2200	2008	
			27＋300～27＋900	600	2000	
			27＋900～28＋400	500	2008	
			28＋400～29＋030	630	2005	
			29＋030～30＋000	970	2002	
			30＋000～31＋400	1400	2003	
			31＋400～33＋500	2100	1999	
			33＋500～34＋500	1000	1999	
			34＋700～37＋160	2460	2005	
			37＋160～38＋660	1500	2000	
			38＋660～41＋000	2340	2008	
			41＋000～42＋000	1000	2003	
			42＋000～43＋350	1350		
			43＋350～44＋350	1000	2005	
			44＋350～45＋630	1280	2007	

续表

序号	河岸别	县（市）	起止桩号	长度/m	施工年份	备　注
1	松西左	松滋	45+630～46+000	370	2009	
			46+000～49+000	3000	2008	
			49+000～52+000	3000	2003	
			52+000～54+328	2328	2004	
		公安荆南	56+223～57+300	1077	2008	
			57+300～64+000	6700	2008	
			64+000～70+100	6100	2009	
			70+100～72+100	2000	2004	
			72+100～74+100	2000	1999	
			74+100～75+600	1500	2005	
			75+600～77+340	1740	1999	
			77+340～81+582	4242	2003	
			82+210～85+200	2990	2005	
			85+200～90+000	4800	2008	
			90+000～94+240	4240	2003	
	松西右小计			4617		
2	松西左	松滋	0+000～1+600	1600	1999	
			1+600～3+000	1406	1999	
			3+000～3+700	700	1999	
			10+050～10+150	100	1999	
			14+100～15+100	1000	2000	
			22+500～24+000	1500	1999	
		公安荆南	39+450～40+550	1100	2000	
			44+500～46+000	1500	2000	
			52+550～54+550	2000	2000	
			74+000～78+850	4850	2009	
			18+850～79+000	60150	2009	
			79+000～84+000	5000	2008	
			84+000～86+325	2325	2001	
	松西左小计			83231		
3	松东右	松滋	0+000～0+900	900	1999	
			0+900～4+400	3500	2009	
			4+400～5+000	600	2000	
			5+000～19+800	14800	450	2009
		公安荆南	29+800～31+650	1850	2008	
			31+650～32+100	450	2009	
			53+550～56+358	2808	1999	
			65+753～65+950	197	2008	
			70+800～71+800	1000	2000	
			78+750～80+350	1600	1999	
			80+350～88+450	8100	2009	
	松东右小计			35805		

续表

序号	河岸别	县（市）	起止桩号	长度/m	施工年份	备　注
4	松东左	松滋	5+500～6+910	1410	2004	
			6+910～7+500	590	1999	
			7+500～8+600	1100		
			8+600～8+950	350	2000	
			8+950～9+950	1000	2004	
			9+950～11+450	1500	2003	
			11+450～12+000	550		
			12+000～13+500	1500	2003	
			13+500～16+500	3000	2004	
			17+500～18+290	790	2000	
			16+500～17+500 18+290～18+700	1410	2005	
			18+700～23+000	4300	2003	
			23+000～24+650	1650	2008	
			24+650～25+000	350	2000	
		公安荆南	25+000～26+000	1000	1999	
			26+000～28+260	2260	2003	
			28+260～29+761	1501	2008	
			30+500～32+615	2115	2003	
			0+000～3+000	3000	2003	
			3+000～4+000	1000	2003	
			4+000～5+430 5+780～8+000	3650	2004	
			5+430～5+780	350	1999	
			10+000～17+000	7000	2005	
			17+000～21+848	4848	2006	
			55+193～59+000	3807	2006	
			59+000～63+160	4160	2009	
			63+474～68+000	4526	2004	
			68+000～75+100	7100	2007	
			75+100～76+600	1500	2002	
			76+600～78+100	1500	2002	
			78+100～80+500	2400	2003	
			80+500～84+100	3600	2005	
			84+100～89+000	4900	2007	
			89+000～91+200	2200	2005	
			91+200～95+200	4000	2004	
			95+200～97+200	2000	2001	
			97+200～99+225	2025	2003	
			99+225～101+225	2000	1999	
			101+225～103+900	2675	2003	
	松东左小计			94617		

续表

序号	河岸别	县（市）	起止桩号	长度/m	施工年份	备　注
5	淹水右	公安荆南	6+900～10+000	3100	2000	
6	苏支右	公安荆南	4+700～5+545	845	2008	
7	庙河右	松滋	0+000～1+000	1000	2005	
			1+000～2+170	1170	2006	
			2+170～5+170	3000	2004	
	庙河右小计			5170		
8	新河左	松滋	3+500～7+380	3880	2003	
			8+580～7+380	1200	2000	
	新河左小计			5080		
9	新河右	松滋	7+100～8+600	1500	1999	
（二）	虎渡河			86818		
1	虎渡左	公安分局	16+150～16+850	700	2007	
			28+500～29+800	1300	2003	
			38+700～38+950	250	2008	
			41+100～41+900 63+100～63+600	1300	2002	
			51+000～54+000	3000	2008	
			54+000～56+450	2450	2006	
			60+050～63+100	3050	2005	
			63+600～66+600	3000	2004	
			66+600～68+650	2050	2007	
			70+000～79+000	9000	2003	
			79+000～85+000	6000	2004	
			85+000～90+580	5580	2005	
	虎渡左小计			37680		
2	虎渡右上	荆州（区）	0+000～0+500	500	1999	
			0+500～1+000	500	1999	
			1+000～2+600 4+700～5+700	2600	2004	
			2+600～3+700	1100	2000	
			3+700～4+700	1000	1999	
			8+000～23+600	15600	2003	
			23+600～25+000	1400	2001	
		公安荆南	27+100～29+100	2000	1999	
			49+937～52+050	2113	2003	
			52+050～53+600	1550	2000	
			53+600～54+825	1225	2003	
	虎渡右上小计			29588		

续表

序号	河岸别	县（市）	起止桩号	长度/m	施工年份	备 注
2	虎渡右下	公安分局	2+000～6+000	4000	2009	
			6+000～6+500	500	2009	
			6+500～10+200	3700	2008	
			10+200～15+100	4900	2009	
			29+500～32+500	3000	2008	
	虎渡右下小计			16100		
3	涴里隔堤	荆州	0+000～3+450	3450	2009	
（三）	藕池河			37544		
1	藕池左	石首	20+000～25+000	5000	2005	
			25+000～32+300	7300	2003	
			32+300～33+300	1000	2002	
			33+300～36+000	2700	2004	
	藕池左小计			16000		
2	藕池右	石首	14+450～15+300	850	1999	
			15+300～15+950	650	1999	
			19+200～23+200	4000	2008	
			23+200～24+000	800	2009	
	藕池右小计			6300		
3	团山左	石首	0+000～6+600	6600	2009	
			7+300～8+100	800	1999	
	团山左小计			7400		
4	团山右	石首	0+000～1+300	1300	2009	
			6+640～7+640	1000	1999	
			10+200～11+000	800	2000	
			18+622～19+574	952	1999	
	团山右小计			4052		
5	安乡左	石首	15+608～16+600	992	1999	
			16+600～17+400	800	2000	
	安乡左小计			1792		
（四）	调弦河			6572		
1	调弦左	石首	10+000～10+500	500	2000	
2	调弦右	石首	6+500～8+000	1500	2000	
			5+928～6+500 8+000～12+000	4572	2003	
	调弦右小计			6072		
	已完堤身加培合计			373615		

（二）堤基隐患整治

荆南四河堤防多为1870年大水溃决后在淤积泥沙之上重建，堤基下夹有浅层透水层，其下多为深厚强透水层，结构松散。堤后多渊塘，汛期堤基管涌等险情多。根据规划设计，荆南四河堤防加固工程对堤身内脚50米范围内的渊塘全部予以填筑，修筑20～30米宽平台。在堤身培修加固的同时，1999—2010年修筑堤基防渗平台192.45千米，见表5-8-5；锥探灌浆111027米，见表5-8-6。

表5-8-5　　1999—2009年荆南四河堤防堤基防渗平台完成情况表

河岸别	县（市）	已施工内平台堤段			
		桩号	平台长度/m	平台宽度/m	施工年度
松西右	松滋	16+800～18+800	2000	30	2005
		18+800～19+100	300	20	2008
		19+150～19+750	600	25	2000
		21+650～22+000	350	20	2008
		22+000～25+000	3000	30	2003
		31+400～34+500	3100	20	1999
		34+700～37+160	2460	20	2005
		38+660～39+600	940	20	2008
		41+000～41+700	700	30	2003
		41+950～42+000 43+350～44+350	1050	30	2005
		44+350～45+630	1280	30	2007
		45+630～46+000	370	30	2009
		46+000～46+700	700	30	2008
		52+115～54+328	2213	20	2004
	公安荆南	59+000～59+350 59+450～59+850 60+650～61+800	1900	30	2008
		71+000～72+100	1100	30	2004
		72+100～74+100	2000	30	1999
		74+100～75+600	1500	30	2005
		75+600～77+340	1740	20	1999
		77+340～78+200 80+000～81+582	2442	30	2003
		82+210～83+750 84+900～85+200	1840	20	2005
		85+200～88+250	3050	30	2008
		91+880～94+240	2360	20	2003
	小　计		36995		

续表

河岸别	县（市）	已施工内平台堤段			
		桩号	平台长度/m	平台宽度/m	施工年度
松西左	松滋	0＋000～3＋700	3700	30	1999
		14＋400～15＋400	1000	20	2000
		22＋500～24＋000	1500	20	1999
	公安荆南	74＋000～74＋500	3850	20	2009
		75＋500～78＋850 84＋000～86＋325	2325	20	2001
	小　计		12375		
松东右	松滋	0＋000～0＋900	900	30	1999
		0＋900～1＋600	700	30	2009
		4＋400～5＋000	600	30	2000
		9＋350～11＋550 14＋200～15＋400	3400	30	2009
		17＋000～19＋800	2800	30	2009
	公安荆南	29＋800～31＋650	1850	30	2008
		70＋800～71＋800	1000	30	2000
		78＋750～80＋350	1600	30	1999
		82＋700～84＋850	2150	20	2009
	小　计		15000		
松东左	松滋	10＋400～11＋450	1050	30	2003
		12＋000～13＋500	1500	20	2003
		13＋500～14＋700	1200	30	2004
		16＋500～17＋500	1000	30	2005
		17＋500～18＋290	790	30	2000
		18＋290～18＋700	410	30	2005
		18＋700～22＋000	3300	30	2003
		28＋000～28＋260	260	30	2003
		28＋260～28＋800 29＋200～29＋760	1100	30	2008
	公安荆南	30＋500～32＋300	1800	306	2003
		0＋550～1＋350（官支） 1＋600～4＋000	3200	30	2003
		5＋400～5＋800	400		2000
		4＋000～5＋430（官支） 5＋780～8＋000	3650	20	2004
		10＋000～16＋715（官支）	6715	30	2005
		17＋650～18＋150（官支）	500	30	2006

续表

河岸别	县（市）	已施工内平台堤段			
		桩号	平台长度/m	平台宽度/m	施工年度
松东左	公安荆南	57＋000～59＋000	2000	30	2006
		59＋000～59＋450	450	30	2008
		70＋700～71＋200	500	30	2007
		78＋100～80＋050	1950	20	2003
		80＋500～84＋100	3600	30	2004
		84＋250～84＋360	110	20	2000
		91＋200～95＋200	4000	30	2004
		99＋225～101＋225	2000	20	1999
		101＋225～101＋600 102＋550～103＋300	1125	30	2003
	小　计		42610		
虎渡右上	荆州（区）	0＋000～0＋500	500	30	1999
		0＋500～1＋000	500	30	1999
		1＋000～1＋750	750	20	2004
		2＋600～3＋700	1100	20	2000
		3＋700～4＋700	1000	30	1999
		8＋000～10＋600 11＋100～11＋300 11＋600～11＋750	2950	20	2003
		12＋000～14＋000	2000	30	2003
		14＋000～14＋800 17＋000～18＋250	2050	30	2005
		23＋600～25＋000	1400	30	2001
	公安荆南	49＋937～50＋700 51＋300～52＋050	1513	20	2003
		52＋050～52＋847	797	20	2000
		53＋600～54＋825	1225	30	2003
虎渡右下	公安分局	6＋000～6＋500	500	50	2009
		6＋500～10＋200	3700	50	2008
		10＋200～11＋450	3550	30	2009
		13＋200～15＋500 29＋500～32＋500	3000	30	2008
虎渡右上、虎渡右下小计			26535		

续表

河岸别	县（市）	已施工内平台堤段			
		桩号	平台长度/m	平台宽度/m	施工年度
虎渡左	公安分局	51＋000～51＋150 53＋500～54＋000	650	20	2008
		54＋000～56＋450	2450	20	2006
		60＋050～60＋200	150	20	2005
		72＋600～80＋000	7400	30	2003
		85＋000～90＋580	5580	30	2005
	小　计		16230		
藕池左	石首	20＋000～21＋200	1200	20	1999
		21＋200～24＋300	2100	20	2005
		27＋650～27＋750 28＋000～32＋300	4400	20	2003
		32＋300～33＋300	1000	20	2002
		33＋300～33＋850	850	20	2004
		35＋700～36＋000	300	20	2004
	小　计		9850		
藕池右	石首	14＋450～15＋950	1500	30	1999
		19＋200～20＋300	4450	30	2008
		37＋000～39＋000	2000	30	2001
	小　计		7950		
安乡左	石首	16＋600～17＋400	800	20	2000
调弦左	石首	10＋000～10＋500	500	20	
调弦右	石首	6＋450～6＋500	50	20	2003
		6＋500～8＋000	1500	20	2000
		8＋000～10＋600 11＋100～11＋300 11＋600～11＋750	2950	20	2003
	小　计		5800		
庙河右	松滋	0＋000～1＋000	1000	20	2005
		1＋000～2＋170	1170	20	2006
		2＋170～5＋170	3000	30	2004
	小　计			5170	
团山左	石首	0＋000～2＋400	2400	30	2009
		2＋500～2＋900	400	20	2000
		2＋900～3＋400	500	30	2009
		3＋400～3＋800	400	20	2000
		3＋800～5＋450	1650	30	2009
		6＋400～6＋650	250	30	2009
	小　计		5600		

续表

河岸别	县（市）	已施工内平台堤段			
		桩号	平台长度/m	平台宽度/m	施工年度
团山右	石首	0+000～1+300	1300	30	2008
		10+200～11+000	800	20	2000
		18+622～19+574	952	10	1999
	小　计		3052		
涴里隔堤	荆州	0+000～3+450	3450	30	2009
澹水右	公安荆南	7+000～8+500	1500	17.5	1999
新河左	松滋	7+000～7+380	380	20	2003
		8+580～7+380	1200	20	2000
	小　计		6530		
合　计			193697		

表 5-8-6　　1999—2010 年荆南四河堤防锥探灌浆完成情况

县（市）	锥探灌浆	桩　　号	长度/m	完成年份
四河堤防			44300	1999
			5000	2000
			10000	2002
			17952	2003
			27448	2004
			1050	2008
			4000	2009
	小　计		109750	
松滋	松西右	306+000～31+400	1400	2003
		31+400～33+500	2100	1999
		33+500～34+500	1000	1999
	小　计		4500	
公安	松西右	72+100～74+100	2000	1999
		75+600～77+340	1740	1999
	小　计		3740	
松滋	松西左	0+100～1+600	1500	1999
		1+600～3+300	1700	1999
	小　计		3200	
公安	松东右	78+750～80+350	1600	1999
		70+200～72+200	2000	1999
	小　计		3600	
公安	松东左	63+600～65+450	1850	2004

续表

县（市）	锥探灌浆	桩　　号	长度/m	完成年份
公安	松东左	75+100～78+100	3000	2004
		78+100～80+500	2400	
		91+200～97+000	5800	2004
		101+225～103+900	2675	2004
		97+000～99+000	2000	1999
		99+225～101+225	2000	1999
	小　计		19725	
公安	虎渡左	0+000～5+500	5500	2004
		28+500～29+800	1300	2003
		38+500～39+000	500	2008
		53+450～54+000	550	2008
		63+600～66+600	3000	2003
		74+000～78+000	4000	1999
	小　计		14850	
荆州	虎右上	0+000～0+500	500	1999
		0+500～1+000	500	1999
		1+000～6+000	5000	2000
		15+000～25+000	10000	2002
	小　计		16000	
公安	虎右上	27+100～29+100	2000	1999
		53+750～54+410	660	1999
	虎右下	3+000～7+000	4000	2009
		7+000～13+000	6000	1999
		18+000～21+000	3000	1999
		30+000～37+000	7000	1999
	小　计		22660	
石首	藕池左	25+000～28+000	3000	2004
		28+000～30+700	2700	2003
		30+700～33+300	2600	2004
		20+000～21+500	1500	1999
	小　计		9800	
石首	藕池右	14+450～15+950	1500	1999
	调弦右	5+928～6+500	572	2003
		8+000～12+000	4000	2003
	小　计		6072	
松滋	庙河右	2+170～5+170	3000	2004
	新河左	3+500～7+380	3880	2003
合计			214705	

(三) 崩岸整治

荆南四河河势变化大，堤防无滩堤段多，滩岸崩坍现象严重。堤身直受水流冲刷或内水外渗的影响，外崩险情时有发生。据统计，荆南四河共有崩岸险段长226.89千米，其中，左岸114.43千米，右岸112.46千米，见表5-8-7。

表5-8-7 荆南四河崩岸险段汇总表

河名	所在县（市）	崩岸险段长度/m			备注
		左岸	右岸	合计	
总计		114430	112458	226888	
松滋河	松滋、公安	80260	67206	147466	
松西河干流	松滋、公安	32750	19106	51856	
	其中：松滋	10350	10606	20956	
	公安	20600	8100	28700	
庙河	松滋		4000	4000	
新河	松滋				
松东河干流	松滋、公安	46610	40400	87010	
	其中：松滋	12710	3200	15910	
	公安	33900	37200	71100	含官支河左
淞水河	公安	900	700	1600	
苏支河	公安		3000	3000	
虎渡河	公安、荆州	25250	27800	53050	
	其中：公安	25250	22600	47850	
	荆州		5200	5200	
藕池河系	石首	10200	16800	27000	
藕池河干流	石首	4700	9600	14300	
团山河	石首	2500	7200	9700	
安乡河	石首	3000		3000	
调弦河	石首	520	1052	1572	

自2002年开始，重点对谢牟岗、张家宫、座金山、南厂口等处实施了应急整治。由于资金来源有限，其他崩岸险段仅采取削坡减载、土袋还坡等临时措施。在荆南四河堤防加固工程中，结合崩岸整治，实施了护坡工程，1999—2009年完成水下抛石16.046千米，护坡护岸46.437千米，见表5-8-8。

表5-8-8 1999—2009年荆南四河护坡护岸工程完成情况表

年份	县（市）	地点	河岸别	起止桩号	长度/m	完成项目
1999	公安分局	小计			1370	
		军堤湾	虎河左	19+400～19+950	470	护坡、护岸
		鳝鱼垱	虎渡右下	31+700～32+000	300	护坡、护岸
		狗腿湾	虎河左	33+800～34+400	600	护坡、护岸

续表

年份	县(市)	地点	河岸别	起止桩号	长度/m	完成项目
2000	合计				1730	
	公安荆南	小计			930	
		榨林潭	松东右	71+200~71+830	630	护坡、护岸
		四方堰	松西右	89+800~90+100	300	护坡、护岸
	公安分局	小计			500	
		乐善寺	虎河左	70+500~70+800	300	护坡、护岸
		鳝鱼垱	虎渡右下	32+000~32+200	200	护坡、护岸
	荆州	大兴寺	虎渡右上	13+000~13+300	300	护坡、护岸
2001	合计				4000	
	公安荆南	眠牛山	松东左	95+200~97+200	2000	护坡、护岸
	石首	欢皮湖	藕池右	37+000~39+000	2000	护坡、护岸
2002	合计				5595	
	松滋	小计			5465	
		文昌宫	松东左	28+260~29+760	1500	护坡、护岸
		新江口	松西右	29+030~30+000	970	护坡、护岸
		熊家祖坟	松东右	5+950~6+100	150	水下抛石
		文昌宫	松西右	21+850~22+100	250	水下抛石
		丰坪桥	庙河右	5+000~5+150	150	水下抛石
		沙道观老水利站	松东左	24+150~24+350	200	水下抛石
		靳家渡	松西右	20+880~21+000	120	水下抛石
		镇江寺	松西右	30+470~30+560	80	水下抛石
		先成功	安乡左	6+940~7+260	320	水下抛石
		长港村	藕池右	15+200~15+280	80	水下抛石
		大剅口	藕池右	18+020~18+655	635	水下抛石
		碑湾	藕池右	14+700~14+900	200	水下抛石
		打井窖	团山左	9+600~9+930 10+450~10+530	410	水下抛石
		三汊河	团山右	14+150~14+550	400	水下抛石
	荆州	大兴寺闸	虎渡右上	12+650~12+780	130	护坡、护岸
2003	合计				17262	
	松滋	小计			1180	
		红卫闸	松东左	8+900~9+200	300	护坡、护岸(2003年度应急整险)
		跃进闸	松东左	26+950~27+480	530	
		德胜闸	松西右	28+450~28+600	150	
		许家榨渡口	松西右	36+800~36+900	100	
		龚家湾	松东右	12+100~12+200	100	

续表

年份	县（市）	地点	河岸别	起止桩号	长度/m	完成项目
2003	公安荆南	小计			5620	
		斋公垴	松东左	78＋100～78＋900 79＋900～80＋500	1400	护坡、护岸
				79＋750～79＋900	150	护坡、护岸（2003年度应急整险）
		斋公垴下	松东左	81＋500～81＋650	150	
			松东左	83＋120～83＋220 83＋390～83＋490	200	
		黄金莆田哨棚上堤	虎渡右上	45＋380～45＋500	120	
		胡家坪	松西右	93＋600～93＋800	200	
		李昌文	松东左	91＋330～91＋480	150	
		劲松	松东右	38＋400～38＋650	250	
		南池口	松东右	60＋560～60＋690	130	
		熊家台	松东右	84＋490～84＋630 84＋730～84＋800 84＋960～85＋120	370	
		金坑子	松东右	90＋240～90＋340	100	
		中长西堤	松西左	73＋900～74＋000	100	
		窝棚嘴	松西右	83＋200～83＋300	100	水下抛石
		速水房	松西右	86＋985～87＋105	120	水下抛石
		三荣哨棚	松东右	78＋000～78＋350	350	水下抛石
		新甸堤上	松东右	82＋250～82＋300	50	水下抛石
		新甸堤下	松东右	84＋300～84＋400	100	水下抛石
		碾子沟	松东右	63＋970～64＋170 64＋500～64＋580	280	水下抛石
		月亮湾	松东右	88＋200～88＋500	300	水下抛石
		中长西堤	松西左	74＋900～75＋400	500	水下抛石
		胡家场	松西左	33＋200～33＋450	250	水下抛石
		大公小学	松东左	44＋500～44＋650	150	水下抛石
		桥车六组	松东左	52＋200～52＋300	100	水下抛石
	公安分局	小计			4600	
		张家弓	虎渡左	28＋500～29＋800	1300	护坡、护岸
		姚公堤	虎渡左	63＋600～65＋200	1600	护坡、护岸
		军堤湾	虎渡左	19＋350～19＋480	130	护坡、护岸（2003年度应急整险）
		座金山	虎渡左	30＋900～31＋150	250	护坡、护岸（2003年度应急整险）

续表

年份	县（市）	地点	河岸别	起止桩号	长度/m	完成项目
2003	公安分局	肖家嘴	虎渡左	88＋500～88＋700	200	
		乐善寺	虎渡左	70＋300～70＋470	170	
		周家河头	虎渡左	27＋500～27＋700	200	
		顺水堤	虎渡右下	10＋100～10＋300	200	
		车家湾	虎渡左	53＋600～54＋000	400	水下抛石
		新口	虎渡左	68＋630～68＋780	150	水下抛石
	荆州	陡兴场	虎渡右上	15＋750～16＋050	300	护坡、护岸
	石首				5562	
	招标	高基庙	藕池左	28＋900～31＋050 31＋200～32＋200 32＋250～32＋300	3200	护坡、护岸
	整险	老山嘴	藕池左	20＋200～20＋400	200	护坡、护岸（2003年度应急整险）
		三星闸	藕池左	31＋050～31＋200	150	
		刘宏垸	团河右	2＋413～2＋800	387	
		庙湾	团河右	17＋210～17＋400	190	
		建设闸	团山左	9＋830～10＋030	200	
		打井窖	团山左	10＋490～10＋578	88	
		袁家垱	团山左	0＋442～0＋710	268	
	抛石	江波渡	藕池左	30＋117～30＋354 30＋870～31＋000	367	水下抛石
		焦山河下	调弦右	5＋928～6＋090 9＋050～9＋925 10＋470～10＋630	512	护坡、护岸
2005	合计				1630	
	松滋	新江口	松西右	28＋400～29＋030	630	护坡、护岸
	公安分局	谢家渡	虎渡左	16＋000～17＋000	1000	护坡、护岸
2007	荆州（区）	小计			500	
				23＋000～23＋300	300	护坡、护岸
				23＋600～23＋800	200	护坡、护岸
2008	合计				11012	
	松滋	小计			2550	
		胡家铺	松东左	9＋200～9＋400 18＋700～20＋500	2000	护坡、护岸
		牟家岗	松西右	32＋100～32＋650	550	护坡、护岸
	公安荆南	小计			2850	

续表

年份	县（市）	地点	河岸别	起止桩号	长度/m	完成项目
2008	公安荆南	斋公垴	松东左	80+500～81+500 81+650～82+000	1350	护坡、护岸
		高台哨棚	松东左	92+100～92+600	500	护坡、护岸
				92+600～93+600	1000	护坡、护岸
	公安分局	小　计			3000	
		肖家嘴	虎渡左	88+300～88+500 88+700～89+200	700	护坡、护岸
		赤土坡	虎渡左	79+700～80+100	400	护坡、护岸
		王家湾	虎渡左	9+000～9+700	700	护坡、护岸
		鳝鱼垱	虎渡右下	30+500～31+700	1200	护坡、护岸
	荆州（区）	小计			1400	
		吴家渡	虎渡右上	4+500～4+700	200	护坡、护岸
		太山庙	虎渡右上	8+000～8+800	800	护坡、护岸
		熊贺恭	虎渡右上	20+600～21+000	400	护坡、护岸
		打井窖	团山左	9+300～9+830	1212	护坡、护岸
	石首			10+030～10+490 10+578～10+800		
2009	公安荆南	中河口	虎渡右 松东右	47+700～49+450 49+990～50+090 50+220～50+290 50+320～50+350 51+400～51+500 62+950～63+150	2250	水下抛石
合计		护坡、护岸			46437	
		水下抛石			16046	

（四）堤面道路

荆南四河规划加固堤防总长 706.03 千米，设计堤顶采用泥结石碎石路面，1999—2001 年完成堤顶泥结石路面 21.04 千米，见表 5-8-9。

表 5-8-9　　1999—2010 年荆南四河堤防堤顶泥结石碎石路面完成情况表

河岸别	所在县（市）	起止桩号	长度/m	施工年份
松西左	公安	90+000～94+240	4240	2004
松东右	松滋	10+500～13+500	3000	2004
新河左	松滋	3+500～6+300	2800	2004
藕池左	石首	25+000～31+000	6000	2004
虎右上	荆州（区）	8+000～13+000	5000	2004
合计			21040	

（五）险段整治

2002—2005 年，重点对张家宫、座金山、姚公堤、港关、南厂口、谢牟岗等处险工险段进行了整治，施工长度 9360 米，完成土方 67.22 万立方米、石方 12.17 万立方米、混凝土 7550 立方米。具体见表 5-8-10。

表 5-8-10　　荆南四河堤防险工险段整治完成情况表

工程地点	堤段	桩号	施工长度/m	完成工程量/万 m³			施工年份
				土方	石方	混凝土	
张家宫	虎东干堤	28+900～29+800	900	12.96	2.78		2004
座金山	虎东干堤	30+500～32+000	1500		0.44	0.055	2003
姚公堤	虎东干堤	63+150～65+110	1960	28.10	3.40		2002—2004
港关	松东河右	68+250～69+450	1200	4.23	2.25		2003
南厂口	松东河左	75+100～78+100	3000	15.53	3.12	0.48	2003—2004
谢牟岗	松西河左	11+400～12+200	800	6.40	0.18	0.22	2005
合计			9360	67.22	12.17	0.755	

（六）涵闸整险加固

荆南四河堤防上原涵闸（含泵站）大部分建于 20 世纪 60—70 年代，原设计标准低，经多年运行，工程设施日趋老化，出现不同程度的裂缝、管位错动、止水失效和闸门、启闭机设备老化等问题。由于大部分涵闸长期带病运行，每年汛期均不同程度地出现漏水、散浸、管涌等险情，严重危及堤防安全。此次堤防加固建设中，计划重建涵闸泵站 40 座，其中，异地重建 4 座、新建 1 座；整险加固 78 座，共计 118 座，见表 5-8-11。40 座重建涵闸中，淞水左岸解放闸、黑老岗闸移址合建一新闸，鄢家渡闸因虎渡河太平口淤积日趋严重而移至下游重建；莲支河封堵后，新建涵闸闸址选定松西河左岸莲支河出口封堵堤段上；其余涵闸均在原址重建，且规模不变。78 座需要加固接长的涵闸泵站对存在的裂缝、漏水、不均匀沉陷等问题进行处理，对闸门锈蚀严重、橡皮止水失效、启闭设备陈旧的进行更新改造；堤顶欠高不够但内外接长均有困难的采用在堤身加培方向修建挡土墙方案；渗径长度不满足要求，堤顶欠高较多的，采取在堤身加培方向拆除原闸室、接长涵闸的方式进行整治加固。

涵闸泵站重建、加固设计工程量为：土方开挖 90.0 万立方米、土方回填 107.88 万立方米、浆砌块石 3.66 万立方米、干砌块石 4.24 万立方米、浇筑混凝土 8.09 万立方米，耗用钢筋 3968.9 吨、钢材 960.8 吨。

截至 2010 年年底，穿堤建筑物重建加固完成 6 座，其中松东河左蒲田嘴闸、苏支河右枯树庵闸、藕池河左合兴闸、藕池河左三星闸、松西河右杨家垱闸 5 座涵闸完成重建，松西河右德胜闸完成加固。

表 5-8-11　　荆南四河堤防加固工程涵闸泵站整险加固计划表　　单位：m

序号	涵闸泵站名称	河岸	整治加固措施	桩号	设计洪水位		堤防加固设计断面（黄海）			
					吴淞	黄海	堤顶		堤身坡比	
							高程	宽	内	外
公安县										
1	鄢家渡闸	虎渡左	异地重建	0+000	45.58	43.56	44.56	8		
2	李家大路闸	虎渡左	重建	25+701	44.60	42.52	43.52	8		
3	刘家海闸	虎渡左	重建	47+780	43.67	41.54	42.54	8		
4	电排防洪闸	虎渡左	加固	58+479	43.26	41.11	42.11	8		
5	下泗垸闸	虎渡左	重建	60+000	43.22	41.06	42.06	8		

续表

序号	涵闸泵站名称	河岸	整治加固措施	桩号	设计洪水位		堤防加固设计断面（黄海）			
					吴淞	黄海	堤顶		堤身坡比	
							高程	宽	内	外
6	雾气嘴闸	虎渡左	加固	69+595	42.99	40.81	41.82	8		
7	天保闸	虎渡左	加固	77+680	42.80	40.62	41.82	8		
8	螺丝湾闸	虎渡右	加固	27+050	44.56	42.48	43.48	6		
9	南堤拐闸	虎渡右	加固	38+930	44.08	41.96	42.96	6		
10	张家湖泵站	虎渡右	加固	43+230	43.88	41.76	42.76	6		
11	中河口闸	虎渡右	重建	50+388	43.61	41.48	42.48	6		
12	大至岗闸	虎渡右	重建	0+144	43.47	41.33	42.33	6		
13	中兴闸	虎渡右	异地重建	5+665	43.36	41.20	42.20	6		
14	仁洋湖泵站	虎渡右	加固	11+200	43.19	41.03	42.03	6		
15	章田寺闸	虎渡右	重建	16+500	43.07	40.89	41.89	6		
16	章田寺泵站	虎渡右	加固	17+300	43.05	40.87	41.87	6		
17	罗家塔泵站	虎渡右	加固	28+050	42.79	40.61	41.82	6		
18	虎西下闸	虎渡右	加固	40+205	42.50	40.32	41.82	6		
19	许家潭闸	松东左	重建	31+298	45.36	43.24	44.24	6		
20	双剅口闸	松东左	加固	66+763	43.08	40.89	41.89	6		
21	邹郝垸泵站	松东左	加固	71+183	42.87	40.68	41.68	6		
22	孟家溪闸	松东左	加固	74+431	42.72	40.53	41.53	6		
23	斋公垴闸	松东左	加固	80+015	42.46	40.27	41.27	6		
24	甘家厂闸	松东左	重建	88+486	42.07	39.88	40.88	6		
25	高剅口闸	松东左	加固	90+424	41.96	39.77	40.77	6		
26	青石碑泵站	松东左	加固	99+200	41.44	39.25	40.25	6		
27	肖家嘴闸	虎渡右	加固	27+770	45.69	43.50				
28	东港泵站	虎渡右	加固	46+050	44.40	42.21				
29	火神庙闸	虎渡右	加固	47+950	44.29	42.10				
30	花大堰泵站	虎渡右	加固	53+592	43.92	41.73				
31	花大堰闸	虎渡右	重建	54+425	43.87	41.68				
32	碾子沟闸	虎渡右	重建	64+615	43.23	41.04				
33	新城剅闸	虎渡右	加固	67+800	43.05	40.86				
34	高庙闸	虎渡右	加固	76+820	42.63	40.44				
35	天兴泵站	虎渡右	加固	85+550	42.24	40.05				
36	沙口子泵站	松东左	重建	23+120	45.66	43.47				
37	胡家场泵站	松东左	加固	36+600	45.46	43.27				
38	鸡公堤泵站	松东左	加固	48+150	44.69	42.50				

续表

序号	涵闸泵站名称	河岸	整治加固措施	桩号	设计洪水位		堤防加固设计断面（黄海）			
					吴淞	黄海	堤顶		堤身坡比	
							高程	宽	内	外
39	双河场闸	松东左	重建	54+600	44.26	42.07				
40	余家竹园闸	松东左	加固	67+290	43.31	41.12				
41	中长泵站	松东左	加固	73+000	42.83	10.64				
42	观山闸	虎渡右	加固	57+800	45.03	42.84	43.84	6		
43	金马闸	虎渡右	异地重建	71+286	44.12	41.95	42.95	6		
44	刘家嘴闸	虎渡右	重建	81+410	43.25	41.06	42.06	6		
45	汪家汊闸	虎渡右	加固	82+460	43.16	40.97	41.97	6		
46	牛浪湖泵站	虎渡右	加固	89+540	42.57	40.38	41.38	6		
47	法华寺闸	松东左	加固	14+900	43.45	41.26				
48	法华寺泵站	松东左	加固	15+990	43.44	41.25				
49	解放闸、黑老岗合并新闸	松东左	异地重建	19+200	43.33	41.14				
50	丁堤嘴泵站	虎渡右	加固	12+900	43.34	41.15				
51	丁家垱闸	虎渡右	重建	17+150	43.22	41.03				
52	官沟闸	松东左	加固	9+750	44.64	42.48	43.48	6		
53	玉湖泵站	松东左	加固	18+038	44.07	41.90	42.90	6		
54	马蹄拐闸	松东左	加固	18+550	44.04	41.87	42.87	6		
55	军台闸	松东左	加固	19+084	43.97	41.79	42.79	6		
56	苏家渡泵站	松东左	加固	2+900	43.71	41.52				
	松滋市									
57	保丰闸	松西左	加固	0+612	47.79	45.30				
58	大公闸	松西左	加固	13+303	46.49	44.32				
59	解放闸	松西左	重建	17+400	46.20	44.03				
60	和平闸	松西左	重建	20+280	46.00	43.81				
61	八宝闸	松西左	加固	24+273	45.73	43.54				
62	八宝闸泵站	松西左	加固	24+550	45.71	43.53				
63	莲支闸	松西左	新建	28+200	45.69	43.51				
64	横堤泵站	松西右	加固	19+580	47.39	45.20	46.20	6	1∶3	1∶3
65	余家渡闸	松西右	加固	26+612	46.90	44.73	45.73	6	1∶3	1∶3
66	德胜泵站	松西右	加固	28+700	46.83	44.66	45.66	6	1∶3	1∶3
67	字纸篓闸	松西右	加固	31+033	46.66	44.49	45.49	6	1∶3	1∶3
68	老嘴闸	松西右	加固	42+200	45.90	43.71	44.71	6	1∶3	1∶3
69	小南海泵站	松西右	重建	45+300	45.75	43.56	44.56	6	1∶3	1∶3

续表

序号	涵闸泵站名称	河岸	整治加固措施	桩号	设计洪水位		堤防加固设计断面（黄海）			
					吴淞	黄海	堤顶		堤身坡比	
							高程	宽	内	外
70	永合闸	松西右	加固	53+760	45.13	42.94	43.94	6	1∶3	1∶3
71	复兴闸	松东左	重建	6+800	46.97	44.79				
72	红卫闸	松东左	加固	9+460	47.11	44.95	45.95	6	1∶3	1∶3
73	大同闸	松东左	加固	26+350	45.69	43.59	44.59	6	1∶3	1∶3
74	大同泵站	松东左	加固	26+400	45.61	43.50	44.50	6	1∶3	1∶3
75	跃进闸	松东左	加固	27+480	45.61	43.50	44.50	6	1∶3	1∶3
76	胜利闸	松东左	重建	29+000	45.50	43.39	44.39	6	1∶3	1∶3
77	南宫闸	松东右	重建	2+200	47.47	45.29				
78	永丰用	庙河左	重建	7+210	46.86	44.67		6	1∶3	1∶3
79	马家榨闸	庙河右	重建	0+174	46.86	44.67		6	1∶3	1∶3
80	田家海闸	庙河右	重建	2+037	46.86	44.67				
81	戈井潭闸	新河右	加固	5+130	46.66	44.47				
82	三垸灌溉闸	新河右	重建	8+550	46.47	44.28				
83	松林档倒虹管	新河右	加固	8+805	46.49	44.30				
	石首市									
84	陈币桥泵站	藕池左	加固	22+300	39.52	37.43	38.43	6	1∶3	1∶3
85	江波渡闸	藕池左	加固	29+567	39.12	37.03	38.03	6	1∶3	1∶3
86	八角山泵站	藕池左	重建	33+500	38.88	36.79	37.79	6	1∶3	1∶3
87	王蜂腰闸	藕池右	重建	12+420	40.19	38.10	39.10	6	1∶3	1∶3
88	大剅口泵站	藕池右	加固	18+800	39.76	37.67	38.67	6	1∶3	1∶3
89	联合剅闸	藕池右	重建	22+600	39.56	37.47	38.47	6	1∶3	1∶3
90	黄金嘴闸	藕池右	重建	24+164	39.47	37.38	38.38	6	1∶3	1∶3
91	焦家铺用	藕池右	加固	26+940	39.32	37.23	38.23	6	1∶3	1∶3
92	三合剅泵站	藕池右	加固	31+060	39.07	36.98	37.98	6	1∶3	1∶3
93	红嘴泵站	藕池右	加固	36+800	38.68	36.59	37.59	6	1∶3	1∶3
94	卢家湾泵站	团山左	加固	4+065	39.12	37.03				
95	更明垸闸	团山左	加固	6+300	38.95	36.86				
96	打井窖泵站	团山左	加固	9+550	38.77	36.68				
97	建设闸	团山左	重建	9+750	38.76	36.67				
98	宜山垱泵站	团山右	重建	3+045	39.23	37.14				
99	宜山垱闸	团山右	加固	3+700	39.20	37.11				
100	团山寺泵站	团山右	重建	6+200	38.98	36.89				
101	潘家山闸	团山右	加固	7+700	38.93	36.84				

续表

序号	涵闸泵站名称	河岸	整治加固措施	桩号	设计洪水位		堤防加固设计断面（黄海）			
					吴淞	黄海	堤顶		堤身坡比	
							高程	宽	内	外
102	虎山头泵站	团山右	加固	14+200	38.50	36.41				
103	小新口闸	团山右	重建	19+850	38.16	36.07				
104	杨岔堰闸	安乡左	重建	1+350	40.45	38.36				
105	项家剅闸	安乡左	重建	5+470	40.21	38.12				
106	卢林沟闸	安乡左	重建	6+822	40.13	38.04				
107	岩土地泵站	安乡左	加固	14+660	39.77	37.68				
108	岩土地闸	安乡左	加固	14+600	39.74	37.65				
109	孟尝湖闸	调弦左	加固	10+700	38.33	36.24				
110	洋河剅闸	调弦右	加固	11+000	38.25	36.16				
荆州区										
111	红卫闸	虎渡右	加固	8+088	45.35	43.32				
112	大兴闸	虎渡右	加固	13+000	45.12	43.07				
113	里甲口电排站	虎渡右	加固	23+500	44.69	42.61				
114	金桥闸	涴里隔堤	加固	4+961	45.13	43.07				
115	余家泓闸	涴里隔堤	加固	10+800	44.77	42.71				
116	鄢家泓闸	涴里隔堤	加固	13+000	44.63	42.57				
117	太平桥闸	涴里隔堤	加固	14+050	44.57	42.51				
118	顺林沟闸	涴里隔堤	加固	15+200	44.50	42.44				

四、堤防现状

1998年以前，荆南四河堤防加固以群众负担为主（不含长江干堤、荆江分洪区堤），按受益范围出工，国家给予少量补助。从1949—1998年荆南四河堤防累计完成土方（不含外滩堤，沿江干堤）24526万立方米（含内外平台），平均每米土方量225立方米。

1998年以后，纳入洞庭湖治理规划，以国家投资为主，地方筹集部分资金。根据四河堤防的工程等级，按轻重缓急原则，先实施第一期加固工程，以四河主干河道为主，计划加固堤长348千米（长委纳入治理规划堤长706千米），其中，2级堤防130千米，3级堤防218千米。工程于1999年开始实施，至2009年完成堤身加固长373.62千米，堤基防渗平台192.45千米，护坡46.32千米，护岸61.21千米，堤顶泥结石路面21.04千米（10.98万平方米），重建加固涵闸6座。完成主要工程量：土方开挖183.7万立方米，土方填筑2387.71万立方米，锥探灌浆堤长111.03千米（灌浆量277.5万立方米），块石护坡15.51万立方米，混凝土护坡6.29万立方米，水下抛石37.77万立方米，碎石垫层14.94万立方米。

2010年度完成堤身加培土方183.49万立方米，石方12.18万立方米，混凝土4.54万立方米。

从1999—2010年度，加固堤防长373.62千米，完成土方3571.2万立方米，荆南四河堤貌发生了改变，具体见表5-8-12、表5-8-13。

表 5-8-12　荆南四河堤防加固基本情况表

河岸名称	所在县（市）及乡、镇	起止地点	起止桩号	长度/m	设计水位（吴淞）/m	现有堤顶高程（吴淞）/m	代表水文站	设防水位/m	警戒水位/m	保证水位/m	设计水位/m	历史最高水位		附近堤顶高程
												水位值/m	时间	
总计				706035										
一、松滋河				400629										
1. 松西右	小计	胡家岗—杨家垱	16+800～94+240	73789										
	松滋：老城	进洪闸—胡家岗—丰坪桥（庙河左终）	16+800～27+200	9900	47.19～46.46	48.75～47.12								
	松滋：新江口、南海	丰坪桥（庙河右终）—牟家岗—太山庙（新河左终）	27+300～33+715～34+500	7200	46.46～45.96	47.12～47.35	新江口	43.00	44.00	45.77	46.09	46.18	1998年8月	
	松滋：南海	太山庙（新河右终）～窑沟子	34+700～54+328	19300	45.93～44.62	47.45～46.12								
	公安：狮子口	窑沟子—刘家嘴（淹水左终）	56+223～81+582	25359	44.62～42.74	45.74～44.53	狮子口	40.50	41.00	43.00	43.93	44.29	1998年8月	
	公安：章庄铺	刘家嘴（淹水右终）—杨家垱	82+210～94+240	12030	42.70～41.68	44.62～41.00	郑公渡	39.00	39.50	41.62	42.07	43.26	1998年7月	
2. 松西左	小计	北矶垴—永丰剅	0+000～86+325	78404										
	松滋：八宝	北矶垴—八宝闸	0+000～24+750	24750	47.04～45.27	48.77～46.77	新江口	43	44	45.77		46.18	1998年	
	松滋、公安	莲支河出口段封堵	24+750～32+500	410										
	公安：胡家场、斑竹垱	莲支河左终—鹅井湖—双河场（苏支河左起）	32+500～40+850～56+408	23908	46.22～43.62	45.89～45.05	湖家场				44.99	45.26	1998年8月	
	公安：南平	松黄驿（苏支河右起）—永丰剅	56+989～86+325	29336	43.59～41.45	44.58～42.24								

续表

河岸名称	所在县（市）及乡、镇	起止地点	起止桩号	长度/m	设计水位（吴淞）/m	现有堤顶高程（吴淞）/m	代表水文站	设防水位/m	警戒水位/m	保证水位/m	设计水位/m	历史最高水位		附近堤顶高程
												水位值/m	时间	
3. 松东右	小计	北矶垴—永丰剅	0+000～90+963	84648										
	松滋：八宝	北矶垴—肖家嘴（莲支河右起）	0+000～20+200	20200	47.04～45.29	49.53～47.00	沙道观	43	44	45.21		45.21	1998	
	松滋、公安	莲支河进口段封堵	20+200～26+500	265	49.29～45.28	47.00～47.26								
	公安：胡家场、斑竹垱	莲支河左起—火神庙—南音庙（苏支河左终）	26+500～47+600～65+473	38973	45.28～42.67	47.26～44.34	班竹垱	40.00	41.50	43.63	43.84	44.06	1998年8月	
	公安：南平	南音庙（苏支河右终）—永丰剅	65+735～90+963	25210	42.67～41.47	44.34～42.46	港关	39.00	40.00	41.94	42.54	43.18	1998年7月	
4. 松东左	小计	东大口—新渡口	5+500～103+900	96617										
	松滋：涴市、沙道观、米积台	东大口—高家尖—肖家嘴—文昌宫（松公界）	5+500～13+00～25+500～29+761	24261	46.94～44.93	49.83～46.77	沙道观	43.00	44.00	45.21	45.4	45.51	1998年8月	
	公安：毛家港	又昌官（松公界）—黄家革（官支河左起）	30+500～32+615	2115	44.9～44.79	46.47～46.22								
5. 官支河左	公安：毛家港	黄家革（官支河左起）—蒲田嘴（官支河左终）	0+000～21+848	21848	44.79～43.33	46.22～45.05								
	公安：毛家港	官支河左终—河左起	55+193～63+160	7967	43.33～42.83	45.05～45.11								
	公安：孟家溪、甘厂	中河右起—黄金堤—新渡口	63+74～84+000～103+900	40426	42.8～40.73	44.91～42.59	黄泗嘴	37.00	38.00	39.62	40.79	41.93	1998年7月	

续表

河岸名称	所在县（市）及乡、镇	起止地点	起止桩号	长度/m	设计水位（吴淞）/m	现有堤顶高程（吴淞）/m	代表水文站	设防水位/m	警戒水位/m	保证水位/m	设计水位/m	历史最高水位		附近堤顶高程
												水位值/m	时间	
6. 淞水左	公安：章庄铺	桂花树—刘家嘴	11+000～26+653	15653	42.64～43.05	43.88～45.60	法华寺	39.00	40.50	42.50		43.39	1998年7月	
7. 淞水右	公安：章庄铺	梧桐峪—汪家汉	0+000～21+155	21155	42.59～43.15	44.22～45.54								
8. 苏支河左	公安：斑竹垱	松黄驿—南音庙	0+000～5+884	5884	42.54～43.61	44.34～44.99								
9. 苏支河右	公安：南平	松黄驿—南音庙	0+000～5+545	5545	42.84～43.63	43.50～44.56								
10. 庙河左	松滋：老城	木天河口—丰坪桥	5+000～8+250	3250	46.36	46.69～47.59								
11. 庙河右	松滋：老城	木天河口—丰坪桥	0+000～5+170	5170	46.36	46.96～48.08								
12. 新河左	松滋：南海	磨盘洲—太山庙（新河出口）	3+500～8+580	5080	45.89～46.22	46.49～47.34								
13. 新河右	松滋：南海	磨盘洲—太山庙（新河出口）	4+500～9+934	5434	45.89～46.2	46.70～47.23								
二、虎渡河	小计			200824										
1. 虎渡河左	公安：埠河、夹竹园、闸口、藕池	太平闸—李家大路—刘家湾—新口—积玉口—黄山头闸	0+000～25+600～47+000～68+630～75+350～90+580	90580	45.08～42.00	46.70～42.51	闸口	39.00	40.00	42.25	42.79	42.48	1998年7月	
2. 虎渡河右	小计			93011										
	荆州涴市扩大分洪区	太平闸—里甲口（荆公界）	0+000～25+000	25000	45.08～44.14	46.18～44.69	弥市	42.00	43.00	44.15		44.90	1998年8月	
	公安	里甲口（荆公界）—中河左起	25+000～49+623	24623	44.14～42.98	45.79～44.30								

续表

河岸名称	所在县（市）及乡、镇	起止地点	起止桩号	长度/m	设计水位（吴淞）/m	现有堤顶高程（吴淞）/m	代表水文站	设防水位/m	警戒水位/m	保证水位/m	设计水位/m	历史最高水位		附近堤顶高程
												水位值/m	时间	
2. 虎渡河右		中河右起—大至岗	49+937～54+825	4888										
	虎西备蓄区：孟溪、章田、黄山	大至岗—黄山头闸	2+000～40+500	38500	42.98～42.00	44.80～41.74								
	小计			17233										
3. 涴里隔堤		松滋涴市—弥市土桥	0+000～2+700	2700										
		弥市土桥—里甲口	2+700～17+233	14533										
	小计			94510										
三、藕池河	石首：高基庙	老山嘴—拦河坝	20+000～36+000	16000	38.21～39.15	39.27～41.06	江波渡	35.50	36.50	38.53	38.53			
	石首	王蜂腰—梅田湖		27000										
1. 藕池河右	石首：高陵	王蜂腰—三字岗	12+000～24+000	12000	39.86～38.98	41.74～39.72								
	石首：久合垸	黄金嘴—梅田湖	24+000～39+000	15000	38.98～38.03	39.72～38.36								
2. 团山河左	石首：久合垸	黄金嘴—石华剅	0+000～12+610	12610	38.97～38.09	38.69～39.70								
3. 团山河右	石首：高陵、团山	三字岗—刘宏垸—新口	0+000～20+000	20000	38.98～37.65	38.33～39.91	团山寺	35.50	36.50	38.47	38.47			
4. 安乡河左	石首：高陵	王峰腰—白湖口	0+000～18+900	18900	40.02～38.93	39.22～41.33	康家岗	39.87	40.44/98.8					
四、调弦河	小计			10072										
1. 调弦河左	石首：调关	双剅口—孟尝湖	7+000～11+000	4000	37.82～38.01	38.90～39.56	调关	36.00	37.00	38.44	38.44			
	石首：焦山河	焦山河—蒋家冲	5+928～12+000	6072	37.7～104	39.02～39.27								

表 5-8-13　　湖北省洞庭湖区四河堤防一期加固工程现状表　　单位：m

序号	堤段名称	所在县（市）	起止地点	起止桩号	长度/m	设计水位		堤防现状								
						吴淞	黄海	堤顶高程/m		堤顶欠高	堤身垂高	堤顶宽	坡比		平台宽	
								吴淞	黄海				内	外	内	外
总计					371997											
一	松滋河	合计			170406											
1	松西右	小计	胡家岗—杨家垱	16+800～94+240	73789											
		松滋	胡家岗—庙河左终	16+800～27+200	9900	47.19～46.46	45～44.27	48.75～47.12	47.67～44.93	0～0.84	2.52～5.94	5～8	1∶2.3～1∶3	1∶2.6～1∶3	0～20	0～20
			庙河右终—新河左终	27+300～34+500	7200	46.46～45.96	44.27～43.77	47.12～47.35	44.93～45.16	0～0.9	0～5.03	5～8.2	1∶2.3～1∶3	0～25	0～30	
			新河右终—窑沟子	34+700～54+328	19300	45.93～44.62	43.74～42.43	47.45～46.12	45.26～43.93	0～0.61	4.4～7.68	5～10	1∶2.2～1∶3	1∶2.4～1∶3	0～20	0～30
		公安	窑沟子—淹水左终	56+223～81+582	25359	44.62～42.74	43.74～42.43	47.45～46.12	45.26～43.93	0～0.61	4.4～7.68	5～10	1∶2.2～1∶3	1∶2.4～1∶3	0～20	0～20
			淹水右终—杨家垱	82+210～94+240	12030	42.7～41.68	40.51～39.49	44.62～41	42.43～38.81	0～0.5	3～9.9	5～8	1∶2.1～1∶3	1∶2.4～1∶3	0～20	0～30
2	松东左	小计	东大口—新渡口	5+500～103+900	96617											
		松滋	东大口—松公界	5+500～29+161	24261	46.94～44.93	43.71～42.82	49.83～46.77	47.65～44.66	0～1.16	1.4～8.48	2.5～8.8	1∶2～1∶3	1∶2.5～1∶3	4.4～36.1	5.7～32.4
		公安	松公界—官支左起	30+500～32+615	2115	44.9～44.79	42.79～42.66	46.47～46.22	44.36～44.09	0～0.01	5.03～8	5～8	1∶2.3～1∶3	1∶2.4～1∶3.1	4～1	8～17
			官支河左—官支左终	0+000～21+848	21848	44.79～43.33	42.66～41.15	46.22～45.05	44.09～42.87	0～0.55	2.5～8.08	3～9	1∶2.2～1∶3	1∶1～1∶3	3～20	8～30
			官支左终—中河左起	55+193～63+160	7967	43.33～42.83	41.15～40.64	45.05～45.11	42.87～42.92	0～0.07	4.04～7.41	3～6				
			中河右起—新渡口	63+474～103+900	40426	42.8～40.73	40.61～38.54	44.91～42.59	42.72～40.4	0～0.72	3.26～9.94	3.89～20	1∶1.4～1∶3	1∶1.4～1∶3	3～16	4～50

续表

序号	堤段名称	所在县（市）	起止地点	起止桩号	长度/m	设计水位		堤防现状								
						吴淞	黄海	堤顶高程/m		堤顶欠高	堤身垂高	堤顶宽	坡比		平台宽	
								吴淞	黄海				内	外	内	外
二	虎渡河	荆州公安	合计		158591											
1	虎渡河左	公安：荆江分洪区	太平闸—黄山头闸	0＋000～90＋580	90580	45.08～42	43.06～39.82	46.7～42.51	44.67～40.33	0～1.72	2.79～9.34	3.5～36.5	1∶1～1∶3	1∶1.9～1∶3	1.5～30	2～45
2	虎渡河右		荆公界—黄山头闸		68011											
		公安	荆公界—中河左起	25＋000～49.623	24623	44.14～42.98	42.06～40.84	45.79～44.3	43.71～42.17	0～0.69	3～9	4～8	1∶1.9～1∶3	1∶1.7～1∶3	3～7.2	2～40
			中河右起—大至岗	49＋937～54＋825	4888											
		公安：虎西备蓄区	王家岗（大至岗）—黄山头闸	2＋000～40＋500	38500	42.98～42	40.84～39.82	44.8～41.74	42.66～39.56	0～2.27	1.07～8.62	4～7	1∶1.4～1∶3	1∶1.7～1∶3	2.6～24	2～40
三	藕池河	石首	合计		43000											
1	藕池河左	石首	老山嘴—拦河坝	20＋000～36＋000	16000	38.21～39.15	36.12～37.06	39.27～41.06	37.18～38.97	0～0.72	3.2～8.1	4～11	1∶2～1∶3.5	1∶2.5～1∶3.2	11～30	
2	藕池河右	石首	王蜂腰—梅田湖		27000											
			王蜂腰—三字岗	12＋000～24＋000	12000	39.86～39.98	37.77～36.89	41.74～39.72	39.65～37.63	0～0.56	2.12～7.34	4.5～7	1∶2.5～1∶3.9	1∶2.6～1∶3.3		
			黄金嘴—梅田湖	24＋000～39＋000	15000	38.98～38.03	36.89～35.94	39.72～38.36	37.63～36.27	0～2.07	1.87～7.94	5.5～7.5	1∶2～1∶4	1∶2.7～1∶3.9	12～24	

第九章　汉　江　堤　防

汉水上游，河行谷中，至钟祥后，河出山谷，山尽水泛，堤防成为人民安全的屏障。北岸堤防（俗称官堤、部堤，后期称干堤、北堤），上起钟祥，下止汉口，长368.486千米；南岸上起沙洋，下止汉阳，长358.444千米；两岸堤防总长726.929千米。荆州地区汉江、东荆河、汉北河堤防位置示意图见图5-9-1。

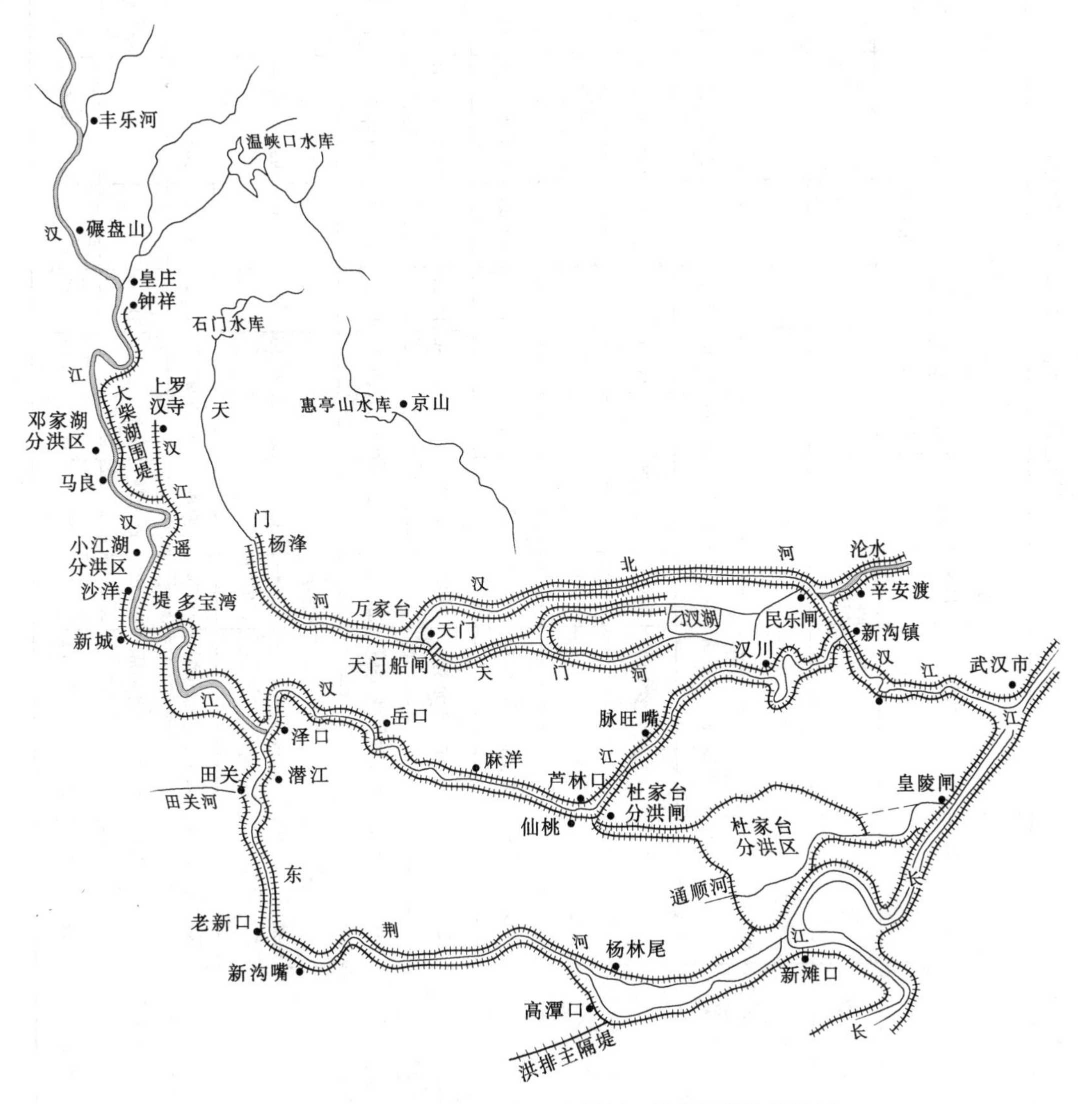

图5-9-1　荆州地区汉江、东荆河、汉北河堤防位置图

表 5-9-1　　荆州地区汉江堤防基本情况表（1994年）

堤别	河岸别	县别	起止地点	堤段长度/km	水尺控制点	水位/m					附近堤顶高程/m	堤面宽度/m			堤身垂直高度/m	边坡	
						设防水位	警戒水位	保证水位	历年最高水位	发生年月		最宽	一般	最窄		内坡	外坡
汉江干堤				456.017													
1. 遥堤	小计			55.265													
	江汉左	钟祥	上罗汉寺—汉宜路	39.463	大王庙	43.60	44.60	47.02	47.02	1964年10月	48.15	15	10	8	9.7	1∶3～1∶5	1∶3
	江汉左	天门	汉宜路—多宝湾	15.802	新城对河	40.80	41.80	41.80	44.28	1964年10月	54.33	10	8	8	8.0	1∶3	1∶3
2. 干堤	小计			313.245													
	江汉左	天门	多宝湾—芦林口	121.900	岳口	36.90	38.50	40.70	40.62	1964年10月	41.84	10	8	6	8.0	1∶3	1∶3
	汉江右	荆门	沙洋—界址牌	14.890	新城	40.80	41.80	44.28	11.28	1964年10月	45.19	10	6	5	8.0	1∶3.0	1∶3
	江右	潜江	界址牌—大王庙	58.939	泽口	38.80	40.40	42.70	42.64	1964年10月	43.86	10	8	6	8.5	1∶3	1∶3
	东荆河首	潜江	龙头拐	田关 彭家祠	26.316	陶朱埠	38.40	40.00	42.30	1964年10月		43.38	8	8	4	6.0	1∶3
	汉江右	沔阳	大王庙—脉旺嘴	91.200	仙桃	34.10	35.10	36.30	36.22	1964年10月	37.37	8	6	4	7.5	1∶3	1∶3
3. 分洪道堤	左右两岸	沔阳	杜家台—周家帮	42.107	严家滩	28.60	29.60	31.50			32.40						
4. 大柴湖围堤	汉江左	钟祥	余家山头—旧口	45.400	倒口	44.30	45.80	48.10	47.02	1964年10月	49.75	10	8	6	9.0	1∶3	1∶3

荆州地区位于汉江中下游，涉及钟祥、京山、荆门、天门、潜江、沔阳（今仙桃）等县（市），南北两岸均有堤防，境内汉江堤防长456.017千米（1968年）占汉江中下游堤防总长的62%，其中汉江遥堤55.265千米，汉江左堤121.9千米，汉江右堤191.345千米，大柴湖围堤45.40千米，分洪道堤42.107千米，见表5-9-1，为荆北地区的重要防洪体系，现虽行政区划发生变更，但汉江堤防仍为荆州市的重要防洪屏障。

第一节 汉 江 干 堤

一、堤防沿革

荆州地区汉江段堤防修筑记载最早见于史籍五代南平前期（约907—927年）之高氏堤。据明嘉靖《沔阳州志》载："五代高季兴节度荆南，筑堤以障汉水自荆门绿麻山至潜江，延亘百三十里，因名高氏堤。"又据《嘉庆重修一统志》载："高氏堤在潜江县境，自县西北沙洋至县东南三江口，当襄水下流，五代时高季兴据江陵筑堤二百余里，以障汉江之水，故名亦名仙人堤。自后屡经修治。"

宋代以后，汉江堤防的修筑和加固一直持续不断，见诸史籍记载的堤段有：钟祥汉堤、京山汉堤、沙洋堤等地势险要的堤段，其间沔阳沿汉江堤防、天门沿汉江堤防也有修筑记载。

钟祥汉堤 据《钟祥县志》（1990年版）记载：南宋淳熙十二年（1185年），钟祥汉堤由郢州州官孙庭坚创修，由继任州官张孝曾续修完成。乾隆《钟祥县志》载，明万历时"孙公碑"记述："汉水汇诸支河入郢而浸大，每夏秋泛滥，一望茫然，浸没苗稼，于时相度形势筑长堤以御水患，由铁牛关至王家营，地居上游，实为京、天、潜数县门户，邑之土田居堤内受利者仅二里二庄，而各县湖田里土，俱恃此门户以无恐，此堤一溃关钟邑者十之一，关数邑者十之九。以前堤溃，俱钟、京、天、潜四县，武、荆、安三卫分工合筑。"钟祥汉堤自钟祥县城龙山观起，沿汉水至钟祥与京山交界之张壁口止，长一百二十里。民国时期钟祥县汉江堤防位置示意图见图5-9-2。

京山汉堤 亦称汉堤、襄堤、滨襄干堤、京山长堤、王家营堤。据《京山水利志》载，明世宗（1522—1566年）时，驻郢州（今钟祥）守备太监，以保护献陵风水为名，号令百姓筑塞沿江九口，即钟祥铁牛关、狮子口、臼口，京山县操家口、黄傅口、唐心口，潜江的泗港口、官吉口，筑堤九十里上抵钟祥旧口交界处，下止聂家滩接潜江县界。又据《湖北通志》载："京山县汉堤（即王家营堤），自钟祥县旧口交界处至聂家滩接潜江界止，堤长九十里，分金港口、楠母庙、王家营塘、马林口、张壁口、操家口、陈洪口、国庵塘、乐丰垸、王万口、长丰垸、丁家潭、黄傅口、唐心口、鲍家嘴、杨堤湾、吕家滩、聂家滩，共十八段，计长一万三千八百九十八丈，内间有钟祥县堤四节共长八百三十九丈，潜江县堤二节，共长五百四十六丈五尺，荆右卫堤六节，共长五百九十丈五尺。"

《水利月刊》十卷（民国二十五年版）及李开铣《王家营工程随笔》载："明隆庆年间，自钟祥及潜江筑堤二百八十里，数百年来，溃决之患，靡岁蔑有。"王家营位于钟祥县城下六十里处，清道光初，于兹决口，有司上其事，派钦差督修，阅四载而成。是后，

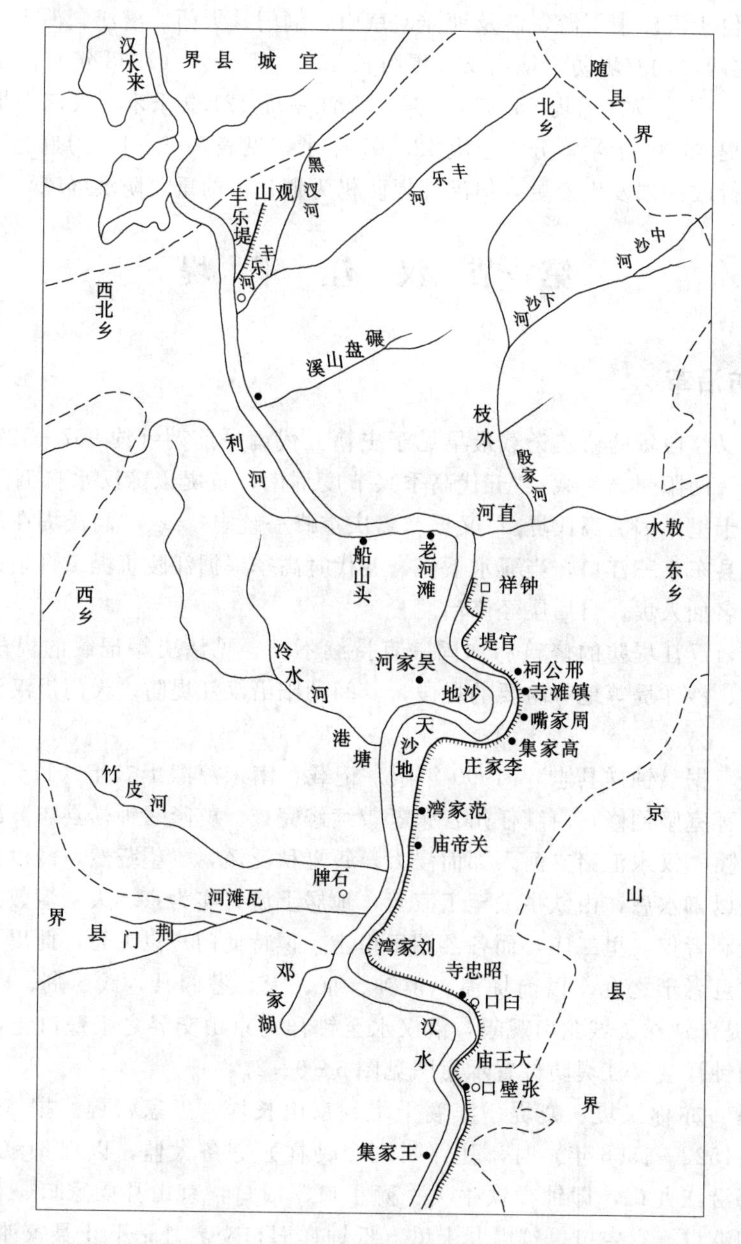

图 5-9-2 钟祥县汉江堤防位置图（民国时期）

数年一溃，随溃随堵，随堵随溃。因此，附近皆沙疆不毛之区。民国十年（1921 年），襄水暴涨，王家营复溃，溃口自大王庙下矶迄第三废矶（《随笔》：京山末屋台），长达十里，中间刷成泓者，宽三百六十丈（约 1100 米），当地土人云，此即王家营故址，灾区达钟祥、京山、天门等十一县，湖北省政府呈准大总统特派李开铣为督办，组成湖北工赈督办公署，负责办理堵口复堤事宜。全工始于辛酉年（1921 年）十月，成于壬戌年（1922 年）五月，工费一百五十余万串，计筑堤用沙 67.6 万公方，土 56.5 万公方。填泓全部用沙。新堤上起苏家滩，下止磨坊台，长 1638.35 丈，分十二段，163 广（十丈为一广），不足一广之8.35丈，名曰余广。新堤全用内沙外土而筑，堤并不牢固，故在顶冲迎水面加做石坡加固。民国时期京山汉江堤防图见图5-9-3。

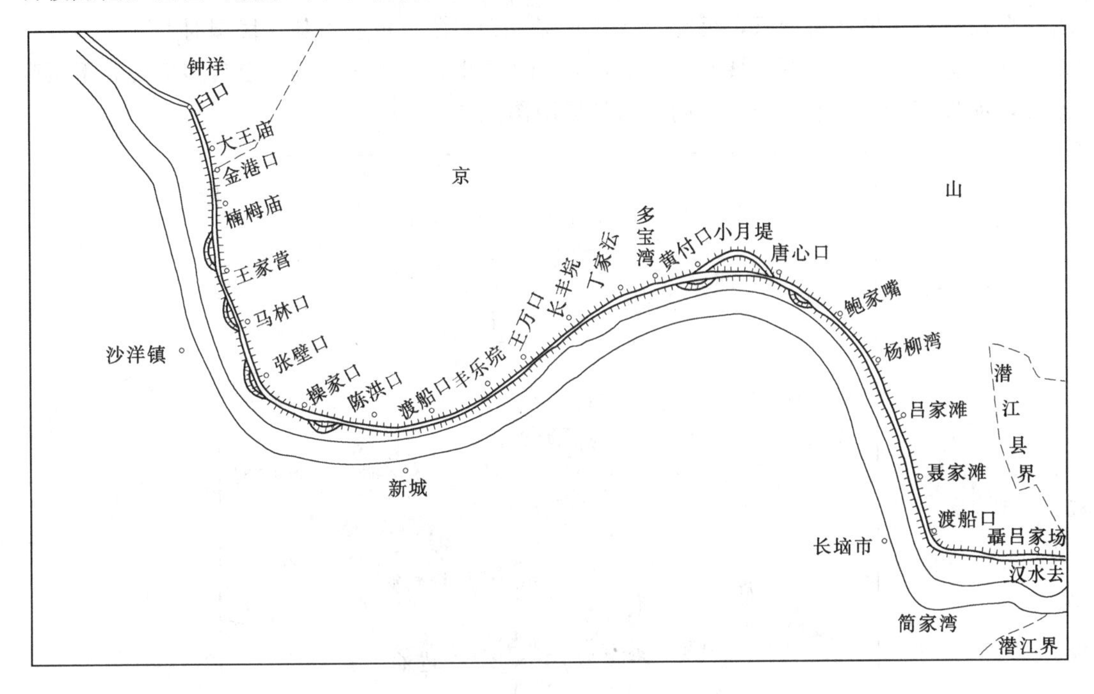

图5-9-3 京山汉江堤防图（民国时期）

1925年全省整理堤工时称：王家营堤，旧名汉堤，自旧口起至聂家滩止，长九十里。全堤分十八口，每口长五里。内有堤八百八十弓，系潜江县担任岁修。复与钟祥堤有密切关系。盖王家营堤分口，钟祥堤分工，每一口与工相毗连，犬牙交错。“工”系钟祥县岁修，“口”由京山县岁修。也有堤在京山县境，而归钟祥岁修者，亦有堤在钟祥县境，而归京山岁修者，乃前清划分安陆府堤与荆门州卫堤所致。全堤以王家营、黄傅口、唐心口等为险，清代溃堤十有余次。1919年6月，溃口三四里，上派江汉道尹督办，耗工费百六万有零，计工一百二十九广，堤头及龙门口外，建矶3座；1921年复溃十余里，灾溺十余县，大王庙原有三矶，冲毁殆尽，政府派李开铣督办。这次工程之大，工费之巨，远超民国八年之役，为民国汉江堤防一大工程。除上述二堤及老龙堤，整顿堤工时，一律列为“最要”堤段外，列为“次要”者，仅荆门沙洋堤一处，钟（祥）京（山）以下，潜（江）、天（门）、沔（阳）、汉（川）诸县，则是民垸林立，各自为堤。1949年5月，京山所属汉江干堤随同滨襄地区，以沙洋渡口（今沙洋大桥）为界，分别划归钟祥、潜江（后潜江所辖汉北堤防划给天门）管辖，从此京山再无汉堤。

天门汉堤 天门汉堤始于民垸堤。《湖广总志》载：“（天门）县治低洼，绕四汉、竹台等湖，即禹贡三澨故地也。”明嘉靖二十六年（1547年）后，四汉等湖大半淤浅，竹筒河、牛角湾两处水道湮塞。明成化年间（1466—1487年），即有岳口金氏创筑陶林垸。尔后，民多各自为垸，环堤以居。明世宗嘉靖年间（1522—1566年），郢州守备太监以水通献陵为由，从陵前修筑堤至潜江（今属天门市），长二百八十里，并塞九口。清乾隆

（1736—1795年）时期，狮子古河塞。嘉庆元年至道光十年（1796—1830年）沔阳境内（今属天门境）刘家河、杜公河相继堵筑。咸丰初年（1851年）汉江左天门境内堤段的最后一个穴口——牛蹄河淤塞，至此，江汉干堤今天门段形成。清朝、民国时期，天门汉江北岸堤防上自罗汉寺，下至聂家滩，堤长31.79千米；汉江南岸堤防上自多宝垸，下至戴家垸，堤长55.51千米。民国时期天门县堤防图见图5-9-4。

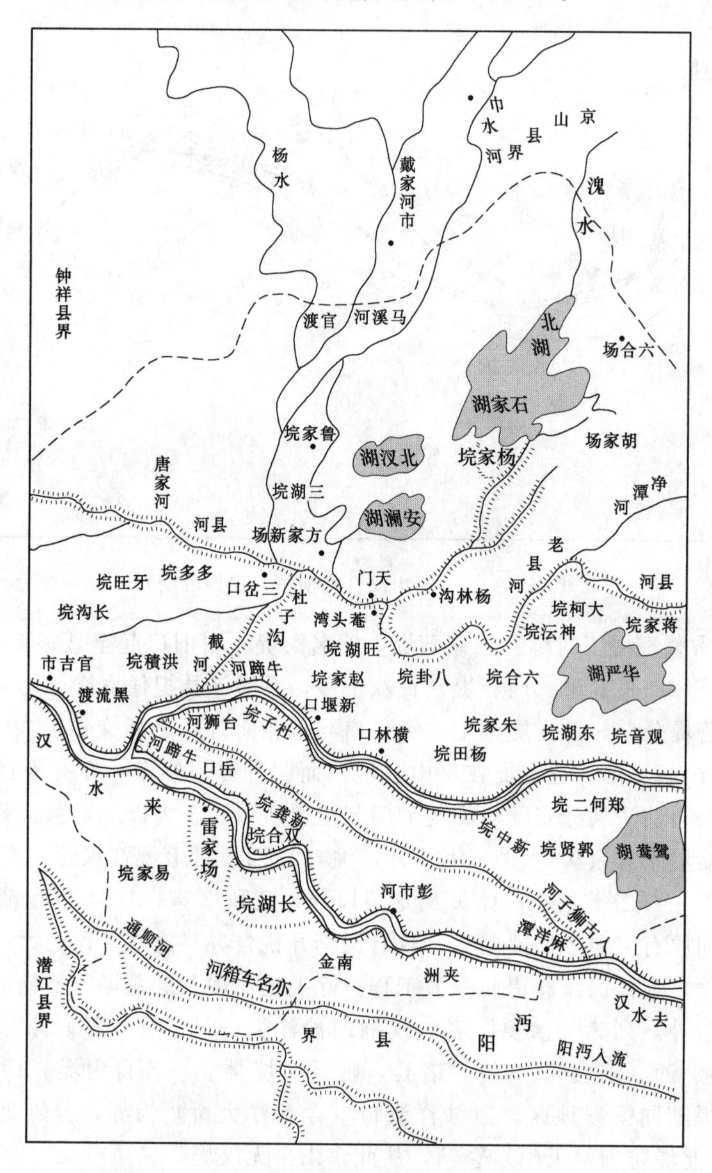

图5-9-4　天门县堤防图（民国时期）

潜江汉堤　汉由潜一道入江，潜江之名得之以此（芦洑河即潜水）。潜江境内汉江堤始筑于五代时期（907—927年），“五代高季兴节度荆南，筑堤以障汉水，自荆门绿麻山至潜江沱埠渊，延亘百三十里，因名高氏堤”（《嘉庆重修一统志》），后至明、清两代，多次续修汉江堤。据《读史方舆纪要》卷77《湖广三》记载：“里社堤在（潜江）县南有里社穴，西南通江陵之漕河，宋乾道七年（1171 年）湖北漕臣李焘所修潜江里社堤是也。”《潜江水利志》载：明宣德四年（1429 年），潜江以蚌湖、杨湖皆临汉江，容易溃口成灾，请求朝廷发兵修堤，朝廷发兵修筑蚌湖堤和杨湖堤。明天顺中（1457—1464 年）潜江县境黄潭堤因汉水泛滥被毁，荆州知府钱昕主持修筑，长数百里（《嘉庆重修一统志》）。正德十二年（1517 年），巡抚都御史秦金檄、通判赵景鸾、知县莫瑚修筑车垴长堤 3300 余米。万历二十五年（1597 年）汉江右岸车垴垸堤溃口，知县曹珩筑车垴垸堤 3000 米，便将车垴垸更名为长垴垸堤。清顺治五年（1648 年）至十七年（1660 年）的 13 年间，有

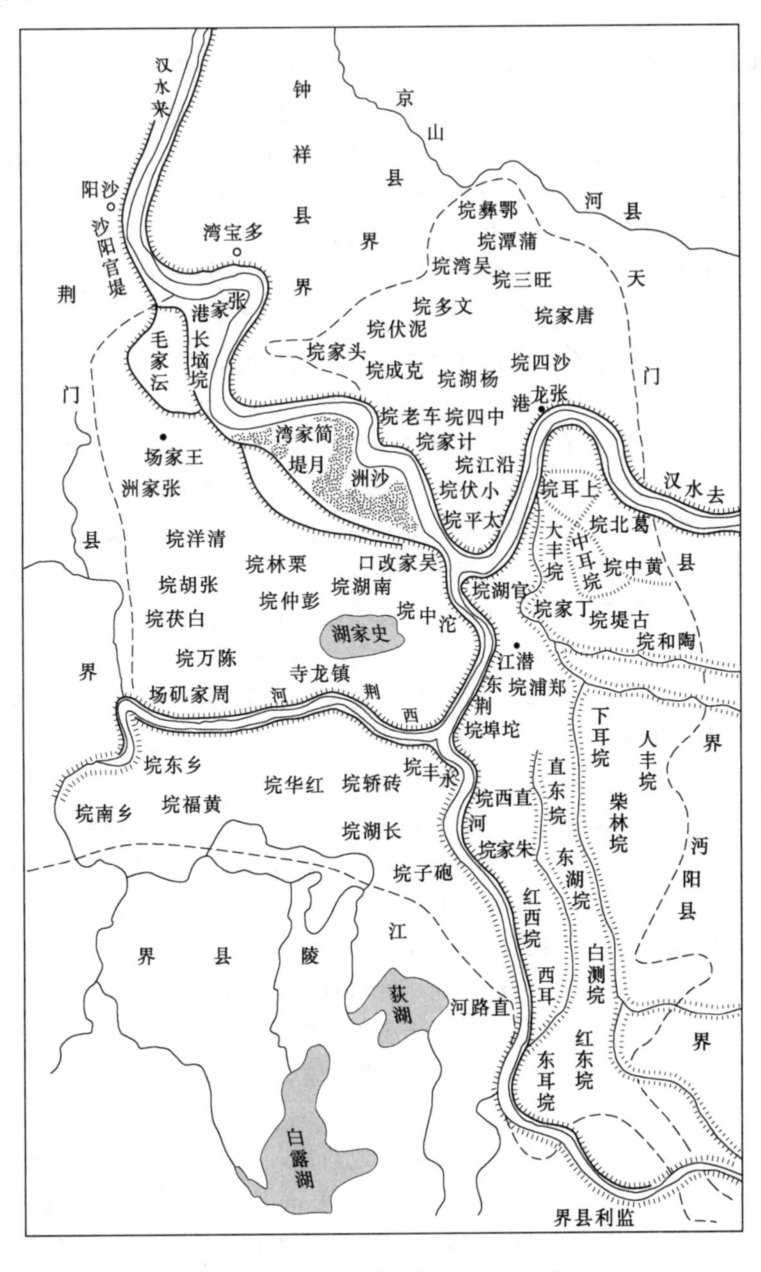

图 5-9-5　潜江县堤防图（民国时期）

10年修筑汉江堤防。康熙九年(1670年),筑杨旺屯营二堤,改名为新丰堤。康熙二十六年(1687年),增筑新丰月堤470余米。康熙二十七年(1688年)增筑黄獐郑浦堤。乾隆十六年(1751年)二月至十七年(1752年)三月,筑沙窝骑马堤4600余米,知县曹銮刻有《重修沙窝骑马堤碑记》。至道光元年(1821年),潜江境内的汉江南北两岸堤防全部筑成。据同治四年(1865年)统计,潜江所辖汉江堤总长约95千米,左岸从与京山县接壤的颜家垸起至与天门县交界的车墩垸李家嘴止,长约50千米;右岸从与荆门县接壤的长一上垸渊头起至与天门县交界的莫獐垸徐家台止,长约45千米。民国时期潜江县堤防图见图5-9-5。

沔阳汉堤 沔阳地处江汉之间,多湖渠,民便渔利。自五代高季兴筑堤以御汉水,自荆门绿麻山至潜江延亘百三十里,名高氏堤,沔赖之。湖渚环堤为垸,业耕其间诚为乐土。至明,堤渐溃。明成化甲午(1474年)、弘治庚申(1500年)汉江大水,正德丙子(1516年)复涨,丁丑(1517年)如之,皆乘舟入城市,溺死者动以千人数。其后,都御史泰金、布政使周季风以汉水常决潜江之斑家堤,修之,其丈以千百计,因未能高坚,水至即圮。据《仙桃水利志》载:嘉靖三年(1524年)知州储询疏陈堤防利害于朝,谓汉江之水每夏秋之间鲜不溢发,使沿边之地漫无防护,徒于诸垸小小补塞,则高水湍悍,势若土崩,至则冲突,何功之有,奏请修筑长江、襄河沿边堤防。湖广都御史黄衷采纳按察副使刘士元之议,出司藏千金于沔,遣断事艾洪主事,筑江堤之同时,沿汉水修大小朱家冈、沧浪、南池等堤,总长近万丈。嘉靖十九年(1540年)都御史陆杰、佥事柯乔增筑汉堤柴禾垸、道人堤、腰河堤,又塞剅口,长百余里。清乾隆六十年(1795年)知州徐昱筑新泊垸、大石垸、恩隆垸、芳洲垸4处月堤,共长五百七十一丈。沔境襄右计有新泊垸、童潭垸、大石垸、小石垸、仙桃南镇、新淤垸、杨家垸、莲花垸、恩隆垸、高字号、严字号、泗字号、芳洲垸等垸堤。这些堤垸初不连接,各自为政以防洪。从嘉庆元年至道光十年(1796—1830年)的30多年内,境内之刘家河口、杜公河口、叶家河口先后堵筑,形成襄河右堤,计长9501丈。沔境襄左堤自潭湾起,历西长垸、杨林垸、马骨垸、陶北杜三号、上南、中南、下南、湃字号、长字号、团字号至东横堤止,计长8078丈。沔阳县堤防图见图5-9-6。

荆门汉堤 荆门位于汉江南岸,为荆州之门户。《楚北水利堤防纪要》载:"嶓冢导漾,东流为汉,南入于江,古无堤塍,每水泛涨,两岸漫溢,以湖为壑,以岗为堤。自五代后唐南平王高季兴于开平元年(907年)据江陵,荆邑尽属辖治要害百余里,筑堤捍之,自荆门州沙洋至潜江县三江口,统名高氏堤。"

荆门堤防要害全在沙洋一带,汉水在绿麻口直冲沙洋,旧有堤连接青泥湖、新城,由沈家湾至白鹤寺下搭垴,至潜江界,凡二十余里,惟沙洋堤势独宽厚。据《荆门直隶州志·仙人堤白鹤寺图说》载:"仙人堤向系江、潜、监、沔、荆五邑合修于明弘治(1488—1505)年间。"

后由于河道不断演变,沿江民众见堤外滩地渐宽,达一二里不等,于明嘉靖二十二年(1543年),在外滩筑边江大堤一道。据《荆门直隶州志·筑沙洋边江大堤并修复仙人古堤图说》载:"沙洋边江大堤当汉水之极冲,自沙洋何家嘴至潜江所属之肖家口止,绵亘二十余里,为江、潜、监、沔、荆五邑之保障。"

图 5-9-6 沔阳县堤防图（民国时期）

据《天下郡国利病书》卷 74 载：“荆门州堤考略按，州堤防要害全在沙洋镇一带，夫此镇控荆门、江陵、监利、潜江、沔阳五州县之上流。汉水自芦林口直冲沙洋北岸，旧有堤接连青泥湖新城镇，由沈家湾至白鹤寺下刹垴至潜江界，凡二十余里，惟沙洋堤势独宽厚，军民廛居其上，嘉靖二十六年（1547 年）堤决，汉水直趋江陵龙湾市（现属潜江市），而下分为支流者九，以此五州县岁遭湮没。二十八年，承天有司官修筑，议多异同，乃不塞旧决口而退让二百余步中挽一堤，反成水囊，北浪一入，势虽东回，其堤不一岁再决。旧江身渐狭，南北相对只二十余丈。决口东西相对约三百余丈，反为正派，几不可复障而东矣！隆庆元年（1567 年）春，始议承天、荆门二府修筑，至二年秋八月告成。北岸自何家嘴至南岸新堤头，长凡四百四十七丈五尺余，阔凡十四丈许，高凡五丈许，堤心铸二铁牛镇之。此堤筑成，淤沙日积，势可永矣。”沙洋官堤见图 5-9-7。

《湖北安襄郧道水利集下》载：“查汉江险工莫如安陆府之沙洋，而沙洋之险又在水府庙、郑家潭等处……昔人每筑一堤必退筑月堤一道或二道，重层障御，所谓一包三险也。”乾隆七年（1742 年）郑家潭堤决。督宪孙嘉淦亲临堤，反复勘察，决定将边江大堤（外

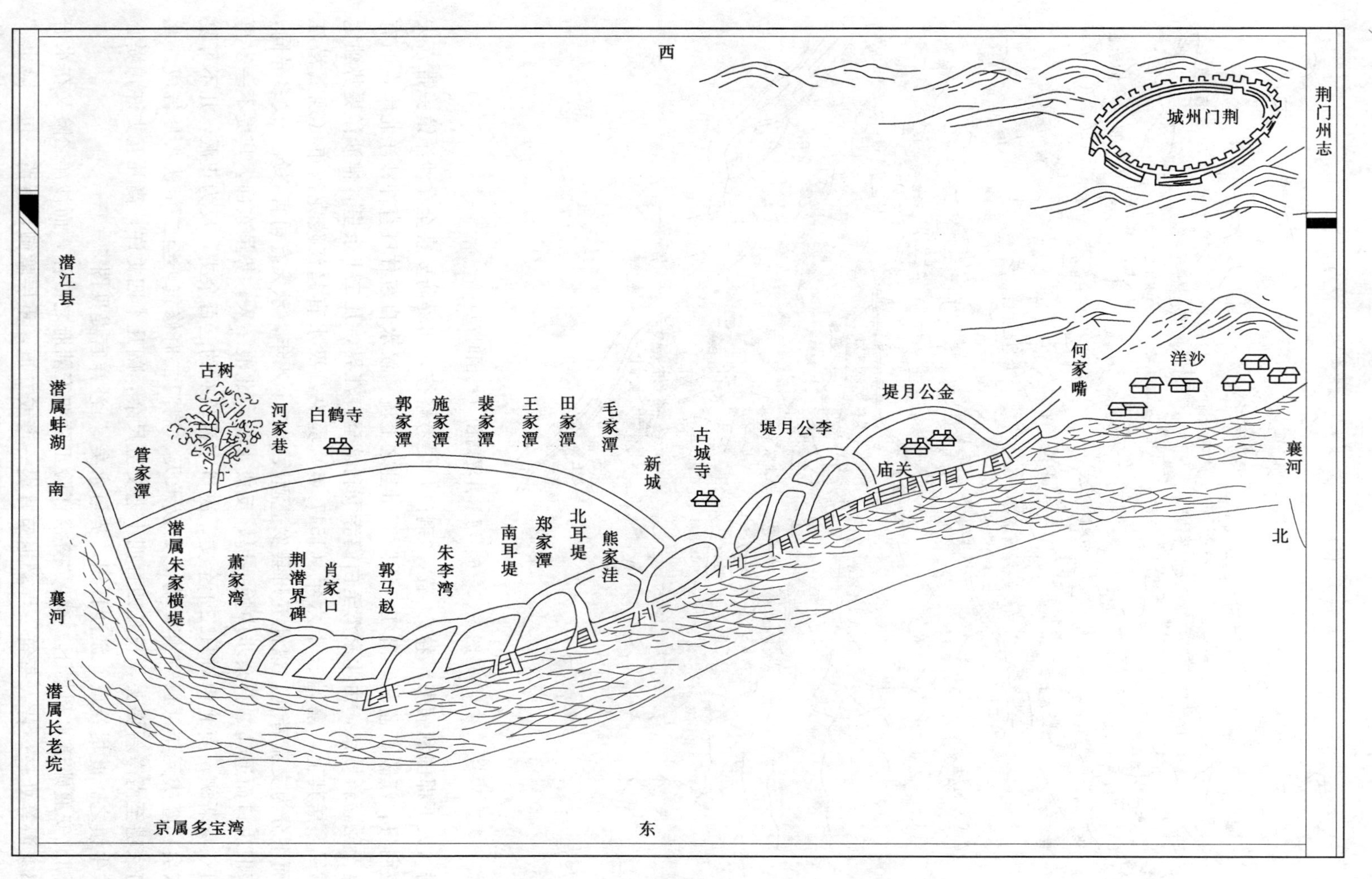

图5-9-7　沙洋官堤图（乾隆十九年）

堤）通身加高培厚，并于顶冲之处添建石矶。乾隆八年（1743年）十一月，土石两工并举，自沙洋何家嘴至肖家口与潜江县堤交界止，通身大堤，一例加修高厚。又于江家湾、廖家凹建月堤一道；并于欧土地、李家湾、曾家湾、水庙湾、黎家湾、江家湾、郑家潭、熊家湾、朱家湾、欧家湾建石矶十座，关庙前、欧家土地建石护岸二段，计长八十丈。至乾隆九年各工俱告竣，共费帑银二万七千五百余两。宣统初至民国元年，汉江干堤荆门段连续4年溃口成灾。1911年10月，安襄郧荆招讨使季雨霖率部驻节沙洋，视水灾之苦，应民众请求。委汪秉乾为沙洋堤工局总理，李赞丞、杨径曲为协理，熊树棠为总稽查；从地方选熟悉工程技术的刘素臣任施工技术指导，组织全面施工，并派水师一营维持堤工秩序。于1912年1月2日动工，先筑月堤挡水，继填土筑基，由东西两端向中间推进，每天上工高达三四万人，还有苦水已久民众义务挑土。40天完成堤基合龙工程，转入堤段全面施工。施工堤段总长一万零七十丈，设计底宽七丈五尺，面宽三丈，高以出水三丈三尺为准。规定土做堤帮，沙做堤心，比例各半，成“金包银”堤，全部工程于1913年5月告竣。筹集资金39.58万串（时银洋一元合钱七百文，一千文为一串）（《荆门水利志》）。据《湖北堤防纪要》载：“沙洋堤自何家嘴起至王家潭止，长二十五里，计五千零七十二丈，连月堤分工十九段。民国元年溃口三百余丈，深丈五尺，由季招讨使雨霖建议修复，并培修全堤；于顶冲处用方石平铺，修为滑坡；又于堤脚用碎石一丈为护脚，工程坚固。民国二年、三年、四年均有岁修，堤外淤垫日高，河泓北趋，益臻巩固。”

汉江堤防创修于五代，分筑于宋明两代，先右岸后左岸；先上游后下游。明嘉靖年间大量分流穴口被堵塞，至清朝末年逐渐形成完整堤防。汉江北岸下游最后一个分流穴口——牛蹄河从清乾隆二十五年（1760年）修建减水石矶后至咸丰年初（1815年）湮塞，河道绝流，北岸下游堤防连成整体，南岸小泽口于清同治十年（1871年）被堵塞后，仅剩大泽口一处分泄汉江洪水至今。

新中国成立初，荆州地区所辖汉江干堤295.9千米，其中，左岸分属钟祥、潜江、天门3县，计长165.3千米，右岸分属荆门、潜江、天门3县，计长130.6千米。

1950年，长江委中游工程局批准将东荆河口左岸龙头拐至彭家祠13.666千米和右岸金家拐至田关13.163千米堤段，纳入汉江干堤统一修防。

1950—1956年因其行政区划调整，汉江堤防所属管辖范围随之变动。1950年，沔阳县划归荆州地区，其管理的汉江干堤划归荆州地区管理。依据沿汉各县再不跨江管辖的原则，县界均以汉江为界。同年6月，沔阳汉江以北的仙北、多祥河两乡划归天门，汉左堤绿林口至多祥河长12.922千米堤段随同移交；7月，天门县汉右毛嘴区雷家场至贺家大路长31.87千米（桩号169＋400～201＋270）堤段移交沔阳。

1956年6月，原属潜江汉左的张港、多宝两区所属62.46千米堤段划交天门县；7月，汉江右岸天门县大王庙至贺家大路（桩号199＋200～201＋270）长2.07千米堤段移交潜江；10月，长江委批准将汉江右岸饶家月堤（231＋700～236＋200）长4.5千米的民堤升格为干堤。至此，荆州地区所辖汉江堤防全长368.8千米，其中，左岸上自钟祥罗汉寺，下至天门芦林口与汉川县界，计长177.2千米（含遥堤18千米），分属钟祥、天门两县管理；右岸上自荆门沙洋镇，下至脉旺镇与汉川界，计长191.3千米，分属荆门、潜江、沔阳3县管理。

1956年，兴建沔阳杜家台分洪工程，增加分洪道左右岸堤长42.1千米（为干堤标准）。

1956年5月，自天门多宝湾以上至钟祥旧口（桩号260＋000～297＋200）长37.2千米与“钟祥遥堤”并列为全省重点确保堤段，全堤长55.265千米，称为“汉江遥堤”。

1968年，在汉江遥堤外，兴建大柴湖蓄洪垦殖区围堤，上自余家山头，下至旧口桩号295＋500处增加围堤长45.40千米（为干堤标准）。

至此，荆州地区所辖汉江干堤456.017千米，其中，汉江遥堤55.265千米，汉江左堤121.9千米，大柴湖围堤45.4千米，汉江右堤165.029千米，东荆河河道堤26.3千米，分洪道左右堤42.107千米。

1996年11月，原荆州地区分设为荆州市、荆门市（辖京山、钟祥）、天门市、仙桃市、潜江市，汉江堤防不再归荆州管辖。

二、堤防建设

新中国成立初期汉江堤防低矮单薄，据民国三十四年（1945年）拟定对汉江干堤修复计划时的调查，右岸堤顶高程（沙洋桩号274＋000）为43.28米，左岸堤顶高程（岳口189＋000）为37.41米，堤顶宽4米，堤身荆棘丛生，军工密布，千疮百孔，破烂不堪。根据省政府提出江汉平原首先要“关好大门”的治水方针，沿汉江各县以堵口挽月为主，对原有堤身进行培修、翻筑填塘等改造加固，1950—1953年4年完成土方1786.46万立方米。

1949年，省水利局召开汉江治本计划座谈会，会议认为当时汉江治本的重点是防洪，防洪措施以建库拦洪为首要，其次是修筑堤防和分洪道，以及造林与水土保持。1954年9月，长江委确定汉江干堤采取加高与加固并重的方针，并根据汉江下游泄洪能力不足的状况，提出《汉江下游分洪工程初步设计》，拟定在沔阳县城以下7千米汉江右岸的杜家台建分洪闸一座，以解决汉江下游河段来洪与泄洪能力不平衡的问题，这一工程可以配合江汉中下游干堤加培工程，解除汉江下游常遇洪水的威胁。1955年11月21日杜家台分洪工程经批准正式开工，1956年建成。

1958年9月，根据《汉江流域规划报告》，丹江口水库开工建设，1968年拦洪，1973年建成，初步形成汉江流域由堤防、分蓄洪工程、水库组成的防洪系统，有效地治理了汉江洪水，发挥了巨大的防洪效益。

1970—1985年，省水利厅提出汉江干堤“三度一填”标准。“三度”即堤顶高度超过1964年最高洪水位1米，堤面宽度6～8米，坡度内外1：3；“一填”即填塘固基。实施中，首先在天门县彭市至岳口20千米堤段试点，省、地派员督导，按标准完成，取得经验后，向沿汉江各县推广。至1985年底，汉江干堤加培工程基本结束，16年间共完成土方3319.75万立方米，两岸堤防面宽6～8米，堤身垂高在4米以上，内外坡比均为1：3，堤顶高程均超过1964年当地最高洪水位1米以上。1986年以后汉江干堤主要以填护工程为主。

1989年长委开展了汉江流域综合利用修订补充规划工作，经数次的查勘规划设计，于1993年10月完成《汉江夹河以下干流河段综合利用规划报告》，报告关于防洪部分提出：防洪标准，采用类似1935年同样大洪水，约100年一遇，根据汉江河道特点贯彻“以蓄为主，适当扩大中下游泄量”的治理方针。主要措施如下。

（1）结合南水北调，按原设计的正常蓄水位170.00米完建丹江口枢纽工程，夏汛防洪水位由149.00米提高到160.00米，防洪库容由77.2亿立方米增加到110亿立方米；秋汛防洪限制水位由152.50米提高到163.50立方米，防洪库容由55亿立方米增大到80.1亿立方米。

（2）堤防除险加固：沙洋、罗汉寺以下干堤和丹江口以下沿江城区堤防，按1964年实有洪水位超高1.0～1.5米进行除险加固；遥堤罗汉寺至旧口段，按外滩大柴湖垸蓄洪水位48.10米超高2米进行除险加高加固；丹江口至沙洋沿江民垸，按1964年洪水位适当进行除险加固。

（3）控制、稳定河势，对危及沿江城镇和沙洋、罗汉寺以下汉江干堤安全和重点崩岸和险工段进行治理与防护，对东荆河分流口段河势一定要保持稳定。

（4）杜家台分洪闸、分洪道、分洪区范围维持原批准规模不变，需要进行杜家台分洪区续建配套建设使之满足行洪畅通和蓄洪水位30.00米的要求，首先进行洪道扩长和围堤加高加固。

（5）对东荆河进行治理，使东荆河维持现有分泄能力。

（6）沿江城镇，结合城市发展规划，进行相应的城市防洪规划，形成城市自身防洪系统。

根据各个时期的规划设计，对汉江堤防进行了全面建设。1950—1995年，荆州地区完成汉江干（遥）堤建设土方11305.69万立方米，其中，堵口复堤退挽完成土方1067.33万立方米，加培堤身土方7156.4万立方米，翻筑土方563.03万立方米，填塘及平台土方2018.61万立方米，其他土方500.32万立方米，完成标工10491.26万个，见表5-9-2。

表5-9-2　汉江干（遥）堤历年岁修完成土方工程量表

年份	土方/万 m^3						标工/万个
	小计	堵挽	加培	翻筑	填塘	其他	
1950	272.29	149.33	122.96				283.46
1951	231.94		162.98	32.22	36.84		226.15
1952	737.43	119.15	445.23	52.15	120.90		768.82
1953	544.80	62.25	385.38	67.35	29.53	0.29	607.37
1954	242.60	3.85	161.49	52.35	24.91		255.95
1955	479.50	89.18	189.47	112.16	71.98	16.71	466.46
1956	1007.89		792.18	79.51	133.29	2.91	733.08
1957	727.47		546.40	53.70	60.64	66.73	553.77
1958	555.17		501.92	19.64	14.98	18.63	428.14
1959	171.31		143.66	2.15	14.31	11.19	140.89
1960							
1961	17.24		5.86	1.10	10.15	0.13	14.46

续表

年份	土方/万 m³						标工/万个
	小计	堵挽	加培	翻筑	填塘	其他	
1962	11.22		9.13	0.73	0.80	0.56	9.17
1963	47.42		44.07	2.48		0.87	46.11
1964	50.39		45.66	3.07	1.09	0.57	67.77
1965	213.52	1.40	178.12	10.20	21.21	2.59	214.21
1966	206.52	24.02	162.82		7.86	11.82	197.96
1967	137.16		109.07	0.28	14.68	13.13	94.12
1968	721.89	615.27	96.69	0.55	9.38		658.15
1969	321.62	2.88	249.39	15.03	52.22	2.10	282
1970	116.26		94.52	0.22	21.52		112.1
1971	162.09		130.39	0.05	31.65		155.08
1972	242.11		113.47	0.62	128.02		229.66
1973	128.08		31.12	2.20	94.76		105.21
1974	77.84		2.38	0.75	71.71		65.29
1975	154.46		18.06	0.26	136.14		133.57
1976	456.86		61.43		395.43		389.64
1977	187.32		38.20		100.42	48.70	164.38
1978	302.38		167.58		84.28	50.52	240.99
1979	280.98		136.55	0.64	74.79	69.00	215.96
1980	136.17		136.17				102.19
1981	210.23		60.24		149.99		190.18
1982	185.09		140.78		44.31		166.22
1983	100.74		100.74				120.81
1984	245.36		245.36				300.57
1985	106.21		39.37	0.04	33.67	33.13	140.42
1986	192.04		162.28		4.58	25.18	184.35
1987	215.89		194.26	1.87	0.35	19.41	207.25
1988	243.75		216.36	4.73	4.49	18.17	234
1989	215.69		202.90	3.13	6.99	2.67	260.98
1990	108.71		80.81	8.03	0.50	19.37	119.7
1991	113.76		79.27	9.40	4.27	20.82	151.3
1992	107.42		86.10	10.47		10.85	103.12
1993	109.29		88.39	3.22	2.22	15.46	104.18
1994	108.89		76.60	12.73	0.75	18.81	112.16
1995	100.69		100.69				133.91
合计	11305.69	1067.33	7156.50	563.03	2015.61	500.32	10491.26

（一）堵口复堤工程

汉江堤防新中国成立前多次的漫溢溃决，决口众多，堤防残缺不全，亟待修复。1949年5月，武汉军事管制委员会农林水利处接管前汉江工程局，6月即指派原驻仙桃第二工务所，驻沙洋第三工务所的行政及技术人员向有关专区、县人民政府报到，配合当地区、乡人民政权组织，动员民众防汛抗灾，紧接着开始堵口复堤及退挽月堤工程。1954年，潜江、沔阳等县汉江堤防又多处溃决，兹记载重要的堵口复堤工程。

1. 天门县长春观堵口复堤工程

长春观位于彭市河下游，汉左干堤170＋000处，此处堤段迎流顶冲，外滩崩坍严重。1932年内挽月堤一道，但未挡水，1949年9月16日深夜（有17日1时之说）溃决，当时（9月17日3时），岳口站水位38.24米，溃口后大力裹护老堤头，经半月时间在老堤两端一再削坡、挂柳抢护，最终口门宽控制在370米。

当年冬，省政府拨公粮以工代赈，进行堵口挽月复堤工程。天门县组成长春观挽月工程处，县供销合作总社科长樊作城任主任，1949年11月25日开工，退线挽筑月堤，因取土困难，于12月5日停工，12月24日复工，再退线挽筑月堤，高峰时劳力9000人，1950年4月28日完工，共完成土方35.10万立方米，标工58.94万个，耗用木桩438根，块石2245立方米，投资22.71万元，其中含大米176.80万斤（每斤折合人民币0.1元）。

新月堤起止桩号169＋600～170＋635，堤线长1035米，新堤比老堤增加长度35米，设计堤顶高程38.30米，比老堤顶超高0.5米，堤面宽6米，外坡1∶3，内坡从堤面垂直向下3米为1∶3，3米以下为1∶5。因口门附近一段沙多土少，故采用以泥包沙的“金包银”方法，即仅中段堤心有一段是纯土，上下段堤心全是纯沙，培土厚度，外坡2.3～3.2米，内坡0.9～1.6米，堤顶2米，在桩号170＋360～170＋450跨泓口一段，内外堤脚各打木桩2排，纵横中心距各0.9米，每排99根桩，为联成整体，每排中设一道横笼木，前后排之间用柳枕填实，并加木撑，桩外抛石护脚，并加筑压浸台，压浸台顶部及内外培土厚约为0.9米。在桩号169＋725～169＋985迎流顶冲一段，干砌石坦护坡长260米。

2. 天门县蒋家滩堵口挽月工程

蒋家滩位于汉左干堤桩号198＋000～199＋000段。1949年9月16日深夜溃决成灾。溃口后经在两端老堤进行削坡、挂柳、沉埽防护，口门控制宽度320米。

蒋家滩堵口挽月工程于1949年11月20日开工，天门县组成蒋家滩挽月工程指挥部，县水利局副局长彭正峰任主任，荆州水利分局天门办事处工程师曹冠生任督导工程师兼副主任。最多时上民工12000人，1950年5月6日完工。完成土方53.97万立方米、标工82.32万个、块石25立方米，国家投资26.61万元，新挽月堤起止桩号198＋230～199＋716，堤线长1486米，其中泓口长300米，新堤比老堤缩短581米，设计堤顶高程39.99米，堤面宽6米，外坡1∶3，内坡从堤面垂直向下3米为1∶3，3米以下为1∶5。

3. 沔阳县黄新场堵口退挽工程

黄新场位于汉右干堤桩号144＋280处。因堤段外滩较宽又高，建有民房而形成小集场，为保护民房，以防洪水上滩，曾沿屋后外滩筑有土埂，两端与干堤搭接，使干堤多年未直接挡水。日军入侵沦陷期间，在干堤堤身上挖过战壕等军工。

1952年9月12日深夜，洪水漫滩，外滩土埂冲决，干堤突然挡水；13日2时，巡堤人员在桩号144＋280处堤腰发现一个直径约0.25米的漏洞，当即燃烧火把报险（夜晚出险信号），待500名防汛人员赶到时，洞口已扩大到0.8～1.0米，瞬间堤面裂陷长约5米，经沉船装载土袋堵口和沿民房抢筑土埂等方法抢险，但因险情发展太快，于4时许溃口成灾，口门宽305米。溃口时黄新场水位36.03米，上游岳口站9月13日9时水位38.08米。黄新场溃口使沔阳、汉川、汉阳3县各一部分受灾。

溃口后，中央、中南水利部、中游工程局、省、专区水利局共同组成黄新场溃口勘查团会商堵口事宜，决定分裹头、断流、复堤3个步骤尽快进行，借以防御汉江秋汛尾期可能遇到的一般洪峰（以沙洋水位38.00米为标准），安定群众生产，为复堤打下基础。

裹头工程　根据泓口靠下游的现状，以下游抢护为重点，采取简易裹头措施，在桩号144＋030处，连同滩岸和堤头，均按1∶3削坦，共长100米，用块石沉埽护脚，浮梢防浪护坡。于6月25日开工，至28日完工。

断流工程　先探测水下地势，找出泓道较浅一段，作好断流准备。断流堤线自桩号143＋994～144＋500长506米，于10月1日开工。泓道水下用草包和麻袋盛土抛脚，出水面后采用填土填沙（土为袋装）“金包银”方法筑成断流小堤，高程32.50米，并在浅水堤段预留了3个排水口，以泄内垸水。至10月8日、14日次第封闭排水口，至18日完成断流工程。10月23日，汉水复涨，经八昼夜抢筑加高培厚断流小堤后，水位回落，保全了断流小堤。

复堤工程　由中游工程局第五工程队进行选线测量，由中游工程局、省、专区、县各级会勘决定，采用桩号143＋730～144＋773堤线，长1043米，计划全堤线采取“金包银”办法筑堤。正准备施工时，水利部部长傅作义，副部长李葆华，长江委中游工程局局长陈敦秀以及各级水利专家一行前来视察，指出“沙心应尽量后移，堤线下段应将弧形改为直线或反曲线，下搭垴废堤应全部挖除，以利水流，上搭垴应保留老堤长250米，以挑水势”。

1952年11月2日，成立沔阳县黄新场挽月工程委员会，沔阳县县长李寿山任主任委员，组织民工进行施工，高峰时上劳力19652人，经开沟排水、清基除障、翻淤抽槽，打海底硪等准备工作后，11月18日正式开工，采用“内筑沙心、外筑黏土”的方法施工，12月29日完工，完成土方37.62万立方米。

新退挽月堤比老堤缩短23米，堤顶高程37.22米，堤面宽6米，外坡1∶3，内坡从堤面垂直向下3米为1∶3，3米以下为1∶5，堤面垂直培土厚为2米，两米以下沙心与黏土交接处，黏土水平宽为10米，沙心外坡为1∶0.5，内坡培土厚度为0.5米。跨泓口一段143＋900～144＋300长400米堤段，堤内筑压浸台宽20米，高程31.00米与地面齐平。在桩号143＋750～144＋065和144＋250～144＋750两处815米段堤外脚抽槽用黏土回填。

4. 潜江县江家湾退挽工程

江家湾位于汉左干堤217＋000～219＋000，堤外迎流顶冲，滩岸历有崩坍，1949年汛期在桩号218＋000处出现堤身崩矬及堤顶内沿裂缝。汛后，决定退挽月堤，新堤线起止桩号218＋200～219＋460，长1260米。退挽工程于1950年1月4日开工，5月10日完工，共完成土方 23.91 万立方米、标工 30.92 万个，投资 7.17 万元。

5. 潜江县赵家台退挽工程

赵家台位于东荆河右岸桩号 7＋000～9＋000 处，此处河道弯曲，滩岸崩矬，1946 年拟退挽月堤，因资金困难，改在桩号 7＋570、7＋888 等处各修柴矶一座。1949 年大水，东荆河左岸柴家剅溃决，柴矶被毁。汛后，经潜江水利局同江汉工程局第三工务所会商决定实施退挽工程。退挽月堤起止桩号 6＋818～9＋253，堤线长 2435 米。工程于 1950 年 1 月 5 日开工，5 月 21 日完工，共完成土方 36.36 万立方米、标工 53.98 万个，投资 11.29 万元。

6. 潜江县彭家祠退挽工程

彭家祠位于东荆河左岸桩号 12＋000～16＋000 处，河势急弯，受右岸沙嘴挑流射水冲刷，滩岸已崩坍殆尽，堤身沙质，堤脚悬虚。1951 年 9 月 19—24 日，坡岸连续发生崩矬，崩长达 70 米，崩深达 2.3 米，且河泓紧逼坡脚，近脚处水深 3.5～5 米，决定紧急退挽。1951 年 11 月，潜江县组成彭家祠退挽工程指挥部，副县长王光新任指挥长。11 月 27 日工程正式开工，高峰时上民工 6000 人，于 1952 年 4 月 25 日完工。完成土方 33.63 万立方米、标工 31.88 万个，投资 19.33 万元。

退挽月堤 起止桩号 11＋440～13＋662，堤线长 2222 米，堤面宽度 6 米，外坡为 1：3，内坡从堤顶向下垂直 3 米为 1：3，3 米以下为 1：5。对 180 米沙基堤段实施抽槽回填黏土处理，抽槽面宽 12 米、深 5 米、底宽 2 米，一并回填黏土，并加筑宽 5 米、厚 1 米的外平台。

7. 沔阳县陈家垸退挽工程

陈家垸退挽工程位于汉右干堤桩号 147＋080～149＋000 处，堤外滩有陈家垸（桩号 147＋080～147＋280）、天主堂（桩号 147＋300～147＋700）、伞湾堂（桩号 148＋350～148＋630）3 处崩岸，1931—1934 年间建有 3 座矶头。1951 年 8 月，江汉中游工程局拟定工程规划时称，此处局部护岸工程，已多年失予整修，如守三险，还需大量石方，且伞湾堂至天主堂河段，汉江两岸堤距仅 300 米左右，应主动退挽，放宽堤距，以增加河床泄量。据此，决定实施陈家垸退挽工程。1951 年 12 月 12 日，沔阳县组成陈家垸挽月工程委员会，县长李寿山任主任委员，调集 35000 名民工施工，1952 年 1 月 19 日完工，共完成土方 85.53 万立方米、标工 108.36 万个，国家投资 65.63 万元。

退挽月堤起止桩号 145＋420～148＋580，堤线长 3160 米，设计堤顶高程 37.19 米，堤面宽 6 米，外坡比 1：3，内坡比 1：3～1：5；修筑外 15 米、内 10 米宽平台。

8. 潜江县下深河潭退挽工程

深河潭位于东荆河左岸桩号 6＋000～10＋000 处，历史上曾多次溃决，清道光二十一年（1841 年）至光绪四年（1878 年）期间 38 年溃决 7 次，堤防屡溃屡修，1928 年在桩号 6＋270～6＋790 处修建浆砖坦 460 米。1950 年下段堤外滩崩矬 400 米，逼近堤脚，危及潜江县城安全，遂决定实施退挽工程。潜江县成立下深河潭挽月工程指挥部，工程于 1952 年 11 月 7 日开工，1953 年 3 月 24 日完工，完成土方 24.64 万立方米，标工 29.50 万个，投资 6.27 万元。

退挽月堤起止桩号荆左 8＋200～9＋500，堤线长 1360 米，设计堤顶高程 40.27～

40.20米，堤面宽6米，外坡比1∶3，内坡比1∶3～1∶5，修筑外宽8米，内宽3米，厚2米的平台，并在桩号8＋450～9＋500之间修筑黏土防渗槽。

9. 潜江县饶家月堵口复堤工程

饶家月位于汉右干堤曹家堤外围，与干堤搭接，起止桩号231＋900～235＋650，堤长3750米，初系民垸堤；上搭垴接干堤桩号236＋364处，包围干堤长度4484米；内地面一般高程38.00米，外地面高程35.10～36.10米，堤身系黏土筑成。1950年，根据月堤堤质比干堤堤质好，培修工程量较小，将月堤按干堤标准岁修，1953年10月6日，中游工程局正式同意改为干堤。

1954年8月，汉江大水；8月10日，饶家月3200米堤段漫溢，抢筑高0.3～0.5米子埂挡水，但江水继续上涨，子埂漫溢滑脱，洪水汹涌而入，冲决曹家堤老堤四口，淹没潜江、荆门、江陵3县各一部分。

1954年8月15日，荆州地委即成立潜江饶家月堵复委员会，地委城工部部长李富五任主任委员，潜江县委副书记张琴声为副主任委员，调集潜江民工3500人及沙洋农场劳改人员3677人，合计7177人进行堵口复堤。采用草（麻）袋装土围堰，当围堰高出水面0.5米后，再在背水面填工作撑，依次推进。当施工到口门合拢时，施工人员手挽手立于水中，以人体挡水缓流，堆码草袋、麻袋土围堰，8月21日断流合龙。8月20日，省防汛指挥部电示："饶家月堤堵口以能防御一般秋汛为原则。故不宜堵筑过高，断面不宜过大，兹决定目前堵口高度以当地水位39.00米为标准，另加超高0.5米，余俟汛后再行加筑。"施工设计堵筑长度691米，堵筑高程39.80米，堤面宽4.2米，内外坡均为1∶3，外护脚宽3～13米，高程37.50～38.50米，内护脚宽8米，高程37.50～38.5米。工程于8月22日开工，31日完工，完成土方3.85万立方米、标工4.74万个，投资6.01万元。

10. 潜江县五支角堵口复堤工程

五支角位于汉右干堤桩号204＋000～205＋000处。1954年汛期，长江、汉江相继发生大洪水，汉江第四次洪峰出现后，长委会预报新城站水位8月10日12时达到42.45米，汉江防汛指挥部8月9日向省防汛指挥部请示，要求于8月10日12时前在泽口以下分洪，经省政府批准，8月10日15时在五支角干堤挖口，19时30分开口进洪，当地水位40.20米。分洪后，口门处外滩400米冲开，冲成宽150米、深6米的深泓口（泓底高程28.20米），上下滩岸崩坍20～80米。由于江河高水位持续时间长，分流时间长达78天（8月10日19时30分至10月27日堵口断流）。

1954年10月6日，潜江县根据省水利工程建设总指挥部电示，即组织力量进行堵口，7日断流。堵复堤长437米，堤顶高程33.40米（高出当时水位线1.5米），面宽2米，内外坡比1∶2。8日，得知上游水位上涨，连夜将堤顶加至34.00～33.80米。9日洪峰到达，水位猛涨，当地水位达33.92米，部分较低堤漫水。后水位继续上涨，多处漫溢，相继溃决3处。11日水位达到35.17米时才开始下降，第一次堵口未果。

10月18日再次开工堵口，为接受第一次失败教训，决定选在距口门外120米水浅基硬处施工，堵复堤长150米，设计堤顶高程34.50米，堤面宽5米，内外坡比1∶2。堵口于10月27日合拢断流，11月9日全部完工，完成土方2.48万立方米、标工3.07

万个。

第二次堵口断流工程完成后，于11月10日开始复堤施工。堤线实施桩号203＋906～205＋150，长1244米，设计堤顶高程40.50米，堤面宽6米，内外坡均为1：3，堤面另加拱高0.3米；在204＋000～205＋120长1120米堤段外堤脚抽槽，槽面宽5米，底宽3米，随地势高低，以伸入不透水层为标准，平均深1米，以黏土回填。复堤工程于12月24日完工，完成土方32.50万立方米、标工40.25万个，投资33.37万元。1955年3月9日再次开工对新堤进行加修，至6月4日追加工程全面完成，总计完成土方34.82万立方米、标工43.98万个，投资36.67万元。

11. 沔阳禹王宫堵口复堤工程

禹王宫位于汉右干堤桩号109＋000处，距汉川脉旺嘴1千米。1954年长江早汛，江水持续上涨，7月汉江相继发生大水，长江和汉江洪水相遇，7月18日8时，汉口站水位达28.24米，接近1931年最高水位28.28米。江汉并涨，严重威胁汉江下游和武汉市堤防安全。省政府决定，7月19日，当仙桃站水位达到33.98米时，于19日7时在沔阳禹王宫干堤开口分洪。分洪后，由于长江洪湖老湾等处堤防溃决，江水漫注湖垸，加之汉口站水位较长时间维持28.00米以上，倒灌入汉江，均影响汉水下泄，致使分洪口门内流速减缓，历经夏汛、秋汛、敞口达3月之久，洪水所挟泥沙，逐渐淤积在下自脉旺嘴，上抵黄家湾，内至八潭这一范围内，沿堤内脚水塘淤平，一般落淤高2～4米，局部地方高达5米。

10月，汉江秋汛结束，即开始勘测堵口复堤线路，经比较，选定断流堤线在距口门内350米处，堤线长442米，两端与高地相接，堤顶高程29.70米，面宽2米。堵口工程于1954年11月1日开工至19日完工，完成土（沙）方2.3万立方米、标工3.5万个。堵口工程之后，开始复堤，但由于淤积层较厚，堤线及取土场选定均遇到很多困难，经钻探取土检测和反复对路线比较，堤线选定起止桩号108＋130～109＋847，堤线长1717米，设计堤顶高程35.02米，堤面宽6米，内外坡比1：3，堤面另加拱高0.3米，计算堤身体积时，分别增加10%～20%沉落土，1955年1月29日沔阳县组成禹王宫堵口工程指挥部，最多时调集民工27245人，工程于2月2日正式开工，至3月18完工。在施工中首次采用“填沙挤淤”法，实践证明在新淤层上施工，用沙挤淤的方法可解决取土困难，加快施工速度，填沙层因上部压力所产生的内应力对抗滑起了一定的阻碍作用，另外由于新淤层2～4米以下仍为硬土层，对沉陷有一定限制，以沙挤淤，掺沙排水，有利于基础稳定。堵口复堤工程完成后，于4月4—15日完成内戗台和堤脚铺盖工程，7月1—15日完成加固加高工程，总计完成土方54.26万立方米、标工95.38万个，投资69.77万元。

（二）整险加固工程

新中国成立初期1949—1955年，汉江堤防建设主要是堵口复堤及退挽月堤工程，自1955年开始，堤防建设的重点放在整险加固上。

1. 堤身加培

汉江堤防自肇基至民国时期，历经千年，其堤防仍低矮单薄，千疮百孔，据汉江修防处1950年堤防普测资料统计，民国时期，汉江干堤295.9千米，总土方约4400万立方米，每断面平均为148.6立方米。

新中国成立后，在对堤防进行综合治理的过程中，对堤身进行了持续的加培，完成了大量土方工程。其中针对1954年、1964年汉江大洪水，两次提高堤防防洪标准，增加堤身加培工程量。1970年省水利厅提出江汉干堤“三度一填”的标准为：堤顶高超过1964年当地最高洪水位1米，堤面宽度6～8米，坡度内外1：3，并填塘护脚，修筑内外平台，迎水面宽30～50米，背水面20～30米。按此标准，逐年进行培修加固。自1950—1995年，共完成堤身加培，土方11305.96万立方米（含翻筑、堵口挽月、填塘、修筑平台），其中分阶段为：1950—1953年，完成土方1786.46万立方米；1954—1958年，完成土方3012.63万立方米，1959—1969年完成土方1898.29万立方米，其中加培1044.447万立方米；1970—1985年完成土方3092.18万立方米；1986—1995年完成土方1287.99万立方米。

2. 堤身隐患处理

新中国成立初，汉江堤防堤身隐患主要有洞穴（主要为白蚁，次为獾、蛇洞）、军工暗堡、坟墓房屋，以及历史上遗留的堤内各种废弃建筑。对于这些隐患，新中国成立后采取了翻筑隐患、锥探灌浆、白蚁防治等方法进行处理。

翻筑隐患 从1950年开始，根据群众提供和汛期调查，对渗漏出险堤段有目的地进行重点翻筑。从1952—1959年共翻挖出蚁洞8227个，獾洞1061个，树蔸32632个，军工113处，阴沟、墙脚541条，废刯、窖、窑、灶164个，棺木340口，木船2只，条石497条，青砖116927块，还有大量的其他影响堤身安全的杂物，此外还翻挖出枪、炮弹589发，整个翻筑工程从1952年起到1995年止，共完成翻筑土方563.03万立方米。

锥探灌浆 1952年5月，聘请黄河堤防锥探队来汉江修防处传授锥探技术，同年沿堤各县成立锥探小组，开始长年锥探工作。初时锥探完全依赖人工施锥，凭手感探测，方法简陋，工效不高，在处理时只能对较小洞穴隐患实施灌注干细河沙，发现较大隐患则靠人工翻筑。1955年3月由灌沙改为灌泥浆，锥探工具也不断革新改进，1976年后各县试制机械锥探工具，到1979年锥探灌浆全部实现机械施工。

锥探灌浆清除隐患比翻筑等方法省工省力，又节省投资，是堤防全面清除隐患的主要途径。1983年5月中旬，沔阳县在杨家月（汉右桩号176＋350～176＋550）长200米堤段锥探中发现纵向裂缝和横向斜穿堤身裂缝11条，灌浆总量达704立方米，其中一段长约90米的堤顶纵向裂缝，裂缝宽50毫米、深达3米，共打90个锥孔，灌浆历时45小时，灌浆量达75立方米。自1979—1983年，经过电测、锥探灌浆发现和处理各类纵横缝、水平缝、疏松层计1545处。至1985年止，汉江干堤共锥眼1207万个，灌浆达24万立方米。

白蚁防治 1953年冬，荆门堤防段锥探队，在小渊汉右桩号267＋350～267＋370处第一次在汉江干堤发现白蚁，此后，钟祥、天门堤段在1955年又先后发现白蚁隐患。1955年钟祥在汉左遥堤桩号314＋000～314＋060段（系1954年出险地）进行切坡抽槽，于2月16日开挖，至3月1日整个堤顶全部挖掉，共挖出大小白蚁窝巢127个，最大的直径达0.8米，最小的直径为0.2米。此堤为1953年新筑堤段，采用“金包银”的方法修筑而成，堤内挖出的白蚁巢穴，大部分筑在沙层内。1960年成立专业灭蚁队，每年4—

10月在堤上灭蚁，主要采用翻挖、寻找灌浆、电测烟熏、药杀等方法发现和杀死白蚁，清除蚁穴隐患，至1985年止，汉江干堤共处理白蚁隐患4512处。其中潜江、沔阳堤段未发现白蚁。

3. 堤基处理

汉江干堤堤基隐患为江汉平原本身地质构成所形成的堤基隐患和堤身禁脚众多的渊塘和洼地，每逢汛期，堤身、堤脚出现大面积的散浸和青砂管涌。新中国成立后，堤基处理主要采取堤内外填塘护脚和“外截内导”的工程措施。

新中国成立初期，汉江干堤内外由于历史上堤防频繁溃决冲刷和取土形成的渊塘多，再加上历年就近取土培堤，破坏了堤内外近脚覆盖层，散浸和管涌险情不断，严重危及堤身安全，据1972年实地调查，沿干堤有较大的冲坑深塘102处，面积7174亩，顺堤长45083米，距堤脚最远的为110米（即天门赵家河堤），较近的5米，一般10～15米，大部分为溃决冲刷形成。

填塘护脚工程　从新中国成立初期即开始进行，以先近脚而后远堤脚依次进行，1951—1968年18年间共完成土方572.55万立方米。从1969年开始，按照省堤防“三度一填”的标准，将填塘护脚、加强堤基，列为岁修工程的重点，1951—1995年共完成填塘土方2018.61万立方米，辖区堤段迎水面平台已宽达30～50米，背水面宽达20～30米，个别堤段宽达210米（天门赵家河堤段），护脚平台高超过渍水位1米以上。

外截内导工程　对堤基险情的处理，除填塘护脚工程外，所采用的方法就是外截、内压和内导。20世纪50年代主要采用外截、内压的方法，60年代以内导为主，70年代后以截、压、导相结合。外截工程采用在迎水面抽槽至不透水面，回填黏土夯实，筑铺盖层宽50米，厚1.5～2米的方法进行堤基处理，效果良好；内压工程分土压和水压，土压即筑内压浸台，一般宽20～30米，险情严重段宽100～200米（离堤脚），其高度一般应高于内渍水位2米左右。水压主要用于处理基础不良的涵闸，如天门罗汉寺进水闸、潜江县兴隆镇闸、荆门县赵家堤闸，其方法为在防洪闸后渠道上再建一节制闸，抬高渠道水位，降低防洪闸水头差，均可收到较好效果。内导工程即为在大堤背水面筑减压井导渗，平衡承压水头，减压井有土围和钢管或塑料管井两种。

天门县洪峙、隗家洲、李家渊、杨家月，潜江县杨林洲、孙家拐、荆门县小渊等险段，筑铺盖压浸土1141.7万立方米，筑减压井205个，渗透险情得到控制。

4. 崩岸整治

护岸工程　汉江堤防护岸工程在清道光年间已有记载，以修建矶头、驳岸、护坦工程为主，据新中国成立初期调查，当时所存留的护岸工程多系民国时期所建，主要有：①浆砌石坦17处，干砌石坦7处，浆砌砖坦20处。石坦坡度为1∶1.5～1∶2.5，坦厚度约30厘米，坦脚多数打有3排木桩，桩顶用三合土（或混凝土）浇灌成整体。②浆砌石矶7座，浆砌砖矶7座，浆砌挑水坝1座。石矶砖矶和砖驳岸全为浆砌，矶身顶部平面呈现半月形、椭圆形、双曲线形。矶脚打有梅花形杉木桩基，再以碎石灌水泥浇筑。上述护坦在新中国成立后崩毁废除6处，切入边滩4处，重建、续建34处；浆砌砖矶挑水坝8座，已全部拆除；浆砌石矶7座，已拆除2座，现存5座，即汉左4座：唐心石矶（桩号255＋460，1928年兴建），王家营石矶（桩号282＋290，1928年兴建），大王庙石矶两座

（桩号294＋260、294＋380，1922年兴建）；汉右一座即万寿矶，又名复兴矶，（桩号133＋630兴建年代不详）；拆除石矶两座：汉左天门县乌龙码头石矶（桩号190＋680，1956年拆除），汉右沔阳卢公矶（桩号133＋300，1953年拆除）。

新中国成立后护岸工程主要分为护脚和护坡。护脚一般采用抛石护脚，在险工护岸堤段，为维护加强土坡与砌石的连接，保护脚槽的稳定。抛石为新中国成立后所采取的主要工程措施，凡险段都进行了抛石护脚工程，自1950—1985年累计抛护石方136975.26立方米。

沉柳护脚　因块石运输困难、资金紧张等因素，且干堤两岸盛产柳枝，可就地取材，柳枕又较散石易于落淤，故以柳枕代替块石护岸。柳枕初为用直径14厘米的柳树干11根，把0.9立方米的石料捆成枕径0.62米的柳枕下抛，后改用直径16厘米的树干9根，装石0.71立方米（枕径0.62米下抛）。沉抛柳枕投资小，效果较好，沉抛柳枕从1950年开始，70年代以后则很少采用，至1985年共计抛枕58339个，抛枕耗石料4759立方米。

沉排护脚　1958年，在天门洪山寺桩号218＋200～218＋360及218＋060～218＋200共长280米堤段做浅水沉排试验。1958年2月1日动工，当地水位28.24米，水深4米，水下坡度在距岸脚10米以内为1∶10。2月10日7块柳排顺利沉抛，接着又抛15米×20米（宽×长）排幅柳排7块，并在沉排段砌坦护坡，完成石方2600立方米，其中压排护脚面耗石1401立方米，完成投资48909元。同年，在潜江兴隆镇汉右桩号256＋500～256＋580及256＋700～256＋900两段堤改沉抛柳枕为沉柳排，共沉排14块，合计耗石料1680立方米，其中压排护脚石560立方米。两处沉排工程完成后，天门段持淤效果较好。潜江兴隆段于同年7月大水时，部分柳排被冲走，1959年3月2日，经水下探测，大部分柳排被冲走。经分析原因，主要为水下坡坎凸凹不平，排与岸坡不能结合紧密，加之压石过少，导致柳排流失，以后汉江干堤护岸再未采用沉排措施。

柳簾护岸　为20世纪50年代所采取的临时性护岸措施。汉江一般滩岸崩矬，多为沙壤土被流水冲刷所致，流速一般不超过3米每秒。1951年因护岸经费缺乏，改块石护坡为帚排代替，当年在沔阳石家滩做柳簾护岸试验，效果良好，并推广到天门的张家湾、开元阁、关家拐、白沙潭等处，其工程造价仅为块石护岸的50％。此后，施工方法有所改进，先由打桩法改为埋十字码，又将十字码捆把方法改为散铺柳簾，造价更为节省，但帚料使用时限仅为3年。

护坡工程　分为干砌石坦和浆砌石坦。干砌石坦是用块石码砌厚度30厘米，再填以碎石于空隙中，脚槽深宽各为1米，并在脚槽之外加打排桩。1951年后新筑干砌石坦，取消打桩设计，1953年起脚槽的深度改为0.5米，1954年起将干砌石坦的厚度改为25厘米。浆砌石坦是用块石码砌，再以水泥砂浆灌注空隙中，使之连成整体，但由于损坏后石料不易重复使用，一般不采用。从1950—1985年汉江干堤共砌石坦长105022米，耗石58.223万立方米。

（三）重点险工险段整治

1. 天门县岳口镇险工整治

岳口镇险工位于汉左干堤桩号188＋000～191＋000处。该堤段地处弯曲河段，河岸常年遭受冲刷，为汉江重点险工。

清嘉庆十四年（1809年），岳口绅士熊国贤等筹资于迎恩寺、蒋家拐、天禄坊、邱家拐等处各建石矶，以缓水势；至光绪四年（1878年），石矶驳岸多被崩毁，同年迎恩寺堤溃；光绪五年（1879年），复筑迎恩寺月堤和贺家拐以上一带矶驳。光绪六年（1880年），以屡修屡毁、耗资甚巨为由，在岳家口集镇加抽厘金，年收费2000串左右，成立石矶局，办理矶驳修防事宜。民国时期，仍由石矶局主持矶驳修防。日军侵华期间，有日军士兵沿矶脚炸鱼，使矶驳遭受破坏。1947年汛前，代家矶下游邻矶砖坦至曾家矶一带发生滑矬裂缝险情，江汉工程局核准抛石632立方米加强护脚。1949年汛期，邱家巷一带发生严重崩坍，春秋阁矶崩陷。从1950年开始，按“裁矶护岸”的原则，对岳口旧存的坦坡，砖矶进行整修改造；汛期，险工段用柳簾护岸。自1954年开始，水上采用干砌块石坦坡护岸，下水则采用抛石、沉抛柳枕护岸与护脚。

1964年，汉江出现特大洪水，新的崩岸险段增加，岳口护岸由建矶头守点顾线改为全线护岸。至1966年，先后全部拆除岳口段太平寺、戴家拐、邱家巷、刯沟头、刘家祠、春秋阁、乌龙码头、粮仓巷8处浆砌砖矶和砖坦，改建成下半部干砌石坦，上半部干砌砖坦，或脚槽砌石，坦身砌砖加强抛枕，抛石护脚。1966年后又逐步改砖坦为石坦，并继续加强护脚工程。自1950—1984年，累计施工25年，耗石89113立方米，其中水上护坡20067立方米。岳口险工历经多次洪水考验，未发生大的险情。

2. 钟祥县王家营险工整治

王家营险工位于汉左干堤桩号290＋000～295＋000处，长5000米，此处河段呈半月形，汉水经马良山山脚逼流而东，对岸杨家垴沙嘴突出挑流，直冲王家营堤，致使河泓逼近堤脚、崩岸不断，且易溃难堵。

王家营险工是历史上著名河岸险工堤段，自清顺治四年（1647年）至1921年的274年间，溃口11次，顺治四年始连溃3年，道光二年（1822年）始连溃5年，最后一次溃口为1921年。

据李开铣《堤工随笔叙》载：“道光六年修筑堤工告竣复后于迎流顶冲之处筑石坝三道。”《襄堤成案》载：“道光十二年（1832年），又添筑王家营石坝。”1919年6月29日，王家营堤溃，石坝全毁，同年9月至次年5月，复堤竣工，在其旧址建石矶一道。民国十年七月，王家营堤复溃，石矶又毁，同年由李开铣督修王家营堤工，10月开工至次年五月，修复王家营堤告成。修建石矶二座（即今大王庙第一、二石矶），并于王家营对岸杨家垴开引河一道，长1860米，以分水势；修筑护坦长2720米，耗石4036立方米，坦坡斜面长19.2米。1928年增修第三石矶。新中国成立前夕，第三石矶以下，河泓逼近滩脚，桩号291＋000～292＋000处，堤外滩宽仅5～10米，堤面宽6米，堤身内垂高约8米，内坡从堤面向下垂高3米处为1：3，3米以下为1：5，外坡为1：3。

新中国成立后，对王家营险工的整治主要采取了堤身加培和护岸措施。

堤身加培 从291＋000～292＋300面宽增至15米，背水坡比内唇下垂高3米为1：3，3米以下为1：5，内脚筑有二级平台和118米的禁脚。

护岸 新中国成立初期，按照“守点顾线，护脚为先”的原则，保留3座石矶，大力进行抛石护脚和干砌石坦护坡工程，1952—1959年耗石18794立方米，其中抛枕、抛石耗石9888立方米；干砌石坦耗石8906立方米。1964年汉江大洪水后，在王家营重点堤段堤脚与低水位齐平抛出一平台，一为护脚，二为观测险情变化。至20世纪70年代已在重点险段290＋940～292＋200长1260米地段抛出宽20米左右的平台，水下坡比1：1.5。此后，在王家营桩号291＋400～291＋900段重点削坡，以块石干砌坦坡，再按险段变化情况逐年向上下扩展。1960—1985年王家营段守护长已达8130米（桩号289＋900～298＋030），其中水下基础到岸顶砌整坦长4040米；从岸脚砌至坡半腰，坡上部植草皮的半坦长4090米，共耗石24.99万立方米，其中，抛枕3790个、耗石18.01万立方米；干砌石坦用石6.98万立方米。砌坦设计：先削好土坡，挖坦脚槽宽1米，深0.5米，石坦坡垂直厚度0.3米，用块石干砌，部分地段因土质差或含水量过大，则底层铺以0.05米厚的垫层石，再砌0.3米厚的块石；干砌石坦坡度为1：2或1：2.5，坦坡要求平、稳、紧。脚槽砌好后，另用大块石压脚，整个护坦工程全部为干砌，较之于浆砌渗水易排除，出现跌窝易维修，造价较低。

为掌握王家营险工变化情况和为以后的整治提供资料，从1965年10月开始到1974年止，布置基本垂直河床的大断面观测点进行多年的观测和资料整理。1981年汛期前后，各观测点进行了各一次流向、流速、沙洲位移、水下冲刷、落淤、深泓变化、河岸崩淤等情况的观测记录，并与1965—1980年观测资料进行比较，水下坡度无异常变化，观测结果表明，王家营险工趋于稳定。

第二节　汉　江　遥　堤

遥堤是汉江下游左岸干堤的首段，上接罗汉寺山麓，下接多宝湾，是保障汉北平原的重要堤防，其保护范围涉及钟祥、京山、天门、汉川、云梦、应城、孝感、黄陂、武汉9个市（县）面积11055平方千米，为国家1级堤防，列为确保堤防之一。遥堤原长18.065千米，1958年省防汛会议决定将遥堤下段的范围从旧口镇（桩号297＋260）延长至天门多宝湾（桩号260＋000），延长37.26千米。自此，遥堤自天门多宝湾至钟祥罗汉寺（桩号260＋000～315＋265），堤长55.265千米。

一、遥堤沿革

汉水流入钟祥县境，自县城南向东南流十余千米，急转西流约8千米，又急转南流20km，再折向东流。自县城起流程60千米到旧口，在平原上形成一道“弓形”河道。堤防沿河左岸修筑，弯曲段迎流顶冲，河岸崩坍严重，堤防溃决频繁，据《钟祥县志》记载：明万历，崇祯年间各溃两次，清顺治十五年至光绪二十一年（1658—1895年）238年间，溃堤33次，决口45处。灾害深重。1935年汉江发生特大洪水，7月6日，汉江黄家港站出现50000立方米每秒流量，皇庄站7月8日出现40600立方米每秒流量，洪水位达52.34米，钟祥县境洪水猛涨，加之风雨大作，冰雹助虐。“7月7日水头迫堤，邢公祠首先溃决，至夜11时，自一工至十一工相继溃决18口，总溃口宽6957米，其中三、四工狮子口溃口4000米，洪水沿天门河泛滥11县（市），一夜之间，悉成泽国，汉北平原，淹没耕地530万亩，受灾人口290万人，淹死8万人以上，灾情惨重为历史所罕见”《钟祥县志》。

1935年8月，湖北省政府派员组成襄河水灾视察团赴实地调查，认为原堤修复困难，自龙山观（钟祥县城南）至张壁口（原属京山县，桩号283＋800），长59千米的堤段范围内溃口百余处，认为这段堤线残破不堪，不仅难以修复，纵然有堤，也难确保，势须退建。江汉工程局第七工务所也呈情，谓由钟祥城南下至许家集，山岔绵亘可障，由许家楼接至约三十华里，退建干堤，则钟祥河段险工避免，取土施工亦均便利。并沿途咨询，钟邑各界人士一致表示赞同退建。旋后，全国经济委员会派中、外工程技术人员同往查勘，选定堤线。经各方勘察，拟选堤线有由钟祥城南下至许家集、自四工堤至火龙山、自旧口至马家坡、自旧口至罗汉寺等几种方案。京山县陈登高上书全国经济委员会，建议由旧口至火龙山之许家集一线。当年10月江汉工程局主持召开复堤联席会议，讨论议决“采用建筑遥堤计划”，堤线“自旧口向北经沙港、陈曹家偏东达罗汉寺止”。因重建新堤距河道较远，故命名为“钟祥遥堤”，简称遥堤，旧堤暂不恢复，新堤与废堤之间约200平方千米土地弃耕，留作滞洪区。

1935年10月，组成“全国经济委员会江汉工程局钟祥襄堤工程处”，负责遥堤修建工程。江汉工程局局长席德炯兼工程处处长；第六区行政督察专员石毓灵兼副处长，负责征集民工；林友龙任主任工程师，下设四个筑堤工段及一个堵口工段进行施工，并聘钟祥、京山、潜江、天门、汉川等县县长为协修委员，机构设在沙港。

遥堤堤线最后测定自火龙山之罗汉寺起，经沙港、董家集至旧口与原有干堤（王家营堤）相接，全堤长18.02千米，纵横断面设计采取堤防的最高标准，堤顶较最高水位高1米，堤面宽7米，外坡1∶3，内坡垂高3米内为1∶3，3米以下为1∶5，平均堤身垂高约为9.5米，凡筑堤土质欠佳堤段，堤身外坡全用黏土包边（俗称“金包银”）。堤脚低洼处一律加建护脚工程，共计筑堤土方185.61万市方，约合686.7万立方米（民国二十六年《湖北年鉴》）。

遥堤全长18.019千米，原计划土方686万立方米，分4个工段、60个分段施工。第一、二、三工由钟祥、京山、潜江、天门、汉川县县长征集民工负责督修。第一工段长5700米，第二工段长5400米，第三工段长5400米，第四工段长2120米。筑堤工程于1935年12月4日开工。为配合遥堤施工的需要，汉江工程局决定在狮子口溃堤内侧筑一道4千米长的内挽月堤，截断熊家桥溃口分流河槽。月堤的高程是按当地历年5月出现的最高水位设计。1935年11月开工，1936年1月完工。第四工段要横跨溃口分流河槽，是堵口难工，由襄堤工程处直接主办，采用包工。堵口工程于1936年1月17日开工，2月21日合龙。截至5月25日，第一、二、三工段筑堤工程已分别完成任务的93%～95%，第四工段仅完成任务的59%。因为遥堤外废弃的面积有200平方千米，雨水径流要通过溃口分流槽向下排泄，所以在堤身分流河槽留有一缺口排水。5月下旬汉水涨水。5月26日汉水先将处在上端的熊家桥拦水坝漫溃，冲开8个缺口，熊家桥堵口埽全部冲溃。洪水沿溃口河槽直逼遥堤未填筑好的缺口，冲开550米，堵口失败。

5月第一次堵口失败，水灾重演，民愤极大。湖北省政府组织遥堤善后委员会，决定放弃熊家桥拦水坝，集中力量堵塞遥堤缺口。遥堤堵口工程于6月1日开工。方法采用黄运两河常用的捆厢进占法为主，汉水常用的排桩泥埽法为辅（泥埽俗称土枕）。当时，口门宽550米，流势顺直，深泓在中间。6月上、中旬，工程进展顺利，预计7月2日可以合龙完成。6月28日上午接白河水文站电报，汉水陡涨11米，预计7月2日晨洪峰到达工地，决定以4个日夜完成5个日夜的工程量，赶在洪峰到来前一天断流。6月29—30日夜晚大风雨，气温很低，施工困难，导致7月1日下午才开始抛合龙柳石枕。这时，金门宽度只有15米（合龙口门两端进占的坝体，称金门占），冒雨抢堵。11时水位开始上涨，天明时金门底柳石枕已经接住了。此时，金门上游水位比昨晚上涨3.5米，上下水头差3米。上午11时，南金门占发生摇动，迅速被洪水卷走，第二次堵口失败。根据现场情况决定，尽可能守住已筑的坝体，控制分泄流量。结果守住口门140米，未再扩大（汉水6月流量500～600立方米每秒，熊家桥分流量100立方米每秒）。

7月11日，善后委员会分析前两次堵口失败的教训，决定仍在熊家桥堵口断流，再堵筑遥堤缺口。熊家桥拦水坝口门宽190米，计划两端90米采用排桩泥埽，中间100米采用捆厢进占。堵口工程从9月中旬开始筹备到11月下旬完工。熊家桥合龙时，流量还有150立方米每秒，金门宽约20米，水深约4.5米，下合龙占时水深不急。早上6时开始挂合龙埂，下午6时合龙完成。闭气则费了48小时，堵口成功。

在熊家桥合龙断流后，遥堤第四工段缺口冬春断流，筑堤工程1937年3月全部完成。遥堤修筑堵复工程动员军工、民工最多时达15万人。

狮子口堤段迎流顶冲，地处汉北平原的上端，位置险要，堤防溃决频繁，难以堵复。钟祥一带民间传说："狮子口溃决最难堵。清朝一次决口，撤换了九个钦差，最后德安府的裘太守在合龙时投水，百姓振奋，才堵塞起来，地方在合龙堤顶上修裘公庙作纪念。"

二、新中国成立后遥堤建设

1949年省人民政府水利局荆州地区分局钟荆潜办事处接管了遥堤修防。1951年荆州地区汉江修防处成立，开始着手遥堤的整险加固。

1. 整治引河

当时，遥堤的直接威胁，主要来自堤外引河。因遥堤初建时，为了疏泄堤外积水，便于取土筑堤，曾自旧口起至金刚口止挖成排水沟一条。至1949年排水沟自然扩宽成为50～100米、深5～8米的引河，而距遥堤外脚仅50～200米，其主槽流量可达1000～2000立方米每秒。每年汛期，洪水自狮子口进入后，水流湍急，直逼罗汉寺山脚，再顺堤流经旧口附近，折转金

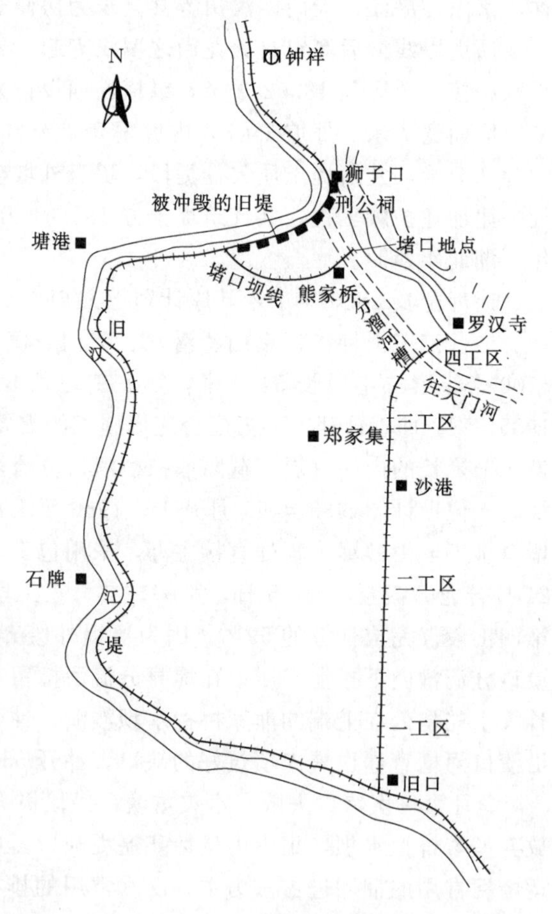

图5-9-8　遥堤堵口工程示意图

刚口，进入汉江，形成水口子、沙港、董家集等险工，对遥堤形成严重威胁。故于1950—1951年，先后在沙港和水口子，采用打桩、沉埽和建丁坝进行防护。1951年汛后检查，丁坝有的被冲毁，有的下陷，或被淤塞，建而又毁，毁而又建，共耗用木桩1009根、块石1416立方米，投资30233万元（1955年3月1日起，新币1元兑旧币1万元）。1952年冬，中游工程局分析认为丁坝奏效甚微，决定拆除，改建横坝。1953年筑坝截断引河，从此，遥堤下段受到保护，经过1954—1955年两次大汛，效果明显。1957年又于沙港筑坝，没有达到预期效果，乃又决定兴建引河改道工程。新引河以遥堤罗汉寺上游2千米之滚子口为进口，下至金刚口出汉江，全长22.23千米。新引河距遥堤最近点2千米，最远点3.5千米，河底宽18米。河道进口处河底高程42.60米，出口高程38.40米，边坡1：5。为使新引河不再绕归旧引河，同时采用以坝逼水冲河办法，在滚子河新引河进口筑断流坝一道，截断老引河。另在曹家口筑截断老引河丁坝一道，坝顶低于遥堤1.3米，逼使高中水位主流进入新引河，并延伸沙港下坝，降低新引河边高地，筑顺向丁坝一道，导主流下泄新引河出金刚口，全部工程于1957年元月10日开工，3月底完工，共完成土方50.35万立方米。1957年7月至1958年新河基本被洪水冲成，1964年大洪峰过境时，新引河过流作用明显，引河对遥堤的威胁方告解除。

2. 清基除障

1949年底，首先对危害堤身的獾猪进行捕杀，告示凡捕捉一只獾，无论大小、来源，由堤防管理部门奖发大米4千克。群众捕捉积极性很高，至1951年底，共捕获6100只，发放大米24400千克，基本上消除獾害。同时，对堤身其他隐患也着手清除；1952年共清除大小树蔸4784个、獾洞1452个、军事工事19处、阴剅2条、棺木8口、迁坟100座、填筑蛇蚁洞穴303个，拆除堤身堤脚附近房屋509户，补发大米50900千克。1949—1956年，共清除各种隐患1.44万处，完成加固土方103万立方米，堤基质量及堤身面貌有了很大改观。

3. 填塘固基

从沙洋桥头到上罗汉寺，沿堤内有吕家潭、陈洪口潭、林家潭、王家河潭、水口潭，堤外有马林口潭，这些水潭临近堤脚，浸泡堤身。沿堤另有4000米的低洼坑塘，对堤身安全构成威胁，自1951年开始，陆续对沿堤水塘进行填筑，至1956年所有潭边距堤脚都有一定的距离。1981年后，又修筑了30米宽的堤禁脚平台，共完成土方321万立方米，消除了渊塘对堤基的威胁。

4. 加高培厚

新中国成立初期，实测遥堤自旧口起，至罗汉寺止，相应桩号为297＋200～315＋265，长18.065千米，堤顶高程48.00～49.00米，堤顶宽一般7米、局部8米，堤身外坡1：3；内坡堤顶向下垂高3米为1：3，3米以下至堤脚为1：5（1952年普测资料）。

1953年以前，主要以“加强堤质，改善堤基，消灭隐患，兼顾加高”为方针，拆除了堤身堤脚附近房屋，清除了堤上全部树竹荆棘、树蔸及蚁蛇獾鼠洞穴、阴沟、棺木等隐患。

1954年，省政府在全省防汛救灾紧急会议上，确定汉江遥堤为确保堤段。1958年全省防汛会议将遥堤延伸至天门多宝湾止，至此，遥堤自天门多宝湾起，至钟祥上罗汉寺止，全长55.265千米。

1956年2月，省水利厅于曹家台举行遥堤技术座谈会，决定对遥堤实施加固。堤顶高程按1954年最高水位曹家台以上超高1.5米，曹家台以下超高1米，结合削坡和堤段险段培修，面宽定为10～12米。从老堤内肩向内外保留6米处开始，按1：2坡度削坡，再顺堤脚抽槽，槽底宽2米，边坡1：1，槽深一般低于内地1米，再以黏土回填夯实。填平罗汉寺大塘宽20米固脚。沙港引河崩岸逼近堤脚一段，加筑1米厚黏土铺盖层与滩坎按1：3坡比防渗斜墙衔接。彻底清除削坡中发现的军工、獾穴、树蔸等隐患。

1964年，汉江发生大洪水，遥堤最高水位47.02米。堤防加高以此为标准，按47.02米洪水位万分之一纵比降推算，曹家台（桩号311＋250）以下加高1米，以上加高1.5米，堤面宽度桩号297＋200以下为8米，以上至曹家台为10米，曹家台以上为12米，另加拱高。根据这一要求，分期逐年对遥堤进行加高培厚，到1978年止，全堤的高度、宽度达到标准，高度较新中国成立初都加高1米，最多者为1.8米。

1981年，丹江口水利枢纽管理局在《汉江中下游防洪现状调查报告》中指出："目前遥堤都已达到1969年省定'三度一填'要求，即堤顶高程超过1964年洪水位1～1.5米，堤顶宽度达8～12米，内坡1：5，外坡1：3，堤外坡脚填筑宽50米的戗。"

至1995年，汉江遥堤历经新中国成立后46年来的不断培修加固，累计完成土方2450.7万立方米，防洪能力大为改善。

1995年湖北省汉江河道管理局实测遥堤断面与1984年、1952年对比变化见表5-9-3。

表5-9-3　汉江遥堤实测断面比较表　单位：m

地点	桩号	1952年实测		1984年实测		1995年实测	
		堤顶高程	堤面宽度	堤顶高程	堤面宽度	堤顶高程	堤面宽度
旧口	297＋200	47.82		48.17	10	48.17	10
董家集	303＋000	48.65	7.0	48.73	10	48.73	10
沙港	307＋000	48.85	7.1	48.84	12	48.84	12
曹家治	311＋000	49.13	6.8	49.17	12	49.17	12
罗汉寺	315＋000	48.66	6.8	50.15	12	50.25	13

1998年大洪水后，国家投资对汉江遥堤进行整险加固，堤顶高程按设计洪水位加高2米，堤顶面宽加至10米，堤顶全部铺设混凝土路面；对堤防地基不良堤段分别采取截渗墙、盖重、减压井、减压沟等单项或综合处理措施；除采用截渗墙处理外的堤段进行锥探灌浆；同时对罗汉寺闸进行了除险加固处理。加固工程于1999年2月开工，2009年7月完工，历时10年。完成主要工程量为：堤身加高培厚55.265千米，完成土方1357.69立方米（清基109.44万立方米，堤身加培1170.14万立方米，填塘78.11万立方米）；堤顶公路55.265千米，浇筑混凝土5.4万立方米；修建减压井54口，防渗墙7.9千米，成墙面积12.84万平方米；植防浪林28.34万株；草皮护坡229.46万平方米；建设与改造管理用房6308平方米；明确工程管理范围用地4486.88亩（防护防浪林地3578亩，永久征地908.88亩）。实际完成投资35941.94万元，其中，建筑安装工程投资24095.14万元，

设备投资 831.81 万元，待摊投资 10907.63 万元，其他投资 107.36 万元。遥堤加固工程竣工后，堤面宽 10 米，堤顶高程 46.02～47.04～51.66 米，超设计洪水位 2 米，内外坡比均为 1∶3，堤内禁脚宽 30～100 米，堤外禁脚宽 50 米，内禁脚高程 39.08～40.05～43.10 米，堤身垂高 7 米。

1968 年 4 月，大柴湖围垦工程竣工，遥堤从罗汉寺至大王庙段已多年未直接挡御洪水，堤身隐患不明，一旦汉江发生大于 20 年一遇洪水，大柴湖分洪后遥堤的安全应予高度重视。

第三节　大柴湖围堤

大柴湖围堤是丹江口水利枢纽工程的组成部分。1968 年因修建丹江口水库，为集中安置河南淅川县部分淹没区移民，沿汉江遥堤外滩修筑一条长 45.4 千米围堤，南起遥堤桩号 295＋500，北至余家山头，围垦面积 174 平方千米。

大柴湖围堤的安全关系到围堤内十余万移民、11.25 万亩农田安全，同时也是汉江遥堤的第一道防洪屏障，其地位极为重要，1968 年 4 月，经湖北省革委会批准，大柴湖围堤升级为干堤。

一、大柴湖由来

1935 年汉江大水，汉江干堤溃决后退筑遥堤，而遥堤至原干堤之间 200 平方千米的滩地上形成沟塘密布、芦苇丛生的荒地，被称为芦柴湖。

1958 年，丹江口水利枢纽工程动工兴建，水库需淹没河南省淅川丹江两岸部分区域，为妥善安置淹没区的民众，经国务院批准，在芦柴湖筑堤垦地开辟为移民区，于 1966 年 4 月至 1968 年冬分 3 批安置移民，形成钟祥县一个新的行政区，1968 年经周恩来总理亲自定名为大柴湖区。

二、围堤兴建

芦柴湖于 1935 年以后成为洪泛区，原有老堤已荒废多年，不复存在，新筑围堤需重新勘测设计，施工分两期进行。

第一期工程由长办主持设计。其中防洪堤设计的堤线确定原则为：基础较好，取土无特殊困难。保证足够的行洪断面，左右岸堤距不小于 1500 米。堤至河岸距离一般不小于 500 米。地势较高，工程量小。围垦面积大，挖压耕地和拆迁房屋少。原则上避开老堤，只有在可能条件下才加以利用，堤顶高程按 1964 年最高洪水位超高 0.5 米设计（低于遥堤 0.5 米），堤身断面参照干堤标准，一般堤段面宽 6 米，内外坡比 1∶3，狮子口堵复段堤面宽 10 米，内外坡比 1∶3。

第一期工程围堤施工。1967 年 4 月 20 日，成立荆州地区汉江芦柴湖围垦工程指挥部，荆州军分区副司令员林实夫任指挥长。工程施工时，又成立丹江口工程芦柴湖围垦工程指挥部。12 月初动工，由天门、荆门、钟祥、京山、潜江 5 县 10 多万民工，经过一冬一春的施工，于 1968 年冬完成防洪大堤 45.4 千米和金刚口自排闸及金刚口、倒口、狮子口3处堵口工程。另外，完成狮子口新筑沙质堤段的预制块护坡工程7.12千米及保堤观1.5千米的护岸工程，施工后期还完成了4段防洪堤加固和金刚口自排闸及狮子口护坡的整险工程，共完成土方641.3万立方米，石方11.3万立方米、混凝土9400立方米，投资931.3万元。各县施工断面桩号为：天门0＋000～32＋250（钟祥、荆门、京山、潜江参加合作），荆门32＋250～42＋780，钟祥42＋780～45＋400。金刚口自排闸由钟祥民工负担，荆州地区水利局工程队施工。

第二期工程是堤防加固和堤内配套工程，由荆州地区革委会主持，省水利厅工程一团负责设计施工；成立了丹江口枢纽大柴湖第二期工程指挥部，荆州军分区副参谋长刘本良任指挥长。1968年11月动工，1969年9月完工，历时9个多月，完成了11个工程项目：狮子口围堤整治；全围堤加高培厚；植草植防浪林；狮子口堤段护岸预制块护坡延长；金刚闸配套和整险项目6个；兴建金港口排水泵站和倒口排灌泵站；开挖排水干渠2条、支渠9条及新老引河整治，共长74.5余里；建造公路桥、拖拉机桥、人行板车桥，共计65座；血防灭螺；整修金刚口自排闸和兴建金刚口机排站。参加施工的有钟祥、荆门、天门、京山等县民工。共计完成土方292.4万余立方米、石方1.47万余立方米，混凝土877.0立方米，砖砌体819立方米。机电安装及尾工一直延续到1974年才全部结束。二期工程总投资761.9万元。

三、围堤加培

1968年4月22日，湖北省革委会鄂革〔68〕第58号文件指出，为安置丹江口水库河南移民兴建的大柴湖围垦工程，自1967年冬开工以来，经天门、荆门、钟祥3县十万劳动大军的艰苦奋战和各地的大力支持，已基本完工。但鉴于大柴湖围堤所具有的特殊重要性，同意按干堤标准，管理和维护好围堤工程。随即于8月成立钟祥县大柴湖管理段，业务上属荆州地区汉江修防处领导。此后，于1970年编制大柴湖围堤建设规划，分年逐步实施。

加高培厚　自1970年开始，按1964年当地最高洪水位超高1米，面宽6～8米的标准加修堤身，至1978年，共完成堤身加培土方74.51万立方米，围堤高程达到48.50～52.90米，面宽达到6～8米。

填塘固基　1969—1999年在回填坑塘的基础上，修筑内外禁脚，外禁脚一般宽50米，内禁脚一般宽30米，险工险段外筑100米，内筑50米，内外禁脚均高出地面1～1.5米，30年共完成填塘土方468.29万立方米。

险工翻筑　1968年4月围堤竣工，9月1日经受第一次高洪水位考验，堤脚和堤身出现不同程度的崩矬和渗漏的现象。汛后，对围堤险工险段进行了整治，其方法是迎水面筑铺盖。内脚抽槽翻挖，重新用黏土回填，筑铺盖压浸。1969—1970年完成翻筑处理土方11.88万立方米。

锥探灭蚁　围堤锥探灭蚁始于1973年，至1978年6年共锥探133699眼，锥探堤段长8675米，灌浆25121.6立方米，处理隐患2107处，耗用资金20949元。1979年，机械打锥试制成功，成立专业锥探队，专门从事遥、围堤锥探工程。1989年，又成立锥探灭蚁队，在浆液中掺灭蚁药物灭蚁。既改善堤质，又可消灭蚁害。1998年，经招标聘请专业工程公司对围堤15+000~20+000长5千米堤段进行锥探灌浆，完成锥探2.4万眼，处理隐患17处。自1973—2000年共锥探灌浆堤段总长27.675千米，锥探401546眼，灌浆54669.2立方米，完成投资17.698万元，处理隐患2315处。

安全台 大柴湖围垸属分蓄洪垦殖区，为保证大柴湖在遇到1935年型洪水时，能够顺利分洪，1977—1981年，修筑安全台64处，完成土方163.97万立方米，完成投资54.55万元。

护岸工程 大柴湖围堤河段为狭窄河道向宽浅河道变化的过渡段，水流湍急，自丹江口水库蓄洪运用后，水位下降，清水下泄，可冲性增加，河岸崩坍剧烈。45.4千米围堤河岸，先后出现保堤观、狗腿湾、任滩、胜利、张湾5处严重崩岸和狮子口、大同、分洪口、倒口4处险工，险段总长25280米，自1970年以来，先后守护5处崩岸险工，守护长7130米，共耗石料7.37万立方米，投资107.1万元。

第四节 东 荆 河 堤

东荆河为汉江的分支河流，从潜江泽口分流，主流原于沌口入江。1964—1966年实施东荆河下游改道工程，改从三合垸（新河口）入江，河流曲长173千米。两岸堤防始建于明朝。1949年，左右堤分别止于太阳垴和中革岭，堤防全长254.12千米，其中左堤龙头拐至太阳垴，长138千米；右堤龙头拐至中革岭，长116.2千米（右堤从龙头拐至中革岭止，堤长116.12千米，至高潭口堤长134.45千米。1955年洪湖隔堤施工，新堤起自中革岭至胡家湾，长56.12千米）。新中国成立后，右堤于1956年延长至胡家湾接长江干堤，左堤于1964年延伸至三合垸与长江干堤相接。至此，右堤从李家湾至胡家湾，长173.050千米。左堤从陶朱埠至三合垸，长171.175千米，与监利、洪湖长江干堤及长江三合垸至汉阳江堤共同保护四湖地区和汉南区的安全。

1994年行政区划变更，荆州市现管辖荆右监利廖刘月至洪湖胡家湾堤段，长128.45千米。

东荆河入口左岸龙头拐至彭家祠，长13.67千米，右岸雷家潭至田关12.65千米，全长26.32千米的堤防，循旧例为汉江干堤。

一、堤防沿革

明代，汉江堤防日趋成形，汉江北岸分流穴口陆续堵塞，汉江南岸水势变猛，使初建之堤屡遭溃决。清康熙《潜江县志》载，万历元年（1573年），夜汉口（即大泽口）堤又决，次年湖北巡抚赵贤习知水利，上疏请留缺口，让水止于谢家湾，两岸沿河修筑支堤三百五十丈，中一道为河，此支堤即为东荆河堤肇基之始，今东荆河河首堤段。夜汉口分流形成夜汉河，即今东荆河河首。夜汉河在田关又分为二流，向西南流入江陵境为西荆河，向东南流入监利、沔阳境为东荆河。田关以下东荆河和汉江历代穴口水系相通，支分派衍，形如瓜蔓。明末清初，其主流河形迁徙不定。沿河民众兴堤筑垸。清康熙年间，沿河堤垸猛增，大量修筑民垸联堤并垸，堵支塞流，至道光年间东荆河堤在潜江境内接成一线。

西岸周家矶至许家场堤长三十余里，计五千丈。东岸自泽口起至官木岭止，堤长八十余里，计长一万四千余丈（《楚北水利堤防纪要》)。同治八年（1869年），汉江在梁滩吴宅旁溃一新口，口门初为130米宽，后由于流量猛增，继而扩展到1300余米宽，取名为吴家改口。东荆河自吴家改口形成后，进洪量大增，沿河民众修筑垸堤更甚。清光绪《湖北舆地纪》载，从新滩口（今潜江田关对岸梅家嘴附近）至渔洋镇九十里，堤防矮小单薄。监利县至咸丰九年（1859年)，境内东荆河南岸自老新口至沔阳州属府场均有堤防，至光绪十年（1884年)，从老新口至北口两岸皆有堤。

清同治四年（1865年)，东荆河监利杨林关堤溃，洪水直冲沔阳潘家坝部（北口横堤)，破垸成河。杨林关决口屡议修筑未果，致使中府河渐次淤塞，水流遂从杨林关改道入沔阳州境，冲开沿途各垸，形成东荆河下游主流，时称“冲河”，于是民众沿河筑堤御水。

据《沔阳州志》记载：清光绪十三年（1887年)，沔阳知州陆佑勤命举人李汉源，拔贡江玉树等修护城堤，自大朱垸王家口起，至唐市陶横堤止（即今东荆河堤姚家嘴至王河口一段)，绵亘五十余里，民称“陆公堤”。次年，“沔阳州同唐志夔，庠生田克亮抢修姚老垸险堤，堵死鄢家沟。”自此东荆河水不再入州河。

“民国时期，东荆河左堤续有加修。潜江篩子垴至沔阳姚家嘴原无堤防，1914年林家月堤退挽二百六十弓。同年，创修监利东荆河左堤，自篩子垴至姚家嘴，堤长四十余里。”是时，潜江东荆河左堤自吴家改口上之龙头拐而东，历官洲、郑浦、沱埠、红西、东耳等垸工程，经八年大修后颇坚。1915年，湖北省政府拨钱四十万串，委吕贤笙筑东荆河之九合垸（《湖北堤防纪要》)。使原为小朱、张浦、杨庄、三角等民垸的王家口至杨树峰堤连城一线。1932年堵筑王家桥和杨树峰支河与时合垸堤相连，1934年东荆河左堤上起龙头拐，下至太阳垴，已连成一线，长138千米。

同期，东荆河右堤亦得到加修。据《湖北堤防纪要》载：“民国六年（1917年）监潜合挽大月，上起潜江傅家竹林，下起监利赵家场，计潜江一百三十丈，监利五十三丈。”又据《沔阳县长闻百之报告》称：“民国十四年（1925年)，湖北省水利局拨钱十万串，委冼景熙修筑东荆河之芦简堤。”1927年，东荆河右堤已止于郑道湖之白鱼嘴。1931年汉江大水，潜、监、沔所属东荆河堤皆有溃决，是年冬，由贺龙领导的洪湖革命根据地苏维埃政府率群众堵筑了田关、新沟嘴分流河口，修复溃决口门。1935年水灾后，对潜江梅家嘴、邓家祠、熊家湾、罗杨垸、江陵直路河、棉条湾，监利三元殿至楠木庙、沔阳姚家嘴至太阳垴及高潭口等处进行了加修。自此，东荆河右堤上起龙头拐下至中革岭，已连成一线，堤长116.12千米。

1938年7月，日军入侵武汉，东荆河沿堤各县沦为战区，东荆河堤屡遭溃决和军工破坏。至1949年，东荆河左堤自潜江泽口起至沔阳太阳垴止，长138千米，右堤自潜江泽口起至沔阳（今洪湖）中革岭止，长116.12千米，两岸合计254.12千米。据1950年9月实测，堤防横断面一般为45～50平方米，堤身垂高内4～5米，外2～3米，内外坡度均为1：2，堤面宽度一般为2米，最宽不过3米，堤顶高程右岸田关至高潭口为39.00～30.60米，左岸柴家剅至太阳垴堤顶高程为38.60～28.90米。沿堤荆棘遍地，杂草丛生，獾穴蛇洞、军工民宅，比比皆是。左岸自太阳垴，右岸自中革岭以下，沟河纵横，间有零星民垸，为江汉洪泛区。

二、新中国成立后堤防建设

新中国成立初期，沿河各县堤防建设以堵口复堤为主，1950年春，相继堵挽了1949年溃决的柴家剅、马家月，从家月等决口，长达2391米，当年秋又堵复了1950年汛期溃口的潜江关木岭、沔阳（今洪湖）葫芦坝溃口。

1950年10月，东荆河列入国家重点支堤，设东荆河修防处，直属省水利局领导。1953年改由荆州地区领导。

1955年冬兴建洪湖隔堤（1956年元月完工），将右岸堤防从中革岭延伸至洪湖胡家湾接长江干堤，堵住下游向四湖地区倒灌的穴口。洪湖隔堤全长56.12千米。

1963—1965年，兴筑左岸沔阳隔堤，完成东荆河下游改道工程，沔阳隔堤自罗家湾起接长江干堤三合垸止，长36.04千米，使东荆河与沔阳泛区隔开，堵死北支，从此，东荆河由两条支流入江变为只由新河口出长江，东荆河自泽口至新河口形成一河两堤，两岸堤防各自形成整体。东荆河两岸堤防长合计344.23千米，左岸171.18千米，右岸173.05千米。

自1966年开始，东荆河堤按防御1964年汉江洪水为标准，实施加高培厚、填塘护脚、堤脚筑平台的综合整治工程，并由内平台的修筑实行堤路分家，向标准堤段过渡。1985—1990年实施“三度一填”工程，结合堤防管养开展堤防达标（堤防管理标准）活动，使堤防达到设计标准。1993年，经省、地水利主管部门组织检查验收，东荆河堤田关以下全部达标。

东荆河堤经新中国成立后的建设，据1990年普查，堤顶高程超过1964年最高洪水位1～1.5米的堤段长167.840千米，占全堤长的52.2%；超过1米以下的堤段长149.31千米，占全长的47.8%。右岸莲花寺堤顶高程42.15米（比1949年的37.46米增高4.69米），新沟嘴堤顶高程40.12米（比1949年的36.02米增高4.1米），高潭口堤顶高程33.15米（比1949年30.59米增高2.56米）；左岸杨家场堤顶高程42.70米（比1949年的37.70米增高5米），新沟坝堤顶高程38.93米（比1949年35.61米增高3.32米），杨林尾堤顶高程33.47米（比1949年的30.62米增高2.85米）。堤面宽度6～8米的堤段98.7千米，占堤防全长的31.12%；4～6米的堤段218.456千米，占全长的68.88%，堤内外坡比1∶3。堤内筑有一级平台，重点堤段筑有二级30米宽固基平台。具体见表5-9-4。

表5-9-4　　1990年东荆河堤基本情况表

岸别	市县别	起止地点	起止桩号	长度/km	堤顶高程/m	面宽/m	代表性断面状况						滩岸		
							坡比		压台		护脚台		内垸地面高程/m	外滩岸高程/m	宽度/m
							内	外	高程/m	面宽/m	高程/m	面宽/m			
		合计		317.156											
左		小计		157.509											
	潜江	柴家剅—同心垸	13+666～67+830	54.164	42.74～38.97	5～4	1∶3	1∶3	35.42	6	33.62	21	32.72	36.22	960～15

续表

岸别	市县别	起止地点	起止桩号	长度/km	堤顶高程/m	面宽/m	代表性断面状况						滩岸		
							坡比		压台		护脚台		内垸地面高程/m	外滩岸高程/m	宽度/m
							内	外	高程/m	面宽/m	高程/m	面宽/m			
左	仙桃	同心垸—新里沟	67+830～165+000	97.810	38.97～32.29	8～3	1∶3	1∶3	30.38～26.40	10～6	29.60～24.10	30～14	29.40～23.30	34.00～22.00	3620～0
左	江南区	新里沟—三合垸	165+000～170+535	5.535	32.29～32.50	6～4	1∶3	1∶3.5	26.00	10	24.40	30	23.40	26.00～22.00	3620～1000
		小计		159.647											
右	潜江	田关—廖刘月	13+403～44+600	31.197	42.46～41.15	8～4	1∶3	1∶3	36.02	7.4	33.81	22	31.62	34.62～34.82	2200～20
右	监利	廖刘月—雷家台	44+600～82+000	37.400	41.15～37.97	6～4	1∶3	1∶3	34.50	6	32.82	16	30.92	30.69～26.64	950～0
右	洪湖	雷家台—胡家湾	82+000～173+400	91.050	37.97～32.33	7～6	1∶3	1∶3			30.56～27.44	20	30.06～24.76		2600～0

注 1. 左岸因大垸子建闸，堤线后移，增长640m；
2. 右岸中革岭117+650洪湖隔堤起点，在1972年普测时为统一桩号将此桩号定为118+000，故减少350m；
3. 坡比、压台、护脚台、内外地面高程是代表性断面查找的；
4. 东荆河堤首段按惯例在汉江干堤内统计，故不在此列。

（一）堵口挽月

新中国成立之初，堵筑历年溃决的决口，是堤防建设的首要任务。1949年，潜江县人民政府一经成立就组织修复了柴家剅、从家月、马家湾3处溃口。1950年夏，潜江关木岭、沔阳（今洪湖）葫芦坝先后溃口，是年秋即予堵复。1954年汛期，东荆河有3处堤段漫溃，5处堤段漫溢，以致形成潜江杨家月，沔阳谢板桥、杨林尾上、杨林尾下、盘石垸、兰家桥，洪湖王家渡、苗家剅8处决口，至1955年即全部予以堵复。

东荆河为决口冲刷而成的分流水道，上游河床狭窄，其间河面宽仅150～300米的紧缩河段15处；而下游各河床变宽，其间又有葫芦坝、施家港、陶家坝、白庙上、白庙下等河心洲占据河床，每至汛期，洪水受阻，宣泄不畅，堤防无法承受。据此，省水利局于1952年提出"放宽河距，退挽为主"的治理措施，先后实施了潜江安家月、彭家月、肖家月、打锣场、化吉沟、罐把月，沔阳马口、杨王岭、马公垸，监利游家月、白沙岭，洪湖施家港、老河坝共13处退挽工程。

1949—1963年，共实施堵口挽月工程37处，堵挽堤长98.24千米，累计完成土方1558.77万立方米，其中堵口完成土方508.84万立方米，挽月完成土方1049.93万立方米，堵挽工程实施后，东荆河过洪能力明显增强，据陶朱埠水位站记载，汛期过洪流量由1950年的2800立方米每秒，增大到1964年的5060立方米每秒。兹记载3处典型的堵挽工程。

1. 关木岭堵口工程

关木岭堤段位于东荆河北岸潜江境。1950年7月14日，关木岭堤段内出现两处大型漏洞，虽经防汛人员奋力抢护，但因天气恶劣，风雨大作，加之防汛器材不足，于当日下午5时溃口，口门宽达300米，潜江、沔阳部分地区受灾。溃口后，省水利局即指示早日堵口复堤，以利恢复生产救灾。经工程技术人员多次赴实地勘察，拟定对口筑堤和退挽月堤两种堵口的方案，经比较终以劳力紧张为由选择土方量小的对口筑堤的堵口方案。

关木岭堵口工程，是东荆河修防处成立后组织实施的第一项施工任务，由潜江总口区组织劳力施工；1950年12月27日开始排水，1951年2月正式动工。施工时正值农村土地改革之时，筑堤取土用地和施工劳力都非常紧张，加之堵口堤线选在溃口口门处，沙多土少，需在300米以外取黏土堵口，每天上堤施工人数不过4000人，堵口进度缓慢。是时，省水利局局长夏世厚亲临堵口工地，召开潜江、沔阳两县主要领导参加的紧急会议，进一步落实堵口工程的领导和劳力，责成潜江县县长李富五驻工地指挥堵口，沔阳县支援堵口工程完成15000个标工。

为解决筑堤用工与农村土改的矛盾，省政府主席李先念指示“宁可先做堤，后土改……。”经两县民工历时两个半月的艰苦施工，于1951年4月20日竣工，堵筑堤长1223米，完成土方11.94万立方米。

关木岭堵口挽月工程地理条件很差，在溃口堤段内外几百米范围，均为沙土不宜堵口筑堤，若全部用纯黏土堵筑新月堤，须在300米以外的地方取土，给工程实施带来了很大难度。为加快工程速度、保证工程质量，通过工程技术人员反复研究论证，经上级主管部门批准，堵口挽月采用“金包银”的办法进行修筑。新月堤设计面宽8米，外坡1：2.5，内坡1：3。施工时，为了减少使用运距远的纯黏土，即按规范处理堤基、外脚翻沙抽槽、回填黏土以防渗漏后，在新堤中心先用沙土筑成堤线，再用黏土外帮5米、内帮3米，加面1米。此堤竣工后，经洪水考验，工程质量较好。

2. 杨家月堵挽工程

杨家月溃口堤段，位于东荆河北岸潜江境。1954年汛期，长江、汉江流域出现特大洪水，8月10日上午7时，汉江堤五支角处有计划地扒口分洪，东荆河杨家月堤段开始漫溢，防守民工于10时奉命撤离；18时，杨家月堤连续漫溃两口，口门合计长415米，上口130米，下口285米，两口间距仅180米。杨家月溃口后，在洪水尚未全部泄去的情况下，东荆河修防处于9月7日即派工程技术人员进行现场勘测，初步拟定了堵筑方案。9月19日，潜江县堵口复堤工程指挥部编制了《杨家月堵挽工程计划图表》，报经荆州专区水利工程总指挥部批准实施。

堵口于9月22日开始施工，当时下游洪水尚未完全落槽。10月8日，东荆河洪水复涨，杨家月水位又高达33.13米，新筑堤顶仅高出洪水位0.75米。10日，上游洪水继续上涨，给堵挽工程带来了很大困难。加之工程开工后，转移的灾民尚未全部返乡，已返乡的灾民都忙于重建家园，故施工劳力很难动员。为了保证工程顺利进行，堵口复堤工程指挥部迅速拨款以工代赈，鼓励灾民参加堵口复堤施工。民工完成1个标工即补助6500元(折合现币0.65元)，施工一天除本人在工地生活开支外，尚能供养1～2人，极大地调动了农民的积极性，有不少老人、小孩、孕妇也纷纷上堤，解决了劳动力不足的问题。广大民工通宵达旦，冒雨堵口，仅40个工作日堵挽堤长978米，完成土方20.80万立方米，终于在预报洪水位到来之前，以超出洪峰水位0.30米的高度完成堵挽工程。

3. 马公垸退挽工程

马公垸退挽工程，位于东荆河左岸沔阳（今仙桃）境桩号74＋000～76＋305处，此处河床紧缩，南北两岸堤相距仅259米，每逢汛期，洪水壅高。1955年曾进行外削内帮，以图扩展河槽，但在当年汛期出现滩岸崩矬，顺堤长达500米，危及堤身安全。1956年锥探堤身，在桩号74＋485～74＋601处，发现漏洞裂缝，土质为沙壤，堤内不断发生崩坍和浸漏，堤防险象环生。于是决定实施挽月退堤，将堤距放宽到400米。此工程由东荆河修防处设计，沔阳县组织民工施工，于1957年11月中旬开工。此次施工，最先采用牛拉石滚碾压代替片硪和石滚硪的人工夯实，一人一牛抵10人以上的工作量，此为提高工效、保证工程质量的一项革新。在进土时，采用大片起踩，平衡推进的方式施工，踩层厚一般为0.15米，两牛一滚，4滚编为一组，集中碾压，一踩碾压4遍，再进新踩。经质量检验，最大干容重达1.53克每立方厘米，符合土壤密度标准，不仅工效高，而且质量好。经过两个月的奋战，工程于1958年元月15日全部竣工，新挽月堤长2305米，共完成土方52.99万立方米，合计标工41.22万个。

马公垸新月堤的堤线基础是1950年以前溃口的淤积洼地。施工前曾用手摇钻取样对堤基土壤进行过鉴定，因缺乏机械钻探设备，3米以下的土质尚未查明。新月堤竣工后，桩号75＋053～75＋612之间堤段发生沉陷滑矬，最深处达2.2米。后经翻筑裂缝、加大坡度、外筑护脚，堤身始趋稳定，历经多次洪水考验，尚属安全。

（二）修筑隔堤

新中国成立前，东荆河左岸至太阳垴，右岸至中革岭以下无堤防，每逢汛期，江河洪水恣意泛滥，一片白水茫茫。枯水季节则一片沼泽，芦苇丛丛，为蚊虫、钉螺孳生之地。为使河湖分家，理顺旧有水系，分别于1956年和1966年兴工修建了洪湖隔堤和沔阳隔堤，使东荆河下游堤防与长江干堤相连接，形成首汉尾江的河流与左右岸堤防。

1. 洪湖隔堤

洪湖隔堤自右岸中革岭至胡家湾接长江干堤，全长56.12千米，1956年修筑。

修筑规划　洪湖隔堤工程是东荆河下游整治工程规划的一部分，也是四湖中下区治理的主要工程内容。

1955年由长委经过勘测、规划、设计，提出《荆北区防洪排渍方案》，其中洪湖隔堤规划为沿东荆河下游南支右岸修筑，从中革岭到胡家湾接长江干堤，沿途堵筑高潭口、黄家口、南套沟、裴家沟、西湖沟、柳口、汉阳沟7口，使东荆河与四湖中下区分开，做到河湖分家，为四湖地区治理创造条件。

根据中革岭东荆河来量2600立方米每秒，以及北支分流后以下各段河槽能顺利宣泄为原则，以汉口1949年最高水位27.12米、新滩口水位相关曲线推算，规划中革岭堤顶高程32.60米、高潭口31.40米、胡家湾30.50米，堤面宽5米，堤身迎水面坡度1∶3，背水面坡度1∶3～1∶4。

工程施工　洪湖隔堤工程规划经水利部批准，由湖北省水利局、荆州专署共同主办。1955年10月，成立洪湖隔堤工程总指挥部，省人民委员会农林水办公室主任刘振歧任总指挥长，荆州专署副专员李富五任副总指挥长，下设监利、沔阳、洪湖3个县指挥部，分别由闵立坤、王诗亨、罗国钧任指挥长，组织3县劳力12.46万人，其中监利4.43万人、沔阳4.44万人、洪湖3.59万人。于1955年11月开工，1956年1月26日竣工，按设计标准完成任务。全部工程共完成土方514.76万立方米，标工385.8万个，国家投资282.59万元。

洪湖隔堤自中革岭至高潭口为利用民垸堤内帮，自芦湾至胡家湾多为利用原有民垸堤培修而成，堤长24.36千米；高潭口至芦湾为新修堤，长31.65千米。

由于施工地段处在下游湖沼区，施工极为艰巨。刘家渡、王家渡、向家渡、长河口、胡家湾、白虎池等处，因堤内表土为灰白色沙壤，不能筑堤。鸭桠河至吴家剅有2千米地段内临渊塘，无土可取，因而架便桥117座，隔河（到南支北岸）运土筑堤。

中革岭至高潭口堤线，其间有长河口、花古桥、龚新场、白鱼嘴、向家渡、刘家渡6处迎流顶冲处，长达500米，水大淤深，要穿过几处湖心筑起垂高10米以上的隔堤，施工难度极大。参加施工的民工于寒冬站在淤泥中，凿冰块、铲淤泥、打木桩、抛石头、筑堤脚，新堤得以如期完成。

2. 沔阳隔堤

沔阳隔堤自东荆河左岸罗家湾至三合垸接长江干堤，全长36.275千米，1963—1966年分两期施工完成。

沔阳隔堤是东荆河下游整治工程的组成部分，自1954年起由长委会同省、地、县水利部门规划设计，于1964年4月确定东荆河下游改道方案，规划沿北支修建一条沔阳隔堤，堤线走向为：自罗家湾沿六合垸南堤至董家垱，堵火老沟北支分流，经冯家口、张家棚、小沟口，再堵南泓河，向东延伸，循玉湖、银蓬湖抵渡泗湖，下跨东荆河老河槽，入三合垸接长江干堤，隔堤全长36.04千米，设计标准为：堤顶高程，自上而下，罗家湾至三合垸均为31.50米；堤面宽度均为4米；堤身坡度，罗家湾至江家垱，内外各1：3；江家垱至三合垸，内1：3，外1：4。

1963年10月成立“荆州地区汉南工程沔阳县指挥部”，由沔阳县长郭贯三任指挥长，县委书记马杰任政治委员，组织实施沔阳隔堤第一期工程，即将东荆河北支干堤从罗家湾延伸至大垸子，减轻通顺河受东荆河洪水倒灌的影响。12月1日工程开工，组织劳力59400人，先将荆左干堤从罗家湾延伸至江家垱，长29.148千米。其中罗家湾至董家垱长8.753千米，为利用老堤培修，董家垱至江家垱长20.395千米为新建堤。第一期工程还包括开挖引河2800米，刨毁河道内民垸堤，及新筑肖家垱至王家台支堤10千米、六合垸东堤20千米。工程于1964年元月完工，共完成土方365.24万立方米。

北支延长工程，初定堤线与洪湖隔堤堤距除回头沟对吴家剅段为2750米外，其余都在3000米以上。但在施工测量中，发现张家塌段淤泥深达3米以上，有长500米的堤段不能立足，且内外无土可取，经过5次勘测定线，反复比较，后经省水利厅副厅长刘振歧、荆州专署副专员饶民太同意，更改堤线，新堤线呈U字形大弯绕淤泥而过，距洪湖隔堤最近处仅1900米。游湖至滩湖一段，初定堤线为一直线，施工期间，复涨洪水，洼地积水滩消，被迫改由老堤蜿蜒施工（口门宽1800米，分流量2500立方米每秒）。

1964年汛期，汉江、东荆河发生大洪水，因杜家台分洪，泛区水位迅速上涨，围堤险情不断发生，为保围堤安全，被迫在东荆河下游三合垸扒口泄洪，证明了规划中的东荆河下游改道由三合垸出长江方案的技术可行性。1965年9月，荆州专署水利局编制《东荆河下游改道工程扩大初步设计说明书》，并同时成立了“湖北省荆州专区汉南东荆河改道工程指挥部”，仍由沔阳县县长郭贯三任指挥长，组织沔阳县劳力10.3万人实施第二期工程；第二期工程包括续建沔阳隔堤和开挖从莫地沟起破三合垸达向心潭出长江长24.27千米的改道深水河槽；工程于同年12月开工，1966年2月完工，共计完成土方638.5万立方米。续建隔堤，原拟从江家垱经新里仁口直达三合垸，实测时，西湾湖淤深不能施工，故堤线改沿湖边通过。

东荆河下游改道工程施工地段处于沼泽疫区，10万余民工食宿在9041个狭小的工棚里，在第二期工程施工中，有1881人染上急性血吸虫病，1221人患出血热，虽经省、地、县调集520余名医务人员，设立7个临时医院全力防治，但仍有89人因病死亡，其中死于出血热69人（“出血热”是一种由黑线脊鼠传播的疾病。当时，缺少防治经验，误作感冒诊治，水利工地有少数干部民工因此病而死。凡在野外施工，搭盖工棚之前，都要将地面碾压平整，堵塞鼠洞，撒药灭鼠，工棚四周要深挖防鼠沟，并注意避免老鼠与食物接触，采取睡高铺等措施）。

沔阳隔堤经过两期工程施工，堵塞老沟、南泓（即东荆河北支）及尾闾北支老河槽三处，使东荆河与通顺河洪泛区隔离。

沔阳隔堤全长36.275千米，1966年堤顶高程一般为30.50米，比设计标准普遍欠高1米，堤面宽均为4米，罗家湾至江家垱内外坡均为1∶3，江家垱至三合垸外坡为1∶4，内坡为1∶3。至1990年经过加培，堤顶高程普遍超设计高程0.5～1.0米。

（三）整险加固

1. 加高培厚

堤防培修是新中国成立后东荆河堤长期进行的岁修工程。1950年汛期，当陶朱埠水位达38.27米，相应流量只有2800立方米每秒时，田关至中革岭两岸堤防暴露出许多重大险情：堤顶高程大部分低于当年洪水，全靠筑子埂挡水，关木岭和葫芦坝两处溃口。

1950—1955年，对严重低矮堤段进行加修，6年完成加高培厚土方1714.43万立方米，每米堤身增筑土方44立方米。

1955年，省水利局确定东荆河堤按1953年当地实有最高水位超高1.4米为培修标准，同年长委设计以东荆河陶朱埠水面线42.1米为标准进行培修，其要求是“加高结合加固，并以加固为主”，具体做法是对堤外有较宽滩岸的堤段实施外帮加宽堤身，外滩狭窄的堤段则退堤还滩，增加堤距；弯曲锐急的堤段用裁弯取直的办法加固堤身。1956年，省水利局又提出“东荆河必须与汉江干堤相应培修，统一规划，分期完成”的要求。对此，荆州专署水利局编制《荆州专区1958年水利工程计划》，确定东荆河堤按1956年实际洪峰坡降，安全通过4000立方米每秒流量的水面线，超高0.3米的标准培修。具体水位线为陶朱埠41.60米，直路河40.05米，新沟嘴38.38米，北口36.72米，白庙35.50米，白庙以下（含洪湖隔堤）暂不加高。

1956—1959年按以上防洪标准，4年共完成加培土方2252.98万立方米，堤防防洪能力明显提高，经受了1958年最大洪峰4640立方米每秒来量的考验，过洪能力较1950年（2800立方米每秒）增大1.65倍，堤防可防御陶朱埠41.83米最高洪水位，防御水位较1950年（38.27米）提高3.56米。

1964年，陶朱埠出现有水文记载以来最高水位42.26米，相应流量5060立方米每秒。1968年，东荆河堤培修修订出新的标准：中革岭（荆右117千米处）以上堤顶高程按汉江1964年型洪水位加高1米；中革岭以下堤顶高程，按长江1954年型实际洪水位加高1米（按汉口水位推算当年东荆河出口三合垸最高水位为31.48米）；堤面宽一般5米，重点堤段6米；全堤内外坡1∶3；填筑堤内脚平台宽20～30米，堤外脚平台宽30～50米，填护面高于水田面0.6～1米，高于旱田0.5～0.7米；堤内设平台一道，面宽6～8米，平台低于堤顶6～6.5米，高于近脚0.5～1米，以便堤路分家。此类标准涉及堤防的高度、宽度和坡度，以及填塘固基，故被简称为“三度一填”标准，直到1990年仍按此标准进行培修。自1960—1990年的30年间，共完成加培土方5274.25万立方米。

东荆河田关以下两岸堤防通过加高培厚和改道接长，已由1949年前的245.428千米，增加到317.156千米，其中，南岸自田关至胡家湾159.647千米，北岸自柴家剅至三合垸157.509千米（含汉阳境5.535千米）。截至1990年止，累计完成土方9672.40万立方米，见表5-9-5。堤顶超过历史最高水位1～1.5米的堤段167.84千米，占全长的52.2%；超过1米以下的堤段149.316千米，占全长的47.8%；堤面达到6～8米宽的堤段98.70千米，占全堤长的31.12%；达到4～6米宽的堤段218.456千米，占全堤长的68.88%。其中，田关至中革岭两岸堤防变化最为显著，与新中国成立前夕的旧堤相比，堤顶普遍加高了4～5米，堤面增宽了3～4米，每米堤身增筑土方275立方米（含护脚平台），堤身总体积增大5.5倍。

表5-9-5　　**东荆河堤历年完成土石方统计表**　　单位：万 m^3

年份	土石方		县别								备注
			潜江		监利		仙桃		洪湖		
	土方	石方	土方	石方	土方	石方	土方	石方	土方	石方	
总计	9672.40	57.71	2332.57	5.61	1176.41	6.25	3698.82	23.27	2464.60	22.58	
1951	430.91	0.08	131.60		52.66	0.07	124.89		121.76	0.01	
1952	638.71	0.19	154.29		110.09	0.01	207.71	0.08	166.62	0.10	
1953	422.06	0.20	116.15		102.22	0.20	123.63		80.06		
1954	351.72	0.18	128.12		95.89	0.04	90.00	0.03	37.71	0.11	
1955	301.77	0.32	90.17	0.16	24.81		113.80		72.99	0.16	
1956	998.72	0.96	127.04	0.10	107.36	0.10	164.94		599.38	0.76	
1957	581.59	0.91	243.92	0.01	33.81	0.29	153.36	0.55	150.50	0.06	
1958	405.11	0.07	184.43	0.07	62.45		117.43		40.80		
1959	267.56	0.26	84.56	0.14	77.20	0.04	61.83		43.97	0.08	
1960	71.25		10.61		14.52		26.48		19.64		
1961	20.16	0.22	8.93		0.32	0.02	1.91		9.00	0.20	
1962	47.75	0.19	15.65	0.13	2.22		19.46	0.08	10.42	0.08	
1963	150.50	0.55	45.97	0.11	5.66	0.06	66.90	0.15	31.97	0.23	
1964	395.57	0.76	24.83	0.16	27.38	0.03	306.31	0.28	37.05	0.29	

续表

年份	土石方		县别								备注
	土方	石方	潜江		监利		仙桃		洪湖		
			土方	石方	土方	石方	土方	石方	土方	石方	
1965	192.99	0.77	31.58	0.09	22.34	0.34	71.90	0.20	67.17	0.14	
1966	841.89	4.42	133.18		17.45	0.05	635.80	0.59	55.46	3.78	
1967	147.94	2.74	64.82	0.50	19.24	0.13	15.61	1.20	48.27	0.91	
1968	227.90	3.52	40.15	0.17	27.02	0.24	103.08	2.56	57.65	0.55	
1969	505.60	8.34	71.43	0.60	40.07	0.42	284.94	3.35	109.16	3.97	
1970	197.52	3.77	36.20		1.44		53.13	1.82	106.75	1.95	
1971	57.60	1.96	3.47	0.07	2.19	0.01	41.80	1.76	10.14	0.12	
1972	254.05	6.05	23.76	0.09	5.53		216.26	4.30	11.50	1.66	
1973	87.77	1.25	35.27	0.29	0.41	0.04	37.81	0.36	14.28	0.56	
1974	21.90	1.65		0.03		0.21	13.90	0.96	8.00	0.45	
1975	66.80	1.11	32.70		4.30	0.45	4.90	0.25	24.90	0.41	
1976	237.60	1.50	91.30		9.60	0.40	100.60	0.51	36.10	0.59	
1977	105.32	0.79	38.49	0.19	1.30	0.32	52.29	0.14	13.24	0.14	
1978	154.90	0.70	97.50	0.14	4.50	0.23	26.40	0.03	26.50	0.03	
1979	158.80	2.12	25.80	0.40	26.10	0.60	64.70	0.62	42.20	0.50	
1980	78.60	0.25	17.70		3.60	0.20	33.70	0.05	23.60		
1981	130.30	0.20	25.40	0.08	31.20	0.12	34.00		39.70		
1982	85.60	0.76	6.80	0.24	32.30	0.20	10.40	0.18	36.10	0.14	
1983	122.10	0.38	8.67	0.14	34.34	0.07	33.29	0.17	45.80		
1984	187.73	2.84	29.95	0.46	43.82	0.15	61.05	1.01	52.91	1.22	
1985	155.60	2.66	22.12	0.46	23.40	0.03	21.30	1.02	88.78	1.15	
1986	120.00	5.00	16.21	0.50	16.80		43.63		43.36		
1987	102.00	1.69	24.59		19.76	0.10	34.82	0.60	22.83	0.99	
1988	125.00		25.13		30.00		45.75		24.12		
1989	100.51	1.61	30.00	0.13	19.76	0.73	40.62	0.20	10.13	0.55	
1990	123.00	1.24	34.08	0.25	26.35	0.35	38.49	0.22	24.08	0.42	

1990年后，对东荆河堤“三度一填”的设计标准进行了调整。东荆河中革岭以上，按1964年实际最高洪水位加风浪高1.5米为堤顶设计高程；中革岭以下，按长江1954年型洪水、汉江1984年型洪水推求水面线加风浪高1.5米为堤顶设计高程。全堤面宽8米，内外坡1：3，外护脚宽30～50米，内护脚宽50米，台面高2米，堤内二级平台宽8米，距堤顶垂高5米。按照调整后的设计标准，对尚未达到“三度一填”标准的堤段继续进行

整险加固。并按照建设管理规范的要求，开展堤防全面达标活动。

2. 堤基处理

东荆河堤建筑在江汉冲积平原上，堤基多为淤泥质砂壤土，淤积层厚薄不均，砂、土相间呈层状分布。又由于堤防修筑成堤时间漫长，多处堤段修筑在支流故道和历史溃口处的淤泥、淤沙上，堤基松软抗压能力很弱。汛期洪水一般高出堤内地面8米以上，河水沿砂层渗透，穿破堤后覆盖层而发生管涌险情险工险段共21处，长8303米，其中，潜江11处，长5078米；监利2处，长20米；洪湖3处，长1650米；沔阳5处，长1555米。

对堤基处理，先后采用了堤外抽槽截渗，堤内做导渗工程和堤内外填塘护脚3种办法。20世纪50年代，针对堤基砂层在堤外采取人工抽槽、回填黏土的办法截渗，但往往遭遇流沙层和沙层巨厚等情况，险情不易处理彻底。20世纪60年代，又从导渗措施着手，设置系统的导渗沟、反滤井，1968年在管涌险情严重的区域修建减压井11个，但易遭流沙堵塞，使用年限短。20世纪70年代，采用人工填塘和加筑堤脚平台的方法，以延长堤内外的铺盖长度并加大厚度，但工程量大、凭人力短期难以完成。进入80年代，填塘固基工程采用挖泥船管道输泥淤填（时称“吹填”），既提高了工程质量，又加快了工程速度。通过40多年的堤基处理，对控制各种险情的发生和发展，都收到了较好效果。

人工填塘。东荆河堤由于历史溃口和人为因素影响，致使堤内脚留下大小渊塘94处，平均3～4千米一处，顺堤长12.68千米，总面积60.70万平方米，水深一般3～4米，最深6米，最浅0.5米，距堤脚一般30～40米，最近的紧靠堤脚，最远为60米。每当汛期河水位达到一定高度时，渊塘内即发生管涌险情。据记载，1964年、1975年、1980年和1983年汛期，田关以下两岸堤内渊塘共发生管涌险情35处，出现冒孔496个，孔径一般0.01～0.15米，最大孔径0.20～0.30米，为堤防心腹之患。从1951年开始，结合堤防岁修施工，按堤防内脚紧临渊塘，禁脚不足15米者，必须设法还脚，以填出高于内渍最高水位0.50米、宽度15米的平台。如水塘不大，则全部填筑，如水塘宽而深，淤泥很厚，且外滩宽阔、地基较好之处，则采取进堤还脚的办法。按此标准，针对堤基各类险情，对沿堤内脚渊塘逐年进行了填筑。1951—1953年在堤防岁修工程中，采取堤脚抽槽翻筑，回填黏土截渗措施，加筑护脚平台26千米，增强了堤内地表覆盖。

其后，采取“以压为主，导压兼施”的方法，即在渗漏堤段筑导渗沟、设减压井和筑压浸台，至1963年共完成填塘工程84处，堤脚渊塘、渍水和沼泽等渍荒之地，绝大部分都筑了护脚。1964年以后，以“三度一填”的设计标准实施填塘工程，按《施工规范》规定：为了堤路分家，以增加覆盖、延长渗径、巩固堤基，即设计已达“三度”堤脚外的6～8米为车路，台高低于标准堤顶6～6.5米，高出旱地0.50～0.70米，高出水田0.80～1.00米，坡度1∶20～1∶30向外倾斜填足。按此标准，在填塘护脚控制禁脚宽度的基础上，结合堤防岁修逐年加宽加厚。

在实施人工填塘固基时，以渊塘大小和距堤脚远近，分别采取了不同措施。截至1990年止，已填平的渊塘有29处，其中，潜江6处，仙桃9处，监利9处，洪湖5处，顺堤长计2953米；已填宽10～30米的渊塘有31处，其中，潜江17处，监利10处，洪湖4处，顺堤长计3143米；已填护脚10～36米宽的渊塘24处，其中，潜江9处，仙桃13处，监利2处，顺堤长计4729米；尚未填筑的渊塘有10处，其中潜江3处，仙桃4

处，监利2处，洪湖1处，顺堤长计1853米。沿堤内外平台整齐划一，内平台一般宽20～30米，外平台一般宽50米，其中有堤路分家的简易通车路面223千米。

机械吹填。从1985年开始，东荆河堤防即采用挖泥船管道输泥淤填方法进行堤基处理，重点在蒋家台、马家渊、石山港等处实施了吹填工程。

蒋家台吹填工程　位于荆右堤防洪湖新滩口堤段桩号169＋550～171＋745处，长2195米，平均宽度130米，工区面积28.54万平方米。工程于1985年1月1日开机试吹，1985年6月9日停机竣工，吹填工期160天，吹填土方50万立方米，投资95万元，淤区吹填平均厚度2米，吹填面坡度1∶12～1∶15。该险段经吹填后再未发生险情。

马家渊吹填工程　位于荆右堤防监利新沟嘴堤段，桩号056＋810～57＋812处，顺堤长1002米，平均宽度130米，淤区面积12.77万平方米。1987年11月下旬工程开工，1988年5月28日完工，吹填土方30万立方米，投资45万元。此处堤段内临沼泽、水塘，每逢汛期大面积出现管涌险情；防汛人员疲于应付，耗费人力、物力。实施吹填后，淤区填高4米，填平了渊塘沼泽，根治了历史险工。

石山港吹填工程　位于荆左堤防沔阳堤段，桩号150＋998～151＋700处，此处分两期施工。一期工程于1987年11月开工，1988年11月完工，淤长338米，宽130米，淤区面积4.39万平方米，吹填土方10万立方米。二期工程于1990年冬开工，年底结束，淤长370米，宽130米，淤区面积4.81万平方米，吹填土方10万立方米。两期吹填厚度为2～3.2米，共投资27万元。

经人工填塘和机械吹填，对堤基加固处理后，改变了过去沿堤渊塘密布、沼泽成片的状况；由于加固处理增加了铺盖，延长了渗径，提高了堤基的抗渗能力。不仅如此，还使长期以来生长水草蒿排和钉螺繁殖的低洼水域，变成了防护林带和可耕良田。

3. 护岸工程

民国时期，东荆河堤始有护岸工程，据《湖北水利月刊》载，民国十九年（1930年），修建赵家台，深河潭护岸工程，完成蛮石3363.4市方（约合12444.58立方米），青砖52029块。民国二十六年（1937年），江陵黎家月（今潜江）护岸工程完成蛮石511市方（合1890.70立方米），青砖55020块；沔阳朱新场（今洪湖）筑柴矶头一座（此矶头1953年被洪水冲坏后被拆除）。

新中国成立初期，东荆河堤岸崩坍险工堤段共有70处之多，亟须护岸，但当时堤防低矮单薄，堤距狭窄严重碍洪，故1951年提出：东荆河护岸工程，以尽量少做（永久性工程）为原则，对一些崩岸险工，实行退挽或退堤还滩，部分可临时护岸，对无法退挽的，才考虑做永久性护岸工程。

1951年，对监利马家渊、沔阳殷家槽坊等崩岸险工，采取主要措施是在低水位打木桩镇脚，再抛砖渣篾篓护脚。洪湖中革岭、沔阳太平口用砖渣柳枕施护，因当时缺乏材料，后改草包装土护脚，上部再砌砖块护岸。鉴于上述施工材料抗冲性不强，1952年在马家渊、殷家槽坊、范家桥、中革岭开始用块石护岸。脚槽、坦坡均用浆砌块石，其他各处则就地取材，以砖代石进行砌护。1954年，监利楠木庙、沔阳殷家槽坊、洪湖朱新场等处护岸改浆砌块石为干砌块石护坡。

1955—1964年，先后完成潜江黎家月、巴家场，洪湖李家口、东堤角，沔阳太平口、谢板桥等处砌坦护岸及洪湖中革岭、花古桥、刘家渡、向家渡、苗家剅等处抛石护脚。1965年开始，不仅施护崩岸险工，还对堤距较宽、水面较大、常受风浪袭击的堤段，采取砌石和铺石相结合的方法进行堤坡防护，1966—1972年先后完成洪湖吴家剅至胡家湾14.60千米和沔阳石山港至三合垸18.30千米的堤坡护坦，砌石和铺坦顶高为31.50米，均超出最高洪水位。经过多年护岸整险，对崩岸险工分期进行加固、改造和新建，使河岸的抗冲能力有了很大增强，水下坡度也由陡变缓，基本控制了险情的发生和发展。截至1990年，东荆河田关以下两岸共实施护岸整险96处，长96.555千米，其中，潜江14处，长5.105千米；监利12处，长7.394千米；洪湖32处，长44.630千米；仙桃38处，长39.426千米。共完成石方49.43万立方米，其中，护岸完成砌石32.96万立方米、砌砖6250立方米、混凝土1841立方米；镇脚完成抛石16.47万立方米、柴枕697个、塑枕7100个、框架11214个、木桩2111根。

4. 隐患治理

东荆河堤堤身隐患有獾穴蛇洞，埋在堤内的阴沟木剅、废窑、军工等建筑，以及棺木木桩、树蔸、砖石渣等，其中以獾穴危害最大，这些隐患常导致堤身穿孔溃口。对堤身隐患处理，新中国成立后主要采取了堤身隐患翻筑和锥探灌浆两种方法。

翻筑隐患　新中国成立之初，根据汛期堤防暴露的各种险情和平时发动群众举报，对深埋堤内的阴沟暗剅、树蔸木桩和砖渣瓦片等隐患，有目标地进行人工翻筑。据统计，1951年翻筑獾洞112个，捕捉狗獾258只、猪獾4只，清除树蔸332个、废窑2座、军工15处、青砖10644块、木桩629根、街面石12块、蛇洞8个、破船撑16处（只）。当年，为鼓励沿堤群众消灭堤身獾洞隐患，明文规定：凡在堤内捕獾1只，奖给大米5千克。1952年冬开始边锥探边翻筑，在舒家榨翻出黑沙2160立方米；在万家滩翻出树蔸17个；在许家场翻出砖窑2座；在许家月翻出一个3人合抱的大树蔸；在王家渡翻出古坟2座；在宋新场翻出榨坊台基1座、阴沟2条和一片集镇废墟。

1954年通过人工翻筑，处理隐患45处，完成翻筑土方17.30万立方米，共翻出阴剅5处、墙脚21条、军工10处、砖渣330立方米、树蔸1029处、棺材10具、竹根树桩不计其数。1956年，完成翻筑土方18.90万立方米，在罐把月翻出棺材26具、树蔸228个、横穿堤身的獾洞2处；在直路河翻出青砖38660块、街面石12条、砖瓦碎片3320立方米；在白庙翻出砖瓦屑及渣土2481立方米和军工、水井数处，共翻筑各种隐患61处，施工堤长12.30千米，翻出砖渣8703立方米、青砖25286块、流沙腐土30417立方米、树蔸629个、棺材30具。

1957年后，除继续清除堤内杂物外，开始对堤身裂缝和坎窝进行处理，至1990年，完成翻筑土方49.8万立方米，查处隐患42种。

锥探灌浆　1952年12月16日，水利部和省水利局在东荆河堤举办全省“锥探钎试训练班”，来自全省有堤各县（市）的代表21人，在黄河水利委员会4名技工的指导下，采取理论联系实际的学习方法，通过22天的现场学习培训，很快掌握了锥探查堤的程序、规范和方法，为全省堤防锥探培养了技术人才。此后，东荆河各堤防管理单位相继成立锥探查险专业队，开展锥探查堤、治理隐患工作。

1952年年底，在东荆河举办“锥探钎试训练班”，学习期间，学员在东荆河试锥时，共查出各类隐患50处，引起各方面的强烈反响。此后，全堤开展了锥探查堤工作。当年共锥探堤长1202.5米，发现隐患49处。

当时，人工探锥的方法是：用钢筋做锥杆，一锥配4～5人，一人掌锥四人打锥，锥眼间距0.50米，行距1米，呈梅花形排列。掌锥人凭经验辨别堤内隐患，做好标记以待翻筑，锥眼封闭用类似漏斗的白铁杯，将晾干的细散沙灌入眼内，如锥眼梗阻应补锥补灌。但人工锥探灌沙方法，工作强度大，取材不便，治理隐患效果欠佳，最终还需进行人工翻筑。1956年，东荆河堤以县为单位成立四个锥探队，共配备锥探队员74人，将原来的锥探灌沙改进为锥探灌浆，既能节省人力，又能密实堤内空洞。当年重点锥堤32.32千米，发现各类隐患746处，其中潜江棉条湾堤段锥出一条穿过堤基的暗沟，共灌泥浆3200千克，效果较好，不需翻筑。

监利锥探队队长罗银世研制出“锥杆钳夹”的打锥工具，使用方便，轻松省力，可提高工效一倍，并很快在全地区和全省进行推广。嗣后，东荆河堤一直广泛采用。至1964年，田关以下两岸堤段共实施锥探灌浆350处，锥堤长度105.31千米，锥探眼数184.46万个。其中，潜江109处，锥堤长27.76千米，锥眼66.68万个；监利38处，锥堤长12.10千米，锥眼21.44万个；洪湖81处，锥堤长43.75千米，锥眼48.20万个；沔阳122处，锥堤长21.70千米，锥眼48.14万个。后因堤身隐患逐渐减少，加上堤防经费短缺，1964年后潜江、监利、洪湖、沔阳4个锥探队相继停止施工。

1975年，东荆河堤恢复中断长达12年的堤防锥探工作，以潜江为试点组建了一支半机械化锥探队，在东荆河堤上又正式投入施工。1976—1978年相继组建洪湖、监利、沔阳以及东荆河修防处等5个锥探队，配备工人170人。

实行机械锥探灌浆，每队每天能锥190～200个眼，灌泥浆50立方米。特别是实行灌浆胶管接头的改革和压浆泵、柴油机及水箱联动机组改装后，锥探灌浆的工效成倍增加，工人的劳动强度也大为减轻。

1975—1990年，共实施锥探99处，锥堤长度193.08千米，完成锥眼150.40万个，灌浆土方11.51万立方米。其中，潜江施锥33处，锥堤长58.57千米，锥眼58.90万个，灌浆3.94万立方米；监利施锥12处，锥堤长26.42千米，锥眼17.10万个，灌浆0.95万立方米；洪湖施锥19处，锥堤长31.81千米，锥眼22.05万个，灌浆2.21万立方米；沔阳施锥35处，锥堤长76.28千米，锥眼52.35万个，灌浆4.41万立方米。通过对险要堤段锥探灌浆，填充空洞、空隙，使其密实，从而改善了堤质，增强了抗洪能力。

附：荆州市东荆河堤堤防基本情况表（表5-9-6）

表5-9-6　　荆州市东荆河堤堤防基本情况表　　单位：m

地点	桩号	设计洪水位	堤身		外平台		内平台		备注
			高程	面宽	高程	面宽	高程	面宽	
廖刘月	44+600	40.23	41.15	6.5	37.00	50	32.80	20	
三元殿	45+000	40.23	41.00	5	36.50	50	32.80	20	
游家月	50+000	39.75	40.46	4.5	36.20	48	31.00	25	
王家窑	55+000	39.25	40.33	4.5	34.20	45	31.80	20	

续表

地点	桩号	设计洪水位	堤身		外平台		内平台		备注
			高程	面宽	高程	面宽	高程	面宽	
刘家拐	60+000	38.78	38.67	5	34.70	10	32.30	20	
伍家月	65+000	38.37	39.30	5	35.00	15	32.00	25	
罗家湾	70+000	37.79	38.66	5	34.00	50	31.20	25	
高家台	75+000	37.36	38.29	5	33.20	30	29.50	25	
简家渡	80+000	37.06	37.99	5	河泓		19.50	30	
雷家台	82+000	36.96	37.97	5	34.50	20	29.50	25	
洪湖 82+000～173+050									
雷家台	82+000	36.96	38.11	7	34.46	12	31.16	39	
范家桥	85+000	36.81	37.73	6		0	29.52	27	
郭口	86+000	36.76	37.82	4		0	31.10	26	
谢家湾	90+000	36.72	37.62	4	33.30	157	30.55	21	
葫芦坝	95+000	36.58	37.38	6	33.95	33	30.53	32	
施港	98+000	36.28	36.91	6	32.45	20	28.46	21	
陶家坝	100+000	35.96	36.78	6		0	30.57	33	
洪垴	101+000	35.72	36.39	6	31.25	55	29.48	15	
万家坝	105+000	35.61	36.52	6	30.86	94	30.09	28	
卫沟	108+000	35.10	35.66	6	31.01	260	27.65	13	
白庙	110+000	34.69	35.12	6	31.85	10	28.62	21	
四墩	115+000	34.46	34.76	6		0	29.50	27	
唐老湖	116+000	33.90	33.99	6	31.60	22	28.92	47	
中岭	120+000	33.78	34.08	6	30.95	18	29.18	31	
长河口	125+000	33.07	33.92	6	30.98	14	29.00	22	
白鱼嘴	130+000	32.42	33.18	6		0	27.03	27	
高潭口	131+000	32.07	32.74			0			高潭口泵站
高潭口	131+000	32.02	32.95	5	28.82	45	26.48	19	
黄家口	135+000	31.89	32.66	6	28.45	133	26.16	18	
中洲	140+000	31.82	32.47	6.8	29.74	24	25.56	26	
南套	142+000	31.80	32.19	6.5	30.49	20	26.36	30	
梅台	145+000	31.78	32.51	5	28.12	28	27.23	16	
唐嘴	148+000	31.76	32.46	6	28.73	38	26.66	29	
鸭耳河	150+000	31.74	33.50	14	28.08	16	27.00	37	
吴刭	155+000	31.64	33.50	14	27.23	18	27.00	37	
车路	165+000	31.56	33.50	8		0	27.00	30	
民生闸	169+000	31.54	33.50	8		0	27.00	50	
蒋家台	170+000	31.53	33.50	8		0	26.50	42	
白虎池	172+000	31.51	33.50	8		0	26.50	30	
胡家湾	173+000	31.49	33.50	8		0	26.50	34	

第十章 其他重要堤防

第一节 汉北河堤防

汉北河堤随1969年汉北河道人工开挖而成，一河两堤。堤线自万家台起经天皂至辛安渡（民乐）分为两支：一支经新沟入汉江，一支由辛安渡至东山头经沦水从东山头闸排入府澴河入长江（万家台至天门船闸长5.3千米）。

堤段范围：两岸堤防从天门市万家台至汉川县新沟闸止，堤长194.871千米（其中左岸堤长101.615千米；右岸堤长93.256千米），列为湖北省重要支堤。其中位于天门市境内的左右堤总长75.47千米，右堤从万家台—七星台，桩号90＋375～56＋349，长34.02千米；左堤从万家台—严严湖，桩号92＋429～56＋286，长36.146千米，万家台—天门船闸（防洪闸）左岸，长5.3千米。两岸堤防保护范围内人口72万人，耕地93.7万亩。

两岸堤顶高程：右岸最高为37.94米，最低为31.29米；左岸最高为36.52米，最低为31.27米。万家台—西庙嘴堤顶高程35.55～32.07米，河底高程22.00～21.90米，底宽112米，堤距宽249～284米；西庙嘴—八一桥顶高程31.50～31.40米，河底高程21.90～21.80米，底宽112.0米，堤距宽200～300米；八一桥堤—水陆李堤顶高程31.40～31.20米，渠道为复式断面，底宽2×30米，河底高程21.80～21.70米，堤距400～1022米。两岸堤顶均超过历史最高水位1米以上。右堤为利用挖河槽的土方填筑而成，左堤为全部挖外滩土修筑而成。从1984年开始，对跨湖险段进行外加护脚，内填水塘的整治，堤面相应增宽1～2米。据1990年实测，右堤堤面宽8～10米的有6.9千米，6～8米的有27.15千米，6米以下的有3千米；左堤堤面宽8～10米的有2千米，6～8米的有7.3米千米，6米以下的有26.75千米。至1994年年底，汉北河右堤堤内应填塘护脚长4600米；左堤堤内应填塘护脚长7280米，堤外应填塘护脚长7800米，均已全部完成。

1969年省水利厅勘测设计院提出《汉北河工程规划报告》，汉北河按10年一遇洪水设计，20年一遇洪水校核。

汉北河堤自建成以来，多次出现超保证水位。汉北河防汛水位以黄潭站水位为准，设防水位28.30米，相应流量180立方米每秒左右（设防水位已取消）；警戒水位29.30米，相应流量350立方米每秒左右；保证水位30.00米，相应流量（水陆李以上）800立方米每秒。汛期一般流量30～80立方米每秒。1980年7月21日3时，黄潭站洪峰水位30.00米，相应流量640立方米每秒；1983年7月5日8时，黄潭站洪峰水位30.33米；1991年7月10日，黄潭站洪峰水位30.77米；1996年7月18日，黄潭站洪峰水位30.46米；2008年8月31日，黄潭站洪峰水位30.51米。

第二节 沮漳河堤防

沮漳河堤包括沮漳河左堤（菱湖垸堤）和谢古垸堤，保护荆州区川店、马山、李埠等乡镇和菱湖管理区的部分农田，围垸面积59.83平方千米，耕地面积5.04万亩。

一、菱湖垸堤

菱湖沮漳河堤位于沮漳河左岸，荆江大堤外滩，上起风台与当阳草埠湖垸堤相连，下抵荆江大堤桩号794+650处，全堤长24.23千米，荆州区辖堤从凤台至梅花湾长14.23千米。围垸面积43.33平方千米，保护菱角湖管理区和荆州区马山镇部分耕地3.8万亩和1.2万人口。堤顶高程47.50～46.80米，堤面宽3米，坡度1：2.5～1：3，堤上建有柳港闸、郭家闸、夏家闸等7处闸站。

菱湖沮漳河堤由原保障垸和众志垸堤演变而成。明隆庆元年（1567年），由垸民常万里、葛登氏（女）领修垸堤，并上十段、下四垸（香炉垸、关殿垸、打不动湖、燕子湖）为一垸，称众志垸。多镇山头至柳港为众志垸堤，从柳港至梅花垸为保障垸堤。1931年二垸外围零星小垸联成一体，同年成立修防处，分上、中、下3段管理，田赋由此始征。1935年农历六月初五，保障垸于诸家口、杨家口和刘家口3处溃决；众志垸溃决则多达48处，溺死百余人。此外，众志垸还先后于1930年、1931年、1933年、1936年、1937年、1939年、1941年、1945年溃决。新中国成立后，又先后于1950年、1953年、1954年、1956年、1958年、1962年、1963年汛期7次溃决。

1951年5月，中南军政委员会决定将众志垸和保障垸划为蓄洪垦殖区。1959年筹建农场，开始复堤。1961年，垸内农场划归省管后，垸堤得到重点培修加固。1964年进行退堤还滩，两垸合并，统称菱湖垸堤。至1982年，堤面高程为46.30～46.50米，面宽3～5米，内外坡比1：2.5～1：2.7，堤上建有涵闸，电排站7座，其中郭家闸始建于清乾隆十四年（1749年），改建于1923年和1965年；柳港闸建于清光绪二十六年（1900年），改建于1963年；夏家闸则系1965年在原剅闸基础上改建；金台闸和夏家闸、电排站分别建于1977年、1978年。

1984年，省水利厅同意在农场场部所在地柳港建一安全区，兴建安全区堤，即保障垸隔堤，分洪安全区堤上接荆江大堤(桩号801+550)，下抵菱湖沮漳河堤柳港闸(桩号3+000)，长6.3千米，堤顶高程44.00米，面宽3米，内外坡比1：2.5，完成土方47万立方米，投资120万元。安全区堤形成后，将菱湖垸堤改称为菱湖沮漳河堤。

1989—2004年，菱湖沮漳河堤先后进行了全线堤身加培；阮家台退挽，贲家垴、龚家台崩岸砌护，陀江寺、清河渔场等险段抛石护岸，0+000～2+700段平台吹填等工程建设，共完成土方72.5万立方米、石方1.12万立方米、混凝土1700立方米，完成投资863.29万元，菱湖沮漳河堤抗洪能力明显提高。

二、谢古垸堤

谢古垸堤位于沮漳河左岸，垸堤两端分别与荆江大堤桩号776+800和790+100相接，原长18.81千米，1979年冬加固时，陈家土地和谢家闸以下堤段裁弯取直，垸堤缩短至13.37千米。现堤顶高程46.25～46.50米，面宽4米，内外坡比1∶3，垸内耕地12411亩，人口4224人。堤上建有谢古电排站1座和网船、闵潭、新闸、新潭电灌站4座。围垸面积16.5平方千米。

明隆庆元年（1567年）间，此处始筑有古埂、由始、谢家3垸。民国十四年（1925年），垸内富户李竹轩将3垸合一，定名为谢古垸，并自任垸长，雇用役员，设工局办公，登记田户，按田亩摊派土费。其后，改设修防处管理垸堤。历史上，堤垸溃决频繁，垸内有历年溃决遗留的渊塘20处，据光绪《江陵县志》记载："古埂垸上接保障垸，下至李家埠长二十余里，屡经札饬刨毁有案"，"由始垸上接古埂垸，札饬刨毁在案"，"谢家垸上接古埂垸，下至渔埠头，积年札毁有案"。以致垸堤加培甚少，至1949年前，堤顶高程仅41.00米，面宽1.5米。1948—1950年连续三年溃口。1951年划为蓄洪区，1952年扒口分洪至1958年才堵口复堤。谢古垸河段现两岸堤距过窄形成"卡口"，沮漳河洪水下泄受阻，堤防漫溃的灾情时有发生。1968年和1984年，沮漳河中下游普降暴雨，峰高流急，谢古垸进行了两次有计划的分洪：1968年7月16日18时，谢古垸水位44.36米，相应万城水位45.27米，沙市水位44.31米，谢古垸扒口分洪，分洪后万城水位43.62米，下降1.65米；1984年7月27日8时30分，万城水位44.15米，沙市水位42.28米，垸堤炸口分洪，口门宽100米，深2.5米，最大进洪流量1970立方米每秒，经济损失达1974万元。

谢古垸作为沮漳下游的一个"卡口"，行洪能力与上游来量不相适宜，两岸民垸常遭溃口，而且直接威胁荆江大堤安全。水利部和省政府决定进行沮漳河下游综合治理，首先在谢古垸实施移堤退垸工程。1992年湖北省提出沮漳河治理的主要措施：裁弯取直、展宽堤距。谢古垸退堤长14400米，堤距450米；河口改道上移至鸭子口挖新河长2300米至临江寺出长江。1992年冬开始实施，江陵县（荆州区）采用以资代劳、机械施工的办法，组织500台套机械开展施工，至1997年1月15日，土方工程全面竣工，完成土方366.62万立方米，搬迁房屋527户，占用耕地5200亩，填压堰塘62口，退筑新堤14.5千米，新建谢古垸电排站1座、电灌站4座，工程投资4049万元，其中，国家补助资金1180万元，荆州区采用以资代劳办法向群众筹措资金2869万元。退挽后，两岸堤间距扩宽至450米。沮漳河堤防达到10年一遇的防洪标准。

谢古垸为分蓄洪区，当万城水位43.50米时，分蓄洪量0.232亿立方米。

第三节 洲滩围垸

荆州，襟江带汉，在其河道的漫长形成过程中，首先在河道两岸堆积成高阜之地，民众很早便择高地筑堤，防御洪水，拓地垦殖，随云梦古泽逐渐淤塞解体，民垸逐渐向内地和下游发展，沿江主干道的垸堤逐渐加筑成江河防洪堤防，而处江河防洪堤防之外的洲滩因逐渐淤高扩展又被围挽成洲垸围堤。

江流游徙无定，"洲地塌淤不常"，兴废多变。沿江民垸在一般洪水情况下尚可保收，但在较大洪水时，则严重阻碍泄洪。自清代中后期至民国时期，围垸垦殖被官府严令禁止，但因洲田肥沃，赋税较轻，被民间围筑不止。至民国后期，众多民垸争相挽筑，人与水争地，导致河道愈狭，洪水愈高，洪灾愈烈。

新中国成立后，中南军政委员会于1951年正式规定："荆江两岸大堤之间所有洲滩民垸一律作为蓄洪垦殖区，即大水时用以蓄洪，小水时用于垦殖。"随着江河两岸堤防不断加高培修，防洪标准不断提高，洲滩围垸堤防修筑渐高，蓄洪机遇渐少，有的围堤已围田数万亩，保护民众数万人，一旦分洪调度运用也非常困难。

长江洲滩是钉螺的孳生场所，1970年前后，为了消灭钉螺，曾提倡在外滩"矮围灭螺"，兴挽了一批低矮围垸，一般洪水年可收到一定成效。1972年统计长江汉江洲滩有民垸111处，见表5-10-1。由于有的围垸阻碍行洪，经过清查，刨毁了部分民垸，有的围垸因崩岸严重崩失而废弃。至1985年统计，荆州境内长江、汉江民垸减至78处，堤防长999.06千米，保护人口142万人、耕地157.05万亩，见表5-10-2。1998年长江大水，长江洲滩大部分民垸或漫溃或分洪。汛后，根据"平垸行洪"的安排，一部分民垸因阻碍行洪而废弃。2010年统计，荆州市长江洲滩尚存主要民垸39处，面积1189.09平方千米，保护范围内人口48.72万人、耕地77.84万亩，见表5-10-3。现存民垸分为3种类型：一是划为蓄洪垦殖区；二是实行单退，即将垸内居民迁移至异地安置；三是开发区，垸内工矿企业较集中。

民垸普遍存在的问题是堤防防洪标准偏低。外滩民垸均属分蓄洪区或行蓄洪区，没有确保区。当长江水位较高时，将视水、雨情况扒开部分民垸调洪。堤身多隐患，沙基堤段多，管理机构薄弱，交通、通讯设施落后，抢险器材储备极少，没有安全转移设施，这都是洲滩民垸堤共同面临的问题。

1994年10月，荆州行政区划发生变更，沿汉江的民垸堤防不在荆州市管辖范围。

2010年荆州市洲滩民垸基本情况（含1998年大水后刨毁民垸），见表5-10-4。

一、龙洲垸堤

龙洲垸堤原位于沮漳河东岸，荆江北岸，与枝江市下百里洲相连，堤长22.97千米。1993年实施沮漳河改道工程，在龙洲垸堤上端破垸成河，龙洲垸堤现位于沮漳河东岸，上于鸭子口接谢古垸堤，下于新华垸抵学堂洲围堤，起止桩号0＋000～11＋320，长11.32千米，堤顶高程46.50～47.00米，面宽4米，内外坡比1∶3，垸内耕地1.85万亩、人口0.8万人，围垸面积24.89平方千米。

龙洲垸堤由龙洲和新华两垸堤组成。清嘉庆元年（1796年）挽筑龙洲垸，垸堤培修及管理原由首户负责，经费按田亩摊派，1936年成立修防处，公举主任报县府委任。旧时龙洲垸连年水灾，非洪即涝。1935年，堤决8处，1942年再溃陈家芦苇，此后又先后溃决槐树庙、周家潭、马家潭、双潭等处。据史载，从1946—1955年10年间连溃不断。1961年因抗旱挖口引水亦造成溃决。尔后，不断培修加固，至1982年，堤顶高程达45.00～46.00米，面宽3～4米，坡比1∶3。

新华垸堤挽筑于民国二十四年（1935年），垸堤长4.8千米。1993年沮漳河改道，新修学堂洲围堤，同时将龙洲垸堤和新华垸连成整体，统称龙洲垸堤，新华垸堤之名不复存在。

1998年长江大水，龙洲垸堤抢筑4千米子堤挡水方能度汛。1999年，龙洲垸堤加固工程列入沮漳河下游综合治理工程项目，荆州区组织机械施工，加固堤长9.5千米，完成土方30万立方米。

新中国成立后，沿堤修建排灌涵闸8座、电排站3座。

2009年引江济汉工程之渠道枢纽工程在垸堤上端动工兴建，将龙洲垸分为上下两垸。

二、学堂洲围堤

学堂洲围堤位于荆江左岸，西接龙洲垸堤，东至新河口抵荆江大堤，桩号0＋000～6＋400，长6.4千米，堤顶高程44.50～46.20米，堤面宽8米，外坡比1∶3，内坡比1∶4，保护范围11平方千米、人口2000人；内有学校、公司等多家企事业单位，面积6.4平方千米。

学堂洲原为荒洲，沮漳河故道绕流其间，沮漳河改道工程实施后，入江河道移至上游，原故道成为大片荒洲，经批准于1992年冬围挽学堂洲堤，1993年春完工，共完成土方413.89万立方米、混凝土2648立方米、浆砌石1100立方米、干砌石1100立方米、标工432.78万个，完成投资2707万元，为解决垸内排渍，1993年兴建学堂洲电排站。

学堂洲围堤在围挽之初主要考虑用地的需求，以致围堤南端外滩的宽度仅定为40～50米，最窄处桩号4＋970～5＋550段外滩仅14～35米；加之又是沮漳河南岸与长江之间的最窄处，水流湍急，受葛洲坝和三峡大坝清水下泄影响，荆江河段河床刷深，主泓道北移，学堂洲围堤外滩部分滩岸发生崩退，最大崩宽130米，危及围堤安全。1993年汛期，在围堤外滩长600米的岸段实施水下抛石护脚，抛石3万立方米，抛护效果较好，崩岸稳定，抛石部位汛后落淤厚0.5米。尔后，又多次实施抛石镇脚和混凝土护坡工程，至1998年，学堂洲围堤桩号0＋800～3＋800护岸段共完成石方63418立方米.

1999年，学堂洲围堤整险加固列入沮漳河下游综合治理计划，实施了5项工程，总投资1062.79万元：处理管涌，筑平台长200米，平台高程41.00米，完成土方4万立方米，国家投资48万元；高喷灌浆长200米，国家投资40万元；沮漳河故道吹填长1800米，吹填高程39.00米，吹填方量80万立方米，清除故道内20处管涌隐患，国家投资800万元；在学堂洲围堤桩号0＋820～2＋760段实施水下抛石工程，抛护长度340米，抛石4138立方米，投资29.79万元；在黑窑厂油库附近进行护岸，长度500米，完成投资145万元。

2004年5月9日，温家宝总理赴学堂洲围堤险段视察。是年冬，荆州区自筹资金200万元，对重点险段采取削坡减载，抛石固基等防护措施，完成削坡土方2万立方米，抛石3.5万立方米。

学堂洲围堤筑成后，虽经多年整治，但长江主弘北移，江流逼岸，围堤外滩逐渐萎缩，局部宽度仅5米左右，基本无滩可守；加之沙市河湾河势不稳，已守护段可能再次崩坍，学堂洲河岸的治理尤为重要。

三、柳林洲围堤

柳林洲围堤位于沙市区荆江大堤文星楼至盐卡堤段外滩，1969—1970年始建围堤，分别与荆江大堤桩号756＋300处和桩号748＋000处相接，堤长6.8千米，堤顶高程44.50～46.20米。围垸面积4.5平方千米，地面高程39.00～41.00米，垸内建有专用码头，厂房库房密布，起重设备林立，是沙市及工业园区各类物资的集散地之一。

柳林洲围挽之初，以桩号754＋000处为界，分上下两洲，上洲为码头及工企业区，下洲滩面较宽，地面高程一般为39.00米，柴林密布，后经对围堤培修和对垸内填筑，下洲垸内建有自来水厂。

柳林洲围堤自修筑以来，因堤身顺直，堤内地势较高，堤垸土质较好，经数十年洪水考验，特别是经历1981年、1998年、1999年大洪水考验，未出现重大险情，成为荆江大堤桩号748＋000～756＋300段的防洪屏障。

四、耀新民垸（青安二圣洲）堤

耀新民垸堤位于江陵县境，地处荆江左岸，垸堤上起文村夹，下止马家寨，分别与荆江大堤桩号722＋695处和桩号733＋500处相接，全长13.88千米，堤顶高程44.39～45.00米，堤面宽6米，堤身平均垂高5米，内外坡比1∶3，堤内外脚筑有平台。垸内面积32平方千米，耕地面积16995亩，人口1.97万人。

耀新民垸由刘家垱、二圣、青安、六总4垸合成。清咸丰七年（1857年）围挽刘家垱、二圣洲堤，同治年间（1862—1874年）围挽六总、青安两垸。以后，各垸堤时毁时修，后为减轻民众负担，乃放弃隔堤，实行四垸合一。垸堤加培管理由各垸首负责，1931年始成立修防处，按田亩摊派费用。因其围堤堤身矮小，经常溃决，据不完全统计，1930年、1935年、1937年和1938年均告溃决。新中国成立后，垸堤不断有所培修。1969年冬江陵县调弥市、李埠、太湖等乡镇民工，按干堤标准实施加培整险，投入标工45.6万个。此外1960年村民沿二圣洲外围私挽围垸3处：长江队垸（面积1395亩）、同心队垸（面积195亩）、文星队垸（面积80亩）。1963年，江陵县人民委员会限当年4月底前彻底刨毁。嗣后同心、文星两垸按要求刨毁，长江队垸则在当年刨口行洪后于1968年堵复。为此，荆州地委于1975年行文，责令彻底刨毁，但未执行。1981年漫溃后，冬季又加筑下横堤。1982年江陵县政府和荆州行署分别发布布告和下达文件，再次责令刨毁，未果。该垸经受了1954年特大洪水和1998年大洪水的考验，是荆州市境内长江洲滩新中国成立后唯一未溃决的民垸。

五、上人民大垸堤

人民大垸堤位于荆江大堤外滩，全长74.278千米，其中，石首市辖上人民大垸堤段47.578千米（1993年），监利县辖下人民大垸堤段26.70千米。

上人民大垸堤东起监利一弓堤（搭荆江大堤674＋650），南行至冯家潭折转向西经莞子口，抵梅王张再弯转北进，至谭剅子搭荆江大堤（桩号697＋530），堤长47.578千米，堤面宽6米，堤顶高程40.87～42.87米，按1954洪水位超高1～2米，内、外坡比1∶3，堤身垂高3.8～8.5米，常年挡水堤段24.17千米。面积216平方千米，耕地16万亩，人口14.5万人。

上垸围挽前已有众多民垸，其中黄金、顾兴等垸成于明代，永护、肇昌北等垸建于清代。民垸挽筑之初，大都堤埂单薄，一遇潦涨即溃，故历史上时毁时修。自清代石首新场横堤溃决，至1931年蛟子渊再溃，“官私数十垸”，“百十里之膏沃悉遭巨浸，连淹九载，几至无年无灾”。新中国成立后，1951年罗公、梅王张、张惠南、肇昌北四垸联成一垸，名“四明垸”。1952年为解决荆江分洪蓄洪区移民安置问题，中南区批准堵塞蛟子渊，并由石首、监利、江陵3县民工挽成大垸，始称“人民大垸”，定为行洪垦殖区。围垸工程自当年2月上旬开工，4月底竣工，完成土方134.8万立方米。1954年大水期间，在下达分洪命令前，围垸鲁家台堤段先行溃决。此后，垸堤历年有所加修，并在沿堤陆续建有涵闸泵站6处，现有北碾子、中洲子、沙滩子3处长江故道，河滩面积约154平方千米。1993年经水利部批准堵塞长江故道口门（据测算当石首水位38.00米时，故道最大过流量只有200立方米每秒左右，仅占总流量的0.34%；当石首水位39.00米时，故道最大分流为1000立方米每秒左右，仅占总流量的0.43%。封口后，抬高下游监利站水位0.01～0.02米）；合垸并堤，形成统一的防洪大圈，面积447.1平方千米，人口19.5万，耕地22.65万亩，包括人民大垸、合作垸、北碾垸、新洲垸、春风垸、六合垸、张智垸、永合垸等，仍称人民大垸或称江北大圈。一线挡水堤防，上起谭刞子至梅王张，沿合作垸至冯潭二站出水闸，再沿北碾垸、新洲垸，经张智垸（张智垸中段筑预备分洪隔堤）、永合垸的黑瓦屋经中洲子故道抵下人民大垸流港堤，共长83.04千米。

上人民大垸内的小民垸如下。

合作垸 合作垸堤位于石首市长江左岸，西、南两面紧邻长江，北连上人民大垸堤，垸堤东起跃进闸，南行至天星堡折向西，经鱼尾洲，过焦家铺再转向北，至梅王张止，全长16.33千米，堤顶高程38.40米，面宽5米，垸内面积23.4平方千米，耕地14275亩。

合作垸堤修筑于1956年冬，因属石首合作乡管辖故名，又因地处上人民大垸外围，亦称人民外垸，现已并入人民大垸防洪大圈。

北碾垸 北碾垸堤位于石首市长江左岸，东连新洲垸堤，南临长江，西接合作垸堤，北倚人民大垸堤。1949年裁弯前，此段河段蜿蜒曲折，形如碾槽，故称碾子湾。自然裁弯后，碾槽被裁为南北两半，北部称北碾子湾。1959年冬，围挽成垸，垸堤东起新码头南行至紫码头折向西，抵天星堡，全长13.2千米，堤顶高程41.00米，面宽5米。垸内地面高程35.00米，面积29.2平方千米，耕地5112亩。1998年后经堤防加修现已并入人民大垸防洪大圈。

永合垸 永合垸堤位于石首下荆江左岸，东接神皇洲垸堤，西北临长江故道。高水季节，四面环水。此处原为永锡、合兴两垸，后二垸合并，名为永合垸。垸堤南起柳家台，经永合闸、黑瓦屋、南河洲至柳家重合，堤长24.7千米，堤顶高程39.80米，堤面宽5米。全垸面积33平方千米，耕地面积5795亩。

六合垸 六合垸堤位于石首市下荆江左岸，原系独立民垸，四面环水。现南临长江，东、西、北3面依长江故道。

垸堤南起河口，北行经陡岸浃，千字头转折向南，过沙口子至河口重合，堤长15.57千米，堤面宽5米，内、外坡比1：2～1：2.8。堤身垂高3～5.5米，沿堤建有复兴闸、陡岸泵站各一座。围垸面积16.3平方千米，耕地面积8160亩。

六合垸堤修筑于1950年，1962年汛期溃决。1972年7月，六合浃自然裁直，江南部分洲滩淤回北岸，洲面淤高，洲体扩大。后陆续有民众迁此垦荒，洲堤随之加固。1996

年7月26日堤身发生漏洞险情溃口。1998年8月5日垸堤扒口分洪，汛后对堤防修筑并入人民大垸防洪大圈。

张智垸堤 张智垸堤位于石首市长江左岸，东、南、西3面临长江，相传清湖广总督张之洞亲令挽筑，故名张智垸堤。垸堤南起季家嘴，北行至小河口转向南，于季家嘴重合，呈封闭型，全长22.81千米，堤顶高程39.00～38.60米，面宽5米，坡比1∶2.2～1∶2.8，沿堤建有黑鱼沟、小河口、金鱼沟、半头岑排灌闸4座。垸内面积16.3平方千米，耕地11599亩。

1998年汛后，在垸中段筑有预备分洪隔堤。

六、下人民大垸堤

下人民大垸堤位于于荆江大堤杨家湾（683+970）至冯家潭与石首上人民大垸堤相接（支堤桩号5+000），沿江穿过复兴上、中、下垸，益阳垸，流港子，陈家洲，何家埠头，潘家台，陡湾子，抵荆江大堤杨家湾（桩号639+000），堤长26.7千米。堤顶高程38.20～39.00～41.00米，堤面宽6～8米，内外坡比1∶3；内平台宽8米，高程32.00～34.00米，堤身垂高6～7米；堤外禁脚50米，高程32.00～34.00米。堤上建有涵闸3座、泵站3座。从冯家潭至一弓堤（荆江大堤桩号673+660）为上人民垸隔堤（东堤），长5千米。从一弓堤至杨家湾，利用荆江大堤34.69千米，周围共长66.89千米。垸内面积125平方千米，有耕地10.64万亩、人口3.6万人，内有国营大垸农场，2007年交监利县管辖改为大垸管理区。根据长江流域防洪规划要求，围垸区域为蓄洪垦殖区，在特大洪水年按照指令扒口蓄洪。

大垸系荆江大堤外滩地，西、南临长江，滩内有朱家湖、西湖、鸭子湖、北湖等湖泊，还有横贯东西的蛟子河，全长39.15千米，平均宽100米，最深处达7米以上，平均水深3.5米。洲滩上芦苇丛生，钉螺密布。

1957年10月17日，省水利厅批准修筑下人民大垸堤。同年11月正式兴工，由省统一商调河南商丘地区灾民，以及组织监利县民工共8万余人挽筑垸堤。工程于1958年5月竣工，共完成土方145.72万立方米，工程投资186.2万元。垸堤按防御1954年流港水位37.73米的标准设计，1958年挽成时堤顶高程为36.30～37.30米。至1962年，实测围堤平均下沉0.4～0.6米，多处堤身裂缝，当年流港水位达36.71米时，全线有4千米堤顶漫水，有10千米堤面齐平水面，经大力抢护，才得脱险。是年冬修时，对部分堤段加高培厚，堤顶高程达37.73米，1964年，流港最高水位达36.99米，堤身出现险情736处，其中严重散浸164处。自1965年后，逐年进行了加高培厚，加筑内外平台，0～3千米的堤段用块石护坡。1981年为解决堤面雨天交通问题，投资21万元，铺设碎石路面堤段15千米，至1982年，堤顶高程达38.50～40.00米，面宽6～8米，完成土方248万立方米。

1998年，长江出现大洪水，流港最高水位达39.09米，下人民大垸围堤有15千米堤段抢筑2.2米高的子埂，挡水达1.8米高，经全力抢护，才安全度汛。汛后，大垸农场对流港至冯家潭闸11千米堤段进行全面加修，堤顶普遍增高1米，面宽6米，完成土方62万立方米。

上、下人民大垸遇特大洪水时为行洪区。

七、兴学垸堤

兴学垸，又名天星洲，处藕池河上游，换筑于民国初年，新中国成立后加固，面积16平方千米。由于长江主泓不断北移，垸东北淤积大片高地，后又加挽新民外垸，面积8平方千米。

八、永福垸堤

永福垸位于藕池河左岸，现为南口镇所在地。1959年围挽熊家洲，以永远造福人民之意命名，面积8平方千米，堤长10.47千米。

九、丢家垸堤

丢家垸原属横堤垸一部分，长江干堤自五虎朝阳至马家台，1952年和1960年先后两次退挽，将这部分面积丢弃于新干堤外边。1973年崩岸稳定，修复原堤与上、下干堤联结，故名丢家垸，面积2平方千米，堤长3.5千米。

十、胜利垸

胜利垸位于石首城区东北，东接张城垸，西抵北门口，北临长江，1949年7月，碾子湾自然裁弯后，北门至陡坡一带河床逐渐北移，南岸洲滩发展，地势淤高，于1957年冬兴工围挽，因围挽成功而名胜利垸。现为石首市开发区，堤防按干堤标准加固。全垸面积2.5平方千米，堤长4.8千米。

十一、张城垸堤

张城垸位于石首城区东北长江干堤外，相应桩号560＋000～563＋000，北临长江。创建于明崇祯七年（1634年），清乾隆石首知县张城复垸，故名。面积2.7平方千米，堤长4千米，现为石首开发区。

十二、南碾垸堤

1949年7月荷午泱自然裁弯，两岸淤积了大片洲滩，1957年围挽，名南碾垸，面积44平方千米，堤长16.17千米。东起范兴垸，西接张城垸，北滨长江。

十三、范兴垸堤

范兴垸西临南碾垸，东北滨长江，1924年石首县长范知士创挽故名范兴垸。后与同仁大垸、北垸、老垸、夹垸、新垸、上三合垸合并，改名七兴垸。1949年只剩6垸合修，又名六合垸。1950—1965年的16年中，退挽12次，总长28.5千米，土方243万立方米。1972年六合泱自然裁弯，六合垸中有五垸崩失，仅范兴垸存部分面积，后河势稳定，1975年复挽，全垸面积9.2平方千米，堤长6千米。

十四、财贸围堤

财贸围堤位于监利西门渊至药师庵（大堤桩号631＋400～632＋903）外滩，围堤长

1.82千米，堤顶高程38.50米，面宽2米，垂高5～6米，内外坡比1∶2，面积1平方千米。此处初系芦苇堆放场地，每年有5万～10万个防汛备用芦苇堆码在大堤身上，为防洪安全，经批准于1975年挽筑围堤堆放芦苇，初时取名柴组围堤，后围垸下首荆江大堤631+400～631+550处外滩建有粮食专用码头。上首632+100～632+903外滩建有生资、煤炭专用仓库和碎石场。中间建有县第二水厂，首尾堤连成整体，故将柴组围堤改名为财贸围堤。1998年大水，围堤漫溃，国家粮食储备仓库损失严重。汛后，对围堤进行了全面加修，防洪能力有所提高。

十五、工业围堤

工业围堤位于监利新市街至小东门，荆江大堤桩号627+107～628+510段外围，1971年围挽，堤长1.6千米，堤顶高程38.50米，堤面宽3米，内外坡比1∶2，建有排水闸一座。堤内建有水泥、磷肥、预制、造纸等工厂和石油仓库等，面积1平方千米。

十六、新洲围堤

新洲围堤位于监利长江干堤胡家码头至半路堤（桩号619+790～624+500）段外洲，西起小龟洲沿长江河道东筑，东南至达马洲、新矶窑，全长24.85千米，堤顶高程38.00～38.50米，堤面宽4米；堤内平台宽20米，高程31.00～33.80米；外平台宽30米，高程33.00～34.00米；一般地面高程29.30～31.00米，堤身垂高5～7米；内坡比1∶2，外坡比1∶2.5。垸堤上有涵闸2座、电排站4座。垸内总面积34.74平方千米，耕地3.14万亩，定居人口11600人。

新洲垸原系县城下端的上南新洲、下新洲和天鹅洲3个洲滩，盛产芦苇，以供城镇居民烧柴。1926年在新市首围一垸取名“种子垸”，又称“义成垸”。尔后逐渐围挽横岭等4个小垸。

1970年联垸围挽成新洲围垸，至1972年围挽成堤。新洲围堤紧沿铺子湾河弯，上车弯人工裁弯新河河口，崩岸非常严重。1974—1978年崩滩宽度达500余米，损毁农田1.7万余亩，从1975年至1995年21年间，共大小退挽围堤15次，退挽堤长达60千米，完成退挽土方170万立方米。

1977年6月21日，新洲围堤水位（新洲泵站前）33.61米，内外水位差4米。坐落在围堤上的一座装机4台×95千瓦的泵站在开机运行时，发现左侧刺墙内漏水，运行人员只作了简单的反滤处理。21日凌晨3时左侧泵房倾斜，至5时左右全部倒塌，造成溃口，最大进流量40立方米每秒。

1980年8月29日，监利城南水位36.20米，在新洲垸堤的新沟子闸（桩号3+500处）挖口泄洪，新洲垸被淹。

1983年7月18日凌晨3时，监利城南水位36.73米，新洲堤段0+350处溃决，口门宽200米，新洲垸再次被淹。

1998年8月5日监利出现第五次洪峰时，监利城南水位38.16米，省防汛指挥部命令新洲围垸扒口行洪，5日16时，在围堤桩号2+800处破堤行洪。扒口后，全线堤防无人防守，任其自由漫溢，溃决堤口12处，溃口全长2550米，在堤内形成冲刷坑12处，最大坑深达11米，堤防毁坏严重。

1998年汛后将垸内居民悉数迁移至容城镇三间村安置，围垸土地继续耕种，采取小水即收，大水即丢的耕种方式。当年冬进行了堵口复堤，完成土方60.31万立方米。1999年按防御当地最高水位38.24米设计的标准进行培修，全堤普遍加高1～2米，完成土方112.36万立方米。

十七、三洲联垸围堤

三洲联垸堤位于监利南部，上起长江干堤陶市（桩号599＋400），下连长江干堤万家搭垴（桩号566＋648），长50.56千米。垸堤顶高程38.00～36.00米（上搭垴1000米，高38.20米，下搭垴500米，高36.40米），堤面宽6米；内平台高程29.80～31.00米，宽15～20米；外平台高程30.00～33.00米，外平台宽30米；堤身垂高7米，内坡比1∶2.5，外坡比1∶3。沿堤曾建有上河堰闸（桩号46＋114）、孙家埠闸、龙家门闸（34＋820）、枯壳岭闸（22＋495）、熊家洲闸（14＋740）、孙良洲老闸（6＋020）、孙良洲新闸（5＋965）。现仅存孙良洲新闸，其他闸因建筑质量及汛期险情等问题封堵。三洲联垸总面积186.13平方千米，耕地13.64万亩，养殖水面2.9万亩，内有三洲镇，人口6.31万人。

三洲联垸原为唐家洲、中洲和孙良洲3个洲垸。明朝万历年间（1573—1619年）始筑堤围垸，最多时有民垸18个。1909年，长江尺八口河湾自然裁直，中洲垸被长江故道上下口隔开。1957年10月，湖北省水利厅以〔57〕堤防字第3909号文，批准筑堵长江故道上下口，合堤并垸，将3个洲堤联结一体，形成三洲联垸。工程于当年冬兴工，按低于1954年当地实有最高洪水位0.5米的标准进行连堤并堵筑上下口门。堤长3984米，完成土方57.4万立方米，于次年春竣工。联垸后，缩短3个洲垸防洪堤线40余千米，扩大垸内耕地面积2.5万余亩。

联垸初期，沿堤内外渊塘计有232个，堤身隐患多，每逢汛期险情层出不穷。自1969年上车湾人工裁弯后，三洲联垸的崩岸更加加剧，崩岸线长达32千米，迫使围堤连年退挽，1962—2000年，共退挽堤段44处，退挽堤段长47千米，崩失农田4.1万亩。

三洲联垸自挽成以来，曾发生两次溃（扒）口事件。1980年8月28日17时30分，垸堤上端与长江干堤万家墩搭垴处发生溃口。溃口时上游监利站长江水位36.00米，下游孙良洲水位33.53米，溃口处水位约35.00米，口门宽454米，推算最大进洪流量1500立方米每秒。溃口处堤段位于长江干堤598＋300处，为1968年退挽的一道新堤，长1130米，堤顶高程35.50米，面宽4米。新堤的前面原老堤未废弃，两堤之间形成一小垸，中间有一道隔堤将其一分为二，上称大耳朵垸，下称小耳朵垸，面积分别为349亩、750亩，新堤一直未挡水。1980年8月25日，小耳朵垸发生险情，为防止溃口冲刷新堤，先是抽水反灌，后挖口放水，放弃防守，随后隔堤溃决两处，大耳朵垸进水，退挽新堤开始挡水。28日17时，新堤后的堤套中出现浑水，后又发现距堤脚3米的棉田有一直径4厘米的浑水漏洞，随即扩大到8～10厘米，接着在出险下游3米堤坡处发现穿堤漏洞，由于漏洞迅速扩大，呈裂缝射水，堤面下陷决口，初时口门宽10米，后迅速向两侧扩大，已危及长江干堤的安全。当即抢运块石裹头，并在口门右侧实施爆破，扩大进流，防止水流贴刷长江干堤，至当日22时，左侧口门稳定，口门宽454米，洪水涌进三洲联垸，全垸遭灾，估算最大进流量1500立方米每秒。

1998年8月9日，监利城南水位38.16米，省防汛指挥部指令三洲联垸扒口行洪。19日15时45分在三洲围堤2+850处炸口行洪，扒口时水位35.92米（当年最高水位36.20米）。初时口宽15米、深2米。后由于水位落差大，以及围堤无人防守，除人工炸口1处外，另自行漫溃口门4处，5处溃口全长1662米。其中，严重的是人工爆破口门，口宽640米，堤内冲成长450米、宽350米、平均深22米、面积达15.7万平方米的冲刷坑。桩号45+358处因无人防守自行漫溢，口门宽642米，为行洪后第七天溢溃冲刷而形成，冲坑长620米，宽375米，平均深度18米，面积23.25万平方米。从坑内翻溢的细砂覆盖农田5000亩，迫使两个村汛后迁徙他处。是年冬，对溃决堤段进行了堵口复堤，长2300米，同年对重点险工险段进行了整险加固，挖泥船对冲刷坑进行吹填。次年春又在全堤上加筑宽2米，高1米子堤以备度汛。1999年，长江出现与1998年“姊妹型”洪水，监利城南最高水位38.30米，三洲虽能度汛，但险象环生。是年冬，对三洲围堤进行全面加修，按防1998年当地最高洪水设计，全堤普遍加高0.5～1.5米，加固工程于次年春完工。2000年，又退挽团结闸1.2千米堤段。自三洲联垸形成至2000年，每年都要对堤防进行整险加固及加筑内外平台，累计完成土方2478.2万立方米，石方9259立方米。1998年大水后，确定三洲联垸为蓄洪垦殖区，并建有分洪口门。

十八、丁家洲垸

丁家洲堤位于监利长江干堤狮子山至荆河垴段（桩号549+650～561+490）外滩，长9.27千米，堤顶高程36.00～36.50米，堤面宽5～6米，内外坡比1：2，内平台高程29.60～30.80米，堤上建有狮子山灌溉闸和丁家洲退洪闸。垸内面积18.20平方千米，耕地22995亩。

据挖掘的石碑记载：丁家洲围垸始挽筑于清嘉庆年间（1976—1820年），1929年苏维埃白螺区政府曾带领群众对围堤进行加修，长13千米，完成土方8万立方米。新中国成立后，白螺镇政府屡次对丁家洲堤进行修筑，1951—1999年累计完成修筑土方1044.20立方米，完成标工650.5万个。

新中国成立以来，丁家洲由于受防洪调度方案的控制和个别年份的抢护失利，垸堤有8年溃（扒）口。

丁家洲1950—1952年连续3年溃决。

1954年丁家洲溃决。

1955年7月1日因堤身出现清水漏洞，采用泥土堵塞漏洞，致使险情恶化，于7月3日4时溃口。

1962年，在桩号0+650处溃决，口宽300米。

1968年9月12日扒口分洪，当时水位33.30米，堤高32.50米，在水涨之时，垸民培堤抢筑子埂1米多，可挡水0.6～0.7米。9月10日，桩号0+340～400处，发生顺堤脱坡，情况危急，白螺区决定扒口分洪，并向县、省人民政府请示，省政府根据电文所述情况，同意分洪。就在准备挖口之时，当天水退0.3米，垸民见状，苦苦哀求未果，第二天江水退至正常水位，而丁家洲仍因分洪全垸被淹。

1986年7月23日，王岭子（桩号5+100）因管涌险情溃口，溃口时狮子山水位34.63米。

1998年大水，沿江洲垸或扒、或溃口行洪，丁家洲却保存下来。是年冬，此垸确定为“单退”洲垸，洲上居民迁出，另建村安置，洲田耕种。

1940年侵华日军曾在丁家洲垸建有飞机场（混凝土跑道）。大部分跑道已崩入江中，尚存指挥塔。

十九、神保垸

神保垸堤地处荆江南岸，荆南长江干堤外围，上起罗家潭（接长江干堤桩号710+250），堤长3.76千米，堤顶高程47.00米，堤面宽6～8米，内外坡比1∶3。垸内面积4.23平方千米，耕地2400亩。

清咸丰二年（1853年）挽有堤埂，1935年大水冲毁，次年堵筑上横堤毛家大路（毛家尖）。至1949年，堤面宽1.2米。1950—1982年，对垸堤逐年进行加高培厚，块石护岸650米；共完成土方25.02万立方米，石方0.13万立方米，投工13.96万个，垸堤达到长江干堤标准。1965年兴建排灌涵闸1座，1982年又建电力排水站1座。

二十、南五洲围堤

南五洲围堤位于公安县境东部，为长江主、支流环抱的江心洲，西与杨厂黄水套隔河相望。围堤长46.12千米，堤顶高程42.50米，堤面宽5米，垸内地面高程36.00米。垸内面积53平方千米，耕地34000亩，人口1.9万人。

南五洲的形成说法不一，一说清道光十年（1830年）后，斗湖堤河滩不断崩坍，长江河道形成左右两汊，两汊间出现采石、白沙、新淤、新泥和白脚5个江心洲，后逐渐淤积成今之南五洲；另一说为唐初泥沙淤积成洲，以后逐渐扩大，先后形成老洲、新洲、沙洲、搭巴洲、沅陵洲5个洲，又因地处长江之南，故名南五洲。

南五洲的对岸就是荆江大堤的著名险段——郝穴矶头。矶头上有一具清咸丰年间铸造的铁牛。南五洲的老百姓见郝穴矶头放了一头铁牛，怕威胁南五洲的安全，于是就铸造了一个铁放牛娃立在江边，说是放牛娃可以把牛牵走。由于南五洲没有护岸，放牛娃崩入江中。

二十一、腊林洲垸

腊林洲位于公安县境长江南岸，紧邻荆江分洪工程进洪闸（北闸），上接荆南长江干堤桩号696+730处，下搭荆南长江干堤桩号621+500处，垸堤长4.70千米，堤顶高程45.50米。垸内面积3.26平方千米，耕地3200亩。

腊林洲堤连接北闸防淤堤，当长江枝江流量超过80000立方米每秒时，开启北闸，启用荆江分洪工程，当北闸运用后仍不能控制沙市水位上涨时，则炸开腊林洲堤泄洪。

二十二、茅江垸、大兴垸

茅江垸为新堤城区干堤外围垸。从新堤大闸外引渠起沿江至干堤上，面积0.52平方千米，堤长1.54千米，垸内有湘鄂西革命烈士陵园、工厂企业、街道等，人口约5500人。大兴垸为龙口镇工业园，面积2.85平方千米，堤长2.5千米，1958年围挽，1998年溃决，汛后复堤。

附：1972年荆州地区洲滩民垸情况表（表5-10-1）

1985年荆州地区江河洲滩主要民垸情况表（表5-10-2）

2010年荆州市长江洲滩主要民垸情况表（表5-10-3）

1998—2011年荆州市洲滩民垸基本情况统计表（表5-10-4）

荆州地区堤防工程历年完成土石方统计表（表5-10-5）

表5-10-1 **1972年荆州地区洲滩民垸情况**

县别	民垸处数	堤防总长/km	田亩/万亩	人口/万人	民垸名称
江陵	6	85.021	8.6	2.7	神保、青安二圣洲、突起洲、众志、谢古、龙洲
监利	16	135.28	28.4	4.23	三洲联垸、丁家洲、易家洲、福兴、十合、近太、荆沙、五七、达马洲、新洲、机瓦厂、工业围堤、新洲外垸、近江、柳口
洪湖	15	34.5	1.48	1.91	关河、合心、东新、王家、下新、大新、护堤、李家、永丰、同乐、同生、胡家、下复良洲、上复良洲、陈家垸
松滋	10	98.979	3.9	1.3	采穴外垸、同忠、大口、江心、德胜、祁福、山河、上陈、紫松围堤、低河
公安	15	121.169	6.6	2.33	北闸外围、腊林洲、窖金洲、埠河外洲、南五洲、裕公外垸、合城、永保、永兴、大美、蔡田湖、卜田小垸、天兴洲、中心、长心
石首	16	163.571	12.33	6.5	永合、张智、连心、三合、张城、新学、天鹅洲、合作、合兴老垸、金城、永福、三星外垸、白沙洲、南碾子湾、北碾子湾、新民外垸
潜江	3	27.5	5.06	0.8	张新民垸、永久公社、沙街公社
沔阳	12	227.0	8.86	1.3	天星洲、马口月堤、天合、四丰、郭梁洲、唐林湖、六合港垸、王老垸、红旗、大兴、时合、保丰溢
荆门	6	58.235	15.1	2.8	小江湖、邓家湖、沙洋镇、姚集公社、熊家店、董场公社
钟祥	12	191.31	39.3	16.6	胡集堤、联合堤、冷水堤、石牌堤、丰乐堤、大集线、潞贺堤、中直堤、皇庄堤、花元公社、汉江公社
总计	111	1142.565	129.63	40.47	

注 资料来源：1973年《荆州地区水利、电力、水产统计资料》。

表5-10-2 **1985年荆州地区江河洲滩主要民垸情况**

县别	堤垸名称	河岸别	堤长/km	堤顶高程/m	最高洪水位		堤身断顶		受益		围垸年份
					水尺地点	水位/m	面宽/m	垂直/m	田亩/万亩	人口/万人	
江陵	青安二圣洲	长江左岸	13.88	44.20	斗湖堤	42.72	6	4～6	1.62	1.39	1857
	菱湖民堤	沮漳河左岸	14.28	46.80	柳港	45.45	1.5～3	4～8	3.60	1.20	新中国成立前
	谢古民堤	沮漳河左岸	18.81	45.50	万城	45.34	4	7	1.34	0.48	1567
	龙洲民堤	沮漳河右岸	22.97	45.00	当地	44.92	4	6	1.44	0.99	1796
	新华	沮漳河右岸	4.8	44.75	当地	44.75	1～2	2～4	0.13	0.08	1935

续表

县别	堤垸名称	河岸别	堤长/km	堤顶高程/m	最高洪水位		堤身断顶		受益		围垸年份
					水尺地点	水位/m	面宽/m	垂直/m	田亩/万亩	人口/万人	
江陵	神保	长江右岸	3.76	47.00	当地	45.03	4～5	4～5	0.21	0.13	1853
	小计	6	78.5						8.34	4.27	
监利	人民大垸农场	长江左岸	26.7	38.50～39.60	流港	37.73	6～8	5～7	11.5	3.6	1958
	三洲联垸	长江左岸	49.85	34.58	孙长洲	34.82	4～6	5～7	13.50	3.47	1957
	丁家洲堤	长江左岸	9.27	34.28	白螺矶	33.85	4	2～4	1.50	0.60	新中国成立前
	新洲垸堤	长江左岸	25.00	35.60	监利城	36.73	4～6	2.5～5	2.08	0.84	1970
	柳口	长江左岸	9.0	35.20	监利城	36.73	2.0		0.60	0.20	1966
	工业围堤	长江左岸	1.4	37.40	监利城	36.73	4.0		0.60	0.02	1971
	机瓦厂	长江左岸	0.9	36.70	监利城	36.73			0.60	0.02	1970
	达马洲	长江左岸	7.1	35.00	监利城	36.73			2.20	0.02	1962
	复兴	长江左岸	7.8	35.50	监利城	36.73			0.70	0.05	新中国成立前
	十合	长江左岸	3.4	35.20	监利城	36.73	3		0.15	0.05	新中国成立前
	近太	长江左岸	6.1	34.80			2		0.60	0.09	新中国成立前
	荆沙	长江左岸	5.3	35.10			3		0.47	0.09	新中国成立前
	近湾	长江左岸	2.4	35.00			3		0.16	0.09	新中国成立前
	右新	长江左岸	1.7	34.50			2		0.03	0.09	新中国成立前
	易家洲	长江左岸	5.8	32.50	螺山	33.17	1		0.20	0.05	1874
	陈家洲	长江左岸	2.0	32.40	螺山	33.17	1		0.03	0.01	1929
	小计	15	163.72		螺山	33.17			33.72	8.95	
洪湖	陈家	长江左岸	0.8	31.70	螺山	33.17	2		0.04	0.13	1873
	上复粮洲	长江左岸	5.6	30.40	新堤	32.75	2		0.14	0.22	1962
	下复粮洲	长江左岸	4.5	31.20	新堤	32.75	2		0.02	0.14	1962
	王家	长江左岸	2.0	30.00	石码头	32.52	1		0.06	0.13	1970
	胡家	长江左岸	3.0	31.70			3		0.19	0.17	新中国成立前
	同生	长江左岸	2.4	31.60			2		0.05	0.07	新中国成立前
	同乐	长江左岸	1.5	32.20			4		0.03	0.08	新中国成立前
	松林	长江左岸	1.1	31.60			1		0.02	0.11	新中国成立前
	李家	长江左岸	2.4	31.60			1.5		0.03	0.21	1873
	护堤	长江左岸	7.7	31.20			2.0		0.38	0.35	1959
	大兴	长江左岸	2.9	31.80			3.0		0.01	0.11	1958
	东兴	长江左岸	0.6	31.00			1.3		0.01	0.07	新中国成立前
	红外	长江左岸	4.3	29.80			1.5		0.05	0.07	1966
	红光	长江左岸	2.3	29.80			1.5		0.23	0.25	1966

续表

县别	堤垸名称	河岸别	堤长/km	堤顶高程/m	最高洪水位		堤身断顶		受益		围垸年份
					水尺地点	水位/m	面宽/m	垂直/m	田亩/万亩	人口/万人	
洪湖	合兴	长江左岸	4.4	32.00			5		0.19	0.09	1970
	泯洲	长江左岸	3.5	28.00			3		0.12	0.50	1964
	关河	长江左岸	1.0	30.00			2		0.01	0.03	1964
	小计	17	50.0						1.58	2.73	
石首	人民大垸	长江左岸	47.5	39.70～42.70	流港	37.73	5～8		16.0	14.3	1951
	新学	长江右岸	16.8	41.80	藕池	40.07	5.0		1.20	0.50	1900
	合作	长江左岸	16.5	41.20	石首	39.89	5		1.4	1.2	1957
	北碾子	长江左岸	16.1	39.00	石首	39.89	3		1.0	0.5	1971
	六合	长江左岸	15.7	39.00	石首	39.89	3		1.12	0.61	1975
	永福	长江右岸	10.5	41.00	石首	39.89	3		0.50	0.35	1960
	丢家	长江右岸	3.5	40.50	石首	39.89	4		0.07	0.06	1973
	张城	长江右岸	4.0	40.50	石首	39.89	5		0.20	0.12	1917
	南碾子湾	长江右岸	16.6	39.50	石首	39.89	5		1.23	0.65	1960
	下三合	长江右岸	5.6	69.80	石首	39.89	5		0.36	0.25	1910
	连新	长江右岸	3.3	39.10	调关	38.44	5		0.38	0.24	1959
	张智	长江左岸	23.0	39.40	调关	38.44	5		1.50	0.80	1910
	永合	江心	25.0	38.60	调关	38.44	5		2.70	1.60	1717
	小计	13	204.1						27.66	21.18	
公安	北闸围堤	长江右岸	3.4	44.50	沙市	44.67	2		0.40	21.18	1962
	腊林洲	长江右岸	4.7	45.20	沙市	44.67	3		0.32	21.18	新中国成立前
	窖金洲	长江右岸	2.6	44.80	沙市	44.67	2		0.09	21.18	新中国成立前
	南五洲	长江右岸	46.1	42.90	上码头	41.60	3		3.43	0.76	新中国成立前
	裕公外垸	长江右岸	7.9	40.90	藕池	40.07	2		0.50	0.10	新中国成立前
	小计	5	64.7						4.74	0.86	
松滋	江心	长江右岸	6.4	48.60					0.18	0.15	新中国成立前
	上陈	长江右岸	8.15	47.10			4.0		0.18	2.2	1920
	同忠	长江右岸	6.0	45.00	杨家垴	46.50	5.0		2.16	0.4	1950
	采穴外垸	长江右岸	4.9		杨家垴	46.50	4.0		0.20	0.4	1962
	小计	4	25.45						2.74	3.15	
沔阳	天星洲堤	东荆河左岸	11.15	36.50	北口	37.21	4	4～5	1.43	0.76	1961
	天台四丰垸	东荆河中洲	24.42	32.00	杨林尾	32.17	2.5～4	3～5	1.42	0.86	1917
	联合大垸	东荆河中洲	43.86	31.50	杨林尾	32.17	4	5	2.29	1.47	新中国成立前
	保丰	泛区	24.50	28.00	沙湖	31.50	4	3～5	4.46	2.43	1963

续表

县别	堤垸名称	河岸别	堤长/km	堤顶高程/m	最高洪水位		堤身断顶		受益		围垸年份
					水尺地点	水位/m	面宽/m	垂直/m	田亩/万亩	人口/万人	
沔阳	六合	泛区	13.50	28.50	沙湖	31.50	4	3～4	1.45	0.92	新中国成立前
	小计	5	117.43						11.05	6.44	
荆门	小江湖垸	汉江右岸	25.24	48.50	皇堤坝	47.80	2.5～6	5～6	8.90	4.66	新中国成立前
	邓家湖垸	汉江右岸	13.60	48.30	马良闸	47.90	2.5～5	4～6	4.70	2.50	新中国成立前
	小计	2	38.84						13.6	7.16	
钟祥	皇庄堤	汉江左岸	24.00	52.00	皇庄	50.62	6	6	4.32	4.63	
	军民堤	汉江左岸	10.50	50.50	军民闸		4～5	4.5	1.87	1.70	1954
	中直堤	汉江左岸	18.55	52.20	真河闸	51.50	～5	4.5	5.26	2.71	
	官桩堤	汉江左岸	11.59	52.00	官庄闸		4～5	4.5	4.13	1.22	1954
	潞贺堤	汉江左岸	19.80	53.40	潞市闸	52.60	3.5～4	5	6.29	3.67	新中国成立前
	丰乐堤	汉江左岸	11.27	54.70	丰山闸	54.01	3.5～4	4.5	2.32	1.45	1953
	大集堤	汉江左岸	19.80	54.70	大集闸	54.40	3.5～4	4.5	2.21	1.35	
	关山堤	汉江右岸	18.80	55.30	关山	54.40	4～5	4.5	4.30	3.34	
	南泉堤	汉江右岸	12.50	54.50	新庄闸		4～5	4.5	1.77	0.70	
	利河堤	汉江右岸	10.00	54.20	保家山闸		5～6	4.5	2.60	1.21	1957
	联合堤	汉江右岸	17.20	52.00	联合牌	51.50	4～5	4.5	2.08	1.34	1956
	陈集堤	汉江右岸	28.96	48.90	塘港闸	48.10	4～5	5	5.50	4.16	1958
	石牌堤	汉江右岸	20.15	48.30	石闸	47.59	4～5	5	6.79	4.53	1976
	小计	13	223.12						49.44	32.01	
潜江	张新民堤	汉江右岸	16.00	43.20		42.83	6	5.5	3.30	1.50	
	永丰垸	汉江右岸	5.2	42.00			2.5	2.0	0.40	1.50	
	长市	汉江右岸	12.0	42.00			2.5	1.5	0.48	1.50	
	小计	13	33.2	41.50					4.18	1.50	
合计	78		999.06						157.05	146.21	

表 5-10-3　2010 年荆州市长江洲滩主要民垸情况

单位	垸名	面积/km^2	堤长/km	人口/万人	耕地/万亩	备注
松滋	江心	2.3	6.4	0.15	0.184	又名盘洲
公安	腊林洲	3.26	4.8	0.05	0.35	
	南五洲	53.0	46.12	3.26	3.40	
	裕公垸	7.1	8.2	3.26	0.56	

续表

单位	垸名	面积/km^2	堤长/km	人口/万人	耕地/万亩	备注
石首	人民大垸	441.7	83.045	22.7	24.4	含合作、北碾、新洲、春风、六合、张智、永合
	新民外垸	8.0	9.84	0.07	0.32	
	兴学	16.0	17.0	0.96	1.14	
	永福	8.0	10.5	0.57	0.38	
	丢家	2.0	3.50	0.10	0.14	
	胜利	6.0	2.5	0.70	0.61	
	张城	2.7	4.0	0.04	0.28	
	南碾	44.0	16.17	1.44	1.89	
	三合	2.89	5.6	0.32	0.45	
	新河洲	4.7	6.7	0.23	0.52	
	复兴洲	2.8	5.0	0.16	0.13	长江左岸
	范兴	9.2	6.0	0.14	0.69	
监利	人民大垸	125.0	26.7	3.6	11.6	
	三洲联垸	186.0	50.56	4.7	13.6	
	新洲	34.7	24.85	4.7	3.14	
	丁家洲	14.6	9.27	0.17	1.40	
	血防	19.0	7.52	0.17	2.10	
	老台	1.67	3.0	0.26	0.15	
	财贸围垸	1.5	1.82	0.26	0.07	
	工业围垸	1.0	1.60	0.26	0.05	
	窑场围垸	1.0	1.20	0.26	0.05	
	柳口	8.7	13.1	0.25	0.722	
	柳口砖厂	0.51	2.3	0.03	0.03	
	中洲	2.2	6.23	0.03	0.22	
	朱湖	2.9	5.2	0.01	0.32	
	杨洲	2.8	5.01	0.05	0.36	
荆州区	菱湖	91.4	14.23	1.2	3.6	
	谢古	13.27	13.35	0.52	0.8	
	龙洲	24.89	11.0	1.1	1.64	
	学堂州	11.5	6.3	0.05	0.35	
	神保	4.23	3.76	0.13	0.24	
沙市区	柳林洲	4.5	6.8	3.2	0.24	
江陵县	耀新	20.4	13.85	1.50	1.7	
洪湖	茅江	0.52	1.54	0.54	1.7	
	大兴	2.85	2.5	0.49	0.25	
合计	39	1189.09	452.169	48.72	77.836	

注 2013年《荆州市水利工作手册》载：全市长江洲滩民垸99处，1998年大水后，经实施平原行洪工程建设，一部分民垸刨毁，一部分民垸合堤并垸，现实有民垸39处。

表 5-10-4　　1998—2011年荆州市洲滩民垸基本情况统计

序号	位置	民垸名称	平垸性质	镇名	原有人口		迁移户数/户	迁移户数/人	土地面积/km²	耕面积/亩	垸堤长度/km	堤顶高程/km	堤顶宽度/m	垸内高程/m	蓄水量/m³	平垸行洪巩固工程措施（已实施）
					户数	人数										
一、	荆州市	170			110648	438824	50972	212029	1006	785050	858				527736	
（一）	荆州区	14			5016	19331	882	3268	82	49110	58				32720	
1	长江	马羊洲	单退		51	206	51	206	1.8	1200	0.32	46.50	4	43.50	540	
2	长江	谢古垸			1207	4224			16.5	12411	13.36	46.50	4	39.50	9075	
3	长江	龙洲垸			2002	8007			36.38	18500	11.32	46.50	6～8	42.00	10914	
4	长江	龙洲小垸	单退		202	879	202	879	1.6	1697					607	
5	长江	学堂洲			500	2000			6.4	4000	6.4	47.00	6～8	39.50	3520	
6	长江	神保垸			323	1290			4.23	2400	3.76	47.00	5～8	40.00	1904	
7	长江	老场垸	单退	弥市镇	78	338	78	338	0.45	507	1.5	45.60	4		1741	
8	长江	集生垸	单退	弥市镇	104	361	104	361	0.48	541	1.6	45.60	4		2095	
9	虎渡河	新堤垸			77	268			1.51	1300	3.5	44.00	4	41.00	453	
10	虎渡河	合兴垸			53	214			0.93	600	2.8	44.00	4	41.00	279	
11	虎渡河	高兴垸			17	60			0.8	600	2	44.00	4	41.00	240	
12	松东河	大口垸	单退	弥市镇	37	107	37	107	0.14	160	1.4	45.80	4		552	
13	沮漳河	杨家渡垸	双退	菱湖	105	446	105	446	5.3	1400	5	43.50	4	38.00	270	刨堤
14	沮漳河	金台外垸	双退	菱湖	305	931	305	931	5.2	3800	4.78	44.00	4	38.50	530	刨堤
（二）	沙市区	1			9143	32000			4.23	2000	6.5				32000	
15	长江	柳林洲			9143	32000			4.23	2000	6.5	44.50	6～8	39.00	32000	
二、	江陵县	2			2973	17618	123	618	36	23128	14				2750	
16	长江	南星洲	单退	马家寨	123	618	123	618	4.2	3128					1470	
17	长江	耀新民垸		马家寨	2850	17000			32	20000	13.85	43.30	5	38.20	1280	

续表

序号	位置	民垸名称	平垸性质	镇名	原有人口		迁移户数/户	迁移户数/人	土地面积/km²	耕面积/亩	垸堤长度/km	堤顶高程/km	堤顶宽度/m	垸内高程/m	蓄水量/m³	平垸行洪巩固工程措施（已实施）
					户数	人数										
三、松滋市		9			4471	16082	471	16082	29	16560	41				10010	
18	长江	新华垴垸	单退	老城	62	190	62	190	7.03	4200	5	46.30	5	39.70	2800	口门、退洪闸
19	长江	经济垸	单退	涴市	358	860	358	860	1.5	850	2.4	44.00	3	40.50	500	裹头
20	松滋河	义兴垸	单退	老城	658	2502	6 5 8	2502	7.74	3318	6	45.30	4	39.80	3700	口门、退洪闸
21	松滋河	大口民垸	单退	涴市	205	958	205	958	2.5	2943	6.35	47.50	4	42.50	600	裹头
22	松滋河	李家嘴民垸	单退	八宝	181	648	181	648	1.65	960	3.75	43.50	4	38.50	550	裹头
23	松滋河	城河垸 1	双退	沙道观	1069	3208	1069	3208	1.5	200	3	46.00	4	41.00	540	刨堤
24	松滋河	城河垸 2	双退	新江口	1430	5720	1430	5720	2.25	1512	5.5	47.59	4	41.50	675	刨堤
25	松滋河	毛家尖垸	双退	沙道观	95	427	95	427	3	570	4.5	46.20	4	41.50	125	刨堤
26	松滋河	江洲民垸	双退	八宝	413	1569	413	1569	1.8	2007	4	45.70	4	39.80	520	刨堤
四、公安县		30			11964	43420	2507	10320	97	82099	146				62544	
27	长江	腊林洲			143	500			3.26	3500	4.8	43.30	3	39.80	652	
28	长江	埠河外滩	单退	埠河					0.25	200					33	
29	长江	窖金洲	单退	埠河					0.3	170					30	
30	长江	埠河外洲垸	单退	埠河					2	1700	3.97	44.50	2		80	
31	长江	南五洲			9314	32600			53	34000	46.12	40.80	5	32.80	42400	
32	长江	裕洲垸	单退	裕公	165	660	165	660	7.1	5600	8.2	37.89	3	35.30	2500	口门
33	藕池河	幸福巴垸	单退		48	191	48	191	1.8	1100	3	38.30	2	35.80	600	裹头
34	虎渡河	老鸦嘴垸	单退	黄山	142	591	143	591	3.05	2500	3.8	41.14	4	33.00	1670	进洪闸
35	虎渡河	河外滩	单退	黄山	181	702	181	702	0.45	1000	3.5	42.40	2	40.30	270	
36	虎渡河	六合垸	单退	藕池	526	2103	526	2103	9.2	13800	9.8	41.45	6	35.50	6440	口门、退洪闸
37	虎渡河	罗家塔	单退	章田寺	27	105	27	105	0.06	80	2.8	40.30	2	36.80	602	

续表

序号	位置	民垸名称	平垸性质	镇名	原有人口		迁移户数/户	迁移户数/人	土地面积/km^2	耕面积/亩	垸堤长度/km	堤顶高程/km	堤顶宽度/m	垸内高程/m	蓄水量/m^3	平垸行洪巩固工程措施(已实施)
					户数	人数										
38	虎渡河	鱼泡洲	单退	黄山	65	265	65	265	2	2000	5	41.00	2	37.00	800	
39	松东河	新中巴垸	单退	斑竹垱	42	172	42	172	0.54	753	4.4	41.30	2.5	38.30	158	
40	松东河	葫芦坝	单退	南平	213	852	213	852	1.41	3000	5.2	43.50	2	31.00	1400	
41	松东河	三砖小垸	单退	毛家港	98	403	98	403	1.3	3000	4.5	41.00	2	35.30	600	
42	松西河	狮子口农业队	单退	狮子口	25	90	25	90	0.09	186	0.97	42.30	3	39.80	63	
43	松西河	沙口子	单退	胡家场	79	280	79	280	0.27	555	2.2	44.10	2.5	39.80	198	
44	松西河	窑星巴垸	单退	狮子口	50	195	50	195	2	5006	2.1	42.60	2	37.30	600	裹头
45	松西河	金星巴垸	单退	狮子口	140	773	140	773	0.62	628	4	41.30	3	39.30	150	
46	松西河	天星洲	单退	狮子口	197	779	197	779	1.5	1625	6.7	41.40	3	39.30	273	
47	松西河	狮子口洲垸	单退	狮子口	96	346	96	346	0.55	2400	4.1	44.50	2	37.00	1500	
48	苏支河	新中上巴垸	单退	斑竹垱	193	872	193	872	1.43	58	0.12	41.60	2.5	37.85	145	
49	虎渡河	新莲洲	双退	闸口	54	224	54	224	0.21	180	3.6	39.30	2	34.80	63	刨堤
50	虎渡河	涂家洲	双退	孟家溪	41	167	41	167	0.08	250	4	39.80	2	36.80	180	刨堤
51	虎渡河	队兴垸	双退	孟家溪	20	78	20	78	0.18	1200	2	41.50	2	38.50	50	刨堤
52	松东河	澧安垸	双退	南平	80	354	80	354	2	320	2.31	40.30	2	35.20	184	刨堤
53	松东河	天湖洲	双退						0.27		0.83	42.30	2	39.30	81	刨堤
54	松西河	镇直农业队	双退	狮子口	24	118	24	118	0.07	594	3.8	42.80	2.5	39.20	332	刨堤
55	松西河	协心垸	双退						0.8	200	2.2	40.10	2	34.10	480	刨堤
56	松西河	外滩巴垸	双退						1	1000	2	40.00			10	刨堤
五、	石首市	58			41162	157189	22350	91686	342	241999	317				161157	
57	长江	白沙洲	双退	南口		721		721	1.56	1570	3.5	38.40	3	34.40	546	

续表

序号	位置	民垸名称	平垸性质	镇名	原有人口		迁移户数/户	迁移户数/人	土地面积/km²	耕面积/亩	垸堤长度/km	堤顶高程/km	堤顶宽度/m	垸内高程/m	蓄水量/m³	平垸行洪巩固工程措施（已实施）
					户数	人数										
58	长江	新民北巴垸	双退	南口		114		114	2.5	2300	2.6	40.50	5	36.20	450	刨堤
59	长江	新民外垸	单退	南口		669		669	12.06	3216	9.84	41.20	6	36.60	5548	口门、退洪闸
60	长江	南尖窑垸	双退	南口		180		180	0.1	150	1.2	40.00	3	36.50	25	刨堤
61	长江	兴学垸		南口					11.6	13592	17	41.20	5	37.20	5200	
62	长江	永福垸		南口					8.2	3817	10.48	40.40	5	35.15	1500	
63	长江	丢家垸	单退	原种场		1050			2	1400	3.5	41.60	6	33.90	1540	口门
64	长江	胜利外垸	单退	农业局		7034			6	6100	4.55	41.00	7	35.50	1200	
65	长江	胜利巴垸	双退	笔办		116			1.4	650	2.5	41.50	5	36.00	120	刨堤
66	长江	张城外垸	单退	笔架		356			2.7	2816	4	38.40	5	34.10	1000	
67	长江	合作垸		大垸乡					23.4	14275	16.33	38.40	5	34.40	10400	
68	长江	北碾垸	单退	大垸乡		5112			29.2	21400	13.2	41.00	5	35.00	13140	口门、退洪闸
69	长江	春风垸	单退	大垸乡	401	1805	401	1805	8.58	10600	4	40.80	6	36.80	3400	口门
70	长江	南碾垸	单退	东升	3857	14447	3857	14447	44	18936	16.17	41.00	6	35.50	24200	口门
71	长江	范兴垸	单退	东升	348	1436	348	1436	9.2	6900	6	41.00	6	35.20	5336	口门
72	长江	三合垸	单退	焦山河乡	768	3252	768	3252	2.89	45.00	5.6	40.60	6	31.70	2030	口门
73	长江	建设垸	单退	调关	48	192	48	192	2.5	2700	5.1	36.40	3	32.50	50	
74	长江	六合垸	单退	天鹅洲开发区	2381	10698	2381	10698	16	8629	15.8	39.30	5	33.00	8160	口门、退洪闸
75	长江	张智垸	单退	小河口	4960	17360	2059	8160	15	11559	22.81	39.00	5	35.00	6750	口门、退洪闸
76	长江	永合垸	单退	小河口	8320	29119	1143	5795	33	59345	24.7	39.80	5	34.00	19140	口门
77	长江	黄瓜岭	双退	天鹅洲开发区					1.5	2000	3.1				825	刨堤
78	长江	联合小垸	单退	横市	125	605	125	605	0.8	420	2.5	39.00	5	35.00	200	

续表

序号	位置	民垸名称	平垸性质	镇名	原有人口		迁移户数/户	迁移户数/人	土地面积/km^2	耕面积/亩	垸堤长度/km	堤顶高程/km	堤顶宽度/m	垸内高程/m	蓄水量/m^3	平垸行洪巩固工程措施（已实施）
					户数	人数										
79	长江	建设小垸	单退	小河口	200	1030	200	1030	1.5	1500	5.1	39.50	3	34.50	600	
80	长江	神皇洲	双退	小河口	630	3200	630	3200	9	7100	9.51	38.50	3	31.50	4050	刨堤
81	长江	杨波坦垸	双退	调关	52	230	52	230	4	2000	3	39.50	5	34.00	800	刨堤
82	长江	复兴洲	单退	调关	345	1585	345	1585	2.8	1340	5	37.50	3	34.40	700	裹头
83	长江	新河洲	双退	调关	670	2305	670	2305	4.7	5200	6.7	38.00	4	34.00	1200	刨堤
84	长江	西兴外垸	单退	桃花山	360	1456	360	1456	5.3	6120	9.02	38.00	6	33.50	3200	
85	长江	史家垸	单退	桃花山	145	588	145	588	0.81	816	2	40.50	4	35.50	300	
86	藕池河	连心垸	单退	调关	1073	4456	1073	4456	4.8	3893	3.36	37.00	6	31.90	2100	
87	藕池河	安山垸	双退	团山	100	352	100	352	2.3	2240	2.8	38.20	4	33.70	920	刨堤
88	藕池河	新和小垸	双退	南口	132	550	132	550	0.23	40	1	37.90	4	34.00	46	刨堤
89	藕池河	新建垸	双退	南口	139	621	139	621	2.5	844	2.5	37.20	2	33.70	580	
90	藕池河	蚕桑垸	双退	南口	24	96	24	96	0.1	140	2.5	39.50	4	35.50	24	刨堤
91	藕池河	乡巴垸	双退	南口	12	31	12	31	0.1	150	1.2	40.20	4	36.20	20	刨堤
92	藕池河	爱民垸	双退	南口	164	754	164	754	0.5	560	4.3	39.90	5	37.00	125	
93	藕池河	管家小垸	双退	南口	8	34	8	34	0.03	45	0.5	40.50	4	36.60	12	刨堤
94	藕池河	园艺场	双退	高陵	46	217	46	217	0.3	250	0.7	36.90	4	33.00	90	刨堤
95	藕池河	潭家洲南垸	双退	高陵	117	507	117	507	0.3	100	1.2	39.00	4	35.00	75	刨堤
96	藕池河	黄陵公垸	双退	高陵	25	109	25	109	0.08	50	1.2	38.80	4	35.00	24	刨堤
97	藕池河	茅草街垸	双退	高陵	266	1105	266	1105	0.24	200	1.2	36.90	1.5	33.40	60	刨堤
98	藕池河	石安垸	双退	高陵	231	925	231	925	0.54	220	1.5	36.60	1.5	32.90	145	刨堤
99	藕池河	新发街垸	双退	高陵	6	19	6	19	0.14	120	1.55	36.90	1	33	35.00	刨堤
100	藕池河	流合垸	双退	高陵	61	240	61	240	0.21	63	1.8	38.80	4	33.50	63	刨堤

续表

序号	位置	民垸名称	平垸性质	镇名	原有人口		迁移户数/户	迁移户数/人	土地面积/km^2	耕面积/亩	垸堤长度/km	堤顶高程/km	堤顶宽度/m	垸内高程/m	蓄水量/m^3	平垸行洪巩固工程措施（已实施）
					户数	人数										
101	藕池河	连城垸	双退	久合垸乡	34	91	34	91	0.3	160	1.2	37.00	1.5	32.50	90	刨堤
102	藕池河	宜兴南垸	双退	久合垸乡	2	9	2	9	0.55	300	2.9	36.40	1.5	31.40	220	刨堤
103	藕池河	家兴北垸	双退	久合垸乡	82	196	82	296	0.5	230	2	36.30	1.5	31.30	170	刨堤
104	藕池河	油榨嘴垸	双退	久合垸乡	101	355	101	355	1.4	450	3.17	36.40	2	32.40	238	刨堤
105	藕池河	雷家沟垸	双退	南口镇	117	460	117	460	1.1	990	2	39.00	5	35.50	440	刨堤
106	藕池河	谭家洲北垸	双退	高陵镇	587	2259	587	2259	2	1252	4	40.00	5	36.00	892	刨堤
107	藕池河	杨四庙垸	双退	高陵镇	337	1600	337	1600	1.2	900	3.5	39.50	4	34.50	782	刨堤
108	藕池河	久合联垸	双退	久合垸乡	419	1656	419	1656	53.7	35164	27.61	39.50	5	31.30	28600	刨堤
109	藕池河	长林嘴垸	双退	团山寺镇	227	908	227	908	1.92	889	2	39.00	4	35.00	1100	刨堤
110	藕池河	长林嘴垸	双退	团山寺镇	102	411	102	411	1.25	594	2.4	38.50	4	35.50	700	刨堤
111	藕池河	六波庵垸	双退	团山寺镇	171	687	171	687	1.63	669	1.5	39.00	4	35.00	910	刨堤
112	藕池河	马家垸	双退	高基庙镇	198	802	198	802	1.1	240	1.62	36.90	2	33.00	496	刨堤
113	藕池河	三兴外垸	双退													刨堤
114	藕池河	古夹小垸	双退						0.23	295	1	40.00	5	36.00	591	刨堤
六、监利县		29	双退		27738	118619	12503	55490	357	320783	178				213482	刨堤
115	长江	小河口垸	双退	程集	198	890	198	890	2.9	2000	1	37.50	3.4	32.50	1500	刨堤
116	长江	柳口外垸	双退	红城	154	693	154	693	2.4	1500	3.9	37.00	3	32.00	1400	刨堤
117	长江	杨家弯垸	单退	红城	115	518	115	518	1.7	1200	1.6	37.00	5	32.00	1000	刨堤
118	长江	西洲垸	双退	红城	212	858	212	858	4.86	7100	6.5	37.50	4	30.00	3159	口门
119	长江	鄢铺滩垸	双退	红城	130	585	130	585	2.4	1440	2.1	36.50	3.2	32.00	1400	刨堤
120	长江	黑心垸	双退	容城	912	4299	912	4299	1.5	1500	1.2	38.50	3	33.00	900	刨堤
121	长江	黄公垸	双退	容城	878	3321	878	3321	1.34	1000	3.2	38.40	3	32.60	500	刨堤

续表

序号	位置	民垸名称	平垸性质	镇名	原有人口		迁移户数/户	迁移户数/人	土地面积/km²	耕面积/亩	垸堤长度/km	堤顶高程/km	堤顶宽度/m	垸内高程/m	蓄水量/m³	平垸行洪巩固工程措施（已实施）
					户数	人数										
122	长江	老台垸	单退	容城	592	2650	592	2650	1.67	1500	3	36.50	4	30.00	500	裹头
123	长江	新洲垸	单退	容城	2923	13168	2923	13168	55.9	63950	24.85	38.00	6	30.50	33540	口门、退洪闸
124	长江	血防垸	单退	上车	636	2704	636	2704	19	21000	7.52	37.50	3	30.50	9500	口门
125	长江	下车外垸	双退	朱河	258	1400	258	1400	1.3	1700	0.8	35.00	1.5	28.50	820	刨堤
126	长江	三洲联垸	单退	三洲	15235	63129			186.13	136400	50.56	36.75	6	29.50	120000	口门
127	长江	复兴垸	双退	三洲	560	2268	560	2268	6.8	8500	4	35.00	3	29.50	2720	刨堤
128	长江	盐船外垸	双退	三洲	980	4510	980	4510	7.8	5865	2	36.50	3	29.30	3900	刨堤
129	长江	金沙垸	双退	三洲	522	2200	522	2200	6.9	8700	3.4	36.50	3	29.50	3450	刨堤
130	长江	孙良洲外垸	双退	柘木	143	643	143	643	2.7	1620	4.2	35.00	2.8	31.00	2000	刨堤
131	长江	八姓洲垸	单退	柘木	195	878	195	878	2.1	1980	1.6	35.00	4	29.00	800	
132	长江	观音洲垸	双退	白螺	139	625	139	625	2.8	1700	4.5	34.80	3	31.30	1800	刨堤
133	长江	近江洲垸	双退	白螺	508	2411	508	2411	3.2	3800	1.5	35.00	3	28.70	1200	刨堤
134	长江	丁家洲	单退	白螺	418	2864	418	2864	18.2	23000	9.47	35.50	4	30.00	10920	口门、退洪闸
135	长江	杨林滩垸	双退	白螺	115	517	115	517	1.8	1200	2.1	34.00	2.8	30.50	500	刨堤
136	长江	易家洲垸	双退	白螺	445	2128	445	2128	2.8	3300	1.5	35.00	1.5	28.50	900	刨堤
137	东荆河	隆兴垸	双退	网市	209	1038	209	1038	1.2	2000	2	36.50	5	32.00	500	刨堤
138	长江	珠湖	单退	珠湖分场	50	175	50	175	2.9	3200	5.2	39.00	5	33.50	1595	口门
139	长江	流港垸	双退	流港分场	118	390	118	390	2.9	2300	6.23	37.50	3	33.50	960	刨堤
140	长江	中洲垸	单退	中洲分场	112	371	112	371	2	2203	3.8	39.00	5	34.00	1100	口门
141	长江	杨洲	单退	杨洲分场	148	518	148	518	2.8	3600	5.01	39.00	5	33.00	1680	口门
142	长江	柳口垸	双退	柳口分场	716	2517	716	2517	8.7	7225	13.1	37.80	4	32.00	5220	口门
143	长江	柳口二砖厂	双退	柳口分场	117	351	117	351	0.51	300	2.3	39.50	4	34.50	18	
七、洪湖市		28	双退		8136	34565	8136	34565	59	49365	98				13073	
144	长江	陈家垸	双退	螺山	84	396	84	396	0.6	500	0.75	31.8	3	28	180	刨堤
145	长江	老街	双退	螺山	395	1747	395	1747	0.45	200	10	33.5	3	28	93	刨堤

续表

序号	位置	民垸名称	平垸性质	镇名	原有人口		迁移户数/户	迁移户数/人	土地面积/km²	耕面积/亩	垸堤长度/km	堤顶高程/km	堤顶宽度/m	垸内高程/m	蓄水量/m³	平垸行洪巩固工程措施（已实施）
					户数	人数										
146	长江	复粮洲	双退	茅江					3.2	3600	5.35	32	4	29	595	刨堤
147	长江	茅江垸	单退	茅江	1222	5499	1222	5499	0.52	0	1.54				140	进洪闸
148	长江	新堤外滩	双退	大山	2844	12218	2844	12217	13.43	4030	5	33.4	4	38.4	2820	刨堤
149	长江	廖家垸	双退	乌林					1.72	1800	1.61	31.5	4	28.5	320	刨堤
150	长江	松林垸	双退	乌林	3	14	3	14	0.26	250	1.1	33	3	28.2	43	刨堤
151	长江	胡家垸	双退	乌林	102	423	102	423	3	3640	3	33.2	4	28.3	558	刨堤
152	长江	同升垸	双退	乌林	48	190	48	190	0.88	940	2.4	33.4	3	28.2	148	刨堤
153	长江	牛埠头垸	双退	乌林					1.25	1100	1.09	31.5	3.5	28	233	刨堤
154	长江	李家垸	双退	乌林	18	73	18	73	0.52	330	2.37	33.2	3	28.2	87	刨堤
155	长江	人造湖垸	双退	龙口					2.15	2100	2.55	31.6	3	28	400	刨堤
156	长江	护堤垸	双退	龙口	445	2000	445	2000	0.3	360	7.68	31	3	27.4	54	刨堤
157	长江	大兴垸	单退	龙口	1171	4963	1171	4963	2.85	2500	2.5	32.5	3.5	27.5	1140	刨堤
158	长江	东兴垸	双退	龙口	88	405	88	405	7.79	5549	0.54	30.8	4.5	27.5	1448	刨堤
159	长江	合兴垸	双退	燕窝					1.75	1800	2.96	30.5	3	27.5	326	刨堤
160	长江	红光垸	双退	燕窝	64	174	64	174	0.2	230	2.3	32.2	3	27	37	刨堤
161	长江	红光外垸	双退	燕窝	21	54	21	54	0.5	1700	4.3	31.8	3.5	27.5	93	刨堤
162	长江	复兴垸	双退	燕窝	255	1114	255	1114	1.6	2100	4.43	32.4	3.5	27.2	298	刨堤
163	长江	泥洲垸	双退	燕窝	189	850	189	850	1.2	500	3.5	30.6	3.5	27	223	刨堤
164	长江	观河垸	双退	新滩	189	704	189	704	1.4	289	0.86	30.5	4	27	260	刨堤
165	长江	同心垸	双退	新滩	284	1136	284	1136	6	7500	7.5	32	3	29	300	刨堤
166	东荆河	郭口垸	双退	黄家口					3.2	3300	5.2	34	4.5	31	1600	刨堤
167	东荆河	联合垸	双退		55	285	55	285	1	740	7.43	32.8	3.5	29.5	830	刨堤
168	东荆河	大芦湾垸	双退		84	294	84	294	1.3	1344	3.6	30.5	4	2.8	300	刨堤
169	东荆河	柳西湖南垸	双退	七分场	15	52	15	52	0.5	815	2.18	30.5	4	28	194	刨堤
170	东荆河	裴家沟垸	双退	二分场	454	1590	454	1590	1.52	2046	5.4	30.5	4	28.5	304	刨堤
171	长江	石家头垸	双退	八沙湖	106	384	106	384	0.1	181.5	0.9	30	3	29.0	29	刨堤

表 5-10-5　**荆州地区（荆州市）堤防工程历年完成土石方统计表**　单位：万 m^3

年份	荆江大堤		长江干堤		长江支民堤		分蓄洪建设		长江流域小计		汉江干堤		东荆河堤		汉江支民堤		汉江流域小计		合计	
	土方	石方	土方	石方	土方	石方	土方	石方	土方	石方	土方	石方	土方	石方	土方	石方	土方	石方	土方	石方
1949															63		63		63	
1950	133.29	3.74	397.03	0.84	501.14	1.3			1031.46	5.88	272.29	2.626			8.27		280.56	2.626	1312.02	8.506
1951	329.02	6.32	361.21	1.19	1011.49	1.53			1701.72	9.04	231.94	2.916	430.91	0.08	203.99		866.84	2.996	2568.56	12.036
1952	306.39	6.98	1128.82	0.79	935.77	1.14			2370.98	8.91	737.43	1.517	638.71	0.19	302.95		1679.09	1.707	4050.07	10.617
1953	151.32	6.86	1277.84	4.76	639.93	0.74			2069.09	12.36	544.8	2.416	422.06	0.2	211.37		1178.23	2.616	3247.32	14.976
1954	188.85	11.76	449.99	2.55	310.74	1.17			849.58	15.48	242.6	1.645	351.72	0.18	185.56		779.88	1.852	1629.46	17.305
1955	614.91	16.9	1484.31	20.76	733.83	1.25			2833.05	38.91	479.5	3.081	301.77	0.32	282.17		1063.44	3.401	3896.49	42.311
1956	413.05	19.87	816	6.69	542.38	0.55			1771.43	27.11	1007.89	5.045	998.72	0.96	164.94		2171.55	6.005	3942.98	33.115
1957	271.36	14.21	460.34	2.31	590.34	0.23			1322.04	16.75	727.47	4.351	581.59	0.91	312.8	0.04	1621.86	5.301	2943.9	22.051
1958	213.26	8.58	544	2.01	519.69	2.09			1276.95		555.17	3.351	405.11	0.07	309.38		1269.66	3.421	2546.61	16.101
1959	47.27	13.66	157.2	1.1	322.54	0.81			527.01	15.57	171.31	1.817	267.56	0.26	53.51	0.05	492.38	2.127	1019.39	17.697
1960	9.9	8.78	197.8	1.48	167.28	0.67			374.98			1.271	71.25		39.77		111.02	1.271	486	12.201
1961	15.16	7.2	66.71	1.9	136.87	0.82				9.92	17.24	1.225	20.16	0.22	40.61		78.01	1.445	296.75	11.365
1962	4.2	6.64	69.3	1.81	188.35	1.34			261.85	9.79	11.22	0.883	71.75	0.19	54.12	0.75	137.09	1.823	398.94	11.613
1963	22.45	9.29	169.32	3.83	316.73	0.74			508.5	13.86	47.42	1.655	150.5	0.55	159.91	0.6	357.83	2.805	866.33	16.665
1964	51.9	11.88	508.63	5.17	354.64	1.7					50.39	1.618	395.57	0.76	242.82	1.15	688.78	3.528	1603.95	22.278
1965	80.37	13.6	367.76	6.86	362.43	2.88			810.56	23.34	213.52	5.054	192.99	0.77	206.13		612.64	5.824	1423.3	29.164
1966	65.18	15.25	266.28	7.78	234.21	2.87					206.52	10.848	841.89	4.42	588.83		1637.24	15.268	2202.91	41.168
1967	89.66	12.81	327.94	9.26	230.84	4.35			648.44	26.42	137.16	8.789	147.94	2.74	142.23	0.61	427.33	12.139	1075.77	38.559
1968	51.41	9.39	257.5	9.7	312.57	3.24					721.89	6.856	227.9	3.52	62.35	0.77	1012.14	11.146	1633.62	33.476
1969	199.79	13.91	586.6	29.78	526.97	6.62			1313.36	50.31	321.62	6.217	505.6	8.34	101.51	0.38	928.73	14.937	2242.09	65.247
1970	706.07	21.41	1222.39	35.98	460.58	7.38			2389.04	64.77	116.26	4.382	197.52	3.77	2009.33	1.75	2323.11	9.902	4712.15	74.672
1971	493.8	25.61	348.8	45.85	439.82	6.38			1282.42	77.84	162.09	11.211	57.6	1.96	1130.43	1.08	1350.12	14.251	2632.54	92.091

续表

年份	荆江大堤		长江干堤		长江支民堤		分蓄洪建设		长江流域小计		汉江干堤		东荆河堤		汉江支民堤		汉江流域小计		合计	
	土方	石方	土方	石方	土方	石方	土方	石方	土方	石方	土方	石方	土方	石方	土方	石方	土方	石方	土方	石方
1972	433.91	24.94	801.4	48.76	416.43	10.32			1651.74	84.02	242.11	6.778	254.05	6.05	315.4	1.09	811.56	13.918	2463.3	97.938
1973	212.55	38.03	197.51	47.89	414.16	8.72	283.9		1108.12	94.64	128.08	9.004	87.77	1.25	60.39	0.3	276.24	10.554	1384.36	105.194
1974	65.31	29.03	324.74	30.62	327.6	6.33	1079.7			65.98	77.84	9.118	21.9	1.65	120.02	1.12	219.76	11.888	2017.11	77.868
1975	759.26	41.78	203.07	36.95	250.87	6.56	688		1901.2	85.29	154.46	9.97	66.8	1.11	199.26	1.98	720.52	13.06	2621.72	98.35
1976	647.15	28.62	132.69	31.34	240.06	8.04	600		1619.9	68	456.86	7.384	237.6	1.5	1108.13	7.09	1802.59	15.974	3422.49	83.974
1977	312.7	24.34	132.07	46.62	356.83	6.52	500				187.32	7.839	105.32	0.79	552.02	7.53	844.66	16.159	2146.26	93.639
1978	289.5	28.23	333.78	45.21	391.68	2.13	217.1		1232.06	75.57	302.38	8.618	154.9	0.7	144.9	4.29	602.18	13.608	1834.24	89.178
1979	167.32	31.66	182.88	51.49	260.77	9.34			610.9	92.49	280.98	14.658	158.8	2.12	194.08	5.28	633.36	22.058	1244.83	114.548
1980	443.87	27.43		44.11	574.3	3.6			1208.89	75.141	136.1	6.89	78.6	0.25	150.6	1.2	365.3	8.34	1574.19	83.48
1981	452.39	14.31	355.51	29.67	764.12	10.74			1572.02	54.721	210.23	5.46	130.3	0.2	315.84	3.77	661.98	9.43	2234	64.15
1982	447.29	22.54	254.51	37.17	735.47	8.87			1437.27	68.58	185.09	6.43	85.6	0.76	181.66	1.5	387.3	8.69	1824.57	77.27
1983	514.96	23.41	257.42	36.62	557.98	3			1330.6	63.03	100.74	8.64	122.1	0.38	110	1	346.3	10.02	1676.66	73.05
1984	420.78	22	288.72	34.36	781.01	6.6			1490.51	62.96	245.36	10.51	150	2.9	524.13	9.2	921.63	22.61	2412.14	85.57
1985	608.97	16.26	219.69	49.57	373.88	6.1			1202.54	71.937	106.21	11.47	154.46	2	80.9	2.37	341.57	15.84	1544.11	87.77
1986	643.33	12.5	200.78	58.91	375	5.55					192.04	9.22	130	0.72	55	3.04	315.47	12.98	1534.58	89.94
1987	547.44	13	204.26	61.08	376	4.45	85.2				215.89	4.75	105.32	0.5	25	2.5	227.16	7.75	1440.06	86.28
1988	500.64	11.48	240	45.73	263	3.8	72		1075.64	61.01	243.75	1.38	129	0.4	25	2.5	319	4.28	1394.64	65.29
1989	339.46	9.28	67.26	28.13	400.90	5.88			807.62	41.24	215.69	4.83	100.51	1.61						
1990	396.56	12.67	58.11	20.19	533.60	5.30			988.27	38.16	108.71	6.43	123.0	1.24						
1991	246.96	8.69	93.97	32.90	503.14	5.82			844.07	47.41	113.76	7.10	75.6	1.81						
1992	100.46	7.56	43.79	25.66	453.39	3.60			597.64	36.82	107.42	4.66	4.15	5.91						
1993	22.34	15.90	81.23	17.16	514.61	4.52			618.18	37.58	109.29	3.44	106.2	5.9						
1994	20.34	11.88	121.34	12.72	454.10	3.83			595.78	28.43	108.89	3.24	80.0	1.05						

续表

年份	荆江大堤		长江干堤		长江支民堤		分蓄洪建设		长江流域小计		汉江干堤		东荆河堤		汉江支民堤		汉江流域小计		合计	
	土方	石方	土方	石方	土方	石方	土方	石方	土方	石方	土方	石方	土方	石方	土方	石方	土方	石方	土方	石方
1995	14.90	7.50	90.00	24.86	459.39	5.08			564.29	37.44	100.69	10.05	79.99	1.78						
1996	17.91	6.49	75.00	41.31	565.50	2.40			658.41	50.20										
1997	71.81	0.11	129.49	10.12	531.44	3.80			732.74	14.03										
1998	389.68	7.78	4055.80	19.33	486.09	3.95			4931.57	31.06										
1999	211.81	3.34（混凝土0.24）	1230.46	66.98	334.99	2.08			1777.26	72.4（混凝土0.24）										
2000	76.20	0.50（混凝土7.50）	872.77	107.82	226.59	2.93			1175.56	111.25（混凝土7.50）										
2001	178.14		4178.23	218.91	80.21	5.71			4436.58	224.62										
2002	96.90	6.06	22.00	241.05（混凝土62.36）	27.85	（混凝土1.60）			118.90	247.11（混凝土63.96）										
2003	231.00	8.09（混凝土4.13）	14.98	9.95	599.32	9.50			845.30	27.54（混凝土4.13）										
2004	102.40	（混凝土0.06）	117.85	1.31（混凝土1.37）	315.67	10.50			535.92	11.81（混凝土1.43）										
2005		2.52		30.90	329.5	2.07			329.5	35.49										
2006	37.54	9.69		2.13	56.53				94.07	11.82										
2007	84.85	1.59		28.65	50.91				135.76	30.24										
2008		4.64		6.65						11.29										
2009	3.38	2.09		1.30	224.00				227.38	3.39										
2010	0.32	0.14（混凝土4.54）		66.10	183.49	8.28			183.31	74.52（混凝土4.54）										
合计	14468.7	788.73（混凝土16.47）	27237.8	1872.63（混凝土63.73）	24601.6	239.07（混凝土1.6）	3368.7		69676.9	2900.43（混凝土81.80）	11305.6	266.653	100183.4	74.16	11038.3					

附：1. 土方工程施工定额

（1）工日定额均以8小时为一工日计算。一个劳动力将1立方米土料（3类土，自挖、自卸、重运空回）挑至296～306米处，为1个标准工，简称标工。按1立方米土料重量1800千克计算，每一担土40千克，需45担，每担土来回距离600米，重运空回1个标工全程距离27千米。具体见表1。

（2）有关运输定额其运输距均按水平距离计算，如有上、下坡时，则按相应的高程折成平距，然后再行计工。具体见表2。

（3）土方分类按水利部的分类方法划分为7类（堤防常用3类）。具体见表2

（4）其他杂工。①硪工：石滚硪按标准行硪，每硪配12人行面积450平方米计算标工。②踩工：加培踩工按土方4%计算标工，填筑内外禁脚平台时，踩工按土方2%计算标工。③杂工：主要用于开沟排水、做路、清基、铲草皮、下牙口、栽草皮和其他辅助工。杂工所占比例不能超过土工的5%。④干工：按总标工2%计算。⑤炊工：按总标工4%计算。

2.1965年荆州专区长江堤防工程施工定额试行

（1）人工挖装、挑运土方。

（2）工作内容：将土挖装入篼箕内肩挑，重挑运去，空担运回。

（3）质量要求：按要求土料装入，不得混杂杂物，运至规定地点沿途不得散落土料。

（4）施工说明：人力使用挖、锄、铁锹、篼箕、抬筐等。

表1　　土方工程施工定额表

工程项目	单位	土质级别					
		Ⅱ	Ⅲ	Ⅳ	Ⅴ	Ⅵ	Ⅶ
挖土	工日	0.0432	0.0759	0.1045	0.124	0.160	0.212
装土		0.0475	0.0527	0.058	0.0632	0.0685	0.073
起卸		0.0836	0.0926	0.0926	0.1008	0.1008	0.1008
小计		0.1743	0.2212	0.2551	0.2880	0.3293	0.3858
每平运10m计		0.020	0.022	0.022	0.024	0.024	0.024

注　1. 以10m为计算单位，每10m为一级，尾数按四舍五入。例如：3级土运距100m，则为0.2212+0.022×10=0.4414工日/m^3。

2. 堤防工程一般以3级土为计算标准，则在运距354m时1m^3土为一个工。

3. 附运距在700m以内按本定额表。

表2　　每米垂高折成平距的系数值

工程项目	上坡(垂高)					下坡(垂高)				
	3m以内	3～7m	7～10m	10～15m	15m以上	3m以内	3～7m	7～10m	10～15m	15m以上
人工挑运	7	9	11	13	15	5	6	8	9	10

表3 人工运土定额($1m^3$ 土定额表)

人工挖装起卸平运距离/m	单位	土质级别					
		Ⅱ	Ⅲ	Ⅳ	Ⅴ	Ⅵ	Ⅶ
10	工日/m^3	0.1943	0.2432	0.2771	0.312	0.3533	0.4098
20	工日/m^3	0.2143	0.2653	0.2991	0.3369	0.3773	0.4338
30	工日/m^3	0.2343	0.2872	0.3221	0.360	0.4013	0.4578
40	工日/m^3	002543	0.3092	0.3431	0.384	0.4253	0.4818
50	工日/m^3	0.2743	0.3312	0.3651	0.408	0.4493	0.5058
60	工日/m^3	0.2943	0.3532	0.3371	0.432	0.4733	0.5298
70	工日/m^3	0.3143	0.3752	0.4091	0.456	0.4973	0.5539
80	工日/m^3	0.3343	0.3972	0.4311	0.480	0.5213	0.5778
90	工日/m^3	0.3543	0.4192	0.4531	0.504	0.5453	0.6018
100	工日/m^3	0.3743	0.4412	0.4751	0.528	0.5693	0.6258
110	工日/m^3	0.3943	0.4632	0.4951	0.552	0.5933	0.6498
120	工日/m^3	0.4143	0.4852	0.5191	0.576	0.6173	0.6738
130	工日/m^3	0.4343	0.5072	0.5411	0.600	0.6413	0.6978
140	工日/m^3	0.4543	0.5292	0.5631	0.624	0.6653	0.7218
150	工日/m^3	0.4743	0.5512	0.5851	0.648	0.6893	0.7458
160	工日/m^3	0.4943	0.5732	0.6071	0.672	0.7133	0.7698
170	工日/m^3	0.5143	0.5952	0.6291	0.696	0.7372	0.7938
180	工日/m^3	0.5343	0.6172	0.6511	0.720	0.7613	0.8178
190	工日/m^3	0.5543	0.6392	0.6731	0.744	0.7853	0.8418
200	工日/m^3	0.5743	0.6612	0.6951	0.768	0.8093	0.8658
210	工日/m^3	0.5943	0.6832	0.7171	0.792	0.8333	0.8898
220	工日/m^3	0.6143	0.7052	0.7391	0.816	0.8573	0.9138
230	工日/m^3	0.6343	0.7272	0.7611	0.840	0.8813	0.9378
240	工日/m^3	0.6543	0.7492	0.7831	0.864	0.9053	0.9618
250	工日/m^3	0.6743	0.7712	0.8051	0.888	0.9293	0.9858
260	工日/m^3	0.6943	0.7932	0.8271	0.912	0.9533	1.0098
270	工日/m^3	0.7143	0.8152	0.8491	0.936	0.9773	1.0338
280	工日/m^3	0.7343	0.8372	0.8711	0.960	1.0013	1.0578
290	工日/m^3	0.7543	0.8592	0.8931	0.984	1.0253	1.0818
300	工日/m^3	0.7743	0.8812	0.9151	1.008	1.0493	1.1058
310	工日/m^3	0.7943	0.9032	0.9371	1.032	1.0723	1.1298
320	工日/m^3	0.8143	0.9252	0.9591	1.056	1.0973	1.1538
330	工日/m^3	0.8343	0.9472	0.9311	1.080	1.1213	1.1778
340	工日/m^3	0.8543	0.9692	0.0031	1.104	1.1453	1.2018
350	工日/m^3	0.8743	0.9912	1.0251	1.128	1.1693	1.2258
354	工日/m^3	0.8823	1.0000	1.0338	1.1376	1.1789	1.2354

续表

人工挖装起卸平运距离/m	单位	土质级别					
		Ⅱ	Ⅲ	Ⅳ	Ⅴ	Ⅵ	Ⅶ
360	工日/m³	0.8943	1.1032	1.0471	1.152	1.933	1.2498
370	工日/m³	0.9143	1.0532	1.0691	1.176	1.2173	1.2738
380	工日/m³	0.9343	1.0572	1.0911	1.200	1.2413	1.2978
390	工日/m³	0.9543	1.0792	1.1131	1.224	1.2653	1.3218
400	工日/m³	0.9743	1.1012	1.1351	1.248	1.2893	1.3458
410	工日/m³	0.9943	1.1232	1.1571	1.272	1.3133	1.3698
420	工日/m³	1.0143	1.1452	1.1791	1.296	1.3373	1.3938
430	工日/m³	1.0343	1.1672	1.2011	1.320	1.3613	1.4178
440	工日/m³	1.0543	1.1892	1.2331	1.344	1.3853	1.4418
450	工日/m³	1.0743	1.2112	1.2451	1.368	1.4093	1.4658
460	工日/m³	1.0943	1.2332	1.2671	1.392	1.4333	1.4898
470	工日/m³	1.1143	1.2552	1.2891	1.416	1.4573	1.5138
480	工日/m³	1.1343	1.2772	1.3111	1.440	1.4813	1.5378
490	工日/m³	1.1543	1.2992	1.3331	1.464	1.5053	1.5618
500	工日/m³	1.1743	1.3212	1.3551	1.488	1.5293	1.5858
510	工日/m³	1.1943	1.3432	1.3771	1.512	1.5533	1.6098
520	工日/m³	1.2143	1.3652	1.3991	1.536	1.5773	1.6338
530	工日/m³	1.2343	1.3872	1.4211	1.560	1.6013	1.6578
540	工日/m³	1.2543	1.4092	1.4431	1.584	1.6253	1.6818
550	工日/m³	1.2743	1.4312	1.4651	1.608	1.6493	1.7058/
560	工日/m³	1.2943	1.4532	1.4871	1.632	1.6733	1.7298
570	工日/m³	1.33143	1.4752	1.5091	1.656	1.6973	1.538
580	工日/m³	1.3343	1.4972	1.5311	1.680	1.7213	1.7778
590	工日/m³	1.3543	1.5192	1.5531	1.704	1.7453	1.8018
600	工日/m³	1.3643	1.5412	1.5751	1.728	1.7693	1.8258
620	工日/m³	1.4143	1.5852	1.5991	1.776	1.8173	1.8738
640	工日/m³	1.4543	1.6292	1.6631	1.824	1.8653	1.9218
660	工日/m³	1.4943	1.6732	1.7071	1.872	1.9133	1.9698
680	工日/m³	1.5343	1.7172	1.7511	1.920	1.9613	2.0178
700	工日/m³	1.5743	1.7612	1.7951	1.960	2.0093	2.0658

3.1990年湖北省水利水电建筑工程施工定额

（1）人工挖、装挑（抬）运土方新定额。

（2）工作内容：将土挖翻，装筐，起肩，重运，卸土，空回。

（3）质量要求：将土打碎，运至指定地点，沿途避免散落土料。

（4）施工说明：使用铁锹、镐、挖锄、土箕等工具。

表 4　　土方定额表（按自然方计量）

项目		单位	土质级别			
			Ⅰ	Ⅱ	Ⅲ	Ⅳ
基数	挖土	工日/m³	0.0848	0.1240	0.3210	0.4780
	装土		0.0505	0.0556	0.0776	0.0918
	起卸		0.01762	0.0813	0.0926	0.1010
	小计		0.2120	0.2610	0.4910	0.6710
挖装起卸运/m	10	工日/m³	0.2400	0.2910	0.5230	0.7050
	20		0.2690	0.3190	0.5440	0.7390
	30		0.2930	0.3470	0.5840	0.7710
	40		0.3180	0.3730	0.6120	0.8020
	50		0.3420	0.3990	0.6400	0.8310
	60		0.3650	0.4230	0.6660	0.8600
	70		0.3870	0.4470	0.6820	0.8880
	80		0.4090	0.4690	0.7170	0.9140
	90		0.4290	0.4910	0.7400	0.9390
	100		0.4490	0.5110	0.7620	0.9630
100米以外每增运10米			0.0237	0.0250	0.0271	0.0292

表 5　　人工运土老定额

运距/m	定额单位		运距/m	定额单位		运距/m	定额单位	
	工日/m³	m³/工日		工日/m³	m³/工日		工日/m³	m³/工日
10	0.2432	4.110	190	0.6392	1.564	370	1.0352	0.966
20	0.2652	3.773	200	0.6612	1.512	380	1.0572	0.944
30	0.2872	3.484	210	0.6832	1.464	390	1.0792	0.926
40	0.3092	3.236	220	0.7052	1.418	400	1.1012	0.908
50	0.3312	3.021	230	0.7272	1.375	410	1.1232	0.890
60	0.3532	2.832	240	0.7492	1.335	420	1.1452	0.873
70	0.3752	2.666	250	0.7712	1.297	430	1.1672	0.856
80	0.3972	2.518	260	0.7932	1.261	440	1.1892	0.841
90	0.4192	2.386	270	0.8152	1.226	450	1.2112	0.825
100	0.4412	2.267	280	0.8372	1.194	460	1.2332	0.810
110	0.4632	2.159	290	0.8592	1.164	470	1.2552	0.796
120	0.4852	2.061	300	0.8812	1.135	480	1.2772	0.783
130	0.5072	1.972	310	0.9032	1.107	490	1.2992	0.769
140	0.5292	1.890	320	0.9252	1.080	500	1.3212	0.575
150	0.5512	1.814	330	0.9472	1.055	510	1.3432	0.745
160	0.5732	1.745	340	0.9692	1.031	520	1.3652	0.732
170	0.2952	1.680	350	0.9912	1.009	530	1.3872	0.720
180	0.9172	1.620	360	1.0132	0.987	540	1.4092	0.709

注　数据引自1975年《东荆河堤岁修工程施工定额》。

表 6　荆江大堤 1986 年度加固工程人工土方新定额

每立方米基数		人工运土定额							
		平运距离	定额/(工日/m³)	平运距离	定额/(工日/m³)	平运距离	定额/(工日/m³)	平运距离	定额/(工日/m³)
挖土 装卸 卸土 小计	0.1244 0.0556 0.0813 0.2613	10	0.2908	140	0.6113	270	0.9363	400	1.2613
		20	0.3193	150	0.6363	280	0.9613	410	1.2863
		30	0.3468	160	0.6613	290	0.9863	420	1.3113
		40	0.3733	170	0.3863	300	1.0113	430	1.3363
		50	0.3988	180	0.7113	310	1.0363	440	1.3613
		60	0.4233	190	0.7363	320	1.0613	450	1.3863
		70	0.4468	200	0.7613	330	1.0863	460	1.4113
		80	0.4693	210	0.7863	340	1.1113	470	1.4363
		90	0.4908	220	0.8113	350	1.1363	480	1.4613
		100	0.5113	230	0.8363	360	1.1613	490	1.4863
		110	0.5363	240	0.8613	370	1.1863	500	1.5113
		120	0.5613	250	0.8863	380	1.2113	510	1.5363
		130	0.5863	260	0.9113	390	1.2366	520	1.5613

注　平原湖区一律为Ⅱ级土。

表 7　土石方松实系数换算表

项　目	自然方	松方	实方	码方
土方	1	1.33	0.85	
石方	1	1.53	1.31	
砂方	1	1.07	0.94	
混合料	1	1.19	0.88	
块石	1	1.75	1.43	1.67

注　1. 松实系数是指土石料体积的比例关系，供一般土方工程换算时参考。
2. 块石实方指堆石坝坝体方，块石松方即块石堆方。

表 8　一般工程土类分级表

土质级别	土质名称	自然湿容重/(kg/m³)	外 形 特 征	开 挖 方 法
Ⅰ	1. 砂土 2. 种植土	1650～1750	疏松，黏着力差或易透水，略有黏性	用锹或略加脚踩开挖
Ⅱ	1. 壤土 2. 淤泥 3. 含壤种植土	1750～1850	开挖时能成块，并易打碎	用锹需用脚踩开挖
Ⅲ	1. 黏土 2. 燥黄土 3. 干淤泥 4. 含少量砾石黏土	1800～1950	黏手，看不见砂粒或干硬	用镐、三齿耙开挖或用锹需用力加脚踩开挖
Ⅳ	1. 坚硬黏土 2. 砾质黏土 3. 含卵石黏土	1900～2100	土壤结构坚硬，将土分裂后成块状或含黏粒砾石较多	用镐、三齿耙工具开挖

第六篇　防洪工程（下）

荆州多年抗洪实践证明，防御大洪水仅凭堤防是不够的，还必须实施综合治理。历史上，为防止洪水对堤岸的冲刷，最早于明朝成化年间即开始砌石护岸工程，但由于受当时社会和经济条件的限制，也只是在江汉沿岸重点险工险段修筑了一些零星的矶头，这是除堤防之外仅有的其他防洪工程。

新中国成立后，党和国家对荆州的防洪高度重视，新中国成立之初就动员全国的力量，调集 30 万军民修建了举世闻名的荆江分洪工程，从单纯地筑堤御水到予水消泄之地，减轻洪水对荆江堤防的威胁，1954 年的特大洪水就充分证明了荆江分洪工程的巨大工程效益和经济效益，由此开了防洪综合治理的先河。经 60 余年的不懈努力，荆州形成了以江河堤防为基础，以河道整治、分蓄洪区建设、平垸行洪工程、城市防洪工程为辅助的完善的防洪工程体系。

第一章　河　道　整　治

荆州地处江汉平原，长江及汉江穿境而过，江汉洪水既孕育了广袤的冲积平原，也因水量丰富，年内水位流量变幅大，汛期长；除部分河段丘陵山地濒临河岸，为天然节点控制，河岸稳定外，大部分河段河岸由松散沉积物组成，抗冲性差，两岸堤防又多建筑其上，并有部分河段，洲滩冲淤多变，主流移摆不定，顶冲点移位频繁，河岸在水流冲刷下，崩坍十分剧烈，部分河段崩至堤脚，不得已而一再退挽，既丧失大量农田，又危及堤防安全。

荆州为防洪而进行的河道整治工程，最早始于明成化年间（1465—1487 年）的护岸工程，清乾隆五十三年（1788 年）大水，万城堤决。当年为了保万城大堤的安全，将顶冲水流挑向南岸，修建了黑窑厂、杨林矶、观音矶等多处矶头。民国时期护岸方式有所发展，工程的类型增加，诸如各种不同形式的矶头、抛石、干砌块石等，到 20 世纪 30 年代，荆江河道共建成驳岸矶头 29 处，城陵矶以下长江河段以及汉江中下游亦建有少量城镇驳岸和零星矶头。这些护岸工程抗冲能力相对较强，对堤防安全当时也曾起到一定的防护作用。但至中华人民共和国成立时，这些护岸工程不少已坍毁。新中国成立后，从 20 世纪 50 年代开始，在大力加修江河堤防的同时，重点对河道堤防崩岸进行大力治理，经过近 50 年的不懈努力，基本抑制住河岸大规模崩坍，保证了堤岸的稳定。

新中国成立以来，随着对河流演变及河流泥沙运动理论的研究和科学实验，以及长期护岸工程的实践，在河道整治方面探索了新的方法，成功地实施了下荆江中洲子和上车湾两处系统裁弯工程（沙滩子于 1972 年发生自然裁弯）。为巩固裁弯成果，防止河势恶化发展，1983 年下荆江河势控制工程列入水利部直供项目，加大了对河势控制的力度，有效地遏制了滩岸大范围、大强度的崩坍，增强了河岸的稳定性。护岸工程极为有效地保护了堤防安全，河势得到初步控制，裁弯工程扩大了河道泄洪能力，改善了河势，以这些工程措施所构成的河道整治工程成为荆州防洪工程体系的重要组成部分。

第一节　护　岸　工　程

护岸工程是通过工程措施引导和限制水流，达到控制河势，保护滩岸安全的目的。

随着江河堤防的修筑，为保护堤防滩岸及堤脚的护岸工程随之而生，矶头驳岸是历史上曾经采用过的保护堤防的主要护岸措施，在荆江河段被广泛运用，为保证堤防安全起到了一定的作用。但矶头引起矶头上腮壅水，使矶头附近水流收缩，河底流速骤然增大，水流流向使矶头附近河床产生强烈冲刷，对矶头下游河床造成严重威胁。新中国成立后，护岸方式从单纯的修矶守点，逐渐发展到守点顾线，再至整体守护（平顺守护）。20 世纪 70

年代是荆州护岸工程的大发展时期，护岸工程形式有平顺护岸和修建矶头；在护岸材料运用上，有树木、芦苇、砖、石、混凝土预制块（框格）等，70 年代以后发展了软体塑排和塑料编织物土枕；在施工方式上有抛石、沉排、沉枕、沉笼、干砌石和浆砌石等；至 80 年代又发展为钢筋混凝土预制块护岸。

一、荆江河段护岸工程

长江中游干流自枝城至城陵矶称荆江，长 347.2 千米（裁弯前约 420 千米），以藕池口为界，分为上下荆江，分别长 171.7 千米和 175.5 千米。荆江河段穿流于荆北平原与洞庭湖平原之间，河床为第四纪冲积层，普遍为二元结构，表层为黏性覆盖壤土，下层为中细沙。河曲十分发育，崩岸比较频繁，强度也较大。上荆江为微弯形河道，下荆江为蜿蜒形河道。古有“九穴十三口”分布于南北两岸，分泄荆江水流，至明代中后期，仅存南岸太平口和调弦口。至 1860 年和 1870 年藕池口和松滋口先后冲决，四口分流格局形成，大量水沙分泄南岸洞庭湖，形成了复杂的江湖关系与河势的大动荡，荆江河段特别是下荆江过流能力逐渐萎缩。1958 年冬调弦口堵坝后，仍有三口分流，下荆江裁弯后水沙分流有所减少。位置示意图见图 6-1-1。

干流自枝城而下，河面豁然扩宽，两岸堤距 5～12 千米，江中沙洲众多，晋时称为“九十九洲”，以百里洲为最大，因泥沙淤积，至宋时，分散的小洲合并为大洲，称为百里洲。嘉靖三十九年（1560 年）荆江发大水，洪水将百里洲冲成二段，遂有上、下百里洲之分。洲分大江为二汊，史称“南江北汊”。经过长期演变，“南江”萎缩，1830 年前后北汊扩大转变为主汊，迄今未变。由于北岸濒临山丘，土质坚实，主流贴近上百里洲北部下缘。上百里洲至涴市河段，河道渐窄，马羊洲（江心洲）偏北，主流改贴南岸，呈微弯型。河流过太平口，主泓北趋，进入沙市河湾平滩，河宽 900～2900 米，逐渐形成窖金洲等 3 个江心洲，河势南北摆动多变，但这个弯道的顶冲点在洋码头附近不变，由此贴流北岸，直至观音寺，形成长达 10 多千米的沙市河湾。继而主泓向马家嘴南岸过渡，逐渐南移靠近斗湖堤河湾。河湾长达 20 千米，河宽 5～6 千米，江中有突起洲，北岸有二圣洲。据南岸出土的明代某尚书墓碑考证，400 多年来，这一段江流南移了约 4 千米，过斗湖堤河流自杨家场土矶头、采石洲，主泓又向北过渡，过渡段极短，顶冲祁家渊堤岸，成为有名的历史险工。水流贴北岸，形成郝穴河湾，约 14 千米堤外无滩，郝穴以下又向南平缓过渡，河宽 1.5～5 千米，狭颈处河宽仅 740 米，江中有南五洲，洲形狭长，南汊已濒临消亡。自新厂至藕池口为一段宽浅河槽，下端有天心洲，上段河床散漫多变。自藕池口以下，进入下荆江，这一河段具有宽 20 余千米的自由河曲带，河道蜿蜒曲折，摆动频繁。原 240 千米河长的弯曲率为 2.79，其中几个单弯的弯曲率为 10，全河段弯道十余处。历史上记载的自然裁直，明末至 1949 年计 10 次，20 世纪有碾子弯、尺八口和沙滩子 3 次，可见其河势多变，“三十年河东、三十年河西”在这里尤为典型。这种多弯河段，对航运，特别对防洪不利。河段南岸为墨山丘陵阶地，系古老的变质岩与花岗岩组成，丘陵边缘沉积有较坚硬耐冲的黏土层，所以各弯道的顶点均南止于此；而北临荆北平原，因此历史上的荆北干堤建筑在离弯顶 5 千米以上，唯独监利县城附近一段紧临江边，此河段最小堤距只有 1.3 千米。监利以下南有青泥洲，北有大马洲、唐家洲、观音洲等，河道蜿蜒曲折，

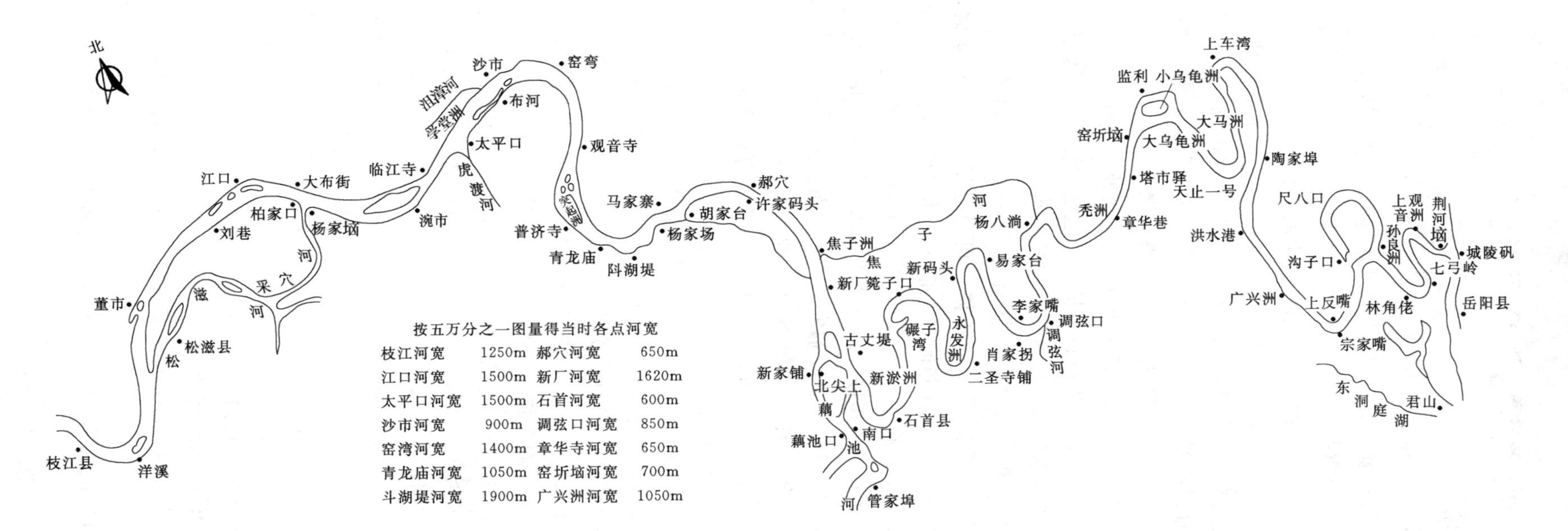

按五万分之一图量得当时各点河宽

地点	河宽	地点	河宽
枝江河宽	1250m	郝穴河宽	650m
江口河宽	1500m	新厂河宽	1620m
太平口河宽	1500m	石首河宽	600m
沙市河宽	900m	调弦口河宽	850m
窑湾河宽	1400m	章华寺河宽	650m
青龙庙河宽	1050m	窑圻垴河宽	700m
斗湖堤河宽	1900m	广兴洲河宽	1050m

图 6-1-1　1912—1925 年荆江河道位置示意图（根据湖北测量局民国六年至十三年测图民国十九年十月制版之五万分之一地图绘制）

在城陵矶与洞庭湖出流相汇。

（一）新中国成立前护岸工程

荆江河段蜿蜒曲折，分布着六大河湾。荆江大堤紧靠上荆江沙市河湾、郝穴河湾和下荆江监利河湾的凹岸。三大河湾共长71.35千米，大堤外无滩或窄滩共长34.6千米，其中宽度不足20米的长10.5千米。由于水流条件和土层结构的特征以及河床变化、河泓变迁的影响，滩岸不断崩坍，威胁大堤安全。上荆江护岸工程始于明成化初年（约1465年），荆州知府李文仪在黄潭堤（今沙市盐卡附近）以块石护砌外坡，即所谓"沿堤甃石"。下荆江早在宋初便有抛石护岸的记载，据《宋史·谢麟传》载："石首宋初江水为患，堤不可御，至谢麟为令，才叠石障之，自是人得安堵。"

清乾隆五十三年（1788年）大水，冲决万城堤20余处。整修万城堤时，增修上荆江杨林洲、黑窑厂、观音矶3处石矶，借以挑流护岸，这是荆江大堤历史上规模较大的一次护岸工程。从乾隆年间至清末荆江大堤陆续修建多处石矶、条石驳岸、砌石护坦、抛石护脚等工程。据《荆州府志》载，杨林矶，乾隆五十三年（1874年）修，同治十二年（1873年）加高；黑窑厂矶，乾隆五十三年修；观音寺矶，道光年间修，同治十三年（1874年）岁修加砌；康家桥矶，乾隆年间知府张方理劝捐修，同治十二年复行接砌；刘大人巷矶，同治十年（1871年）修，十二年（1873年）接修石岸；岳家嘴矶，道光二十二年（1842年）修；潭子湖矶，累年修补，自咸丰庚申年（1860年）崩坍后矶嘴不能接砌；杨二月矶，光绪三年（1877年）修；郝穴矶，里人黄义迁、黄义模捐修。

道光八年（1828年），公安长江干堤蔡尹工建石矶两座，长1366米。同治年间（1862—1874年），公安长江干堤西湖庙、青龙庙、二圣寺等处修筑石矶，水流对堤岸的冲刷得以缓解，但引起下游河岸变化。

1923年荆南长江干堤西湖庙、林家渊、董家湾、蔡尹工、窑头埠、马家嘴、大金横堤、许刘渊、兴隆工、王家菜园、油河工、古柏门、青羊庵、万堤垱等堤段抛石固脚或铺石防冲。1933年江汉工程局炸毁二圣寺矶头，改为坦坡。1927年监利上车湾被列为护工重点，省水利局设立"上车湾堤工处"，实施上车湾崩岸护岸和月堤退挽工程。上车湾一带江堤，自清代以来，"江流冲刷堤脚，年挽年崩"（同治《监利县志》），河湾弯顶处于上车湾镇街，部分滩岸崩至堤面，1927年先后修建石矶3座、柴矶1座和柴埽2座并抛石护脚和挽筑后月堤；1933年堤身崩陷约40米，外坡崩成陡坎，堤面崩失其半，采取抛石、抛铁丝笼护岸和外削内帮后险情得以缓解。

1928年监利城南修建一、二、三矶头，位于荆江大堤桩号629＋200～629＋800外滩急流顶冲处，全部由块石砌护，以改变水势流向，削减水流对堤岸的冲刷。

1940年冬，监利八老渊发生崩岸，至1945年又引起监利城南二矶至药师庵段堤岸的相继崩坍，以二矶至一矶之间最为严重，崩宽10～30米，特别是一矶头南侧崩坍长宽各为40米的陡坎，河泓逼近江堤，遂紧急对一矶上下腮抛枕，抛竹笼和抛石护脚，同时对上游窑圻垴、井家渊和鄢家铺等处进行护岸。

1946—1949年沙市和祁家渊两地除继续实施水下抛石外，首次用混凝土浇筑挡土墙式护岸工程。

至民国末年，荆江河段共建成驳岸石矶29处。因其建成的时期不同，其工程形式有异。初时矶头多以抛石毛矶为主；清代以木桩为基，条石矶、石板坦坡为主；民国时期以块石矶、浆砌块石护坡和篓装石、柳枕和抛石护脚为主；城镇岸线有驳岸和浆砌条石等形式。

根据有关志书和档案资料记载，兹对荆江河段新中国成立前修建的矶头及驳岸记载如下。

杨林矶 位于荆江大堤桩号765+800处，乾隆五十三年（1788年）大水后由大学士阿桂主持修建。矶长二十一丈（约70米），土坝一百四十丈（约466米）。同治十二年（1873年）加高土坝五尺，十三年（1874年）接长石矶五尺。光绪十二年（1886年）再接修矶嘴二丈（约7米）。后因学堂洲淤长，沮漳河入江口下移，矶头已不临江，逐渐淤塞，唯矶嘴未湮。

黑窑厂矶 位于荆江大堤桩号762+500处，大学士阿桂于乾隆五十三年（1788年）主持修建。此处原为碎石裹头，后改为鸡嘴坝，连土坝长十八丈八尺（约63米）。后因沮漳河口下移，矶头不再临江致淤塞。

观音矶 位于荆江大堤桩号760+265处，原系旱地工程，用条石砌筑，长130米。后因滩岸崩进，矶头突出水中。乾隆五十三年冬增修，矶头接出江面8米。道光年间（1821—1850年）知府程伊湄劝捐补修。同治十三年（1874年）又加砌四尺，连土坝计长十一丈一尺，均用条石镶砌。民国十年（1921年）矶头下游崩宽近4米，是年冬修砌石坦坡矶头，1949年又修建水泥墙一道，长40余米，高5米。1950年又续修混凝土墙一道。1953年矶身出现裂缝2条，缝宽2～4厘米，经勾缝和抛铁丝笼后，险情得到控制。

二郎矶 位于荆江大堤桩号759+450处，建于1921年，矶头下游驳岸为知府舒惠于光绪十七年（1891年）及十八年（1892年）筹款建成，长约1700米。1913年又修条石驳岸和板石坦坡，分别长272米、280米，并于1939年建观测水尺。

刘大巷矶 位于荆江大堤桩号759+000处，同治十年（1871年）修建。矶头上下建有驳岸二层，1913年又加修二层，长120余米，宽7～10米。矶头高耸，抗冲击性能差，1957年削除其高程33.00米以上部分，改建成1∶2.5浆砌石坡。

康家桥矶 位于荆江大堤桩号758+400处，乾隆五十三年（1788年）募捐建成。同治十二年（1873年）又募捐增修米厂河至康家桥驳（石）岸四百丈（约130米）。光绪十七年（1891年）再修康家桥至九杆桅等处驳岸，长723米。1952年汛期，矶头上游桩号758+540～758+615处条石驳岸崩坍长75米，崩宽10米。1953年改建成浆砌条石护岸。

御和坪矶 位于荆江大堤桩号756+600处，修建年代不详。矶头上腮原建有浆砌块石。1963年下游300米内滩岸崩坍宽30～50米，经铺砌石坦，抛石护脚，至1966年始被淤埋。

盐卡矶 位于荆江大堤桩号747+800处，修建年代不详。新中国成立后因河泓逼近，矶身受到严重冲刷，逐年抛石固基和重点铺砌坦坡，矶头保存完好。

岳家湾矶 位于荆江大堤桩号746+850处，光绪二十一年（1895年）修建。矶长13米，中宽3.3米，底宽6.7米，高约3米，外砌块石，当中用三合土填筑。1952年削低矶头，1956年冬再将矶头下部削坡并砌石坦，上部矶头突嘴仍然存在，但未起作用。

杨二月矶 位于荆江大堤桩号745+870处，光绪三年（1877年）用台砖和条石铺砌,坝脊如剑,长57米。1965年整理矶身并砌块石坦坡,与上下坦坡连成整体。

柴纪上矶 位于荆江大堤桩号744+273处,修筑年代不详。光绪十七年(1891年)正月初,矶嘴下滑,面长57米,底长63米,高4米。下首块石护岸长200米,高5米,光绪二十一年(1895年)修筑。1965年将石矶高程3.00米以下整理成干砌坦坡,并抛石固脚。

柴纪下矶 位于荆江大堤桩号742+750处,建筑年代不详。新中国成立后曾改造削坦,现已不存。

蒿子垱矶 位于荆江大堤桩号742+190处,光绪二十一年(1895年)修筑,矶头上下加筑干砌块石坦坡。

七里庙矶 位于荆江大堤桩号741+420处,光绪二十一年(1895年)修建。1916年在旧有条石驳岸处加修驳岸,长174米,宽、高各7米。1953年拆除条石驳岸,改建浆砌条石坦坡。1965年和1975年冬又改成干砌坦坡,现已不存。

文村夹矶 位于荆江大堤桩号734+200处,浆砌条石结构,建于何年无考。新中国成立后曾在水上砌坦护坡,水下抛石护脚。现矶身已被淤埋,尚余矶嘴可见。

冲和观矶 位于荆江大堤桩号721+120处,1913年修筑,1915年春大加修补。矶上游建有浆砌条石驳岸长70米,建于何年无考。新中国成立后,逐年实施干砌块石护岸工程,并抛石固基。

祁家渊矶 位于荆江大堤桩号720+840处,1913年修筑,新中国成立后实施大量固脚护岸工程。

谢家榨矶 位于荆江大堤桩号720+000处,1913年修建。矶头上腮建有60米长条石驳岸护矶,下游亦有驳岸三段,合长650米。其中一段于1950年改建成重力式混凝土挡水墙,其余二段也先后于1969年和1971年改建成干砌块石坦坡。

黄灵垱矶 位于荆江大堤桩号717+000处,1915年冬修筑,为浆砌台阶式矶头。1916年又增建条石驳岸,1917年再修上中下三层驳岸,每层173米,两端各建矶头一座,各五层,弧长20米。1922年底板碎石脚冲空、下滑,修砌石坡矶头,抛石护脚,1978年和1979年将矶头两头空嘴削平,砌条石驳岸300米,尚保存完好。

无名双矶 位于荆江大堤桩号715+300~715+500处,系由两个矶头组成的石矶,浆砌台阶,散抛斜坡。1915年又加修建小石矶一座,上下复筑摆石、拱石,长115米,高6.7米。1917年修补条石驳岸,并加修摆石、拱石。1921年矶头崩坍,1972年进行改造,矶头削平,上下护岸工程已连为一体。

灵官庙矶 位于荆江大堤桩号714+582处,咸丰十年(1860年)修筑,浆砌斜坡结构,修筑矶头上下条石驳岸长100米,并在桩号713+040~713+480处建有片石驳岸,长440米。

龙二渊矶 位于荆江大堤桩号710+370处,咸丰二年(1852年)修筑,为散抛斜坡矶头。1931年堤岸崩坍,加修块石驳岸6层,1933年水漫石矶,又加修块石台一层。

铁牛上下矶 分别位于荆江大堤桩号709+810和709+500处,咸丰二年(1852年)修建,在高水位时以下挑为主,而中水位以下时,则以上挑为主。两矶上下游(709+380~709+920)建有条石驳岸(少数接头处为片石),长540米。

渡船矶 位于荆江大堤桩号708+460处，咸丰二年（1852年）修建，为浆砌条石，弧形台阶式矶头。矶头上下修有驳岸长620米，其中桩号707+980～708+120为条石；桩号708+120～708+360段为片石；桩号708+360～708+600段为条石，与郝穴矶头联成一体。石矶、驳岸至今完好。

郝穴矶 位于荆江大堤桩号708+100处，咸丰二年（1852年）修筑。光绪十一年（1885年）知府恒琛加修条石驳岸。光绪二十一年（1895年）冬，知府舒惠拆除堤上房屋，抛石护脚，修石矶长173米，高5米。上铺块石坦坡，高6米，下游筑条石驳岸17米，又于上首新建石矶，长13米，高8米。民国十年（1921年）旧石板矶头崩矬。

监利城南一、二、三矶 分别位于荆江大堤桩号629+720、629+200、628+800处，先后建于1929—1935年。三个矶头均系块石铺护，1948年因河势变化，江水直冲矶头，各矶头均出现崩坍，紧急用石料抛石固矶。新中国成立后1950—1964年不断实施砌坦和抛枕等护岸工程。现仅一矶尚能发挥作用，二、三矶已淤埋沙滩之下。

调关矶头 位于荆南长江干堤桩号527+900～529+750段，1933年修建石坦，次年续修成矶。后因长期迎流顶冲、旋流扫射，加之年久失修，至1952年岸脚淘空，危及堤身安全。1953年平铺块石3786立方米，水下抛石1573立方米，1954年又抛石1500立方米，经过两年整修，基本脱险。

涴市横堤矶 位于松滋长江干堤桩号713+440处，建于民国时期，矶头为干砌块石护坡，矶头突出河湾挑流强烈，近岸冲坑大，坦坡松动，新中国成立后历年抛石护脚固基，矶头保存完好。

杨泗庙矶 位于松滋长江干堤713+440处，修建于民国时期，矶头为干砌块石护坡，2000年采取水下抛石镇脚后，坡岸基本稳定。

（二）新中国成立后护岸工程

新中国成立后，加大了护岸工程建设力度，根据荆江河势及荆江大堤历史护岸情况，进行护岸工程规划设计，逐步实施。1949—1959年，荆江护岸工程采取“守点顾线，护脚为先，逐年积累，不断加固”的守护原则，以及遵循“因势利导”的自然规律，逐步认识到矶头护岸存在洪枯水位主流均贴近矶身，矶身上下均出现回流，使近岸河床存在强烈冲刷淘深的弊端。因而对荆江大堤沿岸一些修筑年代较早，但仍能继续起作用的矶头，如沙市观音矶、二郎矶、盐卡矶、冲和观矶、龙二渊矶，郝穴河湾的铁牛矶、渡船矶，监利一矶头等17处，进行了改造加固和接长，有的矶头已湮没，有的改造成平顺铺护。

此后，荆江护岸工程主要采用连续性平顺护岸和间断性矶头护岸两种。工程施工分水上、水下两部分进行。水上为砌坦（护坡）工程，有浆砌、干砌和散铺3种，其中以干砌坦坡为主；浆砌石护岸仅在市镇码头局部运用；散铺石一般使用在次要或水下坡脚尚未稳定岸线上。散铺坦坡无垫层、脚槽，厚约0.25米；浆砌和干砌坦坡须先在枯水边开挖脚槽，宽深各1米，中填狗头石或块石。坦坡包括碎石垫层在内，厚约0.3米，枯水位以上岸坡如有地下水渗出地段，则布设导滤沟通到脚槽。导滤沟平面布置为“人”字形，横断面为梯形或矩形，梯形断面一般深0.6米，底宽0.4米，面宽0.8米；矩形断面一般宽、深各约0.4米。导滤沟中以粗砂、瓜米石、碎石分层填实。

荆江护岸工程水下部分包括抛石、抛笼、抛枕、沉排等。工程以抛石为主，抛笼（竹笼、铅丝笼）多用在水深流急、冲刷严重部位和抢险地段，抛枕（柴枕或柳枕）是在水下河床冲刷严重、岸坡崩坍剧烈的新险工段实施，护岸工程施工一般由远（河泓）及近（岸）抛护，但在崩坍强度大、块石采运困难的情况下，施工则由近到远守护。

新中国成立初期，新险工的抛护设计标准是根据险情轻重、河槽深浅，按每米岸线5～20立方米块石设计，以后逐年加以积累。边坡标准1956年以后以低水位下总坡度变化情况为依据，不足1：1者，按1：1.5设计；达到1：1者，缓期施工。1959年以后，则全部按1：1.5设计。1960年以后，重点险段提高到1：1.75～1：2。为加大边坡稳定性，近年来还将边坡增大到1：2.5，有的重点地段已达到1：3。

荆江的护岸工程，主要集中在沙市、郝穴、石首、监利4个大弯段。护岸形式，主要是平顺守护，间有矶头和矶头群，共计30余处，一部分是改造历史矶头而成，一部分是守点抛护中形成，连线时向江心伸出约20米的土包石。

上荆江沙市河湾，自砖瓦厂起，止于观音寺，长26千米，河势呈微弯型，水流紧贴北岸，冲刷最严重的为观音矶和刘大巷矶，北泓为主流时期，冲刷坑最深处高程约为0.00米，经长期坚持守护，河势发生变化，主泓南移，两矶头处回淤，冲刷坑的高程分别达到17.00米和23.00米。

郝穴河湾，从马家寨至柳口，长23千米。郝穴以上段微弯窄深，祁家渊至冲和观段有时受南岸横流影响，过渡段极短，顶冲最剧烈。1956年冲刷坑最低处高程为－6.00米，深入卵石层13米，形势极险。加强郝穴段的护岸工程后，主泓逼走南岸，南岸杨家场土矶崩退，采石洲降低缩小，南五洲头下退，斗湖堤河湾向北过渡段由900米逐渐延长至3500米，主流顶冲位下移，祁冲段险情转缓。但对于最狭的郝穴至龙二渊段又产生新的冲刷，1974年最低点高程为－6.50米，冲出的卵石堆集于其下游河段，铺盖长度达2000米，最宽500米，又形成一重大险工。自20世纪70年代开始，加强对此段的护岸工程，河岸趋于稳定。

石首河湾，从1952年起河湾弯顶处崩坍加剧，特别是下荆江系统裁弯后，柳口一带在1979年前后曾发生较大崩坍。1994年6月向家洲在洪水漫滩后切滩撇弯，狭颈崩穿，长江主泓改流，直接顶冲石首北门口，出现大面积崩坍，崩长达4千米，最大崩宽400米，崩坎距干堤堤脚仅38米，崩速之快，崩势之猛，崩幅之大，为长江崩岸险情所罕见，国务院副总理姜春云，水利部部长钮茂生赴现场视察。经多年抛石护脚固基和砌石护坡，耗用块石66.90万立方米，河岸崩坍得到控制。

监利河湾，自窑圻垴至陈家马口，长约20千米，河湾两端窄，中间宽。这一段基本河势是：自窑圻垴、鄢家铺至监利城南、主流贴北；经监利一矶头挑出，始稍趋南并急转北回，贴岸下行。当主流走乌龟洲北泓时，北岸河床冲刷剧烈，矶头附近最低点高程－14.00～－18.00米。自窑圻垴至监利城南紧急抛石护岸，监利一矶头自1949—1978年30年间不间断守护，1984年主泓走乌龟洲南泓，监利港回淤，顶冲点下移至铺子湾。

20世纪60年代末70年代初下荆江相继实施中洲子，上车湾两处人工裁弯，沙滩子发生自然裁弯，缩短河长约78千米。裁弯工程实施后，自1983年开始实施河势控制工程和护岸工程，河道摆动幅度减小，岸线稳定性增强，下荆江逐渐成为限制性弯曲河道。

1998年大水后，荆江河段实施了大规模护岸工程和河势控制工程，对稳定岸线与控制河势起到重要作用。

据统计，新中国成立后，经过多年整治，截至2010年底荆江河段完成护岸长度270千米，累计抛石量约2710万立方米（含湖南省辖荆江河段护岸30千米，石方222.03万立方米）。按河段划分，上荆江河段完成护岸长度约121千米，累计抛石量约1042万立方米，其中荆江大堤护岸段抛石量600万立方米，公安长江干堤位于上荆江的护岸段抛石量263.5万立方米，松滋长江干堤护岸抛石量74万立方米。下荆江河段完成护岸长度149千米，累计抛石量1668万立方米。

整个荆江河段，在1998年大水后长江重要堤防隐蔽工程中，实施新护和加固的岸线约110千米，抛石量626.41万立方米。在荆江河段河势控制应急工程2006年度实施项目中，湖北岸段有9段，先后于2007—2010年度实施，施工长10.57千米，完成石方47.59万立方米，见表6-1-1。

表6-1-1 荆江河段河势控制应急工程实施项目工程量表

序号	地 名	起止桩号	施工长度/m	石方量		施工时间
				总量/m^3	断面方量/(m^3/m)	
1	学堂洲	4+600～5+170	570	52036	91.3	2008—2009
2	沙市	759+332～759+812	570	377	0.7	2008—2009
3	沙市	749+200～750+000	800	41530	51.9	2008—2009
4	文村夹	733+400～735+600	2200	118650	53.9	2006—2007
		12+400～13+350	950			2006—2007
5	南五洲	29+960～29+340	640	58729	91.8	2007—2008
6	茅林口	35+000～36+300	1300	6989	5.4	2009—2010
			铰链排/m^2	113923	87.6	2009—2010
7	北碾子下段	6+730～6+000	1300	114000	87.7	2007—2008
8	铺子湾	15+720～16+220	500	46800	93.6	2007—2008
9	文村夹	735+250～735+600	860	20930	24.3	2009
		734+600～735+100				
合计			10570	475903		

二、长江河段护岸工程

荆州市长江河段城陵矶至新滩口段，全长约154千米，属分汊型和弯曲河型两类，河道宽窄相间，呈藕节状，沿江两岸具有丘陵阶地冲积平原与湖泊相间的地貌特征。左岸除孤立于江边的狮子山、杨林山、螺山外，主要为冲积平原；右岸则为低山丘和湖泊，崩岸多分布于左岸。

城陵矶至螺山之间的河段比较顺直，在约30千米河段内原只有一个南阳洲，1912年以后，在白螺矶与道人矶一对节点的上游淤长出江心滩，1959年形成仙峰洲。螺山至赤壁为新堤河段，原为单一河道，1868年出现江心滩，1927年形成江心洲，后称南门洲，演变成分汊河型。陆溪口河段原为微弯双分汊，20世纪初以来，左岸崩坍，新洲形成，演变为鹅头多分汊河型。簰洲河段上下弯颈继续弯曲，弯顶逐步下移，左岸崩坍加剧。

洪湖江堤抛石护岸历史悠久。同治元年（1862年），新堤镇江堤曾抛石固脚修建石矶，乡人傅卓然作石矶记以志之，“新堤江岸石矶成”，是洪湖长江堤防最早修建石矶护岸工程的记载。洪湖长江堤防另有老官庙石矶一座，名凤凰矶，其修建年代不详。

民国时期，洪湖长江堤防实施了多处崩岸守护。1912年叶王家洲崩岸加剧，崩岸长达6480米，1931年大水后，始建3座矶头。1926年始建宏恩一、二、三矶。至新中国成立前，已建石矶均已损坏严重。

新中国成立后，洪湖长江段因簰洲湾河势变化加剧，主流北移，洪湖江堤崩坍日趋严重，据1972年统计，洪湖长江干堤因崩岸退挽月堤39次，堤长36416米，土方439.2万立方米。

1950—1989年，洪湖叶家洲一、二毛矶实施抛石沉枕维护，完成石方9962立方米。1954年春，宏恩一、二矶抛石沉枕维修，完成石方3587立方米。1957年，维修加固原有护岸工程。1958年丁家堤外滩发生剧烈崩坍，堤内地势低洼，退挽月堤困难，只得抛石守护，用石2206立方米。同年七家护岸工程抛石1380立方米，崩势得到基本遏制。1963年胡家湾堤段发生剧烈崩坍，崩幅30～40米，河床冲深点高程达－15～－20米，形势危急，经实施抛石沉枕护岸，崩势得到控制。自1964年起，洪湖长江干堤崩岸险工治理转入以抛石护岸为主，退堤挽月为辅，过去遇崩险即退挽局面得到改变。1964—1989年，洪湖境内螺山至朱家峰段、石码头至王家洲段、上北堡至粮洲段、蒋家墩至王家边段、草场头至七家段、杨树林至上北洲段、新滩口至胡家湾段七大崩岸险段整治加固47.69千米，崩岸险情得到基本控制。

螺山至朱家峰护岸工程 螺山为洪湖长江段的首端，江流主泓冲刷左岸，1958年丁家堤外滩发生剧烈崩坍，当年抛石2206立方米，崩势得以控制，但崩岸又不断向上下游延展，至1984年，崩岸已上抵螺山脚下（桩号527＋200），下至谢家白屋，长4800米。经多年抛石护脚，1958—1985年，抛护石方10.94万立方米，河势基本控制。

洪湖新堤护岸工程 新堤江段江面展宽，江中出现沙洲，主流紧贴左岸，加剧新堤附近滩岸崩坍。清康熙三十五年（1696年）新堤镇江岸剧崩，危及江堤安全，增筑预备堤一道。乾隆三年（1738年），新堤附近倪家窝崩坍数十丈，逼近预备堤。同治元年（1862年），新堤镇江岸曾抛石垒矶，崩岸得以遏制，当地文人刻碑以记，“新堤江岸石矶成”。后经多年加修不断，至1934年深泓南移，新堤上下游崩岸转缓。

石码头至王家洲护岸工程 石码头江段在清朝时期主流由南向北摆动，深泓冲刷左岸，石码头以下江岸崩坍，叶家洲至王家洲滩岸崩失宽度达400～800米。1928年，修筑叶家洲石矶，以木桩为基，条石砌筑石矶3座。名一、二、三毛矶。此后，一毛矶以上出现淤滩，崩势逐渐向二毛矶以下延伸。1968年，王家洲发生剧烈崩矬，1969—1970年沉枕抛石29638立方米，崩岸继而向上游发展，护岸工程相应上延，一毛矶与二毛矶相连接，护岸线长4910米。至1987年止，总计抛石24.62万立方米，崩势得以缓和。

宏恩矶护岸工程 宏恩矶位于洪湖长江干堤彭家码头至叶十家堤段，桩号447＋300

～450＋750，此段江流属分汊型河道，江中洲滩分布，江流受护县洲、白沙洲分流影响，主流逼冲左岸，河岸崩坍严重。1929年建有木质桩基条石砌筑的石矶3座，分别为一、二、三矶（桩号447＋400、448＋900、449＋400）。但由于矶头挑流产生强烈回流，致使矶头之间形成弧形凹崩。田家口老堤外滩原宽150米，至1964年仅余60米。1947年退挽田家口新堤，次年堤被大水冲断造成严重灾害。1961年又发生大窝崩，一次崩宽30米，崩长50米。同年10月，又继续崩长50米，崩宽20米。1965年4月，一矶下腮老堤坡崩失宽5米、长20米。1969年，田家口长江干堤溃决，宜昌市拆除庙宇、学校中的条石、碑石1000余立方米，急送洪湖，支援堵口抢险，这些石料全部抛投于三矶。至1985年，一、二矶头之间仍继续崩坍，其弧长累计达570米，崩宽达80余米；二、三矶头之间累计崩长1700米，宽达120米；一、三矶头上下游200米范围内，崩势不断发展。在全力抢护石矶的同时，护岸工程逐步向上下延展，护岸材料开始使用混凝土预制块护坡和尼龙纺织布护底，全长3200米崩岸的护岸工程连成一线。自1954年维修宏恩矶起，截至1987年，累计耗用护岸石方52.95万立方米。

新滩口至胡家湾护岸工程　新滩口至胡家湾河段位于簰洲河湾的顶冲段，左岸形成剧烈崩坍。1962年胡家湾堤段崩幅30～40米，河床冲深点高程－15.00～20.00米，形势危急。自1963年开始，实施抛石沉枕护岸。此次护岸是荆州长江段首次实施深水护岸。至1965年，先后抛石18930立方米，崩岸得以遏制。1980年，近岸沙洲淤涨，崩岸稳定。

1998年大水后，国家投巨资进行堤防工程加固建设，其间护岸工程建设主要项目有：荆江大堤加固工程、洪湖监利长江干堤整治加固工程、荆南长江干堤加固工程、松滋江堤加固工程、石首河湾整治工程、下荆江河势控制工程、界牌河段综合整治工程、荆江河势控制应急工程、岁修工程、整险工程、特大防汛经费护岸工程等。

据初步统计，1950—2010年，荆州长江河段护岸工程累计完成护岸长度84.03千米。完成主要工程量为：土方1385.33万立方米、石方2900.43万立方米、混凝土31.04万立方米、柴枕52.16万个，完成投资133968万元，见表6－1－2。

表6－1－2　　荆州市长江河道护岸工程历年实施情况汇总表

实施年份	施工长度/m	完成工程量				完成投资/万元
		土方/m^3	石方/m^3	混凝土/m^3	柴枕/个	
合计	840274	13853297	29004323	310444	521655	133968
1950—1988	303724		16495484	25216	343650	21797
1989	37025	456703	412433	2351	5937	1039
1990	31676	435202	381550	829	11139	1217
1991	38341	615800	474110	1358	12959	1454
1992	64396	442156	368228		5360	1024
1993	22261	246122	375781	954	7200	841
1994	21691	93000	284256	386	656	681
1995	22920	531821	374373	3377	2960	1697

续表

实施年份	施工长度/m	完成工程量				完成投资/万元
		土方/m³	石方/m³	混凝土/m³	柴枕/个	
1996	27559	539894	502044	7035	12422	2650
1997	10740	251500	140317	290	2622	1012
1998	16490	208858	310634	15208	600	2442
1999	49770	642446	724232	16246	8200	7647
2000	13864	1139452	1112468	15310	23709	7470
2001	60500	2177560	2246168	42389	4890	27088
2002	61074	4839562	2741064	152209	79351	35361
2003	6985	266443	275354	9026		2230
2004	830		118130			90
2005	9045	266603	354938	204		4107
2006	7458	134016	118206	4134		2521
2007	10425	43200	302428	5269		1846
2008	3440	101128	112944	1408		1190
2009	3450	107259	33946	4017		2648
2010	16610	314572	745235	3228		5914

三、汉江河段护岸工程

汉江自钟祥以下为下游，流经江汉平原，为沙质较多的河槽，耐冲性弱，渗透性强，两岸早已建成堤防体系，约束水流，河床沿途收束，泽口以下，河道深窄，河湾较多，两岸多护岸工程，基本上为人工控制河段。

汉江下游护岸工程据《湖北通志》记载：康熙五十三年（1714 年）“荆门直隶州沙洋堤请帑建矶加修”，“乾隆八年（1743 年）十一月，土石两工并举，欧土地、李家湾、曾家湾、水庙湾、黎家湾、江家湾、郑家潭、熊家湾、朱家湾、欧家湾建石矶 10 座，关庙前，欧家土地建石护岸二段计长八十丈”。

清道光至光绪年间（1821—1908 年），汉江有较多的护坡护岸工程记载，后随堤防溃决冲毁，或崩矬损坏，多屡建屡毁；或因河流变迁，地名变更，原有工程地点难以一一考证。至民国时期，汉江有浆砌石坦 17 处，干砌石矶 7 座，浆砌挑水坝 1 座。遥堤修建后，老堤（原汉堤）护岸工程冲毁无遗。至新中国成立前，汉江仅存石矶 5 座，即钟祥王家营一、二、三石矶，天门唐心口矶，沔阳万寿石矶。

新中国成立后，汉江于 20 世纪 50 年代初期提出“守点顾线，护脚为先”的护岸原则，60 年代又进一步补充为“全面规划，合理布局，因势利导，守点顾线，护脚为先，点线结合，逐步积累，控制河势”。在护岸方式上基本废除以矶头挑流的做法，一般采用平顺护坡的办法，主要以柳簾、柳枕、柳排护岸以及干砌石坦、混凝土预制块、混凝土现浇护坡等，至 2012 年，汉江堤防已有护岸护坡工程 71 处。见表 6－1－3。

表 6-1-3　　　汉江护岸护坡工程统计表　　　单位：m

工程名称	岸别	起止桩号	长度	枯水平台		护坡	
				宽	高程	坦顶高程	结构形式
吕家潭护岸	左	275+802～276+800	998	5	—	—	预制混凝土
操家河护岸	左	281+900～283+190	1290	5	36.50	40.50	预制混凝土
袁家洼护岸	左	283+190～285+700	2510	5～16	35.50	42.60	预制混凝土
王家营护坡	左	288+665～297+830	9165	0～18	37.50	42.50	预制混凝土
大同护岸	左	21+140～24+600	3460	0～2	38.00	41.80	干砌块石
保堤观护岸	左	35+880～37+100	1220	0～2	40.40	45.80	干砌块石
狮子口护岸	左	41+300～43+300	2000	0～3	40.80	46.40	干砌块石
仙北护岸	左	140+160～143+220	3060		27.00	35.00	干砌块石
张家湾护岸	左	146+400～147+280	880		28.00	35.25	干砌块石
张家月护岸	左	150+020～150+220	200		27.30	34.50	干砌块石
杨家月护岸	左	152+880～154+120	1240		28.55	34.50	干砌块石
泊江护岸	左	156+340～158+220	1880		26.50	35.00	干砌块石
邓家堤护岸	左	158+220～159+180	860		26.50	35.00	干砌块石
麻洋街护岸	左	161+220～162+480	860		27.50	36.50	干砌块石
谢家月护岸	左	162+740～163+260	520		27.00	35.00	干砌块石
上下前河护岸	左	168+670～169+620	950		27.00	36.00	干砌块石
刘市河护岸	左	170+820～171+275	455		27.00	35.60	干砌块石
熊家月护岸	左	172+140～173+200	1060		27.30	35.50	干砌块石
白沙潭护岸	左	179+680～183+100	3420		28.50	36.50	干砌块石
双凌口护岸	左	185+565～186+240	675		30.00	37.00	干砌块石
岳口护岸	左	188+620～190+920	2300		29.00	38.00	上部砖、下部砖石混合干砌
中和杨护岸	左	200+340～202+620	2280		29.00	38.00	干砌块石
汪家拐护岸	左	203+100～203+380	280		29.00	37.00	干砌块石
黑流渡护岸	左	206+905～209+436	2451		29.70	37.30	干砌块石
李家嘴护岸	左	212+500～213+380	880		29.90	38.74	干砌块石
洪山寺护岸	左	217+160～218+677	1457		30.20	37.80	干砌块石
彭家岭护岸	左	219+680～221+000	1320		32.47	37.28	预制混凝土
梁滩护岸	左	225+100～227+400	2300		31.00	34.00	预制混凝土
	左	227+400～228+400	1000		31.00	34.00	现浇混凝土
隗家洲护岸	左	230+100～232+095	1995		31.00	37.00	干砌块石
新泗港护岸	左	234+800～235+400	600		31.50	37.50	干砌块石
老泗港护岸	左	238+100～238+700	600		32.20	36.50	干砌块石
横堤壕护岸	左	245+660～246+410	750		32.40	38.00	干砌块石

续表

工程名称	岸别	起止桩号	长度	枯水平台		护坡	
				宽	高程	坦顶高程	结构形式
孙家垱护岸	左	254＋100～254＋475	375		33.40	39.50	干砌块石
梅家湾护岸	左	255＋100～258＋720	3320		34.00	40.50	干砌块石
多宝湾护岸	左	259＋540～260＋520	995		34.00	41.00	预制混凝土
赵家河护岸	左	267＋920～269＋460	1540		34.00	41.50	干砌块石
新老堤护岸	左	273＋500～274＋520	1020		34.00	40.50	干砌块石
兴隆护岸	右	255＋880～256＋800	920				干砌块石
雷潭护岸	右	223＋500～223＋960	460				预制混凝土
雷潭护岸	右	223＋030～223＋500	470				干砌块石
雷潭护岸	右	222＋580～223＋030	180				清沙混凝土
龙头拐护岸	右	221＋000～221＋300	300	3	32.00	37.20	清沙混凝土
杨林洲护岸	右	214＋150～214＋540	390	4	31.00	37.00	干砌块石
王家拐护岸	右	207＋245～207＋940	695	8	30.00	38.00	干砌块石
芦家庙护岸	右	195＋660～197＋450	1790	0～6	29.00	36.50	干砌块石
泗合拐护岸	右	195＋180～195＋660	480	0～7	29.00	34.00	干砌块石
江家湾护岸	右	187＋703～189＋035	1332	2	27.50	36.00	干砌块石
渔泛护岸	右	193＋400～194＋200	800	4	29.00	33.00	干砌块石
窑湾护岸	右	184＋695～185＋860	1164		26.20	36.76	干砌块石
田家湾护岸	右	182＋602～183＋400	798		27.50	35.50	干砌块石
占丁涂护岸	右	177＋960～180＋350	2390	2～7	27.50	36.00	干砌块石
上古寺护岸	右	172＋860～174＋593	1733	2～5	27.50	35.00	干砌块石
竹林湾护岸	右	170＋100～171＋180	1080	5～7	27.00	33.00	干砌块石
八屋台护岸	右	166＋240～167＋540	1300	1～4	26.33	34.83	干砌块石
刘家大湾护岸	右	164＋900～165＋870	970	0～2	27.25	34.5	干砌块石
复兴寺护岸	右	163＋600～163＋840	240	2～7	27.00	35.00	干砌块石
凡罗许护岸	右	158＋560～160＋145	1585	0～5	26.25	32.00	干砌块石
北湖垸护岸	右	156＋320～158＋020	1700	1～4	27.00	31.00	干砌块石
桑林垸—韦家台护岸	右	152＋340～155＋680	3340	2～6	25.50	34.50	干砌块石
边鱼嘴护岸	右	151＋580～151＋780	200		26.50	34.50	干砌块石
蔡家滩护岸	右	149＋000～149＋760	760	0～3	26.50	34.50	干砌块石
龚家台护岸	右	140＋570～140＋600	1030	6	24.33	33.00	干砌块石
观音堂—欧湾护岸	右	136＋970～138＋810	2040	0～6	24.66	33.00	干砌块石
小石垸护岸	右	134＋830～135＋450	620		26.00	33.00	干砌块石

续表

工程名称	岸别	起止桩号	长度	枯水平台		护坡	
				宽	高程	坦顶高程	结构形式
伍家嘴—仙桃护岸	右	130+780～133+780	3000	3～10	26.83	33.50	干砌块石
鄢家湾护岸	右	123+494～124+840	1346	2～6	24.50	32.00	干砌块石
黄家月护岸	右	116+320～118+240	1870	0.38	25.00	31.75	干砌块石
官山护岸	右	114+070～114+270	200		24.50	31.50	干砌块石
范家台护岸	右	112+620～113+400	780	0～8	24.00	31.50	干砌块石
潭洲湾护岸	右	111+580～111+880	300		22.50	28.50	干砌块石
高字号护岸	右	109+608～109+812	204		25.00	32.50	干砌块石

汉江下游自北向南首过钟祥县境，河道蜿蜒曲折，左冲右旋，导致两岸崩坍频繁，岸线极不稳定。因崩坍而毁的集镇、村庄和因崩岸而溃决堤防难以记数。尤以王家营、袁家洼两处最为险要。

王家营护岸工程 王家营系历代险要堤段，河湾迎流顶冲，主泓直逼堤脚。据民国《钟祥县志》载，王家营自清顺治四年（1647年）至1921年的275年间，王家营溃口14年次，尤以1921年最为惨烈。当年7月王家营大溃口，长达3240米，冲成深6米，宽约1100的水道，殃及钟祥、京山、潜江、天门、云梦、应城、黄陂、汉川等11县。据《襄堤成案》载："王家营堤溃，水势横溢数百里，田亩冲沙，庐基荡没，下游民众转徙四方者不可胜数。幸一、二未散者……，巢居露处，饥寒交迫，饥不聊生焉。"

王家营护岸工程始于道光六年（1826年），据李开铣《堤工随笔》载："道光六年修筑堤工告竣后，复于迎流顶冲之处筑石坝三道。"《襄堤成案》载："道光十一年（1831年）又添筑王家营石矶，民国七年（1918年）灾，石坝俱毁。民国八年（1919年）修堤时，即在旧址建石矶一座，此次（1920年）堤溃，石矶化为乌有。"

1921年王家营堤溃，湖北省政府呈准大总统派李开铣为督办，堵复王家营之溃口，次年6月竣工。同时，于上游择地新建石矶数座，作挑水式，以冲刷沙嘴，使流归正槽。《堤工随笔》记载："此次仍就石坝旧址建筑青石矶二座，作挑水式，为半月形，较旧矶高二尺至三尺，两矶相距三十丈，之上、中、下各修红石坦坡一道，以为围护。石矶作法：先围堤挖槽，车水起淤，下桩填塞，或以石灰拌土，或以土泥掺沙填入槽内临水护桩，满掷青石，蛮石堆积，以求其基础巩固，再在上建石矶两座。五级、高两丈六尺有奇。上石矶弧长十六点五丈，下石矶二十点四丈。每级六平，砌以水泥青沙寸石拌石填筑，壁裹计宽一丈与为衬，再筑净土，顶与堤平，矶背加厚填实，并于石矶基脚桩下蛮石一千四百方，全部工程十一月二十五日开工，次年六月七日完竣。"据考，1928年春动工修建第三矶，是年冬竣工，王家营一、二石矶相连，相距96米，有引堤与大堤相接，长500米，三石矶与二石矶相距1700米，有37米长引堤与大堤相连，王家营石矶上立有石碑一块，上书"颜公矶"三个大字，其碑文："颜公重民天门人也，此二矶系公建修，本地人咸感德政，故志之。"

1954年大水，王家营石矶下游（桩号292＋000～292＋250）处滩岸发生崩坍，紧急抛石竹笼1690个，沉柳木246棵进行抢护，自1956年开始，在王家营段291＋400～291＋900处，采取水下沉抛柳枕和抛散石，以固堤脚，防急流冲刷；水上进行削坡，以块石干砌坦坡，再按险段情况逐年向上下游展开。1952—1984年，33年中施工26年。从桩号289＋630～297＋830，护岸总长度8200米，总计耗石249904立方米，其中，抛枕3790个，抛石护脚180058立方米，干砌用石69847立方米，抛竹笼1690个。崩岸基本稳定，河势得到控制。

袁家洼护岸工程 袁家洼亦为汉江重点险段，但无史料记载，依据实地考证，袁家洼原名张壁口较准确，据《京山县志》载："清道光十九年（1839年），张壁口堤溃，工钜费重，知县梁云滋清帑币八万修筑，并建一石矶，堤外面尽用石护。"

新中国成立初，袁家洼284＋440～284＋740有300米浆砌石坦，坦脚空虚，水下坡度小于1∶1，下游滩岸崩矬严重，加之堤身沙质已处于危险状，为保安全，乃积极着手整治，加大堤身断面，堤段桩号284＋500～284＋580长80米处，堤面宽增至15～45米，成一弧形，为汉江堤防面宽所独有；坡岸采取抛石护岸，从1953年开始，在284＋440～284＋960长520米处，抛柳枕1820个，从283＋200～285＋400处，分段施筑干砌石坦1900米；同时，水下逐年抛石固脚，形成坦脚平台，据1977年1月6日实测，平台宽15～20米。至1985年，共干砌长1900米石坦，完成石方16.07万立方米。

汉江流经天门境河段急弯顶冲处较多，岸线很不稳定，明清时期，汉江天门段自上而下建有李家洲、多宝湾、李家嘴、黑流渡、搞布场、岳口、彭市河、邓家堤、彭家垴9处护岸工程，总长约4千米，石方总量约5万立方米。

新中国成立初期，天门按照"守点顾线、护脚为先"的护岸工程的原则，先后对岳口等旧存石矶进行整修改造。自1954年开始，水上采用干砌块石坦坡护岸，水下则采用抛石、沉抛柳枕护岸、护脚。1964年汉江大水，天门江段新增多处崩岸险情，从1965年起，护岸工程增多，重点对龙王庙（长2750米）、邬家月（长2660米）、白沙潭（长3160米）、岳口（长2320米）、搞布场（长1880米）、黑流渡（长2467米）、唐心口（长3320米）7处，全长18557米零散的27个坦点，通过砌石，分别将坦点向上、下游延伸而连成一体，增强了抗冲刷能力。1970年起将水下护脚一律改为散抛块石，形成护脚平台，据1985年观测，岳口段护脚平台面宽10～15米，其他险段平台面宽5～10米。尔后，天门江段的崩岸整治工程逐步增加，截至1998年，天门段护岸工程共有29处（段），总长40.08千米，占其河岸总长的27.84%，完成石方量103.60万立方米，国家投资2411.74万元。

岳口护岸工程 清嘉庆十四年（1809年），岳口绅士熊国成等于迎恩寺、蒋家拐、贺家拐、天禄坊、邱家巷等处新增石矶，以缓水势。嘉庆二十二年（1817年）、二十四年（1819年）旧矶石驳被冲塌。光绪二年（1876年），春秋阁堤外石矶冲陷。次年，天门知县胡昌铭，县丞杨光杰耗费8500串修复。光绪四年（1878年）六月，迎恩寺堤溃，矶岸随之坍陷，知县邵世恩、县丞杨光杰又筹资普修，前后共筹集亩费，租捐4万余串，加账款等项1.3万余串，复筑迎恩寺月堤及贺家拐以上石矶。光绪五年至十三年，为修复邱家巷、糖坊码头、春秋阁等处石矶，首事者金达燕在岳家口抽厘金，成立石矶局，每年收费约2000串，用于石矶修缮。新中国成立初期，对岳口旧存的坦坡、砖矶进行整修改造。1964年大水，岳口石矶多有冲刷，汛后，对岳口原有8个坦点全线进行砌石连接，水下抛石护脚，形成平台，水上护砌，形成长2320米护岸，险情得到控制，岸线基本稳定。

梁滩护岸工程 梁滩位于汉左堤防桩号220＋500～234＋700，长14.2千米。20世纪70年代以前河道主泓位于右岸，梁滩居住1个村，362户人家。自1975开始，主泓趋走左岸，梁滩开始崩失，80年代，滩岸崩失加剧，最大崩失宽度已达500米，崩岸与民垸堤防距离不足30米。左岸大量崩失，而右岸则淤积成洲，在东荆河口形成栏门沙滩，影响江水分流，加重了汉江下游防汛压力。1989年3月至1995年6月，对上梁滩隗家洲（桩号229＋570～231＋730）崩岸进行整治，采用水下抛石、水上浆砌块石护坡，完成土方9.38万立方米、石方5.67万立方米。1991—1998年间，在下梁滩（桩号225＋000～227＋100）砌石坦2100米，共完成石方17344立方米，因投资有限，未护砌的滩岸仍在崩失。

汉江在潜江市境内流程51.7千米，河道弯曲，河床横向摆动频繁，摆动最大宽度约5千米。高石碑至泽口一段，原位于左岸的杨湖滩、赵林滩、聂吕滩、彭家洲等，因主泓北移，陆续移到了右岸，梁滩在清同治年间位于右岸，至民国初年已移至左岸。泽口原在汉江左岸，因河泓几度左右摆动，同治年间湮于右岸。光绪二十四年（1898年），在龙头拐打桩建泅水矶，以防滩岸崩坍。但时隔51年，鄢家集（即泽口）月堤于1949年崩坍，集市已崩入河心，河泓移垸右150米。现河泓又向左移动，东荆河口形成河心沙洲。

1950—1951年，整治潜江境彭家祠崩滩，守护岸长300米，砌石576立方米，抛石2149立方米，国家投资5.19万元。此后陆续对深潭河、丁家埠、兴隆镇、王家拐、红庙、雷家潭、魏家湾、杨林洲、赵家台、龙头拐等处进行了守护，截至1995年，共实施崩岸治理工程11处，总长度5175米，耗石（砖）194300立方米，其中，砌石37076立方米、砌砖15576立方米、抛石141648立方米，国家投资325.42万元。具体见表6-1-4。

表6-1-4　　潜江市境汉江护岸工程完成情况表

施工地点	起止年份	长度/m	护砌高度/m		抛砌石方/m³				国家投资/万元
			坦顶	坦底	小计	砌石	抛护	砌砖	
彭家祠	1950—1951	300	38.0	30.5	18301	576	2149	15576	5.19
深河潭	1950—1967	900	38.0	31.0	6618	660	5958		10.38
丁家埠	1950—1975	570	39.0	31.5～33.0	6504	3158	3346		14.67
兴隆镇	1953—1995	580	37.5	30.5	92474	12367	80107		151.68
王家拐	1956—1993	695	37.5	31.5	24155	4199	19956		51.99
红 庙	1964—1980	220	37.5	30.5	2908	1522	1386		4.5
雷家潭	1967—1993	520	37.0	31.0	19014	3263	15751		45.27
魏家湾	1969—1973	500	38.5	31.0	4545	2770	1775		9.48
杨林洲	1977—1981	390			4989	3491	1498		11.02
赵家台	1979—1980	200	39.0		829		829		1.41
龙头拐	1984—1991	300		30.0	13963	5070	8893		19.83
合计		5175			194300	37076	141648	15576	325.42

汉江流经沔阳（今仙桃市）境河道长87千米，河道弯曲蜿蜒，凹岸居多，弯曲系数在1.14～2.14之间。由于曲线水流引起横向弯道环流，凹岸流速大，其上游部分为迎流顶冲，下游部分回流冲刷，冲坡淘脚，形成险段，沔阳境内崩岸整治始于清末，最早为窑湾崩岸砖砌护坦。嗣后，则以1928—1936年兴工整治居多，至1949年共修坦坡22处，总长3727米，其中，砖坦13处、石坦9处，每处长50～300米，坦厚35厘米，坦脚打有3排杉木桩基，脚槽、桩顶用三合土和混凝土浇筑成整体，以防冲刷。沔阳境汉江段新中国成立前护岸工程见表6-1-5。

表6-1-5　　沔阳境汉江新中国成立前护岸工程一览表

工程地址	类别	起止桩号	长度/m	兴建年份	附注
泗字号	干砌石坦	108+890～109+050	160		老坦尚存，已湮入边滩内
禹王宫	干砌石坦	109+390～109+580	190		老坦尚存，已湮入边滩内
高字号	干浆砌石坦	109+608～109+795	187		老坦尚存
向家拐	干砌石坦	117+690～117+810	120	1947	老坦尚存，后续建
廖堤角	浆、干砌石坦	121+830～122+000	170		老坦尚存，已湮人边滩内
仙桃	浆、干砌石坦	133+320～133+620	300	1931	老坦滑矬，已拆除重建
熊家湾	浆、干砌石坦	139+300～400附近	100		老坦已湮入边滩内数10m
陈家垸	浆、干砌石坦	147+080～147+280	200	1934	1952年退挽拆除
伞湾	浆、干砌砖坦	48+360～148+560	200	1931	1952年退挽拆除
蔡家滩	浆砌砖坦	149+610～149+670	60	1931	老坦拆除部分，续建干砌石坦
桑林垸	浆砌砖坦	53+360～153+440	80	1929	老坦拆除部分，续建干砌石坦
韦家台	浆砌砖坦	155+540～155+720	180	1928	老坦尚存修整，续建干砌石坦
樊罗许	浆砌砖坦	159+270～159+740	470	1930	老坦拆除上下游部分，续建干砌石坦
八屋台	浆砌砖坦	166+515～166+570	55		老坦拆除上下游部分，续建干砌石坦
刘家榨	浆砌砖坦	166+790～167+000	210	1936	老坦尚存，续建干砌石坦
涂家坦	浆砌砖坦	178+050～178+210	160		老坦局部冲毁，整修后又续建
涂家坦	浆砌砖坦	178+360～178+500	140	1930	老坦部分拆除，续建干砌石坦
丁家坦	浆砌砖坦	179+090～179+260	170		老坦部分拆除，续建干砌石坦
詹家坦	浆砌砖坦	179+775～179+800	125	1930	老坦部分拆除，续建干砌石坦
洪山庙	浆砌砖坦	182+64.0～182+740	100	1928	老坦已拆除，重建干砌石坦
窑湾	浆砌砖坦	185+450～185+600	150	1928	老坦部分拆除，续建干砌石坦
江家湾	浆砌砖坦	187+750～187+950	200	1931	老坦部分拆除，续建干砌石坦

新中国成立后，沔阳境险段不断进行整治，老险段坦坡完全废除2处，即陈家垸、伞湾，计长400米，实有20处，其中，砖坦13处、石坦7处，共长3327米。新险段自1950年开始，多以柳枕竹笼裹装蛮石沉抛水下护脚，坦坡砌石。经45年对险段的整治，新建和续建护岸工程达28处，总长达33011米，累计耗石78.893万立方米。具体见表6-1-6。

表 6-1-6　　沔阳境汉江新中国成立后护岸工程一览表

工程地址	起止桩号	长度/m	工程地址	起止桩号	长度/m
高字号	109＋608～109＋812	204	樊罗许	158＋560～160＋145	1585
潭洲湾	111＋580～111＋880	300	复兴寺	163＋600～163＋840	240
范家台	112＋620～113＋400	780	刘家大湾	164＋900～165＋870	970
官山	114＋070～114＋270	200	八屋台	166＋240～167＋540	1300
黄家越	116＋370～118＋240	1870	竹林湾	170＋100～171＋140	1040
廖堤角	121＋800～122＋000	200	上古寺	172＋860～174＋593	1733
鄢家湾	123＋470～124＋840	1370	詹丁涂	177＋960～180＋280	2320
仙桃	130＋780～133＋780	3000	洪山庙	182＋600～183＋400	800
小寺垸	134＋828～135＋450	622	窑湾	184＋696～185＋860	1164
观音堂	136＋770～138＋810	2040	李家嘴	186＋416～186＋656	240
龚家台	140＋571～141＋600	1029	江家湾	187＋703～189＋035	1332
蔡家滩	149＋000～149＋760	760	渔泛	193＋380～194＋200	820
鳊鱼嘴	151＋580～151＋770	190	卢家庙	195＋320～197＋450	2130
桑林垸	152＋338～155＋680	3342	合计	28处	33011
北湖垸	156＋320～157＋750	1430			

仙桃镇护岸工程　亦名城区护岸工程。仙桃镇险段位于汉右堤桩号130＋780～133＋780处，长3000米。位于弯曲河段凹岸，常年受主流冲刷，是沔阳境内的重点险段。清光绪末年（1908年）始筑石矶；矶身为台阶式垂直形，周边用采石和青砖砌筑，矶长40米，宽30米，矶顶高程36.00米；名复兴矶，又名万寿矶。

1946年，矶身部分崩坏，1947年，仙桃镇商会报请江汉工程局勘验批准修复，由第二工务所于5月13日进行招商比价，承包商以标价15246660元（旧币）中标。发包工程承揽书规定于5月21日开工，41个晴天完成，承包项目为：①将崩塌部分整理平坦，对不平之处加以凿平，并用水泥浆粉面，务使整齐美观；②沿原有石灰三合土墙内面建砖砌挡土墙，顶宽0.5米，底宽1.5米，高4米，长20米，用1∶2石灰浆砌，基础建于矶心之老土上，下面垫以0.5米厚干砌片石，挡土墙与老矶顶齐平（江汉工程局第二工务所《仙桃镇复兴矶修复工程计划书》)。修复工程于11月18日具造竣工表，实际完成工程量：挖填土方340.66立方米（挖方113.68立方米），干砌片石13.68立方米，浆砌青砖95.96立方米，用石灰41担，砂15.35立方米，总造价15223835元。

1972年9月中旬，矶身下游墙体突然倒塌，形成1.5米高的弧形陡坎，经现场勘测，报请批准，将倒塌处拆至矶脚，削成1∶2坡比，筑成长30米、垂高4.5米、厚0.3米的浆砌块石护岸，外用水泥砂浆勾缝，与原有矶身衔接成整体，并在矶身与堤身交汇处建一条排水沟，排泄矶面雨水。嗣后，多次进行抛石护脚，保持矶脚不致冲刷淘空。历经30多年，未出现新问题，至今矶身完好。

卢公矶护岸工程　位于桩号133＋300处，居复兴矶下游330米。因河道弯曲，迎流顶冲，滩岸冲刷殆尽。仙桃镇商会为保堤防安全，筹款兴修，时居北戴河之沔阳籍人士卢木斋于1925年捐献巨款，故名“卢公矶”。矶身为台阶式垂直形，用条石、混凝土混合建筑，次年竣工。1947年，矶身上下游侧面均发生垂直裂缝，裂缝宽3厘米以上。经仙桃镇商会报请江汉工程局第二工务所仅作为目前救急，用1∶3洋灰（水泥）砂浆灌缝表面处理，避免大量雨水渗入。

1950年，沔阳专署水利局沔川汉办事处对其进行了整修，但当年汛前检查发现原裂缝处再次裂开。1951年春在矶脚抛掷竹笼枕470个以护其脚；1952年度岁修又修矶驳下游干砌石坦长240米。尽管采取了多种措施，但石矶驳基脚早已淘空，加之当年9月13日仙桃站洪峰水位达35.45米，洪水漫过矶顶，矶心填土陷落0.3～0.4米，矶身外倾，砌筑条石撕裂，破损十分严重。经现场勘测和商议，认为石矶凸出河岸达20米，高耸陡壁，每届汛期，旋流冲刷矶脚、堤岸，且基础已淘空，矶墙开裂倾斜，即使整修矶身也难保安全；最后确定拆除矶驳，修建石坦。1953年1月12日开工拆除了矶驳，在133＋260～133＋420堤段按1∶2坡度改建干砌石坦长160米，水下进行抛石护脚，同时利用所拆的条石在133＋397处修建了15米长的码头。

新中国成立后，仙桃镇险段崩岸又多次进行过护岸整治。

1953年4月15日，桩号133＋359～133＋485两矶之间，突然发生崩矬，损坏新筑干砌石坦长46米、条石码头长15米、老浆砌石坦长65米，共长126米，其中有50米长自堤面三分之一连同老浆砌石坦崩矬成陡壁，垂高4～6米，堤面崩矬0.5～2米不等，内堤坡与内堤脚均有部分裂缝。经实地踏勘和商讨，决定将老堤外削内帮，加强护脚，暂做柳帘护岸，以维持当年安全度汛。

4月18日，沔阳县政府组成仙桃护岸工程委员会，由副县长高贵如任主任委员，24日正式开工，在桩号133＋359～133＋489长130米堤段内，外边坡削成1∶2，铺设柳簾护岸，抛石护脚长126米，宽12米；沿万寿矶上下抛枕镇脚，上抛竹笼石枕300个，下抛柳簾石枕300个；在133＋260～133＋700长440米堤段加筑内帮，堤面宽6米，内坡1∶3，并沿老堤内坡脚垂高1米处抽槽翻筑至高程30.00～32.00米，槽底宽2米，内外坡分别为1∶1.5和1∶1.1；同时，拆迁施工堤段内房屋63栋。工程于6月8日告竣。

1954年之后，根据冲刷变化情况，干砌石坦护岸逐年延伸，由几百米延长至3000米，桩号为130＋780～133＋780，至1995年累计耗石2.55万立方米，同时还不断进行抛石镇脚，使险段趋于稳定。

竹林湾护岸工程　竹林湾险段位于汉右桩号170＋000～171＋000处，系河道弯曲，迎流顶冲地段，受左岸吴家垴滩嘴射流影响发生崩坍，为沔阳境内重要险段之一。1953年始进行整治，当年施工长度180米，按1∶2削坡后采取柳簾护坡，每10米抛柳簾石枕15个，计270个，1955年又向下游延伸护岸长50米。1957年，将护岸柳簾拆除，改用干砌石护坡，施工长度340米。1959年又向下游延伸干砌石坦长110米。1965—1969年的4年间，于桩号170＋424～171＋140堤段抛石护脚和干砌石坦。

1971年9月，桩号170＋920～170＋924，长4米干砌石坦发生崩矬，当即抛石927立方米护脚，崩矬仍继续发展，长度扩展至15米，呈2米多高陡坎。1972年，在崩矬段上下200米内抛柳簾石枕1723个，3月27日竣工测量，自坦脚10米距离水下坡度达1∶

2；4月2日，又发生30米长的崩矬；5月25日，复抛护脚石1500立方米；6月中旬，乘水落之机，将坦身所堆积的大小石块捡抛水下护脚，填塞封闭崩坎，恢复坦身原状；6月26日，在桩号170＋920处，原崩矬部位又复矬0.8米高陡坎，29日再次水下测量，发现河泓趋向下移，急流冲刷严重，水下坡陡泓深，河泓逼近坦脚，向岸边移近5～10米左右，河泓水深在15～17米之间，坡度为1∶1～1∶1.5。1973—1982年的12年间，在桩号170＋220～171＋100的堤段内，以抛护脚石为主，坦外筑成宽2米平台，坡度为1∶1.5，以稳定河势。1983年10月洪水，此段冲刷严重，石坦下游滩岸崩坍15～20米，长100米，形成凹岸，老坦也受到不同程度的损坏，经测量水下坡度为1∶0.5～1∶1，枯水河泓深达12米以上，1984年岁修向下游延伸干砌石坦至170＋100处。同时，修复老坦，加强抛石护脚，仅此一次就抛石9311立方米，后又多次抛护，稳住了河岸。

汉江从1950—1985年止，共完成护岸石方210.72万立方米，守护长度10.5千米。

四、东荆河护岸工程

东荆河属冲积平原河流，河岸土质松软，抗冲击能力很弱，极易被洪水冲蚀，加之河道弯曲，河床过窄，导致崩岸险段时有发生。据《东荆河堤防基本资料汇编》统计，新中国成立以来田关以下两岸共发生崩岸76处，总长102.95千米，其中北岸31处、长46.69千米，南岸45处、长56.26千米。

东荆河护岸整险工程始于民国时期。1930年在赵家台、深河潭实施了护岸工程，共耗块石3363.40市方（合12444.58立方米）、青砖52029块、木桩（杉木）345根。1937年，兴建黎家月护岸工程，耗用块石511市方（合1890.70立方米）、青砖55020块。同年，朱新场兴建柴矶一座，于1953年冲毁。

新中国成立后，对旧有护岸工程进行了整治和利用，对新发的崩岸险工采取多种措施进行整治，在枯水位以下，以抛块石、柴枕和打桩镇脚为主；枯水位以上，则以干砌块石、青砖和框格护坡为主。截至1995年，东荆河田关以下两岸共实施较大护岸工程54处，守护长度75.434千米，完成石方50.93万立方米。具体见表6-1-7。

表6-1-7　　1951—1955年东荆河护岸工程一览表

序号	岸别	工程地点	施工长度/m	完成石方/m^3
合计		54处	75434	509282
一、潜江		17处	4750	80800
1	右	黎家月	750	12000
2	右	郑家月	250	3013
3	右	黄家窑	220	6039
4	右	廖家月	300	5641
5	右	红军月		7084
6	左	杨家场	250	516
7	左	胡家月	570	8697.8

续表

序号	岸别	工程地点	施工长度/m	完成石方/m³
8	左	高湖台	525	12959
9	左	沙月子	150	157.8
10	左	巴家场	380	4749
11	左	叶家拐	100	557
12	左	筛子垴	205	3334
13	左	双河口	500	4666.4
14	左	胡邓拐	150	2869
15	左	新沟坝	400	5458
16	左	幸福泵站		2959
17	左	朱家台闸		100
二、沔阳		23处	40049	23331
1	左	同兴垸	1170	12365
2	左	周潭湾	800	5258
3	左	金家渡	720	2655
4	左	邵沈渡	825	4869
5	左	太平口	1819	14112
6	左	王柳湾	200	2660
7	左	蒋家塘	140	480
8	左	殷家槽坊	1570	19978
9	左	宋新场	434	3200
10	左	友谊村	646	4021
11	左	白庙	880	8603
12	左	来仪寺	1175	16924
13	左	段家湾	876	3251
14	左	谢板桥	1980	6907
15	左	杨林尾	931	5874
16	左	九家湾	644	2812
17	左	杨王岭	717	5404
18	左	月小垸	1600	5131
19	左	刘小垸	1220	15147
20	左	新河口	467	3885
21	左	西洲	5000	3826
22	左	石山港	14700	69304
23	左	三合垸	6035	1666

续表

序号	岸别	工程地点	施工长度 /m	完成石方 /m^3
三、监利		6处	6300	33818
1	右	马家渊	1200	12500
2	右	刘家拐	200	1069
3	右	新河口	500	2325
4	右	伍家月	500	5470
5	右	楠木庙	2350	4457
6	右	简家渡	1550	7997
四、洪湖		8处	24335	161333
1	右	童家剅	2980	20121
2	右	东堤角	1300	19209
3	右	朱兴场	2180	10642
4	右	白庙	1720	8850
5	右	唐老湖	1630	8775
6	右	汉阳沟	10700	73918
7	右	周家台	1630	10018
8	右	民生闸	2195	9800

东荆河护岸工程初期较为简单。1951年，监利马家渊、沔阳殷家槽坊等崩岸险工，主要是在低水位时打木桩镇脚，再抛砖渣篾篓护脚。洪湖中革岭、沔阳太平口用砖渣柳枕施护，因当时缺乏材料，后改草包装土护脚，上部再砌砖块护岸。由于施工材料抗冲性不强，1952年根据“择要护岸，守点固线”的要求，马家渊、殷家槽场、范家桥、中革岭计划用块石护岸。为保证重点险工护岸工程所需，1953年实施的马家渊护岸工程，脚槽、坦坡均用浆砌块石，但其他各处则就地取材，以砖代石进行砌护。1954年，监利楠木庙、沔阳殷家槽坊、洪湖朱新场等处护岸，改浆砌块石为干砌块石护坡。

1955—1964年，先后完成潜江黎家月、巴家场，洪湖李家口、东堤角，沔阳太平口、谢板桥等处砌坦护岸；洪湖中革岭、花古桥、刘家渡、向家渡、苗家剅等处抛石护脚。1965—1990年，不仅施护崩岸险工，而且防护堤坡风浪，对堤距较宽、水面较大、常受风浪袭击的堤段，采取砌石和铺石相结合的方法进行防护。1966—1972年先后完成洪湖吴家剅至胡家湾14.60千米和沔阳石山港至三合垸18.30千米的堤坡护坦，砌石和铺坦顶高为31.50米，均超出最高洪水位。自20世纪90年代，东荆河护岸改用混凝土预制六方块砌坦坡，马家渊预制块护砌1200米，整体美观坚固。经过多年的护岸整险，对崩岸险工分期进行加固、改造和新建，使河岸的抗冲能力有了很大增强，水下坡度也由陡变缓，基本控制了险情的发生和发展。兹将马家渊等3处护岸工程记载如下。

马家渊护岸工程 马家渊险段位于东荆河南岸监利新沟嘴街北，桩号56＋600～57＋800，滩岸长1200米，滩岸陡窄，迎流顶冲，堤内脚紧邻渊塘，连年外崩内渗，是重点险工险段。1951年8月，正值汛期，外坡崩矬12米，急用草袋装砖渣进行抛护，在激流冲刷之处挂柳簾防冲，方得以度汛。汛后进行退堤还滩，在桩号56+700～57+500处退挽新堤一道，面宽6米，堤身才基本趋于稳定。1952年冬，实施马家渊护岸工程，成立“监利县马家渊护岸委员会”，组织新沟区劳力实施。此次施工，在桩号57+200～57+400严重崩矬地段，开挖一道200米长的脚槽，宽2米，深1米，槽底高程23.80米，打杉木桩2排，桩距1.4米，排距1.5米，桩长8～9米，将桩打平槽底，桩顶上用1∶3的水泥砂浆砌块石坦坡，坦坡高程由24.80米砌至26.80米，坦坡比1∶3；低水位以下，再抛蛮石护脚。工程于1953年4月竣工，共耗用木桩（杉树）270根、块石2172立方米、水泥122吨，共投资7.19万元。

1953年险情向下游发展，滩岸相继崩成陡坎，是年冬新护岸200米，完成土方1.58万立方米，砌坦、散抛块石2003立方米，打杉木桩270根。1954年大水，采取一些临时抢护措施。嗣后，继续抛石镇脚和改用混凝土预制框格抛护。自20世纪90年代，又改用混凝土预制六方块砌坦坡，至2000年，马家渊护岸长度从1951年的200米增加到1200米，坦坡砌护高程也由26.80米增至35.50米。累计完成石方1.25万立方米，砌砖126立方米，砌框格4000个，混凝土129立方米，木材576根。经多年护岸整险，崩岸已得到控制。

朱兴场护岸工程　朱兴场险段位于东荆河右岸洪湖市朱兴场集市，桩号101+420～103+600，崩岸长2180米。险段堤外临河，深泓贴岸，迎流顶冲；堤内为集镇所在地，房屋众多，人口稠密，无退堤之地，系历史著名险段之一。1934年朱兴场民众集资修建一座桩基砖石结构矶头一座，后年久失修，水流淘空矶脚，1951年汛期，矶头崩矬，危及堤身，紧急抢护。1951年冬拆除矶头，外削内帮，拆走堤街民居，1955年干砌石护坡，完成石方2016立方米。1964年汛后检查，发现该段堤坡下部已被洪水冲成陡坎，危及堤身。是年，自万家坝至朱兴场修建块石固脚护坡工程，逐年延伸，并降低脚槽和加高坦顶，槽底高程25.00米，坦顶高程33.00米，截至1990年，完成崩岸整治长2180米，累计完成石方10642立方米，崩岸得到控制。

唐老湖护岸工程　唐老湖险段位于东荆河南岸洪湖市境，桩号113+270～114+883，崩岸长1613米。该段堤外无滩，上受迎流顶冲，下遭回流扫射，堤岸崩坍严重。1963年始沉抛散石固脚，1964年10月东荆河发生大洪水，堤脚遭受冲刷，原抛散石冲走，滩岸剧烈崩坍，部分堤外坡崩失，堤顶出现裂缝。是年冬，实施唐老湖护岸整险工程，堤外块石固脚护坡，堤内帮宽加固。至1986年，共完成石方8775立方米，其中，砌石护坡7506立方米，抛石镇脚1269立方米，坦脚高程24.00米，坦顶高程30.00～32.60米，工程实施后，崩岸险情得到控制。

第二节　下荆江系统裁弯工程

下荆江系统裁弯工程是治理荆江的重大措施之一。

下荆江从藕池口至城陵矶，属典型的蜿蜒型河段，河道弯曲率2.97，河曲左右摆幅达20～30千米。历史上，曾发生多次自然裁弯，但每次裁弯后，流速加大，下游河段崩坍加剧，往往发展成新的弯曲，又恢复水流不畅的旧况。如此恶性循环，于行洪、航运和农业生产不利。为扩大洪水宣泄能力，避免自然裁弯后的不利影响，故而实施人工裁弯工程。

一、裁弯工程规划

1936年，扬子江水利委员会编制《扬子江中游之危机及其初步首要整治工程报告》，首次提出实施上车湾截弯取直工程。报告指出：上车湾为扬子江中游之著名险工，地势既易溃决，而溃决后影响所及范围甚广，且关系汉口者尤巨，因其线路较江流较为近捷。其具体情况为：江流于上车湾段时面宽约为1500米，本由南而北180度之曲线，但其半径则不足3000米，至此复折南流，河道弯曲大，故其水流湍急异常；再者，堤身逼近江岸，扬子江宜（昌）、沙（市）、岳州间，江流盘旋，曲折殊甚，但其两岸干堤多取直线，不随江流而迂回，惟上车湾一段，则紧靠江边，适当水势之冲；扬子江中游北岸地势本均低洼，而以上车湾堤内更为尤甚，其与堤顶相差约10米，且自民国十五年（1926年）溃堤以后，堤内一片沙壤，深至数丈，已不能再作垸堤之基础矣。

同年，扬子江水利委员会编制出《上车湾裁弯取直工程计划书》，详细拟定了裁弯新河的线路、开挖断面、护岸工程、石坝工程和洪水堤工程计划，概算出工程投资和工程效益，但未能付诸实施。

新中国成立后，1952年4月，长江委编制完成《查勘荆江河道裁弯取直工程报告》，再度提出对荆江进行裁弯取直的意见，具体拟定了引河线路选定原则和裁弯引河线路方案。

拟定裁弯引河路线的十大原则为：①裁弯后，其上下游河槽以不改变原有之规律为首要条件；②裁弯后，以能增加泄洪量，使水畅流为原则；③引河路线，以结合地形、远离北岸（左岸）干堤为原则；④引河上下口之进水与出水河槽，必须顺上下老河槽之流向与水性；⑤一组裁弯，以能裁去较多之弯曲为原则；⑥引河以路线短、工程小，且有顺水性之缓和弯曲为原则；⑦护岸工程小；⑧引河位置以土质坚硬、地势低洼，能利用所裁曲狭颈地区为原则；⑨紧接引河下口之老河槽已有控制点为原则；⑩引河以利灌溉与航运为原则。

根据上述原则，拟定两组裁弯的引河路线。第一组引河路线，自石首三户街起，经复兴垸、田家湖、何家沟、毕家铺、二份（地名）至来家铺止，长约20千米，裁去三户街、调弦口、陡湾子、来家铺4处锐弯，缩短航程37千米，并可利用塔市驿控制点，使下游老河槽不易改变其原有规律。第二组引河线路，自监利洋栏起，利用原有北泓老河槽经沈家台、七十丈、八星角、上五岭、护城垸而至蒋家垴止，长约18千米，裁去监利、徐家长岭、上车湾3处锐弯，缩短航程21千米，并可发挥城陵矶的作用，控制下游河槽的演变。另一意见为对第二组裁弯引河线路的修正，自天字一号至砖桥辟一弧形引河，即采用扬子江水利委员会上车湾裁弯取直工程方案。其优点是：引河长仅3.5千米，工程费较少；能缩短航程35千米，对航运利益较大。

1957年后，长办继续进行下荆江裁弯工程的勘测、规划和科研工作。1958—1960年委托南京大学对荆江地质地貌进行调查，在引河地区实施地质钻探98孔，初步查明了引河地区的地质情况。1959 年 3 月长办邀请长江水利水电科学研究院（简称水科院）、武汉水利电力学院（简称武汉水院）、长江航道局、省水利厅和南京大学等单位共同组成查勘队，勘定裁弯路线。

1959 年 2 月，苏联科学院院士 K. H. 罗辛斯基应邀到长办指导工作。2 月 24 日至 3 月 5 日，与水科院院长何之泰、武汉水利电力学院副院长张瑞瑾等一同赴长江三峡至武汉河段查勘，途中讨论下荆江裁弯取直线路方案。

经长办及有关单位对下荆江裁弯进行勘测调查分析，并作河工模型试验，针对下荆江河道特性，就扩大洪水泄量，降低荆江自沙市以下沿程洪水位，保护荆江大堤安全和沿江农田安全，缩短航程和切除碍航急弯浅滩等方面的问题，作系统地论证。一致认为：应在下荆江实施有计划有步骤地系统裁弯取直，并结合护岸工程控制弯道的发展，改善下荆江现有的状况。关于系统裁弯线路，提出有南、北线 4 种方案作进一步比较。

1960 年 6 月，长办编制《下荆江系统裁弯取直初步规划研究》报告，选定由沙滩子、中洲子和上车湾 3 处主要裁弯工程组成的南线方案，报告从河道外形、防洪航运以及工程投入效益和农田损毁等方面作了比较论证，认为南线方案紧邻墨山边缘，地质坚实，可减轻新河及裁弯后的河势控制，减少护岸工程量；诱使河道远离左岸荆江大堤，减轻荆江大堤防洪压力；利用裁弯后滩地，故道和民垸，可开辟作为分洪垦殖区通道，并符合荆江地质地貌的自然情况，易于固槽护岸，使河槽稳定。故对图 6-1-2 下荆江系统裁弯规划中 1-1、2-2、4-1、7-1、9-2 等引河线组成的南线方案作进一步的河床演变估算、河工模型试验及经济效益论证。

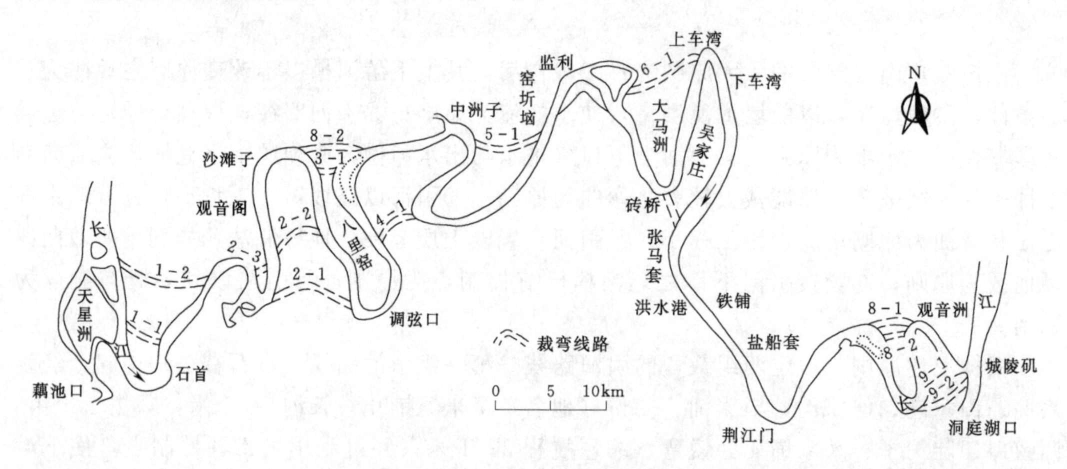

图 6-1-2 下荆江系统裁弯规划图

规划拟定以后，又针对裁弯实施后河道是否会继续迂回弯曲，裁弯实施过程对航道是否会发生不利影响，以及裁弯后河道护岸工程能否稳定等技术问题，继续在下荆江开展系列观测研究工作，一方面参考有关资料，对河道特性进行分析研究；另一方面总结国内外裁弯工程实践经验，对蜿蜒型河道的成因，通过广泛收集国内蜿蜒型河道资料进行对比分析，并在试验室进行黏土冲刷和造床试验研究。裁弯工程线路最终根据“进口迎流、出口顺畅”的原则选定。即选择上车湾、中洲子和沙滩子 3 个弯道系统裁弯的南线方案，1965 年得到水利部批准。

工程造价估算　下荆江系统裁弯采取“引河法”施工方式，即在裁弯河段狭颈处先开挖一条断面适当、能满足航深要求的曲线形式引河，借水力冲刷，使其逐渐成为新河。引河开挖深度为当地历年平均最枯水位以下 3 米，开挖底宽 150 米，边坡坡比 1∶2。在新河冲刷发展达到稳定时，实施凹岸护岸工程，在其他未实施裁弯的崩岸严重河段，也采取护岸措施。护岸工程结构为历年平均枯水位以下沉排护底，以上块石砌坡。总计引河开挖土方总量 6815 万立方米，护岸总长度为 74 千米。工程总造价为 1.9 亿元，其中，引河开挖及筑堤 1.2 亿元、护岸工程 0.7 亿元。

经济效益论证　防洪效益方面，下荆江系统裁弯后，将降低沙市洪水位约 0.2 米，对当时和三峡水利枢纽建成后，确保荆江大堤安全均具有显著作用。下荆江裁弯固槽后，每年可减少崩岸造成的损失约 64 万元。航运效益方面，按 1962 年长江年货运量 4000 万吨为标准，裁弯后缩短航程 97 千米，每年节约营运费和航道维护费 1723 万元，加上可节省船舶投资，则约 6.5 年即可收回裁弯工程全部投资。

实施程序　初步选定的南线方案中，虽包括下荆江系统裁弯规划图 6－1－2 中 1－1、2－2、4－1、7－1 和 9－2 共 5 个裁弯河段，但其中 1－1 河段裁弯比较小，工程效益不大，且与藕池口控制闸的闸址有矛盾，并影响到石首县工农业发展，故考虑不裁；9－2 河段裁弯比更小，经济效益更小，也考虑不裁或缓裁；其余 2－2（或 2－1）、4－1、7－1 河段可以先后施工，若无大的地质问题，拟对 7－1 或 4－1 河段作进一步比较，再选其中之一作为典型试验性裁弯工程。

二、人工裁弯

中洲子裁弯工程　中洲子河湾位于调弦河湾下游约 5 千米处。调弦河湾狭颈两侧崩岸严重，1951—1962 年间，狭颈区两侧崩岸年均宽度达 60 余米，致使狭颈宽度不断缩小，1964 年 8 月实测狭颈区最窄处宽度仅 550 米，且崩坍趋势未得到减缓。若任其发展，将导致自然裁弯，给治理荆江造成极为被动的局面。1964 年长办开展研究阻止调弦河湾发生自然裁弯的两种工程方案。

第一种方案是在河湾狭颈区两侧崩岸严重岸段实施必要的护岸工程，并在滩面植柳保护，以防止汛期水流冲穿狭颈，发生自然裁直。因当时狭颈下游岸段（东侧）崩岸较上游岸段（西侧）剧烈，拟在下游段抛石护岸长 3.5 千米，上游段抛石护岸长 1.5 千米，并在狭颈区滩地种植柳树，以减小漫滩流速，避免水头过于集中而发生溯源性侵蚀。工程拟需抛投块石 22.5 万立方米、植柳 4.5 万株。

第二种方案是按照下荆江系统裁弯规划方案，选择调弦河湾下游中洲子河湾或上游的沙滩子河湾一处立即实施人工裁弯，使河流改道，从而摆脱调弦河湾狭颈区东侧或西侧的崩岸威胁，避免发生自然裁弯。沙滩子裁弯工程量比中洲子大，而裁弯比则较小。

通过方案比较认为，为防止自然裁弯发生不利影响，并使近期工程能与下荆江系统裁弯方案相结合，选定在中洲子河湾实施裁弯试验工程。通过试验性工程，为实施下荆江系统裁弯工程取得经验。1964 年 11 月，长办编制《下荆江裁弯试验工程规划报告》，提出中洲子人工裁弯工程规划，裁弯工程包括引河开挖工程、新河北岸堤防工程、新河凹岸护岸工程、调弦河湾狭颈区上游段护岸工程，以及引河发展维护工程等项目。主要工程量为引河开挖土方123.1万立方米，北岸堤防工程土方28.8万立方米，抛石护岸长5.0千米，需块石22.5万立方米。工程总造价869.7万元。1964年12月长办将此报告上报水电部。

1965年省水利厅以〔65〕鄂水堤字第146号文报送水电部，对长办规划报告提出相关意见：采用南线系统裁弯方案是缓和上、下荆江防洪矛盾的正确有效措施，是整个荆江防洪规划的主要组成部分，对防洪、航运、农业以及河道整治均有显著效益；工程实施宜先下后上，以免尾闾不畅；为防止自然裁弯，应在调弦河湾狭颈护岸，先进行上车湾裁弯，有力量则同时进行中洲子裁弯；人工裁弯应与护岸工程结合统一安排。

1965年长江航运管理局以道程〔65〕字第014号文主送交通部，抄送水电部，对长办规划报告提出意见：对引河经过地区的亚砂土层的冲刷流速，应作进一步研究，以便更好地决定引河开挖尺度；裁弯后引河尚未冲深达到通航水深，而老河已有淤积碍航情况，应将航道维护费列入专款；进一步研究裁弯后对下游浅滩的影响，以及下游含沙量增大情况；研究裁弯后对上游水位降低的影响范围；进一步研究引河定线，以达到进口迎流、出口顺畅，避免复兴洲顶冲。

1965年12月，长科院编制《下荆江中洲子裁弯试验工程扩大初步设计》，对引河路线、开挖断面、开挖方式、调弦狭颈和新河北岸护岸工程，以及新河北堤工程等提出设计方案；对裁弯后新河上下游河势控制及通航维护也提出工程措施。

1965年水电部以〔65〕水电规水字第49号文作出批复："我部认为你办所提防止调弦河湾自然裁直的方案，属于局部性试验性的工程，可由湖北省安排计划，技术上请你办负责并征得长江航运管理局的同意。在确定方案时，希充分考虑不利因素，力争搞成功。……此项工程的投资希控制在500万～800万元以内，属地方项目，所需经费由湖北省的防汛岁修费或基建费内调剂解决。"

1966年7月，省水利厅以〔65〕鄂水堤字第308号文报水电部，决定中洲子裁弯试验工程于当年冬开始施工，由荆州专署水利局成立荆州专区长江中洲子裁弯工程指挥部负责组织施工，引河开挖工程和北堤工程由石首县组织完成，引河水下开挖工程由长江航道局吸扬式挖泥船承担。

中洲子裁弯工程是全国首次在长江上实施的裁弯工程，引河长4.3千米，平均弯曲半径2.5千米，裁弯比8.5。根据引河地区地质条件和下荆江水文泥沙特点，选定中洲子裁弯引河底宽为30米，开挖深度以将黏土层全部挖除为准，一般开挖深度为6米，引河边坡人工开挖部分坡度为1∶2，水下机械开挖部分为1∶1.5。引河开挖断面面积仅为原河道的1/30。为保证水下开挖施工能在静水中进行，在引河中段预留土埂，待引河过流前爆除。工程于1966年10月25日开工，次年3月10日竣工，施工人员最多达1.6万人，完成开挖土方134.5万立方米。水下开挖由3艘吸扬式挖泥船于1967年3月8日至5月22日完成，开挖土方52.2万立方米。总计引河开挖土方186.7万立方米。

为保障新河北岸农业生产和人民群众生命财产安全，按洲堤标准在新河发展控制线以北500米处修建北堤，堤长4022米，堤顶高出1954年当地最高洪水位0.5米，顶宽4米，内、外坡比为1∶3。工程于1966年12月上旬开工，次年4月下旬竣工，共完成土方40万立方米，栽植防浪林1.49万株。

1965年12月实测调弦河湾狭颈最窄处宽度仅430米，为配合中洲子裁弯工程的实施，确保狭颈不被水流冲开，1966 年 3—5 月在狭颈西侧实施抛石护岸工程，并于 1967 年 4—5 月修建狭颈隔堤工程。狭颈西侧护岸工程设计长度 2 千米，分两期施工。第一期先进行狭颈最窄段 1.2 千米岸线施工，1966 年 3 月 3 日开工，5 月 16 日完工，采用护一段空一段形式，实护长 710 米，控制长 990 米，共抛石 2.3 万立方米。通过当年汛期观测，未发现岸线继续崩坍，同时护岸段上游主流有离岸过渡的趋势，故未对第一期护岸工程实施加固，也未继续实施第二期护岸工程。

狭颈隔堤全长 2 千米，堤顶高出当地 1954 年最高洪水位 1.0 米，堤顶宽 3 米，西侧边坡坡比 1：3，东侧 1：2.5，原设计分两期施工。第一期工程长 1.5 千米，堤顶较原设计降低 0.5 米，于 1967 年 4 月 13 日开工，5 月 27 日竣工，共完成土方 8.5 万立方米、裹头块石 455 立方米。经漫滩洪水冲刷，堤身仍完整良好。鉴于第一期隔堤工程已起到防止漫滩水流冲刷滩面的作用，故未继续实施第二期隔堤工程。中洲子人工裁弯引河开挖工程于 1967 年 5 月 22 日竣工。鉴于此时江水已与预留土埂齐平，遂于 5 月 23 日 15 时将引河中部预留土埂爆除，引河通流。通流后引河发展迅速，经过一个汛期水流冲刷，1967 年 10 月 26 日，引河发展成宽 631 米的新河，当月即被辟为长江主航道。1968 年 3 月初，新河宽 769 米，平均过水断面面积 9850 平方米，为下荆江平均河宽（约 1100 米）和平滩过水断面面积（约 1.3 万平方米）的 75%，故汛前仍不宜在新河凹岸实施护岸工程。10 月中下旬，新河平滩过水断面面积为 1.07 万平方米，虽未达到预期过水断面面积（1.3 万平方米），但河宽已达 1200 米以上，且凹岸尚在剧烈崩坍，遂于 1968 年 11 月 17 日开始实施抢护。新河护岸工程从凹岸中段崩岸线离堤最近处先行施工，逐步向上下游延伸。护岸工程水下部分以抛石为主，结合沉枕、抛铅丝笼；枯水位以上为块石护坡。1968 年汛后至 1971 年汛前，经过 3 个枯水期及 2 个汛期抢护，新河凹岸岸线基本得到控制。以后逐年加固，截至 1983 年，共守护岸线长 4130 米，完成石方 55.78 万立方米、削坡土方 67.8 万立方米、抛枕 9251 个、投资 836.7 万元。

上车湾裁弯工程　上车湾裁弯工程为下荆江系统裁弯工程重要组成部分。1965 年研究下荆江裁弯工程实施方案时，即有“裁弯工程要自下游而上游实施”的建议。由于中洲子试验性裁弯工程引河 1967 年汛期发展顺利，汛后即被辟为长江主航道，故 1968 年初监利县、湖南省岳阳地区水利局及华容县要求长办实施上车湾裁弯工程，以加速对荆江的治理。长科院承担上车湾裁弯工程规划工作，于 1968 年 3 月组织长办水文处、湖南岳阳地区水利局、华容县水利局有关人员至上车湾裁弯地区实地查勘，了解河道演变情况，征求各方意见。其后于当年 10 月编制《下荆江上车湾裁弯工程规划报告》，11 月水电部军事管制委员会（以下简称水电部军管会）决定将上车湾裁弯工程列入当年冬季和翌年春季水利建设项目。

上车湾河段位于洞庭湖出口城陵矶上游约 50 千米处，为一舌形急弯，河段长 32.7 千米，狭颈宽度仅 1.85 千米，设计引河长 3.5 千米，弯曲半径为 2 千米，裁弯比 9.3。引河中心线平面形态为向北的曲线，进出口与上下游河道平顺衔接。根据引河地区地质条件和水文泥沙特点，参照中洲子裁弯工程经验，引河开挖深度为设计枯水位以下 3 米，引河底宽上段为 30 米，下段为 20 米，开挖断面面积约为原河道的 1/17～1/25。

长办接水电部军管会通知后，派工程技术人员赶赴工地进行施工测量放样，1968 年

11月25—30日完成任务。1968年11月下旬湖南省革命委员会将裁弯工程施工任务下达至岳阳地区革命委员会，成立长江改道工程，湖南省岳阳地区指挥部负责组织施工。

引河开挖第一期工程分陆上施工和水下开挖。陆上施工由湖南省岳阳地区指挥部组织华容、岳阳、湘阴、汨罗、临湘等县民工共3万余人承担；水下开挖施工由长江航道局调集链斗式挖泥船1艘、吸扬式挖泥船3艘承担。施工技术管理工作由岳阳地区水利局、长科院和长办荆江河床实验站派员承担。1968年12月6日正式提出《上车湾裁弯第一期工程人工开挖施工组织计划》，明确引河全长3.4千米；陆上人工开挖底边线为设计枯水位以上2米；上段1.9千米开挖底宽64米，下段1.5千米开挖底宽46米；引河两侧边坡坡比上部为1：3，下部为1：2；开挖土方总量为208.6万立方米。1969年1月根据引河土质情况，提出《上车湾裁弯工程引河开挖修改设计报告》，将开挖断面底宽和边坡坡比作出调整，这样既便于施工，人工开挖总量也可减少20.5万立方米。引河陆上开挖工程于1968年12月7日开工，次年1月28日完工，完成开挖土方177万立方米。引河水下开挖工程于1969年2月24日开工，6月3日完工。施工过程中对机械开挖设计方案作出修改，即引河下段砂性土壤全部不挖，集中挖泥船挖除上段黏性土层，从而节省开挖土方量，总计完成水下开挖土方42万立方米。整个引河开挖总土方量为219万立方米。为使挖泥船能在静水条件下施工，并兼作引河施工期间的交通道路，在引河中段预留土埂。

1969年汛期长江水位上涨，6月26日将引河预留土埂爆除，引河开始过流，8月31日引河正式成为单线航道。由于引河上段600米长河岸黏性土层厚达30余米，1969年汛期冲刷发展缓慢，引河下段发展受到限制，汛后引河断面尺度尚未达到通航要求。汛后随着江水位下落，引河上段河道狭窄，流速较大，航行困难，当年10月17日引河封航，整个枯水期均维持老河通航，未出现碍航情况。

为尽快发挥裁弯工程效益，先满足单线通航要求，1969年冬实施第二期施工，主要工程任务是在进口段600米范围内以人工与挖泥船开挖方式将引河拓宽与挖深，局部地段使用爆破方式施工。自1969年11月至1970年2月，完成人工开挖土方8万立方米，挖泥船开挖土方11万立方米。1970年10月至1971年1月，又采取挖泥船和爆破方式继续施工。整个引河第二期开挖工程共完成土方41.3万立方米，其中，人工开挖8万立方米，挖泥船开挖24万立方米，由两艘吸扬式挖泥船完成。同时，还先后进行6次土方爆除施工，炸除土方9.3万立方米。

经过两期引河开挖施工，总计开挖土方260.3万立方米。引河在水流冲刷作用下，逐步发展成为新河，1970年5月，成为长江单线航道；1971年5月，成为长江主航道。

1972年长科院通过新河实测资料分析和河工模型试验研究，认为在不影响泄洪和有利于裁弯河段河势控制前提下，当新河宽度为800～1000米、平滩水位下过水断面面积大于1万平方米时进行护岸为宜。预计1972年汛后新河宽度将接近800米，1973年汛后将超过900米，届时进行护岸较适合，对防洪、航运均为有利。因此，1972年8月长办编制《下荆江上车湾裁弯工程新河及进出口河段护岸规划》，并于当年10月报水电部审批。此后根据新河发展情况，先后十余次报请水电部批准实施新河及上下游护岸工程。在此期间，湖北省水利厅也多次请求水电部批准此项工程。直至1982年始获准在新河出口下游左岸天星阁岸段实施护岸工程。1983年开始实施新河护岸工程。以后逐年延长和加固护岸工程，至1986年上车湾新河及下游天星阁岸线才趋于稳定。新河守护岸线长4590米，天星阁守护岸线长4360米。但由于新河及天星阁守护较晚，新河弯道顶点下移至天星阁一带，致使下游右岸洪水港一带水流顶冲点下移，出现新的险工段。

三、自然裁弯

荆江河道自然裁弯是在河道极度弯曲的情况下，水流冲开“舌形”弯道的根部，形成新的河道。据有关资料论证，弯曲河段首先在下荆江形成，这与石首藕池口决口成河有着密切联系，藕池口决口分流，大量洪水经藕池口分流入洞庭湖，下荆江来量减少，中低水位时间延长，水流直接冲刷滩岸，河道逐步由微弯状态演变成蜿蜒型河流。距藕池口决口（1860年）仅8年后的同治八年（1869年），石首沙滩子河湾已发育明显，自咸丰年开始，先后发生古长堤（1887年）、西湖（年代不详）、尺八口（1909年）等5处自然裁弯，现存遗迹可考，新中国成立后，又先后发生碾子湾、沙滩子自然裁弯取直和向家洲切滩撇弯。

碾子湾自然裁弯　1949年7月，江水冲开石首河段荷午夹，发生碾子湾自然裁弯。荷午夹处原系芦苇丛生的滩地，上有一条被水流冲刷而成的老串沟，贯通东西，长约2千米，宽100～500米，夏秋水涨，洲垸被隔，枯水季节可步行过沟，此串沟名为荷午夹。1949年洪水上涨，上下冲刷剧烈，串沟很快扩展成新河，宽约360米，水深达7～9米，深槽居中。经1950年汛期再次冲刷，新河宽度与老河宽度基本相同，6月正式通航。碾子湾自然裁弯缩短航程19.16千米。

沙滩子河湾裁弯　沙滩子河湾位于藕池口下游37千米处。上游碾子湾河湾于1949年自然裁弯后，引起下游河势剧烈变化，沙滩子河湾狭颈西侧发生剧烈崩坍。至1970年汛后狭颈最窄处仅宽1.3千米，已有明显自然裁弯趋势。石首县于1970年10月26日和12月21日先后两次向省、地水利部门报告，反映沙滩子河湾狭颈变化情况，要求于当年冬实施人工裁弯工程。1970年11月由长办、湖北省水电局、荆州地区水电局、长江航道局、荆州地区长江修防处、石首县等单位派员进行现场查勘，查勘结论提出应抢在自然裁弯发生之前实施人工裁弯工程，争取1970年冬进行施工。长办于1970年12月4日现场查勘后，以文件形式报送湖北省革委会，并抄报水电部，要求尽快实施人工裁弯工程。报告称：“沙滩子狭颈明年汛期自然裁弯的可能性很大，自然裁弯后，对上下游河势的变化是不利的，因此宜尽快实施沙滩子裁弯工程，以免自然裁弯后造成不利的被动局面。”

1971年2月长科院编制《下荆江沙滩子裁弯工程规划报告》，并经引河线路南、中、北3个方案进行比较后，选定中线方案。2月11日，长办将报告报送水电部和湖北省革委会，规划报告认为，由于河势急剧变化，1971年汛期如遇较大洪水，狭颈有发生自然裁弯的可能。自然裁弯以后，出口与下游河势极不平顺，将引起下游河势剧烈变化。如果推迟到当年冬施工，施工以后，狭颈仍可能冲开，将发生两河并存情况，故沙滩子裁弯工程有提前于1971年春实施的必要。

沙滩子河湾狭颈地区经过1971年汛期水流冲刷，当年11月底查勘时，狭颈西侧岸坎至东侧滩面串沟的最小距离仅250米，情况十分紧急。长办于当年11月和12月报告水电部和湖北省革委会，要求于当年冬实施沙滩子人工裁弯工程，未获批复。

荆江河段六合垸北堤外沿六合垸至河口段原有几条串沟，每年汛期过水，均未冲开。但自然裁弯前几年河道冲刷加剧，这些串沟于1972年7月开始冲深扩宽，汇流成河。由于至1972年汛前一直未在沙滩子河湾狭颈区采取任何防止自然裁弯的工程措施，当年7月19日沙滩子河湾狭颈终被水流冲开，形成自然裁弯。其形成的新河较人工裁弯工程规划的新河线偏北约2千米，新河出口与下游河势衔接极不顺畅。据7月24日实测资料，被冲开的串沟下口宽130米，流速2.5～3.0米每秒，流量约2000立方米每秒，出口水深达7米。

沙滩子自然裁弯前，狭颈宽度仅1.3千米。自然裁弯发生后，新河长仅1.45千米，老河长21.65千米，裁弯比约15，新河以极快速度发展。据1971年7月31日实测资料，新河分流量达8610立方米每秒，占上游来量的44%；新河宽由冲开时的30米扩展至350～560米，水深14～31米，过水面积5590平方米，水面比降0.48‰。8月6日晚，新河出口下游约1千米处，因航槽急剧变化和流速增快，发生拖轮沉没事故；13日新河被辟为正式航道，老河停止通航；20日流量增至9710立方米每秒，占当时干流总量的83%。9月25日进出口水位仅相差0.07米，基本调平。

1972年8月2日，湖北省水电局以鄂革水电〔72〕389号文《关于六合垸串沟被冲开的紧急报告》上报水电部，要求将沙滩子裁弯控制工程列入1973年度计划，并预拨经费，进行施工准备。

1972年10月24日成立六合垸裁弯护岸工程指挥部，当年冬，新河北岸护岸工程开始施工。护岸工程长1.5千米，石方10.2万立方米。1973年春新河护岸工程竣工后，新河进口上游右岸的寡妇夹岸段因未实施护岸工程，崩退迅速，新河主流顶冲位置下移至新河出口下游，以致新河护岸工程逐渐淤废。

向家洲切滩撇弯　向家洲位于石首河段左岸合作垸一带，呈一狭长滩嘴。1972年下荆江沙滩子自然裁弯后，上游河势变化急剧，河段左岸不断崩退，至1990年共崩退500～1500米，弯道水流矬弯、撇弯交替出现，主流走天星洲洲头右岸向左岸过渡，顶冲陀阳树至古丈堤岸线，贴左岸进入石首河湾。天星洲洲头大片沙洲被冲走，靠左岸江心出现散乱洲滩。陀阳树、古丈堤与向家洲狭颈岸线崩坍迅速，崩岸线长达12千米，枯水期崩坎高7～8米。1987年5月至1990年3月，洲滩崩失200～300米。1965年向家洲狭颈宽3000米，至1990年9月底仅余170米。1994年6月11日向家洲狭颈崩穿过流，新河口门迅速扩展，至8月7日，口门已达1190米。

四、裁弯对上下游河道影响

中洲子和上车湾裁弯工程、沙滩子自然裁弯工程实施后，上游河道比降加大，河床冲刷加剧，荆南藕池河、虎渡河、松滋河河道分流分沙量大幅度减少，对洞庭湖、荆江乃至长江中下游防洪产生并将继续产生重大影响。向家洲撇弯亦造成上下游河势发生变化。

长委1992年9月编制的《长江中下游蓄洪防洪工程规划报告（送审稿）》中对下荆江裁弯工程防洪效果作出分析：由于人类活动影响，尤其是下荆江系统裁弯所引起的急剧变化，荆江河段水文情况发生新的调整，沙市、新厂等站的洪水位明显降低，泄洪能力有较大幅度增加。根据裁弯前后历年水文资料分析，由于受裁弯影响，荆江河段泄洪能力有所增加，随城陵矶水位的不同，沙市泄洪能力约增加4000立方米每秒（当流量为50000立方米每秒时，相应水位约降低0.3～0.5米）；四口分流比呈递减趋势，其中以藕池口衰减最为明显。以历年（1955—1987年）汛期一次洪水过程分析，裁弯前松滋口分流比平均为13.15%、裁弯后为12.10%，裁弯前太平口分流比平均为5.34%、裁弯后平均为4.42%，藕池口分流比则由裁弯前的平均19.76%锐减为裁弯后的8.56%，四口合计分流比由裁弯前的39.21%减为裁弯后的25.08%；四口分流洪峰流量大幅度减少，监利流量相应增大，水位抬高，下荆江防洪压力加大；四口输沙量由裁弯前的1.91亿吨（1966年）减为裁弯后的1.02亿吨（1975年），裁弯工程减缓了洞庭湖的淤积速度。

裁弯后，下荆江、螺山、城陵矶以及东洞庭湖一带洪水位抬高；荆江河道因流量扩大引起一定冲刷；城陵矶至武汉河段因含沙量加大，发生淤积；三口分流河道因径流量减少而逐渐萎缩；洞庭湖由于进沙减少而淤积减缓。对下荆江水文变化反应最灵敏的是监利站，裁弯后由于此站至洞庭湖出口的流程缩短，洞庭湖出水顶托作用明显。裁弯前回水顶托最大影响可使监利站流量减少41%；裁弯后，回水最大影响使流量减少53%。因此在同流量情况下，监利水位呈抬高趋势，区域防洪压力加大。向家洲撇弯切滩后，严重威胁到下游右岸石首北门口一带堤防安全，加速藕池河口门萎缩，藕池口分流能力降低，导致调关、监利、城陵矶水位少量抬高，下荆江防洪压力加大。

20世纪60—70年代3次裁弯后，缩短下荆江航程78千米，由于河势变化，至1987年航道实际缩短72.5千米。裁弯后引起上游河道平面变形加剧，石首河段主流1947年以后一直走北泓，1971年3月南泓成为主航道，而北泓则逐渐淤浅，1975年10月又复走北泓，对上游浅滩影响总体而言有所改善。天兴洲为长江中游严重碍航浅滩，裁弯前部分年份需疏浚方能维持航深，裁弯后由于藕池口分流减少，且枯季年年断流，水流集中，利于浅滩冲刷，裁弯后未出现碍航现象，航行条件有所改善。大马洲浅滩为长江中游一般浅滩，上车湾裁弯以后，促使监利弯道南泓发展，平面变形加剧，致使大马洲航槽大幅度位移，浅滩一度淤高，严重碍航。经过数年逐渐调整河势，浅滩通航条件有所好转。人工裁弯后，下游河势来沙量均较少变化，浅滩变化不大。

下荆江系统裁弯工程影响很大，上、下荆江经历了长达20年的河道调整过程，一直持续到1991年才基本停止。1966—1993年荆江河床冲刷近7.2亿立方米（不包括引河冲刷量），同时城陵矶至汉口河段淤积了近3亿立方米，对洪水位有一定的抬高作用。

第三节　河势控制工程

受下荆江裁弯和局部河段河势调整影响，荆江河势发生了变化，特别是下荆江裁弯河段上下游没有及时采取工程控制措施，河势处于急剧调整状态。为巩固裁弯工程成果，整治荆江河道，在“上下荆江统筹考虑”的治江方针指导下，克服以往应急式零星护岸工程的不足，自1984年起，开始实施荆州长江河段系统河势控制工程。

一、上荆江河道治理

受下荆江裁弯和局部河段河势调整影响，上荆江河段崩岸不断发生，严重危及堤防安全，文村夹、学堂洲、幸福安全台等险段多年发生崩岸险情。

为抑制河岸崩坍，控制河道摆动，保证堤防安全，长委于1997年编制《长江中下游干流河道治理规划报告》，提出荆江继续治理的任务、目标和规划，其中上荆江河势控制主要内容如下。

治理任务和目标　上荆江河道治理主要任务是加强险工段守护，提高河段防洪能力，确保荆江大堤防洪安全。充分利用已建护岸工程，对工程薄弱地段进行加固，稳定河势，并适度调整局部河段河势，增强河段防洪能力。至2020年或稍后，进一步调整和改善河势，确保荆江大堤安全；同时，整治碍航浅滩改善航行条件，为全面开发利用岸线和沿江经济发展提供良好条件，达到河段综合治理目标。

河道治理规划　上荆江河段平面形态及总体河势较为稳定，河湾半径与主流线曲率均较适中，因此，初步河势控制规划方案，主要是通过护岸工程，稳定河势，并适当调整进入郝穴河湾过渡段过短的不利形势。远期根据三峡工程运行后一段时间视河段演变情况，进一步研究河势调整方案。

鉴于荆江大堤沙市河湾、郝穴河湾堤外无滩或滩岸狭窄，迎流顶冲，防洪形势严峻，为确保大堤安全，长委研究过荆北放淤方案、主泓南移方案和河势调整方案以及维持现状加强守护方案。荆北放淤方案难以实施，主泓南移方案实施亦较困难，河势调整方案工程量仍较大，且尚有一些技术问题需进一步深入研究。因此，河段远期河势控制方案，需根据三峡工程运行后河道演变情况深入研究论证。

近期治理规划主要是稳定现状并适当改造局部岸线，加强沙市、公安、郝穴河湾护岸工程，稳定弯道凹岸和重要导流岸段，控制河势。主要工程包括左岸学堂洲、文村夹段新护和学堂洲、盐卡至观音寺及文村夹段的加固工程，右岸杨家垴至查家月堤、西湖庙至斗湖堤和黄水套至郑家河头的新护及加固工程；公安段近期适当切削杨家厂土嘴，调顺岸线，利于泄洪，改变郝穴河湾凹岸主流逼岸状况。

三峡水库建成运行后，长江上游洪水得到有效控制，荆江河段防洪标准提高，效益巨大。同时由于三峡水库蓄水，清水下泄，导致坝下游冲刷，荆江河段崩岸呈增多趋势。根据有关研究成果，预计荆江河段河床将持续冲深，届时将给荆江河段带来新的崩岸险情；河床刷深后，直接威胁部分窄滩、无滩堤段堤身安全，部分堤段堤基渗径缩短，对堤基处理提出新的要求。对此，宜早作规划，加强控制河势，确保防洪安全。

上荆江护岸工程断面设计一般要求是：设计枯水位以下抛块石厚1米，抛护至深泓或河底坡比为1∶4处，枯水位以上1米范围内，抛成1米宽平台，并向上接为1∶2.5～1∶3坡度的护坡。

工程主要建设内容为新护长66千米，加固86千米。主要工程量为土方1230万立方米，石方850万立方米，混凝土20.2万立方米，基础处理48千米，测算总投资21亿元，投资来源为中央投资80%、地方配套20%，施工期7年。

经新中国成立后对荆江河段严重崩岸段和重点险段实施整治，荆江河段总体河势稳定。但随着上游地区水利水电工程建设、水土保持和退耕还林等项目的实施，上游来沙减少，荆江河段水沙关系发生较大变化，特别是三峡工程运行后清水下泄，冲刷加剧，局部河势剧烈调整，在局部河势未得到全面控制的情况下，部分已护工程受损出险，一些未护堤段崩岸严重。为保障荆江河段堤防工程安全，长江勘测规划设计研究院2004年10月编制《长江荆江河段河势控制工程可行性研究报告书》，经上报评审，核定工程总投资8.91亿元，环境评价报告也通过国家环保总局审查。

2006年4月18日，水利部规划计划司在北京召开长江荆江河段河势控制应急工程建设会议。长委根据会议精神，在组织编制年度项目初步设计《长江荆江河段河势控制应急工程2006年度实施项目初步设计报告》（投资规模约2亿元）的同时，根据湖北省《关于报请审批2006年度长江荆江河段河势控制应急工程计划的请示》和湖南省《关于安排湖南省荆江河段河势控制应急工程2006年度建设资金的请示》，长委组织两省有关单位进行现场查勘和座谈，在此基础上提出2006年度汛期5000万元崩岸治理工程实施意见。7月，长江设计院根据长委意见以及近年崩岸险情和新测地形资料，编制《长江荆江河段2006年汛前崩岸应急治理工程实施方案》，水规总院对方案进行审查，并提出审查意见。11月8日，水利部印发《长江荆江河段2006年汛期崩岸应急治理工程实施方案的批复》，审定工程总投资5078万元。

2007年4月29日，水利部批复《长江荆江河段河势控制应急工程2006年度实施项目初步设计报告》，项目静态总投资为19252万元，工程分期实施。项目涉及上荆江林家垴、学堂洲、沙市城区、文村夹、南五洲、茅林口河段，下荆江北碾子湾、铺子湾等河段，截至2010年底完成投资约1.5亿元。

为控制荆江河势变化，保障荆江河段堤防及护岸工程安全，2009年长委委托长江设计院再次对长江荆江河段河势控制应急工程可行性研究报告进行修编，拟定工程总投资98142万元，其中，荆州段62408万元，包括建筑工程投资60070万元，机电设备204万元，临时工程2134万元。水下护脚总长80.52千米，其中，新护22.31千米（上荆江8545米，下荆江13760米），加固58.22千米。水上护坡总长27.15千米（含护坡整险改造）。

上荆江河势控制工程主要分布在左岸学堂洲，沙市河湾文村夹、郝穴河湾段和右岸林家垴段、杨家垴至查家月堤杨家尖、陈家台至新四弓、公安河湾、覃家渊、黄水套至郑家河头段。自工程实施至2010年止，累计完成护岸工程长度95.013千米，完成石方量947.01万立方米，见表6-1-8。

表6-1-8 上荆江河段完成护岸工程统计表

序号	护岸段	桩号	施护长度/m	石方量/m^3	断面方量/(m^3/m)	施工时间
一	左岸	小计	55390	6472548	1155.51	
1	柳口	697+100～700+500	3400	119029	35.01	1950—2010
2	熊刘	700+500～708+000	7500	348317	46.44	1950—2010
3	郝穴—龙二渊	708+000～713+000	5000	1129228	225.85	1950—2010
4	灵官庙—黄林垱	713+000～718+000	5000	627397	125.48	1950—2010
5	祁家渊—冲和观	718+000～722+200	4200	1364502	324.88	1950—2010
6	文村夹	732+800～735+500	2700	273546	101.31	1950—2010
7	观音寺	738+700～745+000	6300	1051577	166.92	1950—2010

续表

序号	护岸段	桩号	施护长度/m	石方量/m³	断面方量/(m³/m)	施工时间
8	沙市区	745＋000～761＋500	15690	1295436	82.56	1952—2010
9	学堂洲	0＋800～6＋400	5600	263516	47.06	1950—2010
二	右岸	小计	39265	2997581	739.19	
1	郑家河头	615＋460～616＋400	940	24423	25.98	1974—2010
2	黄水套	616＋400～620＋775	3575	532405	148.92	1960—2010
3	朱家湾	646＋200～652＋000	6200	440108	70.99	1969—2010
4	南五洲	29＋960～29＋340	4310	124538	28.90	1990—2010
5	斗湖堤—双石碑	652＋000～660＋920	8920	572071	64.13	1957—2010
6	青龙庙	660＋920～664＋200	3280	408635	124.58	1953—2010
7	唐家湾	664＋200～665＋650	1450	83114	57.32	1950—2010
8	新四弓—陈家台	675＋050～681＋500	6450	498988	77.36	1961—2010
9	杨家尖	703＋800～704＋900	1300	94370	72.59	2001—2010
10	查家月堤	710＋450～712＋500	3200	218929	68.42	1960—2010
合 计			95015	9470129	1894.7	

上荆江河势控制工程实施后，扩大了上荆江泄洪能力，崩岸得到抑制，河势得到控制。因河道冲刷的调整会引起主流摆动及弯道顶冲点的下移或上提，局部地段崩岸仍有可能发生。

上荆江沙市河湾段是历史著名险情多发段，早在清乾隆时期就开始实施护岸工程。20世纪50年代后，沙市河湾段早期护岸工程得到改造与加固，并上下延长守护岸段。1998年大水后，荆州长江大桥下游450米处、观音矶、沙市汉沙船厂码头及沙市港埠公司码头、观音寺闸等堤段岸坡均发生规模较小的滑矬或塌陷；2001年初，沙市城区柳林洲发生小范围窝崩，2002年4月发生小范围崩坍。为提高沙市河段防洪标准，确保防洪安全，1998年大水后，相继实施观音矶护岸整治工程、康家桥至谷码头护岸整治工程。2008年11月，荆江大堤沙市城区段（桩号749＋200～750＋000）和沙市城区改造段（桩号759＋332～759＋812）实施护岸工程，护脚800米，护坡122米，完成混凝土预制块护坡784立方米、水下抛石3.92万立方米，2009年4月完工。新中国成立后，经过多年守护，沙市河湾岸线较为稳定，截至2010年，护岸工程总长达18.6千米，守护范围桩号741＋559～760＋200。

1998年大水后，国家加大对上荆江河段治理力度，重点对学堂洲、观音矶、谷码头、文村夹等处险段实施护岸整治，险情得到稳定，岸线基本稳定。

学堂洲护岸整治工程　位于荆江大堤荆州区，垸堤桩号0＋000～6＋400，长6.4千米，为上荆江涴市河湾和沙市河湾的过渡段。南临长江，北倚荆江大堤，地势南高北低，平面呈狭窄三角形，地面高程37.00～40.00米。垸堤为荆州城南开发区防洪屏障以及荆江大堤外围防洪屏障。1994年开始对学堂洲堤桩号0＋000～3＋900段实施水下抛石护脚水上干砌块石护坡工程。因受荆江河势调整、上游清水下泄、地质条件差等因素影响，崩岸险情仍时有发生。2003 年 2 月已护段发生窝崩，崩宽 80 米，坎线后退约 35 米，距堤脚仅 10 米，崩窝处裂缝宽达 0.3 米；2004 年 3 月郢都水厂上游段（原护坡）发生长 20 米、宽 5 米崩岸；2005 年桩号 3＋950 附近（原护坡）发生长 70 米、宽 5 米崩岸；2006 年汛期至 2007 年 3 月共发生 3 处崩岸，崩长 300 米，桩号分别为 2＋650～2＋750、5＋050～5＋150、5＋400～5＋500，距堤脚最近处不足 10 米，严重威胁堤防安全。整治后的学堂州段实景图见图 6－1－3。

图 6－1－3 整治后的学堂州段实景图（2012 年摄）

2007 年，省财政厅、省水利厅联合下达学堂洲崩岸应急整治工程计划，批复的整治方案为：水下抛石护脚，局部坦坡修复；整治范围为桩号 2＋650～2＋750、5＋050～5＋150、5＋400～5＋500 共 3 段，计长 300 米；当年完成水下抛石 7000 立方米、浆砌块石 160 立方米，完成投资 50 万元。2008 年，桩号 4＋600～5＋170 长 570 米段实施整治，完成干砌块石 6180 立方米、水下抛石 3.79 万立方米。至 2010 年底，学堂洲护岸段累计完成护岸长度 5.6 千米，完成土方 6.30 万立方米、石方 26.35 万立方米、抛枕 2326 个、混凝土 657 立方米，完成投资 1443.52 万元。

观音矶护岸整治工程 位于沙市河湾凹岸顶段，上为滩面较宽的学堂洲边滩，下为外无边滩的沙市区重要港岸，是荆江大堤重要险段。矶身凸出江中 159 米，最大宽度 230 米，呈半椭圆形。修筑历史悠久，经历代维护，保存完好，长期以来起着顶承江流、挑杀水势、保护堤防的重要作用。长江主流从上游右岸陈家湾下行，经太平口呈 S 形摆动逐渐向左岸学堂洲过渡，在学堂洲下段贴岸，观音矶首当其冲；经观音矶挑流离岸，再经刘大巷、康家桥二次挑流后离开左岸，观音矶至刘大巷长 1100 米无滩堤段得到保护，免遭冲刷，同时使刘大巷、康家岗受水流冲刷减弱。

据载，1921 年汛期观音矶下腮崩矬十丈；1931 年上下腮被水流冲刷，石脚空虚六丈；1949—1953 年滩岸崩矬，矶身裂矬缝两条，后在矶脚实施混凝土挡土墙和水下抛石加固；1987 年矶头再次出现裂缝，底部裂缝两侧条石发生错位，采用砂浆勾缝、抛石固矶脚等加固措施。后因水流淘刷在矶下腮形成葫芦形冲刷坑，最深点高程为－3.80 米。经多年抛石加固，矶身上下部单宽累积抛石方量为 110～280 立方米每米，矶尖部位为 600 立方米每米，冲刷坑最深点高程维持约 2.00 米，护岸段基本稳定。

1998 年大洪水，观音矶受洪水剧烈冲刷，汛后检查发现，护岸坡面受水流冲刷损坏严重，块石零乱，枯水位以上坡面发生大面积崩坍，大量土体外露，矶面出现数处跌窝。为确保观音矶岸坡稳定，改善近岸水流条件，增强抗冲能力，1999 年国家安排专项资金实施护岸整治工程。鉴于护岸段外滩较窄，水下坡比趋于稳定，原则上利用已有岸线，尽量减少土方挖掘量，保留现有滩面宽度，局部过窄段以挡土墙和坡面相接，使之形成弯直相间、平顺圆滑的流线型外形。在护坡方式上，选用整体性强、密实度高、外观好、不易损坏变形的现浇混凝土板护坡。整治范围为荆江大堤桩号759＋630～760＋520，长890米，从设计枯水位高程30.20米至滩肩。护岸工程自下而上由块石枯水平台护脚、浆砌石脚槽、一级混凝土护坡、坡面便道、二级混凝土护坡、浆砌石挡土墙组成。

观音矶护岸整治工程自2000年5月完工后，滩岸抗冲能力明显提高，近岸水流条件改善，经多年洪水考验，工程运行稳定。党和国家领导人江泽民主席、朱镕基总理、温家宝副总理等均莅临视察整治后的观音矶险段，充分肯定工程整治效果。

1952—2010年，观音矶堤段（桩号759＋000～761＋500，刘大巷至观音矶）护岸长2500米，完成土方5900立方米、石方33.28万立方米、混凝土8829立方米。

康家桥至谷码头护岸整治工程 位于荆江大堤桩号757＋750～758＋400，沙市城区沙隆达广场长江外滩，长650米，为历史老驳岸。因工程年久失修，抗冲、抗渗能力差，多次发生滑坡、裂缝险情，特别是1998年汛期发生巡司巷清水漏洞重大险情。2006年1月开始实施谷码头护岸整治，截至2010年，完成土方5.71万立方米、石方1.32万立方米、混凝土1681立方米，完成投资459.6万元。工程实施后，堤段防洪能力得到提高，外滩外观形象得到改善。

盐卡段护岸整治工程 位于沙市河湾下段，由古黄潭堤和杨二月堤一段组成，相应荆江大堤桩号745＋000～751＋700，长6150米。此段长江主泓逼走左岸江滩，尤以桩号747＋070～747＋680段堤外滩狭窄，最窄处不足8米。1998年大水后实地勘查发现，护岸工程因水流冲刷损坏严重，坦坡块石零乱，土层裸露，危及堤防安全。1998年汛后杨二月矶（桩号745＋870）水毁部位实施整险加固，尹家湾段（桩号745＋300～745＋800）实施堤身防渗工程，同时进行堤身加培。1999年汛前，又先后实施盐卡外填（桩号748＋100～751＋050）及内填（桩号745＋550～747＋500）工程。2000年投资169万元实施桩号747＋070～747＋680段护坡工程改造。工程于2000年1月开工，至5月完工，完成干砌块石拆除8400立方米、现浇混凝土3551立方米、碎石垫层1596立方米、浆砌块石810立方米、干砌块石600立方米、散抛石4800立方米。

文村夹段护岸整治工程 位于公安河湾段左岸，由于上游河段河势调整，长顺直过渡段主流1998年和1999年大水后向左岸摆动，水流冲刷文村夹沿线近岸河床，崩坍险情多处出现。2002年以来文村夹段主要险情见表6-1-9。

表6-1-9　　2002年以来文村夹段主要险情一览表

序号	荆江大堤桩号	险情类别	出险时间	险情概述
1	734＋800～735＋250	条崩	2002年4月	岸坡原进行了块石抛填，后上部块石下滑，裸露土体形成崩岸较严重，且坡顶平台分布较多宽达数厘米的纵横裂缝
2	733＋350～733＋590	条崩	2002年4月	未护岸；沿线坡下部均有崩岸，使下部岸坡变陡，局部地段有浪坎侵蚀现象
3	735＋200～735＋600	条崩	2002年4月	未护岸；均有多级浪坎分布，部分地段坡上部有规模较小的崩坍现象

2002年3月19日，荆江大堤文村夹堤段桩号734＋450～735＋000段发生崩岸险情，

崩长550米，最大崩宽10米，岸坡陡峭且多处出现裂缝，崩坎距堤脚最近处仅44米；2005年1月，桩号733＋800～733＋905、733＋960～734＋100段发生崩岸险情，崩长245米，最大崩宽10米；12月9日，下游围堤桩号12＋462～12＋708发生崩岸险情，崩长246米，最大崩宽20米。据史料记载，文村夹堤段于1913年开始散石护坡，至1992年水下抛石累积量仅10～22立方米每米，无法抵御水流冲刷，严重威胁荆江大堤安全。

2005年，桩号733＋750～734＋150段实施浆砌块石护坡。2006年，桩号734＋150～734＋600、733＋400～733＋750和12＋400～13＋350等堤段实施水上护坡，施工护长2064米，完成干砌块石4369立方米、混凝土预制块2873立方米、浆砌块石4234立方米，完成投资5078万元。2009年10月桩号734＋600～735＋120、735＋250～735＋600两处共870米护岸段实施整治加固，工程总投资715万元，于2010年5月完工。

至2010年底，文村夹崩岸整治工程累计守护岸线2550米，完成削坡土方16.13万立方米、石方27.35万立方米、混凝土4572万立方米，累计完成投资3380.15万元。经多年整治，险情得到初步控制。

西湖庙护岸整治工程 位于马家嘴河湾下游，与突起洲下尖相对，对应公安长江干堤桩号660＋900～665＋800，长4900米。外无洲滩，迎流顶冲，由于受上游码头挑流影响，汛期水流流速大，洪水直射堤脚，冲刷严重。1989年、1990年桩号660＋900～661＋070和661＋380～662＋130段先后发生长170米、750米外崩险情，崩宽5～15米，崩坎高3～5米。1990—1999年，桩号660＋900～665＋800段逐年实施水下抛石固脚整治，完成抛石2.89万立方米。2000年后，桩号660＋920～664＋200段整治力度加大，整治长度2320米；水上在桩号663＋480～664＋200长720米段实施砌石护坡，完成石方1.84万立方米、水下抛石13.12万立方米。截至2010年，守护长3280米（桩号660＋920～664＋200），完成石方40.86万立方米、土方5.53万立方米、混凝土1368立方米、柴枕400个，投资1633.28万元。经过多年整治，堤身抗洪能力得到提高，险情基本稳定。

双石碑护岸整治工程 位于公安长江干堤，桩号656＋360～660＋080，长3720米，堤外无滩，迎流顶冲。堤内平台宽30米，高程36.50米，平台外地势低洼，沟渠纵横。1974年原堤段实施裁弯取直、加高培厚、填筑堤内平台等整治工程。经综合治理后，近岸水下坡比达1∶1.5以上，堤脚以外淤积成8～10米宽平滩，河势趋向稳定。1996年桩号656＋360～657＋440长1080米段实施水上整坡砌坦、水下抛石固脚整治，完成石方3260立方米。1999年桩号657＋950～658＋150长200米段实施水上混凝土护坡、水下抛石固脚整治，完成混凝土护坡1206立方米、抛石2400立方米。

2000年后，桩号656＋600～660＋080长3480米段实施整治，完成石方2.88万立方米、水下抛石19.24万立方米，其中桩号656＋600～658＋320长1720米段进行水上护坡砌筑。截至2010年，守护桩号656＋360～660＋920长4560米坡岸，完成石方22.45万立方米、土方11.41万立方米，完成投资1718.53万元。

青龙庙护岸整治工程 位于公安长江干堤，桩号654＋200～656＋600，长2400米，内平台宽10米，高程36.50～36.80米。堤外无滩，迎流顶冲，土质以粉质黏土、粉质壤土为主，堤身土质差，渗透性强。1997年，桩号654＋365～654＋535长170米段实施水下抛石固脚整治，抛石1496立方米。2000年后，桩号654＋200～656＋600长2400米段实施整治，完成水上砌石护坡2.75万立方米、水下抛石12.06万立方米。2007年、2009年，桩号656＋550～656＋750长200米段、654＋270～654＋330长60米段相继出现护坡块石脱落和裂缝险情。截至2010年，桩号654＋880～657＋150段守护长2270米，完成石方17.45万立方米、土方5.07万立方米、混凝土5112立方米，完成投资1136.51万元。

闘湖堤护岸整治工程　位于公安长江干堤，桩号650＋810～654＋690，长3880米。内平台宽10米，高程36.00～36.50米。堤身土质差，渗透性强，内临安全区，无禁脚，地下水位高，外无洲滩，河道弯曲，迎流顶冲，特别是中高水位时，主流凹岸冲刷，水流紊乱，近岸回流流速大，淘刷堤脚。1990年、1991年、1992年，由于内水外渗，桩号654＋180～654＋310、654＋435～654＋590段相继出现堤身外坡中下部弧形滑矬险情，后采取水下抛石固脚，水上滑矬堤段实施抽槽碾缝、整坦护石，以及堤内填搪固基等措施整治，1989—1999年共完成水下抛石2.29万立方米、水上整坦护坡石方5245立方米。2000年后，桩号651＋400～654＋200长2800米段实施整治，完成水上砌石护坡12.75万立方米、水下抛石4.17万立方米。截至2010年，桩号651＋400～654＋880段守护长3480米，完成石方17.30万立方米、土方4.88万立方米、混凝土3124立方米，完成投资1230.29万元。

二圣寺护岸整治工程　位于公安长江干堤，桩号649＋480～651＋400，长1920米。内平台宽10米，高程36.00～36.50米。外无洲滩，河道弯曲，迎流顶冲，堤身土质差，渗透性强。2000年后，桩号649＋480～651＋400长1920米堤段实施整治，完成水上砌石护坡1.57万立方米、水下抛石11.11万立方米。2009年4月，桩号651＋200处护坡石崩坍，出险处位于坡面排水沟处，崩长（沿堤方向）2米、崩宽（沿排水沟方向）30米，出险原因为内水外渗所致：在外滩（高程40.00米）有一面积约2000平方米水塘，承接雨水和周围居民生活废水，由排水管与护坡排水沟相接，由于水流长期冲刷，加之水管接头处断裂，致使土壤大量流失，形成一条直径2米、长约30米暗沟，造成崩坍。出险后实施整治。截至2010年，桩号649＋480～652＋000段守护长2520米，完成石方12.83万立方米、土方10.36万立方米、投资1172.79万元。

朱家湾护岸整治工程　位于公安长江干堤，桩号646＋320～649＋480，长3160米。堤顶高程42.16米，内平台宽10米，高程37.30米；外平台宽30米，高程40.08米。1989年后，杨家拐至二圣寺对岸沙洲淤长，面积逐年扩大，高程不断增高，迫使主泓南移，造成朱家湾险段险情日趋恶化。就高程11.00米深泓线而言，1988—1992年深泓线南移13米，1992—1994年深泓线南移18米；就重点段同一冲刷坑底最低高程而言，1980年为6.80米，1987年为2.80米，1991年为0.60米。1991年，近岸80米以内水下坡比约1：0.6～1：0.9。1990—1999年，桩号647＋337～649＋310段累计完成水上接坡和整坦石方9641立方米、水下抛石1.69万立方米。经过多年整治，河底高程回升至8.70米，滩岸较为稳定。2000年后，桩号646＋320～649＋480长3160米段实施整治，桩号646＋320～647＋000、649＋360～649＋480长800米段实施水上砌石护坡和坡面加固，共完成石方2万立方米、水下抛石9.92万立方米。2005年3月，桩号648＋100～648＋130长30米段发生滑矬险情。截至2010年，守护长3808米（桩号645＋792～649＋600），完成石方31.18万立方米、土方3.5万立方米、混凝土4160立方米、柴枕6738个，完成投资1191.88万元。经多年整治，岸线基本稳定。

陈家台—新四弓险段护岸整治　工程位于沙市河湾段金城洲凹岸，公安长江干堤桩号675＋000～681＋500，长6.5千米，外无洲滩。因受对面沙洲挑流影响，洪水直射滩脚，且滩岸土质差，砂层厚，以致崩岸频发。1988年汛期，桩号679＋775～680＋299长524米段出现崩岸险情，最大崩宽18米，吊坎高5～7米。次年冬桩号679＋825～680＋375长500米段按坡比1∶3实施削坡护石，滩脚外33米处建有5～10米宽枯水平台，完成水下抛石2300立方米、块石护坡4752立方米。

1996年冬，桩号680＋100～681＋800长1700米段再次发生崩岸，崩宽40米，吊坎高5～7米。为护滩保堤，当年冬实施整治，1997年汛前完工，完成水下抛石固脚石方8773立方米、削坡护石2104立方米。当年12月，桩号678＋300～679＋000段又出现新崩岸，崩长700米，最大崩宽30米以上，一般崩宽3～6米，吊坎高7～9米。出险后，水下地形勘测发现近岸100米以内水下坡比不足1∶1.5，河底最低高程8.00米，一般高程15.00～20.00米。1997年、1998年、1999年分期实施整治，完成水下抛石1.32万立方米，块石护坡和整砌坦共完成1.44万立方米。

2000年后，桩号675＋050～681＋500长6450米段实施整治，间断整治5420米，完成水上砌石护坡和混凝土护坡6.89万立方米、水下抛石30.23万立方米。

陈家台至新四弓险段列入荆南长江干堤隐蔽工程项目实施整治后，岸线基本稳定，但2005年3月桩号675＋000～675＋050、675＋200～675＋280、680＋650～680＋670段仍出现六角块护坡面及排水沟崩坍或滑矬险情。

截至2010年，桩号675＋050～681＋500段守护长6450米，完成石方49.90万立方米、土方32.3万立方米、混凝土1.20万立方米，完成投资3935万元。

郝穴河段整治工程　为荆江历史著名险情多发段，堤外无滩或仅有窄滩，沿线建有黄灵垱、灵官庙、龙二渊、铁牛矶等矶头。20世纪50年代后，高标准改造加固早期的护岸工程，并上下延长守护岸段。

1998年汛期，郝穴堤段上起铁牛上矶、下至铁牛下矶长200余米滩面遭受洪水严重冲刷，其中数处冲刷成长10米、宽8米、深0.5～1米的深槽，铁牛及纪念亭因水流冲刷导致基座部分悬空，滩面成排树木倾覆，树根外露，矶头平台被冲成大坑；矶头条石出现大面积移位，下腮等多处护坡块石塌陷，土体外露。汛期经抗洪军民日夜抢护方保平安。

1999年5月开始实施铁牛矶综合整治工程。鉴于堤段外滩狭窄，但水下边坡趋于稳定的状况，施工时基本利用原有岸线，在桩号707＋800～710＋000长2200米段实施外坡混凝土护坡、滩面混凝土硬化及滩肩浆砌石挡土墙，并在枯水平台散抛石，完成土方开挖12.8万立方米、土方回填1.61万立方米、混凝土1.10万立方米、干浆砌石2.11万立方米，完成投资938.81万元。经多年整治加固，1950—2010年护岸工程总长约22千米（桩号700＋500～722＋450），其中，冲和观至祁家渊段（桩号718＋000～722＋450）护岸长度4.45千米，完成石方136.45万立方米、柴枕1660个，完成投资2267万元；黄灵垱至灵官庙段（桩号713+000～718+000）护岸长度5千米，完成石方62.74万立方米、柴枕1911个，完成投资1060万元；龙二渊至郝穴段（桩号707+800～713+000）护岸长度5.2千米，完成土方11.96万立方米、石方112.93万立方米、混凝土1.18万立方米，完成投资2901万元；刘家车路至熊良弓段（桩号700+500～707+800）护岸长度7.3千米，完成石方34.83万立方米，完成投资870万元。经多年整治，岸线基本稳定。

南五洲河段整治工程 位于郝穴河湾下段右岸，主流自上游铁牛矶近岸河床向右岸过渡，经覃家渊段近岸河床而下。1998年9月至2005年6月，近岸河床遭受冲刷，岸坡变陡，岸线崩退，桩号25+520～29+680段最大冲深为9～26米，平均崩宽29米（28.20米高程），最大崩宽53米（桩号28+400）。2006年3月桩号24+000～37+100长13100米段出现外崩险情，崩坎高7米，崩宽8米。2007年，桩号29+340～29+960长620米段实施护岸整治工程，完成水下抛石5.81万立方米、水上钢丝网石垫2.32万立方米。2009年5月桩号36+450～37+100段出现崩岸险情。截至2010年年底，共守护长4210米（桩号26+300～29+960、36+450～37+000），完成石方12.45万立方米、投资210万元。

郑家河头至黄水套险段护岸整治工程 位于郝穴河湾下游长顺直过渡段右岸，公安长江干堤桩号615+800～620+800，长5千米，外无洲滩，迎流顶冲，堤身土质差，渗透性强，受过渡段主流摆动影响，经常发生崩岸险情。

1991年冬，桩号617+500～617+800长300米段出现滩岸滑矬，吊坎高5～7米，近岸100米内河底最低高程约19.50～22.00米，水下坡比约1∶1.5。1992年汛前实施整治，完成石方1.08万立方米，其中，水下抛石固脚4603立方米、水下接坡护石6207立方米。1995年桩号615+950～616+200长250米段发生崩矬，吊坎高10米，崩宽22米，1996年呈继续恶化趋势。1989—1996年累计完成水下抛石1.15万立方米、水上护坡9724立方米。2000年后，桩号616+400～620+800长4400米段实施整治，其中桩号616+400～617+600长1200米段实施预制混凝土护坡，完成混凝土2.79万立方米、水下抛石16.87万立方米。经多年整治，岸线基本稳定，但2010年汛期桩号619+900～620+250长350米已护岸段发生弧形滑矬，吊坎高2米。截至2010年，桩号615+460～620+800段守护长5340米，完成石方55.68万立方米、土方7.49万立方米、混凝土3017立方米、柴枕6400个，投资2148万元。

二、下荆江河势控制工程

下荆江系统裁弯工程实施以及自然裁弯的影响，河势处于急剧调整状态。因新河上下游河势未能及时控制，河道比降增大，江湖水系相互顶托作用减弱，水流冲刷力增大，造成两岸崩岸强度加剧。一般年崩约150～300米，最大年崩达600余米，河曲十分发育。为巩固裁弯工程成果，整治下荆江河道，防止河势继续恶化，长办根据有关部委1963年审查荆江地区防洪规划所提出的“确保荆江大堤，江湖两利，蓄泄兼筹，以泄为主，上下荆江统筹考虑”方针，于1974年8月提出《下荆江河势控制规划初步意见》，1979年4月编制《下荆江河势控制规划》上报水电部。由于河势已发生不同程度变化，1983年11

月长办将《下荆江河势控制规划补充分析报告》报送水电部，河势控制河段为石首人工裁弯段、沙滩子自然裁直段、中洲子人工裁弯段、上车湾人工裁弯段、盐船套至荆江门河段，以及孙良洲至楼西湾人工裁弯段共6段。

1983年11月，水电部组织湘鄂两省有关单位对《下荆江河势控制规划补充分析报告》进行预审。根据审查意见，长办于12月向水电部报送《下荆江河势控制工程规划报告》，提出下荆江河势控制规划原则是“全面规划，综合利用，因势利导，重点整治，以满足防洪、航运和各部门的要求”。具体要求是：有足够断面宣泄洪水，下荆江主河槽断面面积不应小于1.5万平方米，平滩河宽不应小于1300米；满足航道部门对航道的要求，弯道过渡段长度不宜大于7千米，航槽最小宽度应大于80米，曲率半径大于1500米。护岸方式主要为抛石抛枕等。报告中按上述6个河段进行规划，需控制岸线长125.5千米，其中，守护段长50.3千米，尚需控制段长75.2千米，工程量为块石712.5万立方米，工程总投资1.27亿元。

1984年6月，水电部对《下荆江河势控制工程规划报告》予以批复：①为巩固裁弯成果，防止河势继续恶化，减轻崩岸，保护沿岸城乡和农田安全，并避免防护工程的盲目性，对全河段进行统一规划，有计划地适时防护控制是完全必要的；②原则同意《下荆江河势控制工程规划报告》提出的规划原则和整治措施，同意先进行南碾子湾到荆江门4个河段河势控制和整治；③石首河湾裁弯方案关系到藕池口的分流能力，应进一步研究；④对孙良洲河湾要抓紧进行试验研究，尽早提出人工裁弯方案；⑤近期工程投资控制在9000万元以内。按水电部批复，南碾子湾至荆江门110千米河段内，新护岸长度50.92千米，改造加固长度35.08千米，总石方量466.33万立方米，土方约1000万立方米。其中，荆州境内新护岸长36.17千米，石方327.88万立方米，所占比例为70.3%，相应投资6327万元。

按照水电部批示，长办于1985年编制《下荆江河势控制工程规划补充报告——熊家洲至城陵矶河段裁弯规划》，1986年上报水电部。1988年长办按水电部水利水电规划设计总院意见，编制《下荆江河势控制工程规划补充报告——熊家洲至城陵矶河段护岸规划》上报水利部。1989年8月水利部作出批复：①对下荆江熊家洲至城陵矶河段进行控制整治是十分必要的；②从长远来看，对这弯曲河段进行裁弯是必要的，但裁弯对洞庭湖出口和下游河道的影响等问题十分复杂，关系重大，现在提出的裁弯方案还不够成熟，尚需继续研究；③为防止河势进一步恶化，水利部同意近期对该段按遏制其发展的原则进行守护控制。

为适应河势新变化，更有效地实施工程规划，更好地发挥工程效益，管好用好基本建设投资，1988年长办要求湘鄂两省提出各辖区河段河势控制工程初步设计。1991年11月长委在两省提出的初步设计基础上编制《下荆江河势控制工程初步设计》，并于1992年报水利部。

1990年，长委编制《熊家洲至荆江门河段护岸工程初步设计》上报水利部。水利部批复：熊家洲至城陵矶河段重点守护熊家洲、七弓岭和观音洲3段共长13.62千米，一般守护长10.48千米，总石方量136.24万立方米，土方196.4万立方米，投资7235万元（其中地方自筹20%），施工期3年。其中，荆州市境内新护岸长6.24千米，加固改造

7.68 千米，石方 61.19 万立方米，所占比例为 44.9%，相应投资为 3249 万元。

下荆江河势控制工程荆州市境内主要建设内容为：护岸长 71.6 千米，其中，新护长 42.2 千米，巩固已护河段 29.4 千米；主要工程量为石方 387 万立方米，近期投资控制在 9000 万元以内。

自 1984 年开始，下荆江监利河段陆续开始河势控制工程，先后对铺子湾、天星阁、姜介子、八姓洲等剧烈岸段实施守护，完成监利河段护岸长 46.99 千米，完成土方 322.50 万立方米、石方 588.39 万立方米、混凝土 2.14 万立方米、柴枕 17.46 万个，完成投资 13826.5 万元，见表 6-1-10。通过整治，监利河段基本得到控制，消除了控制河段内滩岸大范围、大强度崩坍，增加了河岸的稳定性。

位于下荆江之首的石首河道因整治方案难以定夺，“八五”期间一直未列入总体河势控制之中，河道基本处于自然演变状态。左岸向家洲至茅林口长 10 千米岸线普遍崩退，1975—1994 年最大累计崩退 2 千米，夹河口狭颈 1975 年为 1.9 千米，于 1994 年 6 月中旬崩穿过流，口门迅速扩宽至 1000 米，主流撇开原大弯道，直接过渡顶冲右岸北门口一带，滩岸最大崩宽达 300 余米，离堤脚最近处仅 38 米，危及石首城区干堤防洪安全。为抑制河势恶化，确保石首河段两岸防洪安全，省政府提出“守住北门口，稳住向家洲，加固鱼尾洲及胜利垸内隔堤”的抢护方案，并编制《石首河段整治规划》，于 1994 年 11 月报送国家计委、水利部和长委，要求列入国家基本建设项目。荆江河势控制工程布置示意图见图 6-1-4。

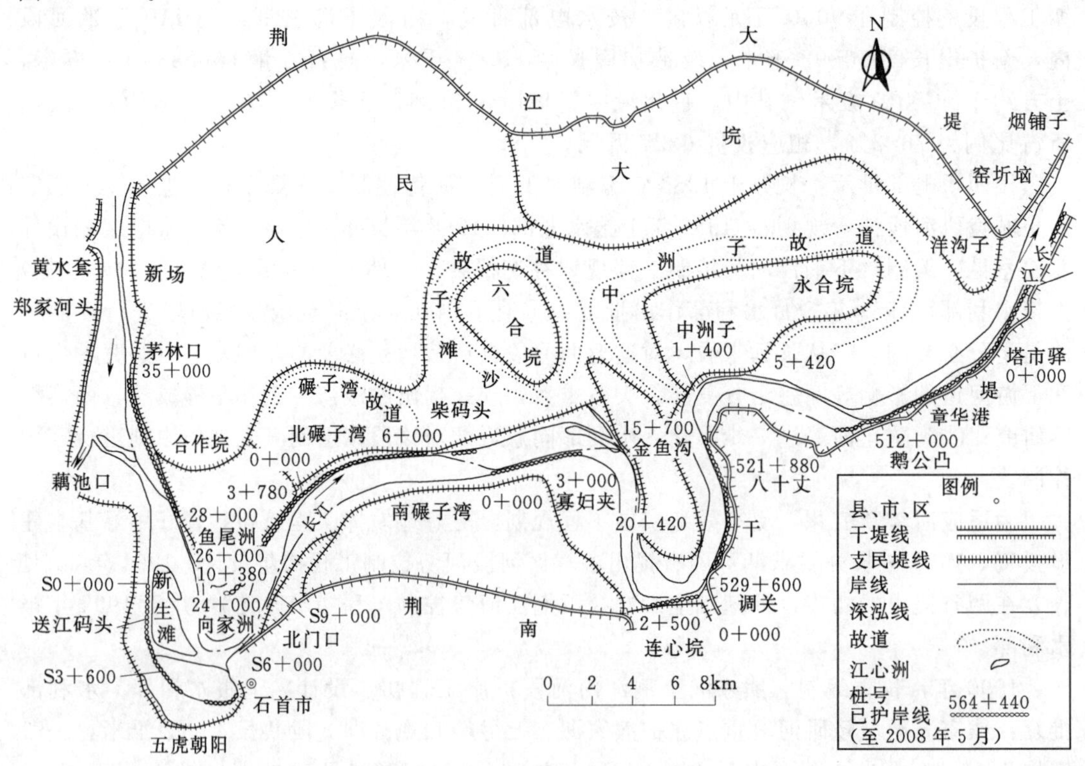

图 6-1-4　荆江河势控制工程布置示意图

2002年9月8日，水利部批复石首河段整治工程概算39951万元，主要工程量为石方304.4万立方米，混凝土7.39万立方米，土方275.5万立方米，柴枕8.75万个，砂枕袋9900个，模袋混凝土3.9万平方米。临时占地1893亩，永久占地1184亩。

至此，下荆江河势控制工程概算总投资达44949.83万元，主要工程量：石方304.4万立方米，混凝土7.39万立方米，土方275.5万立方米，柴枕8.75万个，砂枕袋9400个，横袋混凝土3.9万平方米，临时占地1893亩，永久占地1184亩。下荆江河势控制规划方案示意图见图6-1-5。

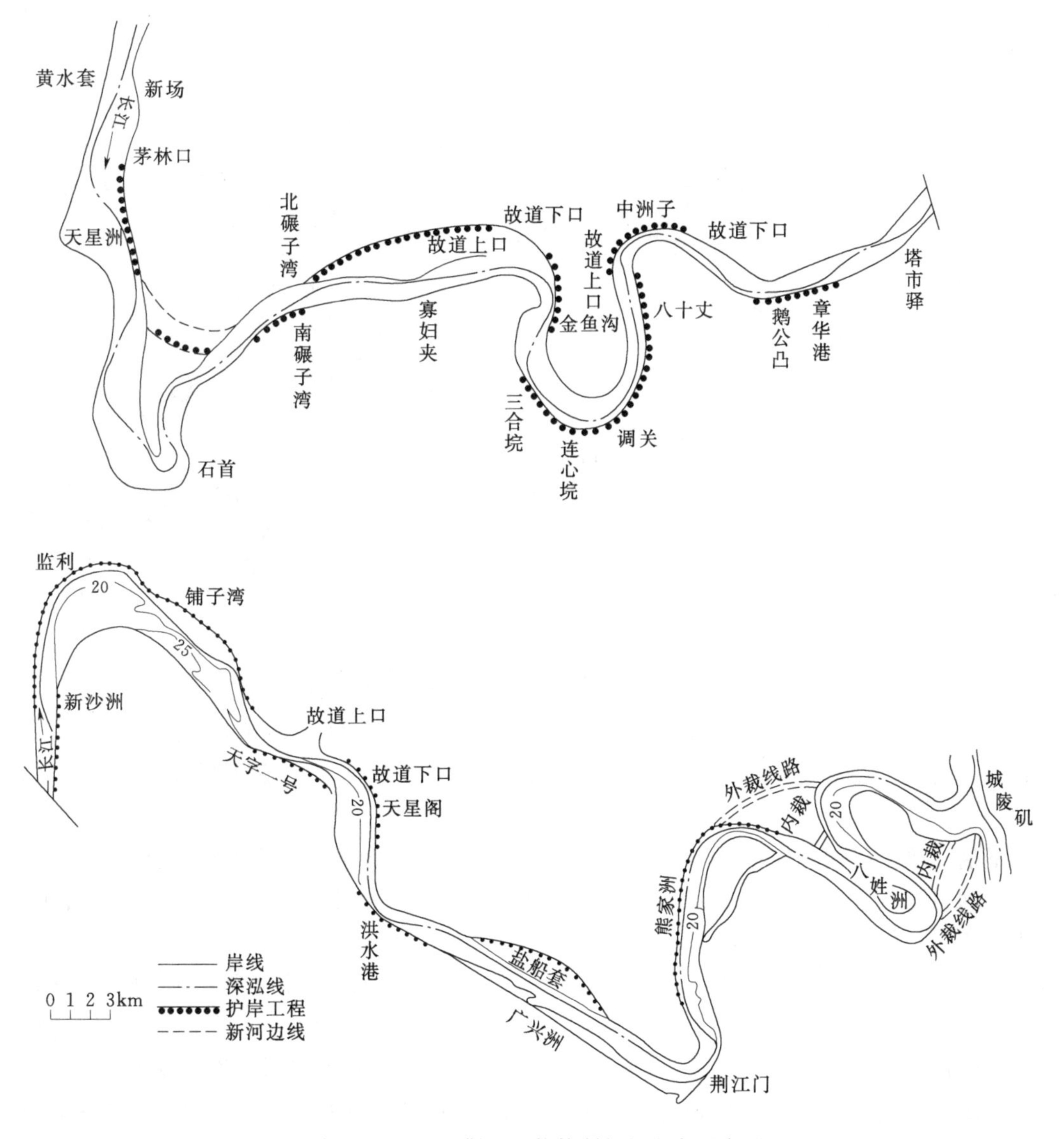

图6-1-5　下荆江河势控制规划方案示意图

石首河段的河势控制工程于1994年在石首北门口开始实施，先后对石首河段金鱼沟、连心垸、中洲子等处崩岸进行了守护。下荆江河势控制工程布置示意图见图6-1-6。

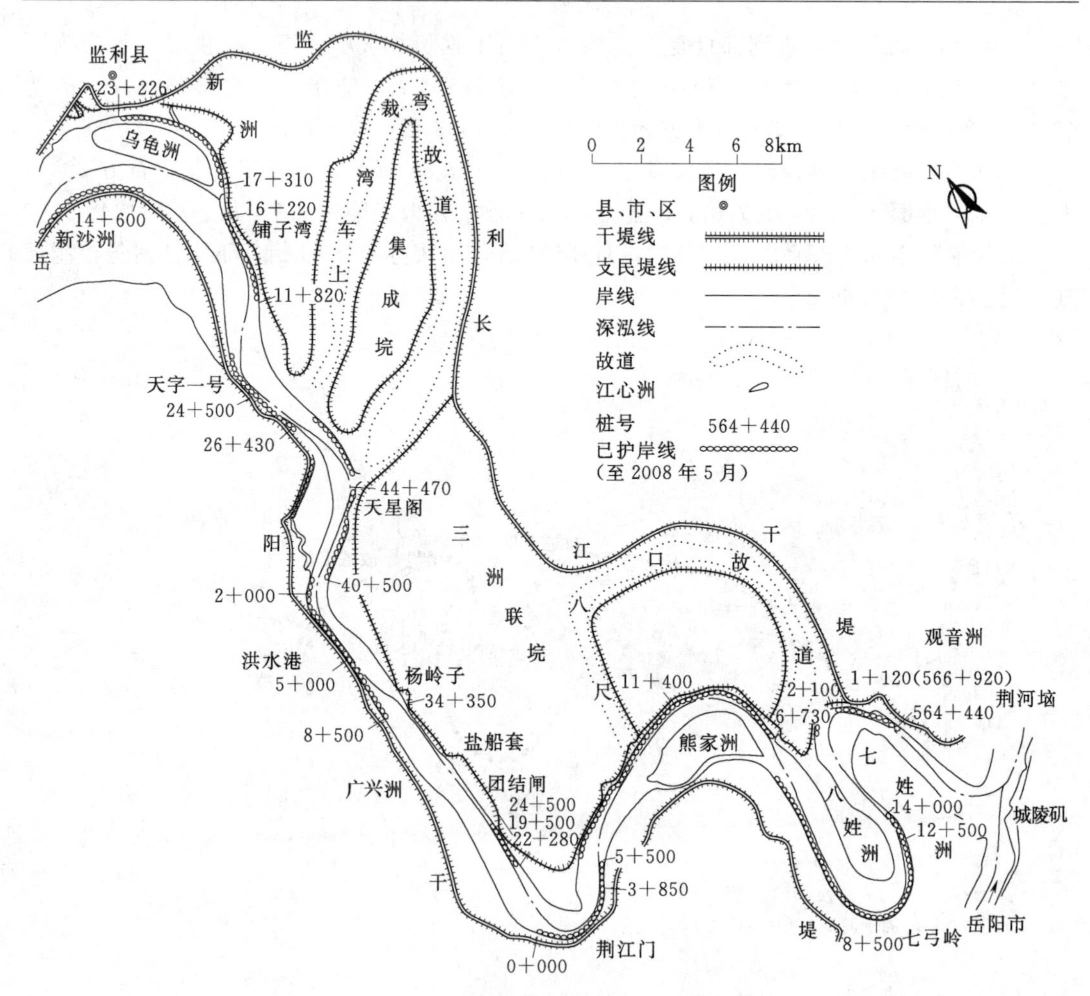

图6－1－6　下荆江河势控制工程布置示意图

截至2010年底，石首河段累计护岸长70.57千米，完成土方614.21万立方米、石方884.35万立方米、混凝土10.66万立方米、柴枕22.68万个，完成投资52277万元。具体见表6－1－11。

下荆江险工段位于左岸的主要有向家洲、鱼尾洲、北碾子湾至柴码头、金鱼钩、中洲子、监利河湾、集成垸、天星阁、杨岭子、团结闸、熊家洲河湾和观音洲段，右岸有送江码头、北门口、寡妇夹、连心垸、调关至八十丈、鹅公凸、章华港等。自20世纪50年代以来，上述地段均出现不同程度崩岸险情，汛后枯水期在出险地段分别实施不同标准的护岸工程。1998年大水后，国家加大对长江中下游干流堤防建设力度，下荆江河势控制工程也在以往工程基础上继续实施。根据1983年以来下荆江河势控制工程实施情况和1998年以后下荆江的河势变化，2000年后，长江委及有关单位对原定的下荆江河势控制工程作出补充调整，提出下荆江各河段河势控制工程设计，新增隐蔽工程投资，并陆续实施。1999—2010年，下荆江河势控制隐蔽工程实施长25.56千米，完成投资21223万元。具体见表6－1－12。

表 6-1-10　下荆江监利河段护岸工程统计表

地　点	施护长度/m	护岸方式	完成工程量			投资金额/万元	起止年份	备　注
			土方/万 m^3	柴枕/个	石方/万 m^3			
合计	46993		322.50	174582	588.39	13826.5		
城南（627+180～636+940）	7970	矶头平顺		18802	98.16	1037.68	1950—2010	
铺子湾（11+820～22+606）	10786	平顺	126.04	60831	134.69	3561.64	1977—2010	失效石方 6.13 万 m^3、柴枕 1.7 万个
天星阁（40+060～44+490、47+982～48+180）	4628	平顺	27.33	11802	56.57	1848.61	1982—2010	桩号 42+310～510+000 抛尼龙布帘 1.4 万 m^2、尼龙土枕 1390 个
盐船套（31+650～33+150、33+970～34+150）	1680	平顺	0.75		4.31	158.91	1991—2010	失效石方 8254m^3、柴枕 976 个
团结闸（22+280～24+499）	2219	平顺	32.03	1379	21.37	614.59	1970—2010	
熊家洲（6+730～20+200）	13470	平顺	91.78	44870	188.05	4293.17	1970—2010	失效石方 1.75 万 m^3
八姓洲（1+1203～3+920）	2800	平顺	40.34	23167	42.59	807.78	1970—2010	
观音洲（563+480～566+920）	3440	平顺	4.23	13731	42.65	1504.12	1969—2010	

表 6-1-11 下荆江石首河段护岸工程统计表

地点	实施年份	桩号	长度/m	护岸长度/m	完成工程量				完成投资/万元
					土方/万 m^3	石方/万 m^3	混凝土/m^3	柴枕/个	
合计			146695	70517	723.82	804.15	106633	226760	52278.85
柳口	1950—2010	45+760～46+810	1050	1050		6.25		4557	103.20
谭剅子	1950—2010	44+960～45+759	799	799		3.45		2614	58.40
复兴洲	1950—2010	42+540～44+070	1530	1530		7.24		2985	121.00
茅林口	1950—2010	35+060～37+490	2430	1900	6.04	7.46	1742	2999	2015.97
范家台	1950—2010	32+816～35+060	2244	2244	23.68	19.74	2587		882.02
古长堤	1950—2010	28+000～32+816	4816	4816	50.11	42.23	12793	817	3704.33
合作垸	1950—2010	26+000～28+000	2000	870	4.32	3.52	120		286.00
向家洲	1950—2010	0+000～2+00 24+000～26+000	4000	3370	75.70	33.83	11889	11471	3429.00
鱼尾洲	1950—2010	3+780～10+380	6600	6600	39.64	106.35	7157	32430	3738.11
六合垸	1950—2010	1+450～0+018	1432	1292	—	10.23		3622	167.40
北碾子湾	1950—2010	0+000～7+300	7300	7300	104.59	93.48	21499	38250	8549.37
金鱼沟	1950—2010	15+700～20+820	5120	5120	121.6	86.15	2506	17125	2460.00
中洲子	1950—2010	0+200～5+420	5220	5220	25.57	81.40	5041	15102	2787.91
丢家垸	1950—2010	0+200～0+635	435	290	—	1.00			14.00
造船厂	1950—2010	568+000～568+950	950	950	—	3.39		2399	54.00
三义寺	1950—2010	567+165～567+210	45	45	0.21	0.25			8.57
送江码头	1950—2010	S0+000～S3+600	3600	3600	37.13	0.66	9790	21951	3515.57
北门口	1950—2010	563+000～566+050 （对应长江委桩号 S6+000～S9+000）	3050	3050	101.76	66.90	8134	15799	6101.00
寡妇夹	1950—2010	0+000～3+000	3000	3000	31.82	24.00	8837	23400	3084.00
连心垸	1950—2010	0+000～2+500	2500	2500	17.33	50.47	68		1732.00
调关矶头	1950—2010	527+900～529+600	1700	1700	8.73	43.56	4043	278	2035.00
沙湾	1950—2010	527+120～527+900	780	780	3.91	7.74	1398	1428	461.00
芦家湾	1950—2010	524+630～527+120	2490	2490	16.90	29.11	4126	8987	1613.00
八十丈	1950—2010	521+880～524+630	2750	2750	30.50	29.83	3883	6161	1864.00
鹅公凸	1950—2010	511+590～513+140	1550	1550	0.51	30.10		7955	587.00
茅草岭	1950—2010	510+280～511+590	1310	1310	1.53	22.00		4699	869.00
章华港	1950—2010	498+000～510+280	12280	4290	22.24	37.37	1020	1731	2038.00

注 柳口、谭剅子、复兴洲、茅林口、范家台、古长堤河段位于上荆江，现列入下荆江护岸工程统计。

表 6-1-12　下荆江河势控制隐蔽工程完成情况表

序号	工程项目或地点	桩号	长度/km	完成工程量/万 m^3							投资/万元
				土方开挖	水下抛石	混凝土预制块	浆砌块石	干砌块石	垫层石料	柴枕或土枕/个	
一、1999—2000年		合计	4.52	61.7	41.18	0.45			11016		4628.95
(一)	石首	小计	1.72	22.56	17				5440		1825.66
1	中洲子护岸工程	3+700～5+420	1.72	22.56	17				5440		1825.66
(二)	监利	小计	2.8	39.14	24.18	0.45			5576		2803.29
1	铺子湾护岸工程	11+820～13+340	1.52	29.92	15.17	0.28			5576		1868
2	团结闸护岸工程	22+280～23+240	0.96	9.22	7.24	0.17					816.67
3	姜介子应急护岸工程	17+680～18+000	0.32		1.77						118.62
二、2000—2001年		合计	2	5.4	16.44				8500		1630.18
(一)	石首	小计	1.05	5.4	8.94				8500		1066.48
1	北碾子湾应急护岸工程	0+000～1+050	1.05	5.4	8.94				8500		1066.48
(二)	监利	小计	0.95		7.5						563.7
1	铺子湾应急护岸工程	15+720～15+920 14+830～15+040	0.41		4						299.37
2	熊家洲应急护岸工程	15+045～15+380 17+300～17+500	0.54		3.5						264.33
三、2001—2002年		合计	19.69	130.07	98.28	1.43	1.07	5.6	7.15	64562	14963.88

续表

序号	工程项目或地点	桩　　号	长度/km	完成工程量/万 m³							投资/万元
				土方开挖	水下抛石	混凝土预制块	浆砌块石	干砌块石	垫层石料	柴枕或土枕/个	
（一）	石首	小计	9.2	89.32	58.1					53150	8977.68
1	石首鱼尾洲及北碾子湾护岸工程	3+780～3+980 0+000～2+000	2.2	16.4	7.66					8500	1628.15
2	石首北碾子湾护岸工程	2+000～4+000	2	18.4	15.32					17000	2305.88
3	石首北碾子湾护岸工程	4+000～6+000	2	24.4	16.24					4250	1920.53
4	寡妇夹护岸工程	0+000～1+500	1.5	15.06	9.44					11700	1549.02
5	寡妇夹护岸工程	1+500～3+000	1.5	15.06	9.44					11700	1574.1
（二）	监利	小计	10.49	40.75	40.18	1.43	1.07	5.6	7.15	11412	5986.2
1	铺子湾护岸工程	13+340～15+720	2.38	4.63	8.64	0.12	0.1	1.74	0.56		922.09
2	熊家洲 A 段护岸工程	15+380～19+500	4.12	10.78	15.24	0.39	0.425	2.4	1.22	7412	2007.35
3	熊家洲 B 段护岸工程	13+445～15+380	1.94	13.43	9.278	0.52	0.277	1.125	1	4000	1538.55
4	熊家洲 C 段护岸工程	11+400～13+445	2.05	11.91	7.02	0.4	0.27	0.33	4.37		1518.21
总计	1999—2002 年		25.56	197.17	155.9	1.88	1.07	5.6	7.15	84078	21223.01

茅林口护岸工程 位于石首河段左岸，1975年后完成护岸工程11.6千米（桩号28+000～37+280、22+000～26+000）。1994年6月新口门冲开，主流过古长堤后走新生滩右汊，左汊淤积萎缩，右岸送江码头一线发生崩坍。至1998年9月，新口门宽达1.4千米。1998年以后茅林口一带岸线持续发生崩退，主流经陀阳树后贴右岸至古长堤后过渡至左岸。2003年2月后，受迎流顶冲、回流淘刷等因素影响，茅林口堤段（桩号35+650～37+675）长2025米岸线共发生5次大崩坍，并形成8处大崩窝，累计最大崩宽62米，崩坎距堤脚最近处仅28米（桩号36+180)。2004年7月向家洲堤段（桩号23+300～23+600）发生长300米崩岸险情。2007年3月，合作垸段（桩号25+980～27+200）发生崩岸险情，崩长1220米，最大崩宽40～60米，坎高7米。2006年，省水利厅、财政厅批准实施抢险应急工程。2009年，长委将此纳入荆江河段河势控制应急工程项目中，至2010年完成石方7.46万立方米、土方6.05万立方米、混凝土1742立方米、沉排11.28万平方米、编织布10.04万平方米、柴枕2999个，累计投资2015.97万元。

鱼尾洲河控护岸整治工程 位于长江左岸，距石首城区下游约6千米，该洲为淤积沙洲，地面1～1.5米以下即为砂层。上游水流经东岳山节点挑流，主泓北移，鱼尾洲首当其冲，沿线不断发生崩岸。

1965—1973年，鱼尾洲年均崩坍宽约80～100米。1962年、1965年、1973年陆续实施退挽，退挽堤长8446米，完成土方71.9万立方米，毁弃耕地2540亩，拆迁房屋220栋633间。为控制崩势，1971年3月，开始守护1～4点，桩号8+350～9+560段守长845米，留空挡365米。1972年7月沙滩子自然裁弯后，比降增大，流速加快，崩势加剧。1973年，鱼尾洲被纳入河控规划守护，初次守护长1190米。1974年增守长940米，并下延4个点。截至1975年，全线守点24个，守护长5480米。1980—1982年，由于向家洲嘴尖淤长，五虎朝阳矬弯，东岳山嘴挑流，顶冲点上提，守护岸线短且有空挡，加之滩岸土质较差，矶头上下回流淘刷，使2～5点两腮急速凹进，最终狭颈崩穿，致使2～5点矶头石方离岸80～200米失效，失效石方16.23万立方米。1982年对崩洼进行重点守护，连接空档，沉簾8.38万平方米。1994年6月，鱼尾洲上游向家洲崩穿通流后，引起河势发生变化，鱼尾洲沿线顶冲剧烈。为巩固守护成果，1995年3月开始，先后逐段实施水下抛石加固，水上干浆砌石和混凝土预制护坡。截至2010年，鱼尾洲护岸段守护长6600米（桩号3+780～10+380)，共抛石106.35万立方米（其中失效石方16.23万立方米)、柴枕3.24万个（失效8940个)、沉帘8.38万平方米，完成混凝土预制块护坡4095立方米、干砌石5712立方米、浆砌石2578立方米、砂卵石7865立方米、平铺石1.06万立方米、土工布1.68万平方米、土方144.61万立方米，总投资4027.31万元。

北门口护岸整治工程 位于长江右岸，石首城区北门口。1994年6月上游向家洲在洪水漫滩后切滩撇弯，狭颈崩穿，形成宽1100余米口门，长江主泓改流，撇开东岳山天然节点，直接顶冲北门口，导致此段岸线出现大面积崩坍。至7月10日崩岸段发展至3.5千米，最大崩宽220米，严重危及石首城区安全。7月13—26日，胜利闸以上500米（桩号565+020～565+520）崩岸实施抢险抛石，完成石方2.3万立方米、抛袋石1万袋、削坡减载土方2000立方米。因中水位持续时间长，新河湾又处在调整发育期，强劲水流淘刷致使近岸泥沙产生横向输移，深泓向岸脚发展，9月8—9日，原抢护段出现两处崩坍，崩长170米，宽10米。12日，抢护段下游又突发剧烈崩坍，崩长250米（桩号565＋400～565＋650），崩宽80米，原抛块石崩离岸脚。1994年6月至1995年12月，北门口发生大型崩坍20次，累计崩长4千米，最大崩宽400余米，崩坎距荆南长江干堤堤脚最近处仅38米，崩速之快，崩势之猛，崩幅之大，为长江崩岸险情中所罕见。1994年12月，石首市政府成立石首河湾崩岸抢险指挥部，组织劳力抢护石首河湾北门口崩岸段、向家洲崩岸段、鱼尾洲崩岸段和胜利垸隔堤4处重点险段。1995年5月8日，国务院副总理姜春云、水利部部长钮茂生赴现场视察。11月开始下延守护330米（桩号564＋950～565＋280），整修加固200米（桩号565＋280～565＋480），整修崩坍老险段230米（桩号565＋720～565＋950）。

1998年汛期，北门口段受迎流顶冲、回流剧烈淘刷影响，已护段及下游未护段发生5次大幅度崩坍，10月14日已护段桩号565＋050～565＋250段发生严重崩坍，崩长200米，宽110米，其中100米长堤段堤身崩失1米。险情发生后，迅速组织抢护，遏制崩势，年底对崩凹段实施筑坝锁口还滩工程。筑坝锁口以抛砂枕为主，坝外水下抛石加固、水上砌坦护坡，坝内黏土回填，堤身加培。1999年后，对全段进行护砌整治。2000年3月，桩号S6＋886～S7＋060、S7＋320～S7＋400长254米段实施加固，桩号S7＋400～S8＋000长600米段实施守护，共计施工长854米。2000年6月，桩号S6＋250～S6＋400长150米段实施应急整治。2001年12月，桩号S6＋000～S9＋000互不连续的5段长1800米出险段实施整治，其中，加固长630米，守护长1170米。

截至2010年，北门口抢护工程守护段长3050米（桩号563＋000～566＋050，对应护岸桩号S5＋950～S9＋000），共抛石66.90万立方米、柴枕1.58万个、合金钢丝石笼1.19万个、砂枕3996个，完成混凝土预制块护坡8134立方米、干砌石7623立方米、浆砌石3131立方米、砂卵石9916立方米、土工布6.78万平方米、平铺石2.1万立方米、土方101.76万立方米，总投资6101万元。

送江码头护岸整治工程 位于长江右岸石首市南口镇永福村。2001年12月，在桩号S0＋000～S3＋700段实施护岸，施工长度3700米，其中，守护段长3600米，裹头长100米。工程于2002年5月完工，完成水下抛石30.66万立方米、抛柴枕2.2万个、水下土工布铺垫4.2万平方米、混凝土预制块护坡9790立方米、干砌石4509立方米、砂卵石1.92万立方米、土工布7359平方米、浆砌石5907立方米、平铺石1.53万立方米、土方38.79万立方来，完成投资3515.57万元。

向家洲护岸整治工程 位于长江左岸，石首城区北门口对岸上游2千米处。1994年6月向家洲狭颈崩穿通流后，石首河段河势发生巨大变化，导致石首城区北门口崩坍加剧。为稳住向家洲，1995年1月对桩号0＋000～1＋000段长1000米实施守护，完成削坦土方15万立方米、石方1.95万立方米、抛柴枕500个、塑枕6000个、砌坦2.85万平方米，完成投资294万元。同年汛期，受水流顶冲影响，上游未护段发生崩坍，已护段上端亦崩坍长90米。1996年汛期水位涨落变化大，水流紊乱，加之上游未护段崩退矬弯，江心洲洲头南移，左汊口门扩宽，江心洲中部向左岸淤积，致使护岸段过流段面束窄，主流集中贴岸冲刷，导致守护段发生崩坍，原护坦坡崩长千余米。当年上延守护长1000米（桩号1＋000～2＋000）。1997年向家洲恢复守护长870米（桩号0＋500～1＋370）。

1999 年，桩号 0+090～0+590 和 0+800～1+060 两段恢复守护长 760 米。2000 年 3 月，桩号 24+095～25+420 段实施整治，施工长度 1325 米。新老护岸衔接段长 5 米（24+095～24+100），加固段长 160 米（桩号 24+100～24+260），新守护长 1120 米（桩号 24+260～25+380），裹头长 40 米（桩号 25+380～25+420）。2001 年 12 月，桩号 24+000～24+100、25+380～26+050 段实施整治，施工长度 770 米。截至 2010 年，向家洲守护段长 3370 米（桩号 0+000～2+000、24+000～26+000），完成石方 33.83 万立方米，抛柴枕 1.39 万个、砂枕 1.2 万个，完成混凝土预制块护坡 1.19 万立方米、干砌石 6951 立方米、浆砌石 2771 立方米、砂卵石 8956 立方米、平铺石 8629 立方米、土工布 2.12 万平方米、土方 89.77 万立方米，工程总投资 3780.61 万元。

古长堤护岸整治工程　位于长江左岸石首新厂下游 12 千米。原有外滩宽约 2 千米，1975—1981 年崩失，堤防连续 4 次退挽，退挽堤长 1974 米，土方 31.3 万立方米。1981—1987 年崩宽约 350 米，崩岸逼近堤脚。为确保度汛安全，1981 年采取抛枕压石、削坡减载等措施实施抢护，桩号 14+040～14+300、14+660～14+740 段守点 2 个，长 340 米，完成抛枕 817 个、压枕石 1.2 万立方米、削坡减载土方 5180 立方米。1982—1984 年全线崩毁。1991 年滩岸最窄处距堤不足 30 米，1992 年实施水下抛塑枕护脚，桩号 14+400～14+700、15+300～156+700 段守护长 700 米，抛塑枕 4200 个，滩岸进行削坡减载。1993 年抛塑枕 3600 个，施工长 600 米。2001 年 12 月，桩号 27+950～33+800 段长 5850 米实施守护，次年 6 月完工，完成水下抛石 30.05 万立方米。1981—2010 年，古长堤守护段长 4816 米，共抛石 42.23 万立方米、柴枕 817 个、塑枕 7800 个，完成混凝土预制块护坡 1.54 万立方米、干砌石 8194 立方米、浆砌石 7603 立方米、砂卵石 3.75 万立方米、平铺石 3.07 万立方米、土工布 3.73 万平方米、土方 61.37 万立方米，工程总投资 3745.47 万元。

范家台护岸整治工程　位于长江左岸石首市新厂下游 6 千米。1975 年 3 月滩岸发生矬崩，崩坎距堤脚最近处不足 40 米。4 月在桩号 34+220～34+540 段抛石 1 万余立方米固脚，施工长 320 米。1984 年后，由于右岸洲滩向左岸淤长，河床束窄，横向发展受到约束，纵向刷深迅速，致使原守护段滩岸下矬，下游也相继发生崩坍，最窄处外滩宽仅 30 米。1984—1991 年守护长 1910 米，守护段岸线基本稳定，未守护段继续崩坍。1992 年 3 月开始整治范家台段，几经守护后又崩坍，再度抢护和巩固。至 2010 年年底，桩号 32+816～35+160 段守护长 2344 米，共完成抛石 20.14 万立方米、土方 30.84 万立方米，工程总投资 882.02 万元。

北碾子湾护岸整治工程　位于长江左岸石首市大垸镇境内。1994 年石首河段发生撇弯切滩，河势发生较大调整，随着主泓流路改变，上游北门口尾段继续崩退，主流出北门口后向下游鱼尾洲至北碾子湾过渡时，顶冲点下移，水流顶冲北碾子湾强度加剧，主流在此矬弯。受河势演变及主流贴岸冲刷影响，1994—2001 年，北碾子湾段出现大幅崩退，崩岸逼近堤脚，危及堤防安全。2001 年 1 月实施退堤工程，长 4 千米，后退 350 米（2002 年由于 3500 余米新堤崩至堤脚，又实施第二次大规模退堤工程）。2001 年汛期长江中低水位持续时间较长，加之北门口已护段下游逐年崩退，顶冲点不断下移，长江主流经北门口岸段后折射北碾垸岸线，致使北碾垸岸线发生大幅度崩坍，崩长 4850 米（桩号 7

+400～12+250)，一次性最大崩宽达50米，崩坎距堤脚最近处仅39米。由于岸段矬弯明显，顶冲剧烈，回流淘刷严重，9月10日，桩号9+000～10+000段再次发生剧烈崩坍，崩长1000米，桩号9+400～9+630段堤身崩失8米。2002年6月至2003年12月，北碾子湾共发生险情7处和裹头崩坍险情1处。2007年7—9月发生3次崩坍，共崩长285米，最大崩宽30米。

2001年5月，桩号0+000～1+050长1050米段实施守护（守护长1000米，裹头长50米）。2002年2月1日至2003年1月25日，桩号000+000～006+000段实施重点护岸整治，守护长6000米。2007年，桩号6+000～7+300长1300米段实施护岸整治。截至2010年，桩号0+000～7+300段守护长7300米，完成水下抛石93.48万立方米、柴枕3.83万个、抛石4120立方米、混凝土预制块护坡2.15万立方米、干砌石1.05万立方米、平铺石5.05万立方米、土方104.59万立方米，工程总投资8549.37万元。

寡妇夹护岸整治工程 位于长江右岸石首市东升镇境内。受沙滩子自然裁弯影响，该处1970—1979年崩岸宽1500米，年平均崩宽167米；1980—1987年崩岸宽1300米，年平均崩宽186米；1987—1998年崩势有所减缓；1998年8月至2001年12月近岸河床逐年冲刷，水下岸坡变陡，岸线崩退，平均崩宽幅度达65米，最大崩宽幅度达85米（桩号0+960)。2001—2002年，桩号0+000～3+000段实施护岸整治，守护段长3000米，完成水下抛石24万立方米、柴枕2.34万个、混凝土预制块护坡8837立方米、干砌石3945立方米、砂卵石17591立方米、浆砌石3477立方米、平铺石1.56万立方米、土方32.75万立方米，工程总投资3084.35万元，岸线崩退基本得到遏制。

金鱼沟护岸整治工程 位于长江左岸石首市小河口镇张智垸，邻近沙滩子裁弯下口门和1972年7月六合垸新河改道后的出口。1973—1974年，实施六合垸护岸工程后，水流由新河口直冲金鱼沟，加之对岸寡妇夹一带滩岸遭水流切割，顶冲点逐渐下移，致使金鱼沟沿线发生剧烈崩坍。1970—1980年间，滩岸崩宽1600余米。桩号16+000处1977年最大崩宽810米。1981—1984年滩岸崩宽1100米，年均崩宽275米。

1977年春，桩号15+750～16+440段进行抛枕护脚守护，守点3个。次年汛后，增守第4点。至1984年，守护长1800米（桩号15+700～17+710)，完成石方7.6万立方米、柴枕4220个。随着顶冲点不断下移，护岸上段脱流，且淤出边滩，但下段崩势日趋加剧。1982—1984年，张智垸堤段连续3年退挽，退挽堤长4158米，土方44.7万立方米，毁弃耕地2000亩，搬迁房屋893间。1985年3月，金鱼沟护岸工程被纳入下荆江河势控制规划，当年在桩号17+610～17+800、18+000～19+500两段共长1770米段实施抛石护脚，抛石7.26万立方米。此次施工因时间紧，未削坡减载。因汛期平滩水位持续时间长，水流抄后路致使桩号18+500～19+500段护脚石4.24万立方米离岸约80米而失效。当年冬被迫再次退挽堤长1043米，耗用土方15.86万立方米。

1986年1月，桩号17+300～19+020长1720米崩岸段实施整治。由于当年汛期冲刷剧烈，已护岸段4处发生崩矬，崩长1100米。1987年整修守护总长2500米。随着顶冲点继续下移，1988年下延守护400米（桩号20+42020+820)，抛枕2803个，同时整治加固1987年汛期发生的15处长1000米崩洼。1990—1994年，对新出现的11处长690米的崩洼进行削坡砌坦。

2001年后，由于北碾子湾微弯河型形成，弯道顶冲点上提，桩号16＋800～17＋500段出现崩岸，局部已护段也发生崩坍险情。2008年11月，勘查发现金鱼沟段多处出现崩岸险情。截至2010年，桩号15＋700～20＋820段守护总长5120米，完成石方86.15万立方米、土方95.21万立方米、混凝土2506立方米、抛柴枕1.71万个，工程总投资2460万元。

六合垸河控护岸整治工程　位于长江左岸石首小河口镇六合垸。1972年7月沙滩子自然裁弯后，新河左岸六合垸冲刷加剧，滩岸大幅度崩坍。10月下旬，新河宽700～900米，进口处江底最深处高程为－8.00米（黄海高程）。为防止河势继续恶化，1972年11月，荆州地区革命委员会成立六合垸护岸工程指挥部，实施抛石护岸，1973年5月竣工，完成土方7.9万立方米、柴枕3622个、石方10.07万立方米（其中旱方1.98万立方米）。

1973年汛后，上游主流顶冲点逐渐移至新河口出口以下，护岸段枯水位时除出口尾部略有冲刷、滩坡滑矬外，其余近岸均发生淤积。1974年利用废弃块石整治出口尾端，桩号0＋018～0＋080段抛裹护块石1566立方米；已冲毁的滩坡进行削坦铺石，完成削坦土方2000立方米，并铺坦石斜长30米，以掩盖岸坡砂层，防止滩坡继续崩坍。桩号0＋018～1＋450段累计守护长1292米，完成石方10.23万立方米、土方8.1万立方米、柴枕3622个，完成投资167.4万元。因河势变化，至1987年止，六合垸护岸工程全部淤为沙洲，远离主干流。

连心垸河控护岸整治工程　位于长江右岸，调弦河河口以上。1974年为避免调关矶头过于凸出，实施守护长3150米。因上游河势变化，1984年汛后崩势迅速发展，桩号0＋500～1＋300长800米段岸线最大月崩宽30～40米，矬弯日趋明显。1985年被纳入河控工程计划，实施水下抛石固脚，水上削坡减载。1986—2010年，共守护段长2500米（桩号0＋000～2＋500），完成抛石50.47万立方米、干砌石1.07万立方米、浆砌石902立方米、砂卵石2663立方米、平铺石1943立方米、土方45.4万立方米，工程总投资1732万元。

调关矶头护岸整治工程　地处调弦河口，位于石首长江干堤桩号527＋900～529＋750段，正处弯道顶点，防洪形势险峻。调关矶头的顶冲桩号是529＋380，向上120米，向下250米，全长370米，是调关矶头最为险要的地段。江水从上游的连心垸拐了一个急弯，直逼调关而来，矶头首当其冲成为挑流之势。每值汛期，顶冲点上、下距离只30米左右，水头差高时可达1.05米（1993年8月30日实测），近岸流速4～5米每秒。漩涡迅湍，吼声响彻千米之外，惊心动魄，威风壮观。大小船只航行至此，皆望而生畏，乃荆江第一大奇观！1933年始建石坦，次年续修成矶。后因长期迎流顶冲和旋流扫射，加之年久失修，至1952年岸脚淘空，冲刷成坑，逐渐危及堤身安全。1953年1月9日至3月9日进行整治，完成平铺块石3786立方米、水下抛石1573立方米。1954年又抛石1500立方米，经过连续两年整修，岸线趋于稳定。

1956年汛后，桩号529＋500处外滩因受上游连心垸崩岸及对岸季家嘴沙洲淤长影响，深泓逼近，急流冲刷，崩宽20米，水下坡比由1953年的1：2变为1：1，原有护坡被冲刷残缺不全，出现裂缝13条。为防止险情扩大，自1957年春至1985年，年年抛石加固，扩大守护，平均每米抛石37立方米，共完成水下抛石16.45万立方米、水上护砌

3.56万立方米、削坦土方17.2万立方米、沉帘3434平方米。

1967年中洲子裁弯工程实施后，矶头处流速骤增，当年12月检查，矶面和平面被冲刷深坑长170米，近岸冲刷坑最低高程－8.00米。1972年7月沙滩子自然裁弯后，矶头冲刷更加严重，为防不测，1973年夏在矶头堤内加做平台长200米、宽15米、高3米。1974年2月28日，坡滩裂缝发展突然下陷，干堤随之崩坍，形成弦长210米、半径60米的大圆形大凹，滩地下沉5～9米，一面抛石抢护一面退挽堤防长576米，后退50～70米。

1989年7月13日，江水猛涨，水流湍急，矶头上下50米水位差达0.8米，护坡块石被急流冲走，坡面冲成吊坎。14日上午，崩岸扩展至35米，下午扩展至50米（桩号529＋360～529＋410），吊坎高8～9米，险情十分严重。险情发生后，省、地领导高度重视，指挥紧急调运石料抢险，经两昼夜奋战，抢运块石3100立方米，至15日险情基本得到控制。为防止险情恶化，又从五马口水运块石进行加固。当年冬季，采取内筑新堤，外削矶头，迎流顶冲段浆砌块石护坡的措施进行整治，完成浆砌护坡石9360平方米、干砌平台石1.28万平方米，并进行水下重点加固。1990年后矶头又多次发生下平台下矬、冲坑、裂缝等险情，1993年8月矶头下侧平台（高程31.20～31.50米）护坦被冲走1530平方米，深坑达1.5米，已近堤脚，因当时长江再未涨水，才侥幸度汛。矶头的冲刷坑最深时达－18米左右，深槽距堤顶高达60米左右。经多次整治加固和维护，截至1999年，共守护长1700米（桩号527＋900～529＋600）。

调关矶头桩号525＋520～529＋500段分3次进行整治加固，长3980米，加固工程于2001年2月15日开工，4月30日完工。完成水下抛石20.1万立方米、混凝土预制块护坡7138立方米、现浇混凝土封顶218立方米、干砌石4416立方米、砂卵石1.83万立方米、浆砌石7560立方米、平铺石7423立方米、土方20.23万立方米，完成工程投资2116.95万元。

受河势变化影响，该矶头愈显凸出，挑流作用强烈，致使下腮水流紊乱，回流扫射剧烈，形成强烈漩流。2002年12月和2003年6月，桩号527＋300～527＋480段出现明显滑矬和裂缝。2004年矶头下腮下平台及干砌石坡面发生冲坑裂缝险情，两处冲坑深1～1.2米，面积分别为810平方米和300平方米，裂缝长30米（桩号529＋455～529＋485），宽0.2～1.2米。2005年汛前，采用粗砂、干砌块石填充冲坑，浆砌石砌筑，浇筑钢筋混凝土板进行处理；裂缝处理采取沿缝开挖截渗沟，回填砂石料，用干砌石恢复坦面。完成C20钢筋混凝土204立方米、浆砌块石1312立方米、砂卵石598立方米、干砌石整坦1452立方米，工程投资48万元。

2005年10月24日矶头矶尖出现冲坑，坑长60米、宽16米、深1.4～2.8米、面积960平方米。2006年2月实施应急整治，完成干砌石1056立方米、浆砌石1632立方米、砂卵石115立方米、零星整坦用石1124立方米，工程投资60万元。2007年3月，桩号529＋360～529＋450段进行水下加固，完成水下抛石4077立方米。2007年汛后调关矶头平台再次出现冲蚀与裂缝险情。2009年1月勘察时发现调关矶头平台处再次出现冲蚀和裂缝险情。

截至2010年，调关矶头桩号527＋900～529＋600守护段长1700米，共抛石53.03万立方米、铅丝笼3306个，完成混凝土预制块护坡7356立方米、干砌石6923立方米、浆砌石1.05万立方米、砂卵石1.9万立方米、平铺石7423立方米、土方41.61万立方米，工程总投资3177.9万元。

八十丈护岸整治工程 位于长江右岸石首调关镇下游7千米，中洲子故道上口对岸，新河进口上游。1967年守护3个点，长360米（桩号524+060～524+550，留空挡130米），水下抛石，散铺护坦。1972年汛期发生崩坍，1973年新守护长630米，抛枕护脚，散铺护坡。1974年守护200米，以后逐年延伸加固，至1984年已守护8个点，控制长2390米（桩号522+240～524+630），其中留空挡3处，长350米。1989年八十丈河段末端回流加剧，次年3月滩岸严重崩坍，崩长120米（桩号522+100～522+220）、宽30米。当年在洼子上腮抛石护脚，守护长60米（桩号522+160～522+220）。1991年下延守护420米（桩号521+880～522+300，包括老险段已崩段60米），实施水上削坡砌坦、水下抛石护脚。1998年汛前，桩号522+100～522+150段进行水下加固。2001年2月，桩号521+880～525+520段进行加固，长3640米，其中，守护1040米（桩号523+220～524+260）、加固920米（桩号521+880～522+800）、整修1380米（桩号522+800～523+220，524+560～525+520），工程于5月18日完工。完成水下抛石17.24万立方米、混凝土预制块护坡5139立方米、现浇混凝土封顶397立方米、干砌石7980立方米、砂卵石1.8万立方米、浆砌石3579立方米、平铺石3.04万立方米、土方34.04万立方米，工程投资2164.35万元。

截至2010年底，守护段长2750米（桩号521+880～524+630），共完成水下抛石29.83万立方米、混凝土预制块护坡5139立方米、现浇混凝土封顶397立方米、干砌石7980立方米、浆砌石3579立方米、砂卵石1.8万立方米、平铺石3.04万立方米、土方54.44万立方米、柴枕6161个，工程总投资2365.69万元。

中洲子河控护岸工程 位于下荆江监利河段左岸。此段受人工裁弯后水面比降增大、流速加快的影响，新河道横向发展迅猛，1968年3月，河宽发展至690米，10月扩至1120米，左岸方家浃沿线崩坍剧烈。1968年11月进行整治，采取抛石固脚、抛枕护底等措施实施守护，至1974年共守护19个点。

因其中9点处矶头凸出江心，阻水挑流，上下游形成较大回旋，致使冲坑逐年扩大刷深。为改善水流条件，1988年起实施矶头改造，至1994年将9处矶头削除，削矶长116米，削退52米，并护坡砌坦。1995—1999年部分守护段实施水下加固。

受中洲子裁弯影响，1980—1998年柳家台地段以下深泓线大幅度左移（约800～1300米），引起中洲子段岸线崩坍，1980—1998年一般崩宽150～300米，最大崩宽400米以上。特别是1998年大水期间，崩岸强度加剧，弯道下段崩坍剧烈，17点（桩号3+700）附近一崩窝长约200米、宽150米，其下400米处出现连续4个崩窝，崩窝平均长100米、宽40米；再向下长约3千米岸线全线崩退，崩坍形式为窝崩。

20世纪70年代中洲子段岸线开始守护，至90年代，完成桩号1+200～5+420范围内护岸工程，但崩岸险情仍频繁发生。该段（桩号1+200～5+420）护岸工程列入2001—2002年度长江重要堤防隐蔽工程实施加固改造。1968—2010年，桩号0+210～5+420段守护长5220米，共抛石87.49万立方米，抛柴枕1.5万个，沉铁笼1107个，沉帘4200平方米，完成混凝土预制块护坡4707立方米、砂卵石6229立方米、浆砌石1905

立方米、平铺石 2.01 万立方米、土工布 2.3 万平方米、土方 99.21 万立方米，总投资 2883.59 万元。

鹅公凸护岸工程　位于长江右岸，中洲子新河下口斜对岸，为下荆江重点崩岸险段。1972 年河床高程被冲深至－25.60 米（黄海高程），崩岸幅度较大。1967 年 5 月，中洲子新河通流后，出口水流顶冲鹅公凸段，至 1969 年 5 月，桩号 512＋300～512＋800 段长 500 米外滩崩宽 180～260 米，危及堤防安全。1969 年 5 月开始分 4 点守护，实施水下抛石、水上削坡散铺块石；1970 年在下游增守 1 点；1971 年又增守第 6 点。1974 年 11 月，5 点矶头全部崩毁、崩进 127 米（桩号 512＋430～512＋730），6 点崩进 40 米（桩号 512＋800～512＋910）。1975 年，重新守护崩坍段。因中洲子尾端崩退，顶冲点逐年下移，上游 6 点顶冲减缓，下游 1～5 点出现部分崩坍，每年均对崩毁部分整修加固。至 1994 年共守点 6 个，守护长 1550 米（桩号 511＋590～513＋140）。此河段迎流顶冲，深泓贴岸，近岸处发生崩岸，原有坡面破损严重。2000—2001 年，桩号 509＋040～512＋000 段长 2960 米实施加固整修，2002—2003 年续建加固，2004—2005 年修复水毁工程。1969 年 5 月开始守护，至 2010 年底守护段长 4100 米（桩号 509＋040～513＋140），共抛石 44.16 万立方米（失效 5.47 万立方米）、柴枕 7955 个，完成现浇混凝土封顶 243 立方米、干砌石 5660 立方米、砂卵石 4031 立方米、浆砌石 791 立方米、平铺石 3262 立方米、土工布 2155 平方米、土方 25.59 万立方米，总投资 1673.29 万元。

章华港护岸工程　位于石首五马口上游长江右岸。1971 年桩号 509＋230～509＋450 段守护长 180 米，其中留空挡 40 米。1979 年因中水位持续时间较长，上游发生不同程度崩坍，1980 年抛石护脚，1984 年桩号 500＋200～500＋840 段实施削坡砌坦，施工长 640 米。1986 年桩号 500＋850～509＋160 段新守护长 340 米。1990 年，因风浪冲蚀，下段滩岸变窄，最窄处不足 10 米，当年冬守护长 470 米（桩号 490＋000～490＋470，水上水下同时守护）。1991 年被纳入河控规划，守护长 600 米（桩号 498＋470～499＋070），实施水上削坡砌坦、水下抛石护脚。后因中洲子尾端未加以控制，顶冲点由鹅公凸下移至茅草岭、章华港一带，1991 年 7 月已守护上游段发生严重崩坍，崩长 140 余米，宽约 20 米（桩号 499＋884～500＋020）。12 月 7 日，章华港老守护段上段崩长 70 米，宽 30 米（桩号 509＋390～509＋460）。经 12 月 10 日实测，近岸水下坡比仅约 1∶1。为控制河势，确保安全，实施老险段崩洼退坡还坦、水下抛石固脚工程，并在新守护上段进行水下抛石固脚、水上削坡砌坦、坦顶浆砌块石，守护长 600 米（桩号 499＋070～499＋670）。退水后，再次降低枯水位平台，重新砌筑脚槽，工程基本达到设计要求。1992 年汛期，桩号 499＋570～499＋670 段坦面下矬，其余基本完好。至 1998 年，桩号 498＋000～510＋280 段共守护长 3420 米，留空挡两处 860 米。2001 年 2 月，桩号 498＋000～500＋960 段长 2960 米进行守护。从 1971 年开始守护，至 2010 年，守护段长 4280 米（桩号 498＋000～501＋000、509＋000～510＋280），完成抛石 37.37 万立方米、浆砌石 1276 立方米、干砌石 5672 立方米、混凝土预制块护坡 1020 立方米、现浇混凝土封顶 61 立方米、砂卵石 8314 立方米、平铺石 3570 立方米、柴枕 1731 个、土工布 5750 平方米、土方 22.24 万立方米，总投资 2038 万元。

铺子湾段护岸工程　1971 年监利河湾右汊被冲开，主流顶冲铺子湾下段，崩岸发展迅速。1971—1975 年间崩岸线长达 10 千米，普遍崩宽达 500 米，相应年崩率达 100 米。1975—1995 年，监利河湾主泓摆向左汊，老河口上下遭受严重冲刷，仅 1980—1987 年间岸线崩坍即长达 7000 米，最大崩宽 1300 米，相应平均年崩率为 186 米。1987 年冬，开始守护老河口至太和岭段，岸线基本得到控制。1995 年冬，主泓复行右汊，致使右岸新沙洲一线长约 5400 米岸线发生崩坍，与此同时左汊开始淤积萎缩。监利河湾桩号 11＋820～23＋226 段护岸工程列入 1999—2000 年度长江重要堤防隐蔽工程实施加固改造。

受乌龟洲右缘大幅度崩坍及主流北移影响，2004 年汛前枯水期，铺子湾段（桩号 15＋640～16＋740）出现 3 处已护坡面崩坍险情；2005 年、2006 年汛前枯水期太和岭段未护岸段出现较大规模崩岸险情，岸坡平均崩退 90 米，最大崩宽 155 米（桩号 16＋540 断面，22.60 米高程线）。2009 年 1 月铺子湾已护岸段和未护岸段多处出现崩岸险情，汛期险情进一步扩大。1999—2002 年共施护长 3900 米（桩号 11＋820～15＋720），其中，新护工程 1590 米，加固 2380 米，工程分 3 期实施。

铺子湾段护岸工程共守护岸线长 10.79 千米，累计完成石方 134.69 万立方米、混凝土预制块护坡 7774 立方米、柴枕 6.08 万个。

天星阁段护岸工程　位于监利县上车湾新河出口处。新河进口水道因黏土层深厚，而新河中下段砂层顶板高，因而脱离引河位置北移 900～1200 米，由微弯向弯曲型发展，新河及天星阁发展成半径 2800 米的河湾，天星阁处于弯顶下常年贴流区。1987 年前随着主流左移，岸线大幅崩退，1987 年后随着守护工程的实施，岸线基本稳定。此后，因天星阁至洪水港之间水流过渡急促，致使洪水港段水流顶冲强烈，崩岸逐年下延。随着上游河势变化，自 1980 年后主流顶冲点下移 2000 米，冲刷向下游发展。1982—1986 年，在桩号 40＋060～44＋470（长 4410 米）处，抛石 41.76 万立方米，抛柴枕 1.2 万个。1998 年后，已护岸工程得到加固，并向下游延伸守护。截至 2010 年底，守护岸段长 4628 米（桩号 40＋060～44＋490、48＋180～49＋982），完成石方 56.57 万立方米、土方 27.33 万立方米、混凝土 532 立方米、柴枕 1.18 万个、土枕 9470 个、柴帘 2.71 万平方米。经多年整治，河势基本稳定，但主流贴岸段有所下移。

盐船套段护岸工程　主流出天星阁过渡至右岸洪水港后，为长 15 千米的盐船套顺直河段，有较宽边滩，主流流经右岸广兴洲，其下为荆江门河湾。3 次裁弯后，天星阁对岸洪山头、盐船套对岸广兴洲相继淤滩，主流常年贴近左岸，盐船套滩岸崩坍严重，向微弯发展，沿线崩岸逼近堤脚。1972 年、1978 年和 1985 年，桩号 31＋650～32＋250、34＋000～34＋050 和 33＋150～33＋250 段分别守护长 300 米、150 米和 100 米，完成抛石 1.4 万立方米。

杨岭子和团结闸段均位于盐船套顺直河段内。杨岭子段（桩号 33＋150～34＋350）为未护岸段，岸线变化直接受上游洪水港河湾主流变化影响，20 世纪 90 年代以后，因洪水港处水流顶冲点下移，导致向左岸团结闸的过渡段也相应下移，顶冲位置在桩号 33＋150～34＋350 处，致使岸线崩退，宽度达 150 米。团结闸段（桩号 22＋280～24＋500）自 1987 年 6 月至 1999 年 12 月，岸线崩退达 220 米，其中 1987 年至 1993 年 11 月崩退达 190 米，1993 年以后岸线继续崩退，但幅度有所减弱。此后，团结闸桩号 22＋840～23＋760 段护岸工程列入 1999—2000 年度长江重要堤防隐蔽工程实施加固改造，守护段长 960

米，护脚工程全部为抛石，由江中向岸边分区抛石，断面平均抛石量为75.2立方米每米。并实施团结闸退堤工程，新堤轴线长1240米，堤顶宽4米，内、外坡比1∶3。2008年11月勘查发现团结闸已护段和未护段均出现较严重崩岸险情。

截至2010年底，盐船套段护岸工程桩号31＋650～33＋150、33＋970～34＋150段已守护段长1680米，完成石方4.31万立方米；桩号22＋280～24＋499段已守护长2219米，完成土方32.03万立方米、石方21.37万立方米、混凝土1745立方米。

熊家洲段护岸工程 熊家洲河湾为1909年尺八口河湾自然裁弯后新河北移所形成，由于河湾不断向北扩展和下延，至20世纪70年代初形成上起姜介子，下抵孙良洲长14.1千米的弯曲型河道。1970年先在上口、姜介子两段实施护岸，1973年开始守护后洲段，1979年开始守护下口段。因崩岸线长，河床边界均为细砂，抛投石方量少，未护段仍崩坍剧烈。1970—1984年，姜介子、上口、后洲、下口等处相继崩失耕地15000余亩，退挽堤防13次，退挽堤长12.93千米。因熊家洲弯道凹岸大幅度崩退，下游八姓洲狭颈缩窄，由1953年的1970米缩窄至1991年的400米，1998年约为380米。

熊家洲弯道段护岸工程长约13千米，护岸段桩号6＋730～20＋220，实施项目为干砌石护坡和水下抛石护脚。1999—2002年共施护长7600米，其中，新护长4810米，加固及改造长2790米。2000年汛前，实施桩号17＋680～18＋000段护岸，守护长度320米，完成水下抛石17.72万立方米。2000—2001年度，桩号17＋300～17＋500、15＋045～15＋380段共完成抛石3.64万立方米。2001—2002年度，桩号15＋380～19＋500段护岸工程（长3620米），枯水位以上为干砌块石护坡和混凝土预制块护坡，枯水位以下抛石、抛柴枕。此后，除桩号10＋850～11＋400局部已护岸段和桩号6＋000以下未护岸段出现崩坍外，其他地段岸线基本稳定。

截至2010年底，累计守护岸段长13.47千米（桩号6＋730～20＋200），完成土方91.78万立方米、石方188.05万立方米、混凝土1.14万立方米、柴枕4.49万个。

观音洲段护岸工程 水流出七弓岭弯道后逐渐向左岸过渡进入观音洲弯道，主流顶冲段位于观音洲弯道顶点及下半段，1987—1999年，凹岸崩退50米。观音洲河湾凹岸不断崩退及凸岸边滩后退，主流左移，致使江湖汇流点下移约1.2千米。为稳定河势，20世纪60年代后观音洲实施抛石护岸工程，护岸长约5.65千米，护岸段桩号1＋120～4＋250和564＋400～566＋920。经多年守护加固，弯道已护段岸线基本稳定；未护段受上游弯道顶冲点下移影响，多处出现崩岸险情。截至2010年底，已守护段长3440米（桩号563＋480～566＋920），完成石方42.64万立方米、柴枕1.37万个。

三、长江界牌河段整治工程

长江界牌河段位于城陵矶以下20千米，上起监利县杨林山，下至洪湖市石码头，全长38千米，左岸属荆州监利、洪湖，右岸属湖南临湘。界牌河段是长江中游防洪重要河段，也是长江中游碍航浅滩河段之一。此河段为长顺直分汊型河道，上段单一，下段分汊。其中杨林山至螺山段呈藕节状，螺山至复粮洲河宽沿程变化不大，左岸为深槽，右岸为边滩，称为上边滩；复粮洲以下河道逐渐展宽并出现江心洲分汊，至新堤附近最大河宽达3400米（含江心洲），至石码头又缩窄为1670米；叶家墩以下展宽段纵向排列有两个江心洲（新淤洲、南门洲），将河道分成两汊，左汊称新堤夹、为支汊，右汊为主汊。主流在上边滩尾与新淤洲头之间由左岸向右岸过渡，其过渡段河床相对凸起，为浅滩之所在。

界牌河段是控制荆江、洞庭湖洪水下泄的咽喉。因河段内洲滩多变，两岸崩岸严重，曾多次实施护岸工程。因河道顺直段过长，主流易摆动，造成航道不稳定，随着河势变化，给两岸防洪带来较大隐患；同时枯水期航槽不稳，造成航道深度不足，成为长江中游航运卡口河段，严重制约航运的通畅，如对航道采取疏浚、爆破等措施，又会与两岸堤防安全产生矛盾，加剧崩岸。这些问题早已存在，1936年《扬子江水利考》有关临湘县江堤调查报告中，就有“近年来本县与二区之土矶头、湖北新堤附近各淤沙洲，堵塞江心，江水宣泄不畅，时常引起泛滥，危及堤防”的记载。

1986年国家将界牌河段列入综合治理计划，由湖南省、湖北省共同进行防洪护堤和航运的综合治理可行性研究。长办长科院开展整治方案模型试验研究，确定护岸防冲、建坝固滩、稳定主航道的工程方案，1989年提出可行性研究报告。1990年国家计委审查，1993年批准实施长江界牌河段综合治理工程。1994年，交通部、水利部联合审查通过《长江中游界牌河段综合治理工程初步设计》，其工程包括护岸工程和航道整治工程两部分。湖北省主要实施左岸桩号517＋500～527＋200堤段护岸工程（右岸护岸工程由湖南省实施），交通部主要实施新淤洲洲头鱼嘴、鸭栏固滩丁坝群及南门洲锁坝工程，以控制南北两汊分流比。工程总体布置示意图见图6－1－7。

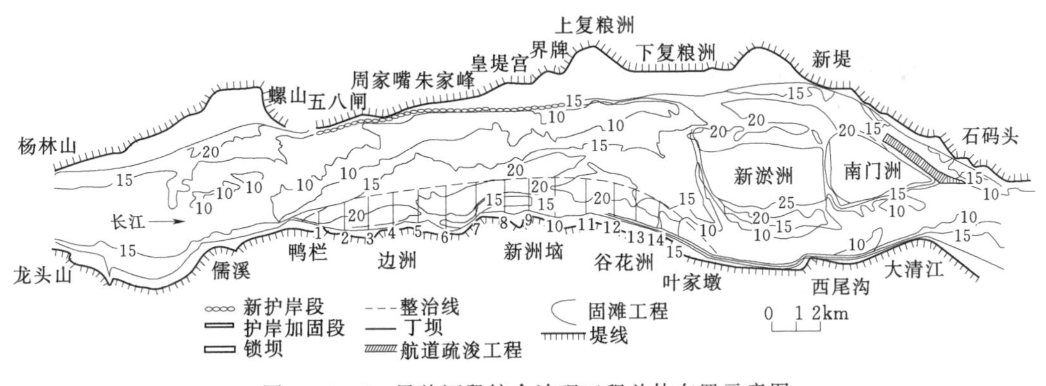

图6－1－7　界牌河段综合治理工程总体布置示意图

（图中地形为1993年10月实测）

治理方案采用“枯水双槽”方案，即修筑低水固滩丁坝群固定边滩（右岸自陈家场至李家场建15座丁坝）使枯水期水流归槽，新淤洲头修筑固定鱼嘴稳定洲头，封堵新淤洲与南门洲之间的串沟，防止枯水期左汊水通过串沟流入右支，同时疏挖南门洲左汊下段，达到通水归槽，维持左汊枯季能过流的目的。同时对左、右崩岸进行守护，通过工程措施，稳定河势，整治航道。工程实施后，左汊枯季不再因淤积而断流。

1994年10月，交通部、水利部以交基发〔1994〕1077号文批复界牌河段整治工程概算投资3060万元（湖北部分），其中，中央投资2040万元，地方投资1020万元。

界牌河段综合治理工程（湖北部分）主要内容为洪湖河段9.7千米护岸，其中，新护4.8千米，加固4.9千米。左岸五八闸至朱家峰崩岸段长4.9千米，以往虽多次守护但主要偏重水上砌石护坡，水下护脚用石量少，致使险情未能有效遏制。朱家峰至界牌4.8千米堤段，因崩岸加剧，岸线不稳定，危及堤防安全，在整治中实施守护。综合治理工程护岸方式采取平顺抛石护岸，设计枯水位以上以干砌块石和混凝土板护坡，水下为抛石护脚，新建护岸段水下抛石平均厚度为1米。工程于2000年完工，完成护岸石方24.5万立方米、土方36.6万立方米、混凝土预制块1.38万立方米。

界牌河段整治工程实施后，新淤洲北汊新堤夹分流比扩大，河道开始发生冲刷。因界牌河段整治工程初步设计中未考虑桩号517＋500以下至新堤夹河段护岸工程，受不断加剧的水流淘刷影响，新堤夹一带自1998年起相继发生崩岸。2002年9月21日，桩号501＋050～501＋100距堤脚46米处，出现崩长42米、最大崩宽7米的崩岸，至2003年1月底，崩岸增长至1970米（桩号500＋500～502＋470），最大崩宽达45米，坎高十余米，距堤脚最近处仅40米，崩势迅猛且不断发展。2004年开始实施新堤夹护岸整治工程，完成土方43.3万立方米、石方30.8万立方米、混凝土1000立方米，完成投资6350.54万元，此后又有所加固。

界牌河段整治工程实施后，崩岸得到遏制，河势受到控制，同时兼顾航运、港口及城市经济发展。但由于三峡水库蓄水后，清水下泄，导致坝下游冲刷，界牌河段仍需作出进一步河势控制规划，控制界牌及洪湖河段河势，确保防洪安全。

第四节　其他重要河道整治工程

一、东荆河下游改道工程

东荆河下游改道工程，是东荆河河道整治的一项综合性治理工程，包括修建洪湖隔堤、沔阳改道隔堤、开挖深水泄洪河槽和新滩口、黄陵矶建闸控制等一系列工程建设。整个改道工程，从规划设计、综合考察、拟订方案、报请审批到实施竣工，历时12年，先后兴建两道隔堤92.395千米，开挖深水河槽24.30千米，兴建两座河口控制性涵闸。除新滩口、黄陵矶两处排水闸外，共完成土石方1518.90万立方米，总投资538.49万元。

工程竣工后，通过完善配套、整险加固及科学管理，使工程逐步达到了设计标准，经多年运行，工程达到了防洪蓄洪、排涝除渍的目的，效益显著。

（一）兴建缘由

东荆河为汉江下游的主要分流河道，有南襄河之称。起源于汉江泽口，自北向南流至老新口，转向东流经北口至天星洲分为两流，汇合于施家港，至敖家洲以下，又分为南北两支。南支在白虎池与内荆河江合至曲口与北支江合，从沌口注入长江。至民国年间，东荆河中革岭以上已成为单一河道，两岸堤防连线，而其下游仍为沟河纵横、洲滩围垸遍布的湖泊沼泽地带，每逢江河洪水泛涨，江河湖浑然一体，既无河可循，也无堤可防，称为东荆河洪泛区。泄洪尾闾自长河口抵长江，从新滩口达沌口一片汪洋，洪泛区面积983平方千米，蓄洪容积约45亿立方米。

东荆河以北沔阳县（今仙桃市）境内有通顺、通州、西流诸河及主要分流河道27条，全部注入东荆河北支由沌口入长江；而东荆河以南监利、洪湖县（市）又以内荆河为主干排水河道由新滩口入长江（通过汉阳沟与东荆河南支连通）。每届汛期不但整个泛区一片汪洋，而且洪水由通顺河、内荆河倒灌，占据排水河道，渍水无处排泄。1954 年大水，7 月 10 日长江新滩口水位 29.51 米，洪水经内荆河倒灌 150 千米，同日监利余家埠水位高达 29.39 米，致使四湖中下区约 6000 平方千米范围被淹；1956 年汛期，东荆河洪峰水位使通顺河水位陡涨 2.5 米，以致沙湖及汉南地区约 4500 平方千米范围渍涝成灾。汉南地区和四湖中下区，外洪内涝，十年九灾。直至 1956 年前，临湖人民为求生存，只得在沿湖四周高地耕种，小水收、大水丢，故有“沙湖沔阳州，十年九不收”之说，因此，整治东荆河，撇除下游倒灌之患，早为荆州人民所企盼。

（二）规划设计

1950 年，长委会为解除汉南及四湖中下区洪水泛滥，从整体规划入手，首先对内荆河水系（治理工程实施后，改称四湖水系）进行勘测与规划，旋即编制出《内荆河流域洪湖隔堤工程技术设计》，决定在四湖中下区以原长江洪水倒灌范围为基础，兴办洪湖垦殖区，实施洪湖隔堤工程，工程于 1955 年 11 月开工，1956 年 1 月竣工；新滩口堵坝、建闸控制也同期开始实施。

1954 年 12 月，长委会在编制《汉江下游分洪工程任务书》时，即提出对东荆河泛洪区利用的意见，拟将东荆河尾闾南北两支归并，改道至三合垸出江，修筑响水港至窑头沟沔阳隔堤，将泛区划分为南北两部，北部面积 466 平方千米，作为蓄洪蓄渍区。1955 年长委会设计院又在《汉江下游杜家台分洪工程技术设计书》中，对上一设想作出肯定与补充，但最终因人力、物力、财力、技术诸方面原因，而未能实施。

1958 年，长办以长委会规划为基础，在《汉南地区防洪排渍灌溉规划报告》中，具体规划了东荆河下游改道“堵北扩南”方案及隔堤线路和入江口位置：“自东荆河干堤的马家台利用原有六合垸民堤加培，在董家垱堵塞北支，董家垱以下沿通顺河南岸经沙湖、响水港至三合垸，新修隔堤抵长江干堤；南岸利用原有的洪湖隔堤适当加培。”此为沔阳隔堤的初始之线。

1963 年 7 月，沔阳县呈送《关于请求批准实施东荆河下游改道和黄陵矶建闸控制的报告》，要求“从杨林尾堵死北支，破联合垸经赤土坡，沿六合港垸南堤，走五湖、银莲湖之间抵长江，废天合垸，存联合大垸北半部，扩充行洪道”，并要求省地派技术力量复勘。接报告后，专署水利局旋即以长办规划为蓝本，对改道及建闸两项进行水文分析，提出扩大长办规划之初步设计，认为“在堵北扩南基础上，拟将北堤线适当南移，缩小部分面积。新堤由东荆河北岸杨林尾堵死北支，破巩固垸，沿复兴南垸经赤土坡、石山港，穿五湖、银莲湖之间至三合垸接长江干堤。”

嗣后，省科学技术协会（简称省科协）在省委指示下，组织有关学会对四湖、汉南两地域进行综合考察，并提出考察报告。继而，省水利厅又据省科协考察报告，组织有关专、县进行复勘与规划，于 1964 年 10 月提出补充规划报告，确定东荆河下游改道及黄陵矶建闸控制方案，拟定改道线路由董家垱东接六合港垸北堤至阳明，穿五湖、银莲湖之间，直抵三合垸出长江，废弃联合垸，存留天合垸，改道方案始告定案。

洪湖隔堤设计方案 为使河湖分家，使东荆河洪水不再入洪湖为患，规划沿东荆河南支修建一条洪湖隔堤，改南支洪水由白虎池东北流，至汉阳曲口同北支合流出沌口。堤线走向为：自中革岭经花古桥、高潭口、黄家口、濠口、芦湾至胡家湾接长江干堤，隔堤全长 56.12 千米。设计标准为：自上而下，堤顶高程中革岭 32.60 米、高潭口 31.40 米、芦湾 30.97 米、胡家湾 30.50 米；堤面宽度均为 5 米；堤身坡度，中革岭至高潭口外 1∶3，内 1∶3～1∶4，高潭口至芦湾内外各 1∶3，芦湾至胡家湾外 1∶2.5，内 1∶3。

沔阳隔堤设计方案　为理顺旧有水系，让东荆河北支洪水不再入通顺河为患，规划沿北支修建一条沔阳改道隔堤。堤线走向为：自罗家湾沿六合港垸南堤至董家垱，堵火老沟北支分流，经冯家口、张家棚、小沟口，再堵南泓河，向东伸延，循五湖、银莲湖抵渡泗湖，下跨东荆河老河槽，入三合垸接长江干堤，隔堤全长 36.04 千米。设计标准为：堤顶高程，自上而下，罗家湾至三合垸均为 31.50 米；堤面宽度均为 4 米；堤身坡度，罗家湾至江家垱，内外各 1∶3，江家垱至三合垸，内 1∶3，外 1∶4。

深水河槽设计方案　为开挖改道泄洪河槽，使东荆河洪水直接由三合垸出长江，规划自张家棚以东的棕树湾接东荆河北支，自上而下破湖开挖一条泄水河槽。河线走向为：自张家棚以南的墨地沟起，经铜盆湖、坝港、官山、稻草湖至阳明，破五湖、小南湖，于渡泗湖接东荆河南支，复沿老河 1200 米抵向心塘，再破三合垸出长江，改道河长 24.30 千米。设计标准为：河底宽度均为 50 米；进口河底高程 21.00 米、出口河底高程 18.60 米。

（三）工程实施

东荆河下游改道工程，拟定先修筑洪湖、沔阳两道隔堤，开挖一条深水泄洪河槽，然后依堤建闸，综合治理泛区。整个工程分两个阶段三期完成，第一阶段修建洪湖隔堤，为第一期工程；第二阶段修建沔阳隔堤，为第二期工程；开挖泄水河槽，为第三期工程。

洪湖隔堤工程　洪湖隔堤施工，于 1955 年 10 月在官垱湖成立荆州专署洪湖隔堤工程总指挥部，副专员李富五任总指挥长。下设监利、沔阳、洪湖 3 个县指挥部，调集 3 县劳力 12.46 万人，其中，监利 4.43 万人，沔阳 4.44 万人，洪湖 3.59 万人，于 1955 年 11 月 16 日开工，至 1956 年 1 月 26 日竣工，历时 75 天。施工过程中，因堤线走向跨湖越河，给工程施工带来极大困难。参加施工的人员怀着改变湖乡“水袋子”的强烈愿望，战严寒、破湖荒、排淤泥、堵河港，克服重重困难，加修了中革岭至高潭口和芦湾至胡家湾 24.36 千米老堤，新筑高潭口至芦湾 31.65 千米新堤，堵筑了高潭口、黄家口、南套沟、裴家沟、柳西湖沟、西湖沟和汉阳沟 7 处长 410 米的河口。其中，以西湖沟堤段堵口工程难度最大。

沟内淤泥深达 5.5 米，筑堤泥土倒下去随筑随矬，经千辛万苦将新堤筑到设计标准时，突然有 600 米长的新堤向内滑矬下沉。一时流言四起，施工群众斗志涣散。关键时刻，各级指挥人员深入群众，破除迷信谣言，重振精神，带领广大民工顶风冒雪，日夜奋战，在堤内脚塌方和淤泥上，以土赶水，以土挤淤，加筑长 600 米，宽 5～6 米的高平台，终使新堤筑成。水大淤深，新筑隔堤所经之处，跨越湖泊，于淤泥之上筑起陡高 10 米以上的新堤，施工不易。但参加施工的民工硬是凿冰块、铲淤泥、打木桩、抛石头、用盆端、用箕挑，新堤得以如期完成。

洪湖隔堤自中革岭至起胡家湾与长江干堤相接，全长 56.12 千米，完成土方 514.70 万立方米，石方 5000 立方米，投资 282.59 万元。从此杜绝了长江与东荆河洪水向内荆河倒灌泛滥之患，四湖中下区150万亩农田免除洪涝威胁，洪湖周围约100万亩湖荒变成良田。

沔阳隔堤工程 1963年10月1日成立荆州专区汉南工程沔阳县指挥部负责沔阳隔堤工程施工。沔阳县县长郭贯三任指挥长，东荆河修防处处长王丑仁等任副指挥长，由沔阳县组织5.94万人施工。工程于12月1日开工。施工中堤线几次放线，几经更易，有两处因地理条件限制，被迫更变勘测设计堤线施工：一是张家塌，此地为多年淤积而成的龙家湖，淤泥深3米以上，长500米处不能立足，内外无土可取，若破湖成堤，工艰费巨，且延误工期，后经请示省水利厅及专署领导准允，遂改曲代直，绕湖而筑，堤形成一U形大弯，堤线增长1.14千米，南北两岸堤距最窄点（周家台与张家塌）相距1900米，比设计的3000米少了1100米；另一处是回头沟至湖滩一段，初定为直线堤段，施工期间，适逢外河涨水，洼地积水难消，被迫改绕游湖老堤施工。

工程经过35个工作日紧张施工，于次年1月15日筑成董家垱至江家垱长20.395千米的新堤，加修罗家湾至董家垱8.752千米六合垸老堤，计长29.147千米，完成土方253.23万立方米。

1965年9月，再度成立荆州专区东荆河改道工程指挥部，沔阳县组织10.3万劳力，于12月初开工实施沔阳隔堤第二期工程。工地处于杂草丛生、钉螺密集、远离村庄的沼泽地带，4200多座工棚搭盖于洪水刚退之地，民工生活、施工处于血吸虫重疫区，尽管工地指挥部采取多种预防措施，但终因人员众多，条件简陋，先后有1881人感染血吸虫病，1221人身患出血热病，其中有83人经多方医治无效，不幸丧生。病疫危害虽一度影响工程进展，但至次年3月底，仍圆满完成新筑江家垱至三合垸堤长7.048千米，加修罗家湾至江家垱堤长29.147千米的施工任务。

沔阳隔堤经两期施工，堤自罗家湾（桩号134＋340）起，沿六合垸至董家垱，火炉沟（北支分流）经冯家口至张家棚、小沟口，再经南泓河，穿坝港至石港山与六合港垸北堤相接，顺堤抵江家垱，向东延伸，下跨东荆河老河槽入三合垸（桩号170＋535）接长江干堤，长36.34千米，完成土方452万立方米，其中培修老堤8.75千米，修建新堤27.59千米，堤顶高程31.50米。沔阳隔堤的建成，截断东荆河水不再泄入汉南泛区。

深水河槽工程 1965年8月，省、地两级水利部门决定续建沔阳隔堤和开挖深水河槽两项工程，由荆州专区汉南东荆河改道工程指挥部统一领导，由沔阳县组织劳力在续建沔阳隔堤的同时开挖深水河槽。河槽线路，自张家棚以东之棕树湾接北支，经墨地沟、铜盆湖、坝港、官山、稻草湖至阳明，破五湖、小南湖，于渡泗湖接东荆河南支，复沿老河1200米长抵向心潭，再破三合垸出长江，开挖长24.30千米的深水河槽，其中，疏扩老河槽7.8千米，开挖新河槽长16.5千米。河底高程上游21.0米，下游19.6米，底宽50米（五湖段为70米）。

开挖新河槽施工难度最大为五湖段。五湖，旧称阳明湖，方圆15余千米，水域辽阔，泥深丈许，人立湖中，直往下陷，难以自拔。施工时节，正值隆冬，气温常在摄氏零度以下，冰凌刺骨，用人工挖出一条长2600米、宽70米、深2.5米的水底河槽，且要在枯水期完成，难度极大。在此主持施工的工程指挥人员，发动群众献计献策，仿效湖区农民捞泥肥田之法，集农用小木船3500余只，采用小船罱泥挖河。为使水下河槽顺直，施工时在开挖断面两侧先布设鲜明醒目的标记，民工按河形标记挖泥输泥，施工井然有序。费时半月，终使水底河槽告成。其他河段亦先后完工。

深水河槽工程共完成土方638.50万立方米，投资184.69万元，其中，国家投资79万元，荆州地区投资30万元，其余为沔阳县自筹。

黄陵矶闸工程　黄陵矶排水闸位于古沌水之尾间，现蔡甸区军山肖家湾附近，修建此闸的作用是控制江水倒灌。同时，对汉南中下区调蓄涝渍和汉江杜家台分蓄洪区运用扩大蓄洪量以及引水灌溉通顺河下游76.68万亩农田，也起着极为重要的作用。

建闸工程于1966年由省水利勘测设计院设计，省水利工程一团施工，沔阳县组成“黄陵矶建闸指挥部”，由副县长李文祥任指挥长。1966年6月破土动工，次年春建成排水闸，船闸经过修改设计重建，将船室跨度由7米扩大为10米，历时3年，于1970年春告竣。共完成土方90万立方米、石方7.62万立方米、混凝土7500立方米、砌石1.12万立方米，国家投资350万元，沔阳投入劳动标工500多万个。

工程由排水闸、船闸、拦洪堤组成，排水闸与船闸并排布置，船闸下闸首在左侧，与排水闸同起防御长江洪水作用，闸顶建有载重10吨的公路桥，面宽6米，桥面高程31.00米，与两端拦洪堤连接。

排水闸为胸墙潜孔开敞式闸型，闸室长20米，有9孔，净宽7米，闸底高程15.00米，胸墙下部高程25.00米，闸孔净高10米，过水面积70平方米，设计排水流量580立方米每秒，泄洪流量2700立方米每秒。

船闸按5级航道、100吨级标准设计，由上下闸首、船室及上下引船道组成，闸孔净宽10米，总长95.4米，船室长62.4米，底宽10米，闸底高程11.50米，最小航行水深1.3米，上闸首为双向挡水人字闸门，下闸首为横拉式闸门。

工程系沔阳县主建，汉南中下区受益，但因地处汉阳县境，沔阳县不便管理，1970年4月撤销指挥部，由省委托汉阳县组建涵闸管理处管理。

新滩口闸工程　新滩口排水闸位于内荆河下游出口，是四湖地区的主要排水咽喉，也是东荆河下游改道的配套工程之一。

新滩口建闸以前，长江洪水沿东荆河南支和内荆河向四湖地区倒灌，使东荆河洪泛区和四湖中下区深受其害。为控制江水倒灌，1955年以后曾在新滩口临时筑坝防洪，汛期筑，汛后挖，周而复始多年。

洪湖隔堤建成之后，东荆河南支与北支合流于沌口出江。为了工程配套，1956年长办组织技术人员，对新滩口闸址进行勘测。1957年8月，省勘测设计院派员复勘。1958年8月，省水利厅审查设计批准破土动工。于1959年8月建成。共完成土方206万余立方米、石方8459.5立方米，耗用水泥4136吨、钢材1010吨，洪湖、监利两县共投工230万个，国家投资403.7万元。

新滩口排水闸系轻型浮筏三孔一联开敞明槽，全闸12孔，每孔配重12吨钢质平板闸门。单孔净宽5米，净高6米，闸宽60米。闸底高程16.00米，闸顶高程33.00米。闸身纵长139.92米。

（四）工程效益

东荆河下游改道工程的建成，对改善汉南地区防洪排涝形势发挥了重要作用。改道后，东荆河洪水不再泄入汉南泛区；黄陵矶闸控制江水倒灌，减轻了汉江下游两岸洪水压力和洪水对武汉市威胁。形成下游完整堤防和单一河槽，河床稳定，既能使上游洪水安全下泄，又可减轻200余千米泛区围堤及主要民堤防汛负担。东荆河与汉南主要排涝河通顺河两相隔离，各有归宿。通顺河水出泛区经沌口入江，不再受东荆河水倒灌影响，水位一般较改道前降低2～3米，有利于汉南地区除涝排渍。正常年份，通顺河水向沌口消泄，加上内部调蓄，可解除汉南地区10年一遇渍涝灾害。由于消除江水倒灌影响，东荆河下游一带80万亩农田得以保收，并可增垦荒地约10万亩。同时也可避免东荆河泥沙淤积通顺河，减少每年清淤所耗劳力，通顺河排水条件也得到改善。

附：东荆河下游改道示意图（图6-1-8）

二、沮漳河整治工程

沮漳河河道上游陡峻，中、下游狭窄弯曲，每当山洪暴发，峰高流急，奔腾直下，若遇长江同时起涨，相互顶托，宣泄不畅，往往泛滥成灾。当阳河溶1952年设置水文站前，据不完全统计，1810—1952年间，沮漳河发生较大洪水年份有1816年、1826年、1896年、1897年、1906年、1910年、1935年、1948年、1950年和1951年等。据实测记载，1952—2010年，当阳河溶站洪水位超过49.00米或洪峰流量超过2000立方米每秒以上年份有1954年、1955年、1956年、1958年、1963年、1968年和2007年，其中1958年7月19日水位达50.49米，相应最大流量3020立方米每秒。

历史上，沮漳河洪水多次导致荆江大堤上段溃决。1788年大水，荆州城被淹，1935年大水，荆州城被水围困，损失惨重。民国《荆江堤志》载："沮漳之水为害于荆堤上游为尤烈。保江北之安全，固恃荆堤，能增荆堤之隐患，实为沮漳。"

新中国成立后，根据"上蓄下泄"治水方针，沮漳河流域从20世纪50年代开始实施整治，包括上游结合灌溉建水库拦洪与下游扩大河道泄量两个方面。1958年6月5日，湖北省委、省人民委员会发出兴建漳河水库工程的指示，当年7月1日开工，1966年7月竣工。漳河水库工程以灌溉为主，兼有拦洪、发电、航运、水产等综合效益。水库承雨面积2212平方千米，总库容20.35亿立方米，其中兴利库容9.4亿立方米，防汛库容3.43亿立方米。1962年7月漳河水库初次拦洪，至1996年，先后拦截漳河上游1000立方米每秒洪峰25次，其中大于3000立方米每秒洪水5次，最大流量5500立方米每秒（1996年7月8日）。漳河水库拦洪错峰的防洪作用，能减轻下游洪水灾害，避免沙市水位遽然增高，可减轻荆江大堤防洪压力。此外，新中国成立后还分别在沮、漳二河上游先后修建小型水库113座，总库容15亿立方米。下游扩大安全泄量，包括重开入江河口与展宽下游两岸堤距两方面。

沮漳河口古今迁徙不一。先秦时期入江口在今枝江江口镇一带，江口因此得名。明中期以后，沮漳河至柳港后分为两支，一支经百里洲出今江口镇附近入江（时为沱江），后淤塞；另一支经太湖港过荆州城护城河入长湖，明末堵塞断流。因长江泥沙淤积，沮漳河口左右岸之间滩涂不断扩大并向东延伸，导致河口随之下移；至清前期下移至荆州区李埠镇；民国初年又下移至沙市城区观音矶上腮处。此处为荆江著名险段，河势险要，加之沮漳河下移至此，河口逼近荆江大堤，严重威胁防洪安全。20世纪50年代初学堂洲发生严

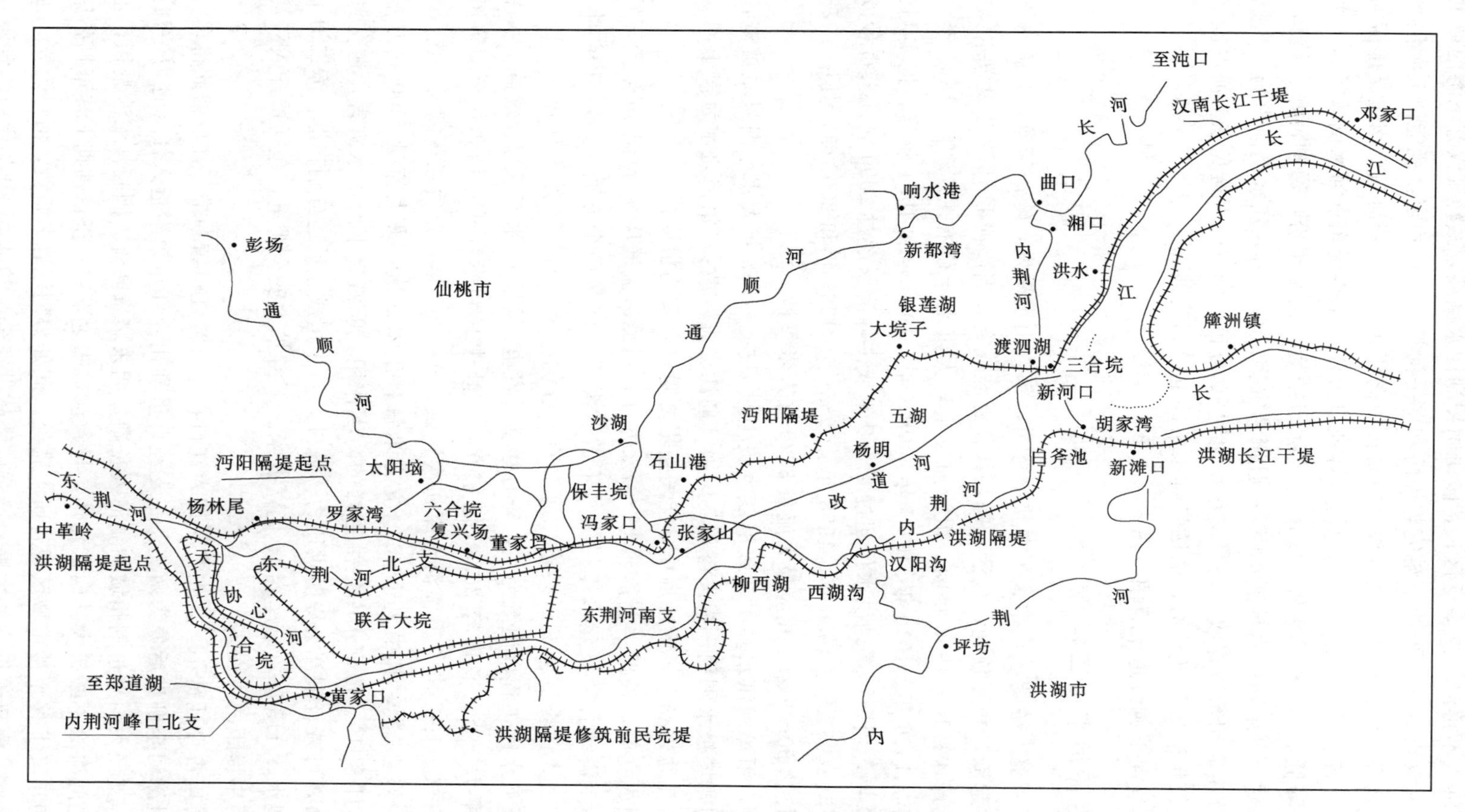

图6-1-8 东荆河下游改道工程示意图

重崩坍后，1959年结合学堂洲洲尾沉排护岸工程，采取护岸保洲和人工改道措施，将河口由宝塔湾上移800米至新河口。

沮漳河两岸围垸堤防防洪标准偏低，经常发生围垸溃口、分洪灾害，直接威胁荆江大堤李埠以上堤段。因此，必须综合整治沮漳河河道堤防，以提高防洪能力，减轻灾害。治理的首要任务是扩大沮漳河安全泄洪能力。

为扩大沮漳河安全泄洪能力，多次实施展宽堤距工程。1964年根据宜昌地区与荆州地区协议，在万城以上堤距过窄、两岸凸出堤段，分别退堤展宽河道，以扩大泄量，共退挽堤长11.5千米，完成土方87.84万立方米。工程实施后堤距最窄处170米（王家渡），最宽处350米（毛家拐堤）。

尽管实施了退堤展宽工程，沮漳河的防洪标准仍然偏低，洪水灾害依然频发。主要是沮漳河下游河道弯曲，受两岸堤防约束和过量围垦，行洪能力与上游来量不相适应，当沙市水位达到42.00米以上时，万城以下只能安全通过1300～1500立方米每秒，即使在漳河水库建成后的1960—1989年的30年间，河溶站流量大于1300立方米每秒流量的年份仍有5年，平均每六年一遇，不得已常在下游扒口以扩大行洪能力。因此，实施沮漳河下游改道工程，提高防洪标准已是当务之急。再者，沮漳河与长江汇合处的夹角地带，为面积6.4平方千米的学堂洲，因两面来水，一直是芦苇丛生，钉螺密布的沼泽地，每到汛期钉螺顺江而下，直接威胁长江下游河段两岸民众身体健康。改道沮漳河，铲除学堂洲血吸虫病传播源，是沿江人民的强烈愿望。

沮漳河下游综合治理工程方案，于1964年就被提出，但因沮漳河下游出口改道涉及的挖压土地，人口搬迁、水系恢复以及资金筹措等问题难以落实，未能付诸实施。1992年4月，省水利厅委托省水利勘测设计院在历次规划的基础上，再次提出《沮漳河两河口以下河段治理补充规划报告》，1992年7月，荆州行署水利局邀请长委等单位的专家对规划进行了评估并一致通过。1996年7月9日，国家计委正式批复湖北省沮漳河改道工程项目。

沮漳河下游改道工程分3期实施：①1993年完成鸭子口至临江寺2300米的新河道，将原河口改道上移至临江寺入长江，同时堵筑原河口及修筑学堂洲围堤，完成土方237.36万立方米，投资3920.62万元；②改道新河两岸堤距（两堤肩距）为450米，新河底宽100米，河底高程29.80～30.00米（黄海高程），两岸防洪堤顶高程44.73～44.84米（黄海高程），堤面宽8米，临水面坡比1：3；③1994年完成学堂洲老河吹填，西堤加固，新河出口处长江护岸及灭螺工程等项目，完成土方378.7万立方米，投资2912.28万元。

1996年，实施谢古垸退堤14.4千米，将河距展至450米。同时，对两河口大桥进行扩宽改造（新增4孔，宽约80米），加固沮漳河两岸堤防，完成土方502.64万立方米，投资4794.75万元。

2002—2004年实施了沮漳河临江寺河道疏浚工程，完成土方32.7万立方米，完成投资248.69万元。

沮漳河下游经过治理，防洪标准由5年一遇提高到10年一遇（两河口5年一遇洪峰流量2522立方米每秒，10年一遇洪峰流量3822立方米每秒；万城5年一遇洪峰流量

1866立方米每秒，10年一遇洪峰流量3577立方米每秒）。通过移堤、扩河、改道，降低万城水位1.2～1.5米，扩大泄洪能力1250立方米每秒，可减少沮漳河洲滩民垸的分洪概率。学堂洲由芦苇遍布的沙洲挽成民垸，消灭钉螺孳生场所，增垦面积8300亩。经初步整治，沮漳河防洪的严峻形势得到一定缓解，但下游河道的安全泄量与上游可能发生的洪水流量不相适应问题依然存在，潜在威胁并未根除。

三、松（松滋河）、澧（水）分流工程

松滋河从进口至大口为主河，流长24.5千米后分为东西二支。西支从大口至杨家垱入湖南境，长76千米；东支从大口至新渡口入湖南境，长102.55千米。在二支的流程中有小汊相串，有合有分，沿着荆南洞庭湖的西缘径向南行，湘鄂两省省界以南松滋河分为3支，东支大湖口河、中支自治局河、西支官垸河，由于支汊多，形成大小数十围垸，并经常不断演变。

澧水发源于湖南省桑植县北部山区，东流经张家界、慈利、石门、临澧等县市，沿途接纳溇水、渫水、道水等主要支流，经津市小渡口（长388千米）入澧水洪道从柳林嘴注入西洞庭湖（澧水洪道长94千米），澧水涨水时水流进入官垸河从西往东注，抬高松滋河水位；而长江涨水时，松滋河水注入澧水河道，或顶托其泄流，影响津市、澧县、安乡、公安等地的水位。澧水与长江三峡、清江又处于同一暴雨区，易与长江分流入松滋河的洪水相遇，常与澧水水流互相串流，互相影响，互相顶托，泄流不畅。澧水洪道泥沙淤积特别严重，水位不断抬高，防洪形势严峻；支汊多、堤线长，防汛岁修负担重，洪灾频繁，群众深以为苦。

松澧洪水遭遇（或称江湖洪水遭遇）是造成西洞庭湖地区洪涝灾害严重而频繁的主要原因。新中国成立初期，在西洞庭湖堤系整理时，曾提出松澧分流的设想方案。1956年长委会、洞庭湖工程处在对方案研究后，认为分流工程需待三峡建库之后，与松滋河口建闸同步实施。故在1958年《长江流域综合利用规划要点报告》中没有提及松澧分流方案。

为了解决松滋河和澧水相互干扰顶托问题，1959年湖北省荆州地区与湖南省常德地区协商同意实施松澧分流工程。采取“堵支强干、合堤并垸”的措施。具体工程项目是：堵塞松滋河在湖南境内的东、西两支，保留中支（自治局河），即堵支强干。东支的王守寺、小望角；西支的青龙窖、濠口等进出口均应堵塞，保留中支作为松滋河洪道；按8000立方米每秒流量设计，对中支河道展宽；仍保留五里河作为松滋河、澧水洪峰的调节通道。这个方案的设想是：堵支并流或称堵支强干，以水攻沙，使河道不至于因水流平缓而淤塞严重，即尽可能地把泥沙送至湖区，减轻防洪负担。堵支以后，原东、西支堤防就不再挡洪，松、澧两水相互顶托的现象大为减少。由于当年新展宽的洪道没有达到预定的目标，1960年汛期壅高了松滋河上游（公安县）洪、枯水位造成防汛紧张，公安县境大面积农田渍水不能排泄，影响冬播。1960年12月由两省省委第一书记主持召开协商会议，于1961年刨开堵口，恢复东、西两支。松澧分流工程报废。

松澧分流工程的本意是“隔绝混流，导水并流，排除水流相互干扰，改善防汛条件，缩短防守堤线”。通过工程措施减少松澧两水相互遭遇顶托的概率，降低西洞庭湖的水位，减轻西洞庭湖地区（包括公安）的洪涝灾害。实践证明该工程规划方案是正确的。

附：1960年松澧分流问题会议纪要

在洞庭湖整治规划研究中，松滋河与澧水的相互干扰，历来就是西洞庭区最主要的问题。含沙量大的长江来水经松滋口南流与澧水汇合时沉淀大量泥沙，不断淤高澧水尾闾，逐渐缩小澧水的泄洪排涝能力，松澧分流是解决这一问题的重要措施。但是由于这一问题影响较广，必须周密规划，妥善安排，审慎从事，务使在长江治本工程未实施前使松滋口来水的宣泄得到适当安排，不致在任何地段发生严重的壅水情况下始能实施。否则，就将对相邻地区以至荆江区防洪与排渍情况产生不利影响。常德地委对此工程期望殷切，但在实行过程中未做深入研究即开始施工，加上工程规划设计方面存在严重缺点，致工程实施后立即产生了很多不利的后果。迄今已完成的工程有松滋西支展宽堤距及挖断岗、青龙窖、东巴口、郭家口、小旺角、观音港、豪口七处堵坝。这些工程的实施，封闭了原来宣泄松滋口洪水来量18%的松滋东支，和原来宣泄松滋口洪水来量28%的官垸河及观音港，只留下一个扩宽最大只能宣泄松滋口洪水来量54%的松滋西支来宣泄全部来水。因此，壅高了上游洪、枯水位，造成了严重恶果。今年汛期长江洪水本来不大，荆江水位本不高，但松滋河上段沿岸，尤其是湖北省公安县境却出现为期53天的紧张防汛局面，湖南省安乡县境内也发生中洲垸决口淹田17000余亩的异常情况。汛期过后，水流受阻壅高情况依然未改。虽近年终而湖北省公安县境仍有8万余亩土地渍水不能排除，冬播不能进行，此情况必须迅谋改善。本月12—14日在两省省委第一书记亲自主持下，由湖南省水利电力厅吴子英副厅长，常德地委王敬书记，湖北省水利厅漆少川副厅长，荆州专署饶民太副专员，长办林一山主任、李镇南总工程师等及上述各单位的其他一些行政干部、技术人员在湖南省长沙进行会商，各方面的有关同志亦参加研究。经反复磋商，一致同意：为了保证荆江防洪能力不受影响，即不使松滋河两岸田地及居民因人为因素而受灾害，应使本地区的河道的宣泄能力迅速恢复原状；但应尽可能地考虑利用一切可用的已有工程因势利导，并在可能的条件下兼顾澧水尾闾情况的改善。在这一原则的指导下，通过计算，提出解决方案，经中共中南局第二书记、湖北省委第一书记王任重，湖南省委第一书记张平化等同志同意确定解决办法如下。

（1）西支目前扩展堤距的平均宽度约为480米，其增加宣泄能力约与原挖断岗、观音港两处的宣泄能力基本相等。为了兼顾并改善澧水尾闾情况，基本实现松澧分流措施的主要目的，挖断岗及观音港两处堵坝可不刨除，但松滋东支及官垸河仍须恢复原状，与扩大的松滋西支共同承担原来的泄洪任务。因此，东巴口（即王守寺）、小旺角、青龙窖、豪口4处堵坝应彻底刨除；松滋东支及官垸河应即恢复原状（包括复堤工程）。松滋西支展宽堤距范围内有碍水流的丛生植物与堤埂等应予清理，保证设计的宣泄能力。至于挖断岗、观音港的封闭对排渍的影响看来是不大的，中水时期松滋河上段水位虽稍有提高，不利于排渍，但在低水时期可减除澧水倒流入松滋河，又有利于排渍，且二者的影响都不大。至于郭家口堵坝是否扒刨，官垸河分流入观音港的北河口处如何封堵及能否利用部分作为向郭家口统一系统排渍工程中一部分等问题，对整个泄洪系统来说关系不大，可由湖南省主管部门结合考虑青龙窖来水量的有效宣泄及大围孟姜与长新等垸区渍水排除等问题全面研究比较自行决定；但不考虑用郭家口代替豪口排泄青龙窖来水的主要部分的问题，以免顶托松滋西支来水造成壅水现象。

（2）湖北省公安县境渍水仍迫待排除，东巴口（王守寺）、小旺角两堵坝的刨除应立即实行。其中小旺角虽已自动冲开，仍应进行检查，凡阻碍水流畅通的部分仍应清除干净。青龙窖、豪口两堵坝的刨除也应尽速施工，但为了便利官垸河两岸复堤工程的进行及大围孟姜垸、长新垸等区渍水的排除，与保证堵坝中的桩石部分的彻底有效清除，可结合堵坝工程的刨除，分别在其临水的外端另建临时挡水埂，但应保证在不迟于1961年5月底前刨净通水。松滋西支展宽堤距范围内的清理工作亦应在同一期限内办理完竣。

（3）恢复工程由湖南省水利电力厅及常德地委负责实施，保证如期完成。在工程实施过程中，湖南、湖北两省及常德、荆州两专区应紧密合作，进行必要的会勘与磋商，以确保施工质量符合要求。

与会同志一致认为上述解决办法不仅满足了荆江与松滋河地区防洪与排渍等各方面的要求，还基本实现了松澧分流工程改善澧水尾闾区情况的主要任务，应立即付诸实施。与会同志一致同意张平化同志的指示："为了做好群众的动员工作，应向群众解释清楚。为了吸取这次教训，在长江治本工程未实现前，今后在洞庭湖及荆江地区实施影响较大的工程时，必须报经湖南湖北两省省委及长办同意后，始能实施。"与会同志也一致同意王任重同志的指示："这次工程一定要做好，如湖南省认为需要时，湖北省愿随时提供必要的支援。"并得到极大的鼓舞。

松澧分流问题会议主要与会人员（1960年12月于长沙）

王任重　中共中南局第二书记兼湖北省委第一书记
张平化　中共湖南省委第一书记
林一山　长办主任
李镇南　长办总工程师
许正甫　长办规划处工程师
史　杰　湖南省水利厅副厅长
吴子英　湖南省水利厅副厅长
张　庸　湖南省水利厅工程师
王　敬　湖南省常德地委书记
周大力　湖南省常德地区水利局长
漆少川　湖北省水利厅副厅长
饶民太　湖北省荆州地区副专员
瞿道宗　湖北省水利厅工程师、科长
张家振　湖北省荆州长江修防处副处长

第二章　分蓄洪工程

荆江上游洪水来量大，河道自身安全泄量小，来量与泄量不相适宜，超额洪水是荆江洪涝灾害严重频繁的症结所在。有计划妥善地处理超额洪水，是治理荆江的根本任务，也是减轻灾害损失的重要办法。这个问题不解决，荆江永无宁日。挤洪占地，人地皆失；让地蓄洪，人地两安。这个思想始终贯穿新中国成立后江汉的治理与抗洪斗争的过程之中。

荆江分洪工程的建设，标志着荆州的防洪由被动地筑堤御洪转向主动利用沿江湖泊、洼地有计划地分蓄江汉干流的超额洪水。分蓄洪区通过工程建设后，在平水年照样发展生产，遇大水年份分洪调蓄洪水，以局部的损失换取全局的利益，这是千百年来同洪水既讲斗争，又讲妥协，追求人水和谐的重要举措，也是防洪系统工程的重要组成部分。

长江中游荆江段由于河道狭窄淤垫，下游弯曲，不能承泄大量洪水。历史上，长江沿岸有不少的分流穴口，遇到较大的洪水可通过穴口分流，依靠两岸大小湖泊调蓄，故宋以前，洪灾甚少。自明清以后沿岸堤防连线穴口堵塞，内垸湖泊也不断开垦成为良田，江河洪水全赖堤防约束在狭窄的河槽。至今，上荆江河段的安全泄量，包括向洞庭湖分流的松滋、太平两口在内，约为6.1万～6.8万立方米每秒，下荆江石首河段的安全泄量包括藕池河分流只有5万立方米每秒。而宜昌站近百年来的洪峰超过6万立方米每秒的达27年（据调查自1153—1870年有8次特大洪水，宜昌流量80000～105000立方米每秒）。1860年、1870年大水年枝城洪峰流量分别为96000立方米每秒和110000立方米每秒（调查洪水），已远远超过河道的泄洪能力。1954年长江中游地区分洪溃口水量达1023多亿立方米，怎样处理如此大的超额洪水，是长江中下游防洪的矛盾所在。

1936年8月，扬子江水利委员会基于1931年、1935年长江两次特大洪水酿成的巨大灾害，为解决长江超额洪水出路和农田垦殖之间的矛盾，主张在长江中下游有计划地整理堤圩，合理利用两岸湖泊洼地，建立以担负防洪任务为主的若干“蓄洪垦殖区”，作为长江防洪的一个重要治理措施，拟定一系列蓄洪垦殖工程计划，并在安徽省通江湖泊华阳河区进行蓄洪垦殖试点。次年8月建成华阳闸及部分拦河坝工程。后因抗日战争而停顿，蓄洪垦殖工程未能付诸实施。

新中国成立后，经毛泽东主席批准，1952年兴建了举世闻名的荆江分洪工程，开始了蓄洪垦殖工程的伟大实践。荆江分洪工程利用沿岸分布的通江湖泊、洼地和民垸，加以人工控制，不使江水自由灌注、倒漾，以利中小洪水年垦殖；遇到大洪水年需要蓄洪时，有计划地分（蓄）超额洪水。1954年夏，长江发生全流域型特大洪水，当沙市站水位达到43.00米以上时，荆江大堤出现各类险情1989处，防洪形势十分严峻，经报请国务院批准，先后3次运用荆江分洪工程，最大分洪流量分别为4400立方米每秒、4000立方米每秒、7700立方米每秒，累计分洪总量为122.6亿立方米，分洪后分别降低沙市水位

0.74 米、0.64 米、0.96 米，合计减少入洞庭湖水量约 39 亿立方米。荆江分洪工程经过 1954 年首次运用和采取一系列分洪措施，战胜了荆江出现的特大洪水，保住了荆江大堤，减轻了洞庭湖区的防洪压力，对保护湘鄂两省人民生命财产安全，乃至促进新中国成立初期国民经济的恢复与发展，发挥了重要作用。抗洪实践证明，分蓄洪工程是长江防洪的一种重要而有效的措施，对长江中下游平原区近期防洪有着极其重要的作用，即使长江上游大量山谷水库修建后，分蓄洪工程仍是长江防洪工程系统的组成部分，并能有效地提高水库工程的综合效益。

1959 年 7 月，长办在经反复修改和审议的基础上正式提出《长江流域综合利用规划要点报告》（简称《要点报告》），将中下游防洪保护区分为重点区、重要区、一般区 3 级，分蓄洪区是为了保证重点和重要区的防洪安全。重点区以 1954 年实际洪水作为防御标准。1971 年及 1981 年两次规划座谈会确定，在三峡工程建成前，适当提高荆江大堤、长江干堤的防御水位 0.5 米。按此水位标准，1954 年型洪水需要中下游分蓄洪区蓄纳的超额洪水量为 500 亿立方米（比 1954 年实际分洪溃口水量减少大半），规划分荆江区、城陵矶附近区（包括洪湖区、洞庭湖区）、武汉附近区、湖口附近区（包括鄱阳湖区和华阳区）4 个区 40 处，12000 平方千米的面积，有效调蓄水量 500 余亿立方米。其中位于荆州境的是荆江区和城陵矶附近区的洪湖区。

荆江区　以防御枝城站 40 年一遇洪水为标准（流量 80000 立方米每秒），采取以荆江分洪工程为主体，加上涴市扩建区、虎西备蓄区，以及人民大垸分蓄洪区，规划有效蓄洪容量约 70 亿立方米，重点处理荆江河段的超额洪水，确保荆江大堤的安全，有利于洞庭湖的防洪，并具有与洪湖区联合运用的条件，为防御荆江超标准的洪水奠定了基础。

城陵矶附近区　包括洞庭湖区与洪湖区，按防御 1954 年洪水的标准，城陵矶附近区需分洪总量 320 亿立方米，洞庭湖与洪湖两区各分（蓄）洪 160 亿立方米，组成城陵矶附近区的近期分（蓄）洪工程系统。

按《要点报告》的规划，荆州在建成荆江分洪区之后又先后兴建了涴市扩大分洪区、虎西备蓄分洪区、人民大垸蓄洪区和洪湖分蓄洪区等 5 处分蓄洪区，分蓄洪区总面积达 4235.36 平方千米，其中有效蓄洪面积 4229.18 平方千米，蓄洪容量 240.6 亿立方米。具体见表 6-2-1。

汉江是湖北历史上灾害频繁的河流之一，灾害频率达三年两遇。汉江河道与堤距愈往下游愈窄，安全泄量愈到下游愈小，史称之为“痼疾”而使人忧愁；堤防愈到上游（狮子口、王家营）溃口愈频繁，史称之为“善决”，一旦溃决，损失极为惨重而使人恐惧。1935 年汉江发生特大洪灾，淹没范围达 11 个县（市），淹死 8 万多人，这一震惊全国的巨大洪灾引起各方面对汉江防洪问题的关注，朝野先后提出了一些治理汉江的初步意见。如李仪祉先生主张开辟天门河减洪，实行汉北分洪，扬子江水利委员会拟在马良修建拦洪坝，随后拟议修建碾盘山拦洪水库，并提出过《汉江防洪治本计划草案》《汉江初步整理工程计划》，但未能实施。

新中国成立后，鉴于汉江中下游洪灾频繁而又严重的实际状况，即着手进行汉江中下游的防洪治理。1949 年，湖北省水利局召开汉江治本计划座谈会，会议认为当时汉江治本的重点是防洪，防洪的措施以建库拦洪为首要，其次是分洪及造林与水土保持。1952

表 6-2-1　　荆州段分蓄洪区基本情况统计表

分洪区名称	县别	分蓄洪区总面积/km^2	其中：有效蓄洪面积/km^2	蓄洪容量		乡镇/个	村/个	户	人口/万人	需转移人口/万人	固定资产/亿元	年总产值/亿元	分洪口门		
				水位/m	有效容积/亿 m^3								位置	口门宽/m	分洪流量/(m^3/s)
荆江分洪区	公安县	921.34	921.34	42	54	8	179	155694	60.552	39.832	90	45.2	1. 腊林洲 民垸处	6	
													1. 腊林洲 干堤处	6	9300
													2. 吴量庵荆右干堤处	6	19500
													3. 虎东肖家嘴	6	
													4. 代市虎东干堤处	6	5000
													A. 贺家弓	6	
													B. 军堤湾	6	
													C. 王家月弓	6	
涴市扩大分洪区	荆州区、松滋市	96	96	44	2	2	20	18035	5.8923	5.8923	17.1	7.36	查家月荆右干堤处	6	5000
													马濠虎西支堤处	6	5000
虎西备蓄区	公安县	92.38	86	42	3.8	4	29	11791	5.1418	5.1418	4.4	3.09	虎西肖家嘴虎西干堤处	6	
人民大垸蓄滞洪区	石首 监利	341	341	上人民大垸 40.50 下人民大垸 38.50	20.8	3	79	48895	19.586	19.586	102.85	18.73	茅林口口门大垸支堤处	6	20000
													下人民大垸口门大垸隔堤处	6	20000
													中洲子口门下人民大垸支堤处	6	20000
洪湖分蓄洪区	洪湖、监利	2784.84	2784.84	32.5	160	28	725	300000	115.2	115	521.5	199.5	洪湖套口	3000	20000
合计		4235.56	4229.18		240.6	45	1032	534415	206.37	185.45	736.45	273.88			

表 6-2-2　　汉江下游段分蓄洪区基本情况统计表

民垸名称	垸堤起止地点	堤长/km	堤顶高程/m	民垸面积/km^2	耕地面积/万亩	人口/万人	有效容积/亿 m^3	防洪水位（吴淞）/m				分洪口位置	分洪控制水位/m	固定口门宽度/m
								控制站	设防水位	警戒水位	保证水位			
襄东	高家阁—南洲	35.00	60.90	79.80	9.66	4.36	1.24	宜城	56.50	57.30	59.19	龚脑闸上	59.90	300
襄西	阮家铺—岛口	55.5	58.03	120.90	14.55	14.71	2.79	宜城	56.50	57.30	59.19	黄家岗	57.60	250
大集	胡家山—天字岗	19.8	53.60～54.80	17.30	1.97	1.40	0.23	红星闸	50.50	51.50	53.00	熊家大路	53.60	165
关山	谭家山—固家冲	17.9	55.50	50.30	3.39	3.06	1.15	电排站	51.40	52.50	53.00	小河口	54.79	240
丰乐	关山—丰山嘴	11.3	55.00	36.30	2.44	1.90	0.63	丰山闸	50.50	51.50	53.00	安家湾	53.95	170
潞贺	丰山嘴—中山口	19.8	52.87～55148	63.80	5143	4.15	1.42	丰山闸	49.50	50.50	51.50	丰岭三组	53.90	260
联合	杨湾—沿山头	13.4	53.50	33.50	1.59	1.45	0.72	杨湾闸	47.50	49.00	51.50	杨湾三组	52.20	200
中直	中山口—殷河泵站	18.2	53.00	60.00	3.58	2.69	1.32	碾盘山站	48.00	49.50	50.50	中山闸南	51.95	380
文集	沿山头—塘港	28.9	50.50	79.50	5.00	3.65	1.98	沿山头闸	44.00	45.50	47.20	石磙淌	50.86	260
皇庄	叶家坡—余家山头	24.2	52.20	102.40	10.50	12.13	4.39	皇庄站	47.00	48.50	49.50	汪亩	50.80	300
石牌	塘港—瓦子港	20.5	49.00	69.2	8.60	4.03	1.84	和平闸	44.00	45.50	47.00	真武	47.99	300
大柴湖	余家山头—苏家堤	45.4	49.70	205.00	10.70	9.40	8.62	大同	44.60	46.20	48.40	分洪口	48.10	500
邓家湖	瓦子港—马良水闸	13.6	48.00	86.30	8.70	2.40	2.97	槐路口	43.40	45.40	47.90	槐路口	46.90	300
小江胡	黄堤坝—沙洋	25.24	47.35	106.00	8.90	3.40	5.80	黄堤坝闸	41.96	43.80	45.10	黄堤坝下	46.50	350
合计		348.74		1110.30	95.01	68.73	35.10							

注　此统计资料来源于 2011 年 4 月湖北省防汛抗旱指挥部办公室编制的《防汛抗旱图集》。

年10月长委会提出的《治理汉江问题初步意见》也认为，治理汉江应在中上游河段建库拦洪，在下游辟道泄洪。1953年10月，长委会成立“长江、汉江流域轮廓规划委员会”，全面开展汉江流域规划工作，着重研究了汉江中下游防洪问题中的分洪方案，提出了泽口分洪和杜家台分洪方案，并于1954年9月提出《汉江下游分洪工程初步设计》报水利部审批。1956年建成杜家台分洪工程，设计分洪流量5000立方米每秒，以解决汉江下游河段上下段泄洪能力不平衡的问题。1968年又建成丹江口水库，对上游来水实施调控。上调下泄，再配合两岸堤防和分洪民垸的建设，构成汉江防洪工程体系，有效地保证了江汉平原和武汉重镇的防洪安全。

汉江下游分洪工程除杜家台分洪工程，荆州地区还有14处蓄洪垦殖民垸，总面积1110.30平方千米，总蓄洪容量35.10亿立方米，汉江下游荆州地区段分蓄洪区基本情况统计见表6-2-2。

荆州地区兴建的一批分蓄洪工程，对分蓄江汉干流超额洪水，缓解江汉防洪形势有着极其重要的作用，但当长江、汉江出现特大洪水，一旦投入到运用中，即使是三峡工程已经建成，也存在一些问题：分洪区分洪损失大，人口安全转移困难；目前荆江分洪区虽然有些安全转移设施，但仍不适应分洪的需要，其他分蓄洪区的安全设施不够完善，一旦分洪，很难保证人民生命财产安全；现有分蓄洪区除荆江分洪区、杜家台分洪区有进洪闸控制外，其他分蓄洪区均靠临时扒口分洪，分洪时间、分洪量很难控制，而且扒口长度将达数千米。

第一节 荆江分蓄洪区工程

荆江分蓄洪区位于荆江河段，由荆江分洪区、涴市扩大分洪区、虎西预备蓄洪区和人民大垸蓄滞洪区组成，总面积1450.72平方千米，其中，有效蓄洪面积1444.34平方千米，有效蓄洪容量80.6亿立方米。行政区域跨公安、石首、松滋、荆州（区）、监利5个县（市、区），2011年统计总人口约为90万人。工程主要作用是缓解长江上游巨大洪峰来量与荆江河槽安全泄量不相适应的矛盾，减轻洪水对两湖（湖南、湖北）地区人民生命财产的威胁，确保荆江大堤、江汉平原和武汉市的安全。

荆江分洪工程（主体）东濒长江，西临虎渡河，北起太平口与荆州（城）、沙市隔江相望，南至黄山头与湖南省安乡县为邻，自然面积921.34平方千米，地势西北高东南低，除闸口附近有高地外，一般为平原，地面高程32.80～41.50米。设计蓄洪量54亿立方米。区内有自北而南纵贯全区的排水主渠道，总长度约70千米，28个湖泊星罗棋布于区内，面积约为分洪区总面积的1/10。

一、兴建缘由

荆江两岸平原区共有耕地2100余万亩，人口2000余万，是全国重要的粮食生产基地。荆江左岸的荆江大堤是长江中游地区重要的防洪屏障，直接保护着江汉平原约1100万亩耕地和1000余万人民的生命财产安全，历来为政府高度重视。新中国成立后，荆江大堤被确定为确保堤段，任何情况下均要保证安全，若其溃口，将导致严重的灾难。荆江河道数百年来，泥沙淤垫，河床逐年抬高，荆江四口分流量逐年减少；洞庭湖的泥沙淤积和围垦，使其湖容锐减，调蓄洪水的功能降低，导致荆江洪水逐年增长，据1903—1961年资料分析，沙市洪水位年均上涨0.0185米，58年间洪水位升高1.073米。荆江河段是长江中游洪灾最为频繁和严重的河段。荆江洪水主要来自宜昌以上地区，洪水出三峡之后，又常与清江、沮漳河及洞庭湖水系洪水相遇。荆江河道安全泄洪能力与上游来量巨大且频繁的洪水不相适应，致使荆江地区频繁地遭受洪水的严重威胁，造成灾害。近150年以来，荆江河段先后发生1860年、1870年、1896年、1931年、1935年、1954年和1998年等年份大洪水。荆江沙市河段的安全泄量，包括松滋口、太平口的分流量在内约为68000立方米每秒，而上游宜昌站自1877年有实测记录以来洪峰流量超过60000立方米每秒的即有27次。1870年和1860年最大流量分别高达105000立方米每秒和92500立方米每秒（调查洪水），1870年枝城最大流量110000立方米每秒，远远超过荆江的安全泄量。加之自荆江大堤连成整体以后，荆江洪水向南分流、溃口的泥沙淤积，使荆江两岸地势逐渐形成南高北低的局面，北岸地面高程较南岸低5～7米，汛期洪水位常高出北岸地面十余米。北岸荆江大堤一旦溃决，巨大的洪流将以高出地面十余米的水头向荆北平原倾泻而下，所经之处将造成大量人员伤亡的毁灭性灾害。据史料记载，1860年、1870年、1931年、1935年的灾害尤为惨重，荆江两岸一片泽国，死亡民众不计其数，损失惨重。

超额洪水是荆江洪水灾害严重而又频繁的症结所在。有计划妥善处理超额洪水，缓解荆江安全泄量与不能承受川江巨大洪水来量的矛盾，是治理荆江的根本任务。对此，在历史上曾有不少仁人志士提出过一些治江方略，但限于当时的认识水平和物资、技术条件，均难以付诸实施。新中国成立后，中央非常关心荆江的治理问题，1950年8月长委会提出《荆江分洪初步意见》，建议在对荆江水患治本之前，把修建荆江分洪工程作为治理荆江水患的第一个重大措施。1950年10月毛泽东主席在听取荆江分洪工程方案汇报后，当即同意修建荆江分洪工程。

二、工程规划

1949年12月17日，政务院第十一次政务会议，任命林一山为长江委主任，负责组建长江委。1950年2月初，长委会成立后，即着手研究荆江防洪问题，通过实地勘查荆江河段，参考前人治江论述及防洪实践，研究了诸多方案。1950年8月至1952年2月，长委会先后提出《荆江分洪初步意见》《荆江临时分洪计划》《荆江分洪工程规划》和《荆江分洪工程技术设计》（草案），并付诸实施。1954年通过分洪运用，暴露了分洪工程标准偏低，与荆江地区的防洪需要不相适应的问题。1955—1980年，长办（1956年10月22日长委会改建为长办）先后提出了荆江分洪区进洪闸扩建方案、涴市蓄洪方案、万城蓄洪方案、公安蓄洪方案、石首分洪道方案、虎渡河小裁弯方案、虎渡河改道方案、荆北放淤方案、涴市里甲口隔堤方案、四口控制方案、第二人民大垸方案、长湖蓄洪方案、总干渠分洪方案、西干渠分洪方案和上荆江主泓南移方案。这些方案有的已经实施，有的已经设计，有的只是作为比较而提出的方案。1994年8月，长委会（1989年6月3日，长办恢复原名长委会提出《荆江地区蓄滞洪区安全建设规划》，并经水利部批准。

(一) 前期规划

1. 荆江分洪前期工程规划设计

1950年8月,长委提出《荆江分洪初步意见》(以下简称《初步意见》),并呈报水利部审核。《初步意见》认为:在长江上游尚未兴建大型山谷水库和尚未举办水土保持之际,洪水、泥沙皆无从控制的条件下,选定枝江以下分洪旁泄,是可以实行的较为妥善的方案。评审荆江南北两岸形势,北岸为广阔而低洼的平原,如由北岸分洪,洪道水位高出地面9~10米,势必把荆北地区数千平方千米的排水系统全部打乱,在控制运用上困难很大,不可轻予尝试;南岸以"四口"通湖洪道如网脉联络,堤防各自独立,各垸面积亦较北岸为小。因此,要在荆江实施有计划的分洪工程,以由南岸分泄为宜。《初步意见》划定长江右堤以西、虎渡河以东、安乡河以北的范围为分洪区,并确定在治理洞庭湖计划未实施前,应以不增加"四口"通湖洪道和洞庭区的洪水负担为原则。1950年10月1日,党和国家领导人毛泽东、刘少奇、周恩来听取了时任中南军政委员会副主席邓子恢和中央人民政府政务院政务委员薄一波关于荆江分洪工程的汇报。毛泽东询问每一个技术性问题后,同意兴建荆江分洪工程的方案。同年12月25日,中南军政委员会召开荆江安全会议,讨论荆江分洪工程计划,会议一致认为,这个计划可以实施。

1950年12月1日至1951年1月2日,长委会组织查勘荆江分洪区后提出《查勘荆江临时分洪工程报告》。内容包括地形、水系;干堤、民堤及垸堤;人口、田亩产量及房屋;临时分洪区与临时蓄洪区的比较;分洪道的拟议,以及分蓄洪有关问题的研讨。

1951年2月,长委会提出《荆江临时分洪计划》。这个计划是荆江地区防洪规划的开端,根据荆江洪水的严重形势和荆江大堤的严重弱点,为抢在汛前及早兴建荆江分洪区,以便抗御长江一般洪水,初步拟定荆江分洪工程的设计标准、工程规模和工程运用步骤,确定按防御荆江1931年同大洪水,沙市洪峰流量36500立方米每秒,控制沙市水位44.00米,作为分洪区的设计标准。4月,长委决定适当培修虎渡河东堤和分洪区南部堤防,使之联成一个整体。1951年8月,在临时分洪计划的基础上,经过进一步研究,长委提出《荆江分洪工程计划》。这个计划本着抗御1931年洪水的要求,和充分发挥荆江大堤(配合洲滩民垸的运用)的防洪作用,以1931年8月5—25日的洪峰流量为标准,拟定沙市水位44.00米为分洪水位,进洪闸最大分流量为13450立方米每秒,最大泄洪流量为8124立方米每秒,分洪区南部最高蓄洪水位为40.95米,蓄洪总量55.75亿立方米。根据这些标准拟定的工程项目包括:①进洪闸工程(包括节制闸和备用闸);②泄洪闸工程;③堤防培修和护坡工程;④涵闸及沟渠工程;⑤其他工程。尔后,长委随即进行闸基钻探及水压试验、闸址复勘、水工模型试验、土壤试验和材料试验等工作。1951年9月,水利部审核同意《荆江分洪工程计划》,并提出尚需进一步研究和补充的意见。

1952年1月,长委提出《荆江分洪工程技术设计》。此设计同长委会1951年编拟的《荆江分洪工程计划》初步设计相比较,主要变化是:最大分洪流量为12800立方米每秒,最大泄洪流量为6360立方米每秒,分洪区内南部最高蓄洪水位为39.75米。工程项目包括:进洪闸工程,闸址由腊林洲改为太平口;泄洪闸工程,闸址在无量庵;堤防培修工程;分洪区内排水工程;其他工程,包括防浪林工程、横堤以下堤防内护坡工程、分洪区内清除及迁移工程和20个安全区堤防及涵管工程。

1952年3月4日，中南军政委员会召集湖南、湖北两省负责人和中南局水利、农林、交通等有关部门负责人会议，对荆江分洪工程技术设计进行磋商，会议认为这个设计照顾了全局，兼顾了两省，对两省人民都是有利的，并一致表示同意。1952年3月18日，荆江分洪总指挥部编就荆江分洪工程计划，上报中央，毛泽东主席亲自审阅并批准实施。

1952年3月31日，中央人民政府政务院作出《关于荆江分洪工程的规定》（以下简称《规定》)。《规定》指出：“为保障两湖千百万人民生命财产的安全起见，在长江治本工程未完成以前，加固荆江大堤并在南岸开辟分洪区乃是当前急迫需要的措施。”《规定》还指出：“荆江分洪工程完成以后，如长江发生异常洪水需要分洪时，既可减轻洪水对荆江大堤的威胁，并可减少四口注入洞庭湖的洪量；同时，做好分洪工程又能保障滨湖区不因分洪而受危害。这一措施对湖北、湖南人民都是有利的。”

荆江分洪工程于1952年4月开始施工，至6月20日，以75天的时间建成第一期工程，包括北闸、南闸、分洪区围堤、安全区（台）及移民安置、防浪林和荆江大堤加固工程等。第二期工程于1952年11月14日动工至1953年4月25日全部完成。分洪区有效蓄洪容量54亿立方米。

2. 涴市扩建工程规划设计

荆江分洪工程建成后，经过1954年分洪运用，对保卫荆江大堤的安全发挥了重要作用。但也暴露出一些问题，主要是分洪标准偏低，不论是分洪流量，还是分洪总量都不能适应荆江防洪的需要。鉴于此种情况，1954年冬，长委开始对荆江防洪规划进行全面研究。

1955年12月，长委提出《荆江地区防洪排渍方案》。其主要内容是以100年一遇洪水为标准，扩建已有荆江分洪工程以充分发挥其潜在作用，计划增建涴市蓄洪区和下荆江扩大泄洪量等工程。涴市蓄洪区方案有二。

（1）涴西区方案（即大区方案）。拟定自太平口起，经涴市、杨家垴、南宫，沿松东河左堤至中河口，沿虎渡河西堤北上接太平口，围堤全长130千米，蓄洪面积约450平方千米。进洪口选在涴市下游，有效蓄洪容量约30亿立方米，与荆江分洪区配合运用可满足枝城约200年一遇洪水要求。最大优点是超过分洪区蓄洪容量的洪水可以越过虎渡河与荆江分洪区联合运用。但问题是加培堤防工程量太大，且蓄洪后130千米堤防两面临水，防守及抢险困难。

（2）涴南区方案。拟定从涴市至米积台修建一道隔堤，再由米积台沿松滋东河左堤而下至马蹄拐，至南堤拐接虎渡河西堤往北至太平口，再沿江堤折向西回到涴市，围堤全长103千米，蓄洪面积约300平方千米，有效蓄洪容量约20亿立方米；进洪口选在涴市稍下的江堤上扒口。按当时（1955年）情况，配合荆江分洪区，可以解决枝城130年一遇洪水。工程量主要是土方1347万立方米。若分洪总量超过蓄洪区容量时，在夹竹园上扒开虎东、虎西堤与荆江分洪区联合运用。对此方案，湖南、湖北两省表示有疑虑，尤其是湖南省持反对意见。

1957年，长委根据有关方面的意见，以1955年的研究方案为基础，对荆江区防洪规划再行研究，提出了《荆江地区近期防洪规划报告》（以下简称《报告》)，作为长江流域防洪规划的组成部分。在这个《报告》中首次提出《涴里隔堤方案》，即从涴市至里甲口修建一道隔堤，与荆江分洪区联合构成一个整体，解决枝城130年一遇洪水。隔堤长17千米，土方571万立方米。1958年3月，林一山向周总理汇报时称之为“工简效宏”的方案。与湖南、湖北两省开会讨论时，湖南省提出了虎渡河改道方案，其工程措施是废除虎渡河进口与里甲口之间26.4千米的原河道，即在太平口下和里甲口上分别筑坝堵塞虎渡河，另从涴市分洪口上游起开辟新河至里甲口与原虎渡河连接，新河长17.5千米，左堤即涴里隔堤，西面即右堤。扩建区与荆江分洪区形成整体，解决荆江区100年一遇洪水。为有利于新河的稳定，并达到有效控制最大进洪流量，规划采用新河的比降与原虎渡河的洪水比降基本相应，并在新河口建节制闸一座，进洪流量设计为2900立方米每秒。估计工程量：土方1543万立方米，石方52.6万立方米，混凝土11.7万立方米，挖压耕地2.7万亩。《涴里隔堤方案》扩大了分洪区面积94平方千米，增加蓄洪容积2亿立方米，最大的优点是分洪时与虎渡河水流不发生干扰，有效地扩大了分洪区进流能力。湖南、湖北两省就此方案取得一致意见，并被载入1958年《长江流域规划要点报告》。1958年5月，在周总理召集的湖南、湖北、江西3省近期水利工程安排会上选定《涴里隔堤方案》。

虎渡河改道方案既定，几年后没有实施，水利部、长办感到方案不实施对荆江区的防洪不利，于是与湖北省水利厅联系，促其尽快实施。1962年，湖北省复文长办，表示当时省、地经济、劳力都有困难；提出先把隔堤建起来，有了提高防洪能力的基础，等到条件许可，必要时再全面实施虎渡河改道方案。并要求长办作进一步规划。1963年夏，长办提出《荆江地区防洪补充规划研究报告》，论证了涴里隔堤方案可以达到“改道方案”的防洪效果；避免了“改道方案”可能出现的不利影响。但在征求湖南、湖北两省意见时，湖南省仍坚持“改道方案。”1963年10月，水利部组织讨论会，审查荆江防洪的补充规划，参加会议的有水利部副部长张含英、长办主任林一山、总工程师李镇南和湖南、湖北两省的水利厅副厅长，讨论了6天。时值1963年8月海河大水之后，林一山强调，“63.8”型暴雨移到长江三峡一带，那就是1870年洪水再现，荆江大堤守不住，其后果不堪设想！经过协商，决定实施隔堤方案，以达到荆江地区近期防御50～100年一遇洪水标准。湖南代表提出有条件的保留意见：隔堤是作为1964年的度汛工程，今后应当按改道方案实施。水利部审批后报国务院，同时要求实施与此方案配套的工程——松滋江堤加培和南闸加固等。

3. 虎西备蓄工程规划

虎西预备蓄洪区（简称“虎西备蓄区”），位于虎渡河中段右岸公安县境内，东濒虎渡河，西倚绵延的岗地，南起黄山头，北抵大至岗，总面积92.38平方千米。1952年2月国务院确定为预备蓄洪区，有效蓄洪容量3.8亿立方米，属弥补荆江分洪区容量不足和减轻南闸压力的辅助性工程。当荆江分洪区蓄洪达到设计水位，预报分洪量将可能超过2亿～3亿立方米时，即将南闸关闭（虎渡河黄山头节制闸，简称南闸），节制下泄流量不超过3800立方米每秒，扒开虎东堤和备蓄区的虎西堤，使超额洪水进入备蓄区以补充分洪区容量的不足。

虎西备蓄区地形狭长，岗脚地面低洼，一般高程33.00～35.00米，朱家桥湖、三眼桥湖和艾赛湖为区内雨水滞留之所，积水高程35.00米。黄山头节制闸建成后，闸上游河段水位抬高，排水困难，亟须另谋出路。1952 年 9—10 月，长委先后提出《荆江分洪区及虎渡河西区排水工程初步设计》和《荆江分洪工程排水工程技术设计》。备蓄区排水工程系按 1948 年坝下水位过程线和 1916 年的雨量及 2 月上旬以前将区内积水排至 31.50 米的要求进行设计，总的工程布置是以明渠贯穿区内朱家桥湖、三眼桥湖及艾赛湖等湖泊，引水出备蓄区南端，沿黄山东麓南行至节制闸西引堤下，通过新建的箱涵，再南行至节制闸下游西岸，东折入闸下游通虎渡河之深水槽。

4. 人民大垸分蓄洪工程规划

下荆江由于河道蜿蜒曲折，监利河段安全泄量为 30000 立方米每秒左右，与上荆江的泄量不相适应，上、下荆江泄量不平衡的这种矛盾，严重影响着荆江两岸人民生命财产的安全。因此，扩大下荆江泄量，就成为下荆江防洪规划的主要任务。

人民大垸分蓄洪区规划，是下荆江防洪规划的重要组成部分。1955 年 4 月，长委对下荆江规划进行研究，并提出下荆江规划报告。1955 年 12 月，长委在此基础上，提出《荆江地区防洪排渍方案》。这个方案，根据查勘和演算的结果，充分论证了扩大下荆江泄量的必要性和可能性，为了防御较大的洪水，荆江分洪区要起蓄、泄的作用，当荆江分洪区需要在无量庵泄洪时，如下荆江的情况不予改变，所增加的泄量必然抬高上下荆江的水位，同时回水必然一直影响到沙市，这就与控制荆江水位不变的要求不符，因此下荆江必须扩大泄量，以适应荆江分洪区泄洪的需要；同时为了满足在一般年份东洞庭湖垦殖的需要，必须控制藕池口，以减少入洞庭湖流量而使下荆江流量增加，也必须扩大下荆江河道泄量。办法是扩建人民大垸（包括改善其排水系统），退建监利江堤和青泥洲江堤，刨毁六合、张智、永和等垸民堤，在荆江分洪区需要泄洪时，刨毁人民大垸，使无量庵泄洪流量经过扩建后的人民大垸至吴老渊附近泄回长江干流。方案规划新堤线上接人民大垸茅林口附近围堤，南下经古长堤，顺石首河湾沿碾子湾滩地，越沙滩子堵坝与新河北堤，接张智垸南沿堤，过中洲子堵坝与新河北堤，并新筑复兴洲坝，下至杨家湾与荆江大堤相接，全长约 60 余千米，合计土方工程量约 762.8 万立方米（包括监利及青泥洲退建土方）。

5. 荆江分蓄洪区安全建设规划

荆江分蓄洪区安全建设规划主要由 3 部分组成：①转移工程，包括道路、桥梁、避水楼和运输工具；②安置工程，包括安全区、安全台、安置房及其他生活设施；③其他设施，包括通讯、救生等。一般在规划兴建工程的同时即已考虑分洪区居民的转移安置问题，并作出初步安排。

1963 年 8—9 月，省、专区根据中央、中南局要求彻底解决荆江分洪区移民问题的指示精神，派员到荆江分洪区进行了为时 10 天的查勘，提出了书面报告。报告称：1963 年荆江分洪区人口由 17 万人上升至 27 万人，相当于 1952 年的 1.6 倍，其中，安全区、台居住 5.76 万人，蓄洪区居住 21.24 万人。原有木质移民桥因分洪或风雨侵蚀已全部损坏。1952 年为便利生产配备的车船均已损坏，加之 1958 年以后开挖了数以千计的渠道，切断移民道路 200 多处。省水利厅根据查勘情况作了一个规划，并上报水利部。1963 年 12 月，国务院批转《水利电力部对湖北省荆江分洪区群众转移安置问题的处理意见》，同意湖北省人民委员会提出的“因地制宜，有利生产，保证分洪安全”的原则和工程措施，其具体解决办法是：①沿堤建一部分安全台，动员附近群众在台上建房定居；②还有约 4.1

万户、16.4万人平时在分洪区生产，分洪时临时转移，并在安全区、台为这部分群众建一批安置房，形成“两套家务”。规划拟定的工程项目有：新建安全台40个；安置房面积61.51万平方米（按4.1万户、每户15平方米计算）；桥涵307座，其中，钢筋混凝土桥梁207座、总长2061米，道路500千米。

1989年2月，省水利勘测设计院提出《荆江分洪区续建工程规划》，并上报长委。1993年1月，长委对上述规划审查后，根据水利部和国家防汛抗旱指挥部办公室的安排，编制《荆江地区蓄滞洪区安全建设规划报告》（下称《规划报告》）。1994年4月20—22日，由国家防办和水利水电规划设计总院主持，在公安县对《规划报告》进行了审查。会后，长委对《规划报告》作了修改补充，并以长汛〔1994〕557号文将修改后的《荆江地区蓄滞洪区安全建设规划》（下称《补充规划》）报水利部审查。1994年11月7日，国家防办、水利水电设计总院和水利部规划计划司对《补充规划》的修订部分进行了复审。1995年1月13日，水利部以水规计〔1995〕14号文批复：“原则同意规划报告及审查意见”。《补充规划》遵循的原则是全面规划，因地制宜、转移为主、合理布局、平战结合、分期实施。规划方针是以转移为主，临时避洪为辅。规划标准：人口以1990年第四次人口普查数字为基数，按12‰的年人口增长率推求设计水平年的人口；安全区人均面积为50～100平方米；安全台人均面积为20平方米；避水楼人均面积为1平方米；分洪转移路面宽6～8米，铺石厚度平均0.25米。安全建设工程设计洪水位，按以下几种情况考虑：位于蓄滞洪区外侧的安全建设工程，设计洪水位按沙市站水位45.00米、城陵矶水位34.40米推算的当地防洪水位；位于蓄滞洪区上部受分洪水面比降影响的安全建设工程的设计洪水位，根据设计进洪流量下的水面比降分析确定；其他地区的安全建设工程，按蓄滞洪区设计蓄洪水位设计。规划时间为10年，分两个阶段进行：第一阶段从1991—1995年，为“八五”规划；第二阶段从1996—2000年为“九五”规划。

荆江分蓄洪区共有人口77.26万人（1990年人口普查数字），其中，距堤（或高地）5千米以外的腹地有14.65万人（不含行洪道内人口，下同），距堤5千米以内有62.61万人（安全区、台定居人口为16.9万人）。规划按人口增长率12‰推算，预计到2000年末人口为87.05万人，其中，腹地人口为16.51万人，距堤5千米以内人口70.54万人，拟定安全区、台定居22.23万人，临时转移64.82万人。

根据安全建设工程规划原则、标准和人口转移安置要求，提出的工程规划是：新建、扩建安全区28个，面积66.56平方千米，土石方1089.85万立方米，钢筋混凝土2.89万立方米；加高、加固安全台37处，面积84.82万平方米，土方149.16万立方米，石方3.18万立方米：新建避水楼（含防汛分洪指挥楼）2208栋，建筑面积82.94万平方米，避水面积42.56万平方米；新建、改建安置房174栋，面积15万平方米；新建、扩建转移道路96条，全长545.53千米，土方69.94万立方米，石方55.86万立方米；新建、扩建转移桥梁206座，全长5158.5米，土方1.86万立方米，石方2.11万立方米，钢筋混凝土1.39万立方米；配置转移船只34艘，吨位2520吨；新置通讯预警设备1039台套，其中，电台22台套、对讲机422台套、分洪报警发射设施3台套、警报器592台套。

（二）中后期规划

荆江分洪区中后期工程主要侧重于安全区及安全转移设施的建设，分别于1994年、

2000 年编制规划。

1. 安全区围堤加固、新建规划

根据分蓄洪区人口增长的情况，荆江区蓄滞洪区共设置安全区 30 个（八家、向阳两个堤外安全区规划为全部吹填成安全台，未计），面积 72.55 平方千米，其中，加固 12 个，扩建 7 个（加固、扩建全在荆江分洪区），新建 11 个。新建 11 个安全区分布为荆江分洪区 1 个（李家花园），涴市扩大区 2 个（弥市、集生），人民大垸蓄滞洪区 8 个（其中上人民大垸有新厂、陀阳村、篾子口、新码头、冯家潭共 5 个，下人民大垸有珠湖、流港和杨洲 3 个）。新建安全区面积 24.21 平方千米，减少蓄洪容积 0.90 亿立方米。安全区围堤总长 144.21 千米，其中，新建（含扩建）安全区围堤长 57.09 千米，加固 87.12 千米。

荆江分洪区需加固、新建围堤 77.29 千米，其中，新建（含扩建）安全区堤长 27.59 千米，加固安全区围堤长 38.82 千米，加固永兴垸堤 10.58 千米。永兴垸西侧为虎渡河，东、南侧与湖南省安乡县安全垸（分洪垸）相邻，北边为南线大堤，此垸堤在洞庭湖区综合治理近期规划和荆南四河河堤加固工程规划中均未列入，且垸堤尚达不到防御所在河段设计洪水位标准，故将其作为安置转移人口的区域加固围堤。

涴市扩大区安全区围堤总长 8.11 千米，其中，新筑围堤长 4.5 千米，利用垸堤（集生垸）加固 3.61 千米。人民大垸滞洪区安全围堤总长 58.81 千米，其中，上人民大垸新筑堤长 20.08 千米，加固堤长 15.5 千米（大垸支堤），共 35.63 千米；下人民大垸新筑堤长 4.92 千米，利用垸堤（珠湖、杨洲）加固堤长 10.01 千米，加固大垸支堤 8.25 千米，共 23.18 千米。

2. 安全区排水规划

修建安全区围堤后，平时区内渍水通过涵闸外排，分洪时排水闸需关闭，区内排水则需采取提排的方式。根据对安全区多年降雨量资料的统计分析，闸排设计标准采用 10 年一遇一日暴雨 1.5 天或 2 天排完（县城、乡镇所在地的安全区采用 1.5 天，其他安全区采用 2 天排完）。站排设计标准为 20 年一遇一日暴雨 1.5 天或 2 天排完（县城、乡镇所在地的安全区采取 1.5 天排完），其他安全区 2 天排完。依此标准，确定安全区共修建排水闸 13 座，其中，荆江分洪区改建 11 座，人民大垸蓄滞洪区新建 2 座。为恢复水系，安全区围堤上设置防洪闸 32 座，其中，荆江分洪区 13 座，涴市扩大区 5 座，人民大垸 14 座（上人民大垸 11 座，下人民大垸 3 座）。与人民大垸安全区围堤形成封闭圈的大垸支堤上有 4 座涵闸需加固。荆江区蓄滞洪区共需新建、改建、加固涵闸 49 座。

自准备分洪始，安全区涵闸关闭，安全区内渍水和生活污水的排出需设置提排设施，根据设计排涝标准，确定荆江区蓄滞洪共需设置提排设施 35 处，其中，荆江分洪区 25 处，涴市扩大区 2 处，人民大垸 8 处（上人民大垸 5 处，下人民大垸 3 处）。

3. 安全区填塘规划

荆江分洪区已建的安全区内，有大小水塘面积共 133.2 万平方米，多为当年修筑围堤时所留的取土坑，有的距内堤脚只有几米至十几米，不利于围堤的安全，且水面占去了一部分安置面积，也给区内生活的居民带来不便。规划将其中的 98 万平方米水面填平；另扩建的吴达河、藕池等安全区有约 40 万平方米洼地需平整。

4. 安全区饮水设施规划

安全区是分洪区部分居民定居和分洪后转移群众生活的主要场所，各安全区都要转入一定数量的人口，原有的供水设施不能满足规划安置人口的生活用水要求，故需设置饮水设施。饮水设施每个安全区设一处，共30处。

5. 安全台建设规划

据人口安置规划，荆江分洪区除已建有175万平方米安全台用于安置外，还需增加15.75万平方米安全台，位置在裕公安全区附近。安全台设计高程按设计洪水位加超高值1.5米的标准，已建安全台台顶高程除1处达标准外，一般欠高1～4米。除去扩大安全区内的7处、已达标准和欠高太多各1处以外，拟对78处高程不够标准的安全台按设计洪水位加1.5米进行加高。

6. 转移道路、桥梁规划

转移道路规划依据现有道路为基础，扣除近年完成的20条长63.4千米支线道路，并对荆江分洪区规划扩建道路进行调整。据人员流向和人口密度，适当增加分洪区内支线道路；考虑安全区居民出入方便，对非乡镇所在地安全区或乡镇所在地安全区扩大部分各设置一条主要道路。

荆江分洪区1998年分洪转移时，闸口至瓦池湾路人流量大、道路拥堵，崇湖渔场等腹地和藕池、黄山镇转至黄山、孟溪的道路不通，据此增设7条一般道路分流或与主、支线道路连通，设2千米主要道路从曾口通往柯家嘴。区内道路增加长度共35.7千米，此外对15个安全区设置主要道路，长39.3千米。

涴市扩大区增加一条从陈家湾至一号公路的支路，长2千米。安全区设置2条道路，长5.5千米。

虎西备蓄区以转移为主，在原布置的干线公路之间增加3条支线道路，长8.5千米。

人民大垸原规划的道路相对较少，考虑人民大垸增设了3个安全区，且区内沟渠较多，尚有6万多人需外转。规划上人民大垸增加9条支线道路，长41.5千米；安全区内设置5条主要道路，长12.5千米。下人民大垸增加10条支线道路，长20千米；安全区内设置3条主要道路，长8.3千米。

荆江区蓄滞洪区规划新建、扩建转移道路共134条，长622.84千米，其中，新建干线道路61条，长221.7千米；新建支线道路43条，长220.3千米；扩建已有道路30条，长180.84千米。

转移道路原规划均为碎石路面，随着经济的发展和交通工具的改善，干线道路仍为碎石路面已不能适应需要，且分洪后容易毁坏，不利于灾后恢复生产。公安县孟溪大垸1998年溃口退水后，混凝土路面的道路保存完好，其他道路则不同程度被毁。鉴此，拟将原规划的新建主要道路路面升为柏油路面和混凝土路面，将扩建道路中的一部分升级为柏油路和混凝土路面，一部分仍为碎石路面。

荆江区蓄滞洪区原规划新建主要道路35条154.1千米，其中，7条47.1千米升为混凝土路面，28条107千米升级为柏油路面；扩建道路共30条180.84千米，其中，升级为混凝土路路面7条71.5千米，升级为柏油路的3条22千米，20条87.34千米仍为碎石路面。具体见表6-2-3。

表6-2-3　　荆江区蓄滞洪区规划新建、扩建转移道路表

分洪区名		新建主要道路（长度/条数）			扩建转移道路（长度/条数）				总计（长度/条数）
		小计	混凝土路	柏油路	小计	混凝土路	柏油路	碎石路	
规划阶段成果	荆江分洪区	27.1/9	2/1	25.1/8	146.54/23	71.5/7	22/3	53.04/13	173.64/34
	涴市扩大区	30.1/7	15.3/2	14.8/5	10.4/2			10.4/2	40.5/9
	虎西备蓄洪区	23.8/6	3.8/1	20/5					23.8/6
	上人民大垸	38.7/6	14.9/1	23.8/5	11.5/2			11.5/2	50.2/8
	下人民大垸	34.4/7	11.1/2	23.3/5	12.4/1			12.4/1	46.8/8
	合计	154.1/35	47.1/7	107/28	180.84/28	71.5/7	22/3	87.34/18	334.94/65
本次增加	荆江分洪区	39.3/15	12.5/3	26.8/12					41.3/16
	涴市扩大区	5.5/2	2.5/1	3/1					5.5/2
	虎西备蓄洪区	12.5/5	6/2	6.5/3					12.5/5
	上人民大垸	8.3/3	3/1	5.3/2					8.3/3
	下人民大垸	65.6/25	24/7	41.6/18					67.6/26
	合计	131.2/50	48/14	83.2/36					135.2/52

注　长度单位为km，条数单位为条。

转移桥梁根据新增加的道路跨河渠情况，增加桥梁83座，长2734米，加上原规划的桥梁座数及长度，规划荆江区新建扩建桥梁共276座，总长7774.2米，其中，新建206座、长6394米，扩建70座、长1380.2米，新建桥梁中，安全区共增加桥梁33座、长785米，见表6-2-4。

表6-2-4　　荆江区蓄滞洪区规划新（改）建转移桥梁表

蓄滞洪区	分洪区内桥梁				安全区新建桥梁		小计	
	新建		扩建		座数	长度/m	座数	长度/m
	座数	长度/m	座数	长度/m				
荆江分洪区	46	2092.3	54	1161.2	19	470	119	3723.5
涴市扩大区	14	364	7	70	2	40	23	474
虎西备蓄区	8	183.7					8	183.7
上人民大垸	40	883			5	125	45	1008
下人民大垸	65	2086	9	149	7	150	81	2385
合计	173	5609	70	1380.2	33	785	276	7774.2

7. 避水楼建设规划

人口安置规划对距安全区、台8千米以外的腹地建避水楼，荆江分洪区需建避水楼安置居民25330人。按人均4平方米的标准，需避水面积10.132万平方米。

8. 移民房改建规划

20世纪60年代曾兴建移民房908栋36.40万平方米，因年久失修濒临倒塌，已改建7.75万平方米，拟将改建移民房建筑面积增至30.0万平方米（含已改建），用于人员安

置。移民房安置标准为人均 4 平方米。

9. 黄水套升船机站配套

原规划黄水套升船机站改建峰顶交通桥 1 座，配外引航道冲淤设施 1 台套，拟增加外引航道两侧护坡固脚长度 500 米。

10. 临时分洪口门裹头

荆江区蓄滞洪区共有临时分（吐）洪口门 9 处，其中只有部分口门配有裹头石。规划用干砌块石进行口门裹头。

11. 分洪转移码头、船只

根据码头现状和江岸建码头的条件，规划修建荆江分洪区黄水套码头和上人民大垸新厂码头。船只配备按规划阶段成果，即荆江分洪区 44 艘，涴市扩大区 4 艘，虎西备蓄区 8 艘，人民大垸 28 艘（其中上人民大垸 6 艘），共 84 艘，2520 吨位。

12. 机电设施保护

分洪区内的电力排水设施，是退洪时排除内蓄洪水的重要设施，因此有必要对分洪区内大型电排站予以保护。荆江区蓄滞洪区内单机容量 800 千瓦以上的电排站有 5 处，即荆江分洪区的闸口一、二站和黄山电排站，人民大垸的冯家潭一站、二站。冯家潭一、二站均已围在安全区内，闸口二站已有保护措施，需对闸口一站、黄山电排站实施保护。

13. 通信预警设备

通信预警设施在分洪命令下达、组织人员转移与救助等方面有着重要的作用，先进的通信预警设施可争取时间、减少损失。规划拟建多处基站无线通信网及无线寻呼预警系统。

14. 安置房综合改造规划

安置房综合改造、改建面积 4.11 万平方米，维修面积 6.36 万平方米，拆除面积 14.15 万平方米，总投资 1.089 亿元。

（三）荆江分洪区近期重点项目建设规划

1. 分洪、吐洪口门控制工程

规划新建分洪口门、吐洪口门共 7 处；分别在腊林洲民堤、荆南长江干堤、虎东干堤上建 5 处分洪口门，规划口门总宽 7344 米，设计分洪流量 14300 立方米每秒；在虎东干堤肖家嘴、荆南长江干堤无量庵建 2 处吐洪口门，规划吐洪口门总宽 4117 米，设计吐洪流量 25000 立方米每秒。

2. 安全转移工程

规划近期兴建转移道路 38 条、长 241.355 千米，其中，转移干线道路 11 条、长 82.4 千米，支线道路 27 条、长 158.955 千米。14 个安全区内移民安置道路改建长度 26.2 千米。16 处安全区围堤堤顶转移道路改建长度 39.588 千米。新建转移桥 15 座，拆除重建 52 座。

3. 转移船舶

荆江分洪区内有 11 个乡镇（场），按每乡镇（场）购置 1 艘（每艘 80 吨位），需转移船只 11 艘、合计 880 吨位；结合规划布置的转移码头（窑头埠、杨家厂、黄水套）3 处，每处配套 800 吨位船只 1 艘，合计 2400 吨位。荆江分洪区总配备转移船只（上述两项共计）14艘、3280吨位。

4. 通讯预警系统

对分洪区现有无线应急反馈系统进行更新改造，建成无线同频同波定位应急信息反馈通讯调度系统，建立覆盖分洪区的通信网络，建设满足分洪指挥调度的计算机网络系统，建立荆江分蓄洪区的数字中心和指挥应用系统。

三、工程建设

1952年3月15日，中南军政委员会第74次行政会议通过《荆江分洪工程计划》的实施办法，并作《关于荆江分洪工程的决定》。荆江分洪工程包括：荆江大堤加固、太平口进洪闸、黄山头虎渡河节制闸及拦河坝、分洪区围堤培修、南线大堤等，工程分两期实施。

为了加强领导，按期完成任务，中央决定由中南军政委员会副主席邓子恢负责此项工作，并成立以李先念为主任、唐天际、刘斐为副主任的荆江分洪委员会，以唐天际为总指挥、李先念为总政委的荆江分洪前线指挥部、荆江分洪北闸指挥部、荆江分洪南闸指挥部和荆江大堤加固指挥部。中南军政委员会第74次行政会议决定：第一，分洪工作以军工为主，南线大堤堤工由军工担任，虎渡河西岸山地工程由湖北动员民工2万人担任，某兵团全部调任分洪总指挥部工作；第二，湖北省荆州及湖南省常德两专区全部军政机关力量，听候总指挥调动，负责供应工作；第三，中南水利部、长江水利委员会须全力投入此工作；第四，荆江大堤培修加固由中游局负责；第五，运输任务由交通部负责；第六，物资及日用品之调拨供应由财委系统各部门负责；第七，工人及干部的调配、宣传、教育、医药卫生、保卫工作、劳动改造队的调配管理及施工区司法工作等由中南劳动部、人事部、文化部、教育部、卫生部、公安部及最高人民法院中南分院等部门分担，并须指定专人负责进行。

荆江分洪工程第一期工程于1952年4月5日全面开工。参加建设的有30万人，其中，湖北、湖南两省的工人4万、民工16万，中国人民解放军6个师和12个独立团共10万人。4月25日，荆江分洪总指挥部发出《关于完成红五月爱国劳动竞赛总任务的号召》，号召“全体同志百倍努力，为5月份基本完成任务，7月份取得全部工程建设的胜利而奋斗”。5月上旬，整个荆江分洪工程掀起施工高潮。在劳动竞赛中，涌现了以夏汉卿、袁成竣、鲍海清、张杨林、谭文翠（女）、辛志英（女）、孙基楷、孙茂绪、张大玉（女）、李国仁、颜山木、凌国奠、王起、张德、王文柳、王咸成、李芬、谢涌、饶民太、商国新为代表的一大批英雄模范人物。在堵筑虎渡河的施工中，创造出堵口截流的“八字抛枕法”，用柳枕堵住汹涌的虎渡河。为修筑南线大堤，人民子弟兵组成人墙用身体排除齐腰深的淤泥，破黄天湖筑起一道大堤。为提高施工速度，按时完成任务，施工人员群策群力，创造发明了一些施工方法，改良施工工具，工效成倍提高。混凝土工程平均工效由开始每人每天0.23立方米提高到0.394立方米，创造了当时日浇灌5800立方米混凝土的全国最高纪录；土方工程在80～120米运距内，工效由每人每天0.6立方米提高到2.02立方米，其中七一三支队戴国华每天高达15.1立方米；碎石先锋“辛志英小组”碎石经验的传播，碎石工效由每人每天0.2立方米提高到1.9～2.5立方米；闸工铆钉安装纪录由每日300个提高到834个；钢筋制作平均工效由每日20人1吨提高到8人1吨；交通运输战线采用“一列式拖带法”，运输效率较之前提高了1.5倍，以2个月时间完成了3个月的物资运输任务；码头起卸率由开始的每日两三千吨提高到万吨。5月20—24日，国家水利部部长傅作义由中南水利部部长刘斐、农业部部长陈铭枢和国家水利部顾问、苏联水利专家布可夫陪同，代表毛泽东主席到工地进行慰问，并赠授绣有毛主席、周总理题词的锦旗。5月26日，荆江分洪总指挥部发出《关于接受毛主席授旗后继续开展爱国劳动竞赛的号召》，要求“全体同志再接再厉，勇往直前，在毛主席的伟大号召下为全部工程的顺利完成、为获得新的更大的荣誉而努力”！6月25日，荆江分洪总指挥部发出《荆江分洪全部工程顺利完工公报》，宣告荆江分洪工程于6月20日按预定计划提前15天完成。6月22—25日，荆江分洪总指挥部在沙市人民剧场召开英雄模范代表大会，总结交流施工经验，介绍英雄模范人物事迹，表彰模范单位200多个、英雄模范人物12000多名。主体工程竣工后，中南军政委员会成立了以刘斐、黄琪翔为正、副团长的荆江分洪工程验收团，于6月28日至7月4日对工程逐处进行验收，认为工程质量基本符合设计要求，工程指标大抵与施工报告和竣工图表相符。7月22日，中南军政委员会召开第84次行政会议，批准了荆江分洪总指挥部关于荆江分洪工程总结报告和荆江分洪验收团关于荆江分洪工程验收报告。

第一期完成主体工程包括进洪闸、节制闸、黄天湖拦河坝、南线大堤和荆江大堤加固工程等，共完成土方834.58万立方米、石方17.13万立方米、实用钢材5864吨、水泥3.55万吨、木材1.03万立方米、实用经费4142.51万元。

第二期工程包括：荆右长江干堤培修工程，虎渡河东西堤培修工程，安全区围堤及涵管工程，进洪闸东堤延伸及闸前滩地刨毁工程，黄天湖新堤、安乡河北堤及虎东堤护岸工程，分洪区排水工程等。1952年11月底，中南军政委员会调整荆江分洪总指挥部领导成员，任命任士舜为总指挥，阎钧为总政委，具体领导第二期工程施工。第二期工程于1952年11月14日动工，至1953年4月25日全部竣工。参加建设的有18万人，其中，荆州专署13万人、宜昌专署5万人，共完成土方1100多万立方米，实用经费572.55万元。

主体工程竣工后，在荆江分洪工程进洪闸、泄洪闸和荆江大堤上分别修建纪念碑以志纪念。此后，又相继建成虎西备蓄工程、涴市扩建工程和人民大垸分蓄洪工程。

四、工程设施

(一) 荆江分洪区

荆江分洪区位于湖北省公安县境内，东部和北部濒临长江，南与湖南省安乡县接壤，西临虎渡河，南北长70千米，东西平均宽13千米，狭颈处2.7千米，面积921.34平方千米。地势自北而南微呈倾斜，除虎渡河左岸闸口附近有约4.5平方千米高地外，其余均为平原，地面高程34.00～39.00米。区内有湖泊27个（1995年）、面积45平方千米。分洪区设计蓄洪水位42.00米，有效蓄洪容量54亿立方米。

1. 主体工程

荆江分洪主体工程由分洪区围堤、进洪闸和节制闸组成。

荆江分洪区围堤包括南线大堤、荆南长江干堤（又名荆江右岸干堤、荆右长江干堤）和虎渡河东岸干堤（简称“虎东干堤”），全长208.33千米。全部围堤除黄天湖段为新堤之外，其余均利用原有堤防加固加高形成。围堤断面一般按荆南长江干堤标准培修，堤顶宽6米，内外坡1：3，堤顶高程：部分堤段按江河设计水位超高1.5米，大部按蓄洪水位42.00米计算风浪加安全高度。其中南线大堤特别重要，属1级堤防，设计为复式断面，在蓄洪区外侧设5米宽的戗台，其设计蓄洪水位42.00米，堤顶超高3.2米，以高程45.20米控制。

分洪区蓄洪水位42.00米时，区内大部水深7～10米，水面辽阔、风浪高1～2米。为防风消浪，在迎风堤段植防浪林7～10排，总计100余万株；堤坡普遍植草皮，南线大堤内外台平植柳之外，在蓄洪区内坡面砌筑块石护坡。

（1）南线大堤。南线大堤位于分洪区南端，由原湖南安乡河北堤和黄天湖新堤构成。东接藕池安全区围堤和荆右长江干堤，西接虎东干堤，长22千米。南线大堤是荆江分洪区工程的重要组成部分，在分洪区运用时，它担负着北面荆江分洪区54亿立方米洪水的拦洪任务，保护洞庭湖区广大地区安全；不分洪时，抵御南面安乡河洪水，保障分蓄洪区内921.34平方千米面积和53万人民生命财产安全，为荆江分洪区和湖南北部广大地区的防洪屏障，故被列为确保堤段。

清光绪年间，安乡河北堤由23个小垸合并为大兴、黄山两个大垸，堤防连成一线。1952年修建荆江分洪工程时，由10万军民修筑成分洪区南面围堤，称“南线大堤”。工程施工时，施工人数101000人，其中，解放军指战员56000人，湖南、湖北两省民工45000人。于4月4日开工，至5月23日施工结束，完成土方92.82万立方米。南线大堤按当时分蓄洪水位41.00米超高1.5米，堤面宽6米，内外边坡1：3的标准进行扩修，临河面有滩岸堤段在高程42.00米处筑有5米宽戗台，边坡1：5，内坡全部块石护坡，临河护岸工程3处，长3.074千米。

1954年荆江分洪工程运用，南线大堤被风浪击坏，冬季全面加培，完成土方42.5万立方米。1969年冬加固，堤顶高程达到45.20米，1987年汛期，整治康家岗、谭家湾、郑家祠三处险段，施工长1.16千米，完成土方3.57万立方米。

1990年对全堤进行普查，发现堤身蚁穴、獾洞等各种隐患349处；原有干砌石块与散抛石护坡未作勾缝处理，致使杂草丛生，成为野生动物栖身之所；大堤临安乡河多处滩岸迎流顶冲，岸坡崩坍严重，虽经1987年抛石护岸，但险情依然存在；堤身上的黄天湖新、老闸老化裂缝，影响安全运行；大堤设计标准偏低，未达到1级堤防标准。为提高南线大堤抗洪能力，消除安全隐患，1990年水利部以水汛〔1990〕8号文要求长委尽快提出南线大堤加固设计。长委长江勘测规划设计院于1991年10月编制《南线大堤加固工程初步设计报告》（以下简称《初设报告》）。1992年1月，水利部水规总院以水规〔1992〕2号文批复《初设报告》，明确南线大堤加固工程按1级堤防、1级建筑物标准，防洪标准和设计水位以荆江分洪区分蓄洪水位42.00米，加安全超高3.6米进行加固设计，建设内容为：沿原堤线在堤防断面上进行整形加固，实施堤身加高培厚，堤身蓄洪区面翻筑护石，堤身锥探灌浆，内外平台加高加宽，填塘；康家岗、谭家湾、郑家祠3处窄滩或无滩的临安乡河侧重要险工堤段实施护岸加固；在堤顶修筑混凝土防汛路面；对黄天湖新、老闸进行裂缝处理，将消力池挡土墙、金属结构、公路桥桥面实施加固等。设计主要工程量为：土方191万立方米，石方34万立方米，封顶抹面混凝土2900立方米，穿堤建筑物加固2座，堤顶路面22千米（C30混凝土2万立方米）。

南线大堤加固工程于1992年4月16日开工，2003年3月28日完工。1998年前，加固工程采取建管合一的指挥部管理形式，由荆州地区长江修防处组织施工；公安县成立南线大堤加固工程指挥部，并负责承建。1999年底以前，南线大堤险工险段加固，黄天湖老闸加固和堤身加固工程已完成。2000年后，剩下的黄天湖新闸加固工程、堤顶混凝土路面工程以及堤身加培、导渗沟等部分未完工程项目，采取招投标方式择优选定施工单位施工，下剩工程招标分4个项目，共有4家施工单位中标承建。

南线大堤堤身加固工程实施堤段全长22千米，起止桩号579＋000～601＋000，1992年4月16日开工，2001年5月10日完工，完成投资4321.6万元。堤身加固大部分工程项目于1998年以前基本完成；1998年后，下剩工程3.5千米堤身加培和7.1km导渗沟工程公开招标承建。

堤身加固单位工程共分为8个分部工程：①堤身填筑，按堤顶高程45.60米，堤顶宽度8米，内、外坡比1∶3进行加高培厚，共完成挖运土方90.92万立方米（含防汛哨台土方4万立方米）、挖弃土方14.73万立方米；1992年10月20日开工，2000年4月10日完工，完成投资1112.88万元。②蓄洪面翻新护石护坡，完成削坡清基土方57.8万立方米，干砌石22.64万立方米、勾缝57.55万平方米，完成投资1581.57万元。③锥探灌浆，对22千米堤身及内外坡实施锥探灌浆6.21万立方米，总投资217.19万元。④路垄，为解决沿堤居民生活、生产上堤交通，共修筑上堤路垄60条，宽度3～6米，坡度8%～10%，路垄外侧砌石挡土墙，内侧回填土方，路面铺筑块石，以防分洪后或汛期洪水波浪淘刷；此工程1992年9月开工，2000年4月完工，完成投资39.20万元。⑤填土盖重，为延长渗径，改变堤基渗流状态，在部分薄弱堤段实施填筑盖重，盖重总长度4250米，盖重厚度从堤脚处厚0.5米渐变至禁脚外侧为0，宽度为50米。⑥填土压坡，为提高堤坡稳定性，降低浸润线出逸高程，桩号580＋200～585＋000长4.8千米堤段实施填土压坡，压坡顶部高程37.00米，顶部宽2米，边坡坡比1∶3，压坡在堤脚处厚度1.5米，渐变至禁脚外侧为0。⑦导渗沟，在堤基较差的八家铺、郑家祠、沙坛子、谭家湾、康家岗等堤段设置导渗沟。⑧填塘，根据渗流计算，距大堤内外脚50米以内渊塘全部填筑，填筑高程以原地面高程为准。这8个分部工程分别解决堤身加高加宽、堤身防护、堤身隐患处理及堤身、堤基渗透稳定等问题。共完成填筑土方181.03万立方米、挖土方30.99万立方米、干砌石22.64万立方米、锥探灌浆6.21万立方米、浆砌石0.39万立方米、反滤料1.29万立方米、土工布4.49万平方米。

南线大堤堤顶路面　实施堤段长22千米，于2002年3月10日开工，次年1月12月完工。工程内容为土方开挖，填平压实，0.18米厚石灰碎石土基层，0.22米厚C20混凝土路面，路面两侧各宽1米，厚0.12米的泥结碎石路面，在泥结石路面临蓄洪面一侧为1米宽干砌石封顶，靠安乡河一侧为1米宽土路肩。堤顶路面工程完成土方填平压实处理1.84万平方米，土方回填1.44万立方米，石灰碎石土2.75万立方米、C30混凝土1万立方米、混结碎石4978立方米、预制混凝土路缘石1008立方米，耗用钢筋19吨，完成投资 1093.84 万元。

重点险工险段整治　康家岗、谭家湾、郑家祠 3 处护岸段加固总长 2100 米，其中，郑家祠段加固长度 500 米，谭家湾段加固长度 1000 米，康家岗段加固长度 600 米。施工中，设计枯水位以下按水下坡比 1∶2 抛石护底，抛石至深泓，抛石范围为 10～20 米，平均厚度 0.8～1.2 米，块石直径为 0.2～0.4 米；设计枯水位以上采用干砌块石护坡，脚槽高程 34.20 米，尺寸 1 米×1 米，砌石底部最低高程 33.20 米，顶部最高高程 41.00 米。郑家祠险段护坡坡比为 1∶2.5，谭家湾、康家岗岸坡坡比 1∶3，护坡砌石厚 0.3 米，碎石垫层厚 0.1 米。护坡脚槽与水下抛石衔接处设计 2 米宽枯水平台。为防止堤面雨水冲刷，护坡顶部设置纵向排水沟（顶沟）1 条，护坡上每隔 50 米设置横向排水沟 1 条（面沟），并与顶沟衔接；顶沟与面沟均采用浆砌块石，顶沟净断面为 0.5 米×0.5 米，面沟净断面为 0.3 米×0.3 米。

3 处护岸工程共完成干砌块石 1.62 万立方米、碎（卵）石垫层 3920 立方米、浆砌块石 1340 立方米、水下抛石 3.47 万立方米（含 1992 年汛前实施工程量）、削坡挖方 3.74 万立方米、填筑土方 2.58 万立方米、植草 1.38 万平方米，共完成投资 290.37 万元。

2006 年 10 月 18—21 日，长委在荆州主持召开南线大堤加固工程竣工验收会议通过加固工程竣工验收。审计通过工程实际完成总投资 8386.67 万元。南线大堤通过加固后，堤顶高程达到 45.60 米，堤面宽 8.60 米，其典型横断面见图 6-2-1。

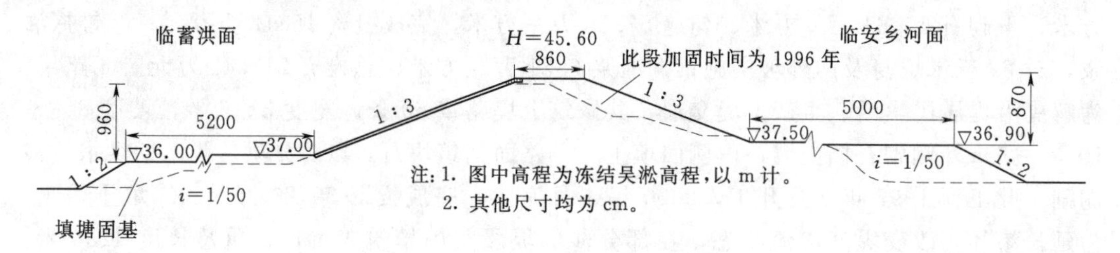

图 6-2-1　南线大堤加固典型横断面示意图（593+100）

（2）荆南长江干堤。荆南长江干堤位于荆江南岸，分洪区东侧，上接太平口进洪闸东引堤，南接南线大堤，分洪区围堤利用长江干堤长 95.74 千米，分属江陵（今荆州区）、公安和石首 3 县管辖。在荆江分洪第二期工程中，由江陵、公安、监利 3 县培修，完成土方 122.51 万立方米。1954 年因分洪、泄洪而毁坏后，由松滋、监利、荆江 3 县修复，共完成土方 282.3 万立方米。经过历年加高培厚，至 1995 年堤顶高程：杨厂以上按沙市水位 45.00 米，超高 1.0 米设计，已达 47.00～43.50 米；杨厂以下按蓄洪水位 42.00 米超高 2 米设计，藕池至康王庙、黄水套达到 44.00 米外，其余为 43.50 米。堤身断面：北闸至杨厂、藕池至康王庙，一般垂高 6 米，面宽 6 米，内外坡度 1∶3；杨厂至黄水套面宽 5 米，内外坡 1∶3，大部分堤段内外禁脚筑有 30 米宽的平台。沿堤建排灌涵闸 4 座，植防浪林 57 万株。2000 年后，荆南长江干堤列入国家基本建设项目进行大规模整治加固（参见第一章第一节护岸工程相关内容）。

（3）虎东干堤。虎东干堤位于分洪区西侧的虎渡河东岸，原为支堤，分属江陵（今荆州区）、公安、石首 3 县，1952 年兴建荆江分洪工程时升级为干堤。堤线北接北闸西引堤，南接黄山头节制闸拦河坝，分洪区围堤利用堤长 90.59 千米。1952 年 11 月至 1953 年 1 月，由松滋、荆门、枝江、远安、宜昌、当阳、宜都等县和宜昌市培修，共完成土方 115.8 万立方米。堤顶高程：新口以上按沙市水位 45.00 米，超高 1.5 米设计，应为 44.00～46.64 米，鄢家渡至刘家湾已达标准，刘家湾至新口为 44.00 米；新口以下按蓄洪水位 42.00 米，超高 2 米设计，已达 42.50～42.70 米，一般垂高 6 米，面宽 5～6 米，内外坡 1∶3。大部分堤段内外禁脚筑有 30 米宽的平台。沿堤建排灌涵闸 6 座，电排站 1 座，植防浪林 45.7 万株。2000 年后，虎东干堤列入湖北省洞庭湖区荆南四河堤防加固工程，国家投资进行加固（参见第六篇第一章）。

（4）进洪闸。荆江分洪工程进洪闸位于太平口东岸，因地处荆江分洪区北端，又称北闸。进洪闸是新中国成立初兴建的第一座大型水闸，其主要作用是当荆江分洪工程运用时，开闸分泄荆江超额洪水，控制沙市水位不超过防洪标准，确保荆江大堤的安全，同时减少荆江四口分入洞庭湖水量，减轻洞庭湖区的防洪压力。

进洪闸由长委设计，由荆江分洪北闸指挥部组织兴建。1952 年 3 月 26 日开工，参加施工人员 88800 人，其中，解放军指战员 3 万人、民工 39800 人、技术工人 19000 人，6 月 18 日竣工，历时 85 天。共浇筑钢筋混凝土 84185 立方米，完成土方 210 万立方米，抛填和砌筑块石 74633 立方米，耗用钢材 4074 吨、水泥 25668 吨、木材 5000 立方米，国家投资 165.6 万元。北闸中孔纵、平剖面图见图 6-2-3 和图 6-2-4。

进洪闸为钢筋混凝土底板，空心垛墙，坝式岸墩轻型开敞式结构，闸体宽 1054.38 米，共 54 个进洪孔，每孔中心线相对宽 19.5 米，两端为宽 0.75 米、高 5.5 米的空腹闸墩，闸孔净宽 18 米；闸底板底高程 41.00 米，闸顶高程 46.50 米，上置绞车和便桥。每孔底板上置 7 个闸门支座墩（7 墩、6 孔，间距 3 米）。中门墩下游加置一桥墩，设有木质便桥。钢质弧形闸门，高 3.78 米，启闭机初为人力绞盘式绞车，共 55 台，每台启闭能力 12.5 吨。闸底板上游接以 15 米长的阻滑板和 30 米长的斜面混凝土护坦（即防渗板），坦前端高程 38.50 米；再上游为块石槽，用以保护护坦板前端的土基。下游接以 5 米宽的滤渗板，板下设有导滤层，以两道排渗管穿出地面，排泄自闸上游渗入闸基的清水，以减少渗压力。再下为消力坡和消力池，水平长度 33.2 米，池底高程 37.50 米，坡上安设排泄管两道，以便渗水和减压。消力池的下端接以 20 米长混凝土护坦，最下为抛填大块石的防冲槽，曾称"布可夫槽"。各板纵横间隔以伸缩缝。进洪闸设计最大进洪流量为 8000 立方米每秒。

进洪闸建成后，经过 1954 年 3 次开闸分洪，运行情况良好。随时间推移，至 20 世纪 70 年代检查，发现闸墩、岸墩、闸室等部位出现贯穿性裂缝 2400 余条，由于混凝土构件长期裸露及其他设计施工等原因，加之荆江设计防御水位提高 0.5 米，进洪闸已不适应新的防洪要求，因而须进行加高加固。

1980 年长江中游防洪座谈会同意实施北闸加固工程。1987 年 8 月，长办提出初步设计，设计水位标准为沙市水位 45.00 米，闸前水位 45.13 米，相应分洪流量仍为 8000 立方米每秒。加固工程项目包括：闸室底板、阻滑坡、下游护坦斜面板各加厚 0.5 米，水平板加厚 0.3 米，闸墩加高 0.7 米，其余部位相应加固，海漫防冲槽延长 10～25 米；闸门加高 0.35 米；启闭设备由原绞盘式绞车改为手摇、电动两用启闭机，并增加电子显示设施及其他配套设施。加固工程于1988年7月动工，1990年5月竣工。完成土方20.63万立方米，其中，开挖土方2.68万立方米，回填土方17.95万立方米；完成石方7.49万立方米，其中，填筑块石5.94万立方米，砌石1.55万立方米；混凝土3.91万立方米；金属结构安装803吨，耗用钢材2290.71吨、紫铜片10.86吨；完成投资3017万元。加固后，闸顶高程为47.20米，闸底高程为41.50米，钢质弧形闸门采用55台电动和手摇启闭机两种方式启闭，工作桥为2.8米宽的钢结构便桥。加固后，当沙市水位为45.00米时，设计流量为7700立方米每秒。

1994年和1998年分别兴建了启闭机房、防潮棚及附属工程设施，完成投资450万元。2001年实施北闸东引堤护坡翻筑工程。东引堤桩号696+800～697+337，长537米，属国家2级堤防，堤顶高程44.30（黄海），堤顶宽10米，修有4.5米宽混凝土路面。翻筑工程完成干砌石拆除5604立方米、土方加培1.77万立方米、现浇混凝土护坡1080立方米、草皮护坡6754平方米，完成投资98.61万元。2003年实施荆南长江干堤北闸加固工程，工程内容包括西引堤加固、北闸与长江干堤连接工程、分洪配电设施、防汛通信指挥系统、弧形闸门防腐处理、防汛码头、堤顶道路及上堤路等。工程于2003年9月3日开工，次年12月13日完工，完成投资809.85万元。2006年实施北闸东西引堤防渗墙工程（隐蔽工程），完成西引堤混凝土防渗墙1.29万立方米、东引堤混凝土防渗墙9345立方米，工程于2月20日开工，5月3日完工，完成投资286.42万元。

进洪闸上游约1.5平方千米滩地，汛期泥沙淤积，进洪口门逐年淤高，影响进洪流量。1961年沿滩地边缘修筑连接分洪区干堤的防淤堤一道，堤长3.43千米，堤顶高程45.90米，面宽4～5米，内外坡比1∶3。此堤在分洪前要保证堤身安全，分洪时爆破进洪，1987年被列为干堤。

（5）节制闸（南闸）。节制闸位于湖南、湖北边陲黄山头东麓，横跨虎渡河而建，因地处分洪区南端，又名南闸。主要作用是控制虎渡河向洞庭湖分流水量，以确保洞庭湖区数百万人民生命财产安全。当分洪区蓄洪水位达到42.00米时，如果分洪区虎渡河东堤下段决口，将增加虎渡河流量，危及黄山头以下两岸堤垸安全时，控制下泄流量不超过3800立方米每秒。

节制闸为钢筋混凝开敞式结构，为1级建筑物。闸体总宽336.825米，共32孔，每孔净宽9米，闸墩2×0.7米，伸缩缝0.025米；原闸底板高程35.00米，闸顶高程43.00米，闸身高8.5米；闸体总长146.67米，闸基顺水流方向依次为干砌块石护坦长32米，浆砌块石护坦长6米，防渗板长10米，阻滑板长10米，闸底板长14米，滤渗板长5米，消力坡一板长6.5米，二板长14.73米，消力平板长18.47米，竹笼块石海漫长20米，防冲槽长10米。钢质弧形闸门宽9米，高6米，重19.5吨，配绞盘式人力绞车33台，每台启闭能力10吨。设计最大泄洪流量为3800立方米每秒。

节制闸于1952年4月2日开工，由南闸指挥部组织实施，同年6月15日完工。共完成钢筋混凝土3.25万立方米、抛砌块石及碎石垫层5.93万立方米、土方83.44万立方米，耗用钢材1790吨、水泥9860吨、木材5300立方米，国家投资968万元。

节制闸因原设计标准偏低，1954年分洪区运用后，闸体出现一些问题。1963年12月，水电部批复的《荆江地区防洪规划补充研究报告》中指出，节制闸应进行必要的加固和改建，按上游水位42.00米设计、43.00米校核，控制下泄流量不超过3800立方米每秒。为保证南闸结构稳定和安全运行，1964年11月至1965年10月实施第一次加固改建。加固内容包括闸室底板加固、闸身增高1.5米、闸门加固（闸门顶高程41.80米，上有脚墙）、新建启闭操作台、将纹盘式绞车改为手摇式启闭机、改建混凝土工作桥、加固东西引堤和拦河坝等。加固后1～16孔单孔和18～32孔双孔闸底高程为36.20米，第17孔为35.50米，其余仍为35.00米，交通工作桥桥面高程44.00米。全面加固护坦、海漫和防冲槽，二号护坦板加厚0.5米，三号护坦板加厚0.2米，海漫加固长30米；防冲槽加长10～26米（河床中央加长26米，两侧为16米）；闸墩加高0.7米；东、西引堤加高至44.50米。1979年增设电动装置，启闭操作改为电动手动两用方式，每台启闭能力为10吨。2000年12月，南闸实施第二次加固，设计水位标准为上游水位42.00米，下游水位38.50～40.40米；校核水位标准为上游水位43.00米，下游水位38.50～40.40米。工程主要项目包括闸室段加固，上游防渗板和阻滑板加固，下游滤渗板和一、二、三号护坦板及海漫加固，将原底板高程一律加高至36.20米，岸墩、角墙加固；东、西引堤加高加固；上、下游河道整治；重建变电所和工作桥；更换闸门控制设备，增设闸门启闭、集中显示设备；电气及照明设备、广播通信设备、消防暖通设备安装，闸门加固、更换启闭机等。加固后闸底板高程36.20米，启闭机台高程44.60来。工程于2000年12月开工，2002年4月15日完工，完成土石方填筑9.67万立方米、混凝土2.48万立方米，耗用钢筋2018.7吨，完成总投资7412万元。

拦河坝（即东引堤）位于节制闸东端，为节制闸配套工程，东接分洪区围堤，西接节制闸边墩。坝长500米，坝顶高程45.65米，面宽11.5米，上下游边坡坡比1∶3。东引堤为二级复式断面，下游边坡在33.00米高程处筑有10米宽平台，上游边坡39.50米高程处筑有5米宽平台。西引堤东接南闸引桥，西接黄山脚下南闸纪念公园，堤顶高程45.00米，长283米，面宽7米。东、西引堤均为国家1级堤防。东、西顺水堤位于节制闸上游，东顺水堤高程44.58米，长185米，宽35米；西顺水堤上接虎西干堤，下接南闸西引堤，高程44.58米，长500米，宽15米，为国家2级堤防。东、西导水堤位于节制闸下游，东导水堤高程41.50米，长1200米，宽2.5米；西导水堤高程41.50米，长800米，宽2.5米。

（6）泄洪（排渍）闸。分洪区泄洪分两种情况：分洪期间，分洪区蓄洪水位（黄金口站）预报将超过42.00米时，在无量庵处扒堤泄洪，扒口堤段均作裹头准备；当分洪过程结束，分洪区水位不超过42.00米，待江水下落，首先从无量庵江堤扒口将洪水泄入长江，剩余约18亿立方米水由修建在南线大堤上的黄天湖泄洪老闸、黄天湖泄洪新闸泄入虎渡河。两闸设计流量共700立方米每秒。在不分洪期间，两闸均作为排涝闸运用。

黄天湖老闸（又名黄天湖一闸） 位于南线大堤桩号579＋908千米处，由长委设计，于1953年建成，为钢筋混凝土开敞式结构，共2孔，每孔宽10米，高3米，闸身长18米；闸底板高程31.00米，闸顶高程45.20米，国家投资219.4万元。1969年经长办批准，湖南省常德地区将闸底板加厚0.6米，桥面加宽2.2米。加固后，闸底板高程为31.60米。钢质弧形闸门，配25吨卷扬机1台，设计泄洪流量250立方米每秒，正常排水流量120立方米每秒。

黄天湖老闸运行多年，虽经1969年加固，仍存在诸多问题：下游消力池两岸混凝土挡土墙出现贯穿性水平裂缝，并向迎水面倾斜；闸底板、墙体及翼墙顶板出现长短裂缝207条。1998年3月动工对黄天湖老闸实施整险加固，其工程项目为消力池整险，公路桥桥面维护，混凝土墙体裂缝处理，止水更新，上游护坡翻筑，金属结构安装等。1998年5月完成消力池段一期整险，1999年1月，实施二期加固施工，5月10日完成消力池段右岸整险加固。此后拆除消力池段已水平断裂的挡土墙混凝土，进行重新浇筑，并实施挡土墙以上六边形混凝土预制块护坡和浆砌石梯阶等项目，完成混凝土挡土墙拆除21.6立方米、混凝土挡土墙更新56.4平方米、钢筋制作安装3.37吨。挡土墙以上护坡工程完成拆除浆砌石322立方米、拆除混凝土块206立方米、土方削坡开挖1968立方米、六边形混凝土块护坡1.99立方米、浆砌石48立方米。

2000年11月初，开始实施老闸公路桥（桩号579＋908～580＋007，长99米）桥面工程，施工内容包括拆除原桥面面板以上包括磨耗层在内的所有构件，现浇钢筋混凝土桥面板、人行道、护栏柱。12月底完成公路桥墩桥面混凝土工程。完成混凝土拆除87.2平方米、桥墩面混凝土浇筑172.84立方米、钢材制作安装14.4吨。

老闸伸缩缝表面橡皮止水严重老化，钢板与螺栓锈蚀严重，在加固中全部更新。老闸岸墩与岸墙临洪面垂直缝加橡皮表面止水进行处理；上游两边墩新建垂直表面止水，并对原止水井填料全部更换。混凝土表面止水更新分两期施工，一期完成水平止水和中墩上下游垂直止水，共4条72.2米；二期上游两侧新增止水2条20米。混凝土裂缝处理施工分3次完成，1999年3月30日至5月2日，处理闸底板裂缝36条，同年12月18日至次年1月18日完成38条底板裂缝施工，两次合计处理裂缝74条352.75米，均使用低聚灰比复合改性细骨料混凝土填补。2000年1月2日开工进行侧墙裂缝化学灌浆处理，至4月9日完成133条裂缝（359.05米）的化学灌浆处理。

老闸上游块石护坡实施翻修。翻修后干砌块石厚0.3米，下铺0.1米厚碎石垫层，干砌块石采用混凝土砂浆勾缝处理。工程于1999年1月18日开工，5月10日完工，完成干砌石拆除805立方米、土方削坡开挖及清淤1991立方米、干砌石护坡602立方米、碎石垫层200立方米。

老闸更换固定式弧门启闭机2台、闸门侧轮以及部分铆钉，并进行除锈防腐。工程于1999年1月17日开工，次年5月17日完工，完成闸门除锈500平方米、闸门涂装防腐两次共500平方米、主桁架加固2×1.8米、更换侧轮8个、更新顶止水17.6米、侧止水10.8米，安装QHQ－2×150kN固定卷扬式启机机两台套，更新钢丝绳1根长100米。

黄天湖新闸（又称黄天湖二闸）　位于南线大堤桩号580＋028处，距南闸320米，由荆州地区水利局设计，于1970年建成。其主要作用是弥补老闸泄洪流量之不足。为钢筋混凝土箱涵，共3孔，单孔高、宽各5.3米，闸底板高程30.00米，洞长72米，钢质平板闸门，配25吨卷扬机1台，设计最大泄洪流量450立方米每秒，正常排水流量140立方米每秒。国家投资162.4万元。

黄天湖新闸整险加固工程由中国葛洲坝水利水电集团有限公司中标承建。工程项目包括新建检修门槽；增设25吨固定卷扬式启闭机1台（包括钢丝绳），闸门定轮改造，中孔闸门作变形校正处理，增设1台临时启闭设备（启吊检修门用），增配变压器、电控柜和柴油发电机等机电设备；对3块平面钢闸门除锈防腐、校正、更换止水；对裂缝进行凿槽回填细骨料混凝土和化学灌浆修补，伸缩缝止水更换等。工程于2003年1月10日动工，3月28日全部完工。新闸由于闸底板高程较低，整个洞身底板常年处于水下，为便于检修，在新闸上游进口处（临分洪区）加设简易叠梁检修门一道。

黄天湖新、老闸加固工程总投资303.62万元，完成工程量见表6-2-5。

表6-2-5　　黄天湖新、老闸加固主要工程项目及工程量表

序号	工程项目		单位	设计工程量	完成工程量
1	混凝土拆除		m^3	355.1	355.1
2	混凝土浇筑		m^3	263.6	263.6
3	钢筋		t	19.28	21.31
4	土方开挖		m^3	2759	2759
5	干砌块石护坡		m^3	602	602
6	混凝土预制块护坡		m^3	118.8	118.8
7	垫层料		m^3	281	281
8	裂缝处理	化学灌浆	m	566	566
		细骨料混凝土	m^3	11	11
9	混凝土表面止水更新		条	12	12
10	闸门防腐处理		扇	5	5
11	启闭机安装		台	4	4

2. 转移安置工程

荆江分洪区原有居民23万人，1952年3月至1953年3月，移出6万人到人民大垸，还有16万人转移到安全区、台进行安置。1954年分洪，分洪区内的安全设施大部被冲毁或淤塞。分洪后，分洪区人民用了4～5年时间恢复生产和恢复水毁工程。至20世纪60年代初，分洪区出现了一系列新的情况，人口由17万增至27万，且有80%的农户在蓄洪区内定居；原有木质移民桥、分洪时大多冲毁；1952年为便利生产配备的车、船均已损坏；1958年以后开挖的数以千计的渠道，切断移民路200多处。于是分洪后分洪区群众转移及安全区、台的建设被提到重要位置。自1963年12月国务院批转水电部《对湖北省荆江分洪区群众转移安置问题的处理意见》实施以来，沿堤建有安全台87处，总面积1.78平方千米；安全区19个（原为21个，1972年11月将藕池、倪家塔两个安全区合二为一；1988年11月建闸口第二电力排灌站，经省水利厅批准，废除东港子安全区。该安全区，位于虎东干堤中部，东与闸口、吴达河安全区相邻，西临虎渡河），总面积19.58平方千米，围堤全长52.78千米。原计划定居人口约17万，多余人口迁至区外。分洪区内不得建永久住房，为便于生产，可搭临时生产棚。1954年以后，分洪区一直未运用，加之疏于管理，分洪区内人口剧增至58.7万，分洪时区内居民约39.6万人需临时转移。20世纪60—70年代在分洪区安全区内和安全台上共修建移民安置房908栋计12146间、36.4万平方米。经多年更新、扩建和改造，2011年底有安置房821栋计10467间，面积39.76平方米，其中，框架安全楼240栋，面积13.5万平方米，用于临时避水和存放重要物资；仓库 64 栋计 325 间，面积 9598.7 平方米，为临时转移囤放物资之用，移民公路 300 条，共计 1145 千米；各类桥梁 693 座。完成土方 774.6 万立方米、石方 23.27 万立方米，国家投资 26717 万元。分洪区本着“立足分洪，分洪保安全；不分洪保丰收，保经济发展”的要求，转移工程建设经历了 4 个阶段。

第一阶段：以兴建转移桥涵和安置房为主，自 1963 年 6 月起，至 1974 年 9 月止，建钢筋混凝土桥 158 座，涵管桥 94 座，安置房 908 栋、12230 间，面积 368505 平方米，分洪仓库 85 栋；安全区 2 个；安全台 16 个；土路 300 条，长 1044 千米；购置木船 128 只；植护房林 40 万株。共完成混凝土 1.36 万立方米、土方 180 万立方米、石方 2.14 万立方米；耗用水泥 5607 吨、钢材 491 吨、木材 26591 立方米；国家投资 1155 万元。

第二阶段：工程项目包括：兴建碎石转移路和桥梁、加固安全区和加高安全台、修建安全区抽水机台、试建避水楼及无线电通讯建设等。自 1975—1985 年止，共修建碎石转移路 262.35 千米，钢筋混凝土桥梁 93 座，便桥 84 座；加固安全区 2 处；加高安全台 21 个；建安全区抽水机台 17 处；改建安全区涵闸 1 处；试建避水楼 2 栋，面积 6600 平方米；购置无线电台 49 台，分洪报警车 1 辆，运输车 11 辆，碎石机 2 台，锥探机 1 台，救生船 184 只；分洪备用砂石料 11311 立方米；扎簰楠竹 10 万根。共计完成混凝土 7882 立方米、石方 19.59 万立方米、土方 32 万立方米；耗用钢筋 943 吨、水泥 3960 吨、木料 632 立方米；实用人工 127 万个；国家投资 794.5 万元。

第三阶段：以兴建避水楼和碎石路为主，主要工程项目包括修建集体避水楼和联户避水楼；碎石转移路和钢筋混凝土桥梁；安置房改建；安全区围堤加培及涵闸改建。自 1986 年起到 1995 年止，修建集体避水楼 155 栋，面积 133297.96 平方米；联户避水楼 43 栋，实用面积 10328.4 平方米；电台中心楼 1 栋，面积 1226.64 平方米；改建安置楼 48.5 栋，面积 63204.72 平方米；材料仓库 1 栋，面积 1100 平方米；建碎石转移路 214.47 千米；钢筋混凝土桥梁 118 座（长 964.1 米）、便桥 109 座，安全区排水机台 7 个；维修转移路 63 条（长 260.466 千米）；安置房 45 栋，面积 14640 平方米；涵闸 19 座，改建安全区涵闸 5 座；加培安全区围堤 8 处，完成土方 69.72 万立方米；架设有线通信线路 8.3 千米；购置救生船 15 条、无线电台 258 台、手持机 5 台、传真机 1 部、发电设备 17 套、分洪报警车 1 辆、运输车 10 辆、锥探机 1 台、钢模 7 套、水泵 29 套、转移跳板 84 块、救生衣 10.55 万件；完成洪水演进研制系统 1 套。共计完成混凝土 72511 立方米、石方 15464 立方米、土方 384 万立方米；耗用钢筋 5161 吨、水泥 31992 吨、木料 8293 立方米、粗砂 76126 立方米、卵石 69386 立方米、砖 2885 万块；实用人工 535 万个，国家投资 10115.5 万元。

第四阶段：1995 年以来，特别是 1998 年洪水过后，国家加大对荆江分洪区堤防、转移道路、转移桥梁、区台填筑、通讯预警、救生设施等的投入，改建安置房 34716 平方米，新建转移道路 176 千米、转移桥 13 座，改建涵闸 7 座，围堤护坡 1450 米，堤基渗控 1850 米，修建转移码头 2 处，安全区围堤堤顶公路硬化 610 米，完成黄水套升船机滑道整险加固和部分通讯设施升级建设，完成土方 148.6 万立方米，国家投资和地方配套资金 10115.5 万元。

（1）安全区。1952 年 11 月，经与地方人民政府和群众会商，划定义和垸、茅草窝（水月）、走马岭、黄金口、夹竹园、朱家嘴、闸口、新口、天保垸、老肖家嘴、白家岗

表 6-2-6 荆江分洪区安全区基本情况表

安全区名称	堤别	相应桩号	安全区				安全区围堤			建成年份
			宽/m	长/m	面积/km^2	地面高程/m	长/km	面宽/m	地面高程/m	
保恒垸	虎东干堤	52+593～53+522	188	800	0.15	37.00	1.241	5.00	44.30	1953
埠河	长江干堤	684+500～689+665	515	5165	2.66	39.00	5.500	4.00	44.70	1952
八家铺	南线大堤	585+000～586+285	96	1250	0.12	37.50	1.557	3.00	41.00	1952
斗湖堤	长江干堤		1097	2370	2.60	37.50	3.987	6.00	43.90	1952
呙家小垸	虎东干堤	66+275～67+775	242	1400	0.34	37.80	1.817	5.00	43.20	1967
黄金口	虎东干堤	30+780～33+850	621	2400	1.49	37.00	2.840	5.00	44.40	1953
黄水套	长江干堤	620+500～621+416	181	1050	0.19	36.70	1.240	8.00	43.09	1952
夹竹园	虎东干堤	40+195～41+900	657	1705	1.12	37.00	3.024	8.00	44.00～45.52	1952
雷洲	长江干堤	668+840～671+515	2500	560	1.40	38.50	3.300	8.00	45.81	1953
藕池	南线大堤	596+600～600+770	2800	357	1.00	37.50	4.477	8.00	42.37	1952
水月	虎东干堤	12+078～13+800	455	1100	0.50	39.00	1.603	8.00	45.60	1953
吴达河			1650	436	0.72		3.395	8.00	44.41	1953
上码头	南线大堤	590+020～591+770	130	1546	0.20	37.50	1.815	8.00	42.02	1952
新口	虎东干堤	68+650～69+550	250	800	0.20	36.00	1.169	8.00	44.00	1952
杨厂	长江干堤	642+125～647+450	4325	532	2.30	37.10	3.850	10.00	44.21	1952
杨林寺	长江干堤	603+150～604+257	90	1000	0.09	37.00	1.012	8.00	42.57	1953
义和垸	虎东干堤	1+070～4+360	275	2900	0.80	43.00	3.313	8.00	46.62	1952
裕公	长江干堤	609+528～612+437	927	3000	2.78	36.50	4.680	8.00	44.00	1953
闸口	虎东干堤	56+450～58+327	325	1877	0.61	37.00	2.200	8.00	44.00	1953

（永兴垸）、藕池口、杨林寺、裕公垸、柳梓洲、七里台、李家花园、申樟洲、涂郭巷、斗湖堤、埠河21处为安全区。1952年冬至1953年春兴建（施工过程中有调整），围堤全长51.95千米，完成土方354.31万立方米，实用人工326.6万个。1954年分洪时永兴垸溃口，实有安全区19个。鉴于分洪区人口增长，1967年增建呙家小垸和东港子两个安全区。1986年藕池、倪家塔两个安全区合并，统称为藕池安全区（1965年石首县藕池镇划归公安县管辖）。2011年，分洪区共有安全区19个，居住18万人，围堤全长52.735千米，面积19.58平方千米，其中，分洪围堤内安全区12个，围堤长36.789千米，面积16.53平方千米（荆右长江干堤内边5个，围堤长21.317千米，面积11.74平方千米；虎东干堤7个，围堤长15.472千米，面积4.79平方千米）；围堤外8个，围堤长15.946千米，面积3.05平方千米（荆右长江干堤外2个，围堤长2.252千米，面积0.28平方千米；南线大堤3个，围堤全长7.849千米，面积1.56平方千米；虎东干堤3个，围堤长5.845千米，面积1.21平方千米）。各安全区情况见表6-2-6。

（2）安全台。安全台是分洪区沿堤群众定居和避洪之所。荆江分洪第二期工程中，沿虎东干堤兴建安全台7处，1953年1月完工，完成修筑土方63.98万立方米。1954年、1955年修筑39处，完成土方132.64万立方米。1956年培修7处，完成土方19.57万立方米。1964—1974年修筑18处，完成土方122.22万立方米。1978年修筑3处，完成土方9.17万立方米。加上1954年以来沿堤群众自发修筑的安全台，分洪区共有安全台87个，面积178.07万平方米（表6-2-7）。其中荆右长江干堤39个，面积77.34万平方米（堤内侧12个，面积14.83万平方米；外侧27个，面积62.51万平方米，台面高程42.55～42.00米；南线大堤5个，面积2.27万平方米（内侧1个，面积0.18万平方米；外侧4个，面积2.09万平方米），台面高程41.00米；虎东干堤43个，面积98.46万平方米（内台7个，面积7.76万平方米；外台36个，面积90.7万平方米），台面高程44.50～42.00米。

表6-2-7　　分洪区安全台基本情况表

名称	所在镇（乡）	河岸堤别	内或外	桩号		堤顶高程/m	台顶高程/m	长度/m	宽度/m	面积/m²
				起	止					
幸福台	藕池镇	荆右	外	605+475	606+220	43.60	41.50	745	55	40975
新开铺下	裕公乡	荆右	外	606+460	606+725	43.60	41.50	265	20	5300
新开铺上	裕公乡	荆右	外	607+200	607+430	43.60	41.20	230	15	3450
黄家台	裕公乡	荆右	外	619+650	620+399	43.50	41.30	749	13	9737
黄水套上	麻豪口镇	荆右	外	621+216	621+6	43.50	40.30	200	12	2400
筲篓湾	麻豪口镇	荆右	外	622+600	622+00	43.60	40.30	200	12	2400
赵家铺	麻豪口镇	荆右	外	623+610	624+366	43.60	41.60	756	15	11340
范家台	麻豪口镇	荆右	外	624+850	625+900	43.50	40.0	1050	10	10500
郭家窑	麻豪口镇	荆右	外	626+370	627+050	43.90	41.50	680	15	10200
鲁家埠	麻豪口镇	荆右	外	627+350	630+200	43.80	41.50	2850	15	42750
北堤	麻豪口镇	荆右	外	635+000	630+00	44.30	42.00	4700	15	70500
崔家湾	杨厂镇	荆右	外	635+200	635+800	43.60	42.20	600	12	7200

续表

名称	所在镇（乡）	河岸堤别	内或外	桩号		堤顶高程/m	台顶高程/m	长度/m	宽度/m	面积/m²
				起	止					
新堤台	杨厂镇	荆右	外	636＋700	637＋750	43.50	42.00	1050	12	12600
郭家台	杨厂镇	荆右	外	639＋000	639＋600	43.60	42.80	600	15	9000
涂郭巷	杨厂镇	荆右	外	640＋000	640＋450	43.60	42.60	450	30	13500
青龙嘴	杨厂镇	荆右	外	641＋150	641＋250	43.60	42.50	100	12	1200
青龙闸	杨厂镇	荆右	外	641＋500	642＋000	43.60	42.50	500	15	7500
杨家拐	杨厂镇	荆右	外	647＋500	648＋000	44.20	42.80	500	50	25000
朱家湾	杨厂镇	荆右	内	648＋250	648＋850	43.90	42.80	600	10	6000
青吉	杨厂镇	荆右	内	649＋250	649＋850	44.30	42.80	600	10	6000
杨公堤	斗湖堤镇	荆右	内	651＋400	651＋900	44.30	43.80	500	12	6000
杨公堤	斗湖堤镇	荆右	外	651＋730	652＋150	44.00	43.00	420	85	35700
王家菜园	斗湖堤镇	荆右	外	655＋000	655＋800	44.30	43.00	800	25	20000
王家台	斗湖堤镇	荆右	内	655＋800	657＋400	44.40	42.60	1600	12	19200
窑头埠	斗湖堤镇	荆右	内	657＋800	658＋350	44.80	42.30	550	12	6600
窑头埠	斗湖堤镇	荆右	外	657＋200	658＋200	44.80	43.00	1000	20	20000
高强	斗湖堤镇	荆右	外	658＋400	659＋050	44.70	43.40	650	40	26000
高强	斗湖堤镇	荆右	内	659＋000	659＋600	44.70	43.10	600	12	7200
白家湾	斗湖堤镇	荆右	外	660＋500	662＋700	44.60	43.80	2200	40	88000
西湖庙	斗湖堤镇	荆右	外	663＋400	663＋950	44.90	44.00	550	25	13750
马家嘴	埠河镇	荆右	外	666＋000	667＋670	44.94	44.00	1670	68	113560
马家嘴	埠河镇	荆右	内	666＋100	666＋250	4496	44.00	150	20	3000
杨家潭	埠河镇	荆右	内	667＋550	668＋020	44.95	42.50	470	50	23500
魏家洲	埠河镇	荆右	内	673＋250	673＋850	45.31	42.50	600	25	15000
新四弓	埠河镇	荆右	外	675＋050	675＋500	45.52	44.52	450	20	9000
陈家台	埠河镇	荆右	外	676＋900	677＋800	45.54	44.50	900	15	13500
陈家台	埠河镇	荆右	内	678＋170	681＋250	45.66	42.60	3080	15	46200
周家土地	埠河镇	荆右	内	690＋750	690＋950	46.54	43.50	200	30	6000
周家土地	埠河镇	荆右	内	691＋050	691＋150	46.54	43.50	100	36	3600
马家堤	埠河镇	虎东	内	4＋200	5＋000	45.90	43.30	800	20	16000
弥市桥上	埠河镇	虎东	外	4＋360	5＋510	45.90	45.00	1150	16	18400
郭家潭下	埠河镇	虎东	内	5＋300	5＋700	45.97	43.30	400	25	10000
弥市桥下	谭河镇	虎东	内	5＋800	6＋100	45.81	43.30	300	20	6000
张家潭	埠河镇	虎东	内	6＋250	6＋750	45.82	45.00	500	25	12500
谢家渡	埠河镇	虎东	外	6＋250	7＋500	45.88	44.80	1250	20	25000
王家湾	埠河镇	虎东	外	9＋700	10＋200	45.72	44.80	500	20	10000
王家湾	埠河镇	虎东	内	9＋750	11＋000	45.73	44.00	1250	20	25000
吴家垱	埠河镇	虎东	内	11＋100	11＋500	45.18	44.00	400	15	6000

续表

名称	所在镇（乡）	河岸堤别	内或外	桩号		堤顶高程/m	台顶高程/m	长度/m	宽度/m	面积/m²
				起	止					
茅草窝	埠河镇	虎东	外	11＋300	11＋500	45.67	44.80	200	38	7600
鲍家洲	埠河镇	虎东	外	13＋650	16＋000	45.60	45.00	2350	30	70500
上新台	埠河镇	虎东	外	17＋000	18＋000	45.45	43.00	1000	30	30000
戴家场	埠河镇	虎东	外	18＋750	19＋000	45.48	43.00	250	52	13000
中台	埠河镇	虎东	外	20＋450	21＋600	45.36	43.20	1150	40	46000
三台	埠河镇	虎东	外	22＋600	22＋900	45.30	43.00	300	40	12000
下三台	夹竹园镇	虎东	外	24＋330	26＋600	45.10	43.50	2270	50	113500
张家台	夹竹园镇	虎东	外	26＋000	26＋170	45.07	44.00	170	40	6800
周家河头	夹竹园镇	虎东	外	26＋800	27＋316	45.07	43.80	516	30	15480
王家榨	夹竹园镇	虎东	外	27＋660	28＋530	44.85	43.80	870	28	24360
张家弓	夹竹园镇	虎东	外	29＋470	29＋610	45.00	43.80	140	35	4900
胡家湾	夹竹园镇	虎东	外	29＋740	30＋550	45.11	43.50	810	50	40500
小新店	夹竹园镇	虎东	内	33＋883	34＋020	44.67	43.00	137	15	2055
鄢家剅	夹竹园镇	虎东	外	34＋810	35＋110	44.77	42.00	300	30	9000
段家窑	夹竹园镇	虎东	外	35＋840	36＋500	44.67	42.61	660	15	9900
罗李城	夹竹园镇	虎东	外	36＋800	36＋935	44.59	43.80	135	12	1620
杨家湾	夹竹园镇	虎东	外	42＋475	42＋＋970	44.48	43.07	495	20	9900
蔡家湾	夹竹园镇	虎东	外	44＋000	44＋800	44.23	42.51	800	30	24000
陈家榨	夹竹园镇	虎东	外	45＋075	45＋625	4.23	42.53	550	16	8800
陈榨9队	夹竹园镇	虎东	外	46＋000	46＋835	44.21	43.31	835	25	20875
黑狗垱	闸口镇	虎东	外	47＋800	48＋300	44.21	43.00	500	15	7500
朱家嘴	闸口镇	虎东	外	48＋500	52＋265	44.03	42.60	3765	20	75300
车家湾	闸口镇	虎东	外	55＋390	55＋990	44.30	43.00	600	17	10200
张家嘴	闸口镇	虎东	外	61＋180	62＋350	44.51	42.55	2170	27	58590
杨家嘴	闸口镇	虎东	外	65＋230	66＋260	42.67	42.11	1030	30	30900
荆洪台	闸口镇	虎东	外	67＋500	68＋640	43.76	42.24	1140	30	34200
雾气嘴	藕池镇	虎东	外	69＋450	69＋640	42.60	42.20	190	15	2850
汤家大屋	藕池镇	虎东	外	71＋230	73＋455	42.30	42.00	7775	15	33375
南堤拐	黄山镇	虎东	外	74＋650	77＋150	42.60	42.20	2500	20	50000
天保	黄山镇	虎东	外	77＋610	78＋300	42.70	42.20	690	10	6900
丁家嘴	黄山镇	虎东	外	78＋475	79＋710	42.70	42.20	1235	10	12350
腰渡口	黄山镇	虎东	外	80＋515	81＋950	42.90	42.20	1435	13	18655
荐祖溪	黄山镇	虎东	外	83＋196	86＋050	42.70	43.00	2854	13	37102
柯家嘴	黄山镇	虎东	外	86＋300	87＋000	42.60	42.20	700	10	7000
新堤拐	黄山镇	安北	外	583＋000	583＋250	45.00	41.00	250	10	252500
郑家祠	黄山镇			587＋807	588＋075	45.00	41.02	268	10	262680
上码头	黄山镇			589＋015	589＋960	45.00	40.63	945	13	1212285
民主	黄山镇			593＋180	593＋530	45.00	41.00	350	10	353500
谭家湾	黄山镇			594＋288	594＋435	45.00	42.20	147	12	171764

(3) 定居台。1965—1970年埠河镇在分洪区地面高程42.00米以上的非冲口地带筑定居台23个，面积20.57万平方米。1976年，闸口、曾埠头和裕公3个乡镇在分洪区建有避水台3个，面积6.19万平方米，台面高程40.50米，见表6-2-8。

因安全台普遍欠高，一旦分洪，台上房屋将被洪水浸泡，1995—2011年间对安全台的危房进行拆除，先后对王家菜园、高强、三台、幸福等安全台进行加高培修，改建安置楼房，并大量栽植防洪林木，作为分洪时安置指挥部和分洪救灾物资储备点。

表6-2-8　分洪区内定居台基本情况表

乡镇	村	台名	台顶高程/m	台顶范围			国家补贴建房/m
				长/m	宽/m	面积/m^2	
埠河	新生	新生一台	43.50	48	10	480	4
埠河	新生	新生二台	43.50	470	10	4700	24
埠河	新生	新生三台	43.50	66	10	660	6
埠河	新生	新生四台	43.50	132	10	1320	12
埠河	新生	新生五台	43.50	88	10	880	8
埠河	魏家洲	魏家洲一台	43.50	209	18	3762	19
埠河	魏家洲	魏家洲二台	43.50	396	19	7524	36
埠河	魏家洲	魏家洲三台	43.50	418	19	7942	38
埠河	魏家洲	魏家洲四台	43.50	253	19	4807	23
埠河	魏家洲	魏家洲五台	43.50	233	19	4427	21
埠河	魏家洲	魏家洲六台	43.50	176	19	3344	16
埠河	新红	朱家潭台	43.00	1150	20	23000	20
埠河	新红	朱家洲台	43.50	470	20	9400	20
埠河	新红	吴家洲台	43.50	710	20	14200	20
埠河	新红	姚家泓台	43.50	455	20	9100	20
埠河	新红	王家台	43.50	230	20	4600	20
埠河	新红	大寿阁台	43.50	230	20	4600	20
埠河	新平	新洲台	43.50	1300	20	260000	26
埠河	新平	郭家洲台	43.50	1000	20	200000	21
埠河	新平	黄家潭台	43.50	110	20	2200	23
埠河	新利	汪家台	43.50	1000	20	2000	43
埠河	新利	黄家潭台	43.50	1500	20	300000	47
埠河	新利	郭兴场台	43.50	333	30	100000	
裕公	沙厂	沙厂台					
闸口	同裕	同裕围子	40.50	北350 东130	东130 西200	618700	

(4) 转移路。荆江分洪工程建成后，为便于分洪转移和群众生产，曾筑有一批土路。

1954年分洪，这批土路大部被冲毁或淤埋。1964—1974年修复土路300条，长1044千米。嗣后，因人口的急剧增长和机械运输车辆的增加，土路晴通雨阻，加之道路宽度不够，与分洪安全转移不相适应。自1976年开始，由国家投资，群众出工，将土路逐步改建成泥结石转移路，至1995年，已修路121条，长476.82千米，见表6-2-9。1998年以后由国家投资及地方配套投资升级改造成混凝土道路6条，长44.79千米。

表6-2-9　　荆江分洪区转移路基本情况表

路名	起址地点	长度/km	宽度/m	其中铺石		完成石方/m³	修建时间/年	所在镇乡	改扩建情况		
				宽度/m	厚度/m				时间	宽/m	投资/万元
新中渠路	复兴场至团结路	4.335	7	3.5	0.25	3793	1976	埠河			
三合路	何东桥至郭新场	1.74	7	3.5	0.25	1523	1976	埠河			
高东路	高丰桥至农场桥	3.00	7	3.5	0.25	1389	1976	埠河	2003年8月	6	55.65
荆江路	商业车队至牲猪仓库	1.597	10	4.5	0.28	2466	1976	斗湖堤			
围堤路	物资局至荆客局船队	2.3	6	3.5	0.25	2013	1976	斗湖堤			
麻北路	麻豪口至北堤	7.384	7～9	3.5	0.25	6461	1976	麻豪口			
夹观路	夹竹园至观音寺	9.9	6	3.5	0.25	8661	1976	夹竹园			
闸友路	闸口至友爱村	8.518	8	3.5	0.25	7453	1976	闸口			
黑闸路	黑狗垱至闸口	7.208	11	3.5	0.25	6307	1976	闸口			
迎春路	杨黄路至陆逊湖	1.5	6	3	0.25	1127	1976	裕公			
工裕路	工农桥至裕公垸	2	9	3	0.25	1750	1976	裕公			
七郑路	黄五路至郑河电排	1	6	3	0.25	750	1976	裕公			
团结路	裕沙路至电排	1	6	3	0.1	300	1976	裕公			
高扁路	高家场至扁担湖	5	6	3.5	0.18	3150	1979	藕池			
幸福路	幸福台至周家岗	4	6	3.5	0.25	3500	1976	藕池			
倪家塔路	藕池指挥所至政府	0.9	8	3.5	0.25	787	1796	藕池			
丁谭路	丁家嘴至谭家湾	8.515	7	3.5	0.18	5364	1976	黄山头	2004年9月	6	160.03
上升路	上码头至杨黄路	2	5	3.5	0.17	1190	1976	黄山头			
大工作桥路	207国道至雷洲安全区	3.994	8	3.5	0.25	3500	1977	埠河			
十横路	茅草窝至雷洲安全区	6.57	8	3.5	0.25	5749	1977	埠河			
沿江路	埠河码头至周家土地	4.578	6	3.5	0.25	4005	1978	埠河			
六横路	207国道至义和安全区	7.054	7	3.5	0.25	6175	1978	埠河	2002年8月	6	80.0
沿河路	鄢家渡至弥市桥	5.812	6	3.5	0.25	5086	1978	埠河			
十二横路	杨潭至水月安全区	4.31	8	3.5	0.25	3771	1978	埠河			
黄金口安全区路	九线路至老街	2	8	3.5	0.25	1750	1978	夹竹园			
九下路	工农桥至郑沙路	3.1	9	3.5	0.25	2712	1978	裕公			
三新路	埠河安全区至新民村	11.9	8	3.5	0.25	10413	1980	埠河			

续表

路名	起址地点	长度/km	宽度/m	其中铺石		完成石方/m³	修建时间/年	所在镇乡	改扩建情况		
				宽度/m	厚度/m				时间	宽/m	投资/万元
腰高路	高桥村至公石公路	1.5	7	3.5	0.25	1312	1980	曾埠头			
北直路	黄金口安全区	0.6	7	3.5	0.25	525	1983	夹竹园			
麻罗路	麻豪口至罗家渡	8	9	3.5	0.25	7000	1984	曾埠头			
曾荷路	曾埠头至荷花嘴	9.1	9	3.5	0.25	7960	1984	曾埠头			
二干八路	淡头至鲁家埠	8	5	3.5	0.25	7000	1984	麻豪口			
麻五路	麻豪口至五孔闸	8	6	3.5	0.25	7000	1984	麻豪口			
新巷路	新口至巷岭	3	6	3	0.25	2250	1984	藕池、裕公			
合建路	合子垸至建红	7.07	6～7	3.5	0.25	4949	1984	黄山头			
二直路	207国道至二十横路	9.2	7	3.5	0.25	4353	1986	埠河	2005年1月	5	184
二十横路	总排渠至三台	5.93	7	3.5	0.25	5189	1986	埠河			
十七横	三直渠至戴家场	1.92	7	3.5	0.25	1680	1986	埠河			
中三路	集中村至三强村	5.97	6	3.5	0.25	5224	1986	闸口			
黄五路	黄水套至五孔闸	7.48	9	3.5	0.25	6545	1986	裕公	2003年8月	7	200.27
前进路	沙场至五孔闸	3.42	7	3.5	0.25	2565	1986	裕公			
郑沙路	郑家河头至沙场	5.88	7	3.5	0.25	5145	1986	裕公			
李油路	李家岗至公石公路	0.878	7	3.5	0.25	768	1986	藕池			
东北湖路	鹅港村至渔场	3.6	3.5	3.5	0.25	2700	1986	崇湖湖场			
四横路	沙刘公路至义和安全区	4.4	7	3.5	0.25	3850	1987	埠河			
月湖路	玉林岗至桥埠头	2.7	5	3.5	0.25	2362	1987	麻豪口			
麻豪口街	食品至二组	0.13	5	3.5	0.25	114	1987	麻豪口			
青罗路	麻北路至荆右干堤	7.6	7	3.5	0.25	6650	1987	杨家厂			
麻豪口林场路	河东桥至麻豪口街	0.3	5	2.5	0.25	262	1987	麻康口			
紫金路	紫宵观至黄金口	5.4	8	3.5	0.25	4725	1987	夹竹园			
八家铺路	八家安全区至贺家嘴	2.6	6	3.5	0.25	2275	1987	黄山头	2003年8月	6	41.11
新堤路	新堤三组至南线大堤	1.2	6	3.5	0.25	1050	1987	黄山头			
康牛路	南北路至牛屎堆	3	5	3.5	0.25	2625	1989	藕池			
乡政府路	乡政府至公石公路	0.3	8	3.5	0.25	262	1989	曾埠头			
新沟路	北景沟至二千八路	2.5	5.1	3.5	0.25	2188	1989	麻豪口			
卫东路	207国道至裴家渠	2.8	7	3.5	0.25	2450	1989	夹竹园			
邵家岗路	杨黄路至南线大堤	2.5	6	3.5	0.25	2188	1989	黄山头			
县农科所路	农科所至东大道	0.4	5	3	0.25	300	1989	县农科所			
城关渔场路	夹观路至渔场	3.6	3.5	3	0.25	1923	1989	城关渔场			

续表

路名	起址地点	长度/km	宽度/m	其中铺石		完成石方/m³	修建时间/年	所在镇乡	改扩建情况		
				宽度/m	厚度/m				时间	宽/m	投资/万元
斗湖堤安全区路	荆管局二区	0.6	5	3.5	0.25	525	1989	斗湖堤			
倪家塔安全区路	北宫工管组至公石公路	2	8	3	0.25	1500	1989—1991	藕他			
合兴路	合兴村至公石公路	3	5	3.5	0.25	2625	1989—1991	藕池			
齐心村路	村部至207国道	3	5	3.5	0.25	2625	1992	夹竹园			
天保路	管家桥至天保闸	2	3.7	3.5	0.25	1750	1992	黄山头			
安全区路	杨厂新正街至三砖瓦厂	0.2	5	3.5	0.25	175	1992	杨家厂			
麻豪口路	一横梁至九横集	2	4	3.5	0.25	1750	1992	麻豪口			
观音寺村路	东大路至总排集	1	3.5	3.5	0.25	875	1992	夹竹园			
大圣村路	村部至公石公路	1	3.5	3.5	0.25	875	1992	曾埠头			
曾埠头管理所	所内	0.3	4	3.5	0.25	263	1992	曾埠头			
五四路	杨黄路至裕公安全区	1.5	3.5	3.5	0.25	1312	1992	裕公			
五横路	207国道至高强村部	1	5	3.5	0.25	875	1992	斗湖堤			
罗鱼路	罗家渡至鱼码头	1	5	3.5	0.25	875	1992	闸口			
榨岭路	榨岭村部至黑闸路	2.5	4	3.5	0.25	2187	1993	闸口			
向阳路	向阳村渔场至207国	1	4	3.5	0.25	875	1993	夹竹园			
高丰路	村部至207国道	3	3.5	3.5	0.25	2625	1993	埠河			
安全区路	埠河安全区	2	8	3.5	0.25	1750	1993	埠河			
油江村路	四横至九横	4.1	5	3.5	0.25	3587	1993	斗湖堤			
曾杨路	曾埠头至朱家湾	6	5	3.5	0.25	5250	1993	杨厂			
瓦池村路	金桥渠至三横渠	3	5	3.5	0.25	2625	1993	夹竹园			
北湖路	北湖渔场至六横渠	1	5	3.5	0.25	875	1993	夹竹园			
强力村路	四组至207国道	2	5	3.5	0.25	1750	1993	夹竹园			
新农村路	北景沟至二千八路	2	5	3.5	0.25	1750	1993	麻豪口			
新华村路	养殖场至二千八路	2.5	5	3.5	0.25	2187	1993	麻豪口			
马尾套路	黄五路至郑沙路	5.5	5	3.5	0.25	4813	1993	裕公			
杨林寺路	幸福下干集至南北路	6	5	3.5	0.25	5250	1993	藕池			
曾埠头村路	总排渠至公石公路	1	3.5	3.5	0.25	625	1993	曾埠头			
高桥村路	七组至九组	1.5	3.5	3.5	0.25	1312	1993	曾埠头			
东二路	荆丰二组至斗藕公路	1	3.5	3.5	0.25	875	1993	曾埠头			
东四路	崔家湖至斗藕公路	5	5	3.5	0.25	4375	1993	曾埠头			

续表

路名	起址地点	长度/km	宽度/m	其中铺石		完成石方/m³	修建时间/年	所在镇乡	改扩建情况		
				宽度/m	厚度/m				时间	宽/m	投资/万元
朱北路	朱家嘴至北湖	6	3.5	3.5	0.25	5250	1993	闸口			
东岳观路	东岳观至戴家场	1.5	4	3.5	0.25	1312	1994	埠河			
何家湾路	公石路至何家湾村	0.7	4	3	0.25	525	1994	藕池			
民旺路	公石路至荆右干堤	3	5	3.5	0.25	2625	1994	裕公			
齐居寺路	油河子至207国道	1	5	3.5	0.25	875	1994	夹竹园			
五线路	白家湾至207国道	1	5	3	0.25	750	1994	斗湖堤			
杨家嘴路	公石路到虎东干堤	1	4.5	3	0.25	750	1994	闸口			
十三横路	油江村至207国道	1.2	5	3.5	0.25	1050	1994	斗湖堤			
大阳村路	太阳村至倪家安全区	0.6	5	3.5	0.25	835	1994	藕池			
项幸路	项岭村至幸福村	3.6	5	3.5	0.25	709	1994	藕池	2003年8月	6	67.38
安全区东路	裕公市场至薛家湾	1	5	3.5	0.25	750	1994	裕公			
杨家湖路	杨家湖至207国道	1	5	3.5	0.25	875	1994	平竹园			
渔场场内路	北湖渔场	0.4	3.5	3.5	0.25	350	1994	夹竹园			
油江二路	十线至十二线	2.5	5	3.5	0.25	2435	1994	斗湖堤			
前丰路	北湖至207国道	2.5	5	3.5	0.25	2188	1995	夹竹园			
胜蔬路	蔬菜场至207国道	4	4	3	0.25	3500	1995	斗湖堤			
四朱路	四千八村至朱湖路	5.8						麻豪口	2001年5月	6	63.4
八南咱	八家镇村至南线路	5.8						黄山头	2001年5月	6	63.4
高黄路	高家场至黄山头	16.47						藕池 黄山头	2001年11月	6	700
新洞路	新口至洞真村	10.7						夹竹园	2002年7月	6	126
杨麻路	杨厂至麻豪口	9.28						杨厂 麻豪口	2002年8月	7	341
曾柯路	柯家嘴至虎东干堤	2						黄山头	2003年8月	6	37.35
麻荆路	麻口镇至荆和桥	3.5						麻口镇	2003年8月	6	68.61
桥国路	绿化桥至国胜台	4.9						杨厂	2003年8月	6	74.35
三杨路	三强至呙家小垸	7.8						闸口	2003年8月	6	143.54
保北路	陈榨村							夹竹园	2004年12月	7	95.32
宾河渠路	杨林寺至宾河渠							藕池	2004年11月	6	45.11
观荆路	观东村至荆丰村							闸口	2006年4月	5	321.08
斗闸路	斗湖堤至闸口							斗湖堤 闸口	2008年	5	745
七线东路	窑埠码头至207国道							斗湖堤	2008年2月	6	44.48
荆江二路	藕池至南线大堤							藕池	2009年5月	5	189.23
砚庙路	观音寺至金鸡庙村							夹竹园	2011年1月	5	293.86
合计		412.843				290049					4140.17

斗闸路 自斗湖堤起，经瓦池湾、观音寺、鱼口子至闸口止，跨斗湖堤、夹竹园、闸口乡镇和农科所，全程16.79千米，1976年建成。泥结碎石道路路基宽8米，路面宽3.5米。2008年由国家和地方配套投资1483.75万元（其中国家投资745万元，地方投资738.75万元）改扩建为混凝土道路，路面宽5米，两侧碎石路肩各1米，路基宽8米。分洪时供观音寺、斗湖堤、夹竹园、闸口等乡镇9个村的人员转移。

高黄公路 北起藕池高家场，途经上升、曾口，南抵南线大堤，达黄山头镇，与公（安）、石（首）公路相连，全程16.47千米。2001年11月由国家投资700万元改扩建为混凝土道路，路面宽6米，两侧碎石路肩各0.5米，路基宽7.6米。分洪时供藕池镇，黄山头镇的宫建、高场、北宫、金牛、谭家、同盟、曾口、黄天湖等10个村的人员转移。

观荆路（东大路、瓦闸路） 由闸口镇观东村至曾埠头乡荆丰村，连接公安至藕池的221省道，全程4.97千米，2006年4月由国家投资321.08万元改扩建为混凝土道路，路面宽5米，两侧碎石路肩各1米，路基宽7米。分洪时供观东、毕当、金滩、荆华、荆丰等村的人员转移。

七线东路 窑头埠码头至207国道，全程0.5千米，2008年2月由国家投资44.48万元改扩建混凝土道路，路面宽6米，两侧碎石路肩各0.5米，路基宽7米，配合窑头埠码头而修建。

荆江二路 由藕池倪家安全区内至南线大堤，全程2.5千米。2009年5月由国家投资189.23万元改扩建成混凝土道路，路面宽5米，两侧碎石路肩各1米，路基宽7米。

观庙路 由夹竹园镇观音寺村至杨厂镇金鸡庙村，东起公（安）、石（首）公路，西至瓦闸公路，全程3.56千米。2011年10月由国家投资293.86万元改扩建成混凝土道路，路面宽5米，两侧碎石路肩各1米，路基宽7米。

（5）转移桥。荆江分洪区建成后，国家拨款拨料，架设木桥391座，1954年分洪时大部分冲毁。后陆续进行了修复，至1963年修复204座。因木桥矮小易坏，桥面不能通车，桥下难以行船，安全没有保障，自1963年开始修建钢筋混凝土桥梁，至1995年，共修建各种桥梁375座、长5924米。此后，部分桥梁因年久失修，随道路等级的提升，在原桥址上对部分重要的桥梁进行改扩建，至2011年，改扩建钢筋混凝土桥21座、长717米，见表6-2-10，其中大型桥梁5座。

鹅港桥 位于麻口镇鹅港桥村，横跨东清河，全长120米；6跨，单跨径20米；桥面宽7米，两边设人行道各1.5米，设计荷载汽20，验算荷载汽100，为钢筋混凝土桥。桥中间共5排盖梁，坐落在3排15根直径105的钢筋混凝土桩之上，桥两岸边墩坐落在扩大条形混凝土基础上，桥梁为预制钢筋混凝土简支梁。1998年12月26日开工，1999年6月12日竣工，工程投资240万元。

三叉河桥 横跨荆江分洪区总排渠，东连裕公乡，西接闸口镇，为钢筋混凝土梁式桥，全长180米，桥上部结构为9跨，单跨径20米，预制钢筋混凝土装配式结构；面宽7米，两边设人行道各1.5米；设计荷载汽20，验算荷载汽100。桥墩为单排架双柱式混凝土灌注桩结构，桥台为置换式浅埋基础。桩直径125厘米共16根，单根桩长35米。预制T形梁共54根，其中，16米梁6根，20米梁48根。1999年1月开工，1999年6月竣工。完成土方开挖4358立方米、土方回填3639.94立方米、砂垫层462.34立方米、混凝土1961.86立方米，工程投资280万元。

曾口桥 位于黄山头镇荆江分洪区总排渠上，为钢筋混凝土桥，全长100米，5跨，单跨径20米，桥面宽7米，两边设人行道各1.5米，设计荷载汽20，验算荷载汽100。岸墩采用扩大条形基础，桥墩采用桩基，共4排，每排由两根直径1.25米、间距5.2米的混凝土灌注桩组成。桥梁为预制钢筋混凝土简支梁。1998年12月2日开工，1999年7月21日竣工。完成混凝土1000立方米，土方7000立方米，工程投资160万元。

观音寺桥 位于曾埠头乡荆江分洪区总排渠上，为钢筋混凝土桥，全长60米，3跨，单跨径20米，桥面宽7米，两边设人行道各1.5米，设计荷载汽20，验算荷载汽100。岸墩采用扩大条形基础，桥墩采用桩基，共2排，每排由两根直径1.25米、间距5.2米的混凝土灌注桩组成。桥梁为预制钢筋混凝土简支梁。2000年3月14日开工，2000年8月10日竣工。共完成混凝土800立方米、土方10000立方米，工程投资105万元。

瓦池湾桥 横跨荆江分洪区总排渠。上部为双层平板式并建有两孔渡槽；下部是双柱框架式桥墩，高8.4米，全长56.15米，5孔，单跨径10米，桥面宽5.2米，净宽4.8米，设计荷载汽10。1966年11月9日开工，1967年8月1日竣工，完成混凝土557立方米、石方128立方米、土方2.46万立方米；2000年4月1日在老桥旁新建桥梁，2000年9月1日竣工，全长56米，3跨（其中边跨20米，中跨为16米），基础为钢筋混凝土灌注桩，新建工程费用72万元。

表6-2-10　　荆江分洪区转移桥改扩建基本情况表

桥名	所在乡镇	所在道路	跨越沟渠	结构形式	国家投资/万元	规格				修建时间
						全长/m	跨径/m	面宽/m	孔数/个	
鹅港桥	麻口镇	鹅港村至赵家湾村	东清河	T形梁	240	120	20	7	6	1999年6月
三叉河桥	闸口镇	闸口至裕公	总排渠	T形梁	280	180	20	7	9	1999年6月
曾口桥	黄山头镇	黄山头镇	总排渠	T形梁	160	100	20	7	5	1999年7月
观音寺桥	曾埠头乡	观庙路	总排渠	T形梁	105	60	20	7	3	2000年8月
瓦池湾桥	斗湖堤镇	斗闸公路	总排渠	T形梁	72	56	1620	5.2	3	2000年9月
荆丰桥	曾埠头乡麻	荆华至麻口镇	主排渠	T形梁	47	13	13	8.5	1	2001年4月
荷花渔场桥	藕池镇	项岭村至斗藕	主排渠	T形梁	26.5	20	10	8.5	2	2001年3月
项岭桥	麻口镇	项幸路	迎春渠	T形梁	45	26	13	6	2	2001年8月
强力桥	夹竹园镇	新洞路	村排灌渠	T形梁	17.14	10	10	7	1	2002年8月
响鼓一桥	夹竹园镇	新洞路	村排灌渠	T形梁	17.14	10	10	7	1	2002年8月
响鼓二桥	夹竹园镇	新洞路	村排灌渠	T形梁	17.14	10	10	7	1	2002年8月
绿化桥	杨厂镇	桥国路	薛麻渠	盖板涵	17.73	10	10	7	1	2002年8月
合新桥	藕池镇	宾河路	南北渠	盖板涵	35.1	10	10	7	1	2002年8月
朱湖三桥	麻口镇	四朱路	沙鹅渠	盖板涵	27.87	21.7	10	9	2	2002年8月
友爱桥	杨厂镇	三杨路	中心渠	盖板涵	35.1	10	10	7	1	2002年8月
青罗桥	杨厂镇	桥国路	青罗渠	盖板涵	23.38	10	10	7	1	2002年8月

续表

桥名	所在乡镇	所在道路	跨越沟渠	结构形式	国家投资/万元	规格				修建时间
						全长/m	跨径/m	面宽/m	孔数/个	
湖口子桥	闸口镇	观荆路	曾达渠	盖板涵	26.32	10	10	7	1	2006年3月
荆丰桥	曾埠头乡	观荆路	曾荷渠	盖板涵	25.99	10	10	7	1	2006年3月
杨潭桥	埠河镇	二直路	北大渠	盖板涵	45.4	10	10	6	1	2005年1月
窑埠头桥	斗湖堤镇	七线东路	沟渠	盖板涵	9.37	10	10	6	1	2008年2月
观音寺小桥	闸口、夹竹园镇	观庙路	沟渠	盖板涵	10	10	10	7	1	2011年1月
合计					1283.18	716.7				

（6）避水楼。避水楼是分洪区腹地居民在分洪后临时避洪之所，属于中转性质的工程。20世纪80年代初，分洪区居住有30万人，其中有12万人住在腹地（距安全地带在10千米左右），一旦分洪，要在规定的时间内（48小时）把这部分人转移到安全地带，诚非易事。为确保人民的生命安全，1982年11月1日，省水利厅批准在分洪区腹地修建钢筋混凝土框架结构避水楼，平时住人，或办学校、企业，或作公共场所；分洪时，作为当地群众临时避洪栖身之所，然后用救生船转移到安全地带。1994年8月，长委在《荆江地区蓄滞洪安全建设规划》中提出：到本世纪末，计划腹地共建避水楼2214栋，建筑面积81.72万平方米，避水面积41.31万平方米。截至2011年，已建246栋，建筑面积19.42万平方米，避水面积13.97万平方米。避水楼分为集体避水楼和联户避水楼。

集体避水楼　以行政村为建设单位，视每村转移人数多少修建1～2栋，此项工程由荆州地区水利水电勘测设计院设计，设计标准为：地面高程35.00米、蓄洪水位42.00米。地基允许承载力为9.5吨每平方米；抗击风力8级，风速20.7米每秒，风浪吹程20千米。第一幢避水楼以杨厂镇绿化村作为试点，于1983年11月至1984年10月建成。绿化村框架式避水楼位于杨黄公路5＋250千米处右侧，距荆右长江干堤5.5千米，占地面积1223.66平方米，立高15.35米，平面呈“回”字形，计4层，一楼高度为4.85米，二、三、四楼均为3.5米，建筑面积4000平方米，避水面积3000平方米。施工时，出现主梁与立柱连接处不符合构造要求的质量事故，后经加固处理符合质量要求。

1986年，设计部门在总结前段避水楼建设经验的基础上，改变结构形式为9间直排形，每间间隔（中对中，下同）3.5米，房间深度包外墙7.1米，一、二楼层高4米，三、四楼层高3.1米，建筑面积898平方米，避水面积586平方米。共建此种结构形式的避水楼35栋。

1987年，对避水楼的结构形式又作了部分调整，改为7间直排形，楼梯间居中，间距3.3米，其他6间间距3.5米，房间深度包外墙7.1米，一、二楼层高4米，三、四层楼高3.1米，二、三、四层除楼梯口一侧外，三方设置走廊，走廊水平投影宽度1.5米，建筑面积863.9平方米，避水面积624.04平方米。建造此种类型的避水楼166栋。

至2011年，共修建集体避水楼203栋，建筑面积180837.96平方米，避水面积130379.99平方米。

联户避水楼　以户或联户为建设单位，由荆州地区水利局水利水电勘测设计院设计，标准为：地面高程35.00米、分洪水位42.00米、地基允许承载力10吨每平方米、风速20.7米每秒、吹程20千米。其结构形式是：一、二层层高各4米，框架采用装配式空心梁柱钢筋混凝土结构，三层层高3米，采用普通砖混结构。基础为两户一联钢筋混凝土构造；房间中间两间宽3.6米，两侧的两间宽3.9米，房屋深度为6.6米。建筑面积276.64平方米，使用面积160.7平方米，避水面积83.56平方米。

截至2011年年底，共建联户安全楼43栋，建筑面积13359.22平方米，使用面积10328.4平方米，避水面积9236.22平方米，国家投资296.84万元。

分洪安置房及仓库　荆江分洪工程建成后，1953年，群众在安全区内和安全台上建草房定居。1954年分洪后，或因住房距耕地较远生产不便而拆迁，或因火灾而焚毁，到1963年仅剩20%。为解决分洪后转移安置问题，自1964年开始，由国家拨款，群众投工，在安全区、台修建砖木结构的移民安置房和仓库，用于分洪时安置转移群众和存放集体财产。1972年5月19日，省革命委员会通知“不再修建移民房屋”，截至1974年，共建安置房908栋，12146间，面积36.4万平方米；仓库86栋，410间，面积1.25万平方米。

分洪安置房自建成以来，因行政协调拆除改建，自然垮塌损毁等原因，共有306栋、3882间、11.8万平方米的安置房被拆除（含自然损毁），至1990年调查统计，共保存安置房602栋，面积24.6万平方米。保存下来的安置房也因其始建标准低，加之已远超设计使用年限（25年），特别是因安全台普遍欠高，建于安全台上的安置房每到汛期高水位时都要受到洪水的浸泡，其中有303栋、12.9万平方米的安置房成为危房，失去了安置功能。又因缺乏维修及改造资金，这些破旧不堪的安置房不仅失去安置功能，成为严重安全隐患，而且耸立在居民区之中，或临街面，与周边现代建筑极不协调，影响当地市容和投资环境。为此，荆州行署多次向省政府和中央反映情况，要求列专项资金予以升级改造。2003年7月，国务院副总理回良玉批转原荆州行署专员徐林茂关于安置房情况反映的信件时指出：新中国成立初期，国家在财政很困难的情况下投巨资修建的这批分洪移民安置房，任其自然灭失，十分可惜。如遇特大洪水，不少仍具有分洪转移安置价值。建议中央每年列入部分维修改建计划，下拨资金予以修缮。水利部等有关部委也作了相应批示。2005年10月，省人大常委会组织部分在鄂十届全国人民代表赴荆江分洪区视察，认为除有重大文物遗产价值须挂牌保护外，应加速分洪区内分洪安置房的综合改造。为此，省政府安全生产办公室将所有安置危房作为重点安全隐患进行督促整改。并确定：对位于县城、乡镇机关所在地临街面的安置房，争取国家水利工程专项资金加快实施改建、扩建；对位于乡镇机关所在地安全区内非临街面的安置房，具备开发条件的实行融资改建、扩建；对位于安全区内的非乡镇机关所在地的安置房，酌情进行改建、保留或拆除；对位于安全台上的安置危房（除有重大文物保护价值外）全部拆除，通过工程措施加高后种植防洪林木，作为分洪时临时搭棚安置场所。至2014年底止，共改建安置房136栋，19.8万平方米，因其数量巨大，后续改造任务仍很艰巨。

（7）黄水套升船机。黄水套升船机位于荆右长江干堤桩号620+401处，隔江与石首市新厂镇相望，距公安县城35千米。1990年8月由省水利勘测设计院设计，其作用为分洪后派船进入蓄洪区救生和打捞，以保护分洪区人民生命财产安全。主体工程于1990年11月至1992年7月建成。升船机以斜面单绳牵引惯性过堤方式运行。滑道工程由主滑道、引航道、内外承船池及停船池组成。主体滑道全长150米，外轨道中心距3.8米，内轨道中心距2.8米；引航道长84.5米，底宽13.5米；外承船池长47米，宽10米；内承船池长27.5米，宽10米、停船池长60米，宽95米，深2.5米。金属结构及安装工程由发电机组、牵引机组、承船车及轨道、机房组成。牵引机配160千瓦柴油机1台、75千瓦电动机1台，牵引力100吨。工程建成后，每日可通过30吨级船35只。1993年7月18日，成功进行了调试。整个工程共完成混凝土1857立方米、浆砌石2484立方米、垫层砂卵石2457立方米，实用钢材73吨、水泥863吨、木材168立方米，国家投资248.16万元。

（8）分洪转移码头。

黄水套码头 位于荆南长江干堤620＋300处，与黄水套升船机配套使用，是用于分洪区分洪时向外转移人员、牲畜及财产。码头坡长260米，转运场地1250平方米，可停泊大小各类船只。于2008年2月建成。完成土方4174立方米、石方1495立方米、混凝土348立方米，工程投资55.48万元。

窑头埠码头 位于荆南长江干堤658＋200处，坡长325米，修建便道与干堤相接，转运场地2000平方米，为荆江分洪专用码头，建于2006年1月，共完成土方3350立方米、石方5048立方米、混凝土954立方米，投资113.19万元。

杨家厂汽渡码头 位于荆右长江干堤杨家厂集镇处，南距公安县城60千米，北岸接江陵县马家寨乡，始建于1998年汛期。后购置16车位汽渡船泊2艘，成立荆江分洪区汽渡管理所，平时沟通长江南北两岸的交通，分洪时则成为分洪区群众转移和抗洪部队及物资进入荆江分洪区的重要通道。

（二）虎西预备蓄洪区

虎西预备蓄洪区（简称“虎西备蓄区”，又称“小虎西”），位于公安县孟溪大垸内，上起大至岗，下迄黄山头，东濒虎渡河，西以山岗为界，呈狭长地形，南北长28千米，东西平均宽3.3千米，最宽处4.8千米，总面积92.38平方千米。区内大部分为丘陵岗地，地势西高东低，地面一般高程为33.60米。1952年建成，为荆江分洪区配套工程，在荆江分洪区蓄洪水位达到或接近设计水位，并预报蓄洪量可能超过荆江分洪区最大蓄洪量2亿～3亿立方米时，即将荆江分洪工程节制闸（南闸）部分关闭，节制下泄流量不超过3800立方米每秒，同时扒开虎东干堤和备蓄区的虎西干堤，使超额洪水进入备蓄区，以补充荆江分洪区容量的不足，进洪口门设在肖家嘴对岸的虎西干堤，蓄洪面积86平方千米，设计蓄洪水位42.00米，有效蓄洪容量3.8亿立方米。分洪时大部分人口可就近转移安置，建有转移道路长12.7千米及转移桥17座。2011年虎西备蓄区居住有5.4万人，耕地5.4万亩。

1. 主体工程

虎西预备蓄洪区主体工程为虎渡河西堤（虎西干堤）和山岗围堤组成，堤线总长82.12千米，实际筑堤49.1千米。

（1）虎西干堤。虎西干堤位于备蓄区东侧，原为“东南顺河大堤”，始筑于清光绪

(1875—1908年）年间，1935—1946年合堤并垸联为整体。1952年第二期荆江分洪工程中，由松滋、荆门、当阳等县民工培修，完成土方108万立方米。1954年2月，省政府定为干堤。1954年7—8月，南阳湾、戴皮塔、马家峪、顺水堤等处溃决或漫溢，形成缺口22个，全长1196米。1955年春由公安、荆江县堵复，同时加培16.25千米，完成土方60万立方米。堤线北自王家岗起，经顺水堤、章田寺、南阳湾、戴皮塔、沙口市至黄山头，长38.49千米。堤顶高程按虎渡河曾口站1954年最高洪水位42.25米超高2米设计，已达42.01～44.65米，堤面宽5米，内外坡度1：30，大部分堤段内外筑有30米宽的平台，并植有防浪林15万多株。护岸工程8处，长13.62千米。

(2）虎西山岗围堤。虎西山岗围堤为备蓄区西部围堤，堤线沿绵亘起伏的岗地，自螺壳山起，经马鞍山、长山、大门土地、雷家巷、金鸡湾、达仁岗、章田寺、猴子店、龚家铺至大至岗接虎西干堤，全长43.63千米。1952年兴建荆江分洪工程时，由松滋县组织民工，将低于设计蓄洪水位的山间垭口筑堤，共18段，全长10.61千米，完成土方39.89万立方米。堤顶高程一般为43.50米，面宽5米，内外坡1：2.5。1954年8月6日，扒开马家渊、雷家巷、金鸡湾、张德庵和双屏墙等处泄洪，口门565米，1954年8月堵复。1959—1963年，在原堤面上修筑灌溉渠道，将原堤顶高程最高处增至45.00米左右，新堤面宽3～4米，内外坡度1：3。1998年国家投资103万元对堤身再次加高培厚，完成土方10万立方米，现堤顶高程43.60～46.93米，面宽6米，内外坡度1：2.5。

虎西山岗围堤穿行于孟溪大垸之中，将大垸分割为东西两块，自建成以来，多次发挥其防洪作用。1954年大水时启用荆江分洪区和虎西预备分洪区，山岗围堤保护了围堤以西十余万人的生命财产安全，并使备蓄区内数万人得以顺利转移至围堤之上。1980年松东河黄四嘴溃口，山岗围堤成功拦截了洪水，使其未能进入虎西备蓄区，5万余人生命财产得到保护。1998年孟溪严家台溃口，围堤以东安然无恙，围堤以西7万余人转移至备蓄区内，减少了生命财产的损失。

2. 转移安置工程

虎西备蓄区呈狭长地形，东西最宽4.8千米，分洪时大部分人口可就近转移到山岗围堤以西高程42.00米以上的岗地，小部分群众可转移到黄山、虎山、马鞍山和甑箅山。转移安置工程自20世纪60年代开始建设，截至2011年，修筑安全转移道路3条、长12.7千米；修建转移桥22座，总长285米，其中跨虎西排水渠上18座，长233.4米。

(三）涴市扩大分洪区

涴市扩大分洪区，位于荆州区弥市镇和松滋市涴市镇境内，东濒虎渡河，西抵涴里隔堤，北临荆南长江干堤，南至里甲口，与荆江分洪区隔虎渡河相毗邻，于1964年汛前建成。扩大分洪区东西平均宽8.33千米，南北长17.2千米，蓄洪面积96平方千米，有效蓄洪容积2亿立方米。进洪口门选在扩大区北端荆南长江干堤桩号700＋710～710＋700处，设计进洪流量5000立方米每秒，其主要作用是补充荆江分洪区进洪量的不足。当长江干流枝城来量大于7.5万～8万立方米每秒时，扒口分洪，与荆江分洪区联合运用，以扩大分洪效果。区内有荆州区弥市镇大部分及松滋市涴市镇月堤村，人口约6万，耕地面积8.7万亩。

1. 主体工程

涴市扩大分洪区主体工程由涴里隔堤、荆南长江干堤和虎西干堤组成，全长52.67千米。

（1）涴里隔堤。涴里隔堤，北起涴市与荆南长江干堤（桩号712＋300处）相接，南抵里甲口与虎西干堤（桩号23＋150处）相交，位于涴市扩大分洪区西侧。全长17.223千米，其中，荆州区境14.523千米，松滋市境2.7千米。

涴里隔堤于1963年3月由长办设计，荆州地区成立指挥部组织实施。隔堤工程分两期施工：第一期工程于1963年12月1日动工，由江陵、松滋、公安3县动员民工2万多人施工，至1964年4月10日完成；第二期工程修建配套排灌涵闸5座及完成隔堤煞尾工程。两期工程合计完成土方330.19万立方米，石方7.6万立方米，国家投资158.38万元。1986—1994年修建内外平台。堤顶高程按设计蓄洪水位（42.00米）安全超高1.5米设计，已达44.90～46.00米；面宽4米，内外坡1∶3，部分堤段1∶5；0＋000～1＋000堤段内坡护石；背水面堤顶下3米处筑有2米宽平台。1995—2011年修建内外平台，内平台宽22米，内肩高程44.00米；外平台宽33米，外肩高程44.00米，沿堤内外植防护林80余万株。

（2）荆南长江干堤。荆南长江干堤的一段为涴市扩大分洪区北部围堤，东起太平口接虎西干堤，西迄松滋杜家湾，涴市扩大分洪区利用荆南长江干堤长12.26千米，其中荆州区境10.26千米，松滋境2千米。

涴市扩大分洪区围堤利用荆南长江干堤一段，此段堤防随荆南长江干堤防一同加固（详见荆南长江干堤整险加固工程）。1952年修建荆江分洪工程时，太平口段杨家尖退挽4千米堤段，后逐年进行整险加固和加高培厚，截至2011年，涴市扩大分洪区利用荆右长江干堤段共完成培修土方91.58万立方米，石方9.9万立方米。现堤顶高程46.00～47.20米（按沙市水位45米超1米设计），面宽6～10米，内外坡1∶3。内外筑有平台，内平台宽20米，边坡1∶6，内肩高程42.50米；外平台宽30米，边坡1∶3，外肩高程43.00米，护岸2处长度2962米，沿堤内外植有防护林。

（3）虎西干堤。涴市扩大分洪区围堤所利用的虎西干堤，上起太平口与荆南长江干堤桩号700＋000处相接，下至里甲口与涴里隔堤相接，全长25.296千米，其中自桩号0＋000～23＋150段为扩大分洪区东部围堤，长23.15千米。

自分洪工程建成以来，对虎西干堤进行全面的培修加固整险11段，长4.8千米，至1995年，共完成土方339.04万立方米、石方4.36万立方米，完成投资128.75万元。1995—2011年，随同整个虎西干堤一同加固（详见虎西干堤整险加固）。现堤顶高程45.00～46.00米，堤顶面宽6～10米，外坡比1∶3，堤内外筑有平台，内平台宽7～10米，外平台宽30米，内外平台植有防护林。

2. 安全转移设施

涴市扩大分洪区地形开阔，按长办《荆江地区蓄滞洪区安全建设规划》安排，分洪时，50%以上居民转移至东部的弥市镇和集生垸，另一部分则转移到涴里隔堤以西的安全地带。扩大区自建成以来，进行了部分安全设施建设。

（1）转移路。道路交通以沙刘（沙市至松滋刘家场）公路横贯东西为主干，自20世纪70年代初起，先后修建与之配套1～6号转移路。至1995年，建成转移路7条，长46.05千米，投资82.61万元。1995年后除对原有道路进行维护外，又新建和改造了4条路，长29.7千米，投资350.02万元，至2011年，共有转移路11条，长75.75千米，总投资432.81万元。具体见表6-2-11。

表6-2-11　　　　涴市扩大分洪区转移路统计表

序号	道路名称	起止地点	路长/km	路面宽/m	道路结构	完成投资/万元	修建时间	备注
1	沙刘公路	沙市—刘家场	6.5	8	沥青			跨扩大区路长
2	一号路	高兴村—月堤村	5.8	6	砖石	19.00	1992年	
3	二号路	罗家闸—土桥口	7.0	3.5	砖渣	2.7	1990年	抵涴里隔堤
4	三号路	杨树街—生产一组	6.2	7	砖渣	4.56	1983年	抵涴里隔堤
	三号西路	五四村—苏家铺	3.37	3.5	碎石	16.85	1991年	抵涴里隔堤
	三号东路	张家垱—丰收村	3.28	3.5	碎石	16.0	1993年	抵虎西干堤
5	四号路	五灵观—顺林沟	3.4	3.5	碎石	13.50	1994年	抵涴里隔堤
6	五号路	杨林—马浩	3	7	砖渣	5	1985年	抵涴市隔堤
7	六号路	黄金堂—竹林子闸	7.5	7	砖渣	5	1968年	抵长江干堤
8	月堤路	月堤村—卷桥	1.1	5	碎石	5	1995年	抵长江干堤
9	弥里路	弥市—里甲口	13.08	6	沥青 混凝土	130.00	1999年9月	
10	弥尹路	弥市—棉站	7.02	5	混凝土	70	1999年9月	
11	东一支路	张家湾—太平村	8.5	6	混凝土	145.2	2001年7月	
合计			75.75			432.81		

（2）转移桥。据长办规划，涴市扩大分洪区需兴建桥梁28座。自1976年开始陆续修建桥梁。1995年后，对已建部分桥梁进行了维修和拓建，至2011年，扩大区已修转移桥18座。具体见表6-2-12。

表6-2-12　　　　涴市扩建区转移桥梁统计表

桥名	所在单位		所在道路	跨越沟渠	结构	形式	孔数/个	跨径/m	面宽/m	长度/m
	镇	村								
新民桥	弥市	新民	一号路	新华集	钢筋混凝土	双曲拱	1	10	6	14
五四桥	弥市	谢家岗	三号西支路	丰收渠	砖石	拱	1	3	5	7
谢家岗桥	弥市	谢家岗	三号西支路	余家泓	钢筋混凝土	双曲拱	1	10	6	18
1600米桥	弥市	苏家	三号西支路	1600米渠	钢筋混凝土	双曲拱	1	8	6	12
800米桥	弥市	苏家	三号西支路	800米渠	钢筋混凝土	双曲拱	1	8	6	12
隔东桥	弥市	苏家	三号西支路	隔东桥	钢筋混凝土	双曲拱	1	8	6	12
丰收桥	弥市	普化观	三号路	中横渠	钢筋混凝土	双曲拱	1	8	4	17
顺林沟桥	弥市	五灵观	四号路	顺林沟	钢筋混凝土	双曲拱	1	8	6	12

续表

桥名	所在单位		所在道路	跨越沟渠	结构	形式	孔数/个	跨径/m	面宽/m	长度/m
	镇	村								
观台桥	弥市	观台	二号路	余家泓	钢筋混凝土	双曲拱	1	8	3	34
土桥口桥	弥市	土桥	二号路		钢筋混凝土	双曲拱	1	12	3.5	20
普兴桥	弥市	普兴	二号路		砖石	拱	1	5	3.5	8
五一桥	弥市	五一	二号路		砖石	拱	1	5	3.5	8
夹堤桥	弥市	夹堤	二号路		砖石	拱	1	5	3.5	8
罗家场桥	弥市	棉纺厂	二号路		砖石	拱	1	5	3.5	8
生产桥	弥市	麻林	三号路东支		钢筋混凝土	双典拱	1	6	3.5	10
三益桥	弥市	五一	三号路东支		砖石	拱	1	5	3.5	8
里甲口桥	弥市	里甲口		电排渠	钢筋混凝土	简支梁	4	10	7	54
张沟桥	弥市			电排渠	钢筋混凝土	简支梁	1	10	7	10

（四）人民大垸分蓄洪区

人民大垸分蓄洪工程为荆江分洪工程的组成部分，位于荆江大堤下段外垸，上搭垴起于唐剅子，下搭垴抵杨家湾，由上人民大垸和下人民大垸组成，总面积341平方千米。上、下人民大垸面积分别为216、125平方千米。围堤一部分为荆江大堤蛟子渊至杨家湾堤段，长58.53千米；另一部分为垸堤，自蛟子渊经新厂镇、古长堤、冯家潭、流港至杨家湾，长69.3千米。上人民大垸设计蓄洪水位40.50米，下人民大垸为38.50米，总有效蓄洪容量为20.8亿立方米，区内耕地27.6万亩。分洪口设在上人民大垸堤新厂镇下首，计划扒口宽度为2420米，最大进洪流量为20000立方米每秒。按照荆江分洪运用程序，当荆江分洪区、涴市扩大分洪区和虎西预备蓄洪区运用后，已达到设计蓄洪水位时，还有大量超额洪水需要处理，便在公安长江干堤无量庵扒口泄洪；若干流泄洪不及，则扒开人民大垸分泄超额洪水。泄洪口在下人民大垸中洲，设计口门宽2000米。

1. 主体工程

人民大垸分蓄洪区围堤由荆江大堤的一部分和人民大垸围堤组成，全长127.83千米。

（1）荆江大堤。人民大垸分蓄洪区所利用的荆江大堤上起新厂镇唐剅子（桩号697＋530），下至杨家湾（桩号639＋000），利用荆江大堤段长58.53千米。

（2）人民大垸围堤。

上人民大垸围堤 1952年荆江分洪移民委员会为安置荆江分洪区移民，决定围挽人民大垸（上人民大垸），堤顶高程按1949年最高洪水位超高0.5米设计，面宽4米，内外坡比分别为1∶3和1∶2.5。1952年由监利、江陵、石首3县组织5.6万名民工施工，新筑篼子口至一弓堤堤防，堵塞蛟子河，将永护、顾兴、枚王、张惠南、鲁公、东固、天成南、张复北等16个小民垸联成一体，围堤长43.60千米，其中，新筑堤防22.49千米，堵塞蛟子河口长1.56千米，加修民垸堤18.55千米。同年，疏浚垸内渠道12条，长29.6千米。共完成土方140.5万立方米，实用人工101.2万个，围垦农田16.05万亩，安置移民6万人。将围垸命名为人民大垸。

上人民大垸建成后，1954 年 7 月 29 日 20 时，围堤鲁家台处渗漏严重，曾筑多处围井抢护，终因管涌险情恶化而溃决，口门宽 1200 米，受灾耕地面积 20.10 万亩，人口 8.06 万人。

1954 年汛后，经不断培修，堤顶高程按当地 1954 年最高水位超高 1 米加培，至 2011 年堤顶高程达 42.8 米，堤面宽 5 米，内外坡比 1∶3，护岸工程 5 处，长 7.37 千米。内外平台植有防护林。

下人民大垸围堤　1955 年 4 月，长委为解决上、下荆江泄量不平衡的矛盾，在《荆江地区防洪排渍方案》中提出第二人民大垸（下人民大垸）方案，扩大下荆江泄量，以适应分洪区泄洪的需要。1957 年 10 月 17 日，省水利厅批准《荆州专区人民大垸围垦设计任务书》。工程计划包括新建从陈家倒口起，经流港子、中洲子至杨家湾堤防一道，新辟和疏挖渠道 4 条，修建涵闸 2 座。工程于 1957 年 12 月 18 日动工，次年 5 月竣工。建成下人民大垸支堤一道，长 26.7 千米，面宽 4 米，垂高 3.3 米（平 1954 年洪水位），内外坡比 1∶3，完成土方 145.7 万立方米，共用人工 102 万个。新开渠道 2 条，长 6.5 千米，其中，流港子至杨波坦渠道长 2.5 千米，深 6 米，底宽 15 米，坡比 1∶1.5；江口至西湖渠道长 4 千米，深 4 米，底宽 6 米，坡比 1∶1.5；疏浚渠道 2 条，长 18 千米；修建流港子和杨沟子涵闸 2 座，完成土方 87 万立方米，用工 40 万个。全部工程投资 186.2 万元。

1969—1971 年，对下人民大垸进行加固，考虑下人民大垸建有国营农场，加固标准为堤顶高程按 1954 年洪水位超 1.5 米设计，面宽 6 米，完成加固土方 134.8 万立方米。1985 年荆江大堤加固计划批准后，下人民大垸围堤堤顶高程按比荆江大堤低 1 米的高程予以加固。加固工程分两期进行：第一期工程自 1987 开始至 1989 年止，采用机械施工，加固长度 19.5 千米，完成土方 88.5 万立方米；第二期工程尚未实施。2011 年围堤顶平均高程为 40.40 米，面宽 6 米，内外边坡 1∶3。堤内外有平台。内平台宽度 10～14 米，高程 33.00～34.50 米，边坡 1∶2。护岸工程 1 处，长 3 千米。堤内植有防护林及经济林。

2. 安全转移设施

人民大垸分蓄洪区自建成以来，未进行大规模安全转移工程建设。全区现有道路 25 条，长 240 千米；桥梁 42 座。可供分洪转移的道路 4 条，长 50.9 千米，桥梁 19 座，总长 328.5 米。

五、运用效益

兴建荆江分洪工程的目的在于分泄荆江超额洪水，确保荆江大堤安全，并减轻洞庭湖区防洪负担。1952 年建成后，历经 1954 年分洪和 1998 年准备分洪大转移，虽然分洪、转移造成人员财产损失，但确保了荆江大堤安全，取得了荆江防洪全局的胜利。

1954 年夏，长江发生流域型特大洪水，7 月中旬，当沙市水位达到 43.00 米以上时，荆江大堤发生险情 2000 余处。为确保荆江大堤安全，经报请中央人民政府批准，先后 3 次运用荆江分洪工程，分泄荆江洪水总量达 122.6 亿立方米，降低荆江沙市水位 0.96 米，确保了荆江大堤和武汉市安全。同时，减少荆江四口泄入洞庭湖总水量 54.22 亿立方米，减轻了洞庭湖区水灾，发挥了江湖两利的显著效益。

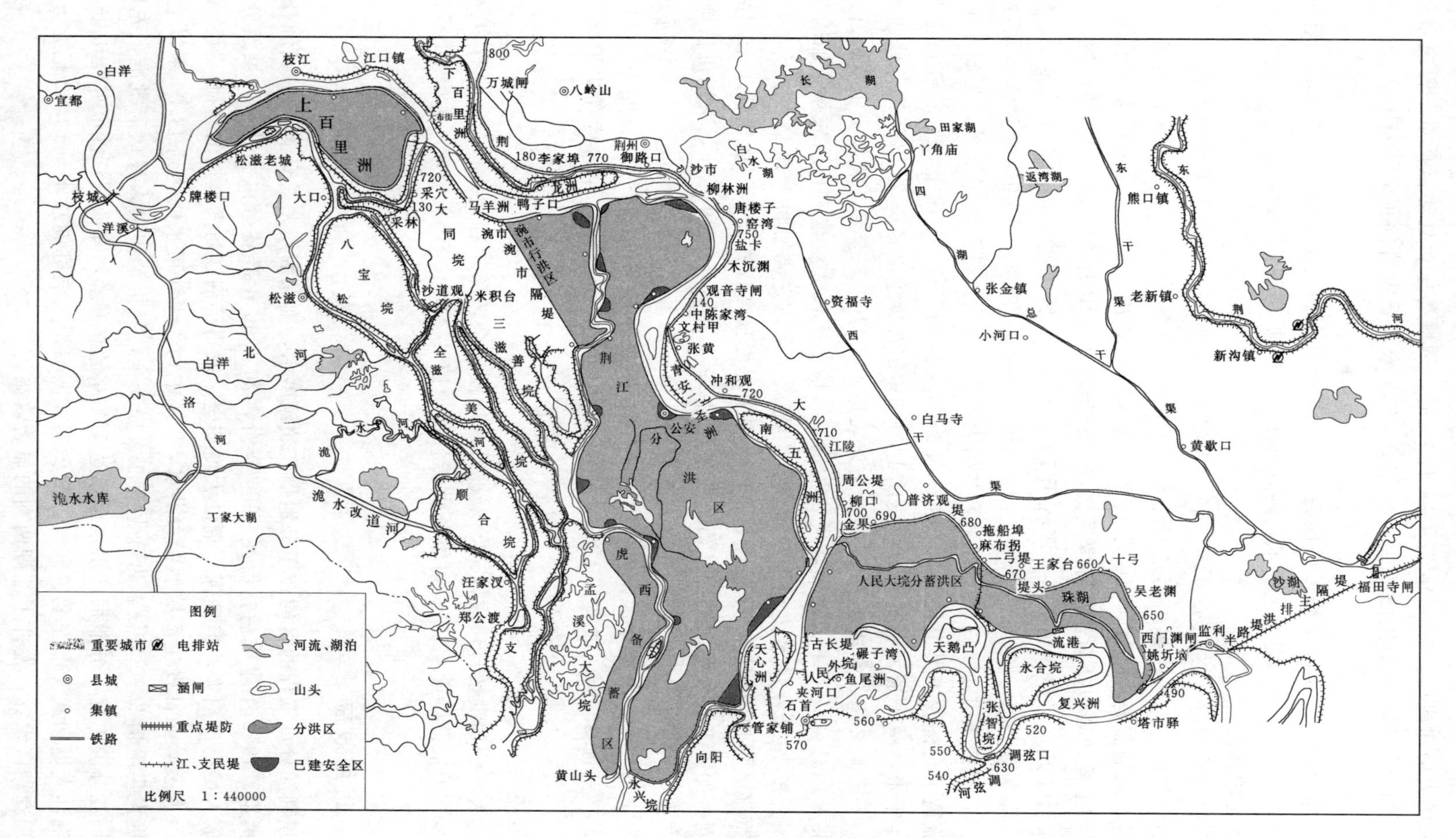

图 6-2-2 荆江地区蓄滞洪区位置示意图

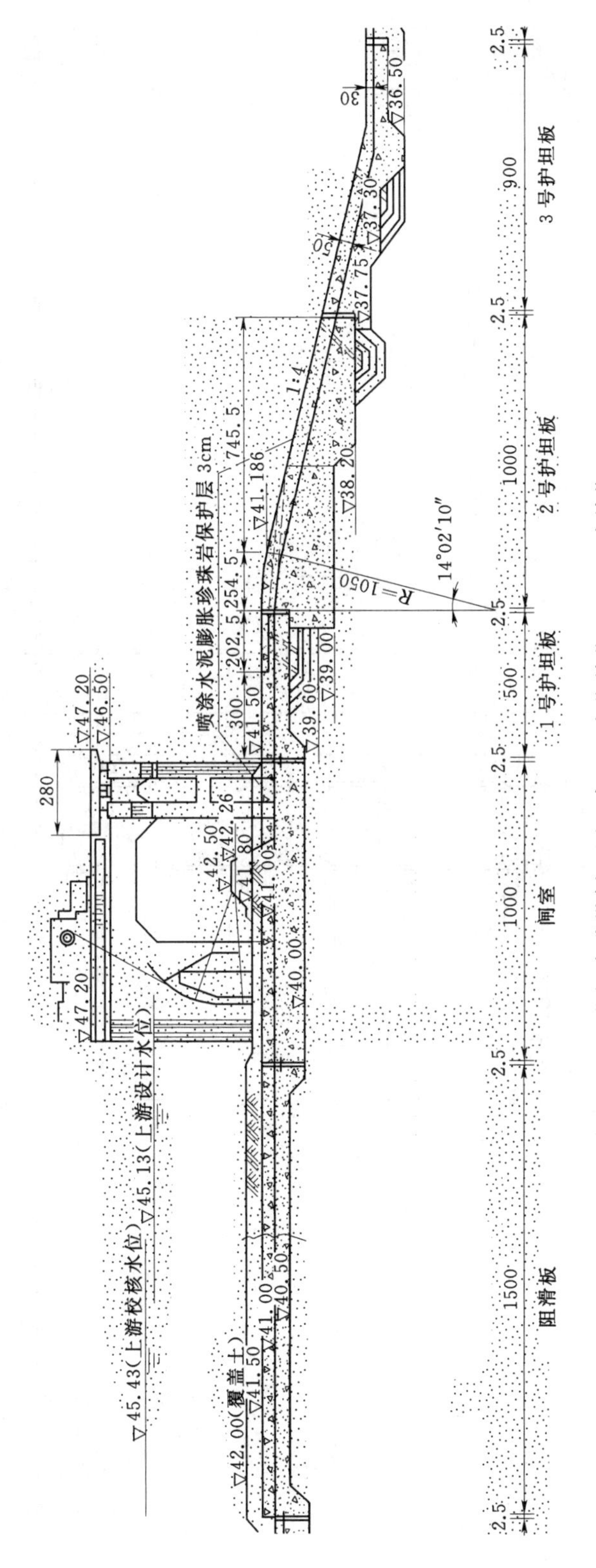

图6-2-3　北闸中孔纵剖面图（高程、水位单位：m；尺寸单位：cm）

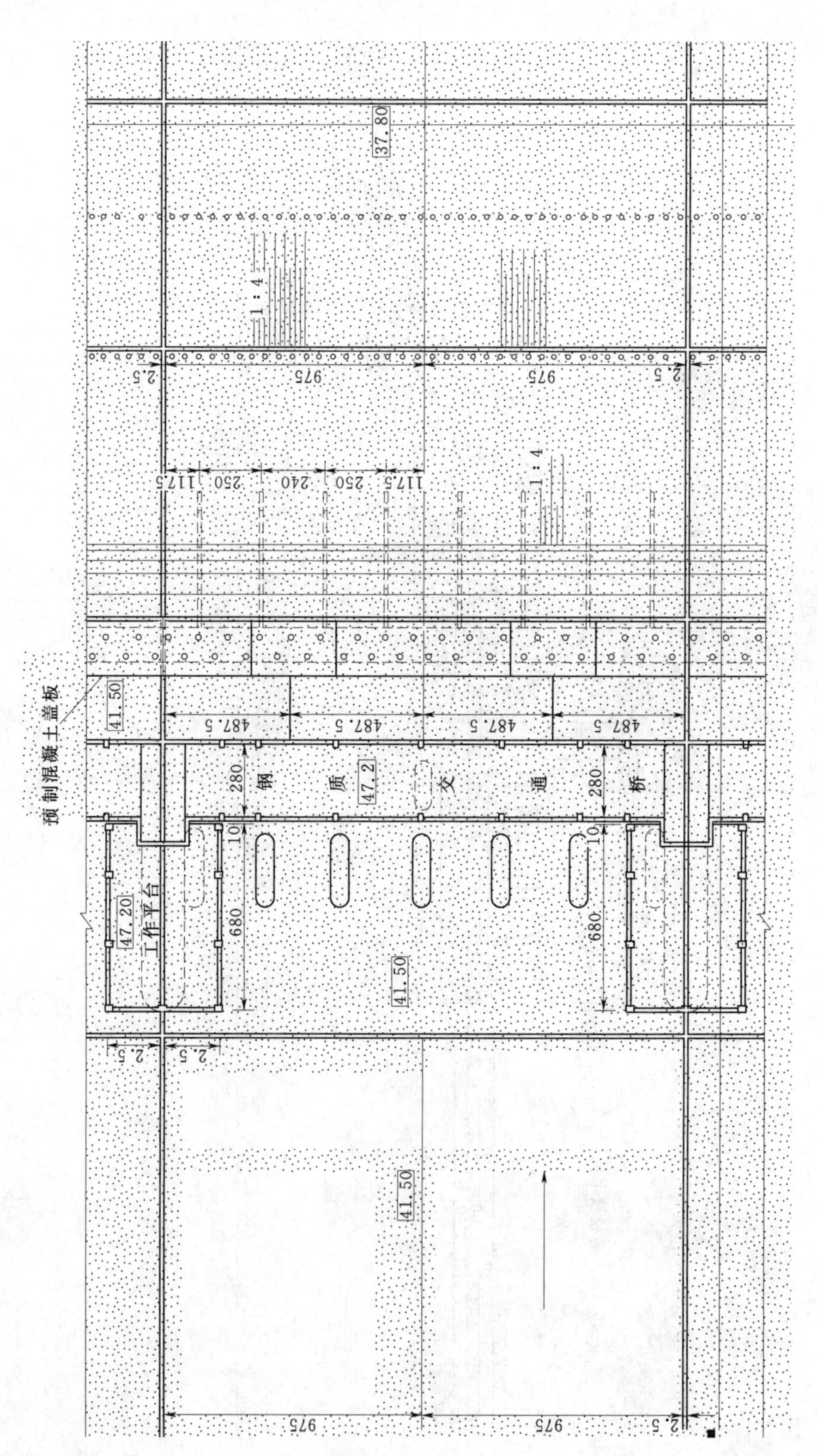

图6－2－4　北闸中孔平面布置图（尺寸单位：cm；高程单位：m）

1998年入汛后，长江流域发生自1954年以来最为严重的大洪水，荆州境内上起车阳河，下至新滩口全线483千米长江干流和荆南四河支流，出现最高水位全线超1954年的大洪水，干流沙市站超警戒水位54天。在沙市水位急剧上升，将超过45.00米分洪争取水位情况下，为确保荆江大堤安全，省防汛抗旱指挥部按照《中华人民共和国防洪法》及《长江防御特大洪水方案》的规定，8月6日20时下达准备运用荆江分洪区分洪的命令，要求即刻转移分洪区内老、弱、病、残、幼及低洼地区群众至安全地带。8月7日，中共中央政治局召开常委扩大会议，听取国家防总汇报，随后，中共中央发出《关于长江抗洪抢险工作的决定》，要求坚决严防死守，确保长江大堤安全，切实做好荆江分洪区分洪准备，有备无患。8月16日，沙市水位涨至44.97米，直逼45.00米分洪争取水位，省防汛指挥部发出《关于紧急转移荆江分洪区人员的命令》和《关于爆破荆江分洪区进洪闸拦淤堤的命令》，要求做好分洪前的一切准备工作。分洪区内33万群众已按要求在24小时内按转移方案安全转移。16日16时，国家防总要求长委在一个小时内，就沙市洪峰的可能最大值及出现时间，沙市超保证水位和分洪水位持续时间及超额洪量，预见期内降水对沙市最高水位的影响，清江隔河岩水库出流对沙市水位的影响，运用荆江分洪工程可能降低荆江各站水位值，综合考虑荆江分洪工程、汉江杜家台分洪工程不分洪运用情况下对汉口站水位的影响等与荆江防洪密切相关的6个问题作出回答。长委接到任务后，经过紧张分析计算，在规定时间内先后以口头和文字形式上报国家防总，由国家防总组织专家审查，然后上报中央。长委分析结论为：第六次洪峰是因区域降雨所产生，洪峰过程比较尖瘦，沙市水位不会超过45.30米；超过45.00米的时间仅22个小时；超额洪量约2亿立方米；如果分洪，沙市至螺山各站降低最高水位约0.06～0.23米；预见期内的降雨不会进一步加大洪峰。

16日22时，温家宝副总理飞抵荆江坐镇指挥，代表国家防总向长江流域抗洪军民下达命令，要求所有参加抗洪的部队指战员和武警官兵、干部、民工全部上堤，坚持严防死守，咬紧牙关，坚决挺过去，并决定不运用荆江分洪工程。经科学的预测水、雨、工情，以及全体抗洪军民的顽强拼搏，终于取得1998年抗洪斗争胜利，免除了分洪区运用的损失。荆江地区蓄滞洪区位置示意图见图6-2-2；北闸中孔纵剖面图见图6-2-3；北闸中孔平面布置图见图6-2-4。

第二节 洪湖分蓄洪区工程

洪湖分蓄洪区位于长江中游下荆江河段北岸，地跨监利、洪湖两县市境内，南临洞庭湖出口、下游紧邻武汉市，为长江防洪体系中的重要组成部分，对保障江汉平原和武汉市防洪安全发挥着极为重要的作用。

洪湖分蓄洪区围堤由监利、洪湖长江干堤（亦称荆北长江干堤），东荆河堤（洪湖市境）和分洪区主隔堤围成，总长334.51千米。分洪区面积2797.4平方千米（2000年省水利水电设计院最新实测面积，下同），区内设有25个乡镇（办事处）、3个管理区（原为国营农场），其中，洪湖市境内有11个乡镇、2个城区办事处、3个管理区，监利县境内有12个乡镇。据2011年统计，区内耕地面积148.13万亩，水产养殖面积117.66万亩，人口115.23万人，工农业总产值199.49亿元，固定资产521.545亿元（其中公有资产166.9281亿元，私有资产354.6199亿元）。

一、兴建缘由

城陵矶河段洪水来源于荆江和洞庭湖流域湘、资、沅、澧四水。河道安全泄量约6万立方米每秒（螺山站），而1931年、1935年、1954年大水年的合成流量均达10万立方米每秒，其中1954年超额洪水即达450亿立方米。因此，城陵矶河段的洪水对两湖平原及武汉市构成了十分严重的威胁。1955年，长委在编制《长江中下游防洪排渍规划》时，即着手研究处理超额洪水问题。根据演算，如1954年洪水重现，控制沙市水位45.00米、城陵矶水位34.40米、汉口水位29.73米，则必须在城陵矶附近区域内再分蓄洪水320亿立方米。经中央统筹安排，最后选在四湖地区下区，与洞庭湖蓄洪区分别承担1954年同样大洪水的超额洪水，各分蓄160亿立方米。湖北省建设洪湖分蓄洪区，湖南省在城陵矶附近地区修建蓄洪区，以解决城陵矶以下超额洪水问题。

关于修建洪湖分蓄洪区的方案，早在20世纪50年代即着手开始研究。1952年中央人民政府政务院关于荆江分洪工程的规定中第五条指出：关于长江北岸的蓄洪问题，立即组织勘察测量工作，并与其他原定计划加以比较研究后再确定。此次明确规定不仅在荆江南岸开辟分蓄洪区，也要在荆江北岸开辟分蓄洪区。

1954年8月8日在监利县长江干堤上车湾扒口分洪，大量洪水进入荆北地区，分洪口门最大流量9160立方米每秒，分洪总量达291亿立方米，不仅缓解了荆江洪水对荆江大堤的威胁，也降低了城陵矶附近的水位，减轻洞庭湖下泄洪水对武汉市的压力。因为有了1954年防洪斗争的经验教训，1955年提出了《荆江区防洪排渍方案》。修建洪湖分蓄洪区的主要目的是：遇到长江1954年大的洪水时，保证荆江大堤、武汉市的安全，同时与洞庭湖蓄洪区相互补充。此方案经反复讨论修改，终于1972年提出《洪湖蓄（分）洪工程规划方案》，并予以实施。

1985年，按国务院批转的《长江防御特大洪水方案》，如遭遇1954年同样严重洪水，城陵矶河段控制水位34.40米，要求洪湖分蓄洪区与洞庭湖分蓄洪区共同承担城陵矶地区超额洪水320亿立方米，其中洪湖分蓄洪160亿立方米；或者当荆江上游出现超过1954年的更大洪水时，要求洪湖分蓄洪区承担荆江分蓄洪区蓄洪后所不能容纳的超额洪水。洪水由荆江分蓄洪区无量庵吐入长江，经人民大垸转泄洪湖蓄洪区，形成荆江分蓄洪区、人民大垸与洪湖分蓄洪区联合运用的分蓄洪工程系统，从而控制沙市、城陵矶和武汉市的洪水位不超过设计防御水位，确保荆江大堤和武汉市防洪安全。

此后，根据国务院1990年批复的《长江流域综合利用规划简要报告》，洪湖分蓄洪区安排分洪区后续配套工程，洞庭湖区安排钱粮湖、共双茶等24个蓄洪垸的建设。

1998年大水后，针对出现的新情况，国务院决定在城陵矶附近地区先行建设蓄滞100亿立方米的蓄洪区。可根据不同的洪水量，实行分块运用，尽量减少分洪损失。依据湖南、湖北对等原则，洞庭湖分蓄洪区选取钱粮湖、共双茶、大通湖东3垸为蓄滞洪区先行建设，总面积936.29平方千米，蓄洪容积51.91亿立方米。洪湖分蓄洪区划分出东分块先行建设，蓄洪面积883.62平方千米，有效蓄洪容积61.86亿立方米。

洪湖分蓄洪区和洞庭湖分蓄洪工程建成后，将有效缓解城陵矶附近地区防洪压力。

二、工程规划

（一）一期工程规划设计

1．规划略述

洪湖分蓄洪工程是继荆江分洪工程实施后，提出的又一个重大防洪规划。1952 年 3 月 31 日，中央人民政府政务院在作出《关于荆江分洪工程的规定》的同时，指出："关于长江北岸的蓄洪问题，应即组织查勘测量工作，并与其他治本计划加以比较研究后再行确定"。

1953 年 9 月，水利部根据政务院的指示精神，提出利用长江北岸洼地蓄洪方案，洞庭湖控制蓄洪方案和荆江北岸与洞庭湖排水方案。由长委、湖北省水利局先后派员进行了综合性的查勘工作，在收集了大量水文地形资料的基础上，拟定了兴建洪湖蓄调区的初步意见。

1953 年 10 月，"长江、汉江流域轮廓规划委员会"成立，其内设置了"荆北平原规划组"。经两年多的调查研究，于 1955 年 10 月完成《荆北区防洪排渍方案》，正式提出洪湖分蓄洪工程规划方案。拟定以洪湖、大同湖、大沙湖范围为基础，新滩口长江自然倒灌区域作为蓄洪区范围，与其他蓄洪工程联合运用，控制武汉水位不超过 29.73 米。蓄洪区面积 1840 平方千米，新滩口蓄洪水位为 30.00 米，有效蓄量 57 亿立方米；蓄洪水位提高至 31.35 米（相应汉口水位 29.73 米），有效容量为 81 亿立方米，围堤长 375.6 千米。同时，考虑当长江中游遭遇超过 1954 年洪水，为减轻洪水淹没损失，选定在监利城区以下，长江干堤半路堤至东荆河新沟嘴修建隔堤，将隔堤以东至蓄洪区围堤之间，划定为备蓄区。为了在不同洪水情况下，尽可能减少损失，便于群众转移，规划以计划的总排水干渠为界，南北筑堤，与蓄洪区围堤相接，形成两个备蓄区，总面积 1722 平方千米，蓄洪水位为 30.00 米和 31.35 米，有效蓄洪容量分别为 55 亿和 79 亿立方米。

1958 年 5 月，下人民大垸建成。上、下人民大垸的建成，为洪湖与荆江分洪区联合运用创造了条件。1958 年长办在《长江流域综合利用规划要点报告》中提出，修建八尺弓至福田寺隔堤，形成分洪道，导引洪水经分洪道进入 1955 年规划的洪湖蓄洪区。

方案计划修建自荆江大堤八尺弓至鸡鸣铺接备蓄区北段隔堤的北堤，与修建由吴老渊至火把堤与备蓄区南段隔堤相接的南堤，形成分洪道；修建备蓄区隔堤与蓄洪区围堤，培修加固人民大垸堤，退建监利青泥洲江堤（杨家湾至窑圻脑堤段）；选定吴老渊为洪道进洪口，进洪流量 20000 立方米每秒。1958 年 5 月，国务院总理周恩来主持湖南、湖北、江西 3 省水利工程安排会议，水电部、长办主要负责人在会上讨论过此方案。

1963 年，长办在 1958 年提出的荆江防洪方案基础上，进一步研究制订《荆江地区防洪规划补充研究报告》。报告仍维持 1958 年下荆江洪湖洪道方案，经中南局计委与水电部两次组织长办及湖南、湖北两省有关部门讨论，认为洪湖洪道方案有些重要技术问题仍需进一步研究、补充。

1964 年，长办根据水电部审查《荆江地区防洪规划补充研究报告》意见，进一步分析论证和补充以前各种方案，提出《荆江地区防洪补充规划》。计划自荆江大堤八尺弓至东荆河新沟嘴修筑隔堤，隔堤以东为蓄洪区，面积3920平方千米，以蓄洪水位32.00米计，有效蓄洪量196亿立方米。为减少淹设损失，采取分片蓄洪，在蓄洪区内修建南北隔堤，将蓄洪区划分成3片，其中，洪道与蓄洪区面积2460平方千米，有效蓄洪量126亿立方米，两个备蓄区合计面积1460平方千米，有效蓄量70亿立方米。规划选定在吴老渊扒口进洪或在螺山分洪。

1969年1月，经国务院批准，水电部邀请湖南、湖北、江西、安徽、江苏5省及国务院有关部门和长办的领导、专家在京召开长江中下游防洪工作会议。会议着重讨论长江防洪工作，对荆江地区、城陵矶附近区为战胜可能发生的1954年同样严重洪水作出安排。对城陵矶附近超额洪水的处理意见是："城陵矶附近区，城陵矶控制水位由33.95米逐步提高到34.40米，在洞庭湖的大通湖蓄洪160亿立方米，在洪湖及西凉湖需要蓄洪174亿立方米。考虑到洪湖蓄洪区的安全措施较困难，对运用西凉湖沟通梁子湖和洪湖东部大沙、大同湖地区方案，应积极勘探落实，报中央审批实施。按此方案蓄洪220亿立方米，与洪湖地区淹没基本相等，但可大大减少洪湖渍灾，西凉湖一般年景可增垦土地127.50万亩，武汉附近可相应减少淹没损失约81万亩，对确保武汉市非常有利。"

据此，1969年11月，湖北省革委会生产指挥组向中央报送《长江中下游城陵矶至汉口河段利用西凉、梁子、大同、大沙湖蓄洪垦殖工程请示报告》，提出以洪湖蓄洪区东部的大同湖、大沙湖与江南西凉湖、梁子湖共同蓄洪方案，来代替洪湖洪道方案。报告指出，西凉、梁子湖等蓄洪区靠近武汉，分洪路线直撇向武汉下游，对确保武汉非常有利，相应可减少武汉附近地区分洪量，减少淹没耕地约81万亩。洪湖平原区蓄洪后，水位高、防御堤线长，洪水分蓄于武汉上游，始终对武汉构成威胁。报告划定蓄洪区范围的有效蓄洪容量191.2亿立方米，耕地171万亩，人口81万。方案规划修建4道隔堤，开挖西凉湖至梁子湖分水岭洪道10千米，修建马鞍山节制闸、西梁湖进洪闸、两座电力排灌站，以及铁路改线和垫高部分路基等。全部工程需土方6700万立方米、石方173万立方米，其中，洪道石方153万立方米，混凝土34.7万立方米。

1971年11月，水电部在京召开长江中下游规划座谈会，再次研究长江近期防洪问题。会议认为："1969年长江中下游5省防洪工作会议时，研究过沟通西凉湖、梁子湖以代替洪湖区蓄洪的方案。按这一方案，淹没面积较小，分洪时安全转移较方便，但不能代替洪湖、荆江分洪区、人民大垸联合运用，解决荆江防洪问题，工程规模较大，牵涉面较广。当遇到比1954年更大的洪水时，仍需使用洪湖分洪"，对此方案需进一步研究，再考虑是否兴建。同时指出洪湖一旦分洪，淹没面积达499.95万亩，超过实际需要，为减少不必要的淹没损失，应根据实际需要面积修建隔堤。对于隔堤线路，建议采取八尺弓经福田寺至中革岭方案，土方约2000万立方米。会后，湖北省水电局根据座谈会要求，着手落实洪湖分洪160亿立方米方案。1972年3—6月，湖北省水电局会同长办、荆州地区水电局和监利、洪湖两县水电局组成洪湖地区分蓄洪工程规划组，进行现场查勘和规划，先后提出6个比较方案，经反复论证比较，最后拟定八尺弓隔堤和半路堤隔堤比较方案，以防洪为主，兼及排渍，并推荐半路堤方案报送水电部。

洪线堤方案 在新滩口未筑坝建闸以前，长江洪水倒灌入洪湖，洪湖沿岸民众皆择高爽之地筑堤御洪，渐次发展连线成堤，故名洪线堤。此方案为加高加固洪线堤作为洪湖隔堤，即自螺山沿长江干堤内洪线堤至虾子沟，又自螺山北沿洪线堤至福田寺，接总干渠南堤至南套沟，隔堤以内为蓄洪区，面积约1000平方千米，有效蓄洪量近100亿立方米。此方案蓄洪量不能满足规划要求，加之远离荆江，不能与荆江分洪区、人民大垸蓄洪区联合运用。

螺山穿湖方案 自螺山沿洪湖西缘至子贝渊，再经沙口、峰口东南，于花鼓桥接东荆河堤修建分洪区主隔堤，隔堤东南为蓄洪区，蓄洪面积1910平方千米，有效容积120亿立方米。但仍不能满足蓄洪160亿立方米的规划要求，也不能与荆江分洪区、人民大垸蓄洪区联合运用。

五洲联垸方案 自大马洲、集成垸沿江筑堤，使之与监利三洲联垸合并，合称为五洲联垸。又将监利王家巷至尺八口一段长江干堤退建，使联垸宽度不小于5千米；再自长江干堤三支角经柘木至幺河口建隔堤与螺山穿湖方案中的隔堤相接，隔堤与江堤之间为洪道。为了与人民大垸蓄洪区联合运用，还须将监利长江干堤吴老渊至西门渊堤段退建，以利监利河段泄洪。此方案有效容积130亿立方米，经计算，五洲联垸最大进洪能为为10000立方米每秒，而人民大垸的吐洪能力为8000立方米每秒。

三洲联垸方案 利用监利三洲联垸，于垸中自北而南修建一道隔堤，隔堤与长江干堤之间保持2000米的宽度，作为下荆江破堤行洪之用。隔堤与长江干堤之间宽度因不足5000米，故需退建陶市至尺八口长江干堤，联垸分洪道与三支角洪道相接，进入洪湖蓄洪区，其他布置与五洲联垸方案相同。

半路堤方案（又称上车湾方案） 防洪主隔堤自半路堤经福田寺至花鼓桥。进洪口选定于监利长江干堤上车湾，以半路堤隔堤东部，上车湾至螺山南隔堤以北，作为洪湖蓄洪区，面积2370平方千米；蓄洪水位32.50米时，有效蓄洪容量161.9亿立方米，蓄洪水位32.00米时，有效蓄洪容量148亿立方米。区内耕地109.35万亩，人口53万（1972年统计数据）。规划修建隔堤67.2千米、备蓄区隔堤44.1千米，培修长江干堤128千米、东荆河堤55.4千米，以及部分堤段护坡工程；荆江大堤监利段退建（杨家湾附近）；洪湖县城和5个区镇的安全区围堤长503千米，耗用全部土方9784万立方米，并在螺山修建分洪闸（设计进洪流量12000立方米每秒）及改建新滩口排水闸，同时修建电排工程和移民道路等。

八尺弓方案 防洪主隔堤自八尺弓经福田寺至花鼓桥。较半路堤方案增长13.5千米，蓄洪范围扩大约156平方千米。主隔堤以东、南隔堤以北为蓄洪区，面积2526平方千米，蓄洪水位32.50米和32.00米时，有效蓄洪容量分别为168亿立方米、156亿立方米。区内耕地120万亩，人口59万（1972年统计数据）。进洪地点选定于荆江大堤八尺弓，其余与半路堤方案同。该方案基本特点是：分泄洪进入人民大垸与洪湖区联合运用时，只扒开吴老渊由分洪洪道直接分洪入洪湖蓄洪区，措施简易可靠，蓄洪能力有所增大，但淹没损失亦相应增大。

1972年，水电部专家现场查勘后认为，半路堤位于八尺弓下游30余千米，在联合运用时，需扒开8道荆江洲滩民垸堤防，洪水多次漫越洲滩高地，影响扒口处水位的降低；在上车湾河段裁弯后，河势发展不利于行洪。因此，1973年2月1日水电部以〔73〕水电计字第33号文批复："同意兴建洪湖分蓄洪区工程，第一期工程包括兴建主隔堤，长江干堤、东荆河堤加固，兴建安全区围堤以及主隔堤上的附属建筑物工程”，“关于主隔堤堤线问题，……从荆江整体防供考虑，八尺弓方案可以使洪湖分洪区与荆江分洪区、人民大垸联合运用，对荆江防洪有利，仍应采用八尺弓到福田寺堤线，监利县城修建安全区围堤”。当高潭口至福田寺隔堤基本建成后，湖北省水电局再次上报半路堤方案。1975 年 11 月 17 日，水电部又以〔75〕水电计字第 267 号文，对湖北省水电局关于洪湖主隔堤工程的再次请示报告予以批复：“经研究，为了迅速落实 1954 年同样严重洪水的蓄洪任务，同意先按半路堤至福田寺线路建成洪湖主隔堤，保证明年汛期能发挥防洪作用。八尺弓到福田寺方案，保留在今后荆江防洪规划中进一步研究。”

2. 实施方案

（1）主隔堤。主隔堤是洪湖分蓄洪工程的主体工程，其作用是将蓄洪区与保护区隔开，分洪时抵御洪水北进，是荆北平原的重要防洪屏障。因一期工程规划时，还包含修建南隔堤、分隔堤，为便于区分，故名主隔堤。

主隔堤堤线走向的确定，首先是根据荆北地区整体防洪排灌规划要求，沿主隔堤北面堤脚 150 米以外，平行开挖一条新排灌渠连通长江和东荆河，因此，堤线选择除满足防洪要求外，还必须考虑挖河成堤、渠堤结合的地形条件，满足筑堤的土源，做到渠堤挖填土方基本平衡，尽量减轻劳力负担和国家投资。

其次，应选择地面较高、基础较好的地段，避免或少跨越湖沼地带，减少堤身高度，增强堤身稳定性，确保被保护区的防洪安全。

再者尽可能改善原有排涝系统和提高排灌能力，减少土地挖压面积，发展当地农业生产。

据此，在初步规划时，堤线拟定为自监利长江干堤半路堤（桩号 624＋500）起，沿东北方向，通过沙湖、白艳湖之间高地，在福田寺跨四湖总干渠，沿老湖闸渍水堤以北、内荆河以南地面高程 25.00 米以上较高地面前行，再经沙口、峰口至花鼓桥接东荆河堤。在工程实施时，洪湖县从利用原有洪湖围堤的考虑，要求沿洪湖边缘筑堤。但沿洪湖筑堤要穿过较长沼泽地段，基础不良，土源缺乏，施工极其困难，分洪时不易防守。为了确保工程建设顺利进行，工程指挥部召集洪湖、监利两县负责人和工程技术人员实地勘察磋商，最后采取折中方案，确定为沿内荆河北岸筑堤，因此选择了沙口经下新河、黄丝南抵高潭口接东荆河堤的堤线。

主隔堤按 1 级堤防设计。全长 64.82 千米，堤面宽 8 米，内外边坡 1：3，堤顶高程按蓄洪水位 32.50 米，7 级风吹程 30 千米，风浪爬高 1.7 米，再加 0.5 米安全超高，拟定堤顶高程为 34.70 米。主隔堤沿线穿湖跨沼，地势低洼，堤身垂直高度达到 8～10 米，规划堤脚两侧修筑禁脚平台，其中内平台宽度 50 米，外平台宽度洪湖县境为 50 米，监利县境为 30 米，平台高度按超地面高程 0.5 米设计，其高程为 25.50～26.50 米，禁脚平台至排涝河之间留用土地宽为 100 米，以用于稳定堤身和分洪抢险时提供备用土源。

（2）排涝河。排涝河是平行于主隔堤开挖的一条大型渠道，其作用是拦截主隔堤以北地区的渍水，实行等高截流，分层排蓄，一旦蓄洪失去自排的能力，利用大型电力排水站将四湖中上区的来水提排入长江和东荆河，同时也是满足修建主隔堤的土源需要。

（3）福田寺枢纽工程。福田寺枢纽工程包括防洪闸、节制闸、船闸 3 个主体工程，控制着四湖总干渠、四湖西干渠，上下排涝河的正常运行，具有集排涝、灌溉、防洪、水陆交通为一体的综合性水利枢纽功能。

福田寺防洪闸　横跨四湖总干渠，连接主隔堤。其作用为控制总干渠的来水，遇涝排泄四湖中上区渍水，在分洪区运用时则关闸防洪，灌溉时节制上游水位，灌溉总干渠两岸农田，闸设计为6孔开敞式箱涵结构，排水流量384立方米每秒，闸底高程21.00米。

福田寺节制闸位于福田寺防洪闸上游左侧，下排涝河渠首，设计为7孔开敞式箱涵结构，排水流量240立方米每秒，其作用是排涝期间节制总干渠水位，保障下排涝河沿岸农田的排水，抗旱时则开闸引总干渠水灌溉。

福田寺船闸　位于福田寺防洪闸右侧，按5级航道标准300吨级，2级建筑物钢筋混凝结构设计，其作用是沟通总干渠通往新滩口和排涝河至半路堤两条航道。

(4) 穿堤涵闸。主隔堤由南至北横跨监利、洪湖两县市修筑而成，打破了原有西、东走向的水系系统，因此，分别在沙螺干渠、子贝渊、下新河、黄丝南等处建闸沟通，在能自排的情况下，开闸自排入湖（江），不能自排时则关闸通过电排提排入江（河），分洪运用期间用于挡洪。

沙螺闸设计为单孔开敞式涵闸，排水流量50立方米每秒；子贝渊闸设计为3孔拱涵式闸，排水流量120立方米每秒；下新河闸设计为3孔拱涵式闸，排水流量120立方米每秒；黄丝南闸设计为单孔开敞式结构，排水流量50立方米每秒。具有排水与通航作用。

(5) 电排站工程。四湖地区的渍水经四湖总干渠下泄经新滩口入江，在主隔堤建成之后，特别是一旦分洪区投入运用，四湖中上区的渍水则无法经洪湖排泄，只能使用电排站将渍水提排入江河。在进行洪湖分蓄洪工程规划时，将电排站工程列入了重要建设项目，故在排涝河首尾两端分别规划修建半路堤电排站、高潭口电排站，分别将渍水提排入长江和东荆河。

高潭口电排站　是洪湖分蓄洪工程的主要配套工程之一，其作用是提排四湖中区部分来水入东荆河，还兼有40万亩农田的灌溉任务。根据四湖地区水利总体规划，高潭口电排站选址于高潭闸下游200米处东荆河右堤上，经鄂革水电综合〔73〕182号文批准，兴建10台×1600千瓦的排灌结合站，设计排水流量240立方米每秒，灌溉流量40立方米每秒。泵站布置为堤身式吸虹式出流，是提排提灌与自流灌溉相结合的控制建筑物。枢纽主要建筑物有泵站、东西灌溉闸、浮体闸、公路桥及变电站等项目。

半路堤电排站　在洪湖分蓄洪工程主隔堤修筑之后，将监利中部原规划一部分属螺山电排区，一部分为四湖总干渠自排区的地区被隔在主隔堤以西。1977年湖北省计委以鄂计农字〔77〕231号文批准兴建，设计标准为10年一遇3日暴雨5日排完，装机容量3台×2800千瓦，排水流量76.5立方米每秒，灌溉流量30立方米每秒，规划承担面积387.49平方千米。

（二）二期工程规划

洪湖分蓄洪分区经过一期建设，作为分隔洪湖分洪区与荆北保护区的主隔堤及其附属建筑物已基本建成，但作为分蓄洪区的其他工程均未实施，分洪区的运用仍存在巨大障碍。这主要包括：分洪区围堤（包括长江干堤、东荆河堤、主隔堤）均未达到设计标准，堤身堤基有待加固；分蓄洪区的道路、桥梁、航道不能满足安全转移的要求，原规划修建的安全区、台工程项目也未能实施；通讯设施比较落后，分洪预警设施不具备，分洪转移命令不能全覆盖和及时地传递，延误分洪指令的执行。

为了使洪湖分蓄洪区能够尽快按规划要求运用，减少特大洪水可能造成的重大经济损失以及人员伤亡。1987年省水利厅组织省水利水电勘测设计院、荆州地区水利局、省洪湖防洪排涝工程总指挥部、荆州地区长江修防处、荆州地区东荆河修防处、四湖工程管理局、监利县水利局、洪湖县水利局等有关单位150余名各类专业人员，按照分工负责的原则，开展了查勘、勘探、测量、试验、规划、设计等工作，经过近半年的工作，于当年末编制《湖北省洪湖分蓄洪二期工程设计任务书》，并上报水利部。

1988年6月2日，国家计委以计农经〔1988〕028号文对《湖北省洪湖分蓄洪二期工程修改设计任务书的请示》进行审批，明确兴建洪湖分蓄洪工程的重要意义，要求按32.50米蓄洪水位建设围堤工程和安全设施，工程总投资3.2亿元，从水利部水利基建投资中补助1.8亿元包干使用，其余部分由湖北省自行解决，施工期8年左右。螺山进洪闸不列入二期工程计划，如果防洪形势危急，以城陵矶水位为控制水位，确定临时分洪口门和相应分洪流量。

接此批复后，省水利厅委托省水利水电设计院，对洪湖分蓄洪二期工程设计作了部分修改和完善，再次提交了《湖北省洪湖分蓄洪二期工程初步设计》。1990年9月，能源部、水利部水利水电规划设计总院审查通过湖北省水利水电设计院编制的《湖北省洪湖分蓄洪二期工程初步设计》，1991年水利部以水规〔1991〕3号文批准实施。工程主要项目有：围堤加培土方2969.4万立方米，石方49.04万立方米；改建沿堤建筑物20处；修建新堤、螺山、龙口、大沙、燕窝、新滩、唐嘴、瞿家湾、白螺、尺八10个安全区，堤长61.94千米，面积68.71平方千米；修建总长398.2千米转移路23条；建躲水楼24栋；配备分洪区内乡镇无线电台、村级报警以及防洪指挥系统通信设施。核定总投资46956万元，根据国家计委对二期工程设计任务书的审批意见，决定从水利部基建投资中补助1.8亿元包干使用，其余部分由湖北省自行解决。

洪湖分蓄洪二期工程于1991年实施后，由于市场物价和人工费用上涨幅度较大，原核定的工程投资已不可能完成审定的工程量，为顺利完成二期工程，省水利厅委托省水利水电设计院编制了《湖北省洪湖分蓄洪二期工程调整概算》（以下简称《调整概算》），并于1997年5月报水利部。

受水利部委托，水利部水利水电规划设计总院会同长委等有关单位于1997年12月6日至9日，在湖北省武汉市召开会议，对《调整概算》进行了审查，对部分内容提出了修改意见，明确了调整概算的原则，即对经初步核定为1991—1995年间已完成的工程不参加调整概算；1996—1997年间经长委审批，水利水电规划设计总院复核的王家湾闸、黄蓬桥、新堤安全区3个已重新核定投资概算的项目不参加调整概算；对其他未完成的工程同意按现行概算编制的有关规定和1996年底的价格水平进行概算调整。同时，还同意增补工程项目：①主隔堤上、下万全垸和秦口3处总长3.1千米的垮方堤段整险加固；②对余下的32.32千米堤身继续进行灌浆补强；③新堤安全区石码头排渍泵站的维修改造；④在二期安全转移工程规划的基础上，增加少量的躲水楼，增修龙江、福宦、朱桐转移干线公路3条，永剅转移支线公路1条；⑤经长委审批，洪狮桥列入1996年未完建单项工程清单，九大河桥按规定报请长委审查后再实施；⑥同意按水利部有关规定，新建管理用房3315平方米，增建调度指挥楼1557平方米。经核定，二期工程调整后总投资为152585万元，其中，已完工程总投资10712万元，未完工程总投资141873万元，需调整概算的工程投资114923万元，增补工程投资11900万元。

（三）东分块工程规划

洪湖分蓄洪区经一、二期工程建设，分洪运用条件已初步具备。但随着长江防洪工程体系的建设，特别是三峡水利枢纽工程的建成运行，长江流域的防洪形势发生了一些改变，据专家分析测算，如果遇到1954年型洪水，经三峡水库调蓄后长江中游城陵矶附近地区仍有218亿～280亿立方米超额洪水；如遇1998年型洪水，城陵矶附近地区有约100亿立方米的超额洪水，城陵矶附近地区的洪湖分蓄洪区和洞庭湖分蓄洪民垸经过多年的投资建设，虽具备了一定的分洪条件，但由于现有分蓄洪区面积大、人口多，运用损失大，决策难度大，为妥善处理城陵矶附近地区超额洪水，根据不同年份的洪水实行分块运用，灵活调度，国务院批转水利部《关于加强长江近期防洪建设的若干意见》（国发〔1999〕12号文），要求近期在城陵矶附近地区尽快集中力量建设蓄滞洪水约100亿立方米的蓄滞洪区，湖南、湖北两省各安排50亿立方米（湖北省在洪湖分蓄洪区划出一块先行建设），以缓解城陵矶附近地区防洪紧张局势，确保武汉市、荆江大堤的安全。

1. 分块方案比较

洪湖分蓄洪区分块方案的拟订，首先必须考虑满足50亿立方米蓄洪水量的要求，其次需根据长江干流沿程的水流、地形、地质条件，考虑满足进退洪设施的布置要求，尽可能做到吞吐自如。按上述原则，根据区内水系及湖泊分布、地形地质条件等情况，将洪湖分蓄洪区分为东分块、中分块、西分块、东小块与西小块组合4个方案。

西分块方案 在分蓄洪区的西部分出一块，主要是监利县管辖范围，大体以螺山渠道堤为分隔带，进退洪采用一闸兼用，闸址位于监利长江干堤桩号533＋000处。

中分块方案 主要利用洪湖湖泊蓄滞洪水，需在东、西侧修建两道隔堤，西侧隔堤为西分块方案堤线，东侧隔堤自长江干堤腰口闸（桩号485＋000）至洪湖主隔堤的金湾（桩号8＋000）；进洪闸选在洪湖长江干堤桩号520＋000处，退洪考虑两条路线，一条通过新堤大闸排入长江，另一条通过内荆河经新滩口排入长江。

东分块方案 利用分蓄洪区的东部，全部为洪湖市管辖范围。分块进行了两条堤线的比较：一条从洪湖长江干堤的老湾闸至东荆河堤的南套沟筑一道隔堤，与东荆河堤一起形成一个封闭圈；另一条是利用中分块的东侧隔堤作为东分块隔堤，与部分洪湖主隔堤、东荆河堤及长江干堤形成蓄洪封闭圈。从长江干堤的套口进洪，新滩口补元退洪。

东西两小块方案 在洪湖分蓄洪区的西部和东部各分出一小块，西小块属监利县辖区，其隔堤从长江干堤的韩家埠至四方墩再至长江干堤的钟长岭，堤线长30.25千米，进退洪采取一闸兼用，设置于长江干堤桩号533＋000处，过水流量6000立方米每秒；东小块属洪湖市辖区，其堤线从洪湖长江干堤的下街头至东荆河堤的鸭耳河，堤线长13.02千米。采用从洪湖长江干堤套口（桩号459＋000）建闸进洪，进洪流量6000立方米每秒，新滩口补元处退洪，规模为2000立方米每秒。

经多方综合分析比较，选定推荐东分块作为近期建设方案，并分别通过水利部水利水电规划设计总院的审查和国家发改委、中国国际工程咨询公司的审核和评估。

2. 东分块工程方案

洪湖东分块蓄洪区由东分块隔堤、洪湖长江干堤、东荆河堤和洪湖分蓄洪区主隔堤一起形成封闭圈。蓄洪区面积883.62平方千米，设计蓄洪水位32.50米，扣除安全区、台占用面积后有效蓄洪面积836.45平方千米，有效蓄洪容积61.86亿立方米。至2008年统计（下同），蓄洪区内有人口30.41万人，耕地面积40.45万亩，工农业总产值20.74亿元。

洪湖东分块蓄洪工程主要项目包括：新建东分块隔堤及穿堤内荆河、南套沟节制闸工程，套口进洪闸、补元退洪闸、新滩口泵站保护工程，腰口、高潭口（二站）泵站工程；东荆河堤和主隔堤东分块堤段的除险加固；增设洪湖长江干堤东分块堤段内侧防浪设施；渠系功能恢复工程以及安全建设工程。

（1）东分块隔堤工程。东分块隔堤堤线初拟有两个方案，一是自长江干堤牛头埠起，经黄蓬山、大桥泵站、汉河镇、董家台至洪湖分蓄洪区主隔堤十八家止，全长25.949千米，相应区内人口30.41万人，面积883.62平方千米，有效蓄洪容积61.86亿立方米；二是自长江干堤腰口起，经文桥泵站、汉河镇至洪湖分蓄洪区主隔堤金湾止，全长24.397千米，相应区内人口32.116万人，面积882.02平方千米，有效蓄洪容积61.88立方米，这两个方案虽均能满足规划蓄洪容积的要求，但比较而言，方案一堤线虽较长1552米，筑堤投资多68万元，但沿线地质条件相对较好，可少建一个黄蓬山安全区，综合投资减少5316万元，故推荐上报方案一。

根据国家计委计农经〔1988〕928号的批复，洪湖分块蓄洪设计蓄洪水位采用30.08米（黄海高程，下同），围堤设计堤顶高程按蓄洪水位加超高2米确定，为32.48米。其他围堤堤顶高程根据有关规定，洪湖长江干堤和东荆河右堤堤顶高程按设计蓄洪水位加超高2米确定，洪湖分蓄洪区主隔堤堤顶高程按蓄洪水位加超高2.2米确定。据此，东分块隔堤堤顶高程确定为32.48米，其等级确定为2级堤防，堤顶宽8米，内外坡比1∶3。当堤身垂直高度大于6米时，在被水面设置戗台，戗台顶宽3米，台顶高程28.48米。为增强堤身的稳定性和便于管理及种植防浪林的需要，在没有设置反压平台的堤段，设置内外管理平台，平台宽度均为20米，高度0.5米。为方便平时交通和分洪时防汛抢险，堤顶设置宽6米、厚0.2米的混凝土路面，总长25.94千米。腰口隔堤外临分蓄洪区，一旦分洪，水域开阔，受风浪作用强烈，且运行时间较长，因此设计堤外侧采用混凝土预制构件植生块护坡，内坡采用草皮护坡。在堤身内外坡与平台结合处及平台脚，沿堤纵向共布置4条纵向排水沟，每隔50米布置一条横向排水沟，与纵向排水沟连通，将坡面雨水排至附近渠道或坑塘，排水沟采用浆砌石矩形槽结构，侧墙及底板厚度为25厘米。

东分块隔堤约有21.198千米为软土堤基，由淤泥质黏土或淤泥质壤土组成，厚度在8～16米之间，其含水量和压缩性高、强度低、透水性差，自然固结过程和地基抗剪强度增长缓慢，使得地基承载力和边坡稳定性不能满足工程要求，拟采用塑料排水板加固软土地基。另根据堤线穿行于水网密布地区的现状，拟将背水侧距平台坡脚外50米，临水侧距平台坡脚外30米范围内的渊塘等低洼地填平至地面高程。

东分块隔堤主要工程量为：土方开挖63.44万立方米，填筑1737.07万立方米，植生块护坡36.11万平方米，塑料板509.43万米，砂垫层104.97万立方米，土工布456万平方米，草皮护坡292.97万平方米，植防护林11.42万株。

（2）穿堤涵闸工程。东分块隔堤交叉的渠道有内荆河、港北河、丰盈河、中心河、南套沟、沙嘴河、高汊河、白杨河、新燕河等共10条河道，其中，内荆河过流量460立方米每秒，南套沟过流量80立方米每秒，为大中型河流，故设置穿堤涵闸。

内荆河节制闸 主要作用为平时过流和通航，分蓄洪期间则隔挡分蓄洪区洪水，设计过水流量460立方米每秒，通航标准为Ⅴ级航道，设计通航能力为300吨级；确定为2等水闸，闸室结构，连接堤段等主要建筑物为2级建筑物，次要建筑物为3级建筑物。总体布置为左右两岸各布置1孔宽18米的通航孔，两通航孔之间布置4孔×6米的过流涵洞，闸室总净宽60米，闸室总宽为76.84米。

南套沟节制闸 主要起过流的作用，设计流量为80立方米每秒，确定为3等水闸，工程总体布置为3孔涵洞结构，过流总净宽18米，闸室总宽22.8米。

（3）进洪闸工程。根据进洪闸应选择分蓄洪区上游，河道顺直，河势稳定，地质较好等选址原则，洪湖东分块蓄洪区进洪闸选定在洪湖长江干堤套口（桩号459＋000）处，设计分洪流量10000立方米每秒，进洪闸为Ⅰ等工程，主要建筑物属1级建筑物，共59孔，每孔净宽12米，每孔进洪流量169.5立方米每秒，总宽802.4米，为开敞式混凝土结构型式。

（4）退洪闸工程。退洪闸选定于洪湖长江干堤补元（桩号404＋500）处，其结构为混凝土开敞式，主要建筑物为2级建筑物，共设20孔，每孔净宽10米，总宽235.2米，闸室长21米，设计泄洪流量2000立方米每秒。当遭遇到1954年型洪水时，充分利用新堤大闸、套口进洪闸、补元退洪闸，达到进出平衡，保证围堤安全。

（5）渠系恢复工程。洪湖东分块工程建设改变了原有的水系需要对一些工程设施进行恢复。据勘查，隔堤穿堤建筑物除内荆河节制闸（船闸）、南套沟节制闸外，还需建中长河节制闸以及小型涵闸10座，修复小型泵站6处（总装机16台×155千瓦），跨堤公路升高2处400米，跨堤输电线路3处1500米，修复排灌渠道3000米。

（6）新滩口电排站保护工程。新滩口电排站由泵站、排水闸、船闸组成，是四湖地区重要的枢纽性水利工程，集排涝和航运为一体。东分块蓄洪后，这些工程全部处于洪水位以下，如不封堵，机电设备将全部被洪水淹没，如采取临时封堵，时间上来不及，且无安全保证。为安全起见，宜从排水闸左岸起，至船闸止，筑一道长3千米的围堤，建一座流量250立方米每秒的防洪闸，用于保护新滩枢纽工程及职工生活区的安全。围堤设计以东分块隔堤标准为准，堤顶高32.48米，堤顶宽8米，内外边坡1∶3，一级平台1∶4，内外平台均采用20米，内平台垂高6米，外平台垂高5.5米，堤顶6米宽混凝土路面，内外草坡护坡。防洪闸设计为混凝土开敞式结构，6孔，孔宽6.5米，闸孔净宽39米，闸室总宽50.7米，长25米，确定为2级建筑物。

（7）还建工程。洪湖东分块一旦蓄洪运用，四湖地区的排涝格局将被打乱，新滩口泵站不能使用，必须还建和新增泵站以解决排涝问题。

新滩口泵站还建工程 新滩口泵站装机10台×1600千瓦，设计提排流量220立方米每秒，洪湖东分块工程运用后，该泵站将失去作用，四湖中区排水压力加大，洪湖调蓄任务加重，渍涝灾害面积必然扩大。为减少损失，不打乱四湖水系，需要按新滩口泵站规模择地还建。

新堤泵站新建工程　四湖地区中区按10年一遇排涝标准，尚差200立方米每秒的排水能力，在洪湖东分块方案实施后，规划在洪湖新堤兴建大型泵站，设计装机容量6台×3200千瓦，流量210立方米每秒。

腰口泵站新建工程　规划于洪湖长江干堤桩号488＋000～488＋100处新建1座装机4台×2700千瓦泵站，设计流量110立方米每秒。

高潭口二站新建工程　规划于东荆河右堤桩号129＋400～129＋500处新建1座装机3台×2900千瓦泵站，设计排水流量100立方米每秒。

（8）安全工程。洪湖东分块蓄洪区安全建设的主要任务以兴建安全区为主，兴建安全台为辅，结合修建转移、生产设施，把分洪区的人、房屋、主要财产和农田分离开来，尽可能地做到分蓄洪时只淹没农田，而人、房屋和主要财产能够得到保护，将分洪损失降至最低限度。因此，规划修建安全区8处，总面积37.13平方千米，围堤总长48.57千米，区内现有人口6.19万人，工程建成后迁入22.87万人，安全区总人口29.68万，人均占地125平方米。规划修建安全台8处，总面积6.05平方千米，安置总人口0.15万人，人均占地面积39.7～42.2平方米。规划蓄洪区内按每间隔8～10千米布置一条8米宽混凝土路面转移道路的标准，修建转移道路24条，总长429.08千米；规划新（扩）建大型生产转移桥梁6座，配套新建中小型桥梁467座，其中，干线转移道路新建166座，支线转移道路新建301座。

三、工程建设

洪湖分蓄洪工程建设从1972年动工兴建到2011年，历时40年，尚未达到规定的运用标准，主要经历了两个时期：1972—1988年实施一期工程，建成64.82千米主隔堤和与此平行的排涝河，以及附属建筑物；1991年开始实施二期工程，主要项目为加固分洪区围堤，兴建安全转移工程，配置通讯报警设施等，至2002年，国家基建投资全部到位，因地方配套资金没有落实，规划的建设项目无法按计划实施，工程再度停建。

（一）一期工程建设

洪湖分蓄洪区一期工程建设于1972年冬拉开帷幕，经历了两个阶段。1972—1980年为大施工阶段，1980年后因压缩基本建设投资而停建，1986—1988年，主隔堤复工煞尾，以上称之为一期工程，其主要建设项目有：修建主隔堤，开挖排涝河，兴建涵闸、泵站、桥梁等附属配套建筑物。一期工程至1988年冬结束，共完成土方7497万立方米、混凝土16.7万立方米、砌石5.74万立方米、投入标工5000万个，完成国家投资1.26亿元。

洪湖分蓄洪工程由荆州地区组织施工，1972年10月，荆州地区革委会成立“荆州地区洪湖防洪排涝工程指挥部”，荆州地区革委会副主任饶民太任指挥长，荆州地委副书记尹朝贵任临时党委书记，刘其玉、李大汉、王伯吉、易光曙、徐林茂、李先正、杨寿增任副指挥长，指挥部设在洪湖县汉河镇。11月7日，饶民太在工地主持召开第一次施工会议，洪湖分蓄洪工程正式开工。1972年11月至1973年春，荆州地区组织洪湖、监利两县8万民工，开挖沙口至高潭口25千米的排水龙骨沟，沟底宽10米，以排干渍水，降低地下水位，改造土场，为主隔堤大施工创造条件。当时施工场地多数是沼泽地带，淤泥深厚，野草丛生，施工条件差。经4个多月的艰苦施工，于淤泥中挖成纵横排水沟。

在主隔堤工程动工的同时，高潭口电力排灌站工程也于1972年12月14日破土动工。

1973年，湖北省革委会为加强对洪湖防洪排涝工程建设的领导，决定成立“湖北省洪湖防洪排涝工程总指挥部”，湖北省革委会副主任夏世厚任指挥长，荆州地委书记石川任政委，参加施工的沔阳、洪湖、监利、天门、潜江、江陵6县的党政军负责人都分别任各县的正副指挥长（政委）组织领导施工。

工程开工后，调集了六县48万人，其中，江陵县6.2万人，潜江县5.3万人，监利县11.5万人，洪湖县8.9万人，天门县6.4万人，沔阳县9.7万人。从福田寺至高潭口全长48.8千米的地段摆开战场。当时，每千米堤段的施工人员近1万人，芦草工棚绵延数十里，工地上人山人海，彩旗招展，施工场面极为壮观。

福田寺至高潭口堤段，穿越万全垸、南昌湖、黄丰垸等湖沼地区，淤泥深达几米至十余米，有的堤段当天填土，到了第二天就垮坍下陷。参加施工的工程技术人员和广大民工，不畏重重困难，采用开河取土筑堤，破湖排水，填土挤淤等方法，仅一个冬春，就完成挖河土方2029万立方米，填筑主隔堤土方1080万立方米。至1974年春，福田寺至高潭口共48千米的主隔堤和排涝河即展现于世，为荆州治水积累了跨湖筑堤的成功经验。

1974年冬至1976年春，又继续动员洪湖、监利、潜江3县民工20万人，修筑半路堤至福田寺堤段和开挖排涝河，并整治福田寺至高潭口跨湖崩坍段。1976年冬至1977年春，监利、洪湖、沔阳、潜江4县投入25万人继续加筑福田寺至半路堤16.8千米堤段和开挖排涝河。1977年冬至1978年春，洪湖、监利、沔阳3县安排7万多人继续施工，1978年冬至1979年春，监利县又投入劳力3.5万人，加做平台和对排涝河进行整形。自此，全部完成64.8千米主隔堤及排涝河工程。

在修建主隔堤和排涝河的同时，为了发挥工程的综合效益，相继修建了高潭口电排站、半路堤电排站、福田寺防洪闸、福田寺船闸、福田寺节制闸、黄丝南闸、沙螺闸、子贝渊闸、下新河闸以及5座横跨排涝河的公路桥，同时整治和恢复了一批因兴建主隔堤而受阻塞或破坏的水系。工程累计完成土方7159万立方米，混凝土16.5万立方米，先后动员民工130余万人次。

1980年，国家压缩基本建设投资，洪湖分蓄洪区工程被列入待建工程，原规划的南隔堤、分隔堤、螺山进洪闸以及安全转移工程暂停实施。因主隔堤穿越湖网地区，地基承载能力差；加之大施工期间采用人海会战的方式，部分地段堤基清淤不彻底，筑堤土料不合格（主要是土料含水量大，土块大，碾压不实，有的堤段没有碾压），后来勘探中发现少量堤段堤身中有稻草、棉梗等杂物（施工时垫路），以致出现堤身沉陷和崩坍的问题，其中崩塌最为严重的堤段有沙湖、下万全垸、上万全垸、秦口、黄丰垸、南昌湖等处，长6650米，堤顶最大欠高1.5米，还有一般垮方堤段长2100米，堤顶平均欠高1.1米，无法保证分洪时的安全运行。

为了尽快发挥洪湖分蓄洪区的作用，荆州地区多次向省水利厅及国家有关部委申报，要求完善洪湖分蓄洪工程设施。1986年，水电部以〔86〕水电计字第3号文批准主隔堤复工煞尾包干投资575万元，1986—1988年实施，主要是在黄丰垸、南昌湖、万全垸、沙湖4处4850米的重点垮方堤段进行填筑平台和加高堤身；在12.14千米堤脚低洼地段填筑植树平台；对64.8千米的堤身进行锥探灌浆补强，在半路堤段（57+000～64+820）进行挖沙填土截渗。至1988年冬，复工煞尾完成，一期工程结束。

（二）二期工程建设

洪湖分蓄洪区经一期建设后，主隔堤及附属建筑物已基本建成，分洪区形成了完整的封闭圈，但用分洪保安全的标准来衡量，分洪区围堤尚未全部达到设计标准，堤顶高程最大欠高1.5米，不能及量蓄洪；堤身单薄、自然形成的深渊水塘较多，存在安全隐患；进洪闸和退洪闸等控制性工程尚未兴建，当需要分蓄洪时，只得临时扒口进洪，无法对进洪量进行有效控制，对于一次洪水过程后，接踵而来的其他洪水过程分蓄洪效果将显著下降；缺乏安全转移设施，一百余万分洪区民众要在规定的短时间内全部转移到安全地带必将困难重重。为了能正常发挥分洪区的作用，必须兴建必要的工程设施，尽快地实施二期工程建设。

二期工程于1990年由水利部批准实施，工程概算投资4.69亿元，1997年水利部组织对二期工程调整概算进行审查，核定总投资15.26亿元。1998年长江流域发生大洪水后，国家决定对监利洪湖长江干堤实施根本性的治理，长江干堤加固的标准高于洪湖分蓄洪二期工程的设计标准，经省水利厅批准，监利洪湖长江干堤加固工程划归市长江河道局统一实施，原规划的未完工程投资不再计入洪湖分蓄洪二期工程，其总投资调整为12.76亿元。

洪湖分蓄洪区二期工程建设实行建设单位业主制、招标投标制、工程监理制、合同管理制的“四制”管理模式，省水利厅为项目法人单位（即业主单位），在工程建设期间，成立以省洪湖分蓄洪区工程管理局为主，有设计、监理、地方政府参加的洪湖分蓄洪区工程建设办公室（简称建办），具体负责各工程项目的组织与实施。对于大型单项工程，则成立施工指挥部，下设工程、财务、协调、综合、设计代表（简称设代）、监理等组室。参与施工的监利、洪湖两县市以及有施工任务的乡镇也成立由行政领导、技术人员、公安干警组成的工程建设协调领导小组，协调处理施工单位与当地群众之间出现的各种矛盾，为施工提供良好的周边环境。各单位工程通过招投标选定中标施工企业进行施工。

洪湖分蓄洪二期工程从1991—2003年，主要建设项目为分洪区围堤加高加固，修建安全转移设施，配备分洪通讯预警设施等。历经十多年不间断地建设，完成围堤加固土方2672.94万立方米，改建沿江涵闸4座，修建转移道路23条、398.2千米，兴建大中型转移桥7座、躲水楼12栋以及通讯系统工程，开工建设安全区1处，共完成投资41294万元，具体完成情况如下。

1. 长江干堤加固工程

包括堤身加高培厚，堤基防渗处理，涵闸改建加固，险工险段护岸等。

（1）土方工程。1993—1999年，长江干堤加固完成土方1269.57万立方米，完成投资7030.27万元，见表6-2-13。

（2）沿堤涵闸改（新）建工程。包括白螺矶闸、王家湾闸、仰口闸、石码头闸4座涵闸，完成混凝土9244.6立方米，土方17.75万立方。完成投资1706.64万元，见表6-2-14。

表 6-2-13　洪湖分蓄洪区二期工程长江干堤加固土方工程计划及完成情况　单位：万 m^3

年份	工程量			备　注
	项目名称	计划工程量	完成工程量	
1992	王李姚潭吹填	65.06	35.78	
1993	钦宫潭吹填	18.5		
	周家嘴整险	7	7	
1994	钦宫潭吹填	55	47	
	周家嘴整险	8	20	
1995	大沙角填塘	20	17	
1996	冬工	205.62	420.29	
	周家嘴等整险	88.54		配套资金未到位，未实施
1997	冬工	142.6	242.5	
		314.07		追加计划，补 1996 年超额部分
1998		500	500	
		30.3		未实施
合计		1454.69	1289.57	

表 6-2-14　洪湖分蓄洪区二期工程改（新）建涵闸统计表

涵闸名称	位置	桩号	结构	孔数/孔	孔径（宽×高）/(m×m)	完成土方/万 m^3	完成混凝土/m^3	完成投资/万元	建成时间
白螺矶闸	监利白螺镇	江左 550+500	拱涵	1	2.5×3.75	7.22	2262	440	1996 年 7 月
王家湾闸	监利尺八镇	江左 584+650	箱涵	1	3m（圆形）	7.36	2203	459.24	1997 年 8 月
仰口闸	洪湖新滩镇	江左 402+142	箱涵	1	2.5×3	2.5	2052.5	438.4	2000 年 5 月
石码头闸	洪湖新堤镇	围堤 11+000	箱涵	2	3.5×4	0.67	2727.1	369	2000 年 1 月
合计						17.75	9244.6	1706.64	

2. 东荆河堤加固工程

包括堤身加高培厚，穿堤建筑改建加固，险工险段护岸工程等。

（1）土方工程。1992—2000 年，完成加固土方 597.51 万立方，完成投资 5254.69 万元，见表 6-2-15。

表 6-2-15　洪湖分蓄洪二期工程东荆河堤加固完成土方情况表　单位：万 m^3

年份	工程项目	计划工程量	完成工程量	备　注
1992	倒口潭吹填	20	12.24	
1993	堤身加培	16		
1994	倒口潭吹填	35.17	18.76	
	白斧池吹填	50.17		

续表

年份	工程项目	计划工程量	完成工程量	备　注
1995	白斧池吹填	10	18.7	
1996	堤身加培	44.7	44.2	汉阳沟、南套沟加培
1997	堤身加培	57.4	44.41	潭子湖、南套沟、胡家湾
1998	堤身加培	230	459.2	
1999	堤身加培	188.83		
2000	堤身加培	75		
合计		692.1	597.51	

(2) 护岸工程。1998年省水利厅以鄂水汛复〔1998〕218号文下达洪湖分蓄洪区工程东荆河堤护岸工程土方0.79万立方米、石方6.5万立方米，工程于2000—2001年实施，共完成土方2.6万立方米、石方5.82万立方米。

(3) 涵闸改建工程。汉阳沟闸位于东荆河右堤桩号162+700处，设计流量15立方米每秒。工程于2004年11月开工，2005年12月完工，完成开挖土方2.3万立方米、回填土方3.45万立方米、浆砌石498.2立方米、混凝土2053.7立方米，耗用钢材95.58吨，工程投资378.23万元。

3. 主隔堤煞尾工程

主隔堤经一期工程建设后，尚有31.42千米堤段堤顶欠高0.18～1.23米，有3.14千米重点垮方堤段。二期工程安排主隔堤煞尾土方160.01万立方米，投资523.05万元，二期工程调整概算又增补主隔堤垮方整治，堤身锥探灌浆等工程项目，实际完成土方190.79万立方米。主隔堤在兴工之初，为追求工程进度，参加施工的人数众多，给质量管理上带来难度。在二期工程建设中，堤防管理单位组建锥探灌浆施工专业队于1994—2000年，对64.82千米的主隔堤全部实施了锥探灌浆，完成投资438.9万元。

4. 安全转移工程

二期工程建设中，分洪区内共修建干线转移路12条，支线转移路13条，道路总长398.2千米，配套建筑物334座。

5. 躲水楼工程

二期工程建设中共修建躲水楼11栋，建筑面积14720.6平方米，完成国家投资479.05万元。

6. 安全区工程

二期工程规划修建12处安全区，实际修建洪湖新堤安全区1处。规划建设内容包括：新筑14.47千米围堤，设计总土方559.39万立方米，修建7座穿堤建筑物，至2003年止，国家累计下达计划投资1.55亿元，实际到位资金1.09亿元，完成新筑围堤10.14千米，完成土方456.5万立方米，修建石码头防洪闸、新洪交通闸、撮箕湖泵站、荣丰泵站4处配套建筑物。新堤安全区尚未完成。

四、工程设施

洪湖分蓄洪区经过一、二期工程建设，历时40年（1972—2012年），建成了一大批工程项目，构成了一个完整的防洪排涝的工程体系。

（一）主隔堤工程

主隔堤工程包括主隔堤填筑与排涝河开挖两个建设项目。一期工程完成挖填土方6152.83万立方米，投资7050.74万元；二期工程完成土方190.79万立方米，投资523.05万元；二期工程中还对主隔堤全堤实施了锥探灌浆，改善了堤质，完成投资438.9万元。

防洪主隔堤 自半路堤接长江干堤，经福田寺至高潭口抵东荆河右堤，全长64.82千米，堤顶高程34.70米，面宽8米，内外边坡1∶3（在复工煞尾时，为保证堤面宽度达到8米并不突破投资计划，部分堤段内外边坡的上部按1∶2.5设计施工，因此，部分堤段的坡度不一致），堤身垂直高度8～10米；内平台（安全区侧）宽50米，高程26.50米，内平台边缘至排涝河宽100米为留用土地；外平台宽30～50米（监利境30米，洪湖境50米），高程26.00米；堤顶铺设有混凝土路面。

排涝河 沿主隔堤安全区西侧，距堤脚150米平行开挖一条排涝河，全长64.8千米，其中以四湖总干渠为界，上段从半路堤至福田寺，称上排涝河，长16千米，河底宽45米，边坡1∶3，河底高程22.00米，设计排水流量85立方米每秒；下段从福田寺至高潭口，称下排涝河，长48.8千米，河底宽67米，边坡1∶3，河底高程21.00～19.00米，设计排水流量240立方米每秒。

（二）主隔堤附属涵闸工程

主隔堤沿堤修建有7座具有防洪排涝、抗旱、通航等多重功能的涵闸，均为二级建筑物。

黄丝南闸 洪湖市万全镇境内，坐落在主隔堤桩号13+300处，与排涝河引渠相连。由洪排总部负责设计，洪湖县水利工程队负责施工，为单孔、开敞式涵闸，孔宽8米，闸室长28米，闸底板高程21.50米，堤顶高程34.70米，设计流量50立方米每秒，设计防洪水位上游（保护区，下同）25.50米，下游（分洪区，下同）32.50米，通航100吨级。工程于1976年10月开工，1977年12月竣工，完成土方24.4万立方米，混凝土0.65万立方米，砌石0.126万立方米，投资133.9万元。其主要任务与作用是，当高潭口泵站排涝时，洪湖水经此闸进入排涝河，一方面给泵站输水，另一方面调控排涝河的水位，保护北岸农田的安全。

下新河闸 位于洪湖县沙口镇内，主隔堤桩号21+425处。由洪排总部设计，洪湖县水利工程队负责施工，为3孔开敞式拱涵，孔宽6米+8米+6米，闸室长30米，闸底板高程21.00米，堤顶高程34.70米，设计流量120立方每秒，设计防洪水位上游25.50米、下游32.50米，中孔通航能力100吨级。工程于1975年11月23日破土挖基，12月23日浇筑闸室和消力池底板垫层，于24日发现垫层有小孔冒气冒水，随后垫层发生裂缝（不规则）继而冒水，有的带微量细砂，下游齿槽上端发生管涌（翻出砂0.5立方米），上游消力池底板垫层出现裂缝，下游消力池底板地基灰色黏土表层局部出现管涌，西北角夹沙层有流沙出现，底板垫层出现裂缝。此外，距闸室左侧245米处的一段主隔堤发生了塌方现象。险情发生后，立即采取加深围沟排水观察，检测土壤含水量，用砂石滤料处理齿槽内的管涌等措施临时处理；同时向省水利局上报了险情和《关于下新河闸处理意见的报告》，提出“改善加强基础，基本不改设计”和“扩大基础，修改设计”两个方案，经比较拟选用第二方案。随后在武汉水利电力学院的指导下钻取原状土样进行了土工试验，向省水利局报告土工试验成果及处理意见：①以大闸室底板不移动，长度仍为26米，拱脚提高1米，边孔的拱圈由1/4拱改为1/2拱（两边孔拱脚加拉梁，改善拱的受力条件，中孔有通航要求，无拉梁）减少上部荷载；②增做一字墙，降低挡土墙，上游挡土墙顶部高程32.93米，下游挡土墙高程30.53米，均降为27.00米高程；③为了防止止水设备破坏，适应闸室及上游挡土墙与上游消力池的不均匀沉陷，在止水缝处上游消力池底板上预留相应的沉陷槽作二期混凝土，在施工尾期浇筑，并做好沉陷观测工作；④施工过程中必须设置较好的排水系统，及时排水固基；⑤闸室、岸墙背后回填土，采取分期回填，逐步加载，逐步稳定；⑥搞常年施工，施工期第一年完成混凝土浇筑，仅回填至28.00米高程，第二年回填完；⑦闸、堤结合处理，闸室两侧的主隔堤各长50米的范围，加大内外平台，以稳固堤基。经省水利局审批按计划进行了返工处理，工程于1977年12月竣工，完成开挖土方16.863万立方米、回填土方6.9612万立方米、混凝土0.89万立方米、砌石0.15万立方米，投资207.1万元，其主要作用是调度排涝河水经此闸入洪湖。

子贝渊闸 位于洪湖市瞿家湾境内，主隔堤桩号33+200处。由洪排总部设计、监利县水利工程队负责施工，为3孔开敞式拱涵，孔宽6米+8米+6米，闸室长30米，闸底板高程21.00米，堤顶高程34.70米，设计流量120立方米每秒，设计防洪水位上游25.50米，下游32.50米。工程于1975年8月12日开工。在八字墙回填土施工中，由于填土含水量大，踩层高达0.8～1.0米，分队进踩，交卡不密实，导致一字墙位移挤压岸墩，5月30日，岸墩24.20米高程出现一条宽2～5厘米的裂缝，27.00～30.50米高程出现一条2～3厘米的斜裂缝。险情发生后，各级领导和工程技术人员到现场检查，分析事故原因，讨论通过处理方案：①将一字墙墙身两边对撑拆除；②向后退1.8米重做一字墙，原浆砌改为混凝土现浇；③运走高程33.00米至26.00米的回填土，选择黏土重新回填。经两个月的返工处理，质量达到设计要求，裂缝未发展。工程于1976年12月竣工，共完成开挖土方13.7587万立方米、回填土方8.8554万立方米、混凝土1.03万立方米、砌石0.22万立方米，投资223万元。其主要作用是控制排涝河水的入湖流量。

福田寺防洪闸 位于监利县福田寺主隔堤桩号49+180处，横跨四湖总干渠上。由洪排总部和荆州地区水利工程队设计，荆州地区水利工程队负责施工，为6孔箱涵，孔宽6×8.5米，闸室长51米，底板厚2.3米，闸底板高程21.10米，堤顶高程34.85米，设计防洪水位上游25.50米，下游32.50米。设计流量384立方米每秒。工程于1976年10月开工，1978年9月竣工，共完成土方96.6万立方米、混凝土2.4万立方米、砌石0.2万立方米，投资612.7万元。2004年12月至2005年4月对该闸实施整险加固，总投资720万元，设计排水流量提高至667立方米每秒。其主要作用是调节四湖总干渠上下游水位，满足四湖地区抗旱与排涝的需要。

福田寺船闸 位于主隔堤桩号49+550处，横跨四湖总干渠引渠上。由洪排总部和荆州水利工程队设计，荆州地区水利工程队负责施工。设计防洪水位上游27.80米、下游32.50米，设计通航能力300吨级。船闸由上闸首、下闸首、排涝河闸首3处建筑物组成。上闸首底板长 15 米，宽 30.5 米，闸底高程 22.00 米，闸顶高程 30.20 米，启闭机台高程 35.70 米，闸门采用轨道式横拉平板闸门；下闸首底板长 28 米，宽 19 米，闸底高程 21.00 米，闸顶高程 34.70 米，启闭机台高程 35.45 米，闸门采用上、下反向弧形闸门；排涝河闸首底板长 13 米，宽 12 米，底板厚 1.5 米，闸底高程 22.00 米，启闭机台高程 28.50 米，闸门为弧形闸门，设计流量 50 立方米每秒。工程于 1978 年 11 月开工，1983 年元月完工，完成土方 88 万立方米、混凝土 1.54 万立方米、砌石 3184 立方米，完成投资 583 万元。2011 年 2 月至 2012 年 6 月对该闸实施整险加固，完成投资 897 万元。此闸是连通四湖地区水运的重要航运枢纽，对航运事业的发展发挥重要作用。

福田寺节制闸 位于监利县福田寺境内，四湖总干渠北岸，与下排涝河相通，为六孔开敞式涵闸，孔宽 6×5 米，设计排水流量 240 立方米每秒。主要作用是调节四湖总干渠与下排涝河的水位，特殊情况下，将总干渠之水泄入排涝河由高潭口泵站排出，减轻洪湖的压力。工程于 1973 年 10 月开工，1975 年 12 月竣工，完成土方 37.1 万立方米、混凝土 0.63 万立方米、砌石 0.34 万立方米，投资 176.9 万元。2006 年 3—9 月，对该闸实施整险加固，完成投资 265.65 万元。

沙螺闸 位于主隔堤桩号 54+500 处，与沙螺干渠相连。由洪排总部和荆州水利工程队设计，荆州水利工程队负责施工，为单孔开敞式涵闸，孔宽 1×8 米，闸室长 28 米，闸底板高程 21.50 米，堤顶高程 34.70 米，设计防洪水位上游 25.50 米，下游 32.50 米，设计流量 50 立方米每秒。工程于 1977 年 9 月动工，1978 年 12 月竣工，完成土方 13.6 万立方米、混凝土 0.63 万立方米、砌石 0.23 万立方米，投资 154.6 万元。施工中由于回填过快，夯结不实，适逢大雨，使土壤膨胀导致边墙破裂，经返工处理，尚未出现新的问题。此闸的主要功能是调控排涝河与沙螺干渠的水位，沟通螺山排区与半路堤排区。

（三）主隔堤附属桥梁工程

主隔堤的兴建和排涝河的开挖，阻隔了原有的交通通道，因此，沿排涝河修建 5 座跨河桥梁。

洪三大桥 以位于洪湖市汉河镇洪三村而得名，横跨排涝河，连接仙（桃）洪（湖）公路，既是平时的交通要道，也是分蓄洪区运用时人口转移的重要通道。为钢筋混凝土双曲拱桥，单孔净跨 60 米，主桥全长 99 米，桥面行车道宽 7 米，两侧人行道各宽 1.5 米，桥顶高程 29.55 米，栏高 1.2 米，设计荷载汽 15 吨，挂 60 吨。

沙口大桥 位于洪湖市沙口镇境内，横跨排涝河，连接峰（口）瞿（家湾）公路，是分蓄洪区内人口转移的主要通道之一，为钢筋混凝土 T 形梁桥，共 6 跨，每跨净宽 22.2 米，主桥长 132.96 米，桥面行车道宽 8 米，两侧人行道各宽 1 米，栏高 1.1 米，桥顶高程 35.00 米，设计荷载汽 15 吨，挂 80 吨。

毛太桥 位于监利县毛市镇境内，横跨排涝河，为双曲拱桥，4 墩 3 跨，全长 70.6 米，桥面宽 7.5 米，荷载汽 10 吨，挂 60 吨。于 1977 年动工兴建，由监利县水利工程队施工，完成开挖土方 4.45 万立方米、回填土方 6.14 万立方米、混凝土 1345 立方米、浆砌石 986 立方米，投资 50 万元。

半路堤桥 位于监利县容城镇半路堤，跨排涝河连接沙（市）洪（湖）公路。为 5 跨钢筋混凝土双曲拱桥。每跨宽 15 米，加两端引桥，全长 102 米，桥面行车道宽 7 米，两边人行道各1米，1977年建成，完成开挖土方5.28万立方米、回填土方2万立方米、混凝土2410立方米、浆砌石500立方米，投资51万元。1998年汛期，大桥3号墩出现翻沙鼓水，涌沙成丘，淘空墩基，桥东侧30米整桥下沉0.5米，无法再使用。1999年由交通部门拆除老桥向南移址40米重建。

彭家口大桥 位于监利县福田寺镇彭湾村，主隔堤桩号42+550处，横跨排涝河，连接福田寺镇至分盐镇的交通，是分蓄洪时分蓄洪区人员进入安全区的重要通道。桥梁为T形梁结构，中跨为3孔×35米，边跨各1孔×20米，主桥全长145米，桥面净宽9米，总宽9.5米，两岸引道宽10米，总长667米，设计荷载汽20吨，挂100吨，通航标准为6级，通航水位24.76米，通航净宽30米，净高6米。工程于1998年11月动工，由中国铁路十七局承建，2000年10月建成，完成土方94300立方米、混凝土2775立方米、浆砌石365立方米、干砌石300立方米，耗用钢筋129吨，总投资640.85万元。

海唐桥 位于监利海螺、唐堡两村境内，故名，是分蓄洪区群众转移到安全区的重要通道。设计为双曲拱桥，4墩3垮，全长70.6米，1977年动工兴建。

（四）安全转移工程

1. 转移路

分洪区内有公路干线3条，即监洪公路连接监利容城和洪湖新堤，仙洪公路连接仙桃和新堤，新新公路连接新堤和新滩口。其他连接乡镇的公路等级低，路面质量差，大部分不能适应分洪转移的需要。为保证分蓄洪时人口的安全转移，先后修建分洪转移干线道路13条，路面宽7米，按三级公路设计；支线公路13条，路面宽3.5米，按四级公路标准设计，干支公路总长333.917千米，具体见表6-2-16。

表6-2-16　　洪湖分蓄洪区转移道路统计表

道路名称	起止地点	长度/km	其中				道路等级
			新建长/km	规修长/km	承担转移任务		
					村/个	人口/万人	
汉腰路	汉河—腰口	19.9	0015.85	4.05	21	2.5	干线
黄老路	黄家口—老湾	18.65	14.7	3.95	33	2.8	干线
唐旺路	唐嘴—大旺	6.35	0.2	6.15	7	2	干线
燕亲路	燕窝—溜沟桥	15.7	12.1	3.6	25	2.3	干线
龙江路	龙口—江泗口	18.5	18.5			8	干线
四清路	解放—中心	8.13	5.95	2.18	5	0.46	支线
沙张路	沙口—张家坊	13.75	8.25	5.5	15	17.6	支线
宦坪路	宦子口—坪坊	12.55	12.55		9	0.7	支线
黄周路	王洲—黄蓬山	9.84	9.84		7	0.96	支线
杨闸路	杨桥—闸口	7.522	7.522		16	14.5	支线
新螺路	新螺垸—皇堤	3.225	3.225		8	1.1	支线
荻彭路	荻障口—彭家码头	15.1	8.55	6.55	5	8.3	支线
高王路	王家庙—高桥	7.55	7.55		8	1.1	支线

续表

道路名称	起止地点	长度/km	其中				道路等级
			新建长/km	规修长/km	承担转移任务		
					村/个	人口/万人	
朱邹路	朱河—邹码头	18.70	12.74	6	19	2.9	干线
红毛路	红兰桥—毛太桥	8.45	6.45	2		4.5	干线
朱尺路	朱河—尺八	19.9	5.9	14	35	4.5	干线
红元路	红兰桥—元阳	13	13		17	2.5	干线
临洪路	朱河—何王庙	10		10		6.8	干线
朱桐路	桐梓湖—朱河	15	15		31	5.3	干线
福宦路	福田寺—宦子口	17	17			2.5	干线
永刬路	永红—汴河刬	10.9	10.9			2.7	支线
南周路	南港—周河	17.85	17.85		10	16.3	支线
苏唐路	苏易—海唐	6.35	6.35		19	2.7	支线
长永路	下车湾—永红	18.4	18.4		17	2.6	支线
彭柘路	彭刘—柘木	17.6	17.6		7	0.8	支线
毛毛路	毛太桥—毛市街	4	4				干线
合计		333.917	269.97	63.98	314	116.42	

2. 转移桥梁

洪湖分蓄洪区内修建的大型分洪转移桥梁有6座。

黄蓬山大桥 是洪湖市腰口至汉河口转移公路跨越四湖内荆河的一座大桥，承担分洪区内21个村、近3万人的转移任务。桥址位于乌林镇北，内荆河与蔡家河交汇处，由荆州市水利勘测设计院设计，洪湖市水利工程队施工。设计河底宽54米，排水流量220立方米每秒，河底高程16.95米，正常过水深6.71米，由于两河交汇，桥址又位于河湾上，水面宽达180余米。主桥全长225米，分为9孔，中间3跨，跨径均为35米；两侧各3跨，跨径均为20米。桥面总宽9米，其中，7米为车道、两侧各设1米宽人行道。设计荷载为汽20吨、挂100吨，通航标准为5级，通航净宽30米，通航净高8.5米。于1996年11月开工，1998年5月建成，完成土方10.47万立方米。混凝土2635.8立方米，浆砌石200立方米，总投资631.17万元。

码头湾大桥 桥址位于监利县桥市乡码头湾村，跨越杨林山电排渠，承担监利县白螺、柘木、桥市3个乡镇4万余人的转移任务，同时缩短了监利县至洪湖市干线公路的距离。桥址处河底宽60米，河底高程18.94米，排水流量80立方米每秒，正常过水深4.5米。主桥长125米，5孔×25米，桥面净宽9米，为7米车道，两侧各设1米宽人行道，引道宽9.5米。南岸接线长230米，北岸接线长235米。设计荷载为汽20吨、挂100吨。通航标准为六级航道，最高通航水位24.09米，通航净宽22米，通航净高4.5米。由武汉水利电力大学设计院设计，铁路四局承建，于1999年11月动工，2001年1月建成。完成土方6210立方米、混凝土2263.7立方米、浆砌石1607立方米，总投资651.12万元。

沙口桥　沙口桥是洪湖市沙口镇至瞿家湾镇跨越老内荆河的一座中型桥梁，是沙口镇境内人口向安全区转移的必经之路，由荆州市水利勘测设计院设计，洪湖市水利工程队承建。桥址位于沙口镇西北，与主隔堤相连。老内荆河桥址处河底宽 100 米，排水流量 70 立方米每秒，河底高程 19.66 米，正常过水深 4 米。桥全长 86.4 米，采用单跨 50 米的桁架拱桥。桥面高程 30.05 米，桥面纵坡 5%，桥面宽 7.5 米。全桥工程量为土方 2.2 万立方米、混凝土 1063 立方米、钢筋 49.9 吨、浆砌石 587.8 立方米。

陈家沟桥　是洪湖市宦子口至坪坊公路跨越陈家沟的一座中型桥梁，为新滩口镇人口分洪转移的主要通道，由荆州市水利勘测设计院设计，洪湖市水利工程队承建。桥址位于陈家沟，桥址处陈家沟河底高程 16.16 米，排水流量 68 立方米每秒，平常过水深 5.5 米。桥全长 86.4 米，设计与沙口桥相同。全桥工程量为土方 2.2 万立方米、混凝土 1063 立方米、浆砌石 588 立方米。

洪狮大桥　位于洪湖市沙口至张家坊转移公路的中段，跨越四湖总干渠，分洪时承担四湖总干渠以南 6 个乡镇近 6 万人的转移任务，由武汉大学设计院设计，洪湖市水利工程队承建，1997 年 11 月 1 日开工，1999 年 5 月 1 日竣工。设计总长 345 米，其中主桥长 195 米，共 9 孔，中间 1 孔为 35 米，两侧各 4 孔，每孔 20 米。北岸引道长 80 米，南岸引道长 70 米，纵坡为 5%。桥面宽 7 米，两边人行道各 1 米，引道宽 9.5 米。由于北岸堤顶公路与四湖总干渠平行，采用满足规范要求的转弯半径 $R=25$ 米的圆盘将桥与堤顶公路连接，南岸公路与桥轴线斜交，交角为 35 度，转弯半径为 $R=23$ 米。设计荷载为汽 10 吨，履 50 吨。河道为五级航道，最高通航水位为 26.14 米，通航净宽 39.0 米，通航净高 8.5 米。主要工程量为混凝土 2669.6 立方米、土方 35660 立方米、浆砌石 1936 立方米，总投资 578.46 万元。

九大河桥　位于监利县白螺镇、朱邹转移公路九大河处，承担朱河、桥市、柘木、白螺 4 个乡镇 6 万余人的转移任务。此桥为 3 跨，主桥长 75 米，引道长 190 米，桥面净宽 7 米，两边人行道各 1 米，设计荷载汽 20 吨，挂 100 吨。通航标准为 6 级，通航孔宽 23.50 米，通航水位 24.50 米，跨净宽 22 米，净高 4.5 米。工程于 2004 年 6 月 30 日开工，2006 年 10 月 10 日竣工，总投资 294.05 万元。

3. 躲水楼

洪湖分蓄洪区规划修建躲水楼 33 栋，1994—2000 年国家累计下达修建躲水楼计划 13 栋，资金 479.05 万元，实际完成 11 栋，建筑面积 14720.6 平方米，完成投资 479.05 万元。已建成的躲水楼平时用作乡镇政府办公和学校教学用房，分蓄洪时用于群众临时避水。洪湖分蓄洪区躲水楼分布情况见表 6-2-17。

表 6-2-17　　洪湖分蓄洪区躲水楼统计表

序号	所在地	层数	建筑面积/m²	国家投资/万元	工程总投资/万元	开工时间	竣工时间	平时用途
1	周河乡	5	876.6	25.93	38.34	1998 年 11 月	1999 年 6 月	机关宿舍
2	汴河镇	5	1844	47.91	101	1997 年 5 月	1999 年 12 月	镇办公楼
3	朱河镇	6	1986			1995 年 7 月	1996 年 12 月	个体宾馆

续表

序号	所在地	层数	建筑面积/m^2	国家投资/万元	工程总投资/万元	开工时间	竣工时间	平时用途
4	桥市镇	5	1233	25.93	46.74	1999年12月	2000年5月	镇办公楼
5	柘木乡	4	1500	47.91	83.36	1999年9月	2000年7月	乡办公楼
6	大沙	4	1150	47.91	65	1999年8月	2000年1月	办公楼
7	大同	4	1150	30	200	1999年5月	2000年5月	中心学校
8	龙口	6	1820	51.86	72.19	1998年4月	1999年2月	镇办公案
9	黄家口	4	1064	47.91	80	1999年6月	2000年1月	办公学校
10	滨湖	4	1050	47.91	乡 60	1999年6月	2000年1月	渔场场部
11	张坊	6	1050	25.93	50	1995年4月	1995年10月	办公楼
合计			14720.60	399.20	736.63			

4. 安全区工程

洪湖分蓄洪区规划修建安全区12处，总面积68.72平方千米，规划转移人口43.9万人，分蓄洪区内仅实施了新堤安全区工程。

新堤安全区是保护洪湖市城区24万人生命安全（包括分洪时临时安置人员近10万人）和上百亿元国家及个人财产安全的重要屏障。围堤自长江干堤508+405起，止于长江干堤498+500处，总长24.38千米（其中新筑围堤14.478千米，已完成10.14千米，利用长江干堤9.9千米）。1997年2月，水利部水规总院以水规〔1997〕3号文核定工程总投资1.496亿元。

安全区工程为Ⅲ等建筑工程，建设内容包括：新筑14.478千米围堤，设计总土方559.39万立方米，修建7座穿堤建筑物，以及恢复水系工程和专业项目迁建等。至2003年止，国家累计下达计划1.55亿元，实际到位资金1.09亿元。开工修筑围堤10.14千米（占设计的70%），完成围堤土方456.5万立方米；沿堤修建了石码头闸（2孔3.2×4米），新洪交通闸（宽10米），以及配套修建了撮箕湖泵站（2台×110千瓦）、荣丰泵站（2台×160千瓦）。

新堤安全区因规划和资金等原因，2003年停工。

五、工程运用与效益

洪湖分蓄洪区经过40多年的建设，工程已初具规模，一旦工程投入运用可在一定程度上改变长江中游的防洪形势，为荆江地区防洪安全打下了基础，其分蓄洪效益可表现在：①通过在螺山扒口蓄洪，控制长江干流泄量，配合武汉附近地区分洪区的运用，以保证武汉市河段不超过防洪保证水位，确保武汉市区防洪安全；②配合洞庭湖重点民垸蓄洪运用，控制城陵矶水位，有利于下荆江和湖口泄流，从而保证洞庭湖区重点圩垸的防洪安全；③荆江分洪区在无量庵吐洪，当干流泄洪不及之时，可跨江进入人民大垸，必要时在其末端扒口入江，从上车湾分洪进入洪湖分蓄洪区，配合荆江分洪区联合运用，确保荆江大堤的安全。

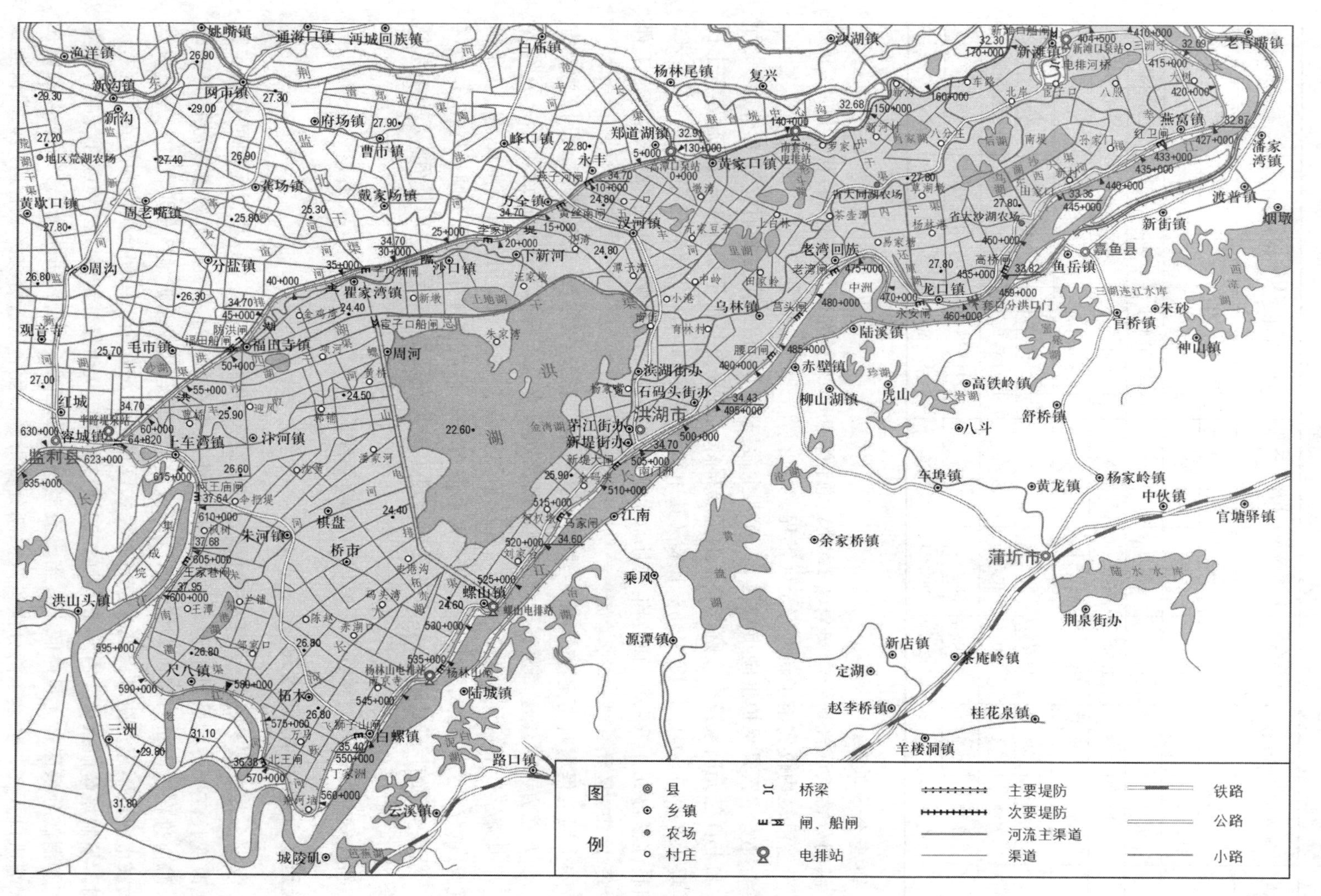

图 6－2－5 洪湖分蓄洪区现状图

洪湖分蓄洪工程整体而言，主隔堤虽已建成，但仍存在3个突出问题，上、下万全垸，秦口至沙口总长3.1千米淤泥堤基堤段仍处于不稳定状态，高程尚欠0.6～1.3米，亟待采取治本措施处理；半路堤至沙螺，有近8千米长堤段是浅层沙基，当年施工时没有清除干净，也没有抽槽作为防渗处理；部分堤段内平台有近20千米的覆盖层，因取土和挖鱼池被破坏，挡水后容易产生管涌险情。东荆河堤高潭口至胡家湾堤段堤身加高工程尚未实施，大部分堤顶高程尚未达到分蓄洪水位的设计要求；螺山进洪闸及新滩口泄洪闸工程尚未修建，如需与荆江分洪区、人民大垸联合运用，或与洞庭湖区联合运用，采取临时扒口分洪，水位和流量难以控制，如超过有效蓄洪能力，则必将在新滩口扒口提前吐洪，直接威胁武汉市的安全；安全区建设工程尚未实施，区内110余万人口全部外转安置难度很大，加上转移路桥和躲水楼工程建设尚未完善，报警设施也不完备，要在有限时间里将人口转移更是困难重重，因此洪湖分蓄洪区工程设施离分蓄洪运用的要求还相距甚远。

洪湖分蓄洪区现状图见图6-2-5。

第三节 杜家台分蓄洪工程

杜家台分蓄洪工程，位于荆州东部长江与汉江交汇的三角地带，跨仙桃、蔡甸、汉南3市（区），由进洪闸、分洪道、分蓄洪区、黄陵矶闸、分蓄洪区围堤等部分组成。因主体工程进洪闸位于汉江干堤（汉右堤桩号126＋200）杜家台处，故命名为杜家台分蓄洪工程。杜家台分洪区现状图见图6-2-6。

杜家台分蓄洪工程于1955年开工建设，次年建成。设计流量4000立方米每秒（校核流量5300立方米每秒）的分洪闸和平均宽度800米、长20.5千米的行洪道及共长41.89千米的分洪道两侧堤防建成投入运用，减灾效果非常明显。此后，相继配套建成长140.897千米分蓄洪区围堤，兴建黄陵矶闸，固定分蓄洪面积613.98平方千米。

分蓄洪工程自1956—2011年的56年间，历时11个大洪水年，分泄汉江洪水21次，对确保汉江下游和武汉市的防洪安全起了重要作用。杜家台分蓄洪区现状图见图6-2-6。

一、兴建缘由

汉江干流发源于陕西省秦岭南麓，流经陕西、湖北两省，于汉口龙王庙注入长江，全长1577千米，总落差1934米，流域面积15.9万平方千米。按河道形势划分为上、中、下游。汉江中上游汇流面积14.20万平方千米，占全流域面积的89%以上。汉江下游自皇庄至汉口龙王庙，河长382千米，区间集水面积1.70万平方千米。汉江上中游地区面积广阔，且为南北暖冷空气的交汇区，极易产生区间大到暴雨，每年夏秋雨量多，径流大，极易形成集中性的特大洪水过程。经考查，丹江口1583年出现洪峰流量为61000立方米每秒的特大洪水（调查洪水），1935年洪峰流量为45000立方米每秒。而汉江河槽宣泄能力愈向下游愈小。沙洋以上河道泄量18000～19000立方米每秒；仙桃以下河道，在汉口水位27.12米时，可通过流量6000立方米每秒，在28.28米时，只能通过流量5000立方米每秒。下游泄洪能力与上游来量极不相适应。

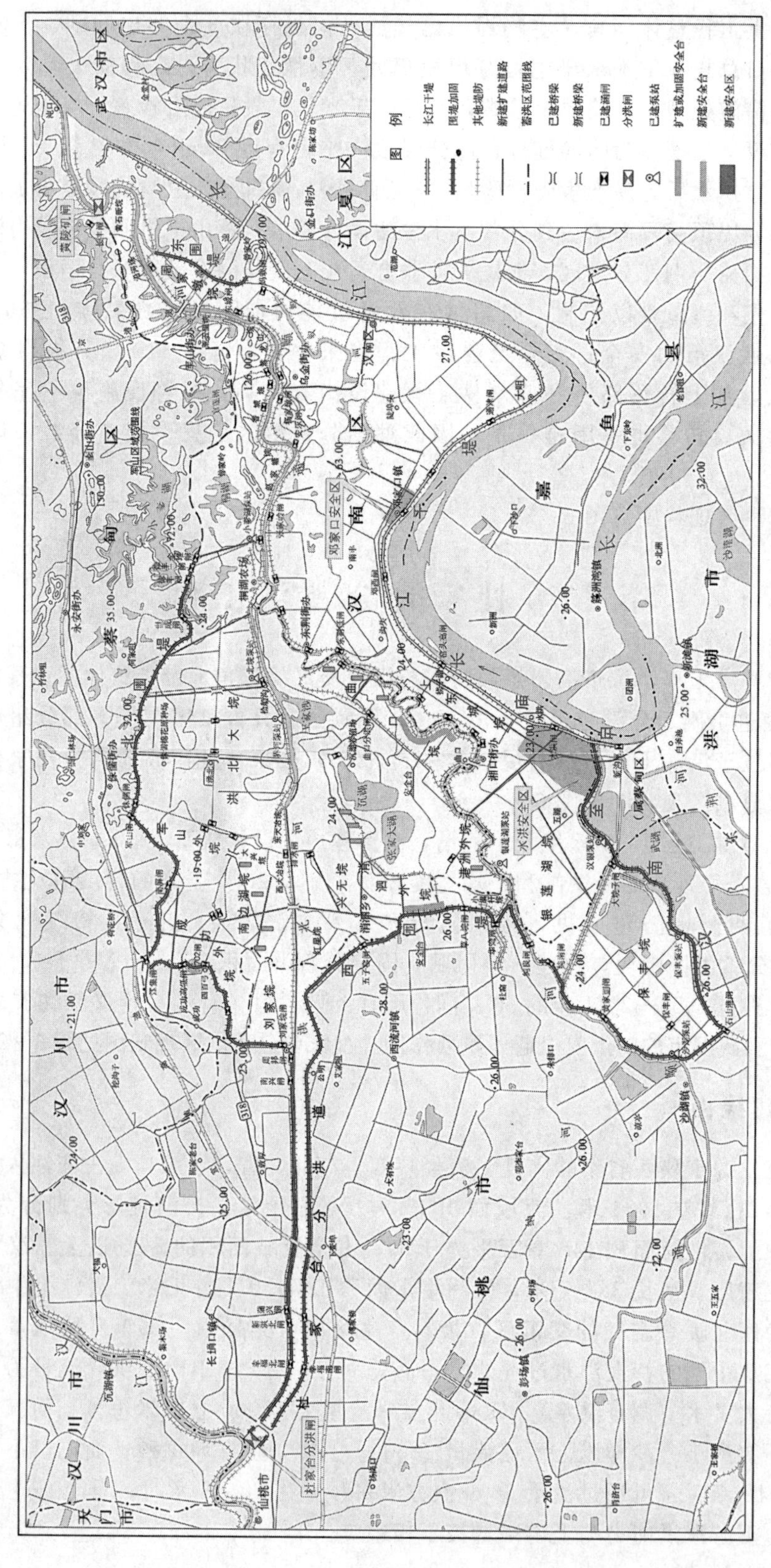

图6-2-6　杜家台分蓄洪区现状图

汉江中下游多为平原，全依赖两岸堤防御洪，一旦出现大洪水，只能是溃漫成灾，且淹没面积大。据资料查考，1931—1954年的24年中仅荆州地区汉江段就有19年成灾。

根据汉江中下游这一防洪形势，1936年国民政府扬子江水利委员会开始对汉江中下游防洪工程进行规划研究，提出初步计划草案。1940年提出了汉江防洪工程规划：疏挖天门排洪河，在钟祥旧口间修建拦洪水库以拦蓄1935年型洪水，整理下游堤防水道，整治湖泊以蓄纳洪水。这些计划和规划均未付诸实施。

1953年长委提出了汉江治本与治标相结合的规划。其方针是“以蓄为主，适当扩大中下游泄量”。具体工程为上中游兴建大型水库，拦蓄上游洪水，下游或展宽堤距裁弯取直或开辟分洪区。经过多方案比较后，决定先期实施汉（江）南杜家台分蓄洪工程，能起到治标兼顾治本的作用，且影响水系较少，移民较少，分洪效果明显，工程实施相对容易，很快获中央人民政府批准实施。

二、工程规划

1953年，长委提出扩大下游泄洪能力的6个治理方案：①整理并扩宽堤距，以扩大下游泄洪量；②将蔡甸附近鸡头湾、汉川附近索子垸、江西垸紧连的大湾子实行裁弯取直，扩大过流能力；③普遍扩宽东荆河两岸堤距；④泽口以上分洪；⑤泽口以下汉北分洪；⑥泽口以下汉南分洪。方案经综合比较：方案一扩宽堤距，扩大泄洪断面，实施时所占田亩多，工程量巨大，如以汉口水位27.00米，按超高1米，安全泄量8000立方米每秒计，需加培土方1020万立方米，经济负担大；方案二大幅度裁弯取直，可能引起河势的剧烈变化而增加下游河岸崩坍的危险，不宜采用；方案三加宽东荆河堤距不仅占地多，土石方量工程大，更主要是东荆河仅能分泄新城站流量的1/6～1/4，而要扩宽到能宣泄干流的超额洪水量，至少需扩至原泄量的4倍以上，如汉江来量大，东荆河流量将超过干流而成为干流，显然不合理；方案四在泽口以上分洪，因汉江干流泄量的不平衡主要出现泽口以下，如果在泽口以上建分洪工程效果不明显；方案五在泽口以下的汉北分洪，主要是分洪道要通过错综复杂的汈汊湖及东西湖，打乱原有一系列水系，难以恢复整治；方案六在泽口以下汉南分洪，汉南地区原本是长江、东荆河的洪泛区，已建成的排、灌工程较少，施工较易，移民较少。从分洪的效果及工程实施的难易程度比较，此方案最佳。尤其作为既属治标，又兼有治本工程组成部分，无论从技术上、经济上进行比较，方案六为最优方案。

根据最优方案，1954年12月长委对东荆河下游泛区利用进行规划，拟将东荆河尾闾改从三合垸入长江，避免受汉江洪水的影响，修建响水港至窑头沟的隔堤，将原东荆河的泛区划分为南北两部，北部面积466平方千米，作为蓄洪蓄渍区；堵复大军江堤缺口；于黄陵矶修建节制闸。按此规划，不分洪年份可防止江水倒灌，保证泛区蓄渍；分洪年份泛区可蓄纳30亿立方米洪水，并可根据长江水情适当地泄洪入江，减少对长江的影响；如遇长江特大洪水，为保卫武汉安全，泛区亦可分泄长江洪水。为能维持并改善区内航运交通，拟在火垴沟修建通顺河船闸。

经全面规划后，长委编制工程设计书报请中央人民政府有关部门审批，很快得到批准，并同意在1955年组织施工。

1957年，长办组织人员对汉南地区进行全面查勘。于1958年编制出《汉南地区防洪排渍灌溉规划报告》，提出了东荆河下游改道，沌口控制方案，增建黄陵矶控制闸。

1964年初，荆州地区水利局组织荆北地区的县市进行全面复勘和资料收集，历时8月，编制了《荆州地区水利综合利用补充规划》，又重提长办提出的杜家台分蓄洪补充方案，进一步确定东荆河下游改道、黄陵矶建控制闸，通顺河、四方河、老襄河建防洪闸，兴建杨林尾、张家湖、华家湾、何家帮、南屏垸等处电排站。

1973年，省水利电力局水利设计院编制汉南泛区《灭螺、防洪、排涝综合治理规划》，指出"汉江分洪道延长至香炉山，经肖家湾闸直接入长江"称为"一河两堤，夹水出江"方案。工程措施为：兴建窑头沟电排站、排水闸，通顺河裁弯取直和泛区留湖调蓄，低围垦殖灭螺等。

1989年8月，长委会编制了《汉江下游分洪工程杜家台分洪道堤加固方案专题报告》，提出杜家台分洪闸运用频繁，分洪道内泥沙淤积严重，据1986年实测资料计算淤积泥沙约1600万立方米，分洪道内淤积高度随着分洪次数的增加而逐年淤高。由于分洪道的淤积，抬高了洪道水位，堤防安全超高已达不到设计要求。处理措施为：①清除泥沙，②加高两岸堤防。经分析比较，推荐加高堤防的处理措施，拟定周帮水位30.38米作为分洪道出口水位，分洪道进口水位按水面线推算，设计流量4000立方米每秒、水位33.17米，超高1.5米；校核流量5300立方米每秒时水位33.92米，超高1米。堤顶高程起点为35.00米，终点为32.00米，堤面宽6米，外边坡1∶3，内边坡按现状。

三、工程施工

杜家台分洪工程规划、设计方案经中央人民政府有关部门审批后，1955年10月10日成立汉江分洪工程委员会，并设立总指挥部，以副省长张体学任指挥长，李明灏、任仕舜、陶述曾、涂建堂、李文禄、程敦秀、张学忠、陈英任副指挥长，雷鸿基为总工程师，政治委员由张体学兼任。总指挥部下设6个分部。于同年11月21日动工，民工来自武汉市及沔阳、黄陂、孝感、应城、汉川等县共计14万余人。分洪闸混凝土及金属安装由闸工指挥部施工，闸基及引渠由武汉市指挥部负责施工，分洪道土方由汉川、孝感、黄陂、应城指挥部负责施工，沔阳县负责后勤供应，经5个多月的施工，于1956年4月26日竣工。分洪工程经过一个冬春的紧张施工，按设计兴建了分洪闸，清除了长20.7千米行洪道内的障碍，修筑了分洪道两侧长41.852千米的堤防，其中，左堤20227米，加零千米碑至汉右堤125+400处之间连接堤段长170米，计长20397米；右堤21135米，加零千米碑至汉右堤127+440处之间连接堤段长320米，计长21455米。堤顶高程自分洪闸34.14米降至洪道出口为31.50米，堤距822米，出口处扩大到1600米，以喇叭形与泛区围堤相接。

全部工程完成土方1344万立方米，其中，闸基填挖244万立方米，洪道挖填土方1100万立方米，浇筑混凝土65730立方米，砌石78600立方米，国家投资2707.8万元。

分蓄洪工程占用面积为建筑物和洪道中轴线两侧各481米，征用耕地面积34283亩，其中，旱地25102亩，水田8925亩，台基地206亩，迁移居民3083户、14404人，拆迁房屋1986栋，支付房屋拆迁补偿移民费341.5万元。

四、工程设施

杜家台分洪工程包括5个部分：泽口以下干堤培修、杜家台分洪闸、分洪道、泛区围堤及恢复排水系统，以分洪闸和分洪道为主体工程。

（一）杜家台分洪闸

杜家台分洪闸以其闸址位于仙桃区东北侧杜家台（汉右干堤桩号126＋200～126＋611.93，全长411.93米）而得名，闸为钢筋混凝土结构，共30孔，每孔净高4米、净宽12.1米，闸室总宽411.93米。分洪闸流量通过多种方案比较研究，以泽口以下干流河段经堤防加高培厚后可通过流量9000立方米每秒，汉口水位28.28米，仙桃以下干流河段可安全通过流量5000立方米每秒，确定分洪闸设计流量4000立方米每秒，校核流量为5300立方米每秒。规定当闸前水位达35.12米时开闸分洪，在干堤加固后，可将分洪水位提高到35.45米（控制运用水位）。

杜家台分洪闸工程主要由分洪闸、引渠、鱼嘴、下游消能防冲设施等工程组成进洪工程体系。分洪闸为实用堰壁式，堰顶后闸底板高程27.00米，前部过水堰顶高程29.00米，胸墙底部高程33.00米，顶部高程36.20米。闸孔净高4米，每孔过水断面48.4平方米。设弧形钢质闸门，采用以桁架为主的结构形式，每块闸门高4米、宽12.1米，支臂置于两侧闸墩上，墩内架设锚束系统，闸门半径为6米，支轴位于下游最高水位以上，高程33.50米。闸墩后部设公路桥，桥面高程34.80米，为板梁式结构，设计荷载汽10吨。为便于操作设工作桥，桥面高程41.00米、宽3米，板梁式结构，主梁之间墩顶部立柱整体相连，桥两端设置有2米宽铁梯。

闸前引渠中心线长350米，底宽406.5米，渠底高程26.00米，渠底与防渗板连接处设15米宽干砌石护底，1米厚块石防冲槽，槽眉高程24.00米。渠底边线：右岸与闸中心线成1∶50向外扩大，然后以1∶15与汉江堤相切；左岸则在闸室前110米平行于闸中心线，然后以半径83米圆弧与岸坡高程26.00米相交构成鱼嘴，鱼嘴边坡由1∶3向外渐变至与汉江外滩一致。

消能防冲采用三级消能设施：第一级消力池长14.6米，高程27.00米，消力堰为实用曲线型，顶部高程29.00米；第二级消力池长15.00米，高程25.00米，消力槛为直线型，顶部高程27.00米；第三级消力池长10米，高程25.00米，在末端有1米高齿槽一道，以保证在海漫上形成面流，形成闸后急流到缓流的良好衔接。

（二）分洪道

分洪道全长20.5千米，自杜家台分洪闸向东南至光湖嘴，折向正东至昌家湾，过大兴垸、曹家垸、猪耳垸、西圻大垸，至小朱家台进入泛区。洪道平均宽度为800米，其出口由800米逐渐放宽为1600米，呈喇叭状。地面高程一般为24.00～27.00米。

分洪道堤系在平原地面平行于分洪道两侧修筑，堤顶高程自分洪闸附近34.14米，降至洪泛区出口为31.50米。分洪道右堤面宽6米、堤长21.09千米，左堤面宽6米、堤长

20.8千米。外坡比1∶3；内坡在堤面下3米以内1∶2，以下变为1∶5；部分地段因土壤细沙成分较多，变为1∶7，堤距822米，出口处扩大至1600米，以喇叭形与泛区围堤相接。左右堤共长41.89千米。

五、工程整修加固

（一）分洪闸整修加固

杜家台分洪闸自1956年建成，至1984年，经历了9年19次运用，分洪总历时2176小时。因频繁使用，水工建筑物及机电设备老化，安全系数降低。1985年，水电部、长办、省水利厅等组成工作组，先后5次对分洪闸进行全面检查，由长办分别于1988年10月以长规字第373号文和1989年7月向水利部报送了《杜家台分洪闸加固初步设计报告》和《杜家台加固工程初步设计金属结构及启闭机专题报告》。1989年12月又报送了《杜家台分洪闸加固初步设计总概算修改补充报告》。水利部先后两次在北京召开论证会，于1990年12月以水规2号文下达《关于杜家台分洪闸加固初步设计报告批复》，1991年10月，长委成立杜家台分洪闸加固工程代表处，主持分洪闸加固工程。

杜家台分洪闸加固工程包括闸室加固、工作桥重建、闸墩裂缝处理、闸墩支撑梁和公路桥桥面处理、闸墩垂直止水处理、闸基渗压观测设备安装；下游消能及分洪道堤段加固包括海漫、防冲槽、洪道端1千米长堤段加固，迎水面干砌护坡及堤顶硬化堤面；上游防护包括分洪闸对岸土洲嘴加固、鱼嘴护脚及坦顶平台防护；金属结构及闸门加固包括启闭机更换、闸门防腐增设防雨棚；电器包括供电、闸门启闭显示、照明、指挥调度及防雷接地系统；附属工程包括综合调度楼、闸前阻滑板抽样检查、变电所及户外电缆沟。

加固工程自1991年12月9日正式动工，经18个月施工，于1993年6月上旬竣工。长委受水利部建设开发公司委托，组成验收组于是年6月29—30日对杜家台分洪闸加固工程进行了验收，国家总投资2747万元，完成挖填土方14万立方米、石方7.5万立方米、混凝土6000立方米、耗用钢材400吨，加固闸门30扇，更换启闭机30台，闸门电动启闭现地控制装置30台套及集控装置1套。

分洪闸加固工程完成之后，1998年11月16日，省水利厅安排投资230万元，对分洪闸半封闭式的简易启闭机房进行改造，采用整体现浇钢筋混凝土框架结构，工作桥面由3米加宽至4.3米，桥面板与桥面大梁整体现浇，填充墙采用加气混凝土空心块，铝合金窗，房顶采用规格为8毫米厚的金属薄板拱形波纹铺盖，钢质楼梯改为现浇钢筋混凝土楼梯。改建工程于1999年8月30日竣工。

（二）分洪道堤防加培

分洪道上接杜家台分洪闸，下游左侧至周帮泵站，右侧至公明山，与分蓄洪区相连，长20.7千米。洪道顺直，河槽地面起伏不大，分洪时满河大水，不分洪时基本干涸，河槽多被两岸农户耕种或开挖鱼池。在分洪运用过程中，洪水进入分洪道后，水面扩大，流速减小，泥沙在分洪道内沉淀淤积，至1994年，累计淤高0.5～1.26米，淤积土方约为2000万立方米。两侧堤防自1956年修筑后，经沉陷和水土流失，断面变小，此长彼消，以致堤防的防洪能力逐渐降低，部分堤段出现严重散浸。

1981 年冬至次年，沔阳县组织劳力对右堤严家滩至公明山长 12 千米堤段进行了外帮加培，1984 年，又对左堤部分堤段进行了加高培厚。此后，陆续对堤防进行了加高培厚。至今，堤顶高程已达 34.90～31.94 米，堤面宽 6 米，内外坡比 1∶3～1∶4。

六、运用效益

杜家台分洪工程建成当年，即在汛期 7—8 月，两次开闸运用，分洪流量分别为 2510 立方米每秒和 3120 立方米每秒，分洪总量为 5.14 亿立方米和 8.37 亿立方米，分别降低仙桃站水位 1.05 米和 1.82 米，按当年运用情况初步分析，两次分洪所减少的损失额度即超过了工程建设总投资。

1964 年 10 月，汉江出现约 20 年一遇的秋季大洪水，丹江口下黄家港站流量为 23400 立方米每秒，此间恰与丹（江口）皇（庄）区间洪峰遭遇，皇庄站洪峰流量达到 29100 立方米每秒。在新城以上民垸自溃和有计划分洪后，新城站流量仍为 20300 立方米每秒，东荆河分流 5060 立方米每秒，汉江仙桃站流量还有 14600 立方米每秒，按杜家台闸不分洪推算，仙桃站水位将达到 39.20 米，超过堤顶高程 1.5 米，下游堤防面临漫堤的危险。在此情况下，杜家台分洪闸进行超标准运用，最大分泄流量 5600 立方米每秒，累计分洪总量达 25.09 亿立方米，使仙桃站洪峰水位较预报值降低了 2.98 米，汉川站水位降低 3.19 米，有效地解除了泽口以下两岸堤防漫溃之虞。

杜家台分洪工程自建成至 2011 年，共经历 11 个大洪水年，运用 21 次，共分泄汉江洪水 196.74 亿立方米，为保证汉江中下游堤防安全，发挥了显著的效益。其分洪运用情况见表 6-2-18。

表 6-2-18　　杜家台分洪闸历年分洪运用表

分洪运用				历时		最大分洪流量/(m³/s)	分洪总量/亿 m³	比预报值降低仙桃站水位/m
	年份	次数	开闸分类日期	小时	分			
丹江口建库以前	1956	1	7月2日	100	1	2510	5.14	1.05
		2	8月24日	131	28	3120	8.37	1.82
	1957	1	7月22日	63	31	1380	3.13	0.85
	1958	1	7月8日	87	10	3230	7.30	2.67
		2	1月19日	190	34	4800	25.70	2.41
		3	8月17日	79	47	2305	5.43	1.21
		4	8月24日	93	15	2270	7.38	1.59
	1960	1	9月7日	234	24	4755	19.77	2.08
	1964	1	7月29日	48	45	1700	2.32	
		2	9月7日	70	8	2400	4.38	0.94
		3	9月16日	169	7	2060	10.28	1.49
		4	9月25日	148	34	4350	15.20	1.63
		5	10月6日	172	40	5600	25.09	2.98

续表

分洪运用				历时		最大分洪流量/(m³/s)	分洪总量/亿 m³	比预报值降低仙桃站水位/m
	年份	次数	开闸分洪日期	小时	分			
丹江口建库后	1974	1	10月6日	53	6	1790	2.83	1.00
	1975	1	8月11日	49	48	3300	3.24	1.57
		2	10月6日	72	18	3980	6.82	2.00
	1983	1	10月7日	182	0	5100	23.06	2.20
		2	10月21日	81	0	2860	5.96	1.00
	1984	1	9月29日	148	18	2100	9.28	0.70
	2005	1	10月6日	85	0	1648	3.73	0.64
	2011	1	9月21日	53	30	1220	2.33	0.60
合计	11	21		2314	24		196.74	

注 资料来源：汉江杜家台分洪工程管理局。

七、分洪配套工程

（一）分蓄洪区围堤

杜家台分蓄洪区为昔日长江、东荆河、通顺河等诸河来水汇集停潴之所，俗称汉南泛区，每当夏秋水来时一片汪洋，冬春水退一片湖荒。其地理范围，北以蔡甸区南部山岗和汉川市南屏垸堤为界，西邻仙桃市三益、西圻、草八、旗南以官垱河分界诸垸、折东抵长江，自然面积 760 平方千米。后几经变更，1991 年经水利部核定面积为 613.98 平方千米。杜家台分洪闸纵剖面图见图 6-2-7。

分洪区围堤全长 182.787 千米，由分洪道堤、北围堤、南围堤、东南围堤、东围堤和周围山丘包围而成。具体见表 6-2-19。

表 6-2-19　　杜家台分蓄洪区围堤基本情况

县（市、区）	堤别	地点	桩号	长度/km	堤顶高程/km	堤身断面		
						堤顶面宽/m	外坡	内坡
仙桃市	北围堤	周帮泵站—汉阳堤	0+000～2+700	2.7	28.50～30.79	5～6	1∶2.5	1∶3
	分洪道堤（左）	杜台闸—周帮泵站	0+000～20+800	20.8	31.08～34.12	6	1∶3	1∶3
	分洪道堤（右）	杜台闸—公明山	0+000～21+090	21.09	31.35～34.13	6	1∶3	1∶2～1∶3
	西围堤	公明山—纯良岭闸	0+000～17+980	17.98	30.50～29.50	4～6	1∶2.5	1∶3
		纯良岭闸—石山港闸	17+980～32+780	14.80	27.50～30.50	3～5	1∶2.5	1∶3
	东荆河堤	石山港闸—大垸子闸	151+00～164+000	13.64	33.50	8	1∶3	1∶3

续表

县(市、区)	堤别	地　点	桩号	长度/km	堤顶高程/km	堤身断面		
						堤顶面宽/m	外坡	内坡
汉川市	北围堤	江集闸—军山闸	111+455～20+370	8.915	28.50～30.74	4～8	1∶2.5	1∶3
汉南区	东荆河堤	大垸子闸—三合垸	164+00～170+535	6.535	33.50～33.00	8	1∶3	1∶3
	长江干堤	新沟—竹林湖堤	393+00～349+283	43.717	33.00～32.19	8	1∶3	1∶3
蔡甸区	北围堤	汉阳堤—江集闸	2+700～11+455	8.755	4～6			
	北围堤	军山闸—德丰闸—自然高地	20+370～40+470	16.213	28.50～30.74	4～8	1∶2.5	1∶3
	北围堤	官莲湖堤	0+000～2+724	1.878	29.00			
	东南围堤	黄陵矶闸堤	5+585～7+445	1.86	31.80	8	1∶3	1∶3
武汉经济开发区	东围堤	长山头—设法山—小军山	0+000～1+072～3+904	3.904	29.20～28.00	3～4	1∶2.5	1∶2.5
合计				182.787				

(二) 黄陵矶闸

黄陵矶闸位于武汉市蔡甸区肖家湾古沌水之尾闾，上距杜家台分洪闸 74 千米，下距长江主河道约 5 千米，是杜家台分蓄洪区连通长江的唯一口门，其作用是在长江高水位时控制江水倒灌，为汉南中上区调蓄渍水，增加泛区蓄洪量和泄汉江洪水入长江。

黄陵矶闸工程由排水闸、船闸、防洪堤组成，由省水利水电勘测设计院设计。1966 年 6 月，沔阳县成立指挥部组织施工，省水利工程一团负责施工，次年春排水闸建成。船闸因设计修改，闸室跨度由 7 米宽改为 10 米而重建，致使工期延长，于 1970 年春告竣，历时 3 年有余。全部工程共完成挖填土方 90 万立方米、石方 7.62 万立方米、混凝土 7500 立方米、完成投资 350 万元。

排水闸为开敞式箱涵结构，闸室长 20 米，共 9 孔，单孔净宽 7 米；闸底高程 15.00 米，闸顶高程 31.50 米，净高 10 米；设计排水流量 580 立方米每秒；泄洪流量 2700 立方米每秒；船闸按 5 级航道 100 吨级标准设计，由上下闸首、船室及上下游引航道组成。船室净跨 10 米，总长 95.4 米，净长 62.4 米，底板高程 11.50 米，最小航行水深 1.3 米。上闸首为双向挡水人字闸门，下闸首为横拉式闸门。

黄陵矶闸自建成投入运用后，曾多次发生实际内外水位差高于原设计标准的情况，危及闸的安全运用，1998 年大洪后，排水闸进行了全面整修加固。加固后排水闸设计防洪内外水差由原来的 3.8 米增加到 7.21 米，在泄洪工况下，设计流量 1535 立方米每秒，校核流量 2008 立方米每秒，原设计工程为 2 级建筑物，加固设计定为 1 级建筑物。

黄陵矶闸建成后，对阻止江水倒灌，腾空泛区底水蓄渍有明显效果。1967 年 6 月中旬，泛区周边连续累计降雨约 200 毫米，在此闸尚未完全建成的情况下，拦住了长江洪水(闸外水位 26.10 米，闸内水位 23.10 米)，使泛区调蓄了大量渍水。

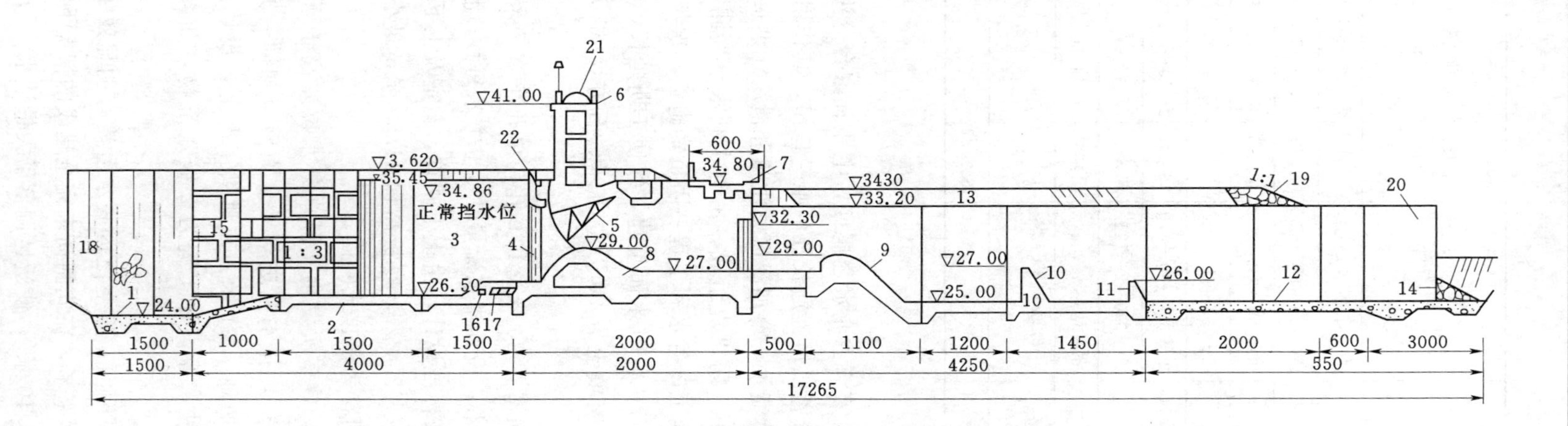

图 6-2-7　杜家台分洪闸纵剖面图（尺寸单位：cm；高程单位：m）

1—原上游防冲槽；2—阻滑板；3—上游导水墙；4—闸墩；5—弧形闸门；6—工作桥；7—公路桥；8—过水堰；9—消力堰；10—消力栏；11—消力齿；12—下游防冲槽；13—草皮护坡；14—干砌块石护坡；15—混凝土护坡；16—黏土；17—沥青混凝土；18—干砌块石护坡；19—干砌块石护坡；20—下游导水墙；21—启闭机；22—上游胸墙

第四节 邓家湖、小江湖分蓄洪区

邓家湖、小江湖分蓄洪区位于荆门马良镇境内，濒临汉江右岸，是汉江中下游沿岸分蓄洪民垸中较大的一个分蓄洪区，简称为邓小两湖分蓄洪区。

邓家湖分蓄洪民垸位于汉江右岸荆门马良镇西北，蓄洪面积86.3平方千米，1995年耕地面积8.7万亩。小江湖蓄洪民垸位于邓家湖下约8千米，沙洋镇以北，蓄洪面积106平方千米，1995年耕地8.86万亩，人口4.66万人。邓小两湖分蓄洪区蓄洪面积192.3千米，蓄洪水位邓家湖46.80米，小江湖46.60米（黄堤坝），总容积9.33亿立方米（邓家湖2.97亿立方米，小江湖6.36亿立方米）。

一、兴建缘由

汉江属雨洪型河流，受上游降雨影响，洪水来量大，时间集中，下游河道上宽下窄，行洪不畅，历来洪灾频繁，新中国成立以来，虽然整修加固两岸堤防，1955年兴建了杜家台分洪工程，1968年建成丹江水库控制上游来水，但要抗御1935年型特大洪水，仍必须采取分洪措施。为防御汉江特大洪水，确保汉江中下游干堤和武汉市的安全，邓家湖、小江湖曾于1950年、1954年、1964年、1983年奉命不予抢防任其漫溢蓄洪和奉命炸堤分洪。

1950年7月14日，汉江涨水，新城水位40.84米，流量8080立方米每秒（新城站7月份最大流量15200立方米每秒）。根据省、专区指示，为保障汉江下游人民生命财产安全，邓家湖、小江湖堤防不予抢防，漫溃为灾，近3万亩农田受淹。

1954年4月下旬开始，阴雨不断，江河水位暴涨，湖泊漫溢，至8月初，汉水不断高涨，加之长江水位顶托，沙洋站水位达43.33米，流量16400立方米每秒，高水位持续200小时。为了顾全大局，奉命不再抢防，小江湖堤于8月5日17时15分漫溃蓄洪，邓家湖堤于6日16时漫溃蓄洪。小江湖黄堤坝、罗家口、江家口、曹家嘴、刘家口、江王集、姚京口、横堤子、闸口等处先后溃口，溃口长度计6348米。邓家湖槐露口等堤段溃口长2823米。小江湖受灾农田37308亩，邓家湖受灾农田45123亩。

1964年10月7日1时和10时15分，邓家湖和小江湖堤防分别扒口蓄洪。邓家湖10月7日在桩号5+900～6+100处炸口分洪，口门宽250米，进洪流量1500立方米每秒，蓄洪总量3.3亿立方米，小江湖7日在桩号277+500～277+920处炸口分洪，口门宽650米，进洪流量800立方米每秒，扩大为5100立方米每秒，蓄洪总量5.2亿立方米。连同石牌院分洪共分蓄水量10.9亿立方米，降低新城水位0.59米。当三个民垸蓄满吐洪时，新城再度上涨，洪峰水位44.28米，仍比预报洪峰值（44.70米）低0.42米。淹没农田11.81万亩。淹没房屋5978户，受灾人口30966人，其中冲毁房屋1625间。

1983年10月，汉江发生1935年以来最大的一次洪水，沙洋站最高水位达44.50米，最大流量为21600立方米每秒，超过河道安全泄量。为确保汉江遥堤安全，邓家湖、小江湖分别于10月7日16时、10月8日13时炸堤分洪。邓家湖分洪口门由250米扩大至366米，最大进洪流量约4000立方米每秒，进洪总量3.85亿立方米。小江湖分洪口门由

112米扩大至387米，最大进洪量流量约6000立方米每秒，进洪5.8亿立方米。邓小两湖分洪后，降低沙洋水位约1.14米，削减洪峰流量约3900立方米每秒。据计算，如果邓家湖、小江湖不分洪，沙洋水位将达到45.50米，超过遥堤天门堤段堤顶0.17米，即使在杜家台分洪闸按最大流量5600立方米每秒开闸运用的前提下，仙桃站最高洪水仍可达38.70米，超过堤顶1.23米。可见邓家湖、小江湖的分洪效果是较为显著的。

鉴于邓家湖、小江湖虽未被确定而实际上是按正式分洪区在运用的地区，分洪概率达10年一遇。根据水电部关于“对经常运用的分洪、滞洪区要调整生产结构，并实行特殊的经济政策，结合城乡建设规划落实分洪、滞洪区的安全措施”的指示，1985年9月编制《邓家湖、小江湖分洪工程建议书》，经报省水利厅审批予以实施，加培蓄洪区堤防，兴建安全转移设施（安全台和转移道路），修复水毁工程，治理因分洪沙化农田，架设分洪转移通信线路和购置无线通信设备等。

二、分洪区建设

（一）堤防建设

小江湖原系沿湖民垸，各垸互不相连。清顺治十二年（1655年）始沿湖一带修筑长堤，自马良陈珊口起，至沙洋绿麻寺止，绵亘25千米，于顺治十八年（1661年）告成。邓家湖堤始建于清咸丰二年（1852年），上起瓦瓷滩，下至马良闸。两堤以一岗相隔，岗北为邓家湖堤，岗南为小江湖堤。民国二年（1913年），曾将邓家湖、小江湖两湖堤防进行修复，加高堤身。为便于管理，将上起瓦瓷滩，下至沙洋黄家山的邓小两湖长堤合称为“黄瓦干堤”，堤防全长38.84千米。

新中国成立前，邓家湖、小江湖堤防单薄低矮，隐患丛生，年有溃决，至新中国成立前夕，堤面宽仅0.5～2米，垂高1.2～3.2米，坡比1：1～1：2，堤顶高程43.09～45.65米。新中国成立后，对堤防进行了加高培厚，特别是经历1964年大水后，堤防按1964年黄堤坝最高水位47.50米超高1米，面宽6米，内坡比1：3，外坡比1：2.5的标准进行培修。经逐年加修，至1994年止，全长38.84千米（邓家湖堤长13.60千米，小江湖堤长25.24千米）堤防堤身完整，堤面平展，堤面宽2.5～6米，内坡1：3，外坡1：2.5，堤顶高程48.30～48.50米，内平台宽10～20米，高程41.00～42.00米，堤身垂高4～6米。

为避免小江湖分洪后出现蓄满漫溃，造成沙洋出现复峰，1983年汛后，对小江湖25.24千米堤防按同等水位线（无比降）进行加高加固（上游分洪口门堤顶高程48.10米，下游（沙洋）堤顶高程47.50米，至1989年完成土方54.5万立方米，面宽5～8米）。

（二）口门建设

1983年邓小两湖分洪，邓家湖分洪口计划为250米，分洪后扩大到366米，冲深13.5米（从堤面算起）；小江湖分洪口门计划为140米，分洪后扩大到387米，冲深15.5米。为了有效控制分洪口门宽度，便于堵口复堤，减少工程量，减少农田沙化和挖压损失，减轻国家和人民负担，经测量规划：邓家湖堤分洪口门选定在槐露口，长250米；小江湖堤分洪口门选定在黄堤坝原溃口处，长200米；按设计要求，干砌块石，水泥砂浆勾缝，修建锁口"裹头"两处，裹头从堤脚外20米起布设外坡。横跨堤面，经内坡，过堤脚，抵压浸平台止，合计横长87米，宽11.5米，高2.5米，额定石方量5000立方米。并规定自堤面中心线为界，左右两边各堆放2500立方米。为了确保汛期间车辆运行，及时运送防汛器材，在内压浸平台留有5米宽通道一条，用碎石铺路。为保护堤面，在堤面留有4米宽的槽沟，中心用石筑拱高0.8米，两边铺漫坡通道，专供车、人行之用。于1984年11月动工，次年12月基本竣工，完成石方1万立方米。

（三）安全转移设施建设

1982—1995年，先后建成马良至烟垢、马良至沈集等泥石结构转移道42千米，安全台7个，面积2万平方米。1993年7月，在马良镇雾观山上，建占地300平方米，总高程174.00米，净高28米镀锌发射铁塔1座，配有发射机两台（套），接收机100部，以及部分防汛通信和预警设施。根据省水利厅制定的《汉江中下游防御特大洪水调度方案》，汉江中下游沿岸分蓄洪民垸，应考虑到洪水来量、气候情况、民垸容积及分洪效果，按照制定的运用程序及操作规程合理调度运用，最大限度地减少洪灾损失。

第三章　城市防洪工程

城市是政治、文化、经济的中心，人口稠密、交通发达，固定资产集中，汇集着国家和人民的巨大财富，防洪安全更显得重要。荆州市城区及各县市城区均集中在长江沿岸及主要支流，极易受到洪水的威胁，保障城市的防洪安全，直接关系到社会安定和经济发展的大局。因此，城市防洪是流域防洪的重要组成部分，也是流域防洪的重点之一。

荆州城市防洪有悠久的历史。随着荆州古城的修筑，因其紧邻荆江河道，其防洪特点更显突出，荆州的防洪工程是把城市作为防洪对象而起源的，东晋在江陵（即荆州）城外筑金堤，主要防护对象是江陵城，以后逐步发展为荆江大堤。

新中国成立后，荆州的防洪进入了一个新阶段，1952年兴建的荆江分洪工程，其主要目的是确保荆江大堤的安全，确保荆州城区的安全。1981年，国务院《批转水利部、国家城市建设总局关于城市防洪问题的报告的通知》指出："城市防洪，事关全局，各地务必要高度重视，除了每年汛期要做好防汛工作外，特别要注意从长远考虑，结合江河规划和城市的总体建设，做好城市防洪规划，防洪建设，河道清障和日常管理工作。"并强调指出"城市防洪规划必须服从江河流域治理规划和城市建设总体规划的要求，城市建设的总体规划应认真考虑城市的防洪与排水问题。"1987年水电部明确全国重点防洪城市25座，其中就有沙市。1993年全国重点防洪城市增至31座，要求作出各重点防洪城市的防洪规划并尽快实施。长江中下游平原区的城市防洪规划方向是，应在整体防洪规划对超额洪水妥善处理的基础上，按长江中下游统一制定的堤防防御设计水位加高加固堤防，并视条件的可能规划建设城市本身的堤防封闭圈，同时整治河道加强护岸，稳定岸线，加强河道管理和城市附近分蓄洪区的管理。根据这些规划原则，对荆州市城区及其他市（县级市）区进行了防洪规划，并逐步开始实施。

第一节　荆州市城区防洪工程

一、城区概况

荆州市城区位于长江中游上荆江河段北岸，包括荆州古镇和沙市城区，荆州城是荆州地区（市）的政治中心，沙市原为湖北省省辖市，著名的轻纺工业城市，两城相距4～5千米，随着城市的扩展，两城联成一体，1994年荆州地区与沙市市合并组成荆沙市，1996年改名为荆州市。市区地跨长江两岸，南接洞庭湖平原，北滨长湖，西临沮漳河，东靠四湖总干渠，是全国重点防洪城市。

荆州古城历史悠久，春秋战国时期是楚国的政治、经济、文化、军事的中心，楚文化发祥地之一。千百年来，一直为各级行政机构的所在地，有着极为丰富的文化遗产。1982年被国务院列为国家首批历史文化名城，1996年荆州古城墙被国务院公布为全国重点文物保护单位，2006年被列入中国世界文化遗产预备名录。

沙市，古称江津，早期是荆江的重要码头，至魏晋南北朝时期已成为“布帆百余幅、环环在江津”的商品转运口岸。随着荆江堤防的修筑，唐宋时期，沙市即有“十里津楼压大堤”之盛，被列为“国南巨镇”。至明末，沙市已形成“舟车辐辏，繁盛甲宇内，即今之京师，姑苏皆不及也”的规模。清末，外国列强入侵，《中英烟台条约》和《中日马关条约》的签订，沙市沦为外国列强掠夺江汉平原资源和倾销“洋货”的口岸。

新中国成立后，荆州城、沙市市区得到大规模地建设和发展，两城联为一体，工商业发展迅速，交通运输繁荣空前，沙市港是长江中游的重要港口；318国道、207国道、宜黄高速、荆襄高速公路交汇城区，汉宜高速铁路、荆沙铁路分别与京珠高速铁路和焦柳铁路相连可与全国铁路联网，荆州机场开辟了武汉、上海、广州的航线，荆州市已成为鄂中南主要交通枢纽，是江汉平原、川东、湘北地区的重要物资集散地。

至2011年，荆州市中心城区面积66.4平方千米，人口90.40万人，荆州城区生产总值298.06亿元，规模以上工业企业308个，工业总产值161.05亿元，高等院校6所，中等职业学校21所，中小学171所，医院卫生院20个。

二、城市防洪发展沿革

荆州市城区处于丘陵低岗地区向平原湖区的过渡地带，西北部岗岭蜿蜒，属荆山余脉，自北端川店入境，逶迤南下，西支为八岭山，东支为纪山，一直延伸到荆州古城西北，形成岭冲相间的丘陵地带，东南部地势平坦低洼，河网交织，系长期受江河冲积和沼泽沉积形成的冲积和湖积平原，属古云梦泽的范围。春秋战国时期，人们开始在泽之高处垦殖居住，公元前六七世纪，楚文王于元年（公元前689年）率部族迁徙于郢（今荆州城北5千米处），筑城建都，历21位国王，直至公元前278年秦国大将白起拔郢止，时间长达412年之久，今荆州城址则设为“渚宫”，为王公贵族游乐之所。当时长江、沮漳河、内荆河水系（古扬水、夏水）和汉江均汇集于此，但当时的云梦古泽面积浩瀚，调蓄容量大，洪水水位不高，洪水威胁不严重。至秦汉，荆州城区建有城垣，兼作御敌与防洪之用。随着江湖演变，云梦古泽解体，围垸垦殖发展，江河洪水增高，至东晋，在荆州城西南修筑护城防洪堤——金堤，以御江水，后经逐步扩展，形成了现在的荆江大堤。明嘉靖二十一年（1542年），堵塞了荆江北岸最后一个穴口——郝穴，荆江大堤连成整体，成为江汉平原最重要的防洪屏障，也保障着荆州古城和沙市的安全。荆江大堤连成整体后，曾多次溃决，过去由于荆江洪水位较低，郝穴以下堤段决口，洪水淹不到荆州城区，如观音寺以上堤段溃口，则必淹及今城区。自明朝以来，荆州城区江堤溃口即达60余次，其中，尤以清乾五十三年（1788年）、1931年、1935年最为严重。

清乾隆五十三年（1788年）长江大水，农历六月二十日下午5至7时许，荆江大堤从万城御路口堤段决口22处，荆州城城门未能及时关闭，大水从西城门及北城门灌入，“全城覆没，水深二丈余，两月方退，兵民淹溺万余，号泣之声，晓夜不辍，登城全活者，露处多日，难苦万状，下乡一带田庐尽被淹没，诚千古奇灾也”（清光绪《荆州万城堤志》）。

1931年荆江阴雨连绵，低处涝水甚深。7月上旬，江水先由内荆河倒灌，白露湖、三湖及周围民垸漫溢。8月上旬，岑河口一片尽成泽国，8月9日，沙市长江水位43.52米，荆江大堤江陵段沙沟子溃口，洪流迅猛上灌，荆北平原尽成泽国。当年，"灾民或露宿，或栖息划船，或逃往荆沙乞食，流离所失，厥状颇惨"（《民国二十年水灾各县调查表》)。

1935年7月，长江和沮漳河上游地区连续普降大暴雨，江河水位骤涨，长江枝城站洪峰流量75200立方米每秒，沙市站水位迅速上涨。7月4日，沮漳河山洪暴发，横冲荆州区的镇山头、众志垸横堤及保障垸，阴湘外堤（吴家大堤）、内堤（方官堤）于当晚相继溃决，5日中午，荆江大堤堆金台、得胜台开始漫溃，晚，横店子堤段又溃。洪水猛袭荆州城区，荆州古城四面皆水，深丈余，至7月7日，长江沙市站洪水高达43.64米，沙市市区水可行船，仅余中山路一线未及淹没，水深处达数尺，人民或攀树颠，或登屋顶，或跻高埠，风狂浪涌，难民呼救之声，市民奔走呼号之声，俨如天崩地拆（《湖北江河流域灾情调查报告书》)。

随着江湖关系的变化，荆江洪水水位不断抬高，荆江大堤也在不断地增高。新中国成立初期，荆江洪水位已高出荆州城地面10～14米，荆江大堤一旦在郝穴以上溃口，不仅淹没荆州城区，而且还将造成荆北平原大量人口死亡的毁灭性灾害，已成为长江中下游防洪中最严峻的问题。新中国成立后，人民政府非常重视荆江的防洪建设，除加高加固荆江大堤，兴建河势控制工程外，还兴建了荆江分洪和涴市扩大分洪等工程，以提高荆江大堤的防御能力，特别是2009年三峡水库建成蓄水后，可将荆江防洪标准提高到100年一遇，配合分蓄洪工程，荆江可防御1860年、1870年同类洪水，荆州市城区防御长江洪水的任务，主要由荆江大堤及分蓄洪工程和水库工程承担。

荆州市除受长江洪水威胁外，其垸内还受到长湖和太湖港洪涝的威胁。长湖是荆州市城市北面的一个大型湖泊，处于丘陵与平原交界地带的岗边湖，集水面积3240平方千米，湖泊面积157平方千米，对滞蓄丘陵区水免其泛滥成灾起着重要的作用。但由于来水面积大，长湖经常出现高洪水位，是荆州城市洪涝灾害的直接原因。太湖港水库是荆州市城市西面的一个大型水库，总库容12192.4万立方米，防洪库容8360.4万立方米，荆州市城区三面环水，因而长湖湖堤、太湖港库堤及太湖港渠堤成为荆州市城市防洪的重要屏障。

三、城市防洪排涝现状

新中国成立前，荆州市城区依赖荆江大堤抗御长江洪水，以中襄河（荆襄河）堤抗御长湖洪水，区内无系统排涝工程，一遇暴雨则渍涝成灾。

新中国成立后，荆州大力开展以堤防整险加固，兴建排涝工程为主的水利建设，荆州城区受荆江大堤、长江干堤、汉江干堤、东荆河堤所形成的四湖内垸防洪圈的保护，其排涝依赖于四湖流域排涝工程。

1. 荆江大堤防洪现状

荆州市城区防洪，首先依靠荆江大堤防御长江洪水，荆江大堤西起荆州区枣林岗，东至监利县城南，全长182.35千米。保护范围1.35万平方千米，内有耕地1100万亩，人口1000余万，有荆州、武汉等重要城市和江汉油田等重要工业基地。因此，荆江大堤成为长江流域最为重要的国家确保堤防。荆州市城区防洪范围堤段从荆州区枣林岗（桩号

810＋350）至江陵县观音寺（桩号742＋500），长68.65千米。荆江大堤经多年加固加高，堤身高达12～16米，而堤后地面比洪水位低十余米，全赖一线堤防保护。

2. 太湖港、长湖防洪现状

荆州市城区西北部丘陵区建有太湖港大型水库，由丁家嘴、金家湖、后湖、联合4座水库串联组成，总库容1.22亿立方米。4座水库均为开敞式溢洪道，一遇山洪暴发，最大泄洪流量可达255立方米每秒流入长湖，以太湖港为泄流通道，太湖港则贯穿荆州城区。水库的安危对荆州城区的防洪至关重要。

长湖位于荆州城区北部，承纳四湖上区丘陵地区的来水，积水成湖，历史上曾任其泛滥。20世纪60年代在长湖出口刁家口、刘岭建闸控制水位，并开挖长湖至东荆河堤的田关河实施等高截流，对长湖实行控制运用，使之成为一个大型水库型湖泊，涉及防洪安全的南线挡水堤段长47.62千米（分属荆州市44.117千米，潜江市2.2千米，荆门市1.303千米），其中，直接挡水堤段35.27千米，沿湖高岗挡水堤段12.35千米。直接挡水的35.27千米堤防中，长湖南堤27.50千米，荆襄河堤5.11千米，太湖港堤2.66千米。

长湖南堤27.50千米，分属3市管辖，其中，潜江市2.12千米，荆门市1.35千米，荆州市24.03千米。经过40多年整修加固和改线，已形成东西两段完整的湖堤，堤面宽6米，重要险段面宽8米，内外边坡1∶3，高岗无堤，但由于堤顶高程不够，崩岸严重，危及荆州城区防洪安全。

3. 城市排涝现状

荆州古城区渍水由护城河调蓄，自排或提排入太湖港汇流长湖。当长湖水位抬高，顶托荆州古城区的渍水无处排渍，1983年曾出现荆州城西门淹水，水深0.6米，北门、小北门、南门先后淹水，行人靠船摆渡，工厂停产，商店停业，损失惨重。因护城河是环绕荆州古城无源头的人工河，水面仅0.24平方千米，容积约50万立方米，担负荆州古城区26平方千米雨水的调蓄和排泄，加之太湖港与护城河相通，其排涝压力是难以承受的。

沙市城区的渍水经西干渠，豉湖渠排出城市外围，西干渠上起雷家垱，下至监利泥井口入四湖总干渠，全长90.51千米。因市区水体污染严重，1981年在岑河镇伍家岗处筑坝拦截沙市城区污水，城区排水改流豉湖渠。但其上段仍是沙市城区重要的调蓄和排水通道，调蓄容积30.21万立方米。豉湖渠是四湖总干渠排水支渠，起于城区娘娘堤附近，于何家桥附近汇入总干渠，全长约25千米，渠底起点高程26.86米，底宽17～24米，边坡1∶2，纵坡比1∶20000，设计过流量20立方米每秒，是沙市城区及工业新区排除雨水的唯一通道。

四、规划设计

（一）规划过程

1987年，水电部明确沙市市为全国重点防洪城市，沙市市水利局即编制了《沙市市城市防洪规划》，并报水利部审查。

1994年10月，荆州地区和沙市市合并。1995年5月12日，省防汛抗旱指挥部办公室印发《关于编制湖北省城市防洪规划的通知》，明确荆沙市为国家确定的防洪城市，要求尽快编制防洪规划报国家防汛抗旱总指挥部审定；县市级城镇的防洪规划，由市级人民政府负责审定，报省防汛抗旱指挥部备案。

1995年9月18日，荆沙市人民政府印发《关于成立城市防洪规划编制领导小组的通知》，成立以市长张道恒为组长的荆沙市防洪规划编制领导小组，并委托省水利水电勘测设计院进行编制，1999年11月11日，长委组织对《湖北省荆州市城市防洪规划报告》进行了审查，并将审查意见报水利部。2000年7月26日，水利部以规计〔2000〕165号向省政府发出《关于湖北省荆州市城市防洪规划审查意见的函》，同意长委的审查意见，请省、市人民政府根据批准的防洪规划，开展城市防洪工作勘测设计等前期工作，落实实施方案，筹措建设资金，按基建程序审批后，实施荆州市城市防洪工程，以提高荆州市城市防洪标准，保障荆州市社会经济发展和人民生命财产安全。

为尽快将规划付诸实施，荆州城市防洪工程项目建设可行性研究报告于2001年3月14—18日通过长委的审查，并报水利部，列入《利用日本国际协力银行贷款湖北省城市防洪工程可行性研究总报告》的子项目之中。

（二）规划内容及设计标准

荆州市城区防洪拟形成单独的防洪保护圈。鉴于太湖港渠贯穿荆州城区，规划拟定为以太湖港渠为界建设南、北两个城市防洪保护圈。除荆江大堤外，规划加固沙桥门至新阳桥闸的长湖堤段，加固太湖港南堤并兴建荆州城西防洪堤，形成主城区封闭圈；加固太湖港北堤、纪南防洪堤形成北城区封闭圈。

2004年7月5日，省发改委作出《关于利用日本国际协力银行日元贷款荆州城市防洪工程初步设计的批复》，明确荆州市城市为二等城市，应以防御100年一遇洪水为防洪标准，而城市各部防洪标准分别确定：①荆江大堤为1级堤防，防御100年一遇洪水，但因已纳入荆江大堤加固计划，故不列入城市防洪计划中。②长湖湖堤防洪标准为50年一遇，设计洪水位为33.50米，2级堤防，穿堤建筑物为2级，其设计堤顶高程根据风浪爬高分段计算确定。对长21.53千米堤段进行加高培厚，土堤堤顶高程超设计洪水位1.0米，堤面宽6米，内外坡比1∶3；桩号3＋306～21＋532堤身迎水坡采用混凝土护坡，下设砂石垫层，背水还原植被；10＋000～21＋532堤段，堤外肩修建钢筋混凝土防浪墙，墙顶高程超设计洪水位2.05～2.25米；桩号1＋556～21＋532堤段堤顶修建混凝土防汛路面，路面宽4米，厚0.25米，下设水泥砂石稳定层；沿堤沙桥门闸等7座涵闸进行加固，拆除封堵新三支渠闸。③太湖港总渠南堤防洪标准为50年一遇，设计洪水位33.50米，2级堤防，穿堤建筑物为2级，设计堤顶高程超设计洪水位1米；桩号0＋000～12＋600米长12.60千米堤段进行加高培厚，堤顶面宽6米，内外坡比1∶3；桩号7＋400～12＋600长5.2千米堤段迎水坡采用混凝土护坡，下设砂垫层，背水面还原植被；整治沿渠11座涵闸，拆除封堵6座；桩号0＋000～12＋600长12.6千米堤段修建混凝土防汛路面，路面宽5米，厚0.25米，下设水泥砂石稳定层。④城区排涝标准为20年一遇1日暴雨1日排完，郊区为10年一遇3日暴雨5日排至作物耐淹深度，对西干渠进行疏挖，桩号1＋150～9＋000长7.85千米渠段进行混凝土块护坡；在西干渠渠首，修建雷家垱闸，设计流量40立方米每秒，为涵洞式，闸孔为2孔；为防止长湖水倒灌，在荆襄河口建节制闸，名荆襄河节制闸。原荆襄河辟为湿地公园。对护城河进行疏挖，沿两岸修建重力式挡土墙，墙顶宽 0.5 米；对荆襄河桩号 0+000～2+040 长 2.04 千米渠段进行疏挖，边坡采用预制混凝土块护坡，下设砂石垫层；对荆州泵站改扩建和柳门泵站续建配套；拆除重建赵元桥，设计标准为汽 20 级，挂 100 校核，桥长 56 米，面宽 9 米，为装配式混凝土 T 形梁平板桥；新建江汉北路桥，月堤路桥、燎原路桥、红光路桥等，设计标准为汽 20 级，桥长 32～33 米，桥面宽 20 米，为装配式混凝土 T 形梁平板桥。⑤工程设计概算 23361.30 万元，其中利用日元贷款 213738 万日元（约合人民币 14249.20 万元）。

五、工程建设

至 2012 年，项目工程建设基本结束，已完成城市防洪、排涝工程。

1. 城市防洪工程

（1）完成西干渠 0+000～14+050 长 14.05 千米的渠道疏浚及 5.4 千米（1+168～6+550）的渠道护砌，修建跨渠江汉北路桥、月堤路桥、燎原路桥和红光路桥 4 座桥梁。

（2）完成长湖湖堤堤身加固 15.774 千米（3+320～9+800、12+200～21+494）及 10 千米堤顶混凝土防汛路，兴建五支渠闸、火龙墩闸、岳桥泵站闸 3 座。

（3）完成太湖港渠堤（桩号 11+250～11+531、支 0+000～0+473）长 754 米堤身加高加固和（桩号 11+250～11+531）堤段的整治施工。

（4）完成太湖港总渠分流工程，包括进水闸和节制闸各 1 座，长 4.4 千米的引水渠渠系配套整治。

（5）完成西干渠上段延伸工程，包括西干渠塔桥路下 1000 米“暗改明”渠道以及雷家垱箱涵改造。

（6）雷家垱闸新建工程。

2. 城市排涝工程

（1）完成新北门至西门长 3.6 千米护城河的整治，荆凤广场段 1.2 千米的疏挖和驳岸工程。

（2）完成荆襄河全段 2.04 千米疏挖护砌工程。

（3）完成荆州泵站（荆沙河项目列支）、柳门泵站续建工程。

（4）兴建防汛抢险应急仓库和露天砂石料仓库。

六、工程效益

城市防洪工程实施后可减免洪灾损失，荆州城区的防洪标准可由 20 年一遇提高到 50 年一遇。

城市排涝工程的实施，将荆州城区划分为荆州、沙市、郢城和沙市邻郊 4 个排涝片，利用河渠自排或调蓄，利用电力泵站提排，提高了城市的排涝标准，再出现类似 1983 年的内涝洪水可避免灾害损失。

七、重编规划

随着荆州市城区的发展加快，城市的总体规划修订或修改，城市防洪保护区的对象增

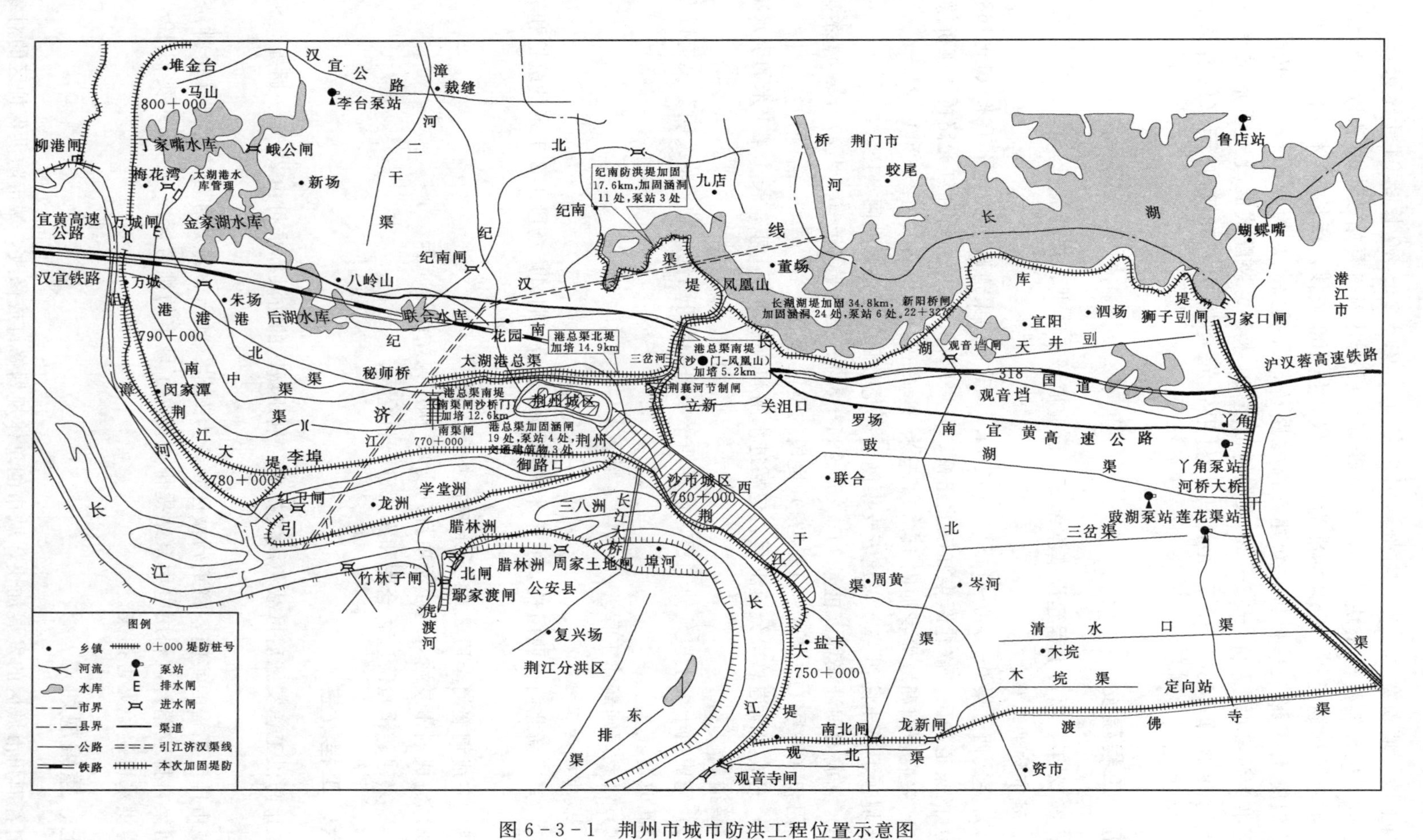

图6-3-1　荆州市城市防洪工程位置示意图

多，对城市防洪的要求更高，根据水利部2011年下发的《加强城市防洪规划工作的指导意见》，2012年荆州市防办、市水利局委托省水利电力规划勘测设计院再次修编《荆州市城市防洪修编报告》。规划范围：北起海子湖，南至长江，东抵南支渠，西至引江济汉渠。面积480平方千米。规划投资15.46亿元，规划于2014年10月27—29日在北京由水利部水规总院主持通过初审。荆州市城市防洪工程位置示意图见图6-3-1。

第二节　县（市）城区防洪工程

一、松滋市城区防洪

（一）城区概况

松滋市位于湖北省中南部，长江中游南岸，地处武陵山余脉和巫山余脉与江汉平原的过渡地带，全市总面积2176平方千米。境内山区、丘陵、平原、湖区兼有。松滋市城区位于松滋市中部，地处丘陵和平原湖区的过渡地带，地势自西向东北倾斜、西高东低，东北部平原湖区由北向东微倾，地面高程在40.00～85.00米之间。新江口城区为松滋市政府所在地，是松滋市政治、经济、交通、文化中心，面积45.2平方千米，其中，丘陵面积23.4平方千米，平原湖区面积21.8平方千米，总人口13.5万人。2011年新江口城区有规模企业30余家，形成医疗器械、机械建材、造纸、化工、玻璃、服装、酿酒、农产品加工等主导产业，尤以“白云边”酒业公司和飞利浦照明有限公司著名，社会生产总值25.4亿元，固定资产328亿元。城区现有医疗机构108所，高级中学3所，初级中学3所，职业技术学校5所，小学6所，是荆州市“小康建设先进乡镇”。

（二）城区防洪排涝状况

松滋市城区北临庙河，东北部环绕松西支河，东南抵新河。松西支河系松滋河主流，流经城区的河道长度7.3千米，起点马家尖，止点太山庙。庙河源于松滋西部九根松，于马家尖注入松西支河，流经城区的河道长度5.17千米。新河是南北河的下游河段，为1975年综合治理小南海人工开挖形成，将南北河、碾盘河、城南河的山洪水由太山庙引入松西支河，流经城区河道长8.58千米。城区三面环水的自然水系构成了防洪严峻的形势，既要防御松西河支流分流长江的洪水，又要防御从山区丘陵汹涌而下的山洪水。据史料记载：从元至元十二年（1275年）至清宣统二年（1911年）松滋平原湖区遭受水灾达42年次；民国时期（1911—1949年）遭受水灾的有14年次。清同治九年（1870年），黄家铺（今大口）、庞家湾堤溃，松滋及邻邑堤防连溃八、九处，漂流屋宇、百姓及田禾无算，松滋城墙溃五六丈，磨盘洲全被水淹，百里之遥，几无人烟。新中国成立后的1954年，外洪内涝。当年新江口4—8月降雨1326.8毫米，占全年降雨量（1982.4毫米）的66.9%，为历史罕见，尤其是7月26—28日，连续3日降雨高达221.5毫米，山区山洪暴发，湖区一片汪洋，新江口城区街可行舟，损失惨重。

（三）防洪工程

松滋市城区河流水系复杂，江河、山溪河流交错串通，经多年建设，逐步筑堤围垸，已修建堤防21.05千米，形成了封闭的城市防洪圈，其防洪目标是保证松滋河发生1954年型洪水，北河水系发生20年一遇暴雨时堤防安全度汛。

松西支河右岸堤防 松滋城区防洪堤段起点为马家尖，止点太山庙，桩号松西右27＋200～34＋500，长7.3千米，在原有垸堤基础上逐年加修而成，特别是实施荆南四河堤防加固工程后，堤顶高程达到46.60米。堤面宽6米。新江口城区从上南街至德胜闸沿河原无堤防，地面高程为45.00米，最低点高程为44.80米。每当松滋河水位达到45.00米以上时（1998年8月17日出现最高水位46.18米），沿河街道及民主大道北段常遭水淹，商店停业，交通受阻，居民被迫转移。

新江口防洪墙是松滋市城区的重要防洪工程。从1999年开始，松滋市即编制规划并报省水利厅，2002年被省水利厅列入湖北省洞庭湖区四河堤防加固工程项目，工程地点新江口镇河街上南街至德胜闸，工段长度1000米，沿河修筑4米高混凝土防洪墙，墙内填筑土堤，堤面宽8米，铺设6米宽混凝土路面，混凝土墙高于堤面1米，迎水堤坡用混凝土预制块护坡，浆砌石镇脚，水下抛石护脚。

防洪墙工程于2003年5月18日动工，12月底完工。兴建防洪墙长1000米（桩号29＋000～30＋000），完成土方4.5万立方米、钢筋混凝土5149立方米、浆砌石1531立方米、干砌石1429立方米，水下抛石5037立方米，工程投资433万元。

庙河右岸堤防 马鬃岭至马家尖，长5.17千米（桩号庙河右0＋000～5＋170），纳入湖北省洞庭湖区四河堤防加固工程项目中进行加固，堤顶高程达到43.50～45.20米，堤面宽6米，达到40年一遇防洪标准。

新河左岸堤防 城南至太山庙，长8.58千米（桩号新河左0＋000～8＋580），其中3＋500～8＋580米长5.08千米堤段纳入湖北省洞庭湖区四河堤防加固工程项目进行加固，达到20年一遇的防洪标准，剩余3.5千米（桩号0＋000～3＋500）堤防未进行加固加高，其防洪标准为10年一遇。

城区西南部丘岗区盘山泄洪渠堤 拦截城区西南部丘岗区山洪水，长10千米（桩号0＋000～10＋000），其防洪标准仅为5年一遇。

（四）排涝工程

城区西南部背靠丘岗，盘山渠南接城南河于磨盘洲注入新河，北渠于城北注入庙河，与城区排污渠构成城区的除涝排水系统。

城南河 主要将城南片区的渍水和丘岗区山洪由盘山渠南接经磨盘洲引入新河，排水流量6.4立方米每秒。

松林垱倒洪管 是新河的河下排水涵，主要将中心城区的渍水由排污渠经稻谷溪引入小南海湖。工程于2012年拆除重建，进水闸位于新河左岸5＋530处，出水闸位于新河右岸6＋580处。由于中心城区排水管网、排水沟连接不通畅、设计过水断面不足，致使管、沟泄流不畅，发生5年一遇降雨时，城区街道即被淹。

盘山泄洪渠 主要是拦截丘岗区来水，但因渠道狭窄，堤身单薄矮小，遇山洪时经常发生漫溃和渠堤垮塌险情。

二、洪湖市城区防洪

（一）城区概况

洪湖市位于湖北省中南部，长江中游北岸，地处四湖地区下区，全市总面积2519平方千米。新堤镇是洪湖市的政治、经济、文化中心，国土面积47.8平方千米，其中，城区面积28.78平方千米，城镇人口10.77万人。2011年，洪湖市有131家规模以上工业企业，完成工业总产值72.35亿元，初步形成石化设备制造、水产品加工、纺织服装加工和汽车零部件制造四大产业集群，其中尤以水产品加工最为突出，以洪湖出产的水产品加工成的名优特品种，远销全国及欧美，所创产值占全市工业总产值的37%。洪湖水产品加工园，被省政府确定为6家省级重点水产品加工园区之一。

（二）防洪工程

洪湖市城区处于江湖之间地带，东南濒临长江，西抵洪湖水域，内荆河横贯市中心。洪湖分蓄洪工程运用时，城区将四面环水，依凭长江干堤和新堤安全区围堤共同防御洪水；不分洪时，依凭长江干堤，洪湖围堤，内荆河堤防洪。

新堤安全围堤　新堤安全区是洪湖分蓄洪二期工程规划中最大的一个安全区。安全区围堤自长江干堤508+405起，止于长江干堤498+500处，围堤总长24.38千米，其中，新筑围堤14.48千米（完成10.14千米），利用长江干堤9.9千米，堤顶高程34.50米，堤面宽8米，属国家2级堤防，防洪标准为50年一遇。2003年停建，安全区未能按设计完成。

洪湖围堤　长2.6千米，设计洪水位27.19米，堤顶宽4米，内外坡比1∶3。

内荆河堤　长2.5千米，设计洪水位26.70米。

（三）排涝工程

洪湖市城区防洪安全区的形成，改变和打乱了原有的城市排涝体系，给城区的排涝带来了新的压力，2010年夏，洪湖市境内遭遇50年一遇的强降雨，7月9—15日7天内，降雨550毫米，造成大面积渍涝灾害，城区积水深度达0.7～0.8米，城东新堤工业园区部分路段积水深达0.8米，持续时间达5天之久，严重影响园内工业企业的正常生产和交通运输，给企业造成很大的经济损失，对此，洪湖市政府决定对城区防洪排涝工程进行规划整治，依据城区的地理位置和水系分布，拟将城区划分成4个排涝区。①城西区，为内荆河以西的城区，承雨面积9.94平方千米，利用新堤泵站和新旗泵站提排；②城东区，为内荆河以东的城区，承雨面积18.84平方千米，利用茅江泵站、园区泵站、汪沟泵站及石码头泵站提排；③河东区，承雨面积19.73平方千米，利用石码头泵站提排；④河西区，承雨面积20.74平方千米，利用荣丰泵站、撮箕湖泵站提排。设计排涝标准：城区排涝为50年一遇1日暴雨（201.609毫米）1日排完，农田排涝为20年一遇1日暴雨（178.436毫米）2日排完。据此，排涝工程涉及新建泵站4座，重建泵站2座，更新改建泵站5座，已建泵站1座，具体情况见表6-3-1。

表 6-3-1　　洪湖市城区防洪排涝泵站基本情况表

排区名称	泵站名称	所在位置	装机容量		设计流量/(m³/s)	
			台	单机/kW		
城西区	新堤泵站	丰收渠	3	180	10.05	重建
	岸边城泵站	新堤排水闸	2	155	5.70	新建
	新旗泵站		2	180	5.6	改建
城东区	石码头泵站	石码头	12	155	18.0	改建
	汪沟泵站	汪沟	3	180	10.05	重建
	河岭泵站	河岭	2	180	5.6	新建
	茅江泵站	茅江	1 2	155 80	4.6	改建
河西区	洪湖泵站	中心沟	3	180	10.05	新建
	撮箕湖泵站	撮箕湖	2	132	4.5	改建
	荣丰泵站		2	160	6.1	已建
河东区	黄牛湖泵站	黄牛湖排渠	6	155	15.0	新建
	刘三沟泵站	刘三沟	2	155	5.04	改建

三、石首市城区防洪

（一）城市概况

石首市地处湘鄂边沿，镶嵌在江汉平原与洞庭湖平原结合部，地跨“九曲回肠”下荆江两岸，以“有石孤立”于城区江边而得名，西晋太康五年（284 年）始置县制，1986 年撤县建市，自然面积 1427 平方千米。石首市中心城区涉及笔架、绣林、东升、高基庙、南口 5 个行政区，中心城区面积 70 平方千米，总人口 20 万人。2011 年中心城区拥有规模企业 130 家，实现产值 72 亿元，形成了精细化工、木业森工、汽车配件、纺织电子等支柱产业，涌现出湖北吉象、湖北万向、湖北楚源等一批出口创汇和国家级重点高新技术企业，是国家精细化工产品出口生产基地、汽车零部件和人造石英晶体频率片生产基地。楚源集团是一家集染料、医药、肥料、生物化工于一体的现代化工企业，其产品 H 酸和 J 酸产量全球第一，染料中间体生产规模全国第一。

（二）防洪排涝现状

石首市地处江汉平原和洞庭湖平原的结合部，既受长江洪水的威胁，又受洞庭湖洪水的影响，两面夹击，防洪形势十分严峻。

长江自新厂进入石首市境，下迄五码口，境内流长 90.3 千米，将石首分为南北两大片，此段河道过度蜿蜒曲折，崩岸险情极易发生。藕池河自郑家码河口入石首境，至梅田湖出境，境内流程主干流长 39 千米，并分为一干三支，即东支鲇鱼须河、中支团山河、西支安乡河、过境长 79 千米，后汇入洞庭湖。

调弦河，又名华容河，从调关分泄长江洪水，于旗杆嘴注入洞庭湖，全长 60.2 千米，其中石首市境内流长 13 千米。

石首市城区被三水环绕，加之又受洞庭湖水的顶托，洪涝灾害频发。1931年石首市阴雨连绵，5、6、7月降雨量达879.7毫米，江河水位陡涨，自6月18日至8月2日，先后溃决民垸13个，石首全境被淹，淹没时间长达100天，淹没面积1189平方千米，死亡1180人。“市镇精华，摧毁殆尽，浮尸漂流，疫病流行。”1935年6月下旬，长江上中游普降大暴雨，江河水位猛涨，石首遭灾，受淹面积1656平方千米，灾民24.73万人。新中国成立后的1954年、1980年，石首除遭受洪灾之外，还内涝成灾，城区积水深达0.5～1米。每次受灾，都给人民生命财产带来很大损失。

（三）防洪工程

中心城区防洪保护圈由荆南长江干堤，荆南四河堤防组成，全长71.57千米。

荆南长江干堤 城区防洪保护利用荆南长江干堤49.5千米，堤顶高程40.25～41.20米，其防御标准为1954年型洪水。

荆南四河堤防 构成石首市中心城区防洪保护圈的堤防为金城垸堤，长16千米；顾复垸堤，长6.07千米，总长22.07千米，属2级堤防，堤顶高程39.60～40.50米，其防御标准以“中小河流出现新中国成立以来当地最高水位不溃堤”为原则。

（四）排涝工程

石首市中心城区已建排渍管道56.8千米，箱涵8.39千米，明渠15.24千米，大型排渍泵站5座，排渍闸4座，构成4大排渍水系，详见表6-3-2。

表6-3-2　石首市中心城区排渍水系一览表

序号	排渍系统	泵站	泵站排水流量/(m^3/s)			汇水范围/km	备注
			现状	规划	近期建设		
1	上津湖系统	上津湖泵站	32			37.3	1999年新建泵站
		洋河剅闸	31.4		31.4		2011年接长加固
2	民建渠系统	小湖口泵站	37.5			2.54	
		老小湖口闸	8.4				
3	城区沿河系统	管家铺泵站	1.6			5.2	
		陈币桥泵站	12				2013年接长加固
		八角山泵站	0.67	0.5	0.5		2011年泵站重建
4	城区沿江系统	肖家拐闸	1.4	10.5		8.5	
		王海闸	14	15			泵站扩建
合计			138.97	116.9		53.54	

为充分利用城区内现有湖泊，规划将市区内的车落湖、柳湖、破湖、东双湖、显杨湖、官田湖、黄蓬湖、隔坝湖、列货山潭、陈家湾湖、上津湖、百汊湖、山底湖、白莲湖14座湖泊进行建设与保护，既用于调蓄渍水，也可美化城市环境，彰显城市灵性，打造和谐人居环境。各湖泊的控制水位见表6-3-3。

四、公安县城区防洪

公安县位于湖北省中南部边缘。南北最长75千米，东西最宽51千米。北与荆州市城区隔江相望，南临湖南安乡，东连石首，西接松滋，辖16个乡镇，国土面积2257平方千米，人口101万人，是全国重点粮、棉、油生产基地，闻名全国的鱼米之乡。

表6-3-3 石首市中心城区调蓄湖泊控制水位一览表 单位：m

序号	名称	控制水位		序号	名称	控制水位	
		最低	最高			最低	最高
1	车落湖	31.50	32.70	8	山底湖	30.50	32.80
2	柳湖	33.00	33.50	9	白莲湖	30.80	32.60
3	破湖	30.20	32.00	10	隔坝湖	30.00	32.50
4	东双湖	30.70	32.80	11	列货山潭子		32.50
5	显杨湖	31.50	37.40	12	陈家湾湖	30.50	29.40
6	官田湖	30.50	30.70	13	上津湖	27.60	29.40
7	黄莲湖	30.00	32.50	14	百汊湖	28.80	

公安县城分新、老两个城区，老城区包括油江、荆江、沿江、石桥、孱陵5个社区；新城区包括王家园、宏泰、柳浪棚、梅园、关山、原种场、车胤、曾埠头、杨公堤9个社区，共14个社区居委会。城区面积14平方千米，人口15万人。

老城区由长江干堤城区段和斗湖堤安全区围堤形成防洪保护圈，堤防基本达标建成。新城区依靠荆江分洪区外围堤（荆南长江干堤的一段、虎东堤、南线大堤）保护。县城防洪标准为20年一遇。规划对老城区安全围堤按2级堤防标准加固，修筑护坡防浪设施，更新改造安全区围堤上2座排水涵闸，提高排涝能力，对城区段排水闸至瓦池湾5.29千米渠道进行疏浚。

第四章　平　垸　行　洪

荆江河道蜿蜒曲流于冲积平原上，主河槽左右摇摆不定，最大摆幅达 20～30 千米，因此两岸洲滩密布。江岸滩地一般均在长江高水位以下，易发生冲淤变化。此消彼长，民众循滩围挽，形成众多小民垸。但沿江“洲地塌淤不常”，兴废多变。遇到较大洪水时，则严重地阻碍泄洪，危及两岸堤防的安全。因而清代中后期以及民国时期，围垸垦殖一再为官府所禁止。清乾隆五十三年（1788 年），因荆州人萧逢盛在窖金洲种植芦苇侵占江面，“陆续契买洲地种植芦苇，阻遏江流，沙面渐阔，江面就愈窄狭，是以上流壅高”，致使万城堤溃决，引起各级官府的重视，直至惊动了乾隆皇帝，于九月初一日下旨：“饬令将萧姓家产查抄，并交刑部按律治罪。及至湖广督抚等平日于此等关系民生之事竟置不问，除特成额（前任湖广总督）业经查抄家产，再已降旨将伊问罪外，舒常（湖广总督）著革去翎顶，仍留工所效力赎罪，李封（前任湖北巡抚）前经降旨将伊解任，亦著革去顶戴留工效力赎罪，姜晟（湖北巡抚）亦著革去顶戴，加恩署理刑部待即。”由此处理各级官员一批，可见，清王朝对侵占洲滩土地影响防洪处置之严厉。

新中国成立后，中南军政委员会于 1951 年正式规定：“荆江两岸大堤之间所有洲滩民垸一律作为蓄洪垦殖区，即大水时承以蓄洪，小水时用于垦殖。”1954 年大水后，荆江分洪工程的建设，以及长江两岸堤防不断加高培修，防洪能力不断提高，洲滩民垸也因不断地并垸联堤，使民垸的数量有所减少。至 20 世纪 70 年代，地方政府追求粮食产量，以及人口的增加对田地需求的迫切，又一度出现围滩造田的高潮，至 1998 年统计，全市有洲滩民垸 171 处，土地面积 1006 平方千米，耕地面积 785050 亩，居住 110648 户、438824 人。

1998 年，长江发生全流域大洪水，沙市站水位达 45.22 米（8 月 17 日 9 时），超 1954 年最高水位 0.55 米，洪峰流量 53700 立方米每秒，长江沿线洲滩民垸不仅影响了荆江行洪，而且在洪水中损失也很大，全市汛期共扒口行洪、漫溃洲滩民垸 113 处，其中，主要民垸 28 处，淹没面积 637.71 平方千米，蓄洪水量 28.45 亿立方米。

大水过后，国务院提出“封山植林，退耕还林；退田还湖，平垸行洪；以工代赈，移民建镇；加固干堤，疏浚河道”的灾后重建方针，自 1999—2007 年分 5 批实施了荆州市平垸行洪工程，平退民垸 126 处，包括民垸刨堤、裹头、口门及退洪闸等工程。这 126 处民垸分布于荆州（区）、松滋、公安、石首、监利、洪湖 6 县（市区），其中，荆州区 2 处，松滋市 9 处，公安县 13 处，石首市 44 处，监利县 27 处，洪湖市 31 处；完成土方 306.67 万立方米、石方 7.75 万立方米、混凝土 2.89 万立方米、固化水泥土 5.16 万立方米；共完成投资 8951.03 万元，其中，中央专项资金 7758.03 万元，地方自筹 1193 万元；平退民垸面积 661.54 平方千米，汛期可分蓄洪水 33.72 亿立方米，减少防汛堤段 389.01

千米。

第一节　双退刨堤工程

1998年大水后，对全市沿江河洲滩民垸进行分类调查摸底，确定平退民垸126处，其中确定双退民垸93处，单退民垸33处。

双退民垸，即将此类民垸的居住人口全部迁至较安全的地带，移民建镇进行安置，垸内耕地不复耕种，俗称为退田、退人。这一类民垸大多面积较小，居住人口少，堤防标准低，年年受洪水的威胁，每年投入大量的人力、物力、财力进行防汛抗灾，动辄遭受淹没之灾，人民群众饱受水患之苦，且生产长期处于简单再生产，难以脱贫致富。故将这一类型民垸堤刨毁，垸内改种林木，芦苇等高秆作物，既有利于蓄（泄）洪，又减少防洪投入，居民移民建镇安置可促进城镇化建设。

双退刨堤民垸分别在垸堤的上下两端各刨开一个明口，垸堤长小于3千米的民垸，上下口刨宽各150米；垸堤长大于3千米的民垸上下口各刨宽200～300米。刨堤均采取机械施工，将土方运至指定地点，口门刨至地面高程，直至进水行洪，以免后期重新堵筑复堤。

荆州市平垸行洪双退刨堤工程于2000年3月开始，分3个年度施工，于2000年5月、2002年2月、2002年6月、2005年1月完工。省水利厅分别以鄂计农字〔1999〕1345号文、鄂水汛函〔2002〕40号文、鄂水财函〔2002〕62号文、鄂水利汛函〔2004〕439号文下达平垸行洪双退刨堤实施计划的通知。

荆州市成立“平垸行洪工程建设管理办公室”，各县市分别成立项目部，受市平垸行洪工程建设管理办公室的委托，对各县市平垸行洪工程行使建设管理职能，全权负责工程的计划、实施、检查、督促以及协调工作，并按计划拨付工程款项。

全市共双退刨堤民垸93处，面积231.17平方千米，耕地17.26万亩，民垸围堤长299.51千米，可调蓄洪水87068万立方米，完成投资1292.44万元，见表6-4-1。

表6-4-1　荆州市平垸行洪工程双退刨堤民垸基本情况表

序号	民垸名称	所在位置	所在河流	土地面积/km^2	耕地面积/亩	垸堤长/km	蓄水量/万m^3	投资/万元
1	杨家渡垸	荆州区菱湖管理区	沮漳河	5.3	1400	5	270	28
2	金台外垸	荆州区菱湖管理区	沮漳河	5.2	3800	4.78	530	27
3	毛家尖垸	松滋市沙道观镇	松东河	3	570	4.5	125	10
4	城河垸	松滋市沙道观镇	松东河	1.5	200	3	540	13
5	城河垸	松滋市新江口镇	松东河	2.25	1512	5.5	675	14.85
6	江滩民垸	松滋市八宝管理区	松东河	1.8	2007	4	520	27.99
7	新莲垸	公安县闸口管理区	虎渡河	0.21	180	3.6	63	14
8	涂家洲	公安县孟溪管理区	虎渡河	0.08	250	4	180	16
9	队兴垸	公安县孟溪管理区	虎渡河	0.18	1200	2	50	12
10	澧安垸	公安县南平管理区	松东河	2	320	2.31	184	11

续表

序号	民垸名称	所在位置	所在河流	土地面积/km^2	耕地面积/亩	垸堤长/km	蓄水量/万 m^3	投资/万元
11	天湖洲	公安县	松东河	0.27		0.83	81	10
12	农业队垸	公安县狮子口镇	松西河	0.07	594	3.8	332	12
13	协心垸	公安县	松西河	0.8	594	3.8	332	13
14	外滩巴垸	公安县	长江	1	200	2.2	480	12
15	白沙洲垸	石首南口镇	长江	1.56	1570	3.5	546	27
16	新民巴垸	石首南口镇	长江	2.5	2300	2.6	450	21
17	南尖窑垸	石首南口镇	长江	0.1	150	1.2	25	7
18	神皇洲	石首市小河口镇	长江	9	7100	9.51	4050	34
19	杨波坦垸	石首市调关镇	长江	4	2000	3	800	4
20	新河洲	石首市调关镇	长江	4.7	5200	6.7	1200	14
21	安小垸	石首市团山镇	藕池河	2.3	2240	2.8	920	13
22	新河小垸	石首市南口镇	藕池河	0.23	40	1	46	7
23	新建垸	石首市南口镇	藕池河	2.5	844	2.5	580	23
24	蚕桑垸	石首市南口镇	藕池河	0.1	140	2.5	24	13
25	乡巴垸	石首市南口镇	藕池河	0.1	150	1.2	20	18
26	爱民垸	石首市南口镇	藕池河	0.5	560	4.3	125	28
27	管家小垸	石首市南口镇	藕池河	0.03	45	0.5	12	6
28	园艺场	石首市高陵镇	藕池河	0.3	250	0.7	90	7
29	谭家洲南垸	石首市高陵镇	藕池河	0.3	100	1.2	75	6
30	黄陵公垸	石首市高陵镇	藕池河	0.08	50	1.2	24	8
31	茅草街垸	石首市高陵镇	藕池河	0.24	200	1.2	60	11
32	石安垸	石首市高陵镇	藕池河	0.54	220	1.5	145	16
33	新发街垸	石首市高陵镇	藕池河	0.14	120	1.55	35	14
34	流合垸	石首市高陵镇	藕池河	0.21	63	1.8	63	17
35	连城垸	石首市久合垸乡	藕池河	0.3	160	1.2	90	13
36	宜兴南垸	石首市久合垸乡	藕池河	0.55	300	2.9	220	16
37	宜兴北垸	石首市久合垸乡	藕池河	0.5	230	2	170	21
38	油榨嘴垸	石首市久合垸乡	藕池河	1.4	450	3.17	238	17
39	雷家沟垸	石首市南口镇	藕池河	1.1	990	2	440	7
40	谭家洲北垸	石首市高陵镇	藕池河	2	1252	4	892	9
41	杨四庙垸	石首市高陵镇	藕池河	1.2	900	3.5	782	10
42	久合联垸	石首市久合垸乡	藕池河	53.7	35164	27.61	28600	14
43	长林嘴垸	石首市团山寺镇	藕池河	1.92	889	2	1100	7
44	六波庵垸	石首市团山寺镇	藕池河	1.25	594	2.4	700	7

续表

序号	民垸名称	所在位置	所在河流	土地面积/km²	耕地面积/亩	垸堤长/km	蓄水量/万 m³	投资/万元
45	黄牯山垸	石首市团山寺镇	藕池河	1.63	669	1.5	910	4
46	马家垸	石首市高基庙镇	藕池河	1.1	240	1.62	495	6
47	三兴外垸	石首市	藕池河					8
48	古夹小垸	石首市	藕池河	0.23	295	1	591	7
49	胜利巴垸	石首市笔架山	长江	1.4	650	2.5	120	12
50	黄瓜垸	石首市	长江	1.5	2000	3.1	825	21.76
51	小河口垸	监利县程集镇	长江	2.9	2000	1	1500	9
52	柳口外垸	监利县江城乡	长江	2.4	1500	3.9	1400	17
53	杨家湾垸	监利县江城乡	长江	1.7	1200	1.6	1000	9
54	鄢铺滩垸	监利县江城乡	长江	2.4	1440	2.1	1400	11
55	黑心垸	监利县容城镇	长江	1.5	1500	1.2	900	10
56	黄公垸	监利县容城镇	长江	1.34	1000	3.2	500	12.57
57	下车外垸	监利县朱河镇	长江	1.34	1700	0.8	820	8
58	复兴垸	监利县三洲镇	长江	6.8	8500	4	2720	16
59	金沙垸	监利县三洲镇	长江	6.9	8700	3.4	3450	53
60	孙良洲外垸	监利县三洲镇	长江	2.7	1620	4.2	2000	15
61	八姓洲观音洲垸	监利县白螺镇	长江	2.8	1700	4.5	1800	12
62	近江洲垸	监利县白螺镇	长江	3.2	3800	1.5	1200	15
63	杨林滩垸	监利县白螺镇	长江	1.8	1200	2.1	500	9
64	易家洲垸	监利县白螺镇	长江	2.8	3300	1.5	900	20
65	隆兴垸	监利县网市镇	东荆河	1.2	2000	2	500	11
66	流港垸	监利县大垸农场	长江	2.9	2300	6.23	960	22.27
67	盐船外垸	监利县三洲镇	长江	7.8	5865	2	3900	16
68	陈家垸	洪湖市螺山镇	长江	0.6	500	0.75	180	8
69	洪狮垸	洪湖市螺山镇	长江	0.45	200	10	93	14
70	复粮洲	洪湖市茅江	长江	3.2	3600	5.35	595	24
71	新堤外滩垸	洪湖市大山	长江	13.43	4030	5	2820	11
72	廖家垸	洪湖市乌林	长江	1.72	1800	1.61	320	7
73	松林垸	洪湖市乌林	长江	0.26	2500	1.1	43	7
74	胡家垸	洪湖市乌林	长江	3	3640	3	558	20
75	同升垸	洪湖市乌林	长江	0.88	940	2.4	148	10
76	中埠头垸	洪湖市乌林	长江	1.25	1100	1.09	233	7
77	李永垸	洪湖市乌林	长江	0.52	330	2.37	87	10
78	人造湖垸	洪湖市龙口镇	长江	2.15	2100	2.55	400	12

续表

序号	民垸名称	所在位置	所在河流	土地面积 /km^2	耕地面积 /亩	垸堤长 /km	蓄水量 /万 m^3	投资 /万元
79	护堤垸	洪湖市龙口镇	长江	0.3	360	0.54	54	12
80	东兴垸	洪湖市龙口镇	长江	7.79	5549	7.68	1448	10
81	合兴垸	湖洪市燕窝镇	长江	1.75	1800	2.96	326	19
82	红光外	湖洪市燕窝镇	长江	0.2	230	2.3	37	10
83	红兴外垸	湖洪市燕窝镇	长江	0.5	1700	4.3	93	12
84	复兴垸	湖洪市燕窝镇	长江	1.6	2100	4.43	298	26
85	泥洲垸	湖洪市燕窝镇	长江	1.2	500	3.5	223	14
86	观河垸	洪湖市新滩口	长江	1.4	289	0.86	260	9
87	同心垸	洪湖市新滩口	长江	6	750	7.5	300	20
88	郭口垸	洪湖市	东荆河	3.2	3300	5.2	1600	19
89	联合垸	洪湖市黄家口	东荆河	1	720	7.43	830	8
90	南唱垸	洪湖市	东荆河	1.3	1334	3.6	320	8
91	柳西湖南垸	洪湖市大同湖农场	东荆河	0.5	815	2.18	194	6
92	裴家沟垸	洪湖市大同湖农场	东荆河	1.52	2046	5.4	304	22
93	石家头垸	洪湖市大沙湖农场	东荆河	0.1	121.5	0.9	29	7
合　计				231.17	172631.5	299.51	87068	1292.44

第二节　单退民垸工程

单退民垸，即只退人，不退田，将垸内居民迁至异地移民建镇安置，垸堤保留，垸内农田继续耕种，小水年份保农业丰收，大水年则破垸行洪。这类民垸一般面积较大，居住人口较多，垸堤防洪标准较高。荆州市实施单退民垸 33 处，工程措施为修建行洪口门或进退洪闸。

一、行洪口门

行洪口门根据民垸面积的大小，设计口门的宽度从 20～206 米不等。口门采用轻型结构，过洪断面为倒梯形明渠形式，采用水泥土、混凝土、浆（干）砌石等结构堤基、堤身和导水堤，降低上、下游的冲刷深度。上游侧分别布置防冲槽、铺盖，下游侧相应布置消力陡坡段、消力池池深段、海漫及防冲槽段，两翼布置浆砌块石护坡导水墙及干砌石裹头。

荆州市实施平垸行洪口门工程 24 处，工程投资 4492.28 万元，见表 6-4-2。

表 6-4-2　　荆州市平垸行洪工程行洪口门基本情况表

序号	工程名称	所在位置	水系	桩号	口门宽度 /m	口门高程 /m	垸堤长度 /km	堤顶高程 /m	土地面积 /km^2	蓄洪容积 /万 m^3	投资 /万元
	合计										4492.28
1	义兴垸口门	松滋市	松西河	1+731	36	41.79	6	45.3	7.74	3700	129.0

续表

序号	工程名称	所在位置	水系	桩号	口门宽度/m	口门高程/m	垸堤长度/km	堤顶高程/m	土地面积/km^2	蓄洪容积/万 m^3	投资/万元
2	新华垴垸口门	松滋市	松西河	4＋425	36	45.00	5	46.3	7.03	5800	83.00
3	裕洲垸口门	公安县	长江		36	38.50	8.2	37.89	7.10	2500	35.00
4	六合垸口门	公安县	藕池河	0＋000	41.0	38.43	9.8	41.45	9.20	6440	134.55
5	张智垸口门	石首市	长江				22.81	39.0	15.0	6750	369.0
6	永合垸口门	石首市	长江				24.7	39.8	33.0	19140	254.0
7	六合垸口门	石首市	长江	2＋380	63	35.74	15.8	39.3	16.0	8160	209.0
8	北碾垸口门	石首市	长江	10＋950	85	37.23	13.2	41.0	29.2	13140	203.0
9	范兴垸口门	石首市	长江				6.0	41.0	9.2	5336	143.0
10	春风垸口门	石首市	长江				4	40.8	8.58	3400	92.0
11	南碾垸口门	石首市	长江				16.17	41.0	44	24200	405.0
12	丢家垸口门	石首市	长江				3.5	41.6	2	1540	145.0
13	新民垸口门	石首市	长江	2＋190	36	38.23	9.84	41.2	12.06	5548	119.0
14	三合垸口门	石首市	长江		20		5.1	40.6	2.89	2030	113.6
15	新洲垸口门	监利县	长江	2＋500	125	33.74	24.85	38.0	55.9	63950	577.0
16	三洲垸口门	监利县	长江	2＋300	206	32.24	50.56	36.75	186.13	120000	949
17	丁家洲口门	监利县	长江	5＋100	25	32.40	9.47	35.5	18.2	10920	41.0
18	血防垸口门	监利县	长江	3＋500	25	35.5	7.52	37.5	19.0	9500	19.0
19	西洲垸口门	监利县	长江	2＋400	25	34.5	6.5	37.5	4.86	3159	130.0
20	柳口垸口门	监利县大垸	长江	12＋026	35	37.5	13.1	37.8	8.7	5220	80.0
21	中洲垸口门	监利县大垸	长江	0＋868	21	37.5	3.80	39.0	2.0	1100	15.0
22	珠湖垸口门	监利县大垸	长江	1＋383	31	37.5	5.2	39.0	2.9	1595	104
23	杨洲垸口门	监利县大垸	长江	1＋550	32	37.5	5.01	39.0	2.8	1980	101.0
24	大兴垸口门	洪湖市	长江		44	31.5	25	32.5	2.85	1140	42.13

二、裹头工程

对面积较小的单退民垸，在规划破堤行洪的口门处，将口门两端预先破堤用浆（干）砌石进行护砌，防止口门扩大。裹头口门均布置在民垸堤下游，采用轻型结构，过洪断面采用倒梯形明渠形式，采用水泥土、浆（干）砌石等结构保护堤基、堤身和导水堤，水泥固化土厚约1米，边坡1∶2，以降低上、下游的冲刷深度。在口门两翼设置导水墙，临水坡度为1∶2，背水坡比1∶2.5，临水面采用干砌石护坡防冲。荆州实施裹头工程7处，完成投资69.19万元，见表6-4-3。

表6-4-3　　荆州市裹头工程基本情况表

序号	工程名称	位置	水系	土地面积/km^2	耕地面积/亩	垸堤长/km	堤顶高程/m	蓄洪流量/万m^3	投资/万元
1	李家嘴垸裹头	松滋市	松西河	0.85	960	3.75	45.70	550	5
2	大口垸裹头	松滋市	松东河	2.5	2943	6.35	47.50	600	11
3	经济垸裹头	松滋市	长江	1.5	850	2.4	46.6	500	9
4	窑星巴垸裹头	公安县	松西河	2	500	2.1	38.3	600	10
5	幸福巴垸裹头	公安县	藕池河	1.8	1100	3	37.5	600	15
6	复兴洲裹头	石首市	长江	2.8	1340	5	36.5	700	11
7	老台垸裹头	监利县	长江	1.67	1500	3		500	8.19
合计				13.12	9193	25.6	252.1	4050	69.19

三、退（进）洪闸工程

荆州市实施了单退民垸的进洪口门和裹头工程之后，根据2003年3月国家计委农经司、水利部规划司下发的《关于尽快做好平垸行洪、退田还湖、移民建镇巩固工程前期工作的通知》中"对于单退圩垸，根据国家有关规划与规范的要求，建设必要的进退洪工程"的要求，除2002年先期完成监利县孙良洲退洪闸的建设之外，于2004—2006年先后建成了松滋市群英、义兴垸，公安县老鸦嘴、六合垸，石首市北碾垸、天鹅洲、新民外垸、六合垸复兴，监利县新洲垸北沟子、丁家洲，洪湖市茅江垸、金湾垸退洪闸，共13座，总投资2219.98万元。

（一）孙良洲退洪闸

孙良洲退洪闸，位于监利县三洲联垸围堤桩号6+235处。此处原建有孙良洲排灌闸，由于当时设计标准低，建筑结构简陋，工程地质条件不好，工程质量差，加之1998年大水后堤身不断加高，闸身边坡已呈陡坎，亟须改建。1999年后，三洲联垸列入长江高水行洪民垸，一旦行洪后，孙良洲老闸远不能承担退洪的任务，故需拆除重建。2003年1月21日，湖北省水利厅以鄂水利计函〔2003〕23号文下达实施重建的通知。

孙良洲退洪闸于2002年11月27日开工，2003年6月16日建成。闸型为钢筋混凝箱涵结构，双孔，单孔宽3米，孔高4米，建筑物总长175米，分为3节，底板高程24.50米，闸室结构为竖井式，设钢质闸门两块，电动启闭机两台，设计排水流量52.2立方米每秒，灌溉流量35.3立方米每秒。完成主要工程量为土方开挖18.4万立方米、回填土方14.8万立方米、混凝土3440立方米、干浆砌石3835立方米，工程投资840万元。

（二）北沟子退洪闸

北沟子退洪闸，位于监利县新洲垸围堤桩号2+000处，闸型为钢筋混凝土箱涵结构，单孔、孔宽2.5米，孔高2.5米，闸底板高程28.50米，闸身总长36.5米，由一节长13.5米闸首段和二节各长11.5米箱涵组成。外接17米长钢筋混凝土消力池，池深1米，再接16米长砌石海漫；垸内侧设钢筋混凝土U形槽。设计最大退洪流量29.1立方米每秒，平均退洪流量20.4立方米每秒。工程于2003年11月25日动工，2004年4月28日完工，完成开挖土方2.13万立方米、回填土方2.43万立方米、混凝土905.5立方米、石方703.2立方米，工程投资171.90万元（其中一期投资160.86万元，追补投资11.04万元）。

（三）丁家洲退洪闸

丁家洲退洪闸，位于监利县白螺镇丁家洲围堤桩号7＋050处。拆除老闸在原址上重建新闸，单孔箱涵结构，孔口尺寸1.5米×2.0米，设计退洪流量7.56立方米每秒，排涝流量4立方米每秒。闸底板高程27.00米，闸身总长36米，由3节12米箱涵组成。工程于2003年11月至2004年3月建设完成，完成开挖土方1.47万立方米、回填土方1.41万立方米、混凝土548.6立方米、石方830立方米，工程投资102.90万元。

（四）群英退洪闸

群英退洪闸，位于松滋市新华垴垸堤上，闸址中心桩号为4＋850。此处原建有单孔直墙圆拱式涵闸，孔宽1.2米，孔高1.8米，闸身长26.5米，闸底板高程40.31米，设计排水流量4.0立方米每秒，主要承担新华垴垸7.03平方千米的排涝任务。因其设计标准低，建设质量差，运行年代久，已不适应民垸退洪的要求，省水利厅决定实施改建。

群英退洪闸为钢筋混凝土箱涵结构，单孔，孔宽1.2米，孔高1.8米，闸底板高程40.31米，闸身总长29.5米，共分3节，第一节闸室段长11.5米，第二、三节箱涵分别长9米，闸门启闭台高程46.80米。闸外河侧设消力池，池深0.6米，总长12.5米。设计排涝流量2.25立方米每秒，退洪流量4.92立方米每秒。该闸的主要功能为分洪后退洪，挡洪兼顾排涝，于2004年建成，工程投资60.24万元。

（五）义兴垸退洪闸

义兴垸退洪闸，位于松滋市义兴垸围堤桩号1＋250处，为拆老闸重建工程。老闸建于1966年，为单孔半圆式混凝土结构，孔宽1.2米，高1.8米，闸身长30米，闸底板高程36.61米，设计排水流量4.4立方米每秒，承担义兴垸7.74平方千米的排涝任务。

退洪闸重建于2004年，闸型为钢筋混凝土箱涵结构，闸孔为单孔，孔宽2米，孔高2米，底板高程36.61米，闸身总长37.5米，分为3节，闸室段长12.5米，其余二节箱涵每节分别长12.5米，闸门启闭台高程44.96米与堤顶平齐。闸外河侧设12.5米长消力池，池深0.6米，内垸设八字墙与渠道相接。该垸退洪闸设计退洪流量11.17立方米每秒，排涝流量2.47立方米每秒，具有挡洪、退洪、排涝等功能，工程投资85.48万元。

（六）老鸦嘴退洪闸

老鸦嘴退洪闸，位于公安县黄山头镇老鸦嘴垸围堤桩号0＋600处，为单孔钢筋混凝土箱涵结构，孔宽2.5米，孔高2米，底板高程31.20米，由闸室、穿堤箱涵、上游消力池、下游消力池4部分组成，全长85.2米，设计最大进洪流量40.4立方米每秒，退洪流量23.1立方米每秒，具有挡洪、进洪、退洪、排涝综合功能，工程于2004年建成，工程投资135.78万元。

（七）六合垸退洪闸

六合垸退洪闸，位于公安县六合垸围堤桩号 4+400 处，此处原建有单孔宽 1 米、高 2 米钢筋混凝土箱涵结构涵闸，闸底板高程 33.50 米，设计流量 1.5 立方米每秒，承担六合垸 9.2 平方千米排涝任务。六合垸被定为高洪水行洪民垸，原闸已不能承担退洪任务，需拆除在原址重建新闸。

新闸采用钢筋混凝土箱涵结构，闸孔为 1 孔、孔宽 1.5 米，孔高 2 米，闸底板高程 33.50 米，由闸室、穿堤箱涵、下游消力池、内垸进水渠护坡、外河出水渠护坡等部分组成，全长 106 米。设计退洪最大流量 11.75 立方米每秒。其主要功能是挡洪、退洪和排涝，工程于 2004 年建成，工程投资 115.61 万元。

（八）北碾垸退洪闸

北碾垸退洪闸，位于石首市北碾垸临江堤段 0+202 处。此处原建有单孔浆砌石结构的排水涵闸，孔口净宽 5 米，高 3 米，底板高程 32.50 米，原设计流量 15 立方米每秒，承担北碾垸 33.9 平方千米的排涝任务，老闸标准偏低，每遇大水年份，只得采取汛期封堵，汛后开挖的办法度汛。

北碾垸退洪闸建于 2004 年，闸型采用钢筋混凝土箱涵结构，闸孔为 2 孔，孔宽 2.5 米，孔高 3 米，闸底板高程 32.50 米，闸身总长 34 米，共分为 3 节，第一节闸室段长 12 米，其余二节箱涵每节分别长 11 米，闸门启闭台高程 40.90 米与垸堤平齐。闸外江侧设消力池，池深 0.8 米，长 12.5 米，两侧以八字挡土墙与渠道边坡连接。内垸侧设八字墙与渠道边坡连接。设计退洪流量 21.35 立方米每秒，具有挡洪、退洪和排涝功能。工程投资 258.14 万元。

（九）天鹅洲退洪闸

天鹅洲退洪闸，位于沙滩子长江故道出口，石首市江北大堤桩号 0+150 处，是对原天鹅洲闸整治改建而成。

长江石首河段于 1972 年发生自然裁弯，形成沙滩子故道区，后将其口门封堵围挽成垸，1999 年 5 月在故道出口处修建排灌涵闸。闸型为涵洞式，由闸首、穿堤箱涵及进出口连接建筑物组成。闸首设为 3 孔，单孔净宽 3.5 米，净高 3.5 米，总宽度 14.1 米，闸底板高程 30.50 米，闸首段长 14 米，采用 3 孔一联整体型式，闸首边墩高程 35.00 米，启闭台工作面高程 39.50 米，启闸机房为全框架结构。穿堤箱涵为两节各长 14 米，闸身总长 42 米，设计排水流量 70 立方米每秒。

根据平垸行洪的要求，沙滩子故道区已划入高水行洪区，天鹅洲闸的主要功能则转变为退泄小河联垸天鹅洲区分洪后口门堰顶高程以下的滞洪，汛期挡洪和平常年份农田排涝；加之天鹅洲闸本身存在的险情，故决定实施整治改建。

整治改建工程于 2004 年实施，闸型采用钢筋混凝土箱涵结构，将原闸室改建为一节箱涵，并在原闸室外江侧新建 1 节长 13 米的新闸室，穿堤箱涵 3 节均长 14 米，总长 55 米。闸槽顶高程 35.50 米，闸门启闭台高程升至 40.40 米，启闭台与堤顶设工作桥连接。闸外江侧重设消力池及挡土墙，池深 0.7 米，长 12 米，内垸侧渠底宽 23 米，消力池长 12 米，内外侧均以八字挡土墙连接，改建后的退洪流量 93.34 立方米每秒，工程投资

139.85万元。

（十）新民外垸退洪闸

新民外垸退洪闸，位于石首市新民外垸围堤桩号0+700处。闸型为钢筋混凝土箱涵结构，设计平均退洪流量11.022立方米每秒，闸孔尺寸为1孔，孔宽2米，孔高2米，闸底板高程34.50米，闸身总长34米，第一节闸室段长12米，第二、三节箱涵均长11米。闸槽顶高程37.10米，闸门启闭台高程41.50米与堤顶平齐，设工作桥连接，闸于2005年建成，工程投资68.55万元。

（十一）茅江垸进退洪闸

茅江垸进退洪闸位于洪湖市新堤茅江垸堤0+030处。茅江垸位于洪湖市政府所在地新堤镇境内，地处长江之滨，全垸面积0.25平方千米，为湘鄂西革命烈士陵园（为1985年国务院确定的重点烈士纪念建筑物保护单位）所在地，2002年被列为单退民垸，并在此兴建进退洪闸，其功能为平常年份作灌溉、排涝、挡洪之用；大水年份则可作进洪、退洪之用。

该闸采用钢筋混凝土箱涵结构，闸孔为单孔，孔宽2米，孔高2米。闸底板高程28.00米，闸身总长21米，其中，闸室段长8米，启闭台高程34.20米；穿堤箱涵二节，从外江至内垸各分节长度分别为7米、6米。闸内外均设置消力池。内消力池长13.5米，池深1米，池底高程27.00米；外消力池长7.5米，池深0.4米，池底高程27.60米。设计进洪平均流量16.19立方米每秒，退洪平均流量1.23立方米每秒。工程于2004年建成，总投资70.60万元。